FLORE

FRANÇAISE.

VOL. VI.

FLORE FRANÇAISE,

OU

DESCRIPTIONS SUCCINCTES

DE TOUTES LES PLANTES

QUI CROISSENT NATURELLEMENT EN FRANCE,

DISPOSÉES SELON UNE NOUVELLE MÉTHODE D'ANALYSE,

Et PRÉCÉDÉES par un Exposé des Principes élémentaires
de la Botanique.

TOME CINQUIÈME, ou SIXIÈME VOLUME,

Contenant 1300 espèces non décrites dans les cinq premiers Volumes;

Par M. DE CANDOLLE,

Professeur de Botanique aux Facultés de Médecine et des Sciences de l'Académie de Montpellier, Professeur honoraire à l'Académie de Genève,
Correspondant de l'Institut, etc. etc.

———————

A PARIS,

Chez DESRAY, Libraire, rue Hautefeuille, n° 4, près
celle Saint-André-des-Arcs.

1815.

A M. DE LAMARCK,

MEMBRE DE L'INSTITUT ET DE LA LÉGION D'HONNEUR, PROFESSEUR ADMINISTRATEUR AU MUSÉUM D'HISTOIRE NATURELLE.

MONSIEUR ET RESPECTABLE COLLÈGUE,

Lorsque, d'après votre proposition, j'entrepris de donner une troisième édition de la Flore française, vous savez que je ne me dissimulai nullement les difficultés de cette entreprise, et que nous les avons souvent discutées ensemble. Il n'existait à cette époque que deux ouvrages destinés à donner une idée générale des végétaux de la France : la Flore française de M. Buchoz est si inexacte, si incomplète, tellement dénuée de tout esprit de méthode et de critique, qu'elle était, avec raison, considérée comme nulle. La vôtre, Monsieur, dont deux éditions attestaient le succès, était destinée à servir d'essai et d'exemple de votre méthode analytique; mais il n'était pas entré dans votre plan d'indiquer avec rigueur tous les végétaux indigènes, et les localités dans lesquelles ils croissent. Cependant plusieurs bons ouvrages avaient fait connaître les plantes de certaines provinces : je profitai de leurs secours; j'y joignis les notes recueillies dans nos herbiers respectifs et dans ceux des principaux Botanistes de la capitale, celles fournies par mes correspondans, et les observations que j'avais faites dans mes voyages. Au moyen de ces secours, je parvins à donner la description et à indiquer la patrie de 4700 espèces de plantes, c'est-à-dire, environ 2000 de plus que dans les Flores publiées jusqu'alors. Malgré cette augmentation dans le nombre des plantes connues en France, j'annonçai dès-lors que de vastes provinces n'avaient point été suffisamment explorées, et que, dans celles mêmes qui sembloient le mieux connues, il restait encore bien des additions à faire à la Flore française, soit parce que les Botanistes étaient fort éloignés d'y avoir tout aperçu, soit parce que l'insuffisance des descriptions et l'incertitude de

a

la synonymie m'avaient obligé à n'admettre que les espèces dont j'avais vu moi-même des échantillons.

La publication de la troisième édition de la Flore, qui eut lieu en 1804, en faisant connaître les richesses de la Botanique indigène, donna l'éveil à une foule d'observateurs et d'écrivains. M. Loiseleur-Deslongschamps, qui, par ses relations avec vous, avait eu, avant tout autre, connaissance de notre ouvrage, fit paraître, peu de temps après sa publication, une Flore de France, disposée d'après le système sexuel, et réduite aux plantes phanérogames ; il y fit connaître avec précision les espèces nouvelles qu'il avait ou recueillies lui-même, ou reçues de ses correspondans. En 1810 il en augmenta le nombre, en donnant la Notice des plantes découvertes en France depuis la publication de son premier ouvrage.

Parmi les Flores locales publiées depuis 1804, on doit distinguer surtout : 1°. la Flore du département de Maine et Loire, de M. Bastard, qui mérite une attention particulière, soit parce qu'elle est rédigée avec beaucoup de soin, soit parce qu'elle fait connaître une partie de la végétation des provinces de l'Ouest, jusqu'alors très-négligées ; 2°. les cahiers des cryptogames des Vosges, desséchées et publiées par MM. Mougeot et Nestler, ouvrage précieux pour tous ceux qui veulent connaître cette partie difficile de la Botanique, et le premier que la France possède sur ce plan, qui a tant contribué aux progrès que cette branche de la science a faits en Allemagne ; 3°. la nouvelle Flore des environs de Paris, de M. Mérat, où l'on trouve plusieurs observations nouvelles faites sur un pays qui a été si souvent parcouru, et dont l'étude semblerait devoir être épuisée, si la nature pouvait jamais l'être. A ces ouvrages principaux il faut joindre les Mémoires intéressans publiés par divers Botanistes, et dont je donne la note à la fin de ce volume, et l'on aura un tableau de l'activité avec laquelle les plantes de la France ont été explorées depuis dix ans.

Au milieu de ce mouvement général, je suis loin d'être resté oisif ; non-seulement j'ai, de concert avec vous, publié le *Synopsis* portatif des plantes décrites dans la Flore, où j'ai inséré l'indication de quelques espèces trouvées depuis sa publication ; mais j'ai commencé à donner les figures des espèces de France qui ne sont représentées dans aucun livre (1), et j'en ai décrit quelques-unes nouvelles soit dans les notes jointes au Catalogue du Jardin de Montpellier (2), soit dans divers Mémoires spéciaux (3) ; mais surtout, secondé par la protection du Gouvernement, j'ai parcouru la totalité de la France pour en étudier la végétation et l'agriculture : je compte publier dans peu la relation de ces voyages ; il me suffira de dire ici que, pendant six années, j'ai parcouru toutes les provinces de la France ; qu'il n'est presque aucun département où je n'aie herborisé avec plus ou moins de soin, et dont je n'aie par moi-même étudié la végétation ; qu'il n'en est presque aucun sur lequel je n'aie recueilli les documens épars dans les brochures locales et les collections publiques et particulières ; qu'enfin, étant devenu, depuis sept ans, habitant de Montpellier, j'ai eu occasion d'étudier avec soin les végétaux des provinces méridionales, de ces provinces qui, après avoir été jadis le théâtre habituel des recherches des Botanistes, avaient été plus négligées dans ces dernières années, et offrent toujours, à cause de la variété extraordinaire de leur sol, une mine féconde d'observations.

Enfin la plupart des personnes qui, dans diverses provinces, consacrent leur temps à la Botanique, ont bien voulu me communiquer des notes sur les plantes de leur pays, et des échantillons desséchés ou des graines des espèces les plus remarquables. Quoique je me sois fait un devoir rigoureux de citer, pour chaque espèce, le nom des personnes qui

---

(1) *Icones plantarum Galliæ rariorum*, fasc. 1, avec 50 planches *in*-4. A Paris, chez Agasse, libraire.

(2) *Catalogus plantarum horti botanici monspeliensis*. A Paris, chez Kœnig ; à Montpellier, chez Seval, libraire.

(3) Recueil de Mémoires sur la Botanique, 1 vol. *in*-4. avec 50 planches. A Paris, chez Dufour, libraire.

l'ont découverte en France, je ne puis résister au plaisir de témoigner ici publiquement ma reconnaissance aux Botanistes qui, en m'envoyant des matériaux authentiques, m'ont particulièrement aidé dans mon travail. Les noms de MM. Artaud, Aubin, Bastard, Berger, Boileau, de Boisperé, Bonjean, Bonnemaison, Bouchet-Doumain, Castagne, Cauvin, Chaillet, Coder, Custer, Desportes, Desvaux, Dufour, Dunal, Gilibert, Grateloup, Honorat, Jauvy, Lallemand, Lamouroux, Leukens, Léman, Marchand, de Miribel, Mougeot, Navière-la-Boissière, Nestler, Prost, Pouzin, Requien, Robert, Robillard, Roubieu, de Saint-Amans, de Suffren, de Saint-Hilaire, Thore, de la Villeharmoi, Xatard, etc., sont fréquemment cités dans ce volume, pour indiquer les progrès qu'ils ont fait faire à la connaissance des plantes de France; et je les prie d'agréer ici mes remercîmens pour les moyens précieux de travail et d'étude qu'ils ont bien voulu mettre à ma disposition. Ces mêmes remercîmens, je les dois aussi aux Botanistes qui habitent les provinces ci-devant réunies à la France, et séparées aujourd'hui par le dernier traité. MM. Balbis, Bellardi, Bertoloni, Biroli, Raddi, Risso, Savi, Sébastiani, E. Vincens, Viviani, dans les provinces italiennes; MM. Koch, Ziz, Dossin, Lejeune, et mademoiselle Libert, dans les provinces allemandes, m'ont fourni sur leur pays des documens précieux, qui, quoique devenus moins utiles qu'ils ne devaient l'être, ont souvent encore servi, par leur comparaison, à éclairer l'histoire des végétaux de la France : je dois d'autant plus leur témoigner ici ma reconnaissance, que j'aurai très-rarement occasion de mentionner leurs découvertes dans le corps même de cet ouvrage.

La réunion de tous les moyens que je viens d'énumérer m'a mis à même de rectifier un grand nombre d'erreurs relatives à la synonymie ou à la patrie des plantes de France : je les ai indiquées avec le soin, la retenue et l'impartialité que doit inspirer, non un vain désir de critique, mais l'amour de la vérité. Si quelque Botaniste cependant pouvait le moins du monde se croire offensé par mes observations, j'ose espérer que la franchise avec laquelle je relève mes propres erreurs me servira d'excuse à ses yeux et à ceux du public. Je dois ajouter ici, pour justifier quelques synonymies qui pourront étonner les Naturalistes, que presque toutes les citations des auteurs français ont été faites d'après des échantillons envoyés ou étiquetés par eux-mêmes.

Outre les observations critiques relatives aux espèces déjà connues en France, je donne dans ce volume la description d'environ 1300 espèces de plantes qui n'étaient pas mentionnées dans la Flore française; d'où résulte que, même en supprimant le petit nombre d'espèces que j'ai reconnu y avoir été insérées mal à propos, le nombre total des plantes connues en France, et décrites dans la Flore, est presque exactement de six mille, c'est-à-dire, environ la cinquième partie du nombre total des végétaux connus sur la surface entière du globe.

Il existe sûrement encore en France un grand nombre d'espèces à découvrir, à confirmer ou à rectifier; je n'ai pas cru devoir insérer ici celles dont je n'ai pu me procurer aucun échantillon authentique; l'expérience m'a appris en effet que le plus grand nombre des erreurs introduites dans les Flores générales tiennent à la confiance qu'on a accordée aux indications de localités faites par des Botanistes qui, manquant souvent de collections ou de bibliothèques suffisantes, sont dans le cas de désigner, sous des noms erronés, les plantes de leurs provinces : cette omission volontaire des espèces que je n'ai pas vues ne prive cependant la Flore que d'un petit nombre d'articles.

J'ai suivi, dans ce volume supplémentaire, la même marche que dans la Flore elle-même; j'ai intercalé chaque espèce à la place qu'elle doit occuper, en la désignant par le numéro de l'espèce qu'elle doit suivre, et en joignant à ce numéro une lettre pour le faire distinguer. Sans doute les progrès que la science a faits depuis dix ans ont modifié en quelques points l'ordre et les limites des familles et des genres que j'avais adoptés. Je n'ai pas cru devoir tenir compte de ces changemens, la plupart peu importans, surtout relativement au but de cet ouvrage, et j'ai continué à admettre rigoureusement l'ordre de la Flore ; les modifications que j'aurais eu à y introduire m'auraient jeté dans des discussions étrangères à mon plan, et j'en ai déjà indiqué les résultats dans le tableau des familles naturelles inséré p. 213 de ma *Théorie élémentaire* (1).

Comme ce cinquième volume a été rédigé loin de vous, Monsieur, et sans que j'aie pu m'aider de vos conseils, je n'ai pas osé, en plaçant votre nom sur le titre, vous rendre pour ainsi dire responsable des inexactitudes que j'aurai pu commettre : pour me dédommager cependant de l'honorable association que vous m'aviez accordée, je vous prie de vouloir bien agréer ici l'hommage public de mon travail. Ce fut la première édition de la Flore française qui, en m'initiant dès ma jeunesse aux élémens de la Botanique, décida de mes goûts et du sort de ma vie ; c'est donc un devoir, et en même temps une jouissance pour moi, de vous offrir l'hommage de ce volume, destiné à lui servir de complément.

J'ai l'honneur d'être,

Monsieur et respectable Collègue,

Votre très-humble et très-obéissant serviteur,

A. P. DE CANDOLLE.

Montpellier, le 1er août 1815.

---

(1) Théorie élémentaire de la Botanique, 1 vol. *in-*8. Paris, 1813, chez Deterville, libraire.

DESCRIPTION SUCCINCTE
DES PLANTES
QUI CROISSENT NATURELLEMENT
EN FRANCE.

~~~~~~

FAMILLE DES ALGUES.

8ª. Rivulaire glissante.   *Rivularia lubrica.*

R. lubrica DC. Syn. n. 8*. — *Ulva lubrica.* Roth. Cat. 1, p. 204, t. 5, f. 7.

Ses feuilles, qui naissent en touffes, sont oblongues, courbées en divers sens, crépues, ridées, souvent trouées et comme anastomosées, d'un vert clair, enduites d'une viscosité très-remarquable qui les rende glissantes au tact et qui leur donne quelque ressemblance avec le frai de grenouille ; elle croît dans les fossés et les étangs saumâtres, aux environs de Montpellier.

13ª. Ulve nostoch.   *Ulva nostoch.*

U. nostoch. DC. rapp. 1, p. 7. Poir. Enc. 8, p. 175. — *Rivularia tuberosa.* Engl. bot ? — *Alcyonidium nostock.* Lamour. Ann. mus. 20, p. 286.

Elle naît adhérente aux rochers sous-marins en groupes nombreux ; sa couleur est d'un vert jaune olivâtre ; sa consistance ferme ; sa feuille forme un grand nombre de lobes irréguliers convexes, ouverts en dessous, vides à l'intérieur ; son apparence est fort analogue à celle des nostochs. J'ai trouvé cette plante dans l'Océan, à Piriac, près Nantes.

13ᵇ. Ulve en bulle.   *Ulva bullata.*

U. bullata. DC. rapp. 1, p. 8. Poir. Enc. 8, p. 175. — *Alcyonidium bullatum.* Lamour. Ann. mus. 20, p. 286.

Elle présente une masse d'un vert foncé, entièrement composée de bulles irrégulières à peu près sphériques, agrégées, exactement fermées de toutes parts ; l'intérieur de ces bulles est plein d'air qui s'échappe avec bruit lorsqu'on comprime la bulle ; leur consistance est mince, membraneuse, un peu visqueuse à l'extérieur comme dans les rivulaires. J'ai trouvé cette espèce tapissant les rochers
~~~~~~

sous–marins aux sables d'Olonne et à Piriac. Lorsqu'à la basse-mer
on marche sur les tapis de cette ulve, on en est averti par les pétille-
mens auxquels la rupture des vésicules donne lieu.

13ᶜ. Ulve en faisceau. *Ulva? fasciculata.*

Cette algue est composée de plusieurs tiges cylindriques qui partent
d'une base unique, s'élèvent de 1 à 2 pouces, droites, très-rameuses
à leurs extrémités; les rameaux sont épais, cylindriques, un peu
amincis aux deux bouts, renflés et gélatineux à l'intérieur, rapprochés en faisceau au sommet des branches ou des tiges principales.
La couleur de la plante est d'un vert foncé; en desséchant, les tiges
deviennent un peu cornées, et les branches extrêmes s'appliquent et
se collent au papier. Cette plante a été trouvée dans la Méditerranée
en Provence, par M. Girard; en Languedoc, par M. Bouchet. Serait-
elle mieux placée parmi les varecs?

15ᵃ. Ulve fistuleuse. *Ulva fistulosa.*

U. fistulosa. Huds. Angl. 569. Engl. bot. t. 642. — *Fucus filum.* Gou.
Fl. mousp. 458. — *U. lumbricalis.* Lamour. Ann. mus. 20, p. 280.

Cette plante consiste en une touffe de plusieurs filets qui partent
d'une base commune et atteignent de 3 à 6 pouces de longueur;
leur base est rétrécie, menue, et ne paraît pas tubuleuse; dans tout
le reste de leur étendue, ces filets sont tubuleux, cylindriques, de
1 à 2 lignes environ de diamètre, vides à l'intérieur; leur couleur est
d'un vert olivâtre, leur consistance membraneuse; elle croît sur les
murs et les rochers sous-marins, dans les lieux où l'eau est un peu
tranquille. M. Bonnemaison l'a trouvée en Bretagne à l'Anse du
Minon; elle est assez abondante dans le port de Cette, en Languedoc.

16ᵃ. Ulve ventrue. *Ulva ventricosa.*

U. ventricosa. DC. rapp. 1, p. 7. Poir. Dict. enc. 8, p. 174. Lamour. Ann.
mus. 20, p. 280.

Cette espèce est l'une des plus grandes et des plus remarquables
de ce genre; elle est d'un beau vert, d'une consistance membraneuse, et assez analogue par sa structure à l'ulve comprimée; elle
atteint jusques à un pied de longueur; elle adhère aux rochers par
un filet très-mince. Ce filet se dilate insensiblement en un tube creux
qui, dans sa partie supérieure, atteint 2 pouces de diamètre. Ce tube
se resserre ensuite brusquement par un étranglement au–dessus
duquel la feuille se prolonge en un appendice un peu irrégulier.
M. Bonnemaison a trouvé cette espèce en Bretagne, dans la rivière
d'Odet, près Quimper.

17ᵃ. Ulve terrestre. *Ulva terrestris.*

U. terrestris. Roth. cat. 1, p. 211. Wulf. crypt. aq. p. 8, n. 14. Poir. Dict. 8, p. 172. — *U. crispa.* Lightf. scot. 2. Schleich. crypt. exs. n. 99. — Dill. musc. t. 10, f. 12.

Cette espèce ne croît point dans l'eau, mais sur la terre humide; elle y forme des plaques arrondies ou irrégulières d'un pouce environ de diamètre, d'un vert clair; sa feuille est d'une consistance membraneuse, nullement gélatineuse ni gluante, toute plissée en lobes ondulés, crépus, serrés et nombreux, qui forment une multitude de petites anfractuosités. Elle a été trouvée aux environs du Mans, par M. Desportes; de Nice, par M. Balbis; au pied des Alpes, par M. Schleicher.

17ᵇ. Ulve éthérée. *Ulva ætherea.*

U. ætherea. Poir. Dict. enc. 8, p. 173.

Cette ulve croît hors de l'eau; elle n'offre qu'une expansion membraneuse, papyracée, de 1 à 3 pouces de diamètre, arrondie ou irrégulièrement lobée, relevée çà et là en plis inégaux et écartés, légèrement visqueuse à sa surface, d'un vert foncé, et qui, lorsqu'elle est desséchée, adhère fortement au papier. J'ai trouvé cette plante à Bagneux, près Paris, en automne, dans les allées d'un jardin, après quelques jours de pluie. Comme les nostochs, elle est libre et non adhérente au sol; mais elle en diffère parce qu'elle n'est point gélatineuse à l'intérieur, mais purement membraneuse.

29ᵃ. Ulve interrompue. *Ulva interrupta.*

U. interrupta. Poir. Dict. enc. 8, p. 171. DC. rapp. 1, p. 7. — *U. furcellata.* Engl. bot.

Sa feuille est plane, de consistance un peu coriace, divisée en branches ou lanières dichotomes qui, en se divisant, forment un angle aigu. Ces lanières sont linéaires, parfaitement entières sur les bords, de 1 à 2 lignes de largeur; celles de l'extrémité sont obtuses; la plupart sont rétrécies subitement et comme étranglées au point de leur insertion; toute la plante est d'un pourpre verdâtre. Elle a été trouvée dans l'Océan, aux environs de Brest, par M. Bonnemaison.

36ᵃ. Ulve caulescente. *Ulva caulescens.*

U. caulescens. Lamour. Ann. mus. 20, p. 280, t. 13, f. 1.

Sa feuille est d'un beau vert, d'une consistance membraneuse, rétrécie à sa base en un pétiole comprimé, mince, étroit; celui-ci s'épanouit en un disque plane, ovale oblong, ou presque en forme de coin ou d'éventail., entier ou quelquefois un peu déchiré au sommet. La plante n'a que 3 à 4 pouces de longueur, et de 1 à 1 $\frac{1}{2}$ de largeur. Elle croît dans la Méditerranée, sur les rochers, en Provence.

38ª. Ulve en éventail.   *Ulva? flabelliformis.*

U. flabelliformis. Poir. Dict. enc. 8, p. 163. — *Conferva flabelliformis.* Desf. Fl. atl. 2, p. 430. — *Flabellaria Desfontainii.* Lamour. Ann. mus. 20, p. 274, t. 12, f. 4. Mars. hist. t. 6, f. 27. Gin. adr. t. 25, n. 56.

Cette plante tient le milieu entre les ulves et les conferves; elle semble formée de filamens analogues à ceux des conferves, et soudés ensemble; sa base est un pédicelle presque cylindrique, qui s'évase peu à peu en un disque plane en forme d'éventail; les bords sont toujours plus ou moins déchirés, et on y aperçoit les filamens distincts et séparés; le disque même de la feuille offre des zones parallèles au bord, et par conséquent de forme arquée, d'une couleur plus foncée, et qui rappellent les zones de l'ulve queue de paon. Toute la plante est d'un beau vert; on la trouve attachée aux rochers sous-marins, en Provence, près Marseille, à la Ciotat. Je l'ai cueillie à Villefranche, près Nice, dans le hangar qui sert à la réparation des vaisseaux.

§. VII. *Tiges rampantes, feuilles planes.* (*Caulerpes* Lamx.)

38ᵇ. Ulve prolifère.   *Ulva prolifera.*

Fucus prolifer. Forsk. Ægypt. 192. — *Caulerpa prolifera.* Lamour. Journ. bot. 1809, vol. 2, p. 142. — *Ulva nitida.* Bertol. Dec. 3, p. 64.

Une tige flexible, filiforme, un peu anguleuse, rampe au fond de la mer, et s'y accroche par des crampons radiciformes; de cette tige naissent des feuilles dressées, munies à leur base d'un pétiole filiforme, dont la longueur varie de 4 à 16 lignes, et qui se dilate insensiblement en un disque oblong, plane, obtus, à bords entiers à peu près parallèles, à surface lisse et luisante, d'un vert foncé. Cette feuille est quelquefois étranglée, et porte plus souvent encore à son sommet 1 à 3 feuilles semblables, dépourvues de pétiole, mais très-étranglées à leur insertion. On n'y aperçoit aucune trace de fructification, et la consistance de cette production pourrait faire penser qu'elle appartient au règne animal. Elle a été trouvée près Marseille, selon M. Lamouroux, à Toulon, par M. Robert. Il paraît qu'elle croît dans les profondeurs; on ne la trouve, dit M. Bertoloni, que rejetée par les flots ou accrochée aux filets des pêcheurs.

38ᵉ. Ulve douteuse. *Ulva ambigua.*

Caulerpa ocellata. Lamour. Journ. bot. 1809, vol. 2, p. 142, t. 2, f. 1.

Elle ressemble beaucoup à la précédente, et n'en est peut-être qu'une variété. Elle en diffère par sa stature plus petite, plus ramassée, par ses feuilles presque sessiles, moins souvent prolifères, plus ramassées et marquées çà et là de petites taches circulaires éparses, et dont la nature est inconnue. Je la décris d'après un échantillon des côtes de Catalogne. M. Lamouroux dit qu'elle se trouve à Marseille.

59ª. Varec pygmée. *Fucus pygmæus.*

F. pygmæus. Lightf. Scot. 964, t. 32, Engl. bot. t. 1332. — *F. pumilus.* Huds. Angl. 584. — *F. lichenoïdes.* Trans. Linn. 3, p. 192, non Desf.

Sa consistance est cartilagineuse, sa couleur d'un vert ou d'un brun olivâtre, et devient noirâtre par la dessiccation; ses tiges sont très-courtes et naissent en touffes serrées qui ressemblent un peu à celles de l'imbricaire de Fahlun; ces tiges sont comprimées, rameuses dès leur base, sensiblement dichotomes; les rameaux sont dilatés, obtus et comme tronqués au sommet; les tubercules fructifères sont globuleux, terminaux, percés d'un pore à leur sommité. Cette petite plante croit dans l'Océan, sur les rochers, à La Rochelle, Piriac, Bellisle en mer, Brest, Saint-Pol-de-Léon, Granville, etc.

63ª. Varec cilié. *Fucus ciliatus.*

Ulva ciliata. Fl. fr. n. 29.

Cette plante, que j'avais placée parmi les ulves, parce que, ne connaissant pas sa fructification, je m'étais laissé guider par son port, doit être transportée parmi les varecs. La planche 1069 de *l'English Botany*, montre que les cils portent des tubercules à peu près sphériques, qui renferment les organes de la reproduction.

63ᵇ. Varec de Norwège. *Fucus Norwegicus.*

F. Norwegicus. Turn. syn. 222. Engl. bot. t. 1080. DC. syn. n. 63**.

Cette espèce ressemble tellement à l'ulve crépue, qu'on pourrait être tenté de la confondre avec les nombreuses variétés de cette espèce; mais elle s'en distingue par les caractères génériques : savoir, qu'au lieu d'avoir ses graines nichées dans la feuille elle-même, elle porte çà et là, sur le disque, des tubercules proéminens hémisphériques; sa consistance est cartilagineuse, sa couleur d'un rouge obscur, sa feuille plane, dépourvue de nervures, dichotome, à segmens linéaires, obtus à leur sommet, entiers sur les bords. Elle croit dans l'Océan, à Saint-Pol-de-Léon, et je crois aussi dans la Méditerranée.

71ᵃ. Varec lichenoïde.   *Fucus lichenoïdes.*

F. lichenoïdes. Gmel. fuc. 120, t. 8, f. 1, 2. Desf. Fl. atl. 2, p. 427. Esper. Fuc. p. 102, t. 50.

Cette espèce est fort singulière, en ce que, au moins à l'état de dessiccation, elle ressemble plus à un lichen qu'à un varec; sa couleur est verdâtre à l'état frais, et devient blanche par la vieillesse ou la siccité; sa consistance est cartilagineuse, un peu fragile lorsque la plante est sèche. La tige est plane, plusieurs fois dichotome et divisée, en un très-grand nombre de lobes linéaires, entiers sur les bords, et dont ceux de l'extrémité se terminent en pointe; les angles des dichotomies sont peu ouverts; la feuille n'a guère que 1 à 2 lignes de largeur; elle semble colorée en blanc par un enduit calcaire qui peut-être doit faire penser qu'elle a plus de rapports avec les polypiers qu'avec les algues. Elle croît dans la Méditerranée, sur les côtes de Provence.

73ᵃ. Varec minium.   *Fucus miniatus.*

F. miniatus. Drap. ined. — *Gigartina miniata.* Lamour. Ann. mus. 20, p. 137.

Ce varec forme de petites touffes très-serrées, de 2 centimètres de hauteur, d'un rouge plutôt pourpre que de la teinte du minium; sa consistance est demi-cartilagineuse, flexible; ses tiges sont nombreuses, entremêlées et très-étroites, comprimées, très-rameuses; les rameaux sont disposés sans ordre régulier, d'un et d'autre côté de la tige, et sont eux-mêmes ramifiés de la même manière; les dernières ramifications sont très-courtes et aiguës à leur extrémité; je ne connais pas sa fructification. Cette espèce croit dans la Méditerranée, près Montpellier, où elle a été observée par M. Draparnaud.

78. Varec à aiguillons.   *Fucus aculeatus.*

β. *Fucus gramineus.* Poir. Dict. enc. 8, p. 383. DC. rapp. 1, p. 8.

Cette variété ne paraît différer de l'espèce ordinaire que par sa couleur plus verdâtre et sa tige plus comprimée; elle croît dans l'Océan, en Bretagne.

80ᵃ. Varec amphibie.   *Fucus amphibius.*

F. amphibius. Trans. Lin. 3, p. 227. Stach. Ner. brit. p. 86, t. 14. — *F. scorpioïdes.* Gmel. Fuc. p. 135. Ray. syn. t. 2, f. 6.

Cette espèce se distingue par sa basse stature, son extrême ténuité, et sa couleur qui est d'un brun verdâtre et devient presque noire par la dessiccation; sa tige est filiforme, très-rameuse, cartilagineuse, à peine de l'épaisseur d'un cheveu, divisée en branches alternes étalées qui sont elles-mêmes partagées en rameaux courts, dont les supérieurs se roulent sur eux-mêmes, et enveloppent, selon les auteurs, les tubercules fructifères. Elle croît dans les bords de la mer et les fossés saumâtres, en Bretagne, près Saint-Pol-de-Léon.

81. Varec vert. *Fucus viridis.*

Fucus viridis. Stach. Ner. brit. p. 111, t. 17, non Fl. fr.

Il croît attaché aux rochers et aux coquilles, par un très-petit disque; sa tige est grêle, filiforme, allongée, atteignant à peu près la longueur de la main, divisée en rameaux nombreux et allongés; ces rameaux sont garnis dans toute leur longueur de petits filets d'un vert olivâtre (au moins à l'état de dessiccation), très-grêles, très-menus, et de 2 à 3 lignes de longueur; quelques-uns de ces filets se terminent par une petite vésicule ovale, qui paraît renfermer les graines. Cette plante adhère fortement au papier, lorsqu'elle est sèche. Elle croît dans l'Océan. Quant à celle que j'avais décrite sous ce nom, dans la Flore, vol. 2. pag. 35, *voyez* le Céramium de Mertens, n° 100ᵃ.

82ₐ. Varec asperge. *Fucus asparagoïdes.*

F. asparagoïdes. Trans. lin. 2, p. 29, t. 6. Engl. bot. t. 571.

Toute la plante est d'un rouge vif, demi-transparente et remarquable par sa délicatesse; elle adhère au roc par de petites fibrilles; sa tige et ses principales branches sont filiformes, grêles, garnies dans toute leur longueur de petits rameaux aigus, capillaires, espacés avec assez de régularité; chacun de ces rameaux est opposé à un pédicelle plus court que lni, terminé par un globule sphérique qui renferme les graines. Ces globules pédicellés et ces rameaux capillaires ont fait comparer ce varec à une asperge chargée de ses fruits. Il a été trouvé dans l'Océan, près de Saint-Pol-de-Léon, en Bretagne.

82ᵇ. Varec de Wiggh. *Fucus Wigghii.*

F. Wigghii. Turn. in Trans. linn. 6, p. 135, t. 10. Engl. bot. t. 1165.

Il ressemble au précédent par son port, par sa belle couleur rouge et par ses globules fructifères, latéraux et pédicellés; mais sa tige et ses branches principales sont de toutes parts garnies de petits rameaux serrés, simples, épars, les uns fructifères, les autres stériles; ces derniers sont les plus courts; les globules fructifères sont elliptiques, terminés par un petit appendice pointu. Ce varec a été trouvé dans l'Océan, près Saint-Pol-de-Léon.

84ᵃ. Varec kali.   *Fucus kaliformis.*

F. kaliformis. Trans. linn. 3, p. 206, t. 18. Engl. bot. t. 640. Lamour. Fuc. p. 57, t. 29.

Sa couleur est d'un rouge clair; sa consistance molle, un peu gélatineuse; sa tige est cylindrique, grêle, longue de 5 à 15 pouces, un peu bosselée et comme légèrement articulée, divisée en rameaux nombreux, épars ou irrégulièrement verticillés; les petits rameaux du dernier ordre sont sensiblement verticillés et portent çà et là, épars sur leur surface, de petits tubercules sphériques d'un rouge plus foncé, qui sont les organes de la fructification. Ce varec croît dans l'Océan, près Saint-Pol-de-Léon, en Bretagne.

84ᵇ. Varec à feuille épaisse.   *Fucus dasyphyllus.*

F. dasyphyllus. Trans. linn. 2, p. 239, t. 23, f. 1-3. Engl. bot. t. 847.

Sa couleur est rougeâtre; sa consistance est tendre, demi-cartilagineuse, un peu gélatineuse; ce varec adhère facilement au papier après sa dessiccation; il est fixé sur les rochers par un petit disque aplati d'où sortent une ou plusieurs tiges grêles, cylindriques, divisées, dès leur base, en rameaux épars, irréguliers; ceux-ci sont garnis de petites folioles éparses, cylindriques, un peu obtuses au sommet, rétrécies à leur base; la fructification consiste en globules d'un rouge plus vif, épars sur les folioles et sur les rameaux. Il croît dans l'Océan et dans la Méditerranée.

85ᵃ. Varec très-menu.   *Fucus tenuissimus.*

F. tenuissimus. Trans. linn. 3, p. 215, t. 19.

Ce varec est remarquable par l'extrême ténuité de son branchage; sa couleur est blanchâtre, sa consistance est tendre, presque gélatineuse; il n'adhère point au papier lorsqu'il est sec; sa tige est filiforme, très-ramifiée; ses rameaux principaux et secondaires sont toujours alternes et aigus; les fructifications sont des globules sphériques, sessiles, latéraux, ordinairement solitaires le long des dernières ramifications. Il a été trouvé dans l'Océan, en Bretagne, près Saint-Pol-de-Léon.

88. Varec vermifuge.   *Fucus helminthocorton.*

Voyez, pour la description et l'histoire de cette plante, le Mémoire de M. de Latourette, inséré dans le Journal de Physique, vol. 20, tom. 166, t. 1; l'article de M. Jaume Saint-Hilaire, pl. franc. t. 4, f. 12, et une note dont j'ai inséré l'extrait dans le Bulletin Philomatique, vol. 3, pag. 263. M. Bouchet l'a retrouvé à Saint-Tropès, en Provence.

95ᵃ. Céramium rose.   *Ceramium roseum.*

C. roseum. Roth. Cat. 2, p. 182. — *Conferva rosea.* Engl. bot. t. 966.

Ce céramium est d'une jolie couleur rose, et d'une grande délicatesse; ses tiges sont nombreuses, en gazon lâche, divisées en rameaux alternes, très-branchus et comme floconneux; les articles sont oblongs, un peu comprimés aux extrémités; les tubercules fructifères sont latéraux, disposés d'un seul côté, presque sessiles et en forme d'œuf, dont le gros bout est à l'extrémité. Il croît dans l'Océan, près des rochers du Calvados.

95ᵇ. Céramium bisse.   *Ceramium bissoïdes.*

Fucus byssoïdes. Trans. linn. 3, p. 229. — *Conferva bissoïdes.* Engl. bot. t. 547. — *Ceramium bissoides.* DC. syn. n. 95**.

Il est de couleur purpurine, d'une extrême délicatesse; sa tige est cylindrique, très-menue, plusieurs fois divisée en rameaux grêles, allongés, alternes; les dernières ramifications sont fasciculées et comme floconeuses; les articles sont très-difficiles à apercevoir, de sorte qu'on peut facilement confondre cette espèce avec les varecs; les tubercules fructifères sont sessiles, globuleux. Il croît dans l'Océan, en Bretagne, en Normandie.

100ᵃ. Céramium de Mertens.   *Ceramium Mertensii.*

Conferva Mertensii. Turn. — *Fucus viridis.* Fl. fr. n. 81, excl. syn.

Ce céramium naît parasite sur le *fucus serratus*; il y forme des touffes d'un beau vert, extrêmement rameuses, longues de 8 à 12 centimètres. La tige principale est assez grosse, tellement recouverte par les nombreuses ramifications auxquelles elle donne naissance, qu'on a peine à la distinguer; il en est de même des branches secondaires; les dernières ramifications sont menues, capillaires, et on ne peut y apercevoir des articulations qu'à l'aide de loupes très-fortes, ou même du microscope. Je ne connais pas sa fructification. J'ai trouvé cette plante dans l'Océan, près Dieppe.

141ᵇ. Batrachosperme hé-matite.   *Batrachospermum hæ-matites.*

Conferva hæmatites. Ramond. ined. — *B. hæmatites.* DC. syn. n. 140**.

Cette algue ressemble au B. hémisphérique; mais elle naît dans l'eau douce comme la plupart des espèces de ce genre; elle y forme des mamelons hémisphériques ou arrondis, très-compactes, lisses et comme onctueux à leur surface, d'un beau vert, et de 6 à 10 lignes de diamètre; lorsqu'on les coupe longitudinalement, on reconnaît que ces mamelons sont formés par des filets rayonnans du centre à la circonférence, et qui sont comme soudés en une touffe compacte ; on y distingue des zones rousses qui indiquent les périodes de l'accroissement. La zone extérieure est d'un beau vert, et offre la structure propre aux batrachospermes. M. Ramond a trouvé cette plante dans les Hautes-Pyrénées, adhérente aux rochers de granit continuellement arrosés ; d'après son indication, je l'ai cueillie au pont de Sia , près Barège.

FAMILLE DES CHAMPIGNONS.

164ª. Bisse peau.   *Bissus aluta.*

Racodium aluta. Pers. Disp. fung. 43. Syn. 703.

Ce bisse est d'un blanc sale, tirant sur la couleur du chamois ; ses filamens sont tellement menus, entre-croisés et comme feutrés, qu'ils sont imperceptibles et forment une pellicule mince continue, absolument semblable à de la peau chamoisée, mais de consistance peu tenace : lorsqu'on la déchire, la tranche en est cotonneuse et un peu semblable à de l'amadou ; cette pellicule se trouve tapisser les cavités intérieures des grands arbres, et les poutres des caves ; elle a beaucoup de rapports avec le B. gigantesque.

165ª. Bisse des sapins.   *Bissus pinastri.*

B. pinastri. Schleich. Cent. exs. n. 95. DC. syn. p. 13.

Cette espèce de bisse est d'un brun noirâtre , d'une consistance molle, et analogue à celle du coton en laine ; ses filamens sont très-menus, entre-croisés , en flocons peu serrés. Elle croît sur les branches et parmi les feuilles des sapins qui ont été long-temps couvertes par la neige ; elle est assez commune au printemps dans les Alpes.

170ª. Bisse des mines.   *Bissus fodina.*

Racodium fodinum. Schleich. pl. exsic.

Ce bisse ressemble si parfaitement à un morceau d'amadou par sa contexture, sa consistance et sa couleur, qu'il est presque superflu d'en donner une description : ses filamens, qui sont entre-croisés et feutrés, ont cependant un aspect plus luisant et plus soyeux que l'amadou : il forme des plaques irrégulièrement arrondies et assez serrées sur les poutres situées dans l'intérieur des mines et des carrières.

170ᵦ. Bisse des herbes.   *Bissus herbarum.*

Dematium herbarum. Pers. syn. 699. Alb. et Schwein. Nisk. n. 1104. —
B. herbarum. DC. rapp. 1, p. 14.

Cette espèce diffère beaucoup de toutes les autres espèces de bisse par son aspect pulvérulent, et aurait pu motiver la réunion des lèpres avec les bisses, si elle eût été plus anciennement connue ; ses filamens sont si courts, qu'on ne peut les distinguer qu'à l'aide de très-fortes loupes ; ils forment, par leur réunion, des taches d'un noir olivâtre qu'on observe en automne sur les tiges et les feuilles mourantes des grandes plantes herbacées ; les cryptogamistes en distinguent plusieurs variétés, parmi lesquelles se trouveront sans doute des espèces réellement distinctes ; ainsi celle qui croît en hiver sur les choux à demi-pouris est plus noire et plus compacte ; celle qu'on trouve sur les grands champignons qui commencent à pourir, est d'abord verdâtre, et devient ensuite noire et tellement abondante, qu'elle les cache et les détruit entièrement : une autre variété se trouve sur les jeunes branches des arbres, et y forme des taches noires et arrondies.

XIIᵃ. CÉRATIUM.   *CERATIUM.*

Ceratium. Alb. et Schwein. — *Isariæ sp.* Pers.

Cᴀʀ. Champignon mou, tremblant, presque déliquescent, divisé en rameaux cornus, hérissé de filamens qui portent les graines qu'ils rejettent avec élasticité.

170ᶜ. Cératium faux hydne.   *Ceratium hydnoïdeum.*

C. hydnoïdes. Alb. et Schw. Nisk. p. 358, n. 1069, t. 2, f. 7. — *Isaria mucida.* Pers. Syn. 688. — *Puccinia. n.* 2. Mich. Gen. p. 213, t. 92, f. 2? Hall. helv. p. 2208?

Lorsque ce champignon est jeune, il offre des filamens rameux, cornus, muqueux, gélatineux, demi-transparens, d'un blanc de lait et tellement délicats, qu'à la moindre secousse ils se détruisent et se réduisent en une matière informe et demi-pulpeuse ; lorsqu'il avance en âge, il prend une consistance plus sèche, et ressemble presque à une espèce de bisse ; ses filamens sont d'un blanc de neige, grêles, rameux, divisés en cornes aiguës et garnis de très-petites barbes auxquelles les graines sont adhérentes. Ces cornes se divisent dès la base et forment des espèces de faisceaux ; lorsqu'elles sont très-nombreuses, elles rappellent un peu l'aspect des hydnes de la section des *Odontia.* Ce champignon croît en été et en automne sur les bois coupés et qui commencent à se pourir.

XII^b. ISAIRE.   *ISARIA.*

Isaria. Alb. et Schw. — *Isariæ sp.* Pers.

C~AR~. Ces petits champignons ont un aspect souvent analogue à celui des bisses; leur tronc simple ou rameux, cylindrique ou terminé en massue, est recouvert d'une poussière farineuse, adhérente à des filamens très-menus. Ils sont tous de couleur pâle et de consistance molle.

170^d. Isaire monilie.   *Isaria monilioïdes.*

I. monilioïdes. Alb. et Schw. Nisk. n. 1077, t. 12, f. 8.

Ses troncs sont simples, droits, et croissent rapprochés de manière à former une petite forêt presque microscopique; chacun d'eux est droit, ferme, simple, demi-transparent, terminé en forme de massue oblongue; ils ne dépassent guère une demi-ligne de hauteur; leur couleur est quelquefois blanche, tantôt jaunâtre ou roussâtre; les filamens, auxquels les graines adhèrent, sont unis, selon MM. Albertini et Schweinitz, et non articulés comme dans les *monilies.* Cette espèce d'isaire croît sur les bois et les écorces de pin, d'aune et de chêne. Je dois à M. Chaillet la connaissance de ce petit champignon, ainsi que des deux suivans.

170e. Isaire épiphylle.   *Isaria epiphylla.*

I. epiphylla. Pers. Syn. 688. Alb. et Schwein. n. 1074.

Cette espèce ne croît pas seulement sur les feuilles, comme son nom pourrait le faire croire, mais aussi sur les agarics demi-putréfiés, et même sur les débris de cuirs gâtés. Elle est le plus souvent disposée par petites touffes; ses troncs ont environ une à deux lignes de longueur; ils sont simples, allongés, rapprochés et amincis par leur base, un peu courbés vers le côté extérieur du groupe, de couleur blanche; recouverts d'une poussière très-menue, obtus à leur sommet. On la trouve en automne et au printemps.

170^f. Isaire couleur de chair.   *Isaria carnea.*

Isaria carnea. Pers. Obs. myc. 1, p. 13, t. 2, f. 6, 7. Syn. 689.

Ces petits champignons naissent rapprochés les uns des autres, mais non soudés par leur base; leur petite tige est droite, simple, ou rarement divisée à l'extrémité en deux branches, grêle, cylindrique, terminée par une tête oblongue, composée de filamens très-déliés et chargés de poussière; la couleur de ce champignon est d'abord blanche, ensuite couleur de chair, et enfin roussâtre; sa durée est courte, sa consistance assez molle; sa longueur est à peine d'une ligne. Il croît, en automne, sur les mousses et parmi les feuilles sèches.

182ₐ. Egérite cinnabre.   *Ægerita cinnabarina.*

Dematium cinnabarinum. Pers. Syn. 697 ?

Elle ressemble trop a l'E. en croûte pour qu'il soit possible de ne pas la classer dans le même genre ; elle forme, comme elle, de petites croûtes couleur de vermillon, qui, à la vue simple, paraissent des taches poudreuses, et qui, vues à de très-fortes loupes, paraissent composées de très-petits filamens. M. Chaillet a observé cette production sur des crottes de chat dans des caves.

XVᵃ. TRICHODERME.   *TRICHODERMA.*

Trichoderma. Pers. — *Trichodermia.* Hoffm. — *Pyrenii sp.* Tod.

Car. Les trichodermes forment des disques arrondis dont le centre un peu charnu, se couvre d'une poussière abondante, et dont les bords dégénèrent en filamens absolument semblables à ceux des bissus. Ce genre se rapproche à certains égards des réticulaires, et sous d'autres rapports des bissus.

183ᵃ. Trichoderme rose.   *Trichoderma roseum.*

T. roseum. Pers. Syn. 231. — *Trichodermia rosea.* Hoffm. Germ. 2, t. 10, f. 1.

Cette plante forme de petits boutons convexes et de 1 à 2 lignes de diamètre ; sa couleur est d'un rose bien décidé et devient un peu blanchâtre en vieillissant ; la poussière du centre et les filamens bissoïdes du bord offrent la même teinte : on trouve ce champignon, pendant l'hiver et le printemps, sur l'écorce du bois coupé ou moribond.

185ᵃ. Erinéum du néflier.   *Erineum ? mespilinum.*

J'ai trouvé cette espèce sur la surface inférieure des feuilles du néflier cultivé (*mespilus germanica*), mêlée avec l'æcidium du néflier ; cet érinéum forme des plaques ou taches ovales irrégulières, d'un demi-pouce de longueur, composées de filets comprimés, membraneux, d'un roux sale tirant sur le brun olivâtre, d'un aspect un peu luisant et très-différent des poils du néflier : vus au microscope, ces filets offrent çà et là des points opaques ; mais on ne peut y apercevoir aucune organisation particulière.

186ᵇ. Erinéum du buisson ardent.   *Erineum pyracanthæ.*

Cette belle espèce d'érinéum croît sur la surface inférieure des feuilles du néflier buisson-ardent ; elle ne les déforme en aucune manière, mais elle se présente sous l'apparence de taches planes, d'un rouge cramoisi très-vif, d'abord distinctes et arrondies, puis confluentes et occupant un grand espace ; ces taches sont formées par une espèce de croûte adhérente et d'aspect pulvérulent et luisant; on ne peut y distinguer des filamens bien prononcés, mais son rapport avec l'E. du hêtre ne permet pas de l'en écarter ; je l'ai trouvée, à la fin de mai, entre Agen et Auch.

187ᵇ. Erinéum doré.   *Erineum aureum.*

E. aureum. Pers. Syn. 700. Syn. Fl. gall. p. 15.

Il croît sur les deux surfaces des feuilles vertes du peuplier noir, et s'y présente sous la forme de taches orbiculaires et d'un jaune doré, nichées dans des cavités de la substance même de la feuille qui est bosselée du côté opposé : ces taches, vues à de très-fortes loupes, sont composées de petits filamens soyeux et un peu couchés.

187ᶜ. Erinéum du tremble.   *Erineum populinum.*

E. populinum. Pers. Obs. myc. 1, p. 100. Syn. Fl. gall. p. 15.

Il croît seulement à la surface inférieure des feuilles vertes du peuplier tremble, où il forme des taches arrondies, oblongues ou irrégulièrement confluentes, presque planes du côté inférieur de la feuille, marquées du côté supérieur par des bosselures très-prononcées ; ces taches sont d'un roux brun, composées de filamens épais, courts, d'un aspect grenu, d'une consistance ferme, et qui adhèrent fortement à la superficie de la feuille.

187ᵈ. Erinéum du bouleau.   *Erineum betulæ.*

E. betulæ. Schleich. cent. exs. p. 94. Syn. p. 15. — *E. betulinum.* Rebent. ex Moug. et Nestl. crypt. vog. n. 200. Alb. et Schw. Nisk. n. 1108.

Il croît sur la surface supérieure, et quelquefois sur la face inférieure des feuilles du bouleau blanc ; sa couleur est d'abord purpurine, et devient ensuite blanchâtre : il forme des taches irrégulièrement arrondies, souvent confluentes, et qui ont un aspect comme grumeleux, et plutôt composées de grains agglomérés que de véritables filamens. Sous ce rapport, il se rapproche de l'E. de l'aune.

187ᵉ. Erinéum de l'yeuse.   *Erineum ilicinum.*

E. ilicinum. Syn. Fl. gall. p. 15.

Cette espèce est l'une des plus communes de ce genre ; il est rare de trouver des chênes verts sans que leurs feuilles en soient chargées ; cet érinéum naît à leur surface inférieure, en taches arrondies, d'abord distinctes, puis confluentes au point de couvrir quelquefois la surface inférieure toute entière ; la couleur de ces taches est d'abord blanchâtre, puis rousse, et enfin d'un brun assez foncé : leur aspect est pulvérulent dans leur jeunesse; mais bientôt elles paraissent composées de petits filamens soyeux, courts, très-serrés et presque entre-croisés. Serait-ce, ainsi que plusieurs autres espèces de ce genre, une simple altération maladive des poils naturels à la feuille ?

187^f. Erinéum pourpre. *Erineum purpureum.*

E. purpureum. DC. Enc. bot. 8, p. 218.

Il naît à la surface supérieure des feuilles du bouleau à feuilles ovales (*Betula ovata,* Lin.); il y forme des taches arrondies ou irrégulières d'un pourpre vif, un peu cotonneuses et d'un aspect soyeux, composées de filets peu distincts, cylindriques, assez adhérens à l'épiderme. Il a quelques rapports par sa couleur avec celui qu'on trouve sur le hêtre pourpre; mais il en est distinct par son apparence et sa station.

187^g. Erinéum du noyer. *Erineum ? juglandis.*

E. juglandis. Schleich. cent. exs. n. 92.

Il occupe la surface inférieure des feuilles du noyer commun, où il forme des taches écartées, arrondies, un peu proéminentes en dessous et remarquables en dessus, parce que l'épiderme de la feuille y est bosselé et irrégulièrement ridé : sa couleur est d'un blanc roussâtre, d'un aspect velu et soyeux; ses filamens ressemblent absolument à des poils, et ne sont peut-être autre chose; ils sont très-serrés, disposés en faisceaux, et paraissent simples, étiolés et pointus. J'indique cette production comme une plante parasite, parce qu'elle a été ainsi classée par d'autres naturalistes, et que je ne puis apporter aucune preuve positive du contraire; mais je ne serais point étonné qu'une observation plus attentive ne démontrât que ce sont de simples poils développés contre nature; c'est à cause de ce doute que je ne mentionne point ici des productions analogues que j'ai recueillies sur les ronces, sur les figuiers, etc., et qui pourront un jour être considérées comme autant d'espèces.

188e. Stilbum cotonneux. *Stilbum tomentosum.*

S. tomentosum. Schrad. Journ. bot. 2, pl. 1, p. 65, t. 3, f. 2. Pers. Syn. 680.

Toute la plante n'atteint pas une demi-ligne de longueur, et est de couleur blanchâtre; le pédicule est grêle, cylindrique; la tête petite, arrondie, persistante, d'abord diaphane, puis opaque: on observe à l'origine de ce champignon un petit duvet blanc et bissoïde, qui persiste souvent à la base de son pédicule. M. Schrader le regarde comme faisant partie du stilbum ; MM. Persoon et Chaillet pensent que ce pourrait bien être quelque petite espèce de bisse étrangère à notre stilbum : celui-ci croît, après les temps de pluie, sur diverses espèces de trichies ou autres champignons analogues. M. Schrader soupçonne que le *mucor villosus* de Bulliard, t. 5o4. f. 15, est le stilbum cotonneux représenté dans sa jeunesse ; il me paraît plus probable que c'est une autre espèce, mais appartenant au même genre.

188^d. Stilbum commun.　　*Stilbum vulgare.*

S. vulgare. Tode Mekl. 1, p. 1o, t. 2, f. 16. Pers. Syn. 682.

Cette espèce de stilbum est si petite, qu'on peut à peine l'apercevoir à la vue simple ; d'où il résulte qu'elle est peu connue, quoiqu'elle soit très-commune en automne sur les tiges sèches ou mourantes des herbes ; sa couleur est blanche et tire un peu sur celle de l'ocre lorsqu'elle est avancée en âge ; le pédicule est cylindrique, un peu épais, d'abord droit, quelquefois un peu couché dans la vieillesse de la plante, terminé par une petite tête globuleuse.

188e. Stilbum en forme de poil.　*Stilbum piliforme.*

S. piliforme. Pers. Syn. 681.

Son pédicule est droit, noir, grêle, en forme de poil, un peu roide, absolument glabre, et long d'une demi-ligne au plus ; sa base offre un petit évasement à peine perceptible : la tête est à peu près globuleuse, d'abord aqueuse, puis grisâtre. Elle tombe de bonne heure et avec facilité, de sorte qu'on trouve souvent les pédicules privés de leur tête ; et dans cet état, cette espèce est presque impossible à classer. Elle croît par groupes peu serrés, au printemps, sur les herbes sèches ou sur les troncs un peu pouris.

XVII^b. PÉRICONIE.　　*PERICONIA.* -

Periconia. Tod. Pers.

C_{AR}. Un pédicelle sec, roide, cylindrique, se termine par une petite tête globuleuse, couverte d'une poussière sèche et comme farineuse qui paraît être composée de graines sessiles et caduques.

O_{BS}. Toutes les espèces sont de couleur noire, et naissent par groupes sur les tiges sèches des herbes ; la tache noire qu'elles forment ressemble à celle des puccinies.

188^f. Périconie lichénoïde.　*Periconia lichenoïdes.*

P. lichenoïdes. Tod. Mekl. 2, p. 2, t. 8, f. 61. Pers. Syn. 686.

Son pédicelle est grêle, roide, capillaire ; sa tête globuleuse vésiculaire : le pédicule et la tête se couvrent d'une poussière d'un brun foncé qui tombe d'elle-même à la fin de la vie de la plante, et alors celle-ci prend l'éclat et presque la couleur de l'argent. Ce très-petit champignon, qui est à peine visible à l'œil, croît, au printemps et en été, sur les tiges mortes et demi-pouries de plusieurs plantes.

188ᵍ. Périconie bissoïde. *Periconia bissoïdes.*

P. bissoïdes. Pers. Syn. 6.6.

Cette très-petite espèce de champignon ressemble plus encore que la précédente à un petit bissus : elle diffère de la P. lichenoïde, parce que, selon M Persoon, sa tête est pleine et non vésiculaire, et que son pédicule est noir après la chute de la poussière. Elle croît, au printemps, sur les tiges mortes des herbes.

190ª. Hélotium doré. *Helotium aureum.*

H. aureum. Pers. Syn. 678. Alb. et Schw. Nisk. n. 1043.

Cette petite espèce d'hélotium ne s'élève pas à une demi ligne de hauteur ; elle est droite, d'un jaune doré très-vif ; son pédicule est grêle, cylindrique, un peu blanchâtre à sa base, où il est entouré par une petite touffe de coton blanc et ras ; sa tête est arrondie, presque orbiculaire, en forme de lentille. Il croît sur les écorces des vieux troncs de sapin. M. Chaillet l'a trouvé, au mois de mai, dans les montagnes du Jura.

XVIIIª. SPERMODERMIE. *SPERMODERMIA.*

Spermodermia. Tode.

Cᴀʀ. Champignon très-simple, demi-globuleux, sessile, spongieux à l'intérieur, revêtu d'une poussière très-fine qui semble tenir lieu d'écorce.

Oʙs. La vraie structure de ce champignon n'est pas encore bien connue ; ce genre paraît devoir être placé parmi les gymnocarpes, mais sa ressemblance avec les sclérotes pourra peut-être engager à le mettre auprès d'eux.

190ᵇ. Spermodermie clan- *Spermodermia clan-*
destine. *destina.*

S. clandestina. Tod. Mckl. 1, t. 1, f. 1.

Les tubercules sont convexes, hémisphériques, sessiles, orbiculaires, de 2 à 3 lignes de diamètre, d'un brun assez foncé, presque noirs à la fin de leur vie, d'une consistance spongieuse ; ils sont couverts à leur surface d'une poussière brune extrêmement fine, très-abondante, et qui se retrouve en grande quantité sur l'écorce

TOME V.

qui leur sert de support. Ce champignon croît attaché à la surface
interne de l'écorce à moitié pourie des vieux chênes ; M. Chaillet
l'a trouvé, au mois de mai, dans le Jura ; Tode, qui seul, parmi
les botanistes, en a fait mention, dit qu'on le trouve aussi au mois
de septembre.

191ᵃ. Pezize du rosier.　　　*Peziza rosæ.*

P. *rosæ*. Pers. Obs. 2, p. 82. Syn. 656. — *Myrothecium hispidum.* Tode
　　Mekl. 1, p. 27, t. 5, f. 41 ?

β ? *alni.*

Elle croît, au printemps, sur l'écorce des rameaux desséchés du
rosier des chiens ; sa consistance est un peu sèche et coriace ; ses
cupules sont sessiles, éparses, d'un brun presque noir, et prennent
naissance sur une espèce de duvet de la même couleur, analogue
aux bisses, et appliqué sur l'écorce ; chaque cupule est concave :
ses bords sont roulés en dedans, quelquefois au point de la fermer
presque entièrement ; la surface extérieure est ridée ou chagrinée,
revêtue d'un léger duvet ; la figure de Tode, qui d'ailleurs convient
bien à notre plante, s'en écarte, parce qu'elle indique des poils trop
longs et trop hérissés à la surface externe. La variété β que M. Chaillet
a trouvée au printemps sur l'écorce de l'aune, ressemble tellement
à la vraie P. du rosier, que je n'ose l'en séparer. Elle est cependant
d'un brun plus noir, et a la surface extérieure presque glabre.

191ᵇ. Pezize brune.　　　*Peziza fusca.*

P. *fusca*. Pers. Obs. myc. 1, p. 29. Syn. 657. Alb. et Schw. Nisk. n. 979.
　　var. α.

β ? *obscura.*

Un duvet épais, cotonneux, presque pulvérulent, d'un brun
foncé et tout-à-fait semblable à un bissus, recouvre l'épiderme et y
forme des taches arrondies ou oblongues qui ont souvent plusieurs
pouces de longueur : dans ce duvet naissent çà et là des cupules
éparses, absolument sessiles, orbiculaires, glabres au moins sur les
bords et à la surface supérieure, planes, ou ayant les bords légèrement relevés, d'un gris blanchâtre qui contraste avec la couleur du
duvet qui les entoure. Leur diamètre est au plus d'une ligne. Cette
pezize croît sur l'épiderme encore lisse des rameaux desséchés du
peuplier et de l'alizier. Je l'ai reçue de M. Persoon. La variété β que
M. Chaillet m'a communiquée, croît sur les branches desséchées du
cerisier, et pourrait bien former une espèce distincte ; son duvet est
d'une couleur plus noire, et moins épais ; ses cupules sont plus
petites et plus concaves. Elle se trouve indifféremment sur et sous

l'épiderme, et semble intermédiaire entre les *P. fusca* et *hypo-dermia*.

191ᶜ. Pezize hypoderme.   *Peziza hypodermia.*

Cette singulière espèce de pezize croît sous l'épiderme des ceri-siers, et forme sur leurs couches corticales des taches orbiculaires ou transversalement oblongues, presque toujours recouvertes par l'épi-derme. Dans leur jeunesse ces taches offrent un amas de petites cupules très – serrées, d'un gris roussâtre, presque globuleuses : ensuite les cupules sont plus écartées et situées sur un fond noir qui paraît formé par un duvet très–court, presque pulvérulent et très-fortement adhérent : les cupules sont sessiles, en forme de cylindre court, tronqué, épais et fort peu aminci à sa base, d'un noir vif à l'extérieur ; leur surface supérieure est d'un gris blanchâtre, plane, entourée d'un bord noir, relevé et entier. Elle est analogue, par son aspect et par sa manière de croître, au *sphæria pulchella*, et forme, à la manière des lichens, des taches qui vont en s'élargissant à leur circonférence par zones concentriques. J'ai trouvé cette plante, en été, à Bagneux, près Paris.

191ᵈ. Pezize des groseilliers.   *Peziza ribesia.*

P. ribesia. Pers. Disp. 35. Syn. 672.

Elle naît sous l'épiderme de l'écorce qu'elle perce, et dont elle sort par faisceaux de 3 à 10 individus ; chacun d'eux est de consistance coriace ; sa forme est celle d'un cône renversé de 1 à 2 lignes de longueur ; sa surface extérieure est noire, dépourvue de poils : la face supérieure commence par être plane, d'un blanc sale ; peu à peu les bords se relèvent, se roulent du côté intérieur, de manière à cacher entièrement la face supérieure qui devient aussi noirâtre : à la fin de sa vie, elle est tellement close qu'elle ressemble à une sphérie. M. Persoon a trouvé cette espèce sur le groseillier rouge ; M. Schlei-cher, sur le groseillier de roche.

191ᵉ. Pezize du cerisier.   *Peziza cerasi.*

P. cerasi. Pers. Syn. 673. Disp. 35.

Cette espèce sort de dessous l'épiderme comme la P. des groseilliers. Elle est le plus souvent éparse, solitaire ; sa consistance est coriace ; sa couleur absolument noire, même en dessous ; sa grandeur est variable d'une demi-ligne jusqu'à 2 lignes de diamètre ; elle est pres-que sessile ; son disque est d'abord plane et orbiculaire ; en gran-dissant il devient un peu convexe, et souvent un peu irrégulier sur les bords. Sa surface, vue à la loupe, est légèrement ponctuée, ce qui lui donne un grand rapport avec certaines sphéries ; sa substance interne est roussâtre. Elle croît sur les branches sèches du cerisier, au printemps.

191ᶠ. Pezize des conifères. *Peziza pinastri.*

Peziza pinastri. Pers. Obs. myc. 2, p. 83. Syn. 672. Alb. et Schw. Nisk. n. 1029.

Cette pezize sort de dessous l'épiderme, tantôt éparse et solitaire, tantôt par petits faisceaux de 2 à 5 individus serrés les uns contre les autres. Elle est d'une consistance coriace et d'une couleur noire très-prononcée et un peu luisante ; sa base se rétrécit en un pédicule très-court, épais, et en forme de toupie ; sa superficie est plane, arrondie, entourée par un rebord saillant et aigu ; lorsque les individus sont en faisceaux, ils sont souvent irrégulièrement déformés par leur pression mutuelle. Elle croît sur l'écorce des pins et des sapins.

191ᵍ. Pezize du prunellier. *Peziza prunastri.*

P. prunastri. Pers. Disp. 35. Syn. 673. Alb. et Schwein. Nisk. n. 1030, var. *α.*

Elle sort de dessous l'épiderme, tantôt solitaire, plus souvent par faisceaux de 2 à 4 individus ; chacun d'eux a la forme d'une toupie rétrécie en pétiole épais ; sa consistance est dure, sèche ; sa couleur noire en dehors, d'un brun foncé à l'intérieur ; son disque est plane, noir, un peu luisant, entouré d'un rebord entier, légèrement proéminent. M. Chaillet l'a trouvée, au printemps, dans le Jura, sur le prunier épineux.

191ʰ. Pezize farineuse. *Peziza farinacea.*

P farinacea. Pers. Syn. 672.

Elle sort de dessous l'épiderme du pin sauvage, le plus souvent solitaire, quelquefois par groupes de 2 à 5 individus ; elle est sessile, d'un brun foncé, et toute recouverte, surtout à la face supérieure, d'une poussière grisâtre ; sa consistance est coriace ; son diamètre est d'une ligne environ ; ses bords sont un peu ridés et tendent à se replier en dedans, surtout lorsqu'elle est sèche. Lorsqu'elle croît par groupes, elle prend une forme un peu oblongue, et quand elle a ses bords fortement repliés en dedans, elle ressemble un peu à certains hystériums. On la trouve en hiver.

191ⁱ. Pezize du sapin. *Peziza abietis.*

P. abietis. Pers. Syn. 671. Nestl. et Moug. vog. n. 399.

Elle naît par groupes de 3 à 5 individus très-rapprochés, presque soudés par leurs bases, et sort de dessous l'épiderme qu'elle déchire irrégulièrement; sa couleur est d'un noir tirant un peu sur le brun ou sur le vert d'olive; chaque individu est en forme de toupie courte et épaisse; sa surface supérieure est presque plane, mais entourée par un rebord épais, proéminent, arrondi ou irrégulièrement ridé, et qui tend à se rouler en dedans. Chaque groupe n'a que 2 lignes de diamètre. Elle croît sur les troncs et les branches de sapin.

191ʲ. Pezize des cônes.   *Peziza strobilina.*

P. abietis β strobilina. Alb. et Schwein. Nisk. p. 342.

Cette espèce ne sort point de dessous l'épiderme, et est éparse à sa surface; elle est de consistance un peu coriace et de couleur noire; tantôt sessile, plus souvent munie d'un pédicelle très-distinct et fort aminci à sa base; sa cupule est régulièrement orbiculaire, d'une demi-ligne au plus de diamètre; ses bords sont épais, proé-minens, et tendent à se rouler en dedans. Elle croît sur les écailles des cônes du sapin. M. Chaillet, qui l'a observée fraîche et me l'a communiquée, observe aussi qu'elle diffère entièrement de l'espèce précédente.

191ᵏ. Pezize sanguine.   *Peziza sanguinea.*

P. sanguinea. Pers. Syn. 657. DC. Syn. Fl. gall. 17.

Ses cupules sont petites, noires, glabres, planes, orbiculaires, sessiles, de consistance coriace, naissant en grand nombre, rappro-chées mais distinctes, placées sur un duvet mince, d'un rouge vif qui disparaît souvent à la fin de la vie de la plante. Cette jolie pezize croît sur le bois mort, et principalement sur les troncs de hêtre.

194ᵃ. Pezize noire et blanche.   *Peziza leucomela.*

P. leucomela. Pers. Syn. 670.
β. Umbelliferæ.

Elle ressemble beaucoup à la P. patellaire; sa consistance est un peu coriace; ses cupules sont cependant plus éparses, moins planes, plus concaves, noires en dehors et sur les bords, mais blanchâtres à la face supérieure; leurs bords sont épais, très-proéminens, un peu roulés en dedans et très-légèrement ridés. M. Persoon dit qu'elle perce l'épiderme des rameaux du coudrier. La variété β a été trouvée par M. Chaillet, en été, sur les tiges sèches de l'impératoire sauvage, variété β.

194ᵇ. Pezize de la livèche.   *Peziza ligustici.*

Elle naît éparse, sessile; sa couleur est d'un brun presque noir;

sa consistance dure, charnue, assez ferme; elle a une demi-ligne
de diamètre; sa surface supérieure est concave, entourée d'un bord
épais, régulier, très-légèrement ridé en travers, glabre, ainsi que
le reste de la plante; la substance intérieure est blanchâtre, et la
chair est souvent (au moins à l'état dé dessiccation) séparée de la
peau supérieure par un petit interstice. J'ai trouvé cette pezize,
en été, dans les Pyrénées, croissant sur les tiges mortes de la livèche
du Péloponèse. Elle naît sous l'épiderme qu'elle soulève et qui se
détache par fragmens, de sorte que, dans la fin de sa vie, elle en
paraît entièrement dénudée.

194ᶜ. Pezize comprimée.   *Peziza compressa.*

P. compressa. Pers. Syn. 670. Disp. 34.

Cette espèce est l'une des plus petites de tout le genre; elle croît
sur les bois dénudés d'écorce, sur lesquels elle paraît, à l'œil nu,
comme un amas de petits points noirs; lorsqu'on l'examine à la
loupe, chacun d'eux est une petite coupe sessile, glabre, à peu près
plane, avec les bords légèrement proéminens; dans son état frais,
elle tire un peu sur le roux, et a une forme orbiculaire; desséchée,
elle est tout-à-fait noire, et prend à peu près la forme d'une coupe
comprimée : souvent cependant elle reste orbiculaire, de sorte que
son nom spécifique pourrait empêcher de la reconnaître.

195ᵃ. Pezize citrine.   *Peziza citrina.*

P. citrina. Pers. Disp. 34. Syn. 553. DC. Syn. Fl. gall. p. 16. — *Octospora
citrina.* Hedw. St. cr. 2, p. 28, t. 8, f. B.

Cette pezize ressemble à la **P. lenticulaire**; elle est d'un jaune
citron bien décidé; sa forme est celle d'un cône renversé, ou, en
d'autres termes, son pédicule est court, épais, un peu aminci à sa
base, évasé en un disque concave, à bords entiers, glabres, un peu
roulés en dedans; sa hauteur et son diamètre varient de 1 à 2 lignes
au plus. Elle croît en sociétés nombreuses, mais dont les individus
ne sont pas soudés, sur les bois dénudés d'écorce et dans les lieux
montueux et humides, principalement sur le chêne et le hêtre.

197ᵃ. Pezize noirâtre.   *Peziza nigrella.*

P. nigrella. Pers. Syn. 648. DC. Syn. Fl. gall. 16. — *Elvela hemisphærica.*
Wulf.

Sa consistance est un peu coriace, et elle atteint à peu près la
moitié de la grosseur d'une noisette; elle est noire sur les deux
surfaces, sessile, concave, presque hémisphérique, lisse à l'intérieur,
recouverte en dehors d'un duvet court et cotonneux; son bord est

entier, souvent irrégulièrement contourné. Elle croît sur les bois pouris, dans les lieux frais et humides des Alpes.

199ᵃ. Pezize à frange blanche. *Peziza leucoloma.*

P. *leucoloma.* Pers. Syn. 665. — *Octospora leucoloma.* Hedw. St. cr. 2, p. 13, t. 4, f. A.

Cette pezize ne passe guère une ligne de diamètre ; à sa naissance elle est presque globuleuse, et s'épanouit ensuite en un disque orbiculaire tout-à-fait plane, d'un rouge de minium assez vif, entouré d'un rebord blanc peu proéminent, un peu réfléchi en dedans, frangé et comme déchiré, lorsqu'on le voit à une forte loupe. Elle adhère au sol par un petit faisceau de radicules. Elle croît sur la terre entre les mousses, et a été trouvée aux environs du Mans par M. Desportes.

199ᵇ. Pezize amorphe. *Peziza amorpha.*

P. *amorpha.* Pers. Syn. 657. Nestl. et Moug. vog. n. 398.

Cette singulière pezize ressemble un peu aux auriculaires ; à sa naissance elle paraît sortir de dessous l'épiderme ; elle a alors l'apparence d'un petit bouton convexe, blanchâtre, un peu cotonneux ; elle s'épanouit ensuite en une cupule orbiculaire, plane, sessile, de 1 à 3 lignes de diamètre, d'un roux pâle, entourée d'un rebord blanc peu proéminent, et légèrement cotonneux aussi bien que la surface inférieure ; enfin cette cupule s'accroît et devient alors de forme irrégulière ; souvent cette irrégularité s'accroît encore, parce que les individus voisins se soudent ensemble. MM. Nestler et Mougeot l'ont trouvée, au printemps, dans les Vosges, éparse sur l'écorce des sapins abattus, et M. Chaillet dans le Jura.

199ᶜ. Pezize des pins. *Peziza pithya.*

P. *pithya.* Pers. Ic. et Descr. fung. p. 43, t. 11, f. 2. Syn. 652. Nestl. et Moug. vog. n. 298.

Elle croît éparse sur les petites branches mortes et tombées des pins et des sapins ; elle y est presque sessile ou rétrécie en un court pédicule ; celui-ci, ainsi que la face externe, est revêtu d'un duvet blanchâtre extrêmement court et à peine apparent ; la cupule est plane avec le bord proéminent, orbiculaire, glabre, d'un rouge clair ; elle atteint 2 à 3 lignes de diamètre. MM. Mougeot et Nestler l'ont trouvée dans les Vosges ; M. Chaillet dans le Jura.

200ᵃ. Pezize cannelle. *Peziza cinnamomea.*

Elle sort de dessous l'épiderme, solitaire ou par groupes ; sa couleur est absolument celle de la cannelle ; sa consistance est mince,

un peu charnue ; elle est sessile, glabre, un peu pulvérulenté **en**
dessous, plane ou un peu ondulée et comme sinuée sur les bords,
de forme un peu irrégulière. Elle croît sur l'écorce des chênes,
parmi les touffes des lichens, au printemps, dans le Jura, où elle
a été découverte par M. Chaillet.

203ᵃ. Pezize couleur de feu.   *Peziza flammea.*

P. flammea. Alb. et Schwein. Nisk. n. 952, t. 1, f. 6.

A sa naissance cette pezize est globuleuse ; ensuite elle s'épanouit
en une cupule sessile, régulièrement hémisphérique, dont les bords
sont épais, un peu roulés en dedans, ridés et comme crénelés ; le
diamètre ne dépasse guère une ligne. La plante est toute entière
d'une couleur de rouille très-vive et tirant sur la couleur de feu ;
sa surface extérieure est ridée, très-légèrement cotonneuse. Elle
croît sur les bois durs desséchés et dépouillés d'écorce, en automne,
dans le Jura.

203ᵇ. Pezize verdâtre.   *Peziza virens.*

P. virens. Alb. et Schwein. Nisk. n. 1011, t. 10, f. 10.

Une croûte mince et adhérente, d'un vert un peu olivâtre et
tirant sur le jaune par la dessiccation, porte des cupules éparses,
nombreuses, sessiles, orbiculaires, couleur de chair ou d'un blanc
un peu rougeâtre ; leur bord est épais, glabre, parfaitement entier ;
le disque est plane, étroit, un peu plus coloré que le bord ; le
diamètre de ces cupules est à peine d'une demi-ligne. Cette pezize,
comme toutes celles qui ont une croûte pulvérulente, ressemble
beaucoup aux patellaires. Elle croît dans les cavités des vieux troncs
de sapin, au printemps, dans le Jura.

204ᵃ. Pezize citrinelle.   *Peziza citrinella.*

P. sulphurea. Pers. Syn. 649 ? ?

Elle est éparse, sessile, d'un jaune intermédiaire entre celui du
sou re et celui du citron, de 1 à 2 lignes de diamètre, d'une consis-
tan e mince et charnue, susceptible de reprendre sa forme et sa
couleur lorsque, étant sèche, elle est de nouveau humectée ; ses
cupules sont d'abord globuleuses, puis en forme de coupe hémisphérique ; le bord est entier ; la surface extérieure est garnie d'un
duvet très-court, à peine apparent à de fortes loupes, et beaucoup
plus court que dans les deux espèces désignées par M. Persoon sous
le nom de *P. sulphurea ;* la surface intérieure est concave, glabre,
munie dans le fond, d'après l'observation de M. Chaillet, de petites
cupules éparses, noires, proéminentes, qui rapprochent cette espèce

des ascoboles. Elle a été trouvée par M. Chaillet, dans le Jura, au printemps, sur l'écorce des tiges des plantes herbacées mortes et tombées à terre.

206ᵃ. Pezize en forme de calice. *Peziza calycina.*

> *P. calycina.* Pers. Syn. 653. — *Octospora calyciformis.* Hedw. St. cr. 2, p 78, t. 22, f. B.

Elle n'est pas tout-à-fait sessile, mais sa base a à peu près la forme d'une toupie, de 1 à 2 lignes au plus de longueur ; sa surface extérieure est blanche, légèrement veloutée ; le bord est blanc, un peu velu : il se roule en dedans dans la jeunesse de la plante, et alors la cupule est concave ; à mesure que le bord s'étale, la cupule tend à devenir plane ; elle est d'une teinte rose tirant sur la couleur de l'ocre, lisse, orbiculaire. Cette pezize croît solitaire, ou par groupes de 2 à 3 individus un peu soudés par leur base. M. Chaillet l'a trouvée à la fin de l'hiver, dans le Jura, sur l'écorce des sapins.

207ᵃ. Pezize hérissée. *Peziza hispidula.*

> *P. hispidula.* Schrad. Journ. 2, p. 64, n. 15. — *P. strigosa β.* Pers. Syn. 648. Alb. et Schw. n. 949.

Ses cupules sont éparses, sessiles, concaves, d'une ligne environ de diamètre, d'une consistance charnue, d'une couleur grisâtre pâle à la face supérieure ; l'extérieure est d'un roux noirâtre, hérissée de poils longs, roides, un peu luisans. Elle croît sur l'écorce des petites branches d'herbes ou d'arbres tombées à terre.

207ᵇ. Pezize roux olivâtre. *Peziza rufo-olivacea.*

> *P. rufo-olivacea.* Alb. et Schw. Nisk. n. 953, t. 11, f. 4.

Elle ressemble beaucoup à la précédente, mais elle est d'un roux plus décidé, et sa surface extérieure, au lieu de porter de longs poils, est garnie d'un duvet court et comme pulvérulent qui lui donne presque un aspect grenu et chagriné ; la surface supérieure est moins concave, d'une teinte un peu olivâtre ou blanchâtre. Je réunis ici trois pezizes, ou tout-à-fait identiques, ou bien voisines ; celle de MM. Albertini et Schweinitz croît, en été, sur les branches mortes de la ronce. M. Chaillet a trouvé les deux autres, au printemps, sur les branches mortes de l'yèble et du troëne.

207ᶜ. Pezize gris bleuâtre. *Peziza cæsia.*

> *P. cæsia.* Pers. Syn. 657. — *P. lichenoïdes.* Pers. Ic. et Descr. fung. p. 29, n. 31, t. 8, f. 1 et 2.

Ses cupules sont rapprochées, distinctes, sessiles, presque planes,

d'un gris un peu bleuâtre, quelquefois blanchâtres, d'une ligne
environ de diamètre, d'une consistance charnue un peu gélatineuse,
entourées d'un rebord à peine proéminent et d'un gris un peu foncé;
de leur surface inférieure partent des filamens bissoïdes blanchâtres,
d'une extrême tenuité, qui, en se réunissant ensemble, forment sous
les groupes des cupules une espèce de tapis aranéeux très-délicat.
M. Persoon l'a trouvée, en automne, sur des rameaux de chêne
dénudés d'écorce; M. Chaillet, au printemps, sur des morceaux de
bois de sapin sans écorce.

208ª. Pezize velue.   *Peziza villosa.*

P. villosa. Pers. Syn. 655. — *P. sclerotium.* Pers. Obs. myc. 2, p. 84.

Cette espèce, l'une des plus petites de ce genre, se distingue à
peine à l'œil nu; vue à la loupe, elle paraît sessile, éparse, d'une
teinte un peu jaunâtre, hérissée de toutes parts d'un duvet blanc,
serré et assez long relativement à la petitesse de la plante; elle ne
s'ouvre que dans les temps très-humides, et paraît habituellement
sous la forme d'une lentille presque globuleuse. Elle croit, au printemps, sur l'écorce des herbes mortes.

209ª. Pezize? poria.   *Peziza ? poriæformis.*

P. anomala γ poriæformis. Pers. Syn. 656.

Ce champignon forme une croûte d'un gris cendré pâle, adhérente au bois qui lui sert de support, et beaucoup plus semblable
aux espèces d'hydnes ou de bolets dont le chapeau est renversé,
qu'à une vraie Pezize; de cette espèce de croûte s'élèvent de petites
papilles de la même couleur qu'elle, d'une apparence granuleuse,
d'abord simplement obtuses, puis s'ouvrant au sommet par un petit
pore entouré d'un bord proéminent. Elle croît sur le bois demi-
pouri, dans la cavité intérieure des vieux saules blancs, et sur les
vieilles poutres, à la machine de Marly.

211ª. Pezize des herbes.   *Peziza herbarum.*

P. herbarum. Pers. Disp. 72. Syn. 664.

Elle croit le plus souvent rapprochée en groupes, dont les individus sont quelquefois soudés par les bords; elle est sessile, ou
portée sur un très-court pédicelle; sa consistance est charnue; sa
couleur d'un blanc un peu roussâtre, son diamètre d'environ une
ligne, sa superficie absolument glabre, d'abord plane, ensuite un
peu convexe. Elle croit, en automne, sur les tiges desséchées des
grandes plantes herbacées.

226ª. Pezize de cire.   *Peziza cerea*.

α. Infundibuliformis. — P. cerea. Pers. Syn. 643.
β. Campanulata. — P. cerea. Bull. Herb. t. 44.

Cette pezize a parfaitement la consistance de la cire ; elle naît
sur la terre dans les jardins, les couches et les serres, le plus souvent en automne, et par groupes de 2 à 6 individus qui semblent
partir d'un point central ; chacun d'eux offre, dans la variété *α*,
un pédicule épais, très-court, qui s'évase dès le collet en une espèce
d'entonnoir, peu régulier et très—ouvert ; la surface supérieure est
unie, d'un blanc tirant un peu sur la couleur de chamois très-pâle ;
l'inférieure a à peu près la même teinte, mais est revêtue, surtout
vers la base, d'une poussière d'un blanc de neige, et qui, vue à la
loupe, semble composée de très-petits flocons bissoïdes. La variété *β*,
que je ne connais que par la figure de Bulliard, s'évase dès le collet
en une coupe en forme de bowl ou de cloche ; ses—bords sont recourbés en dedans, puis droits, mais non étalés ; enfin sa surface
externe est au moins, dans sa jeunesse, garnie de petits flocons
plus visibles.

233ª. Pezize du peuplier.   *Peziza populnea*.

P. populnea. Pers. Disp. 35. Syn. 671. — *P. sphærioïdes*. Roth. Ann.
bot. 1, p. 11, t. 1, f. 6 ?

Sa consistance est intermédiaire entre celle des P. gélatineuses et
des P. coriaces ; elle est un peu sèche et ferme ; elle croît par groupes
de 3 à 4 individus qui sortent de dessous l'épiderme, et sont tellement serrés les uns contre les autres, qu'ils se déforment mutuelle-
ment. Les cupules sont d'un gris brunâtre, un peu ridées ; leur
diamètre est de 3 à 4 lignes ; elles sont presque sessiles : leur face
supérieure est concave, entourée par un rebord épais et proéminent.
On trouve cette plante, au printemps et en hiver, sur les rameaux
desséchés des peupliers et du saule, dans le Jura, le Maine, etc.

233ᵇ. Pezize du coudrier.   *Peziza coryli*.

P. coryli. Schleich. pl. exsic.

Elle naît ou solitaire, ou par groupes de 2 à 3 individus qui
semblent partir d'une base commune ; sa consistance est sèche,
coriace ; les cupules sont sessiles, rarement arrondies, mais irrégulièrement pliées ; leur diamètre est de 4 à 5 lignes ; les bords tendent
à se rouler ou à se plier en dedans ; la surface extérieure est grise et
comme chagrinée, parce qu'elle est chargée de petits points proéminens ; l'intérieure est noirâtre. Elle croît sur le noisetier, et a été
observée par M. Schleicher.

234ᵃ. Tremelle des sapins.   *Tremella abietina.*

T. abietina. Pers Syn. 627. Obs. myc. 78.

Sa consistance est molle, plutôt charnue que vraiment gélatineuse ; elle forme des disques rapprochés, quelquefois soudés, sessiles., glabres, arrondis ou irréguliers, de 1 à 2 lignes de diamètre, planes ou un peu convexes, d'abord unis, puis un peu sinueux ou ridés, d'un rouge tirant sur l'orangé, devenant blanchâtre en mourant. J'ai trouvé cette plante près de Pontarlier, dans le Jura, croissant sur le bois des sapins coupés.

234ᵇ. Tremelle de l'ortie.   *Tremella urticæ.*

T. urticæ. Pers. Syn. 628. — *T. sepincola.* Wild. in Bot. magn. 4, p. 182.

Cette production singulière se présente sous la forme de taches rouges, un peu gélatineuses, très-légèrement convexes, ovales ou arrondies, souvent confluentes, de manière à former des raies longitudinales, plus ou moins interrompues, sur l'écorce de l'ortie dioïque sèche. Elle se trouve au printemps ; sa nature est encore fort mal connue. — On trouve sur plusieurs autres plantes des taches gélatineuses, analogues à cette tremelle, mais différentes par leur forme ou leur couleur ; ce sont probablement de nouvelles espèces à ajouter au genre où l'on se décidera à placer la T. de l'ortie. Je n'ose encore les admettre au nombre des espèces végétales, jusqu'à ce qu'elles aient été mieux observées.

240ᵃ. Tremelle jaunâtre.   *Tremella lutescens.*

T. lutescens. Pers. Ic. et Descr. fung. p. 33, t. 8, f. 9. Syn. 622.

Elle ressemble beaucoup pour sa forme aux diverses variétés de la T. mésentère ; mais elle paraît en différer par sa couleur d'un jaune pâle, et surtout par sa consistance très-molle, presque mucilagineuse et non élastique, ni cartilagineuse. Elle croît, en automne, sur les branches du hêtre, dans le Jura, d'où elle m'a été envoyée par M. Chaillet.

244ᵃ. Helvelle à court pédicule.   *Helvella brevipes.*

Elle ressemble beaucoup à l'H. élastique et à l'H. en mitre, mais elle diffère de l'une et de l'autre, parce que son pédicule, quoiqu'aussi épais que dans ces deux espèces, ne dépasse pas un pouce de longueur ; sa consistance est coriace ; son pédicule est roux, fistuleux, cylindrique, ou à peine marqué de 1 ou 2 sillons longitudinaux ; son chapeau est brun, en forme de mitre. M. Desportes a trouvé cette helvelle au printemps, croissant sur la terre, dans le bois de Funay, près du Mans.

**246ª. Helvelle à pédicule com-   *Helvella platypoda.*
      primé.**

Cette espèce d'helvelle est l'une des plus petites du genre et ne
s'élève guère au delà de 6 lignes ; sa consistance est gélatineuse,
un peu coriace ; son pédicule est absolument comprimé, d'un blanc
sale, terminé par un chapeau brunâtre irrégulièrement plissé ou
ondulé, assez petit, un peu rabattu par les bords. M. Aubin a
trouvé ce champignon, croissant sur la terre, aux environs de Grasse,
en Provence.

249ª. Clavaire à pied rouge.   *Clavaria erythropus.*

C. erythropus. Pers. Syn. 606.

Elle croît sur les pétioles et les jeunes branches mortes et tombées
à terre ; on trouve sous leur épiderme un tubercule arrondi, déprimé, d'un brun noirâtre, très-légèrement sillonné, de ce tubercule
s'élèvent 1 ou 2 pédicelles, droits, roides, grêles, cylindriques, d'un
pourpre noirâtre, qui se terminent par une petite massue cylindrique, blanchâtre ou un peu jaunâtre ; toute la plante n'a que
4 à 6 lignes de longueur. Elle m'a été communiquée par M. Chaillet,
qui l'a trouvée en automne dans des tas de feuilles mortes, mais
croissant seulement sur les pétioles et les nervures des feuilles de
noyer.

249ᵇ. Clavaire tordue.   *Clavaria gyrans.*

C. gyrans. Batsch. El. f. 164. Pers. Syn. 606.

Un tubercule radical, lisse, petit, de couleur pâle, donne naissance
à un pédicelle grêle, allongé, filiforme, faible, pubescent, blanchâtre,
tantôt droit, tantôt un peu tordu sur lui même ; ce pédicelle se
termine par une petite massue blanchâtre ou un peu jaunâtre ; la
longueur de la plante ne passe guère 3 à 5 lignes. Elle croît sur les
feuilles sèches tombées à terre.

249ᶜ. Clavaire faux sclérotium.   *Clavaria sclerotioïdes.*

M. Chaillet a trouvé cette plante, en été, dans le Jura, sur les
tiges desséchées de la gentiane jaune ; sous son épiderme naissent
des tubercules compactes, épais, fort semblables à certains sclérotiums, noirs à l'extérieur, blancs à l'intérieur, qui soulèvent l'épiderme et paraissent au-dehors avec leur face supérieure ponctuée ou
plutôt granulée à la manière de la peau de chagrin ; du milieu de ces
tubercules s'élève une petite massue longue de 2 à 3 lignes, charnue,
amincie à sa base, obtuse au sommet, absolument glabre, de couleur

rousse à l'état de dessiccation, mais qui parait avoir été blanchâtre lorsqu'elle était fraîche. Peut-être quelques-unes des productions décrites par les auteurs sous le nom de sclérotium, ne sont-elles autre chose que des tubercules de clavaires analogues à celles-ci, et où la petite massue n'était pas encore développée ou était déjà tombée. Notre clavaire sclérotium parait très-analogue à la *C. granulata*; mais elle diffère trop de la figure que Wildenow en a publiée (Prod. t. 7. f. 18.) pour pouvoir y être rapportée.

253ᵃ. Clavaire? des crottes de chat.   *Clavaria? felina.*

Cette singulière production a été observée par MM. Chaillet et Coulon, croissant dans une cave sur des crottes de chat. On voit d'abord se former sur celles-ci des espèces de tubercules blancs, arrondis, peu réguliers, d'un aspect poudreux ou un peu barbu; de là, s'élèvent ensuite des faisceaux composés de filamens d'un beau blanc, longs de 6 à 7 lignes, simples ou rarement rameux, grêles, filiformes, aigus, nus à leur base, puis hérissés en tous sens par des poils extrêmement délicats et qui, vus au microscope, paraissent découpés comme les barbes des plumes. Est-ce une clavaire, un byssus, ou quelque genre non encore décrit?

260ᵃ. Clavaire visqueuse.   *Clavaria viscosa.*

C. viscosa. Pers. Comm. p. 53, t. 1, f. 5. Syn. 594.

Elle est charnue, tenace, haute d'un pouce environ, visqueuse à sa surface, d'un jaune doré, ramifiée, tantôt dès sa base, tantôt vers son sommet; les rameaux extrêmes sont tous bifurqués, à ramifications pointues, un peu divergentes, et semblables à des cornes; elle croît dans le Jura, dans les forêts de sapin, sur les morceaux de bois ou autres débris de cet arbre; sa racine, qui est assez longue, pénètre dans le bois, d'après M. Persoon.

265ᵃ. Clavaire des herbes.   *Clavaria? herbarum.*

C. herbarum. Pers. Comm. p. 69, t. 3, f. 4. Syn. 605. — *Acrospermum compressum.* Tode Mekl. 1, p. 8, t. 2, f. 13.

Cette petite espèce ne s'élève guère au-delà de 1 à 2 lignes de longueur; elle est d'une consistance tenace, un peu dure, de couleur noirâtre tirant sur le vert d'olive lorsqu'elle est fraîche, de la forme d'un ellipsoïde comprimé et aminci à sa base; elle croit droite, solitaire ou disposée en très-petits groupes, sur l'écorce des tiges sèches des herbes, au printemps.

274ᵃ. Auriculaire terrestre. *Thelephora terrestris.*

T. terrestris. Ehr. pl. exsic. n. 178. Pers. Syn. 566. Moug. et Nestl. vog. n. 297. — *T. mesenteriformis.* Wild. Fl. berol. t. 7, f. 15.

Elle est presque absolument sessile, attachée par le côté, et se soutient dans une position ordinairement oblique ; son chapeau est arrondi ou lobé, un peu imbriqué, plane, de consistance un peu charnue, de ½ à 1 ½ pouce de diamètre ; sa surface supérieure est hérissée de poils ou d'écailles piliformes couchées ; les deux surfaces sont d'un brun assez foncé. Elle croît sur la terre sablonneuse, en automne, dans les forêts. MM. Mougeot et Nestler l'ont trouvée dans les Vosges.

275ᵃ. Auriculaire du pin. *Thelephora pini.*

T. pini. Schleich. pl. exsic. — *T. abietina.* β. *pinea.* Alb. et Schw. Nisk. n. 820.

Sa consistance est mince, coriace ; son diamètre ne dépasse guère 2 à 4 lignes ; elle adhère par le centre de son disque ; ses bords sont appliqués dans leur jeunesse et se relèvent ensuite ; sa forme est d'abord orbiculaire, et devient souvent ensuite ou oblongue ou irrégulière par la soudure de plusieurs individus ; ses deux superficies sont glabres ; celle qui est voisine de l'écorce est presque noire, l'autre est d'un roux brun, presque point luisante et munie de quelques petites papilles. Elle croît en sociétés nombreuses sur l'écorce du pin sauvage, dans les Alpes et le Jura.

275ᵇ. Auriculaire rompue. *Thelephora frustulata.*

T. frustulata. Pers. Syn. 577.

Cette auriculaire est remarquable par sa consistance épaisse et dure comme du bois ; elle adhère par son centre, et forme des disques arrondis, oblongs ou un peu sinueux, de 4 à 6 lignes de diamètre, amincis sur les bords, et épais vers le centre ; la surface inférieure est noirâtre, zonée, glabre ; la supérieure est plane, d'un roux pâle, légèrement grisâtre, d'une apparence un peu plus charnue et comme poudreuse ; dans sa vieillesse, ce champignon se rompt de lui-même en fragmens arrondis. Il croît sur les vieilles poutres de la machine de Marly, où il a été observé au printemps, par M. Dufour.

275ᶜ. Auriculaire en disque. *Thelephora disciformis.*

Helvella disciformis. Vill. Dauph. 4, p. 1046 ? — *T. acerina* β *quercina.* Pers. Syn. 582 ?

Elle est d'une consistance mince, coriace, sèche, d'une couleur blanche, un peu sale en-dessous ; elle adhère à l'écorce par sa partie centrale, et a ses bords libres à peine relevés ; elle forme des disques irrégulièrement arrondis de 6 à 8 lignes de diamètre ; sa surface stérile est garnie sur les bords d'un duvet mou, court et serré ; la surface fertile est glabre, un peu bosselée et relevée çà et là de très-petites papilles. Elle est assez commune sur l'écorce des chênes vivans. M. Chaillet l'a observée dans le Jura, et si le synonyme de Villars se rapporte réellement ici, elle aurait aussi été trouvée en Dauphiné.

276ª. Auriculaire cendrée.   *Thelephora cinerea.*

T. cinerea. Pers. Syn. 579. Alb. et Schwein. n. 843. — *Corticium cine-reum.* Pers. Disp. 31.

Elle forme des plaques très-adhérentes, planes, assez étendues, parfaitement glabres même sur les bords, minces, d'une chair un peu sèche, d'un gris cendré, très-fendillée surtout dans leur vieillesse, et relevée çà et là en petites papilles éparses et obtuses. Elle croît, au printemps et en automne, sur l'écorce et sur le bois dénudé d'écorce des branches du chêne, de l'érable, du sureau, de l'aune, etc.

276ᵇ. Auriculaire couleur de chaux.   *Thelephora calcea.*

T. calcea. Pers. Syn. 581. Alb. et Schw. Nisk. n. 845.
α. *Communis.*
β. *Nivea.*

Cette auriculaire est assez commune, mais semble moins une plante développée que l'origine de quelque autre cryptogame ; elle n'offre qu'une plaque mince, blanche, à peine légèrement fongueuse, parfaitement glabre, légèrement fendillée, étendue irrégulièrement sur les bois et les écorces ; on y observe çà et là de petites papilles grises ou brunâtres, très-peu proéminentes ; la var. α est surtout remarquable par son peu d'épaisseur ; la var. β est un peu plus consistante, et ressemble davantage à un champignon ; l'une et l'autre croissent sur les poutres, les bois et les écorces de divers arbres.

277ª. Auriculaire polygone.   *Thelephora polygonia.*

T. polygonia. Pers. Syn. 574. Alb. et Schwein. Nisk. n. 822. — *Corticium polygonium.* Pers. Disp. 30. — *T. colliculosa.* Hoffm. Germ. 2, t. 6.

Cette auriculaire naît absolument appliquée sur l'écorce des chênes, des peupliers, des marronniers, etc. ; elle y forme des plaques oblongues ; sa surface stérile n'est point visible ; sa surface fertile est d'un roux pâle, tirant sur la couleur de la chair ; en desséchant elle devient un peu cendrée ; cette surface se relève çà et là en petites papilles ou aréoles proéminentes, d'abord arrondies, puis anguleuses. Elle est assez fréquente au printemps et en automne.

277^b. Auriculaire rose. *Thelephora rosea.*

T. rosea. Pers. Syn. 575. — *Corticium roseum.* Pers. Disp. 31.

Elle ressemble à l'A. polygone, mais sa surface est lisse, quelquefois un peu fendillée par la dessiccation, mais non relevée en papilles proéminentes; sa substance est très-mince et un peu charnue; sa surface est d'un rose tendre assez prononcé, parfaitement glabre, excepté sur les bords qui sont blancs et bissoïdes, c'est-à-dire, formés par des filamens menus, rameux, un peu soyeux et très-exactement appliqués sur l'écorce. Elle croit sur l'écorce encore lisse des arbres. M. Persoon l'indique sur le tremble. M. Chaillet l'a trouvée dans le Jura, au printemps, sur le prunier épineux.

277^c. Auriculaire veloutée. *Thelephora? velutina.*

T. rosea. Alb. et Schwein. Nisk. n. 825?

Cette plante ressemble à l'A. rose, mais en est en réalité tellement différente, que peut-être elle n'apppartient pas au même genre; elle forme sur l'écorce des arbres des taches arrondies ou oblongues dont le centre est d'un rouge vineux et dont le bord est blanc; la partie centrale est mince, un peu charnue; vue à la loupe, elle offre une apparence pulvérulente ou veloutée, formée par un duvet extrêmement fin et court. La partie marginale est absolument bissoïde ou formée par des filamens rameux, rayonnans, très-adhérens à l'écorce et analogues à ceux des bisses; ces filamens s'aperçoivent même dans la partie colorée, qui semble n'être formée que de filets bissoïdes superposés. M. Chaillet a trouvé cette plante dans le Jura, sur les vieux troncs de chêne.

277^d. Auriculaire bissoïde. *Thelephora bissoïdea.*

α. *Muscicola.* — *T. bissoïdes.* Pers. Syn. 577.
β. *Ramealis.* — *T. bissoïdes.* Alb. et Schwein. 835.

Cette espèce de champignon intermédiaire entre les bisses et les auriculaires est d'un jaune sale, un peu verdâtre; ses bords et sa superficie presque entière sont hérissés de poils; la partie centrale un peu charnue semble le rapprocher des autres auriculaires; la var. α. croit sur les tiges des grandes mousses qu'elle enveloppe quelquefois en entier. M. Desvaux l'a trouvée aux environs de Paris. La var. β. croît sur le bois denudé d'écorce. M. Chaillet l'a trouvée dans le Jura. Cette plante croît aussi sur la terre et sur les feuilles mortes des pins et des sapins, d'après M. Persoon; et sur leur écorce, d'après MM. Albertini et Schweinitz.

280ª. Auriculaire couleur de soufre.   *Thelephora sulphurea.*

T. sulphurea. Pers. Syn. 579. — *Corticium sulphureum.* **Pers. Obs. myc. 1,** p. 38.

La surface fructifère de ce champignon présente des plaques arrondies ou irrégulières, planes, unies, d'un roux pâle ou cendré, entourées par un bord d'un jaune vif, d'une apparence bissoïde, velue ou fibreuse, et qui indique la nature de la surface stérile par laquelle le champignon adhère au corps qui le porte. Cette belle auriculaire croît en automne, dans le Jura, sur le bois des pins et des sapins dénudés d'écorce. M. Persoon dit qu'on la trouve aussi sur la terre.

280ᵇ. Auriculaire faux-hydne.   *Thelephora hydnoïdea.*

T. hydnoïdea. Pers. Syn. 576. — *Corticium hydnoïdeum.* **Pers. Obs. myc. 1,** p. 15.

Cette espèce est fort remarquable parmi toutes les auriculaires, en ce qu'elle naît sous l'épiderme qu'elle rompt pour parvenir à l'air ; elle forme des plaques assez grandes ; minces, continues, appliquées exactement sur les couches corticales, de manière que la surface stérile n'en est point visible ; la surface fertile est d'un jaune orangé dans l'état de fraicheur, selon M. Persoon, et devient blanchâtre par la dessiccation ; elle est relevée d'espace en espace par des papilles très-proéminentes, et qui par leur longueur rappelleraient la structure des hydnes, si elles n'étaient difformes et très-écartées. Elle croît sur les jeunes branches mortes ou mourantes du hêtre.

XXIVᵉ. CONIOPHORE.   *CONIOPHORA.*

Champignon dont le chapeau est mince, membraneux, orbiculaire, adhérent par la surface stérile, et qui porte sur la surface fructifère des amas très-nombreux de poussière, disposés par zones à peu près concentriques.

280ᶜ. Coniophore membraneuse.   *Coniophora membranacea.*

Ce champignon forme des plaques membraneuses, de l'épaisseur d'une feuille de papier, arrondies et qui atteignent 4 à 5 pouces de diamètre ; il adhère au corps qui le supporte par toute sa surface, mais peut cependant en être détaché ; la superficie inférieure est un peu noirâtre, blanchâtre vers les bords ; la supérieure est d'un blanc tirant légèrement sur le roux ; elle porte un très-grand nombre de

petits paquets d'une poussière brune très-fine et très-adhérente;
ces paquets sont oblongs ou linéaires, et disposés d'abord comme des
fragmens de rayons; ensuite ils se réunissent de manière à former
des bandes concentriques; celles du centre sont presque continues;
celles du bord, fort interrompues. M. Ledru m'a communiqué cette
belle fongosité qu'il a trouvée sur les poutres d'une serre chaude
au Mans. Ce champignon singulier a quelques rapports avec les
trichodermes, mais est trop différent par le port, pour que j'aie osé
le réunir à ce genre.

284ᵃ. Hydne farineux.　　　*Hydnum farinaceum.*

H. farinaceum. Pers. Syn. 562. Alb. et Schw. Nisk. n. 800.

Il ressemble à l'H. blanc, mais il est encore moins charnu; il
n'offre qu'une pellicule blanchâtre, un peu analogue aux bisses
sur les bords, étendue et fortement adhérente sur le bois mort, et
parsemée de papilles courtes et à peine aiguës; de sorte que ce
champignon semble tenir le milieu entre les hydnes et les auriculaires. Il croît sur les bois morts qu'il recouvre comme une poussière
blanchâtre et farineuse.

284ᵇ. Hydne suant.　　　*Hydnum sudans.*

H. sudans. Alb. et Schwein. Nisk. p. 272, in adnot.

Cette singulière espèce de champignon présente, comme le précédent, une pellicule ou poussière blanchâtre, étendue sur le bois
pouri et tellement adhérente, qu'on ne peut l'en séparer; elle
y forme des taches oblongues de 2 à 3 pouces de longueur sur
1 pouce de largeur environ; les papilles sont éparses, écartées,
très-courtes, obtuses et terminées par un petit pore duquel, lorsque
la plante est fraîche, on voit sortir une petite gouttelette de sérosité
qui finit par se durcir et prendre un aspect corné. M. Chaillet l'a
trouvée à la fin de l'hiver dans le Jura, sur du bois de pin dénudé
d'écorce.

285ᵃ. Hydne en faisceau.　　　*Hydnum fasciculare.*

H. fasciculare. Alb. et Schwein. n. 796, t. 10, f. 9.

Cette espèce est l'une des plus petites de ce genre; elle n'a point
de chapeau distinct, mais est adhérente par toute sa surface stérile,
et pousse sur l'autre 4 à 12 papilles cylindriques, pointues, pendantes, longues de 3 à 4 lignes; sa consistance est mince, charnue;
sa couleur parfaitement blanche, au moins dans l'état de fraîcheur;
son diamètre ne passe pas 2 à 3 lignes. Cette plante n'est peut-être
qu'une variété de l'*H. macrodon* de Persoon; elle croît en automne,
dans le Jura, sur les bois de pin et de sapin à moitié décomposés.

285ᵇ. Hydne chauve. *Hydnum calvum.*

H. calvum. Alb. et Schwein. Nisk. u. 805, t. 10, f. 8.

Il resemble beaucoup à l'H. en faisceau, et n'offre presque pas de chapeau sensible; les pointes ou papilles dont il est composé s'élèvent par conséquent, et ressemblent presque à de petites clavaires; elles sont aiguës, en forme d'alène, courtes, blanchâtres, longues de 1 à 3 lignes, rapprochées les unes des autres, droites et dirigées en en haut. On trouve cette petite espèce d'hydne sur les bois de pin pouris, en automne, dans le Jura.

286. Hydne membraneux. *Hydnum membranaceum.*

Hydnum membranaceum. Fl. fr. n. 286. Excl. Syn. Pers. *Sistotrema quercinum.* Pers. Syn. 552. — *Odontia quercina.* Pers. Obs. myc. 2, p. 17. — *Hydnum album.* Wild. in Bot. mag. 1, 4, p. 14, t. 7.

On trouve cette hydne principalement au printemps, sur les écorces de chêne. Cette espèce et les suivantes composent la section des *xylodon* de Persoon, laquelle est intermédiaire entre les odonties et les sistotrèmes; elle a le pédicule nu et le chapeau attaché par sa surface stérile comme les odonties, et les pointes difformes ou lamelleuses comme les sistotrèmes.

286ᵃ. Hydne du cerisier. *Hydnum cerasi.*

Sistotrema cerasi. Pers. Syn. 552. — *Odontia cerasi.* Pers. Obs. myc. 2, p. 16.

Cette plante tient le milieu entre la section des odonties et celle des sistotrèmes; elle n'a point de chapeau distinct, mais adhère par toute sa surface stérile, et forme un mamelon arrondi, convexe, blanchâtre, de 5 à 8 lignes de diamètre, blanc et légèrement velouté sur les bords; les dents ou pointes sont difformes, obliques, confluentes, épaisses, un peu roussâtres. Cet hydne croît en hiver, sur l'écorce des cerisiers.

286ᵇ. Hydne oblique. *Hydnum obliquum.*

Sistotrema obliquum. Alb. et Schwein. n. 780?

Ce champignon est adhérent par sa surface stérile; les bords se détachent et se relèvent un peu dans sa vieillesse; ils sont minces, blancs, un peu velus; la surface fructifère est hérissée de pointes charnues irrégulièrement soudées, d'un blanc roussâtre, très-nombreuses, droites ou obliques, entières au sommet ou bordées de très-petites dentelures. Cet hydne forme d'abord un disque arrondi, et devient ensuite irrégulier en grandissant; il atteint au-delà d'un pouce de diamètre. M. Chaillet, qui me l'a communiqué, l'a trouvé dans le Jura, croissant sur le bois pouri.

286ᶜ. Hydne frangé. *Hydnum ? fimbriatum.*

Sistotrema ? fimbriatum. Pers. Syn. 553. Alb. et Schwein. Nisk. n. 777. — *Boletus abietinus.* Schleich. cent. exs. n. 93, non Pers.

Cette espèce tient d'un côté aux mérules à cause des alvéoles qu'on observe souvent à sa surface fructifère, de l'autre aux hydnes, parce que cette surface présente aussi des pointes ou des papilles ; parmi les hydnes, il appartient aux odonties par son port, aux sistrotèmes par la forme de ses pointes ; il naît attaché sur l'écorce par sa surface stérile, et forme alors un disque orbiculaire, adhérent, blanc et un peu bissoïde sur les bords, roussâtre et muni d'alvéoles arrondies vers le centre ; ensuite l'un de ses bords s'agrandit, se redresse et laisse voir sa surface stérile, blanchâtre, peluchée, surtout vers le bord ; les alvéoles de la surface fructifère deviennent irréguliers et semblent formés par des pointes ou des lames irrégulières ; la consistance de ce champignon est mince, un peu sèche et coriace. M. Chaillet l'a trouvé en avril, dans le Jura, sur l'écorce du sapin ; et M. Schleicher, dans les Alpes.

286ᵈ. Hydne paradoxal. *Hydnum paradoxum.*

Sistotrema digitatum. Pers. Syn. 553. — *Hydnum paradoxum.* Schrad. Spic. p. 179, t. 4, f. 1.

Il forme une croûte mince, un peu charnue, de couleur blanchâtre, de forme irrégulière, et dont les bords sont légèrement bissoïdes ; les pointes qui s'élèvent de sa surface sont droites, courtes, épaisses, presque toujours irrégulièrement soudées par leur base ; chacune d'elles, vue à la loupe, paraît comme hérissée de poils rameux un peu épais, ou divisée en petites ramifications sétacées. Elle a été trouvée, au printemps, dans le Jura, par M. Chaillet, sur le bois de chêne dénudé d'écorce et commençant à s'altérer.

286ᵉ. Hydne faux-bolet. *Hydnum pseudoboletus.*

Il est adhérent au corps qui le supporte par toute sa surface stérile, et forme des plaques minces, charnues, arrondies ou oblongues, d'un blanc très-légèrement roussâtre ; le bord est d'un blanc de neige un peu pubescent et bissoïde lorsqu'on le voit à la loupe ; les pointes sont obliques, descendantes, aiguës, plus ou moins confluentes, de manière que, selon le degré de leur inclinaison, on en voit qui sur la même plaque sont libres et saillantes comme dans les hydnes, et d'autres soudées de manière à former des cellules plus ou moins régulières et analogues aux pores de certains bolets. M. Chaillet a découvert cette espèce dans le Jura ; elle croît sur les bois de chêne dénudés d'écorce. Elle a quelques rapports avec l'hydne oblique.

290. Hydne en coupe.   *Hydnum cyathiforme.*

On doit rapporter à cette espèce les synonymes suivans, qu'on peut à peine regarder comme des variétés, savoir : *Erinaceus infundibulum imitans, coriaceus, etc.* Mich. Gen. p. 132, t. 72, f. 4. *Hydnum cyathiforme.* All. ped. n. 2763: *Hydnum zonatum.* Batsch. El. n. 224. f. 224. *Hydnum concrescens.* Moug. et Nestl. Veg. n. 296. Pers. Syn. 556. (*Excl. Syn. Batsch. ad H. hybridum potius spectante.*)

292ᵃ. Hydne orangé.   *Hydnum aurantiacum.*

H. aurantiacum. Alb. et Schwein. n. 787. — *H. suberosum β aurantiacum.* Batsch. El. n. 222, f. 222. Pers. Syn. add. p. xxx.

Sa consistance est sèche, subéreuse; son chapeau est arrondi, un peu irrégulier, ridé ou souvent fendu sur les bords, couvert en dessous d'un duvet mou, court et peu apparent à la vue, d'un jaune orangé, sale dans le centre, blanc sur les bords, de 2 pouces de diamètre; les papilles sont d'abord blanches, puis un peu brunes, puis noirâtres; le pédicule est court, presque toujours excentrique. Cet hydne croît sur les bois de pin au mois de septembre, dans le Jura, d'où il m'a été envoyé par M. Chaillet.

293ᵃ. Hydne des cerfs.   *Hydnum cervinum.*

H. cervinum. Pers. Obs. myc. 1, p. 74. Schœff. fung. t. 140. — *H. imbricatum.* var. α. Pers. Syn. 554. Liu. sp. 1647 ?

Cette espèce, que j'avais réunie avec l'H. écailleux de Bulliard, lui ressemble en effet beaucoup pour la forme, la grandeur et la couleur; mais il en paroît différent à cause de sa consistance charnue et non coriace, et de ce que les écailles qui recouvrent la face supérieure de son chapeau sont plus épaisses et d'un brun plus foncé. M. Chaillet l'a trouvée dans les bois de sapin vers le sommet du Jura, tandis qu'il observe que l'H. écailleux ne se trouve que dans les bois de pin, au pied de la montagne.

299ᵃ. Bolet de Vaillant.   *Boletus Vaillantii.*

Agaricus cryptarum. Pal. Beauv. Ann. mus. 8, p. 346, t. 57, f. 2 et 3. — Vaill. Bot. par. p. 41, u. 8.

Cette singulière fongosité se montre d'abord sous la forme de filamens blancs, floconneux, très-semblables à certains bisses, et notamment au B. des parois. Dans le milieu de cette expansion filamenteuse, et sur ses principales nervures, on voit se développer un véritable bolet attaché par le dos et de forme assez irrégulière;

la surface stérile est blanche, cotonneuse, de nature assez analogue
à l'expansion bissoïde : la surface fructifère est garnie de tubes
cohérens entre eux, d'un blanc un peu roussâtre, souvent assez
allongés et irréguliers ; leur consistance est charnue. Cé champignon
croît sur les poutres et les vieux bois, dans les caves et les mines,
où il a été trouvé par M. Chaillet. La description de Vaillant est
très-exacte à commencer de ces mots : *à travers de ces gros pelotons, etc.*; mais quoique l'origine de ce champignon soit (ainsi
que de plusieurs autres hydnes, auriculaires ou bolets) de nature
bissoïde, il me paraît encore douteux qu'il ne soit qu'un développement du vrai bisse des parois.

299[b]. Bolet terrestre.   *Boletus terrestris.*

Poria terrestris. Pers. Ic. pict. 3, p. 35, t. 16, f. 1.

Cette fongosité a été trouvée par M. Chaillet aux environs de
Neufchâtel, dans des creux du bois de mail qui paraissent avoir
autrefois servi de carrière ; elle adhérait à la face inférieure des
pierres plates qui couvrent ces creux entre des racines d'arbres ;
elle commence par avoir l'apparence d'un bissus blanc extrêmement
fin, qui ressemble à de la crème fouettée, et qui peut-être est le
B. elongata (n. 164.); vers le milieu de cette matière bissoïde se
développent quelques cellules très-menues et d'un blanc d'abord
pur, puis un peu roussâtre : la consistance de ce champignon était
tellement délicate, que le seul contact de l'air le faisait rouler sur
lui-même, et que la moindre pression le rendait méconnaissable ;
il a quelques rapports avec le *B. molluscus* de Persoon ; mais il
croît sur la pierre et non sur le bois, et paraît différer encore plus
que lui de l'état ordinaire des bolets. Cet exemple et le précédent,
tendent à montrer que plusieurs espèces de champignons à chapeau
commencent par avoir l'apparence d'un bissus ; mais il est des bisses
dont la forme est si constante, qu'on ne peut guère douter que ce
soient des plantes particulières, et qu'on ne doit point confondre,
malgré leur ressemblance, avec les filamens bissoïdes qui s'observent
à la naissance des gros champignons.

299[c]. Bolet mie de pain.   *Boletus medulla panis.*

B. medulla panis. Jacq. Misc. 1, p. 141, t. 11. Humb. Frieb. 98. Pers.
Syn. 544.

Il croît dans les vieux troncs et sur les poutres exposées à l'air,
toujours adhérent au bois dénudé ; il y forme des plaques très-
longues, de forme irrégulière, et tellement soudées par toute la

surface stérile, qu'on ne peut l'en détacher; sa consistance est
mince, dure et comme crustacée; sa couleur est blanche, quelquefois
un peu rousse ou grisâtre sur les bords; ses tubes sont nombreux,
obliques ou verticaux selon la position où le champignon s'est développé. Ceux de la partie supérieure traversent d'outre en outre, et
rendent le champignon perforé par des pores cylindriques.

299ᵈ. Bolet tuberculeux.   *Boletus tuberculosus.*

B. tuberculosus. Pers. Syn. 545 ? — *Poria tuberculosa.* Pers. Obs. myc. 1,
p. 14 ?

Cette espèce forme une croûte charnue, assez épaisse, ovale, et qui
a jusqu'à 4 à 5 pouces de longueur; elle adhère au corps qui la porte
par sa surface stérile; ses bords sont inégaux, irréguliers, un peu
sinueux, glabres, blanchâtres; toute la superficie est d'un blanc tirant
un peu sur l'incarnat; cette superficie est criblée de pores nombreux,
de grandeur médiocre; elle est relevée çà et là en bosses ou tubercules mousses; les pores sont presque nuls à leurs sommités, petits
et obliques autour de ces tubercules. M. Chaillet a trouvé cette plante
dans le Jura, sur l'écorce des vieux chênes parmi les mousses; cette
localité diffère de beaucoup de celle indiquée par M. Persoon (les
mines du Hartz), et me fait penser que quoique sa description s'accorde bien avec notre plante, celle-ci pourrait bien être une espèce
nouvelle.

299ᵉ. Bolet incarnat.   *Boletus incarnatus.*

B. incarnatus. Pers. Syn. 546. — *Poria incarnata.* Pers. Disp. 70.

Ce bolet forme, sur les bois dénudés d'écorce, une croûte mince,
un peu coriace, irrégulièrement étendue, longue quelquefois de 5
à 6 pouces, unie, et d'un rouge presque pourpre; cette croûte est
toute ponctuée de petits pores inégaux entre eux, arrondis et très-
rapprochés. M. Chaillet l'a trouvé dans le Jura, sur le bois de sapin
mort.

301ᵃ. Bolet des sapins.   *Boletus abietinus.*

B. abietinus. Dicks. crypt. 3, t. 9, f. 9. Pers. Syn. 541. Alb. et Schw.
Nisk. n. 755. — *B. purpurascens.* Pers. Obs. myc. 1, p. 24.

Dans sa jeunesse il est entièrement adhérent et appliqué sur l'écorce
par le dos; il offre alors une superficie plane, blanchâtre et où l'on
n'aperçoit presque point de pores; ensuite l'un des bords se relève et
forme un chapeau sessile, étroit, dont la surface supérieure est blanchâtre, un peu cotonneuse et marquée de 2 ou 3 zones à peine sensibles; la surface inférieure est garnie de pores petits, peu réguliers,

et rend une couleur rougeâtre un peu orangée lorsqu'elle est parvenue à son état de perfection. Ce champignon croît en automne sur l'écorce des pins et des sapins. M. Chaillet l'a trouvé dans le Jura.

301^b. Bolet rougeâtre. *Boletus purpurascens.*

Il ressemble beaucoup au précédent; dans sa jeunesse il forme un disque blanc, orbiculaire, bissoïde, surtout vers les bords, entièrement appliqué sur le support; ensuite l'un des bords, et quelquefois tous les bords, se relèvent et forment un demi-chapeau très-irrégulier, un peu cotonneux et zoné en dessus; la surface fructifère devient d'abord un peu lisse et blanchâtre, puis elle prend une teinte lilas ou rougeâtre, et se creuse de très-petits pores qui renferment un peu de farine blanchâtre; ces pores sont si peu profonds et si souvent confluens, qu'ils semblent plutôt des rides analogues à celles de certains mérules, que de vrais tubes. J'ai trouvé ce champignon, en automne, dans le jardin de Montpellier, sur une branche morte et tombée à terre, que je ne puis reconnaître; il croit indifféremment sur l'écorce et sur le bois.

306^a. Bolet du groseillier. *Boletus ribis.*

B. ribis. Pers. ined.

Ce champignon est d'une consistance coriace analogue à celle du liége; sa couleur, tant des deux surfaces que de la chair intérieure, est d'un roux fauve un peu brun : il croit attaché par le côté et a une forme peu régulière, tantôt arrondie, tantôt transversalement oblongue; il est rare qu'il passe un pouce de largeur; son épaisseur est de 4 à 6 lignes; sa surface supérieure est glabre et n'offre pas de zones prononcées; les tubes sont très-courts et atteignent à peine une ligne de longueur; caractère qui distingue sans peine cet espace du B. subéreux dans lequel les tubes égalent en longueur l'épaisseur même de la chair. Le bolet du groseillier m'a été communiqué par M. Persoon, qui l'a trouvé aux environs de Paris, sur le groseillier piquant.

309^a. Bolet de Sologne. *Boletus Soloniensis.*

Agaricus Soloniensis. Dub. Fl. orl. 177.

Son chapeau est sessile, demi-circulaire, attaché par le côté, et atteignant 1 pied de diamètre; sa superficie supérieure est brune, parsemée de peaux déchirées; l'inférieure est jaune; sa consistance est sèche, plutôt charnue que ligneuse, et se dessèche sans pourir. Il croit en automne, sur les troncs d'arbres, dans la Sologne, où il a été observé par M. Dubois. Les habitans du pays le nomment *cha-*

vancelle; ils en préparent l'amadou qui se vend à Orléans ; ce qu'ils font en le mettant deux fois dans leur lessive et en le battant en- suite. (Dub.)

309[b]. Bolet en conque.   *Boletus conchatus* *.

B. conchatus. Pers. Obs. myc. 1, p. 24. Syn. 538.

Sa consistance est dure, presque ligneuse ; son diamètre est d'en- viron un pouce et demi, et son épaisseur de 2 à 3 lignes ; il est attaché par le côté ; sa surface supérieure est d'un brun foncé, marquée de zones concentriques, surtout vers le bord qui est assez mince ; la surface inférieure est un peu concave ou inégalement bosselée, d'un gris tirant sur le roux, munie de pores très-fins et tous adhérens entre eux. Ce champignon a été trouvé sur les troncs du saule et du hêtre, par M. Persoon, qui me l'a communiqué.

322[a]. Bolet à pied noir.   *Boletus melanopus.*

a. B. melanopus. Pers. Disp. 70. Ic. Pict. p. 9, t. 4, f. 2.
β. B. infundibuliformis. Pers. Syn. 516. Ic. Pict. p. 8, t. 4, f. 1. Alb. et Schw. fung. Nisk. p. 242, n. 720. non Batsch.

Sa consistance est dure, coriace, presque subéreuse ; son pédicule noirâtre, cylindrique, souvent un peu renflé à sa base ; il s'évase en un chapeau mince en forme d'entonnoir, de forme irrégulière, sou- vent fendu latéralement ; de sorte que cette espèce pourrait appar- tenir aux diverses coupes de la 3e section ; la surface supérieure est brune, l'inférieure blanchâtre ; les tubes sont très-courts ; il croît aux environs de Paris, sur les vieux troncs de saule.

328. Bolet à tubes rouges.   *Boletus rubeolarius.*

β. B. tuberosus. Bull. Champ. t. 100.

Cette variété ne se distingue du type ordinaire de l'espèce que par son pédicule un peu renflé à la base. Bulliard l'a observée aux envi- rons de Paris ; je l'ai retrouvée à Montpellier, dans le petit bois du Mas-rouge, en octobre.

329. Bolet bronzé.   *Boletus æreus.*

γ. B. cravetta. Bell. App. 279.
δ. B. cepa. Thor. Chl. Lond. 482.

La variété *γ* se distingue seulement à son pédicule blanc ponctué de points obscurs, à sa chair blanche et qui noircit à la fin de sa vie. On le mange en Piémont sous le nom de *cravetta.* La variété *δ*, qui se mange dans les Landes, sous les noms de *seth* ou *cep*, ne se distingue du vrai bolet bronzé que par ses tubes blancs et non jaunâtres.

348ª. Mérule des brys.   *Merulius bryophilus.*

M. bryophilus. Pers. Syn. 495. Alb. et Schwein. Nisk. n. 697. — *Agaricus bryophilus.* Pers. Obs. myc. 1, p. 8, t. 3, f. 1.

Cette petite espèce de mérule naît sur les grandes espèces de mousses, et ne dépasse guère 2 à 3 lignes de diamètre ; elle est de couleur blanchâtre, de consistance membraneuse, de forme très-variable, tantôt sessile en forme de coupe comme une pezize, le plus souvent munie d'un petit pédicelle, et évasée en un disque arrondi, dirigé en en-bas ; le chapeau est très-légèrement velouté dans la jeunesse de la plante ; les rides sont rameuses, toutes divergentes du centre à la circonférence. On le trouve en été dans les bois de sapins du Jura.

349ª. Mérule alvéolaire.   *Merulius alveolaris.*

Cette espèce ressemble au M. réticulé, mais elle en est certainement distincte ; sa consistance est sèche, ferme, coriace ; sa couleur blanchâtre sale, son diamètre de 1 à 2 pouces, sa position horizontale ; son pédicule est court, épais, latéral ; son chapeau orbiculaire très-mince, muni en-dessous de rides très proéminentes ou de feuillets tellement anastomosés qu'ils imitent les mailles d'un filet, et laissent entre eux des cavités profondes : cette espèce est une de celles qui unissent les mérules d'un côté aux agarics, de l'autre aux bolets. Elle croît sur les échalas des vignes, dans le Haut-Languedoc.

351ª. Mérule crépu.   *Merulius crispus.*

M. crispus. Pers. Syn. 495. Ic. et Descr. 32, t. 8, f. 7.

Cette espèce est l'une des plus petites de ce genre : elle parait d'abord sous la forme d'un tubercule blanc, puis couleur d'ocre ; elle prend ensuite la forme d'une coupe à bord oblique entier, et munie d'un petit pédicule cylindrique ; à sa maturité le chapeau est horizontal, presque triangulaire, ondulé et un peu roulé sur les bords, large d'un demi-pouce ; il est couvert en dehors d'un duvet court ; sa couleur est d'abord celle de l'ocre, puis elle devient toute brune, excepté le bord qui reste blanc ; sa consistance est sèche, charnue, coriace ; ses rides sont étroites, peu rameuses, ondulées sur les bords. Cette espèce croit aux environs de Paris, sur les troncs de hêtre et de coudrier.

359ª. Agaric transparent.   *Agaricus translucens.*

Il tient le milieu entre l'A. des troncs et le variable ; son pédicule est nul, ou très-court et latéral ; ses feuillets inégaux, libres, d'abord pâles, puis lilas, puis roussâtres ; son chapeau arrondi ou irrégulier, tellement dépourvu de chair qu'on voit le jour à travers, d'un blanc sale tirant sur le roux à sa superficie. Il croît sur les vieux troncs de saule aux environs de Montpellier, où les pauvres gens le mangent confondu avec beaucoup d'autres, sous le nom de *pivoulade de saule.*

361ª. Agaric fade.   *Agaricus mitis.*

A. mitis. Pers. Obs. myc. 1, p. 54, t. 5, f. 3. Syn. 481. Alb. et Schwein. Nisk. n. 680.

Il ressemble à l'A. stiptique, mais sa saveur est douce, nullement stiptique ; il est tout entier de couleur blanche ; son pédicule est court, horizontal, quelquefois nul ; son chapeau est orbiculaire ou réniforme, de 3 à 9 lignes de diamètre, mince, à peine charnu, glabre sur les deux surfaces, revêtu en-dessous de feuillets qui divergent à leur origine et sont tous parfaitement simples. Cet agaric croît en sociétés nombreuses sur l'écorce des sapins, en automne, dans le Jura, où il a été trouvé par M. Chaillet ; on le trouve aussi sur l'écorce des mélèzes, d'après M. Persoon.

362ª. Agaric à feuillets ridés.   *Agaricus lamellirugus.*

Il ressemble, pour sa forme générale, à l'A. pétale, mais il en diffère par ses feuillets de couleur safran ou orangé pâle, saillans comme dans les agarics, anastomosés comme dans les mérules, tous marqués de rides transversales qui semblent de petites nervures ; les feuillets les plus longs sont décurrens sur un pédicule court, latéral ou presque nul ; le chapeau est horizontal, plane, un peu roulé en-dessous par les bords, oblong, en langue ou peu régulier, d'un blanc sale : je l'ai trouvé dans les bois de pins de Fontfroide, près Montpellier, en octobre, adhérent à une vieille racine à fleur de terre.

363ª. Agaric noisette.   *Agaricus avellanus.*

A. avellanus. Thor. Land. Cbl. 479. — *A. salignus.* Pers. Syn. 478 ?

Il croît en groupes imbriqués et attachés latéralement aux troncs de peupliers tombés à terre ; son pédicule est plein, coriace, court et velu ; son chapeau acquiert 6 à 8 pouces de diamètre ; il est plus long que large, doublé de feuillets inégaux, blanchâtres, décurrens sur le pédicule ; la surface supérieure est luisante, très glabre, d'une belle couleur noisette ; il a une odeur de violette tant qu'il est frais ; M. Thore l'a trouvé, en automne, près de Dax.

368ª. Agaric de l'olivier.   *Agaricus olearius.*

Oreille de l'olivier. Paulet. Champ. 2, p. 112. — Mich. Gen. p. 191, n. 7.

Ce champignon est très-reconnaissable à sa vive couleur d'un roux doré, quelquefois un peu brun en dessus; il naît par touffes, ou rarement solitaire, sur les racines à fleur de terre des oliviers; je l'ai aussi trouvé cependant sur le charme, le lilas, le laurier-tin, l'yeuse; il est très-variable dans sa forme, tantôt attaché par un pédicule court ou long de 4 à 8 centimètres, latéral, excentrique ou rarement central, courbé ou très-rarement droit, toujours plein, à chair filandreuse de la même couleur que la peau; les feuillets sont inégaux, très-décurrens. Il est commun autour de Montpellier, où on le nomme *champignon de l'olivier;* il est vénéneux. On m'a assuré que lorsqu'il se gâte, il jette une lumière phosphorique.

382ᵃ. Agaric à petit-lait.   *Agaricus serifluus.*

Il est tout entier d'un brun fauve, un peu plus pâle ou jaunâtre sur les feuillets; sa consistance est sèche, un peu ferme; il émet en petite quantité un lait âcre, demi-transparent, et qui ressemble au petit-lait; le pédicule est cylindrique, plein, long de 1 à 2 pouces, épais de 2 à 3 lignes; le chapeau est d'abord plane dessus avec les bords roulés en-dessous, puis concave avec les bords irréguliers redressés; les feuillets sont un peu décurrens, entremêlés de 3 demi-feuillets; le diamètre du chapeau est plus grand que la longueur du pédicule. Il croît sur la terre humide, dans les bois d'yeuses et les bruyères, aux environs de Montpellier.

387ᵃ. Agaric à petits flocons. *Agaricus flocculosus.*

Son pédicule est blanc, long de 15 lignes, épais de 3 à 4, creux, cylindrique, sans collier, sortant d'une volva fugace, laissant sur le chapeau de petites houppes blanches, nombreuses, éparses sur toute sa superficie; le chapeau est hémisphérique, strié en-dessus, d'un gris cendré sur les bords, un peu roux au milieu; les feuillets sont nombreux, non adhérens, réguliers, d'un violet tirant sur le brun, puis sur le noir. Il croît en hiver, solitaire, sur la terre, dans le jardin des plantes de Montpellier.

403ᵃ. Agaric des sables.   *Agaricus arenarius.*

Son pédicule est nu, cylindrique, aminci à sa base, creux, glabre, blanchâtre, long de 4 à 5 pouces; le chapeau est d'abord convexe, grisâtre; il devient ensuite plane, orbiculaire, large de 2 pouces environ; la peau qui le forme se détruit dans toute la partie extérieure, de sorte que les feuillets y sont absolument à nu, et la partie centrale forme une espèce de disque d'un gris sale, ridé et comme froncé; les feuillets sont très-nombreux, parfaitement noirs, au moins à la fin de leur vie, et se dessèchent sans pourir. Malgré ce dernier caractère, cette espèce a trop de rapport avec les coprins pour pouvoir en être séparée ; mais elle est sur le passage de cette section à celles des pratelles. Cet agaric a été observé par M. Draparnaud, à Montpellier, sur les sables du bord de la mer, près l'embouchure du Léz ; on l'y trouve au mois d'août. La figure que Pallas donne de son *agaricus radiosus*, ressemble assez à notre plante (*Voy*. Pall. ed. gall. 8, p. 425, t. 54, f. 3.), et s'en approche en particulier par la disparition de la pellicule qui recouvre les feuillets au moins sur leurs bords ; mais notre espèce diffère de celle de Pallas par son pédicule glabre et non hérissé, de moitié environ plus court en proportion du diamètre du chapeau.

422ᵃ. Agaric sidéroïde.   *Agaricus sideroïdes*.

A. sideroïdes. Bull. herb. t. 588.

Son pédicule est cylindrique, creux, glabre, lisse, long d'un pouce ; les feuillets sont un peu rougeâtres, inégaux, adhérens et à peine décurrens, un peu rétrécis avant d'atteindre le pédicule ; son chapeau est presque sans chair, d'abord convexe, puis plane, d'un roux fauve très-pâle, glabre, d'un pouce de diamètre. Il croît sur la terre, au bord des chemins, près Montpellier, et aussi sur le bois, selon Bulliard.

426ᵃ. Agaric tabac.   *Agaricus tabacinus*.

Ce champignon est tout entier d'un brun carmélite qui approche de la couleur du tabac en poudre ; il croît sur la terre par groupes peu nombreux ; son pédicule est creux dans toute sa longueur, cylindrique, nu, long de 2 à 4 centimètres ; les feuillets sont écartés, adhérens au pédicule, et inégaux entre eux ; son chapeau orbiculaire est d'abord convexe, entier, régulier, puis plane, se redressant et se crispant sur les bords très-irrégulièrement ; trouvé au jardin des plantes de Montpellier.

434ᵃ. Agaric épiptérygien.   *Agaricus epipterygius*.

A. epipterygius. Pers. Syn. 382. Disp. 25.

Son pédicule est grêle, cylindrique, jaunâtre, visqueux, long de 1 à 2 pouces ; son chapeau est convexe en forme de cloche, très-obtus, un peu visqueux, blanchâtre ou grisâtre, ou un peu bleuâtre, large de 5 à 8 lignes, mince, presque sans chair, papyracé et comme plissé par la marque qu'y forment les feuillets ; ceux-ci sont blancs, inégaux, écartés les uns des autres. Il a été trouvé par M. Chaillet, en automne, dans les bois de sapin du Jura, où il croît par petits groupes sur les feuilles et autres débris de végétaux tombés à terre.

447ᵃ. Agaric petite cloche. *Agaricus campanella.*

A. campanella. Pers. Syn. 469. — *A fragilis.* Scheff. fung. t. 230, ex Pers.

Cette petite espèce d'agaric est de couleur de rouille tirant sur le brun ; son pédicelle est grêle, fistuleux, long de 4 à 5 lignes ; son chapeau est hémisphérique, ombiliqué, mince, presque transparent, strié, de 3 à 6 lignes de diamètre ; les feuillets sont décurrens, serrés les uns contre les autres, un peu plus pâles que le reste de la surface. Cet agaric croît en sociétés nombreuses sur le bois pouri et dénudé d'écorce des pins et des sapins. M. Chaillet l'a trouvé, dans le Jura, au mois d'avril.

456ᵃ. Agaric de Dunal. *Agaricus. Dunalii.*

Il croît par groupes de 5 à 6 individus, légèrement soudés par leur base ; son pédicule est plein, cylindracé, un peu mou, blanchâtre, muni vers sa base de très-petites peluchures noirâtres, évasé en un chapeau irrégulier, souvent excentrique, creusé en entonnoir, à bords un peu roulés en dessous, lisse, d'un blanc tirant sur la couleur de paille, chargé en dessus de peluchures noirâtres, écailleuses ; les feuillets sont nombreux, inégaux, décurrens, blanchâtres ; il a peu de chair, l'odeur en est agréable. Il croît sur les vieux troncs de saule, dans les prés marécageux de Maurin, près Montpellier, où il a été trouvé par M. Dunal, au printemps.

462ᵃ. Agaric du panicaut. *Agaricus eryngii.*

Fungus eryngii. Magn. bot. 103. Garid. Aix. 196. Mapp. Als. 118. — *Fungus esculentus e griseo rufescens, etc.* Mich. Gen. p. 151, n. 7, t. 73, f. 2. — *Oreille de chardon.* Paulet. Champ. 2, p. 133.

Il croît sur les racines mortes du panicaut commun ; son pédicule est court, plein, blanc, cylindrique, quelquefois excentrique, quelquefois central, droit, sans collier ; les feuillets blancs, inégaux, décurrens ; le chapeau est arrondi ou irrégulier, d'abord un peu convexe, puis presque plane, avec les bords un peu rabattus ou roulés en dessous, d'un roux gris pâle et sale ; il a peu d'odeur ; il commence à paraître aux premiers jours d'octobre ; il tient, avec beaucoup d'autres, le milieu entre les gymnopes et les pleuropes ; il est assez commun et bon à manger ; on le nomme *ragoule, gingoule*, dans le nord de la France ; *bouligoule, brigoule, baligoule*, dans le midi ; *oreille de chardon*, dans le Nivernois.

464a. Agaric oreillette. *Agaricus auricula.*

Amanita auricula. Dub. Fl. orl. p. 168.

Son pédicule est court, plein, blanchâtre, cylindrique; son chapeau est rarement parfaitement arrondi, d'un gris plus ou moins foncé, un peu roulé en ses bords; ses feuillets sont blancs, décurrens sur le pédicule; il a bon goût, se dessèche aisément, ne se pèle pas. Il est commun en automne, sur les pelouses, aux environs d'Orléans, où on le mange avec confiance sous les noms d'*oreillette* ou d'*escoubarde.*

473a. Agaric social. *Agaricus socialis.*

Fungus. Clus. Hits. 2, p. 288. Ic. **xxii**? nec Descr.

C'est un de ceux qu'on confond, à Montpellier, sous le nom de *pivoulade d'éouse;* on l'y nomme aussi *frigoule.* Il croît par touffes de 15 à 20 au pied des yeuses sur les souches; son pédicule est cylindrique, tortillé sur lui-même, plein ou irrégulièrement fistuleux, pâle, roussâtre ou noirâtre à sa base; les feuillets sont roux, très-décurrens : il y en a deux petits inégaux entre deux entiers; le chapeau est presque plane, à bords un peu roulés en-dessous, fauve, un peu foncé et peluché au centre; il ressemble beaucoup à l'*A. contortus,* mais il n'a pas les feuillets blancs, et a les lames très-décurrentes; on mange le chapeau, et non le pédicule.

473b. Agaric d'yeuse. *Agaricus ilicinus.*

C'est encore un de ceux qu'on mange à Montpellier sous le nom de *pivoulade d'éouse;* il croît par touffes de 10 à 20 sur les vieilles souches, au pied des chênes verts; son pédicule est aminci en pointe fine à sa base, renflé au-dessus, presque cylindrique au sommet, glabre, roussâtre, plein ou irrégulièrement fistuleux, sans collier; les feuillets sont d'un roux pâle, adhérens, mais non décurrens sur le pédicule; entre deux entiers il y en a deux plus petits et inégaux entre eux; le chapeau est très-convexe dans sa jeunesse, puis presque plane, d'un roux fauve, sec, non peluché. On le trouve en automne; on mange le chapeau, et non le pédicule qui est trop coriace.

488a. Agaric chaussé. *Agaricus peronatus.*

A. peronatus. Bolt. fung. t. 58, ex Pers. Syn. 331.

Son pédicule est cylindrique, plein, blanchâtre, long de 2 à 3 pouces, glabre, excepté vers sa base, où il est garni d'un duvet jaunâtre assez épais. Le chapeau est convexe, un peu ridé et strié,

peu charnu, presque membraneux, roussâtre, d'un pouce et demi
de diamètre; les feuillets sont de la couleur du chapeau, à peine
adhérens, par leur extrémité, au pédicule : on compte deux demi-
feuillets inégaux entre chaque paire de feuillets entiers. M. Persoon
m'a communiqué cette espèce qu'il a trouvée aux environs de Paris ;
elle croît dans les forêts, sur les feuilles mortes, auxquelles elle
adhère par de petites fibrilles jaunâtres.

525ᵃ. Agaric palomet.   *Agaricus palomet.*

A. palomet. Thore. Chl. Land. 477. — *Mousseron palomette* ou *blavet.*
Paulet. Champ. 2, p. 208.

Il ressemble au mousseron, son chapeau est mince, fragile, constamment et irrégulièrement arrondi, blanchâtre en ses bords, d'un
vert d'œillet au centre, dans l'état de jeunesse : cette couleur se
change ensuite en roux; les feuillets sont blancs, point décurrens;
le pédicule est plein, légèrement renflé à la base; il se pèle assez
facilement. Il croît sur la terre, ordinairement solitaire; il est assez
abondant aux environs de Dax, où on le mange sous le nom de
palomet; son odeur est agréable, son goût exquis (Thor.). L'*A.*
virens (Scop. Carn. ed. 2. n° 1507.) qu'on mange en Toscane sous
le nom de *verdone* (Mich. p. 152.), ne parait différer de celui-ci
que par son chapeau d'un vert plus décidé.

532ᵃ. Agaric à pied jaune.   *Agaricus xanthopodius.*

Il croît sur la terre par touffes de 8 à 10 ; le pédicule est cylindrique, d'un jaune citrin, long de 1 pouce $\frac{1}{2}$ à 2 pouces, épais de
3 lignes, creusé dans sa longueur par une tubulure qui n'a pas
une ligne de diamètre; le chapeau est très-convexe, d'un fauve
clair, glabre, un peu replié en dessous par les bords, auxquels
tient un voile, presque opaque, d'un blanc jaunâtre ; à la maturité
il se détache du pédicule et reste adhérent au chapeau; les feuillets
sont d'un jaune légèrement teint de gris roux, inégaux, non adhérens au pédicule, étroits, comme tronqués vers le pédicule : on en
compte deux petits entre deux entiers ; la chair est jaune, ferme; je
l'ai trouvé en octobre, dans le bois de Grammont, près Montpellier.

535ᵃ. Agaric jaune-fauve.   *Agaricus croceo-fulvus.*

Son pédicule est cylindrique, plein, épais de 4 lignes, long de
3 à 4 pouces, d'un jaune roussâtre à sa base, pâle au sommet, muni
d'une raie orangée, formée par les débris du réseau qui recouvrait
les feuillets ; ceux-ci sont d'un roux pâle; trois inégaux entre deux
entiers qui adhèrent au pédicule sans décurrence ; son chapeau est

plane, de 4 pouces de diamètre, uni, d'une couleur pâle orangée, tirant sur le fauve ou le roussâtre. Il croît sur la terre, dans les bois, aux environs de Montpellier.

537ᵃ. Agaric luisant.   *Agaricus nitidulus.*

Son pédicule est cylindrique, plein, long de 1 à 3 pouces, épais de 4 lignes, d'un blanc sale et brunâtre, portant dans sa vieillesse les débris du voile, d'abord blancs, puis d'un brun roux; sa chair est blanche continue entre le pédicule et le chapeau; celui-ci est d'abord très-convexe, à bords recourbés, munis d'un voile blanc, serré, semblable à une toile d'araignée; le chapeau devient ensuite plane, d'un roux fauve, très-luisant; la chair du sommet est assez dure; ses feuillets sont d'un roux brun, arqués, non adhérens au pédicule, un demi et un avorté entre deux entiers. Il croît solitaire sur le terrain, dans le bois de Grammont, près Montpellier.

538ᵃ. Agaric à feuillets nombreux.   *Agaricus polyphyllus.*

Son pédicule est plein, cylindrique, long de 12 à 18 lignes, épais de 3 à 4, blanc, garni vers le bas de très-petits points écailleux et noirâtres, muni vers le haut des restes blancs et aranéeux de la cortine, et de là au sommet marqué de stries très-prononcées; son chapeau est orbiculaire, d'abord convexe, puis plane, puis déprimé au centre, gardant toujours les bords roulés en-dessous, couvert d'écailles molles, couchées, d'un noir grisâtre, dirigées du centre à la circonférence, atteignant jusqu'à 2 et 3 pouces de diamètre; ses feuillets sont blancs, étroits, très-nombreux; entre chaque paire d'entiers on en compte jusqu'à 15 et 16 d'inégale longueur, quelquefois bifurqués; les feuillets entiers sont quelquefois interrompus vers leur base, où on croirait voir des demi-feuillets partant du pédicule; sa cortine est blanche, aranéeuse, persistant après sa rupture sur le pédicule et sur le bord du chapeau sous forme d'une écume blanchâtre. Ce bel agaric a crû sur la tannée fraîchement entassée, au jardin des plantes de Montpellier.

541ᵃ. Agaric à petit réseau.   *Agaricus cortinellus.*

α. *Lignatilis.*
β. *Terrestris.*

Il ressemble beaucoup à l'hydrophyle; son pédicule est blanc, creux, cylindrique, long d'un pouce, muni à sa base d'une houppe de poils mous, blancs; son chapeau est d'abord ovoïde, puis convexe, d'un jaune paille sale dans la variété α, d'un jaune gris dans

la var. β; un voile aranéeux blanc couvre les feuillets dans leur
jeunesse, et reste pendant quelque temps adhérent au bord du
chapeau, sous forme de franges blanches et poilues; ses feuillets
sont d'abord blancs, puis un peu roussâtres, puis d'un roux tirant
sur le lilas, puis d'un roux vineux, surtout dans la variété β. La
var. α croît sur le bois des vieux saules, la var. β sur la terre qui
est à leur pied. On le mange à Montpellier, confondu avec plusieurs
autres, sous le nom de *pivoulade*.

541ᵇ. Agaric à grand réseau.　　*Agaricus cortinatus*.

Il ressemble tellement à l'A. cylindracé, qu'on le prendrait volontiers pour lui; mais il en diffère : 1°. parce qu'il croît sur la terre
dans les forêts d'yeuses; 2°. que ses touffes sont bien plus serrées
et nombreuses; 3°. que son pédicule est creux dans toute sa longueur; 4°. que sa cortine reste adhérente au bord du chapeau, et
ne forme pas de collier autour du pédicule. Ce dernier caractère le
rapproche de l'A. à petit réseau, dont on le distingue en ce qu'il
n'a pas de houppes de poils à sa base, que son chapeau est toujours
très-convexe, ses feuilles roussâtres. Je l'ai trouvé au bois de Grammont, près Montpellier.

547ᵃ. Agaric cylindracé.　　*Agaricus cylindraceus*.

Il croît par touffes sur les vieux troncs de saules; son pédicule
est cylindrique, souvent courbé, un peu excavé au sommet, à peine
aminci au point de son insertion, blanc, très-légèrement peluché
vers le haut, long de 12 à 15 lignes, épais de 2 à 4 lignes; muni,
très-près des feuillets, d'un collier droit, blanc; les feuillets sont
blancs, recouverts d'un collier dans leur jeunesse, inégaux, étroits,
à peine adhérens; le chapeau est convexe, en forme de bouton
arrondi, brun, surtout au centre. On le mange à Montpellier,
confondu avec plusieurs autres, sous le nom de *pivoulade*. Serait-
ce le jeune âge du suivant?

547ᵇ. Agaric atténué.　　*Agaricus attenuatus*.

Son pédicule est aminci à sa base, et va en s'évasant insensiblement jusqu'à son sommet; il est long de 2 à 4 pouces, quelquefois
central, quelquefois excentrique, épais de 2 lignes à sa base, de
6 à 9 au sommet, toujours plus ou moins courbé ou tortu, blanchâtre, plein, charnu, muni au sommet d'un collier rabattu, brun
fauve, placé très-près des feuillets : ceux-ci sont d'un brun fauve
sale, inégaux, adhérens au pédicule, décurrens du grand côté quand
le pédicule est excentrique, rentrans de toutes parts quand il est

central; le chapeau est convexe, charnu, sec, d'un blanc sale ou roussâtre; la chair est blanche. Il croît sur les vieux troncs de saules, aux environs de Montpellier; c'est un de ceux qu'on y mange, en octobre, sous le nom de *pivoulade*.

548. Agaric gris-brun.   *Agaricus griseo-fuscus.*

Il croît par touffes, ou rarement solitaire, sur les souches enter-rées et mortes; son pédicule est cylindrique, plein, de 3 à 5 pouces de longueur, un peu mou au centre, d'un gris sale, plus pâle au sommet, glabre, un peu lisse, muni d'un collier blanchâtre, per-manent; son chapeau est convexe, médiocrement charnu, d'un gris tirant sur le brun, surtout au centre, de 2 pouces de diamètre; les feuillets sont blancs, décurrens sur le pédicule, entremêlés de demi et de quarts de feuillets. Je l'ai trouvé, en octobre, dans le bosquet de la Piscine, près Montpellier; il ne se mange pas; sa chair est filandreuse, et prend assez promptement une odeur désagréable.

559ᵃ. Agaric panthère.   *Agaricus pantherinus.*
Amanita umbrina. Pers. Syn. 254?

La volva est incomplète, et laisse des taches blanches sur tout le chapeau; elle entoure irrégulièrement le pied du pédicule qui est tubéreux; ce pédicule est d'ailleurs cylindrique, long de 2 pouces, blanc, dépourvu de collier; celui-ci reste adhérent sous la forme de petits lambeaux au bord du chapeau; les feuillets sont blancs, inégaux, à peine adhérens au sommet du pédicule; le chapeau est de couleur d'olive, un peu brunâtre, tacheté d'écailles blanches, d'abord hémisphérique, puis plane, de 2 pouces de diamètre. J'ai trouvé cet agaric, au mois d'octobre, croissant sur la terre dans un bois d'yeuses à Grammont, près Montpellier.

561ᵃ. Agaric à chapeau gluant. *Agaricus gloiocephalus.*

Seul de tous les agarics connus, il a la volva incomplète et point de collier; seul de toutes les amanites, il a le chapeau à la fois gluant, et dépourvu d'écailles formées par les débris de la volva; celle-ci est blanche, petite, membraneuse, et forme une petite tubé-rosité à sa base; le pédicule est plein, cylindrique, d'un blanc tirant sur le roussâtre, long de 4 pouces, sans collier; le chapeau est d'abord convexe, puis plane, toujours mamelonné au centre, strié légèrement sur ses bords dans sa jeunesse, large de 2 pouces, d'un aspect lisse, gluant sur toute sa surface, d'un blanc gris de souris; ses feuillets sont blancs, puis roux, inégaux, non adhérens au pédicule. Il croît dans les prés, aux environs de Montpellier, en octobre : il ressemble à la coucoumèle grise ; j'en ai trouvé des individus plus jeunes qui ont la tige plus basse, plus épaisse ; le chapeau moins gluant, tout blanc, la volva plus grande.

562ª. Agaric oronge-blanche. *Agaricus ovoïdeus.*

A. ovoïdes albus. Bull. herb. t. 364. — *A. aurantiacus* γ. Fl. fr. ed. 3. n. 562. — *A. coccola.* Scop. Carn. ed. 2, n. 1485 ? — *Fungus albus.* Magn. bot. p. 103, excl. J. B. Syn. — *Coquemelle.* Paulet. Champ. 2, p. 318. — Mich. Gen. p. 185, ult.

L'oronge-blanche diffère de la véritable oronge par la couleur entièrement blanche de toutes ses parties, par son pédicule peu ou point renflé à sa base, par son chapeau qui n'est pas sensiblement strié sur les bords. Elle croit dans les forêts de chênes ; elle est rare dans le nord de la France, et au moins aussi fréquente que l'oronge dans le midi ; on la mange à Montpellier, sous les noms de *champignon blanc*, ou de *coucoumèle blanche*. C'est un des champignons les plus délicats, et celui peut-être qu'il est le plus difficile de confondre avec aucune espèce vénéneuse.

564ª. Agaric à tête lisse. *Agaricus leïocephalus.*

Cette belle espèce est entièrement blanche, même dans un âge avancé ; son odeur est agréable ; sa chair ferme ; sa superficie est sèche, et la supérieure est lisse et satinée ; sa volva est grande ; son pédicule est épais à sa base, court, charnu, sans collier, de la longueur du rayon du chapeau ; celui-ci est de 7 à 8 pouces de diamètre, d'abord convexe, puis plane, arrondi ; ses feuillets sont nombreux, inégaux, non adhérens au pédicule. Il se vend, au marché de Montpellier, comme espèce comestible. Il ressemble à l'oronge blanche ; mais il n'a pas de collier, et a le chapeau lisse.

568. Agaric engaîné. *Agaricus vaginatus.*

γ. *Griseus.*

Cette variété diffère des précédentes, parce que sa volva forme une gaîne moins allongée, et que son pédicule est un peu plus court et plus épais. Ce pédicule est garni de quelques écailles vers sa base, long de 3 pouces ; le chapeau est gris en dessus, et chargé de quelques pellicules qui sont les restes de la volva ; les feuillets sont d'un blanc légèrement grisâtre, non adhérens au pédicule. Cet agaric, qui forme peut-être une espèce distincte, croît sur la terre, dans les forêts autour de Montpellier, à l'entrée de l'automne : c'est une des espèces les plus délicates et les plus sûres à manger ; il est connu sous les noms de *coucoumèle grise, coucoumèle grisette,* ou simplement *grisette*. La var. β de l'agaric engaîné, qui est représentée à la planche 512 de Bulliard, se trouve aussi aux environs de Montpellier, et s'y vend au marché, sous les noms de *coucoumèle jaune*, *coucoumèle orangée*, ou *irandja*, nom qu'on donne aussi à l'agaric oronge.

581ᵃ. Puccinie du framboisier. *Puccinia rubi idœi*.

Ascophora disciflora β byssina. Tode Mekl. 1, p. 16, t. 3, f. 27.

Cette puccinie est si exactement intermédiaire entre celle des rosiers et celle de la ronce, qu'on peut ou la considérer comme une espèce distincte, ou revenir à l'idée de Tode et de Persoon, qui ne faisaient de ces plantes que des variétés. La base, qui lui sert de support, est, selon Tode, d'une consistance plus bissoïde, moins compacte; les pédicelles sont plus cylindriques, beaucoup moins épaissis à leur base; les capsules sont cylindriques comme dans la P. du rosier, non étranglées d'espace en espace comme dans celle de la ronce, un peu rudes à leur surface, et terminées par une pointe fort courte comme dans cette dernière. Elle est assez fréquente à la surface inférieure des feuilles du framboisier.

582ᵃ. Puccinie de la sangui- *Puccinia sanguisorbæ*.
       sorbe.

Cette puccinie ressemble tellement à celle du framboisier, qu'elle ne peut s'en distinguer qu'avec peine, et conduira peut-être à l'opinion que toutes les puccinies des rosacées sont une seule espèce. Celle-ci se trouve, comme dans les rosiers, presque toujours naître sur un groupe d'urédo qui se distingue à sa couleur jaune, tandis que la puccinie est d'un noir décidé; les groupes qu'elle forme sont très-petits, épars à la surface inférieure de la feuille. Chaque puccinie, vue au microscope, présente un pédicelle roide, blanc, cylindrique, nullement évasé, et plutôt un peu rétréci à la base; la capsule est cylindrique, divisée en quatre loges par trois cloisons transversales, terminée par une pointe mousse à peine visible. M. Prost a trouvé ce champignon, aux environs de Mende, sur les feuilles de la sanguisorbe officinale.

582ᵇ. Puccinie de la potentille. *Puccinia potentillæ*.

P. potentillæ. Pers. Syn. 229. DC. Syn. n. 582*.

Cette espèce est voisine des P. de la ronce et des rosiers; mais elle en diffère en ce que les péricarpes ne sont pas terminés par une pointe à leur sommet, et n'ont ordinairement que trois, quatre, ou très-rarement cinq loges ; elle attaque la surface inférieure des feuilles, où elle se réunit en petits paquets médiocrement épais, de couleur noire ; les pédicelles sont blancs, filiformes ; les péricarpes glabres, cylindriques, un peu ovales, obtus et arrondis à leur sommet, divisés intérieurement en trois, quatre ou cinq loges par des cloisons membraneuses. Elle croît presque toute l'année, mais surtout au printemps, sur le revers des feuilles des potentilles printanière et argentée.

582ᶜ. Puccinie du faux-fraisier. *Puccinia fragariastri.*

P. fragariæ. DC. Enc. bot. 8, p. 244. Rapp. voy. 1, p. 9.

Elle est fort petite, souvent mélangée avec une espèce d'urédo encore mal connue ; elle forme de petits paquets épars d'un brun roussâtre ; ses pédicelles sont courts, filiformes, de couleur blanche ; les capsules cylindriques, obtuses à leur sommet, divisées intérieurement en 4, quelquefois 5 loges par des cloisons transversales ; elle se trouve sur l'une et l'autre surface des feuilles de la potentille fraisier.

584. Puccinie de la spargoute. *Puccinia spergulæ.*

β. Arenariæ serpyllifoliæ.

M. Prost a trouvé dans les environs de Mende des pieds de la sabline à feuilles de serpolet chargés d'une puccinie qui ressemble tout-à-fait à celle de la spargoute, et que je crois en être une simple variété ; les pustules qu'elle forme sont un peu plus grosses et déforment la feuille d'une manière marquée. Peut-être cette parasite est-elle commune à d'autres caryophyllées.

585ᵃ. Puccinie de la globulaire. *Puccinia globulariæ.*

Elle croît à la surface inférieure des feuilles de la globulaire commune ; on trouve çà et là quelques pustules à la surface supérieure ; celle-ci est ordinairement marquée de taches arrondies et d'un rouge brun qui sont produites par les puccinies de la surface inférieure ; les pustules sont éparses, convexes, rousses, très-compactes, de $\frac{1}{2}$ à $\frac{3}{4}$ de ligne de diamètre, nues ou à peine entourées par l'épiderme à leur première jeunesse ; les plantules qui forment les groupes sont difficiles à voir à cause de la consistance compacte et serrée de la pustule ; chacune d'elles offre un pédicelle filiforme un peu roide, et une capsule oblongue amincie aux deux extrémités, le plus souvent à deux, quelquefois à trois loges séparées par des cloisons transversales. Ces capsules sont plus petites, plus serrées et plus transparentes

que dans toutes les autres puccinies. M. Chaillet a trouvé celle-ci
dans le Jura.

585ᵇ. Puccinie du lierre-terrestre. *Puccinia glechomæ.*

P. glechomatis. DC. Enc. bot. 8, p. 245. — *P. affinis.* Hedw. F. fung.
ined. t. 9.

Elle couvre de taches d'un jaune roussâtre la surface inférieure
des feuilles du gléchome lierre-terrestre; ces taches sont orbiculaires
ou disposées en anneaux assez rapprochés, et soulèvent l'épiderme sans
le déchirer; les pédicelles sont blancs, filiformes; les capsules sont
glabres, un peu variées dans leur forme, cylindriques, quelquefois
presque ovales, obtuses à leur sommet, divisées en deux ou trois
loges par des étranglemens transversaux. On trouve cette production
parasite, en automne, dans les temps pluvieux.

585ᶜ. Puccinie de la reine des prés. *Puccinia ulmariæ.*

P. ulmariæ. DC. Enc. bot. 8, p. 245. — *P. spireæ ulmariæ.* Hedw.
F. fung. ined. t. 13.

Cette puccinie s'établit sur la face inférieure des feuilles de la spirée
ulmaire, vulgairement nommée reine des prés; elle y forme des
taches d'un brun un peu purpurin, fort petites, arrondies, composées de très-petits points agglomérés; les pédicelles sont filiformes,
de couleur blanche; ils supportent des capsules qui, selon l'observation de M. R. A. Hedwig, offrent des formes très-variées; les unes
sont cylindriques, divisées en trois loges par des cloisons transversales; les autres plus larges, à trois ou quatre faces, à trois ou quatre
loges séparées par des cloisons perpendiculaires. On trouve cette
puccinie en automne et au commencement du printemps.

585ᵈ. Puccinie de l'absinthe. *Puccinia absinthii.*

P. absinthii. Hedw. F. fung. ined. t. 11. DC. Enc. bot. 8, p. 245.

Sur la surface inférieure et velue des feuilles de l'absinthe on
aperçoit des taches d'un jaune un peu rougeâtre, dans lesquelles
on distingue ensuite un grand nombre de petits points arrondis
mélangés de noir et de blanc; ces points observés au microscope
offrent chacun un pédicelle blanc filiforme qui soutient une petite
capsule d'un brun noirâtre, un peu oblongue, obtuse, légèrement
hérissée, divisée intérieurement en deux, quelquefois trois loges,
pleine d'une poussière très-fine. Cette puccinie croît en automne.
M. Prost l'a trouvée aux environs de Mende.

588ᵃ. Puccinie de la bétoine. *Puccinia betonicæ.*

P. betonicæ. DC. Rapp. voy. 1, p. 9. Enc. bot. 8, p. 247. — *Lycoperdon
epiphyllum.* Aubry, prog. Morb. an x, p. 22. — *P. anemones, var. ß.*
Alb. et Schwein. Nisk. p. 131.

Cette espèce forme des groupes de couleur roussâtre, petits, convexes, disposés circulairement, situés à la surface inférieure des
feuilles, et quelquefois, mais très-rarement, à leur surface supérieure;
ils soulèvent l'épiderme, le déchirent, et les débris qui en restent
présentent une sorte de cupule assez régulière; chaque puccinie est
munie d'un pédicelle court qui supporte une capsule ovale, obtuse
à son sommet, divisée intérieurement en deux loges par une cloison
transversale. Elle croît, au printemps, sur les feuilles de la bétoine
officinale.

588ᵇ. Puccinie de la lychnide. *Puccinia lychnidis.*

P. lychnidis. DC. Enc. bot. 8, p. 247. Rapp. voy. 1, p. 9.

Cette puccinie s'établit sur la surface inférieure des feuilles de la
lychnide dioïque; elle y forme de petits paquets orbiculaires, convexes, compactes, d'un brun un peu foncé, tantôt solitaires, tantôt
rapprochés circulairement en forme d'anneau; chacune des petites
plantes qui forment ces groupes est munie d'un pédicelle roide, fort
long, et qui soutient à son sommet une capsule oblongue, obtuse,
divisée intérieurement en deux loges par un étranglement transversal.
Cette espèce a été trouvée aux environs du Mans par M. Desportes.

591ᵃ. Puccinie de l'échinope. *Puccinia echinopis.*

Elle croît sur les deux surfaces des feuilles de l'*echinops sphæro-
cephalus*, et s'y présente sous un aspect assez différent; du côté
supérieur où la feuille est presque glabre, les pustules sont bien
distinctes; du côté supérieur elles sont à peine reconnaissables sous
le duvet blanchâtre et cotonneux qui les recouvre et qu'elles ont
peine à percer; les pustules sont éparses, nombreuses, arrondies,
presque planes, peu compactes, d'un brun foncé, d'une demi-ligne
au plus de diamètre, à peine dans leur jeunesse bordées par les débris
de l'épiderme. La poussière, vue au microscope, présente des capsules
ellipsoïdes, obtuses aux deux bouts, portées sur un court pédicelle,
et divisées (autant que leur opacité m'a permis d'en voir l'intérieur)
en deux loges par une cloison transversale. M. Prost a trouvé cette
plante aux environs de Mende.

592ᵃ. Puccinie du clinopode. *Puccinia clinopodii.*

Cette espèce m'est connue d'une manière très-incomplète, mais

me paraît cependant mériter d'être mentionnée ; elle croît à la surface inférieure des feuilles du clinopode commun qui sont souvent
alors mouchetées de blanc en dessus ; ses pustules sont éparses, d'un
beau noir, extraordinairement petites et remarquables, sous ce
rapport, parmi toutes les espèces de puccinies et d'urédos ; les bords
rompus de l'épiderme ne sont point visibles ; les plantules vues au
microscope, sont composées d'un pédicelle roide, filiforme, et d'une
capsule ovoïde noirâtre, opaque, dans laquelle j'ai cru observer
une cloison transversale qui la diviserait en deux loges, mais que
l'opacité des parois ne m'a pas permis de distinguer exactement.
M. Prost m'a envoyé cette plante des environs de Mende.

592^b. Puccinie des ombelli- *Puccinia umbellife-*
fères. *rarum.*

α. *Selini cervariæ.* — *Uredo athamanthæ.* Fl. fr. n. 611.
β. *Selini oreoselini.*
γ. *Selini appuani.*
δ? *Peucedani parisiensis.*

Elle naît à la surface inférieure des feuilles de plusieurs ombellifères, et se trouve aussi quelquefois à la surface supérieure et sur les
pétioles ; ses pustules sont très-petites, entourées par les débris de
l'épiderme, arrondies, peu proéminentes, d'un brun foncé, éparses,
presque toujours distinctes et non confluentes. Les plantules, vues
au microscope, sont composées d'un pédicelle court et d'une capsule
ovoïde, obtuse aux deux bouts, et qui, à un examen souvent répété,
me paraît divisée en deux loges par une cloison transversale que
l'opacité des parois empêche de bien distinguer. La var. α croît dans
le Jura sur le *selinum cervaria*, la var. β aux environs de Paris,
sur le *selinum oreoselinum* ; la var. γ m'a été envoyée des Apennins
par M. Bertolini qui l'a trouvée sur le *selinum appuanum* de Persoon ; la variété δ que j'ai cueillie aux environs d'Angers sur le
peucedanum parisiense, est remarquable par la petitesse extrême de
ses cupules, et parce que l'épiderme qui se rompt fort tard laisse des
débris très-visibles autour des pustules. Serait-ce une espèce distincte ?

592^c. Puccinie du panicaut. *Puccinia eryngii.*

P. eryngii. DC. Enc. bot. 8, p. 249. Rapp. voy. 1, p. 9.

Des taches épaisses, noirâtres, de forme irrégulière, sont répandues sur la surface tant supérieure qu'inférieure du panicaut des
champs ; elles percent, déchirent l'épiderme et en conservent les

fragmens autour d'elles; chacune des puccinies est munie d'un pédicelle court, terminé par un péricarpe oblong, obtus à son sommet,
divisé intérieurement en deux loges par une cloison transversale.
J'ai trouvé cette puccinie en été aux environs des sables d'Olonne,
sur les bords de la mer; elle couvrait presque entièrement les feuilles
du panicaut des champs, tandis qu'on n'en apercevait pas une seule
sur le panicaut maritime qui croissait mêlé avec l'autre.

595ᵃ. Puccinie de la centaurée. *Puccinia centaureœ.*

Elle croît sur les pétioles, la surface supérieure et surtout la surface inférieure des feuilles de la centaurée scabieuse; elle y forme des
taches nombreuses, très-petites, ovales ou arrondies, presque noires,
d'une apparence pulvérulente, entourées par les débris de l'épiderme,
quelquefois confluentes; les plantules, vues au microscope, ont un
pédicelle court, une capsule ovale, arrondie, divisée en deux loges
par une cloison, mais sans étranglement sensible. M. Prost l'a
trouvée dans les environs de Mende.

596. Puccinie des graminées. *Puccinia graminis.*

P. graminis. Pers. Syn. 228. Hedw. F. fung. ined. t. 6, opt. DC. Fl. fr.
n. 596.

β. *P. arundinacea.* Hedw. F. fung. ined. t. 7. DC. Enc. bot. 8, p. 250.

Elle naît sur les gaines, les deux surfaces des feuilles, la tige,
les glumes, et je l'ai vue même jusque sur les barbes de la plupart
des graminées; elle est surtout commune sur l'avoine, l'orge, les
paturins, etc: Elle y forme des pustules ovales ou linéaires, brunes
à leur naissance, et devenant très-vite noires comme du charbon;
elles soulèvent d'abord l'épiderme, le fendent en long et restent
bordées de ses débris; leur consistance est un peu compacte, et quand
elles sont sèches elles ne s'enlèvent pas facilement; lorsqu'il a plu
elles cèdent plus facilement et s'attachent aux corps qui les frottent;
chaque pustule vue au microscope présente un amas de petites plantules; leur pédicelle est blanc, transparent, cylindrique; la capsule
est allongée en forme de massue, à deux loges séparées par une
cloison, mais sans étranglement prononcé; la loge inférieure est
un peu en cône renversé, la supérieure est arrondie; la superficie de
cette capsule est lisse. La var. β, qui a été regardée comme une espèce
distincte par M. R. A. Hedwig, croît sur les graminées dures et fermes
comme les roseaux et les calamagrostis; elle y forme des pustules
plus grosses et plus convexes; sa structure, vue au microscope, ne
diffère de la précédente que parce que ses capsules sont un peu ponc-

tuées à leur surface, et les deux loges séparées par un étranglement plus sensible, à peu près comme le représente la figure citée de Persoon. Cette variété est, plus souvent que la précédente, mélangée avec l'U. linéaire. *Voyez* n. 624. La puccinie des graminées n'est point la même que la rouille des céréales ; dès leur première apparition, les pustules, vues au microscope, présentent les caractères que je viens d'indiquer. Quoique cette puccinie nuise aux moissons, elle est moins redoutable que la rouille pour les agriculteurs ; ceux-ci la désignent souvent sous le nom de *noir,* mais la plupart la prennent ou pour l'âge avancé de la rouille, ou pour une dégénération du charbon, opinions que j'ai partagées (Enc. bot. 8, p. 249.), mais dont l'observation m'a démontré depuis la fausseté.

596ᵃ. Puccinie des carex.   *Puccinia caricina.*

Cette puccinie diffère de l'*uredo caricina,* comme la puccinie des graminées diffère de l'*uredo rubigo-vera ;* elle forme, à la surface supérieure des feuilles de plusieurs espèces de carex, des pustules ovales, petites, nombreuses, souvent disposées en séries longitudinales ; dans leur jeunesse elles soulèvent l'épiderme, puis le rompent et restent entourées de ses débris ; leur couleur est brune à leur naissance, et devient noire à la fin de leur vie ; les plantules qui les composent, vues au microscope, offrent un pédicelle blanc filiforme, et une capsule en forme de massue allongée, presque cylindrique, à deux loges séparées par une cloison et un petit étranglement ; la supérieure est plus arrondie et un peu plus grosse que l'inférieure.

597ᵃ. Puccinie du buis.   *Puccinia buxi.*

Elle croît sur les deux surfaces des feuilles du buis, et y forme des pustules brunes très-proéminentes, très-compactes, qui soulèvent d'abord l'épiderme, puis le rompent de manière à en être entourées ou bien à en porter les débris, à peu près comme parmi les fougères, les polytrics portent leur tégument. Les petites puccinies, vues au microscope, présentent un pédicelle roide, fort long, de couleur blanche, et une capsule très-oblongue à deux loges : l'inférieure toujours en forme de toupie allongée, la supérieure oblongue ou un peu ovale ; ces deux loges se séparent l'une de l'autre avec une très-grande facilité, en se rompant à leur point de jonction qui est une vraie articulation. M. Bouchet a trouvé cette plante aux Cambrettes, près Montpellier. M. Aubin me l'a aussi envoyée de Grasse en Provence.

597ᵇ. Puccinie de la renouée liseronne.   *Puccinia polygoni convolvuli.*

P. polygoni convolvuli. Hedw. F. fung. ined. t. 15. DC. Enc. bot. 8, p. 251.

Elle se rapproche de la P. de la renouée amphibie, mais elle en diffère par ses taches solitaires et non réunies en anneau ; ces taches sont ovales, d'abord d'un brun roussâtre ; elles deviennent noires en vieillissant, et sont insérées sur la surface inférieure des feuilles seulement, et quelquefois sur la tige ; elles soulèvent et déchirent l'épiderme dont elles conservent les fragmens ; chacune des ces plantes offre un pédicelle allongé qui soutient une capsule à deux loges : la supérieure globuleuse, l'inférieure un peu allongée et en forme de poire. Cette puccinie est très-rare. Elle se trouve, au commencement de l'automne, sur la renouée liseronne, souvent mêlée avec l'urédo des renouées qui est beaucoup plus commun. M. Prost l'a trouvée aux environs de Mende.

597ᶜ. Puccinie de la bistorte.   *Puccinia bistortæ.*

Cette puccinie a été observée dans les Ardennes par Mˡˡᵉ Libert ; elle attaque la surface inférieure des feuilles de la renouée bistorte ; elle y forme de petites taches brunes orbiculaires, qui n'ont qu'un quart de ligne de diamètre : ces taches sont entourées par les débris de l'épiderme ; la substance même de la feuille devient jaunâtre ou roussâtre dans les parties où se trouvent beaucoup de puccinies. Cette teinte jaune est également visible sur les deux surfaces ; chaque puccinie, vue au microscope, présente une capsule brune, ovale, obtuse aux deux extrémités, portée sur un très-court pédicelle, et divisée en deux loges par une cloison transversale. — La bistorte est une des plantes qui portent le plus de parasites. *Voyez* le *xyloma bistortæ*, n. 815ᵇ, et surtout l'*uredo bistortarum*, n. 614ᵃ. La comparaison de la manière de croître, et de la structure de l'urédo et de la puccinie de la bistorte, démontrent clairement que ce sont deux plantes distinctes, et que surtout la puccinie n'est point l'âge avancé de l'urédo, comme l'ont soutenu quelques botanistes ; le grand nombre des plantes où l'on trouve des urédos sans puccinies, ou des puccinies sans urédos, démontre encore que ces végétaux parasites sont distincts les uns des autres.

597ᵈ. Puccinie de l'épilobe.   *Puccinia epilobii.*

Elle croît à la surface inférieure de l'*epilobium origanifolium* qu'elle couvre quelquefois en entier : les parties occupées par la puccinie sont un peu plus épaisses et plus blanchâtres ; les pustules

sont nombreuses, serrées les unes contre les autres, orbiculaires :
elles rompent l'épiderme dès leur naissance, et ses débris ne tardent
pas à s'oblitérer : la poussière, qui se répand assez facilement, est
d'un brun roux presque cannèlle ; lorsqu'elle est tombée, tous les
orifices mis à nu et creusés dans le petit renflement de la feuille,
semblent des cupules d'æcidium. Les plantules, vues au microscope,
présentent un pédicelle fort court, et une capsule oblongue, divisée
en deux loges arrondies, resserrée au milieu, et imitant à peu près
la figure d'un 8. J'ai trouvé cette puccinie, en été, sur l'épilobe
à feuilles d'origan, autour de Quérigut, dans les Pyrénées ; les
pieds qui en étaient atteints étaient fort grands, mais ne fleurissaient point.

597ᵉ. Puccinie de la violette.   *Puccinia violæ.*

Il faut se garder de confondre cette puccinie avec l'urédo des
violettes qui paraît plus fréquent ; la puccinie naît à la surface
inférieure des feuilles de la violette hérissée ; ses capsules sont
éparses, assez petites, d'un brun foncé, entourées par les débris de
l'épiderme, de forme arrondie, rarement ovales ou confluentes ; leur
poussière, vue au microscope, présente des capsules ovoïdes, obtuses
aux deux extrémités, divisées en deux loges par une cloison transversale, et munies d'un très-court pédicelle. M. Prost a trouvé cette
puccinie dans les environs de Mende.

XXXV. URÉDO.   *UREDO.*

Obs. J'avais suivi, dans la Flore française, l'opinion admise par
M. Persoon et le petit nombre des botanistes qui s'étaient occupés
de la classification des champignons parasites, c'est-à-dire, que
j'avais considéré comme puccinies tous ceux qui ont un pédicelle,
quel que fût le nombre de leurs loges ; et comme urédos, tous ceux
qui sont sessiles ; mais de nouvelles observations m'ont conduit à
donner moins d'importance à la présence du pédicelle qu'au nombre
des loges : en effet, les capsules, qui à leur maturité paraissent sans
pédicelle, en ont eu nécessairement un lorsqu'elles tenaient à leur
base commune, et ce pédicelle ne diffère que par sa brièveté de celui
des espèces où il est bien visible. Ce caractère est donc, par sa nature,
sujet à offrir, et offre en effet tous les degrés intermédiaires possibles ; tandis que le caractère tiré d'une capsule uniloculaire, ou
divisée en plusieurs loges, ne peut offrir aucune équivoque. J'ai donc
réservé le nom de *puccinia* aux champignons épiphylles, dont la
capsule est toujours pédicellée et divisée en deux ou plusieurs loges ;

et celui d'*urédo* à ceux dont la capsule est toujours uniloculaire, le plus souvent sessile, quelquefois pédiculée. D'après cette classification, les espèces classées sous le §. 3 des puccinies, et sous les nᵒˢ 599-604, devront prendre le nom d'*urédo*, et formeront, dans ce genre, une première section déterminée par les capsules pédicellées.

599. Urédo du béhen.   *Uredo behenis.*

Cet urédo a tout l'aspect d'une puccinie, et tient le milieu entre ces deux genres ; ses pustules naissent éparses à la surface inférieure, et rarement à la face supérieure des feuilles ; elles sont arrondies, entourées par les débris de l'épiderme, un peu convexes, très-compactes, nullement pulvérulentes, et d'un noir de charbon ; vues au microscope, elles paraissent composées de plantules nombreuses, et qui ne se détachent qu'avec peine : chacune d'elles est munie d'un pédicelle blanc, filiforme, roide, et trois fois plus long que la capsule ; celle-ci est ovoïde, et, quoiqu'examinée avec des lentilles très-fortes, m'a toujours paru composée d'une seule loge ; toutes les fois que j'ai mis ces capsules sous le microscope, le fond du porte-objet s'est trouvé plein, au bout de quelques instans, d'une poussière noire très-fine, qui descend d'elle-même au fond de l'eau, et qui est probablement la graine de cet urédo. Ce champignon m'a été communiqué par M. Grateloup, qui l'a trouvé, aux environs de Dax, croissant, mêlé avec l'*œcidium behenis*, sur les feuilles du *silene inflata*, vulgairement nommé *behen*.

599ᵃ. Urédo des haricots.   *Uredo phaseolorum.*

> *U. phaseolorum.* DC. Enc. bot. 8, p. 221. — *Puccinia phaseolorum.* Fl. fr. n. 599.

Voyez vol. 2, p. 224.

600. Urédo de l'aubour.   *Uredo laburni.*

> *U. laburni.* DC. Enc. bot. 8, p. 222. — *Puccinia laburni.* Fl. fr. n. 600.

Voyez vol. 2, p. 224.

600ᵃ. Urédo du cytise.   *Uredo cytisi.*

Cet urédo est très-remarquable par la disposition qu'il affecte : il croît à la surface inférieure des feuilles du cytise à feuilles sessiles ; il se développe d'abord une pustule : autour de cette première pustule, qui sert de centre, il s'en forme quelques autres disposées circulairement, d'abord distinctes, puis toutes soudées de manière à former, à environ une ligne de la pustule centrale, un anneau

circulaire régulier. Ces diverses pustules soulèvent l'épiderme, et
ne le rompent que très-tard; l'épiderme soulevé leur donne une
teinte grise et luisante; leur poussière est d'un roux brunâtre,
composée de capsules globuleuses, assez petites, presque toutes
dépourvues de pédicelles; quelques-unes en ont un, mais si court,
qu'on doit à peine le mentionner. M. Prost m'a envoyé cette plante
des environs de Mende.

601. Urédo des pois.   *Uredo pisi.*

U. pisi. DC. Enc. bot. 8, p. 222. — *Puccinia pisi.* Fl. fr. n. 601.

Voyez vol. 2, p. 224.

601ª. Urédo du sainfoin   *Uredo hedysari obscuri.* obscur.

Puccinia hedysari obscuri. Schleich. Crypt. exs. n. 80. DC. Syn. n. 601*.
— *U. hedysari obscuri.* DC. Enc. bot. 8, p. 222.

Cette espèce est très-facile à reconnaître parmi toutes celles qui
lui ressemblent, en ce qu'elle n'attaque que la surface supérieure
des feuilles; elle s'y présente sous la forme de petits groupes orbiculaires d'un brun noirâtre, assez petits, à peine entourés par les
lambeaux de l'épiderme. Les capsules, vues au microscope, offrent
un pédicelle fort court; elles sont ellipsoïdes, amincies aux deux
extrémités, à une seule loge. M. Schleicher a trouvé cette espèce
dans les Alpes, sur l'*hedysarum obscurum.*

601ᵇ. Urédo de la gentiane.   *Uredo gentianæ.*

Cet urédo croît sur la gentiane pneumonanthe, quelquefois sur
la tige et la surface inférieure de ses feuilles, le plus souvent à
leur surface supérieure seulement; elle commence par former de
petites pustules convexes, arrondies, ou irrégulièrement sinuées,
grises et luisantes, parce qu'elles sont entièrement recouvertes par
l'épiderme; celui-ci se rompt ensuite irrégulièrement et demeure
persistant autour de la pustule; celle-ci est d'un brun presque noir:
ses plantules, vues au microscope, sont composées de capsules
ovoïdes, presque globuleuses, assez opaques, les unes sans pédicelle, les autres munies d'un pédicelle court. Cet urédo attaque
la gentiane à l'époque de sa fleuraison. M. Chaillet l'a trouvé dans
le Jura.

601ᶜ. Urédo ambigu.   *Uredo ambigua.*

Cet urédo croît sur la feuille d'un ail à feuilles cylindriques, dont
j'ignore le nom spécifique; il forme des pustules arrondies ou ovales,

ordinairement confluentes, recouvertes par l'épiderme qu'elles soulèvent en le laissant presque toujours intact, et qui leur donne une
teinte luisante et grisâtre; la poussière que cet épiderme recouvre,
est d'un brun un peu roux, composée de capsules exactement en
forme de poire, c'est-à-dire, ovoïdes, rétrécies à leur base, et
munies d'un long pédicelle. Sur les mêmes feuilles d'ail, se
trouvait une autre espèce d'urédo qui forme des pustules ovales,
convexes, pleines d'une poussière blanchâtre, à globules sessiles,
presque sphériques, et qui peut-être est l'U. des aulx; quelquefois
ces deux urédos naissent ensemble, mais sont toujours faciles à
reconnaître à l'œil nu par leur couleur; au microscope, par leur
forme. Je l'ai trouvé, au printemps, dans le jardin de Montpellier.

602. Urédo des raiponces. *Uredo phyteumarum.*

U. phyteumarum. DC. Enc. bot. 8, p. 222. — *Puccinia phyteumarum:*
Fl. fr. n. 602.

Voyez vol. 2, p. 225.

602ª. Urédo de l'arnique. *Uredo arnicæ scorpioïdis.*

Elle se trouve sur les pétioles et les deux surfaces des feuilles de
l'arnique à racine noueuse, qui le plus souvent alors ne fleurit
point. Elle forme des taches pulvérulentes, noirâtres, oblongues ou
arrondies, d'abord assez petites, puis confluentes, au point de
former des pustules de 3 à 4 lignes de longueur et de forme assez
irrégulière; à leur naissance, elles sont entourées par l'épiderme
qui s'oblitère le plus souvent lorsqu'elles se soudent ensemble;
vues au microscope, les plantules offrent un très-court pédicelle, et
une capsule ovoïde, assez opaque, et que je crois uniloculaire. J'ai
trouvé cette puccinie en été, au port de Pinède, dans les Pyrénées,
sur l'*arnica scorpioïdes.*

603. Urédo de la ficaire. *Uredo ficariæ.*

U. ficariæ. DC. Enc. bot. 8, p. 222. Alb. et Schw. Nisk. n. 363. —
Puccinia ficariæ. Fl. fr. n. 603.

Voyez vol. 2, p. 225.

603ª. Urédo de la cacalie. *Uredo cacaliæ.*

U. cacaliæ. DC. Enc. bot. 8, p. 223. — *Puccinia cacaliæ.* DC. Syn. n. 603ª.

Cette espèce naît à la surface inférieure des feuilles de la cacalie
pétasite; elle y forme de petits groupes d'un brun roussâtre, orbiculaires, presque planes, et entourés par le duvet qui recouvre la
surface de la feuille; les plantules très-nombreuses qui les com-

posent, vues au microscope, sont composées d'une capsule uniloculaire ovoïde fort petite, et d'un pédicelle extrêmement court.
On trouve fréquemment cette espèce en été, dans les Alpes, les
montagnes d'Aubrac, etc.

604. Urédo des trèfles.   *Uredo trifolii.*

U. trifolii. DC. Enc. bot. 8, p. 223. — *Puccinia trifolii.* Fl. fr. n. 604.
Voyez vol. 2, p. 225.

604ᵃ. Urédo de l'orobe.   *Uredo orobi.*

a. Orobi tuberosi.
β? Orobi verni.

Je réunis ici deux urédos peut-être distincts, mais je connais
trop peu la variété *β* pour oser la séparer : la première croît sur
les feuilles de l'orobe tubéreux ; elle attaque les deux surfaces,
mais principalement l'inférieure, et se fait souvent remarquer sur la
face opposée par une tache brune ; ses pustules sont éparses, orbiculaires, convexes, très-petites, compactes, d'un brun presque
noir, et sont à peine dans leur jeunesse entourées par les débris
de l'épiderme ; les capsules, vues au microscope, sont ovoïdes, à
peu près globuleuses, munies d'un court pédicelle. J'ai trouvé cette
plante en été, près de Saint-Girons, dans les Pyrénées, et mademoiselle Libert me l'a envoyée des Ardennes. La variété *β* que
M. Chaillet a trouvée dans le Jura, sur l'orobe printanier, épanouit
presque toutes ses pustules à la face supérieure des feuilles, et son
épiderme les recouvre presque en entier.

604ᵇ. Urédo des rumex.   *Uredo rumicum.*

a. Rumicis tingitani.
β. Rumicis acetosæ.
γ. Rumicis scutati. — *U. rumicis scutati.* DC. Enc. bot. 8, p. 223.
δ. Rumicis crispi. — *U. bifrons.* DC. Fl. fr. n. 614. Enc. bot. 8, p. 226.
ε. Rumicis aquatici. — *U. rumicis aquatici.* DC. Enc. bot. 8, p. 223,
Rapp. 1, p. 9.

Elle naît indifféremment sur les deux surfaces des feuilles ; elle
forme des taches d'un roux brunâtre, arrondies, assez petites, entourées par les débris de l'épiderme, presque planes, un peu compactes ; la poussière qu'elle renferme, vue au microscope, présente
des capsules ovoïdes, à une loge, obtuses aux deux extrémités, et
munies d'un très-court pédicelle. J'ai trouvé la variété *a* au commencement du printemps, à Aigues-Mortes, sur le rumex de Tanger ;
elle a les groupes d'urédos assez gros et souvent entourés à quelque
distance par un anneau brun circulaire. La variété *β*, qui croît à la

fin du printemps sur l'oseille des jardins, ne m'a jamais offert l'anneau de la précédente. Dans la variété γ que j'ai trouvée en été à Gèdres, dans les Pyrénées, les groupes sont plus nombreux, plus petits, moins réguliers, et les capsules elles-mêmes sont plus petites, plus sessiles et moins évidemment cloisonnées. La variété δ que M. Chaillet a recueillie sur le R. crépu, ne diffère presque pas de la précédente quant à son aspect ; mais vue au microscope, elle offre des pédicelles très-courts ; enfin la variété ε que j'ai trouvée à Lorient et à Perpignan, sur le R. aquatique, pourrait bien former une espèce distincte ; les pustules qu'elle forme sur la feuille sont beaucoup plus petites que dans aucune des précédentes, et les pédicelles des capsules sont fort courts.

604ᶜ. Urédo de la dent de chien. *Uredo erythronii.*

Il attaque les deux surfaces et quelquefois les pétioles de l'érythrone dent de chien, où il est quelquefois mêlé avec l'æcidium propre à cette plante ; il forme des pustules d'un roux brun, ovales ou arrondies, quelquefois éparses, le plus souvent disposées en anneau interrompu autour d'une pustule centrale ; elles sont entourées par l'épiderme qui est le plus souvent fendu en long, et persistent sous la forme de lèvres membraneuses ; les plantules vues au microscope, offrent de très-courts pédicelles et des capsules ovales ; celles-ci m'ont paru être à une seule loge, mais dans quelques-unes, j'ai cru apercevoir des traces de cloisons qui m'ont laissé quelque doute sur la classification de cette plante. Je l'ai trouvée en été, au port de Vénasque, à Querigut et au Mont-Esquierri, dans les Pyrénées, sur les pieds d'érythronium qui étaient la plupart en fruit, et munis de graines parvenues à maturité.

604ᵈ. Urédo de l'aristoloche. *Uredo aristolochiæ.*

U. aristolochiæ. Schleich. pl. exsic.

Il se trouve sur l'aristoloche ronde, à l'époque de sa fleuraison, et n'attaque que la surface inférieure des feuilles ; ses pustules sont nombreuses, éparses, arrondies, très-petites, presque planes, de couleur brune, entourées par les débris de l'épiderme ; ses capsules vues au microscope sont à peu près globuleuses, munies la plupart d'un pédicelle extrêmement court ; quelques-unes m'ont semblé être divisées en deux loges par une cloison, mais j'ai lieu de croire que c'est une illusion microscopique, car cette apparence disparaît à une lentille plus forte.

6o4ᵉ. Urédo de la valériane.   *Uredo valerianæ.*

U. vagans β. Fl. fr. ed. 3, n. 6io.

Cet urédo est un des mieux caractérisés et des plus singuliers de
tout le genre; il attaque la surface inférieure des feuilles de la valériane de montagne. Lorsqu'il n'est point gêné dans son développement, il offre une pustule centrale et un anneau de petites pustules
confluentes situées autour du point central; mais pour peu qu'il rencontre une nervure, cette disposition régulière disparaît, et on ne
voit plus qu'un assemblage arrondi de pustules confluentes; ces
pustules soulèvent l'épiderme, ce qui leur donne un aspect grisâtre,
luisant et convexe; quelquefois elles le rompent à la fin de leur vie,
souvent elles restent toujours fermées : la pustule centrale est souvent ouverte et toutes les autres closes ; elles sont en général très-
petites, arrondies lorsqu'elles sont solitaires, oblongues ou ovales
quand elles se soudent. La poussière est d'un roux cannelle; vue au
microscope, elle m'a présenté très-distinctement deux formes différentes de capsules ; les unes, et ce sont les plus nombreuses, sont
ovoïdes ou à peu près globuleuses, munies le plus souvent d'un court
pédicelle; les autres, qui sont plus rares, et que je n'ai vues que
dans les pustules dont l'épiderme était rompu, sont allongées en
forme de massue, rétrécies à leur base et munies d'un pédicelle
distinct. J'ai trouvé cette plante au mois de septembre, dans les bois
du mont Pilat, près Lyon, sur des pieds de *valeriana montana*,
qui (probablement et à cause de cet urédo) n'avaient pas fleuri dans
l'année.

6o4ᶠ. Urédo de la primevère.   *Uredo primulæ.*

Il croît à la surface inférieure des feuilles de la primevère à grande
fleur, et ressemble, par sa manière de croître, à l'U. de la valériane;
celui de la primevère forme de même de petites pustules nombreuses,
arrondies ou ovales, rapprochées en groupes arrondis ou plus rarement annulaires ; ces pustules soulèvent l'épiderme et forment alors
de petits tubercules convexes d'un gris un peu violet; l'épiderme ne
se rompt que très-tard, et souvent même point du tout : la poussière
est d'un roux brun, composée de globules sessiles ou à peine pédicellés,
ovoïdes, souvent un peu anguleux et de forme un peu variable
entre l'oblongue et la sphérique. M. Chaillet a trouvé cette plante
dans les bois du Jura, sur la *primula grandiflora*.

**604ᵉ. Urédo de la primevère   *Uredo primulæ inte-*
à feuilles entières.   *grifoliæ.***

On ne peut confondre cet urédo avec celui de la primevère à grande fleur ; il croît presque toujours à la surface supérieure des feuilles, et rarement à l'inférieure ; ses pustules sont éparses et non groupées, plus grosses, et fendent leur épiderme dès leur naissance ; la poussière est d'un brun plus foncé, et composée de globules plus gros et presque sphériques. Je l'ai trouvé en été à Gavarnie, dans les Pyrénées, sur les feuilles de la primevère à feuilles entières, à l'époque où celle-ci terminait sa fleuraison.

607. Urédo creusé.   *Uredo excavata.*

   α. Euphorbiæ dulcis. Fl. fr. n. 607.
   β. Euphorbiæ oleæfoliæ.
   γ. Euphorbiæ serratæ.
   δ. Euphorbiæ segetalis.

Cet urédo est très-commun dans tout le midi de la France, sur la plupart des euphorbes. Quoiqu'il soit souvent très-abondant sur certaines feuilles, et qu'il aille au point de couvrir en entier leur surface inférieure, cependant il ne les déforme jamais ; caractère qui peut encore servir à le distinguer de l'U. en écusson ; il s'en distingue encore par sa couleur d'un brun presque noir.

608. Urédo du sédum.   *Uredo sedi.*

   α. Sedi reflexi. Fl. fr. n. 608.
   β. Sempervivi montani. — *U. sempervivi.* Schleich. cent. n. 92.
   γ. Sempervivi tectorum.
   δ. Sempervivi globiferi. — *U. sempervivi.* Alb. et Schwein. Nisk. p. 126.

Cet urédo paraît propre à toutes les crassulacées ; il croît également ment sur la surface inférieure et supérieure des feuilles.

609ᵃ. Urédo de la fève.   *Uredo fabæ.*

   α. Fabæ. — *U. fabæ.* Pers. Disp. 13. Fl. fr. ed. 3, vol. 2, p. 596. Enc. bot. 8, p. 225. Alb. et Schwein. Nisk. n. 360, var. *α.*
   β. Viciæ sativæ. Alb. et Schw. loc. cit.
   γ. Viciæ bithynicæ.
   δ. Viciæ hybridæ.
   ε. Trifolii repentis. Alb. et Schw. loc. cit.
   ζ ? Lupini albi.
   η. Medicaginis falcatæ.

Toutes ces plantes se ressemblent trop pour que j'ose les séparer : toutes diffèrent de la variété *α* parce que leur poussière est moins abondante et leurs pustules plus rares ; à cet égard, la var. ζ qui croît sur le lupin blanc, en Provence et en **Languedoc**, est remarquable, parce que ses pustules sont très-rares, très-petites, assez régulières, et ne se trouvent que sur les feuilles inférieures de la plante qui commencent déjà un peu à jaunir. Peut-être doit-elle constituer une espèce distincte. La var. ε qui croît sur le trèfle rampant, ne doit point être confonduc avec l'urédo des trèfles qui s'y trouve aussi ; elle en diffère par sa teinte plus rousse, sa forme plus régulière et ses capsules presque toutes sessiles. Je suis porté à croire que cet urédo se trouvera sur la plupart des légumineuses d'Europe, et devra un jour porter le nom d'U. des légumineuses.

609ᵇ. Urédo de la pervenche.   *Uredo vincæ.*

Il croît principalement à la surface inférieure des feuilles de la grande pervenche ; on le trouve aussi, mais en moindre abondance, à la surface supérieure et même sur les pétioles : il forme des pustules qui d'abord soulèvent, puis percent l'épiderme, lequel persiste autour de l'urédo, et le recouvre même en partie ; ces pustules sont d'un brun un peu roux, de $\frac{3}{4}$ de ligne environ de diamètre, très-nombreuses, ovales ou arrondies ; la poussière qu'elles renferment est composée de globules à peu près ovoïdes et sans pédicelle. M. Dufour a trouvé cette production parasite à Beaucaire, au printemps, sur les tiges non fleuries du *vinca major.*

609ᶜ. Urédo de l'asphodèle.   *Uredo asphodeli.*

Il attaque les deux surfaces, mais principalement la surface supérieure des feuilles de l'asphodèle rameux ; il y forme des pustules éparses, ovales, convexes avant la rupture de l'épiderme, longues de 1 à $1\frac{1}{2}$ ligne, entourées et souvent recouvertes par les débris de l'épiderme qui se fend d'ordinaire dans le sens longitudinal ; la poussière est d'un roux foncé, très-peu adhérente, composée de globules qui, vus au microscope, sont ovoïdes ou sphériques, absolument dépourvus de pédicelle, et plus gros que dans toutes les autres espèces de ce genre. Quoique l'asphodèle soit très-commun dans le midi et l'ouest de la France, je ne l'ai trouvé attaqué d'urédo qu'une seule fois, près de Montpellier, et une fois à l'île de Sainte-Lucie, près Narbonne. Les pieds atteints par cette production parasite ne fleurissaient pas.

609ᵈ. Urédo des bettes.   *Uredo betæ.*

α. *Betæ vulgaris.* — *U. betæ* var. α. Pers. Syn. 220.
β. *Betæ cyclæ.*
γ. *Betæ maritimæ.*

Il se montre sur les deux surfaces des feuilles de toutes les espèces de bettes, et même quelquefois sur les tiges et les pétioles ; ses pustules sont très-nombreuses, ovales ou arrondies, selon leur position, d'une ligne environ de longueur, souvent éparses et solitaires sur le disque de la feuille ; souvent concentriques d'une manière qui lui est propre : à l'entour de la pustule centrale qui est orbiculaire, naissent plusieurs pustules qui se soudent de manière à en former une seule annulaire ; celle-ci, au lieu d'être séparée de la pustule centrale par un intervalle, comme dans tous les urédos concentriques, est absolument contiguë avec elles. Ces diverses pustules sont long-temps couvertes, toujours entourées par les débris de l'épiderme ; leur poussière est rousse, composée de globules ovoïdes, à peu près sphériques et sans pédicelles visibles au microscope. Elle croît dans les jardins, sur la *B. cicla* et la *B. vulgaris.* M. Delaroche l'a trouvée en Normandie, au bord de la mer, sur la *B. maritima.*

609e. Urédo des renouées. *Uredo polygonorum.*

α. *Polygoni convolvuli.* — *U. betæ var. ββ.* Alb. et Schw. n. 358.
β. *Polygoni dumetorum.*
γ. *Polygoni amphibii.* — *U. vagans* γ. Syn. n. 610.
δ. *Polygoni aviculariæ.* Alb. et Schw. loc. cit.

Il ne faut pas confondre cette plante parasite ni avec les puccinies qui croissent sur les mêmes plantes, ni avec l'urédo des bistortes, ni avec l'urédo des bettes ; on la distingue des puccinies et de l'urédo des bistortes, à sa couleur rousse et non pas noire ; et de l'urédo des bettes, à ce qu'on ne la trouve presque jamais que sur la surface inférieure des feuilles. Elle croît très-semblable à elle-même sur les diverses espèces de renouées indiquées plus haut, souvent mêlée avec leurs puccinies ; ses pustules sont arrondies, presque toujours éparses ; lorsqu'elles sont disposées en anneau autour d'une pustule centrale (ce qui est rare), il y a toujours un intervalle entre le centre et l'anneau. Les capsules, vues au microscope, sont presque globu-leuses, sans pédicelle. M. Prost a trouvé à Mende les var. α et γ ; M. Dossin, à Liége, la var. β. J'ai cueilli la var. δ à Lorient.

609f. Urédo du térébinthe. *Uredo terebinthi.*

Il croît à la surface inférieure des feuilles du pistachier térébinthe, sur lesquelles il forme des taches arrondies, rousses en dessous, rouges en dessus, et souvent très-marquées lors même que l'urédo est ou avorté, ou passé ; dans les feuilles même où il existe, on trouve beaucoup de taches stériles et quelques-unes seulement munies d'urédo ; celui-ci offre une pustule plane, orbiculaire, d'un roux à peu près cannelle, dont la base est un peu compacte et dont la poussière est peu abondante; celle-ci, vue au microscope, offre des globules presque sphériques, dépourvus de pédicelle. Les débris de l'épiderme s'aperçoivent à peine autour de la pustule; celle-ci a de $\frac{1}{2}$ à 1 ligne de diamètre. J'ai trouvé cet urédo au commencement de l'été, en Roussillon, près Villefranche, et aux environs de Nice.

609ᵍ. Urédo des labiées.　　*Uredo labiatarum.*

 α. Mentharum. — U. menthæ. Pers. Syn. 220. — *U. menthæ var. α.* Alb. et Schwein. n. 355.
 β. Mellitis melissophylli.
 γ. Thymi acinos. — U. thymi. Schleich. pl. exs. DC. Enc. bot. 8, p. 227.

 Cette espèce d'urédo est intermédiaire par sa couleur d'un roux pâle entre les deux sections principales de ce genre, les *nigredo* et les *rubigo.* Elle croît à la surface inférieure des feuilles de plusieurs labiées, où elle forme des pustules éparses, orbiculaires, d'abord couvertes, puis entourées par l'épiderme rompu, peu convexes, presque planes, un peu compactes, quelquefois confluentes; leurs capsules sont sessiles, sphériques, la var. *α* a été trouvée par M. Persoon, sur le *mentha sylvestris;* par MM. Albertini et Schweinitz, sur les *M. arvensis* et *austriaca;* par M. Dossin, à Liége, sur les *M. crispa* et *piperita;* la var. *β* par M. Chaillet, dans le Jura, sur le *mellitis melissophyllum;* enfin la var. *γ* par M. Schleicher, au pied des Alpes, sur le *thymus acinos.*

609ʰ. Urédo de l'ache des chiens.　*Uredo cynapii.*

 α. Æthusæ cynapii. — U. cynapii. DC. Enc. bot. 8, p. 226.
 β. Cicutæ majoris.
 γ ? Seseleos elati.

Il ressemble à l'U. des labiées, et devra peut-être prendre le nom d'urédo des ombellifères; il forme à la surface inférieure de leurs feuilles des pustules éparses, d'un roux pâle, ovales ou arrondies, planes, un peu compactes, légèrement bordées par les débris de l'épiderme et de $\frac{1}{2}$ ligne au plus de diamètre; les capsules, vues au microscope, sont ellipsoïdes, tantôt presque sphériques, tantôt un peu allongées dans les mêmes groupes. La var. *α* a été trouvée sur l'æthuse ache des chiens, au Mans, par M. Desportes; la var. *β* qui n'en diffère point, a été recueillie sur la ciguë, par M. Cauvin, à Saint-Calais. La var. *γ* que j'ai trouvée dans le jardin de Montpellier, sur les tiges et les feuilles du seseli élancé, pourrait bien être une espèce particulière; ses pustules sont plus oblongues, presque toujours recouvertes par l'épiderme.

610. Urédo de l'épilobe. *Uredo epilobii.*

U. vagans. var. *α.* Fl. fr. n. 610 (excl. var. *β*). Syn. n. 610 (excl. var. *β,*
γ, δ).

Il faut se garder de confondre cet urédo d'un côté avec l'*uredo
pustulata*, et avec l'*æcidium epilobii*, qui croissent souvent mêlés
avec lui, mais qu'on distingue facilement à leur couleur jaune, et
non pas brune; de l'autre, avec la puccinie de l'épilobe, qui est de
la même couleur que l'urédo, mais dont les pustules naissent très-
rapprochées les unes des autres, et simulent à la fin de leur vie les
cupules des ecidiums.

610ᵃ. Urédo des violettes. *Uredo violarum.*

α. Violæ ruppii. — *U. violarum.* Schleich. pl. exsic.
β. Violæ caninæ.

Cet urédo croît sur les feuilles de plusieurs espèces de violettes,
le plus souvent à la surface inférieure, rarement sur les deux surfaces ; ses pustules diffèrent de celles de la puccinie des violettes,
en ce qu'elles sont rousses, et non pas brunes ; elles sont éparses,
orbiculaires, un peu entourées par les débris de l'épiderme, à peu
près planes ; la poussière, vue au microscope, est composée de capsules presque globuleuses et presque toutes sessiles. La var. *α* que
M. Schleicher a trouvée dans les Alpes, ne porte de pustules qu'à la
face inférieure de ses feuilles ; la var. *β* que j'ai cueillie dans les Pyrénées, en a sur toutes les deux.

610ᵇ. Urédo des géraniums. *Uredo geranii.*

α. Geranii aconitifolii. — *U. geranii.* Schleich. pl. exs. DC. Enc. bot. 8,
p. 225. Syn. n. 610*.
β. Geranii mollis.
γ. Geranii nodosi.

Cet urédo se trouve à la surface inférieure des feuilles de géranium, et jamais à la supérieure ; il forme des pustules brunes,
éparses, arrondies, bordées par quelques débris de l'épiderme, d'une
demi-ligne au plus de diamètre : les capsules sont globuleuses ou un
peu ovoïdes, quelques-unes munies d'un très-court pédicelle. La
var. *α* que M. Schleicher a cueillie dans les Alpes, sur le géranium à
feuilles d'aconit, a ses pustules assez grosses, décidément éparses, et
qui, à la fin de leur vie, deviennent un peu irrégulières et répandent leur poussière ; dans la var. *β* que M. Prost a trouvée près de
Mende, sur le géranium mollet, les pustules sont aussi éparses et
plus régulièrement orbiculaires. La var. *γ* que j'ai trouvée en été à
Couledoux, dans les Pyrénées, et M. Prost aux environs de Mende,

croît sur le géranium noueux, et diffère un peu des deux précédentes, en ce que ses pustules sont plus petites, les unes éparses, les autres disposées en anneau circulaire autour d'une pustule centrale.

611. *Voyez* n° 592^b. Puccinie des ombellifères.

612. Urédo des chicoracées. *Uredo cichoracearum.*

> *U. cichoracearum.* Fl. fr. n. 612. DC. Enc. bot. 8, p. 226. — *U. flosculosorum.* Alb. et Schw. Nisk. p. 128, n. 362. — *U. apargiæ.* Schleich. pl. exsic.

Cette espèce est l'une des plus communes de tout le genre, et comme elle se trouve sur presque toutes les chicoracées, il devient inutile de mentionner en particulier les espèces où je l'ai rencontrée. L'*hieracium villosum* porte un urédo qui semble différer un peu de celui des autres chicoracées par sa couleur presque noire. MM. Albertini et Schweinitz ont observé, et je l'ai vu aussi sur un grand nombre de variétés, que les capsules de cet urédo ne sont pas toutes sessiles, mais quelques-unes portées sur de courts pédicelles.

612^a. Urédo de la chicorée. *Uredo cichorii.*

Au milieu des nombreuses variétés de l'U. des chicoracées, celui-ci paraît se distinguer d'une manière constante; il croît très-peu sur les feuilles, mais sur les tiges moribondes de la chicorée commune; il y forme de petites pustules ovales ou arrondies, proéminentes, recouvertes par l'épiderme qui ne se rompt point, et qui leur donne un aspect luisant, grisâtre, fort semblable à celui de la bullaire; dans l'intérieur de ces pustules on trouve une poussière d'un roux foncé, qui, vue au microscope, paraît composée de globules uniloculaires presque sphériques; ces globules m'ont paru portés par des filamens courts et rameux, mais peut-être ai-je pris pour tels quelques-unes des fibrilles de l'écorce. J'ai trouvé cette production parasite, en été, à Kergonano, en Bretagne.

612^b. Urédo du bluet. *Uredo cyani.*

> α. *Centaureæ cyani.* — *U. cyani.* Schleich. pl. exsic. DC. Enc. bot. 8, p. 126. Syn. n. 612.
> β. *Centaureæ montanæ.*

Il croît sur les deux surfaces des feuilles du bluet et de la centaurée de montagne; mais il offre, dans mes échantillons, cette différence, qui peut-être n'est pas constante, qu'il est beaucoup plus abondant à la surface supérieure dans la var. α et à la surface inférieure dans la var. β; ses pustules sont arrondies ou ovales, souvent confluentes, de manière à former des ligues prolongées

droites ou sinueuses : elles sont à peine bordées par les débris de
l'épiderme, presque planes, d'un brun décidé ; la poussière, vue
au microscope, offre des globules sphériques ou ovoïdes, sessiles ou
munis d'un très-court pédicelle. La var. *α* est assez fréquente sur
la centaurée bluet ; la var. *β* a été trouvée par M. Bonjean, dans
les montagnes de Savoie, sur la centaurée de montagne.

613. Urédo des renonculacées. *Uredo ranunculacearum.*

α. Anemones nemorosæ. — U. anemones. Pers. Syn. 223. Fl. fr. n. 613.
Enc. bot. 8, p. 226.
β. Anemones ranunculoïdis.
γ. Anemones narcissifloræ.
δ. Hepaticæ trilobæ.
ɛ. Ranunculi gouani.
ζ. Ranunculi lanuginosi.
η. Hellebori viridis.

Cet urédo paraît commun à toutes les herbes renonculacées ; les
var. *β*, *γ*, *δ*, *ɛ* et *ζ*, qu'on trouve sur l'anémone renoncule, l'anémone à feuilles de narcisse, l'hépatique à trois lobes, la renoncule de
Gouan, et la renoncule laineuse, ne diffèrent presque point de la
description que j'ai donnée de la var. *α*, à l'article 614 de la Flore ;
la var. *η* est si remarquable, qu'elle mérite une mention particulière. Cet urédo attaque les tiges, les pétioles, les deux surfaces des
feuilles, les pédoncules et même les enveloppes florales de l'hellébore
vert ; il y forme des taches noires, oblongues ou irrégulières, proéminentes, irrégulièrement entourées ou entremêlées par les débris
de l'épiderme ; leur longueur va quelquefois jusques à plus d'un
pouce, et n'est jamais moindre de deux ou trois lignes ; la poussière de ces groupes est très-abondante, d'un noir foncé ; vue au
microscope, elle présente des globules à peu près arrondis, la plupart munis d'un petit pédicelle et très-opaques. J'ai trouvé cet urédo,
en été, au pic de Bergons, dans les Pyrénées ; les pieds d'hellébore
qui en étaient attaqués avaient fleuri, mais leurs fruits étaient avortés ;
leurs feuilles étaient la plupart déformées par cette plante parasite.

613ᵃ. Urédo à raies noires. *Uredo melanogramma.*

Cet urédo naît, à la fin du printemps, sur les deux surfaces des
feuilles des *carex montana* et *digitata* ; il y forme des pustules d'un
noir de charbon dès leur naissance, quelquefois ovales, presque
toujours linéaires, étroites et fort allongées : leur aspect n'est point
pulvérulent, mais lisse et compacte comme celui des xyloma ; elles
soulèvent l'épiderme de la feuille, et sont tellement soudées avec

lui qu'on ne peut le distinguer. A la fin de leur vie elles s'ouvrent
par une fente longitudinale, et laissent sortir une poussière noire
qui, vue au microscope, est composée de globules sphériques très-
petits et très-opaques. Cet urédo a du rapport avec l'U. des urcéoles,
mais en diffère par sa position et sa manière de s'ouvrir. Il a été
découvert dans le Jura par M. Chaillet.

614ᵃ. Urédo des bistortes.   *Uredo bistortarum.*

> *α. Pustulata.*
> *β. Marginalis.*
> *γ. Ustilaginea.*

Il n'est aucune espèce d'urédo qui se présente sous des formes aussi
variées que celui des bistortes. La var. *α* que j'ai observée dans les
Alpes et les Pyrénées, sur la renouée bistorte et la R. vivipare, attaque la surface même des feuilles; elle soulève l'épiderme, qui prend
alors une teinte rouge, et forme des pustules très-convexes, arrondies, saillantes sur les deux surfaces indifféremment, et qui ont
jusqu'à 2 lignes de diamètre : ces pustules finissent par s'ouvrir irrégulièrement, et laissent sortir la poussière noirâtre et très-abondante qu'elles renferment. La var. *β* que M. Bonjean a trouvée sur
la bistorte seulement, et dans les montagnes de Savoie, est très-
remarquable, en ce que toutes les pustules sont situées sur le bord
même de la feuille, confluentes ensemble de manière à former, comme
dans la fructification des ptéris, une longue bande marginale, où
l'épiderme est soulevé çà et là, irrégulièrement rompu, et recouvre
une poussière très-abondante; enfin, dans la var. *γ*, que j'ai trouvée
sur la R. vivipare et la R. des Alpes, et M. Bonjean sur la bistorte,
l'urédo attaque les fleurs et les jeunes fruits, de sorte que la plupart
des ovaires et des tégumens floraux sont remplis d'une poussière
noire et abondante. Lorsqu'on examine au microscope ces divers
états de l'urédo, on trouve dans tous que cette poussière est formée
de capsules sessiles exactement globuleuses. *Voyez* nº 597ᶜ.

615. Urédo charbon.   *Uredo carbo.*

> *U. segetum.* Pers. Syn. 224. Fl. fr. n. 615. Enc. bot. 8, p. 227. — *Reti-*
> *cularia segetum.* Bull. Champ. p. 90, t. 472, f. 2.
> *α. Hordei.* Tessier, Mal. graius. p. 306, f. 2-4.
> *β. Tritici.* Chantr. Conf. n. 28, f. 28.
> *γ. Avenæ.* Chantr. Conf. n. 54, t. 54. Bull. loc. cit.
> *δ. Panici miliacei.* Pers. Syn. p. 224.

Sous les noms d'*ustilago* et sous ceux d'*uredo* ou de *reticularia*
segetum, on a confondu au moins deux espèces de champignons
parasites, qui, par leurs ravages, ne sont que trop bien connus des

agriculteurs, le charbon et la carie : le *charbon* ou la *nielle* attaque les glumes, et ensuite les ovaires de presque toutes les graminées, et notamment de l'orge, du froment, de l'avoine, du millet, etc. ; il est composé d'une poussière noire toujours bien visible à l'extérieur de l'épi, et qui détruit et désorganise les parties de la fleur ou du fruit : cette poussière, vue au microscope, paraît composée de globules sphériques fort petits et absolument dépourvus de pédicelle. Ces globules sont souvent comme collés les uns aux autres, de manière à paraître de petits filamens en chapelet. Ce n'est qu'avec la lentille n° 1 du microscope de Dellebare, qu'on peut bien distinguer la forme de ces globules. La poussière du charbon se répand avec facilité, et n'a point même, lorsqu'elle est fraîche, de mauvaise odeur. Elle nuit aux agriculteurs, parce qu'elle diminue la quantité de la récolte ; mais comme elle se disperse avant la moisson, elle ne nuit pas à la qualité de la farine. Outre les graminées cultivées que j'ai citées, le charbon attaque un grand nombre de graminées sauvages qu'il m'a paru inutile de relater en détail.

615ᵃ. Urédo du mays.   *Uredo maydis.*

U. segetum. var. *n.* DC. Enc. bot. 8, p. 227. — *Charbon du mays.* Bosc. Dict. agr. 3, p. 339. — Tillet, Mém. acad. Paris, 1760, p. 254. — Imhof, Diss. *in*-4. Argentor. 1784, ex Bibl. Banks. 3, p. 431. — Carrad. Diss. in Giorn. pisan. 7, p. 301; 10, p. 265.

Je n'oserais pas affirmer d'une manière bien positive, que l'urédo du mays soit une espèce distincte du charbon ; mais il présente des phénomènes si différens dans sa végétation, que j'ai peine à croire à leur identité. Il attaque tantôt la tige à l'aisselle des feuilles, tantôt les fleurs mâles, tantôt les grains mêmes du mays. La partie attaquée grossit et prend la forme d'une tumeur, d'abord charnue, puis entièrement remplie d'une poussière noirâtre, inodore, et très-abondante. Ces tumeurs ont depuis la grosseur d'un pois ou d'une noisette lorsqu'elles attaquent les fleurs mâles, jusqu'à celle du poing et au-delà lorsqu'elles attaquent la tige on même le grain. Lorsqu'elles sont parvenues à maturité, l'épiderme qui les recouvrait se rompt au moindre choc, et laisse échapper la poussière. Cette plante parasite est donc intermédiaire entre le charbon et la carie ; sa poussière, comme celle du charbon, est inodore, composée de globules fort petits : comme celle de la carie, elle naît à l'intérieur des grains, pour se répandre ensuite au dehors. On trouve cette maladie dans tous les champs de mays situés dans des lieux humides ou arrosés, et surtout dans les années pluvieuses.

615^b. Urédo carie.   *Uredo caries.*

Carie. Tessier, Mal. grains, p. 217-294, ic. Prevost. Diss. Montaub.
1807, ic.

La carie n'attaque que le froment; elle naît dans l'intérieur même
du grain qu'elle ne déforme presque point, mais qu'elle remplit
d'une poudre noire, fétide lorsqu'elle est fraîche, et qui ne se répand
point d'elle-même au dehors. Cette poussière, vue au microscope,
est composée de globules deux fois plus gros que ceux du charbon,
peu adhérens les uns avec les autres, et dépourvus de pédicelle.
M. B. Prevost a remarqué que ces globules, mis dans de l'eau, y
poussent des radicules; les épis cariés se distinguent à peine des épis
sains, et n'ont le plus souvent qu'une partie des grains qui soit attaquée. Cette poussière persiste dans le grain récolté, et altère la qualité de la farine; elle est très-contagieuse, et quelques grains de
froment carié suffisent pour se répandre sur les semences saines, et
pour que les plantes qui en proviennent soient cariées.

615^c. Urédo des urcéoles.   *Uredo urceolorum.*

U. caricis. Pers. Syn. 225, non Schleich.

Cet urédo attaque un grand nombre de carex; on le trouve
entourant l'urcéole ou godet qui sert d'enveloppe à leur capsule; il
y forme une croûte noire comme du charbon, compacte, et peu
pulvérulente; cette croûte, placée sous le microscope, paraît composée de globules ovoïdes presque globuleux, très-serrés les uns
contre les autres, très-opaques, et, sans pédicelle apparent; ces
globules sont plus gros que ceux du charbon, plus petits que ceux
de la carie. Il a été trouvé sur les *carex montana, rupestris, glauca,
ferruginea, brizoïdes, præcox.*

615^d. Urédo olivâtre.   *Uredo olivacea.*

U. segetum ζ. Fl. fr. n. 615.

Cet urédo croît sur les épis femelles du *carex riparia,* mais ne
doit point être confondu avec le précédent; sa couleur n'est pas
noire, mais d'une couleur d'olive foncée; sa consistance n'est pas
compacte, mais fibrilleuse et pulvérulente; sa poussière est composée de globules très-peu adhérens, beaucoup plus petits que dans
l'U. des urcéoles, et plus petits même que ceux du charbon; il ne
croît point sur les urcéoles, mais dans l'intérieur même des capsules
qu'il remplit de poussière; ces capsules s'ouvrent par la sommité,
et il en sort une matière mélangée de poussière et de fibrilles très-
fines, qui recouvre quelquefois la totalité de l'épi.

615e. Urédo des réceptacles. *Uredo receptaculorum.*

U. receptaculorum. DC. Enc. bot. 8, p. 228.
α. Tragopogi pratensis. — *U tragopogi pratensis.* Pers. Syn. p. 225.
β. Scorzoneræ humilis. Alb. et Schwein. n. 370, var. *ββ.*

Cet urédo présente une poussière abondante, d'un brun tirant
sur le pourpre quand on l'humecte, très-peu adhérente, composée
de globules qui, vus au microscope, sont sphériques, très-petits,
sans pédicelle; il attaque les réceptacles des chicoracées qu'il remplit
quelquefois en entier, et dont il fait avorter partie ou totalité des
fleurons; il s'insinue aussi entre les écailles de l'involucre. M. Persoon l'a trouvé sur le salsifis des prés; je l'ai trouvé, en Bretagne,
sur la scorsonère humble.

615f. Urédo des fleurons. *Uredo flosculorum.*

Il ressemble beaucoup au précédent, et offre, ainsi que lui, une
poussière abondante, d'un brun tirant sur le pourpre, surtout lorsqu'on l'humecte, composée de globules sphériques et sans pédicelle;
mais, au lieu de croître sur les réceptacles, on le trouve dans l'intérieur même des fleurons de scabieuse, qu'il remplit quelquefois en
entier; les étamines paraissent sortir intactes de ces fleurons pleins
de poussière. J'ai trouvé cette singulière sorte d'urédo dans les
Alpes maritimes, sur la scabieuse des champs.

615g. Urédo des anthères. *Uredo antherarum.*

U. violacea. Pers. Syn. 225. Disp. 57. Alb. et Schwein. Nisk. n. 371. DC.
Enc. bot. 8, p. 228.
α. Silenes nutantis. Pers. loc. cit.
β. Silenes inflatæ. Alb. et Schw. loc. cit.
γ. Saponariæ officinalis. Pers. loc. cit.
δ. Lychnidis dioïcæ. Alb. et Schw.

Cet urédo est très-remarquable en ce qu'il attaque les anthères
des fleurs des cariophyllées qu'il recouvre d'une poussière fine, d'un
beau violet, même lorsqu'elle est sèche, et composée de globules
sphériques sans pédicelle, et de la grosseur de ceux de l'*U. carbo.*
Les fleurs, dont les anthères sont ainsi attaquées, restent languissantes et stériles. Il a été trouvé sur les *silene nutans* et *inflata*, sur
la *saponaria officinalis* et le *lychnis dioïca.* La var. *α* a été recueillie,
dans le Jura, par M. Chaillet. J'ai trouvé la var. *β* dans les Pyrénées; les deux autres n'ont encore été trouvées qu'en Allemagne.

617. Urédo des saules. *Uredo salica.*

β. Capsularum salicis depressæ.

Cet urédo a été trouvé, dans le Jura, par M. Chaillet, sur les

capsules du *salix depressa* (Fl. fr. n° 2095.) ; il y forme des pustules
ovales ou oblongues, d'un jaune pâle, au moins dans l'état de siccité,
un peu compactes ; on n'aperçoit point autour d'elles des débris de
l'épiderme , mais les poils des capsules marquent les bords de la
pustule ; la poussière , vue au microscope , est composée de globules
ovoïdes presque sphériques. Ce n'est probablement qu'une variété
de l'*U. salicis*, dans lequel on trouve des capsules de diverses formes,
ovoïdes ou en poire.

618ᵃ. Urédo des marseaux.   *Uredo capræarum.*

U. capræarum. DC. Syn. n. 618*. Enc. bot. 8, p. 229. — *U. farinosa,*
var. α. Pers. Syn. 217.

Elle attaque les feuilles de plusieurs espèces de saules voisines
du S. marseau, et s'étend, sur la surface inférieure, en petites plaques
nombreuses peu saillantes , presque planes , ordinairement confluentes, et d'un jaune orangé ; leur poussière est abondante, peu
adhérente, composée de capsules sphériques dépourvues de pédicelle. Elle se montre, en été, sur les *salix capræa*, *aurita*, *acumi-*
nata , non-seulement sur les feuilles , mais quelquefois aussi sur
les très—jeunes rameaux ; la forme précise des pustules est difficile
à observer à cause du duvet qui les entoure et les recouvre.

618ᵇ. Urédo des rhinan-   *Uredo rhinanthacearum.*
thacées.

U. rhinanthacearum. DC. Rapp. 1, p. 10. Enc. bot. 8, p. 229.

Cette espèce forme , sur la surface inférieure des feuilles , des
groupes un peu arrondis ou irréguliers, planes, confluens, assez
épais , d'un jaune de safran assez vif ; ils soulèvent l'épiderme et ne
le déchirent que lorsqu'ils vieillissent : les capsules sont sphériques ,
assez adhérentes. J'ai observé cette espèce sur les *rhinanthus glaber*
et *hirsutus* , le *bartsia viscosa* , le *melampyrum nemorosum* , et
plusieurs euphraises. J'ai eu occasion de voir près du Mans une
prairie où tous les individus de la famille des rhinanthacées en
étaient attaqués , tandis que les plantes de toutes les autres familles,
qui étaient mêlées avec elles , étaient parfaitement intactes.

621. Urédo des potentilles.   *Uredo potentillarum.*

α. *Potentillæ vernæ.* — *U. potentillæ.* Fl. fr. n. 621.
β. *Potentillæ argenteæ.* Hedw. f. ined.
γ. *Potentillæ alchemilloïdis.*
δ. *Potentillæ fragariæ.*
ε. *Poterii sanguisorbæ.*

ζ. *Agrimoniæ eupatoriæ.*

η. *Alchemillæ vulgaris.* — *U. alchemillæ.* Pers. Syn. 215.

θ? *Rubi saxatilis.* — *U. rubigo* γ. Fl. fr. n. 627. Excl. var. α et β.

Je ne vois aucune différence digne d'être remarquée entre les urédos qui attaquent toutes les plantes que je viens de désigner, et je les regarde tous comme de simples variétés les uns des autres. Cette espèce est une des plus communes.

622ᵃ. Urédo des millepertuis. *Uredo hypericorum.*

U. *hypericorum.* DC. Rapp. 1, p. 10.

α. *Androsæmi officinalis.* — *U. androsæmi.* DC. Enc. bot. 8, p. 230.

β. *Hyperici humifusi.*

γ. *Hyperici nummularii.*

Cette espèce attaque la surface inférieure des feuilles ; elle y forme des pustules orbiculaires, assez petites, d'un jaune orangé, distinctes les unes des autres, point confluentes ; elles commencent par soulever l'épiderme en petites bulles, et ne le rompent que très-tard ; leur poussière est peu abondante, assez adhérente, composée de capsules sphériques. J'ai trouvé cette espèce, en été, dans les environs de Nantes, sur l'androsème officinal et le millepertuis couché ; dans les Pyrénées, sur le millepertuis à feuilles de nummulaire.

623ᵃ. Urédo des polypodes. *Uredo polypodii.*

α. *Aspidii fragilis.* — *U. linearis* β *polypodii.* Pers. Syn. p. 217, t. 4, f. 9, *a.*

β. *Polypodii dryopteridis.* Moug. et Nestl. vog. n. 289.

γ? *Adianthi capilli veneris.*

Cet urédo, qui me paraît très-distinct de la rouille des blés, ne croît que sur les fougères ; il attaque les deux surfaces de leurs feuilles, mais surtout l'inférieure ; ses pustules sont petites, ovales, pleines d'une poussière à globules ovoïdes presque sphériques. La var. α, qui croît sur le *polypodium* ou *aspidium fragile*, et que M. Prost m'a envoyée du Gévaudan, offre des pustules convexes, d'un jaune pâle, rarement ouvertes, même à la fin de leur vie ; la feuille est décolorée, blanchâtre autour des pustules ; celles-ci ne naissent guère qu'à la surface inférieure. La var. β a été trouvée, dans les Vosges, par MM. Mougeot et Nestler, sur le *polypodium dryopteris.* Elle ne diffère de la précédente que par ses pustules évidemment saillantes sur les deux faces de la feuille. Enfin, la var. γ, que j'ai trouvée près Albi, sur l'*adianthum capillus veneris*, pourrait bien former une espèce distincte ; ses pustules naissent sur les deux surfaces de la feuille, souvent disposées en séries linéaires, d'un jaune orangé très-vif, ouvertes dès leur jeunesse ; la feuille devient brune et un peu calleuse autour des pustules.

623ᵇ. Urédo des aulx.   *Uredo alliorum.*

    α. Allii vinealis.
    β. Allii porri.
    γ. Speciei ignotæ.
    δ. Scapi allii multiflori.
    ε. Foliorum allii multiflori.

Il nait sur les deux surfaces et sur les tiges des aulx. La var. *α*,
que M. Chaillet a trouvée sur l'ail des vignes, croît de préférence
sur sa tige, au commencement de la fleuraison; elle y forme des
pustules rarement ovales, le plus souvent linéaires, allongées, ouvertes de bonne heure, bordées par les débris de l'épiderme, et pleines
d'une poussière qui, même à l'état de dessiccation, est d'un beau
jaune. La var. *β*, que le même observateur a remarquée sur le
poireau, croît sur les deux surfaces des feuilles; elle y forme des
pustules ovales, rarement linéaires, un peu convexes, qui s'ouvrent
d'elles-mêmes, mais moins promptement que dans la précédente,
et renferment une poussière qui, au moins à l'état de dessiccation,
est d'un jaune pâle. J'ai trouvé la var. *γ*, au printemps, dans le
jardin de Montpellier, mêlée avec l'U. ambigu, sur les feuilles d'un
ail dont je ne connais pas l'espèce; elle forme des pustules ovales,
convexes, pleines d'une poussière presque blanche, et dont l'épiderme ne s'ouvre que très-tard. Enfin, j'ai observé, à la fin du
printemps, à Narbonne et à Montpellier, deux urédos, peut-être
différens, sur l'*allium multiflorum*, où ils croissent mêlés avec le
xyloma de l'ail; le premier se développe sur la tige florale; ses
pustules sont grosses, oblongues, de couleur rousse, ne s'ouvrent
point d'elles-mêmes, et renferment une poussière rousse; le second
croit sur les feuilles; il est ovale, s'ouvre par une fente longitudinale très-régulière, et renferme une poussière presque blanche.
Comme ces cinq urédos ont tous des capsules ovoïdes presque
globuleuses, et fort semblables entre elles sous le microscope, je
les réunis comme de simples variétés, quoiqu'elles soient peut-être
des espèces distinctes.

623ᶜ. Urédo de la fétuque.   *Uredo festucæ.*

Cet urédo a été découvert, dans le Jura, par M. Chaillet, sur les
feuilles de la fétuque glauque, et, comme il l'observe lui-même, il
pourrait bien n'être qu'une variété de la rouille; il se distingue très-
bien par sa position singulière, et même par sa forme; ses pustules
sont ovales, très-petites, situées à la surface supérieure de la feuille,
dans le pli ou la fente qu'elle forme en se roulant sur elle-même;

sa poussière est d'abord jaune, puis brune, et m'a paru composée de capsules ovoïdes, moins sphériques que dans la rouille, moins allongées que dans les jeunes individus de la puccinie des roseaux. Dans leur âge avancé ces capsules deviennent un peu pyriformes; mais je n'y ai point vu de cloisons. On le trouve au mois de juin; les feuilles qui en sont attaquées se dessèchent par leur extrémité.

623ᵈ. Urédo rouille des céréales. *Urédo rubigo-vera.*

Rouille. Tessier, Mal. grains. p. 200-215, ic.

La rouille des agriculteurs est un urédo très-distinct par sa forme et son apparence, qui a été quelquefois confondu avec la puccinie des roseaux dans sa jeunesse, mais qui en est entièrement distincte; elle naît sur la surface supérieure des feuilles, et plus rarement sur la face inférieure, sur la gaîne des feuilles ou sur la tige des graminées, et principalement du froment; elle y forme des pustules ovales extraordinairement petites, mais ordinairement très-nombreuses; dans leur jeunesse elles sont recouvertes par l'épiderme, et offrent alors l'apparence de petites taches blanchâtres, à peine proéminentes; ensuite l'épiderme se rompt par une fente longitudinale, et laisse voir une poussière jaune : enfin, cette poussière devient rousse, mais jamais noire; elle s'envole facilement et laisse les feuilles mouchetées de très-petits points roussâtres ; cette poussière, vue au microscope, présente, depuis sa naissance jusqu'à sa mort, des capsules ovoïdes presque sphériques, très-petites, dépourvues de pédicelle. Il arrive quelquefois que, sur les mêmes pieds qui portent la rouille, on trouve la puccinie des roseaux, ou celle des graminées, ou la sphérie des graminées; mais ces plantes parasites, quoique mêlées quelquefois ensemble, se distinguent sans peine. La rouille, lorsqu'elle est abondante, épuise les graminées qu'elle attaque, au point de diminuer les récoltes d'une manière marquée. On la trouve surtout dans les lieux et les années humides.

623ᵉ. Urédo des carex. *Uredo caricina.*

U. caricis. Schleich. cent. exs. n. 92. DC. Syn. n. 624*. Enc. bot. 8, p. 230, non Pers.

Il croît à la face supérieure des feuilles du *carex pseudocyperus*, et ressemble tellement à la rouille des céréales, qu'on pourrait facilement croire qu'il en est une simple variété ; il n'en diffère, en effet, que par sa couleur rousse dès sa naissance, et qui devient brune en vieillissant ; ses pustules sont éparses, ovales, très-petites, bordées par les débris de l'épiderme rompu ; les capsules sont sphé-

riques; les feuilles attaquées par cet urédo souffrent et se couvrent
de taches roussâtres.

624. Urédo linéaire. *Uredo linearis.*

U. linearis. Pers. Syn. 216. Fl. fr. n. 624. — *Puccinia graminis junior.*
DC. Enc. bot. 8, p. 249.

Cet urédo naît sur la plupart des graminées, et principalement
sur le froment; mais on ne peut le confondre ni avec la rouille, ni,
je pense, avec la puccinie des graminées; comparé avec la rouille,
il en diffère : 1°. par ses pustules toujours plus allongées, plus
linéaires, situées presque toujours à la face extérieure des feuilles,
ou sur leur gaine ou sur la tige, et non sur leur face supérieure;
2°. par ses capsules oblongues et non sphériques, beaucoup plus
semblables à celles de l'*U. longicapsula* qu'à celles de l'*U. rubigo-
vera.* Comparé avec la puccinie des graminées, il en diffère : 1°. par
ses pustules jaunes et non pas noires; 2°. par ses capsules sessiles et
non évidemment pédicellées, uniloculaires et non biloculaires.
Quelques auteurs, et j'ai pendant un temps partagé cette opinion,
ont cru que cet urédo était la puccinie jeune, et non une plante
différente; et ce soupçon est d'autant plus plausible, qu'on les
trouve très-souvent mêlées ensemble; les ayant cependant observées séparées, et ayant vu des groupes d'urédos conserver leurs
caractères jusqu'à la fin de leur vie, et des groupes de puccinies
offrir les leurs dès leur origine, je reste persuadé que ce sont deux
plantes distinctes, mais souvent mélangées, comme on le connaît
déjà pour les urédos et les puccinies des ronces et des rosiers.

625. Urédo à longues capsules. *Uredo longicapsula.*

α. *Populina.* — *U. populina.* Pers. Syn. var. α. DC. Syn. n. 625. — *Lycoperdon populinum.* Jacq. coll. 5, t. 9, f. 2, 3. — *U. longicapsula.* Fl.
fr. n. 625.

β. *Betulina.* — *U. populina,* var. β. Pers. Syn. 219.

Les deux variétés de cet urédo sont très-remarquables par leurs
capsules cylindriques et allongées. La var. α croit sur toutes les
espèces de peupliers noirs, tandis que les peupliers blancs portent
l'*U. œcidioïdes.* La var. β se trouve sur les feuilles du bouleau blanc
et du bouleau pubescent; elle ne diffère de la précédente que par
ses pustules plus petites, plus convexes, et presque toujours closes.
Elle a été trouvée, dans le Jura, par M. Chaillet; dans les Ardennes,
par Mlle Libert.

625ᵃ. Urédo du prunellier.   *Uredo prunastri.*

M. Chaillet a découvert cette espèce, dans le Jura, sur les feuilles du prunier épineux, où elle est assez rare. Elle croît à la surface inférieure seulement; ses pustules sont très-petites, à peine convexes, arrondies, souvent confluentes, et ne s'ouvrent point d'elles-mêmes, au moins dans mes échantillons; la poussière est peu abondante, composée de globules sessiles, ovoïdes; sa couleur est d'un jaune de rouille. Elle ressemble à la var. β de l'U. à longues capsules, mais en diffère par sa station et ses capsules ovoïdes.

625ᵇ. Urédo à petites pustules.   *Uredo pustulata.*

U. pustulata. Pers. Syn. 219. Alb. et Schw. Nisk. n. 354.

α. *Epilobiorum.*
β. *Cerastiorum.*
γ. *Vacciniorum.*

Il croit à la surface inférieure des feuilles; ses pustules sont d'un jaune pâle, arrondies, extrêmement petites, convexes, parce que leur épiderme ou ne se rompt point, ou se rompt seulement dans leur extrême vieillesse, quelquefois éparses, plus souvent réunies en groupes orbiculaires, jamais confluentes; la poussière est peu abondante, d'un jaune pâle, composée de globules sessiles et ovoïdes. La var. α a été trouvée par M. Chaillet, dans le Jura, sur l'épilobe de montagne, et par moi-même, aux environs de Paris, sur l'épilobe tétragone. La var. β n'en diffère que par ses pustules plus éparses, jamais réunies en groupes. Elle croît sur les céraistes commun et visqueux; la var. γ a été trouvée, en Savoie, par M. Bonjean, sur l'airelle myrtile, et se trouve aussi, selon MM. Albertini et Schweinitz, sur l'airelle fangeuse; elle a aussi ses pustules éparses.

625ᶜ. Urédo du dompte-venin.   *Uredo vincetoxici.*

Cette espèce tient le milieu entre la précédente et la suivante, et n'est peut-être qu'une variété de l'une ou de l'autre; ses pustules sont éparses comme dans l'*U. pustulata*, et s'ouvrent, dans leur vieillesse, par un pore contral et régulier, comme dans l'*U. soldanellæ*; elles sont petites, convexes, d'un jaune pâle, remplies d'une poussière à globules à peu près sphériques. Je l'ai trouvée sur la surface inférieure des feuilles de l'*asclepias vincetoxicum*, mais j'ai oublié le lieu.

625ᵈ. Urédo de la soldanelle.   *Uredo soldanellæ.*

Il croit à la surface inférieure des feuilles de la soldanelle des

Alpes ; ses pustules sont nombreuses, rapprochées, distinctes, orbiculaires, d'un jaune pâle, convexes : dans leur jeunesse, l'épiderme
est soulevé, mais entier ; ensuite, il s'ouvre par un pore presque
régulier, situé au centre, et les bords de cet orifice sont peu ou
point saillans ; la poussière est d'un jaune pâle, assez abondante,
composée de globules sphériques assez petits. Cette espèce a été
découverte, sur le mont Cénis, par M. Bonjean.

625ᵉ. Urédo du rosage.   *Uredo rhododendri.*

Cet urédo croit sur le *rhododendron ferrugineum*, soit à la surface inférieure des feuilles, soit à la surface externe des fruits ; dans
sa première jeunesse, il est caché par les écailles qui couvrent ces
surfaces ; ensuite il paraît sous la forme de pustules très-petites,
planes, discoïdes, un peu charnues, d'un jaune pâle, entourées par
les bords soulevés des écailles ; ces pustules sont distinctes, mais
souvent rapprochées en groupes orbiculaires ; la poussière est peu
abondante, composée de globules sphériques. M. Bonjean a découvert cette espèce dans les Alpes de Savoie.

626. Urédo confluent.   *Uredo confluens.*

α. *Mercurialis perennis.* Fl. fr. n. 626.
β. *Euphorbiæ peplus.* — *U. euphorbiæ peplus.* Schleich. pl. exs.
γ. *Allii ursini.* — *Æcidium allii ursini.* Pers. Syn. 210.
δ. *Ribis alpini.* Pers. ic. pict. 4, p. 53, t. 23, f. 3.

Quoique la diversité des plantes qui servent de support me fasse
penser que ces urédos pourraient bien être des espèces distinctes,
je ne vois aucun caractère qui puisse servir à les séparer ; dans
tous (outre ceux que j'ai indiqués), la poussière est d'un jaune
pâle, composée de globules à peu près sphériques, sessiles, et très-
fugaces ; les pustules sont planes, bordées par les débris de l'épiderme.

627. Urédo des laitrons.   *Uredo sonchi.*

U. sonchi. Alb. et Schw. n. 346. — *U. sonchi arvensis.* Pers. Syn. p. 217.
— *U. rubigo* β. Fl. fr. n. 627, excl. var. α et γ.

Les divers urédos que j'avais réunis sous le nom, d'ailleurs peu
convenable, d'*U. rubigo*, sont assez distincts pour être considérés
comme autant d'espèces ; celui qui croit sur les laitrons n'attaque
jamais que la surface inférieure des feuilles ; il y forme des pustules
éparses, d'abord arrondies, puis confluentes, presque absolument
planes pendant toute leur vie, d'un jaune pâle un peu fauve ;
l'épiderme est d'abord un peu soulevé, puis il se rompt et borde la

pustule de ses débris ; les capsules, vues au microscope, sont ovoïdes, presque sphériques. J'ai trouvé cet urédo sur le *sonchus arvensis* et le *sonchus palustris ;* il a aussi été trouvé sur le *sonchus oleraceus.*

627ᵃ. Urédo des campanules. *Uredo campanulæ.*

U. campanulæ. Pers. Syn. 217. Alb. et Schw. Nisk. n. 124. — *U. rubigo α.* Fl. fr. n. 627, excl. var. *β* et *γ*.

Cet urédo croît à la surface inférieure des feuilles ; il y forme des pustules éparses, arrondies, un peu convexes, quelquefois confluentes, d'abord couvertes par l'épiderme, puis entourées de ses débris ; la poussière fraîche est d'un jaune orangé assez vif, mais pâlit tout-à-fait par la dessiccation : elle est composée de globules sessiles presque sphériques. Cet urédo croît sur presque toutes les campanules : *C. trachelium, rotundifolia, patula, rapunculoïdes,* etc. MM. Albertini et Schweinitz l'ont même trouvé sur le *phyteuma spicata.*

634ᵃ. Urédo de la camarine. *Uredo empetri.*

U. empetri. Pers. in Moug. et Nestl. vog. crypt. n. 391.

Il naît à la surface inférieure des feuilles de l'*empetrum nigrum ;* les pustules sont éparses, le plus souvent solitaires, assez grosses relativement à la grandeur de la feuille, ovales, d'abord convexes, l'épiderme étant clos et fort soulevé, puis concaves, l'épiderme étant rompu ; ses bords entourent alors la pustule de manière qu'elle ressemble à celle des écidiums ; la poussière est jaune, composée de globules ovoïdes sans pédicelles, et assez opaques. Cet urédo a été trouvé, dans les Vosges, par MM. Mougeot et Nestler.

634ᵇ. Urédo des saxifrages. *Uredo saxifragarum.*

Il naît à la surface inférieure des feuilles de diverses saxifrages, telles que les *saxifraga muscoïdes, cæspitosa, autumnalis, pubescens,* etc. ; ses pustulës sont peu nombreuses, assez grosses relativement à la grandeur de la feuille, ovales, ou souvent un peu irrégulières, bordées par les débris de l'épiderme déchiré, planes, d'un jaune un peu fauve pâle ; la poussière est composée de globules sphériques : elle se disperse de bonne heure, et laisse à nu une espèce de disque plane un peu charnu. Cet urédo est assez commun, dans les Alpes et les Pyrénées, sur les gazons des petites saxifrages.

635ᵃ. Urédo de la consoude. *Uredo symphyti.*

U. symphyti. DC. Enc. bot. 8, p. 232.

Des pustules très-petites, très-nombreuses, arrondies ou ovales,

contiguës, le plus souvent confluentes, d'un jaune de rouille, presque
planes, couvrent quelquefois la surface inférieure presque entière
des feuilles de la consoude ; ces pustules s'ouvrent, et sont entourées
par les débris de l'épiderme très-peu proéminent ; la poussière est
composée de capsules sphériques assez grosses ; la couleur de la
feuille n'est pas sensiblement altérée par cet urédo. **M. Desportes** l'a
trouvé aux environs du Mans.

636. Urédo blanc.   *Uredo candida.*

> *U. candida.* Pers. Syn. 223. — *Æcidium candidum.* Gmel. Syst. nat. 2,
> p. 1473.
> α. *Cruciferarum.* — *U. cruciferarum.* Fl. fr. n. 636*, p. 596; et *U. ina-*
> *perta.* Fl. fr. n. 636. p. 237, excl. loco natali.
> ϐ. *Tragopogorum.* — *U. Tragopogi.* Fl. fr. n. 637.
> γ. *Cynarocephalarum.*
> δ. *Petroselini.* — *U. petroselini.* Fl. fr. n. 637*, p. 597.

De nouvelles observations faites sur un grand nombre d'urédos
blancs, crûs sur divers végétaux, me ramènent à penser avec
M. Persoon qu'ils constituent tous une seule espèce ; elle se distingue sans peine à ce qu'elle forme des pustules blanches, planes
ou peu proéminentes, presque toujours recouvertes par l'épiderme,
de forme et de grandeur très-variables, et pleines d'une poussière
blanche à globules sphériques et sans pédicelle. Elle croît sur les
tiges, les deux surfaces des feuilles, les pétioles, et même quelquefois
les pédicelles et les fruits de presque toutes les crucifères La var. β,
qui croît sur le salsifis et les scorsonères, ne diffère de la précédente
que parce qu'elle est plus petite. Les var. γ et δ, qui croissent sur
les centaurées, les chardons et le persil, ne diffèrent presque pas
de celle des crucifères.

637. Urédo du pourpier.   *Uredo portulacæ.*

Serait-ce encore une des variétés de l'U. blanc ? Il en diffère parce
qu'il ne croît qu'à la surface supérieure des feuilles, que ses pustules sont plus régulièrement arrondies, et s'ouvrent d'elles-mêmes
à la fin de leur vie, pour donner issue à la poussière. J'ai trouvé
cet urédo, à l'entrée de l'automne, dans les Landes, près **Mont-
de-Marsan,** croissant sur le pourpier sauvage des jardins.

638ᵃ. Écidium du sapin.   *Æcidium elatinum.*

> *Æ. elatinum.* Alb. et Schwein. Nisk. n. 337, t. 5, f. 3. Moug. et Nestl.
> vog. crypt. n. 285*.

Il croît à la surface inférieure des feuilles du sapin (*abies pec-*

tinata); ses pustules sont en petit nombre, disposées avec une parfaite régularité, d'un et d'autre côté de la nervure moyenne, en deux séries longitudinales; chacune d'elles est ovale, peu proéminente, entourée par un très-petit bourrelet formé par l'épiderme; le péridium est d'un blanc sale, et dépasse à peine ce bourrelet; ses bords sont frangés en lanières très-fines; la poussière est d'un jaune doré dans l'état frais, blanchâtre quand elle sèche, composée de capsules ovoïdes très-opaques. MM. Mougeot et Nestler ont trouvé cette espèce, en été, dans les Vosges; elle y est commune; les branches attaquées par ce parasite offrent un petit renflement au-dessus duquel elles se ramifient beaucoup, et ont des feuilles nombreuses et caduques; c'est ce que les paysans des Vosges appellent *rebrousses*, *pâneurs de sotré* (balais de sorciers), ou en allemand *Hexenbesen*; on les reconnaît de loin à leur couleur brune.

640ᵃ. Écidium du thésion.   *Æcidium thesii.*

Æ. thesii. Desv. Journ. bot. 2, p. 311.

Il ressemble beaucoup à l'E. de l'épilobe; ses pustules naissent à la surface inférieure, et rarement à la supérieure des feuilles du thésion à feuilles de lin, éparses, ou quelquefois rangées sur deux séries, d'abord convexes, tuberculeuses, closes, puis ouvertes en une cupule courte, à bords droits légèrement dentés et presque entiers à la fin de leur vie; le péridium est de la couleur de la paille; la poussière a la même couleur, et devient un peu brune à la fin de sa vie. M. Desvaux m'a communiqué cette espèce, qu'il a trouvée, dans le Haut-Poitou, sur le *thesium linophyllum*. Je l'ai trouvée moi-même, dans les dunes du Bas-Poitou, près des sables d'Olonne, sur le thésion couché.

640ᵇ. Écidium de la cresse.   *Æcidium cressæ.*

Il croît à la surface inférieure des feuilles du *cressa cretica*; ses pustules sont éparses, nombreuses, espacées sur tout le disque de la feuille; le péridium est d'un blanc un peu jaunâtre, d'abord clos et en forme de bouton, puis ouvert en une petite cupule hémisphérique, dont les bords sont étalés en dehors, et très-fortement dentés; enfin, ces dentelures se détruisent, et il reste une cupule à bord droit, court et entier; la poussière est d'abord jaune, puis brune. Cette espèce a été découverte à Pérauls, près Montpellier, par M. Bouchet.

640ᶜ. Écidium de la primevère. *Æcidium primulæ.*

Celui-ci diffère à peine de l'E. de l'épilobe ; il croît à la surface inférieure des feui.' s de la primevère à feuilles entières, et les pieds qui en sont attaqué. ne fleurissent presque jamais ; ses pustules sont éparses, nombreuses ; le péridium est blanchâtre, d'abord clos et en forme de tubercule, puis ouvert en cupule très-courte, à bords droits très-légèrement dentelés ; la poussière est d'un blanc jaunâtre. J'ai trouvé cet écidium, en été, dans les Pyrénées, près du Llaurenti.

640ᵈ. Écidium du bluet.   *Æcidium cyani.*

Cette espèce ressemble beaucoup à celle de l'épilobe ou à celle des chicoracées, mais elle doit en être distinguée ; elle naît à la surface inférieure des feuilles de la *centaurea cyanus;* ses pustules sont éparses, rapprochées, et occupent presque tout le disque ; le péridium est blanchâtre, d'abord clos et en forme de tubercule, puis ouvert par un pore central ; ses bords se rejettent ensuite en dehors, divisés en 5 à 6 larges dentelures réfléchies ; enfin, ces dents elles-mêmes s'oblitèrent et laissent une coupe hémisphérique à bords droits ; la poussière est d'abord d'un blanc jaunâtre, puis un peu rousse. Cet écidium m'a été envoyé par M. Chaillet.

642. Écidium à poudre blanche.   *Æcidium leucospermum.*

Cet écidium attaque l'anémone des bois, ainsi que le font l'urédo et la puccinie de l'anémone. Les anciens botanistes ont indiqué ces diverses maladies comme des variétés ; c'est à elles qu'il faut rapporter les synonymes suivans : *Ranunculi tertii quintum genus in dorso stigmatibus picturatum.* Thal. Herc. 98. *Ranunculus stigmatòïdes quibusdam.* Mentz. pug. *Ranunculi nemorosi vitrum* γικτοφυλλος cat. Altorf. *Anemone nemorosa sterilis foliis punctatis.* C. Bauh. pin. 177. J. Bauh. hist. 3. p. 412. *Varietas foliis stigmatibus* (ex Hoffm.) *insectorum ictu notatis.* Hall. helv. n. 1154.

643ᵃ. Écidium quadrifide. *Æcidium quadrifidum.*

Æ. quadrifidum. DC. Enc. bot. 8, p. 235.

Il naît à la surface inférieure des feuilles de l'*anemone coronaria,* soit sauvage, soit cultivée ; les pieds qui en sont attaqués ont leurs feuilles plus épaisses qu'à l'ordinaire, et fleurissent très-rarement ; les pustules de l'écidium sont nombreuses, éparses sur presque tout le disque de la feuille ; le péridium est d'abord clos et en forme de tubercule brun et luisant, puis blanchâtre, ouvert en 4 ou 5 lobes larges, courts et réfléchis ; enfin, ces lobes s'oblitèrent et laissent un bord entier, droit et fort peu proéminent ; la poussière est de couleur brune. J'ai trouvé cette espèce, à la fin d'avril, aux environs de Montpellier, sur des anémones sauvages ; M. Desportes l'a observée au Mans, en mai, sur des anémones cultivées.

644ª. Écidium de la berle.   *Æcidium falcariæ.*

α. Sii falcariæ. — Æ. sii falcariæ. Pers. Syn. 212.
β. Buplevri falcati.

On trouve cet écidium à la surface inférieure des feuilles de la berle en faucille et du buplèvre en faucille ; ses pustules sont éparses, distinctes, nombreuses, et couvrent d'ordinaire toute la surface de la feuille ; à leur naissance elles forment un petit point brun, proéminent ; ensuite, ce point grossit et devient blanchâtre ; il s'ouvre en une petite coupe à bords dentés un peu étalés, enfin, ces dents s'oblitèrent, et il reste une coupe à bords courts, droits, entiers ; la poussière est d'abord pâle, puis d'un roux brun. Je ne vois aucune différence entre les deux variétés : la var. *α* a été trouvée à Salon, par M. de Suffren ; la var. *β*, dans le Jura, par M. Chaillet.

646ª. Écidium de la scro-   *Æcidium scrophulariæ.*
phulaire.

Cet écidium est fort rare ; M. Chaillet l'a trouvé une seule fois sur la surface inférieure de la feuille de la scrophulaire aquatique ; il y est rarement épars, plus souvent rapproché en groupes arrondis, composés d'un petit nombre de péridiums assez écartés les uns des autres ; ces péridiums sont blanchâtres, aplatis, et ont dès leur naissance la forme concave d'une petite pezize ; leur bord est droit, court, épais, très-légèrement denté, presque entier ; la poussière est d'abord blanchâtre, puis brune ; la feuille n'offre à sa surface supérieure que des taches jaunâtres peu prononcées.

647. Écidium des euphorbes. *Æcidium euphorbiarum.*

α. Euphorbiæ cyparissiæ. — Æ. euphorbiæ. Gmel. Syst. 1473. — *Æ. cyparissiæ.* Fl. fr. n. 647.
β. Euphorbiæ verrucosæ.
γ. Euphorbiæ sylvaticæ. Fl. fr. n. 648.

La var. *β*, qui croît sur l'euphorbe verruqueuse, tient le milieu entre les deux autres, et montre la nécessité de réunir en une seule espèce ces écidiums au premier aspect très-divers, mais qui croissent sur des plantes analogues. Elle a été observée par M. Chaillet.

648ᵃ. Écidium de l'ansérine ligneuse. *Æcidium chenopodii fruticosi.*

Il naît épars sur toute la surface des feuilles, soit en dessus, soit en dessous; ses pustules sont quelquefois un peu groupées, 7 à 8 ensemble; elles forment d'abord des tubercules clos, convexes, presque coniques, puis elles s'ouvrent au sommet, et offrent la forme d'un cylindre droit, à bords irrégulièrement découpés ou laciniés; à la fin de la vie de cet écidium, le péridium se coupe souvent à sa base, de manière à ne laisser qu'une très-petite cupule enfoncée dans la feuille; la poussière est abondante, composée de capsules sphériques: elle est d'une belle couleur rose orangée lorsqu'elle est fraîche, et devient blanchâtre par la dessiccation. J'ai trouvé cet écidium au bord de la mer, près de Montpellier, au mois d'août, sur le *chenopodium fruticosum*, après la maturité de ses graines.

648ᵇ. Écidium de la salicorne. *Æcidium salicorniæ.*

Cet écidium tient le milieu entre ceux à tubercules épars et ceux en anneau: ses pustules naissent souvent éparses sur la feuille de la salicorne annuelle; mais, dès que l'espace étroit qui leur sert de support peut le permettre, elles se disposent en anneau circulaire composé d'un rang de péridiums; ceux-ci sont courts, blanchâtres, d'abord clos et tuberculeux, puis ouverts, à bord droit à peine dentelé; la poussière est jaunâtre. Cette jolie espèce a été découverte, dans les Landes maritimes, par M. Grateloup.

650. Écidium rougissant. *Æcidium rubellum.*

Je l'ai aussi trouvé sur le *rumex pulcher* et le *rumex crispus.* Les var. γ et δ pourraient bien être des espèces distinctes.

650ᵃ. Écidium des groseilliers. *Æcidium grossulariæ.*

α. *Ribis grossulariæ.* — *Æ. rumicis* β. Pers. Syn. 207. Moug. et Nestl. vog. n. 287.

β. *Ribis petræi.*

Cette espèce ressemble beaucoup à l'E. rougissant; mais je ne puis croire qu'elle soit exactement la même. Les péridiums y ont la même disposition, mais ils sont moins nombreux; le centre de l'anneau est tantôt nu et rougeâtre, tantôt rempli tout entier de péridiums serrés les uns contre les autres; le bord de la tache est jaunâtre ou verdâtre, jamais rouge; la place correspondante sur la surface supérieure offre une tache rougeâtre peu étendue, et qui présente à son centre de petits points noirs, comme on le voit dans l'*E. cancellatum*. MM. Mougeot et Nestler ont trouvé cette espèce, dans les

Vosges, sur le groseillier épineux; et M. Berger, dans les Alpes, au mont Brezon, sur le groseillier de roche.

650^b. Écidium du géranium. *Æcidium geranii.*

α. Geranii pusilli. Schleich. pl. exs.
β. Geranii rotundifolii.

Cet écidium a du rapport avec l'E. rougissant, et avec celui du groseillier; il naît à la surface inférieure des feuilles, disposé le plus souvent en anneau dont le centre est dépourvu de péridiums et taché de rouge; la partie correspondante de la surface supérieure offre une tache rougeâtre, marquée dans le centre d'un grand nombre de petits points noirs; les péridiums sont blanchâtres, nombreux, disposés en anneau peu régulier, beaucoup moins serrés que dans les deux précédens, d'abord clos et en tubercule, puis ouverts en cupule hémisphérique, à bords presque droits, un peu dentelés; la poussière est jaunâtre, puis brune. M. Schleicher a trouvé la var. α, dans les Alpes, sur le géranium fluet; et M. Chaillet m'a envoyé du Jura la var. β, qui croît sur le géranium à feuilles rondes.

651. Écidium des borraginées. *Æcidium asperifolii.*

α. Cynoglossi.
β. Lycopsidis arvensis. — *Æ. lycopsidis.* Desv. Journ. bot. 2, p. 311.
γ. Symphyti tuberosi.

La var. β est assez commune sur le lycopsis. J'ai trouvé la var. γ couvrant en entier les pieds de consoude tubéreuse cultivés dans le jardin de Montpellier; elle ne paraît pas nuire ni à leur croissance, ni à leur fleuraison.

654^a. Écidium du faux-nénu- *Æcidium nymphoïdis.*
phar.

Æ. nymphoïdis. DC. Syn. n. 654*. Enc. bot. 8, p. 238.

Cet écidium, le premier qu'on ait encore découvert sur une plante aquatique, naît à la surface supérieure des feuilles du *villarsia nymphoïdes*; ses pustules commencent par être disposées, sur un seul rang, en anneau circulaire et régulier; ensuite, il en naît de nouveaux rangs, toujours à l'extérieur, et en laissant le centre de la tache toujours vide; les péridiums sont d'abord clos et en forme de tubercule, puis ouverts en cupule orbiculaire, hémisphérique, très-petite, à bord entier à peine visible; la poussière est d'abord jaune comme les péridiums, et devient rousse. M. Berger a découvert cette espèce aux environs de Paris; je l'ai depuis lors trouvée, au commencement de l'été, dans les fossés autour d'Arles en Provence.

654^b. Écidium du cirse.   *Æcidium cirsii.*

Cet écidium croît à la surface inférieure des feuilles du *cirsium oleraceum*, et quelquefois aussi à leur surface supérieure, mais seulement sur leur nervure moyenne, et dans le cas où les groupes de la
surface inférieure ont atteint cette nervure ; dans leur premier développement, les péridiums sont disposés en anneau dont le centre est
extrêmement petit ; ensuite ils s'agrandissent du côté extérieur,
de manière à former des groupes orbiculaires, très-serrés, de 2 à 3
lignes de diamètre, et où l'on remarque à peine que le centre soit
nu ; la feuille est tachée de roux tout à l'entour et à sa surface
supérieure ; les péridiums sont blanchâtres, orbiculaires, très-serrés,
d'abord clos et en tubercule, puis ouverts en cupule dont le bord
est dentelé, très-légèrement ouvert ; la poussière est d'un blanc jaunâtre, puis brune. M. Chaillet a trouvé cette espèce, dans le Jura,
sur le cirse des lieux cultivés.

656^a. Écidium du leucan-   *Æcidium leucanthemi.*
thème.

Cet écidium, que M. Chaillet a trouvé dans le Jura, sur les feuilles
du *chrysanthemum leucanthemum*, ressemble si exactement à celui
de la barbarée, qu'il n'en est probablement qu'une variété : les seules
différences qu'on puisse y remarquer, c'est que ses péridiums sont
moins serrés, moins nombreux, surtout à la surface supérieure,
et que leur poussière est d'un jaune plus pâle et devient ensuite
d'un brun plus foncé. Les taches qu'il détermine sur la feuille sont
d'un brun assez foncé.

656^b. Écidium du behen.   *Æcidium behenis.*

Æ. behenis. DC. Enc. bot. 8, p. 239.
β *? Silenes nutantis.*

Il croît à la surface inférieure des feuilles du *siléné à calice* enflé,
ou *cucubalus behen* de Linné ; on le trouve aussi, mais rarement,
à la surface supérieure ; il naît tantôt épars, plus souvent disposé
par groupes orbiculaires très-serrés dans le centre, plus écartés
à la circonférence. Ses péridiums sont blanchâtres, d'abord clos et
tuberculeux, puis cylindriques, allongés, ouverts et dentelés à leur
orifice. Enfin ce tube se coupe de lui-même près de sa base, et laisse
une espèce de cupule creuse formée par sa base et par le bord de
l'épiderme. La poussière est d'un jaune pâle, au moins à l'état de
dessiccation. Cet écidium a été trouvé au Mans par M. Desportes ; à

Saint-Calais , par M. Cauvin ; à Dax , par M. Grateloup. Il est quelquefois mélangé avec l'*uredo behens*. La var. β a été trouvée par
M. Cauvin, à Saint-Calais , sur le *silene nutans*. Dans sa jeunesse ,
elle ressemble à la précédente ; mais j'ignore si, dans un âge avancé ,
elle présente quelques différences.

657ᵃ. Écidium de la menthe.   *Æcidium menthæ.*

Æ. menthæ. DC. Enc. bot. 8 , p. 239.

Cet écidium a été observé par M. Chaillet, dans le Jura , sur la
menthe sauvage : il attaque la surface inférieure des feuilles, ou plus
souvent la tige elle-même. Ses péridiums sont quelquefois épars,
plus souvent rapprochés en groupes irréguliers, et qui déterminent une légère tuméfaction dans la partie qui les porte. Dans le
premier cas, les péridiums sont orbiculaires, légèrement saillans ,
d'un blanc jaunâtre , et ont leur bord un peu dentelé. Dans le
deuxième , qui est le plus fréquent, ils sont ovales ou irréguliers,
enfoncés dans l'écorce, et ont leur bord à peine visible. La poussière
est d'un jaune orangé, très-abondante , et composée de globules qui ,
vus au microscope , sont ovales-oblongs. La difficulté que l'on
éprouve à distinguer le bord des péridiums , pourrait faire penser
que cette espèce est peut-être un urédo ; mais elle déforme la feuille
beaucoup plus à la manière des écidiums qu'à celle des urédos ; au
reste , lors même qu'on viendrait à prouver que c'est un urédo , il
serait tout-à-fait différent de l'U. des labiées, qu'on trouve aussi sur la
même plante.

657ᵇ. Écidium des orobes.   *Æcidium orobi.*

α. *Orobi tuberosi.* Pers. Syn. 210. — *Æ. orobi.* Alb. et Schwein. Nisk.
   n. 329.
β. *Orobi verni.*
γ. *Trifolii repentis.*

Cette espèce est remarquable parce qu'elle naît en groupes
serrés , mais composés d'un très-petit nombre de péridiums (6-10) :
ceux-ci sont blanchâtres, disposés en groupes ovales ou arrondis,
d'abord clos et en tubercules , puis ouverts en cupule hémisphérique
à bords droits, courts et presque entiers. La poussière est blanchâtre. Cet urédo naît à la surface inférieure des feuilles. La var. α,
qui n'a encore été trouvée qu'en Allemagne, croît sur l'orobe tubéreux. La var. β a été observée dans le Jura par M. Chaillet, sur
l'orobe printanier , où elle est souvent mêlée avec l'urédo de l'orobe ;
ses feuilles sont marquées de taches brunâtres et orbiculaires. L'écidium est au centre de la tache du côté inférieur , et l'urédo épars sur

ses bords du côté supérieur. Enfin la var. γ, que M. Prost a trouvée dans le Gévaudan sur le trèfle rampant, ne paraît pas différer des précédentes ; il ne détermine pas de tache sur la feuille, et naît souvent mêlé avec l'urédo des tréfles.

658ᵃ. Écidium du filaria. *Æcidium phillyreæ.*

Il ressemble à l'E. épais, et n'en est peut-être qu'une variété : il croit à la surface inférieure des feuilles du *phillyrea latifolia*, et attaque aussi quelquefois les jeunes pousses, les pétioles et les nervures ; il déforme entièrement les parties qu'il attaque avant leur développement complet ; sur les feuilles déjà développées, il forme des boursoufflures compactes, irrégulières, noirâtres ; les péridiums sont nombreux, rapprochés, et comme enfoncés dans cette tumeur ; les bords de leur orifice sont à peu près entiers et un peu courbés en dedans, de sorte que l'entrée du péridium est très-petite. La poussière est d'un jaune orangé. J'ai trouvé cette espèce aux environs de Montpellier, où elle est rare.

659ᵃ. Écidium de l'hippo-crepis. *Æcidium hippocrepidis.*

Il croit à la surface inférieure des feuilles de l'*hippocrepis comosa* ; ses péridiums naissent d'abord épais, puis recouvrent en totalité la surface des folioles qui sont un peu déformées et tendent à se plier en dessus sur leur nervure moyenne ; ces péridiums sont blanchâtres, orbiculaires, serrés, courts, d'abord clos, puis ouverts en cupule, dont le bord est droit, épais, légèrement dentelé. La poussière est d'un blanc jaunâtre. Cet écidium a été découvert en Savoie, par M. Bonjean, sur l'hippocrepis en ombelle.

661ᵃ. Écidium du bunium. *Æcidium bunii.*

α. Bunii bulbocastani. — *Æ. bunii.* DC. Syn. n. 661*. Enc. bot. 8, p. 241.
β. Ferulæ sulcatæ.
γ. Smyrnii olusatri.

Cet écidium attaque les pétioles, les nervures et même le limbe des feuilles de plusieurs ombellifères ; il naît surtout à leur face inférieure, les boursouffle, les déforme, et souvent empêche l'accroissement des parties supérieures de la feuille ; ses péridiums sont nombreux, rapprochés en groupes irréguliers ; leur forme est ovale ou arrondie ; les bords sont à peine saillans, entiers, un peu rentrans. La poussière est d'un jaune orangé. La var. α été trouvée dans les Alpes par M. Schleicher, sur le bunium noix de terre ; la var. β, que M. Emile Vincent a trouvée à Gônes, sur la férule sillonnée, ne diffère

point de la précédente ; la var. γ , que M. Bouchet a cueillie à Montpellier, sur le maceron commun , attaque davantage le limbe , et le
déforme moins que les précédentes.

**662ᵃ. Écidium des renoncu-   *Æcidium ranuncula-*
    lacées.   *cearum.***

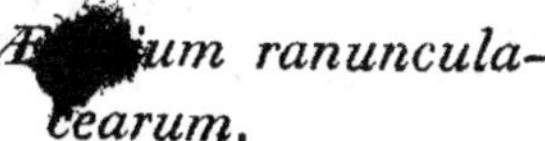

  a. Ranunculi acris. Pers. Syn. 210.
  β. Ranunculi bulbosi. DC. Syn. n. 662*.
  γ. Ranunculi gouani.
  δ. Ranunculi platanifolii.
  ε. Ranunculi pyrenæi.
  ζ. Aconiti napelli.
  η. Thalictri flavi.
  θ. Aquilegiæ vulgaris. — *Æ. aquilegiæ.* Pers. ic. pict. 4, p. 58, t. 23, f. 4.

Il attaque la surface inférieure, et très-rarement la supérieure de la
plupart des renonculacées, et y forme de petits groupes arrondis ,
ovales ou un peu irréguliers, qui ont 2 à 3 lignes de diamètre, et qui ne
déforment ni ne tachent guère la feuille autour d'eux ; les péridiums
sont courts, cylindriques, d'un blanc jaunâtre ; leur bord est muni
de dents larges , réfléchies et caduques. La poussière est d'un jaune
orangé. Cette espèce est assez commune dans les montagnes. Outre
les nombreuses variétés que j'ai citées, je soupçonne que l'*Æ. con-
fertum* , var. *a* (Fl. fr. n. 659), qui croit sur la ficaire, l'*Æ. unilaterale* (Fl. fr. n. 661), qui nait sur l'anémone à fleurs de narcisse,
et peut-être l'*Æ. bifrons* (Fl. fr. n. 662), qu'on trouve sur l'aconit
tue-loup , pourront rentrer encore comme de simples variétés dans
notre écidium des renonculacées.

665ᵃ. Écidium de l'amelan-   *Æcidium amelanchieris.*
    chier.

Cet écidium tient le milieu entre l'*Æ. cornutum* et l'*Æ. oxyacanthæ* ;
il nait à la surface inférieure des feuilles de l'alisier amelanchier ;
ses péridiums naissent de 3 à 8 réunis en groupe : chacun d'eux
sort d'un tubercule charnu, compacte, soudé par sa base avec les
tubercules voisins ; ces tubercules sont d'abord roux , puis bruns ;
la partie correspondante de la face supérieure de la feuille offre une
tache rouge au milieu de laquelle on compte à peu près autant de petits tubercules noirs qu'il y a de péridiums sur le côté opposé ; chaque
péridium est membraneux, cylindrique , d'un blanc sale, long d'une
ligne et demie , d'abord entier , fermé et pointu, puis ouvert et déchiré à son sommet en lanières fines , droites, peu ou point ouvertes. La poussière est d'un roux brun , composée de globules

ovoïdes presque sphériques. M. Chaillet a trouvé cette espèce dans le Jura, et M. Prost dans la Lozère.

665ᵇ. Écidium du néflier.   *Æcidium mespili.*

Cette espèce est intermédiaire entre celle de l'amelanchier et celle de l'aubépine : elle naît sur les feuilles du néflier d'Allemagne (*M. germanica*), presque toujours en grande abondance à la surface inférieure, quelquefois à la supérieure, mais seulement sur la nervure moyenne ; ses péridiums sont disposés par groupes, 10 à 20 ensemble ; ces groupes déterminent sur la feuille une tache d'un rouge vif qui est surtout remarquable du côté où le champignon ne se trouve pas, et qui porte dans le centre quelques points noirs peu apparens : du côté où naît le champignon, il ne se forme point de tubercule charnu comme dans la précédente et la suivante ; les péridiums ont de 1 à 1½ ligne de longueur, et sont très-semblables à ceux de l'Æ. de l'amelanchier , excepté qu'ils se fendent plus profondément. J'ai trouvé cette espèce en grande abondance dans un jardin fruitier de Bruxelles , à la fin de l'été.

665ᶜ. Écidium de l'aubépine.   *Æcidium oxyacanthæ.*

α. *Mespili oxyacanthæ.* — *Æ. oxyacanthæ.* Pers. Syn. 206. Alb. et Schw. Nisk. n. 319. — *Æ. laceratum* , var. β. Fl. fr. n. 666.

β. *Mespili azaroli.*

Ce champignon attaque indifféremment l'aubépine et l'azerolier, et n'offre aucune différence dans ces deux stations. Il croit non-seulement à la surface inférieure des feuilles, mais sur les pétioles , sur les tiges , et surtout sur les fruits, qu'il recouvre quelquefois en entier et d'une manière très-singulière ; ses péridiums naissent en groupes nombreux , serrés et peu réguliers ; ils déterminent sur la feuille , du côté inférieur, un tubercule charnu , du côté supérieur , une tache jaune ou rougeâtre , marquée dans le milieu d'un grand nombre de points noirs. Ces péridiums sont cylindriques, souvent un peu courbes, longs de 2 lignes, blanchâtres, un peu déchirés en lanières fines et droites, quelquefois même fendillés vers leur base à la fin de leur vie. La poussière est abondante, d'un roux brun. Cette espèce est assez commune pendant l'été, en Languedoc et en Provence.

666. Écidium déchiré.   *Æcidium laceratum.*

α. *Pruni sylvestris.* — *Æ. laceratum* α. Fl. fr. n. 666.

β. *Cratægi ariæ.* — *Æ. ariæ.* Schleich. cent. exs.

γ. *Cratægi chamæmespili.* — *Æ. chamæmespili.* Schl. cent. exs.

Cet écidium forme , à la surface supérieure de la feuille , une tache jaune ou rouge, marquée vers le centre d'un grand nombre de petits points noirs; à la surface inférieure, il détermine la naissance de tubercules charnus, tantôt séparés, tantôt réunis, et à moitié soudés; ces groupes sont composés de 5 à 8 individus tantôt réunis sans ordre, tantôt disposés circulairement; le péridium est blanchâtre, long de $\frac{1}{2}$ ligne environ, découpé jusque près de sa base en lanières fines, nombreuses et divergentes. La var. α, qui croît dans le Jura sur le prunier sauvage (et non sur le pommier), a plus souvent que les autres ses tubercules séparés; la var. β, qui croît dans les Alpes, le Jura et la Lozère, sur l'alisier allouchier, a les lanières de son péridium plus longues que les deux autres. Enfin la var. γ, qu'on trouve sur l'alisier faux néflier, a ces mêmes lanières extrêmement courtes. Malgré ces légères différences, j'ai cru devoir les réunir sous un nom commun. La figure (Syn. t. 4. f. 7 et 8.) que M. Persoon a donnée sous le nom d'*Æ. cratægi*, ressemble mieux à cette espèce qu'à la précédente.

667ª. Écidium de la pyrole.   *Æcidium ? pyrolæ.*

Ce champignon naît à la surface inférieure des feuilles du *pyrola secunda*; ses pustules sont nombreuses, éparses sur tout le disque, espacées avec une sorte de régularité; chacune d'elles est orbiculaire, proéminente sur le disque, à peu près plane, et a à peine $\frac{1}{4}$ ligne de diamètre. Le bord est blanchâtre, découpé et ouvert en forme d'étoile; le centre est un disque de consistance ferme et compacte, d'abord d'un jaune pâle, puis d'un brun foncé. Ce champignon ne me paraît point sortir de dessous l'épiderme; il ressemble beaucoup à un stictis, et si sa station sur une feuille vivante ne m'en avait empêché, je l'aurais plus volontiers réuni à ce genre qu'à celui des écidiums. M. Chaillet a découvert cette espèce dans le Jura, sur la pyrole unilatérale.

667ᵇ. Écidium de la prêle.   *Æcidium ? equiseti.*

Cette espèce est si extraordinaire que, quoique je la connaisse imparfaitement, je ne puis me résoudre à la passer sous silence: elle croît sur la tige de la prêle d'hiver en groupes irréguliers: ces groupes naissent rapprochés tout autour de la tige, au-dessous d'une articulation; chacun d'eux est ovale-oblong, et perce l'épiderme, dont les débris lui forment une bordure irrégulière, remarquable par sa blancheur; les péridiums naissent réunis 4 ou 5 ensemble, très-serrés; leur forme est un peu celle d'une toupie fort courte, et ils ne ressemblent pas mal à de petites pezizes; leur bord

est à peine distinct, un peu denté ; le centre est rempli par une
matière qui paraît compacte, et qui ne se résout point en poussière ;
cette matière, aussi bien que les péridiums, est d'un jaune d'abricot
assez vif. Cette plante paraît fort rare. M. Chaillet en a trouvé un
seul individu au mois de septembre 1810, à l'embouchure de la
Reuze dans le lac de Neuchâtel, et l'a depuis cherchée inutilement.
Serait-ce une espèce de stictis ou le rudiment d'un genre nouveau ?

669ᵃ. Moisissure des herbiers. *Mucor herbariorum.*

M. herbariorum. Wigg. Hols. iii. Pers. Syn. 202. — Hall. helv. n. 1257.

Cette moisissure est d'une couleur jaune assez prononcée : elle
offre des péridiums globuleux, persistans, pleins de poussière,
sessiles sur une espèce de duvet bissoïde de la même couleur, et
qui forme une petite croûte molle et cotonneuse. Ce champignon
doit-il être rangé parmi les licées, ou former un genre particulier?
On le trouve souvent sur les plantes mal séchées, et dans les herbiers situés dans des lieux humides.

670ᵃ. Licée des cônes.   *Licea strobilina.*

L. strobilina. Alb. et Schwein. n. 303, t. 6, f. 3.

Ses péridiums naissent serrés les uns contre les autres et en grand
nombre, de manière à former une espèce de tapis continu ; ils sont
de forme arrondie ou un peu oblongue, de couleur d'abord rousse,
puis brune, et se coupent en travers à leur maturité, à peu près
comme dans la licée boîte à savonnette, mais avec beaucoup moins
de régularité. La poussière que le péridium renferme est d'un jaune
sale, quelquefois blanchâtre. Cette licée croît sur les écailles des
cônes vieux et presque pouris des sapins ; elle occupe toute la partie
inférieure de la face externe des écailles. Lorsque la poussière est
tombée, la base des péridiums persiste assez long-temps, et ressemble à la superficie d'un guêpier à cellules très-petites.

670ᵇ. Licée flexueuse.   *Licea flexuosa.*

L. flexuosa. Pers. Syn. 197.

Cette licée est sessile, couchée, oblongue ou linéaire, quelquefois presque droite, quelquefois flexueuse et comme serpentante sur
le bois pouri qui lui sert de support, quelquefois même un peu rameuse ; elle est de couleur brune, très-légèrement luisante, pleine
d'une poussière d'un brun foncé. M. Chaillet a trouvé cette espèce
dans le Jura, sur les bois de pin dénudés d'écorce et à moitié
décomposés.

670°. Licée pédicellée. *Licea stipitata.*

Diderma squammulosum. Alb. et Schwein. Nisk. n. 246, t. 4, f. 5?

Cette petite espèce de champignon a à peine une ligne de longueur ; elle se compose d'un pédicelle droit, simple, un peu roide, blanc, évasé légèrement à sa base, terminé par une petite tête sphérique, grisâtre, de consistance sèche et membraneuse, d'apparence un peu poudreuse ou légèrement chagrinée en dehors, entièrement remplie par une poussière abondante et dans laquelle on n'aperçoit pas de filamens. Quant à sa forme, ce champignon ressemble au genre *onygena* de Persoon ; mais sa structure interne est trop différente pour pouvoir l'y réunir. Il diffère des licées par son péridium pédicellé et non sessile. J'ai trouvé cette plante pendant l'été, en Auvergne, croissant sur la surface inférieure des feuilles vivantes de la brunelle découpée : les individus étaient en grand nombre, mais bien distincts les uns des autres, et croissaient principalement sur les nervures ; elle est de consistance membraneuse, et ne change nullement de forme en se desséchant.

675°. Trichie en massue. *Trichia clavata.*

T. clavata. Pers. Obs. myc. 2, p. 34. Syn. 178. Moug. et Nestl. crypt. vog. n. 284.

Cette trichie atteint 2 à 3 lignes de longueur, et est par conséquent une des plus grandes du genre : son pédicelle est grêle, un peu aminci à sa base, d'un roux plus mat et tirant plus sur le brun que le péridium ; celui-ci est jaune, luisant, de forme ovoïde, un peu aminci à la base, obtus au sommet, rempli de poussière jaune. Elle croît au printemps et en automne sur le bois pouri, le plus souvent en groupes serrés, quelquefois solitaire, selon M. Persoon ; elle a été trouvée dans les Vosges par MM. Mougeot et Nestler.

704°. Spumaire physarum. *Spumaria physaroïdes.*

S. physaroïdes. Pers. Syn. 163. Alb. et Schwein. Nisk. n. 243.

A sa naissance, ce champignon ne présente qu'une espèce d'écume muqueuse et d'un beau blanc ; bientôt cette écume se change en une matière poudreuse, blanche et caduque ; cette poussière recouvre un groupe ordinairement oblong, composé de plusieurs péridiums sessiles, arrondis, ou plus souvent oblongs et contigus entre eux ; ces péridiums sont formés par une pellicule grise très-mince, et sont remplis d'une poussière noire fort abondante, et entremêlée de filamens très-menus. S'il l'on considère la poussière blanche qui encroûte les péridiums comme une véritable enveloppe, ce champignon

appartiendrait au genre diderma. Si l'on fait attention à la forme
même des péridiums, elle ressemble assez à celle des licées et des
petites réticulaires. D'après M. Persoon, ce champignon croît en
automne, sur la terre et sur les branches tombées : je ne l'ai jamais
trouvé qu'en été, au sommet des Alpes, sur les gazons, et sur les branches et les feuilles vivantes des arbustes qui, comme le rhododendron,
croissent très-près de la neige éternelle. Cette différence de localité
pourrait faire présumer que ma plante diffère de celle de M. Persoon.

714ᵃ. Vesseloup des cerfs.   *Lycoperdon cervinum.*

L. cervinum. Lin. sp. 1055. — *Hypogeum cervinum.* Pers. disp. 7. — *Scle-*
roderma cervinum. Pers. Syn. 156. — *Lycoperdastrum tuberosum arhi-*
zon, etc. Mich. Gen. p. 220, t. 99, f. 4. — *Tubera cervina.* C. Bauh.
Pin. 376. — *Cervi boletus.* J. Bauh. hist. 3, p. 851 (Fals. not. 835) ic.

Ce champignon est ovoïde ou globuleux, à peu près de la grosseur
d'une noix, absolument dépourvu de racines; sa peau est dure,
ferme, grenue comme de la peau de chagrin, d'un roux sale et brunâtre. Sa substance interne commence par être une espèce de chair
blanche, puis rougeâtre, puis brune; elle finit par se convertir en
une poussière d'un brun noir, très-abondante, un peu compacte, et
qui remplit entièrement l'intérieur du péridium. Ce champignon
croît dans la terre comme les truffes, et étant aussi, comme elles,
dépourvu de racines, il tient réellement le milieu entre les vesseloups
et les truffes, et avait sans doute motivé leur réunion. Il est assez
commun dans les forêts de sapin des Vosges, d'après MM. Mougeot
et Nestler ; il a été trouvé dans le Jura par M. Chaillet ; dans les
Alpes, à la vallée de Servan, par M. Schleicher.

715ᵃ. Vesseloup irrégulière.   *Lycoperdon irregulare.*

Sa base est épaisse, charnue, divisée en plusieurs lobes irréguliers, lacuneuse, et çà et là comme crevassée; elle est à moitié enfoncée en terre, et se prolonge en un grand nombre de racines
courtes et en réseau; par le haut, elle porte une, deux ou trois
têtes arrondies, irrégulières, déprimées en dessus, d'un gris brun
sale, couvertes de petites aréoles écailleuses, peu saillantes, plus
brunes que les intervalles qui les séparent, et d'une consistance
sèche et membraneuse. La poussière est brune. Toute la plante a,
dans sa jeunesse, l'odeur des agarics bons à manger, et les vers la
dévorent avidement. Elle croît sur la terre, dans les pelouses, aux
environs de Montpellier. Je l'ai trouvée en automne auprès de
Château-Bon.

XLVI*. POLYSAC. *POLYSACCUM.*

Polysaccum. **Desp.** in DC. Rapp. 1, p. 8. — *Lycoperdoïdes* et *lycoperdastrum.* **Mich.** — *Pisolithus.* **Alb.** et Schwein.

CAR. Les polysacs ont l'aspect des vesseloups, mais ils en diffèrent
parce que l'intérieur de leur péridium est entièrement divisé par des
cloisons membraneuses en un grand nombre de cellules fermées de
toutes parts et pleines de poussière.

OBS. Ce genre, autrefois bien décrit par Micheli, a été de nouveau
observé presque en même temps par M. Desportes, au Mans, et par
MM. Albertini et Schweinitz, dans la Haute-Lusace. J'ai adopté le
nom de M. Desportes, quoique inédit, parce qu'il exprime bien le
caractère, et que celui de pisolithus appartient déjà à une espèce de
minéral.

716b. Polysac à gros pédoncule. *Polysaccum crassipes.*

P. crassipes. DC. Rapp. voy. 1, p. 8. — *Lycoperdoïdes album tinctorium
radice amplissima.* Mich. Gen. p. 219, n. 1, t. 92, f. 1. — *Scleroderma
tinctorium.* Pers. Syn. 152. — *Lycoperdon capitatum.* Gmel. Syst. 2,
p. 1463.

Le péridium est à peu près globuleux, d'un roux d'abord pâle,
puis tirant sur le brun, rempli à sa maturité d'une poussière brune
extrêmement abondante; il est porté sur une espèce de pédoncule
compacte, charnu, caché sous terre, long de 4 à 8 pouces, épais
d'un pouce et demi au moins, un peu aminci et ramifié à son extrémité
inférieure en fibrilles radicales. M. Desportes a trouvé ce champignon aux environs du Mans, dans les bruyères sablonneuses.

716c. Polysac sessile. *Polysaccum acaule.*

P. acaule. DC. Rapp. voy. 2, p. 80. — *Pisolithus arenarius.* Alb. et Schw.
fung. Nisk. n. 232, t. 1, f. 3. — *Lycoperdastrum autumnale, etc.* Mich.
Gen. 230, n. 9, t. 99, f. 2.

Son péridium est globuleux, roussâtre ou brunâtre, de 2 à 3
pouces de diamètre, revêtu d'une écorce unie, mince, opaque, un
peu roide. Sa chair est d'abord spongieuse, puis entièrement divisée
en cellules pleines d'une poussière brune; de la base du péridium
partent des fibrilles radicales ramifiées, et qui forment une espèce de
disque ou de base, mais il n'y a point de pédoncule distinct ou de
tronc intermédiaire qui supporte le péridium. J'ai trouvé cette espèce
croissant dans le sable, aux environs de Dax et de Mont-de-Marsan,
dans les bois de pins maritimes, au mois de septembre.

726ª. Nidulaire des fumiers.   *Cyathus fimetarius.*

Cette nidulaire est assez petite : sa cupule est à peu près hémisphé-rique, entière sur les bords, veloutée en dehors, glabre à l'intérieur, de couleur chamois, ainsi que les capsules ; celles-ci remplissent en-tièrement la coupe, et sont exactement de la même couleur ; elles sont en forme de lentilles un peu épaisses, légèrement ponctuées ou granulées. Cette jolie espèce a été trouvée par M. Chaillet, à la fin de l'automne, sur la bouse des vaches ; les cupules de plusieurs indi-vidus sont souvent soudées ensemble.

730ª. Érysiphé de l'aulne.   *Erysiphe alni.*

E. alni. DC. Syn. n. 730*. Enc. bot. 8, p. 219. — *Sclerotium erysiphe alnea.* Schleich. cent. exs. n. 68.

Elle attaque la surface inférieure des feuilles de l'aulne glutineux et de l'aulne blanchâtre, et ressemble assez à l'E. du coudrier ; ses tubercules sont épars, peu nombreux, d'abord roux, puis noirs, globuleux, un peu déprimés ; de leur base partent des rayons blancs très-nombreux, très-longs, appliqués sur la feuille, et qui, par leur finesse et la rareté des tubercules, ne sont pas visibles à l'œil nu ; çà et là on découvre, à la loupe, de semblables étoiles de filamens qui n'ont pas de tubercules à leur centre.

732ª. Érysiphé de l'érable.   *Erysiphe aceris.*

E. aceris. DC. Syn. 732*. Enc. bot. 8, p. 220.

Elle croit sur les deux surfaces des feuilles de l'érable champêtre, et principalement sur la face inférieure ; ses tubercules sont épars, assez nombreux, et remarquables en ce que, dans un âge avancé, ils deviennent concaves comme de petites pezizes ; leurs filamens sont assez longs, la plupart étalés horizontalement, de manière à former un léger duvet blanchâtre, quelques-uns dressés autour des tu-bercules.

733ª. Érysiphé du peuplier.   *Erysiphe populi.*

E. populi. DC. Syn. n. 733*. Enc. bot. 8, p. 220.

Elle attaque les surfaces supérieure et inférieure des feuilles des peupliers ; de la base des tubercules partent des filamens très-nom-breux (12-15), allongés, entremêlés, formant une pellicule mince, blanchâtre, opaque, un peu crustacée, et qui ressemble à la base de certains lichens ; les tubercules sont nombreux, noirs, globuleux ; lorsque l'érysiphé croît sur le tremble ou le peuplier noir, la croûte est fort sensible ; lorsqu'elle se trouve sur le peuplier blanchâtre, les tubercules sont plus épars , et la croûte moins sensible ; dans le premier , les deux surfaces sont également attaquées ; dans le deuxième , l'érysiphé se trouve principalement à la surface inférieure et sur les nervures de la supérieure ; mais le grand nombre de filets qui , dans l'une et l'autre , partent de la base des tubercules , prouve leur identité.

733[b]. Érysiphé du fusain. *Erysiphe evonymi.*

Cette espèce est une des mieux caractérisées de tout le genre : elle croît presque toujours à la surface inférieure , très-rarement à la face supérieure des feuilles du fusain d'Europe ; ses tubercules naissent épars , globuleux , d'abord jaunâtres , puis noirs , et n'offrent pas de croûte bien sensible ; les filets qui partent de leur base sont nombreux , blancs , cloisonnés , très longs , terminés par une petite houppe de ramifications courtes, divergentes, di ou trichotomes, et visibles à de forts microscopes seulement ; ces filets sont d'abord étalés , puis dressés autour des tubercules en assez grand nombre pour que dans cet état ils soient presque visibles à la vue simple. J'ai reçu cette espèce de M. R. A. Hedwig , et de M. Chaillet , qui l'ont l'un et l'autre observée sur le fusain.

734[a]. Érysiphé de l'astragale. *Erysiphe astragali.*

Dans sa jeunesse , cette érysiphé ressemble à celle du pois , mais ensuite elle prend un aspect assez différent ; ses tubercules sont d'abord jaunes , puis noirs , globuleux , très-rapprochés , un peu luisans ; les poils qui partent de leur base sont longs , filiformes , d'abord étalés sur la feuille , de manière à former une pellicule mince et blanchâtre ; dans les groupes âgés , on observe des poils nombreux , dressés autour des tubercules , et qui donnent à la petite croûte de cette érysiphé , une apparence velue , propre à la distinguer de toutes les autres. Elle croît sur la surface inférieure des feuilles de l'astragale à feuilles de réglisse , qu'elle recouvre parfois presque entièrement. On en trouve aussi de très-petits groupes à la surface supérieure. M. Chaillet et moi l'avons vue dans le Jura ; M. Prost , à Mende.

734[b]. Érysiphé de l'ancolie. *Erysiphe aquilegiæ.*

Elle attaque la surface inférieure et rarement la face supérieure des feuilles de l'ancolie commune ; on la distingue à ce que ses tubercules , qui sont roux , bruns ou noirs , selon l'époque de leur maturité, sont toujours épars et écartés ; de leur base partent plusieurs filamens blancs , simples , filiformes , qui ne se réunissent point avec ceux des tubercules voisins pour former une croûte ni une pellicule ; il résulte de là, qu'à l'œil nu, cette érysiphé ne présente que des points épars, et n'offre pas la croûte qu'on observe dans la plupart des espèces. M. Chaillet a trouvé celle-ci sur l'ancolie commune, dans le Jura.

734ᶜ. Érysiphé de l'aubépine. *Erysiphe oxyacanthæ.*

E. oxyacanthæ. DC. Rapp. 1, p. 10.

On trouve cette érysiphé sur les deux surfaces des feuilles de l'aubépine : elle ressemble à celle de l'ancolie par sa manière de croître, c'est-à-dire, que ses tubercules sont noirs, épars, très-écartés, et ne forment pas, par leur entrecroisement, une croûte visible ; la seule circonstance qui puisse faire distinguer cette espèce, est l'extrême brièveté des filamens blancs qui sortent de ses tubercules. M. Cauvin me l'a envoyée des environs d'Angers, et M. Chaillet, de Neufchâtel. Je l'ai trouvée en Bretagne. M. Bosc me l'a fait observer en grande abondance sur les plants d'aubépine des pépinières de Versailles ; il observe que cette parasite retarde sensiblement leur croissance.

735ᵃ. Érysiphé des graminées. *Erysiphe graminis.*

J'ai trouvé cette belle espèce d'érysiphé sur les feuilles du froment, mais je ne lui en ai pas donné le nom, parce que je crois l'avoir retrouvée sur d'autres espèces de gramens à feuilles larges et planes ; elle croît sur les deux surfaces, mais principalement sur la supérieure ; ses pustules sont petites, d'abord rousses, puis noirâtres ; les filets qui partent de leur base sont nombreux, longs, entrecroisés, et tellement abondans, qu'ils forment des touffes oblongues, d'un duvet cotonneux, blanc ou roussâtre, épais, et dans lequel les tubercules sont plongés de manière à imiter les loges de certaines sphéries.

735ᵇ. Érysiphé du houblon. *Erysiphe humuli.*

Cette espèce est la plus distincte de toutes celles qui composent ce genre : elle naît à la surface inférieure des feuilles du houblon, tantôt éparse, plus souvent par groupes serrés ; elle offre d'abord des tubercules sphériques, bruns, puis noirs et luisans ; de leur base partent des filamens nombreux, irréguliers, d'abord très-courts et blanchâtres, puis bruns, et enfin tellement longs, nombreux, dressés et entrecroisés, qu'ils cachent entièrement les tubercules, et forment des plaques d'un brun foncé, très-semblables pour leur aspect à l'érinéum de l'érable. Les places correspondantes de la surface supé-

rieure des feuilles sont marquées de taches d'un roux pâle et blanchâtre. Cette maladie fait quelquefois des ravages dans les houblon-
nières, surtout dans les localités ou dans les années trop humides.

735c. Érysiphé du bouleau. *Erysiphe betulæ.*

Elle attaque la surface inférieure des feuilles du bouleau blanc, et
ne se trouve point sur la supérieure : on la distingue des autres espèces en ce que ses tubercules sont épars sur une croûte très-mince,
qui est toute entière de couleur rousse, au moins lorsque les tubercules sont bien développés ; ceux-ci sont d'abord jaunes, puis roux,
enfin noirs, orbiculaires, un peu aplatis en dessus ; les filets qui partent de leur base sont rayonnans, très-simples, élargis à leur naissance, terminés en pointe fine. Cette espèce m'a été communiquée par
M. Desvaux, qui l'a trouvée aux environs de Paris. — M. Chaillet a
trouvé, dans le Jura, sur les deux surfaces des feuilles du bouleau
pubescent, une érysiphé très-différente de celle-ci, assez semblable à
celle du scandix, mais que je n'ose encore mentionner.

735d. Érysiphé de la berce. *Erysiphe heraclei.*

E. heraclei. Schleich. crypt. exs. n. 89. DC. Syn. n. 735*. Enc. bot. 8,
p. 220.

Cette érysiphé est répandue sur les feuilles de la berce branc-ur-
sine, tant à leur surface inférieure qu'à la supérieure ; ses tubercules
sont globuleux, presque luisans ; il s'échappe de leur base plusieurs
filamens, courts, irréguliers, la plupart simples et libres, quelques-
uns légèrement entremêlés, mais ne formant ni une croûte ni un
duvet visible à l'œil ; on a peine quelquefois à distinguer cette érysiphé, parce qu'elle est mélangée avec les poils de la berce.

737a. Érysiphé du chèvrefeuille. *Erysiphe loniceræ.*

Elle ressemble beaucoup à l'E. de l'épine-vinette : elle attaque
comme elle la surface supérieure des feuilles, et quelquefois aussi
l'inférieure ; ses tubercules, quoique disposés sans ordre régulier,
sont plus rapprochés ; ils paraissent, à la vue simple, situés sur
une espèce de poussière glauque, très-fine ; vus au microscope, ils
émettent par leur base plusieurs filets blancs, rayonnans, assez courts,
simples à leur naissance, puis dichotomes à leur extrémité, à branches très-courtes. M. Chaillet a découvert cette érysiphé sur le chèvrefeuille des jardins.

737h. Érysiphé du scandix. *Erysiphe scandicis.*

Cette érysiphé se trouve sur le scandix peigne de Vénus : elle attaque indifféremment les deux surfaces de la feuille, les tiges, les pétioles, les pédoncules, et surtout les fruits un peu avant leur maturité; ses tubercules sont presque globuleux dans leur jeunesse, jaunes, puis roux, et enfin d'un noir luisant, très-rapprochés et très-nombreux; ils sont portés sur une croûte blanche un peu épaisse, presque pulvérulente, qui, vue au microscope, paraît formée par des filamens courts, nombreux, entrecroisés, et peut-être rameux. On trouve cette production en été, en Languedoc.

737ᶜ. Érysiphé de la galéopside. *Erysiphe galeopsidis.*

Cette érysiphé se rapproche à quelques égards de celle des chicoracées, et à d'autres de celle du scandix : elle attaque indifféremment les tiges et les deux surfaces des feuilles de la galéopside tétrahit; ses tubercules sont globuleux, d'abord jaunes, puis roux, puis noirs, assez rapprochés et nombreux; la croûte qui les supporte offre, sur les mêmes feuilles, des aspects très-différens; quelquefois elle est nulle ou à peine visible à l'œil; ailleurs, elle a une teinte rousse, surtout autour des tubercules; le plus souvent elle est blanche, abondante, et d'un aspect pulvérulent; vue au microscope, elle offre des filamens qui sortent de la base de chaque tubercule en grand nombre, très-fins, très-courts, rameux et entrecroisés. M. Chaillet l'a trouvée dans le Jura; mademoiselle Libert dans les Ardennes, sur le tétrahit. Je soupçonne que cette érysiphé n'est pas particulière à la galéopside, mais se trouve sur d'autres labiées.

737ᵈ. Érysiphé de la sangui-   *Erysiphe sanguisorbæ.*
sorbe.

Elle ressemble beaucoup à celle des chicoracées : elle pousse de même sur les deux surfaces des feuilles; elle y forme des groupes arrondis peu réguliers; ses tubercules sont roux, puis noirs à leur maturité parfaite, à peu près globuleux, entourés d'une croûte à peine apparente et légèrement roussâtre autour des tubercules; les filamens sont blancs, simples, assez longs, cloisonnés, très-inégaux entre eux en longueur. Elle croît sur les feuilles de la sanguisorbe officinale.

737ᵉ. Érysiphé du prunier épi-   *Erysiphe prunastri.*
neux.

Cette érysiphé est très-remarquable par sa position : elle attaque la face supérieure des feuilles du prunier épineux, mais elle n'est pas éparse sur cette surface; elle suit au contraire les nervures principales avec une régularité singulière : chaque nervure offre une raie noire formée par les tubercules, et de chaque côté une petite bande blanchâtre formée par la croûte ; les filets qui sortent des tubercules sont longs, simples, blancs, cloisonnés. J'ai dû à M. R. A. Hedwig la première connaissance de cette espèce, qui ressemble un peu, par sa disposition, au *xyloma nervale* de MM. Albertini et Schweinitz.

737ᶠ. Érysiphé ? de l'yeuse.   *Erysiphe ? ilicis.*

Cette production singulière attaque la surface inférieure des feuilles du chêne yeuse : je l'ai trouvée en été dans le Languedoc, entre Alais et Portes ; les branches dont les feuilles étaient attaquées par ce champignon, se distinguaient de loin à la couleur grise un peu glauque de leur feuillage, et aussi à ce qu'elles étaient plus rameuses et plus touffues qu'à l'ordinaire; les feuilles attaquées étaient toutes de jeunes feuilles naissantes ; les tubercules de ce champignon sont très-petits, aplatis, de couleur noire, assez nombreux, distincts les uns des autres, mais rapprochés en groupes orbiculaires ; sous ces tubercules, on aperçoit une poussière blanche, dont on a peine à discerner la nature, parce qu'elle est entremêlée avec le duvet de la feuille d'yeuse ; il m'a bien paru que cette poussière était formée par de petits filamens bissoïdes très-courts, mais je n'oserais l'affirmer, et ce n'est qu'avec doute que je classe cette production parmi les érysiphés.

738ᵃ. Tuberculaire du châ-   *Tubercularia castaneæ.*
taignier.

T. castaneæ. Pers. Syn. 114.

Elle est de moitié plus petite que la T. commune, d'un rose assez vif, à peu près globuleuse, toujours sessile, et même sortant de dessous l'épiderme, et comme enchâssée entre ses débris ; sa superficie est lisse et non mamelonnée. Elle a été observée sur l'écorce du châtaignier par M. Ludwig, et sur celle du hêtre par M. Chaillet, qui l'a trouvée à la fin de l'été dans le Jura.

739ᵃ. Tuberculaire granulée. *Tubercularia granulata.*

T. granulata. Pers. Syn. 113. Alb. et Schwein. Nisk. n. 192.

Elle forme de petits tubercules d'un rouge sale, opaques, convexes, irrégulièrement bosselés ou ridés à leur surface, et chargés de petites proéminences noires, qui ressemblent beaucoup à de petites sphéries qui naîtraient parasites sur ce champignon. Cette tuberculaire croît sur les branches des érables et du tilleul.

742ᵃ. Tuberculaire ciliée.   *Tubercularia ciliata.*

T. ciliata. **Alb. et Schwein. n. 190, t. 5, f. 6.**

Elle sort de dessous l'épiderme, soutenue sur un pédicelle très-court et qui n'est presque pas apparent ; le sommet de ce pédicelle s'épanouit en une sorte de réceptacle discoïde, et bordé de longs cils ; sur ce réceptacle est posé le péridium qui est charnu, très-petit, ovoïde ou globuleux, lisse à la surface ; tout ce petit champignon commence par être blanc, et devient ensuite d'un rose pâle. M. Chaillet l'a observé en été, sur des tiges mortes de pommes de terre.

742ᵇ. Tuberculaire du buis.   *Tubercularia buxi.*

Cette espèce est remarquable parce qu'elle croît à la surface inférieure des feuilles mortes ou mourantes du buis, sans percer son épiderme, et parce qu'elle est la plus petite de tout le genre ; à peine la distingue-t-on à l'œil nu ; vue à la loupe, elle offre un petit tubercule d'un rose pâle, arrondi, un peu aminci à sa base, uni à sa surface, un peu charnu, et de la base duquel partent plusieurs poils blancs, courts, dressés ou rayonnans ; sous le microscope, ces poils paraissent articulés, et l'on voit sortir du tubercule, par petits jets intermittens, de très-petits globules ovoïdes qui sont ou des graines ou des capsules. M. Chaillet a trouvé cette espèce dans le Jura, sur des feuilles sèches de buis, où elle était mêlée avec le *sphæria buxi.* Cette espèce et la précédente ne forment-elles pas un genre distinct, intermédiaire entre les tuberculaires et les érysiphés ?

LIV*. RHIZOCTONE.   *RHIZOCTONIA.*

Tuberis sp. **Bull. —** *Sclerotii sp.* **Pers.**

Car. Les rhizoctones sont composées de tubercules charnus, ovoïdes, ou irrégulièrement arrondis, desquels partent en tous sens des filamens grêles, rameux, semblables à des bissus.

Obs. Les filets des rhizoctones attaquent toujours les racines des grands végétaux, qu'ils épuisent et tuent rapidement ; ils se propagent au loin et vont sans cesse attaquer de nouvelles plantes de la même espèce ; les tubercules semblent les ganglions de ces filets. Ce genre se décrirait simplement en disant que c'est un bissus, portant des tubercules de sclérotiums. Doit-il être placé près des bissus ou près des sclérotiums ? Outre les deux espèces décrites ci-après, je soupçonne l'existence d'une troisième : c'est un champignon bissoïde blanc qui a été observé par M. Bosc, sur les racines des pommiers et des amandiers en pépinière ; mais je n'ose le classer dans ce genre, parce qu'on ne connaît pas encore ses tubercules.

743. Rhizoctone des safrans. *Rhizoctonia crocorum.*

Sclerotium crocorum. Fl. fr. ed. 3, n. 743. — *Tuber croci.* Dub. orl. p. 150.
Voyez vol. 2, pag. 277.

743ᵃ. Rhizoctone de la lu- *Rhizoctonia medicaginis.* zerne.

Ce champignon a du rapport, quant à sa manière de vivre, avec la R. des safrans, mais il ressemble davantage aux bissus par sa forme ; il est d'une belle couleur pourpre, presque semblable à la laque ; ses tubercules sont de forme irrégulière, blanchâtres à l'intérieur à l'époque de leur naissance, puis d'un pourpre tirant sur la couleur du vin, et enfin noirâtres ; leur consistance est charnue, fragile ; les filets bissoïdes qui en sortent en tous sens sont très-longs, très-ramifiés, et souvent entrecroisés les uns sur les autres, de manière à former une espèce de pellicule ; on les voit, ou courir d'une racine à l'autre, ou, le plus souvent, recouvrir l'écorce entière de la racine, et se prolonger sous l'apparence d'une matière colorante presque impalpable ; les racines de la luzerne cultivée en sont quelquefois entièrement couvertes, mais on ne trouve guère de tubercules qu'entre les grosses bifurcations de la racine ; ils semblent disparaître dans un âge avancé. Les plantes de luzerne attaquées de cette production parasite se fanent, puis se sèchent entièrement. Lorsqu'une d'elles est attaquée, les filamens qui rayonnent en tous sens portent la contagion aux plantes voisines ; c'est ce qui forme ces espaces vides qu'on remarque dans les luzernières, et que les agriculteurs désignent en disant que leur luzerne est *couronnée.* Cette maladie est fréquente aux environs de Montpellier, dans les terrains légers, et surtout dans les points où il y a de l'humidité stagnante.

744ᵃ. Sclérote enfoncé. *Sclerotium immersum.*

S. immersum, var. *lutescens.* Tode Mekl. 1, p. 2, t. 1, f. 3.

Ce sclérote naît sous l'épiderme des jeunes rameaux morts, qu'il perce pour parvenir à l'air. Il forme de petits tubercules charnus, d'un jaune pâle, arrondis ou ovales, glabres, lisses à leur surface, et plus petits que des têtes d'épingle ; leur consistance est ferme, et leur peau ne se sépare point de la chair. M. Chaillet l'a trouvé dans le Jura, sur le pin sauvage, au mois de mars.

744ᵇ. Sclérote blanc.   *Sclerotium album.*

S. immersum γ *clandestinum.* Tode Mckl. 1, p. 3, f. 4 ? — *S. ægerita.*
Hoff. Germ. 2, t. 9, f. 1 ?

Il croît dans l'intérieur et à la surface du bois pouri, enfoncé dans
de petites cavités qu'il remplit en tout ou en partie : il est de couleur blanche, de consistance charnue et comme un peu farineuse à la
surface ; sa forme est ovale, un peu aplatie, et il est couché sur sa
plus grande surface. Sa longueur est d'environ 2 lignes. M. Chaillet
l'a trouvé sur l'érable faux platane. Le nom et la figure de Tode lui
conviennent très-bien ; mais comme cet auteur dit que sa plante est
d'un jaune paille, et qu'elle se trouve sur les feuilles du chêne et dans
les fentes de l'écorce, je doute qu'elle puisse être la même que la
mienne.

745ᵃ. Sclérote variable.   *Sclerotium varium.*

S. varium. Pers. Syn. 122. — *Elvela brassicæ.* Hoffm. vog. crypt. 2,
p. 18, t. 5, f. 2.

Il forme des tubercules d'abord blancs, puis noirs à l'extérieur,
avec la chair blanche, déprimés, compactes, peu charnus, de forme
très-variée ; on en trouve entremêlés d'arrondis, d'ovales, d'oblongs,
et même quelques-uns lobés ou divisés ; leur consistance et leur nature ressemblent beaucoup au S. dur. Ce champignon croît, en hiver
et au printemps, sur la tige et les nervures du chou cultivé, surtout
lorsqu'il est enfoui en terre.

745ᵇ. Sclérote compacte.   *Sclerotium compactum.*

α. *Helianthi.*
β. *Cucurbitæ.*

Ce sclérote est le plus grand, le plus singulier et le plus variable
dans sa forme, de toutes les espèces de ce genre : il forme des fongosités dures, compactes, plutôt ligneuses que charnues, d'un blanc
mat à l'intérieur ; la surface est noire, un peu chagrinée et inégale ; la
forme est extrêmement variable. Il semble ou que la matière qui compose ce champignon s'insinue dans tous les vides que lui laissent les
corps sur lesquels il est parasite, ou que plusieurs individus, en
s'insinuant de la sorte, viennent a se souder en un seul corps ; on en
voit d'ovoïdes, d'arrondis, d'oblongs ; et enfin certains individus
forment des plaques de 2 à 3 pouces de diamètre, moulées sur les
corps voisins, et laissant souvent des interstices qui leur donnent
l'aspect d'un grillage ou d'un réseau grossier. La variété α a
été trouvée dans les Ardennes, par mademoiselle Libert ; elle croît

sur le réceptacle de l'hélianthe annuel, se moule sur la forme des graines, se glisse entre les fleurons, dans les loges des graines avortées, et pénètre dans le réceptacle et le pédicule. La var. β a été trouvée dans le Jura par M. Chaillet ; elle croît, en automne, dans l'intérieur des courges mûres, où, rencontrant moins d'obstacles, elle prend la forme d'une plaque moins irrégulière que la précédente.

745ᶜ. Sclérote en bulle.   *Sclerotium bullatum.*

Il naît à la surface de l'écorce de la calebasse (*cucurbita lagenaria*) ; lorsqu'elle a été exposée à l'humidité : il y forme des pustules éparses, orbiculaires ou ovales, souvent confluentes, de 1 à 2 lignes de diamètre, convexes en dessus, concaves en dessous, de manière à être posées sur l'écorce comme une ventouse, et à n'y adhérer que par les bords ; sa superficie est noire, légèrement chagrinée ; sa substance interne est blanchâtre, dure, compacte, presque cornée. M. Desportes a trouvé cette espèce au Mans.

746ᵃ. Sclérote graine.   *Sclerotium semen.*

S. semen. Tod. Mekl. 1, p. 4, t. 1, f. 6. Pers. Syn. 123.

Ce sclérote offre un globule parfaitement sphérique, très-semblable, pour la forme et la grosseur, à la graine de la moutarde, et atteignant quelquefois jusques à une ligne de diamètre ; ce globule est toujours glabre, d'abord blanc, puis brun, enfin noir ; il est marqué de très-petites raies ou rides transversales, à peine visibles à la loupe ; sa consistance est charnue, solide ; sa chair est blanche à l'intérieur. Il croît, en automne et en hiver, sur les tiges des herbes mortes entassées et à moitié pouries, et notamment sur celles de la pomme de terre.

746ᵇ. Sclérote pustule.   *Sclerotium pustula.*

α. *Roboris.* — *S. quercinum.* Pers. disp. 15. Syn. 124. Ic. pict. 3, p. 42, t. 17, f. 2.
β. *Carpini.*
γ. *Castaneæ.*

Il forme d'abord un petit tubercule convexe, ensuite un disque épais, charnu, compacte, solide, adhérent par le centre, libre sur les bords seulement, à peu près plane, ou un peu convexe en dessus, de 1 à 2 lignes de diamètre, glabre et à peu près nu à sa surface ; d'abord pâle, puis d'un brun presque noirâtre à l'extérieur, blanchâtre et presque corné en dedans. Il croît, à la fin de l'été et en automne, à la surface inférieure des feuilles sèches. La var. α est assez fréquente sur celles des chênes à feuilles caduques. M. Desvaux a trouvé la var. β sur celles du charme, et M. Desportes, la var. γ, sur celles du châtaignier.

746ᶜ. Sclérote des peupliers.   *Sclerotium pòpulneum.*

S. populneum. Pers. Obs. myc. 2, p. 25. Syn. 125.

Il croît, en hiver et au printemps, sur les feuilles des peupliers : on en trouve ordinairement un grand nombre d'individus rapprochés, et souvent irrégulièrement soudés les uns avec les autres ; ils se présentent sous la forme de petites pustules arrondies ou souvent anguleuses, un peu convexes, à peine charnues, très-glabres, d'abord d'un rouge tirant sur le roux, puis d'un roux brun presque noirâtre. Ce champignon croît le plus souvent sur l'une des surfaces de la feuille, quelquefois sur toutes les deux ; on le trouve, en hiver et au printemps, sur les feuilles mortes du peuplier noir, du peuplier d'Italie et du tremble.

746ᵈ. Sclérote du saule.   *Sclerotium salicinum.*

S. salicinum. Pers. in Moug. et Nestl. crypt. vog. n. 386.

Il ressemble au S. du peuplier, mais sa couleur est d'un rouge un peu plus décidé, sa superficie plus luisante, ses pustules plus planes, puis régulièrement arrondies, plus éparses, et presque jamais soudées les unes avec les autres. MM. Mougeot et Nestler l'ont trouvé dans les Vosges, au printemps, croissant à la surface supérieure des feuilles mortes du saule marceau. Cette espèce et la précédente ressemblent beaucoup aux *xyloma salicinum* et *populinum*, surtout dans leur vieillesse, où elles deviennent d'un rouge un peu brun. Je ne sais si ces espèces ne devront pas être plutôt rapprochées des xyloma que des vrais sclérotiums.

746ᵉ. Sclérote de l'euphorbe   *Sclerotium cyparissiæ.*
cyprès.

Cette singulière fongosité naît à la surface inférieure des feuilles vivantes de l'euphorbe à feuilles de cyprès : les feuilles qui en sont attaquées, et même celles qui les avoisinent, sont ovales, beaucoup plus larges que les feuilles ordinaires de la plante, mais ne deviennent pas aussi charnues que lorsqu'elles sont attaquées par l'æcidium (n. 647.) ; le sclérotium sort de dessous l'épiderme qu'il rompt et qui forme une espèce de petite cupule étoilée à sa base ; il est à peu près globuleux, un peu resserré à sa base, qui est blanchâtre, de consistance charnue, ferme, compacte, d'une ligne environ de diamètre, noir à l'intérieur, d'un beau violet à l'extérieur. Cette production a quelques rapports avec les tuberculaires ; je l'ai trouvée dans mes voyages (je crois en Languedoc) ; mais j'ai oublié le lieu précis ; la plante qui en était chargée ne paraissait pas devoir fleurir.

746ᶠ. Sclérote ergot. *Sclerotium clavus.*

Ergot. Tessier, Mal. grains. p. 21-188, f. 1-5 ; p. 189, f. 1-6. — *Clavus.* Bibl. Banks. 3, p. 429. — Journ. Phys. 4, p. 41.

L'ergot est une production qui a la forme d'une corne, et qui sort d'entre les glumes des graminées, à la place où devrait naître le grain. Il est à peu près cylindrique, long de 6 à 10 lignes, souvent marqué d'un côté par un sillon longitudinal, obtus à son sommet, le plus ordinairement un peu courbé, blanc à l'intérieur, d'un brun tirant sur le pourpre en dehors. L'ergot est très-commun sur le seigle, dont il infeste quelquefois les moissons ; on le retrouve non-seulement sur les autres céréales, mais sur presque toutes les graminées. On a beaucoup disputé sur la nature de l'ergot : on le regarde généralement comme une altération du grain, produite ou par défaut de fécondation, ou par la piqûre de quelque insecte, ou par l'humidité, etc. Sa grande analogie avec la plupart des sclérotiums me fait penser que l'ergot est un vrai sclérote, qui se développe dans la fleur, ou plutôt même dans l'ovaire, détruit le grain, et végète à sa place. Les preuves détaillées de cette assertion trouveront place ailleurs.

FAMILLE DES HYPOXYLONS.

751ᵃ. Rhizomorphe intestine. *Rhizomorpha intestina.*

CETTE rhizomorphe ne croît pas dans les fentes, ni entre les couches du bois, comme la var. β de la R. fragile, mais dans l'intérieur même de ces couches, qu'elle parcourt en tous sens, et où on ne peut la couper qu'en coupant le bois même ; ses filets sont noirs, comprimés, très-grêles et adhérens ; ils décrivent le plus souvent des lignes courbes et ondoyées, qui semblent à l'œil de simples raies ; ces filets donnent çà et là naissance à de petits tubercules latéraux, ovales, solitaires ou agglomérés ; de plusieurs de ces tubercules on voit naître une petite houppe de filets mous, bissoïdes, d'un roux cannelle, et d'une apparence un peu cotonneuse. Cette singulière plante a été découverte dans les vieux troncs de chênes par M. Chaillet.

752a. Rhizomorphe des mu-   *Rhizomorpha muralis.*
      railles.

M. Chaillet a découvert dans le Jura, et m'a envoyé sous ce nom
une plante fort singulière qui croît dans les cavités des murailles humides, s'étendant sur la terre et les pierres ; ses filets sont noirâtres,
un peu verdâtres, rameux, entrecroisés, comprimés, serrés les uns
contre les autres ; par la dessiccation, ils deviennent un peu ridés et
d'une teinte grisâtre ; sa fructification ressemble à celle de la Rh. crin
de cheval, figurée dans Bulliard (Pl. 495. f. 1). C'est cette considération qui indique la nature de cette plante, qui, d'ailleurs, ressemble plus à une algue qu'à un hypoxylon.

752b. Rhizomorphe bissoïde.   *Rhizomorpha bissoïdea.*

Ses filamens sont menus, cylindriques ou un peu comprimés, blanchâtres dans leur jeunesse, puis d'un brun noirâtre, très-rameux, à
peu près dichotomes, épanouis en pate d'oie sur les corps qui leur
servent de support ; leurs extrémités sont aiguës, divergentes, blanchâtres ; leur consistance interne blanche, un peu cotonneuse. Cette
rhizomorphe croît dans les caves et les carrières, sur les poutres et
les pieux, souvent mêlée avec le bissus des caves.

LVIII. SPHÉRIE.   *SPHÆRIA.*

SECT. SECONDE. *Loges placées sur une base commune.*

762a. Sphérie irrégulière.   *Sphæria irregularis.*

Cette espèce a été découverte dans le Jura, par **M.** Chaillet, croissant, au mois de juin, sur une branche sèche du faux acacia ; elle y
forme des tubercules gros, irréguliers, de couleur noire, de consistance dure, de forme très-variable, tantôt arrondis, tantôt ovales,
souvent disposés par séries longitudinales, et plus ou moins confluens les uns avec les autres ; leur surface est très-inégale, d'un
noir mat, et paraît comme chagrinée lorsqu'on la voit à la loupe ; ces
tubercules sont toujours convexes, et inégalement bosselés par la
saillie que forment les cols des loges contenues dans l'intérieur ; ces
saillies sont quelquefois très-visibles, ailleurs à peine sensibles ; la
chair de ces tubercules est ferme, d'un gris tirant sur le brun ; lorsqu'on les coupe à leur base, la partie de l'aubier qui correspond à
leur insertion est blanchâtre, entourée par une raie noire et sinueuse
qui trace le contour du tubercule.

767. Sphérie argileuse. *Sphæria argillacea.*

S. argillacea. Pers. Syn. 10. Disp. 49. Ic. pict. 1, t. 3, f. 1. — *S. peltata.* Fl. fr. n. 767.

Dans sa jeunesse, elle présente des tubercules épars, arrondis, grisâtres ou jaunâtres en dehors, noirâtres à l'intérieur, d'une consistance molle, un peu charnue, et renfermant plusieurs loges dont les orifices sont très-légèrement proéminens ; de ces loges sort une matière pulpeuse, rousse ou brunâtre, qui recouvre le tubercule et se répand autour de lui ; c'est dans ce dernier état seulement que je l'avais décrite. Elle croît, en automne, sur l'écorce du frêne.

770ᵃ. Sphérie du sureau. *Sphæria sambuci.*

S. sambuci. Pers. Syn. 14. — *S. natans.* Tode Mekl. 2, p. 27, t. 12, f. 98.

Elle sort de dessous l'épiderme, et est entourée par ses débris : elle forme un tubercule compacte, charnu, de 1 ligne à 1 $\frac{1}{2}$ de diamètre, orbiculaire, proéminent, presque plane à sa superficie, noirâtre à l'extérieur, de couleur cendrée blanchâtre à l'intérieur ; vu à la loupe, ce tubercule est très-légèrement grenu ; les loges sont très-petites, enfoncées dans le disque charnu à sa surface supérieure ; elle est assez commune sur les branches du sureau.

770ᵇ. Sphérie du groseillier. *Sphæria ribesia.*

S. ribis. Pers. Disp. 50. Syn. 14. Moug. et Nestl. vog. n. 275.

Cette sphérie naît sur les couches corticales du groseillier rouge, perce l'épiderme transversalement, et forme une pustule d'un noir mat, ovale-oblongue, proéminente, longue de 1 à 2 lignes ; son disque est plane, et montre à peine les orifices des loges ; le bord est entouré par les débris de l'épiderme ; lorsque celui-ci est enlevé, on voit que ce tubercule est formé d'un assez grand nombre de loges sphériques qui, lorsqu'on les coupe, paraissent à l'intérieur d'un jaune pâle ; la base du tubercule présente aussi la même couleur. Cette espèce croît, en hiver, sur les branches desséchées, où elle est assez fréquente, selon M. Persoon ; elle a été trouvée dans les Vosges par MM. Mougeot et Nestler.

770ᶜ. Sphérie du pin. *Sphæria pini.*

S. pini. Alb. et Schwein. Nisk. n. 62, t. 8, f. 1.

Elle naît sur les couches corticales du pin sauvage, perce son épiderme, et forme des pustules proéminentes, convexes, noires à l'extérieur, entourées par les débris de l'épiderme, et de 1 ligne $\frac{1}{2}$ de diamètre ; la superficie est relevée de plusieurs petits points noirs et convexes, qui sont les orifices des loges; celles-ci sont ovoïdes, prolongées à leur sommet en un col tubuleux, et toutes enchâssées dans une matière d'abord charnue, puis pulvérulente, remarquable par sa belle couleur jaune. M. Chaillet a trouvé cette espèce, à la fin de l'hiver, dans le Jura.

770ᵈ. Sphérie empourprée. *Sphæria purpurascens.*

Elle naît sur la coupe transversale du bois dénudé d'écorce; elle forme, à la surface de cette coupe, des pustules planes un peu charnues, d'un pourpre sale, arrondies, larges de 3 à 4 lignes, souvent confluentes, et toutes ponctuées de petits points noirs; le corps même de la sphérie est enchâssé dans le bois, de couleur blanchâtre et peu distinct; lorsqu'on le coupe en long, on aperçoit les loges dont il est rempli; ces loges sont noires, ovoïdes, prolongées à leur sommet en un canal très-étroit, mais très-allongé, qui vient aboutir aux points noirs de la surface; la longueur de ce canal est variable, selon la profondeur où les loges sont placées; celles-ci étaient vides quand je les ai observées. M. Chaillet a trouvé cette plante dans le Jura, au mois d'avril, sur le cerisier. Elle paraît avoir des rapports avec le *S. atropurpurea*, Tode Mekl. t. 13, f. 105.

770ᵉ. Sphérie entée. *Sphæria insitiva.*

S. insitiva. Tode Mekl. 2, p. 36, t. 13, f. 108. Pers. Syn. 19.

Cette sphérie croît sur les branches âgées de la vigne, et se trouve nichée dans les fentes de l'épiderme, de manière à y paraître comme entée, et à y former des raies ou des séries plus ou moins continues; elle forme d'abord des tubercules charnus, blanchâtres, ou un peu roses, convexes, oblongs, souvent confluens; au sommet de ces tubercules, on voit se développer une ou plusieurs taches noires, proéminentes, qui sont les orifices des loges que renferment les tubercules; ceux-ci deviennent eux-mêmes noirâtres à la fin de leur vie. On trouve cette plante surtout au printemps.

772ᵃ. Sphérie fausse-puccinie. *Sphæria puccinioïdes.*

Elle se trouve à la surface inférieure des feuilles sèches de buis, et n'est point visible à la supérieure; elle prend naissance dans le parenchyme, perce l'épiderme, dont les lambeaux persistent autour d'elle, et forme une pustule noire, épaisse, arrondie, compacte et assez semblable à celle de la puccinie du buis; sa superficie est légèrement chagrinée, et lorsqu'on la coupe en travers, on voit qu'elle est divisée intérieurement en une multitude de petites loges blanches, dont les petites proéminences de la surface paraissent les orifices. Elle paraît très-voisine du *S. xylomoïdes*, et peut-être ces deux espèces formeront un jour une section ou un genre particulier. M. Chaillet a trouvé cette espèce dans le Jura. Il faut éviter de la confondre avec la *puccinia buxi*, la *sphæria buxi* et la *sphæria lichenoïdes buxicola*.

772^b. Sphérie fendillée.   *Sphæria rimosa.*

S. rimosa, var. *α*. Alb. et Schw. Nisk. n. 40, t. 3, f. 1.

Elle croît, non sur la tige, mais sur les gaînes des feuilles du roseau commun ; elle se développe sous l'épiderme, forme des tubercules oblongs ou ovales, tantôt épars, plus souvent agrégés et confluens ; leur longueur varie par cette raison de 1 ligne jusqu'à 1 pouce ; leur consistance est compacte, charnue, noirâtre ; ils sont recouverts par l'épiderme, d'abord soulevé, puis fendillé longitudinalement ; ce qui leur donne une teinte grisâtre, et quelque ressemblance avec les hypodermes ; lorsqu'on coupe ces tubercules parallèlement à leur surface, on voit leur substance interne toute marquetée de petits points blancs qui sont les loges séminifères enchâssées dans une chair noirâtre. Cette plante est très-analogue aux *S. xylomoïdes* et *puccinioïdes*. Elle est assez commune.

773^a. Sphérie humide.   *Sphæria uda.*

S. uda. Pers. Disp. 3. Syn. 33, t. 1, f. 11, 12, 13. Alb. et Schw. Nisk. n. 49.

Elle croît sur les bois de chêne morts, dénudés d'écorce et tenus dans un lieu humide ; elle y forme des tubercules oblongs, disposés dans le sens des fibres du bois, souvent en forme de parallélogramme allongé, de couleur noire, et inégalement bosselés par les protubérances obtuses que forment les loges et leur orifice ; lorsqu'on coupe ces tubercules par leur base, on trouve une ligne noire qui marque dans le bois la place que le tubercule occupait ; la substance interne de celui-ci est de couleur rousse. M. Chaillet a trouvé cette espèce dans le Jura.

773^b. Sphérie entourée.   *Sphæria cincta.*

Elle prend naissance sur les couches les plus intérieures de l'écorce, et rompt les couches extérieures de l'épiderme, de manière à y former une fissure étroite et transversale ; de cette fissure sort un tubercule convexe, ovale-oblong, de couleur noire, long de 2 lignes, dont la superficie est presque unie ; la substance interne est

noirâtre; l'extérieur présente une enveloppe corticale assez distincte, et le centre est occupé par 4 ou 5 loges qui ont à peu près
la forme d'une bouteille dont le cou se prolonge vers la superficie;
on y aperçoit aussi quelques loges ovoïdes. Cette espèce a été trouvée
dans le Jura par M. Chaillet, croissant, en été, sur l'écorce âgée du
bouleau blanc. Elle est très-voisine du *S. succenturiata*, qui croit sur
le chêne, et n'en est peut-être qu'une variété.

773ᶜ. Sphéric en verrue.   *Sphæria verrucæformis.*

S. verrucæformis. Pers. Syn. 26, t. 1, f. 5, 6 et 7ᵃ. DC. Syn. n. 773*. —
S. avellanæ. Pers. Disp. 2.

Elle sort de dessous l'épiderme, qu'elle rompt en 4 ou 5 lambeaux triangulaires, et qui restent presque appliqués sur elle; le
tubercule est épais, arrondi, convexe, un peu conique, de couleur
noire, ridé à la surface; les orifices des loges sont peu apparens et
ressemblent à de petits points convexes; la substance interne est noire,
un peu fragile lorsqu'elle est sèche; le tubercule a environ 3 lignes
de diamètre. On trouve cette espèce sur les rameaux du coudrier-
noisetier.

773ᵈ. Sphérie du chêne.   *Sphæria quercina.*

S. quercina. Pers. Disp. 2. Syn. 24, t. 1, f. 7ᵇ.

Elle nait sur les couches les plus inférieures de l'écorce du chêne,
et semble même pénétrer jusqu'au bois; elle perce les couches extérieures et l'épiderme, et reste entourée par celui-ci; ses loges sont
nombreuses, enchâssées dans une matière un peu charnue, noirâtre, cachée sous l'écorce; leurs orifices se prolongent en un bec
droit, allongé, presque anguleux et tétragone; la réunion de ces orifices,
seuls visibles hors de l'écorce, forme un disque arrondi, hérissé,
de 1 à 2 lignes de diamètre; ces becs atteignent quelquefois jusqu'à
½ ou ¾ de ligne de longueur. On la trouve, au printemps, dans le
Jura, d'où M. Chaillet me l'a envoyée.

774ᵃ. Sphérie ondulée.   *Sphæria undulata.*

S. undulata. Pers. Syn. 21. Mong. et Nestl. vog. n. 371.

Elle croit sous l'épiderme du coudrier, où elle forme des disques
d'abord arrondis, puis confluens en une surface large de 2 pouces
environ, épaisse de 1 à 2 lignes, irrégulière dans sa forme, un peu
ondulée ou inégale à sa surface, et qui tend à se débarrasser complètement de l'épiderme qui la recouvrait; la surface de cette plaque
est d'abord pâle, puis noire, relevée de petits points convexes qui
sont les orifices des loges; celles-ci sont nombreuses, petites, en-

châssées dans une chair parfaitement blanche. MM. Mougeot et
Nestler ont trouvé cette sphérie dans les Vosges, sur les branches
mortes du noisetier.

774[b]. Sphérie à chair verdâtre. *Sphæria flavo-virens.*

S. flavo-virens. Hoff. Veg. crypt. 1, p. 10, t. 2, f. 4. Pers. Syn. 22.

Cette espèce croît indifféremment sur le bois et sur l'écorce, et
dans ce dernier cas, tantôt elle perce l'épiderme, tantôt elle semble
naître sur lui : elle forme d'abord des pustules arrondies de 1 à 2
lignes de diamètre ; ensuite ces pustules se soudent et forment quelquefois des plaques irrégulières de quelques pouces de longueur ;
sa superficie est noire, inégale, ondulée, relevée par un grand
nombre de petits points convexes, qui sont les orifices des loges ;
celles-ci sont ovoïdes, nombreuses, enchâssées dans une matière
assez ferme et remarquable par sa belle couleur vert-pomme ; couleur qui persiste dans l'état de dessiccation, et fait sans peine reconnaître cette espèce. M. Chaillet l'a trouvée dans le Jura, et MM. Mougeot et Nestler dans les Vosges, sur les branches mortes de chêne et
de saule, en automne et au printemps.

775[a]. Sphérie large. *Sphæria lata.*

S. lata. Pers. Obs. myc. 1, p. 68. Syn. 29.

Elle naît sur les branches de bois mort dénudé d'écorce ; elle y
forme des plaques noires, minces, très-adhérentes, continues, longues
de plusieurs pouces, de forme peu régulière ; leur superficie est relevée
par une multitude innombrable de petits points convexes qui sont les
orifices d'autant de loges ; celles-ci sont sphériques, de couleur
blanche, enchâssées dans une chair sèche, noirâtre, qui les unit en
un seul corps. Elle a été trouvée dans le Jura par M. Chaillet.

777[a]. Sphérie en bulle. *Sphæria bullata.*

S. bullata. Pers. Syn. 27. Ic. pict. 1, p. 7, t. 3, f. 6, 7.

Elle ressemble tout-à-fait à la S. en disque, et n'en est peut-être
qu'une variété ; mais sa forme est moins régulièrement orbiculaire,
quelquefois ovale et confluente ; les débris de l'épiderme qui l'entourent sont très-courts, à peine visibles ; sa substance interne est
d'abord blanche, puis de couleur cendrée, et les loges qu'elle renferme sont de moitié environ plus petites que dans la S. en disque.
Elle ne se trouve que sur l'écorce morte ou mourante du saule
blanc, dans le Jura, au Mans, etc. ; la figure citée de Persoon
représente très-bien la forme de notre plante, mais elle est coloriée

en bleu, tandis que notre plante est d'un brun noirâtre, comme l'indiquent les descriptions.

777[b]. Sphérie grise.   *Sphæria grisea.*

S. disciformis, var. α. Alb. et Schwein. n. 32.

Elle ressemble à la sphérie en disque; mais ses tubercules sont plus petits et ne dépassent pas 1 ligne de diamètre; leur consistance est plus molle, et surtout leur couleur est, dès sa naissance jusqu'à sa mort, d'un gris tirant sur la couleur de l'argile, toute ponctuée de petits points noirs et concaves, qui sont les orifices des loges; les loges elles-mêmes sont infiniment plus petites que dans la *S. disciformis*; la sphérie grise croît sur l'écorce du hêtre, dans le Jura, d'où elle m'a été envoyée par M. Chaillet.

777[c]. Sphérie en écusson.   *Sphæria scutellata.*

S. scutellata. Pers. Syn. 37.

Elle naît sous l'épiderme des branches qu'elle perce, et des débris duquel elle reste entourée; ses tubercules sont arrondis ou ovales, toujours très-nombreux, souvent irréguliers et confluens, de 1 à 1 $\frac{1}{2}$ ligne de diamètre, d'un brun noirâtre; ces tubercules présentent un disque légèrement convexe, un peu bosselé et divisé intérieurement en quelques loges; chacune de celles-ci donne naissance à un col très-court, épais; ces cols ou orifices sont en petit nombre, épars et écartés sur le disque. M. Chaillet a trouvé cette espèce, en été, dans les sommités du Jura, sur les érables.

778[a]. Sphérie? muqueuse.   *Sphæria ? mucosa.*

S. mucosa. Pers. Obs. myc. 2, p. 68. Syn. 29.

On voit souvent, sur l'écorce des fruits de cucurbitacées qui commencent à pourir, des espaces arrondis de 1 à 3 pouces de diamètre, couverts de petites pustules arrondies; celles-ci y paraissent disposées avec une sorte de régularité, et semblent provenir d'une base commune très-mince; ces pustules percent l'épiderme; elles sont d'abord rougeâtres, puis d'un gris noirâtre, quelquefois confluentes, de $\frac{1}{4}$ à $\frac{1}{2}$ ligne de diamètre, très-obtuses et presque tronquées; dans leur jeunesse, elles semblent charnues, puis on y voit de très-petites aspérités qui sont peut-être les orifices des loges. La structure, et par conséquent la classification de cette plante, est très-incertaine. M. Chaillet l'a trouvée, au mois de mars, sur la courge, dans le Jura; M. Desportes, au Mans, sur la coloquinte des jardins.

Sect. Troisième. *Loges agrégées.*

779a. Sphérie du trèfle. *Sphæria trifolii.*

S. trifolii. Pers. Syn. 30.

Cette sphérie croît à la surface inférieure des folioles des trèfles , à l'époque de leur fleuraison , à laquelle elle ne paraît pas nuire ; elle déforme un peu les feuilles , soulève leur épiderme , et se trouve souvent comme recouverte par les poils de cet épiderme ; la sphérie est d'un noir mat et intense ; sa substance interne est un peu rousse ; elle forme des pustules proéminentes , planes , arrondies , confluentes , un peu inégales et comme tuberculeuses à la surface ; elle occupe souvent tout le disque de la feuille. J'ai trouvé cette sphérie sur le *trifolium striatum* , mais j'ai oublié le lieu natal. M. Chaillet l'a cueillie sur le *trifolium pratense.* Je l'ai retrouvée dans mon herbier, sur un trèfle rapporté de Mogador par M. Broussonet. Serait-elle mieux placée parmi les xyloma ?

780a. Sphérie ferrugineuse. *Sphæria ferruginea.*

S. ferruginea. Pers. Obs. myc. 1, p. 66, t. 5, f. 1 , 2. Syn. 35. Moug. et Nestl. vog. crypt. n. 377.

Elle prend naissance sous l'épiderme , qu'elle rompt transversalement, de manière à former des pustules peu proéminentes , ovales , de 2 à 3 lignes de longueur , entourées par ses débris ; les sphérules sont nichées dans une espèce de base un peu charnue, de couleur à peu près rousse ou ferrugineuse ; les orifices des loges sont saillans , courts , roides, presque aigus, de couleur noire. L'intérieur des loges est, selon M. Persoon , plein d'une matière pulvérulente et ferrugineuse. MM. Mougeot et Nestler ont trouvé cette espèce dans les Vosges, sur l'écorce morte et commençant à pourir du coudrier.

781a. Sphérie à bouche blanche. *Sphæria leucostoma.*

S. leucostoma. Pers. Disp. 50. Syn. 39, non Bernh. — *S. talus α.* Tode Mekl. 24 , t. 11, f. 92 ?

Elle ressemble extrêmement à la *S. nivea* , mais la surperficie de son disque , au lieu d'être entièrement blanche et couverte de petits grains proéminens, offre quelques points noirs et concaves, qui sont les orifices d'autant de petites loges situées au fond du tubercule. La figure citée de Tode donne assez bien l'idée de cette plante , quoique d'après sa description on puisse douter qu'elle lui appartienne. Elle croit sous l'épiderme de l'écorce des sapins , des pruniers , etc. , et a été trouvée dans le Jura par M. Chaillet ; dans le Languedoc, par M. Bouchet.

781^b. Sphérie à petite corne. *Sphæria corniculata.*

S. corniculata. Pers. Syn. 40. Alb. et Schwein. Nisk. n. 61.

Elle naît sous l'épiderme, insérée sur les couches corticales : elle forme un tubercule saillant hors de l'épiderme comme une corne courte, obtuse et tronquée, revêtue par les bords appliqués de l'épiderme soulevé et rompu ; ce tubercule offre une chair blanche, ferme, sèche, dans laquelle se trouvent plusieurs petites loges noires dont les orifices se prolongent jusqu'à la surface supérieure du tubercule, où ils forment des points noirs ; ces orifices sont ombiliqués à leur sommet. On trouve cette espèce sur le saule, sur le sapin, etc. M. Chaillet l'a rencontrée dans le Jura.

781^c. Sphérie entourante.   *Sphæria ambiens.*

S. ambiens. Pers. Syn. 44.

Cette espèce naît sous l'épiderme des jeunes branches ; ses sphérules ou ses loges sont disposées circulairement, noires, arrondies, entièrement cachées dans le tissu cellulaire, assez petites, rapprochées par leur sommet ; elles donnent naissance à des cols ou orifices courts, obtus, de couleur noire, qui percent l'épiderme et forment un petit tubercule saillant ; celui-ci présente les sommités de ces cols qui entourent, en forme d'anneau, un disque blanchâtre. M. Chaillet a trouvé cette sphérie, au mois de mars, dans le Jura, sur les jeunes branches du hêtre. Elle se trouve aussi sur les *cratægus,* selon M. Persoon.

781^d. Sphérie du saule.   *Sphæria salicina.*

S. salicina. Pers. Obs. myc. 1, p. 64. Syn. 47. — *S. cancellata.* Tode Mckl. 2, p. 34, t. 13, f. 107.

Cette espèce croît sous l'épiderme de l'écorce des saules morts ; elle y occupe ordinairement un espace considérable qui se trouve tout couvert de petites pustules convexes, éparses, distinctes et très-nombreuses ; chaque pustule semble une sphérie à une loge solitaire ; mais lorsqu'on l'examine de plus près, on voit qu'il se trouve dans le tissu des fibres corticales, 2 à 5 petites loges noires, disposées circulairement, dont les orifices se réunissent pour percer l'épiderme ; le petit tubercule qui en résulte offre au centre une petite cavité noire, entourée, au moins lorsqu'elle est parvenue à tout son développement, par un anneau blanc, et d'apparence pulvérulente. M. Chaillet m'a communiqué cette espèce, qu'il a trouvée dans la chaîne du Jura, sur le *salix alba.*

781ᵉ. Sphérie pâlissante. *Sphæria achroa.*

S. *dubia,* Pers. Ic. pict. 4, p. 48, t. 20, f. 1, 2, non Tode.

Elle sort de l'écorce du cerisier, et y forme des groupes oblongs, à peine bordés par l'épiderme, longs de 3 à 6 lignes, proéminens, de couleur chamois très-pâle dans leur jeunesse, et ensuite brune; lorsqu'on les débarrasse des couches de l'écorce, on voit que chaque groupe repose sur une base mince et un peu charnue, de laquelle s'élèvent des mamelons oblongs ou à peu près en toupie, d'abord obtus et fermés, puis ouverts par un orifice arrondi, qui donne à cette espèce une grande ressemblance avec les pezizes. J'ai reçu cette espèce de M. Mougeot, qui l'a trouvée dans les Vosges sur l'écorce du cerisier. M. Persoon dit qu'on en trouve sur le prunier une variété noirâtre.

781ᶠ. Sphérie fausse-pezize. *Sphæria pezizoïdea.*

α. *Rubro-fusca.* — S. *decolorans* α. Pers. Syn. 49.
β. *Rubro-aurea.* — S. *cucurbitula.* Tod. Mekl. 38, t. 14, f. 110. Pers. Syn. 53.
γ. *Expallens.* — S. *decolorans* β *decipiens* Pers. Syn. 49.

La plante ou les plantes que je désigne ici, croissent sous l'épiderme des branches d'érable, de sureau ou d'autres arbres, percent l'épiderme, et forment des groupes proéminens, ovales ou arrondis, remarquables par leur couleur rouge et par la forme des sphéries souvent semblables à des pezizes. Dans la var. α, qu'on trouve principalement sur l'*acer platanoïdes*, les sphérules sont réunies 20 à 30 ensemble en un groupe serré qui n'est pas entouré par l'épiderme d'une manière prononcée; ces sphérules ont la forme de toupie, arrondies au sommet, rétrécies à la base; leur couleur est d'un rouge brun; leur superficie, vue à la loupe, est légèrement chagrinée; leur sommité présente une petite dépression qui va sans cesse en augmentant; de sorte qu'à la fin de leur vie elles offrent la forme de petites coupes creuses et hémisphériques; leur couleur n'est point altérée à cette époque de leur vie. Dans la var. β, qui croît sur le sureau, les groupes sont très-évidemment bordés par l'épiderme, composés d'un petit nombre (8-10) de sphérules; celles-ci sont d'un rouge clair orangé, presque unies à leur surface, semblables pour leur forme à la var. α; enfin, dans la var. γ, qu'on trouve mélangée avec la précédente, les sphérules sont presque solitaires, d'un rouge très-pâle, et offrent dès leur naissance la forme d'un disque arrondi comme une pezize. Ces plantes sont-elles distinctes les unes des autres?

La dernière est-elle une sphérie ? Je dois à **M.** Chaillet les échantillons que je viens de décrire , et qu'il a cueillis dans le Jura.

781ᵍ. Sphérie écarlate.   *Sphæria coccinea.*

S. *coccinea.* **Pers.** Syn. 49. Ic. et Descr. t. 12 , f. 2, *a*, *b*, *c*. **Alb.** et **Schw.** Nisk. n. 75.

α. *Faginea.*

β. *Abietina.*

Cette sphérie est facile à reconnaître à sa couleur d'un rouge vif ; elle diffère de la *S. peziza*, parce qu'elle naît par groupes serrés , et de la *S. pezizoïdes* , parce que sa surface est lisse et non chagrinée , et de l'une et de l'autre , en ce que ses sphérules ne prennent point dans leur vieillesse la forme concave d'une pezize ; elle se présente sous deux aspects très-différens : la var. α , qu'on trouve sur le hêtre et sur le chêne, croit parasite sur les tubercules des *sphæria faginea, quaternata et quercina* ; ses sphérules sont situées sur le bord de ces tubercules entre eux et l'épiderme ; ils sont presque épars, ovoïdes , un peu rétrécis à leur base , glabres, d'un rouge vif, et munis d'un très-petit pore à leur sommet. La var. β , qui se trouve principalement sur le sapin , y forme des tubercules qui ne sont mêlés d'aucune autre espèce , sortent de dessous l'épiderme , et restent entourés de ses débris ; les sphérules sont d'un rouge plus brun , beaucoup plus nombreuses et plus évidemment attachées à une base commune. Serait-ce une espèce distincte? L'une et l'autre ont été trouvées dans le Jura par **M.** Chaillet. La var. α , dans les Vosges, par **MM.** Mougeot et Nestler.

782ᵃ. Sphérie du prunellier.   *Sphæria prunastri.*

S. *prunastri.* **Pers.** Syn. 37. **Alb.** et **Schwein.** Nisk. n. 55 , var. α. **Moug.** et **Nestl.** vog. crypt. n. 378.

Elle naît dans les couches intérieures de l'écorce , et sa base atteint presque jusqu'au bois ; elle y forme un tubercule noirâtre , arrondi, qui renferme les loges, et duquel s'élèvent 8 ou 10 becs noirs, épais, anguleux, presque régulièrement tétragones , courts , rapprochés , surtout par leurs bases , tronqués au sommet ; ces becs percent l'épiderme , et ont l'apparence de sphérules agglomérées. Elle croit sur le prunier épineux, et aussi , selon MM. Albertini et Schweinitz , sur le prunier domestique et le cerisier. **M.** Chaillet l'a trouvée dans le Jura ; **MM.** Mougeot et Nestler, dans les Vosges.

782ᵇ. Sphérie des fibres corticales.   *Sphæria fibrosa.*

S. *fibrosa.* **Pers.** Syn. 40, t. 2 , f. 3.

Elle naît dans les couches corticales dont les fibres sont alors un peu altérées et distinctes les unes des autres ; elle y forme un disque aplati, orbiculaire, de $\frac{1}{2}$ à $\frac{3}{4}$ de ligne de diamètre , blanchâtre sur les bords , noir au centre , entièrement caché sous l'épiderme ; du centre de ce disque s'élèvent 2 ou 3 papilles noires, obtuses, qui sont les orifices des loges : ces papilles percent l'épiderme et le dépassent à peine ; les pustules formées par les papilles et l'épiderme soulevé et rompu, sont remarquables en ce que leur pourtour est souvent blanchâtre. Cette plante se trouve, en automne et au printemps , sur les pruniers. M. Chaillet l'a trouvée dans le Jura.

782°. Sphérie élégante. *Sphæria pulchella.*

S. pulchella. Pers. Disp. 3. Syn. 43. Alb. et Schw. Nisk. n. 65. Moug. et Nest. vog. crypt. n. 279.

Elle naît sur les couches corticales du cerisier, cachée sous l'épiderme, qu'elle rompt cependant en une fente transversale à peine entr'ouverte ; les sphéries sont réunies par groupes serrés , orbiculaires ou ovales , quelquefois annulaires à cause de la destruction des individus centraux qui sont les plus âgés ; ces groupes ont de 3 à 9 lignes de diamètre; les sphérules sont ovoïdes, prolongées en un col cylindrique , droit ou flexueux , long de $\frac{1}{2}$ à $1\frac{1}{2}$ ligne, et terminé par un petit orifice ; ces cols convergent tous vers le centre du groupe , de sorte que ceux des bords sont très-longs et couchés presque horizontalement, tandis que ceux du centre sont courts et droits. Toute la plante est d'un brun noir , et les groupes semblent quelquefois reposer sur une sorte de croûte noirâtre. Elle croît en été, sur les cerisiers morts ou mourans , dans les Vosges et au Jura , etc.

784ª. Sphérie quaternée. *Sphæria quaternata.*

S. quaternata. Pers. Obs. myc. 1, p. 64. Syn. 45, t. 2, f. 1, 2. Alb. et Schwein. Nisk. n. 68.

Elle croît sur les couches corticales et sous l'épiderme ; ses loges ou sphérules sont cachées sous l'épiderme , distinctes, disposées de 3 à 8 ensemble (le plus souvent 4), rangées en cercle, comprimées, noires, rapprochées par leur sommet, où elles émettent chacune un col trèscourt et obtus ; ces cols se réunissent et se soudent ensemble ; ils percent l'épiderme , et paraissent au-dehors sous la forme d'un trèspetit mamelon, noir , convexe et grenu ; lorsqu'on soulève l'épiderme, on voit que les loges de cette sphérie y sont adhérentes, et non aux couches corticales. Elle croît sur les branches sèches du hêtre, où M. Chaillet l'a recueillie dans le Jura. D'après les auteurs, elle se trouve aussi sur les érables , le sorbier, le tremble , le coudrier , etc.

786ᵃ. Sphérie hérisson.   *Sphæria histrix.*

S. histrix. Tode Mekl. 2, p. 53, t. 16, f. 127.
β. Junior ostiolis vix exsertis.

Elle croit en automne dans l'écorce du chêne, dont elle perce
l'épiderme ; elle forme des tubercules arrondis, convexes, de 1 à 1 ½
ligne de diamètre, en partie cachés sous les bords soulevés de l'épiderme, un peu charnus et d'un gris légèrement rougeâtre ; de sa
partie supérieure s'élèvent 3 à 8 becs cylindriques, longs de 1 ligne
environ, noirs, grêles, roides, divergens, peu aigus, quelquefois même
un peu épaissis au sommet ; ce sont là les orifices d'autant de loges
sphériques nichées dans la base. Cette espèce a été trouvée dans le
Jura par M. Chaillet. La var. *β*, que le même observateur a trouvée
sur le chêne et sur le hêtre, paraît être la même espèce, mais qui,
étant plus jeune, n'a pas encore ses becs prolongés, et n'en présente que de fort courts.

788ᵃ. Sphérie en cupule.   *Sphæria cupularis.*

S. cupularis. Pers. Syn. 53. Obs. myc. 1, p. 64.

Elle naît dans les couches corticales des jeunes branches mortes,
et perce l'épiderme, dont les débris l'entourent ; elle offre une base
noirâtre, peu apparente, arrondie, presque plane, de laquelle naissent quelques sphérules noires, orbiculaires, d'abord convexes,
puis affaissées en un disque concave, un peu ridé, assez semblable
à celui d'une petite pezize, d'une consistance un peu molle. Cette
espèce a été trouvée par M. Chaillet dans le Jura. M. Persoon dit
qu'elle croit particulièrement sur le charme et le tilleul.

788ᵇ. Sphérie du charme.   *Sphæria carpini.*

S. carpini. Hoff. veg. crypt. 1, t. 1, f. 1. — *S. spiculosa.* Batsch. El. p. 273,
f. 182. — *S. fimbriata α, carpini.* Pers. Syn. 36. — *S. stylosa.* DC.
Rapp. 1, p. 10.

Elle naît sur les feuilles vivantes ou prêtes à mourir, et y forme
des taches noires, ovales, un peu irrégulières, visibles sur les deux
surfaces ; du côté supérieur, elles sont un peu grenues ou légèrement tuberculeuses ; du côté inférieur elles sont plus épaisses et
donnent issue aux sphéries ; celles-ci ont leurs loges au nombre de
8 ou 10, rapprochées et nichées dans l'intérieur de la feuille ; ces
loges sont arrondies, et donnent naissance à un bec droit, cylindrique, roide, noir, long de 1 ligne ; ce bec sort par un petit trou
fait à l'épiderme, et qui est entouré à sa base d'une petite frange
blanche, formée par les débris de l'épiderme. Cette espèce est

assez commune sur les charmes, en été, dans le Maine, les Ardennes, les Vosges, etc.

Sect. Quatrième. *Loges solitaires distinctes.*

789. Sphérie du coudrier.   *Sphæria coryli.*

> *S. coryli.* Batsch. El. cont. 2, t. 42, f. 231. — *S. gnomon.* Fl. fr. n. 789.
> Excl. Syn. — *S. fimbriata β coryli.* Pers. Syn. 36.

Cette sphérie est extrêmement voisine de celle du charme, mais elle paraît en différer en ce que les individus, au lieu d'être tous réunis en un seul groupe, sont rapprochés, il est vrai, mais toujours distincts; de sorte que la feuille présente du côté supérieur autant de petits points noirs, convexes et séparés, qu'elle offre de sphéries distinctes du côté inférieur; celles-ci ont leur base plus arrondie, plus proéminente que dans celle du charme; le col qui est droit et cylindrique perce de même l'épiderme, et est entouré à sa base par une petite frange blanche. Elle est assez commune, en été, sur les feuilles du coudrier, dans les Ardennes, le Jura, la Lozère, etc.

789ª. Sphérie porte-tube.   *Sphæria tubæformis.*

> *S. tubæformis.* Tode Mekl. 2, p. 51, t. 16, f. 128? Pers. Syn. 60 ? Moug.
> et Nestl. vog. crypt. n. 280. Alb. et Schw. Nisk. n. 93.

Cette sphérie se trouve sur les feuilles mortes ou mourantes de l'aune glutineux; la sphérule est nichée dans le parenchyme même de la feuille, et forme, en soulevant l'épiderme, une petite protubérance rousse, sensible sur les deux côtés de la feuille; celle du côté inférieur (très-rarement du côté supérieur) est un peu plus conique et s'ouvre à son sommet pour donner passage au col de la sphérie; ce col ou ce bec est de couleur rousse et jamais noire, droit, ou à peine incliné, cylindrique, peu aigu, et double en longueur de la sphérule. Cette espèce a été trouvée dans les Vosges, en hiver, sur les feuilles d'aune, par MM. Mougeot et Nestler. D'après Tode, elle se trouve sur les feuilles du hêtre, du charme et du bouleau; mais peut-être a-t-il confondu sous ce nom plusieurs espèces distinctes.

789ᵇ. Sphérie à style noir.   *Sphæria melanostyla.*

Cette espèce est intermédiaire entre le *S. tubæformis*, le *S. gnomon* et le *S. setacea*; elle croît sur les feuilles mortes du tilleul, mais à la surface inférieure seulement; sa sphérule est très-petite, nichée dans le parenchyme, et détermine à la face supérieure de la feuille une très-petite proéminence; elle en forme du côté inférieur une plus sensible, d'abord rousse, puis noire; celle-ci donne issue à un bec ou style noir, grêle, aigu, droit ou un peu tortu, très-glabre, 5 ou 6 fois plus long que la sphérule. M. Chaillet a trouvé cette espèce dans le Jura, sur les feuilles du tilleul, au mois de mars.

789ᶜ. Sphérie du noyer.   *Sphæria juglandis.*

Elle ressemble beaucoup aux *S. tubæformis* et *gnomon*, mais diffère de l'une et de l'autre; elle naît à la surface inférieure des feuilles mortes du noyer; sa sphérule est très-petite, nichée dans le parenchyme, et ne détermine pas de saillie du côté supérieur; celle qu'elle forme à la face inférieure est petite, conique, rousse comme dans le *S. tubæformis;* elle donne issue par son sommet à un col noir, grêle, droit, de moitié au moins plus court que dans le *S. gnomon.* M. Chaillet a trouvé cette espèce, au mois de mars, dans le Jura.

789ᵈ. Sphérie gnome.   *Sphæria gnomon.*

S. gnomon. Tode Mekl. 2, p. 50, t. 16, f. 125. Pers. Syn. 61. Alb. et Schwein. Nisk. n. 95, non Fl. fr. nec crypt. vog.

Elle croît à la surface inférieure des feuilles sèches du coudrier; sa loge, qui est très-petite, est nichée dans le tissu même de la feuille; elle forme une proéminence très-légère du côté supérieur, plus sensible du côté inférieur, où le sommet se rompt pour donner passage au col de la sphérule; ce col est noir, grêle, droit ou un peu tortu, long 4 ou 5 fois comme la sphérule, parfaitement glabre, un peu obtus; la sphérule s'affaisse à la fin de sa vie, de sorte que le bec semble alors sortir du fond d'une petite coupe; caractère qui distingue cette espèce de toutes ses voisines. Elle diffère beaucoup de la S. du coudrier (*Voyez* n° 789.), que j'avais mal à propos décrite dans la Flore sous le nom de *S. gnomon;* quelquefois ces deux espèces naissent sur les mêmes feuilles.

789ᵉ. Sphérie du marceau.   *Sphæria capreæ.*

Elle naît sur les feuilles mortes du saule marceau; sa sphérule est nichée dans le parenchyme de la feuille; elle forme, sur le côté supérieure de la feuille, une tache d'un brun noirâtre, orbiculaire, circonscrite, au centre de laquelle on distingue une très-légère proéminence; on remarque du côté inférieur un disque très-légèrement convexe et d'un brun foncé, caché sous le duvet propre à cette surface; de ce disque sort un col ou bec filiforme, noir, grêle, glabre, ou un peu courbé, droit, long de $\frac{1}{4}$ de ligne; ce bec manque souvent soit qu'il ne soit pas encore né, soit qu'il soit déjà tombé, et alors les disques ressemblent assez à ceux des *xyloma salignum* ou *populinum*; quelquefois ce bec est seul visible au milieu du duvet qui couvre la feuille. M. Chaillet a trouvé cette sphérie, au printemps, dans le Jura.

789f. Sphérie de l'allouchier. *Sphæria ariæ.*

Elle croît à la surface inférieure des feuilles mortes ou mourantes du *cratægus aria*, éparses sur tout le disque et ne suivant point les nervures ; sa sphérule est très-petite, nichée dans le parenchyme, et ne détermine pas de saillie sensible du côté supérieur ; celle du côté inférieur est très-peu considérable, légèrement blanchâtre ; le bec ou style qui sort de la sphérule est noir, glabre, droit, grêle, long de $\frac{1}{4}$ de ligne, cylindrique, terminé souvent par une très-petite tête qui lui donne quelque ressemblance avec un stilbum. Lorsque cette plante est peu développée, et que la feuille est encore chargée d'un léger duvet blanc, cette sphérie ressemble à un érysiphé. Elle a été observée, au mois de mai, dans le Jura, par M. Chaillet.

789g. Sphérie en forme de soie. *Sphæria setacea.*

S. setacea. Pers. Syn. 42. — *S. ciliaris*, var. α, *epiphylla.* Fl. fr. n. 811.

Elle croît, à la fin de l'hiver, sur les deux surfaces, mais surtout à la surface inférieure des feuilles et même sur les nervures et les pétioles des chênes rouvres, mortes et tombées à terre ; elle y est éparse, en petit nombre ; sa sphérule est nichée dans le parenchyme, et tellement petite, qu'elle ne fait pas de saillie sensible à l'extérieur ; le col perce l'épiderme sans le soulever ; il est noir, grêle, pointu, de $\frac{1}{4}$ de ligne de longueur, droit, ou à peine tortu, et très-semblable à une petite soie.

789h. Sphérie en forme de cil. *Sphæria ciliaris.*

S. ciliaris, var. β. Fl. fr. n. 811. — *Hypoxylon ciliare.* Bull. Champ. 173, t. 46, f. 1. — *Dematium ciliare.* Pers. Syn. 695.

Cette espèce est certainement distincte de la *sphæria setacea*, mais ne peut pas en être écartée ; elle naît sur les rameaux desséchés, où elle forme des groupes nombreux qui ont l'aspect d'un bissus, et forment un gazon serré, noir et tout composé de cils droits et assez réguliers, chaque cil est grêle, filiforme, aigu, d'un noir mat, simple, long de 1 ligne environ, et sert de canal excréteur à une très-petite loge nichée dans l'écorce même, sur laquelle cette singulière sphérie est implantée. On la trouve aux environs de Paris.

789^i. Sphérie druidique.   *Sphæria dryina.*

S. dryina. Pers. Syn. 58. Alb. et Schwein. Nisk. u. 86. — *S. rostrata* β
nigro-fusca. Tode Mekl. 2, p. 14, t 9, f. 80.

Elle naît sur les bois de chêne à moitié pouri et dénudé d'écorce,
presque toujours sur la coupe transversale; elle est composée d'une
loge arrondie, très-petite, à moitié enfoncée dans le bois, et duquel
s'élève un col 7 ou 8 fois plus long que la loge elle-même, dépassant
quelquefois 1 ligne de longueur, très-grêle, pointu, un peu mou et
flexible, et imitant un crin ou une soie d'animal; la loge est toujours noire; la soie est d'un noir luisant dans l'un de mes échantillons, presque blanchâtre dans un autre, d'un brun noir dans
ceux décrits par Tode. Comme cette sphérie naît souvent par groupes,
ces soies saillantes lui donnent quelque ressemblance avec certains
bissus. M. Chaillet l'a trouvée dans le Jura.

789^k. Sphérie à long bec.   *Sphæria rostrata.*

S. rostrata. Pers. Syn. 58. — *S. rostrata,* var. *α.* Tode Mekl. 2, p. 14,
t. 9, f. 79.

Elle ressemble beaucoup au *S. dryina,* et pourrait bien, comme
Tode le pensait, n'en être qu'une variété : elle n'en diffère que par
ce que le bec sétiforme, qui s'élève de la loge, est plus roide, plus
ferme, plus droit et un peu plus court; la loge est un peu plus
grosse et d'un aspect un peu grenu ou chagriné; elle a été aussi trouvée
dans le Jura, par M. Chaillet, sur le bois de chêne dénudé d'écorce
et commençant à pourir; mais au lieu de naître sur la couche transversale, elle est située (au moins dans mes échantillons) sur la coupe
longitudinale.

789^l. Sphérie roide.   *Sphæria rigida.*

S. stricta. Pers. Syn. 59 ?

Elle naît, non sur le bois nu comme les deux précédentes, mais sur
les couches corticales immédiatement sous l'épiderme, qu'elle perce
par une très-petite fente transversale; les loges sont éparses, solitaires,
noires, opaques, nues, oblongues, cachées sous l'épiderme, qu'elle
soulève légèrement; chaque loge se prolonge en un bec droit, ferme,
roide, long de $\frac{1}{2}$ ligne, un peu épais, d'un noir tirant sur le gris, saillant hors de l'épiderme, et un peu ombiliqué au sommet. M. Chaillet a
trouvé cette espèce dans le Jura, au mois de juin, sur le *prunus*
spinosa; elle paraît différer du *sphæria stricta* de Persoon, 1^p. par sa
position dans l'écorce et non sur le bois; 2°. parce que ses sphérules

sont toutes libres et jamais confluentes ; 3°. par sa loge oblongue un peu conique et non sphérique.

789^m. Sphérie de la pomme de terre. *Sphæria solani.*

S. solani. Pers. Disp. 4. Syn. 62. Alb. et Schwein. Nisk. n. 97.

Elle croît, en antomne, sous l'épiderme des tubercules de la pomme de terre, et adhère indifféremment et au corps même de la racine et à l'épiderme ; celui-ci ne s'ouvre point, de sorte que la sphérie reste toujours cachée ; elle ne présente à l'œil nu que de très-petits grains noirs ; lorsqu'on l'examine à la loupe, on voit que chaque individu offre une loge globuleuse noire, un peu luisante, légèrement déprimée à sa face supérieure ; du milieu de cette dépression sort un petit bec droit, court, filiforme, et de la même couleur que la sphérule. Elle est, dit-on, assez commune dans la station qui lui est propre. Je l'ai reçue de M. Chaillet.

789^n. Sphérie à bec pointu. *Sphæria acuta.*

S. acuta. Pers. Obs. myc. 2, p. 70. Syn. 62. Hoffm. veg. crypt. 1, p. 22, t. 5, f. 2. Sow. engl. fung. t. 119, ex Pers.

β. Tecta. Alb. et Schwein. Nisk. n. 98.

On la trouve, en hiver et au printemps, sur les tiges mortes et desséchées de l'ortie dioïque ; elle y est éparse, sessile, à nu sur l'épiderme ; les sphérules sont noires, lisses, globuleuses, quelquefois un peu affaissées à la fin de leur vie ; plus petites qu'une graine de pavot ; leur bec est saillant, droit, un peu épais, et semble une petite épine aiguë, il tombe facilement, et alors cette espèce ne se distingue qu'avec peine. Elle est très-voisine du *sph. latericolla* ; mais ses sphérules sont plus éparses, son col droit, et sa station différente ; elle a été trouvée dans les Vosges, par MM. Mougeot et Nestler ; dans le Jura, par M. Chaillet. La var. *β*, qui croît sous l'épiderme du rosier de chien, ne diffère presque point de la précédente pour sa forme.

789°. Sphérie du sapin. *Sphæria pinastri.*

Elle naît sur les feuilles du sapin : sa sphérule est nichée dans l'intérieur du parenchyme, et se fait jour en perçant l'épiderme à la face supérieure ou inférieure indifféremment, mais elle n'est visible que d'un côté ; ces sphéries sont en petit nombre, le plus souvent rangées d'un et d'autre côté de la nervure moyenne ; chacune d'elles est globuleuse, déprimée, dure, noire, prolongée en un bec droit, roide, court, tronqué, qui perce l'épiderme, et reste à demi caché par ses débris. M. Chaillet a trouvé cette plante dans le Jura; il l'a vue quelquefois mêlée avec la *peziza pinastri.*

789ᵖ. Sphérie cimbale. *Sphæria lingam.*

S. lingam. Tode Mekl. 2, p. 51, t. 16, f. 126. Pers. Syn. 77.

Cette espèce, parfaitement décrite et figurée par Tode, croît en groupes nombreux sur les tiges de chou mortes dénudées d'écorce et à moitié pouries; elle naît à la surface et dans les petites fissures du corps ligneux; dans le premier cas elle est orbiculaire; dans le second souvent ovale et comprimée; elle est de couleur noire, de $\frac{1}{4}$ de ligne de diamètre, d'abord convexe, puis affaissée et aplatie en forme de disque, dont le bord est un peu proéminent; du centre s'élève un bec rarement droit, souvent incliné ou courbé, quelquefois très-court, un peu épais; ce bec semble l'anse du disque qui imite la forme de la cimballe. M. Chaillet a trouvé cette espèce dans le Jura, au premier printemps.

789ᑫ. Sphérie des herbes. *Sphæria herbarum.*

S. herbarum, var. *α*. Pers. Syn. 78. — *S. complanata.* Tode Mekl. 2, p. 21, t. 11, f. 88, non Fl. fr. — *S. patella.* DC. Syn. n. 798*, excl. syn.

Elle croît sur les tiges des grandes herbes; ses sphérules sont éparses, noires, fort petites, lisses, orbiculaires, en forme de disque d'abord un peu convexe, puis déprimé, aplati avec le bord obtus et proéminent; au milieu de ce disque on distingue un petit mamelon obtus, à peine perforé par un simple pore. M. Schleicher l'a trouvée dans les Alpes, sur la *cacalia hirsuta;* M. Desportes, au Mans, sur la *coreopsis alternifolia;* je l'ai cueillie dans les Pyrénées, sur une tige que je crois d'ombellifère, où elle était mêlée avec la S. vernissée, n. 795ᵇ.

791ᵃ. Sphérie du fumier. *Sphæria fimeti.*

S. fimeti. Pers. Syn. 64. Ic. pict. t. 24, f. 7.

Elle ressemble un peu au *sph. stercoris* (1), mais en paraît bien distincte : elle croît sur les fumiers desséchés; leur surface se recouvre d'une petite croûte grisâtre ou noirâtre, un peu consistante; dessous cette croûte se trouvent les petites sphérules éparses, ovoïdes, prolongées en un col noir, conique, qui perce la croûte et paraît seul au dehors. M. Persoon l'a trouvée sur le fumier de cheval, près de Paris, et M. Chaillet sur celui de vache, dans le Jura.

---

(1) M. Chaillet a retrouvé celle-ci sur les crottes de mouton.

791^b. Sphérie rougeâtre. *Sphæria rubella.*

S. rubella. Pers. Syn. 63.
β. *S. porphyrogona.* Tode Mekl. 2, p. 12, t. 9, f. 72.

On aperçoit en été, sur la tige sèche et à moitié pourie de la tige
des pommes de terre, des taches d'un pourpre clair de 6 à 12 lignes
de diamètre, arrondies ou ovales, et parsemées de points noirs; ces
points sont autant de petites sphéries éparses, d'abord entièrement
enchâssées dans l'écorce, puis un peu saillantes; chacune d'elles a
à peu près la forme d'une bouteille, c'est-à-dire, que sa base est
arrondie ou ovoïde, prolongée en un col court, conique, obtus,
un peu épais. Dans la fin de leur vie ces sphéries sont très-saillantes,
et la croûte qui les entoure est blanchâtre. La var. α croît sur la
belladonne; la var. β sur la pomme de terre : cette dernière m'a été
communiquée par M. Chaillet.

791^c. Sphérie pyriforme. *Sphæria pyriformis.*

S. pyriformis. Pers. Syn. 64.

Elle naît enchâssée dans les petites cavités du bois pouri qu'elle
remplit le plus souvent en entier; elle est de couleur noire, lisse à
sa surface, ovoïde, presque globuleuse, de la grosseur d'une graine
de pavot, prolongée en un col court, épais, et souvent dirigé obliquement. Lorsque les sphérules sont voisines, leurs becs tendent à
se rapprocher. M. Chaillet l'a trouvée, dans le Jura, sur du bois de
saule pouri, et dans le sens de sa coupe longitudinale.

791^d. Sphérie en forme de *Sphæria pomiformis.*
pomme.

S. pomiformis. Pers. Syn. 65. Ic. pict. 1, t. 5, f. 4, 5.
β. *S. rugulosa.* Pers. Syn. 65.

Ses sphérules sont distinctes, rapprochées, éparses, noires, à
peu près globuleuses, un peu déprimées à leur sommet; du milieu de
cette dépression naît un bec court, obtus, de forme un peu variable.
La var. α croît sur les troncs desséchés; elle est d'une consistance
fragile, et sa superficie est lisse. La var. β croît dans les petites cavités du bois pouri, comme la *S. pyriformis,* à laquelle elle ressemble
beaucoup; sa consistance est plus molle, et sa superficie très-légèrement chagrinée. Elle a été trouvée, au printemps, dans le Jura,
sur un chêne pouri, par M. Chaillet.

791e. Sphérie en ligne. *Sphæria lineata.*

S. seriata. Pers. Syn. 65? Alb. et Schw. Nisk. n. 102?

Elle naît sur le bois de chêne dénudé d'écorce, et se place dans les dépressions longitudinales dont il est strié; ses sphérules y sont rangées en raies ou séries longitudinales, tantôt distinctes, plus souvent confluentes par leurs bases; ces sphérules sont demi-orbiculaires, évasées par leur base, d'un roux sale à leur naissance, puis d'un brun un peu mou; leur base est un peu étalée, presque bissoïde, souvent blanchâtre; leurs sommités forment un petit mamelon conique. Elle a été trouvée dans·le Jura, au printemps, par M. Chaillet, sur la partie externe du corps ligneux du chêne; elle diffère de la *S. seriata* par ses sphérules coniques, et non déprimées.

791^f. Sphérie de l'olivier.   *Sphæria oleæ.*

Elle croît à la surface supérieure et quelquefois à la face inférieure des feuilles sèches et mortes de l'olivier; elle naît dans le parenchyme, et perce l'épiderme par un très-petit pore. Sa couleur est noire; sa consistance dure; sa sphérule est ovoïde, extrêmement petite, prolongée en un bec conique très-court à peine sensible, et qu'on ne peut distinguer qu'avec de très-fortes loupes; les sphérules sont éparses sur tout le disque, et espacées avec quelque régularité. Elle se trouve aux environs de Montpellier, mais elle y est rare.

793^a. Sphérie guttifère.   *Sphæria guttifera.*

S. conica. Tode Mekl. 2, p. 43, t. 15, f. 116 ?

Elle ressemble assez bien à la figure citée de Tode, mais me paraît une espèce bien distincte. Au lieu de naître, comme la S. conique, dans le bois sec du coudrier, elle vient dans les couches corticales des jeunes branches de chêne, et perce son épiderme; elle est de couleur noire, de consistance ferme; sa base est un disque orbiculaire assez large; elle se rétrécit brusquement en une pointe conique creuse, obtuse, du sommet de laquelle on voit sortir une gouttelette sphérique blanchâtre, qui, en se desséchant, persiste souvent sous la forme d'un petit globule noirâtre. L'épiderme des branches attaquées par cette sphérie persiste le plus souvent, mais soulevé et comme détaché du reste de l'écorce. On trouve sous lui et sur le tissu cortical, une espèce de croûte blanche pulvérulente un peu bissoïde : appartient-elle à la sphérie, ou lui est-elle étrangère, c'est ce que j'ignore. M. Chaillet a trouvé cette espèce, au mois de mai, dans le Jura.

793^b. Sphérie en alène.   *Sphæria subulata.*

S. subulata. Pers. Syn. 94. Tode Mekl. 2, p. 44, t. 115, f. 117 ?

Elle naît sur la face supérieure du chapeau des agarics pourris et desséchés ; sa base est enchâssée dans le tissu, très-petite, à peine visible, prolongée en une petite pointe en forme d'alène, brune à sa base, jaunâtre et cornée à son sommet, probablement tubuleuse, puisque de son extrémité on voit sortir une très-petite gouttelette, qui durcit et persiste souvent sans tomber. M. Chaillet l'a trouvée dans le Jura, au mois de mai.

793ᶜ. Sphérie changeante.   *Sphæria versiformis.*

S. versiformis. Alb. et Schwein. Nisk. n. 149, t. 9, f. 3. — *Peziza alnea.* Pers. Syn. 673 ?

Cette espèce, très-remarquable par ses changemens de forme, semble tantôt un thélébole, tantôt une pezize, tantôt une sphérie ; elle naît dans l'écorce de l'aulne, et perce son épiderme ; elle forme des groupes de 3 à 6 individus qui paraissent réunis par une base commune charnue. Dans leur premier âge les sphérules paraissent globuleuses, puis s'allongent en cône grêle et pointu ; alors la sommité de ce cône laisse suinter une petite gouttelette gélatineuse. Après cette époque, le pore qui avait servi à cet usage se dilate, et la plante prend la forme d'un cône renversé, évasé à son sommet. Cette plante est d'un roux sale et noirâtre ; M. Chaillet l'a trouvée dans le Jura.

794ᵃ. Sphérie couleur de brique.   *Sphæria lateritia.*

Elle ressemble beaucoup à la sphérie tuberculaire ; comme cette espèce, elle naît dans les couches corticales, perce l'épiderme dont elle est entourée, surtout dans sa jeunesse, et forme une pustule assez grosse, charnue, arrondie, rétrécie à sa base, un peu aplatie en dessus, d'une ligne environ de diamètre ; mais sa superficie, au lieu d'être unie, est légèrement chagrinée, et d'un rouge roux qui approche de la couleur des briques cuites ; lorsqu'on la coupe en travers, on y distingue l'enveloppe rouge qui est assez épaisse, puis une petite raie blanche, et enfin tout le centre rempli par une matière noire un peu compacte : on ne distingue aucun orifice pour la sortie de cette espèce de pulpe. M. Chaillet a trouvé cette plante dans le Jura, sur des branches mortes qui paraissent de hêtre.

795ᵃ. Sphérie incrustante.   *Sphæria incrustans.*

S. incrustans. Pers. Obs. 1, p. 70. Syn. 82. Alb. et Schw. Nisk. n. 122.

Elle croît sur les bois pouris et dénudés d'écorce de peuplier et de chêne ; elle les tapisse d'une croûte noire, luisante, très-mince, large de 2 ou 3 pouces, et qui semble une simple altération du bois ; sur

cette croûte naissent des sphérules très-petites, éparses, noires, à
peu près globuleuses, un peu ridées, légèrement déprimées dans leur
vieillesse, et surmontées par un col épais, conique, perforé à son
sommet. Je l'ai reçue de M. Chaillet.

795^b. Sphérie vernissée.   *Sphæria vernicosa.*

Elle naît sur les tiges sèches des grandes espèces de plantes herbacées, et ne paraît à la vue simple que comme une tache noire, lisse,
et comme vernissée, très-adhérente à l'épiderme, ovale ou oblongue,
de 5 à 20 lignes de longueur. Lorsqu'on les examine avec de fortes
loupes, on voit que cette tache est formée par des filamens d'une
excessive ténuité, et visibles seulement sur les bords, où ils vont en
divergeant ; dans le milieu on trouve çà et là de très-petites sphérules éparses, convexes, presque coniques, et sans orifice distinct.
Je l'ai trouvée dans les Pyrénées, mêlée avec le *S. herbarum*, sur
une tige que je crois d'ombellifère. M. Desportes l'a trouvée au
Mans, sur le fenouil, et M. Chaillet dans le Jura, sur le *spiræa
aruncus*. Elle est voisine des *S. picea* et *nebulosa*, mais diffère des
descriptions de l'une et de l'autre.

795^c. Sphérie himantie.   *Sphæria himantia.*

S. himantia. Pers. Obs. myc. 2, p. 69. Syn. 89.

Elle croit sur les tiges sèches des herbes : vue à l'œil nu, elle n'y
parait que comme une tache noire adhérente et étalée ; vue à la
loupe, on remarque que cette tache est formée par une multitude
de petits filets très-fins, noirs, rayonnans irrégulièrement du centre
à la circonférence, et très-rameux. Le long de ces filets naissent de
très-petits tubercules noirs, convexes, qui ne paraissent point s'ouvrir naturellement, et qui semblent des loges analogues à celles des
sphéries. M. Chaillet a trouvé cette plante dans le Jura, sur les tiges
mortes de l'*athamantha libanotis*.

795^d. Sphérie en réseau.   *Sphæria reticulata.*

Elle croît à la surface supérieure des feuilles du muguet sceau de
Salomon, et n'est point visible à la face inférieure ; elle forme, lorsqu'on la voit à l'œil simple, de petites raies noires, irrégulièrement anastomosées, et imitant assez bien ou les raies de quelques opégraphes,
ou un réseau de fine dentelle. Le tissu de la feuille est blanchâtre et
décoloré dans la partie occupée par ce réseau ; lorsqu'on l'examine à
la loupe, on voit naître le long de ces petites ramifications des tubercules très-petits, d'abord noirs et un peu convexes, formant ensuite

un disque régulièrement orbiculaire, dont le centre est blanc, plane, et le bord annulaire noir, proéminent, entier. Cette sphérie, à cause de ses ramifications et de son disque plane, ressemble aux astéroma. M. Chaillet m'a envoyé des échantillons du *convallaria polygonatum*, cueillis dans le Jura après l'époque de leur maturité, et sur lesquels cette sphérie se trouvait mélangée avec le *xyloma polygonati*, et avec le *sphæria lichenoïdes*.

795°. Sphérie géographique. *Sphæria geographica.*

À la face supérieure des feuilles sèches du *cratægus aria*, on remarque quelquefois des raies noires sinueuses très-semblables à celles qui servent à désigner les petites divisions des cartes géographiques, et qui circonscrivent ordinairement des espaces plus ou moins arrondis; le long de ces raies on remarque de très-petits disques noirs, orbiculaires, planes, avec le bord et le centre très-légèrement proéminens, et qui semblent des sphérules. Cette plante a un rapport évident avec le *S. reticulata*; mais ces espèces seraient-elles mieux placées parmi les astéroma? Dans celle-ci, en particulier, pourrait-on penser que la raie noire est une rhizomorphe, et les disques (qui quelquefois ne naissent pas sur les raies, mais à côté), une espèce de xyloma ou de sphérie. Quoi qu'il en soit, cette singulière production a été observée, au printemps, dans le Jura, par M. Chaillet.

797ᵃ. Sphérie hérissée. *Sphæria hirsuta.*

S. hirsuta. Pers. Syn. 73. Disp. 51.
β. *S. acinosa.* Batsch. Elench. 269, t. 30, f. 179.

Elle naît sur le bois pouri en groupes irréguliers, et dont les individus sont distincts; chacun d'eux est sessile, de couleur noire, hérissé de poils épars, nombreux, droits, et de la même couleur. Dans leur jeunesse les sphérules sont ovoïdes, un peu coniques au sommet, et ne ressemblent pas mal à la figure que M. Persoon donne de sa *sphæria pilosa* (Ic. et Descr. t. 10, f. 9, 10.); ensuite la sommité s'affaise un peu, et alors elle ressemble à la figure de Batsch (t. 30, f. 179.). Bientôt cette sommité s'ouvre par un pore arrondi; celui-ci s'élargit ensuite par l'affaissement des bords, et enfin la sphérule, après la dispersion des graines, offre une petite coupe évasée, glabre, lisse, et concave à l'intérieur, hérissée en dehors. M. Chaillet a trouvé cette plante, à la fin de l'hiver, dans le Jura, sur un chêne pouri.

797^b. Sphérie hispide.   *Sphæria hispida.*

S. hispida. Tode Mekl. 2, p. 17, t. 10, f. 84. Pers. Syn. 74.
β. *S. subrotunda.*

Elle naît éparse sur le bois des branches de chêne mortes et dénudées d'écorce ; ses sphérules sont noirâtres, presque globuleuses,
un peu amincies au sommet en forme de poire ovoïde, terminées par
un orifice très-peu saillant, hérissées de poils roides, épars, un peu
écartés, courts, d'un brun luisant, et également distribués sur toute
la surface. M. Chaillet l'a trouvée dans le Jura au mois de septembre.
M. Dufour a trouvé, au printemps, sur les bois de la machine de
Marly, la var. β, qui parait la même que célle-ci, quoiqu'elle soit
un peu plus globuleuse, plus hérissée, plus noire et plus petite.

797^c. Sphérie à toupet.   *Sphæria comata.*

S. comata. Tode Mekl. 2, p. 15, t. 10, f. 81. Pers. Syn. 88. Alb. et Schw.
Nisk. n. 132.

Elle naît éparse sur l'épiderme des jeunes branches d'arbres et des
tiges ou des feuilles de gramens mortes et tombées à terre : elle est
d'un brun presque noir ; sa sphérule est ovoïde, presque globuleuse,
assez petite, surmontée par une houppe de poils nombreux, longs
comme la sphérule elle-même, dressés et un peu infléchis à leur
sommet. Sur les mêmes pailles je vois des individus dont la loge a la
forme d'un petit tubercule clos ou d'une petite coupe ouverte, hérissés de poils semblables aux précédens, mais déjetés sur la base,
et qui semblent une matière bissoïde qui entourerait la sphérie. Je l'ai
trouvée aux environs de Paris, sur des feuilles mortes de carex ; et
M. Desvaux, sur de la paille. M. Chaillet l'a rencontrée sur des sar-
mens de vigne, au printemps.

798^a. Sphérie des nervures.   *Sphæria nervisequa.*

Cette espèce est fort remarquable par sa position ; elle naît à la
face inférieure des feuilles vivantes du mélampyre des prés, à l'époque de la maturité de ses graincs, mais avec cette bizarrerie que ses
sphérules naissent rangées par raies le long des nervures secondaires
de la feuille, suivent leurs anastomoses, et forment par conséquent
sur le disque un réseau noir et grenu, qui ne ressemble pas mal aux
fructifications des diplaziums. Ces raies sont formées par de très-
petites sphéries insérées, à ce qu'il semble, sur l'épiderme, globuleuses, lisses, et dépourvues de tout orifice sensible. Elle a été découverte, dans le Jura, par M. Chaillet. Elle est quelquefois mélangée
avec l'urédo des rhinanthacées.

798[b]. Sphérie mobile.   *Sphæria mobilis.*

S. mobilis. Tode Mekl. 2, p. 11, t. 9, f. 71. Pers. Syn. 82.

Elle croît sur le bois de chêne pouri et dénudé d'écorce ; c'est l'une des plus petites espèces de ce genre. Elle ne paraît, à l'œil nu, que comme des points noirs épars sur le bois ; vue à une forte loupe, elle offre des sphérules éparses, globuleuses, noires, presque lisses, surmontées d'un petit mamelon obtus. Tode, qui paraît l'avoir vue jeune, dit qu'elle commence par être rouge, puis brune : la mienne est d'un brun noir, et plusieurs individus sont un peu déprimés à leur sommet. Je l'ai reçue de M. Chaillet.

799[a]. Sphérie en forme de mûre.   *Sphæria moriformis.*

S. moriformis. Tod. Mekl. 2, p. 22, t. 11, f. 90, 91. Pers. Syn. 86. Moug. et Nestl. vog. n. 382.

α. *S. ovalis*. Tode, l. c. f. 90.

β. *S. globosa*. Tode, l. c. f. 91.

Elle naît sur les bois dénudés d'écorce ; ses sphérules sont nombreuses, éparses, d'un noir intense et mat, ovales dans la var. α, globuleuses dans la var. β, uniloculaires, reposant sur une espèce de petit disque plane et peu apparent, remarquables, parce que leur surface est toute tuberculeuse ou chagrinée de protubérances arrondies, qui leur donnent une grande ressemblance avec les fruits du mûrier ou de la ronce : on n'y distingue pas d'ouverture ; quelquefois 2–3 sphérules naissent rapprochées, et semblent sortir d'une base commune, peut-être à cause de la soudure de leurs disques. M. Chaillet a trouvé cette espèce dans le Jura, et MM. Mougeot et Nestler dans les Vosges ; la var. α, au printemps, sur les petites branches mortes de sapin : la var. β, en automne, sur le bois de saule pouri.

801[a]. Sphérie poudre à canon.   *Sphæria pulvis pyrius.*

S. pulvis pyrius. Pers. Syn. 86. Moug. et Nestl. vog. n. 381. — *S. pulvis*. Pers. Disp. 51.

β. *Depressa.*

Elle est commune sur les bois et les écorces qu'elle couvre de petits globules, qui semblent des traînées de poudre à canon ; chacun de ces globules, vus à la loupe, présente un corpuscule noir sphérique un peu ridé, surtout en dessus, où il offre souvent une ride ou une raie assez prononcée pour lui donner quelques rapports avec les histériums ; on n'y voit point d'autre orifice distinct. Dans la var. β, qui peut-être est une espèce distincte, la sphérule s'affaisse dans sa vieillesse de manière à offrir l'apparence d'une petite pezize ; cette dernière croît principalement sur la coupe transversale du bois : la première sur l'écorce. On les trouve dans les Vosges, le Jura.

802ª. Sphérie à large bouche.   *Sphæria macrostoma.*

S. macrostoma. Tod. Mekl. 2, p. 13.
α. *S. pileata.* Pers. Syn. 54, n. 102. — Tode, l. c. t. 9, f. 78.
β. *S. dehiscens.* Pers. Syn. 55, n. 106. — Tode, l. c. t. 9, f. 76.
γ. *S. libera.* Pers. Syn. 56, n. 107. — Tode, l. c. t. 9, f. 77.

Ses sphérules sont ordinairement libres et distinctes, quelquefois confluentes et soudées par leur base 2 ou 3 ensemble ; elles sont noires, à peu près sphériques, avec la base un peu élargie, de la grosseur d'une graine de pavot, disposées sans ordre sur l'écorce ou sur le bois ; chacune d'elles se termine par un orifice large, saillant, qui se présente sous deux aspects. Dans la var. α cet orifice est ouvert, circulaire, et présente la forme d'un cône renversé ; dans les var. β et γ cet orifice a ses bords rapprochés en forme de lèvre, de manière à imiter assez bien l'apparence d'un histérium. Si ces caractères étaient constans, ils devraient sans doute déterminer la séparation de ces plantes ; mais j'ai sous les yeux des échantillons où, dans les mêmes groupes, ces deux formes sont tellement mélangées, qu'il m'est impossible de ne pas me ranger à l'opinion de Tode et de M. Chaillet, qui les regardent comme de simples variétés. Elles croissent sur l'écorce, et quelquefois sur le bois du chêne, du peuplier, du marronnier, etc. ; lorsqu'elles sont sur l'écorce elles naissent sur l'épiderme.

802ᵇ. Sphérie comprimée.   *Sphæria compressa.*

S. compressa. Pers. Syn. 56.

Ses sphérules sont distinctes, éparses, ovales, comprimées, enfoncées en entier dans le bois ou l'écorce qui les porte, longues d'une demi-ligne, et de couleur noire ; leur orifice est saillant, oblong, comprimé, a deux lèvres serrées l'une contre l'autre. Il est seul visible au dehors, et a la forme d'une petite crête saillante, et dirigée dans le sens longitudinal des fibres du corps où la sphérie est implantée. M. Chaillet a trouvé cette espèce dans le Jura, sur une branche morte de quelque sous-arbrisseau.

802ᶜ. Sphérie épisphérie.   *Sphæria episphæria.*

S. episphæria. Tode Mekl. 2, p. 21, t. 11, f. 89. Pers. Syn. 57.

Elle croît ordinairement sur la *sphæria stigma,* sur laquelle, vue à l'œil nu, elle forme de petits points proéminens, d'un rouge qui devient ensuite pourpre et brun ; vue à la loupe, chaque sphérie présente une très-petite loge, à peu près ovoïde, surmontée par un orifice oblong, étroit, protubérant, en forme de crète courte et obtuse ; souvent à la fin de sa vie cette sphérie se crispe, et est difficile à distinguer. On ne doit pas la confondre avec la sphérie pezize qu'on trouve quelquefois aussi parasite sur la *sphæria decorticata*, mais qui est d'un rouge plus vif, n'a point d'orifice saillant, et devient concave à la fin de sa vie. M. Dufour a trouvé la *sphæria episphæria* à Marly.

803ᵃ. Sphérie en forme de tache.   *Sphæria maculiformis.*

S. maculiformis. Pers. Syn. 90. Alb. et Schw. Nisk. 138.

Elle croît, d'après M. Persoon, sur les feuilles sèches du hêtre, du coudrier, de l'orme, de l'érable plane ; et, selon MM. Albertini et Schweinitz, sur celles du bouleau, du platane et du chêne : je ne l'ai encore trouvée que sur ce dernier, où elle était mélée avec le *S. quercicola* et le *S. setacea*. Elle naît à la surface inférieure de la feuille ; elle offre des points noirs convexes très-petits, arrondis, insérés dans le parenchyme, très-rapprochés les uns des autres, et formant par leur réunion une petite tache arrondie, de 1 à 2 lignes de diamètre. Je l'ai trouvée aux environs de Paris.

803ᵇ. Sphérie de l'anémone.   *Sphæria anemones.*

Cette espèce a été découverte, dans les Vosges, par M. Mougeot, sur l'anémone des bois ou sylvie ; elle attaque les pétioles et les deux surfaces des feuilles vivantes, naît dans le parenchyme, perce et détruit l'épiderme, et forme des pustules noires, éparses, aggrégées ou confluentes, qui, vues à l'œil nu, n'offrent que des points convexes, d'un quart de ligne au plus de diamètre ; vus à la loupe, ces points sont des loges convexes, noires en dehors, blanches en dedans, tantôt solitaires, tantôt groupées plusieurs ensemble, de manière qu'on peut la placer presque indifféremment dans les diverses sections de ce genre, et qu'à quelques égards elle approche même des xyloma.

804ᵃ. Sphérie pâté.   *Sphæria artocreas.*

S. artocreas. Tode Mekl. 2, p. 20, t. 9, f. 73. Pers. Syn. 77.

Elle naît à la face supérieure des feuilles du hêtre mortes et desséchées, et ne forme aucune trace sur la face inférieure ; elle forme

un disque orbiculaire noir d'une demi-ligne environ de diamètre,
nn peu luisant, fort aplati. Tode pense que dans sa jeunesse cette
sphérie est convexe, et qu'elle s'affaisse par la sortie de la pulpe
qu'elle renfermait, mais il ne l'a vue qu'aplatie, et je la vois dans le
même état, quoiqu'il y en ait de très-jeunes et de très-âgées sur la
même feuille. Dans mon échantillon le milieu du disque est concave,
entouré par un petit bord saillant, et le centre de cette concavité
est occupé par un petit mamelon noir, et légèrement proéminent.
M. Chaillet l'a trouvée dans le Jura.

804[b]. Sphérie à point blanc. *Sphæria leucostigma.*

Elle ressemble beaucoup à la *S. artocreas*, et croît de même sur
les feuilles mortes du hêtre; elle y forme des taches noires, éparses,
orbiculaires, d'une demi-ligne de diamètre, planes, et visibles sur
les deux côtés de la feuille. Sur la face inférieure, et très-rarement
sur la supérieure, ces taches s'ouvrent par un petit mamelon proéminent, blanc, et perforé dans le centre : ces mamelons sont rarement situés au centre de la tache; on en trouve quelquefois deux
sur la même. J'ai reçu cette plante de **M.** Chaillet.

804[c]. Sphérie à bouche rouge. *Sphæria erythrostoma.*

S. erythrostoma. **Pers.** Obs. 2, p. 70. Syn. 81.

Elle croît sur les feuilles mortes, mais tenant encore à l'arbre du
cerisier sauvage; elle naît éparse dans le parenchyme, et y forme de
très-petits tubercules bruns, opaques, durs, compactes, orbiculaires, qui, d'un ou d'autre côté de la feuille, s'ouvrent par un pore
rougeâtre et légèrement saillant. **M.** Chaillet l'a trouvée dans le
Jura.

805[a]. Sphérie de l'égopode. *Sphæria ægopodii.*

S. ægopodii. **Pers.** Obs. myc. 1, p. 17. Syn. 89.

Ses sphérules sont très-petites, arrondies, noirâtres, ou d'un gris
roux foncé, nichées dans le tissu même de la feuille, visibles sur les
deux surfaces, mais un peu plus proéminentes du côté inférieur,
rapprochées en petits groupes irréguliers, la plupart distinctes, quelquefois confluentes; les feuilles sont le plus souvent un peu décolorées dans les parties occupées par ces taches. Les pustules ne rompent point l'épiderme, et n'ont pas d'orifice visible. On la trouve,
à la fin de l'été, sur les feuilles encore vertes, mais languissantes, de
l'*ægopodium podagraria*, dans le Jura, les Vosges, les Ardennes.

805^b. Sphérie myriade. *Sphæria myriadea.*

Elle naît à la surface supérieure des feuilles sèches du chêne rouvre; elle semble tenir le milieu entre les *S. punctiformis, maculiformis* et *lichenoïdes,* mais me paraît bien distincte ; ses sphérules sont noires, convexes, extraordinairement petites et nombreuses, distinctes, mais réunies en une tache orbiculaire de 3 à 5 lignes de diamètre. Dans cette tache l'épiderme a une teinte un peu pâle, mais les bords n'en sont point circonscrits, et l'altération de la couleur, non plus que les sphérules , ne sont point visibles à la face inférieure. La tache , vue de loin, a une teinte grisâtre et nébuleuse. Elle a été observée dans le Jura , par M. Chaillet.

806. Sphérie en forme de points. *Sphæria punctiformis.*

S. punctiformis. Fl. fr. n. 806.

Sous ce nom je réunis plusieurs petites productions qui sont probablement autant d'espèces, mais que leur obscurité et leur petitesse m'empêchent de caractériser avec précision ; leurs caractères communs sont d'avoir des sphérules noires, très-petites, orbiculaires, un peu convexes, sans orifice apparent, qui naissent sur les feuilles mortes ou vivantes , paraissent enchâssées dans leur épiderme, ne sont visibles que d'un côté de la feuille, n'y déterminent ni tache ni décoloration, et sont éparses et sans ordre régulier. Voici les principales variétés ou espèces que j'ai observées.

α. Querciaria. — *S. punctiformis α.* Pers. Syn. 175. — Points épars sur les deux surfaces, un peu déprimés dans le centre. Sur les feuilles mortes des chênes rouvres.

β. Graminaria. — Points convexes, épars sur la paille et les feuilles mortes de graminées.

γ. Buxiaria. — Points épars, en petit nombre, planes, très-légèrement chagrinés. A la face inférieure des feuilles vivantes du buis.

δ. Corylaria. — Points convexes, épars, assez nombreux à la face inférieure des feuilles du coudrier, souvent mêlés avec le *S. coryli.*

ε. Heraclearia. — Points épars, assez nombreux, orbiculaires, planes, avec le bord un peu proéminent, et un très-léger mamelon au centre. Sur la face inférieure des feuilles de berce brancursine.

ζ. Angelicaria. — Points épars , rapprochés, nombreux, convexes , obtus, plus gros que la plupart des précédens. A la face inférieure des feuilles de l'angélique de montagne , ou impératoire sauvage , variété *β.*

806ª. Sphérie du gui. *Sphæria visci.*

S. atrovirens α visci. Alb. et Schw. Nisk. n. 141, t. 2, f. 1.

Elle croit sur les branches vertes et à la surface inférieure des feuilles du gui vivant ; ses sphérules sont éparses, régulièrement espacées, presque en quinconce, nichées dans le parenchyme, très-petites, de consistance molle et de couleur noirâtre ; leur orifice perce l'épiderme par un petit pore, et est visible au dehors ; il donne naissance à un petit filet d'une matière consistante, mucilagineuse, d'un noir verdâtre, qui s'élève droit ou légèrement tordu, et se détruit facilement dans les individus desséchés. M. Chaillet a trouvé cette espèce, au printemps, dans le Jura, sur un gui qui croissait lui-même sur un sapin.

806ᵇ. Sphérie du buis. *Sphæria buxi.*

S. atrovirens β buxi. Alb. et Schw. Nisk. n. 141.

Elle ressemble beaucoup à celle du gui, mais elle se trouve sur la face inférieure et sur les jeunes pousses du buis ; ses pustules sont plus nombreuses, plus grosses presque du double, plus proéminentes, et rompent l'épiderme en lambeaux étoilés et persistans. La matière que les sphérules rejettent au dehors est d'un vert blanchâtre. M. Chaillet l'a trouvée dans le Jura, sur les feuilles et les branches mourantes de buis ; elle est éparse sur toute la feuille, et n'est point visible du côté supérieur ; caractères qui la distinguent, dès le premier coup d'œil, de la *S. lichenoïdes buxicola*. Il faut encore prendre garde à ne pas la confondre avec la *puccinia buxi* et la *sphæria puccinioïdes.*

806ᶜ. Sphérie de la saponaire. *Sphæria saponariæ.*

Næmaspora epiphylla. DC. Syn. n. 811*.

Les feuilles vivantes de la saponaire offrent quelquefois des taches blanches, décolorées, orbiculaires, de 3 à 5 lignes de diamètre, rarement confluentes ; ces taches présentent, surtout à leur face supérieure, de petits points noirâtres, disposés avec une sorte de régularité, nichés entre les deux épidermes de la feuille, très-légèrement convexes : le plus souvent on n'y aperçoit aucun orifice ; mais, en les suivant avec soin, on voit leur sommité donner naissance à un filet simple, blanchâtre, caduc, composé d'une pulpe un peu solide. Ce caractère rapproche cette plante des némaspores ; tandis que la présence d'une loge distincte, et sa ressemblance avec les sphéries lichenoïdes, la ramènent parmi les sphéries. M. Chaillet a observé cette espèce dans le Jura.

807. Sphérie lichenoïde. *Sphæria lichenoïdes.*

Sphæria et xyloma lichenoïdes. Fl. fr. n. 807 et 819.

Je réunis ici sous un seul nom spécifique une multitude d'objets qui me paraissent évidemment différens, mais qui sont encore trop mal connus pour pouvoir être ajoutés au nombre des espèces. La sphérie lichenoïde, soit qu'on la considère comme une espèce ayant plusieurs variétés, ou comme une section renfermant plusieurs espèces, se distingue, parce qu'elle naît dans le tissu des feuilles mortes ou vivantes, les décolore, et forme une tache circonscrite, blanche ou rousse, dans le disque de laquelle on aperçoit de petits points noirs qui sont les loges de la sphérie ; ces loges n'émettent pas de filet pulpeux comme dans la S. de la saponaire, ou du moins ce caractère n'a pas encore été observé. Voici les principales variétés ou espèces que j'ai distinguées (1) :

A. sur les feuilles mortes. (*Xyloma lichenoïdes.* Fl. fr.)

α. Quercicola. — *S. punctiformis* γ. Pers. Syn. 91. — Taches de 3 lignes de diamètre ; points distans, planes, orbiculaires, avec une très-petite proéminence au centre. Sur les feuilles mortes des chênes rouvres.

β. Castaneæcola. — *Lichen castanearius.* Lam. Dict. 3, p. 471. — Taches d'abord orbiculaires, puis confluentes, atteignant 1 pouce de longueur, souvent bordées ou traversées par une raie noire sinueuse ; points orbiculaires, d'abord convexes, avec le centre proéminent, ensuite à peu près planes. Sur les feuilles mortes de châtaignier.

γ. Fagicola. — Taches irrégulières assez grandes, mal circonscrites, points extraordinairement petits. Sur les feuilles mortes du hêtre. Serait-ce plutôt une variété du *S. myriadea* ?

δ. Tremulæcola. — *Xyloma concentricum.* Pers. Obs. 2, p. 101. — Taches grisâtres entourées par deux raies noires, l'une immédiatement autour des sphérules, l'autre à quelque distance et séparée par une bande stérile ; aréole centrale, souvent anguleuse, garnie de sphérules noires, convexes, presque coniques, très-rapprochées. Sur les feuilles à moitié mortes du peuplier tremble.

---

(1) J'ai donné à toutes ces sphéries des noms symétriques, pour pouvoir indiquer à la fois la plante sur laquelle elles croissent, et le groupe auquel elles appartiennent. Pour éviter toute confusion, le *sphæria scirpicola* de la Flore française devra s'appeler *S. scirpi* ; et si le *S. saponariæ* est un jour, comme je le crois, rameué parmi les lichenoïdes, il prendra le nom de *S. saponariæcola.*

B. sur les feuilles vivantes. (*Sphæria lichenoïdes*. Fl. fr.)

ɩ. *Hederæcola.* — *S. punctiformis*, β. Pers. Syn. 90 ? Schleich. exs. n. 60. — Taches très-blanches, d'une ligne et demie de diamètre, circonscrite par une raie brune ; points épars, convexes en dessus. Sur le lierre.

ζ. *Cornicola.* — Taches grises, orbiculaires, de 1 à 2 lignes de diamètre, circonscrites par une raie d'un gris foncé ; points épars, orbiculaires, avec le centre déprimé. Sur le cornouiller sanguin.

η. *Asclepiadicola.* — Taches blanchâtres, orbiculaires, circonscrites par une raie noire et par un bord brun d'une ligne de diamètre ; points épars, peu nombreux, petits, presque planes. Sur l'asclépiade dompte-venin.

θ. *Gentianæcola.* — Taches rousses, mal circonscrites, orbiculaires, un peu zonées, d'un pouce de diamètre ; points très-nombreux situés dans le centre, très-petits, un peu convexes. Sur la gentiane jaune.

ι. *Betæcola.* — Taches roussâtres à bord brun, orbiculaires, très-nombreuses, d'une ligne de diamètre ; points extrêmement petits et nombreux, à peine visibles à l'œil nu. Sur la bette commune, var. rouge.

κ. *Convallariæcola.* — *S. punctiformis* ♂. Schl. crypt. exs. n. 61. — Taches d'un roux pâle, entourées d'un bord plus brun, ovales, de 2 lignes de longueur ; points centraux peu nombreux, convexes sur les deux surfaces. Sur les muguets sceau de Salomon et multiflore.

λ. *Paridicola.* — Taches blanchâtres mal circonscrites, bornées par les nervures de la feuille, de 3 à 4 lignes de longueur ; points paraissant épars à la vue simple, et la plupart composés (lorsqu'on les voit à la loupe) de 3 à 4 petits points ramassés. Sur la parisette à 4 feuilles. Celle-ci est peut-être un xyloma ?

μ. *Chelidonicola.* — Taches blanchâtres circonscrites par les nervures, de 1 à 2 lignes de longueur ; points épars, presque planes, simples. Sur la chélidoine éclaire.

ν. *Populicola.* — Taches blanches entourées d'une raie brune, orbiculaires, d'une ligne de diamètre ; points peu nombreux, noirs, convexes, visibles du côté inférieur de la feuille, où ils percent quelquefois l'épiderme. Sur les peupliers noirs et d'Italie.

ο. *Convolvulicola.* — Taches rousses un peu zonées, circonscrites par un bord proéminent, orbiculaires, souvent confluentes, de

2 lignes de diamètre ; points très-rares, convexes. Sur le liseron des haies.

ꝫ. *Geicola.* — Taches d'un blanc sale et roussâtre, orbiculaires ou sinueuses, circonscrites par une raie d'un roux brun, de 1 à 2 lignes de diamètre ; points très-petits, très-nombreux sur la face supérieure, nuls à l'inférieure. Sur la benoîte urbaine.

ç. *Ballotæcola.* — Taches d'un blanc roussâtre, arrondies ou anguleuses, bordées d'une raie brune de 1 à 3 lignes de diamètre ; points très-petits, épars à la surface supérieure, nuls ou très-rares à l'inférieure. Sur la ballotte noire.

σ. *Scabiosæcola.* — Taches arrondies, de 3 à 5 lignes de diamètre, entourées d'une raie brune, et divisées en compartimens par des raies semblables ; compartimens stériles de couleur rousse ; compartimens fertiles de couleur blanche ; points rares, très-petits, visibles, ainsi que les compartimens du côté supérieur seulement. Sur la scabieuse des champs.

τ. *Calthæcola.* — Taches d'un blanc pur, entourées d'une petite zone, mal circonscrites, très-nombreuses, d'une ligne de diamètre, arrondies, ovales ou confluentes, souvent stériles ; points épars, peu nombreux, presque planes, visibles en dessus. Sur le populage des marais.

υ. *Buxicola.* — Taches blanches, entourées d'une raie noirâtre, ovales ou oblongues, naissant constamment sur le bord des feuilles, longues de 2 à 3 lignes ; points nombreux, épars, un peu convexes, visibles du côté inférieur seulement. Sur le buis.

LVIII*. STILBOSPORE.   *STILBOSPORA.*

Stilbospora. **Hoff. Pers. Alb. et Schw.**

Car. On ne distingue dans les stilbospores aucune loge ni aucun réceptacle ; mais on voit sortir de dessous l'épiderme une matière pulpeuse ou compacte, ordinairement noire, et qui, vue au microscope, est toute composée de capsules de formes diverses, toujours dépourvues de pédicelles, souvent cloisonnées à l'intérieur.

Obs. Ce genre diffère des sphéries par l'absence de toute enveloppe générale ; il se distingue des némaspores, en ce que les graines n'y sont pas à nu et flottantes dans la pulpe, mais renfermées dans des capsules. Les stilbospores sont aux sphéries ce que les urédos sont aux æcidiums. Peut-être le genre *bullaria* devra-t-il être réuni aux stilbospores.

811ᵃ. Stilbospore à grains étoilés.   *Stilbospora asterosperma.*

S. asterosperma. Pers. Disp. 13. Syn. 96. Hoff. Fl. germ. 2, t. 13, f. 3.

Elle prend naissance sous l'épiderme de l'écorce du hêtre, la perce, et en sort sous l'apparence d'une pulpe noire qui se répand sur la branche, et y forme des taches arrondies et un peu convexes; les globules qui composent cette pulpe semblent, lorsqu'on les voit au microscope, composés de deux corpuscules ovales-oblongs disposés en croix, et comme soudés l'un à l'autre. Cette stilbospore a été trouvée dans les Vosges par M. Mougeot.

811ᵇ. Stilbospore à grains globuleux.   *Stilbospora sphærosperma.*

S. sphærosperma. Pers. Syn. 97. Obs. myc. 1, t. 1, f. 6.

Elle croît sur les tiges sèches du roseau commun; elle y forme des raies noires linéaires, dont l'épiderme est d'abord soulevé, puis rompu dans le sens longitudinal; la matière qui la compose est en petite quantité, et ne forme pas de taches ni de coulées extérieures: cette matière, vue au microscope, est composée de petits globules sphériques.

811ᶜ. Stilbospore à petits grains.   *Stilbospora microsperma.*

S. microsperma. Pers. Obs. myc. 1, p. 31, t. 2, f. 3. Syn. 96.

Elle sort de dessous l'écorce, perce l'épiderme, et forme un tubercule saillant, d'un noir de charbon, d'abord à peu près ovoïde, prenant ensuite diverses formes, selon qu'il est plus ou moins délayé par l'humidité: cette pulpe, vue au microscope, est toute composée de globules ovoïdes un peu rétrécis en pointe, très-petits et un peu irréguliers. Elle a été trouvée dans le Jura, sur le sapin, par M. Chaillet; dans les Vosges, sur le nerprun bourdaine, par MM. Mougeot et Nestler. On la trouve aussi sur le pin, l'if, le hêtre, selon MM. Albertini et Schweinitz.

811ᵈ. Stilbospore à grains ovoïdes.   *Stilbospora ovata.*

S. ovata. Pers. Obs. myc. 1, p. 31, t. 2, f. 2. Alb. et Schw. Nisk. n. 161.
α. *Juglandis.*
β. *Quercus.*
γ. *Aceris.*

Elle sort de dessous l'épiderme de l'écorce sous la forme d'un tubercule noir saillant, d'abord ovoïde, puis prenant diverses formeś à mesure qu'il se délaie et s'affaisse par l'effet de l'humidité : la matière de ce tubercule, vue au microscope, présente des capsules ovoïdeś, obtuses, plus grosses que dans la précédente, assez opaques. M. Chaillet et moi avons trouvé la var. *α* dans le Jura et à Fontainebleau, sur des troncs morts ou mourans de noyer, où elle était mêlée avec la sphérie tuberculaire ; ses capsules sont exactement ovoïdes, et les pustules qu'elle forme sur l'écorce assez grosses. La var. *β*, que M. Chaillet a trouvée sur le chêne rouvre, a les capsules semblables à la précédente, peut-être un peu plus grosses ; mais ses pustules sont très-petites et à peine saillantes. Enfin la var. *γ*, qui croît sur l'érable, est très-distincte par ses capsules en œuf plus allongé, et pourrait bien former une espèce distincte.

811e. Stilbospore à grains ré-trécis.   *Stilbospora angustata.*

S. angustata. Pers. Syn. 96.

Elle sort de dessous l'épiderme, qu'elle perce en un trou rond d'un quart de ligne de diamètre ; elle forme des pustules nombreuses, distinctes, orbiculaires, convexes, très-petites, de couleur noire ; la matière qui les compose, vue au microscope, se résout en une multitude de capsules presque cylindriques, étroites, obtuses, extraordinairement petites, et que je crois être cloisonnées à l'intérieur. M. Chaillet l'a trouvée sur le hêtre ; MM. Albertini et Schweinitz, sur les pins et les sapins.

811f. Stilbospore à gros grains.   *Stilbospora macrosperma.*

S. macrosperma. Pers. Disp. 14, t. 3, f. 13. Syn. 96. — *Næmaspora melanosperma.* DC. Rapp. 1, p. 10.

Elle sort de l'écorce des charmes morts, et fend leur épiderme ; la matière pulpeuse qui sort par cette fente se moule sur elle comme celle des némaspores, de manière à former, tantôt des tubercules oblongs, tantôt des corps aplatis et oblongs ; sa couleur est d'un noir de charbon : lorsqu'on l'examine au microscope, elle se résout dans l'eau en une multitude de capsules cylindracées, obtuses aux deux extrémités, plus grosses que dans toutes les précédentes, et divisées intérieurement en quatre loges par des cloisons transversales. M. Desportes l'a trouvée aux environs du Mans ; MM. Mougeot et Nestler, dans les Vosges.

811ᵍ. Stilbospore ? urédo. *Stilbospora ? uredo.*

Cette production extraordinaire croît à la surface inférieure des
feuilles vivantes de l'orme champêtre. Je ne puis affirmer qu'elle ne
sorte pas de dessous l'épiderme ; mais du moins on n'en voit point
les débris déchirés comme autour des urédos : la feuille est souvent
un peu tachée de brun autour des pustules ; celles-ci sont d'un roux
fauve lorsqu'elles sont humectées, presque roses lorsqu'elles sont
sèches, d'une consistance qui n'est pas pulvérulente, comme dans
les urédos, mais demi-gélatineuse ; lorsqu'on la soumet au microscope, elle semble se fondre en une poussière subtile, et cette poussière est toute composée de capsules cylindriques allongées, un peu
obtuses aux deux bouts, divisées en 4 à 5 loges par des cloisons
transversales : la figure 15, pl. 3 de Persoon (disp. fung.), qui
représente les capsules de la *St. macrosperma*, donne l'idée de celle
de notre plante, excepté qu'elles sont plus courtes et plus larges dans
celle de Persoon. J'ai reçu cette plante de mademoiselle Libert, qui
l'a cueillie dans les Ardennes.

LX. XYLOMA.   *XYLOMA.*

CAR. *Voyez* Flore française, vol. 2, page 302.

OBS. Le grand nombre des espèces de ce genre que j'ai à ajouter,
m'engage à le représenter en entier, et divisé en sections, qui pourront faciliter leur étude. — Outre toutes les espèces que j'indique
ci-après, je possède encore un grand nombre de xyloma, appartenant à la section des microma, mais que je supprime, parce que
leur structure offre trop d'ambiguité ; tels sont ceux qui croissent
sur les plantes suivantes : *helleborus fœtidus, epilobium spicatum,
orobus vernus, laserpitium glabrum, citrus medica, dianthus superbus, rhododendron ferrugineum, campanula linifolia, medicago
sativa,* etc.

SECT. I. SPILOMA.

Taches ou plaques noires étendues, et offrant sur leur surface des
rides qui paraissent les orifices irréguliers de plusieurs loges.

815. Xyloma des érables.   *Xyloma acerinum.*

Voyez Flore française, vol. 2, p. 302.

815ᵃ. Xyloma du sycomore.   *Xyloma pseudo-platani.*

X. pseudo-platani. Hoppe, déc. 1, n. 2.

Ce n'est qu'avec quelque peine, et peut-être encore quelque doute,
qu'on peut distinguer cette espèce du *X. acerinum* et du *X. puncta-*

tum, qui se trouvent l'un et l'autre sur le même arbre, et quelquefois mêlés sur les mêmes feuilles. Le X. du sycomore forme, à la
surface supérieure des feuilles de l'*acer pseudo-platanus*, des taches
noires arrondies, qui ont ordinairement de 3 à 9 lignes de diamètre.
J'en ai vu qui, se soudant les unes avec les autres, atteignaient
jusqu'à deux pouces, et avaient une forme irrégulière : ces taches
ne sont nullement proéminentes ; elles sont entourées par une petite
bordure, où le tissu de la feuille est jaunâtre et décoloré ; la partie
correspondante en dessous est d'un roux pâle : dans leur jeunesse,
ces taches offrent des espèces de ramifications qui suivent celles des
nervures, et qui s'observent surtout vers le bord de la tache. A la
fin de leur vie, on y aperçoit, surtout dans le centre, de petites
rides sinueuses et luisantes, mais beaucoup moins prononcées que
dans le *X. acerinum*, dont celui-ci n'est peut-être qu'une variété ; il
est commun sur le sycomore, et se trouve aussi sur l'E. champêtre.
On le trouve souvent mêlé avec le *X. punctatum* : celui-ci se distingue
facilement à la petitesse de ses pustules qui ne se soudent point, et
restent toujours au diamètre d'une ligne environ.

815ᵇ. Xyloma de la bistorte. *Xyloma bistortæ.*

Il a beaucoup de rapports avec le X. de l'érable, et forme de
même des taches noires arrondies, ou quelquefois irrégulières, qui
ont souvent plus d'un demi-pouce de diamètre ; leur surface est
mate et non luisante, à peine proéminente, et n'offre aucun orifice ; la partie de la feuille qui entoure immédiatement ce xyloma
est décolorée, jaunâtre : il m'a été envoyé des Ardennes par mademoiselle Libert, qui l'a trouvé sur la bistorte, mêlé avec l'urédo, propre
à cette plante.

815ᶜ. Xyloma de la pédiculaire. *Xyloma pedicularis.*

Il croit sur les feuilles de la *pedicularis incarnata*, sur lesquelles
il forme des taches noires arrondies, ovales ou irrégulières, fréquemment confluentes, le plus souvent placées près de la nervure moyenne
de la feuille ou des nervures moyennes de ses lobes : ces taches, à
peine proéminentes, sont visibles des deux côtés de la feuille. Leur
surface, vue à la loupe, est très-légèrement chagrinée ; la substance
interne est brune, compacte. M. Bonjean a découvert cette espèce
dans les Alpes du mont Cénis, sur la pédiculaire incarnate, à
l'époque de sa fleuraison.

815ᵈ. Xyloma du chèvrefeuille. *Xyloma xylotei.*

X. xylotei. Fl. fr. 2, p. 599. — *X. lonicerœ.* Schleich. pl. exs.

Les deux formes, l'une annulaire et l'autre orbiculaire, que j'ai décrites dans la Flore, se trouvent indifféremment sur les deux surfaces de la feuille.

815ᵉ. Xyloma du bouleau. *Xyloma betulinum.*

X. betulinum. Funk. ex Mong. et Nestl. vog. crypt. n. 370. — *X. acerinum, var.* β. Alb. et Schwein. Nisk. n. 174.

Il croît à la surface supérieure des feuilles du bouleau blanc et du bouleau pubescent : il ne la décolore point, et n'est point visible à la surface inférieure ; il forme d'abord de très-petites pustules éparses, noires, luisantes, légèrement ridées, arrondies ou irrégulières, souvent tachetées de petits points qui appartiennent à l'épiderme du bouleau ; ensuite ces taches se soudent, se réunissent au point de couvrir quelquefois une grande partie de la feuille ; alors son disque est plus proéminent, et marqué de rides sinueuses très-prononcées. Ce xyloma a été observé en été et en automne, dans les Ardennes, par mademoiselle Libert ; dans les Vosges, par MM. Mougeot et Nestler. Cette espèce ressemble tellement au *sphæria xylomoïdes,* que celle-ci peut-être devra être transportée parmi les xyloma.

815ᶠ. Xyloma du ptéris. *Xyloma pteridis.*

Ce xyloma croit à la surface inférieure des feuilles du *pteris aquilina,* où il forme des taches noires arrondies, ovales ou oblongues, nombreuses, distinctes, d'un quart à demi-ligne de longueur : ces taches, vues à la loupe, sont chagrinées, ou comme tuberculeuses, fort peu proéminentes, et ne paraissent pas s'ouvrir spontanément. Cette production est fort distincte de l'*uredo polypodii,* qu'on trouve, dit-on, quelquefois sur la même fougère, et qui est jaune et remplie de poussière.

816. Xyloma à chair blanche. *Xyloma leucocreas.*

α. *Tuberculosum.* Vid. Fl. fr. n. 816. vol. 2, p. 303.
β. *Umbonatum.* Alb. et Schwein. Nisk. n. 172, var. β. Pers. Syn. 103, obs. secunda.

Ces deux variétés croissent l'une et l'autre sur plusieurs espèces de saule. J'ai vu la var. α sur les *salix caprea, vitellina, arbuscula, herbacea* et *pyrenaïca,* et la var. β sur les *salix caprea* et *ulmifolia.* Celle-ci se distingue à ses tubercules plus régulièrement arrondis, formant un disque presque plane, au milieu duquel se trouve, ou un petit mamelon, ou une dépression qui indique un orifice ; cette variété devra peut-être un jour être considérée comme une espèce.

816ᵃ. Xyloma lenticulaire. *Xyloma lenticulare.*

α. Mespili oxyacanthæ.
β. Pruni spinosæ.

Ce xyloma croît sur les feuilles prêtes à mourir de l'aubépine et du prunier épineux, et se distingue de tous les autres, parce que ses pustules sont presque également visibles et saillantes sur les deux surfaces de la feuille ; ces pustules sont noires, un peu luisantes, exactement orbiculaires, légèrement convexes, et imitant absolument la forme de la lentille d'un microscope : leur superficie est unie sur les deux faces ; mais au centre de la face supérieure se trouve un très-petit mamelon saillant, qui paraît indiquer l'orifice, et qui donne à cette espèce beaucoup de ressemblance avec le *xyloma leucocreas umbonatum.* Celui que nous décrivons a la chair rousse à l'intérieur ; il se détache quelquefois de lui-même, et laisse la feuille percée de trous réguliers et orbiculaires. M. Desportes a trouvé la var. *α* aux environs du Mans, sur l'aubépine ; et M. Cauvin, la var. *β* sur le prunier épineux. *Conf. sphæria artocreas, var. β.* Alb. et Schw. Nisk., n. 116.

816ᵇ. Xyloma de l'andromède. *Xyloma andromedæ.*

X. andromedæ. Pers. Syn. 104. Alb. et Schwein. Nisk. p. 173.

Cette espèce ressemble beaucoup au *X. leucocreas,* et offre de même une chair blanche, ferme et compacte, recouverte par une peau noire, luisante et comme vernissée ; il naît, en été, à la surface supérieure des feuilles de l'*andromeda polyfolia,* et y forme des taches ovales ou arrondies, qui occupent quelquefois plus de la moitié de la longueur de la feuille ; sa superficie présente quelques bosselures irrégulières ; mais on n'y aperçoit pas d'orifice prononcé. Mademoiselle Libert a trouvé ce xyloma dans les Ardennes, et MM. Mougeot et Nestler dans les Vosges.

Sect. II. MICROMA.

Taches ou disques très-petits, de couleur noire, et ne paraissant composés que d'une seule loge.

817. Xyloma ponctué. *Xyloma punctatum.*

Voyez Flore française, vol. 2, p. 303.

817ª. Xyloma de l'ail.   *Xyloma ? allii.*

α. Foliorum.
β. Scapi.

Je décris ici, sous le nom de *xyloma*, une production singulière, et de forme très-variable, que j'ai trouvée à Montpellier, à Narbonne et en Provence, sur l'*allium multiflorum*. La var. *α* attaque les feuilles de cet ail, et y forme un très-grand nombre de pustules éparses sur les deux surfaces, mais dont chacune d'elles n'est point sensible du côté opposé : ces pustules sont charnues, compactes, noires en dehors, à moins que l'épiderme de la feuille qui les recouvre ne leur donne un aspect gris, d'un brun très-foncé à l'intérieur ; elles ne s'ouvrent jamais d'elles-mêmes, et ne rompent point l'épiderme : leur substance interne, vue au microscope, présente çà et là des globules qui ont du rapport avec ceux des urédos. Souvent, au milieu des taches arrondies, ovales ou confluentes de ce **xyloma**, on voit se développer la var. *ε* de l'*uredo alliorum*, qui perce l'épiderme, et semblerait l'orifice du xyloma, si on ne le voyait ailleurs isolé. La var. *β* croît sur les hampes du même ail ; elle s'y présente sous la forme de petits points noirs qui naissent en groupes nombreux, presque toujours autour d'une pustule de la var. *δ* de l'*uredo alliorum* : ces points soulèvent légèrement l'épiderme sans le percer ; le plus souvent ils restent distincts et séparés ; quelquefois ils se soudent les uns avec les autres, de manière à former des taches noires et irrégulières, assez semblables à la var. *α*. Le xyloma de la hampe serait-il une espèce différente de celui des feuilles ? l'un et l'autre sont-ils de vrais xyloma ?

817ᵇ. Xyloma du laurier.   *Xyloma lauri.*

X. lauri. Schleich. pl. exsic.

Il forme de petites taches noires, planes, arrondies ou un peu irrégulières, éparses à la surface supérieure des feuilles du laurier noble ; les parties de la feuille qui en sont attaquées deviennent le plus souvent jaunes et décolorées : lorsqu'on examine ce xyloma à la loupe, on aperçoit, vers le milieu de chaque tache, un très-léger mamelon, qui parait être un orifice. J'ai reçu cette plante de M. Schleicher ; elle se trouve aussi en Provence.

817ᶜ. Xyloma à double face.   *Xyloma bifrons.*

Ce xyloma croit sur les feuilles mourantes du chêne rouvre, et ressemble, par sa forme, au *X. pezizoïdes* ; par sa manière de croître, au *sphæria lichenoïdes* : il forme des taches ou pustules à peine

proéminentes , planes , noires, nullement luisantes , arrondies ou
irrégulièrement ovales et anguleuses , souvent confluentes, rapprochées les unes des autres , de manière le plus souvent à former un
anneau circulaire de 3 à 5 lignes de diamètre. La partie de la feuille
qui est occupée ou entourée par ces pustules est décolorée, blanche,
presque transparente ; les taches noires sont également visibles sur
les deux surfaces : ces pustules , vues à la loupe, offrent un bord
très-légèrement proéminent, et 1 à 4 petits mamelons épars dans
le disque. Ce xyloma croît sur le *quercus robur*, dans le Jura et les
Vosges.

817ᵈ. Xyloma à petits points. *Xyloma punctulatum.*

 α. Castaneæ. — *X. punctatum.* Schleich. cent. exs. n. 64, non Pers. —
  X. castaneæ. Schleich. pl. exs.
 β. Roboris.

Ce xyloma croît à la surface inférieure des feuilles , tantôt seul,
tantôt mélangé avec la sphérie lichenoïde, qui se distingue par la tache
blanche qu'elle forme autour d'elle en tuant et décolorant le parenchyme de la feuille : il forme de petites pustules d'un brun noirâtre,
convexes, distinctes, rapprochées 8 à 10 ensemble par petits groupes
irrégulièrement arrondis, et quelquefois confluens. Je ne les ai point
vus s'ouvrir à leur sommet. La variété *α* est très-commune sur les
feuilles de châtaignier; la var. *β* a été trouvée par MM. Chaillet et
Mougeot sur celles du chêne rouvre.

817ᵉ. Xyloma du hêtre. *Xyloma fagineum.*

 X. fagineum. Pers. Disp. 52. Syn. 107.

Il naît sur l'une et l'autre surface des feuilles du hêtre mortes et
sèches; il y forme des points noirs , luisans, agglomérés sans aucun
ordre bien régulier : chacun d'eux, vu à la loupe, présente une
surface orbiculaire , déprimée , plane , dont le bord est un peu
saillant et légèrement ridé : on aperçoit souvent aussi un point proéminent dans le centre. M. Chaillet a trouvé ce xyloma dans le Jura,
au mois de mai. Il faut éviter de le confondre avec le *sphæria artocreas* et le *sphæria leucostigma.*

817ᶠ. Xyloma de l'aulne. *Xyloma alneum.*

 X. alneum. Pers. Syn. 108. DC. Syn. n. 821*.

Il naît indifféremment sur les deux surfaces des feuilles vivantes
de l'aulne glutineux et de l'aulne blanchâtre ; ses pustules sont distinctes , éparses ou rapprochées en groupes arrondis , noires , luisantes , très-petites , orbiculaires ou un peu sinueuses , légèrement

ridées ou plissées à leur surface. Les parties de la feuille attaquées par le xyloma prennent une teinte rouge ou un peu brune. Je l'ai trouvé en abondance à la fin de l'été dans la route, entre Pont-de-Vaux et Mâcon, et l'ai reçu de plusieurs parties de la France.

817g. Xyloma du noyer.   *Xyloma juglandis.*

Il croît à la surface inférieure des feuilles du noyer ; ses pustules sont noires, luisantes, très-petites, planes, un peu chagrinées à leur surface, arrondies ou à peine irrégulières, rapprochées par groupes annulaires ou presque circulaires, de 2 à 3 lignes : le centre en est ordinairement vacant, et les petites pustules disposées par zones, dont les intérieures sont circulaires, et les extérieures peu régulières ; le tissu de la feuille est un peu grisâtre ou roussâtre dans les parties occupées par le xyloma. Cette espèce m'a été envoyée du Jura par M. Chaillet ; de Liége, par M. Dossin.

817h. Xyloma du néflier.   *Xyloma mespili.*

Il croît à la surface supérieure des feuilles du néflier à fruit velu : il y forme des pustules noires, un peu convexes, tantôt éparses, plus souvent disposées en anneau, comme dans le *X. concentricum ;* dans ce dernier cas, le petit anneau est formé par 5 ou 6 petites pustules confluentes ; son centre, qui est très-petit, est vide, décoloré ; autour de l'anneau des pustules, la feuille périt et se colore en rouge brun, de manière à former sur la feuille des cercles réguliers, dont le centre est occupé ou par une pustule, ou par un petit groupe annulaire de pustules. Souvent ces cercles sont confluens et finissent par occuper toute la surface de la feuille mourante. M. Chaillet a découvert cette espèce dans le Jura, sur le *mespilus eriocarpa.* à l'époque de sa floraison, et l'a cherché inutilement sur le *mespilus cotoneaster.*

817i. Xyloma de la verge d'or.   *Xyloma virgæ aureæ.*

X. virgæ aureæ. DC. Syn. n. 821**.

Il naît à la surface inférieure des feuilles vivantes du *solidago virga aurea ;* il y forme des pustules d'abord rousses, puis noires, orbiculaires, convexes, extraordinairement petites, mais très-nombreuses, et rapprochées en groupes arrondis de 2 à 4 lignes de diamètre ; ces groupes commencent à se développer par le centre, et s'agrandissent par l'extension de leur circonférence ; on y distingue quelquefois des zones annulaires ; plus souvent les petites pustules du bord sont éparses ou disposées le long des nervures, de manière que le groupe est toujours un peu rameux sur le bord, et non régulièrement circonscrit : toute la partie de la feuille occupée par les pustules et la bande qui les entoure est jaunâtre et décolorée sur les deux surfaces. Cette parasite se trouve dans les Vosges, le Jura, etc.

817^k. Xyloma de la campanule. *Xyloma campanulæ*.

Il ressemble beaucoup au X. de la verge d'or, mais il en est certainement distinct; il croît non-seulement sur les feuilles, mais quelquefois aussi sur la tige; ses pustules, quoique fort petites, sont deux ou trois fois plus grosses que dans le *X. virgæ aureæ;* d'abord rousses, puis brunes, puis noires, d'abord convexes et unies à leur surface, puis tellement chagrinées ou ponctuées, lorsqu'à leur maturité on les examine à la loupe, qu'il me paraît évident que chacune d'elles est composée de plusieurs petites pustules agglomérées; les taches, visibles à l'œil, sont plus éparses dans le bord, et plus serrées dans le centre que dans le X. de la verge d'or; lorsqu'elles naissent sur la tige, elles sont ovales et fort agglomérées. M. Chaillet et moi avons trouvé ce xyloma dans le Jura et les Alpes, sur le *campanula trachelium.*

817^l. Xyloma de l'esparcette. *Xyloma onobrychidis*.

Ce xyloma croît sur les feuilles vivantes de l'esparcette cultivée, où il se fait remarquer, parce qu'il y forme des taches noires, arrondies et irrégulières; ses pustules naissent presque toujours à la face inférieure des folioles, d'abord éparses, puis rapprochées et confluentes, ovales, oblongues ou sinueuses, bosselées, sillonnées et d'un noir luisant. La partie correspondante de la face supérieure des folioles offre une tache d'un noir mat, dans laquelle on observe souvent çà et là quelques petites pustules. Il a été découvert dans les Vosges par MM. Mougeot et Nestler.

818. Xyloma à plusieurs valves. *Xyloma multivalve*.

Voyez Flore française, vol. 2, p. 303.

818^a. Xyloma du houx. *Xyloma aquifolii*.

X. ilicis. Schleich. Cent. exs. n. 84.

Ce xyloma, dont j'avais fait mention dans la note qui accompagne la description du *X. multivalve*, en est certainement distinct, et c'est à celui-ci qu'on doit rapporter le synonyme de Schleicher, *X. ilicis;* nom que j'ai changé, pour éviter toute équivoque, avec le *quercus ilex*. Le X. du houx se trouve de préférence à la surface inférieure des feuilles, et rarement à la supérieure : il y forme une innombrable quantité de petits points noirs, distincts, d'abord clos et convexes, s'ouvrant ensuite par la rupture de l'épiderme en quelques dentelures, et laissant voir la matière noire qui le compose ; ce xyloma est 5 ou 6 fois au moins plus petit, même à son développement complet, que le *X. multivalve* ; il paraît plus commun que celui-ci : je l'ai reçu des Alpes, des Vosges, etc.

818[b]. Xyloma fausse pezize.　*Xyloma pezizoïdes.*

X. pezizoïdes. Pers. Syn. 105. Ic. pict. 3, p. 40, t. 18, f. 1.
a. Fagi.
β. Roboris.

Il naît à la surface supérieure des feuilles sèches et mortes du hêtre et du chêne rouvre : il y forme des pustules éparses, orbiculaires, d'une demi-ligne de diamètre. Ces pustules sont, dans leur jeunesse, d'un beau noir, luisantes, un peu ridées, presque planes, avec le bord légèrement proéminent ; ensuite elles deviennent plus épaisses, et forment une petite lentille aplatie et ridée ; enfin elles s'ouvrent du centre à la circonférence en 7 ou 8 petites valves triangulaires, irrégulières et de couleur noire ; ces valves s'épanouissent un peu par l'humidité, et laissent apercevoir le disque d'un gris pâle et roussâtre, qu'elles recouvrent lorsqu'elles sont sèches. Quelquefois ces dents s'oblitèrent, et on ne voit plus qu'un disque roux, entouré d'un petit rebord noir. La var. *a* que M. Chaillet a trouvée sur le hêtre, dans le Jura, présente très-bien tous ces divers états. La var. *β* que j'ai cueillie en été, à Nantes, sur le chêne rouvre, ne présente que les premiers.

818[c]. Xyloma du pin.　*Xyloma pini.*

X. pini. Alb. et Schwein. n. 171, t. 5, f. 8.

Cette espèce naît sous l'épiderme de l'écorce des pins, et non sur leurs feuilles : elle y forme des pustules d'abord cachées, puis mises à nu par la chute de l'épiderme, éparses ou rapprochées, arrondies, souvent confluentes et irrégulières, de 1 à 2 lignes de diamètre, médiocrement convexes, unies et noires à l'extérieur, blanches et compactes en dedans. Je ne l'ai point vu s'ouvrir ; mais, d'après MM. Albertini et Schweinitz, il s'épanouit par le centre en 5 ou 6 lanières triangulaires, semblables à celles du *X. pezizoïdes*, et qui laissent à découvert un disque grisâtre. M. Chaillet a trouvé cette espèce dans le Jura, sur le pin sauvage.

818ᵈ. Xyloma du rosier.   *Xyloma rosæ.*

Sphæria rosæ. Schleich. pl. exsic.

Cette plante ressemble trop au xyloma du pin pour qu'il soit possible de l'en écarter ; elle naît dans l'écorce des rosiers sauvages , et soulève leur épiderme de manière à former une petite bulle convexe d'un gris noirâtre , et qui ne ressemble pas mal à celles que fait la bullaire des ombellifères ; quelquefois l'épiderme se rompt par une fente longitudinale ; le petit corps qu'on trouve sous cette boursoufflure est noir , charnu , arrondi ou irrégulier , assez mince , et ne m'a présenté ni loge ni pore distincts. M. Schleicher a trouvé cette espèce dans les Alpes.

819. *Voyez* Sphérie , n° 807.

820. Xyloma du marceau.   *Xyloma salignum.*

Voyez Flore française , vol. 2 , p. 304.

821. Xyloma du peuplier.   *Xyloma populinum.*

Voyez Flore française , vol. 2 , p. 304.

821ᵃ. Xyloma fausse-sphérie.   *Xyloma sphærioïdes.*

X. sphærioïdes. Pers. Syn. 106. Alb. et Schwein. n. 181.

Ce xyloma n'est pas rare à la surface inférieure des feuilles du marceau (*salix caprea*) , mais son extrême petitesse fait qu'il échappe aux regards , caché dans le duvet cotonneux qui l'entoure ; lorsqu'on l'examine à la loupe , il offre un disque orbiculaire très-petit , d'un brun presque noir , dont les bords se relèvent un peu , et tendent à se replier en dedans , lorsque le xyloma est sec ; ces bords sont un peu dentelés. M. Chaillet a trouvé cette plante presque microscopique , à la fin du printemps , dans le Jura. Ce xyloma , ainsi que les trois suivans , ressemble beaucoup plus à une pezize qu'à une sphérie ou à un xyloma ; et si je ne craignais d'innover sur des objets si obscurs , je n'hésiterais pas à les placer parmi les pezizes.

821ᵇ. Xyloma des herbes.   *Xyloma ? herbarum.*

X. herbarum. Alb. et Schwein. Nisk. n. 179 , t. 4 , f. 6.

Cette espèce ressemble beaucoup au *X. spherioïdes* , et , comme lui , naît appliquée sur l'épiderme , et non dans le tissu même de la feuille. On la trouve au printemps sur les tiges et les feuilles vivantes du céraiste commun , et selon MM. Albertini et Schweinitz ; de la *potentille de Norvège* : elle ne paraît que comme un point noirâtre, puis elle prend la forme d'un disque aplati, un peu charnu, arrondi, ovale ou un peu difforme, dont les bords sont un peu proéminens et légèrement ondulés ou sinués ; le disque est d'un brun sale, et les bords noirâtres. M. Chaillet a trouvé cette plante dans le Jura : elle est certainement du même genre que la précédente ; mais il est fort douteux que ce soit un xyloma.

821ᶜ. Xyloma des roseaux. *Xyloma arundinaceum.*

Il naît sur l'écorce des tiges mortes de roseaux : il y forme de petits disques sessiles, aplatis, épars ou rapprochés, exactement orbiculaires, d'un quart de ligne de diamètre : on y distingue un bord un peu proéminent, entier, d'un brun foncé, et un disque plane ou un peu concave, d'un roux fauve, au centre duquel on distingue souvent un petit orifice irrégulier. Cette espèce a quelques rapports avec le *X. herbarum :* elle a été trouvée en été dans le Jura, par M. Chaillet.

LXᵃ. ASTÉROMA.   *ASTEROMA.*

Xylomatis sp. Pers.

Car. Des filamens presque byssoïdes, rameux, dichotomes, rayonnant d'un centre commun, et formant une tache arrondie ou ovale sur les feuilles, portent dans leur vieillesse de très-petites proéminences, qu'on suppose être des loges analogues à celles des sphéries.

Obs. La structure anatomique de ce genre est encore fort mal connue ; mais son port est si prononcé, qu'on ne peut le méconnaître pour un groupe très-naturel. Toutes les espèces sont parasites sur les feuilles vivantes ou moribondes : toutes sont de couleur noire, excepté une qui est rouge.

821ᵈ. Astéroma de la raiponce. *Asteroma phyteumæ.*

Xyloma stellare. Pers. Obs. myc. 2, p. 100. Syn. 105. Alb. et Schwein. n. 176. DC. Syn. n. 818*.

Il naît sur les deux surfaces des feuilles radicales de la raiponce en épi, et ne semble être à la première vue qu'une simple tache noire et superficielle ; cette tache forme un disque arrondi : elle est composée de ramifications qui partent d'un centre commun et divergent, en se divisant avec quelque régularité ; ces ramifications suivent principalement les nervures de la feuille ; leurs extrémités sont blanches et byssoïdes dans leur jeunesse : dans un âge avancé, toutes les ramifications se réunissent et forment un disque noir et légèrement raboteux. Cet astéroma est commun sur le *phyteuma spicata.*

821e. Astéroma de la dentaire. *Asteroma dentariæ.*

On trouve cette plante sur les deux surfaces des feuilles de la dentaire pennée : elle y forme des taches noires, orbiculaires, de 2 lignes de diamètre ; ces taches, vues à la loupe, offrent au centre un disque plane, luisant, orbiculaire, et qui paraît renfermer la fructification, alentour une bande circulaire d'un noir mat qui, lorsqu'on en examine les bords, paraît formée par des ramifications rayonnantes analogues à celles de l'A. de la raiponce, mais très-serrées et à peine distinctes. J'ai trouvé cette espèce sur la *dentaria pinnata ;* mais j'ai oublié le lieu où je l'ai rencontrée.

821^f. Astéroma du sceau de Salomon. *Asteroma polygonati.*

Il naît à la surface supérieure des feuilles, sur lesquelles il forme des taches nombreuses, ovales, de 2 à 4 lignes de diamètre, d'un noir intense, et qui colorent la feuille sur les deux surfaces ; la face inférieure n'offre qu'une coloration de l'épiderme ; la supérieure, vue à la loupe, présente vers le centre l'aspect d'une peau de chagrin, et semble toute formée de petites loges convexes, insérées sur une base commune ; ces taches s'agrandissent du centre à leur circonférence, et leurs bords qui, à la vue simple, paraissent baveux, présentent, lorsqu'on les voit à la loupe, des ramifications rayonnantes extrêmement menues. Il a été observé par M. Chaillet dans le Jura, sur le sceau de Salomon, mort ou mourant, où il est souvent mêlé avec le *sphæria lichenoïdes.*

821^g. Astéroma de la violette. *Asteroma violæ.*

M. Bonjean a trouvé cette espèce au Mont-Cénis, sur la violette à deux fleurs (*viola biflora*) ; elle ressemble absolument à celle du sceau de Salomon, mais elle paraît en différer, 1°. par ses taches plus orbiculaires, d'un noir plus intense, dont le disque est plus évidemment chagriné et comme composé de petites loges, et le bord moins baveux ; 2°. parce qu'il attaque les feuilles encore vivantes, tandis que l'A. du sceau de Salomon se trouve sur les feuilles presque mortes.

821^h. Astéroma du frêne. *Asteroma fraxini.*

Il croît sur les folioles du frêne élevé, où il forme des taches brunes et orbiculaires, visibles des deux côtés de la feuille, et qui ont 2 à 3 lignes de diamètre ; ces taches, vues en-dessus et à la loupe, sont des ramifications extraordinairement menues, qui vont en divergeant du centre à la circonférence. Le bord de la tache est baveux et peu foncé ; le centre présente de très-petites rugosités. M. Chaillet a trouvé cette espèce dans le Jura, sur des feuilles de frêne prêtes à mourir.

821ⁱ. Astéroma du cerisier à grappes.   *Asteroma padi.*

Cet astéroma est un des plus remarquables du genre : je le décrirai en deux mots, en disant qu'il a la forme de l'A. de la raiponce, mais qu'il est de couleur rouge ; il naît à la surface supérieure des feuilles vertes du *cerasus padus ;* il y forme des taches blanches, ordinairement arrondies, d'un pouce environ de diamètre, composées de filamens byssoïdes absolument adhérens à l'épiderme, aplatis, rameux, dichotomes, rayonnans toujours de la nervure moyenne de la feuille à la circonférence, blanchâtres vers leurs extrémités, d'un rouge vineux dans tout le reste de leur étendue ; le centre de la tache offre une surface très-légèrement chagrinée, presque unie. Mademoiselle Libert a découvert cette production singulière dans les Ardennes.

60ᵇ. POLYSTIGMA.   *POLYSTIGMA.*

Polystigma. Pers. — *Xylomatis sp.* Pers.

Le disque est plane, de couleur rouge ou orangée (jamais noire), marqué en dessus de ponctuations qui paraissent l'orifice d'autant de loges enchâssées dans une chair très-mince.

821ᵏ. Polystigma rouge.   *Polystigma rubrum.*

Voyez Flore française, vol. 2, p. 599.

821ˡ. Polystigma orangé.   *Polystigma fulvum.*

X. aurantiacum. Schleich. pl. exsic. — *Polystigma fulvum.* Pers. in Moug. et Nestl. vog. crypt. n. 271.

Il ressemble beaucoup au polystigma rouge, mais il est d'une couleur orangée ou presque jaunâtre ; ses pustules sont un peu plus larges, et sensiblement plus épaisses et plus charnues ; quelquefois elles forment un disque bombé en dessus, concave par-dessous. Il croît sur les feuilles du cerisier commun et du cerisier à grappes.

822. Hypoderme faux-xyloma. *Hypoderma xylomoïdes.*

α. Oxyacanthæ. — *Xyloma hysterioïdes.* Pers. Syn. 106. Ic. et Descr. t. 10, f. 3, 4.
β. Mali.

γ. *Hederæ.*

δ. *Cotini.* — *Hysterium cotini.* Schleich. pl. exs.

ε. *Berberidis.* — *Hysterium berberidis.* Schleich. crypt. exs. n. 82.

ζ. *Aucupariæ.* — *Hysterium aucupariæ.* Schleich. crypt. exs. n. 63.

Toutes ces variétés, comparées entre elles, offrent de petites nuances qui peuvent faire douter de leur absolue identité, mais qui sont trop faibles pour que j'ose les séparer. La var. ζ, qui croit non-seulement sur les folioles, mais sur les pétioles du sorbier des oiseleurs, s'approche beaucoup de l'espèce suivante, qui peut-être elle-même rentrera dans celle-ci.

822ᵃ. Hypoderme des branches sèches. — *Hypoderma virgultorum.*

Hysterium rubi. Pers. Obs. myc. 1, p. 84. Alb. et Schw. Nisk. n. 162.

Je réunis sous ce nom plusieurs productions qui naissent sur les branches ou les tiges sèches de plusieurs grandes espèces d'herbes, ou sur les petits arbrisseaux; elles forment des taches noires, luisantes, ovales ou oblongues, éparses, d'abord convexes, s'ouvrant par une fente longitudinale qui donne passage à une matière grisâtre, après quoi les bords s'affaissent et persistent long-temps sous l'apparence d'une tache noire, sans organisation distincte; on en peut distinguer plusieurs variétés, savoir :

α *Rubi fruticosi*, les taches sont petites et très-nombreuses.

β *Euphorbiæ cyparissiæ*, semblable à la précédente.

γ *Umbelliferarum* a des taches plus rares et un peu plus grandes : on l'indique encore sur le framboisier, le saule, la vigne, le myrtile, etc. etc.

822ᵇ. Hypoderme fausse-sphérie. — *Hypoderma sphærioïdes.*

α. *Ledi.* — *Hysterium sphærioïdes.* Alb. et Schw. Nisk. n. 167, t. 10, f. 3.

β. *Empetri.* — *Xyloma empetri.* Pers. ined.

Il naît dans le tissu des feuilles dures et sèches des éricinées, et y forme des pustules éparses ou disposées sur deux rangs, ovales, quelquefois oblongues ou confluentes, noires, d'abord closes, et couvertes par l'épiderme; celui-ci se rompt ensuite ordinairement en une fente longitudinale, et l'enveloppe propre de l'hystérium s'ouvre aussi par une fente analogue qui s'élargit ensuite, et forme une espèce de disque concave d'où sort une matière noire et pulvérulente; l'épiderme et l'enveloppe propre sont bien distincts et séparables; la var. α, qui croit sur le lédon, ne m'est pas connue; mais sa figure ressemble trop à celle de la var. *β* pour que j'ose les séparer : cette dernière croît sur les feuilles mourantes de l'empetrum noir, à leur face supérieure ; elle a été trouvée dans le Jura, par M. Chaillet, dans les Vosges, par MM. Mougeot et Nestler.

825. Hypoderme des ro-   *Hypoderma arundinaceum.*
     seaux.

Il ne vient que sur la tige, et non sur les gaînes du roseau ; il y forme des petites taches rarement confluentes, noires, d'un quart à une demi-ligne de longueur, qui s'ouvrent par une fente longitudinale de l'épiderme, laissent sortir une matière pulvérulente et noirâtre, et persistent sous l'apparence d'un petit disque enfoncé. Il faut se garder de confondre cette plante, soit avec la sphérie fendillée qui croît sur la gaîne des roseaux, et à une chair noirâtre toute criblée à l'intérieur de petites loges blanches, soit avec le xyloma des roseaux qui forme sur la tige de petits disques orbiculaires pezizoïdes, soit avec la stilbospore à grains ronds, qui forme sur la tige des raies linéaires et non ovales.

825ᵃ. Hypoderme du scirpe.   *Hypoderma scirpinum.*
Hysterium scirpinum. Pers. ined.

Il forme, sur la tige morte ou mourante du *scirpus lacustris*, des taches éparses, ovales-oblongues, presque absolument planes, d'un noir luisant, de 1 à 2 lignes de longueur, qui s'ouvrent à la fin de leur vie par la fissure longitudinale de l'épiderme ; il est assez commun, et m'a été communiqué par MM. Chaillet, Mougeot et Nestler.

825ᵇ. Hypoderme en forme   *Hypoderma striæforme.*
      de strie.
Sphæria striæformis. Pers. Syn. 32. — *Xyloma? striæforme.* Pers. Ic. pict. 39, t. 17, f. 3.

Il forme des taches noires, oblongues, linéaires, souvent confluentes, toujours longitudinales, et qui imitent assez bien des stries ou raies interrompues ; ces taches sont à peine proéminentes, amincies aux deux bouts, à peine sillonnées, et ne s'ouvrent que par une fente peu régulière ; l'intérieur ne renferme point les capsules propres aux sphéries ; il croît sur les tiges et les pétioles des grandes fougères mortes ou mourantes. MM. Mougeot et Nestler l'ont trouvé sur l'*osmunda regalis*, le *pteris aquilina*, etc. M. Persoon dit qu'on le trouve aussi sur le *pastinaca* et d'autres plantes phanérogames.

Seroit—il mieux placé parmi les xyloma, malgré sa ressemblance avec l'*hypoderma scirpinum* ?

825ᶜ. Hypoderme des ner-   *Hypoderma nervisequum.*
vures.

Cette singulière espèce d'hypoderme croit à la surface inférieure des feuilles du sapin ; elle se développe sur la nervure moyenne, d'abord par des points oblongs et interrompus ; ceux-ci se réunissent tous ensemble, et forment une raie longitudinale, convexe, noirâtre, qui occupe toute la longueur de la nervure, et qui s'ouvre par une fente longitudinale ; la substance interne est de couleur pâle, non pulvérulente ; les individus âgés offrent souvent une petite cavité longitudinale. Cette production a été observée dans les Vosges par MM. Mougeot et Nestler ; le *xyloma nervale*, que MM. Albertini et Schweinitz ont trouvé sur l'aulne et le bouleau, et qui suit de même les nervures de la feuille, parait être aussi une espèce d'hypoderme très-voisine de celle-ci.

826ᵃ. Hypoderme du frêne.   *Hypoderma fraxini.*

H. fraxini. DC. Syn. n. 826*. — *Hysterium fraxini.* Pers. Disp. 5. Syn. 100. — *Sphæria sulcata.* Bolt. fuug. t. 124, ex Pers.

Il sort de dessous l'épiderme des branches mortes ou mourantes, tantôt épars, quelquefois un peu groupé ; chaque individu est de forme ovale-oblongue, ou un peu linéaire, de couleur noire, opaque, d'une demi à une ligne de longueur, convexe, sillonné au milieu par une fente longitudinale, et ayant les deux lèvres bombées. On le trouve sur le frêne, et aussi, selon M. Persoon, sur l'érable.

826ᵇ. Hypoderme crépu.   *Hypoderma crispum.*

H. crispum. DC. Syn. n. 826**. — *Hysterium crispum.* Pers. Syn. 101.

Il ressemble au précédent, mais il croit toujours épars ; il est un peu plus long, moins saillant, et a surtout les deux lèvres beaucoup moins élevées au-dessus de la petite fente qui les sépare ; il est d'ailleurs rarement droit, et offre souvent de legères courbures, sa superficie est un peu raboteuse et irrégulièrement ridée : on le trouve sur l'écorce des sapins.

827. Hystérium en coquille.   *Hysterium ostraceum.*

α. *Lignisedum.* — *H. ostraceum.* Fl. fr. n. 827. — *Hypoxylon ostraceum.* Bull. Champ. 170, t. 444, f. 4.
β. *Corticisedum.* — *H. myrtilinum.* Pers. Syn. 97. Alb. et Schw. Nisk. n. 155.

La var. α croit par groupes irréguliers et serrés sur les bois de pins et de sapins dénudés d'écorce ; la var. β vient sur l'épiderme de l'écorce des mêmes arbres ; les individus en sont épars et écartés. On peut encore remarquer qu'il est des échantillons où les raies transversales sont très-visibles, et d'autres où elles manquent entièrement ; qu'enfin, surtout dans la var. α, la surface du bois est souvent couverte par une croûte noirâtre, peut-être étrangère à l'hystérium. Y aurait-il plusieurs espèces confondues ici ?

827ᵃ. Hystérium cendré.　*Hysterium cinereum.*

H. cinereum. Pers. Syn. 99 ? Alb. et Schw. Nisk. n. 160 ? — *H. rotundum.* Bernh. in Rœm. arch. 1, p. 8, t. 1, f. 5 ?

Il naît sur le bois tendre dénudé d'écorce, et semble sortir des petites fentes longitudinales qui s'y trouvent : les individus sont épars, toujours distincts, quelquefois irrégulièrement rapprochés ; ils forment un tubercule à peu près ovoïde, un peu renflé, charnu, d'un blanc grisâtre, avec une raie grise, longitudinale, un peu déprimée, et formant une petite fente au sommet : la substance interne est dure, d'un gris noirâtre ; le centre offre une loge qui correspond à la fente du sommet. Cette loge était vide dans tous les échantillons que j'ai ouverts ; la fente du sommet était cependant close. M. Chaillet a trouvé cet hystérium sur de jeunes branches mortes de frêne ; celui de M. Persoon croit sur le saule marceau.

827ᵇ. Hystérium groupé.　*Hysterium aggregatum.*

Cet hystérium naît sur les bois morts dénudés d'écorce ; à l'inspection simple, il ne présente que des taches noires irrégulières de 2 à 3 lignes de longueur ; ces taches, vues à la loupe, paraissent composées de très-petits corps sessiles oblongs ou allongés, convexes, quelquefois confluens, serrés, parallèles, disposés dans le sens des fibres du bois : leur surface est lisse, d'un noir intense, et, dans quelques-uns, on aperçoit, à l'aide d'une forte loupe, la fente longitudinale, qui indique le genre auquel cette production doit être rapportée. M. Chaillet l'a trouvée sur du bois de chêne mort, dans le Jura.

828ᵇ. Hystérium petit.　*Hysterium minutum.*

Il naît sur l'épiderme, ou, plus rarement, sur le bois des jeunes branches mortes : à l'œil nu, il n'offre qu'un amas irrégulier de petits points noirs ; vus à la loupe, ces points sont ovales, très-petits, d'un noir intense, un peu luisant vers le centre, concave, avec les bords proéminens et à peu près parallèles ; de sorte qu'on pourrait le regarder, ou comme un hystérium ouvert, ou comme une petite pezize ovale et concave. M. Chaillet l'a observé dans le Jura, sur de petites branches sèches de saule et de pommier.

829ᵃ. Hystérium du sapin. *Hysterium abietinum.*

H. abietinum. Pers. Syn. 101. Obs. myc. 1, p. 31. — *Opegrapka parallela.* Ach. Meth. 20. Lich. 253.

Cette espèce, que les cryptogamistes les plus habiles placent tantôt parmi les hystériums, tantôt parmi les opégraphes, et qui tient en effet des deux genres, prouve combien leur rapprochement est naturel ; elle croît sur le bois de sapin dénudé d'écorce et à moitié pourri : je n'y vois aucune croûte, mais une simple décoloration de la partie extérieure des fibres ligneuses, qui devient blanchâtre ; les réceptacles sont noirs, enfoncés dans les petites fentes parallèles et longitudinales du bois, linéaires ou elleptiques, pointues aux deux extrémités, munies en dessus d'une espèce de fente, dont le bord est mince et le disque plane. Elle croît dans les Alpes.

837ᵃ. Opégraphe vulvelle. *Opegrapha vulvella.*

O. vulvella. Ach. Meth. 19, t. 1, f. 9. Lichenogr. 251. — *Lichen vulvella.* Ach. Prod. 22.

Sa croûte est blanche ou un peu cendrée, légèrement ridée, et non limitée sur ses bords ; les réceptacles sont noirs, un peu saillans, ovales ou à peine oblongs, épars, concaves dans le centre, avec les bords relevés : cette espèce se distingue très-facilement à ses réceptacles plus courts et plus larges que dans toutes les autres espèces. Elle a été trouvée aux environs de Paris par M. Dufour, sur le peuplier et le noyer.

837ᵇ. Opégraphe élevée. *Opegrapha elevata.*

Cette espèce est très-distincte de toutes les opégraphes, et extrêmement semblable aux hystérium ; elle a une croûte blanche très-mince, et à peine visible lorsqu'elle est âgée ; les réceptacles sont très-gros, très-proéminens, nombreux, ovales ou oblongs, quelquefois rameux, planes en dessus, avec le bord très-légèrement saillant, noirs ou recouverts d'un peu de poussière glauque. M. Dufour a trouvé cette espèce aux îles d'Hières, sur l'écorce du genévrier de Phénicie.

837ᶜ. Opégraphe rougeâtre. *Opegrapha rubella.*

β. O. ænea. Pers. DC. Syn. n. 842*.

Elle ne diffère de la var. *α* que par ses lirelles plus petites, plus courtes, ovales-oblongues, presque toujours simples.

838ᵃ. Opégraphe transversale. *Opegrapha diaphora.*

O. diaphora. Ach. Meth. 19. Lichen. 254. — *O. varia.* Pers. in Ust.
ann. 7, p. 30. — *Lichen diaphorus.* Ach. Prod. 20.
β. *O. spurcata.* Ach. Lich. 254. — *O. notha spurcata.* Ach. Meth. 18. —
Lichen spurcatus. Ach. Prod. 20.

Elle ressemble à l'O. bâtarde; mais sa croûte est très-mince, d'un
gris cendré ; ses réceptacles sont de forme un peu diverse , écartés ,
dispersés et disposés en plusieurs sens : les plus petits sont arrondis , les plus grands oblongs , tous noirs , à peine convexes , munis
en dessus d'une petite fente un peu élargie , et dont le fond forme
un disque plane. Elle croît sur l'écorce des hêtres , des frênes , des
peupliers , des aulnes et des bouleaux.

839ᵃ. Opégraphe étroite.   *Opegrapha stenocarpa.*

O. stenocarpa. Ach. Lich. 257, t. 3, f. 11. Schleich. exs.

Sa croûte est un peu membraneuse , lisse , d'un glauque tantôt
pâle , tantôt un peu rougeâtre ; ses réceptacles sont nombreux , de
forme diverse , tantôt arrondis ou oblongs , le plus souvent linéaires,
étroits , confluens , très-longs , demi-cylindriques , légèrement ridés ,
marqués en dessus par une fente longitudinale très-étroite , souvent
flexueux , d'un noir mat et non luisant , et ne s'ouvrant à aucune
époque de leur vie. Elle croît au Mans et dans les Alpes , sur l'écorce
des pins. On la trouve aussi sur celle des sapins , des érables , etc.

839ᵇ. Opégraphe en réseau.   *Opegrapha reticulata.*

Sa croûte est mince , d'un blanc de lait , peu étendue , non bordée,
assez adhérente , peu ou point pulvérulente ; les lirelles sont très-
nombreuses , étroites , linéaires , d'un beau noir , anastomosées les
unes avec les autres en divers sens , de manière à imiter un réseau
de dentelles noires , à mailles fort serrées , posé sur un fond blanc :
ces lirelles sont convexes , peu proéminentes , un peu ridées , munies
dans toute leur longueur d'une fente étroite et peu ouverte. M. Desportes a trouvé cette espèce aux environs du Mans , sur l'écorce des
pins.

841. Opégraphe du cerisier.   *Opegrapha cerasi.*

β. *Pruni spinosæ.*

Cette espèce est très-distincte de l'O. noire , et elle est facile à
reconnaître à ses lirelles nombreuses , linéaires , allongées , transversales , parallèles , et dont le disque est couvert de poussière glauque.
La var. β , qui croît sur le prunier épineux , a les lirelles un peu

moins glauques, mais ressemble d'ailleurs absolument à celle du cerisier.

841ᵃ. Opégraphe du bouleau. *Opegrapha betulæ.*

Graphis betuligna. Ach. Lich. univ. 268?

Cette opégraphe ressemble beaucoup à celle du cerisier; sa croûte est de même lisse, blanche, et nullement séparable de l'épiderme; les lirelles sont longues, linéaires, simples, très-étroites, protubérantes, transversales, parallèles, parfaitement noires, et nullement glauques; leur sillon est étroit, et les bords sont un peu bombés et presque luisans. Elle croît sur l'écorce du bouleau blanc, et a été trouvée dans les Vosges par MM. Mougeot et Nestler. La description du *graphis betuligna* d'Acharius, et de l'*opegrapha betuligna* de Persoon, ne répondent que très-imparfaitement à notre plante. Y aurait-il deux espèces d'opégraphes parasites sur le bouleau? ou la même varierait-elle assez pour expliquer la différence?

843ᵃ. Opégraphe méduse. *Opegrapha medusula.*

O. medusula. Pers. Act. soc. vett. 2, p. 15, t. 10, f. 1.

Sa croûte est blanchâtre, très-mince, et point séparable de l'écorce; ses lirelles sont rameuses, point saillantes, d'un noir un peu grisâtre; elles paraissent rayonner irrégulièrement d'un centre commun; de sorte qu'elles forment sur la croûte des taches à peu près orbiculaires; leurs ramifications sont tantôt simples, tantôt bifurquées au sommet; le disque des lirelles est à peine concave, entouré par le bord de la croûte, qui est légèrement saillant. Elle croît sur les écorces. M. Grateloup l'a trouvée à Dax.

845ᵃ. Opégraphe sillonnée. *Opegrapha sulcata.*

O. sulcata. Pers. in Moug. et Nestl. vog. crypt. n. 360.

Cette espèce ressemble un peu à l'O. serpentine; sa croûte est mince, blanchâtre, fort adhérente, tantôt lisse, tantôt un peu ridée; les lirelles sont proéminentes, linéaires, sinueuses, le plus souvent simples, noires et très-remarquables, en ce que, outre la fente longitudinale qui est propre à cette sorte de réceptacles, les deux bords ou lèvres sont sillonnés dans le sens longitudinal d'une manière très-prononcée. M. Grateloup l'a trouvée aux environs de Dax; MM. Mougeot et Nestler, dans les Vosges, sur l'écorce du houx. Ils en ont trouvé une variété à lirelles presque parallèles et transversales, qui croît sur l'écorce du bouleau blanc.

848ª. Opégraphe des cailloux.   *Opegrapha lithyrga.*

O. lithyrga. Ach. Lich. univ. 247.
β. *O. confluens.* Ach. loc. cit.

Sa croûte est d'un blanc de lait, très-mince, un peu pulvérulente, et semble un peu de couleur blanche appliquée sur le roc. Ses réceptacles sont noirs, sessiles, petits, oblongs, un peu renflés, marqués en dessus par une petite fente, simples dans la var. *α,* confluens ou irrégulièrement courbés dans la var. β. Elle croît dans les Alpes, sur les rochers les plus durs et de nature primitive. Elle diffère de l'*O. saxatilis* (que M. Schleicher a décrite sous le nom d'*O. saxicola,* Ach. syn. ined.) par la présence de sa croûte, très-blanche, et par ses réceptacles marqués en dessus d'une simple fente longitudinale.

853. Verrucaire olivâtre.   *Verrucaria olivacea.*

V. olivacea. Pers. in Ust. ann. 7, p. 28, t. 6, f. B, a. b. DC. Syn. n. 853. —
V. punctiformis. Fl. fr. n. 853. — *V. analepta.* Ach. Meth. 119. Lich.
univ. 275.

La croûte est luisante; le noyau des réceptacles est blanc.

854. Verrucaire du mar-   *Verrucaria hippocastani.*
ronnier.

V. punctiformis, β *ptelæodes.* Ach. Meth. 119. Lich. univ. 275.

Elle diffère de la vraie *verrucaria punctiformis* d'Acharius, par sa croûte plus glauque, nullement luisante; par ses réceptacles presque planes, très-rapprochés, souvent percés d'un petit pore.

855. Verrucaire du saule.   *Verrucaria salicina.*

M. Acharius, dans sa Lichenographie universelle, l'a désignée sous le nom d'*opegrapha verrucarioïdes,* p. 244.

858ª. Verrucaire sale.   *Verrucaria rhyponta.*

V. rhyponta. Ach. Lich. univ. 282.

Sa croûte est noirâtre, extrêmement mince, et ne semble être qu'une tache arrondie ou un peu irrégulière de 2 à 4 lignes de diamètre; vue à la loupe, elle offre de très-légères rides à peine sensibles; ses réceptacles sont en petit nombre vers le milieu de la tache, convexes, noirs à l'extérieur, blancs à l'intérieur, très-petits et à peine visibles à l'œil nu. M. Chaillet l'a trouvée au printemps, dans le Jura, sur une écorce qui paroît être celle d'un peuplier. M. Acharius l'a trouvée sur le tilleul et le frêne.

867. Verrucaire plombée. *Verrucaria plumbea.*

V. plumbea. Ach. Lich. univ. 285.

Sa croûte est d'un gris qui approche tout-à-fait de la couleur du plomb, un peu épaisse, lisse à la vue simple, très-légèrement ridée et fendillée lorsqu'on la voit à la loupe, les réceptacles sont noirs à l'extérieur, blancs à l'intérieur, globuleux, assez gros, à demi enfoncés dans la pierre, disposés sans ordre régulier. Elle est commune sur les roches calcaires du Jura.

873ª. Pertusaire à croûte lisse. *Pertusaria leïoplaca.*

Porina leïoplaca. Ach. Lich. 309, t. 2, f. 2.

Sa croûte n'est ni ridée ni tuberculeuse comme dans la P. commune, mais lisse, unie, blanche et contiguë; ses verrues sont convexes, de la même couleur que la croûte, lisses à leur surface, un peu fendillées dans un âge avancé; elles s'ouvrent le plus souvent par une seule ouverture peu régulière et brunâtre. Elle croît sur l'écorce des chênes et des hêtres.

873ᵇ. Pertusaire couleur de neige. *Pertusaria chionæa.*

P. chionæa. DC. Syn. n. 873*. — *Thelotrema chionæum.* Ach. Meth. 131, t. 8, f. 2. — *Porina chionæa.* Ach. Lich. 311.

Elle diffère de la pertusaire commune par sa teinte plus blanche, par sa croûte grenue et non pas lisse, par ses réceptacles plus rapprochés, et dont les orifices sont peu visibles dans leur jeunesse, et plus petits même dans leur entier développement; elle croît sur les rochers de grès siliceux à Fontainebleau.

FAMILLE DES LICHENS (1).

876ª. Lèpre trompeuse. *Lepra leïphæma.*

Lepraria leïphæma. Ach. Meth. 4, t. 1, f. 2. Lich. univ. 664.
β. *Virescens.* Ach. loc. cit.

Cette espèce forme, sur l'écorce des arbres, des croûtes minces d'un blanc grisâtre, tantôt pâle, tantôt un peu verdâtre dans la var. β,

---

(1) Dans cette famille, ainsi que dans la seconde section de celle des Hypoxylons, je n'ai rien changé à la classification et à la nomenclature que j'avais admises dans la Flore; je n'ai même fait qu'un petit nombre d'additions pour les

d'une grandeur indéterminée, et occupant quelquefois plusieurs pouces de diamètre ; le bord de cette croûte est arrondi, et semble formé par une pellicule extrêmement mince et très-adhérente ; sa superficie semble lisse, mais lorsqu'on la voit à la loupe, elle est toute composée de petits grains pulvérulens, glabres, pâles et adhérens. Elle est assez commune sur le marronnier, le hêtre, le chêne, etc.

---

espèces et les synonymes, vu que ce travail m'eût entraîné au-delà des bornes d'un simple supplément. J'avais suivi la classification proposée par M. Acharius dans son *Prodromus*, en y faisant quelques modifications ; depuis la publication de la Flore il a publié deux ouvrages, dans chacun desquels il change la nomenclature de ses genres ; il y a adopté presque tous les changemens que j'avais établis ; mais comme la mutation des noms les rend souvent difficiles à reconnaître, je crois devoir indiquer ici, en peu de mots, la concordance de ma nomenclature avec celle de la Lichenographie universelle :

1°. Les genres *Rhizomorpha*, *Verrucaria*, *Variolaria*, *Isidium*, *Sphærophorus*, *Stereocaulon*, *Usnea*, *Roccella*, *Calycium*, *Collema*, *Sticta* et *Endocarpon*, sont les mêmes, et quant au nom, et quant aux espèces dans les deux ouvrages.

2°. Les suivans ne diffèrent que par le nom, et dans ce cas le nom de la Flore, qui est le plus ancien, a été changé sans motifs suffisans ; ainsi mon genre *Pertusaria* a été nommé *Porina*, le *Lepra* de Wiggers est devenu *Lepraria* ; mon *Coniocarpon* s'est transformé en *Spiloma* ; mon *Volvaria* en *Thelotrema* ; l'*Umbilicaria* des auteurs en *Gyrophora*.

3°. Quelquefois les genres nouveaux faits par M. Acharius ne sont pour moi que des sections de genres anciens ; ainsi mon genre *Opegrapha*, qui est celui de Persoon, comprend comme sections les *Opegrapha*, les *Graphis* et les *Arthonia* d'Acharius ; mon genre *Cornicularia* renferme ses genres *Cornicularia* et *Allectoria* ; mon *Urceolaria*, ses genres *Urceolaria* et *Gyalecta* ; mon *Peltigera*, ses *Peltidea*, *Nephroma* et *Solorina* ; mon *Physcia*, ses *Borrera*, *Ramalina* et *Cetraria*.

4°. L'inverse a lieu pour les suivans : le *Cenomyce* d'Acharius comprend les genres *Cladonia*, *Scyphophorus* et *Helopodium*, que j'avais adoptés d'après son premier ouvrage ; son genre *Parmelia* se compose des genres *Imbricaria* et *Lobaria*, adoptés aussi d'après lui.

5°. Les seules divergences réelles, et elles sont fort légères, sont les suivantes : le genre *Bæomyces* actuel de M. Acharius est réduit à la première section des miens ; son genre *Lecidea* se compose de la seconde section de mes *Bæomyces*, et des trois premières de mes *Patellaria* ; son genre *Lecanora* est formé de la quatrième section des *Patellaria*, que j'avais déjà indiquée comme devant être séparée des autres et de mes *Rhizocarpon*, *Squammaria*, *Psora* et *Placodium*. Son genre *Evernia*, qui n'a que trois espèces, est réparti dans ma Flore parmi les *Usnées* et les *Physcies*.

6°. Les espèces qui composent les genres *Biatora*, *Tripethelium*, *Sagedia*, *Pyrenula* et *Dufourea*, ne font point encore partie de la Flore française.

876. Lèpre blanchâtre. *Lepra incana.*

Lepraria incana. Ach. Meth. 4. Lich. 665. — *Byssus incana.* Lin. sp.
1639. — *Lichen incanus.* Hoffm. euum. p. 7, t. 1, f. 6.
β. *Cinerea.*

Cette lèpre forme une croûte blanchâtre, tirant un peu sur le
vert-glauque lorsqu'elle est humide, et d'un blanc un peu cendré lorsqu'elle est âgée; elle est assez épaisse, composée de globules ramassés qui lui donnent un aspect un peu velu, et qui, à la
couleur près, a du rapport avec la consistance de la lèpre chlorine;
la var. β est plus épaisse, plus grise et un peu fendillée. Elles croissent sur les vieilles écorces, les mousses, les rochers, dans les lieux
frais et ombragés, dans les Alpes, les Vosges, à la grotte de Miraval,
près Montpellier, etc.

877ᵃ. Lèpre fuligineuse. *Lepra fuliginea.*

L. fuliginea. Bouch. Abb. 88. DC. Syn. n. 877*. — *Lepraria fuliginosa.*
Ach. Lich. univ. 667.

Sa croûte est mince, lépreuse, un peu épaisse, légèrement fendillée, un peu inégale, d'un brun noirâtre, qui approche de la
couleur de la suie; elle occupe des espaces indéterminés souvent
considérables; vue à la loupe, elle offre de petites proéminences obtuses et nombreuses. Elle croît sur l'écorce des vieux arbres. M. Boucher l'a trouvée à Abbeville sur les pommiers.

878ᵃ. Lèpre chlorine. *Lepra chlorina.*

L. chlorina. Syn. n. 878*. — *Lepraria chlorina.* Ach. Lich. 662. — *Pulve-
raria chlorina.* Ach. Meth. p. 1, t. 1, f. 1. — *Lichen chlorinus.* Ach.
Prod. 6.

Elle forme une croûte d'un jaune verdâtre, un peu épaisse, étalée
sans limites ni dimensions déterminées, et qui est remarquable en ce
que, vue à la loupe, elle présente un aspect légèrement velu, et
semble composée de petits globules pubescens agglomérés. Elle croît
sur les rochers humides et ombragés dans les Alpes; à Fontainebleau,
sur les grès, etc.

878ᵇ. Lèpre jaune. *Lepra flava.*

Lepraria flava. Ach. Lichen. 663. — *Parmelia citrina δ flava.* Ach. Meth.
180. — *Lichen flavus.* Ach. Prod. 6.

Cette espèce peut se confondre, et avec la lèpre chlorine, et avec
la patellaire jaune; elle diffère de l'une et de l'autre dès le premier
abord, parce qu'elle ne croît jamais sur les rochers, et parce que
sa couleur est d'un jaune pur et très-vif, et qui ne tend ni au verdâtre, comme dans la lèpre chlorine, ni à l'orangé, comme dans la

patellaire jaune. Elle forme une croûte mince, grenue, souvent un peu fendillée, toute composée de globules glabres et agglomérés. Elle croît sur les poutres et les écorces des arbres.

882ᵃ. Coniocarpe tacheté.   *Coniocarpon ? vitiligo.*

Spiloma vitiligo. Ach. Meth. 10, t. 1, f. 4. Lichen. univ. 139.

Sa croûte est étendue, lisse, d'un blanc cendré, très-mince, très-adhérente, et ne semble être qu'une simple décoloration de la surface du bois; les petites pustules sont nombreuses, éparses, arrondies ou ovales, d'un gris sale, et recouvertes d'une poussière d'un gris noirâtre, dont les grains sont gros et peu nombreux. Cette production naît sur le bois de sapin sec, un peu décomposé, dénudé d'écorce, et coupé dans le sens longitudinal; les pustules semblent sortir d'entre les fibres. Elle a été trouvée dans le Jura par M. Chaillet; dans les Vosges, par MM. Mougeot et Nestler.

883ᵃ. Variolaire en disque.   *Variolaria discoïdea.*

V. discoïdea. Pers. in Ust. ann. st. 7. Ach. Meth. 14. — *V. amara γ discoïdea.* Ach. Lich. 325. — *Lichen discoïdeus.* Ach. Prod. 28.

Sa croûte est blanche dans sa jeunesse, mince et pulvérulente, ensuite lépreuse, étalée, un peu inégale; ses réceptacles sont épars, orbiculaires, munis d'un rebord, distincts, chargés de petits grains blancs et pulvérulens; après la chute de ces grains, le disque des réceptacles prend une teinte grisâtre et plombée, qui distingue assez bien cette espèce de la V. du hêtre. Elle croît sur les vieux troncs de chêne, de châtaignier, etc.

886ᵃ. Variolaire à tête blanche.   *Variolaria leucocephala.*

Verrucaria leucocephala. Ach. Meth. 116. Lich. univ. 286. — *Sphæria leucocephala.* Pers. Syn. fung. app. p. xxvii. — *Lichen colliculosus.* Hoff. enum. 17, t. 2, f. 2.

Cette plante appartient certainement à l'ordre des lichens, à cause de la croûte blanchâtre, mince, contiguë, qu'elle présente; ses réceptacles sont à peu près de la même couleur que la croûte, et en paraissent de simples proéminences; ils sont sessiles, globuleux, ouverts par un pore à leur sommet, grisâtres à l'intérieur, souvent recouverts par une matière blanchâtre et farineuse. Elle croît sur l'écorce des chênes, près Paris.

886ᵇ. Variolaire aspergille.   *Variolaria aspergilla.*

V. aspergilla. Ach. Meth. 13. Lichen. 325. — *Lichen aspergillus.* Ach. Prod. 28.

Sa croûte est épaisse, cartilagineuse, d'une forme régulière et déterminée, d'un gris glauque assez foncé ; le bord de cette croûte est plus mince, plus lisse, rayonnant, légèrement fendillé et analogue à celui de quelques placodes ; vers le centre de la croûte, on observe des paquets épars, planes ou convexes, pulvérulens, d'un blanc assez pur et qui contraste avec la couleur de la base. Cette belle variolaire croît sur les rochers de grès, dans les lieux ombragés de la forêt de Fontainebleau. M. Schleicher l'a trouvée dans les Alpes, sur l'écorce des arbres ; sa croûte a de grands rapports avec celle de l'*isidium melanochlorum*.

886ᶜ. Variolaire jaunâtre. *Variolaria flavida*.

Cette espèce, ainsi que la précédente, tient presque le milieu entre les variolaires et les isidiums ; elle forme une croûte d'un jaune pâle, étendue, irrégulièrement mamelonnée et comme grumeleuse : cette croûte se relève çà et là en mamelons convexes, couverts d'une poussière blanchâtre et grenue, fort semblable à celle des isidiums. Elle croît sur l'écorce déjà gercée des vieux arbres, dans le Jura, dans les Landes, etc. Le *variolaria lutescens* de M. Schleicher se rapporte, comme synonyme, à notre *V. alboflavescens*, n. 884; le *lepraria lutescens* (Ach. Meth. 5) paraît fort différent de notre plante.

887ᵃ. Isidium de Westring. *Isidium Westringii*.

> *I. Westringii.* Ach. Lich. 577. — *Lichen Westringii.* Ach. Prod. 88, t. 2, f. 2. — *Lichen pseudocorallinus.* Swartz. — *Lichen punctatus.* Dicks. crypt. 3, p. 15.

Sa croûte est un peu épaisse, fendillée en aréoles nombreuses, petites et anguleuses, souvent entourée par un bord noir, d'une couleur grise, tendant un peu sur le roux ou le rose ; cette teinte distingue sur-le-champ cette espèce de l'*I. corallinum*, à côté duquel on la trouve quelquefois. Ses tubercules sont d'abord sessiles, presque globuleux et de couleur brune; ils sont ensuite portés sur des pédicelles cylindriques, longs d'une ligne, simples ou un peu rameux. C'est surtout dans les petites cavités déterminées dans la croûte par l'inégalité du rocher qu'on trouve les tubercules pédiculés; j'ai trouvé cet isidium sur les grès quartzeux, à Fontainebleau ; il croît aussi sur les granits des Alpes, des Vosges et de la Lozère. Les échantillons des Vosges et de la Lozère sont un peu moins rougeâtres que ceux des Alpes et de Fontainebleau, mais ne me paraissent nullement différens.

890ᵃ. Sphérophore com-   *Spherophorus compressus.*
 primé.

S. compressum. Ach. Lich. 586? Schleich. pl. exs.

Cette espèce est très-voisine des deux autres sphérophores, et surtout du S. gazonnant; mais elle en diffère, parce que sa tige et ses rameaux ne sont pas cylindriques, mais comprimés. Elle croît dans les Alpes; et M. Schleicher m'en a envoyé un échantillon, qu'il dit avoir été reconnu par M. Acharius pour son *S. compressum.* Notre espèce me paraît cependant différer de celles citées par ce botaniste comme synonymes de sa plante : ainsi le *lichen melanocarpos* de Swartz, dont j'ai sous les yeux un échantillon provenant de M. Swartz même, diffère de notre espèce alpine par ses tiges beaucoup plus comprimées, blanches d'un côté, et d'un gris glauque de l'autre; il sera pour moi le *spherophoron melanocarpon.* Quant au *lichen fragilis* de Linné, cet auteur lui donne expressément pour caractère d'avoir les rameaux cylindriques, et dit qu'il croît en Suède, tandis que, d'après M. Acharius même, notre espèce a les rameaux comprimés, et ne croît pas en Suède, où le *S. cæspitosus*, qui me paraît le vrai *lichen fragilis*, est commun. Quant au *lichen fragilis* β (Lam. dict. 3, p. 504), et indiqué à Saint-Malo, sur les rochers maritimes, je n'y vois que le *fucus pygmæus*, n. 59ᵃ.

891ᵃ. Stéréocaule aggloméré.   *Stereocaulon botryosum.*

S. botryosum. Ach. Lich. 581.

Cette espèce ressemble tellement au S. paschal, qu'elle pourrait bien n'en être qu'une variété; sa superficie est d'un gris cendré, ses tiges nombreuses, épaisses, disposées en gazon plus serré, de moitié environ plus courtes, simples par la base, divisées vers le sommet en rameaux, tous chargés de petites masses grenues et agglomérées; les tubercules fructifères, qui sont plus rares que dans le S. paschal, sont plus petits, d'un brun assez foncé, mais non pas noirs. Elle croît dans les hautes Alpes de Savoie, de Dauphiné, de Provence, sur la terre.

891ᵇ. Stéréocaule nain.   *Stereocaulon nanum.*

S. nanum. Ach. Meth. 315. Lich. univ. 582. — *Lichen nanus.* Ach. Prod. 206. — *Lichen quisquiliarius.* Leers. Herb. 993. — Mich. Gen. t. 53, f. 8.

Il croît par petits groupes serrés, gazonnans, longs de 2 à 4 lignes, d'un blanc cendré; ses tiges sont très-grêles, filiformes, cylindriques ou un peu comprimées, d'une consistance cornée flexible, divisées en rameaux peu nombreux, le plus souvent un peu épaissis au sommet, et recouverts d'une poussière floconneuse ; les fructifications sont très-rares : d'après les auteurs, ce sont des tubercules latéraux, rapprochés, convexes, d'un brun noir. Ce lichen a été trouvé par M. Duvau, en Touraine ; il croît sur la terre, parmi les rochers.

895ª. Corniculaire sarmen-   *Cornicularia sarmentosa.*
teuse.

Lichen sarmentosus et *Lichen dichotomus.* Ach. Prod. 180 et 181. — *Usnea dichotoma.* Hoffm. pl. lich. 3, p. 11, t. 72. — *Allectoria sarmentosa.* Ach. Lich. 595. — *Parmelia sarmentosa.* Ach. Meth. 271.

Sa tige est un peu comprimée, très-rameuse, presque toujours dichotome, terminée par des ramifications capillaires, souvent un peu lacuneuse ou anguleuse vers sa base, quelquefois lisse, diffuse ou pendante, de couleur blanchâtre, tirant un peu sur le gris pâle ou le vert, longue de 6 à 10 pouces ; les réceptacles sont, d'après M. Acharius, sessiles, latéraux, d'abord planes, puis un peu concaves, entourés d'un rebord un peu irrégulier, et couverts d'un peu de poussière glauque. Elle croît sur les troncs des arbres, dans les Alpes et les Vosges.

906ª. Orseille faux-varec.   *Roccella phycopsis.*
R. phycopsis. Ach. Lich. univ. 440. — *Lichen fucoïdes.* Dicks. crypt. 2, p. 22. — Dill. Musc. t. 22, f. 60.

Elle tient le milieu entre l'orseille des teinturiers et l'O. varec, et a été souvent confondue avec l'une et l'autre ; elle forme des gazons serrés, composés d'un grand nombre de tiges : celles-ci sont presque cylindriques, souvent poreuses à leur base, rarement simples, le plus souvent divisées à leur sommet en rameaux courts divergens, en forme d'alène et presque nivelés, de forme conique, un peu comprimés à leur base ; le long des tiges et des rameaux, on trouve des paquets farineux, épars, presque planes, sessiles, latéraux : on y trouve aussi, mais très-rarement, des tubercules compactes, noirâtres, assez semblables à ceux de la *R. tinctoria.* J'ai trouvé cette plante sur les rochers et les murs maritimes, à Piriac en Basse-Bretagne ; je l'ai reçue de l'île de Noirmoutiers, de Pémar près Quimper, et de Sixfours près Toulon. — Il est fort douteux que la vraie orseille des teinturiers croisse en France ; c'est toujours celle-ci, ou la *R. fuciformis,* que j'ai reçue sous le nom de *R. tinctoria.*

911ₐ. Cladonie madrépore. *Cladonia madreporiformis.*

Lichen madreporiformis. Wulf. in Jacq. coll. 3, t. 3, f. 2. Schleich. crypt. 2, n. 67. — *Dufourea madreporiformis.* Ach. Lich. 525. — *Cladonia papillaria.* DC. Syn. n. 911*. Excl. Ach. Syn.

Elle ne forme pas de croûte ; sa tige est blanchâtre, en touffe courte, serrée, longue de 4 à 5 lignes, divisée en rameaux cylindriques un peu renflés, courts, mous et presque fistuleux à l'intérieur, tachetés çà et là en dehors de très-petits points noirs, épars, et qui peut-être sont parasites ; les extrémités sont un peu divergentes, et de couleur brune : serait-ce les commencemens des tubercules fructifères ? Elle croit au sommet des Alpes.

911ᵇ. Cladonie papillaire. *Cladonia papillaria.*

Cenomyce papillaria. Ach. Lich. 571. *Bœomyces papillaria.* Ach. Meth. 323. Excl. Syn. Web. — *Lichen papillaria.* Ach. Prod. 88.
β. *C. molariformis.* Hoffm. Fl. germ. 117. Moug. et Nestl. crypt. vog. n. 259.

Cette espèce forme une croûte uniforme, grenue, un peu cendrée, de laquelle s'élèvent des tiges droites, courtes, cylindriques, un peu ventrues, glabres, blanchâtres, quelquefois simples, plus souvent divisées en quelques rameaux courts, un peu divergens ; ceux-ci sont terminés par des tubercules convexes, charnus et d'un roux brun. Elle croit sur la terre, dans les Vosges et le Mont-Tonnerre ; sur les rochers schisteux, près d'Angers.

913. Scyphophore replié. *Scyphophorus convolutus.*

Cette espèce n'est pas la même que le *lichen alcicornis*, Lightf. et Ach., mais c'est le *cenomyce endivifolia*, Ach. Lich. univ., p. 528.

927ᵃ. Calycium chanterelle. *Calycium cantherellum.*

C. cantherellum. Ach. Meth. 96. Lich. 240. — *C. pallidum.* Pers. in Ust. ann. st. 7, p. 20, t. 3, f. 1, 2. — *Trichia nivea.* Hoffm. Veg. crypt. t. 4, f. 1.
β. *C. peronellum.* Ach. Meth. 96.

Cette espèce a une croûte mince, blanche, un peu pulvérulente ; ses pédicelles sont longs, grêles, filiformes, blanchâtres, puis roussâtres, et quelquefois bruns ou noirâtres dans leur vieillesse ; les réceptacles sont en forme de lentille convexe, couverts d'une poussière blanche : lorsque la poussière est tombée, le disque de ce réceptacle devient roux. Il croit sur l'écorce du chêne, dans le Jura, en Bretagne, etc.

940ᵃ. Patellaire lapicide.   *Patellaria lapicida.*

Lecidea lapicida. Ach. Lich. univ. 159. — *Patellaria contigua.* Hoffm. pl.
lich. 3, p. 5, t. 62, f. 1-4.

ß. Pantherina. Hoffm. pl. lich. 3, p. 9, t. 57, f. 2.

Elle ressemble à la P. des pierres ; mais ses scutelles sont éparses,
et ne sont pas noires à l'intérieur, mais d'une consistance cornée et
d'une couleur grisâtre ; sa croûte est d'un blanc cendré, quelquefois
grisâtre ou bleuâtre, assez unie, mince, fendillée en petites aréoles ;
les scutelles sont à moitié enfoncées dans la croûte, noires, d'abord
planes et munies d'un très-léger rebord, puis convexes, souvent
confluentes. Elle croît sur les quartz et les granits les plus durs,
dont elle décompose et altère peu à peu la surface.

942ᵃ. Patellaire des soliveaux.   *Patellaria tigillaris.*

P. tigillaris. DC. Syn. n. 942*. — *Lichen tigillaris.* Ach. Prod. 67. Schl.
cent. 4, n. 39. — *Lecidea tigillaris.* Ach. Meth. 46, t. 2, f. 1. Lich.
univ. 164.

Sa croûte est un peu ridée ou verruqueuse, glabre, d'un beau
jaune citrin lorsqu'elle est sèche, un peu verdâtre lorsqu'elle est
humide ; ses réceptacles sont comme élevés au-dessus de la croûte
par le moyen de petites verrues qu'ils terminent ; ils sont noirs en
dedans et en dehors, orbiculaires, planes, avec un bord noir légèrement proéminent. On trouve cette plante dans les Alpes, sur les
poutres ou les solives, et aussi sur l'écorce des vieux mélèses.

952ᵃ. Patellaire des clôtures.   *Patellaria? sepincola.*

Schizoxylon sepincola. Pers. Act. soc. Wett. 2, p. 11, t. 10, f. 9. Moug.
et Nestl. vog. n. 174.

Sa croûte est mince, pulvérulente, de couleur blanche, étendue
irrégulièrement sur le bois, qu'elle paraît altérer et détruire ; ses
réceptacles sont épars, et semblent sortir du bois ; ils sont très-
semblables aux cupules des pezizes, et ressemblent en particulier
à la pezize patellaire : leur diamètre est d'environ une ligne ; leur
disque est plane, noirâtre, couvert de poussière glauque, entouré
d'un bord de la même nature, un peu épais, ridé et comme crénelé,
de couleur noire, un peu grisâtre. Cette plante croît sur les bois de
sapin travaillés pour faire des clôtures aux environs de Strasbourg.

963ᵃ. Patellaire de Mougeot.   *Patellaria Mougeotiana.*

Sa croûte est mince, légèrement verdâtre ou grisâtre, peu grenue, très-adhérente, étendue, sans bords bien déterminés ; ses
scutelles sont sessiles, planes, nombreuses, orbiculaires, souvent

confluentes, d'un rouge tirant d'abord sur la couleur de la cannelle, et, à la fin de leur vie, sur le brun, entourées par un rebord plane, mince, entier, blanchâtre, et qui paraît de la même nature que la scutelle. Cette jolie espèce a été découverte par M. Mougeot, dans la forêt de Beauremont, près de Bruyères, dans les Vosges; elle croît sur la terre humide, le long des chemins de la forêt.

964ᵃ. Patellaire marbrée. · *Patellaria marmorea.*

Lecidea marmorea. α. Ach. Lich. univ. 192. — *Parmelia marmorea.* Ach. Meth. 170. — *Lichen marmoreus.* Engl. bot. t. 739, ex Ach.

Sa croûte est mince, d'un gris pâle cendré, un peu verdâtre; ses réceptacles sont épars, d'abord presque globuleux et blanchâtres, puis ouverts en une petite coupe concave, orbiculaire, à disque couleur de chair, et à bord blanc, épais et parfaitement entier; ses réceptacles sont de moitié plus petits que dans la P. en coupe, dont notre espèce diffère encore, et par sa croûte, et par le bord entier de ses réceptacles, et par sa station. Elle croît, en effet, sur l'écorce des arbres, dans le Jura, où elle a été trouvée par M. Chaillet. Le *lichen marmoreus* de Scopoli, qui croît sur les rochers, doit probablement être rapporté, comme synonyme ou comme variété, à la *P. cupularis*, que M. Chaillet a aussi trouvée dans le Jura.

968. Patellaire sphéroïdale. *Patellaria sphæroïdea.*

Elle a été trouvée à la montagne de l'Esperou, dans les Cévennes, par M. Bouchet; à la Lozère, par M. Prost.

970ᵃ. Patellaire à fruits *Patellaria erythrocarpia.* rouges.

Lecidea erythrocarpia. Ach. Lich. univ. 205.

Sa croûte est blanche, pulvérulente, arrondie, un peu épaisse, très-légèrement fendillée lorsqu'elle est sèche; les réceptacles sont très-nombreux, d'abord d'un rouge vif, ensuite un peu bruns, orbiculaires, planes, entourés par un petit rebord blanc, lequel est dû à la croûte, sessiles et un peu enfoncés, au moins dans leur jeunesse. Elle croît sur les rochers de calcaire compacte, aux environs de Dijon, où elle a été découverte par M. Persoon; elle a aussi été trouvée près Montpellier par M. Grateloup; près Sarzane en Italie, par M. Bertoloni.

983ᵃ. Patellaire lépidore. *Patellaria lepidora.*

Lecanora lepidora. Ach. Lich. 418. — *Parmelia lepidora.* Ach. Meth. 185.
— *Lichen hypnorum.* Engl. bot. t. 740.
β. *Deaurata.* Ach. loc. cit. — *Psora hypnorum.* Hoffm. pl. lich. 3, t. 63.

Sa croûte est peu continue, interrompue, composée de petits lobes arrondis, grenus, crénelés, un peu embriqués, d'un gris cendré, verdâtre dans la var. α, jaunâtre dans la var. β; les scutelles sont assez grandes, nombreuses, concaves, presque planes, surtout dans la var. β, d'un brun tantôt un peu roux, tantôt foncé; la bordure est élevée, crénelée, grenue, souvent courbée ou ondulée, et semblable à la croûte. Elle croît sur les tas de mousses et sur la terre, dans les monts d'Or en Auvergne, à la Lozère et dans les Alpes.

985ᵃ. Patellaire métabolique. *Patellaria metabolica.*

Lecanora metabolica. Ach. Lich. 351.

Sa croûte est mince, peu unie, fendillée en très-petits fragmens, d'un gris pâle, peu étendue, légèrement ridée; ses scutelles sont très-petites, rapprochées, orbiculaires, d'abord un peu concaves, à disque noir, entouré d'une bordure blanche, entière, proéminente; ensuite ce bord devient brun, puis noir et semblable au disque : ce changement de nature de la bordure, changement qui se retrouve aussi dans la *P. commutata*, place ces espèces entre les deux dernières sections de ce genre, ou entre les *lecidea* et les *lecanora* d'Acharius. Elle croît sur l'écorce des arbres. M. Dufour l'a trouvée sur l'ormeau (Ach.).

993ᵃ. Rhizocarpe astérisque. *Rhizocarpon asteriscus.*

Lecidea dendritica. Ach. Meth. 44 ?

Cette espèce a quelques rapports avec le R. conferve; mais il est si remarquable par sa végétation, que je ne puis me décider à le passer sous silence. Il croît sur les rochers de quartz, et y forme des taches noires qui, vues à l'œil nu, ne ressemblent pas mal à un astérisque; lorsqu'on les examine à la loupe, on voit que le centre de la tache est occupé par une écaille noire, convexe, de la base de laquelle sortent en rayonnant des filets noirs, rameux, articulés ou en forme de chapelet, et très-adhérens à la pierre : les écailles s'ouvrent au sommet en une ou deux petites scutelles grisâtres. Cette plante a été trouvée, par M. Bouchet, aux Angles, près Villeneuve-les-Avignons.

1002. Psora trompeuse.   *Psora decipiens.*

Il faut ajouter aux synonymes déjà très-nombreux de cette espèce les suivans : *Lichen peltiphyllos*, Bell. app. 267. — *Lichen coccineus*, Gou. herb. 92. — *Lecidea decipiens*, Ach. meth. 80. — *Lecanora decipiens*, Ach. Lich. univ. 409.

1003ᵃ. Psora testacée.   *Psora testacea.*

P. testacea. Hoffm. pl. lich. t. 22, f. 5, 6. — *Lecidea testacea*. Ach. Meth. 80. — *Lecanora testacea*. Ach. Lich. univ. 409. — *Lichen testaceus* et *Lichen saxifragus*. Ach. Prod. p. 96 et 100.

Sa croûte est composée d'écailles planes, agrégées, un peu embriquées, vertes lorsqu'elles sont fraîches, d'un gris cendré et un peu verdâtre lorsqu'elles sont sèches : les réceptacles qui naissent sur leur bord sont des tubercules convexes, arrondis, d'un roux à peu près couleur de cannelle, et sans rebord, au moins dans leur état adulte. Ce lichen croît sur les rochers calcaires du Jura, où il a été observé par M. Chaillet.

1009. Urcéolaire à yeux bordés.   *Urceolaria ocellata.*

C'est le *lichen vallesiacus*, Schleich. exs. cent. 2, n. 75. — *Lichen tartareus*, Gou. herb. 91. — *Lecanora Villarsii*, Ach. lich. 360. — Il est commun dans les environs de Montpellier.

1010. Urcéolaire de Lamarck.   *Urceolaria Lamarckii.*

Depuis la publication de la Flore française, elle a été décrite sous le nom de *lecanora lagascæ*, Ach. lich. 423.

1010ᵃ. Urcéolaire de Schleicher.   *Urceolaria Schleicheri.*

U. Schleicheri. Ach. Lich. 332.

Cette espèce forme des taches arrondies, de 1 à 3 lignes de diamètre, planes ou à peine convexes, d'un jaune citrin très-vif ; la croûte a des écailles très-peu distinctes les unes des autres ; les réceptacles sont d'abord enfoncés dans la croûte, puis planes, souvent un peu convexes, orbiculaires, d'un rouge brun, entourés, au moins dans leur jeunesse, par un petit bord jaune, formé par la croûte. MM. Bouchet et Grateloup ont trouvé cette jolie espèce au bois de Grammont, près Montpellier. Elle croît sur la terre, parmi les mousses, et quelquefois sur la croûte de l'*urceolaria scruposa*. Elle diffère du *lecanora citrina*, Ach. lich. 402, parce que sa croûte n'est pas pulvérulente, et que ses réceptacles ne sont pas de couleur orangée. Elle ressemble beaucoup au *placodium fulgens ;*

mais elle ne forme pas des croûtes excentriques foliacées sur les bords , mais de petites plaques qui portent quelques scutelles.

1025ᵃ. Placode oxytone. *Placodium oxytonum.*

Lecanora oxytona. Ach. Lich. univ. 436.

Cette espèce ressemble tellement à l'écaillaire succin (n. 1014), qu'on serait tenté de l'en regarder , au premier coup d'œil , comme une simple variété ; elle en diffère , 1°. par le caractère générique ; c'est-à-dire, qu'au lieu d'être formée d'écailles toutes distinctes , toutes fructifères et à peu près égales , elle forme une croûte dont les bords sont évidemment adhérens, rayonnans et foliacés ; 2°. les scutelles sont plus petites, plus serrées, plus nombreuses, ayant le disque d'un roux fauve , à peu près plane , entouré d'un bord permanent et d'un jaune citrin ; toute la croûte est d'un jaune citrin très-vif. Elle croit sur les roches quartzeuses ; je l'ai trouvée dans les Vosges , et M. Schleicher, dans les Alpes.

1030. Placode brise-mur. *Placodium teicholytum.*

Placodium versicolor. Fl. fr. n. 1030. Excl. Syn. — *Lecanora teicholyta.* Ach. Lich. univ. 425.

Voyez Flore française , vol. 2, p. 380.

1038. Colléma crêpu. *Collema crispum.*

β. *C. pulposum ,* var. *a.* Ach. Lich. univ. 632. — *Lichen pulposus.* Bernh. in Schrad. Journ. 1799, 1, p. 7, t. 1, f. 1, a.
γ. *C. cristatum.* Fl. fr. n. 1039. — *Lichen cristatus.* Lin. sp. 1810. — Dill. Musc. t. 19, f. 26.

Ces variétés , presque aussi communes que l'espèce ordinaire , peuvent à peine s'en distinguer : la var. β a le bord des scutelles entier ; la var. γ, les lobes plus dressés et un peu plus découpés.

1039ᵃ. Colléma très-menu. *Collema tenuissimum.*

C. tenuissimum. Ach. Lich. univ. 659. — *Parmelia tenuissima.* Ach. Meth. 244. — *Lichen tenuissimus.* Dicks. crypt. 1, p. 12, t. 2, f. 8.

Il forme un petit gazon ras, court, un peu embriqué, d'un vert foncé tirant sur le brun : ses feuilles sont minces, découpées en lanières linéaires, multifides, inégales, serrées, un peu poin- tues et bordées de petites dentelures qui leur donnent un aspect cilié ; les scutelles sont éparses, d'un roux brun, planes, assez grandes, entourées d'un rebord saillant. Il croît sur la terre sa- blonneuse , sur les murs et parmi les mousses.

1041ª. Colléma peaucier.   *Collema dermatinum.*

C. dermatinum. Ach. Lich. univ. 648.

Sa feuille est membraneuse, un peu épaisse, gélatineuse, d'un vert foncé, lisse, glabre, divisée en lobes agrégés, arrondis, peu flexueux, entiers sur les bords ; les réceptacles naissent sur le disque de la feuille : ils sont d'abord presque globuleux, percés par un pore régulièrement orbiculaire ; ensuite ils deviennent à peu près planes, de couleur rousse, entourés par un bord proéminent un peu enflé, verdâtre, entier ou légèrement crenelé. M. Chaillet a découvert cette espèce dans le Jura, sur les bords du Seyon, entre Neufchâtel et Valangin.

1050. Embricaire grise.   *Imbricaria grisea.*

Ajoutez à la synonymie : *Lichen pityreus.* Ach. Prod. 124. — *Parmelia pityrea.* Ach. Lich. univ. 483. Moug. et Nestl. vog. n. 352.

1052ª. Embricaire élégante.   *Imbricaria venusta.*

Parmelia venusta. Ach. Meth. 211, t. 8, f. 5. Lichen. univ. 475. — *Lichen pulmonarius alpinus foliis eleganter divisis,* etc. Mich. Gen. p. 91, n. 5, t. 43, f. 4.

β. *Cinerea.*

Cette belle espèce de lichen forme une rosette arrondie : sa surface inférieure est noire et hérissée d'un grand nombre de fibrilles de la même couleur, qui lui donnent un aspect laineux ; la supérieure est d'un gris olivâtre dans la var. *α*; d'un gris cendré dans la var. *β*; mais ces deux couleurs sont tellement mêlées dans certains échantillons, qu'elles ne paraissent pas bien importantes ; les lobes des feuilles sont planes, flexueux, diversement découpés, rayonnans, plissés et un peu incisés sur les bords de la rosette. Les scutelles sont grandes, orbiculaires ; leur disque est plane, d'un gris olivâtre ou cendré ; leur bord est peu saillant, mais très-remarquable, en ce qu'il porte extérieurement de petites folioles dentées et rayonnantes, qui, dès le premier coup d'œil, font reconnaître cette espèce. Elle croit sur les troncs des chênes verts et blancs dans les Cévennes. M. Bouchet a trouvé la var. *β* à Campestre et entre la Vaquerie et Saint-Guillen-le-Désert. La var. *α* a été trouvée dans les environs de Sarzane par M. Bertoloni ; de Pise, par M. Savi ; de Florence, par M. Raddi.

1053. Embricaire brune.   *Imbricaria aquila.*

Elle a été retrouvée près de Nantes par M. Hectot ; à Saint-

Pierre-le-Moutier, près Nevers, par M. Simonet; dans les Cévennes, par M. Grateloup.

1055. Embricaire brûlée.   *Imbricaria adusta.*

Ajoutez à la synonymie : *Parmelia omphalodes.* Ach. Lich. univ. 469.

1056. Embricaire à feuilles de   *Imbricaria quercina.* chêne.

β. *Parmelia scortea.* Ach. Meth. 215. Lich. univ. 461.

Cette variété diffère de l'espèce que j'ai décrite par son feuillage un peu coriace, et dont la surface supérieure est plus blanche, presque luisante; l'inférieure est noire, hérissée de fibrilles radicales plus nombreuses; les réceptacles sont d'un roux plus clair. Elle croît sur les troncs d'arbres dans les Alpes, et aux environs de Nevers, etc.

1057. Embricaire à duvet bleu.   *Imbricaria cœrulescens.*

l. cœrulescens. Fl. fr. n. 1057. Excl. Syn. ad 1058 referend. — *Parmelia rubiginosa* et *P. affinis.* Ach. Meth. 212. Lich. univ. 467. — *Lichen affinis.* Dicks. crypt. 4, p. 24, t. 12, f. 6. Engl. bot. t. 983.

Elle se trouve sur les troncs d'arbres des côtes maritimes du nord-ouest, à Cherbourg, Quimper, Vannes, Nantes, etc. L'embricaire plombée, n° 1058, avec laquelle celle-ci a été confondue, se trouve en Bretagne, dans les Landes et les Cévennes.

1059. Embricaire conoplée.   *Imbricaria conoplea.*

Imbricaria pityrea. Fl. fr. n. 1059. Excl. Syn. Ach. — *Parmelia conoplea.* Ach. Lich. univ. 467. Moug. et Nestl. vog. n. 347. — *Lichen cœruleobadius.* Schleich. crypt. exs. 2, n. 71. — *Lobaria pulveracea.* Hoffm. Fl. germ. 2, p. 153 ?

Elle ressemble beaucoup à l'embricaire à duvet bleu : elle croît de même sur les vieux troncs d'arbres parmi les mousses, où elle forme des rosettes arrondies; la surface inférieure est toute hérissée de fibrilles d'un noir bleuâtre; la supérieure est d'un gris glauque, toute chargée dans le centre d'une poussière grenue, adhérente, d'un gris bleuâtre; les lobes sont planes, divisés en lobules arrondis et crenelés. Les scutelles, qu'on trouve rarement, ont le disque plane, d'un roux brun, entouré d'un bord saillant, épais, grenu et fort analogue à la nature des feuilles. Cette espèce croît sur le tronc des arbres, et principalement du hêtre, dans les Alpes, le Jura, les Vosges, etc.

1059ᵃ. Embricaire laineuse. *Imbricaria lanuginosa.*

Parmelia lanuginosa. Ach. Meth. 207. Excl. Syn. Lich. univ. 465. —
Lichen lanuginosus. Hoffm. enum. 82, t. 10, f. 4. — *Lichen membra-
naceus.* Dicks. crypt. 2, p. 21, t. 6, f. 1.

Son feuillage est disposé en rosette irrégulière, d'un blanc tirant
un peu sur le jaunâtre, et recouvert plus ou moins complètement
d'une poussière grenue assez adhérente ; la surface inférieure est
hérissée d'une laine épaisse d'un noir un peu bleuâtre ; les lobes
sont embriqués, planes, divisés en lanières arrondies et crénelées. Je n'ai point vu les scutelles, qui, d'après M. Acharius, sont
très-rares à rencontrer, petites, d'un roux brun, avec le bord entier, pulvérulent, un peu roulé en dedans. Elle croît parmi les
mousses, à Fontainebleau, où elle a été trouvée par M. Persoon.

1059ᵇ. Embricaire meunière. *Imbricaria aleurites.*

I. aleurites. Syn. n. 1059ᵃ. — *Parmelia aleurites.* Ach. Meth. 208. Lich.
univ. 484. — *Lichen aleurites.* Ach. Prod. 117.
β. *Diffusa.* Ach. loc. cit. — *Placodium diffusum.* Hoffm. enum. t. 10, f. 2.

Son feuillage forme une rosette rayonnante, irrégulière, ridée,
plissée, d'une couleur pâle, blanchâtre, un peu verdâtre lorsque
la plante est jeune, rousse ou presque brunâtre quand elle est
âgée, toute couverte d'une poussière grenue et adhérente, excepté
sur les bords de la rosette ; les lobes ont leur surface inférieure
blanchâtre ou roussâtre, avec quelques petites fibrilles noires ; ceux
du bord sont distincts, planes, arrondis, incisés, un peu crénelés ;
les scutelles sont rares, comme dans toutes les espèces chargées de
poussière, planes, à peu près brunes, avec le bord pulvérulent,
un peu crénelé, surtout dans leur vieillesse. Ce lichen croît sur
les poutres à la machine de Marly, etc. On le trouve aussi, mais
plus rarement, sur l'écorce des vieux pins.

1064ᵃ. Embricaire centrifuge. *Imbricaria centrifuga.*

Parmelia centrifuga. Ach. Meth. 206. Lich. univ. 486. — *Lichen centri-
fugus.* Lin. sp. 1609. Ach. Prod. 118.

Cette espèce, qu'on a souvent confondue avec l'embricaire ponctuée, m'en paraît bien distincte : elle forme sur les rochers des
rosettes arrondies, grandes, et dont le centre va toujours en s'évi-
dant à mesure que la circonférence s'accroît par une marche cen-
trifuge ; son feuillage est d'un blanc verdâtre en dessus, de couleur blanche en dessous ; les lobes des feuilles sont un peu étroits,
convexes, multifides, obtus ; les scutelles sont d'un roux brun,

concaves, assez grandes ; leur bord est entier, de la couleur du feuillage, un peu roulé en dedans, au moins dans l'état de dessiccation. J'ai trouvé ce lichen sur les rochers schisteux de la Lozère.

1069. Embricaire charbonnée. *Imbricaria encausta.*

γ. *Lichen intestiniformis.* Vill. Dauph. 4, p. 497. Bell. App. 270. *Parmelia intestiniformis.* Ach. Lich. univ. 495.

Cette variété, que j'ai reçue de M. Bellardi, ne diffère de l'espèce ordinaire que parce qu'elle a les feuilles un peu plus planes, plus luisantes, d'une teinte grise ou rousse vers les bords de la rosette, et qui sont peu ou point ponctuées.

1070ª. Embricaire du Styx. *Imbricaria stygia.*

Parmelia stygia. Ach. Meth. 203. Lich. univ. 471. — *Lichen stygius.* Lin. Syst. veg. 783. Ach. Prod. 109. Hoffm. pl. lich. t. 25, f. 2. Enum. t. 14, f. 2.

Elle ressemble beaucoup à l'Emb. de Fahlun, et prend comme elle une couleur noirâtre ; mais elle s'en distingue clairement par sa superficie supérieure, dont l'aspect est luisant et comme vernissé, par ses lobes convexes et non concaves, parce que les bords se recourbent en dessous au lieu de se courber en dessus. J'ai trouvé cette espèce sur les rochers au Mont–Pilat près Lyon. M. Mougeot l'a cueillie sur les sommités des Vosges ; M. Bouchat, à la Ferèze dans les Cévennes.

1074ª. Physcie jaunâtre. *Physcia flavicans.*

P. flavicans. DC. Rapp. 1, p. 16. — *Parmelia flavicans.* Ach. Meth. 268. — *Borrera flavicans.* Ach. Lich. 504. — *Lichen flavicans.* Swartz. Fl. ind. occ. 3, p. 1908. — *Lichen vulpinus.* Aubry, Morb. x, p. 13, non. Lin.

Cette espèce est d'un jaune doré : elle forme une touffe serrée, composée d'un grand nombre de feuilles menues très-rameuses, à lanières linéaires un peu comprimées, presque anguleuses à leur base, légèrement concaves du côté le plus pâle, dichotomes, à rameaux aigus, divergens, irréguliers, un peu roides et ressemblant quelquefois à de petits cils ou à de petites épines. Les scutelles sont de la même couleur que la feuille, latérales, planes, orbiculaires, munies d'un bord entier et peu saillans. Je ne les ai jamais vues sur les échantillons de France, et je les décris d'après un individu de la Jamaïque, qui provient de l'herbier de M. Swartz : les nôtres offrent çà et là de très-petits paquets (*soredia*) latéraux, d'une poussière grenue. Ce lichen croît sur les troncs d'arbres des provinces de l'ouest ; à Quimper-Corentin, où M. Bonnemaison l'a

cueilli sur des pins, et moi-même avec lui, sur des ormeaux; à
Vannes; à Nantes; à Angers sur des pruniers épineux; dans les
Pyrénées occidentales. J'en ai des échantillons des Antilles parfai-
tement semblables aux nôtres.

1077ª. Physcie variable. *Physcia polymorpha.*

Ramalina polymorpha. Ach. Lich. univ. 600. Act. Stockh. 18, p. 270,
t. 11, f. 3. — *Lichen tinctorius.* Web. Spic. 241. — *Lichen capitatus.*
Schleich. pl. exs.

Cette espèce est variable dans son port, mais se rapproche cependant assez de la physcie nivellée; ses feuilles partent d'une base
commune et forment une petite touffe serrée de 8 à 12 lignes de
hauteur; ces feuilles sont planes, d'une couleur pâle et cendrée, le
plus souvent munies de dépressions ou petites cavités longitudinales, divisées en rameaux linéaires, irréguliers, plus nombreux
vers l'extrémité, tantôt aigus, plus souvent terminés par un petit
renflement obtus et convert de poussière; on trouve aussi des
paquets de poussière sur le bord des feuilles. Je n'ai pas vu les scutelles, qu'on trouve rarement; elles sont, d'après Acharius, grandes,
peltées, un peu convexes, presque terminales. J'ai trouvé ce lichen
croissant sur les rochers, dans les hautes Alpes du Dauphiné, au
mont Galibier.

1079ª. Physcie des rocailles. *Physcia scopulorum.*

P. scopulorum. DC. Rapp. 1, p. 15. — *Ramalina scopulorum.* Ach. Lich.
univ. 604. — *Parmelia scopulorum.* Ach. Meth. 261. — *Lichen scopulorum.* Retz. obs. 4, p. 30. — *Lichen calicaris.* Lin. sp. 1613. Fl. dan.
t. 959, f. 2.

Ses feuilles naissent par groupes serrés; elles sont comprimées,
planes, linéaires, lisses ou à peine lacuneuses, quelquefois entières,
plus souvent divisées en quelques rameaux linéaires, entiers sur les
bords, amincis au sommet; leur couleur est pâle, blanchâtre ou
cendrée; leur saveur, lorsqu'on les mâche, est remarquable par son
amertume. Ce lichen ne porte que très-rarement des paquets farineux : ses scutelles sont éparses vers l'extrémité des feuilles, un peu
pédicellées, à peu près peltées, planes ou un peu convexes à la fin
de leur vie, de la même couleur que la feuille. Il croît sur les rochers
du bord de la mer, en Basse-Bretagne, près de Quiberon, Saint-
Nazaire et aux Sables-d'Olonne.

1095ª. Sticta safranée. *Sticta crocata.*

S. crocata. Ach. Meth. 277. Lich. univ. 447. DC. Rapp. 1, p. 15. — *Lichen
crocatus.* Lin. mant. 310. — Dill. musc. t. 84, f. 12.

Elle est disposée en rosette arrondie, attachée par le centre; sa feuille est membraneuse, un peu inégalement bosselée, glabre et d'un glauque tirant sur le brun en dessus, divisée en lobes arrondis et irréguliers; la surface inférieure est revêtue d'un duvet court, noirâtre dans le centre et roussâtre sur les bords de la rosette : dans ce duvet, on observe çà et là de petits points d'un jaune vif, pulvérulens, et qui ressemblent à des ciphelles; le bord des lobes se relève souvent en dessus, et se charge aussi d'une poussière d'un jaune vif. Je n'ai jamais vu les scutelles. Ce beau lichen croît sur le tronc des arbres, en Bretagne. M. Bonnemaison me l'a fait cueillir sur les ormeaux de la promenade, à Quimper; M. Duvau me l'a envoyé de Rennes : comparé avec les échantillons recueillis par M. Swartz, à la Jamaïque, il ne m'a offert aucune différence.

1121. Endocarpe hépatique. *Endocarpon hepaticum.*

E. Hedwigii, var. *a.* Fl. fr. n. 1121. — *E. hepaticum.* Ach. Lich. univ. 298.

La feuille est cartilagineuse, plane, arrondie, très-légèrement lobée ou sinuée sur les bords, d'un brun olivâtre foncé, de 1 à 2 lignes de diamètre; la surface supérieure est ponctuée de petits points noirs; l'inférieure est noirâtre, dépourvue de fibrilles. Il naît ordinairement plusieurs individus voisins qui forment une petite croûte plane sur la terre un peu humide, au bord des chemins et dans les lieux découverts. Elle a été trouvée à Chantilly, près Paris, par M. Dufour; à Campestre, dans les Cévennes, par M. Bouchet; à Strasbourg, par M. Nestler. Je l'ai cueillie dans le Jura, près Pontarlier. La plante que j'ai reçue de M. Hedwig, sous le nom d'*E. pusillum*, ne me paraît pas différer de celle-ci; mais la figure des *stirpes cryptogamicæ* paraît fort différente.

1121ᵃ. Endocarpe écailleux. *Endocarpon squamulosum.*

E. squamulosum. Ach. Lich. univ. 299.

Cette plante n'est peut-être qu'une variété de l'E. hépatique, auquel elle ressemble beaucoup; elle en diffère seulement, en ce qu'elle est un peu plus grande, que les bords tendent à se relever un peu, de sorte que les feuilles sont légèrement embriquées les unes sur les autres, et enfin parce que sa surface inférieure est grise, et non pas noire. Elle croît sur la terre humide et peu ombragée, dans les montagnes. M. Chaillet l'a trouvée dans le Jura; M. Bouchet, dans les Cévennes, près Campestre.

1121ᵦ. Endocarpe pâle.   *Endocarpon pallescens.*

E. Hedwigii β. Fl. fr. n. 1121.

Sa feuille est arrondie, de 2 lignes de diamètre, à peine sinuée sur les bords, qui se relèvent très-légèrement, de manière à imiter le bord de certaines scutelles; la surface supérieure est plane, disciforme, de couleur chamois clair dans mes échantillons desséchés, marquée de quelques points bruns; la surface inférieure est nue sur les bords, d'un gris un peu noirâtre. Cette espèce croît sur la terre, en Provence, près Marseille. MM. Mougeot et Nestler disent que le *L. pentospermus* de Villars, qu'ils ont vu dans son herbier, n'est autre que le *psora decipiens*; je dois donc supprimer le synonyme indiqué dans la Flore : la figure que Villars a publiée de sa plante, pl. 55, peut cependant donner une idée de la nôtre.

1121ᶜ. Endocarpe blanc   *Endocarpon eburneum.*
d'ivoire.

Cette espèce est l'une des mieux caractérisées de ce genre ; elle est petite, arrondie, ovale ou un peu irrégulière, attachée par le centre ou par le côté, d'un blanc mat et pur en dessus, marquée de quelques points noirs, plane, avec les bords à peine proéminens; la surface inférieure est noire et nue, au moins sur les bords. Les individus naissent un peu écartés les uns des autres, sur la terre des vieilles murailles, à Montpellier, où elle a été découverte par M. Bouchet.

1121ᵈ. Endocarpe plissé.   *Endocarpon euplocum.*

E. euplocum. Ach. Meth. 127, t. 3, f. 4. Lich. univ. 301.

Cette espèce a un feuillage cartilagineux, d'un brun roux, tirant un peu sur le vert olivâtre lorsqu'il est humecté, profondément divisé en lobes arrondis et un peu embriqués, flexueux et comme plissés; la surface supérieure est marquée de petits points noirs; l'inférieure est nue, d'un gris noirâtre vers le centre, d'un jaune très-pâle sur les bords. Cet endocarpe croît sur les murailles de Strasbourg et de Mende. Elle a été trouvée par MM. Nestler et Prost.

FAMILLE DES HÉPATIQUES.

1124. Riccie noueuse. *Riccia nodosa.*

CETTE espèce ressemble beaucoup aux individus mâles de la jongermanne fourchue, et pourrait bien peut-être appartenir à ce genre ; mais elle diffère de la *J. furcata*, en ce que ses feuilles sont, comme dans les riccies, dépourvues de nervure longitudinale, tandis que celles de la jongermanne fourchue en ont une très-peu apparente.

1124ª. Riccie en gouttière. *Riccia canaliculata.*

R. canaliculata. Hoffm. Fl. germ. 2, p. 96.

Ses feuilles ne forment point une rosette arrondie et régulière, mais elles naissent et s'entrecroisent en tous sens de manière à couvrir la terre humide d'un petit tapis d'un vert clair : ces feuilles sont rampantes, dichotomes, à lanières étroites, linéaires, obtuses à leurs sommets, entières sur les bords, qui sont relevés, creusées en gouttières dans le milieu de la face supérieure, de consistance opaque, foliacée, vertes sur les deux surfaces, dépourvues de nervure longitudinale, adhérentes au sol par le moyen de petites fibrilles radicales blanchâtres qui partent du milieu de la face inférieure. J'ai trouvé cette riccie sans fructification, sur la terre, au bord de la rivière d'Erdre, près Nantes.

1127ª. Riccie ciliée. *Riccia ciliata.*

R. ciliata. Hoffm. Fl. germ. 2, p. 95. — Mich. gen. t. 57, f. 5.

Ses feuilles partent en rayonnant d'un centre commun, et forment une rosette arrondie d'un pouce environ de diamètre : ces feuilles sont linéaires, dichotomes, un peu concaves, à bords relevés et bordés, surtout vers les extrémités, de cils blanchâtres, assez prononcés ; la superficie supérieure est d'un vert glauque, et, vue à la loupe, paraît un peu ponctuée ; l'inférieure adhère au sol par de petites fibrilles radicales blanchâtres. Cette espèce croît sur la terre humide, et m'a été communiquée par M. Grateloup, qui l'a trouvée aux environs de Dax, dans les Landes.

1127ᵇ. Riccie noirâtre. *Riccia nigrella.*

Cette jolie espèce naît très-adhérente au sol, et comme collée avec lui ; ses feuilles divergent en divers sens, et ne forment pas une rosette bien régulière ; elles sont linéaires, dichotomes, à lobes étroits, entiers sur les bords, obtus à leur sommet ; la surface supérieure est verdâtre, concave et en forme de gouttière étroite, formée par les bords, qui se relèvent ; la surface inférieure est noire, comme si elle était enduite de poix, plus visible sur les bords que la supérieure, parce qu'elle se relève, surtout à la fin de sa vie, adhérente au sol par des fibrilles radicales peu visibles, et situées vers le centre des lobes. Cette espèce croit sur la terre humide, à Grammont, près Montpellier, où elle a été découverte par M. Bouchet.

1137. Ce numéro doit être supprimé. La plante que j'ai indiquée sous le nom de *marchantia angustifolia* n'est autre que la var. β de la *jungermannia epiphylla*, n. 1139.

1141. Jongermanne Blasie. *Jungermannia Blasia.*

J. Blasia. Hook. ined. — *Blasia pusilla.* Lin. sp. 1605. Fl. fr. n. 1128.

M. Hooker a découvert que la plante, dont on avait fait un genre particulier sous le nom de *blasia*, est une vraie jongermanne ; les tubercules, qu'on prenait pour les organes fructifères, donnent naissance à un pédicelle long, grêle et filiforme, qui soutient une capsule semblable à celle des jongermannes.

1145. Jongermanne fluette. *Jungermannia pusilla.*

Elle a été retrouvée au Mans, à Nantes, à Dax, à Coussols près Digne, dans les Vosges, etc. C'est à elle que, selon M. Koch, se rapporte le *J. polyanthos*, Poll. pal. n. 1058.

1145ª. Jongermanne fluette. *Jungermannia minuta.*

J. minuta. Dicks. crypt. 2, p. 13. Hook. jung. t. 44. — *J. rupicola.* Schleich. crypt. exs. 2, n. 60.

Elle croit en touffes peu serrées, de peu d'étendue et d'un vert brun ; sa tige est grêle, filiforme, rarement simple, le plus souvent bifide ou dichotome, longue de 5 à 6 lignes ; les feuilles sont disposées sur deux rangs, étalées horizontalement, courbées et presque pliées moitié sur moitié, incisées au sommet en deux lobes pointus, séparés par un sinus un peu aigu ; celles du bas sont souvent à 2 ou 3 lobes peu réguliers ; les fructifications sont terminales ; la gaine est ovoïde, un peu rétrécie à la base, très-légèrement plissée au sommet ; son orifice est resserré, dentelé. Elle croit sur les rochers, parmi les mousses, dans les Alpes voisines de Genève, dans les Vosges près Bruyères, etc.

1146. Jongermanne en éche- *Iungermannia scalaris.*
lons.

> β. *J. lanceolata.* Poll. pal. n. 1059. Fl. fr. n. 1154. Engl. bot. t. 605,
> non Liu.
> γ. *Filiformis.*
> δ. *Sterilis.* — *Mnium trichomanes.* Poll. pal. n. 993, ex Kock in Litt.

La var. β, qu'à l'exemple de la plupart des auteurs, j'avais prise
pour le *J. lanceolata* de Linné, est d'un vert plus clair que l'espèce
ordinaire, mais d'ailleurs semblable; la var. γ a les jets grêles et
allongés; la var. δ, qui ne se compose que des individus stériles de
la var. β, croît en larges groupes sur les troncs pouris.

1146ᵃ. Jongermanne disséquée. *Jungermannia exsecta.*

> *J. exsecta.* Schmied. ic. 241, t. 62, f. 2. Hook. jung. t. 19. — *J. globuli-
> fera.* Poll. pal. 3, p. 182.

Elle forme de petites touffes lâches, à peu près étoilées, remarquables par leur feuillage d'un vert jaunâtre et par les globules
rougeâtres qu'on observe souvent aux sommités des feuilles, et qui
paraissent être des faisceaux de petites gemmules; la tige est simple,
couchée, un peu rampante à sa base, légèrement ascendante; les
feuilles sont déjetées sur deux rangs, étalées, presque horizontales,
concaves, ovales, pointues, très-faciles à reconnaître, en ce qu'elles
portent sur un de leurs bords une seule dent aiguë et assez prononcée. La fructification m'est inconnue: selon Schmiedel, elle naît
au sommet des tiges; la gaîne est ovale-oblongue, terminée par
4 dents obtuses. Cette espèce croît dans les lieux humides et marécageux. M. Koch me l'a envoyée de Kaiserslautern.

1146ᵇ. Jongermanne incisée. *Jungermannia incisa.*

> *J. incisa.* Schrad. Journ. 1801, 1, p. 67. Web. et Mohr. crypt. 431. Hook.
> jung. t. 10. Moug. et Nestl. vog. n. 240.

Elle forme des touffes assez serrées, adhérentes au sol et d'un vert
gai; ses tiges sont couchées, un peu rampantes, déprimées, presque simples; les feuilles sont écartées dans le bas, serrées dans le
haut de la tige, arrondies, presque carrées, crépues, divisées en
3 ou 4 lobes aigus et inégaux, quelquefois çà et là dentelées. On
en trouve qui ont leurs lobes terminés par des globules blanchâtres,
qui sont des paquets de gemmules: les fructifications naissent au
sommet des jets; la gaîne est en forme d'œuf renversé; son orifice
est serré, déchiqueté en 4 lobes un peu dentelés; le pédicelle est
long. Elle croît sur la terre et les rochers, parmi les mousses, dans

les lieux humides et ombragés, dans les Alpes, les Vosges, les
Landes près Dax, etc.

1146ᶜ. Jongermanne enflée. *Jungermannia inflata.*

J. inflata. Huds. angl. 511. Hook. jung. t. 38. — *J. bicrenata.* Schmied.
ic. 246, t. 64, f. 1. Excl. Dill. syn. — *J. scalaris.* Schleich. pl. exsic.

Elle croît en touffes serrées, étendues et remarquables par la
teinte foncée de leur verdure ; ses tiges sont couchées, un peu
rampantes à la base, simples ou rameuses ; les feuilles sont alternes,
disposées sur deux rangs un peu écartés dans le bas, arrondies,
concaves, terminées par deux petits lobes étroits et obtus que sépare
un sinus aigu ; les fructifications sont terminales ; la gaîne est ren—
flée au sommet, rétrécie à la base, à peu près en forme de poire ;
son orifice est resserré, légèrement denté ; la capsule est brune, à
lobes linéaires. Elle croît dans les lieux marécageux des montagnes,
dans les Alpes voisines de Genève.

1146ᵈ. Jongermanne con-nivente. *Jungermannia connivens.*

J. connivens. Dicks. crypt. 4, p. 19, t. 11, f. 15. Hook. jung. t. 15.

Cette espèce est fort petite ; ses jets sont filiformes, couchés, un
peu rampans, disposés en rayonnant d'un centre commun, un peu
rameux ; les feuilles sont presque orbiculaires, concaves, d'un vert
clair, d'une consistance un peu charnue, échancrées à leur sommet,
de manière à imiter à peu près la forme d'un croissant ; les deux
lobes se rapprochent sensiblement par leurs extrémités ; les fruits
naissent solitaires, terminaux, sur de petites branches particulières
qui sont placées près du centre de la rosette ; les feuilles qui entourent
la gaîne sont palmées ; les gaînes sont ovales-oblongues, ciliées et
resserrées à leur orifice. Cette espèce a été trouvée jusqu'ici sans
fructification dans les fentes des rochers humides et ombragés, près
Bruyères, par MM. Mougeot et Nestler : je décris la fructification
d'après un échantillon d'Angleterre, communiqué par M. Hooker.

1147. Jongermanne barbue. *Jungermannia barbata.*

β. *J. dichotoma.* Schleich. cent. 2, n. 57.
γ. *J. minor.* Schleich. pl. exs.
δ. *J. gracilis.* Schleich. cent. exs. 3, n. 60.

J'ai déjà averti que cette espèce prend des aspects très-divers : la
var. β, qui croît dans les forêts sous-alpines, et qui mérite peut-
être d'être distinguée, a les feuilles très-serrées les unes contre les
autres, terminées par une dent étroite, aiguë et parfaitement sem-

blable à un poil. Les var. *γ* et *δ* ne diffèrent de l'espèce ordinaire que par leurs feuilles écartées et très-petites, surtout dans la dernière. Elles croissent dans les lieux tourbeux des Alpes.

1147ª. Jongermanne échancrée. — *Jungermannia emarginata.*

J. emarginata. Ehr. beitr. 3, p. 80. Hook. jung. t. 27. Moug. et Nestl. vog. n. 243. — *J. macrorhiza.* Dicks. crypt. 2, p. 16, t. 5, f. 10.
α. Fusca. Moug. et Nestl. loc. cit. — *J. saxicola.* Schleich. pl. exsic.
β. Viridis. Moug. et Nestl. loc. cit.

Elle croît en larges touffes plus ou moins serrées, d'un vert rougeâtre lorsqu'elle croît dans les lieux secs, d'un beau vert quand elle naît dans ou près l'eau ; sa tige est droite, rameuse, longue de 8 à 10 lignes ; ses feuilles sont disposées sur deux rangs, embriquées, lâches, étalées en forme de cœur renversé, c'est-à-dire, échancrées, et à 2 lobes courts et obtus ; les fructifications sont terminales ; les gaînes sont ovales, très-courtes, cachées sous les feuilles florales : celles-ci sont presque tronquées à leur sommet ; la capsule est brune, à lobes lancéolés, pointus. Elle croît dans les pays montagneux, sur la terre, les pierres, ou au moins la var. *β*, dans les petits ruisseaux. Elle a été trouvée dans les Alpes ; les Vosges ; à la Serra, près Lyon, par M. Gilibert ; à Dax, par M. Grateloup.

1147ᵇ. Jongermanne odorante. — *Jungermannia graveolens.*

J. graveolens. Schrad. Samml. n. 106. Web. et Mohr. crypt. 407.

Elle forme des touffes lâches assez grandes, d'un vert décidé, et assez semblables de loin à celles des mousses ; ses tiges sont rameuses dès leur base, couchées, entrecroisées, garnies en dessous de petites fibrilles semblables à des poils ; les feuilles sont déjetées des deux côtés, opposées comme les folioles des feuilles pennées, ovales, presque parallélogrammiques, terminées par deux dents aiguës que sépare un sinus aigu ; les stipules sont extrêmement petites et cachées parmi les petites fibrilles, radicales : on ne connaît pas la fructification. Elle croît parmi les rochers et sur la terre sablonneuse, dans les forêts, près Kaiserslautern, où elle a été trouvée par M. Koch. M. Schrader dit qu'étant fraîches, ses touffes ont une odeur de cerfeuil.

**1147ᶜ. Jongermanne hétéro-   *Jungermannia heterò-*
                   phylle.   *phylla.*

J. heterophylla. Schrad. Journ. 5, p. 66. Hook. jung. t. 31. — *J. bidentata.*
Schleich. crypt. cent. 1, n. 44, non Lin. — *J. bicuspidata.* Engl. bot.
t. 281, excl. syn.

Elle forme une touffe lâche, remarquable par la pâleur de son
feuillage ; sa tige est couchée, très-rameuse, garnie en dessous
d'un petit nombre de fibrilles radicales ; les feuilles sont horizontales, déjetées sur deux rangs, ovales, un peu décurrentes le long
de la tige, rarement entières, plus souvent échancrées au sommet,
à dents obtuses ou rarement pointues, très-courtes, séparées par
un sinus très-obtus ; les stipules sont petites, divisées en 2, 3 ou
plusieurs lobes étroits, aigus, profonds, inégaux ; les fructifications sont terminales, portées sur des branches latérales très-
courtes ; la gaine est presque triangulaire, un peu déchiquetée à son
orifice. Elle croit sur les troncs pouris, dans les forêts des Alpes
voisines de Genève et dans les Vosges, près Bruyères, où elle a été
trouvée par MM. Mougeot et Nestler.

1148ᵃ. Jongermanne ventrue. *Jungermannia ventricosa.*

J. ventricosa. Dicks. crypt. 2, p. 14. Hook. jung. t. 28. — *J. bidentata.*
Schmied. diss. 106, f. 14. Mich. gen. t. 5, f. 13 et 15.

Elle forme des touffes peu serrées, mais assez étendues ; ses jets
sont couchés, simples ou un peu rameux, longs de 4 à 6 lignes ;
les feuilles sont étalées, sur deux rangs, concaves, presque carrées, échancrées au sommet par un sinus arrondi qui sépare deux
pointes fort courtes ; les inférieures se terminent souvent par 3 ou
4 pointes : ces pointes portent souvent des globules blanchâtres,
qui sont des faisceaux de gemmules. Je n'ai jamais vu la fructification, qui est fort rare. D'après M. Hooker, elle est terminale ;
la gaine est d'abord sphérique, puis ovale-oblongue, resserrée,
plissée et dentée à son orifice. Elle croit dans les forêts montagneuses
dés Alpes et des Vosges.

**1151. Jongermanne à feuilles   *Jungermannia curvi-*
                   courbes.   *folia.***

J. curvifolia. Dicks. crypt. 2, p. 15. t. 5, f. 7. Hook. jung. t. 16. —
J. birostrata. Schleich. crypt. exs. 3, n. 59. Fl. fr. n. 1151.

Rapportez ici la description de la Flore, et ajoutez que les lobes
des feuilles sont presque toujours courbés ou croisés ; les fructifications naissent à l'extrémité de très-petites branches qui pro-

viennent du centre de la touffe; leurs gaines sont oblongues, à peine plissées, légèrement dentées à leur orifice. Elle a été trouvée sur les troncs pouris, dans les Vosges, par MM. Mougeot et Nestler.

1151ᵃ. Jongermanne bysse.   *Jungermannia byssacea.*

J. byssacea. Roth. cat. 2, p. 158. Hook. junk. t. 12. — *J. divaricata.* Engl. bot. t. 719.

Cette espèce est si menue, qu'on l'aperçoit à peine à la vue simple; ses tiges sont couchées, flexueuses, simples ou peu rameuses, divergentes d'un centre commun, longues de 2 à 3 lignes, et à peine de la grosseur d'un cheveu; les feuilles sont écartées, larges, courtes, presque quadrilatères, incisées à leur sommet en lobes courts, inégaux et pointus; les feuilles florales extérieures sont divisées en 2, les intérieures en 3 lobes; tout le feuillage est d'un vert très-foncé; la gaîne est terminale, cylindrique, blanchâtre, assez grande, un peu plissée, dentelée au sommet; la capsule, d'un brun un peu rougeâtre, a 4 lobes oblongs. Elle croît en petites touffes sur la terre des landes et des bruyères. M. Koch l'a trouvée près Kaiserslautern. Je crois qu'elle se trouve aussi dans les Alpes de Savoie.

1151ᵇ. Jongermanne de Francis.   *Jungermannia Francisci.*

J. Francisci. Hook. jung. t. 49. — *J. bicornis.* Schleich. pl. exs.

Elle ressemble à la J. bysse, et forme de même de petites touffes couchées; son feuillage est d'un vert jaunâtre ou roussâtre; ses tiges sont simples ou rameuses, ascendantes, longues de 2 à 3 lignes; ses feuilles sont dressées, ovales, concaves, bifides, à lobes pointus, un peu divergens; les stipules sont très-petites et bifides; les fructifications sont situées à l'extrémité de petits rameaux fort courts, et qui naissent près de la base de la plante; la gaine est oblongue, cylindrique, presque point plissée, et à son orifice bordé de 7 à 8 petites dents. Elle croît sur le bois pourri, dans les Alpes voisines de Genève.

1151ᶜ. Jongermanne de Funck.   *Jungermannia Funckii.*

J. Funckii. Web. et Mohr. crypt. 422. — *J. excisa.* Funck. Samml. n. 118, non Dicks. — *J. byssacea.* Schleich. cent. exs. 5, n. 41, non Roth.

Elle forme de petits gazons serrés, ras, et d'un vert noirâtre; ses tiges sont droites, longues de 2 à 3 lignes, simples ou divisées dès leur base, en jets simples et égaux; les feuilles sont un peu embriquées, demi-étalées, concaves à leur base, échancrées au sommet en deux lobes un peu obtus, séparés par un sinus aigu ; les jets chargés de fructifications sont un peu renflés au sommet, d'où sort un pédicelle court et grêle ; la gaîne est cachée sous les feuilles florales, ou peut-être nulle ; la capsule est brune, à 4 lobes oblongs. Elle croît sur la terre sablonneuse dans les petites cavités des routes des forêts. M. Mougeot l'a trouvée aux environs de Bruyères, dans les Vosges. M. Schleicher, dans les Alpes.

1151ᵈ. Jongermanne coupée. *Jungermannia excisa.*

J. excisa. Dicks. crypt. 3, p. 11, t. 8, f. 7. Hook. jung. t. 9.

Elle croît par petits jets un peu écartés, mais qui couvrent un espace de quelques pouces de largeur ; leur feuillage est d'un vert foncé, qui tend au rouge quand la plante est en fruit ; la tige est très-courte, simple, couchée, rampante ; les feuilles sont étalées, arrondies, presque carrées, fortement échancrées par un sinus arrondi qui sépare deux lobes courts et pointus ; les feuilles florales se terminent par trois dents ; les fructifications sont terminales ; la gaîne est oblongue, blanchâtre, plissée et dentée sur les bords. Elle croît sur la terre humide et sablonneuse dans les Landes, aux environs de Dax, d'où elle m'a été envoyée par **M. Grateloup** ; dans les Vosges, par **MM. Mougeot et Nestler.**

1152. Jongermanne sarmenteuse. *Jungermannia viticulosa.*

Cette espèce, bien figurée par M. Hooker (Jung. t. 60), est très-remarquable, parce que les gaines naissent attachées au côté inférieur des jets, enfoncées en terre, et semblent des sacs cylindriques situés sous les tiges ; ces gaines sont blanchâtres, charnues, légèrement frangées sur les bords de l'orifice. Elle a été retrouvée dans les Vosges par **MM. Mougeot et Nestler,** qui l'ont placée dans leurs cahiers cryptogamiques, sous le nom de *J. pallescens* (Fasc. 2. n. 160).

1152ᵃ. Jongermanne à feuilles en cœur. *Jungermannia cordifolia.*

J. cordifolia. Hook. jung. t. 32.

Ses tiges sont droites, flexueuses, dichotomes, longues d'un à deux pouces, disposées en touffes serrées et d'un vert noirâtre ; les feuilles sont dressées, concaves, en forme de cœur, disposées sur deux rangs, courbées autour de la tige de manière à l'embrasser par leur base, entières et obtuses à leur sommet, assez écartées pour former le long de la tige autant de petits escaliers qui donnent aux jets de cette plante l'aspect de certaines sertulaires ; les fruits sont axillaires et terminaux ; leur gaîne est oblongue, un peu plissée, à peine dentelée, et presque close au sommet. Elle a été trouvée, par M. Deleuze, dans les lieux humides et ombragés, en Provence, près Sisteron.

1153ª. Jongermanne à cré- *Jungermannia crenulata.*
         neaux.

J. crenulata. Sm. Engl. bot. t. 1463. Hook. jung. t. 37.

Elle forme des touffes très-serrées lorsqu'elles sont en fruit, un peu lâches quand elles sont stériles, d'un vert un peu rougeâtre ; les tiges sont couchées, rampantes, rameuses, de 6 à 10 lignes de longueur ; les feuilles sont arrondies, très-entières, presque calleuses sur les bords, embriquées dans les jets fertiles, écartées de manière à imiter des crénelures dans les jets stériles ; les fructifications naissent au sommet de ramifications fort courtes ; elles sont ordinairement très-nombreuses dans les touffes fertiles ; la gaîne est en œuf renversé, un peu comprimée, resserrée au sommet et un peu dentée à son orifice ; le pédicelle a 6 lignes de longueur ; la capsule est brune, à 4 lobes oblongs, presque linéaires. Elle croît dans les lieux marécageux, aux environs de Nantes, d'où elle m'a été envoyée par M. Hectot ; dans les Vosges, par MM. Mougeot et Nestler.

1154. Jongermanne lan- *Jungermannia lanceolata.*
        céolée.

J. lanceolata. Lin. sp. 1597. Hook. jung. t. 18, nou Fl. fr. Mich. gen.
    t. 5, f. 6 et 7.
    β ? *Abietina.*

Ses jets sont couchés, presque simples, longs de 4 à 10 lignes, garnis de très-petites radicules, surtout près de leur base ; les feuilles sont étalées, ovales, arrondies, entières, d'un vert un peu jaunâtre, embrassantes à leur base, dépourvues d'oreillettes et de stipules ; celles qui entourent la gaîne sont un peu plus oblongues ; la gaîne est terminale, oblongue, presque cylindrique ; avant la sortie du fruit elle est un peu courbée, plane au sommet et comme tronquée ; son orifice est étroit, dentelé, ou un peu incisé ; le pédicelle est aussi long que la tige ; la capsule est de couleur brune. Cette rare espèce de Jongermanne a été trouvée sur les rochers recouverts de mousse et situés le long des ruisseaux, dans les forêts humides des Vosges, près Bruyères, par MM. Mougeot et Nestler ; elle fructifie en avril et mai. Celle que, d'après plusieurs auteurs, j'avais désignée

sous ce nom, est une variété de la *J. scalaris*, n. 1146. La var. *β*,
que M. Mougeot a trouvée dans les Vosges sur les bois morts, dans les
foréts de sapins, ne semble différer de la précédente que par la petitesse de toutes ses parties et sa couleur plus foncée ; mais comme
elle n'a pas encore été trouvée en fructification, on ne peut la classer d'une manière fixe.

1154^b. Jongermanne d'au-   *Jungermannia autumnalis.*
      tomne.

Cette espèce ressemble beaucoup à la *J. lancéolée*, mais elle en est
distincte, 1°. parce que ses feuilles sont plus arrondies, moins recouvertes l'une par l'autre, souvent munies d'un pli vers leur milieu,
et d'un vert foncé; 2°. surtout par ses gaines cylindriques, presque
deux fois plus longues, étroites, droites, et dont l'orifice est bordé
de quelques dents longues, droites et acérées ; 3°. par son pédicelle
de moitié au moins plus court que les tiges. Elle fructifie en automne,
et a été découverte par M. Mougeot dans les foréts de sapins des
Vosges, près Bruyères. M. Hooker, auquel elle a été communiquée,
l'a reconnue pour une espèce nouvelle.

1157. Jongermanne à trois   *Jungermannia trilobata.*
      lobes.

      γ. *J. triangularis.* Schleich. crypt. exs. 2, n. 61. Web. et Mohr. crypt.
      p. 410.

Cette variété est au moins trois fois plus petite dans toutes ses
parties que l'espèce ordinaire ; son feuillage est aussi d'un vert un
peu plus foncé; d'ailleurs elle lui ressemble trop pour pouvoir en
être séparée, jusqu'à ce que l'on découvre sa fructification, où il est
probable qu'on trouvera quelques caractères. Elle croit dans les
Alpes.

1162^a. Jongermanne ser-   *Jungermannia serpyllifolia.*
      pollet.

      J. serpyllifolia. Dicks. crypt. 4, p. 19. Hook. jung. t. 42. Mich. gen.
      t. 6, f. 19.

Elle forme des touffes assez grandes, composées d'individus entre-
croisés les uns dans les autres de diverses manières ; ses tiges sont
filiformes, rampantes, flexueuses, rameuses, presque pennées ; les
feuilles sont disposées sur deux rangs, auriculées, c'est-à-dire, à 2
lobes entiers très-inégaux ; le supérieur, grand, oblong, très-obtus,
ventru à sa base ; l'inférieur, petit, un peu plus aigu, enveloppant

la tige et semblant une oreillette ; les stipules sont arrondies, bifides,
à lobes aigus et à sinus étroit ; les fructifications sont latérales et
axillaires ; le calice est ovoïde, resserré à sa base, a 5 angles ; son
orifice est resserré, élevé, un peu denté ; la capsule est sphérique,
transparente, blanchâtre, et ses valves s'écartent à peine de la direction verticale. Cette singulière jongermanne croît dans les bois,
parmi les mousses, dans les Alpes, aux environs du Mans, dans les
Landes, près Dax, et dans les Vosges.

**1165ª. Jongermanne des   *Jungermannia umbrosa.*
lieux ombragés.**

> *J. umbrosa.* Schrad. Samml. 2, p. 5. Hook. jung. t. 24. Schleich. crypt.
> exs. n. 58.

Ses touffes sont petites, serrées, d'un vert un peu jaunâtre ; les
tiges sont droites, un peu rameuses, de 5 à 6 lignes de longueur ;
les feuilles sont disposées sur deux rangs, à 2 lobes très-inégaux,
pliés l'un sur l'autre, pointus, dentés en scie ; l'inférieur, grand,
ovale ; le supérieur plus arrondi et plus petit ; les feuilles de l'extrémité des jets sont souvent déjetées d'un seul côté ; les fructifications
sont terminales ; leur gaîne est oblongue, un peu courbée, tronquée,
et très-entière au sommet. Elle croît sur les rochers, dans les forêts
des Alpes.

1166ª. Jongermanne ciliée. *Jungermannia ciliaris.*

> *J. ciliaris.* Lin. sp. 1601. Leers herb. 907. Hoffm. Fl. germ. 2, p. 84, t. 2.
> Moug. et Nestl. vog. n. 244.

Elle est intermédiaire entre le *J. albicans* et le *J. tomentella ;* elle
forme une touffe serrée et d'un vert roussâtre ; sa tige est rameuse ;
ses feuilles nombreuses, rapprochées, embriquées, sur deux rangs,
découpées en cils longs et menus qui donnent au feuillage, vu en
masse, un aspect un peu hérissé ; les stipules sont bifides et aussi
garnies de cils ; les fructifications naissent du sommet des rameaux ;
les gaînes sont cylindriques, un peu dentées, très-glabres, caractère
qui la distingue facilement du *J. tomentella.* Elle croît dans les forêts
montagneuses, sur les troncs pouris, dans les Alpes et les Vosges.

1170. Jongermanne rasée. *Jungermannia concinnata.*

> *J. concinnata.* Lightf. scot. 2, p. 736. Engl. bot. t. 2220. Hook. jung. t. 3.
> —*J. julacea.* Fl. dan. t. 1002. Schleich. crypt. exs. n. 55. Fl. fr. n. 1170,
> non Lin.

Cette espèce ressemble, par son port, aux *andreæa ;* sa tige est
droite, rameuse, épaissie, et comprimée vers son sommet ; elle forme
des touffes serrées et assez étendues, d'un vert glauque et luisant,

assez semblable à celui du bry argenté ; ses feuilles sont disposées sur deux rangs, embriquées, extrèmement serrées, dressées, concaves, ovales, obtuses, un peu blanchâtres, et échancrées à leur sommet ; les fructifications partent de l'extrémité des branches ; le pédicelle sort d'entre les feuilles, sans gaîne apparente ; il est court, un peu épais, strié en long ; la capsule est brune, à 4 lobes ovales. Elle croît dans les lieux tourbeux des montagnes, dans les Alpes et les Vosges ; il est très-rare de la trouver en fructification ; M. Mougeot l'a trouvée dans cet état au mont Rotabac.

1170ᵃ. Jongermanne chaton.   *Jungermannia julacea.*

J. julacea. Lin. sp. 1601. Hook. jung. t. 2, non Fl. fr. — *J. implexa.* Schleich. pl. exsic. Dill. musc. t. 73, f. 38.

Elle ressemble beaucoup à la précédente, mais en est bien distincte : sa tige est grêle, à peu près droite, irrégulièrement rameuse, filiforme ; ses feuilles sont disposées sur 4 rangs, embriquées, dressées, ovales, profondément divisées en 2 lobes un peu pointus ; celles qui entourent la fructification sont à 4 lobes parallèles ; les fructifications naissent au sommet des rameaux ; elles sont munies de gaînes bien apparentes, cylindriques, plissées, et dont le bord est dentelé ; le pédicelle est court ; la capsule brune, à 4 lobes ovales. Elle croît en touffes dans les montagnes. M. Schleicher a trouvé cette plante dans les Alpes du Valais.

FAMILLE DES MOUSSES.

1172ᵃ. Phasque axillaire.   *Phascum axillare.*

P. axillare. Dicks. crypt. 1, t. 1, f. 3. Smith. Fl. brit. 1149.
β. P. nitidum. Hedw. st. cr. 1, p. 91, t. 34. Bach. Journ. bot. 1813, 1, p. 282, t. 19, f. 13.

Sa tige est droite, presque toujours simple, feuillée, longue de 3 à 5 lignes ; ses feuilles sont d'un vert gai, un peu étalées, oblongues, et en carène à leur base, prolongées insensiblement en un long appendice obtus et en forme d'alène, entières sur les bords, munies à leur base d'une nervure qui disparaît au sommet ; le pédicelle naît terminal, mais devient bien vite latéral et axillaire par l'allongement de la tige ; il est plus court que les feuilles, et porte une capsule brune, elliptique, d'abord droite comme dans la figure de Hedwig, puis pendante comme dans celle de Dickson, terminée par une petite pointe oblique. Elle croît sur la terre, et a été trouvée à Saint-Léger, près Paris, par M. Persoon ; à Dax, dans les Landes, par M. Grateloup.

1176ᵃ. Phasque à pédicelle courbé.   *Phascum curvisetum.*

> *P. curvisetum.* Dicks. crypt. 4, p. 2, t. 10, f. 4. Smith. Fl. brit. 1154. Brid. suppl. 1, p. 8. Schleich. cent. exs. 3, n. 4. Turn. musc. hib. 3. Bach. Journ. bot. 1813, 1, p. 276, t. 19, f. 4. — *P. piliferum*, var. Web. et Mohr. crypt. p. 67.

Il diffère du P. porte-poil, 1°. parce que ses feuilles se prolongent en une pointe piliforme acérée, mais colorée en vert, et non blanchâtre ; 2°. parce que le pédicelle très-court qui porte sa capsule, se courbe dès sa base, et se déjette de côté, de sorte que la capsule est le plus souvent située hors de la petite touffe des feuilles. Elle croît sur la terre. M. Schleicher l'a trouvée en Suisse près la cascade de Pissevache, et par conséquent très-près de la frontière.

1177ᵃ. Phasque faux-bry.   *Phascum bryoïdes.*

> *P. bryoïdes.* Dicks. crypt. 4, p. 3, t. 10, f. 3. Smith. Fl. brit. 1154. Schvœgr. suppl. 1, p. 7, t. 1, f. 1. Bach. Journ. bot. 1813, 1, p. 274, t. 19, f. 2. — *P. gymnostoïdes.* Brid. suppl. 1, p. 7. — *P. elongatum.* Schulz. Fl. starg. 273, ex Mohr.

Cette espèce est une des plus grandes du genre, et a mieux le port d'un gymnostome que d'un phasque : sa tige est droite, simple ou rameuse à sa base seulement, allongée, feuillée dans toute sa longueur ; ses feuilles sont embriquées, dressées, ovales, prolongées en pointe acérée, entières sur les bords, courbées en carène sur la côte moyenne ; le pédicelle est droit, terminal, au moins aussi long que les feuilles, d'un brun rougeâtre ; la capsule est droite, ellipsoïde, brune, terminée par une pointe assez longue. Elle croît sur la terre, dans les environs d'Orléans, où elle a été trouvée par M. A. de Saint-Hilaire ; au bois de Boulogne, près Paris (Bach).

1179ᵃ. Sphaigne pointu.   *Sphagnum cuspidatum.*

> *S. cuspidatum.* Hoffm. Fl. germ. 2, p. 22. Smith. Fl. brit. 3, p. 1147. Schwœgr. suppl. 16, t. 6. Web. et Mohr. crypt. 74, t. 6, f. 2. — *S. capillifolium*, β. Fl. fr. n. 1179. Dill. musc. t. 32, f. 2, B.

Sa couleur est d'un vert pâle ; sa tige est faible, allongée, divisée en rameaux étalés ou réfléchis, nombreux vers le sommet, atténués et pointus à leur extrémité ; ses feuilles sont lancéolées, lâches, sans nervures, courbées en dessus par leurs bords, de manière à ce que, quoique réellement tronquées, elles paraissent se terminer en pointe très-acérée et être à peine étalées ; les feuilles du périchœtium sont presque obtuses, très-entières ; le pédicelle, qui a presque un pouce de longueur, se dilate au sommet en une petite apophyse ou disque orbiculaire, qui soutient une capsule ovoïde. Ce sphaigne croît dans les marais aqueux, où il est assez commun. Il diffère du *S. squarro-sum*, parce que ses feuilles ne sont pas recourbées au sommet ; et du *S. capillifolium*, parce qu'elles ne sont ni si petites, ni si exactement embriquées.

1180. Sphaigne hérissé. *Sphagnum squarrosum.*

Voyez la figure et la description de cette espèce dans Bridel, suppl. 1, p. 14, et Schwœgr. suppl. 1, p. 13, t. 4. Web. et Mohr. It. suec. t. 2, f. 1, a, b, crypt. 73.

1181. Sphaigne compacte. *Sphagnum compactum.*

M. Schwœgrichen a donné (supl. 1, p. 12, t. 3.), depuis la publication de la Flore française, et d'après les échantillons que j'avais envoyés à M. R. A. Hedwig, une bonne figure de cette espèce.

1184ᵃ. Gymnostome com- *Gymnostomum compactum.* pacte.

G. compactum. Schleich. crypt. exs. 2, n. 7. — *G. æstivum.* Schleich. pl. exs. non Hedw. — *Anœctangium compactum.* Schwœgr. suppl. 1, p. 36, t. 11. Hall. helv. n. 1811. — *G. tristichon.* Wahlemb. lapp. n. 534.

Ses tiges sont très-longues, simples ou peu rameuses, égales entre elles et réunies en une touffe épaisse et serrée ; les feuilles sont presque verticillées, linéaires, lancéolées, entières sur les bords, courbées en carène, un peu crépues par la dessiccation, d'un vert roussâtre ; les pédicelles sont latéraux, longs de 6 lignes, droits, grêles ; la capsule est oblongue ; l'opercule caduc, plane ; sa base est prolongée en un bec long, grêle et oblique ; la coiffe se fend latérale-ment. Cette espèce tient le milieu entre les deux sections de ce genre : elle a les fleurs monoïques et les males axillaires comme les anyctangiums et la coiffe des vrais gymnostomums. Elle croît dans le Jura, sur les roches arrosées et humides au-dessus des Plans, où elle a été trouvée par Haller et par M. Schleicher.

1185ᵃ. Gymnostome en fais- *Gymnostomum fasci-* ceau. *culare.*

G. fasciculare. Turn. musc. hib. 10. Hedw. sp. musc. 38, t. 4. Brid. musc. 2, p. 44. — *Bryum fasciculare.* Dicks. crypt. t. 7, f. 5.

Il ressemble beaucoup au G. piriforme, et ne peut en être distin-

gué qu'avec beaucoup d'attention : sa stature est de moitié plus petite ; sa tige est un peu nue par la base ; ses feuilles sont ovales-lancéolées, légèrement dentées en scie ; la capsule est moins renflée, plus exactement en forme de poire , et surtout son opercule est parfaitement
plane, et ne se relève pas au centre en une pointe conique. Cette espèce
croît sur la terre dans les lieux pierreux , et a été trouvée aux environs de Nantes par M. Hectot ; à Béfort , par MM. Mougeot et
Nestler ; à Kaiserslautern , par M. Koch.

1187ª. Gymnostome inter-   *Gymnostomum interme-*
médiaire.   *dium.*

G. intermedium. Turn. musc. hib. 7 , t. 1, f. a , b, c. Schwœgr. suppl. 1,
p. 19, t. 7.

Il ressemble beaucoup aux *G. truncatulum, obtusum* et *Heimii*, et
mérite bien le nom d'intermédiaire : il croît par petits gazons ; ses
tiges sont simples, très-courtes ; ses feuilles, au nombre de 5–6 , sont
presque diaphanes, d'un vert gai, planes, étalées, ovales - lanceolées ,
entières sur les bords , munies d'une nervure bien sensible , prolongées en pointe ; les pédicelles sont terminaux ; la capsule oblongue ,
tronquée au sommet ; l'opercule forme un bec allongé , pointu et
oblique , presque égal à la longueur de la capsule. Il croît sur la terre
limoneuse , au pied des Alpes et en Angleterre , ce qui doit faire
penser qu'il se trouve dans presque toute la France.

1188ª. Gymnostome mince.   *Gymnostomum tenue.*

G. tenue. Schrad. crypt. n. 31. Hedw. sp. musc. 37, t. 4, f. 1-4.

Cette mousse, l'une des plus petites de toutes , a une tige simple ,
très-courte ; des feuilles oblongues-linéaires, concaves, un peu
obtuses , munies d'une nervure, entières sur les bords, et au nombre
de 5 à 6 ; le pédicelle est terminal , long de 2 à 3 lignes , droit , non
tortillé, de couleur pâle ; la capsule est ovale, oblongue , jaunâtre ,
avec l'orifice resserré et rougeâtre ; l'opercule est droit, conique ,
rouge. Elle croît sur les rochers sablonneux. Elle a été trouvée au-
dessus de Lausanne, par M. Schleicher ; aux environs de Grenoble ,
par M. Ducoin.

1189ª. Gymnostome étoilé.   *Gymnostomum stelligerum.*

G. stelligerum. Schrad. Journ. 2, p. 56. Brid. suppl. 1, p. 39. Smith. Fl.
brit. 1164. — *Bryum stelligerum.* Dicks. 2, p. 3, t. 4, f. 4.

Sa tige est rameuse, droite, étalée ; ses feuilles sont linéaires ,
lanceolées, étalées , entières , courbées en carène ; les supérieures ,
rapprochées en faux verticille et étoilées ; les pédicelles sont termi-

naux, droits, solitaires, rougeâtres ; la capsule est hémisphérique ;
son opercule est aplati sur les bords, prolongé par le centre en un
bec grêle un peu courbé, aussi long que la capsule. ♃ Il croît dans
les fentes des rochers, dans les forêts, dans les Alpes, aux environs
de Lyon ; on le retrouve au mont Serrat, en Catalogne (Brid.), et
en Angleterre (Dicks.), d'où l'on peut inférer qu'il est dans toute la
France.

1191ᵃ. Gymnostome cous-   *Gymnostomum pulvinatum.*
sinet.

G. pulvinatum. Hedw. sp. musc. p. 36, t. 3. Brid. suppl. 1, p. 35.

Les pieds de ce gymnostome sont petits, rassemblés en forme de
coussinets simples ou un peu rameux vers le sommet ; les feuilles
sont d'un vert foncé, embriquées, concaves, ovales-oblongues ; les
inférieures, et celles qui entourent les fleurs mâles, sont obtuses ;
celles qui entourent la base de la fructification se prolongent en un long
poil blanc ; le pédicelle est très-court, droit, chargé d'une capsule
globuleuse, d'un jaune brun ; l'opercule est convexe, orangé.
Il croît sur les rochers, dans le Jura, à la montagne de la Dôle.
(Brid.)

1194ᵃ. Andréée de Roth.   *Andreæa Rothii.*

A. Rothii. Web. et Mohr. crypt. 386, t. 11, f. 7, 8. Hook. Trans. lin.
10, p. 393, f. 3. Schwœgr. suppl. 1, p. 43. Moug. et Nestl. vog. n. 116.
— *A. rupestris.* Smith. Fl. brit. 1178. Roth. n. Beitr. 1. Dill. musc. t. 73,
f. 40.

Cette espèce est très-distincte des deux autres andréées de France,
quoiqu'elle leur ressemble par le port et la teinte noirâtre de son
feuillage. Elle se reconnaît à ce que les feuilles de la tige sont munies
d'une nervure, tandis que celles du périchætium en sont dépourvues ;
les premières se prolongent, à leur extrémité, en une lanière presque
en forme d'alène ; les secondes sont oblongues ; ces feuilles sont déjetées d'un seul côté, surtout celles de l'extrémité des tiges ; celles-ci
sont souvent simples, réunies en faisceau. ♃ Elle croît sur les rochers siliceux des montagnes : je l'ai cueillie au mont Pilat, près
Lyon ; MM. Mougeot et Nestler, près Bruyères.

1197. Splanc de Frœlich.   *Splachnum Frœlichianum.*

C'est à cette espèce qu'on doit rapporter le *S. mnioïdes* (Brid.
supl. 1, p. 149), qui a été décrit dans mon herbier, d'après des
échantillons envoyés par M. Hedwig.

1197ᵃ. Splanc faux-mnium. *Splachnum mnioïdes.*

S. mnioïdes. Lin. f. musc. 26. Hedw. crypt. 2, p. 35, t. 11. Sp. musc. 51.

Ses tiges sont droites, rameuses, longues d'un pouce; ses feuilles, d'un vert gai, elliptiques, lancéolées, pointues, très-entières, se terminant par une arète flexueuse, jaunâtre, plus longue dans les feuilles supérieures que dans les inférieures; le pédicelle est droit, de la longueur de la tige; l'apophyse, qui soutient la capsule, est verdâtre, petite, en forme de cône renversé; la capsule elle-même est d'un jaune brun, à peu près de la largeur de l'apophyse; l'oper-cule est convexe, obtus. ⊙ Il croit dans les lieux humides, auprès des lacs des Alpes de Suisse et de Savoie.

1197ᵇ. Splanc de Brewer. *Splachnum Brewerianum.*

S. Brewerianum. Hedw. crypt. 2, p. 105, t. 38. — *S. fastigiatum.* Dicks. crypt. 3, p. 2. — *S. Breweri.* With. brit. 792. — *S. mnioïdes.* Engl. bot. t. 786, non Lin.

Ses tiges sont droites, réunies en touffe, longues de 8-10 lignes, ra-meuses par leur base, où elles sont souvent couvertes d'un duvet brun; ses feuilles sont lancéolées, pointues, entières sur les bords, prolon-gées par le sommet en une arète flexueuse et jaunâtre; le pédicelle est droit, latéral, un peu plus long que la tige; l'apophyse est en forme d'œuf, le gros bout en haut, d'un rouge noirâtre, presque noire lorsqu'elle est sèche; la capsule est plus courte et plus étroite que l'apophyse, ovoïde, presque cylindrique; l'opercule est convexe, avec une très-petite pointe. ⊙ Il croît dans les Hautes-Alpes parmi les rhododendrons.

1203ᵃ. Weissie fugace. *Weissia fugax.*

W. fugax. Hedw. sp. 64, t. 13. — *Grimmia striata.* Schrad. Journ. 2, p. 55.

Sa tige est droite, longue de 2 lignes, le plus souvent rameuse, fragile et formant de petites touffes serrées; ses feuilles sont linéaires, d'un vert foncé, munies d'une nervure longitudinale, entières sur les bords, planes quand elles sont fraîches, tordues sur elles-mêmes quand elles sont sèches; le pédicelle est droit, jaunâtre, de deux lignes de longueur; la capsule, presque globuleuse et remarquable par les stries longitudinales dont elle est marquée lorsqu'elle est vide; l'opercule est rougeatre à sa base, terminé par un bec grêle, court, jaunâtre, un peu oblique; les dents du péristome tombent prompt-ement, de sorte qu'on pourrait facilement la prendre pour un gymnostome. ♃ Elle croit dans les fentes des rochers. M. Schleicher

l'a trouvée au pied des Alpes , près Genève ; M. Koch à Kaiserslautern ; MM. Mougeot et Nestler dans les Vosges.

1204ᵃ. Weissie noire.   *Weissia atra.*

W. atra. Schleich. pl. exs.

Cette espèce est très-remarquable , parce que ses touffes sont
presque entièrement noires et que les feuilles les plus jeunes conservent à peine une teinte verte ; ses tiges sont droites, rameuses , réunies en touffe assez serrée , longues de 5-7 lignes ; les feuilles sont
lancéolées, prolongées en pointe subulée ; leurs bords sont entiers ,
roulés en dessus, la nervure longitudinale est très-peu visible ; ces
feuilles se tortillent fortement sur elles-mêmes lorsqu'elles sont sèches ;
les pédicelles naissent aux sommités des branches ; ils sont filiformes ,
droits, longs de 4 lignes ; la capsule est droite, ovale-oblongue, jaunâtre avec l'anneau rougeâtre ; l'opercule est droit , conique , très-
allongé , pointu , presque en alène. ♃ Elle croît dans les Alpes
voisines du Léman , où elle a été découverte par M. Schleicher.

1205ᵃ. Weissie de Starcke.   *Weissia Starkeana.*

W. Starkeana. Hedw. st. cr. 3 , p. 83 , t. 34 , B. sp. musc. 65.

Sa tige est simple , longue d'une ligne environ ; ses feuilles sont
lancéolées, aiguës , munies d'une nervure longitudinale légèrement
saillante au sommet , entières sur les bords , et un peu roulées en
dessus ; le pédicelle est terminal , et devient quelquefois latéral par
l'allongement de la tige ; il est droit , long de 2 lignes ; la capsule est
droite , ovoïde , un peu oblongue , d'abord verte , puis brune ;
l'opercule est obtus , conique , de couleur orangée, puis brune. ♃
Elle croît dans les champs limoneux, sur les bords du Rhin (Bridel),
aux environs de Kaiserslautern (Koch).

1206ᵃ. Weissie pointue.   *Weissia acuta.*

W. acuta. Hedw. st. cr. 3 , t. 35. Schwœgr. suppl. 1 , p. 69. — *Bryum
filiforme.* Vill. Dauph. 3 , p. 875.
β. *W. rupestris.* Hedw. sp. 72 , t. 14. — *Grimmia rupincola.* Web. et
Mohr. it. suec. p. 101 , t. 2 , f. 3.

Ses tiges sont droites , rameuses , réunies en touffe , atteignant à
peu près la même hauteur , longues d'un pouce environ ; ses feuilles
sont dressées, lancéolées , en alène à leur extrémité , munies d'une
nervure longitudinale , d'un vert jaunâtre foncé , luisantes , entières et un peu roulées en dedans sur les bords ; les pédicelles sont
droits , latéraux , solitaires , rougeâtres , longs de 2 à 3 lignes ; la
capsule est globuleuse ou presque ovoïde ; l'opercule offre un bec un

peu courbé. — Elle croît dans les lieux rocailleux des Alpes, à la vallée de Binn (Schleich); au mont de Lans , et à Prémol, en Dauphiné (Vill.); à Vaucluse (Guér.)

1207ᵃ. Weissie verticillée. *Weissia verticillata.*

W. verticillata. Schwœgr. suppl. 71, t. 20. — *W. gypsacea.* Schleich. crypt. exs. — *Grimmia verticillata.* Smith. Fl. brit. 1191. — *Grimmia fragilis.* Web. et Mohr. Arch. p. 129, t. 4, f. 4. — *Bryum verticillatum.* Lin. sp. 1585. — *Bryum fasciculatum.* Dicks. crypt. 3, p. 3. Dill. musc. t. 47, f. 35.

Ses tiges sont un peu rameuses, réunies en touffe, longues d'un pouce environ , roides et fragiles ; ses feuilles sont presque verticillées, lancéolées, terminées en forme d'alène, dressées, quelquefois légèrement dentées en scie à leur base, courbées en carène, munies d'une forte nervure , d'un vert clair ; le pédicelle est droit, long de 6-8 lignes ; la capsule est ovale-oblongue, lisse , droite, d'un jaune un peu brun ; l'opercule est conique , aigu, un peu courbé, presque aussi long que la capsule. Elle croît dans les Alpes, sur les rochers calcaires et gypseux arrosés par des gouttières ; souvent les touffes sont encroûtées par les dépôts de l'eau.

1208ᵃ. Weissie crépue. *Weissia crispula.*

W. crispula. Hedw. sp. musc. 68, t. 12.

Ses tiges sont rameuses, droites, longues d'un pouce, réunies en touffe serrée ; ses feuilles sont d'un vert foncé , embriquées, lanceolées , et longuement amincies en une pointe courbée en carène, et crépue lorsqu'elle est sèche ; les feuilles ont le bord entier , et sont souvent déjetées d'un seul côté vers les sommités des jets ; les pédicelles sont rougeâtres, de 3-4 lignes plus longs que les tiges ; les capsules droites , ovales-oblongues, surmontées d'un opercule à bec un peu oblique. ♃ Elle est assez commune sur les rochers des Alpes voisines de Genève.

1208ᵇ. Weissie noircie. *Weissia nigrita.*

W. nigrita. Hedw. st. cr. 3 , p. 97, t. 39, sp. 72. Schwœgr. suppl. 74.

Cette espèce est facile à reconnaître à cause de sa capsule sphéroïdale, petite, un peu inclinée, de couleur noire, d'un aspect luisant à sa maturité , et surmontée d'un opercule conique ; les tiges sont droites, longues d'un pouce, un peu rameuses, rapprochées en touffe serrée ; le feuillage est d'un brun noirâtre dans le bas de la touffe, d'un vert jaunâtre, un peu roussâtre dans le haut ; les feuilles sont ovales, lancéolées, concaves à leur base, presque pliées en long sur leur nervure longitudinale, resserrées en pointe, allongées à leur sommet; le pédicelle est droit, long de 7-8 lignes. ♃ Elle est commune dans les lieux humides des Alpes de Valais, de Savoie.

1208ᶜ. Weissie unilatérale.   *Weissia heteromalla.*

W. heteromalla. Hedw. st. cr. 1, p. 22, t. 8, sp. 71.

Ses tiges sont droites, simples, un peu flexueuses, longues de 2 lignes; les feuilles sont d'un vert luisant, un peu jaunâtre; élargies à leur base, puis prolongées en une lanière très-étroite, aiguë, en forme d'alène, presque toute occupée par la nervure longitudinale; ces feuilles naissent tout autour de la tige, mais celles du sommet sont un peu déjetées d'un seul côté; le pédicule est latéral ou terminal, rougeâtre, dressé, long de 3 lignes; la capsule est brune, droite, ovale-oblongue, peu resserrée à son orifice; l'opercule est droit, conique. ♃ Elle croît sur la terre sablonneuse dans les Landes, près Dax, d'où elle m'a été envoyée par M. Grateloup; je l'ai reçue de Sarzane, en Ligurie, où elle a été trouvée par M. Bertoloni.

1213ᵃ. Grimmie grêle.   *Grimmia gracilis.*

G. gracilis. Schleich. pl. exs. Schwœgr. suppl. 98, t. 23.

Sa tige est demi-couchée, allongée, rameuse et atteint jusqu'à 2 pouces de longueur; ses rameaux supérieurs atteignent à peu près le même niveau; les feuilles sont d'un vert foncé, étalées, un peu recourbées au sommet, embriquées à leur base, lancéolées, assez larges, courbées en carène, munies d'une forte nervure, un peu dentées au sommet, qui ne se termine point par un poil comme dans le *G. apocarpa;* les capsules naissent latéralement, et non aux extrémités des tiges, comme dans le *G. rivularis;* elles sont oblongues, d'un brun rougeâtre, portées sur un pédicelle très-court, presque nul, et entourées par les feuilles florales. ♃ Elle est assez fréquente sur les rochers dans les Alpes; M. Schleicher l'a trouvée dans les montagnes voisines de la Savoie; M. Gilibert, dans celles qui entourent Lyon; MM. Mougeot et Nestler, dans les Vosges, près Bruyères.

1213ᵇ. Grimmie des ruisseaux.   *Grimmia rivularis.*

G. rivularis. Turn. hib. 21, t. 2, f. 2. Schwœgr. suppl. 1, p. 96, t. 23. Brid. in Schrad. Journ. 3, p. 276, t. 3. — *G. aquatica.* DC. Rapp. 1, p. 11. — *Fontinalis.* Aubry, Morb. an XI, p. 23.

Elle ressemble beaucoup à la G. grêle, mais ses jets sont plus épais, et ses capsules naissent aux sommités des branches; sa tige est demi-couchée, quelquefois un peu nageante, divisée en rameaux ascendans et irréguliers ; les feuilles sont éparses, dressées ou étalées (jamais recourbées), lancéolées, assez larges, un peu dentelées au sommet, non terminées par un poil, munies d'une forte nervure, d'un vert foncé; les pédicelles sont droits, terminaux, de la longueur de la capsule; celle-ci a la forme d'un œuf coupé en travers par le milieu ; l'opercule est convexe, et se termine par un bec très-court, un peu courbé. ♃ Elle croît sur les rochers, au bord des ruisseaux, dans les lieux frais et humides. M. Aubry l'a trouvée près Vannes, à la chaussée de l'étang d'Estair, commune de Plœren ; M. Bonnemaison, près Quimper ; M. Schleicher, dans les Alpes ; MM. Mougeot et Nestler, dans les Vosges.

1215. Grimmie noirâtre. *Grimmia nigricans.*

Le synonyme de Schleicher, que j'ai cité, paraît se rapporter plutôt à la G. chevelue; il faut au contraire rapporter à ma G. noirâtre la *Grimmia ovata.* Schwœgr. suppl. 65, t. 24. Elle ressemble beaucoup au dicrane ovale, mais en diffère par son opercule court et droit, tandis que celui du *D. ovatum* se prolonge en un bec acéré et un peu courbé. Elle a été retrouvée sur les rochers granitiques des Vosges, par MM. Mougeot et Nestler.

1215[a]. Grimmie alpestre. *Grimmia alpestris.*

G. alpestris. Schleich. exs. cent. 4, n. 13. — *G. donniana.* Web. et Mohr. cr. 131. — *G. sudetica.* Schwœgr. suppl. 1, p. 87, t. 24.

Elle ressemble beaucoup à la précédente, et forme comme elle des touffes serrées et noirâtres qui imitent des coussinets convexes ; sa tige est rameuse, longue de 6 à 10 lignes ; ses feuilles sont serrées, lancéolées, prolongées en un long poil blanc ; le pédicelle, qui porte la capsule, excède à peine la longueur des poils, et n'a qu'environ deux fois la longueur de la capsule, tandis que dans l'espèce précédente il est à peu près cinq fois plus long qu'elle ; l'opercule est court, droit, conique, un peu obtus. ♃ Elle croît sur les rochers granitiques des Hautes-Alpes.

1215[b]. Grimmie obtuse. *Grimmia obtusa.*

G. obtusa. Schwœgr. suppl. 88, t. 25.

Cette plante ressemble tellement à la précédente, que je suis bien porté à croire qu'elle en est une simple variété ; elle en diffère seulement, parce qu'elle forme des touffes plus grosses, et que son opercule est sensiblement plus court et plus obtus. ♃ Elle croît sur les rochers granitiques des hautes sommités des montagnes : je l'ai

trouvée dans les Pyrénées , au sommet de la Maladetta , et M. Mougeot, dans les Vosges , près du lac Vert.

1216. Grimmie à crins blancs. *Grimmia crinita.*

G. crinita. Web. et Mohr. cr. 456. Schwœgr. suppl. 92, t. 26. Brid. suppl.
1, p. 95. — *G. plagiopodia.* Schleich. pl. exs. cent. 3, n. 15. Fl. fr.
n. 1216, non Hedw. — *G. canescens.* Schleich. pl. exs.

Le pédicelle est plus court que les feuilles , et à peine de la longueur de la capsule , de sorte que celle-ci ne s'élève pas au-dessus
des poils qui terminent les feuilles. ♃ Elle a été retrouvée à Vaucluse , à Marseille et dans le Languedoc , d'après M. Bridel ; à Kaiserslautern , par M. Koch ; en Lorraine , par M. Mougeot. Elle ne
se trouve que sur les murs et les rochers calcaires , tandis que les
deux précédentes croissent sur le granit.

1218ᵃ. Ptérogone strié. *Pterigynandrum striatum.*

P. striatum. Schwœgr. suppl. 1, p. 103, t. 27. Moug. et Nestl. vog.
n. 313.

Sa tige est longue de 1 à 2 pouces , rampante , divisée en rameaux
pennés , ascendans , peu rameux ; les feuilles sont éparses , à peu
près embriquées , d'un vert gai et lisse , droites , lancéolées , entières,
munies à leur base d'une nervure très-visible , qui disparaît au sommet, et de deux petites stries ou plis latéraux ; les feuilles du perichætium n'ont pas de nervure ; le pédicelle est droit , brun , long de 8
à 9 lignes ; la capsule est oblongue , droite , brune ; l'opercule est
conique , court , obtus. ♃ Elle croît dans les hautes montagnes , sur
les troncs d'arbres ; elle a été trouvée dans les Vosges par MM. Mougeot et Nestler ; dans les Alpes , par M. Schleicher.

1222. Ptérogone de Smith. *Pterigynandrum Smithii.*

Ajoutez à la synonymie de cette plante qu'elle est le *hypnum cir-
cinnatum*, Santi Viag. montam. 209, t. 6. — *Pterogonium Smithii*,
Bert. dec. it. 3, p. 45. — *Muscus*, etc. Mich. p. 114, n. 98. — *Leptodon Smithii*, Mohr. obs. 27. — *Pilotrichum Smithii*, Beauv. prod. 83.
Cette mousse s'est retrouvée dans presque tout le midi de la France,
dans les Landes , au pied des Pyrénées , à Montpellier , dans le
département de la Lozère , à Avignon , en Ligurie et en Toscane.
Les ptérogones à coiffe hérissée sont considérés comme un genre
par M. Mohr, sous le nom de *leptodon* ; par M. Beauvois, sous celui
de *lasia*.

1223ᵃ. Didymodon flexueux. *Didymodon flexicaule.*

D. flexicaule. Schleich. pl. exs. cent. 4, n. 14. Schwœgr. suppl. 1, p. 113, t. 29. Moug. et Nestl. vog. n. 213.

Ses tiges sont longues d'environ 2 à 3 pouces, presque simples, souvent flexueuses, réunies en touffe lâche; ses feuilles sont lancéolées, terminées en forme d'alène, un peu dirigées du même côté, d'un vert gris et lisse dans le haut des tiges, d'un roux brun dans le bas; le pédicelle est droit ou un peu flexueux, latéral, long d'un pouce; la capsule est brune, ovale; l'opercule court, conique, très-aigu; le péristome a 32 dents capillaires. ♃ Elle croît sur les rochers calcaires ombragés de la vallée de la Birse, où elle a été trouvée par MM. Mougeot et Nestler.

1223ᵇ. Didymodon à long *Didymodon longirostrum.*
bec.

D. longirostrum. Web. et Mohr. cr. 155. Moug. et Nestl. vog. n. 212. — *Cynodontium longirostre.* Schw. suppl. 111, t. 29. — *Dicranum denudatum.* Brid. suppl. 1, p. 184, excl. syn. — *Dicranum flexuosum.* Schleich. exs. cent. 3, n. 19, non Hedw.

Ses tiges sont droites, longues d'un pouce, fragiles, peu rameuses, réunies en touffe; ses feuilles sont serrées, lancéolées, terminées presqu'en alène, munies d'une nervure longitudinale, légèrement dentées en scie vers le sommet, un peu courbées, d'un vert gai et brillant, presque toutes dirigées d'un seul côté; le pédicelle est droit, long de 7 à 8 lignes; la capsule est lisse, ovale, cylindrique, verdâtre; l'opercule est un bec droit, allongé, conique, rougeâtre à sa base. Cette espèce a le port des dicranes, et ressemble en particulier au D. flexueux, dont elle diffère par ses pédicelles droits, sa capsule non striée et les caractères génériques. ♃ Elle croît sur les bois pouris, dans les forêts. Elle a été trouvée dans les Vosges par MM. Mougeot et Nestler; dans les Alpes, par M. Schleicher.

1227ᵃ. Trichostome jaunâtre. *Trichostomum flavisetum.*

Cette espèce ressemble tellement au T. pâle par sa fructification, et au T. tordu par son feuillage, que, quoique je ne connaisse son péristome que d'une manière imparfaite, je ne puis le séparer de ces deux plantes: elle forme des groupes analogues à ceux des tortules; sa tige est longue de 2 à 3 lignes, quelquefois simple, presque toujours divisée en deux branches stériles, entre lesquelles naît le pédicelle fructifère; les feuilles des jets stériles sont éparses, dressées, lancéolées, pointues, entières sur les bords, munies d'une nervure longitudinale : celles qui entourent la base du fruit sont un peu plus larges, et rétrécies subitement à leur sommet en une petite pointe ; toutes se tortillent sur elles-mêmes lorsqu'elles sont sèches ; le perichætium est formé de 3 à 4 folioles qui l'entourent comme une gaîne ; elles sont oblongues, dépourvues de nervure, presque tronquées au sommet ; le pédicelle est jaune, droit, long de 9 à 12 lignes ; la capsule est cylindrique, d'un brun clair, droite ou un peu inclinée ; l'opercule est un bec conique, grêle, allongé, à peu près droit ; la coiffe est longue, en forme d'alène, et se fend de côté : le péristome, que je n'ai vu qu'avant sa maturité, m'a paru semblable à celui du *T. pallidum.* ♃ Cette espèce croît sur la terre ; elle a été trouvée aux environs du Mans par M. Desportes.

1227[b]. Trichostome tordu. *Trichostomum tortile.*

T. tortile. Schrad. cr. n. 49. Schwœgr. suppl. 1, p. 139, t. 35. — *Dicranum tortile.* Web. et Mohr. cr. 198, t. 7, f. 12, 13.

Sa tige est droite, simple, grêle, longue de 2 à 3 lignes : ses feuilles sont d'un vert gai, éparses, fléchies ou déjetées d'un seul côté, un peu tortillées sur elles-mêmes lorsqu'elles sont sèches, un peu élargies à leur base, puis étroites, allongées et pointues, entières sur les bords, qui sont un peu roulés en dedans, munies d'une nervure longitudinale ; le pédicelle est terminal, rougeâtre, long de 4 à 6 lignes, droit ou tordu sur lui-même en spirale ; la capsule est cylindrique, droite, lisse ; l'opercule conique, allongé en forme d'alène. Il croît parmi les rochers, dans les forêts. M. Koch l'a trouvé à Trippstadt.

1227[c]. Trichostome glau- *Trichostomum glaucescens.*
que.

T. glaucescens. Hedw. st. cr. 3, t. 37, sp. 114. — *Bryum glaucescens.* Dicks. cr. 4, p. 10. — *Bryum cæsium.* Vill. Dauph. 3, p. 873.

Ses tiges sont droites, simples ou un peu rameuses par le haut, longues de 8 à 10 lignes, réunies en une touffe serrée, d'un vert tirant sur le glauque ; ses feuilles sont lancéolées, aiguës, étalées, munies d'une nervure longitudinale, entières sur les bords ; les pédicelles sont filiformes, longs de 4 lignes, droits, rougeâtres, au moins dans la partie inférieure ; la capsule est oblongue, droite ; l'opercule est un bec grêle, assez court, presque droit : il tombe facilement, ainsi que le péristome. ♃ Cette mousse croît sur la terre, dans les forêts montueuses des Alpes ; en Dauphiné, dans le val Gaudemar (Vill.); dans les montagnes voisines du Léman (Sohleich.).

1227^d. Trichostome à large feuille. *Trichostomum latifolium.*

T. latifolium. Hedw. st. cr. 1, t. 33.— *Dicranum latifolium.* Web. et Mohr. cr. 202. — *Swartzia pilifera.* Brid. in Schrad. Journ. 1800, 1, p. 289.

Sa tige est tantôt simple, tantôt un peu rameuse, droite, longue de 3 lignes ; ses feuilles sont oblongues, dressées, munies d'une nervure, pliées longitudinalement, un peu tortillées lorsqu'elles sont sèches, entières sur les bords, terminées par un poil très-visible, mais qui n'atteint pas le quart de leur propre longueur ; les pédicelles sont latéraux ou terminaux, droits, rougeâtres, longs de 6 lignes ; la capsule est oblongue, cylindrique, droite ou un peu inclinée ; l'opercule est un bec droit, mince, qui a le quart de la longueur de la capsule. ♃ Elle croît sur la terre, parmi les rochers, dans les hautes Alpes (Schleich.).

1228^a. Trichostome bruyère. *Trichostomum ericoïdes.*

T. ericoïdes. Schrad. spic. 62. Schwœgr. suppl. 1, p. 147, t. 38. — *T. canescens,* β. Fl. fr. n. 1228. — *Bryum hypnoïdes.* Dicks. cr. 4, p. 14. — *Bryum elongatum.* Hoffm. germ. 2, p. 41. Dill. musc. t. 47, f. 31.

Cette espèce ressemble au *T. canescens,* mais en est certainement distincte ; sa tige est 2 ou 3 fois plus longue, et dépasse souvent 2 pouces de longueur ; elle forme dans toute sa longueur de petits rameaux courts, ouverts et distincts, qui lui donnent un aspect analogue à celui du *T. heterostichum ;* ses feuilles sont terminées par un appendice blanc, piliforme, diaphane et dentelé ; leur partie supérieure se recourbe en dehors, tandis que l'inférieure est concave, un peu embrassante ; les pédicelles ont de 6 à 12 lignes de longueur ; la capsule est ovale, droite ; l'opercule droit, conique, allongé. ♃ Cette mousse croît sur les rochers des montagnes et dans les bruyères, dans les Alpes, les Pyrénées, etc. Il est rare de la trouver en fruit.

1230. Trichostome uni-latéral. *Trichostomum heterostichum.*

C'est à cette espèce qu'on doit rapporter le *T. affine,* Schleich. exs. cent. 4, n. 18. Elle croît sur les rochers granitiques des Vosges, où elle a été trouvée par MM. Mougeot et Nestler (Vog. cr. n. 315.).

1230ª. Trichostome arqué. *Trichostomum arcuatum.*

T. patens, var. β. Schwœgr. suppl. 1, p. 151. — *T. heterostichum.*
Schleich. exs. — *Dicranum arcuatum.* Schleich. exs.

Cette espèce tient le milieu entre la précédente et la suivante ;
elle diffère du *T. heterostichum* par ses pédicelles plus courts ,
courbés et souvent tortillés ; par sa stature, deux ou trois fois plus
grande et plus rameuse ; du T. *patens ,* par ses feuilles , toutes terminées par un appendice piliforme , long , blanc et un peu dentelé :
ce poil se retrouve , et dans les jets fructifères , et dans ceux qui sont
stériles. La description et la figure du *T. funale* ne s'éloignent pas de
notre plante ; mais le *T. funale* a l'opercule court et obtus , tandis
que le *T. arcuatum* a l'opercule long , conique , grêle , presqu'en
alène. ♃ Il croît sur les pierres et les rochers. Il a été trouvé dans les
Alpes par M. Schleicher ; dans les Cévennes , par M. Grateloup.

1230b. Trichostome étalé. *Trichostomum patens.*

T. patens. Schwœgr. suppl. 1, p. 151, t. 37. — *Dicranum patens.* Smith.
Fl. brit. 3, p. 1246. — *Trichostomum nudum.* Schleich. crypt. cent. 3,
n. 19. — *Bryum patens.* Dicks. cryp. 2, p. 6, t. 4, f. 8. — *Pterigynandrum patens.* Brid. suppl. 1, p. 136.

Sa tige atteint jusqu'à 2 ou 3 pouces de longueur ; elle noircit et
se dénude dans le bas , qui est demi-couché , et ne se divise vers
le haut qu'en un petit nombre de branches ascendantes ; ses feuilles
sont droites , légèrement unilatérales , lancéolées , courbées en carène , presque absolument entières , pointues , non terminées par
un poil blanc ; les pédicelles sont longs de 5 à 6 lignes , latéraux ,
arqués , courbés ou tortillés sur eux-mêmes ; la capsule est ovale ,
lisse quand elle est pleine , sillonnée en long après la dispersion des
graines ; l'opercule est conique , grêle , presqu'en alène , atteignant
presque la longueur de la capsule. ♃ Il croît sur les rochers des
montagnes. Il a été trouvé dans les Alpes par M. Schleicher ; dans
les Vosges , au Ballon de Servance , par MM. Mougeot et Nestler.

1231. Trichostome en fais- *Trichostomum fasciculare.*
ceau.

Il a été trouvé dans les Vosges (Moug. et Nest.).

1232. Trichostome dentelé. *Trichostomum serratum.*

Ajoutez à la synonymie : *T. polyphyllum*, Schwœgr. suppl. 1 ,
p. 153, t. 39. — *Dicranum polyphyllum* , Smith. fl. br. 1226. —
Bryum polyphyllum , Dicks. er. 3 , p. 7. — M. Bertoloni a retrouvé

cette belle mousse dans la partie des Apennins voisine de Sarzane ;
et M. Mougeot, dans les Vosges , près Bruyères.

1235ᵃ. Dicrane majeur. *Dicranum majus.*

D. majus. Turn. hib. 59, t. 4. Sm. Fl. brit. 1202. Schwœgr. suppl. 1,
p. 163, t. 40. — *D. longisetum.* Brid. suppl. 1, p. 174, non Sw. Dill.
musc. t. 46, f. 16, D.

Il ressemble absolument au *D. scoparium ;* mais il en diffère par
sa capsule , plus courte , plus ventrue , droite dans sa jeunesse ,
courbée dans un âge avancé ; par ses pédicelles, naissant souvent
plusieurs ensemble ; par ses feuilles , plus longues , plus courbées ,
en forme de faux ; enfin , par sa couleur, d'un vert plus gai. ♃ Il
croît dans les forêts montagneuses : je l'ai cueilli au mont Pilat , près
Lyon.

1235ᵇ. Dicrane à plusieurs pédicelles. *Dicranum polysetum.*

D. polysetum. Sw. musc. suec. 34 et 87, t. 11, f. 5, excl. Schrad. syn.
Schwœgr. suppl. 1, p. 165, t. 41. — *D. undulatum.* Sm. Fl. br. 1203. —
D. rugosum. Brid. suppl. 1, p. 175. — *D. undulatum* , var. ß. Fl. fr.
n. 1236. — *Bryum rugosum.* Hoffm. germ. 2, p. 39. Dill. musc. t. 46 ,
f. 16, C.

Il tient le milieu entre les *D. majus* et *Schraderi ;* il se rapproche
du premier, parce que ses pédicelles naissent agrégés plusieurs
ensemble ; et du second , parce que ses feuilles sont transversalement ridées, surtout dans l'état de dessiccation : il diffère de chacun
d'eux par le caractère , qui le rapproche de l'autre , et de tous deux
par ses capsules plus cylindriques. Il croît dans les forêts sèches des
Vosges , où il a été trouvé par MM. Mougeot et Nestler.

1236. Dicrane de Schrader. *Dicranum Schraderi.*

D. undulatum. Schrad. spic. 59. Brid. suppl. 1, p. 176 , non Sm. — *D.
undulatum* , var. ß. Fl. fr. n. 1236. Excl. var. ß. — *D. Schraderi.* Schw.
suppl. 1, p. 166, t. 41. Moug. et Nestl. vog. n. 317. — *D. affine.* Funk.
exs. 6, n. 136.

Il ressemble beaucoup au *D. scoparium ;* mais il en diffère , parce
que ses feuilles sont marquées , surtout dans l'état de dessiccation ,
de rides transversales , et tendent un peu à se tortiller sur elles-
mêmes à leur extrémité : ces feuilles sont d'ailleurs à peine dentelées vers le sommet ; elles sont dressées et non déjetées d'un seul
côté ; les pédicelles sont solitaires (ce qui le distingue des *D. majus*
et *polysetum*) ; les capsules sont penchées , ovales - oblongues. ♃ Il

croît dans les prairies tourbeuses et montueuses des Vosges et des Alpes.

1236ᵃ. Dicrane à long bec. *Dicranum longirostrum.*

D. longirostre. Schwœgr. suppl. 1, p. 170, t. 44. — *D. longirostrum.* Schl. exs. cent. 3, n. 25, non Brid.

Sa tige est droite, divisée en rameaux dressés en faisceau ; ses feuilles sont courbées en faux, dejetées d'un seul côté, un peu roides, lisses, lancéolées, acérées, presqu'en forme d'alène, un peu dentées en scie à l'extrémité; les pédicelles sont solitaires, longs de 6 lignes ; la capsule est ovale, penchée, un peu renflée ; l'opercule est un bec grêle, aigu, au moins aussi long que la capsule elle-même. ♃ Elle croît sur les troncs pouris, dans les forêts de pins des Alpes, où elle est commune, d'après M. Schleicher; dans les Vosges, à la forêt de Beauremont, où elle a été trouvée par MM. Mougeot et Nestler.

1236ᵇ. Dicrane à longue feuille. *Dicranum longifolium.*

D. longifolium. Hedw. sp. 130. St. cr. 3, t. 9. Moug. et Nestl. vog. n. 318.

Cette espèce est encore analogue, par son port, avec le dicrane en balai ; sa tige est droite, longue de 2 pouces ; ses feuilles sont toutes déjetées d'un seul côté, courbées en faux, lancéolées à leur base, très-étroites et en forme d'alène à leur extrémité, dépourvues de nervure, entières sur les bords et longues d'environ 2 lignes ; les pédicelles sont solitaires, latéraux, droits, longs de 5 à 6 lignes ; les capsules oblongues, droites, de moitié au moins plus petites que dans le D. en balai ; l'opercule est un bec droit, conique, grêle, aigu, presque aussi long que la capsule. ♃ Elle croît dans les lieux rocailleux, humides et ombragés des Alpes, des montagnes voisines de Lyon (Gilib.), du Jura, du mont Pilat (Brid.) et des Vosges.

1236ᶜ. Dicrane à feuilles courbes. *Dicranum curvifolium.*

D. curvifolium. Schleich. exs. cent. 4, n. 14.

Ce dicrane est extrêmement voisin du *D. longifolium*, et s'en rapproche en particulier par ses feuilles toutes déjetées d'un côté, fortement courbées en faux, lancéolées à leur base, très-étroites et en alène au sommet, courbées en forme de canal, dépourvues de nervure et entières sur les bords; mais il en diffère par sa stature un peu plus petite; par ses tiges plus irrégulièrement feuillées; par ses capsules toujours plus ou moins penchées, et surtout par son opercule de moitié plus court que la capsule. ♃ Il est assez commun dan. les lieux humides des Alpes, où il a été découvert par M. Schleicher.

1238ª. Dicrane de Starck. *Dicranum Starckii.*

D. Starckii. Web. et Mohr. crypt. 189. Schwœgr. suppl. 191, t. 46. Moug. et Nestl. vog. n. 413.

Ses tiges sont droites ou ascendantes disposées en touffe, un peu rameuses, longues de 9 à 12 lignes; ses feuilles sont toutes dirigées d'un seul côté, courbées en faulx, ancéolées-linéaires, très-acérées, presqu'en forme d'alène, parce que les bords sont roulés en dessus, à peu près entières et munies d'une nervure longitudinale très-visible à la base, presque nulle au sommet; le pédicelle est droit, long de 7 à 9 lignes; la capsule est ovale-cylindrique, très-légèrement inégale ou bosselée à la base, un peu inclinée; l'opercule est conique, un peu aigu, un peu plus court que l'urne. ♃ Elle croît sur la terre, à la base des rochers, sur e mont Rotabac, dans les Vosges, où elle a été trouvée par MM. Mougeot et Nestler.

1245ª. Dicrane verdoyant. *Dicranum viridissimum.*

D. viridissimum. Smith. Fl. brit. 1224. Turn. hib. 71.

Il naît en touffes, et atteint à peine un pouce de hauteur; ses tiges sont rameuses, garnies vers leur base d'un léger duvet; ses feuilles sont embriquées, lâches, lancéolées, aiguës, très-entières, munies d'une nervure, un peu courbées en gouttière, tortillées et redressées lorsqu'elles sont sèches, d'un vert clair et vif dans leur état de fraîcheur; les pédicelles ont environ 6 lignes de longueur et une teinte brunâtre; la capsule est droite, oblongue, sillonnée en long, ce qui distingue bien cette espèce du *D. pellucidum,* auquel elle ressemble; l'opercule est conique, plus court que la capsule. ♃ Elle croît, selon M. Smith, dans les pâturages et sur le tronc des arbres : M. Aug. de Saint-Hilaire l'a trouvée en Sologne.

1246. Dicrane pellucide. *Dicranum pellucidum.*

Il a été retrouvé dans les Vosges, le long des petits ruisseaux, par MM. Mougeot et Nestler. M. Koch, qui m'a envoyé cette espèce, trouvée parmi les rochers, dans les forêts humides de Kaiserslautern, m'a appris que Pollich l'a désignée sous le nom de *mnium cirrhatum,* Fl. pal. n. 986.

1246ᵃ. Dicrane rude.   *Dicranum squarrosum.*

D. squarrosum. Schad. Journ. 5, p. 68. Schwœgr. suppl. 1, p. 182, t. 47.
— *Bryum pellucidum.* Lin. sp. 1583, var. β. Poll. pal. n. 1207. Dill.
musc. t. 46, f. 24.

Ses tiges sont réunies en touffe serrée, un peu couchées ou rampantes à la base, dressées par le haut, et divisées en rameaux droits
et peu nombreux, longues d'un pouce dans les individus fructifères,
et de deux pouces dans les individus stériles ; les feuilles sont embriquées par leur base, recourbées, lancéolées, presque obtuses, munies d'une nervure qui disparaît au sommet, entières sur les bords,
d'un vert gai à la partie supérieure, un peu jaunâtres dans le centre
des touffes ; les pédicelles sont droits, rouges, longs d'un pouce
environ ; ils naissent terminaux, mais deviennent latéraux par l'allongement des branches ; a capsule est ovale, penchée, lisse, d'un
roux brun, l'opercule est conique, légèrement courbé, un peu plus
court que la capsule. ♃ Il croît le long des sources et dans les prés
marécageux et montueux ; dans les Vosges, où il a été trouvé par
M. Mougeot ; dans les monts d'Or en Auvergne, par M. de Saint-
Hilaire. Il a encore été cueilli par M. Koch, à Kaiserslautern ; par
M. Dossin, à Liége.

1249ᵃ. Dicrane ambigu.   *Dicranum ambiguum.*

D. ambiguum. Hedw. st. cr. 3, p. 36, sp. 150. — *Mnium setaceum.* Lin.
sp. 1576 ?

Il naît toujours solitaire ; sa tige est droite, simple, longue de 2
lignes ; les feuilles sont lancéolées, amincies et acérées au sommet,
élargies à la base, roides, embriquées, munies d'une nervure longitudinale, entières sur les bords ; celles du perichætium sont plus
larges et terminées en pointe plus courte ; le pédicelle est terminal,
long de 6 lignes, de couleur pâle ; la capsule est un peu penchée ;
elle a à sa base un col aussi long qu'elle, plus épais que le pédicelle
et plus mince qu'elle-même ; l'opercule est conique à sa base et terminé par un petit bec. ♃ Il croît dans les prés marécageux, autour
de Kaiserslautern, où il a été trouvé par M. Koch.

1254ᵃ. Dicrane queue de rat.   *Dicranum myosuroïdes.*

Hypnum morensce. Schleich. pl. exs. — *Hypnum penicilliforme.* Schleich.
exs. cent. 2.

Quoique je ne connaisse qu'imparfaitement la fructification de
cette espèce, elle ressemble tellement au *dicranum sciuroïdes*, qu'il
est impossible de l'en écarter : elle a le même port et presque tous

les mêmes caractères; mais elle en diffère, 1°. par ses jets souvent deux fois plus longs, toujours deux fois plus épais, moins rameux et plus courbés; 2°. par ses feuilles plus serrées, plus exactement embriquées, moins rétrécies en pointe, et qui ne se déjettent nullement de côté, mais qui ressemblent à celles du *D. sciuroïdes*, en ce qu'elles sont de même d'un vert brun, dépourvues de nervure et marquées de 3 à 5 stries ou plis longitudinaux; 3°. par sa capsule cylindrique et non ovale-oblongue, presque deux fois plus longue et de moitié plus étroite. ♃ Cette mousse croît sur les rochers, dans les forêts des montagnes. Elle a été trouvée à l'Esperou, dans les Cévennes, par M. Bouchet, et dans les montagnes voisines du Léman, par M. Schleicher.

1259ª. Tortule des champs. *Tortula ruralis.*

La tortule des champs, décrite dans la Flore sous le n° 1262, et rapportée à la troisième section de ce genre, a les cils du péristome soudés ensemble; d'où résulte qu'elle doit être rapportée à la première section, sous le n° 1259ª. Au reste, cette première section constitue le genre *syntrichia* de Bridel et de Weber et Mohr; la seconde se compose du reste des *tortula* de Hedwig, et la troisième, de ses *barbula :* il me paraît plus conforme, et au port de ces plantes, et aux vrais principes de la classification, de considérer ces coupes comme de simples sections d'un genre très-naturel.

1261ª. Tortule inclinée. *Tortula inclinata.*

T. inclinata. R. Hedw. in Web. et Mohr. Beytr. 1, p. 123, t. 5. — *Barbula inclinata.* Schwœgr. suppl. 1, p. 131, t. 33. — *Tortula curvata.* Schleich. exs. cent. 3, n. 24.

Elle ressemble beaucoup à la tortule tortueuse; sa tige est également rameuse, mais un peu plus courte; ses feuilles sont un peu plus linéaires, brusquement rétrécies en pointe mousse et non acuminées, très-entières et planes sur les bords, un peu tortillées; sa capsule est toujours inclinée, et non pas droite, de moitié plus courte; son opercule est conique, aigu, presque aussi long que la capsule, et non de moitié plus court. ♃ Elle croît parmi les graviers, le long du Rhône, au-dessus de Genève.

1265. Tortule des marais. *Tortula paludosa.*

Barbula paludosa. Schleich. exs. cent. 3, n. 22. Schwœgr. suppl. 1, p. 124, t. 30.

Sa tige est grêle, longue de 2 pouces, droite, divisée en rameaux nivelés; ses feuilles sont lancéolées, un peu étalées, courbées en carène, munies d'une forte nervure, pliées sur elles-mêmes lors-qu'elles sont sèches, un peu jaunâtres à l'extrémité, très-légèrement dentelées ou corrodées sur les bords ; le pédicelle est long de 8 à 10 lignes, le plus souvent terminal, droit et d'un roux jaunâtre ; la capsule est droite, brune, ovale ; l'opercule est un bec grêle un peu courbé, d'un roux brun. ♃ Elle croît dans les lieux marécageux du Jura, près des Plans.

1267ᵃ. Tortule roulée.   *Tortula revoluta.*

T. revoluta. Web. et Mohr. cr. 210. Brid. suppl. 1, p. 262. Schleich. exs.
— *Barbula revoluta.* Schwœgr. suppl. 1, p. 127, t. 33.

Sa tige est grêle, droite, longue de 5 à 6 lignes, un peu rameuse ; ses feuilles sont épaisses, droites, lancéolées, très-entières, cour-bées en carène, avec les bords roulés en dehors, caractère qui fait reconnaître cette espèce au milieu de toutes les autres ; le pédicelle est le plus souvent latéral, long de 8 à 10 lignes, un peu flexueux, d'un roux brun ; la capsule est cylindrique, brune, très-légèrement courbée, presque droite ; l'opercule est conique, en alène, presque aussi long que la capsule. ♃ Elle croît parmi les rochers, dans les Alpes et au Mont-Tonnerre.

1270. Polytric à gros pédi-   *Polytrichum crassisetum.*
celle.

Ajoutez en synonyme : *P. sexangulare*, Hoppe, Bot. tasch. 1800, p. 150 ; Sturm. Fl. germ. ic. ; Brid. suppl. 1, p. 52. — On l'a retrouvé dans les Alpes de Savoie, au mont Brevent (Brid.)

1273ᵃ. Polytric genévrier. *Polytrichum juniperifolium.*

P. juniperifolium. Hedw. sp. 89, t. 18. Mentz. tr. 200. lin. 4, p. 76, t. 6,
f. 4. — *P. commune*, β. Lin. sp. 1573. Dill. musc. t. 54, f. 2, ex Sm.

Il est plus grand que le P. à poil blanc, et plus petit que le P. com-mun ; sa tige est droite, simple, longue d'un pouce, quelquefois de deux dans les individus stériles ; ses feuilles sont d'un vert foncé, linéaires-lancéolées, pointues, dépourvues de poil, entières sur les bords, qui tendent à se rouler en dedans et non en dehors ; le pédi-celle est rougeâtre, droit, roide, long de 2 pouces ; la capsule est droite, un peu penchée dans sa vieillesse, ovoïde, presque tétra-gone, posée sur une apophyse déprimée et en forme de disque orbi-culaire. ♃ Il croît dans les landes et les bruyères montagneuses.

1279. Polytric noirâtre.   *Polytrichum nigrescens.*

Ajoutez comme synonyme : *P. aurantiacum*, Hoppe, Bot. tasch. 1800, p. 51 ; Sturm. Fl. germ. ic.

1285ᵃ. Orthotric obtus. *Orthotrichum obtusifolium.*

O. obtusifolium. Schrad. Ann. bot. 110. Sw. musc. suec. 42, t. 4, f. 8.

Il a presque tous les caractères de l'*O. affine;* mais il en diffère par sa stature plus petite, et surtout par ses feuilles ovales et non lancéolées, concaves et non pliées en carène, obtuses et non pointues, presque de moitié plus courtes, et munies d'une nervure qui disparaît subitement avant d'atteindre le sommet de la feuille; ses capsules sont presque sessiles, oblongues; l'opercule est conique, un peu obtus; la coiffe, à peu près nue; le péristome externe est à 16 dents, l'intérieur a 8 cils. ♃ Il croît sur le tronc des saules et des peupliers : M. Koch l'a trouvé à Kaiserslautern.

1285ᵇ. Orthotric nain. *Orthotrichum pumilum.*

O. pumilum. Sw. musc. suec. 42, t. 4, f. 9.

Ses tiges sont nombreuses, rameuses seulement à leur base, et forment une touffe très-petite et très-serrée; les feuilles sont embriquées, lancéolées, pointues, pliées en carène, munies d'une nervure dans toute leur longueur, et d'un vert foncé; la capsule est portée sur un court pédicelle, oblongue, marquée de 8 stries très-prononcées; l'opercule est petit, convexe, de couleur pâle; la coiffe est striée, presque glabre; le péristome externe a 16 dents, l'intérieur a 8 cils. ♃ Il croît sur les vieux troncs de peuplier, dans les provinces orientales, souvent mêlé avec l'O. diaphane. MM. Mougeot et Nestler l'ont trouvé dans les Vosges; M. Koch, à Kaiserslautern, où il est commun.

1296ᵃ. Bry à long col. *Bryum longicollum.*

B. longicollum. Sw. musc. suec. p. 49 et 99, t. 6, f. 13. — *Webera longicolla.* Hedw. sp. p. 169, t. 41. — *Hypnum longicollum.* Web. et Mohr. cr. 291.

Sa tige est droite, simple; ses feuilles oblongues-lancéolées, un peu étalées lorsqu'elles sont fraîches, entières, très-légèrement dentelées au sommet, munies d'une nervure qui disparaît à l'extrémité; les supérieures sont plus longues et plus acérées; le pédicelle est rougeâtre, long de 12 à 15 lignes; la capsule est un peu oblique, presque droite, oblongue, munie à sa base d'un col presque cylindrique aussi long qu'elle; l'opercule est convexe, aigu. Cette mousse croît parmi les rochers, dans les forêts montueuses; elle a été trouvée dans les Alpes par M. Schleicher; autour de Kaiserslautern, par M. Koch; de Liége, par M. Dossin; dans les Vosges, par MM. Mougeot et Nestler.

1307ᵃ. Bry de Schleicher.   *Bryum Schleicheri.*

B. alpinum. Schleich. exs. cent. 4, n. 20, non Lin.

Cette espèce est très-différente du bry des Alpes, et ressemble beaucoup au bry en toupie ; ses tiges sont nombreuses, un peu rameuses, filiformes, rougeâtres, et atteignent jusqu'à 3 pouces de longueur ; les tiges fructifères sont les plus courtes, et les jets stériles atteignent la longueur des pédicelles ; les feuilles sont éparses, un peu écartées, presque droites, ovales, amincies en pointe, entières sur les bords, munies d'une nervure longitudinale ; les pédicelles naissent terminaux, et deviennent latéraux par l'allongement de la tige ; ils sont droits, d'un pouce de longueur ; la capsule est oblongue, rétrécie à sa base, roussâtre, pendante ; l'opercule est convexe, presque hémisphérique, de couleur pâle. ♃ Il est commun dans les lieux humides des Alpes, où il a été cueilli par M. Schleicher.

1310ᵃ. Bry bordé.   *Bryum marginatum.*

B. marginatum. Dicks. cr. 2, p. 9, t. 5, f. 1. Bland. in Sturm. Fl. germ. ic. — *Hypnum marginatum.* Web. et Mohr. cr. 292. — *B. serratum.* Schrad. spic. 71. — *Mnium serratum.* Brid. musc. 4, p. 84, t. 1, f. 2.

Sa tige est droite, simple, longue de 6 lignes ; ses feuilles sont alternes, écartées, oblongues, amincies en pointe, bordées par une espèce de petite nervure, les inférieures entières, les supérieures très-distinctement dentées en scie sur les bords : celles du perichætium qui entourent immédiatement le pédicelle sont très-étroites ; le pédicelle terminal, droit, lisse, rougeâtre, presque toujours solitaire, long de 8 à 9 lignes ; la capsule est ovale-oblongue, pendante, verdâtre ; l'opercule est conique, un peu aminci en un bec légèrement courbé et assez court. ♃ Il croît dans les lieux humides des montagnes, et a été trouvé dans les Alpes voisines du Léman, par M. Schleicher.

1310ᵇ. Bry rayonnant.   *Bryum stellare.*

B. stellare. Roth. germ. 3, p. 240. Sm. brit. 1367. Bland. in Sturm. Fl. germ. ic. — *Mnium stellare.* Hedw. sp. 191, t. 45. — *Hypnum stellare.* Web. et Mohr. cr. 294. — Dill. musc. t. 52, f. 78.

Sa tige est droite, et ne se ramifie que par sa base ; les jets stériles ont jusqu'à un pouce de longueur ; les jets fertiles sont plus courts ; les feuilles sont ovales-lancéolées, terminées par une petite pointe, munies d'une nervure longitudinale qui disparaît un peu au-dessous du sommet ; les inférieures sont entières ; les supérieures finement dentées en scie, ouvertes en étoiles lorsqu'elles sont fraîches ; le pédicelle est droit, un peu flexueux, terminal, l ng de 9 à 10 lignes ; la capsule est oblongue, penchée, presque pendante ; l'opercule est exactement convexe, à peu près hémisphérique. ♃ Il croît parmi les rochers humides et ombragés, dans les Alpes.

1320ᵃ. Barthramie de la Marche. *Barthramia marchica.*

B. marchica. Sw. in Schrad. Journ. 1800, 2, p. 182, f. 2. Web. et Mohr. cr. 277. Bland. in Sturm. Fl. germ. ic. — *Mnium marchicum.* Hedw. st. cr. 2, t. 39. — *Leskia marchica.* Wild. prod. 319, t. 6, f. 12. *Bryum marchicum.* Roth. germ. 3, p. 236.

Elle ressemble beaucoup à la B. des fontaines ; mais elle en diffère par ses feuilles lancéolées, et non ovales-lancéolées, deux fois plus étroites que dans la B. des fontaines. ♃ Elle croît dans les prés humides. M. Koch l'a trouvée autour de Kaiserslautern ; M. Bonnemaison, près Quimpercorentin.

1323. Buxbaumie sans feuilles. *Buxbaumia aphylla.*

β. *Viridis.* Moug. in Litt.

Cette plante a été observée par M. Mougeot, dans les forêts autour de Bruyères. Elle y croît indifféremment sur la terre et le bois pouri ; elle ne paraît qu'au printemps, et mûrit à la fin de l'été, tandis que la var. α mûrit beaucoup plus tôt. Le pédicelle et l'urne restent toujours verts dans la var. β, au lieu de prendre une teinte rouge comme dans la var. α ; enfin l'urne est plus allongée dans la var. β, et entourée à sa base d'une membrane qui se détache à la maturité, et forme les lanières tronquées que Weber et Mohr ont figuré (Crypt., t. 11.) sous le nom de troisième péristome ou de péristome extérieur. Serait-ce un état maladif de la buxbaumie ordinaire, ou une espèce distincte ? Je l'ai trouvée dans les bois du mont Pilat, croissant sur des bois pouris, et à peine mûre au mois de septembre.

1335ᵃ. Hypne ombragé. *Hypnum umbratum.*

H. umbratum. Hedw. sp. 263, t. 67. Smith. Fl. brit. 1298. Web. et Mohr. cr. 338. Brid. suppl. 2, p. 136. Turn. hib. 158. Moug. et Nestl. vog. n. 329.

Cette mousse ressemble beaucoup à l'H. brillant ; sa tige est couchée, longue de 3 à 4 pouces, pennée, divisée en rameaux simples, ou eux-mêmes pennés ; son feuillage est d'un beau vert luisant et un peu jaunâtre ; ses feuilles sont en forme de cœur, rétrécies en pointe, aiguës, planes, dentées en scie, dépourvues de nervure, munies

de quelques stries ou plis longitudinaux ; les pédicelles naissent souvent agrégés ; ils sont rouges , longs d'un pouce , et plus ; la capsule est ovale, inclinée ou un peu courbée ; l'opercule est court,
conique, obtus, avec une très-petite pointe. ♃ Elle croît sur la terre
et les rochers , dans les forêts ombragées des Alpes et des Vosges.

1337. Hypne allongé.   *Hypnum prælongum.*

> β. *H. atrovirens.* Swartz, musc. 65, excl. syn. — *H. Swartzii.* Turn. hib.
> 151, t. 14, f. 1. — *H. clavellatum ,* var. α. Pol. pal. n. 1055, excl. var.
> β , γ, ex Koch. — *H. prælongum var.* Brid. suppl. 2, p. 104. Web.
> et Mohr. cr. 336.

Cette mousse ne diffère de l'*H. prælongum* que par sa couleur
d'un vert plus foncé, sa tige plus rameuse, ses feuilles un peu plus
lâches, et ses pédicelles plus rudes. Elle croît sur la terre et sur les
troncs pouris, dans les forêts. Je l'ai reçue des Alpes, dés environs
d'Orléans et de Kaiserslautern.

1338ᵃ. Hypne ramassé.   *Hypnum confertum.*

> *H. confertum.* Dicks. cr. 4, t. 11, f. 14. Web. et Mohr. crypt. 329. Brid.
> suppl. 2, p. 106. — *H. clavellatum ,* γ. Pol. pal. n. 1055.
> β. *H. serrulatum.* Engl. bot. t. 1262. Sm. Fl. brit. 1290 , non Hedw.
> γ. *H. rotundifolium.* Brid. musc. 2, p. 129 , suppl. 2, p. 107.

Il forme des touffes assez serrées ; ses jets sont entrecroisés, rampans, longs d'un pouce , à rameaux courts et ascendans ; ses feuilles
sont embriquées , étalées , ovales ou ovales-lancéolées, plus pointues dans la var. β , plus obtuses dans la var. γ, légèrement dentées
en scie, un peu concaves , munies d'une nervure qui disparaît vers
les deux tiers de la longueur ; les pédicelles sont droits , lisses ,
longs de 8 à 10 lignes ; la capsule est penchée , ovale , assez petite ;
l'opercule est en forme de bec allongé , pointu , légèrement courbé,
presque égal à la longueur de la capsule. ♃ Il croît sur les troncs
pouris , dans les forêts des Alpes du Dauphiné (Brid.) et aux environs de Kaiserslautern , sur les murs et les rochers (Koch).

1344ᵃ. Hypne roussâtre.   *Hypnum rufescens.*

> *H. rufescens.* Dicks. cr. 3, p. 9, t. 8, f. 4. Sm. Fl. brit. 1316. Web. et
> Mohr. cr. 342. Brid. musc. 3, p. 95, t. 3, f. 1. Suppl. 2, p. 118. —
> *H. nitens.* Lin. f. meth. 34 ?

Ses tiges sont droites, longues de 2 à 4 pouces, divisées en rameaux dressés, allongés, feuillés dans toute leur longueur ; les
feuilles sont d'un roux doré, luisantes, embriquées, un peu étalées,
lancéolées, concaves, très-entières, terminées en pointe acérée,
dépourvues de nervure , striées ou plissées en long lorsqu'elles sont

sèches ; les pédicelles sont droits, rougeâtres, longs d'un pouce environ ; la capsule est droite, oblongue, d'abord verdâtre, puis brune ; l'opercule est conique, court, rougeâtre. ♃ Elle croît dans les terrains humides, limoneux ou glaiseux des montagnes, ou sur les rochers. Elle a été trouvée dans le Jura, par M. Mougeot ; dans les Alpes, par M. Schleicher ; dans les montagnes des Bauges et aux Pyrénées (Brid.) : on la trouve rarement en fruit.

1344[b]. Hypne de Vaucluse. *Hypnum Vallis-clausæ*.

H. Vallis-clausæ. Brid. suppl. 2, p. 238. — *H. clausæ-vallis*. Guérin, descr. Vaucl. p. 119.

Sa tige est couchée, noirâtre, longue de 3 à 4 pouces, élégamment pennée, à rameaux allongés, grèles, pointus, souvent courbés, presque toujours simples ; les feuilles sont embriquées, serrées, ovales-lancéolées, acérées, munies d'une nervure longitudinale, épaisse, brunâtre, et qui se prolonge au sommet en pointe acérée ; les bords sont entiers, un peu roulés en dessous ; celles de l'extrémité des jets sont vertes et fraiches ; celles du bas des rameaux sont dénudées de parenchyme et réduites à la nervure, qui persiste et donne aux branches un aspect rude, hérissé et noirâtre : la fructification est inconnue. ♃ Cet hypne a été trouvé par M. Guérin, dans la fontaine de Vaucluse, où elle croît adhérente aux rochers, et presque toujours inondée. Serait-ce une variété de l'*H. fallax*, Brid. ?

1346[a]. Hypne douteux. *Hypnum dubium*.

H. dubium. Brid. musc. 3, p. 64. Smith, Fl. brit. 1332. Turn. hib. 195, excl. Hedw. syn. — *H. trichodes*. Brid. suppl. 2, p. 236, non Poll. — Dill. musc. t. 36, f. 21. — *H. delicatulum*. Raddi, non Hedw.

Ses tiges sont couchées, pennées, longues de deux pouces, à rameaux courts, droits ou très-légèrement arqués ; ses feuilles sont d'un vert-roussâtre ou jaunâtre, ovales, acuminées, très-entières, munies d'une nervure qui atteint le sommet ; celles de la tige, embriquées et dressées ; celles des rameaux, dirigées d'un seul côté, et plus longuement acérées ; les pédicelles sont rouges, longs d'un pouce ; la capsule est ovoïde, un peu oblongue, courbée à sa maturité ; l'opercule est court, conique. ♃ Il croît dans les marais des montagnes. M. Schleicher l'a trouvé dans les Alpes. M. Gilibert m'en a communiqué un échantillon, recueilli près le Pont-Beauvoisin : comparé avec des échantillons du *leskea incurvata* donnés par M. Hedwig, il m'a paru très-évidemment différent ; il est, au contraire, très-voisin de l'*H. filicinum*.

1354ᵃ. Hypne alpin.   *Hypnum alpinum.*

H. alpinum. Turn. hib. 192. Smith, Fl. brit. 1372. Brid. suppl. 2, p. 233.
Web. et Mohr. cr. 367. — *H. flagellare.* Hedw. sp. 282, t. 73, excl. syn.

Ses tiges sont rampantes, rameuses, longues, entrecroisées en touffe serrée, à rameaux dressés, simples ou divisés; ses feuilles sont ovales, acuminées, aiguës, concaves, très-entières, munies d'une nervure jusqu'à la moitié de leur longueur; celles de la tige sont dressées, brunes; celles des rameaux, déjetées en faux, d'un beau vert; les pédicelles sont rouges, longs de 8 à 10 lignes, droits, et m'ont paru absolument lisses; la capsule est penchée, ovale, courte, brune; l'opercule est conique, de la moitié de la longueur de la capsule. ♃ Il croit dans les forêts, sur les pierres et les rochers humides, le long des ruisseaux, dans les environs de Kaiserslautern, d'où il m'a été envoyé par M. Koch : on ne l'a point encore trouvé dans les Alpes.

1354ᵇ. Hypne arrondi.   *Hypnum subsphærocarpon.*

H. subsphærocarpon. Schleich. exs. cent. 2, n. 46. Brid. suppl. 2, p. 232.
Hall. helv. n. 1738.

Sa tige est rampante, rameuse, à branches presque droites, nombreuses, disposées sans ordre, presque simples, longues de 1-2 pouces, souvent dénudées par le bas; les feuilles sont embriquées; les supérieures courbées en faux (déjetées d'un seul côté, de sorte que l'extrémité des jets est courbée), ovales-lanceolées, munies d'une nervure qui se prolonge en petite pointe au sommet; les pédicelles ont 6 lignes de longueur; ils sont droits, rougeâtres, chargés d'une capsule ovale, presque arrondie, épaisse, droite ou à peine inclinée, et dont l'opercule est court, conique, presque obtus. ♃ Cette mousse adhère aux rochers et à la terre, au bord des ruisseaux des Alpes, où elle a été trouvée par M. Schleicher: elle se retrouve dans les Pyrénées, et même aux environs du Mans (Brid.).

1356. Hypne à bec.   *Hypnum aduncum.*

C'est à cette espèce que, d'après l'observation de M. Koch, on doit rapporter le *H. filicinum.* Poll. pal. n. 1030. excl. syn. C'est encore à elle que se rapporte l'*H. flavescens.* Scheich. exs. cent. 4, n. 34, et même l'*H. revolvens.* Schleich. pl. exs. ; mais le vrai *H. revolvens* (Fl. fr. n. 1357\) me paraît très-distincte de celui-ci : ses jets sont deux fois plus épais, et d'un vert plus brun; ses feuilles sont plus longues, et surtout plus étroites à leur base, sa tige moins droite, ses pédicelles plus courts, etc. Ce dernier a été retrouvé dans les environs de Lambsheim, par M. Koch, et dans les Alpes.

1358. Hypne faux-lycopode. *Hypnum lycopodioïdes.*

H. lycopodioïdes. Brid. suppl. 2, p. 227. — *H. rugosum.* Web. et Mohr. cr. 362. — *H. diastrophyllum.* Fl. fr. n. 1358, excl. Sw. syn. — *H. scorpioïdes.* Brid. musc. 3, p. 141, excl. syn.

Il paraît certain, d'après MM. Weber et Mohr, que l'*H. diastrophyllum* de Swartz, doit être rapporté à l'*H. glaucum* (n. 1345.); et c'est au contraire celui-ci qu'ils décrivent sous le nom d'*H. rugosum.* Comme ce nom convient beaucoup mieux et a été le plus souvent donné à notre n° 1360, qui est leur *H. rugulosum*, je crois devoir, pour éviter toute confusion, suivre l'exemple de Bridel, et donner à celui-ci le nom de *H. lycopodioïdes.* Il a été retrouvé dans les prés marécageux, aux environs de Bruyères, par M. Mougeot; de Lambsheim, par M. Koch; du Pont-Beauvoisin (Brid.); mais toujours sans fructification.

1367ᵃ. Hypne à court bec. *Hypnum brevirostrum.*

H. brevirostrum. Ehr. dec. n. 85. Brid. suppl. 2, p. 195. — *H. rutabulum*, γ. Brid. musc. 3, p. 162. Fl. fr. n. 1368. — *H. triquetrum*, β. Web. et Mohr. cr. 354. — *H. rutabulum.* Poll. pal. n. 1029. — *H. erectum.* Raddi, mem. crypt. p. 6, t. 2.

Cette mousse, quoique assez commune, a été confondue tantôt avec l'*H. rutabulum*, tantôt avec l'*H. triquetrum*, mais me paraît aujourd'hui différer clairement de l'une et de l'autre : elle diffère de l'*H. rutabulum* par son pédicelle lisse et non chargé de petits tubercules, et par ses feuilles munies à leur base de 2 petites nervures légèrement divergentes, et qui n'atteignent pas le sommet ; ces caractères le rapprochent de l'*H. triquetrum*, mais elle est de moitié plus petite dans toutes ses parties, sauf le pédicelle qui est de la même grandeur ; les rameaux sont grêles, épars et irréguliers au lieu d'être disposés sur 2 rangs, et d'aller en augmentant de grosseur vers l'extrémité des jets ; les feuilles sont brusquement rétrécies en pointe acérée, et non insensiblement rétrécies ; leurs nervures sont aussi plus courtes ; l'opercule, qui est droit et exactement conique dans l'*H. triquetrum*, est rétréci dans celui-ci en une très-petite pointe un peu courbée. ♃ Cette mousse paraît commune dans les forêts sèches et sablonneuses, sur les pierres et au pied des arbres. Je l'ai trouvée au bois de Boulogne près Paris ; elle a été trouvée dans les Alpes du Dauphiné, de la Savoie et des environs de Kaiserslautern. M. Koch, qui m'a indiqué le synonyme de Pollich, observe que le vrai *H. rutabulum* a été désigné par cet auteur sous le nom d'*H. velutinum*, n. 1049, excl. var.

1369. Hypne blanchâtre. *Hypnum albicans.*

β. Fasciculatum. Lam. dict. 3, p. 177. Dubois, Fl. orl. 228. — *H. Lamarckii.* Brid. suppl. 2, p. 256, non Fl. fr.

Cette variété, toujours stérile, ou qui du moins n'a encore été trouvée que dans cet état, ne diffère de l'espèce ordinaire, selon l'observation de M. A. de Saint-Hilaire, que par ses jets un peu plus épais, moins rameux, et dressés en forme de faisceau. Elle a été trouvée aux environs de Paris, du Mans, d'Orléans, etc.

1371. Hypne plumeux. *Hypnum plumosum.*

H. plumosum. Lin. sp. 1592. Fl. fr. n. 1371. (Excl. syn. Hedw. et Brid.) Turn. hib. 172, t. 15, f. 1. — *H. pseudoplumosum.* Brid. suppl. 2, p. 159. — Dill. musc. t. 35, f. 16.

Ses feuilles supérieures tendent à se déjeter d'un seul côté; elles sont lancéolées, acérées, presque en alène à leur sommet, très-légèrement dentelées, nullement striées, munies d'une nervure qui s'évanouit un peu au-dessus du milieu de sa longueur.

1371ᵃ. Hypne difficile. *Hypnum salebrosum.*

H. salebrosum. Hoffm. Fl. 2, p. 74. Web. et Mohr. crypt. 312. Brid. suppl. 2, p. 172. — *H. plumosum.* Hedw. st. cr. 4, t. 15, excl. syn. Brid. musc. 3, p. 65.

Sa tige est couchée, diversement rameuse, à rameaux dressés; ses feuilles sont presque toujours étalées, égales dans leur direction, lancéolées, acuminées, un peu striées, réfléchies sur les bords, dentelées, munies d'une nervure qui dépasse le milieu et ne disparait qu'aux trois quarts de la longueur; tout le feuillage est d'un vert décidé, et non jaunâtre comme dans l'espèce précédente; le pédicelle est lisse, et part du bas des rameaux; la capsule est brune, ovale, penchée; l'opercule conique. ♃ Cet hypne croit dans les lieux montueux et escarpés, sur les pierres, le long des ruisseaux, dans les Vosges, d'où il m'a été envoyé par MM. Mougeot et Nestler.

1371ᵇ. Hypne des peupliers. *Hypnum populeum.*

H. populeum. Hedw. sp. 273, t. 70. Web. et Mohr. cr. 305. Brid. suppl. 2, p. 179. — *H. implexum.* Turn. hib. 173, t. 16. — *H. ambiguum.* Schleich. exs.

Sa tige est couchée, rampante, divisée en rameaux courts et dressés; ses feuilles sont embriquées, légèrement étalées, un peu élargies à leur base, lancéolées, terminées en forme d'alène, d'un vert jaunâtre, luisantes, un peu dentelées, avec les bords légèrement réfléchis, munies d'une nervure qui se prolonge en pointe au som-

met ; celles du périchætium sont sans nervure ; le pédicelle est rougeâtre , long de 8-10 lignes , et paraît un peu rude lorsqu'on le
voit avec une loupe très-forte ; la capsule est ovale, piriforme , un
peu courbée ; l'opercule conique. ⚇ Il croît sur les rochers et les
troncs d'arbres , principalement sur les peupliers, au pied des Alpes
(Schleich.) ; en Dauphiné, près Vienne (Brid.) ; dans les Vosges ,
dans les forêts de sapins , au pied des arbres et sur les rochers
(Moug. et Nestl.).

1371ᶜ. Hypne réfléchi. *Hypnum reflexum.*

H. reflexum. Starck. in Web. et Mohr. crypt. 306. Brid. suppl. 2, p. 170.
Moug. et Nestl. vog. n. 424.

Il ressemble un peu par son aspect aux ptérogones : sa tige est rampante , très-rameuse ; ses rameaux sont rapprochés , grêles, cylindriques , pointus, presque toujours courbés ou réfléchis, surtout
lorsqu'ils sont secs ; ses feuilles sont larges et en forme de cœur à
leur base , prolongées en une pointe longue, fine et réfléchie , munies d'une nervure qui va de la base au sommet , très légèrement dentelées sur les bords , d'un vert gai ; le pédicelle est rougeâtre, à peine
un peu tuberculeux , long de 6-10 lignes ; la capsule ovale , un peu
inclinée ; l'opercule conique , terminé en pointe mousse. ⚇ Il croît
sur les branches de l'érable faux-platane , dans les forêts du sommet
des Vosges , où il a été observé par MM. Mougeot et Nestler.

1377ᵃ. Hypne à double forme. *Hypnum dimorphum.*

H. diversifolium. Schleich. cr. exs. cent. 3, n. 45. — *H. dimorphum.* Brid.
suppl. 2, p. 149.

Il a le port de certains ptérogones : sa tige est irrégulièrement ramifiée , un peu rampante , à rameaux ascendans , pennés , souvent
fasciculés ; ses feuilles sont de deux sortes : celles des jets principaux
sont un peu en cœur , acuminées , réfléchies au sommet, munies à
leur base d'un rudiment de nervure ; celles des rameaux sont serrées,
embriquées , un peu concaves à leur base, arrondies, sans nervure ;
toutes sont très-petites, entières sur leurs bords d'un vert foncé ; les
folioles intérieures du perichætium se prolongent en pointe acérée ;
les pédicelles sont droits , longs de 6-7 lignes ; la capsule est oblongue , penchée ; son opercule est conique ; les 2 péristomes blanchâtres. ⚇ Il croît sur la terre , dans les montagnes. M. Schleicher l'a
trouvé dans les Alpes , et il se retrouve dans le Jura (Brid.).

1378. Hypne porte-poil.   *Hypnum piliferum.*

H. piliferum. Hedw. st. cr. 4, p. 36, t. 14. Brid. suppl. 2, p. 187.
β. *H. filiforme.* Lam. dict. 3, p. 174. Brid. suppl. 2, p. 254. — *H. La-*
marckii, Fl. fr. n. 1378, non Brid.

Le pédicelle est légèrement rude ; les feuilles sont ovales à leur
base, rétrécies en une pointe mince, aiguë, semblable à un poil,
très-longue dans la var. α, plus courte dans la var. β. Il a été trouvé
dans les Alpes par M. Schleicher ; dans les environs de Kaiserslautern,
par M. Koch.

1378ᵃ. Hypne exigu.   *Hypnum tenellum.*

H. tenellum. Dicks. cr. 4, p. 16, t. 11, f. 12. Sm. Fl. brit. 1308. — *H. exi-*
guum. Bland. in Sturm. Fl. germ. ic. — *H. algerianum.* Desf. atl. 2,
p. 414, t. 258, f. 2. Brid. suppl. 2, p. 162. — *Pterigynandrum alge-*
rianum. Brid. musc. 2, p. 65, t. 6, f. 7.

Il ressemble, par son port, à l'H. trainant, mais il est en général
plus petit et plus ramassé ; sa tige est rampante, très-rameuse, à
rameaux courts, dressés ou entrecroisés ; ses feuilles sont linéaires,
oblongues, amincies à l'extrémité en forme d'alêne, très-entières,
dépourvues de nervures, embriquées, d'un vert gai ; les pédicelles
sont de 6 lignes environ de longueur, et dépassent celles des branches ; ils sont droits, un peu flexueux à la fin de leur vie ; les capsules sont ovales, penchées, surmontées d'un opercule en forme
d'alêne, aussi long que la capsule ; caractère qui le distingue bien
de l'H. serpens. ⚦ Il croit sur la terre, les murs et les troncs d'arbres. M. Schleicher l'a cueilli dans les Alpes de Suisse : il se trouve
aussi en Dauphiné (Brid.). L'échantillon d'Alger, que j'ai reçu de
M. Desfontaines, ne diffère nullement de ceux d'Europe.

1381. Hypne rampant.   *Hypnum repens.*

Il faut ajouter à la synonymie : *H. silesianum.* Web. et Mohr.
cr. 343. — *H. silesiacum.* Brid. suppl. 2. p. 164. Moug. et Nestl.
vog. n. 425. — *Leskea Seligeri.* Brid. musc. 3. p. 47. Fl. fr. n. 1327.
— Le nom de Pollich, étant plus ancien, doit être conservé ; cette
mousse a été retrouvée dans les Alpes de la Suisse. Je l'ai aussi reçue
de M. Koch, qui l'a cueillie aux lieux mêmes indiqués par Pollich,
et de MM. Mougeot et Nestler, qui l'ont trouvée sur les troncs pouris,
dans les Vosges.

1383ª. Hypne mol.   *Hypnum molle.*

H. molle. Dicks. crypt. 2, p. 11, t. 5, f. 8. Hedw. sp. 273, t. 70. Web. et Mohr. crypt. 341. Brid. suppl. 2, p. 129. — *H. rupestre.* Schleich. exs. 2, n. 47.

Sa tige est ramifiée dès sa base en jets nombreux pendans ou fasciculés, presque simples, cylindriques, à peu près obtus, longs d'un à deux pouces, noirâtres vers leur base; les feuilles sont d'un vert foncé, embriquées, un peu étalées, ovales, à peine lancéolées, presque obtuses, concaves vers le milieu, très-entières, munies vers leur base de 2 rudimens de nervures; les pédicelles sont rouges, lisses, souvent courbés; les capsules ovales, oblongues, d'abord droites, puis un peu penchées; l'opercule est conique, obtus. ♃ Il croît sur les pierres, le long des ruisseaux, autour de Retournemer; dans les Vosges, où il a été trouvé par MM. Mougeot et Nestler; sur les rochers humides du Simplon, par M. Schleicher.

1386. Hypne fragon.   *Hypnum rusciforme.*

β. *H. rivulare.* Ehr. crypt. 252. — Dill. musc. t. 38, f. 32.
γ. *H. atlanticum.* Brid. musc. 3, p. 271, t. 4, f. 1. Schleich. exs. cent. 2, n. 52.
δ? *H. fontanum.* Schleich. exs. cent. 2, n. 53.

Cette espèce est, comme toutes les mousses aquatiques, sujette à beaucoup de variations : dans la var. β, les tiges sont très-longues, souvent dénudées par leur partie inférieure; dans la var. γ, qui se trouve aux Alpes dans les ruisseaux d'eau pure, et qui, comparée avec des échantillons donnés par. M. Desfontaines, n'offre aucune différence, les jets sont longs, peu rameux, feuillés dès leur base, et le plus souvent stériles; enfin dans la var. δ, qui est peut-être une espèce distincte, et que M. Schleicher a trouvée sans fruit le long des ruisseaux des Alpes, et M. Desportes aux environs du Mans, les jets sont très-grêles, un peu rougeâtres, peu rameux; les feuilles plus pointues, plus évidemment dentées en scie, et un peu ondulées sur les bords.

1391. Neckère court-pendue.   *Neckera curtipendula.*

γ. *N. hamulosa.* Vill. cat. Strabs. 42, t. 1.

D'après l'opinion de MM. Bridel, Mougeot et Nestler, et celle de Villars même, cette mousse n'est qu'une variété du *N. curtipendula*; elle en diffère par ce que les petites dentelures de ses feuilles sont un peu rebroussées.

1394ᵃ. Neckère naine.   *Neckera pumila.*

N. pumila. Hedw. st. cr. 3, t. 20, sp. 205. Smith, Fl. brit. 1272. **Mong.**
et Nestl. vog. n. 429. — *Hypnum pennatum.* Dicks. crypt. 1, p. 5, t. 1,
f. 8. — *Fontinalis pennata.* Huds. Angl. 478, excl. syn. — *Hypnum
fontinaloïdes.* Lam. dict. 3, p. 164.

Elle semble au premier coup d'œil n'être que la *N. crispa* de moitié
plus petite qu'à l'ordinaire dans toutes ses parties ; ses feuilles sont
un peu moins ondulées, toutes, et surtout les inférieures, plus
aiguës ; celles du perichætium sont en forme d'alène, et atteignent au
moins les trois quarts de la longueur du pédicelle, tandis qu'elles
sont 3 fois plus courtes que lui dans la *N. crispa ;* le pédicelle n'a
guère que 2 lignes, et la capsule environ une ligne de longueur.
♃ Elle croît sur les troncs des arbres, dans les forêts de sapins des
Vosges, où elle a été trouvée par MM. Mougeot et Nestler.

1397. Fontinale incombus-   *Fontinalis antipyretica.*
tible.

β. *F. erecta.* Vill. Dauph. 3, p. 919, ex cat. Strasb. 37.

Elle ne diffère de l'espèce ordinaire que parce qu'elle est droite, et
a les feuilles du perichætium plus acérées. M. Villars dit qu'elle se
trouve aux environs de Gap. — Quant au *F. minor* de Villars, et
de presque tous les auteurs, elle n'est autre chose que le *F. squam-
mosa*, n. 1398.

1398ᵃ. Fontinale de Saint-Julien. *Fontinalis? Juliana.*

F. Juliana. Savi. Fl. pis. 2, p. 414. — *Skitophyllum fontanum.* Lapil.
Journ. bot. 1814, sem. 2, p. 158, t. 34, f. 2.

La fructification de cette plante est inconnue, et on ne peut par
conséquent la rapporter qu'avec doute au genre des fontinales, et
moins encore en faire un genre particulier : ses tiges sont grêles,
filiformes, rameuses dès leur base, longues de 2 à 3 pouces ; les
feuilles sont alternes, écartées, étalées, demi-embrassantes, et un
peu concaves à leur base, planes, lancéolées-linéaires, acuminées,
aiguës, entières sur les bords, longues de près de 2 lignes, munies
d'une nervure longitudinale, qui disparait un peu avant d'arriver
au sommet. ♃ Elle croît dans les fossés pleins d'eau, les puits et les
fontaines. Je l'ai reçue de M. Savi, qui l'a trouvée dans les fossés
des eaux thermales de Saint-Julien. M. Grateloup l'a trouvée à Dax ;
M. Hectot, à Nantes ; M. Duvau, à Rennes, à Laval, Ponthivy, Fougères (Lapil.).

FAMILLE DES FOUGÈRES.

1401. Adianthe odorant.   *Adianthum odorum.*

A. fragrans. Fl. fr. n. 1401. Viv. Ann. bot. 2, p. 190. Fragm. 9, t. 11, f. 2.
Pteris acrosticha. Balb. Add. 98, misc. 46. Lois. Fl. gall. 703. — *Poly-
podium fragrans.* Desf. Atl. 2, p. 408, t. 257. — *Cheilanthes odora.*
Sw. syn. 127 et 327. Wild. sp. 4, p. 457.

M. Swartz assure que la plante de l'Inde, décrite par Linné sous
le nom de *polypodium fragrans*, est différente de celle d'Europe ; et
la figure qu'il en donne confirme assez cette opinion pour que je
croie devoir adopter le nom spécifique d'*odorum* qu'il a donné à
l'espèce européenne. Je rapporte à celle-ci le synonyme de Desfor-
taines, d'après des échantillons donnés par lui-même, et qui ne diffèrent certainement pas des plantes décrites par M. Balbis et Viviani :
la longueur des pédicelles, le nombre et la longueur des poils écailleux qui les garnissent, la profondeur des dentelures des segmens de
la feuille, sont des caractères qu'on voit varier dans les différens jets
de la même touffe. Notre fougère croît en Corse (Lois.), en Provence, sur les rochers des îles d'Hyères, où elle a été trouvée par
MM. Robert et de Suffren ; dans les montagnes des Albères, voisines
de Perpignan, d'où elle m'a été envoyée par M. Custer ; dans les environs du Vigan, où elle a été observée par M. Thibaud. Je doute
fort si la plante de Natolie, dont M. Swartz a fait son *Ch. suaveolens*,
diffère de celle-ci.

1402. Ptéris de Crète.   *Pteris Cretica.*

Ajoutez à la synonymie : *Pt. oligophylla..* Viv. ann. 2. p. 189. —
Pt. semiserrata. Forsk. descr. 186. — Il faut remarquer que le synonyme de P. Alpin, d'après lequel Linné avait donné à cette plante le
nom de *Pt. Cretica*, appartient au *Pt. ensifolia* de Swartz (1), et que
par conséquent le *Pt. Cretica* n'a point encore été trouvé en Crète.
Comme il croît en Arabie, en Perse, en Italie, il est très-probable
qu'il s'y trouvera un jour, et le nom peut par conséquent être provisoirement conservé. Cette fougère est assez commune le long des

____

(1) Le synonyme de P. Alpin est sûr, et ce sont au contraire ceux de Boccone
et de Barrelier qui me paraissent douteux, parce qu'ils n'ont pas la base des
folioles échancrée et auriculée.

haies humides et ombragées en Italie, à Massa, Carrare, Chiavari, Pegli près Gènes, à Nice au Val du Manian, et en Corse.

1407. Scolopendre en flèche.   *Scolopendrium sagittatum.*

Hemionitis vera. Clus. hist. 2, p. 214, f. 1. — *Hemionitis.* Math. comm. 646, f. 2. J. Bauh. hist. 3, p. 758, ic. Dalech. Lugd. 1217, ic. — *Hemionitis vulgaris.* C. Bauh. pin. 353. Tourn. inst. 546. Garid. Aix. 227. — *Asplenium,* n. 1. Ger. Gallopr. 67, excl. syn. Lin. — *Scol. hemionitis.* Fl. fr. n. 1407.— *Asplenium hemionitis.* Lois. Fl. gall. 170. — *Scol. officinarum,* var. γ. Wild. sp. 4, p. 350. — *Asplenium hemionitis,* α. Lam. dict. 2, p. 302, excl. var. β, et Ic. illustr. — *Scol. officinarum,* γ. Lapeyr. abr. 628 ?

Ses pédicelles sont tantôt nus, comme dans la Sc. hémionite ; tantôt garnis de paillettes roussâtres, comme dans la Sc. officinale ; leur longueur varie depuis $\frac{1}{2}$ pouce jusqu'à 4 pouces ; la feuille est lancéolée, fortement échancrée en cœur à sa base, à oreillettes larges et arrondies, à sommet pointu, à bords entiers ou à peine crenelés ; ses oreillettes ne se divisent point en 2 lobes comme dans la Sc. hémionite ; la longueur des feuilles stériles va quelquefois jusqu'à 3 pouces ; mais dans les feuilles fertiles elle varie d'un à deux pouces ; leur largeur la plus grande est environ la moitié de leur longueur ; caractère qui distingue bien cette espèce, et de la Sc. officinale, où la largeur est à peine le quart de la longueur, et de la Sc. hémionite, où la largeur est presque égale à la longueur. ♃ J'ai cueilli cette plante parmi les rochers humides et dans les grottes près Marseille, au lieu dit *Marseille-Vaire,* sous l'hermitage de Saint-Michel d'eau douce, où elle est déjà indiquée par Garidel. Elle a été retrouvée à Rome (Clus.), et peut-être à Prades, en Roussillon, dans les puits (**Lapeyr.**). Dans la rigueur de la nomenclature, c'est celle-ci qui devrait garder le nom d'*hemionitis,* que tous les anciens et plusieurs modernes lui donnaient ; mais comme ce nom a été le plus souvent donné à l'*hemionitis peregrina* de Clusius, j'ai cru devoir, pour éviter toute confusion, en donner un autre à celle-ci.

1409ᵃ. Doradille de Pétrarque.   *Asplenium Petrarchæ.*

Polypodium Petrarchæ. Guérin, descr. Vaucl. 124. *Asplenium glandulosum.* Lois. not. 145. — *Asplenium Vallisclausæ.* Req. in Guer. Vaucl. ed. 2, p. 239.

Elle ressemble absolument à la D. polytric, et ne peut pas en être écartée : elle en diffère parce qu'elle est plus petite, et qu'au lieu d'être glabre, elle est toute couverte, sur ses folioles et son pétiole, de petits poils très-courts, un peu glanduleux à leur sommet, et qui ne sont bien visibles qu'à la loupe ; chaque feuille n'a que 10-12 paires de folioles, tandis qu'on en compte jusqu'à 15 ou 20 dans la D. polytric. ♃ Elle croît dans les fentes des rochers : M. Guérin l'a découverte dans les grottes de Vaucluse ; M. de Suffren aux environs de Salon.

1411ᵃ. Doradille des fontaines. *Asplenium fontanum.*

Aspidium fontanum. Wild. sp. 4, p. 272. — *Polypodium fontanum.* Smith. Fl. brit. 3, p. 1114. — Pluk. t. 89, f. 2. — Moris. s. 14, t. 3, f. 11.

Cette plante ressemble tout-à-fait à la D. verte, mais elle est d'une stature plus petite, et en diffère surtout par les lobes inférieurs de ses feuilles un peu en cœur, et divisés en 3 segmens inégaux et dentés ; peut-être n'en est-elle qu'une variété ? Elle répond à la description de Wildenow, et assez bien à celle de Smith, qui indique cependant dans sa plante des poils entremêlés avec les capsules, que je ne vois pas dans la mienne. ♃ Elle a été cueillie dans les montagnes des Albères, par M. Custer.

1414ᵃ. Doradille lancéolée. *Asplenium lanceolatum.*

A. lanceolatum. Engl. bot. t. 240. Smith. Fl. brit. 3, p. 1132. DC. Syn. n. 1415, excl. syn. Fl. fr. — Dod. pempt. 265, ic. — Vaill. Bot. t. 9, f. 1.
β. *Requienii.*

Cette espèce a beaucoup de rapport avec l'*A. adianthum nigrum*, mais m'en paraît suffisamment distincte : sa feuille, considérée dans sa forme générale, n'est pas triangulaire, mais oblongue, lancéolée ; elle ne passe guère 6 à 7 pouces de longueur ; son pétiole est presque toujours verdâtre, et commence à porter des folioles beaucoup plus près de la base ; les pinnules sont profondément pinnatifides, presque pennées, à segmens obtus, arrondis ou ovoïdes, bordés de dents aiguës ; les tégumens sont oblongs et s'ouvrent latéralement ; les groupes de capsules sont gros, arrondis et finissent par se souder et par couvrir presque toute la feuille. ♃ Elle croît sur les rochers humides à Fontainebleau, et à l'île de Noirmoutiers. — Le synonyme de Vaillant me paraît appartenir évidemment à la plante de Fontainebleau, et c'est d'après lui que Linné paraît avoir décrit son *polypodium regium* ; mais la plante qu'il a lui-même décrite dans l'*hortus cliffortianus*, et dont il reste un échantillon dans son herbier, est, d'après le témoignage de M. Smith, une plante très-différente de celle-ci, et à laquelle les modernes ont donné le nom d'*aspidium regium*. — La var. β, que M. Requien a trouvée aux environs d'Alais, ne me paraît différer de celle de Fontainebleau que parce qu'elle est plus grêle, un peu plus allongée, et que ses lobes sont plus courts et plus écartés.

1414ᵇ. Doradille de Haller. *Asplenium Halleri.*

Aspidium Halleri. Wild. sp. 4, p. 274. — *Aspidium fontanum.* Sw. syn. 57. — *Athyrium fontanum.* Fl. fr. n. 1416. — *Polypodium alpinum.* Lam. Fl. fr. 1, p. 22, non Wulf. — *Polypodium fontanum.* Gou. illustr. p. 80. — Hall. helv. n. 1706. — Barr. ic. t. 432, f. 1.

Rapportez ici la description n° 1416 de la Flore française. Cette plante parait propre aux rochers humides et calcaires : elle est commune dans le Jura. Je l'ai aussi reçue des environs de Béfort, de Salève près Genève, et de Mende. Elle a absolument les **caractères** des asphéniums, et ne peut surtout pas être séparée de la D. **lancéolée** et de la D. des fontaines, auxquelles elle ressemble **beaucoup.**

1417. Aspidium fragile. *Aspidium fragile.*

C'est aux nombreuses variétés de cette espèce qu'on doit **rapporter** les *polypodium rhœticum*, Vill. dauph. t. 53. non Lin., *anthriscifolium*, *cynapifolium*, *tenue*, *fumarioïdes* et *pedicularifolium*, Hoffm. Fl. germ. 2. p. 9 et 10.

1417ᵃ. Aspidium royal. *Aspidium regium.*

A. regium. Sw. syn. 58. Wild. sp. 4, p. 281. — *Cyathea regia.* Sm. Fl. brit. 3, p. 1140. — *Polypodium regium.* Lin. sp. 1553, excl. syn. Vail. et descr. — *Polypodium polymorphum*, var. C. Vill. Dauph. 3, p. 847, t. 53, f. C.

β ? *Puteale.*

Cet aspidium ressemble beaucoup à l'A. fragile, mais il paraît en différer en ce que les lobes de ses feuilles sont arrondis, très-obtus, entiers sur les bords, et non dentés en scie. ♃ Il croît sur les rochers humides des Hautes-Alpes et des Hautes-Pyrénées. La var. β n'a encore été trouvée que dépourvue de fructification ; mais elle est si remarquable par la forme de ses feuilles, que je ne puis la passer sous silence : sa feuille est d'un vert clair, d'une consistance molle et délicate, deux fois pennée ; le pétiole commun est nu, glabre ; les pétioles secondaires opposés, et portant chacun 10 à 12 paires de folioles ; celles ci sont écartées, le plus souvent opposées, oblongues, obtuses, pinnatifides, divisées de chaque côté en 4 à 7 lobes arrondis, très-légèrement crénelés. Le port de cette plante a de l'analogie avec *l'aspidium regium*, et je l'indique ici pour fixer sur elle l'attention des observateurs. ♃ Elle croît dans les puits des provinces de l'ouest : M. Batard me l'a envoyée d'Angers, et M. Hectot, de Nantes.

1417ᵇ. Aspidium des Alpes. *Aspidium Alpinum.*

A. Alpinum. Sw. syn. 60. Wild. sp. 4, p. 282. — *Polypodium Alpinum.* Jacq. ic. rar. 3, t. 642. — *Polypodium crispum.* Gou. ill. 81. — Seg. ver. suppl. t. 1, f. 3. — *A fragile*, δ. Fl. fr. n. 1417.

Ses feuilles sont presque 3 fois pennées, à pinnules pinnatifides, confluentes, acuminés, un peu obtuses, divisées en lobes presque linéaires, la plupart terminés par deux dents; les pétioles sont nus, verdâtres, bruns et chargés de quelques petites écailles à leur base; les feuilles ne passent guère 6 pouces de longueur, et rappellent un peu, par leur port et la forme de leur découpures, celles de la *pteris crispa*; les groupes de capsules sont orbiculaires, au nombre de 1 à 3 sur chaque lobe, dont ils occupent à peu près toute la largeur. ♃ Il croit dans les rochers et les lieux pierreux et humides des hautes montagnes du Dauphiné et de la Savoie, où il est assez rare; il est très-répandu sur les sommités des Pyrénées (Lapeyr.).

1422ᵃ. Polystic de Plukenet. *Polystichum Plukenetii.*

Polypodium Plukenetii. Lois. not. 146. — *P. aculeatum*, β. Fl. fr. n. 1423. — *Aspidium lobatum.* Sm. br. 1123? — Pluk. phyt. t. 180, f. 3.

Cette espèce est exactement intermédiaire entre les *P. lonchitis* et *aculeatum*, et tend presque à confirmer l'opinion de ceux qui réunissent ces plantes comme de simples variétés; elle n'est guère plus grande que le *P. lonchitis*; ses folioles sont pinnatifides, divisées près de leur base en lobes qui atteignent presque la côte moyenne, et qui rendent cette espèce intermédiaire entre celles simplement pennées et celles qui le sont une ou deux fois; le lobe inférieur de chaque foliole, situé du côté du sommet de la feuille, est sensiblement plus grand que les autres. ♃ Elle croit dans les haies et les lieux ombragés, en Bretagne (Lois.); à Verviers; dans les montagnes voisines de Narbonne, et probablement dans toute la France. Elle paraît différer de l'*A lobatum* de Smith, en ce qu'elle n'a pas les feuilles deux fois pennées; mais comme cet auteur cite la même figure de Plukenet pour son *A. lobatum* et son *aculeatum*, var. γ, je ne puis affirmer lequel de ces deux synonymes appartient à ma plante.

1424. Polystic dilaté. *Polystichum dilatatum.*

P. spinulosum. Fl. fr. n. 1424, excl. syn. Sw. — *Aspidium dilatatum.* Sw. syn. 420. Smith. Fl. br. 3, p. 1124. — *P. multiflorum.* Roth. germ. 3, p. 87. — Mapp. Als. 106, f. 8.

Cette espèce est assez fréquente dans les bois et les montagnes de presque toute la France. Quant au vrai *P. spinulosum*, qui croit aux

environs de Verviers, je n'en ai point encore vu d'échantillon trouvé
en France : tout ce que j'ai reçu sous ce nom est le *P. dilatatum,* ou
le *P. tanacetifolium.*

1429. Polypode commun.   *Polypodium commune.*

γ. *serratum.* Wild. sp. 5, p. 173. — Barr. ic. t. 38.

Cette variété a été trouvée par M. Dufour, dans les Landes, près
Saint-Sever ; elle est beaucoup plus grande que l'espèce ordinaire ;
ses feuilles ont jusqu'à 24 lobes de chaque côté ; ces lobes sont
proportionnellement plus étroits, beaucoup plus longs, dentés en
scie sur les bords, terminés en pointe ; chacun d'eux a jusqu'à 24
groupes de fructifications de chaque côté de la nervure moyenne. —
La var. β n'a pas été trouvée spontanée en France ; M. Savi l'a rencontrée sauvage dans les montagnes qui entourent les bains de
Lucques.

1429ᵃ. Polypode hyperbo-   *Polypodium hyperboreum.*
réen.

Ceterach alpinum. Fl. fr. n. 1435. — *P. hyperboreum.* Wild. sp. 4, p. 197.
Sturm. Fl. germ. ic. — *P. arvonicum.* Sm. br. 1115.

Rapportez ici le nº. 1435. Les groupes de capsules sont dépourvues
de tégumens.

1430ᵃ. Polypode des Grisons.   *Polypodium Rhæticum.*

P. Rhæticum. Lin. sp. 1552. Roth. Fl. germ. 3, p. 67. Vill. voy. bot.
p. 12. — *P. molle.* All. ped. n. 2406 (ex herb.). Vill. Dauph. 3, p. 844,
var. — J. Bauh. hist. 3, p. 740, f. 1.

Cette belle fougère peut se décrire par une seule phrase : elle a
toute la forme de l'*athyrium felix fœmina,* mais ses groupes de capsules naissent à nu, et ne sont jamais recouverts par un tégument :
les feuilles sont deux fois ailées ; leurs côtes, soit principales, soit
secondaires, sont nues, blanchâtres ; les folioles sont au nombre de
35 à 40 sur chaque côte secondaire, oblongues, pinnatifides, les
inférieures écartées et longues de 6 lignes, les supérieures confluentes,
diminuant insensiblement de longueur, de manière à ce que chaque
pinnule est acuminée au sommet ; les lobes des folioles sont au nombre
de 5 à 6 sur chaque côté de la nervure, ovales-oblongs, obtus,
dentés ; chacun d'eux porte un ou rarement deux groupes de capsules : ces groupes sont exactement orbiculaires, assez petits. ♃ Elle
croît dans les pâturages élevés et entremêlés de bois et de rochers
des Alpes ; dans les Grisons, près le lac du Sentis (Vill.) ; au mont
Fouly (Schleich.), au mont Cénis (Balb.), en Dauphiné (Vill.).

1431ª. Polypode du calcaire. *Polypodium calcareum*.

> *P. calcareum.* Smith. Fl. br. 3, p. 1117. Wild. sp. 4, p. 210. — *P. dryop-*
> *teris.* Bolt. fil. t. 1. — Clus. hist. 2, p. 212, f. 1. — *P. dryopteris, β.*
> Fl. fr. n. 1431.

Il diffère du P. dryoptère par sa stature un peu plus petite, sa consistance plus roide, et la position de sa feuille plus droite et non étalée; son pédicelle est garni, vers sa base, de petites écailles roussâtres, qui manquent dans le P. dryoptère; ses lobes sont un peu plus petits; les groupes de capsules se soudent souvent ensemble dans leur vieillesse de manière à les recouvrir en entier. ♃ Il croît dans les bois et les landes des pays calcaires; dans le Jura, au creux du Van et au Chasseron; au mont Esquierri, dans les Pyrénées.

1434. Ceterach de Maranta.   *Ceterach Marantæ*.

Cette fougère, qui n'avait encore été trouvée qu'en Piémont ou en Ligurie, a été cueillie par M. Prost, sur les rochers volcaniques de Thueis, département de l'Ardèche; et par M. Requien, à Tournon, au rocher du Pied-de-Bœuf. M. Wildenow dit qu'elle croit en Savoie, et M. Lapeyrouse, au pic de l'Héris.

1437ª. Botryche matricaire. *Botrychium matricarioïdes*.

> *B. matricarioïdes.* Wild. sp. 4, p. 62. — *Osmunda matricariæ.* Schranck.
> bav. 2, p. 419. Hoppe, in Sturm. Fl. germ. ic. — Moris. hist. s. 14,
> t. 5, f. 26.

Cette espèce a une racine composée de fibres cylindriques; ses feuilles sont au nombre de deux, attachées si près du collet, que la tige paraît absolument nue; elles sont alternes, pétiolées, divisées en trois segmens courts, et qui sont eux-mêmes pinnatipartites, à lobes arrondis ou oblongs, obtus, un peu dentés; la hampe s'élève de trois pouces, et porte une petite grappe d'épis dont les inférieurs sont simples et les supérieurs un peu rameux. ♃ Elle croît dans les forêts des Vosges (Schauenb.), et dans celles des Pyrénées, à Melles, au bois de la Téchède (Lapeyr.).

1438ª. Ophioglosse de Por-   *Ophioglossum Lusitanicum*.
**   tugal.**

> *O. Lusitanicum.* Lin. sp. 1518. Lam. ill. t. 864, f. 3. — Barr. ic. 1280,
> t. 252, f. 2.

Cette espèce ressemble beaucoup à l'O. vulgaire; mais elle est constamment de moitié au moins plus petite; sa feuille est lancéolée, rétrécie à la base, de 9 à 10 lignes de longueur et de 2 à 3 de largeur; son épi est long de 4 à 5 lignes, et est porté sur un pédicelle qui ne dépasse pas la longueur de la feuille. ♃ Elle croît dans les sables maritimes de l'Ouest. Elle a été trouvée aux environs de Saint-Pol-de-Léon ; de Brest, par M. Bonnemaison ; de Bordeaux, par M. Bory ; et en Corse, par M. Robert.

FAMILLE DES PRÊLES.

1457. Prêle des marais.　*Equïsetum palustre.*

β. *Polystachyon.* Ray. angl. ed. 3, t. 5, f. 3.

CETTE variété est très-remarquable, en ce que toutes ses ramifications se terminent par un épi ; l'épi qui termine la tige est cylindrique, comme celui de l'espèce ordinaire : tous les autres sont ovales-oblongs, de moitié plus courts. Je l'ai trouvée dans les Ardennes, près Malmédy. M. Requien me l'a envoyée d'Avignon. On pourrait facilement la confondre avec l'*E. ramosissimum* (Desf. atl. 2, p. 398, non Wild. (1)) ; mais notre variété a les gaines de la tige à 8 dents longues et pointues, tandis que, dans l'espèce de Barbarie, les gaines de la tige ont 16 dents obtuses.

1457ᵃ. Prêle panachée.　*Equisetum variegatum.*

E. variegatum. Schleich. Cat. helv. p. 21. Wild. sp. 4, p. 7. — Bauh. prod. 24, n. IV. Tabern. ic. 251, f. 1.

Sa racine est profonde, noirâtre, et n'offre pas de tubercules ; de chaque nœud partent des fibrilles verticillées ; sa tige se ramifie dès sa base en branches ou jets presque simples, de 8 à 10 pouces de hauteur, disposés en touffe, cylindriques, grêles, à stries profondes, à côtes lisses ; les gaines sont petites, cylindriques, un peu rétrécies à leur base, marquées d'une large tache noire, prolongées en 6 dents blanches, membraneuses, droites et terminées en pointe acérée ; celle du sommet est en forme de cloche, et donne naissance à un épi ovale-

---

(1) Sous le nom d'*E. elongatum* Wildenow me paraît avoir réuni trois plantes différentes : 1°. celle de l'île de Bourbon, à laquelle je conserverai le nom d'*elongatum*, qui lui convient très-bien ; 2°. celle d'Europe, qui me paraît notre *E. tuberosum* ; 3°. celle de Barbarie, qui est très-différente des deux précédentes, et qui doit garder le nom de *ramosissimum*, qui lui a été donné originairement. L'espèce de Caracas à laquelle M. Wildenow a attribué ce nom devra en recevoir un autre, *E. caracasanum*, par exemple. M. Lapeyrouse a réuni sous le nom d'*elongatum*, non-seulement les trois plantes de Wildenow, mais encore l'*E. ramosum* et l'*E. variegatum.*

oblong, pointu, long de 4 à 5 lignes. ♃ Elle croît dans les lieux pierreux et humides, aux bords du Rhin, de Bâle à Strasbourg.

1457^b. Prêle rameuse.   *Equisetum ramosum.*

E. ramosum. Schleich. Cat. helv. p. 21. DC. Syn. n. 1457*.

Cette espèce est intermédiaire entre la précédente et la suivante ; elle diffère de la P. panachée par ses tiges, dont les côtes sont moins lisses ; par ses gaines fortement striées, toujours verdâtres et non tachées de noir à leur base, prolongées en 6 dents acérées, courtes, non membraneuses, quelquefois brunâtres ; celle du sommet est à peine évasée et a ses dents fort courtes ; l'épi est ovale-oblong, pointu, sessile, long de 5 à 6 lignes. ♃ Elle croît dans les sables humides, le long des grands fleuves ; dans la vallée du Rhin, près Strasbourg ; dans celle de la Loire, entre Tours et Nantes ; dans celle du Rhône, en Valais ; dans celle de la Durance, près Avignon ; aux environs de Carcassonne, de Gênes, etc. Il est probable que c'est ici qu'on doit rapporter l'*E. limosum,* All. ped. n. 23 ; l'*E. tenue,* Hoppe, exs. ; l'*E. campanulatum,* Poir. dict. 5, p. 613, trouvé sur les bords de l'Uvaume, près Marseille ; l'*E. elongatum,* Lapeyr. abr. 619, trouvé dans les sables, à Bayonne, etc.

1457^c. Prêle tubéreuse.   *Equisetum tuberosum.*

E. tuberosum. Hect. inéd. — *E. elongatum.* Wild. 4, p. 8, var. europæa, excl. syn. ?

Cette prêle est peut-être une variété de la précédente ; mais elle est fort remarquable par sa racine rampante, profonde, grêle, noirâtre, qui de chaque nœud donne naissance à des fibrilles nombreuses ; les nœuds supérieurs poussent de jeunes rejets, les inférieurs donnent naissance à des tubercules oblongs ou ovoïdes, descendans, d'abord bruns, puis noirâtres en dehors, blancs et farineux intérieurement, tantôt solitaires, tantôt se développant bout à bout comme des grains de chapelet ; la tige est droite, longue de 9 à 10 pouces, divisée dès sa base en un grand nombre de jets simples ou peu rameux, grêles, lisses, à 6 stries ; les gaines sont verdâtres, à 6 dents, droites, aiguës, brunâtres ; les épis naissent à l'extrémité des jets ; ils sont petits, ovoïdes, presque obtus, de 5 à 6 lignes de longueur. ♃ M. Hectot a trouvé cette plante à Nantes, sur les bords de la Loire. Je l'ai cueillie à Avignon, sur les bords de la Durance.

FAMILLE DES NAYADES.

1459. Charagne vulgaire.　*Chara vulgaris.*

On doit ajouter aux nombreuses variétés de cette espèce les *chara montana*, Schleich. exs.; *Ch. fragilis*, Desv. in Lois. nót. 137, et peut-être encore *Ch. funicularis*, Thuil. Fl. par. 1, p. 473; *Ch. delicatula*, Desv. loc. cit. 137; et *Ch. tomentosa*, Schleich. exs.

1461ᵃ. Charagne faux-gaillet.　*Chara galioïdes.*

C. galioïdes. DC. Cat. hort. Monsp. 93.

Sa tige est grêle, cylindrique, non sillonnée, rameuse, longue de 6 à 8 pouces, blanchâtre, hérissée vers le sommet de petits aiguillons; ceux-ci sont rares, non disposés en faisceaux, étalés et en forme d'alène; les rameaux sont grêles, d'un vert clair, au nombre de 7 à 8 par verticilles, assez longs et écartés les uns des autres, quoique leurs entre-nœuds soient en général plus courts qu'eux; ces rameaux portent le plus souvent trois fruits sessiles et disposés sur leur côté intérieur, à distances à peu près égales : ces fruits sont solitaires, globuleux, de couleur rouge, non striés et de la longueur des bractées qui les entourent, ou un peu plus courts. ⊙ J'ai trouvé cette charagne au mois de mai, dans les fossés d'eau saumâtre, sur la plage, entre Cette et Agde, mêlée avec la zanichelle.

1463. Charagne flexible.　*Chara flexilis.*

La plante que j'ai décrite sous ce nom est bien sûrement la même que le *Ch. translucens*, Pers. syn. 2, p. 531; mais je ne vois pas de preuve qu'elle diffère du *Ch. flexilis*, Linn.

1463ᵃ. Charagne blanchissante.　*Chara canescens.*

C. canescens. Lois. not. 139.

Ses tiges sont longues de 5 à 6 pouces, dichotomes dans leur partie inférieure, blanchâtres, hérissées dans toute leur longueur de poils nombreux, étalés, aigus, disposés en faiseaux ou en faux verticilles; les rameaux sont courts, verticillés 7 à 8 ensemble, plus courts que les entre-nœuds dans le bas de la plante, plus longs qu'eux dans la partie supérieure, tout hérissés de petites bractées piliformes, deux fois plus longues que les fruits; ceux-ci sont sessiles entre trois bractées, ovoïdes, jaunes, puis noirâtres : toute la plante, dans son état de vie, est d'un vert pâle, avec les sommités de chaque jet roussâtres et fort semblables, en petit, aux jeunes pousses des myriophyllum. Lorsque la plante est morte ou mourante, elle blàn‑chit complètement : c'est dans cet état qu'elle a été trouvée par M. Robert, et décrite par M. Loiseleur : mais les chara, comme les algues, ne sont blanches que par décoloration. ⊙ Elle croît dans les petites marres d'eau douce, situées dans le sable, le long de la Médi‑terranée. M. Robert l'a trouvée à Toulon : je l'ai cueillie au mois de septembre, près Montpellier, entre Balestras et Maguelone.

1464ᵃ. Charagne transparente. *Chara hyalina.*

Sa tige est grêle, rameuse, blanche, luisante, transparente, longue de trois pouces, parfaitement lisse et dépourvue d'aiguillons ; les entre-nœuds inférieurs sont très-longs ; les verticilles supérieurs sont rapprochés : chacun d'eux est composé de 6 à 8 rameaux ; ceux-ci se divisent, vers leur sommet, en 7 à 8 petites branches qui partent du même point : chacune de ces branches se divise ordinairement en trois filets cylindriques très-grêles et terminés par une arète très‑fine ; du milieu de ces trois filets sort un fruit ovoïde, noirâtre, plus court que les filets, et porté sur un pédicelle très‑court et recourbé ; toutes les ramifications sont d'un vert sale et luisant, réunies de manière à former des espèces de faisceaux verticillés. ⊙ Cette singulière espèce de chara croît dans l'eau tranquille. Elle a été trouvée aux environs de Lausanne, par M. Gay ; du Mans, par M. Desportes ; de Nantes, par M. Hectot.

FAMILLLE DES GRAMINÉES.

1473. Flouve odorante. *Anthoxanthum odoratum.*

β. *Villosum.* Lois. not. p. 7.
γ. *Nanum.*
δ. *Subramosum.* Gilib. Elem. bot. 1, p. 600.

La var. β se distingue par ses feuilles et ses glumes même pubes‑centes ; elle a été trouvée aux environs de Nice, d'Avignon, de Dreux, du Mans, en Auvergne, etc. La var. γ, que j'ai cueillie sur les bords de la mer, à Quiberon et à Belle‑Ile‑en‑Mer, n'a qu'un pouce environ de hauteur ; ses gaînes sont courtes, renflées, très‑striées, munies de quelques poils à leur orifice, l'épi est ovale, et dépasse à peine le sommet de la glume supérieure : enfin, dans la var. ♂, que j'ai trouvée sur les bords de l'Erdre, près Nantes, et qui se trouve à Lyon (Gil.), l'épi est plus ou moins ramifié, à peu près comme dans le blé de miracle.

1475ᵃ. Crypsis vulpin.   *Crypsis alopecuroïdes.*

C. alopecuroïdes. Schrad. Fl. germ. 1, p. 167. — *Heleochloa alopecuroïdes.*
Host. gram. 1, p. 23, t. 29. — *Phleum alopecuroïdes.* Pill. et Mitt. it.
p. 147, t. 16, ex Schrad.

Ses tiges sont nombreuses, rapprochées, ascendantes, presque cylindriques, presque toujours simples, munies d'un grand nombre de nœuds et couvertes de feuilles jusqu'au sommet ; les feuilles sont courtes, linéaires-lancéolées, rudes sur les bords ; l'épi est cylindrique, nu, serré, d'une couleur souvent un peu violette, toujours séparé par un petit intervalle de la dernière feuille ; les fleurs ont trois étamines. ⊙ Elle croît dans les lieux humides des provinces de l'Ouest, et a été trouvée sur le bord du chemin, entre Vivain et Villiés dans le Maine, par M. Desportes ; dans les prairies basses des environs de Nantes, par M. Hectot ; dans les sables de la Loire, en Anjou, par M. Bastard ; dans les Landes, près Dax, par M. Thore. Elle fleurit à la fin de l'été.

1480ᵃ. Polypogon maritime.   *Polypogon maritimum.*

P. maritimum. Wild. nov. act. nat. cur. vol. 3, ex Pers. ench. 1, p. 80.
DC. Cat. hort. Monsp. 134.

Il ressemble beaucoup au P. de Montpellier ; mais il est plus grêle dans toutes ses parties ; sa panicule est resserrée, oblongue, assez petite ; ses glumes sont fendues en deux parties jusqu'au milieu de leur longueur, et non simplement échancrées, fortement ciliées et hérissées, et non bordées de quelques cils, munies d'une arête qui part du fond de la fissure, et non près du sommet. ⊙ Elle croît sur les bords de la mer, aux environs de la Rochelle (Wild.) ; à l'île de Sainte-Lucie, près Narbonne ; à Gramont et à Saint-Georges, près Montpellier : elle est beaucoup plus rare, et croît moins près de la mer que le P. de Montpellier.

1484ᵃ. Phléole changée.   *Phleum commutatum.*

P. commutatum. Gaud. Agr. helv. 1, p. 40. — *P. Gerardi.* Schleich. exs. 3,
n. 7. — *P. alpinum.* Lapeyr. abr. 32, non Lin.

Cette espèce ressemble beaucoup à la P. des Alpes, avec laquelle plusieurs auteurs l'ont confondue ; elle en diffère, parce que son épi est court, ovale, jamais cylindrique ; que les arêtes sont aussi longues que les valves, et non plus courtes qu'elles, glabres ou presque glabres, et non garnies de cils nombreux ; que les glumes ne sont pas for-

tement ciliées , mais garnies sur toute leur surface de poils courts ,
rares , un peu rudes et à peine visibles. ♃ Elle croît dans les pelouses
des montagnes élevées ; elle est commune dans les Pyrénées , où je
n'ai jamais vu le *P. alpinum;* elle est plus rare dans les Alpes : je l'ai
cependant vue dans les environs du Mont-Blanc.

1490ª. Phalaris bulbeuse. *Phalaris bulbosa.*

P. bulbosa. Lin. sp. 79. Cav. ic. 1, p. 46, t. 64. DC. Syn. n. 1490*. —
P. tuberosa. Pers. ench. 1, p. 79.

Elle ressemble à la P. des Canaries et à la P. paradoxale ; sa racine
ou, pour parler plus exactement , le bas de son chaume est ordinairement bulbeux ; ses tiges sont droites ; les feuilles ont leurs
languettes longues , membraneuses, le plus souvent aiguës ; l'épi
est long , cylindrique, engainé à sa base , élargi au sommet ; les
fleurs inférieures sont la plupart stériles ; les glumes sont en forme
de carène , prolongées en une très-petite pointe , entières sur le dos ,
plus allongées que dans la P. des Canaries. ♃ Elle croît dans les lieux
sablonneux, entre Cannes et Antibes , d'où M. Balbis m'en a envoyé
un échantillon.

1492ª. Phalaris aquatique. *Phalaris aquatica.*

P. aquatica. Lin. amœn. 4, p. 264. Host. gram. 2, p. 29, t. 39. — *P. minor.*
Retz. obs. 3, p. 8. — *P. canariensis, β.* Fl. fr. n. 1490 , excl. syn.

Ses tiges sont ascendantes , le plus souvent nombreuses ; ses feuilles
sont munies d'une languette membraneuse , longue et pointue ; l'épi
est ovale – oblong ou cylindrique, un peu panaché de vert et de
blanc, le plus souvent s'élevant très-peu au-dessus de la dernière
feuille ; les glumes sont pointues, en forme de nacelle ; leur carène
est très-aiguë et dentelée , caractère qui distingue bien cette espèce
de la P. des Canaries , à laquelle elle ressemble beaucoup ; les glumes
intérieures sont couvertes d'un duvet soyeux et absolument couché.
⊙ Elle croît dans les lieux sablonneux et humides des provinces méridionales. Elle a été trouvée à Nice , par M. Rohde ; à Toulon,
par M. Robert ; à Narbonne , par M. Pech. La plante que M. Lapeyrouse a décrite sous le nom de *phalaris aquatica ,* est le *calamagrostis arenaria.*

1493. Phalaris cylindrique. *Phalaris cylindrica.*

Ajoutez à la synonymie : *Ph. tenuis,* Host. gr. austr. 2, p. 27, t. 36.
— *Ph. bellardi,* Wild. enum. 85. — *Ph. subulata,* Savi, Fl. pis. 1,
p. 57. — *Phleum tenue,* Schrad. Fl. germ. 1, p. 191. — *Achnodonton,*

Beauv. agr. 24 — Barr. ic. t. 14, f. 1. — Cette espèce a été retrouvée
à Marseille; à Fréjus; en Roussillon (Lapeyr.).

1502ᵃ. Panic rampant.   *Panicum repens.*

P. repens. Lin. sp. 87. Desf. Fl. atl. 1, p. 60. Cav. ic. 2, t. 110.

Sa tige est un peu rampante à sa base, ascendante, longue d'un
pied et plus, souvent rameuse; ses feuilles sont planes, larges de
2 lignes, un peu rudes sur les bords, légèrement glauques, garnies
de poils mols, nombreux et situés, en guise de languette, près de
l'orifice de la gaîne, rares à la surface supérieure, nuls à l'inférieure;
les fleurs sont petites, verdâtres, disposées en panicule droite, lâche:
on en compte le plus souvent deux à la sommité de chaque rameau,
portées sur des pédicelles dont l'un est beaucoup plus court que
l'autre; la glume accessoire est courte, membraneuse, presque
cymbiforme; les deux autres sont ovales-oblongues, pointues, égales
entre elles; les stigmates sont purpurins. ♃ Ce gramen a été trouvé
sur les bords de la mer, près Hyères, par M. Robert.

1504ᵃ. Paspale cilié.   *Paspalum ciliare.*

Syntherisma ciliare. Schrad. Fl. germ. 1, p. 160, t. 3, f. 7. — *Panicum
ciliare.* Wild. sp. 1, p. 344. — *Digitaria ciliaris.* Kæl. gram. 27. — *Panicum ciliatum.* Märckl. Act. soc. Ratisb. 1, p. 322, excl. syn.

Cette espèce ressemble au paspale sanguin, par ses feuilles et ses
gaînes hérissées de poils; mais elle en diffère par ses fleurs, dont les
glumes sont couvertes de poils mols, couchés et un peu soyeux : ces
poils sont sur toute la surface, et non seulement sur les bords. ☉ Elle
croît dans les lieux cultivés et sablonneux. M. Requien l'a trouvée à
Avignon : elle se retrouve dans le Palatinat, à Spire (Koch), et à
Weissenheim (Märckl.); sur les confins du Valais et de la Savoie
(Lois.); à Rome (Vahl).

1507ᵃ. Agrostis bleuâtre.   *Agrostis cœrulescens.*

Milium cœrulescens. Desf. Fl. atl. 1, p. 66, t. 12. — *Milium purpureum.*
Lapeyr. abr. 33.

Ses racines sont dures, fibreuses; ses tiges droites, grêles, longues
d'un pied et demi, nues dans leur partie supérieure; les feuilles sont
glauques, très-étroites, roulées en dessus par leurs bords, au moins
lorsqu'elles sont sèches, de moitié plus courtes que la tige; la panicule est très-lâche, à rameaux lisses, flexueux; les valves des glumes
sont oblongues, pointues et membraneuses au sommet, un peu
bleuâtres à la base, égales entre elles; la balle est à deux valves
obtuses, dont l'une se termine par une arête caduque plus courte

que la glume ; la graine est oblongue, d'un brun bleuâtre, très-luisante, marquée par un sillon longitudinal. ♃ Elle croît dans les lieux pierreux, exposés au soleil, des collines au-dessus de Toulon; entre Arles et Aix; au lazaret de Nice; dans le Roussillon; aux Albères et près Millas, sur la montagne de Fort-Sarral (Lapeyr.) : elle fleurit à l'entrée de l'été.

1510ᵃ. Agrostis pâle. *Agrostis pallida.*

Cette espèce ressemble aux *A. spicaventi* et *interrupta ;* mais elle s'en distingue dès le premier coup d'œil, parce que ses barbes ne sont guère que doubles de la longueur des glumes; sa racine est fibreuse; ses tiges droites ou un peu coudées à la base, longues de 9 à 10 pouces, simples, grêles, cylindriques; ses feuilles très-étroites, pointues, planes, un peu roulées en dessus, lorsqu'elles sont sèches; la languette est longue, droite, membraneuse, bifide, à lobes presque obtus; la panicule est d'une couleur jaunâtre, pâle, luisante, droite, très-ramifiée; les pédicelles sont rudes; les glumes lisses, ovales-lancéolées, pointues, presque égales entre elles ; la balle est de moitié plus courte, obtuse, munie, un peu au-dessous du sommet, d'une arête longue d'environ une ligne. ⊙ Elle croît dans les environs de Fréjus, en Provence, où elle a été observée par M. Rohde.

1513ᵃ. Agrostis sétacée. *Agrostis setacea.*

A. setacea. Curt. Lond. 6, t. 12. Smith, Fl. brit. 79.

Sa racine est fibreuse ; son chaume cylindrique, long de 12 à 15 pouces, droit ou un peu décliné ; ses feuilles sont dressées, d'un vert glauque et pâle, un peu rudes; les radicales fines et filiformes comme des soies, longues de 2 à 3 pouces ; les supérieures un peu plus larges ; la stipule est membraneuse, un peu déchirée au sommet; la panicule est resserrée, droite, blanchâtre ou un peu violette ; les pédicelles sont droits, un peu rudes ; les valves de la glume sont égales entre elles, pointues, un peu rudes sur le dos; la balle est très-mince, de moitié plus courte que la glume, terminée par deux dents sétiformes, et munie, vers sa base externe, d'une arête genouillée plus longue que la glume. ♃ Elle croît dans les landes des provinces de l'Ouest : elle a été trouvée aux environs de Dax, par M. Thore ; à Quimper, par M. Bonnemaison ; à Saint-Malo.

1513ᵇ. Agrostis glauque. *Agrostis glaucina.*

A. glaucina. Bast. suppl. 25.

Elle ressemble beaucoup à l'*A. setacea ;* mais sa racine est rampante, son chaume constamment droit; toutes ses feuilles, même les radicales, sont planes lorsqu'elles sont fraîches, striées en dessus et assez glauques; la languette est courte, tronquée, un peu dentelée; les fleurs sont presque de moitié plus petites, toujours un peu violettes; les glumes presque absolument lisses sur le dos; la balle est entière au sommet, un peu moins longue que la glume. ♃ Elle croît en Anjou, dans les landes de Pontron et de Beaupréau, où elle a été découverte par M. Bastard.

1518ᵃ. Agrostis élégante. *Agrostis elegans.*

A. elegans. Thore in Lois. not. 15, t. 1, f. 1. — *A. capillaris.* Thor. Chlor. land. 26. — *Trichodium elegans.* Thore ined.

Ses racines, qui sont fibreuses, donnent naissance à 3–6 chaumes droits, simples, grêles, longs de 4 à 6 pouces, terminés par une panicule qui sort immédiatement de la dernière gaîne, et qui est remarquable par l'extrême ténuité de ses rameaux, lisses, filiformes, d'abord serrés, ensuite ouverts et un peu divergens; les feuilles sont très-étroites, longues d'un pouce, roulées par leurs bords en dessus, de manière à paraître filiformes; leur languette est longue, membraneuse, profondément bifide, un peu dentée au sommet; les fleurs sont extrêmement petites, d'abord verdâtres, puis un peu violettes; les valves de la glume sont ovales, un peu pointues, égales entre elles; la balle (comme l'observe M. Thore) est à une seule valve blanchâtre, ovale, obtuse, de moitié plus courte que la glume et sans arête. ⊙ Cette jolie graminée a été découverte dans les Landes, aux environs de Dax, par M. Thore : elle fleurit au printemps. Serait-ce la vraie *Ag. capillaris* de Linné?

1520. Agrostis vulgaire. *Agrostis vulgaris.*

γ. *Floribus viviparis.* — *A. sylvatica.* Kœl. gram. 92.
δ. *Floribus aristatis.* Schrad. Fl. germ. 1, p. 206.
ε. *Floribus geminis, alio mutico, alio aristato.*

MM. Schrader, Smith et Bertoloni ont étudié avec beaucoup de soin les nombreuses variétés de cette espèce; elle se distingue essentiellement de l'*A. alba,* par sa languette, qui est courte et tronquée, au lieu d'être oblongue et allongée. La var. β n'est qu'une monstruosité vivipare de l'espèce ordinaire : cet accident se retrouve aussi dans les espèces voisines. La var. δ est remarquable par ses fleurs, toutes munies de barbes saillantes hors des glumes. Enfin la var. ε, qui peut-être est une espèce distincte, a les fleurs plus petites que toutes les précédentes, et se distingue à ce caractère singulier, que toutes les fleurs sont géminées, portées sur des pédicelles inégaux; celle qui a le pédicelle le plus long, est munie de barbe; l'autre en est dépourvue. Si ce caractère est constant, il nécessitera sans doute la formation d'une espèce nouvelle; mais je ne l'observe que dans un seul échantillon recueilli par M. Chaillet, dans les bois des montagnes du Jura.

1523. Agrostis piquante. *Agrostis pungens.*

Elle croît dans les lieux humides et sablonneux des bords de la Méditerranée, depuis la frontière d'Italie jusqu'à celle d'Espagne.

1524. Agrostis maritime. *Agrostis maritima.*

β. Subrepens.

Cette variété tient le milieu entre l'A. traçante et l'A. maritime; elle a les tiges longues, couchées, rameuses, poussant quelques racines de leurs nœuds inférieurs, caractères qui la rapprochent de l'A. traçante; ses feuilles se roulent en dessus par leurs bords, comme dans l'A. maritime; la panicule est tantôt étroite et serrée, comme dans l'A. maritime; tantôt un peu lobée et élargie, comme dans l'A. traçante. J'ai trouvé cette plante dans les lieux maritimes, humides et sablonneux des côtes de l'Ouest, à la Tête-de-Buch et dans le Médoc, près de Bordeaux; à Dieppe, sur les bords du canal.

1526. Calamagrostis argentée. *Calamagrostis argentea.*

Ajoutez à la synonymie: *Arundo speciosa*, Schrad. Fl. germ. 1, p. 219, t. 5, f. 8. — *Calamagrostis conspicua*, Berg. Fl. bass. pyr. 1, p. 60 (ipso teste). — *Stipa aristella*, Gouan. Ill. p. 4, ex herb. — *Agrostis stipata*, Kœl. gram. 77.

1526ª. Calamagrostis des bois. *Calamagrostis sylvatica.*

Arundo sylvatica. Schrad. Fl. germ. 1, p. 218, t. 4, f. 7. — *Agrostis arundinacea.* Lin. sp. 91? Gaud. Agr. helv. 1, p. 73.
β. Glumis acuminatissimis, panicula contractiore. — Agrostis arundinacea. Lejeune, Spa. 1, p. 43.

Sa tige s'élève à 2 ou 3 pieds; elle est droite, simple, un peu roide; ses feuilles sont presque planes, étroites, pointues, rudes sur les bords et un peu sur le dos; la languette est longue d'une ligne, obtuse, tronquée, un peu déchirée dans sa vieillesse; la panicule est droite, peu étalée; les pédicelles sont rudes et naissent en faisceaux; les glumes sont d'un blanc verdâtre, un peu mêlé de pourpre, à 2 valves grêles, lancéolées, aiguës, un peu rudes sur le bord et sur la carène; l'extérieure à 1, l'intérieure à 3 nervures; la balle est à 2 valves bifides au sommet; l'extérieure, qui est la plus grande, porte sur son dos une arête genouillée, souvent tordue sur elle-même à sa base, et qui dépasse d'environ une ligne la longueur des glumes; l'intérieure est très-étroite, et porte à sa base externe une petite houppe de poils plus courts que la balle. ♃ Elle croît dans les lieux montueux et boisés. M. Chaillet l'a trouvée au bois de Chaumont dans le Jura; M. Rohde, dans les Pyrénées, à l'estive de Luz. La var. β, que M. Lejeune a trouvée aux environs de Ver-viers, est très-remarquable par sa panicule plus serrée, ses glumes plus longues, plus vertes, plus pointues, son arête très-saillante, etc.

1527. Calamagrostis de mon-   *Calamagrostis montana.*
         tagne.

> *C. arundinacea.* Fl. fr. n. 1527. — *Arundo montana.* Gaud. **Agr. helv.** 1, p. 91. — *Arundo varia.* Schrad. Fl. germ. 1, p. 216, t. 4, f. 6.
> α. *Panicula expansa.* — *C. sylvatica.* Host. Gram. austr. — *Agrostis arundinacea.* Lin. sp. 91 ? Lam. ill. n. 801, non Gaud. — *Arundo acutiflora.* Schleich. **exs.**
> β. *Panicula contracta.* — *Agrostis pseudo-arundinacea.* Schleich. **exs.** cent. 2, n. 8.

Cette espèce ressemble à la C. des bois; mais la balle est garnie tout autour de sa base de poils à peu près aussi longs qu'elle-même; du côté de la valve interne et près de sa base, se trouve un petit pinceau garni de poils et semblable à celui de l'espèce précédente, excepté qu'il est un peu plus grand. Ce pinceau me paraît être une fleur avortée; en effet, dans les échantillons de cette plante, qui sont bien développés, on trouve quelquefois certains épillets à 2 arêtes; et lorsqu'on les examine, on voit que cette seconde arête est due à ce que le pinceau est transformé en une seconde fleur stérile, mais bien reconnaissable. De ce fait il faudra sans doute conclure que ces deux espèces de *calamagrostis* ont plus de rapport avec le genre *arundo* qu'avec le *calamagrostis*, et que ces deux genres devront peut-être n'en faire qu'un. Au reste, les deux variétés de cette plante sont très-distinctes par leur port, et devront sans doute un jour former deux espèces: la var. α a la panicule lâche, souvent argentée; la var. β resserrée et souvent rougeâtre. Elles croissent l'une et l'autre dans les lieux montueux des Alpes, du Jura, etc. La var. α, dans les lieux secs et boisés; la var. β, dans les lieux humides et découverts.

**1527ª. Calamagrostis à fleurs   *Calamagrostis acutiflora.*
pointues.**

Arundo acutiflora. Schrad. Fl. germ. 1, p. 217. — *Arundo agrostis.* Scop.
carn. n. 126.

Cette espèce ressemble beaucoup aux *C. sylvatica* et *arundinacea*,
mais en diffère très-clairement par l'absence du petit pinceau de
poils qui, dans ces deux espèces, naît à la base de la valve interne
de la balle ; elle se distingue encore de la *C. sylvatica* par ses arètes
qui excèdent peu la longueur des glumes, et parce que les poils qui
entourent la base de la balle sont plus nombreux et plus longs ;
elle diffère de la *C. arundinacea* par ses poils moins nombreux et
plus courts que la balle. ♃ Elle croît dans les lieux humides et boisés
du Jura, où elle a été trouvée par M. Chaillet ; je l'ai aussi reçue de
M. Bertoloni, qui l'a trouvée dans les Apennins génois, et je ne
doute point qu'elle ne se retrouve dans les lieux analogues des diverses chaînes de montagnes.

1527ᵇ. Calamagrostis de rivage.   *Calamagrostis littorea.*

Arundo littorea. Schrad. Fl. germ. 1, p. 212, t. 4, f. 2. — *Arundo pseudo-
phragmites.* Hall. Fil. in Rœm. arch. 1, p. 2, p. 10. Sut. Fl. helv. 71.
Gaud. Agr. helv. 1, p. 96, non Schrad. — *Arundo glauca.* Bieb.
cauc. 1, p. 79.

Sa racine est un peu rampante ; ses tiges sont droites, roides,
presque lisses, grêles, hautes d'un demi-pied à deux pieds ; ses feuilles
linéaires, à peine larges de 2 lignes, de couleur glauque, un peu
rudes, tendant à se rouler légèrement en dessus par les bords, lorsqu'elles sont sèches ; la languette est membraneuse, pointue, longue
de 3 lignes ; la panicule est droite, un peu lâche, à pédicelles rougeâtres ; les glumes sont à 2 valves, allongées, presque linéaires,
très-aiguës, un peu inégales, lisses et souvent un peu violettes ; la
valve externe de la balle se termine par 3 dents, et celle du milieu se
prolonge en un arète droite, égale, à peu près à la longueur de
la glume ; les poils qui naissent à la base de la balle sont nombreux,
au moins aussi longs qu'elle. ♃ Elle croît dans les lieux sablonneux
le long des rivières. M. Requien et moi l'avons trouvée au bord de
la Durance, près Avignon et Mirabeau ; M. Nestler, au bord du
Rhin, près Strasbourg ; M. Murrith, au bord du Rhône, en Valais.
Je l'ai encore trouvée le long de la Stura, près Coni.

1527ᶜ. Calamagrostis de Haller. *Calamagrostis Halleriana.*

Arundo calamagrostis. Hall. Fil. in Rœm. arch. 1, p. 2, p. 10. — *Arundo
pseudo-phragmites.* Schrad. Fl. germ. 1, p. 213, t. 4, f. 3 (excl. syn.).
Lejeune, Spa. 1, p. 43. — *Arundo Halleriana.* Gaud. Agr. helv. 1,
p. 97.

Elle ressemble beaucoup à la précédente ; mais son arête part du
dos et non du sommet de la valve externe des balles ; cette arête est
fort courte, et se confond presque avec les poils ; la languette des
feuilles est courte et obtuse ; les feuilles sont tantôt glabres, tantôt
un peu pubescentes en dessus ; le chaume tantôt lisse, comme je le
vois dans la plante du Valais ; tantôt très-rude, comme dans la plante
des Ardennes. Y aurait-il encore ici deux espèces confondues ?
♃ Elle croît dans les lieux humides des bois et le long des rivières ; je
ne sache pas qu'elle ait encore été trouvée en France ; mais elle croît
très-près de la frontière, à Theux, Juslonville et Malmedy, dans
les Ardennes, où elle a été trouvée par M. Lejeune ; dans le canton
de Berne, et dans le Valais (Gaudin).

1529. Calamagrostis lancéolée. *Calamagrostis lanceolata.*

C. lanceolata. Roth. Fl. germ. 1, p. 34. Fl. fr. ed. 3, n. 1529, var. α. —
Arundo calamagrostis. Lin. sp. 121 ? Schrad. Fl. germ. 1, p. 214,
t. 4, f. 4.

Sa racine rampe ; sa tige s'élève à 2 à 3 pieds ; ses feuilles sont
linéaires, étroites, souvent roulées par leurs bords, lorsqu'elles sont
sèches ; la languette est courte, obtuse ; la panicule est lâche, étalée ;
les pédicelles sont flexueux, un peu rudes ; les glumes lisses, un peu
rougeâtres dans leur fraicheur, à 2 valves égales, lancéolées, acérées, l'extérieure à 1, l'intérieure à 3 petites nervures ; la balle est de
moitié plus courte, à 2 valves ; l'extérieure à 4 nervures, bifide et
dentelée au sommet, qui se prolonge en une très-petite arête partant de l'échancrure, rude et un peu courbée ; les poils sont nombreux, plus longs que la balle, plus courts que la glume. ♃ Elle
croît dans les prés et les bois humides ; elle est indiquée dans la plupart des provinces de France ; mais elle y paraît plus rare que la
suivante ; je ne la connais avec certitude qu'au pied des Alpes, voisines de Genève, et dans les Ardennes, près Verviers et Malmédy.

1529ᵃ. Calamagrostis terrestre. *Calamagrostis epigeios.*

C. epigeios. Roth. germ. 2, p. 1, p. 91. — *C. lanceolata,* β. Fl. fr. ed. 3,
n. 1529. — *Arundo epigeios.* Lin. sp. 120. Schrad. Fl. germ. 1, p. 211,
t. 4, f. 1. Gaud. Agr. helv. 1, p. 94.

Sa racine rampe ; sa tige s'élève à 2-4 pieds ; ses feuilles sont lancéolées-linéaires, un peu rudes sur les bords et sur le dos ; la languette est longue, pointue, déchirée à la fin de sa vie ; la panicule est
étroite, roide, un peu étalée, divisée ou un peu lobée ; les pédicelles
sont rudes, les fleurs ramassées ; les glumes verdâtres, à 2 valves
grêles, lancéolées, acuminées, rudes sur le dos et sur les bords ;
l'extérieure à une, l'intérieure à 3 petites nervures ; la balle est de
moitié plus courte, à 2 valves inégales ; l'extérieure bifide au sommet,
à 4 nervures, émettant du milieu de son dos une arète droite et qui
dépasse à peine sa longueur ; les poils sont nombreux, presque aussi
longs que la glume. ♃ Elle croît à peu près indifféremment dans les
lieux secs et humides, dans presque toute la France.

1531ᵃ. Stipe tortillée. *Stipa tortilis.*

S. tortilis. Desf. Fl. atl. 1, p. 99, t. 31, f. 1. — *Agrostis spica venti.* Lapeyr.
abr. 34, var. foliis convolutis (ex spec. ab ipso designato). — *Spartium,* etc. Bocc. mus. p. 138, t. 97.

Elle ressemble à la St. jonc, et a comme elle, en particulier, ses
feuilles glabres, glauques et roulées en dessus, et ses arètes tortillées
et pubescentes à leur partie inférieure, droites et rudes à leur partie
supérieure ; mais elle en est évidemment distincte par sa stature moins
élevée, par sa panicule serrée, courte et enveloppée à sa base par la
feuille supérieure, qui s'élargit un peu et forme une espèce de gaine
dont la longueur égale celle des arètes. ♃ Elle croit sur les rochers
arides exposés au soleil, dans les points les plus méridionaux de la
France ; je l'ai trouvée à Villefranche près Nice, et à Collioure, sur
les rochers de la forteresse ; M. Xatard l'a aussi trouvée en Roussillon.

1532. Stipe chevelue. *Stipa capillata.*

Elle forme une espèce bien distincte du *St. juncea,* en ce que ses
arètes sont glabres dans toute leur longueur, et non pubescentes à
leur partie inférieure, droites à leur base, ondoyantes vers le sommet, et non tortillées à la base et droites au sommet ; elle se retrouve
à Chaumont et Millon, en Anjou (Bast.) ; en Lorraine (Will.) ;
à l'hermitage de Pena, en Roussillon (Lapeyr.) ; entre Martigni et
Saint-Branchier, dans le Valais, etc.

1533. Stipe à courte arète. *Stipa aristella.*

L'espèce que j'ai décrite sous ce nom est bien celle qu'Allioni a décrite et figurée, mais n'est point l'espèce de Gouan (voy. n. 1526); il faut donc supprimer les synonymes de Gouan et de Kœler, et y substituer les suivans : *agrostis bromoïdes*, Gou. ill. p. 3, t. 1, f. 3. (ex. herb. Gouan.) Kœl. gram. 77 ; *andropogon hermaphroditum*, Pourr. ined. — Elle croît dans toute la rivière de Gênes, à Nice, Toulon, Aix, Balaruc près Montpellier, et en Roussillon.

1540. Mélique rameuse. *Melica ramosa.*

β. *M. minuta.* All. ped. n. 2252.

Cette espèce est assez fréquente dans les lieux stériles des provinces méridionales, à Nice, Fréjus, Toulon, Aix, Sainte-Victoire, Saint-Chinian, Narbonne, Perpignan. La var. β, qui atteint à peine la longueur du doigt, et dont les feuilles sont un peu rudes et moins roulées, a été trouvée par M. Custer à N. D. de Pena, en Roussillon.

1542. Mélique de Bauhin. *Melica Bauhini.*

Elle est plus rare que la M. rameuse, et croît dans les lieux analogues ; elle a été trouvée à Montpellier, Beaucaire, Campestre et à Prades en Roussillon.

1546ᵃ. Avoine d'Orient. *Avena Orientalis.*

A. Orientalis. Schreb. spic. 52. Host. gram. 3, t. 44. Schrad. Fl. germ. t, p. 371. — *A. racemosa.* Thuil. Fl. par. II, 1, p. 59.

Elle s'élève à 3–4 pieds ; sa racine est fibreuse ; ses feuilles sont planes, linéaires-lancéolées, pointues, rudes sur les deux surfaces ; les gaines lisses ; la languette courte et obtuse ; la panicule est oblongue, serrée, multiflore, droite ou un peu penchée, et presque toute dirigée d'un seul côté ; son axe est fortement strié ; les pédicelles un peu rudes ; les épillets à 2 fleurs, d'abord droits, puis horizontaux et pendans ; la glume est à 2 valves glabres, pointues, plus longues que les fleurs marquées de 9-11 nervures ; la fleur inférieure a sa valve externe pointue, terminée par 2-3 fissures aiguës, et porte le plus souvent sur son dos une arète droite, longue de 9-10 lignes ; la supérieure est toujours sans arète. ⊙ Elle est cultivée aux environs de Paris, soit seule, soit mêlée avec l'avoine ordinaire : les agriculteurs la connaissent sous le nom d'*avoine de Hongrie.*

1546ᵇ. Avoine courte. *Avena brevis.*

A. brevis. Wild. 1, p. 445. Host. gram. 3, t. 42. Schrad. germ. 1, p. 369. — *A. nuda.* Thuil. Fl. par. II, 1, p. 49, ex Merat, Fl. par. 32.

Sa racine est fibreuse ; ses tiges droites, hautes de 2-3 pieds ; ses

feuilles planes, linéaires-lancéolées, rudes sur les deux faces, à
gaîne lisse, à languette courte et dentelée; la panicule est droite,
étroite, unilatérale; l'axe est rude vers le sommet seulement; les
pédicelles sont rudes, souvent flexueux; les épillets sont ovales-
lancéolés, à 2-3 fleurs toutes munies d'arètes; les valves de la
glume sont ovales-lancéolées, aiguës, membraneuses sur les bords,
de la longueur des épillets, et marquées de 7-9 nervures; la valve
externe des balles est à 7 nervures, presque obtuse, longue de 4
lignes, terminée par 2 dents, garnie à son sommet de poils très-
courts, et distribués irrégulièrement; la barbe est genouillée, longue
de 9-10 lignes. ⊙ Elle croît dans les moissons, autour de Paris (Mer.).

1546ᶜ. Avoine blanche.   *Avena alba.*

A. alba. Vahl. symb. 2, p. 24.

Sa tige s'élève à 1-2 pieds; elle est grêle, cylindrique, droite, un
peu faible; les feuilles sont planes, glabres, un peu rudes, larges de
2 lignes dans les individus sauvages, de 3 dans ceux qui sont cultivés; la gaîne est lisse; la languette membraneuse, tronquée, d'une
demi-ligne de longueur; la panicule est droite, peu fournie; l'axe est
grêle, lisse; les pédicelles souvent ternés, un peu rudes; les épillets
ovales-lancéolés, d'un blanc argenté un peu verdâtre, à 2 fleurs,
l'une munie et l'autre dépourvue d'arète dans les individus sauvages,
souvent toutes deux munies d'arète dans les individus cultivés; les
valves de la glume sont membraneuses, inégales, pointues, presque
sans nervures; les fleurs ont une houppe de poils blancs à leur base;
leur valve externe est à 7 nervures, pointue au sommet; la barbe
part au-dessous du milieu du dos, et n'a que 6 lignes de longueur.
♃ M. Coder a trouvé cette plante dans les environs de Prades en
Roussillon.

1547ᵃ. Avoine stérile.   *Avena sterilis.*

A. sterilis. Lin. sp. 118. Schrad. Fl. germ. 1, p. 370. Jacq. ic. rar. 1, t. 23,
Host. Gram. austr. 2, p. 42, t. 57. — *A. fatua*, β. Fl. fr. n. 1547. —
A. macrocarpa. Mœnch. meth. 196.

Elle diffère de l'*A. fatua* par sa panicule le plus souvent unilatérale, et par ses épillets deux fois plus gros; ces épillets, les barbes
comprises, ont jusqu'à 3 pouces de longueur; ils renferment 5
fleurs plus petites que la glume, 2-3 inférieures poilues à leur base
et munies de barbes, 3-2 supérieures, glabres et sans barbes.
⊙ Elle croît dans les moissons, en Languedoc (Lam.).

1552. Avoine améthyste. *Avena amethystina.*

La description a été faite d'après un échantillon monstrueux qui portáit 2 barbes sur la fleur inférieure de chaque épillet; mais le plus souvent on n'en trouve qu'une : cette espèce approche beaucoup de l'*A. pubescens*, et n'en est peut-être qu'une variété; elle en est distinguée par son port, par sa panicule panachée de violet et de blanc argenté, par ses glumes plus pointues et aussi longues que les fleurs, et même par la forme de sa languette, qui est oblongue pointue dans l'*A. pubescens*, brusquement rétrécie en pointe dans l'*A. amethystina*. M. Bouchet a retrouvé celle-ci à Campestre, dans les Cévennes.

1552ᵃ. Avoine de Seyne. *Avena Sedenensis.*

> *A. Sedenensis*. Fl. fr. ed. 3, vol. 2, p. 719, syn. n. 1552*. — *A. semper-virens*. Schrad. Fl. germ. 1, p. 376. Lapeyr. pyr. abr. 50. — *A. sesqui-tertia*. Tenor, Fl. neap. prod.

Rapportez la descr. n. 1552* vol. 2. p. 719. Cette espèce, qui a été confondue, peut-être par Villars même, avec l'*A. sempervirens*, m'en paraît suffisamment distincte : dans l'*A. sempervirens*, l'entrée intérieure de la gaine des feuilles est munie d'une houppe de poils qui tient lieu de languette; dans l'*A. sedenensis*, les poils manquent, et on trouve à leur place une languette courte et tronquée; dans les *A. pratensis* et *setacea*, qui ressemblent à celle-ci, la languette est longue et pointue. L'*A. sedenensis* se trouve dans les lieux montueux et exposés au soleil des Alpes de Provence et de Dauphiné; au Cantal; dans les Pyrénées, au Canigou, à la val d'Eynes, au Laurenti, au mont Calm, à Vénasque, etc.

1561. Avoine des Alpes. *Avena Alpestris.*

> *A. Alpestris*. Host. gram. 3, p. 27. Schrad. Fl. germ. 1, p. 379. — *A. ses-quitertia*. Host. syn. 60. Fl. fr. n. 1561. — *A flavescens*, β. Gaud. agr. 1, p. 321.
>
> β. *A. purpurascens*. DC. Cat. Monsp. 82, excl. var.

Elle diffère de l'A. jaunâtre, 1°. par sa racine fibreuse et non rampante; 2°. par sa panicule plus étroite, plus serrée, et souvent colorée en roux ou en violet, au lieu d'être jaunâtre; 3°. par ses feuilles inférieures, dont les gaines sont le plus souvent couvertes d'un duvet court et serré, quelquefois cependant tout-à-fait glabres comme dans la var. β, qui ne peut pas en être séparée. La languette est courte, tronquée, dentelée du sommet. ♃ Elle croît dans les Alpes du Valais et au mont Cénis.

1562ᵃ. Avoine bulbeuse. *Avena bulbosa.*

A. bulbosa. Wild. nov. act. soc. am. ber. 2, p. 116, ex Pers. ench. 1,
p. 100. — *A. precatoria.* Thuil. Fl. par. II, 1, p. 58. — *A. elatior, β.*
Fl. fr. n. 1562. — *Holcus avenaceus, β.* Gaud. agr. 1, p. 136. — *Holcus
bulbosus.* Schrad. Fl. germ. 1, p. 248. — Moris. s. 8, t. 7, f. 28.

Cette plante diffère de l'A. élevée, 1°. par ses racines noueuses,
tantôt composées d'une à deux nodosités placées l'une sur l'autre,
quelquefois de 7-8 nœuds contigus, et qui imitent assez bien, par
leur disposition, les grains d'un chapelet; 2°. parce que les nœuds
de la tige sont velus au lieu d'être glabres. ♃ Elle croît dans les
champs, aux environs de Paris, de Genève, d'Angers (Bast.), dans
la vallée de Luchon, au pied des Pyrénées, etc.

1568ᵃ. Canche articulée. *Aira articulata.*

A. articulata. Desf. atl. 1, p. 70, t. 13.

Elle ressemble beaucoup à l'*A. canescens* par la structure de ses
fleurs, et notamment par son arête articulée dans le milieu de sa
longueur, et dont l'article supérieur est en forme de massue; aussi
M. de Beauvois a-t-il réuni ces deux espèces sous un genre qu'il
nomme *corynophorus;* celle-ci diffère de l'autre, parce qu'elle est
deux fois plus grande; que ses feuilles sont plus larges, planes dans
l'état frais, et roulées seulement dans l'état de dessiccation; que ses
glumes sont plus grandes; qu'enfin surtout sa panicule, qui est
resserrée lorsque la fleuraison commence, s'étale beaucoup ensuite,
de manière à prendre un port très-différent de l'*A. canescens.*
⊙ Elle croît dans les sables maritimes, à Nice et à Toulon.

1569ᵃ. Canche intermédiaire. *Aira media.*

A. media. Gouan. ill. 3, herb. 7 (excl. syn.). DC. Cat. Hort. Monsp. 76. —
A. capillaris. Savi, Fl. pis. 1, p. 26, non Host. — *A. juncea.* Vill. Dauph.
2, p. 86, ex Req. in Guer. Vaucl. ed. 2, p. 247.

Ses feuilles sont réunies en touffe au collet, droites, glauques,
roulées en cylindres, menues, filiformes, roides et aiguës; ses tiges sont
presque nues, droites, hautes d'un pied, terminées par une panicule
lâche; les pédicelles sont un peu rudes, souvent rougeâtres; les
épillets assez petits, composés de 2 fleurs; les valves de la glume
sont luisantes, presque égales, pointues; la balle a sa valve externe
un peu dentée au sommet, et porte sur le milieu de sa face externe
une arête droite, égale à la longueur de la glume; une petite touffe
de poils se trouve à la base externe de chaque fleuron. ⊙ Elle croît
dans les lieux secs, pierreux ou sablonneux, aux environs de Mont-

pellier, près Cannelles et Sommières ; en Dauphiné, près le Buis et Gap, et dans le Chamsaur ; en Provence, près Sisteron (Vill.). Cette espèce mérite le nom d'*intermédiaire*, en ce que ses épillets sont à deux fleurs, comme dans l'*aira*; et l'arète dorsale, comme dans l'*avena*. Dans la rigueur, elle devrait être rangée parmi les avoines; mais son port est absolument celui des canches.

CLXXII^a. AÏROPSIS. *AIROPSIS.*

Airopsis. Desv. — *Airœ sp.* Lin. — *Poœ sp.* DC. — *Agrostidis sp.* Michx. — *Milii sp.* Cav.

Car. Les glumes renferment deux fleurs dépourvues d'arètes : elles sont composées de deux valves égales, luisantes, concaves, très-obtuses, et qui renferment complètement les fleurs avant leur développement.

1570^a. Aïropsis globuleuse. *Airopsis globosa.*

A. globosa. Desv. Journ. bot. 1, p. 200. — *Aira globosa*, Thore, Journ. bot. 1, p. 197, t. 7, f. 3, 4. — *Milium tenellum.* Cav. ic. 3, n. 299, t. 274, f. 1.

Elle croît par petites touffes, composées de 3 à 6 tiges droites, simples, filiformes, un peu coudées aux nœuds inférieurs, et longues de 3 à 4 pouces ; la racine est fibreuse ; les feuilles fines, en forme de soie, glabres, avec les gaînes rougeâtres, et la supérieure légèrement renflée ; la panicule est droite, serrée, oblongue, d'un pouce de longueur ; les pédicelles sont courts, rameux, très-menus, glabres, un peu renflés sous chaque épillet ; les glumes sont globuleuses, luisantes, blanchâtres, persistantes, à 2 valves arrondies, concaves ; les deux fleurs sont très-petites, un peu ciliées sur les bords de la balle. ☉ Elle croît dans les landes sèches aux environs de Dax, où elle a été découverte par M. Thore ; elle est commune, en particulier, dans celles de Moncut, Brois et la Torle.

1570^b. Aïropsis agrostis. *Airopsis agrostidea.*

Poa agrostidea. DC. ic. rar. 1, p. 1, t. 1. — *Aira minuta.* Lois. Fl. gall. 45, excl. syn. — *Aira agrostidea.* Lois. not. 16. — *Poa airoïdes.* S. Hil. not. 11. — *Airopsis Candollii.* Desv. Journ. bot. 1, p. 200.

Sa tige est rameuse, genouillée, et garnie de radicules à ses nœuds inférieurs ; ses branches sont ascendantes, à 5 nœuds environ, de longueur variable ; les feuilles sont planes, étroites, glabres ; leur gaine est cylindrique, et leur languette lancéolée ; la panicule est lâche, très-rameuse, enveloppée dans la feuille supérieure à sa naissance, puis nue et saillante ; les pédicelles sont géminés, grêles, dichotomes, divergens, un peu rudes ; les glumes sont à 2 valves ovales, obtuses, concaves, et renferment 2 fleurs, l'une sessile, l'autre pédicellée; les balles sont glabres, minces, membraneuses, tronquées au sommet. ♃ Elle croit dans les lieux herbeux et humides; sur les bords de l'Erdre, à l'abbaye du Petit-Port et de la Verrière, près Nantes, où elle a été découverte par M. Fr. Delaroche, et où je l'ai cueillie en fleur au mois d'août. Elle a été retrouvée à Juigné et Chalonnes, sur les bords de la Loire, par M. Bastard; à Rennes, par M. Degland; en Sologne, sur les bords des étangs, par M. de Saint-Hilaire.

1571. Roseau commun. *Arundo phragmites.*

ß. *Subuniflora.* — *A. pseudo-phragmites.* Lejeune, Spa. 1, p. 64, excl. syn. — *Calamagrostis nigricans.* Mérat, Fl. par. 29.

Cette plante diffère du roseau commun, et s'approche des calamagrostis, parce qu'elle n'a le plus souvent qu'une fleur dans chaque épillet, qu'elle est un peu plus petite dans toutes ses parties, et que la base des épillets est garnie en dehors de poils longs et un peu soyeux. Mais on trouve, dans les mêmes panicules, des épillets à 2 et 3 fleurs, et dont la base est glabre; de sorte qu'on peut à peine la considérer comme une variété : elle croit dans les marais, à Verviers, Paris, etc.

1576ᵃ. Fétuque comprimée. *Festuca compressa.*

Poa montana. Delarb. auv. 2, p. 699, non All.

Cette espèce est intermédiaire entre les *F. spadicea* et *Scheuchzeri;* ses tiges sont un peu coudées à la base, droites, longues de 1 $\frac{1}{2}$ à 2 pieds, nues, lisses, et cylindriques dans leur partie supérieure; les gaines des feuilles, et surtout des inférieures, sont comprimées, lisses; la languette est très-courte; le limbe large, presque obtus, plié sur lui-même, rude sur les bords, lisse sur le dos. La panicule est oblongue, droite, glabre, de couleur un peu dorée; les pédicelles sont courts, lisses, étalés, naissant plusieurs ensemble, souvent flexueux; les épillets sont composés de 3 à 4 fleurs, presque cylindriques, à peine pointues, et dont les valves extérieures sont marquées de 5 nervures; les balles ne passent guère une ligne de longueur; celles de la *F. spadicea* sont deux fois plus longues. ♃ J'ai trouvé cette plante en fleur à la fin d'août, au Mont-d'Or en Auvergne.

1577. Fétuque des bois. *Festuca sylvatica.*

L'espèce que j'ai décrite sous ce nom est bien certainement la même que celle décrite sous le même nom par Villars et Schrader,

mais la *F. sylvatica* (Host. gram. 2, t. 78) est une espèce différente
que je ne connois pas en France; la nôtre est la *F. calamaria.*
Smith, Fl. brit. 121. — *Poa sylvatica.* Kœl. gram. 171. — *Festuca
altissima.* All. auct. 43. — *Poa trinervata.* Lejeune, Spa. 1, p. 49.
Elle se retrouve dans les Vosges, le Jura, les Alpes, etc.

1579. Fétuque élevée.   *Festuca elatior.*

L'espèce que j'ai décrite est celle que Linné a désignée, *Fl. suec.*
p. 32, et qui parait différente de celle du *species;* c'est celle qui est
décrite et figurée sous le même nom par M. Host (gram. austr. 2,
p. 57, t. 79); et par M. Schrader, sous celui de *festuca pratensis*
(Fl. germ. 1, p. 332). — Le *Poa curvata,* Kœl. gram. 214, parait
en être une variété.

1582. Fétuque des brebis.   *Festuca ovina.*

F. ovina. Fl. fr. n. 1582, excl. var. β. Schrad. Fl. germ. 1, p. 320, excl.
var. β. Host. Gram. austr. 2, t. 84.
β. F. hirsuta. Host. gram. 2, p. 61, t. 85. — F. ovina. Kœl. gram. 250,
excl. syn.

Rapportez ici la description n. 1582, en observant que les fleurs
sont toujours munies d'une arète droite, de moitié plus courte que
la balle. Celle-ci est glabre dans la var. α, pubescente dans la var. β;
la var. α est assez commune dans les pelouses sèches du Cantal, de
la Lozère, des Alpes, etc. Le *festuca stricta*, Host. gram. 2, t. 86,
que quelques auteurs rapportent à cette plante, est notre *F. cinerea*,
var. α, n. 1585.

1582ᵃ. Fétuque à feuilles menues.   *Festuca tenuifolia.*

F. tenuifolia. Sibth. Oxon. 138. Schrad. germ. 1, p. 318. — F. capillata, α.
Lam. Fl. fr. 3, p. 597. — F. duriuscula. Vill. Dauph. 2, p. 98. — Poa
capillata. Mérat, Fl. par. 38. — Poa setacea. Kœl. gram. 162, ipso teste,
excl. syn. — F. amethystina. Schleich. exs. — F. ovina. Ehr. exs. —
Mor. Ox. 3, s. 8, t. 3, f. 13.
β. F. mutica. Schleich. exs.

Elle ressemble beaucoup à la F. des brebis par ses feuilles capillaires, sa languette à 2 oreillettes obtuses; sa tige grêle, droite,
lisse, tétragone au sommet; sa panicule grêle, un peu ouverte, etc.;
mais elle en diffère constamment par ses fleurs dépourvues d'arètes
et presque obtuses, par ses balles toujours glabres, sa stature un
peu plus petite. ♃ Elle est commune dans les pâturages secs et
montagneux. La var. β, qui croit dans les lieux tourbeux, est plus
grande que la précédente, et se distingue, en ce que ses fleurs,
quoique dépourvues de véritables arètes, se terminent en pointe aiguë.

1582b. Fétuque jaunâtre.   *Festuca flavescens.*

Elle se trouve dans les Pyrénées orientales, au Canigou, à la val d'Eynes, et à la montagne de Combes, au-dessus de Villefranche.

1582c. Fétuque acuminée.   *Festuca acuminata.*

F. acuminata. Gaud. Agr. helv. 2, p. 287. — *F. flavescens,* β. Id. 1, p. 272, excl. syn.

Cette espèce ressemble tellement à la F. jaunâtre, à la F. eskia, et à certaines variétés de la F. glauque, qu'il est difficile de la reconnaître sans un examen attentif ; elle diffère de la F. jaunâtre par ses feuilles roides, dures, un peu plus glauques ; par sa panicule panachée de blanchâtre, de vert et de violet ; et par ses glumes, qui sont marquées de 3 à 5 nervures, et non pas absolument lisses. Elle se distingue de la F. eskia par son feuillage plus menu et moins roide ; par sa languette longue à peine d'une ligne, et entière, au lieu d'avoir 2 à 3 lignes de longueur, et d'être souvent déchirée ; enfin par ses pédicelles rudes, et non lisses ; et par l'axe des fleurs qui est absolument lisse, au lieu d'être légèrement rude et pubescent. Enfin elle diffère de la F. glauque par sa languette droite, oblongue et pointue, et non tronquée, à 2 oreillettes latérales et obtuses. ♃ Elle croît dans les pâturages secs et pierreux des hautes Alpes : je l'ai trouvée aux environs de Tende, et l'ai reçue du Valais.

1583a. Fétuque violette.   *Festuca violacea.*

F. violacea. Gaud. Agr. helv. 1, p. 231.

Sa tige est droite, simple, lisse, nue dans le haut, longue de 9 à 12 pouces ; ses feuilles sont très-menues, capillaires, un peu anguleuses, lisses, d'un vert gai, de moitié au moins plus courtes que la hampe ; la languette est à 2 oreillettes arrondies et très-petites ; la panicule est un peu lâche, oblongue, étroite ; les pédicelles souvent géminés, flexueux, anguleux, un peu rudes sur les angles, simples, ou chargés de 2 épillets ; ceux-ci sont de couleur violette, lisses, elliptiques, comprimés ; la glume est à 2 valves, peu inégales, acuminées ; les fleurs sont écartées ; l'axe de l'épillet est rude ; la valve externe des balles est oblongue, presque absolument lisse, prolongée en une arête rude, droite, violette, et beaucoup plus courte que la balle. ♃ Elle croît fréquemment, selon M. Gaudin, dans les prairies élevées des Alpes. Je l'ai trouvée en Savoie, près du Mont-Blanc.

1583ᵇ. Fétuque noirâtre.　　*Festuca nigrescens.*

F. nigrescens. Lam. dict. 2, p. 460. Gaud. agr. 1, p. 254. — *F. nigricans.* Schleich. exs.

Elle ressemble à la F. rougeâtre, et mériterait ce nom au moins aussi bien qu'elle; sa racine est fibreuse, et non rampante, comme dans la *F. rubra;* sa tige s'élève au-delà d'un pied, droite, lisse, excepté dans l'axe de la panicule, qui est rude au toucher; les feuilles radicales sont roides, grêles, capillaires, droites, un peu rudes, de moitié au moins plus courtes que la hampe; celles de la tige sont très-étroites, un peu planes lorsqu'elles sont fraîches; la languette est très courte, tronquée, à 2 oreillettes très-petites; la panicule est étalée, rameuse, de 2 pouces de longuenr; les pédoncules inférieurs ont jusqu'à un pouce de longueur; tous les pédicelles sont anguleux, très-rudes; les épillets sont ovales, comprimés, à 4-7 fleurs; les glumes et les balles sont de couleur violette mêlée de verdâtre, luisantes, glabres; les balles se terminent par une arète brune, droite, presque aussi longue qu'elles. ♃ Elle croît dans les pâturages montagneux, au Mont-d'Or (Lam.), dans les Alpes et le Jura (Gaud.).

1583ᶜ. Fétuque des Alpes.　　*Festuca Alpina.*

F. Alpina. Gaud. Agr. helv. 1, p. 232, non. Host.

Cette petite fétuque a quelques rapports avec la F. des brebis et celle de Haller; sa hampe est grêle, lisse, nue, et un peu tétragone vers le sommet, longue de 5 à 6 pouces; ses feuilles radicales sont courtes, grêles, capillaires, d'un vert clair, lisses, et munies d'une languette tronquée, à 2 oreillettes courtes et scarieuses; la panicule est droite, verdâtre, longue à peine d'un pouce; les pédicelles sont courts, la plupart à un épillet; ceux-ci sont oblongs, à 3-4 fleurs; la glume est à 2 valves étroites, inégales, acuminées; l'axe de l'épillet est rude; la balle a sa valve externe oblongue, à 5 nervures prononcées, un peu rude sur le dos, prolongée en une arète rude, un peu plus courte qu'elle. ♃ Elle est assez commune dans les pâturages secs et élevés des hautes Alpes du Valais et de la Savoie.

1586ᵃ. Fétuque dure.　　*Festuca dura.*

F. dura. Host. Gram. austr. 2, p. 62, t. 87. — *F. eskia.* Lejeune, Sp. 57, excl. syn. — *F. glauca, var.* Schrad. Fl. germ. 1, p. 323.

Cette plante n'est peut-être qu'une variété du *F. glauca* (qui est commun dans presque toute la France, et auquel on doit rapporter le *F. pallens* de Host (gram. 2, p. 63, t. 88), et probablement la *F.*

Lemanii, **Bast. Essai**, p. 36); mais elle en paraît suffisamment distinguée, 1°. par ses feuilles moins glauques et plus roides ; 2°. par
sa panicule souvent colorée en violet ; 3°. surtout parce que les balles
se terminent par une barbe de 2 lignes de longueur, et par conséquent presque aussi longue que la balle, et non beaucoup plus
courte. ♃ Elle se trouve dans les lieux secs et stériles des montagnes,
dans les Pyrénées, au Canigou, à la val d'Eynes, aux Pujolles d'Oo,
dans les Alpes de Tende : elle a été retrouvée sur les bords de l'Ourthe
et de l'Amblêve, près Verviers, par M. Lejeune.

1589. Fétuque eskia.   *Festuca eskia.*

Cette espèce est la même que celle décrite sous le nom de *F. varia*,
par MM. Schrader (Fl. germ. 1, p. 324) et Lapeyrouse (Abr. p. 44);
mais le *F. varia* de M. Host (gram. 2, t. 90) appartient à notre
F. pumila, n. 1588. Au reste la *F. eskia*, que les montagnards
appellent aussi *jispet* et *oursagne*, court dans plusieurs herbiers, sous
les noms de *F. crinum ursi*, Ramond ; et *F. lubrica*, Lapeyr. Elle se
distingue bien du *F. rhœtica*, parce que les fleurs sont dépourvues
de houppes de poil à leur base. C'est cette espèce que j'ai reçue des
Pyrénées, sous le nom de *F. amethystina*, Lapeyr. Je n'ai pas
encore vu le *F. amethystina*, Host, recueilli en France.

1590. Fétuque de Suisse.   *Festuca Rhœtica.*

C'est ici qu'on doit rapporter le *poa violacea*, Bell. act. Tur. 5,
p. 214, t. 3. M. Rhode l'a trouvée au Canigou ; M. Balbis, dans le
Queyras. Je l'ai cueillie au Mont-Cénis, et dans les Alpes de Tende.

1593ᵃ. Fétuque fausse-stipe.   *Festuca stipoïdes.*

F. stipoïdes. **Desf.** Fl. atl. 1, p. 90. Lois. not. p. 21. — *Bromus stipoïdes.*
Lin. mant. 557. — *Bromus geniculatus.* Wild. sp. 434. — *Bromus ligusticus.* All. ped. n. 2222. — Barr. ic. t. 76, f. 2. — Scheuchz. agr. 296,
t. 6, f. 13.

Sa tige est grêle, droite, lisse, haute de 8 à 15 pouces ; ses
feuilles sont très-étroites, lisses sur les bords ; sa panicule est resserrée,
un peu dirigée d'un seul côté, longue d'environ 2 pouces ; les pédicelles naissent géminés, inégaux en longueur, toujours un peu
dilatés, et comprimés vers le sommet ; les épillets se composent
de 3 à 5 fleurs ; la glume est à 2 valves étroites, pointues, très-
inégales ; la balle est à 2 valves, l'intérieure très-étroite et cachée,
l'extérieure glabre, allongée, et terminée en une barbe droite, presque aussi longue qu'elle. ☉ Elle croît entre Toulon et Nice,
notamment au bois de l'Esterel, près Fréjus, où elle a été trouvée

par M. Rohde. On la retrouve en Italie, de Nice jusqu'à Rome ; dans les Pyrénées, à Prato de Mollo (Lapeyr.) ?

1594. Fétuque queue de rat. *Festuca myurus.*

Ajoutez à la synonymie : *vulpia myurus.* Gmel. bad. 1, p. 8. — *Triticum tenellum*, Viv. fragm. 1, p. 23, t. 25, excl. syn. Elle n'a qu'une étamine ; ce qui a décidé M. Gmelin à établir le genre *vulpia*, que le port confirme assez bien, et où entrent les *F. ciliata* et *bromoïdes.*

1595. Fétuque ciliée. *Festuca ciliata.*

Ajoutez à la synonymie : *F. ciliata*, Brot. Fl. lus. 1, p. 115. Pers. ench. 1, p. 94. Link. in Schrad. Journ. 2, p. 315. — *F. pilosa*, Gmel. bad. 1, in adn. 1, p. 9. — *F. myurus*, *var.* Saint-Am. Soc. agr. Agen, an XII, p. 85. Elle se trouve à Nice, Toulon, Aix, Mirabeau, Arles, Vaucluse, Montpellier, Lagrasse, Agen, etc.

1597. Fétuque à une glume. *Festuca uniglumis.*

Elle a été retrouvée à Nice, Toulon, Foz-les-Martigues, Aigues-Mortes, Frontignan, entre Cette et Agde, près Nantes, en Anjou, au bois de Vincennes, près Paris, etc.

CLXXIVᵃ. KEULÉRIE. *KŒLERIA.*

Kœleria. Pers. Gaud. DC. Cat. Monsp. non Wild. — *Airæ, Festucæ, Poæ, Phalaridis, Bromi, sp.* Auct.

Cᴀʀ. La glume est à 2 valves comprimées en carène, renfermant de 2 à 5 fleurs. La balle est à 2 valves, l'extérieure acuminée ou prolongée en une arète très-courte, naissant du sommet ou très-près du sommet, l'intérieure étroite, pointue ; la graine est nue.

Vᴇɢ. Les espèces de ce genre ont le port des phléoles ou des vulpins, à cause de leur panicule resserrée en forme d'épi, et s'approchent beaucoup par leurs caractères, tantôt des fétuques ou des bromes, tantôt de certaines avoines.

§. I. *Valves externes des balles luisantes scarieuses sur les bords amincies en pointe, presque toujours sans arète.*

1597ᵃ. Keulérie en crête. *Kœleria cristata.*

K. cristata. Pers. ench. 1, p. 97. Gaud. agr. 1, p. 148. DC. Cat. 116. — *Aira cristata.* Lin. sp. 94. — *Poa cristata.* Host. gram. 2, t. 75. — *Festuca cristata.* Vill. Dauph. 2, p. 93. — *Poa cristata.* var. α. Fl. fr. n. 1621.

β. Glabra. — Aira cristata. Smith. Fl. brit. 83.

γ. Pyramidata. — Poa pyramidata. Lam. ill. 1, p. 183.

δ. Gracilis. Pers. ench. 1, p. 97. — *Poa nitida.* Lam. ill. 1, p. 182.

Son chaume est glabre : ses feuilles sont planes, vertes ; les inférieures presque toujours ciliées ou pubescentes ; sa panicule est
longue, en forme d'épi, un peu interrompue, surtout à sa base ;
glabre, ou à peine chargée de quelques poils peu visibles, bigarrée
de vert et de blanc ; les épillets sont composés de 3 à 4 fleurs :
celles-ci sont très-pointues et presque terminées par une très-petite
arète. La var. *β* a toutes les feuilles glabres ; la var. *γ*, la panicule
très-rameuse et lobée ; la var. *δ*, la panicule serrée, étroite et allongée. ♃ Elle croît dans les collines sèches et stériles de toute la
France.

1597ᵇ. Keulérie blanchâtre.   *Kœleria albescens.*

K. albescens. DC. Cat. Monsp. 117.

β. Glabra.

Elle rassemble à la K. en crète par ses caractères, et s'en éloigne
par sôn port ; le chaume est entièrement caché par les feuilles, et n'a
guère que 6 pouces de longueur ; les feuilles sont d'un vert très-
pâle et un peu glauque, étroites, roulées sur elles-mêmes par leurs
bords, lorsqu'elles sont sèches ; les inférieures sont principalement
couvertes d'un duvet court, mou, mêlé, près de l'entrée de la gaine,
de quelques poils plus longs ; la panicule est en forme d'épi, un
peu interrompue à sa base, engaînée par la feuille supérieure,
presque glabre et d'un blanc argenté. ♃ J'ai trouvé cette plante
dans les lieux stériles, à Gimont, près Toulouse. La var. *β* que j'ai
trouvée aux sables d'Olonne en diffère parce qu'elle a les feuilles
glabres et la panicule légèrement saillante.

1597ᶜ. Keulérie sétacée.   *Kœleria setacea.*

K. setacea. Pers. ench. 1, p. 97. DC. Cat. 118. — *Festuca splendens.* Pourr.
Act. Toul. 3. — *Poa pectinacea.* Lam. ill. 1, p. 183.

β. Culmo apice glabriusculo. — K. tuberosa. Pers. ench. 1, p. 97.

Cette plante naît par touffes serrées, et le collet de sa racine est
presque toujours épais, compacte et comme tubéreux ; les chaumes
sont droits, roides, longs de 6 à 8 pouces ; ils ne portent que 1 à 2
feuilles à la base ; toute leur partie supérieure est nue, le plus souvent couverte d'un duvet court, mou, serré et blanchâtre, quelquefois à peu près glabres : les feuilles sont roides, courtes, très-
étroites, roulées sur elles-mêmes, pointues au sommet ; la panicule
est oblongue ou ovale, très-serrée, d'un blanc argenté : les épil-

lets sont composés de 2 à 3 fleurs pointues, sans arête, et dont les valves sont un peu ciliées sur le dos. ♃ Elle croit dans les lieux stériles et montueux. M. Clarion l'a trouvée dans les basses Alpes de Provence, près Seyne : je l'ai cueillie dans les Pyrénées, au port de Gavarnie, et M. Paul Boileau, à Esquierri.

§. II. *Valves externes des balles hérissées et prolongées en arète terminale.*

1697^d. Keulérie hérissée.   *Kœleria hirsuta.*

K. hirsuta. Gaud. agr. 1, p. 150. DC. Cat. 118. — *Aira hirsuta.* Schleich. Cat. nov. p. 5. — *Festuca hirsuta.* Fl. fr. ed. 3, n. 1592.

Rapportez ici la description n. 1592, vol. 2, p. 53.

§. III. *Valves externes des balles munies d'une arète qui part un peu au-dessous du sommet, et le plus souvent bifides au-dessus de l'arète.*

1597e. Keulérie velue.   *Kœleria villosa.*

K. villosa. Pers. ench. 1, p. 97. DC. Cat. 118. — *Phalaris pubescens.* Fl. fr. n. 1487.

Rapportez ici la description n. 1487, vol. 2, p. 8. Elle se retrouve dans la Camargue, et près de Montpellier, Narbonne, etc.

1597^f. Keulérie maigre.   *Kœleria macilenta.*

Sa racine est grêle, fibreuse ; ses tiges naissent solitaires ou 2 à 4 ensemble, droites, simples, grêles, filiformes, longues de 5 à 7 pouces : elles sont, ainsi que les feuilles, couvertes d'un duvet très-rare, un peu grisâtre, mou au toucher et composé de poils qui, vus à la loupe, paraissent un peu rebroussés. La languette est nulle, ou très-courte, le limbe très-étroit, pointu et tendant un peu à se rouler par les bords, lorsqu'il est sec ; un intervalle assez long sépare la feuille supérieure de la panicule : celle-ci est droite, grêle, peu serrée, à glumes glabres et luisantes ; l'axe et les pédicelles sont un peu pubescens ; les pédicelles sont serrés, rameux ; la glume est à 2 valves, l'extérieure grande, pliée en carène, comprimée, aiguë, lisse sur les bords, un peu rude sur le dos ; l'intérieure très-petite, très-étroite, pointue : chaque glume renferme 3 à 4 fleurs : celles-ci ont la valve externe en carène, assez grande, prolongée un peu au-dessous du sommet en une arête très courte ; leur valve interne est très-petite : je n'y vois, au moins sur le sec, qu'une étamine. ☉ Cette plante croit dans les sables secs du bord de la mer, à Balestras, près Montpellier, où elle a été trouvée par M. Pouzin : elle fleurit à la fin de mai.

1597ᵉ. Keulérie phléole. *Kœleria phleoïdes.*

K. phleoïdes. Pers. ench. 1, p. 97. DC. Cat. 119. — *Festuca phleoïdes.* Fl. fr. n. 1593. — *Bromus trivialis.* Savi, Fl. pis. 1, p. 124.

Rapportez ici la description n. 1593, vol. 2, pag. 54. Elle se retrouve à Nice, Toulon, Aix, Arles, Saint-Chinian, Béziers, Agen, etc.

§. IV. *Valves pointues, toutes glabres et sans arête ; celles de la glume très-grandes, et enveloppant les fleurs dans leur jeunesse.*

1597ₕ. Keulérie à calice. *Kœleria calycina* (1).

Festuca calycina. Lam. dict. 2, p. 463. Ill. t. 46, f. 5. Pessim. Cav. ic. 1, t. 44, f. 2, non Saint-Am. — *Festuca barbata.* Lin. Amœn. acad. 3, p. 400.

Cette petite plante a une racine fibreuse ; ses tiges naissent en touffes, 3 à 6 ensemble. Elles sont simples, grêles, longues de 3 à 6 pouces : les feuilles sont très-étroites, molles, pointues, hérissées (surtout sur leur gaine, à la base de leur limbe et à leur gorge) de poils longs, épars, mous et étalés : la panicule est plus lâche et plus inter-rompue que dans aucune espèce de keulérie, et atteint rarement un pouce de longueur ; les glumes sont glabres, vertes sur le dos, avec le bord blanc et membraneux, pliées en carène, pointues, entières et plus longues que les fleurs ; celles-ci sont au nombre de deux assez petites ; leur périgone est à 2 valves, l'extérieure bifide au sommet, un peu velue en dehors. La graine est d'une consistance cornée, transparente. ☉ Elle croît dans les champs cultivés des provinces les plus méridionales. M. Clarion l'a trouvée en Provence ; M. Custer, à Perpignan.

---

(1) Elle paraît, au premier coup d'œil, très-différente des autres keuléries, mais elle en a les caractères ; et il me paraît d'ailleurs impossible de la séparer de la *K. brachystachya* DC., et du *Poa peruviana* (Poir. dict. 5, p. 86). Celui-ci ne croît point au Pérou, mais à Alep, d'où Michaux en a rapporté les graines ; il est fort différent du *Poa peruviana*, Jacq., et constitue une espèce de *kœleria*, que je nomme *K. multiculmis, K. panicula spiciformi ovali, spiculis 5-6 floris, perigonii valvula exteriore trinervi, subaristulata, basi villosa, foliis angustissimis, ad collum et vaginam hispidis* ☉.

1599ᵃ. Paturin à manchettes.   *Poa pilosa.*

P. pilosa. Lin. sp. 100. DC. Syn. n. 1599*. Gaud. agr. 1, p. 169. — *P. era-*
grostis. Dub. Orl. 287. Vill. Dauph. 2, p. 135. — Scheuchz. gram. 193,
t. 4, f. 3.

Cette espèce diffère certainement du P. amourette avec lequel je
l'avais confondue; sa stature est un peu plus élevée (environ 6 à 8
pouces dans le *P. eragrostis*, 12 à 15 dans le *P. pilosa*); ses gaînes
et l'origine de ses pédicelles sont glabres et munies à leur orifice
d'une manchette de poils blancs longs et étalés, tandis qu'elles sont
ou glabres ou irrégulièrement velues dans le *P. eragrostis;* sa panicule
est plus lâche, plus grêle, plus rameuse; ses épillets sont plus menus
et composés de 7 à 8 fleurs seulement, au lieu de 10 à 11. ⊙ Elle
croît dans les lieux sablonneux plus fréquemment que le *P. eragros-*
tis, à Toulon, Arles, Perpignan, et Prades en Roussillon, Mont-de-
Marsan, Bayonne, Nantes; sur les bords de la Loire, à Saumur,
Ingrande, Orléans; à Lyon, Genève, en Dauphiné, etc.

1605. Paturin de Silésie.   *Poa Sudetica.*

P. Sudetica. Schrad. germ. 1, p. 295. Gaud. Agr. helv. 1, p. 164.
α. *Rubens.* — *P. rubens.* Wild. sp. 1, p. 389. Fl. fr. ed. 3, n. 1605, non
Lam. — *P. sylvatica.* Vill. Dauph. 2, p. 128, t. 3. — *P. Willemetiana.*
Will. phyt. 1, p. 86, ex Moug. in Litt.
β. *Viridis.* — *P. sudetica.* Wild. sp. 1, p. 389. Host. gram. t. 13. — *P. tri-*
nervata. Fl. fr. ed. 3, n. 1604, excl. syn.

Cette espèce s'élève à 3 ou 4 pieds; ses tiges sont lisses, droites,
comprimées; ses feuilles larges, planes à leur base, pliées en carène
à leur sommet, rudes sur les bords, les gaînes comprimées en forme
de carène, à peu près comme dans les iridées; les languettes obtuses, tronquées; la panicule est oblongue, étalée, tantôt verte,
lorsque la plante croît à l'ombre; tantôt d'un rouge un peu violet,
lorsqu'elle croît exposée au soleil; les pédicelles sont rudes, rameux, demi-verticillés; les épillets ovales, à 4 ou 5 fleurs; la glume
est à 2 valves très-inégales : l'extérieure a 3 nervures; les balles sont
ovales-oblongues, leur valve externe a 5 nervures : elle ressemble
à la *F. sylvatica*, mais s'en distingue très-bien par ses fleurs presqu'obtuses, et non rétrécies en pointe très-acérée. ♃ Elle croît
dans les prairies et les bois des Alpes du Jura, des Vosges, des
Ardennes.

1608. Paturin des marais.   *Poa palustris.*

Ajoutez à la synonymie : *P. serotina*, Schrad. Fl. germ. 1, p. 299.
— *P. polymorpha*, Wib. Werth. 113, ex Schrad. — *P. fertilis*,

Host. gram. — Il paraît que cette plante, qu'à l'exemple de presque tous les auteurs, j'ai désignée sous le nom de *P. palustris*, n'est pas celle de Linné, qui n'est autre que le *leersia oryzoïdes*. Outre les caractères que j'ai indiqués, elle se distingue à sa racine un peu rampante, à son chaume légèrement rude, à ses gaines rudes, à sa languette courte, à sa panicule multiflore, oblongue, étroite, à ses épillets ovales-lancéolés et à 5 fleurs.

1611ᵃ. Paturin glauque.   *Poa glauca.*

P. glauca. Fl. dan. t. 964. Smith. Fl. brit. 1388, non Poir. — *P. nemoralis glauca.* Gaud. Agr. helv. 1, p. 182.

β. *P. debilis.* Thuil. par. 1, p. 43. — *P. glauca.* Bast. Essai, 39. — *P. nemoralis montana.* Gaud. agr. 1, p. 182.

γ. *P. miliacea.* Fl. fr. n. 1619, excl. syn. — *Aira miliacea.* Lapeyr. abr. 36, non Vill.

Cette plante ressemble beaucoup au P. des bois, et n'en est, selon l'opinion de M. Gaudin, qu'une simple variété : elle s'en rapproche en particulier par ses feuilles étroites et dont la languette est nulle, par sa tige faible, par sa panicule lâche, formée d'un très-petit nombre d'épillets composés de 2 à 3 fleurs ; mais elle peut en être distinguée, 1°. par la teinte glauque de son feuillage ; 2°. parce que ses épillets sont bien plus souvent colorés en violet, moins nerveux et plus obtus ; 3°. surtout parce que les glumes sont plus courtes que les fleurs, et non de la même grandeur qu'elle. ♃ Elle croît dans les bois, et surtout dans les pays montueux et les collines de presque toute la France.

1611ᵇ. Paturin resserré.   *Poa coarctata.*

P. coarctata. Schleich. exs. cat. 20. — *P. nemoralis coarctata.* Gaud. agr. 1, p. 185. — *P. angustifolia.* Bast. ess. 39. — *P. gracilescens.* Schrad. Hort. Gœtt. fasc. 1, ex Gaud. — *P. dubia.* Sut. Fl. helv. 1, p. 49. — *P. Scheuchzeri.* Sut. loc. cit. p. 50. — *P. cæspitosa.* Poir. dict. 5, p. 73.

ß. *P. nemoralis firmula.* Gaud. agr. 1, p. 182.

γ. *P. montana.* All. ped. n. 2199. — *Aira brigantiaca.* Chaix, in Vill. Dauph. 1, p. 378. — *Aira miliacea.* Vill. Dauph. 1, n. 81, 1, p. 303.

M. Gaudin n'a considéré encore ce paturin que comme une variété du *P. nemoralis*, dont il se rapproche par l'absence de toute languette, et par le petit nombre des fleurs de chaque épillet ; mais il en diffère par ses tiges roides, fermes, rarement solitaires et naissant ordinairement plusieurs ensemble d'une même racine ; par sa panicule droite, serrée, roide, composée d'un très-grand nombre d'épillets ; par ses glumes plus courtes que les balles et rudes sur le dos dans toute leur longueur ; enfin, parce que les épillets sont composés de

5-6 fleurs. ♃ Il croit dans les lieux arides et découverts, au bord des murs et dans les terrains pierreux, dans le Maine, l'Anjou, au pied des Alpes, entre Cette et Agde, etc.

1612*. Paturin du Mont-Cénis.   *Poa Cenisia.*

Ajoutez à la synonymie : *P. distichophylla*, Gaud. Agr. 1, p. 199. — *P. flexuosa*, Schleich. exs. — *P. stolonifera*, Bell. app. 215, t. 3, f. 1. — Notre espèce, qui est sûrement celle d'Allioni, n'est pas la même que celle à laquelle M. Host a donné ce nom ; mais comme notre espèce est celle qui l'a primitivement reçu, et la seule qu'on trouve au Mont-Cénis, elle doit garder son nom ; et c'est celle de Host qui doit en changer : au reste, elle se retrouve dans les Alpes voisines du Mont-Cénis.

1614ᵃ. Paturin à courtes feuilles.   *Poa brevifolia.*

P. brevifolia. DC. Syn. n. 1613*. — *P. badensis.* Wild. sp. 1, p. 392. Poir. dict. 5, p. 90. — *P. collina.* Host. gram. 2, t. 66. — *P. alpina.* Kœl. gram. 176. — *P. alpina*, var. Schrad. Fl. germ. 1, p. 292. Gaud. agr. 1, p. 193.

Cette plante ressemble beaucoup au P. des Alpes, et plusieurs botanistes ne la considèrent que comme une simple variété de cette espèce : elle en diffère par sa panicule plus ovale et plus serrée, par ses épillets ovales, à 6 fleurs, par ses glumes rudes sur le dos, par ses balles très-hérissées de poils à leur base, et surtout par ses feuilles très-courtes, un peu roides et dont la languette est grande, membraneuse, déchirée et très-saillante. ♃ Elle croit dans les lieux sablonneux, près de Mayence, où elle a été observée par M. Kœler ; dans les vignes et sur les collines près Nantes, par M. Hectot ; dans les Alpes, etc.

1616. Paturin de Molineri.   *Poa Molinerii.*

Comme je l'avais indiqué, vol. 2, p. 721, les deux plantes que je n'ai désignées que comme des variétés, sont de vraies espèces. La var. *α* est le vrai *poa Molinerii*, Balb. add. p. 85 ; la var. *β* est le *poa concinna*, Gaud. Agr. 1, p. 198. C'est à cette dernière qu'appartient la description n° 1616, vol. 2, p. 62 ; mais ni l'une ni l'autre n'ont été trouvées dans les limites actuelles de la France.

1622. Paturin divergent.   *Poa divaricata.*

C'est le même que le *poa expansa*, Savi, Fl. pis. 1, p. 100. Il se retrouve dans les lieux saumâtres, à Pecquai, Arles, Toulon, et en Roussillon.

1623ª. Paturin couché. *Poa procumbens.*

P. procumbens. Smith, Fl. brit. 1, p. 98.

Sa tige est plutôt genouillée et ascendante qu'elle n'est réellement couchée ; cette espèce est intermédiaire entre le *P. rigida* et le *P. dura :* elle diffère du premier, parce qu'elle a les feuilles plus larges, que sa panicule est rude entre les rameaux, que ses épillets, au lieu d'être à 6-12 fleurs lisses, n'en ont que 5, dont les valves sont relevées de nervures très-saillantes : elle se distingue du *P. dura* par sa panicule plus rameuse, à rameaux scabres, et par ses glumes relevées de 5 nervures seulement, au lieu de 9. ⊙ Je l'ai trouvée en fleur au mois d'août, dans les prés salés, autour de Dieppe et de Quimper : M. Aubry l'a cueillie à Damgan, près Vannes, sur la terre qui recouvre les tas de sel.

1629. Brome épais. *Bromus grossus.*

Ajoutez à la synonymie : *B. velutinus*, Schrad. Fl. germ. 1, p. 349. — *B. grossus var. α.* Gaud. Agr. helv. 1, p. 301. Il se retrouve aux environs de Strasbourg (Nestl.), Angers et Baugé (Bast.), Verviers, Malmedy, Liége, etc.

1629ª. Brome allongé. *Bromus elongatus.*

B. elongatus. Gaud. Agr. helv. 1, p. 305. Schleich. pl. exs.

Cette espèce ressemble beaucoup au *B. secalinus* et au *B. racemosus :* elle diffère du premier, parce que les fleurs de ses épillets sont toujours embriquées, et ne deviennent pas distinctes à la fin de la fleuraison : on doit la séparer du second à cause de sa tige lisse, de ses feuilles presque toutes glabres, de ses pédicelles souvent rameux et de ses épillets allongés : il se distingue encore de tous deux par sa panicule toujours droite. ⊙ Il croît dans les prés et les champs ; M. Gaudin dit qu'il est commun dans la vallée de Genève.

1630ª. Brome en grappe. *Bromus racemosus.*

B. racemosus. Lin. sp. 114. Smith, Fl. brit. 128. Engl. bot. t. 1079. — *B. simplex ?* Gaud. Agr. helv. 1, p. 296. — *B. multiflorus.* Schleich. exs. 3, n. 17.

Sa tige est droite, simple, longue de 1-2 pieds, très-légèrement rude sous la panicule ; les feuilles sont pointues, larges de 2 lignes, hérissées de quelques poils sur les deux surfaces et sur leur gaîne : la panicule est oblongue, droite ou un peu penchée, presque toujours simple ; les pédicelles naissent solitaires, géminés ou ternés, atteignent jusqu'à 1 pouce de longueur, et portent chacun un épillet ovale-oblong, comprimé, glabre, un peu luisant, composé de 6-7 fleurs ; les arètes sont droites, longues de 4 lignes, la valve qui les porte se prolonge en un petit appendice mousse. ⊙ Elle croît dans les lieux cultivés aux environs de Neufchâtel, de Genève, en Dauphiné (Vill.), à Avignon (Requien), à Angers et Saumur (Bast.).

1632. Brome rude. *Bromus squarrosus.*

γ. *Spiculis velutino-pubescentibus.* Lam. dict. 1, p. 466. Host. gram. 1, p. 11, t. 13. Lois. not. 22. Gaud. agr. 1, p. 307. — *B. villosus.* Sut. Fl. helv. 1, p. 62 ?

Il ne diffère de l'espèce ordinaire que par ses épillets pubescens ; M. Dufour l'a trouvé sur les rochers de Beaucaire : je l'ai cueilli à Nice, vers le lazaret, et au bord de la mer.

1632ᵃ. Brome divergent. *Bromus divaricatus.*

B. divaricatus. Rohde, in Lois. not. 22.
β. *Spiculis lanuginosis.* — *B. lanuginosus.* Poir. suppl. 1, p. 703.

Il s'élève à 1 pied et plus ; sa racine pousse plusieurs tiges simples ; les gaînes inférieures sont couvertes d'un duvet court, mou et serré ; le reste des feuilles est glabre dans la var. *α*, pubescent dans la var. *β* ; la panicule est droite, resserrée ; l'axe et les pédicelles sont rudes, les épillets sont linéaires-lancéolés, un peu comprimés, composés de 9-15 fleurs serrées, légèrement pubescentes dans la var. *α*, couvertes de poils nombreux, et presque cotonneux dans la var. *β*. Les valves de la glume sont inégales, peu pointues, à 3 nervures ; la valve externe des balles est à 5 nervures prolongées au-delà de l'arète en un appendice large, à peine légèrement bifide ; l'arète est tortillée à la base et très-divergente, longue de 4-5 lignes. ⊙ Il croît dans les lieux incultes et découverts. Je l'ai trouvé dans les sables du bord de la mer à Nice ; M. Rohde, à Toulon ; M. Artaud, à Arles ; M. Requien, à Avignon (Lois.); M. Pouzin, à Salaison près Montpellier ; la var. *β* a été trouvée aux îles d'Hières, par MM. Rohde et Requien.

1633. Brome droit. *Bromus erectus.*

Ajoutez à la synonymie : *B. glaucus,* Lapeyr. abr. 733. — *B. pratensis,* Dub. Fl. orl. 282. — *B. pseudarvensis,* Kœl. gram. 241.

1639ᵃ. Brome à épillets nom- *Bromus polystachyus.*
breux.

α. Spiculis pubescentibus.
β. *Spiculis glabris.*

Sa racine, qui est fibreuse, donne naissance à plusieurs tiges ascendantes ou presque droites , simples , longues d'environ 1 pied ou 1 pied et demi , cylindriques , presque lisses ; les gaines infé-rieures sont légèrement veloutées ; les feuilles sont linéaires, poin-tues , presque toujours glabres , larges d'une demi-ligne , plus lon-gues que les gaines ; la languette est large à sa base , rétrécie en pointe acérée ; la panicule est lâche , droite ou un peu penchée , composée d'un grand nombre d'épillets ; les pédicules naissent 4-6 ensemble , la plupart simples et à un seul épillet , un ou deux rami-fiés et portant 2-3 épillets. Ceux-ci sont longs, comprimés , linéaires, d'un vert tirant sur le violet glauque , composés de 10-12 fleurs allongées , un peu écartées ; la glume est à 2 valves inégales , étroites , rétrécies en pointe très-acérée ; la plus longue a 6 lignes de longueur ; la valve externe des balles atteint la même longueur : elle est étroite et embrasse l'intérieure ; la barbe est droite , de très-peu plus longue que la balle. Celle-ci est pubescente dans la var. *α* , presque absolument glabre dans la var. *β*. Cette espèce a la panicule plus touffue que celle du B. stérile , plus lâche que celle du B. rougeâtre , les barbes plus courtes que dans le B. de Madrid et le B. à longues barbes. ☉ Elle croît dans les jachères pierreuses et les lieux incultes. J'ai trouvé la var. *α* à Frontignan près Mont-pellier , en fleur au commencement de mai. La var. *β* m'a été en-voyée de Prades en Roussillon , par M. Coder , et de Nantes , par M. Hectot ; je l'ai aussi reçue d'Espagne et de Barbarie.

1640. Brome de Madrid.   *Bromus Madritensis.*

Ajoutez à la synonymie : *Bromus diandrus*, Smith , Fl. br. p. 135, — *B. gynandrus*, Roth. cat. 1 , p. 15. — *B. ciliatus*, Huds. angl. ed. 1 , p. 40. — *Festuca Madritensis* , Desf. atl. 1 , p. 91. — Il a quel-quefois 3 , plus souvent 2 étamines : il a été retrouvé aux environs d'Avignon par M. Requien ; à Nantes , par M. Hectot.

1640ᵃ. Brome à longues barbes.   *Bromus maximus.*

B. maximus. Desf. Fl. atl. 1 , p. 95 , t. 26.

Cette plante ressemble tout-à-fait à la précédente, et n'en est peut-être qu'une variété : on peut la distinguer , 1°. à ses feuilles toutes couvertes de poils, et non pas glabres, ou chargées de quelques poils épars ; 2°. à ses pédicelles le plus souvent couverts d'un duvet court et serré ; 3°. aux barbes de ses fleurs qui atteignent jusqu'à 2 pouces de longueur. ☉ Je l'ai trouvée dans les lieux sablonneux, à Labadié , près Aignes-Mortes.

1640[b]. Brome roide.　　*Bromus rigidus.*

B. rigidus. Roth. cat. 1, p. 17. Schrad. Fl. germ. 1, p. 367.

Cette espèce est encore très-voisine des deux précédentes, et n'en est peut-être qu'une variété : elle se distingue à sa stature plus petite et plus roide, à ses feuilles pubescentes, à sa panicule beaucoup plus resserrée, plus droite, moins fournie et presque simple ; ses étamines sont presque toujours au nombre de deux ; les barbes ont environ 18 lignes de longueur ; l'axe et les pédicelles sont pubescens. ☉ M. Gochnat a trouvé cette plante aux environs de Nantes, dans les lieux cultivés.

1641. Brome rougissant.　　*Bromus rubens.*

α. *Spiculis pubescentibus.* — *B. rubens.* Lin. sp. 114. Fl. fr. n. 1641 (excl. syn. Desf.). Gou. herb. 13.

β. *Spiculis glabris.* — *B. ligusticus.* All. ped. n. 2222, ex ejus herb. — *B. scoparius.* Gou. herb. 13.

Ajoutez à la description, que les barbes sont droites et non étalées, comme dans le *B. scoparius,* Lin. et dans le *B. rubens,* Fl. atl. ; que les glumes et les balles sont tantôt velues ou pubescentes, tantôt absolument glabres, et dans l'une et l'autre variété verdâtres ou rougeâtres ; leur sommité membraneuse, qui se prolonge au-delà de l'insertion de l'arète, offre deux segmens blancs, longs, étroits, très-aigus, caractères que Linné indique pour son *B. rubens.* ☉ Cette plante est assez commune dans les lieux cultivés, le long des champs et des chemins de toute la région des oliviers ; j'ai trouvé la var. α à Nice, Orgon, Montpellier, Saint-Chinian, etc. ; la var. β à Sainte-Victoire, Arles, Prades en Roussillon, etc.

1642[a]. Dactyle d'Espagne.　　*Dactylis Hispanica.*

Festuca phalaroïdes. Lam. ill. n. 1036. — *Dactylis Hispanica.* Roth. cat. 1, p. 8. Balb. misc. alt. p. 7. Lois. not. 18. — *Dactylis villosa.* Tenor. Fl. neap. non Thunb.

α. *Caule elongato, foliis latiusculis.*

β. *Caule elongato, foliis angustissimis.*

γ. *Caule elongato, foliis angustis, carina subglabra.*

δ. *Caule nano, foliis angustis.*

Cette espèce peut facilement se confondre avec les variétés à feuilles étroites du dactyle pelotonné, mais elle en est bien distinguée : 1°. parce que les feuilles sont lisses sur les bords, et non munies de petites aspérités accrochantes ; 2°. parce que les valves de ses glumes et de ses balles sont chargées sur l'angle, qui forme le dos de la carène d'une rangée de poils longs, roides, blancs et étalés ;

en général, la plante, et surtout la panicule, est plus grêle, plus
roide, plus glauque que dans l'espèce ordinaire ; la var. *α* a la tige
droite, longue d'un pied, les feuilles larges de 2 lignes, et un peu
molles ; je l'ai reçue de M. Tenore de Naples, et l'ai trouvée à
Porto-Fino, près Gênes ; la var. *β* a la tige droite, longue de
6–12 pouces ; et les feuilles roides n'ayant guère qu'une ligne de
largeur ; je l'ai trouvée sur les collines arides aux environs de Nice,
de Fréjus, à l'île Rotoneau près Marseille, et dans les Garrigues
autour de Montpellier. La var. *γ*, qu'on trouve aussi à Montpellier,
a tous les caractères de la var. *β* ; mais les poils de l'angle dorsal des
valves manquent presqu'en entier. La var. *δ* a la tige plus courte que
les feuilles, et forme une petite touffe serrée ; ses feuilles sont un
peu roides, et n'ont qu'une ligne de largeur ; elle a été trouvée par
M. Delaroche au Croisic près Nantes, sur les bords de la mer.

1643ᵃ. Trachynote à fleurs   *Trachynotia alterniflora.*
    alternes.

> *Spartina alterniflora.* Lois. Fl. gall. 719.

Cette espèce a la tige droite, longue de 1 à 2 pieds, simple, lisse
au toucher, ainsi que les feuilles ; celles-ci sont larges de 2–3 lignes,
planes, ou un peu roulées sur elles-mêmes à leur extrémité seulement, qui se rétrécit en pointe allongée ; la languette est formée
par une rangée de poils membraneux ; la panicule est grêle, droite,
allongée, un peu rameuse, à rameaux serrés contre l'axe ; celui-ci
est anguleux, un peu flexueux, et comme creusé pour recevoir les
épillets, qui sont alternes, écartés contre l'axe ; la glume, vue à
la loupe, porte quelques poils très-courts, surtout sur la nervure
qui forme le dos de la valve et qui se prolonge en pointe très-courte ;
la valve intérieure est très-petite et enveloppée par l'extérieure.
♃ Cette plante croît dans les prairies limoneuses aux environs de
Bayonne ; M. Loiseleur l'indique sur les bords de l'Adour ; M. Rohde,
au bout des allées marines. Son port est un peu différent de celui
des autres trachynotes.

1647ᵃ. Seslerie cylindrique.   *Sesleria cylindrica.*

> *S. cylindrica.* Syn. n. 1646*. — *S. cœrulea*, var. *β*. Fl. fr. n. 1647. —
> *Cynosurus cylindricus.* Balb. add. ped. p. 86, obs. 12. — *Cynosurus
> cœruleus.* Tur. Clav. p. 7. — *Festuca argentea.* Savi, Ust. ann. 1800,
> ic. — *Sesleria argentea.* Savi, Bot. etr. 1, p. 68. — *Kœleria cœrulea.*
> Ten. Fl. neap. prod.

Cette plante ressemble beaucoup à la S. bleuâtre, mais en est
certainement distincte par les caractères suivans : 1°. le limbe des

feuilles se prolonge insensiblement en pointe allongée dans la S. cylindrique, tandis qu'il est presque obtus, et se resserre subitement en
pointe courte dans la S. bleuâtre ; 2°. la languette est nulle ou
presque absolument nulle dans la S. cylindrique, saillante, obtuse
et longue d'une demi-ligne dans la S. bleuâtre ; 3°. l'épi de la S.
cylindrique est allongé, et atteint jusqu'à 18 lignes de longueur dans
l'état sauvage, et 3 pouces dans l'état de culture ; celui de la S.
bleuâtre n'a que 6—10 lignes de longueur, même dans l'état cultivé ;
4°. les valves des glumes sont oblongues-lancéolées, rétrécies insensiblement en pointe acérée dans la S. cylindrique, ovales-lancéolées,
rétrécies brusquement en pointe aiguë dans la S. bleuâtre ; 5°. les
dents qui terminent les valves sont plus aiguës dans la S. cylindrique
que dans la S. bleuâtre. Cette espèce tient exactement le milieu
entre la S. bleuâtre et la S. allongée ; elle a ses glumes luisantes,
tantôt bleuâtres, tantôt argentées. ♃ Elle croit dans les lieux
pierreux des collines ; on la trouve dans toute l'Italie : elle est assez
fréquente aux environs de Nice, à Lucerame, Orméa, etc. ; et se
retrouve sûrement dans les lieux analogues de la rive droite du Var.

1647[b]. Seslerie allongée.   *Sesleria elongata.*

S. elongata. Host. gram. 2, p. 69, t. 97. Schrad. germ. 1, p. 271. Gaud.
Agr. helv. 2, p. 319.

Cette seslerie diffère de la S. bleuâtre par tous les mêmes caractères que la S. cylindrique ; elle ressemble beaucoup à celle-ci, mais
parait cependant mériter d'en être distinguée ; sa racine est fibreuse,
et pousse des drageons ; son épi même, à l'état sauvage, atteint
3 pouces de longueur, et est sensiblement plus grêle, surtout à la
base ; ses épillets ont presque toujours 3 fleurs ; les valves de leur
glume sont terminées en pointe plus longue et plus acérée ; la valve
externe de la balle est le plus souvent terminée par 5, rarement
3 arètes plus longues et plus brillantes que dans la S. cylindrique.
♃ Elle m'a été envoyée par M. Schleicher, comme étant originaire de
Michelfelden près Huningue.

1653[a]. Rottbolle droite.   *Rottbolla erecta.*

R. erecta. Savi, Bot. etr. 1, p. 26. Giorn. pis. 4, p. 230, f. 5, 6. — *R.
incurvata,* β. Fl. fr. n. 1653. — Barr. ic. t. 6. — Bocc. mus. t. 59. —
Lam. ill. t. 48, f. 2.

Elle ressemble beaucoup à la R. courbée ; mais sa tige est droite,
son épi un peu comprimé ; sa glume a les valves étalées après la
fleuraison, et non dressées ; les balles sont presque égales à la

longuéur des glumes. ⊙ Elle croît dans les lieux sablonneux ou argileux des bords de la Méditerranée, à Hyères, Toulon, la Camargue, Montpellier, etc., souvent mêlée avec le *R. incurvata.*

1653^b. Rottbolle en alêne. *Rottbolla subulata.*

R. subulata. Savi, Bot. etr. 1, p. 27. Giorn. pis. 4, p. 230, f. 4, 8. — Barr. ic. t. 5.

Ses tiges sont rameuses, un peu étalées à leur base, longues de 6-12 pouces, à nœuds bruns et glabres; les feuilles sont presque lisses, excepté au sommet; la languette est courte, tronquée; l'épi est épais, en forme d'alêne, pointu, droit, glabre; le rachis est un peu strié; la glume est à une seule valve, roide, nerveuse, pointue, étalée pendant la fleuraison; la balle est à 2 valves, dont l'extérieure est presque égale à la glume. ⊙ Elle croît dans les lieux argileux, au bord de la Méditerranée, près de Cette, où elle a été trouvée par M. Roubieu, et où elle est beaucoup plus rare que les deux autres.

1661^a. Froment glauque. *Triticum glaucum.*

α. *Foliis superne pilosis.* — *T. glaucum.* Desf. Cat. Hort. par. 16. — *T. junceum,* β. Lam. dict. 2, p. 562.
β. *Foliis superne glabris.* — *T. distichum.* Schleich. exs. 3, n. 22. — *T. intermedium,* var. γ. Gaud. agr. 1, p. 346.

Sa racine est un peu rampante; ses feuilles planes et non roulées sur leurs bases, d'un vert très-glauque; les épillets sont alternes, disposés sur deux rangs en un épi interrompu, et dont l'axe est rude au toucher; les glumes sont obtuses, un peu inégales entre elles, à 7 nervures; les fleurs fertiles se terminent par de longues barbes; les stériles sont nues. ♃ La var. α est cultivée dans les jardins de botanique : on ignore son pays natal; elle a les feuilles poilues en dessus. La var. β, qui a les feuilles glabres, mais qui d'ailleurs ressemble beaucoup à la précédente, croît abondamment aux environs de Bex dans le Valais, où elle a été trouvée par M. Schleicher. L'une et l'autre ont été indiquées en France, mais sans désignation précise.

1662. Froment à feuilles de jonc. *Triticum junceum.*

T. junceum. Fl. fr. n. 1662 (excl. var. et syn. Kœl. et Mor.). Schrad. Fl. germ. 1, p. 394, non Vill. Thuil. Bast. Lapeyr. — *T. farctum.* Viv. fragm. 1, p. 28, t. 26, f. 1. — *T. glaucum.* Syn. n. 1662.

Sa racine est rampante; ses feuilles sont roulées par leurs bords; ses épillets disposés sur deux rangs presque continus; les valves des fleurs très-obtuses et à neuf nervures, nullement terminées par des barbes ; l'axe de l'épi est lisse, et non rude comme dans la plupart des espèces voisines. ♃ Il se trouve sur les bords de la mer Méditerranée, à Toulon, Montpellier, etc.

1662ª. Froment pointu.   *Triticum acutum.*

T. acutum. DC. Cat. Hort. monsp. 153.

Cette espèce, qui a sûrement été confondue avec les *T. junceum* et *glaucum*, me paraît bien distincte de l'une et de l'autre ; sa racine est rampante ; ses feuilles glauques, roides, piquantes, roulées par leurs bords ; sa tige s'élève à un pied ou un pied et demi ; l'épi est composé de 10-20 épillets alternes, distiches, rapprochés, plus petits que dans le *T. junceum* ; l'axe de l'épi est lisse, caractère qui le rapproche du *T. junceum,* mais ses glumes sont pointues, marquées de 5 à 7 nervures seulement ; ses balles sont aussi plus pointues ; le dos des glumes est tantôt lisse, tantôt un peu rude. ♃ Il croît dans les lieux sablonneux ou limoneux du bord de la mer ; il est commun près Montpellier, notamment à Maguelone. Je l'ai retrouvé à Oneille et sur les bords de l'Océan, aux Sables-d'Olonne.

1662ᵇ. Froment roide.   *Triticum rigidum.*

α. *Glumis perigoniisque apice scabris.* — *T. rigidum.* Schrad. Fl. germ. 1, p. 392. — *T. elongatum.* Schleich. exs. cent. 2, n. 22.

β. *Glumis perigoniisque lævibus striatis.* — *T. elongatum.* Host. gram. 2, p. 18, t. 18.

γ. *Glumis perigoniisque lævibus, foliis superne pilosis.*

δ. *Glumis perigoniisque subenerviis, foliis glabris.* — *T. intermedium ,* α. Gaud. agr. 1, p. 345. — *T. junceum.* Kœl. gram. 350, excl. syn.

Sa racine est un peu rampante ; ses feuilles légèrement roulées en dessus par leurs bords ; sa tige haute de 1 à 2 pieds ; ses épillets alternes, disposés sur deux rangs, écartés dans le bas, rapprochés dans le haut de l'épi ; les glumes sont obtuses, inégales, à 5 ou 7 nervures plus ou moins marquées ; les fleurs n'ont point d'arête, mais se terminent par une très-petite pointe ; l'axe de l'épi est rude. La var. α, qui croît près de Branson dans le Valais, a les glumes et les balles rudes vers le sommet. La var. β, que j'ai reçue de Vienne en Autriche, et que j'ai trouvée à l'île de Sainte-Lucie près Narbonne, a les glumes et les basses lisses et évidemment striées. La var. γ, que M. Ziz a trouvée près de Mayence, a les glumes lisses, les feuilles presque planes, poilues en dessus. Enfin la var. δ, que M. Kœler a trouvée aussi près de Mayence, a les glumes lisses comme la précédente, et les feuilles glabres et roulées par les bords. Y a-t-il encore ici des espèces à distinguer ?

1662°. Froment piquant. *Triticum pungens.*

α. Foliis superne glabris. — *T. glaucum.* Bast. Essai, 45. — *T. pungens.* Lois. not. 29.

β. Foliis superne pilosis. — *T. pungens.* Pers. ench. 1, p. 109. — *T. intermedium*, *β.* Gaud. agr. 345.

γ.? Foliis glaucis superne pilosis.

Sa racine est rampante ; ses feuilles sont planes à la base, roulées par leurs bords vers le sommet, qui est un peu roide et piquant ; les épillets sont alternes, distiches, rapprochés en un épi continu, et dont l'axe est dur au toucher ; les glumes sont pointues, égales entre elles, à 5 ou 7 nervures ; les fleurs dépourvues d'arête, et terminées par une très-petite pointe. La var. *α* croît dans les sables de l'Anjou, du Poitou, les environs de Nantes, de Fréjus, du Puy en Velai, etc., sur les bords des rivières ou de la mer ; elle a les feuilles glabres en dessus. La var. *β*, que M. Koch a trouvée aux environs de Mayence, a les feuilles poilues en dessus. La var. *γ*, que j'ai reçue d'Espagne, a les feuilles remarquablement glauques, assez planes, et poilues en dessus.

1663. Froment penné. *Triticum pinnatum.*

T. pinnatum. Mœnch. Hass. n. 102. — *Bromus pinnatus.* Lin. sp. 115. — *Festuca pinnata.* Schrad. Fl. germ. 1, p. 342.

α. Spiculis pubescentibus. — *T. pinnatum.* Fl. fr. n. 1663.

β. Spiculis glaberrimis rectis. — *T. gracile.* Fl. fr. n. 1664.

γ. Spiculis glaberrimis longis incurvis. Lam. Fl. fr. 3, p. 608.

Rapportez ici les descriptions 1663 et 1664 de la Flore, et ajoutez qu'il diffère du *T. sylvaticum* par sa racine rampante et non fibreuse, par ses fleurs obtuses et non pointues, par ses arètes toutes plus courtes que la glume.

1665. Froment des bois. *Triticum sylvaticum.*

Bromus sylvaticus. Gaud. Agr. helv. 1, p. 281. — *Festuca gracilis.* Schrad. Fl. germ. 1, p. 343.

α. Spiculis villosis. — *T. sylvaticum.* Fl. fr. n. 1665.

β. Spiculis glabris. — *Bromus dumosus.* Vill. Dauph. 2, p. 119. — *Bromus gracilis.* Wild. sp. 1, p. 438.

Sa racine est fibreuse ; ses épillets, au nombre de 3 à 7, alternes, presque cylindriques ; les fleurs sont pointues, terminées par des arètes, dont les supérieures de chaque épillet sont plus longues que les balles ; celles-ci sont velues dans la var. *α*, glabres dans la var. *β*.

1666. Froment cilié.   *Triticum ciliatum.*

β. Flosculis pilosis.

γ. Spiculis subsolitariis, caule gracili elongato. — Festuca monostachya.
Poir. it. 2, p. 98. Desf. atl. 1, p. 92, t. 24, f. 2.

δ. Spiculis subsolitariis, caule humillimo.

Cette plante, qui est assez commune dans les lieux stériles de toute la région des oliviers, offre beaucoup de variétés ; dans la var. *β*, que j'ai trouvée près de Nice, les balles sont hérissées de poils ; dans la var. *γ*, qui croît aux environs de Montpellier, la tige est grêle, allongée, et ne porte que 1 à 2 épis ; la var. *δ*, qui croît aussi près de Montpellier, a la tige plus courte que les feuilles, et ne porte que 1 à 2 épis. Toutes varient encore, à feuilles glabres ou poilues ; mais, dans ce dernier cas, il ne faut pas la confondre avec le *T. genuense* (1).

1667. Froment à feuilles de dattier.   *Triticum phœnicoïdes.*

α. T. phœnicoïdes. Fl. fr. n. 1667, excl. syn. All. et Pluk. — *Festuca phœnicoïdes.* Lin. mant. 33. Gou. ill. p. 4.

β. Foliis inferioribus planis. — Bromus pinnatus, β. Vill. Dauph. 2, p. 120 ?

Rapportez ici la description, n. 1667 ; la var. *β*, qui est peut-être une espèce distincte, diffère de la précédente par ses feuilles inférieures planes, et non roulées en dessus ; je l'ai trouvée aux environs de Lectoure et de Carcassonne ; elle paraît se retrouver en Dauphiné (Vill.).

1667ᵃ. Froment gazonnant.   *Triticum cæspitosum.*

T. cæspitosum. DC. Cat. hort. monsp. 153. — *Festuca cæspitosa.* Desf. Fl. atl. 1, p. 91, t. 24. — *Bromus pinnatus, β.* Lin. sp. 115. — *Bromus ramosus.* Lin. mant. 34. — *Bromus Plukenetii.* All. ped. n. 2283. — *Bromus retusus.* Pers. ench. 1, p. 96. — Pluk. t. 33, f. 1.

Cette espèce que j'avais, ainsi qui plusieurs autres auteurs, confondue avec la précédente, en est certainement distincte ; sa racine est rampante comme dans le *T. phœnicoïdes* ; elle donne naissance à des tiges droites, très-rameuses par leur base ; ses feuilles sont glauques, étroites, roulées par leurs bords, roides, menues, pointues et étalées, tandis qu'elles sont droites dans le *T. phœnicoïdes* ; le

---

(1) T. Genuense, *T. spiculis 2-3, alternis, 8-10 floribus, flosculis breviter aristatis, culmo lævi, radice repente, foliis inferioribus planis superioribus convolutis tenuissimis, omnibus subtus et margine pilosis. ♃ In monte Scaggia prope Genuam ineunte junio reperi florentem.*

nombre des épillets varie de 1 à 5 ; ils sont alternes, presque cylindriques, composés de 6 à 12 fleurs tandis qu'on en compte de 10 à 20 dans le *T. phœnicoïdes.* ♃. Elle est assez commune dans les lieux pierreux et arides de la région des oliviers. Je l'ai trouvée à Nice, Toulon, Arles, Montpellier, Lagrasse près Narbonne, etc.

1668. Froment faux-paturin.   *Triticum poa.*

C'est le *T. Halleri,* Viv. fragm. Fl. ital. 24, t. 26, f. 1. Il a été retrouvé à Baugé et Saumur, par M. Bastard ; à Orléans, par M. de Saint-Hilaire ; dans les landes du Morbihan, par M. Bonnemaison ; dans les Vosges du côté d'Alsace, par M. Mongeot ; à Alais, par M. Stein ; à Angers, Toulouse, Lyon et Montpellier, par moi.

1668ᵃ. Froment unilatéral.   *Triticum unilaterale.*

> *T. unilaterale.* Lin. mant. 35 (excl. J. Bauh. syn.). Lois. not. 27. DC. Cat. hort. monsp. p. 154.
> β. *Glabrum.*

Cette espèce ressemble beaucoup au *T. poa,* mais elle en diffère, parce que ses épillets sont exactement unilatéraux, et que ses glumes florales sont très-pointues ; elles sont cependant dépourvues d'arète terminale, ce qui la distingue du *T. nardus.* Le froment unilatéral est presque toujours légèrement pubescent sur la surface de ses feuilles et de ses glumes, et alors il est fort aisé à reconnaître d'avec les espèces voisines ; mais il est quelquefois glabre, et alors on ne peut le reconnaître qu'aux caractères indiqués plus haut. ⊙ Il croît dans les lieux arides, aux environs de Montpellier et d'Avignon, d'où il m'a été envoyé par M. Requien et Gochnat.

1669. Froment fausse-rottbolle.   *Triticum rottbolla.*

C'est le *T. unilaterale,* Viv. fragm. 1, p. 19, t. 23, f. 1, Ten. Fl. neap. prod. — Il se trouve sur les côtes de l'Océan, en Normandie ; à Quimper, Lorient, Noirmoutiers, les Sables-d'Olonne, Cap-Breton ; sur celles de la Méditerranée, près Montpellier, et à Antibes.

1670. Froment fausse-fétuque.   *Triticum festuca.*

C'est le *T. lolioïdes,* Pers. ench. 110 ; il se retrouve à Angers, Baugé et Saumur (Bast.).

1671ᵃ. Froment délicat.   *Triticum tenuiculum.*

> *T. tenuiculum.* Lois. not. 27. — *T. hispanicum.* Viv. fragm. Fl. ital. 21, t. 23, f. 2. — *T. maritimum.* Viv. Ann. bot. 1, p. 2, p. 152. — *T. festucoïdes.* Bert. pl. gen. 25.

Ce froment a la racine grêle, annuelle ; la tige droite, menue, longue de 4 à 10 pouces ; toute la superficie est glabre ; les nœuds sont d'un pourpre foncé ; les feuilles courtes et menues ; l'épi est simple, droit, roide, composé de 6 à 10 épillets alternes, sessiles, ovales-oblongs, dressés, et à peu près de la longueur de leurs intervalles ; la glume est à 2 valves inégales, presque obtuses ; les fleurs sont au nombre de 7, terminées par une arète droite, longue d'une ligne ; ce caractère rapproche cette espèce du *T. nardus* ; mais elle en diffère, parce qu'elle est toujours glabre, que ses épillets sont exactement alternes, en nombre moins grand, composés d'un plus grand nombre de fleurs ; qu'enfin surtout un long espace sépare l'épi de la feuille supérieure dans le *T. tenuiculum*, tandis que dans le *T. nardus* l'épi commence immédiatement au-dessus de la feuille supérieure. ☉ Il croit dans les champs aux environs de Nantes, où il a été trouvé par M. Gochnat ; d'Angers, par M. Bastard ; de Gênes, par M. Viviani.

1677. Ivraie multiflore. *Lolium multiflorum.*
β. *Muticum.*

Cette variété ne diffère de l'espèce ordinaire que par ses fleurs dépourvues de barbes. On trouve quelquefois, sur les mêmes pieds, des fleurs qui ont des barbes courtes, et d'autres qui en sont totalement dépourvues. Les deux variétés croissent aux environs de Montpellier.

1686ª. Orge à crinière. *Hordeum jubatum.*
H. jubatum. Lin. sp. 126. Lois. not. 26. — *H. crinitum.* Desf. Fl. atl. 1, p. 113. — *Elymus crinitus.* Schreb. gram. 2, p. 15, t. 24.

Sa tige est droite ou coudée à sa base, longue de 6 à 12 pouces, glabre, ainsi que le reste de la plante ; les feuilles sont étroites et en petit nombre ; l'épi est droit, à peine long d'un pouce, si l'on ne compte pas les barbes des fleurs ; de chaque nœud naissent 2 fleurs fertiles, géminées et un involucre composé de 4 valves linéaires, roides, prolongées en arètes longues d'environ un pouce ; les valves extérieures de la fleur se prolongent elles-mêmes en arètes, dont les inférieures ont environ 20 lignes, et les supérieures dépassent 2 pouces de longueur. ☉ Cette plante croit dans les sables, au bord des chemins, près Fréjus, où elle a été trouvée par M. Rohde.

1693. Cultivée, *lisez* naturalisée dans toutes les provinces méridionales.

1693ª. Houque sorgho. *Holcus sorghum.*
H. sorghum. Lin. sp. 1484. Lam. dict. 3, p. 140. — Fuchs. hist. 771, ic.

Cette plante indigène de l'Inde est cultivée dans les provinces méridionales , et jusqu'aux environs de Mâcon, pour la nourriture de la volaille, sous les noms de *sorgho*, *gros panis*, *grand millet*, *sagina*, etc. Elle s'élève à 5–6 pieds de hauteur ; ses feuilles sont larges, velues à l'entrée de leur gaîne ; sa panicule est ovale, droite, étalée ; ses glumes ovales, pubescentes, munies d'une petite arète ; ses graines grosses, ovoïdes, comprimées, blanches, jaunes, rousses ou noires, selon les variétés ; elles servent à nourrir la volaille. On cultive aussi pour le même usage, mais plus rarement, et dans le Midi seulement, l'*holcus compactus*, Lam. dict. 3, p. 141, qui ne diffère du précédent que par sa panicule serrée et compacte.

FAMILLE DES CYPÉRACÉES.

1697ᵃ. Carex à long style.   *Carex macrostyla.*

C. macrostyla. Lapeyr. abr. 562.

Il ressemble absolument au *C. pulicaris*, mais il en diffère par sa stature plus petite (il ne s'élève guère au-delà de 4 pouces), par son épi plus petit, dont les fleurs femelles restent dressées même à un âge avancé, parce que les urcéoles sont cylindracés, amincis en pointe à l'extrémité, doubles environ de la longueur des écailles, parce qu'enfin le style est très-long et très-saillant hors de l'urcéole. ♃ Il croît dans les hautes sommités des Pyrénées ; M. Lapeyrouse l'indique, en particulier, au Cau-d'Espade et à Aigue-Cluse.

1698. Carex des Pyrénées.   *Carex Pyrenaica.*

C. Pyrenaica. Wahlemb. Act. holm. 1803, p. 139, ex Wild. sp. 4, p. 214.
α. Fructibus (immaturis) erectis. — *C. fontanesiana.* Fl. fr. n. 1699. —
C. acutissima. Degl. in Lois. Fl. gall. 628. Pers. ench. 2, p. 535. —
C. spicata. Schkubr. car. t. D. f. 15 ?
β. Fructibus (maturis) patulis deflexisve. — *C. ramondiana.* Fl. fr. n. 1698.
— *C. Pyrenaica.* Degl. et Pers. loc. cit.

Les deux plantes que j'avais distinguées dans la Flore française ne sont que deux états divers d'une seule espèce : elle est assez fréquente dans les pelouses des sommités primitives des Pyrénées, au Mont-Calm, à Néouvielle, à la Maladetta, etc. Les capsules sont d'abord dressées, puis étalées, puis refléchies.

1699ᵃ. Carex des rochers.   *Carex rupestris.*

C. rupestris. All. ped. n. 2292, t. 92, f. 1. Wild. sp. 3, p. 215. — *C. petræa.*
Gaud. Agr. helv. 2, p. 78.

Il ressemble, par son port, à la kobrésie scirpe ; ses feuilles sont
roides, linéaires, pointues, droites, un peu rudes sur les bords, à
peu près de la longueur de la hampe ; celle-ci s'élève à 4 à 5 pouces ;
elle est droite, triangulaire, terminée par un épi cylindrique, grêle,
droit, solitaire, composé de fleurs femelles dans le bas, mâles dans
le haut ; les écailles sont d'un roux un peu brun, scarieuses, très-
obtuses ; les capsules sont elliptiques, presque triangulaires, convexes d'un côté, concaves de l'autre, terminées par un bec entier et
très-court, plus courtes que les glumes ; le style est à 3 stigmates.
♃ Cette espèce croit dans les rochers des hautes sommités des Alpes.
Il est abondant au Mont-Cénis ; je l'ai retrouvé en Dauphiné sur
le Lautaret. Il est souvent attaqué par l'*uredo urceolorum*, qui rend
ses capsules noires et comme globuleuses.

1702. Carex des sables.   *Carex arenaria.*

Il ne se trouve que dans les sables maritimes, surtout le long de
l'Océan, et plus rarement le long de la Méditerranée : on ne le retrouve dans l'intérieur des terres que dans les dunes de la Campine ;
mais le *carex repens* de Bellardi, qu'avec la plupart des auteurs
j'avais rapporté ici, est une espèce distincte, qui croît le long des
torrens des Alpes du Piémont ; mais qui n'a pas encore été trouvée
en France. Le *C. arenaria* (Dub. orl. p. 254), trouvé par M. Dubois sur les bords de la Loire, paraît être le *C. Schreberi*, n. 1719.
Le carex indiqué par M. Lapeyrouse sous le nom de *C. arenaria*,
comme croissant à la vallée de Luchon dans les Pyrénées, est le *C.
paniculata*, n. 1715.

1705. Carex jaunâtre.   *Carex vulpina.*

ß. *C. nemorosa.* Wild. sp. 4, p. 232, excl. syn.

Ce Carex ne diffère du *C. vulpina* ordinaire que parce que les
bractées des épis inférieurs sont foliacées et plus longues que l'épi ;
ce caractère est fort variable, et ne me paraît pas suffisant pour
distinguer cette plante comme espèce ; elle se trouve dans les Alpes,
le Jura, etc. Au reste, le *C. nemorosa*, Lumn. pos. n. 926, Host.
gram. vol. 4, est une espèce fort distincte de celle-ci, et doit être
rapportée comme synonyme à notre *C. virens*, n. 1709.

1706. Carex divisé. *Carex divisa.*

Cette espèce est extrêmement variable dans son port, sa grandeur, la longueur de ses feuilles et l'apparence de ses épis ; c'est à elle qu'on doit rapporter le *C. schœnoïdes* de Host. (gr. 1, t. 45), qui est différent de celui que j'ai décrit sous ce nom ; le *C. splendens,* Pers. (Ench. 2, p. 536) ; le *C. Bertolonii,* Schkur. app. ; elle est commune le long des chemins des provinces méridionales, et dans les sables du bord de la Méditerranée.

1713. Carex à trois lobes. *Carex tripartita.*

Excluez le synonyme d'Allioni et de Suter.

1714ᵃ. Carex arrondi. *Carex teretiuscula.*

C. *teretiuscula.* Good. tr. lin. 2, p. 163, t. 19, f. 3. Wild. sp. 4, p. 244. Schk. car. t. D, f. 19. Gaud. agr. 2, p. 88.

Il ressemble beaucoup au *C. paradoxa* et au *C. paniculata ;* mais sa hampe est cylindrique dans le bas, à 3 angles obtus vers le sommet ; ses épis sont courts, rapprochés en une panicule cylindrique, serrée et en forme d'épi. ♃ Il croit dans les marais tourbeux des montagnes ; dans le Jura ; au pied des Alpes voisines du Léman ; au canal du Midi, près Toulouse (Lapeyr.).

1716ₐ. Carex à capsules lâches. *Carex gynomane.*

C. *gynomane.* Bert. dec. ital. 2, p. 43. — *C. tuberosa.* Degl. in Lois. Fl. gall. 2, p. 629. Pers. ench. 2, p. 536. — *C. Linckii.* Schkuhr. cat. t. Bbb. f. 118 ? Wild. sp. 4, p. 223 ? Lapeyr. abr. 563.

Le collet de la racine est à peine renflé, et donne naissance à des radicules nombreuses, capillaires et noirâtres ; les tiges sont nombreuses, grêles, faibles, triangulaires, longues de 7 à 10 pouces ; les feuilles radicales sont presque aussi longues que la hampe, linéaires, très-étroites, aiguës, très-menues ; les épis sont au nombre de 2 à 3, sessiles, un peu écartés, munis à leur base d'une bractée foliacée ; celle de l'épi inférieur est très-longue, et dépasse la hauteur de la hampe ; chaque épi porte, à sa base, 5 à 6 fleurs femelles, assez grosses et un peu écartées ; les écailles sont ovales-lancéolées, acuminées, verdâtres sur le dos, blanchâtres sur les bords, plus longues que les capsules ; celles-ci sont presque triangulaires, amincies aux deux bouts, demi-étalées, munies sur leur face supérieure d'un sillon longitudinal ; le style est à 3 stygmates. ♃ Ce carex croît au bord des chemins et dans les lieux montueux du Midi. Il a été trouvé en Ligurie, près Sarzane et Luni, par M. Bertoloni ; à Notre-Dame-des-Anges, près Toulon, par MM. Robert et Requien ;

TOME V.

à Montpellier (Degl.), à Bagnols en Roussillon (Lapeyr.); dans le
montagnes des Albères, et dans les environs de Prats de Mollo
d'où il m'a été envoyé par MM. Custer et Xatard. Le *C. linckii* d
Schkuhr semble différer un peu du nôtre par la couleur brun
de ses glumes, et par ses capsules qui atteignent la longueur de
écailles.

1718ᵃ. Carex rapproché.   *Carex approximata.*

> *C. leporina.* Lin. Fl. lapp. 322? Schk. car. t. Fff. f. 129. Wild. sp.
> p. 229. DC. syn. n. 1718*. — *C. approximata.* Hop. cent. exs. Hoffm
> germ. 4, p. 201. Gaud. agr. 2, p. 107. — *C. Lachenalii.* Schk. car. t. Y
> f. 79. — *C. parviflora.* Gaud. etr. Fl. 84, non Host.

Cette espèce ne s'élève qu'à 3 à 5 pouces; sa racine rampe; se
feuilles sont étroites, presque lisses, de moitié plus courtes que l
hampe; celle-ci est droite, triangulaire, un peu rude au somme
seulement; les épis sont au nombre de 3 à 4, rapprochés, sessiles
ovales, le supérieur femelle dans sa moitié supérieure, les autre
souvent entièrement femelles; les bractées sont très-courtes; le
glumes ovales, presque obtuses, rousses, un peu scarieuses su
les bords, à peine plus courtes que les fruits; ceux-ci sont ovalé
convexes d'un côté, planes de l'autre, prolongés en bec court
entier. ♃ Il croît dans les pelouses les plus élevées des Alpes, a
Saint-Bernard, au Mont-Cénis, en Dauphiné; dans les Pyrénées,
Mont-Louis, Roya, et aux Sept-Hommes (Lapeyr.). D'aprè
M. Wahlemberg, le *C. leporina*, Lin. Fl. suec. 75, est le *C. ovali*
(Fl. fr. n. 1718); et d'après M. Gaudin, le *C. leporina*, Lin. Fl. lap
serait celui-ci. Dans le doute, j'ai cru devoir rejeter ce nom, d'ai
leurs très-insignifiant, et admettre celui de Hoppe, qui n'entrai
aucune équivoque.

1721. Carex court.   *Carex curta.*

> β. *C. brunnescens.* Pers. ench. 2, p. 539.

Cette variété, qu'on trouve dans les Alpes et les montagnes de
Lozère, diffère de l'espèce ordinaire par ses écailles de couleur rousse
et qui sont plus obtuses à leur sommet. C'est au *C. curta* qu'on do
rapporter le *C. cinerea*, Poll. pal. n. 880, et le *C. globularis*, Vil
dauph. 2, p. 211, ex herb.

1724. Carex allongé.   *Carex elongata.*

> β. *C. Guebhardi.* Schleich. pl. exs. an Wild.?

Ce carex ne diffère du C. allongé que par ses écailles un peu plu
rousses, ses fruits un peu plus longs, et ses épis un peu plu

serrés ; il m'en paraît une très-légère variété : on le trouve dans le Jura.

1725ᵃ. **Carex à petites fleurs.** *Carex parviflora.*

C. parviflora. Host. gram. 1, p. 64, t. 87. Wild. sp. 4, p. 253.

Il ressemble beaucoup au *C. atrata* et au *C. nigra* ; sa tige est droite, ferme, triangulaire, et ne s'élève pas au-delà de 6 pouces ; les feuilles sont linéaires, pointues, de moitié plus courtes que la tige ; les épis sont noirs, ovales, petits, rapprochés en une espèce de tête ; la bractée inférieure est droite, foliacée, plus longue que l'épi supérieur ; celui-ci est sessile, composé de fleurs mâles à sa base, et de fleurs femelles à son sommet ; les autres, au nombre de 3 à 4, sont tous femelles ; les capsules sont elliptiques, un peu triangulaires, comprimées, terminées par un bec court et entier, égales aux écailles, qui sont ovales, obtuses, ciliées pendant la fleuraison, glabres et très-légèrement dentelées à la maturité. ♃ Il croît dans les Alpes, au Mont-Cramont, où il a été cueilli par mon frère.

1730ᵃ. **Carex à trois nervures.** *Carex trinervis.*

C. trinervis. Degl. in Lois. Fl. gall. 731. Pers. ench. 2, p. 546.

Ses racines sont nombreuses, disposées en touffes, divisées en fibrilles nombreuses, et hérissées d'un duvet fin ; la hampe est triangulaire, striée, lisse, longue de 3 à 4 pouces ; les feuilles sont roides, à peu près lisses, de couleur glauque, courbées en carène, presque triangulaires à leur sommet, aussi longues au moins que la tige ; celle-ci se termine par 4 à 5 épis rapprochés, cylindriques, 1 à 2 mâles, situés au sommet, 3 à 4 femelles, situés au-dessous ; quelquefois ceux du milieu sont femelles à la base, mâles au sommet ; les écailles sont oblongues, d'un roux pâle, à peine pointues ; les capsules sont glabres, comprimées, elliptiques, un peu rétrécies en pointe, marquées de 3 nervures sur leur face extérieure, entières au sommet, de la longueur des écailles. ♃ Il croît dans les lieux marécageux des sables maritimes le long de l'Océan, à Bayonne (Lois.) ; à la tête de Buch ; et en Picardie, dans les dunes de Marquenterre.

1739. **Carex digité.** *Carex digitata.*

α. *C. digitata.* Fl. fr. n. 1739. Wild. sp. 4, p. 256. Bert. dec. it. 3, p. 43.

β. *C. ornithopoda.* Wild. sp. 4, p. 256. — *C. pedata.* Fl. fr. n. 1738, non Lin. — *C. digitata,* β. Bert. loc. cit. Wahlemb. act. hobn. 1803, p. 158.

Il est aujourd'hui bien prouvé que le vrai *C. pedata* est une espèce propre à la Laponie, et tout-à-fait différente de celle à laquelle tous les auteurs subséquens avaient donné ce nom. Ce *C. pedata* des auteurs a été nommé *C. ornithopoda* par Wildenow ; mais MM. Wahlemberg et Bertoloni ont pensé, chacun de leur côté, que ce n'était qu'une légère variété du *C. digitata*, et j'adopte la même opinion que j'avais déjà indiquée avec doute dans la Flore. La var. *β* ne semble être que le *C. digitata* moins développé, soit à raison de l'âge, soit à raison de la localité.

1741. Carex dressé.   *Carex erecta.*

C'est cette espèce que, depuis la publication de la Flore, M. Wildenow a désignée sous le nom de *C. Mielichhoferi*, sp. 4, p. 276. Quelques botanistes, et notamment M. Schleicher, appliquent souvent ce nom au *C. spadicea*, Fl. fr. n. 1742, qui paraît être le *C. ferruginea*, Wild. sp. 4, p. 274, non Schk. ; et le *C. Scopolii*, Gaud. agr. 2, p. 168. Je l'ai retrouvé dans les Pyrénées, à la Maladetta.

1742ª. Carex à fruit rude.   *Carex hispidula.*

C. hispidula. Gaud. Agr. helv. 2, p. 136, excl. syn. Fl. fr. — *C. fimbriata.* Schkur. car. t. Vuu, f. 165. Schl. pl. exs.

Sa tige est grêle, longue de 5 à 7 pouces, feuillée dans le bas, nue, triangulaire, et rude au toucher dans sa partie supérieure ; ses feuilles sont planes, rétrécies en pointe, larges d'une ligne, droites, un peu rudes sur les bords au sommet ; l'épi mâle est solitaire, terminal, cylindrique, un peu rétréci à la base, à écailles ferrugineuses, munies d'une nervure longitudinale, à peine prolongée en pointe ; les épis femelles sont au nombre de deux, droits, presque sessiles, grêles, munis d'une bractée foliacée, dont l'inférieure égale presque la longueur de la tige ; leurs écailles sont plus brunes et plus obtuses que dans l'épi mâle ; les fruits sont un peu plus longs que les glumes, triangulaires, garnis sur les angles de poils étalés, sur les faces, de poils couchés, terminés par un bec scarieux à 2 dents. ♃ Il croît dans les fentes des rochers, sur les hautes sommités des Alpes de Valais et de Savoie.

1745ª. Carex étiré.   *Carex extensa.*

C. extensa. Good. tr. Lin. 2, p. 175, t. 21, f. 7. Smith. Fl. brit. 992. DC. Cat. monsp. 87.

β. Tenuifolia.

Il naît le plus souvent par touffes serrées ; ses racines ont des fibres longues, d'un brun rougeâtre et presque toujours simples ;

les feuilles sont d'un vert un peu glauque, ou grisâtre, courbées
en dessus, surtout lorsqu'elles sont sèches, pointues, étroites,
roides, lisses, excepté vers le sommet, où elles sont un peu rudes sur les
bords ; la hampe est droite, lisse, triangulaire, et varie de 6 à
15 pouces de longueur ; l'épi mâle est solitaire, rarement géminé,
terminal, à écailles rousses et obtuses ; les épis femelles sont au
nombre de 2–3, ovales, sessiles à l'aisselle de bractées foliacées
très-longues ; leurs écailles sont ovales, un peu mucronées, un peu
plus courtes que les capsules ; celles-ci sont serrées, ovales, comprimées, relevées sur le côté extérieur de 5 nervures, terminées par
un bec court et à 2 dents. ♃ Il croît dans les marécages maritimes,
le long de l'Océan, près Avranches, où il a été trouvé par M. de La
Villeharmois ; le long de la Méditerranée, à Nice, et en Ligurie. La
var. β se distingue de la précédente par ses feuilles plus courtes,
plus étroites, plus glauques, roulées en dessus de manière à paraître
capillaires ou filiformes ; par ses épis femelles plus courts, et par ses
capsules, dont les nervures sont moins saillantes. Elle est commune dans les marécages salés des bords de la Méditerranée, à
Sainte-Lucie, près Narbonne ; Palavas, près Montpellier ; Aigues-
Mortes, etc.

1745[b]. Carex noir.   *Carex nigra.*

Rapportez sous ce numéro le *C. nigra*, qui avait été mal à propos
placé parmi les espèces à épis androgins ; il ressemble beaucoup au
C. parviflora ; mais son épi terminal est entièrement mâle, et les
inférieurs entièrement femelles.

1746[a]. Carex de Bastard.   *Carex Bastardiana.*

C. alba. Bast. Ess. 338, excl. syn. — *C. hispida.* Bast. in Litt.

Sa racine est fibreuse ; ses feuilles naissent en touffe, aussi longues
que la hampe, planes, pointues, larges d'une ligne et demie, un peu
rudes sur les bords, et même sur leur surface ; les hampes sont
très-grêles, longues de 8–9 pouces, presque lisses au toucher, à
peine anguleuses vers le sommet ; les épis sont au nombre de 3, un
mâle terminal, deux femelles, ovales, sessiles, composés d'un si
petit nombre de fleurs, et tellement rapprochés de l'épi mâle, qu'on
pourrait croire au premier coup d'œil qu'il n'y a qu'un seul épi
androgin ; à la base de l'épi femelle inférieur est une bractée foliacée,
qui atteint la longueur de l'épi mâle ; les écailles sont lancéolées,
d'un roux-brun, très-pointues ; les urcéoles sont ovales-triangu-
laires, un peu plus longs que les écailles à leur maturité, hérissés

sur les angles ; le style est assez long , à trois stygmates. ♃ Cette espèce croit à l'étang des Rochettes , près Pouancé , à 15 lieues au nord d'Angers , où elle a été découverte par M. Bastard.

1747. Carex luisant.   *Carex nitida.*

C. alpestris. Fl. fr. n. 1747, excl. syn. Hall. All. et Sut. — *C. nitida.* Host. gram. 1, t. 71. Gaud. agr. 2, p. 162. — *C. liparicarpos.* Gaud. etr. Fl. 155.

Le nom d'*alpestris*, que M. de Lamarck avait donné à cette espèce, pouvant faire équivoque avec le *C. alpestris*, Wild. , et ne lui convenant que très-imparfaitement, je crois devoir admettre celui de Host, qui convient très-bien à notre plante, remarquable par ses fruits gros et luisans. Elle a été retrouvée au Mont-Cénis par M. Balbis ; à Nion, près Genève, par M. Gaudin ; à Chinon et en Anjou , par M. Bastard.

1749. Carex poilu.   *Carex pilosa.*

M. Mérat dit qu'il se trouve dans les prés , aux environs de Paris ; M. Lapeyrouse l'indique à Salvanaire , et Boucheville dans les Pyrénées.

1752ᵃ. Carex appauvri.   *Carex depauperata.*

C. depauperata. Good. Act. Soc. Lin. 2, p. 181. — *C. ventricosa.* Curt. Lond. 6, t. 68. — *C. triflora.* Wild. phyt. 2, n. 8, t. 1, f. 2. — *C. monilifera.* Thuil. par. 11, 1, p. 490.

Ses tiges naissent droites , en touffe, longues d'un pied , triangulaires, lisses sur les angles , feuillées dans le bas ; les feuilles sont planes, plus courtes que la tige , pointues , rudes sur les bords ; l'épi mâle est terminal, solitaire, grêle , cylindrique , pointu , à écailles roussâtres et obtuses ; les épis femelles sont au nombre de 2-5, écartés, droits, portés sur des pédicelles rudes, et qui sont plus longs que les gaines, plus courts que les bractées ; ces épis sont composés de 2 à 5 fleurs ; les écailles sont ovales, pointues, scarieuses sur les bords , de moitié plus courtes que les capsules ; celles-ci sont très-grosses , ovoïdes , un peu triangulaires , glabres , prolongées en un bec long , grêle , droit , terminé par deux petites dents. ♃ Il croît dans les forêts humides, et a été trouvé aux environs de Paris , à Compiègne , Vincennes et Saint-Germain ; à l'étang Saint-Nicolas , près Angers , par M. Bastard ; dans le Haut-Poitou, par M. Desvaux.

1752^b. Carex de Micheli.   *Carex Michelii.*

C. Michelii. Schk. car. t. P. et Vv. f. 59. Host. gram. 1, t. 72. Wild. sp. 4, p. 277. — Mich. gen. p. 56, n. 5, t. 32, f. 5.

Ce carex ressemble au *C. depauperata*, mais il en est bien distinct ; ses feuilles sont plus courtes relativement à la tige, qui est elle-même plus basse ; les épis mâles sont courts, épais, obtus au sommet, à peu près en forme de massue ; la hampe est presque nue ; les bractées courtes, grêles, et à peine foliacées ; les épis femelles au nombre de 1 à 2 seulement ; les écailles, quoique plus courtes que les capsules, le sont moins que dans le *C. depauperata* ; enfin les capsules ont le bec un peu moins prolongé, et très-légèrement cilié sur les deux bords. ♃ Cette espèce croit dans les prés montueux, au Plessis-Piquet près Paris (Mérat.).

1752^c. Carex à col court.   *Carex brevicollis.*

Cette espèce ressemble beaucoup aux deux précédentes, et surtout au C. de Micheli ; ses feuilles sont planes, de moitié plus courtes que la hampe, pointues, un peu rudes sur les bords ; la hampe est droite, presque nue, lisse, et haute d'un pied environ ; l'épi mâle est terminal, solitaire, oblong, à écailles rousses, presque obtuses ; les épis femelles varient de 1 a 3 ; ils sont pédonculés, droits ; les gaines de leurs bractées sont assez longues, un peu scarieuses au sommet ; les fleurs sont au nombre de 6 à 10 dans chaque épi ; les écailles sont ovales-oblongues, rousses, luisantes, plus longues que les capsules, munies d'une nervure qui se prolonge en pointe au sommet ; les capsules sont grosses, ovoïdes, glabres, terminées par un bec très-court, glabre, à peine denté au sommet. ♃ Cette espèce croit sur les rochers exposés au midi, non loin du Rhône, à la base de la montagne de Parve, près Belley, où elle a été découverte par M. V. Auger.

1754^a. Carex maigre.   *Carex strigosa.*

C. strigosa. Good. Act. Lin. soc. 2, p. 169, t. 20, f. 4. Schkuhr. car. 94, t. N. f. 53. Wild. sp. 4, p. 289, non All. nec Sut. — *C. leptostachys.* Lin. f. suppl. 414.

Sa tige est grêle, lisse, triangulaire, haute de 12–18 pouces ; ses feuilles sont planes, rétrécies en pointe, larges de 2–3 lignes, rudes sur les bords ; l'épi mâle est solitaire, terminal, cylindrique, grêle, pointu ; ses écailles sont brunes, à peine pointues, munies sur le dos d'une raie longitudinale, pâle et blanchâtre ; les épis femelles sont au nombre de 2–4, alternes, pédicellés, grêles, cylindriques, d'abord droits, puis pendans; les bractées sont foliacées, à peu près de la longueur de l'épi; les fleurs inférieures sont écartées; les écailles sont plus pointues que dans le mâle; les capsules sont oblongues, lancéolées, glabres, relevées de quelques nervures peu saillantes, tronquées obliquement à leur sommet, de couleur pâle, un peu plus longues que les écailles. ♃ M. Nestler a trouvé ce carex sur les bords du Rhin en Alsace, dans des lieux humides.

1755ᵃ. Carex à deux nervures.   *Carex binervis.*

C. binervis. Smith. Fl. brit. 993? Wild. sp. 4, p. 272. Mérat, Fl. par. 362.

Cette espèce ressemble au *C. fulva* et au *C. distans;* sa tige est longue de 1 ½ à 2 pieds, triangulaire, lisse, un peu rude d'un côté entre les épis supérieurs; les feuilles sont planes, un peu rudes sur les bords; l'épi mâle est terminal, cylindrique, à écailles rousses, très-obtuses; les épis femelles sont au nombre de 3 à 5, les supérieurs sessiles et un peu rapprochés, les inférieurs très-écartés et portés sur des pédicelles plus longs que les gaînes des bractées; celles-ci sont longues et foliacées; les écailles sont d'un roux un peu brun, ovales, munies d'une nervure qui se prolonge en pointe; les capsules ovoïdes, presque triangulaires, glabres, relevées de quelques nervures (dont deux sont très-saillantes) un peu plus longues que les écailles, prolongées en un bec droit, à deux pointes. ♃ Ce carex croît dans les bois humides; il a été trouvé aux environs de Paris, à Saint-Léger (Mér.) et Vincennes, par M. Leman; au Mans, par M. Desportes; à Angers, par M. Bastard.

1756ᵃ. Carex à double languette.   *Carex biligularis.*

C. biligularis. DC. Cat. mousp. 88.

Cette espèce ressemble aux *C. fulva, binervis* et *distans,* mais elle est extrêmement remarquable, parce que le sommet des gaînes des feuilles donne naissance à deux languettes scarieuses, minces et roussâtres, une libre, courte, opposée au limbe de la feuille, et qui manque dans les feuilles supérieures; l'autre plus longue et adhérente avec la face supérieure du limbe de la feuille. Sa tige et ses feuilles sont rudes sur les bords; l'épi mâle est solitaire, cylindrique, allongé, à écailles rousses, pointues; les épis femelles sont au nombre de 3, oblongs, écartés, pédicellés; le supérieur presque droit et sessile; les inférieurs, penchés et à longs pédicelles; les écailles sont oblongues, acuminées, presque aussi longues que les capsules; celles-ci sont ovales, amincies en pointe longue, et à 2 dents, très-glabres, relevées de quelques nervures. ♃ Ce carex croît dans les bois humides, et a été trouvé à Angers par M. Bastard; à Lépau, près le Mans, par M. Desportes; à Verviers, par M. Lejeune.

1759. Carex panic.   *Carex panicea.*

β. Spica infera radicali. Bast. suppl. 23. Gaud. agr. 2, p. 159. Leers. loc. cit.

Cette variété se rapproche du *C. gynobasis*, parce que son épi femelle inférieur sort du collet de la racine porté sur un pédicelle grêle, mais elle a d'ailleurs tous les caractères du *C. panicea.*

1760. Carex étalé.   *Carex patula.*

β. C. emarcida. Sut. Fl. helv. 2, p. 263. — Hall. helv. n. 1402 — Scheuchz. agr. 454.

Cette variété, qui est assez commune, est remarquable en ce qu'au lieu d'un seul épi mâle elle en a souvent plusieurs, ou que du moins les épis supérieurs sont femelles à leur base, et mâles à leur sommet. — C'est au *C. patula* qu'on doit rapporter le *C. drymeia*, Lin. F. suppl. 414, et le *C. Godefrini*, Will. phyt. 3, p. 1114. — Le *C. patula* de Host me paraît une variété du *C. flava.*

1765. Carex de Koch.   *Carex Kochiana.*

C. Kochiana. DC. Cat. monsp. 89. — *C. rivularis.* Koch. ined. non Wild. — *C. spadicea.* Roth. Fl. germ. non Schk. — *C. intermedia* Sut. Fl. helv. 2, p. 262, non Good. — *C. paludosa.* Schleich. exs. non Good.

Cette espèce ressemble beaucoup au *C. paludosa*, et a souvent été confondue avec lui; elle en diffère par ses épis mâles, au nombre de 2 seulement, et dont les glumes sont plus acérées; par ses épis femelles, plus grêles, plus longs, dont les écailles inférieures se prolongent en pointe acérée, et dentée en scie à son sommet; par ses capsules ovales-lancéolées, et non arrondies; il approche, par son port, du *C. gracilis*, mais il en diffère parce qu'il a trois stygmates au lieu de deux. ♃ Ce carex croît dans les fossés et au bord des ruisseaux, sur la limite orientale de la France, à Genève, dans le Jura, à Durcheim, à Verviers. M. Prost l'a retrouvé à Mende.

1766. Carex des rives.   *Carex riparia.*

β. Spicis omnibus fœmineis.
γ. Spicis superioribus masculis, inferioribus apice masculis.

Ces deux variétés se trouvent aux environs de Paris; dans la var. *β* tous les épis sont femelles; dans la var. *γ* les supérieurs sont entièrement mâles, les inférieurs femelles à la base, et mâles au sommet. Cette dernière a les épis courts et très-écartés, ce qui lui donne un peu le port du *C. distans.*

CXCV^e. KOBRÉSIE.   *KOBRESIA.*

Kobresia. Wild. — *Frœlichia.* Wulf. non Vahl. — *Elyna.* Schrad. —
Caricis sp. All. Vill.

Car. Les fleurs sont monoïques; les mâles et les femelles mélangées dans les mêmes épis, et le plus souvent géminées sous une
seule écaille; les fruits sont des cariopses triangulaires, dépourvus
du godet qui entoure ceux des carex.

1766ª. Kobrésie scirpe.   *Kobresia scirpina.*

Kobresia scirpina. Wild. sp. 4, p. 205. — *K. Bellardi.* Degl. in Lois. Fl.
gall. 2, p. 626. — *Elyna spicata.* Schrad. Fl. germ. 1, p. 155. — *Carex
Bellardi.* Fl. fr. n. 1701.

Rapportez ici la description et la synonymie du n. 1701; et
ajoutez qu'elle se retrouve dans les Pyrénées, à Cambre-d'Ase, et
ailleurs.

1766ᵇ. Kobrésie carex.   *Kobresia caricina.*

K. caricina. Wild. sp. 4, p. 206. — *Carex hybrida.* Schk. car. t. Rrr. f. 161.
— *C. bipartita.* All. ped. n. 2301, t. 89, f. 5.

Ses feuilles radicales sont très-étroites, roides, un peu glauques,
rudes sur les bords, de moitié plus courtes que la hampe; celle-ci
est droite, roide, lisse, nue, terminée par 2–5 épis assez rapprochés pour paraître n'en former qu'un seul; chacun d'eux sort de
l'aisselle d'une bractée plus courte que lui, ovale, membraneuse,
roussâtre; ces épis sont femelles à la base, mâles au sommet; les
écailles sont d'un brun-roux, avec le bord blanchâtre, ovales, un
peu pointues. ♃ Elle croît autour du lac du Mont-Cénis.

1767ª. Linaigrette de Vaillant. *Eriophorum Vaillantii.*

E. Vaillantii. Poit. et Turp. Fl. par. t. 52. Mérat, Fl. par. 20. — Vaill. Bot.
t. 16, f. 1.

Elle a le feuillage de la L. à plusieurs épis, mais elle s'en distingue en ce qu'à sa maturité même, les pédicelles des épis sont plus
courts que les épis eux-mêmes, et les soies plus longues que les pédicelles; ceux-ci sont simples, peu nombreux, et les épis sont comme
réunis en une espèce de tête. ♃ Elle croît dans les marais, aux environs de Paris, à Saint-Léger, Montmorency, Episy (Mér.).

1769ª. Linaigrette intermé- *Eriophorum intermedium.*
diaire.

E. intermedium. Bast. in Journ. bot. 1814, vol. 3, p. 19.

Elle ressemble beaucoup à la L. grêle, et a comme elle les feuilles
étroites, pliées en gouttière à leur base, triangulaires à leur som-

met; mais sa stature est presque de moitié plus petite; sa tige est presque cylindrique; la spathe qui entoure les fleurs est deux fois plus longue que les épis à l'époque de la fleuraison, et se termine par une pointe foliacée triangulaire; les pédicelles sont simples, pendans; les glumes sont oblongues-linéaires, très-prolongées en pointe mousse, caractère qui distingue assez bien cette espèce de toutes les autres. ♃ Elle croît dans les prés marécageux. M. Bastard l'a cueillie aux environs d'Angers. Je l'ai trouvée dans les marais des montagnes de la Lozère.

1774. Scirpe ovoïde.   *Scirpus Ovatus.*

Rapportez à cette espèce comme synonymes *S. turgidus*, Pers. ench. 1, p. 66. — *S. soloniensis*, Dub. Orl. 265. — *S. nutans*, Berg. Fl. pyr. 1, p. 43. Elle a été retrouvée à Montriblon, près Lyon, par M. Gilibert; à Mayence et Kaiserslautern, par M. Koch; en Anjou, par M. Bastard; en Sologne, par M. Dubois; à Pau, par M. Bergeret, etc.

1777ª. Scirpe à plusieurs tiges.   *Scirpus multicaulis.*

> *S. multicaulis.* Smith. Fl. brit. 1, p. 48. Schrad. Fl. germ. 1, p. 128. Saint-Hil. Bull. Orl. 3ᵉ ann. n. 28, descr. et ic. Journ. bot. 1804, vol. 3, p. 14, t. 21.
> *β. Bracteis in folia abeuntibus.*

Cette espèce ressemble, par son port, au S. des marais, et par ses caractères au S. des champs. Sa racine est fibreuse, blanchâtre; ses tiges sont nombreuses, ordinairement droites, quelquefois tombantes, cylindriques, glabres, lisses, simples, longues d'environ un pied, et portant à leur base une ou deux gaines tronquées obliquement; l'épi est solitaire, terminal, elliptique, pointu, ordinairement nu, quelquefois entouré à sa base de 2-3 bractées foliacées, crépues, et semblables à la var. ♂ du *S. palustris*; ses écailles sont ovales, obtuses; les étamines sont au nombre de 3; le style articulé sur l'ovaire, qui est triangulaire, entouré de 5 soies rudes. ♃ Il croît dans les marécages aquatiques. Il a été trouvé au marais Vernier, dans le département de l'Eure, par M. Guersent; au lac d'Espingon, dans les Pyrénées, par M. Boileau; le long des étangs de la Sologne, par M. de Saint-Hilaire; à Rambouillet, près Paris; au Mont-d'Or, en Auvergne; à la Lozère; à Mayence, etc. Le *S. intermedius* de M. Thuillier, dont j'ai des échantillons étiquetés de sa main et qui proviennent de son herbier, est certainement une variété du *S. palustris*; il le place entre le *S. palustris* et son *S. reptans*, que tout le monde convient être une variété du *S. palustris*.

1777[b]. Scirpe à feuilles menues. *Scirpus tenuifolius.*

Sa tige est droite, simple, grêle, triangulaire, lisse sur ses angles, longue de 6 à 12 pouces, nue, excepté à sa base, où elle est munie de 2 à 3 feuilles engaînantes, très-grêles, pliées en carène, presque triangulaires, étalées, un peu roides, beaucoup plus courtes que la tige; celle-ci ne porte qu'un seul épi qui paraît latéral, parce que la bractée, qui est longue, droite, triangulaire, semble le prolongement de la tige; l'épi est ovoïde, sessile, roux; les écailles sont oblongues, scarieuses, terminées par 3 dents, deux latérales, membraneuses, et une intermédiaire, dure, et en forme d'arète; l'ovaire est ovoïde, comprimé, chargé d'un style à 2 stigmates; la graine est blanchâtre, entourée de 3 soies un peu rousses, et assez longues. ♃ J'ai trouvé cette plante à la tête de Buch près Bordeaux, dans des marécages voisins du bord de la mer; elle était en fleurs au commencement de septembre.

1778[a]. Scirpe des rivages. *Scirpus littoralis.*

S. littoralis. Schrad. Fl. germ. 1, p. 142, t. 5, f. 7. DC. Rapp. 1, p. 81. Lois. not. p. 10. — *S. triqueter.* Lapeyr. abr. 27, non Lin. — *Scirpus*, n° 9. Ger. Gallopr. 116.

Cette plante a, par sa fleuraison, quelque ressemblance avec le *S. lacustris,* et par sa tige avec le *S. triqueter;* sa tige est droite, triangulaire, à faces planes, et à angles lisses, peu aigus, nue, avec une ou deux gaines situées à la base, et légèrement prolongées en feuille; la spathe est aussi longue que la panicule, droite, foliacée et triangulaire; on trouve une écaille à la base de chaque pédicule et de chaque pédicelle; les pédicules sont rameux, et portent plusieurs épis disposés en cime lâche et décomposée; ces épis sont oblongs, pointus, roussâtres; les écailles sont larges, arrondies, membraneuses sur les bords, munies d'une nervure qui se prolonge en une très-petite pointe; l'ovaire est ovale, comprimé, surmonté de 2 styles, plan d'un côté, convexe de l'autre, entouré de 4 soies rousses, épaisses, plumeuses ou hérissées, et qui ne dépassent pas la longueur de la graine. ♃ Cette espèce croît dans les lieux marécageux et demi-salés, voisins des bords de la Méditerranée; je l'ai cueillie, après M. Pech, dans le petit marais situé derrière le port de la Nouvelle, près Narbonne; elle a été retrouvée à Pérauls, près Montpellier, par M. Pouzin; à Saint-Mitre, près les Martigues, par M. Requien; à Hyères, par MM. Dufour et Rhode.

1781ª. Scirpe pubescent.   *Scirpus pubescens.*

S. pubescens. Desf. Fl. atl. 1, p. 52, t. 10. Lam. ill. 1, p. 139. Vahl. enum.
2, p. 274. — *Carex pubescens.* Poir. Voy. 2, p. 254. — *Carex Poireti.*
Gmel. syst. 1, p. 140.

Sa racine est rampante, garnie d'un grand nombre de fibres ; sa
tige est haute d'un pied et au-delà, triangulaire, le plus souvent
pubescente ; les feuilles sont larges, linéaires, lancéolées, courbées
en carène, plus courtes que la tige, à peu près glabres, pubescentes
vers l'entrée de leur gaîne, et surtout aux nœuds qui marquent la
place de leur insertion ; la gaîne supérieure donne naissance à
1–2 pédicules très-pubescens, et qui portent chacun de 3 à 6 épis
serrés, ovales-oblongs, velus, d'un gris roussâtre; les écailles sont
ovales, très-obtuses, prolongées, surtout les inférieures, en pointe
acérée; le style est à 3 stigmates ; la graine est triangulaire, entourée à sa base de 3 soies rousses, plus longues que les glumes.
♃ Il croît dans les lieux aquatiques et marécageux, près Ajaccio en
Corse, où il a été trouvé par M. Robert.

1782. Scirpe maritime.   *Scirpus maritimus.*

β. Compāctus. Krock. sil. 1, t. 15.
γ. Tuberosus. Fl. dan. t. 937. Lapeyr. abr. 27. — *S. tuberosus.* Desf. atl.
1, p. 50.
δ. Angustifolius.

Il est peu d'espèces aussi variables par son port que celle-ci ; la
var. *β* ne se distingue de l'espèce ordinaire que par ses épis très-
gros et très-épais. La var. *γ* a, selon M. Lapeyrouse, des tubercules radicaux, qui sont de consistance cassante, et ont le goût
d'amande. La var. *δ* qui se trouve sur les bords de l'étang de Saint-
Gratien, près Paris, le long de la Durance, et sur la plage aux
environs d'Aigues-Mortes, est remarquable par ses feuilles très-
étroites et de couleur glauque.

1803. Souchet rond.   *Cyperus rotundus.*

C'est à cette espèce, qui est assez commune dans toute la région
des oliviers, qu'il faut rapporter les synonymes suivans : *C. olivaris,*
Targ. diss. p. 6. — *C. longus,* Tur. cat. clar. p. 5. — *C. esculentus,*
Gou. Fl. monsp. 388. Vill. dauph. 2, p. 182. Savi, Fl. pis. 1, p. 140.
Il est douteux que notre espèce soit réellement l'espèce que Linné a
eue en vue sous le nom de *C. rotundus;* mais tous les synonymes
cités lui conviennent. Quant au *C. esculentus,* n. 1802, on le cultive
dans quelques points des provinces méridionales; mais je ne crois

pas qu'il y soit sauvage nulle part. C'est au *C. longus* qu'appartient le *C. esculentus* de Bergeret (Fl. Bass. Pyr. 1, p. 47).

1804. Souchet de Monti.　*Cyperus Monti.*

C'est à cette espèce qu'on doit rapporter comme synonyme le *C. glaber* de Turio (Cat. clav. p. 6), de Villars (dauph. 2, p. 188), et peut-être de Lapeyrouse (abr. 25). Il croit dans les lieux marécageux, au bord des rivières, le long de l'Adour, de Dax à Bayonne (Thore); le long du Rhône, à Avignon et Arles (Req.); le long du Drac, près Grenoble (Vill.).

FAMILLE DES TYPHACÉES.

1806ᵃ. Massette intermédiaire.　*Typha media.*

T. media. Schleich. exs. cat. 59. DC. Syn. n. 1806*. — *T. minor.* Smith, Fl. brit. 3, p. 961. — *T. angustifolia,* β. Lin. sp. 1378. Lam. dict. 3, p. 723.

CETTE massette est réellement intermédiaire entre les *T. latifolia* et *angustifolia*, et a tout le port de cette dernière; ses feuilles sont planes comme dans la M. à large feuille; ses épis séparés l'un de l'autre comme dans la M. à feuille étroite, tous deux cylindriques; ce qui la distingue de la M. naine. ♃ Elle croît dans les lacs et les étangs, aux environs de Genève, Lyon (Latour), Nantes, Narbonne, Perpignan, Nice, etc.

1807. Massette naine.　*Typha minima.*

Excluez les synonymes rapportés à l'espèce précédente, et ajoutez qu'elle croit sur les bords du Rhône, près Arles; sur ceux de la Durance, près Avignon; sur ceux du Var, près Nice, etc.

FAMILLE DES AROÏDES.

1812. Gouet commun.　*Arum vulgare.*

γ. *Albo-venosum.*

CETTE variété a les feuilles veinées de taches blanches qui suivent les nervures, comme on le voit dans le gouet d'Italie, mais appartient réellement, par son port et par la forme de ses feuilles,

au G. commun. Je l'ai trouvée dans les haies à Réalmont, département du Tarn. C'est à l'*A. vulgare* qu'appartient l'*A. arisarum,*
Willem. Phyt. 3 , p. 1098 , excl. syn.

18ı3. Gouet d'Italie.   *Arum Italicum.*

β. Immaculatum.

Cette variété a les feuilles d'un beau vert, nullement tachées de
blanc : elle se conserve depuis plusieurs années dans le jardin de
Montpellier, d'un pied pris dans les environs de cette ville, où l'espèce est fort commune , ainsi que dans toute la région des oliviers :
elle se retrouve dans l'ouest près Auch, Angers, Caen.

1815. Gouet à feuille étroite.   *Arum tenuifolium.*

Cette espèce doit être exclue de la Flore française : Linné l'indique à Montpellier, d'après l'insertion que Sauvages en a faite dans
son ouvrage ; mais Sauvages ne dit pas expressément qu'elle soit
indigène , et on ne la trouve point en effet aux environs de Montpellier.

1815ᵃ. Gouet peint.   *Arum pictum.*

A. pictum. Lin. f. suppl. 410. Lam. dict. 3 , p. 11. — *A. balearicum.* Buch.
ic. — *A. corsicum.* Lois. Fl. gall. 2 , p. 617.

Ses feuilles naissent du collet de la racine, et sont tantôt marquées de taches blanchâtres, tantôt absolument vertes : elles ont
un pétiole au moins aussi long que le limbe : celui-ci est ovale-
oblong, un peu pointu, échancré en cœur à sa base, à oreillettes
courtes, obtuses et parallèles au pétiole ; la spathe sort du collet
presque sessile, et s'épanouit en un limbe oblong, pointu, d'un
beau pourpre violet. La base est blanchâtre et renferme un spadix
cylindracé, obtus, en massue, et plus court que la spathe ; les ovaires
en occupent la base ; les anthères sont situées immédiatement au-
dessus, et les filets stériles séparés par un intervalle. ♃ Cette plante a
été trouvée près Ajaccio, dans l'île de Corse, par M. Lasalle.

FAMILLE DES JONCÉES.

1825ª. Luzule de Forster. *Luzula Forsteri.*

L. Forsteri. DC. Ic. Gall. rar. 1, t. 2. Desv. Journ. bot. 1, p. 141. Gaud.
agr. 2, p. 238. — *Juncus Forsteri.* Sm. Fl. brit. 3, p. 1395. Engl. bot.
t. 1293. — *Juncus nemorosus.* Lam. dict. 3, p. 272, excl. syn.

CETTE espèce ressemble beaucoup à la L. printanière, avec laquelle elle a été long-temps confondue par les botanistes. Elle en
diffère par ses feuilles plus étroites, un peu moins poilues ; par son
corymbe moins rameux, plus irrégulier, et dont tous les pédicelles
sont dressés même à la fin de leur vie ; par ses bractées et les lobes de
son périgone plus aigus, et surtout par sa capsule terminée en pointe
et un peu plus longue que le périgone, au lieu d'être très-obtuse et
un peu plus courte que l'enveloppe florale. ♃ Elle croît dans les bois,
dans le Jura, près Cherops et Allemands ; à Meudon près Paris ;
aux environs d'Orléans, d'Angers, de Mende, de Sorrèze, etc., et
probablement dans toute la France.

1825ᵇ. Luzule jaunâtre. *Luzula flavescens.*

L. flavescens. Gaud. agr. 2, p. 239. — *L. hostii.* Desv. Journ. 1, p. 140,
t. 6, f. 1. — *Juncus flavescens.* Host. gram. 3, p. 62, t. 94.

Cette luzule ressemble, par son inflorescence, aux *L. vernalis* et
Forsteri, mais s'en distingue, dès le premier coup d'œil, par la
couleur jaunâtre de ses fleurs ; sa tige s'élève de 6 à 9 pouces ; ses
feuilles sont beaucoup plus courtes, à peine larges de 2 lignes, légèrement poilues dans toute leur longueur ; le corymbe est peu
garni, presque toujours simple, composé de 4 à 5 pédicelles allongés, droits et uniflores, et de 1-2 fleurs centrales presque sessiles.
Chaque fleur a 2 bractées courtes, aiguës et scarieuses ; les lobes
du périgone sont lancéolés, acérés, égaux entre eux ; les capsules
sont ovales, acuminées, pointues, lisses, jaunâtres, un peu plus
longues que le périgone. ♃ Elle croît dans les bois montueux.
M. Chaillet l'a trouvée dans le Jura, au creux du Vent ; M. Rohde,
au Canigou, dans les Pyrénées orientales.

1826ª. Luzule glabre. *Luzula glabrata.*

L. glabrata. Desv. Journ. 1, p. 143, t. 5, f. 3. — *Juncus glabratus.* Hoppe,
pl. exs. Rostk. junc. 27. — *Juncus intermedius.* Host. gram. 3, p. 65,
t. 99. — *Juncus montanus, γ.* Lam. dict. 3, p. 273.

Cette espèce peut se décrire presque entièrement, en disant

qu'elle a les corymbes comme la *L. maxima*, et les feuilles glabres comme la *L. lutea*. Sa tige est droite, longue d'environ 1 pied ; ses feuilles atteignent jusqu'à 5 lignes de largeur, et sont absolument dépourvues de poils ; le corymbe est composé, ramifié à ramifications divergentes, terminées par 2 à 4 fleurs, qui sont elles-mêmes munies de courts pédicelles ; les bractées sont brunes, allongées, membraneuses, aristées, et souvent un peu poilues au sommet ; les périgones sont bruns, à lobes ovales-lancéolés ; les capsules sont noirâtres, à peine égales à la longueur du périgone, triangulaires, obtuses avec une petite pointe. ♃ Elle croît dans les pâturages humides et montueux. Je l'ai trouvée en abondance au mont d'Or, près la source de la Dordogne et le rocher du Capucin.

1826ᵇ. Luzule à petites fleurs. *Luzula parviflora.*

L. parviflora. Desv. Journ. 1, p. 144. — *Juncus parviflorus.* Rostk. junc. 26, t. 1, f. 1. Lois. not. 61. — *Juncus pilosus,* γ. Lin. sp. 468.

Elle tient le milieu entre la *L.* glabre, dont elle a le feuillage, et la var. β de la *L.* brune, dont elle s'approche par sa fleuraison ; sa tige est droite, longue de 6–8 pouces dans mes échantillons ; les feuilles sont droites, larges de 3 lignes au moins, munies, vers l'orifice de leur gaine seulement, de quelques poils rares et soyeux. Les fleurs sont brunes, très-petites, disposées en panicule droite, lâche, et qui se termine par un corymbe rameux ; toutes les fleurs sont solitaires au sommet de leurs pédicelles ; les bractées sont courtes, pâles, scarieuses, acérées et bordées de cils vers leur sommet ; les lobes du périgone sont ovales-lancéolés, un peu plus longs que les capsules. ♃ Cette espèce a été trouvée dans les montagnes voisines de Genève par M. Castan (Lois.), et dans les Pyrénées, aux montagnes de Mêles, par M. Marchand.

1827ᵃ. Luzule ramassée. *Luzula congesta.*

Juncus congestus. Thuil. Fl. par. II, 1, p. 179. Pers. ench. 1, p. 386. — *L. campestris,* β. Fl. fr. n. 1827. — *L. erecta.* Saint-Hil. not. 12 ? — *L. erecta,* β. Bast. Essai, 136. Desv. Journ. 1, p. 157. — *L. congesta.* Lejeune, Spa. 168.

β. *Subglabra.*

γ. *Glabra. L. campestris.*

δ. Fl. fr. n. 1827.

Cette plante est intermédiaire entre la *L.* des champs et la *L.* pédiforme ; elle diffère des *L. multiflora* et *nigricans* par ses capsules, qui, quoi qu'on en ait dit, sont plus courtes que les lobes du périgone ; sa racine est fibreuse, disposée en touffe, et non rampante, comme dans le *L. campestris.* Sa tige est droite, roide, et dépasse presque toujours un pied de longueur ; les feuilles sont larges de 2 lignes environ. Dans la var. *α*, elles sont poilues dans toute leur longueur, et munies à l'orifice de leur gaîne d'une forte houppe de poils. Dans la var. *β*, le limbe est presque glabre, et on ne trouve que quelques poils à l'entrée de la gaîne ; les fleurs sont de couleur rousse, ramassées en tête ovoïde, serrée, droite, beaucoup plus courte que dans la L. pédiforme, plus grosse, plus garnie et plus ramassée que dans la L. des champs : les capsules, quoique plus courtes que le périgone, sont deux fois plus grosses que dans la L. des champs. ♃ La var. *α* croît dans les bois marécageux, aux environs de Paris, du Mans, d'Orléans, d'Angers, de Verviers, etc. ; la var. *β* se trouve dans les tourbières, près Angers ; la var. *γ* est entièrement glabre : j'ignore son lieu natal.

1827^b. Luzule multiflore.   *Luzula multiflora.*

L. multiflora. Lejeune, Spa. 169. — *Juncus multiflorus.* Hoffm. germ. 1, p. 169. — *L. campestris, γ.* Fl. fr. n. 1827. — *L. erecta, α.* Desv. Journ. 1, p. 156. — *Juncus erectus.* Pers. ench. 1, p. 386. — *Juncus intermedius.* Thuil. Fl. par. II, 1, p. 178.

Cette luzule est intermédiaire entre la L. des champs et la L. noirâtre ; elle diffère de l'une et de l'autre, parce que ses capsules sont évidemment plus longues que le périgone ; sa racine est fibreuse, et non rampante, comme dans la L. des champs ; ses tiges sont droites, hautes d'un pied au moins ; ses feuilles étroites, garnies de poils épars ; les fleurs sont roussâtres, disposées en corymbe ; celui-ci est composé de 5–6 épillets ovales, celui du milieu presque sessile ; les autres sont portés sur des pédicelles droits, inégaux ; les plus longs ont jusqu'à 15 lignes, et atteignent ou dépassent la longueur de la feuille florale. Les bractées sont blanches, scarieuses, acuminées ; les lobes du périgone sont roux, avec le bord blanc, lancéolés, aigus ; les capsules sont de couleur pâle, jamais noires. ♃ Cette luzule croît dans les bois, aux environs de Paris et de Verviers, dans les marais de Haguènau en Alsace.

1827^c. Luzule de Silésie.   *Lusula Sudetica.*

L. nigricans. Desv. Journ. 1, p. 158. — *Juncus Sudeticus.* Wild. sp. 2, p. 221. — *Juncus spicatus.* Krock. Sil. n. 559, t. 52. Lam. dict. 3, p. 274, var. *α.* — *Juncus campestris, n.* Lin. sp. 469.

Cette espèce est entre la L. des champs et la L. en épi ; sa racine est rampante, sa tige droite, longue de 6–12 pouces ; ses feuilles sont étroites, munies de poils près de l'orifice de leur gaîne, à peu près semblables à celle de la L. brune ; les fleurs sont d'un brun noirâtre, disposées en tête arrondie ou en corymbe serré, dont les épillets sont ovales, portés sur de courts pédicules ; la feuille florale dépasse toujours la longueur du corymbe ; les lobes du périgone sont lancéolés, pointus, presque noirs dans le milieu, blancs et scarieux sur les bords, de la longueur des capsules ; celles-ci sont petites, noires, luisantes, triangulaires, presque obtuses. ♃ Elle croît dans les marais tourbeux des montagnes ; dans les Alpes, au Mont-Bego près Tende, et autour du Mont-Blanc ; au Mont-d'Or ; à la Lozère ; à l'Esperon dans les Cévennes ; dans les Pyrénées, au port d'Oo et près du Canigou ; en Alsace, près de Haguenau.

1832. Jonc aggloméré. *Juncus conglomeratus.*

Les fleurs n'ont que 3 étamines, situées devant les lanières externes du périgone ; les capsules sont triangulaires, à 3 loges.

1834. Jonc glauque. *Juncus glaucus.*

J. glaucus. Wild. sp. 2, p. 206. Engl. bot. t. 665. Rostk. junc. 9. DC. Syn. n. 1834. — *J. inflexus.* Lam. dict. 3, p. 265. Leers, Herb. n. 263, t. 13, f. 3. Fl. fr. n. 1834.

β. *J. longicornis.* Bast. Journ. bot. 1814, 1, p. 20.

Rapportez ici la description n. 1834. Les tiges sont munies à leur base d'écailles noirâtres et luisantes ; cette espèce diffère du *J. effusus* par ses capsules, qui sont plus longues et pointues, au lieu d'être obtuses ; il se distingue du *J. inflexus* de Linné, parce qu'il a 6 étamines, tandis que le *J. inflexus* n'en a jamais que 3. Il est assez commun, surtout dans les provinces de l'ouest et du midi. La var. β, que M. Bastard a trouvée dans les fossés plein d'eau en Anjou, sur les bords de la Loire, diffère de la précédente, parce que la bractée ou le prolongement de la tige est très-long, que les fleurs sont verdâtres et un peu plus pointues ; elle semble, à la première vue, une espèce distincte ; mais j'ai des échantillons qui ont les fleurs brunes et la bractée très-longue, et qui ne me paraissent pas permettre sa séparation.

1835. Jonc filiforme. *Juncus filiformis.*

Il se trouve aux Pyrénées, près le lac d'Oncet, sur le Pic du midi de Bigorre, et a été indiqué par M. Lapeyrouse sous le nom de *J. arcticus* ; le vrai *J. arcticus* ne croît point aux Pyrénées.

1836. Jonc des Landes. *Juncus Ericetorum.*

Ajoutez à la synonymie *J. triandrus*, Gouan. herb. 25. Il n'a en effet que 3 étamines, comme les *J. conglomeratus, inflexus, pygmæus, supinus, fluitans.*

1842. Jonc inondé.   *Juncus tenageÿa.*

β. J. gracilis. Lejeune, Fl. Spa. 1, p. 166.

Cette variété, qui est plus grêle que l'espèce ordinaire, et qui a les 3 lanières externes du périgone un peu plus pointues, ne me paraît en aucune manière pouvoir se séparer du vrai *J. tenageya ;* elle croît dans les fossés aquatiques, aux environs de Verviers, d'Angers, de Narbonne, etc.

1842ᵃ. Jonc de Gérard.   *Juncus Gerardi.*

J. Gerardi. Lois. not. 60. — Barr. ic. t. 747, f. 2.

Il ressemble beaucoup au jonc bulbeux, mais il en paraît suffisamment distinct par sa tige, qui s'élève jusqu'à un pied et au-delà ; par ses feuilles moins roides, par sa panicule plus grêle et plus roide, par ses fleurs plus petites, par ses capsules plus étroites et plus longues ; mais surtout par sa feuille, qui dépasse de beaucoup la panicule. ♃ Il croît dans les prés, au bord des ruisseaux, près Castellane, en Provence, d'où il m'a été envoyé par M. de Suffren.

1845. Jonc pygmée.   *Juncus pygmæus.*

Ajoutez à la synonymie : *J. nanus,* Dub. orl. 297.

1849ᵃ. Jonc rampant.   *Juncus repens.*

J. repens. Requien, in Guer. Vaucl. ed. 2, p. 253.

Ce jonc a des tiges longues et rampantes, qui se ramifient d'une manière qui lui est absolument propre ; les rameaux ne partent point de l'aisselle des feuilles, mais de la partie de la tige située à la base de la feuille, de sorte que c'est la feuille qui est à l'aisselle du rameau : ces feuilles sont cylindriques, noueuses comme dans le jonc des bois, mais plus petites ; les fleurs sont en petit nombre, disposées en panicule décomposée, blanchâtres, réunies par petits faisceaux ; le périgone a ses lobes aigus, presque égaux entre eux. ♃ M. Requien a trouvé ce jonc au bord de la Durance, et à Cadenet, près Avignon, dans les lieux humides.

FAMILLE DES ASPARAGÉES.

1853ᵃ. Asperge amère. *Asparagus amarus.*

A. amarus. DC. Cat. monsp. 81. Red. lil. t. 446. — *A. marinus.* Clus. hist. 2,
p. 179. Ic. Magn. bot. 30. — *A. maritimus crassiore folio.* C. Bauh. pin.
490. Sauv. monsp. 45, n. 52. — *A scaber.* Brign. Forojul. p. 22 ?

Cette espèce diffère de l'A. officinale par ses fruits deux fois plus
gros ; par ses stipules décidément épineuses, étalées, et un peu crochues ; par ses pousses d'une saveur amère, et non pas douce ; par
la grandeur et la rigidité de toutes ses parties ; par sa tige un peu
rude ; par ses feuilles plus nombreuses dans chaque faisceau. ♃ Elle
croît souvent mêlée avec la var. maritime de l'A. officinale dans les
sables du bord de la mer, aux environs d'Aigues-Mortes et de
Montpellier.

1854. Asperge à feuilles me- *Asparagus tenuifolius.*
nues.

Ajoutez à la synonymie : *A. sylvestris tenuissimo folio,* C. Bauh.
pin. 490. — *A. officinalis var. sylvestris,* Vill. dauph. 2, p. 273.
M. Dunal et moi avons trouvé cette plante très-commune dans les
Cévennes, au bois de Salbouz ; M. Requien, dans l'île de Courtine,
près Avignon. M. de Mirbel dit qu'elle est commune dans les prairies et les fossés autour de Grenoble ; elle se retrouve encore à Pégli,
près Gênes ; le long des rivières de Fontanetto, près Verceil.

1861. Muguet multiflore. *Convallaria multiflora.*

β. *C. latifolia.* Hoffm. Fl. germ. 3, p. 162. Fl. fr. n. 1860, non Jacq. —
C. multiflora. Bull. herb. t. 309.

Cette variété ne diffère du M. multiflore que parce qu'elle a les
feuilles plus larges ; mais elle est absolument glabre, tandis que le
vrai *C. multiflora* de Jacquin est tout couvert de petits poils courts
et serrés : ce dernier n'a point encore été trouvé en France.

1861ᵃ. Muguet dichotome. *Convallaria dichotoma.*

C. dichotoma. Pers. ench. 1, p. 373.

Cette plante est fort remarquable par sa tige rameuse, assez exactement dichotome ; ses rameaux naissent alternativement de l'aisselle
des feuilles de la tige ; celle-ci est lisse, peu anguleuse, souvent fléchie en zig-zag ; les feuilles sont glabres, échancrées en cœur, et

embrassantes à leur base, terminées en pointe, d'une consistance assez
mince. ♃ Elle a été trouvée dans les Cévennes par M. Thibaud ;
l'échantillon unique qu'il en a conservé est sans fleurs, et ne peut
suffire sans doute pour décider si c'est une espèce distincte ou une
variété du *C. multiflora* ou du *C. polygonatum;* mais il est tellement
remarquable par son port, que je ne puis le passer sous silence.

FAMILLE DES ALISMACÉES.

1871ª. Potamot flottant.   *Potamogeton fluitans.*

> P. *fluitans.* Roth. germ. I, 72; II, 202. Wild. sp. 1, p. 713. Bast. Essai,
> p. 65, non Fl. fr.

Il ne diffère du P. nageant que par ses feuilles nageantes qui, au
lieu d'être arrondies et un peu échancrées en cœur à leur base, sont
ovales, rétrécies en pointe, à peu près également aux deux extrémités.
Si je ne suivais que ma propre opinion, je n'hésiterais pas à regarder
cette plante comme une simple variété du P. nageant, produite par
la localité même où elle se trouve, et qui serait au *P. natans* ce que
la *ranunculus peucedanifolius* des auteurs est au *ranunculus aquatilis*
ordinaire; cependant je l'indique ici d'après le témoignage des botanistes, et jusqu'à ce que j'aie trouvé l'occasion de vérifier mes doutes.
♃ Elle se trouve dans les rivières et les eaux courantes.

1872. Potamot à feuilles va-   *Patamogeton variifolium.*
riables.

> P. *variifolium.* Thore, Chlor. land. 47. — *P. fluitans.* Fl. fr. ed. 3,
> n. 1872, excl. syn. Roth. et Wild.

Ajoutez à la description, que de l'aisselle des feuilles flottantes
naissent de jeunes rameaux garnis de feuilles linéaires. L'épi de fleurs
est ovale, long de 3 à 4 lignes seulement; le pédicelle, qui est un peu
épais, varie de 4 à 15 lignes de longueur.

1872ª. Potamot oblong.   *Potamogeton oblongum.*

> P. *oblongum.* Viv. frag. Fl. ital. t. 2. — *P. plantago.* Bast. Essai, p. 64.

Cette espèce diffère de toutes les précédentes, en ce qu'elle n'a
qu'une seule sorte de feuilles; sa tige est très-courte; ses feuilles
ont des pétioles plus longs qu'elle, et se terminent par un limbe
ovale-oblong, pointu aux deux extrémités, à 7-9 nervures, lisse
d'un côté, long de 9-10 lignes sur 4-5 de largeur; le pédicule est

droit ou courbé, un peu plus long que le pétiole, et se termine par
un épi grêle, cylindrique, long d'un demi-pouce. ♃ Elle croît dans
les petits marais qui ne sont jamais inondés, dans les prés humides,
parmi les sphaignes, etc. Je l'ai trouvée auprès de Gênes, vers le
sommet de la montagne de la Scaggia ; elle croît aussi à Brain-sur-
Allonne en Anjou (Bast.) ; dans la Sologne, où elle a été trouvée
par M. de Saint-Hilaire ; aux environs de Haguenau, par M. Nestler ;
de Bruyères, par M. Mougeot.

1875. Potamot luisant.   *Potamogeton lucens.*

ß. Longifolium.

M. Guersent a trouvé cette variété dans la rivière de Bapaume ;
elle est remarquable par la longueur extraordinaire de ses feuilles ;
elles ont jusqu'à un pied de longueur sur 8-9 lignes de largeur, et
se terminent en pointe allongée par les deux extrémités.

1879. Potamot à feuilles   *Potamogeton oppositifolium.*
opposées.

ß. Angustifolium.

Cette variété, qui se trouve dans les eaux tranquilles aux environs
de Montpellier, est très-distincte de l'espèce ordinaire, et devra un
jour en être séparée ; ses tiges sont dichotomes, souvent dès leur
base, qui est rampante ; ses feuilles sont opposées, lancéolées, très-
aiguës, écartées, à 5, et quelquefois 3 nervures ; les pédicelles sont
au moins de la longueur des feuilles ; l'épi est globuleux, composé
de 4-5 fleurs.

1179ª. Potamot obscur.   *Potamogeton obscurum.*

P. serratum. Roth. germ. I, 73 ; II, 205, ex Koch. in Litt. — *P. fluitans.*
Smith. Fl. brit. 3, p. 1391, non Roth.

La plante est presque entièrement cachée sous l'eau, à l'exception
de l'épi qui est saillant, et quelquefois des feuilles supérieures, qui
sont demi-flottantes ; ses tiges sont longues, cylindriques ; les feuilles
sont alternes, minces, ovales-oblongues, rétrécies aux deux extrémités, presque sessiles, à 15-17 nervures, entières sur les bords,
longues de 4-6 pouces sur 1 pouce environ de largeur ; les supérieures sont un peu plus coriaces, plus longuement rétrécies en
pétiole, de forme plus elliptique ; les stipules sont larges, lancéolées ;
les pédoncules cylindriques, un peu épais, à peu près de la longueur
des feuilles ; l'épi est serré, cylindrique, long d'un pouce ; toute la
plante est d'une couleur rousse et foncée, qui la rend très-facile à

reconnaître. ♃ Elle a été découverte par M. Koch, dans les ruisseaux, aux environs de Kaiserslautern.

1882. Potamot marin. *Potamogeton marinum.*

M. Smith ne le regarde que comme une variété du *P. pectinatum;* il a été trouvé dans les étangs saumâtres près Montpellier, par M. Bouchet.

1885. Fluteau plantain d'eau. *Alisma plantago.*

γ. *Angustissima.* Poll. pal. 1, p. 372.

Cette variété, que M. Koch a trouvée dans les eaux, près de Germesheim, est remarquable par ses feuilles presque linéaires, en forme de bandelette. Au reste, cet accident se retrouve dans toutes les espèces d'*alisma* et de *sagittaria;* les feuilles plongées dans l'eau s'oblitèrent, et se transforment en de vrais *phyllodiums* (Théor. élém. 332.), c'est-à-dire, que le pétiole s'allonge et s'élargit, tandis que le limbe avorte. La différence d'avoir le limbe un peu échancré en cœur ou rétréci à la base paraît aussi peu importante dans ce genre; ainsi la var. α de l'*A. plantago* diffère de la var. β par ses feuilles échancrées à la base, mais ne doit point être confondue avec l'*A. parnassifolia,* qui a la feuille plus courte, plus échancrée, et a 7 ou 9 nervures au lieu de 5. Le vrai *A. parnassifolia* croît à l'étang de la Chambrière, près Bourg. L'*A. ranunculoïdes* présente des variétés analogues; ses feuilles sont tantôt oblongues, tantôt échancrées en cœur à la base.

1888ᵃ. Fluteau rampant. *Alisma repens.*

A. repens. Lam. dict. 2, p. 510. Cav. ic. 1, p. 41, t. 55. Lois. Fl. 218.

Ses racines sont fibreuses, blanchâtres, disposées en touffe; ses tiges sont grêles, tombantes, allongées; de loin en loin elles poussent en dessous des paquets de racines, et des mêmes points naissent en dessus des feuilles en faisceau et une hampe florale; les feuilles sont allongées, étroites, pointues, oblongues-linéaires; les hampes sont à peine plus longues que les feuilles, chargées d'un très-petit nombre de fleurs; quelquefois il n'y en a qu'une; quelquefois 2–3 à peu près disposées en ombelle, et portées sur de longs pédicelles : ces fleurs sont très-semblables à celles du F. renoncule. ♃ Cette espèce croît dans les sables humides des landes de Gascogne, près Bayonne, Dax, Tête de Buch, Agen, etc.

1892ᵃ. Troscart de Barrelier._ *Triglochin Barrelieri.*

T. Barrelieri. Lois. Fl. gall. 2, p. 725. — *T. palustre,* A. Desf. atl. 1, p. 322.
— *T. palustre,* β. Fl. fr. n. 1892. — *T. bulbosum.* Roussel, Calv. 70 ?
non Lin. — Barr. ic. t. 271. — J. Bauh. hist. 2, p. 508, f. 3.

Cette espèce a la racine bulbeuse, recouverte de fibres sèches ; sa
hampe ne s'élève guère que de 4 à 6 pouces ; ses feuilles sont demi-
cylindriques ; ses capsules sont à 3 loges, comme dans le *T. palustre,*
mais moins longues, moins serrées contre l'axe ; elle est très-voisine
du *T. bulbosum,* qui est indigène du cap de Bonne-Espérance ; mais,
outre qu'elle est de moitié plus petite, elle en diffère par ses fruits,
qui sont d'égale épaisseur dans toute leur longueur, et non renflés
vers leur base. ♃ Elle croît dans les prés salés et les sables limoneux,
sur les bords de la Méditerranée ; en Provence, en Languedoc, en
Corse. M. Desfontaines l'a retrouvée en Barbarie ; M. Roussel paraît
l'indiquer sous le nom de *T. bulbosum,* comme indigène d'Oystre-
ham en Normandie. J. Bauhin dit qu'elle se trouve près le pont du
Gard, ce qui me paraît très-douteux, ne l'ayant jamais vue que dans
des terrains salés.

FAMILLE DES LILIACÉES.

1902. Erythrone dent de   *Erythronium dens canis.*
           chien.

La capsule est composée de 3 valves un peu réunies par la base,
et chargées d'une cloison sur leur face interne : ce genre n'appartient
donc pas à la famille des Colchicacées, mais à celle des Liliacées.
L'E. dent de chien est assez fréquent dans les Pyrénées, où on le
trouve quelquefois mêlé avec la mérendère ; celle-ci (n. 1900, Fl. fr.)
a été désignée par Bergeret, sous le nom de *geophila pyrenaica*
(Fl. Bass. Pyr. 2, p. 184).

1903ᵃ. Tulipe de Cels.   *Tulipa Celsiana.*

T. Celsiana. DC. in Red. lil. 1, t. 38. — *T. Sylvestris.* Gou. hort. 171. —
T. minor lutea narbonensis. Magn. bot. 272. Tourn. inst. 372. Sauv.
monsp. 376.

Elle ressemble à la T. sauvage par son port et par sa fleur jaune
et pointue, mais elle est de moitié plus petite dans toutes ses parties,
et a la fleur constamment droite, même avant son développement.

♃ On la trouve dans les prés des provinces méridionales, à Narbonne , Montpellier, Toulon , etc.

1903ᵇ. Tulipe de l'Écluse.   *Tulipa Clusiana.*

T. Clusiana. DC. in Red. lil. 1, t. 37. Lois. Fl. gall. 2, p. 724. — *T. persica præcox.* Clus. Cur. post. p 9, ic. — *T. præcox angustifolia.* C. Bauh. pin. 60. Tourn. inst. 375.

Cette tulipe se reconnait sans peine à sa fleur droite , solitaire au sommet de la tige , et dont la couleur est mêlée de blanc et de pourpre ; sa tige est droite, glabre ; sa bulbe a la grosseur d'une noisette ; ses feuilles sont au nombre de 3 à 4, étroites, pointues , droites ; l'inférieure un peu engainée , aussi longue que la tige. La fleur paraît purpurine ou rose avant son développement, parce que les trois segmens externes du périgone ont cette couleur en dehors ; d'ailleurs ces segmens sont blancs, avec l'onglet d'un violet foncé ; ils sont oblongs, pointus , glabres à leur sommet. ♃ Elle croît dans les vignes, aux environs de Toulon , où elle a été trouvée par M. Robert ; à Grasse, par M. Jauvy. Elle fleurit de bonne heure.

1923. Jacinthe d'Orient.   *Hyacinthus Orientalis.*

Elle a été trouvée à l'état sauvage dans les lieux arides aux environs de Toulon, par M. Robert ; près Grasse, par M. Jauvy ; près Nice, par M. de Suffren.

1924ᵃ. Jacinthe de Rome.   *Hyacinthus Romanus.*

H. Romanus. Lin. mant. 224. Desf. atl. 1, p. 308. Red. lil. 6, t. 334. — *Bellevalia operculata.* Lapeyr. Journ. phys. décemb. 1808, p. 425, t. 1. Abr. 186. — Clus. hist. 1, p. 180, f. 2. — Lob. ic. t. 107, f. 1. — J. Bauh. hist. 2, p. 584, f. 1.

Une bulbe ovoïde et de la grosseur d'une petite noix donne naissance à 5–6 feuilles linéaires un peu molles , longues d'un pied et plus, sur 3 à 4 lignes de largeur ; la hampe, qui est ordinairement plus courte que les feuilles, porte une grappe de 10 à 20 fleurs d'un blanc tirant sur le bleu vers leur sommet ; les pédicelles sont de la longueur des fleurs, munis à leur base de bractées courtes, obtuses, membraneuses et rebroussées ; le périgone est ovale–cylindrique , divisé jusqu'à la moitié au moins de sa longueur en lobes peu ouverts et calleux au sommet ; les anthères sont bleues ; les filets sont évasés à leur base, soudés avec le périgone , et entre eux par leur partie inférieure. ♃ Elle croît dans les prés autour de Toulouse, d'où elle m'a été communiquée (en 1807) par M. Flugge ; elle a été trouvée aux environs de Castres par M. Lavabre. M. Lapeyrouse dit qu'elle se trouve à Frescati, près Toulouse, aux environs de Luz et de Saint-Béat.

1942ᵃ. Ornithogale des bois. *Ornithogalum sylvaticum.*

O. sylvaticum. Pers. ench. 1, p. 363. Wild. enum. 388. — *O. luteum*, β. Fl. fr. n. 1942. — *O. Persoonii.* Sturm. Fl. germ. ic.

Cette espèce ressemble beaucoup à l'O. jaune, mais elle en diffère par sa bulbe constamment simple, et non composée de plusieurs petites bulbes agrégées ; par sa feuille radicale toujours solitaire, large d'environ 5 lignes, et toujours plus longue que la tige. ♃ Elle croît dans les bois des provinces orientales. M. Koch me l'a envoyée des environs de Trarbach ; M. Schleicher, des environs du lac Léman.

1947. Ornithogale d'Arabie. *Ornithogalum Arabicum.*

Il a été retrouvé à Nice par M. de Suffren ; à Prades, en Roussillon, par M. Coder.

1949. Ornithogale penché. *Ornithogalum nutans.*

Il se trouve autour des charmilles, des parcs, aux environs de Colmar (Schauenb.), dans les vignes de Sainte-Foy, près de Lyon (Gil.), et autour de Nismes, où il avait été nommé *O. hyalinum* par M. Granier (in Brouss. Cat. hort. monsp. 41.) ; je l'ai aussi reçu de Rome.

1951ᵃ. Ail rond. *Allium rotundum.*

A. rotundum. Lin. sp. 423. Poll. pal. n. 325. All. ped. n. 1867. — Hall. helv. n. 1219.

Il ressemble absolument à l'*A. sphærocephalum ;* mais ses feuilles sont planes, et non cylindriques ; la bulbe est brune, de la grosseur d'une noisette ; la tige haute de 12 à 18 pouces, garnie, dans sa moitié inférieure, de feuilles linéaires pointues, larges de 2 lignes, et plus courtes qu'elle ; l'ombelle forme une tête globuleuse de couleur pourpre ; la spathe est membraneuse, très-courte ; les lobes extérieurs du périgone sont crénelés sur leur carène : les étamines sont plus courtes que les lobes du périgone alternativement simples et à trois pointes. ♃ Il croît dans les champs et les vignes des provinces orientales, dans le Palatinat (Poll.), à Nice (All.) ; à Montbelliard, à Bâle, à Genève, et en Dauphiné (Hall.) ; je l'ai trouvé aux environs de Salon et d'Aix en Provence. — L'*A. rotundum,* Bieb. cauc. 1, p. 261, paraît une espèce différente de celle-ci.

1951ᵇ. Ail à fleurs pointues. *Allium acutiflorum.*

A. acutiflorum. Lois. not. 55 ?

Sa bulbe est ovoïde, de la grosseur d'une noisette ; sa tige droite, haute de 10 à 12 poucés, cylindrique, chargée à sa base de 3 à 4 feuilles ; celles-ci sont planes, linéaires, larges d'une ligne, et beaucoup plus courtes que la tige ; l'ombelle est presque globuleuse, composée d'une vingtaine de fleurs roses ; la spathe est membraneuse, d'une seule pièce, ovale-lancéolée, pointue, à peu près de la longueur de l'ombelle ; les pédicelles ont 4 lignes de longueur ; les lobes du périgone sont lancéolés, acuminés, longs de 3 lignes ; les étamines sont plus courtes que les lobes ; les filamens sont larges, membraneux, alternativement simples et à 3 pointes, ciliés ou frangés sur les bords ; la capsule est plus courte que le périgone. ♃ J'ai trouvé cette plante parmi les rochers exposés au soleil des environs de Nice et de Villefranche ; celle que M. Loiseleur a décrite, semble en différer par ses ombelles composées de 40 fleurs, et parce qu'elle croît dans les Alpes, auprès de Tende, et au mont Gros.

1953ᵃ. Ail multiflore.   *Allium multiflorum.*

Sa bulbe est ovoïde, de la grosseur d'une noix, munie de nombreuses tuniques, entre lesquelles se trouvent des cayeux ovales-oblongs ; sa tige est droite, ferme, cylindrique, haute de 2 pieds, et plus ; elle porte vers sa base des feuilles planes, glabres, nullement ciliées ni dentées sur les bords, larges de 3–4 lignes, pointues au sommet, et beaucoup plus courtes que la tige ; l'ombelle est arrondie, composée d'un très-grand nombre de fleurs (30 à 60, et au-delà) ; la spathe est courte, membraneuse, caduque ; les pédicelles ont de 8 à 12 lignes de longueur ; les fleurs sont d'un rose tantôt rougeâtre, tantôt blanchâtre ; les lobes du périgone sont lancéolés, pointus, longs de 3 à 4 lignes ; les externes un peu crénelés sur le dos ; les étamines sont de la longueur à peu près du périgone, alternativement simples et à 3 pointes, non ciliées sur les bords des filets. ♃ Cette plante est assez commune dans les terrains secs et meublés, les champs, les vignes de toutes les provinces méridionales ; je l'ai trouvée à Nice, Toulon, Narbonne, Prades en Roussillon, et Toulouse : elle fleurit au mois de juin. Il est probable que c'est cette plante qui a été désignée, dans le midi de la France, sous le nom d'*A. arenarium* ; mais elle diffère de la description de Linné, parce que son ombelle ne porte point de bulbes ; de celle de Smith, parce que son ombelle, loin d'être petite, est une des plus grandes du genre; de celle de Haller, parce que ses feuilles ne sont pas ciliées.

1955. Ail douteux.   *Allium ambiguum.*

C'est à cette espèce qu'on doit rapporter l'*A. serotinum*, Lapeyr. abr. 179, et l'*A. suaveolens*, Berg. Fl. Bass. Pyr. 2, p. 156. Le premier de ces botanistes dit que la fleur n'a point d'odeur; le second, qu'elle est odoriférante, en quoi il s'accorde avec Jacquin. N'ayant pas vu moi-même la plante vivante, je ne puis savoir laquelle de ces assertions est conforme à la vérité, mais je ne puis avoir de doute sur l'identité des plantes.

1956ᵃ. Ail blanc.   *Allium album.*

A. album. Santi viagg. montam. 352, t. 7. Red. lil. t. 300. Lois. not. 56. — *A. candidissimum.* Cav. prœl.

Cette espèce, lorsqu'elle est sauvage, ressemble à l'*A. triquetrum*, et quand elle est cultivée, à l'*A. subhirsutum*; elle diffère du premier, parce que sa tige est obscurément triangulaire, et non à 3 angles très-saillans; parce que ses pétales sont ovales-obtus, presque dépourvus de nervure, et non lancéolés, aigus, et munis d'une forte nervure; parce qu'enfin sa spathe est à une, et non à deux valves. Elle se distingue de l'*A. subhirsutum* par ses feuilles glabres, et non poilues; par sa hampe un peu triangulaire, et non cylindrique; par ses étamines très-courtes, et dont les anthères sont grisâtres ou verdâtres. ♃ Cette plante, qui est assez commune en Italie et en Espagne, a été retrouvée auprès de Toulon par M. Robert.

1957. Ail rose.   *Allium roseum.*

La variété bulbifère de cette plante est l'*A. carneum*, Bert. pl. gen. 51. Savi, cent. 87. Elle se trouve à Nice, et dans toute la Ligurie et la Toscane : je ne l'ai jamais vue en France, quoique la variété sans bulbes y soit assez fréquente. Cette différence de localité pourrait engager à la croire distincte, mais elle n'offre d'ailleurs aucune différence : l'une et l'autre ont leur bulbe souvent recouverte par la tunique de la bulbe de l'année précédente, et cette tunique est ponctuée de points réguliers et comme réticulés.

1962a. Ail magique.   *Allium magicum.*

A. magicum. Lin. sp. 424. Saint-Amans, Mém. Soc. Agr. agen. 1, p. 79. Lois. not. 55. — *Moly indicum.* Clus. hist. 1, p. 192. J. Bauh. hist. 2, p. 569, fig. infer. — *A. speciosum.* Cyr. fasc. t. 35 ?

Sa bulbe est grosse, arrondie; sa hampe droite, faible, cylindrique, épaisse de 4 à 5 lignes, longue de 8 à 10 pouces, terminée par une tête de petites bulbes agglomérées, et munies chacune d'une spathe marcescente et pointue; quelquefois du milieu de la tête la tige se prolonge, et porte une seconde tête de bulbes; les feuilles sont au nombre de 3 à 6, larges de 4 à 5 pouces, longues d'environ 2 pieds; les supérieures droites, les inférieures étalées; de la base de la hampe sort un appendice allongé qui porte un petit bulbe dans un repli terminal, et qui paraît une feuille bulbifère : la plante n'a jamais de fleurs. ♃ Elle croît dans les environs d'Agen, d'où M. de Saint-Amans a bien voulu m'en envoyer la description et la figure. Serait-ce, comme le pense M. Gouan, une simple variété de son *A. monspessulanum*, qui s'en rapproche par la grosseur de sa bulbe et par la présence de petites bulbes, qu'on observe quelquefois à l'aisselle ou à l'extrémité de ses feuilles ? Ces deux plantes diffèrent cependant, 1°. parce que la tige de l'ail de Montpellier est plus longue que les feuilles, tandis qu'elle est plus courte qu'elles dans celui d'Agen; 2°. l'ombelle de celui de Montpellier n'a que des fleurs et point de bulbes; celle de l'ail d'Agen n'a que des bulbes et point de fleurs. Ces différences tiennent-elles à l'état monstrueux de celui d'Agen, ou à une différence d'espèce ? c'est ce que je n'ose affirmer.

1971ᵃ. Ail intermédiaire. *Allium intermedium.*

A. paniculatum. Bast. Essai, 126. Lapeyr. abr. 180, non Lin.
β. *Bulbiferum.* — *A. paniculatum*. Vill. dauph. 2, p. 254; non Lin.

Cette espèce tient exactement le milieu entre l'A. pâle et l'A. en panicule, et paraît avoir été confondue avec le dernier par la plupart des botanistes de France; elle diffère de l'*A. pallens* par ses feuilles, et surtout par ses bractées beaucoup plus étroites et à peu près linéaires, par ses fleurs moins nombreuses, plus lâches, et de couleur rougeâtre; elle se distingue de l'ail en panicule, parce que ses étamines, et surtout son style, ne sont pas saillans hors de la fleur, et que celle-ci a une teinte beaucoup moins foncée; enfin elle se sépare encore de l'un et de l'autre, parce que son ombelle est souvent bulbifère. ♃ Elle croît dans les lieux cultivés et les landes de presque toute la France, et surtout dans les provinces de l'ouest, aux environs d'Angers, de Nantes, de Bordeaux, au pied des Pyrénées, à Narbonne, en Dauphiné (Vill.); dans le Jura, à Chiavari, etc. Quant au vrai *A. paniculatum* (Fl. fr. n. 1972.), on peut en voir une bonne figure dans les Liliacées de M. Redouté (vol. 5, t. 252.); il a la fleur d'un pourpre foncé, les étamines saillantes, et le style plus long que les étamines. Il croît en Piémont, dans le Jura, au-dessus de Genève, et à Vevay, près le lac de Genève. Je ne l'ai jamais trouvé dans les limites de la France.

1973. Ail civette. *Allium schœnoprasum.*

β. *Alpinum.* Fl. fr. vol. 3, p. 227. — *A foliosum.* Clarion, in Fl. fr. 3, p. 725.

Cette variété, que j'avais cru devoir séparer d'après M. Clarion, ne me paraît aujourd'hui, comme je l'avais d'abord pensé, que la souche primitive de la civette. Elle est commune dans les Alpes et les Pyrénées; je l'ai retrouvée au saut du Sabot, près Albi, et M. Koch sur les bords de la Moselle, près Trèves.

1976. Ail des vignes. *Allium vineale.*

C'est à cette espèce qu'il faut rapporter, comme variétés, l'*A. compactum*, Thuil. par. ed. 2, 1, p. 167, et l'*A. pratense*, Schleich. pl. exs.

1978ᵃ. Pancrace d'Illyrie. *Pancratium Illyricum.*

P. Illyricum. Lin. sp. 418. Red. lil. t. 153. — *P. stellare.* Salisb. Act. Soc. Lin. 2, p. 75, t. 14. — Clus. hist. 1, p. 168, f. 1.

Ses feuilles sont glauques, disposées sur deux rangs opposés, remarquables par leur largeur, qui va jusqu'à 2 pouces; la hampe est droite, haute d'un pied, et plus : elle porte 5 à 6 fleurs blanches plus petites que dans le P. maritime; elle s'en distingue surtout parce que les dents de la membrane qui réunit les étamines sont étroites, aiguës, étalées en forme d'étoile. ♃ Il croît dans les sables maritimes aux environs de la Rochelle (Moris.)? dans la France méridionale (Desf.)? dans l'île de Corse, près Ajaccio (Lois.).

CCXLV. NARCISSE. *NARCISSUS.*

Le grand nombre des espèces qui ont été, depuis peu d'années, ajoutées aux narcisses connus en France, m'engage à reproduire ici la totalité de ce beau genre.

§. I. *Faux-Narcisses. Feuilles planes un peu glauques; hampes uniflores; tube des fleurs court en cône renversé; godet en cloche allongée, denté ou lobé sur les bords.*

1979. Narcisse faux-nar- *Narcissus pseudonarcissus.* cisse.

Rapportez ici la description 1980 de la Flore française; sa hampe

est comprimée presque en forme de glaive ; la fleur est à peu près
sessile dans la spathe. Le godet est en cloche droite, crénelée, crépue
sur les bords, égale en longueur aux segmens, qui sont ovales. Elle
est très-commune, et connue sous les noms de *ayault*, *fleur de
coucou*, *porillon*, *chaudrons*, *marteaux*, *narcisse jaune*, etc.

1979ᵃ. Narcisse mineur.   *Narcissus minor.*

> *N. minor.* Lin. sp. 415. Curt. bot. mag. t. 6. — *N. parvus totus luteus.*
> C. Bauh. pin. 53. Rudb. elys. 2, p. 82, f. 11.

Il ressemble au précédent, mais il est plus petit dans toutes ses
parties ; sa hampe est comprimée en forme de glaive, peu ou point
striée, longue d'un demi-pied ; ses feuilles n'ont que 2 lignes de
largeur ; la fleur est très-évidemment pédicellée dans la spathe ; son
godet est en forme de cône renversé, divisé en 6 lobes courts,
dentés, presque réguliers, un peu plus long que les segmens, qui sont
oblongs. La fleur est toujours jaune. ♃ Il croit dans les bois et les
prés montueux, aux environs de Dax et dans les Pyrénées.

1979ᵇ. Narcisse majeur.   *Narcissus major.*

> *N. major.* Curt. bot. mag. t. 51. Lois. narc. 27. — *N. grandiflorus.* Salisb.
> prod. 221. — Barr. ic. t. 930 ?

Il ressemble tout-à-fait au N. faux-narcisse, mais il est plus grand,
surtout quant aux dimensions de la fleur ; ses feuilles ont 3 lignes
de largeur ; sa hampe est un peu comprimée et striée ; sa fleur est
à peu près sessile dans la spathe ; son godet est grand, à 6 lobes
droits, un peu dentés, légèrement crépus, et un peu plus longs que
les segmens, qui sont ovales. ♃ Il se trouve entre Guéret et Limoges
(Lois) ; on en cultive, dans les jardins, des variétés simples et
doubles.

1979ᶜ. Narcisse musqué.   *Narcissus moschatus.*

> α. *Candidissimus.* — *N. moschatus.* Lin. sp. 415. — *N. Candidissimus.* Red.
> lil. 4, t. 188. — *N. albus.* Haw. Soc. lin. 5, p. 243. — Barr. ic. t. 945,
> 946, 953, 954.
> β. *Bicolor.* — *N. bicolor.* Lin. sp. 415. — Mor. s. 4, t. 8, f. 9.
> γ. *Flavus.* — *N. Hispanicus.* Gou. ill. p. 23. — *N. pseudo-narcissus*, var. C.
> Lil. n. 158. — Lob. ic. t. 117, f. 1, 2.

Sa hampe est comprimée, en forme de glaive, sans stries ; sa fleur
est au moins aussi grande que dans le *N. major*, presque sessile dans
la spathe ; son godet est cylindrique, étalé, un peu sinué, et dénté
au sommet, égal en longueur aux segmens, qui sont ovales ; toute
la fleur est blanche dans la var. α ; le godet est jaune, et les segmens

blancs dans la var. *β* ; toute la fleur jaune dans la var. *γ*. ♃ Il paraît
indigène d'Espagne et de Portugal ; on le cultive dans les jardins
d'ornement.

1979^d. Narcisse nompareil.   *Narcissus incomparabilis.*

> *N. incomparabilis.* Mill. dict. n. 3. Curt. Bot. mag. t. 121. — *N. Gouani.*
> Roth. cat. 1, p. 32. Red. lil. 4, t. 220. — *N. odorus.* Gou. ill. 23, excl.
> var. et syn. — *N. amplus.* Salisb. prod. 224. — Barr. ic. t. 927, 928,
> 931, 932, 947, 948, 965, 979, 980.
> *α. Segmentis flavis.* — Theatr. flor. t. 19.
> *β. Segmentis albidis.* — Moris. s. 4, t. 8, f. 8.

La hampe est presque cylindrique, à deux angles saillans ; les
feuilles ont 4 lignes de largeur : la fleur est presque sessile dans la
spathe ; son tube est à peu près cylindrique ; le godet est en forme
de cloche, crénelé sur les bords, divisé en 6 lobes peu profonds et
peu réguliers, de moitié plus court que les segmens : ceux-ci sont
jaunes dans la var. *α*, blanchâtres dans la var. *β* ; le godet est toujours d'un jaune un peu orangé. ♃ Il croît dans les prés des provinces méridionales ; à Montpellier, Tarascon, Avignon, Grasse
(Jauvy), Sarzane (Bert.). On le cultive simple et double dans les
jardins d'ornement.

§. II. *Poétiques. Feuilles à peu près planes, un peu glauques ; hampes à 1, 2, ou rarement 3 fleurs ; tubes cylindriques allongés ; godet court en forme de roue, scarieux et crénelé sur les bords.*

1980. Narcisse des poètes.   *Narcissus poeticus.*

Rapportez ici la description n. 1979 de la Flore. Ses feuilles ont
2 lignes de largeur ; c'est le *N. angustifolius.* Bot. mag. t. 193. Quant
au *N. maialis,* Curt. n. 193, in Adn., je ne sache pas qu'il ait été
trouvé en France.

1980^a. Narcisse à deux fleurs.   *Narcissus biflorus.*

> *N. biflorus.* Curt. Bot. mag. t. 197. Engl. bot. t. 276. — *N. poeticus.*
> Huds angl. 141. — *N. poeticus,* *β.* Suter. Fl. helv. 1, p. 188. — *N. co-*
> *thurnalis.* Salisb. prod. 225. — *N. Orientalis.* Lin. mant. 62, non Ait.
> Wild. — Dod. pemp. 223, f. 2.
> *β. Hybridus.*

Ce narcisse semble intermédiaire entre le *N. poeticus* et le *N. ta-*
zetta ; ses feuilles sont un peu glauques, pliées en forme de carène,
larges de 3 lignes ; sa hampe est droite, haute d'un pied environ,
comprimée, en forme de glaive ; sa spathe porte le plus souvent

2 fleurs, quelquefois 1, ou 3. Ces fleurs sont portées sur des pédicelles allongés ; leur tube est cylindrique ; leurs segmens arrondis, jamais d'un blanc ni d'un jaune pur, mais toujours d'un blanc jaunâtre un peu sale ; le godet est court, en forme de roue, crénelé, crépu sur les bords, entièrement jaune. ♃ Il croît dans les prés marécageux, et a été trouvé aux îles d'Houat et d'Hédic en Bretagne, par M. Aubry ; à Thorigné en Anjou, par M. Bastard ; dans les marais de Lattes près Montpellier ; à Sierne près Genève ; à Sion en Valais, etc. La var. *β*, que M. Bouchet a trouvée à Saint-Brez près Montpellier, mêlée avec les *N. biflorus* et *N. tazetta*, semble une hybride formée par ces deux espèces ; sa hampe est presque cylindrique, lisse, chargée de 2 à 5 fleurs ; chacune de celles-ci ressemble plus aux fleurs du *N. biflorus* qu'à celles du *N. tazetta*.

§. III. *TAZETTES. Feuilles planes, un peu glauques ; hampes multiflores ; tube des fleurs cylindrique, allongé ; godet en forme de coupe, entier ou à peine denté sur les bords.*

1981. Narcisse tazette.　　*Narcissus tazetta.*

N. tazetta. Lin. sp. 416. Fl. fr. n. 1982, excl. var. *α* et *γ*. Lois. narc. p. 35. — *N. multiflorus.* Lam. Fl. fr. 3, p. 291. — Dod. pempt. 224, f. 1. — Barr. ic. t. 943, 918, 919, 925, 920, 926, 940, 944.

Ses feuilles sont planes ou à peine courbées, de couleur glauque ; sa hampe est lisse, presque cylindrique, comprimée à la base et au sommet, et munie de 2 angles légèrement saillans ; les fleurs sont très-odorantes, pédiculées dans la spathe, ordinairement nombreuses, blanches, avec le godet d'un jaune orangé : celui-ci est en forme de coupe resserrée à son orifice, qui est tronqué et entier ; les segmens sont ovales, deux fois plus longs que le godet ; les pédicelles sont triangulaires. ♃ Cette plante est commune dans les prairies des provinces méridionales, où elle fleurit au premier printemps ; elle y est connue sous les noms de *pissaulieh*, *maou de teste*, et dans les jardins, sous celui de *narcisse à bouquet*. Ses fleurs varient dans l'état sauvage, quant à leur nombre, de 2 à 20 ; quant à leur grandeur, de 9 à 15 lignes de diamètre ; quant à leur couleur, par leurs segmens ordinairement blancs, quelquefois très-légèrement jaunâtres. La var. *α* de la Flore française (Lil. t. 17), qui a la fleur toute entière d'un jaune jonquille, doit former une espèce particulière (*N. Italicus,* Gawl. Bot. mag. t. 1188 et n. 1301). Elle croît en effet, en

Italie, dans la maremme de Sienne, d'où M. Savi me l'a envoyée. Quant à la var. γ de la Flore, *voyez* le *N. polyanthos.*

1981ᵃ. Narcisse à plusieurs fleurs. *Narcissus polyanthos.*

N. polyanthos. Lois. narc. 36. — *N. totus albus Hispanicus polyanthos.* Theatr. flor. t. 18. — *N. Orientalis.* Dryand. in Hort. Kew. ed. 2, vol. 2, p. 215, non Lin. — *N. tereticaulis.* Haw. in Trans. lin. 5, p. 245. — *N. tazetta*, γ. Fl. fl. 3, p. 231.

Sa hampe est presque cylindrique, avec deux côtes à peine saillantes, épaisse, longue d'un pied ; ses feuilles sont planes, un peu glauques, larges de 6-9 lignes ; la spathe est grande, et donne naissance à des fleurs dont le nombre est de 8-20 ; elles sont pédicellées, entièrement blanches ; le tube est cylindrique ; le godet en forme de coupe, presque absolument entier sur les bords, non resserré à son sommet ; les segmens sont ovales, alternativement plus larges, presque trois fois plus longs que le godet. ♃ Il croit dans les prés, aux environs de Toulon, où il a été trouvé par M. Robert ; M. Savi l'a trouvé près Piombino.

1981ᵇ. Narcisse étoilé. *Narcissus stellatus.*

N. Orientalis. Wild. sp. 2, p. 38 ? — *N. crenulatus.* Haw. Trans. lin. 5, p. 245.

α. *Totus albus.* — *N. niveus.* Lois. narc. 37. — *N. unicolor.* Ten. Fl. neap. prod. — Barr. ic. t. 916. — Rudb. elys. p. 50, f. 2.

β. *Subdiscolor.* — *N. subalbidus.* Lois. narc. 37. — Rudb. elys. p. 52, f. ix. — Barr. ic. t. 962.

Ses feuilles sont planes, un peu glauques, larges de 5-7 lignes ; la hampe est droite, haute d'un pied, et plus, comprimée, à 2 angles peu saillans ; la spathe porte de 3 à 10 fleurs pédicellées, entièrement blanches dans la var. α, blanches avec le godet jaune dans la var. β. Leur tube est cylindrique, un peu plus court que les segmens ; le godet est en forme de coupe, dentelé et très-légèrement resserré à son orifice ; les segmens sont oblongs, pointus, trois fois plus longs que le godet. ♃ Elle est cultivée dans les jardins d'ornement. M. Loiseleur dit que M. Robert a trouvé la var. α sauvage aux environs de Toulon, et que la var. β croit aussi dans le Midi.

1981ᶜ. Narcisse à fleurs dorées. *Narcissus chrysanthus.*

N. albo-sulfureus, medio-croceus, stellatus, etc. Barr. ic. t. 961.

Il ressemble beaucoup au N. étoilé, mais il en paraît suffisamment distingué par les caractères suivans : ses feuilles sont un peu glauques, et d'une consistance très-ferme, roides, larges de 4-5 lignes ; ses fleurs sont entièrement jaunes, avec le godet d'une teinte plus orangée ; leurs segmens sont au moins aussi longs que le tube, et trois à quatre fois plus longs que le godet : celui-ci est tronqué, parfaitement entier, et non dentelé. ♃ Cette belle espèce a été découverte par M. Jauvy, dans les environs de Grasse, en Provence.

1981ᵈ. Narcisse douteux.   *Narcissus dubius.*

N. *dubius.* Gouan. ill. 22. Lois. narc. 33. Red. lil. t. 429. — *N. pallidus.* Lam. dict. 4, p. 424, ex Lois. — *N. compressus.* Haw. Trans. Soc. lin. 5, p. 245. — *N. angustifolius albus minor.* C. Bauh. prod. 27, ic. — Rudb. elys. 2, p. 51, f. 2. — *N. totus albus Narbonensis.* Theat. flor. t. 18.

Cette espèce, vue à l'état sauvage, est une des plus faciles à reconnaître ; ses feuilles sont planes, glauques, larges de 3 lignes seulement ; sa tige est lisse, très-comprimée, mais à angles obtus, souvent tordue sur elle-même ; la spathe porte 2-3 fleurs blanches assez petites ; le tube est cylindrique ; le godet en forme de coupe, à peine resserrée, et un peu dentelée au sommet ; les segmens sont ovales, deux fois plus longs que le godet. Lorsqu'on la cultive, les feuilles deviennent plus larges et moins glauques ; les fleurs sont jusqu'à 4-6 dans la même spathe : en naissant, elles sont quelquefois un peu jaunâtres. ♃ Elle croît parmi les rochers, et a été trouvée à Miraval près Montpellier, et aux Pyrénées, par M. Gouan ; au Monteigues, et à la plaine de Dédaics, près Aix (Gar.) ; à Nice, par M. Risso.

1981ᵉ. Narcisse étalé.   *Narcissus patulus.*

N. *patulus.* Lois. narc. 34. — Rudb. elys. 2, p. 52, f. 2.

Ses feuilles sont étalées, très-étroites, glauques, assez fortement courbées en gouttière ; larges de 2 lignes ; la hampe est à peu près cylindrique, longue de 7-8 pouces ; la spathe porte de 2 à 4 fleurs, quelquefois de 4 à 6 : ces fleurs sont pédicellées, assez petites ; le tube est cylindrique ; le godet d'un jaune orangé, en forme de coupe, entier, un peu resserré au sommet ; les segmens sont blancs, ovales, de moitié plus courts que le godet, et alternativement plus larges. ♃ Il a été trouvé dans les îles d'Hyères, par M. Robert.

1981ᶠ. Narcisse calathin. *Narcissus calathinus.*

N. *calathinus.* Lin. sp. 415. Red. lil. t. 177. Lois. narc. 33. — Rudb. elys. 2, p. 60, f. 5.

Les feuilles de ce narcisse sont planes, un peu glauques, de 2-3 lignes de largeur, un peu faibles, égales à la longueur de la

hampe ; celle-ci est presque cylindrique, longue de 9–10 pouces ;
la spathe renferme de 2–4 fleurs, d'un jaune-blanchâtre, portées
sur des pédicelles un peu plus longs que la spathe ; le tube est plus
court que le godet ; celui-ci est très-grand, en forme de coupe, à
bords droits, tronqués, un peu crénelés ; les segmens sont oblongs,
réfléchis, de la longueur du godet. ♃ Cette belle espèce de narcisse
a été découverte dans les îles de Glenans en basse Bretagne, par
M. Bonnemaison.

§. IV. *Bulbocodiens. Feuilles demi-cylindriques,
d'un vert décidé ; hampes à 1 ou 2 fleurs ; segmens
très-étroits ; godet ample, évasé à son sommet,
presque entier, égal aux segmens ou plus long
qu'eux.*

1982. Narcisse bulbocode.   *Narcissus bulbocodium.*

Rapportez ici la description 1981 de la Flore. Il est commun
dans les landes de Dax, Pau et Bayonne.

§. V. *Jonquilles. Feuilles demi-cylindriques ou en
aléne, un peu creusées en gouttière ; hampe à une
ou plusieurs fleurs ; godet campanulé, de moitié au
moins plus court que les segmens.*

1983. Narcisse jonquille.   *Narcissus jonquilla.*

Voyez Flore française, vol. 3, p. 232. Les feuilles sont vertes, demi-
cylindriques, amincies en alêne ; la hampe cylindrique, à 1–2 fleurs
dans l'état sauvage, à 5–6 dans l'état cultivé ; le godet est en forme
de coupe, entier et dilaté au sommet ; les segmens sont trois fois
plus longs que le godet, deux fois plus longs que le tube. Le type
sauvage est assez commun dans les garrigues du Languedoc et de la
Provence.

1983ᵃ. Narcisse intermédiaire. *Narcissus intermedius.*

> *N. intermedius.* Lois. Fl. gall. 191, t. 7. Narc. p. 40. Red. lil. t. 427. —
> Moris. hist. 2, s. 4, t. 8, f. 5.

Ses feuilles sont vertes, demi-cylindriques à leur base, courbées
en forme de canal ou de gouttière ; la hampe est à peu près cylindrique, et se termine par une spathe, de laquelle sortent 1 à 4 fleurs
jaunes et odorantes ; les pédicelles sont plus courts que la spathe ;
le tube est cylindrique, d'un pouce environ de longueur ; les seg-

mens sont ovales, étalés, presque de moitié plus courts que le tube, quatre fois plus longs, et d'un jaune plus pâle que le godet; celui-ci est en forme de coupe, droit, entier sur les bords, mais plissé de manière à paraître crénelé; la figure de M. Loiseleur, faite sur un individu sauvage, est très-petite dans toutes ses parties; celle des Liliacées, faite sur un individu, cultivé au jardin de Montpellier, est très-grande; celle de Morison, intermédiaire entre les deux autres, confirme leur identité. ♃ M. Loiseleur a trouvé cette plante dans les basses Pyrénées, près de Bayonne; on la cultive dans les jardins des fleuristes, confondue avec plusieurs autres sous le nom de *grosse jonquille*.

1983[b]. Narcisse jaunâtre. *Narcissus ochroleucus.*

N. ochroleucus. Lois. narc. 38.

Ses feuilles sont vertes, demi-cylindriques, courbées en gouttière; sa hampe lisse, presque cylindrique; l'ombelle de 4 à 8 fleurs pédicellées; celles-ci ont le tube cylindrique, les segmens ovales-arrondis, d'un blanc jaunâtre, du double plus longs que le godet, et alternativement plus larges; le godet est jaune, en forme de coupe, très-entier sur les bords. ♃ Cette espèce croît dans les champs et les lieux incultes, près de Toulon, d'où M. Robert en a envoyé des bulbes à M. Loiseleur; celui-ci, d'après lequel je l'indique, dit qu'elle a les feuilles du N. odorant et les fleurs du N. tazette.

1983[c]. Narcisse odorant. *Narcissus odorus.*

N. odorus. Lin. sp. 416. Red. lil. t. 157.— *N. lobatus.* Lam. dict. p. 427.— *N. conspicuus.* Salisb. prod. 224. — *N. elatior.* Haw. in Trans. lin. soc. 5, p. 244. — *N. calathinus.* Gawl. Bot. mag. t. 934 et n. 1301, in adn. — Clus. hist. 1, p. 158, f. 1.

Ce narcisse a des feuilles vertes, demi-cylindriques, creusées en gouttière sur la face supérieure; sa hampe, qui est cylindrique et lisse, s'élève le plus souvent au-delà d'un pied; la spathe renferme de 1 à 5 fleurs pédicellées, très-odorantes, d'un jaune jonquille, mais doubles en grandeur de la vraie jonquille; le tube est cylindrique à la base, évasé au sommet, à peu près égal à la longueur des segmens floraux; ceux-ci sont ovales; le godet est large, en forme de cloche droite, de moitié plus court que les segmens, divisé en six lobes arrondis et assez réguliers. ♃ Il croît dans les prairies des provinces de l'ouest et du midi. Il a été trouvé à la Dinerie près Nantes, par M. Hectot; en Corse, par M. Labaie; à Grasse, par

M. Jauvy ; à Toulon, par M. Robert ; je l'ai cueilli à Châteaubon près Montpellier : on le cultive simple et double dans les jardins, sous le nom de *grosse jonquille*.

1983ᵈ. Narcisse joyeux.   *Narcissus lætus.*

> *N. lætus.* Salisb. prod. 224. Red. lil. t. 428. — *N. odorus.* Curt. Bot. mag. t. 78. Haw. Trans. lin. soc. 5, p. 244. — *N. juncifolius minor amplo calyce.* Theatr. flor. t. 22, ic.

Il ressemble beaucoup au N. odorant et au N. jonquille, et tient le milieu entre ces deux espèces par la grandeur de sa fleur ; ses feuilles sont vertes, demi-cylindriques, et courbées en gouttière à la base, presque planes au sommet ; la hampe est cylindrique, un peu plus courte que les feuilles ; la spathe porte de 1 à 3 fleurs jaunes et odorantes ; celles-ci ressemblent à celles du N. odorant ; mais le godet, au lieu d'être divisé en six lobes réguliers, est crépu et irrégulièrement sinué ; ce godet atteint la moitié au moins de la longueur des segmens, caractère qui distingue bien cette espèce de la vraie jonquille. ♃ Elle croît dans les campagnes, aux environs de Grasse, où elle a été trouvée par M. Jauvy. On la cultive dans les jardins des fleuristes comme une sorte de jonquille.

1986ª. Nivéole d'hiver.   *Leucoïum hiemale.*

> α. *Flore albo.* — *Galanthus autumnalis.* All. auct. p. 33, excl. syn.
> β. *Flore roseo.* — *L. roseum.* Mart. Bibl. phys. econ. n. v, pluv. an XIII. Lois. Fl. gall. 1, p. 190, t. 8. — *L. trichophyllum.* Syn. n. 1986¹, non Schonsb. — *L. trichophyllum,* β. Red. lil. t. 150, f. 1.

Cette espèce, qui a été confondue tantôt avec le *L. autumnale,* tantôt avec le *L. grandiflorum* (DC. in Red. lil. t. 217), me paraît bien distincte de l'un et de l'autre ; sa bulbe est ovoïde, assez petite ; ses feuilles grêles, de 3 pouces de longueur, c'est-à-dire, à peu près de la longueur de la hampe ; la spathe est à deux valves linéaires, plus longues que les pédicelles ; elle donne naissance à une ou plus rarement deux fleurs, blanches dans la var. α, roses dans la var. β, de moitié plus petites que dans le *L. grandiflorum ;* leurs lobes sont ovales-oblongs, pointus et entiers ; les étamines sont un peu plus courtes que le périgone. ♃ La var. α croît parmi les rochers, à Villefranche et au lazaret de Nice ; la var. β, dans l'île de Corse ; elles fleurissent ou à l'entrée ou à la fin de l'hiver. Dans le *L. autumnale* la spathe est à une seule valve, et les lobes du périgone terminés par 3 dents ; dans le *L. grandiflorum* la spathe est à deux valves plus courtes que les pédicelles ; et les étamines n'atteignent pas la moitié de la longueur du périgone.

FAMILLLE DES IRIDÉES.

1990ᵃ. Iris de Florence.　　*Iris Florentina.*

I. Florentina. Lin. sp. 55. Red. lil. t. 23. — *I. flore albo.* J. Bauh. hist. 2,
p. 719, ic.

β. I. alba. Savi, Fl. pis. 1, p. 32. — Lob. ic. t. 59.

CETTE iris ressemble beaucoup à l'I. germanique ; mais elle paraît
en différer d'une manière constante, 1°. par sa racine beaucoup plus
odorante, surtout lorsqu'elle est sèche ; 2°. par la teinte beaucoup
plus glauque de ses feuilles ; 3°. parce que sa hampe ne porte que
1 à 3 fleurs ; 4°. par ses fleurs blanches, et non bleues, sessiles, et
non pédiculées ; 5°. par son tube à peine aussi long et non aussi
long que l'ovaire ; 6°. par les divisions inférieures de sa fleur
entières, et non échancrées au sommet, déjetées sur les bords vers
leur base, et non planes. ♃ Elle croît abondamment sur les murs de
clôture, aux environs de Toulon, où elle a été observée par M. Robert ; et de Grasse, selon M. Jauvy.

1994. Iris fétide.　　　*Iris fœtidissima.*

β. Flavescens.

L'iris fétide est très-remarquable par ses graines d'un rouge vif, dont
le spermoderme est renflé, charnu, semblable à celui des baies, et
présente, d'une manière bien évidente, l'organe que j'ai désigné
sous le nom de *sarcoderme* (Theor. elem. 395) ; la var. *β*, que
M. Nestler a observée aux environs de Strasbourg, est remarquable
par sa fleur d'une couleur jaune sale et peu prononcée.

1998ᵃ. Iris tubéreuse.　　*Iris tuberosa.*

I. tuberosa. Lin. sp. 58. Red. lil. t. 48. Curt. Bot. mag. t. 531. — Lob.
ic. 98.

Sa racine est composée de 2-3 tubercules épais, cylindriques,
divergens, et de quelques fibrilles peu ou point ramifiées ; sa tige
est cylindrique, roide, haute d'un pied, couverte par les gaînes des
feuilles ; celles-ci sont fistuleuses, tétragones, marquées d'un sillon
sur chaque face, plus longues que la tige ; les supérieures sont
réduites à de simples gaînes ; la fleur est droite, solitaire, d'un vert
sale, avec les trois divisions externes, réfléchies à leur sommité, et
d'un pourpre foncé et velouté. ♃ Cette singulière plante, qu'on

regardait comme particulière à l'Orient, a été retrouvée à Gênes par Em. Vincens; à Olioulles près Toulon, par M. Robert; à Agen, par M. de Saint–Amans; dans le haut Poitou, par M. Desvaux.

1999. Glayeul commun. *Gladiolus communis.*

γ. Parviflorus. Bast. in Litt.

Cette variété, que M. Bastard a trouvée dans les landes de l'Anjou, ne diffère de l'espèce commune que par le petit nombre et la petitesse de ses fleurs.

2000. Ixia bulbocode. *Ixia bulbocodium.*

Il y a probablement plusieurs espèces confondues parmi les variétés rapportées ici par tous les auteurs; celle à petites fleurs a été trouvée en Bretagne près Saint-Pol-de-Léon, par M. Bonnemaison; et à Celleneuve et la Gaillarde près Montpellier, par M. Gouan (c'est le *crocus sativus*, Fl. monsp. ex Gou. herb. p. 3); la var. à grandes fleurs est commune dans les landes de Bayonne, de Dax et de Bordeaux. L'une et l'autre sont figurées à la planche 88 des Liliacées de M. Redouté.

FAMILLE DES ORCHIDÉES.

2008. Orchis punais. *Orchis coriophora.*

β. Inodora.

Cette variété se distingue à sa stature plus petite, à ses fleurs moins nombreuses et absolument inodores. Elle a été trouvée, entre Saint-Tropez et Toulon, par M. Robert : je l'ai reçue d'Orient sous le nom d'*orchis sancta ;* mais elle répond mal à la description d'ailleurs très-incomplète de cette espèce.

2008ª. Orchis de Provence. *Orchis Provincialis.*

O. Provincialis. Balb. misc. alt. p. 20, t. 2. DC. Syn. n. 2008*. Lois. Fl. gall. 2, p. 603. Bert. dec. 3, p. 40. — *O. pallens, β.* Bert. dec. 2, p. 20. — *O. pallens.* Savi, Fl. pis. 2, p. 300.

La racine a des tubercules ovoïdes; la tige s'élève de 6 à 9 pouces; les feuilles sont oblongues, presque linéaires, obtuses, avec une très-petite pointe; les fleurs jaunâtres, un peu écartées, disposées en épi lâche; leur ovaire est très-long; l'éperon redressé, cylindrique, aussi long que l'ovaire; les divisions supérieures du périgone sont dressées, lancéolées, un peu aiguës, et calleuses à leur sommet; l'inférieure est pubescente en dessus, à 3 lobes, deux latéraux entiers, arrondis, déjetés en en-bas, l'intermédiaire plus petit et échancré. ♃ Il croît en Provence, dans le bois de l'Esternelle, d'où il m'a été envoyé par M. Balbis; il se retrouve dans la Ligurie et la Toscane.

2010ᵃ. Orchis des marais. *Orchis palustris.*

O. palustris. Jacq. ic. rar. t. 181. Wild. sp. 4, p. 26. — *O. laxiflora*, *δ*. Lois. Fl. gall. 2, p. 604.

Cette espèce a le port de l'O. mâle, et surtout de l'O. à fleurs lâches; mais la structure de ses fleurs, et surtout de son tablier, la rapproche de l'O. bouffon, dont, comme le pense Wildenow, elle n'est peut-être qu'une variété; elle n'en diffère que par sa stature plus élancée, ses fleurs plus lâches et à segmens plus pointus; on la distingue de l'O. à fleurs lâches, parce que le lobe moyen du tablier est au moins égal, et non plus court que les deux létéraux; et de l'O. mâle, parce que son tablier est divisé en 3 lobes larges, peu profonds, et dont celui du milieu est à peine échancré. ♃ Il croît dans les prés marécageux du pied du Jura et des Vosges.

2013ᵃ. Orchis à longues bractées. *Orchis longibracteata.*

O. longibracteata. Bivona-Bern. pl. sic. 1, p. 57, n. 66, t. 4. Bert. dec. 3, p. 39. — *O. Robertiana.* Lois. Fl. gall. 606, t. 21. Pers. ench. 2, p. 504.

Sa racine a deux tubercules arrondis; sa tige est cylindrique, feuillée dans toute sa longueur, un peu épaisse, de 8–10 pouces de hauteur; ses feuilles sont larges de 1–2 pouces, ovales ou oblongues-lancéolées; les fleurs sont grandes, odorantes, réunies en épi épais, et assez serré; les bractées sont lancéolées, aiguës, plus longues que les fleurs; celles-ci ont les lobes supérieurs connivens, presque obtus, un peu verdâtres en dehors, rouges et mouchetés en dedans; le tablier est purpurin, à 4 lobes oblongs et entiers, ou, pour parler plus exactement, à 3 lobes, deux latéraux, oblongs, entiers, un peu ondulés, celui du milieu divisé en 2 lobes semblables aux latéraux; l'éperon est plus court que l'ovaire. ♃ Il fleurit au mois de mars, et croît sur les collines sèches, aux environs d'Arles, où il a été trouvé par M. Artaud; de Toulon, par M. Robert; de Nice, par M. Risso: il se retrouve en Italie et en Sicile.

2017. Orchis papillon. *Orchis papilionacea.*

Excluez de la Flore les synonymes de Jacquin et d'Allioni; l'*O. rubra* qui croit en Piémont parait différer de l'*O. papilionacea* par son tablier plus petit, en forme de trapèze, très-légèrement crénelé, et qui n'est ni tronqué ni échancré au sommet ; le vrai *O. papilionacea* croit en Corse, en Ligurie à Montenuovo, près Naples, en Barbarie, etc. M. Gilibert dit qu'il se trouve sur les coteaux du Rhône, à Vassieux près Lyon ; mais j'ai quelque raison de croire que la plante de Lyon est l'*O. rubra*, qui devrait alors être ajoutée à la liste des plantes de France.

2026. Orchis noir.   *Orchis nigra.*

β. Flore roseo.

Cette variété est très-remarquable par la couleur de sa fleur, qui est d'un rose vif, au lieu d'être d'un pourpre foncé : elle est assez commune dans les pelouses des Alpes de la Provence et du Dauphiné.

2026ᵃ. Orchis parfumé.   *Orchis suaveolens.*

O. suaveolens. Vill. dauph. 2, p. 38, t. 1.

Il ressemble absolument à l'orchis noir, mais il en diffère par son éperon quatre fois plus long, presque égal à la longueur de l'ovaire, et non en forme de poche ou de sac court et arrondi ; ses fleurs sont rouges, odorantes, disposées en tête ovale et serrée ; ses feuilles linéaires et en petit nombre. ♃ Il croît dans les prairies herbeuses des Alpes, du Dauphiné, à Palanfré, sous la Moucherolle près Grenoble, où il a été trouvé par M. Villars : je ne l'ai vu que dans son herbier, et il m'a paru distincte de toutes les autres espèces.

2030ᵃ. Ophrys jaune.   *Ophrys lutea.*

O. lutea. Cav. ic. 2, p. 46, t. 160. Wild. sp. 4, p. 70. — *O. insectifera lutea.* Gou. Fl. monsp. 299. — *O. myodes*, γ. Fl. fr. n. 2031. — Mag. bot. 193.

Sa tige est haute de 5 à 6 pouces ; ses feuilles ovales-oblongues, terminées par une petite pointe ; ses fleurs en petit nombre, de couleur jaune ; les bractées sont verdâtres, un peu plus longues que l'ovaire ; celui-ci est allongé, demi-cylindrique, un peu tortillé ; le périgone a ses lobes étalés, ovales-oblongs, tronqués au sommet, les 3 extérieurs plus larges, et à 3 nervures ; le tablier est grand, concave à sa base, à peu près ovale, d'un jaune abricot en dessous et sur les bords, à 3 lobes très-courts, arrondis, et celui du milieu un peu échancré ; sa surface supérieure est un peu convexe, relevée à sa base de 2 callosités obtuses, velue, lisse, de couleur brune, traversée par 2 raies glabres et grisâtres. ♃ Il croît dans les prairies un peu sèches, aux environs de Montpellier, d'Arles, de Nice.

2030^b. **Ophrys faux-miroir.** *Ophrys pseudo-speculum.*

O. speculum. DC. Rapp. 2 , p. 81.

Le port et le feuillage de cette plante ressemble à l'O. jaune ; sa tige ne porte que 2 à 4 fleurs ; l'ovaire est relevé de côtes très-saillantes, un peu plus court que les bractées ; le périgone est très-étalé ; les 3 lanières externes sont oblongues, très-obtuses, presque tronquées, d'un jaune très-pâle ; les 2 intérieures sont un peu plus courtes et plus planes ; le tablier est concave à sa base, relevé de 2 petites callosités lisses et noirâtres, ovale-arrondi, presque carré ; les bords sont réfléchis, l'extrémité offre 3 petites dents obtuses ; la surface supérieure est brune, jaunâtre sur les bords, velue avec un disque glabre, lisse, de couleur pâle, situé vers le milieu ; le centre de ce disque présente un petit point hérissé ; l'anthère se termine par une pointe aiguë, il est vrai, mais beaucoup plus courte que dans l'*O. scolopax* ; cette espèce parait différer de l'*O. speculum* de Link, qui n'est peut-être que l'*O. scolopax* et de l'*O. speculum* de Bertoloni (Pl. gen. 124 , Bivon. Bern. sic. n. 70, t. 3, Lois. not. 133), qui est une espèce bien distincte. ♃ Je l'ai trouvée dans les prairies sèches des collines de Fontfroide près Montpellier, le 1er mai 1807, et n'ai jamais pu la retrouver depuis, circonstance qui m'inspire quelques doutes sur la légitimité de cette espèce.

2031^a. **Ophrys porte-araignée.** *Ophrys aranifera.*

O. aranifera. Smith. Fl. brit. 939. Engl. bot. t. 65. Wild. sp. 4, p. 66. DC. Syn. n. 2031*. — *O. arachnites , β.* Fl. fr. n. 2032. — *O. fucifera.* Curt. lond. t. 67. — Vaill. bot. t. 31, f. 15 , 16.

Sa tige ne s'élève guère au-delà de 6 pouces, et ne porte que 3 à 4 fleurs ; les lobes du périgone sont très-étalés, planes, toujours verts, oblongs ; les intérieurs courts, presque glabres ; le tablier est ovale, et muni à sa base de 2 petites cornes saillantes en dessus, ovale, échancré au sommet, un peu réfléchi par les bords, légèrement convexe, d'un brun couleur de rouille, entièrement velu, à l'exception de 2 petites raies glabres, parallèles, tantôt distinctes, tantôt réunies par leurs extrémités au moyen d'une petite bande transversale. ♃ Il croit dans les prairies des collines, dans presque toute la France.

2032. **Ophrys fausse-araignée.** *Ophrys arachnites.*

O. arachnites. Hoffm. germ. 318. Wild. sp. 4, p. 67. DC. Syn. n. 2032.— *O. insectifera n arachnites.* Lin. sp. 1343. — Vaill. bot. t. 30, f. 10, 11, 12, 13. — Hall. helv. n. 1266 , t. 24 (*O. fuciflora*).

Sa tige s'élève de 6 à 10 pouces ; ses feuilles sont oblongues-

pointues ; les fleurs sont au nombre de 4 à 6 ; le périgone a ses segmens étalés , blancs , avec une raie verte dans le milieu ; un peu
rougeâtre à la fin de leur vie , oblongs , obtus ; le supérieur un peu
courbé en voûte , les 2 intérieurs très-petits ; le tablier est entièrement couvert de poils soyeux et luisans , de forme presque arrondie ,
convexe dans le milieu , divisé en 3 lobes arrondis , celui du milieu
plus grand , et terminé par 3 dents arrondies ; la superficie supérieure est brune , marquée , près de sa base , de raies qui forment
des polygones plus ou moins irréguliers. ♃ Il croît dans les prairies.

2032ª. **Ophrys abeille.** *Ophrys apifera.*

O. apifera. Smith , Fl. brit. 938. Engl. bot. t. 383. Wild. sp. 4 , p. 66. —
O. arachnites. Lam. Fl. fr. 515. — *O. arachnites, var. a.* Fl. fr. n. 2032.
— Vaill. bot. t. 30 , f. 9.

Sa tige s'élève jusqu'à 10 et 15 pouces ; ses feuilles sont oblongues-lancéolées , ses bractées assez grandes , presque deux fois plus
longues que l'ovaire ; les fleurs ont les 3 segmens extérieurs du
périgone ovales , réfléchis , de couleur rose , avec la carène et le bord
un peu verdâtre ; les 2 intérieurs sont lancéolés , verdâtres , un peu
velus en dedans , et de moitié plus courts que les précédens ; le
tablier est arrondi , convexe , ventru , velu , d'un pourpre ferrugineux , marqué de raies jaunes , à 5 petits lobes réfléchis ; celui du
sommet est allongé en forme d'alêne pointue et recourbée en dessous ; la colonne centrale se termine en pointe. ♃ Il se trouve dans
les prairies de presque toute la France.

2033. **Sérapias à languette.** *Serapias lingua.*

L'un des tubercules de sa racine est pédicellé ; sa tige ne s'élève
qu'à 6 pouces environ ; ses feuilles sont linéaires , oblongues ; ses
fleurs au nombre de 2-4 , plus petites que dans la S. en cœur ;
leurs bractées sont plus courtes que la fleur ; la languette du tablier
est glabre , lancéolée , non relevée à sa base en deux bosses calleuses.
♃ Elle croît dans les prairies , à Saint-Sever , Agen , Castres , Bordeaux , Nantes , en Languedoc , en Provence , etc.

2034. **Serapias en cœur.** *Serapias cordigera.*

S. lingua. Merl. herb. 205.

Les deux tubercules de la racine sont sessiles ; la tige s'élève souvent au-delà d'un pied ; ses feuilles sont oblongues-lancéolées ; les
bractées sont plus longues que la fleur à l'époque de la fleuraison ;
les fleurs au nombre de 4 à 8 ; leur languette est hérissée de poils ,
et se relève à sa base en deux bosses calleuses. ♃ Elle croît dans

l'île de Corse, en Provence, en Languedoc , à Castres , Carcassonne , Toulouse, Saint-Sever , Agen , Nantes , Angers, etc.

2039. Epipactis à large feuille.   *Epipactis latifolia.*

β. Microphylla. — E. microphylla. Sw. in. Wild. sp. 4, p. 84. Bast. suppl. 16. — *Serapias microphylla.* Ehr. beitr. 4, p. 42, non Hoffm. — *Serapias parvifolia.* Pers. ench. 2, p. 512. — *Serapias helleborine, δ.* Gou. hort. 474. — Clus. hist. 1, p. 273, f. 1, n. 111.

Cette plante, que j'ai d'abord , avec tous les auteurs, prise pour une espèce particulière , ne me paraît plus aujourd'hui qu'une variété très-remarquable de l'*E. latifolia,* déterminée par l'aridité des terrains où elle se trouve ; ses feuilles sont très-étroites et plus courtes que les entre-nœuds , celles qui naissent à la base des fleurs ne dépassent pas leur longueur ; ces différences lui donnent un port tout particulier, mais la structure des fleurs est absolument la même ; dans l'une et l'autre en particulier, l'ovaire est pubescent, et le tablier a une base concave , qui porte un appendice en forme de cœur un peu pointu , légèrement crénelé sur les bords ; au bas de la face supérieure de l'appendice est une crête calleuse et saillante. ♃ Elle croît sur les collines sèches et stériles, à Grammont près Montpellier ; en Anjou au-dessus de Gênes, entre Retz et Fontevrault ; à Pégli près Gênes , etc.

FAMILLE DES CONIFÈRES.

2055. Pin rouge.   *Pinus rubra.*

Il ne paraît être qu'une simple variété du pin sauvage.

2055ᵃ. Pin à crochets.   *Pinus uncinata.*

Il est très-fréquent dans toutes les Pyrénées ; on le retrouve aussi dans les Alpes et le Jura.

2056. Pin mugho.   *Pinus mugho.*

A la place de fort élevé, *lisez* peu élevé. Il me paraît douteux qu'il croisse en Dauphiné, et je soupçonne que l'arbre désigné sous ce nom par Villars pourrait bien être le *P. uncinata.*

2056ᵃ. Pin nain.   *Pinus pumilio.*

P. pumilio. Clus. pann. 159. Waldst. et Kit. pl. hung. 2 , p. 160, t. 149. Lamb. pin. t. 2. — *P. mugho.* Scop. carn. n. 1195.

Ce pin est remarquable par sa petitesse, puisqu'il ne dépasse

presque jamais la hauteur d'un homme ; il se ramifie dès sa base , et
ses troncs sont ascendans au lieu d'être droits ; son écorce est d'un
gris brun, tuberculeuse, et non sillonnée ; ses feuilles sont geminées,
nombreuses, serrées les unes contre les autres , demi-cylindriques ,
longues de 12 à 15 lignes ; les fleurs mâles et femelles naissent sur des
pieds différens , ou au moins sur des branches différentes des mêmes
pieds ; les cônes sont ovoïdes, droits, sessiles ; leurs écailles inférieures sont munies d'une petite pointe qui manque dans les supérieures. ♃ Il croît dans les marais tourbeux du Jura , notamment au
marais des Ponts , où il a été observé par M. Chaillet.

2057. Pin maritime.   *Pinus maritima.*

Notre pin maritime n'est point celui auquel les botanistes anglais
ont donné ce nom , mais leur *pinus pinaster* bien figuré, pl. 4 et 5 de
la Monographie de M. Lambert ; c'est le *P. sylvestris*, var. γ. Lin.
sp. 1418 ; c'est encore le *P. laricio*, Santi viag. 3, p. 60 , tab. 1. Il
se distingue bien à ses branches verticillées, à ses feuilles-droites et
très-longues, à ses cônes très-longs , agglomérés ou verticillés. Il
est très-abondant dans les Landes de Bordeaux ; on le retrouve ,
mais rarement, sur les bords de la mer , ou sur les collines qui en
sont peu écartées, en Provence et à Nice : je l'ai trouvé aux environs
du Mans et de Périgueux, mais dans des lieux où il paraissait avoir
été planté. Je ne crois point, quoi qu'on ait dit , qu'il se trouve sauvage en Dauphiné.

2059. Pin d'Alep.   *Pinus Aleppensis.*

β. *P. maritima.* Lamb. pin. t. 9, 10, non Lam. — *P. Sylvestris.* Gouan,
Fl. monsp. 418 , excl. syn.

Le pin d'Alep, qui serait mieux nommé pin de la Méditerranée , se
trouve à Alep , en Barbarie, en Espagne, en Italie ; il est commun
dans toute notre région des oliviers, où il forme des forêts ; on l'y
désigne sous le nom de *pin* dans les pays où il croît seul , et sous celui de *pin blanc,* dans ceux où il s'en trouve d'autres espèces ; ses
amandes sont douces comme celles du pin pinier, mais beaucoup plus
petites. La var. β ne diffère presque pas de la var. α , et le nom de
maritime ne lui convient que très-imparfaitement, car elle croît indifféremment dans les sables maritimes et sur les collines.

CCLXVIIIᵉ. CYPRÈS.   *CUPRESSUS.*

Cupressus. Tourn. Lin. Juss. Lam.

Car. Les fleurs sont monoïques ; les mâles sont des chatons ovoïdes
ou cylindriques, à écailles ombriquées, disposées sur 4 rangs ; chaque

fleur est à 4 anthères sessiles. Les fleurs femelles sont de très-petits chatons arrondis, composés de plusieurs écailles, sous chacune desquelles est un ovaire ; ces écailles sont ligneuses, pédicellées, en forme de bouclier ; elles se soudent et forment par leur réunion un péricarpe agrégé, arrondi et polysperme, qu'on nomme improprement noix ou *galbulus* ; à la maturité, ces écailles se dessèchent, se séparent par des fentes disposées en aréoles polygones, et laissent sortir les graines.

2064ᵃ. Cyprès pyramidal.   *Cupressus fastigiata.*

C. fastigiata. DC. Cat. hort. monsp. 22. — *C. sempervirens.* Mill. dict. n. 1. — *C. sempervirens,* α. Lin. sp. 1422. Duham. arb. ed. 2, vol. 3, t. 1. — *Cupressus.* Cam. epit. 52.

Arbre toujours vert, à tronc droit très élevé, à branches dressées et serrées contre le tronc, comme dans le peuplier d'Italie ; ses jeunes rameaux sont tétragones, entièrement couvertes de petites feuilles embriquées, obtuses, disposées sur 4 rangs ; les chatons mâles sont ovoïdes, et chaque rang d'écailles n'en a que 3 à 4 ; les noix sont éparses. ♃ Ce bel arbre, originaire d'Orient, est très-répandu dans le Midi, et notamment aux environs de Montpellier : on l'y cultive pour établir des palissades toujours vertes, et pour l'ornement des jardins paysagers.

2064ᵇ. Cyprès horizontal.   *Cupressus horizontalis.*

C. horizontalis. Mill. dict. n. 2. — *C. sempervirens,* β. Lin. sp. 1422. — *Cupressus.* Black. herb. t. 127.

Il diffère du cyprès pyramidal, parce que ses rameaux, au lieu d'être dressés le long du tronc, sont au contraire étalés et horizontaux ; les extrémités même en sont souvent pendantes, parce que les fruits y sont agglomérés ; les chatons mâles sont généralement un peu plus longs que dans le C. pyramidal, et chaque rangée est composée de 4 à 5 écailles. ♃ Cet arbre est assez fréquent dans le Midi, quoiqu'il y soit moins répandu que le C. pyramidal : on en trouve un assez grand nombre cultivés autour de Montpellier ; il y porte le nom d'*arbre de Montpellier*, parce que la tradition porte que la colline sur laquelle cette ville est bâtie, en était autrefois couverte. Je crois certain que cet arbre est indigène d'Orient, et que la tradition fait allusion au genévrier de Phénicie, qui est très-commun sur les collines du Languedoc, dont le feuillage ressemble à celui du cyprès, mais qui n'est presque jamais qu'un petit arbuste. Au reste, les deux espèces de cyprès se conservent de graines, et se reconnaissent dès leur naissance à la disposition de leurs rameaux.

FAMILLE DES AMENTACÉES.

CCLXII. SAULE. *SALIX.*

A l'époque où la 3ᵉ édition de la Flore française a paru, le genre des saules avait été encore peu étudié, et je pris soin d'appeler sur lui l'attention des observateurs, en récapitulant les difficultés qu'il présente ; depuis lors MM. Schleicher et Wildenow en ont distingué un nombre considérable ; et MM. Wahlemberg et Seringe ont porté plus de précision dans leur étude par l'examen particulier des organes de la fructification ; l'un et l'autre ont adopté et confirmé les principes que j'avais établis dans la Flore ; savoir, de fonder la classification des saules sur les chatons femelles, d'admettre pour division principale la considération des capsules glabres ou velues, etc. Je n'ai eu à corriger que quelques détails dans la circonscription des espèces : j'ai été guidé dans ce travail par l'ouvrage précieux que M. Seringe vient de publier sous le nom d'*Essai d'une monographie des saules de la Suisse* (Berne, 1815), et je saisis cette occasion pour l'engager à compléter l'étude de ce genre difficile qu'il a déjà avancée avec tant de succès.

2073. Saule drapé. *Salix incana.*

Il faut rapporter à cette espèce les synonymes suivans : *S. angustifolia*, Poir. in Duh. arb. ed. nov. 3, t. 29, non Wild. — *S. lavendulæfolia*, Lapeyr. Abr. 601. Ser. Ess. p. 70. — *S. riparia*, Wild. sp. 4, p. 698. — *S. viminalis*, Sut. Fl. helv. 2, p. 286, non Lin. — *S. rosmarinifolia*, Gou. Hort. 501, non Lin. Tous ces noms, étant ou postérieurs à celui que j'ai adopté, ou déjà donné à d'autres espèces, doivent être abandonnés. Les deux variétés de cette espèce se nuancent par tant d'intermédiaires, qu'on peut à peine les séparer : ce saule est commun le long des ruisseaux et des rivières dans les vallées basses des Pyrénées, des Cévennes et des Alpes : on le retrouve le long des rivières dans le bas Languedoc et la basse Provence.

2074. Saule à trois étamines. *Salix triandra.*

β. *Androgyna*. Ser. Ess. p. 76. — *S. hoppeana*. Wild. sp. 4, p. 654. Sturm. Fl. germ. ic.

β. *Glaucophylla*. Ser. Ess. p. 78. — *S. villarsiana*. Wild. sp. 4, p. 655, excl. Vill. syn. — *S. amygdalina*. Vill. dauph. 3, p. 762.

Ces deux variétés très-distinctes paraissent rentrer dans le type primitif du *S. triandra* ; la var. β n'en diffère que par ses chatons plus

ou moins mélangés de fleurs mâles et de fleurs femelles ; caractère qui
se retrouve dans le plus grand nombre des saules à chaton grêle et
cylindrique, et que l'observation a prouvé ne pas être constant. La
var. γ a les feuilles glauques en dessous, mais ne présente d'ailleurs
aucun autre caractère constant ; elle se trouve au pied des Alpes du
Dauphiné. Enfin le *S. amygdalina*, Fl. fr. n. 2075, pourrait bien
n'être encore qu'une simple variété du *S. triandra*.

2077. Ce numéro doit être exclu de la Flore française ; la plante de
Saltzbourg que j'ai décrite, est le *S. wulfeniana*, Wild. sp. 4, p. 660.
Le synonyme d'Allioni est fort douteux ; il est probable qu'il doit être
rapporté au *S. stylosa :* le *S. phylicifolia* des auteurs français appartient à diverses espèces, et est relaté aux numéros qui lui répondent.

2077ᵃ. Saule hasté.   *Salix hastata.*

> *S. hastata*. Lin. sp. 1443. Wahlemb. Fl. lap. n. 480, t. 16, f. 5. Ser. Ess.
> p. 58. — *S. malifolia*. Sm. Fl. br. 1052. — *S. pontederæ*. Vill. dauph. 3,
> p. 766, t. 50, f. 8.
> β. *S. tenuifolia*. Sm. Fl. br. 1052. — *S. serrulata*. Wild. sp. 4, p. 654. —
> *S. Ludwigii*. Schk. Handb. t. 317, d. — *S. arbuscula*. Sut. Fl. helv. 2,
> p. 281.

Cette espèce est une des plus variables de toutes ; elle forme un
arbrisseau qui dépasse rarement la hauteur d'un homme, et le plus
souvent est loin de l'atteindre ; ses feuilles sont ovales ou oblongues,
ou lancéolées, entières ou dentées, glabres ou garnies de poils épars,
vertes ou glauques en dessous, de grandeur variable ; ses chatons
femelles se développent avec elles ; ils sont d'abord courts, puis allou-
gés et cylindriques, tous couverts, pendant la fleuraison, de longs
poils soyeux qui prennent naissance sur les écailles du périgone ; le
pédoncule est cotonneux, accompagné de quelques bractées grandes
et foliacées ; les périgones sont couverts de poils abondans soyeux,
presque laineux ; l'ovaire est glabre, conique, allongé, porté sur un
court pédicelle ; le style est assez long ; le stigmate a 4 lobes. ♃ Cette
espèce est assez commune dans les Alpes, le long des glaciers et des
torrens ; elle présente un si grand nombre de nuances, que j'ai cru
inutiles de les indiquer en détail. C'est à cette espèce qu'on doit rapporter les *S. tenuifolia, serrulata, cerasifolia, alpina, Ludwigii,
viburnoïdes, pilosa* et **eriantha**, de la collection des saules desséchés de
M. Schleicher. Le *S. cinerascens*, Schl. que M. Seringe y rapporte aussi,
m'en paraît différent par son ovaire cotonneux.

2077^b. Saule à long style. *Salix stylosa.*

S. stylaris. Ser. Ess. p. 62. — *S. phylicifolia.* Sm. Fl. brit. 1049. — *S. sile-siaca.* Wild. sp. 4, p. 660. — *S. ammaniana.* Wild. sp. 4, p. 663. — *S. hastata.* Hop. cent. exs. — *S. appendiculata.* Vill. dauph. 3, p. 775, t. 50, f. 19?

Ce saule est parmi ceux à capsules glabres ce qu'est le *S. nigricans* parmi ceux à capsules velues, c'est-à-dire une espèce de protée qu'on a peine à suivre au milieu de toutes ses variations : c'est un arbrisseau assez semblable au *S. hastata ;* son écorce est brune ; ses feuilles le plus souvent ovales, souvent lancéolées, quelquefois un peu échancrées en cœur, tout-à-fait variables pour la forme, la grandeur, la couleur, le duvet ou le glauque qui les couvrent. Elles sont le plus souvent accompagnées de stipules dentées et assez grandes ; les chatons naissent avec les feuilles ; ils diffèrent de ceux du *S. hastata,* parce que les écailles du périgone sont garnies de poils courts et peu nombreux, et de ceux du *S. nigricans,* parce que les capsules sont glabres ; celles-ci sont portées sur un pédicelle très-apparent ; elles sont peu serrées, de forme conique très-allongée, il est vrai, mais beaucoup plus courtes que dans le vrai *salix phylicifolia.* M. Wahlemberg dit que dans cette espèce les capsules ont 5 lignes de longueur, tandis qu'elles n'en ont que 3 dans le nôtre ; le style est long, terminé par 2 stygmates le plus souvent bifides. ♃ Ce saule croît le long des torrens, des ruisseaux et des rivières, dans les Alpes, et au pied des Vosges. Le nombre des variétés qu'on peut lui rapporter est réellement effrayant, et donne une idée de la versatilité de ses formes ; telles sont :

α. *Lancifolia,* Ser. qui a les feuilles ovales-lancéolées, et qui compte pour sous-variétés les *S. aubonnensis, ammaniana, denudata, firma, ligustroïdes, macrostipularis, montana, pumila, rivularis, rostrata schleicheriana, silesiaca, sordida,* de M. Schleicher.

β. *Tomentosa,* Ser. qui a les feuilles ovales, et les supérieures très-drapées ; c'est le *S. mespilifolia,* Schl.

γ. *Angustifolia,* Ser. a les feuilles lancéolées, étroites, très-peu dentées, et point ondulées sur les bords ; elle comprend les *S. arbuscula, pallida* et *vaudensis,* Schleich.

δ. *Undulata,* Ser. a les feuilles lancéolées, acuminées, fortement dentées et ondulées sur les bords ; elle renferme les *S. undulata* et *pectinato-serrata,* Schleich.

ε. *Ovata,* Ser. a les feuilles ovales et assez larges ; c'est ici que se rapportent les *S. candidula, concolor, cotinifolia, grisophylla,*

gryonensis, *malifolia*, *microdonta*, *nigrescens*, *patula*, *polyphyl-*
la, *tenuifolia*, *tofacea*, *vaccinioïdes*, Schleich.

ζ. *Cordifolia*, Ser. a les feuilles ovales, un peu échancrées en cœur à
leur base ; on doit y rapporter les *S. alnifolia*, *alnifolia tomento-*
sa, *dura*, *frangula*, *pyrifolia*, *tiliæfolia*, et selon **M.** Seringe, le
S. Halleri de Schleicher.

θ. *Elliptica*, Ser. a les feuilles presque exactement elliptiques, et se
compose des *S. alaternoïdes*, *alaternoïdes latifolia*, *albescens*, *al-*
bescens major, *coriacea*, *crassifolia*, *glaucophylla*, *psilocarpa* de
Schleicher.

Outre toutes ces variétés, je suis porté à croire que les *S. diffusa*,
heterophylla, *laxa*, *lemana*, *lutescens*, *rugulosa*, *vallesiaca*, et
varians, Schl. devront encore être ajoutées aux variétés de cette espèce. Je n'y ai pas compris le *S. australis*, Schl. à cause de ses capsules
cotonneuses.

2078. Saule Daphné.   *Salix Daphnoïdes.*

Ajoutez à la synonymie : *S. præcox*, Hop. exs. Sturm. Fl. germ.
ic. Wild. sp. 4, p. 670. Ser. Ess. p. 55. — *S. cinerea*, Wild. sp. 4,
p. 690, non Lin.

2080. Saule fragile.   *Salix fragilis.*

Cette espèce a été décrite de nouveau par **M.** Seringe sous le nom
de *S. pendula*, Ser. Ess. p. 79. C'est à elle qu'on doit rapporter, comme
de très-légères variétés, les *S. russeliana* et *fragilis*, Sm. Fl. br. 1045
et 1051. — Les *S. decipiens*, *fragilis*, *russeliana* et *persicifolia*, Schl.
sal. exs. — Les *S. fragilis*, *decipiens* et *amygdalina*, Thuil. par. 513
et 514.

2082. Saule émoussé.   *Salix retusa.*

On doit rapporter à cette espèce, comme de simples variétés dont
les caractères sont même peu prononcés, les *S. kitaibeliana* et *S. ser-*
pyllifolia, Wild. sp. 4, p. 683 et 684.

2084. Saule marceau.   *Salix capræa.*

Le marceau s'élève souvent en arbre; ses branches sont presque
toujours glabres, excepté lorsqu'elles sont très-jeunes; ses feuilles
sont grandes, plus obtuses que dans le *S. acuminata*, moins ridées
que dans le *S. aurita*, drapées et blanchâtres en dessous ; ses chatons
sont courts, ovoïdes, munis à leur base de bractées ovoïdes. Il faut
rapporter ici *S. ulmifolia*, Thuil. Fl. par. 518, Poir. in Duham. arb.
ed. nov. 3, t. 25. — *S. tomentosa*, Ser. Ess. p. 14, sal. exs. n. 6, 38,

53, 76, 77, 78, 79, 80. — On peut en distinguer plusieurs variétés peu importantes, et déduites de la largeur plus ou moins grande des feuilles et de la longueur des chatons. M. Seringe en a observé une fort remarquable, où l'on trouve 2 ovaires sous chaque écaille du chaton.

2084ᵃ. Saule à nervures rousses. *Salix rufinervis.*

S. rufinervis. DC. Rapp. 1, p. 11. — *S. capræa.* Aubry, Morb. an IX, p. 72. — *S. acuminata.* Thuil. par. 518.

Ce saule s'élève à la grandeur d'un petit arbre ; ses rameaux sont bruns, pubescens dans leur jeunesse ; ensuite glabres ; ses feuilles sont ovales ou un peu oblongues, souvent rétrécies à la base, terminées en pointe, un peu crénelées et ondulées sur les bords, souvent entières, longues de 2 pouces sur 1 de largeur ; la face supérieure est glabre, d'un vert foncé ; l'inférieur est d'un gris tirant sur le glauque et sur le roux, toute relevée de nervures saillantes, réticulées, rousses : cette couleur est due à de petits poils roux et couchés, qu'on observe à la loupe sur toutes les nervures ; les stipules sont arrondies, un peu dentées, et manquent dans les feuilles inférieures des rameaux ; les chatons naissent avant les feuilles ; les mâles sont ovoïdes, à peu près sessiles, munis de quelques bractées oblongues, très-soyeuses en dessous ; les écailles sont brunes, obtuses, chargées de poils longs, soyeux et nombreux ; les étamines ont les filets glabres et très-longs. Les chatons femelles sont oblongs, beaucoup moins soyeux ; les ovaires sont coniques, laineux ; le style est très-court, terminé par 2 stygmates lamellés. ♃. Ce saule est commun dans tout l'Ouest : je l'ai trouvé à Pau en Béarn, à Nantes, Vannes, Angers, et aux environs du Mans. M. de Saint-Hilaire me l'a envoyé d'Orléans ; M. Thuillier l'a trouvé autour de Paris : il porte à Angers le nom de *Saule brun ;* on le plante dans les haies.

2084ᵇ. Saule de l'Arriège. *Salix Aurigerana.*

S. Aurigerana. Lapeyr. abr. 598.

Ce saule est voisin des marceaux et forme un arbuste d'environ 6 pieds ; ses jeunes pousses sont velues et de couleur un peu grisâtre ; ses feuilles sont oblongues ou ovales, rétrécies à leur base et à leur sommet ; pointues, dentelées çà et là sur les bords, longues d'environ 2 pouces sur 9-10 lignes de largeur ; la surface supérieure est glabre, un peu lisse, d'un vert foncé ; l'inférieure est d'un glauque blanchâtre, pubescente, toute relevée de nervures blanches et réticulées ; les stipules sont dentées ; les chatons naissent avant les feuilles, munis à leur base de bractées écailleuses, très-petites et très-soyeuses ; les mâles sont sessiles, d'abord globuleux, puis à peine ovoïdes ; les écailles des fleurs sont brunes, oblongues, couvertes de longs poils soyeux ; les chatons femelles sont oblongs, presque cylindriques, remarquables dans la section des marceaux, en ce qu'ils sont aussi velus que les chatons mâles, et que les poils soyeux qui naissent sur leurs écailles atteignent la longueur des stygmates, l'ovaire est conique, très-velu ; le style presque nul, terminé par 2 stygmates lamellés. ♃. Ce saule croît le long des eaux dans les vallées des Pyrénées, notamment près de l'Arriège et de la Teste. — Le *salix incerta*, Lapeyr. Abr. 694, est formé des feuilles du *salix rufinervis* et des fleurs du *salix aurigerana*.

2085. Saule à oreillettes.   *Salix aurita.*

Cette espèce, qui ressemble au marceau par son port, ses chatons précoces, ses styles très-courts et ses feuilles larges, en diffère dès le premier coup-d'œil, parce que ses feuilles ont toujours un aspect ridé et crépu, assez semblable à celui des sauges, et déterminé par des nervures très-saillantes, très-fréquemment anastomosées, et par un parenchyme fort ample. Ce saule est un des plus fréquens. Il faut exclure de la Flore le synonyme cité de Thuillier, et y rapporter les suivans : *S. rugosa*, Ser. Ess. p. 18. — *S. aurita* et *S. aquatica*, Sm. Fl. brit. 1064 et 1065. — *S. aurita* et *S. capræa*, Thuil. Fl. par. 515 et 517. — *S. aurita*, *S. cinerea*, et peut-être *S. conformis*. Schl. sal. exs. — *S. ambigua*, Ehr. arb. n. 109, ex Ser.

2086. Saule pointu.   *Salix acuminata.*

Cette espèce se confond facilement avec le marceau ; mais elle est plus petite ; ses jeunes pousses et même ses branches sont presque toujours cotonneuses ou pubescentes, ses feuilles plus ou moins exactement lancéolées, très-variables dans leur longueur, toujours pointues et jamais ridées comme dans le *S. aurita* ; les chatons sont allongés, et naissent toujours avant les feuilles, ce qui le distingue du *S. grandifolia*. C'est à cette espèce qu'on doit rapporter le *S. cinerea*, Lin. sp. 1449. — *S. aquatica* et *S. nana*, Schl. sal. exs. — *S. cinerea*, Thuil. Fl. par. 518. — *S. acuminata*, Sm. Fl. brit. 1068. Ser. Ess. p. 12. Sal. exs. n. 3, 4, 26. Ses principales variétés sont :

β. *Variegata*, Fl. fr. n. 2086. Ser. Ess. p. 13.
γ. *Ovalifolia*, Ser. loc. cit., à feuilles ovales courtes.

ε. *Obovata*, à feuilles ovales rétrécies à la base, pointues au sommet.

ι. *Humilis*, à rameaux très-divergens.

ζ. *Nana*, à tige très-basse, à feuilles lancéolées, dentées en scie.

θ. *Androgyna*, à chatons moitié mâles, moitié femelles; accident qui se retrouve dans un grand nombre d'espèces.

2086ᵃ. Saule à grandes feuilles. *Salix grandifolia.*

S. grandifolia. Ser. Ess. p. 20. Sal. exs. n. 55. — *S. cinerescens.* Wild. sp. 4, p. 706? — *S. stipularis.* Smith, Fl. br. 1069. Ser. sal. exs. n. 2. — *S. acuminata.* Schl. sal. exs. Ser. sal. exs. n. 41.

β. *S. sphacelata.* Sch. sal. exs. non Sm.

γ. *S. pubescens.* Schl. sal. exs. — *S. grandifolia tardiflora.* Ser. Ess. p. 22.

ε. *S. albicans.* Bonj. — *S. uliginosa.* Schl. sal. exs. — *S. grandifolia albicans.* Ser. sal. exs. n. 56.

Ce saule, qui atteint quelquefois la hauteur d'un arbre, ressemble beaucoup au *S. acuminata* et aux variétés du *S. capræa*, qui ont les feuilles allongées; mais il diffère de l'un et de l'autre par un caractère certain, savoir que ses chatons naissent, non pas avant les feuilles, mais avec elles, et quelquefois même un peu plus tard. Ses rameaux sont presque toujours glabres, excepté dans leur première jeunesse; les stipules sont grandes, un peu dentées; elles manquent dans quelques variétés; les feuilles sont oblongues—lancéolées, dentelées, blanchâtres, et plus ou moins drapées en dessous; elles atteignent jusqu'à 3 pouces de longueur sur un pouce environ de largeur; les chatons femelles sont cylindriques, accompagnés de quelques feuilles ovales ou spatulées à leur base; le style est presque nul; le stygmate a 2 lobes. ♃ Il croît dans les vallées des Alpes de Savoie, le long des torrens, dans les bois et les tourbières; M. Seringe dit qu'il se trouve aussi dans le Jura.

2087. Saule de Suisse. *Salix Helvetica.*

Ce saule paraît être le vrai *S. arenaria*, Lin. Fl. lapp. n. 362, t. 8, f. o. q. C'est sûrement le *S. arenaria*, Wild. sp. 4, p. 689, Sturm. Fl. germ. ic. — *S. nivea*, Ser. Essai, p. 51, sal. exs. n. 67. — *S. limosa*, Wahlemb. Fl. lap. p. 265, t. 16, f. 4. — Outre les caractères indiqués dans la Flore, il se distingue du *S. sericea* à ses styles allongés, terminées par deux stygmates bifides; on en peut distinguer plusieurs variétés, savoir:

α. *Velutina*, Schl. exs. Ser. Ess. n. 68, qui a les feuilles blanches et veloutées en dessus presque comme en dessous.

β. *Obtusifolia*, Schl. et Ser. qui a les feuilles larges et obtuses.

γ. *Dentata*, Schl. exs. *grandifolia*, Ser. Ess. n. 69, qui a les feuilles larges, pointues, un peu dentées à leur entier développement.

δ. *Angustifolia*, qui a les feuilles étroites, pointues et entières, et que j'ai trouvé sur les revers du Cantal, du côté de Murat.

ɛ. *Macrostachya*, Schl. et Ser. qui a les chatons très-longs et la surface supérieure des feuilles glabre vers le centre, veloutée vers les bords.

ζ. *Subconcolor*, Ser. — *S. spuria*, Schl. exs. — *S. hybrida*, Thom. exs. qui a la surface inférieure moins blanche qu'à l'ordinaire.

ϑ. *Concolor*, Ser. — *S. buxifolia*, Schl. exs. — Qui a la face inférieure presque glabre, excepté sur les nervures.

2088. Saule soyeux.   *Salix sericea.*

Ce saule, outre les caractères indiqués dans la Flore, se reconnait sans peine à ses 2 styles séparés jusqu'à la base, et divisés eux-mêmes chacun en deux stygmates. Il paraît, d'après Wahlemberg (Fl. lap. 264, t. 16, f. 3), que c'est le *S. glauca*, Lin. Fl. lap. n. 363, t. 7, f. 5, et aussi le *S. Lapponum*, Lin. Fl. lap. n. 366, t. 8, f. t. C'est le *S. glauca*, Ser. Essai, p. 31. Il est trois fois dans Wildenow, savoir : sous les noms de *S. glauca*, p. 687; *S. sericea*, p. 688, et *S. Lapponum*, p. 689. Il se trouve aussi trois fois dans la collection des saules de M. Schleicher; savoir, sous les noms de *S. Lapponum*, *S. sericea* et *S. albida*. Malgré ces variations dans la nomenclature, cette espèce est l'une des plus constantes dans son aspect, au moins dans les échantillons de France.

2089. Saule des Pyrénées.   *Salix Pyrenaïca.*

β. *S. ciliata.* Fl. fr. n. 2090.

Ce saule est assez commun dans toutes les sommités des Pyrénées; celui que j'avais décrit sous le nom de S. cilié en est une simple variété.

2090ᵃ. Saule bicolore.   *Salix bicolor.*

S. bicolor. Ehr. arb. n. 118. Wild. sp. 4, p. 691. Ser. Ess. p. 93. Sal. exs. n. 34, 52.

Arbuste de 2 à 5 pieds de hauteur, à rameaux bruns, pubescens dans leur jeunesse; les feuilles ont de 1 à 2 pouces de longueur sur 6 à 12 lignes de largeur; leur surface supérieure est lisse, glabre, d'un vert foncé; l'inférieure est très-glauque, pubescente dans sa jeunesse; le bord est entier ou légèrement denté; ses feuilles sont elliptiques, obtuses à la base, terminées par une petite pointe; les pétioles ont 3 lignes de longueur; ils sont dilatés à leur base, dépourvus de stipules; les chatons naissent un peu avant les feuilles; les mâles sont elliptiques, sessiles, à peine longs d'un pouce, munis de 2 ou 3 bractées soyeuses; leurs périgones sont très-velus; les femelles sont plus grêles, moins soyeuses; les périgones sont oblongs-brunâtres, les ovaires cotonneux, surmontés d'un style médiocre, terminé par 2 stygmates épais. ♃ Il croît dans les Monts-d'Or en Auvergne. J'ai décrit les fleurs femelles d'après un échantillon cultivé dans le jardin de Gœttingen, et envoyé par M. Schrader.

2090^b. Saule variable.　　*Salix versifolia.*

S. versifolia. Wahlemb. Fl. lap. 271, t. 18, f. 2. Ser. Essai, p. 40. Sal. exs. n. 66. — *S. spathulata.* Wild. sp. 4, p. 700. — *S. uliginosa.* Ser. sal. exs. n. 60. — *S. spathulata, ambigua, fusca, mutabilis?* et *spireæfolia?* Schl. sal. exs.

Arbrisseau rameux de 2 à 4 pieds, à écorce cendrée, et assez semblable, par son port, à quelques variétés du S. déprimé; ses feuilles sont de grandeur assez variable, ovales ou lancéolées, plus petites à la base des rameaux, atteignant jusqu'à 1 pouce de longueur, à bords presque entiers et légèrement roulés en dessous; la face supérieure est glabre, ou à peine pubescente; l'inférieure est finement drapée, à nervures saillantes; les chatons mâles sont inconnus; les chatons femelles naissent avec les feuilles, d'abord courts et serrés, entourés à leur base de bractées foliacées, ovales, soyeuses en dessous; les écailles sont noires, obtuses, garnies de poils courts; l'ovaire est conique, légèrement soyeux, et porté sur un pédicelle d'abord assez court, puis deux fois plus long que l'écaille située à sa base; le style est court, divisé en 2 stygmates bifides. ♃ Il croît dans les tourbières du Jura et du pied des Alpes.

2090^c. Saule noircissant.　　*Salix nigricans.*

S. nigricans. Wahlemb. Fl. lap. 271, t. 17, f. 3. Wild. sp. 4, p. 1659. Ser. Essai, p. 42. Sal. exs. n. 22 et 73.

Arbrisseau de 6 à 10 pieds, remarquable par la couleur plus ou moins noirâtre que ses feuilles prennent par la dessiccation; les jets de l'année précédente sont presque toujours velus; les stipules assez grandes, dentées, de forme peu régulière; les feuilles sont ovales ou ovales-lancéolées; leurs bords sont un peu roulés en dessous, quelquefois légèrement ondulés; leur grandeur varie de 1 à 2 pouces; leur surface supérieure est presque toujours glabre;

l'inférieure est glauque, souvent veloutée; les chatons naissent avec
les feuilles; les femelles sont d'abord elliptiques, puis plus ou moins
cylindriques, accompagnés à leur base de quelques bractées soyeusès
en dessous; le périgone est noirâtre, peu velu; l'ovaire conique,
allongé, porté sur un pédicelle qui ne dépasse presque jamais la
longueur de l'écaille; le style est long, terminé par 2 stygmates
fourchus; l'ovaire est moins velu que dans toutes les espèces de
cette section, et il arrive souvent qu'il devient glabre à la maturité.
♃ Il croît dans les vallées humides du Jura, et au pied des Alpes
de Savoie et de Dauphiné. Il offre une foule de variétés quant à la
forme, à la grandeur et au duvet de ses feuilles; c'est en effet à
cette espèce qu'on doit rapporter les *salix nigricans, polygonifolia,
populifolia, obtuse-serrata, trichocarpa, ulmifolia, crispato-serrata,
fagifolia, villosula, juratensis, elliptica, pruinosa, mollis, incana*,
de la collection des saules desséchés de M. Schleicher. Je suis même
porté à croire qu'on doit encore réunir sous cette espèce les *Salix
atrovirens, cordato-ovata, cidoniæfolia, clethræfolia, ilicifolia, murina,
nervosa, recurvata, reflexa, strepida, villosa* et *pallescens* de la
même collection.

2093. Saule déprimé.   *Salix depressa.*

S. *depressa.* Hoffm. sal. 63, t. 15, f. 1, 2; t. 16, f. 3, 4. Ser. Essai, p. 9.
— *S. polymorpha.* Ser. sal. exs. n. 11. — *S. repens.* Smith. Fl. brit.
n. 1061.
α. *S. repens.* Lin. sp. 1447. — *S. depressa.* Fl. fr. n. 2093.
β. *S. arenaria.* Fl. fr. n. 2092, non Wild. Sm.
γ. *S. incubacea.* Lin. sp. 1447. Fl. fr. n. 2091. — *S. depressa nitida.* Ser.
Ess. p. 10.
δ. *Microphylla.* Ser. sal. exs. n. 61. Essai, p. 10.
ε. *Elatior.* Ser. Essai, p. 10. Sal. exs. n. 36. — *S. repens latifolia.*
Schl. exs.

Cette espèce ressemble au *S. monandra* par ses chatons femelles,
dont les stygmates sont sessiles au sommet de l'ovaire; elle en diffère
par ses fleurs mâles à deux étamines, par ses chatons qui naissent en
même temps que les feuilles, par ses feuilles le plus souvent soyeuses,
et surtout par son port; sa tige est rampante, couchée, ou disposée
en petit buisson bas et tortu, ses feuilles sont entières, ovales-
oblongues, presque toujours revêtues en dessous, et souvent en
dessus, de poils soyeux et couchés; leurs bords se roulent en dessous
au moins dans leur jeunesse; les limites des variétés sont difficiles à
tracer à cause de leurs nombreuses nuances; la var. δ est très-remarquable par ses feuilles étroites et linéaires; la var. ε au contraire, par

ses feuilles ovales-oblongues , très-larges ; ce saule est commun dans les marais tourbeux. Le *S. argentea*, Schl. pl. exs. Ser. Essai, p. 23, ne me paraît encore qu'une des variétés de cette espèce.

2094. Saule bleuâtre. *Salix cæsia.*

Il faut rapporter ici le *S. prostrata*, Erh. pl. sel. 159, Ser. Ess. p. 24. — *S. myrtilloïdes*, Wild. sp. 4, p. 686, non Wahlemb.

2095. Saule arbuste. *Salix arbuscula.*

M. Seringe le regarde peut-être avec raison comme une simple variété du *S. fœtida*, n. 2097.

2096. Saule myrte. *Salix myrsinites.*

Cette espèce, très-reconnaissable par les nervures saillantes et réticulées de ses feuilles, a donné cependant lieu à plusieurs méprises ; elle est désignée trois fois dans Wildenow ; savoir, sous les noms de *S. myrsinites*, p. 678. — *S. arbutifolia*, p. 682. — *S. jacquiniana*, p. 692. Elle est très-bien figurée sous ce dernier nom par Sturm, Fl. germ. C'est encore le *S. dubia*, Suter, Fl. helv. 2, p. 283. — *S. venulosa*, Smith. Fl. brit. p. 1055, non Schl. — *S. fusca*, Jacq. Fl. austr. t. 409. — M. Seringe, qui l'a placée dans sa collection sous les noms de *S. venulosa*, n. 18, et de *S. arbutifolia*, l'a bien décrite, Ess. p. 44, sous ce dernier nom, qui, étant postérieur à celui de *myrsinites*, doit être rejeté. Les principales variétés sont :

β. *Pilosa*, Ser. — *S. pilosa*, Schl. exs. — *S. sericea*, Thom., qui est remarquable par ses feuilles couvertes de poils laineux.

γ. *Leiocarpa*, Ser. — *S. fusca*, Hoffm. sal. 2, p. 7, t. 28 et 29, qui se distingue par ses ovaires glabres ; variation très-rare parmi les saules, et qui a été observée par M. Seringe.

δ. *Angustifolia*, Schleich. exs., qui ne diffère de l'espèce ordinaire que par ses feuilles longues, étroites et pointues.

2097. Saule fétide. *Salix fœtida.*

Ce saule se distingue assez bien du *S. cæsia* par ses feuilles dentées en scie, et du *S. myrsinites*, parce que les nervures de ses feuilles sont peu ou point saillantes en dessus. On doit lui rapporter les synonymes suivans : *S. prunifolia*, Sm. Fl. br. 1054. Wild. sp. 4, p. 677. Ser. Essai, p. 49. — *S. formosa*, Wild. sp. 4, p. 680. — *S. glauca*, Wild. arb. 338, non Lin. — *S. venulosa*, *S. thymelæoïdes*, et probablement *S. decumbens*, Schl. sal. exs. : tous ces noms sont ou déjà employés pour d'autres espèces, ou postérieurs à celui que j'avais adopté. Cette espèce est assez fréquente dans les Alpes de la Savoie, du Dauphiné, de la Provence. Ses principales variétés sont :

α. *Acuta*, qui est celle que j'ai décrite.

β. *Obtusa*, Ser., qui n'en diffère que par ses feuilles obtuses.

γ. *Angusta*, Ser. — *S. thymelæoïdes acutifolia*, Schl. qui est remarquable par ses feuilles oblongues-pointues, presque linéaires.

δ. *Prunifolia*, Schl. qui a les feuilles larges ovales, et assez semblables à celles du prunier commun, et munies de stipules fortement dentées.

ε ? *Decumbens*, Schl. qui a les feuilles ovales-pointues aux deux extrémités, et les stipules nulles ou très-petites.

2097ª. Saule de Pontedera.   *Salix Pontederana.*

S. Pontederana. Wild. sp. 4, p. 61, excl. Vill. syn. Schl. exs. Ser. Essai, p. 89.

Arbrisseau de 2-3 pieds, à rameaux, d'un brun foncé, pubescens dans leur jeunesse ; les feuilles sont longues de 2-3 pouces sur 6-9 lignes de largeur, oblongues, lancéolées, obtuses à la base, pointues au sommet, lisses et glabres, et d'un vert foncé en dessus, glauques, un peu pubescentes en dessous, bordées de dentelures très-petites, un peu éparses et glanduleuses ; les chatons naissent avant les feuilles ; les mâles sont inconnus ; les femelles sont longs de 8-9 lignes, oblongs, sessiles, munis de 2-3 bractées courtes et soyeuses ; l'ovaire est oblong, cotonneux, presque sessile ; le style court a 2 stygmates bifides ; les périgones sont oblongs, d'un brun noir, légèrement pubescens. ♃ Ce saule croît au mont Cénis, d'après M. Wildenow. Je le décris d'après des échantillons cueillis en Suisse par M. Schleicher. M. Lapeyrouse dit avec doute qu'il se trouve à la montagne de Médassoles dans les Pyrénées.

2097ᵇ. Saule lancéolé.   *Salix lanceolata.*

S. lanceolata. Ser. Essai, p. 37, ic. — *S. kanderiana.* Ser. sal. exs. n. 42. — *S. holosericea.* Ser. sal. exs. n. 70, non Wild. — *S. longifolia.* Schleich. pl. exs. non Wild. — *S. phylicifolia.* Thuil. par. ed. 2, p. 512, non Lin.

Ce saule forme un petit arbre de 10 à 20 pieds de hauteur ; l'écorce est brune, un peu pubescente dans les jeunes pousses ; les feuilles sont lancéolées, longues de 3 à 4 pouces, sur 8 à 12 lignes de largeur, dentées en scie ou irrégulièrement crénelées, presque glabres, et d'un vert foncé en dessus, couvertes en dessous d'un duvet fin et blanchâtre ; les nervures sont saillantes en dessous ; le pétiole est court ; les stipules réniformes ou acuminées ; les chatons naissent avec les feuilles ou un peu avant ; les femelles sont cylindriques, courbées, munies de quelques feuilles à leur base ; l'ovaire est long, conique, drapé, un peu pédicellé ; le style est distinct, divisé au sommet en 2 stigmates bifides ; le périgone est rougeâtre, allongé, obtus, garni de peu de poils ; les chatons mâles sont plus longs que les femelles ; les étamines sont au nombre de 2, un peu réunies par leur base. ♃ Il croît dans les terrains humides, aux environs de Paris, comme je le vois par des échantillons ramassés par MM. Lhéritier et Thuillier, dans la vallée du Léman. On ne peut confondre cette espèce ni avec les *S. holosericea,* Wild. et *velutina,* Schrad. qui ont les stygmates sessiles au sommet de l'ovaire, ni avec les *S. candida,* Wild. et *holosericea,* Koch. qui ont le style très-long et les poils du périgone très-nombreux, et aussi longs que le style.

2098ᵃ. Saule très-mol. *Salix mollissima.*

S. mollissima. Ehrh. dec. 8, n. 79. Ser. Essai, p. 34. Sal. exs. n. 59. Wild. sp. 4, p. 707. Hoffm. Fl. germ. 1, p. 2, p. 265.

Il ressemble beaucoup au *S. viminalis,* et est souvent confondu avec lui dans les pépinières ; ses rameaux sont nombreux, étalés ; son écorce est brunâtre ; ses feuilles sont vertes des deux côtés, lancéolées-linéaires, presque entières, glabres, et d'un vert foncé en dessus, pâles, et garnies en dessous de petits poils couchés, mais non pas blanches comme dans le *S. viminalis ;* les stipules manquent ; les chatons mâles sont encore inconnus ; les femelles naissent avec les feuilles ou un peu avant elles ; ils sont oblongs, plus gros que dans le *S. viminalis ;* ils portent à leur base 3-4 bractées soyeuses ; les périgones sont allongés, d'abord rougeâtres, puis bruns, très-abondamment garnis de poils soyeux, plus longs que les stygmates ; ceux-ci sont presque toujours entiers, de couleur jaune, portés sur un style allongé ; l'ovaire est conique, laineux, presque sessile. ♃ Il croît le long des rivières, dans la vallée du Rhin, en Alsace et en Palatinat.

2098ᵇ. Saule fendu. *Salix fissa.*

S. fissa. Ehr. dec. 3, n. 29. Hoffm. sal. 61, t. 13, f. 1, 2 ; t. 14, f. 3, 4. Ser. Essai, p. 32. Sal. exs. n. 30 et 75. — *S. virescens.* Vill. dauph. 3, p. 385, t. 51, f. 30. — *S. viminalis, β.* Fl. fl. n. 2098. — *S. rubra,* Smith, Fl. brit. 1043. Wild. sp. 4, p. 674.

β. *S. olivacea.* Thuil. Fl. par. ed. 2, p. 514. — *S. olivacea, δ.* Fl. fr. n. 2099.

γ. *S. membranacea.* Thuil. loc. cit. p. 515.

Cette espèce tient assez bien le milieu entre les *S. viminalis* et *monandra* ; elle a le port de la première , et la plupart des caractéres de la dernière ; elle forme un arbuste de 8 à 10 pieds de hauteur, dont l'écorce est cendrée ou un peu rougeâtre ; les feuilles sont longues , lancéolées-linéaires , à peine légèrement dentelées, glabres en dessus , ou garnies de quelques petits poils couchés , le plus souvent un peu pubescentes en dessous, à pétioles courts, à stipules linéaires-aiguës ; les chatons se développent avant les feuilles ; ils sont cylindriques, sessiles , munis à leur base de quelques bractées étroites et soyeuses en dehors ; les fleurs mâles ont 2 étamines un peu soudées par leur base ; les périgones sont noirs, ovales, poilus ; les ovaires sont sessiles , coniques , couverts de poils courts et soyeux ; le style est long (et non pas nul , comme dans le *S monandra*), terminé par 2 stygmates lamellés. ♃ Ce saule croit dans les terrains humides , le long des rivières , aux environs de Paris, en Picardie , dans le Palatinat , en Dauphiné , à Tarascon , en Provence : il porte quelquefois le nom d'*osier rouge.*

2099. Saule à une étamine.   *Salix monandra.*

ε. Brevifolia. Schl. exs.
ζ. Angustifolia.
θ. Subverticillata. Ser. Ess. p. δ. Sal. exs. n. 31.

Cette espèce est toujours reconnaissable à ses chatons mâles , dont les fleurs n'ont qu'une étamine , et à ses chatons femelles, dont les stygmates sont sessiles au sommet de l'ovaire ; son feuillage est très-variable : outre les variétés déjà indiquées , on doit noter la var. ε , remarquable par ses feuilles courtes , ovales-oblongues , presque obtuses ; la var. ζ, qui se distingue par ses feuilles aiguës , étroites , presque linéaires , et que j'ai trouvée au mont Maunier , dans les Alpes de Provence ; enfin , la var. δ, qui offre des feuilles souvent verticillées trois à trois. Cette disposition ne se rencontre que sur les pieds dont les branches ont été coupées l'année précédente : je l'ai trouvée en Touraine , où cet arbre est cultivé , et où ses branches servent en guise d'osier.

2110ª. Aulne à feuilles en cœur.   *Alnus cordifolia.*

A. cordifolia. Tenor. Fl. neap. ex specim. miss. — *Betula cordata.* Lois. not. p. 139.

Ce bel arbre s'élève au moins à la grandeur de l'aulne glutineux ; ses jeunes rameaux ont l'écorce brune ; ses feuilles sont portées sur de longs pétioles , d'un vert foncé en dessus , pâle et un peu roussâtre en dessous , ovales , échancrées en cœur à leur base , dentées en scie, à peine pointues, glabres, excepté de petites houppes de poils roussâtres situés à l'aisselle des nervures de la face inférieure. Les chatons mâles sont portés plusieurs ensemble sur un pédicule, cylindriques, assez épars ; les chatons femelles sont solitaires, ou réunis 2 à 3 ensemble, ovoïdes, deux fois plus gros que dans l'aulne glutineux ; ils exsudent, lorsqu'ils sont en fruit, une matière jaunâtre et amère, qui se concrète à leur surface. Les capsules sont aplaties, non bordées. ♃ Cet arbre, que je décris d'après des échantillons recueillis à Naples et en Toscane, a été trouvée en Corse par M. Robert.

2116. Chêne à grappe. *Quercus racemosa.*

β. *Purpurascens.* DC. Rapp. voy. 1, p. 19.
γ. *Nannetensis.* DC. Rapp. voy. 1, p. 19.

La variété β, que j'ai trouvée aux environs du Mans, ne diffère de l'espèce ordinaire que par ses feuilles rouges à leur naissance, et qui, à leur développement parfait, ne cessent point d'avoir une teinte rougeâtre. La var. γ est très-remarquable par ses feuilles, profondément pinnatifides, à lobes écartés, oblongs, un peu pointus, glabres en dessus, très-pubescens en dessous, et fort semblables à certaines variétés du tauzin. Seroit-ce une espèce distincte ? J'en ai trouvé quelques arbres isolés au Chaffaud, près Nantes.

2116ª. Chêne pyramidal. *Quercus fastigiata.*

Q. *fastigiata.* Lam. dict. 1, p. 725. Pers. ench. 2, p. 750. Bosc. mem. 1807, p. 16. — Q. *sessiliflora*, ζ. Fl. fr. ed. 3, n. 2117.

Ce chêne est très-remarquable par son port, qui est semblable à celui du peuplier d'Italie ou du cyprès pyramidal ; sa tige s'élève droite à la hauteur de 30 à 40 pieds, et ses branches se dirigent toutes vers le sommet avec assez de régularité ; ses feuilles sont glabres, presque sessiles, à lobes très-obtus et très-peu profonds ; les glands sont portés 3 à 5 au sommet d'un long pédoncule ; les écailles de leur capsule sont obtuses, glabres, très-exactement appliquées et soudées ; le gland est cylindrique, 3 ou 4 fois plus long que la capsule. Ce bel arbre, connu sous les noms de *chêne des Pyrénées*, *chêne cyprès*, *chêne pyramidal*, se trouve, mais toujours épars, en petite quantité et près des habitations, dans les vallées des Pyrénées occidentales et dans les Landes ; mais il ne paraît pas indigène du pays.

2116[b]. Chêne de l'Apennin.   *Quercus Apennina.*

Q. Apennina. Lam. dict. 1, p. 725. Bosc, Mém. 1807, p. 20. — *Q. latifolia perpetuo virens.* C. Bauh. pin. 420.

Arbre peu élevé, d'un aspect sombre et touffu, à feuilles pubescentes ou un peu cotonneuses en dessous, ovales, à lobes peu profonds, très-obtus, à pétiole court et laineux; les fruits sont portés au nombre de 6 à 10 sur un long pédicule, le long duquel ils sont sessiles, de manière à former une espèce d'épi interrompu : cet arbre garde ses feuilles vertes très-tard, et ne les perd absolument qu'à la fin de l'hiver; il est au *Q. racemosa* ce que le *Q. pubescens* est au *Q. sessiliflora.* Il croît sur les collines sèches et pierreuses : M. Bosc dit qu'on le trouve dans les montagnes du Midi, et aux portes mêmes de Lyon ; M. Nestler l'a trouvé en Alsace, à Castelwald, entre Colmar et Brissac.

2117[a]. Chêne pubescent.   *Quercus pubescens.*

Q. pubescens. Wild. sp. 4, p. 450, non Arb. — *Q. lanuginosa.* Thuil. par. 1, p. 502. — *Q. collina.* Schleich. cent. exs. 1, n. 97. — *Q. robur, δ.* Lam. dict. 1, p. 717. — *Q. sessiliflora, ι.* Fl. fr. ed. 3, n. 2117. — *Q. sessiliflora, β.* Smith, Fl. br. 3, p. 1027.

Il tient le milieu entre le *Q. sessiflora* et le *Q. toza.* Il diffère du premier par sa stature moins élevée et plus rabougrie, par ses feuilles pubescentes ou presque cotonneuses en dessous, un peu échancrées en cœur à leur base ; ses fruits sont sessiles, ordinairement ramassés en paquets, et plus petits que dans les espèces voisines ; il se distingue du *Q. toza,* parce que sa racine ne pousse pas de drageons, que ses feuilles sont toujours glabres en dessus, beaucoup moins hérissées en dessous, que ses fruits ne sont jamais pédonculés et toujours plus petits. Il se trouve sur les collines et les lieux secs de presque toute la France, mais moins abondant que les espèces voisines : on le nomme *chêne noir* aux environs de Toulouse.

2117[b]. Chêne tauzin.   *Quercus toza.*

Quercus toza. Bosc, Journ. hist. nat. 2, p. 155, t. 32, f. 3. Mém. p. 17. DC. Rapp. voy. 1, p. 19. Bast. Essai, p. 346. — *Q. tauzin.* Pers. ench. 2, p. 571. — *Q. nigra.* Thore, Chl. land. 381. — *Q. cerris, γ.* Fl. fr. n. 2118. — *Q. crinita, ι.* Lam. dict. 1, p. 718. — *Q. Pyrenaïca.* Wild. sp. 4, p. 451. — *Q. stolonifera.* Lapeyr. abr. 582.

β. *Q. pedem vix superans.* Bonamy, nann. p. 101, excl. syn. — *Q. humilis.* Fl. fr. n. 2120, non Lin. — *Q. brossa.* Bosc, Mém. p. 15.

γ. *Q. cœnomanensis.* Desp. ined.

Le tauzin est un arbre très-variable dans son port et ses caractères, mais qui se distingue très-bien aux caractères suivans : 1°. sa racine rampe sous terre, principalement dans les lieux sablonneux, et pousse souvent des rejetons ; 2°. ses feuilles sont plus ou moins échancrées en cœur à leur base, toujours pinnatifides, mais à lobes de forme et de profondeur très-variables, plus semblables à celles du cerris qu'à tout autre, couvertes surtout en dessous et dans leur jeunesse, d'un duvet mou, velouté et abondant ; ce duvet ne manque jamais à la surface inférieure ; la supérieure est quelquefois glabre ; 3°. la cupule a ses écailles courtes, obtuses et appliquées comme dans les rouvres, et non hérissées comme dans le cerris. M. Bastard, dans une histoire des chênes de l'ouest qu'il se propose de publier, distingue 27 variétés du tauzin ; ces variétés sont déduites de la forme, de la direction et de la profondeur des lobes de la feuille, du duvet plus ou moins épais qui les recouvre, de celui qui garnit les écailles des cupules, de la longueur des pédoncules, du nombre des glands qu'ils portent, de la longueur et de la forme des glands. J'ai indiqué celles qui sont assez distinctes pour qu'on ait pu les prendre pour des espèces. La var. β est quelquefois tellement rabougrie, lorsqu'elle croît dans un terrain sec et qu'elle est broutée par les bestiaux, qu'elle dépasse à peine la hauteur de la jambe : la var. γ est aussi très-remarquable par ses fruits sessiles et non pédonculés. Le tauzin est très-commun dans toute la région de l'ouest, où il se trouve en forêts et en taillis, tantôt seul, tantôt mêlé avec les rouvres : il préfère les terrains sablonneux ; on le trouve en abondance de Nantes à Bayonne ; il est commun dans les Pyrénées occidentales ; ses limites à l'est paroissent être les environs du Mans, d'Angoulême, et cette partie du Périgord qu'on nomme vulgairement *la Double*. J'ai quelques raisons de croire qu'il s'étend dans le Quercy, les Cévennes et le Roussillon ; mais je ne puis l'affirmer, ne l'y ayant pas vu par moi-même. Dans tous ces pays, le tauzin est très-bien distingué des paysans ; comparé avec les rouvres, son bois est meilleur pour le chauffage, et moindre pour les constructions ; son écorce plus estimée des tanneurs ; ses glands plus profitables pour la nourriture des cochons. Il est connu sous les noms de *tauzin*, *tauza*, *chêne noir*, dans les Landes ; *chêne doux*, à Angers et Nantes ; *chêne brosse*, au Mans ; *chêne angoumois*, dans les jardins ; *Ametça* ou *Atmenza*, chez les Basques.

2118. Chêne cerris.   *Quercus cerris.*

Q. cerris. Lin. sp. 1415. Wild. sp. 4, p. 454. Fl. fr. ed. 3, n. 2118, **excl.** var. *β* et *γ*. — *Q. crinita.* Lam. dict. 1, p. 718.

β. Q. ægilops. Bon. nann. 102.

γ. Q. crinita. Bosc, Mém. chen. p. 19.

Le cerris est un grand arbre qui ressemble au *Q. racemosa* par son port; mais il en diffère par ses feuilles, toujours beaucoup plus profondément et plus élégamment pinnatifides, et surtout parce que les écailles de ses cupules sont longues, aiguës, étalées ou hérissées; la var. *α* a les feuilles glabres en dessous; la var. *β* les a pubescentes à la surface inférieure; la var. *γ* les a également pubescentes, et les cupules très-hérissées et un peu pubescentes. Cette espèce de chêne ne croît point en grandes forêts; mais je l'ai trouvée éparse dans les bois et les haies des environs de Nantes, d'Angers, du Mans; on la cite encore comme indigène dans les Cévennes, dans les environs d'Eu et de Navarre (Bosc). Le *Q. haliphleos* parait être une espèce bien distincte de celle-ci, mais qui parait propre à l'orient, et non originaire de la Bourgogne, comme on l'a dit.

2119. Chêne égilops.   *Quercus ægilops.*

Cette espèce est propre à l'orient, et doit être exclue de la Flore française; je l'avais indiquée d'après l'autorité de divers auteurs, qui avaient désigné sous ce nom des variétés du *Q. cerris.*

2120. Chêne humble.   *Quercus humilis.*

J'avais indiqué cette espèce d'après Bonamy; mais je crois avoir prouvé jusqu'à l'évidence (Rapp. voy. 1, p. 19) que ce qu'il a décrit sous ce nom n'est autre chose qu'une variété du *Q. toza;* cet article doit donc être rayé de la Flore de France.

2121. Chêne yeuse.   *Quercus ilex.*

L'yeuse se distingue du liége à son écorce non subéreuse, et à son feuillage moins glauque. Il varie prodigieusement quant à la forme, à la grandeur et aux dentelures de ses feuilles. La var. *γ*, qui a les feuilles larges, ovales-arrondies, et souvent bordées de dents assez fortes, a été indiquée par les auteurs du midi sous le nom de *Q. gramuntia;* mais le *Q. gramuntia* de Linné parait être le *Q. rotundifolia* de Lamarck, qui ne se trouve point en France. Tous les chênes de Grammont appartiennent certainement au *Q. ilex.* L'yeuse est commun dans tout le midi; il se trouve épars dans les forêts de l'ouest, jusques à Nantes, Angers et Juigné. — Il faut ajouter aux variétés de l'yeuse le *Q. alzina*, Lapeyr. Abr. 584, qui n'en diffère que par ses glands un peu plus courts, et dont la saveur est un peu ou point acerbe : on le connaît sous le nom d'*alzina dolce*, et on assure qu'il se retrouve dans le pays d'Andorre. Le degré d'acerbité des glands de l'yeuse est très-variable : parmi les individus plantés dans le jardin de Montpellier par Richer de Belleval, il en est dont les glands sont doux et mangeables, et qu'on ne peut cependant distinguer, par leurs formes, des individus à glands acerbes. Le *Q. suber* a les glands presque toujours doux et mangeables.

2127. Orme à fleurs éparses. *Ulmus effusa.*

Cet arbre s'est retrouvé dans les bois, en Anjou près Angers, et Chalonnes (Bast.); à Chamerande près Pont-de-Vaux, en Bresse (Dumarch.); aux environs de Strasbourg, d'où il m'a été envoyé par M. Nestler.

FAMILLE DES URTICÉES.

2132ª. Ortie membraneuse. *Urtica membranacea.*

U. membranacea. Poir. enc. 4, p. 638. Desf. atl. 2, p. 340. — *U. caudata.* Vahl. symb. 2, p. 96.

ELLE a le port de l'ortie dioïque; mais elle est monoïque. Sa tige s'élève à 7–10 décim. et est garnie de poils peu nombreux; ses feuilles sont opposées, ovales, fortement dentées, portées sur de longs pétioles. Les épis mâles naissent deux à deux des aisselles supérieures; ils sont grêles, filiformes, munis de fleurs seulement d'un côté, et garnis de deux membranes étroites qui leur donnent l'aspect du rachis des paspales : les épis femelles sont courts, ovales, placés un peu plus bas ⊙? Elle a d'abord a été trouvée dans les environs d'Arles, par M. Artaud. MM. Requien, Ziz et Robert, l'ont depuis retrouvée dans d'autres endroits de la Provence. M. Custer l'a cueillie dans les environs de Perpignan, et M. Bonnemaison en Bretagne.

2132ᵇ. Ortie hérissée. *Urtica hispida.*

Cette espèce est dioïque, et ne peut être confondue qu'avec l'O dioïque, dont elle diffère beaucoup. Sa tige droite est hérissée de poils roides très-serrés vers sa partie supérieure; les pétioles et les pédoncules sont chargés de poils semblables; ceux qu'on observe sur le limbe des feuilles sont disposés d'une manière serrée tout le

long des nervures de la surface inférieure, et sont épars dans les
intervalles, tandis qu'à la surface supérieure, les nervures sont nues,
quoique les intervalles portent des poils épars ; les feuilles, d'ailleurs,
sont opposées, et ressemblent beaucoup à celles de l'ortie dioïque.
Les feuilles sont disposées en épillets linéaires, simples ou peu rameux, placés de deux en deux dans chaque aisselle des feuilles supérieures ; ces épillets sont moins longs, relativement aux feuilles,
que dans l'O. dioïque. ♃ Cette plante a été trouvée aux environs de
Prades dans les Pyrénées orientales, par M. Coder.

2136ª. **Pariétaire de Portugal.** *Parietaria Lusitanica.*

> *P. Lusitanica.* Lin. sp. 1492. Lois. not. 144. — *P. cretica.* Lois. Fl. gall.
> p. 693. — *P. alsines folio, sicula.* Bocc. pl. rar. p. 47, t. 24, f. B.

Sa tige est grêle, filiforme, rameuse, couchée et pubescente ; les
feuilles sont petites, ovales-arrondies, presque obtuses, portées
sur des pétioles grêles et plus courts que le limbe ; ses fleurs, presque sessiles, sont en petits groupes de 3 dans chaque aisselle de
feuille. ⊙ Cette plante a été trouvée à Faron près Toulon, par
M. Robert ; à Bagnols dans les Pyrénées orientales (Lap.).

2139ª. **Lampourde à gros**   *Xanthium macrocarpum.*
        fruits.

> *X. Orientale.* Lin. sp. 1400, exclus. syn.* Lin. fil. dec. 33, t. 17, exclus.
> syn*. Lam. Encycl. 3, p. 413, exclus. syn.* Gœrtn. 2, p. 418, t. 164,
> f. 9.

Cette espèce ressemble à la L. glouteron ; mais elle en est parfaitement distincte. Sa tige est haute d'environ deux pieds, rameuse,
anguleuse, souvent rougeâtre, rude au toucher, ainsi que ses
feuilles. Celles-ci sont munies de longs pétioles ovales, cunéiformes à leur base, quoique un peu en forme de cœur, légèrement lobées, dentées en scie dans leur contour. La disposition des
fleurs et des fruits est à peu près comme dans la L. glouteron ; mais
ses fruits sont deux fois plus gros et plus longs, hérissés de pointes
roides terminées en crochet, et hispides à leur base ; les deux pointes
en cornes qui terminent ces fruits sont fortes, dures, divergentes,
et recourbées en dedans, laissant apercevoir, au-dessous de leur
partie supérieure, l'extrémité du style. Des bractées linéaires et
caduques s'observent au-dessous des fruits. Cette plante paraît avoir
été confondue sous le nom de *xanthium orientale*, avec d'autres
espèces du même genre : je possède en herbier une espèce du Canada qui me paraît distincte de celle-ci, et qui est peut-être la

plante figurée par Morison , citée comme synonyme du *X. orientale*. La description de Linné , la description et la figure de Linné fils se rapportent parfaitement à notre plante ; malgré cela j'ai cru convenable de ne pas lui conserver le nom d'*orientale*, 1°. parce qu'il n'est pas prouvé que cette plante croisse en Chine, au Japon, à Ceylan ; 2°. parce que cette habitation supposée certaine , le nom d'*orientale* ne serait guère convenable , l'espèce se trouvant en Languedoc. ⊙ Elle a été trouvée dans les vignes du bas Languedoc , par mademoiselle Lucie Dunal.

FAMILLE DES EUPHORBIACÉES.

2142ª. Mercuriale ambiguë. *Mercurialis ambigua.*

M. ambigua. Lin. f. dec. 1, t. 8. Brot. lus. 2, p. 52.

CETTE espèce ne diffère de la M. annuelle que parce qu'elle a des fleurs mâles et femelles mêlées dans les mêmes verticilles : elle n'en est peut-être qu'une variété ; car M. Brotero observe que les mêmes graines donnent des individus , les uns monoïques , les autres dioïques. ⊙ Elle croît sur les murs à Saint-Tropès , à Toulon , où elle a été trouvée par M. Robert ; en Corse (Lois.).

2144ª. Euphorbe de Mar-　*Euphorbia Massiliensis.*
seille.

E. thymifolia. Lois. Fl. gall. 2, p. 727 , exclus. syn.
β. *Villosa.* — *E. canescens.* Lin. sp. pl. p. 652 ?

Cette espèce a le port de l'*E. chamæsice*, et diffère de l'*E. thymifolia* de Linné. Sa tige est grêle , cylindrique , couchée , très-rameuse, dichotome , pubescente ou poilue ; ses feuilles sont opposées , presque ovales , très-obtuses , légèrement dentées en scie , obliquement échancrées en forme de cœur à leur base , à pétioles grêles et courts , légèrement pubescentes en dessous ; les fleurs sont axillaires , portées sur de courts pétioles, souvent solitaires ; les lobes de l'involucre sont blancs , entiers ; les capsules sont triangulaires , légèrement pubescentes , hérissées de longs poils sur les angles ; les graines sont tétragones et chagrinées. ⊙ Cette plante a été trouvée à Marseille par M. Requien , de qui je la tiens. M. Loiseleur l'indique aussi dans la partie maritime de la Provence.

2146ᵃ. Euphorbe faux-péplus. *Euphorbia peploïdes.*

E. peploïdes. Gouan, Flor. 174. — *E. rotundifolia.* Lois. not. p. 75, t. 5,
f. 1. — *Peplus minor.* J. Bauh. hist. 3, p. 670. Mag. bot. 200. —
E. peplus, β. Fl. fr. ed. 3, n. 2146. Wild. sp. 2, p. 903. — *Tit. annuus
supinus folio rotundiore acuminato.* Tourn. inst. 200.

Cette plante a des rapports avec l'*euphorbia peplis* et l'*E. peplus.*
Ses tiges sont grêles, ascendantes, glabres, deux fois plus petites
que celles de l'*E. peplus.* Ses feuilles sont arrondies, quelquefois
émarginées, retrécies en pétioles à leur base. Les lobes extérieurs
de l'involucre sont rougeâtres; les capsules sont glabres, et les
graines marquées de petites cavités roussâtres, disposées en séries longitudinales. ⊙ Cette plante croit aux environs de Montpellier
(Gouan), d'Avignon (Requien), de Marseille (Bouchet), de Toulon (Lois.), dans les lieux cultivés.

2146ᵇ. Euphorbe obscure. *Euphorbia obscura.*

E. obscura. Lois. not. 76, t. 5, f. 2. — *E. mucronata.* Lam. Encycl. 2,
p. 427? — Barr. ic. 751.

Cette plante a des rapports nombreux avec les *E. peplus, falcata,*
et surtout avec l'*E. terracina.* Sa tige est droite, simple ou peu
rameuse, glabre comme les autres parties de la plante; les feuilles
sont presque sessiles, mucronées; celles de la base de la tige échancrées au sommet; les autres feuilles de la tige, et les feuilles florales,
sont acuminées; les lobes extérieurs de l'involucre sont rougeâtres,
et à deux cornes très-peu prononcées; les capsules sont très-lisses. ⊙
Elle a été trouvée dans les champs, en divers lieux de la Provence,
aux environs de Cotignac et de Draguignan, par M. de Suffren;
près d'Avignon, par MM. Requien et Gochnat.

2147. Euphorbe en faux. *Euphorbia falcata.*

L'*E. mucronata* de Lamarck me parait devoir en être distingué,
et se rapporter à l'*euphorbia obscura* de Loiseleur. L'espèce que
M. Bastard a désignée dans son Supplément, p. 12, sous le nom
d'*E. mucronata,* ne me parait pas distincte de celle-ci, qui est la
variété β de l'*E. falcata* de la Flore. Je crois que ses fleurs sont
constamment d'un jaune-verdâtre, et non rougeâtre.

2148ᵃ. Euphorbe émoussée. *Euphorbia retusa.*

E. retusa. Cav. ic. 1, t. 34, f. 3. — *E. exigua,* β. Fl. fr. n. 2148. — Mag.
bot. p. 259. Ic. 258.

Cette espèce est plus petite que l'*E. exigua.* Les feuilles du bas de
la tige sont obtuses ou un peu échancrées; les lobes extérieurs de

l'involucre sont d'un rouge-brun entiers, et au nombre de cinq. ⊙
Elle croit dans les champs en jachère et les lieux incultes, à Agde,
Montpellier, Frontignan, Avignon (Req.).

2148ᵇ. Euphorbe rouge. *Euphorbia rubra.*

E. rubra. Cav. ic. t. 34, f. 1. — *E. tricuspidata.* Lapeyr. abr. p. 271.

Cette plante a beaucoup de rapport avec les *E. exigua* et *retusa.*
Comme cette dernière, elle a 5 lobes extérieurs rougeâtres à l'involucre ; mais elle en diffère par ses feuilles, en forme de coin,
émarginées et comme embriquées; ses ombelles ne sont pas toujours
bifides. ⊙ J'ai trouvé cette jolie espèce dans les environs de Béziers,
et M. Requien me l'a envoyée d'Avignon.

2149. Euphorbe à feuille menue. *Euphorbia tenuifolia.*

E. gracilis. Lois. Fl. gall. 728. Not. p. 78.

Cette plante, décrite par M. Loiseleur sous le nom d'*E. gracilis,*
a été trouvée dans les environs d'Arles par MM. de Suffren et
Artaud.

2154ᵃ. Euphorbe à pétales cornus. *Euphorbia seticornis.*

E. seticornis. Poir. voy. 2, p. 178. Desf. Fl. atl. 1, p. 385.

Elle a presque tous les caractères de l'E. des blés, mais 1°. ses
feuilles et ses bractées ont çà et là quelques dentelures aiguës ;
2°. leur consistance est plus molle et leur couleur souvent d'un
vert plus foncé; 3°. les bractées sont lancéolées, très-élargies à la
base, assez brusquement rétrécies et prolongées en pointe. ⊙ Je
l'ai cueillie sur les collines qui entourent la ville de Digne.

2154ᵇ. Euphorbe à longues bractées. *Euphorbia longi bracteata.*

Cette plante, qui a les plus grands rapports avec l'E. des blés, en
diffère principalement, 1°. par sa tige ordinairement plus forte et
plus rameuse; 2°. surtout par ses longues bractées linéaires ou
aiguës, sessiles et obliquement en cœur à leur base. ♂ M. Pouzin
l'a trouvée à Salaison près Montpellier.

2154ᶜ. Euphorbe de Portland. *Euphorbia Portlandica.*

E. Portlandica. Lin. sp. 656. Smith, Fl. brit. 515. Engl. bot. t. 441. —
Ray. syn. t. 24, f. 6.

Elle ressemble beaucoup à quelques variétés de l'E. des blés; sa

tige est presque ligneuse à la base, haute de 8-10 pouces, à rameaux alternes, florifères, et divisée au sommet en 3 ou 5 rameaux
plusieurs fois dichotomes, comme ceux qui sont au-dessous. Les
feuilles sont linéaires, oblongues, pointues, glabres, étalées, caduques; ses bractées sont larges, presque en cœur, terminées par
une petite pointe; l'involucre est à 4 lobes jaunes et lunulés. La
capsule est un peu tuberculeuse sur ses angles; les graines sont
ovoïdes, blanchâtres et réticulées. ♃ Elle croît dans les sables
maritimes des Sables-d'Olonne, où je l'ai ramassée; de Nantes, où
elle a été observée par M. F. de La Roche; de Quiberon; de l'Orient.
M. Requien l'a trouvée sur les bords de la Méditerranée, à Foz près
Marseille.

2154ᵈ. **Euphorbe à double**   *Euphorbia biumbellata.*
          ombelle.

E. biumbellata. Poir. voy. Barb. 2, p. 174, ic. Desf. Atl. 1, p. 387. Lois.
not. p. 77. — *E. segetalis,* γ. Fl. fr. 3, p. 335.

Sa tige est droite, simple, haute de 12-15 pouces, garnie de
feuilles alternes, linéaires, glabres, entières, obtuses, souvent terminées par une petite pointe. Près du sommet, naît une ombelle de
7-12 rayons grêles, chargés chacun de 2 à 3 fleurs. Du centre de
cette ombelle part un prolongement de la tige, qui se termine par
une seconde ombelle semblable à la précédente. Les folioles qui entourent les ombelles sont plus larges que celles de la tige; celles
qui entourent les fleurs sont plus larges que longues, et presqu'en
forme de cœur. La capsule est glabre et m'a paru lisse, du moins
avant son développement complet. J'avais réuni cette espèce comme
variété à l'*E. segetalis;* peut-être l'est-elle en effet. Elle m'en paraît distincte par sa double ombelle et par ses rameaux floraux,
non dichotomes. Lorsque l'ombelle inférieure n'existe pas, la tige
porte à la même place un involucre de feuilles. ☉ J'ai un échantillon de cette plante trouvée en Languedoc par M. Broussonet, et
d'autres cueillis par M. Robert, dans les environs de Toulon; par
M. Requien, dans les environs d'Avignon : ils sont absolument semblables à ceux rapportés d'Afrique par M. Poiret.

2154ᵉ. **Euphorbe d'Artaud.**   *Euphorbia Artaudiana.*

Cette espèce a beaucoup de rapport avec les *E. biumbellata* et
Portlandica, surtout avec cette dernière, dont elle a le port; mais
elle paraît en différer : 1°. par la couleur glauque de toutes ses
parties; 2°. par ses pédoncules seulement une ou deux fois dicho-

tomes , peu nombreux au-dessous de l'ombelle terminale , et souvent ramassés en verticille, c'est-à dire, formant une seconde ombelle à 3–5 rayons au-dessous de celle du sommet. Cette plante
diffère de l'E. à double ombelle : 1°. par la grandeur moindre de
toutes ses parties; 2°. par sa tige divisée depuis la racine en un
grand nombre de rameaux; 3°. par ses pédoncules une ou deux
fois dichotomes ; 4°. par le nombre moins grand des pédoncules
qui forment les ombelles (4–5 au lieu de 8–12); 5°. par les pédoncules situés au-dessous de l'ombelle terminale, qui ne sont pas
toujours disposés en verticille. Les lobes extérieurs de l'involucre
sont à deux cornes, comme ceux des espèces voisines ; les angles
des capsules sont tuberculeux comme dans l'E. de Portland. ♃?
Cette espèce croit en Provence. M. Artaud l'a trouvée dans les environs d'Arles; M. de Suffren, aux îles de Rotonau et de Pomègues,
et M. Requien, à Foz.

2157. **Euphorbe à feuilles de pin.** *Euphorbia pinifolia.*

Les *E. salicifolia, esula, pinifolia, cyparissias,* forment un
petit groupe parmi les espèces d'euphorbes de France , caractérisé :
1°. par les rameaux foliacés et stériles de la tige, qui naissent au-
dessous des rameaux fertiles ; 2°. par les feuilles inférieures de la
tige beaucoup plus courtes que les supérieures et caduques; 3°. une
ombelle à un assez grand nombre de branches ; 4°. les divisions
externes de l'involucre échancrées au sommet et à deux cornes ,
5°. les capsules lisses ou parsemées de poils écailleux très-petits et
les graines glabres. S'il est aisé d'apercevoir la grande affinité de
ces espèces , il ne l'est pas autant de tracer leurs caractères distinctifs. Les trois premières ne sont peut-être que des variétés
d'une seule. L'*E. pinifolia* a beaucoup de rapport avec l'*E. cyparissias* par ses feuilles étroites, linéaires, et par ses feuilles ra-
méales plus étroites que celles de la tige. Elle en diffère, ainsi que
des autres espèces voisines, par le nombre et la longueur de ses
feuilles , par le petit nombre des branches de son ombelle.

2157ᵃ. **Euphorbe ésule.**   *Euphorbia esula.*

α. *Foliis glabris.* — *E. esula.* Lin. sp. 660. Smith, Fl. brit. 2, p. 518. —
Esula minor. Dod. pempt. 374. Lob. ic. 357. — *E. pinifolia.* Bast. Ess.
174. — *E. amygdaloïdes.* Dub. Orl. p. 550. Lam. Encycl. 2, p. 438 ?
β. *Foliis subtus villosulis , capsulis piloso squamosis.*
γ. *Mosana.* Lejeune, Flore de Spa, 1, p. 218.

Cette plante est ligneuse à sa base et s'élève jusqu'à deux pieds
de hauteur; sa tige est fistuleuse; ses rameaux axillaires inférieurs

sont foliacés et stériles ; les feuilles sont oblongues, obovées, très-entières comme toutes celles des espèces de ce groupe, légèrement scarieuses et un peu roulées en leurs bords, glabres, beaucoup plus larges que dans l'*E. cyparissias* ; celles des rameaux foliacés ont la même forme que celles de la tige. L'ombelle a 6-12 rayons, une ou deux fois dichotomes : les feuilles qui naissent à l'origine des rayons sont à peu près de même forme que les autres, mais plus courtes ; celles qui se trouvent à la division de leurs rameaux sont en forme de cœur, presque arrondies, un peu en pointe au sommet. ♃ Cette espèce est commune dans les îles de la Loire, près Angers, Nantes ; en Languedoc, près Nismes, Montpellier ; au bord du Rhin, près Mayence.

2157^b. Euphorbe à feuilles de saule.   *Euphorbia salicifolia.*

 α. Foliis subtus villosulis. — *E. salicifolia.* Host. syn. 267. Lois. Fl. gall. 728. Walst. et Kit. 1, t. 55.
 β. Foliis glabris.

Sa tige est droite, simple, ou rameuse après la fleuraison. Ses feuilles sont oblongues, entières, obtuses ou presque obtuses, d'un vert un peu glauque, un peu poilues au-dessous, glabres dans la variété *β*. L'ombelle a 7-10 rayons, et en outre des rameaux axillaires au-dessous d'elle : chacun d'eux se divise en 2 branches ; les bractées sont larges, celles des branches de l'ombelle presque en cœur. ♃ Cette plante a été trouvée aux bords de la Mosson près Montpellier, aux environs d'Arles et de Tarascon, aux environs de Nantes. Ne serait-elle qu'une variété de l'Ésule ? La figure de la Flore de Hongrie lui convient assez. Les feuilles paraissent plus velues et plus grises en dessous que dans notre plante.

2158. Euphorbe cyprès.   *Euphorbia cyparissias.*

 β. Esuloïdes. — *E. esula.* Fl. fr. 3, p. 337, exclus. syn.

La difficulté de bien distinguer les espèces de ce groupe est cause que j'ai décrit, sous le nom d'*E. esula*, une plante qui n'est pas l'*E. esula* de Linné, comme je m'en suis assuré par un échantillon de cette dernière, cueilli en Ecosse, dans le lieu où Smith l'indique. La plante que je réunis à l'E. cyprès est peut-être une espèce distincte, mais je n'oserais l'affirmer ; elle en diffère par ses feuilles plus écartées, par les rameaux stériles de la tige en nombre moindre et souvent nuls, par le rapprochement plus grand des branches de l'ombelle , par la couleur toujours verte des bractées.

2160ª. Euphorbe des rochers. *Euphorbia saxatilis.*

E. saxatilis. Jacq. Aust. t. 345. Wild. sp. 2, p. 912. Lois. not. p. 77.

Cette espèce est rameuse à sa base ; ses tiges sont simples et ascendantes ; elles n'atteignent que deux ou trois pouces de haut. Ses feuilles sont oblongues, ou obovées , aiguës, glauques et glabres ; celles de la collerette générale, ovales-lancéolées ; celles des collerettes partielles , presque rondes. L'ombelle est formée de 6-8 rayons ; les divisions externes de l'involucre sont presque entières , à peine échancrées ; les capsules et les graines sont glabres et lisses. ♃ M. Loiseleur indique cette espèce au sommet du mont Ventoux , où elle a été trouvée par MM. de Suffren et Requien.

2160ᵇ. Euphorbe voisine, *Euphorbia affinis.*

Tithymalus marinus acuto lini folio. Barr. ic. 831.

Cette espèce a le port et beaucoup des caractères de l'E. de Gérard , mais elle en diffère : 1°. par ses feuilles moins serrées , les plus inférieures élargies et échancrées au sommet , les autres pointues , assez larges à la base et à demi-embrassantes ; 2°. par ses feuilles florales plus pointues ; 3°. par les lobes externes de l'involucre , échancrés et prolongés en 2 cornes acérées. ♃ Je l'ai trouvée sur le bord de la mer , à Fréjus.

2161. Euphorbe de Nice. *Euphorbia Nicæensis.*

α. *Nicæensis.* — *Bracteis subrotundis , capsulis glabris.* — E. *Nicæensis.* Fl. fr. 3 , p. 338, excl. syn. Lam. et Gou. — E. *Barrelieri.* Sav. bot. Etr. 1 , p. 145. — Barr. ic. 823.

β. *Oleæfolia.* — *Bracteis subrotundis , capsulis pilosiusculis.* — E. *oleæfolia.* Gou. herb. 29. Lois. Fl. gall. 1, p. 282. — *Tithymalus characias rubens germanicus.* Mag. bot. 254. — *Tithymalus oleæfolio glauco Narbonensis.* Tourn. inst. 87.

γ. *Salzmani.* — *Bracteis lineari-lanceolatis , capsulis glabris.*

δ. *Hebecarpa.* — *Bracteis lineari-lanceolatis , capsulis pilosiusculis.*

Dans l'état actuel de la science, les plantes dont nous venons de noter les différences , doivent être considérées comme des variétés d'une seule espèce, parce que nous n'avons aucune preuve de la permanence des caractères. Il est possible que les différences observées dans la forme des feuilles bractéales soient permanentes ; alors les deux premières variétés notées doivent constituer une espèce ; les deux dernières une autre espèce , chacune d'elles pourvue ou dépourvue de poils sur les capsules. Si au contraire les poils

observés sur les capsules des variétés β et ♂ γ sont constamment,
et n'existent jamais dans les deux autres variétés ; si en même temps
la forme des bractées est variable , les variétés α et γ formeront une
espèce, et les variétés β et ♂ en constitueront une seconde. L'observation ultérieure seule peut fixer l'opinion à cet égard. ♃ La variété α
a été trouvée principalement en Provence , aux environs de Nice ;
la variété β est très-commune en Languedoc ; la variété γ n'a encore été trouvée qu'à Grabels près Montpellier , par M. Salzmann ;
M. Coder de Prades (Pyr. orient.) m'a communiqué la variété ♂.

2162. Euphorbe à feuilles de myrte.   *Euphorbia myrsinites.*

Cette espèce, que j'avais indiquée , d'après les auteurs , aux environs de Montpellier , ne s'y trouve pas. Il est probable que l'une
des variétés de l'*E.* de Nice a été décrite sous ce nom.

2166. Euphorbe poilu.   *Euphorbia pilosa.*

α. *E. pilosa.* Lin.? exclus. syn. Gmel. — *E. epithymoïdes.* Dub. Orl. p. 549.
β. *Capsulis levibus pilosis.* — *E. Illyrica.* Lois. Fl. gall. 728, exclus. syn.

Les graines de cette plante sont lisses ; les capsules sont légèrement tuberculeuses dans la variété α, et dépourvues de tubercules
dans la variété β, qui diffère entièrement de l'*E. illyrica.* Lam. Cette
variété β a été trouvée à Bordeaux et Bayonne par M. Loiseleur ; à
Carcassonne, par moi ; à Pignan en Provence , par M. Rohde.

2170. Euphorbe à cime jaune.   *Euphorbia flavicoma.*

E. flavicoma. DC. Cat. Monsp. 110. — *E. dulcis.* Gou. Hort. 232 ? — Mag.
    bot. 306 ?
α. *Caulibus virgatis, umbellæ radiis glabris.*
β. *Caulibus depressis, umbellæ radiis glabris.* — *E. carniolica.* Fl. fr. ed. 3,
    n. 2170, excl. syn. — *E. pilosa.* Vill. Dauph. 4, p. 882, excl. syn.
γ. *Caulibus subvirgatis, umbellæ radiis villosis.*

Sa racine est ligneuse ; il en part plusieurs tiges herbacées, un
peu anguleuses au sommet, entièrement glabres dans les variétés α et β, velues dans la variété γ ; les feuilles sont oblongues-lancéolées , velues ou pubescentes , quelquefois un peu dentées en scie
au sommet ; souvent elles se déjettent vers le sol : l'ombelle est droite
ou un peu penchée , le plus souvent jaunâtre , quelquefois verdâtre
ou rougeâtre , à 5 rayons divisés en 3 branches ; on ne voit point
de rameaux axillaires au-dessous de l'ombelle ; les lobes externes de
l'involucre sont entiers ; les capsules sont glabres et portent des
papilles courtes et obtuses. Cette plante a un port très-variable ;

elle ressemble tantôt à l'*E. angulata*, Jacq.; tantôt à l'*E. spinosa*. ♃ Elle croît dans les lieux secs, à Campestre, dans les Cévennes; en Provence, au Buisson, en Dauphiné, etc. Je n'ai trouvé la variété γ qu'aux environs de Gênes.

2171. Euphorbe à écailles. *Euphorbia squamigera.*

É. squamigera. Lois. Fl. gall. 729.

Cette plante a beaucoup de ressemblance avec l'E. à verrues; mais elle en diffère par ses feuilles et ses bractées, toutes terminées par une petite pointe acérée et saillante; par ses fleurs un peu plus grosses, par ses capsules couvertes d'écailles plus larges et plus obtuses. ♃ Elle croît dans les champs et les lieux humides, près Toulon.

2172. Euphorbe à larges feuilles. *Euphorbia platyphyllos.*

δ. *E. stricta.* Lin. syst. 1049. — Engl. bot. t. 333.

Cette variété se distingue par ses tiges et ses rameaux plus grêles, ses feuilles plus étroites, et son ombelle, souvent à 3-4 rayons. Elle a été trouvée dans le Jura par M. Chaillet.

2172ᵃ. Euphorbe en panicule. *Euphorbia paniculata.*

E. paniculata. Desf. atl. 1, p. 386. Lois. Fl. gall. p. 728.

Sa tige est herbacée, simple ou rameuse; ses feuilles sont oblongues, demi-embrassantes, glabres, finement dentées en scie; l'ombelle est à 5 rayons à 3 branches bifides; les feuilles de la première et seconde division sont ovales-lancéolées; celles des dernières divisions sont arrondies et presque en forme de cœur; les lobes externes de l'involucre sont entiers; les capsules sont parsemées de papilles. *Lois.* ⊙ ? ♂ ? Cette plante est indiquée par M. Loiseleur dans les environs de Bayonne. J'ai trouvé au mois d'août, près de cette même ville, un échantillon d'euphorbe qui a tous les caractères de l'espèce ci-dessus, mais qui n'a pas de rameaux en panicule.

2172ᵇ. Euphorbe de Coder. *Euphorbia Coderiana.*

Cette espèce est voisine de l'*E. platyphyllos.* Comme dans cette dernière, la tige est lisse, glabre, droite; les feuilles sont lancéolées, finement dentées en scie; l'ombelle terminale est à 5 rayons; mais l'*E. Coderiana* a les feuilles pubescentes en dessous, et diffère essentiellement par ses rameaux axillaires feuillés, terminés par une ombelle à 3-5 rayons, et par les rayons de l'ombelle principale, qui sont autant de rameaux feuillés tout-à-fait semblables à ceux qui sont axillaires ; les lobes extérieurs de l'involucre sont jaunes et arrondies ; je n'ai pu voir si les capsules sont tuberculeuses , comme c'est présumable. ♃ Cette espèce remarquable m'a été envoyée des environs de Prades (Pyr. or.), par M. Coder.

FAMILLE DES ÉLÉAGNÉES.

2185ᵃ. Thésion couché.   *Thesium humifusum.*

Ce thésion n'est peut-être qu'une variété de celui à feuilles de lin ; il se distingue en ce que ses tiges, très-nombreuses, sont entièrement couchées par terre, très-longues, et terminées en épis grêles, ordinairement simples ; les pédicelles sont courts, et presque tous d'égale longueur. ♃ Je l'ai trouvé dans les dunes, aux environs des Sables-d'Olonne. Il fleurit en été.

FAMILLE DES THYMELÉES.

2197. Passerine dioïque.   *Passerina dioïca.*

Ajoutez aux synonymes : *Daphne calycina*, Berg. Bass. Pyr. 2, p. 211 , exclus. syn. — *P. empetrifolia*, Lapeyr. Abr. Pyr. 212.

2198. Passerine des neiges.   *Passerina nivalis.*

Ajoutez à la synonymie : *P. juniperifolia β*, Lapeyr. Abr. Pyr. 213. — *Daphne calycina β*, Lois. Fl. gall. 1 , p. 227.

2199. Passerine à calice.   *Passerina calycina.*

Ajoutez à la synonymie : *P. juniperifolia α*, Lapeyr. Abr. Pyr. 213.

2199ᵃ. Passerine thymelée.   *Passerina thymelæa.*

Daphne thymelæa. Fl. fr. n. 2191.

Le fruit de cette plante étant une capsule sèche, monosperme, il est évident qu'elle doit être rangée parmi les passerines.

2200. Passerine cotonneuse.   *Passerina hirsuta.*

β. *Foliis utrinque tomentosis.* Fl. fr. 3 , p. 726. — *P. polygalæfolia.* Lapeyr. Fl. pyr. p. 214.

Cette variété se distingue par ses feuilles plus longues, cotonneuses des deux côtés, par le duvet moins épais qui couvre la tige et les rameaux. Je possède un échantillon de cette plante, cueilli à Mont-Redon, près Marseille, par M. Requien, qui prouve évidemment que ce n'est qu'une variété ; car on y voit 1°. des rameaux couverts d'un duvet très-serré et des feuilles très-rapprochées, presque arrondies, et glabres en dehors, comme dans la var. *α* ; 2°. des rameaux à duvet léger, portant des feuilles allongées et cotonneuses des deux côtés, comme dans la var. *β*. Celle-ci ne doit pas être confondue avec le *P. tinctoria* de Pourret et de Lapeyrouse, auquel doit être rapporté le *P. hirsuta* de Asso. Je ne fais pas mention de cette dernière plante, parce qu'il ne parait pas qu'on l'ait encore trouvée en France.

2200ᵃ. Passerine tartonraire. *Passerina tartonraira.*

> *Daphne tartonraira.* Fl. fr. n. 2194.

Cette espèce, que tous les auteurs regardent comme un daphne, est aussi une passerine, puisqu'elle a le fruit sec et capsulaire.

FAMILLE DES POLYGONÉES.

2219ᵃ. Rumex des forêts. *Rumex nemorosus.*

> *R. nemorosus.* Schrad. Cat. hort. Gœtt. Wild. enum. 397. Koch. not. ined.

CETTE plante a de nombreux rapports avec les *rumex patientia* et *nemolapathum*. Elle diffère de la première par ses valves pérïgonales, oblongues ; et de la seconde, par ses verticilles nus et ses rameaux plus droits. ♃ M. Koch l'a découverte dans les forêts humides des environs de Kaiserslautern.

2220. Rumex des Alpes. *Rumex Alpinus.*

Ajoutez à la synonymie : *Rheum rhaponticum*, Delarb. Fl. auv. ed. 2, p. 527, excl. syn. Dans tous les livres de botanique et de matière médicale, dans toutes les Flores d'Auvergne, on dit que le *rheum rhaponticum* croît au Mont-d'Or. J'ai cherché avec soin cette plante, que sa grandeur ne permet guère de méconnaître, et partout je n'ai trouvé que le *rumex alpinus*. C'est sa racine qu'on recueille et qu'on met dans le commerce sous le nom de *rhapontic*. Voyez Rap. 5, p. 91.

2221ᵃ. Rumex à longues feuilles. *Rumex longifolius.*

Cette espèce a beaucoup de rapport avec les *R. aquaticus* et *crispus.* Sa tige est droite, haute, cannelée; ses feuillles sont très-longues, supportées par de longs pétioles dans la partie inférieure de la plante; elles sont oblongues, aiguës, rétrécies à leurs deux extrémités, ondulées et crispées en leurs bords : les fleurs sont verticillées, et disposées en épillets longs, le plus souvent simples, quelquefois bifurqués, ordinairement géminés à l'aisselle des feuilles; les valves du périgone sont très-entières, obtuses, n'ayant qu'un léger renflement sur chaque valve, au lieu de tubercules. ♃ Cette espèce m'a été envoyée par M. Coder, qui l'a trouvée aux environs de Prades, en Roussillon.

2228ᵃ. Rumex des marais.   *Rumex palustris.*

R. palustris. Smith, Fl. brit. 394. — *R. limosus.* Thuil. Fl. par. II, 1, p. 182. — *R. maritimus.* Curt. Lond. 3, t. 23. — *R. maritimus,* β. Fl. fr. 3, p. 375.

Cette plante ressemble au R. maritime; mais elle mérite d'en être séparée; sa tige forme une panicule beaucoup plus rameuse; ses fleurs ont un aspect plus verdâtre; elles sont disposées en verticilles nombreux, mais moins serrés et plus lâches que dans le R. maritime; les valves intérieures de son périgone sont bordées d'environ 3 dents assez longues, si on les compare à tous les rumex, mais de moitié plus courtes que dans le R. maritime. ♃ Il croît dans les lieux bourbeux et marécageux, aux environs de Paris, d'Angers (Bat.).

2230. Rumex tubéreux.   *Rumex tuberosus.*

On confond deux espèces sous ce nom, 1°. le *R. tuberosus*, Lin. sp. 481, All. ped. n. 2042, bien figuré par Tabernæmontanus (ic. 449, f. 1), sous le nom d'*oxalis tuberosa,* est remarquable, parce que les fibres de ses racines se terminent par de petits tubercules globuleux; ses feuilles sont oblongues-lancéolées, en forme de fer de flèche, échancrées à l'insertion du pétiole, munies de deux oreillettes ovales, très-pointues, et qui divergent du pétiole à angle droit. C'est celle-ci qu'on trouve à Nice dans les prés, et qui se retrouvera sûrement dans la Provence orientale; 2°. le *R. tuberosus* de Poiret et de la plupart des jardins est une espèce très-différente, dont la patrie est inconnue; je la désigne comme il suit : *R. triangularis. R. floribus dioicis, foliis hastato-triangularibus acutis subsinuatis, auriculis latis integris acutis, fructûs valvulis perigonialibus 3 ex-*

ternis caducis, 3 *internis orbiculatis cordatis reticulatis integerrimis egranulosis.* ♃. R. tuberosus, Poir. dict. 5, p. 67, excl. syn.

2231ª. Rumex intermédiaire. *Rumex intermedius.*

Oxalis crispa. Tab. ic. 440, f. 1 ? J. Bauh. hist. 2, p. 990, ic. Tab. ? — *Acetosa arvensis lanceolata.* Magn. bot. 3 ? excl. syn. — *R. multifidus.* All. ped. n. 2044, excl. syn. (1). — *R. acetosa,* γ. Lin. sp. 481 ? — *R. acetosella,* var. α. Gou. Hort. 188.

Cette plante a le port de la petite oseille, et presque tous les caractères de la grande; sa racine est cylindrique, pivotante; sa tige droite, haute de 6 à 12 pouces ; ses feuilles sont étroites, ondulées ou un peu sinuées, souvent même roulées en dessous par les bords, pointues, prolongées par leur base en deux oreillettes étroites, obliquement divergentes, divisées en deux lobes, le supérieur court, ayant souvent l'apparence d'une simple dentelure; l'inférieur long et très-aigu; les épis des fleurs forment une panicule semblable à la figure de Tabernæmontanus, mais un peu plus dressés ; ces épis sont cylindriques, deux fois plus épais que dans les *R. acetosa* et *acetosella;* les fleurs sont aussi deux fois plus grosses et dioïques ; dans les femelles, à la maturation, les 3 lobes externes du périgone sont petits, ovales-oblongs, réfléchis; les 3 intérieurs , grands, dressés, arrondis, presque réniformes, échancrés en cœur, et munis, à leur base, d'un tubercule saillant ♃. Cette plante est commune dans les lieux secs et stériles de toute la région des oliviers, à Nice (All.), Avignon, Nîmes (Req.); à Grammont près Montpellier, etc.

2232ª. Rumex à feuilles em-   *Rumex amplexicaulis.*   brassantes.

R. amplexicaulis. Lap. Fl. pyr. p. 200. — *Acetosa malus limoniæ foliis.* Bocc. mus. t. 126 ?

Cette espèce a beaucoup de rapport avec le rumex à feuille de gouet. Elle en diffère principalement par ses feuilles le plus souvent obtuses, en forme de cœur à leur base ; par sa panicule plus grande, ses fleurs plus grosses, et surtout par ses épillets ramifiés, plus longs, plusieurs desquels partent souvent du même point ; tandis que, dans le rumex à feuille de gouet, les épillets sont simples, alternes, presque toujours solitaires ♃. Je l'ai trouvée sur les montagnes du

---

(1) Le vrai *R. multifidus* de Linné, qui est figuré dans Boccone, et qui se trouve dans plusieurs herbiers sous le nom de *R. lacerus,* est une espèce distincte qui paraît originaire d'Italie. Le *R. multifidus* de Loiseleur (Fl. 1, p. 216) comprend notre *R. intermedius,* et la var. γ du *R. acetosella.*

Cantal, et M. Coder me l'a envoyée des Pyrénées orientales. M. Lapeyrouse l'indique à *Salvanaire*, dans les bois, et au *Llaurenti à las
aiguettes.*

2234ª. Rumex de Tanger.   *Rumex Tingitanus.*

R. Tingitanus. Lin. sp. 479. Lois. Fl. gall. 2, p. 732. — Moris, s. 5, t. 28,
f. 8. — Zan. hist. t. 6. — *Lapathum maritimum fœtidum.* C. B. prod.
56, f. 1.

Ses tiges sont rameuses, striées, droites ou couchées, longues
de 1 à 2 pieds ; ses feuilles sont pétiolées, en forme de flèche,
irrégulièrement déchirées ou dentées vers leur base, de consistance
un peu ferme ; les fleurs sont disposées en verticilles autour des
branches, d'abord rapprochées et entremêlées de bractées scarieuses,
ensuite écartées les unes des autres ; les 3 lobes intérieurs du périgone
deviennent très-grands, arrondis, membraneux, réticulés, et enveloppent le fruit ♃. Il croît dans les sables maritimes, à Arles, près
l'embouchure du Rhône ; à Aigues-Mortes ; au Bourg-di-Gou, près
Narbonne.

FAMILLE DES CHÉNOPODÉES.

2246. Arroche glauque.   *Atriplex glauca.*

Il n'est pas certain que cette plante se trouve en France. Elle y
est indiquée d'après l'autorité de Dalechamp et de Jean Bauhin : or,
je ne crois pas que l'espèce citée de ces auteurs soit l'*atriplex glauca*
de Linné. Je ne sais à quelle espèce on doit rapporter l'*halimus
verus* de Dalechamp, que ce dernier dit être l'*herbo de Masclou*
des Toulousains. C'était véritablement une plante alors cultivée à
Toulouse. Aujourd'hui, on appelle *herbo de Masclou*, dans cette
dernière ville, les *herniaria hirsuta et glabra* (Tournon).

2251ª. Arroche étalée.   *Atriplex patula.*

A. patula. Lin. sp. pl. 1494, exclus. Lob. syn. Smith, Fl. brit. 3,
p. 1091. Engl. bot. t. 936 (non DC. Fl. fr.).

Sa tige est étalée, très-rameuse, quelquefois couchée. Les feuilles
sont alternes, pétiolées, vertes, ou le plus souvent blanchâtres et
pulvérulentes en dessous ; les inférieures sont presque deltoïdes et
hastées, sinuées ou dentées ; les angles intérieurs tournés vers sa
pointe ; les supérieures, toujours plus étroites, sont quelquefois

hastées, mais le plus souvent lancéolées et presque entières. Les fleurs sont en grappes allongées, simples, axillaires et terminales, souvent feuillées; les parties des calices des fleurs fertiles presque rhomboïdes, aiguës, denticulées, portant sur le dos des tubercules aigus, assez prononcés ⊙. J'ai trouvé cette plante sur les bords de l'Océan, entre le Croisic et Piriac.

2251ᵇ. Arroche à feuilles opposées.   *Atriplex oppositifolia.*

> *A. oppositifolia.* DC. Rapp. 1, p. 12. — *A. microsperma.* Waldst. et Kit. Fl. hung. p. 278, t. 250?

Cette espèce a de nombreux rapports avec l'arroche étalée, dont elle nous paraît cependant évidemment distincte. Les feuilles sont le plus souvent opposées, et affectent toujours la même forme, même dans la partie supérieure des tiges : elles sont pétiolées, entières ou peu dentées, assez aiguës, hastées, à oreillettes trèsprononcées, formant souvent un angle aigu avec le pétiole. Les grappes sont terminales, ou placées dans les aisselles des feuilles supérieures. Je possède un grand nombre d'échantillons de cette plante; tous sont en fleurs, et celles-ci paraissent des fleurs mâles. Cette espèce serait-elle dioïque ⊙ ? Elle a été observée par M. Hectot, dans les sables de Saint-Nazaire et les tourbes de Montoire. Je l'ai trouvée aux Sables d'Olonne et aux bords de la mer, près Montpellier. M. Risso me l'a envoyée de Nice. L'*A. microsperma* de la flore de Hongrie est peut-être la même espèce. Je ne puis en être sûr, n'ayant pas les fruits de celle que je viens de décrire.

2252. Arroche à feuilles étroites.   *Atriplex angustifolia.*

> *A. angustifolia.* Smith, Fl. brit. 3, p. 1092. — *A. patula.* DC. Fl. fr. 3, p. 187.

Selon M. Smith, cette plante n'est pas l'*A. patula* de Linné. Ce qui m'a induit en erreur, ainsi que les autres botanistes qui ont fait la même faute, c'est qu'il faut exclure des synonymes cités par Linné le seul qui soit accompagné d'une figure (celui de Lobel), et que celui-ci doit être rapporté à l'espèce dont je parle.

2252ª. Arroche droite.   *Atriplex erecta.*

> *A. erecta.* Smith, Fl. brit. 3, p. 1093.

Sa tige est rameuse, presque cylindrique et très-lisse. Les feuilles sont oblongues - lancéolées, assez aiguës, à peine pulvérulentes ; les inférieures sinuées-dentées, les supérieures oblongues-linéaires et presque entières. Les grappes sont terminales, rameuses, presque sans feuilles. Les calices des fleurs fertiles sont petits ; leurs lobes sont entiers dans leur partie supérieure, et portent sur le dos des dents nombreuses placées principalement vers leur base ⊙. Elle a été trouvée par M. Hectot à l'île Videment près Nantes.

2258a. Anserine à feuille d'obier.　　*Chenopodium opulifolium*.

C. *opulifolium*. Schrad. ex Koch, inéd. — C. *viride*. Loisel. Fl. gall. p. 145. — C. *erosum*. Bast. Journ. de Bot. 1814, t. 3, p. 20. — C. *opulifolio*. Vaill. Bot. par. t. 7, f. 1.

Cette espèce a souvent été confondue avec le *C. leiospermum*. Comme celle-ci, elle a les graines lisses, mais elle en diffère par ses feuilles plus courtes et plus larges, toutes inégalement dentées, souvent obtuses, jamais entières, plus glauques en dessous ; par ses grappes plus courtes et plus ramassées ⊙. Cette espèce croît dans les lieux stériles et montueux de la vallée du Rhin, près Spire et Durckheim (Koch.); aux environs de Paris (Vaill. Lois.); d'Angers (Bast.). Il est vraisemblable qu'on la trouvera dans beaucoup d'autres lieux, lorsqu'on saura la distinguer.

2263a. Anserine fausse-blite.　　*Chenopodium blitoïdes*.

C. *blitoïdes*. Lejeune, Fl. de Spa, 126. Mérat, Fl. par. 96.

Sa tige est presque cylindrique, légèrement cannelée, rayée de vert et de blanc, glabre, haute de 3 à 4 pieds, portant des rameaux simples, axillaires, d'autant plus courts qu'ils sont plus supérieurs ; les feuilles sont glabres et lisses comme la tige, un peu en forme de coin à leur base, se prolongeant en pointe, irrégulièrement sinuées, à découpures anguleuses et aiguës ; les fleurs sont très-petites, disposées en petits paquets sur des grappes axillaires, grêles et un peu redressées contre la tige ⊙. Elle se trouve dans les lieux frais, le long des murs et des fossés, à la Bastille et ailleurs, près Paris (Mérat.); à Maëstricht, Mons, Spa, etc. (Lejeune).

2268a. Anserine porte-soie.　　*Chenopodium setigerum*.

C. *setigerum*. DC. Hort. monsp. ined. t. 87. Cat. h, m, p. 94.

Cette plante a beaucoup de rapport avec l'anserine maritime : elle en diffère principalement par ses feuilles plus arrondies, demi-transparentes, terminées par une soie droite assez longue. Toute la plante, en outre, a une couleur glauque, mêlée souvent d'une nuance rougeâtre, qui la fait reconnaître au premier coup d'œil. Ce n'est pas le *salsola sativa* des auteurs ; cependant j'ai reçu les graines de cette espèce des environs d'Alicante, sous le nom de *Barilla d'Alicante*, et peut-être cette espèce fournit une partie de la soude d'Alicante du commerce ⊙. M. Pouzin a trouvé cette belle espèce dans les lieux maritimes humides et salés des environs de Montpellier, à Maguelone, aux Cabanes de Lattes : on la trouve aussi dans des terrains de même nature, vers l'embouchure du Vidourle. La soude (*salsola soda*) ayant été quelquefois cultivée dans les lieux où cette plante se rencontre, peut-être s'y est-elle naturalisée mélangée avec ses graines, et n'en est-elle pas indigène.

2269. Anserine maritime. *Chenopodium maritimum.*

Ajoutez à la synonymie : *salsola sativa*. Aubry. morb. progr. x, p. 26, et *salsola salsa*. Vill. Dauph. 2, p. 560. Villars l'indique à Courteison, et M. Requien m'a dit qu'on la trouve seule et en abondance à l'étang de ce nom.

2274. Soude épineuse. *Salsola tragus.*

Cette espèce a souvent été confondue avec la S. kali, à laquelle elle ressemble beaucoup. Sa tige n'est pas toujours droite, comme on l'a dit, mais le plus souvent couchée et se redressant. Ce qui distingue principalement la soude épineuse de la S. kali, est la forme du périgone après la floraison. Dans la S. épineuse, le périgone est à peu près ovoïde, et chacun de ses lobes est muni, sur le dos, d'un appendice très-court ; dans la soude kali, le périgone est moins long, et les appendices sont très-larges, arrondis, membraneux et transparens : ils sont bien représentés dans les figures citées de Gœrtner et de Lamarck. La soude épineuse est très-commune sur les bords de la Méditerranée : elle remonte le long des bords du Rhône jusqu'à Avignon (Bouchet), et jusqu'à Pierre-Bénite près Lyon (Gilibert).

FAMILLE DES AMARANTHACÉES,

2282. Amaranthe blite.   *Amaranthus blitum.*

β. *A. ascendens.* Lois. not. p. 141. — *A. viridis.* Poll. pal. 2, p. 607. — *A. ruderalis.* Koch. ined.

CETTE plante ne me parait qu'une simple variété de l'A. blite; elle n'en diffère que par ses tiges plus redressées, et la dimension plus grande de toutes ses parties. Elle a été trouvée à Avignon (Requ.), Agen (Lamour.); elle est vraisemblablement partout où se trouve l'*A. blitum.*

2282ᵇ. Amaranthe sauvage.   *Amaranthus sylvestris.*

A. sylvestris et vulgaris. Tourn. Fl. par. 385. — *A. viridis.* All. ped. n. 2093. Vill. Dauph. 2, p. 567. — *A. sylvestris.* Desf. cat. 44, Lois. not. 140. Vill. cat. Strasb. 111. — *A. prostratus.* Bast. Ess. 344.

Ses tiges sont droites ou montantes, glabres, cannelées; ses feuilles sont entières, pétiolées, décurrentes sur le pétiole, ovales, aiguës; ses fleurs sont disposées en petites masses axillaires. Cette espèce a souvent été confondue avec l'*A. blitum.* Cette dernière se distingue aisément par ses tiges couchées, ses feuilles échancrées au sommet, et ses fleurs en épi ⊙. On trouve l'*A. sylvestris* sur le bord des rues et des routes, à Paris, Angers (Bast.), Dreux (Lois.), Belle-Ile-en-Mer, Dax, Agen (Lamour.), Narbonne, etc. Il est vraisemblable qu'elle croit dans toute la France.

2283. Amaranthe recourbée.   *Amaranthus retroflexus.*

A. retroflexus. Lin. sp. 1407. — *A. spicatus.* Lam. Dict. 1, p. 117. Lois. Fl. gall. 655, not. 142. DC. Fl. fr. 3, p. 401 (excl. syn. Allion), Saint-Hil. not. p. 16, non Dub.

Ajoutez à la description que les fleurs sont à 5 folioles et à 5 étamines. Willdenow dit que cette plante est originaire de la Pensylvanie; s'il en est ainsi, on peut dire qu'elle s'est parfaitement naturalisée en Europe. Je l'ai cueillie sauvage près de Pise. Elle a été trouvée à Turin (Balbis, Perret), à Avignon (Requ.), à Agen (Lamour.), à Paris (Lois.), dans les champs près Germesheim (Koch.) et Mayence (Ziz.), sur le chemin de Saint-Mesmin près Orléans (Saint-Hil.).

2283ª. Amaranthe couchée.   *Amaranthus prostratus.*

> *α. Prostratus.* Fl. fr. 3 , p. 727.
> *β. Subascendens. — A. spicatus.* Bast. Ess. p. 344.

La var. *α* est commune dans les environs de Nismes, de Montpellier, de Perpignan, et vraisemblablement dans toute cette région.
La var. *β* se trouve aussi à Montpellier. M. Bastard l'a trouvée dans
l'Anjou.

2292. Herniaire glabre.   *Herniaria glabra.*

> Ajoutez à la synonymie : *Herniaria alpestris.* Aubry, Morb. an xi, p. 20.
> — *H. fruticosa.* Gou. Fl. monsp. 393.

Sa racine n'est pas annuelle ; elle est vivace, ligneuse, grêle et
pivotante.

2293ª. Herniaire cendrée.   *Herniaria cinerea.*

Cette espèce a été jusqu'ici confondue avec l'herniaire velue,
dont elle diffère par ses rameaux plus durs, redressés aux extrémités, et non couchés, ayant les feuilles et les petits paquets de
fleurs plus rapprochés, plus chargés de poils d'un blanc cendré ;
ces poils sont plus longs et plus étalés, surtout ceux qui couvrent
les fleurs ; les stipules sont un peu plus acuminées ⊙ ? Cette plante
a été trouvée par M. Pouzin, dans les environs de Montpellier, entre
le Crès et Castelnau.

2293ᵇ. Herniaire blanchâtre.   *Herniaria incana.*

> *H. lenticulata.* Lin. sp. 1 , p. 317, exclus. syn. ? All. ped. n. 2058 ?
> *H. Alpina.* Lois. Fl. gall. 1 , p. 144, non Vill. — *H. Alpina , var. α.*
> DC. Fl. fr. p. 406. — *H. incana.* Lam. Dict. 3 , p. 124.

Cette espèce diffère de l'herniaire velue, avec laquelle on pourrait la confondre : 1°. par la couleur plus blanchâtre de toutes ses
parties ; 2°. par sa racine ligneuse , se divisant en tiges menues ,
dures et rameuses ; 3°. par ses fleurs un peu pédicellées , moins
serrées et en moins grand nombre. Leur calice est quinquefide ,
peu ouvert , abondamment velu et blanchâtre ♃. Elle croît dans les
lieux stériles en Dauphiné , en Provence , en Languedoc , souvent
dans les mêmes lieux que l'H. velue. L'H. des Alpes , qui avait été
confondue avec elle , est une espèce distincte.

2294. Herniaire des Alpes.   *Herniaria Alpina.*

> *H. Alpina.* Vill. Dauph. 2 , p. 556, non Lois. — *H. Alpina , var. β.* DC.
> Fl. fr. 3 , p. 406. — *H. alpestris.* Lam. Dict. 3 , p. 125. Lois. Fl. gall. 1 ,
> p. 144.

Sa tige est ligneuse , nue , cylindrique , couchée , divisée , très-
rameuse ; les petits rameaux sont grêles , feuillés , nombreux et dif-

fus ; les feuilles sont beaucoup plus petites que dans l'*H.* velue , beaucoup plus rapprochées les unes des autres , ovales ou ovoïdes, et non oblongues , un peu épaisses , vertes et non blanchâtres , légèrement velues et ciliées ; les fleurs sont en plus petit nombre , deux ou trois ensemble, et toujours placées aux extrémités des rameaux ♃. Elle a été trouvée dans les Alpes de Provence et de Dauphiné. Ce n'est pas , comme le dit Villars , l'*H. fruticosa ;* cette dernière est très-différente , et n'a encore été trouvée qu'en Espagne.

FAMILLE DES PLANTAGINÉES.

2296ᵃ. Plantain intermédiaire. *Plantago intermedia.*

P. intermedia. Gil. Elem. 1, p. 125, t. 1, *malè.*

Cette plante n'est peut-être qu'une variété du P. à grandes feuilles, dont elle se rapproche par ses fleurs et ses fruits : elle en diffère par ses feuilles couchées , disposées en rosette , non pas entièrement sessiles et dentées en scie, comme le représente faussement la figure , mais rétrécies en un pétiole très-court , et bordées de dents irrégulières , tantôt aiguës , tantôt obtuses ; les hampes sont disposées comme dans le P. à grandes feuilles , avec cette différence, qu'au lieu d'être droites , elles sont couchées et ascendantes à leur extrémités ♃. Cette espèce a été trouvée dans les terrains humides et sablonneux de l'île Peyrache près Lyon , par M. Gilibert ; aux environs de Pérols près Montpellier, par M. Pouzin. — Le *P. minima* , que M. Bastard a désigné sous le nom de *P. minor* , ne parait être qu'une variété du *P. major.*

2297ᵃ. Plantain de Cornuti. *Plantago Cornuti.*

P. Cornuti. Gou. illustr. p. 6, non Jacq. — Corn. Can. p. 163, ic. — C. Bauh. prod. 97, n. 1. Mag. bot. 205.

Cette plante ressemble beaucoup , par son port et ses feuilles , au plantain à grandes feuilles , et par ses fruits , au P. corne de cerf. . Elle se distingue de ces deux espèces par ses feuilles charnues , toujours glabres , munies au bas de leur pétiole d'une petite touffe de poils roux, et chargées , surtout lorsqu'elles sont sèches, de petits points blanchâtres ; ses capsules seules la distinguent suffisamment du P. à grandes feuilles ; comme celles du P. corne de cerf, leur cloison porte deux graines sur chacune de ses faces, et entre chaque graine est une légère éminence ; de sorte qu'on pourrait dire que la

cloison est à quatre faces monospermes : à cause de cela , cette espèce devrait être rangée dans notre troisième section ; mais sa ressemblance avec le P. à larges feuilles m'a engagé à la placer ici ⊙.
Bauhin parle d'une variété de cette plante à feuilles découpées , qui
n'a pas été retrouvée depuis lui : cette variété doit ressembler beaucoup au P. corne de cerf. Le *P. cornuti* de Jacquin ne me paraît
qu'une variété de cette dernière espèce ♃. Cette plante croit dans les
prés marécageux saumâtres à Pérauls et à Lattes près Montpellier.

2299. Plantain lancéolé.   *Plantago lanceolata.*

α. *Foliis glabris aut glabriusculis subintegris, spicis ovatis.* — *P. lanceolata.* Auct.

β. *Foliis glabris, seu glabriusculis dentatis, spicis cylindricis.* — *P. altissima.* Lin. sp. 164. Jacq. obs. 4 , t. 83 ? Lois. Fl. gall. p. 88.

γ. *Foliis glabris, seu glabriusculis subintegris, spicis apice foliosis.* Poll.
pal. n. 161. — Bauh. Pin. 189.

δ. *Foliis glabris, seu glabriusculis subintegris, spicis digitatis ternis, seu
quinis.* Leers. Herborn. n. 108.

ε. *Foliis angustis subhirsutis, basi hirsutissimis, spicis subglobosis.*—*P. lanceolata , A.* Poir. Dict. 5, p. 372.

ζ. *Foliis hirsutis sublanuginosis, spicis ovatis.* — *P. lanceolata , lanuginosa.* Bast. Ess. p. 160.

η. *Foliis hirsutis sublanuginosis, spicis cylindricis.*

Toutes ces variétés ont pour caractère commun d'avoir des feuilles
oblongues-lancéolées, amincies par les deux extrémités ; des hampes
anguleuses droites ou ascendantes ; des épis serrés , terminaux , formés par des bractées et des fleurs entièrement glabres. Chacune de
ces variétés , considérée isolément, paraît, au premier coup d'œil,
une espèce distincte ; mais les intermédiaires qu'on trouve entre
chacune d'elles empêchent de les séparer. Les variétés β , ε , ζ , et η ,
sont les plus caractérisées ; je ne crois pas néanmoins qu'on puisse
jamais les distinguer comme espèces. La variété α est la plus commune ; la var. β n'a encore été trouvée que dans les provinces méridionales, et la var. δ que dans les Alpes. La var. ε a été trouvée
dans les environs de Montpellier , par MM. Bouchet et Pouzin ; à
Avignon, par M. Requien. Je l'ai trouvée à Campestre dans les
Cevennes : les var. ζ et η n'ont encore été trouvées que dans les
Landes de l'ouest ; je les ai ramassées toutes deux à Bayonne , et
M. Bastard indique l'une d'elles dans les environs d'Angers.

2300. Plantain pied de lièvre.   *Plantago lagopus.*

α. Foliis subhirsutis , spicis ovatis aut subglobosis.
*β. Foliis hirsutis, basi hirsutissimis, spicis ovatis. — P. intermedia. Lap.
Fl. pyren. p. 69. — P. eriostachia. Tenor. Fl. neap.*

Cette espèce, bien distincte des autres par les poils nombreux et blanchâtres qui couvrent ses épis, présentera probablement les mêmes variétés que le P. lancéolé, avec lequel elle a beaucoup de rapport. Je possède dans mon herbier une variété à épis cylindriques, dont je ne fais pas mention ici, parce qu'elle n'a pas encore été trouvée en France. Le *P. intermedia* de M. Lapeyrouse ne me paraît aussi qu'une simple variété du *P. lagopus ;* en effet, il n'a pas les feuilles très-entières et la hampe cylindrique, comme le dit M. Lapeyrouse. M. Xatard me l'a envoyée des Pyrénées orientales.

2312. Plantain en alêne.   *Plantago subulata.*

On doit ajouter, comme synonyme à la variété *β* , le *P. pungens* de Lapey. Fl. pyr. p. 71.

2314. Plantain de Genève.   *Plantago Genevensis.*

Comme nous le présumions , cette plante n'est qu'une variété du *P. cynops.*

2315ᵃ. Plantain pucier.   *Plantago psyllium.*

P. psyllium. L. sp. 167. Poir. Dict. enc. 5, p. 392, excl. syn.

Cette espèce diffère du *P. arenaria* par ses feuilles marquées de quelques dents rares et saillantes, par ses poils peu nombreux et non visqueux ; par ses têtes de fleurs plus petites et dont les bractées inférieures ne se développent pas en manière d'involucre ⊙. Elle croît parmi les moissons dans les provinces méridionales (Lois.), aux environs de Nice , de Montpellier, de Carcassonne.

2316. Plantain corne de cerf.   *Plantago coronopus.*

β. Brevifolia. Gouan. Illust. p. 6. — Pluk. t. 103 , f. 5.
*γ. Latifolia. — P. columnæ. Gou. illust. p.6. — P. cornuti. Jacq. misc. 2,
p. 351. Ic. rar. 1, t. 27, non Gouan.*
δ? Integralis. — Plantago. n. 658. Hall. Helv. p. 293 ?

La variété *δ* est peut-être une espèce. Elle est très-remarquable par ses feuilles semblables à celles du *P. graminifolia,* c'est-à-dire , presque entières , glabres, un peu charnues , portant de distance en distance des dents très-fines dont elles sont quelquefois dépourvues : elles sont un peu transparentes à leur marge. Les graines sont à 3 loges ⊙. Cette variété a été trouvée par M. de La Roche, au pied du Salève près Genève, vers le village d'Archan. Est-ce la plante citée de Haller ?

FAMILLE DES PLUMBAGINÉES.

2318. Statice arméria.   *Statice armeria.*

    δ. Tenuifolia.

Le *S. linearifolia*, Lois. Fl. gall. 1, p. 182, appartient à cette espèce, et le *S. armeria* de cet auteur doit être rapporté au *S. plantaginea*. On doit ajouter à la synonymie de la var. β le *S. arenaria*, Pers. Enchir. 1, p. 332. La variété δ a les feuilles très-étroites, presque anguleuses ; les hampes grêles et striées légèrement, les têtes des fleurs petites. Serait-ce le *S. juniperina* de Vahl? J'ai trouvé cette plante à Tête-de-Buch, et j'en ai dans mon herbier un échantillon de l'Espérou. La variété β croit abondamment à Fontainebleau et en Roussillon.

2323. Statice à feuilles de pa-   *Statice bellidifolia.*
        querette.

    β. Divaricata.

Cette variété se fait remarquer par ses tiges un peu plus grosses, par ses rameaux très-étalés, quelquefois déjetés en bas ; par ses bractées plus longues, et par le petit nombre des fleurs qui terminent les rameaux. Serait-ce une espèce distincte ⊙ ? M. Artaud a trouvé cette plante dans les environs d'Arles.

2323ᵃ. Statice à feuilles de   *Statice globulariæfolia.*
       globulaire.

    S. globulariæfolia. Desf. Fl. atlant. 1, p. 274. Lois. not. p. 49. — *S. ramosissima.* Poir. Voy. en Barb. 2, p. 142. Dict. 7, p. 404. — Barr. ic. t. 793, 794? *malè.*

Cette espèce a beaucoup de rapport avec la statice à feuilles d'olivier, dont elle diffère par ses feuilles plus grandes, plus élargies à leur partie supérieure, légèrement ondulées et bordées par une membrane étroite ; par ses fleurs plus courtes, disposées par petits groupes de 3 ou 4 sur un seul côté de l'extrémité des rameaux ; les fleurs de chaque petit groupe s'épanouissent à la fois ; ceux-ci sont peu serrés les uns auprès des autres ⊙. M. Requien m'a communiqué cette plante, qu'il a recueillie dans les environs d'Arles. M. de Suffren l'a aussi trouvée dans les mêmes lieux. M. Requien l'a encore trouvée à Cette (Lois).

2324ª. Statice articulée.   *Statice articulata.*

Statice articulata. Lois. Fl. gall. 2, p. 723, t. 6.

Une souche ligneuse donne naissance à plusieurs tiges à peu près droites, longues de 1–2 décimètres, divisées surtout vers le haut en plusieurs rameaux bifurqués, toujours étranglés à leur origine, de sorte que la plante rappelle l'idée des cierges ou de certains guis; deux bractées courtes, presque obtuses, s'observent au bas de chaque fleur; les fleurs sont bleuâtres, un peu écartées; on ne connaît pas bien les feuilles ♃. Cette plante a été trouvée par M. Noisette en Corse, près des rochers maritimes, aux environs d'Ajaccio.

2327ª. Statice férule.   *Statice ferulacea.*

S. ferulacea. Lin. spec. 396. — Pluk. t. 28, f. 3 et 4. — Moris. s. 15, t. 1, f. 23.

Une souche ligneuse donne naissance à plusieurs tiges droites ou étalées, rameuses, surtout vers le sommet, longues de 8 à 12 pouces, garnies ainsi que tous les rameaux, surtout vers les fleurs, de bractées scarieuses, ovales, prolongées en une longue pointe acérée; les rameaux florifères forment des touffes serrées; les fleurs sont petites, de couleur jaune ♃. Cette plante croît dans les prés saumâtres de l'île de Sainte-Lucie, près le port de la Nouvelle, mêlée avec la S. étalée.

2328ª. Statice pubescente.   *Statice pubescens.*

Limonium marinum, fruticosum, hirsutum. Bocc. sic. 25, t. 13.

Cette espèce est très-voisine de la S. naine. Comme cette dernière, elle a une tige ligneuse, couchée, dichotome, rameuse; chaque rameau porte à son extrémité une rosette de feuilles cunéiformes échancrées en cœur à leur sommet; du milieu de ces rosettes de feuilles s'élèvent des pédoncules dichotomes, dont les ramifications inférieures sont stériles; les fleurs sont aussi fort semblables. Malgré ces nombreux rapports, la S. pubescente diffère de la S. naine par la grandeur de sa tige et de ses feuilles, par la pubescence des feuilles, des pédoncules et des calices, parties qui sont entièrement glabres dans la S. naine; par ses fleurs presque ramassées en corymbe serré, tandis que dans la S. naine elles sont presque en épis, dont les fleurs sont disposées sur deux rangs ♃. J'ai trouvé cette plante à Villefranche près Nice, à Fréjus. C'est dans cette région que l'indique Boccone.

FAMILLE DES PRIMULACÉES.

2339. Mouron bleu.   *Anagallis cœrulea.*

β. A. verticillata. All. ped. n. 318, t. 85, f. 4. Lam. Dict. 4, p. 337. Lois. Fl. gall. 1, p. 117. — *A. Monelli*, *β.* Fl. fr. ed. 3, n. 2341.

CETTE variété ne diffère de l'espèce ordinaire que par ses feuilles verticillées trois à trois, et non opposées. Je l'ai trouvée aux environs du Mans et reçue du Piémont. Elle est très-distincte de l'*A. Monelli* qui, quoiqu'on en ait dit, ne croît point en France. Le n° 2341 de la Flore doit être rayé.

2340ᵃ. Mouron rampant.   *Anagallis repens.*

A. repens. DC. Syn. p. 205.

Cette espèce ressemble beaucoup au mouron rouge; elle s'en distingue, parce qu'elle est plus rameuse et d'une consistance plus ferme; qu'elle paraît vivace et non annuelle; que ses pédicelles dépassent à peine la longueur des feuilles; surtout enfin que sa tige et ses rameaux sont non-seulement couchés, mais rampans : ce dernier caractère la rapproche de l'*A. crassifolia ;* mais on l'en distingue à ses tiges très-rameuses, à ses feuilles opposées, sessiles, embrassantes, non rétrécies en pétiole. ♃. Cette plante a été découverte en Provence, dans les montagnes de Seyne, par M. Clarion.

2348ᵃ. Lysimaque éphémère. *Lysimachia ephemerum.*

L. ephemerum. Lin. sp. 209. — *L. Otani.* Asso, syn. 22, t. 2, f. 1. — *L. salicifolia.* Mill. Dict. n. 6. — *Ephemerum Mathioli.* C. Bauh. pin. 244.

Toute la plante est glabre, d'un vert un peu glauque et d'un aspect lisse; la tige est droite, cylindrique, haute de 1 à 2 pieds, simple ou rameuse à la partie supérieure. Ses feuilles sont linéaires, lancéolées, sessiles, légèrement décurrentes, entières sur les bords; les fleurs sont blanches, disposées en grappes terminales très-allongées; chacune est portée sur un pédicelle de 2 lignes environ de longueur; les lobes de la corolle sont ovales, arrondis, étalés, très-obtus; les étamines saillantes; la capsule a 5 valves ☉. Elle croît dans les lieux un peu humides du Roussillon; M. Pourret dit l'avoir trouvée dans les Corbières; M. Rohde dans les Pyrénées, entre Olette et Mont-Louis; M. Picot Lapeyrouse, à Vieille près le pont de Garonne; à Ille, le long du ruisseau qui conduit l'eau à Perpignan.

CCCXXXVII*. TRIENTALE.   *TRIENTALIS.*

Trientalis. Tourn. Lin. Juss.

CAR. Le calice est à 7 parties; la corolle en roue a 7 parties; les étamines sont au nombre de 7; le fruit est une baie membraneuse ou une capsule un peu charnue, et qui s'ouvre par les sutures.

2351ᵃ. Trientale d'Europe.   *Trientalis Europœa.*

T. Europœa. Lin. sp. 488. Lam. ill. t. 275. Engl. bot. t. 15.

Herbe à racine rampante, à tige droite, simple, tendre, mince, de 4 à 8 pouces de longueur, nue dans le bas, garnie vers le haut de 7–8 feuilles rapprochées, faussement verticillées, étalées, lancéolées, entières, glabres, luisantes, veinées; les fleurs sont blanches, solitaires au sommet de pédicelles grêles qui naissent au nombre de 1 à 3 au sommet de la tige; les parties du calice sont très-étroites et aiguës; celles de la corolle ovales, un peu mucronées; le nombre des divisions de la fleur est un peu variable ♃. Elle croit dans les bois montagneux des provinces orientales; elle a été trouvée en abondance dans les Ardennes près Saint-Hubert, par M. Redouté; à Spa et Malmedy par M. Lejeune; dans la forêt de Néau par M. Dossin; elle se retrouve, dit-on, dans les Vosges (Will.) et dans le Dauphiné (Dalech.)

2352. Androsace pubescente.   *Androsace pubescens.*

Voyez la figure de cette espèce *Icon. Gall. rar.* 1, p. 2, t. 5. Ajoutez à la synonymie : *Aretia pubescens.* Lois. Fl. gall. p. 111.

2353. Androsace des Pyrénées.   *Androsace Pyrenaica.*

Elle a été retrouvée par M. Paul Boileau autour du lac de Séculégo près Bagnères de Luchon. Elle est remarquable, parce que son calice est muni à sa base d'un petit involucre composé de 2 petites folioles. Il faut ajouter à la synonymie : *Aretia pyrenaica.* Lois. Fl. Gall. p. 111.

2354. Androsace cylindrique.   *Androsace cylindrica.*

Ajoutez à la synonymie : *Aretia cylindrica.* Lois. Fl. gall. p. 111. *Androsace frutescens.* Lapeyr. abr. 92. Elle se trouve sur les roches calcaires du bois de Saint-Bertrand près l'Oule de Marboré (Lapeyr.).

2355. Androsace embriquée.   *Androsace imbricata.*

C'est à cette espèce qu'on doit rapporter l'*androsace argentea.* Gœrtn. carp. 3. t. 198. f. 4. Lapeyr. abr. 92, et probablement aussi l'*androsace aretia.* Lapeyr. abr. 91. Elle n'est pas rare dans les

Pyrénées, et la var. *β* qui se trouve dans les Alpes l'est beaucoup plus.

2356. Androsace faux-bry. *Androsace bryoïdes.*

Comme cette espèce a été confondue avec la précédente, il est possible qu'elle ait été désignée par plusieurs botanistes autres que Hoffman, sous le nom d'*aretia helvetica.* C'est celle-ci qui est désignée sous le nom d'*androsace pubescens* dans le Manuel des herborisations du Valais, p. 57. C'est l'*aretia bryoïdes.* Lois. Fl. gall. p. 111. Je l'ai figurée à la planche 6 des *Icon. gall. rar. fasc.* 1.

2360. Androsace carnée. *Androsace carnea.*

δ. Floribus albis.

Cette variété à fleurs blanches croît dans les Alpes de Provence, à Maunier et au mont Pela, dans celles de Dauphiné au Galibier. L'androsace carnée, var. *α*, a été trouvée par M. Nestler dans les Vosges, au Ballon d'Alsace, au lieu même où M. Gmelin indique son *androsace lachenalii.* Fl. bad. als. 1, p. 437; mais sa description semble appartenir plutôt à l'une des variétés de l'*Andr. chamæjasme*, n. 2362.

2365. Primevère à grande fleur. *Primula grandiflora.*

M. Bastard (suppl. p. 26) a le premier exactement observé que les botanistes ont confondu jusqu'ici sous ce nom deux espèces très-voisines, mais distinctes, en ce que l'une a les étamines situées à la gorge de la corolle et le style très-court, tandis que l'autre a le style de la longueur du tube et les étamines situées au milieu de ce même tube. Notre *P. grandiflora*, décrite aux environs de Paris, et qui a en effet la plus grande fleur de tout le genre, est certainement celle que M. Bastard nomme *P. variabilis*, et qui a le style égal à la longueur du tube, et les anthères sessiles au milieu de ce tube; c'est à celle-ci qu'il faut encore rapporter le *P. breviscapa.* Herbor. val. p. 53, et *P. uniflora.* Gmel. bad. als. 1, p. 442. Quant au *P. grandiflora* de M. Bastard, nous le mentionnerons ci-après sous le nom de *P. brevistyla.*

2365ᵃ. Primevère à court style. *Primula brevistyla.*

α. Floribus flavidis. — P. grandiflora. Bast. Ess. p. 78, suppl. p. 26. — *P. officinalis.* Thuil. Fl. par. ed. 2.

β. Floribus è luteo et purpureo mixtis.

γ. Floribus purpureis, calyce amplo corollæformi. — P. calycanthema. Retz. obs. 2, p. 10.

Elle diffère de la P. à grande fleur par sa fleur un peu plus petite, par son style qui ne dépasse pas la moitié de la longueur du tube , et par ses anthères situées à la gorge de la corolle. Ses fleurs sont jaunes ou jaunâtres dans la var. *α* , jaunes à la gorge , avec le limbe d'un pourpre vif , souvent liseré de blanc dans la var. *β*. Chacune de ces variétés offre deux sous-variétés , selon que la hampe se termine par une ombelle , ou que les pédicelles partent immédiatement du collet de la racine. Il n'est pas rare de voir ces deux états réunis dans un seul individu. La var. *γ* est une monstruosité remarquable , parce que son calice se développe et se colore de manière à sembler une seconde corolle externe ♃. La var. *α* a été trouvée sauvage dans les environs d'Angers par M. Bastard, du Mans par M. Goupil, et de Paris (Thuil.). Les var. *β* et *γ* n'ont encore été observées que dans les jardins. L'exemple de la P. auricule , qui a les anthères tantôt à la base , tantôt à la gorge du tube, doit inspirer du doute sur la légitimité des deux espèces que j'admets ici , d'après l'observation de M. Bastard , et engager les naturalistes à les étudier de nouveau.

2372. Primevère visqueuse.   *Primula viscosa.*

Cette espèce est difficile à distinguer d'avec la *P. hirsuta* : j'ajouterai à ce que j'ai dit à cet égard , vol. 3, p. 449, les caractères suivans : la *P. viscosa* est la plus grande de ces deux espèces ; elle a les feuilles plus ovales , peu dentées ; la hampe chargée de 5 à 8 fleurs violettes ; les lobes du calice sont droits , nullement étalés ; les étamines cachées au fond du tube et le style plus long qu'elle. La *P. hirsuta* est plus petite ; elle a ses feuilles plus arrondies , dentées au sommet : sa hampe ne porte que 1 à 4 fleurs roses ; les lobes de son calice sont toujours un peu étalés ; ses anthères sont situées au milieu du tube , et le style est très-court. La *P. hirsuta* se trouve dans toute la chaîne des Alpes. La *P. viscosa* s'y trouve plus fréquemment encore , et se rencontre aussi dans les Pyrénées; c'est à celle-ci qu'il faut rapporter les *P. villosa* et *glutinosa*. Lapeyr. abr. 96. La vraie *P. glutinosa* ne se trouve que dans les Alpes d'Autriche ; la *P. glutinosa* d'Allioni a été bien décrite et figurée par M. Loiseleur, sous le nom de *P. Allionii*. Journ. bot. 2, p. 262, t. 11, f. 1 , mais ne se trouve qu'en Piémont.

2373. Primevère hérissée.   *Primula hirsuta.*

β. Primula auricula glandulosa. Sering. pl. exs.

Cette variété ne me parait différer de l'espèce que par ses feuilles plus oblongues et bordées d'une petite bande rougeâtre, formée par les poils glanduleux et colorés de son contour. Il ne serait cependant pas impossible qu'elle constituât une espèce particulière, mais certainement beaucoup plus voisine de la *P. hirsuta* que de la *P. auricula.*

2375. Primevère de Vitalien.   *Primula Vitaliana.*

Le nom de cette plante, que j'avais mal à propos traduit par celui de fausse-joubarbe, lui a été donné par Sesler, en l'honneur de Vitalien Donati. (*Voyez* Don. ess. adr. p. 55 ; Vill. cat. Strasb. 121.) Sa capsule renferme 5 ovules, dont 3 avortent presque toujours ; de sorte qu'à sa maturité on n'y trouve que 2 graines ovales, planes d'un côté, convexes de l'autre, appliquées par leur côté plane à un placenta central comprimé.

2376. Cortuse de Mathiole.   *Cortusa Mathioli.*

M. Lapeyrouse dit que M. Capmartin en a trouvé des pieds au mont Valier dans les Pyrénées, qu'il a envoyés à l'académie de Toulouse ; était-ce bien la vraie *cortusa*, qui ne se trouve pas même sur le revers des Alpes du côté de France ?

2377. Soldanelle des Alpes.   *Soldanella Alpina.*

Elle se trouve aussi dans les Pyrénées, mais elle y est moins commune que dans les Alpes ; tous les individus que j'ai trouvés dans les Pyrénées appartiennent à la petite variété bien indiquée par Clusius sous le nom de *S. alpina minor.* Hist. 1, p. 309 ic., et depuis, sous ceux de *S. Clusii.* Schmidt. boh. 1, n. 148, et *S. minima.* Hoppe in Sturm. fl. germ. ic. Elle se distingue à la petitesse de toutes ses parties et à son style saillant hors de la corolle ; mais je ne puis croire qu'elle constitue une espèce vraiment distincte.

2380. Cyclamen à feuille   *Cyclamen linearifolium.*
linéaire.

Voyez la figure de cette espèce extraordinaire de cyclamen que j'ai publiée. Icon. gall. rar. 1, p. 3, t. 8.

FAMILLE DES RHINANTHACÉES. (1).

2382. Polygala commun. *Polygala vulgaris.*

β. *Pubescens.* Rhode in Lois. Journ. bot. 2, p. 359.
γ. *Cæspitosa.* Pers. ench. 2, p. 271. — Dalech. lugd. 1174, f. 1 ?
δ. *Obtusifolia.* — *P. amara.* Desv. Journ. bot. 2, p. 303.
ε. *Elata.* — *P. major.* Magn. bot. 207, excl. syn.
ζ. *Angustifolia.* — *P. monspeliaca.* Vill. Dauph. 3, p. 388 ? — *Onobrychis tertia.* Dalech. lugd. 491, ic.
θ. *Grandiflora.* — *P. monspeliaca.* All. ped. n. 1089.

La var β a la tige demi-couchée et les feuilles pubescentes : elle se trouve aux environs de Nice. La var. γ a les tiges couchées, gazonnantes, les feuilles linéaires, les grappes feuillées ; elle croît dans les lieux un peu montueux ; la var. γ a les tiges couchées, gazonnantes, et les feuilles inférieures très-obtuses, un peu rétrécies à leur base : on la trouve sur les collines du haut Poitou, de la Touraine, de la Bretagne ; la var. δ a les tiges droites, les feuilles ovales-oblongues, les fleurs bleues. Elle croît aux environs de Montpellier : la var. ζ a les tiges droites, les feuilles linéaires, les fleurs roses. Elle croît dans les lieux stériles du Roussillon, du Languedoc, de la Provence. La var. θ a les tiges droites, les feuilles linéaires, les fleurs roses très-grandes : elle est commune entre Nice et Génes. Les quatre premières variétés ont la fleur bleue, quelquefois blanche, très-rarement rose : les deux dernières, qui constitueront peut-être un jour une espèce particulière, ont la fleur toujours rose ; elles diffèrent du *P. monspeliaca* par leur racine vivace, et du *P. major* (qui se trouve au mont Braco dans les Apennins) par leur ovaire sessile dans le calice.

2383ᵃ. Polygala grêle. *Polygala exilis.*

P. exilis. DC. Cat. Hort. mons. 133, n. 167. — *P. parviflora.* Danth. in Lois. Journ. bot. 2, p. 360, non Poir. — *P. nova ?* Boissieu, Fl. eur. 1, t. 474, f. 1.

Sa racine est grêle, annuelle ; sa tige droite, très-rameuse, de la longueur du doigt ; les feuilles de la tige sont linéaires, un peu

---

(1) Le genre Polygala forme aujourd'hui le type de la famille des Polygalées, et le reste des Rhinanthacées une section des Personées ; mais je continue à suivre, dans ce Supplément, l'ordre adopté dans l'ouvrage. *Voyez* Juss. Ann. mus. 5, p. 250, 14, p. 386. DC. Théor. élém. p. 215.

épaisses, presque obtuses, légèrement courbées en gouttière ; les grappes sont grêles, terminales ; les fleurs petites, pendantes, avec la carène purpurine ; les ailes calicinales sont ovales, obtuses, de la longueur de la capsule, plus longues que la corolle et marquées par une raie verte, longitudinale. Toute la plante est glabre ; il arrive souvent qu'à l'époque de sa fleuraison, elle conserve encore ses feuilles séminales, qui sont ovales, obtuses, rougeâtres en-dessous ⊙. Elle croît dans les lieux sablonneux, près des rivières. M. V. Auger l'a trouvée le long de l'Ain, à Château-Gaillard, près Ambérieux ; M. Requien, à Avignon ; M. Danthoine, en Provence ; MM. Roubieu et Salzman, à Montpellier, dans les sables maritimes.

2384. **Polygala de Montpellier.** *Polygala Monspeliaca.*

J'ai donné la figure de cette espèce, *Icon. gall. rar.* 1, p. 3, t. 9. On en trouve aussi, mais dans des états différens, dans J. Bauhin. Hist. 3, p. 388, et dans Boccone. Mus. p. 141, t. 99. Elle ne s'est encore trouvée en France, à ma connaissance, qu'à Montpellier. Tout ce qui a été indiqué ailleurs sous ce nom était ou le *P. exilis*, ou les variétés ζ et θ du *P. vulgaris.*

2385. **Polygala des rochers.** *Polygala saxatilis.*

M. Cas. Rostan l'a retrouvée à Estac, près Marseille.

2389ᵃ. **Véronique à large feuille.** *Veronica latifolia.*

> *V. latifolia.* Lin. sp. 18. Vahl. enum. p. 76. — *V. latifolia, var.* α. Schr. Fl. germ. 1, p. 35. — *V. pseudochamædrys.* Jacq. Fl. austr. 1, t. 60. — *V. teucrium.* Poll. pal. n. 13.
> β. *Foliis ternis.*

Elle ressemble beaucoup à l'espèce que j'ai décrite, d'après Vahl, sous le nom de *V. teucrium*, et qui paraît réunir la *V. latifolia var.* β et la *V. dentata* de Schrader ; la V. à large feuille diffère de notre teucriette par sa tige droite, peu ou point ascendante, proportionnellement plus épaisse et plus velue ; par ses feuilles plus larges, plus profondément dentées, sessiles, ovales, un peu échancrées en cœur à leur base ♃. Elle croît en Alsace près Strasbourg, où M. Nestler en a trouvé une variété à feuilles verticillées trois à trois. La *V. latifolia* d'Allieri appartient au *V. urticæfolia* n° 2388.

2391. **Véronique couchée.** *Veronica prostrata.*

> β. *V. satureiæfolia.* Poit. et Turp. Fl. paris. 22. Desv. Journ. 2, p. 52. Lois. not. 2.

Cette plante paraît devoir se rapporter comme variété à la V. couchée ; ses feuilles inférieures sont oblongues, dentées en scie vers

leur sommet; les intermédiaires sont à peine dentées, et les supérieures entières et linéaires. Elle croît à Rosni près Mantes (Poit.
Turp.); à Fontainebleau (Lois.)

2392. Véronique à écusson.   *Veronica scutellata.*

β. *Velutina.* Lois. Fl. gall. p. 7, not. p. 1. — *V. parmularia.* Poit. et Turp.
Fl. paris. p. 19, t. 14.

Cette variété a la tige toute couverte d'un duvet court, mol et
serré; ses feuilles sont aussi plus ou moins velues. Elle a été trouvée
aux environs de Paris et de Lyon.

2395. Véronique douteuse.   *Veronica dubia.*

M. Villars m'a assuré que cette espèce est différente de sa *V. Tournefortii*, quoiqu'il l'eût envoyée sous ce nom à M. Desfontaines;
il m'a dit encore qu'elle était sauvage sur les collines d'Alsace, et non
dans les Alpes. La *V. Tournefortii* paraît n'être qu'une variété de la
V. officinale.

2397. Véronique d'Allioni.   *Veronica Allionii.*

Elle se trouve dans les Pyrénées, d'après Pourret et Lapeyrouse;
mais je ne l'y ai point rencontrée, et je crains fort que le synonyme
de Tournefort et la plante des Pyrénées n'appartiennent à l'une des
variétés de la V. officinale.

2406. Véronique joliette.   *Veronica pulchella.*

V. pulchella. Bast. Ess. Fl. Maine et Loire, p. 414.

Elle ressemble beaucoup à la *V. agrestis;* elle s'en distingue à la
première vue, parce qu'elle est plus grande dans toutes ses parties, et
que sa superficie est beaucoup moins velue; ses feuilles sont ovales,
presque cordiformes; ses pédicelles sont en général de la longueur des
feuilles; les lobes du calice sont obtus; les corolles sont blanches ⊙.
Elle croît dans les lieux cultivés; elle est commune aux environs
d'Angers, où elle a été observée par M. Bastard.

2406ᵇ. Véronique filiforme.   *Veronica filiformis.*

V. filiformis. Smith, Act. Soc. Lin. 1, p. 195. Vahl. enum. 1, p. 82. Savi,
Bot. etr. 1, p. 15. Lois. not. 3. — *V. Buxbaumii.* Ten. Fl. neap. 1, p. 7,
t. 1. — Buxb. cent. 1, t. 40, f. 1 et 2.

Ses tiges sont couchées, allongées, pubescentes ou hérissées; ses
feuilles sont ovales ou arrondies, quelquefois un peu échancrées en
cœur, pubescentes, bordées de 9 à 11 dentelures, obtuses ou un
peu pointues; les pédicelles sont 2 ou 3 fois plus longs que les
feuilles; les fruits sont penchés plutôt que pendans; le calice a ses

lobes lancéolés, pointus, ciliés à leurs bords près de la base, divergens et relevés de 3 nervures saillantes à la maturité; la corolle est
d'un bleu assez vif, avec le lobe inférieur blanc et des raies blanches
sur le reste; il paraît qu'elle est parfois toute blanche; la capsule
est comprimée, échancrée au sommet, à 2 lobes arrondis, poilus,
ciliés; les graines sont ombiliquées au nombre de 5-6 dans chaque
loge ⊙. Elle croit dans les lieux cultivés, et a été trouvée aux environs de Toulon par M. Robert; à Nice par M. Rohde; elle est commune dans toute l'Italie; les échantillons de Pise communiqués par
M. Savi sous le nom de *V. filiformis*, et ceux de Naples envoyés par
M. Tenore, comme étant sa *V. Buxbaumii*, ne me présentent aucune
différence.

2407ᵃ. **Véronique cymbalaire.**   *Veronica cymbalaria.*

V. cymbalaria. Bodard, Diss. Pisis, 1798. Bert. pl. gen. 1, p. 3. Savi, Bot.
etr. 1, p. 161. Lois. not. p. 4. — *V. cymbalariæfolia.* Valh. enum. 1,
p. 81. Viv. fragm. 1, p. 14, t. 16, f. 1. — *V. hederæfolia*, ε. Lin. sp. 19.
— *V. chia cymbalariæ folio.* Tourn. cor. 7. Buxb. cent. 1, p. 25, f. 2.

Elle ressemble beaucoup à la *V. hederæfolia*, mais elle en diffère
par des caractères constans; sa surface est généralement moins velue;
ses pédicelles sont plus longs; les lobes du calice sont ovales et non
en forme de cœur, étalés à la maturité et non rapprochés du fruit,
hérissés à leur face externe; la corolle est blanche, et non bleue; la
capsule est hérissée; les deux graines qu'on trouve dans chaque loge
ressemblent par leur forme à celles de la *V. hederæfolia*, mais elles
sont un peu plus petites ⊙. Elle se trouve dans les lieux cultivés, le
long des murs et des chemins, dans toute la Toscane et la Ligurie;
elle a été recueillie à Toulon par M. Robert, à Castelnau près Montpellier, par M. Pouzin; je l'ai aussi reçue de Mayorque. Elle fleurit à
la fin de l'hiver. Lorsqu'elle croit sur les vieux murs, les pédicelles se
recourbent, introduisant les capsules dans les fentes de la muraille,
et y sèment naturellement les graines, comme cela á lieu dans la linaire cymbalaire (Savi).

2410. **Véronique de Pona.**   *Veronica Ponæ.*

Elle est commune dans les lieux frais, humides et ombragés de
toute la chaîne des Pyrénées, et y présente plusieurs légères variétés;
je ne crois point qu'elle se trouve ni dans les Alpes ni dans les Apennins. La *V. pumila*, All. ped. t. 22, f. 5, que M. Lapeyrouse rapporte
ici, m'en paraît fort différente, et le synonyme de Pona lui-même est
plus que douteux.

2413. Véronique nummulaire. *Véronica nummularia.*

Les lobes de sa corolle sont inégaux comme dans toutes les véroniques ; les trois supérieurs sont linéaires ; l'inférieur large et obtus. M. Lapeyrouse l'a nommée *V. irregularis*, abr. p. 6 ; elle se trouve au pic du Midi, au glacier du Daillon, à Cambre d'Aze, etc., et parait particulière aux Pyrénées.

2418. Euphraise officinale. *Euphrasia officinalis.*

Les trois euphraises que j'ai décrites sous les noms d'*E. officinalis, minima* et *alpina*, paraissent bien tranchées lorsqu'on n'examine que les états extrêmes de chacune d'elles ; mais il se trouve tant d'individus intermédiaires, qu'il est difficile d'affirmer qu'elles soient réellement des espèces distinctes. Il est probable qu'il y a dans ce groupe des espèces à établir, mais dont nous ne connoissons pas encore les vrais caractères ; la forme des dents des feuilles présente de nombreuses variations depuis les dents obtuses de l'*E. minima* jusqu'aux dents terminées par une longue soie de l'*E. alpina* ; les feuilles sont ordinairement écartées, quelquefois rapprochées et embriquées les unes sur les autres. L'*E. pectinata*, Ten. *prod. Fl. neap. p. XXXVI*, semble n'être que l'*E. alpina* à feuilles larges et embriquées ; l'*E. imbricata*, Pers. ench. 2, p. 149 la variété embriquée de l'*E. minima* ; enfin le *bartsia imbricata*, Lapeyr. abr. 344, *excl. syn. et diagnosi*, parait la variété embriquée de l'E. officinale : toutes ces espèces ou variétés ont besoin d'être étudiées sur le vivant. Au reste, je dois ajouter ici, 1°. que l'*E. tricuspidata*, All. ped. n° 214, n'est point celle de Linné, mais doit, d'après son herbier, être rapportée à notre *E. alpina*, n° 2420 ; 2°. que le *bartsia humilis*, Lapeyr. abr. 344, n'est autre chose que l'*E. minima* n° 2419 ; 3°. que son *bartsia imbricata* est entièrement différente de l'*E. latifolia* de Linné, qui ne croît que dans les provinces les plus chaudes. Au reste on ne peut placer dans deux genres différens des plantes qu'on ose à peine distinguer comme espèces.

2422ª. Euphraise printanière. *Euphrasia verna.*

E. *verna*. Bell. app. Fl. ped. 33. — *Bartsia verna*. Bert. dec. 3, p. 28. — E. *odontites*, *β*. Wild. sp. 3, p. 194. Fl. fr. n. 2422.

Cette espèce, long-temps confondue avec l'*E. odontites*, en parait bien distincte. Sa stature est un peu plus élevée ; ses feuilles ont jusqu'à 10 et 12 lignes de longueur sur 3 de largeur ; elles sont pointues, bordées de dentelures écartées ; ses fleurs sont disposées en épis allongés, un peu lâches, portées sur un court pédicelle ; les bractées sont toujours plus longues que les fleurs, et non plus courtes qu'elles ☉. Elle ne se trouve jamais en fleur qu'au printemps, et croît dans les terrains fertiles le long des rivières ; elle est assez commune en Toscane, en Ligurie, en Piémont : j'en ai un échantillon recueilli près Narbonne par M. Pourret.

2425ᵃ. Euphraise de Corse. *Euphrasia Corsica.*

E. Corsica. Lois. Fl. gall. 2, p. 367.

Une racine grêle donne naissance à une tige rameuse, couchée à sa base, cylindrique, menue, légèrement hérissée, longue de 3–4 pouces ; ses feuilles sont écartées, opposées dans le bas de la plante, linéaires, très-entières, garnies de quelques petits poils ; les fleurs sont petites, rougeâtres, solitaires aux aisselles des feuilles supérieures, rapprochées en une très-petite grappe terminale ; le calice est à 4 dents obtuses, et atteint presque la longueur de la corolle ; celle-ci a la lèvre supérieure entière ; l'inférieure a trois lobes ; la capsule est ovale, échancrée au sommet ☉. Elle croît sur les hautes montagnes de l'île de Corse.

2427. Bartsie en épi. *Bartsia spicata.*

Ajoutez à la synonymie : *Pedicularis pyrenaica veronicæfolio.* Tourn. inst. 172. *B. Fagonii.* Lapeyr. abr. 343, en excluant les synonymes de Barrelier qui appartiennent au *B. trixago.*

2428ᵃ. Bartsie bicolore. *Bartsia bicolor.*

B. bicolor. DC. ic. gall. rar. p. 4, t. 10.

Sa racine est petite, rameuse, un peu dure ; sa tige droite, simple ou rarement rameuse, cylindrique, de la longueur de la main, velue, à poils mous un peu rebroussés ; ses feuilles sont opposées, lancéolées, linéaires, pubescentes, étalées, bordées de dents en scie écartées et assez profondes. Les fleurs forment un épi court, compacte, terminal ; leurs bractées sont ovales, garnies de poils glanduleux au sommet ; le calice est presque à deux lèvres, l'une et l'autre bifide ; la corolle a le tube blanc, cylindrique, un peu courbé ; la limbe à deux lèvres, la supérieure courte, entière, pubescente, de couleur violette ; l'inférieure blanche a 3 lobes obtus, dont celui du milieu se prolonge un peu plus que les latéraux ☉. Elle croît dans les lieux sablonneux de Belle-Isle en mer près le village de Donnan, où je l'ai cueillie en fleur au commencement d'août.

2440. Pédiculaire en faisceau. *Pedicularis fasciculata.*

J'ai retrouvé cette rare espèce de pédiculaire au mont Cantal en

fleur au milieu de juillet. M. Lapeyrouse, qui lui donne le nom de
P. asparagoïdes, abr. p. 349, dit qu'elle se trouve dans les Pyrénées
à la cincle de Comps, à la montagne de Mérial et de Crabère.

2445. Pédiculaire à épi feuillé.   *Pedicularis foliosa.*

Elle se trouve dans les Vosges au ballon de Guebwiller : c'est
celle-ci que Willemet a désignée sous le nom de *P. comosa*, phyt. 2,
p. 738, excl. syn.

2449. Mélampyre des prés.   *Melampyrum pratense.*

Ajoutez à la synonymie : *M. vulgatum.* Pers. ench. 2, p. 151.
M. Chaillet a observé qu'il ne s'élève dans le Jura que jusqu'à la limite inférieure des sapins.

2450. Mélampyre des bois.   *Melampyrum sylvaticum.*

Celui-ci est le *M. alpestre*, Pers. ench. 2, p. 151. Il se trouve en
abondance dans le Jura, au-dessus de la limite inférieure des sapins.
Les feuilles primordiales de cette espèce et de la précédente sont
ovales-oblongues, obtuses, rétrécies à la base, très-caduques. Celle-
ci a les feuilles plus larges, presque toutes entières ; sa tige n'est pas
tout-à-fait glabre.

2452ᵃ. Orobanche roide.   *Orobanche rigens.*

O. *rigens.* Lois. Fl. gall. 2, p. 384.

Elle ressemble à l'O. majeure ; mais sa tige est garnie d'écailles
roides, embriquées et lancéolées ; toute la plante est parfaitement
glabre, même sur les filets et le style : on ne remarque quelques poils
que sur les bractées. Les fleurs sont couleur de rouille comme la
tige elle-même ♃. Elle croît dans l'île de Corse, d'après l'herbier de
M. Richard (Lois.).

2452ᵇ. Orobanche fétide.   *Orobanche fœtida.*

O. *fœtida.* Poir. Voy. Barb. 2, p. 195. Enc. bot. 4, p. 621. Desf. Fl. atl.
2, p. 59, t. 144. Lapeyr. Abr. 358.

La tige est droite, simple, haute, d'environ un pied, pubescente
ou légèrement hérissée, le plus souvent rougeâtre, à peine renflée
à sa base, garnie d'écailles dressées, ovales-lancéolées ; l'épi est
ovale-oblong, serré ; chaque fleur naît à l'aisselle d'une bractée
brune, lancéolée, acérée, un peu poilue en dehors, et plus courte
que la corolle ; le calice se fend en deux lobes, qui sont eux-mêmes
divisés en deux lanières pointues, un peu inégales. La corolle est à
l'intérieur d'un pourpre mordoré, jaune à l'extérieur et sur les
bords ; elle exhale une odeur pénétrante ; sa lèvre supérieure est à

deux, l'inférieure à trois lobes, tous obtus, crépus et ciliés; les filets sont un peu hérissés en dedans; le style est pubescent; le stygmate est jaune, divisé en deux lobes globuleux ♃. J'ai trouvé cette belle espèce en fleur au commencement de juin, parmi les buissons, sur la côte caillouteuse qui couronne le village des Mées près Digne en Proyence; elle se trouve encore à Saint-Martory, et dans le bois du Griffoulet près Toulouse (Lap.). L'*O. cruenta*, Bert., dec. 3, p. 56, semble appartenir à notre espèce; mais M. Bertoloni dit que son odeur est agréable au commencement de la fleuraison, et disparaît ensuite.

2453ᵃ. Orobanche spécieuse.   *Orobanche speciosa.*

Sa tige est droite et s'élève au moins à un pied de hauteur, cylindrique, peu ou point renflée à sa base, garnie çà et là de quelques écailles linéaires, aiguës, très-écartées; celles-ci, aussi-bien que la tige, les bractées et les sommités du calice, sont hérissées de poils blancs, un peu crépus et glanduleux; l'épi est oblong, serré, composé de fleurs grandes, nombreuses et jaunâtres; les bractées sont lancéolées-linéaires, acuminées, longues de 6–8 lignes; le calice se divise jusque près de la base en 2 lobes lancéolés, linéaires, acuminés, de la longueur des bractées, entiers, ou à peine munis d'une dent latérale, caractère qui distingue clairement cette espèce de toutes les autres; la corolle a près d'un pouce de longueur, et se divise en 5 lobes arrondis, crénelés, dont l'inférieur est un peu plus long que les autres; la base interne des filets offre quelques poils : le style se termine par un stygmate à 2 lobes épais et globuleux ♃. Cette orobanche m'a été communiquée par M. Dufour, qui l'a trouvée aux environs de Toulon.

2459. Lathrée clandestine.   *Lathræa clandestina.*

Elle ne se trouve que dans les provinces occidentales, et non dans celles de l'est; elle croît aux environs de Rennes (Jaum.); en Anjou, au Mans, à Nantes, aux Sables d'Olonne, dans le Morvand (Troufl.); au moulin de la Grattade près Limoges (Nav.); à Albi, Toulouse, dans les Pyrénées, à Molles, au pic de l'Héris (Lap.); au port de Paillères. Elle porte les noms vulgaires de *madrone, herbe de la matrice, herbe cachée, clandestine de Léon.*

FAMILLE DES JASMINÉES.

2471ª. Jasmin humble. *Jasminum humile.*

J. humile. Lin. sp. 9. Lam. Dict. 3, p. 219. — Lob. ic. 2, t. 106, f. 1.

CET arbuste ressemble au J. arbuste par la couleur et l'apparence de ses fleurs ; mais il en est bien distinct par ses rameaux anguleux, par ses feuilles, les unes simples et entières, les autres ailées à 3, et quelquefois 5 folioles ovales ou oblongues, un peu pointues. Celle de l'extrémité est toujours un peu plus grande que les autres ; les fleurs sont presque inodores, disposées 3 à 4 ensemble au sommet des rameaux ♄. Cet arbuste, qu'on cultive dans les jardins d'ornement, sous le nom de *jasmin d'Italie*, croît sauvage dans les environs de Grasse en Provence, où il a été observé par M. Jauvy. Celui que Sauvages (Meth. p. 222) et Gouan (Fl. monsp., p. 5) indiquent près de Montpellier, et M. Lapeyrouse (Abr. p. 3) à la Trancade d'Ambouillat, paraît n'être que la variété à feuilles pinnatifides du *J. fructicans.*

FAMILLE DES LABIÉES.

2481ª. Sauge des Pyrénées. *Salvia Pyrenaïca.*

S. Pyrenaïca. Lin. syst. 71. Vahl. enum. 1, p. 263. DC. Syn. n. 2481ª. Lapeyr. abr. 14. — Herm. parad. 187, ic.

TOUTE la plante est velue, visqueuse ; elle s'élève à 2 à 3 pieds, droite, rameuse ; les feuilles inférieures sont pétiolées en forme de cœur, dentées ou un peu sinuées, veinées, glabres en dessus, légèrement velues en dessous sur les nervures. Les supérieures sont oblongues, sessiles ; les branches sont allongées, blanchâtres ; les fleurs 4 à 6 par verticille, pédicellées, assez grandes, de couleur bleue, chargées de quelques poils visibles à la loupe ; les bractées en forme de cœur, amincies au sommet, réfléchies ; la lèvre supérieure du calice a 2 dents, l'inférieure a 3 lobes, 2 latéraux ovales, celui du milieu en alêne. Les étamines sont deux fois plus longues que la corolle. Je décris cette espèce, ainsi que l'a fait M. Vahl, d'après un échantillon conservé dans l'herbier de M. de Jussieu, comme originaire des Pyrénées ; aucun des voyageurs modernes n'a pu la retrouver dans ces montagnes.

2488ª. Sauge clandestine. *Salvia clandestina.*

S. *clandestina.* Lin. sp. 36. Vahl. enum. 256. Berth. dec. 2, p. 29. Savi,
Bot. etr. 1, p. 21. — S. *præcox.* Lois. not. p. 6. — S. *pratensis*, var.
Savi, Fl. pis. 1, p. 22. — Triumf. obs. p. 66, ic. — Barr. ic. t. 220.

Cette espèce, l'une des plus petites de toutes les sauges, s'élève rarement au-delà de six pouces ; sa racine est dure, ligneuse, épaisse, vivace ; ses feuilles radicales sont pétiolées, celles de la tige sessiles, toutes
oblongues, tantôt rétrécies à leur base, quelquefois échancrées en
cœur, dentées, sinuées ou pinnatifides dans divers individus, quelquefois sur le même pied ; elles sont peu velues, presque glabres,
un peu bosselées et ridées. La tige florale est poilue, terminée par
un épi interrompu, obtus, simple ou portant à sa base deux petits
rameaux opposés : les bractées sont en forme de cœur ; les calices
très-velus ; les fleurs sont bleues, le plus souvent pâles, quelquefois blanches, deux fois plus longues que le calice ; la lèvre
supérieure est sans glandes ♃. Cette sauge est commune le long des
chemins des provinces orientales de la région des oliviers depuis
Montpellier jusqu'en Italie, où elle est aussi fréquente, surtout en
Ligurie et en Toscane. Elle a plus de rapports avec la *S. verbenaca*,
qu'avec la *S. pratensis ;* elle diffère de la première par sa racine
vivace et non bisannuelle ; de la seconde, par sa corolle dépourvue
de glandes ; de toutes deux par sa petitesse ; elle fleurit au premier
printemps.

2496ª. Bugle fausse-ivette. *Ajuga pseudo-iva.*

A. *pseudo-iva.* Rob. et Cast. Diss. ined.

Cette plante ressemble absolument à l'ivette, mais paraît cependant distincte : 1°. ses fleurs sont constamment jaunes, et non purpurines, plus petites que dans l'ivette ; 2°. ses feuilles sont plus
linéaires, et ont leurs bords un peu roulés en-dessous ; 3°. la plante
est inodore, et n'émet, par aucune de ses parties, cette odeur de
musc si remarquable dans l'ivette ⊙. Elle croit le long des chemins
à Montredon près Marseille, où elle a été observée par MM. Robillard
et Castagne.

2497. Germandrée ligneuse. *Teucrium fruticans.*

Cette belle espèce se retrouve sur l'extrême frontière des Pyrénées
orientales, en sortant de Bagnols du côté d'Espagne ; je l'y ai
trouvée en fleurs le 24 juin 1807.

2502. Germandrée renversée. *Teucrium resupinatum.*

J'avais indiqué cette espèce dans la Flore d'après un échantillon de l'herbïer de l'Héritier, intitulé : *T. corbariense*, Lapeyrouse, *corollæ resupinatæ.* Cette étiquette n'y est point transposée, car la description de cette plante se trouve dans les manuscrits inédits de l'Héritier, avec le même nom placé comme il avait coutume de le faire lorsqu'il était celui de la personne même dont il tenait la plante ; M. Lapeyronse dit aujourd'hui (Abr. , p. 326) qu'il n'a jamais envoyé cette plante à personne. Il paraît donc qu'elle ne croit point dans les Corbières. Je ne puis du moins reconnaître la vérité au milieu de ces deux assertions contradictoires.

2520. Hyssope officinal. *Hyssopus officinalis.*

δ. Canescens.

Cette variété a été trouvée par M. de Suffren aux environs de Salon en Provence, et méritera peut-être de former un jour une espèce distincte, lorsqu'on se sera assuré que ses caractères se soutiennent dans l'état de culture ; elle est beaucoup plus ligneuse, couchée au moins à sa base, d'un aspect blanchâtre, et toute hérissée de petits poils courts et nombreux sur la tige et toutes les parties foliacées ; ses fleurs se déjettent d'un seul côté avec beaucoup de régularité. L'hyssope ordinaire se trouve dans les provinces du sud-est en Provence, à Barcelonnette ; en Dauphiné près Gap, sur le chemin de Pont-d'Ain à Ambérieux (Stat.), à Lons-le-Saulnier (Guiet.) ; on le retrouve à Mantes près Paris (Mer.).

2523. Nepeta à fleurs lâches. *Nepeta nepetella.*

Je l'ai cueillie parmi les rochers sur le revers méridional du Mont-Cénis ; elle se trouve aussi dans les Pyrénées centrales, aux vallées de Vénasque et de Pinède, d'où elle m'a été envoyée par M. Boileau.

2424ᵃ. Nepeta violette. *Nepeta violacea.*

N. violacea. Lin. sp. 797. Wild. sp. 3, p. 51. Lapeyr. abr. 329. — Barr. ic. 601. — Bocc. mus. t. 36, fig. dext.

Sa tige est droite, haute d'environ 2 pieds, divisée en rameaux opposés, quadrangulaire, à faces concaves ou en sillon, à angles pubescens, souvent purpurins ; ses feuilles inférieures ont de courts pétioles et sont oblongues, échancrées en cœur ; les supérieures sont sessiles, ovales-oblongues, toutes pointues, pubescentes, bordées de larges crénelures. Les épis sont allongés, formés de verticilles interrompus ; chacun de ceux-ci se compose de deux groupes de fleurs pédiculées ; le pédicule est axillaire, bifide, et les fleurs sont à peu près disposées en cime le long de ses deux branches ; les calices et les bractéoles sont un peu poilus ; les corolles glabres , d'un bleu violet ; les lobes latéraux sont étalés ♃. Elle croit dans les Pyrénées orientales , notamment à la Llagone de Mont–Louis, d'où elle m'a été envoyée par M. Coder. On l'indique aussi dans les Alpes du Dauphiné (Vill.) et du Piémont (All.) ?

2525. Nepeta à large feuille. *Nepeta latifolia.*

M. Lapeyrouse a jugé à propos de changer le nom de cette es-pèce que j'ai publiée neuf ans avant lui , pour lui donner celui de *N. grandiflora*, quoique sa fleur soit de grandeur médiocre dans ce genre. Cette nepeta ne croît point aux environs de Narbonne , mais dans les Pyrénées orientales, aux environs de Mont-Louis ♃.

2526. Lavande spic. *Lavandula spica.*

> *Pseudonardus quæ vulgò spica.* J. Bauh. hist. 3, p. 280, f. 1. — *L. lati-folia.* C. Bauh. pin. 216. — *L. mas.* Dalech. Lugd. 920, f. 1. — *L. spica*, β. Lin. sp. 800. Fl. fr. n. 2526. — *L. latifolia.* Vill. Dauph. 2, p. 363. Wild. enum. 604. Lois. Fl. gall. 346. — *L. spica.* Chaix, in Vill. Dauph. 1, p. 355.
>
> *β. Ramosa.*

Le *spic* a une souche ligneuse , dure , divisée en rameaux dres-sés , les uns courts , stériles , persistans , les autres longs , fertiles , annuels ; les feuilles sont linéaires ou oblongues , élargies vers le haut , rétrécies à leur base, couvertes d'un duvet très-court , serré et blanchâtre : celles des rameaux stériles sont un peu plus larges ; toutes tendent à se rouler en dessous par leurs bords. Les tiges flo-rales sont très-peu feuillées , terminées par un épi allongé , simple ou peu rameux , dont les verticilles sont interrompus , et dont la sommité est souvent inclinée : les bractées sont linéaires, presque sé-tacées ; les calices sont fortement striés , blanchâtres et non coton-neux ; la corolle est bleue, quelquefois blanche. La var. β , qui pa-raît produite dans les jardins par la culture , a l'épi très-rameux et les feuilles des rameaux stériles , très-larges ♃. Ce sous-arbrisseau croît dans les lieux secs et pierreux des plaines de la région des oli-viers en Provence et en Languedoc. Il y est connu des paysans, qui en extraient , comme un objet de commerce , l'huile volatile de *spic,* ou par corruption , d'*aspic :* il a été bien décrit par J. Bauhin , mais tous les modernes ont transporté le nom de spic à la vraie lavande. Chaix , qui seul les a bien reconnus , n'a pas été suivi , probable-ment , parce que ses caractères différentiels étaient peu intelligibles , ayant mis *bracteis squarrosis* pour *scariosis.*

2526ᵃ. Lavande véritable. *Lavandula vera.*

Pseudonardus quæ Lavandula vulgò. J. Bauh. hist. 3, p. 281, f. 1. — *L. angustifolia.* C. Bauh. pin. 216. — *L. fœmina.* Dalech. Lugd. 919, ic. — *L. spica, var. α.* Lin. sp. 800. Fl. fr. n. 2526. — *L. spica.* Bull. herb. t. 337. Wild. enum. 604. Lois. Fl. gall. 346. — *L. officinalis.* Chaix, in Vill. Dauph. 1, p. 355; 2, p. 363. — Hall. helv. n. 232.

La lavande ressemble beaucoup au spic, mais elle en est certainement distincte; ses feuilles sont linéaires ou oblongues; leur largeur varie d'une à trois lignes; mais lors même qu'elles s'élargissent, elles ne s'approchent point de la forme de coin ou de spatule, et celles des rameaux stériles sont en général plus blanches et plus étroites que celles des rameaux fertiles. Le feuillage de la plante est en général plus verdâtre; l'épi est toujours simple, formé de verticilles interrompus; sous chaque verticille on compte deux bractées opposées, ovales à leur base, mucronées ou acuminées, un peu plus courtes que les calices, glabres, un peu scarieuses, marquées de nervures longitudinales peu prononcées : le calice est très-finement strié, tout couvert d'un duvet cotonneux, blanchâtre vers la base, et qui, vers le sommet du calice, prend la teinte des fleurs; celles-ci sont bleues, rarement blanches ♄. Ce sous-arbrisseau croît sur les collines et au pied des montagnes du Dauphiné, de la Provence, et je crois du haut Languedoc; à Sainte-Victoire, au mont Ventoux; à Gap, au mont de Lans : M. Gilibert me l'a envoyé de Monton près Lyon; M. Schleicher, de Neuchatel en Suisse; je l'ai cueilli moi-même à Coni et à Limone en Piémont; et M. Ré paraît l'indiquer à Suze, Exilles et Cézane. Il craint moins le froid que le spic, et c'est lui qu'on cultive sous le nom de lavande dans les jardins du Nord; c'est de lui qu'on tire l'*eau de lavande.*

2526ᵇ. Lavande des Pyrénées. *Lavandula Pyrenaïca.*

L. spica. Lapeyr. abr. 329 ? excl. syn.

Ce sous-arbrisseau ressemble entièrement à la lavande véritable, mais me paraît mériter d'en être distingué; son feuillage est encore plus verdâtre; ses bractées sont, comme dans la vraie lavande, larges, ovales, glabres et acuminées; mais elles atteignent la longueur du calice, et leur largeur est égale à leur longueur; leur consistance est un peu plus foliacée, et leurs nervures sont saillantes et réticulées; le calice est semblable à celui du spic, c'est-à-dire, strié, blanchâtre et non cotonneux. La fleur était bleue dans tous les individus que j'ai vus ♄. Cette lavande croît dans les Pyrénées orientales, sur les côtes pierreuses exposées au soleil, à peu près depuis la limite supérieure des oliviers jusqu'à la limite inférieure des pins. Je l'ai trouvée en abondance au-dessus de Billioc en Roussillon : il est probable que c'est celle-ci que M. Lapeyrouse indique à Tarascon, Orus, Vicdessos, Coume de Vic, Vénasque.

2527. Lavande stæchas. *Lavandula stæchas.*

Excluez la var. β, qui est une espèce distincte particulière à l'Espagne : celle de France a l'épi sessile ou presque sessile, terminé par une houppe de feuilles colorées.

2530. Crapaudine enfilée. *Sideritis perfoliata.*

Magnol et Gouan indiquent cette plante aux environs de Montpellier, et je l'ai insérée dans la Flore d'après leur témoignage ; mais on ne la retrouve point dans les lieux indiqués, soit qu'elle y eût été semée accidentellement, soit que quelque équivoque de synonymie ait fait donner ce nom à une autre plante.

2531. Crapaudine blanchâtre. *Sideritis incana.*

La plante qu'on trouve au val d'Eynes est une simple variété du *S. scordioïdes* ; celle de Piémont paraît aussi devoir y être rapportée. La vraie *S. incana* paraît particulière à l'Espagne, et doit être exclue de la Flore.

2532. Crapaudine à feuille   *Sideritis hyssopifolia.*
     d'hyssope.

     γ. *Spica subrotunda, foliis ovatis.*

Cette variété croît dans les environs de Bagnères de Luchon, où elle a été observée par M. C. G. Berger : elle est remarquable par la largeur et la forme ovale de ses feuilles, et par ses épis ovales-arrondis, presque sphériques.

2533. Crapaudine faux-scordium. *Sideritis scordioïdes.*

     ε. *S. crenata.* Lapeyr. abr. 331.

Elle ne diffère des variétés indiquées que par ses feuilles un peu plus larges et plus dentées, mais une foule d'intermédiaires rattachent cette plante à l'espèce. Elle se trouve dans les Pyrénées : c'est encore à cette espèce, comme je l'ai dit plus haut, qu'appartient le *S. incana.* Gou. ill. 36.

2538. Menthe hérissée. *Mentha hirsuta.*

     δ. *M. dubia.* Vill. Dauph. 2, p. 358.

Elle ne diffère de la var. β que parce qu'elle a les étamines incluses et non saillantes hors de la corolle : elle se trouve en Dauphiné. M. Requien me l'a envoyée d'Avignon.

2543. Menthe pouliot.   *Mentha pulegium.*

β. Eriantha-corollis hirsutis.

Cette menthe est remarquable par ses feuilles ovales-oblongues, presque glabres, par ses tiges très-pubescentes dans leur partie supérieure, et surtout par ses corolles abondamment couvertes de poils longs, et qui paraissent cloisonnés lorsqu'on les voit à la loupe. Comme la corolle du pouliot ordinaire porte quelques poils, je n'ai pas osé séparer cette menthe comme espèce ; mais j'engage les observateurs à l'étudier de nouveau. Elle m'a été communiquée par M. Coder, qui l'a trouvée aux environs de Prades en Roussillon.

2545. Glechome lierre terrestre. *Glechoma hederacea.*

β. G. magna. Mer. Fl. par. 225.

Cette plante paraît une simple variété du lierre terrestre : elle est plus grande et plus velue dans toutes ses parties, et ne porte que 1 à 2 fleurs à chaque aisselle. Elle croît sur les côteaux, aux environs de Paris. (Mer.)

2546. Glechome à grande fleur. *Glechoma grandiflora.*

Cette espèce paraît être la même que le *Stachys corsica.* Pers. ench. 2. p. 154. Lois. Fl. gall. 2, p. 356.

2552. Lamier velu.   *Lamium hirsutum.*

Il est probable qu'on doit rapporter à cette espèce, comme synonymes, *L. stoloniferum.* Lapeyr. obs. 333. — *L. grandiflorum,* Pourr.

2562ᵃ. Bétoine blanchâtre.   *Betonica incana.*

B. incana. Mill. Dict. n. 3. Ait. Kew. 2, p. 299. Wild. sp. 3, p. 94.

Elle ressemble beaucoup à la B. roide, mais ses feuilles sont un peu plus larges, plus fortement crénelées ; sa superficie entière un peu plus velue, quoiqu'elle le soit beaucoup moins que son nom spécifique ne semble l'indiquer : la lèvre supérieure de sa corolle est divisée en deux lobes et le tube en est pubescent, un peu courbé ♃. Elle croît dans les bois, aux environs de Nantes, où elle a été trouvée par M. Hectot.

2571. Épiaire maritime.   *Stachys maritima.*

Je l'ai trouvée sur les sables du bord de la mer, en Ligurie, à Nice, Toulon, Marseille, Perpignan. Le *St. betonicæfolia* Pers.

ench. 2, p. 124, semble appartenir à cette espèce qui, s'il en est ainsi, se retrouverait à la Rochelle.

2572ᵃ. Épiaire d'Héraclée. *Stachys Heraclea.*

S. Heraclea. All. ped. n. 112, t. 84, f. 1. Wild. sp. 3, p. 100. — *S. barbata.* Lapeyr. abr. 336. — *S. intermedia.* Ten. Fl. neap. prod. p. xxxvi. — *Sideritis Heraclea.* Col. ecphr. 1, t. 131, ex All.

Sa racine a un tronc cylindrique duquel sortent des fibres presque simples; le collet porte à la fois une tige florale développée, et le rudiment chargé de feuilles de celle qui doit se développer l'année suivante; les feuilles radicales ou inférieures sont pétiolées, oblongues, crénelées, un peu échancrées en cœur à leur base; la tige est toujours simple, longue d'un pied et demi, terminée par 5 à 6 verticilles de fleurs dont les inférieurs sont un peu écartés : chaque verticille est de 8 à 12 fleurs pourpres; les bractées sont sessiles, étalées ou réfléchies, ovales à la base, rétrécies en pointe; les lobes du calice aigus, non épineux; la lèvre supérieure de la corolle entière : toute la plante est couverte de poils longs, mous et hérissés; ces poils sont surtout abondans sur les pétioles, le haut de la tige et la surface externe des corolles qu'ils recouvrent en entier ♃. Cette belle plante croît dans les lieux secs, les bois et les collines, en Italie, dans le royaume de Naples, à Héraclée en Romanie (Col.), à Sarzane, à Nice. M. Jauvy l'a trouvée en Provence près Grasse; M. Xatard, dans les Pyrénées orientales; M. Lapeyrouse l'indique à Custoja et à la Sedelle de la Manera.

2582ₐ. Phlomide ligneuse. *Phlomis fruticosa.*

P. fruticosa. Lin. sp. 818. Wild. sp. 3, p. 117, excl. syn. Tourn. — Dod' pempt. 146, ic.

Arbrisseau rameux, haut de 2 à 4 pieds, formant un buisson assez serré, à branches cotonneuses, obtusément tétragones, à feuilles arrondies, cotonneuses et blanchâtres sur les deux surfaces, et légèrement crénelées; à fleurs jaunes, grandes, verticillées 15 à 20 ensemble, entourées de feuilles florales, ovales, lancéolées, cotonneuses et réticulées en-dessous, et de bractées ovales cotonneuses en dehors; les ovaires sont parfaitement glabres ♄. Il croît en abondance dans les Pyrénées orientales, dans les terres incultes sur les bords du canal de la Nouvelle et du Midi; au bois de la Pigasse. (Lapeyr. abr. 338.)

2584. Molucelle ligneuse. *Molucella frutescens.*

Elle a été retrouvée en Provence, au pied du château d'Entrevaux, par M. Emeric.

2589. Thym serpolet.   *Thymus serpyllum.*

La var. **γ**, ou le *thymus citriodorus*, Pers. ench. 2, p. 130, est remarquable par son odeur qui approche de celle de la mélisse, par ses feuilles ovales-arrondies, munies de longs cils à leur base, et relevées de nervures secondaires presque parallèles : elle pourrait bien former une espèce distincte : on la trouve sur les collines méridionales, notamment à Prades près Montpellier, où les paysans la recueillent pour en faire l'essence de serpolet. Le *satureia montana* y sert au même usage.

2590ᵃ. Thym de Corse.   *Thymus Corsicus.*

T. corsicus. Pers. ench. 2, p. 131. Lois. Fl. gall. 2, p. 361, t. 9.

Cette espèce est très-petite ; sa tige est ligneuse, rameuse, tortueuse, rampante, à peine de la longueur du doigt ; ses feuilles sont portées sur de courts pétioles, arrondies, poilues sur les deux surfaces ; leur bord est entier, cartilagineux ; leurs nervures sont à peine visibles ; les jeunes pousses et les pétioles sont hérissés ; les fleurs sont opposées, solitaires à l'aisselle des feuilles supérieures, au nombre de 2 à 4. Le calice est cylindrique, rougeâtre, hérissé, à 5 dents presque égales, formé de poils nombreux, visibles entre les dents ; la corolle est deux fois plus longue que le calice, un peu velue ♃ ♄. Ce thym croît dans les plus hautes montagnes de l'île de Corse, et m'a été communiqué par M. Robert : on le trouve aussi aux Pyrénées (Lois.).

2591ᵃ. Thym herbe-baronne.   *Thymus herba-barona.*

T. herba-barona. Lois. Fl. gall. 2, p. 360, t. 9.

Cette petite espèce a la tige demi-ligneuse, couchée, à rameaux dressés, glabres, longs de 2 pouces au plus ; ses feuilles sont lancéolées, presque linéaires, amincies aux deux bouts, entières, glabres, ponctuées, marquées d'une seule nervure longitudinale (caractère qui la distingue du *T. marschallianus*, auquel elle ressemble beaucoup) ; ses fleurs sont verticillées 3 à 4 ensemble, portées sur de très-courts pédicelles, étalées ; le calice est large, presque en cloche, et a ses lanières légèrement ciliées lorsqu'on les voit à la loupe. La corolle dépasse peu le calice ♃ ♄. Ce thym croît sur les hautes montagnes de l'île de Corse, où il est connu sous le nom d'*herba-barona*, et où il a été observé par M. Robert.

2603. Dracocéphale d'Au- *Dracocephalum Austriacum.*
triche.

Il se retrouve dans les Pyrénées orientales, à la Font-de-Comps
(Lapeyr.), d'où il m'a été envoyé par M. Coder.

2605. Brunelle commune. *Brunella vulgaris.*

La *prunella pinnatifida*, Pers. ench. 2, p. 137, paraît devoir
être rapportée à notre variété *s*, qui a les feuilles pinnatifides,
mais qui par son calice rentre dans la B. commune.

2615ª. Toque fer de lance. *Scutellaria hastifolia.*
S. hastifolia. Lin. sp. 385. Saint-Hil. not. p. 23.

Elle a des rapports avec la *S. galericulata* par son port, mais il
me paraît certain qu'elle constitue une espèce distincte; ses feuilles
sont exactement en forme de fer de lance (Phil. bot. t. 1, f. 15),
c'est-à-dire, munies à leur base de deux oreillettes entières, pointues, et dont la direction est à angle droit sur le pétiole; dans
les supérieures, cette oreillette n'est plus qu'une petite dent, ou
disparaît même tout-à-fait, et alors les feuilles sont lancéolées; les
fleurs sont unilatérales, plus longues que les feuilles florales, un
peu plus grandes que dans la *S. galericulata*, bleuâtres ou roses
dans une variété (Bast. suppl. 38) ♃. Elle croît dans les lieux humides, aux environs d'Angers, d'Orléans et de Mayence.

CCCXCIX*. PRASIUM. *PRASIUM.*
Prasium Lin. Juss. Lam.

Car. Le calice est à 2 lèvres, l'une à 3, l'autre à 2 dents. La corolle
a la lèvre supérieure échancrée, l'inférieure a trois lobes; les graines
sont recouvertes par une enveloppe charnue.

2616ª. Prasium majeur. *Prasium majus.*
P. majus. Lin. sp. 838. Lam. ill. t. 516. — Zan. hist. t. 46. — Barr. ic. 895.

Petit sous-arbrisseau branchu, glabre, dressé, un peu tortueux à
sa base; les feuilles sont pétiolées, ovales, dentées, quelquefois un
peu échancrées en cœur à leur base; les fleurs sont blanchâtres, solitaires, opposées, presque sessiles à l'aisselle des feuilles supérieures;
le calice est ample, surtout après la fleuraison; les graines sont
brunes, remarquables par leur enveloppe charnue ♄. Il croît en
Corse, où il a été observé par M. Lasalle (Lois.). On le trouve
encore en Italie, à Baya, Orbitello, Telamone, etc.

FAMILLE DES PERSONÉES.

2617ª. Utriculaire intermé- *Utricularia intermedia.*
  diaire.

U. intermedia. Hayne, in Schrad. Journ. 1800, p. 1, p. 18. Ic. pict. t. 1.
Term. bot. t. 26, f. 6. Drev. et Hayne, pl. eur. 4, p. 22, t. 39. Schrad.
Fl. germ. 1, t. 55. — *U. minor.* Thuil. Fl. par. p. 12, ex Mérat, Fl.
par. p. 9.

UNE espèce de bulbe ovoïde et écailleuse donne naissance à une
tige cylindrique qui rampe sous l'eau, et de laquelle sortent quelques racines filiformes; c'est à ces racines que les ampoules sont
adhérentes, et non aux feuilles elles-mêmes, comme dans les deux
autres espèces; les feuilles sont trifides à leur base, et chaque portion est elle-même bi ou trichotome, à lobes linéaires, aigus, un peu
poilus sur les bords; la hampe ne porte qu'une écaille au-dessus du
milieu de sa longueur, et se termine par 2-3 fleurs jaunes; la lèvre
supérieure est entière, double de la longueur du palais, et marquée de quelques raies rouges; les anthères sont libres ♃. Elle croît
dans les fossés d'eau stagnante. M. Koch l'a trouvée dans le Palatinat, à Kaiserslautern et entre Landstahl et Spisbach. M. Mérat
dit qu'elle se trouve aux environs de Paris.

2620. Grassette à grande fleur. *Pinguicula grandiflora.*

Elle est commune dans les Pyrénées, et c'est elle que Bergeret y
a désignée sous le nom de *P. vulgaris*, Fl. bass. pyr. 1, p. 17. Lorsqu'elle croît dans les fentes humides des rochers ombragés, ses
feuilles s'allongent par suite d'un étiolement incomplet; c'est dans
cet état, en effet très-remarquable, que je l'ai, d'après M. Ramond,
indiquée sous le nom de *P. longifolia*, Fl. fr. ed. 3, vol. 3, p. 728;
mais de nouvelles observations faites sur le vivant m'ont convaincu
qu'elle n'était qu'une simple variété. La *P. grandiflora* se retrouve
dans les Alpes de Provence et de Dauphiné, dans les montagnes du
Bugey (Stat.), et dans les Vosges.

2621. Grassette des Alpes. *Pinguicula Alpina.*

La plante des Alpes que j'ai décrite sous ce nom est sûrement
la même que le *P. flavescens.* Schrad. Fl. germ. 1, p. 53. Mais je
ne crois point qu'elle diffère de l'espèce de Linné, et M. Wahlem-

berg affirme positivement leur identité. Ce n'est point celle ci, mais le *P. Lusitanica* qui se trouve en Bretagne.

2621ᵃ. Grassette de Portugal. *Pinguicula Lusitanica.*

P. Lusitanica. Lin. sp. 25. Engl. bot. t. 145. Lois. Fl. gall. p. 14, t. 1. — *P. vulgaris.* Maulny Mans. p. 102. Aubry Morb. p. 7. Bonamy Naun. p. 96. — *P. Alpina.* Berg. Fl. bass. pyr. 1, p. 17. Thore, Chl. Land. p. 12. — *P. villosa.* Renault, Orn. p. 128.

Cette grassette se distingue facilement de toutes les autres espèces de France à la petitesse de ses fleurs ; la plante elle-même est assez petite ; les feuilles radicales sont ovales, étalées, glabres, d'un vert pâle, un peu réticulées ou veinées. Chaque rosette émet ordinairement 2-3 hampes grêles, pubescentes, un peu courbées ou inclinées à leur sommet. La fleur est petite, d'un blanc sale avec la gorge jaunâtre, rayée de rouge ; l'éperon est droit, un peu plus court que la corolle ⊙. Elle croît dans les marais tourbeux et les landes humides des provinces de l'ouest. Elle a été trouvée à Rouen (Guers.) ; à Lépau près le Mans ; aux environs d'Alençon (Ran.) ; dans la Sologne (Saint-Hil.) ; à Pouancé, Labreille et Cholet en Anjou, par M. Bastard ; à Vannes, par M. Aubry ; aux Planchettes et à la Dinerie près Nantes, par M. Hectot ; au pont de Gagorre dans les Landes de l'Agenois, par M. de Saint-Amans; à Dax, par M. Thore ; près Bayonne et au mont Larhune (Lois.) ; aux marais de Pontlong et de Pontac près Pau (Berg.) ; à Eause, département du Gers (Lair.). — La *P. villosa* Lin. diffère de cette espèce par sa stature plus petite, sa hampe droite et plus hérissée ; Villars l'indique dans les Alpes de Dauphiné; Allioni cite le *P. lusitanica* dans celle de Vinadio. Il est probable que l'un et l'autre ont parlé de la même plante; mais je n'ai pu la trouver ni dans les Alpes ni dans les herbiers.

2624. Érine des Alpes. *Erinus Alpinus.*

γ. *Hirsutus.* Lapeyr. Abr. 357.

δ. *Secundiflorus.* Lapeyr. Abr. 357.

La var. γ que M. Custer a trouvée à Casas de Pena près Perpignan est remarquable par sa surface très-hérissée, presque blanchâtre. La var. γ que M. Prost m'a envoyée des environs de Mende a les fleurs en grappe, dirigées d'un seul côté. La description que M. Lapeyrouse donne du fruit de l'*erinus* ne répond nullement à ceux que j'ai sous les yeux : je vois une capsule ovale-oblongue, un peu comprimée, à deux valves qui à la maturité se fendent par le sommet en deux lobes, et qui, par leurs bords inferieurs, rentrent de manière à diviser la capsule en deux loges; les placentas sont soudés avec ces bords rentrans, nullement libres, chargés chacun de 10 à 12 graines ellipsoïdes et d'un gris brun.

2628ᵃ. Scrophulaire ra-　*Scrophularia ramosissima.*　meuse.

S. ramosissima. Lois. Fl. gall. 2, p. 381. — *S. frutescens.* Fl. fr. ed. 3, vol. 3, p. 729, excl. syn.

Cette plante diffère de la vraie *S. frutescens*, en ce qu'elle se ramifie dès sa base en un grand nombre de branches courtes et disposées en forme de petit buisson; elle ne s'élève guère au-delà de 8 à 10 pouces; ses pédicelles sont simples et uniflores, tandis que ceux de la *S. frutescens* sont rameux et multiflores; ses feuilles sont glabres, un peu épaisses, oblongues, rétrécies aux deux extrémités, dentées en scie, quelquefois incisées vers leur base; les calices sont courts, obtus, scarieux au sommet; les corolles petites, d'un pourpre foncé ♄. Elle croît dans les sables maritimes, aux environs d'Ajaccio en Corse; à Saint-Tropez et Fréjus en Provence; à Nice : elle fleurit au commencement de juin.

2630ᵃ. Scrophulaire de Scopoli. *Scrophularia Scopolii.*

S. Scopolii. Hop. pl. exs. Pers. ench. 2, p. 160. DC. rapp. 2, p. 82. Lapeyr. Abr. 356. — *S. auriculata.* Scop. carn. ed. 2, n. 777, t. 32.

Cette belle espèce ressemble aux *S. auriculata* et *nodosa*; mais toute sa tige, ses pétioles, ses pédicelles et la surface inférieure de ses feuilles sont pubescens; ses feuilles sont grandes, en forme de cœur, peu échancrées à leur base, bordées de larges dentelures, souvent munies à leur aisselle de deux petites feuilles naissantes qui semblent des stipules; les fleurs sont jaunâtres, disposées en grappe lâche, terminale; les feuilles florales sont presque linéaires, les inférieures dentées en scie à leur base, les supérieures entières. Les pédicelles sont alternes, rameux, divergens ♃. Elle croît dans les lieux frais et ombragés des vallées des Pyrénées, autour du lac de Llaurenti, près des villages de Paillères et d'Oo, où je l'ai cueillie en fleur au mois de juillet. M. Rohde l'a trouvée entre Luz et Barrèges; M. Lapeyrouse l'indique à Mont-Louis, Prato de Mollo et au pic de Gard. La *S. glandulosa*, Pl. hung. t. 214, semble différer de notre plante par ses fleurs d'un pourpre foncé et non d'un jaune clair et verdâtre.

2637ª. Linaire à vrilles. *Linaria cirrhosa.*

L. cirrhosa. Wild. enum. 639. — *Antirrhinum cirrhosum.* Lin. mant. 249.
Jacq. Vind. t. 82. — Till. pis. t. 32, f. 2 ?

Toute la plante est glabre ; ses tiges sont nombreuses, couchées,
longues, grêles, filiformes ; elles s'accrochent et s'entortillent souvent aux plantes voisines comme de véritables vrilles ; ses feuilles
sont alternes, pétiolées en forme de fer de flèche ; souvent le limbe
avorte, et le pétiole a l'apparence d'une petite vrille ; les pédicelles
sont très-longs, grêles, uniflores, solitaires à chaque aisselle ; les
fleurs sont petites, d'un bleu pâle ⊙. Elle croît dans les champs
près Ajaccio en Corse (Lois.) et à l'île du Levant, l'une des îles
d'Hières (Req.).

2640ª. Linaire pourpre. *Linaria purpurea.*

L. purpurea. Mill. Dict. n. 5. — *Antirrhinum purpureum.* Lin. sp. 853. —
Dod. pempt. 183, f. 2.

Sa racine, qui est vivace, donne naissance à une tige droite, longue
de 1–2 pieds, glabre, rameuse ; les feuilles sont glabres, linéaires,
un peu lancéolées, entières, verticillées 3 à 5 ensemble dans le
bas, alternes vers le haut de la tige : celle-ci se termine par des
fleurs nombreuses, purpurines, disposées en grappes allongées ; les
pédicelles sont plus courts que les bractées ; le calice est à 5 divisions presque linéaires ; l'éperon est allongé, aigu, un peu courbé ;
la capsule est presque globuleuse ♃. Elle croît le long des chemins
à Champagne et Valvins près Fontainebleau. (Mer.).

2641. Linaire striée. *Linaria striata.*

Aux nombreuses variations que j'ai déjà indiquées il faut ajouter que la tige est tantôt droite, tantôt ascendente ; que la fleur
est quelquefois tout-à-fait blanche, ou blanche avec le palais jaune.
Après avoir examiné attentivement ces nombreuses variétés, je
persiste à croire avec M. Smith qu'elles appartiennent toutes à une
seule espèce. L'*orontium supinum*, Will. phyt. 1, p. 408, doit être
rapporté ici.

2642. Linaire à feuille de thym. *Linaria thymifolia.*

Ajoutez à la synonymie : *Antirrhinum glaucum*, Thor. chl. land.
265, non Lin. — *Antirrhinum thymifolium*, Lois. Fl. gall. 374, t. 10 ⊙.
Elle croît sur presque toute la côte, entre l'embouchure de l'Adour
et celle de la Gironde : elle diffère entièrement de la *L. supina*,
à laquelle M. Lapeyrouse la réunit comme variété.

2643. Linaire des Pyrénées.   *Linaria Pyrenaïca.*

β. L. Thuillerii. Mer. Fl. par. 240. — *Antirrhinum bipunctatum.* Thuil.
Fl. par. 311.

Voyez la figure de cette plante *Icon. gall. rar.* 1 , p. 4, t. 11.
Elle ne diffère de la linaire couchée que par la pubescence qu'on
observe sur ses calices et à la sommité de sa tige : peut-être n'en
est-elle qu'une variété, comme le pense M. Lapeyrouse (Abr. p. 352);
elle est commune sur les rochers des Pyrénées , et se retrouve dans
les basses Alpes de Provence. La var. *β* ne me paraît pas différer
de l'espèce ordinaire, si ce n'est que sa fleur est un peu plus grande
et le palais d'un jaune un peu plus fauve ; elle croît dans les vieux
murs à Cachan , Sèvres, Villeneuve-Saint-Georges près Paris.

2644ᵇ. Linaire maritime.   *Linaria maritima.*

L. maritima. DC. syn. n. 2644**. Ic. gall. rar. 1, p. 5, t. 12. — *Antirrhinum supinum* , *β.* Lois. Fl. gall. 1, p. 375.

Elle est très-voisine de la L. couchée, et pourrait bien n'en être
qu'une variété ; ses tiges sont très-nombreuses, couchées, parfaitement glabres ; ses feuilles linéaires , glauques, toutes verticillées
quatre à quatre ; ses fleurs sont peu nombreuses, très-rapprochées ,
et les fruits même ne sont pas écartés ; les lobes du calice sont de
moitié plus courts que la capsule ; la corolle est inodore , d'un jaune
un peu pâle, et l'éperon est coloré en pourpre bleuâtre ⊙. Elle
croît dans les sables maritimes de la Basse-Bretagne, notamment
près le Croisic, où M. de La Roche et moi l'avons cueillie en fleur
au mois d'août.

2648. Linaire de Pélissier.   *Linaria Pelisseriana.*

β. simplex. DC. syn. n. 2648*. — *Antirrhinum gracile.* Pers. ench. 2 ,
p. 156.

La linaire de Pélissier a des jets stériles couchés, dont les feuilles
sont verticillées quatre à quatre , à peu près ovales, et les tiges fertiles droites et à feuilles linéaires et alternes ; dans la var. *α* qui croît
dans les terrains un peu fertiles , la tige florale est rameuse ; elle est
simple et très-grêle dans la var. *β* qu'on trouve dans les lieux les
plus stériles. Je suis porté à croire que l'*antirrhinum elegans*, Pers.
ench. 2 , p. 156, pourrait bien être encore une variété plus grande
et plus rameuse de la linaire de Pélissier.

2649. Linaire des rochers.   *Linaria saxatilis.*

L. saxatilis. Fl. fr. n. 2649. Syn. n. 2649. Ic. gall. rar. 1, p. 5, t. 13. — *Antirrhinum saxatile.* Lin. Amœn. 4, p. 277. Mant. 416, excl. Mor. syn. Lam. Dict. 4, p. 356. Wild. sp. 3, p. 246. Pers. ench. 2, p. 157.

Cette plante est à peine de la longueur du doigt, et se compose de 2 à 4 tiges ascendantes, pubescentes et visqueuses, surtout vers le sommet, glabres vers leur base, presque simples ; les feuilles inférieures sont ovales, obtuses, un peu rétrécies à la base, charnues, glabres, verticillées 4 ensemble ; les feuilles moyennes sont opposées, les supérieures alternes, oblongues-lancéolées, pointues ; les fleurs sont petites, presque sessiles à l'aisselle des feuilles florales, d'abord serrées, puis écartées, jaunes avec deux points fauves sur le palais. L'éperon est court, droit et pointu ⊙. Elle croît sur les roches maritimes de l'extrémité de la Bretagne, à Saint-Pol-de-Léon, Pémark et Concarneau, où elle a été trouvée par M. Bonnemaison.

2649ᵃ. Linaire des sables.   *Linaria arenaria.*

L. arenaria. DC. Ic. gall. 1, p. 5, t. 14. — *Antirrhinum arenarium.* Lois. not. p. 94. — *L. minor lutea flore luteo.* Mor. bles. 280. — *L. maritima minima viscosa, etc.* Mor. hist. 2, p. 499. — *Antirrhinum viscosum.* Aubry, progr. morb. ix, p. 49. — *Antirrhinum saxatile.* Bonamy, Nann. prod. 69.

Elle ressemble beaucoup à la précédente, mais sa racine pousse un très-grand nombre de tiges droites longues de 3 à 6 pouces ; la surface entière est pubescente, visqueuse ; les feuilles inférieures sont oblongues, obtuses, verticillées 4 ensemble ; les supérieures sont éparses, pointues, lancéolées-linéaires ; les feuilles florales sont plus courtes que les fleurs ; celles-ci sont petites, jaunes, non ponctuées, portées sur de courts pédicelles, disposées en grappe d'abord serrée, puis très-allongée ⊙. Elle croît dans les sables maritimes de la Bretagne, depuis l'embouchure de la Loire jusqu'à Lorient. Je l'ai trouvée en abondance à la presqu'ile de Quiberon, où elle était en fleurs au mois d'août.

2651. Linaire à feuilles d'origan. *Linaria origanifolia.*

Linaria origanifolia. Fl. fr. ed. 3, n. 2651. — *Antirrhinum villosum.* Lap. Abr. 353, non Lin.

Cette espèce a la tige vivace, tortueuse, dure, presque ligneuse à sa base, et non annuelle, comme le dit Linné, qui paraît avoir confondu la *L. rubrifolia* avec celle-ci ; son port est très-variable ; ses feuilles sont toujours opposées le long de la tige, glabres ou pubescentes, ovales ou arrondies, quelquefois oblongues ; le haut des tiges est toujours plus ou moins pubescent, quelquefois même velouté, mais jamais hérissé comme dans l'*A. villosum* ; l'éperon est droit, non divergent ; la gorge n'est point fermée par le palais ♃ ♄ . Les *linaria origanifolia, rubrifolia* et *minor* de la Flore française, les *antirrhinum littorale*, Bernh. et *villosum*, Lin., les *anarhinum crassifolium* et *tenellum* de Wildenow, forment un groupe parfaitement naturel, intermédiaire entre les *linaria* et les *anarhinum*, et que je désigne sous le nom de *chænorhinum* : ce groupe diffère des linaires par la gorge ouverte et non close ; mais il s'écarte tellement des anarhines par le port, que je n'ose, à l'exemple de Wildenow, le réunir à ce genre ; je laisse donc provisoirement les chænorhines comme section dans le genre linaire ; mais je ne doute point qu'un examen plus approfondi ne fournisse des caractères suffisans pour en faire un genre particulier.

2651ᵃ. Linaire à feuilles rouges.   *Linaria rubrifolia.*

> *Linaria rubrifolia.* Rob. et Cast. diss. ined. — *Antirrhinum saxatile serpyllifolio.* C. Bauh. prod. 106. Magn. bot. 25, ic. — *Antirrhinum origanifolium.* Gouan, Hort. 301.

Sa racine est grêle, annuelle, rameuse ; sa tige droite, haute de 3 à 4 pouces, rameuse et pubescente à sa partie supérieure ; ses feuilles radicales sont ovales ou arrondies, rétrécies à leur base en un court pétiole, glabres, un peu charnues, d'une couleur rouge foncée en dessous ; celles de la tige sont oblongues, obtuses, pubescentes ; les fleurs sont portées sur des pédicelles longs de 5–6 lignes ; la corolle est longue de 3 lignes, bleue, avec deux petites taches jaunes à l'entrée du tube ; celui-ci est ouvert, et n'a point le palais proéminent ; l'éperon est grêle, aigu, un peu divergent ; la capsule est petite, ovoïde, glabre, lisse, percée à sa maturité d'un seul trou qui donne issue aux graines contenues dans la loge qui répond à la lèvre supérieure de la corolle ; l'autre loge s'ouvre tard, et par une fente latérale près de la base ⊙ ♂? Cette plante croit sur les collines rocailleuses des environs de Marseille, notamment près le fort de N.-D.-de-la-Garde du côté de la mer ; elle y a été découverte par Gaspard Bauhin, et retrouvée par MM. Robillard et Castagne, qui m'en ont communiqué des échantillons et la description inédite. Magnol l'a trouvée aux environs de Montpellier, entre Pignan et la Vérune, et aux Capouladoux ; M. Gouan, aux roches de Mijoulan ; M. Bouchet, à la Vaquerie. Je l'ai cueillie en abondance à Santa-Fé, aux Cambrettes, au moulin de Figuière, en montant la Sérane, à la Val Crose près Aniane.

2655ª. Muflier à large feuille. *Antirrhinum latifolium*.

A. latifolium. Mill. Dict. n. 4. DC. Cat. hort. monsp. 7. Req. in Guer.
Vauel. ed. 2, p. 257. — *A. majus, var. α.* Fl. fr. n. 2655. — Bocc. mus.
p. 49, t. 41.

β. Striatum.

Ce muflier diffère de l'*A. majus* par sa stature moins élancée, par
ses feuilles ovales ou ovales-lancéolées, par ses fleurs jaunes un peu
plus grandes, quelquefois légèrement rayées de rouge, et parce que
sa superficie est presque toute garnie, surtout vers le sommet, de
poils courts, mous, hérissés et un peu glanduleux ♂. Il croit dans
les lieux pierreux exposés au soleil des provinces méridionales, à
Villefranche en Roussillon ; à Vaucluse, Malaucène et Lourmarin
près Avignon ; aux environs de Digne, de Toulon, de Nice, de
Coni, etc. Ayant cultivé cette espèce dans le jardin de Montpellier à
côté de l'*A. majus*, elle y a conservé ses caractères ; mais les graines
provenues de ces individus ont donné la var. *β* qui a la fleur jaune,
marquée de raies rouges longitudinales et parallèles, la superficie
pubescente et les feuilles oblongues ; elle est si exactement intermédiaire entre les deux espèces, qu'elle semble une hybride due à la
fécondation de l'*A. latifolium* par l'*A. majus*.

2657. Muflier toujours vert. *Antirrhinum sempervirens*.

Ajoutez à la synonymie : *Orontium sempervirens*, Pers. ench. 2,
p. 158. — *Antirrhinum molle*, Saint-Am. bouq. pyr. n° 154, non
Lin. — *A. sempervirens*, Ram. voy. perd. 210. Lapeyr. abr. 354. — il
croit sur les roches calcaires des Pyrénées centrales, dans les vallées
d'Oo, de Vénasque, de Gèdres, d'Aure, de Louron, etc.

2659. Muflier faux-asaret. *Antirrhinum asarina*.

Il croit sur les murs et les fentes des rochers dans les Pyrénées
orientales, les Cévennes, la Lozère.

2664ª. Digitale rougeâtre. *Digitalis purpurascens*.

α. D. purpurascens. Roth. cat. 2, p. 62. Pers. ench. 2, p. 162. Ehm.
diss. 45.

β. D. hybrida. Kœlr. in Jour. phys. 1782, p. 285, t. 1, f. 1, 2.

γ. D. fucata. Ehr. Beitr. 7, p. 15. Pers. ench. 2, p. 162. Mœnch. suppl.
164. Lois. not. 96.

δ. D. intermedia. Lapeyr. Abr. 357.

Cette plante me parait être évidemment une hybride provenant
des D. à grande ou à petite fleur fécondées par la D. pourprée. L'ex-

périence directe faite par Kœlreuter, les caractères de notre plante,
sa rareté même et son existence spontanée dans des pays où croissent
les autres espèces, me conduisent à cette idée; son port et son feuillage ressemblent assez bien à celui de la *D. parviflora*, mais les
feuilles sont un peu plus grandes, et souvent légèrement pubescentes
sur les nervures et sur les bords; les lobes du calice sont oblongs ou
ovales-lancéolés; la corolle est diversement nuancée de jaunâtre et de
rougeâtre, aspect qui la fait reconnaître dès le premier coup d'œil; elle
varie encore par sa forme tantôt cylindracée, tantôt plus ou moins
ventrue, toujours un peu barbue au bord de la lèvre inférieure. La
var. α, que M. Koch a trouvée dans le Palatinat, a la fleur ventrue,
d'un pourpre clair un peu jaunâtre. La var. β, que Kœlreuter a
fabriquée par une fécondation mixte, a la corolle cylindracée, jaunâtre, piquetée de rouge. La var. γ, que MM. de Saint-Hilaire et de
Salvert ont trouvée à Davayat en Auvergne, et M. Gochnat au château de Landsberg en Alsace, a les fleurs allongées, d'un pourpre
clair. La var. δ, que M. Lapeyrouse indique aux Pyrénées, à Llaurenti, à Esquierri, et au port de Plan, me paraît se rapporter aussi à
ce groupe plutôt qu'au *D. parviflora*, dont le *D. intermedia*, Pers.
semble une variété.

FAMILLE DES SOLANÉES.

2668ª. Molène en forme de   *Verbascum thapsiforme.*
    thapsus.

V. thapsiforme. Schrad. Mon. 1, p. 21. — *V. intermedium.* Léman. inéd. —
V. thapsus. Mer. Fl. par. p. 85 et 407.

CETTE espèce a le port du *V. thapsus*; sa tige est droite, simple; ses
feuilles sont crénelées, tomenteuses, ainsi que les autres parties de la
plante; les inférieures oblongues, rétrécies en pétiole; les autres
feuilles de la tige sont décurrentes, oblongues-ovales, et d'autant
plus aiguës qu'elles sont plus supérieures. Les fleurs, disposées en
un épi cylindrique assez serré, sont presque sessiles, 1, 2 ou 3
ensemble sous leurs bractées. La bractée est large à sa base, acuminée au sommet, plus longue que les fleurs à la partie inférieure de
l'épi; les bractées intérieures, au nombre de 2 ou 3, sont beaucoup plus
étroites et plus courtes. Les calices sont semblables à ceux du *thapsus*;
les corolles semblables à celles du *V. phlomoïdes*; 3 étamines ont

leurs filamens plus courts et chargés de poils ; les deux autres plus longues sont presque glabres ♂. M. Léman a trouvé cette plante dans les environs de Paris.

2668^b. Molène phlomide. *Verbascum phlomoïdes.*

Cette espèce a les feuilles décurrentes, et doit, pour cette raison, prendre place dans notre première section.

2668^c. Molène australe. *Verbascum australe.*

V. australe. Schrad. mon. verb. 1, p. 28, t. 2.

Sa tige est droite, cylindrique, haute de 4 à 5 pieds, lanugineuse ainsi que les feuilles, les bractées et les calices, au moyen de poils de la nature et de la couleur de ceux qui recouvrent le *V. phlomoïdes.* Les feuilles radicales sont oblongues, aiguës, et se rétrécissent en pétiole, ainsi que celles de la partie inférieure de la tige ; celles de la partie moyenne de celle-ci sont aussi oblongues et aiguës, mais sessiles et décurrentes ; enfin celles de la partie supérieure et les bractées inférieures sont moins décurrentes, en forme de cœur à leur base, larges et terminées par une pointe très-allongée ; les fleurs sont jaunes, grandes, semblables à celles du *V. phlomoïdes*, pédicellées, ramassées en faisceaux de 4 à 9, et disposées en un épi cylindrique fort long, ordinairement simple, ayant quelquefois à sa base deux ou trois épis latéraux courts, sur lesquels les faisceaux floraux renferment un nombre moins grand de fleurs ♂. Cette plante a été trouvée au port Juvénal près Montpellier.

2670. Molène à feuilles épaisses. *Verbascum crassifolium.*

Ajoutez à la synonymie : *V. montanum*, Schrad. Hort. Gotting. Fasc. 2, p. 18, t. 12. Schrad. mon. verb. p. 33. — Il ne faut pas la confondre avec le *V. crassifolium*, Hoffmans. et Link. Lus. 1, p. 213, t. 26. Schrad. mon. verb. p. 22, publié postérieurement.

2670^a. Molène très-blanche. *Verbascum candidissimum.*

β. *Floribus approximatis, caule rubiginoso.*

Cette belle espèce a sa tige, ses feuilles et ses calices couverts d'un coton épais, un peu floconneux, très-blanc ; les parties supérieures de la panicule qui termine la tige en sont quelquefois dépourvues. Les feuilles sont très-décurrentes, finement crénelées ; les inférieures sont oblongues-lancéolées, aiguës ; les supérieures sont ovales-acuminées ; les fleurs sont ramassées en faisceaux serrés, disposés par intervalles sur une panicule ; les bractées qui se trouvent au-dessous

de ces faisceaux de fleurs sont très-petites et pointues ; les calices
sont petits, couverts d'un duvet floconneux ; les corolles jaunes,
d'une grandeur médiocre ; les filets des étamines sont tous chargés
de poils blanchâtres ; les fruits sont petits, pubescens ; le coton qui
recouvre la tige s'enlève quelquefois lorsque la plante est âgée. La
variété β se distingue par sa tige rougeâtre, chargée d'un coton
moins épais, par ses fascicules de fleurs plus petits, plus nombreux
et plus rapprochés ♂. On trouve cette plante au port Juvénal et à
Grammont près Montpellier.

2670ᵇ. Molène sinuée.   *Verbascum sinuatum.*

Voyez, pour la description, le n°. 2681 de la Flore française,
vol. 3, p. 605. Cette espèce, ayant les feuilles de la tige décurrentes,
doit faire partie de notre première section.

2672ᵃ. Molène à longue   *Verbascum longifolium.*
feuille.

Cette plante a une tige droite, cylindrique, couverte d'un léger
coton jaunâtre ; elle porte des feuilles longues, linéaires-oblongues,
aiguës, sessiles, les inférieures un peu rétrécies en pétiole ; toutes
sont couvertes d'un duvet serré, peu épais, d'un jaune verdâtre vers
la partie inférieure de la plante, d'un jaune un peu ferrugineux su-
périeurement. Les fleurs sont petites, pédicellées, disposées par
petits paquets sur une panicule très-rameuse ; les calices sont très-
petits, les corolles jaunes ♂. On trouve cette plante dans les champs
pierreux du port Juvénal près Montpellier.

2673ᵃ. Molène floconneuse.   *Verbascum floccosum.*

V. floccosum. Waldst. et Kit. pl. Hung. p. 81, t. 79, Mer. Fl. par. p. 861.

Une racine épaisse et rameuse donne naissance à une tige droite,
simple, cylindrique, violette lors de la chute du duvet blanc et floconneux qui la recouvre dans sa jeunesse ; ses feuilles inférieures
oblongues ont un court pétiole ; les supérieures sont ovales et
sessiles ; les unes et les autres sont aiguës, verdâtres et pubescentes
en dessus, couvertes en dessous d'un coton très-blanc, dont les
couches superficielles s'enlèvent par flocons. Les fleurs jaunes et
assez petites sont disposées par petits faisceaux sur une panicule
rameuse. Cette espèce diffère du *V. pulverulentum* par ses feuilles
toujours cotonneuses et blanchâtres, moins larges à leur base et
moins aiguës, par sa panicule presque dégarnie de feuilles et plus
rameuse, par ses bractées plus courtes, par la moindre abondance
du duvet cotonneux qui couvre les pédicelles et les fleurs ♂. Je décris

cette belle espèce sur un échantillon que j'ai cueilli à Sarzane. M. Mérat l'indique dans les environs de Paris.

2673ᵇ. Molène de mai.　*Verbascum maïale*.

Cette espèce a une tige droite, très-simple, pourpre, couverte dans sa jeunesse d'un duvet caduc; ses feuilles inférieures sont pétiolées; les autres sont sessiles; toutes sont oblongues-lancéolées, aiguës, et d'autant plus aiguës qu'elles sont plus supérieures, inégalement dentées, verdâtres en dessus, blanchâtres en dessous, et recouvertes d'un léger coton caduc. Les fleurs sont grandes, assez semblables à celles du *V. phlomoïdes*, et disposées deux à deux ou trois à trois, en épi simple terminal; les bractées inférieures sont acuminées, toutes plus longues que les fleurs, se détruisant lorsque la plante avance en âge; les calices à lanières étroites sont couverts d'un coton blanc peu serré; les corolles sont jaunes; trois des étamines sont garnies de poils jaunâtres; les deux autres plus longues sont glabres; les capsules sont assez grosses, ovales, pointues, terminées par le bas du style persistant ♂. Cette plante se trouve dans les environs de Montpellier, principalement aux Cambrettes et dans les garrigues de Mireval, où je l'ai souvent recueillie; je l'ai aussi ramassée dans les environs de Digne, et M. Rohde l'a trouvée à Nice.

2675. Molène noire.　*Verbascum nigrum*.

γ. *Gymnostemon*.

Cette variété est très-remarquable par ses étamines entièrement glabres, et doit peut-être se distinguer comme espèce. Elle a été trouvée aux environs de Neufchâtel par M. Chaillet.

2676ᵃ. Molène à épi grêle.　*Verbascum leptostachyon*.

Une racine ligneuse donne naissance à une ou plusieurs tiges simples, cylindriques, couvertes d'un coton serré très-blanc, et qui s'enlève difficilement; les feuilles, les bractées et les calices sont couverts d'un coton semblable, mais plus serré. Les feuilles sont épaisses, oblongues, entières, aiguës, les plus inférieures rétrécies en pétiole, les autres sessiles, demi-embrassantes, d'autant plus petites et plus acuminées qu'elles sont plus supérieures; la tige se termine par un épi simple très-long, grêle et peu garni; des fascicules de fleurs, composés inférieurement de 5 à 6 fleurs, et à la partie supérieure de 2 à 3, sont placés à une certaine distance les uns des autres tout le long de l'épi; les calices et les corolles sont de médiocre grandeur; ces dernières sont jaunes, un peu irrégulières ♂. Cette plante a été trouvée au port Juvénal près Montpellier, dans des champs pierreux.

2679ᵃ. Molène très-ra-   *Verbascum ramosissimum.*
meuse.

V. ramosissimum. Bast. suppl. Fl. Main. et Loir. p. 42.

Cette espèce a beaucoup de rapport avec le *V. ramigerum* (Schrad. mon. p. 37, t. 4), mais elle m'en paraît distincte. Sa tige, qui s'élève à 5-6 pieds de hauteur, est droite, un peu anguleuse et finement striée, rougeâtre vers sa partie inférieure, paraissant lisse au premier coup d'œil, mais pourtant couverte d'un duvet très-court et léger. Ses feuilles sont oblongues, aiguës, inégalement dentées ou crénelées, finement velues des deux côtés, surtout à la surface inférieure, demi-embrassantes, quelquefois un peu décurrentes. Une panicule à rameaux allongés porte des fleurs pédicellées, disposées par agglomérations de 2 à 7; les pédicelles sont grêles, les calices petits, et les uns et les autres pubescens; les corolles sont jaunes; les poils qui recouvrent les filets des étamines sont d'un pourpre violet ♂. Cette jolie espèce a été trouvée par M. Bastard sur les coteaux de la Mayenne près de Montreuil-Belfroy, dans des champs argileux.

2680. Molène de Chaix.   *Verbascum Chaixi.*

Cette plante a été trouvée par M. Dunal au pied du mont Saint-Loup près Montpellier, du côté de Treviez. Je l'ai trouvée sur les bords de l'Hérault, aux Capouladoux, aux Cambrettes et à la Sérane.

2680ᵃ. Molène dentée.   *Verbascum dentatum.*

V. monspessulanum. Pers. enchir. 1, p. 215? Lois. not. p. 43? — *V. dentatum.* Lapeyr. Fl. pyr. p. 114.

Cette plante a beaucoup d'affinité avec la molène de Chaix, dont elle n'est vraisemblablement qu'une variété; elle en diffère par sa tige moins grande, par ses feuilles moins profondément dentées ou crénelées, jamais découpées à leur base, jamais en forme de cœur, mais ordinairement un peu décurrentes sur le pétiole, garnies d'un duvet plus épais; par sa panicule plus petite, moins garnie de fleurs; par ses fleurs plus petites; par ses calices et ses pédicelles couverts d'un coton blanchâtre ♂. Cette plante m'a été envoyée des Pyrénées orientales par M. Xatard. M. Lapeyrouse l'indique aux bancs de Lètre et à Mont-Louis. On trouve au mont Saint-Loup près Montpellier une variété de la molène de Chaix, qui nous fait penser que

ces deux espèces doivent peut-être être réunies. C'est vraisemblablement cette variété qui a été désignée par M. Persoon sous le nom de
V. monspessulanum.

2682. Ramondie des Pyrénées.   *Ramondia Pyrenaïca.*

Ajoutez à la synonymie : *Ramondia scapigera* , Jaum. fam. natur. 1, p. 280. — *Myconia borraginea.* Lapeyr. Fl. pyr. p. 115. — Le
nom de *ramondia,* étant le plus ancien, doit être conservé ; dans tous
les cas, le nom *myconia* ne peut être admis, puisqu'il existe un genre
de la famille des mélastomes qui porte ce nom , genre qui a été dédié
à Mycon par les auteurs de la Flore du Pérou.

2692ᵃ. Morelle faux-pi-   *Solanum pseudo-capsicum.*
          ment.

    S. pseudo-capsicum. Lin. sp. pl. 1, p. 263, Dun. monogr. p. 150.

Sa tige, haute de 3 à 4 pieds, est droite, rameuse à sa partie supérieure, de telle sorte qu'elle a l'aspect d'un petit arbre ; ses rameaux
sont verts ; ses feuilles oblongues-lancéolées , glabres et étroites ; les
pédoncules uniflores sont courts, solitaires , géminés ou ternés ;
ses fleurs sont petites, blanchâtres ; des baies rouges et globuleuses
leur succèdent ♄. Cette plante , généralement cultivée par les jardiniers fleuristes , est naturalisée au bord des murs dans le village
d'Arette en Béarn. Elle porte les noms vulgaires de *cerisette* , de
petit cerisier d'hiver, d'*amome des jardiniers* : on la nomme *pommier
d'amour* en Anjou (Bast.).

2693ᵃ. Morelle couleur de   *Solanum miniatum.*
          minium.

    S. miniatum. Wild. En. hort. Ber. p. 236, Dun. mon. 156. — Tourn.
          inst. 148, Hist. par. 1 , p. 75.

La tige de cette espèce est diffuse, anguleuse au moyen d'ailes
dentées formées par la décurrence des pétioles ; ses feuilles sont
ovales, anguleuses-dentées, légèrement glauques, parsemées de poils
couchés ; les grappes sont petites ; les fleurs blanches, semblables à
celles de la M. noire ; les pédicelles sont réfléchis ; les baies globuleuses, d'un rouge pâle, et de la grosseur d'un pois. Toute la plante
répand une assez forte odeur de musc ⊙. Cette espèce, indiquée
par Tournefort dans les environs de Paris, a été retrouvée dans
l'Orléanais par M. Dunal, et dans l'Anjou par M. Bastard.

2693ᵇ. Morelle humble.   *Solanum humile.*

    S. humile. Bernh. ex Wild. En. hort. Ber. p. 236, Dunal. mon. 156.

Cette espèce ne diffère de la précédente que par sa tige plus cou-

Tome V.

chée, moins anguleuse, à ailes moins dentées, par ses feuilles moins dentées, et par ses baies d'un jaune verdâtre ⊙. Comme la précédente, elle a été trouvée dans l'Orléanais par M. Dunal, et dans l'Anjou par M. Bastard.

2693ᶜ. Morelle jaunâtre. *Solanum ochroleucum.*

S. ochroleucum. Bast. journ. bot. tom. 3, 1814, p. 20.

Cette plante a beaucoup d'affinité avec le *S. humile.* Elle en diffère par ses tiges redressées, deux ou trois fois plus hautes, à angles très-marqués et dentés; par ses feuilles plus allongées et plus profondément sinuées ; par ses baies variées de jaune clair et de vert ⊙. M. Bastard a trouvé cette espèce autour de la ville d'Angers.

FAMILLE DES BORRAGINÉES.

2706. Héliotrope couché. *Heliotropium supinum.*

Je l'ai trouvé dans les sables du bord de la mer près Perpignan.

2708. Vipérine des Pyrénées. *Echium Pyrenaïcum.*

Cette espèce est assez commune, non-seulement dans les lieux bas, pierreux et exposés au soleil de la chaîne des Pyrénées , mais encore dans les provinces méridionales et jusqu'en Italie ; elle se distingue très-bien aux poils roides et très-nombreux, au port pyramidal que lui donnent ses branches floréales, qui naissent toutes d'une tige centrale, droite et roide, et qui diminuent de longueur en approchant du sommet; ses fleurs ne sont jamais ni bleues, ni violettes, ni jaunes, mais d'un blanc tirant sur le rose, la couleur de chair ou le rougeâtre plus ou moins foncé : c'est ici qu'il faut rapporter l'*E. pyramidale*, Lapeyr. Abr. 90, et l'*E. luteum* du même auteur, qui n'a point la fleur jaune, mais qui est remarquable par la teinte jaunâtre de ses poils.

2709. Vipérine violette. *Echium violaceum.*

Cette espèce est assez commune dans toute la région des oliviers aux lieux secs et pierreux ; ses fleurs sont grandes, d'un bleu violet dès leur naissance ; on les trouve quelquefois blanches, accident qui arrive aussi à l'*E. vulgare*, et à l'*E. plantagineum*. Peut-être l'*E. grandiflorum*, Lapeyr. Abr. 90, qui n'est ni l'*E. grandiflorum*, Desf., ni l'*E. grandiflorum*, Vent., est-il le même que l'*E. violaceum* ?

2711. Vipérine plantain. *Echium plantagineum.*

Elle se trouve aux environs de Narbonne.

2711ᵃ. Vipérine à grand calice. *Echium calycinum.*

> *E. calycinum.* Viv. fragm. ital. 1, p. 2, t. 4. Lois. not. 38. — *E. prostratum.* Ten. napol. prod. p. xiv, Flor. 1, p. 50, t. 12. — *E. lusitanicum.* All. ped. n. 182.

Sa racine donne naissance à plusieurs tiges couchées ou un peu ascendantes, simples ou peu rameuses, hérissées de poils un peu roides, longues de 6 à 10 pouces; les feuilles sont ovales-oblongues, hérissées de poils un peu couchés; les inférieures rétrécies à la base: les fleurs sont disposées en cimes simples; leur corolle est bleue, assez grêle, peu irrégulière à son orifice, à peine plus longue que le calice à l'époque de la fleuraison; ce calice grandit ensuite beaucoup, et se renfle à sa base, qui renferme les graines ♂. Cette espèce remarquable, en ce qu'elle tient le milieu entre les vipérines et les nonées, croît sur les bords de la mer à Nice, où elle a été observée par MM. Rohde et Luikens: elle se retrouve à Gênes et à Naples.

2713. Grémil des champs. *Lithospermum arvense.*

> β. *Cærulescens.*
> γ. *Multicaule.*

La variété β ne diffère de l'espèce ordinaire que par sa fleur bleue, et non blanche. M. Déjean l'a trouvée dans les montagnes du Lyonnais. La variété γ est fort remarquable, non-seulement par sa fleur bleue ou un peu violette, mais encore parce que son collet donne naissance à plusieurs tiges droites ou demi-couchées, et que ses feuilles sont plus larges, plus longues que dans l'espèce ordinaire, vont en se rétrécissant vers la base, et en s'élargissant vers le sommet: serait-ce une espèce distincte? Je l'ai trouvée dans les montagnes de la haute Provence, aux cols de la Sine et du Tour entre Digne et Colmars, et dans celles du Queiras entre Abriès et Pignerol. Le vrai *L. arvense* croissait dans le champ voisin.

2717ᵃ. Grémil couché. *Lithospermum prostratum.*

> *L. prostratum.* Lois. Fl. gall. 105, t. 4. — *L. purpuro-cæruleum.* Thor. chl. land. 51, non Lin.

Sa tige est demi-ligneuse, rameuse, couchée, longue de 5 à 10 pouces. Les feuilles sont lancéolées-linéaires, entières, légèrement roulées en dessous par les bords, poilues sur l'une et l'autre face; les fleurs sont terminales, solitaires, ou en cime peu garnie;

la corolle est violette, quatre fois plus longue que le calice ; l'entrée de la gorge est velue ; les étamines ne sont pas saillantes hors du
tube ♃ ♄. Ce grémil croît dans les lieux secs et le long des chemins
aux environs de Bayonne, dans les Landes de Tilh entre le Gave
et le Luy : il a été retrouvé aux environs de Brest et de Quimper
(Lois.).

2718ᵃ. Nonée jaune.   *Nonea lutea.*

N. lutea. Fl. fr. 3, p. 626, in adn. — *Lycopsis lutea.* Lam. Dict. 3,
p. 657.

Ses feuilles supérieures sont ovales-oblongues, hérissées de poils,
ainsi que les branches et les calices ; les poils, surtout ceux des
branches, sont de deux sortes, les uns longs, roides et aigus, les
autres plus courts et terminés par une petite tête ou glande opaque.
Les cimes de fleurs s'allongent à la maturité ; chaque calice est
alors renflé, surtout à sa base, déjeté en en-bas, et porté sur un
pédicelle de moitié au moins plus court que la bractée ; les corolles
sont jaunes, de la longueur des calices. — Cette plante a été trouvée
dans les îles d'Hières, à l'île de Porquerolles, près le Langoustier,
sur un rocher, par M. Requien.

2718ᵇ. Nonée blanche.   *Nonea alba.*

Cette plante forme une rosette de feuilles radicales, oblongues et
étalées, du milieu de laquelle s'élève une tige, divisée dès sa base
en plusieurs rameaux droits, allongés, presque simples, et qui atteignent environ un pied de hauteur ; les feuilles sont sessiles, linéaires, oblongues, pointues, longues de 15 à 18 lignes, larges
de 3 lignes dès leur base jusqu'à leur sommet, entières sur les
bords, hérissées, ainsi que la tige, de poils épars ; les rameaux se
bifurquent au sommet, et chaque ramification porte de 6 à 9 fleurs
unilatérales, d'abord serrées et dressées, puis écartées et étalées
à l'époque de la maturation ; le calice est hérissé, divisé jusqu'à la
moitié en 5 lobes pointus, peu renflé après la fleuraison : la corolle
est blanche, un peu plus longue que le calice ☉ ? M. Requien a
trouvé cette plante dans les blés sur les deux rives du Rhône au-
dessous d'Avignon, à Tarascon et à Aramon.

2719ᵃ. Pulmonaire molle.   *Pulmonaria mollis.*

P. mollis. Schrad. — *P. officinalis.* γ Lin. sp. 194, Fl. fr. ed. 3, n. 2719.
— *P. angustifolia.* Poll. pal. n. 189 ? — *P. 11 folio non maculoso.* Clus.
hist. 2, p. 169.

Elle tient le milieu entre la P. officinale et la P. à feuilles étroites, et se reconnaît dès le premier coup-d'œil à ce que ses feuilles radicales sont ovales-lancéolées comme dans la première, dépourvues de taches blanchâtres comme dans la seconde ; toute la plante est couverte de poils courts, mous, demi-couchés, et d'un aspect plus soyeux que dans les deux autres espèces ; les pédoncules sont trois fois plus courts que les feuilles floréales : les lanières du calice dépassent la longueur du tube de la corolle, et sont plus lancéolées que dans la P. officinale ; les sinus des lobes de la corolle sont plus élargis ♃. Elle croît dans les lieux couverts des Pyrénées au mont Llaurenti, et peut-être dans la vallée du Rhin.

2724ᵃ. Myosote exiguë.   *Myosotis pusilla.*

M. pusilla. Lois. not. 36, t. 1, f. 2.

Sa racine est très-grêle, annuelle, presque simple ; il sort du collet 3 ou 4 tiges qui ont de 6 à 10 lignes de longueur ; ses tiges sont simples, hérissées de poils, disposées en petite touffe ; les feuilles sont oblongues, obtuses, rétrécies à leur base, un peu poilues ; les fleurs sont très-petites, de couleur pâle, disposées en cime courte, portées sur de petits pédicelles qui sortent de l'aisselle des feuilles supérieures ; le calice est divisé au-delà du milieu ; les fruits sont lisses ⊙. Elle croît dans les champs de l'île de Corse, où elle a été observée par M. Robert.

2730. Buglosse à feuille étroite. *Anchusa angustifolia.*

La plante que j'ai décrite sous ce nom, et qui se trouve dans presque toute la France, est celle que plusieurs botanistes nomment *anchusa officinalis*, ou *A. angustifolia*, selon qu'elle a les feuilles un peu plus larges ou un peu plus étroites. Si l'*A. officinalis* a, comme Aiton et Wildenow le disent expressément, les lobes du calice divisés jusqu'à la base, la nôtre, qui les a fendus seulement jusqu'au milieu, ne peut lui appartenir.

2738. Cynoglosse à fleur rayée. *Cynoglossum pictum.*

Cette espèce est celle qui a été désignée par la plupart des botanistes du midi sous le nom de *C. officinale*, Gou. hort. p. 81. Elle est commune dans toute la région des oliviers, où la vraie cynoglosse officinale ne se trouve point : on la retrouve à Turin, en Bresse, à la val Bonne (Dumarch.), à Albi, Toulouse, Auch, Tours, Langeais, Angers, Lemans ; elle se distingue très-bien, non-seulement à sa fleur bleue veinée de blanc, mais à ce que ses fruits sont convexes sur leur disque, au lieu d'être extrêmement aplatis, comme dans les *C. officinale* et *montanum*.

2739. **Cynoglosse à feuilles   *Cynoglossum cheirifolium.***
      de giroflée.

     β. Calcaratum.

Cette espèce est assez commune dans toute la région des oliviers,
et se retrouve à Gap et à Carcassonne ; sa fleur est ordinairement
purpurine, rarement blanche. La var. β que j'ai trouvée à Nismes
est très-singulière, en ce que sa corolle se prolonge par sa base
en plusieurs éperons grêles et crochus, qui saillent entre les lobes
du calice : j'en ai trouvé à 1, 2, 3 et 4 éperons.

2742. **Cynoglosse à feuilles   *Cynoglossum linifolium.***
      de lin.

     β. Cærulescens. — Req. in Guer. vaucl. ed. 2, p. 251.

Le *C. linifolium* à fleur blanche se trouve dans les rochers
maritimes de l'ouest de la France, à la presqu'île de Quiberon, où
il a été indiqué par M. Aubry sous le nom de *C. lateriflorum.* Prog.
morb. x, p. 25 ; aux îles de Glénans et de Noirmoutiers, à la Rochelle. — La var. β que j'ai, après MM. Requien et Guérin, trouvée
dans les garrigues entre Carpentras et Bedoin, se distingue par ses
fleurs bleues, un peu plus petites que dans l'espèce ordinaire, par
ses feuilles très-étroites, le plus souvent glabres et lisses sur les
bords ; mais on y trouve souvent quelques cils sur les feuilles, ou
au moins sur le calice, de sorte que je ne puis croire qu'elle soit
autre chose qu'une simple variété.

2743ᵃ. **Bourrache à fleur lâche.   *Borrago laxiflora.***
    Anchusa laxiflora. Fl. fr. ed. 3, n. 2728. Lois. Fl. gall. 1, p. 106. —
    Borrago laxiflora. Desf. cat. hort. par.

J'avais rapporté cette espèce au genre *anchusa,* parce que, ne
l'ayant vue que sèche, je n'avais pu juger exactement la forme
de sa fleur, et que ses fruits ressemblaient mieux aux caractères
carpologiques des *anchusa* de Gœrtner qu'à ses *borrago* ; mais le
borrago de Gœrtner doit être rapporté au genre *trichodesma* de
Brown, et notre espèce, qui est maintenant vivante dans les jardins,
est une vraie bourrache ; sa racine, qui est épaisse et vivace, donne
naissance par le centre à une touffe de feuilles ovales-oblongues,
rétrécies à leur base, un peu crépues et dentées sur les bords,
hérissées de poils roides, et longues de 4 pouces ; les tiges florales
naissent du collet au-dessous des feuilles ; elles sont longues, couchées ou ascendantes ; les fleurs sont d'un bleu pâle en forme de

roue, mais munie d'un tube très-court ; les écailles sont courtes et obtuses ; les filets sont évasés en un godet inégalement tronqué, d'où sort l'anthère qui se termine par un poil.

FAMILLE DES CONVOLVULACÉES.

2744. Liseron des haies. *Convolvulus sepium.*

β. *Maritimus.* Gouan. Fl. monsp. 27. — Magn. bot. 73.

CETTE variété, qu'on trouve dans les terrains saumâtres sur la plage du bord de la mer près Montpellier, diffère de l'espèce ordinaire par ses feuilles plus charnues, beaucoup plus étroites, et presqu'absolument en fer de lance.

2746. Liseron de Sicile. *Convolvulus Siculus.*

Il se retrouve parmi les rochers du bord de la Méditerranée en Roussillon (Lapey.) et auprès d'Hyères (Ziz.).

2747. Liseron à feuilles d'althéa. *Convolvulus althæoïdes.*

Notre *C. althæoïdes*, qui est commun dans toute la région des oliviers, est parfaitement décrit et figuré dans la Flore napolitaine de M. Tenore, vol. 1, p. 60, t. 15, sous le nom de *C. hirsutus*, et il a en effet les tiges et les feuilles hérissées de poils mous. Le *C. althæoïdes*, fort bien décrit dans le même ouvrage, p. 58, est une espèce nouvelle que j'ai reçue de Calabre, et que je désigne sous le nom de *C. argyræus. C. foliis inferioribus cordatis sinuatis, superioribus palmato-partitis lobis linearibus, omnibus cauleque pilis adpressis sericeo-argenteis, pedunculis subbifloris.*

2750. Liseron rayé. *Convolvulus lineatus.*

β. *Erectus — C. intermedius.* Lois. not. 40. Req. in Guer. vaucl. 252.

Le liseron rayé est assez commun dans les lieux secs et pierreux de toute la région des oliviers ; ses fleurs sont ordinairement blanches, quelquefois blanchâtres ou rougeâtres ; sa grandeur varie de 1 à 8 pouces ; les tiges sont plus ou moins couchées ; lorsque la plante croît dans un lieu fertile, la tige est dressée et le duvet est un peu moins argenté ; c'est ce qui constitue la var. β observée aux environs d'Avignon par M. Requien. C'est au *C. lineatus* qu'appartient le *C. cneorum* Gou. hort. 94, var. β, Flor. monsp. 28, non Lin.

2752. Liseron argenté. *Convolvulus argenteus.*

Cet arbuste ne croît sauvage dans aucune partie de la France ;
le *C. cneorum* de Gouan n'est autre que le *C. lineatus ;* le *C. cneorum* d'Allioni paraît être notre *C. linearis ;* et celui du Roussillon,
que plusieurs botanistes prennent pour tel, est le *C. saxatilis.*

2752ᵃ. Liseron linéaire. *Convolvulus linearis.*

C. linearis. Curt. bot. mag. t. 299, ex Pers. enchir. 1, p. 181. — *C. oleæ-
folius*, var. β. Desr. in Lam. dict. 3, p. 552. — *C. cneorum.* All. ped.
n. 392?

La tige est ligneuse, droite, rameuse, longue de 8 à 15 pouces ;
toute la plante est couverte d'un duvet soyeux, couché, serré,
blanc et d'un aspect luisant et argenté ; on observe en outre quelques poils épars et hérissés ; les feuilles sont linéaires, entières,
larges d'une ligne ; les pédoncules floraux sont longs, droits, nus
et terminés par une tête composée de 3 à 6 fleurs serrées ; cette
tête est entourée par 3 ou 4 feuilles à peine plus longues que les
calices ; ceux-ci sont hérissés de poils mous, blanchâtres, nombreux,
et d'un aspect presque cotonneux ; leur limbe se divise en 5 lobes
lancéolés, linéaires. La corolle est blanchâtre, avec 5 raies rougeâtres, deux fois plus longues que le calice ♄. Ce beau liseron a été
observé dans la basse Provence, au bois de Cujes près Toulon,
par M. Chesnel de La Charbonnelais. Il fleurit au mois de juin.
M. Dufour me l'a aussi envoyé de Valence en Espagne.

2752ᵇ. Liseron des rochers. *Convolvulus saxatilis.*

C. saxatilis. Vahl. symb. 3, p. 33. Wild. sp. 1, p. 868. — *C. lanuginosus.* Desf. in Lam. dict. 3, p. 551, non Vahl. — *C. capitatus.* Cav.
ic. 2, p. 72, t. 89, non Vahl. — Barr. ic. t. 470.

Ses tiges sont un peu ligneuses à leur base, longues de 6 à 15 pouces, assez nombreuses, disposées en touffe, ascendantes ou dressées,
toutes couvertes, ainsi que les feuilles et les calices de poils mous,
blancs, soyeux, hérissés (et nullement couchés comme dans le
L. argenté et le L. linéaire), nombreux, et qui donnent à toute
la plante un aspect laineux ; les feuilles sont linéaires, entières ;
les inférieures un peu rétrécies à leur base ; les pédoncules sont
longs, droits, terminés par une tête de 5 à 8 fleurs serrées ; les
bractées sont lancéolées-linéaires, à peu près de la longueur du
calice ; celui-ci a ses lobes linéaires, presque en alêne ; la corolle
est d'un blanc tirant un peu sur le rose, deux fois plus longue que
le calice ♄. Il croît sur les montagnes aux environs de Perpignan,
d'où il m'a été envoyé par M. Custer. Il se retrouve aux environs

de Valence et de Barcelonne : tous les échantillons du mont Serrat que j'ai vus sont remarquables par la teinte jaunâtre que leur feuillage prend dans l'herbier.

2755. Cuscute à petite fleur. *Cuscuta minor.*

Les vrais caractères qui distinguent les deux cuscutes les plus communes, *C. major*, Fl. fr. (ou *C. vulgaris*, Pers. 1, p. 289), et *C. minor*, Fl. fr. (ou *C. europœa*. Mérat, Fl. par. p. 65), doivent se déduire de leurs styles ; dans l'une et l'autre espèce on trouve 2 styles aigus, mais dans la première, ces styles divergent en forme d'arc dès leur base ; dans la seconde, les styles sont droits à leur base et divergens par les sommets. Dans la première, les lobes de la corolle sont souvent réfléchis et les étamines saillantes ; ce qui n'a jamais lieu dans la seconde ; l'une et l'autre ont à la base de leurs étamines un appendice large et crénelé qui recouvre l'ovaire.

2755ᵃ. Cuscute à un style. *Cuscuta monogyna.*

C. monogyna. Vahl. symb. 2, p. 32. — *C. scandens.* Brot. Fl. lus. 1, p. 208 ? — *C. lupuliformis.* Krock. sil. n. 251, t. 36. — *Cassytha.* Lob. adv. 182. — *C. major.* Magn. bot. 81, non C. B. — *C. major caulibus lupuli.* Buxb. cent. 1, p. 15, t. 23. — *C. nuda repens filiformis.* Sauv. monsp. 11. — *C. syriaca maxima.* Mor. hist. 3, p. 615.

Ses tiges sont filiformes, presque aussi épaisses que celles du liseron des champs, rougeâtres, chargées de petits tubercules saillans, rameuses et entortillées ; de petites écailles obtuses sont situées sous les faisceaux de fleurs à la place des feuilles : les fleurs sont au nombre de 7-8, ramassées, sessiles, le long d'un court pédicule ; le calice a ses lobes épais et obtus ; la corolle est plus grosse que dans les autres espèces d'Europe, en forme de grelot allongé, d'un violet pâle à son orifice, à 5 lobes courts, droits et obtus ; les étamines ont un appendice très-petit, et sont incluses dans la corolle ; les deux styles sont très-courts, soudés en un seul terminé par deux stygmates globuleux ⊙. Elle croit dans le bas Languedoc sur les vignes, qu'elle attaque quelquefois au point de les épuiser et de les tuer. Les paysans la désignent sous les noms de *rache, rogne, rasque.*

FAMILLE DES GENTIANÉES.

2759ᵉ. Chlore à feuilles sessiles.   *Chlora sessilifolia.*

> *C. Sessilifolia.* Desv. soc. amat. 1, p. 74, t. 3, f. 2. Lois. not. 62. —
> *C. imperfoliata.* Lin. f. suppl. 218? — *Centaurium pusillum luteum.*
> C. Bauh. pin. 278. — *Centaurium luteum novum.* Col. ephr. 2. p 78.

ELLE ressemble beaucoup à la C. enfilée ; mais sa tige est presque toujours simple ; ses feuilles sont ovales-lancéolées, sessiles ou à peine embrassantes, jamais soudées de manière à paraître enfilées : ses fleurs sont au nombre de 1 à 3, solitaires sur chaque pédicelle ; leur calice est divisé, jusqu'aux deux tiers de sa longueur seulement, en 6 à 7 lobes lancéolés, et qui dépassent un peu la longueur de la corolle ; la grandeur totale de cette plante varie de 3 à 12 pouces ⊙. Elle croît dans les sables et les lieux secs et maritimes, à la Rochelle (Desv.), à l'île de Sainte-Lucie près Narbonne, à Pecquai près Aigues-Mortes, et à la Camargue près Arles, où je l'ai cueillie en fleur au mois de juin. — La description que Linné fils donne de sa *C. imperfoliata* répond très-bien à notre plante, excepté le mot *calyx bifidus*, qui me paraît une simple faute d'impression.

2763ª. Gentiane de Busser.   *Gentiana Busseri.*

> α. *Corollis impunctatis.* — *G. Busseri.* var. α. Lapeyr. abr. 132. — *G. major lutea punctis carens campanulæ formâ.* C. Bauh. pin. 187.
> β. *Corollis punctatis obtusiusculis.* — *G. Busseri* β. Lapeyr. abr. 132.
> γ. *Corollis punctatis acutiusculis.* — *G. punctata.* Vill. Dauph. 2, p. 520.
> *G. hybrida.* Vill. diss.

Cette plante a tous les caractères de la G. pourpre, et lui ressemble en particulier par ses corolles en forme de calice et ses calices membraneux, dejetés d'un seul côté en forme de spathe ; mais sa fleur est toujours d'un jaune pâle, jamais purpurine ; ses lobes sont moins arrondis à leur sommet, et on trouve une ou deux petites dents irrégulières au fond de chaque sinus. La variété α a la corolle d'un jaune pâle, dépourvue de points noirs ; elle croit dans les Pyrénées orientales et centrales, souvent mêlée avec la variété β : celle-ci n'en diffère que par sa corolle ponctuée de noir. La var. γ, qu'on trouve dans les Alpes de Dauphiné et de Provence, a la corolle ponctuée et les lobes un peu pointus. M. Villars la regarde comme une hybride de la *G. lutea* et de la *G. pannonica*, parce qu'il l'a trouvée entre ces deux plantes. Ce soupçon, s'il se vérifie pour la variété alpine, n'est guère admissible pour les deux variétés des Pyrénées ; je les ai trouvées souvent mêlées avec la *G. lutea* (notamment au bois de la Matte, dans le Capsire) ; mais la *G. pannonica* ne se trouve point aux Pyrénées, quoiqu'elle y soit indiquée par quelques auteurs.

2766. Gentiane à deux lobes. *Gentiana biloba.*

Voyez la figure de cette plante, *Icon. gall. rar.* t. 15.

2770ᵃ. Gentiane des Alpes. *Gentiana Alpina.*

G. alpina. Vill. Dauph. 2, p. 526, t. 10. — *G. acaulis*, γ. Fl. fr. ed. 3, n. 2770. — Barr. ic. t. 105.
β. *Flore albo.*

Cette plante, qu'à l'exemple de la plupart des auteurs, j'avais regardée comme une variété de la G. à tige courte, me paraît aujourd'hui former une espèce bien distincte : toute la plante est de moitié au moins plus petite que la *G. acaulis* ; les feuilles sont petites, ovales, souvent obtuses, et leur longueur est rarement double de leur largeur, tandis qu'elle est triple ou quadruple dans la *G. acaulis* ; la fleur est droite, rarement inclinée, toujours plus longue que la tige ; sa longueur absolue est de 12 à 14 lignes, tandis que la fleur du *G. acaulis* va jusqu'à 2 pouces ♃. Elle croit dans les pâturages et les taillis élevés des Alpes et des Pyrénées ; elle est plus commune que la *G. acaulis* dans les Pyrénées, ce qui est l'inverse des Alpes.

2771. Gentiane printanière. *Gentiana verna.*

ε. *Acutiflora.*

Aux nombreuses variétés de cette espèce il faut joindre celle-ci, que j'ai trouvée sur la montagne de Cousson, près Digne en Provence, et qui est remarquable par ses feuilles presque linéaires, et par les lobes de sa corolle, ovales-lancéolés, aigus et dentés en scie. Tout ce que j'ai reçu des Alpes sous le nom de *G. imbricata* me paraît encore rentrer dans cette espèce ; mais je n'y ai point vu les aspérités qui, selon Frœlich, doivent se trouver sur le bord des feuilles. Enfin la *G. brachyphylla*, Vill. dauphin. 2, page 528, ne me semble pas différer de ma var. β.

2772. Gentiane de Bavière. *Gentiana Bavarica.*

γ. *Flore caulem excedente.* Frœl. gent. n. 27, var. β. — *G. imbricata.* Schl. pl. exs.

Cette variété ne diffère de l'espèce ordinaire que par ses feuilles encore plus rondes, et par ses tiges ramassées et plus courtes que les fleurs. On la trouve dans les Alpes.

2781. Chironie élégante.   *Chironia pulchella.*

Le port de cette espèce est si variable, le caractère qui la sépare
de la *C. centaurium* si peu d'accord avec l'ensemble de la plante, que
je suis en doute si ces deux espèces ne doivent pas être réunies en
une seule, comme l'avait fait Linné. Aux nombreuses variations
que j'ai indiquées on peut ajouter que la fleur est quelquefois très-
grande, et c'est alors l'*erythræa grandiflora*, Pers. ench. 1, p. 182,
quelquefois blanche; et il paraît que c'est dans cet état qu'elle a été
indiquée sous le nom d'*E. pyrenaica*; que la tige est quelquefois
très-rameuse, quelquefois simple, les feuilles ovales ou linéaires,
la fleur à 5 ou très-rarement à 4 divisions, etc.

2781ᵃ. Chironie à feuilles de   *Chironia linarifolia.*
linaire.

Gentiana linarifolia. Lam. Dict. 2, p. 641. — *Erythræa linarifolia.* Pers.
ench. 1, p. 283. — *C. linarifolia.* Lois. not. 155. Req. in Guer. Vaucl.
ed. 2, p. 252. — Barr. ic. 423.

Elle ressemble à certaines variétés de la C. élégante; mais elle s'en
distingue d'une manière certaine, parce que son calice est divisé jusqu'à la base en 5 lobes linéaires : sa tige est le plus souvent très-
rameuse et dichotome, quelquefois presque simple; les feuilles sont
toutes linéaires et un peu obtuses; les radicales mêmes sont à peine plus
larges que celles de la tige; ses fleurs sont roses, et ont le tube un
peu plus long que le calice ⊙ (Lois.) ♂ (Req.). Cette espèce croît
en abondance sur les bords de la Durance, près Avignon, où elle
fleurit en août, et où elle a été observée par M. Requien.

2782. Chironie maritime.   *Chironia maritima.*

La var. α de la C. maritime, qui a les feuilles ovales et les lobes
de la corolle presque obtus ou peu aigus, est la plante que M. Bertoloni a très-bien décrite sous le nom de *C. lutea* (Dec. pl. it. 2,
p. 32); mais elle ne me paraît point différer, comme espèce, de la
var. β, qui a les feuilles oblongues ou linéaires, et les lobes de la
corolle un peu plus pointus. L'une et l'autre se trouvent sur les
bords de la Méditerranée, depuis le Roussillon jusqu'en Italie.

2782ᵃ. Chironie de l'ouest.   *Chironia occidentalis.*

Gentiana maritima. Thore Chlor. land. 93.

Sa racine est grêle et annuelle; ses tiges divisées dès leur base en
3-4 branches fort courtes, moins longues que les fleurs; les feuilles
sont ovales ou oblongues; les fleurs jaunes, d'ailleurs assez sembla-

bles à celles de la *C. pulchella ;* le calice est divisé jusque près de la base en 5 lobes aigus, et qui atteignent le sommet du tube, au moins au commencement de la fleuraison. Elle a le port de la variété naine de la *C. pulchella*, et la fleur jaune comme la *C. maritima* ⊙. Elle croît dans les sables, sur les bords de l'Océan. M. Brongniart l'a trouvée à Bayonne ; M. Thore, au bassin d'Arcachon ; MM. Aubry et Bonnemaison, à la presqu'île de Quiberon.

2785ª. Exacum de Candolle.   *Exacum Candollii.*

> *E. pusillum, var. β.* DC. Ic. gall. p. 6, t. 16. — *E. Candollii.* Bast. suppl. 22.

Cette plante diffère de l'E. nain par la teinte glauque de son feuillage, par son port plus grêle et plus élancé, par ses feuilles plus aiguës, par ses pédicelles axillaires trois ou quatre fois plus longs que les feuilles, et toujours terminés par une seule fleur ; par les lobes de son calice droits et non courbés en dehors, enfin par sa fleur rose et non jaunâtre ⊙. Elle croît dans les lieux humides et un peu herbeux, souvent inondés pendant l'hiver. Je l'ai découverte sur les bords de l'Erdre près Nantes ; M. Bastard l'a trouvée en Anjou sur les bords de l'étang de Saint-Nicolas et dans les Landes de Pontron ; M. Pousin l'a retrouvée aux environs de Montpellier. Elle fleurit en été.

FAMILLE DES ÉBÉNACÉES.

2793. Plaqueminier faux-lotier.   *Diospyros lotus.*

Il n'est point sauvage, mais naturalisé par la culture dans le Languedoc. Ses feuilles sont, à l'extrémité de la surface inférieure, marquées de points épars verts et un peu calleux, qui font très-bien distinguer cette espèce.

FAMILLE DES RHODORACÉES.

2799. Menzièse dabéoci.   *Menziesia dabeoci.*

Elle est très—commune dans les vallées des Pyrénées occidentales, et a été retrouvée dans la forêt de Brissac, sur le chemin de Vauchretien, en Anjou, par MM. Millet et Bastard.

FAMILLE DES ÉRICACÉES.

2803. Bruyère de Corse.   *Erica Corsica.*

Voyez la figure de cette espèce, *Icon. gall. rar.* 1, p. 6, t. 17.
Elle ressemble beaucoup à l'*E. stricta* (Andr.), qu'on dit aussi originaire de Corse, et à l'*E. ramulosa* (Viv.). Elle diffère de la première
par ses feuilles dressées et non étalées horizontalement, par ses
rameaux très-légèrement veloutés et non absolument glabres, par
ses pédicelles pubescens, et par ses fleurs réunies 3o à 4o et non 4 à 5
ensemble ; elle ne se distingue de l'*E. ramulosa* (Viv. fragm. 1, t. 7)
que par ses feuilles dressées et non étalées horizontalement. Ces deux
dernières pourraient bien appartenir à la même espèce, comme le
pense M. Bertoloni (Dec. 3, p. 20).

2806. Bruyère vagabonde.   *Erica vagans.*

Ajoutez à la synonymie *erica multiflora*, Gou. hort. monsp. 195.
— *E. juniperifolia densé fruticans narbonensis*, Magn. bot. 9o. Sa
tige est droite, et a l'aspect d'un petit arbrisseau ; sa hauteur ordinaire est de 2 pieds ; aux îles Baléares elle atteint jusqu'à 10 pieds de
hauteur : ses feuilles sont assez larges et obtuses ; ses anthères oblongues. J'en ai trouvé une variété à fleurs blanches, mêlée avec celle à
fleurs roses. Cette espèce croît sur les collines, à Fontfroide près
Montpellier, Marseille, Nice ; elle fleurit à la fin de l'automne.

2806ᵃ. Bruyère multiflore.   *Erica multiflora.*

Erica multiflora. Lin. sp. 5o3. — *E. purpurascens.* Berg. Fl. bass. pyr. 2,
  p. 206.
  β. *E. multiflora.* Thuil. par. ed. 2, p. 195. — *E. vagans.* Mer. Fl. par. 14o.

Cette espèce diffère assez de la B. vagabonde par son port, mais
s'en rapproche beaucoup par ses caractères ; elle forme des sous-
arbrisseaux couchés et tortueux à leur base, qui ne s'élèvent guère
au-delà d'un pied, et naissent en grandes sociétés, comme la callune
bruyère ; leurs souches paraissent rampantes ; les jets sont grêles,
effilés ; les verticilles composés de 4 à 5 feuilles linéaires, étroites
et pointues ; les fleurs sont roses ou rarement blanches, très-nombreuses, disposées en grappes, plus allongées, très-odorantes ; leur
corolle est plus arrondie, leurs anthères ovales, le style très-
saillant ℞. Cette bruyère se trouve dans les Landes de l'Ouest. Je l'ai
observée dans les basses Pyrénées, près Pau et Lescuns ; dans les

landes de l'Agénois, à Belle-Ile-en-Mer, etc. La var. β, qui croit à Saint-Léger, semble tenir le milieu entre cette espèce et la précédente : elle a la tige droite et élancée ; mais ses feuilles étroites et pointues la rapprochent de la B multiflore.

2809. Andromède à feuilles de polium. *Andromeda polifolia.*

Elle a été trouvée au marais d'Heurtenville, du côté de Jumièges près Rouen, par M. Guersent ; dans les Vosges près Bruyères, par M. Mougeot ; au marais des Pontins, par M. Nestler ; dans les hautes fagnes de l'Ardenne, par M. Lejeune. Je l'ai cueillie moi-même dans le Jura, autour des lacs de Joux et des Rousses, et sur les montagnes du Rouergue, autour des lacs d'Aubrac.

2816ᵃ. Pyrole en ombelle. *Pyrola umbellata.*

P. umbellata. Lin. sp. 567. Pol. pal. n. 398. Gmel. Fl. bad. 2, n. 625, t. 2, Oberl. Chor. p. 70 et 82, t. 5. — Clus. hist. 2, p. 117, f. 2.

Sa racine est rampante ; sa tige à peu près droite, dure, garnie, vers sa partie inférieure, de feuilles éparses ou presque verticillées, lancéolées, un peu rétrécies à la base, dentées en scie, coriaces, lisses, persistantes ; le sommet du pédoncule se divise en 3 à 4 pédicelles allongés, uniflores, étalés ou courbés, et à peu près disposés en ombelle ; les fleurs sont couleur de rose ♄. Cette plante, qui avait été trouvée dans le Palatinat, près Rastadt et Darmstadt, a été retrouvée en-deçà du Rhin, dans les Vosges, au banc de la Roche, dans la forêt dite Orpedeu ou Chénau de Foudai (Oberl.).

2818. Airelle myrtille. *Vaccinium myrtillus.*

β. *Fructu albo.* Gmel. Sib. 3, p. 136, n. 9.

Cette variété, très-remarquable par son fruit blanc, croit très-abondamment dans l'Ardenne ; elle a, selon M. Lejeune, les feuilles plus oblongues et plus crénelées. Son fruit se vend au marché de Malmédy, sous le nom de *framboise blanche* ; en wallon, *frambachs blanques*. Serait-ce une espèce distincte ? Les fruits de la var. α sont connus dans les montagnes d'Aubrac sous le nom de *bluets*.

FAMILLE DES CUCURBITACÉES.

2822ª. Bryone blanche.   *Bryona alba.*

B. alba. Lin. sp. 1480. Lap. Fl. pyr. p. 689, exclus. syn. Fuchs.

ELLE diffère de la B. dioïque, parce qu'elle est monoïque, que ses baies sont noires, que ses feuilles sont à 5 lobes moins divisés, celui du milieu ne se prolongeant pas plus que les autres ♃. Elle croît dans les haies à Lauzerte, à l'île Rosière, près Montauban (Gat.), en Lorraine (Will.), dans les Pyrénées (Lap.).

2823. Momordique élastique.   *Momordica elaterium.*

La racine de cette plante n'est point annuelle. Elle est vivace, pivotante, très-épaisse et blanchâtre ♃.

FAMILLE DES CAMPANULACÉES.

2830. Campanule du Mont-Cénis. *Campanula Cenisia.*

ELLE est assez commune dans les Alpes de Provence.

2832. Campanule à feuilles *Campanula rotùndifolia.*
    rondes.

    β. Velutina.

Cette variété est remarquable, parce que toute sa surface est couverte d'un duvet court, serré et velouté, qui lui donne un aspect grisâtre : elle croît parmi les rochers à Marseille.

2833. Campanule naine.   *Campanula pusilla.*

    β. C. Bellardi. All. ped. n. 396, t. 85, f. 5, *malè.*
    γ. Pubescens.

La var. *β* est à peine distincte de l'espèce ordinaire ; la var. *γ* ne s'en distingue que parce qu'elle est pubescente : l'une et l'autre croissent sur les Alpes de Provence et de Piémont.

2834. Campanule des Vaudois. *Campanula Valdensis.*

Cette plante pourrait bien rentrer, comme simple variété pubescente, dans la *C. linifolia.*

2854. Campanule spécieuse. *Campanula speciosa.*

δ. *C. bicaulis.* Lapeyr. Fl. pyr. t. 7, ex Abr. p. 107.

Elle ne diffère de l'espèce ordinaire que parce qu'elle émet deux tiges biflores au lieu d'une seule multiflore. La *C. speciosa* a été retrouvée dans la Lozère par M. Prost, et aux Capouladoux, près le moulin de Figuières, par M. Dunal.

2861. Raiponce orbiculaire. *Phyteuma orbicularis.*

δ. *Involuto ampliato.* — *Phyteuma comosa.* Vill. Dauph. 2, p. 517. Fl. fr. n. 2860, non Jacq.

Cette plante a les feuilles radicales un peu échancrées en cœur à leur base, comme dans la var. β, et n'en diffère que parce que les bractées qui entourent les têtes des fleurs sont plus grandes et plus foliacées ; le vrai *phyteuma comosa*, figuré dans Jacquin, est une espèce distincte et qui n'a pas encore été trouvée en France.

2872ª. Jasione humble. *Jasione humilis.*

J. humilis. Pers. ench. 2, p. 215. — *Phyteuma crispa.* Pourr. act. Tonl. 3, p. 324. — *J. undulata*, β. Lam. Dict. 3, p. 215. — *J. montana*, γ. Fl. fr. n. 2872. — *J. perennis*, β. Lapeyr. Abr. 103.

Cette espèce tient le milieu entre les *J. montana* et *perennis*, et a été alternativement considérée comme variété de l'une ou de l'autre : elle forme de petites touffes basses et couchées ; ses tiges sont un peu ligneuses et très-tortueuses à leur base, ramifiées au collet seulement, toutes terminées par une seule fleur ; les feuilles sont linéaires, peu ou point ondulées, les inférieures à peine rétrécies à leur base, hérissées de quelques poils ; ceux-ci sont assez nombreux sur la tige, surtout à son sommet : la tête de fleurs est de la grosseur de celle du *J. montana* ; les bractées sont larges, ovales, un peu dentées. ♃. Elle croît dans les pelouses des sommités des Pyrénées orientales, au Canigou et à Font-Roméou, au-dessus de Mont-Louis.

FAMILLE DES COMPOSÉES.

2886ª. Laitue découpée. *Lactuca laciniata.*

L. laciniata. Roth. cat. 1, p. 90. — *L. palmata.* Wild. sp. 3, p. 1523. — Lob. ic. 242, f. 1.

Sa tige est droite, haute d'un pied et plus ; ses feuilles ne forment point la tête même dans leur jeunesse : elles sont glabres, pinnatifides, à lobes écartés-oblongs, obtus, très-légèrement dentelées : celles qui approchent des fleurs sont échancrées en cœur, prolongées en pointe ; les fleurs sont jaunes, disposées en panicule. ♂. Elle est cultivée dans les potagers aux environs du Mans, et y porte le nom de *laitue-épinard*, parce qu'elle repousse du pied lorsqu'on la coupe.

2890ᵃ. Laitue à feuilles de chi-   *Lactuca cichoriifolia.*
     corée.

L. sonchoïdes. Lapeyr. Abr. 461 ? non Wild.

Elle ressemble beaucoup à la L. vivace, et forme de même une plante droite, glabre, haute de 2 pieds environ ; ses feuilles radicales sont oblongues, pointues, rétrécies à la base, bordées de dents étroites, aiguës, très-longues et un peu rebroussées dans leur partie inférieure ; la tige se divise par le haut en rameaux floraux nombreux, assez divergens ; à la base de chacun d'eux se trouve une feuille entière, étroite, aiguë et munie à sa base de deux oreillettes obtuses et embrassantes ; les fleurs sont bleues, un peu plus grandes que dans la L. vivace. ♃. Cette belle plante a été trouvée dans les Pyrénées orientales par M. Coder : si celle de M. Lapeyrouse est la même, elle se retrouve au pic de Gard, au vallon de Casaril et au Solan d'Escugnau, vallée d'Aran.

2894ₐ. Laitron à dents de peigne. *Sonchus pectinatus.*

S. pectinatus. DC. rapp. 2, p. 78.

Toute la plante est glabre, à l'exception des pédicelles, qui portent quelques poils glanduleux ; la tige est fortement anguleuse, terminée par une panicule lâche ; les feuilles sont oblongues, découpées jusqu'à la côte en lobes réguliers, lancéolés, pointus, presque entiers et un peu arqués de manière à se diriger vers la base de la feuille : les feuilles supérieures se prolongent à leur base en deux appendices aigus et en forme de stipules ; les fleurs sont jaunes. ♃. J'ai trouvé cette espèce sur les rochers maritimes autour de Collioure. Elle diffère du L. délicat par sa tige anguleuse, et non cylindrique, sa durée vivace, et non bisannuelle, et la régularité des lobes de ses feuilles.

2903. Épervière rongée.   *Hieracium præmorsum.*

Effacez le synonyme d'Allioni, et probablement celui de Gouan, qui se rapportent à l'*H. cymosum*. L'E. rongée croît en Alsace, à la Ganzau près Strasbourg, et au mont Mutet, d'après M. Gochnat ; dans les vallons des Vosges (Schauenb.), dans le Palatinat près Oberolm et Mombach, d'où il m'a été envoyé par M. Ziz.

**2905ª. Épervière à feuilles   *Hieracium glabratum.*
glabres.**

H. glabratum. Wild. sp. 3 , p. 1562.

Cette plante ressemble parfaitement à l'E. des Alpes quant à sa
fleur et à sa hampe : elle a en particulier l'involucre hérissé comme
dans l'E. des Alpes , de longs poils bruns , mous et soyeux , et la
hampe garnie de très-petits poils un peu noirâtres ; mais ses feuilles
sont entièrement glabres, lancéolées, linéaires, entières, aiguës et d'un
vert un peu glauque. Serait-ce une simple variété de l'E. des Alpes ?
Plusieurs échantillons intermédiaires autorisent ce soupçon. ♃. Elle
croît dans les Alpes. Je l'ai trouvée notamment au mont du Galibier en Dauphiné , et au mont Bego en Piémont.

2906ª. Épervière basse.   *Hieracium pumilum.*

H. pumilum. Wild. sp. 3, p. 1562. Ser. Cich. exs. — Hall. helv. n. 49.

Cette plante ressemble beaucoup à l'E. des Alpes , et surtout à
l'E. de Haller : sa tige est droite , courte , simple , chargée de quelques feuilles dans la partie inférieure , terminée par une seule fleur,
hérissée de poils roides , inégaux et noirâtres ; les feuilles sont
oblongues , un peu dentées çà et là , rétrécies à la base , garnies de
longs poils , surtout sur les bords et à la base ; les feuilles sont
quelquefois presque toutes radicales et entières ; celle qui se trouve
près de la fleur est linéaire , entière , fortement hérissée , comme
l'involucre , de poils bruns ou noirâtres , roides et nombreux ; les
fleurons sont jaunes : j'en ai une variété à fleurons d'un rouge brun
très-peu épanouis. ♃. Cette espèce croît sur les rochers des hautes
Alpes. Mon frère l'a trouvée au Cramont, et M. Berger à Sancta-
Maria dans les Grisons.

2908. Épervière velue.   *Hieracium villosum.*

Peu d'espèces sont aussi sujettes à changer d'aspect que celles-ci :
outre les variétés que j'en ai indiquées , il faut y rapporter les suivantes :

δ. *H. longifolium ,* Schleich. pl. exs. Elle a les feuilles radicales portées sur de longs pétioles ; mais celles de la tige ne sont pas échau-
crées en cœur comme dans l'espèce suivante :

ε. *H. flexuosum ,* Schleich. pl. exs. non Wild.

ζ. *H. canescens ,* Schleich. pl. exs.

Toutes ces variétés diffèrent de la suivante par leurs feuilles supé-

rieures, qui sont plutôt sessiles qu'embrassantes, et ovales à la base
plutôt qu'échancrées en cœur.

2908ᵃ. Épervière allongée. *Hieracium elongatum.*

H. elongatum. Lapeyr. Abr. 476.

Cette plante ressemble beaucoup aux diverses variétés de l'E. velue, et devra peut-être un jour être réunie avec elle. Le seul caractère qui paraisse la distinguer constamment, c'est que ses feuilles
supérieures sont très - décidément échancrées en cœur et embrassantes ; les radicales sont oblongues, presque obtuses, rétrécies en
pétiole quelquefois long, quelquefois court ; celle du bas de la tige
est échancrée en cœur, embrassante, rétrécie au-dessous du milieu
de sa longueur ; celles du sommet sont ovales - lancéolées, pointues : toutes ont une teinte glauque et sont chargées de poils blancs
longs, et dont la quantité varie beaucoup dans divers échantillons ;
la tige ne porte à son sommet que 1 à 3 fleurs. ♃. Elle croit dans
les rochers et les lieux pierreux des Pyrénées orientales et de celles
voisines de Bagnères-de-Luchon.

2908ᵇ. Épervière flexueuse. *Hieracium flexuosum.*

H. flexuosum. Wild. sp. 3, p. 1581. Ser. Cich. exs.— *H. buplevroïdes.* Bell.
— *H. scorzoneræfolium.* Vill. Dauph. 3, p. 111. — *H. glaucum,* β. Fl.
fr. n. 2919.

Cette espèce a le feuillage de l'E. glauque et l'involucre de l'E. velue ; sa tige est droite, simple, ou à peine rameuse, flexueuse,
glabre et feuillée dans le bas, un peu poilue et presque sans feuilles
vers le haut ; ses feuilles sont glauques, un peu fermes, les inférieures glabres, oblongues, lancéolées, un peu dentées, rétrécies
en pétiole ; les supérieures sessiles, entières, garnies de quelques
poils ; l'involucre est hérissé de longs poils ; les fleurs sont solitaires
au sommet de la tige ou des rameaux, lorsqu'il y en a. ♃. Cette épervière croit dans les Alpes de Savoie et de Dauphiné.

2909. Épervière ériophore. *Hieracium eriophorum.*

γ. *Subglabrum.*

J'ai retrouvé cette belle plante dans les dunes de la Tête-de-Busch :
elle est très-remarquable par sa tige parfaitement droite, et même
assez roide. La var. γ, qui croit mêlée avec elle, est presque entièrement
glabre : on ne peut cependant, d'après sa structure entière et sa
manière de vivre, douter de son identité ; mais on voit par cette
variation que cette espèce a plus de rapports avec l'E. savoyarde
qu'avec les faûsses andryales. M. Lapeyrouse dit qu'elle se retrouve

dans les pâturages d'Ax et de Saint-Béat ; mais il me paraît qu'il
parle de quelque autre espèce ; car il dit sa plante ascendante, et la
nôtre est très-droite ; et il réunit, comme variété, la suivante, qui
en est bien distincte.

2909ª. Épervière couchée. *Hieracium prostratum.*

H. prostratum. DC. rapp. voy. 78. Mém. Soc. Agr. Paris. 1807, p. 10,
Lois. not. 121.

Sa racine est longue, verticale, tronquée, émettant plusieurs
fibres cylindriques et simples ; du collet sortent jusqu'à 12 ou 15
tiges toutes couchées sur le sol, à peine ascendantes à la partie
qui porte les fleurs, longues d'un pied et plus, simples, excepté dans le
sommet, où elles se divisent en pànicule lâche ; chargées, ainsi que
les feuilles, de poils longs, blancs, mous, simples et soyeux, qui
lui donnent de la ressemblance avec l'E. ériophore ; la partie supérieure, les pédoncules et les involucres sont presque glabres ; les
feuilles sont ovales-oblongues, rétrécies à leur base, le plus souvent déjetées du côté supérieur, entières ou à peine dentées. ♃. J'ai
trouvé cette plante en fleur aux premiers jours de septembre, dans
les sables maritimes près Bayonne, entre Biarritz et l'embouchure
de l'Adour.

2913ª. Épervière de Lepele- *Hieracium Peleterianum.*
tier (1).

H. Peleterianum. Mérat, Fl. par. 305, excl. syn. — *H. pilosella*, β. Poll.
pal. n. 740.

Cette épervière ressemble beaucoup à la piloselle, et n'en est
peut-être qu'une variété ; elle diffère de l'état ordinaire de la piloselle

---

(1) La section des *Piloselles* présente de grandes difficultés, et quelques efforts
qu'on ait faits pour en débrouiller les espèces, on ne peut encore espérer d'y
être entièrement parvenu. Le nom d'*H. cymosum* a été appliqué par les auteurs
à 5 espèces toutes différentes les unes des autres et indigènes de France ; celui
d'*H. dubium* a été aussi appliqué à plusieurs plantes de France, et je crois que
cette espèce (au moins telle que M. Smith l'a décrite) ne s'y trouve point.
Pour faciliter la nomenclature de ces espèces, je joins ici le tableau analytique
de celles qui peuvent se confondre ensemble.

Épervières piloselles {	à rejets rampans..	2
	sans rejets rampans......................................	7
2... {	Feuilles couvertes en dessous d'un duvet blanc cotonneux........	3
	Feuilles glabres ou poilues, mais sans duvet....................	4
3... {	Involucres hérissés de longs poils soyeux.... *H. Peleterianum* (2913ª).	
	Involucres à poils courts, rares, noirâtres ou nuls... *H. pilosella* (2913).	

par ses feuilles tout-à-fait blanches en-dessous, sa stature plus élevée,
sa fleur deux fois plus grande ; caractères qui lui sont communs avec
les variétés β et γ de la piloselle ; mais elle se distingue de celles-ci, et
surtout de la variété γ, à laquelle elle ressemble beaucoup : elle s'en
distingue, dis—je, à ce que l'involucre est hérissé de poils blancs,
soyeux, longs et nombreux. Si la culture confirme la légitimité de
cette espèce, peut-être alors devra-t-on séparer aussi de la piloselle
notre variété γ. ♃. Cette plante a été trouvée sur les collines de
Mantes, par M. Lepeletier (Mer.). M. Koch me l'a envoyée du Mont-
Tonnerre, et je l'ai trouvée le long des chemins, aux environs de
Montpellier.

2914ᵃ. Épervière à feuilles   *Hieracium angustifolium.*
        étroites.

> *H. angustifolium.* Hoppe, Bot. Tasch. 1799, p. 190. Wild. sp. 3, p. 1565.
> Murr. val. 72. DC. syn. p. 259. Vill. voy. p. 59, t. 3, f. 4. — *H. gla-*
> *ciale.* Lachen. Act. Helv. 9, p. 305. Rein. Mem. Suiss. 114. — *H. cymo-*
> *sum.* Schleich. pl. exsic.
> β. *Coderi.*

Cette plante ressemble à l'*H. cymosum*, Linn. ; mais elle est trois
fois au moins plus petite : sa racine ne pousse aucun rejet, et est
oblique, tronquée ; ses feuilles radicales sont oblongues, les unes

---

pointues, les autres un peu obtuses, d'une consistance un peu
ferme : garnies, surtout vers leur base, de poils épars, longs,
roides et soyeux ; la hampe est trois fois plus longue que les feuilles,
haute de 5 à 6 pouces, hérissée de quelques poils, chargée ordinairement d'une feuille à sa base et très-près de la rosette radicale, terminée le plus souvent par 3 fleurs (quelquefois 2 ou 4) ; celles-ci
sont jaunes, à peu près de la grandeur de l'E. auricule, portées chacune sur un pédicelle plus court que l'involucre, hérissé, comme l'involucre et le haut de la tige, de poils noirs, inégaux et nombreux. ♃.
Cette plante croît dans les hautes sommités des Alpes, très-près des
glaciers et des neiges permanentes. Je l'ai cucillie, après Reinier, au
mont Anvers ; M. Balbis, au mont Cenis ; M. Schleicher, au mont
Fouly. C'est elle que Reinier nommait *épervière des glaciers*, et
que Villars a mentionnée (Cat. strasb. p. 187, note 1) comme une
espèce distincte. La var. *β*, que M. Coder m'a envoyée des Pyrénées
orientales, ne diffère de l'espèce des Alpes que par ses feuilles
plus obtuses et plus rétrécies en pétiole, et par ses involucres plus
abondamment garnis de poils blancs.

2914ᵇ. Épervière à courte   *Hieracium breviscapum.*
       hampe.

H. pumilum. Lapeyr. Abr. 409, excl. syn.

Cette petite plante n'a de rapports qu'avec l'E. à feuilles étroites ;
mais elle m'en paraît suffisamment distincte : elle ne pousse point de
rejets rampans ; sa racine est oblique, tronquée ; ses feuilles radicales sont oblongues-linéaires, dressées, étroites, un peu coriaces,
d'un vert pâle, très-entières, presque obtuses ou à peine pointues,
hérissées sur les deux surfaces de poils longs, roides, soyeux et couchés ; la hampe est à peine plus longue que les feuilles, quelquefois
plus courte, dépassant à peine un pouce de hauteur, chargée d'un
duvet ras blanchâtre, visible à la loupe, et, vers le haut, de quelques
poils longs et soyeux ; les fleurs sont le plus souvent au nombre de
3 à 4 (quelquefois 1 à 6), serrées, portées sur des pédicelles très-
courts, munies de bractées linéaires et hérissées ; les involucres sont
garnis de poils longs, soyeux, nombreux et blanchâtres. ♃. J'ai trouvé
cette plante sur les pelouses sèches et élevées des Pyrénées orientales,
à la montagne de Cambre-d'Ase. M. Lapeyrouse l'indique encore au
Canigou et à Costabona.

2915. Épervière à bouquet. *Hieracium cymosum.*

H. cymosum. Lin. sp. 1126. Vill. Dauph. 5, p. 101. Voy. p. 62, t. 4, f. 2. Gochnat. diss. 18. — *H. præmorsum.* All. ped. n. 777, non Lin. — Col. Ecphr. 1, 249, ic. ? — Moris. hist. 5, t. 8, f. 10 ?
β. Gracile.

Cette espèce se distingue sans peine au milieu de toutes celles avec lesquelles on l'a confondue : elle ne pousse jamais de rejets rampans ; sa racine est oblique, tronquée à l'extrémité, et pousse plusieurs fibres presque simples ; les feuilles, tout-à-fait radicales, sont ovales, obtuses, rétrécies à leur base, quelquefois munies de quelques dentelures saillantes à peine perceptibles ; celles du bas de la tige sont plus étroites, plus allongées, plus pointues : toutes sont, ainsi que le bas de la tige, hérissées de poils longs, épars, assez nombreux, un peu roides et soyeux ; la tige florale s'élève à un pied ou un pied et demi : elle porte quelques feuilles dans sa partie inférieure ; vers le sommet, elle n'offre qu'un petit nombre de poils noirâtres ; les fleurs sont au nombre de 15 à 20, jaunes, à peu près de la grandeur de celles de la fausse piloselle, disposées en corymbe serré ; les pédicelles sont un peu hérissés, surtout vers le haut ; les involucres sont noirâtres, chargés à leur base d'un grand nombre de poils longs, hérissés, blanchâtres et soyeux. ♃. Cette plante croit dans les pâturages secs des montagnes et des collines, en Provence et en Dauphiné. Je l'ai trouvée notamment auprès de Vaucluse, dans les Alpes de Provence, près Colmars, et dans celles de Piémont, à Limone. Je suis assuré du synonyme d'Allioni, par un échantillon de son herbier, que M. Balbis a bien voulu m'envoyer. La var. *β* ne diffère de la précédente que parce qu'elle est plus grêle, plus petite, et que son corymbe n'a que 10 à 12 fleurs. Je l'ai trouvée dans les montagnes, aux environs de Digne.

2915ᵃ. Épervière des collines. *Hieracium collinum.*

H. collinum. Goch. diss. p. 17, t. 1. — *H. cymosum.* Wild. sp. 3, p. 1566. Spreng. Fl. hal. p. 222, t. 10, f. 2 ? — *H. murorum angustifolium non sinuatum.* C. Bauh. prod. 67.

Le collet de la racine pousse presque toujours plusieurs jets rampans ; les feuilles sont oblongues, un peu lancéolées, pointues, hérissées sur leurs deux surfaces de poils épars assez nombreux, roides et allongés ; la tige florale est droite, haute de 12 à 15 pouces, garnie vers la base de poils semblables à ceux des feuilles, et vers le haut, de poils noirs inégaux ; cette tige porte 2 à 3 feuilles vers sa base ; elle se termine par une ombelle serrée composée de 15 à 20 fleurs sem-

blables, pour la grandeur, à celles de la fausse piloselle, mais beaucoup plus rapprochées ; les pédicelles sont très-hérissés, un peu
rameux, courts et serrés ; les involucres noirâtres, hérissés de poils
un peu roussâtres. ♃. Cette espèce croît dans les lieux secs et pierreux en Alsace, à la vallée d'Andlau, où elle a été observée par
M. Gochnat ; elle est commune dans le Jura près Neufchâtel, d'après
M. Chaillet. — L'*H. collinum* de Besser (Fl. gall.) est une espèce
différente de celle-ci, et me paraît la même que l'*H. brachiatum* de
Bertoloni. *Voyez* la note du n° 3916ᵉ, p. 442.

2916. Épervière élancée. *Hieracium præaltum.*

> *H. præaltum.* Vill. voy. 62, t. 2, f. 1. Goch. diss. p. 17. — *H. piloselloïdes.*
> Fl. fr. ed. 3, n. 2916, excl. syn. Vill. — *H. florentinum.* Wild. sp. 3,
> p. 1565. an All. ? — *H. cymosum.* Lam. Dict. 2, p. 361. — C. Bauh.
> prod. 67, ic.

La description 2916 de la Flore se rapporte ici ; il faut ajouter
seulement que cette espèce diffère de l'*H. piloselloïdes* par ses fleurs en
corymbe lâche et non en panicule, de l'*H. fallax* par ses feuilles à peu
près linéaires, et qui ne se rétrécissent pas sensiblement à leur base ;
des *H. cymosum* et *collinum* par son corymbe très-lâche et non serré,
de toutes les autres espèces de la section par le grand nombre et la
petitesse de ses fleurs. Elle varie à feuilles très-étroites ou un peu
oblongues, poilues ou presque glabres ; elle n'a jamais de rejets. ♃.
Cette espèce est assez fréquente dans les provinces orientales, dans
les vallées des Alpes, la haute Provence, le Dauphiné, la Savoie, le
Jura, l'Alsace.

2916ᵃ. Épervière fausse-pilo- *Hieracium piloselloïdes.* selle.

> *H. piloselloïdes.* Vill. Dauph. 3, p. 100, t. 27, non Fl. fr. — *H. florenti-*
> *num.* All. ped. n. 775 ? non Wild. — Vill. voy. p. 61, n. 7.
> β. *H. acutifolium.* Vill. voy. 59, t. 3, f. 3.

Entraîné par l'autorité de Wildenow, j'ai, avec la plupart des
botanistes, regardé cette plante comme la même que la précédente ;
mais l'ayant depuis trouvée dans les Alpes, je me range à l'opinion
de Villars ; cette plante ne pousse jamais de rejets rampans ; ses
feuilles radicales sont très-courtes relativement à la grandeur de la
tige, oblongues-linéaires, pointues, très-entières, hérissées de poils
roides et épars ; la tige porte vers sa base 1-3 feuilles ; elle est glabre,
grêle, haute de 8 à 12 pouces, divisée en pédicelles écartés simples
ou rameux, disposés en panicule lâche et irrégulière, et non en
corymbe, caractère très-marqué qui lui donne un port tout diffé-

rent des espèces voisines; les fleurs sont jaunes, très-petites; leur involucre un peu noirâtre, glabre ou légèrement hérissé. ♃. Elle croît dans les lieux pierreux, dans les graviers des torrens, dans les Alpes du Dauphiné et de la Savoie. La var. β est plus petite, presque glabre, et ne porte qu'un très-petit nombre de fleurs lâches et presque en panicule.

2916^b. Épervière trompeuse. *Hieracium fallax.*

H. fallax. Wild. ennm. 822. — *H. cymosum.* Poll. pal. n. 743. Fl. fr. ed. 3, n. 2915.

β. *Stoloniferum.* Koch. in Litt. — *H. auricula.* Wild. sp. 3, p. 1564.

Cette espèce ressemble beaucoup à l'E. fausse piloselle, mais elle en diffère, 1°. par ses feuilles très-sensiblement rétrécies à leur base, et non oblongues-linéaires; 2°. parce que ses feuilles sont hérissées de poils longs, roides, épars et nombreux sur leurs bords, et même sur leurs surfaces, tandis qu'on ne trouve que quelques poils à la base des feuilles de la fausse piloselle; 3°. les pédicelles sont garnis d'un petit duvet blanchâtre, cotonneux et presque aranéeux. ♃. Elle croît sur les murs et les rochers des provinces orientales, en Palatinat, en Alsace, dans le Jura, en Dauphiné. La var. β se trouve dans les mêmes lieux, et se distingue en ce que le collet de sa racine pousse des jets rampans, feuillés, quelquefois ascendans et terminés par un bouquet de fleurs : cette variété est encore remarquable en ce que ses feuilles sont moins rétrécies à leur base. Doit-elle constituer une espèce particulière? J'en ai des échantillons, les uns à tige presque glabres, d'autres à tige hérissée de poils épars, qui me paraissent cependant ne pas différer à d'autres égards.

2916^c. Épervière hybride. *Hieracium hybridum.*

H. hybridum. Chaix, in Vill. Dauph. 3, p. 100 et 102. Voy. p. 60, t. 2, f. 2.

D'après les descriptions et la figure publiées par Villars, le *H. hybridum* n'a point de rejets rampans; ses feuilles sont radicales, poilues, oblongues, rétrécies à leur base, un peu pointues, très-entières; les hampes sont hérissées, bifurquées, à rameaux longs, terminés par 1, 2 ou 3 fleurs de la grandeur de celles de l'auricule, et dont l'involucre est très-légèrement hérissé; elle se trouve dans les Alpes de Dauphiné; je n'ai pas eu occasion de la voir. La manière dont la hampe de cette espèce se bifurque en rameaux allongés la rapproche beaucoup de l'*H. brachiatum* (1), qui n'en diffère que par

____

(1) *H. brachiatum.* (Bert. ined.) *stolonibus reptantibus foliosis, foliis obovato-*

ses longs rejets rampans et feuillés, et qui pourrait bien être la même espèce. Je soupçonne que la plante de Villars ne paraît destituée de rejets rampans que parce qu'ils se sont redressés et terminés par une hampe florale : la même variation a lieu dans l'*H. fallax*.

2918. Épervière à feuilles de poireau. *Hieracium porrifolium.*

Ses feuilles sont linéaires, entières, toujours glabres, et non chargées de poils, comme je l'ai dit. Il est très-douteux que cette plante croisse en France; je ne la connais que d'après des échantillons cueillis dans l'Autriche et le Frioul : tous ceux que j'ai reçus sous ce nom de divers points des Alpes françaises se sont trouvés appartenir aux var. β ou γ de la suivante.

2919. Épervière glauque. *Hieracium glaucum.*

β. *Ramosissimum.* — *H. porrifolium.* Vill. ? All. ?
γ. *Glabriusculum.* — *H. saxatile.* Jacq. ic. rar. 1, t. 163 ?
δ. *Uniflorum.* Bertol. in Litt.

Les variétés que je rapporte à l'épervière glauque doivent peut-être former des espèces distinctes, mais dont je n'ose encore tracer les caractères distinctifs. La var. β, que j'avais, avec la plupart des botanistes de France, confondue avec l'*H. porrifolium*, s'en rapproche par ses feuilles étroites et sa panicule très-rameuse; mais elle en diffère parce qu'elle n'est jamais absolument glabre, et que ses feuilles sont un peu dentées et non entières. La var. γ ressemble davantage au vrai *H. glaucum* par la largeur de ses feuilles et le petit nombre de ses fleurs; mais elle a la tige et les feuilles presque glabres ou chargées de poils épars, et seulement vers la base : elle croît sur les rochers dans le Jura et les Alpes. La var. δ, que M. Bertoloni a trouvée dans l'Apennin, ne paraît différer de celle-ci que par sa tige uniflore.

2919ᵃ. Épervière de roche. *Hieracium rupestre.*

H. rupestre. All. auct. p. 12, t. 1, f. 2. Wild. sp. 3, p. 1559.

Cette espèce ressemble à la var. γ de l'E. glauque, mais s'en distingue par ses tiges presque nues, par ses feuilles plus hérissées et munies de dents très-aiguës et plus profondes; toute la plante a un

---

oblongis integerrimis supernè et margine pilosis subtùs glabriusculis aut subincanis, scapo nudo piloso bifido, pediculis longissimis unifloris. ♃. Circa Sarzanam. β. H. collinum (Besser, Fl. gallic. non Gochn.). Foliis radicalibus magis oblongis, scapo magis hispido, apice tantùm bifido, pediculis brevioribus — in Gallicia.

aspect glauque; les feuilles sont toutes à peu près radicales, oblongues, pointues, un peu hérissées, surtout en dessous et sur les
bords, munies de chaque côté, sur le milieu de leur longueur,
de 2 ou 3 dents saillantes, longues, étroites et pointues; la hampe
est nue, glabre, haute de 8 à 10 pouces, tantôt simple, terminée par
une seule fleur, tantôt une ou deux fois bifide; à rameaux longs et
uniflores; les involucres sont pubescens; les fleurs jaunes, fort semblables à celles de l'E. glauque. ♃. Elle croit sur les rochers dans les
Alpes méridionales, entre la Provence, le Piémont et le comté de
Nice.

2921ᵃ. Épervière composée. *Hieracium compositum.*

H. compositum. Lapeyr. Abr. 476.

La racine est oblique, tronquée, garnie de fibres simples et cylindriques; la tige a 1 ½ pied de hauteur; elle est droite, peu feuillée,
légèrement striée, hérissée, surtout vers sa base, de poils longs,
mous et blanchâtres; divisée vers son sommet en branches florales
allongées, écartées, disposées en panicule très-lâche, et la plupart
bifides; les feuilles radicales sont larges, ovales, rétrécies à la base,
un peu pointues, bordées de quelques dents en scie écartées; celles
de la tige sont sessiles, embrassantes, échancrées en cœur, un peu
dentées en scie; les inférieures larges et oblongues, les supérieures
ovales, un peu lancéolées; toutes portent des poils semblables à
ceux des tiges, épars sur leur surface inférieure, très-nombreux,
très-longs et très-remarquables sur toute la longueur de la côte
moyenne; les fleurs sont jaunes, assez semblables à celles de l'E. faux
prenanthe. ♃. Elle croit dans les Pyrénées orientales, à Prato de
Mollo, d'où elle m'a été envoyée par M. Xatard.

2927. Épervière de Savoie. *Hieracium Sabaudum.*

γ. *H. lanceolatum.* Vill. Dauph. 3, p. 126, t. 30.

Elle a les feuilles un peu plus lancéolées, et se trouve dans les
bois du Dauphiné et des Pyrénées : c'est d'après l'opinion de M. Villars que je la rapporte ici.

2939. Andryale sinuée. *Andryala sinuata.*

A. sinuata. Lin. sp. 1137. — *A. sinuata var.* Fl. fr. ed. 3, n. 2939, excl.
syn. Pourr. Lam. et Clus. — *Rothia cheiranthifolia.* Roth. cat. 1, p. 105ᵃ.
— *A. parviflora,* β. Lam. Fl. fr. 2, p. 117.

Sa racine, qui est dure, un peu ligneuse, pousse une à deux
tiges droites, simples dans le bas, rameuses au sommet; la superficie entière de la plante est très-peu velue, presque glabre dans le

bas, un peu cotonneuse le long des pédoncules et des involucres; les feuilles radicales sont pinnatifides, à lobes allongés, étroits, presque linéaires, divisés à peu près jusqu'à la côte moyenne; celles du milieu sont sinuées ou dentées; celles du sommet presque entières; les fleurs sont de moitié environ plus petites que dans l'A. à feuilles entières; les graines sont courtes, très-fortement striées. ♂. Elle croît en Languedoc dans les environs d'Agde, et probablement dans plusieurs autres parties des provinces méridionales; mais je n'ose les indiquer en détail, parce qu'elle a été souvent confondue avec la suivante et avec l'A. à feuilles entières.

2939ᵃ. Andryale en lyre. *Andryala lyrata.*

A. lyrata. Pourr. act. Toul. 3, p. 3o8. — *A. laciniata.* Lam. Dict. 1, p. 153. *A. sinuata var.* Fl. fr. ed. 3, n. 2939, excl. syn. Lin. — *Rothia argentea.* Lapeyr. Abr. 485. — Clus. hist. 2, p. 143, ic. — Lob. ic. 231, f. 2.

Toute la superficie de cette espèce est couverte d'un duvet ras, court, serré, argenté dans la partie supérieure, souvent roussâtre vers la base; la racine est ligneuse, brune, peu rameuse; les tiges sont au nombre de 2 à 3, tantôt un peu coudées à leur base, tantôt simplement écartées les unes des autres, divisées en branches peu nombreuses, divergentes, uniflores; les feuilles inférieures ou radicales sont découpées à peu près en lyre, à lobes courts, pointus, un peu écartés; celles du milieu sont pinnatifides à leur base : celles du sommet presque entières; les fleurs sont jaunes, peu nombreuses, assez grandes; leur pédoncule et leur involucre sont couverts d'un duvet ras, et non de poils laineux; leurs graines sont très-faiblement striées. ♃. Cette plante a été observée dans les montagnes des Corbières près Narbonne, par M. Pourret; sur les bords de la Gly, à Saint-Paul et Prades (Lapeyr.) Je l'ai trouvée à Perpignan sur les bords de la Testa, où elle était mêlée avec l'andryale à feuilles entières.

2939ᵇ. Andryale blanche. *Andryala incana.*

Crepis incana. Lapeyr. Abr. 483.

Sa racine est ligneuse, noirâtre, simple; son collet donne naissance à 2 ou 3 tiges droites, rameuses, hautes de 8 à 10 pouces; toute la plante est couverte d'un duvet court, blanc et serré, qui se retrouve le même jusque sur les involucres; les feuilles sont oblongues, presque linéaires, pointues au sommet, retrécies à leur base, entières ou bordées de chaque côté de 1 à 2 dents saillantes; les pédicelles sont longs, grêles, munis de 1-8 petites bractées sétacées, et forment une espèce de panicule fort lâche ; l'involucre est composé d'un rang de folioles linéaires, en dehors duquel se trouve un second rang irrégulier de folioles sétacées plus courtes ; la fleur est jaune ; tous les fleurons sont fertiles ; le réceptacle est marqué de petits alvéoles dont les bords sont proéminens, dentés, et se prolongent en poils soyeux ; l'aigrette est très-blanche, à poils dentelés. ♃. Elle croît dans les Pyrénées, dans les vallées de Plan et de Gistan, au bord de la rivière sur le sable ; elle fleurit au mois de septembre, et m'a été communiquée par M. Boileau.

2941. Crépide (1) bisannuelle.   *Crepis biennis.*

C. biennis. Lin. sp. 1136. Lam. Dict. 2, p. 181. Goertn. fr. 2, p. 364, t. 15,
f. 8. Engl. bot. t. 149. DC. cat. p. 98. Fl. fr. ed. 3, n. 2941.

Il n'y a rien à changer à la description de la Flore ; il faut ajouter que les rameaux floraux sont hérissés, et que les graines qui sont sillonnées, comme cela a lieu dans toutes les Crépides, ont les petites côtes ou nervures lisses et nullement relevées d'aspérités.

2941ᵃ. Crépide rude.   *Crépis scabra.*

C. scabra. Wild. sp. 3, p. 1603. Pers. ench. 2, p. 376. DC. Cat. H. monsp.
99. — *C. nicæensis..* Pers. ench. 2, p. 376.
β. *Nana subuniflora.*
γ. *Foliis pinnatifidis.*

Cette espèce ressemble à la C. bisannuelle par ses fleurs, qui sont

---

(1) L'extrême difficulté de la distinction exacte des *Crepis* m'engage à représenter de nouveau ici l'histoire des espèces avec les modifications que des travaux, la plupart postérieurs à la Flore, m'ont mis à même d'y faire. On peut distinguer ces espèces par l'analyse suivante :

CRÉPIDE. {	Graines striées, à côtes lisses.	2
	Graines striées, à côtes rudes ou tuberculeuses.	6
2... {	Tige droite.	3
	Tige étalée.	*C. étalée* (2943).
3... {	Feuilles rudes, velues ou hérissées de poils.	4
	Feuilles glabres.	5
4... {	Rameaux floraux hérissés de poils ; tige sillonnée.	*C. bisannuelle* (2941).
	Rameaux floraux glabres ; tige striée.	*C. rude* (2941ᵃ).
5... {	Tige feuillée ; rameaux peu divergens.	*C. verdâtre* (2942).
	Tige presque nue ; rameaux lâches et divergens.	*C. roide* (2942ᵃ).
6... {	Involucre cannelé, à côtes bien prononcées.	*C. de dioscoride* (2944).
	Involucre non cannelé.	7
7... {	Tige feuillée à 10-15 fleurs ; feuilles inférieures pinnatifides.	*C. des toits* (2943ᵃ).
	Tige presque nue à 5-8 fleurs ; feuilles presque entières.	*C. de Lachenal* (2943ᵇ).

cependant un peu plus petites ; sa tige est droite, striée et non cannelée, divisée à son sommet en rameaux disposés en corymbe irrégulier, lisses ou à peine pubescens, et non rudes ou hérissés ; les
feuilles sont toutes hérissées de poils courts, épars et un peu rudes ;
roncinées ou pinnatifides, à lobes aigus, rebroussés ; les supérieures
sont sessiles, linéaires, munies à leur base d'une longue oreillette ou
d'une forte dent saillante ; les graines ont leurs côtes lisses et l'aigrette sessile, ce qui distingue cette espèce de la *barckhausia taraxacifolia*, à laquelle elle ressemble. ⊙. Cette plante croît dans les lieux
pierreux et montueux exposés au soleil, aux environs de Nice ; la
var. β, qui a la tige très-courte, a une ou deux fleurs seulement,
croît aux environs de Narbonne ; la var. γ, que M. Bastard a trouvée
à Chalonnes près Angers, ne diffère de la var. α que parce que ses
feuilles sont plus profondément et plus régulièrement pinnatifides.

2942. Crépide verdâtre.   *Crepis virens.*

C. *virens*. Lin. sp. 1134 ? Vill. Dauph. 3, p. 142. — *C. tectorum.* Lam.
Dict. 2, p. 180. Poll. pal. n. 751. Fl. fr. ed. 3, n. 2941, non Lin.
β. *C. linifolia.* Thuil. Fl. par. 408 ?

Sa tige est droite, feuillée, un peu hérissée à sa base, glabre dans
le reste de son étendue, divisée en rameaux peu divergens et disposés
en corymbe irrégulier ; les feuilles sont glabres, lancéolées, roncinées ; les supérieures plus étroites, linéaires, planes, dentées et en
fer de flèche à leur base ; dans la var. β, toutes, même les inférieures,
sont seulement dentées presque entières ; les fleurs sont plus petites
que dans la C. bisannuelle, jaunes, toujours un peu rougeâtres en
dehors ; les stygmates sont jaunes ; l'involucre est pubescent, renflé à
la base, resserré au sommet à l'époque de la maturité, entouré d'un
involucelle dressé et appliqué ; les graines sont pâles, oblongues,
non amincies au sommet, striées et à côtes lisses. ⊙. Elle croît dans
les prés et les pelouses, le bord des chemins, etc. Linné parait l'avoir
confondue avec les *C. stricta* et *diffusa.* C'est M. Koch qui a le premier bien observé ses caractères.

2942ª. Crépide roide.   *Crepis stricta.*

C. *stricta*. DC. cat. hort. monsp. p. 99.
α. *Foliosum radicalium lobis acutiusculis.* — *C. pinnatifida.* Wild. sp. 3,
p. 1604. — *C. virens.* Hoffm. germ. 281. All. ped. n. 805, non Lin. —
C. *virens*, var. δ. Fl. fr. ed. 3, n. 2943.
β. *Foliosum radicalium lobis obtusis.* — *C. stricta.* Scop. carn. 2, p. 49,
t. 97. — *C. virens.* Savi, Fl. pis. 2, p. 229. Santi, viag. montam. 1,
p. 122, t. 3.

Cette plante offre peu de caractères bien prononcés pour la distin-

guer de la C. verdâtre, mais son port est très-différent; sa tige est
droite, presque nue, divisée en rameaux lâches et divergens; ses
feuilles sont presque toutes radicales, glabres, roncinées ou pinnatifides, à lobes presque aigus dans la var. *α*, obtus dans la var. *β*.
Celles de la tige sont étroites, en très-petit nombre, les inférieures
un peu incisées ou dentées à leur base, les supérieures linéaires et
entières; les fleurs sont un peu plus petites que dans la C. verdâtre;
leurs involucres sont pubescens, et les graines ont leurs côtes lisses. ⊙.
Elle croît dans les lieux agrestes, le bord des champs et des chemins
aux environs de Pàris, en Alsace et dans les provinces orientales, à
Montpellier et dans les environs de Mende; elle est commune en
Italie.

2943. Crépide étalée.   *Crepis diffusa.*

> *C. diffusa.* DC. cat. hort. monsp. 98. — *C. virens.* Wild. sp. 3, p. 1604.
> Lam. Dict. 2, p. 180. Fl. fr. ed. 3, n. 2943, var. *a.* — *C. dioscoridis.*
> Roth. Fl. germ. 2, p. 255? — *C. pinnatifida.* Mérat, Fl. par. 307. —
> *Lapsana capillaris.* Lin. sp. ed. 1, p. 812. Gou. monsp. 418. — Hall.
> helv. n. 33.
> *β. C. uniflora.* Thuil. Fl. par. 410. — Fl. fr. ed. 3, n. 2943, var. *γ.*

La description 2943 de la Flore s'applique bien à notre plante,
qui se distingue spécialement à ses feuilles glabres, les radicales
munies de dents écartées, celles de la tige presque entières, un peu
en fer de flèche; à sa tige rameuse dès sa base, étalée, ordinairement
multiflore; à ses involucres pubescens, et à ses graines, dont les
côtes sont lisses. ⊙. Elle n'est pas rare dans les champs incultes, le
bord des chemins, les pelouses, etc.

2943ᵃ. Crépide des toits.   *Crepis tectorum.*

> *C. tectorum.* Lin. sp. 1135, non Fl. fr. — *C. dioscoridis.* Poll. pal. n. 750.
> Gochnat, diss. p. 19, t. 2, non Fl. fr.

Sa tige est droite, un peu grisâtre, divisée en rameaux divergens;
ses feuilles sont glabres, les inférieures sinuées, pinnatifides; les
supérieures linéaires, en forme de fer de flèche à leur base, entières,
roulées en dessous par leurs bords; les fleurs sont jaunes, un peu
plus grandes que dans la C. étalée et la C. verdâtre; les stigmates
sont un peu bruns; l'involucre est conique et non ventru à l'époque
de la maturité, entouré d'un involucelle étalé et non dressé; les
graines sont linéaires, amincies à la base, noirâtres, striées; leurs
côtes sont rudes, surtout vers le sommet, où leurs aspérités sont
de petites papilles pointues et allongées. ⊙. Cette plante croît dans
les champs, les prés et les terrains incultes en Alsace, en Palatinat,
et probablement dans toute la France.

2943ᵇ. Crépis de Lachenal. *Crepis Lachenalii.*

C. *Lachenalii.* Gochnat, diss. p. 19, t. 3. DC. cat. hort. monsp. 99. —
C. *Dioscoridis.* Poll. pal.

Elle ressemble tellement à la précédente, qu'on pourrait facilement croire qu'elle en est une simple variété ; sa tige est plus grêle, et ne porte que 5 à 8 fleurs au lieu de 10 à 15 ; ses feuilles sont plus entières. presque toutes radicales ; ses graines moins amincies au sommet, rudes sur les angles ; mais ces aspérités ne se prolongent pas en papilles aussi prononcées. ☉. Elle croit dans les champs en Alsace.

2944. Crépide de Dioscoride. *Crepis Dioscoridis.*

Comme cette espèce est un sujet de discussion parmi les botanistes, j'en ai publié une figure (Ic. pl. gall. rar. 1, t. 18) propre à faire connaître la plante que j'ai décrite : elle m'a été envoyée par M. Schleicher comme ayant été trouvée à Bâle, et par conséquent trop près de la frontière de France pour ne pas l'admettre dans la Flore. Le C. *Dioscoridis* de Pollich est notre n° 2943ᵇ.

2949ᵃ. Barckhausie chicorée. *Barckhausia intybacea.*

B. *intybacea.* DC. cat. hort. monsp. 82. — *Crepis intybacea.* Brot. Fl.
lus. 1, p. 321.

Cette espèce ressemble beaucoup à plusieurs des variétés de la B. à feuilles de pissenlit, mais elle en paraît distincte parce que ses involucres sont glabres et non pubescens, et que ses feuilles supérieures s'élargissent à leur base en une large oreillette arrondie et dentée ; les nombreuses variations que la *B. taraxacifolia* offre dans la forme de ses feuilles me laissent cependant du doute sur la certitude de celle-ci ; sa tige est droite, glabre, cannelée irrégulièrement, dichotome, et chaque ramification terminée par une seule fleur ; les feuilles radicales sont oblongues, presque obtuses, rétrécies à leur base, roncinées ou fortement dentées à leur partie inférieure ; celles de la tige sont très-allongées et pointues, les inférieures oblongues, rétrécies à la base ; les supérieures plus étroites, fortement élargies en oreillettes ; les involucres ont leurs écailles presque noires, un peu membraneuses et blanchâtres sur les bords. ♂. J'ai trouvé cette plante en fleur dans les premiers jours de mai, dans les champs incultes de Frontignan près Montpellier.

2950ᵃ. Barckhausie paque- *Barckhausia bellidifolia.*
    rette.

Crepis bellidifolia. Lois. Fl. gall. 527, t. 18.

Elle est entièrement glabre, et paraît avoir une consistance un peu charnue; sa racine pousse plusieurs tiges un peu étalées à leur base, ascendantes, longues de 3 à 4 pouces; les feuilles radicales sont en spatule allongée, obtuses, presque entières; celles de la tige oblongues, obtuses et embrassantes au moyen d'une petite oreillette aiguë; les fleurs sont petites, solitaires au haut des pédicules, de couleur jaune, munies d'un involucre un peu farineux; l'aigrette est très-blanche, pédicellée. ☉. J'ai reçu cette plante de M. Robert, qui l'a recueillie dans les champs incultes de l'île de Corse.

2950^b. Barckhausie de Suf-   *Barckhausia Suffreniana.*
fren.

> B. *Suffreniana.* DC. cat. hort. monsp. 83. — *Crepis bellidifolia var.* Lois. not. 122. — *Crepis cernua.* Ten. Fl. nap. prod. p. 47.

Sa racine, qui est grêle et fibreuse, donne naissance à une ou au plus deux tiges; celles-ci sont droites, hérissées fortement à leur base, glabres au sommet, presque nues, simples ou divisées seulement en quelques pédicelles nus, uniflores, réfléchis avant la fleuraison; les feuilles radicales sont oblongues, rétrécies à la base, un peu sinuées ou demi-pinnatifides, à lobes courts, larges et obtus; celles de la tige sont droites, linéaires, non prolongées en oreillettes à leur base; les fleurs sont petites, jaunes; l'involucre est farineux et l'aigrette pédicellée. ☉. M. de Suffren a trouvé cette espèce dans la plaine aride et pierreuse de la Crau en Provence, entre Salon et Arles : elle y est fort rare.

2951. Barckhausie hérissée.   *Barckhausia setosa.*

Voyez la figure que j'ai donnée de cette plante (Ic. rar. 1, p. 7, t. 9), et celle que MM. Waldstein et Kitaibel en ont publiée sous le nom de *C. hispida* (pl. rar. hung. 1, t. 43). Le nom de *setosa,* donné par M. Haller fils à cette plante, doit être conservé, puisqu'il est le plus ancien. Cette espèce est très-commune le long des murs et des chemins de la Toscane, de la Ligurie, et surtout du Piémont, mais je ne l'ai point vue en France. Plusieurs botanistes suisses rapportent à cette plante le n° 32 de Haller, et si cette synonymie est juste, elle se trouverait à Bâle.

2952^a. Pissenlit lisse.   *Taraxacum lævigatum.*

> T. *lævigatum.* DC. cat. hort. monsp. 149. — *Leontodon lævigatus.* Wild. sp. 3, p. 1546. — *Leontodon medium.* Chaill. ined. — Barr. ic. t. 237.

Cette espèce tient le milieu entre le P. dent-de-lion et le P. des marais; elle est presque toujours plus petite que l'une et l'autre; ses feuilles sont glabres, d'une consistance mince et foliacée, pinnatifides, à lobes étroits, aigus, un peu recourbés vers la base de la feuille ; la hampe est courte, uniflore ; l'involucre extérieur n'est ni réfléchi, comme dans le P. dent-de-lion, ni dressé comme dans le P. des marais, ni composé d'écailles chargées vers le haut d'une corne dorsale, comme dans le P. ovale, mais ouvert et demi-étalé ; à écailles non corniculées : on trouve souvent des individus qui ont à la fois des feuilles pinnatifides, et d'autres entières ovales rétrécies à la base. ♃. Ce pissenlit est commun dans les lieux secs et le bord des chemins en Languedoc, où il fleurit depuis l'automne au printems, en Provence, en Quercy, en Roussillon, dans le Jura, etc. Peut-être n'est-il qu'une variété du P. dent-de-lion ?

2953ᵃ. Pissenlit à feuilles ovales. *Taraxacum obovatum.*

T. obovatum. DC. rapp. voy. 2, p. 83. Cat. hort. monsp. 150. — *Leontodon obovatus.* Wild. sp. 3, p. 1546. Hort. Berol. t. 47. — *Dens leonis latiore et rotundiore folio.* Magn. bot. 85. Tourn. inst. 410. — J. Bauh. hist. 2, p. 1037, f. 2.

Cette plante a le port de la dent-de-lion, mais ses feuilles forment une rosette plus appliquée sur le sol ; leur couleur est d'un vert plus foncé ; leur forme est ovale, obtuse, rétrécie à leur base, entière ou dentée sur les bords ; après la fleuraison, les feuilles qui poussent sont roncinées ou fortement dentées, un peu dressées, et ressemblent alors beaucoup à certaines variétés de la dent-de-lion ; mais alors même on les distingue toujours à la forme des involucres : dans le *T. obovatum*, l'involucre externe est étalé, mais non réfléchi, et surtout ses écailles portent toutes à leur sommet, sur le dos, une corne ou protubérance calleuse bien prononcée, qui manque dans le *T. dens leonis*. ♃. Cette plante fleurit en avril ; elle est commune dans les prés et les lieux cultivés aux environs de Montpellier, à Castelnau, et jusque dans le jardin botanique : elle a été retrouvée à Avignon par M. Requien ; dans les environs de Seyne en Provence (Lois.), etc.

2954. Porcelle (1) tachée. *Hypochœris maculata.*

β. *Uniflora.*

La porcelle tachée a rarement 4-5 fleurs ; le plus souvent elle n'en

____

(1) Le genre *Hypochœris* a été, par erreur, placé à la suite des Pissenlits, et décrit comme muni d'une aigrette à poils simples ; il faut le transporter sous la rubrique *** *Aigrette plumeuse*, avant le genre *Thrincia*, et noter dans le caractère générique que l'aigrette est plumeuse.

a que 2-3 ; MM. Chaillet et Bastard l'ont trouvée n'ayant qu'une
seule fleur : dans cet état, elle pourrait se confondre avec l'*H. uniflora*, Vill. ou *helvetica*, Jacq. ; mais elle en diffère parce que son
involucre n'est pas hérissé de longs poils : il est probable que, lorsqu'on a dit que l'*H. helvetica* se transformait par la culture en
H. maculata, on avait mis en expérience cette variété uniflore de
l'*H. maculata.*

2955. Porcelle de Suisse.   *Hypochæris Helvetica.*

H. helvetica. Jacq. ic. var. t. 4. — *H. uniflora.* Fl. fr. ed. 3, vol. 4, p. 46.

Rapportez ici la description 2955.

2956ª. Porcelle de Balbis.   *Hypochæris Balbisii.*

α. Scapo ramoso multifloro.
β. Scapo simplici unifloro. — *H. minima.* Balb. misc. alt. 29. — *H. Bal-
bisii.* Lois. not. 124.

Je n'indique cette plante comme espèce qu'avec doute, et plus
pour appeler sur elle l'attention des observateurs que pour la décrire
d'une manière définitive ; elle a toutes les aigrettes pédiculées, ce qui
la classe dans la première section du genre, où elle est très-facile à
distinguer à cause de sa racine grêle et annuelle ; elle ressemble absolument à l'*H. glabra*, et présente toutes les mêmes variétés pour la
forme de ses feuilles, la longueur, la direction, la division de ses
hampes, le nombre de ses fleurs : je pense qu'elle en est une simple
variété, et que peut-être les graines latérales avortent quelquefois de
manière que toutes les aigrettes paraissent pédiculées. ⊙. La var. *α*
croît aux environs de Lyon et de Nantes, et a eté confondue avec
l'*H. glabra* ; la var. *β* à Fréjus, et a été prise pour l'*H. minima.*

2957. Porcelle glabre.   *Hypochæris glabra.*

β. Uniflora. — *H. simplex.* Mér. Fl. par. 310.

Cette variété, qui croît dans les lieux secs près Nantes, Angers,
Paris, diffère de l'état ordinaire de la porcelle glabre en ce que sa
hampe est nue, simple, haute de deux pouces seulement, et terminée
par une seule fleur ; on ne peut cependant la confondre avec l'*hypo-
chæris minima*, Desf., car elle a l'involucre glabre et non hérissé.

2964ª. Sériole de l'Etna.   *Seriola Ætnensis.*

S. ætnensis. Fl. fr. ed. 3, vol. 5, p. 922. — *S. urens.* All. ped. n. 851,
t. 29. f. 1, non Lin.

Elle est extrêmement commune sous les oliviers, dans les champs
entre Nice et Villefranche.

CDLXXXIX**. ROBERTIE. *ROBERTIA.*

Seriolæ sp. Lois. — *Nov. genus.* Richard.

Car. L'involucre est composé d'un seul rang de folioles égales ; les graines sont entremêlées d'écailles, toutes couronnées d'une aigrette sessile, plumeuse, à poils légèrement membraneux à la base.

Obs. Ce genre diffère des sérioles, parce que l'aigrette est sessile et non portée sur un pédicelle ; des thrincies et des liondents, parce que le réceptacle est garni d'écailles et l'involucre simple ; des porcelles, parce que les aigrettes sont toutes sessiles, et l'involucre non embriqué. La convenance de l'établissement de ce genre a déjà été indiquée par M. Richard : comme la seule espèce qui le compose est originaire de Corse, je lui ai donné le nom de M. Robert, auquel la botanique doit la connaissance d'un grand nombre de plantes de Corse : le genre *Robertia* de M. Mérat est le même que le *Kalbfa*, décrit antécédemment par M. Biria.

2964ᵇ. Robertie dent-de-lion. *Robertia taraxacoïdes.*

Seriola taraxacoïdes. Lois. Fl. gall. 530, t. 18.

Cette plante est entièrement glabre, et ressemble par son port à certaines variétés de la dent-de-lion et à la sériole de l'Etna : ses feuilles naissent toutes de la racine ; elles sont pétiolées, roncinées, à lobes inférieurs, étroits, pointus, recourbés du côté de la base ; à lobe terminal plus grand, ovale ou un peu échancré à sa base, de manière à avoir deux petites oreillettes aiguës ; les hampes sont de 2 à 3 pouces de longueur, demi-étalées, nues ou chargées de 1 à 2 folioles linéaires très-petites ; chaque hampe se termine par une fleur jaune, plus petite que dans la dent-de-lion ; l'involucre n'a qu'un seul rang de folioles ; les écailles du réceptacle sont membraneuses, de la longueur et de la forme de celles de l'involucre. ♃. Elle croît dans l'île de Corse (Lois.), et très-abondamment dans la Ligurie orientale, d'où elle m'a été envoyée par M. Bertoloni.

2972. Liondent hérissé. *Leontodon hispidum.*

L. hispidum. Lin. sp. 1124. — *L. hispidum*, var. α. Fl. fr. ed. 3, n. 2972.
Apargia hispida. Willd. sp. 1552. — *Hedypnoïs hispida.* Smith, Fl. brit. 2, p. 823. — *Hieracium incanum.* Poll. pal. n. 738. Savi, cent. 162. — *L. proteiforme*, var. D. Vill. Dauph. 3, p. 88.

Sa racine est un peu oblique ou horizontale, tronquée à son sommet, et garnie de fibres nombreuses et cylindriques : ce caractère la distingue très-bien des deux suivantes, mais la rapproche tellement du *L. hastile*, que peut-être elle n'en est qu'une variété ; elle n'en diffère en effet que parce qu'au lieu d'être glabres, ses feuilles, la partie supérieure de ses hampes et de ses involucres, sont couvertes de poils bifurqués, ou plus rarement trifurqués. ♃. Elle est assez commune dans les lieux secs pierreux de presque toute la France.

2972ᵃ. Liondent crépu.   *Leontodon crispum.*

L. crispum. Vill. Dauph. 3, p. 84, t. 25. — *Apargia crispa.* Wild. sp. 3, p. 1551. — *L. hispidum, var.* γ. Fl. fr. ed. 3, n. 2972.

Cette espèce est intermédiaire entre le L. hérissé et le L. de Villars : elle diffère du premier parce que sa racine est simple et pivotante, et ses feuilles plus régulièrement et plus profondément pinnatifides ; du second, parce que ses poils sont bifurqués, ou ordinairement trifurqués, au lieu d'être simples, et que le haut de la hampe et l'involucre en sont chargés. ♃. Elle croît dans les lieux secs et pierreux du Dauphiné, à Grenoble, au Baux, à la Roche (Vill.), à Briançon près des forts, au pied du mont Ventoux.

2972ᵇ. Liondent de Villars.   *Leontodon Villarsii.*

L. hirtum. Vill. Dauph. 3, p. 82, t. 25. Gou. mousp. 411. — *Picris hirta.* All. ped. n. 765. — *Apargia Villarsii.* Wild. sp. 3, p. 1552. — *L. Villarsii.* Lois. Fl. gall. 514. — *L. hispidum,* ε. Fl. fr. ed. 3, n. 2972.

Cette plante, que je n'avais considérée que comme une variété du L. hérissé, en est certainement distincte ; ses feuilles sont toujours pinnatifides, beaucoup plus fortement hérissées ; ses poils sont roides, tous simples et entiers à leur sommet. La hampe est glabre et ne porte qu'une fleur ; l'involucre est glabre ou à peine chargé de quelques poils. ♃. Elle croît sur les rochers et les lieux secs exposés au soleil, dans le midi du Dauphiné, la Provence, le Languedoc, le Roussillon.

2974ᵃ. Picride des Pyrénées.   *Picris Pyrenaïca.*

P. pyrenaïca. Lin. sp. ed. 1, p. 792. Gouan, ill. p. 52. Vill. Journ. bot. 1, p. 210. — *P. tuberosa.* Lapeyr. Abr. 467. — *Hieracium pyrenaïcum blateriæ folio minùs hirsutum.* Tourn. inst. 472. — *Hieracium pyrenaïcum,* γ. Wild. sp. 3, p. 1583.

Cette plante ressemble tellement à la P. épervière, que, si je ne suivais que mon propre sentiment, je la considérerais comme une simple variété ; mais comme je n'en ai vu que des échantillons imparfaits, je me décide à l'admettre comme espèce, d'après le témoignage de MM. Gouan, Villars et Lapeyrouse : sa racine est composée de quelques fibres un peu épaisses, à peu près comme dans l'*hypochœris radicata* (Gou.) ; sa tige est simple, hérissée de poils, divisée au sommet en rameaux allongés et uniflores. Ses feuilles sont lancéolées (Gou.) ou ovales-lancéolées (Lapeyr.), bordées de dents ouvertes et non dirigées vers l'extrémité, demi-embrassantes ; l'involucre a ses folioles poilues sur le dos ; les fleurs sont grandes, orangées (Lapeyr.), jaunes (Gou.) ; les graines sont noires, arquées, fortement striées en travers (Lapeyr.) ; l'aigrette est sessile, plumeuse. ♃. Elle croit dans les Pyrénées, autour du mont Llaurenti (Gou.), à la citadelle de Mont-Louis et au moulin de la Llagone (Lapeyr.).

2980ᵃ. Scorzonère à folioles   *Scorzonera aristata.*
      pointues.

Ajoutez à la synonymie : *S. grandiflora.* Lapeyr. abr. 457. Elle pourrait bien n'être qu'une variété de la *S. angustifolia ;* elle se trouve dans les pentes herbeuses et fertiles des Pyrénées : je l'ai cueillie au pic d'Ereslids. M. Boileau me l'a envoyée du mont Esquierri et du port de la Picade.

2983. Podosperme chausse-   *Podospermum calcitrapi-*
      trape.   *folium.*

> *P. resedifolium.* Fl. fr. n. 2983, excl. syn. Lin. et Bocc. — *Scorzonera resedifolia.* Retz. obs. 3, p. 42. Gouan, illustr. 53. — *Scorzonera plurifida.* Lam. Fl. fr. 2, p. 83. — *Scorzonera calcitrapifolia.* Vahl. symb. 2, p. 87. — Barr. ic. 800.

Cette espèce a été confondue par la plupart des auteurs, et peut-être par Linné même, avec la plante décrite par Boccone, et qu'il a nommée *scorzonera resedifolia ;* notre espèce de France est bien sûrement le *Sc. calcitrapifolia* de Vahl. Quant au vrai *scorzonera resedifolia,* ce n'est ni une scorzonère ni un podosperme, mais elle appartient au genre des laitrons, et a été bien décrite par M. Desfontaines sous le nom de *sonchus chondrilloïdes.* Wildenow a fait un double emploi en admettant le *sonchus chondrilloïdes* et la *scorzonera resedifolia,* et surtout en citant le même synonyme de Boccone pour les deux. Le *scorzonera resedifolia* (Lin.) ne croit point en France : M. Lapeyrouse l'indique en Roussillon ; mais il est évident qu'il a fait un double emploi en citant les *scorzonera resedifolia* et *calcitrapifolia.* J'ai trouvé le *P. calcitrapifolium* aux environs d'Agen, d'Albi, d'Arles, de Digne, de Colmars, de Briançon, d'Abriès, etc.

2999. Scolyme d'Espagne.   *Scolymus Hispanicus.*

Nous ne possédons que deux scolymes en France, et leurs caractères, quoique clairs, ont souvent été embrouillés à cause des noms spécifiques ; tous deux en effet sont tachés de blanc, tous deux sont sauvages en Espagne ; celui qui porte le nom de *S maculatus* est entièrement glabre ; sa tige ne se ramifie qu'à sa partie supérieure ; les écailles de son réceptacle n'enveloppent point les graines, et ses corolles portent à leur base de petits poils bruns ; il est propre aux provinces méridionales. Le *Sc. hispanicus* a toujours la tige un peu velue, et qui se ramifie dès sa base ; les écailles de son involucre enveloppent les graines ; c'est celui-ci qui est le plus commun dans toute la France, non-seulement dans les provinces méridionales, mais jusqu'aux environs de Nantes, et probablement d'Orléans ; c'est celui que Gœrtner a bien désigné par le nom de *S. angiospermus* (Fr. 2 , p. 356 , t. 157), que Bonamy a mal à propos nommé *Sc. maculatus* dans sa Flore de Nantes (p. 109), et que M. Lapeyrouse a répété deux fois sous le nom de *Sc. hispanicus* et de *Sc. grandiflorus* (Abr. pyr. p. 489).

3005ᵃ. Onopordone verdoyant. *Onopordum virens.*

Onopordon. Dod. pempt. 738, f. 1. — *O. virens majoribus capitis spinis.* Barr. ic. t. 501. — *Onopyxus tertius.* Dalech. hist. 1472, f. 2. — *Carduus quibusdam dictus acanthium illyricum ,* etc. J. Bauhin. hist. 3, p. 55, ic. nec descr. — Lob. ic. 2 , p. 1, f. 2.

Cette espèce ressemble à l'*O. illyricum ,* et a sans doute été confondue avec lui par les modernes, quoique distinguée par les Anciens. Elle en diffère, 1°. parce qu'elle est plus grande, toujours rameuse dès sa base, et non simple ou rameuse au sommet seulement ; 2°. la couleur de son feuillage est toujours verdâtre et non blanchâtre ; 3°. ses feuilles sont presque glabres ; leurs nervures, ainsi que la tige, portent de très-petits poils courts et un peu visqueux, et ne sont pas couverts d'un duvet blanc et épais ; 4°. ses feuilles sont moins profondément découpées, les supérieures plus écartées, plus allongées, et terminées par une longue lanière entière et lancéolée ; 5°. ses têtes de fleurs sont plus grosses ; 6°. les écailles de l'involucre sont un peu visqueuses et pubescentes, étalées, concaves et non recourbées en dessous, cotonneuses et presque convexes. ♂. Elle croit le long de la route entre Montpellier et le village de Pérauls, où elle a été observée pour la première fois par M. Pouzin.

3006ᵃ. Onopordone d'Arabie. *Onopordum Arabicum.*

O. arabicum. Lin. sp. 1159, excl. Barr. syn. — Pluk. Alm. 85, t. 154, f. 5.

Sa tige est droite, garnie dans toute sa longueur, d'appendices foliacés, cotonneux, sinués et épineux : ses feuilles sont cotonneuses, oblongues, pinnatifides, épineuses sur les bords, prolongées à leur base le long de la tige; les fleurs sont grandes, terminales : les écailles de l'involucre ovales - lancéolées, terminées par une épine droite et courte, et appliquées les unes sur les autres. ♂. Il croit dans les lieux secs en Auvergne (Lois.)? dans le Languedoc (Lin.). M. Roubieu m'en a communiqué un échantillon cueilli par lui aux environs de Montpellier.

3007. Onopordone des Py- *Onopordum Pyrenaïcum.*
rénées.

O. pyrenaïcum. DC. cat. hort. monsp. 121. — *O. acaule.* Fl. fr. n. 3007, excl. syn. — *O. acaulon.* Lapeyr. Abr. 496, excl. syn.

La plante des Pyrénées que j'ai, avec tous les botanistes, prise pour l'*O. acaule*, en est certainement distincte, et tient le milieu entre l'*acaule* et l'*uniflorum*; ses feuilles et ses fleurs sont toutes radicales; les feuilles disposées en rosette, pétiolées, cotonneuses, très-blanches en dessous, pinnatifides, à dents épineuses; les fleurs sont blanches, ovoïdes, à peu près sessiles, au nombre de 3 à 4; celle du milieu est plus grosse que les autres : les écailles de l'involucre sont ovales-lancéolées, épineuses, demi—dressées, ni étalées comme dans l'*O acaule*, ni dressées et appliquées comme l'*O. uniflorum.* ♃. Je l'ai trouvée dans les lieux pierreux des Pyrénées orientales à Lafont-de Combes au-dessus de Villefranche : on la retrouve à Vicdessos, Saleix, et au pic de Lhéris (Lapey.).

3015ª. Chardon des sables. *Carduus arenarius.*

C. arenarius. Desf. Fl. atl. 2, p. 247, t. 222? — *Cnicus arenarius.* Wild. sp. 3, p. 1663? — *C. nemorosus italicus.* Barr. ic. 417.

Sa tige est droite, simple; ses feuilles décurrentes sur la tige, oblongues, sinuées, presque pinnatifides, à lobes épineux, cotonneuses sur les deux surfaces; ses fleurs sont en petit nombre, rapprochées au sommet de la tige, portées sur de courts pédicules; l'involucre est presque globuleux, à écailles linéaires, terminées en forme d'alêne, épineuses, étalées; les fleurs d'un pourpre peu foncé. ♂. M. de Suffren a trouvé cette plante dans les lieux montueux en Provence près Castellane et Entrevaux : je l'ai cueillie dans des terrains un peu sablonneux près Chiavari. Elle ressemble si bien à la figure et à la description de M. Desfontaines, que je ne puis l'en séparer : cependant notre plante a les poils de l'aigrette simples, et M. Desfontaines dit que ceux de sa plante sont plumeux; mais je crois qu'il y a une faute d'impression, car la figure les représente simples.

3016a. Chardon noircissant.   *Carduus nigrescens.*

C. nigrescens. Vill. Dauph. 3, p. 5, t. 20, excl. syn. — *C. cirsium dictus folio laciniato nigrius.* Magn. bot. 49, excl. syn. — Dod. pempt. 739, f. 1 ?

Cette espèce a beaucoup de rapports avec le C. penché ; sa stature est un peu plus petite ; ses têtes de fleurs solitaires, moins constamment, et moins fortement penchées ; les écailles de l'involucre linéaires, deux fois plus étroites, étalées, épineuses, très-aiguës ; les découpures des feuilles sont plus menues ; sa fleur et son involucre sont d'un pourpre assez foncé. ♂. Ce chardon croît dans les lieux stériles, pierreux, exposés au soleil, dans le Dauphiné, la Provence et le Languedoc : il est assez fréquent aux environs de Montpellier.

3019. Chardon crépu.   *Carduus crispus.*

Il croît dans les provinces orientales, principalement depuis le Dauphiné jusqu'à l'Alsace : je l'ai trouvé très - abondant entre Strasbourg et Barr, à Lons-le-Saulnier, etc.

3026. Sarrète des teinturiers.   *Serratula tinctoria.*

γ. *Foliis omnibus incisis lobis subæqualibus.* — *C. tinctorius, β.* All. ped. n. 538. — *Serratula coronata.* Fl. fr. n. 3027, excl. desc. — Bocc. mus. t. 37.

Il est peu de plantes aussi variables que la sarrète des teinturiers : sa fleur est purpurine ou blanche ; son involucre glabre ou cotonneux ; sa tige est élevée, rameuse et multiflore, ou naine, simple et uniflore, comme on le voit dans les Landes de Bordeaux (Lois. Not. 125) ; ses feuilles sont toutes entières, dentées en scie dans notre variété β ; les inférieures entières, les supérieures incisées dans l'espèce ordinaire ; toutes incisées ou laciniées à lobes terminaux plus grands que les autres, ou enfin toutes incisées à lobes égaux : c'est cette dernière variété (γ) qu'Allioni a mal à propos rapportée à la *S. coronata,* qui est originaire de Sibérie : notre n° 3027 doit donc être exclu de la Flore.

3029a. Sarrète humble.   *Serratula humilis.*

S. humilis. Desf. Fl. atl. 2, p. 244, t. 220. Wild. sp. 3, p. 1639. Poir. Dict. 6, p. 549. DC. Rec. mem. p. 31. Ann. mus. 16, p. 187. — *S. subacaulis.* Poir. Dict. 6, p. 550. — *Carduus mollis.* Gou. ill. p. 63. Lapeyr. Abr. p. 492, non Lin.

Sa racine est dure, épaisse, presque simple ; ses feuilles sont toutes radicales, pétiolées, pinnatifides, à lobes linéaires ou oblongs, di-

visés jusque près de la côte moyenne, un peu repliés en dessous par
leurs bords, verts et glabres en dessus, blancs et cotonneux en
dessous; la fleur est sessile entre les feuilles, ou portée sur un pédicelle cotonneux plus court que les feuilles; les écailles de l'involucre sont lâches, linéaires, un peu cotonneuses en dehors. La
corolle est d'un pourpre clair. ♃. Elle croît dans les lieux secs et
pierreux des montagnes; dans les Cévennes, entre Campestre et le
bois de Salbouz; dans les Pyrénées au port de Vénasque, au lieu dit
la Peina blanca.

3036. Centaurée amère. *Centaurea amara.*

β. Subpinnatifida.
γ. Linearifolia. — C. bracteata. Bert. dec. 1.
δ. Glabrata.
ε. Incisa. — Jacea alba. Delarb. auv. ed. 2, p. 202.

Les plantes que je joins comme variétés à la C. amère en diffèrent beaucoup par leur port, et je ne serois pas surpris qu'on vînt
à les reconnaître pour de véritables espèces. La var. *β* a les feuilles
inférieures pinnatifides, les supérieures entières, linéaires : toutes
sont couvertes d'un duvet blanchâtre; les fleurs sont d'un pourpre
pâle, assez petites; elle a été observée en Piémont près Lanzo, par
M. Berger. La var. *γ* est assez commune dans les provinces méridionales, où peut-être on l'a indiquée sous le nom de *C. alba* :
elle a toutes les feuilles linéaires, entières, cotonneuses, les fleurs
d'un pourpre pâle, assez petites, la tige droite. La var. *δ*, qui croît
dans les vallées des Pyrénées orientales, a sa surface verte, presque
glabre; ses feuilles inférieures ovales, rétrécies en pétiole; les supérieures oblongues, entières ou presque toujours munies çà et là de
quelques dents : on en trouve ordinairement une assez longue et pointue située d'un et d'autre côté de la feuille, à son point d'insertion sur
la tige; les fleurs sont grandes, d'un pourpre foncé; l'involucre est
souvent lui-même d'un roux-brun. La var. *ε* ressemble un peu plus
à l'espèce ordinaire, mais elle a les feuilles incisées sur les bords,
ou munies de dents profondes et aiguës; les inférieures sont quelquefois presqu'en lyre; mais ces dents sont si peu régulières, qu'on
ne peut en faire un caractère constant. On ne doit pas la confondre
avec la C. blanche, car ses lobes latéraux sont courts, larges à leur
base, beaucoup moins écartés. Je l'ai trouvée en Auvergne aux
environs de Clermont, notamment au Puy-de-Crouel.

3036ª. Centaurée blanche.   *Centaurea alba.*

C. alba. Lin. sp. 1293. — Tab. ic. 153, f. 1.

Cette espèce ressemble tout-à-fait à la var. β du *C. amara*, et a de même la superficie entière couverte d'un duvet blanchâtre ; ses feuilles radicales sont pétiolées, pinnatifides, à lobes linéaires, très-aigus, et écartés les uns des autres : celles de la tige, à mesure qu'elles sont plus élevées, ont ces lobes latéraux moins nombreux, mais toujours linéaires et écartés ; les supérieures finissent, ou par n'avoir qu'un lobe ou une dent à la base, ou par être linéaires, entières et terminées par une pointe fine ; les involucres sont plus petits que dans la C. amère, composés d'écailles scarieuses, blanches, avec une tache brune terminée par une petite arête. ♂. Je décris cette plante d'après des échantillons d'Espagne et de jardin, et ne l'ai point trouvée en France. La plupart des auteurs qui l'indiquent comme indigène paraissent avoir parlé sous ce nom des diverses variétés de la C. amère ; mais je n'ose l'affirmer de tous : elle se trouve, d'après les auteurs, sur les basses Pyrénées orientales (Lapeyr.)? à l'Esperou (Gou.)? dans l'Auvergne (Lois.)?

3037ª. Centaurée noircissante. *Centaurea nigrescens.*

C. nigrescens. Wild. sp. 3, p. 2288.

Elle ressemble beaucoup à la jacée ; mais ses feuilles, surtout inférieures, sont munies, sur chaque côté, vers la base, de 2 ou 3 découpures ou dents très-profondes et peu régulières ; les radicales sont presque pinnatifides ; les écailles de l'involucre sont brunes, les extérieures bordées régulièrement de cils nombreux, les intérieures plus longues, scarieuses, et un peu déchirées sur les bords. Les fleurons marginaux sont stériles, plus grands que les autres. ♃. Elle se trouve dans les bois et les prés aux environs de Paris (Mérat); dans les vallées des Pyrénées, à Vicdessos et Saint-Béat (Lapeyr.).

3038. Centaurée noire.   *Centaurea nigra.*

β. *Albiflora.* DC. cat. monsp. 91.
γ? *Radiata.* DC. cat. 91.

La var. β ne se distingue de la C. noire que par ses fleurs blanches, qui contrastent avec son involucre noirâtre : elle a été trouvée par Vaillant à Saint-Léger près Paris ; par M. Lejeune, aux environs de Verviers. La var. γ pourrait être considérée comme une espèce distincte : elle a l'involucre, le port et la petite aigrette de la C. noire ; mais ses fleurons marginaux sont stériles et rayonnans comme dans la jacée : je l'ai trouvée à la montagne d'Esquierri , dans les Pyrénées près Bagnères-de-Luchon.

3047. Centaurée tachée.   *Centaurea maculosa.*

β. C. cærulescens. Wild. sp. 3 , p. 2319 ? Lapeyr. Abr. 542.

La centaurée tachée est assez commune sur les bords des chemins et les lieux pierreux, dans le Roussillon , dans les Cévennes à l'Esperou et à l'Escalette près Lodève , dans le Velay, le Rouergue , l'Auvergne , à Tours au bord de la Loire , où elle a peut-être été apportée de la haute Loire. La var. *α* est très-grande , très-branchue , terminée par un corymbe multiflore et bien prononcé ; ses feuilles florales sont souvent pinnatifides ; les involucres composés d'écailles ciliées au sommet peu ou point épineuses. La var. *β* est plus petite , plus grêle , chargée d'un petit nombre de fleurs plus écartées les unes des autres ; les feuilles florales sont toujours entières ; les écailles de l'involucre sont conformées comme dans la précédente , excepté que le sommet est le plus souvent terminé en une épine courte : on ne peut la séparer de l'espèce ordinaire , et même les *C. paniculata* et *scabiosa* présentent des variations absolument analogues.

3051. Centaurée rude.   *Centaurea aspera.*

Elle est très-commune dans le Midi , et se retrouve dans l'Ouest jusqu'à l'île de Noirmoutier. — Toutes les plantes que j'ai vues désignées dans divers herbiers , sous le nom de *C. Isnardi* , se sont trouvées des variétés de celles-ci, si légères, qu'on ne peut même les caractériser.

3053ᵃ. Centaurée à feuilles de navet.   *Centaurea napifolia.*

C. napifolia. Lin. sp. 1295. — Pluk. t. 94 , f. 2.

Sa tige est droite , rameuse vers le haut ; les feuilles radicales et inférieures sont pétiolées , lyrées , à lobes latéraux, courts, oblongs, pointus , et celui du sommet grand , large , ovale, obtus, légèrement dentelé : les feuilles supérieures sont presque linéaires , à peine dentées , prolongées sur la tige en de longues ailes foliacées un peu dentelées ; les fleurs sont solitaires terminales , d'un pourpre clair ; les écailles de l'involucre se terminent par 5 ou 7 épines droites , courtes , à peu près égales ; les fleurons stériles sont plus grands que les autres. ⊙. Elle croit au bord des champs et des routes près Ajaccio en Corse (Lois.).

3054. Centaurée chausse-trape. *Centaurea calcitrapa.*

β ? Autumnalis.

Cette plante diffère de la chausse-trape, 1°. par sa tige plus épaisse, toute hérissée de poils blancs, mous et un peu crépus ; 2°. par ses feuilles florales, pinnatifides, au lieu d'être entières ou dentelées ; 3°. par ses involucres, dont toutes les écailles sont terminées par de longues épines, dont les inférieures sont au moins égales aux supérieures, tandis que dans la chausse-trape les épines des écailles inférieures sont très-courtes, presque nulles ; 4°. par sa fleuraison un peu plus tardive ; 5°. par ses graines blanchâtres et non tachetées de noir. ♂. Elle croît mêlée avec la chausse-trape au bord des chemins et des fossés près de Montpellier : j'en ai aussi des échantillons recueillis aux environs de Lyon par M. Gilibert. Peut-être doit-elle former une espèce distincte ?

3056ᵃ. Centaurée de Pouzin. *Centaurea Pouzini.*

C. Pouzini. DC. cat. hort. monsp. 91.

Elle est intermédiaire entre les *C. aspera* et *calcitrapa* ; sa racine pousse plusieurs tiges qui s'élèvent à un ou deux pieds, droites, un peu anguleuses, glabres ou pubescentes, simples à leur base, puis divisées en rameaux nombreux et étalés ; les feuilles embrassent la moitié de la tige par un appendice denté ; elles sont oblongues, pointues, pubescentes, d'un vert un peu grisâtre ; les inférieures pinnatifides, à lobes dentelés ; les supérieures garnies de dents rares et aiguës ; celles qui naissent immédiatement sous les fleurs sont rapprochées, linéaires, entières, assez petites ; les fleurs sont solitaires, terminales, sessiles entre ces feuilles ; leur involucre est ovale-oblong, resserré au sommet, glabre, à écailles serrées, dont le sommet est étalé, corné à 5 ou 7 épines, dont celle du milieu est longue, et les latérales très-courtes ; la corolle est purpurine ; les fleurons stériles, presque plus courts que les autres ; les graines fertiles ont une aigrette courte ; les stériles en sont dépourvues. ♂. Elle croît dans les lieux secs, au bord des chemins aux environs de Montpellier, où elle a été trouvée par M. Pouzin ; de Narbonne, d'où elle m'a été communiquée par M. Pech.

3058ᵃ. Centaurée étalée. *Centaurea diffusa.*

C. diffusa. Lam. Dict. 1, p. 675. Pers. ench. 2, p, 487.

Sa tige est un peu étalée, extraordinairement rameuse ; les feuilles radicales sont découpées, presqu'en forme de lyre, ou même laciniées ; les supérieures étroites, linéaires, entières ; chaque rameau se termine par une fleur ovale-oblongue, plus petite que dans toutes les autres centaurées : les écailles de l'involucre se terminent par une épine roide, ferme, droite, qui est plus longue que le corps même de l'écaille, et qui de plus est bordée de cils épineux et nombreux ; la corolle est blanche, les graines sans aigrette. ♂. Cette plante était abondante en 1813 à Montpellier, dans les champs voisins du pont Juvenal, où l'on déballe les laines étrangères, et y a été probablement transportée par des graines de Barbarie ou d'Orient.

3072ª. Cirse hybride.   *Cirsium hybridum.*

C. hybridum. Koch. ined.

Cette plante, comme l'observe M. Koch, est tellement intermédiaire entre le *C. palustre* et le *C. oleraceum*, qu'elle paraît due à la fécondation de l'une de ces espèces par l'autre : cette opinion est d'autant plus vraisemblable, que M. Koch n'en a trouvé qu'en 1809 un individu provenu le long de la grande route près Kaiserslautern, dans un pré où croissait le seul *C. palustre*, et où les graines du *C. oleraceum* ont peut-être été transportées par les passans ; depuis lors, cette plante s'y est multipliée. Sa tige est sillonnée, hérissée ; ses feuilles sont décurrentes, mais non jusqu'à la feuille voisine ; de sorte que la tige est beaucoup moins ailée que dans le C. des marais ; ses fleurs sont celles du *C. oleraceum*, mais leur jaune est un peu lavé de rouge ; les anthères sont saillantes, violettes ; les écailles de l'involucre sont plus larges et plus courtes, et les bractées étroites et non colorées. ♃.

3078ª. Cirse glabre.   *Cirsium glabrum.*

Cnicus spinosissimus. Lapeyr. Abr. 496, excl. syn.

Cette plante ressemble absolument au C. très-épineux, et peut être très-facilement confondue avec lui : elle en diffère, 1°. en ce qu'elle est glabre sur toute sa superficie, et n'a pas la côte moyenne des feuilles ni la tige hérissée de poils lâches et mous ; 2°. parce que ses épines sont plus nombreuses et plus dures ; 3°. que ses feuilles sont sessiles, rétrécies à la base, et non échancrées en cœur et embrassantes ; que les supérieures sont plus petites, et les fleurs plus évidemment pédiculées. ♃. Elle croît dans le gravier au bord des torrens des Pyrénées, notamment dans les vallées d'Héas et de Vénasque.

3082. Cirse jaunâtre.   *Cirsium ochroleucum.*

C. ochroleucum. All. ped. n. 546. — *C. ochroleucum*, *β.* Fl. fr. ed. 3,
n. 3082. — *Cnicus ochroleucus.* Wild. sp. 3, p. 1680. — *Cnicus ciliatus.*
Vitm. summ. 4, p. 447. — *Erisithales.* Dalech. Lugd. 1094, ic.
β. Cnicus paludosus. Lois. Fl. gall. 542.
γ. Cnicus hybridus. Schleich. pl. exs.

Cette espèce a les feuilles embrassantes, toutes pinnatifides, glabres, ciliées ; ses pédoncules sont droits, un peu courts, recouverts d'une légère laine blanchâtre, chargés de 5 à 6 fleurs non
pendantes ; leur involucre n'est point glutineux, et est composé
d'écailles linéaires lancéolées, un peu recourbées, presque point
épineuses. ♃. Elle croît dans les prés et les bois humides des Alpes :
la var. *β*, qui n'en diffère que parce que l'involucre est garni de
quelques poils laineux et semblables à des toiles d'araignée, a été
trouvée par M. Richard dans les bois autour de Paris, où elle a
peut-être été semée. La var. *γ*, qui croît dans les Alpes, a les pédoncules presque glabres, les feuilles supérieures assez grandes :
j'ai vu cette plante, cultivée dans le jardin de Montpellier, avoir
tous les styles rougeâtres à leur sommet.

3082ᵃ. Cirse glutineux.   *Cirsium glutinosum.*

C. glutinosum. Lam. Fl. fr. 2, p. 27. — *Cnicus erisithales.* Wild. sp. 3,
p. 1679, an Lin. ? — *Carduus erisithales.* Lam. Dict. 1, p. 704. Jacq.
obs. t. 17. — *C. erisithales.* Scop. carn. n. 999. — *C. ochroleucum, var. a.*
Fl. fr. ed. 3, n. 3082.

Cette plante est suffisamment distinguée de la précédente pour
en être séparée comme espèce : elle est entièrement glabre, au lieu
d'être un peu pubescente ; ses pédoncules sont très-longs, chargés
de 1 à 3 fleurs un peu penchées ou pendantes ; leur involucre est
gluant et a ses écailles lancéolées, étalées et non recourbées. ♃. Elle
croît dans les prés et les bois humides des Alpes, du Jura et des
montagnes d'Auvergne et du Gévaudan.

3084. Cirse à trois têtes.   *Cirsium tricephalodes.*

γ. Carduus salisburgensis. Pers. ench. 2, p. 388. — *Cnicus salisburgensis.*
Wild. sp. 3, p. 1675.

La var. *γ* ne diffère des deux précédentes que parce que sa tige
ne porte que 1 ou 2 fleurs, que ses feuilles et sa tige sont un peu
hérissées, les radicales ovales presque entières, rétrécies en pétiole.
On trouve un grand nombre d'individus intermédiaires entre cet
état et ceux que j'ai décrits dans la Flore. Je l'ai reçue de M. Chaillet,
qui l'a observée dans le Jura, et je l'ai moi-même trouvée dans
les Pyrénées au pied du pic de Bergons.

3085. Cirse ambigu.   *Cirsium ambiguum.*

γ. *Carduus autareticus.* Vill. Dauph. 3, p. 12, t. 19. — *Cnicus autareticus.* Wild. sp. 3, p. 1676. — *Serratula autaretica.* Poir. Dict. 6, p. 563.

Cette variété, que j'avais mal à propos rapportée au n° 3083, ne diffère du cirse ambigu que parce qu'elle porte 2-3 fleurs blanches et agrégées.

3087. Cirse bulbeux.   *Cirsium bulbosum.*

γ. *C. medium.* All. ped. n. 542, t. 49, excl. syn. Gouani (1). — *Cnicus pedemontanus.* Wild. sp. 3, p. 1675. — *Carduus pedemontanus.* Pers. ench. 2, p. 389.

Cette variété est remarquable en ce que les lanières de ses feuilles sont divisées en 3 lobes peu réguliers, mais ne parait pas d'ailleurs différer du cirse bulbeux, qui est assez variable quant à la forme de ses feuilles.

3088. Cirse d'Angleterre.   *Cirsium Anglicum.*

β. *Multiflorum.*

Cette variété ne diffère de l'espèce ordinaire que parce que sa tige porte, vers son sommet, trois fleurs, une terminale, une sessile à côté d'elle, et une portée sur un court pédicule à l'aisselle de la feuille supérieure. Elle a été trouvée par M. de Saint-Hilaire auprès d'Orléans, et par M. Bastard, en Anjou.

3091ᵃ. Cirse échiné.   *Cirsium echinatum.*

Carduus echinatus. Desf. Fl. atl. 2, p. 247. — *Cnicus echinatus.* Wild. sp. 3, p. 1668.

Cette espèce ne s'élève pas au-delà d'un pied ; sa tige est très-rameuse, couverte d'un duvet blanc et laineux ; chaque branche se termine par une fleur purpurine de moitié plus petite que dans le *C. eriophorum*, plus grande que dans le *C. lanceolatum ;* les feuilles sont sessiles, allongées, pinnatifides, à lobes ordinairement géminés et terminés par une longue épine jaune ; leur surface supérieure est verte, garnie de poils courts et roides ; l'inférieure blanche et laineuse ; les feuilles entourent l'involucre comme autant de bractées ; l'involucre est ovale, un peu laineux, à écailles serrées, droites, en forme d'alène et prolongées en épine jaunâtre c.? Ce cirse a été

____

(1) Le *carduus medius* de Gouan, que MM. Wildenow et Lapeyrouse ont classé parmi les Cirses, est certainement un chardon (n. 3021, Fl. fr.), d'après son aigrette à poils simples ; j'en dirai autant du *carduus argemone* de Pourret (Fl. fr. n. 3023), que M. Lapeyrouse a placé dans les Cirses, quoiqu'il n'aie pas l'aigrette plumeuse.

trouvé dans les terrains sablonneux de l'île de Sainte-Lucie près Narbonne, par M. Requien : il fleurit en juin.

DXV*. SAUSSURÉE.   *SAUSSUREA.*

Saussurea. DC. Ann. mus. 16, p. 198. — *Serratulæ sp.* Lin. — *Cirsii sp.* Fl. fr.

CAR. L'involucre n'est point épineux ; les écailles extérieures sont aiguës, les intérieures obtuses, un peu membraneuses : l'aigrette est composée de poils plumeux, les extérieurs très-courts, et souvent persistans, les intérieurs longs, un peu réunis par le bas des anneaux.

OBS. Les saussurées diffèrent des cirses, comme les sarrètes des chardons, par l'involucre non épineux ; des sarrètes, comme les cirses des chardons, par l'aigrette plumeuse.

3095. Saussurée des Alpes.   *Saussurea Alpina.*

S. alpina. DC. Ann. mus. 16, p. 198. — *Serratula alpina, var. α et β.* Lin. sp. 1145. — *Cirsium alpinum, α.* Fl. fr. n. 3095. — Pluk. t. 154, f. 3. β. *Cynoglossifolia.* Dill. Elth. 82, t. 70, t. 81.

Cette plante a une tige droite, simple, environ de la longueur de la main : ses feuilles sont velues en dessous, presque glabres en dessus, entières ou légèrement dentées ; les radicales sont ovales-lancéolées, rétrécies en pétiole ; les supérieures oblongues-lancéolées, sessiles : les fleurs sont au nombre de 3 à 5, et forment un petit corymbe au sommet de la tige ; leur involucre est velu, ovoïde, grisâtre ; leurs corolles de couleur pourpre. La var. β ne se distingue qu'à sa tige plus élevée, ses feuilles plus entières, ses fleurs plus lâches, et paraît le produit de la culture. ♃. Elle croît dans les sommités des Alpes de la Savoie, du Dauphiné et de la Provence ; dans les Pyrénées, à Combre-d'ase et à Laurenti (Lapeyr.), à l'Estive de Luz près Barrèges.

3095ᵃ. Saussurée discolore.   *Saussurea discolor.*

S. discolor. DC. Ann. mus. 16, p. 199. — *Serratula discolor.* Wild. sp. 3, p. 1641. — *Cirsium alpinum, β.* Fl. fr. ed. 3, n. 3095. — Hall. helv. n. 179, t. 6. β. *Lapathifolia.* Clus. hist. 2, p. 151, ic.

Cette espèce, qui a été confondue avec la précédente, en est certainement distincte ; ses feuilles sont chargées en dessous d'un duvet cotonneux parfaitement blanc, et presque glabres en dessus : elles sont fortement dentées, souvent anguleuses, les radicales pétiolées, ovales, échancrées en cœur dans la var. α, un peu en forme de fer de flèche dans la var. β ; celles de la tige sont ovales, lancéolées, sessiles ; la tige est un peu plus élevée et portant un corymbe ter-

minal de 5 à 6 fleurs. ♃. Elle est beaucoup plus rare que la précédente, et ne se trouve que dans les hautes sommités des Alpes du
Dauphiné.

3097. Carline à feuilles d'acanthe. *Carlina acanthifolia.*

Elle est commune dans toute la chaine des collines et des montagnes qui entourent la région des oliviers, dans les Pyrénées orientales, les Corbières, les Cévennes, la Lozère, les basses Alpes de
Provence, et l'Apennin génois et toscan.

3100. Carline en corymbe. *Carlina corymbosa.*

β. *C. Hispanica.* Lam. Dict. 1, p. 624. — Barr. ic. t. 594.
γ. *C. racemosa.* Gou. monsp. 426, non Lin.

Cette plante est très-variable quant à son aspect ; quelquefois elle
ne porte qu'une seule fleur au sommet d'une tige simple ; le plus
souvent elle se divise ou en rameaux un peu branchus et en corymbe,
comme dans la var. *α*, ou en rameaux simples et disposés en corymbe, comme dans la var. *β*, ou en rameaux très-courts, et qui
par conséquent semblent disposés en grappe, comme dans la var. *γ*.
On la distingue toujours de la *C. racemosa*, qui est particulière à
l'Espagne, en ce que la nôtre est absolument glabre et non revêtue
d'un duvet blanchâtre : toutes ces variétés croissent dans les lieux
pierreux de la Provence, du Languedoc, du Quercy.

3112ᵃ. Élychryse à feuilles *Elychrysum angustifolium.* étroites.

Gnaphalium angustifolium. Lam. Dict. 2, p. 746. Lois. Fl. gall. 556. Pers.
ench. 2, p. 417. — *Gnaphalium Italicum.* Roth. cat. 1, p. 115 ? — Barr.
ic. t. 1125.

Cet élychryse ressemble absolument au stœchas, et n'en est peut-
être qu'une variété : il en diffère, 1°. parce que son corymbe est
composé d'un plus grand nombre de fleurs, que ses fleurs sont un peu
plus oblongues et portées sur des pédoncules plus rameux ; 2°. par
ses feuilles plus glabres et beaucoup plus étroites et linéaires. ♄.
Il croît dans les lieux secs, pierreux et exposés au soleil ; M. Robert
l'a trouvé près Ajaccio en Corse ; M. Prost dans les Cévennes : il est
commun en Italie près Gènes, Chiavari, Florence, etc. Le stœchas
qu'on trouve en Bretagne, que M. Aubry (prog. morb.) rapporte
à l'*E. arenarium*, et M. Loiseleur à l'*E. angustifolium*, me paraît
appartenir au vrai *E. stœchas*.

3118ª. Gnaphale pyrami- *Gnaphalium pyramidatum.*
dal.

G. pyramidatum. Wild. sp. 3, p. 1895. — *Filago pyramidata.* Lin. sp.
1311. Vill. Dauph. 3, p. 194.

Cette espèce ressemble beaucoup au G. d'Allemagne : sa tige est
de même droite, à peu près dichotome, et ses faisceaux de fleurs
arrondis, les uns axiliaires, les autres terminaux ; mais sa superficie est couverte d'un duvet plus blanc et plus ras ; et surtout ses
feuilles sont oblongues, rétrécies à leur base, élargies et obtuses à
leur sommet ; les inférieures à peu près en forme de spatule ; les
écailles sont jaunâtres, glabres, terminées par une pointe acérée. ⊙.
Cette plante croît dans les champs, dans les provinces méridionales
(Lois.), aux environs de Grenoble (Vill.), de Mende, etc.

3127ª. Conyse ambiguë. *Conyza ambigua.*

Erigeron linifolium. Vild. sp. 3, p. 1955? — *Er. dröbachiense.* Fl. dan.
t. 874? — *E. acre,* ℬ. Wild. sp. 3, p. 1959?

Cette plante est certainement distincte des espèces décrites en
France avec lesquelles on pourrait la confondre. On l'a principalement mélangée avec l'*erigeron canadense,* dont elle a un peu le
port, et avec laquelle on la trouve mêlée. Elle en diffère, 1°. par
la couleur grisâtre de toutes ses parties, due à la présence de poils
gris nombreux ; 2°. par ses feuilles qui ne sont pas bordées de longs
cils ; 3°. par ses fleurs plus grosses et en bien moins grand nombre,
portées sur des pédoncules plus gros et plus courts ; 4°. par le défaut de rayons. Sa tige est souvent un peu rougeâtre, et ses feuilles
inférieures quelquefois un peu dentées. Cette plante est certainement congénère et très-voisine de l'*E. bonariense,* cette dernière
n'ayant pas de rayons : il est extrèmement probable que c'est l'*E.
linifolium* de Wild. L'*E. dröbachiense,* figuré dans la Flore de Dane-
marck, nous paraîtrait tout-à-fait la même plante, si elle était
dépourvue de rayons. Notre plante en acquiert-elle dans certaines
circonstances ? Dans ce cas surtout, c'est bien à tort qu'on a rapporté
l'*E. dröbachiense* à l'*E. acre,* comme variété. ⊙ ? Cette plante a été
trouvée aux environs de Nismes et de Montpellier, dans les prairies
artificielles, pêle-mêle avec l'*E. canadense.*

3130ª. Chrysocome de roche. *Chrysocoma saxatilis.*

C. camphorata. Rob. et Cast. diss. ined. — *Inula saxatilis.* Lam. Fl. fr. 2,
p. 153. Dict. 3, p. 260. Fl. fr. ed. 3, n. 3156. — Barr. ic. t. 158.

Ses tiges naissent plusieurs ensemble, droites, longues de 6 à 12 pouces, simples à leur base, divisées au sommet en quelques rameaux uniflores et disposées en corymbe : les feuilles sont nombreuses, lancéolées-linéaires, pointues, entières, souvent un peu tordues, de manière à être obliques sur la tige : les fleurs sont jaunes, flosculeuses ; leur involucre est composé de folioles linéaires, aiguës, un peu réfléchies au sommet ; les graines sont velues ; les poils de l'aigrette roux et un peu dentelés. Toute la plante est poilue dans sa jeunesse, et devient ensuite presque glabre : elle exsude une matière visqueuse qui la rend gluante, et qui répand une odeur de camphre. ♃. Cette plante a été découverte par MM. Castagne et Robillard, aux environs de Marseille, sur les rochers exposés au soleil, à l'Estaque, à Notre-Dame de la Garde vers le Roucas blanc, et à Notre-Dame des Anges. On la retrouve en Catalogne.

3136. Aster amellus. *Aster amellus.*

L'aster que j'ai décrit sous le nom d'*amellus* est bien celui de Pollich (Fl. pal. n. 801), mais ce n'est pas celui de Wildenow (sp. 3, p. 2031), et il est douteux si c'est celui de Linné : notre espèce est bien sûrement le n° 83 de Haller : elle répond bien aux figures de l'Ecluse (hist. 2, p. 16, f. 1), de Dodoens (pempt. 266, f. 1), et c'est la seule que j'ai reçue des divers points où l'on indique l'*aster amellus* ; d'un autre côté, elle est bien certainement l'*aster amelloïdes* décrit dans Rœmer, Arch. 2, p. 298, et paraît être *A. elegans*, Wild. sp. 3, p. 2042, et *A. acris*, Roth. Fl. 2, p. 351. Notre *aster amellus* sauvage diffère de celui qui est cultivé dans les jardins, et qui paraît être celui de Wildenow ; le nôtre a les feuilles beaucoup moins obtuses, et même les supérieures pointues, et les inférieures un peu dentées ; les fleurs disposées sur des pédoncules plus courts et un peu plus divergens. Cet aster croît au pied méridional du Jura et des Alpes ; dans le Palatinat, aux environs d'Agen, de Quimper, etc. Il me paraît que c'est celui-ci qui doit conserver le nom d'*amellus* ; et l'espèce des jardins que j'ai quelques raisons de croire originaire d'Amérique, pourrait prendre celui de *A. pseudo-amellus A. foliis oblongo-lanceolatis obtusis integerrimis scabris, ramis corymbosis subparallelis, involucris imbricatis subsquarrosis, foliolis obtusis interioribus membranaceis apice coloratis.* ♃.

3138. Aster âcre. *Aster acris.*

Notre aster âcre a les feuilles ponctuées en dessous, de sorte qu'il ne peut être que l'*A. acris* de Wildenow (sp. 3 , p. 2023 , excl. syn.) ; mais il parait bien celui de Linné (2ᵉ éd. p. 1228), qui est l'*A. sedifolius*, Linn. sp. ed. 1, p. 874. Tous les synonymes cités par Linné s'y rapportent très-bien : je suis assuré de ceux de Sauvages et de Gouan par leurs propres herbiers, et je possède des échantillons parfaitement semblables aux figures de Lobel (ic. t. 349, f. 2), et de Barrelier (ic. t. 606), que Linné dit être bonnes , et qui représentent en effet deux variétés très-distinctes , et toutes deux munies de feuilles ponctuées. Notre aster âcre diffère de l'*A. punctatus* par son corymbe beaucoup moins lâche , et ses feuilles qui ne sont munies de 2 nervures latérales qu'à leur base seulement , et non dans toute leur longueur. Serait-ce notre plante qui serait indiquée sous le nom d'*A. punctatus*, dans Lapeyr. Abr. p. 318 , comme croissant à la vallée de Gistain dans les Pyrénées ?

3138ᵃ. Aster à feuilles de saule.   *Aster salignus.*

A. salignus. Wild. sp. 3 , p. 2040. — *A. salicifolius.* Schol. suppl. Fl. barb. c. ic. ex W. — *A. acris.* Lapeyr. Abr. 518 ?

Sa tige est droite , glabre , ferme , haute d'environ deux pieds , divisée par le haut en un grand nombre de branches alternes, feuillées, multiflores, disposées en panicule presqu'en corymbe ; ses feuilles sont linéaires-lancéolées, glabres , un peu rudes sur les bords , munies d'une seule nervure ; les inférieures longues de 3 à 4 pouces sur 6 lignes de largeur, un peu dentées en scie, les supérieures étroites et entières ; les fleurs ont les languettes longues , linéaires , d'un bleu pâle ; les involucres sont imbriqués , assez lâches. ♃. Cette espèce croit dans les prés humides. M. Nestler l'a trouvée dans les fossés de Strasbourg ; M. Prost, dans les environs de Mende.

3144ᵃ. Inule fausse-aulnée.   *Inula helenioïdes.*

I. oculus christi. Lapeyr. Abr. 522, non Lin.

Cette espèce ressemble par son port aux grandes variétés de l'*I. montana*, par ses feuilles embrassantes à l'*I. britanica*, et par sa fleur à l'*I. helenium*. Sa tige est droite , haute d'environ un pied, simple, excepté au sommet , où elle se divise en 2 à 3 pédoncules uniflores et disposés en corymbe, hérissée dans toute sa longueur , et surtout vers le haut, de poils longs, mous et blancs ; les feuilles sont ovales-oblongues, les inférieures légèrement dentées et longuement rétrécies en pétiole ; les supérieures embrassantes , entières, toutes garnies de quelques poils blanchâtres , beaucoup moins nombreux que dans l'*I. oculus christi* ; les fleurs sont grandes à peu près comme dans l'aulnée, d'un jaune doré ; leur involucre est extrêmement velu ; les folioles extérieures sont grandes, oblongues, foliacées, étalées ou réfléchies ; les intérieures linéaires, les languettes étroites et nombreuses. ♃. J'ai trouvé cette belle espèce au bord des champs pierreux et exposés au soleil, au-dessus de Ria dans les Pyrénées orientales ; M. Coder me l'a envoyée des environs de Prades : il parait qu'elle se retrouve à Perpignan (Lapeyr.) et dans les Corbières. — Elle diffère certainement de l'*I. oculus chrsti* : celle-ci a les feuilles oblongues, de moitié au moins plus étroites, toutes entières, hérissées sur les deux surfaces de poils nombreux qui leur donnent un aspect blanchâtre et soyeux ; ses fleurs sont plus petites et les folioles externes de l'involucre peu différentes des intérieures. Elle se trouve en Autriche et au mont Caucase : elle est indiquée dans l'île de Corse par Valle ; mais je n'ose, sur cette assertion, insérer dans la Flore une espèce souvent embrouillée (*Voy.* n° 3158ᵃ).

3145. Inule britanique.   *Inula britanica.*

M. Koch me fait observer que c'est à cette espèce qu'on doit rapporter l'*inula hirta*, Poll. Pal. n. 806, tandis que son *inula montana*, n. 808, appartient à la véritable *inula hirta.*

3158ᵃ. Inule parfumée.   *Inula suaveolens.*

I. suaveolens. Ait. Kew. 3, p. 224. Wild. sp. 3, p. 2099. — *I. oculus christi.* Lam. Dict. 3, p. 254. Fl. fr. ed. 3, n. 3144, excl. syn.

Rapportez ici la description 3144 de la Flore, en ajoutant que ses feuilles radicales sont ovales, longuement rétrécies en pétiole et légèrement dentées ; celles de la tige sont oblongues, sessiles et non embrassantes. Toute la plante exhale une odeur forte. ♃. Elle est indiquée par M. de Lamarck comme indigène de la Provence.

3167ᵃ. Tussilage odorant.   *Tussilago fragrans.*

T. fragrans. Vill. act. soc. hist. nat. par. 1, p. 72, t. 12. Wild. sp. 3, p. 1969.

Ses feuilles radicales et inférieures sont pétiolées, arrondies, échancrées en cœur, pubescentes en dessous, bordées de dentelures aiguës, régulières et un peu calleuses ; les feuilles supérieures sont souvent réduites au pétiole élargi et dilaté ; la tige est hérissée de poils d'un aspect un peu jaunâtre et d'une consistance glanduleuse ; les fleurs forment un thyrse approchant du corymbe : elles sont radiées, d'un blanc un peu rougeâtre, se développent en hiver, et exhalent une odeur agréable analogue à celle de l'héliotrope ; ce qui a fait donner à cette plante le nom d'*héliotrope d'hiver*. ♃. On la cultive pour l'ornement. On assure qu'elle se trouve sauvage dans les Pyrénées (Lois.), au Canigou (Pour.), à la Mouline, dans la plaine de la Cerdagne (Lapeyr.).

3171. Seneçon livide.   *Senecio lividus.*

S. lividus. Lin. sp. 1216. Wild. sp. 3, p. 1983. — *S. nebrodensis.* Fl. fr. ed. 3, n. 3171, excl. syn.

Rapportez ici la description 3171. Cette plante croît dans les champs et les lieux cultivés en Roussillon vers la côte (Lapeyr.), en Provence, à Hyères, Cannes et Toulon.

3171ᵃ. Seneçon à feuilles char-   *Senecio crassifolius.*
nues.

S. crassifolius. Wild. sp. 3, p. 1982. — *Jacobæa maritima senecionis folio crasso et lucido massiliensis.* Tourn. inst. 486. — Barr. ic. 261.

Sa tige est droite ou ascendante, longue de 6 à 8 pouces, simple ou rameuse, glabre, chargée de feuilles oblongues, un peu embrassantes, charnues, glabres, quelquefois bordées de grosses dentelures, plus souvent presque pinnatifides, à lobes peu nombreux çà et là dentés. Les fleurs sont portées sur des pédoncules rameux, garnis de quelques petites écailles : elles sont jaunes, radiées, à languettes oblongues, à peu près de la grandeur de celles du S. sale, mais un peu roulées en dehors. ⊙. Cette espèce croît sur les bords de la mer à Marseille (Tour.), sous le lazareth (Barr.). Les graines m'en ont été envoyées par M. Lacour-Gouffé.

3175. Seneçon à feuilles de ro-   *Senecio erucæfolius.*
quette.

β. *S. tenuifolius.* Jacq. austr. 3, t. 278. Engl. bot. t. 574, non Fl. fr.

Notre espèce est bien sûrement celle de Villars et de la plupart des auteurs ; mais il est douteux que ce soit celle de Linné ; la var. β n'en diffère que par ses feuilles plus étroites, et ne peut en aucune manière en être séparée : j'en ai des échantillons cueillis en Dauphiné.

3177. Seneçon à feuilles d'ar-   *Senecio artemisiæfolius.*
moise.

S. artemisiæfolius. Pers. ench. 2, p. 435. — *S. adonifolius.* Lois. Fl. gall. 566. — *S. tenuifolius.* Fl. fr. ed. 3, n. 3177, excl. syn. Jacq. et Hoffm. — *S. abrotanifolius.* Gou. hort. 440. Lapeyr. Abr. 515, non Lin. — *Jacobæa foliis ferulaceis flore minore.* Tourn. inst. 486, excl. syn.

Après avoir le premier observé que l'espèce décrite par tous les botanistes français, sous le nom de *S. abrotanifolius,* en était distincte, je suis tombé dans une autre erreur, en la considérant comme étant le *S. tenuifolius* de Jacquin. MM. Persoon et Loiseleur ont très-bien établi cette plante comme une espèce particulière, qui se distingue parfaitement du *S. tenuifolius* par ses feuilles très-déchiquetées et toujours glabres. Je l'ai retrouvée assez commune en Bourgogne, dans le Vélai, le Rouergue, le Gévaudan, les Cévennes, les Pyrénées, etc.

3178ª. Seneçon à feuilles blan-   *Senecio leucophyllus.*
ches.

S. leucophyllus. DC. cat. h. monsp. 144. — *S. tomentosus.* Rohde, ined. non Michx. — *S. incanus.* Lapeyr. Abr. 515, non Lin. — *Jacobæa incana pyrenaïca saxatilis et latifolia.* Tourn. inst. 486.

Cette plante ressemble beaucoup au S. blanchâtre, mais elle s'en distingue en ce que sa stature s'élève jusqu'à un pied et plus de hauteur ; sa superficie entière est couverte d'un duvet blanc laineux, plus épais et moins serré que dans le S. blanchâtre ; ses feuilles sont pinnatifides, presque en forme de lyre, à lobes ovales-oblongs, très-écartés dans le bas, à demi-soudés dans la partie supérieure, qui se termine par une expansion plus large et peu découpée : les fleurs sont jaunes et n'ont qu'un petit nombre de demi-fleurons. ♃. J'ai trouvé cette belle plante sur le sommet du mont Mézin, parmi les pierres, au lieu dit *la Theulière* ; et dans les Pyrénées orientales, parmi les rochers, au sommet de Cambre-d'ase ; au Canigou (Rohde), à Nouri, Pla-guillem, et aux Cinglas del Comps (Lapeyr.).

    3179. Seneçon à une fleur.   *Senecio uniflorus.*

Il est certain, d'après la description et l'herbier de M. Gouan, que c'est ici qu'il faut rapporter son *inula provincialis,* Gou. ill. p. 68, et le n° 70 de Haller (Hist. helv.).

3181. Seneçon de Tournefort.   *Senecio Tournefortii.*

S. persicæfolius. Fl. fr. n. 3181, non Lin. — *S. Tournefortii.* Lapeyr. Abr. 516.

En adoptant le nom de *persicæfolius* donné à ce seneçon par M. Ramond, nous n'avions pas fait attention que ce nom avait déjà été donné par Linné à une espèce très-différente : il faut donc admettre celui de *S. Tournefortii,* que M. Lapeyrouse a donné à cette plante jadis trouvée par Tournefort. Elle est assez commune dans les Pyrénées : je l'ai trouvée à la val d'Eynes, à Esquierri, aux ports de Vénasque, d'Oo, de Pinède, etc.

3183ᵃ. Seneçon fausse-cacalie. *Senecio cacaliaster.*

S. cacaliaster. Lam. Fl. fr. 2 , p. 132. DC. cat. h. monsp. 144. — *Cacalia sarracenica.* Lin. sp. 1169. Fl. fr. ed. 3, n. 3106. — *Conyza montana, etc.* Chomel, Acad. Sc. Paris, 1793 , p. 388.

β. *Flore radiato.*

Cette plante, comme je l'avais présumé , ne peut nullement être placée dans un genre différent que le seneçon sarrasin , auquel elle ressemble absolument : l'un et l'autre sont indifféremment radiés et flosculeux ; mais le S. sarrasin est presque toujours radié, et le seneçon fausse-cacalie presque toujours flosculeux : on les distingue encore à ce que les fleurs du S. sarrasin sont d'un jaune vif , et celles du S. fausse-cacalie d'un jaune pâle et blanchâtre ; en outre les feuilles inférieures de ce dernier sont légèrement décurrentes le long de la tige, ce qui n'arrive point dans le S. sarrasin. ♃. Il est assez commun dans les forêts des montagnes en Auvergne. — Le *S. sarracenicus* à fleurs flosculeuses se trouve dans les bois de l'Auvergne et du Gévaudan : quant au *S. nemorensis* , je l'ai trouvé jusqu'ici à fleurs radiées ; mais je suis porté à croire que le *S. croaticus*, Wild. sp. 3 , p. 1978, n'est autre chose que la variété flosculeuse de cette espèce.

3185. Seneçon doronic. *Senecio doronicum.*

γ. *Foliis inferioribus orbiculatis subglabratis.* — *S. rotundifolius.* Lapeyr. Abr. 517.

δ. *Foliis inferioribus orbiculatis subtùs cano-tomentosis.* — *Lepicaune tomentosa.* Lapeyr. Abr. 481?

Ces deux plantes rentrent comme de simples variétés dans le seneçon doronic , qui est l'une des espèces les plus susceptibles de variation que nous connaissions ; l'une et l'autre se distinguent par leurs feuilles inférieures , arrondies au lieu d'être ovales ; la var. γ est presque glabre ; dans la var. δ , la tige et la surface inférieure des feuilles est couverte d'un duvet blanc et cotonneux : ces deux plantes ont la tige à une ou à plusieurs fleurs. Elles se trouvent dans les Pyrénées et les Alpes de Provence.

3188. Cinéraire des champs. *Cineraria campestris*

Ajoutez à la synonymie : *Senecio nemorensis* , Poll. pal. n. 799. Gmel. bad. als. 2 , p. 441.

3191. Cinéraire à longue feuille. *Cineraria longifolia.*

Elle ne se trouve point à Montpellier , mais seulement dans les Alpes qui séparent la Provence et le Dauphiné du Piémont, et peut-être dans les Pyrénées.

3193. Cinéraire maritime. *Cineraria maritima.*

Elle se trouve souvent très-loin de la mer : je l'ai cueillie à Vaucluse et à Digne.

3196ª. Doronic d'Autriche. *Doronicum Austriacum.*

> *D. Austriacum.* Jacq. austr. t. 130. Wild. sp. 3, p. 2114. Lapeyr. Abr. 526. — Clus. hist. 2, p. 19, ic.

Cette espèce ressemble au *D. scorpioïdes,* mais sa surface entière est garnie de petits poils courts légèrement hérissés et nombreux, surtout à la surface inférieure des feuilles, sur les nervures ; sa tige est simple, souvent uniflore, quelquefois divisée au sommet en 2 à 3 pédoncules allongés et terminés par une seule fleur. Les feuilles radicales sont pétiolées en forme de cœur et dentées ; celles du bas de la tige sont embrassantes par une oreillette large et arrondie, resserrées au-dessus, puis évasées en un limbe ovale, pointu, denté ; les supérieures sont lancéolées, souvent entières ; les fleurs ressemblent à celles du *D. scorpioïdes.* Cette plante croît dans les forêts montagneuses, dans les Pyrénées orientales près Mont-Louis, dans le département de la Lozère, dans les montagnes d'Auvergne et sur les bords de la Durance (Lois.).

3200ª. Arnique de Corse. *Arnica Corsica.*

> *A. corsica.* Lois. Fl. gall. 576, t. 20.

Elle a quelque ressemblance avec le doronic d'Autriche ; sa tige est droite, sillonnée et simple dans le bas, divisée vers le haut en quelques pédicules uniflores ; les feuilles sont embrassantes par une base étroite, rétrécies en pétiole, ovales, un peu pointues ; les inférieures légèrement dentées, les supérieures entières, oblongues ; toute la plante est garnie, surtout vers le haut, de petits poils courts et hérissés : les fleurs sont au nombre de 3 dans mon échantillon, et on en trouve jusqu'à 7 (Lois.) disposées en corymbe ; elles sont jaunes, un peu plus petites que dans le D. d'Autriche : les folioles de l'involucre sont lancéolées, disposées sur deux rangs. ♃. Cette plante a été trouvée par M. Robert, le long des ruisseaux, dans les montagnes de l'île de Corse.

3201ª. Paquerolle fausse-paque- *Bellium bellidioïdes.*
rette.

Linné et la plupart des auteurs modernes ont confondu sous ce nom deux espèces que M. Viviani (Fragm. p. 8 et 9) a très-bien distinguées ; celle trouvée en Corse par M. Robert, à laquelle, d'après lui , je conserve le nom de *B. bellidioïdes* , se distingue à **ses feuilles** entières et non dentées , et à ses hampes nues et filiformes : **ses** graines sont couronnées par 4 à 5 poils alternes avec 4 à 5 **écailles** obtuses ; c'est le *B. bellidioïdes* , Lin. Mant. 285, excl. syn. Triumf. Lam. ill. t. 684. Viv. fragm. 1, p. 8, t. 10, f. 1. Fl. fr. ed. 3, vol. 4, p. 923 , non Desf. — *Bellis droseræfolia.* Gou. ill. 69. — Bocc. Mus. p. 149 , t. 107.

3205. Chrysanthème à grande fleur. *Chrysanthemum maximum.*

Quoique le nom donné à cette espèce par M. Ramond n'eût rien de contraire aux règles de la nomenclature , M. Lapeyrouse l'a changé en celui de *Chrysanthemum grandiflorum.* Abr. 527, **non** Brouss. Wild. ; et M. Wildenow en *Pyrethrum latifolium.* Enum. p. 904. Ce dernier dit que sa graine est couronnée par une **mem-** brane. Ce caractère prouve bien que c'est une espèce distincte **du** leucanthème ; mais l'extrême analogie de ces deux espèces **prouve** aussi que les genres *Pyrethrum* et *Chrysanthemum* doivent **proba-** blement être de nouveau réunis.

3207. Chrysanthème céra-tophylle. *Chrysanthemum cerato-phylloïdes.*

β ? *Dissectum.*

Cette espèce a été retrouvée dans les Pyrénées, et principale-ment dans la partie orientale de la chaîne. La var. *β* , que M. Du-four a trouvée aux environs de Carcassonne, est très-remarquable, parce que ses feuilles inférieures sont deux fois pinnatifides, les su-périeures une seule fois , toutes divisées jusque près de la côte moyenne en lobes linéaires aigus , entiers ou à peine çà et là dentés. Si ces caractères sont constans, elle pourrait bien former une espèce particulière.

3208. Chrysanthème de Montpellier. *Chrysanthemum Monspe-liense.*

J'ai déjà observé ailleurs (Cat. p. 96) que cette plante **ne croît** point à Montpellier, mais dans les lieux frais, rocailleux et om-bragés des Cévennes. Magnol l'a trouvée le long de l'Hérault, près Baroque, et M. Roubieu à Saint-Jean-de-Breuil, vis-à-vis le mou-lin Bondoux. M. Lapeyrouse dit qu'elle croit aussi dans les Pyré-nées orientales ; mais je crains que ce qu'il a désigné sous ce **nom** ne soit une simple variété du *C. caratophylloïdes.*

3208ª. Chrysanthème très-petit. *Chrysanthemum perpusillum.*

C. perpusillum. Lois. not. 128 , t. 6, f. 3.

Très-petite plante dont la hauteur est d'environ un pouce , et dont les fleurs n'ont que deux lignes de diamètre : sa racine est grêle , fibreuse ; sa tige rameuse, droite, formant une petite touffe, et émettant par sa base des jets qui prennent quelquefois racine ; les feuilles sont glabres , un peu charnues, rétrécies en pétiole , quelques-unes oblongues , la plupart pinnatifides, à 3 lobes ovales ou arrondis , obtus, très-entiers ; les fleurs sont portées sur des pédoncules axillaires , nus, plus longs que la tige ; les folioles de l'involucre sont ovales , obtuses, très-peu nombreuses ; les demi-fleurons sont blancs , ovales , au nombre de 5 à 6 , étalés ou réfléchis ; les graines sont nues. ⊙. Elle a été trouvée par M. Lasalle dans les petites îles Sanguinaires, voisines d'Ajaccio en Corse , et m'a été communiquée par M. Desfontaines.

3213ª. Pyrèthre cotonneux. *Pyrethrum tomentosum.*

P. minimum. Fl. fr. ed. 3, vol. 4, p. 924, excl. syn. — *Chrysanthemum tomentosum.* Lois. Fl. gall. 580, t. 18.

L'espèce que j'indique ici, et qui croît en Corse, ne doit point être confondue avec la var. β du pyrèthre des Alpes, qui croît en Dauphiné : l'espèce de Corse a la surface entière, non pas pubescente, mais couverte d'un duvet cotonneux ; sa racine est rampante ; ses tiges ascendantes, terminées par un pédicelle nu, dressé et uniflore ; les feuilles sont pétiolées , arrondies, bordées de fortes crénelures qui correspondent à autant de sillons disposés comme les nervures des feuilles palmées, de sorte qu'elles sont palmatifides et non pinnatifides ; la fleur ressemble beaucoup à celle du P. des Alpes. ♃. Elle croît sur les montagnes de l'île de Corse.

3216ª. Pyrèthre maritime. *Pyrethrum maritimum.*

P. maritimum. Sm. Fl. brit. 901. Engl. bot. t. 979. Wild. sp. 2157. DC. syn. n. 3216*. — *Matricaria maritima.* Lin. sp. 1256.

Sa racine est presque ligneuse, ses tiges couchées , disposées en touffes longues de 6 à 8 pouces, un peu rameuses, rougeâtres , glabres comme tout le reste de la plante ; ses feuilles sont sessiles , deux fois pinnatifides, à lobes linéaires courts, convexes en dessus, charnus, presque obtus ; les fleurs sont terminales, solitaires, à peu près de la grandeur de celles du P. inodore ; les écailles de l'involucre sont un peu scarieuses et noirâtres sur les bords ; le disque est jaune, convexe; les rayons étalés, blancs, à 3 petites dents; les graines sont couronnées par un bord membraneux court et lobé. ♃. Cette plante croit dans les sables un peu herbeux et maritimes du nord-ouest, aux Sables d'Olonne, Piriac, Quiberon, Lorient, Abbeville.

3219ᵃ. Paquerette sauvage.   *Bellis sylvestris.*

B. sylvestris. Cyr. pl. rar. 2, p. 22, t. 4, ex Wild. sp. 3, p. 2122. — Dod. pempt. 265, f. 1.

Elle ne diffère de la paquerette vivace que parce qu'elle est un peu plus grande, que ses feuilles sont couvertes d'un duvet court, serré et grisâtre; qu'elles sont munies à leur base de 3 nervures assez visibles, que la fleur est d'un diamètre un peu plus grand : serait-ce une simple variété? ♃. Elle se trouve dans les lieux stériles des provinces méridionales. M. Robert l'a trouvée aux environs de Toulon, M. Requien à Avignon.

3227. Armoise en arbre.   *Artemisia arborescens.*

M. Requien l'a retrouvée sauvage aux îles d'Hyères, et M. Loiseleur l'indique aux îles Sangonero, près de la Corse.

3230. Armoise mutelline.   *Artemisia mutellina.*

A. rupestris. Fl. fr. n. 3230, excl. syn. Lin. — *A. mutellina.* Wild. sp. 3, p. 1821.

La véritable *A. rupestris* de Linné est une espèce très-différente de celle à laquelle j'avais, d'après Allioni, conservé ce nom : il faut donc admettre celui de *A. mutellina* donné par M. Villars à cette espèce.

3235. Armoise champêtre.   *Artemisia campestris.*

Cette plante prend quelquefois un développement très-considérable et une souche presque ligneuse : j'en ai trouvé des individus aux environs de Toulouse, qui avaient une racine de 5 pieds de long sur 3 pouces de diamètre; l'*A. procera*, Lapeyr. Abr. 503, excl. syn. ne me paraît qu'une très-légère variété de l'*A. campestris.*

3235ᵃ. Armoise à feuilles de   *Artemisia crithmifolia.* crithme.

A. crithmifolia. Lin. sp. 1186. Wild. sp. 3, p. 1830. — *A. campestris, β.* Fl. fr. n. 3235. — *Abrotanum maritimum humisparsum.* Bonamy, nann. prod. p. 1.

Elle a tout le port de l'armoise champêtre, et pourrait bien n'en être qu'une variété : elle est plus grande, plus glabre et plus charnue; ses feuilles sont pinnatifides, à lobes linéaires simples ou bifides ; ses feuilles sont oblongues, droites, pédonculées. ♃. Elle croît dans les sables maritimes de l'ouest de Bayonne jusqu'à Nantes.

3241. Armoise de France. *Artemisia Gallica.*

Elle est très-commune le long de la Méditerranée, de Nice jusqu'en Espagne, dans les marécages saumâtres ; la plante du Port-Vendre, indiquée par M. Lapeyrouse sous le nom d'*A. palmata* (Abr. 504), n'est point elle, mais appartient à l'*A. gallica.*

3242ª. Armoise d'Aragon. *Artemisia Aragonensis.*

A. aragonensis. Lam. Dict. 1, p. 269. Wild. sp. 3, p. 1817. — *A. herba alba.* Asso, arr. syn. 117, t. 8, f. 1, excl. Hall. syn. — Barr. ic. t. 447.

Sa tige est droite, ligneuse à sa base, rameuse, couverte d'un duvet blanc et cotonneux ; ses feuilles sont très-petites, deux fois pinnatifides, presque palmées, à lobes courts, linéaires, blanchâtres et un peu soyeux : celles qui approchent des fleurs sont entières ; les fleurs sont petites, ovales, sessiles le long des rameaux, un peu cotonneuses, très-nombreuses et disposées en panicule. Asso dit que tous les fleurons sont hermaphrodites. ♄. Je décris cette espèce d'après des échantillons cueillis en Aragon par M. Asso, et dans la Navarre espagnole par M. Vahl : elle se trouve sur le revers méridional du port de Belette, dans le pays Basque, d'après M. Lapeyrouse.

3246. Micrope droit. *Micropus erectus.*

Les deux variétés indiquées dans la Flore sont admises comme des espèces distinctes par M. Dubois (Fl. orl. p. 418 et 419), qui donne à la var. α le nom de *M. Conyzæus*, et à la var. β le nom de *M. multicaulis.* J'avoue que je persiste, d'après l'examen d'un grand nombre d'échantillons, à les regarder encore comme de simples variétés.

3248ª. Santoline rude. *Santolina squarrosa.*

S. squarrosa. Wild. sp. 3, p. 1798. — *S. villosa.* Mill. Dict. n. 2. — Mor. hist. 3, s. 6, t. 3, f. 17. — Clus. hist. 341, ic.

Elle ne diffère de la S. blanchâtre que parce que ses feuilles sont beaucoup moins velues et munies de dents beaucoup plus longues et plus divergentes, que ses involucres sont glabres, ses fleurs d'un jaune plus foncé, et la stature entière de la plante plus basse ; elle se conserve distincte par la culture, mais pourrait bien cependant n'être qu'une simple variété. ♄. Elle est assez commune dans les garrigues des provinces méridionales : je l'ai cueillie notamment aux environs de Narbonne et de Carcassonne, où l'Ecluse dit l'avoir déjà cueillie en y voyageant avec Rondelet.

DXLVI*. LONAS.   *LONAS.*

Lonas. Gærtn. Juss. ann. mus. 8, p. 173. — *Athanasiæ* sp. Lin.

Car. L'involucre est arrondi, imbriqué, à écailles serrées ; le réceptacle conique, chargé de paillettes de nature analogue aux écailles de l'involucre ; tous les fleurons sont fertiles, androgyns et tubuleux : les graines sont couronnées par un rebord obliquement tronqué et un peu dentelé.

3251ᵃ. Lonas inodore.   *Lonas inodora.*

Athanasia annua. Lin. sp. 1182. Desf. atl. 2, p. 260. — *Lonas inodora.* Gærtn. Fr. 2, p. 396, t. 165, f. 5. — *Achillea inodora.* Lin. sp. 1265.

Toute la plante est glabre, inodore, la tige est droite, garnie de feuilles rétrécies en pétioles, le plus souvent divisées en trois lobes divergens, dentés ou trifides, pointus ; les fleurs sont jaunes, au nombre de 5 à 6, disposées en corymbe serré, portées sur des pédicelles courts et simples. ⊙. Elle croit dans les provinces méridionales (Pers.), à Prades en Roussillon, et sur le chemin de Mont–Louis (Lapeyr.).

DXLVII. ANACYCLE.   *ANACYCLUS.*

Ce genre, tel qu'il avait été caractérisé par Linné, ne différait des *Anthemis* que par l'absence des demi-fleurons ; mais un grand nombre d'espèces se trouvent indifféremment avec et sans demi-fleurons, de sorte que ce caractère doit être rejeté. M. Persoon a distingué les *anthemis* et les *anacyclus* par un caractére plus précis, savoir que les anthémis ont les graines tétragones ou cylindriques non bordées, et les anacycles les ont comprimées et bordées d'une membrane : d'après ce caractère, il a avec raison rapporté aux anacycles les *anthemis valentina* Lin., *clavata* Desf., *pedunculata* Desf. J'ajouterai à cette observation, 1°. que les *anthemis pyrethrum* L., *tomentosa* Gou., ou *biaristata* Fl. fr., ou *pubescens*. Wild. appartiennent aussi aux vrais anacycles ; 2°. qu'il est au contraire fort douteux que l'*A. aureus* appartienne à ce genre, et qu'il faut peut-être le rapporter parmi les *cotula* ; 3°. que les *anacyclus valentinus, radiatus, purpurascens, clavatus* et *pubescens*, ont tous les fleurons à 5 dents, 2 droites et roides, 3 étalées. Ces cinq plantes ne forment peut-être qu'une seule espèce. Comme je n'ose cependant l'affirmer absolument, je vais indiquer ici en peu de mots les caractères, peut-être artificiels, par lesquels on les distingue.

3252. Anacycle de Valence. *Anacyclus valentinus.*

A. valentinus. Lin. sp. 1258, Fl. fr. n. 3252.

Ses fleurs sont flosculeuses; mais on en trouve quelquefois sur les mêmes pieds qui ont de petits demi-fleurons jaunes.

3252ᵃ. Anacycle radié. *Anacyclus radiatus.*

Anthemis valentina. Lin. sp. 1262, Fl. fr. n. 3265. — *A. radiatus.* Lois. Fl. gall. 583. — *A. bicolor.* Pers. ench. 2, p. 465.

Il ne diffère du précédent que par ses demi-fleurons jaunes, assez grands et plus constans.

3252ᵇ. Anacycle rougeâtre. *Anacyclus purpurascens.*

A. purpurascens. Pers. ench. 2, p. 465. — *Anthemis valentina, β.* Fl. fr. n. 3265.

Il a les demi-fleurons rouges en dessous, jaunes en dessus, et d'ailleurs ressemble tout-à-fait au précédent. M. Roubieu l'a trouvé à Montpellier.

3252ᶜ. Anacycle cotonneux. *Anacyclus tomentosus.*

Anthemis biaristata. Fl. fr. n. 3256. — *Anthemis tomentosa.* Gou. ill. 70. — *Anthemis pubescens.* Pers. ench. 2, p. 465.

La superficie des feuilles est assez abondamment couverte de poils blancs, et les demi-fleurons des fleurs sont de couleur blanche, et non pas jaune. Il se trouve abondamment auprès de Cette.

3252ᵈ. Anacycle en massue. *Anacyclus clavatus.*

A. clavatus. Pers. ench. 2, p. 465. — *Anthemis clavata.* Desf. atl. 2, p. 287.

Il diffère du précédent, parce qu'il est beaucoup moins velu, que ses tiges sont plus droites, et que ses pédicules se renflent plus fortement sous la fleur après la fleuraison. ⊙. Il croît aux environs de Narbonne.

3254. Camomille élevée. *Anthemis altissima.*

Elle se trouve en Languedoc, près Narbonne et Montpellier, en Provence, dans le midi du Dauphiné (Vill.), en Italie. C'est ici qu'il faut rapporter l'*anthemis cota*, Vill. Dauph. 3, p. 255; le *chamœmelum cota*, All. ped., nᵒ 667, et par conséquent l'*A. cota.* Lois. Fl. gall. 583. Quant à l'*A. cota* véritable, je ne crois pas qu'elle se trouve en France, et je doute même de son existence; car les synonymes cités par Linné appartiennent tous à l'*A. altissima* ou à l'*A. Triumfetti*, et les caractères des deux espèces, tels que Linné les donne, conviennent également à notre *A. altissima.*

3254ᵃ. Camomille voyageuse. *Anthemis peregrina.*

A. peregrina. Wild. sp. 3, p. 2182. — *A. altissima.* Bell. app. 39.

Sa tige est droite, haute d'un pied et plus, glabre ou un peu pubescente, divisée par le haut en plusieurs rameaux ; ceux-ci se divisent et portent plusieurs fleurs disposées en une espèce de corymbe fort lâche : les rameaux inférieurs ou latéraux s'allongent plus que la sommité de la tige ; les feuilles sont 2 ou 3 fois pinnatifides, à lobes profonds, allongés, linéaires, pointus ; les fleurs sont de moitié plus petites que dans l'*A. altissima ;* leur involucre a ses écailles blanchâtres, membraneuses, pubescentes, presque obtuses : le réceptacle est convexe ; ses paillettes en forme d'alêne plus courtes que les fleurs, non épaissies au sommet ; les languettes sont terminées par 3 dents, et n'ont que 3 lignes de longueur. ☉. J'ai trouvé cette plante sur les bords de la Durance près Avignon ; elle croît aussi en Piémont (Bell.). Elle fleurit en juin.

3257ᵃ. Camomille renflée. *Anthemis incrassata.*

A. incrassata. Lois. not. 129. — *A. australis.* Wild. sp. 3, p. 2177?

Sa tige est rameuse, étalée, pubescente ainsi que les feuilles ; celles-ci sont assez petites, sessiles, pinnatifides ; les lobes inférieurs sont courts, simples, aigus et semblables à des dents ; ceux du milieu sont plus longs et simples, ceux de l'extrémité plus longs encore, et incisés à leur sommet, ou même pinnatifides, à lobules pointus et entiers ; les rameaux se terminent en autant de pédicules, d'abord cylindriques, puis renflés sous la fleur ; celle-ci n'a que 7 à 9 lignes de diamètre ; l'involucre est imbriqué d'écailles blanchâtres, pubescentes ; le disque est jaune, convexe ; les languettes blanches, oblongues, au nombre de 10 à 12. Les graines sont courtes, à peu près tétragones, glabres, ombiliquées au sommet ; la base de la corolle est renflée, épaisse ; les écailles se terminent en pointe acérée ; le réceptacle est conique. ☉ ? Elle croît dans les endroits stériles et pierreux ou sablonneux au bord de la Méditerranée ; au Pech-de-l'Agnèle près Narbonne, où elle a été trouvée par M. Pech, aux environs d'Arles près de l'embouchure du Rhône, d'où elle m'a été envoyée par M. Artaud : je l'ai cueillie moi-même en abondance à Nice. Elle fleurit à la fin de juin.

3257ᵇ. Camomille brunissante. *Anthemis fuscata.*

A. fuscata. Brot. phyt. 1, n. 15, Fl. 1, p. 394. Wild. sp. 3, p. 2182. Lois. Fl. gall. 585.

Elle pousse plusieurs tiges droites ou ascendantes, longues d'en-

viron six pouces, un peu rameuses et glabres ainsi que les feuilles ;
celles-ci sont longues, pétiolées dans le bas de la plante, sessiles
dans le haut, pinnatifides, à pinnules écartées, atteignant la côte
moyenne, presque toutes divisées elles-mêmes en trois lobes grêles
et linéaires : chaque rameau se termine par une fleur dont le
pédicule est nu, cylindrique : les écailles de l'involucre, et même
celles du réceptacle sont membraneuses, obtuses et brunes sur les
bords ; le réceptacle est convexe ; la fleur a environ un pouce de
diamètre ; les graines sont obtuses, presqu'en forme de toupie. ☉.
Elle croît dans les champs aux environs de Toulon, près Notre-
Dame de la Garde, où elle a été trouvée par M. Robert ; à Nice,
par M. Rhode.

3258. Camomille des Alpes. *Anthemis Alpina.*

Cette espèce a été indiquée dans les Alpes par Allioni ; mais on
ne l'y trouve point, et l'échantillon qui est dans son herbier sous
ce nom, et que M. Balbis m'a communiqué, n'est autre chose
qu'une variété de l'*A. montana* (n° 3263). Elle a été indiquée à
l'Espérou par M. Gouan ; mais il me paraît aussi, soit d'après les
localités, soit d'après sa propre description, qu'il a désigné sous ce
nom notre *A. montana*, var. *β*. La vraie *A. alpina* doit donc être
exclue de la Flore.

3262. Camomille de Triumfetti. *Anthemis Triumfetti.*

A. austriaca. Fl. fr. n. 3262.

La camomille que j'ai décrite, et qui est sauvage autour de
Turin, est certainement l'*A. Triumfetti* d'Allioni ; mais l'*A. austriaca*,
à laquelle, d'après tous les auteurs, j'avais rapporté l'espèce de
Piémont, en paraît un peu différente. Au reste, les *A. austriaca*,
Triumfetti, rigescens, tinctoria et *discoïdea*, forment un petit groupe
remarquable par ses feuilles pinnatifides, à lobes oblongs, dentées
en scie, et par ses graines couronnées par une petite dent : les
trois premières ont le rayon blanc, les deux dernières le rayon
jaune, quelquefois nul.

3263. Camomille de montagne. *Anthemis montana.*

a. A. montana. Fl. fr. n. 3263. — *A. alpina* Gou. Flor. 370, u. 6. —
   A. pyrethrum. Gou. hort. 451. — Sauv. meth. 260, n. 184.
β. A. saxatilis. Syn. Fl. gall. 291. Lois Fl. gall. 584. Pers. ench. 2,
   p. 465. — *A. alpina.* Gou. Fl. 370, n. 7.
γ. A. saxatilis. Wild. enum. 910.
δ. Chamæmelum alpinum. All. ped. n. 675, excl. syn.
ε. A. montana. Ten. Fl. neap. prod.

Toutes les plantes que je réunis ici me paraissent de simples

variétés de la camomille de montagne , et même ces variétés sont
fort peu prononcées : la var β a les lobes des feuilles très-étroits , la
plupart entiers ; la var. γ les a plus larges , et les tiges plus lâches
et moins roides : dans la var. δ , le duvet des tiges est un peu plus
hérissé , et les lobes des feuilles légèrement pointus , mais infiniment
moins que dans la vraie *A. alpina ,* qui d'ailleurs a le haut de la
tige assez fortement hérissé. Enfin , la var. ε est remarquable\par le
duvet ras , serré , blanc , et presque luisant , qui recouvre ses
feuilles. ♃. Elle est assez fréquente dans les Pyrénées, les Cévennes ,
les montagnes d'Auvergne , les collines de la basse Provence et les
Alpes maritimes.

3264. Camomille pyrèthre. *Anthemis pyrethrum.*

Cette plante ne se trouve point à l'Espérou : l'espèce qui s'y rencontre , et que Sauvages a désignée sous ce nom , est l'*A. montana ;*
la vraie pyrèthre ne se trouve qu'en Barbarie et dans l'Orient , et
doit être exclue des Flores de France. Au reste , elle a les graines
aplaties et bordées d'une membrane , de sorte qu'elle appartient
au vrai genre *anacyclus.*

3266. Camomille des teinturiers. *Anthemis tinctoria.*

Cette plante croît , non dans les provinces du Midi , mais plutôt
dans celles de l'Est ; elle est commune en Italie : elle a été retrouvée
dans les Cévennes , entre Campestre et Vissec (Gou.); entre Pilat et
Saint-Chaumont près Lyon , par M. Gilibert ; sur les collines pierreuses de l'Alsace par MM. Schauenbourg et Nestler ; à Mayence ,
par M. Ziz ; à Liége par M. Dossin : elle est presque toujours radiée , quelquefois flosculeuse ; mais elle paraît différer de l'*A. discoïdea* (qui est presque toujours flosculeuse , quelquefois radiée)
par la forme des graines ; celles-ci sont nues à leur sommet , et
prolongées en une petite pointe latérale dans l'*A. tinctoria,* couronnées par une membrane obliquement tronquée et prolongée en
pointe dans l'*A. discoïdea ,* que j'ai trouvée auprès de Vaudier dans
les Alpes du Piémont.

3273. Achillée à feuilles de   *Achillea chamœmelifolia.* camomille.

β. *A. capillata.* Lap. Abr. 534.

Cette espèce est assez fréquente dans les lieux pierreux et exposés
au soleil des Pyrénées orientales aux environs du Canigou, et notamment sur la route entre Villefranche et Olette ; elle paraît bien dis-

tincte de l'*A. ochroleuca* et de l'*A. pectinata* ; c'est elle que M. Loiseleur a désignée sous ce dernier nom : la var. *β* ne diffère de l'espèce ordinaire que parce que les lobes de ses feuilles sont beaucoup plus allongés , quelquefois eux-mêmes pinnatifides , à lobes entiers , grêles , pointus et écartés.

3279ᵃ. **Achillée porte-dent.** *Achillea dentifera.*

> *A. magna.* All. ped. n. 668, t. 53, f. 1, non Wild. — *A. distans.* Wild.
> sp. 3, p. 2207? — *Millefolium maximum umbellâ albâ et purpureâ.*
> Mor. hist. s. 6, t. 11, f. 5 et 14.

Cette espèce , que j'avais mal à propos rapportée à l'*A. compacta ,* me paraît l'une des plus caractérisées de ce genre difficile ; sa tige est droite , haute de 2 pieds , un peu velue ; ses feuilles sont grandes , pinnatifides , à rachis un peu large et fortement denté en scie , à lobes nombreux , allongés , incisés , dentés en scie , un peu velus en dessous : le corymbe est grand , composé , nivelé ; les involucres ont le bord des écailles brun ; les fleurs ont le rayon blanc ou rose. ♃. Elle croît dans les lieux fertiles des Alpes de Provence et de Piémont.

3280ᵃ. **Achillée sétacée.** *Achillea setacea.*

> *a. Corymbo denso.* — *A. setacea.* Waldst. et Kit. pl. hung. 1 , p. 82,
> t. 80. — *A. odorata.* Schl. pl. exs.
> *β. Corymbo laxo.* — *A. setacea.* Wild. sp. 3 , p. 2212?
> *γ. Floribus purpureis.*

Les plantes que je réunis ici sous une seule dénomination se ressemblent en ce que leurs feuilles sont deux ou trois fois pinnatifides , à rachis étroit et entier , à lobes très-nombreux , étroits , pointus , capillaires , plus longs et plus fins que dans la millefeuille ; mais elles ont entre elles des différences assez marquées. La var. *α,* qui répond très-bien à la figure de la Flore de Hongrie , et qui a été cueillie à Branson en Valais , par M. Schleicher , a la racine rampante , la tige droite , simple , longue de 7 à 8 pouces ; les feuilles velues , étroites , composées d'une trentaine de pinnules qui sont elles-mêmes pinnatifides ; le corymbe serré , les fleurs blanches , les involucres pubescens et ovoïdes. La var. *β,* que j'ai trouvée sur les bords de la Durance près Avignon , diffère de la précédente par ses feuilles un peu moins velues , sa tige plus élevée , divisée au sommet en plusieurs branches , qui forment un corymbe lâche et composé ; les involucres sont glabres , plus oblongs ; les écailles un peu bordées de brun ; les fleurs sont d'un blanc rosé. La var. *γ,* que M. Rhode a trouvée à l'entrée de la val d'Eynes , a le corymbe plus serré que dans la var. *β,* plus lâche que dans la var. *α,* et les fleurs d'un rose assez décidé.

3282ᵃ. Achillée odorante.　　*Achillea odorata.*

A. odorata. Lin. sp. 1268. — Barr. ic. t. 992.

Toute la plante exhale, surtout quand on la froisse, une odeur
très-aromatique; sa racine est dure, rampante, ligneuse et tortueuse; elle se divise par le collet en plusieurs souches vivaces et
très-courtes; les feuilles radicales sont pétiolées, velues, surtout en
dessous, deux fois pinnatifides, à lobes linéaires courts, obtus et
entiers; les tiges florales sont droites, longues de 3 à 6 pouces,
simples, un peu velues, garnies de feuilles pinnatifides, à lobes dentés
ou quelquefois entiers, linéaires et obtus; le corymbe est simple,
serré; les involucres sont ovoïdes, à peine pubescens; les fleurs ont
le rayon d'un blanc un peu sale, et le disque d'un jaune pâle. ♃.
Cette espèce croit dans les lieux pierreux et les pelouses rocailleuses
exposées au soleil des Pyrénées orientales, au-dessus de Villefranche,
autour de Mont-Louis, etc. On la retrouve aussi dans les Alpes du
Dauphiné (Vill.).

3228ᵃ. Bident bipenné.　　*Bidens bipinnata.*

B. bipinnata. Lin. sp. 1166. Wild. sp. 3, p. 1721. — Mor. hist. s. 6, t. 7,
f. 23.

Sa tige est très-rameuse, cannelée, glabre; ses feuilles opposées,
deux fois ailées, ou, pour parler plus exactement, partagées eu plusieurs segmens pétiolés, et dont le limbe est pinnatifide; les lobes
en sont lancéolés et dentés en scie; les pédoncules naissent des aisselles, dépassent la longueur des feuilles, et se terminent par trois
pédicelles qui portent chacun une fleur; celle-ci a les folioles externes de l'involucre égales à la longueur des folioles internes; les
fleurs sont munies d'un petit nombre de demi-fleurons blancs. Les
graines sont longues, et se terminent par 3 arêtes droites. ⊙. Cette
plante, originaire d'Amérique, est assez commune dans les vignes
près de Montpellier, où elle parait avoir été naturalisée par des
graines échappées des jardins. Elle fleurit en octobre.

FAMILLE DES DIPSACÉES.

3293ᵃ. Cardère féroce.　　*Dipsacus ferox.*

D. ferox. Lois. Fl. gall. 719, t. 3.

La tige est droite, simple dans le bas, un peu rameuse dans le
haut, longue d'un pied environ, toute hérissée d'aiguillons co-

niques, droits, horizontaux, fermes et serrés; les feuilles sont elles-mêmes hérissées d'aiguillons analogues, surtout sur leur côte moyenne et sur leurs bords; les radicales sont ovales-oblongues, rétrécies à la base, un peu dentées; celles de la tige sont oblongues, demi-pinnatifides; les têtes de fleurs terminent la tige et les rameaux : on en compte de 1 à 5; celui du milieu est porté sur un pédicule plus court que ceux du bord; les têtes sont ovoïdes, les écailles ovales à leur base, prolongées en une pointe droite, épineuse, en forme d'alène; celles du sommet sont plus longues et plus droites; les fleurs sont un peu rougeâtres. ♂. Elle croit en Corse près d'Ajaccio, sur le bord des champs.

3298ª. Scabieuse de Syrie.   *Scabiosa Syriaca.*

α. *Sc. syriaca.* Lin. sp. 141. — *Sc. dichotoma.* Lam. ill. n. 1303.
β. *Sc. syriaca.* Wild. sp. 1, p. 547. — *Sc. sibirica.* Lam. ill. n. 1302.

Cette espèce est très-voisine de la S. de Transylvanie, et s'en rapproche en particulier, parce qu'elle manque d'involucre général, et que ses fleurs sont séparées par des écailles larges à leur base, terminées en pointe, caractères remarquables qui détermineront peut-être un jour les botanistes à faire de ces deux plantes un genre intermédiaire entre les scabieuses et les cardères : la Sc. de Syrie diffère de celle de Transylvanie par ses feuilles toutes oblongues, simplement dentées, et jamais pinnatifides; elle offre beaucoup de variétés; ses feuilles sont quelquefois entières; sa superficie est ordinairement très-hérissée, quelquefois presque glabre; celles de ses fleurs qui sortent de la bifurcation des rameaux sont tantôt portées sur de longs pédoncules, tantôt presque sessiles : ces caractères se combinent tellement dans divers échantillons, que non-seulement on ne peut la distinguer en plusieurs espèces, mais qu'on peut à peine séparer les variétés. ☉. MM. Delavaux et Luiken ont trouvé cette plante dans les moissons, à deux lieues au nord de Nismes. Quant à la Sc. de Transylvanie, elle est très-commune en Piémont, en Ligurie et en Toscane, mais n'a pas été trouvée en France.

3301ª. Scabieuse des collines. *Scabiosa collina.*

Sc. collina. Req. in Guer. Vaucl. ed. 2, p. 248. — *Sc. arvensis purpurea.*
Vill. Dauph. 2, p. 292. — *Sc. hirsuta.* Lapeyr. Abr. 59?

Cette espèce ressemble beaucoup à la Sc. des champs; elle a de même des corolles à 4 découpures, et celles du bord de la tête un peu plus grandes que les autres; mais ses fleurs sont d'un pourpre plus foncé ; ses racines sont dures, vivaces ; ses feuilles radicales un peu poilues, pinnatifides, découpées jusqu'à la côte en 7-9 lobes oblongs, entiers ou un peu dentés ; la tige florale est courte, pubescente, presque nue, à 1, 3 ou 7 fleurs ; lorsqu'elle n'a qu'une fleur, elle porte seulement 1 ou 2 petites paires de feuilles ; quand elle a 3 fleurs, les deux latérales sont portées sur des pédoncules beaucoup plus courts que la fleur centrale ; quand elle en a 7, les deux pédoncules latéraux sont bifurqués. ♃. Elle croît sur les collines aux environs d'Avignon, où elle a été observée par M. Requien ; à Prades en Roussillon, par M. Coder.

3303ᵃ. Scabieuse à longue feuille. *Scabiosa longifolia.*

Sc. longifolia. Pl. rar. hung. 1, p. 4, t. 5. — Hall. helv. n. 205, excl. syn. — *Sc. integrifolia.* Suter. Fl. helv. 1, p. 82, excl. syn.

Cette plante ressemble tout-à-fait à la scabieuse des bois, et n'en diffère que par deux caractères équivoques : 1°. ses feuilles sont entières, mais, de l'aveu même des auteurs de la Flore de Hongrie, elles sont quelquefois dentées dans l'état de culture, et j'en possède des échantillons sauvages à feuilles dentées ; 2°. le bas de la plante est glabre au lieu d'être hérissé ; mais lorsqu'on compare un grand nombre d'échantillons, on trouve bien des états intermédiaires entre les individus entièrement hérissés et ceux qui ne le sont que dans la partie supérieure. Haller, qui avait d'abord admis cette plante comme une espèce dans son histoire des plantes de Suisse, l'a ensuite considérée dans le *Nomenclator* comme variété de la Sc. des bois : je n'indique ici cette plante comme distincte que pour fixer sur elle l'attention des observateurs. ♃. Elle m'a été communiquée par M. Chaillet, qui l'a cueillie au mont Damin dans le Jura.

3305ᵃ. Scabieuse de Gramont. *Scabiosa Gramuntia.*

Sc. gramuntia. Lin. sp. 143. Gou. monsp. 62. Ger. Gallopr. 220. — *Sc. columbaria,* β. Fl. fr. ed. 3, n. 3305.

Quoique je sépare cette espèce de la Sc. colombaire, je ne suis cependant pas bien convaincu que ces deux plantes soient essentiellement distinctes ; mais si la Sc. de Gramont rentre comme variété dans la colombaire, il faudra aussi que les *Sc. pyrenaïca, mollissima,* et peut-être d'autres encore, y soient aussi réunies. La Sc. de Gramont diffère de la colombaire parce que ses feuilles supérieures sont deux fois au moins pinnatifides et à lobes grêles et linéaires, tandis que dans la Sc. colombaire les feuilles supérieures sont une seule fois pinnatifides, à lobes entiers ou dentés ; comparée à la Sc. très-molle, celle de Gramont se distingue à ce qu'elle est tantôt presque glabre, plus souvent pubescente et cendrée, mais jamais couverte d'un duvet blanc, serré et velouté. La Sc. de Gramont a les feuilles inférieures tantôt ovales, dentées, tantôt incisées, pinnatifides, quelquefois avortées, et alors toutes les feuilles paraissent deux f is pinnatifides. ♃. Elle croît dans les lieux secs en Provence, en Languedoc, en Rouergue, sur les murs de Rodez, etc.

3306. Scabieuse luisante. *Scabiosa lucida.*

Cette plante est la même que celle qui a été décrite dans la Flore de Hongrie sous le nom de *Sc. stricta* (pl. rar. hung. 2, t. 138).

3307. Scabieuse odorante. *Scabiosa suaveolens.*

Cette espèce est très-bien décrite et figurée dans la Flore de Hongrie sous le nom de *Sc. canescens* (pl. var. hung. 1, t. 53); la description dit ses corolles à 5 découpures, et la figure les représente à 4. J'ai trouvé ces variations sur les mêmes têtes de fleurs. Cette espèce a été retrouvée par M. Bastard à Chaloché et Suette en Anjou, par M. Koch aux environs de Mayence, où elle est commune.

3308ᵃ. Scabieuse veloutée. *Scabiosa holoserica.*

Sc. holoserica. Bertol. dec. 3, p. 49.
β. Foliis omnibus integris.
γ. Herba supernè glabra.

Toute la plante est couverte d'un duvet blanc, mou, cotonneux, beaucoup plus abondant et plus soyeux que dans la Sc. des Pyrénées; la tige est droite, presque simple; les feuilles radicales sont ovales-oblongues, entières ou dentées, pointues; celles du milieu pinnatifides, à lobes oblongs, et celui de l'extrémité ovale-lancéolé; les supérieures pinnatifides, à lobes entiers, presque linéaires. Les pédoncules sont fort longs; les fleurs et les fruits semblables à la Sc. colombaire; les corolles velues en dehors. ♃. J'ai trouvé cette plante dans les Pyrénées au pic d'Ereslids, et c'est peut-être elle que Tournefort avait désignée sous le nom de *Sc. pyrenaïca, cinerea, villosa, magno flore* (Inst. 465). Je l'ai retrouvée avec M. Bertoloni sur les rochers de marbre blanc de Carrare; elle y fleurit à la fin de juillet, et dans les Pyrénées au commencement d'août. La var. β que j'ai cueillie à Carrare est remarquable en ce qu'elle a toutes les feuilles entières et à peine découpées : la var. γ que j'ai trouvée au même lieu est plus remarquable encore, en ce que la plante, vers le milieu, devient subitement presque glabre et d'un vert décidé dans la partie supérieure, de sorte que le bas est semblable à la Sc. veloutée, et le haut à la Sc. luisante.

3308ᵇ. Scabieuse très-molle. *Scabiosa mollissima.*

α. Involucri foliolis linearibus, capitulo non prolifero. — *Sc. pyrenaïca.* Bert. pl. gen.

β. Involucri foliolis incisis, capitulo prolifero. — *Sc. mollissima.* Viv. Ann. bot. 2, p. 161.

Elle diffère de la Sc. veloutée comme la Sc. de Gramont diffère de la colombaire; ainsi que la Sc. veloutée, cette plante est entièrement couverte d'un duvet blanc, mou, serré, velouté et soyeux; ses feuilles radicales sont ovales-oblongues, dentées; les inférieures pinnatifides, à lobes ovales, dentés ou incisés; les supérieures deux fois pinnatifides, à lobes linéaires. Les pédoncules sont fort longs; les fleurs semblables à celles de la colombaire; la var. *α*, qui est le type naturel de l'espèce, a les folioles de l'involucre linéaires et entières; la var. *β* a ces folioles incisées, et la tête des fleurs prolifère, accident qui arrive à presque toutes les espèces de ce genre. ♃. J'ai trouvé cette plante près Gênes, sur la montagne dite de la Scaggia; M. Risso me l'a envoyée des environs de Nice, et je l'ai reçue de M. Balbis comme indigène du Mont-Cénis. Il paraît qu'Allioni la confondait avec la *Sc. pyrenaïca,* qui en est bien distincte : la figure d'Allioni ne convient point à cette espèce, mais à notre n° 3308.

3309ᵃ. Scabieuse maritime. *Scabiosa maritima.*

Sc. maritima. Lin. Amœn. 4, p. 304. Gou. Fl. monsp. 72. — J. Bauh. hist. 3, p. 7, f. 2, *malè.* — Moris. s. 6, t. 15, f. 29, *malè.*

La racine est pivotante, la tige droite, très-peu feuillée, cylindrique, glabre ou à peine pubescente, dichotome, à rameaux longs, grêles, nus et terminés par une fleur assez semblable à celle de la colombaire, mais plus petite; les feuilles radicales sont pinnatifides, un peu pubescentes, à lobes oblongs, un peu dentés ou incisés, presque égaux entre eux; celles de la tige sont linéaires, étroites, parfaitement entières; les têtes de fruits sont globuleuses, et les barbes qui couronnent chaque graine sont au nombre de 5 très-longues; l'involucre a ses folioles linéaires plus courtes que les fleurs; celles-ci sont légèrement rayonnantes. ♃. Cette scabieuse croît dans les lieux secs et le bord des chemins aux environs de Montpellier, Narbonne, Lagrasse, etc.

3310. Scabieuse de l'Ukraine. *Scabiosa Ukranica.*

β. Sc. Gmelini. Saint-Hill. nouv. Bull. philom. n. 61, p. 149, t. 3.

Cette variété a été découverte par M. de Saint-Hilaire dans les rochers de Roncevaux près Malesherbes ; elle ne diffère de la *scabiosa ukranica* d'Allioni que par sa fleur d'un jaune très-pâle, et me paraît se rapporter très-bien à la planche 87 de Gmelin ; elle a en effet les feuilles supérieures entières et les inférieures pinnatifides, et non toutes les feuilles pinnatifides, comme la *scabiosa* n° 5 (Gmel. sib. 2, p. 212); l'involucre est plus court que la fleur dans l'échantillon que j'ai d'Allioni, égal à la fleur dans la figure de M. de Saint-Hilaire, plus grand que la fleur dans les échantillons que j'ai reçus de lui, et dans la planche 87 de Gmelin. L'espèce qu'on voit dans plusieurs jardins sous le nom de *Sc. ukranica* est très-distincte de celle-ci, et a été désignée par M. de Lamarck sous le nom de *Sc. setifera*.

3312. Scabieuse étoilée.   *Scabiosa stellata.*

γ. *Sc. monspeliensis.* Jacq. ic. rar. 1, t. 24.
δ. *Sc. simplex.* Desf. atl. 1, p. 125, t. 39, f. 1. Fl. fr. ed. 3, n. 3313.

La Sc. étoilée offre beaucoup de variétés quant à sa grandeur, à la ramification de sa tige, à la profondeur et au nombre des lanières de ses feuilles : à peine peut-on tracer exactement la limite des variétés que je réunis ici. Toutes ces variétés se trouvent dans les lieux pierreux de la basse Provence et du bas Languedoc.

FAMILLE DES VALÉRIANÉES.

3318. Valériane à trois lobes.   *Valeriana tripteris.*

β. *Foliis omnibus integris.* Lapeyr. Abr. 18.

C'est cette espèce qui a été décrite par M. Gilibert sous le nom de *V. elongata* (Elém. 1, p. 46, excl. syn.); mais la vraie *V. elongata* ne croît point en France; la var. β a toutes les feuilles entières : elle se trouve souvent mêlée avec l'autre.

3321. Valériane à feuilles   *Valeriana globulariæfolia.* de globulaire.

Cette espèce a été décrite, depuis la publication de la Flore, sous différens noms, savoir : *V. supicola*, Lag. varied. n° 22, p. 212. — *V. heterophylla.* Lois. Fl. gall. p. 22, t. 2. *V. glauca.* Lapeyr. Fl. pyr. abr. 19. D'après quelques botanistes, ce serait encore ici qu'on devrait rapporter la *V. intermedia* (Vahl. enum. p. 9); mais je crois que cette plante est plutôt une var. de la *V. montana*.

3323. Valériane saliunca.   *Valeriana saliunca.*

V. supina. Fl. fr. ed. 3, n. 3322, excl. Lin. et Jacq. syn. — *V. saliunca.*
Dufr. diss. 47. Req. in Guer. Vaucl. ed. 2, p. 246.

A l'exemple de Wildenow et de la plupart des botanistes, j'avais
cru que la *V. saliunca* d'Allioni était la même que la *V. supina* de
Linné ; mais il est reconnu aujourd'hui que ce sont deux plantes : la
V. supina a les feuilles ciliées, et n'a point encore été trouvée en
France ; la *V. saliunca* a les feuilles glabres, et croît dans les Alpes
du Dauphiné et de la Savoie. C'est à celle-ci, et non à la *V. supina*,
qu'appartient le synonyme de Ray.

3326. Centranthe chausse-   *Centranthus calcitrapa.*
trape.

C. calcitrapa. Dufr. diss. p. 39. — *Valeriana calcitrapa.* Fl. fr. n. 3326.
β. *Pumila.* Lob. ic. t. 716, f. 2.

Cette espèce n'a qu'une étamine, et sa corolle est munie à sa base
d'une bosse ou éperon fort court ; elle appartient donc au genre des
centranthes, et non à celui des valérianes ; ses fleurs sont blanches,
souvent rougeâtres. Elle est commune dans les lieux pierreux du
Midi.

3330ᵃ. Mâche carénée.   *Valerianella carinata.*

V. carinata. Lois. not. 149. Dufr. diss. p. 56, t. 2. — Moris. hist. s. 7,
t. 16, f. 31 ?

Cette espèce ressemble beaucoup à la mâche cultivée ; mais elle
en diffère parce que sa capsule est plus allongée et marquée d'un
côté par un sillon longitudinal très-prononcé ; sa tige est faible,
cylindrique, glabre, dichotome ; ses feuilles oblongues, obtuses,
entières ; ses capsules glabres et dépourvues de dents à leur sommet
comme dans la M. cultivée. ☉. Elle croît dans les moissons aux
environs de Paris, Saumur, Nantes, Montpellier.

3330ᵇ. Mâche oreillette.   *Valerianella auricula.*

Cette espèce ressemble beaucoup à la mâche mélangée par son
port et la plupart de ses caractères, mais elle en diffère par son fruit
glabre ; elle s'approche de la M. en carène, parce que son fruit est
muni d'un léger sillon sur l'un de ses côtés ; mais ce fruit est couronné, et non tronqué au sommet ; le limbe du calice forme à son
sommet une dent droite, aiguë, concave à sa base, et qui ne ressemble pas mal, par sa forme, à l'oreille d'un chat ou d'un lapin ; la
tige est droite, haute d'environ un pied, légèrement pubescente à sa
base ; les feuilles sont oblongues, les inférieures obtuses au sommet,

rétrécies et entières à leur base ; les supérieures pointues au sommet ,
élargies à leur base , où elles sont munies de chaque côté de 2 à 3
dents saillantes et aiguës. Les fleurs sont un peu lâches, réunies 3 à 4
ensemble aux sommités des rameaux. ⊙. Elle croît dans les terrains
meubles aux environs de Montpellier, où elle a été observée par
MM. Requien et Pouzin.

3331ᵃ. Mâche mélangée.   *Valerianella mixta.*

Valeriana mixta. Lin. syst. veg. 82. Sauv. monsp. 275. — *V. mixta.* Dufr.
diss. p. 58, t. 3, f. 6. — *Fedia mixta.* Vahl. enum. 2, p. 21. — *V. microcarpa.* Lois. not. p. 51. — Moris. hist. s. 7, t. 16, f. 35.

Cette espèce forme une tige droite, dichotome, glabre dans le
haut , munie dans le bas de 4 angles peu saillans , mais remarquables parce que chacun d'eux porte une rangée de cils courts et serrés ; les feuilles sont oblongues, étroites , munies de chaque côté
de leur base d'une ou deux dents saillantes et pointues ; les fleurs
sont , les unes en faisceaux au sommet des rameaux , les autres solitaires et sessiles à leur bifurcation ; la capsule est ovoïde , très-velue
sur toute sa surface , couronnée par 3 ou 4 petites dents qui ne sont
bien visibles qu'à la loupe. ⊙. Elle croît dans les champs en Provence et en Languedoc.

3331ᵇ. Mâche à fruit velu.   *Valerianella eriocarpa.*

V. eriocarpa. Desv. Journ. bot. 2, p. 314, ic. Lois. not. p. 149, t. 3, f. 2.
Moris. hist. s. 7, t. 16, f. 33.

Elle ressemble beaucoup à la précédente ; mais elle en est suffisamment distincte , 1°. par sa stature de moitié au moins plus petite ; 2°. par ses feuilles le plus souvent entières à leur base ; les inférieures plus larges et plus obtuses, les supérieures étroites, linéaires ;
3°. par ses fleurs toutes réunies en faisceaux au sommet des rameaux , et dont aucune n'est située à l'aisselle des bifurcations ;
4°. par sa capsule velue sur ses angles seulement , et non sur la surface entière , couronnée par 6 dentelures irrégulières. ⊙. Elle croît
dans les moissons en Provence , en Languedoc , en Roussillon , en
Poitou , en Anjou , aux environs d'Orléans.

3333ᵃ. Mâche en disque.   *Valerianella discoïdea.*

V. discoïdea. Lois. not. 148. Dufr. diss. p. 59, t. 3, f. 3. — *Valeriana
discoïdea.* Wild. sp. 1, p. 184. — *Fedia discoïdea.* Vahl. enum. 2, p. 21.
— Moris. hist. s. 7, t. 16, f. 29.

Elle a beaucoup de rapports avec la M. couronnée ; mais sa tige
est parfaitement glabre et non pubescente ; ses capsules sont velues ,
couronnées par un limbe à 10–12 rayons longs , pointus , ouverts

en disque ou en roue , et non redressés en forme de cloche. ☉. Elle
croît dans les moissons des provinces méridionales , en Provence , en
Languedoc.

3333[b]. Mâche en hameçon.   *Valerianella hamata.*

Cette espèce a beaucoup de rapports avec la mâche couronnée
et la mâche en disque ; sa tige est glabre comme dans celle - ci , mais
elle diffère de l'une et de l'autre , 1°. par son port plus grêle et plus
élancé ; 2°. par ses feuilles linéaires , étroites , entières ou munies
à leur base seulement de 1 à 2 dents allongées , et non dentées dans
toute leur longueur ; 3°. parce que les dents qni couronnent le fruit
sont étroites , en forme d'alêne , et crochues à leur extrémité en
forme de hameçon. ☉. Elle m'a été envoyée par M. Bastard , qui l'a
découverte dans les champs aux environs d'Angers.

3335. Mâche naine.   *Valerianella pumila.*

β. V. rimosa. Bast. in Journ. bot. 1814, p. 20.

Excluez le synonyme de Lobel , et ajoutez à la synonymie : *V. pumila* , Dufr. diss. p. 57, t. 3, f, 7 ; *V. membranacea* , Lois. not.
p. 57, excl. Moris. syn. — Moris. hist. s. 7, t. 16, f. 21. — Sa tige
est glabre , légèrement striée ; ses fleurs forment une espèce de
corymbe , et on n'en trouve jamais de solitaires à l'aisselle des bifurcations ; les bractées sont membraneuses , ciliées ; la capsule est
glabre , lisse , à 3 dents très-courtes , remarquable parce qu'elle a
un sillon ou une fente latérale comme la mâche carénée. ☉. Elle
croît dans les champs de la Provence et du Languedoc. Le nom
de M. naine ne convient guère , puisqu'elle n'est pas plus petite que
beaucoup d'autres ; mais il est le plus ancien , et n'est pas assez
contraire à la vérité pour être changé. La var. β, que M. Bastard
à trouvée aux environs d'Anjou , ne doit point , d'après ses propres
observations , être séparée de notre espèce , dont elle ne diffère que
par ses feuilles supérieures , entières.

FAMILLE DES RUBIACÉES.

3343. Aspérule à l'esquinancie. *Asperula cynanchica.*

β. Maritima-Caule decumbente, foliis superioribus linearibus. Lois. Fl. 8o.
γ. Decumbens-Caule decumbente, foliis superioribus subellipticis mucronatis.
δ. Saxatilis-Caule erecto, foliis internodiorum longitudine. — *A. pyrenaïca.*
Lin. sp. 151 ? — *A. saxatilis.* Lam. Dict. 1, p. 298 ?

Il est peu de plantes aussi variables que l'*A. cynanchica* : la var. *β*,
qui croît dans les sables maritimes de l'Ouest, depuis Bayonne à
Nantes, a les tiges couchées, les feuilles supérieures, linéaires, et
toute la consistance très-roide. La var. *β*, qui croît au bois de Boulogne près Paris, a les tiges couchées, les feuilles supérieures oblongues presque ovales, terminées par une petite pointe, et la consistance entièrement molle et herbacée. La var. *δ* diffère beaucoup
des deux précédentes, et se rapproche davantage de la var. *α*, et
même de l'*A. hexaphylla ;* elle a les tiges courtes, dressées, les feuilles
linéaires aussi longues que les entre-nœuds ; mais il existe bien des
passages de cet état à l'état ordinaire de l'*A. cynanchica*, et je ne crois
pas qu'on puisse la considérer comme une espèce véritablement distincte. Le nombre des feuilles de chaque verticille, le nombre des
fleurs de chaque petite grappe, la teinte plus ou moins rougeâtre des
fleurs, varient encore beaucoup dans l'*A. cynanchica*, et rendent sa
détermination souvent difficile.

3350. Gaillet à gros fruit. *Galium megalospermum.*

Excluez la var. *β*, qui est une espèce bien distincte de celle-ci par
sa tige couchée, tandis que le vrai G. à gros fruits a la tige droite :
au reste, le *G. megalospermum* est une espèce encore douteuse :
elle ne se trouve point dans l'herbier d'Allioni, et personne n'a
pn la retrouver au Mont-Cénis. M. Lapeyrouse dit qu'il se trouve
dans les Pyrénées, à la val d'Eynes et au port de Plan ; mais il paraît
avoir indiqué sous ce nom une espèce très-différente de celle
d'Allioni.

3350ᵃ. Gaillet des sables. *Galium arenarium.*

G. arenarium. Lois. Fl. gall. 85. — *G. megalospermum, β.* Fl. fr. ed. 3,
n. 3350. — *G. hierosolymitanum.* Thor. chl. land. 40, non Lin. —
G. minutum. Aubry, morb. p. 16.

Sa racine est longue, rougeâtre, traçante ; ses tiges couchées,
très-rameuses, tétragones, lisses sur les angles ; les feuilles sont

verticillées de 6 à 10 ensemble, très-rapprochées, oblongues, un peu épaisses, glabres, terminées par une petite pointe très-courte, un peu roulées en dessous par leurs bords ; les fleurs sont jaunes, disposées en très-petits corymbes terminaux ; les fruits sont assez gros, un peu charnus, glabres et sans aspérités. ♃. Cette espèce est assez commune dans les sables maritimes de l'Ouest, depuis Bayonne jusqu'à Vannes : elle ne croît point sur les bords de la Méditerranée.

3355. Gaillet pourpre. *Galium purpureum.*

β. *Caule basi piloso.*

Cette variété a été trouvée par M. Prost à la côte de Vabre près Mende : elle diffère de la var. *α*, que j'ai trouvée abondamment au pied des Alpes du côté d'Italie, par ses tiges plus droites, garnies de poils dans le bas, et même dans le haut au-dessous de chaque verticille. Ses feuilles sont un peu plus larges et ses fleurs plus serrées : elle lui ressemble d'ailleurs tellement, que je ne crois pas devoir l'en séparer.

3369. Gaillet d'Angleterre. *Galium Anglicum.*

C'est cette espèce qui a été décrite par M. Gérard, sous le nom de *galium*, n. 2 (Ger. galloprov. 226); par Pollich, sous celui de *G. rubrum* (Fl. pal. n. 156, excl. syn.); par Allioni, Dubois, etc., sous celui de *G. parisiense :* elle est assez commune dans toute la France.

3370. Gaillet divergent. *Galium divaricatum.*

Voyez la figure de cette plante (Icon. pl. gall. rar. 1, p. 28, t. 24); c'est la même que celle décrite par Villars, après M. Lamarck, sous le nom de *G. tenue* (Dauph. 2, p. 322, t. 7) : elle se trouve à Fontainebleau (Lois.), en Anjou (Bast.), dans la Lozère (Prost.), aux îles d'Hyères (Robert), en Dauphiné (Vill.), dans les Pyrénées, à Cambre-d'ase, et à la val d'Eynes (Lapeyr.)?

3373. Gaillet des Pyrénées. *Galium Pyrenæum.*

Excluez le synonyme de Villars qui appartient à l'espèce suivante. Le G. des Pyrénées ne croît point dans les Alpes. M. Bertoloni l'a trouvé dans l'Apennin.

3374. Gaillet nain. *Galium pumilum.*

γ. *Pubescens.* Requien, in Guer. Vaucl. ed. 2, p. 249.

C'est à cette espèce qu'appartient le *G. hypnoïdes* (Vill. dauph. 2, p. 323, excl. syn. Gou.). La var. *β*, qui a été observée par

M. Requien à Vaucluse et à Marseille, n'en diffère que parce que
la surface entière est comme hérissée de petits poils épars; mais
elle est si semblable d'ailleurs, que je n'ose la séparer.

3375ᵃ. Gaillet de Villars. *Galium Villarsii.*

G. megalospermum. Vill. Dauph. 2, p. 319, non All. — *G. Villarsii.* Req.
in Guer. Vaucl. ed. 2, p. 250.

Cette espèce ressemble beaucoup au G. des rochers, et a en particulier le port et la consistance qui le distinguent; mais il paraît en
différer suffisamment, 1°. par ses feuilles linéaires point élargies au
sommet, très-peu obtuses, presque pointues, mais non prolongées
en arêtes; 2°. par ses fruits très-gros, et qui mériteraient, à cette
espèce plus qu'à toute autre, le nom de *G. megalospermum*, si
l'antériorité ne forçait à le conserver à la plante d'Allioni. ♃. Elle
croît parmi les pierres et les rochers calcaires au mont Ventoux,
d'où elle m'a été envoyée par M. Requien; en Dauphiné, sous le
Glandaz près Die; à Peyregue dans le Chamsaur, à Bures près des
Baux, où M. Villars l'avait observée.

3381. Gaillet de Vaillant. *Galium Vaillantii.*

Cette espèce me paraît absolument semblable à celle qui, depuis
la publication de la Flore, a été décrite sous le nom de *G. infestum*
(pl. rar. hung. 3, t. 102).

3382. Gaillet en litige. *Galium litigiosum.*

Comme cette espèce a excité beaucoup de discussions parmi les
botanistes, j'en ai donné la figure (Ic. gall. rar. 1, t. 26). C'est
célle-ci qui a été désignée par Allioni sous le nom de *G. spurium* (All.
ped. n. 18, ex herb.), et par Magnol sous celui d'*Aparine minima*
(Bot. p. 291) : elle est assez commune dans les lieux pierreux des
provinces méridionales aux environs de Nice, Toulon, Foz, Salon,
Montpellier, Narbonne : elle a été retrouvée en Anjou (Bast.), et,
d'après M. Mérat, à l'étang Coquenard, près Saint-Denis. M. Bertoloni (Dec. 3, p. 16) pense que cette plante n'est qu'une variété à fruit
hérissé du *G. anglicum*; et quelques individus, où le nombre des poils
du fruit est très-peu considérable, sembleraient confirmer cette opinion. Au reste, la fleur de l'un et de l'autre est rougeâtre, comme
je l'ai dit, et non jaunâtre, comme le dit M. Lapeyrouse, qui semble
avoir désigné une toute autre plante sous le nom de *G. parisiense.*

3382ª. Gaillet sétacé.   *Galium setaceum.*

G. setaceum. Lam. Dict. 2, p. 584. — *G. microcarpum.* Vahl. **symb.** 2, p. 11. — *G. capillare.* Cav.

Ce gaillet est une des espèces les plus faciles à distinguer par son port ; sa tige est grêle, fine, droite, rameuse seulement par le haut, longue de 3-4 pouces. Les feuilles sont verticillées de 4 à 6 à chaque verticille, fines et grêles comme des cheveux, beaucoup plus courtes que les entre-nœuds ; les fleurs sont blanches ou rougeâtres, très-petites, disposées en petits corymbes lâches aux sommités des branches, plus courtes que les feuilles florales ; les fruits sont presque globuleux, fortement hérissés de poils serrés, roides et blanchâtres. ⊙. Cette plante croit dans les lieux secs, pierreux et exposés au soleil dans la basse Provence à Toulon, Aix, Salon, Arles. Je doute fort qu'elle se trouve au sommet des Pyrénées, comme le dit M. Lapeyrouse, qui a sans doute désigné sous ce nom quelque autre plante.

3383ª. Gaillet verticillé.   *Galium verticillatum.*

G. verticillatum. Danth. in Lam. Dict. 2, p. 585. Lois. not. 33, t. 2.

J'avais confondu cette espèce avec le G. des murs, auquel elle ressemble en effet beaucoup, mais elle s'en distingue à ses tiges qui ne sont rameuses qu'à la base ; à ses feuilles supérieures, qui sont opposées au lieu d'être verticillées 3 ou 4 ensemble ; surtout à ses fleurs presque absolument sessiles et à ses fruits plus arrondis, entièrement couverts de poils, réunis 3 ou 4 à chaque aisselle de manière à paraître verticillés, toujours dressés et non réfléchis à leur maturité. ⊙. Ce gaillet croit dans les champs en Provence, aux environs de Salon (Suff.), et à Bédoin, au pied du mont Ventoux (Requien).

3385. Gaillet boréal.   *Galium boreale.*

α. Fructibus glabris. — *G. hyssopifolium.* Hoff. germ. 3, p. 71. — *G. rubioïdes.* Poll. pal. n. 148, excl. syn. — *G. boreale, α.* Lam. Dict. 2, p. 576. — *G. rubioïdes, β.* Fl. fr. ed. 3, n. 3359.

β. Fructibus subscabris. — *G. boreale.* Koch. in Litt.

γ. Fructibus scaberrimis. — *G. boreale.* Lin. sp. 156. Fl. fr. ed. 3, n. 3385. — *G. boreale, β.* Lam. Dict. 2, p. 576. — *G. nervosum, α.* Lam. Fl. fr. 3, p. 378.

Cette espèce varie quant à l'aspect de ses fruits, qui sont glabres dans la var. *α*, hérissés de quelques poils dans la var. *β*, et très-hérissés dans la var. *γ* ; le reste de la structure de ces plantes est absolument semblable ; elles croissent dans les lieux montueux et

frais des Alpes, des Cévennes, de la Lozère, du Jura. Quant au
vrai *G. rubioïdes*, je doute beaucoup qu'il se trouve en France.

3387. Vaillantie des murs.   *Vaillantia muralis.*

Micheli avait bien décrit cette plante, dont les botanistes ont
ensuite négligé les vrais caractères. Mlle. Lucie Dunal m'a fait observer que ses fleurs naissent 3 à 3 entre les feuilles de chaque verticille : dans chaque groupe, la fleur centrale qui se déjette en en-bas
est seule fertile et a 4 divisions ; les deux latérales sont droites,
stériles, à 3 divisions ; après la fleuraison, les bases des calices se
soudent, et leurs limbes grandissent et forment les 3 cornes dont le
fruit est couronné. Elle est commune en Provence, en Languedoc,
en Roussillon, dans toute la région des oliviers.

FAMILLE DES CAPRIFOLIACÉES.

3391. Linnée boréale.   *Linnæa borealis.*

Il parait certain, quoi qu'en aient dit des autorités respectables,
que la Linnée ne se trouve ni aux Cévennes ni à la montagne des
Voirons.

3392ᵃ. Chèvrefeuille des Baléares.   *Lonicera balearica.*

Caprifolium balearicum. Dum. Cours bot. cult. ed. 2, 3, p. 338.

Ce beau chèvrefeuille a des rapports avec les *L. caprifolium* et *im-*
plexa, mais me parait bien distinct de l'un et de l'autre : ses branches ont une écorce presque violette, recouverte d'une teinte glauque ; les feuilles sont oblongues-lancéolées, tronquées, ou même un
peu échancrées en cœur à leur base, pointues, entières, fermes,
toujours vertes, d'un vert foncé en dessus, extrêmement glauques
en dessous, entièrement glabres ; celles du haut sont soudées par
leur base ; celles qui approchent des fleurs sont plus larges que les
inférieures, et celles qui entourent immédiatement chaque petit bouquet sont aussi larges que longues, toujours pointues ; les fleurs sont
grandes, d'un blanc jaunâtre, de 15 à 18 lignes de longueur, à
2 lèvres, réunies 4 à 6 ensemble en une petite tête qui termine
chaque rameau ; les fleurs sont sessiles dans l'espèce de réceptacle
que forment les 2 feuilles supérieures soudées. ♄ . Cet arbuste a été
observé dans les Pyrénées orientales, aux environs de Prades, par
M. Coder.

3392b. Chèvrefeuille d'Étrurie.   *Lonicera etrusca.*

L. etrusca. Santi viag. montam. 1, p. 113, t. 1. Savi, Fl. pis. 1, p. 236. —
L. periclymenum. Gou. hort. 101. — *Periclymenum germanicum non
perfoliatum.* Magn. bot. 200. — *Caprifolium italicum perfoliatum præcox.* Tourn. inst. 608. Garid. Aix. 81 ?

Cette espèce ressemble beaucoup au chèvrefeuille des jardins et
au périclymène, mais est bien distincte de l'une et de l'autre; sa
tige est droite, ferme, et ses rameaux sont peu ou point entortillés;
ses feuilles sont toutes pubescentes en dessous, sur les bords et sur
les nervures; celles des rameaux sont ovales, obtuses, rétrécies en
pétiole, nullement soudées ensemble; les supérieures ou florales
sont sessiles, réunies par leur base, mais plus petites, plus pointues, et surtout plus étroites que dans le *L. caprifolium;* les fleurs
sont presque toujours disposées en 3 têtes pédonculées qui partent
de la dernière paire de feuilles; la tête du milieu a de 6 à 10 fleurs,
les 2 latérales de 3 à 5; ces fleurs sont très-odorantes, rougeâtres et
pubescentes en dehors, d'abord blanches, puis un peu jaunâtres en
dedans. ♄. Cet arbuste fleurit au mois de mai après le *L. caprifolium,* avant le *periclymenum;* il est commun dans les haies et les
buissons de toute la région des oliviers : je l'ai retrouvé aux environs
d'Albi, et M. Schleicher dans les lieux chauds du Valais. On le
nomme à Montpellier *herba de pentacouste.*

3406. Sureau à grappes.   *Sambucus racemosa.*

β. *Laciniata.* Koch. in Litt.

M. le docteur Hoffman de Meisenheim a trouvé, dans les lieux
montueux près de Wolfstein, des individus de S. à grappes dont les
feuilles étaient laciniées en lobes très-menus; il en a ramassé des
graines desquelles sont nés des individus à folioles entières, et d'autres à folioles très-diversement découpées : cette variété est analogue
à celles que présentent le sureau noir et l'hièble elle-même.

FAMILLE DES OMBELLIFÈRES.

3414ª. Pimprenelle tragium (1). *Pimpinella tragium.*

Tragium columnæ. Spreng. umb. prod. 26. — *Pimpinella tragium.* Vill.
Dauph. 2, p. 606. DC. syn. t. 305. — *P. canescens.* Lois. not. 47, t. 4ª
— *P. saxifraga*, γ. Lois. Fl. gall. 177. — Col. phyt. 75.
β. *Nana.*

Le port de cette plante est assez variable pour qu'en voyant les
individus extrêmes, on soit tenté de croire que ce sont des plantes
différentes ; la racine est longue, simple, un peu dure ; la souche se
divise en plusieurs branches qui deviennent ligneuses en vieillissant ;
ces branches sont recouvertes par les débris des anciennes feuilles ;
les tiges florales ou annuelles s'elèvent quelquefois jusqu'à un pied
de hauteur, et restent quelquefois (var. β) à la longueur de 3 pouces ;
les feuilles radicales sont portées sur de longs pétioles, ailées, à segmens ovales, en coin, incisés par des dents profondes et pointues ;
dans les individus rabougris ou la var. β, les feuilles sont proportionnellement plus courtes et leurs segmens découpés en lobes plus
profonds ; dans tous, ces feuilles, aussi bien que la tige elle-même,
sont chargées d'un petit duvet très-court, un peu grisâtre, et qui
n'est presque visible qu'à la loupe ; la tige est presque nue, divisée
en rameaux très-divergens dans la var. β ; les ombelles ont 6 à
7 rayons ; les fruits sont couverts d'un duvet court, serré, velouté et blanchâtre. ♃. Elle croit dans les lieux secs et pierreux du
Midi. Elle a été trouvée aux environs de Toulon par M. Robert ; à
Saint-Just en Dauphiné (Vill.) ; au pied du mont Ventoux et à
Saint-Remi, par M. de Suffren ; à Avignon, par M. Requien ; aux
Capouladoux, au Vigan et à Meyrueis, par Commerson (Lois.) ; à
Saint-Guilhen, par M. Salzman. Je l'ai recueillie dans les rochers
au-dessus de Villefranche en Roussillon.

---

(1) Cette espèce, jointe aux deux suivantes et à quelques espèces exotiques,
telles que la *pimpinella aromatica*, la *P. villosa*, la *P. bubonoïdes*, forment un
groupe distinct des pimprenelles par le fruit pubescent, sans côtes prononcées,
et dont la commissure est plane et élargie. M. Sprengel en fait, et ce me semble
avec raison, un genre, sous le nom de *Tragium ;* je les indique comme section,
pour ne rien innover partiellement dans une famille aussi difficile.

3414ᵇ. Pimprenelle hérissée.   *Pimpinella hispida.*

P. hispida. Lois. not. 48.

Sa racine, qui est simple, grêle, fusiforme, donne naissance à une
seule tige droite haute de 1 à 2 pieds ; les feuilles radicales ont le
pétiole hérissé de poils, et des segmens au nombre de 5 à 7, à peu
près arrondis et crénelés ; les inférieurs sont souvent échancrés en
cœur et pétiolés, et celui de l'extrémité est rétréci en coin à sa base,
au lieu d'être échancré en cœur comme dans la *P. peregrina* des
jardins ; les feuilles supérieures sont glabres, et leurs segmens divisés
en lobes menus, profonds, linéaires ou à peine cunéiformes ; les ombelles ont de 15 à 20 rayons pubescens ; les fruits sont hérissés de
poils courts, roides, mais qui n'ont nullement l'aspect cotonneux et
blanchâtre de ceux de l'espèce précédente. ♂. Cette plante est commune dans les champs et les haies près de Sarzane, où je l'ai cueillie
avec M. Bertoloni. Elle a été retrouvée à Hyères par M. Luykens ; à
Toulon, par M. Robert ; près Montpellier entre Murviel et Saint-
Georges, par M. Pouzin. Elle fleurit en juillet.

3414ᶜ. Pimprenelle voyageuse.   *Pimpinella peregrina.*

P. peregrina. Lin. mant. 357. — Col. Ecphr. 1, p. 108, t. 109. — Moris.
hist. 3, p. 292, s. 9, f. 13.

Cette espèce ne diffère de la précédente que par ses feuilles radicales, dont les folioles sont plus arrondies, crénelées, les inférieures
très-légèrement rétrécies à leur base ; la terminale échancrée en
cœur ; le reste de la plante est parfaitement semblable, et la *P. hispida* pourrait bien n'être qu'une variété de celle-ci. ⊙. Gérard dit
que cette plante croît en Provence dans les haies près Ramatuelle ;
Allioni l'indique aux environs de Nice. Je la décris d'après un échantillon envoyé par M. Balbis, et collationné avec l'herbier d'Allioni ;
cependant je n'indique ici cette espèce qu'avec doute, car je pense
que, si ces deux espèces sont réellement distinctes, c'est la *P. hispida*
et non la *P. peregrina* qui se trouve à Nice et à Ramatuelle. Au
reste, on prend dans plusieurs jardins pour *P. peregrina* des variétés
de la *P. dissecta,* qui diffèrent de notre espèce par le fruit glabre. La
P. peregrina (Lejeune, Fl. spa. 145) est pour moi la var. γ de la
P. dissecta. La *P. peregrina* (Bieb. cauc, 1, p. 241) paraît aussi
différente de la nôtre, car il la dit *hirsuta.*

3415. Séséli fenouil des che-   *Seseli hippomarathrum.*
vaux.

M. Schauenbourg dit que cette plante croît sur les pelouses arides

des coteaux du département du Haut-Rhin ; et M. Koch, qu'elle se
trouve sur les rochers de Munster près de la Nahe.

3416. Séséli annuel.   *Seseli annuum.*

C'est celui-ci que Pollich a décrit sous le nom de *S. tortuosum* (Fl.
pal. n° 3o2, excl. syn.) ; c'est encore lui que, d'après l'observation
de M. Murrith (Guid. val. p. 96), j'ai mal à propos décrit une
seconde fois sous le nom de *selinum dimidiatum*, n° 3492. Mon
erreur, et probablement celle de Pollich, proviennent de ce que
cette plante ressemble peu aux vrais seselis, et n'est certainement
pas annuelle, comme son nom semble l'indiquer. Je conserve encore
provisoirement ce nom, quoique évidemment faux, parce que je ne
suis pas encore sûr si cette plante est bisannuelle, comme le dit
Crantz, ou vivace, comme le dit Villars, et que je doute même qu'elle
doive rester dans le genre des séselis.

3417. Séséli de montagne.   *Seseli montanum.*

γ. *Multicaule.* Retz. obs. 3, p. 27. Jacq. hort. vind. 2, t. 129.
δ. *Peucedanifolium.* Mér. Fl. par. 118. — *S. elatum.* Thuil. par. 118.

La var. γ ne me paraît différer de la var. β que parce qu'elle
pousse plusieurs tiges, que ses feuilles sont plus serrées et ont leurs
lobes moins divergens, et que ses fruits sont glabres. Elle a été
trouvée sur les collines calcaires de l'Alsace et de Montbelliard par
M. Nestler. La var. δ croît à Fontainebleau, et M. Mérat a très-bien
établi ses différences d'avec le *S. elatum*, qui paraît propre au Midi ;
mais je ne vois pas comment elle diffère des nombreuses variétés du
S. de montagne.

3418ᵃ. Séséli saxifrage.   *Seseli ? saxifragum.*

S. saxifragum. Lin. sp. 374. DC. syn. n. 3418*. — *Pimpinella genevensis.*
Vill. Dauph. 2, p. 604, excl. syn. Barr. — *P. saxifraga tenuifolia.*
C. Bauh. prod. 84.

Cette espèce ressemble tellement au boucage saxifrage, qu'on a
peine à ne pas la rapporter au même genre : toute la plante est
glabre ; elle pousse la première année de sa vie des feuilles radicales
qui ont un pétiole assez long et 3 segmens arrondis, glabres, dentelés ; celui du sommet est le plus souvent divisé en 3 lobes profonds,
ovales et dentelés ; à la seconde année, ces feuilles radicales se dessèchent, et il s'élève une tige grêle, rameuse, haute de 8 à 12 pouces ;
les feuilles de la tige sont peu nombreuses, divisées en 3 parties
qui sont elles-mêmes trifides et à lobes linéaires très-grêles ; les
ombelles sont penchées, avant la fleuraison, à 5 ou 7 rayons iné-

gaux; les ombelles partielles sont à 7–8 fleurs blanches et assez petites; les fruits sont glabres, ovoïdes, relevés de 5 à 7 nervures
saillantes : on trouve sur les mêmes pieds des ombelles absolument
nues, et d'autres qui ont une foliole sétacée à la base de l'ombelle
générale ou partielle; cette même variation a lieu dans le B. saxifrage, et semble devoir autoriser la réunion de ces deux espèces
dans le même genre. ♂. Elle croit sur les bords du lac de Genève,
où elle a déjà été observée par Gaspard Bauhin, et notamment
auprès de Nyon.

3419ᵃ. Séséli verticillé. *Seseli verticillatum.*

S. *verticillatum.* Desf. Fl. atl. 1, p. 260. — Dalech. hist. 695, f. 2.

Cette plante est glabre, droite, grêle, rameuse, haute d'environ
un pied; ses feuilles inférieures sont ailées, à segmens nombreux,
divisés en lobes grêles, sétacés et disposés autour de l'axe commun
comme s'ils étaient verticillés; les feuilles supérieures ont ces lobes
plus longs, plus fins et moins nombreux; les ombelles sont droites,
sans involucre, à 5–8 rayons, dont ceux du milieu sont beaucoup
plus courts; les ombelles partielles ont une collerette à 5 ou 7 petites
folioles fines et aiguës; les fleurs sont blanches, fort petites. ⊙. Elle
a été trouvée à Bonifacio en Corse, par M. Lasalle; aux environs de
Florence, par M. Moricand.

3420. Séséli carvi. *Seseli carvi.*

Ses graines sont aromatiques, et servent dans les Vosges à mettre
dans les fromages : c'est cette plante que Willemet a indiquée dans sa
Flore (Phyt. 1, p. 254) sous le nom de *lagæcia cuminoïdes !*

3422ᵃ. Impératoire de mon- *Imperatoria montana.*
tagne.

Angelica sylvestris CC. Vill. Danph. 2, p. 628. — *Angelica Razulii.* All.
ped. n. 310, excl. syn. — *Angelica montana.* Schleich. pl. exs. Spreng.
umb. prod. 16.

Cette plante tient le milieu, quant à la structure de ses feuilles,
entre l'I. sauvage et l'angélique de Rasouls; les lobes supérieurs de
ses feuilles, au lieu d'être ovales, un peu échancrés à leur base
comme dans l'I. sauvage, sont décurrens et prolongés le long de la
côte principale; ce caractère la rapproche de l'angélique de Rasouls,
et l'a fait confondre avec elle par quelques auteurs; mais elle en
diffère par ses feuilles entièrement glabres, à lobes plus larges, et
dont les inférieurs ne sont pas décurrens, et par l'absence de la
collerette générale. ♃. Cette plante m'a été communiquée par

M. Chaillet, qui l'a trouvée dans le Jura. Elle croît aussi dans les Alpes.

3426ᵃ. Cerfeuil cultivé.   *Chærophyllum cærefolium.*

Cette espèce très-connue a été placée par erreur dans la troisième section, sous le n° 343i, mais elle a le fruit lisse, et doit être rapportée à la première section sous le n° 3426ᵃ.

3426ᵇ. Cerfeuil à collier.   *Chærophyllum torquatum.*

Myrrhis bulbosa. All. ped. n. 1373, excl. syn.

Toute la plante est entièrement glabre; sa tige est droite, peu rameuse, haute de 2 à 4 pieds, creuse à l'intérieur, très-peu renflée sous chaque nœud; les feuilles ressemblent à celles du C. sauvage; leurs lobes sont souvent confluens, ovales, incisés en dents oblongues, un peu mucronées; les branches supérieures qui portent les ombelles sont opposées, et les feuilles qui les accompagnent sont aussi opposées; les ombelles générales ont de 5 à 7 rayons et point d'involucre; les ombelles partielles ont de 8 à 10 rayons et un involucre à 4–5 folioles ovales-oblongues, pointues, réfléchies, bordées de poils; les fleurs sont blanches, celles du bord un peu plus grandes et fertiles, celles du milieu plus petites et stériles; les fruits sont lisses, même luisans, allongés, un peu amincis et striés au sommet, très-remarquables en ce que chacun d'eux est entouré à sa base par une petite rangée de cils courts et réguliers. ♂? J'ai trouvé cette espèce dans les Alpes de Provence, à la vallée de Colmars, en fleur au milieu de juin. Je l'ai reçue de M. Balbis, comme étant celle qu'Allioni a trouvée en Piémont entre Moncalier et la rivière de Sangone.

3427ᵃ. Cerfeuil bulbeux.   *Chærophyllum bulbosum.*

C. bulbosum. Lin. sp. 370. Gmel. Fl. bad. 1, p. 700. — Hall. n. 753. — J. Bauh. hist. 3, p. 183, ic.

Sa racine est un tubercule ovale, charnu, blanchâtre; sa tige est droite, haute de 3 à 5 pieds, hérissée dans le bas, glabre dans le haut, fistuleuse, renflée sous les nœuds, souvent tachetée de points rougeâtres; les feuilles sont d'un vert clair, déchiquetées en lobes linéaires très-menus et très-nombreux, presque toujours glabres; les ombelles sont de grandeur médiocre, à 7–10 rayons; la collerette générale est nulle, ou a une seule foliole très-menue; les ombelles partielles en ont 3, 4 ou 5; les fleurs sont blanches, les fruits glabres, ovales-oblongs, relevés de nervures saillantes. ♂. Elle croît en Alsace dans les buissons, les haies et les vieilles murailles aux environs de Mulhausen (J. Bauh.), Lingelsheim, Mundolsheim

(Mapp.). Cette plante est singulièrement embrouillée dans sa synonymie : la figure de Plukenet (t. 206 , f. 2) se rapporte au *C. alpinum ;* celle de Morison (S. 9 , t. 10 , f. 1), qui représente les fruits
hérissés , ne convient pas à notre plante ; le synonyme de Burser me
parait évidemment appartenir au *bunium denudatum.*

3428ᵃ. Cerfeuil cicutaire.   *Chærophyllum cicutaria.*

C. cicutaria. Vill. Dauph. 2. p. 644.

Cette plante pourrait bien n'être qu'une variété du cerfeuil hérissé ; elle parait cependant en différer parce que sa tige est glabre ,
de moitié plus mince proportionnellement à sa hauteur ; que ses
feuilles sont presque glabres , à segmens beaucoup plus allongés ;
que ses ombelles ont un moindre nombre de rayons ; que ses pétales
sont toujours glabres , moins profondément bifides. ♃. Elle croît
dans les lieux humides des Alpes ; le long des ruisseaux à Sassenage ,
à la grande Chartreuse , etc. , en Dauphiné (Vill.).

3440. Œnanthe fistuleuse.   *Œnanthe fistulosa.*

Notre var. *β* parait être l'*Œ. Tabernæmontani.* Gmel. Fl. bad. 1 ,
p. 676 ; mais, en en excluant le synonyme de Pollich, qui appartient
à notre *Œ. rhenana*, je ne crois pas que cette variété puisse être
considérée comme une espèce.

3442. Œnanthe peucédane.   *Œnanthe peucedanifolia.*

C'est l'*Œ. Pollichii*, Gmel. Fl. bad. 1, p. 679 ; mais il n'y a aucune raison pour changer le nom consacré par Pollich.

3442ᵃ. Œnanthe du Rhin.   *Œnanthe rhenana.*

Œ. pimpinelloïdes. Poll. pal. n. 291 , excl. syn. — *Œ. Lachenalii.* Gmel.
Fl. bad. 1, p. 678 ?

Elle ressemble à l'*Œ.* pimprenelle , mais elle en parait certainement
distincte ; sa racine est composée de plusieurs fibres cylindriques ,
longues et noirâtres ; sa tige est à peine striée, tandis qu'elle est
cannelée dans l'*Œ.* pimprenelle ; ses feuilles radicales sont ailées , à
folioles cunéiformes , dentées ; celles de la tige deux fois ailées , à folioles linéaires ; les pétioles ne sont pas élargis à leur base en aile
membraneuse ; l'ombelle générale est à 6–8 rayons, et sa collerette
à 4–6 folioles linéaires ; les ombelles partielles ont un très-grand
nombre de petites fleurs , et leurs collerettes à 5 ou 6 folioles ; les
fruits sont petits, oblongs, couronnés. ♃. Je décris cette plante
d'après les notes et les échantillons envoyés par M. Koch, qui l'a

trouvée dans le Palatinat, aux lieux mêmes indiqués par Pollich, près Durckheim, Alzey, Oppenheim dans les prés humides : il paraît qu'elle se retrouve à Baslé (Gmel.), et par conséquent dans l'Alsace.

3443ᵃ. Œnanthe cerfeuil. *Œnanthe chærophylloïdes.*

Œ. chærophylloïdes. Pourr. Act. toul. 3, p. 323. — *Œ. pimpinelloïdes*, β. Fl. fr. ed. 3, n. 3443. — Cam. epit. 610, f. 111.

Il me paraît certain que cette plante doit former une espèce distincte. Il n'y a rien à changer aux caractères par lesquels je l'ai distinguée dans la Flore. ♃. Elle a été trouvée à Donos et Fontlaurier près Narbonne par M. Pourret ; à Barrèges, par M. Ramond ; en Anjou, par M. Bastard.

3443ᵇ. Œnanthe rapprochée. *Œnanthe approximata.*

Œ. approximata. Mérat, Fl. par. 115. — *Œ. pimpinelloïdes.* Thuil. Fl. par. ed. 2, p. 146 ?

Sa racine se compose de fibres cylindriques un peu épaisses ; sa tige est peu sillonnée, droite, plus courte que dans l'Œ. pimprenelle ; les feuilles radicales sont ailées, à folioles presque toutes divisées en 3 lobes ovales, obtus, entiers ; les feuilles de la tige ont ces lobes linéaires, obtus, toujours plus larges que dans l'Œ. pimprenelle ; l'ombelle générale a de 5 à 8 rayons, et manque absolument de collerette ; les ombelles partielles ont un grand nombre de fleurs serrées et une collerette à 5-6 folioles linéaires ; le fruit est ovale, couronné. ♃. Elle croît dans les lieux humides aux environs de Paris, à Marcoussis (Mér.), à Montmorency.

3446. Berle à larges feuilles. *Sium latifolium.*

Cette espèce, qui croît dans les fossés plus ou moins remplis d'eau, est très-remarquable par les variations de ses feuilles radicales : on en trouve quelquefois qui, sur les mêmes individus, ont des folioles ovales, ovales-lancéolées, dentées, lobées, ou même absolument multifides, à lobes oblongs ou linéaires.

3447ᵃ. Berle de Sicile. *Sium ? Siculum.*

S. siculum. Lin. sp. 362. Desf. atl. 1, p. 256. — Zanon. hist. 78, t. 30. — *Ligusticum balearicum.* Lin. mant. 218. Wild. sp. 1, p. 1427.

Cette espèce diffère essentiellement de toutes les berles par ses fleurs jaunes ; sa tige est droite, très-peu striée, glabre comme le reste de la plante ; ses feuilles radicales sont pétiolées, ailées, les folioles inférieures sont elles-mêmes ailées, les autres comme lyrées ; tous les segmens ovales, dentelés, peu pointus ; les feuilles de la tige

sont ailées, à folioles oblongues, aiguës, dentées; l'ombelle générale
a 7–9 rayons; les partielles 15–18; les collerettes sont à plusieurs
folioles sétacées, étalées, puis réfléchies; le fruit est allongé, cylindrique, à 5 côtes saillantes sur chaque graine. ♃. Cette plante a été
trouvée à Bonifacio dans l'île de Corse par M. Lasalle (Lois.). M. Se-
bastiani me l'a envoyée de Rome, et j'en ai un échantillon cueilli en
Espagne.

3453. Berle intermédiaire.   *Sium intermedium.*

M. Thore a publié une très-bonne description et une bonne figure
de cette plante, dont il a changé le nom pour lui donner celui de
S. bulbosum (Journ. bot. 1, p. 193, t. 7, f. 1) : il faut ajouter à
ses caractères que sa tige, qui est rampante, pousse des branches
ascendantes, lesquelles ont à leur base un petit renflement ovoïde,
recouvert par les gaines des feuilles, et analogue à de petits bulbes.

3458. Angélique de Rasouls.   *Angelica Rasoulsii.*

β. *Prolifera.*

Il faut exclure les synonymes de Villars et d'Allioni, qui se rapportent à l'impératoire de montagne ; l'angélique de Rasouls ne se
trouve qu'aux Pyrénées. Lapeyrouse la désigne sous le nom d'*A.
ebulifolia* (Abr. 156.), nom qui lui conviendrait bien, si tous les
changemens de ce genre ne devaient être proscrits. La var. β, que
j'ai trouvée mêlée avec l'autre dans les prés autour du village de
Querigut, a la tige fasciée, l'ombelle sans collerette générale, les
collerettes partielles transformées en véritables feuilles semblables à
celles de la tige, et les ombelles partielles composées d'un petit
nombre de fleurs portées sur de très-longs pédicules.

3459. Angélique à feuilles   *Angelica aquilegifolia.*
d'ancolie.

Cette plante a été si souvent confondue avec le laser à feuilles
d'ancolie, que je n'oserais affirmer qu'elle croisse en France :
M. Gérard dit cependant qu'elle se trouve en Provence, et M. Lapeyrouse dans les Pyrénées ; mais la plante que j'ai trouvée dans ces
montagnes, et que j'ai reçue de la personne même à qui cet auteur
indique qu'on doit s'adresser, s'est trouvée être le *laserpitium aquilegifolium*. Au reste, je crois devoir indiquer ici, pour éviter toute
erreur, les synonymes qu'on peut ajouter à ceux cités dans la Flore,
savoir : *Siler aquilegiæ foliis*, Mor. oxon. s. 9, t. 3, f. 3. — *Siler
aquilegifolium*, Gœrtn. fruct. 1, p. 92, t. 22, f. 1. — *Ligusticum Rau-*

wolfii foliis aquilegiæ, J. Bauh. hist. 3, p. 148, ic. malè. — *Libanotis latifolia aquilegiæ folio*, C. Bauh. prod. p. 83. — *Angelica montana perennis aquilegiæ folio*, Tourn. inst. 313. — Hall. helv. n° 793.

3461. Livèche du Pélopo- *Ligusticum peloponesiacum.*
nèse.

Ce livèche croît dans les fentes humides des rochers et dans les lieux frais et ombragés des montagnes; au bois de Faux-des-Ames, sur le penchant de la Lozère (Prost.); dans les Cévennes, au bois des Aubrets, et à Bramabiaou; dans les Pyrénées, à la vallée de Vénasque; au Llaurenti, à la vallée d'Eynes, etc. En Roussillon on recueille les jeunes pousses étiolées qu'on nomme *couscouils*, et qu'on mange en salade à peu près comme du céleri (Rapp. 2, p. 101).

3470. Laser rude. *Laserpitium asperum.*

L. asperum. Crantz. austr. 3, p. 50, t. 1, f. 2.— *L. latifolium.* Lam. Dict. 3, p. 423. — *L. cervaria.* Gmel. bad. 1, p. 657. — *L. latifolium var.* Lin. sp. 356. Fl. fr. ed. 3, n. 3470. — Lob. ic. 704, f. 2.

Conservez la description de la Flore, en observant que les feuilles sont toujours garnies en dessous de poils courts et un peu roides, et que les ailes membraneuses des fruits sont presque toujours crépues. Elle n'est pas rare dans les lieux secs des bois et des collines de presque toute la France.

3470ᵃ. Laser glabre. *Laserpitium glabrum.*

L. glabrum. Crantz. anstr. 3, p. 54. — *L. latifolium.* Gmel. bad. 1, p. 655, excl. syn. Lam. — *L. libanotis.* Lam. Dict. 3, p. 423. — *L. latifolium var.* Lin. sp. 356. Fl. fr. ed. 3, n. 3470. — Dod. pempt. 312, f. 2. — Clus. hist. 2, p. 194, f. 2.

Sa racine est cylindrique, couronnée de fibres sèches au collet; la plante est entièrement glabre, même à la surface inférieure des feuilles; la tige est cylindrique; les gaînes fort amples; les feuilles deux fois ailées dans le bas de la plante, simplement ailées dans le haut; les folioles pétiolées, ovales, peu dentées; l'ombelle est grande; la collerette a plusieurs folioles réfléchies; les ailes du fruit sont planes ou un peu crépues. ♃. Elle croît dans les lieux secs et pierreux des montagnes, dans le Jura, en Alsace et dans le Palatinat (Gmel.), près Marseille (Dod.), dans les Pyrénées (Lapeyr.).

**347ob. Laser à feuilles d'an-   *Laserpitium aquilegi-*
colie.   *folium.***

L. aquilegifolium. Murr. syst. 228. Jacq. austr. t. 147. Wild. sp. 1, p. 1415.
Pers. ench. 1, p. 312, excl. syn. Gœrtn. — *Siler trilobum.* Crantz.
austr. 3, p. 186, ex Wild. — *L. trilobum.* Gou. Fl. monsp. 218, non
Lin. — *Libanotis latifolia aquilegiæ folio.* Magn. bot. 301.

Cette plante est facile à confondre, et a souvent été confondue
avec l'angélique à feuilles d'Ancolie ; mais son fruit est chargé de
8-10 ailes membraneuses et luisantes , tandis que celui de l'angélique
est simplement strié ; ses feuilles inférieures sont portées sur de longs
pétioles à 3 branches ; chaque branche se divise encore en 3 , et chacune de celles-ci porte 3 folioles , dont l'impaire est pédicellée et les
2 autres sessiles ; toutes sont rétrécies à leur base et non échancrées
en cœur , souvent trilobées , bordées de larges dents mucronées ,
vertes et lisses en dessus, un peu cendrées en dessous, toujours
glabres ; l'ombelle est assez grande , à 10-12 rayons ; la collerette
générale à 3-5 folioles très-fines. ♃. Elle croit dans les rochers humides des montagnes ; aux Pyrénées, entre Barrèges et Gavarnie ;
aux environs de Prato de Mollo (Xat.) ; aux Cévennes , à Bramabia
ou près l'Epserou (Bouch.) ; à Saint-Jean du Bruil, à la Combe-de-
Lèques , à la Sérane (Magn.), à la Lozère (Prost).

3477. Berce des Pyrénées.   *Heracleum pyrenaïcum.*

β. *H. setosum.* Lapeyr. Abr. 153.

Cette plante a tous les caractères de la berce des Pyrénées ; mais
ses feuilles inférieures , au lieu d'être simples , sont divisées en 3 segmens , les deux latéraux sessiles dans les échantillons que j'ai sous
les yeux , quelquefois pétiolés , d'après M. Lapeyrouse. Elle croit ,
d'après ce botaniste , dans les Pyrénées , à la Massive , à la vallée
d'Astos , d'Oo , et à Médassoles.

3478ª. Berce à feuilles   *Heracleum angustifolium.*
étroites.

H. angustifolium. Lin. mant. 57. Vill. Dauph. 2, p. 639, excl. syn. Jacq.
H. elegans. All. ped. n. 1292, excl. syn.? — Pluk. t. 63, f. 3.

Cette espèce est facile à distinguer des précédentes, parce que ses
feuilles sont divisées en 3 parties, qui sont elles-mêmes pinnatifides,
à lobes confluens ; ces lobes sont eux-mêmes découpés en lanières
allongées , pointues , bordées de dents écartées ; ces feuilles sont un
peu velues , surtout en dessous ; les fleurs sont blanches , toutes à
peu près égales entre elles. ♃. Elle croit dans les lieux pierreux et

montueux, dans les montagnes du Lyonnais et du Bugey (Latour.);
parmi les bois, à Saint-Eynard près Grenoble (Vill.); dans les Alpes
qui séparent le Piémont de la Suisse, notamment à la vallée de
Saint-Nicolas.

3481ₐ. Athamante pubescente. *Athamanta pubescens.*

A. pubescens. Retz. obs. 3, p. 28. — *A. libanotis γ pubescens.* Fl. fr. ed.
3, n. 3481. — *Crithmum pyrenaïcum.* Lin. sp. 354 ? — *A. crithmoïdes.*
Lapeyr. Abr. 148, excl. syn. Scop.

Cette plante, ainsi que je l'avais indiqué, paraît une espèce bien
distincte de l'*A. libanotis*; sa tige est fortement anguleuse et non
cylindrique; la surface entière de ses feuilles est pubescente au lieu
d'être glabre : les lobes de ses feuilles sont plus pointus, et les folioles inférieures ne sont pas disposées en croix autour du pétiole
commun. ♃. Elle croît dans les rochers et les lieux pierreux exposés
au soleil, dans les Pyrénées; sur les bords de la Seine près Rouen.
Le *libanotis daucoïdes* de Scopoli approche beaucoup de cette espèce ; mais la plante est beaucoup plus petite, et les feuilles simplement ailées, à folioles incisées ou dentées.

3485. Selin de montagne. *Selinum oreoselinum.*

β. Caule angulato.

Cette plante, très-remarquable par sa tige fortement anguleuse,
croît dans les Pyrénées, aux buttes de Sers près Barrèges, et à la
vallée de Lescuns : serait-elle une espèce distincte ?

3492. *Voyez* n° 3416.

3493. Selin des Pyrénées. *Selinum pyrenæum.*

β. Selinum Lachenalii. Gmel. Fl. bad. als. 1, p 460, t. 3. — Lachen. act.
helv. 7, t. 12. — *Peucedanum alsaticum.* Will. phyt. 1, p. 306, excl.
syn.

Cette espèce croît dans les pâturages des Pyrénées, de la Lozère,
du Cantal, du Mont-d'Or, des Vosges : elle varie beaucoup pour sa
grandeur et la profondeur des découpures de ses feuilles; mais la
plante présente ces variations dans toutes les chaines de montagnes,
et celle des Vosges ne me paraît nullement différer de celle des
Pyrénées.

3496. Bunium sans collerette. *Bunium denudatum.*

β. Pyrenæum. Lois. Fl. gall. 1, p. 151, t. 5.

Cette espèce est très-commune dans toute la chaîne des Pyrénées : la var. *β* ne me paraît en différer que parce qu'elle a les
lobes des feuilles inférieures plus larges et moins découpés. M. Loi-

seleur l'a observée à Cauterets : je l'ai trouvée près du port de Pailières.

3500. Carotte commune. _Daucus carotta._

Cette plante offre tant de variétés, qu'il est difficile, dans l'état actuel de la science, de fixer ses limites ; la plante décrite par M. Thore, sous le nom de *D. mauritanicus* (Chl. land. p. 97), rentre ici, d'après l'observation même de ce botaniste. Je dois citer une variété remarquable, trouvée par M. Chaillet dans le Jura, et qui a toutes les fleurs d'un pourpre foncé.

3500ᵃ. Carotte de Mauritanie. _Daucus mauritanicus._

D. mauritanicus. Lin. sp. 348? All. ped. n. 1381, t. 61, f. 1. Wild. sp. 1, p. 1390, non Lam.

Elle ressemble beaucoup à la carotte commune : sa tige est droite, élevée, garnie de très-petits tubercules qui paraissent des rudimens de poils avortés; les feuilles sont glabres, déchiquetées en segmens nombreux, linéaires, pointus, la plupart trifides, à lobes un peu dentés dans les feuilles inférieures, entiers dans les supérieures; l'ombelle est ample, plane, longuement pédonculée; les folioles de la collerette générale sont à 5 lobes grêles et linéaires; celles des collerettes partielles à 3 lobes; la fleur centrale est charnue, d'un pourpre noir, portée sur un long pédicelle; les rayons se contractent après la fleuraison : les fruits sont ovales-oblongs, hérissés de pointes sétacées, jaunâtres, disposées sur plusieurs séries. ♂. Elle croit aux environs de Nice (All.), et en Roussillon près Prades, où elle a été trouvée par M. Coder. Je suis assuré du synonyme d'Allioni par un échantillon de son herbier, qui m'a été envoyé par M. Balbis ; le *D. mauritanicus* Lam. est le même que le *D. maximus* Desf.

3502. Carotte porte-gomme. _Daucus gummifer._

C'est ici qu'il faut rapporter le *D. hispanicus*, Gou. ill. p. 9, et le *D. lucidus*, Lin. f. suppl. 179. Pers. ench. 1, p. 307. Elle croit sur les rochers maritimes, tandis que la C. maritime croit dans les sables.

3503. Carotte maritime. _Daucus maritimus._

Les deux variétés se fondent par des nuances insensibles, et la tige est presque toujours tuberculeuse : elle est très-commune sur la plage sablonneuse près de Montpellier et de Narbonne. Je l'ai retrouvée à Belle-Isle en mer.

3503ª. Carotte à petites fleurs. *Daucus parviflorus.*

D. parviflorus. **Desf. Fl. atl. 1, p. 241, t. 60.**

Cette plante ressemble à la carotte maritime, et a comme elle la tige tuberculeuse; mais elle en diffère par ses fleurs plus petites et jaunâtres, par ses fruits un peu plus longs, hérissés de poils plus nombreux, et qui sont à leur sommet épanouis en une espèce de petit disque étoilé bien visible à la loupe. ♂. Je décris cette plante d'après des échantillons de Barbarie. M. Loiseleur dit qu'elle croît dans les sables maritimes en Bretagne.

3517. Peucédane de Paris. *Peucedanum Parisiense.*

✝ Il faut rapporter à cette espèce le *P. gallicum rarioribus et brevioribus foliis* (Tourn. paris. 2, p. 478), et par conséquent le *P. gallicum.* Latourr. chl. lugd. p. 7. Pers. ench. 1, p. 310. Il croît aux environs d'Angers, de Dreux (Guerr.), de Chinon (Duvau), de Lyon (Latourr.), de Villefranche en Roussillon (Lapeyr.).

3518ₐ. Peucédane en pani- *Peucedanum paniculatum.*
      cule.

P. paniculatum. **Lois. Fl. gall. 722.**

Toute cette plante est glabre, et ressemble un peu par son feuillage à la var. β du P. officinal; sa tige est droite, légèrement striée, haute de 2 à 4 pieds, rameuse et comme paniculée à sa partie supérieure; les feuilles sont plusieurs fois trifurquées, à lobes allongés, filiformes, grêles et pointus; les inférieures ont de longs pétioles : celles qui approchent des fleurs sont presque réduites à la gaîne membraneuse du pétiole, qui est dépourvue de limbe et qui entoure la base des rameaux supérieurs : ceux-ci portent chacun une ombelle; les ombelles terminales ont jusqu'à 15 et 20 rayons; les latérales n'en ont quelquefois que 6 à 8 : celle qui se trouve au sommet direct de la tige principale a une collerette générale composée de 2 folioles filiformes : toutes les autres en sont dépourvues; les collerettes partielles ont de 2 à 6 folioles; les fleurs sont jaunes. ♃. Cette plante croît dans les lieux pierreux de la Corse, où elle a été découverte par M. Robert.

3524ª. Maceron perfolié. *Smyrnium perfoliatum.*

S. perfoliatum. **Lin. sp. 376. Waldst et Kit. 1, p. 22, t. 23. —** *S. Amani montis.* **Dod. pempt. 698, f. 2.**

Sa racine est un tubercule en forme de navet, d'où s'élève une tige droite, simple, striée, glabre, bordée dans le haut de 2 ailes

membraneuses, étroites, qui portent çà et là quelques petites houppes
de poils de nature membraneuse ; les feuilles sont glabres, les inférieures deux fois ternées , à segmens arrondis , crénelés ; celles
qui croissent au-dessus sont simplement divisées en 3 segmens ;
celles du haut sont sessiles, embrassantes, perfoliées, ovales, très-
arrondies à la base , un peu crénelées ; tout le haut de la plante
est d'une teinte jaunâtre , les ombelles petites , nombreuses , de
couleur jaune. ♂. Il croit en Provence, dans les forêts entre Toulon
et Saint-Tropez , où il a été observé par M. Robert.

3528ᵃ. Férule glauque.   *Ferula glauca.*

> *F. glauca.* Lin. sp. 355. Lam. Dict. 2 , p. 454. — *F. communis.* Gou.
> hort. monsp. 140. — *F. fæmina Plinii.* Magn. bot. monsp. 97. —
> *Ferula et ferulago.* Lob. adv. 348. — *F. folio glauco.* J. Bauh. hist. 3,
> p. 2, p. 45, f. 2.

Ses feuilles radicales sont très-grandes , décomposées en une multitude de petits lobes linéaires presque obtus , planes , glauques
en dessous ; les feuilles supérieures voisines des fleurs n'offrent
souvent que la gaine du pétiole terminé par un rudiment de limbe ;
l'ombelle est peu considérable , convexe, dépourvue de collerette. ♃.
Elle croit dans les lieux pierreux, à Mireval près Montpellier , au
lieu même indiqué par Lobel , Magnol et Gouan ; en Provence, aux
îles Sainte-Marguerite (Lois.).

3530. Armarinte à fruits lisses. *Cachrys lævigata.*

> Au lieu de *fruits lisses , sillonnés ;* lisez , *lisses , non sillonnés.*

3532. Buplèvre à feuilles   *Buplevrum rotundifolium.*
arrondies.

> β. *Intermedium.* Lois. not. 45.

Cette variété a les fleurs d'un jaune orangé ; les feuilles longues,
lancéolées et pointues : elle ressemble au B. à longues feuilles, mais
n'a point de collerette générale. Elle se trouve aux environs de
Montpellier, Nice, Toulon , Poitiers.

3536. Buplèvre en faux.   *Buplevrum falcatum.*

> β. *B. petiolare.* Lapeyr. Abr. 141.

Lorsqu'on voit des échantillons bien prononcés de cette variété ,
elle semble une espèce très-caractérisée, à cause de ses feuilles radicales, ovales, rétrécies en de longs pétioles ; mais il y a un si grand
nombre d'intermédiaires à feuilles radicales plus ou moins oblongues, et à pétioles plus ou moins longs, qu'il me parait impossible

de la séparer. Je l'ai trouvée en Roussillon , au-dessus de Ville-franche , au lieu même indiqué par M. Lapeyrouse.

3543ᵃ. Buplèvre glauque. *Buplevrum glaucum.*

B. glaucum. Robill. et Cast. diss. ined. — *B. semicompositum var.* Desf. Fl. atl. 1 , p. 230 ?

Cette espèce a beaucoup de rapports avec le B. menu , et particu-lièrement avec sa var. β ; mais elle en diffère , parce que les folioles de sa collerette sont plus longues que les fleurs , et même que les fruits. Sa racine est grêle, presque simple ; sa tige est droite , mais se divise dès sa base en plusieurs rameaux diffus , et ne s'élève pas au-delà de 3 à 4 pouces : toute la plante est glauque ; les feuilles sont lancéolées , linéaires , pointues ; les collerettes sont à 5 folioles linéaires , plus longues que les fruits : ceux-ci sont chagrinés comme dans le B. menu , mais de moitié plus petits. ☉. MM. Robillard et Castagne ont trouvé cette plante dans les lieux incultes , à Mazargue et la Gineste près Marseille ; M. Requien , aux Sablettes près Tou-lon ; je l'ai trouvée très-abondante sur les sables maritimes , à Nice. Elle fleurit à la fin de juin.

3549. Astrance à petites feuilles. *Astrantia minor.*

Excluez la var. γ , qui est une espèce distincte , mais qui n'a pas encore été trouvée en France.

3555. Panicaut des Alpes. *Eryngium Alpinum.*

β. *Involucris albidis.* Lois. not. 45.

M. Requien a trouvé au Col-de-l'Arche cette variété remarquable par ses involucres et ses fleurs blanchâtres , et par ses feuilles supé-rieures moins profondément découpées.

3556ᵃ. Panicaut dichotome. *Eryngium dichotomum.*

E. dichotomum. Desf. Fl. atl. 1 , p. 256 , t. 55.

Cette plante est droite , lisse , haute d'environ un pied , divisée en rameaux plusieurs fois bifurqués ; ses feuilles radicales sont oblongues , échancrées en cœur , pétiolées ; celles de la tige sessiles , divisées jusque près de leur base en 3–5 lobes lancéolés-linéaires , divergens , à dents inégales , rares et épineuses : les têtes de fleurs sont nombreuses , petites , arrondies , disposées en panicule lâche , entourées d'une collerette à 5 folioles plus longues qu'elle , et qui portent une dent à leur base sur chaque côté. ♃. M. Bouchet-Dou-main a trouvé cette espèce à Montpellier , dans le champ même où l'on étale les laines venues de Barbarie , et où elle est sans doute venue de graines apportées dans les ballots.

FAMILLE DES SAXIFRAGÉES.

3558a. **Saxifrage en bandelette.** *Saxifraga lingulata.*

S. lingulata. Bell. act. acad. Tur. 5, p. 226*. — *S. longifolia.* var. Sternb.
sax. p. 1, Fl. fr. ed. 3, n. 3558.

CETTE plante, que la plupart des auteurs ont considérée comme
une simple variété de la S. à longues feuilles, me parait devoir former une espèce distincte : elle en diffère, 1°. parce que les rosettes
radicales, au lieu d'être composées de 2 à 300 feuilles très-serrées,
n'en ont guère plus d'une cinquantaine, et généralement ces feuilles
sont plus courtes; 2°. sa hampe, ses feuilles caulinaires, ses pédicelles et ses calices sont entièrement glabres au lieu d'être hérissés
de poils glanduleux; 3°. ses pétales ont leurs trois nervures plus
prononcées et sont moins arrondis au sommet; 4°. en général les fleurs
sont moins nombreuses, et souvent tous leurs pédicules sont déjetés
d'un seul côté. ♃. La S. à longues feuilles ne croit que dans les
Pyrénées : celle-ci n'a encore été trouvée que dans les Alpes de
Tende, à Pesio, Limone, Mondovi (Bell.), et dans celles de Provence, à la montagné de Cousson près Digne, où je l'ai cueillie en
fleur au mois de juin.

3559. **Saxifrage pyramidale.** *Saxifraga pyramidalis.*

Les rosettes nouvelles naissent du collet de la racine des grandes
rosettes; les feuilles de celles-ci sont environ au nombre de 30;
leur longueur est d'environ 2 pouces sur 4–5 lignes de largeur;
les pétales sont allongés en forme de coin, longs de 4–5 lignes sur
1 à 2 de largeur vers leur sommet, nullement ovales, arrondis au
sommet comme dans les deux précédentes. On peut en voir une
bonne figure dans Sternb. rev. saxifr. t. 2.

3560a. **Saxifrage changée.** *Saxifraga mutata.*

S. mutata. Jacq. ic. rar. 3, t. 466. Fl. fr. syn. n. 3560*. — Hall. helv.
n. 979.

Cette belle espèce peut se peindre en un seul mot : elle a l'herbe
de la S. pyramidale, avec des pétales d'un jaune orangé très-in-
tense, linéaires, étroits et aigus : ses feuilles radicales forment
des rosettes arrondies, peu touffues; elles sont coriaces, oblongues,
très-obtuses, un peu en forme de coin, coriaces, planes, bordées
de cils membraneux : celles du bas de la tige sont un peu velues

à leur base ; celles du haut sur toute leur surface. La tige est hérissée de poils glanduleux comme ceux des feuilles, et porte un panicule de fleurs à calices longs et glanduleux. ♃. Elle croit dans les Alpes de Savoie, au mont Brezon près Genève ; M. Lapeyrouse dit l'avoir vue au pic d'Ereslids près Barrèges.

3561ᵃ. Saxifrage ambiguë. *Saxifraga ambigua.*

Cette belle plante semble être une hybride de la *S. luteo-purpurea*, fécondée par la *S. media ;* elle a le feuillage de la première, et la fleuraison de la seconde ; ses feuilles sont toutes linéaires, presque obtuses comme dans la *S. luteo-purpurea*, et non rétrécies à la base, élargies vers le sommet, puis brusquement rétrécies en pointe à l'extrémité, comme cela a lieu dans la *S. media ;* ses sommités sont rougeâtres et garnies de poils glanduleux comme dans les deux autres ; ses pétales sont purpurins comme dans la *S. media*, et non pas jaunes comme dans la *S. luteo-purpurea*. ♃. Elle a été trouvée mêlée avec les deux autres espèces aux Pyrénées, dans une grotte près Saint-Béat, par M. Marchand. Il paraît probable qu'il n'y a dans ce groupe que deux espèces, la *S. aretioïdes* et la *S. media*, mieux nommé *S. calyciflora* par M. Lapeyrouse, et que des croisemens de pollen ont produit les *S. luteo-purpurea* et *ambigua.*

3563ᵃ. Saxifrage diapensie. *Saxifraga diapensioïdes.*

S. diapensioïdes. Bell. act. acad. Taur. 5, p. 227. — *S. cæsia*, γ. Fl. fr. ed. 3, n. 3564. — *S. glauca.* Man. herb. val. p. 140.

Cette plante a été regardée comme une variété du *S. cæsia* par la plupart des auteurs, et j'avais moi-même adopté cette opinion avant de l'avoir vue vivante : elle me paraît en différer suffisamment, 1°. par ses feuilles droites, très-serrées, en colonne cylindrique, bordées de pointes blanches, très-peu ponctuées en dessus, courtes et triangulaires ; 2°. par sa hampe, ses feuilles caulinaires, et ses calices chargés de poils glanduleux ; 3°. par ses pétales oblongs et non arrondis. Elle ressemble au *S. aretioïdes*, mais elle a les fleurs blanches et non pas jaunes. ♃. Elle croit sur les rochers des hautes Alpes méridionales près Limone, Tende et Pesio (Bell.) au Mont-Cénis, au-dessus du couvent, au lieu nommé Ronche.

3564ᵃ. Saxifrage des Vaudois. *Saxifraga Valdensis.*

Cette petite saxifrage est intermédiaire entre l'*aizoon* et la *cæsia ;* elle ne s'élève pas à plus de 2 pouces de hauteur ; ses feuilles forment une rosette plus lâche que dans la *S. cæsia* ; elles sont presque triangulaires, élargies au sommet, presque obtuses, droites ou à peine recourbées à leur extrémité, ciliées à leur base, et chargées sur les bords, vers le sommet, de points farineux (comme dans la *S. incrustata*), glabres, un peu ponctuées en dessus, longues de 3-4 lignes ; la hampe est droite, chargée de quelques feuilles, qui, ainsi qu'elle, sont garnies de poils glanduleux ; les fleurs sont rapprochées au nombre de 7 à 8 ; leurs calices sont très-obtus, chargés de poils glanduleux, qui leur donnent un aspect noirâtre ; ce qui distingue, dès le premier coup d'œil, cette espèce des *S. cæsia* et *diapensioïdes* ; les pétales sont ovales, d'un blanc un peu terne, obtus, deux fois plus longs que le calice. ♃. J'ai trouvé cette espèce dans les Alpes au col Lacroix, entre Abriès et Pignerol, au-dessus des vallées vaudoises. Elle était en fleur au milieu de juillet. — La figure de Lobel (Ic. 376, f. 1) ressemble un peu à notre plante ; mais celle-ci ne peut être cependant la *S. Vandellii* Sternb., car elle n'a pas les feuilles mucronées.

3565. Saxifrage à cils roides.   *Saxifraga aspera.*

Depuis la publication de la Flore, presque tous les auteurs ont cherché à établir des différences spécifiques, plus exactes qu'on ne l'avait fait pour distinguer les deux plantes (*S. aspera* et *bryoïdes* Lin.) que j'ai réunies ici comme variétés : cependant je reste toujours plus convaincu que ces deux variétés sont des états d'une même espèce dus à la différence de leurs stations. M. de Sternberg dit qu'elles diffèrent en ce que l'une a les calices pointus et l'autre obtus ; mais lui-même figure l'une et l'autre à calices un peu pointus, et c'est ainsi, en effet, que la nature les offre. M. Lapeyrouse dit que le *bryoïdes* a les pétales obtus, et l'*aspera* les pétales pointus ; je ne vois de pétales pointus ni à l'une ni à l'autre, mais de légères différences dans la rondeur de leur extrémité ; enfin la différence des bourgeons foliacés et axillaires qu'on voit dans l'*aspera*, et qui manquent dans le *bryoïdes*, est bien vraie, lorsqu'on prend des individus extrêmes, mais s'évanouit peu à peu lorsqu'on suit les intermédiaires. Il en est de même des cils qui bordent les feuilles.

3570ᵃ. Saxifrage faux-sédum. *Saxifraga sedoïdes.*

S. *sedoïdes*. Jacq. misc. austr. 2, p. 134, t. 21, f. 22, excl. Hall. syn. Sternb. Sax. p. 27, t. 7, f. 2, a, b et t. 9, b, f. 3. — *S. trichodes*. Scop. carn. 1, p. 295, t. 15. — *S. angustifolia*. Hall. fil.

Cette espèce diffère de la *S. planifolia*, mais elle en est tellement voisine, qu'on ne peut les écarter l'une de l'autre : elle forme une touffe plus lâche : ses feuilles sont linéaires, un peu spatulées, poilues à leur base, jamais imbriquées, longues de 4 à 6 lignes ; ses tiges florales sont feuillées, longues de 2 à 3 pouces, portant de 1 à 5 fleurs pédicellées ; les lobes du calice sont oblóngs, un peu obtus ; les pétales sont petits, jaunes, pointus, de la longueur du calice. ♃. Elle croît dans les Alpes, à la vallée de Saint-Nicolas, et au Simplon, entre le Valais et le Piémont. M. Lapeyrouse dit qu'elle se trouve dans les Pyrénées à la val d'Eynes et à Cambre-d'Ase.

3573ª. Saxifrage à fleurs pen- *Saxifraga penduliflora.*
dantes.

S. penduliflora. Bast. in Journ. bot. 1814, p. 17.

Sa racine est formée de souches un peu ligneuses, horizontales ou tortueuses, noirâtres, garnie de distance en distance, en dessus de faisceaux de bulbilles, en dessous de fibrilles descendantes ; la tige, qui est droite, simple, grêle, herbacée, un peu poilue, porte aussi des bulbilles à l'aisselle des feuilles inférieures ; celles-ci ont de très-longs pétioles, légèrement poilu ; le limbe est réniforme, échancré en cœur, à 5 ou 7 lobes, larges, arrondis ou terminés par une très-petite pointe ; la tige est nue au sommet, terminée par un bouquet de 4 à 5 fleurs pédicellées, fortement inclinées ou pendantes ; les bractées sont linéaires ; le calice pubescent à sa base, adhérent à l'ovaire ; les pétales sont blancs, en forme de coin, obtus, à 3 nervures, 2 à 3 fois plus longs que le calice. ♃. M. Bastard a trouvé cette belle espèce en Auvergne, au mont d'Or, sous la cascade de la Dore, où elle croît à côté des *S. muscoïdes, cæspitosa, nivalis, stellaris, aspera, rotundifolia* et *aizoon.* Elle diffère très-évidemment de la *S. cernua* de Linné, qui a la fleur solitaire et l'ovaire libre. La *S. cernua,* Lois. not. 577, qui croît au grand Saint-Bernard, diffère tout-à-fait de celle de Linné, et paraît être la *S. paradoxa* Sternb.

3580ª. Saxifrage de Bellardi. *Saxifraga Bellardi.*

S. Bellardi. All. ped. n. 1356, t. 88.

Cette petite saxifrage est une des plus remarquables de tout ce genre par son port : elle est composée d'une petite rosette or-biculaire et plane, de feuilles étalées en forme de coin très-élargi par le haut, à 3 dents ou lobes courts et obtus, un peu velues ; il n'y a point de hampe : les fleurs, qui sont très-petites et peu nom-

breuses naissent sessiles vers le centre de la rosette. ♃. Elle a été
trouvée par M. Bellardi vers les sommités des Alpes voisines du
Mont-Cénis , notamment au lieu dit *la Marciossa*.

3581. Saxifrage geranium.   *Saxifraga geranioïdes.*

M. Prost en a trouvé sur le penchant N. E. de la Lozère , au bois
de Faux-des-Ames , une variété dont les feuilles ont les lobes étroits
et très-pointus ; la *S. palmata* , Lapeyr. Fl. t. 41 (1) , ne paraît être
non plus qu'une variété de cette espèce.

3584. Saxifrage embrouillée.   *Saxifraga intricata.*

β. *S. nervosa.* Lapeyr. Abr. 235 , Fl. pyr. t. 39, excl. syn.

Je ne vois d'autre différence entre cette variété et l'état primitif
de l'espèce , si ce n'est qu'elle est un peu plus grande , que les nervures de ses feuilles sont un peu plus prononcées , et les pétales
proportionnellement plus grands. Elle croît sur les rochers dans
les Pyrénées voisines de Bagnères de Luchon.

3588ᵃ. Saxifrage musquée.   *Saxifraga moschata.*

S. moschata. Jacq. misc. 2 , t. 21 , f. 1. Lapeyr. Fl. pyr. 61 , t. 37. Abr.
235 , excl. var. β.
β. *Foliis omnibus integris.* Lapeyr. Fl. t. 38.

Cette espèce est extrêmement voisine de la *S. muscoïdes* , et lui
ressemble en particulier par ses pétales oblongs , jaunes ou un peu
rougeâtres ; elle paraît en différer , parce que ses feuilles et ses
hampes ne sont jamais parfaitement glabres , mais hérissées de très-
petits poils , et couvertes d'une exsudation visqueuse et odorante ;
ses touffes sont en général plus lâches , ses hampes plus longues ; ses
feuilles sont rétrécies en forme de coin , tantôt entières , tantôt terminées par 2 ou 3 lobes entiers. ♃. Elle est assez fréquente sur
les rochers calcaires des Pyrénées et des Alpes.

3589. Saxifrage hypne.   *Saxifraga hypnoïdes.*

β. *Parviflora.*

Cette variété , qui croit dans les montagnes des Cévennes et de la
Lozère , est remarquable par ses feuilles , dont les lobes sont un peu
élargis , et par ses fleurs trois fois plus petites que dans l'espèce
ordinaire.

---

(1) La *saxifraga palmata* , Smith. Fl. brit. 456. Sturm. Fl. germ. ic. , est une
espèce très-distincte que M. Lejeune a trouvée aux environs de Malmedy , et
à laquelle je rapporte comme variété la *S. sponhemica* , Gmel. Fl. bad. als. 2 ,
p. 224 , trouvée par M. Gmelin entre Sponheim et Winterburg , et par M. Koch
sur les rochers de Nieder-Allen.

3594ᵃ. Saxifrage à feuilles   *Saxifraga rotundifolia.*
      rondes.

C'est par erreur que cette espèce a été placée parmi celles à ovaire adhérent : elle a l'ovaire libre , et doit être mise à la suite de la S. mignonnette.

3596. Saxifrage de l'Ecluse.   *Saxifraga Clusii.*

M. Gouan a trouvé cette espèce dans les Cévennes près Meyrueis : je l'ai cueillie dans cette chaîne près de Coderoux , et M. Prost à la Lozère. Je l'ai trouvée dans les Pyrénées entre Massat et Saint-Girons , le long de la route : elle croît dans les fentes des rochers humides abrités du soleil.

3597. Dorine à feuilles   *Chrysosplenium oppositifolium.*
      opposées.

C'est le *C. octandrum* de Caqué , Journal phys. xxi , p. 176 , t. 2.

FAMILLE DES CRASSULACÉES.

DCXV*. COTYLÉDON.   *COTYLEDON.*
   Cotyledon. DC. — *Cotyledonis.* sp. Lin.

Car. Le calice est à 5 divisions; la corolle d'une seule pièce, à 5 divisions ouvertes : les étamines sont au nombre de 10, les écailles ovales , les ovaires au nombre de 5.

Obs. Quoique la séparation des ombilics d'avec les cotylédons rendent ce dernier genre moins artificiel , il renferme cependant encore des espèces très-hétérogènes ; les cotylédons du cap de Bonne-Espérance , ceux du Mexique et ceux d'Europe, devront un jour former trois genres particuliers. Je ne place l'espèce suivante parmi les cotylédons qu'à cause de l'ambiguité qui embarrasse encore les caractères des crassulacées monopétales.

3601ᵃ. Cotylédon faux-sédum.   *Cotyledon sedoïdes.*
   C. sedoïdes. DC. rapp. 2, p. 79. Mém. soc. agr. Paris, 1808, t. 11, p. 11.
   Lois. not. p. 70. — *C. sediforme.* Lapeyr. Abr. 1813, p. 57.

Cette petite plante a le port d'un sédum ou d'une saxifrage ; sa tige est simple ou peu rameuse , longue de 1 à 2 pouces , glabre et souvent rougeâtre comme les feuilles ; celles-ci sont nombreuses , droites , imbriquées , oblongues , obtuses , convexes , surtout en dessous ; la tige est terminée par 2 ou 3 fleurs sessiles entre les feuilles supérieures, rapprochées, blanches, assez grandes ; relativement aux dimensions de la plante : la corolle est en cloche, à 5 lobes ovales, mucronés, deux fois plus longs que le calice ; les écailles sont jaunes, linéaires, bifides au sommet. ☉. J'ai trouvé cette plante dans les plus hautes sommités des Pyrénées près des neiges éternelles, et parmi les pierres récemment découvertes aux ports de Vénasque et d'Oo : M. Rohde l'a trouvée à la val d'Eynes. M. Lapeyrouse à Vignemale, au port de Plan ; il en cite une variété à fleurs purpurines.

3603. Tillée mousse.   *Tillæa muscosa.*

Excluez les synonymes de la var. *β*, qui appartiennent à la suivante.

3604ᵃ. Crassule de Magnol.   *Crassula Magnolii.*

C. Magnolii. DC. rapp. 2, p. 79. Mém. soc. agr. Par. 1808, p. 11. — *Sedum annuum minimum stellatum rubrum.* Magn. bot. 237, ic. — *Tillæa erecta.* Lin. hort. ups. 24? Sauv. monsp. 129. — *Crassula verticillaris.* Lin. mant. 261? — *Tillæa rubra.* Gou. hort. 77. — *Crassula rubens,* β. Fl. fr. ed. 3, n. 3604. — *C. cæspitosa.* Balb. misc. alt. 13. Lois. not. 50.

Sa tige est grêle, simple ou divisée en deux rameaux, droite, longue d'un à deux pouces, et par conséquent de moitié au moins plus petite que la C. rougeâtre ; ses feuilles sont éparses, ovales, obtuses, épaisses, caduques, dressées, glabres : les fleurs sont presque sessiles à l'aisselle des feuilles solitaires, d'un blanc un peu rougeâtre ; le calice a 5 lobes presque obtus ; la corolle a 5 pétales aigus ; les follicules divergens en étoile à leur maturité. ☉. Elle croit sur les pelouses séches à l'entrée du bois de Gramont, et au-dessus de la grotte de Mireval près Montpellier : M. Balbis m'en a envoyé un échantillon recueilli entre Cannes et Antibes.

3604ᵇ. Crassule d'Angers.   *Crassula Andegavensis.*

Sedum atratum. Bast. essai, p. 167, excl. syn.

Cette petite plante ressemble par son port au *sedum atratum* ; mais elle en diffère par plusieurs caractères, et notamment parce qu'elle n'a que 5 étamines (voyez la note du n°. 3619); elle se rapproche tellement de la C. de Magnol, qu'elle semble, lorsqu'elle est en fleur, n'en être qu'une variété ; mais elle en diffère parce que ses follicules, à leur maturité, sont de moitié plus courts et droits, au lieu d'être divergens et étoilés. Cette plante est entièrement glabre, d'un vert foncé, presque noirâtre sur les calices et les

fruits ; la tige est droite , très-grêle, simple à sa base , divisée en
3 branches courtes et dressées ; les feuilles sont opposées dans le
bas, alternes dans le haut, ovoïdes, très-obtuses, dressées, charnues :
les fleurs naissent, et à la division des branches et le long de chacune
d'elles , elles sont petites, d'un blanc un peu roùgeâtre , surtout en
dehors ; les pétales sont ovales , un peu pointus. ⊙. M. Bastard a
trouvé cette plante sur les murs et les rochers schisteux aux environs d'Angers.

3610. Sédum faux-ognon.   *Sedum cæpea.*

β. Foliis quaternatim verticillatis.

Cette variété est remarquable, en ce que ses feuilles, au lieu d'être
éparses , sont verticillées 4 à 4 : elle se rapproche par-là du *sedum
galioïdes* ; mais elle a la tige pubescente , et les pétales aristés
comme le vrai *S. cepæa.* Je l'ai trouvée mêlée avec la variété ordinaire le long des routes et des fossés aux environs du Mans.

3613ᵃ. Sédum à petites fleurs. *Sedum micranthum.*

S. micranthum. Bast. in litt. — *S. turgidum.* Bast. ess. p. 167.

Cette plante tient le milieu entre le sédum blanc et le S. renflé ,
et pourrait bien servir un jour à prouver que ces trois espèces ne
sont que des variétés d'un seul type ; elle diffère du *S. album* ,
parce que les feuilles des jeunes pousses sont dressées et non étalées ; du *S. turgidum* par ses feuilles cylindriques peu ou point
renflées ; de tous deux par ses fleurs de moitié plus petites. Elle
est vivace ainsi que les deux autres ; elle a été observée par M. Bastard sur les rochers calcaires nus, au bois de Bournon près Saumur,
et à Champigné-le-Sec en Anjou. Je l'ai retrouvée aux environs
de Montpellier. — Je n'ai trouvé le *S. turgidum* que sur les sommités des Pyrénées, notamment au pic d'Ereslids.

3615. Sédum noirâtre.   *Sedum atratum.*

Excluez la var. *β* , qui forme certainement une espèce distincte
(voyez n° 3625). Au reste, le *S. atratum*, qui ne se trouve que sur
les hautes sommités des Alpes et des Pyrénées , a été confondu avec
plusieurs autres espèces ; le *S. atratum* de Willemet est le *S. villosum ;*
celui de Bastard est notre *crassula andegavensis ;* celui d'Aubry ,
le *sedum anglicum.*

3617. Sédum d'Angleterre.   *Sedum Anglicum.*

Outre les caractères indiqués , il se distingue encore par ses pétales très-aigus. Il est assez commun sur les murs , les rochers et

les pelouses sèches, de tout l'ouest de la France à Vannes, Belle-Isle en mer, Nantes, Angers, et dans les Pyrénées à Gavarnie, la Maladette, etc., etc. Il est probable que c'est lui, et non le *S. repens*, qui a été trouvé près d'Étampes par Guettard.

3615ᵃ. Sédum à courtes feuilles. *Sedum brevifolium.*

S. brevifolium. DC. rapp. 2, p. 79. Mém. soc. agr. Paris. 1808, p. 11. Lois. not. 70. — *S. sphæricum.* Lapeyr. Abr. 1813, p. 259.

Cette espèce ressemble au S. à feuille épaisse; mais on ne saurait la confondre avec lui d'après les caractères suivans : la plante entière est absolument glabre, même sur les pédicelles; les tiges sont ligneuses et tortueuses à leur base; les feuilles sont serrées et opposées dans les jets stériles, éparses et écartées dans les tiges fleuries, fermès, charnues, ovoïdes, courtes, obtuses, glauques, presque toujours rougeàtres à l'époque de la fleuraison; les fleurs sont en cime peu garnie; le calice est à 5 folioles minces, 4 fois plus courtes que les pétales; ceux-ci sont ovales, obtus, de couleur blanche avec une raie longitudinale, rougeàtre sur le dos. ♃. J'ai trouvé cette plante sur les rochers exposés au soleil, dans les Pyrénées, aux environs de Mont-Louis, surtout aux environs de Barrèges, à Néouvelle, au pic d'Ereslids, à l'Estive-de-Luz, au port de Gavarnie. M. Rohde l'a trouvée au Canigou, et M. Lapeyrouse dit qu'elle croît à Ax, Saleix et à la montagne de Crabère. — Au reste, le *S. dasyphyllum* croît aussi dans les Pyrénées, jusque dans la ville de Barrèges, et y conserve le même port qu'il a dans la plaine.

3619. Sédum velu.   *Sedum villosum.*

β. Pentandrum.

Cette variété ne diffère de l'espèce ordinaire qu'en ce qu'elle a 5 étamines au lieu de 10. Elle m'a été envoyée par **M.** de Saint-Hilaire, qui a observé que le sédum velu n'a jamais que 5 étamines dans les environs d'Orléans. Son identité avec le S. velu qui en a 10, ne me paraît cependant pas douteuse : il faut observer que ce sédum ressemble beaucoup à nos trois espèces de crassules, et notamment à la *C. rubens*, qui varie aussi à 10 et à 5 étamines. Je pense que ces plantes, toutes semblables par leur port, qui n'est celui ni d'une crassule, ni d'un sédum, et où le nombre des étamines varie entre celui propre aux crassules et celui des sédums, formeront un jour un genre particulier; mais, ne pouvant encore saisir son caractère, je suis obligé de classer chaque espèce d'après

le nombre le plus fréquent de ses parties, et de diviser ainsi artificiellement des êtres rapprochés par la nature.

3623ª. Sédum du bois de Boulogne. *Sedum Boloniense.*

S. Boloniense. Lois. not. 71. Mérat, Fl. par. 169.

Sa racine, qui est rampante, donne naissance à plusieurs tiges,
presque droites, simples ou rameuses : la plante est glabre, haute
de 3 pouces et assez semblable au S. *sexangulare ;* ses feuilles sont
cylindriques, obtuses, prolongées à leur base, dressées, serrées,
imbriquées, mais ne formant pas six rangées saillantes sur les jets
stériles, éparses sur les tiges fleuries : les tiges se divisent vers le
haut en 2 ou 3 cimes dressées, et qui portent chacune 6 à 10 fleurs
sessiles; le calice a ses folioles cylindracées, obtuses ; les pétales sont
d'un jaune clair, lancéolés, deux fois plus longs que le calice. ♃.
Cette espèce a été trouvée par M. Loiseleur au bois de Boulogne
près Paris. Elle fleurit au commencement de juillet.

3624. Sédum des pierres.   *Sedum saxatile.*

Il faut ajouter à la série des synonymes de cette plante, 1°. le
S. divaricatum, Lapeyr. Abr. 260 (non Ait.) qui y rentre entièrement, et 2°. probablement le *sedum schistosum.* Lejeune, Fl. spa. 1,
p. 206.

3624ª. Sédum rampant.   *Sedum repens.*

S. repens. Schleich. pl. exs. — *S. Guettardi.* Vill. Dauph. 3, p. 678,
t. 45, excl. syn. — *S. atratum,* β. Fl. fr. ed. 3, n. 3615. — *S. annuum.* All. ped. n. 1753? — *S. saxatile var.* β. Lapeyr. Abr. 259?

Cette plante, quoique commune dans les hautes sommités, et
quoique très - distincte par son port, est assez difficile à caractériser : elle tient le milieu entre le *S. atratum* et le *S. saxatile.* Ses
tiges sont nombreuses, rampantes et couchées à leur base, puis
ascendantes, longues de 1 ou rarement 2 pouces, simples, souvent
faibles et entremêlées ; les feuilles sont ovales, cylindracées, éparses,
dressées, beaucoup moins serrées que dans le *S. atratum ;* les fleurs
sont peu nombreuses, disposées en petite tête, ou plutôt en cime
peu ou point divisée ; leur calice a ses lobes obtus ; les pétales
sont ovales, à peine pointus ; ils ne sont ni d'un blanc rougeâtre
comme dans le *S. atratum*, ni d'un jaune décidé comme dans le
S. saxatile, mais d'un jaune pâle ; toute la plante est elle-même
d'une teinte pâle et un peu jaunâtre. ⊙ ? Cette petite espèce de sédum croît dans les rochers et les pelouses, aux sommités des Alpes
et des Pyrénées. Je l'ai cueillie dans les Alpes, aux environs du

Mont-Blanc, du mont de Lans ; dans les Pyrénées à Cambres-d'Ase près Mont-Louis, et sur le revers méridional du col de Vénasque.

3625ᵃ. Sédum embrassant. *Sedum amplexicaule.*

S. amplexicaule. DC. rapp. 2, p. 80, Mém. soc. agr. Paris. 1808, p. 12. Lois. not. 71. — *Sempervivum anomalum.* Lag. iter. astur. ined. ex specim. misso. — *Sedum rostratum.* Ten. Fl. neap. prod. p. 26, ex spec. misso.

Une racine fibreuse, tortueuse, un peu dure, donne naissance à plusieurs tiges droites, les unes stériles, feuillées, longues d'un pouce ; les autres fertiles, presque nues, longues de 5 à 6 pouces : les feuilles sont serrées, imbriquées dans les rejets stériles, écartées dans les tiges fertiles, menues, glabres, pointues en forme d'alêne, évasées à leur base en une large membrane blanchâtre qui enveloppe la tige ; les fleurs sont jaunes, au nombre de 5 à 7 en cime peu serrée ; chacune d'elles renferme de 6 à 7 pétales lancéolés, pointus, peu ouverts, deux fois plus longs que le calice, qui a aussi ses lobes menus et pointus. ♃. Cette singulière espèce de sédum a été découverte par M. Bouchet dans les Cévennes, à l'Espérou dans un champ, entre la baraque de Michel et Bramabiaou. M. Requien l'a aussi trouvée au mont Ventoux ; M. Lagasca, dans les Asturies ; M. Tenore, dans le royaume de Naples.

3626. Sédum à pétales droits. *Sedum anopetalum.*

S. anopetalum. DC. rapp. 2, p. 80. Mém. soc. ag. Paris. 1808, p. 12. Lois. not. 71. — *S. hispanicum.* Fl. fr. ed. 3, n. 3626, non Lin. — *S. rupestre.* Vill. Dauph. 3, p. 679, excl. syn. — *S. minus narbonense glaucum*, etc. Ray. supp. 363.

Cette plante a été confondue tantôt avec le *S. reflexum*, tantôt avec le *S. rupestre*, tantôt avec l'*hispanicum* : elle diffère de toutes les espèces connues par ses pétales d'un jaune très-pâle, dressés et jamais étalés. Elle croît sur les rochers et les débris calcaires en Provence, en Languedoc, en Roussillon, en Anjou près Chanzeaux, Blaison et Champigné-le-Sec (Bast.), en Dauphiné (Vill.), à Nantua, etc. Je n'indique dans ce supplément ni le *S. rupestre*, ni le *S. hispanicum*, parce que je crois que les auteurs qui ont indiqué ces plantes comme originaires de France ont toujours parlé ou de notre espèce, ou de quelqu'une des variétés du *S. reflexum*.

3627. Sédum élevé. *Sedum altissimum.*

C'est le même que le *S. ochroleucum*, Vill. Dauph. 1, p. 325 ; 3, p. 680 ; probablement encore le même que le *S. nicæense*, All. ped., n° 1752, t. 90, f. 1. Cette figure est fort mauvaise, mais notre plante est la seule qu'on puisse lui rapporter parmi celles qui croissent à Nice : c'est enfin cette plante qui est désignée sous le nom de *S. rupestre*, var. *α*, par M. Gouan, hort. monsp. 221. Elle est assez commune sur les rochers et les murs dans toute la région des oliviers à Nice, Gap, Montpellier, Collioure, Prades, Villefranche, et s'élève dans les Pyrénées jusqu'aux buttes de Sers près Barrèges, où je l'ai cueillie après M. Ramond.

FAMILLE DES PORTULACÉES.

3633ᵃ. Tamarix d'Afrique. *Tamarix Africana.*

T. africana. Desf. atl. 1, p. 269.

CET arbrisseau ressemble beaucoup au T. de France, et s'en rapproche en particulier, parce qu'il n'a que 5 étamines ; mais il s'en distingue, 1°. par ses feuilles moins glauques et un peu plus pointues ; 2°. par ses fleurs 3 ou 4 fois plus grosses ; 3°. surtout par ses épis beaucoup plus courts, plus serrés et plus épais, environ 3 fois plus longs que larges, et non de 6 à 10 fois plus longs que larges, comme dans le *T. gallica.* ♄. Il croît dans les sables maritimes du Languedoc : M. Requien l'a observé à la Jonquière près Beaucaire, et à la tour Saint-Louis près l'embouchure du Rhône. Je l'ai cueilli à Frontignan près Montpellier, et entre Cette et Agde : M. Pouzin, près l'embouchure du Lez.

3636ₐ. Corrigiole à feuilles *Corrigiola telephiifolia.* de télèphe.

C. telephiifolia. Pourr. act. toul. 3, p. 316. Lapeyr. Abr. 169. — *C. littoralis var. β.* Fl. fr. ed. 3, n. 3636.

Cette plante est bien distincte de la *C. littoralis* ; sa racine est vivace, pivotante ; ses tiges sont nombreuses, étalées, allongées, peu rameuses, absolument dégarnies de feuilles dans toute la partie où naissent les petites grappes de fleurs ; les feuilles radicales sont linéaires, longues d'un pouce sur une ligne de largeur ; celles des tiges sont ovales ou à peine oblongues ; toutes ont une couleur glauque, et une consistance un peu épaisse. ♃. Cette espèce croît dans le Roussillon, notamment au Boulou et aux environs de Prades : j'en ai reçu un échantillon cueilli aux environs de Madrid par M. Lagasca.

FAMILLE DES SALICARIÉES.

3647. Salicaire commune.   *Lythrum salicaria.* -

β. Gracilis. DC. cat. hort. monsp. 123.

CETTE variété est tellement tranchée, qu'elle devra peut-être un jour
être considérée comme une espèce particulière : elle est assez grêle,
toute couverte d'un duvet court et serré qui lui donne un aspect
grisâtre ; ses feuilles sont étroites, opposées ; ses épis nombreux,
opposés, grêles, allongés, les bractées et les calices veloutés presque cotonneux. Les fleurs sont alternes, solitaires ou géminées. Elle
croît dans les sables maritimes sur la plage près Montpellier, entre
Maguelone et l'embouchure du Lèz.

3651. Suffrénie filiforme.   *Suffrenia filiformis.*

Excluez le synonyme de Lobel. La suffrénie paraît particulière
aux risières du Piémont et de la Lombardie.

SOIXANTE-CINQUIÈME (*bis*) FAMILLE.

FICOÏDÉES.   *FICOIDEÆ.*

LES ficoïdées sont toutes des herbes ou des sous-arbrisseaux à
feuilles charnues : leur calice est d'une seule pièce, libre ou adhérent avec l'ovaire, divisé en un nombre déterminé de lobes ; la corolle est attachée au calice, presque toujours composée d'un grand
nombre de pétales un peu soudés par la base : les étamines sont en
nombre indéterminé attachées au calice. L'ovaire porte plusieurs
styles, et est divisé intérieurement en autant de loges qu'il y a de
styles ; les graines sont nombreuses, attachées à l'angle interne des
loges, composées d'un embryon courbé autour d'un périsperme
central farineux.

DCXXVI* FICOÏDE.   MESEMBRYANTHEMUM.

CAR. Le calice est adhérent à l'ovaire, persistant, à 5 lobes : les
pétales sont nombreux, linéaires, un peu soudés par la base ; le
nombre des styles varie de 4 à 10 ; la capsule est charnue, ombi-
liquée aú sommet.

3640. Ficoïde nodi- *Mesembryanthemum nodiflorum.*
flore.

M. nodiflorum. Lin. sp. 687. DC. pl. grass. t. 88.

Petite herbe à tiges nombreuses, un peu couchées par la base, glabres, charnues, chargées vers le haut de points cristallins; ses feuilles sont alternes ou opposées, cylindriques, obtuses, char- nues, un peu ciliées à la base, les fleurs sont terminales ou soli- taires aux aisselles, et portées sur de courts pédicules : les lobes du calice sont, les uns droits, courts; les autres étalés, semblables aux feuilles; les pétales sont blancs, très-petits, cachés dans le calice. ⊙. Elle croit dans les sables maritimes en Corse près Ajaccio (Lois.).

FAMILLE DES ONAGRAIRES.

3658ᵃ. Volant-d'eau pec- *Myriophyllum pectinatum.*
tiné.

Millefolium aquaticum pennatum spicatum. Magn. bot. 178.

CETTE espèce a tout le port du *M. spicatum*, et lui ressemble en particulier par ses feuilles profondément pinnatipartites, à lobes longs, grêles et filiformes; par ses fleurs verticillées, disposées en épi grêle, terminal et interrompu; mais elle s'en distingue claire- ment parce que les bractées ou feuilles florales sont toutes oblon- gues-linéaires, pinnatifides, à lobes nombreux, aigus, régulièrement disposés en dents de peigne, comme les feuilles florales du *M. verti- cillatum;* dans le vrai *M. spicatum*, les verticilles inférieurs ou fe- melles ont les bractées un peu dentées; tous les verticilles mâles les ont parfaitement entières. ♃. Elle croit dans les eaux tranquilles, à la Vérune près Montpellier, où elle a été observée par M. Requien; dans le Lez, où elle est indiquée par Magnol, et où elle a été retrou- vée par M. Pouzin.

3658ᵇ. Volant-d'eau à fleurs *Myriophyllum alterniflo-*
alternes. *rum.*

Ce volant-d'eau est encore une des espèces qui a été confondue dans le *M. spicatum* : il s'en distingue dès le premier coup-d'œil, parce qu'il est plus grêle et plus délicat dans toutes ses parties; ses feuilles ont les lobes alternes et non opposés, plus écartés et plus grêles; ses épis sont menus, longs d'un pouce seulement, com- posés de fleurs toujours alternes; les inférieures réunies 2-3 en-

semble par petits faisceaux, les supérieures solitaires; les inférieures
ont à leur base une feuille florale, grande, pinnatipartite, et semblable aux feuilles ordinaires ; les supérieures me paraissent nues
ou munies d'une très-petite écaille entière ; dans mon échantillon,
toutes les fleurs sont femelles ; d'où je présume que cette espèce est
dioïque ♃. Elle m'a été communiquée par M. Hectot, qui l'a trouvée
dans la rivière d'Erdre près Nantes.

3659. Volant-d'eau ver-   *Myriophyllum verticillatum.*
                ticillé.

β. M. limosum. Hect. ined.

Lorsque cette plante croît dans des fossés pleins d'eau, toutes les
feuilles inondées sont pinnatipartites, à lobes grêles et linéaires ;
les supérieures ou florales qui sont hors de l'eau, sont pinnatifides,
à lobes courts, imitant les dents d'un peigne ; c'est là l'état ordinaire
de la plante ; mais lorsqu'elle croît dans les terrains vaseux et non
inondés, les feuilles sont pectinées, et les verticilles de fleurs commencent très-près de la base : c'est ce qui arrive dans la var. *β*,
observée par M. Hectot aux environs de Nantes.

FAMILLE DES ROSACÉES.

3678ᵃ. Pommier acerbe.   *Malus acerba.*

M. acerba. Mérat. Fl. par. 187.

CE pommier diffère de l'espèce commune en ce qu'il a les feuilles
ovales-lancéolées, parfaitement glabres, et les fruits même à leur
maturité d'une saveur extrêmement acerbe et nullement sucrée ; c'est
celui-ci qui est le type sauvage du pommier à cidre, tout comme
celui qui est pubescent est le type du pommier à couteau. M. Mérat
a le premier distingué ces deux espèces, et je les admets d'autant
plus volontiers, que l'une et l'autre sont sauvages dans les bois de
la France septentrionale, et qu'il est bien connu que l'une et l'autre
conservent leurs caractères lorsqu'on les cultive. ♄ .

3679ᵃ. Poirier de Bollwyller. *Pyrus Bollwylleriana.*

P. Pollweria. Lin. mant. 244. — *B. pollwylleriana.* J. Bauh. hist. 1, p. 59, ic.

Cette espèce diffère du poirier commun, parce que ses feuilles
sont fortement dentées en scie et velues en dessous : à l'état sauvage, il se distingue bien du poirier commun, qui est glabre et a
les feuilles à peine dentées ; mais parmi les nombreuses variétés

cultivées, il s'en trouve beaucoup d'intermédiaires entre ces deux types sauvages, qui sont probablement des hybrides formés dans les jardins et les vergers. ♄. Le poirier de Bollwyller croît dans les bois, aux environs de Bollwyller en Alsace, où il avait déjà été observé par J. Bauhin; MM. Bauman, qui l'y cultivent dans leurs pépinières depuis long-temps, ont observé que la culture n'altère point ses caractères.

3679*b*. Poirier amandier. *Pyrus amygdaliformis.*

P. amygdaliformis. Vill. cat. strasb. 322. — *P. salicifolia.* Balb. misc. alt. 18. Lois. not. 79. — *P. sylvestris.* Magn. bot. 215. — *P. communis.* Gou. hort. 242. — *P. sylvestris achras.* C. Bauh. pin. 439, n. 4. — *Pyraster.* J. Bauh. hist. 1, p. 57.

Cet arbre se distingue très-facilement à ses feuilles oblongues, entières, couvertes d'un duvet blanc et serré à la surface inférieure, pubescentes et grisâtres à la face supérieure; ses rameaux sont dressés, nombreux, épineux; ses fleurs en corymbe peu fourni; ses fruits glabres, petits et acerbes. ♄. Il est assez commun dans les lieux secs et stériles en Provence, entre Luc et Vidauban (Balb.); depuis Gap jusqu'à Digne, Aix et Marseille (Vill.); à Alais, Anduze, Ganges, Montpellier, etc. Il tient le milieu entre le P. de Bollwyller, dont il diffère par ses feuilles entières, plus velues et plus étroites, et le *P. salicifolia* de Pallas, auquel il ressemble beaucoup, mais dont il paraît différer par ses rameaux épineux, ses feuilles un peu plus larges et moins blanches en dessus.

J'ai trouvé au Mans un poirier à feuilles entières et velues qu'on y prend aussi pour le *P. salicifolia*, et qui y croît dans les bois : il diffère du P. amandier par ses feuilles beaucoup plus larges, couvertes à peu près également sur les deux surfaces de poils qui lui donnent un aspect cendré. Je pense que c'est une espèce particulière ; mais, ne l'ayant pas vu en fleurs, je n'ose le décrire.

3686. Néflier aubépine. *Mespilus oxyacantha.*

γ. *Calyce villosissimo.* Bast. in Litt.
δ. *Foliis angustè laciniatis.* — *Cratægus elegans.* Poir. Dict. 4, p. 439.

La var. γ que M. Bastard a trouvée en Anjou est extrémement remarquable, parce que les calices sont tout hérissés de poils blancs et serrés. La var. δ ne diffère des précédentes que par ses feuilles plus découpées et à lobes plus menus. — Toutes ces diverses variétés ne peuvent se confondre avec l'azerolier, qui a les feuilles divisées en 3 lobes divergens, entiers ou dentés au sommet, les jeunes pousses, les pétioles et les pédicelles garnis de poils mous et épars, et les

fruits à 2 graines. Ce dernier caractère lui fait donner en Languedoc
le nom de *pommettes de doux closes.*

3691ᵃ. Néflier à fruit cotonneux. *Mespilus eriocarpa.*

M. eriocarpa. DC. syn. Fl. gall. n. 3691*. — *M. tomentosa.* Wild. sp. 2,
p. 1012. Schleich. exs. non Lam.

Cette espèce ressemble beaucoup au néflier cotonnier ; mais il a
les feuilles presque doubles en grandeur , de forme plutôt ovale
qu'orbiculaire, et un peu moins blanche à la face inférieure ; les
pédicules sont plus longs, et portent souvent jusqu'à 3 et 5 fleurs
disposées en petit corymbe ; les ovaires sont cotonneux au lieu d'être
glabres , et les fruits eux-mêmes conservent encore à leur maturité un peu de duvet blanchâtre. qui manque absolument dans
l'autre. ♄. Il croît sur les rochers exposés au soleil dans le Jura ,
à Pierre-Pertuis (Moug.), au-dessus de Neufchâtel (Chaill.) ; à Salève près Genève ; à Syon en Valais (Schl.) ; dans la val d'Aost à
Ayas, et à Oulx près le Briançonnet (Balb.).

3695ᵃ. Rosier en ombelle.   *Rosa umbellata.*

R. umbellata. Leers. Fl. herb. 117. Add. 286. Gmel. Fl. bad. 2, p. 425. —
R. sempervirens. Roth. Fl. germ. 2, p. 537, non Lin. — *R. tenuiglan-
dulosa.* Mérat, Fl. par. 189.

La tige s'élève à 4 ou 5 pieds, et porte des aiguillons élargis à
leur base, un peu crochus, souvent géminés ; la face inférieure
des folioles et des stipules est revêtue de glandes sessiles et odorantes ; les pétioles sont un peu velus, très-légèrement glanduleux,
garnis en dessous d'aiguillons crochus : les folioles, au nombre de
5 à 7, sont ovales, assez grandes, glabres en dessus ; les fleurs sont
couleur de chair , réunies de 3 à 8 ensemble en une espèce d'ombelle ; les pédicules extérieurs sont quelquefois rameux , hérissés de
poils glanduleux et entourés de bractées glandulifères ; les lobes
du calice sont entiers ou pinnatifides. ♄. Il croît dans les haies et les
buissons , dans la vallée du Rhin (Gm.) ; au Mans ; à Toulouse ;
aux environs de Paris près Yerres (Mér.), et au Calvaire, d'où il
m'a été envoyé par M. Lallemand.

3695ᵇ. Rosier de montagne.   *Rosa montana.*

R. montana. Vill. Dauph. 1, p. 346 ; 3, p. 547. — *R. Reynieri.* Hall. fil.
in Rœm. arch. 1, st. 2, p. 7.

Arbrisseau de 4 à 5 pieds de hauteur, à aiguillons rares, épars,
droits, assez grêles ; à glandes sessiles, petites, peu nombreuses
sur la surface inférieure des feuilles et des stipules ; à pétioles un peu
veloutés et garnis d'aiguillons courts et de poils glanduleux ; à 7-9

folioles ovales, 2 fois dentées en scie, pâles en dessous ; à 2-3 fleurs roses, inodores, réunies en petit corymbe ; les pédicelles sont hérissés de poils glanduleux presque épineux ; l'ovaire est ovoïde, à peu près sphérique, un peu hérissé, surtout vers sa base ; les lobes du calice sont glanduleux en dessous, 2 entiers, 3 pinnatifides. ♄. Il croît dans les lieux montueux, aux environs de Gap (Vill.), dans les Alpes du Valais (Schl.), et dans les montagnes du Jura près Neufchâtel (Chaill.).

3696. Rosier des champs.   *Rosa arvensis.*

La var. β est la même que le *R. repens*, Scop. corn. 1, p. 355, *R. stylosa*, Mér. Fl. par. 192, ex Desv. journ. 1813, 2, p. 113. Elle croît dans les Alpes et les Cévennes, et pourrait bien former une espèce distincte.

3696ᵃ. Rosier toujours vert. *Rosa sempervirens.*

> *a. Scandens.* — *R. sempervirens.* Fl. fr. ed. 3, n. 3714. Cat. hort. monsp. 138. — *R. atrovirens.* Viv. Fl. ital. fragm. p. 4, t. 6. — *R. scandens.* Mill. Dict. n. 8.
> β. *Microphylla.* Cat. hort. monsp. p. 138.

Cette belle espèce se distingue très-facilement en ce que ses styles sont soudés en une colonne cylindrique hérissée de poils ; les ovaires sont ovales pendant la fleuraison ; les fruits sont rouges, globuleux ; la var. α a une tige qui grimpe dans les buissons et sur les arbres ; ses feuilles sont grandes, ovales-lancéolées ; ses fleurs sont à peu près grandes comme dans la rose muscade : elle est assez commune dans le Midi. La var. β a un aspect très-différent : elle est couchée par terre, munie d'aiguillons beaucoup moins élargis à leur base ; ses folioles sont 2 ou 3 fois plus petites, d'un vert plus clair, ses fleurs plus petites et moins nombreuses : c'est probablement une espèce distincte, mais je n'ose encore assigner son caractère. ♄. Elle est spontanée dans les lieux pierreux et stériles, aux environs de Montpellier.

3698. Rosier à mille épines. *Rosa myriacantha.*

Elle croît, non aux environs de Lyon, mais dans les lieux secs et pierreux de la route de Mireval près Montpellier : cultivée depuis plusieurs années dans un jardin, elle n'a point changé d'aspect ; c'est celle-ci qui a été considérée par quelques auteurs comme une variété du *rosa spinosissima* (Gou. Fl. 257, Lois. Fl. gall. 294), et elle est en effet très-voisine ; mais elle n'a aucune espèce de rapport avec le *R. villosa*, auquel M. Lapeyrouse la rapporte.

534.   FAMILLE

3698ᵃ. Rosier des buissons.   *Rosa dumetorum.*

R. dumetorum. Thuil. Fl. paris. ed. 2, p. 250. — *R. canina*, γ. Fl. fr.
ed. 3, n. 2716. — *R. corymbifera.* Gmel. Fl. bad. 2, p. 424. — *R. arvensis.* Roth. Fl. germ. 2, p. 554, non Lin.
β. *Litigiosa.*

Ce rosier, qu'à l'exemple de la plupart des auteurs, j'avais considéré comme une variété du *R. canina*, en est certainement distinct
et n'est pas même très-rapproché de lui dans l'ordre des rapports :
il forme un buisson très-rameux ; ses aiguillons sont crochus, larges
et comprimés à leur base : ses pétioles sont velus, munis d'aiguillons
très-rares ; ses folioles ovales, pubescentes en dessous ; ses fleurs
sont d'un blanc rosé, disposées 3 à 5 ensemble en un corymbe court
et serré ; les pédicelles sont glabres ; les ovaires ovoïdes, presque
globuleux, glabres ; les lobes du calice pinnatifides. ♄. Il est assez
commun dans les haies et les buissons de presque toute la France.
La var. β se distingue à ses fleurs solitaires ou géminées, et surtout
à ses aiguillons peu ou point élargis ni comprimés à leur base.

3699. Rosier cannelle.   *Rosa cinnamomea.*

La var. α a les feuilles glabres en dessous, fort peu glauques et
les ovaires presque globuleux : la var. β, qui est regardée comme
une espèce par plusieurs auteurs, s'en distingue par ses feuilles
un peu pubescentes et plus glauques en dessous, et les ovaires plus
ovales.

3700. Rosier velu.   *Rosa villosa.*

J'ai trouvé près de Briançon un individu qui réunissait sur des
branches diverses les caractères des deux variétés indiquées dans
la Flore.

3702ᵃ. Rosier fétide.   *Rosa fœtida.*

R. fœtida. Bast. suppl. 29. — *R. collina.* Jacq. austr. t. 197 ?

Arbrisseau rameux très-semblable au R. cotonneux et au R. des
collines, mais distinct de l'un et de l'autre par ses feuilles glabres
en dessus, et munies en dessous et sur leurs pétioles de quelques
glandes analogues à celles des *R. rubiginosa* et *sepium* ; ses aiguillons sont épars, un peu courbés ; ses folioles ovales, aiguës, pubescentes en dessous, deux fois dentées en scie ; ses fleurs roses,
solitaires ; ses pédoncules hérissés de poils glanduleux ; ses fruits
ovoïdes, légèrement hérissés et remarquables par l'odeur fétide qu'ils
exhalent lorsqu'on les froisse. ♄. M. Bastard a trouvé cette rare espèce en Anjou sur les coteaux de la Loire, près de la haie longue.

3702^b. Rosier à fleurs blanches. *Rosa leucantha.*

R. leucantha. Lois. not. 82. Bast. suppl. 32. — *R. obtusifolia.* Desv.
Journ. bot. 2, p. 317. — *R. stylosa var.* β. Desv. Journ. 1813, 2,
p. 113.
β. *acutifolia.* Bast. in Litt.

Cette espèce est assez semblable au R. des buissons. Elle forme
un arbrisseau rameux dont les aiguillons sont épars et crochus ; les
pétioles sont velus, munis de quelques aiguillons ; les folioles, au
nombre de 5 à 7, sont ovales, obtuses ou aiguës dans les branches
supérieures et dans la var. β, dentées en scie, couvertes en dessous
de poils mols et couchés, glabres ou à peine pubescentes en dessus ; les fleurs sont blanches, réunies 2 ou 3 en petites ombelles ;
les pédicelles courts, glabres ; les ovales glabres, ovales – oblongs ;
les lobes du calice pinnatifides ; les styles distincts, hérissés. ♄. Ce
rosier croît dans les haies et les buissons, à Dreux (Lois.), Angers
(Bast.), Poitiers (Desv.), au Pouce près Montpellier.

3710. Rosier rouillé. *Rosa rubiginosa.*

β. *Ovariis hispidis.*

Cette variété, qui ne se distingue que parce que ses ovaires sont
hérissés comme le pédoncule, se trouve dans diverses parties de la
France, souvent mêlée avec l'autre ; à Agen, Angers, à la Sainte-
Baume, etc.

3711^a. Rosier nivellé. *Rosa fastigiata.*

R. fastigiata. Bast. suppl. 30.

Arbrisseau touffu, élevé, rameux, à aiguillons crochus, comprimés, très larges à leur base, à jeunes pousses glauques et rougeâtres ; ses pétioles sont munis d'aiguillons ; ses folioles ovales-lancéolées, glabres en dessus, pubescentes en dessous ; les pédoncules
sont nombreux, disposés en corymbe assez large, hérissés de quelques poils glanduleux : les ovaires glabres, ovales ; les lobes du
calice rougeâtres, 3 pinnatifides, 2 entiers ; les pétales d'un beau
rose. ♄. Ce rosier croît dans les haies, dans les terrains fertiles un
peu humides. M. Bastard l'a observé en Anjou, entre la Cornouaille
et Candé. Je l'ai trouvé en Dauphiné, entre Saint-Georges de Comiers
et le mont de Lans.

3712ª. Rosier des Alpes.   *Rosa Alpina.*

γ. Pedunculo glabro.
δ. Ovario pedunculoque hispidulo. — *R. pyrenaïca.* Fl. fr. n. 3713.
ε. Pedunculo glabro aut hispido , ovario glabro , foliolis profundiùs biserratis. — *R. monspeliaca.* Gouan. Fl. monsp. 255.
ζ. Pedunculo valdè hispido , ovario glabro pendulo globoso.

Peu de rosiers sont aussi variables que celui-ci ; ses aiguillons manquent le plus souvent ; quelquefois il en a quelques-uns dans le bas ; ses feuilles sont 2 fois dentées en scie , mais très-profondément dans la var. ε ; ses pédoncules sont glabres ou plus ou moins hérissés : il en est de même de ses ovaires ; ceux-ci sont ovales ou oblongs. J'ai trouvé tant d'intermédiaires entre ces diverses variétés , qu'il m'est impossible de les regarder comme distinctes. Elles croissent dans les bois des montagnes. La var. ε se trouve dans les Cévennes , au fond du bois des Ambrets près l'Esperou. La var. ζ a été observée dans les montagnes de la Lozère , par M. Prost.

3713ª. Rosier à long style.   *Rosa stylosa.*

R. stylosa. Desv. Journ. bot. 1809, 2 , p. 317; 1813, 2, p. 113, t. 14. DC. cat. hort. monsp. 138 , non Mér.

Ses aiguillons sont peu crochus , souvent géminés sous la naissance des feuilles ; les pétioles sont velus , chargés de quelques aiguillons ; les folioles pubescentes sur les deux faces , pâles en dessous , ovales , aiguës , simplement dentées en scie ; les fleurs blanches , solitaires ou en corymbe peu fourni ; les pédicelles glabres ou hérissés de quelques poils glanduleux ; les fruits glabres , ovales-oblongs ; les styles réunis en une colonne cylindrique , glabre. ♄. M. Desvaux l'a trouvé dans le haut Poitou.

3714ª. Rosier couché.   *Rosa prostrata.*

R. prostrata. DC. cat. hort. monsp. p. 138.

Ce rosier ressemble beaucoup à la var. β du *R. sempervivens* , et à la var. α du *R. arvensis :* il diffère du premier par son style absolument glabre ; du second , par ses feuilles persistantes et luisantes ; de tous deux , par ses ovaires ovales-oblongs et non globuleux ; sa tige est couchée à aiguillons épars , peu crochus ; ses feuilles glabres , lisses , fermes , à pétiole aiguillonné , à folioles ovales , aiguës , simplement dentées en scie ; les fleurs sont blanches , solitaires ou en corymbe très-peu fourni ; les pédoncules garnis de poils glanduleux ; le calice à lobes entiers. ♄. J'ai trouvé cette espèce au bois de la Ramette près Toulouse , mêlée avec le vrai *R. arvensis.*

3714[b]. Rosier à court style. *Rosa brevistyla.*

a. Petalis albis basi flavidis. — R. leucochroa. Desv. Journ. bot. 1809, 2,
p. 316. DC. cat. hort. monsp. 138.
β. Petalis lacteis. Lois. not. p. 81.
γ. Petalis pallidè roseis. — R. systyla. Bast. suppl. 31.

Ses ovaires sont glabres, ovales; ses pédicelles sont solitaires ou
géminés, glabres ou un peu hérissés, surtout dans les var. *a* et *γ*,
de poils plus ou moins glanduleux au sommet; les folioles du calice
sont pinnatifides; les pétales blancs dans la var. *β*, d'un blanc tirant
un peu sur le jaune à leur base dans la var. *β*, d'un rouge très-
pâle dans la var. *γ*; les styles sont soudés en une colonne glabre et
courte; les feuilles ont 5, rarement 7 folioles ovales, pointues, bordées de dents égales et aiguës, glabres ou à peine pubescentes sur
les nervures dans la var. *γ*; le pétiole est pubescent; chargé d'aiguillons rares et crochus. ♄. La var. *a* a été trouvée par M. Desvaux dans le haut Poitou. Il dit qu'elle est commune dans les
haies, et que ses fleurs sentent la muscade; la var. *β* a été cueillie
par M. Requien sur le mont Ventoux (Lois.); la var. *γ*, par
M. Bastard, en Anjou, sur les collines des Gardes, entre Cossé et
Saint-Georges.

3715. Rosier musqué. *Rosa moschata.*

Ce rosier ressemble au R. toujours vert, par ses styles soudés en
une colonne hérissée; mais il en diffère par ses tiges droites, ses
ovaires ovoïdes et non globuleux, et surtout ses calices garnis de
petits poils blancs couchés, non glanduleux, et ses fleurs beaucoup
plus odorantes. M. Coder m'en a envoyé un échantillon des environs de Prades en Roussillon.

3715[a]. Rosier à deux bractées. *Rosa ribracteata.*

R. dibracteata. Bast. in Litt.
β. Aculeis basi vix dilatatis.

Cette belle espèce ressemble par son port au *R. sempervirens* et
au *R. moschata;* mais elle en diffère bien évidemment parce que ses
styles sont réunis en une colonne glabre et non hérissée : ce caractère la rapproche des *R. arvensis* et *prostrata;* mais elle s'en distingue par sa grandeur et par sa tige droite; les rameaux inférieurs
sont un peu couchés, garnis de feuilles plus petites et plus pâles;
les rameaux centraux sont dressés; les aiguillons sont épars, un
peu crochus, très-élargis à leur base; les pétioles garnis de quelques aiguillons très-courts; les folioles glabres, ovales, pointues,
simplement dentées en scie; les fleurs d'un blanc rosé, grandes,

disposées en corymbe ; les pédicules ont de très-petits poils glanduleux à peine visibles, et ceux des rameaux centraux portent vers leur base 2 bractées oblongues, aiguës et opposées : ces bractées manquent dans les branches inférieures. ♄. Ce rosier a été découvert par M. Bastard, dans les environs d'Angers. La var. β, que M. Prost m'a envoyée des environs de Mende, ne diffère de celle d'Angers que par ses aiguillons moins élargis à leur base.

3716. Rosier des chiens.   *Rosa canina.*

R. *canina*. α. Fl. fr. n. 3716, excl. var. β et γ. Desv. Journ. bot. 1813, 2, p. 114, excl. var. plurib.

Sous le nom de R. *canina*, je comprends avec M. Bastard tous les rosiers à fruit ovoïde, glabre, ainsi que le pédicule ; à folioles glabres, simplement dentées en scie ; à tige et pétioles munis d'aiguillons crochus, à styles libres, à fleurs variant du rose vif au rose le plus pâle. Quoique ce caractère exclue plusieurs des variétés réunies à cette espèce par divers auteurs, il en reste encore un nombre très-considérable, et parmi lesquels il se trouvera très-probablement quelques espèces dignes d'être admises : le R. *glauca*, Vill. in Lois. not. 80, remarquable par son feuillage glauque et le rose vif de ses fleurs, parait être de ce nombre ; les R. *nitens*, Desv. in Mer. Fl. par. 192 ; R. *glaucescens*, Desv. in Mer. par. 192 ; R. *vert cillacantha*, Mer. Fl. 90, ne sont, d'après M. Desvaux, que de simples variétés du R. *canina*. C'est encore parmi ces variétés qu'il faut, selon moi, ranger le rosier à petites fleurs blanches que M. Bastard a indiqué comme variété sauvage du R. *alba* (Ess. p. 189).

3716ᵃ. Rosier des haies.   *Rosa sepium.*

R. *sepium*. Thuil. Fl. par. ed. 2, p. 252. DC. syn. 333. — R. *canina*, β. Fl fr. ed. 3, n. 3716. — R. *myrtifolia*. Hall. fil. ex Schl. pl. exs — R. *agrestis*. Savi, Fl. pis. 1, p. 475. Mat. med. t. 27, non Gmel.

Cette espèce diffère du R. des chiens par ses feuilles plus petites, couvertes en dessous de poils glanduleux, et du R. rouillé par ses ovaires beaucoup plus allongés et parfaitement glabres, ainsi que les pédicelles ; les feuilles sont plus pointues ; les fleurs d'un rose pâle, quelquefois blanches. ♄. Ce rosier est l'un des plus communs dans les haies et les buissons dans toute la France. M. Desvaux pense que les *rosa stipularis, biserrata* et *macrocarpa*, Merat. Fl. par. 190, rentrent comme de simples variétés dans le R. *sepium*.

3717ᵃ. Rosier glanduleux.   *Rosa glandulosa.*

R. glandulosa. Bell. act. acad. Tur. 1790, p. 230. — *R. pimpinelli-folia.* Vill. Dauph. 3, p. 553, non Lin.

Cette élégante espèce de rosier forme un arbrisseau touffu de 5 à 7 pieds de hauteur ; les aiguillons de la tige sont rares ; droits, assez grêles ; ceux des pétioles sont petits, crochus, entremêlés de quelques poils glanduleux ; les folioles sont au nombre de 5 à 7 parfaitement glabres, un peu glauques, ovales, obtuses, petites, deux fois dentées et à dents glanduleuses, en tout assez semblables à celles de la pimprenelle ; les fleurs sont solitaires, d'un rose vif ; les pédicelles et les ovaires sont hérissés de longs poils spiniformes et glanduleux ; les stipules sont bordées de dents glanduleuses ; le calice a son tube ovoïde, ses lobes presque toujours entiers, un peu glanduleux en dessous. ♄. Ce beau rosier croît dans les haies et les buissons, aux environs de Briançon, notamment sous la ville et le long de la vallée qui conduit au Lantaret : il fleurit en juillet.

3717ᵇ. Rosier d'Anjou.   *Rosa Andegavensis.*

R. andegavensis. Bast. ess. 189, suppl. 29.
β. *R. sempervirens.* Bast. ess. 188, non. Lin.

Cette espèce ressemble à la précédente : c'est un arbuste rameux, à aiguillons rares, épars, droits sur les rameaux fleuris, ou un peu crochus sur les rameaux stériles ; ses pétioles sont presque toujours nus ; ses folioles ovales, très-glabres ; ses fleurs d'un rose pâle, ou blanchâtres, solitaires ; ses pédicelles et ses ovaires hérissés de poils glanduleux, quelquefois glabres ; les fruits sont ovales ; les styles courts, distincts, pubescens ; les lobes du calice pinnatifides, à l'exception de 1 ou 2 qui sont entiers. ♄. Il croît dans les haies et les buissons en Anjou, à la Brissac, la Romagne, Pruniers et Angers (Bast.); dans le haut Poitou (Desv.), aux environs d'Orléans (St.-Hil.). — La var. β, que M. Bastard a aussi trouvée aux environs d'Angers, et que lui-même soupçonne être une simple variété du rosier d'Anjou, a le feuillage moins glauque, les fleurs blanches, l'ovaire un peu plus ovoïde et les styles quelquefois un peu soudés.

3717ᶜ. Rosier à petites fleurs.   *Rosa micrantha.*

Cette espèce s'approche beaucoup du R. glanduleux ; mais elle en est certainement distincte à cause de ses ovaires glabres et de ses aiguillons crochus ; elle forme un buisson garni d'aiguillons droits à leur base, crochus au sommet : on trouve encore de petits aiguillons sur les pétioles, et même quelquefois sur la nervure moyenne de la foliole terminale ; le pétiole porte aussi quelques glandes ; les feuilles sont très-glabres, ovales, petites, bordées de dentelures en scie très-aiguës, qui sont elles-mêmes dentées, et dont toutes les dents se terminent par des glandes ; les pédicelles sont solitaires, hérissés ; les ovaires ovales-oblongs, glabres ; les calices pinnatifides, réfléchis, munis de glandes sur les bords ; les pétales sont assez petits, d'un rose pâle. ♄. Elle croît dans les lieux pierreux, au pied septentrional du pic de Saint-Loup près Montpellier, où elle a été trouvée par M. Pouzin.

3731. Potentille arbrisseau. *Potentilla fruticosa.*

Elle a été trouvée dans les Pyrénées orientales au haut de la vallée d'Eynes par M. Rohde aux Couilladets de Saleix (Lapeyr.). Les échantillons des Pyrénées ont les folioles un peu plus étroites, plus velues en dessous, et plus décidément roulées sur les bords que ceux des jardins.

3735[a]. Potentille à feuilles *Potentilla angustifolia.* étroites.

P. hirta. Lapeyr. Abr. 289, excl. syn.

Cette espèce est très-facile à reconnaître à ce que ses folioles sont très-étroites, linéaires ou un peu en forme de coin, entières sur les bords, terminées par 3 à 5 dents aiguës ; sa racine est brune et un peu ligneuse ; ses tiges sont au nombre de 3–4, longues de 6–8 pouces, droites ou un peu ascendantes, rougeâtres, hérissées, ainsi que les feuilles, de longs poils blancs ; les stipules sont étroites, entières ; les feuilles supérieures sont à 5 folioles, les inférieures à 7, dont les deux extérieures très-petites ; les fleurs sont jaunes, assez grandes, disposées 4 à 5 ensemble au sommet de la tige, portées sur de courts pédicelles ; les pétales sont échancrés au sommet, un peu plus longs que les lobes du calice. ♃. Elle croît dans les lieux secs et arides des Pyrénées orientales, notamment auprès de Prades, d'où elle m'a été envoyée par M. Coder.

3736[a]. Potentille poilue. *Potentilla pilosa.*

P. pilosa. Wild. sp. 2, p. 1100.

Cette plante ressemble tellement à la P. hérissée, que je ne puis croire qu'elle soit réellement distincte ; cependant Wildenow l'en a séparée d'après un caractère facile, et qui sera suffisant, s'il est constant ; c'est que les pétales, au lieu d'être plus longs que les calices, sont au contraire plus courts. ♃. Elle croît en abondance sur

les collines sèches et pierreuses de Nice à Gênes : elle est si fréquente
à Nice, qu'il n'est pas douteux qu'on la trouvera en-deçà du Var.

3736ᵇ. Potentille blanchâtre. *Potentilla canescens.*

P. canescens. Besser. Fl. gallic. austr. 1, p. 330, ex Nestl. diss. ined.
— *P. parviflora.* Gaud.
β. *P. adscendens.* Wild. enum. 554?

Cette plante ressemble, pour la plupart de ses caractères, à la
P. pilosa et à la *P. hirta;* mais elle diffère de l'une et de l'autre en ce
que sa tige et ses feuilles, surtout en dessous, sont couvertes, non
de poils hérissés, mais d'un duvet blanchâtre, serré, mou et couché; ses tiges sont droites, ou quelquefois légèrement courbées à la
base, et un peu ascendantes; ses stipules sont entières; ses feuilles
à 5 folioles profondément dentées en scie, pubescentes en dessus,
blanchâtres et comme cotonneuses en dessous; les calices sont très-
velus; les pétales jaunes, échancrés ou tronqués au sommet, de la
longueur des lobes du calice. ♃. Cette plante croît dans les lieux secs
et stériles, le long des murs en Alsace près Strasbourg, d'où les
deux variétés m'ont été envoyées par MM. Nestler et Gochnat : je
l'ai recueillie, aux environs de Florence, en fleur au commencement
d'août.

3737ᵃ. Potentille divergente. *Potentilla divaricata.*

P. divaricata. DC. cat. hort. monsp. 135.

Cette plante est exactement intermédiaire entre la potentille droite,
dont elle se rapproche par ses stipules pinnatifides, et la P. intermédiaire, dont elle a le port. Sa tige est haute d'un à deux pieds, garnie
de poils rares, divisée par le haut en rameaux grêles, divergens,
presque glabres, et qui ne forment point un corymbe serré comme
dans la P. droite; les folioles sont au nombre de 5 à 7, presque
glabres, profondément dentées en scie et même surdentées, oblongues, rétrécies à la base; le calice est hérissé de longs poils; les
pétales sont jaunes, de la longueur du calice, très-obtus, un peu
échancrés. ♃? J'ai reçu cette plante du jardin de Toulon, où elle
a été apportée de la montagne dite *Monte-Rotondo* dans l'île de
Corse.

3738. Potentille de Savoie. *Potentilla Sabauda.*

Elle a été retrouvée par MM. Mougeot et Nestler dans les Vosges,
sur les pelouses du Montabey, à peu près à 600 toises d'élévation.
Je l'ai cueillie à la montagne de Charance près Gap, et au mont
Pela dans la haute Provence.

3739. Potentille des Pyrénées. *Potentilla pyrenaïca.*

C'est celle-ci que M. Lapeyrouse a nommée *P. adscendens* (Abr. 289); mais ce n'est pas la *P. adscendens* de Wildenow. Il dit l'avoir trouvée au port de Paillères et aux montagnes d'Orlu et del Fum. Je l'ai recueillie au pic d'Ereslids, et surtout en montant de l'hospitalet de Bagnères au port de Vénasque; M. Marchand aux montagnes de Melles.

3741. Potentille printanière. *Potentilla verna.*

β. *Hirsuta.* — *P. subacaulis.* Lapeyr. Abr. pyr. 290, uon Lin.
γ. *Nana.*

Le port de la P. printanière est, comme je l'ai dit dans la Flore, très-variable, même dans la plaine; mais ces variations augmentent beaucoup dans les montagnes. Parmi les nombreuses aberrations qu'elle y présente, je citerai les deux suivantes : la var. β, que j'ai cueillie sur les pelouses élevées de Cambre-d'ase dans les Pyrénées orientales, est très-petite, extraordinairement hérissée de poils non couchés et courts, comme dans la *P. subacaulis,* mais étalés, longs et soyeux. La var. γ, que j'ai observée en Dauphiné au sommet du Galibier, est extrêmement petite, rabougrie, presque glabre, fort semblable à la *P. frigida,* mais ayant ses feuilles à 5 et non à 3 folioles. On voit, par ces exemples, qu'à mesure que la P. printanière croît dans une situation plus élevée, elle devient plus rabougrie; c'est ce qui m'engage à penser que la plante suivante doit en être séparée.

3741ᵃ. Potentille filiforme. *Potentilla filiformis.*

P. filiformis. Vill. Dauph. 3, p. 564. — *P. salisburgensis.* Wulf. in Jacq. coll. 2, p. 68. Ic. rar. 3, t. 490. — *P. verna,* β. Wild. sp. 2, p. 1104. — *P. heterophylla.* Lapeyr. Abr. 289.

Cette potentille n'est peut-être encore qu'une des variétés de la précédente : elle paraît cependant en différer en ce que ses feuilles sont la plupart radicales, à 5 folioles, obtuses, incisées en dents de scie, très-hérissées, tandis que celles de la tige sont en petit nombre et à 3 folioles; les tiges sont beaucoup plus longues, grêles, filiformes, ascendantes, terminées par 1 à 3 fleurs pédicellées; les pétales sont d'un jaune doré, un peu plus longs que le calice, obtus ou un peu échancrés. ♃. Elle croît sur les pelouses et dans les fentes des rochers des montagnes élevées : M. Villars l'a trouvée près Grenoble ; M. Chaillet aux Plans, dans le Jura; M. Nestler, dans les Vosges, au ballon d'Alsace, à plus de 600 toises de hauteur ; M. Marchand, à la montagne de Melles dans les Pyrénées près Saint-Béat.

3743. Potentille cendrée. *Potentilla cinerea.*

M. Koch m'a fait remarquer que c'est cette espèce que Pollich a décrite sous le nom de *P. opaca*, et Borckhausen sous celui de *P. arenaria*; elle croît en effet dans les lieux sablonneux aux environs de Durckheim et de Mayence. La vrai *P. opaca* (n° 3742) croît dans le Palatinat, sur les collines stériles, entre Carlstadt et Leistadt (Koch.).

3754. Potentille des neiges. *Potentilla nivalis.*

β. Integrifolia. Lapeyr. Abr. 291.

Cette variété ne diffère de l'état ordinaire de l'espèce que parce que les feuilles de la tige ont leurs folioles un peu plus petites, entières au sommet, et par conséquent presque semblables aux stipules. Elle croît dans les Pyrénées orientales.

3757. Potentille brillante. *Potentilla splendens.*

Cette plante a été indiquée par M. Lapeyrouse sous le nom de *fraga Vaillantii* (Abr. p. 287); mais il faut en exclure le synonyme de Villars, et il faut observer que ce genre *fraga* ne diffère en aucune manière des potentilles, car la plupart de celles-ci ont les graines lisses, et toutes ont le réceptacle sec. La P. brillante croît à Dax, la Rochelle; aux Sables d'Olonne; à Limoges (Lois.); en Poitou (Desv.); à Langeais (Duv.); à Saint-Calais (Cauv.); à Brissac, Gohier et Saumur (Bast.); à Folleville et Beaugency près Orléans (Saint-Hil.)

3761ª. Fraisier des collines. *Fragaria collina.*

F. collina. Ehr. beitr. 7, p. 26, ex Wild. sp. 2, p. 1093. — *F. foliis hispidis.* C. Bauh. pin. 327.

Il diffère du F. commun par ses feuilles couvertes d'un duvet plus soyeux, couché et argenté; par ses pétioles et ses pédoncules très-hérissés de poils mous, longs, étalés et jamais couchés, et surtout parce que son calice est dressé et non étalé ou réfléchi au moment de la maturité du fruit; celui-ci est un peu plus gros relativement à la plante, et sa saveur est un peu différente de la fraise ordinaire, et s'approche davantage de la framboise. ♃. Cette espèce croît sur les montagnes sèches en Alsace (Mapp.), sur le revers septentrional des Alpes maritimes, où les habitans la distinguent sous le nom d'*Afrousa.*

3765ᵃ. Benoite des bois.   *Geum sylvaticum.*

G. sylvaticum. Pourr. act. acad. Toul. — *G. atlanticum.* Desf. Fl. atl. 1,
p. 402. — *G. montanum.* Gou. hort. 250. Flor. 261, non Lin. —
Cariophyllata alpina lutea. Magn. bot. 52, excl. syn.

Cette plante ressemble absolument à la B. de montagne pour son
port, son feuillage et sa fleur droite, jaune et presque toujours
solitaire; mais elle s'en distingue essentiellement 1°. à ce que le lobe
terminal de ses feuilles radicales est arrondi, échancré en cœur et
non ovale; 2°. à ses fruits velus, terminés par des arêtes tortillées,
glabres ou un peu velues, mais non droites et barbues. ♃. J'ai trouvé
cette plante en fleur au mois de mai sur le bord des bois près Montpellier, à Fontfroide, Montarnaud, la Val-Crose, aux Cambrettes,
aux Capouladoux, à la Sérane, etc. M. Requien l'a trouvée près
Nismes, au petit mas de Chêne, et aux environs de Narbonne, où
elle avait déjà été observée par M. Pourret.

3771. Ronce glanduleuse.   *Rubus glandulosus.*

β. *Intermedius.*
γ. *Incanescens.*
δ? *Eglandulosus.*

La ronce glanduleuse est très-remarquable par les poils glanduleux qui sont entremêlés avec les épines dans toute la partie supérieure des tiges, et par ses pétales étroits et allongés; elle a la surface
inférieure des feuilles velue, mais non blanchâtre. Dans la var. β, que
M. Bastard a observée à la base du Puy-de-Dôme, les poils glanduleux sont moins nombreux et entremêlés de poils non glanduleux;
les pétales sont plutôt oblongs que linéaires, et la surface inférieure
des feuilles (surtout de celles du haut de la plante) est couverte d'un
léger duvet soyeux et blanchâtre. La var. γ a été trouvée à Sarzane
par M. Bertoloni; elle a les poils glanduleux moins nombreux, entremêlés de poils non glanduleux très-abondans, les pétales un peu
plus ovales, et le dessous des feuilles tout-à-fait blanc; enfin, dans la
var. δ observée par M. Bertoloni, les poils glanduleux manquent
absolument, les pétales sont ovales et le dessous des feuilles blanchâtre. Celle-ci serait-elle une hybride du *R. glandulosus* et du
R. fruticosus ou du *R. tomentosus?*

3772. Ronce à feuilles de noisetier. *Rubus corylifolius.*

β. *Villosus.*

La var. β que j'ai trouvée parmi les rochers, dans les taillis au
bord de l'Erdre près Nantes, et au Puy-de-Dôme, est remarquable
par ses feuilles plus petites, plus fortement deux fois dentées en scie,
couvertes sur les deux surfaces de poils nombreux, épars, et qui

ne leur donnent point l'aspect cotonneux ni la couleur blanche.
M. Chaillet en a trouvé une variété à fleurs rouges, et une autre à
folioles calicinales changées en feuilles.

3773ᵃ. Ronce des collines.   *Rubus collinus.*

R. Collinus. DC. cat. hort. monsp. 139.

Cette espèce ressemble beaucoup à la ronce arbrisseau ; mais elle
en diffère parce que la surface supérieure de ses feuilles n'est pas
glabre, mais couverte de poils mous, chatoyans, nombreux, demi-
couchés, et que l'inférieure, quoique blanchâtre, porte des poils
mous et demi-dressés, et non un duvet ras et serré ; ses feuilles sont
la plupart à 5 folioles, les latérales à peine pétiolées ; l'axe de la
grappe est hérissé de poils mous ; les fleurs sont blanches, odorantes. ♄. Elle croît dans les collines pierreuses au pied du pic Saint-
Loup près Montpellier.

3774. Ronce cotonneuse.   *Rubus tomentosus.*

β. Prostratus. Bast. in Litt.

La ronce cotonneuse a les feuilles constamment composées de 3 et
jamais de 5 folioles ; c'est à elle qu'on doit rapporter le *R. argenteus*,
Gmel. Fl. bad. als. 2, p. 434. Je l'ai trouvée aux environs d'Angers,
Nantes, Toulouse, Montpellier, Aix et Draguignan. La var. *β*, que
M. Bastard a trouvée à Angers, et que j'ai rapportée de Dragui-
gnan, a la tige couchée, les feuilles glabres ou à peine pubescentes
en dessus, et les folioles latérales à peine légèrement pétiolées.
Cette variété appartiendrait-elle au *R. fruticosus ?*

3774ᵃ. Ronce blanchâtre.   *Rubus canescens.*

R. canescens. DC. cat. hort. monsp. p. 139.

Cette ronce forme un arbuste assez élevé ; ses branches sont cannelées, pubescentes, et n'ont qu'un petit nombre d'aiguillons droits
et dirigés en en-bas ; les feuilles sont à 5 folioles, excepté les supérieures, qui sont à 3 ; ces folioles sont oblongues, bordées de dents
larges, simples, assez fortes, mais écartées et irrégulières ; leurs
deux surfaces sont couvertes d'un duvet court, serré, velouté,
blanchâtre ou un peu grisâtre. Les rameaux principaux et secondaires sont tous terminés par une grappe ovale serrée : les fleurs
sont blanches, plus petites que dans la plupart des espèces de ce
genre ; les pédicelles sont velus, un peu blanchâtres, hérissés d'aiguillons droits ; les pétales ovales. ♄. J'ai trouvé cette espèce dans
les Alpes auprès de Vinadio, dans la descente du col de la Made-
leine sur le Piémont.

3776. Spirée à feuilles de saule.   *Spiræa salicifolia.*

Elle croît dans la Campine, le long d'un ruisseau près Beringhen, selon M. Dossin.

3778ª. Spirée pubescente.   *Spiræa pubescens.*

Cette plante ressemble absolument à la filipendule ; mais elle est remarquable en ce que tout son feuillage est couvert de poils courts et serrés qui lui donnent un aspect grisâtre, et que ses fleurs ont presque toujours 7 pétales, 7 lobes au calice et 12 pistils. ♃. Elle a été observée dans les collines de la Provence occidentale, à Fonchâteau, entre Tarascon et Saint-Remi, par M. de Guibert la Rostide, qui l'a cultivée de graines pendant deux ans, et ne l'a point vue perdre aucun de ses caractères : sa ressemblance avec la filipendule est cependant telle, qu'il sera nécessaire, avant de l'admettre d'une manière définitive, d'examiner encore les variations que la Sp. filipendule pourrait offrir.

FAMILLE DES LÉGUMINEUSES.

3799ª. Ajonc de Provence.   *Ulex Provincialis.*

U. provincialis. Lois. not. p. 105, t. 6, f. 2. — *U. Europæus.* Savi, alb. tosc. 1, p. 228 ?

Cette espèce est, comme l'observe M. Loiseleur, intermédiaire, pour sa grandeur et sa consistance, entre l'A. d'Europe et l'A. nain. Elle diffère de l'A. d'Europe par ses rameaux glabres et non velus, par ses bractées serrées et très-petites, par son calice, dont les dents sont bien distinctes, et par sa fleur plus petite ; elle s'éloigne de l'A. nain parce que sa racine n'est pas rampante, que ses rameaux sont dressés, plus glabres, et surtout plus allongés, et beaucoup moins garnis de petits faisceaux de jeunes pousses et de jeunes épines. ♂. Cet ajonc croît dans les lieux stériles en Provence : je l'ai observé en fleur au mois de juin, près le village de Mirabeau. M. Robert l'a trouvé aux environs de Toulon ; M. Artaud, près Arles ; M. Bastard, en Anjou.

3801. Genêt monosperme.   *Genista monosperma.*

Cette plante avait été insérée dans les Flores de France, d'après le témoignage de Sauvages ; mais elle ne croît point à Montpellier, et doit être exclue de la liste des plantes indigènes.

3803. Genêt cendré.   *Genista cinerea.*

Il est très-commun sur les côtes moyennes des Pyrénées orientales. M. Lapeyrouse l'a indiqué deux fois (Abr. p. 402), une sous le nom de *spartium cinereum*, l'autre sous celui de *spartium sphærocarpon*, nom qui, comme on sait, appartient à un arbuste différent qui n'a point encore été trouvé en France.

3803ᵃ. Genêt en ombelle.   *Genista umbellata.*

Spartium umbellatum. Desf. atl. 2, p. 133.

Ce petit arbuste a des rameaux cylindriques, grêles, feuillés à leur base, nus vers le sommet, quelquefois entièrement dénués de feuilles, dressés, pointus, mais non sensiblement épineux ; les feuilles inférieures sont à 3 folioles sessiles, les supérieures à 2 et enfin à une; ces folioles sont linéaires-lancéolées, assez petites, couvertes de poils couchés et soyeux; les fleurs sont jaunes, sessiles, réunies 5 à 7 ensemble au sommet des branches; la corolle est presque glabre; les gousses oblongues, couvertes de poils couchés, blanchâtres, soyeux. ♄. Cette espèce croît sur les montagnes de l'île de Corse (Lois.).

3805. Genêt des teinturiers.   *Genista tinctoria.*

β. *Latifolia.*

On trouve au Mont-d'Or une variété du G. des teinturiers dont la feuille est très-large, et à laquelle Gaspard Bauhin et Tournefort paraissent faire allusion lorsqu'ils distinguent deux *G. tinctoria*, l'un à feuille étroite, l'autre à feuille large.

3806. Genêt à fleur velue.   *Genista pilosa.*

Cette plante, qui est très-commune dans toute la France, et depuis les plaines jusque sur des montagnes assez élevées, est la même que celle désignée par J. Bauhin sous le nom de *genistella pilosa* (Hist. 1, p. 2, p. 393, f. 2); par M. Thore, sous celui de *genista humifusa* (Chl. land. 298); et par l'annuaire du département de Lot-et-Garonne, sous celui de *G. scoparia.*

3807. Genêt couché.   *Genista prostrata.*

Excluez le synonyme de Wildenow.

3816. Genêt de Lobel.   *Genista Lobelii.*

Cette espèce est bien évidemment celle que M. Loiseleur a donnée sous le nom de *spartium erinaceoides* (Fl. gall. 441); elle se trouve encore dans la Sciagraphie de Chabrey sous le nom de *genista sive spartium pungens*, p. 86, f. 1. Je l'ai trouvée en grands gazons serrés

et épineux en Provence, sur la montagne de Sainte-Victoire ; M. Bouchet, à la Sainte-Baume et à Cujes ; M. Requien, sur le mont Ventoux.
Je l'ai encore cueillie au mont Braco dans les Apennins, et à la colline
dite Nuda di Ponzano près Sarzane. Cette espèce ressemble quelquefois au *G. humifusa* (Fl. fr. n° 3808), qui est légèrement épineux ; mais elle en diffère parce qu'elle a des poils peu nombreux et
couchés, tandis que le *G. humifusa* est hérissé, sur les rameaux et
les feuilles, de poils courts, mais dressés.

3816ᵃ. Genêt de Corse.   *Genista Corsica.*

Spartium corsicum. Lois. Fl. gall. 440.

Ce petit sous-arbrisseau s'élève à la hauteur d'un pied environ ; il
est très-branchu ; ses rameaux sont grêles, dressés, striés, glabres,
terminés en épines ; de l'aisselle des feuilles supérieures sortent aussi
des épines roides et pointues ; les feuilles sont simples, oblongues,
glabres ; les fleurs jaunes, pédicellées, disposées le long des branches
de manière à former des grappes peu fournies ; les calices ont des
dents très-longues et en forme d'alêne ; la corolle est absolument
glabre, caractère qui distingue très-bien cette plante du *G. aspala-
thoïdes* Lam. auquel elle ressemble beaucoup. ♄. Elle a été découverte par M. Robert, dans les sables maritimes, aux environs d'Ajaccio en Corse.

3817. Genêt très-épineux.   *Genista horrida.*

Depuis la publication de la Flore, M. Gilibert a donné une description et une figure de cette plante sous le nom de *genista erina-
cea* (Bot. prat. 2, p. 239, ic.) : il dit qu'elle se trouve à la montagne de Couson et de Mont-Cindre près Lyon. Je l'ai retrouvée
dans les Pyrénées au port de Gavarnie, un peu au-dessous du col
du côté d'Espagne.

3826. Cytise à fleurs ternées.   *Cytisus triflorus.*

β. *C. villosus.* Pourr. act. Toul. 3, p. 317. — *C. triflorus.* Lapeyr.
Abr. 422.

La variété qui croît dans le Roussillon, dans les environs de Belle-
garde (Tourn.), et à Fontlaurier près Narbonne (Pourr.), se distingue de l'espèce de Provence et d'Italie par ses tiges plus velues et
ses jeunes pousses chargées d'un duvet non blanchâtre, mais extrêmement roux. Serait-ce une espèce distincte ?

3827ᵃ. Cytise couché. *Cytisus supinus.*

C. supinus. Jacq. austr. 1, t. 20. Wild. sp. 3, p. 1125. Lam. Dict. 1, p. 250. — *C. lotoïdes.* Pourr. act. Toul. 3, p. 318. — *C. capitatus*, *β.* Fl. fr. ed. 3, n. 3827. — *C. n.* vii. Clus. hist. p. 96, ic.

Sa racine est ligneuse, un peu dure ; ses tiges se divisent dès le collet en plusieurs branches couchées dans le gazon, flexibles et très-difficiles à rompre ; les feuilles sont ovales, un peu obtuses, légèrement hérissées en dessous ; les fleurs ne sont point disposées en tête, mais naissent deux à deux des aisselles des feuilles portées chacune sur un pédicelle de moitié plus court que le calice : celui-ci est cylindrique, velu, a 2 lèvres ; la supérieure a 3 dents, l'inférieure a 2 parties ; la corolle est grande, d'un jaune pâle avec l'étendard rougeâtre. ♃. Ce très-petit sous-arbrisseau croît dans les pâturages entremêlés de buissons des Alpes, surtout méridionales, à la forêt de Meyrueis au-dessus de Nice ; à la grande Chartreuse ; à Valvins près Fontainebleau (Mér.), etc. Quant à la var. *α* de la Flore, ou au vrai *cytisus capitatus*, il est fort douteux qu'il croisse en France, quoiqu'il y soit indiqué par plusieurs auteurs. Il diffère au reste à peine du *C. hirsutus* qui croît dans l'Apennin et au pied des Alpes, du côté du Piémont, mais que je n'ai pas trouvé du côté de la France.

DCLXXV* ADÉNOCARPE. *ADENOCARPUS.*

Cytisus. Brot. — *Cytisi*, *Spartii* et *Genistæ sp.* Auctorum.

Car. Le calice est à 2 lèvres : la supérieure a 2 parties, l'inférieure plus longue a 3 lobes ; la corolle est papilionacée, à carène droite ; les étamines monadelphes ; la gousse oblongue, comprimée, rétrécie à la base, à valves planes, chargées de glandes pédicellées.

Obs. Les espèces de ce genre sont des sous-arbrisseaux à rameaux très-divergens, à écorce blanchâtre, à feuilles composées de 3 folioles le plus souvent pliées sur leur nervure longitudinale ; à l'aisselle des fleurs naissent des faisceaux de nouvelles feuilles ; les stipules adhèrent au pétiole ; les fleurs sont jaunes, en grappe : on trouve deux bractées linéaires et très-caduques sur chaque pédicelle ou à sa base. — Outre les espèces ci-dessous désignées, on doit rapporter à ce genre, 1°. *Cytisus hispanicus* Lam., ou *Adenocarpus hispanicus* DC. ; 2°. *Cytisus complicatus* Brot., ou *A. intermedius* DC. ; 3°. *Cytisus foliolosus* Ait., ou *A. foliolosus* DC.

3828ᵃ. Adénocarpe à petites *Adenocarpus parvifolius.* feuilles.

Cytisus parvifolius. Lam. Dict. 2, p. 248, excl. syn. — *Cytisus divaricatus.* L'Hér. stirp. 184.— *Cytisus complicatus.* Fl. fr. ed. 3, n. 3821.— *Cytisus,* n° 49. Guet. obs. etamp. 2, p. 417. — *Spartium complicatum.* Lois. Fl. gall. 441.

Cette espèce, que j'ai décrite dans la Flore, croît dans les landes et les lieux stériles et découverts des provinces de l'Ouest, de Nantes, à Bayonne et dans l'intérieur des terres, à Pau, Tarbes, Tulle, etc.

3828ᵇ. Adénocarpe de Tou- *Adenocarpus Telonensis.* lon.

Cytisus telonensis. Lois. Fl. gall. 446. — *Spartium complicatum.* Gouan, hort. monsp. 366. Ger. Gallopr. 481, n. 4, excl. syn. — *Cytisus montis calcaris.* J. Bauh. hist. 1, p. 2, p. 370. — *Cytisus,* n° 126. Sauv. monsp. 190.

Cette espèce ne diffère de la précédente que parce qu'elle a les fleurs un peu moins écartées, les rameaux plus verdâtres, les corolles d'un jaune moins foncé; la lèvre inférieure du calice un peu plus courte, et surtout le calice dépourvu de glandes et garni de petits poils rares, simples et blanchâtres. ♄. Elle croît dans les bruyères et les lieux stériles et montueux des provinces méridionales, dans les Pyrénées près Dax; dans les Cévennes près Alais (Sauv.); à l'Esperou (J. Bauh.), entre Alais et Portes; dans la Lozère (Prost); en Provence, aux environs de Toulon, où elle a été observée par M. Robert, et en Italie près Rome, d'où elle m'a été envoyée par M. Moricand.

3843. Ononis de Cherler. *Ononis Cherleri.*

Dans la citation de J. Bauhin, au lieu de fig. 1, *lisez* fig. 2. Je n'aurais pas relevé cette faute d'impression, si elle n'avait fourni a M. Lapeyrouse l'occasion d'une de ses critiques. La fig. 1 (p. 394, vol. 2) de J. Bauhin représente l'*O. minutissima,* et il dit avec raison qu'elle a la fleur jaune; la fig. 2 représente l'*O. Cherleri,* et J. Bauhin, comme tous les botanistes qui l'ont suivi, a dit qu'elle avait la fleur blanchâtre avec la sommité plus ou moins rougeâtre. M. Lapeyrouse, trompé sans doute par cette citation (que l'ensemble de ma description prouve clairement être une erreur d'impression), soutient que l'*O. Cherleri* a la fleur jaune : je crois au reste qu'il a désigné la vraie *O. Cherleri* sous la var. β de l'*O. reclinata.*

3844ᵃ. Ononis des sables. *Ononis arenaria.*

O. arenaria. DC. cat. hort. monsp. 128. — *Anonis spinis carens lutea
minor.* Magn. bot. 21.

Elle a tout le port de l'*O. ramosissima*, c'est-à-dire, que sa
souche qui est ligneuse se divise en une multitude de branches dressées et rameuses ; les feuilles sont visqueuses, à 3 folioles oblongues, dentées en scie vers le sommet ; les fleurs sont peu nombreuses, portées sur des pédicelles à peine plus longs que la feuille,
poilus, nus et articulés vers le sommet, ou munis d'un filet très-
court ; ces fleurs sont dressées ou à peine inclinées, et non pendantes comme dans l'O. rameuse, toutes jaunes et non munies d'un
étendard rayé de rouge, de moitié plus petites que dans l'O. rameuse ; la gousse est courte, un peu pubescente. ♃. Elle croît
abondamment sur les sables maritimes, aux environs de Montpellier, sur la plage entre Maguelone et l'embouchure du Lez : elle
fleurit au mois d'août — L'*O. ramosissima* (n. 3844) est très-commune à Nice sur la plage : elle a les pédicelles deux fois plus longs
que les feuilles, garnis à leur sommet, ainsi que les calices, de poils
glanduleux : ses fleurs sont pendantes, jaunes, avec l'étendard rayé.

3844ᵇ. Ononis pubescente. *Ononis pubescens.*

O. pubescens. Lin. maut. 267. Desf. Fl. atl. 2, p. 143.
α. Foliolis oblongis, stipulis angustis rectis. — *O. Morisoni.* Gou. herb. 47.
β. Foliolis ovatis, stipulis latis divergentibus. — *O. calycina.* Lam. Dict. 1,
p. 506. — *O. Morisoni.* Gou. ill. 47.

Sa racine pousse plusieurs tiges dressées ou ascendantes, longues
de 6-10 pouces, garnies, ainsi que les feuilles et les calices, de
poils longs, hérissés, un peu visqueux ; les stipules sont lancéolées, aiguës, de la longueur du pétiole, et peu ou point divergentes ; les folioles sont oblongues, 3 ou 4 fois plus longues que
larges, finement dentées en scie à leur extrémité. Les fleurs sont
axillaires, portées sur un pédicelle plus court que la feuille et non
prolongé en arête ; les lobes du calice sont larges, marqués de nervures parallèles et aussi longs que l'étendard ; celui-ci est grand,
rougeâtre ; les ailes et la carène sont jaunâtres. ⊙ ? Cette plante croît
dans le bosquet de Mireval près Montpellier : je la décris d'après
un échantillon recueilli par M. Roubieu. La var. β, que tous les auteurs réunissent à la précédente, pourrait bien être une espèce
distincte ; ses folioles terminales sont ovales, à peine deux fois plus
longues que larges ; ses stipules larges et divergentes ; ses corolles
un peu plus petites et tout-à-fait rougeâtres : on assure qu'elle est
annuelle et qu'elle croît aux îles Baléares.

3846ᵃ. Ononis aranéeuse.   *Ononis arachnoïdea.*

O. arachnoïdea. Lapeyr. Abr. 409.

Elle ressemble beaucoup à l'O. natrix, et pourrait bien n'en être qu'une variété : on la distingue à ce que sa tige, ses pétioles, ses pédoncules, ses calices, ses bractées, et souvent même ses folioles, sont abondamment couvertes de poils blancs, longs, crépus et non glanduleux ; ses folioles sont ovales, dentées au sommet ; ses pédicelles uniflores, plus longs que les feuilles, prolongés en une arête aussi longue que la partie du pédicelle qui se recourbe et porte la fleur : celle-ci est jaune et a l'étendard rayé. ♃. J'ai trouvé cette espèce à Perpignan, dans les sables du bord de la Testa. M. Lapeyrouse l'indique à Saint-Laurent, derrière le Canigou.

3847ᵃ. Ononis d'Aragon.   *Ononis Aragonensis.*

O. aragonensis. Asso, syn. arr. 96, t. 6, f. 2. Lam. Dict. 1, p. 510. Wild. sp. 3, p. 1011. — *Anonis hispanica frutescens folio rotundiore.* Tourn. inst. 409. Magn. hort. monsp. 17, t. 21. — *O. dumosa.* Lapeyr. Abr. 410.

Cette belle espèce forme un petit sous-arbrisseau à tige droite, très-rameuse ; ses feuilles sont glabres, à 3 folioles arrondies, dentées en scie, dont celle du milieu est un peu plus large et plus obtuse ; les stipules sont ovales à leur base, pointues, entières ; chaque branche se termine par une grappe allongée, pédonculée, dépourvue de feuilles, mais dont l'axe est poilu ; les fleurs naissent deux à deux portées chacune sur un pédicelle très-court ; le calice est poilu, a 5 dents longues en alêne ; les fleurs sont jaunes ; leur carène est fort pointue, presque plus longue que l'étendard. ♄. Cette ononis m'a été communiquée par MM. de Boispéré et Boileau, qui l'ont trouvée dans les Pyrénées centrales, à la vallée de Vénasque, limitrophe de la France : elle y est, dit-on, assez commune pour servir au chauffage.

3848. Ononis à feuilles rondes.   *Ononis rotundifolia.*

L'espèce à laquelle tous les botanistes de la France et de la Suisse donnent le nom d'*O. rotundifolia,* et que j'ai décrite sous cette dénomination, est bien évidemment l'*O. rotundifolia* de la première édition de Linné (Spec. ed. 1, p. 719) ; du moins sa phrase caractéristique et les synonymes de Dodoens (Pempt. 525, f. 2), de Lobel (Ic. 2, p. 73, f. 1), et de G. Bauhin (Pin. 347), lui conviennent très-bien ; mais il paraît que Linné, dans la seconde édition, a eu en vue une autre plante : au lieu d'avoir les pédoncules nus, comme il le dit dans la première édition, et comme cela est vrai de notre plante, l'espèce de la seconde édition a chaque fleur entourée de 3 bractées en forme de cœur, ce qui ne convient nullement à notre plante. M. Asso paraît avoir senti cette différence, et décrit notre espèce comme nouvelle, sous son n° 676 (Fl. arrag. p. 97) : il ne lui donne aucun nom spécifique dans son Synopsis ; mais il la nomme *O. latifolia* dans sa *Mantissa*, et en donne la figure, t. 11, f. 1. Je crois qu'on doit conserver à cette espèce le nom qu'elle porte dans la première édition de Linné, et considérer celle de la seconde édition comme une espèce distincte ; savoir : *O. tribracteata ; O. fruticosa, foliis ternatis ovatis dentatis, calycibus tribus bracteis cordatis cinctis, pedunculis subtrifloris.* ♄. *O. rotundifolia*, Linn. sp. ed. 2, p. 1050, excl. syn. — Hab. in Carinthiâ ?

3850. Anthyllide vulnéraire.   *Anthyllis vulneraria.*

♂. Hirsuta flore rubro.

♀. Hirsuta flore ochroleuco.— *Astragalus vulnerarioïdes.* All. ped. n. 1278, t. 19, f. 2.

Cette dernière variété a la fleur jaunâtre comme l'anthyllide ordinaire, et les feuilles très-velues. Il n'y a aucun doute qu'elle appartient à cette plante ; mais probablement Allioni, trompé par quelque transposition d'étiquette, a décrit le fruit de l'*astragalus campestris* pour celui de notre plante. Elle croît au Mont-Cénis.

3852. Anthyllide de Gérard.   *Anthyllis Gerardi.*

M. Lapeyrouse a désigné cette espèce deux fois dans son Histoire abrégée des Plantes des Pyrénées, l'une sous le nom d'*anthyllis Gerardi*, p. 411 ; l'autre sous celui de *dorycnium procumbens*, p. 441. J'ai trouvé cette jolie plante sur les rochers autour du fort de Collioure, et aux environs de Bagnols dans les Pyrénées orientales : elle fleurit au mois de juin ; ses fleurs sont d'un rouge assez vif, rarement presque blanches : elle a le port d'un *dalea* (mais ses ailes ne sont pas soudées avec le faisceau des étamines), ou d'un *dorycnium* (mais ses étamines sont monadelphes); elle diffère des *anthyllis* en ce que son calice ne se renfle point après la fleuraison, et pourrait bien un jour former un genre particulier très-voisin du daléa.

3854. Anthyllide faux-cytise.   *Anthyllis cytisoïdes.*

Je l'ai cueillie, après M. Gouan, sur les rochers schisteux qui entourent le bourg de Cazas de Penas en Roussillon. M. Dufour l'a trouvée à la Ciotat près Toulon.

3856ᵃ. Psoralier de Palestine. *Psoralea Palæstina.*

P. palæstina. Lin. syst. 570. Jacq. hort. vind. 2, t. 184. Gou. ill. 51. Wild. sp. 3, p. 1350.

Cette espèce ressemble beaucoup au *P. bituminosa*, mais elle en diffère par ses feuilles inférieures, dont les folioles sont ovales, obtuses, par ses pétioles plus pubescens, par ses pédoncules deux à 3 fois et non quatre fois plus longs que les feuilles, par ses calices plus velus et plus renflés, et surtout parce que la plante entière est inodore, et nullement gluante, en aucune partie de sa surface. ♃. Elle a été trouvée par MM. Salzman et Requien au pont Juvénal près Montpellier, dans un pré qui pendant long-temps a servi à étendre les laines de Barbarie, et où l'on trouve souvent des plantes étrangères naturalisées.

3859ᵃ. Trèfle élégant. *Trifolium elegans.*

T. elegans. Savi, Fl. pis. 2, p. 161, t. 1, f. 2. Trif. p. 92. Lois. not. p. 108. — *T. Vaillantii.* Poir. bot. enc. 8, p. 2, excl. syn. Mich. — *T. hybridum.* Desf. Fl. atl. 2, p. 295. Fl. fr. n. 3860. — *Melilotus parisiensis humifusus.* Vaill. bot. t. 25, f. 1.

Sa tige est étalée, glabre ou pubescente, ascendante, et non rampante comme dans le *T. repens*, pleine à l'intérieur, et non fistuleuse comme celle du *T. michelianum.* Les stipules sont lancéolées, dressées, un peu réunies par la base; les folioles dentées en scie, glabres, ovales, quelquefois un peu échancrées au sommet; les pédoncules dépassent la longueur des feuilles, et se terminent par une tête globuleuse, serrée, dont les fleurs sont nombreuses, d'abord blanches, puis roses; les dents du calice sont droites, presque égales entre elles; la gousse est à 2, rarement 3 graines. ♃. Cette espèce, quoique long-temps méconnue, est assez commune en France, dans les prés et les pelouses, aux environs de Paris, d'Orléans, d'Angers, de Lons-le-Saulnier, etc. Elle est plus commune encore en Italie.

3859ᵇ. Trèfle de Micheli. *Trifolium Michelianum.*

T. Michelianum. Savi, Fl. pis. 2, p. 159. Trif. p. 94. Lois. not. p. 109. Bast. suppl. p. 4. Mér. Fl. paris. 288, excl. Poir. syn. — *T. Vaillantii.* Lois. Journ. bot. 2, p. 365, non Poir. — *T. hybridum, ₤.* Lin. sp. 1080. — Mich. gen. t. 25, f. 2 et 5. — Vaill. bot. t. 22, f. 5.

Cette espèce a des tiges herbacées, étalées à leur base, ascendantes, glabres, cylindriques, fistuleuses à l'intérieur; caractère qui la distingue très-bien du vrai *T. hybridum* et du *T. elegans*, auxquels il ressemble; ses stipules sont foliacées, ovales, lancéolées, étalées ; les folioles sont ovales, très-obtuses, dentées en scie, glabres ; les pédoncules plus longs que les feuilles ; les fleurs d'un blanc verdâtre et un peu jaunâtre en se desséchant, portées sur des pédicelles allongés, grêles, disposés en ombelle ou en tête lâche : les dents du calice sont longues, grêles, en alène, demi-étalées, un peu inégales ; la corolle est deux fois plus longue que le calice ; les gousses n'ont que 2 graines. ⊙. Cette espèce croît dans les prés et les lieux cultivés aux environs de Paris, d'Angers, de la Rochelle, de Mayence, de Pise, et probablement dans toute la France, où elle paraît plus commune que le précédent.

3860. Trèfle pâlissant.   *Trifolium pallescens.*

T. hybridum. Savi, trif. 90. — *T. pallescens.* Schreb. in Sturm. Fl. germ. ic. — Mich. gen. t. 25, f. 3 et 6.

Ses tiges sont ascendantes et non rampantes, grêles, glabres, pleines et non creuses à l'intérieur ; le feuillage est d'un vert pâle ; les folioles sont glabres, en forme de cœur renversé et très-peu échancré, dentées en scie vers le sommet ; les stipules sont étroites, pointues, dressées ; les pédoncules plus longs que les feuilles ; les fleurs disposées en tête arrondie, portées sur des pédicelles de la longueur du calice, dressées avant et pendantes après la fleuraison : le calice a ses dents plus courtes que le tube, presque égales entre elles ; la corolle est d'un blanc sale, un peu jaunâtre par la dessiccation ; la gousse est à 4 graines. La figure de Sturm convient très-bien à notre plante en fleur ; mais il dit que la sienne n'a que 2 graines. ⊙. Cette plante me paraît fort rare en France : je ne l'ai trouvée que dans les terrains sablonneux, aux environs de Montpellier et d'Aigues-Mortes. Est-ce celle-ci ou la suivante que Linné a nommé *T. hybridum ?*

3860ª. Trèfle anguleux.   *Trifolium angulatum.*

T. angulatum. Waldst. et Kit. pl. hung. 1, t. 27. Savi, trif. p. 91. — *T. hybridum.* Schreb. in Sturm. Fl. germ. ic.? — *T. bicolor.* Mœnch. meth. 111 ? — *T. intermedium.* Lapeyr. Abr. 437 ?

Cette espèce a des tiges étalées, ascendantes, pleines à l'intérieur, un peu anguleuses, glabres, grêles, peu rameuses ; ses folioles sont glabres, ovales en forme de coin, rétrécies à la base, très-obtuses, quelquefois un peu échancrées au sommet ; les stipules sont étroites, pointues, à peine réunies par la base ; les pédoncules un peu plus longs que les feuilles ; les têtes arrondies, à fleurs d'abord dressées, puis pendantes ; le calice à 5 dents en alène, égales et presque aussi longues que la corolle : celle-ci est blanche, puis rose ; de sorte que chaque tête paraît mélangée de ces deux couleurs ; la gousse est à 4 graines. ⊙. Cette plante croît au bois de Gramont, près de Montpellier, où elle a été observée par M. Salzman. La figure de M. Sturm ne diffère de notre plante que parce qu'elle a les folioles trop pointues.

3863ᵃ. Trèfle uniflore.   *Trifolium uniflorum.*

T. uniflorum. Lin. amœn. 4, p. 285. — Buxb. cent. 3, t. 31, f. 2, *malè.*

Cette singulière espèce de trèfle a une souche dure, un peu épaisse, qui se divise dès sa base en plusieurs branches couchées ou peu dressées, courtes et formant une espèce de gazon serré : ses tiges sont couvertes par les stipules, qui sont larges à leur base, et prolongées en pointe longue et acérée ; les pétioles sont allongés, un peu velus ; les folioles petites, ovales, un peu rétrécies à la base, obtuses, un peu dentées en scie ; d'entre les feuilles naissent des pédicules tantôt simples, tantôt divisés dès leur base en 2 ou 3 pédicelles terminés par une fleur blanchâtre presque aussi grande que dans le T. des Alpes ; le calice est cylindrique, un peu poilu vers le haut, à 5 dents droites, lancéolées et pointues ; l'étendard est trois fois plus long que le calice, à peine plus long que les ailes. ♃. Cette plante croît sur les rochers, derrière le Château Verd près Marseille, où elle a été observée par MM. Ziz et Requien.

3870ᵃ. Trèfle à petite feuille. *Trifolium microphyllum.*

T. microphyllum. Desv. Journ. bot. 2, p. 316. Lois. not. p. 110.

Sa racine pousse plusieurs tiges rameuses par leur base seulement, ascendantes, presque glabres ; les stipules sont étroites, pointues, glabres ; les folioles ovales, obtuses, un peu velues sur les bords, assez petites, très-finement dentées en scie : les têtes de fleurs sont terminales, presque globuleuses, entourées à leur base par une feuille dont les stipules sont fort larges et les folioles assez petites ; le calice est à 5 dents grêles, poilues, inégales, à peu près de la longueur du tube du calice, et beaucoup plus courtes que la corolle : celle-ci est monopétale, d'un pourpre foncé. ♃. Il croît sur les bois secs, dans le haut Poitou (Desv.), à Yerres près Paris (Mer.), et aux environs de Verviers, où il a été trouvé par M. Lejeune.

3875. Trèfle incarnat.   *Trifolium incarnatum.*

C'est celui-ci qu'Aubry (Fl. morbih., an IX, p. 56) a désigné sous le nom de *T. rubens :* la plante indiquée par M. Balbis (Cat. h. taur. 1813, app. 1, p. 17) sous le nom de *T. Molinerii*, ne me paraît qu'une variété de celle-ci.

3876. Trèfle couleur d'ochre. *Trifolium ochroleucum.*

Il faut exclure la var. δ, qui est le *T. albidum*, Wild. sp. 3,
p. 1374 ; *T. squarrosum*, Savi, trif. 65, f. 3. Je l'ai trouvée aux environs de Pise ; mais je ne crois pas qu'elle ait été trouvée en France :
elle se distingue du *T. ochroleucum* par sa tige rameuse et ses
lobes calicinaux recourbés en dehors à leur maturité : elle s'approche par-là du *T. squarrosum ;* mais ses fleurs sont jaunâtres et
non purpurines, ses folioles oblongues et non ovales.

3876ᵃ. Trèfle barbu.　*Trifolium barbatum.*

T. barbatum. DC. cat. hort. monsp. 152.

Sa tige est droite, velue ; ses stipules sont très-longues, poilues, linéaires ; les folioles oblongues, velues, pointues, de plus
d'un pouce de longueur ; les têtes de fleurs ovoïdes, puis oblongues, entourées de deux feuilles, puis nues à cause de l'allongement du pédicule ; les calices sont très-poilus, soyeux, à 5 dents,
4 supérieures courtes, l'inférieure très-longue, droite, dépassant
l'étendard, qui est cependant long et linéaire ; les fleurs sont jaunâtres. ♃. Cette espèce diffère du *T. ochroleucum* par sa corolle
plus courte que le calice, et du *T. squarrosum*, parce qu'à la
maturité même, les lobes du calice restent droits. Elle m'a été communiquée par M. Salzman, qui dit l'avoir trouvée aux environs
de Montpellier.

3878ᵃ. Trèfle purpurin.　*Trifolium purpureum.*

T. purpureum. Lois. Fl. gall. 484, t. 14. Savi, trif. p. 60. — *T. angustifolium var*. Fl. fr. ed. 3, n. 3878. — J. Bauh. 2, p. 376, f. 3.

Cette jolie espèce de trèfle a le feuillage et le port du T. à feuille
étroite ; mais elle est plus grande dans toutes ses dimensions ; sa
corolle, qui est d'une vive couleur purpurine (et non d'un rouge
pâle comme dans le *T. angustifolium*), est deux fois plus longue
que le calice : celui-ci a ses lanières inégales, l'inférieure très-longue. ⊙. Elle croît sur le bord des bois et des chemins, aux environs
de Montpellier, sur le chemin de Perauls, entre Masrouge et Bous-
sairole, à l'avenue de Château-Bon. M. Bastard dit l'avoir retrouvée
en Anjou.

3879ᵃ. Trèfle de Ligurie.　*Trifolium Ligusticum.*

T. ligusticum. Balb. in Lois. Fl. gall. 2, p. 731 ; not. p. 113, excl. Wild.
syn. Savi, atti acad. ital. 1, p. 191, f. 2. Trif. p. 38. — *T. arrectisetum*.
Brot. in Litt.

Une racine grêle et fibreuse donne naissance à une ou plusieurs tiges dressées ou uu peu diffuses, longues de 4 à 10 pouces, rameuses, hérissées de poils mous étalés (et non couchés comme dans le *T. gemellum* de Wildenow); les stipules sont étroites, aiguës, poilues; les folioles en forme de coin, rétrécies à la base, très-obtuses, souvent légèrement échancrées et dentelées vers le sommet; les têtes de fleurs sont ovoïdes, terminales, solitaires ou géminées, rarement nues, le plus souvent munies d'une feuille sessile à 3 folioles : le calice est à 5 lobes égaux entre eux, en forme d'alêne, très-poilus, plus longs que la corolle, qui est rougeâtre. ☉. Cette plante croît parmi les rochers, surtout vers le bord de la mer, en Toscane, en Ligurie, et a été trouvée à Toulon par M. Robert, aux îles d'Hières par M. Requien. Je l'ai aussi reçue de Portugal, et le nom que M. Brotero lui donne prouve qu'il avait bien senti la différence qui la sépare du *T. gemellum* originaire d'Espagne. M. Lapeyrouse a trouvé l'une de ces deux plantes à Bagnols en Roussillon; mais il les confond ensemble, et il est impossible de démêler de laquelle il parle.

3881ᵃ. Trèfle demi-couché. *Trifolium supinum.*

T. supinum. Savi, trif. 46, n. 20, t. 1, f. 2. — Mich. cat. agr. flor. n. 23 et 24.

Sa tige est longue de 1 à 2 pieds, cylindrique, grêle, dichotome, couchée dès sa base dans les terrains fertiles, un peu droite avec les rameaux inférieurs étalés dans les terrains secs; les stipules sont étroites, allongées, aiguës, ciliées vers le sommet; les feuilles supérieures sont opposées : toutes ont leurs folioles oblongues, obtuses, rétrécies à leur base, entières sur les bords; les têtes de fleurs sont pédonculées, ovales, presque coniques à l'époque de la fleuraison; les corolles sont d'un blanc rougeâtre, remarquables par leur étendard long et linéaire; le calice est presque glabre, à 5 lobes roides, ciliés, étalés, aigus, dont l'inférieur est un peu plus long que les autres, mais plus court que la carène. ☉. J'ai trouvé cette plante en abondance dans les champs incultes et les prés pierreux, aux environs de Sienne et de Pise. M. Salzman l'a retrouvée près Montpellier, au pont Juvénal, dans un champ où l'on a coutume d'étaler les laines étrangères, et où elle a été probablement naturalisée.

3881ᵇ. Trèfle de Xatard. *Trifolium Xatardii.*

Cette espèce est intermédiaire entre le *T. supinum* et le *T. cinctum;* elle diffère du premier par sa tige droite, peu rameuse, hérissée de

poils mous , courts , étalés et qui ne sont point couchés, et par ses
calices un peu plus poilus : elle se distingue du second, parce que
les têtes de fleurs sont nues et non entourées à leur base d'un involucre lobé ; elle diffère encore de l'un et de l'autre par la longueur
de ses stipules, et surtout de la partie adhérente au pétiole : cette
partie est membraneuse, marquée de raies brunes et parallèles ;
les folioles sont oblongues, rétrécies en forme de coin ; les inférieures
échancrées, celles du milieu obtuses, celles du sommet surmontées d'une petite pointe. Les fleurs sont blanchâtres, disposées en
tête ovale, deux fois plus longue que le pédicule ; le calice a le tube
court , strié ; le limbe a 5 dents lancéolées, aiguës, poilues en dehors vers leur base ; l'inférieure est plus longue que les autres ,
mais plus courte cependant que dans le *T. cinctum.* ⊙ ? Cette plante
croît aux environs de Prato-de-Mollo dans les Pyrénées orientales ,
où elle a été découverte par M. Xatard. Ce botaniste l'avait donnée
à M. Schmidt , qui me l'a adressée sous le nom de *T. stipulaceum,*
Lapeyr. ined ; mais comme il y a déjà un *T. stipulaceum* décrit par
Thunberg : je n'ai pu conserver cette dénomination.

3882. Trèfle irrégulier.   *Trifolium irregulare.*

Cette plante est décidément le *T. maritimum* de Smith (Fl. brit.
786) ; c'est elle encore qui été décrite par Savi sous le nom de
T. rigidum (Fl. pis. 2 , p. 154) ; mais dans ce conflit de synonymes, le nom de Pourret, qui est le plus ancien, me paraît devoir
être conservé : cette espèce croît dans les prairies d'Harfleur (Guersent) ; dans les allées des champs et des vergers à Nantes (Hectot);
aux environs d'Angers (Bast.), de La Rochelle (Gochn.), de
Bayonne (Lapeyrouse), de Narbonne , d'Agde , de Montpellier ,
d'Arles , etc.

3882ᵃ. Trèfle à ceinture.   *Trifolium cinctum.*

T. cinctum. DC. cat. hort. monsp. 152.

La racine pousse une ou plusieurs tiges droites , peu rameuses ,
pubescentes, un peu rougeâtres, longues de 8 à 10 pouces; les
stipules sont membraneuses , blanchâtres , marquées de nervures
brunes ou purpurines, parallèles, et terminées en pointe étroite et
poilue : les folioles sont ovales-oblongues, un peu velues ; les têtes
de fleurs sont ovales , portées sur un pédicule allongé , entourées à
leur base de deux bractées, serrées et divisées jusqu'au milieu de leur
longueur en 7 ou 8 lanières aiguës , caractère remarquable, et qui ,
dès le premier coup-d'œil, fait distinguer cette plante : le calice est

strié , glabre , à 5 dents velues , droites , dont l'inférieure , qui est
la plus longue , est cependant plus courte que la carène ; la corolle
est d'un blanc jaunâtre ; son étendard est long , linéaire. ⊙. Cette
plante a été trouvée dans les champs, aux environs de Montpellier,
par M. Salzman.

3883. Trèfle bouclier. *Trifolium clypeatum.*

Il est très-douteux , malgré l'assertion d'Allioni, que cette plante
soit spontanée en Piémont. M. Lapeyrouse dit maintenant qu'elle
croît dans les Pyrénées à Saint-Béat , Prato-de-Mollo et Mont-Louis ;
mais il me paraît encore plus douteux qu'une plante de l'île de Crète
se trouve au sommet des Pyrénées.

3885ᵃ. Trèfle de Boccone. *Trifolium Bocconi.*

T. Bocconi. Savi, atti acad. ital. 1, p. 191, f. 1, mal. — *T. nodiflorum
turbinatum.* Bocc. mus. p. 142, t. 104, fig. mal.

Sa tige est droite , cylindrique , longue d'un demi-pied et plus ,
branchue par la base , couverte d'un duvet court, mou et cendré ;
ses stipules sont étroites , prolongées en une arête grêle , ciliée ,
allongée ; les feuilles sont oblongues , obtuses , rétrécies en forme
de coin , plus longues que le pétiole , très-légèrement pubescentes ;
les têtes de fleurs sont situées au sommet de la tige ou des petits
rameaux , solitaires ou géminées , ovales ou un peu oblongues ,
munies immédiatement à leur base d'une feuille presque sans pétiole qui sert d'involucre ; le calice est ovale , pubescent , à 5 dents
droites, presque égales entre elles et à la corolle ; celle-ci a l'étendard
rougeâtre , le reste blanc ; la gousse n'a qu'une graine. ⊙. Cette
espèce a été trouvée dans les montagnes de la Corse (Bocc.) : je
la décris d'après des échantillons envoyés de Pise par M. Savi.

3885ᵇ. Trèfle des collines. *Trifolium collinum.*

T. collinum. Bast. supp. p. 5.

Cette espèce ressemble tellement au T. de Boccone, que ma première idée , en le recevant , était de le croire identique ; mais il paraît
mériter d'en être distingué : sa tige est toujours plus glabre , plus
petite , ne s'élève guère au-delà de 4 pouces ; et lorsqu'elle se ramifie , ce qui est rare , c'est plutôt par le sommet que par la base ;
ses feuilles sont presque glabres , ses têtes de fleurs plus allongées ;
le calice a ses dents inégales , 4 assez courtes , la cinquième , qui est
l'inférieure , double des autres , et aussi longue que la corolle. ⊙.
Elle m'a été communiquée par M. Bastard , qui l'a trouvée sur les

collines arides de l'Anjou, à Barré sur les coteaux du Layon : elle s'y trouve mêlée avec le T. strié, et y fleurit en été, un mois après lui.

3886ª. Trèfle vésiculeux. *Trifolium vesiculosum.*

T. vesiculosum. Santi, viag. 2, p. 376, t. 8. Savi, Fl. pis. 2, p. 165. Trif. p. 84. Lois. Fl. gall. 2, p. 485, t. 15. Pers. ench. 2, p. 352. — *T. recurvum.* Waldst. et Kit. pl. hung. 2, p. 179, t. 165. Wild. enum. 796.

Sa tige est droite, un peu ferme, glabre, légèrement sillonnée ; ses folioles ovales-oblongues, glabres, pointues, bordées de dents en scie très-aiguës ; les stipules sont longues et étroites ; les têtes de fleurs ovoïdes, terminales, nues ; le calice est glabre, scarieux, d'abord cylindrique, puis renflé, à 5 dents roides, d'abord droites, puis recourbées ; la corolle est deux fois plus longue que le calice, d'un blanc jaunâtre, et devient un peu rousse à la fin de sa vie. ⊙. Cette belle espèce a été trouvée en Corse par M. Robert : M. Lapeyrouse dit qu'elle se trouve dans les prés du Roussillon ; mais comme il la classe parmi les espèces à calice velu, et qu'il dit ses fleurs d'un pourpre clair, je doute que ce soit d'elle qu'il ait voulu parler.

3890. Trèfle brunissant. *Trifolium badium.*

T. badium. Schreb. in Sturm. Fl. germ. ic. — *T. spadiceum.* Vill. Dauph. 2, p. 491. Fl. fr. ed. 3, n. 3890, non Lin.

L'espèce à laquelle tous les botanistes français donnaient le nom de *T. spadiceum*, se trouve un peu différente de celle à laquelle Linné l'avait attribué ; de sorte qu'elle a dû recevoir un nom nouveau : elle est très-commune dans toutes nos montagnes.

3890ª. Trèfle brun. *Trifolium spadiceum.*

T. spadiceum. Lin. sp. 1087 (excl. syn. Vaill.). Schreb. in Sturm. Fl. germ. ic.

Il ressemble beaucoup au précédent, mais sa tige est plus souvent grêle et garnie de peu de poils : ses folioles sont plutôt ovales qu'en cœur renversé, et à peine échancrées au sommet ; ses épis sont beaucoup plus étroits, plus bruns et proportionnellement plus longs ; le calice a ses dents inférieures qui atteignent au moins la moitié de la longueur de la corolle. ⊙. Il croît dans les prairies des montagnes élevées dans les Alpes, les montagnes d'Auvergne, les Cévennes, mais est plus rare que le précédent.

3891. Trèfle des campagnes. *Trifolium agrarium.*

T. agrarium. Fl. fr. ed. 3, n. 3891, excl. Vaill. syn. Schreb. in Sturm. Fl. germ. ic. — *T. aureum, α.* Savi, trif. 108. — *T. aureum.* Vill. Dauph. 3, p. 492.

Sa tige est droite, à rameaux alternes, couverte de poils,

d'un aspect un peu cotonneux ; ses stipules sont entières, glabres
ou un peu velues, souvent terminées par un poil, plus longues
que le pétiole ; les 3 folioles sont insérées au même point, ovales-
oblongues, dentelées, glabres ; les pédicules ont à peine un pouce
de longueur ; les têtes sont ovoïdes, grosses, composées au moins
de 50 fleurs d'un jaune un peu doré, mais plus pâle que dans le
T. de Paris, et qui deviennent d'un brun très-pâle après la fleuraison : les calices sont glabres, à 5 dents, 2 supérieures courtes,
3 inférieures longues, souvent terminées par un poil. ⊙. Il croît
dans les pâturages et les bois secs et montueux dans les Alpes, à
Sassenage près Grenoble, Royat près Clermont, etc., et probablement dans toute la France.

3891ª. Trèfle de Paris.   *Trifolium Parisiense.*

T. aureum. Thuil. Fl. par. ed. 2, p. 385, non Poll. — *T. aureum,* β.
Savi, trif. 109. — *T. agrarium,* Fl. dan. t. 558 ? Mérat, Fl. paris.
202, non Lin. — *T. procumbens.* Smith, Fl. brit. 792. Lois. Fl. gall.
487, var. α. — Vaill. bot. t. 22, f. 4.

Ses tiges sont étalées, nombreuses, peu rameuses, très-légèrement
poilues, ou presque glabres à leur base ; ses stipules sont glabres,
dentées en scie, plus courtes que le pétiole : les 3 folioles sont insérées au même point, oblongues, un peu en forme de coin, dentées
en scie ; les inférieures un peu échancrées au sommet ; les pédicules
sont un peu poilus, longs d'un pouce au moins ; la tête est petite,
composée de 8 à 10 fleurs d'un jaune doré ; le calice est glabre, à
5 dents, 2 supérieures courtes, 3 inférieures longues, quelquefois
terminées par un poil. ⊙. Il croît dans les prairies un peu humides,
à Saint-Gratien près Paris ; la figure de Vaillant représente les tiges
trop droites ; celle de la Flore danoise les feuilles trop pointues.
Le *T. patens* de Sturm. diffère de notre plante par les tiges et les
pédoncules très-glabres, et surtout par son port plus serré, moins
étalé et moins allongé, et par ses fleurs d'un jaune plus pâle.

3891ᵇ. Trèfle champêtre. *Trifolium campestre.*

T. campestre. Smith, Fl. brit. 792. Schreb. in Sturm. Fl. germ. ic. Pers.
ench. 2, p. 352. — *T. erectum.* Poir. Dict. enc. 8, p. 28. — *T. spadiceum.* Thuil. Fl. par. ed. 2, p. 385, non Lin. — *T. procumbens,* β.
Fl. fr. n. 3892. — *T. agrarium.* Vill. Dauph. 3, p. 492, non Lin.
β. *Pallidum.*

Cette plante diffère des 4 précédentes (et notamment du *T. agra-*
rium, dont elle a le port), parce que sa foliole moyenne est comme
pétiolée, c'est-à-dire qu'elle est seule au sommet du pétiole, et les
2 latérales attachées deux lignes environ plus bas. Ce caractère la

rapproche du *T. procumbens*, et m'avait engagé à l'y réunir comme variété ; mais elle s'en distingue constamment, 1°. par ses tiges droites et non couchées ; 2°. par ses calices glabres et non pubescens, à 5 dents très-inégales et non presque égales. La var. *β* a la fleur un peu pâle, et s'approche par-là du T. filiforme ; mais son port, le nombre et la grandeur de ses fleurs, les stries de son étendard, la rapprochent du vrai T. champêtre. ⊙. Ce trèfle croît dans les champs, après la moisson, dans presque toute la France.

3892. Trèfle couché.   *Trifolium procumbens.*

> *T. procumbens*, var. *α*. Fl. fr. n. 3892 (excl. Smith. syn.). Schreb. in Sturm. Fl. germ. ic. opt.
>
> *β. T. minus.* Smith, Fl. brit. 1403. — *T. dubium.* Abbot. bedf. 163.

Ses tiges sont étalées ou couchées ; ses folioles latérales insérées au-dessous de celle du milieu qui est ainsi pétiolée ; son calice pubescent a 5 dents presque égales : ses fleurs réunies 15 à 20 ensemble, d'un jaune moins vif que dans le T. de Paris, moins pâle que dans le T. filiforme ; l'étendard est sensiblement rayé. ⊙. Il est assez commun au bord des bois.

3893. Trèfle filiforme.   *Trifolium filiforme.*

Excluez de la var. *β* la synonymie, et substituez-y, *T. filiforme* Schreb. in Sturm. Fl. germ. ic. (1).

3894. Mélilot officinal.   *Melilotus officinalis.*

Excluez la var. *β* décrite ci-après, sous le nom de *M. leucantha* : ajoutez à la description que la tige est droite, les fleurs jaunes, les

---

(1) Comme les espèces de cette section sont très-difficiles, je vais présenter ici leurs caractères sous forme analytique.

Trèfles à étendard persistant ou *Lupulins*.	Foliole-impaire sessile, ou insérée avec les 2 latérales...	2
	Foliole-impaire pétiolée, ou les 2 latérales insérées au-dessous d'elle....................	5
2............	Tige droite ; 20 à 40 fleurs par tête.................	3
	Tige couchée ; 8 à 10 fleurs par tête........	*T. parisiense.*
3............	Stipules plus courtes que le pétiole ; fleurs d'un jaune vif devenant brunes....................	4
	Stipules au moins aussi longues que le pétiole ; fleurs d'un jaune un peu pâle devenant rousses......	*T. agrarium.*
4............	Têtes de fleurs ovoïdes-globuleuses..........	*T. badium.*
	Têtes de fleurs ovales-oblongues..........	*T. spadiceum*
5............	Étendards rayés longitudinalement.................	6
	Étendards lisses........................	*T. filiforme.*
6............	Tiges droites ; dents du calice très-inégales..	*T. campestre.*
	Tiges couchées ; dents du calice presque égales.	*T. procumbens.*

stipules entières en forme d'alène ; les grapes dë fleurs deux fois plus longues que les feuilles ; la carène et les ailes égales à la longueur de l'étendard ; le calice bossu en dessus vers sa base, et les gousses un peu comprimées, pubescentes dans leur jeunesse et à deux graines.

3894ᵃ. Mélilot à fleurs blanches. *Melilotus leucantha.*

M. leucantha. Koch, diss. ined. — *M. vulgaris.* Wild. enum. 790. — *M. officinalis*, β. Fl. fr. ed. 3, n. 3894. — *Trifolium album.* Lois. Fl. gall. 479. — *M. alba.* Thuil. Fl. paris. ed. 2, p. 378, non Lam. — *M. vulgaris altissima frutescens flore albo.* Tourn. inst. 407.

Il se distingue du **M.** officinal à sa stature plus élevée et qui atteint 3 et 4 pieds de hauteur ; à ses feuilles portées sur de plus longs pétioles, et dont les folioles sont plus larges ; à ses grappes droites, 3 ou 4 fois plus longues que la feuille ; à ses fleurs blanches, plus petites, presque inodores ; à son calice en cloche et non bossu à sa base supérieure ; à son étendard plus long que les ailes et la carène ; à ses ailes un peu étalées, égales à la longueur de la carène : enfin à ses gousses plus petites, en œuf renversé, non comprimées, glabres et non pubescentes, ridées, obtuses, avec une petite pointe, ne renfermant presque jamais qu'une graine. Ces caractères distinctifs sont dus aux observations de **M.** Koch. ♂. Il se trouve dans les lieux sablonneux et humides des bords du Rhin, de l'Allier, du Var, aux environs de Paris, Montpellier, Strasbourg, Nice, Perpignan, Toulouse, Avignon, etc. Il est cependant beaucoup moins commun que le **M.** officinal. Il est encore douteux si le **M.** blanc de Sibérie forme une variété ou une espèce distincte de celle-ci.

3894ᵇ. Mélilot de Koch. *Melilotus Kochiana.*

M. diffusa. Koch, diss. ined. — *M. Kochiana.* Wild. enum. 790.

Cette espèce ressemble beaucoup au **M.** officinal, mais ses tiges sont étalées à leur base, ascendantes, longues de 2 pieds ; ses rameaux sont étalés ; ses feuilles portées sur de longs pétioles ; les folioles inférieures obovées, les supérieures oblongues-lancéolées ; les grappes 2 fois plus longues que les feuilles, un peu étalées, à fleurs inodores et d'un jaune pâle ; le calice est bossu à sa base supérieure ; les ailes sont étalées, presque deux fois plus longues que la carène ; les gousses renflées, obtuses, surmontées d'une petite pointe, ridées, glabres, toujours monospermes. ♂. Elle croît dans la vallée du Rhin, où elle a été observée par **M.** Koch ; en Roussillon près Prades, où elle a été trouvée par **M.** Coder : je crois l'avoir aussi reçue des environs de Nice, mêlée avec des individus d'une autre espèce que je regarde comme nouvelle, mais que je ne connais pas encore assez pour oser la décrire.

3895ᵃ. Mélilot grêle.   *Melilotus gracilis.*

Cette espèce a la racine grêle, presque simple ; la tige droite, menue, glabre, haute de 6 à 9 pouces : les stipules sont entières, très-étroites, en forme de soie acérée ; les folioles sont légèrement dentelées, glabres, en forme d'œuf renversé, celle du milieu assez large ; les grappes sont grêles, droites, 3 ou 4 fois plus longues que les feuilles ; les fleurs sont d'un jaune pâle, 2 fois plus grandes que dans le M. à petites fleurs ; les fruits sont dressés, ovoïdes, presque globuleux, surmontés par le style, relevés de nervures saillantes en réseau, et renferment 2 graines. ⊙. J'ai trouvé cette espèce dans les lieux sablonneux, à Fréjus près des bords de la mer, à Perpignan sur les bords de la Testa. Elle diffère du M. d'Italie, principalement en ce qu'elle n'a pas les stipules dentées ; et du M. à petites fleurs, par sa capsule, à deux et non à une graine, et par ses fleurs plus grandes.

3896. Mélilot à petites fleurs.   *Melilotus parviflora.*

Cette espèce, qui est le *trifolium indicum* (Lois. Fl. gall. 478), est remarquable, parce que ses fleurs sont aussi petites que dans le *medicago lupulina* : je l'ai trouvée dans la Camargue, et à Perpignan sur les bords de la Testa.

3897. Mélilot sillonné.   *Melilotus sulcata.*

Il varie beaucoup pour son port et sa grandeur : on le trouve en Provence et aux environs de Montpellier, à Grabels, Fontfroide, Balaruc.

3898. Mélilot de Messine.   *Melilotus Messanensis.*

M. Loiseleur dit qu'on le trouve à Toulon : je crois qu'on le trouve aussi à l'île Rotoneau près Marseille.

3901. Luzerne agglomérée.   *Medicago glomerata.*

Voyez la figure de cette espèce, *Icon. pl. gall. rar.* p. 9, t. 27. Je l'ai trouvée dans la rivière de Gênes, sur une colline au-dessus d'Albenga. ♃.

3902. Luzerne à souche   *Medicago suffruticosa.*
ligneuse.

J'ai donné la figure de cette plante, *Icon. pl. rar. gall.* p. 9, t. 28.

Elle croît dans les Pyrénées, à Eynes, dans le village même, à Esquieri, au pic du Midi, etc.

3902ª. Luzerne obscure.   *Medicago obscura.*

M. obscura. Retz. obs. 1 , p. 24 , t. 1. Wild. sp. 3 , p. 1406. — *Medica italica.* Mill. Dict. n. 5 ?

Cette espèce se distingue à ses stipules munies de dents fort aiguës, à ses folioles presqu'en forme de rhombe ou d'œuf renversé, un peu dentelées au sommet ; à ses pédoncules qui portent une petite grappe de fleurs jaunes ; à ses gousses glabres, entières sur les bords, un peu relevées de nervures proéminentes, formées d'un seul tour de spire et renfermant deux graines. ⊙. M. Loiseleur dit qu'elle croît dans le midi de la France : j'en ai un échantillon provenant d'Italie.

3903ª. Luzerne de Wildenow. *Medicago Wildenowii.*

M. Wildenowii. Mérat , Fl. paris. 296. — *M. lupulina.* Wild. sp. 3 , p. 1406, excl. syn. — *M. lupulina*, β. Fl. fr. ed. 3 , n. 3903.

Elle ne diffère de la L. houblon que parce qu'elle a les stipules entières et non dentées en scie ; elle est ordinairement moins grande, plus couchée, un peu plus velue. ♂. Elle est au moins aussi commune que la L. houblon : je l'ai trouvée aux environs de Paris, à Quiberon, Lauzerte, aux Sables-d'Olonne, à Chanceaux, Mende, Gênes ; ce qui annonce qu'elle croît dans toute la France.

3905. Luzerne bouclée.   *Medicago circinnata.*

Il faut exclure de cette espèce la var. β , qui a lés gousses entières et sans dentelures sur les bords, et qui constitue une espèce distincte (*medicago nummularia*, DC. cat. hort. monsp. 124). C'est la var. α de la Flore, ou le vrai *M. circinnata* qui se trouve en Corse, en Toscane, à Nice ; c'est celle-ci que Miller a nommée *medica hispanica* (Dict. n. 4) ; et Savi, *hymenocarpus circinnata* (Sav. Fl. pis. 2 , p. 205).

3907ª. Luzerne ridée.   *Medicago rugosa.*

M. rugosa. Lam. Dict. 3 , p. 632. — *M. elegans.* Wild. sp. 3 , p. 1408. Moris. s. 2, t. 15 , f. 4.

Sa tige est rameuse, couchée ; ses stipules dentées ; ses folioles en forme de rhombe, pointue aux deux extrémités, dentées en scie sur les bords supérieurs ; quelquefois les feuilles inférieures sont obtuses ; les pédicules sont plus courts que les feuilles, à 2, 3 ou 4 fleurs ; les gousses sont formées de 2 ou 3 tours de spire ; elles sont planes, glabres, orbiculaires, sans piquans, mais munies de nervures transversales, très-saillantes sur les bords, et qui forment des rides très-prononcées. ☉. M. Loiseleur dit que cette plante croît dans les provinces méridionales ; mais il ne désigne pas de localités précises.

3907b. Luzerne striée.   *Medicago striata.*

M. tricycla. DC. cat. hort. monsp. 125. — *M. striata.* Bast. Journ. bot. 1814, v. 3, p. 19.

Ses tiges sont couchées, anguleuses, un peu velues vers l'extrémité, longues d'environ un pied ; ses stipules foliacées, dentées en scie ; ses folioles ovales, un peu uniformes, obtuses, dentées, velues en dessous ; les pédoncules pubescens, un peu plus longs que les feuilles, portant 5 à 6 fleurs : les gousses glabres, lisses ou à peine munies de quelques petites nervures ou tubercules saillans sur les bords, composées de 3, 4 ou 5 tours de spire, formant un disque dont l'épaisseur égale à peu près le diamètre. ☉. Cette plante croît aux environs des Sables – d'Olonne. M. Bastard l'a trouvée à Noirmoutiers : je l'ai aussi reçue de M. Savi, qui l'a cueillie à Pise.

3909. Luzerne toupie.   *Medicago turbinata.*

C'est cette espèce qui a été décrite sous le nom de *M. doliata* par M. Carmignani (Giorn. Pis. n. 32, t. xii, p. 1, ann. 1810, p. 12).

3910. Luzerne tuberculeuse. *Medicago tuberculata.*

M. Carmignani a décrit celle-ci sous le nom de *M. turbinata* (Gior. Pis. n. 32, t. xii, p. 1, ann. 1810, p. 13).

3915a. Luzerne ciliée.   *Medicago ciliaris.*

M. ciliaris. Wild. sp. 3, p. 1411, non Savi.

Cette espèce a la tige et les feuilles glabres : les stipules bordées de dents profondes et pointues ; les folioles rétrécies par la base, obtuses et dentelées au sommet ; les pédicules ne portent que 2–3 fleurs ; les gousses sont grosses, à 5 tours de spire, hérissées sur le dos de pointes roides, droites, en forme d'alêne et pubescentes. ☉. M. Willdenow dit qu'elle croît dans les provinces méridionales.

3917a. Luzerne en disque. *Medicago disciformis.*

M. disciformis. DC. cat. hort. monsp. 124.

Cette plante ressemble au *M. minima :* sa tige et ses feuilles sont couvertes de poils couchés, mous, soyeux et blanchâtres ; ses stipules à peine dentées ; ses folioles en cœur renversé, dentées au sommet ; les pédicules portent 3 à 4 fleurs , et dépassent la longueur des feuilles ; la gousse est glabre , à 5 tours de spire très-serrés , de sorte qu'elle forme un disque plat et orbiculaire ; les 4 tours inférieurs portent sur leur dos des épines longues , droites , sétacées , un peu crochues au sommet , et déjetées vers la base du fruit ; le cinquième tour est dépourvu d'épines, appliqué sur les autres , lisse, arrondi , de manière à représenter un disque plane , orbiculaire , bordé de cils nombreux. ☉. J'ai trouvé cette singulière plante à la fin d'avril 1807, dans les garrigues de Castelnau près Montpellier, et n'ai pu la retrouver depuis.

3917^b. Luzerne faux-tribule. *Medicago tribuloïdes.*

M. tribuloïdes. Lam. Dict. 3 , p. 635. Wild. sp. 3 , p. 1416.
β. *Spinis adpressis.*

Les tiges de cette plante sont couchées , anguleuses , munies de poils rares vers le sommet ; les stipules étroites , dentées ou incisées à leur base ; les folioles en coin, presque triangulaires , dentées au sommet ; les pédicelles à 2 fleurs , un peu plus courts que les feuilles ; les gousses glabres , roulées en cylindre tronqué , à 5 tours de spire, garnis de 2 rangs d'épines coniques , opposées , épaisses , divergentes des deux côtés , de manière à s'entrecroiser avec celles de la spire voisine. ☉. Elle a été trouvée dans la plaine de la Crau en Provence par M. Desmarets. La var. *β*, que j'ai trouvée dans les vignes et les coteaux , entre Narbonne et Carcassonne , se distingue en ce que les épines du fruit sont plus épaisses à leur base, et tellement divergentes , qu'elles s'appliquent sur la surface du fruit qui reste ainsi tout-à-fait cylindrique : ses gousses n'ont que 4 tours de spire. Serait-ce une espèce distincte ?

3918^a. Luzerne de rivage. *Medicago littoralis.*

α. *Longiseta.* — *M. littoralis.* Rohde in Lois. not. 118. Ten. prod. 43.
— *Medica hirsuta echinis rigidioribus.* J. Bauh. hist. 2 , p. 385, ic.
β. *Breviseta.* — *M. polymorpha rigidula.* Bert. pl. gen. 97 , excl. syn.

Sa racine est dure , longue , presque simple ; ses tiges couchées de 4 à 12 pouces de longueur ; ses stipules dentées ; ses feuilles couvertes, surtout dans leur jeunesse, de poils soyeux et couchés ; ses folioles en coin, presque triangulaires , tronquées et dentées au sommet : ses pédoncules portent de 2 à 4 fleurs et sont de la longueur des feuilles ; les légumes sont glabres , à 4 tours de spire , formant une colonne cylindrique , tronquée , plane aux deux bouts ; le dos des spires est garni d'épines rares , souvent inégales entre elles , longues et un peu crochues au sommet dans la var. *α*, courtes et droites dans la variété *β*. ⊙ ? Elle croît dans les sables maritimes en Provence (Rohd.), en Camargue, en Languedoc près Balaruc et Cette, à Agde, sur la plage.

3920ᵃ. Luzerne à petites épines. *Medicago spinulosa.*

M. muricata, *β*. Lam. Dict. 3, p. 635. — *M. apiculata.* Bast. essai, 280, non Wild.

Elle ressemble beaucoup à la précédente ; mais sa tige est plus couchée, plus glabre ; ses pédoncules portent un moindre nombre de fleurs : ses gousses ont la surface lisse et non relevée de nervures en réseau ; les petites pointes de leur dos sont plus courtes encore, et semblent rapprocher cette espèce de la L. tuberculeuse. ⊙. Elle a été observée par M. Bastard, dans les champs, aux environs d'Angers et de Chalonnes.

3921. Luzerne dentelée. *Medicago denticulata.*

β. M. ciliaris. Savi, cent. p. 148, non Wild.

γ? M. apiculata. Merat, Fl. par. 297 ?

J'ai trouvé la var. *α* aux environs de Nice, d'Agen, et je l'ai reçue de Verviers et des îles de l'Adriatique. La var. *β* ne me parait en différer que par ses pointes un peu plus longues, souvent déjetées de côté, et parce que les tours de spire sont un peu plus écartés. M. Savi l'a trouvée aux environs de Pise, et M. Balbis en Provence. ▬ La var. *γ*, que M. Leman a trouvée à Paris dans le Champ-de-Mars, diffère de notre espèce, parce que la surface des spires de la gousse est lisse, et non relevée de nervures en réseau : elle doit probablement être considérée comme une espèce distincte ?

3921ᵃ. Luzerne bardane. *Medicago lappacea.*

M. lappacea. Lam. Dict. 3, p. 637. — *M. hispida.* Gœrtn. fr. 2, p. 349, t. 155.

Cette plante ressemble tellement à la précédente, que je n'oserais affirmer qu'elle fût une espèce réellement distincte : elle en diffère cependant, parce que ses fruits sont deux fois plus gros et garnis d'épines, dont la longueur dépasse la largeur de la gousse. ⊙. Elle croit dans les prés et les lieux cultivés aux environs de Montpellier : je l'ai aussi reçue de Naples.

3921ᵇ. Luzerne à cinq tours. *Medicago pentacycla.*

M. pentacycla. DC. cat. hort. monsp. 124.

Elle diffère de la L. bardane, parce que ses gousses, au lieu de 3 tours de spire, en ont constamment 5, et forment par conséquent un globule ovoïde au lieu d'un disque aplati. ⊙. Elle croit dans les prés et les lieux humides aux environs de Narbonne et de Perpignan, où elle fleurit en juin.

3921ᶜ. Luzerne précoce.   *Medicago præcox.*

M. præcox. DC. cat. hort. monsp. 123.

Sa racine, est grêle ; ses tiges sont au nombre de 3 à 4, roides, étalées, glabres, pubescentes au sommet ; les stipules incisées en lobes linéaires, profonds, très-aigus ; les folioles petites, dentelées en forme de cœur renversé ; les pédicules très-courts, et ne portent que 1-2 fleurs : la gousse est glabre, blanchâtre, un peu lisse, à 3 tours de spire écartés, un peu réticulés sur leur face, lisses sur le dos, où ils portent 2 rangs d'épines sétacées, longues, divergentes, un peu crochues au sommet. ⊙ ? M. Balbis m'a envoyé cette espèce comme originaire de Fréjus, et comme étant la plus précoce de toutes les luzernes.

3923ᵃ. Luzerne pubescente.   *Medicago pubescens.*

M. pubescens. DC. cat. hort. monsp. 124. — *Medica echinata magna hirsuta.* J. Bauh. hist. 2, p. 385, ic. (excl. specim. infer.).

Sa racine, qui est grêle, pousse plusieurs tiges longues d'un pied et plus, tétragones, ascendantes ou presque droites, garnies, ainsi que les feuilles et les pédicules, de poils longs, mous, blancs, un peu écartés ; les stipules sont foliacées, grandes, dentées et non incisées en lanières fines, comme dans les *M. terebellum* et *sphærocarpa*, auxquelles elle ressemble : les folioles sont grandes, ovales, très-obtuses, un peu dentées ; le pétiole a plus d'un pouce de longueur : les pédicelles sont encore plus longs et portent 4 à 7 fleurs ; les gousses ont 5 tours de spire ; elles sont presque sphériques, garnies de pointes droites, épaisses, nombreuses. ⊙. Elle croît dans les prés un peu marécageux et saumâtres à Balaruc près Montpellier ; à Nice, entre la ville et le Var : elle fleurit en mai et juin.

3924. Trigonelle bâtarde.   *Trigonella hybrida.*

Voyez la figure de cette plante (*Icon. pl. gall. rar.* p. 9, t. 29). M. Schrader a observé que, cultivée, elle pousse une foule de rejetons qui s'étendent en tous sens couchés sur la terre, et se divisent en plusieurs branches : M. Loiseleur l'a retrouvée à Bayonne.

3926. Trigonelle pied   *Trigonella ornithopodioïdes.*
d'oiseau.

MM. Cauvin et Bastard l'ont retrouvée sur les coteaux aux environs d'Angers et sur les bords de la Loire ; M. Salzman, aux bords des étangs de Lattes près Montpellier.

3927. Trigonelle fenu-grec. *Trigonella fœnum-græcum.*

Il faut exclure la var. *β*, et le synonyme de J. Bauhin, qui se rapportent à l'espèce suivante : le vrai fenu-grec sauvage se trouve dans les champs à Salaison, et ailleurs près Montpellier ; il a les tiges ascendantes, presque droites, et ne diffère du fenu-grec cultivé que par ses fleurs un peu plus grandes, et les feuilles plus petites, plus fortement dentées en scie.

3927ᵃ. Trigonelle couchée. *Trigonella prostrata.*

> T. *Fœnum-græcum*, *β*. Lin. sp. 1095, Fl. fr. ed. 3, n. 3927. — *Fœnum-græcum sylvestre.* C. Bauh. pin. 348. J. Bauh. hist. 2, p. 365, f. 2, bona. Dalech. lugd. 481, f. 1, mala.

Il me paraît impossible de considérer cette plante comme une simple variété du fenu-grec ; son port et ses caractères sont différens et se conservent par la culture : le fenu-grec a une tige droite, longue d'un pied, celle-ci pousse plusieurs tiges longues de 3 à 6 pouces, la plupart étalées sur la terre ; le fenu-grec est presque glabre, celle-ci est très-velue, notamment sur les jeunes légumes ; le fenu-grec porte 2 fleurs à chaque aisselle, celle-ci n'en a qu'une seule ; le fenu-grec a les folioles oblongues-obovées, celle-ci les a en coin, presqu'en cœur renversé : la gousse du fenu-grec atteint 6 pouces de longueur, et elle atteint rarement 2 pouces dans celle-ci ; elle est très-comprimée dans le premier, un peu renflée dans le second ; elle renferme de 15 à 20 graines dans le premier, ordinairement 5 à 6 dans le second. ⊙. La trigonelle couchée croît spontanément au bord des champs et dans les garrigues ou terrains secs et pierreux, à Frontignan et Castelnau près Montpellier, Nismes, Avignon, Aix, Nice, etc. Elle fleurit en avril.

3932. Lotier conjugal. *Lotus conjugatus.*

Il me paraît très-douteux que cette plante croisse en France : on ne la trouve point actuellement aux environs de Montpellier, où divers auteurs l'ont indiquée ; celle qui est désignée sous ce nom comme croissant en Auvergne, selon Delarbre, ou à Barrèges, selon Lapeyrouse, ne paraît être qu'une variété à 2 fleurs du *lotus siliquosus.*

3933. Lotier comestible. *Lotus edulis.*

Je l'ai observé dans les lieux cultivés et maritimes, sous les oliviers entre Villefranche et Nice ; M. Ziz l'a trouvé à Hyères ; M. C. Rostan, à Marseille ; M. de la Roche, à Iviça, dans les Baléares.

3935ª. Lotier aristé. *Lotus aristatus.*

L. aristatus. DC. cat. hort. monsp. 122. — *L. coimbrensis.* Brot. Fl.
lus. 2, p. 118. — *L. coimbrensis.* Balb. misc. alt. 24. Lois. Fl. gall. 488,
non Wild.

Sa racine est grêle, fibreuse; ses tiges nombreuses, grêles, étalées,
glabres; ses stipules larges et ovales; ses folioles ovales, rétrécies à
la base, presque toujours pointües, terminées, ainsi que les stipules
et les lobes du calice, par un ou plusieurs poils allongés qui forment
une petite houppe; les fleurs sont solitaires, presque sessiles, blanches, avec le sommet de la carène purpurin; les gousses sont cylindriques, glabres, un peu arquées, longues d'un pouce. ⊙. M. Balbis
a trouvé cette plante aux environs de Fréjus, et M. Lejeune, à Encival
près Liége. L'espèce décrite sous le nom de *L. coimbrensis* par Wildenow est une autre plante que, pour éviter toute équivoque, j'ai
nommée *L. glaberrimus* (Cat. l. c.).

3937. Lotier à petites fleurs. *Lotus parviflorus.*

L. parviflorus. Desf. Fl. atl. 2, p. 206, t. 211. DC. ic. gall. rar. 1, p. 9,
t. 30. Lois. not. 116. — *L. hispidus.* Fl. fr. ed. 3, n. 3937, excl. syn.

Ses gousses dépassent à peine la longueur du calice, et ne renferment que 3 à 5 graines, caractère qui le distingue très-bien du
vrai L. hispide. M. Leukens l'a trouvé aux iles d'Hyères.

3937ª. Lotier hispide. *Lotus hispidus.*

L. hispidus. Desf. cat. 190. Pers. ench. 2, p. 354. Lois. Fl. gall. 2,
p. 491, t. 16, non Fl. fr.

Une racine un peu dure, presque ligneuse, donne naissance à un
grand nombre de tiges étalées, longues de 8 à 10 pouces; toute la
plante est hérissée de poils mous, nombreux et blanchâtres; ses
stipules et ses folioles sont ovales-oblongues, pointues; les pédicelles
sont un peu plus longs que les feuilles, terminés par 3 à 5 fleurs
semblables à celles du L. corniculé, mais plus petites, doubles
cependant de la longueur du calice; les gousses sont cylindriques,
trois fois plus longues que le calice, c'est-à-dire, ayant environ
8 lignes de longueur et 1 d'épaisseur. ♃. Cette plante croît dans le
midi de la France (Desf.), en Corse (Pers.), à Bayonne (Lois.). Je
l'ai trouvée à la Ramette près Toulouse, dans une vigne inculte,
mêlée avec le L. très-étroit, l'un et l'autre en fruit aux premiers
jours de juin. La figure citée représente bien assez notre plante,
mais celle-ci n'est pas droite et n'a pas les gousses si longues.

3937[b]. Lotier très-étroit.   *Lotus angustissimus.*

L. angustissimus. Lin. sp. 1090. — *L. angustifolia.* Gon. hort. 394. —
L. corniculata siliquis singularibus seu binis tenuis. J. Bauh. hist. 2,
p. 356, f. 2.

Il ressemble beaucoup au précédent, mais ses pédicules ne portent
que 1 à 3 fleurs, et les gousses sont proportionnellement plus longues
et plus grêles ; elles atteignent un pouce de longueur, et n'ont guère
qu'une demi-ligne de largeur ; les pédicules dépassent peu la longueur
des feuilles. ⊙? Il se trouve dans les champs en friche et les lieux
secs à Montpellier, notamment à Grammont et près le pic Saint-
Loup (C. Bauh.), aux îles d'Hyères (Req.), à la Ramette près
Toulouse, aux Desvalières près Nantes (Hect.), à la Dinerie sur les
bords de l'Erdre, à Quiberon.

3937[c]. Lotier étalé.   *Lotus diffusus.*

L. diffusus. Smith, Fl. brit. 794.

Il ne me paraît différer du L. très-étroit (avec lequel la plupart des
auteurs l'ont peut-être avec raison confondu) que parce qu'il est
plus petit, et que ses pédicules dépassent 3 ou 4 fois la longueur des
feuilles. ⊙. Il croît dans les provinces de l'Ouest, dans les champs et
les Landes ; aux environs de Dol en Normandie (Villarm.), d'Angers (Bast.), dans le département des Landes (Schrad.).

3938[a]. Lotier soyeux.   *Lotus sericeus.*

L. sericeus. DC. cat. hort. monsp. 122. — *L. tomentosus.* Rohde in
Schrad. neu. Journ. bot. 1809, p. 42, in not. — *L. hirsutus incanus.*
Lois. not. 116.

Il ressemble beaucoup au L. hérissé, mais il est tout entier d'un
blanc soyeux ; ses tiges sont plus courtes, plus rameuses par le bas,
moins branchues par le sommet ; ses stipules très-grandes, ses pétioles
un peu plus longs, ses feuilles couvertes de poils tout-à-fait couchés
et non hérissés, ses calices beaucoup plus velus ; son style est plus sensiblement articulé sur l'ovaire. ♄. Cette plante croît dans les lieux
secs exposés au soleil, dans la Ligurie, les environs de Nice et les îles
d'Hyères ; cultivée à côté du *L. hirsutus,* elle conserve absolument
l'aspect qui lui est propre.

3967[a]. Astragale de Bayonne. *Astragalus Bayonensis.*

A. bayonensis. Lois. Fl. gall. 474. — *A. austriacus.* Thor. chl. land. 317,
non Lin. — *A. arenarius.* Lapeyr. Abr. pyr. 429, non Lin.

Ses tiges sont rameuses, couchées à leur base, couvertes, ainsi
que le reste de la plante, de poils courts et serrés qui lui donnent un

aspect blanchâtre ; les stipules sont membraneuses, un peu velues ,
soudées en une seule qui est bifide, opposée à la feuille ; celle-ci se
compose de 11 à 19 folioles petites, oblongues , pliées ou courbées en
gouttière ; les pédoncules sont de la longueur des feuilles , et portent
4 à 6 fleurs bleuâtres ; les bractées sont petites , scarieuses ; le calice
a 5 dents courtes, couvertes de poils noirâtres ; la gousse est sessile
dans le calice, cylindrique , longue de 5 lignes , pubescente , surmontée par le style , à 4 ou 6 graines dans chaque loge. Cet astragale
diffère de l'*A. arenarius* Lin. par ses gousses plus courtes , sessiles et
non pédiculées dans le calice, et par ses folioles plus nombreuses. ♃.
Il croît dans les sables maritimes de l'Ouest, et a été trouvé à
Bayonne par M. Loiseleur ; à la Teste, le long du bassin d'Arcachon,
par M. Thore ; à l'île d'Oleron , par M. Bonpland; dans le Finistère ,
par M. Bonnemaison.

3984ᵃ. Gesse clymène.   *Lathyrus clymenum.*

L. clymenum. Lin. sp. 1030. — *Clymenum uncinatum.* Mœnch. meth.
150. — Pluk. alm. t. 114 , f. 6, *malè.*

Toute la plante est glabre ; ses tiges sont droites , grêles , un peu
ailées ; les pétioles inférieurs ne portent point de folioles , les supérieurs en ont 5 ou 6 linéaires ou un peu oblongues , pointues , le
plus souvent alternes ; ils sont munis de stipule en demi-fer de flèche ,
et se terminent par une vrille rameuse ; les pédoncules sont plus
longs que les feuilles , et portent de 1 à 6 fleurs bleues avec l'étendard
pourpre ; les gousses sont glabres , comprimées, non relevées de nervures , oblongues , terminées par un petit bec crochu , munies d'une
suture gonflée sur le bord supérieur. ⊙. Elle croît parmi les moissons
et sur les collines aux environs de Toulon (Rob.), d'Hyères (Leuk.)
et de Perpignan.

3988. Gesse sphérique.   *Lathyrus sphæricus.*

Excluez le synonyme de Lamarck. Voyez la figure que j'ai donnée
de cette plante, *Ic. gall. pl. rar.* p. 10 , t. 32.

3988ᵃ. Gesse axillaire.   *Lathyrus axillaris.*

L. axillaris. Lam. Dict. 2, p. 706. Pers. ench. 2, p. 304. — *L. inconspi-
cuus.* Lin. sp. 1020 ?

Cette espèce ressemble beaucoup à la G. sphérique ; mais elle en
diffère par sa fleur blanchâtre, presque sessile , de moitié au moins
plus petite , et dont le calice est presque égal à la longueur de la
corolle. ⊙. Elle se trouve dans les lieux pierreux et exposés au soleil
des provinces méridionales ; à la plaine de la Crau en Provence, d'où

elle m'a été envoyé par M. de Suffren ; à Villeneuve d'Ardèche, par
M. Prost.

3988ᵇ. Gesse à petite fleur. *Lathyrus micranthus.*

L. micranthus. Gerard. in Lois. not. 106.

Je ne connais point cette espèce ; mais, d'après la description de
M. Gérard, elle paraît bien distincte de toutes les autres, et notamment de la G. axillaire, dont elle est voisine ; ses tiges sont redressées,
menues, anguleuses ; ses stipules plus longues que le pétiole ; celui ci
est très-court, chargé de 2 folioles lancéolées–linéaires, et terminé
en une petite vrille simple ; les pédicelles sont axillaires, très-courts ;
les dents du calice presque égales à la corolle ; l'étendard est rouge ;
la gousse cylindrique, un peu velue, plus étroite que les folioles, à
8 ou 10 graines : elle est comprimée, glabre, plus large que les
folioles. ⊙ ? M. Gérard a trouvé cette plante dans les champs en
Provence.

3994. Gesse des prés. *Lathyrus pratensis.*

β. Velutinus.

L'état ordinaire de cette plante est d'avoir la surface glabre ; la
var. *β*, qu'on trouve dans les lieux secs, est toute couverte d'un
duvet court, couché et serré.

4006. Orobe tubéreux. *Orobus tuberosus.*

β. O. tenuifolius. Roth. germ. 1, 305. Bast. suppl. p. 7. — *Lathyrus
attenuatus.* Pers. ench. 2, p. 305. Lois. Fl. gall. 730.

γ. O. pyrenaïcus. Lin. sp. 1029. Lapeyr. Abr. 613. — Pluk. t. 210, f. 2.

Cette espèce se distingue toujours à ce que sa racine est munie çà
et là de petits renflemens tuberculeux, et à ce que sa tige est bordée
d'une aile étroite et foliacée ; mais il paraît que la forme de ses
feuilles est très-variable : dans la var. *α*, qui est le type de l'espèce,
les folioles sont oblongues ; dans la var. *β*, elles sont linéaires ; dans
la var. *γ* au contraire, elles sont ovales et les inférieures presque
arrondies ; la longueur des pédicules est proportionnée à la largeur
des feuilles : ainsi ils sont plus longs que la feuille dans la var. *γ*,
égaux à sa longueur dans la var. *α*, plus courts qu'elle dans la
var. *β*, qui est tellement tranchée, qu'on a peine à ne pas la regarder
comme une espèce distincte. M. Bertoloni, qui les a toutes observées dans les Apennins, assure qu'elles ne sont réellement que des
variétés. Elles croissent dans les collines et les bois : la var. *β*, qui
est la plus rare, se trouve à la forêt de Beaugé en Anjou (Bast.).

4007. Orobe filiforme.   *Orobus filiformis.*

β. Tenuis.

Cette variété, que M. Coder a trouvée dans les Pyrénées orientales, est remarquable par ses feuilles et ses stipules extraordinairement étroites et pointues. La var. *α* est la plante que M. Lapeyrouse a désignée sous le nom d'*O. atropurpureus*, et que lui-même
a reconnu depuis être différente de celle décrite sous ce nom par
M. Desfontaines.

4008. Orobe blanchâtre.   *Orobus albus.*

β. O. asphodeloïdes. Gouan. ill. 48.

Cette variéte ne s'écarte de l'espèce ordinaire que parce qu'elle a
les feuilles un peu plus larges et les fleurs d'un blanc très-légèrement
jaunâtre. Ses racines sont composées d'un faisceau de fibres longues,
cylindriques, à peine renflées, disposées comme dans l'asphodèle.
Elle croît dans les Cévennes : la plupart des synonymes de l'O. blanc
se rapportent plutôt à cette variété qu'à celle à feuille étroite.

4011ᵃ. Vesce argentée.   *Vicia argentea.*

V. argentea. Lapeyr. Abr. 417.

Cette singulière espèce n'a de rapports qu'avec la *V. canescens*
découverte en Syrie par M. Labillardière, mais en est encore bien
distincte; toute sa superficie est couverte d'un duvet couché, soyeux
et blanchâtre; sa racine, qui est grêle et simple, pousse plusieurs
tiges droites, anguleuses; les stipules sont entières, lancéolées, avec
une oreillette dirigée en en-bas; les pétioles portent de 9 à 13 folioles oblongues-linéaires, et se terminent par conséquent par une
foliole impaire, et non par une vrille; les pédoncules sont plus courts
que les feuilles, et chargés de 4 à 7 fleurs dirigées d'un seul côté;
l'étendard est rosé, marqué de stries violettes; les ailes sont d'un jaune
pâle; la carène est blanchâtre, avec le sommet d'un pourpre foncé. ♃.
Cette plante m'a été communiquée par MM. de Boispéré et Boileau,
qui l'ont cueillie en fleur au mois de juillet, dans les Pyrénées espa-
gnoles, à 2 lieues de Vénasque, sur la montagne de Castanèze.

4013. Vesce de Gérard.   *Vicia Gerardi.*

Excluez la var. *β*, qui est une espèce très-distincte (n. 4015ᵃ), à laquelle se rapporte le synonyme de Pollich, et très-probablement le
V. cassubica de Linné : c'est au contraire au *V. Gerardi* qu'on doit
rapporter le *V. cassubica*, Lapeyr. Abr. 417. Cette plante est assez
commune en Roussillon.

4013ᵃ. Vesce à feuilles menues. *Vicia tenuifolia.*

> *V. tenuifolia.* Roth. germ. 1, 3090, 11, 183. Wild. sp. 3, p. 1099.
> Sturm. Fl. germ. ic. — *V. Gerardi.* Wild. prod. 736. — *V. perennis*
> *multiflora. majori flore cœruleo ex albo mixto.* Magn. bot. 307. —
> *V. biennis.* Gouan, Fl. monsp. 189, ex syn.
> β. *Longipes.*

Ses tiges sont droites, anguleuses, hautes de 1 à 2 pieds; ses stipules linéaires, très-acérées, allongées, entières, munies à leur base d'une oreillette courte et aiguë; les pétioles portent 14–18 folioles alternes ou opposées, linéaires, longues, mucronées, légèrement velues sur les bords, munies à leur base de 3 nervures assez visibles en dessus; les pédicules sont deux fois plus longs que les feuilles et portent 15 à 20 fleurs d'un bleu violet mêlé de blanc, plus grandes que dans la *V. cracca;* les gousses sont glabres, très-comprimées, larges, courtes, ovales, pointues, à 2-4 graines. ♃. Elle croît dans les lieux montueux des basses Cévennes près Montpellier, à la Sérane (Magn.). M. Coder a trouvé en Roussillon la var. β, qui est remarquable par ses fleurs plus lâches et par ses pédoncules fortement striés, et 3 ou 4 fois plus longs que les feuilles à l'époque de la maturité des fruits.

4015ᵃ. Vesce multiflore. *Vicia multiflora.*

> *V. multiflora.* Poll. pal. n. 683. — *V. cassubica.* Lin. sp. 1035? Sturm.
> Fl. germ. ic. non Lapeyr. — *Orobus sylvaticus.* Bast. suppl. p. 7,
> non. Lin. — Pluk. alm. t. 72, f. 2.

Ses tiges sont tétragones, glabres ou à peine pubescentes, longues de 1 à 2 pieds, un peu faibles; les stipules sont entières, très-étroites, à peine auriculées à la base; les petioles portent 20 à 30 folioles oblongues, obtuses, mucronées, plus courtes vers le sommet des pétioles, glabres en dessus, à peine pubescentes en dessous; les pédoncules sont plus courts que la feuille, portant 12 à 13 fleurs d'un violet bleuâtre, pendantes d'un seul côté; les gousses sont glabres, comprimées, ovales-oblongues, pointues aux deux bouts, à 1 ou 2 graines. ♃. Elle croît sur les collines herbeuses près Hartenburg dans le Palatinat (Poll. Koch.), et sur les coteaux boisés de Fontevrault en Anjou (Bast.): elle fleurit en juin. Il ne faut pas la confondre avec une légère variété de la *V. cracca,* qu'on a souvent dans les herbiers sous le nom de *V. multiflora.*

4015ᵇ. Vesce orobe. *Vicia orobus.*

> *Orobus sylvaticus.* Fl. fr. ed. 3, n. 4002.

Cette plante ressemble tellement à la V. multiflore, qu'il est impossible de ne pas la placer dans le même genre. Je l'ai nommée *vicia orobus*, pour rappeler son premier nom, et d'autant plus que la *vicia oroboïdes* Jacq. est un vrai orobe. Au reste, notre espèce se distingue très-bien à ses stipules larges, lancéolées, fortement dentées à la base externe ; ses gousses ressemblent beaucoup à celles de l'espèce précédente. ♃. Je l'ai retrouvée à Esquierri dans les Pyrénées, au Puy Mari en Auvergne.

4016ᵃ. Vesce vivace.   *Vicia perennis.*

V. perennis. DC. cat. hort. monsp. 155. — *V. perennis multiflora incana insularum Stœchadum*. Tourn. inst. 597. — *V. atropurpurea*. Lapeyr. Abr. 417, non Desf.

ß. Caulibus diffusis basi suffruticosis.

Une racine vivace se divise au sommet en plusieurs tiges un peu faibles, herbacées, angulenses, pubescentes surtout vers le haut, longues de 6 à 12 pouces ; les feuilles sont couvertes de poils couchés, soyeux, qui leur donnent un aspect grisâtre ; les stipules sont en demi-fer de flèche, avec l'oreillette souvent bifide ; le pétiole porte 10 à 12 folioles oblongues-linéaires ; le pédoncule est un peu plus court que la feuille, et porte de 3 à 6 fleurs d'un pourpre foncé, un peu plus petites que celles de la *V. atropurpurea*; le calice a ses lanières fines, velues, et dont la longueur ne passe pas celle de son propre tube ; les gousses sont oblongues, pubescentes, légèrement renflées et à 4 graines. ♃. J'ai trouvé cette plante dans les champs de blé aux environs de Perpignan ; je l'ai aussi reçue des îles d'Hyères, où Tournefort l'avait déjà trouvée ; mais on ne doit point la confondre avec la *V. atropurpurea* qui y croît aussi, et qui est annuelle et a les lanières de son calice plus longues que le tube et presque égales à la carène : la var. *ß*, qui croît sur les rochers à Collioure, a les souches demi-ligneuses et les tiges presque tout-à-fait couchées.

4018ᵃ. Vesce à deux graines.   *Vicia disperma.*

V. disperma. DC. cat. hort. monsp. 154. — *V. parviflora*. Lois. Fl. gall. 460, non Michx.

Sa tige est grêle, tétragone, rameuse, pubescente, ainsi que les pétioles et les nervures ; ses stipules sont grêles, en demi-fer de flèche, entières, pointues ; les pétioles portent 8-9 paires de folioles oblongues-linéaires, acérées et non échancrées, et se terminent par une vrille simple ou rameuse ; le pédoncule est plus court que la feuille : il porte 2 à 3 fleurs petites, bleuâtres ; les gousses sont glabres, comprimées, ovales-oblongues, à deux graines. ⊙. Elle croit dans les lieux pierreux et stériles des provinces méridionales, à Toulon (Lois.); Montpellier ; en Roussillon au bas du fort Sarral (Lapeyr.).

4019. Vesce cultivée.   *Vicia sativa.*

V. sativa. Fl. fr. n. 4019, excl. var. *ß*, *γ* et *δ*. Hoppe in Sturm, Fl.
germ. ic. opt.

Les variétés que j'avais admises dans la Flore paraissent (d'après
la monographie des vesces d'Allemagne de MM. Hoppe et Sturm.)
devoir être considérées comme des espèces distinctes : la vraie
V. sativa se distingue à ses feuilles composées de 5 à 7 paires de
folioles ovales, tronquées et prolongées en arête, et à ses stipules dentées et tachées : elle présente encore plusieurs variétés ;
les *V. leucosperma* et *alba* de Mœnch. meth. 148, la *V. nemoralis*,
Pers. ench. 2, p. 307, paraissent lui appartenir. Les deux premières
sont souvent confondues par les cultivateurs sous les noms de *vesce
blanche* ou *grise ;* elles se conservent de graines, et méritent d'être
examinées de nouveau par les botanistes.

4019ᵃ. Vesce des moissons.   *Vicia segetalis.*

V. segetalis. Thuil. Fl. par. 1, p. 367. Hoppe in Sturm. Fl. germ.
ic. opt. — *V. sativa*, *γ*. Fl. fr. n. 4019.

Cette plante ressemble beaucoup à la vesce cultivée ; mais elle
paraît en différer suffisamment par ses folioles plus oblongues, par
ses stipules moins dentées, jamais tachées, par ses gousses presque
droites et généralement plus courtes, par ses graines comprimées
et non sphériques. ☉. Elle croît dans les moissons autour de Paris.

4019ᵇ. Vesce à feuilles étroites. *Vicia angustifolia.*

V. angustifolia. Roth. germ. 1, p. 310. Hoppe in Sturm. Fl. germ.
ic. opt. — *V. sativa*, *ß*. Fl. fr. n. 4019, excl. syn. All. (1).

Cette plante tient le milieu entre la V. cultivée et la fausse gesse ;
elle a une racine grêle de laquelle partent 2 à 3 tiges ascendantes,
minces, triangulaires ; ses feuilles n'ont que 3 à 4 paires de folioles ;
celles-ci sont en forme de coin, ou même de cœur renversé dans
le bas de la plante, linéaires dans le haut, toujours terminées par
une petite arête ; les stipules sont en forme de demi-fer de flèche,
un peu dentelées et dépourvues de taches ; les fleurs sont purpurines,
plus petites que dans la V. cultivée, solitaires aux aisselles supérieures, rarement géminées ; les graines sont globuleuses, noires,
ni tachées, ni ponctuées. ☉. Elle croît dans les champs sablonneux
de presque toute la France.

---

(1) La figure 2 de la planche 59 d'Allioni représente bien la *V. luganensi*
de Schleicher, ou *V. acuta* Pers. qui paraît une espèce distincte de celle-ci
par ses folioles très-longues toutes linéaires.

4019ᶜ. Vesce voyageuse. *Vicia peregrina.*

V. peregrina. Lin. sp. 1038. Sturm. Fl. germ. ic. — *V. sativa*, *δ*. Fl.
fr. n. 4019. — Pluk, t. 233, f. 6.

Cette plante, que je n'avais désignée que comme une variété de la
V. cultivée, en est certainement distincte ; ses tiges sont grêles,
faibles, un peu dressées ; ses stipules petites, à deux lobes pointus,
et dépourvues de taches noires ; ses folioles, au nombre de 6 à 10,
sont toutes linéaires, tronquées, et même incisées au sommet en deux
pointes ; les fleurs sont purpurines, solitaires ; les gousses pubescentes, comprimées, longues de 1 pouce sur 5 lignes de largeur ; les
graines lisses, un peu comprimées. ⊙. Elle est commune dans les
lieux secs et pierreux des provinces méditerranéennes, la Provence,
le Languedoc et le Roussillon.

4021. Vesce des Pyrénées. *Vicia Pyrenaïca.*

Il faut exclure de la Flore le synonyme de J. Bauhin, que j'avais
rapporté avec doute à cette espèce, et qui appartient à la *V. amphi-
carpa.* La vesce des Pyrénées, que j'ai trouvée en grande abondance
dans ces montagnes parmi les buissons, et surtout dans la partie
orientale de la chaîne, est certainement dépourvue de gousses sou-
terraines : j'en ai donné la figure dans mes Icon. pl. gall. rar. 10,
t. 33. M. Lapeyrouse a changé son nom pour lui donner celui de
V. Fagonii (Abr. p. 419).

4022ᵃ. Vesce empourprée. *Vicia purpurascens.*

V. Purpurascens. DC. cat. hort. mousp. 155. — *V. nissoliana.* Gou.
herb. 51, excl. syn. — *V. pannonica.* Lois. Fl. gall. 461. Lapeyr.
Abr. 420, excl. syn. — *V. pannonica*, *β.* Wild. sp. 3, p. 1108,
excl. syn. — *Vicioïdes striata.* Mœnch. meth. 137 ?

Sa racine est grêle, fibreuse ; sa tige simple ou peu rameuse,
striée ; toute la plante est couverte de poils couchés qui lui donnent
un aspect cendré ; par la culture, elle devient plus glabre ; ses stipules sont entières, petites, ovales-lancéolées, tachées vers leur
base ; les feuilles portent 8–9 paires de folioles oblongues, mucronées ; à leur aisselle naissent 2 à 3 fleurs pendantes, portées sur un
pédicelle presque nul : elles sont purpurines et jamais jaunes ; l'étendard est velu en dehors ; les dents du calice sont plus longues que
son tube et sétacées ; la gousse est oblongue, couverte de poils
soyeux et couchés. ⊙. Elle croît dans les moissons, aux environs de
Montpellier, Lattes, Mauguio (Gou.), et près de l'aquéduc ; entre
Nismes et Beaucaire, à Lunel et à Foz (Req.) ; à Saint-Jean-de-Luz
et Bayonne (Lois.), à Clermont d'Auvergne.

4023ª. Vesce hérissée. *Vicia hirta.*

V. hirta. Balb. misc. alt. DC. syn. p. 360. Pers. ench. 2 , p. 308. — *V. lutea*, β. Lois. Fl. gall. 462. — *V. lutea.* Gou. hort. 372. Lapeyr. Abr. 419, non Lin.

Elle diffère de la vesce jaunâtre, parce que sa fleur est blanchâtre , et ne devient jaune que par la dessiccation ; que ses folioles sont plus étroites, plus linéaires et beaucoup plus poilues ; qu'enfin ses gousses sont fortement hérissées de poils. ☉. Elle est commune dans les moissons des provinces méridionales , depuis Nice à Toulouse.

4025. Vesce des haies. *Vicia sepium.*

β. *Ochroleuca.* Bast. suppl. p. 8.

Cette variété , remarquable par ses corolles d'un jaune pâle et non d'un bleu violet, a été trouvée par M. Bastard au bas des coteaux de la Loire , aux environs de Saumur.

4026. Vesce de Narbonne. *Vicia Narbonensis.*

La *vicia serratifolia* de Jacquin, que j'avais réunie à cette espèce, comme une simple variété, forme une espèce bien prononcée par ses folioles dentées en scie, et qui se conserve par la culture : elle croit à la vallée de Patonera et à Cabureto près Turin (Balb.) ; mais je ne crois pas qu'elle ait été trouvée dans la France.

4029. Ers à 4 graines. *Ervum tetraspermum.*

E. tetraspermum. Fl. fr. n. 4029 , excl. syn. Thuil.

Ajoutez à la description que les pédicules sont toujours plus courts que les feuilles.

4029ª. Ers grêle. *Ervum gracile.*

E. gracile. DC. cat. hort. monsp. 109. — *Ervum soloniense.* Lin. amœn. 4, p. 326? Thuil. Fl. par. ed. 2, p. 371. — *Vicia gracilis.* Lois. Fl. gall. 460 , t. 12.

Cette espèce diffère de l'ers à 4 graines , parce qu'elle a les tiges plus fermes et plus droites ; les folioles plus étroites et un peu moins obtuses ; les pédoncules constamment plus longs que les feuilles , et les gousses à 4 , 5 ou 6 graines ; ses pédoncules portent de 1 à 5 fleurs. ☉. Cette plante croît dans les moissons et les lieux stériles , entre Bondy et Sevran près Paris ; en Bourgogne ; près de Dreux (Lois.) ; à Angers (Bast.) ; à l'Ile près Orléans (St.-Hil.) ; Bourbonne-les-bains (Villarm.) ; Lauzerte (Fer.) ; Montpellier , Pecquai , Arles , Toulon , Antibes , Nice , etc. L'*E. lenticula* (Sturm. Fl. germ. ic.) diffère de celui-ci , parce que ses gousses n'ont que 1 à 2 graines.

4030ₐ. Ers pubescent.   *Ervum pubescens.*

E. pubescens. DC. cat. hort. monsp. 109.

Cette espèce tient à peu près le milieu entre l'ers grêle et l'ers velu : elle diffère du premier par ses gousses et ses feuilles pubescentes : elle se distingue du second, parce que ses gousses ont 4 à 5 graines au lieu de 2, et que ses pedoncules dépassent pour la plupart un peu la longueur des feuilles, tandis qu'ils sont plus courts dans l'ers velu ; les fleurs de notre espèce sont aussi un peu plus grandes. ⊙. Elle croit dans les haies aux environs d'Hyères en Provence.

4031ª. Ers à une fleur.   *Ervum monanthos.*

E. monanthos. Lin. sp. 1040. Lam. Dict. 2, p. 389. Saint-Hil. not. 10. Stürm. Fl. germ. ic. opt. — *Vicia,* n. 7. Lin. ups. 219. — *Vicia articulata.* Wild. enum. 764. — *Vicia monantha.* Fl. fr. n. 4017, excl. syn. et descr. — *E. stipulaceum.* Bast. Journ. bot. 1814, 2, p. 18.

Cette espèce ressemble à la lentille, mais elle diffère de tous les ers et de toutes les vesces par ses stipules, dont l'une est entière, étroite, linéaire, et l'autre grande, divisée en 6 ou 7 lobes grêles, divergens et profonds ; les folioles sont au nombre de 10 à 12, linéaires, tronquées ou échancrées au sommet ; le pédicule est plus court que la feuille, terminé par une arête courte, et portant une fleur plus grande que dans les autres ers ; sa gousse est glabre, comprimée, longue d'un pouce, à 2, 3 ou 4 graines sphériques qui forment autant de bosses saillantes. ⊙. Elle croit dans les moissons, à Nice (All.) ; à Villefranche en Roussillon ; à l'île Saint-Loup près Orléans (St.-Hil.) ; à Saint-Bonet près Lyon (Gil.) ; au pied du Puy-de-la-Vache près Clermont (Bast.) : on la cultive comme fourrage, sous le nom de *jaraude* en Sologne, et comme légume en Roussillon, sous celui de *petite lentille.*

4038. Ornithope comprimé. *Ornithopus compressus.*

J'en ai trouvé deux variétés notables : l'une, à tige droite, à Saint-Sulpice-la-Pointe près Montauban ; l'autre, à fleurs rouges, aux environs de Nantes.

4039. Ornithope sans bractées. *Ornithopus ebracteatus.*

O. ebracteatus. Brot. Fl. lus. 2, p. 159. Lois. Fl. gall. 467. — *O. durus.* Fl. fr. ed. 3, n. 4039, non Cav. — *O. exstipulatus.* Thore, chl. land. 311. — *O. pygmœus.* Viv. Fl. ital. fragm. t. 14, f. 2.

Je n'ai décrit cette espèce sous le nom d'*O. durus* qu'après l'avoir envoyée à Cavanilles, qui me répondit que c'était bien réellement sa plante. Cependant il parait, soit d'après sa description, soit d'après des échantillons que j'ai reçus de M. Lagasca, que notre plante est un peu différente de celle d'Espagne ; elle diffère de la description de Cavanilles en ce qu'elle est annuelle et non vivace. Elle se distingue des échantillons envoyés par M. Lagasca en ce qu'elle est plus faible, moins dure, que ses feuilles sont ovales et non en cœur renversé ; que son calice est double en longueur (c'est-à-dire, long de 2 lignes dans l'*O. ebracteatus*, et 1 dans l'*O. durus*) ; qu'enfin la gousse, vue à la loupe, est comme légèrement réticulée au lieu d'être lisse, cylindrique au lieu d'être tétragone. Au reste, l'*O. durus* parait annuel tout comme le nôtre ; celui-ci est presque droit quand il est très-petit, étalé sur la terre lorsqu'il est grand. ☉. On le trouve dans les champs, sur les landes, les bords des chemins, des terrains sablonneux et humides, principalement dans l'Ouest et le Midi ; à Nice près l'embouchure du Var, à la Sablette près Toulon, Cannes, Antibes, Perpignan, Agen, Tarbes, Bayonne, Dax, Tête-de-Buch, les Sables-d'Olonne, Cholet, Nantes, dans la haute vallée d'Anjou et dans le Vesson, à la Turpinière en Sologne, et à Romorantin, etc.

4049ᵃ. Coronille de montagne. *Coronilla montana.*

C. *montana.* Scop. carn. ed. 2, n. 912, t. 44. Syn. Fl. gall. n. 4049*.
— Hall. helv. n. 388.

Cette belle espèce de coronille a une tige herbacée, droite, haute de plus d'un pied : elle est toute glabre et d'un vert un peu glauque ; les folioles sont ovales, rétrécies à la base, très-obtuses, au nombre de 11–13 ; la terminale souvent échancrée ; les deux inférieures touchent la tige ; les stipules sont soudées en une seule bifide et caduque ; les ombelles sont composées d'une vingtaine de fleurs jaunes un peu plus petites que dans la C. bigarrée ; les gousses sont pendantes, à 3 ou 4 articles allongés. ♃. J'ai reçu cette plante de M. Chaillet, qui l'a trouvée à la montagne de Chaumont dans le Jura. M. Loiseleur dit qu'elle croit en Provence : il parait que c'est celle-ci que divers auteurs ont décrite sous le nom de C. *coronata.*

4054ᵃ. Sainfoin très-épineux. *Hedysarum spinosissimum.*

H. *spinosissimum.* Lin. sp. 1058. Wild. sp. 3, p. 1212. — Pluk, t. 50, f. 2.

Sa racine est grêle, simple ; ses tiges étalées, à peine de la longueur de la main, presque simples ; ses feuilles ailées, à 11–13 folioles obovées, un peu échancrées, glabres, petites, un peu épaisses ; les pédicules, plus longs que les feuilles, portent 4 à 6 fleurs d'un

pourpre pâle, presque blanches ; les gousses sont composées de
2 à 3 articles orbiculaires, comprimés, pubescens et hérissés, sur
toute leur surface, d'aiguillons droits, aigus, légèrement crochus au
sommet. ⊙. Il croît dans les terrains chauds et sablonneux, en Provence au bord de la mer, à Foz-les-Martigues (Suffren), à Nice
(Lois.).

4057. Esparcette couchée.   *Onobrychis supina.*

J'ai trouvé cette espèce sur les coteaux secs à la Font-de-Combes en
Roussillon, entre Trèbes et Carcassonne, à Beziers, à Draguignan ;
M. Requien, à Avignon. M. Lapeyrouse la nomme *hedysarum herba-*
ceum (Abr. p. 426), et l'indique à Custoja et à Bénasque.

4058. Esparcette de roche.   *Onobrychis saxatilis.*

Cette plante, qui ne croît que dans les lieux les plus chauds, à
Gênes, Nice, Salon, Digne, Aix, Avignon, a été indiquée, par
M. Lapeyrouse dans la vallée de Vénasque, l'une des plus élevées
des Pyrénées ; mais ce qu'il a désigné sous ce nom n'est autre chose
que l'*onobrychis sativa*.

FAMILLE DES TÉRÉBINTHACÉES.

4064. Pistachier commun.   *Pistacia vera.*

Excluez la var. γ, qui se rapporte à la suivante.

4065. Pistachier térébinthe. *Pistacia terebinthus.*

β. *Heterophyllus.* — *P. narbonensis.* Gouan. monsp. 503. — Sauv.
monsp. 219.

Le térébinthe, livré à lui-même dans les campagnes, est plutôt
un buisson ou un arbuste qu'un arbre, et sa taille le distingue en
général très-bien du pistachier ; il se caractérise encore en ce que
ses pétioles sont toujours parfaitement glabres, tandis que ceux du
pistachier sont pubescens depuis leur naissance jusqu'à la fin de leur
existence. Le nombre des folioles est ordinairement de 7 : on n'en
trouve que 5 et même 3 dans la var. β, qui a été confondue par
divers auteurs, tantôt avec le *P. vera*, tantôt avec le *P. reticulata*,
mais qui appartient certainement au *P. terebinthus*, et se trouve avec
lui dans les Garigues du Languedoc et du Roussillon.

FAMILLE DES PAPAVÉRACÉES.

4089ª. Pavot orangé. *Papaver aurantiacum.*

P. aurantiacum. Lois. not. p. 84. Viguier, diss. p. 44. Req. in Guer.
vaucl. ed. 2, p. 256. — *P. alpinum.* Lepeyr. Abr. pyr. p. 296, non
Lin. — *Lasiotrachyphyllum.* Rich. Bell. ic.

CETTE espèce ressemble beaucoup au pavot des Alpes ; mais ses
feuilles sont fortement hérissées de poils et non glabres ; leurs lobes
sont, les uns ovales, les autres dentés ou incisés, et non tous divisés
en lanières profondes et étroites ; les pédoncules sont garnis de poils
hérissés et non couchés ; les pétales, au lieu d'être d'un blanc jaunâtre, sont d'un jaune citrin et deviennent de couleur orangé seulement par la dessiccation. ♃. Elle croît parmi les pierres et les
rochers, vers le sommet du mont Ventoux, où elle a été observée
par M. Requien. Je l'ai trouvée en abondance, au mois de juillet
1807, sur les sommités des Pyrénées, notamment à Cambres-d'Ase,
au-dessus de la val d'Eynes, etc.

4090ª. Pavot de Roubieu. *Papaver Roubiæi.*

, *P. Roubiæi.* Viguier, diss. p. 39, ic.

Cette plante ne s'élève pas au-delà d'un demi-pied : elle est toute
hérissée de poils ; sa tige est garnie de feuilles seulement à sa base,
et dégénère en plusieurs pédoncules grêles, nus et uniflores ; les
feuilles sont découpées jusqu'à la côte moyenne, en lobes qui sont
eux-mêmes pinnatifides ; leurs lobes sont linéaires, entiers, tous
terminés par un poil long, roide, blanchâtre ; les poils des pédicelles sont tantôt droits, tantôt étalés ; les pétales sont rouges, à
peu près de la grandeur de ceux du coquelicot ; la capsule est glabre, arrondie. ☉? Cette espèce est fort rare ; M. Roubieu l'a trouvée
dans les lieux sablonneux, à Frontignan près Montpellier.

4091ª. Pavot porte-soie. *Papaver setigerum.*

Cette espèce ressemble au pavot somnifère ; mais elle s'en distingue facilement à ce que toutes les dentelures de ses feuilles se terminent par une soie roide, qui a au moins une ligne de longueur ;
sa tige est droite, simple, ou très-peu rameuse, terminée par 1–3
pédoncules allongés, garnis de quelques poils ; les feuilles sont
oblongues, incisées, dentées à dents plus étroites et plus pointues
que dans le P. somnifère ; les fleurs sont violettes ; la capsule est

lisse, obovée, surmontée d'un plateau chargé de 6 à 8 stygmates. ⊙. Cette plante a été découverte par M. Requien, dans l'île du Levant (l'une des îles d'Hyères), et ce botaniste l'ayant cultivée à Avignon, a vu que ses caractères résistent à la culture.

DCCXXI*. MECONOPSIS.   *MECONOPSIS.*

Meconopsis. Vig. — *Papaveris. sp.* Lin. — *Argemones sp.* Desp.

Car. Le calice est caduc, a 2 folioles; la corolle a 4 pétales; les anthères s'ouvrent latéralement; le style est court; les stygmates sont persistans, rayonnans, convexes, libres et non sessiles sur le disque; la capsule est à une loge, et s'ouvre rarement en autant de valvules que de stygmates; les cloisons sont courtes, incomplètes.

Obs. Ce genre est tellement intermédiaire entre les pavots et les argémones, qu'il y a beaucoup de probabilité que la seule espèce qui la compose a été décrite en fleurs comme pavot, en fruit comme argémone.

4092. Meconopsis du pays de Galles.   *Meconopsis cambrica.*

M. cambrica. Viguier, diss. p. 48, f. 3. — *Papaver cambricum.* Lin. sp. 729. Fl. fr. n. 4092. — *Argemone pyrenaïca.* Lin. sp. 727? — *Argemone cambrica.* Desp. Dict. scienc. nat. 2, p. 481.

Rapportez ici la description 4092 de la Flore. Ses capsules ont de 4 à 6 valves : elle est commune le long des haies, dans les lieux frais, au bord des prairies et des bois dans les Pyrénées.

4098ᵃ. Corydalis fève.   *Corydalis fabacea.*

Fumaria fabacea. Retz. prod. ed. 2, n. 859, excl. Fl. dan. syn. — *F. intermedia.* Ehrh. beitr. 6, p. 146. — *F. bulbosa*, ß. Fl. suec. n. 831.

Le nom d'intermédiaire qu'Ehrart avait donné à cette espèce la peint parfaitement : elle a la racine et le port de la C. bulbeuse, et les bractées entières comme la C. tubéreuse : elle diffère encore de la C. bulbeuse par ses fleurs plus petites, portées sur de plus courts pédicelles, et de la C. tubéreuse, parce qu'elle est de moitié plus petite, et que sa grappe ne porte qu'un petit nombre de fleurs. ♃. M. Loiseleur l'a trouvée dans la forêt de Compiègne; M. Schleicher, au pied des Alpes.

4099. Corydalis jaune.   *Corydalis lutea.*

M. Nestler a trouvé cette espèce à Bâle et à Strasbourg, dans les fentes des vieux murs.

4100ª. Corydalys à neuf seg- *Corydalis enneaphylla.*
mens.

F. enneaphylla Lin. sp. 984. — Barr. ic. n. 865, t 42.

Cette plante forme une petite touffe lâche ; ses tiges sont tortueuses, grêles ; les feuilles ont un pétiole assez long, divisé en
3 branches, qui sont elles-mêmes trifides, de sorte que chaque pétiole
porte 9 segmens ovales ou arrondis, obtus ou à peine pointus, toujours entiers ; les grappes sont courtes ; les fleurs grandes à peu près
comme dans la F. grimpante, portées sur de plus longs pédicelles ; leur
corolle est d'un blanc mêlé de jaune avec le sommet pourpre ; les
capsules sont ovales-oblongues, comprimées, à 3 nervures sur chaque
face, et renferment deux graines. ♃. Cette espèce croit dans les fentes
des rochers en Catalogne et en Roussillon ; à Prades, Saint-Michel-
du-Canigou, Nourri, Arène, etc. (Lapeyr.).

4101. Fumeterre grimpante. *Fumaria capreolata.*

J'ai donné une figure de cette plante dans mes *Icones gall. rar.*
p. 10, *t.* 34. On la trouve dans presque toute la France méridionale,
à Nice, Arles, Montpellier, Perpignan, Narbonne, Agen, Carcassonne, et jusque près de Lyon, d'où elle m'a été envoyée par
M. Gilibert.

4101ª. Fumeterre intermédiaire. *Fumaria media.*

F. media. Lois. not. 101. Bast. suppl 33. — *F. prehensilis.* Kit. ind.
hort. Pesth. 1812, p. 10. — *F. capreolata.* Thuil. Fl. paris. ed. 2,
p. 354, non Lin. — Vaill. bot. t. 10, f. 4.

Cette plante tient le milieu entre la F. grimpante, dont elle a presque le port, et la F. officinale, dont elle a les principaux caractères ;
comme la première, sa tige s'élève, et les pétioles tendent, quoique
avec moins d'énergie, à s'entortiller autour des corps voisins ; comme
la seconde, elle a les folioles du calice dentées ; les fruits très-légèrement tuberculeux, et les lobes des feuilles linéaires : elle s'éloigne de
chacune d'elles par les caractères qui l'approchent de l'autre ; ses
fleurs sont plus petites que dans la F. grimpante, plus grandes que
dans la F. officinale : elles sont d'un blanc purpurin, avec le sommet
seulement d'un pourpre foncé. ☉. Elle fleurit à l'entrée de l'été ; elle
a été trouvée dans les champs et les vignes près Paris, à Marcoussis,
Saint-Cloud, Romainville (Lois.) ; Chamrosai, par M. Lhéritier ;
à Angers, par M. Bastard ; Lauzerte, par M. de Férussac, etc.

4102ª. Fumeterre de Vaillant. *Fumaria Vaillantii.*

F. Vaillantii. Lois. not. 102. Bast. suppl. 33. — Vaill. bot. 56, t. 10, f. 6.

Elle ressemble beaucoup à la F. à petite fleur, mais ses rameaux

sont dressés au lieu d'être étalés et couchés sur la terre ; les lobes de
ses feuilles sont plus allongés , planes et non creusés en gouttière ;
ses fleurs sont rougeâtres au lieu d'être blanches. ⊙. Elle fleurit à
la fin du printemps : on la trouve dans les champs sablonneux , souvent mêlée avec la F. à petite fleur, entre Chanteloup et Poissy près
Paris (Lois.); à Doué en Anjou (Bast.), à Kirckheim (Koch),
Mayence (Ziz); et Montpellier.

4103ᵃ. **Fumeterre à fleurs serrées.** *Fumaria densiflora.*

> *F. densiflora.* DC. cat. hort. monsp. 113.
> *β. Albida.*

Cette espèce a la plupart des caractères de la F. intermédiaire et
un port analogue à celui de la F. en épi ; ses tiges sont nombreuses ,
droites , peu rameuses ; ses pétioles ne s'entortillent point autour
des corps voisins ; ses feuilles sont découpées très-menu ; leurs lobes
sont linéaires , un peu épais et charnus, plus courts que dans les
autres espèces ; les grappes des fleurs sont situées vis-à-vis des feuilles
supérieures, mais courtes et serrées à peu près comme dans la F. en
épi ; les calices ont leurs folioles un peu dentées ; les corolles sont
plus petites que dans la F. intermédiaire, d'un pourpre un peu plus
foncé ; les capsules sont exactement globuleuses (et non fortement comprimées comme dans la F. en épi), et ne paraissent pas sensiblement
chagrinées. ⊙. Cette plante a été trouvée aux environs de Toulon
par M. Ziz, et au Mas-Calandal près Montpellier par M. Pouzin. La
var. *β*, qui a été trouvée mêlée avec la précédente par M. Pouzin, en
diffère par ses épis composés d'un plus petit nombre de fleurs , par
ses corolles blanchâtres, avec le sommet purpurin, très-semblables à
celles du *F. parviflora.*

FAMILLE DES CRUCIFÈRES.

4107. **Raifort maritime.**   *Raphanus maritimus.*

> *R. maritimus.* Lois. Fl. gall. 730.

Ses feuilles radicales sont pétiolées, pinnatifides, presqu'en lyre ,
hérissées de poils épars ; les lobes inférieurs sont dentés-oblongs ,
obtus , devenant insensiblement plus longs à mesure qu'ils approchent de celui de l'extrémité, qui est très-grand, arrondi, un peu
lobé à sa base : les siliques sont composées de 1 à 2 articles monospermes, ovales-arrondis , lisses , marqués de stries longitudinales ,

et terminées par un bec en alène. ♃. M. Loiseleur dit qu'elle se trouve dans les lieux maritimes en Bretagne.

4109. Moutarde noire. *Sinapis nigra.*

β. Torulosa. Pers. ench. 2, p. 207.
γ. Turgida. Pers. ench. 2, p. 207.

La var. *β* a les feuilles larges, les inférieures lobées en forme de fer de lance, les supérieures ovales, et les siliques bosselées d'espace en espace; la var. *γ* a les feuilles lobées, auriculées à la base; les siliques renflées, veinées, terminées par une corne conique et striée, et moins serrées contre la tige que dans l'espèce ordinaire. L'une et l'autre se trouvent aux environs de Paris.

4116ᵃ. Chou ligneux. *Brassica suffruticosa.*

B. suffruticosa. Desf. Fl. atl. 2, p. 94.

Cette espèce ressemble absolument par sa fleur, son fruit et son feuillage, au chou des champs; mais sa tige est ligneuse et forme un petit sous-arbrisseau d'environ 2 pieds de hauteur, vivace, très-branchu, chargé de feuilles plus oblongues et plus obtuses; la culture ne change point ces caractères; mais à ne voir que des branches détachées, il serait peut-être impossible de distinguer cette espèce. ♄. Je l'ai trouvée en grande abondance le long des chemins, entre Nice et Alassio : on la trouve notamment à Vintimiglia; ce qui me fait présumer que c'est cette espèce qu'Allioni a désignée sous le nom de *B. arvensis.* La *B. fruticulosa* Cyr. est une espèce entièrement différente du *B. suffruticosa.*

4123. Chou giroflée. *Brassica cheiranthos.*

α. Caule elongato. — *B. cheiranthos.* Fl. fr. ed. 3, n. 4123, cum syn. omnib. — *Erysimum arvense.* Thore chlor. land. 284. — *Sisymbrium obtusangulum,* var. Lapeyr. Abr. 380.
β. Caule nano. — *B. montana.* Fl. fr. ed. 3, n. 4124.

La var. *β* ne diffère de la var. *α* que parce qu'elle est plus rabougrie, ce qui parait tenir à ce qu'elle croît sur les hautes montagnes. J'ai observé le *B. cheiranthos* dans plusieurs parties des Pyrénées, et j'ai trouvé une foule d'intermédiaires entre les deux variétés : on retrouve le chou giroflée dans les Landes, l'Anjou, les environs de Paris.

4126ᵃ. Julienne inodore. *Hesperis inodora.*

H. inodora. Lin. sp. 927. — *H. matronalis,* *β.* Fl. fr. ed. 3, n. 4126. — Hall. helv. n. 448.

Je n'avais considéré cette plante que comme une variété de la julienne des dames, et la plupart des caractères indiqués par les au-

teurs ne peuvent point en effet servir à les distinguer ; mais la J. inodore a les feuilles très-évidemment pétiolées , tandis que la J. des
dames lès a sessiles ; le limbe des feuilles de la première est ovale ,
celui de la seconde lancéolé ; le bord de ces feuilles est, dans la première, muni de fortes dentelures ou sinuosités inégales : il est, dans la
seconde , muni de petites dentelures assez régulières et peu prononcées. ♂. Cette plante croît dans les lieux frais et montueux , dans les
Cévennes , au lieu nommé Banahu près l'Espérou , et dans les montagnes d'Aubrac , etc.

4131. Julienne à petite fleur.   *Hesperis parviflora.*

Il faut exclure le synonyme de Gouan, que j'avais cité avec doute :
on peut consulter la figure de cette plante publiée par M. Loiseleur
(Fl. gall. p. 414 , t. 11), et par moi (Ic. gall. rar. p. 11 , t. 35). J'ai
trouvé cette espèce dans les sables maritimes , en Roussillon près Perpignan , à l'embouchure de la Testa ; en Provence , à Fréjus et à
Saint-Tropez.

4138. Giroflée violier.   *Cheiranthus Cheiri.*

γ. *C. fruticulosus.* Lin. mant. 94. Smith , Fl. brit. 709. — Barr. ic.
t. 1228.

On trouve assez fréquemment , dans les lieux secs et sur les vieux
murs , en Languedoc , en Roussillon et dans plusieurs autres lieux ,
une espèce de giroflée ligneuse qui a tous les caractères assignés par
les auteurs au *C. fruticulosus* de Linné ; ses feuilles sont plus petites , plus pointues , plus blanchâtres que dans le violier des jardins ;
ses fleurs sont d'un jaune plus pur , et sensiblement plus petites : je
ne puis voir dans cette plante que le type sauvage du violier des
jardins , et non une espèce distincte.

4166ᵃ. Sisymbre de Columna.   *Sisymbrium Columnæ.*

S. Columnæ. Jacq. aust. 4 , t. 323. Lois. not. 97. — Col. ecphr. 1,
p. 266 , t. 268 , ex Wild.

Cette plante diffère du S. irio , parce qu'elle a toute la superficie
de ses feuilles et de sa tige couverte de poils courts et serrés qui lui
donnent un aspect grisâtre ; elle s'approche beaucoup du *S. Lœselii,*
mais semble en différer par ses siliques absolument glabres ou à
peine pubescentes à la base ; enfin elle diffère du *S. altissimum,*
parce qu'elle est beaucoup plus petite dans toutes ses parties. ☉.
Elle a été trouvée par M. Nestler sur les vieux murs du château de
Herrlisheim près Colmar. J'ai trouvé près d'Arles , de Narbonne , de

Carcassonne, une plante qui parait être la même que celle d'Alsace ; mais peut-être ces divers échantillons tendent-ils plutôt à réunir cette espèce avec le *S. altissimum* et le *S. Lœselii*.

4167ª. Sisymbre élevé. *Sisymbrium altissimum.*

S. altissimum. Lin. sp. 920. Gouan. herb. monsp. 41*. — *S. Walteri.* Crantz. aust. 49. — Buxb. cent. 5, t. 51.

Sa tige est droite, haute de 3 à 4 pieds ; toute la partie inférieure de la plante est chargée de petits poils, tandis que la supérieure est glabre ; les feuilles radicales sont grandes, larges comme la main, roncinées, à 5 ou 6 lobes de chaque côté ; les supérieures ont les lobes plus étroits, très-pointus, glabres ; celles qui avoisinent les fleurs sont entières, lancéolées ; les fleurs sont assez petites, d'un jaune pâle ; les siliques écartées, longues de deux pouces, glabres, un peu striées. ☉. Cette plante croît dans les jardins, les lieux cultivés aux environs de Montpellier, Narbonne, Perpignan, Beaucaire, etc.

4168. Sisymbre dent de lion. *Sisymbrium taraxacifolium.*

Voyez la figure de cette plante. *Icon. pl. gall. rar.* 1, p. 11, t. 37.

4168ª. Sisymbre de Pannonie. *Sisymbrium Pannonicum.*

S. pannonicum. Jacq. coll. 1, p. 70*. Ic. rar. 1, t. 123. — *S. sinapios.* Retz. obs. 3, p. 37*.

Sa tige est droite, presque simple, munie dans le bas de quelques poils roides et épars, garnie de feuilles dans toute sa longueur ; ces feuilles sont divisées, jusqu'à la côte moyenne, en lobes disposés comme les folioles des feuilles pennées ; dans les feuilles inférieures, ces lobes sont oblongs, dentés, les supérieurs souvent soudés, et les inférieurs rebroussés vers la base ; dans les supérieures, tous les lobes sont linéaires, parallèles, parfaitement entiers ; dans celles du milieu, les lobes inférieurs sont linéaires et entiers, les supérieurs oblongs et dentés : les fleurs sont d'un jaune pâle, les siliques très-longues, écartées de la tige à angle droit, et placées horizontalement. ☉. M. Nestler a trouvé cette plante dans les lieux escarpés des vignes de Muzig à 5 lieues de Strasbourg ; M. Schleicher, dans les Alpes au Val d'Anivié.

4174. Arabette enfilée. *Arabis perfoliata.*

La plante désignée par M. Lapeyrouse sous le nom de *sisymbrium simplicissimum*, Abr. p. 382, n'est qu'une légère variété de cette espèce.

4179. Arabette en fer de flèche.   *Arabis sagittata.*

Turritis sagittata. Bert. pl. gen. 185. — *A. hirsuta.* Scop. Carn. ed. 2, n. 835, non Fl. fr. — *Turritis hirsuta.* Ger. gallopr. 367, non Lin. — Lob. ic. 220, f. 2. — Smith. Fl. brit. 2, p. 717, in adnot.

Cette plante, comme l'observe Smith, a été confondue avec la suivante par presque tous les auteurs, et par Linné lui même ; c'est celle-ci que j'ai eue principalement en vue lorsque j'ai parlé de l'*A. hirsuta*, mais il faut corriger à ma description, 1°. que les poils de la tige sont souvent rameux, tandis qu'ils sont simples dans l'*A. hirsuta* ; 2°. que ses feuilles se prolongent à leur base en deux petites oreillettes pointues, tandis que leur base va en se rétrécissant dans l'espèce suivante ; 3°. que ses siliques sont comprimées et non tétragones. ♃ ♂. Elle se trouve dans les vignes, les lieux cultivés, le bord des chemins dans presque toute la France ; dans les Alpes de Provence, à Nice, Montpellier, Saint-Pons, dans les Pyrénées, aux environs de Paris, etc.

4179a. Arabette velue.   *Arabis-hirsuta.*

Turritis hirsuta. Lin. sp. 930. Jacq. ic. rar. 1, t. 126. Smith, Fl. brit. 726*.

J'ai indiqué dans l'article précédent les différences de cette plante d'avec l'arabette en fer de flèche : je n'ai point encore trouvé celle-ci en France ; mais comme elle croît dans plusieurs pays voisins, et notamment en Angleterre et en Suisse, et qu'elle est indiquée comme indigène dans presque toutes les Flores de France, je n'ose la supprimer.

4182a. Arabette des murs.   *Arabis muralis.*

A. muralis. Bertol. dec. ital. 2, p. 37*. — *A. humilis.* Schleich. pl. exsic.

Ses feuilles sont toutes, ainsi que la tige, couvertes d'un duvet serré, blanchâtre, composé de poils simples ; les radicales forment une petite rosette étalée ; elles sont rétrécies en pétiole, dentées ou sinuées à leur base, puis ovales, obtuses ; celles de la tige sont dressées, sessiles, ovales ou oblongues, à peine demi-embrassantes, un peu dentées ; les fleurs sont blanches, petites, en grappe roide, simple, terminale ; les siliques sont glabres, linéaires, comprimées, dressées et serrées contre l'axe, roides et fermes. ♃ ♂. J'ai trouvé cette plante parmi les rochers autour de la fontaine de Vaucluse ; M. Bouchet, à Campestre dans les Cévennes : on la trouve aussi en Valais et en Italie.

4208ᵃ. Lunetière hérissée. *Biscutella hispida.*

B. hispida. DC. diss. (1) p. 4 , t. 1, f. 1. — Barr. ic. t. 23o et 1219.

Cette espèce ressemble à la L. à oreillettes à cause des deux éperons qui naissent de son calice; mais elle en est bien distincte, parce que ses fruits sont échancrés a leur sommet de manière que le style sort du milieu de l'échancrure; sa tige est presque toujours simple, hérissée de poils roides et étalés; les silicules sont chargées de petits points proéminens et comme pédicellés. ⊙. Elle croit dans les lieux secs et chauds au pied des Alpes du Piémont et de la haute Provence.

4208ᵇ. Lunetière chicorée. *Biscutella chicoriifolia.*

B. chicoriifolia. Lois. not. 167. DC. diss. p. 4 , t. 2. — *B. picridifolia, α.* Lapeyr. Abr. 373, excl. syn. descr. et variat.

Sa racine est épaisse, presque ligneuse, ainsi que le collet; sa tige s'élève à 1 ou 2 pieds, droite, rameuse, un peu rougeâtre, garnie de poils mous, étalés ou même un peu réfléchis, et chargée de feuilles jusqu'à l'origine des grappes; les feuilles sont allongées, pinnatifides, presque en lyre, rétrécies à leur base, presque obtuses; les lobes bordés de grosses dentelures; les fleurs sont assez grandes, disposées en longues grappes; le calice se prolonge par sa base en deux éperons un peu coniques; les silicules sont de la grandeur de celles de la L. à oreillettes, glabres, marquées de points proéminens, échancrées au sommet. ♃. Cette espèce, la plus grande de toutes les lunetières d'Europe, croît dans les lieux pierreux exposés au soleil auprès de Bagnères de Luchon : elle y a été découverte par M. Berger. Elle fleurit en été.

4210ᵃ. Lunetière ambiguë. *Biscutella ambigua.*

B. ambigua. DC. diss. p. 9, t. 11, f. 1.

Cette espèce ressemble beaucoup à la L. des rochers, mais elle a le fruit lisse et non chargé de petites aspérités; ce caractère la rapproche de la L. lisse; mais elle en diffère, parce que ses feuilles radicales sont plus dentées, et que celles de la tige sont un peu échancrées en cœur et demi-embrassantes : elle se distingue de la L. corne de cerf, parce que ses feuilles radicales sont plutôt dentées que pinnatifides, et portent de chaque côté 4 a 6 lobes courts et rapprochés, au lieu de deux très-écartés. On peut compter dans cette

---

(1) Cette dissertation est insérée dans les Annales du Muséum d'Histoire naturelle, vol. 18, p. 292, et dans le Recueil de Mémoires sur la Botanique. *Paris*, 1813.

espèce plusieurs variétés ; les lobes de ses feuilles ont les bords
quelquefois roulés en-dessous, quelquefois planes ; les silicules sont
aussi quelquefois très-légèrement pubescentes, comme je le vois dans
un échantillon recueilli à Beaucaire par M. Colladon. ♃. Elle croît
dans les lieux secs et pierreux des provinces méridionales à Nice,
Beaucaire, Montpellier, Perpignan, etc.

4211. Lunetière ciliée.   *Biscutella ciliata.*

B. ciliata DC. diss. p. 6. — *B. coronopifolia.* Wild. sp. 3, p. 474. DC.
Fl. fr. 4, p. 690, n. 4211. Ic. gall. rar. 1, p. 12, t. 39, non Lin. —
B. apula. Lam. Dict. 3, p. 618, excl. syn. — *B. didyma.* Wild. enum. 2,
p. 673, non Lin.

Il n'y a rien à changer à ma description, mais il faut exclure la
désignation des localités. Il est très-douteux que cette espèce croisse
en France, quoique M. Lapeyrouse dise qu'on la trouve dans les
Pyrénées à la val d'Eynes, au Llaurenti à la montagne de Sissoy,
et au Mail du Cristal. ☉.

4211ᵃ. Lunetière corne de   *Biscutella coronopifolia.*
cerf.

B. coronopifolia. Lin. mant. 255. Wil. enum. 673 *. DC. diss. p. 9, t. 8. —
B. didyma, χ. Gou. ill. p. 41.

Sa souche est grêle, dure, vivace; ses feuilles presque toutes
radicales, velues, étroites, pinnatifides ; elles n'ont, de chaque côté
de la côte moyenne, que deux lobes oblongs, écartés, et dont l'inférieur est le plus court : la tige est presque nue, glabre, divisée en
rameaux longs, divergens, et terminés par une petite grappe composée de 3 à 7 fleurs; les silicules sont glabres, lisses et nullement
ciliées. ♃. Cette plante croît dans les lieux pierreux exposés au soleil
au mont Ventoux ; aux environs de Digne en Provence ; à la Moucherolle au Glandaz, et dans l'Oysans (Vill.) ; au pied du Llaurenti
près Bagnères de Luchon.

4216. Alysson à feuilles d'ha-   *Alyssum halimifolium.*
lime.

β. *Foliis obtusioribus.* — *A. pyrenaïcum.* Lapeyr. Abr. 371.

Cette variété croît dans les Pyrénées orientales près de la Font-de-
Combs, et peut à peine se distinguer de l'espèce ordinaire; elle a les
feuilles plus obtuses, plus cotonneuses.

4216ᵃ. Alysson blanchâtre.   *Alyssum incanum.*

Cette plante a les fleurs blanches, comme je l'ai dit dans ma description; mais c'est par une transposition à l'impression qu'elle a

été placée sous la rubrique des alyssons à fleurs jaunes; elle doit suivre immédiatement l'A. à feuilles d'halime.

4220. Alysson de montagne. *Alyssum montanum.*

β. *A. arenarium.* Lois. Fl. gall. 401. Not. p. 96.

Cette plante est fort petite, peu rameuse, beaucoup plus hérissée que l'espèce des montagnes; ses feuilles sont plus arrondies; ses grappes ou corymbes sont très-courts et comme sessiles au milieu des feuilles; les calices sont hérissés de longs poils blancs; les ovaires très-cotonneux. Elle croît dans les sables maritimes de l'Ouest, à Bayonne (Lois.), aux Sables-d'Olonne.

4228ª. Drave subulaire. *Draba subularia.*

Draba. Lam. ill. t. 556, f. 3. — *Subularia aquatica.* Lin. sp. 896. Sturm. Fl. germ. ic. opt.

Très-petite plante à racine fibreuse, à feuilles radicales, glabres, menues, en forme d'alène, à hampe grêle, plus longue que les feuilles, terminée par une grappe simple de 5 à 6 petites fleurs blanches; les pétales sont ovales, obtus; le style manque; la silicule est ovale, semblable à celle de la D. printanière, excepté que ses valves sont un peu plus concaves; cette différence est si légère, que, bien loin d'autoriser la formation d'un genre, elle pourrait à peine servir de caractère spécifique : les graines sont au nombre de 6 environ, ovales, comprimées. ⊙. Cette plante croît dans les lieux frais et aquatiques, dans la Campine aux environs de Liége, et, selon MM. Willemet et Loiseleur, dans les Vosges, où M. Mougeot ne peut la retrouver.

4239. Corne de cerf commune. *Coronopus vulgaris.*

M. Lapeyrouse a décrit deux fois cette espèce dans son histoire abrégée des plantes des Pyrénées; une fois (p. 369) sous le nom de *coronopus Ruellii,* qui lui avait été donné par Gœrtner; l'autre, comme espèce nouvelle, sous le nom de *bunias glomerata* (p. 362).

4241. Passerage ibéride. *Lepidium iberis.*

β. *Foliis inferioribus incisis.* — *L. Pollichii.* Lois. Fl. gall. 394, non Roth. — *L. iberis* Poll. pal. n. 607 *.

Cette variété ne diffère de la P. ibéride que parce que ses feuilles radicales, encore existantes au moment de la fleuraison, sont oblongues, incisées, à dents inégales et aiguës; les supérieures sont linéaires, entières; sa racine est vivace et sa silicule ovale, comme dans l'espèce à laquelle je la rapporte, et ces caractères la distinguent très-bien du *L. Pollichii* de Roth, qui a la racine annuelle et la silicule échancrée. ♃. J'ai reçu cette plante de M. Koch, qui l'a recueillie dans le Palatinat, aux lieux même indiqués par Pollich. Selon M. Loiseleur, elle se trouve aussi en Alsace.

4247. Tabouret cresson-alenois. *Thlaspi sativum.*

γ. *Lepidium Pollichii.* Roth. germ. 2, p. 91.

Cette plante, décrite par Roth, n'est qu'une variété du cresson-alenois, dont les feuilles inférieures sont découpées, et les supérieures linéaires ; les silicules sont semblables. On ne doit point la confondre avec la var. *β* du *lepidium iberis*, n° 4241.

DCCXLVII*. GUÉPINIE.   *GUEPINIA.*

Guepinia. Bast. — *Iberidis et lepidii sp.* Lin. — *Thlaspidis sp.* Fl. fr.

CAR. Filets des étamines munis à leur base interne d'un appendice pétaloïde ; silicule ovale émarginée ; deux graines dans chaque loge.

OBS. Les deux plantes qui composent ce genre sont très-petites, herbacées, annuelles, munies de feuilles radicales, pinnatifides, qui forment une rosette de laquelle naissent une ou plusieurs hampes nues ; les fleurs sont en grappe simple, très petites, de couleur blanche ; ces plantes ont été placées par divers botanistes dans les *iberis*, *lepidium* et *thlaspi*, et diverses circonstances de leur structure pouvaient en effet motiver ces différentes opinions ; cependant leur port est tellement semblable, que les botanistes, amis des rapports naturels, sentaient la nécessité de les rapprocher. M. Bastard a très-bien indiqué le vrai caractère de ce genre, qu'il a observé dans la G. ibéride, et que j'ai vérifié dans la G. passerage. Les deux variétés du *thlaspi nudicaule* de la Flore pourront donc être classées comme il suit.

4258ᵃ. Guépinie passerage. *Guepinia lepidium.*

Lepidium nudicaule. Lin. sp. 898. — *Thlaspi nudicaule.* Desf. Fl. atl. 2, p. 67. — *Thlaspi nudicaule*, β. Fl. fr. ed. 3, n. 4248. — Magn. bot. 186, ic.

Cette espèce ne s'élève guère au-delà de 3 pouces ; ses feuilles sont très-courtes, pinnatifides, à lobes linéaires ; les fleurs ont leurs pétales égaux entre eux ; les silicules sont ovales, moins orbiculaires que dans la suivante, échancrées au sommet. ⊙. Elle croît dans les lieux sablonneux, au bord des bois et dans leurs clairières, principalement dans les provinces méridionales.

4258ᵇ. Guépinie ibéride.   *Guepinia iberis.*

Iberis nudicaulis. Lin. sp. 907. Storm. Fl. germ. ic. opt. — *Thlaspi nudicaule*, var. *α.* Fl. fr. ed. 3, n. 4248. — *Guepinia nudicaulis.* Bast. suppl. 35.

Cette espèce, quoique très-petite, est la plus grande du genre ;

elle s'élève jusqu'à 4 et 5 pouces de hauteur ; ses feuilles sont sinuées dans l'extrémité, presque pinnatifides à leur base, de sorte que leurs lobes inférieurs sont plus profonds et plus écartés que les supérieurs ; les fleurs, et surtout celles du bord du corymbe, ont les pétales extérieurs plus grands que les intérieurs. ☉. Cette espèce croît dans les lieux sablonneux, au bord des bois et dans leurs clairières, dans presque toute la France. La figure citée de Sturm. représente très-bien le caractère du genre.

4266ᵃ. Ibéride ciliée. *Iberis ciliata.*

I. ciliata. All. ped. auct. p. 15, non Wild.

Sa racine est dure, rameuse ; sa tige droite, anguleuse, branchue, garnie de feuilles légèrement ciliées, dont les inférieures sont un peu rétrécies à la base ; les supérieures sessiles, linéaires, un peu obtuses ; les branches, comparées entre elles, forment une espèce de corymbe, et chaque branche se termine elle-même par un corymbe de fleurs blanches assez semblables à celles de l'*iberis pinnata*, mais dont les silicules ovales, ailées et tronquées au sommet, restent rapprochées en corymbe sans se changer en grappe par l'allongement de l'axe. ♂. Elle croît aux environs de Nice dans les lieux pierreux, à l'Escarène au-dessus du pont et aux bords du Paillon. L'espèce décrite par Wildenow onze ans plus tard, sous le même nom, est très-différente de celle-ci, et devra recevoir un autre nom (1).

4270. Cameline de roche. *Myagrum saxatile.*

β. Foliis lyratis pinnatifidisve.

Cette plante est très-variable ; ses feuilles sont ordinairement glabres, quelquefois pubescentes ou velues, le plus souvent entières, quelquefois munies de quelques dents inégales, quelquefois enfin sinuées, pinnatifides ou en lyre, comme dans cette variété que M. Chaillet a trouvée dans le comté de Neufchâtel.

4270ᵃ. Cameline à oreillettes. *Myagrum auriculatum.*

Cheiranthus auriculatus. Lapeyr. Abr. 383. — *Myagrum alpinum.* Lapeyr. Abr. 362.

Cette plante ressemble, par son port et sa racine vivace, à la C. de roche, et, par les oreillettes de ses feuilles, à la C. cultivée ; sa racine est dure, ligneuse ; l'herbe entière est glabre, haute de 6 à 7 pouces ; les feuilles radicales sont étalées, pétiolées, oblongues, obtuses,

---

(1) I. simplex. *I. caule herbaceo simplicissimo, foliis subcarnosis ciliatis, radicalibus spatulatis, caulinis linearibus, fructibus corymbosis.* ☉ ♂ . *Habitat in Caucaso.*

un peu en spatule, très-entières ; celles de la tige sont linéaires, obtuses, sessiles, non rétrécies à leur base, mais prolongées au contraire en deux oreillettes pointues et un peu divergentes ; les fleurs forment une petite panicule ; elles sont blanches, assez semblables à celles de la C. de roche. ♃. Elle croit dans les lieux pierreux des montagnes de la Lozère (Prost.) et des Cévennes : elle a été trouvée, par MM. Xatard et Coder, parmi les rochers, dans les Pyrénées orientales, à la Font-de-Combes. Je n'aurais jamais pu reconnaître cette plante dans l'ouvrage de M. Lapeyrouse, si elle ne m'avait été envoyée sous ce nom par les personnes même de qui cet auteur la tient. C'est d'elle que M. Gouan a dit, en parlant du *M. saxatile :* *Variat foliis caulinis lineari - hastatis amplexicaulibus ;* et peut-être en effet cette plante n'est-elle qu'une simple variété du *M. saxatile.*

4273. Caquillier ridé.   *Cakile rugosa.*

β. *Myagrum stylosum.* Gochn. in Litt.

Cette variété ou espèce particulière que M. Gochnat a trouvée aux environs de Toulon, diffère du vrai caquillier ridé en ce que sa tige est presque nue, ou ne porte du moins que de petites folioles linéaires ; les vraies feuilles sont toutes radicales, velues, pinnatifides, à lobes étroits, pointus, dentés, et celui de l'extrémité plus grand que les autres ; les fleurs et les fruits ne m'ont offert aucune différence notable, si ce n'est que les siliques sont plus velues. ♃.

4280ᵃ. Pastel blanchâtre.   *Isatis canescens.*

I. orientalis maritima canescens. Tourn. cor. 14. Buxb. cent. 1 , p. 4, t. 5.

Cette plante ressemble beaucoup à la variété pubescente du pastel des teinturiers, mais sa tige est garnie vers sa base de poils plus nombreux ; ses feuilles supérieures elles-mêmes sont revêtues à la surface inférieure de poils très-nombreux, tandis que la supérieure est glabre ; les pédoncules et les pédicelles sont glabres ; les siliques sont oblongues, obtuses, légèrement rétrécies à la base, et chargées d'un duvet blanchâtre à poils courts et serrés : la figure de Buxbaum lui convient très-bien ; mais je la crois cependant différente de l'*I. lusitanica* : celle-ci, d'après Linné, est annuelle et plus petite que l'*I. tinctoria ;* la nôtre est évidemment de la même durée, de la même consistance, de la même grandeur que l'*I. tinctoria* sauvage ; notre plante n'a d'ailleurs ni la tige et les feuilles glabres, ni les pédicelles pubescens, ni les silicules échancrées au sommet, caractères que les auteurs assignent à l'*I. lusitanica.* ♂. Cette plante a été trouvée par M. Leukens aux environs de Toulon.

FAMILLE DES CAPPARIDÉES.

4284. Réséda faux-sésame.   *Reseda sesamoïdes.*

α. R. sesamoïdes. DC. ic. gall. rar. p. 12, t. 14. Trist. ann. mus. 18, p. 393.

β. R. purpurascens. Lin. sp. 644. — Clus. hist. 1, p. 295, f. 2.

La var. *α* a les feuilles radicales, linéaires; la var. *β* les a oblongues ou presque ovales; d'ailleurs elles sont absolument semblables. On trouve cette plante aux monts d'Or dans la vallée des Bains (Thury); dans les Pyrénées à Mont–Louis, au pic du Midi, etc.; à l'Espérou et au pic Saint-Loup près Montpellier (Gou.); à Bayonne, Agen, Tours, dans la Sologne, à Angers, Saumur, Baugé, à la Ferté-Beauharnais, etc.

4285. Réséda blanc.   *Reseda alba.*

β. R. undata. Fl. fr. ed. 3, n. 4286, an Lin.

Il me paraît certain que le réséda qu'on trouve à Frontignan et à Sainte–Lucie près Narbonne n'est qu'une légère variété du R. blanc; mais je n'oserais affirmer si le *R. undata* de Linné est une espèce réellement distincte. Tout ce que j'ai reçu sous ce nom d'Italie et des Pyrénées me semble rentrer comme variété dans le *R. alba.*

4294. Aldrovande à vessies. *Aldrovanda vesiculosa.*

Cette singulière plante croît dans les fossés d'eau stagnante aux environs d'Arles, où elle a été observée par M. Artaud, et dans le Médoc près Bordeaux, où M. Dunal l'a trouvée; sa végétation, que j'ai observée auprès d'Arles, est très-remarquable : il paraît qu'elle germe au fond de l'eau, et qu'elle y végète jusqu'au moment de sa fleuraison; mais alors ne pouvant ni s'allonger assez pour atteindre à la surface, ni fleurir au fond de l'eau, la tige se coupe à fleur de terre, et s'élève à la surface, où elle fleurit et fructifie; ce phénomène, analogue à celui de la vallisnérie, explique pourquoi l'aldrovanda ne se trouve jamais que flottant en fructification et dépourvu de racines. C'est un nouvel exemple des précautions que la nature prend pour que la fleuraison des plantes n'ait jamais lieu dans l'eau.

FAMILLE DES RUTACÉES.

4298. Rue à feuilles étroites.   *Ruta angustifolia.*

R. angustifolia. Pers. ench. 1, p. 464. — *R. chalepensis.* Mill. Dict.
n. 5. Vill. Dauph. 4, p. 583. Lapeyr. Abr. 220, non Lin. — *R. chalepensis,* ɓ. Fl. fr. ed. 3, n. 4298. — *R. Graveolens ,* α. Gouan. Fl.
monsp. 149. — *R. Graveolens.,* ɓ. Lin. sp. 548. — *R. sylvestris major.*
Magn. hort. 127. — Moris. oxon. s. 5, t. 35, f. 8.

CETTE espèce ressemble beaucoup à la rue des jardins ; mais elle
en diffère par ses feuilles beaucoup plus glauques et divisées en
segmens plus petits , et surtout par ses pétales, non pas entiers
sur les bords , mais garnis de longs cils. ƒ. Elle est extrêmement
commune dans les lieux pierreux et stériles de toute la région des
oliviers. La vraie *ruta chalepensis* a les pétales ciliés comme celle-ci ;
mais elle en diffère très-évidemment , parce que le lobe terminal de
chaque feuille est 3 ou 4 fois plus grand que tous les autres. Elle
ne se trouve que dans l'Orient.

4299. Pégane harmale.   *Peganum harmala.*

M. Risso assure qu'on ne l'a trouve point à Nice, où Allioni
l'avait indiquée. Il faudra donc l'exclure des Flores française et
piémontaise.

FAMILLE DES CARYOPHYLLÉES.

4304. Gypsophile saxifrage. *Gypsophila. saxifraga.*

ɓ. *G. rigida.* Lin. amœn. acad. 3 , p. 24. Sp. 583 (excl. syn. Sauv.
et Dalech. ad var. α referendis).

CETTE variété ne se distingue de l'espèce ordinaire que parce
que ses tiges sont plus roides et ses fleurs réunies 2, 3 ou 4 ensemble au sommet des branches ; elle est au *G. saxifraga* ordinaire
à peu près ce que le *dianthus prolifer* est au *D. diminutus.* ♃. Elle
croit sur les rochers les plus arides du Midi , notamment sur le
rocher de N.-D.-des-Dons à Avignon (Bouch.).

4307ᵃ. Saponaire d'Orient. *Saponaria orientalis.*

S. orientalis. Lin. Sp. 585. — *Lychnis orientalis.* Scop. carn. ed. 2, n. 512.
— Dill. elth. 205, t. 167, f. 204.

Cette petite herbe annuelle a une racine grêle, une tige droite, plusieurs fois bifurquée, à rameaux étalés : ses feuilles sont linéaires, les inférieures un peu oblongues, rétrécies en pétioles ; les fleurs naissent à chaque bifurcation portées sur un court pédicelle ; leur calice est cylindrique, velu ; leurs pétales rougeâtres, très-petits. ☉. J'indique cette plante d'après le témoignage de M. Gouan, qui l'a ramassée à Collioure en Roussillon.

4308ᵃ. Saponaire en gazon. *Saponaria cæspitosa.*

S. cæspitosa. DC. rapp. voy. 2, p. 78. Mém. Soc. agr. Paris. 1808, t. 11, p. 10. Lois. not. p. 65. — *S. elegans.* Lapeyr. Abr. pyr. 1813, p. 238.

Cette plante a le port de la S. jaune ; elle forme des touffes serrées assez semblables à celles du *silene acaulis* ; sa racine, qui est ligneuse, émet plusieurs souches courtes cachées sous les feuilles ; celles-ci sont glabres, linéaires, étalées, un peu fermes ; la tige florale est presque nue, longue de 2 à 4 pouces, terminée par un corymbe de 3 à 5 fleurs roses, légèrement pédicellées, plus grandes que dans la S. jaune ; le calice est cylindrique, velu ; les pétales ont le limbe échancré au sommet, relevé à sa base en deux cornes longues, saillantes et pointues ; les filets des étamines sont blanchâtres ; les styles roses au sommet. ♃. Elle croît sur les rochers et dans les lieux stériles des hautes Pyrénées : je l'ai cueillie à la fin de sa fleuraison, dans les premiers jours d'août 1807, dans la vallée de Spéciéris, en allant du village au port de Gavarnie ; M. de Boispéré l'a trouvée dans la vallée de Vénasque près de l'hospice, et à la montagne d'Albanère.

4317ᵃ. Œillet dentelé. *Dianthus serratus.*

D. serratus. Lapeyr. Abr. pyr. 241.
β. *D. scaber.* Suter. Fl. helv. 1, p. 259, ex Schleich. pl. exs.

Cette plante offre plusieurs tiges droites, hautes d'un pied environ, simples, terminées par une ou rarement 2 fleurs ; ses feuilles sont linéaires, souvent étalées, pointues, munies de très-légéres dentelures qui rendent les bords rudes au toucher ; les écailles du calice sont au nombre de 4, ovales à la base, allongées en pointe, mais atteignant à peine la moitié de la longueur du calice : les pétales sont d'un pourpre rose, élargis très-finement, dentés en scie à leur sommet, presque glabres à leur base. ♃. Cette plante croît à

Bagnols (Lapeyr.) Je l'ai reçue de **M. Xatard**, qui l'a cueillie dans les Pyrénées orientales.

4320ᵃ. Œillet à fleurs géminées. *Dianthus geminiflorus.*

D. geminiflorus. **Lois. Fl. gall. 726.**

Sa tige est couchée à sa base, puis dressée, roide, haute d'un pied et plus, bifurquée à son sommet une ou plusieurs fois : ses feuilles sont linéaires–lancéolées, glabres, presque planes, dentelées sur les bords, munies d'une nervure, dont la base se prolonge sur la tige, de manière que celle-ci paraît presqu'à 2 angles : les fleurs sont rarement solitaires, le plus souvent géminées, sessiles ou portées sur de courts pédicules ; le calice est strié, muni de 4 écailles ovales-lancéolées, acuminées, de moitié plus courtes que le tube, ou égales à sa longueur : les pétales sont purpurins, glabres, dentelés, presque laciniés sur les bords. ♃. **M.** Loiseleur a découvert cette espèce sur les rochers de Saint-Pé en Béarn : je ne la connais point ; mais ce que je viens d'en dire, qui est transcrit de sa description, me paraît prouver qu'elle diffère **suffisamment de** toutes les autres.

4322. Œillet deltoïde. *Dianthus deltoïdeus.*

β. *Flore albo.* — *D. glaucus.* **Lin. sp. 588.** — **Dill. elth. t. 298, f. 384.**

Cette variété, qui ne diffère de l'espèce ordinaire que par sa fleur blanche, est assez commune dans les basses Pyrénées.

4325ᵃ. Œillet de France. *Dianthus gallicus.*

D. arenarius. **Thor. chl. land. 171. Lois. Fl. gall. 1, p. 251. DC. ic. gall. rar. p. 12, t. 41*, non Lin.** — *D. gallicus.* **Pers. ench. 1, p. 495.**

Sa racine, qui est longue et ligneuse, pousse plusieurs tiges ascendantes, longues de 6 à 8 pouces, rameuses par leur base seulement, terminées par 1 ou 2 fleurs ; les feuilles sont linéaires, obtuses, un peu réunies ensemble, et légèrement ciliées par la base, de couleur glauque ; les fleurs sont terminales, pédonculées, d'un rose pâle, quelquefois blanches ; leur calice est muni à sa base de 4 écailles courtes, ovales, un peu mucronées ; les pétales ont l'onglet long, la gorge glabre, le limbe fortement denté sur les bords. ♃. Cette plante croît dans les sables maritimes de la France occidentale depuis Bayonne jusqu'à l'embouchure de la Vilaine : elle parvient dans l'intérieur des Landes jusque près de Saint-Sever. — La plante de Linné, que **M.** Schrader a bien voulu m'envoyer, est, comme je le soupçonnais, entièrement différente de celle de France ; par ses pétales, elle ressemble au *D. superbus ;* mais elle est uni-

flore, naine et munie de feuilles radicales presqu'en forme d'alène :
le *D. arenarius* des centuries de Hoppe ne me paraît qu'une variété
naine et uniflore du *D. plumarius*. La plante décrite par Lemonnier,
et rapportée par Linné à son *D. arenarius*, paraît être le *D. cæsius ;*
celle de Sauvages une variété naine du *D. monspeliacus*.

4327. Œillet des glaciers.   *Dianthus glacialis.*

> *D. glacialis.* Haenke, in Jacq. coll. 2, p. 84. — *D. alpinus.* Gilib. dem. 1,
> p. 55, t. 161. Lam. Fl. fr. 2, p. 535. All. ped. n. 1556. Fl. fr. ed. 3,
> n. 4327. Lois. Fl. gall. 1, p. 251, non Lin. — *D. neglectus.* Lois. not. 65.
> *D. alpinus, ß.* Lapeyr. Abr. pyr. 243.

Cette plante, qu'avec tous les botanistes de la France j'avais
désignée sous le nom de *D. alpinus*, n'est pas celle à laquelle Linné
a donné ce nom : elle en diffère, 1°. parce qu'elle a les feuilles toutes
linéaires et pointues, tandis que dans le vrai *D. alpinus* les inférieures sont oblongues, et les supérieures, quoique linéaires, sont
obtuses ; 2°. dans notre plante les écailles du calice sont au moins
aussi longues que le tube, tandis que dans celle de Linné elles sont
décidément plus courtes. Au reste, le vrai *D. alpinus* n'a point
encore été trouvé en France, tandis que le *D. glacialis* est assez
commun dans les sommités de toute la chaîne des Alpes en Savoie,
en Dauphiné, en Provence, en Piémont ; M. Pourret l'a trouvé
dans les Pyrénées au Paillerou.

4327ᵃ. Œillet sans tige.   *Dianthus subacaulis.*

> *D. subacaulis.* Vill. Dauph. 3, p. 5o. Lois. not. 66, t. 6, f. 1. — *D. vir-*
> *gineus.* Gouan, herb. 225.

Cette espèce est la plus petite de tout le genre des œillets : sa
souche, qui est dure et ligneuse, se divise en plusieurs petites branches très-courtes, et terminées par un faisceau de feuilles étalées,
courtes, dures, roides, étroites, pointues, et dont les bords, vus
à la loupe, ne présentent aucune aspérité ; les fleurs sont tantôt
portées sur de petits pédicelles simples et presque nus, comme dans
la figure citée, tantôt absolument sessiles au milieu des feuilles ;
leur calice a à sa base 4 écailles courtes, ovales, terminées par une
très-petite pointe : leurs pétales ont le limbe glabre, ovale, obtus,
presque absolument entier et d'un rouge vineux. ♃. Cette petite plante
se trouve parmi les rochers vers le sommet du mont Ventoux, et
aussi, selon Villars, aux environs du Buis. Le *D. virgineus*, qui est
quelquefois presque aussi petit que celui-ci, en diffère par ses feuilles
plus droites, rudes sur les bords, et ses pétales crénelés.

4328. Silène à calice enflé. *Silene inflata.*

ζ. *Castrata.* Lapeyr. Abr. pyr. 247.

Cette variété est fort remarquable, en ce qu'elle a des fleurs fort petites, et dont l'un des sexes avorte presqu'en totalité, de sorte qu'elle est presque monoïque ; son calice est très-peu enflé : je l'ai trouvée aux Pyrénées, dans les prairies humides au pied du pic de Bergons ; M. Lapeyrouse, au mont Esquierri.

4330. Silène campanule. *Silene campanula.*

M. Lapeyrouse dit qu'elle croît dans les Pyrénées à la val d'Eynes.

4331. Silène de roche. *Silene rupestris.*

Excluez la var. β, qui appartient au S. saxifrage.

4332. Silène à quatre dents. *Silene quadridentata.*

Je l'ai trouvée dans les Pyrénées auprès de Gavarnie, dans les fentes des rochers frais et humides.

4335. Silène rougeâtre. *Silene rubella.*

S. rubella. Lin. sp. 600. Lois. not. 67. Lapeyr. Abr. 247. — *S. inaperta.* Fl. fr. ed. 3, n. 4335, excl. syn. Lin. Dill. — *S. annulata.* Thore, chl. land. 173. — Dill. elth. t. 315, f. 406.

Ajoutez à la description que les feuilles inférieures sont presque ovales, pétiolées et un peu velues ; ses fleurs ne sont jamais blanches ; elle ne croît ni à Nice, ni à Montpellier, et est très-distincte de la suivante, avec laquelle je l'avais confondue ; elle ne diffère de la *S. cretica* Lin. (que M. Bertoloni a trouvée parmi les lins à Sarzane) qu'en ce qu'elle a les pétales plus petits, c'est-à-dire égaux aux dents du calice, et non deux fois plus longs, et pourrait bien n'en être qu'une variété.

4336. Silène fermée. *Silene inaperta.*

S. inaperta. Lin. sp. 600. — Dill. elth. 424, t. 315, f. 407. — *S. poly- phylla.* Fl. fr. n. 4336, excl. syn.

Sa racine est blanche, rameuse : toute la plante est glabre, visqueuse dans le haut ; la tige est droite, haute de près d'un pied, divisée dès sa base en rameaux opposés, grêles et divergens, terminée par une panicule très-lâche ; les feuilles radicales sont oblongues ; celles de la tige linéaires, rapprochées dans le bas de la plante, écartées dans le haut ; les calices sont cylindriques, un peu rétrécis à la base, lisses et presque dépourvus de toutes nervures ; les pétales sont blanchâtres, très petits, un peu échancrés, et dépassent à peine le calice ; la capsule est portée sur un pédicelle qui n'atteint pas le tiers de sa longueur. ⊙. J'ai trouvé cette plante en fleur au mois de juin entre Narbonne et Perpignan, et à Perpignan même, près le port, sur les bords de la Testa ; cette localité me fait soupçonner qu'elle pourrait bien être la *S. stricta* de Lapeyrouse (Abr. p. 246) ; mais elle diffère de la vrai *S. stricta*, parce que ses calices ne sont point réticulés, ni plus longs que leur pédoncule, ni terminés par des dents très-aiguës.

4337. Silène bicolore. *Silene bicolor.*

On peut consulter la figure que j'ai donnée de cette plante dans mes *Icones pl. gall. rar.* p. 13, t. 42. C'est elle qui est désignée sous le nom de *S. polyphylla* dans l'annuaire du département de Lot-et-Garonne pour 1806, p. 118. C'est elle encore qui est désignée sous le nom de *S. portensis* par Bonamy (*Fl. nann. prod.* p. 72), et par Brotero (*Fl. lus.* 2, p. 192*) : il est très-probable que c'est le *S. portensis* de Linné (*Sp.* 600). Elle croît en France dans tous les sables maritimes de l'Ouest, depuis la frontière d'Espagne jusqu'à l'embouchure de la Vilaine ; elle s'avance dans l'intérieur jusque dans l'Agénois, où elle a été observée par M. de Saint-Amans.

4342. Silène d'Italie. *Silene italica.*

β. *Mollissima.* — *Cucuballus mollissimus.* Lin. sp. 593? Lois. not. 165.

Cette variété ne diffère de l'espèce ordinaire que parce qu'elle est couverte sur toute sa superficie d'un duvet court, velouté et serré, et que ses fleurs sont un peu plus serrées : elle croît dans les lieux très-secs aux environs d'Avignon ; et M. Requien, qui l'y a observée ainsi que la var. α, laquelle croît dans les lieux moins secs, pense que la différence de localités détermine seule leurs caractères.

4343. Silène penchée. *Silene nutans.*

β. *Glabra.* — *S. amblevana.* Lejeune, Fl. spa. 1, p. 199.

Cette plante, qui ne diffère de l'espèce ordinaire que par sa tige glabre et purpurine et ses fleurs un peu plus grandes, a été trouvée aux bords de l'Amblève près Spa, par M. Lejeune.

4345. Silène à fleurs vertes. *Silene viridiflora.*

Cette plante devra être exclue de la Flore française ; il est très-douteux qu'elle croisse en Piémont : le *S. viridiflora,* qu'Aubry indique comme indigène du Morbihan, n'est que le *S. otites.*

4346ª. Silène faux-sedum. *Silene sedoïdes.*

S. sedoïdes. Poir. voy. barb. 2, p. 164. Desf. atl. 2, p. 449. Jacq. coll. 5, p. 112, t. 14, f. 1. — *S. succulenta.* Forsk. æg. 89. — Bocc. sic. t. 12, f. 4.

Petite plante toute hérissée de poils courts et glanduleux ; sa tige

est couchée, rameuse; ses feuilles sont charnues, les inférieures
presque en spatule, les supérieures ovales et oblongues; les pédicelles sont grêles, allongés, axillaires ou terminaux, uniflores; le
calice est à 5 dents droites; les pétales roses, échancrés, à deux
dents. ⊙. Elle croît sur les rochers maritimes, à Marseille, notamment à l'île Rotoneau : dans son état naturel, elle est fort petite et
bien figurée dans Boccone; lorsqu'on la cultive, elle devient très-
grande, moins velue, et ressemble alors à la figure de Jacquin.

4347. Silène de nuit.　　*Silene noctiflora.*

C'est à cette espèce qu'appartient la var. C. du *S. nutans*, indiqué
par M. Mérat dans sa Flore des environs de Paris, p. 167, et que
quelques personnes ont prise pour le *S paradoxa.*

4347ᵃ. Silène ligneuse.　　*Silene fruticosa.*

S. fruticosa. Lin. sp. 597. — Cam. hort. 33. — Bocc. sic. p. 58, t. 3o, f. 2.

Cette espèce est remarquable par sa tige ligneuse, haute de deux
pieds; ses feuilles sont oblongues-lancéolées, sessiles, un peu pubescentes; ses fleurs naissent sur des pédicelles disposés trois à trois au
sommet des branches; leur calice est cylindrique, long, pubescent,
à 5 dents droites et obtuses; les pétales ont l'onglet plus long que le
calice, le limbe grand, de couleur blanche, à 2 lobes obtus. ♄.
M. Robert a trouvé cette silène dans l'île de Corse.

4351. Silène ciliée.　　*Silene ciliata.*

Depuis la publication de la Flore, M. Lagasca l'a décrite sous le
nom de *S. arvatica* (Varied. n° 22, p. 212), et M. Lapeyrouse sous
celui de *S. stellata* (Abr. p. 245). Notre plante est différente de celle
à laquelle Wildenow a donné le même nom; mais elle doit conserver
le sien, puisque Pourret l'a décrite onze ans avant Wildenow.

4354ᵃ. Silène de Portugal.　　*Silene Lusitanica.*

S. lusitanica. Lin. sp. 594. — Dill. elth. t. 311, f. 4oi.

Elle ressemble beaucoup au *S.* faux céraiste, et aux deux qui le
précèdent; mais elle s'en distingue par ses pétales qui ne sont point
divisés en deux lobes, mais dentelés légèrement sur les bords, et toujours situés dans une position oblique; ses feuilles inférieures sont
un peu élargies en spatule; la tige et les calices sont hérissés; les
fleurs sont dressées, d'un blanc rose; les pédicelles des fruits divergens à leur maturité. ⊙. Elle croît dans les environs de Montpellier,
à la Banquière et à Vauguière (Gouan.), au bois de Grammont.

4357ª. Silène à pétales courts. *Silene brachypetala.*

S. brachypetala. Rob. et Cast. mem. ined.

Toute la plante a un aspect cendré et est couverte de poils à demi-couchés ; elle ne s'élève guère qu'à 6–9 pouces sur une ou plusieurs tiges simples, droites ou légèrement inclinées ; les feuilles du bas sont en spatule et forment une petite rosette, celles du haut sont écartées, oblongues-lancéolées, un peu embrassantes ; les fleurs naissent droites, solitaires aux aisselles supérieures, au nombre de 1 à 3 sur toute la plante ; leur pédicelle est plus court que la feuille ; le calice est cylindrique, marqué de 10 raies verdâtres ; les pétales sont blanchâtres, nus, bifides, beaucoup plus petits que le calice, et renfermés dans cet organe ; le nombre des étamines varie de 5 à 10 ; la capsule est ovale-oblongue, presque sessile. ⊙. Cette espèce singulière a été découverte par MM. Robillard et Castagne auprès de Marseille, notamment au château Borelli et le long du chemin qui conduit de la porte Saint-Victor à la batterie d'Eaudoume.

4363ª. Lychnide de Corse. *Lychnis Corsica.*

L. corsica. Lois. not. 73.

Sa souche se divise dès sa base en plusieurs tiges presque droites ou ascendantes, rameuses, presque dichotomes dans le haut, et longues de 8–12 pouces ; les feuilles sont linéaires, lancéolées, glabres, très-aiguës ; les pédoncules sont longs, nus, souvent divergens, terminés par une seule fleur, terminaux ou issus des bifurcations supérieures ; le calice est court, à 10 nervures ; les pétales sont rougeâtres, oblongs, entiers ou à peine échancrés ; la capsule est globuleuse, à une loge portée sur un pédicelle qui n'a que le tiers de sa longueur. Cette plante ressemble à la *silene cretica*, mais elle a 5 styles au lieu de 3 ; elle s'approche du *lychnis cœli-rosa ;* mais sa fleur est de moitié plus petite, et le pédicelle de sa capsule est beaucoup plus court. ♃. Elle a été découverte par M. Robert dans les champs, aux environs d'Ajaccio.

4368. Lychnide coquelourde. *Lychnis coronaria.*

C'est celle-ci qui croît dans le Palatinat, et que Pollich a par erreur désignée sous le nom d'*agrostemma flos Jovis.*

4370. Lychnide rose du ciel. *Lychnis cœli-rosa.*

Elle a la capsule à 5 loges, et doit se ranger par conséquent dans la seconde section après la L. de Corse.

4370ª. Lychnide des Pyrénées.   *Lychnis Pyrenaïca.*

L. pyrenaïca. Berg. Fl. bass. pyr. 2, p. 264. DC. rapp. voy. 2, p. 84. —
L. nummularia. Lapeyr. Abr. pyr. 263.

Cette plante forme des touffes lâches, remarquables par leur teinte
glauque ; elle est entièrement glabre, et ressemble un peu à la *silène
chlorœfolia ;* ses tiges se ramifient à leur base, et varient de 4 à
8 pouces de longueur ; les feuilles inférieures sont ovales-oblongues,
rétrécies en un pétiole allongé ; celles du haut sont sessiles, orbiculaires, munies à leur sommet d'une très-petite pointe ; les fleurs sont
couleur de chair, assez semblables à celles de la gypsophile couchée,
mais plus grandes, terminales, paniculées, au nombre de 1 à 5,
portées chacune sur un pédicelle grêle ; les pétales ont leur limbe
oblong, presque entier, couronné, à l'entrée de la gorge, de deux
écailles pointues ; les anthères sont blanches ; la capsule a une loge à
5 valves. ♃. Elle a été découverte par M. Bergeret dans les basses
Pyrénées à la vallée d'Aspe, entre Bédous et Urdos : je l'ai cueillie,
d'après son indication, sur les rochers qui bordent la route près de
N.-D. de Sarrance. Elle a les pétales un peu échancrés comme les
lychnis de Linné, et la capsule a une loge comme les *agrostemma :*
elle tend encore à réunir ces deux genres.

DCCLXXI*. LŒFLINGIE.   *LŒFLINGIA.*

Lœflingia. Lin. Juss. Lam.

CAR. Le calice est à 5 parties, munies chacune sur leur bord d'une
dent acérée ; les pétales sont petits, rapprochés, au nombre de 5 ; les
étamines au nombre de 3 ; l'ovaire porte un style, un stygmate ; la
capsule est à une loge à trois valves.

4376ª. Lœflingie d'Espagne.   *Lœflingia Hispanica.*

L. hispanica. Lin. sp. 50. Lœfl. itin. 113, t. 1, f. 2. Cav. ic. 1, p. 64,
t. 94*. Lam. ill. t. 29.

Petite herbe qui a un peu l'aspect du scléranthe ; sa tige est
rameuse, pubescente ; ses feuilles sont petites, lancéolées-linéaires,
rapprochées vers le haut de la tige, élargies vers leur base, et garnies
de dents aiguës, un peu membraneuses, analogues à celle du calice ;
les fleurs sont très-petites, sessiles, axillaires, serrées vers le haut
des branches de manière à former des épis courts, oblongs, feuillés et
serrés. ⊙. M. Pech a trouvé cette plante sur le bord de la mer, à l'île
de Sainte-Lucie près Narbonne ; M. Custer, dans les champs, entre
Argelez et Elne en Roussillon.

DCCLXXIII*: GOUFFEIA.   *GOUFFEIA.*

Gouffeia. Robil. et Cast. diss. ined.

CAR. Le calice est à 5 folioles étalées ; la corolle a 5 pétales entiers ; les étamines sont au nombre de 10 ; l'ovaire porte 2 styles ; la capsule est globuleuse, à une loge, se fendant longitudinalement en 2 parties à la maturité, et renfermant une graine.

OBS. Il y a probablement deux ovules, dont un avorte. Ce genre est dédié à M. Lacour Gouffe, directeur du jardin botanique de Marseille.

4379ª. Gouffeia fausse-sabline. *Gouffeia arenarioïdes.*

G. arenarioïdes. Rob. et Cast. diss. ined.

Cette plante est glabre, un peu visqueuse dans le haut, diffuse, divisée dès sa base en branches menues, ascendantes, souvent rougeàtres, longues de 3 à 4 pouces ; les feuilles sont petites, ovales-lancéolées, pointues, rapprochées, et souvent rétrécies en pétiole dans le bas des tiges, écartées et sessiles dans le haut ; les fleurs sont petites, nombreuses, terminales, portées sur des pédicelles grêles disposés en panicule ; le calice a ses folioles aiguës, striées, de la longueur des pétales ; ceux-ci sont ovales, blancs, persistans. MM. Robillard et Castagne ont découvert ce nouveau genre dans les endroits rocailleux des collines qui entourent Marseille. Il fleurit au premier printemps.

4386ª. Élatine à six étamines.   *Elatine hexandra.*

E. hexandra. DC. ic. rar. 1, p. 44, t. 43, f. 1. — *E. hydropiper, β.* Fl. fr. ed. 3, n. 4386. — *E. hydropiper.* Smith. Fl. brit. 3, p. 1396. — *Tillæa hexandra.* Lapierre, Journ. phys. flor. an XI. — *Birolia paludosa.* Bell. Mém. acad. Turin, 1808, descr. et ic.

Cette plante ressemble beaucoup à l'*E. hydropiper,* mais elle en est constamment distincte, 1°. en ce qu'elle est toujours plus petite, même lorsqu'elle croît dans des lieux plus humides ; 2°. en ce que toutes ses parties sont en nombre ternaire (3 phylles, 3 pétales, 3 styles, 6 étamines) et non quaternaire ; 3° par sa fleur rose et non blanche. ⊙. Elle est au moins aussi commune que l'E. hydropiper : je l'ai trouvée dans les lieux marécageux inondés aux environs de Paris, Angers, le Mans, Nantes, Rennes, Mayence, Turin, etc.

4395ª. Céraiste des murs.   *Cerastium murale.*

Au milieu des nombreuses variations du C. commun, on ne peut affirmer d'une manière positive si cette plante est une espèce particulière ; elle paraît cependant distincte par sa racine plus dure,

peut-être vivace, par ses tiges droites, un peu roides, par sa superficie très-velue, mais non visqueuse; par ses feuilles pointues et non
très-obtuses; elle ne peut se confondre avec le C. visqueux, parce que
les pédicelles n'y sont pas plus longs que les fleurs. ♃ ? Cette plante
m'a été communiquée par M. Desportes, qui l'avait observée aux
environs du Mans.

4397. Céraiste à courts pé- *Cerastium brachypetalum.*
tales.

Voyez sa figure dans les *Icones plant. gall. rar.* p. 14, t. 44; mais,
dans cette figure, les pétales sont représentés un peu trop longs.
M. de Saint-Hilaire a retrouvé cette plante au coteau de Saint-Loup
près Orléans ; M. Bastard, à Angers et Baugé ; M. Koch, à Odenbach :
il est probable que c'est elle que Pollich a décrite sous le nom de
C. viscosum.

4398. Céraiste à cinq an- *Cerastium semidecandrum.*
thères.

M. Chaillet en a trouvé près de Neufchâtel une variété très-remarquable, parce que tous ses poils suintent une humeur visqueuse ; elle
ressemble dans cet état au *C. anomalum*, mais elle en diffère, parce
qu'elle a 5 styles au lieu de 3 ; la capsule à 10 et non à 6 dents, et les
feuilles plus courtes.

4404. Céraiste roide.   *Cerastium strictum.*

α. *C. suffruticosum.* Lin. sp. 629. Wild. sp. 2, p. 816. Fl. fr. ed. 3, n. 4405*,
non Lam. Pers. — *Myosotis tenuissimo folio rigido.* Tourn. inst. 205. —
Arenaria Villarsii. Balb. misc. p. 21, *var. hirsuta.* — *C. laricifolium.*
Vill. Dauph. 4, p. 644. — *C. alpinum.* All. ped. n. 1727.
β. *C. molle.* Vill. Dauph. 3, p. 644.
γ. *C. lineare.* All. ped. 2, p. 365, t. 88, f. 4. — *C. strictum.* Lam. Dict. 1,
p. 681.
δ. *C. strictum.* Lin. sp. 629. — *Centunculus angustifolius.* Scop. carn.
n. 551, t. 19, f. 1.

Il me paraît impossible d'établir aucune limite fixe entre toutes les
plantes que je viens de désigner : les espèces de céraiste sont en général très-variables, et celle-ci plus que toute autre. Elle est commune
dans toutes les Alpes, et se retrouve dans les montagnes sèches de la
Provence, du Dauphiné, de l'Auvergne : elle est plus rare dans les
Pyrénées.

4415. Sabline à feuilles de *Arenaria serpyllifolia.*
    serpolet.

β. A. viscida. Hall. fil. ex Schleich. pl. exs. Lois. not. p. 68.

Cette plante ne me paraît qu'une simple variété de l'espèce ordinaire ; elle en diffère seulement par son extrême petitesse : en effet,
elle n'a quelquefois pas un pouce de hauteur, mais on trouve facilement tous les intermédiaires entre ces échantillons très-petits et ceux
qui, comme à l'ordinaire, atteignent jusqu'à 6 et 9 pouces de longueur ; elle est aussi un peu plus dressée, un peu plus velue, plus
visqueuse, et a ses nervures un peu plus saillantes ; toutes ces différences sont des conséquences nécessaires de ce qu'elle croit dans les
lieux secs et stériles, au sommet des Alpes et dans les sables de la
plaine.

4416. Sabline de montagne. *Arenaria montana.*

Elle a été retrouvée à l'île de Noirmoutiers par M. de Laroche ;
près Saumur et Angers par M. Bastard ; près de Nantes par M. Hectot ; à Pornavalau près Vannes par M. Aubry ; dans les Cévennes
par M. Roubieu ; à la Lozère par M. Prost, et dans les Landes près
Dax (Thore); c'est la var. *β* de cette espèce qui est désignée dans
la Chloris des Landes (p. 176), sous le nom d'*A. multicaulis.*

4417. Sabline rougeâtre. *Arenaria purpurascens.*

Voyez sa figure dans les *Icones pl. gall. rar.* p. 14, t. 45. C'est
cette plante qui a été publiée sous le nom de *A. cerastoïdes* par
MM. Persoon (Ench. p. 502) et Lapeyrouse (Abr. pyr. p. 252);
mais ce nom ne peut être admis, parce qu'il y a déjà un *A. cerastoïdes*
décrit par Poiret dans l'Encyclopédie, et qu'il a été publié postérieurement à celui de *purpurascens.* Au reste, cette jolie espèce est fort
abondante sur toutes les sommités des Pyrénées : je l'ai cueillie aux
mois de juillet et d'août à la Maladette, à l'Estive-de-Luz, aux ports
de Gavarnie, de Pinède, etc. C'est elle que M. Ramond a désignée
p. 47 de son voyage au Mont-Perdu.

4418ᵃ. Sabline cendrée. *Arenaria cinerea.*

A. ruscifolia. Req. in Guer. Vaucl. ed. 2, p. 254, non Poir.

Sa racine, qui est dure, presque ligneuse, pousse plusieurs tiges
rameuses dès leur base, diffuses, garnies, surtout dans leur partie
inférieure, de feuilles petites, oblongues-lancéolées, pointues, légèrement hérissées, rétrécies et bordées de cils à leur base ; leur couleur
est d'un gris cendré ; les supérieures sont écartées, presque linéaires ;

les fleurs forment une panicule lâche dont les branches vont en se
bifurquant, et dont les pédicelles sont grêles, très-allongés, presque
tout-à-fait glabres ; le calice a ses phylles lancéolées, aiguës, chargées
sur le dos, à la fin de la fleuraison, d'une crête ou carène aiguë ; les
pétales sont blancs, obtus, deux fois plus longs que le calice ; la
capsule est ovoïde, à 6 dents. ♃. Elle est commune dans les lieux
pierreux et arides de la haute Provence, où elle a été observée par
MM. de Suffren et Requien ; elle diffère de l'*A. hispida* parce qu'elle
est beaucoup moins hérissée, qu'elle a les feuilles plus étroites, les
pétales plus longs, la capsule deux fois plus grosse, etc. On ne peut
la réunir avec l'*A. ruscifolia*, qui est absolument glabre, et a les
feuilles comme bordées par une nervure calleuse.

4420. Sabline des tourbières.　　*Arenaria uliginosa.*

J'ai publié la figure de cette plante dans mes *Icon. pl. gall. rar.*
p. 14, t. 46. Elle a été connue des auteurs, mais toujours rapportée
à des genres dont elle s'écarte par ses caractères ; ainsi c'est le *mœh-
ringia* de Montin (Amœn. acad. 2, p. 264. Fl. suec. ed. 1, n° 216) ;
c'est encore la *sagina* de Linné, (Fl. lapp. ed. 1, n° 158), et enfin la
spergula stricta (Swarts in Schrad. journ. 1800, p. 2, p. 256) ; mais
elle diffère de ces genres, parce qu'elle a 10 étamines, 5 pétales et
3 styles.

4423. Sabline à trois fleurs.　　*Arenaria triflora.*

β. *A. capillacea.* All. ped. n. 1705, t. 89, f. 2. — *A. triflora, var. β.* Vill.
Dauph. 4, p. 624. — *A. stolonifera.* Vill. ined. — *A. mixta.* Lapeyr.
Abr. pyr. 255.

Cette variété se distingue de l'état ordinaire de l'*A. triflora* en ce
qu'elle est plus grêle, plus faible, moins roide et moins dressée, que
ses feuilles sont plus planes, plus capillaires. Elle croît dans les fentes
des rochers dans les Alpes et les Pyrénées. La var. *α* de cette espèce,
qui se trouve dans divers points des hautes Pyrénées, a été indiquée par M. Lapeyrouse sous les noms d'*A. laricifolia*, Abr. p. 255,
et d'*A. triflora*, p. 253.

4423ª. Sabline à feuilles de　　*Arenaria laricifolia.*
mélèze.

A. laricifolia. Lin. sp. 607. Vill. Dauph. 3, p. 629.
β. *A. striata.* Vill. Dauph. 3, p. 630, t. 47, non All. — *A. liniflora.* Lin.
suppl. 241. Jacq. coll. 2, p. 107, t. 3, f. 3.

Cette espèce a une souche ligneuse, tortueuse, rameuse, de laquelle
s'élèvent plusieurs branches dressées et herbacées ; les feuilles sont

en forme d'alêne, très-grêles, pointues, parfaitement glabres, et
celles des jeunes pousses sont réunies au sommet en une espèce de
faisceau qui ressemble un peu aux faisceaux que forment les jeunes
feuilles du mélèze, mais qui souvent se déjette un peu de côté; les
tiges fleuries ont leurs feuilles opposées, écartées; elles se divisent
au sommet en 3 pédicelles, celui du milieu simple, les latéraux
simples, bi ou trifides; ces pédicelles, ainsi que les calices, sont
couverts, dans la var. *α*, d'un duvet très-court, cendré, nullement
visqueux; ils sont chargés au contraire, dans la var *β*, d'un duvet plus
abondant, un peu plus foncé en couleur et assez visqueux; les
folioles du calice sont oblongues, obtuses, munies de 3 nervures
fortement proéminentes; les pétales sont blancs, oblongs, obtus, du
double plus longs que le calice; la capsule s'ouvre en 3 valves. ♃.
Cette plante croît dans les lieux secs et arides des hautes Alpes, de
l'Apennin, des Pyrénées : je n'oserois pas affirmer que les deux
variétés ne fussent peut-être deux espèces, mais elles ne diffèrent
que par leur viscosité, et l'exemple des *A. tenuifolia, serpyllifolia*, etc., prouve que, dans ce genre, ce caractère est de peu d'importance.

4425ᵃ. Sabline en gazon. *Arenaria cæspitosa.*

A. cæspitosa. Ehr. herb. 55. Wild. sp. 2, p. 704. — *A. saxatilis.* Gmel.
Fl. bad. als. 2, p. 267. Lam. Dict. 5, p. 571.

Je n'avais pas considéré cette plante comme distincte de l'*A. verna*,
et peut-être en effet n'en est-elle qu'une variété; elle n'en diffère que
parce qu'elle forme des touffes plus grandes, plus serrées, plus
feuillées à leur base, que ses tiges sont étalées et non roides et
droites, et que ses calices, et surtout ses pédoncules, sont presque
absolument glabres. ♃. Elle croît dans les Alpes, les Pyrénées, les
monts d'Or, la vallée du Rhin, etc. Cette plante diffère de l'*A. saxatilis* par ses calices pointus et non obtus; au reste, je ne connais
point l'*A. saxatilis* de Linné, et je doute qu'il soit possible de la
reconnaître autrement que par la vue de son herbier; sa phrase
convient à plusieurs espèces, et notamment à notre *A. laricifolia*;
mais les synonymes se rapportent à diverses espèces : aussi tous les
auteurs ont-ils appliqué ce nom à des plantes différentes. L'*A. saxatilis* de Villars est, d'après un échantillon donné par lui, notre
A. mucronata, n° 4431; l'*A. saxatilis* de Loiseleur est, d'après sa
propre observation, l'*A. setacea*, n° 4429; celle de Lamarck est,
d'après son propre herbier, l'*A. cæspitosa.*

4432. Sabline à calices pointus.   *Arenaria mucronata.*

Elle se trouve dans les environs de Valence en Dauphiné : je l'ai cueillie dans les Alpes au pied du mont Viso, à Sainte-Vietoire en Provence, dans les Cévennes près Campestre, dans les Pyrénées à la Font-de-Combes, et dans la vallée de Vénasque. Il faut rapporter ici *A. saxatilis*, Vill. dauph. 3, p. 632, excl. syn. et *A. mutabilis*, Lapeyr. abr. 256.

4434. Sabline à graines bordées.   *Arenaria marginata.*

Voyez sa figure dans les *Icones plant. gall. rar.* 1, p. 15, t. 48. Elle est assez abondante le long des côtes de la Méditerranée, plus rare sur celles de l'Océan : je l'ai retrouvée à Clermont en Auvergne, dans les terrains un peu salés, situés à la porte de la ville du côté du sud-ouest. M. Lapeyrouse, qui prétend qu'elle se trouve au sommet des Pyrénées, a sans doute décrit sous ce nom quelque autre plante.

4440ª. Stellaire à large feuille.   *Stellaria latifolia.*

S. latifolia. Pers. ench. 1, p. 501. — *S. cerastium.* Syst. veg. ed. 15, p. 452, in not.

Cette espèce a quelque ressemblance avec la St. aquatique et avec l'alsine intermédiaire : elle est absolument glabre, sa tige se bifurque plusieurs fois et atteint jusqu'à 8, 10 et 12 pouces de longueur : elle est faible et ne peut se soutenir d'elle-même ; ses feuilles sont molles, d'un vert clair, larges, ovales, un peu pointues, sessiles dans le haut de la plante ; pétiolées et un peu échancrées en cœur dans le bas ; les fleurs naissent solitaires dans les aisselles des feuilles et des bifurcations supérieures, et paraissent dans leur jeunesse rapprochées en fausses ombelles ; les calices sont verts, lisses ; les pétales blancs, plus courts que le calice. ⊙. Cette plante fleurit en avril : elle a été trouvée par M. Pouzin, dans les lieux aquatiques, aux environs de Montpellier. Comme M. Persoon l'a observée en Allemagne, il est probable qu'on la trouvera dans la France orientale.

4441ª. Stellaire douteuse.   *Stellaria dubia.*

S. dubia. Bast. suppl. 24. — *S. cerastoïdes.* Merlet, herb. p. 10. — *Cerastium arvense trigynum.* Bast. Essai, 163.

Cette espèce est voisine, par sa fleuraison et sa capsule cylindrique, de la S. faux céraiste ; mais elle en diffère par sa tige droite, ses feuilles linéaires, ses pédicelles droits, ses calices à 3 nervures bien distinctes et presque égales entre elles. Elle s'écarte de toutes les autres stellaires par sa capsule cylindrique, et qui s'ouvre par le sommet en 6 petites dents, au lieu de se fendre jusqu'à la base en 3 valves simples ou bifides. Peut-être devra-t-on rejeter parmi les céraistes toutes les espèces à capsule cylindracée s'ouvrant au sommet en un nombre de petites dents, double de celui des styles : 6 quand il y a 3 styles, comme dans les *St. cerastoïdes, dubia*, etc. ; 10 quand il y a 5 styles, comme dans les *cerastium arvense, strictum*, etc., et on laisserait seulement parmi les vraies stellaires celles dont la capsule se fend jusqu'à sa base en un nombre de valves égal au nombre des styles ; alors disparaîtrait l'incertitude où l'on se trouve aujourd'hui pour classer les espèces, qui ont indifféremment 3 et 5 styles, comme dans le *cerastium viscosum* et la *stellaria cerastoïdes*, qui seraient rangées définitivement parmi les *cerastium* et le *cerastium manticum* Lin., ou *stellaria mantica* DC., qui resterait décidément parmi les *stellaria*. ⊙. La stellaire douteuse croît assez communément dans les lieux herbeux, aux environs d'Angers et de Nantes. Elle fleurit au printemps.

4445. Lin roide.   *Linum strictum.*

β. *L. alternum.* Pers. ench. 1, p. 336.

Le lin roide est assez commun dans les provinces méridionales, et se retrouve jusqu'en Anjou. La var. β, qui a été trouvée en Corse, n'en diffère que par sa tige plus simple, plus grêle, ses fleurs plus petites et plus écartées.

4448. Lin d'Autriche.   *Linum Austriacum.*

L. austriacum. Lin. sp. 399. Jacq. austr. t. 418. — *L. perenne.* Lapeyr. Abr. 171, non Lin. — *L. montanum.* Schleich. pl. exs. — *L. alpinum.* Fl. fr. ed. 3, n. 4448, non Lin. — *L. narbonense.* Sut. Fl. helv. 1, p. 184, non Lin. — Hall. helv. n. 837.

Cette plante a, comme le prouve sa synonymie, été souvent confondue avec plusieurs espèces voisines : je l'ai mal à propos nommée *L. alpinum*, mais je ne vois rien à changer à ma description ; j'ajouterai seulement qu'elle a quelquefois la fleur blanche, et qu'elle se trouve fréquemment dans les pâturages des Pyrénées.

4448ᵃ. Lin des Alpes.   *Linum Alpinum.*

L. alpinum. Lin. sp. 1672. Jacq. austr. t. 321. DC. rapp. 2, p. 84, non Lam. nec Fl. fr. ed. 3. — *L. tenuifolium*, β. Lin. sp. 398. — *L. perenne.* Lois. Fl. gall. 1, p. 184?

Une racine ligneuse pousse plusieurs tiges simples, étalées, longues de 4 pouces, garnies, dans toute leur longueur, de feuilles rapprochées, presque imbriquées dans le bas, linéaires, pointues et assez courtes ; chaque tige se termine par une, rarement deux fleurs pédicellées, d'un beau bleu, plus petites que dans le L. d'Autriche ; les folioles du calice sont obtuses, membraneuses sur les bords, à 3 nervures ; la capsule est globuleuse. ♃. Elle croit sur les pelouses sèches et découvertes, dans les basses Pyrénées orientales, à la Font-de-Combes au-dessus de Villefranche, et dans les collines et les basses montagnes de la Provence.

4450ª. **Lin sous-ligneux.** *Linum suffruticosum.*

   L. *suffruticosum.* Lin. sp. 400. Cav. ic. 2, p. 5, t. 108.

Sa tige est ligneuse, grêle, droite, un peu tortueuse, rameuse surtout par le haut, à écorce grise, et s'élève à peine à la hauteur d'un pied ; les feuilles sont alternes, linéaires, aiguës, roides, presque en forme d'alène, rudes sur les bords, très-serrées le long des jets stériles, plus écartées et plus longues sur les jets fertiles : ceux-ci se terminent par plusieurs fleurs pédiculées, presque disposées en corymbe ; le calice a ses lobes ovales, acuminés, bordés de dents ou cils glanduleux ; les fleurs sont assez grandes, couleur de chair pâle, marquées de raies un peu foncées. ♄. Ce lin croit sur les collines et les lieux stériles. Je l'ai cueilli sur la côte de Vieille-Toulouse : on le retrouve à Campubill près Prato de Mollo en Roussillon (Lapeyr.), à Rieusec et Saint-Pons en Languedoc, et dans les environs d'Avignon, à Malaucène près le gros Eau (Requien).

4451. **Lin hérissé.**   *Linum hirsutum.*

L'espèce que j'ai décrite dans la Flore, et que j'ai depuis retrouvée sur les remparts de Gènes, et reçue des environs de Nice, de Seggiano en Toscane et du mont Caucase, est bien certainement le *L. hirsutum* d'Allioni, de Savi, de Bieberstein, et très-probablement de Linné : il paraît qu'il a été indiqué sous le nom de *L. viscosum* par MM. Wildenow, Bertoloni, Loiseleur ; le *L. viscosum,* que j'ai reçu de M. Nestler, qui l'avait cueilli à Ebersberg en Autriche, diffère de celui de Nice, 1°. par ses feuilles inférieures glabres et obtuses, et non pointues et velues ; 2°. par ses fleurs réunies en tête serrée, et non solitaires ou en cime lâche. — Il est probable que c'est le *L. hirsutum* que M. Lapeyrouse indique sous le nom de *L. viscosum* dans les Pyrénées orientales.

FAMILLE DES VIOLACÉES.

4455. Violette hérissée. *Viola hirta.*

β. Apetala. Bast. suppl. 28.

CETTE variété offre une structure un peu analogue à celle de la
V. admirable ; ses fleurs sont, ou tout-à-fait dépourvues de corolle,
ou munies de pétales à peine égaux au calice ; et cependant ces fleurs
sont fertiles. Elle a été observée par M. Bastard sur les côteaux de la
Loire, aux Noulis, etc., près Angers.

4457. Violette des Pyrénées. *Viola Pyrenaïca.*

Cette plante, que j'ai retrouvée à la montague d'Esquierri près
Bagnères de Luchon, ne me paraît être qu'une simple variété de la
V. des marais, dont elle ne diffère que parce que ses feuilles sont un
peu moins obtuses : elle ne ressemble nullement à la *V. canina*, à
laquelle M. Lapeyrouse l'a réunie.

4461. Violette de Vaudier. *Viola Valderia.*

C'est ici qu'il faut rapporter la *V. alpina*, All. ped. n. 1642, Lois.
Fl. gall. 721, non Jacq., et *V. cenisia*, Lapeyr. Abr. 122, non Lin.
Elle a été retrouvée dans les Alpes maritimes auprès de St.-Martin,
dans les Pyrénées au port de Plan, etc.

4463. Violette des sables. *Viola arenaria.*

Il faut ajouter à la synonymie de cette espèce les désignations sui-
vantes : *Viola*, All. auct. p. 29, n. 1645* ; — *V. balbis*, Req. seg. Fl. 73 ;
— *V. Allionii*, Pio. diss. p. 20, t. 1, f. 2. — On l'a trouvée au
Mont-Cénis et entre Monbach et Gonsenheim près Mayence.

4464. Violette de chien. *Viola canina.*

β. Minor.

Cette variété tient exactement le milieu entre la V. des sables et la
V. de chien : elle est naine et presque sans tige comme la première,
glabre et à feuilles pointues comme la seconde : elle est commune
dans les Alpes du Dauphiné et de la Provence, dans le Jura, etc.
C'est elle qui est dans l'herbier d'Allioni sous le nom de *viola Ruppii* ;
mais elle ne répond ni à sa description, ni à sa figure : elle ressemble,
lorsqu'elle est fort petite, au *V. pyrenaïca* ; mais elle en diffère par
ses calices très-pointus et non obtus.

4464ᵃ. Violette naine.   *Viola pumila.*

V. pumila. Vill. Dauph. 2, p. 666. Cat. Strasb. p. 288, t. 5.

Cette violette ressemble beaucoup aux petits individus de la V. de chien ; ses stipules sont lancéolées, aiguës, un peu dentées sur les bords ; les feuilles aussi longues que leur pétiole, prolongées et non échancrées à leur base, lancéolées, dentées, pointues, glabres ; les pédicelles sont plus longs que les feuilles ; les fleurs petites, d'un bleu clair, barbues à leur gorge sur deux de leurs pétales ; les calices aigus, presque aussi longs que la fleur. ♃. J'ai reçu cette plante de M. Villars, qui l'a cueillie en Dauphiné sur la montagne de Corps près Gap.

4464ᵇ. Violette ligneuse.   *Viola arborescens.*

V. arborescens. Lin. sp. 1325. Poir. Dict. 8, p. 639. — *V. longiviola.* Pourr. — Barr. ic. 568.

β. *Foliis dentatis.* — *V. suberosa.* Desf. Fl. atl. 2, p. 313, et emend.

Cette espèce est bien reconnaissable à sa tige ligneuse : elle a l'écorce grise, un peu analogue au liége par sa consistance ; ses tiges sont droites ou demi-couchées, et sortent plusieurs de la même souche ; les feuilles sont éparses, à peine pubescentes, oblongues-lancéolées, entières sur les bords, munies de stipules étroites, très-pointues et entières ; les pédicelles dépassent la longueur des feuilles ; le calice a ses lobes pointus ; les pétales sont violets. ♄. Elle a été trouvée dans les sables maritimes près Toulon, par M. Robert (Lois.), aux environs de Narbonne (?), par M. Pourret ; au col de Balaguer en Catalogne, par M. de la Roche. La var. β a les feuilles dentées, et n'a encore été trouvée qu'en Barbarie par M. Desfontaines.

4466. Violette de montagne.   *Viola montana.*

β. *Foliis lanceolatis.* — *V. persicifolia.* Hoffm. germ. 311. Roth. germ. 271.

Dans la V. de montagne ordinaire les feuilles inférieures sont échancrées en cœur, et les supérieures ovales-lancéolées ; dans la var. β, qui est aussi commune, les feuilles inférieures sont ovales-lancéolées, et les supérieures lancéolées. On la trouve à Lyon, en Anjou, etc.

4469. Violette des champs.   *Viola arvensis.*

β. *V. media.* Chaill. in Litt. — *V. bicolor.* Hoffm. germ. 4, p. 170.

γ. *Flava.*

La violette des champs est une des espèces les plus variables de la section des Pensées ; sa racine annuelle la distingue de toutes les espèces, excepté de la violette tricolore ou pensée des jardins : celle-ci a pour caractère distinctif, que la superficie de ses pétales est revê-

tue de petites papilles proéminentes, qui leur donnent un aspect
velouté : elle se conserve de graines au milieu de toutes les variétés
de la V. des champs ; celle-ci n'a point les pétales couvertes de papilles ; mais ces pétales sont tantôt blanchâtres, tantôt jaunes comme
dans la var. γ, tantôt mêlés de jaune et de blanc, tantôt de jaune,
de blanc et de violet pâle, bleuâtre ou pourpre-foncé ; ses fleurs
tantôt très-petites et à peine plus longues que le calice, tantôt plus
grandes, quelquefois presque aussi grandes que dans la V. tricolore : en général, elles sont d'autant plus colorées, qu'elles sont plus
grandes ; c'est ce qui a lieu dans la belle variété que M. Chaillet a
trouvée dans les sommités du Jura près des Loges. J'ai trouvé dans
les vallées des Alpes plusieurs variétés intermédiaires entre celle du
Jura et celle qui est ordinaire dans les lieux cultivés. Les violettes,
plus que toute autre plante, obéissent à la loi générale, que, dans les
mêmes espèces, la grandeur des fleurs va en augmentant à mesure
qu'elles croissent à une plus grande élévation absolue.

4470. Violette de Rouen.   *Viola Rothomagensis.*

On peut voir une figure de cette espèce dans la monographie des
violettes publiée par M. Pio (p. 31, t. 2) : on en trouve dans les
environs de Verviers une variété presque glabre, que M. Loiseleur a
indiquée comme variété de la *V. lutea,* mais qui, selon moi, appartient
à celle-ci.

4470ᵃ. Violette jaune.   *Viola lutea.*

V. lutea. Huds. Angl. ed. 1, p. 331. Smith. Fl. brit. 248. — *V. lutea,* β.
Lois. not. 155.

Sa racine est grêle, mais vivace ; ses tiges courtes, demi-couchées,
glabres, simples, triangulaires ; ses feuilles ovales ou oblongues,
dentées, pétiolées, glabres, avec de très-légers cils sur les bords : ses
stipules profondément incisées, un peu ciliées ; les pédicelles aussi
longs que la tige, dressés, chargés d'une fleur un peu plus petite que
celle de la pensée des jardins, jaune, avec quelques raies noires à la
base des 3 pétales supérieures. MM. Smith et Lejeune disent qu'elle est
quelquefois bleuâtre. ♃. Cette espèce fleurit tout l'été, et a été trouvée
par M. Lejeune dans les pâturages secs et les terrains calaminaires, à
Aix-la-Chapelle, Thimister, Stollberg, et je l'ai cueillie avec lui entre
Theux et Malmédy : je ne doute point qu'elle ne se trouve dans la
partie des Ardennes qui fait partie de la France ; mais ce que j'ai
reçu des autres provinces, et notamment des Vosges, a toujours été
la suivante.

4471. Violette à grande fleur. *Viola grandiflora.*

V. grandiflora. Lin. mant. 120. Vill. cat. strasb. 288, t. 5. — *V. lutea.* Fl. fr. ed. 3, n. 4471. — Hall. helv. n. 566, t. 17, f. 1. — *V. calcarata.* Will. phyt. 3, p. 1069.

Elle ne diffère de la V. jaune que par sa fleur presque deux fois plus grande, et par sa tige droite et non couchée : on en peut distinguer deux variétés : 1°. l'une à fleurs jaunes et à tiges ordinairement plus courtes ; elle est très-commune dans les Vosges, et se retouve dans les Alpes et le Jura ; 2°. l'autre à fleurs violettes et à tiges très-longues : elle se trouve dans les Vosges, le Jura, les Alpes, et est si commune dans les montagnes d'Auvergne et au mont Mézin, qu'on la recueille pour l'usage de la pharmacie : c'est elle qu'on vend à Beaucaire sous le nom de violette du mont Mézin. Ces deux variétés seraient-elles des espèces distinctes ? la première devrait-elle être réunie avec la V. jaune ? ♃.

4473. Violette cornue. *Viola cornuta.*

Cette espèce est très-commune dans les Pyrénées, où les *V. calcarata* et *grandiflora* n'ont point été trouvées d'une manière authentique : j'ai lieu de penser que les violettes indiquées par M. Lapeyrouse, sous les noms de *V. calcarata*, p. 123 ; *V. grandiflora*, p. 123 ; *V. montana*, p. 122, et *V. cénisia*, var. γ, p. 122, ne sont que des variétés du *V. cornuta.*

FAMILLE DES CISTÉES.

4477ᵃ. Ciste à feuilles de peuplier. *Cistus populifolius.*

C. populifolius. Lin. sp. 738. Cav. ic. 3, t. 215. — Clus. hist. 1, p. 78, f. 1 et 2.

CETTE espèce de ciste forme un petit buisson de 3 à 4 pieds de hauteur ; ses rameaux sont bruns, cassans, glabres dans un âge avancé, hérissés de poils dans leur jeunesse ; les feuilles sont pétiolées, pointues, exactement en forme de cœur, entières ou à peine légèrement crénelées, d'un vert foncé, ciliées dans leur jeunesse, glabres à leur développement parfait, veinées en dessous ; les pédoncules sont axillaires, et naissent à la base des pousses de l'année ; ils sont plus longs que les feuilles, un peu poilus, et divisés au sommet en 3 à 4 pédicelles uniflores ; les lobes du calice sont larges et en forme de cœur ; les pétales sont blancs, dépourvus de tache à leur base, quelquefois un peu rougeâtres sur les bords. ♄. M. Pech a trouvé cet arbrisseau sur la montagne à Lontlaurier, dans les Corbières près Narbonne.

4478ᵃ. Ciste hérissé.   *Cistus hirsutus.*

C. hirsutus. Lam. Dict. 2, p. 17. DC. syn. Fl. 401. — *C. laxus.* Ait. Kew. 2, p. 233.

Cette espèce a la tige droite, très-rameuse, noirâtre, couverte vers son sommet d'un duvet court, serré, formé de poils en faisceau; les feuilles sont oblongues, sessiles, pointues, garnies en dessus de poils longs et simples, et en dessous d'un duvet très-court, à poils étoilés ou en faisceau; les pédoncules portent plusieurs fleurs blanches, de grandeur médiocre; les calices sont fortement hérissés de poils longs, blancs, simples; ils recouvrent des capsules à 5 valves et à 5 loges. ♄. M. Bonnemaison a découvert cette espèce en Bretagne près Landerneau, à une demi-lieue de la ville à droite, le long de la rivière, en allant du côté de Brest.

4479ᵃ. Ciste ladanifère.   *Cistus ladaniferus.*

C. ladaniferus. Lin. sp. 737. Lam. Dict. 2, p. 16*, non Gouan. — Clus. hist. 1, p. 77, ic.

Ce bel arbuste s'élève à 4 ou 5 pieds; ses feuilles sont sessiles, lancéolées-linéaires, glabres en dessus, un peu cotonneuses et blanchâtres en dessous; elles suintent une matière visqueuse, odorante, très-analogue au ladanum qu'on recueille du C. de Crète : les pédoncules sont abondamment garnis de bractées oblongues, concaves, visqueuses, et dont les supérieures sont opposées, soudées par leur base, et se terminent par une fleur fort grande, de couleur blanche, souvent marquées à la base des pétales de 5 belles taches purpurines; les pièces du calice sont ovales, ciliées, et les capsules à 10 loges. ♄. Cette espèce, qu'on croyait propre à l'Espagne, a été découverte par M. Bernard, entre le Muy et le Puget en Provence (Lois.).

4480. Ciste ledon.   *Cistus ledon.*

C'est celui-ci qui, comme je l'ai dit, croît aux environs de Montpellier, et y avoit été désigné sous le nom de *C. ladaniferus :* on le trouve en particulier auprès de Saint-Georges et de Murviel, dans un lieu où il est tellement mélangé avec le *C. laurifolius* et le *C. monspeliensis,* qu'on serait tenté de le croire une hybride de ces deux espèces.

4482ₐ. Hélianthème ha-   *Helianthemum halimifolium.*
lime.

H. halimifolium. Desf. cat. 152. — *Cistus halimifolius.* Lin. sp. 738. Cav. ic. t. 138. — Lob. ic. 2, p. 113, f. 1 et 2.

Arbrisseau droit, très-branchu, dont les jeunes rameaux sont

couverts d'un duvet court, velouté, composé de poils étoilés; la
surface inférieure des feuilles et des calices offre un duvet blanchâtre
très-ras ; les feuilles sont opposées, oblongues, entières, dépourvues
de stipules, munies d'une nervure longitudinale et de deux autres à
peine sensibles ; les pédicelles sont assez longs, disposés en grappes
peu fournies, et les supérieures presque en corymbe; les deux pièces
extérieures du calice sont linéaires ; les fleurs sont jaunes, de la
grandeur de celles de l'H. commun, à pétales très-obtus. ♃. Il croît
dans les sables maritimes de la Corse près Ajaccio; à Campiglia en
Toscane (Savi.), et en Espagne.

4486. Hélianthème des Alpes. *Helianthemum alpestre.*

    α. H. œlandicum. Fl. fr. n. 4486. — *Cistus alpestris.* Wahlemb. veg.
    helv. 103.

    β. Cistus origanifolius. Gouan, herb. 32.

    γ ? Cistus italicus. Lin. sp. 741.

La variété *β* ne diffère de l'espèce ordinaire que parce qu'elle a les
feuilles un peu plus courtes et plus ovales; elle se trouve sur les
collines sèches des environs d'Alais, de Montpellier, etc. Le *cistus italicus* de Linné pourrait bien n'être encore qu'une variété de notre
espèce. Il paraît au reste, d'après M. Wahlemberg, que le *C. œlan-
dicus* de Linné est différent de celui auquel, avec presque tous les
botanistes, j'avais donné ce nom; et j'admets en conséquence, et
d'après lui, le nom d'*alpestre* donné par Crantz à notre espèce : il
paraît que notre *H. lunulatum* est, ou une variété du vrai *H. œlan-
dicum*, ou une espèce très-voisine.

4487. Hélianthème à feuilles *Helianthemum mari-*
      de marum.   *folium.*

    γ. Oblongifolium. — *Cistus vinealis.* Wild. sp. 2, p. 1195. — Hall. helv.
    n. 1035.

Cette variété ne se distingue de l'espèce ordinaire que par ses
feuilles plus oblongues et moins ovales, et par ses rameaux plutôt
étalés que dressés : elle a été trouvée par M. Chaillet sur les pelouses
sèches de la sommité du Jura, au Chasseron, au-dessus du creux du
Van; par Haller, à la Dole et à Thoisy. — Le *cistus piloselloïdes*
(Lapeyr. Abr. 301) paraît être une simple variété de cette espèce.

4488. Hélianthème faux- *Helianthemum alyssoïdes.*
      alysson.

    β. Microphyllum. Thor. chlor. land. 231.

Cette variété est remarquable par ses feuilles de moitié plus petites que dans l'espèce ordinaire, obtuses, d'un vert plus foncé,

d'une consistance plus ferme et qui tendent à se rouler en-dessous par les bords. On la trouve dans les landes de Bayonne et de Bordeaux, où l'espèce ordinaire est assez commune.

4490. Hélianthème taché. *Helianthemum guttatum.*

γ. Serratum. — Cistus serratus. Cav. ic. 2, p. 57, t. 175, f. 1, non Desf. — *H. plantagineum, β.* Pers. ench. 2, p. 77.

L'hélianthème taché présente beaucoup de variétés dans l'aspect de ses pétales; dans l'état ordinaire (var. *α*), ils sont grands, obtus, entiers, jaunes, avec une tache brune à la base : cette tache manque dans la var. *β*. Notre var. *γ* a des pétales plus petits, bordés de dents aiguës et irrégulières, tantôt tout-à-fait jaunes, tantôt munies d'une tache brune à leur base ; tous les passages entre ces divers états se rencontrent pêle-mêle dans les mêmes lieux : ainsi, dans les landes de la Bretagne, de l'Anjou, de la Gascogne, du Périgord, et dans les garrigues du Languedoc, où cette plante est fort commune, j'ai plusieurs fois trouvé toutes ces variétés réunies : au reste, l'H. taché s'épanouit le matin au lever du soleil, et dirige ses fleurs vers cet astre ; ses pétales tombent à neuf heures du matin, excepté lorsque le temps est couvert ; alors ils durent plus long-temps. — Je ne serais pas surpris que les *H. guttatum* et *inconspicuum* (Pers. ench. 2, p. 77) rentrassent un jour ici comme de simples variétés.

4492. Hélianthème à feuilles   *Helianthemum salici-*
    de saule.   *folium.*

β. Caulibus suberectis. — Cistus salicifolius. Schleich. exs.
γ. Bracteis ovato-cordatis subincisis. — H. denticulatum. Pers. ench. 2, p. 78.

Cette espèce varie souvent dans son port : la var. *β*, qui a les tiges presque dressées, a été trouvée par M. Schleicher auprès de Branson en Valais ; la var. *γ*, qui a les feuilles-florales ovales, un peu en cœur et munies çà et là de dents rares et profondes, croît dans les garrigues du Languedoc, à Fontfroide près Montpellier, à la Malepasse près Beziers, etc.

4493. Hélianthème à feuilles   *Helianthemum lavan-*
    de lavande.   *dulæfolium.*

β. Hel. Thibaudi. Pers. ench. 2, p. 79.

J'ai cueilli l'hélianthème à feuilles de lavande à Montredon et à Marseille-Vaire près Marseille. La var. *β*, qui est originaire de Corse, et que je désigne d'après l'herbier de M. Thibaud, n'en a semblé différente que parce qu'elle est un peu plus avancée en âge ; alors les folioles externes de son calice se déjettent en en-bas, et les intérieures , qui auparavant avaient leurs bords roulés en dedans , deviennent planes et paraissent par-là larges et ciliées.

4495ᵃ. Héliantème obscur. *Helianthemum obscurum.*

    α. Ovatum-foliis omnibus subovatis. — *H. obscurum.* Pers. ench. 2, p. 79. — *Cistus hirsutus.* Thuil. Fl. par. 1, p. 266. — *C. barbatus.* Savi, Fl. pis. 2, p. 13, excl. syn. — *Cistus ovatus.* Viv. fragm. 1, p. 6, t. 8, f. 2.

    β. Nummularium-foliis inferioribus orbiculatis superioribus oblongis. — *H. nummularium.* Mill. Dict. n. 11. — *Cistus nummularius.* Lin. sp. 743. Gouan, herb. 34, non Desf. nec Cav. — J. Bauh. hist. 2, p. 20, f. 3.

Cette espèce tient si exactement le milieu entre l'H. commun et l'H. à grandes fleurs, qu'on pourrait sans inconvénient considérer ces trois espèces, ainsi que l'a fait M. Bertoloni (dec. 3 , p. 34), comme de simples variétés d'un même type ; cependant notre plante diffère de l'H. commun, parce que ses feuilles ne sont pas blanches en dessous, mais d'un vert foncé sur les deux surfaces : elle se distingue de l'H. à grandes fleurs en ce que ses fleurs ne sont pas plus grandes que dans l'H. commun ; elle a d'ailleurs les feuilles plus larges , les inférieures plus arrondies , et les calices plus velus que dans ses voisines. ♃. Elle croît au bord des bois et des buissons, aux environs de Paris (var. *α*), de Montpellier , dans les Cévennes , le Roussillon , l'Apennin génois , etc. J'ai préféré le nom spécifique d'*obscurum* à celui de *nummularium* qui est plus ancien , soit parce qu'il fait à la fois allusion et au vert foncé de la plante et à l'obscurité de sa nomenclature , soit pour éviter l'ambiguité qui résulte de ce que le *cistus nummularius* de Cavanilles et de Desfontaines est différent de celui de Linné.

4497. Héliantème hérissé. *Helianthemum hirtum.*

Cette espèce est assez fréquente dans les lieux pierreux et exposés au soleil du Languedoc et de la Provence , à Montpellier , Aix , etc. ; sa souche est ligneuse ; ses tiges dressées ou peu étalées ; ses feuilles oblongues ou à peine ovales , le plus souvent roulées en dessous par leurs bords , velues en dessous , hérissées en dessus de poils qui naissent disposés en étoile sur de très-petits tubercules ; les calices sont très-poilus , à poils blancs , nombreux , serrés , un peu étalés ; les pétales sont jaunes. Les *Hel. aureum* et *teretifolium* (Thib. in Pers. ench. 2, p. 79) appartiennent certainement à notre espèce, qui parait bien celle de Linné ; au contraire, le *cistus hirtus* (Cav. ic. t. 146) et par conséquent *Hel. hirtum* (Pers. ench. p. 79) est une espèce très-distincte de celle-ci. — A la var. *β* , au lieu de *C. hispidus*, lisez *C. barbatus.*

4497ᵃ. Hélianthème mar- *Helianthemum majoranæ-*
jolaine. *folium.*

H. majoranæfolium. Gou. herb. 36.
β. *Foliis angustioribus.* — *Cistus hispidus,* α. Lam. Dict. 2, p. 26.

Cet hélianthème a le port et tous les caractères de l'H. hérissé, et lui ressemble en particulier par sa tige droite, ligneuse, par les poils étoilés de la face supérieure de ses feuilles; par les poils longs et simples dont le calice est hérissé; mais il s'en distingue par sa fleur blanche et non pas jaune; comme je ne connais aucun exemple prouvé, que les couleurs des fleurs des cistes varient entre le jaune d'un côté, et le blanc ou le rose de l'autre, je pense qu'on peut séparer l'H. marjolaine de l'H. hérissé, comme on a déjà distingué l'H. rose de l'H. commun, d'après la couleur qui paraît constante. ♄. L'H. marjolaine croît dans les lieux secs et rocailleux du bas Languedoc; à Viols (Bouch.); Cambous et Saint-Jean-de-Buége (Gou.); Beaucaire (Dufour); au mont Major près Arles, etc.

FAMILLE DES MALVACÉES.

4506. Mauve à petites fleurs. *Malva parviflora.*

Cette plante croît sur les rochers de la Clape près Narbonne. Elle diffère de la *M. nicæensis* par son calice externe, dont les lobes sont linéaires et non ovales, et de la *M. microcarpa* par ses tiges étalées et non dressées : cette dernière croît en Egypte, et je persiste à croire que c'est le *malva parviflora*, et non le *M. microcarpa* qu'on trouve à Nice. Quant à la *M. nicæensis*, il se trouve autour des habitations, à Palavas près Montpellier, et M. Bouchet m'en a communiqué un échantillon cueilli dans les Cévennes près Campestre.

4510ᵃ. Mauve élancée. *Malva fastigiata.*

M. fastigiata. Cav. diss. 2, p. 75, t. 23, f. 2, Lois. not. 99.

Sa tige est droite, élancée, rameuse, couverte, ainsi que la surface inférieure des feuilles et des calices, de poils rayonnans qui lui donnent un aspect un peu cotonneux; ses stipules sont lancéolées–linéaires, poilues; ses feuilles un peu en cœur à la base, à 5 lobes aigus, dentés, peu profonds, et dont celui du milieu se prolonge plus que les autres; les rameaux floraux sont dressés; de l'aisselle de chacune des feuilles supérieures naît un pédicelle uniflore assez court; ceux du sommet sont assez rapprochés pour former une espèce de tête ou d'ombelle ; la corolle est grande, d'un violet pâle, à 5 pétales échancrées ; les capsules sont glabres, lisses, au nombre de 25. ⅋. M. de Lamarck a trouvé cette plante en Auvergne, et je l'ai cueillie au mois d'août sur la petite colline pierreuse connue sous le nom de Puy-de-Crouel, près Clermont. M. Saint-Amans l'a trouvée sur les coteaux de Lacépède près Agen (ann. stat. Lot. et Gar. 1806, p. 122), et M. Robert, cité par M. Loiseleur, en a trouvé une variété un peu glabre aux environs de Toulon.

4521. Lavatère maritime.   *Lavatera maritima.*

Cette plante croît dans les fentes des rochers les plus arides, sur les bords de la Méditerranée, dans le royaume de Valence, en Roussillon, à la Clape près Narbonne, à Mireval près Montpellier, à Toulon sur les rochers derrière la ville, entre Nice et Alassio : il faut ajouter à ses synonymes les suivans. *Lav. triloba*, Gouan, Fl. monsp. 48, Lapeyr. abr. 397. — *Althæa arborescens*, J. Bauh. 2, p. 956, f. 1, Magn. bot. 16. — Barr. ic. rar. t. 428. Quant au *L. triloba* (n° 4520), que j'avais rapporté dans la Flore d'après l'autorité des auteurs, il a été confondu avec celui-ci : il ne croît point à Mireval, et doit probablement être rayé de la liste des plantes de France.

4523. Lavatère de Thuringe.   *Lavatera Thuringiaca.*

Cette plante doit être rayée de la Flore française : elle ne se trouve point à Montpellier, comme l'avait cru J. Bauhin, qui parait avoir pris pour elle un échantillon du *L. maritima*. Elle ne se trouve point à Nice, quoi qu'en dise Allioni, qui parait avoir indiqué sous ce nom la plante très-commune à Nice et dans toute la Ligurie, qu'il a depuis désignée avec raison sous le nom de *L. punctata.*

4525. Stégie lavatère.   *Stegia lavatera.*

M. Lapeyrouse dit qu'elle se trouve à Saint-Cyprien près Elne en Roussillon.

4526. Sida abutilon.   *Sida abutilon.*

M. Léon Dufour l'a trouvé près Beaucaire dans les marais de Jonquère.

4528. Hibisque rose.   *Hibiscus roseus.*

H. palustris. Thore, chlor. 293. Fl. fr. ed. 3, n. 4528*, non Lin. — *H. roseus.* Thor. in Lois. Fl. gall. 2, p. 434. Journ. bot. 1, p. 194.

Trois espèces très-distinctes ont été confondues sous le nom d'*Hib.*

palustris : savoir , 1°. l'*H. roseus* , le seul que nous possédions en France , et que M. Thore a observé sur les bords de l'Adour près Dax : il se distingue à ses feuilles échancrées en cœur à leur base , à sa tige rameuse , à ses fleurs grandes et constamment roses , à ses pédicelles articulés au-dessus du milieu de leur longueur ; 2°. l'*H. palustris* de Linné , qui est originaire de l'Amérique septentrionale , et qu'on cultive fréquemment dans les jardins de botanique : il a la tige simple , les feuilles ovales à leur base , entières ou à 3 lobes; les pédicelles articulés au-dessus du milieu de leur longueur ; les fleurs grandes , de couleur rose , quelquefois blanchâtres , ou jaunâtres ; 3°. l'*H. aquaticus* DC. ou *H. palustris* de Savi (cent. p. 126), qui croît en Toscane dans le marais de Bientina et de Castiglione della Pescaia : celui-ci est voisin du précédent par ses feuilles ovales à leur base , mais il en diffère par ses pédicelles articulés très-près de leur base et non au-dessus du milieu , et par ses fleurs blanches à onglets rouges. On peut les caractériser par les phrases suivantes.

H. roseus (Thore.) *foliis cordatis dentatis subtrilobis , pediculis 1-floris axillaribus supra medium articulatis ;*

H. palustris (Lin.) *foliis ovatis dentatis subtrilobis, pediculis 1-floris axillaribus supra medium articulatis ;*

H. aquaticus (DC.) *foliis ovatis dentatis subtrilobis , pediculis 1-floris axillaribus prope basim articulatis.*

FAMILLE DES GÉRANIÉES.

4530. Érodium des rochers. *Erodium petræum.*

CETTE plante varie assez , quant à l'apparence de ses feuilles qui sont ordinairement légèrement velues; quelquefois elles deviennent tout-à-fait glabres , et c'est cette variété qui a été désignée par M. Lapeyrouse sous le nom d'*Erodium lucidum* (Abr. p. 390); quelquefois au contraire elles sont beaucoup plus velues , et forment alors une autre variété que le même auteur a nommée *Erodium crispum* (Abr. 390); la fleur, qui est ordinairement d'un pourpre pâle , devient tantôt d'un pourpre foncé , tantôt blanche, et ses pétales sont quelquefois rayés d'un pourpre noir ; dans tous les cas , on distingue cette espèce de l'Erodium glanduleux (*E. graveolens*, Lapeyr., Abr. Pyr. 390), parce qu'elle a les pétales égaux entre eux et très-obtus , tandis qu'ils sont inégaux et pointus dans l'E. glanduleux, lequel a d'ailleurs tout son feuillage glabre, un peu charnu, fétide, légèrement visqueux. ♃. L'E. des rochers croît dans les provinces chaudes, sur les rochers arides, dans le Languedoc, au sommet du pic Saint-Loup, à la Clape près Narbonne, et dans les Pyrénées orientales. L'E. glanduleux ne se trouve que dans les hautes sommités des Pyrénées, à l'estive de Luz, au pic d'Ereslids, etc.

4532ᵃ. Érodium de Rome. *Erodium Romanum.*

E. romanum. Wild. sp. 3, p. 630. — *Geranium romanum.* Lin. sp. 951. Cav. diss. 4, p. 225, t. 94, f. 2. — Barr. rar. t. 1245.

Il ressemble beaucoup à l'Erodium à feuilles de ciguë ; il en diffère par ses pétales plus grands et égaux entre eux : sa racine est aussi plus grosse, un peu rougeâtre à l'intérieur ; sa fleur est d'un pourpre vif, quelquefois rose ou blanche. ♃. Il est commun le long des routes et dans les pelouses de la région des oliviers, à Avignon, Nismes, Montpellier, Narbonne, etc. ; il fleurit au premier printemps, et quoiqu'il se trouve souvent mélangé avec l'*E. pimpinelli-folium*, on l'en distingue très-bien.

4536. Érodium fausse-mauve. *Erodium malachoïdes.*

Il est assez commun le long des routes et dans les terrains secs et pierreux dans le bas Languedoc, le Roussillon ; à Agen, sur les coteaux exposés au sud et à l'est ; il a été même trouvé par M. Boucher à Dieppe sur les digues du port, où il a peut-être été semé par les lests.

4542ᵃ. Géranium tubéreux. *Geranium tuberosum.*

G. tuberosum. Lin. sp. 952. Cav. diss. 4, p. 599, t. 78, f. 1*. Lam. Dict. 2, p. 653*. — *G. bulbosum.* Lob. ic. 661, f. 2.

Un tubercule globuleux, un peu déprimé, donne naissance à 3 ou 4 feuilles radicales portées sur un long pétiole, divisées jusqu'à leur base en 5 ou 7 lobes linéaires, pinnatifides, obtus, ou peu pointus ; la tige est presque nue, divisée à son sommet, ordinairement en 2 branches, et munies sous leur origine de feuilles semblables aux radicales, mais sessiles ; entre les bifurcations des branches naissent des pédicules divisés en deux pédicelles, et chargés par conséquent de deux fleurs ; le long des branches naissent deux à deux des pédicelles chargés d'une seule fleur ; les calices sont velus ; les corolles d'un pourpre violet, de grandeur médiocre. ♃. Cette belle espèce, qui n'était connue qu'en Chypre et en Italie (1), a été

(1) La plante de Sibérie, qu'on a coutume de regarder comme la même espèce,

trouvée par MM. Robillard et Castagne, dans les champs, à Bour-
donnière près Marseille.

4562. Impatiente n'y tou-   *Impatiens noli tangere.*
chez pas.

Cette plante présente une fleuraison très-singulière ; ses pédoncules portent deux sortes de fleurs fertiles, savoir une ou deux
grandes bien développées, et plusieurs petites avortées semblables
à des boutons ; les grandes fleurs ont un calice à 2 phylles caduques opposées ; 4 pétales hypogynes, 2 extérieurs un peu calleux,
2 intérieurs pétaloïdes ; le supérieur en forme de voûte à 3 dents,
l'inférieur concave, en forme d'épéron conique et crochu ; les 2 latéraux ovales, munis à leur base d'un petit appendice ovale ; les
étamines sont au nombre de 5, 2 supérieures, dont les anthères
n'ont qu'une loge, 3 inférieures qui ont 2 loges ; les anthères sont
soudées : l'ovaire se change en une capsule cylindracée à 5 valves
qui se séparent avec élasticité, a 1 placenta central pentagone. Les
graines sont pendantes, sans périsperme, à radicule dirigé du
côté supérieur. Les fleurs qui paraissent avortées ne présentent
jamais que l'apparence d'un bouton ; les phylles du calice, les
pétales et les étamines ne se séparent point, mais, poussées par le
pistil qui s'allonge, elles se coupent à la base, et se détachent sous
une forme et par un mécanisme analogue à la calyptre des mousses.
La capsule de ces fleurs est plus longue que celle des grandes fleurs,
les valves s'en ouvrent avec moins d'élasticité, et les graines paraissent bien fécondées. — Une partie de cette observation a déjà
été consignée par M. Fray dans les Mémoires de la Soc. d'Agric.
de Limoges, 1807, p. 9. — On trouve cette plante dans les basses
Alpes, les basses Pyrénées, les montagnes et collines de l'Auvergne,
du Forez, du Bugey, de l'Anjou, etc.

---

est certainement distincte ; on peut la caractériser ainsi : *G. linearilobum, G. pedunculis bifloris, foliis palmati-partitis, lobis radicalium tripartitis, superiorum
integris linearibus obtusis, radice tuberosâ.* ♃. *Hab. in Siberiâ.*

FAMILLE DES HYPÉRICÉES.

4570. Androsème officinal. *Androsæmum officinale.*

On le trouve surtout dans l'ouest, à Lavax près Carcassonne ; Agen (Saint-Am.) ; au bois de Chériga près Bagnères de Luchon ; à Baïgori, Saint-Jean-Pied-de-Port, etc. dans le pays des Basques ; à Nantes ; à Rennes (Duv.), etc.

4573. Mille-pertuis perforé. *Hypericum perforatum.*

    ß. Microphyllum.
    γ. Angustifolium.

Ces deux variétés sont l'une et l'autre très-remarquables par leur port ; la var. *ß*, que M. Prost a trouvée aux environs de Mende, a les feuilles ovales, planes, très-petites et très-serrées. La var. *ß*, que M. Coder m'a envoyée de Prades en Roussillon, les a écartées, longues, étroites, presque linéaires, tronquées au sommet et roulées en dessous par les bords. Toute la plante a un aspect un peu glauque.

4575. Mille-pertuis crépu. *Hypericum crispum.*

J'avais indiqué cette plante, sur l'autorité d'Allioni, comme originaire du mont Cénis ; mais il paraît certain qu'elle ne s'y trouve point, et n'y a jamais été trouvée. Elle a été observée par M. Salzman au pont Juvénal près Montpellier, dans un pré où on a coutume d'étendre les laines étrangères.

4576. Mille-pertuis frangé. *Hypericum fimbriatum.*

    γ. Burseri. — C. Bauh. prod. p. 130. — Pluk. t. 93, f. 6. — *H. Richeri.* Lap. Abr. pyr. 448.

Cette variété est tellement prononcée, qu'on pourrait peut-être la considérer comme une espèce distincte ; elle diffère du mille-pertuis frangé, 1°. par ses feuilles plus obtuses ; 2°. par ses bractées garnies de cils plus courts et moins nombreux ; 3°. surtout par les lobes du calice, qui, au lieu d'être lancéolés, acuminés et bordés de longs cils, sont ovales, à peine pointus, bordés de cils courts et rares. Elle est assez fréquente dans les Pyrénées, où l'autre n'existe point : on la touve dans les prairies fertiles à Esquierri près Bagnères de Luchon, au pic d'Ereslids et à Néouvielle près Barrèges. — La plante appelée par Villars *H. androsæmifolium* (Dauph. 3, p. 502, t. 44) me paraît être une variété naine du mille-pertuis frangé ; mais je n'ose encore l'affirmer positivement.

4576ᵃ. Mille-pertuis denté. *Hypericum dentatum.*

H. dentatum. Lois. Fl. gall. 499, t. 17.

Sa tige se divise dès sa base en plusieurs branches droites, simples, cylindriques, glabres ; ses feuilles sont opposées, lancéolées, demi-embrassantes, munies de points transparens, entières, presque obtuses, les supérieures très-légèrement dentelées ; les fleurs sont jaunes, marquées de points noirs, disposées au sommet de la tige en un corymbe plus lâche que dans le M. de montagne ; les lobes du calice sont ponctués de noir et bordés de dents en scie glanduleuses. ♃. Il croît dans les prés humides ou inondés pendant l'hiver entre Hyères et Toulon (Robert), aux îles d'Hyères (Requien) : il fleurit en mai et juin.

4581. Mille-pertuis des marais. *Hypericum elodes.*

Cette espèce se trouve dans les marais des Vosges ; il paraît au contraire certain que *l'hypericum nummularium*, quoiqu'il y soit indiqué par Buchoz et Willemet, ne s'y trouve point.

4582ᵃ. Mille-pertuis linéaire. *Hypericum linearifolium.*

H. linearifolium. Vahl. symb. 1, p. 65. Wild. sp. 3, p. 1470. — *H. pulchrum.* Aubry, morb. 59, non Lin.

Une même racine donne naissance à plusieurs tiges droites, cylindriques, longues de 8–10 pouces, et glabres ainsi que le reste de la plante ; les feuilles sont opposées, linéaires, obtuses, entières, non ponctuées, mais légèrement bordées de points noirs. Les fleurs sont en corymbe, de couleur jaune ; les lobes de leur calice sont ovales, presque obtus, bordés de cils glanduleux, marqués de points noirs. ♃. Cette espèce est assez commune dans les Landes et les lieux pierreux et stériles des provinces de l'ouest ; à Bayonne, Dax, Nantes, Angers, Vannes, Belle-Isle-en-Mer, Lorient, Avranches.

4583ᵃ. Mille-pertuis à feuilles diverses. *Hypericum diversifolium.*

H. hyssopifolium. Vill. Dauph. 3, p. 505, t. 44ˣ. Lam. Dict. 4, p. 179, non Wild. — *H. fasciculatum.* Lapeyr. Abr. pyr. 450, non. Wild.

Sa souche, qui est dure et un peu ligneuse, pousse plusieurs tiges droites, glabres, cylindriques ; les feuilles sont opposées ; mais la multitude de petites feuilles en faisceau qui naissent à leur aisselle les font paraître verticillées ; les inférieures sont oblongues, presque planes ; les supérieures et les axillaires sont linéaires, roulées en dessous par leurs bords (1) ; toutes sont glabres, entières, et paraissent à peine à la loupe ponctuées de points transparens ; les fleurs sont jaunes, disposées en grappe allongée, un peu pyramidale ; les bractées n'ont pas de glandes, mais les lobes du calice, et le plus souvent les pétales eux-mêmes, sont bordés de glandes noires, globuleuses, pédicellées. ♃. Cette espèce croît dans les lieux montueux et pierreux du Midi ; en Dauphiné, dans le Chamsaur, le Gapençois et l'Embrunois (Vill.) ; en Provence, à Digne (Honorat) et à la Sainte-Baume (Requien) ; en Roussillon au-dessus de Villefranche (Lapeyr.).

FAMILLE DES ÉRABLES.

4588. Érable de Montpellier. *Acer Monspessulanum.*

CET arbre n'est pas propre à la région des oliviers : en Languedoc, en Provence et en Roussillon, on le trouve principalement sur les côtes des montagnes peu élevées ; on le retrouve à l'ouest près de Lauzerre (Férus.), à Beauvilliers près Agen (Saint-Am.) et jusqu'à la Rochelle (Bonpl.) ; à l'est en Dauphiné ; à Aix en Savoie (Sauss.) et jusque dans la vallée du Rhin, dans les montagnes entre la Moselle et la Nahe.

FAMILLE DES RENONCULACÉES.

4593. Clématite maritime. *Clematis maritima.*

JE l'ai observée dans les bois de pins voisins d'Arles et d'Aigues-mortes, et sur la plage près Montpellier ; mais, d'après mes observations, conformes à celles de Magnol et de J. Bauhin, elle n'est probablement qu'une variété de la clématite flammule, dont elle ne diffère que parce qu'elle a les feuilles divisées en segmens plus étroits.

4593ᵃ. Clématite à feuilles entières. *Clematis integrifolia.*

C. integrifolia. Lin. sp. 767. Jacq. austr. t. 363. — *C. nutans.* Crantz. austr. p. 110. — *C. inclinata.* Scop. carn. 2, n. 668. — Lob. ic. t. 628, f. 1.

Ses tiges sont droites, glabres, presque simples ; ses feuilles

---

(1) La figure de Villars ne représente que cette dernière sorte de feuilles.

entières, ovales-lancéolées, à 3 ou 5 nervures : ses pédoncules naissent du sommet des tiges ou d'entre leurs bifurcations ; ils sont droits , plus longs que les feuilles , fléchis à leur sommet, terminés par une fleur pendante, assez grande, de couleur bleue. ♃. M. Lapeyrouse dit que cette plante croît dans les Pyrénées au Grau-d'Olette , à Fontpedrouse et dans la basse Navarre.

4596. Pigamon tubéreux. *Thalictrum tuberosum.*

J'ai trouvé cette belle espèce de Pigamon en fleur au mois de juin sur les pelouses séches des basses Corbières, à deux lieues environ au sud de Carcassonne. Je ne l'ai point vue dans les Pyrénées.

4597ª. Pigamon pubescent. *Thalictrum pubescens.*

T. *pubescens.* Schleich. pl. exsic. — T. *fœtidum.* Gou. hort. monsp. 263. Vill. Dauph. 4, p. 714.

Cette espèce ressemble beaucoup au P. fétide , et mérite à peine d'en être séparée ; elle en paraît cependant distincte par sa stature plus élevée ; les segmens de ses feuilles plus pointus ; ses feuilles éparses le long de toute la tige et non ramassées au sommet, moins pubescentes et moins visqueuses. ♃. Elle est commune dans les lieux pierreux du Midi ; à Montpellier, Beaucaire, Avignon , Mende , et se retrouve jusqu'à Briançon et dans le bas Valais.

4598ª. Pigamon de rochers. *Thalictrum saxatile.*

T. *saxatile.* Schleich. pl. exsic. — T. *minus.* Poll. pal. n. 522*.

Ce pigamon ressemble beaucoup au P. mineur ; mais sa tige n'est pas couverte de poussière glauque ; ses fleurs sont droites , portées sur des pétioles plus courts et beaucoup moins lâches : sa panicule est plus roide ; ses péricarpes sont retrécis en pointe à leur base , et non obtus comme dans le *Th. majus*; la figure de Dodoens (Pempt. p. 58 , f. 2), copiée par Lobel (Ic. 2, p. 56, f. 2), et par Morison (S. 9, t. 20, f. 12), paraît plutôt appartenir à cette espèce qu'au P. mineur. ♃. Le P. de rochers croît sur les collines un peu boisées de l'Alsace , et dans les Pyrénées orientales.

4601ª. Pigamon gaillet. *Thalictrum galioïdes.*

T. *galioïdes.* Pers. ench. 2, p. 101. Wild. enum. 585. — T. *Bauhini.* Crantz. austr. 2, p. 76. — T. *angustifolium galioïdes.* Fl. fr. ed. 3, n. 4601, var. ꞵ. — C. Bauh. prod. 146, ic.

Cette plante , que je n'avais désignée que comme une variété du *Th. angustifolium* , et qui est probablement l'espèce décrite sous ce nom par Linné, diffère assez de celle à laquelle tous les modernes

ont l'habitude de le donner pour pouvoir être considérée comme
une espèce distincte ; sa panicule est roide au lieu d'être rameuse
et lâche ; sa racine est rampante ; ses fleurs pendantes au lieu d'être
droites ; ses feuilles divisées en segmens très-étroits , un peu roulés
sur les bords , tous entiers, et les derniers segmens ne sont point
incisés : de loin, cette plante ressemble parfaitement au gaillet jaune. ♃.
Je l'ai trouvée dans les clairières d'un bois près de Strasbourg ,
dans le lieu même où M. Nestler l'avait déjà observée.

4602ᵃ. Pigamon noirâtre. *Thalictrum nigricans.*

T. nigricans. Jacq. austr. 5, t. 421. — *T. rugosum.* Poir. Dict. 5, p. 317″,
excl. syn. et patria.

Cette espèce tient le milieu entre le *Th. flavum* et le *T. angusti-*
folium. Elle diffère du premier parce que toutes ses feuilles ne sont
pas cunéiformes et divisées en 3 lobes , mais que les supérieures sont
presque linéaires et entières ; elle diffère du second par ses feuilles
inférieures cunéiformes et non linéaires , à 3 lobes et non entières. ♃.
Je l'ai trouvée en été dans les lieux sablonneux aux environs de
Fréjus et de Verceil. M. Robert à Toulon ; M. Requien près d'Avignon. M. Lapeyrouse dit l'avoir vue dans les Pyrénées.

4611. Anémone étoilée. *Anemone stellata.*

A. stellata. Lam. Dict. 1, p. 166*. — *A. hortensis.* Lin. sp. 761. Fl. fr. ed. 3,
n. 4661*. — Besl. hort. Eyst. vern. ord. 1, fol. 17, f. 3 et fol. 18, f. 3.

Elle croît à Nismes (Granier), Arles (Artaud), Toulon (Robert) ; mais c'est la suivante qu'on trouve dans les Landes.

4611ᵃ. Anémone œil de paon. *Anemone pavonina.*

A. pavonina. Lam. Dict. 1, p. 166*. — *A. hortensis.* Thore, land. 238,
non Lin. — Besl. hort. Eyst. vern. ord. 1, fol. 17, f. 2 et fol. 18, f. 2.

Au milieu des nombreuses variétés de cette espèce et de la précédente , on distingue toujours celle-ci à ses pétales lancéolés , extrêmement pointus et non oblongs et obtus : si le témoignage de tous
les cultivateurs ne se réunissait pas à l'assertion unanime des anciens
botanistes , on aurait peine à admettre une différence aussi légère ;
mais les plantes à l'état sauvage diffèrent plus que dans l'état de
culture. L'anémone œil de paon a la fleur beaucoup plus grande
et d'un rouge très-éclatant. ♃. Elle a été trouvée par M. Thore
dans les vignes de S. Pandelon près Dax : on en cultive diverses
variétés doubles dans les jardins.

4611ᵇ. Anémone palmée.   *Anemone palmata.*

A. palmata. Lin. sp. 758. Andr. bot. rep. t. 172. — Clus. hist. 1, p. 248,
f. 2. — *Oriba.* Adans. fam. 2, p. 459.

Ses feuilles radicales sont pétiolées, arrondies, échancrées en
cœur, rarement entières, presque toujours divisées en 3 ou 5 lobes
dentés ; elles sont un peu velues, souvent rougeâtres en dessous ;
la hampe ne porte qu'une fleur, et est munie d'un involucre à 2 ou
3 feuilles sessiles, trilobées, un peu déchiquetées en forme d'éventail ; la fleur est jaune, un peu velue en dehors. ♃. M. Robert a
trouvé cette espèce aux environs d'Hyères dans les lieux secs et arides
au printemps (Lois.).

4615. Anémone à trois feuilles.   *Anemone trifolia.*

M. Bastard a trouvé cette espèce dans la forêt de Bécon en Anjou,
et c'est là probablement la seule partie de la France où elle croisse
réellement : Delarbre l'indique en Auvergne, Willemet en Lorraine ;
mais ces localités me paraissent douteuses comme celles déjà indiquées dans la Flore.

4618. Anémone à fleurs de   *Anemone narcissiflora.*
narcisse.

Cette plante est commune dans les Alpes, le Jura, les Pyrénées ;
on la trouve dans les Vosges au Rotabac (Moug.) ; quelquefois
elle n'a qu'une à deux fleurs, et c'est dans cet état qu'elle paraît
avoir été décrite par M. Bellardi, sous le nom d'*anemone dubia*
(Bell. app. Fl. ped. 232, t. 7) ; quelquefois ses fleurs sont au
contraire nombreuses et serrées en un faisceau ; et c'est dans cet
état qu'elle a reçu le nom d'*anemone fasciculata* (Lin. sp. 763, non
Vahl.).

4623. Adonide des Pyrénées.   *Adonis Pyrenaïca.*

A. apennina. Lin. sp. 772 (excl. syn.)? Gou. ill. p. 33*. Fl. fr. ed. 3,
n. 4623. Poir. suppl. 1, p. 146.

Cette espèce diffère de l'A. printanier, 1°. parce que ses feuilles
inférieures, loin d'être avortées et réduites à de simples gaines,
sont au contraire portées sur un long pétiole trifide ; 2°. par sa
stature plus élevée ; 3°. par ses pétales entiers, et non irrégulièrement corrodés à l'extrémité. ♃. Je l'ai cueillie aux Pyrénées orientales dans le val d'Eynes, au lieu même indiqué par M. Gouan.
Rien ne prouve, ni que ce soit l'espèce de Linné, ni qu'elle croisse
dans l'Apennin : la figure de Mentzel (Pug. t. 3, f. 1), qui repré-

sente la plante de l'Apennin , et sur laquelle Linné paraît avoir
établi son espéce appartient très-certainement à l'*Adonis vernalis*,
et non à celle des Pyrénées.

4624ᵃ. Renoncule à feuilles *Ranunculus angustifolius.*
étroites.

R. angustifolius. DC. rapp. voy. 1, p. 78. → *R. amplexicaulis*, β. Fl. fr.
ed. 3, n. 4625. — *R. pyrenæus*, α. Lapeyr. Abr. pyr. 313.

Cette plante tient le milieu entre la R. des Pyrénées et la R. embrassante ; elle a le port et le feuillage de la première , mais son
pédicule est absolument glabre ; ce caractère la rapproche de la
R. embrassante ; mais elle s'en distingue par ses feuilles linéaires
et non ovales, marquées de nervures longitudinales et absolument
glabres. ♃. Elle croît dans les prairies tourbeuses aux environs de
Mont-Louis, dans les Pyrénées orientales, où je l'ai observée en
fleur au commencement de juillet.

4625. Renoncule embras- *Ranunculus amplexicaulis.*
sante.

Elle est assez commune dans les Pyrénées , au port d'Oo , au
mont Esquierri, à la vallée d'Ossau , etc. Je l'ai retrouvée dans
les Alpes de Provence , au mont Maunier. Elle ne croît pas aux
environs de Montpellier ; la plante qui avait été désignée sous ce
nom par Gouan est le *R. gramineus*, n. 4656.

4627. Renoncule aconit. *Ranunculus aconitifolius.*
γ. *Foliis radicalibus tripartitis.* — *R. heterophyllus.* Lap. Abr. pyr. 316ᵏ.

Cette plante me parait une simple variété de la R. aconit, qui
elle-même est déjà très-variable; elle n'en diffère que par ses feuilles
radicales à 3 segmens, et non à 5 ou à 7. On la trouve dans les
prairies élevées des Pyrénées et des montagnes d'Auvergne.

4631. Renoncule des Alpes. *Ranunculus alpestris.*

J'ai trouvé dans les hautes Pyrénées, au bas du glacier du Daillon , près Gavarnie, une variété remarquable de cette espèce , dans
laquelle tous les pétales ou seulement quelques-uns d'entre eux
sont profondément divisés en 3 lobes.

4632. Renoncule de Seguier. *Ranunculus Seguieri.*

Je l'ai trouvée fort abondante près d'Allos, sur le mont Pela ,
qui forme la plus haute sommité des Alpes de Provence.

4634ᵃ. Renoncule à trois parties.   *Ranunculus tripartitus.*

R. tripartitus. DC. ic. gall. rar. 1, p. 15, t. 49. Lois. not. 91. Bast. Fl. ang. 204. Mérat, Fl. par. 217. — *R. hederaceus*, β. Syn. 417.

Elle a le port et le feuillage de la R. aquatique, les pétales petits et pointus de la R. à feuilles de lierre : elle tient si exactement le milieu entre ces deux espèces, qu'il faut ou la considérer comme une espèce distincte, ou réunir en une seule espèce le *R. hederaceus*, le *R. aquatilis* et celle-ci, c'est-à-dire toutes les renoncules à fruit strié en travers. ♃. Elle est assez commune dans les mares et les fossés pleins d'eau de la Bretagne, de la Touraine, de l'Anjou, et se retrouve même aux environs de Paris.

4637. Renoncule de Villars.   *Ranunculus Villarsii.*

Elle n'est qu'une variété du *R. montanus*, n. 4636. — Le *R. gracilis* de Schleicher et le *R. breyninus* de Crante paraissent aussi appartenir comme variétés bien distinctes au *R. montanus*.

4638. Renoncule de Gouan.   *Ranunculus Gouani.*

Le caractère de cette espèce n'est pas, comme je l'ai dit, d'avoir la tige uniflore, car elle est quelquefois bifide ; et c'est dans cet état que Bergeret l'a décrite sous le nom de *R. furcatus* (Fl. bass. pyr. 2, p. 409), et je l'ai moi-même trouvée avec une tige terminée par plusieurs fleurs en ombelle ; mais ce qui distingue cette espèce du *R. montanus*, c'est qu'au lieu d'avoir les feuilles florales partagées en lobes entiers, la R. de Gouan a les feuilles supérieures partagées en lobes dentés ; sa tige est d'ailleurs beaucoup plus velue. Elle croît dans divers points des Pyrénées, mais surtout au mont Llaurentie. Je l'ai retrouvée dans les Alpes de Provence, auprès du Villard-d'Allos.

4640ᵃ. Renoncule de Corse.   *Ranunculus Corsicus.*

Sa racine est noirâtre, composée d'un faisceau de fibres cylindriques un peu renflées, et tient ainsi le milieu entre les espèces à racine grumeuse et fibreuse. La plante est droite, d'un vert foncé, glabre, ou munie de quelques poils longs et écartés ; les feuilles radicales sont portées sur de longs pétioles, arrondies, échancrées en cœur, partagées, jusque près de la base, en 3 lobes trifides incisés et dentés ; les feuilles florales sont partagées en 3 lobes linéaires et entiers ; la tige est dichotome ; les pédicelles cylindriques, presqu'en corymbe ; les fruits sont comprimés, lisses, réunis au nombre de 15 à 20 en tête arrondie, à peine surmontés par le rudiment du style. Je ne connais pas les fleurs. ♃. Elle a été découverte à Saint-Boniface, dans l'île de Corse, par M. Lasalle, et m'a été communiquée par M. Desfontaines.

4641. Renoncule en épi. *Ranunculus spicatus.*

Cette espèce doit être exclue de la Flore française. Voyez l'article 4645.

4642. Renoncule rampante. *Ranunculus repens.*

Le *R. lucidus* (Poir. Dict. 6, p. 113), quoique entièrement glabre sur toute sa surface, ne paraît être qu'une variété du *R. repens.* Je l'ai trouvé dans cet état aux environs de Narbonne et de Montpellier.

4643ᵃ. Renoncule à plusieurs fleurs.   *Ranunculus polyanthemos.*

R. polyanthemos. Lin. sp. 779. Poll. pal. n. 535. — *R. napellifolius var.* Crantz. austr. 2, p. 90, t. 4, f. 1, sup.

Cette plante ressemble beaucoup à la R. âcre, et notamment à sa var. *β*; mais elle en diffère, 1°. par ses feuilles beaucoup moins découpées et à lobes plus étroits; 2°. par les poils nombreux et étalés qui hérissent ses pétioles et le bas de sa tige; 3°. par ses pédoncules sillonnés et non cylindriques; 4°. par son calice hérissé de poils étalés et non couchés; 5°. par ses ovaires au nombre d'une vingtaine seulement, et non d'une cinquantaine, comme dans la R. âcre. Elle approche beaucoup de certaines variétés du *R. lanuginosus*; mais elle en diffère par ses fruits qui ne sont pas terminés par une pointe crochue, due à la persistance du style. ♃. Elle croît parmi les buissons et les forêts abattues, le long des frontières de l'Est; je l'ai reçue de Verviers, où elle a été trouvée par M. Lejeune; de Nion, près Genève, par M. Gaudin : elle se retrouve dans le Palatinat (Poll.); en Gascogne (Lois.), etc.

4645. Renoncule de Montpellier.   *Ranunculus monspeliacus.*

α. Angustilobus. — *Sericeo-lanuginosus lobis foliorum angustis elongatis.* — *R. illyricus.* Besl. Eyst. vern. 1, t. 13, f. 1. Gouan, Fl. monsp. p. 269.

β. Cuneatus. — *Lanuginosus, lobis foliorum radicalium cuneiformibus apice trifido dentatis.* — *R. monspeliacus.* DC. ic. gall. rar. t. 50.

γ. Rotundifolius. — *Foliis hirsutis virescentibus rotundatis trifidis, lobis dentatis obtusis.* — *R. monspeliacus.* Gouan, Fl. monsp. 279. — *R. saxatilis.* Balb. misc. p. 27. — *R. spicatus.* Fl. fr. n. 4641. Excl. descr. et syn. Desf.

La première de ces variétés ressemble beaucoup au *R. illyricus*

de Linné, qui est bien figuré dans Clusius (Hist. 1, p. 240, f. 1);
mais les feuilles radicales sont entières et linéaires dans le vrai *R. illyricus*, et toujours incisées dans le *R. monspeliacus.*

4649. Renoncule des mares. *Ranunculus philonotis.*

γ. *Parvulus.* — *R. parvulus.* Lin. mant. 79. Lois. Fl. gall. 1, p. 333. Not. 1,
p. 89. — *R. parviflorus.* Gouan, Fl. monsp. 270, non Lin. — Col.
ecphr. t. 3{16. — Barr. ic. t. 791.

Cette plante est en apparence très-différente de la R. des mares;
mais je crois être certain qu'elle n'est qu'une variété due à la stérilité des lieux où elle se trouve; sa tige est grêle, simple, à 1 ou
2 fleurs, et quelquefois à peine égale à la longueur du doigt; les
feuilles inférieures sont ovales, dentées, les supérieures à 3 lobes. ⊙.
Elle croît dans les lieux secs souvent inondés l'hiver dans le midi
de la France; je l'ai observée à Grammont et à Perauls, près Montpellier; à Saint-Sulpice-la-Pointe, près Montauban : j'ai plusieurs
fois, dans les mêmes lieux, observé tous les passages qui joignent
cette variété aux deux précédentes.

4649ᵃ. Renoncule à trois lobes. *Ranunculus trilobus.*

· *R. trilobus.* Desf. Fl. atl. 1, p. 437, t. 113*. — Moris. hist. s. 4, t. 28, f. 20?

Ses racines sont fibreuses, sa tige est droite, glabre, striée,
simple ou peu rameuse; les feuilles inférieures sont pétiolées, partagées en 3 lobes dentés ou pinnatifides; les pédoncules striés,
chargés d'une seule fleur assez petite : le calice est un peu serré
contre les pétales, et plus courts qu'eux; les fruits forment une
tête ovoïde, et sont chargés sur toute la surface de tubercules
saillans. ♃. J'ai trouvé cette plante, aux environs de Perpignan,
en fleur au commencement de juin. M. Martin l'a aussi trouvée à
Toulon. — Sa tige droite la distingue de la R. à petite fleur, et ses
fruits tout-à-fait tuberculeux de la R. des mares.

4658ᵃ. Renoncule ophio- *Ranunculus ophioglossi-*
glosse. *folius.*

R. ophioglossifolius. Vill. Dauph. 4, p. 731, t. 49*. Poir. Dict. 6, p. 103,
excl. patr. — *R. ophioglossoïdes.* Wild. sp. 2, p. 1320*. — *R. cordifolius.*
Bast. Fl. main. et loir. 207. — *R. fistulosus.* Brign. fasc. rar. pl. forojul.
25*. — *R. uliginosus.* Ten.

Elle ressemble beaucoup aux variétés droites de la *R. flammula,*
mais elle s'en distingue facilement en ce que ses feuilles inférieures,
au lieu d'être ovales et prolongées sur leur pétiole, sont échancrées
à leur base en forme de cœur; les fleurs sont jaunes, petites; les

feuilles florales sont sessiles et lancéolées. ⊙. Elle croît dans les fossés desséchés et les prés humides pendant l'hiver entre Toulon et Hyères (Villars), au bois de Bournon près Saumur, à la forêt de Brissac, à Saint-Clément-la-Place, en Anjou (Bast.).

4669. Nigelle des champs.   *Nigella arvensis.*

On trouve cette plante dans plusieurs provinces. Lobel l'indique entre Dreux et Chartres ; Willemet en Lorraine ; Lapeyrouse au pied des Pyrénées ; Gouan à Montpellier, etc.

4669ᵃ. Nigelle cultivée.   *Nigella sativa.*

N. sativa. Lin. sp. 753. Desf. Fl. atl. 1, p. 429. — Cam. epit. 551, ic. — Fuchs. hist. 503, ic.

Sa tige est droite, simple ou rameuse, toujours un peu pubescente ainsi que les pétioles ; les feuilles sont déchiquetées en lobes linéaires ; les fleurs terminales pédonculées, d'un blanc sale ou bleuâtre, un peu plus petites que dans la N. de Damas, nullement entourées d'un involucre foliacé ; leur ovaire est à 5 styles, et se change en une capsule arrondie à sa base et chargée de quelques tubercules épars. ⊙. Elle se trouve dans les champs aux environs de Montpellier, où elle s'est peut-être naturalisée. M. Lapeyrouse dit qu'elle se trouve dans tout le bas Conflent, au pied des Pyrénées : on la cultive dans quelques jardins ; ses graines sont employées comme assaisonnement sous le nom de *tout-épices* ou *quatre-épices.*

4672. Ancolie visqueuse.   *Aquilegia viscosa.*

Elle a été observée par Magnol et Gouan dans les montagnes des Cévennes près Meyrueis et le Vigan. Elle se retrouve dans les Alpes de Provence et dans les Pyrénées, à la Font-de-Combes près Villefranche, à Llaurenti, Néouvielle, etc.

4673ᵃ. Ancolie des Pyrénées.   *Aquilegia Pyrenaïca.*

A. alpina. Lam. Dict. 1, p. 150*. Berg. Fl. bass. pyr. 2, p. 389*. — *A. alpina,* β. Fl. fr. ed. 3, n. 4673.

Cette plante ressemble beaucoup à l'A. des Alpes, mais elle est de moitié plus petite dans toutes ses parties ; sa tige est nue, et ne porte que 1 à 2 fleurs ; ses feuilles, qui naissent près de la racine, ont le pétiole très-long et le limbe petit et arrondi ; les fleurs sont terminales, bleues, de grandeur médiocre ; les phylles du calice sont ovales, rétrécies aux deux extrémités ; le limbe des pétales est très-obtus ; l'éperon absolument droit et presque égal à la longueur du limbe, tandis qu'il est de moitié plus court dans l'A. des Alpes. ♃. Elle est assez commune dans les rocailles et les prairies des hautes Pyrénées, à l'Estive-de-Luz, à Gavarnie, etc.

4674ᵃ. Dauphinelle pubescente. *Delphinium pubescens.*

D. consolida. Gouan, hort. monsp. 258, excl. syn. — *D. ambiguum.* Lois. not. 85, non Lin. — *Coniglida regalis arvensis.* Magn. bot. monsp. 73. — J. Bauh. hist. 3, p. 212, f. 3 ?

Cette espèce est exactement intermédiaire entre la D. consoude et la D. d'Ajax. Elle diffère de l'une et de l'autre par ses fleurs plus petites et plus serrées, et parce que tout le haut de la plante est couvert d'un duvet court, serré et grisâtre : elle se distingue en particulier, 1°. de la D. consoude par sa tige droite, rameuse seulement au sommet, par ses feuilles beaucoup plus divisées ; 2°. de la D. d'Ajax par ses branches plus divergentes et ses pédicelles 2 ou 3 fois plus longs. Elle diffère du *D. ambiguum* de Linné en ce qu'elle a 1 capsule au lieu de 3, 5 pétales au lieu de 6, et que des lobes de chaque pétale l'inférieur est arrondi, tandis que tous les deux sont pointus dans le *D. ambiguum.* ☉. Elle est commune dans les moissons de toute la région des oliviers et fleurit en juin.

4676. Dauphinelle voya-   *Delphinium peregrinum.*
geuse.

Le *D. peregrinum* d'Allioni (Fl. ped. n. 1508, t. 25, f. 3) forme, avec la var. β de la Flore, une espèce particulière, qui se distingue très-facilement du vrai *D. peregrinum* par la consistance plus coriace de ses feuilles, par ses pétales portés sur un onglet assez court et dont le limbe est ovale ou arrondi, mais non échancré en cœur à sa base : je la désigne sous le nom de *delphinium junceum.* Elle croît à Nice, mais n'a pas, à ma connaissance, été encore trouvée en France. Le vrai *D. peregrinum* a été trouvé dans les Pyrénées orientales par M. Coder, et à la vallée de Vénasque par M. Boileau.

4676ᵃ. Dauphinelle de mon- *Delphinium montanum.*
tagne.

D. elatum, α. Lam. Dict. 2, p. 265. — *D. elatum, β.* Fl. fr. ed. 3, n. 4677. — *D. elatum.* Lapeyr. Abr. pyr. 304, excl. Dod. syn. — *D. intermedium, β.* Wild. sp. 2, p. 1229. — *D. intermedium.* Lois. not. 86. — *D. hirsutum.* Roth. beitr. 88 ? — *D. pyrenaicum.* Pourr. ined. — Clus. hist. 2, p. 94, f. 2.

Toute la plante est couverte, même sur les calices et les ovaires, d'un duvet court et serré ; la tige est droite, ferme, feuillée, ter-

minée par une grappe droite simple, et émettant des aisselles quelques rameaux stériles; les feuilles sont pétiolées, palmées, à 5 lobes
très-profonds, incisés, dentés et pointus; les fleurs sont bleues,
munies à leur base d'un éperon d'abord droit, puis subitement crochu, et souvent bifide au sommet; caractère qui distingue très-bien
cette espèce de toutes ses voisines, qui ont comme elle 3 styles, et
les pétales bifides barbus en dedans. ♃. Elle croît à la val d'Eynes
dans les Pyrénées orientales.

4677ᵃ. Dauphinelle de Re-   *Delphinium Requienii.*
quien.

Cette espèce est remarquable parce qu'elle est légèrement pubescente vers sa base, et que toute sa partie supérieure est fortement
hérissée de poils longs, mous et étalés; la tige est droite, simple,
cylindrique; les feuilles sont pétiolées, et ont le limbe presque glabre; celui des feuilles inférieures est arrondi, divisé jusqu'à la moitié
en 5 lobes cunéiformes, incisés, à dents écartées et pointues; dans les
feuilles supérieures le limbe est divisé jusqu'à la base en 5 lobes
entiers et linéaires. Les fleurs sont bleuâtres, disposées en grappe
terminale courte et serrée; les pédicelles sont très-hérissés, et portent
2 bractées linéaires : ces bractées sont situées sur le milieu du pédicelle, et non à la base ou au sommet, comme dans toutes les autres
espèces de ce genre. ♂? M. Requien a découvert cette plante aux
îles d'Hyères, et notamment à celle de Porquerolles, où elle fleurit
en juin, un mois après le *D. staphisagria,* qui s'y trouve aussi
sauvage.

4680. Aconit des Pyrénées.   *Aconitum Pyrenaïcum.*

Cette espèce est assez bien représentée dans l'Épitome de Camérarius, p. 831. Elle est beaucoup moins commune dans les Pyrénées
que l'*A. lycoctonum;* je ne l'ai trouvée qu'auprès de la cascade de
Gavarnie. Tournefort l'avait découverte à l'estive de Luz près Barrèges. M. Lapeyrouse dit qu'elle croît à la Soulane et au mont
d'Averan; mais sa description ni sa synonymie ne conviennent point
à notre plante.

4682. Aconit napel.   *Aconitum napellus.*

β. *Pubescens.* — *A. tauricum.* Schleich. pl. exsic. non Wulf. — *A. neo-*
montanum. Lapeyr. Abr. pyr. 305, non Kœlle.

Cette variété pubescente, qu'on trouve dans les lieux secs des
montagnes, diffère à peine de l'espèce ordinaire. Au milieu de beaucoup de variétés, le vrai napel se distingue à sa tige simple, droite,

terminée par une seule grappe de fleurs ; aux lobes de ses feuilles qui sont linéaires et marquées en dessus d'un sillon longitudinal ; à sa grappe cylindrique, moins serrée que dans l'*A. tauricum*, moins lâche que dans les *A. neomontanum* et *paniculatum* ; enfin à son casque convexe, un peu pointu au sommet. ♃. Il croît dans toutes les montagnes.

4683. Aconit en panicule. *Aconitum paniculatum.*

Effacez les synonymes de Jacquin et de Clusius, qui appartiennent à l'*A. tauricum*, lequel n'a pas été trouvé en France. Notre aconit en panicule est le *napellus* figuré par Camérarius (Epit. 836, ic.), et par Storck, dans son livre sur l'Aconit. C'est celui-ci, et non le précédent, qui doit être recueilli par les pharmaciens, jusqu'à ce que des expériences aient prouvé que toutes les espèces de ce genre ont les mêmes vertus.

4685ᵃ. Pivoine voyageuse. *Pæonia peregrina.*

P. *promiscua.* Lob. ic. 683, f. 2. J. Bauh. hist. 3, p. 493. J. Ger. hist. 985, f. 2. — P. *fœmina.* Dod. pempt. 194, f. 2, non Lob. — P. *peregrina.* Mill. Dict. n. 3. Bot. mag. t. 1050. — P. *officinalis.* Gouan, Fl. monsp. 266. Bull. herb. t. 101. — Garid. Aix. t. 79 ?

β. *Ovariis glabris.*

Quoique cette plante soit distinguée dans tous les anciens botanistes, et qu'on la retrouve encore aux lieux mêmes où ils l'ont indiquée, elle a été confondue par les modernes avec la P. officinale : elle en diffère par sa stature moins élevée, et surtout par ses feuilles velues en dessous, et dont tous les segmens sont lobés, tandis qu'il y en a d'entiers et de lobés dans la P. officinale. ♃. Elle croît dans les basses montagnes de la Provence (?) et du Languedoc, notamment près de Montpellier, au pied du pic Saint-Loup, dans le bois de Valène, et surtout à la montagne de la Sérane, où elle est très-commune, et où on la connaît sous les noms de *rose de Sérane* et *rose d'Ase.* Elle a presque toujours les ovaires cotonneux, dont le nombre varie de 1 à 4, et peut-être à 5. J'en ai trouvé sur la Sérane une variété à ovaires glabres, à fleur un peu grande, et à segmens plus pâles et plus allongés. Cette variété se distingue assez bien au coup d'œil, mais ne me paraît être qu'un état particulier, peut-être maladif de la même espèce.

4685ᵇ. Pivoine coralline. *Pæonia corallina.*

P. *corallina.* Retz. obs. 3, p. 34ᵉ. — P. *integra.* Murr. comm. goett. 1784, p. 2. — P. *mas.* Dod. pempt. 194, f. 1.

Cette plante, qui est la pivoine mâle de tous les anciens, diffère de la P. officinale, qui est leur pivoine femelle, 1°. parce que les segmens des feuilles sont ovales, et non oblongs ; tous entiers, et non souvent lobés ; 2°. parce que ses capsules divergent dès leur base et se recourbent vers le pédoncule, tandis que celles de la P. officinale sont droites à leur base, et divergent seulement au sommet ; 3°. par sa tige ordinairement rouge, et non verdâtre, et par ses fleurs d'un rouge plus foncé. Elle se distingue de la *P. peregrina* parce qu'elle a les feuilles absolument glabres. ♃. Elle a été trouvée spontanée par Sauvages aux environs d'Alais ; par M. de Saint-Hilaire au bois du Poutil près Orléans.

ADDITIONS ET CORRECTIONS.

146*. Batrachosperme queue   *Batrachospermum myu-*
     de chat.   *rus.*

Ajoutez à la synonymie (vol. 2, p. 591) : *Batrachospermum myo-surus*, Ducluz. Ess. conf. p. 76. Descr. opt. — *Ulva intestinalis*, Chantr. conf. p. 16, n. 2, t. 1, f. 2, non Lin.

306ᵃ. Bolet du groseillier.   *Boletus ribis.*

Ajoutez à la synonymie : *Agaricus ribis*, Dub. orl. 178.

617. *Uredo salica*, lisez *Uredo salicis.*

3777ᵃ. Spirée mille-pertuis.   *Spiræa hypericifolia.*

    α. Foliis integris acutis. — S. hypericifolia. Bieb. Fl. cans. 1, p. 392. — Pall. Fl. ross. 1, t. 26, f. 11.
    β. Foliis integris obtusis. — S. hypericifolia. Lin. sp. 700? — Pluk. alm. t. 218, f. 5.
    γ. Foliis apice crenatis. — S. crenata. Gou. ill. 31. — *S. crenata, β.* Fl. fr. n. 3777. — Barr. ic. t. 564.

Arbrisseau rameux, de 3 à 4 pieds de hauteur, à rameaux rou-geâtres, à feuilles glabres, oblongues, rétrécies à la base, munies de 3 nervures très-peu sensibles, à fleurs blanches, petites, disposées, au sommet des branches, en grappes allongées ; ces grappes sont composées de plusieurs ombelles latérales sessiles ; chaque ombelle a à sa base quelques petites feuilles un peu plus courtes que les pédi-celles. La var. *α* a les feuilles entières pointues, et croît en Sibérie ; elle pourrait bien être une espèce distincte. La var. *β* a les feuilles entières obtuses ; elle a été trouvée dans les forêts du Berri par M. Gay, et ne paraît point différer de l'espèce qu'on cultive dans tous les jardins, et qu'on dit originaire d'Amérique. La var. *γ* a les feuilles obtuses crénelées ou dentées au sommet ; elle croît dans les Cévennes, au Larzac près Campestre et Nant (Gou.), et en Espagne. On trouve souvent, sur les mêmes pieds, des feuilles entières et den-tées ; de sorte qu'il est sûr que les var. *β* et *γ* sont de la même espèce. Quant au *Sp. crenata*, il paraît qu'on avait confondu trois plantes sous ce nom : 1°. la plante d'Espagne, qui est notre *S. hypericifolia*, var. *γ* ; 2°. la plante de Hongrie, qui paraît être le *S. oblongifolia* de Wildenow, et qui est cultivée dans nos jardins sous le nom de

S. crenata ; 3°. la plante de Sibérie qui est figurée dans Pallas (Fl. ross. 1, t. 19), et qui doit conserver le nom de *S. crenata.* Il reste à vérifier l'existence du *Sp. hypericifolia* en Amérique, et son identité avec celui d'Europe.

4258ᵇ. Guépinie ibéride.   *Guepinia iberis.*

Ajoutez à la synonymie : *Teesdalia nudicaulis,* Hort. Kew. ed. 2, vol. 4, p. 83. Le genre que, d'après M. Bastard, nous avons décrit sous le nom de *Guepinia,* a été établi précisément la même année 1812 sous le nom de *Teesdalia,* par M. Rob. Brown.

FIN DU TOME CINQUIÈME.

LISTE SUPPLÉMENTAIRE DES AUTEURS

(Am.) *P. J. Amoreux.* Etat de la végétation sous le climat de Montpellier, 1 vol. in-8. Montpellier, 1809.

(Aub.) *Aubry.* Exercices d'Histoire naturelle à l'école centrale du département du Morbihan, 3 cahiers in-4. pour les années IX, X et XI. Vannes.

(Bast.) *Bastard.* Essai sur la Flore du département de Maine et Loire, 1 vol. in-12. Angers, 1809.

Supplément à l'Essai sur la Flore du département de Maine et Loire, in-12. Angers, 1812.

Note sur quelques espèces nouvelles à ajouter à la Flore de France, insérée dans le Journ. de Botanique. 1814, premier sem., p. 17.

(Berg.) *Bergeret.* Flore des basses Pyrénées, 2 vol. in-8. Pau, an XIII.

(Camb.) *Cambry.* Voyage dans le Finistère, 3 vol. in-8. Paris, an VII. Le troisième volume contient une liste des Plantes du Finistère.

(Cast. et Rob.) *Castagne* et *Robillard.* Mémoire (inédit) sur quelques Plantes non décrites, trouvées aux environs de Marseille, présenté à l'Académie de Marseille. 1812.

(Caz.). *Cazeaux.* Catalogue des Plantes qui croissent dans le département du Gers, inséré dans l'Annuaire de l'an XII. Auch, in-4.

(Chantr.) *Girod-Chantrans.* Tableau des Plantes qui croissent spontanément dans le département du Doubs, faisant le tome 2 de l'Essai sur la Géographie physique de ce département, 2 vol. in-8. Paris, 1810.

(Choul.) *J. du Choul.* De variâ Quercûs historiâ, accessit Pilati montis descriptio, 1 vol. in-8. Lugduni, 1555.

(Darl.) *Darluc.* Histoire naturelle de la Provence, 3 vol. in-8. 1782—1786. Le troisième volume contient une liste des Plantes de Provence.

(DC.) *A. P. De Candolle.* Icones plantarum Galliæ rariorum nempè incertarum aut nondùm delineatarum, fasc. 1, in-4. cum tab. 50. Parisiis, 1808.

Rapports sur les Voyages botaniques et agronomiques faits dans les départemens de la France, d'après les ordres de S. E. le ministre de l'intérieur, insérés parmi les Mémoires de la Société d'agriculture de la Seine, vol. x, xi, xii, xiii, xiv et xv, de 1807 à 1812.

Catalogus plantarum horti (et agri) Monspeliensis, 1 vol in-8. Monspelii, 1813.

Voyez (Lam. et DC.)

(De l'Arbr.) *De l'Arbre.* Flore d'Auvergne, deuxième édition, 2 vol. in-8. Clermont, 1800.

(Dral.) *Dralet.* Description des Pyrénées, 2 vol. in-8. Paris, 1813. Le second contient la liste des Arbres et Arbustes des Pyrénées.

(Dumarch.) *Dumarchais.* Flore inédite du département de l'Ain, communiquée en 1809 par M. Bossi, préfet de ce département, et dont l'extrait est inséré dans la Statistique du département de l'Ain, 1 vol. in-4. Paris, 1806.

(Desm.) *Desmazières.* Agrostographie des départemens du nord de la France, 1 vol. in-8. Lille, 1812.

(Desv.) *Desvaux.* Observations critiques sur les Rosiers propres au sol de la France. Journ. bot. 1813, vol. 2, p. 104.

Observations faites pendant un voyage sur la Loire, *idem*, p. 145.

Essai sur la Géographie botanique du haut Poitou, et note des Plantes de ce pays qui ne sont pas indiquées dans la Flore de France. Journ. de Botanique, 1809, vol. 2, p. 290 et 307.

Observations faites dans la haute Bretagne. Journ. bot. 1813, vol. 1, p. 46.

(F***.) *L. B. F*** (Francœur).* Flore parisienne, 1 vol. in-18. Paris, an IX.

(Gmel.). *C. Christ. Gmelin.* Flora Badensis-Alsatica, 3 vol. in-8. Carlsruhæ, 1805—1808.

(Gil.) *Gilibert.* Histoire des Plantes d'Europe, deuxième édition, 3 vol. in-8. Lyon, 1806. Elle contient des notes sur la Flore de Lyon.

Calendrier de la Flore lyonnaise, 1 vol. in-8. Lyon, 1809.

(Guer.) *Guérin.* Description de la Fontaine de Vaucluse, où se trouve, p. 112, le Catalogue des Plantes de Vaucluse, 1 vol. in-12. Avignon, 1804.

Idem. Seconde édition, 1 vol. in-12. Avignon, 1813. Le Catalogue des Plantes, p. 203, est fait par M. Requien.

(Guyet.) *Guyétant fils.* Catalogue des Plantes à fleurs visibles qui croissent dans les montagnes du Jura, broch. in-8. sans date (1808)?

(Jaum.) *Jaume-Saint-Hilaire.* Plantes de la France, décrites et peintes d'après nature, in-8. Paris, 1805 et suiv. 4 vol.

Voyage dans les départemens de Vaucluse et des Bouches-du-Rhône. Journ. bot. 1813, p. 193.

(Lam. et DC.). *De Lamarck* et *De Candolle.* Flore française, troisième édition, 5 vol. in-8. Paris, 1804.

Synopsis Plantarum in Florâ Gallicâ descriptarum, 1 vol. in-8. Parisiis, 1806.

(Lapeyr.) *Picot-Lapeyrouse.* Histoire abrégée des Plantes des Pyrénées, 1 vol. in-8. Toulouse, 1813.

(Later.) *Laterrade.* Flore bordelaise, 1 vol. in-12. Bordeaux, 1811.

(Latour.) *Latourette.* Voyage au Mont-Pilat, suivi du Catalogue raisonné des Plantes qui y croissent, 1 vol. in-8. Avignon, 1770.

(Laïr.) *Laïral.* Note inédite des Plantes observées à Eause près Condom, département du Gers, communiquée en 1807 par M. le préfet du Gers.

(Lém.) *Sébastien Léman.* Flore inédite du département de la Seine, communiquée en 1812.

(Lois.) *J. L. A. Loiseleur-Deslongschamps.* Flora Gallica, 2 vol. in-12. Paris, 1806 et 1807.

Recherches sur les Narcisses indigènes pour servir à l'Histoire des plantes de France, broch. in-4 Paris, 1810.

Notice sur les Plantes à ajouter à la Flore de France, 1 vol. in 8. Paris, 1810.

(Mart.) *Martin.* Note sur quelques Plantes de Corse, insérée dans la Bibliothèque physico-économique, n. v, pluviose an XIII.

(Maulu.) *Maulny.* Flore du Mans, 1 vol. in-8. Avignon.

(Mer.) *F. V. Mérat.* Nouvelle Flore des environs de Paris, 1 vol. in-8. Paris,
1812.

(Merl.) *Merlet-Laboulaye.* Herborisations dans le département de Maine et
Loire et aux environs de Thouars, publiées par ses élèves, 1 vol. in-12.
Angers, 1809.

(Moug. et Nest.) *Mougeot et Nestler.* Stirpes cryptogamicæ Vogeso-Rhenanæ,
5 fasc. in-4. Brugerii, 1810—1815.

(Nav.) *Navière-Laboissière.* Botanographie inédite du département de la haute
Vienne, communiquée en 1811, et imprimée par extrait dans la Statistique de ce département, 1 vol. in-4. Paris, 1808.

(Nest. et Moug.) *Voyez* (Moug. et Nest.)

(Ob.) *H. G. Oberlin.* Chorographie du ban de la Roche, 1 vol. in-4. Strasbourg,
1806.

(Plée.) *Plée.* Herborisations artificielles aux environs de Paris, fascic. in-8.
Paris, 1811 et suiv.

(Prost.) *Prost.* Note inédite des Plantes du département de la Losère, communiquée en 1812.

(Req.) *Requien. Voyez* (Guer.)

(Rob. et Cast.) *Voyez* (Cast. et Rob.)

(Saint-Am.) *de Saint-Amans.* Catalogue des Plantes observées dans le département de Lot et Garonne, inséré dans l'Annuaire de 1806, p. 109.

Voyage agricole et botanique dans une partie des Landes de Lot et
Garonne et de celle de la Gironde. Annales des Voyages, XVI, p. 347;
XVIII, p. 145.

(Stev.) *Marie-Jeanne Stevenin.* Note inédite des Plantes du département des
Ardennes, communiquée en 1812.

(Saint-Hil.) *Auguste de Saint-Hilaire.* Notice sur 70 espèces de Plantes phanérogames, trouvées dans le département du Loiret, broch. in-8.
Orléans, 1812.

Observations sur la nouvelle Flore des environs de Paris, broch. in-8.
Orléans, 1812.

(Thor.) *Thore.* Promenade dans les Landes du golfe de Gascogne. Ann.
voy. XVI, p. 344.

Note contenant la description de quelques Plantes nouvelles des environs de Dax. Journ. botan. 1808, p. 193 et 198.

(Vill.) *Villars.* Catalogue méthodique des Plantes du jardin de l'école de Médecine de Strasbourg, 1 vol. in-8. Strasbourg, 1807. Il contient des notes
sur les plantes d'Alsace.

(A. Vill.) *Arthur de la Villearmoi.* Note inédite sur les Plantes observées aux
environs de Bourbonne-les-Bains, communiquée en 1807.

(Will.) *Willemet.* Phytographie encyclopédique, ou Flore de l'ancienne Lorraine et des départemens circonvoisins, 3 vol. in-8. Nancy, an XIII.

TABLE LATINE

DES GENRES MENTIONNÉS DANS LE TOME CINQUIÈME.

A.

B.

C.

D.

E.

K.

L.

M.

N.

O.

P.

Q.

R.

S.

T.

U.

V.

W.

X.

FIN DE LA TABLE DES NOMS LATINS.

TABLE FRANÇAISE

DES GENRES MENTIONNÉS DANS LE TOME CINQUIÈME.

A.

B.

C.

M.

N.

O.

P.

T.

U.

V et W.

X.

AF325631

TRAITÉ

DE

MÉDECINE LÉGALE.

II

IMPRIMÉ CHEZ PAUL RENOUARD,
rue Garancière, n. 5.

TRAITÉ

DE

MÉDECINE LÉGALE

PAR

M. ORFILA,

Doyen et Professeur de la Faculté de Médecine de Paris,
Membre du Conseil royal de l'Université, du Conseil général des hospices,
du Conseil académique, du Conseil de Salubrité,
Docteur en Médecine de la Faculté de Madrid,
Commandeur de la Légion-d'Honneur, de l'ordre de Charles III et du Cruzeiro, Officier de
l'ordre de Léopold, Médecin consultant de S. M. le Roi des Français, Membre
correspondant de l'Institut, Membre de l'Académie royale de Médecine,
de la Société d'émulation, de Chimie médicale, de l'Université de Dublin, de Philadelphie,
de Hanau, des diverses Académies de Madrid, de celles de Cadix, de Séville,
de Barcelone, de Murcie, des Iles Baléares, de Berlin, de Belgique, de Livourne, etc.,
Président de l'Association des médecins de Paris.

QUATRIÈME ÉDITION,

REVUE, CORRIGÉE ET CONSIDÉRABLEMENT AUGMENTÉE,

CONTENANT EN ENTIER LE

TRAITÉ DES EXHUMATIONS JURIDIQUES

PAR MM. ORFILA ET LESUEUR.

AVEC PLANCHES.

TOME DEUXIÈME.

PARIS.

LABÉ, ÉDITEUR, LIBRAIRE DE LA FACULTÉ DE MÉDECINE,
PLACE DE L'ÉCOLE-DE-MÉDECINE, 4.

1848.

TRAITÉ

DE

MÉDECINE LÉGALE.

ARTICLE II.

*Des maladies qui peuvent produire la mort apparente,
et exposer aux inhumations précipitées.*

L'apoplexie, l'extase, l'épilepsie, la catalepsie, l'hystérie, la lipothymie, l'asphyxie, la congélation, le tétanos, la peste et certaines blessures, telles sont les principales maladies que les auteurs ont regardées comme pouvant produire la mort apparente et exposer aux inhumations précipitées ; en effet, s'il est inexact de dire que ces maladies simulent *constamment* la mort, on ne peut guère se refuser à admettre que dans *certaines circonstances* les individus qui en sont atteints ne donnent aucun signe de vie, ou n'en présentent que de fort équivoques. On sentira dès-lors la nécessité d'attendre, avant de porter un jugement, que les phénomènes cadavériques se soient manifestés ; et l'on insistera surtout pour que l'inhumation soit différée jusqu'à l'époque où il ne sera plus permis de douter que la mort est réelle. Les annales de la science fourmillent de faits propres à justifier la conduite que je propose de tenir (*Voy.* l'observation de Rigaudeaux, à la page 277 du tome 1er.)

ARTICLE III.

*Des épreuves que l'on a proposées pour constater si la
mort est réelle.*

La plupart des épreuves conseillées jusqu'à ce jour pour distinguer la mort réelle de la mort apparente, sont équivoques et insuffisantes ; je vais les examiner séparément, pour mieux faire juger la valeur de chacune d'elles. On a cru pouvoir reconnaître si l'individu *respirait* encore, en plaçant devant la bouche et les narines la flamme d'une bougie, un brin de paille, des filamens de laine ou de coton, un miroir, etc.; la respiration est suspendue, à-t-on dit, si le miroir n'est pas terni et si les autres corps restent immobiles; dans le cas contraire, il faut admettre qu'il se dégage des poumons de l'air et de la vapeur pulmonaire, et par conséquent que l'individu respire. Mais ne sait-on pas qu'il suffit de modérer la respiration, pour que les corps légers, placés devant la bouche et les narines, n'éprouvent aucun mouvement, et ne voit-on pas tous les jours la surface d'un miroir être ternie par la vapeur qui s'exhale des poumons d'un cadavre encore chaud? Winslow voulait que l'on mit sur le cartilage de l'avant-dernière côte un verre contenant de l'eau; le corps étant couché sur le côté opposé, on pouvait juger, d'après cet auteur, si la respiration s'exerçait encore par l'oscillation ou l'immobilité du liquide. Déjà, avant lui, on avait imaginé de coucher la personne sur le dos et de placer le verre sur le cartilage xyphoïde, pour atteindre le même but; mais ces expériences doivent souvent induire en erreur, non-seulement parce qu'elles supposent que les côtes se meuvent constamment pendant la respiration, tandis que celle-ci peut très bien s'exécuter à l'aide du diaphragme, mais encore parce qu'il est des circonstances où des gaz, dégagés dans l'abdomen d'un cadavre, impriment un mouvement manifeste à l'eau, quoique la personne soit morte depuis plusieurs heures. Ajoutons à ces considérations qui prouvent déjà combien cette épreuve est insuffisante, que la respiration est suspendue pendant l'asphyxie, et qu'alors on ne doit observer aucun des caractères mentionnés; l'individu est pourtant vivant.

Les *battemens du cœur et des artères*, a-t-on dit, ne laissent aucun doute sur l'existence de la vie. Que l'on explore attentivement les mouvemens de ces organes, en couchant l'individu sur le dos, sur l'un et l'autre côté, afin de mieux apprécier les battemens les plus légers du cœur, qui le plus souvent se font sentir à la région gauche du thorax, mais qui dans d'autres circonstances sont sensibles à droite; et pour ce qui concerne les artères, que l'on cherche à apprécier les pulsations du tronc fémoral, de l'artère temporale et de la carotide externe, en plaçant le doigt au milieu de l'espace compris entre l'épine antérieure et supérieure de l'os iliaque et l'épine du pubis, ou dans la région temporale au-dessus de l'arcade zygomatique, ou enfin entre le larynx et l'angle de l'os maxillaire inférieur : que l'on explore les battemens de l'artère radiale à son origine, c'est-à-dire à la partie antérieure et externe du pli du coude, au poignet, et après qu'elle s'est enfoncée sous les tendons des muscles extenseurs du pouce, entre le premier et le second os du métacarpe, et non entre le pouce et le premier os, comme on l'indique mal-à-propos. Malheureusement il est des cas où ces épreuves ne peuvent pas nous éclairer, parce que les mouvemens sont assez faibles pour ne pas pouvoir être appréciés, et surtout parce qu'ils sont suspendus dans la syncope, quoique l'individu soit vivant.

L'emploi des *stimulans* et des *irritans* a été regardé comme un moyen certain de distinguer la mort réelle de la mort apparente : aussi a-t-on proposé tour-à-tour de titiller la luette, d'appliquer des sternutatoires sur la membrane pituitaire, de placer sous les narines des liquides volatils et irritans, comme l'ammoniaque, l'acide acétique, etc., d'introduire dans les intestins des lavemens de tabac, de sel commun, etc., de faire usage de vésicatoires, d'avoir recours à l'urtication, à la piqûre avec des aiguilles, à la cautérisation avec le feu, l'huile, la cire d'Espagne, etc. L'inefficacité de plusieurs de ces moyens est tellement évidente, qu'il est inutile de s'en occuper : quant aux caustiques, il suffira de dire que des personnes qui étaient dans un état de mort apparente ont été profondément brûlées sans donner le moindre signe de vie.

Un apoplectique, âgé d'environ trente-six ans, dit Fodéré, fut apporté à l'hôpital des Martigues en 1809 : « L'épouse du malade, trouvant les moyens dont j'avais fait usage trop lents, appliqua pendant la nuit sur l'épaule paralysée une rouelle brûlante de gaïac, puis l'abandonna à son sort. L'odeur du linge brûlé ayant attiré les servans près du lit du malade, au bout de quelques heures, ils trouvèrent une partie de la chemise et des draps de lit consumée, son bras et son épaule à demi brûlés, sans qu'il eût été détourné de son sommeil, et même sans qu'il éprouvât la moindre douleur lorsqu'on le réveilla. Il fut pansé de cette brûlure pendant trois mois, et n'en resta pas moins hémiplégique (tome II, page 366).

1.

Que penser maintenant de l'application des vésicatoires, des ventouses scarifiées, de l'urtication, du moxa, et de la piqûre par l'aiguille : sans doute il y aura des cas où l'individu pourra être réveillé par l'action de l'un ou de l'autre de ces irritans ; mais dans combien de circonstances ces moyens ne seront-ils pas sans effet! J'en dirai autant des *incisions* légères que l'on a conseillé de pratiquer : quant aux incisions profondes, elles pourront ne pas être plus efficaces, et leur danger est trop grand pour qu'on doive y avoir recours. Foubert trouvera-t-il des imitateurs, lorsqu'il propose de mettre le cœur à nu par une incision, afin de déterminer s'il exécute encore quelques mouvemens? Je ne le crois pas.

De l'électricité voltaïque. Si après avoir disséqué une portion d'un muscle locomoteur superficiel, on le soumet à l'action de la pile électrique, et qu'il ne se contracte point, on peut assurer que l'individu est mort ; car les muscles ne cessent de se contracter sous l'influence de la pile que lorsque la rigidité cadavérique s'est manifestée. Si, au contraire, on obtient des contractions, il n'est pas certain que la vie soit éteinte, et l'on doit chercher à ranimer les mouvemens des poumons et du cœur, par tous les moyens qui sont au pouvoir de l'art ; cependant on aurait tort d'assurer que l'individu est vivant, les muscles des cadavres jouissant de la propriété de se contracter sous l'influence de la pile, depuis le moment de la mort jusqu'à celui où ils sont devenus raides.

Je crois pouvoir conclure de ce qui précède, 1° que de toutes les épreuves proposées pour distinguer si la mort est réelle ou apparente, celle qui consiste à soumettre un muscle à l'action de la pile est, dans certains cas, la plus valable ; 2° que parmi les autres, il en est que l'on ne doit jamais tenter ; 3° qu'il n'y a aucun inconvénient à mettre en usage celles qui ne présentent aucun danger ; 4° que dans les cas douteux, il faut différer l'inhumation.

ARTICLE IV.

Des altérations des tissus et des fluides qui sont le résultat de la mort, et qui pourraient être attribuées à des violences exercées sur les individus vivans, ou à des maladies antécédentes.

Avant de comparer dans les principaux organes les altérations qui se sont produites sous l'influence de la vie, à celles qui succèdent aux réactions chimiques, il me paraît convenable de traiter la question d'une manière générale. Les altérations éprouvées par nos organes du vivant de l'individu, peuvent être de deux ordres : ou la partie a été le siége d'une modification morbide dans le travail nutritif, ou elle a été soumise brusquement à une violence venant du dehors, ou à l'action de quelque substance désorganisatrice. Examinons séparément chacun de ces points.

A. *Modifications morbides dans le travail nutritif.*

Sous ce titre, je crois pouvoir ranger les six altérations suivantes :

1° *Formation d'une nouvelle substance dans l'économie animale.* Quelquefois cette substance n'a point d'analogue ; telles sont la matière tuberculeuse, le tissu squirrheux, le tissu encéphaloïde, etc. ; dans d'autres cas, elle a son analogue, mais elle occupe une place où on ne devrait pas la trouver, comme lorsqu'une lame cartilagineuse ou osseuse existe dans une adhérence des plèvres, quand il se forme des kystes fibreux, séreux, etc. Il n'est pas besoin d'être versé dans l'étude de la putréfaction, pour affirmer qu'en aucun cas de semblables modifications de structure et d'aspect ne peuvent être le résultat de réactions chimiques, sans l'intermédiaire de la vie.

Sécrétion de pus. Ce pus est tantôt épanché dans une cavité, tantôt réuni dans une poche du tissu cellulaire, quelquefois infiltré, mais presque toujours reconnaissable, lorsqu'il n'est pas trituré avec la substance de l'organe, à sa couleur blanc-jaunâtre, à ses globules, à la manière dont il se comporte avec l'eau, etc. La putréfaction ne donne jamais lieu à la formation d'une substance semblable : dans un degré avancé de la décomposition putride, il est vrai, on voit couler des parties devenues diffluentes, un liquide diversement coloré ; mais alors l'altération est générale, et jamais ce liquide ne présente tous les caractères du pus.

Matière concrescible organisable. Cette matière est tantôt suspendue dans une sérosité lactescente, tantôt collée à la membrane qui l'a sécrétée ; elle peut être pénétrée ou non de vaisseaux de nouvelle formation, et sa présence dans les membranes séreuses ou ailleurs ne peut jamais être attribuée à la putréfaction.

2° *Changemens survenus dans la cohésion des parties.* Tantôt ces parties deviennent plus dures, changement que n'opère presque jamais la décomposition putride, qui tend sans cesse à dissocier et à séparer les élémens des êtres organisés et à fournir des produits nouveaux, ordinairement liquides ou gazeux. Plus souvent la partie malade est ramollie, et, il faut l'avouer, c'est ici le point le plus difficile de la question que j'examine. Il est à la vérité des organes, l'axe cérébro-spinal, par exemple, où l'on peut souvent distinguer le produit d'une action vitale de celui de la putréfaction ; mais dans d'autres cas le problème offre tant de difficultés, qu'après avoir rassemblé et rapproché les documens fournis par les auteurs qui se sont le plus occupés d'anatomie pathologique, on hésite encore à se prononcer : on voit bien que je veux surtout parler du ramollissement des membranes muqueuses, quoique ce ne soit pas le seul tissu dans lequel il soit difficile d'établir la distinction dont il s'agit : combien de fois, par exemple, n'a-t-on pas trouvé sur les cadavres d'individus récemment morts, la rate presque diffluente, ou le foie plus mou que de coutume, et comment distinguer souvent ce défaut de cohésion de celui que les mêmes organes éprouvent à mesure qu'ils se pourrissent?... On pourrait établir plus facilement cette distinction, si les parties malades, en se ramollissant, acquéraient une pesanteur spécifique plus grande et devenaient moins souples, comme cela arrive aux poumons hépatisés, à la rate, etc., qui ont été enflammés ; car jamais la putréfaction ne produit cet ensemble de changemens.

3° *Altérations de couleur.* Lorsque le sang a été retenu mécaniquement dans une partie du vivant de l'individu, ou qu'il y a été appelé par une action vitale, il colore encore cette partie après la mort. Il est souvent difficile de décider si la coloration est le résultat d'une stase ou d'un mouvement fluxionnaire ; mais fort heureusement cette question ne touche presque pas le médecin légiste , puisqu'il a pour but unique de rechercher si la coloration a eu lieu ou non pendant la vie. Je ne dois pas négliger cependant de signaler les traces de l'inflammation ; car toutes les fois qu'on pourra en reconnaître les caractères, on éprouvera moins d'incertitude sur la cause de la coloration. Un excellent moyen de distinguer souvent les colorations rouges qui ont lieu avant la mort de celles qui sont le produit de la décomposition putride, consiste à examiner si le sang qui colore la partie est ou non contenu dans les vaisseaux de l'organe. Dans le premier cas, la couleur se montrera disposée en arborisations, qui suivront les divisions et les subdivisions du système vasculaire, on ne pourra guère refuser d'admettre, en général, que tel était l'état de la partie lorsqu'elle a été surprise par la mort ; dans le second cas, ce sera une espèce de teinture plus ou moins foncée, sans apparence de ramifications. Si à ces caractères se joignent les inductions que l'on peut tirer du voisinage de parties très abreuvées de sang , comme celui de la rate pour la grosse extrémité de l'estomac, celui du foie pour la face supérieure de l'estomac, etc. , il y aura de fortes présomptions en faveur de l'opinion que la couleur est cadavérique (*V*. plus loin à la p. 30 les expériences à l'appui de cette assertion). Je dis *de fortes présomptions* , parce qu'il est impossible de considérer la distinction que je viens d'établir comme infaillible : en effet, d'une part, les rougeurs inflammatoires n'ont pas toujours l'aspect arborisé, puisqu'on les voit piquetées, et sous formes de plaques dans lesquelles il y a souvent une sorte de combinaison du sang avec le parenchyme, combinaison que les expériences de Kalten-Brunner ont mise hors de doute ; d'une autre part, il peut arriver qu'à une certaine époque de la putréfaction, le sang liquéfié soit chassé dans les divisions vasculaires, par suite du ballonnement du ventre et du refoulement du diaphragme : à la vérité, ce phénomène est assez rare.

Outre la coloration rouge dont il s'agit ici, il existe beaucoup d'autres teintes que j'examinerai en parlant du cerveau et du canal digestif.

4° *Emphyseme.* Lorsque l'emphysème est général et qu'il n'existe aucune solution de continuité du poumon, de la plèvre ou de la trachée-artère, il ne peut guère dépendre que de la putréfaction. S'il est partiel, il peut devoir son origine à une maladie : ainsi on a vu sur le vivant l'air sortir avec un léger sifflement d'un phlegmon qu'on venait d'ouvrir à la paroi antérieure de l'abdomen, et cependant l'intestin n'était pas dans la tumeur qui n'occupait que la paroi abdominale. Dans une fracture de la jambe avec plaie, il survint un emphysème considérable; dans les abcès stercoraux urineux, il y a souvent des gaz. Les lésions concomitantes pourront suffire dans ces cas pour faire distinguer ce dégagement de gaz de ceux qui sont le résultat de la putréfaction. Le problème est plus difficile à résoudre lorsque l'emphysème est sous-muqueux (*V.* CANAL DIGESTIF, page 38).

5° *Gangrène.* Quelque similitude qu'il puisse y avoir, dans certains cas, entre la gangrène et les produits de la putréfaction, il est difficile de se méprendre quand la gangrène est sèche, et même toutes les fois qu'il y a escarrhe; dans les autres cas, la circonscription plus ou moins marquée du mal, l'aspect particulier de la partie gangrénée, l'état des vaisseaux qui s'y rendent, et qui sont obturés par des caillots un peu desséchés, aideront à établir la distinction.

6° *Ulcération.* La peau, par le seul fait de la putréfaction des cadavres dans l'eau, dans la matière des fosses d'aisances, etc., peut être le siége de corrosions qu'il serait souvent difficile de distinguer des ulcères; de pareilles ulcérations et même des perforations se remarquent quelquefois dans le canal digestif (*V.* PEAU et CANAL DIGESTIF).

B. Violences brusques venant du dehors.

Ces violences peuvent occasionner des plaies, des déchirures, des fractures, des ecchymoses et des épanchemens de sang; la putréfaction ne produit rien qui ressemble aux fractures, aux déchirures ni aux plaies : ces dernières, en effet, ne sauraient être confondues avec les corrosions de la peau que détermine à la longue la putréfaction dans l'eau et dans les fosses d'aisances. Quant aux ecchymoses et aux épanchemens de sang, on jugera qu'ils sont cadavériques, en ayant égard à leur situation, à l'uniformité de la couleur de la partie ecchymosée, à l'odeur qu'exhalera le corps, et à l'état de dissolution de toutes les parties ; à la vérité, ce dernier caractère, pris isolément, serait insuffisant pour établir la distinction dont il s'agit, parce qu'il pourrait arriver que les ecchymoses eussent été faites pendant la vie, et que le cadavre ne fût examiné que lorsqu'il serait déjà pourri. Les parties contuses peuvent également, à la suite de ces violences, être converties en une espèce de bouillie, ce qui a lieu aussi par la putréfaction, mais en général ce phénomène est plus circonscrit dans le cas de violence extérieure.

Examinons maintenant dans chacun des principaux organes ou appareils quelles sont les lésions faites pendant la vie, que l'on pourrait confondre avec les résultats de la décomposition putride.

Altérations de la peau. J'étudierai successivement les lividités cadavériques, les vergetures, les ecchymoses et certaines ulcérations que l'on serait quelquefois tenté de considérer comme un effet de la putréfaction. Ces ulcérations ne pourraient guère induire en erreur que pour les cadavres qui se sont pourris dans l'eau et dans les fosses d'aisances ; en effet, on remarque alors, mais à une époque déjà avancée, des corrosions, des pertes de substance quelquefois assez considérables, simulant jusqu'à un certain point certains ulcères. Il suffira cependant, pour éviter toute erreur, de se rappeler la description que j'ai donnée de ces corrosions en parlant de la putréfaction dans l'eau, ainsi que l'état dans lequel se trouvent déjà, par suite des progrès de la putréfaction, les divers tissus et organes de l'économie.

Lividités cadavériques de la peau. On désigne ainsi des taches superficielles lenticulaires, ponctuées, ou des plaques irrégulières plus ou moins larges, d'une forme et d'une étendue variables, de couleur noirâtre, brune, rougeâtre ou violacée, qui ont leur siége dans le tissu de la peau, et qui sont le résultat de la congestion du sang dans les réseaux capillaires, comme on peut s'en convaincre en coupant à l'endroit de ces lividités une lame mince de la peau ; on verra que la couleur livide ne s'étend pas aux parties sous-jacentes.

On n'observe le plus souvent les lividités cadavériques qu'au dos, aux fesses et aux parties sur lesquelles le corps était couché au moment où il s'est refroidi, phénomène qu'il sera facile de concevoir dès que l'on admettra que le sang est entraîné par la pesanteur dans les parties les plus déclives, et que l'influence de cette pesanteur ne se fait sentir que tant que la chaleur subsiste et que le sang reste fluide : c'est donc parce que la plupart des cadavres se refroidissent en conservant la position horizontale dans laquelle se trouvaient les individus au moment de la mort, que les taches se manifestent plutôt au dos et aux fesses qu'ailleurs. En effet, si au moment de la mort on retournait ces cadavres, de manière à ce qu'ils fussent couchés sur le ventre pendant leur refroidissement, les lividités occuperaient alors cette partie du corps ; d'où il suit que l'on peut juger, d'après la situation de ces taches, la position du corps au moment de la mort, à moins qu'on n'ait la certitude que le cadavre a été retourné peu de temps après qu'elle a eu lieu. Quelquefois les lividités cadavériques s'étendent plus particulièrement à la tête, au cou et aux parties génitales ; dans d'autres circonstances, la peau est livide dans toute son étendue.

Les lividités cadavériques paraissent le plus ordinairement lorsque le cadavre commence à se refroidir ; il est des cas cependant où les ongles, les mains, les pieds, le nez, les lèvres et les lobes des oreilles offrent une teinte violacée pendant l'agonie de diverses maladies ; dans certaines circonstances au contraire la peau ne devient livide que plusieurs jours après la mort, ce qui paraît tenir à la stagnation du sang dans l'oreillette droite du cœur et dans le tronc des veines caves : la couleur livide ou noirâtre qui se manifeste alors dans quelques parties de la peau, est accompagnée de phénomènes trop importans pour ne pas devoir fixer un instant mon attention. Supposez que le sang ait perdu sa consistance, et qu'il soit accumulé dans l'oreillette droite du cœur et dans le tronc des veines caves ; admettez en même temps

que l'estomac soit distendu par des gaz, comme on l'observe particulièrement pendant l'été dans les cadavres des noyés, de ceux
qui meurent peu de temps après avoir mangé, etc., le diaphragme sera refoulé dans la poitrine, et le sang sera dirigé vers
les parties supérieures et inférieures ; de là une série de phénomènes qui ont été parfaitement décrits par Chaussier : les veines
de la tête et du cou se gonfleront, la face se colorera et finira par
prendre une teinte foncée, les yeux, déjà obscurcis et affaissés,
se rempliront et sembleront s'animer ; la pupille se resserrera ; il
pourra s'écouler par les narines du sang clair et brunâtre provenant de la rupture de quelques vaisseaux de la membrane pituitaire, ou du mucus visqueux et écumeux, poussé depuis les poumons jusqu'au dehors : le sang pourra également refluer des
veines de l'abdomen vers les organes génitaux ; le scrotum et le
pénis deviendront noirs au point de faire croire qu'il y a eu violence pendant la vie. Pour qu'il ne restât aucun doute sur la valeur de cette explication, Chaussier tenta des expériences qui
doivent paraître concluantes :

Il introduisit dans l'estomac ou dans l'intestin des cadavres, un mélange fait avec de la farine et de la levure de bière délayées dans une suffisante quantité d'eau ; il s'établit bientôt une fermentation qui donna lieu
à un dégagement de gaz ; l'abdomen ne tarda pas à s'élever, à se distendre, et, bientôt après, la bouche et les narines se remplirent d'un fluide
écumeux qui sortit en bulles plus ou moins abondantes par ces ouvertures.
Mais comme les mâchoires sont fortement rapprochées, dit ce médecin, il
arrive quelquefois qu'une partie des substances qui regorgent de l'estomac, entre par la glotte dans la trachée-artère, et remplit toutes les bronches, surtout si la tête est élevée et le menton incliné sur le cou. Quelquefois aussi on a trouvé des vers dans la bouche, dans les cavités nasales
et même dans les bronches. En faisant l'ouverture du corps d'un homme
qui, quelques heures auparavant, avait mangé avec appétit du pain et du
fromage de gruyère, on vit dans la trachée un morceau de fromage semblable au précédent ; une autre fois on y trouva des haricots cuits et à
demi digérés.

Morgagni rapporte un cas analogue.

Un pauvre de Milan, âgé d'environ quarante ans, après avoir bien mangé et bien bu, reçut au thorax un coup de couteau qui parvint jusqu'au
ventricule gauche du cœur. Le sang s'étant écoulé dans ce moment, et

ensuite en petite quantité, il fit de lui-même environ soixante-dix pas ; alors il s'assit, et vomissant ce qu'il avait pris dans son dîner, il mourut dans l'espace d'une demi-heure. Le cadavre fut apporté au lycée, où il servit pendant plusieurs jours aux démonstrations anatomiques. Voici ce que l'on remarqua dans les organes de la respiration. Non-seulement la face antérieure des poumons était tachetée de noir, mais encore on trouva dans ces viscères une partie des alimens, que le larynx avait interceptés pendant qu'ils étaient rejetés par le vomissement, par suite du trouble des fonctions naturelles des organes de la gorge, qui avait eu lieu dans cette agitation tumultueuse de tout le corps, et dans cet état de langueur des forces qui s'éteignaient ; en sorte qu'une portion assez considérable de ces alimens, outre celle qui se trouvait dans les bronches, s'était arrêtée dans le tronc même de la trachée-artère. On ne douta pas que cette circonstance n'eût contribué à accélérer la mort, et certes la face qui était tuméfiée, même les premiers jours, par la distension des vaisseaux que le sang engorgeait, semblait être celle d'un homme suffoqué *(De sedibus et causis morborum*, lib. iv *De morbis chirurgicis*, epist. liii., § 26.)

J'adopterai l'opinion de Chaussier, qui pense que l'explication de ce fait donnée par Morgagni n'est pas juste, et qui regarde l'entrée des alimens dans les voies aériennes comme un effet cadavérique semblable à ceux dont je viens de parler à la page 11.

Lividités du canal digestif. Le canal digestif est également le siége de lividités cadavériques ; il n'est pas rare, en effet, de trouver à l'estomac et aux intestins, sous la membrane séreuse, dans le tissu même de la partie, des taches rouges, livides ou noirâtres, étendues, irrégulières, semblables à celles que l'on voit à la peau des cadavres ; ces taches occupent la partie du canal digestif qui était la plus déclive au moment du refroidissement ; elles ne dépendent que de la stase, de la congestion du sang dans les capillaires, et ne sauraient être regardées comme des traces d'inflammation. Les deux observations suivantes, auxquelles je pourrais en joindre une multitude d'autres, mettront cette vérité hors de doute.

1° A l'ouverture de l'abdomen d'un individu qui succomba brusquement à une attaque d'apoplexie, et qui se trouvait peu de temps auparavant dans un état de santé parfaite, on observa que toutes les anses intestinales superposées, et la portion de l'estomac que l'on put découvrir, étaient d'une pâleur remarquable : on n'aperçut de rougeur que dans la partie la plus déclive de chacune des anses, et nulle part l'injection vei neuse n'était aussi considérable que sur les portions de l'iléum plongées dans le petit bassin. La membrane muqueuse de l'estomac, celle de la vessie, étaient rouges à leur partie la plus déclive. *Le cadavre était resté en supination*; l'ouverture avait été faite vingt-quatre heures après la mort. 2° On plaça sur le ventre, *immédiatement après la mort*, le cadavre d'un jeune soldat qui venait de succomber à une pneumonie grave et de peu de durée; on veilla à ce que le corps restât dans cette position jusqu'au moment de l'ouverture qui fut faite le lendemain. Les lividités cadavériques de la peau se montrèrent à la face, à la poitrine, au ventre et à la partie antérieure des membres. Les portions de l'estomac et de l'intestin grêle qui étaient en rapport avec l'épigastre, l'ombilic et l'hypogastre, offraient les teintes de rose, de rouge, de violet, que l'on remarque ordinairement dans les anses intestinales qui occupent le petit bassin et les côtés de la colonne vertébrale, et qui, dans cette occasion, étaient toutes d'une extrême pâleur, ainsi que la partie postérieure de l'estomac et de la vessie (Trousseau, *Dissert. inaugurale*. Paris, 1825).

Indépendamment de la situation de ces taches dans les parties les plus déclives du canal digestif, on pourra reconnaître qu'elles sont cadavériques aux caractères suivans : 1° elles occupent toute l'épaisseur des organes, de telle sorte que la membrane péritonéale a une teinte uniforme, et semblable à celle de la membrane muqueuse ; 2° la coloration cesse presque toujours brusquement à la circonférence de ces taches, sans que son intensité décroisse insensiblement ; ainsi sur les limites de ces taches, les parois de l'intestin, tant à l'intérieur qu'à l'extérieur, sont blanches, décolorées, sans injection vasculaire, autre que celle de quelques branches veineuses des arcades mésentériques voisines ; 3° les teintes rouges ramiformes, capilliformes, pointillées et striées qui appartiennent à l'inflammation, sont très rarement produites par la stase mécanique et la transsudation du sang, tandis que ce phénomène cadavérique donne lieu assez souvent à des colorations rouges, brunes, violacées, ardoisées et noires, analogues, il est vrai, à celles qui sont le résultat d'une phlegmasie ; mais dans ce dernier cas, on découvre en outre d'autres produits de l'inflammation qui peuvent le plus habituellement aider à reconnaître leur véritable origine.

Lividités cadavériques des poumons. Voy. CONGESTIONS DE SANG, page 24.

Lividités cadavériques du cerveau, etc. *Voy.* page 15.

Vergetures. Les vergetures ne sont autre chose que des livi- dités cadavériques de la peau traversées par des lignes, des sil- lons ou des plaques blanchâtres plus ou moins profondes ; elles sont évidemment le résultat de la pression exercée sur les par- ties livides par les vêtemens, les ligatures, etc., qui entourent le cadavre, ou par les aspérités du sol sur lequel il repose. Il est donc impossible de les confondre avec les ecchymoses qui au- raient été faites avec des verges du vivant de l'individu (*Voy*. Ec- chymoses, art. *Blessures*).

Ecchymoses. Lorsque les cadavres se pourrissent à l'air ou dans la terre, il arrive une époque où le sang, reprenant sa flui- dité, se rassemble sous la peau et forme des espèces de tumeurs noirâtres auxquelles on a donné le nom d'*ecchymoses cadavé- riques*. Ces ecchymoses pourront être souvent distinguées de celles qui auront été faites du vivant de l'individu, 1° à leur si- tuation : en effet, en supposant, comme il arrive presque tou- jours, que le cadavre soit couché horizontalement sur le dos, on les remarquera particulièrement à l'occiput et aux lombes ; il n'est pas rare cependant d'en observer dans les paupières et dans le scrotum, parties dont le tissu lamineux sous-cutané est fort lâche et facile à distendre ; 2° à l'odeur de putréfaction qu'exhalera le corps et à l'état de dissolution de toutes les parties : à la vérité ce caractère, pris isolément, serait insuffisant pour établir la distinction dont il s'agit, parce qu'il pourrait arriver que les ec- chymoses eussent été faites pendant la vie, et que le cadavre ne fût examiné que lorsqu'il serait déjà pourri ; 3° à l'uniformité de la couleur de la partie ecchymosée ; on sait que les ecchymoses faites chez un individu vivant n'offrent point la même couleur dans toutes leurs parties, surtout lorsqu'elles ne sont pas ré- centes ; on y remarque plusieurs nuances, d'autant plus foncées qu'on s'éloigne davantage de la circonférence, phénomène que l'on n'observe jamais dans les ecchymoses cadavériques.

Lésions des muscles. Je ne connais aucune lésion vitale des muscles, excepté le *ramollissement*, qui puisse être confondue avec les changemens occasionnés par la décomposition putride dans ces organes. Le *ramollissement* pathologique dont il s'agit n'est pas aussi commun qu'ont bien voulu le dire plusieurs observateurs ; cependant il existe dans certaines affections aiguës et chroniques, et il est impossible de le distinguer de celui que détermine la putréfaction ; la coloration du tissu musculaire ne fournit aucun caractère à cet égard, parce qu'elle varie beaucoup dans l'un et dans l'autre de ces ramollissemens.

Altérations de l'axe cérébro-spinal et de ses annexes. Le *décollement du péricrâne* peut aussi bien reconnaître pour cause la putréfaction, qu'une forte contusion ; mais dans ce dernier cas il est ordinairement borné à la partie frappée. Si le décollement est consécutif à l'inflammation, on trouve déjà une matière puriforme entre l'os et les parties molles : l'os est altéré. Je ferai à-peu-près les mêmes remarques pour la dure-mère, en ajoutant que, dans le cas où elle est brusquement décollée, il y a du sang épanché entre elle et les os.

Les *épanchemens de sang* dans la cavité de l'arachnoïde, dans la substance cérébrale ou dans les ventricules, ne sont jamais le résultat de la putréfaction. Quant aux épanchemens séreux, rien ne prouve qu'ils ne puissent, dans certains cas reconnaître pour cause la décomposition putride aussi bien qu'une lésion vitale ; mais on se rappellera, avant de les attribuer à la putréfaction, que les ventricules cérébraux, le canal rachidien et les aréoles de la pie-mère cérébrale, renferment habituellement, dans l'état de santé, un liquide séreux indiqué par Cotugno, et étudié depuis par M. Magendie. Du reste, il serait difficile, pour ne pas dire impossible, d'assigner au juste l'origine d'un liquide séreux qui se trouverait dans les organes dont je parle, s'il n'y avait d'ailleurs aucune autre trace de lésion vitale, et si ce liquide était peu abondant : l'observation prouve en effet que l'épanchement dépendant d'une cause pathologique est en général beaucoup plus considérable que le s au tre

Encéphale. Cerveau et cervelet. L'*endurcissement* de la substance cérébrale, que l'on observe surtout chez les aliénés, et dans lequel le cerveau offre quelquefois une teinte rouge (induration rouge de M. Lallemand) n'est jamais produit par la putréfaction. Il en est de même de toutes les *productions accidentelles* avec ou sans analogue, dont je ne m'occuperai par conséquent pas.

Ramollissement du cerveau et du cervelet. Ce ramollissement peut succéder à une maladie ou à la décomposition putride, et il importe d'autant plus que je cherche à reconnaître quelle est son origine, que plusieurs de ses caractères sont souvent les mêmes, comme on pourra en juger, en examinant successivement le degré, le lieu, la couleur, l'odeur et l'étendue de l'altération. *Degré.* Dans la maladie comme dans la putréfaction, on a observé tous les degrés intermédiaires, depuis la diminution légère de cohésion jusqu'à l'état diffluent. *Lieu.* Sur quarante-six observations citées par M. Lallemand, le ramollissement a occupé trente-trois fois la substance grise, ou des parties dans lesquelles elle prédomine : or, c'est aussi la substance grise qui se ramollit le plus promptement après la mort. *Couleur.* Dans l'observation 3ᵉ de M. Lallemand, la couleur de la partie ramollie était rosée; dans la 2ᵉ et la 9ᵉ, amarante ; dans la 5ᵉ, d'un rouge foncé ; et dans la 6ᵉ, d'un violet lie de vin. Ces remarques ont été faites principalement sur la substance grise ramollie ; car la substance blanche moins vasculaire devient pâle, jaune citron, verdâtre, etc., et se colore rarement en rouge. Des nuances exactement semblables se remarquent dans les cerveaux ramollis par suite de la putréfaction. Le ramollissement vital offre cependant quelquefois deux aspects qui lui sont propres : celui qui résulte de la formation de petits épanchemens sanguins au milieu de la partie ramollie, et celui qui provient de la trituration du pus avec la substance cérébrale, et dans lequel, plus tard, le pus se réunit en un foyer. D'après Billard, il existe quelquefois chez les nouveau-nés un ramollissement local et général du cerveau et de la moelle épinière, produit pendant la vie, qui présente tous les caractères du ramollissement cadavérique, sans la moindre trace des phénomènes qui caractérisent l'inflammation (*Traité des maladies des enfans nouveau-nés*, 1833). *Odeur.* On remarque quelquefois dans des parties diffluentes, par suite de leur altération morbide, une odeur excessivement fétide ; mais on sait que de tous les organes, celui qui répand l'odeur la plus infecte en se pourrissant, est le cerveau ; à la vérité, les personnes habituées à ces sortes de recherches peuvent, dans certains cas, distinguer l'odeur cadavérique de celle qui se développe pendant la vie, pourvu que la partie ramollie par la maladie n'ait déjà subi un commencement de décomposition putride, ce qui arrive promptement après la mort; car alors il y a confusion, mélange des deux odeurs, et impossibilité de rien distinguer; on voit donc combien le caractère dont je parle est peu propre à éclairer le médecin dans les recherches qu'il est appelé à faire. *Étendue du ramollissement.* Le ramollissement cadavérique étant éprouvé par toutes les parties du cerveau et du cervelet à-la-fois, ce qui n'a presque *jamais* lieu dans le ramollissement vital, il est évident que de tous les caractères, celui-ci est le plus important, et que la circonscription de l'altération sera toujours le meilleur moyen d'établir la différence entre les deux espèces.

Pour faire des applications justes de ce principe, il est nécessaire de se rappeler que toutes les parties de l'axe cérébro-spinal n'ont pas la même consistance. Chez l'adulte, la moelle est plus molle que l'encéphale, le cervelet plus mou que le cerveau, la protubérance annulaire plus ferme que toutes les autres parties; le trigône cérébral et la cloison des ventricules paraissent offrir un peu moins de consistance que les lobes. Chez l'enfant, la moelle est plus dure que le cerveau, et beaucoup plus résistante que chez l'adulte; on peut la dépouiller de la pie-mère avec un peu de soin, ce qu'on ne peut faire chez l'adulte sans que la moelle s'échappe. Le cerveau est plus ferme chez les vieillards que chez les jeunes sujets.

Mais, dira-t-on, le caractère tiré de l'*étendue du ramollissement,* quoique infiniment supérieur aux autres, n'est-il pas lui-même susceptible d'induire quelquefois en erreur? Je ne suis pas éloigné de le croire d'après les considérations suivantes :

1° Quoique excessivement rare, le ramollissement *vital général* a été observé quelquefois chez l'adulte; il est plus commun chez l'enfant naissant : on sait que sur trente cas de ramollissement pultacé de la pulpe cérébrale, dix fois Billard a vu ce ramollissement envahir la totalité du cerveau et de la moelle épinière.

2° Le ramollissement cadavérique ne commence pas au même instant dans toutes les parties; le trigône cérébral, la cloison et les parois des ventricules cérébraux paraissent être les premières parties qui l'éprouvent : à la rigueur, il serait donc possible que l'on prît cette altération *circonscrite* pour le résultat d'une lésion vitale.

3° Quand le cerveau est *généralement* ramolli, mais à un degré peu considérable, on ne peut pas toujours attribuer cela à la putréfaction, car nous n'avons point de mesure ou de terme pour exprimer la consistance naturelle de l'encéphale. Chez deux femmes mortes à la même heure et ouvertes en même temps à la Maternité, il y avait une différence si considérable dans la consistance des deux cerveaux, qu'il fallait admettre que le cerveau d'une de ces femmes était trop mou, ou que celui de l'autre était trop dur; à la vérité, on pourrait encore expliquer cela en disant que la putréfaction avait commencé plus tôt chez l'une que chez l'autre. M. Louis croit qu'un certain degré de mollesse de *tout l'encéphale* peut être un état maladif; l'observation des deux femmes de la Maternité s'accorderait avec cette idée; il cite même les troubles des fonctions du système nerveux qui ont accompagné le ramollissement général.

Ces remarques sont de nature à rendre circonspects les experts qui auraient à juger une semblable question, surtout dans les cas où le ramollissement général ou partiel serait peu prononcé.

Ramollissement de la moelle épinière. Cette partie de l'appareil cérébro-spinal est celle qui se ramollit le plus promptement après la mort, ainsi que l'avait déjà reconnu depuis longtemps Pourfour-Petit. Pour bien connaître la structure de cette partie, dit cet auteur, il faut la disséquer le même jour ou tout au plus tard le lendemain de la mort des sujets; si l'on attend davantage, elle devient si molle qu'il n'est plus possible d'y travailler : la même chose arrive si on ne l'étudie pas immédiatement après qu'on l'a tirée du canal des vertèbres. La substance blanche se ramollit beaucoup plus lentement que la grise; il n'est pas rare de trouver celle-ci humide et presque diffluente, lorsque l'autre conserve encore sa consistance normale (*Voyez* les recherches du docteur Calmeil dans le *Journal des progrès*, année 1828, vol. xi et xii).

Il n'est guère possible de confondre le ramollissement putride de la moelle, avec *celui* qui est le résultat *d'une phlegmasie*, parce que dans ce dernier cas il pourra y avoir injection des vaisseaux environnans, et que la portion ramollie offrira une teinte rosée plus ou moins ponctuée de rouge ; quelquefois aussi la moelle sera réduite à la consistance du pus liquide ; j'ajouterai enfin que le ramollissement vital sera circonscrit, tandis que l'autre occupera toute l'étendue de l'organe. Ce dernier caractère est à-peu-près le seul qui puisse servir à distinguer le ramollissement cadavérique de celui que MM. Rostan et Récamier considèrent comme étant indépendant de l'inflammation, et produit par une altération particulière de la substance nerveuse de la moelle épinière.

Lésions des organes de la circulation et de la respiration. Péricardite. Il est évident, pour quiconque a observé quelques cas de péricardite, qu'il est impossible de confondre les phénomènes cadavériques dont le péricarde est le siége, avec les lésions que l'on y remarque, lorsqu'il est enflammé ; en effet, dans ce dernier cas, le plus ordinairement le cœur et le péricarde, ou seulement l'un d'eux, sont tapissés par une fausse membrane tantôt molle et offrant un aspect comme aréolé, tantôt hérissée d'aspérités, tantôt épaisse, de consistance et de couleur de chair ; quelquefois il existe des adhérences au moyen de concrétions albumineuses qui s'étendent comme des brides ; quelquefois il y a des ossifications ; enfin le plus souvent on voit, en outre, un épanchement d'une plus ou moins grande quantité d'un liquide séreux, sanguinolent, séro-sanguinolent, purulent ou séro-purulent, transparent ou troublé par des flocons albumineux. On observe rien de pareil lorsque le péricarde se pourrit. Il peut toutefois exister dans la cavité du péricarde un épanchement séreux ou séro-sanguinolent, reconnaissant uniquement pour cause la putréfaction ; mais outre que cet épanchement est ordinairement peu considérable, il n'est accompagné d'aucune des altérations que l'on remarque dans l'inflammation du péricarde.

Cardite. Parmi les affections nombreuses dont le cœur peut être le siége, la cardite, ou l'inflammation de sa membrane interne, est surtout celle dont les traces pourraient en imposer jusqu'à un certain point à un observateur peu attentif, et les faire regarder comme des phénomènes cadavériques ; en effet, dans l'un et l'autre cas, la surface interne du cœur est plus ou moins

2.

rouge, et quelquefois la substance charnue de l'organe est aussi ramollie et aussi rouge que dans la putréfaction avancée; mais alors, s'il y a eu phlegmasie, le tissu du cœur est gorgé de sang, et les portions de la membrane interne qui constituent les valvules des orifices auriculo-ventriculaires et artériels, sont boursouflées et notablement tuméfiées, sans qu'il y ait emphysème, ce que l'on ne remarque pas dans les cas de simple putréfaction; souvent aussi la cardite s'accompagne de production de matière couenneuse qui se dépose à la face interne du cœur.

Dans certains cas aussi, il existe des *ecchymoses* dans le tissu du cœur des cadavres que l'on exhume quelque temps après la mort; j'en ai trouvé une fois dans la valvule tricuspide qui étaient semblables à celles que l'on remarque dans l'intérieur de cet organe, à la suite de certains empoisonnemens; si ces ecchymoses sont véritablement le produit d'une imbibition cadavérique, il serait difficile, pour ne pas dire impossible, de les distinguer de celles qui se manifestent pendant la vie; mais par cela seul que je ne les ai observées qu'une fois, et qu'il est bien avéré aujourd'hui que des maladies autres que l'empoisonnement peuvent les occasionner, je suis porté à croire qu'elles ne constituent pas un phénomène cadavérique, et qu'elles dépendent d'une de ces maladies.

Enfin le cœur peut être affecté d'un *ramollissement pathologique,* quelquefois très considérable, qu'il s'agira de distinguer de celui que détermine la putréfaction. Tout en admettant que souvent les pathologistes ont regardé comme produits par une lésion vitale des ramollissemens du cœur qui n'étaient que l'effet d'une putréfaction commençante, je conviendrai que cet organe peut être ramolli, indépendamment de cette décomposition putride, surtout après les agonies lentes, les attaques d'étouffement chez les sujets qui ont des dilatations du cœur, etc. Si, en même temps qu'il y a ramollissement, la substance du cœur est pâle, blanchâtre, ou d'une teinte jaunâtre analogue à celle des feuilles mortes les plus pâles, ces phénomènes ne sont point cadavériques, soit que cette teinte soit générale, soit, comme cela arrive plus souvent, qu'elle soit bornée au ventricule gauche et à la cloison interventriculaire, ou qu'on trouve çà et

là des points rouges, assez consistans, au milieu d'une substance d'ailleurs très fortement ramollie et de couleur jaunâtre.
Mais si le ramollissement coïncide avec une couleur violet foncé,
surtout à l'intérieur des ventricules et des oreillettes, il est
difficile, pour ne pas dire impossible, de décider s'il est cadavérique ou non, à moins qu'il n'y ait en même temps amincissement des parois des ventricules, comme cela a été presque toujours observé par les pathologistes, qui ont considéré le défaut
de consistance du cœur comme une lésion vitale ; alors évidemment cet état n'est pas cadavérique : toutefois, je le répète encore, il est probable que cette dernière variété de ramollissement qui, dans les saisons chaudes, se manifeste peu de temps
après la mort, a été souvent regardée comme le résultat d'une
lésion vitale, tandis qu'elle était déjà un produit de la putréfaction.

Vaisseaux sanguins. J'ai déjà dit que l'intérieur des vaisseaux sanguins était quelquefois coloré en rouge, peu d'heures
après la mort, et que cette rougeur était un phénomène cadavérique, résultat évident d'une imbibition. D'une autre part, on a
pu voir que presque toujours, dans les ouvertures de cadavres
que j'ai faites long-temps après l'inhumation, j'ai aussi trouvé
ces vaisseaux d'un rouge plus ou moins vif. Comment distinguer
la rougeur cadavérique des artères et des veines de celle qui
reconnaît pour cause une phlegmasie de ces vaisseaux? Si,
comme cela a déjà été observé, l'inflammation ne laisse d'autres
traces qu'une rougeur, il me paraît difficile, pour ne pas dire
impossible, d'établir une distinction, à moins que le cadavre qui
fait le sujet de l'observation n'ait été ouvert très peu de temps
après la mort ; car alors tout porterait à croire que la coloration
est vitale et non cadavérique, cette dernière ne se manifestant
qu'au bout d'un certain temps, lorsque le sang a imbibé les
tissus ; la rougeur dans les points où des caillots fibrineux repo-
saient sur les parois, déposerait en faveur d'une phlegmasie,
parce que, comme l'ont remarqué MM. Rigot et Trousseau, ces
caillots ne colorent jamais les tissus sous-jacens, par imbibition.
Si, au lieu d'une simple rougeur, le vaisseau ainsi coloré était
en outre le siége d'ulcérations, de fausses membranes, d'épan-

chemens de lymphe ou de pus, s'il était épaissi, etc., on ne pourrait plus élever de doute sur l'existence d'une phlegmasie, car la
putréfaction ne produit jamais rien de pareil.

Bronchite. On s'attend bien qu'il ne doit être aucunement
question ici de ces bronchites dans lesquelles la membrane muqueuse trachéo-bronchique conserve sa couleur pâle, s'ulcère ou
s'épaissit notablement, et encore moins de celles qui sont suivies
de perforation de la trachée-artère ; aucun de ces états en effet
ne saurait être simulé par la putréfaction. Il n'en est pas de
même de l'inflammation, surtout chronique, des bronches, dans
laquelle la membrane muqueuse, plus ou moins ramollie, offre
une couleur rouge, livide, violacée ou brunâtre, sans apparence
d'ulcérations ; car ces teintes et ce ramollissement peuvent aussi
bien reconnaître pour cause la décomposition putride ; à la vérité, le ramollissement inflammatoire de la membrane muqueuse
des bronches est un phénomène assez rare. Il faudra alors se
rappeler, pour établir la distinction, que, dans la bronchite, la
coloration rouge est quelquefois sous forme d'injection fine ou de
petits points rouges ; qu'on l'observe surtout à la fin de la trachée-artère, dans les premières divisions des bronches et dans
les plus petites ramifications, et qu'il n'est pas rare de la voir
bornée aux bronches d'un seul lobe, notamment du supérieur ;
que souvent la rougeur, loin d'être générale, n'existe que sous
forme de bandes ou de plaques isolées, dans les intervalles desquelles la membrane muqueuse conserve sa couleur blanche et
son aspect naturel ; qu'il est beaucoup de cas enfin où l'on trouve,
en même temps qu'une bronchite, des tubercules pulmonaires.
La présence dans un des tuyaux bronchiques d'un mucus plus
ou moins tenace fermant comme un bouchon le conduit aérien,
ne laisserait aucun doute sur l'existence d'une phlegmasie. J'a-
jouterai encore que, dans les colorations cadavériques des bronches, la couleur de celles-ci est beaucoup plus intense dans les
portions les plus déclives du poumon où le sang s'est accumulé.

Laryngite. Jamais la putréfaction ne détermine l'épaississement ni le boursouflement de la membrane muqueuse du larynx, pas plus que des végétations, des fongosités, des fausses
membranes, des pustules ou des boutons rouges, des abcès, des

tubercules, des ulcérations des conduits fistuleux, etc. : or, la laryngite amène souvent ces désordres. Ce ne sera donc, comme pour la bronchite, que lorsque la phlegmasie n'aura donné lieu qu'à une rougeur et à un ramollissement de la membrane muqueuse, que l'on pourra supposer que l'état de cette tunique est plutôt un effet de la décomposition putride que d'une laryngite. Or, ces cas sont rares, et lorsqu'ils se présenteront, on établira la distinction à l'aide de quelques-unes des données indiquées, en parlant de la bronchite et de l'angine couenneuse.

Angine couenneuse. Il est impossible d'attribuer à la putréfaction ces fausses membranes que l'on remarque dans l'*angine couenneuse*, et qui occupent, dans la plupart des cas, les fosses nasales, le pharynx, le voile du palais, la luette, les amygdales, le larynx, la trachée-artère et quelquefois les bronches ; mais il peut arriver qu'à l'ouverture des cadavres d'individus qui ont succombé à cette affection, on n'aperçoive aucune trace de pseudo-membrane dans ces parties, tandis que la tunique muqueuse du pharynx, de la luette, du voile du palais, sont d'un rouge livide : dans ce cas, on pourrait être induit en erreur, en faisant dépendre de la putréfaction ce qui est le résultat d'une angine couenneuse, dont les fausses membranes ont été probablement rejetées par l'expectoration. On se rappellera alors qu'en général, dans l'angine couenneuse, la rougeur de la membrane muqueuse décroît du pharynx à la trachée-artère, que les follicules muqueux du pharynx sont quelquefois très développés et les ganglions cervicaux souvent rouges et volumineux : on n'observe rien de pareil quand la rougeur est cadavérique.

Pneumonie. Parmi les lésions pathologiques, dont les poumons peuvent être le siége, il n'y a que l'engouement, ou le premier degré de leur inflammation, et la gangrène, que l'on puisse confondre avec l'état que la putréfaction détermine dans ces organes ; en effet les ramollissemens rouge et gris, l'induration rouge, grise et noire (mélanose), les tubercules, les granulations, les abcès, la matière encéphaloïde, l'apoplexie pulmonaire, etc., sont tellement caractérisés et tellement distincts des altérations cadavériques, qu'il est impossible de commettre à cet égard la moindre méprise.

Relativement à l'*engouement*, on sait que peu de temps après la mort, aussitôt que le cadavre est refroidi, la portion des poumons qui est la plus déclive est le siége d'une congestion sanguine, simulant assez bien l'engouement qui constitue le premier degré de la pneumonie. Plus tard, le cadavre se putréfiant, et le sang contenu dans les poumons devenant plus liquide et spumeux, la ressemblance entre l'état de ces organes et de ceux qui ont subi un premier degré d'inflammation est encore plus grande, en sorte qu'il est difficile de dire si l'engouement est cadavérique ou non. L'expert chargé de juger cette question se rappellera, 1° qu'il est assez commun, à la suite d'un engouement *pathologique*, de trouver réunis dans un même poumon les trois degrés de la pneumonie aiguë : ainsi, tandis que telle partie du poumon est simplement engouée, telle autre a déjà éprouvé le ramollissement (hépatisation *rouge* et même *grise*); ce qui dépend, ou de ce que l'inflammation n'a pas marché avec la même rapidité dans tous les points, ou bien de ce qu'elle ne les a envahis que successivement : or, il suffit de constater qu'il y a hépatisation, pour être autorisé à regarder la congestion comme dépendant d'une lésion vitale ; 2° que dans le plus grand nombre de cas de pneumonie, il y a eu même temps pleurésie, et alors on trouve une injection plus ou moins vive, des concrétions albumineuses, ou un léger épanchement séreux, purulent ou sanguin dans la plèvre qui correspond au poumon enflammé, ce qui n'a jamais lieu par suite de la simple décomposition putride ; 3° que c'est ordinairement dans les parties les plus déclives au moment du refroidissement du corps, si l'agonie n'a pas été longue, que l'on remarque l'engouement produit par la putréfaction. La rougeur plus ou moins intense de la membrane interne des bronches, qui accompagne constamment l'inflammation des poumons, ne pourrait pas servir ici de caractère distinctif, parce que les bronches des cadavres qui se pourrissent se colorent également en rouge dans les portions du poumon où le sang s'est accumulé.

Dans certaines circonstances, surtout chez les vieillards et chez tous les sujets affaiblis, la stase du sang, pendant la vie, dans la partie postérieure du poumon, peut déterminer une véritable inflammation, une pneumonie simple ou double (*Pneumonie hypostatique* de M. Piorry) qui occupera la même partie du poumon que la congestion mécanique formée postérieurement à la mort : on se tromperait grossièrement alors, si l'on attribuait à un effet cadavérique ce qui est le résultat d'une pneumonie aiguë ; mais on évitera l'erreur en s'assurant que les poumons sont affectés d'hépatisation rouge, grise, jaune paille, etc.... (*Voy. Mémoire* de M. Piorry).

La gangrène *non circonscrite* des poumons, celle qui se montre sous forme de taches ou de points bruns ou livides, offre quelque ressemblance au premier abord avec certaines congestions cadavériques ; mais en détachant une partie de l'organe et en l'agitant dans l'eau, on lui enlèvera le sang et la couleur brune, et on lui fera reprendre son état naturel, si l'altération n'est pas vitale ; d'ailleurs, il se dégage une odeur toute particulière dans le cas de gangrène. Quant à la gangrène *circonscrite,* il n'est guère possible de la confondre avec l'engouement cadavérique, parce qu'il existe alors une escarrhe autour de laquelle s'établit un travail de suppuration.

Pleurésie. Cette inflammation laisse ordinairement après la mort des traces qui ne permettent pas de la confondre avec les altérations que la putréfaction développe dans la plèvre ; la présence des fausses membranes, l'aspect du tissu malade qui peut être rouge, la nature du liquide épanché qui est souvent limpide et troublé par des flocons albumineux, et quelquefois opaque, bourbeux et différemment coloré, sont des caractères suffisans de la pleurésie. Mais il arrive dans certains cas que le liquide épanché dans les cavités des plèvres est séreux, incolore et transparent, séro-sanguinolent ou sanguin, sans contenir la moindre apparence de flocons albumineux ; alors il serait difficile de décider si l'épanchement a eu lieu pendant la vie, ou s'il est le résultat d'une transsudation opérée après la mort, à moins qu'il n'y eût sur la plèvre des traces évidentes de phlegmasie.

Lésions du canal digestif. Estomac et intestins. Parmi les altérations nombreuses dont ces organes peuvent être le siége pendant la vie, il en est un certain nombre qu'il est impossible de regarder comme étant le résultat de la putréfaction ; je citerai le squirrhe, le cancer, l'hypertrophie de la tunique musculaire de l'estomac, l'état mamelonné de la membrane muqueuse de ce viscère, si bien décrit par M. Louis, enfin l'état exanthémateux des intestins, sous forme de plaques ovalaires ou de boutons isolés rouges, gris, etc., qui constitue une véritable tuméfaction inflammatoire des follicules intestinaux. Il en est au contraire d'autres dont les caractères anatomiques sont tels, qu'on serait souvent tenté de les prendre pour des produits de la décomposition putride ; c'est de celles-ci que je dois spécialement m'occuper. Pour procéder avec ordre, je distinguerai les altérations gastro-intestinales sans solution de continuité, de celles qui ont lieu avec perte de substance.

§ Ier. *Altérations gastro-intestinales sans solution de continuité.* Ces altérations peuvent se rapporter aux *colorations* et à la *consistance* des membranes, notamment de la muqueuse, aux *matières contenues* dans le canal digestif, et à l'*emphysème* sous-muqueux.

A. *Colorations.* Les nuances rosées que l'on observe à l'estomac et au duodénum après la mort qui surprend au moment des digestions, dépendent d'un état vital, et témoignent de l'afflux du sang appelé par une excitation physiologique.

Les plaques jaunâtres qu'offrent quelquefois les intestins grêles semblent au contraire devoir être considérées comme un effet de de l'imbibition cadavérique ; ce qui prouve en faveur de cette opinion, c'est que la teinte jaunâtre, quand elle affecte les valvules conniventes, ne se voit le plus souvent qu'à leurs bords libres, seules parties plongeant dans les mucosités jaunâtres qui occupent cette portion du tube digestif.

Il en est de même de la teinte verte communiquée par le méconium au gros intestin des enfans nouveau-nés ; la totalité des parois en est pénétrée.

Il est moins facile de déterminer quelle est la nature de plusieurs autres colorations. Pour parvenir à distinguer celles qui appartiennent à une modification opérée pendant la vie de celles qui ne sont qu'un effet cadavérique, examinons-les successivement, en adoptant les divers états établis par Billard d'Angers (*De la membrane muqueuse gastro-intestinale.* Paris,

1825). Les colorations qui dépendent d'une lésion vitale peuvent être *inflammatoires* ou le résultat de simples *congestions* mécaniques, par stase du sang arrêté dans les vaisseaux lors d'obstacles à la circulation, soit dans les poumons, soit dans le cœur, etc. Les unes et les autres de ces colorations affectent des dispositions variées : ainsi on reconnaît la *teinte rouge* ramiforme, capilliforme, pointillée, striée, par plaques, et diffuse ; la *teinte brune et violacée*, uniforme et par plaques ; la *teinte ardoisée*, uniforme, striée et pointillée ; la teinte *noire* ou *mélanique* ; la *teinte grise*.

Teinte rouge. — *a. Ramiforme inflammatoire.* Elle consiste dans l'injection de petits rameaux vasculaires qui *ne tiennent à aucun* tronc principal, et présentent, par l'élégance de leur disposition, un aspect agréable à la vue. Cette espèce de rougeur peut également être *passive*, et se trouver dans l'*état sain* du canal digestif ; mais alors toujours les ramifications procéderont d'un tronc veineux, et seront ordinairement bleuâtres : le canal intestinal des vieillards, comme je l'ai déjà dit, présente fréquemment cette injection à l'état normal.

b. Capilliforme. Cette teinte diffère de la précédente en ce que le réseau vasculaire est infiniment plus serré ; il consiste dans l'entrelacement inextricable de vaisseaux si déliés, que leur assemblage constitue une surface qu'on pourrait au premier coup-d'œil prendre pour une plaque uniforme. Cette rougeur peut être inflammatoire ou passive ; cette dernière se rencontre dans les mêmes circonstances que l'injection ramiforme passive.

c. Pointillée. Le sang est épanché dans le tissu muqueux sous forme de petits points rouges disséminés de la même manière que le piqueté du cerveau qu'on dit sablé ; la membrane muqueuse présente alors, pour me servir d'une comparaison de M. Lallemand, un aspect analogue à celui d'une feuille de papier blanc, sur laquelle on aurait disséminé une poudre rouge ; cette rougeur est le résultat de l'inflammation, mais elle n'est jamais passive dans le sens attaché à ce mot. Elle peut être déterminée sur le cadavre par le grattage de la membrane muqueuse ; les petits vaisseaux alors sont déchirés, et la pression de l'instrument exprime le sang par les orifices artificiellement produits.

d. Striée inflammatoire. Cette rougeur consiste en bandes plus ou moins larges, étendues le plus souvent sur les parties saillantes de la surface muqueuse, telles que les plis de l'estomac et les valvules conniventes de l'intestin grêle.

e. Par plaques. Les matières les plus irritantes, les poisons les plus violens déterminent quelquefois des plaques inflammatoires d'un rouge plus ou moins vif et uniforme. D'autres causes peuvent aussi développer une pareille lésion; dans certains cas, outre ces plaques, on remarque une *arborisation vasculaire.*

f. Diffuse. Cette rougeur occupe des espaces variables en étendue; résultat ordinaire d'une inflammation interne, elle est souvent accompagnée d'érosions et d'ulcérations. Il existe une autre rougeur, *non inflammatoire,* dont le tube intestinal est le siége chez les individus atteints depuis long-temps d'une lésion organique du cœur ou des gros vaisseaux. Quelquefois aussi la membrane se colore en rouge dans toute son étendue par son contact avec du sang épanché dans l'intérieur du canal digestif ou avec des médicamens colorés.

Teinte brune et violacée. a. Uniforme. D'après Billard, elle a pour cause l'inflammation dans les neuf dixièmes des cas au moins; les poisons irritans la déterminent souvent. *b. Striée.* Ce sont les *marbrures* de la membrane muqueuse de l'estomac qui ont été signalées dans les livres d'anatomie; elles sont considérées par le même auteur comme pouvant être les traces d'une inflammation ancienne, et même d'une inflammation actuelle peu intense, entretenue par une cause irritante quelconque : elles sont ordinairement brunâtres et semées sur un fond de couleur naturelle.

Teinte ardoisée. Cette coloration, regardée par Billard comme appartenant à l'inflammation chronique, et comme étant produite par du sang altéré et épanché dans le tissu muqueux, se présente sous l'apparence *pointillée,* et *uniformément* répandue sur une surface plus ou moins grande.

Teinte noire ou mélanique. La mélanose se montre le plus ordinairement sous forme de plaques plus ou moins étendues sur le canal digestif, soit du côté de sa tunique péritonéale, soit à sa face interne; quelquefois elle est sous forme de taches semblables à des pétéchies, de points ou de stries. Il est probable qu'en général elle provient d'une altération morbide du sang, et s'il n'est pas démontré qu'elle reconnaisse pour cause une phlegmasie du tube digestif, toujours est-il qu'on ne la voit presque jamais à la face interne des intestins, sans que la membrane muqueuse ne soit en même temps dans un état d'inflammation chronique évident. Ici c'est la corrosion des glandes intestinales avec toutes les traces d'une dysenterie ancienne, ou des ulcérations grises qui environnent les points noirs ; plus loin c'est une rougeur foncée, avec épaississement de la membrane muqueuse. Certains poisons, et notamment l'acide sulfurique concentré, occasionnent dans le canal digestif une altération ayant des rapports avec la mélanose.

Teinte grise. Indépendamment des colorations déjà citées, M. Louis indique dans ses recherches sur les affections typhoïdes, une teinte grise de la membrane muqueuse qu'il n'a observée que dans l'intestin grêle, et dans le gros intestin d'un certain ordre de sujets, de ceux qui ont succombé, par exemple, à une époque plus au moins éloignée du début de la maladie (1).

Les diverses teintes dont je viens de parler peuvent-elles être confondues avec les rougeurs qui se développent après la mort ? Les considérations et les expériences suivantes me paraissent propres à résoudre cette question.

1° MM. Rigot et Trousseau ont fait voir que l'injection du canal digestif est un phénomène invariable de la *stase* du sang dans les anses déclives de ce canal, et que dans certains cas le sang distend à-la-fois les troncs, les rameaux, les ramuscules veineux, colore les villosités, et transsude à la surface de la membrane muqueuse, sans qu'il y ait eu inflammation de l'intestin, et par le fait seul de la stase du sang dans les parties déclives (*Archives générales de médecine*, tome XII°). Cette injection peut amener une coloration diffuse à aspect arborisé, ou des

<hr>

(1) On remarque encore dans certaines fièvres graves, notamment dans celles que l'on désigne sous le nom d'ataxo-adynamiques, des colorations plus ou moins analogues à celles que je viens de décrire ; mais elles sont ordinairement accompagnées d'un état exanthémateux, d'ulcérations, de perforations, etc., lésions qui ne permettent pas de les considérer comme étant le résultat de la putréfaction.

rougeurs circonscrites sous forme de points, de stries, de taches, etc.

2° Différentes matières putrides qui se développent dans l'intestin donnent lieu à des *stries rouges*, qui correspondent presque toujours aux valvules conniventes, et qui ont leur siége au-dessous de la membrane séreuse.

3° Tous les médecins qui ont ouvert des cadavres pendant des étés très chauds savent que trente ou quarante heures après la mort, chez certains sujets, les membranes de l'estomac sont déjà imbibées de sang et *uniformément* rouges, surtout dans l'extrémité splénique ; quelquefois cependant la rougeur, au lieu d'être diffuse, est sous forme de taches, de stries ou de bandes le long du trajet des vaisseaux.

Expérience 1re. Une chienne de moyenne taille fut empoisonnée le 30 janvier 1830 avec 30 gram. d'acide sulfurique étendu de 12 décagrammes d'eau ; elle mourut le lendemain à neuf heures du matin. On la mit dans une bière en sapin mince que l'on entoura de paille. Le 13 février suivant, la terre étant dégelée, la boîte fut inhumée dans un des coins du jardin de la Faculté de médecine de Paris ; la fosse était creusée à 1 mètre de profondeur.

Examen du cadavre, le 6 mai 1830, trois mois six jours après le commencement de l'expérience. L'estomac contient une quantité notable d'un liquide noir, épais, dans lequel on peut démontrer aisément la présence de l'acide sulfurique. L'intérieur de ce viscère étant lavé, présente à l'intérieur un grand nombre de vaisseaux volumineux gorgés de sang noir coagulé ; on remarque en outre, entre ces gros vaisseaux, une injection capillaire imitant une *arborisation* très fine. La membrane muqueuse est d'un rouge brun, ni ulcérée ni épaissie, mais assez résistante ; les tuniques musculeuse et séreuse sont également rouges.

Expérience 2e. La même expérience ayant été répétée sur un autre chien avec la même dose d'acide sulfurique étendu de 24 décagram. d'eau, et l'ouverture du cadavre ayant également été faite le 6 mai, on a vu que l'estomac renfermait une petite quantité d'un liquide rosé, et que la membrane muqueuse, d'un gris rosé, parsemée çà et là de plaques rouges, détruites dans quelques points, et très ramollie dans tous les autres, était le siége d'une *arborisation* vasculaire très fine, interrompue dans plusieurs endroits, et manquant là où la membrane muqueuse n'existait plus ; les petits vaisseaux qui constituaient cette injection étaient noirs ; la teinte générale de l'intérieur de cet estomac ressemblait assez à celle du même viscère d'un des chiens pendus et enterrés le même jour (*voy. Expérience 4e*) ; mais chez ce dernier il n'y avait aucune apparence d'arborisation.

Expérience 3e. Un chien empoisonné, le 30 janvier 1830, par l'acide chlorhydrique étendu de quatre fois son poids d'eau, et mort le surlendemain, fut inhumé et exhumé comme les précédens. L'estomac renfermait une petite quantité d'une matière très épaisse et noire ; la membrane muqueuse, notablement épaissie et facile à déchirer, était d'un vert foncé parsemé de taches noires qui étaient autant d'ulcères intéressant cette membrane, et même la tunique musculeuse : il n'y avait aucune trace d'arborisation.

Expérience 4e. Un chien de moyenne taille, à jeun, ayant été pendu le 30 janvier 1830, fut inhumé et exhumé comme les précédens. Quelques minutes avant la mort, on avait fait une fracture à la cuisse gauche. La membrane muqueuse de l'estomac, très lisse, était diversement colorée en violet sale, en rougeâtre, en rouge pâle et en gris ; on y remarquait quelques ramifications rougeâtres qui, au premier abord, semblaient être de gros vaisseaux injectés, mais qui, examinés avec soin, furent reconnus pour être le résultat d'une imbibition des parois vasculaires et de la membrane muqueuse, *sans aucune trace d'arborisation.* Cette tunique était amincie, ramollie et facile à séparer. La membrane musculeuse était grisâtre.

La cuisse fracturée était plus ramollie que l'autre ; mais il n'y avait aucune trace d'ecchymose ni aucun autre caractère pouvant servir à faire reconnaître si la blessure aurait été faite pendant la vie. La putréfaction de ce cadavre avait marché beaucoup plus vite que celle des autres, en raison de la solution de continuité dont je parle.

Expérience 5e. Un autre chien ayant été soumis à la même expérience, excepté que la cuisse n'avait pas été fracturée, l'estomac était à-peu-près dans le même état ; toutefois il n'était point le siége des ramifications rougeâtres mentionnées plus haut, et sa membrane interne offrait, outre les colorations déjà notées, quelques plaques assez larges d'un vert olive.

Les faits qui précèdent me permettent de répondre à la question que j'ai posée plus haut, *que les diverses teintes rouges, brune, violacée, ardoisée et noire,* peuvent être confondues avec les colorations qui se développent après la mort. A la vérité je crois que les *teintes rouges, ramiforme, capilliforme, pointillée et striée,* ne sont pas souvent le résultat de l'hypostase ni de la transsudation du sang : d'abord, parce que je ne les ai jamais remarquées dans mes recherches sur les exhumations, et ensuite parce que, dans les expériences tentées sur les chiens, pour résoudre le problème, je n'ai jamais observé *d'injection vasculaire,* de véritable *arborisation* dans l'estomac de ceux qui n'avaient pas été empoisonnés ; tandis que ceux dont l'estomac avait été enflammé par une substance vénéneuse, en offraient constamment ; et, à cet égard, la différence était très remarquable, même au bout de trois mois. Quoi qu'il en soit, on pourra presque toujours reconnaître si les teintes rouges dont je parle sont un phénomène cadavérique, parce qu'elles occuperont les parties les plus déclives de l'estomac et des intestins.

Quant à la *rougeur par plaques*, celle qui est le résultat de la putréfaction des cadavres qui sont dans la terre est souvent jaunâtre et même aurore ; loin d'être bornée à la membrane muqueuse, elle s'étend à toutes les tuniques qui forment les parois de l'estomac, et elle est même plus marquée à l'extérieur de l'organe qu'à l'intérieur, ce qui n'a pas ordinairement lieu dans le cas d'inflammation gastro-intestinale ; quelquefois aussi les plaques dont il s'agit sont produites par l'imbibition cadavérique au voisinage du foie et de la rate ; mais alors la coloration occupe la membrane péritonéale, et elle est si nettement circonscrite dans les points où se faisait le contact, qu'il n'y a pas possibilité de commettre d'erreurs à ce sujet : d'ailleurs, la membrane muqueuse de l'estomac ne pourra être colorée par les liquides du foie ou de la rate, qu'autant que toute l'épaisseur des parois aura été colorée préalablement.

Si, à l'exemple de Billard, on rattache aux rougeurs *inflammatoires* par plaques les ecchymoses de la membrane muqueuse, c'est-à-dire les épanchemens sanguins, circonscrits, provenant d'une cause mécanique, on verra qu'elles occupent la portion la plus déclive du tube digestif, qu'elles co-existent avec une injection générale des vaisseaux abdominaux, et souvent avec une exsudation sanguine dans la partie ecchymosée. Si la putréfaction développe quelque chose d'analogue, ce ne doit être que fort rarement, puisque je ne l'ai jamais observée. J'en dirai autant des pétéchies de la membrane muqueuse gastro-intestinale, véritables exhalations sanguines, bien décrites par Stoll, par MM. Mérat, Billard, etc.; la décomposition putride ne produit jamais rien qui ressemble à cette lésion.

La rougeur *diffuse* et la *teinte brune et violacée* sont celles que l'on serait le plus tenté de regarder comme étant le résultat de la putréfaction, d'autant mieux qu'elles envahissent souvent les tuniques musculaire et séreuse. Les caractères indiqués à l'occasion de la rougeur par plaques pourront servir quelquefois à établir la distinction.

Quant à la *teinte ardoisée*, MM. Rigot et Trousseau pensent qu'elle pourrait aussi reconnaître une cause autre que l'inflammation, et provenir de phénomènes *purement cadavériques*, du développement, par exemple, du gaz acide sulfhydrique, et de l'action de ce gaz sur le sang des vaisseaux sous-muqueux. S'il en est ainsi, comment distinguer si cette teinte ardoisée *générale* est ou non le résultat d'une lésion vitale? C'est ce qu'il m'est impossible de dire. Je ne mettrai pas la même réserve pour assigner une origine à ces plaques ardoisées, quelquefois verdâtres, plus ou moins étendues, que j'ai souvent trouvées aux environs du pylore, et qui me paraissent être le résultat de la putréfaction; en effet, la membrane muqueuse de ces parties n'est pas devenue plus épaisse; elle ne s'enlève pas plus facilement en larges lambeaux, et la plaque colorée est circonscrite; tandis que la teinte ardoisée, que l'on remarque chez les individus qui étaient atteints d'une gastrique chronique, n'affecte pas spécialement les environs du pylore, et n'est pas aussi bornée. D'ailleurs, si cette plaque était le résultat d'une phlegmasie chronique ou d'une congestion passive, pourquoi ne l'apercevrait-on pas peu de temps après la mort? Je suis porté à croire qu'elle est due au voisinage du foie, car elle intéresse toutes les membranes de cette partie de l'estomac; et d'ailleurs, le foie prend une teinte analogue à mesure qu'il se pourrit dans la terre; il renferme dans sa substance des matières d'un bleu foncé qui finissent par devenir liquides, et qui doivent nécessairement s'épancher à l'extérieur de l'estomac.

Pour ce qui concerne la *teinte noire* ou *mélanique*, il pourrait arriver, par suite de la putréfaction, que les parties de l'estomac qui sont en contact avec la rate, et surtout avec le foie, offrissent une coloration noire qui en imposât au premier abord, et fît croire à l'existence d'une mélanose; cette teinte noire ne se manifesterait que lorsque les liquides, dont le foie et la rate sont imprégnés, auraient acquis eux-mêmes cette couleur; et alors on pourrait juger si la coloration est cadavérique, parce qu'elle serait bornée aux parties touchées par ces organes, ou seulement par l'un d'eux. Les traces d'inflammation chronique, jointes à une coloration noire qui ne serait pas circonscrite aux portions qui ont été en contact avec ces mêmes organes, serait au contraire un indice certain de la présence de la mélanose.

B. *Consistance.* Les considérations relatives aux diverses altérations de cet ordre ont un rapport immédiat avec le sujet qui m'occupe. *Les ramollissemens que l'on observe dans les tissus du canal digestif des cadavres que l'on ouvre avant ou après l'inhumation, sont-ils le résultat d'une lésion vitale ou le produit de la putréfaction ?* Telle est la question importante qu'il faut s'efforcer de résoudre.

Je signalerai d'abord une première difficulté qu'il faudrait surmonter avant de chercher à donner une solution du problème. Parmi les médecins qui se sont le plus occupés de cette matière, M. Louis regarde le ramollissement pultacé de l'estomac, qui a fait l'objet de son mémoire, comme étant souvent le résultat d'une *maladie* éprouvée par ce viscère pendant la vie. M. Cruveilhier, au contraire, considère ce même ramollissement comme étant toujours un effet de la *putréfaction.* D'après M. Carswell, le plus grand nombre des ramollissemens de l'estomac sont dus à une action chimique qu'ont exercée sur les viscères, *après la mort,* les sucs digestifs. Il est évident que tant qu'on ne sera pas d'accord sur ce premier point, il sera impossible d'indiquer des caractères propres à distinguer le ramollissement cadavérique de l'autre, puisque pour tel auteur un ramollissement sera le produit de la putréfaction, tandis que pour tel autre il sera le résultat d'une affection morbide.

En attendant que de nouvelles recherches aient fixé sur ce point les opinions des savans, voici les différences établies par MM. Cruveilhier et Carswell entre ces deux sortes de ramollissement.

1° Le ramollissement *gélatiniforme* ou *vital*, dit M. Cruveilhier, a lieu presque toujours chez les enfans, à la suite d'une maladie dont les signes varient suivant son siége, mais sont bien déterminés : on l'observe l'hiver comme l'été. L'estomac ou l'intestin ramollis n'ont pas besoin de contenir de liquide ; il en a été trouvé chez un sujet ouvert douze heures après la mort. — Le *ramollissement pultacé* se remarque chez les adultes, à la suite de toutes les maladies aiguës ou chroniques ; aucun symptôme ne l'indique pendant la vie ; il survient presque toujours pendant l'été ; en hiver, on le voit aussi sur des cadavres ouverts quarante-huit heures après la mort, et il est nécessaire qu'il y ait une certaine quantité de liquide.

2° Le ramollissement *gélatiniforme* n'occupe pas toujours l'extrémité splénique de l'estomac ; on le trouve aussi à sa paroi antérieure, près du cardia, à l'œsophage, dans l'intestin grêle et dans les divers points du gros intestin. Le ramollissement *pultacé* occupe toujours la grosse extrémité de l'estomac. Le bord libre des plis que forme la membrane muqueuse, est détruit, et l'estomac est quelquefois bariolé de bandes blanches qui toutes correspondent à ces plis.

3° Dans le ramollissement *gélatiniforme*, non-seulement la membrane muqueuse est envahie, mais la tunique albuginée, la membrane musculaire : il y a épaississement des parois qui ont acquis, dans certains cas, jusqu'à quatre fois l'épaisseur naturelle. M. Cruveilhier dit avoir vu une fois l'estomac perforé ; il y avait en outre un épanchement et des traces non équivoques d'un travail morbide tout autour. Dans le ramollissement *pultacé*, la membrane albuginée résiste d'ordinaire ; la tunique muqueuse seule est convertie en une pulpe brunâtre ; les parois du viscère ne sont pas épaissies : on n'a jamais observé de perforation bien prononcée.

Le ramollissement *gélatiniforme*, ajoute M. Cruveilhier, offre le même aspect que celui que donne aux tissus l'action d'un acide peu étendu, ou d'un alcali ; lorsque ces tissus ont été saisis, racornis par un acide, plongez-les dans l'eau, vous aurez une altération tout-à-fait semblable à celle qui constitue le ramollissement gélatiniforme ; et il y a si peu putréfaction, que les tissus ramollis n'exhalent aucune odeur et peuvent être facilement conservés.

Le docteur Carswell différencie ainsi les ramollissemens pathologiques et cadavériques : 1° Dans le ramollissement *pathologique*, la membrane muqueuse est souvent rouge, et qu'elle

3.

soit rouge ou blanche, toujours elle est plus ou moins opaque et ressemble à de la crème épaisse, mêlée de farine ; ce ramollissement peut exister dans toutes les parties de l'organe, et là où les sucs gastriques n'ont pu évidemment séjourner ; les bords de la partie altérée ne sont pas libres, ils adhèrent aux organes voisins, et offrent des vestiges d'actions morbides. 2° Dans le ramollissement *cadavérique* ou par dissolution chimique, la membrane muqueuse est pâle, transparente, et a une consistance gélatiniforme ; le siége de cette altération est au point le plus déclive de l'organe, là où les sucs gastriques naturellement s'accumulent dans le grand cul-de-sac : les bords des parties ramollies sont libres, sans adhérence aux organes voisins ; on n'observe dans leur voisinage aucun vestige d'actions morbides ; il n'y a pas eu d'épanchement ; enfin le sang contenu dans les vaisseaux de la partie altérée est noir ou brun (*Archives générales de médecine*, tome XXIII°).

Je terminerai tout ce qui se rapporte au ramollissement du canal digestif par l'exposition de ce que j'ai remarqué dans les diverses exhumations que j'ai faites : on croira peut-être qu'en examinant des cadavres enterrés depuis plusieurs mois, j'ai dû trouver le ramollissement dont je parle porté au dernier degré, puisque souvent il est très considérable dès le lendemain de la mort. Loin de là, je n'ai jamais vu les parois de l'estomac assez ramollies pour être près de se détruire ; jamais je n'ai observé le ramollissement sous forme de bandes qui se produit lorsque la membrane muqueuse est plissée ; presque toujours il occupait la grosse extrémité de l'estomac, et les parties ramollies présentaient cette variété de colorations que l'on remarquait sur la membrane muqueuse ; en un mot, ce ramollissement me paraissait offrir, à très peu de chose près, les caractères assignés par M. Cruveilhier à celui qu'il nomme pultacé ; seulement il existait à un degré peu marqué.

C. *Matières contenues dans le canal digestif*. Les matières qui doivent faire le sujet de cet article sont les gaz, les mucosités, la bile, le sang et un liquide brunâtre.

Il est difficile, pour ne pas dire impossible, de déterminer si les *gaz* que l'on trouve dans le tube digestif se sont dégagés après la mort ou pendant la vie ; les maladies aiguës dans lesquelles ce phénomène a lieu sont à la vérité très peu nombreuses, ce qui pourrait mettre jusqu'à un certain point sur la voie ; on ne l'a guère observé que dans la péritonite, l'affection typhoïde et l'occlusion des voies digestives.

Mucosités et bile. Les mucosités abondantes qu'on aperçoit quelquefois dans le tube digestif sont évidemment le résultat d'une sécrétion pendant la vie. Quand elles sont très épaisses, très consistantes, elles annoncent une phlegmasie de la membrane muqueuse, puisque dans toutes les affections catarrhales, le coryza, la bronchite, etc., leur opacité et leur consistance sont toujours en raison de l'irritation inflammatoire. Il est des cas où ces mucosités sont purulentes et sous forme d'un pus épais presque louable. Rien, dans ce que j'ai vu, ne me porte à croire que la putréfaction puisse développer quelque chose de semblable ; cependant il ne serait pas impossible qu'à une certaine époque, quand le ramollissement de la membrane muqueuse est à son comble, les mucosités naturellement existantes dans le canal digestif des cadavres, en se mêlant aux produits de ce ramollissement, offrissent l'aspect purulent dont je viens de parler. On doit sentir combien il serait difficile alors d'établir la distinction.

La *bile*, mêlée aux mucosités, l'est le plus souvent pendant la vie ; cependant on sait que l'imbibition cadavérique peut donner lieu à sa pénétration de dehors en dedans. Si sa consistance est augmentée, si elle est poisseuse, on devra la regarder comme altérée par un travail phlegmasique, surtout si elle adhère fortement à la membrane muqueuse, qui offre elle-même une couleur rouge.

Sang. C'est ici que les phénomènes vitaux et cadavériques peuvent être aisément confondus. Il est incontestable que dans certaines dysenteries, dans les dernières périodes de la fièvre typhoïde, dans la fièvre jaune, du sang plus ou moins pur peut se trouver dans le canal intestinal. Il n'est pas rare de voir dans des portions enflammées de l'intestin un liquide rougeâtre qui paraît dû à un mélange de sang et de mucus : le cœur et l'intestin grêle en contiennent le plus souvent. M. Andral a vu, au milieu des ascarides, cette espèce de mucosité sanguine qui n'existait qu'autour d'eux. En injectant du sublimé corrosif dans le tissu cellulaire d'un chien, M. Smith a trouvé la membrane muqueuse gastrique recouverte par une abondante exhalation sanguine.

D'une autre part, les observations sur les phénomènes cadavériques prouvent que l'exhalation sanguine, ou plutôt l'écoulement du sang hors des vaisseaux, peut avoir lieu par simple compression de gaz développés par la putréfaction ; à la vérité, ce phénomène doit être excessivement rare, puisque je ne l'ai jamais observé.

D. *Emphysème sous-muqueux*. Non-seulement il est des observateurs qui admettent que l'emphysème sous-muqueux peut arriver pendant la vie (*V*. les diverses observations publiées par MM. J. Cloquet, Aristide Bosc, etc., dans les *Bulletins de la Faculté de médecine*, t. VII, et dans plusieurs autres recueils); mais il en est qui le regardent comme une preuve d'inflammation ; telle est l'opinion de M. Scoutetten. Quoi qu'il en soit, toujours est-il que l'on constate quelquefois ce dégagement de gaz dans l'épaisseur des parois intestinales ou de l'estomac, quand on ouvre les cadavres peu d'heures après la mort et avant que la putréfaction se soit manifestée ; mais c'est surtout dans le canal digestif des corps qui ont séjourné pendant quelque temps dans la terre, dans l'eau, etc., qu'on la remarque : alors la membrane muqueuse est soulevée, amincie, flexible, et forme des bulles quelquefois fort grosses et crépitantes au toucher. Qu'on ne pense pas cependant que cet emphysème soit un effet constant de la putréfaction ; car il est aisé de voir que dans les nécropsies que j'ai décrites, il n'a pas toujours existé. Il n'y a aucun moyen de juger, long-temps après la mort, si l'emphysème sous-muqueux est le résultat d'une lésion vitale, ou s'il s'est développé après la mort.

§ II. *Altérations gastro-intestinales avec perte de substance*. On sait que dans ces derniers temps le docteur Carswell a fait revivre l'ancienne opinion de Hunter, d'Adams, d'Allan Burns, etc., qui admettaient la dissolution de la membrane muqueuse de l'estomac par le suc gastrique, surtout dans des cas de mort subite : des expériences ingénieuses, faites sur les animaux, ont porté ce médecin à penser que *le plus grand nom-bre* des érosions et des perforations du canal digestif étaient dues à l'action chimique qu'ont exercée sur ces viscères, après la mort, les sucs digestifs. Quelque contestée que puisse être cette manière de voir, il n'en résulte pas moins de tout ce qui est connu sur ce point, et notamment de celles des recherches de M. Carswell sur lesquelles tout le monde est d'accord, que *des érosions et des perforations de l'estomac et des intestins peuvent reconnaître pour cause l'action chimique du suc gastrique après la mort.* Ajouterai-je à ces deux genres d'érosions et de perforations, les unes vitales, les autres produites par le suc gastrique après la mort, un troisième genre, qui comprendrait les érosions et les perforations occasionnées par la putréfaction, et qui se manifesteraient plus ou moins long-temps *après l'inhumation* dans les tubes digestifs qui n'en offraient aucun vestige au moment de la mort? Sans doute, rien ne s'oppose à ce que l'on admette ce troisième genre d'altération ; mais je ne crois pas qu'il soit commun, car je ne l'ai observé qu'une fois, et tout porte à croire qu'alors les perforations des intestins avaient été produites par des vers. Je me bornerai donc à dire que les érosions et les perforations du canal digestif sont vitales ou cadavériques, sans décider, dans un cas d'exhumation juridique, si ces dernières sont dues ou non à l'action du suc gastrique, et je renverrai à ce que j'ai dit à la page 34, à l'occasion du ramollissement, pour reconnaître si elles existaient avant la mort.

Pour mieux mettre le lecteur à même de juger si les *ulcérations* que l'on peut observer dans le canal digestif, sont le produit d'une action vitale, je crois devoir rappeler sommairement les principaux caractères de ces lésions.

Les ulcérations de la membrane muqueuse, dans les *fièvres graves*, affectent presque exclusivement les glandes de Brunner et de Peyer ; elles se trouvent généralement sur le bord libre de l'intestin ; constamment il en est ainsi, quand ce sont les plaques de Peyer qui en sont le siége ; des matières diverses, par leur aspect et leur consistance, en remplissent le fond ; tantôt ce sont de véritables escarrhes, ce que M. Bretonneau appelle des bourbillons ; tantôt ce sont des masses molles , colorées en jaune vif. Ces ulcérations ont une forme elliptique, et sont presque toujours parallèles à la longueur de l'intestin.

Les ulcérations tuberculeuses présentent le plus souvent, dans leur fond , des portions encore reconnaissables de tubercules ; elles occupent surtout le bord adhérent des intestins, et leur direction est transversale.

Le gros intestin offre aussi des ulcérations remarquables, surtout dans certaines dysenteries ; quelquefois il est criblé d'ulcères très petits et très rapprochés , qui lui donnent un aspect aréolaire ; dans d'autres cas , les ulcérations sont larges , leurs bords durs et taillés à pic ; elles présentent une teinte d'un noir foncé, qui pourrait faire croire au premier abord à l'existence de la gangrène ; mais il n'y a point d'odeur, et l'ulcération est assez ferme : son apparence est plutôt celle d'un fond de cheminée couvert de stalactites de fumée.

Du reste, c'est dans les ouvrages de MM. Billard, Andral , Bretonneau, etc. , qui ont traité ce sujet *ex professo*, que l'on peut puiser les caractères des nombreuses variétés d'ulcérations intestinales.

Lésions du foie. Les abcès du foie, son cancer, ses tubercules, son induration, sa dégénération graisseuse (1), l'hypertrophie de sa substance rouge qui constitue l'état granuleux, la cirrhose ou l'hypertrophie de la substance blanche, aucune de ces lésions ne peut être confondue avec l'état que détermine la putréfaction ; il n'en est pas de même du *ramollissement* que plusieurs médecins regardent comme *pathologique*, parce qu'on l'observe peu d'heures après la mort et avant le développement de la putréfaction. Ainsi on a vu, chez des sujets qui avaient succombé à des fièvres typhoïdes , le foie ramolli, surtout dans le grand lobe, et facile à déchirer, comme on le remarque plusieurs semaines après la mort sur les cadavres déjà pourris ; quelquefois la couleur de cet organe était rouge , et alors il aurait

(1) On ne saurait confondre la dégénération graisseuse du foie avec l'état du même organe qui se serait converti en gras de cadavre ; d'ailleurs, si le foie était transformé en savon, par suite de la décomposition putride qu'il aurait éprouvée, beaucoup d'autres organes, pour ne pas dire tous, le seraient également.

été impossible de distinguer si le ramollissement était vital ou cadavérique ; le plus souvent, il est vrai, le défaut de consistance dont je parle s'accompagnait d'une pâleur ou d'une coloration jaune, qui n'est jamais le résultat de la décomposition putride.

Quant à l'*hépatite*, si la rougeur ou le ramollissement du foie, sans une certaine quantité de pus, peuvent être considérés comme une preuve non équivoque de son inflammation, ce qui est loin d'être démontré, il faudra convenir que dans les cas d'exhumation où cet organe sera seulement rouge et ramolli, il y aura souvent impossibilité de constater cette inflammation, parce que, comme je l'ai déjà dit, le propre de la putréfaction est de déterminer aussi la coloration et le ramollissement dont il s'agit.

Altérations de la rate. Il en est de la rate comme du foie ; on ne peut guère comparer ces organes putréfiés qu'aux mêmes organes ayant éprouvé pendant la vie un ramollissement notable ; en effet, plusieurs fois on a trouvé la rate ramollie dans toute son étendue, surtout chez des individus qui avaient succombé à des fièvres ataxo-adynamiques ; son tissu était si peu consistant, dans certains cas, que par la plus légère pression on le réduisait en bouillie couleur de lie de vin ou noire ; à la vérité, presque toujours le ramollissement était accompagné de l'*augmentation de volume* qui était quelquefois *double*, phénomène que je n'ai jamais remarqué dans les rates ramollies et colorées par l'effet de la décomposition putride. Que si, par hasard, cette tuméfaction n'existait pas, comme cela paraît avoir été observé un petit nombre de fois chez des sujets qui n'étaient pas morts de fièvres ataxo-adynamiques, il serait impossible de décider si le ramollissement et la coloration sont cadavériques ou non. Mais est-il bien avéré que les ramollissemens sans augmentation de volume, que l'on a considérés comme pathologiques, le soient réellement ; et n'est-il pas présumable qu'ils sont plutôt l'effet de la putréfaction de la rate, qui, chez certains individus et dans les saisons chaudes et humides, se développe avec une rapidité prodigieuse ?

Altérations des organes urinaires. Qu'à l'ouverture d'un cadavre, dans un cas d'exhumation juridique, on trouve du pus, des tumeurs de différente nature, ou des tubercules dans les *reins*; que le parenchyme de ces organes soit transformé en une matière dure, terreuse, osseuse, cartilagineuse ou molle, et comme spongieuse ou graisseuse, on ne sera pas tenté d'attribuer ces états à la putréfaction, mais bien à une lésion vitale. Qu'au contraire les reins soient *rouges*, plus injectés qu'à l'ordinaire, ramollis et de volume ordinaire, on sera souvent embarrassé pour décider si ces altérations sont cadavériques, puisqu'elles peuvent être le résultat de la putréfaction, et que, d'une autre part, on les a constatées chez des individus qui avaient succombé à des fièvres ataxo-adynamiques, à des inflammations des reins ou de la vessie, à des affections calculeuses des reins, etc., et qui avaient été ouverts avant d'être pourris. A la vérité, souvent, quand la mort a été occasionnée par une néphrite qui n'a déterminé que ce premier degré d'altération, une réplétion sanguine des reins, ces organes sont beaucoup plus volumineux, et laissent ruisseler du sang sous les doigts lorsqu'on les coupe ; j'ajouterai encore qu'il est rare, pour peu que l'inflammation ait été intense, qu'on ne puisse, en comprimant les mamelons, faire suinter un liquide séro-purulent, ce qui n'arrive jamais quand l'altération des reins est due à la décomposition putride. Quant au ramollissement des reins avec *pâleur* ou teinte *grise* de l'organe, il est impossible de le considérer comme un phénomène cadavérique, par cela même qu'il y a décoloration.

Vessie. On ne saurait considérer, comme étant l'effet de la putréfaction, ni l'épaississement, ni l'ulcération, ni les abcès, ni la gangrène, ni les végétations, ni les polypes, ni le cancer, ni les kystes, ni les tumeurs graisseuses de la vessie ; il n'y a guère que le ramollissement de cet organe, accompagné de la rougeur de la membrane interne, résultat d'une cystite, qui pourrait, à la rigueur, être pris pour tel. Mais je ferai remarquer que dans l'inflammation de la vessie, souvent la rougeur, qui est vive et quelquefois très intense, est sous forme de ramifications ou de plaques plus ou moins pointillées ; que le plus ordinairement elle occupe les environs du col de la vessie, et que rarement la tunique muqueuse est ramollie ; tandis que lorsque les phénomènes sont cadavériques, l'intérieur de la vessie est de couleur rosée ou d'un vert olive dans une assez grande partie de son étendue, et quelquefois la tunique muqueuse est soulevée par des gaz et dans un état emphysémateux.

BIBLIOGRAPHIE.

Mort réelle et mort apparente.

NOTHNAGEL, præs. Th. KIRCHMAYER. De hominibus apparenter mortuis. Wittemberg, 1670, in-4.

WINSLOW (J. B.). An mortis incertæ signa minus incerta a chirurgicis quam ab aliis experimentis. Paris, 1740. — Trad. en français par BAUTIER. Paris, 1742, in-12.

JUCHIUS (J. P.). De mortis signis. Erfurt, 1745, in-4.

BRUHIER D'ABLAINCOURT. Sur l'incertitude des signes de la mort, et l'abus des enterremens et embaumemens précipités. Paris, 1745, in-12, 2 vol.

LOUIS (A.). Lettres sur la certitude des signes de la mort, où l'on rassure les citoyens de la crainte d'être enterrés vivans, etc. Paris, 1752, in-12.

PLATZ (A. W.). De signis mortis non solute explorandis, specim. I-V. Leipzig, 1765-67.

BRUNNENTHAL, præs. J. M. von MENGHIN. De incertitudine signorum vitæ et mortis. Vienne, 1768.

ESCHENBACH (C. E.). De apparenter mortuis. Rostock, 1768.

SWIETEN (Ger. van), De morte dubiâ. Vienne, 1778.

PLOUCQUET (W. G.), resp. J. G. CAMERER. De signis mortis diagnosticis. Tubingue, 1785.

DULX (P. W. von). De signis mortis rite æstimandis. Hardervick, 1787.

GRUNER (C. G.) Resp. J. C. STEINFELD. De signis mortis diagnosticis dubiis caute admittendis et reprobandis. Iéna, 1788.

HUFELAND (C. W.) Ueber die Ungewissheit des Todes und das einzige untrügliche Mittel sich von seiner Wirklichkeit zu überzeugen. Weimar, 1791.

RIECKE (J. V. L.). De mortis signis. Stuttgard, 1792.

METZGER. Ueber die Kennzeichen des Todes. Kœnigsberg, 1792.

GROLLMAN (G. W.) De putredine signo mortis minus certo. Francfort-sur-l'Oder, 1794.

KLEIN (F. X.). De metallorum irritamento veram ad explorandam mortem. Mayence, 1794.

HIMLY (C.). Commentatio mortis historiam causas et signa sistens. Gottingue, 1794.

ANSCHEL (S.). Thanatologia seu in mortis naturam, causas genera ac species et diagnosin disquisitiones. Gottingue, 1795, in-8.

BAUER (P. G.), Kurze Anzeige von der Gewisheit des Todes bey todscheinenden Personen. Augsbourg, 1798.

Heidmann (J. A.). Zuverlæssiges Prüfungsmittel zur Bestimmung des Wahren von den Scheintodte, etc. Vienne, 1803, in-8°, fig.

Nysten. Recherches de physiologie chimico-pathologique. Paris, 1811, in-8.

ARTICLE V.

De l'ouverture des cadavres.

L'ouverture juridique d'un cadavre ne doit être faite qu'en présence du magistrat ou de son commissaire. Le médecin doit procéder lui-même à cette opération. Ce n'est ordinairement que vingt-quatre heures après la mort *bien constatée*, que la loi permet d'ouvrir un cadavre, quoiqu'un état bien caractérisé de putréfaction ou un genre de mort excluant tout soupçon de vitalité puisse faire avancer le moment de cette ouverture ; mais on peut se livrer de suite à l'examen extérieur du cadavre. Quand bien même la putréfaction aurait déjà fait des progrès rapides, ce ne serait pas une raison pour se dispenser d'examiner le corps. Les magistrats appellent quelquefois l'homme de l'art pour faire un rapport sur des cadavres enterrés depuis long-temps, ou qui ont séjourné dans l'eau ou dans des fosses d'aisances ; il arrive souvent alors que les lésions des parties molles ne peuvent être constatées, mais les solutions de continuité dans les parties dures sont parfaitement reconnaissables ; il est même possible de recueillir dans les cavités, malgré leur état avancé de décomposition putride, des liquides ou des solides dont l'analyse peut servir à résoudre la question d'empoisonnement. Il n'est pas nécessaire de dire qu'on ne doit jamais faire sur un cadavre d'incisions inutiles, ni briser les os, ni déchirer les parties molles ; il faut au contraire que les coupes soient nettes, afin de ne point altérer la forme du corps, la face, etc. On doit tenir note de ce qu'on observe à mesure que l'on opère. Le local choisi pour faire l'ouverture, sera, autant que possible, spacieux, aéré, bien éclairé ; toutefois il convient de faire la première visite dans l'endroit même où le corps a été trouvé, le transport dérangeant nécessairement l'attitude, et pouvant changer l'état d'une plaie, d'une fracture, d'un engorgement sanguin, etc. Les instrumens nécessaires sont : une table solide, assez longue pour y étendre le corps, des scalpels, des ciseaux, des érignes, des pinces, un tube, des bougies, des sondes, des stylets, un compas, une seringue, un mécomètre (1), des aiguilles courbes et droites, de la ficelle, du gros fil, des éponges, des vases remplis d'eau, un couteau droit, fort, bien tranchant, une scie droite, une autre convexe sur son tranchant, un trépan avec une large couronne, une lame tronquée d'un tranchant ferme et bien affilé, un couteau mince et flexible, un élévatoire, un coin, un marteau.

Précautions à prendre avant l'ouverture du cadavre. Il faut examiner si le lieu où le corps a été trouvé est éloigné ou non de la voie publique, des habitations ; si c'est une mare, une fosse d'aisances, un endroit sec, humide, chaud ou froid ; si le cadavre était dans l'eau ou sous terre ; si on voit auprès de lui des lacets, des cordes, de la charpie, de l'étoupe, ou un instrument meurtrier, quelle est la situation de celui-ci par rapport au corps ; s'il est placé dans l'une des mains du cadavre, il faudra s'assurer s'il a été bien saisi par lui, ou s'il n'a été placé ainsi qu'après coup, circonstance fort importante pour distinguer l'homicide du suicide et qui peut être singulièrement éclaircie par le degré plus ou moins marqué de contraction des doigts sur le corps vulnérant. S'il y a du sang répandu dans le voisinage, les traces en seront suivies, et la quantité qui a pu s'écouler des blessures sera approximativement calculée. On notera l'heure précise à laquelle le cadavre a été découvert, sa position, son attitude ; s'il est enveloppé, on recherchera si les vêtemens offrent des traces de sang ou de tout autre fluide, s'ils sont déchirés et souillés de boue, d'excrémens ou de poussière. On le déshabillera avec précaution, et on examinera avec la plus grande attention quelle est la couleur des différentes parties du corps, si la peau est couverte d'un

(1) *Mécomètre*, de μῆκος, longueur, et de μέτρον, mesure ; instrument inventé par Chaussier, et composé d'une règle en bois ou tige carrée, longue d'un mètre, divisée sur deux côtés opposés en décimètres, etc. ; une lame de cuivre qui est arrêtée à une extrémité de cette tige, donne un point fixe ; il y a en outre un curseur de même forme et de même métal qui glisse sur la tige, et que l'on peut à volonté écarter et rapprocher du point fixe, et même arrêter au moyen d'une vis ; on peut avoir par ce moyen la longueur du corps que l'on mesure, et la division exacte en centimètres, millimètres, etc. (*Chaussier, thèse de Lecieux*). A défaut de cet instrument, on peut en employer un semblable à celui dont les cordonniers se servent pour prendre mesure.

enduit sébacé, si l'épiderme se détache. Si l'on observe des contusions, des excoriations, des piqûres ou d'autres blessures (*voyez* Blessures), on en indiquera la situation, la forme, la longueur, la largeur et la profondeur, à l'aide des doigts, des sondes, des stylets, des bougies, du compas, etc. On aura soin de déterminer si les taches livides que l'on remarque sont des ecchymoses, des lividités cadavériques, ou des vergetures (*Voyez* page 9). Pour ne rien laisser à désirer à cet égard, en étudiera successivement toutes les parties du corps : ainsi on notera si la tête n'est point déformée, si elle ne présente point de tumeur, d'enfoncement, de lésion extérieure aux fontanelles, aux sutures ; si les oreilles, les yeux, le nez, la bouche, ne contiennent aucun corps étranger, comme du foin, de la paille, de la boue, de l'étoupe, etc. ; si le cou n'offre aucune tache circulaire, oblique, ou digitale, ou des traces d'une autre impression ; si l'articulation de la tête avec la première vertèbre cervicale ne jouit point d'une mobilité insolite ; si le thorax est bombé ou aplati ; s'il n'existe point au-dessous du sein, dans la région du cœur, quelque trace de piqûre ; si en appuyant sur le sternum et sur l'épigastre, on ne voit point sortir par la bouche ou par les narines des fluides écumeux, séreux, sanguinolens, etc. ; si l'abdomen est tendu, résistant, mou ; si le cordon ombilical est détaché ou non, et dans ce dernier cas, s'il est flétri, desséché ou mou, gros, etc. ; si le nombril est rouge, en suppuration, cicatrisé, etc. ; si les membres présentent la disposition, la forme et la consistance qui leur sont propres ; s'ils sont luxés ou fracturés, ce que l'on connaîtra en les pressant avec les doigts, en leur imprimant divers mouvemens, et surtout en les incisant ; cette dernière opération est encore indispensable pour juger s'il y a du sang épanché sous les aponévroses, dans le tissu des muscles, et même à la surface des os longs. L'état plus ou moins avancé de putréfaction du cadavre sera soigneusement remarqué, et on devra avoir égard aux circonstances de température, de climat, de localité qui ont pu avancer cette désorganisation (*Voyez* page 665 du tome 1er).

Si la nature peu favorable de l'endroit où le corps a été trouvé ne permet point d'en faire l'ouverture, et que le transport soit jugé indispensable, le médecin n'abandonnera pas un instant le cadavre ; il aura soin que dans cette opération rien ne puisse l'endommager ou en augmenter les lésions ; il le fera en conséquence transporter de préférence sur une civière, le cahotage d'une charrette pouvant opérer des changemens dans le rapport des parties ; si l'autorité n'a point de brancard à sa disposition, le corps sera placé dans la voiture sur un lit de paille, et la tête sera fixée de manière à rendre les mouvemens moins sensibles ; on bouchera avec soin les ouvertures par où peuvent s'écouler les liquides dont il est important de faire l'analyse. Le corps arrivé au lieu de sa destination, il faudra, si l'on croit nécessaire de faire un nouvel examen des blessures, chercher à le mettre dans la même situation que celle où il a été trouvé. Si l'heure avancée de la journée, le défaut d'instrumens nécessaires, ou d'autres raisons, ne permettaient point de faire de suite l'ouverture, il faudrait prévenir la putréfaction du cadavre, en le plaçant, autant que possible, dans un endroit frais ; on pourrait même le couvrir de glace, de charbon, de sable bien fin et répandre sur lui des liquides alcooliques.

Avant de procéder à l'ouverture du cadavre d'un fœtus, on lave et on essuie toutes les parties du corps ; on le pèse, on détermine sa longueur ainsi que celle des membres thoraciques et abdominaux, des pieds, de la tête ; on note la hauteur du corps de l'os maxillaire inférieur, et surtout on cherche à apprécier si l'insertion du cordon ombilical correspond au milieu ou à toute autre partie du corps ; on tient compte de l'état des cheveux, des poils, des ongles, des paupières et des proportions respectives de la tête, du thorax et de l'abdomen. On explore l'abdomen, l'anus, les parties génitales, pour savoir s'il n'y aurait pas quelques traces de maladies vénériennes.

S'il s'agit d'un adulte, on relève exactement le signalement, quand bien même l'individu porterait sur lui des papiers indiquant son nom et sa profession ; car ces papiers peuvent avoir été substitués par les assassins, pour donner le change. La taille est mesurée avec soin ; on note la couleur des cheveux, l'état des dents et tous les caractères propres à faire juger l'âge de la personne et l'époque de sa mort (*Voyez* AGES).

Dans le cas où l'autorité ordonnerait l'exhumation d'un cadavre, plusieurs jours, plusieurs mois ou plusieurs années après la mort de l'individu, il faudrait prendre des précautions d'un autre genre (*Voyez* page 68).

Manière de procéder à l'ouverture du cadavre d'un adulte. Je ne craindrai pas le reproche de prolixité, en consacrant quelques pages à la description d'une opération en apparence si simple, et que l'on pratique tous les jours, car il est démontré que, dans la plupart des cas, les ouvertures juridiques des cadavres sont faites avec très peu de soin, et d'après une méthode vicieuse; ce qui empêche d'en tirer tout le parti convenable. Voici comment il faut procéder.

Crâne. On rase ou l'on coupe les cheveux, puis on fait deux incisions qui pénètrent jusqu'à l'os : l'une, longitudinale, s'étend depuis la racine du nez jusqu'à la partie postérieure du cou ; l'autre, transversale, commence à une oreille, et se termine à celle du côté opposé, en passant sur le sommet de la tête. Les quatre lambeaux provenant de ces incisions sont détachés, à l'aide du scalpel, et renversés; alors on trace, avec la pointe du bistouri, une ligne circulaire qui doit passer un peu au-dessous des arcades surcilières, de la racine des arcades zygomatiques et de la protubérance externe de l'occipital. On scie les os dans la direction de cette ligne, que l'on doit considérer comme une sorte de conducteur, et l'on évite soigneusement d'entamer les méninges ; pour cela il est préférable de rester en deçà que de dépasser l'épaisseur de l'os dans certains points, d'autant mieux qu'il suffit de frapper légèrement avec un marteau sur un coin ou sur un couteau tronqué, placé dans les parties qui n'ont pas été atteintes, pour diviser celles-ci. On soulève alors la calotte du crâne avec un ciseau, et on détruit les adhérences de la dure-mère en faisant glisser entre cette membrane et les os un couteau mince et flexible. Pour mettre le *cervelet* à découvert, on enlève la calotte dont je viens de parler, et on applique deux traits de scie qui se dirigent obliquement de chacune des régions mastoïdiennes vers le trou occipital. La plupart des anatomistes, après avoir incisé les parties molles du crâne jusqu'à l'os, enlèvent la calotte à coups de marteau : ce procédé, beaucoup plus expéditif que celui qui vient d'être décrit, offre des inconvéniens tellement frappans, surtout lorsqu'il s'agit d'une ouverture juridique, qu'il nous semble inutile de les signaler : toutefois, comme il pourrait arriver que l'homme de l'art n'eût pas à sa disposition les instrumens nécessaires pour faire l'ouverture d'après la méthode que j'ai indiquée, il importe de savoir qu'il est préférable en pareil cas d'employer un marteau non fendu.

Après avoir ouvert le crâne, on incise la dure-mère pour mettre le cerveau à nu.

Rachis. Le cadavre étant couché sur le ventre, de manière que la tête et les membres abdominaux soient pendans, et l'abdomen et le cou soulevés, l'on pratique trois incisions, l'une en travers de l'occipital, les deux autres qui partent du milieu de celle-ci, tout le long de chacune des faces latérales des apophyses épineuses des vertèbres. On détache la peau et la masse des muscles jusqu'à l'origine des côtes ; puis, avec la scie, on divise les lames des vertèbres, en se rapprochant autant que possible des apophyses transverses. Si, comme il arrive le plus souvent, la séparation de cette portion osseuse n'était point complète, il faudrait l'achever en frappant avec un marteau sur un coin, sur un couteau tronqué ou sur un rachitôme placés obliquement dans les traits de scie. On se sert aujourd'hui d'une double scie, convexe sur chaque tranchant, montée sur un manche unique ; les deux lames peuvent s'écarter l'une de l'autre, ou se rapprocher ; chacune d'elles est fixée sur une lame mousse que les dents de la scie ne dépassent pas de la largeur convenable pour pénétrer seulement toute l'épaisseur des lames vertébrales, afin de ne pas intéresser la moelle ou ses membranes : deux ou trois minutes suffisent pour ouvrir complétement le canal vertébral dans toute sa longueur. On incise alors le canal de la dure-mère, et l'on voit la moelle épinière ; mais, comme le faisait observer Béclard, on ne peut apercevoir, en suivant ce procédé, que le quart ou tout au plus le tiers de sa circonférence : « Il faudrait, disait-il, pour pouvoir étudier convenablement cet organe, détacher les côtes de la colonne vertébrale, et diviser celle-ci dans le pédicule de la masse apophysaire de chaque vertèbre. » L'ouverture des autres cavités aurait dû précéder celle du rachis.

Les procédés dont je viens de parler doivent être modifiés dans

II.

diverses circonstances. Ainsi s'il y avait une blessure au côté droit de la tête, ou que l'on soupçonnât un épanchement du même côté, il faudrait n'enlever d'abord que la partie gauche du crâne, afin de conserver entière toute la partie droite ; après avoir détaché tous les tégumens, on ferait avec la scie, ou avec les ciseaux, s'il s'agissait d'un fœtus, une coupe demi-circulaire qui s'étendrait du milieu de l'os frontal à la partie moyenne de l'occipital, et une autre longitudinale dans la direction de la ligne médiane, qui commencerait à l'os frontal pour se terminer à l'os occipital : en enlevant cette tranche osseuse, on aurait une ouverture assez grande pour détacher et enlever facilement toute la partie gauche du cerveau. Si la blessure était au front, on procéderait de manière à conserver toute la région frontale, c'est-à-dire que l'on ferait deux coupes, l'une transversale, qui, de la région temporale d'un côté, s'étendrait à l'autre en passant par le sommet du crâne ; l'autre, demi-circulaire, qui, de l'os occipital, s'étendrait, à droite et à gauche, aux deux régions temporales ; et se réunirait aux extrémités de la coupe transversale.

S'il s'agit de constater l'état des parties dans les blessures, il faut avoir soin d'éloigner le plus possible les incisions du lieu qu'elles occupent. Si l'on soupçonne une fracture des os du crâne, il faut nécessairement ouvrir cette cavité avec la scie et non avec le marteau. Quand on présume qu'il existe un épanchement sanguin ou autre dans le crâne ou le rachis, il faut avoir soin de maintenir la tête du cadavre convenablement relevée pendant qu'on procède à son ouverture, afin d'éviter l'écoulement des liquides. C'est particulièrement à l'égard des épanchemens rachidiens que cette précaution est importante, pour bien en apprécier la quantité. Dans ce cas on peut ouvrir le rachis avant le crâne, ou si l'on a commencé par ce dernier, après avoir enlevé le cerveau, on incline le corps du sujet de manière à recevoir dans un vase tout le liquide contenu dans l'étui méningien du canal artériel. Il est toujours préférable de disséquer le cerveau en place, sans l'enlever du crâne, à moins que les lésions qu'il s'agit de découvrir ne soient placées à la face inférieure.

Thorax et abdomen. On pratique de chaque côté une incision qui va de la partie moyenne et supérieure du sternum jusqu'au pubis, en passant par la partie moyenne des côtes et par l'épine antérieure et supérieure de l'os iliaque : ces incisions ne doivent comprendre au niveau de l'abdomen que les tégumens. Alors on scie toutes les côtes, excepté la première, en ayant soin de les soulever à mesure qu'on les coupe, pour ne pas intéresser les poumons. A l'aide d'un autre trait de scie, on divise transversalement la partie supérieure du sternum, que l'on renverse ensuite en coupant les attaches du diaphragme, le ligament suspenseur du foie, et la faux de la veine ombilicale ; il ne reste plus alors qu'à soulever le lambeau et à couper les muscles de l'abdomen qui n'avaient pas été incisés. Ce lambeau étant renversé sur les cuisses, on aperçoit les viscères dans une grande partie de leur étendue. Si l'on voulait laisser les deux cavités thoracique et abdominale séparées l'une de l'autre par le diaphragme conservé intact, afin d'éviter le mélange des liquides, on pourrait faire l'examen des organes thoraciques, après avoir arrêté l'incision du thorax au point correspondant au diaphragme. Alors le péricarde serait incisé et la quantité de sérosité contenue entre lui et le cœur serait appréciée et notée. L'aspect général de organes serait signalé ainsi que leur volume, leur densité. Le cœur doit être examiné en place, et ses cavités ouvertes au moyen de sections parallèles à leur axe ; le cœur droit est exploré avant le cœur gauche. On tient compte de la quantité de sang qu'ils renferment, de sa couleur, des caillots qui s'y trouvent. Après avoir coupé les vaisseaux, on enlève le péricarde et le cœur, et l'on procède à l'examen des bronches et des poumons.

La cavité abdominale mise à nu à l'aide de l'incision de la paroi que l'on renverse sur le thorax, comme on avait renversé le sternum et le tiers antérieur des côtes sur l'abdomen, on explore avec soin les divers organes, en passant en revue successivement l'estomac, les épiploons, l'intestin, le mésentère, le foie, la rate, les reins, etc. L'examen du canal digestif, dans un cas d'empoisonnement, exigerait un certain nombre de précautions que je ferai connaître plus tard.

Si l'un des côtés du *thorax* était le siége d'une fracture, d'une plaie pénétrante, etc., il faudrait couper les côtes du côté sain avec la scie ou les ciseaux, depuis la seconde jusqu'à la huitième ;

puis, avec le scalpel courbé en serpe, on couperait près du sternum les cartilages des seconde, troisième, quatrième, cinquième, sixième et septième côtes, et, avec la pointe du scalpel, on acheverait de séparer en haut ce large segment, que l'on renverserait du côté de l'abdomen; on procéderait ensuite de la même manière à l'ouverture de l'autre côté (Chaussier, *Tableaux synoptiques*, et Renard, *Dissertation inaugurale sur l'ouverture des cadavres*).

Pharynx, trachée-artère. Le cou étant fortement tendu, on fait deux incisions, l'une longitudinale, qui s'étend du milieu de la lèvre inférieure jusqu'au sternum; l'autre transversale, qui va depuis un des angles de la mâchoire inférieure jusqu'à l'autre : après avoir détaché les lambeaux qui en résultent au cou, on scie la mâchoire dans sa partie moyenne; les deux portions de l'os sont alors facilement écartées, et l'on n'a plus pour découvrir toute l'étendue du pharynx, qu'à abaisser la langue et à diviser les piliers du voile du palais. Il suffit, pour parvenir jusqu'à l'intérieur du *larynx* et de la *trachée-artère*, d'inciser l'isthme et la glande thyroïde par sa partie moyenne, et de renverser les deux lambeaux.

Bassin. On fait une incision qui va de la branche supérieure du pubis jusqu'au-delà de l'ischium, en passant vers le milieu du trou obturateur (sous-pubien); on scie la branche du pubis et l'ischium dans la direction de cette ligne; on coupe les muscles, et on peut apercevoir les organes contenus dans l'excavation du bassin.

S'il y avait un épanchement de sang dans une des cavités dont je viens de parler, on enlèverait avec la main les caillots qui pourraient s'y trouver, et, avec une éponge, on absorberait toute la portion fluide, afin de découvrir plus facilement l'ouverture du vaisseau lésé.

Il est inutile de dire que le médecin doit noter exactement toutes les lésions qu'il découvre dans les muscles, les nerfs, les vaisseaux, les viscères, etc., à mesure qu'il fait l'ouverture du corps; il ne doit jamais manquer d'examiner le genre de ces lésions, la direction précise des plaies, les organes qui ont pu être atteints; il doit surtout noter s'il y a phlogose, suppuration, gangrène, épanchement, etc. : j'ai déjà indiqué dans l'article précédent, quelles étaient les altérations des solides et des liquides, que l'on serait tenté de regarder, au premier abord, comme étant la suite d'une violence extérieure, et qui sont l'effet de la mort.

Il est toujours indispensable d'ouvrir les trois cavités splanchniques : la plupart des rapports pourraient être frappés de nullité si on avait négligé ce précepte. L'homme de l'art qui n'aurait point rempli cette formalité serait beaucoup plus coupable encore, s'il se permettait de décrire l'état des organes renfermés dans une des cavités qu'il n'aurait pas ouverte. M. Briand rapporte qu'en 1816, les sieurs D. et N., officiers de santé, furent appelés pour faire l'examen juridique du cadavre de N., meunier dans la commune de P., lequel avait été trouvé *debout, la figure appuyée contre la pente très douce de la chaussée de son étang, les bras étendus, le chapeau sur la tête, et seulement recouvert de six ou huit centimètres d'eau, les pieds étant enfoncés de seize centim. dans la vase.* Ces experts omettent d'ouvrir le crâne, et disent néanmoins qu'ils ont trouvé le cerveau engorgé. Ce sujet n'offrant aucune trace de violence extérieure, il était naturel de conclure que la submersion avait eu lieu par accident ; mais la clameur publique, qui ne cherche que des coupables, dirige des soupçons sur le sieur H., voisin et ami du défunt. Une contre-visite est ordonnée, et il est constaté que *l'ouverture du crâne n'a pas été faite.* Les premiers rapporteurs sont traduits devant la cour d'assises du département d'Ille-et-Vilaine, accusés d'*avoir constaté comme vrai un fait faux, dans un procès-verbal qu'ils rédigeaient en qualité d'officiers publics, parce qu'ils avaient déclaré qu'ouverture faite du cadavre,* dont ils étaient chargés de constater l'état et les causes de mort, *ils avaient donné une attention particulière aux viscères et organes de la tête, ainsi qu'au cerveau, qu'ils ont trouvés engorgés.....* (Extrait de l'acte d'accusation). Ils furent acquittés, par la raison que les gens de l'art n'étant point des officiers publics, mais de simples arbitres, il ne pouvait y avoir lieu à condamnation contre eux, en vertu de la disposition de l'art. 146 du Code pénal. Le sieur H. fut aussi déclaré innocent. Une longue détention, des débats toujours pénibles pour les accusés, une procédure dispendieuse, tels furent les résultats de l'oubli du principe le plus simple de la médecine judiciaire.

Manière de procéder à l'ouverture du cadavre d'un fœtus ou d'un enfant nouveau-né. Pour examiner l'encéphale, il faut, d'après Chaussier, après avoir dénudé le crâne, comme il a été dit, faire avec la pointe du scalpel une petite incision à la commissure membraneuse qui unit le frontal au pariétal; à l'aide de cette ouverture, qui comprend l'épaisseur de la dure-mère, on introduit la lame des ciseaux, et on coupe successivement les commissures qui l'unissent à l'os frontal, au temporal et à l'occipital; mais il faut éviter d'ouvrir le sinus latéral de la dure-mère, qui est toujours rempli de sang fluide; il importe pour cela de s'éloigner de l'angle mastoïdien du temporal. Lorsqu'on a coupé les commissures membraneuses sur les trois bords de l'os, on le soulève, on le renverse vers le sommet de la tête, et on le coupe dans son épaisseur à quelque distance de la ligne médiane, afin de ne point ouvrir les veines qui se rendent au sinus longitudinal; on enlève avec les mêmes précautions la portion de l'os frontal; l'on découvre ainsi la plus grande partie d'un des lobes du cerveau; on fait ensuite la même opération sur le côté opposé.

L'ouverture du rachis, du thorax, du bassin, de l'abdomen et de la bouche, se fait comme chez l'adulte; toutefois l'on emploie des ciseaux au lieu de scie, pour couper les os, et pour apprécier l'état des poumons; dans ce dernier cas, les ciseaux doivent être minces et allongés: on incise le tronc, les branches et les ramifications de chacune des divisions bronchiques jusqu'au tissu pulmonaire, où l'on peut ainsi suivre leurs terminaisons. Pour juger avec plus d'exactitude de la différence de capacité et d'épaisseur des parois des ventricules du cœur, on coupe cet organe en travers, un peu au-dessus du milieu de sa hauteur; cette coupe met à découvert les deux cavités ventriculaires, et permet en même temps d'explorer avec facilité les ouvertures des oreillettes et des vaisseaux qui s'y abouchent.

Manière de procéder à l'ouverture d'un animal quadrupède. L'homme de l'art est requis, dans quelques cas de médecine légale, pour ouvrir un quadrupède. La méthode indiquée pour faire l'ouverture du crâne et du rachis peut être suivie sans inconvénient; quant au thorax et à l'abdomen, il faut, après avoir couché le corps sur le côté droit et avoir soulevé le membre antérieur du côté gauche, couper transversalement les muscles qui se rendent de l'épaule au thorax; alors on renverse ce membre en haut et en dehors pour découvrir toute la paroi gauche de la poitrine; on scie les côtes à leurs extrémités dorsale et sternale, ce qui donne un lambeau fort large que l'on renverse du côté de l'abdomen. Pour examiner les viscères abdominaux, on fait une incision longitudinale qui s'étend depuis la dernière fausse côte, et près des vertèbres des lombes, jusqu'au pubis, en côtoyant la crête de l'iléum.

Précautions à prendre après avoir fait l'ouverture du cadavre. Le docteur *Renard* a consigné dans sa *Dissertation inaugurale*, un certain nombre de propositions relatives à cet objet, qu'il me semble utile de faire connaître. 1° Les recherches faites sur le cadavre étant terminées, on rassemble toutes les parties, on les remet dans leur situation première, on fait coudre à grands points toutes les incisions, on nettoie le corps, et on l'enveloppe dans un grand drap que l'on fait coudre, et qui est ensuite scellé par le commissaire; on le dépose dans le cercueil. 2° C'est à tort que, dans le dessein d'absorber des liquides épanchés, on remplit les cavités splanchniques de son, de sciure de bois, de cendres, de chaux vive, etc.; car ces poudres changent tellement l'aspect des parties, que l'on aurait beaucoup de peine à retrouver ce qu'on aurait annoncé dans un premier rapport si on était obligé de faire de nouvelles recherches sur le cadavre. 3° On doit éviter, autant que possible, d'emporter un viscère ou toute autre partie du cadavre, et, si l'on y était forcé, il faudrait en faire mention dans le procès-verbal. 4° La partie ainsi détachée serait enveloppée dans un linge que l'on renfermerait dans un pot bien bouché dont on ne confierait le transport qu'à des personnes sûres; sans cela la pièce pourrait disparaître ou être changée. 5° Les parties molles du cadavre que l'on croirait devoir conserver seraient nettoyées et placées dans un bocal que l'on remplirait d'alcool, et que l'on boucherait fort exactement. 6° Si pendant l'ouverture du corps le médecin s'était fait quelque piqûre au doigt, il devrait cautériser les parties entamées, et rester sans inquiétude sur les suites ; cette précaution serait indispensable surtout si on faisait l'ouverture d'un sujet mort depuis quelque temps, ou atteint d'une maladie putride et contagieuse. 7° Les précautions à prendre dans le cas d'empoisonnement seront indiquées plus loin, voy. t. III.

BIBLIOGRAPHIE.

Ouverture des cadavres.

FELDMANN (J. C. G.). Diss. de cadavere inspiciendo. Groningue, 1673 ; Brême, 1692.

ROSA (J. S.), præs. A. Ch. RAUGER. De oculari inspectione. Kœnigsberg, 1685.

SCHEUCHER (J. C.), præs. C. A. ZEIBIG. De quæstione quid liceat in hominum demortuorum corpora. Wittemberg, 1700.

TENTZEL (W. E.). De inspectione judiciali cadaverum. Erfurt, 1707. Ibid. 1723.

ROST (C. F.), præs. G. EMMERICH. Diss. de inspectione cadaveris in genere. Kœnigsberg, 1740.

Sentence rendue par le lieutenant criminel, au sujet des visites et ouvertures qu'il convient de faire aux cadavres des personnes décédées de mort violente. Paris, 1722.

SIBRAND (J. H.), præs. G. G. DETHARDING. De necessaria vulnerum inspectione in crimine homicidii commisso. Rostock, 1726.

PLATZ (G. C.) An in homicidio sectio et inspectio cadaveris necessaria sit? Leipzig, 1727.

HEBENSTEIT (J. E.). De sectione et inspectione cadaveris in homicidio non necessariâ ad mentem Strickii, Bodini. Leipzig, 1728.

SALZER (J. M.), præs. B. D. MAUCHART. De inspectione et sectione legali, harumque exemplo speciali. Tubingue, 1736 ; ibid. 1739.'

GERICKE (P.). De summé necessaria vulnerum inspectione post homicidium. Helmstadt, 1737.

ENGELBRECHT (J. B.), præs. F. C. CONRADI. Dissert. de inspectione cadaveris occisi à solis medicis peractâ vitiosâ nec sufficiente ad pœnam ordinariam irrogandam. Helmstadt, 1738.

WESTERHOFF (A.). De cadaveribus auctoritate publicâ lustrandis. Leyde, 1738.

GERICKE (P.). Inspectionem cadaveris in homicidio apud Romanos olim in usu fuisse. Helmstadt, 1739.

LIEBERKUEHN (C. L.) Epistola de origine et utilitate inspectionis et sectionis cadaveris, etc. Halle, 1740, ibid., 1771.

Greding (J. E.), præs. Teichmeyer. De cadaveris inspectione et sectione legali. Iéna, 1742.

Gerber (B. R.), præs. J. S. F. Boehmer. De legitimâ cadaveris occisi sectione, ad articulum 149 c. c. c. Halle, 1747.

Hommel (F. A.). De inspectione cadaverum post occisum hominem. Leipzig, 1747.

Viselius (J. G.) De inspectione et sectione legali. Giessen, 1748.

Hagen (C. F. H.), præs. L. Heister. De medico vulneratum curante à sectione cadaverum non excludendo. Helmstadt.

Zoller (F. C.). De juribus mortuorum. Leipzig, 1749.

Bruecmann (N. F. B.), præs. Ph. C. Fabricius. De præcipuis cautionibus in sectionibus et perquisitionibus cadaverum humanorum pro usu forensi observandis. Helmstadt, 1750.

Berisch (C. F.), præs. C. F. Seger. De sectione cadaveris occisi. Leipzig, 1769.

Isenflamm (J. F.). De difficili in observationes anatomicas epicrisi. Dissertationes viii. Erlang, 1774.

Senfft (J. A.). Programma quo se suamque de cadaverum lustratione sententiam pluribus exemplis tuetur. Wurzbourg, 1790.

Nasal (L. L.). De sectione legali. Wurzbourg, 1798.

Roose (Th. G.). Taschenbuch für gerichtliche Aerzte und Wundærzte bei gesetzmæssigen Leichenœffnungen. 2ᵉ éd. Brême, 1801; 4ᵉ éd., soignée par Himly. Francfort, 1814. — Trad. en français par Marc, sous le titre de Manuel d'autopsie. Paris, 1808, in-8.

Chaussier. Table synoptique de l'ouverture des cadavres. Paris, fol. in-plano.

Autenrieth. Anleitung für gerichtliche Aerzte bei legalen Inspectionen und Sectionen. Tubingue, 1806.

Fleischmann (G.) Anleitung zur juristischen und polizeilichen Untersuchung der Menschen-tund Thierleichname. Erlang, 1811.

Hesselbach (A. K.). Anleitung zur gerichtlichen Leichenœffnung. Wurzbourg, 1812.

Wildberg (C. F. L.) Anweisung zur gerichtlichen Zergliederung menschlicher Leichname für angehende gerichtliche Aerzte und Chirurgen, nebst der Beschreibung eines vollstændigen Obductions-Apparats. Berlin, 1817.

DES EXHUMATIONS JURIDIQUES.

Législation relative aux exhumations juridiques.

Le législateur a prévu avec raison le cas où, sans motifs, les tombeaux ou les sépultures seraient violés. Voici le texte précis de l'article 360 du Code pénal.

« Sera puni d'un emprisonnement de trois mois à un an, et de 16 fr. à 200 fr. d'amende, quiconque se sera rendu coupable de violation de tombeaux ou de sépultures, sans préjudice des peines contre les crimes ou les délits qui seraient joints à celui-ci. »

Les morts ne peuvent donc être extraits de leur demeure que dans les cas où, dans l'intérêt de la société, les magistrats ordonnent leur exhumation pour mieux connaître les causes qui ont pu détruire la vie. Le désir d'apprécier la nature et l'étendue des lésions cadavériques pour éclairer le diagnostic n'est pas un motif suffisant, aux yeux de la loi, pour autoriser les gens de l'art à faire des recherches sur des corps déjà ensevelis ; et si dans le travail que nous avons entrepris, M. Lesueur et moi, il nous a été permis d'exhumer des cadavres qui étaient enterrés depuis plusieurs mois ou depuis plusieurs années, c'est que tous ces cadavres ont été inhumés par nous, et pris parmi ceux qui, n'étant réclamés par personne, sont livrés aux élèves pour les travaux anatomiques. Il n'a pas été difficile de faire comprendre à l'autorité que des corps qui n'étaient pas destinés à recevoir de sépulture, pouvaient, sans inconvénient, être déposés par nous dans la terre pour en être extraits plus tard et servir à des études qui ne seraient peut-être pas sans intérêt.

Des dangers dont les exhumations peuvent être accompagnées.

Les auteurs sont tellement remplis d'observations tendant à prouver combien il peut être nuisible à la santé d'exhumer des cadavres, qu'il serait difficile de ne pas reconnaître qu'au moins, dans certains cas, ces opérations peuvent être accompagnées de quelque danger. Il me semble cependant que les médecins qui ont écrit sur ce sujet ont singulièrement exagéré ces dangers, comme on pourra en juger par les faits suivans :

1° On lit dans Ramazzini qu'un fossoyeur nommé Piston avait inhumé un jeune homme bien habillé et avec une chaussure neuve : quelques jours après, trouvant, vers le midi, les portes du temple ouvertes, il alla à son tombeau, dérangea la pierre qui le fermait, y descendit, et, voulant ôter les souliers du cadavre, il tomba mort, et fut ainsi puni d'avoir violé ce lieu sacré (*Maladies des Artisans*, p. 205, année 1777).

2° Vicq-d'Azyr rapporte qu'à Riom en Auvergne on remua la terre d'un ancien cimetière dans le dessein d'embellir la ville. Peu de temps après, on vit naître une maladie épidémique qui enleva un grand nombre de personnes, particulièrement dans le peuple, et la mortalité se fit surtout sentir aux environs du cimetière. Le même événement avait causé, six ans auparavant, une épidémie dans une petite ville de la même province, appelée Ambert. Une pareille suite de faits ne laisse aucun doute sur l'infection que peuvent causer les exhalaisons des cadavres (*Essais sur les lieux et les dangers des sépultures*, p. 113).

3° On trouve encore dans le même auteur que *Pennicher*, dans son *Traité sur les embaumemens*, dit que la vapeur d'un tombeau causa à un malheureux fossoyeur une fièvre maligne. (Gockel, cent. 11, observ. 33). On a vu un fait pareil à Breslau en 1719 (Vicq-d'Azyr, ouvr. cité, p. 117).

4° D'après Haller, une église aurait été infectée par les exhalaisons d'un seul cadavre, douze ans après sa sépulture ; ce cadavre répandit une maladie très dangereuse dans un couvent entier (Vicq-d'Azyr, ouvr. cité, p. 117).

5° Raulin raconte qu'en 1744 la ville de Lectoure fut affligée d'une maladie populaire qui fit périr près d'un tiers de ses habitans : on en attribua la cause à un vieux cimetière où l'on avait fait des travaux profonds. Il dit, à la page suivante, que plusieurs enfans jouaient avec le cadavre d'un pendu qui était mort depuis peu de mois ; le plus hardi d'entre eux frappa d'un coup de poing la poitrine nue de ce cadavre ; il en jaillit une liqueur si corrosive, que celle qui toucha le bras de ce misérable enfant y fit une excoriation si terrible qu'on eut de la peine d'empêcher que ce bras ne se gangrénât (*Observations de médecine*, par Joseph Raulin, p. 390, année 1754).

6° En 1744, trois hommes moururent dans le caveau d'une église de Montpellier ; le quatrième ne dut son salut qu'à la fuite la plus prompte, et encore éprouva-t-il des vertiges, des lipothymies, etc., qui mirent sa vie en danger. Ses vêtemens et toute sa personne exhalèrent pendant plusieurs jours une odeur cadavéreuse (Haguenot, *Mémoire* lu à la Société de Montpellier, en décembre 1746).

7° Un général de Carthage ayant fait ouvrir un lieu de sépulture, devant une petite ville de Sicile, pour y faire des retranchemens, la peste se mit dans son armée (Naviér, *Réflexions sur les dangers des exhumations*, année 1775, p. 9).

8° Un fossoyeur, creusant une fosse dans l'église de Saint-Alpin d'Amsterdam, y trouva un corps presque dans son entier, quoique inhumé depuis long-temps. Il l'entama d'un coup de hoyau, et fut frappé sur-le-champ de l'odeur infecte de ce cadavre ; il tomba malade et mourut dans les vingt-quatre heures (*Ibid.*, p. 20).

9° On avait enlevé pendant l'hiver de 1749 tous les bancs de l'église de Saint-Eustache de Paris, pour creuser et construire des caveaux. Les corps morts que l'on trouva dans la fouille du terrain furent exhumés et transférés pour la plupart derrière l'œuvre. Ceux qu'on devait enterrer dans l'église furent déposés dans un caveau particulier, situé sous les charniers, et ce caveau n'avait point été ouvert depuis fort long-temps. Le 7 mars suivant, les enfans qui étaient au catéchisme tombèrent presque tous en syncope ou en faiblesse dans le même temps. Le dimanche suivant, même accident arriva à une vingtaine d'enfans et autres personnes de tout âge. La semaine suivante, le même événement arriva à Sainte-Périne, d'où l'on avait exhumé des cadavres pour y construire une manufacture de rubans, où l'on faisait travailler de jeunes filles. (*Ibid.*, pag. 19, *observation rapportée* par Malouin).

10° Le 20 avril 1773, on creusa à Saulieu, dans la nef de l'église de Saint-Saturnin, une fosse pour une femme morte de fièvre putride. Les fossoyeurs découvrirent le cercueil d'un corps enterré le 3 mars précédent. En descendant dans la fosse le cadavre de la femme, la bière s'entr'ouvrit, ainsi que le cercueil dont on vient de parler, et il se répandit sur-le-champ une odeur si fétide, que tous les assistans furent forcés de sortir. De cent vingt jeunes gens des deux sexes que l'on préparait à la première communion, cent quatorze tombèrent dangereusement malades, ainsi que le vicaire, les fossoyeurs et plus de soixante-dix autres personnes, dont il en est mort dix-huit, y compris le curé et le vicaire qui ont été enterrés des premiers (Maret, *Journal encyclopédique*, septembre 1773 ; et Navier, ouvrage cité, p. 5).

11° L'abbé *Rozier* dit qu'un particulier de Marseille fit ouvrir des fosses pour planter des arbres dans un endroit où, trente ans auparavant, lors de la peste, on avait enterré un grand nombre de cadavres. A peine eut-on donné quelques coups de bêche, que trois des ouvriers furent subitement suffoqués, sans qu'on pût les rappeler à la vie (*Observations physiques*, année 1773, tome 1er, page 109).

12° Le 15 janvier 1772, au rapport du P. Cotte, prêtre de l'Oratoire, un fossoyeur creusant une fosse dans le cimetière de Montmorency, donna un coup de bêche sur un cadavre enterré un an auparavant ; il sortit une vapeur infecte qui le fit frissonner, et lui fit dresser les cheveux sur la tête. Comme il s'appuyait sur sa bêche pour fermer l'ouverture qu'il venait de faire, il tomba mort, et les secours qu'on lui donna furent inutiles (*Ibid*, page 109).

13° Le seigneur d'un village situé à deux lieues de cette ville mourut d'une fièvre putride le 15 décembre 1773. On voulut lui préparer une fosse distinguée dans l'église. Pour cet effet, on remua plusieurs cadavres, et l'on déplaça le cercueil d'une de ses parentes enterrée au mois de février précédent. L'infection se répandit aussitôt dans l'église, ce qui n'empêcha pas de continuer la cérémonie, comme s'il eût été plus essentiel d'enterrer promptement un mort, que de fuir les coups meurtriers de l'épidémie, en abandonnant et l'église et le cadavre pour quelques jours. Aussi ceux qui assistèrent à ces obsèques payèrent-ils cher leur obstination imprudente. Quinze d'entre eux moururent en huit jours de temps : de ce nombre furent quatre malheureux paysans qui avaient levé la tombe, préparé la fosse, et remué les cercueils. Six curés, assistant à cette révoltante cérémonie, ont aussi manqué de périr (*Gazette de santé* du 10 février 1774).

14° On lit dans le *Recueil de pièces* concernant les exhumations faites dans l'église de Saint-Éloi, de Dunkerque (Paris, 1783), que de deux jeunes gens que la curiosité avait conduits au lieu de l'exhumation, un fut affecté d'une douleur violente de la tête ; bientôt la petite-vérole se déclara et il mourut. Dans le nombre des cadavres auxquels il s'était arrêté, plusieurs étaient infectés de petite-vérole confluente. Un ouvrier périt d'un autre genre d'imprudence : il se jouait avec les débris des cadavres, et croyait trouver dans le vin un spécifique suffisant, (page 73).

Les divers accidens dont je viens de parler ont tellement effayé les auteurs de médecine légale, que plusieurs d'entre eux n'ont pas hésité à établir que le médecin pourrait refuser son ministère lorsqu'il s'agirait d'un rapport sur un cas d'exhumation faite long-temps après la mort. Voici comment s'exprime Fodéré : « Les effets de la mort, manifestés aussitôt que l'action vitale a cessé, augmentent en raison du temps qui s'est écoulé depuis cette cessation, et suivant la nature de la maladie et de la lésion sous lesquelles l'individu a succombé, bientôt tout est confondu ; et, sans compter que lorsque la putréfaction est avancée, *les gens de l'art ne peuvent être obligés à un examen qui serait autant dangereux pour leur vie* qu'inutile pour les éclaircissemens qu'on veut obtenir, il est telles causes de mort et telles lésions qu'il est impossible de distinguer alors d'avec les phénomènes inhérens à l'état cadavérique : tels sont les douleurs et les spasmes, les coups de sang à la tête ou à la poitrine, les commotions, l'étranglement et les divers genres de suffocation, l'empoisonnement, etc. (*Traité de médecine légale*, tome III, p. 71, année 1813). On lit encore dans la première édition de l'ouvrage du même auteur, page 28 : « Et si le cadavre exhale déjà une mauvaise odeur, l'homme de l'art peut *se refuser à en approcher;* car on ne peut l'obliger à une opération qui deviendrait non-seulement inutile en grande partie, mais encore qui pourrait être nuisible à sa santé. »

Les observations qui précèdent ne me semblent pas *toutes* propres à prouver les dangers des exhumations; il en est en effet qui paraissent apocryphes; d'autres offrent des détails évidemment exagérés, et les accidens graves qui y sont mentionnés ne sauraient être attribués aux exhalaisons putrides. Comment supposer en effet une action aussi malfaisante aux émanations dégagées par un cadavre enterré dans une fosse particulière, lorsque, dans mon travail, ni les fossoyeurs, ni deux ou trois élèves qui m'assistaient, ni M. Lesueur, ni moi-même, nous n'avons jamais éprouvé d'incommodité notable, quoique les exhumations aient été nombreuses et faites sans prendre aucune précaution, aux diverses époques de la putréfaction, et souvent au milieu des plus grandes chaleurs? Je suis loin de contester les effets nuisibles d'un amas de cadavres en putréfaction, des cimetières dans lesquels on ferait des fouilles pour opérer la translation de plusieurs corps ; j'accorderai encore qu'il peut y avoir du danger à descendre dans une fosse commune pour exhumer un cadavre ; mais je ne saurais admettre ce danger dans le cas d'une exhumation partielle faite dans une fosse particulière : tout au plus les fossoyeurs et les assistans éprouveront-ils de très légères incommodités, lors même qu'ils n'auront fait usage d'aucune des précautions propres à corriger les mauvais effets des exhalaisons putrides. Il en sera de même des gens de l'art, qui seront obligés d'ouvrir les cadavres et d'examiner pendant plusieurs heures leurs organes. Cette proposition ne me paraît devoir souffrir d'exception que dans les cas fort rares, où les médecins et les personnes chargées de pareils travaux seraient considérablement affaiblis par des maladies antécédentes qui les prédisposeraient à en contracter de nouvelles, ou bien lorsque la décomposition des corps étant encore peu avancée, et l'abdomen considérablement tuméfié, on percerait maladroitement celui-ci et on s'obstinerait à respirer, pendant un certain temps, le gaz méphitique qui se dégagerait par l'ouverture. Je réfute donc ces auteurs qui, à l'exemple de Fodéré, ont pensé que les gens de l'art pouvaient refuser de faire une exhumation juridique, sous prétexte qu'ils exposaient leur vie ; je le ferai avec d'autant plus de raison qu'il ne me sera pas difficile d'établir dans la troisième section de cet ouvrage, que ces exhumations, loin d'être inutiles, comme ils l'ont avancé, peuvent dans beaucoup de cas servir à prouver que la mort des individus est le résultat d'une violence extérieure, d'un empoisonnement, etc.

J'irai même plus loin ; je suis persuadé que dans un certain nombre de cas d'exhumations de plusieurs cadavres, et de fouilles dans les caves sépulcrales, on a attribué aux exhalaisons putrides, des fièvres et des maladies épidémiques qui devaient nécessairement reconnaître une toute autre cause. Parmi les faits nombreux qui appuient cette manière de voir, je citerai les exhumations du cimetière et de l'église des Saints-Innocens de Paris, et les observations consignées par Parent-Duchâtelet dans un rapport sur l'enlèvement et l'emploi des chevaux morts.

1° Les exhumations du cimetière et de l'église des Innocens eurent lieu du mois de décembre 1785 jusqu'au mois de mai 1786, du mois de décembre de la même année au mois de février 1787, et *du mois d'août* au mois d'octobre suivant. Il y avait déjà près de six ans que l'on n'enterrait plus les morts dans le cimetière, tandis qu'aucune interruption n'avait eu lieu pour les cérémonies funéraires dans l'église. C'est dans le sein de la tranquillité et du calme, dit *Thouret,* qu'ont été terminées les opérations dont nous avons à rendre compte, et qui ayant été reprises à différentes époques, et continuées constamment chaque fois le jour et la nuit, ont eu plus de dix mois de durée. Pendant cette longue suite de travaux, une couche de 2 m. 60 à 3 m. 30 de terre infectée pour la plus grande partie, soit des débris des cadavres, soit par les immondices des maisons voisines, a été enlevée de toute la surface du cimetière et de l'église, sur une étendue *de deux mille toises carrées ;* plus de *quatre-*

vingt caveaux funéraires ont été ouverts et fouillés ; *quarante à cinquante* des fosses communes ont été creusées à 2 m. 60 c. et 3 m. 30 de profondeur, quelques-unes *jusqu'au fond*, et plus de *quinze* à *vingt mille* cadavres appartenant à toutes sortes d'époques, ont été exhumés avec leurs bières. Exécutées principalement pendant l'hiver, et ayant eu aussi lieu en grande partie dans *les temps des plus grandes chaleurs ;* commencées d'abord avec tous les soins possibles, avec toutes les précautions connues, et *continuées presque en entier, sans en employer pour ainsi dire aucune, nul danger ne s'est manifesté pendant le cours de ces opérations* (*Rapport sur les exhumations du cimetière et de l'église des Saints-Innocens,* par Thouret, page 10, année 1789).

Objectera-t-on que depuis plusieurs années on n'enterrait plus les cadavres dans ces lieux, et que déjà la décomposition putride avait atteint cette période où il ne se dégage presque plus d'émanations fétides et nuisibles? D'ailleurs, dira-t-on, les cadavres avaient éprouvé, dans le cimetière des Innocens, une transformation en *gras* qui rendait leur action sur l'économie animale beaucoup moins intense, pour ne pas dire nulle. Il est vrai que ceux de ces corps qui s'étaient transformés en *gras* dans ce cimetière ne devaient exhaler que peu ou point d'odeur malfaisante ; mais n'ai-je pas dit que pendant les six années qui avaient précédé les travaux, on n'avait pas cessé d'inhumer dans l'église des Saints-Innocens : dès-lors ne devait-on pas extraire des caves, des cadavres *non encore transformés en gras et en pleine putréfaction ?* « On remarquait, dit Thouret, toutes les nuances de la destruction, toutes les métamorphoses de la mort rassemblées, depuis le corps qui se *dissout* et se *putréfie,* jusqu'à ceux plus privilégiés qui se changent en momies sèches et fibreuses » (page 16).

Du reste, les détails suivans, extraits d'un Mémoire de Fourcroy, confirment pleinement ma manière de voir. Curieux d'avoir des renseignemens positifs sur les altérations qu'éprouvent les cadavres que l'on jette dans les fosses communes, ce savant célèbre interrogea à plusieurs reprises un grand nombre de fossoyeurs du cimetière des Saints-Innocens, qui lui apprirent qu'ils n'étaient exposés à un véritable danger que dans la *première période* de la décomposition des corps, c'est-à-dire quelques jours après leur inhumation, lorsque le ventre, après avoir été distendu par des gaz, se déchire aux environs de l'anneau, et quelquefois autour du nombril ; il s'écoule alors par ces ouvertures un fluide sanieux, brunâtre, d'une odeur très fétide, et il se dégage en même temps un fluide élastique très méphitique, et dont on doit redouter les dangereux effets. Il est arrivé plusieurs fois dans des fouilles de cimetière, que la pioche ayant ouvert ainsi le bas-ventre, le gaz qui s'en est élevé a frappé subitement d'apoplexie les ouvriers employés à ce travail : telle est la cause des malheurs arrivés dans les cimetières. On conçoit que la même rupture du bas-ventre et le dégagement du gaz très méphitique ayant lieu dans les caveaux comme dans la terre, ce fluide élastique, comprimé dans ces souterrains, peut exposer à des accidens terribles les personnes qui y descendent imprudemment ; on conçoit aussi, d'après cela, la cause de la mort des Balsagettes dans le caveau de Saulieu.

Après s'être demandé quelle peut être la nature de ce gaz délétère, qu'il croit formé d'acide sulfhydrique et d'hydrogène phosphoré, d'azote et d'une vapeur animale délétère, Fourcroy continue en ces termes : « Les hommes occupés au travail des cimetières reconnaissent *tous* qu'il n'y a de réellement dangereux pour eux que la *vapeur qui se dégage du bas-ventre* des cadavres, lorsque cette cavité se rompt. Ils ont encore observé que cette vapeur ne les frappe pas toujours d'asphyxie ; que s'ils sont éloignés du cadavre qui la répand, elle ne leur donne qu'un léger vertige, un sentiment de malaise et de défaillance, des nausées ; ces accidens durent plusieurs heures ; ils sont suivis de perte d'appétit, de faiblesse et de tremblement : tous ces effets annoncent un poison subtil qui *ne se développe heureusement* que dans une des premières époques de la décomposition des corps» (*Mémoire sur les différens états des cadavres trouvés dans les fouilles du cimetière des Innocens en* 1786 *et* 1787, lu par Fourcroy à l'Académie royale des sciences, les 20 et 28 mai 1789.)

2° Les observations consignées par Parent-Duchâtelet dans un travail demandé par M. Delavau, alors préfet de police, au conseil de salubrité, viennent merveilleusement à l'appui de la proposition que je cherche à prouver. Les clos d'équarrissage de Montfaucon, dit le rapporteur, exhalent l'odeur la plus infecte (1). Qu'on se figure ce que peut produire la décomposition putride de monceaux de chairs et d'intestins abandonnés, pendant des semaines ou des mois, en plein air et à l'ardeur du soleil, à la putréfaction spontanée ; qu'on y ajoute, par la pensée, la nature des gaz qui peuvent sortir de monceaux de carcasses qui restent garnies de beaucoup de parties molles ; qu'on y joigne les émanations que fournit un terrain qui, pendant des années, a été imbibé de sang et de liquides animaux, celles qui proviennent de ce sang lui-même, qui, dans l'un et dans l'autre clos, reste sur le pavé sans pouvoir s'écouler ; celles enfin des ruisseaux des boyauderies et des séchoirs du voisinage ; que l'on multiplie, autant que l'on voudra, les degrés de la *puanteur*, et l'on n'aura qu'une faible idée de l'odeur *repoussante* qui sort de ce cloaque, le plus infect qu'il soit possible d'imaginer !

Eh bien ! ni les maîtres équarrisseurs ni les ouvriers ne sont jamais malades ; et si vous les interrogez, ils vous diront que les émanations qu'ils respirent contribuent à leur bonne santé. Déjà, dans un rapport fait en 1810 par MM. Deyeux, Parmentier et Pariset, il y est parlé de la surprise que causa la brillante santé de la femme et des cinq enfans du nommé Fiard, qui travaillaient toute l'année dans leur clos, et couchaient dans le lieu même, où il fut impossible aux membres de la commission de pénétrer, à cause de l'excessive infection qui s'en exhalait. On sait également que la plupart des équarrisseurs meurent dans un âge fort avancé, et presque toujours exempts des infirmités de la vieillesse. Bien plus, on a remarqué que dans l'épidémie de Pantin et de la Villette, pas un seul ouvrier du clos de Montfaucon n'en fut affecté, privilége qui paraît leur avoir été commun avec les femmes qui confectionnent la poudrette dans le voisinage.

(1) La voirie de Montfaucon est un emplacement destiné aux opérations de l'équarrissage, et où il y a environ 12,775 chevaux d'abattus, de dépouillés et de dépécés tous les ans.

On dira peut-être que ces ouvriers, nés pour ainsi dire dans le métier d'équarrisseur, et tous issus de parens qui l'ont exercé, ont perdu la faculté d'être influencés par les émanations putrides qui conservent sur les autres toute leur activité. Je répondrai à cette objection par les faits suivans : les étrangers qui viennent tous les jours au clos, et qui y restent souvent long-temps, n'en sont point incommodés. On n'a jamais remarqué que les ouvriers étrangers que l'on était quelquefois obligé de prendre pour des travaux extraordinaires, n'étaient pas plus susceptibles que les autres de contracter des maladies. Les carriers, les plâtriers, les cabaretiers et les gargotiers qui sont au voisinage de la voirie de Montfaucon n'en éprouvent aucune influence fâcheuse. On lit encore dans le rapport de la commission de 1810, qu'elle resta convaincue que les maladies diverses dont avaient été affectés les ouvriers de la verrerie tenaient à d'autres causes qu'aux émanations du clos d'équarrissage de la gare.

Plusieurs observations fort curieuses, ajoute Parent-Duchâtelet, appuient d'ailleurs ce que je viens de dire du peu d'influence que peut avoir l'habitude sur l'action négative des émanations putrides, par rapport à la santé de ceux qui y sont exposés. On fait tous les ans à Paris, au cimetière du Père Lachaise, près de deux cents exhumations, pour transporter dans des terrains acquis par les familles, ou dans des sépultures convenables, les corps qui ont été provisoirement déposés dans des fosses particulières. Ces exhumations se pratiquent à toutes les époques de l'année, deux, trois ou quatre mois après la mort, souvent même beaucoup plus tard. On conçoit que la putréfaction est alors dans toute son activité, et cependant on n'a point encore remarqué que le moindre accident soit arrivé aux fossoyeurs chargés de ces travaux, qui sont d'autant plus pénibles, et qui devraient être d'autant plus dangereux, qu'ils les obligent de respirer dans la fosse même les émanations qui ont été renfermées pendant long-temps dans un étroit espace, et qui proviennent d'individus qui ont succombé à des maladies de nature différente. — Ne sait-on pas aussi que les ouvriers boyaudiers jouissent de la santé la plus brillante, quoiqu'ils vivent dans une atmosphère infecte? Enfin, n'est-il pas certain que les maladies charbonneuses et la

5.

pustule maligne n'attaquent que bien rarement les équarrisseurs, quoiqu'ils se livrent à leurs travaux sans prendre aucune précaution?

DE LA MANIÈRE DE FAIRE LES EXHUMATIONS JURIDIQUES, ET DES PRÉCAUTIONS A PRENDRE POUR ÉVITER LES DANGERS QUI PEUVENT LES ACCOMPAGNER.

Il importe de distinguer le cas où il s'agit simplement d'extraire un cadavre d'une fosse particulière, de celui qui a pour objet l'évacuation des cimetières et des caves sépulcrales, ou l'extraction d'un cadavre d'une fosse commune.

A. *Exhumation d'un cadavre enterré dans une fosse particulière.*

Quoiqu'il n'y ait en général aucun danger à exhumer un cadavre enterré dans une fosse particulière, je crois devoir conseiller un certain nombre de précautions qui rendent l'opération moins désagréable (1). 1° On choisira le matin de préférence, surtout dans les saisons chaudes, d'abord parce qu'il sera quelquefois nécessaire de prolonger pendant plusieurs heures l'examen du cadavre, et que d'ailleurs les corps inhumés depuis quelques mois peuvent se goufler et éprouver d'autres changemens, beaucoup plus promptement au milieu du jour, lorsque la température est élevée, que dans la matinée ; il est également certain que l'impression désagréable produite par les émanations sur l'organe de l'odorat, est plus marquée pendant la chaleur. 2° On emploiera deux ou trois fossoyeurs afin que l'exhumation soit faite promptement, et on *pourra* arroser de temps en temps les parties de la fosse déjà creusées, avec 60 ou 90 grammes d'une faible dissolution de chlorure de chaux ; les fossoyeurs sont tellement habitués aux odeurs qu'exhalent les cadavres en putréfaction, et redoutent tellement peu les effets de ces exha-

---

(1) On ne procédera que d'après l'ordre d'un magistrat, et en présence d'un juge d'instruction ou de tout autre fonctionnaire délégué à cet effet.

laisons, que dans les nombreuses exhumations dont je les ai chargés, ils n'ont jamais eu recours à cette liqueur désinfectante : moi-même qui assistais à ces opérations, je n'ai jamais senti la nécessité d'en faire usage. On doit déjà pressentir que je regarderai au moins comme inutiles deux précautions indiquées par les auteurs, et qui consistent à garnir la bouche et les narines des ouvriers d'un mouchoir trempé dans du vinaigre, et à jeter plusieurs kilogr. de dissolution de chlorure de chaux sur le cercueil, aussitôt qu'on aurait creusé assez pour l'apercevoir : cet arrosement doit même être rejeté comme nuisible dans beaucoup de cas ; en effet, lorsque la bière a été brisée, défoncée, la liqueur dont il s'agit, pénétrera dans son intérieur, et agira sur le corps dont elle pourra altérer les tissus, comme je le dirai plus bas. Tout ce que je puis conseiller en pareil cas, et seulement lorsque l'odeur putride est très désagréable, c'est de jeter au fond de la fosse et sur la partie de la bière encore entière, 100 ou 120 grammes de dissolution de chlorure de chaux ou de soude (1). Dans aucun cas la bière ni le corps ne seront plongés dans une dissolution de ces chlorures ; il ne faudra même pas répandre quelques verres de cette liqueur à la surface du cadavre : si l'on veut neutraliser *momentanément* (2) l'odeur désagréable qui s'exhale, on versera çà et là sur la table où gît le cadavre, et à côté de lui, 50 à 60 grammes de dissolution de chlorure, qui agira à-peu-près avec la même énergie que si elle eût été portée sur le corps, et qui n'offrira pas les inconvéniens qui résultent de son contact avec la peau et nos organes. Ces inconvéniens sont : *a.* d'être presque instantanément décomposée par l'acide carbonique et de donner naissance, quand on s'est servi de chlorure de chaux, à du carbonate de chaux blanc qui s'applique sur les tissus et les recouvre d'une couche blanche qui ne permet plus de bien les étudier ; *b.* d'altérer promptement ces

---

(1) Cette dissolution pourra être préparée avec 30 grammes de chlorure et 2 litres d'eau.

(2) Je dis, momentanément, parce qu'en effet l'action désinfectante des chlorures est limitée à un temps qui n'est pas très long, et l'on est obligé de revenir souvent à l'emploi de ces préparations, pour peu que l'examen du cadavre se prolonge.

mêmes tissus, de manière à changer leur consistance, leur couleur : ainsi les muscles qui sont d'un rouge tirant légèrement sur le livide, blanchissent, puis deviennent plus livides, verdâtres et plus mous par leur contact avec le chlorure de chaux ; les chlorures de soude et de potasse attaquent aussi les organes, mais plus lentement que celui de chaux, et ne déposent jamais de carbonate de chaux, quoiqu'ils communiquent d'abord une teinte blanchâtre aux muscles. 3° On retirera le cadavre du cercueil et on commencera les recherches immédiatement après ; on observe en effet, surtout en été et lorsque la putréfaction n'est pas encore très avancée, que les corps qui restent pendant plusieurs heures en contact avec l'air, se tuméfient, se colorent, et éprouvent des altérations qui seraient propres à induire l'expert en erreur.

B. *Evacuation des cimetières et des caves sépulcrales.*

Tandis que, lors d'une exhumation juridique, les gens de l'art sont obligés de procéder à l'opération aussitôt qu'ils sont requis, ils peuvent au contraire différer les travaux, et attendre la saison la plus favorable quand il s'agit de fouiller et d'évacuer des cimetières et des caves sépulcrales dans l'intention d'assainir les environs. On ne procédera donc que lorsque la température ne sera pas trop élevée, et l'on suspendra l'opération pendant quelque temps si l'atmosphère devient trop chaude et humide, et surtout si le vent souffle du sud ; les époques les plus convenables dans nos climats, sont la fin de l'hiver et le commencement du printemps. On emploiera un nombre d'ouvriers suffisant pour que les travaux puissent être promptement exécutés, et pour peu que les fossoyeurs soient incommodés, on les remplacera par d'autres qui à leur tour pourront céder la place aux premiers : leurs vêtemens seront exposés à l'air à la fin de la journée, et ne serviront que le surlendemain. Ceux des ouvriers qui descendront dans les caves sépulcrales, ou qui lèveront une pierre à chacune des extrémités de ces caves pour pratiquer des ouvertures destinées à renouveler l'air, auront la bouche et les narines garnies d'un mouchoir trempé dans du vinaigre ; et s'il est utile qu'ils aient bu modérément du vin, il importe qu'ils ne soient pas ivres, parce que l'affaissement qui accompagne le plus souvent cet état semble favoriser l'action délétère des émanations putrides. On évitera aussi que ces fossoyeurs ne se tiennent longtemps courbés en avant, la face rapprochée du sol, et pour cela on fera plutôt usage de bêches et de longues pinces de fer, que de pioches et d'autres instrumens peu longs.

Avant de commencer les travaux il ne sera pas inutile de sonder le terrain dans plusieurs endroits pour s'assurer du degré de putréfaction des corps, car il peut se faire que dans une portion du même cimetière, la décomposition ait atteint le dernier terme, tandis qu'elle ne sera pas trop avancée dans une autre partie : or, on conçoit que, dans le premier cas, il n'y ait presque aucune précaution à prendre. Toutefois ces fouilles ne doivent pas être trop multipliées, et l'on ne doit en commencer une nouvelle qu'après avoir comblé avec de la terre celle que l'on vient de faire. Qu'il s'agisse de ces travaux préparatoires, ou que déjà l'on creuse sur toute la surface du cimetière pour extraire les corps, on arrosera de temps en temps le terrain avec la dissolution de chlorure de chaux précédemment indiquée ; on pourra n'enlever d'abord que 16 centim. de terre sur toute la surface, laisser cette nouvelle couche de terrain en contact avec l'air pendant quelques heures après l'avoir arrosée avec le chlorure, puis enlever de nouveau 16 cent. de terre, et agir de même jusqu'à ce que l'on soit arrivé à la profondeur voulue.

Les cercueils non endommagés seront placés en entier et avec soin sur des tombereaux destinés à les transporter ; les autres, ceux qui auront été disjoints, enfoncés ou brisés, exhaleront peut-être une odeur infecte, et devront être arrosés avec une dissolution de chlorure avant de les placer sur les tombereaux : ceux-ci seront couverts d'une toile imprégnée d'eau vinaigrée, et lorsque les cadavres ne seront pas encore entièrement pourris, on aura soin de les placer dans des caisses bien goudronnées et munies d'un couvert. Les débris des cercueils seront brûlés sur une grille, d'abord à l'aide de fagots ou de charbon de terre, puis ils serviront eux-mêmes à entretenir la combustion. S'il y a à transporter des ossemens mêlés de terre, il faudra emporter le tout plutôt que de passer à la claie pour séparer les petits os ; en effet, cette ventilation, dans un terrain infecté pourrait être nuisible.

S'il s'agit de l'exhumation dans des caves *sépulcrales* situées dans les églises ou ailleurs, après avoir établi des courans d'air en ouvrant les portes et les croisées, et avoir percé une ouverture à une des extrémités de la cave, on arrosera le sol avec la dissolution de chlorure de chaux, et on s'éloignera pendant plusieurs heures. Alors on s'occupera de renouveler l'air de ces caves. On a d'abord proposé d'allumer du feu dans un fourneau disposé sur une grille placée elle-même sur l'ouverture déjà mentionnée. A l'aide de ce ventilateur, l'air du souterrain sera bientôt renouvelé ; mais il est préférable de recourir à la manche à air (*Voyez* planche 1). Cette manche consiste tout simplement en une toile de forme cylindrique, longue de plusieurs mètres, offrant un grand nombre de cerceaux que l'on place de 65 centimètres en 65 centimètres pour empêcher l'affaissement de la manche sur elle-même. Une des extrémités de cette manche X étant introduite dans la cave sépulcrale Q dont on veut renouveler l'air, l'autre extrémité D vient se rendre dans le cendrier d'un fourneau E où l'on allume le charbon ; et l'on conçoit que celui-ci ne puisse pas brûler sans qu'il se fasse une aspiration telle de l'air du sépulcre, qu'il suffira de très peu de temps pour le renouveler en entier. Voici du reste la désignation des diverses parties qui composent cet appareil.

A Manche à air servant à renouveler l'air et dont l'ouverture se trouve du côté du vent.

B Manche pliée. De 65 centimètres en 65 centimètres se trouvent des cerceaux.

C Porte pour jeter le charbon.

D Tube en tôle recouvrant la manche à air, et servant à porter l'air du sépulcre dans le cendrier.

E Fourneau où l'on allume le charbon.

Q Sépulcre.

Quel que soit le moyen employé pour renouveler l'air d'un de ces caveaux, avant d'y faire descendre les fossoyeurs, on s'assurera qu'une bougie allumée, plongée jusqu'au fond, continue à y

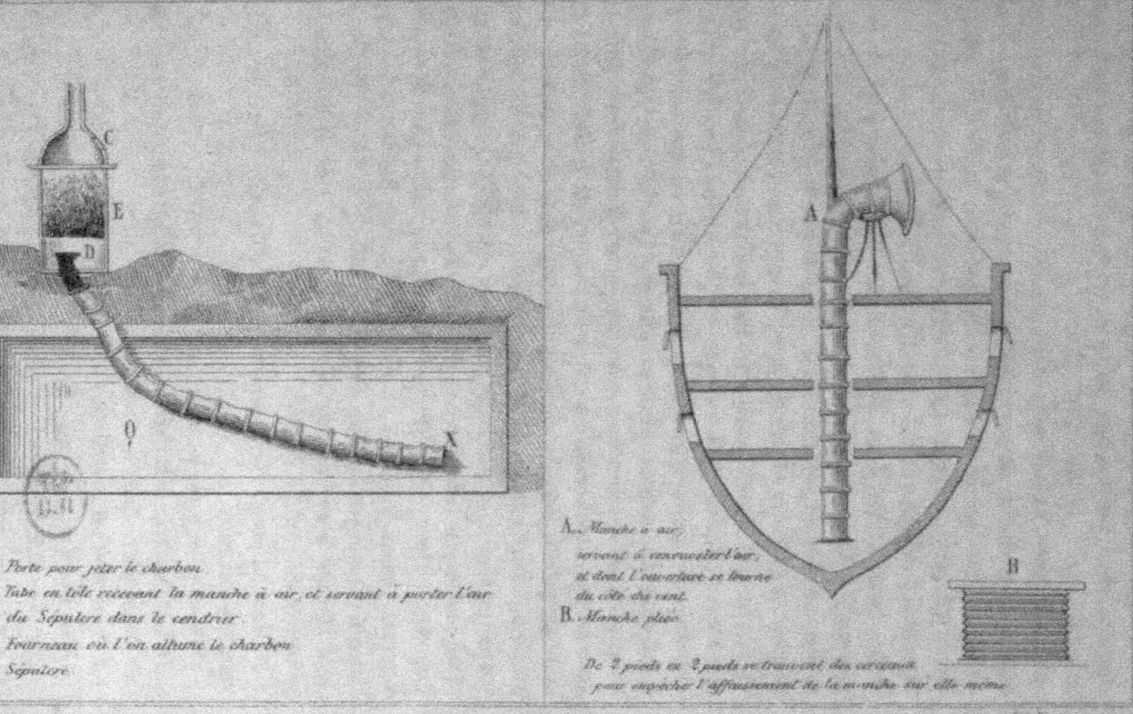

C. Porte pour jeter le charbon.
D. Tube en tôle recevant la manche à air, et servant à porter l'air du Sépulcre dans le cendrier.
E. Fourneau où l'on allume le charbon.
Q. Sépulcre.
A. Manche à air, servant à renouveler l'air, et dont l'ouverture se tourne du côté du vent.
B. Manche plate.
De 2 pieds en 2 pieds se trouvent des cerceaux pour empêcher l'affaissement de la manche sur elle-même.

brûler; si elle s'éteignait, il faudrait encore différer les travaux de quelques heures, et insister sur l'emploi des moyens prescrits. Les premiers ouvriers qui pénétreront dans ces caveaux auront la bouche et les narines garnies d'un mouchoir trempé dans de l'eau vinaigrée; ils seront suspendus à une corde qui passera sous les aisselles, et munis d'une sonnette à l'aide de laquelle ils avertiront qu'il est temps de les retirer.

Les travaux une fois terminés, on comblera les vides des cimetières avec la terre qui avait été remuée, et on arrosera avec la dissolution de chlorure; quant aux caves, on les fermera après les avoir également arrosées. L'emploi réitéré de ce chlorure, pendant quelques jours, permettra d'habiter peu de temps après les cimetières et autres lieux naguère infectés par des exhalaisons fétides.

Je ne terminerai pas ce chapitre sans indiquer les précautions que devront prendre les individus qui habitent dans le voisinage des lieux où se font les exhumations. Ces précautions consistent à fermer les portes et les fenêtres qui donneront du côté de ces lieux, à répandre en été, sur le sol des jardins ou des rues qui avoisinent les habitations, quelques décagram. de dissolution de chlorure, et à faire de temps à autre des fumigations aromatiques, qui auront au moins l'avantage de masquer l'odeur fétide des cadavres.

Extraction d'un cadavre d'une fosse commune.

On agira comme il vient d'être dit à l'occasion de l'évacuation des caves sépulcrales.

DE L'UTILITÉ DES EXHUMATIONS POUR ÉCLAIRER LES QUESTIONS RELATIVES A L'EMPOISONNEMENT.

Dans la plupart des cas, le médecin chargé de constater la cause d'une mort subite, que l'on soupçonne être un empoisonnement, est appelé avant que l'inhumation du cadavre ait eu lieu; mais il peut se faire qu'il ne soit consulté que plusieurs jours, plusieurs mois et même plusieurs années après. Est-il permis de découvrir une substance vénéneuse en analysant les matières trouvées dans le canal digestif, ou dans les débris de ce canal d'un cadavre inhumé depuis long-temps ; est-il possible de constater les lésions des tissus que produisent certains poisons dans le canal digestif, dans les poumons, dans le cœur, etc.? Des expériences nombreuses et plusieurs exhumations juridiques faites depuis 1823, époque à laquelle je découvris de l'acide arsénieux dans le cadavre de Boursier, qui était inhumé depuis trente-deux jours ; ces travaux, dis-je, me permettent d'établir la possibilité de résoudre le premier de ces problèmes, sinon toujours, du moins dans la plupart des cas ; *l'existence matérielle d'un poison ou du métal qui lui servait de base, s'il était métallique, peut-être prouvée, dans la plupart des cas, plusieurs mois et et même plusieurs années après l'inhumation, toutes les fois qu'il y aura encore un canal digestif, un foie où la matière graisseuse qui résulte de la destruction de ces organes, pourvu qu'au moment de la mort il y eût dans ces viscères une certaine quantité de poison.* En d'autres termes, les substances vénéneuses renfermées dans les tissus de l'économie animale ne se décomposent pas, pendant la putréfaction des corps, de manière à ne pas pouvoir être reconnues long-temps après, comme elles l'eussent été vingt-quatre heures après la mort.

Quant à la possibilité de constater les lésions des tissus du canal digestif, etc., je renverrai aux observations qui terminent cet article.

Les expériences qui me conduisent à admettre les résultats dont je parle sont de deux ordres : 1° des substances vénéneuses minérales et végétales, dissoutes dans un litre d'eau environ, à des doses tantôt faibles, tantôt fortes, ont été mêlées avec des matières animales, et abandonnées à elles-mêmes à l'air libre et dans des vases à large ouverture, pendant dix, quinze ou dix-huit mois : on a eu soin de renouveler l'eau à mesure qu'elle s'évaporait ; 2° les mêmes substances mêlées à de l'albumine, à de la viande, à de la gélatine, etc., ont été enfermées dans des estomacs ou dans des intestins, et ceux-ci ont été introduits à leur tour dans des boîtes en sapin qui ont été bien closes et enterrées à la profondeur de 80 à 90 centimètres. Plusieurs mois après, on a exhumé ces boîtes, et on a analysé les matières contenues dans les estomacs et dans les intestins.

Cette manière d'opérer a trouvé des contradicteurs parmi des médecins et des critiques peu habitués aux recherches expérimentales. Ils eussent voulu qu'au lieu d'agir avec des infiniment petits, en enterrant dans des boîtes de sapin des estomacs contenant des poisons mêlés à des alimens, j'eusse empoisonné des chiens qui auraient été enterrés après la mort, ou bien ils auraient voulu que les expériences eussent été tentées sur des cadavres d'adultes. On conçoit avec peine que l'on ait pu argumenter de la sorte. Pense-t-on par hasard que 20 ou 25 centigr. d'une substance vénéneuse, introduite avec plusieurs substances alimentaires dans un estomac que l'on enterre ensuite dans une boîte, se comporteront autrement que dans l'estomac d'un cadavre ; on suppose donc que l'action de l'estomac et des alimens sur les poisons sera différente quand ce viscère sera isolé, ou renfermé dans l'abdomen? Rien de plus gratuit et de plus contraire aux notions les plus élémentaires, qu'une pareille supposition. D'ailleurs, des faits déjà nombreux, et que j'exposerai incessamment dans les observations qui terminent cet article, prouvent que dans les affaires de Boursier, de Billout, dans celles qu'a fait connaître le docteur Lepelletier, du Mans, etc., l'on est parvenu à constater la présence de l'acide arsénieux et du sulfure d'arsenic, précisément en employant les mêmes procédés que ceux qui ont servi à la recherche du poison contenu dans les boîtes contre lesquelles on s'élève si mal-à-propos.

Les expériences sur les chiens, par lesquelles on aurait voulu remplacer celles dont je parle, offrent plusieurs inconvéniens, parmi lesquels je signalerai le suivant : une grande partie, et même la totalité du poison administré pendant la vie, peut avoir été absorbée ou rejetée par le vomissement et par les selles, en sorte qu'en enterrant le cadavre, il peut se faire que le canal digestif *ne contienne plus de poison ;* comment, dès-lors, étudier les effets d'une inhumation prolongée sur une substance vénéneuse qui n'existerait pas au moment de cette inhumation? C'est justement parce que j'ai essayé ce genre d'expérimentation

que j'y ai renoncé ; en effet, après quatre mois d'inhumation d e
deux chiens empoisonnés par le même poison, en même temps et
à la même dose, il m'est arrivé de retrouver la substance vénéneuse dans l'estomac de l'un des cadavres, tandis qu'il n'était pas
possible d'en démontrer la plus légère trace dans les voies digestives de l'autre ; celui-ci avait eu des selles et des vomissemens
plus nombreux que le premier.

On a encore dit que les poisons sur lesquels j'avais expérimenté
n'ont été mis en contact avec nos organes qu'après la mort ; dès-
lors on ne peut pas conclure qu'ils aient agi sur nos tissus comme
s'ils avaient été introduits dans l'estomac pendant la vie. Cette
objection, je l'avais prévue dans mon mémoire inséré dans le
tome XVII des *Archives générales de médecine*, et j'y avais
répondu : « Qu'importe, disais-je, que l'action d'un poison pendant la vie ou après la mort, puisse ne pas être la même ; qu'importe encore qu'une portion de ce poison ait été absorbée ou
rejetée avec la matière des vomissemens et des selles du vivant
de l'individu? Le point capital est de savoir si la *quantité de
substance vénéneuse* que l'expert aurait pu découvrir en ouvrant le cadavre vingt-quatre heures après la mort, pourra être
décelée dix, quinze ou vingt mois après l'inhumation. Or, il ne
peut rester aucun doute d'après mes expériences, puisque ces
substances vénéneuses ne se comporteront pas, dans le canal
digestif du cadavre enterré, autrement que dans l'estomac et les
intestins dans lesquels je les avais enfermées, après les avoir
mêlées avec des matières alimentaires.

Cette réponse, qui a satisfait tous les esprits justes, paraîtra
encore plus péremptoire par les deux exemples suivans. Un
individu avale un gramme d'acide arsénieux et meurt douze
heures après ; 40 centigrammes de ce poison ont été vomis,
2 autres ont été absorbés ; il en reste donc 58 dans le canal
digestif au moment de la mort. L'expert chargé de faire l'ouverture du cadavre et de constater la cause de la mort, s'embarrasse
fort peu de l'altération chimique que l'acide arsénieux a pu éprouver pendant la vie, s'il en a réellement éprouvée; il démontre que
les 58 centigrammes de matière trouvée dans le canal digestif
possèdent *tous les caractères de l'acide arsénieux*. Eh bien !

qu'ai-je prétendu dans mon mémoire, si ce n'est qu'il était possible, au bout de plusieurs années, de déceler dans nos organes ou dans leurs débris les 58 centigrammes d'acide arsénieux, que l'on aurait reconnus vingt-quatre heures après la mort, ou seulement une partie de ces 58 centigrammes?.... Un autre individu meurt après avoir avalé 75 centigr. de sublimé corrosif (bi-chlorure de mercure). 15 centigr. de ce poison ont été vomis; 2 ont été absorbés; les 58 autres se sont combinés avec la matière organique. L'homme de l'art chargé de faire les opérations judiciaires, vingt-quatre heures après la mort, établit la présence dans le canal digestif de ces 58 centigr. du composé mercuriel dont je parle; c'est précisément ces 58 centigr. que j'ai dit pouvoir être retrouvés plusieurs années après l'inhumation, m'occupant fort peu de l'action que la vie a pu exercer sur la partie absorbée.

Une autre objection aussi peu fondée que les précédentes a encore été faite à mon travail. Admettons, a-t-on dit, qu'au bout de plusieurs mois d'inhumation le canal digestif fournisse à l'analyse du mercure, du plomb, de l'étain métalliques; vous établirez qu'il y a eu empoisonnement par un sel mercuriel, ou de plomb, ou d'étain; vous aurez tort, car ces métaux peuvent provenir d'un médicament tel que le calomélas, par exemple, qui aurait été prescrit au malade quelques heures avant la mort. Cette objection avait été prévue et réfutée par moi dès l'année 1812 (*V.* mon *Traité de Toxicologie*, 1ʳᵉ édit.). Si l'on ne peut pas parvenir à démontrer la présence d'un sel mercuriel, d'antimoine ou tout autre, disais-je, et que l'on n'obtienne que le métal qui fait la base de ces préparations, le médecin ne *pourra pas affirmer* qu'il y ait eu empoisonnement; il se bornera à dire qu'il a trouvé dans le canal digestif un métal qui ne doit pas y exister, que ce métal fait la base de plusieurs substances vénéneuses et médicamenteuses que l'on a dû certainement introduire dans ce canal, et qu'il importe de savoir si ces substances ont été ordonnées par un médecin, ou si elles ont été employées dans le dessein d'attenter aux jours de l'individu. J'avais été plus loin; précisément pour résoudre le problème relatif aux préparations mercurielles, j'avais posé le cas où un individu qui aurait avalé quelques décigrammes de calomélas pour se purger, aurait péri au bout de sept à huit heures, après avoir présenté les symptômes d'une gastro-entérite ; l'ouverture du cadavre aurait été ordonnée ; l'analyse chimique aurait prouvé que l'on pouvait retirer du mercure métallique du canal digestif ; j'ai voulu savoir s'il ne serait pas possible de reconnaître que ce mercure provenait, non du calomélas que l'homme de l'art aurait pu prescrire, mais bien du sublimé corrosif ou d'un sel mercuriel que l'individu aurait avalé ; je crois avoir résolu le problème et avoir indiqué des moyens faciles de juger la question, comme on peut le voir à la page 608 du tome 1er de ma *Toxicologie*, 4e édition.

Je ferai remarquer d'ailleurs que les sels dont je parle sont le plus souvent décomposés quelques heures après la mort, en sorte que l'expert qui cherche à démontrer leur présence éprouve les mêmes difficultés et doit suivre les mêmes procédés, soit qu'il opère avant l'inhumation ou plusieurs mois après ; donc cette objection ne s'applique en aucune manière à mon travail, mais bien aux procédés propres à faire découvrir les poisons *à quelque époque que ce soit après la mort*, et j'ai déjà dit que ce problème avait été résolu par moi dès l'année 1812.

J'entrerai dans le détail de mes expériences sur la recherche des poisons en parlant de l'empoisonnement (tome IIIe). Les poisons qui ont été l'objet de mon examen sont les acides sulfurique, azotique et arsénieux, le sulfure d'arsenic, le sublimé corrosif, le tartrate acide de potasse et d'antimoine, l'acétate de plomb, le protochlorure d'étain, le sulfate de cuivre, l'azotate d'argent, le chlorure d'or, l'acétate de morphine, le chlorhydrate de brucine, l'acétate de strychnine, l'opium et les cantharides.

Observations d'empoisonnemens constatés quinze jours et plusieurs mois
après l'inhumation.

Le cadavre de Célestin Veillet, inhumé le 16 août 1825 dans le cimetière de Lantic (Côtes-du-Nord), vingt-quatre heures après la mort, fut exhumé le 31 du même mois, à huit heures du matin, c'est-à-dire quinze jours après l'inhumation, dans le dessein de constater si la mort était le résultat d'un empoisonnement. La *bière*, construite en vieilles planches de chêne, était percée de plusieurs trous, ce qui contribua à prouver l'identité. Le cadavre exhalait une odeur insupportable. La tête était découverte ; le reste du corps était enveloppé d'une portion de drap de lit de grosse toile, sur lequel on voyait des larves et même des vers ; la chemise était d'un tissu plus fin. Le corps était tuméfié, la peau noire, surtout à la face ; l'épiderme se détachait avec la plus grande facilité et par lambeaux considérables ; les cheveux étaient noirs, la barbe peu fournie et d'une couleur difficile à déterminer ; les yeux étaient fortement saillans, le nez affaissé, la bouche très ouverte, et la lèvre supérieure tuméfiée ; les dents, bien conservées et peu usées, se laissaient dépasser par la langue de 10 à 12 millimètres. En général, les traits du visage étaient si altérés, qu'il était impossible d'en déterminer la forme ; il n'existait à la peau aucune trace de lésion extérieure. Il se dégageait beaucoup de gaz en incisant la peau du crâne ; le péricrâne, les muscles temporaux et la dure-mère se détachaient facilement des os. Le cerveau, de la consistance d'une bouillie claire, était d'un gris cendré ; le cervelet d'un gris rougeâtre.

Les muscles du thorax, et en général ceux des autres parties du corps, étaient grisâtres. En incisant la peau de la poitrine et le thorax lui-même, il se dégageait des gaz très fétides, puis il y avait un affaissement notable. On apercevait environ 100 gram. de sérosité dans les cavités des plèvres. Les poumons étaient refoulés en haut ; le gauche était adhérent en haut et vers la partie moyenne ; l'autre était libre ; ils étaient crépitans et d'un gris foncé ; la plèvre qui les recouvre se détachait avec facilité ; la portion costale adhérait aux côtes. Le péricarde était vide. Le cœur, de volume ordinaire, contenait des gaz ; sa face externe était rosée antérieurement, et d'un brun foncé en arrière ; il y avait des gaz dans son propre tissu, car il était crépitant comme les poumons ; on ne voyait de sang ni dans ses cavités ni dans les gros vaisseaux qui en partent ou qui y aboutissent.

Le foie était d'un brun noir ; la membrane qui le recouvre se détachait aisément ; la vésicule du fiel ne contenait point de bile.

L'estomac et les intestins étaient distendus par des gaz. La partie supérieure de la face externe du premier de ces viscères était rouge, surtout en arrière ; les veines qui rampent sur l'orifice du cardia et dans le voisinage étaient distendues par des gaz. La partie inférieure de cette même face était de couleur grise : vers sa grosse extrémité cependant, dans la portion qui correspond à la rate, on remarquait une tache de couleur jaune citron, de l'étendue de trois travers de doigt : cette portion était rude au toucher, et l'estomac plus épais dans cette partie. A l'extérieur, le duodénum était rouge; les autres intestins étaient d'un rouge plus clair. La rate offrait une couleur brun foncé; sa face supérieure était d'un jaune citron dans l'étendue d'un doigt. Les reins et la vessie étaient dans l'état naturel; ce dernier organe ne contenait point d'urine. Les vaisseaux du bas-ventre étaient vides de sang. Le scrotum était fortement distendu par des gaz.

Le cou ne présentait aucune trace de pression, ni à l'extérieur ni dans les parties les plus profondes. La langue, affaissée particulièrement vers sa pointe, offrait des phlyctènes à sa base; on en voyait aussi dans l'isthme du gosier, dans le pharynx et à l'entrée du larynx : plusieurs d'entre elles égalaient la grosseur d'une aveline. La face interne de l'œsophage était grise et présentait de semblables phlyctènes à sa partie supérieure. L'intérieur du larynx, de la trachée-artère et du commencement des bronches, était d'un brun rougeâtre.

L'analyse chimique, faite à Saint-Brieuc par MM. Lemoine, Ferrary, Lemaout et moi, a prouvé qu'il y avait dans l'estomac une quantité notable d'acide arsénieux. L'affaire ayant été jugée, deux personnes ont été condamnées à mort (Observation communiquée par le docteur Lemoine, de Saint-Brieuc) (1).

Le second fait est relatif à Boursier (*Voyez* tome i, p. 600).

Je pourrais encore citer les observations relatives à Mercier, de Dijon, à Laffarge, etc.

Observation d'un double empoisonnement par le sulfure jaune d'arsenic; examen des cadavres après trois et neuf mois d'inhumation, par M. Lepelletier, docteur-médecin, chirurgien en chef à l'hôpital du Mans.

Nous fûmes chargés par le procureur du roi près le tribunal de première instance de la ville du Mans de procéder à l'exhumation de deux cadavres dont l'un était inhumé depuis trois mois, et l'autre depuis neuf. Nous nous transportâmes le 30 juin 1829, accompagné de ce magistrat, du juge d'instruction et du maire, au cimetière de Savigné-l'Évêque, village situé à 12 kilom. du Mans.

Position du cimetière, nature du sol. Le cimetière de Savigné-l'Évêque est placé au nord du village et disposé en plan légèrement incliné vers le sud, dans une élévation moyenne, relativement aux terrains circonvoisins;

(1) Il est bon de noter que le cimetière de Lantic est élevé et sablonneux, et même que l'on y trouve des pierres à 1 mètre de profondeur; il faisait très chaud lors de l'exhumation; deux jours auparavant il avait plu abondamment, et le lendemain la chaleur était très intense;

il est bien aéré, ne retient l'eau dans aucune partie ; la superficie en est sèche et sablonneuse ; il est du reste bien distribué : les cadavres y sont tous isolés dans des fosses particulières, et placés dans un ordre rigoureux, établi sur les registres de l'état civil.

Le sol est un sable rougeâtre, siliceux, légèrement argilleux, très perméable à l'eau, toujours sec. Un roc assez épais se trouve de 1 m. 60 à 2 m. 30 au-dessous de la couche végétale : dans toute l'étendue, il est à 2 mètres à-peu-près, et l'inhumation a lieu à 1 m. 60 dans les deux fosses qui contiennent les sujets dont nous devons faire l'examen.

Afin de procéder avec ordre, nous commencerons par le cadavre inhumé depuis trois mois.

1° *Nécropsie de la fille Fortier, âgée de quarante ans, morte sous l'influence présumée d'un empoisonnement, inhumée depuis trois mois révolus.*

Après avoir constaté jusqu'à l'évidence, au moyen des registres de l'état civil, l'identité de la fosse appartenant à la fille Fortier, nous faisons procéder à l'exhumation.

Nous remarquons dans toute l'épaisseur de la terre qui enveloppe le cadavre une homogénéité parfaite, les caractères que nous venons d'indiquer, et l'absence de toute humidité autour de ce même cadavre. Il est extrait avec les précautions convenables, et nous présente les circonstances suivantes :

1° *Enveloppe étrangère.* Inhumation sans cercueil, dans un suaire en toile forte, détruit seulement dans quelques parties, assez résistant dans plusieurs autres.

2° *Enveloppe cutanée.* Elle n'offre de putrilage dans aucun point, et ne se trouve complétement détruite qu'à la face, à la poitrine et dans plusieurs parties des membres. Sur tout l'abdomen, elle est intacte, ramollie dans sa superficie, encore dense et résistante dans sa partie celluleuse.

3° *Tissu cellulaire et muscles.* Toutes les parties de ces deux systèmes qui se trouvent à découvert sont en putréfaction complète ; celles qui restent, protégées par la peau, n'ont que très légèrement souffert dans leurs caractères naturels ; à l'abdomen surtout, la section des muscles est encore vermeille dans toute la surface correspondante au péritoine.

Cette membrane séreuse est intacte, aussi résistante que dans l'état normal, de telle sorte que la cavité abdominale n'a pas éprouvé le plus léger contact de l'air extérieur. Nous dirons bientôt l'influence que nous attribuons à cette disposition dans la conservation des viscères de cette même cavité.

4° *Organes intérieurs.* Toutes les cavités de la face offrent une putréfaction complète, et les traits du sujet sont tellement altérés, qu'il deviendrait impossible d'en constater l'identité par leur simple aspect.

La cavité pectorale est ouverte dans plusieurs points par la putréfaction ;

les poumons sont en putrilage, spécialement à leur sommet; de cette partie surtout émane l'odeur infecte qui se répand au loin.

Les cavités articulaires des épaules, des genoux et des pieds, sont également à nu sous la même influence.

La cavité abdominale, qui doit surtout fixer notre attention, nous offre les caractères suivans.

État général des intestins. Le péritoine, comme je l'ai dit, conserve toute son intégrité, sa transparence et l'aspect luisant naturel à sa face libre.

Les viscères abdominaux, et notamment le tube digestif dans toute sa longueur, se trouvent si bien conservés, qu'il eût été possible de les faire servir aux études anatomiques : rapports mutuels, couleur spéciale, résistance, continuité, volume, etc., tout se trouve dans un état analogue à celui des cadavres inhumés seulement depuis quelques jours, au milieu des circonstances les plus favorables.

Le tube digestif nous offre depuis l'œsophage inclusivement jusqu'au rectum, dans plusieurs points, des plaques d'un rouge vif, très apparentes à l'extérieur, et, par leur nature et leur caractère, ne laissant aucun doute sur l'existence, pendant les derniers instans de la vie, d'une inflammation aiguë, persistante; il s'agit dès-lors d'en rechercher la cause, et de recueillir séparément tous les fluides contenus dans les diverses portions de ce conduit.

OEsophage. Il offre dans toute son étendue, à l'intérieur, une couleur rouge foncé, et contient à-peu-près deux cuillerées d'un fluide assez analogue aux lavures du sang veineux; nous y trouvons une assez grande quantité d'une substance jaune citron, cassante, inodore, insoluble, sous forme de parcelles écailleuses. Ces premiers caractères nous font présumer que cette substance est du sulfure jaune d'arsenic; en effet, en déposant une certaine quantité de cette matière sur des charbons ardens, il s'élève aussitôt une vapeur blanche qui répand l'odeur d'ail et d'acide sulfureux.

La matière de l'œsophage est renfermée dans un flacon cacheté par M. le juge d'instruction, comme tous les autres produits du tube digestif.

Estomac. Lié au-dessus du cardia, au-dessous du pylore, enlevé, lavé avec soin, ensuite ouvert sur un vase convenable, il contient un fluide jaunâtre, où nous trouvons en grande abondance les parcelles aplaties de la matière jaune, offrant les mêmes caractères physiques et chimiques. Nous prenons une assez grande proportion de ces parcelles avec la pointe d'un scalpel, nous les renfermons dans un papier, et le fluide dans une bouteille en verre; ce dernier est dans la proportion de 120 grammes à-peu-près.

La membrane muqueuse gastrique, non putréfiée, est d'un rouge sombre dans plusieurs points, et spécialement dans ceux où se trouve adhérer la matière jaune. Des portions de fausse membrane se détachent dans plusieurs parties; là surtout la matière jaune semble comme identifiée avec la substance des parois gastriques, et forme des taches épaisses qui s'aperçoivent aussi bien à la surface externe qu'à l'interne. Il existe évidemment injection des vaisseaux capillaires, par une grande proportion de la matière jaune, à l'état de division extrême. Est-ce un phénomène d'absorption vitale ou d'injection après la mort par la force de capillarité des vaisseaux ouverts à la surface muqueuse? L'une et l'autre de ces opinions peuvent être admises : la seconde nous paraît plus vraisemblable : toutefois, ce fait nous a paru très remarquable, et digne de fixer l'attention des toxicologistes. Le même caractère de cette pénétration de la substance jaune se trouve dans plusieurs points de l'intestin grêle, et même du mésentère.

Nous acquérons la preuve que cette coloration n'est pas le résultat d'une absorption de matière animale, telle que le jaune d'œuf, la bile, etc.; en effet, touchées par l'acide azotique, ces taches n'éprouvent aucun changement dans leur coloration; brûlées sur des charbons ardens, elles répandent l'odeur d'ail et d'acide sulfureux.

Intestins. Le duodénum, l'intestin grêle et le cœcum nous offrent intérieurement et extérieurement les mêmes caractères de phlegmasie et de corrosion superficielle. Nous y retrouvons encore un fluide rougeâtre et la matière jaune en grande proportion. Ces produits sont également scellés dans un flacon de verre.

Enfin, dans toute l'étendue des cavités digestives, nous trouvons toujours ces caractères essentiels réunis :

1° Rougeur extérieure plus ou moins vive par intervalles ;

2° Dans les mêmes points, taches muqueuses d'un rouge sombre ;

3° Fausses membranes, débris de corrosion ;

4° Présence de la matière jaune indiquée.

De ces faits bien constatés nous tirons les inductions suivantes :

1° Le cadavre soumis à notre examen est évidemment celui de la fille Fortier ;

2° Cette fille a succombé aux influences d'une phlegmasie sur-aiguë de l'estomac et des intestins ;

3° Cette inflammation reconnaît pour cause l'action directe de la matière jaune indiquée ;

4° Cette matière qui nous paraît être du sulfure jaune d'arsenic (orpiment) est parvenue dans le tube digestif à la dose de 12 à 16 grammes à-peu-près, quantité bien plus que suffisante pour déterminer la mort; cette matière est arrivée dans l'estomac, partie à l'état pulvérulent, comme le démontre l'absorption qui s'en est effectuée dans ce viscère et dans l'intestin grêle, partie à l'état de fragmens aplatis, comme le prouvent ceux que nous avons recueillis en assez grande quantité.

Pour déterminer plus évidemment encore la véritable nature de cette matière jaune, nous demandons à la soumettre aux réactifs chimiques appropriés, et nous nous faisons assister dans cette opération par MM. Poupin et Marigni, pharmaciens au Mans.

6.

L'*analyse* a en effet démontré que la matière dont il s'agit était du sulfure jaune d'arsenic.

2° *Nécropsie de Fortier père, âgé de soixante et quelques années, mort sous l'influence présumée d'un empoisonnement, inhumé depuis neuf mois révolus.*

Arrivé avec les magistrats indiqués, le 2 juillet 1829, au cimetière de Savigné-l'Évêque, l'identité de la fosse ayant été positivement constatée, l'exhumation faite, nous avons recueilli les observations suivantes.

1° *Enveloppe étrangère.* Le sujet se trouve inhumé sans cercueil, dans un suaire en grande partie détruit par le temps.

2° *Enveloppe cutanée.* Ce cadavre répand au loin l'odeur la plus infecte; la putréfaction est très avancée dans toutes les parties extérieures, et notamment à la tête, dont les os sont à nu; à la poitrine, dont les cavités sont ouvertes; aux membres, où l'on observe des lambeaux informes; à l'abdomen, la peau n'est putréfiée que dans la moitié de son épaisseur.

3° *Tissu cellulaire et muscles.* Ils sont en putrilage dans tous les points découverts par la destruction de l'enveloppe cutanée; mais on trouve encore les muscles rouges et le tissu cellulaire assez bien conservé dans toutes les parties où le derme n'a pas éprouvé cette altération.

4° *Organes intérieurs.* Les poumons sont en putrilage, et donnent en grande partie l'odeur insupportable que répand le cadavre.

Les viscères abdominaux, qui doivent spécialement fixer notre attention, nous offrent les dispositions suivantes :

L'incision cruciale des parois de l'abdomen présente le derme encore très résistant, la couche musculeuse d'un rouge sombre, mais sans putréfaction. Le foie paraît assez bien conservé ; le tube digestif spécialement se trouve dans un état d'intégrité parfaite.

Le péritoine qui leur forme une enveloppe commune est intact, sans aucune ouverture, et conserve l'aspect luisant naturel à sa surface libre.

Ce fait nous conduira bientôt à l'explication naturelle de la conservation remarquable des viscères abdominaux sur ces deux sujets.

Nous trouvons toute la longueur du canal intestinal, et notamment ses portions gastrique, duodénale, intestinale grêle, parsemées de taches rouges sans aucune putréfaction, et caractérisant encore d'une manière assez positive la phlegmasie dont ces organes ont été le siége.

Nous devons rechercher la cause de cette inflammation, examiner successivement les diverses cavités digestives, et recueillir isolément les fluides qui s'y trouvent contenus.

Estomac. Nous en faisons la ligature au-dessus du cardia, au-dessous du pylore; il est soigneusement lavé, ensuite ouvert sur un vase convenable ; il contient un demi-verre à-peu-près d'un fluide épais, assez analogue, par l'aspect et la couleur, à la dissolution imparfaite d'ocre jaune;

ses parois, dans toute leur épaisseur et dans une étendue de 15 centimètres sur 12, offrent une tache jaune citron, apparente à l'extérieur et à l'intérieur. L'organe semble imprégné dans ce point d'une matière colorante qu'il est essentiel de connaître, et qui nous offre, du reste, les mêmes caractères que nous avions observés quelques jours auparavant dans celles que présentaient l'estomac et le mésentère de la fille Fortier. Il est donc raisonnable de présumer que ces taches sont le résultat de l'absorption, soit vitale, soit purement capillaire, d'une matière identique à celle que nous avions analysée, d'autant mieux qu'en la soumettant à l'action de l'acide azotique, elle n'éprouve aucun changement de couleur, et que, placée sur des charbons ardens, elle répand une vapeur blanche, l'odeur d'ail et d'acide sulfureux.

Nous enlevons cette portion d'estomac avec précaution ; nous l'étendons entre plusieurs feuilles de papier brouillard ; elle est scellée par M. le juge d'instruction, de même que le fluide recueilli dans ce viscère, dont l'intérieur nous offre plusieurs taches rouges et des débris de fausses membranes.

Intestins. Le duodénum et l'intestin grêle contiennent également une certaine quantité d'un fluide jaunâtre absolument semblable pour l'aspect à celui que nous avons recueilli dans l'estomac : il est également scellé.

La membrane muqueuse de ces cavités offre, par intervalles, absolument les mêmes altérations.

De ces faits bien constatés nous déduisons les conséquences suivantes :

1° Le cadavre soumis à notre examen est celui de Fortier père, vieillard âgé de soixante et quelques années.

2° Ce vieillard a succombé aux influences d'une phlegmasie sur-aiguë de l'estomac et des intestins.

3° Cette phlegmasie reconnaît pour cause l'action directe de la matière jaune, en partie combinée avec les parois gastriques, en partie à l'état de suspension au milieu des fluides retrouvés dans l'estomac et l'intestin grêle.

4° Enfin cette matière nous paraît être du sulfure jaune d'arsenic (orpiment) parvenu dans le tube digestif en quantité plus que suffisante pour occasionner la mort ; administré en poudre fine, il ne laisse dès-lors apercevoir aucune de ces parcelles assez larges que nous avions retrouvées dans les cavités digestives de la fille Fortier.

L'*analyse* de cette matière a fait voir qu'elle était réellement du sulfure jaune d'arsenic.

Les faits contenus dans ces deux observations ont paru d'une évidence telle, que le conseil de l'accusé n'a pas même cherché à les infirmer ; la condamnation du prévenu, nommé Auguste Janvier, a été prononcée à l'unanimité.

Réflexions.

Ces deux faits nous fournissent l'occasion de plusieurs réflexions applicables à l'anatomie, à la chimie organique, à la médecine légale, envisagées dans leurs rapports avec l'ordre public.

1° Une circonstance remarquable doit spécialement appeler ici notre attention. Nous voyons tous les organes renfermés dans la cavité abdominale, tout l'appareil digestif, par conséquent, offrir une intégrité que nous n'eussions jamais pu soupçonner, après un temps aussi long, au milieu des symptômes de putréfaction générale déjà très avancée; c'est un fait important pour la toxicologie, les poisons, lorsqu'ils offrent encore des traces, devant se retrouver spécialement dans l'une ou l'autre des portions du tube digestif; ce fait est de nature à troubler la sécurité des criminels, à solliciter les recherches des médecins légistes, même après un temps qu'il est actuellement difficile de limiter (1).

Si nous cherchons l'explication de ce même fait, nous croyons la trouver dans la nature des parois de cette cavité abdominale, et notamment de la tunique péritonéale qui recouvre immédiatement tout l'appareil; en effet, par sa texture et sa composition, cette membrane est difficilement altérable sous l'influence de la putréfaction, lorsqu'elle est suffisamment éloignée de la chaleur humide, comme dans les circonstances où se trouvaient les deux cadavres indiqués. D'un autre côté, présentant un sac sans ouverture, elle ne laisse aucun accès à l'air, tant qu'elle conserve son intégrité. Les intestins ainsi protégés lui doivent cette conservation, si remarquable pour la chimie organique et si précieuse pour la médecine légale; ajoutons que le tube digestif, par sa nature membraneuse et sa texture propre, est également prédisposé à la décomposition.

2° La matière du sol exerce évidemment une influence majeure dans la conservation ou la destruction des cadavres qui s'y trou-

(1) Depuis long-temps j'avais mis hors de doute l'assertion énoncée par mon savant confrère (*Voy.* le n° de mai 1828 des *Archives générales de médecine*, et le tome 8° de cet ouvrage).

vent enfouis. Mais nous ferons remarquer que, dans l'espèce, le terrain sablonneux et sec du cimetière de Savigné-l'Évêque, a surtout contribué beaucoup à l'intégrité des organes que nous avions à examiner : c'est au moins la première considération qui nous a fait entreprendre ces recherches dans lesquelles nous ne pouvions trouver aucun mobile, aucun autre guide.

3° Nous ne terminerons pas ces réflexions, sans appeler l'attention du gouvernement sur la nécessité d'imposer aux autorités de chaque lieu l'obligation d'établir un ordre méthodique et régulier pour les inhumations dans tous les cimetières soumis à leur surveillance. Sans cette précaution, l'impossibilité de constater l'identité d'un cadavre, après un temps assez long, deviendra le seul obstacle positif aux recherches fructueuses de la médecine légale dans un grand nombre de circonstances importantes, où son pouvoir à signaler la cause matérielle d'un crime se trouve actuellement à-peu-près illimité.

NÉCROPSIE.

Dans le courant du mois de juin 1829, le docteur Ozanam, l'un des médecins en chef de l'Hôtel-Dieu de Lyon, me fit l'honneur de m'écrire pour me demander s'il serait possible de constater que la mort d'un individu qui avait succombé en 1822, à Bourg (département de l'Ain), était le résultat d'un empoisonnement, et pour savoir quels seraient les procédés qu'il faudrait employer pour découvrir la substance vénéneuse. Je donnai à M. Ozanam les avis qu'il réclamait de moi, et je l'engageai à consulter le mémoire que j'avais publié, conjointement avec M. Lesueur, sur cet objet, en mai 1828 (V. *Archives générales de médecine*). Je reçus quelque temps après une lettre du docteur Ozanam, dans laquelle il m'annonce que M. Idt, pharmacien distingué de Lyon, et lui, ont été requis par le procureur du roi pour procéder à l'exhumation du cadavre dont il s'agit, et que leurs efforts ont été couronnés du plus grand succès, puisqu'ils sont parvenus à démontrer dans les débris graisseux de ce cadavre la présence d'une préparation *arsénicale*. Deux procédés ont été suivis pour atteindre ce but : d'abord, on a décomposé la masse suspecte par l'azotate de potasse, comme je l'avais prescrit dans mon ouvrage de *Médecine légale*, puis on a traité par l'acide sulfhydrique, ainsi que nous l'avions indiqué, M. Lesueur et moi, dans le mémoire déjà cité. Par l'un et l'autre de ces procédés, on s'est assuré que les réactifs chimiques se comportaient avec la matière suspecte, comme avec une dissolution *arsénicale*, et de plus on a obtenu de l'*arsenic*; en sorte qu'il est impossible d'élever le moindre doute sur l'existence d'une préparation arsénicale dans les parties analysées.

Voici les principaux détails de cette exhumation remarquable.

La fosse était creusée à une profondeur d'un mètre et un tiers dans un terrain placé dans un lieu élevé ; ce terrain était sec, graveleux, composé d'acide silicique, d'un peu de terre végétale, et d'une très petite quantité de chaux ; il devait donc absorber rapidement l'eau. Le sol environnant, qui est de même nature, ne produit que des fougères.

Le cercueil, découvert avec précaution, était tellement entier, que le fossoyeur le sentit fléchir et comme élastique sous ses pieds : on le fit aussitôt retirer pour ne pas l'enfoncer. Il était en lambris de sapin de 20 millim. environ d'épaisseur, bien conservé ; seulement le couvercle avait cédé ou plié sous le poids de la terre par l'affaissement du cadavre, mais sans se rompre, à l'exception du côté de la tête, où la pioche avait entamé quelques portions. Les planches de ce couvercle ayant été enlevées entières, après en avoir exactement balayé toute la terre, on put s'assurer qu'elles n'avaient point souffert de l'humidité, mais qu'elles étaient au contraire sèches, et se cassaient avec éclat comme du vieux bois ; il en était de même des planches qui formaient les côtés de la bière. Les parois internes de cette boîte n'étaient point tachetées ; il n'y avait que le fond qui était empreint superficiellement de matières brunâtres de la consistance d'onguent. Les planches ne s'étaient point disjointes, et par conséquent il n'était point entré de terre dans le cercueil.

L'identité du cadavre fut reconnue : 1° parce qu'il avait été inhumé dans un cimetière de campagne, précisément à la porte de l'église, comme étant le propriétaire le plus riche du village ; 2° parce que le curé, le fossoyeur, les porteurs, le maire, et plusieurs habitans, qui, en leur qualité de soldats de la garde nationale, avaient accompagné le corps et fait une décharge de mousqueterie sur la tombe, étaient présens à l'exhumation, et ont affirmé qu'on n'avait inhumé personne autre dans cette même place ; 3° parce que le menuisier a reconnu son cercueil qu'il avait fabriqué avec plus de soin que ceux du commun ; 4° parce que les assistans ont reconnu les cheveux et surtout les dents de l'individu, qui les avait fort belles et bien conservées, à l'exception d'une qui lui manquait, même dès son vivant.

Le cadavre était dans son intégrité ; la tête, le tronc, les membres supérieurs avec les mains, et les inférieurs avec les pieds, avaient conservé leur configuration et leur position naturelles, où ils se maintenaient par juxtaposition. On aurait pu facilement mesurer le corps. Les assistans reconnurent sa taille qui était moyenne.

Les parties sexuelles, recouvertes d'une portion de linceul, n'étaient qu'un *magma* brun, à demi liquide et épais. Le bassin, dans sa position naturelle, annonçait bien que l'individu était du sexe masculin.

Les muscles n'avaient plus de forme. Les os étaient ramollis.

La tête offrait encore quelques cheveux. Le crâne ne fut point ouvert.

La poitrine était affaissée, et recouverte par les côtes dans leur symétrie ordinaire. Les poumons et le cœur étaient fondus comme un onguent noir qui se serait déposé aux deux côtés de la colonne vertébrale.

L'estomac, le foie, la rate, les intestins, enfin tous les viscères abdominaux, étaient réduits en une masse putrilagineuse, de consistance molle, d'une couleur brune, sans vers et sans odeur. Aucune de ces parties n'était reconnaissable. Les muscles abdominaux y étaient aussi confondus.

Le linceul était en grande partie détruit ; ce qui en restait était de consistance brune, et recouvrait une partie des cuisses et des organes sexuels.

DE L'UTILITÉ DES EXHUMATIONS POUR ÉCLAIRER LES QUESTIONS RELATIVES AUX BLESSURES.

Les nécropsies suivantes feront ressortir mieux que tous les raisonnemens l'utilité des exhumations dans les questions relatives aux blessures ; on verra que, même long-temps après la mort, il a été possible de constater des lésions graves de l'utérus, la section du tronc, la présence d'épingles dans l'abdomen, etc.

NÉCROPSIE 1re.

La femme Herpe, morte le 1er août 1829, après être accouchée, fut inhumée le lendemain dans le cimetière de Chatellaudren (Côtes-du-Nord). Le cadavre fut exhumé le 14 du même mois, à deux heures, *douze jours* après l'inhumation, dans le but de déterminer si la mort pouvait être le résultat de manœuvres imprudentes exercées par la sage-femme.

Après avoir reconnu l'identité, le cadavre fut porté sur une pierre tombale : le drap de lit qui l'enveloppait était de couleur naturelle, excepté la partie antérieure et supérieure du col et de la poitrine, où il était d'un brun foncé et couvert de larves. La chemise est en toile neuve, et marquée de la lettre E. Le visage est recouvert par les bords de la coiffe qui enveloppait la tête ; il est tuméfié et d'un brun foncé à sa moitié supérieure, tandis qu'inférieurement la couleur est naturelle ; la bouche est ouverte, et laisse voir la langue qui est tuméfiée, et qui s'avance vers les lèvres. Des gaz infects se dégagent des narines.

Le corps, d'un embonpoint assez considérable, est météorisé, et exhale une odeur très fétide ; la peau est de couleur naturelle, excepté sur les parties antérieures du cou et de la poitrine, sur la région pubienne, à la partie interne des cuisses et antérieure des jambes, et dans toute l'étendue des bras, où elle est brune et présente des phlyctènes considérables. Les mains et les pieds étaient dépouillés d'épiderme et d'ongles.

En incisant l'abdomen, il se dégage beaucoup de gaz ; les parois abdominales offrent au moins 3 centimètres de tissu graisseux ; les muscles de cette région sont pâles et infiltrés. Le péritoine et les intestins nous ont paru sains dans la *plus grande partie* de leur étendue ; il y avait environ 90 grammes d'une sérosité rougeâtre dans la cavité du péritoine. Une des circonvolutions inférieures de l'iléum offre, dans l'étendue de 12 centim. à-peu-près, et à sa face externe et postérieure, une rougeur marquée ; la portion de cet intestin qui s'ouvre dans le cœcum et le commencement de celui-ci, sont fortement phlogosés. La partie inférieure du rectum est rouge et déchirée sur les côtés, à droite, dans l'étendue de 6 centim., et la déchirure comprend les deux tuniques séreuse et musculeuse ; à gauche, la partie déchirée a 12 centim. de longueur, et la membrane séreuse seule est lésée. La partie postérieure et inférieure de la vessie, près de son col, présente une ouverture de l'étendue de 6 centim. La cavité pelvienne est phlogosée dans toute son étendue, et contient, indépendamment des organes qu'elle renferme habituellement, 1° un fœtus mâle d'environ trois mois ; le cordon ombilical, long de 6 centim., est séparé du placenta par une déchirure ; 2° une portion d'intestin grêle d'environ 1 mètre 17 centim., sortant par la vulve ; 3° l'*utérus* déchiré dans sa partie inférieure et dans une étendue de 6 centim. : il est ovoïde, long de 17 centim., large de 6 ; son fond est tourné en bas ; sa face externe est d'un gris foncé, et tient encore aux ligamens larges ; à l'intérieur et surtout au fond, il est d'un rouge brun. Cet organe, ainsi que la portion d'intestin grêle dont nous venons de parler, sont dans le vagin, qu'ils ont franchi à la partie postérieure et supérieure, où l'on voit une déchirure considérable.

Il résulte de ces recherches qu'une main imprudente et ignorante a exercé des tractions fortes et réitérées sur la partie postérieure et inférieure de l'utérus, et a entraîné ce viscère au dehors, et, par suite, la portion d'intestin iléum : l'ouverture pratiquée à l'utérus n'aurait été faite qu'après sa sortie de la vulve, puisque le fœtus était encore contenu dans sa cavité (Le docteur Lemoine, de Saint-Brieuc).

NÉCROPSIE 2e.

Jean Beaujouin, marinier, fut coupé en deux, et son corps ainsi séparé fut jeté dans la Loire. La partie *supérieure* du tronc fut chassée par les eaux depuis Tuffeaux, près Saumur, jusque vis-à-vis les bords de Saint-Sulpice ; la partie *inférieure* s'était arrêtée sur le bord du fleuve, à l'endroit même de la consommation du crime.

Examen de la partie supérieure du corps. Cette partie ayant été inhumée au cimetière de Saint-Sulpice, fut exhumée quinze jours après (le 20 juin 1845). Une cravate à carreaux rouges entoure lâchement le col et se croise antérieurement, mais sans nœud ; le gilet qui couvre la poitrine paraît en son entier ; il est tenu croisé par l'agrafement de quelques boutons ; au-dessous du gilet on remarque une portion de chemise qui a été coupée circulairement , mais d'un trait, vis-à-vis le bord inférieur du gilet ; le pourtour de la chemise dépasse un peu le gilet, et même très exactement la circonférence du corps.

La tête est dépourvue de cheveux, et les chairs qui recouvrent le crâne et la face sont noires et dévorées par la putréfaction ; les ouvertures nasales, oculaires et buccales sont déformées par la dissolution (1) ; cependant, et malgré un tel état de décomposition, on *aurait pu*, s'il en eût existé, *constater de grandes lésions mécaniques*. La boîte osseuse est intacte ; les chairs qui couvrent le cou et le thorax sont également putréfiées ; ici, comme sur la tête, aucune trace de violence grave ; on remarque, au point où le thorax a été séparé en deux, une section circulaire, s'étendant d'arrière en avant, depuis le côté droit des dernières apophyses épineuses et vertèbres dorsales, jusqu'au côté gauche de ces mêmes apophyses, en passant successivement sur les côtés du thorax et sur ses faces antérieure et postérieure : cette section, qui comprend toutes les parties molles dans son épaisseur, est légèrement oblique d'arrière en avant et de bas en haut ; la section de la partie postérieure qui intéresse la peau et les muscles sacro-lombaires et long-dorsal, est nette et franche ; celle qui intéresse la peau et les muscles du thorax, est coupée irrégulièrement, et comme festonnée : postérieurement, la peau est de niveau avec les muscles ; antérieurement, la peau est rétractée, coupée irrégulièrement ; on remarque une portion seulement des muscles droits, longue de 17 centimètres environ, large de deux travers de doigt. Ce lambeau tient encore par deux digitations ; il est recouvert par la peau. Ainsi se trouve à nu la voûte sous-diaphragmatique du thorax, sous laquelle on aperçoit l'œsophage, l'estomac, le duodénum, une portion du jéjunum avec son mésentère, longue de 28 centim., et le foie avec la vésicule biliaire ; ces parties étaient déjà dans un haut degré de putréfaction, surtout le foie qui était en putrilage ; la section du jéjunum était nette et faite d'un seul trait. Nulle trace de violence, excepté cette section de l'intestin, ne fut observée sur ces organes.

Il n'y avait aucune fracture, ni à la tête, ni à la poitrine, ni dans les membres ; les organes enfermés dans la cavité pectorale étaient en putréfaction, ainsi que le cerveau et ses dépendances : la colonne vertébrale se trouve interrompue au-dessous de la troisième vertèbre lombaire ; on remarque que la *séparation a eu lieu dans le fibro-cartilage qui unit la troisième vertèbre lombaire à la quatrième*. Les apophyses articulaires inférieures de la troisième vertèbre ont été coupées en totalité, ainsi qu'une très petite portion des lames vertébrales ; l'instrument tranchant a pénétré dans le milieu du fibro-cartilage, dont une légère couche tapisse encore la face inférieure de la vertèbre, excepté en avant et à droite, où l'on remarque une légère perte de substance, faite en dédolant.

---

(1) On sait que les cadavres se décomposent très vite, lorsqu'ils présentent des solutions de continuité.

Examen de la partie inférieure. On a reconnu extérieurement trois blessures faites par un instrument piquant et tranchant. La première, divisant l'épiderme et une portion très superficielle du derme, s'étendait transversalement de la colonne vertébrale jusqu'à la moitié de l'os des îles du côté gauche, près la lèvre externe de la partie postérieure de cet os; une autre plus profonde, vis-à-vis l'articulation de la dernière vertèbre lombaire avec l'os sacrum; la troisième, large d'environ 6 centim., pénétrant jusqu'à l'os droit des îles, dans le tiers postérieur de cet os, à 6 centimètres au-dessous de la lèvre externe. L'instrument qui a servi à opérer ces trois blessures a été porté vigoureusement dans cette dernière, suivant une ligne transversale, et ne s'est arrêté qu'à l'os. Il devait être de 6 centimètres de diamètre, à 5 centimètres au-delà de la pointe. Il était sans doute tranchant des deux côtés; l'étroitesse égale des deux commissures de la plaie semble le démontrer. La séparation du tronc est très exacte, et n'a pu s'opérer que par le moyen d'un instrument tranchant, porté antérieurement avec précaution, suivant les probabilités les plus raisonnables.

Conclusions. Voici maintenant les principales conséquences déduites par M. Ouvrard, qui n'avait été chargé que de l'examen de la partie supérieure du tronc, de celle qui avait été exhumée au bout de quinze jours. 1° La division du cadavre en deux parties a dû et n'a pu être faite que par un instrument tranchant; 2° cet instrument n'a dû et n'a pu être conduit que par une puissance intelligente: en comparant entre elles les sections antérieure et postérieure du tronc, on peut penser que les premiers coups ont été portés en avant, et que Beaujomin est tombé sous les coups multipliés qui lui ont ouvert le ventre: la séparation de la colonne épinière dans le fibro-cartilage intervertébral, de préférence au corps enfoncé de la vertèbre, suppose de la part de l'assassin ou des connaissances anatomiques, ou l'habitude de semblables désarticulations. Versé dans la connaissance de l'organisation, l'homme de l'art eût désarticulé la colonne épinière en coupant les ligamens vertébraux. Habitué par état à de telles séparations, l'assassin, ignorant les moyens d'inciser des vertèbres entre elles, a trouvé plus prompt et plus simple de couper les apophyses articulaires, à la manière des *bouchers.* C'est donc particulièrement sur cette *classe d'hommes* que doivent se diriger les regards de la justice.

Quelque temps après ce rapport, la vindicte publique dénonça hautement le nommé *Simoine, boucher* à Saint-Clément-des-Levées, comme auteur de l'assassinat ; un procès criminel fut intenté contre lui, et il fut condamné à mort (*Méditations sur la chirurgie pratique*, par le docteur Ouvrard ; Paris, 1828, page 204).

NÉCROPSIE 3e (1).

Le 25 mars 1822, je fus appelé à la chambre d'instruction du tribunal d'Amiens ; on me demanda s'il serait possible de retrouver les traces d'un délit sur un cadavre, d'un meurtre sur une femme enterrée depuis huit à neuf mois. Je répondis que, si le délit avait été commis sur les parties *dures*, il serait très reconnaissable. Je n'avais point alors d'idées bien fixes sur la conservation des parties molles, après une aussi longue inhumation.

Je reçus ordre de me rendre en la commune de Folée-Condé, canton de Picquigny, arrondissement d'Amiens. On procéda devant le juge de paix du canton, et en ma présence, à l'exhumation d'une fille âgée de soixante-dix à soixante-douze ans, qui avait dû être d'une forte organisation lors de sa mort, arrivée en juillet 1821, dans la saison la plus chaude de l'année. Le cadavre était enterré dans un endroit élevé, dans un sol argileux. Quand il fut apporté au jour, je fus frappé de la conservation des parties en général ; il n'avait point été ouvert. Trouvé à l'époque de la mort dans une cave, couché sur le ventre, et couvert d'un tonneau de grande capacité, mais vide, un officier de santé avait déclaré au juge de paix que le sujet avait été étouffé par le tonneau, et on ne fit point d'autres recherches.

Les chairs étaient fermes, la peau en général aussi ; il y avait quelques ecchymoses bien prononcées aux pommettes, au bord des lèvres, à la partie postérieure du col ; là, l'épiderme était détaché, mais le derme n'était point en putrilage. Les muscles étaient rouges, fermes, bien distincts. A la tête, les cheveux étaient adhérens partout, excepté à la partie postérieure du crâne : sur toute l'étendue du tendon de l'occipital, il y avait une tuméfaction et une mollesse bien marquées ; une fluctuation manifeste et la crépitation des pièces osseuses de cette région, firent soupçonner une lésion grave.

En effet, un coup de scalpel ayant divisé les tégumens putréfiés dans cet endroit seulement, laissa voir une large fracture avec enfoncement de l'os dans le cervelet. La portion d'os déprimée était carrée, et de 6 centimètres environ de diamètre ; elle comprenait la protubérance occipitale externe ; complétement isolée du reste du crâne, elle avait pénétré dans la substance du cervelet après avoir déchiré les méninges. Le cervelet était

______

(1) Communiquée par le docteur Routier, médecin à Amiens.

réduit dans ce lieu à un état de putrilage mêlé de sanie purulente et sanguinolente.

Cette disposition contrastait singulièrement avec celle du cerveau, qui, dans toutes ses parties, se trouvait comme dans l'état sain et de mort récente, offrant sa fermeté naturelle et son odeur propre.

Il a été reconnu que la victime avait été assommée avec le dos ou la partie postérieure d'une hache. La pièce osseuse enfoncée dans le cervelet s'est trouvée en correspondance avec la force de l'instrument vulnérant, lequel saisi chez le meurtrier, teint de sang et imprégné de cheveux, a porté l'évidence du crime dont il se déclara être l'auteur.

Il a été procédé à l'ouverture des cavités thoracique et abdominale. Les viscères y étaient dans un parfait état de conservation ; on a pu juger qu'ils étaient, en général, dans l'état sain lors de la mort, n'offrant aucun vice organique, aucun état morbide. Les poumons étaient gorgés d'un sang veineux, noir, dont les qualités physiques pouvaient bien encore être constatées. Le ventricule pulmonaire du cœur contenait aussi du sang veineux. Pour l'estomac, il était d'une conservation parfaite, ne présentant aucune trace de désordre inflammatoire, d'induration ou autre cas morbide ; il contenait une assez grande quantité d'un fluide épais, qu'à ses qualités physiques, à son odeur surtout, on pouvait encore reconnaître pour un mélange de matières alibiles, en partie arrivées à l'état chymeux.

NÉCROPSIE 4e.

Nous soussignés, docteurs en médecine, etc., en vertu d'une ordonnance de M. Delahaye l'aîné, juge d'instruction près le tribunal de la Seine, nous nous sommes transportés le 23 mai 1829, à six heures du matin, au cimetière du Père La Chaise, à l'effet d'assister à l'exhumation du cadavre d'un enfant inhumé depuis le mois de décembre 1828, de procéder, en présence du magistrat instructeur, de M. le substitut du procureur du roi, et de l'inculpé *Bouquet*, père de l'enfant, à l'autopsie dudit cadavre, de faire toutes les recherches nécessaires pour déterminer à quelles causes on doit attribuer la mort, et notamment si elle ne serait pas due à un empoisonnement, et s'il n'existerait pas dans le canal digestif quelques corps étrangers.

La bière ayant été retirée de la fosse en notre présence, nous l'avons fait placer sur une table en plein air. Cette bière avait éprouvé des altérations assez remarquables. Nous l'avons ouverte, et à son ouverture une odeur putride des plus fortes s'est fait sentir ; nous avons combattu cette odeur presque insupportable par quelques aspersions d'eau chlorée.

Le drap qui avait servi à ensevelir l'enfant était pourri. Après en avoir enlevé les lambeaux qui restaient, et mis le cadavre à nu, nous avons reconnu, à quelques vestiges de l'urètre et du scrotum, qu'il était celui d'un enfant mâle, et à sa taille, qu'il pouvait être âgé de huit à dix mois.

Le cadavre était affaissé et peu volumineux. La peau du crâne et une très grande partie de celle de la face étaient détruites par la putréfaction, et laissaient les os à nu. La putréfaction avait aussi détruit presque en entier la peau et les muscles de la partie antérieure de la poitrine, de telle sorte que cette cavité était ouverte.

La peau de l'abdomen, jusqu'au-dessus de l'épigastre, était intacte; celle de la partie antérieure du corps avait la couleur du *bistre*, et celle de la partie postérieure était d'un *brun rougeâtre*.

Les mâchoires étaient garnies de quelques dents; mais nous ne savons pas si la *pousse* de celles-ci avait eu lieu pendant la vie, ou bien si elles n'étaient apparentes que par suite de la destruction des gencives. Il n'existait plus des cheveux et des ongles que quelques débris.

Les organes contenus dans la poitrine étaient réduits en une sorte de putrilage d'un gris rougeâtre, d'un très petit volume. Tout était confondu, et on remarquait à peine quelques vestiges des poumons.

Ouverture de l'abdomen. Comme dans la poitrine, il n'y avait dans cette cavité, à la place des viscères, qu'un très petit volume de putrilage d'une couleur rouge, et situé de chaque côté de la colonne vertébrale.

Dans le flanc droit, immédiatement sous la peau, nous avons trouvé *une épingle ordinaire*, dont la pointe était tournée vers l'extérieur du corps. Nous en avons trouvé *une autre*, entre les troisième et quatrième fausses côtes du côté gauche, ayant la même longueur et la pointe également dirigée vers l'extérieur du corps. Malgré toutes nos recherches, nous n'avons trouvé que ces deux corps étrangers.

Nous avons recueilli avec le plus grand soin tout ce qui était contenu dans la cavité abdominale, puis nous l'avons renfermé dans un vase, pour être soumis à une analyse chimique qui fera l'objet d'un rapport particulier.

On nous avait parlé d'une hydrocéphale comme étant la cause de la mort de l'enfant Bouquet. Nous avons examiné avec le plus grand soin le cerveau; mais il était si diffluent, et ses enveloppes tellement altérées, qu'il nous a été impossible de rien reconnaître. L'enfant n'était probablement pas atteint de ce qu'on appelle *hydrocéphale interne chronique*, qui commence souvent avec la naissance, puisque nous n'avons reconnu ni grosseur extraordinaire de la tête, ni écartement des sutures, ni amincissement des os du crâne. Pour nous assurer si des épingles ne s'étaient pas engagées dans la peau des membres et du tronc, et enfin dans toutes les parties qui n'avaient pas été détruites par la putréfaction, nous avons fait de nombreuses incisions qui n'ont rien produit; elles nous ont fait seulement reconnaître que toutes ces parties avaient éprouvé la *saponification*.

Après avoir terminé toutes nos opérations, nous nous sommes retirés et avons rédigé le présent procès-verbal.   MARC et DENIS.

Paris, 25 mai 1829.

L'analyse des matières a été faite par MM. Marc, Chevallier et Denis, en présence de M. le juge d'instruction et de l'inculpé Bouquet, et il n'a été trouvé dans ces matières aucune substance vénéneuse.

NÉCROPSIE 5e.

Nous soussignés, docteurs en médecine de la Faculté de Paris, domiciliés à Versailles, nous nous sommes transportés dans la commune d'Argenteuil, le 29 juillet 1828, en vertu d'un réquisitoire de M. le juge d'instruction du tribunal de première instance, séant à Versailles, à l'effet de procéder à l'exhumation d'os trouvés enfouis dans une cave, et de reconnaître : 1° si les os dont il s'agit appartiennent à l'espèce humaine ; 2° s'ils sont ceux d'un homme ou d'une femme ; 3° depuis combien de temps ils ont été inhumés ; 4° la taille du corps auquel ils appartiennent ; 5° son âge, et autant que possible son signalement ; 6° enfin le genre de mort à laquelle il a dû succomber. Nous avons trouvé, en arrivant, M. le juge d'instruction et M. le procureur du roi, assistés du maire de l'endroit et du juge de paix d'Argenteuil, en présence desquels, après avoir prêté le serment voulu par la loi, nous nous sommes livrés à l'examen dont nous consignons ici les détails.

Nous nous sommes rendus, accompagnés de ces magistrats, à une cave séparée par une cour peu spacieuse, de la maison qu'habitaient les deux frères Guérin. Là, M. le juge de paix d'Argenteuil ayant levé en notre présence les scellés apposés depuis quelques jours sur la porte et le soupirail de ladite cave, nous y sommes descendus et nous en avons examiné le sol qui est composé d'un terrain argileux-calcaire, blanchâtre, gras et humide. Nous avons trouvé entre le pied de l'escalier et le mur du fond de cette cave, dont le cintre est assez élevé, un espace d'environ 2 mètres 17 centimètres ; le sol à cet endroit était affaissé de 7 centimètres dans l'étendue de 1 mètre 90 centimètres : le centre de cet affaissement était creusé à 25 centimètres de profondeur par un trou large de 80 centimètres, et long de 54 centimètres, sur le bord duquel se trouvaient déposés quatre côtes sternales gauches, l'humérus du même côté, les quatre os qui constituent les deux avant-bras, et le second métacarpien gauche. Ce trou communiquait avec une excavation en forme de voûte, qui s'était moulée sur la poitrine et le bas-ventre, dont les parties molles, détruites et transformées en une couche peu épaisse d'un terreau noirâtre qu'on apercevait au fond, avaient laissé une cavité qui a mis à découvert, par son éboulement, le point où ces parties avaient été inhumées. Toute la portion iliaque de l'os de la hanche gauche ressortait au milieu d'une terre noire, grasse et pâteuse ; aucune odeur de putréfaction ne se manifestait ; celle qui résulte des produits de la moisissure était seule remarquable.

Nous avons procédé avec soin à l'enlèvement des premières couches du sol, et toutes les parties qui se trouvaient aux environs des os ont été retirées, soit à l'aide d'une petite pelle à feu, soit à l'aide d'un couteau de table et de la main. Alors nous sommes arrivés à une espèce de terreau noir, savonneux, gras et humide, faisant éprouver entre les doigts la sensation que produit la terre glaise imprégnée d'eau. Une assez grande quantité de poils blonds frisés, mélangés et agglomérés dans l'espace de quelques décimètres à ce terreau, nous ont indiqué, en avant des os pubis et dans l'intervalle des ischions, l'endroit occupé par les parties génitales et l'anus.

Nous parvînmes ainsi à mettre à découvert dans toutes ses parties un squelette humain dont les pieds étaient tournés vers l'escalier, et la tête vers le mur qui forme le fond de la cave. La fosse qui le contenait avait au plus 50 centimètres de profondeur ; le squelette y était placé légèrement incliné sur le côté droit, le dos tourné parallèlement au mur latéral ; de sorte que toute sa partie gauche occupait le point le plus saillant, et était recouverte à peine par 12 centimètres de terre, tandis que tout le côté droit se trouvait plus profondément enfoui. Cette position oblique explique pourquoi l'humérus gauche et quelques côtes du même côté sont les parties qui se sont offertes les premières à celui auquel le hasard a découvert l'enfouissement de ces os. Le sternum et l'appendice xyphoïde étaient séparés des cartilages costaux, desquels nous n'avons rien retrouvé, et occupaient la partie antérieure des vertèbres correspondantes. La colonne vertébrale avait conservé tous ses rapports depuis la tête jusqu'au sacrum. Nous avons trouvé les deux genoux assez fortement portés dans l'adduction, pour que les rotules se correspondissent par leurs faces antérieures. Les os de la jambe avaient conservé tous leurs rapports, et étaient enveloppés vers le tiers inférieur par deux guêtres d'une étoffe de laine qui nous sembla être du drap ; leurs deux dessous de pieds, de cuir, n'avaient éprouvé aucune altération. Une assez grande quantité de poils courts et blonds adhéraient sur les parties de ces guêtres qui avaient été en contact avec la peau de laquelle nous n'avons retrouvé aucun reste.

Voulant nous assurer de la taille de ce squelette qui se présentait à nous dans son état d'allongement naturel, nous l'avons mesuré à différentes reprises, du sommet de la tête à la face inférieure du calcanéum, et nous avons eu pour résultat 1 mètre 70 centimètres.

N'ayant plus rien à examiner relativement à l'ensemble et à la position de ce squelette dans la fosse, nous en avons retiré les différentes parties. Le crâne était entouré dans toute son étendue par une assez grande quantité de cheveux d'un blond cendré dont la longueur moyenne est de 9 centimètres. La mâchoire inférieure, largement écartée de la supérieure, reposait par sa base sur les vertèbres cervicales. Le corps de l'os hyoïde, séparé de ses branches, a été retrouvé à cet endroit. La tête, extraite de sa position, nous présenta : 1° une fracture complète de l'apophyse zygomatique droite, qui en était séparée, et qui n'a pu être retrouvée ; 2° plusieurs fêlures à bords plus ou moins écartés, occupant les deux régions temporo-pariétales, et se continuant à la base du crâne, en passant par

II.

les conduits auditifs ; 3° nous reconnûmes en outre, et d'une manière très distincte, sur la région temporo-pariétale droite, et dans les fosses temporale et zygomatique du même côté, des taches d'un rouge encore assez vif, qui nous parurent être le résultat de sang desséché et conservé dans cet état par les cheveux dont il était recouvert. L'un de nous, en cherchant à retirer l'omoplate droite, trouva auprès de cet os les restes d'une boucle de fer fortement oxydée, en contact avec un morceau de peau, renfermé lui-même au milieu d'un tissu de toile pénétré de rouille. Ces différens objets nous semblent avoir fait partie d'une bretelle. Nous retirâmes ensuite avec soin tous les os qu'il nous fut possible de découvrir, et comme le lieu et le temps ne permettaient pas que nous pussions nous livrer à leur examen minutieux, nous mîmes dans un sac particulier, scellé du cachet de la commune, la tête qui fut emportée par nous avec le plus grand soin. Un autre sac reçut les autres pièces osseuses, qui furent également cachetées et déposées au cabinet de M. le juge d'instruction.

Désirant apprécier à quel degré de décomposition étaient passées les parties molles, nous continuâmes nos recherches, et nous retirâmes, outre le terreau dont nous avons parlé, de larges plaques d'une matière grasse, savonneuse, occupant le fond de la fosse, et couverte aux endroits qui correspondaient aux omoplates, de quelques débris d'un linge grossier, qui nous semblent indiquer que le cadavre avait sa chemise lorsqu'il a été inhumé. Au milieu de ces produits de la décomposition, on voyait quelques débris plus secs, plus consistans, qui se présentaient quelquefois par plaques assez résistantes, d'un blanc jaunâtre, d'un aspect fibreux, à lames disposées par couches, que nous considérâmes comme les détritus des ligamens intervertébraux, ainsi que des parties tendineuses et aponévrotiques. Les os, à leurs parties auxquelles correspondaient les fortes masses charnues, étaient recouverts par une espèce de terreau mou, comme spongieux, d'un brun noirâtre, dans lequel on reconnaissait quelques restes d'organisation fibreuse. Ce terreau, qui adhérait faiblement à leur tissu compacte, était évidemment le résultat de la décomposition des muscles.

Nous bornâmes à ces recherches locales la première partie de notre opération, et le vendredi, 1ᵉʳ août 1828, en présence du juge d'instruction et du ministère public, nous procédâmes à un examen plus détaillé des différentes pièces osseuses qui étaient à notre disposition. Nous avons en conséquence remis en position tous les os qui ont été retirés de la terre, afin de les apprécier dans les rapports qu'ils ont entre eux, et de les examiner isolément dans leurs détails (Voy. page 93 du tome 1ᵉʳ pour la description des os et des dents).

Il nous reste maintenant à parler de l'étendue, du nombre et de la direction des fractures que nous n'avons fait qu'indiquer, lorsque la tête a été retirée de terre.

A la réunion des portions écailleuse et mastoïdienne de chacun des deux temporaux, existe une large fente qui produit à droite un écartement de

4 millim., et s'étend de la partie antérieure du conduit auditif à l'angle dans lequel est reçu l'angle inférieur et postérieur du pariétal sur lequel elle se continue, en se portant en haut et en arrière où elle se termine, en décrivant une ligne courbe dans la suture sagittale, à sa jonction avec l'angle supérieur de l'occipital. La suture écailleuse du temporal est disjointe, et au-dessus d'elle se trouve à 3 centim. une petite fêlure qui, de la fente dont on vient de parler, se porte en avant et en bas sur le pariétal en gagnant son bord inférieur. L'apophyse zygomatique de ce côté est rompue de sa base à son sommet qui a été désarticulé d'avec l'os de la pommette. Dans la fosse temporale, une fêlure occupe la grande aile du sphénoïde, depuis le temporal jusqu'à l'apophyse orbitaire de l'os malaire, en suivant la direction, et à 15 millim. environ de son point d'union avec le coronal ; la portion de la grande aile du sphénoïde qui s'articule avec l'apophyse orbitaire de l'os de la pommette, est disjointe et enfoncée vers l'orbite.

La région temporo-pariétale gauche est le siége de fractures plus larges, plus nombreuses et plus étendues ; ces fractures vont, en quelque sorte, en se ramifiant du conduit auditif, qui est largement fendu, à toute la région pariétale. Ainsi, une seule fente à bords écartés monte de la partie la plus reculée de ce conduit, et divise perpendiculairement la portion écailleuse à la réunion de ses quatre cinquièmes antérieurs avec son cinquième postérieur ; elle se jette dans la suture écailleuse, se confond avec elle, reparaît ensuite 5 millim. en avant, présentant le même écartement, et monte, toujours verticalement, dans l'étendue de 3 centim., sur le tiers antérieur du pariétal, où elle se bifurque. De cette bifurcation, une fente moins écartée s'avance en montant sur le pariétal jusqu'à la suture frontale, qu'elle traverse pour se terminer sur l'os frontal. A 2 centim. au-dessous d'elle, une fêlure secondaire se dirige parallèlement à la première sur la suture frontale, et circonscrit ainsi dans le pariétal une esquille quadrilatère jointe imparfaitement à l'os. La branche postérieure de cette bifurcation n'est autre chose que la continuation de la fente principale, avec laquelle elle forme en arrière un angle droit, d'où se détache imparfaitement du corps de l'os une petite esquille quadrilatère de 7 millim. Cette fente dégénère bientôt en une fêlure qui continue à se porter en arrière en décrivant une ligne courbe, jusqu'à la bosse pariétale, d'où part une nouvelle bifurcation dont la branche supérieure va en diminuant, et s'arrête dans la suture sagittale à 7 centimètres de l'occipital, tandis que l'inférieure offre une fêlure longue de 4 centim., qui se porte un peu en bas et se termine dans le pariétal.

Nous allons maintenant reprendre les fractures auprès des conduits auditifs, et les suivre dans les désordres qu'elles ont produits à la base du crâne, sous laquelle elles forment un V, dont la pointe serait à l'articulation sphénoïdo-ethmoïdale et les extrémités de chaque branche aux deux conduits auditifs qui nous ont servi de points de départ, dans l'exa-

7.

men que nous en avons fait de chaque côté de la boîte osseuse. La fracture droite divise l'entrée du conduit auditif dans la direction d'une ligne qui, de la base de l'apophyse mastoïde, irait à la fissure glénoïdale, en suivant la direction du bord antérieur du rocher, où elle produit un écartement d'un millimètre, qui divise exactement à cet endroit la portion pierreuse de la portion écailleuse ; cette fracture continue à marcher en avant et en dedans, traverse les trous sphéno-épineux et maxillaire inférieur, divise le bord de l'aile externe de l'apophyse ptérygoïde dans son tiers supérieur, reparaît au fond de la fosse du même nom, et gagne son aile interne, redescend sur le corps du sphénoïde qu'elle brise transversalement dans son articulation avec l'ethmoïde; de là, elle revient du côté opposé, en divisant obliquement le vomer près de son bord supérieur, sépare l'aile gauche du sphénoïde, du corps de cet os, dans la direction de la rainure qui reçoit le vomer, se jette dans le trou déchiré antérieur, reparaît entre le bord antérieur du rocher et la portion écailleuse, et se termine enfin au conduit auditif gauche, après avoir traversé la fosse glénoïde, dans la direction de la fissure, derrière laquelle une esquille pyramidale détachée du reste de l'os interrompt par sa base, dans l'étendue de 5 millimètres, la racine de l'apophyse zygomatique, qui concourt à former l'orifice de ce conduit.

Les divers points d'union qui existent entre l'occipital et les temporaux ont été fortement ébranlés, et présentent un léger écartement.

De tous les faits qui précèdent, il résulte pour nous (*V.* p. 94 du t. 1er pour les 5 premières conclusions) :

6° Que toutes les fractures signalées à la tête sont le résultat de violences extérieures exercées sur les parois du crâne, au moyen d'un instrument contondant à large surface ; qu'elles ont été faites pendant la vie, ce qui paraît démontré par les taches de sang que nous avons pu encore reconnaître sur l'os de la pommette droite, sur le temporal et au sommet de la fosse zygomatique du même côté ; que le nombre de ces fractures, leur grande étendue, leur siége, nous autorisent à établir que la mort a dû suivre immédiatement les blessures, par suite de la violente commotion qui a été communiquée au cerveau.

7° Que le gisement de ce squelette dans sa fosse, particulièrement la position des avant-bras et des mains qui ont dû être fléchis et croisés sur la poitrine, indiquent qu'on a dû inhumer le cadavre avant que la rigidité se fût emparée de lui.

8° Enfin, que, d'après l'aspect des parties molles entièrement passées au gras et réduites à une espèce de savon animal, l'absence de tout gaz fétide, d'après la nature et l'humidité du sol qui les renfermait, cette transformation a dû arriver plus rapidement que dans un milieu plus sec, et a pu s'effectuer dans l'espace de deux à trois ans au plus.

LAURENT, NOBLE et VITRY.

Fait à Versailles, le 1er août 1828.

NÉCROPSIE 6e.

Un Piémontais nommé Bonino, ancien militaire, âgé de quarante-six ans, s'était retiré dans un village situé aux environs de Montpellier. En 1823 il disparut, et le bruit se répandit qu'il était allé en Espagne; mais bientôt une rumeur sourde prétendit qu'il avait été assassiné par une fille avec laquelle il avait vécu en concubinage, et par un nommé Dimont, que l'on savait être depuis long-temps d'intelligence avec elle, et qui, en effet, l'avait épousée neuf mois après la disparition de Bonino. Cependant plus de deux ans s'écoulèrent encore, et ce ne fut qu'en 1826 que la justice, informée des bruits qui s'étaient répandus, fit des recherches, et trouva un cadavre dans le jardin de celui-là même qui était soupçonné. Il était nécessaire d'abord de savoir si ce cadavre était celui de *Bonino*, qu'une circonstance particulière devait faire reconnaître, savoir, un sixième doigt à la main droite, et un autre au pied gauche.

Nous nous rendîmes le 30 avril 1826, à la commune de Sussargues, pour procéder à l'exhumation d'un cadavre découvert dans un jardin. Un soulier, que l'on avait retiré de la terre en faisant des fouilles, avait indiqué le lieu où gisait la victime de l'assassinat dont la justice cherchait les traces. Ce fut aussi sur ce lieu que nous dirigeâmes nos recherches.

La terre enlevée, nous trouvâmes, à un demi-mètre de profondeur, un squelette humain gisant sur le dos. La tête, placée au nord, était légèrement fléchie en avant, la mâchoire inférieure était écartée de la supérieure. Les avant-bras se croisaient sur la poitrine, de manière que le droit passait un peu sur le gauche. Les côtes, dessinant encore le thorax, étaient séparées du sternum, que nous trouvâmes appliqué sur les vertèbres qui lui correspondent. Des poils noirs et un bouton de métal étaient implantés dans une matière terreuse et humide qui recouvrait la face antérieure du sternum. La colonne vertébrale, nullement interrompue, avait conservé ses rapports avec la tête et le bassin. Les extrémités inférieures, allongées et sur le même plan que le tronc, suivaient la direction de l'axe du corps, et se rapprochaient inférieurement. Le pied droit, le seul que nous ayons vu en place, était encore dans le soulier, un peu fléchi sur la jambe et incliné sur son bord externe; le gauche avait été enlevé avec le soulier, dans lequel nous n'en trouvâmes qu'une partie.

La tête, retirée de sa position, était sèche dans la région frontale, tandis que la région occipitale était encore humide et comme lubrifiée par une substance graisseuse, au milieu de laquelle nous trouvâmes des cheveux noirs. Examinée avec attention, elle nous offrit, à l'angle orbitaire externe droit, une difformité résultant d'une lésion bien antérieure à la mort, puisque la nature en avait opéré la guérison : ce qui nous fit penser qu'il avait pu exister une cicatrice dans cette partie. Une autre lésion de l'os existait au côté gauche du coronal, mais paraissait très ancienne. Le temporal gauche a surtout fixé notre attention ; sa portion écailleuse, presque désarticulée d'avec le pariétal, était divisée en trois portions, par trois fêlures qui partaient de la circonférence de l'os, et se réunissaient au-devant du conduit auditif externe, et à une quatrième qui, contournant la base de l'apophyse zygomatique, se terminait à la fente glénoïdale. La forme de cette fracture, l'intégrité de l'arcade zygomatique et de l'apophyse mastoïde, nous font dire qu'elle a été faite par un instrument contondant à petite surface. D'après l'absence de tout travail de la nature pour la guérison, d'après l'écartement des pièces osseuses et le suintement qui se faisait par les divers points de la fracture, nous pensons qu'elle a eu lieu dans un temps très rapproché de la mort. Nous ajoutons même que les désordres que nous avons observés sont le résultat d'un coup violent, qui a dû nécessairement amener une commotion cérébrale telle, que, sans tenir compte des autres accidens, l'individu qui l'a reçu a dû être mis à l'instant même hors de défense et privé de l'usage de ses sens.

Les souliers dans lesquels nous avons trouvé les os du pied, quelques morceaux d'étoffe enveloppant les vertèbres du cou, des boutons en bois et en métal, un couteau dont la lame était repliée dans le manche, trouvé à la partie gauche de la poitrine, quelques fragmens de drap et de velours, nous font croire que le cadavre avait été enseveli couvert au moins d'une partie de ses vêtemens.

Quoique le temps nécessaire pour la décomposition complète d'un cadavre varie beaucoup, et qu'on ne puisse à cet égard établir aucune règle positive, puisque les climats, l'humidité plus ou moins grande des terrains, le plus ou moins de profondeur des fosses, et une infinité d'autres circonstances relatives à l'état et au tempérament des individus, établissent des différences remarquables, nous avons pourtant cherché à déterminer depuis combien de temps le squelette que nous examinions avait été enseveli. L'opinion la plus générale est que, dans un climat tempéré, lorsque aucune circonstance particulière ne hâte ou ne retarde la décomposition, elle est complète dans l'espace de trois ou quatre années. En rapprochant l'état dans lequel nous avons trouvé les parties lors de l'exhumation, de ce qui a été dit à ce sujet, nous croyons pouvoir avancer qu'il y a trois ans et demi environ que le cadavre a été enseveli. Nous avons remarqué, en effet, ce que quelques auteurs signalent comme arrivant dans la troisième période, qui commence après la troisième année, les produits gazeux entièrement disparus, l'odeur fétide remplacée par une odeur de moisissure, et seulement un reste de matière terreuse, grasse, friable, brunâtre et noire.

Les seules parties molles que nous ayons trouvées étaient des ligamens vertébraux qui, par leur composition, se rapprochant le plus des os, devaient être aussi les derniers à disparaître.

Comme ni les lieux ni le temps ne nous permettaient de faire un examen attentif des autres parties du squelette, nous enlevâmes nous-mêmes tous les os que nous pûmes trouver, et les mîmes dans un sac auquel fut apposé le sceau de la justice.

Le cinquième jour du mois de mai, nous nous rendîmes au cabinet de M. le juge d'instruction pour continuer l'examen des pièces osseuses que nous avions à notre disposition. Nous trouvâmes toutes les vertèbres, les côtes et les os du bassin, qui furent bientôt articulés. Voulant déterminer à quel sexe le squelette appartenait, nous examinâmes ces différentes parties, et la largeur des détroits, peu considérable, comparée à la profondeur du bassin, le détroit inférieur rétréci, cordiforme, et terminé en pointe en avant, disposition qui tient à la direction des ischions qui, en descendant, convergent beaucoup l'un vers l'autre, la forme ovale et très allongée des trous sous-pubiens, nous firent penser qu'il appartenait à un homme. Notre jugement fut confirmé par le peu d'écartement des branches descendantes des pubis, qui avaient leur face antérieure dirigée en dehors, tandis que chez la femme elle est large et aplatie.

Ces circonstances se trouvèrent en rapport avec la longueur, la consistance et le développement des os.

Le sexe étant reconnu, nous cherchâmes quel âge cet homme pouvait avoir. Le développement complet des os, celui des éminences auxquelles viennent s'attacher les muscles et celui des mâchoires; l'état des dents, qui étaient en nombre complet, à l'exception de la quatrième molaire droite de la mâchoire supérieure, dont la chute était très ancienne, puisque la cavité alvéolaire était ossifiée, et que les dents voisines n'avaient pas changé de direction, quoique n'étant plus soutenues, nous ont amené à dire qu'il avait atteint sa quarantième année. D'après le tableau comparatif fait par M. le professeur *Suæ*, nous avons établi que sa taille était de 1 mètre 70 centim. environ.

Les extrémités, à l'exception de quelques os, étaient complètes, et nous articulâmes le pied droit, que nous avions conservé dans le soulier. Deux os sésamoïdes, que l'on trouve ordinairement, furent les seuls surnuméraires que nous trouvâmes. Le pied gauche ayant été enlevé en piochant, quelques os furent égarés. Nous n'avons aperçu que le calcanéum, l'astragale, le scaphoïde et le cuboïde, les cinq os du métatarse et trois phalanges, ce qui nous'a mis dans l'impossibilité de l'articuler et de nous assurer s'il y avait quelque anomalie. Ayant examiné isolément les os qui nous restaient, nous avons trouvé la tête du cinquième métatarsien arrondie, se prolongeant en dehors et présentant une petite surface articulaire, ce qui pouvait être l'effet d'une articulation surnuméraire; mais, n'ayant pas vu de quelle manière cet os s'articulait avec la première phalange, nous ne pouvons pas affirmer s'il y avait là un sixième doigt.

A l'exception de quelques osselets du carpe, nous avons trouvé tous ceux qui composent la main droite. Le cinquième os du métacarpe droit a d'abord attiré notre attention : plus court et plus large que celui de l'autre main, il a présenté son extrémité phalangienne séparée en deux parties, dont l'une, vraiment articulaire, lisse, assez étroite, arrondie et proéminente, avait la direction de l'axe de l'os ; tandis que l'autre, correspondant au bord cubital, formait avec lui un angle de huit degrés environ ; moins prolongée que la première, elle était aussi lisse, et présentait une surface articulaire qui n'en différait que par sa forme moins arrondie. Ayant cherché à articuler la première phalange du petit doigt, elle s'est exactement moulée sur la première tête articulaire, et a présenté, sur le bord correspondant à la seconde, une échancrure dont l'obliquité était en rapport avec la direction que nous avons assignée à cette deuxième surface. Cet examen des diverses parties du cinquième doigt ne nous laisse aucun doute sur la nature de l'anomalie qu'il présente : aussi croyons-nous pouvoir affirmer qu'il a dû nécessairement exister un sixième doigt, quoique nous n'ayons pas retrouvé les pièces osseuses qui le composaient. La main gauche, dont nous avons réuni tous les os, à l'exception de quelques osselets du carpe, n'a rien offert de particulier (*Observation extraite des Ephémérides médicales de Montpellier*, Septembre 1826).

Les détails importans contenus dans ce procès-verbal ont conduit le docteur X*** à tirer un certain nombre de conclusions qui ne me paraissent pas toutes également rigoureuses, et sur lesquelles je crois devoir fixer un instant l'attention du lecteur. « 1° Le squelette dont nous avons fait l'exhumation, dit-il, était enseveli depuis *trois ans à trois ans et demi*, couvert de ses vêtemens. » — Quelles sont les expériences ou les observations dignes de foi, qui permettent d'affirmer qu'un cadavre est enseveli depuis trois ans ou trois ans et demi ? Nous avons vu qu'il est impossible de déterminer l'époque de l'inhumation, précisément à cause des différences d'état exposées dans le procès-verbal du docteur X***, et qui sont relatives à la constitution des individus, aux maladies auxquelles ils ont succombé, à leur âge, à la nature du terrain, etc. « Le corps, est-il dit dans les conclusions, était couvert de ses vêtemens, » tandis qu'il eût été plus exact de répéter ce qui avait été inséré dans le procès-verbal, « que le cadavre avait été enseveli couvert *au moins d'une partie de ses vêtemens. — « 2° Ce squelette appartenait à un homme âgé de quarante à quarante-cinq ans environ, ayant la taille de 1 mètre 70 centimètres. » Le procès-verbal ne contient aucun fait propre à établir que l'individu dont il s'agit était plutôt âgé de quarante ans que de vingt-huit, de trente, de cinquante-cinq. Il y a plus, les pièces soumises à l'examen du docteur X*** n'étaient pas de nature à permettre la solution du problème : ceux des médecins qui ont étudié comparativement le squelette à différens âges, se rangeront aisément de mon avis. — 3° Cet homme était sexdigitaire de la main droite ; le sixième doigt devait être placé à côté de l'auriculaire, et s'il existait un doigt surnuméraire au pied, ce que je ne puis affirmer, il devait être placé au pied gauche en dehors du petit doigt. » Cette conséquence découle rigoureusement des prémisses, et les recherches qui l'ont motivée font honneur à la sagacité du docteur X***. — « 4° La mort de cet homme a été le résultat d'un coup violent porté par un instrument contondant, qui a fracturé le temporal gauche. » Il est dit en outre dans le procès-verbal : « D'après l'absence de tout travail de la nature pour la guérison, d'après l'écartement des pièces osseuses, et le suintement qui se faisait par les divers points de la fracture, etc. » Pour faire sentir combien cette conclusion est hardie, je supposerai pour un instant que le squelette dont il s'agit ne fût pas celui de Bonino, mais bien celui d'un individu qui aurait succombé à une affection de poitrine ou de l'abdomen, et dont le cadavre aurait été maltraité ou lancé d'une certaine hauteur. Comment M. X*** s'est-il assuré que la fracture du temporal n'avait pas été faite après la mort, et que le suintement dont il parle était plutôt l'effet d'une violence exercée pendant la vie que de la putréfaction ? Il n'ignore pas combien il est difficile de distinguer, même en ouvrant les cadavres encore frais, si des blessures ont été faites peu de temps avant ou après la mort (*Voyez* mes expériences sur les blessures).

Ces réflexions ne m'ont pas été inspirées pour faire croire que le squelette exhumé par le docteur X*** n'était point celui de Bonino ; bien au contraire, je suis convaincu, par ce qui est dit dans la troisième conclusion, et par ce qui a été établi aux débats, qu'il en est ainsi. Mon but a été, en me livrant à la critique du procès-verbal, de prouver qu'il n'était pas permis de fixer l'âge de l'individu, ni l'époque de la mort, ni de rien *affirmer* sur la cause de cette mort. On sert mal la médecine légale en lui demandant plus qu'elle ne peut faire ; et surtout on s'expose à voir réfuter, avec quelque apparence de raison, pendant les débats judiciaires, un procès-verbal dont les conclusions pêchent sous plusieurs rapports, quoiqu'au fond il puisse renfermer les preuves du fait qu'il s'agit d'établir.

DE L'UTILITÉ DES EXHUMATIONS JURIDIQUES DANS LES QUESTIONS RELATIVES A L'INFANTICIDE.

Pour mieux apprécier les applications qui peuvent être faites de mon travail à l'histoire de l'infanticide, je vais parcourir successivement la série des questions qu'il importe de résoudre dans un cas médico-légal de ce genre. Nous savons qu'il faut :

1° *Déterminer quel est l'âge de l'enfant dont on a trouvé le corps.* Les données qui servent de base à la solution de ce problème étant à-peu-près indépendantes du milieu dans lequel le nouveau-né a été plongé, il est inutile d'insister sur ce premier point.

2° *Examiner si l'enfant n'était pas mort avant de sortir de l'utérus.* On sait que les fœtus âgés *au moins* de cinq mois, qui restent plusieurs jours ou plusieurs semaines dans la matrice après leur mort, éprouvent un genre d'altération caractérisé par la rougeur de la peau, du tissu cellulaire et de la plupart des viscères, parties dont plusieurs sont en même temps le siége d'une infiltration séro-sanguinolente. Or, des altérations semblables peuvent survenir chez des fœtus *qui ont vécu*, et dont les cadavres sont restés plus ou moins long-temps dans l'eau, dans la matière des fosses d'aisances, et surtout dans le fumier : d'où il résulte qu'il ne faudrait pas, comme cela a été fait jusqu'à présent, attacher à ces altérations une grande valeur, et juger seulement d'après elles, qu'un nouveau-né, retiré d'un de ces trois milieux, était ou n'était pas mort avant de naître; ce serait le cas d'examiner attentivement les organes de la circulation et de la respiration.

3° *Établir, dans le cas où un enfant serait sorti vivant de l'utérus, s'il a vécu après l'accouchement, ou s'il est mort en naissant.* Parmi les changemens éprouvés par les poumons des nouveau-nés qui ont respiré, les plus importans sont sans contredit, l'augmentation de leur poids absolu et la diminution de leur poids spécifique ; en général , ils se précipitent au fond de l'eau quand l'enfant n'a pas respiré , tandis qu'ils surnagent si la respiration a eu lieu. Eh bien ! il peut arriver que des poumons de fœtus *mort-nés* , dont les cadavres sont restés long-temps dans l'eau ou dans la matière des fosses d'aisances , au lieu de se précipiter, surnagent en totalité ou en partie, lorsque , par suite de la putréfaction , la peau du thorax aura été réduite en lambeaux, et que les poumons auront été en contact immédiat avec le liquide. D'une autre part , on a souvent vu des poumons d'enfans *qui avaient vécu* , et dont les cadavres s'étaient pourris dans les mêmes milieux , ne plus nager sur l'eau et se *précipiter* au fond , quand on les exprimait sous le liquide pour en faire dégager les gaz développés par la putréfaction : c'est qu'alors la décomposition putride avait été portée au point que les cellules bronchiques étaient détruites et ne renfermaient plus l'air inspiré. L'expert devra donc se tenir sur ses gardes , dans des cas de ce genre, pour ne pas prendre des poumons qui ont respiré pour ceux d'enfans qui n'ont pas vécu ; *et vice versâ.*

4° *Si l'enfant a vécu après sa naissance , déterminer le temps pendant lequel il a vécu.* La solution de cette question reposant sur la connaissance de certains changemens qu'éprouvent après la naissance le cordon ombilical, les poumons, le cœur, la vessie et les intestins, et ces changemens étant à-peuprès indépendans des milieux dans lesquels sont plongés les corps, je ne m'appesantirai pas sur ce sujet.

5° *En supposant que l'enfant ait vécu après sa naissance, chercher à connaître depuis quand il est mort.* C'est particulièrement d'après l'état plus ou moins avancé de la putréfaction que l'on peut parvenir à résoudre cette question, du moins d'une manière approximative. Il existe à cet égard une immense différence entre les cadavres d'adultes ou de vieillards qui se pourrissent, et ceux des nouveau-nés que l'on a fait périr après la naissance et que l'on a laissés plus ou moins de temps dans un milieu quelconque ; la putréfaction des premiers, comme je l'ai déjà dit, est influencée par un trop grand nombre de causes, pour qu'on puisse établir, à quelques jours près, de quelle époque date la mort ;

tandis qu'il n'en est pas de même pour les enfans naissans dont je parle. En effet, il ne s'agit plus ici de sujets de *différens âges*, ayant succombé à des *affections différentes*, et ayant été inhumés nus ou enveloppés dans des terrains qui sont loin d'être de la *même nature :* ce sont au contraire le plus ordinairement des enfans *naissans* ayant péri *violemment*, et presque toujours de la *même manière*, et ayant été plongés dans un milieu qui ne *change pas :* on conçoit dès-lors que la marche de la putréfaction ne doit guère avoir été ralentie ou accélérée que par les variations de la température atmosphérique. Il ne sera donc pas impossible, en examinant attentivement la marche de la putréfaction dans les différens milieux et dans les saisons différentes, de calculer à-peu-près la somme d'influence exercée par ces variations de température, et de déterminer d'une manière approximative l'époque de la mort. Les diverses nécropsies consignées dans le tome 1er me paraissent propres à remplir ce but.

6° *Si tout porte à croire qu'un fœtus a vécu ou qu'il est mort en naissant, déterminer si la mort est naturelle ou si elle peut être attribuée à quelque violence, et dans ce cas quelle en est l'espèce.* La possibilité qu'il y a souvent de constater même long-temps après la mort, que celle-ci est le résultat d'un empoisonnement ou d'une blessure, doit faire supposer que, lors d'une exhumation juridique, on pourra parvenir à reconnaître si la mort des nouveau-nés est violente et naturelle ; toutefois, comme la putréfaction marche beaucoup plus vite chez les nouveau-nés que chez les adultes, il arrivera que l'on ne pourra déjà plus apprécier chez les premiers, à une époque déterminée, des altérations que l'on aurait encore pu constater chez les autres ; d'ailleurs, les changemens de couleur, de consistance, etc., amenés successivement par la décomposition putride dans les différens milieux, viendront compliquer le problème, et en rendront sa solution souvent beaucoup plus difficile : c'est assez indiquer aux experts combien ils doivent être circonspects en pareille circonstance. L'observation placée à la fin de cet article (*V*. page 109) dépose en faveur de ce que j'ai établi, relativement à la possibilité de reconnaître, plus ou moins de temps après l'inhumation, le genre de violence dont les nouveau-nés ou les jeunes enfans ont été l'objet avant la mort.

7° En admettant qu'un enfant dont on trouve le corps ait été tué, est-il possible de prouver qu'il appartient à la femme que l'on accuse, et qu'elle est l'auteur du meurtre ? On sait que la dernière de ces questions est au-dessus de nos ressources, tandis que dans certains cas le médecin peut jeter quelques lumières sur l'autre; en effet, s'il reconnaît que l'enfant dont il examine le cadavre, est né à-peu-près à l'époque où la femme est accouchée, il pourra établir qu'il n'est pas impossible qu'il appartienne à cette femme. Il faudra donc, pour ce qui concerne l'enfant, chercher à déterminer combien de temps il a vécu, et depuis quand il est mort, problèmes dont je viens de m'occuper et auxquels je renvoie.

Observation relative à des violences exercées sur un enfant naissant.

Rose G..., âgée de 23 ans, domestique à la campagne, accoucha seule, le 24 mai, à onze heures du matin, dans un jardin écarté (1). Sa grossesse avait à peine été soupçonnée; son accouchement n'avait pas eu de témoins; son enfant, enfoui en partie dans la terre, qu'elle avait creusée avec une serpette, était, de plus, caché par une pierre qu'elle avait posée dessus; ainsi elle avait tout lieu d'espérer que cet événement serait à jamais ignoré. Cependant, le 12 juin suivant, le chien d'un habitant du pays rentre à la maison de son maître, tenant dans sa gueule la main d'un enfant. Cette main paraît avoir été retirée de la terre, où elle était restée enfouie pendant quelque temps. Des perquisitions sont faites dans les champs et jardins des environs. Un chat est aperçu dans le jardin de la mère de Rose, paraissant tirer à lui, et dévorer des lambeaux de chair; on approche, et l'on trouve, en partie recouvert par une pierre de 5 à 6 kilogrammes, le cadavre d'un enfant horriblement mutilé. La joue droite avait été rongée; le côté droit du crâne était dépouillé du cuir chevelu, qui avait été aussi rongé; il ne restait plus rien des parties génitales, et le bras droit avait été arraché dans son articulation avec l'épaule.

Un médecin est appelé par l'autorité pour faire la visite du cadavre; et voici le rapport qu'il rédige immédiatement après la visite, et qu'il affirma ensuite devant la cour d'assises, lorsqu'il fut entendu comme témoin.

Les mutilations déjà mentionnées n'empêchant pas de reconnaître les

(1) Fait recueilli dans une des audiences de la cour d'assises de l'Aube, par le docteur Pigeotte, médecin juré près des tribunaux de l'arrondissement.

dimensions, le poids approximatif et la conformation générale de l'enfant, il fut constaté que son développement et sa conformation ne permettaient pas de douter qu'il fût né au terme ordinaire de la grossesse et dans l'état de viabilité.

Une portion du cordon ombilical, longue de 15 à 18 centim., était restée adhérente à l'abdomen ; l'examen de ce cordon permit de constater que la mort de l'enfant devait avoir eu lieu peu de temps après la naissance. Il n'avait point été lié, il n'avait pas non plus été coupé avec un instrument tranchant ; son extrémité était frangée ; il avait par conséquent été déchiré. Une hémorrhagie avait-elle eu lieu au moment de la naissance ? Ce fait n'a pas été éclairci.

Avant de procéder à l'ouverture de la poitrine, le médecin expert observe d'abord que le thorax est plus voûté, et que les côtes sont plus écartées que chez les enfans qui n'ont pas respiré. La poitrine étant ouverte, on remarque que les poumons exhalent une odeur putride, et sont peu développés ; mais ils sont *crépitans*, et ont une couleur *rose pâle*, couleur très distincte de la couleur *brune* et *gris fauve* que présentent presque toujours les poumons des fœtus dans l'intérieur desquels l'air n'a point été introduit, soit naturellement par l'acte de la respiration, soit artificiellement par l'insufflation dans la trachée-artère.

Ces poumons étant extraits de la poitrine sans en détacher le cœur, on reconnaît que les gros vaisseaux qui les pénètrent et les cavités du cœur contiennent une humeur séreuse sanguinolente. La masse que forment ces organes réunis est ensuite plongée dans un vase rempli d'eau commune froide, et on la voit surnager et regagner la surface du liquide, lorsque après l'avoir portée avec la main au fond du vase on cesse de l'y maintenir.

Les poumons ayant été détachés du cœur et divisés en plusieurs fragmens, ces fragmens sont de nouveau plongés dans l'eau, et tous, sans exception, surnagent comme les poumons entiers.

Des fragmens du foie, et le cœur, séparé des poumons, sont soumis à la même épreuve ; mais on voit à l'instant ces substances se précipiter au fond du vase, et y rester submergées.

De ces diverses observations, le médecin expert tire la conséquence qu'il est *probable* que l'enfant soumis à son examen avait respiré et avait vécu après sa naissance.

L'examen du bas-ventre ne lui présenta rien qui parût mériter son attention.

Il avait remarqué, sur la partie latérale droite du cou, une ecchymose à-peu-près circulaire de 3 centim. environ de diamètre. La dissection lui fit reconnaître que cette ecchymose n'était point une lividité cadavérique, mais qu'elle était produite par du sang extravasé dans les lames du tissu cellulaire placé sous la peau et dans les faisceaux musculeux subjacens. Cette ecchymose faisant juger convenable de pousser la dissection jusqu'aux vertèbres cervicales, et de les isoler des muscles qui les environnent, ces muscles furent trouvés pénétrés d'un sang extravasé. Les ligamens qui unissent la seconde vertèbre à la troisième, et cette troisième à la quatrième, étaient en partie déchirés, et les vertèbres étaient *désunies et mobiles les unes sur les autres.*

De ces faits, le médecin expert tire cette conséquence, que des tiraillemens violens, des mouvemens de torsion extraordinaires, ont été exercés sur la tête et le cou de l'enfant, et que ces violences étaient de nature à lui donner la mort.

L'ouverture du crâne a-t-elle été omise, ou le médecin expert a-t-il seulement omis d'en faire mention dans son rapport devant la cour d'assises? Ce fait n'a pas été vérifié.

Quoi qu'il en puisse être, la fille Rose G..., mise en état de prévention, et accusée d'avoir donné la mort à l'enfant dont elle était accouchée, en exerçant sur lui des violences révélées à la justice par le rapport du médecin expert, finit par avouer qu'elle était accouchée de l'enfant qui avait été trouvé le 12 juin dans le jardin de sa mère, et que c'était elle-même qui l'avait caché sous la pierre où il avait été découvert. Est-il vraisemblable, ainsi qu'a cherché à l'établir l'avocat chargé de la défense de l'accusée, que la désunion des vertèbres cervicales et le déchirement des ligamens qui les unissent aient eu pour cause la chute de la tête de l'enfant au moment de l'accouchement, ou la flexion forcée de la colonne vertébrale du petit cadavre, pour le placer dans une boîte qui aurait servi à le transporter d'un lieu à un autre? C'est une question que les hommes de l'art résoudront négativement.

DE L'UTILITÉ DES EXHUMATIONS DANS LES QUESTIONS MÉDICO-LÉGALES RELATIVES A LA DÉTERMINATION DU SEXE, DE L'AGE ET DE LA TAILLE DES INDIVIDUS.

Sexe. Plusieurs mois après l'inhumation, et quelquefois même un ou deux ans après, on peut encore reconnaître le sexe à l'inspection de la barbe et des organes génitaux; à la vérité, ces derniers organes peuvent avoir subi un degré de desséchement et d'aplatissement tel, qu'il soit difficile au premier abord de distinguer le sexe, et qu'il faille séparer et disséquer attentivement les diverses parties. Plus tard, lorsque déjà le cadavre est réduit au squelette, il ne reste d'autre ressource pour résoudre le problème que l'inspection des os.

Chez la femme, la tête est plus petite, plus arrondie; le tronc surtout, le cou et les lombes plus longs, et les cuisses plus courtes, en sorte que la moitié de la hauteur du corps ne correspond plus, comme chez l'homme, au pubis même, mais au-dessus. Le thorax et le bassin sont plus évasés que chez l'homme; ce dernier est moins haut, plus circulaire et plus incliné sur le rachis. Les membres sont plus petits, plus arrondis; les genoux plus rapprochés; les os plus petits et d'un tissu moins compacte; leurs aspérités font moins saillie.

Age. Tant que le cadavre n'est pas assez pourri pour qu'il ne soit plus permis de constater l'état des parties molles, on résoudra les questions relatives à l'âge, en ayant égard à l'état de ces parties, notamment du cordon ombilical, de la peau, du cœur, etc.; la stature, les dents, les cheveux et la barbe pourront aussi fournir des caractères quelquefois importans. Quand il ne reste plus de parties molles, on est obligé de chercher à résoudre le problème d'après l'état plus ou moins avancé de l'ossification, d'après l'état des dents, la forme de l'os maxillaire inférieur, etc. (*V*. tome I, p. 103 et 116).

Taille. Lorsque déjà, par suite de la putréfaction, les os sont désarticulés, que le squelette ne forme plus un tout, il est impossible de mesurer la taille des individus. J'ai pensé qu'il serait utile de déterminer sur un grand nombre de sujets les longueurs de chacun des os des membres, celle des extrémités, et celle du tronc depuis le vertex jusqu'à la symphyse du pubis (*V*. tome I, page 105).

RÉFUTATION DES AUTEURS QUI ONT CONSIDÉRÉ LES EXHUMATIONS JURIDIQUES NON-SEULEMENT COMME INUTILES, MAIS ENCORE COMME POUVANT INDUIRE QUELQUEFOIS LES EXPERTS EN ERREUR.

J'insisterai à peine dans cet article sur l'utilité des exhumations juridiques; tout ce qui vient d'être dit dans cette section sur la possibilité de reconnaître long-temps après la mort qu'il y a eu empoisonnement, infanticide, contusion, plaie, etc., répond suffisamment à ceux des médecins qui, n'ayant pas bien médité sur ce sujet, ont cependant contesté cette utilité. Les faits sont tellement probans, qu'il serait absurde de ne pas les adopter. Déjà j'ai établi ailleurs (*Voyez* tome 1er, page 61) que les émanations dégagées par un cadavre enterré depuis un ou plusieurs mois dans une fosse particulière, étaient loin d'être aussi nuisibles qu'on avait bien voulu le dire. Voyons donc, pour ne rien laisser à désirer sur ce point, si réellement les exhumations juridiques peuvent induire quelquefois les experts en erreur. Il est évident que les auteurs qui ont émis une pareille assertion ont pensé que les médecins pourraient être tentés de prendre des altérations produites par la putréfaction, pour des lésions vitales, et attribuer à une violence extérieure ce qui était le résultat de la décomposition putride. Mais à moins de supposer que l'expert chargé de l'ouverture du corps soit entièrement étranger au sujet, et notamment à ce que j'ai dit à la page 5 et suivantes où je crois avoir approfondi la matière, on doit admettre qu'il pourra distinguer, dans la plupart des circonstances, les altérations cadavériques de celles qui ne le sont pas, et que dans les cas douteux il mettra dans ses conclusions cette sage réserve tant recommandée par les médecins légistes. Celui-là serait certainement blâmable, qui, lors d'une exhumation tardive, à l'occasion d'une suspicion d'empoisonnement, par exemple, établirait dans un rapport juridique que cet empoisonnement *a pu* avoir lieu, par cela seul que l'estomac et les intestins sont rouges et plus ou moins injectés : ne sait-on pas en effet que cette altération peut ne reconnaître pour cause que la putréfaction ? Encore une fois, les erreurs qui pourraient être commises dans les cas dont il s'agit, seront toujours le fait de l'ignorance ou de l'irréflexion avec laquelle on aura conclu.

DE L'INFANTICIDE (1).

Quoique le mot infanticide signifie dans son acception la plus étendue, meurtre d'un enfant depuis l'état d'embryon jusqu'à l'âge de la puberté, on distingue en médecine légale l'embryoctomie ou le *fœticide*, de l'*infanticide*. « Un langage très rigoureux exigerait peut-être, dit Marc (*Dictionn. de médecine,* en 30 vol., art. INFANTICIDE) que l'on adoptât comme expression générique le mot *fœticide* pour désigner la destruction volontaire du fœtus depuis l'époque de sa formation jusqu'à celle de son expulsion ; que le mot embryoctomie ne servît qu'à exprimer l'action de faire périr dans le sein maternel le fœtus non encore développé ; et enfin que le mot infanticide ne fût appliqué qu'au meurtre d'un enfant viable. » Malgré l'importance d'une définition rigoureuse, j'obéirai à l'usage généralement établi , et j'appellerai infanticide le meurtre d'un enfant naissant, ou, selon l'expression de la loi, d'un enfant nouveau-né, en supposant presque toujours que le crime a été commis par la mère. Voici quel est l'état actuel de la législation sur ce sujet :

« Est qualifié d'infanticide, le meurtre d'un enfant nouveau-né » (Code pénal, art. 300). « Tout coupable d'assassinat, de parricide, d'infanticide et d'empoisonnement sera puni de mort (Code pénal, art. 502). » Les cours d'assises lorsqu'elles auront reconnu qu'il existe des circonstances atténuantes, et sous la condition de le déclarer expressément, pourront dans les cas et de la manière déterminée par l'art. 5 et suiv., jusques et y compris l'art. 42, réduire les peines prononcées par le Code pénal » (Code pénal, art. 4 de la loi du 25 juin 1824). « La peine portée par l'art. 302 du Code pénal, contre la mère coupable d'infanticide, pourra être réduite à celle des travaux forcés à perpétuité. Cette réduction de peine n'aura lieu à l'égard d'aucun individu autre que la mère » (Même loi, art. 5). « Si, par suite de l'exposition et du délaissement, prévus par les articles 349 et 350 (2), l'enfant est demeuré mutilé ou estropié, l'action sera considérée comme

____

(1) *Infans*, enfant ; *cœdere*, tuer.

(2) « Ceux qui auront exposé et délaissé en un lieu solitaire un enfant au-dessous de l'âge de sept ans accomplis ; ceux qui auront donné l'ordre de l'exposer ainsi, si cet ordre a été exécuté, seront, pour ce seul fait, condamnés à un emprisonnement de six mois à deux ans, et à une amende de 16 fr. à 200 fr. » (Code pénal, art. 349).

« La peine portée au précédent article sera de deux ans à cinq ans , et l'amende blessures volontaires à lui faites par la personne qui l'a exposé et délaissé ; et si la mort s'en est suivie, l'action sera considérée comme meurtre ; au premier cas, les coupables subiront la peine applicable aux blessures volontaires et au second cas celle du meurtre » (Code pénal, art. 351).

Il est à remarquer que le Code pénal n'exige point qu'il y ait *préméditation ;* il suffit que le crime ait été volontaire pour entraîner la peine de mort ou des travaux forcés à perpétuité ; il n'est pas fait mention non plus du meurtre d'un enfant naissant, quoique évidemment on doive encourir la même peine que lorsqu'on assassine un enfant qui vient de naître.

Le texte de la loi ne détermine pas non plus d'une manière précise ce que l'on doit entendre par ce mot *enfant nouveau-né.* Aussi peut-il être interprété d'une manière différente par les médecins légistes ; et cependant la peine varie suivant que la mort est le résultat d'un infanticide ou d'un homicide.

Suivant Ollivier (d'Angers), l'enfant peut être dit *nouveau-né*, tant que le cordon ne sera pas séparé de l'ombilic. Le professeur Robert Froriep (*Ann. d'hyg. publique et de médecine légale,* t. XVI, page 328) prend aussi pour point de départ la chute du cordon, et regarde comme enfant nouveau-né celui chez lequel il existe encore des traces de séparation de sa mère. Dans ce système, le cordon ombilical peut donc seul fournir un signe. Le jurisconsulte, au contraire, d'après Froriep, ne verrait un nouveau-né qu'autant que l'enfant n'aurait pas reçu les premiers soins de sa mère et qu'il serait encore *sanguinolent.* Marc (loc. cit.) adopte complétement la définition d'Ollivier (d'Angers), et pense qu'elle sera approuvée non-seulement par les médecins, mais encore par les criminalistes.

Quelque répugnance que j'aie à admettre dans toute leur étendue les opinions d'Ollivier (d'Angers) et de Robert Froriep, j'ai cru devoir les relater ici, et je les laisse à juger aux magistrats.

Avant d'entrer dans l'étude des diverses questions que le médecin expert doit résoudre dans un cas d'infanticide, il m'a paru convenable de tracer un tableau complet des caractères normaux

de 50 fr. à 400 fr. contre les tuteurs ou tutrices, instituteurs ou institutrices de l'enfant exposé et délaissé par eux ou par leur ordre » (*Ibid.* art. 350).

8.

que présentent les divers organes d'un enfant naissant, et des modifications que les maladies ou un arrêt de développement peuvent apporter dans leur texture, leur coloration, leur consistance. L'homme de l'art, en effet, doit savoir reconnaître les traces de la maladie qui a amené la mort, et les distinguer des lésions qu'ont déterminées des manœuvres criminelles. Les détails qui vont suivre m'ont été en très grande partie communiqués par Billard, ancien élève interne à l'hospice des Enfans-Trouvés. J'ai pu moi-même faire des observations depuis quelques années; c'est donc d'après les travaux de Billard et les miens que j'exposerai les caractères anatomiques normaux, et les altérations pathologiques que l'on trouve dans les organes des enfans nouveau-nés.

Le docteur Denis de Commercy a publié en 1826, sous le titre de *Recherches d'Anat. et de Physiol. pathol. sur plusieurs maladies des nouveau-nés*, un ouvrage important ayant principalement pour objet les affections auxquelles succombent les enfans âgés de plusieurs jours, de quelques mois et même d'un an ; tandis que le travail dont il s'agit ici comprend particulièrement la description des divers états sous lesquels se présentent les organes des nouveau-nés qui périssent peu de temps après la naissance, c'est-à-dire à l'époque où le crime d'infanticide se commet le plus souvent. Toutefois comme l'ouvrage du docteur Denis renferme quelques observations relatives à des enfans qui sont morts le jour même de la naissance, et que l'ouverture du corps a fait voir des altérations notables de plusieurs organes, le lecteur pourra le consulter avec fruit. *Voyez* aussi la *Dissertation sur la pneumonie et la gastro-entérite des nouveau-nés*, par le docteur Cogny ; Paris, avril 1827.

CARACTÈRES ANATOMIQUES LES PLUS GÉNÉRAUX QUE PRÉSENTENT LES ORGANES DU NOUVEAU-NÉ DANS L'ÉTAT NORMAL, DANS L'ÉTAT ANORMAL, ET DANS L'ÉTAT PATHOLOGIQUE.

Dans une question aussi étendue, il est important de fixer préalablement un ordre à suivre ; je passerai successivement en revue, 1° les tégumens externes ; 2° les organes de la digestion ;

3° les organes sécréteurs de l'urine ; 4° ceux de la circulation et de la respiration ; 5° ceux de l'innervation ; 6° ceux de la locomotion ; 7° les organes génitaux ; 8° les tissus qui peuvent se trouver dans toutes les parties du corps , tels que le tissu cellulaire et le tissu adipeux.

Des tégumens externes. Coloration de la peau chez les nouveau-nés. Les enfans qui viennent de naître ont presque tous une coloration uniforme ; le sang prédomine dans les tissus sous-cutanés et leur communique sa couleur : aussi la face , le tronc , et les membres de l'enfant naissant sont-ils ordinairement rouges. J'ai voulu savoir à quelle époque précise cette coloration pâlissait , mais je n'ai rien trouvé d'assez constant pour établir en principe général le résultat de mes calculs. J'ai vu des enfans commencer à blanchir au cinquième et au huitième jour ; j'en ai vu rester encore fortement colorés jusqu'à douze et quinze jours. Voici du reste les nuances que prend la peau avant d'arriver à son état de blancheur naturelle.

Le plus ordinairement les tégumens passent peu-à-peu du rouge foncé au rose vermeil ; souvent aussi une coloration violacée se manifeste surtout aux extrémités ; mais cette dernière couleur peut être un signe de maladie ; enfin on voit presque toujours se mélanger à la couleur rose des tégumens une nuance jaune que l'on rend encore plus manifeste par la pression des doigts sur la peau : cette nuance jaune devient parfois prédominante, elle se fonce de plus en plus, et l'enfant présente alors un véritable ictère, coloration qui n'est pas due très certainement à une affection du foie, ainsi que je le prouverai dans un autre lieu.

A mesure que ces transformations de couleur s'opèrent, la peau de l'enfant, d'abord gluante et même enduite d'une couche sébacée , devient plus sèche, l'épiderme se fendille et s'exfolie. Les tégumens prennent bientôt un aspect plus pâle , et sont le siége d'une congestion sanguine moins abondante ; ainsi la peau passe successivement du rouge foncé au rose pâle pour blanchir ensuite , ou bien elle offre une coloration rouge , violacée , jaunâtre, puis enfin blanche. Telles sont les principales nuances de couleur que présentent les tégumens du nouveau-né : ces différentes colorations peuvent servir à faire connaître qu'un enfant est récemment né, surtout si on les observe concurremment avec les autres signes propres à fournir la même indication (*V*. p. 78 du t. 1er.)

Quelques enfans naissent faibles, maigres, et vraiment chlorotiques; leurs tégumens sont d'une pâleur extrême, les membranes muqueuses partagent elles-mêmes cette décoloration, et sont dans un état de ramollissement plus ou moins avancé. Cet état général de l'organisation est le résultat évident d'une maladie développée chez l'enfant pendant son séjour dans l'utérus. Il vient au monde maigre et pâle comme le sont les malades réduits au marasme par le développement et les progrès de quelques affections organiques. Cette couleur blafarde et chlorotique de la peau chez les nouveau-nés, doit donc être regardée comme un caractère pathologique, plutôt que comme une variété de la couleur naturelle des tégumens.

Les tégumens externes se confondent insensiblement avec les tégumens internes sur les limites des ouvertures naturelles du corps. Ils sont ordinairement très vermeils dans ces parties; ainsi les lèvres, le bord des paupières, l'entrée des fosses nasales, le pourtour de l'anus et la vulve offrent un aspect vermeil qui, comme on le sait, persiste pendant une partie de la vie, et ne se flétrit que par les progrès de l'âge.

La peau du nouveau-né est susceptible d'offrir un assez grand nombre de colorations anormales soit congénitales, soit accidentelles. Il est important de ne pas les confondre avec des contusions ou des traces de violences extérieures.

Les taches connues sous le nom de *nævi materni* ont un caractère trop tranché pour que l'observateur le plus superficiel se méprenne sur leur nature; mais il n'en est pas de même des ecchymoses et des pétéchies; les premières peuvent être, comme on le sait, le résultat d'un accouchement difficile; on les observe particulièrement au niveau des parties qui se sont trouvées pressées par les détroits du bassin; telle est surtout l'ecchymose habituelle du cuir chevelu; cependant je dois faire à cet égard une remarque importante, c'est que cette ecchymose n'est pas toujours due à la compression que la tête de l'enfant peut avoir subie au détroit pelvien.

Billard a reçu parfaitement intact un œuf d'environ quatre à cinq mois ; la femme qu'il avait accouchée lui-même, lui avait déclaré que depuis quinze jours elle éprouvait des douleurs dans la matrice, et que depuis huit jours elle avait eu des pertes assez abondantes pour concevoir le pressentiment de son avortement prochain. Les membranes ne furent nullement déchirées ; l'eau de l'amnios, en raison de sa transparence, permettait de voir le fœtus dont la tête était pendante et les pieds soulevés. On remarquait au sommet de la tête une large ecchymose à la circonférence de laquelle se rendaient de petits vaisseaux élégamment ramifiés. Je pensai, dit Billard, que l'enfant était mort depuis quelques jours, que dès-lors les liquides s'étaient trouvés chez lui soumis aux lois de la pesanteur, et que cette ecchymose du cuir chevelu, véritable phénomène cadavérique, ne pouvait être regardée comme l'effet de la compression que la tête aurait subie, mais comme un résultat de la position déclive dans laquelle cette partie s'était trouvée depuis la mort de l'embryon.

Billard a cité dans son Mémoire sur la respiration un exemple de pétéchies cutanées, et y a ajouté quelques réflexions auxquelles je renvoie (*Voy.* l'observation de Delarue à la p. 206 de ce volume). Quant aux lividités cadavériques, elles seront toujours faciles à distinguer, puisqu'elles ont les mêmes caractères que chez les adultes (*Voy.* art. Mort.).

On ne confondra pas non plus l'érysipèle et l'érythème, si commun chez les nouveau-nés, avec des traces de violences extérieures ; il faudra surtout s'informer pour cela de la manière dont se sont développés ces exanthèmes. Quant aux autres affections cutanées, comme elles offrent des traits particuliers, elles seront toujours reconnaissables ; elles ne se développent d'ailleurs presque jamais aussitôt après la naissance ; cependant Lobstein a rapporté un exemple d'ecthyma congénital, et j'ai vu moi-même chez un enfant né depuis six heures un strophulus bien caractérisé. Comme je n'ai point l'intention de donner ici l'histoire des maladies de la peau chez les nouveau-nés, je m'arrêterai à ces réflexions générales (1).

Des organes de la digestion. J'ai déjà fait connaître les caractères anatomiques de l'appareil digestif considéré dans l'état sain (*Voy.* p. 73 du t. 1ᵉʳ) : je ne m'occuperai ici que de quelques altérations de couleur ou de texture qui peuvent se

____

(1) On a souvent vu des fœtus qui sont nés avec la variole, la rougeole, etc.

manifester à la surface de ces organes, et qui sont tantôt le résultat d'une cause morbide, et tantôt l'effet d'un simple état anormal.

La bouche. La bouche ne présente ordinairement rien de bien particulier ; Billard a observé une fois une ecchymose dite scorbutique à la base de la langue, chez un enfant naissant : cette ecchymose, d'une couleur violacée, s'étendait depuis la base jusqu'à la partie moyenne de l'organe, et pénétrait à 6 millimètres d'épaisseur ; le tissu de la langue était, dans cet endroit, extrêmement ramolli. L'état général du sujet n'offrait rien de remarquable.

La bouche est, comme on le sait, susceptible d'éprouver dans sa conformation plusieurs imperfections desquelles résultent des difformités trop connues pour que je m'arrête à les signaler ici. Le pharynx est presque toujours injecté.

L'œsophage. La face interne du canal œsophagien est toujours, comme je l'ai dit à la page 74 du t. 1er, le siége d'une injection plus ou moins marquée : cette injection offre des variétés d'aspect assez nombreuses ; ainsi on observe des ramifications, des plaques rouges, des stries longitudinales, des points plus ou moins nombreux. Cette congestion est parfois portée à un tel degré que la rougeur est uniforme, et la membrane muqueuse sensiblement épaissie. Il n'est pas rare de voir l'épithélium s'enlever par sillons longitudinaux dont les bords sont renversés sur eux-mêmes. Bien que cette exfoliation ne s'opère pas chez tous les sujets, il ne faudrait pas cependant la prendre pour l'effet de quelque poison ou de quelque corps vulnérant introduit dans les voies digestives, car on l'a vue chez des enfans auxquels ces accidens n'étaient point arrivés : on l'observe principalement dans les cas de muguet, production pseudo-membraneuse excrétée à la surface de la membrane muqueuse. On pourrait être d'autant plus porté à regarder ces exfoliations comme des escarrhes superficielles, que les fragmens membraniformes sont quelquefois teints en jaune ou en brun par les matières vomies par l'enfant. On voit aussi survenir cette exfoliation lorsque l'œsophage est excorié et ulcéré par suite d'une violente inflammation ; Billard a trouvé chez un enfant de quatre jours, au tiers inférieur de l'œsophage, une ulcération que ses bords élevés rendaient profonde en apparence, qui se trouvait située au tiers inférieur de l'œsophage, et qui avait *environ* 10 millimètres de diamètre dans tous les sens. Il existait dans ce cas une véritable *œsophagite aiguë*. Je ne parlerai point des oblitérations complètes ou incomplètes de l'œsophage, dont les auteurs ont cité des exemples, ni des épaississemens partiels ou généraux que présente la paroi de ce canal : outre que ces altérations sont rares chez les nouveau-nés, il est toujours facile d'en apprécier la nature et la cause, et je ne sache pas qu'il soit possible de commettre à cet égard quelque grave erreur sous le rapport médico-légal.

L'estomac. On sait qu'il entre dans la structure de l'estomac un grand nombre de glandules mucipares, invisibles à l'œil nu dans l'état sain, mais susceptibles de s'accroître par suite d'un état pathologique quelconque, de manière à nous dévoiler leur siége, leur forme, et leur disposition particulière.

Il est très commun de trouver chez les nouveau-nés ces glandes fort développées, et ce développement offre des variétés d'aspect importantes à connaître. Elles peuvent être simplement tuméfiées, et se montrent alors sous la forme d'un grand nombre de petits grains blanchâtres qui, quelquefois très rapprochés, donnent à la membrane muqueuse un aspect analogue à la peau d'oie, et qui d'autres fois sont plus clairsemés ou n'occupent que telle ou telle région de l'estomac.

Ces glandes s'ulcèrent légèrement au sommet ; leur base n'étant pas encore détruite par les progrès de l'ulcération, on reconnaît facilement quel est le siége de cette solution de continuité.

Mais enfin l'ulcération fait des progrès, toute la glandule est détruite, et l'estomac offre alors un grand nombre d'ulcères peu profonds, arrondis et irréguliers, dont les bords sont presque toujours teints d'un filet jaune, dû sans doute aux matières muqueuses et bilieuses qui ont reflué dans l'estomac. Il n'est pas rare de trouver en outre dans la cavité gastrique un fluide sanguinolent fourni par exhalation ou par les bouches béantes des vaisseaux ulcérés : ce sang, en séjournant dans l'estomac, ne tarde pas à prendre une couleur brune, puis noirâtre ; l'enfant vomit souvent de ces matières brunes, soit en mourant, soit quelque temps avant la mort ; et si l'on trouvait en même temps à l'autopsie cadavérique quelques excoriations dans l'œsophage, alors on pourrait être porté à regarder ces lésions comme étant l'effet d'un poison corrosif introduit dans les voies digestives ; en effet, n'est-il pas naturel de concevoir une telle idée lorsque d'une part on trouve l'œsophage excorié, de l'autre l'estomac criblé d'ulcérations et rempli de matières brunes plus ou moins consistantes ? Il est donc important de prémunir contre cette erreur les médecins qui, peu familiarisés avec l'anatomie pathologique, verraient pour la première fois sur le cadavre d'un enfant mort-né, ou mort peu de temps après sa naissance, l'espèce de gastrite congénitale que je viens de signaler. Voici un fait donné par Billard, et sur la nature duquel il a pu lui-même se méprendre avant qu'il eût connaissance des altérations dont je parle.

Observation. Lucain, âgé d'un jour, meurt le soir de sa naissance ; l'autopsie cadavérique est faite le lendemain. L'enfant présente à l'extérieur une forte constitution et beaucoup d'embonpoint : tous les organes sont dans l'état naturel, excepté l'appareil digestif qui offre les caractères suivans : l'épithélium de l'œsophage se fendille et s'enlève à l'extrémité inférieure ; toute la face interne de l'estomac présente de petites ulcérations irrégulièrement ovales ; leurs bords ne sont pas relevés, mais ils sont teints d'un léger filet jaune ; des matières visqueuses mêlées de flocons de couleur bistre remplissent la cavité gastrique ; l'intestin grêle est parfaitement sain, le gros intestin est rempli de méconium dont se trouve teinte la membrane muqueuse. En considérant les excoriations de l'œsophage, les ulcères de l'estomac et les matières brunes qu'il renfermait, je crus un moment que cet enfant pouvait bien avoir pris quelque substance corrosive, mais je cessai, par la suite, d'avoir cette idée lorsque de nouveaux exemples étant venus m'éclairer sur la nature de ces ulcères, je demeurai convaincu qu'ils se formaient ordinairement de la manière indiquée plus haut.

Presque tous les enfans naissans, chez lesquels on a trouvé l'estomac ainsi criblé d'ulcérations, avaient cependant beaucoup d'embonpoint, de sorte qu'il est probable que ces lésions de la membrane muqueuse sont ordinairement le résultat d'une gastrite aiguë développée dans les derniers jours de la vie intra-utérine.

Les matières brunes que l'on observe si fréquemment dans l'estomac des nouveau-nés sont évidemment le résultat d'une altération de couleur du sang exhalé à la surface de l'organe; en effet on trouve quelquefois des stries de sang vermeil au milieu de cette masse brunâtre; quelquefois, au contraire, on n'aperçoit que quelques stries brunes ou brunâtres, au milieu du sang exhalé; de sorte que le passage insensible de la couleur rouge à la couleur brune du liquide épanché, permet vraiment de suivre les degrés de décoloration que ce liquide éprouve en s'altérant.

Ces matières de couleur brune ou bistre ne se remarquent pas seulement en même temps qu'il y a des ulcères dans l'estomac; on les trouve également quand il n'y a qu'une simple exhalation sanguine, ce que l'on observe assez fréquemment chez les nouveau-nés.

Je crois avoir assez insisté sur cette altération particulière de l'estomac chez l'enfant naissant pour qu'on ne soit pas exposé à la prendre pour le résultat d'un empoisonnement. Je ferai remarquer encore que l'on peut trouver à la face interne de l'estomac des nouveau-nés, des colorations brunes et ardoisées, soit pointillées, soit par plaques. Billard en possédait plusieurs exemples, et il était très porté à regarder ces altérations de couleur comme les traces d'une phlegmasie chronique (1). Les autres parties du tube digestif sont susceptibles de devenir le siége d'altérations particulières, même pendant la vie intra-utérine; ainsi les plexus folliculaires et les follicules mucipares sont quelquefois plus ou moins enflammés chez l'enfant naissant. Il est facile de reconnaître la nature de ces altérations à leur siége, à leur disposition et à leurs caractères anatomiques. La décoloration et le ramollissement soit simple, soit gélatiniforme, avec ou sans perforation de la membrane muqueuse gastro-intestinale, s'observent encore chez les nouveau-nés; les tégumens externes ont eux-mêmes dans cette circonstance une apparence chlorotique, et l'enfant porte, dans son habitude extérieure, l'empreinte de la phlegmasie chronique dont le ramollissement et la décoloration sont les résultats plus ou moins directs, plus ou moins éloignés. L'inflammation

____

(1) Voyez *De la membr. muq. gastro-intest.*, *chap. des altér. de couleur.*

avec excrétion pseudo-membraneuse peut existur chez des enfans récemment nés : Billard a vu chez trois enfans de deux à
cinq jours un muguet confluent du colon ; chez l'un d'eux les pellicules étaient parfaitement bien organisées ; il a trouvé deux fois
le muguet dans l'estomac : cet organe présentait en outre chez
l'un de ces enfans un ramollissement gélatiniforme et une perforation (1). Mais de toutes les modifications d'aspect du tube intestinal, celles qui sont dues à l'injection vasculaire sont les plus
nombreuses ; la disposition ramiforme ou capilliforme des vaisseaux mésentériques et intestinaux, la surabondance du sang
veineux dans les canaux destinés à le recevoir, la congestion locale ou générale du système vasculaire abdominal, sont autant
de circonstances propres à faire varier les aspects que peut présenter la membrane muqueuse digestive. Le médecin devra donc,
dans ses recherches anatomiques, tenir compte de toutes les circonstances susceptibles de produire ces phénomènes, afin de les
apprécier à leur juste valeur. Comme les congestions sanguines
du tube intestinal sont très fréquentes, et qu'il est assez difficile
de saisir les caractères qui les distinguent des rougeurs inflammatoires, il importe d'établir sur quels principes généraux il faut
fonder son jugement. 1° La rougeur pointillée, la rougeur striée
et la rougeur par plaques, surtout si elles se trouvent dans une
position non déclive et ne coexistent pas avec une congestion générale de l'appareil vasculaire abdominal, peuvent être regardées
comme un résultat de l'inflammation. Cette induction sera d'autant
plus vraie qu'il y aura en même temps épaississement et friabilité
de la membrane muqueuse. 2° La rougeur générale, l'injection
ramiforme et l'injection capilliforme peuvent être considérées
comme étant l'effet d'une congestion passive, surtout si les vaisseaux abdominaux sont remplis de sang, et si ces rougeurs ont
pour siége une partie déclive du canal intestinal. Telles sont les
données les plus générales qu'on puisse avoir sur ce sujet.

(1) Pour appuyer l'opinion que le muguet peut se développer chez les fœtus encore
contenus dans le sein de leur mère, M. Véron rapporte l'observation d'un muguet
chez un enfant de trois jours, et dans lequel la maladie avait produit une perforation
de l'œsophage ; du reste ce médecin pense que jamais la membrane muqueuse de
l'estomac, de l'intestin grêle et des voies respiratoires, n'est le siége du muguet
(*Séance de l'Académie royale de médecine du 23 juin* 1825).

On trouve assez souvent, chez les nouveau-nés, du sang exhalé à la surface du canal alimentaire; sa couleur est d'autant plus vermeille que son exhalation est plus récente : ces hémorrhagies intestinales sont dues tantôt à une cause inflammatoire, tantôt à une véritable congestion passive; il faut, pour les distinguer, examiner avec soin la nature et la disposition des rougeurs qui les accompagnent.

J'ai parlé, dans un autre lieu, des colorations du tube intestinal dues à la présence des matières bilieuses ou muqueuses; je n'y reviendrai donc pas (V. p. 75 du t. 1er).

On pensera peut-être que j'exagère le tableau des altérations de couleur et de texture que l'on peut remarquer dans le tube intestinal d'un enfant qui vient de naître, mais on cessera de s'en étonner, lorsqu'on admettra avec un assez bon nombre de médecins, qu'il est possible que l'œuf, que l'embryon, que le fœtus, éprouvent des maladies pendant leur séjour dans l'utérus, et que par conséquent les organes du nouveau-né ne sont point dans un état d'intégrité aussi parfait que cela devrait être si la série des maladies qui affligent notre espèce ne commençait qu'au premier jour de la naissance. Et en effet pour ce qui concerne le canal intestinal, ne trouve-t-on pas assez souvent sur les cadavres des nouveau-nés des traces d'anciennes affections? L'histoire de l'art en offre déjà plusieurs exemples, et Billard a vu des cicatrices anciennes du tube digestif, des excroissances polypeuses à la face interne du duodénum, des perforations formées par une adhérence de deux circonvolutions intestinales, et enfin une hypertrophie très considérable des parois du colon chez des enfans morts en naissant ou quelques heures seulement après la naissance. On ne saurait donc peser avec trop de circonspection l'opinion qu'on doit émettre en matière de jurisprudence, relativement au genre de mort d'un fœtus dont on est chargé de faire l'autopsie cadavérique.

Enfin le tube digestif peut éprouver des entraves à son développement normal, et devenir le siége de nombreuses variétés de forme et d'aspect qu'il est encore important de connaître. C'est ainsi que l'on a constaté l'absence de l'estomac (dans le cas d'acéphalie), celle d'une partie de l'intestin grêle, l'occlusion du calibre du canal intestinal, son interruption complète, ses inflexions insolites, sa distension extraordinaire, son invagination, son inversion, ses diverticules, ses hernies, etc. Ces vices de conformation sont très connus; je me borne à les signaler ici comme ne devant pas échapper à l'attention du médecin.

Des dépendances du tube digestif. Les glandes salivaires sont très rarement le siége d'altérations chez les nouveau-nés. J'ai trouvé une fois une fistule de la glande sublinguale au-dessous du menton chez un enfant qui venait de naître; le conduit de la glande, obstrué du côté de la cavité buccale, était très distendu par la salive et formait sous la langue la tumeur à laquelle on a donné le nom de *grenouillette*. L'enfant se portait bien, et comme il n'a pas succombé à cette légère infirmité je n'ai pu constater exactement la disposition anatomique des parties.

Le pancréas est ordinairement sain et assez développé, il offre surtout sa texture lobulaire très marquée, et il n'est point encore enveloppé d'un tissu cellulaire graisseux comme cela s'observe chez les adultes. Le conduit pancréatique s'ouvre librement dans le duodénum, son embouchure est presque toujours environnée d'une légère saillie ou d'un repli muqueux du centre duquel on peut faire sourdre par la pression le fluide pancréatique.

J'ai déjà parlé de la rate et du foie (*V*. page 73 du tome 1ᵉʳ); j'ai fait remarquer la fréquence des congestions sanguines dans ce dernier organe surtout. Les altérations de couleur et d'aspect du foie sont difficiles à saisir, mais on peut dire qu'elles varient du rose tendre au brun foncé; quant à la consistance du tissu de l'organe, elle n'offre pas de moins grandes différences. On remarque que plus la congestion sanguine était considérable, plus le tissu du foie est friable. On s'est, dans ces derniers temps, efforcé, de prouver que les rougeurs des vaisseaux situés dans la profondeur d'organes habituellement pénétrés de sang, étaient dues à une véritable imbibition cadavérique, et l'on s'est empressé de tirer de quelques expériences faites sur les animaux, des inductions trop générales pour être admises. Je puis affirmer que j'ai trouvé très souvent, au milieu du foie gorgé de sang, l'intérieur des vaisseaux parfaitement sain; leur couleur est ordinairement d'un rose pâle; mais au milieu de la couleur du foie, cet aspect est très tranché et présente une véritable blancheur, relativement toutefois à l'aspect du tissu hépatique. Lorsque les vaisseaux hépatiques sont imbibés et colorés par le sang, cela tient à une altération de texture dans l'organe et dans les parois vasculaires, altération due tantôt à la longueur du temps écoulé depuis la mort, tantôt à un travail morbide ou à une décomposition quelconque. L'abondance du sang n'est pas la seule condition nécessaire de cette coloration ; il faut que le tissu coloré soit en même temps disposé à l'être par des modifications particulières survenues dans sa texture.

On peut trouver chez les nouveau-nés le foie hypertrophié, gras, sec ou vide de sang, tuberculeux, déchiré, transposé de sa situation ordinaire, ramolli, ou au contraire fort dur. Les auteurs ont rapporté des exemples de ces diverses altérations que j'ai moi-même constatées plusieurs fois.

La rate est moins souvent le siége d'altérations particulières ; elle est quelquefois double ou multiple ; je n'ai jamais observé l'ossification de la membrane péritonéale, non plus que celle du foie, chez l'enfant naissant. Je ne dois pas oublier, parmi les dépendances du tube intestinal, le *mésentère* et les *épiploons*. Ils ne sont remarquables à l'époque de la naissance que par un seul caractère, c'est qu'ils sont presque entièrement dépourvus de tissu adipeux, et qu'ils ne consistent qu'en une toile mince et transparente à travers les feuillets de laquelle on aperçoit les ramifications vasculaires qui rampent dans ces parties. Les glandes lymphatiques sont petites, vermeilles et lâchement insérées entre les lames du mésentère : on ne les trouve volumineuses que chez les enfans qui naissent avec une disposition aux affections scrofuleuses, encore est-il vrai de dire qu'à l'époque de la naissance on observe difficilement les traits particuliers de la constitution lymphatique, et qu'alors presque tous les enfans se ressemblent par la disposition générale de leurs organes. Il n'en est pas de même un peu plus tard (1).

____

(1) Toutefois OEhler dit avoir trouvé les glandes du mésentère tuméfiées, dures, adipiformes, en un mot, scrofuleuses, non-seulement chez des fœtus nés de mères scrofuleuses, mais encore chez quelques-uns dont les mères n'offraient aucune trace de cette maladie (Désormeaux, art., OEuv, *du Dict. de Médecine* en 30 vol.).

Des organes sécréteurs de l'urine. Après les organes de la digestion se présentent naturellement ceux qui sont chargés de sécréter l'urine ; car l'examen des vaisseaux chylifères ne peut offrir rien de remarquable pour éclairer les questions qui doivent m'occuper.

Les reins. Enveloppés d'une couche de tissu cellulaire très fine et dépourvue de graisse, les reins du nouveau-né sont, dans l'état normal, profondément lobulés, d'une couleur moins foncée que chez l'adulte, d'un volume assez considérable et d'une forme fort analogue à celle qu'ils auront par la suite. Les deux substances corticale et mamelonnée sont très distinctes, mais la dernière n'est pas encore aussi épaisse qu'elle le sera plus tard comparativement à la première. Les calices et le bassinet sont humectés d'urine ; le dernier n'est que peu distendu par ce liquide, qui sans doute s'écoule par les uretères aussitôt qu'il est sécrété, et lors même que l'enfant séjourne encore dans l'utérus.

Les reins présentent des variétés de couleur, de forme et de nombre.

1° *Couleur.* Les reins peuvent être plus ou moins colorés suivant l'abondance ou l'absence du sang dans leur tissu. J'ai souvent remarqué à leur surface des ecchymoses plus ou moins larges dues à un épanchement de sang au-dessous de leur membrane propre. On voit aussi assez fréquemment des rougeurs pointillées dans l'épaisseur de la substance mamelonnée, et ces points rouges sont quelquefois assez larges pour être regardés comme de véritables pétéchies. Il est une altération de couleur très remarquable que l'on observe surtout chez les enfans ictériques ; on voit s'étendre en rayonnant du sommet à la base du mamelon des stries d'un jaune éclatant, qui sont dues sans doute à la coloration de la sérosité qui se trouve entre les fibres de la substance mamelonnée : ces stries colorées affectent une direction très régulière ; elles ne doivent point être regardées comme le résultat d'une altération particulière du tissu du rein, mais bien comme un effet de la cause éloignée qui détermine l'ictère, et qu'il ne nous est pas toujours facile d'apprécier. J'ai vu une fois seulement la substance corticale être séparée par une ligne jaune analogue à celle dont je viens de parler, de la substance mamelonnée : celle-ci se trouvait comme enveloppée par cette ligne festonnée.

2° *La forme*. Si quelque cause a mis obstacle à l'écoulement de l'urine, si les uretères sont obstrués ou s'ils manquent, l'urine, en stagnant dans le bassinet, le distend considérablement ; les lobules du rein partagent bientôt eux-mêmes cette dilatation, et la masse de l'organe ne consiste plus qu'en un vaste kyste lobulé rempli d'urine et plus ou moins irrégulier. Je possède deux reins de cette espèce trouvés sur des enfans morts en naissant. L'irrégularité dans la forme du rein peut provenir d'un développement plus considérable d'une de ses parties ou d'une hypertrophie générale et régulière.

3° *Le nombre*. On sait qu'il est possible de trouver un seul rein sur la ligne médiane, duquel partent les deux uretères. Je me contente de signaler cette anomalie connue de tous les anatomistes.

Il est difficile de reconnaître les caractères anatomiques de l'inflammation du rein ; cependant on doit être porté à regarder comme un résultat de l'inflammation, la rougeur, la tuméfaction et surtout la friabilité du rein lorsque nuls signes de congestion ou de putréfaction n'existent en même temps. J'ai rarement trouvé le rein dans cet état chez les nouveau-nés, et je suis porté à croire que la néphrite simple est très rare chez l'enfant naissant ; la néphrite calculeuse peut s'observer ainsi que je le prouverai plus bas.

Capsules surrénales. Les capsules surrénales très volumineuses à l'époque de la vie dont il s'agit ici, ont à l'extérieur à-peu-près la couleur du rein ; mais à l'intérieur elles présentent un aspect qu'il est important de connaître. Leur face interne est tapissée par un enduit membraniforme assez épais, ordinairement d'un blanc sale, quelquefois rougeâtre ; cet enduit paraît être le résultat de la concrétion ou de la condensation du fluide contenu habituellement dans l'intérieur de la capsule ; il s'enlève par couches et pourrait simuler aux yeux d'un observateur peu expérimenté une concrétion pseudo-membraneuse. Le professeur Andral, en ouvrant une femme morte à la suite d'une phthisie pulmonaire, dit avoir trouvé dans l'utérus un fœtus de six mois, dont une des capsules surrénales était enflammée et en suppuration.

Les uretères. Les uretères n'offrent rien d'intéressant à observer; leur face interne est ordinairement lisse et blanche. On peut constater leur oblitération, leur rétrécissement, leur scission complète, leur bifurcation, etc. (1).

La vessie. Ordinairement petite et contractée, la vessie des nouveau-nés s'élève au niveau du détroit supérieur du bassin; sa forme est celle d'un ovoïde, son sommet terminé en pointe se continue avec l'ouraque oblitéré. On doit regarder comme une anomalie la persistance de ce canal. La face interne de la vessie est ordinairement remarquable par son aspect d'un blanc satiné. Il est très rare qu'elle soit le siége de rougeurs passives; je n'ai trouvé qu'une seule fois des pétéchies, mais il en existait en même temps dans d'autres parties du corps. Ces variétés d'aspect résultent surtout de son état de vacuité et de distension. Je l'ai vue assez vaste pour remonter jusqu'à l'estomac et contenir au moins 150 grammes de liquide, chez un enfant naissant qui était affecté d'une oblitération de l'urètre. J'ai observé plusieurs fois chez les nouveau-nés, la face interne de cet organe tapissée par des mucosités membraniformes et floconneuses, tout-à-fait analogues à celles que l'on remarque dans le catarrhe de cet organe. L'inflammation de la membrane muqueuse de la vessie se voit assez souvent chez les nouveau-nés. Les caractères anatomiques de cette inflammation sont un épaississement de la tunique interne, sa rougeur pointillée, striée ou par plaques, et la friabilité plus ou moins grande de son tissu. La rougeur pointillée est l'aspect inflammatoire le plus commun; il n'est pas rare de l'observer au bas-fond de l'organe.

Les enfans peuvent apporter en naissant des calculs vésicaux; j'en ai vu deux exemples remarquables. Les bassinets en renfermaient en même temps. La vessie était manifestement enflammée, et le tissu des reins semblait prendre part à cette in-

____

(1) OEhler parle aussi de leur dilatation, unie à l'induration des tuniques de la vessie.

flammation, si l'on pouvait en juger du moins par sa congestion sanguine, sa couleur et son extrême friabilité.

L'urètre présente rarement des altérations ; il offre assez souvent une coloration violacée, due sans doute à la congestion sanguine habituelle des parties environnantes. Cet aspect est surtout remarquable dans la région bulbeuse.

En général les voies urinaires ne sont pas très fréquemment le siège de quelques altérations chez les nouveau-nés ; cependant il est possible d'y apercevoir des variétés d'aspect, de forme et de texture qu'il est intéressant de connaître, et que je me suis borné à signaler dans l'examen rapide que je viens de faire de ces organes. J'ajouterai que si les variétés d'aspect des organes urinaires produites par une inflammation encore existante, sont assez rares chez les nouveau-nés, les anomalies de ces organes provenant d'un arrêt ou d'un défaut de développement sont assez fréquentes, et l'on peut dire avec Meckel, que l'appareil urinaire est un de ceux dans lesquels on voit le plus d'anomalies.

Péritoine. Le docteur Veron a communiqué à l'Académie royale de médecine l'observation d'un enfant nouveau-né qui offrait des traces non équivoques de péritonite (*Séance du 26 avril* 1825).

Organes de la circulation et de la respiration. J'examinerai rapidement 1° le cœur, le système vasculaire, artériel et veineux, 2° les poumons et leurs dépendances (1).

Le cœur et le péricarde. Forme du cœur. Cet organe offre déjà chez l'enfant naissant la forme qu'il doit avoir par la suite. Il n'est pas rare cependant de le trouver moins conique et pour ainsi dire plus marroné que chez l'adulte. Le péricarde renferme presque toujours de la sérosité citrine, et assez souvent du sang de consistance séreuse, qui paraît avoir été répandu par exhalation dans le sac membraneux. La surface extérieure du cœur est ordinairement d'un rouge foncé : on doit regarder comme un état

____

(1) M. Véron a rapporté un exemple d'inflammation du *thymus* avec formation de pus dans l'intérieur de cet organe (*Séance de l'Académie royale de médecine, du 26 avril* 1825).

9.

anormal sa pâleur extrême. Ses cavités commencent déjà à présenter les différences de capacité qui les caractérisent ; la couleur de leur face interne est, comme à l'extérieur, ordinairement rouge. Il n'existe pas, dans la plupart des cas, de différences tranchées entre l'aspect des cavités droites et des cavités gauches, mais il est des cas exceptionnels où ces deux cavités offrent une coloration variée ; ainsi l'on trouve quelquefois les cavités droites d'un aspect violacé, on les dirait teintes avec du bois de campêche, tandis que les cavités gauches conservent leur aspect rougeâtre ordinaire : dans ces cas, le sang veineux prédomine, les gros vaisseaux en sont gorgés ainsi que tous les tissus du cadavre. Cette différence de coloration des deux ventricules est sans doute le résultat d'un phénomène cadavérique qu'il est difficile d'expliquer, et puisque, toutes choses égales en apparence, le même fait ne se reproduit pas sur tous les cadavres, même sur ceux desquels la putréfaction commence à s'emparer, il est probable que cette diversité de coloration tient à des causes particulières dont je dois ici me borner à signaler l'effet.

La consistance du cœur est plus ou moins molle, plus ou moins ferme.

Son inflammation ainsi que celle du péricarde est assez commune chez les nouveau-nés. Billard a vu huit péricardites dans une année, chez des enfans naissans ; cette péricardite a les mêmes caractères anatomiques que celle des adultes. Il est très commun de trouver des pétéchies à la surface du cœur et quelquefois même de l'emphysème. J'ai vu aussi une fois des taches blanches analogues à celles que présente si souvent le cœur des vieillards et des adhérences anciennes et solides entre le cœur et le péricarde.

Système vasculaire. Les vaisseaux capillaires sont en général très gorgés de sang, de là la coloration particulière des nouveau-nés, que j'ai signalée déjà. Il résulte de cette congestion générale du système capillaire, des engorgemens, des ecchymoses et des épanchemens sanguins dans différentes régions, et surtout dans les parties déclives et dans celles où règne abondamment le tissu cellulaire. Il faut donc prendre garde dans les ouvertures cadavériques d'attribuer à des violences extérieures certaines ecchymoses qui sont le résultat assez ordinaire de la congestion sanguine du système capillaire. C'est par suite de cette même disposition que l'on trouve si souvent au cerveau, dans la poitrine, dans l'abdomen, dans l'intérieur du tube intestinal, etc., des épanchemens sanguins plus ou moins abondans.

Les vaisseaux, malgré leur état de plénitude, ne sont pas toujours colorés par le sang qu'ils renferment : on les trouve à l'intérieur quelquefois pâles ou légèrement rosés, d'autres fois, au contraire, très rouges. Mais cette coloration est plus fréquente pour les veines et plus rare pour les artères, qui sont presque toujours blanches.

Lorsque la putréfaction fait des progrès, le trajet des vaisseaux est remarquable par les lividités plus ou moins nombreuses qui les accompagnent et qui semblent être le résultat d'une véritable imbibition cadavérique. Au milieu même des organes, habituellement remplis de sang, on ne trouve pas toujours les rameaux vasculaires colorés par ce liquide. Ce qui vient d'être dit des rameaux vasculaires peut s'appliquer également à leurs troncs principaux ; cependant il est vrai de dire que les veines porte et hépatique, les veines caves et les veines pulmonaires offrent très souvent à l'intérieur une coloration plus ou moins violacée, tandis que les principales branches artérielles restent presque toujours pâles malgré leur congestion. Les considérations dans lesquelles je viens d'entrer, relativement à l'aspect des vaisseaux chez le nouveau-né, sont le résultat des recherches de Billard. Voici dans quel ordre on peut ranger ces congestions sanguines sous le rapport de leur fréquence : 1° l'appareil vasculaire abdominal ; 2° l'appareil cérébro-spinal (les congestions veineuses dans les méninges rachidiennes sont très fréquentes) ; 3° l'appareil circulatoire et respiratoire. Je comprends sous ce dernier chef le cœur, les gros vaisseaux et les poumons.

Organes de la respiration. Les fosses nasales sont ordinairement remplies de mucosités. La membrane pituitaire est d'une couleur rose plus ou moins foncée ; elle est assez ordinairement le siége d'une congestion sanguine qui la dispose aux inflammations ; le coryza est en effet une maladie très commune chez les enfans naissans ; la membrane pituitaire est alors le siége d'une rougeur striée, pointillée ou uniforme ; souvent même aussi elle est affectée d'une inflammation pseudo-membraneuse, et l'on y trouve une fausse membrane plus ou moins épaisse qui tapisse les cornets et leurs méats, mais qui s'arrête ordinairement sur les limites du pharynx et du larynx.

La trachée-artère et les bronches sont légèrement rosées, et lorsqu'on les examine au milieu du tissu pulmonaire, qui est presque toujours gorgé de sang, elles paraissent blanches par le contraste.

Les rameaux bronchiques, qui s'étendent dans une partie du poumon fortement gorgée de sang, ne prennent pas toujours part à la coloration du parenchyme pulmonaire, comme pourraient le croire ceux qui, s'efforçant de combattre des théories sagement établies, poussent le scepticisme jusqu'à nier la vérité, lors même qu'elle est palpable. Ainsi sur quarante enfans dont les poumons étaient ou gorgés de sang ou hépatisés dans une étendue plus ou moins grande, j'en ai trouvé quinze seulement dont les bronches étaient également fort rouges, et dont la couleur se confondait avec celle du poumon, et résultait de la même cause. Lors donc que l'on voit chez un nouveau-né les bronches et la trachée-artère plus ou moins rouges, il ne faut pas s'empresser de rapporter ces rougeurs à une cause mécanique, à un phénomène cadavérique, car il est fort possible qu'elles soient l'effet d'une véritable inflammation ; telle est probablement la cause ordinaire de la rougeur des bronches au niveau des parties hépatisées d'un poumon.

Les mêmes remarques s'appliqueront aux vaisseaux qui rampent dans l'épaisseur des poumons. Le médecin ne doit donc fixer son opinion sur la nature de ces rougeurs qu'après avoir tenu compte de toutes les circonstances vitales ou cadavériques qui sont susceptibles de les avoir produites.

Caractères anatomiques des poumons avant la respiration. A cette époque les poumons ont la forme qu'ils auront pendant le reste de la vie ; leur couleur est extrêmement variable ; elle est plus ou moins intense, suivant l'état pléthorique ou exsangue du sujet. Il en est qui offrent à leur surface des taches rouges plus ou moins grandes, d'une forme lichénoïde, et qui sont les rudimens probables des taches ardoisées qu'on trouve, chez l'adulte, éparses à l'extérieur de ces organes ; d'autres sont au contraire blanchâtres ou d'un rose tendre, et ressemblent beaucoup par leur couleur à celle des poumons de bœuf ou de veau. C'est là la description que je donnai dans la troisième édition de cet ouvrage, et je la donne encore, malgré les assertions contraires de M. Devergie. «Je crains, dit ce médecin (tome 1, page 591), que Billard n'ait tiré sa description à-la-fois de poumons qui n'avaient pas respiré et de poumons qui avaient respiré en partie.» M. Devergie peut être rassuré ; j'ai souvent examiné à la Maternité des enfans mort-nés qui n'avaient pas respiré au passage, dont les poumons n'avaient pas été insufflés, et dont le cœur n'avait pas présenté de battemens. Les poumons présentaient les variétés de coloration et les taches que j'ai signalées ; je suis donc autorisé à maintenir ma proposition comme étant l'expression de la vérité.

Les poumons d'un enfant à *terme* qui n'ont pas été pénétrés par l'air, sont composés d'une multitude de lobules denses, d'apparence charnue, séparés les uns des autres par des lames celluleuses très serrées, qui se déchirent quand on cherche à éloigner par des tiraillemens les lobules les uns des autres ; la forme de ces lobules, à leur surface, varie considérablement ; mais elle est presque toujours anguleuse ; le plus souvent c'est un quadrilatère irrégulier, d'autres fois c'est un pentagone, un hexagone, etc.; en général, comme l'a dit M. Devergie, ils sont unis entre eux d'autant plus intimement que l'enfant approche plus du terme de *neuf mois*. Incisés, ils sont compactes, sans aréoles visibles, imprégnés seulement d'une petite quantité de sang ; on y remarque des ramifications bronchiques qui vont des lobules à la trachée-artère. Avant le terme de neuf mois, ces lobules sont lâchement unis entre eux par des lames celluleuses que l'on peut facilement écarter. Les poumons remplissent en entier la cavité pectorale, contre les parois de laquelle ils sont pressés, à tel point qu'ils reçoivent quelquefois à leur bord postérieur l'empreinte des côtes qui sont toujours plus saillantes, dans l'intérieur du thorax, chez l'enfant que chez l'adulte. Toutefois, comme le fait observer M. Devergie, en ouvrant le thorax d'un enfant mort-né, les poumons ne *paraissent* pas le remplir en entier, ce qui dépend de ce que, une fois la poitrine ouverte, sa cavité s'agrandit non-seulement en raison de l'élasticité des côtes, mais encore parce que les organes de l'abdomen, abandonnés à leur propre poids, attirent le diaphragme en bas, ce qui augmente le diamètre vertical du thorax. Si les côtes ne sont plus appliquées sur le poumon, c'est que celles-ci sont, pour ainsi dire, avant l'ouverture de la poitrine, dans un état violent. La cage thoracique une fois ouverte, l'air pèse sur les deux faces de la paroi costale, et celle-ci obéit alors à son élasticité. Je ne suis donc pas étonné que les poumons d'un enfant qui n'a pas respiré portent l'empreinte des côtes, comme l'a observé Billard, et je ne puis admettre avec M. Devergie, que ces empreintes soient uniquement le résultat d'un accouchement laborieux.

Il est très commun de trouver chez l'enfant qui n'a pas respiré, comme chez l'adulte, un engorgement sanguin au bord postérieur des poumons; c'est un phénomène cadavérique résultant de la position dans laquelle le cadavre a été mis.

Quand on ouvre le thorax d'un enfant qui n'a pas respiré, on est frappé de l'analogie d'aspect du thymus et des deux poumons; il semblerait, quoiqu'il n'en soit pas précisément ainsi, que le thymus fût un troisième poumon, dans lequel aucun rameau bronchique ne viendrait s'ouvrir. Il n'en est plus de même quand la respiration a eu lieu; il importe donc de noter la ressemblance, parce qu'après la naissance et l'établissement de la respiration, le thymus, conservant encore le même aspect, peut servir de point de comparaison et guider l'observateur dans l'examen qu'il se propose de faire du tissu des poumons modifié ou non par la respiration (1).

(1) M. Devergie a attaqué cette assertion, se fondant sur ce que l'*aspect* d'un organe ne comprend pas seulement sa couleur, et qu'il en embrasse encore sa *texture*: or, dit-il, il n'y a aucune analogie entre la texture des poumons et celle du thymus d'un enfant mort-né; et, quant à la couleur, il a toujours observé que celle du thymus était plus pâle. On comprend difficilement cette dernière proposition de M. Devergie. Sur les enfans *mort-nés*, dont j'ai fait l'examen dans ces derniers temps, la coloration du poumon et du thymus était telle qu'à l'ouverture du thorax, ces deux organes ne présentaient pas de différence sensible. Mais au bout de quelques minutes l'action de l'air avait fait subir des modifications à la couleur du

Ainsi donc la couleur du poumon, chez l'enfant qui meurt avant de respirer, peut présenter de grandes variations ; elle est plus ou moins intense ; elle est parfois marbrée de taches arrondies, rouges, roses, brunâtres, violettes (1).

Le tissu du poumon que l'air n'a pas pénétré est flasque ; sa coupe, légèrement granuleuse, offre un aspect analogue à celui de la rate quand on la déchire ; enfin il n'est pas nécessaire d'ajouter que son poids spécifique est plus considérable que celui de l'eau, et qu'il se précipite rapidement au fond d'un vase rempli de ce liquide.

Malgré la présence du canal artériel, qui permet au sang lancé par l'artère pulmonaire de passer directement dans l'aorte, une certaine quantité de ce fluide pénètre cependant dans les poumons, soit que cela tienne à une régurgitation toute mécanique, soit que le sang servant à la nutrition de l'organe doive naturellement s'y rendre. Quand on dissèque les artères pulmonaires chez un embryon, on les trouve souvent pleines de sang à une distance assez grande dans le tissu pulmonaire. Il en est de même des veines du même nom ; par conséquent l'état de vacuité des artères pulmonaires n'est pas, comme on l'a dit, un signe propre à nous indiquer que l'enfant n'a pas respiré.

Aspects qu'on pourrait confondre avec celui d'un poumon qui n'a pas respiré. Il est facile de confondre les aspects que

---

thymus, qui devenait manifestement plus pâle et rosé. Est-ce là la source de l'erreur de M. Devergie ?

Quant à la *texture*, elle diffère sans doute de celle des poumons. Tout le monde sait que dans l'un de ces organes on voit des ramifications bronchiques, que dans l'autre ce sont des granulations de forme assez régulière, et encaissées dans les aréoles d'un tissu cellulaire assez lâche (*V*. p. 135 pour la texture des poumons avant la respiration). Mais je ne pouvais comprendre dans l'aspect du thymus et du poumon ce qui se rapporte à la texture, attendu qu'il faut faire des coupes à cet organe pour constater les rapports des bronches avec les vésicules, en un mot, des divers élémens dont il est composé.

(1) M. Devergie établit dans le mémoire déjà cité que c'est à tort que des auteurs ont comparé la couleur des poumons d'un enfant mort-né à celle du foie ou du corps thyroïde. « La comparaison serait exacte, dit-il, si elle se rapportait au foie ou au corps thyroïde de l'adulte. » Je ne saurais encore admettre cette assertion, et je maintiens, après avoir ouvert un grand nombre de sujets, que la couleur des poumons d'un enfant mort-né ressemble beaucoup plus à celle du foie et du corps thyroïde du même sujet qu'à celle des mêmes organes chez l'adulte.

présente le poumon *quand il n'a pas respiré, quand il est engoué, ou quand il est hépatisé.* Voici les différences qui distinguent ces trois états.

1° *Poumon qui n'a pas respiré.* On ne doit pas perdre de vue l'analogie de couleur que j'ai signalée entre le poumon non pénétré d'air et le thymus. On pourra fortement soupçonner qu'un enfant n'a pas respiré lorsque ses poumons, d'ailleurs peu colorés et plus pesans que l'eau, offriront une coloration analogue à celle du thymus.

2° *Poumon engoué.* L'engouement pulmonaire peut être local ou général : dans le premier cas, ce sera presque toujours le bord postérieur de la partie inférieure du poumon qui seront engoués; alors la partie antérieure de l'organe offrira la couleur et la texture que je viens d'indiquer. Dans le second cas, tout le poumon imbibé de sang présente une texture granuleuse; il est flasque, pesant, et doué d'une solidité assez grande pour qu'on ne puisse rompre son tissu sans un certain effort; le sang s'écoule en nappe des incisions faites aux poumons qui, mis à dégorger dans l'eau pendant quelques heures, colorent fortement le liquide en devenant eux-mêmes moins colorés; il *arrive quelquefois*, mais non *constamment*, que les bronches sont rouges et tapissées par une exhalation sanguinolente au milieu du tissu engoué. On observe aussi que l'engouement n'a lieu que dans quelques points disséminés au milieu du poumon, et accompagnés parfois d'une exhalation sanguinolente assez abondante pour constituer une véritable apoplexie pulmonaire.

En général, comme je l'ai déjà dit, l'engouement est plus fréquent au bord postérieur que dans toute autre partie du poumon, et il existe plus souvent, du moins à l'hospice des Enfans-Trouvés, dans le poumon droit que dans le poumon gauche. L'engouement pulmonaire est ordinairement accompagné d'un obstacle quelconque à la circulation, et d'une congestion sanguine générale, reconnaissable à l'extérieur du sujet par la bouffissure de son visage et la coloration violacée de ses tégumens. Il est important de tenir compte des phénomènes cadavériques concomitans, parce qu'on ne saurait jamais fonder son jugement, dans une science d'observation, sur un trop grand nombre de faits susceptibles de se coordonner.

M. Devergie a décrit un état particulier des poumons qui a quelque rapport avec l'*engouement* dont je parle.

Deux enfans bien constitués et à terme périrent immédiatement après l'accouchement, qui n'avait pas été laborieux. Les poumons étaient *très volumineux*, compactes, charnus, plus *denses* qu'à l'état normal, *très lourds*, décolorés et blafards ; ils se précipitaient au fond de l'eau, même lorsqu'ils étaient coupés par fragmens. Leur tissu était infiltré d'un liquide séreux incolore, que l'on ne faisait sortir qu'avec peine du tissu cellulaire qui le renfermait. L'air n'y pénétrait pas lorsqu'on les insufflait. Cette altération ne constituait ni le squirrhe ni l'induration blanche qui précède la suppuration des tubercules : c'était une sorte d'endurcissement lardaciforme tenant le milieu entre l'état squirrheux lardacé et la mollesse ordinaire du tissu des poumons des enfans nouveau-nés, et qu'il propose de nommer œdème pulmonaire ou endurcissement lardacé (*Annales d'hygiène*, n° d'avril 1831).

3° *Poumon hépatisé*. Enfin, l'hépatisation se distinguera de l'engouement aux signes suivans :

Le tissu du poumon est compacte, dur au toucher, il se coupe nettement, et fait entendre sous le tranchant de l'instrument un bruit assez analogue à celui d'une pomme crue que l'on coupe ; il se laisse déchirer plus facilement et il en suinte un sang épais et très abondant, noirâtre. Si l'enfant avait respiré, ce liquide serait spumeux. Quand on veut insuffler un poumon hépatisé, l'air n'y pénètre qu'avec beaucoup de difficulté. L'organe est remarquable par son poids ; il tombe avec vitesse au fond de l'eau, qu'il ne colore pas aussi fortement que le poumon engoué, quand on laisse celui-ci séjourner quelque temps dans ce liquide ; son tissu est fort analogue à celui du foie, et l'altération est quelquefois portée assez loin pour qu'on puisse à peine distinguer les traces des rameaux bronchiques et artériels.

Ce premier degré de l'hépatisation est celui que M. Denys désigne sous le nom de *splénisation*.

Tel est le premier degré d'hépatisation ; quand le second survient, alors il n'est plus aucun doute à élever sur l'état pathologique de l'organe, et l'on attribuera sans balancer à une cause morbide l'hépatisation grise et le ramollissement pultacé du tissu du poumon, altérations dont les caractères sont tracés dans tous les ouvrages de pathologie ou d'anatomie pathologique avec trop de détails pour qu'il soit nécessaire de les rappeler.

L'hépatisation peut exister dans une étendue plus ou moins grande du poumon. Elle peut envahir sa totalité. Comme elle succède très fréquemment chez les jeunes enfans, aux congestions et à l'engouement pulmonaire, c'est aussi au bord postérieur des poumons, et particulièrement dans le poumon droit, que cette altération de tissu se voit le plus souvent.

Les tubercules à l'état de suppuration ou de crudité sont souvent disséminés dans toute l'étendue du poumon. Chez les enfans les tubercules sont volumineux, surtout eu égard à la masse des poumons. Ils sont arrondis, à surface lisse, remplis de pus ou d'une matière pultacée. On peut reconnaître dans leurs intervalles les caractères du tissu pulmonaire.

Je me suis arrêté à exposer et à distinguer ces divers états, parce qu'il est possible, et qu'il arrive même assez souvent que des affections pulmonaires se développent chez l'enfant pendant son séjour dans l'utérus; il est donc utile de connaître toutes les variétés d'aspect que peut offrir le poumon, avant même que la respiration soit établie.

Caractères anatomiques des poumons après la respiration et après l'insufflation. Depuis la publication du mémoire de Billard, M. Devergie s'est attaché à décrire les caractères anatomiques des poumons après la respiration et après l'insufflation; je vais tracer cette description d'après lui, en indiquant au fur et à mesure par des notes, les points sur lesquels je ne suis point de son avis.

Tissu et couleur après l'établissement de la respiration. Dès que les lobules pulmonaires ont été distendus par l'air, leur aspect change entièrement. L'analogie de leur couleur avec celle du foie disparaît; chaque lobule paraît alors composé de quatre lobules plus petits, ou *lobulules* intimement liés entre eux. La surface de chacun de ces lobules semble être formée par quatre cellules pulmonaires *très blanches* (1), et l'on voit se dessiner

____

(1) Au lieu d'être très blanches, elles sont d'un orangé clair.

dans l'épaisseur des parois de ces cellules une infinité de vaisseaux capillaires injectés de sang; de là l'aspect blanc rosé des poumons qui ont respiré (1). Toutefois ce n'est pas une couleur uniforme, comme dans les poumons vides d'air, mais une marbrure capillaire rose à fond blanc (2). Cet état peut surtout être bien étudié sur les poumons où la respiration n'a pas été complète, car à côté d'un lobule charnu, on distingue très bien un lobule dilaté par de l'air.

Tissu et couleur modifiés par l'insufflation. « Si on insuffle les poumons d'un enfant qui n'a pas respiré, les cellules pulmonaires se distendent comme dans le cas précédent, mais l'injection capillaire ne s'effectue pas; il en résulte alors une coloration *blanche* (3) et uniforme du tissu des poumons; on n'aperçoit plus ou *presque plus* les quatre *lobulules* qui constituent les lobules, et qui, chez l'enfant qui a respiré, deviennent principalement distincts par l'injection des vaisseaux qui circulent entre eux. » J'ajouterai que la texture des poumons subit également une modification en se dessinant beaucoup mieux; les lobules et même les vésicules sont séparés par des lignes remplies d'air qui les circonscrivent. Le bord postérieur de ces organes présente des myriades de vésicules, entre lesquels on aperçoit des lignes aérifères; c'est alors que l'on distingue bien la forme quadrilatère des lobules, qui, ainsi que je l'ai déjà dit, est la plus commune. Enfin, que l'air ait été introduit artificiellement ou naturellement dans le poumon, celui-ci devient plus mou, moins compacte, comme spongieux.

Tissu et couleur modifiés par l'état emphysémateux. Quelle que soit la cause de l'emphysème, le développement de l'air n'a pas son siége dans les cellules pulmonaires, mais bien entre les lobules et dans le tissu cellulaire qui les unit; en sorte que si l'emphysème se fait remarquer dans les poumons d'un enfant qui n'a pas respiré, on aperçoit des bulles allongées, qui séparent les lobules, dont l'aspect charnu n'a pas changé. Ces bul-

(1) Il faudrait dire orangé clair rosé.
(2) A fond orangé clair.
(3) Il faudrait dire jaune orange très clair.

les, à parois très minces, très transparentes, varient en grosseur depuis une tête d'épingle jusqu'à une forte lentille; on peut les ouvrir, les crever et les déplacer par la pression. Elles contrastent avec le tissu pulmonaire, charnu et rouge brun, des poumons qui n'ont pas respiré. Alors on n'entend pas encore de crépitation lorsqu'on coupe les poumons; il semble que l'emphysème n'existe qu'à la surface. Si l'emphysème se produit dans les poumons d'un enfant qui a respiré, on voit distinctement les milliers de vésicules distendues par l'air de la respiration, et çà et là des bulles beaucoup plus volumineuses, qui sont interposées à des portions de poumons d'une étendue variable. En général, l'état emphysémateux se développe plus souvent à l a partie antérieure qu'à la partie postérieure du poumon; toutefois des circonstances accidentelles peuvent venir modifier ce résultat (Devergie).

Cet emphysème est le premier phénomène que développe la putréfaction. Quand celle-ci est un peu plus prononcée, on distingue encore les lobules, mais tout le tissu cellulaire interlobulaire est pénétré par de l'air. L'organe est plus volumineux, mollasse, élastique; il s'affaisse bien vite après une incision suivant sa longueur.

A un degré extrême de putréfaction, le parenchyme pulmonaire a disparu dans un emphysème général; sa substance se réduit aisément en bouillie par la pression; toute docimasie hydrostatique est impraticable.

Tissu et couleur modifiés par la macération dans l'alcool. Des enfans venus à terme et n'ayant pas respiré peuvent être pendant quelque temps conservés dans l'alcool, abandonnés ensuite sur la voie publique et livrés à l'examen d'un médecin expert. Le poumon qui a macéré dans ce liquide, est décoloré, et présente une teinte jaune clair uniforme; il est réduit au quart environ de son volume primitif; sa densité est très grande; il est impossible d'y reconnaître des traces de son organisation primitive.

M. Devergie, à qui l'on doit ces détails, a eu l'occasion d'examiner judiciairement trois enfans dont les cadavres avaient macéré dans une dissolution de sublimé corrosif. Le volume du corps avait diminué, mais celui des organes intérieurs avait subi un retrait moins considérable. Les poumons étaient rouges, violacés, denses, charnus, consistans, sans apparence de leur organisation normale, leur tissu formant un tout homogène à-peu-près analogue à celui des poumons macérés dans l'alcool.

De la plèvre. D'après Billard, la plèvre est assez souvent phlogosée chez les nouveau-nés; on la trouve parfois très injectée, sans pour cela qu'elle soit enflammée : elle est le siége assez fréquent de rougeurs pointillées et arborescentes, produites très probablement par l'inflammation. La pleurésie avec épanchement séro-purulent, et concrétions pseudo-membraneuses, a été fréquemment observée à l'hospice des Enfans-Trouvés. Il n'est pas rare non plus de trouver des adhérences celluleuses bien organisées, qu'on peut regarder comme un résultat d'anciennes pleurésies. On se gardera de prendre pour des concrétions membraniformes des couches du tissu adipeux sous-jacentes à la plèvre, et qui, en raison de la finesse et de la transparence de cette membrane, paraissent en quelque 'sorte accolées à sa surface dans les espaces intercostaux.

Je n'ai pas besoin de dire qu'il est possible de voir des tubercules même ramollis et en suppuration dans les poumons du nouveau-né; cette vérité est maintenant appuyée sur des faits assez exacts pour qu'on ne puisse plus la révoquer en doute.

Des organes de l'innervation. A l'époque de la naissance, les centres de l'innervation ne sont point encore arrivés à leur dernier degré d'organisation; ils ne sont pour ainsi dire qu'ébauchés, et destinés par conséquent à subir plus tard des modifications fort importantes; leur forme et leur aspect ne sont donc que provisoires chez l'enfant naissant : cependant il est important de les bien connaître, afin de ne pas prendre pour des anomalies ou des altérations, des variétés de texture et d'aspect, qui tiennent à cette espèce d'état de passage dans lequel ils se trouvent.

La *moelle épinière* a déjà la forme et l'aspect qu'elle conservera jusqu'à la mort; c'est en effet la première partie du centre nerveux qui soit formée, ainsi qu'on l'admettait anciennement, comme l'a démontré Tiedemann dans ces derniers temps. Sa couleur est d'un blanc assez prononcé, son centre gris n'a pas précisément la couleur qu'il doit avoir chez l'adulte; il est ici plus rosé et plus mou. Il est assez facile de dérouler les deux cordons latéraux qui concourent primitivement à sa formation. Sa consistance est, dans l'état normal, assez notable pour qu'on puisse couper par tranches nettes le cordon médullaire dans toute son étendue; mais surtout au niveau de ses renflemens. Elle offre plusieurs variétés importantes à connaître sous le rapport de sa forme, de sa couleur et de sa consistance.

Ses variétés de forme dépendent des causes qui ont entravé ou suspendu la marche naturelle de son développement. Elles se trouvent indiquées dans les ouvrages d'anatomie. Ses variétés de consistance et de couleur sont dues à des maladies actuellement existantes ou récemment passées, et je puis affirmer que les affections de la moelle épinière et de ses enveloppes sont assez communes chez les enfans naissans. Elles sont moins fréquentes chez eux que les maladies du tube intestinal, des poumons et du cerveau, mais elles sont plus fréquentes que celles des autres organes; c'est du moins ce qui résulte d'un grand nombre d'observations que j'ai recueillies à l'hospice des Enfans-Trouvés, et dont je vais donner ici un résumé général.

Chez les nouveau-nés, les affections des membranes rachidiennes sont plus fréquentes que celles de la moelle proprement dite. Billard a vu très souvent ces membranes passivement injectées, sans que, pendant la vie, il eût observé des symptômes particuliers : cette injection existe très souvent surtout dans la région lombaire, où l'on trouve fréquemment une exsudation sanguinolente située entre les deux feuillets de l'arachnoïde. Les membranes rachidiennes peuvent non-seulement être le siége de congestions passives, elles s'enflamment aussi quelquefois et présentent alors à l'autopsie cadavérique les mêmes caractères anatomiques que ceux qui sont propres à la méningite des adultes.

Il est possible de voir en même temps la moelle et ses membranes enflammées ; ainsi, dans le cas de méningite, Billard a souvent trouvé le cordon médullaire très dur et d'une consistance remarquable; et tout le portait à considérer cet endurcissement comme un état inflammatoire. Dans un cas semblable, il a pu soulever avec une moelle privée de ses membranes un objet pesant à-peu-près 500 grammes.

D'un autre côté la moelle épinière peut éprouver un ramollissement local ou général, avec ou sans un état inflammatoire concomitant des méninges, de sorte qu'on ne peut rigoureusement se prononcer sur la nature de ce ramollissement. Quoi qu'il en soit, c'est un état pathologique digne de remarque. Voici quel est alors l'aspect de la substance médullaire :

La pulpe de la moelle est très molle, jaunâtre, quelquefois sanguinolente ou parsemée de stries de sang; elle répand une odeur manifeste d'acide sulfhydrique, indice d'une décomposition avancée; on la déchire dès qu'on y touche, et le moindre lavage la réduit en une bouillie diffluente. Lorsqu'on trouve cette altération, l'enfant n'a ordinairement vécu que quelques heures ou quelques jours; il a respiré péniblement, son cri a été étouffé, ses mouvemens presque nuls, ses membres, pendant la vie, étaient dans un état de flaccidité remarquable, ses tégumens violacés, la figure immobile. Cette altération de la moelle se remarque chez les enfans les plus robustes comme chez les plus faibles en apparence, et il existe presque toujours en même temps des congestions de sang dans les poumons, ou des épanchemens du même liquide dans l'abdomen, le crâne et le canal rachidien. Il est rare que ce ramollissement de la moelle ne soit pas accompagné d'une semblable altération du cerveau, de sorte que tout l'axe cérébro-spinal se trouve désorganisé.

Cette désorganisation s'observe en été comme en hiver, peu de temps ou long-temps après; de sorte qu'on ne peut guère la regarder comme le résultat de la putréfaction; on serait plutôt porté à la considérer comme le résultat d'une décomposition causée par une congestion, ou même un épanchement sanguin; en effet, on voit toujours au milieu du tissu ramolli des caillots ou des stries de sang, et ce liquide se trouve en même temps abondamment épanché dans d'autres cavités. Mais il se présente à cet égard une difficulté : l'épanchement de sang a-t-il précédé et déterminé la désorganisation, en est-il au contraire la conséquence? C'est à mon avis une question qu'il n'est pas aisé de résoudre, et digne par cela même de fixer l'attention des anatomistes.

Les deux extrêmes de mollesse et de dureté du tissu médullaire à l'exposition desquels je viens de consacrer quelques lignes, sont réellement des altérations pathologiques. Mais il est entre ces deux extrêmes des degrés intermédiaires dont on ne peut aisément apprécier la nature, et qu'il serait également difficile de décrire.

Le ramollissement et l'endurcissement partiels de la moelle se voient assez souvent, c'est-à-dire qu'elle est très diffluente ou très dure dans la moitié ou le tiers de sa longueur, tandis que le reste offre la consistance naturelle à cet organe.

La substance médullaire présente quelquefois une coloration jaune chez les enfans ictériques, un aspect légèrement rosé dans le cas de congestion, et enfin une blancheur remarquable chez les enfans exsangues et chlorotiques. Lobstein a trouvé cette coloration jaune de la moelle chez des embryons; il a cru devoir lui donner un nom particulier (kirronose). (*Répert. d'anat.*)

Du cerveau. Le cerveau du nouveau-né ne ressemble que par la forme générale au cerveau des adultes; il en diffère totalement par sa consistance et par son aspect; la consistance est absolument celle de la colle; il se laisse couper par tranches assez nettes, mais il ne tarde pas à se ramollir au contact de l'air. Sa couleur est blanchâtre; il n'existe point encore de ligne de démarcation bien tranchée entre la substance corticale et la substance blanche, de sorte qu'on ne trouve pas en coupant horizontalement les deux hémisphères par leur moitié, le centre ovale de Vieussens, comme chez les adultes. Cependant on reconnaît aisément le siége qu'occupera la partie corticale à la présence d'une ligne moins colorée que la substance centrale, et qui serpente à la superficie du cerveau le long des circonvolutions cérébrales. La substance blanche est ordinairement très injectée, ou parcourue par un grand nombre de vaisseaux, ce qui donne habituellement une couleur plus foncée que la partie la plus superficielle de la masse cérébrale, disposition tout-à-fait inverse de ce que l'on remarque chez les adultes.

Le cervelet n'offre pas non plus entre ses deux substances des différences d'aspect aussi tranchées que dans un âge plus avancé, mais elles sont cependant plus faciles à distinguer que dans le cerveau.

La moelle allongée est plus avancée dans son organisation; on y distingue aisément et la direction des fibres médullaires et les différences d'aspect de chacune des substances qui entrent dans sa composition, et il est à remarquer que les parties de la masse cérébrale qui sont les plus voisines de la moelle allongée, sont aussi plus avancées dans leur organisation que les régions qui s'en éloignent davantage : c'est une conséquence nécessaire du mode d'organisation de l'appareil cérébro-spinal dont le développement marche progressivement de la moelle épinière vers l'encéphale proprement dit.

Plusieurs causes peuvent imprimer au cerveau des nouveaunés des modifications d'aspect qu'il est important de connaître.

La rougeur pointillée ou sablée est très commune surtout au centre et en dehors des corps striés; si la congestion sanguine est considérable, la substance cérébrale prend une teinte violacée qui s'étend quelquefois uniformément, et qui, d'autres fois, rampe par traînées ou par vergetures d'un point de l'hémisphère à l'autre. Les vaisseaux du cerveau sont, dans certains cas, si bien injectés qu'on peut les suivre, et qu'on les voit s'épanouir des corps striés à la circonférence des hémisphères.

J'ai souvent trouvé la substance cérébrale très jaune chez des enfans ictériques.

Le cerveau, comme la moelle épinière, peut être remarquable par la dureté de sa substance ou par son extrême ramollissement. Ce que j'ai dit relativement à ces deux sortes d'altérations pour la moelle épinière peut s'appliquer au cerveau. La consistance très ferme de cet organe s'observe assez ordinairement après une série de symptômes propres à faire présumer qu'elle est le résultat d'une inflammation.

Quant au ramollissement, il coexiste presque toujours avec un épanchement ou même une hémorrhagie cérébrale, et ici, comme pour la moelle, il est fort difficile de décider si l'hémorrhagie a précédé le ramollissement, ou si elle y a été consécutive.

Quoi qu'il en soit, voici dans quel état on trouve alors la pulpe cérébrale, à l'ouverture du crâne et des méninges. La substance cérébrale, réduite en bouillie floconneuse et considérablement mélangée de caillots de sang, s'échappe de tous côtés en répan-

10.

dant une forte odeur d'acide sulfhydrique, ce ramollissement est plus ou moins étendu, plus ou moins avancé ; un seul point d'un lobe ou un seul lobe peut être ramolli, comme aussi il est possible que les deux le soient à-la-fois : le ramollissement existe quelquefois sans épanchement sanguin, ce qui me porterait à croire que l'hémorrhagie est ordinairement consécutive au ramollissement.

L'injection, la congestion et l'inflammation des méninges offrent les mêmes caractères anatomiques que chez l'adulte, et ne méritent pas par conséquent ici une description particulière.

L'hydrocéphale aiguë ou chronique, avec ou sans altération profonde de la substance du cerveau, l'hydrorachis et le spina bifida sont des affections trop connues pour que je doive m'arrêter à les décrire.

Les vices de conformation du cerveau ne sont pas toujours accompagnés d'un vice de conformation du crâne.

Billard a trouvé un cas d'anencéphalie très prononcé sans qu'il existât à l'extérieur du crâne la moindre apparence de ce vice de conformation ; l'enfant vécut trois jours ; il respirait assez librement, ses mouvemens étaient faibles, son cri peu soutenu, sa température basse. On trouva à l'autopsie cadavérique la cavité crânienne parfaitement bien conformée ; mais au lieu d'hémisphères cérébraux, il n'existait que deux saillies irrégulières formées par les couches optiques, et une partie des corps striés ; il n'y avait pas de voûte à trois pilliers, de septum médian, de ventricules latéraux, ni de lobes cérébraux à proprement dire. Les méninges, parfaitement intactes, se trouvaient remplies d'un fluide jaune et transparent qui les tenait distendues, et à travers lequel on apercevait les rudimens du cerveau, tels que je viens de les décrire.

Ce cas me paraît intéressant sous le rapport de la médecine légale ; en effet, si le crâne de cet enfant n'avait pas été ouvert, on n'eût pas constaté l'anencéphalie, et par conséquent il eût été possible d'affirmer que l'enfant était viable, et qu'il avait succombé à une inflammation intestinale ; car le gros intestin était le siége d'une phlegmasie très intense. Il ne faut donc jamais négliger l'examen du crâne des nouveau-nés, surtout lorsqu'on est requis par les magistrats pour faire l'examen de leurs cadavres. Ce précepte est d'autant plus important, que l'appareil cérébro-spinal peut être le siége, comme on vient de le voir, d'un grand nombre de maladies qui pourraient échapper à un examen incomplet, et que l'on pourrait signaler comme causes de mort dans certaines circonstances particulières, où il est intéressant de constater avec exactitude le genre de mort auquel un enfant a succombé.

L'examen des nerfs, des ganglions et des plexus nerveux n'offre rien chez les nouveau-nés qui mérite ici quelque attention, surtout sous le point de vue médico-légal.

Organes de la locomotion. Les organes de la locomotion me fourniront peu de remarques importantes. J'examinerai l'appareil musculaire, l'appareil ligamenteux et le système osseux.

Système musculaire. Dans l'état sain les muscles ont une couleur rosée, ils sont bien moins rouges que les muscles de l'adulte; leur consistance est assez ferme; la direction de leurs fibres est analogue à la forme générale et à la fonction particulière du muscle. Leurs expansions aponévrotiques sont moins denses et d'une couleur moins éclatante que chez l'adulte; elles se rapprochent davantage de la texture celluleuse.

Les variétés d'aspect qu'offrent les muscles du nouveau-né sont: 1° La pâleur extrême ou la décoloration; 2° la congestion sanguine; j'ai trouvé plusieurs fois des ecchymoses dans l'épaisseur des muscles, et il n'est pas rare d'y voir un grand nombre de petites taches pétéchiales dont la forme et le nombre varient considérablement; 3° la coloration jaune; je l'ai observée une fois chez un enfant ictérique.

Système osseux. Le système osseux fournirait plus de remarques intéressantes à faire, car les divers degrés de son ossification peuvent jusqu'à un certain point indiquer l'âge du sujet; mais ce point d'anatomie se trouve traité savamment et avec une grande exactitude dans le mémoire de Béclard sur l'ostéose: je me bornerai donc à dire quelques mots sur ce sujet.

Chez l'enfant naissant les os, dépourvues de parties molles, ont un aspect rosé provenant de la quantité de sang qui les imbibe; leurs extrémités articulaires sont presque toutes cartilagineuses, leurs épiphyses se détachent avec la plus grande facilité, et ils se fracturent d'autant plus aisément que leur ossification est plus avancée.

Il ne faut pas confondre les fractures des os avec une scission ou une interruption de continuité, provenant d'un arrêt de développement. L'observation suivante présente à cet égard le plus grand intérêt :

Observation. Un enfant de deux mois meurt à l'hospice des Enfans-Trouvés le 4 juin 1826, d'une pneumonie aiguë. A l'examen du cadavre on voit que l'humérus est mobile à sa partie moyenne où il existe une espèce de fausse articulation : l'observation attentive de cette partie permet de voir qu'il y a une solution de continuité de la substance osseuse à la partie moyenne de l'humérus, et dans une étendue d'un centim. 5 mill. ; cet espace est rempli par une substance cartilagineuse assez épaisse, dont les extrémités sont en contact avec les extrémités chagrinées de l'os, comme le sont les épiphyses avec les os auxquels elles appartiennent. Cet humérus n'était pas plus long que celui du côté opposé ; l'espace n'était donc pas formé par une substance déposée entre les deux fragmens de l'os, mais bien par un rudiment de l'état cartilagineux de l'os que, par une singulière anomalie, l'ossification n'avait pas envahi.

En supposant donc que les parens de cet enfant eussent été soupçonnés de mauvais traitemens à son égard, cette disposition aurait pu être prise pour une fracture, et considérée comme le résultat de ces violences ; or, cette conclusion n'eût été rien moins que certaine. Il est fort possible que les enfans venus au monde avec un si grand nombre de fractures, et dont Chaussier a cité un exemple remarquable, se soient trouvés dans le cas du sujet de cette observation. Je ne connais que la gravure que ce médecin a donnée du fait curieux dont il a enrichi les annales de l'anatomie pathologique, et je puis affirmer que l'examen de cette gravure n'a fait que confirmer dans mon esprit l'opinion que j'émets ici.

Les os du crâne présentent assez souvent ces anomalies d'ossification. Billard en a recueilli trois exemples dans une année ; les fibres osseuses, au lieu de se rendre du centre à la circonférence de l'os, sont disposées par îles entre lesquelles se trouve placée une substance cartilaginiforme : lorsqu'on touche ces os à travers les tégumens, on les dirait fracturés.

Cependant il n'est pas impossible que les os de l'enfant naissant soient fracturés par des causes extérieures, telles que les manœuvres de l'accouchement ou des efforts maladroits qu'on aurait faits pour nettoyer ou vêtir l'enfant. Cet accident même est assez commun. Sur 5,392 enfans entrés, dans l'année 1826, à l'hospice des Enfans-Trouvés de Paris, il y a eu 6 fractures sur des nouveau-nés, 2 de la clavicule, 1 du fémur, 2 de l'humérus et 1 du pariétal gauche (fracture en étoile avec épanchement dans le crâne). Outre les fractures récemment faites, les nouveau-nés apportent encore en naissant des traces de violences ou de compressions extérieures sur quelque point du système osseux et surtout sur les os du crâne :

Billard a trouvé sur la région pariétale gauche d'un enfant naissant une cicatrice fermée, mais vermeille au cuir chevelu, une dépression très sensible du crâne dans cet endroit, une ouverture oblongue au pariétal dans la partie correspondante, et enfin une hernie du cerveau dans la région temporale à travers une ouverture résultant de l'absence presque complète de la portion écailleuse du rocher : cette ouverture du pariétal avait 3 centimètres de long et un centimètre de large, sa circonférence était irrégulièrement arrondie, son bord était comme usé en biseau vers la face interne. Tout porte à croire que la tête de l'enfant avait éprouvé dans l'utérus une compression qui avait déterminé la cicatrice du cuir chevelu, la solution de continuité du pariétal et la hernie du cerveau. On n'a pu malheureusement avoir aucun renseignement sur la mère de cet enfant.

Dans une autre circonstance Billard a signalé chez un nouveauné un enfoncement assez considérable à la partie antérieure et inférieure du pariétal droit, au-dessus de la bosse pariétale : cet enfoncement n'était pas récent, il paraissait avoir été produit par une cause quelconque pendant les progrès de l'ossification.

Enfin, le système osseux peut offrir dès les premiers jours de la vie des courbures rachitiques, et présenter les résultats d'un arrêt de développement dans une ou plusieurs des pièces d'un os, mais ces altérations de forme et de texture sont trop connues pour qu'on évite de les rapporter à leur véritable cause.

Appareil ligamenteux. L'appareil ligamenteux ou articulaire n'offre que très peu d'anomalies chez l'enfant naissant; ses maladies sont rares à cette époque, ses variétés d'aspect peu importantes à signaler sous le rapport médico-légal, et l'histoire de son développement qui seule pourrait offrir de l'intérêt, ne doit pas trouver ici sa place.

Organes génitaux. J'examinerai les organes génitaux, chez le petit garçon et chez la petite fille.

Les testicules se trouvent au niveau de l'anneau inguinal, ou même l'ont en partie franchi à l'époque de la naissance; ils ne sont pas par conséquent entièrement enveloppés de la tunique vaginale qu'ils entraînent avec eux. Ils sont d'un rose très pâle; leur consistance est assez ferme, on distingue aisément leur texture filamenteuse : je les ai trouvés plusieurs fois jaunes chez des sujets ictériques. Les vésicules séminales encore petites et remplies d'un fluide séreux peu abondant n'offrent rien de remarquable. Les corps caverneux sont peu gorgés de sang. Le prépuce est toujours plus long que le gland qu'il enveloppe en entier.

Les vices de conformation des testicules et de la verge sont trop connus pour que je m'arrête à les énumérer.

La matrice est très peu volumineuse chez la petite fille, sa cavité centrale est peu grande; cependant ses parois ne sont pas tout-à-fait contiguës : elles sont ordinairement humectées par un fluide muqueux blanchâtre.

Le vagin est au contraire excessivement développé; il présente une large cavité allongée et tapissée par une membrane muqueuse dont la sécrétion est très abondante, car on trouve toujours dans ce conduit une grande quantité de mucosités très blanches, très adhérentes, qui s'agglomèrent par pelotons : cette sécrétion, que l'on pourrait regarder comme le résultat d'un état pathologique du vagin, dont la couleur est d'un rose tendre, existe chez presque toutes les petites filles, et semblerait être pour elles une voie de sécrétion nécessaire, tant est grande l'abondance de ces mucosités. Les ovaires et les trompes ne présentent rien qui doive être signalé.

Le clitoris est, comme on le sait, très développé chez les petites filles; il l'est même quelquefois à un tel point que l'on a pu le prendre pour un pénis, et confondre les sexes à l'époque de la naissance.

Les grandes lèvres sont fort saillantes, elles s'infiltrent et se tuméfient avec la plus grande facilité.

Du tissu cellulaire et adipeux. Le tissu cellulaire des nouveau-nés offre sa texture celluleuse très développée, il jouit d'une grande élasticité et le produit de sa sécrétion est fort abondant :

aussi est-il extrêmement commun de le trouver distendu par une assez grande quantité de sérosité. Lorsque l'accumulation de cette sérosité devient considérable, il en résulte que ce tissu est dur au toucher; mais cette dureté n'existe pas réellement dans le tissu cellulaire qui a conservé sa cellulosité, sa souplesse, et dont les fibres n'ont subi aucune modification organique; elles ont éprouvé seulement une distension mécanique, d'où il suit que l'expression d'*endurcissement du tissu cellulaire* est extrêmement vicieuse : ainsi je ne vois dans cette affection qu'un œdème fort analogue à l'œdème des adultes, pouvant être accompagné d'affections particulières du cœur et des poumons dont il n'est pas le résultat nécessaire (*Voyez* pour plus de détails sur cette affection les ouvrages de pathologie, et surtout celui du docteur Denis).

La sérosité contenue dans les mailles du tissu cellulaire des ictériques, étant ordinairement jaune, ce tissu est le siége assez fréquent de cette coloration que l'on voit apparaître comme par bandes colorées, dans certaines parties où règnent des couches celluleuses. C'est encore dans ce tissu que se répand le sang des ecchymoses ; aussi le trouve-t-on très souvent teint en rouge plus ou moins foncé.

Le tissu adipeux n'est pas très développé chez l'enfant naissant ; les vésicules adipeuses se voient souvent comme autant de granulations agglomérées à la surface ou dans les interstices des organes. Après la naissance il ne tarde pas à devenir le siége d'une nutrition très active, ses couches s'épaississent et s'étendent prodigieusement, et c'est même à ce développement rapide que l'enfant doit les formes arrondies que ses membres prennent après la naissance. Le tissu adipeux des nouveau-nés se fige et s'endurcit lorsque la mort approche ou lorsque les progrès d'une grave maladie réduisent l'enfant dans un état de faiblesse et d'innervation profonde : aussi trouve-t-on fréquemment des cadavres d'enfans dont le tronc et les membres sont le siége d'un véritable endurcissement, dénomination aussi exactement applicable dans ce cas qu'elle convient peu dans l'infiltration séreuse du tissu cellulaire. Les médecins devront donc ne jamais perdre de vue ces deux états du tissu cellulaire et du tissu adipeux.

Le tissu adipeux est souvent jaune dans l'ictère. Il arrive même qu'on ne trouve que sur lui seul cette coloration, tandis que toutes les autres parties du corps n'y participent pas.

Je termine ici la revue générale que je m'étais proposé de faire des caractères anatomiques que présentent les organes du nouveau-né dans l'état sain, dans l'état anormal et dans l'état pathologique.

———————

Infanticide. Les magistrats réclament si souvent les avis des hommes de l'art dans des cas d'infanticide, que je crois devoir m'étendre longuement sur les divers points que le médecin légiste doit examiner. Sans doute dans les questions que je vais me poser il en est qui ne lui seront peut-être pas directement adressées par le magistrat, mais est-ce là une raison pour les négliger, quand elles peuvent en éclairer d'autres, ou fournir des documens précieux propres à éviter des recherches ultérieures, ou à faire écarter la présomption du crime?

Il faut 1° *déterminer quel est l'âge de l'enfant dont on a trouvé le corps.* En effet, il résulte quelquefois de cet examen que l'enfant est si loin d'être à terme, qu'il ne peut avoir vécu au-delà de quelques instans; le crime alors ne serait pas présumable. Je ferai remarquer qu'en me posant cette première question, je n'ai eu nullement en vue d'examiner à propos de l'infanticide si l'enfant était viable. J'ai voulu seulement faire comprendre que la mère ne peut avoir aucun intérêt à donner la mort à un enfant qui ne peut vivre. C'est donc à tort que M. Devergie, ayant mal interprété le but de la question, me reproche de l'avoir examinée.

2° *Examiner si l'enfant n'était pas mort avant de sortir de l'utérus.* Il est évident qu'on éloignerait toute idée d'infanticide, si on prouvait que l'enfant que je supposerai même à terme, eût péri naturellement lorsqu'il était encore contenu dans la matrice.

3° *Établir, dans le cas où un enfant serait sorti vivant de l'utérus, s'il a vécu après l'accouchement, ou s'il est mort en naissant.* On sentira l'importance de cette question, en apprenant que la mort pendant la naissance peut être l'effet d'une foule de causes innocentes, que l'on apprécie en examinant la nature et la durée du travail de l'accouchement. Si l'on s'assurait que l'enfant a succombé à l'une ou à l'autre des causes, on devrait nécessairement écarter tout soupçon de crime.

« Nul doute à cet égard, dit M. Devergie (*Médecine légale*, tome 1, page 534), mais un magistrat ne s'enquiert pas si la mort a eu lieu par l'effet de causes qui ont exercé leur influence pendant ou après l'accouchement ; il demande si la mort a eu lieu naturellement, ou si, au contraire, elle a été le fait de violences exercées sur l'enfant dans le but d'attenter à ses jours.» Ne dirait-on pas que pour répondre à cette dernière question le médecin doit négliger toutes les circonstances qui peuvent lui en faciliter la solution ? S'il suit dans une expertise la troisième règle que j'indique, n'est-il pas à même de résoudre la question que M. Devergie suppose devoir lui être adressée par le magistrat ? Ainsi, par exemple, le cadavre d'un enfant présente dans ses tissus des altérations telles que le moins habile ne peut s'empêcher de reconnaître qu'elles sont le produit d'un travail long et difficile, et à l'instant même l'expert écarte toute idée d'infanticide ; et M. Devergie regardera la solution de cette question comme oiseuse ! ! !

4° *Si l'enfant a vécu après sa naissance, déterminer le temps pendant lequel il a vécu.* On imagine bien qu'il est impossible même de présumer qu'un enfant a été tué, parce qu'il a respiré et vécu pendant un certain temps, la mort pouvant être le résultat d'une infinité de causes innocentes ; il importe donc de savoir combien de temps il a vécu, pour apprécier si le moment de sa naissance correspond à celui de l'accouchement de la femme que l'on accuse. Ne serait-on pas disposé à écarter la présomption du crime, si l'on établissait qu'un enfant n'a vécu que pendant quelques heures, tandis qu'il serait prouvé que l'accusée serait accouchée depuis plusieurs jours ?

5° *En supposant que l'enfant ait vécu après sa naissance, chercher à reconnaître depuis quand il est mort.* On conçoit en effet que plus le moment de la mort est éloigné de celui où l'on examine le cadavre, plus l'époque de l'accouchement est reculée, et cette seule considération peut suffire pour détruire les soupçons qui planent sur une femme?

6° *Si tout porte à croire qu'un enfant a vécu après l'accouchement ou qu'il est mort en naissant, déterminer si la mort est naturelle, ou si elle peut être attribuée à quelque violence, et dans ce cas quelle en est l'espèce.* Les cinq questions précédemment examinées n'ont souvent pour objet que de faire écarter l'idée du crime, à l'aide de considérations en quelque sorte négatives; aucune d'elles ne suffit pour établir l'infanticide : il n'en est pas de même de celle-ci, que l'on doit regarder comme la véritable pierre de touche , puisqu'elle sert à établir matériellement l'assassinat.

7° *Décider si une femme qui accouche ou qui vient d'accoucher, est en état de prévoir et de donner à son enfant tous les soins nécessaires.*

8° *En admettant qu'un enfant dont on a trouvé le corps ait été tué, est-il possible de prouver qu'il appartient à la femme que l'on a accusée, et qu'elle est l'auteur du meurtre.*

Croirait-on qu'à l'occasion de ce problème M. Devergie m'accuse de la manière la plus inconsidérée de donner au médecin le rôle des juges et des jurés? Je renvoie le lecteur à la page où j'examinerai cette question pour qu'il puisse voir par lui-même comment je la traite, et si je donne à l'expert un autre rôle que celui qui regarde l'homme de l'art consulté dans un cas d'infanticide, et qui ne regarde même que lui.

PREMIÈRE QUESTION *relative à l'infanticide. Quel est l'âge de l'enfant dont on a trouvé le corps? (Voy.* page 77 et suivantes du tome Ier).

DEUXIÈME QUESTION *relative à l'infanticide. L'enfant était-il mort avant de sortir de l'utérus ?*

Le fœtus peut périr dans la matrice à une époque quelconque de la grossesse; l'expulsion du petit cadavre peut avoir lieu immédiatement après la mort, ou bien plusieurs jours et même plusieurs semaines après : or, il est aisé de prouver que les caractères qu'il présente varient suivant l'époque de la mort et le témps qui s'est écoulé entre le moment où il a cessé de vivre et celui où il a été expulsé ; il est donc impossible de donner une description générale du cadavre d'un fœtus mort dans l'utérus. On ne saurait résoudre complétement la question qui m'occupe, sans examiner : 1° les signes fournis par la femme et par le fœtus avant la naissance ; 2° les variétés que peut présenter le cadavre du fœtus ; 3° l'état de l'arrière-faix ; 4° les causes de la mort.

A. *Signes fournis par la femme et par le fœtus avant la naissance*. Les signes de ce genre, indiqués par les auteurs pour établir que l'enfant est mort, peuvent se réduire aux suivans : 1° maladies graves dont la mère aura été atteinte avant l'accouchement ; 2° évacuation prématurée des eaux de l'amnios ; 3° écoulement fétide par le vagin ; 4° lenteur et faiblesse des douleurs ; 5° ballottement incommode dans l'abdomen, sentiment de pesanteur du côté sur lequel la femme se couche ; 6° cessation des mouvemens du fœtus ; 7° évacuation du méconium pendant le travail, lorsque l'enfant présente toute autre partie que les fesses ; 8° défaut de pulsations du cordon ombilical, et son refroidissement ; 9° putréfaction et séparation du cuir chevelu.

Maladies dont la mère aura été atteinte pendant la grossesse. Il est permis tout au plus de soupçonner que le fœtus a pu périr dans l'utérus, lorsqu'on apprend qu'avant l'accouchement la mère a éprouvé une ou plusieurs maladies graves, comme des phlegmasies, des convulsions, des hémorrhagies considérables, une forte commotion à la suite d'une chute, d'un coup, etc. ; ou bien qu'elle a commis des imprudences, soit en soulevant des fardeaux trop forts, ou en se livrant à un exercice immodéré et forcé, soit en abusant d'alimens excitans, de boissons spiritueuses et des plaisirs de l'amour ; ou bien enfin, qu'elle a été tourmentée par des passions violentes. En effet, comme il est parfaitement avéré que des femmes enceintes soumises à la plupart de ces causes, sont accouchées à terme d'enfans bien portans, on aurait tort d'attacher à de pareilles causes plus d'importance qu'elles n'en méritent, et de conclure que la mort du fœtus est constamment le résultat de leur action. N'y aurait-il pas de l'impéritie et de l'injustice, par exemple, à déclarer dans certaines circonstances que la mort de l'individu a été occasionnée par quelques coups portés à la mère?

Évacuation prématurée des eaux de l'amnios. On ne doit accorder aucune confiance à ce signe, puisqu'on a vu des femmes accoucher d'enfans vivans et se portant bien, quoique les eaux de l'amnios fussent écoulées depuis trois, dix, vingt et même cinquante-trois jours.

Écoulement fétide par le vagin. Ce signe offre peu de valeur, d'une part, parce que souvent l'écoulement vaginal est limpide et presque inodore dans certains cas où l'enfant est mort, et de l'autre parce qu'il est quelquefois trouble, grisâtre, verdâtre et d'une odeur insupportable lorsque l'enfant naît vivant, ce qui peut tenir à quelque affection du vagin, à des grumeaux de sang retenus dans la matrice, à une infection vénérienne de l'enfant, avec ulcération et suintement fétide, à une certaine quantité de méconium expulsé par la compression de l'abdomen, ce qui arrive surtout lorsque l'enfant vient par les pieds.

Lenteur des douleurs. Le simple énoncé de ce signe suffit pour en faire sentir la nullité ; il est évident, d'après une quantité innombrable de faits, que la lenteur du travail ne prouve pas plus la mort de l'enfant, qu'un accouchement prompt n'établit qu'il a dû naître vivant.

Ballottement du ventre. Il est parfaitement avéré que chez la plupart des femmes grosses qui ont éprouvé une ballottement incommode en se couchant sur l'un ou l'autre côté, l'enfant était mort ; mais comme il est également constant que des femmes chez lesquelles on avait observé ce phénomène, sont accouchées d'enfans vivans, on ne saurait conclure, d'après ce seul signe, que l'enfant est mort ou vivant ; toutefois ce caractère offre une certaine valeur, surtout lorsqu'il s'y joint la cessation des mouvemens du fœtus et l'issue du méconium. Pourtant on aurait encore tort de conclure que l'enfant est mort, d'après la réunion de ces trois signes seulement, puisque De Lamotte parle d'une femme qui les offrait et qui accoucha naturellement d'un garçon qui vint au monde sans pleurer ni remuer, mais qui un moment après reprit ses forces et vécut.

Cessation des mouvemens du fœtus. Le défaut des mouve-

ntens de l'enfant est loin d'être un signe certain de la mort : toutefois on pourra établir quelques probabilités en faveur de la
mort, dans l'utérus, si la femme assure qu'à une agitation extraordinaire du fœtus a succédé la cessation de tout mouvement
dans la matrice, et qu'au lieu de se sentir légère comme auparavant, elle a éprouvé un poids incommode tantôt sur le rectum,
tantôt sur la vessie, tantôt sur un des côtés du ventre, suivant
qu'elle était debout ou couchée. Ces probabilités seront encore
plus grandes, si deux jours après, les mamelles se gonflent comme
dans la fièvre de lait, pour s'affaisser ensuite, et si en même temps
il survient de la fièvre, du malaise, qui cessent ordinairement au
bout de quelques jours.

Evacuation du méconium pendant le travail. Ce caractère
n'est d'aucune valeur, puisqu'on a vu des enfans vivans évacuer le
méconium pendant le travail, ce qui dépendait probablement
d'un relâchement du sphincter de l'anus.

*Défaut de pulsations du cordon ombilical, refroidisse-
ment de ce cordon et du corps.* S'il est vrai qu'il n'est plus permis de sentir les battemens des artères ombilicales, lorsque le
fœtus est mort, il est également certain que chez l'enfant vivant
l'on ne sent plus les pulsations du cordon, lorsque celui-ci est
comprimé entre les os du bassin et la tête ou toute autre partie du
corps du fœtus ; donc ce signe ne peut pas servir à lui seul pour
résoudre le problème. Quant au refroidissement du cordon et du
corps, il n'a pas été observé chez plusieurs enfans qui étaient
morts dans l'utérus ; ce qui tient évidemment à ce que l'enfant
mort dans le sein de sa mère, reçoit d'elle sa chaleur comme un
corps inerte.

Tous les documens que je viens de signaler paraissent à M. Devergie, d'une complète inutilité dans une question d'infanticide.
Une discussion sur leur valeur est, dit-il, tout-à-fait oiseuse. Je
ne puis laisser cette proposition sans réplique.

Les signes étudiés ci-dessus ont évidemment de la valeur puisqu'ils portent quelquefois à faire soupçonner que l'enfant était
mort avant de sortir de l'utérus ; mais qui donnera ces renseignemens ? ce sera la mère, ou un médecin qui l'aurait assistée.

Dans la première hypothèse, ces renseignemens fournis par

une personne soupçonnée d'infanticide, pourraient bien ne pas être pris en grande considération.

Dans la seconde, le rapport du médecin pourrait venir démontrer l'innocence d'une femme faussement accusée du meurtre de son enfant.

En conséquence, quoi qu'en ait dit M. Devergie, les considérations auxquelles je me suis livré, ni sont ni inutiles ni déplacées dans un ouvrage de médecine légale.

Putréfaction et séparation du cuir chevelu. Ce signe, lorsqu'il peut être constaté, ne laisse aucun doute sur la mort de l'enfant. Mais dans combien de circonstances ne manquera-t-il pas? Ainsi on ne l'observera ni lorsque l'enfant est mort pendant le travail ou peu de temps avant, ni dans les cas nombreux où les cadavres éprouvent dans l'utérus une altération particulière, distincte de la putréfaction (*Voy*. page 161). Mais admettons que le fœtus soit putréfié avant de naître; comment le reconnaîtra-t-on? Il est évident qu'il ne suffira pas de constater la présence d'un écoulement par le vagin d'un liquide trouble, bourbeux, fétide (*Voy*. page 158), et qu'il faudra nécessairement s'assurer que la peau du fœtus est mollasse, flasque, et qu'on sent pour ainsi dire sous le doigt une espèce de fluctuation pâteuse, que l'épiderme se détache par lambeaux de la partie qu'on touche, et que cette partie, étant comprimée pendant un moment, ne se relève point lorsqu'on cesse la pression. Il importe cependant de noter que l'on observe quelquefois la séparation de l'épiderme de la tête, dans le cas où l'enfant est vivant, ce qui peut dépendre de l'action prolongée de l'air atmosphérique sur la tête, long-temps retenue au passage, des doigts de l'accoucheur, qui a trop souvent réitéré le toucher, etc.

Il résulte de ce qui précède qu'aucun des signes mentionnés, excepté l'état de putréfaction *bien constaté,* pris isolément, n'est suffisant pour porter à conclure que le fœtus est mort dans l'utérus; mais que leur ensemble peut faire naître de grandes probabilités en faveur de cette mort. L'absence de ces signes ne permet pas de conclure non plus que l'enfant est vivant au moment de l'accouchement, parce qu'il peut être mort depuis peu de temps, etc.

Que penser maintenant de plusieurs caractères indiqués par

quelques auteurs, comme étant propres à résoudre cette question, et qui sont : la pâleur du visage, l'enfoncement des yeux, l'état plombé et livide des paupières, la mauvaise bouche, les bâillemens fréquens, les maux de tête, les tintemens d'oreille, l'anorexie, les nausées, les vomissemens, les syncopes, les lassitudes spontanées, l'affaissement du ventre, la rétraction du nombril, la fièvre, la fétidité de l'haleine, l'humeur sombre et mélancolique, etc.? Ces caractères ne sont d'aucune utilité pris séparément ; réunis, ils peuvent tout au plus servir, à corroborer le jugement que l'on aurait déjà porté (*Voyez*, pour plus de détails, un Mémoire du D' Gasc de Tonneins, inséré dans le *Journal général de médecine*, novembre et décembre 1826).

B. *Variétés que présente le cadavre du fœtus*. Je n'ai point à énumérer ici les diverses monstruosités, comme l'acéphalie, l'hydrocéphalie, etc., qui le plus souvent déterminent la mort du fœtus dans l'utérus (*Voy*. VIABILITÉ) ; il ne sera point fait mention non plus des cas où la mort reconnaît pour cause, suivant quelques auteurs, la trop grande longueur ou la brièveté du cordon ombilical ; je ne m'occuperai que des fœtus bien conformés qui périssent dans la matrice. Cette question a été l'objet de recherches nombreuses, faites par Chaussier, et dont j'ai été souvent à même de vérifier l'exactitude.

Si un fœtus âgé de moins de cinq mois meurt au milieu des eaux de l'amnios, et qu'il reste plusieurs jours ou plusieurs semaines dans la matrice, on observe que son corps est peu consistant, flasque, et ses membres lâches ; l'épiderme est blanc, épaissi et s'enlève par le simple contact ; la peau est d'un rose cerise ou brunâtre, tantôt dans toute son étendue, tantôt dans quelques-unes de ses parties seulement. Dans ce dernier cas, on pourrait être tenté de croire, surtout si le fœtus n'a que cinq ou six mois, qu'elle est l'effet de l'âge et non la suite de la mort ; mais il sera facile de dissiper toute espèce de doute, en se rappelant que la couleur pourpre de la peau des fœtus de cinq à six mois, ne se remarque le plus ordinairement que dans certaines parties du corps (*Voyez* page 67 du tome 1er). Le tissu cellulaire sous-cutané est infiltré d'une sérosité rouge sanguinolente ; cette infiltration est surtout remarquable sous le cuir chevelu, où l'on aperçoit assez souvent une matière semblable par sa couleur et par sa consistance à la gelée de groseille ; le péricarde et les cavités splanchniques contiennent aussi de la sérosité sanguinolente ; les artères, les veines et les diverses membranes sont également rouges ; la consistance des viscères est singulièrement diminuée, au point qu'ils peuvent être diffluens ; les os du crâne sont mobiles, vacillans, dépouillés de leur périoste ; les sutures du crâne sont très relâchées : aussi la tête se déforme et s'aplatit-elle par son propre poids ; quelquefois le cerveau est dans un état de colliquation. On n'observe en général, au centre du vertex, ni ecchymose, ni tuméfaction œdémateuse, ce qui n'arrive pas *ordinairement* lorsque le fœtus sort vivant de l'utérus ; toutefois j'ai vu, dans certaines circonstances, des fœtus morts dans la matrice plusieurs jours avant le commencement du travail, présenter une ecchymose en tout semblable à celle que l'on remarque au vertex des enfans nés vivans : cette lésion tenait sans doute à ce que, pendant les mouvemens actifs du fœtus, la tête avait frappé sur le détroit supérieur du bassin. Le thorax est affaissé, très resserré, aplati ; les parties molles dessinent les côtes ; il suffit d'un léger examen des organes de la respiration et de la circulation, pour être convaincu que le fœtus n'a point respiré. Le cordon ombilical est le plus souvent gros, mou, infiltré de sucs rougeâtres ou livides, et facile à déchirer ; on aperçoit quelquefois des crevasses, des gerçures autour du nombril. L'abdomen est aplati. Il n'est pas rare de voir le périoste séparé des os longs, par la sérosité rougeâtre dont j'ai parlé ; souvent aussi les épiphyses de ces os se sont désunies.

Les altérations que je viens de décrire caractérisent un mode de décomposition particulier, *différent de la putréfaction* des fœtus qui sont exposés à l'air ; il suffit d'avoir été à même de les constater une ou deux fois, pour être convaincu de cette vérité, malgré l'assertion contraire de plusieurs auteurs. Toutefois, il est assez commun de voir des cadavres ainsi altérés, se pourrir plus facilement que les autres lorsqu'ils sont exposés à l'air.

Si un fœtus âgé tout au plus de trois mois meurt au milieu des eaux de l'amnios, le cadavre ne présente aucune trace d'infiltration ni de rougeur ; mais il est plus ou moins ramolli.

Quel que soit l'âge d'un fœtus, s'il est expulsé peu de temps après la mort, on ne remarque aucun changement dans sa forme, sa couleur, sa consistance, son volume, etc.; mais il est aisé de s'assurer qu'il n'a point respiré.

Si la mort du fœtus a lieu peu de temps avant un accouchement laborieux, pendant lequel la matrice se contracte fréquemment et avec force, et que les eaux soient écoulées, il devient noirâtre et ne tarde pas à se pourrir; il y a quelquefois même dégagement de gaz fétides par le vagin.

Dans des circonstances assez rares, le fœtus utérin ou extra-utérin, dont l'expulsion n'a lieu que long-temps après la mort, se dessèche, devient compacte, plus dur, et se trouve transformé en *gras,* état que j'ai décrit ailleurs (*Voy.* tome 1er, page 682); il acquiert quelquefois une consistance pierreuse, et se conserve dans l'utérus jusqu'à la mort naturelle de la mère; enfin, on a encore observé, dans des cas de ce genre, qu'il pouvait tomber dans un état de colliquation putride. Béclard a présenté à l'Académie royale de médecine un fœtus du sexe féminin à terme, qui était resté sept ans dans le sein de sa mère; il était contenu dans une poche placée à gauche de l'utérus, et il paraissait transformé en une matière adipocireuse, semblable au gras de cadavre (Séance du 11 mars 1824).

C. *Caractères de l'arrière-faix.* Il est difficile d'admettre, avec certains auteurs, que des fœtus soient nés vivans lorsque l'arrière-faix était gangréné; loin de là, l'observation démontre que la désorganisation du placenta, à la suite d'une maladie quelconque, entraîne nécessairement la mort du fœtus dans la matrice; il en est de même dans le cas de décollement du placenta avec hémorrhagie considérable; mais, il faut l'avouer, il est extrêmement difficile de juger, à l'aspect du placenta, s'il a été décollé avant l'expulsion du fœtus. Un ramollissement considérable de l'arrière-faix peut faire présumer que le fœtus a péri dans l'utérus.

Hâtons-nous de dire toutefois que si le plus souvent, lorsque l'arrière-faix est malade, l'embryon ne tarde pas lui-même à être affecté, il n'en est pourtant pas toujours ainsi; en effet, on a vu l'inflammation des membranes de l'œuf, une tumeur squirrheuse, grosse comme un œuf, développée à la surface fœtale du placenta, n'exercer aucune action fâcheuse sur des enfans qui naquirent bien portans et qui se développèrent à merveille (Archives, n° de janvier 1831 et d'avril 1834). Je pourrais citer d'autres exemples analogues qui prouveraient qu'il existe quelquefois une véritable indépendance entre certaines maladies du fœtus et celles de ses annexes.

D° *Causes de la mort du fœtus*. Les causes qui peuvent déterminer la mort du fœtus, pendant son séjour dans l'utérus, peuvent être réduites aux suivantes : 1° Une perte de sang éprouvée par la mère ; 2° une maladie de la mère ou l'emploi de certains moyens thérapeutiques ; 3° la faiblesse du fœtus.

Perte de sang éprouvée par la mère. On lit dans un mémoire du docteur Albert de Wiesentheid, inséré dans le numéro de juillet 1831 des *Annales d'hyg. publique et de méd. lég.*, « que dans un cas d'hémorrhagie maternelle qui entraine la mort « du fœtus, celui-ci ne peut périr qu'autant que l'hémorrhagie « *dure assez long-temps* pour qu'il perde le sang nécessaire « au soutien de sa vie ; car si l'*hémorrhagie maternelle était* « *assez prompte et assez abondante* pour tuer la mère avant « que le fœtus eût perdu le sang qui est nécessaire à son exis- « tence , celui-ci ne périrait pas : c'est ce qui arriverait , par « exemple, si, à la suite d'une lésion du cœur ou de vaisseaux « importans de la mère, la mort de celle-ci survenât au bout de « quelques heures. » A l'appui de cette assertion, le docteur Albert invoque un certain nombre de faits qui ne me paraissent pas concluans, et une théorie que je ne saurais admettre. Voyons d'abord les faits :

1° Une femme éprouva au septième mois de sa grossesse, par suite d'un décollement partiel du placenta, une hémorrhagie foudroyante qui occasionna une mort très prompte. Le placenta et le cordon ombilical contenaient une quantité suffisante de sang pour faire vivre le fœtus (*Reuss*). 2° Une autre femme, au terme de sa grossesse, fut atteinte par une balle qui donna lieu à une hémorrhagie promptement mortelle. Les vaisseaux du fœtus contenaient la quantité de sang ordinaire (*Balthazar*). 3° Une femme reçut un coup de corne, qui ouvrit le ventricule gauche du cœur ; elle mourut dix minutes après l'accident. Le fœtus, âgé de huit mois, vint au monde vivant et vécut jusqu'au lendemain. 4° Des animaux en état de

gestation furent tués par des incisions dans les carotides et dans le cœur.
Les vaisseaux de leurs fœtus n'étaient pas vides de sang (*Soemmerring*).
5° *Albert* trouva vivans et pourvus d'une quantité suffisante de sang, cinq
fœtus de truie qu'il venait de tuer en lui ouvrant l'aorte.

Voici maintenant des exemples de mort du fœtus par suite
d'une hémorrhagie maternelle qui avait duré long-temps.

1° Une femme enceinte mourut après une hémorrhagie qui avait duré
quatre jours. Le fœtus ne contenait pas de sang (*Denis*). 2° Une femme
éprouva au septième mois de sa grossesse une hémorrhagie qui dura, avec
des intervalles, pendant sept semaines, et la fit succomber pendant l'accouchement. La mère, l'enfant, l'utérus, le placenta et le cordon ombilical,
furent trouvés vides de sang (*Cropius*). 3° Une femme sujette pendant sa
grossesse à de fréquentes hémorrhagies nasales, dont une particulièrement
fut si copieuse qu'elle occasionna une syncope, et menaça de devenir mortelle, avorta au sixième mois. Le fœtus ne contenait pas une goutte de
sang (*Trew*). 4° Une paysanne de dix-sept ans, atteinte d'une violente gastrite, fut *saignée* copieusement quatre fois en quatre jours; il lui fut en
outre appliqué trente sangsues. Elle avorta le septième jour d'un fœtus
mort et dans un état d'*anémie*. Les organes de la circulation de l'avorton
étaient vides, à l'exception d'un petit caillot qui existait dans le ventricule
droit du cœur.

Examinons maintenant la *théorie* ou l'explication donnée par
le docteur Albert. Le placenta, dit-il, reçoit du sang de la mère
par les vaisseaux utérins, et du sang du fœtus par les vaisseaux
ombilicaux. Quoique de nombreuses expériences prouvent qu'une
communication *immédiate* n'existe pas entre ces deux ordres
de vaisseaux, cependant le sang maternel passe au fœtus, et le
sang fœtal à la mère ; il se fait entre les deux individus un échange
réciproque du sang *par voie physiologique*, que l'on peut assi-
miler à celle qui conduit le sang du système artériel dans le système veineux. S'il n'est pas possible de démontrer anatomique-
ment les communications vasculaires directes entre les vaisseaux
de la mère et ceux du fœtus, il ne l'est pas davantage de les démontrer entre les dernières ramifications artérielles et veineuses,
et cependant nul ne peut nier que le sang ne passe des artères
dans les veines : on doit comprendre par le même procédé le
passage du sang de la mère au fœtus. Il suit de là que lorsque
la mère succombe rapidement à une perte utérine, il n'y a pas de

sang enlevé au fœtus, et celui-ci ne doit point périr, tandis que si l'hémorrhagie a duré plusieurs jours ou plusieurs semaines, le fœtus meurt d'hémorrhagie, son sang passant dans les vaisseaux maternels à mesure que ceux-ci se désemplissent (Albert, mémoire cité).

J'admettrai avec le docteur Albert, *qu'en général* le fœtus ne meurt pas lorsque la mère succombe rapidement à une hémorrhagie ; je dis en général, car Méry rapporte qu'une femme, qui par suite d'une chute s'était luxé le fémur d'un côté et fracturé le fémur de l'autre côté, avec plaie traversant les muscles, mourut d'hémorrhagie *une demi - heure après l'accident ;* quelque prompte qu'eût été la mort, le fœtus fut trouvé vide de sang : existait-il des anastomoses nombreuses entre les vaisseaux du placenta et ceux de la mère, et ce cas constituerait une exception ? Mais je n'adopterai pas son opinion lorsqu'il dit que la mort du fœtus est inévitable dans le cas où la mère succombe à une hémorrhagie qui a duré plusieurs jours et même plusieurs heures; car les observations 17e, 20e, 41e, 68e, 188e, 207e, 216e, 410e, 423e de Mauriceau, celles du même auteur inscrites en dernier lieu sous les numéros 57, 110 et 126, et plusieurs autres faits, prouvent jusqu'à l'évidence que les choses sont loin de se passer toujours ainsi. J'ai vu, le 3 janvier 1835, à la clinique du professeur Paul Dubois, une femme robuste qui perdait du sang depuis *vingt jours*, et qui avait été transportée à l'hôpital dans un état d'épuisement extrême, accoucher d'un enfant *vivant*, et qui a continué à vivre.

Si de l'examen des faits on passe à l'explication qu'en a donnée le docteur Albert, on verra qu'il est impossible de l'adopter. Il n'est pas douteux que le placenta reçoive du sang de la mère par les vaisseaux utérins, et du sang du fœtus par les vaisseaux ombilicaux ; il n'est pas douteux non plus, dans la grande majorité des cas du moins, qu'il n'existe aucune anastomose, ou pour mieux dire aucune communication par voie de continuité entre ces deux ordres de vaisseaux. Mais cependant, quoique les physiologistes soient aujourd'hui d'accord sur l'absence de cette continuité entre les vaisseaux de la mère et ceux du fœtus, il n'en est aucun qui ne reconnaisse, comme le docteur Albert, qu'il existe 'une relation entre ces deux appareils vasculaires, et qu'il y a entre eux un échange réciproque des matériaux qu'ils contiennent. L'opinion du docteur Albert est donc jusque-là d'accord avec celle des physiologistes éclairés. Mais quel est ce mode de communication, et peut-on le comparer avec l'auteur à celui qui existe entre les artères et les veines ? C'est une erreur manifeste ; les relations qui existent entre les artères et les veines résultent d'une communication tout-à-fait directe ; il y a une continuité réelle entre ces deux ordres de vaisseaux, continuité établie par l'intermède du système capillaire, continuité enfin que personne ne révoque plus en doute aujourd'hui, et que d'ailleurs les injections fines ou les recherches microscopiques rendent évidentes à tous les expérimentateurs, de telle sorte que si le sang du système artériel passe dans le système veineux, c'est qu'il suit sans interruption les divisions vasculaires qui lient les deux systèmes l'un à l'autre. Il n'en est pas de même dans la circulation placentaire : le sang de la mère arrive dans le placenta chargé des principes que lui ont fournis la digestion et la respiration ; le sang fœtal pénètre de son côté dans ce même organe, à l'état de sang veineux et chargé de principes qui doivent être rejetés en dehors ; bientôt après ces matériaux de nutrition et de respiration passent incontestablement du sang maternel dans le sang fœtal, tandis que les principes dont le sang fœtal doit se dépouiller arrivent sans doute au sang maternel. Cet échange s'opère-t-il par la continuité des vaisseaux, ou bien le sang est-il déposé dans un tissu intermédiaire d'où il serait pris par les radicules vasculaires du fœtus et de la mère, en sorte qu'il y aurait en un point du placenta, une double exhalation et une double absorption, ou bien enfin l'échange se ferait-il à l'aide de porosités latérales des vaisseaux de la mère et de ceux du fœtus adossés ou accolés les uns aux autres, comme le sont les canaux aérifères aux vaisseaux sanguins des poumons ? C'est ce qu'il est impossible de décider. La seule chose que nous puissions affirmer aujourd'hui, c'est que les matériaux de nutrition et de respiration passent de la mère au fœtus, que probablement les principes d'excrétion passent du fœtus à la mère, et que l'échange se fait par exhalation et absorption des deux parties. D'où il suit que le placenta est pour le fœtus un organe d'absorption certain, et un organe d'excrétion probable, et qu'on ne saurait le considérer avec le docteur Albert comme destiné à établir un double courant d'une part du sang de la mère au fœtus, et d'autre part du sang du fœtus à la mère. C'est pourtant sur l'adoption de cette erreur que la théorie du docteur Albert est fondée ; dans son hypothèse, les vaisseaux de la mère se désemplissant par une hémorrhagie, recevraient et appelleraient même le sang contenu dans les vaisseaux du fœtus ; ils se recruteraient en quelque sorte à leurs dépens.

Voici maintenant comment il serait possible de se rendre raison de la mort des fœtus, quand elle arrive après une hémorrhagie, *d'une certaine durée*, éprouvée par la mère. On sait que lorsque cette hémorrhagie est grave, des syncopes longues et répétées surviennent ; le fœtus périt promptement, parce que le sang fœtal n'éprouve plus dans le placenta, dépourvu du sang maternel, les modifications que l'on pourrait appeler *respiratoires*, c'est-à-dire les changemens les plus urgens, les plus immédiatement nécessaires à l'entretien de la vie fœtale ; il périt en quelque sorte comme s'il était *asphyxié*. Si l'hémorrhagie maternelle, sans être abondante, est souvent répétée et suivie d'un affaiblissement notable de la mère, le fœtus meurt souvent alors, mais non toujours, parce que son sang n'éprouve plus qu'incomplétement dans le placenta les modifications que j'ai appelées respiratoires et nutritives ; il succombe tout à-la-fois par asphyxie et par inanition, et il n'est pas surprenant que dans ce cas il naisse affaibli, décoloré et en apparence privé de sang ; mais cet affaiblissement, cette décoloration, ainsi que la mort du fœtus elle-même, trouveront quelquefois une explication très naturelle, dans une autre cause qu'il importe de signaler.

Quand une hémorrhagie se manifeste pendant la grossesse, elle est presque toujours occasionnée par un décollement partiel du placenta ; le sang qui s'écoule alors est fourni, pour la plus grande partie, sans doute, par les vaisseaux utérins dont les orifices sont mis à découvert, ou dont la continuité est détruite ; il vient par conséquent de la mère ; mais il n'est pas impossible aussi, et cela se comprend, que le tissu du placenta ait été lacéré, et qu'une partie du sang s'écoule par les vaisseaux du fœtus qui se ramifient dans cet organe ; d'où il suit que dans le cas d'hémorrhagie subite et abondante, le fœtus peut mourir à-la-fois par *asphyxie* et par hémorrhagie, et que dans les cas d'hémorrhagie moins grave et souvent reproduite, il peut succomber à l'imperfection des modifications *respiratoires* et *nutritives*, dans le placenta , et de plus à une perte lente de sang par les vaisseaux déchirés de cet organe. Toutefois les faits nombreux recueillis jusqu'à ce jour, conduisent à penser que bien que cette dernière cause de mort ne puisse être révoquée en doute, elle doit être pourtant regardée comme rare. Il est nécessaire d'ajouter une dernière réflexion, c'est que lorsque les fœtus meurent pendant la grossesse, quelles qu'aient été d'ailleurs les causes de leur mort, s'il s'est écoulé un certain temps entre l'époque de cette mort et celle de leur expulsion, on trouve toujours les vaisseaux utérins vides de sang ; il semble que les liquides soient passés du système vasculaire dans les autres tissus par une sorte de transpiration ou d'imbibition ; on aurait donc bien tort de conclure de ce fait que le fœtus a péri d'hémorrhagie.

Il est facile de voir, d'après ce qui précède, que les observations citées par le docteur Albert sont trop incomplètes pour autoriser la conclusion qu'il en a déduite, conclusion qui , dans aucun cas, ne me paraît admissible ; il serait bien plus naturel de s'en rendre raison en ayant égard aux préceptes que je viens d'établir.

Des maladies de la mère et de certains moyens thérapeutiques qui ont occasionné une hémorrhagie. Relativement à l'enfant, les conséquences de ces maladies ou de l'emploi de certains moyens thérapeutiques seraient, d'après le docteur Albert, de diminuer la quantité de sang qui devrait lui être fournie pour entretenir la vie, et le fœtus périrait d'hémorrhagie. On ne saurait adopter cette explication, à moins d'admettre, ce qui n'est pas possible, que les individus qui meurent d'inanition prolongée et chez lesquels la masse du sang est évidemment diminuée , meurent d'hémorrhagie. Quoi qu'il en soit , des faits nombreux attestent la possibilité de la mort des fœtus par ces causes.

1° Une fille de vingt-deux ans, enceinte, atteinte d'une syphilis consécutive, cacha sa grossesse jusque vers le moment de l'accouchement. On lui avait déjà administré à plusieurs reprises, et jusqu'à salivation, des pilules de sublimé corrosif et des bois sudorifiques, lorsqu'elle fut soumise aux soins du docteur Albert. Le précipité rouge fut alors employé, et quatre fois la salivation reparut. La malade fut rétablie après un traitement de quatre mois; mais elle était tellement épuisée par le traitement et par la diète rigoureuse qu'on lui avait fait observer, que le plus léger mouvement dans son lit suffisait pour amener une syncope. Au bout de quelque temps, cette femme accoucha avec de faibles douleurs et presque sans s'en apercevoir, d'un fœtus de sept à huit mois, extrêmement faible et amaigri. À l'ouverture du cadavre, le cœur et les gros vaisseaux de ce fœtus étaient tellement *anémiques*, qu'on aurait pu en retirer tout au plus 16 grammes de sang; les organes parenchymateux étaient remarquablement pâles et affaissés. On ne découvrit aucune voie par laquelle le sang aurait pu se perdre. Le cordon avait été lié avant la section, et le placenta était, comme le fœtus, pâle et vide de sang (*Annales d'hygiène publique et de médecine légale*, juillet 1831. Mémoire d'*Albert* de Wiesentheid). 2° Une femme de vingt-huit ans, bien constituée, mariée à l'un de nos plus honorables confrères de la capitale, était enceinte de cinq mois environ, lorsqu'il se manifesta dans la bouche, dans l'œsophage, et probablement dans d'autres parties du canal digestif, une affection aphtheuse des plus graves, qui la mit dans l'impossibilité de rien avaler de substantiel pendant trois mois; c'était avec peine que l'on parvenait à introduire dans l'estomac quelques cuillerées d'eau légèrement laiteuse ou gommée. Vers le huitième mois, cette femme, qui était arrivée à un degré d'émaciation et de faiblesse peu communes, accoucha de deux jumeaux mort-nés très faibles et d'un teint cireux. La mère elle-même ne tarda pas à succomber.

Faiblesse du fœtus. Le fœtus peut encore périr dans le sein de sa mère, à raison de sa faiblesse, qui elle-même reconnaîtra pour cause son immaturité ou une maladie indépendante de l'état de la mère.

C'est dans l'ensemble des considérations que je viens d'émettre que le médecin doit chercher les preuves de la mort du fœtus dans la matrice : vouloir décider la question d'après un petit nombre de caractères, ce serait évidemment s'exposer à commettre des erreurs graves.

BIBLIOGRAPHIE.

Le fœtus est-il né vivant ou mort.

Bohn (J.). De sigtis fœtus vivi et mortui nati. Leipzig, 1700, in-4.

Ewaldt (B.). Resp. C. Packen. An fœtus humanus vivus vel mortuus natus sit? Kœnigsberg, 1716, in-4.

Jæger (C. F.). Resp. J. C. Storr. Observationes de fœtibus recens natis jam in utero mortuis et putridis cum subjunctâ epicrisi. Tubingen, 1767, in-4.

Bose (E. G.). Resp. C. G. John. De diagnosi vitæ fœtus et neogeniti, Leipzig, 1771, in-4. — Continuatio (Resp. C. C. Bethke), *ibid.*, 1771, in-4.

Wrisberg (H. A.). De vitâ fœtuum humanorum dijudicandâ. Gottingue, 1772.

Camper (P.). Von den Kennzeichen des Lebens und Todes bey neugebornen Kindern. aus d. Holland. von Herbell. Francfort et Leipzig, 1777.

Jæger (Ch. F.). Ueber die Beurtheilung des Lebens neugeborner Kinder. Ulm, 1780.

Jæger (C. F.). Resp. E. D. Hennenhofer. Diss. qua casus et adnotatiões ad vitam fœtus neogeniti dijudicandam facientes proponuntur. Tubingue, 1780.

Bose (F. G.). Resp. C. A. Kuhne. De morte fœtus ejusque diagnosi. Leipzig, 1785, in-4.

Bose (E. G.). De judicio vitæ ex neogenito putrido. Leipzig, 1785, in-4.

Baumer (J. W. C.). De signis vitæ neogeniti a partu peracto rite dijudicandis. Giessen, 1788.

Herholdt (J. D.). Commentatio de vitâ in primis fœtus humani ejusque morte sub partu. Copenhague, 1802.

Ulmer (F. Ch.). De signis vivi et mortui fœtus. Iéna, 1808.

L'enfant n'était-il pas mort avant de sortir de l'utérus.

Alberti (Mich.). De fœtu mortuo. Halle, 1729, in-4.

Pasquay (P.). De signis et partu fœtus mortui. Leyde, 1745, in-4.

Jæger (C. F.). De fœtibus recens natis jam in utero mortuis et putridis. Tubingue, 1767, in-4.

Zierhold, præs. J. H. Boehmer. De notabilibus quibusdam, quæ fœtui in utero et partu contingere possunt, ad illustrandum infanticidium. Halle, 1775, in-4.

Eisenbeis (G. F.), præs. W. G. Ploucquet. De lesionibus mechanicis simulacrisque læsionum fœtui in utero contento accidentibus ad illustrandas causas infanticidii. Tubingue, 1794.

Troisième question relative a l'infanticide. — *Dans le cas où un fœtus serait sorti vivant de l'utérus, a-t-il vécu après l'accouchement, ou est-il mort en naissant ?*

Est-il nécessaire de faire sentir l'importance de ce sujet? Ne voit-on pas qu'il est impossible de soupçonner que le crime ait été commis après la naissance, s'il est prouvé que l'enfant n'a point vécu? Il faut donc s'attacher à établir si le fœtus est né vivant ou mort. J'admettrai avec les auteurs, que *respirer et vivre sont synonymes*, et que par conséquent *tout nouveau-né qui a respiré a vécu*; mais faut-il admettre que tout enfant *qui n'a pas respiré n'ait pas vécu?* Non certes, car il peut se faire que l'enfant ne commence à respirer qu'un quart d'heure, une demi-heure, une heure même après sa naissance. Evidemment cet enfant aura vécu *sans respirer* pendant le temps indiqué ; c'est en quelque sorte *la vie de circulation*, et s'il était prouvé qu'une mère eût tué cet enfant entre le moment de la naissance et celui où la respiration devait s'établir, cette femme serait coupable du crime d'infanticide. J'examinerai plus loin cette question importante.

§ 1er.

Déterminer si un fœtus a respiré et vécu après l'accouchement.

Il n'est pas toujours aisé de décider si un nouveau-né a respiré après l'accouchement. Lorsque la respiration est *complète*, l'air pénètre *constamment* jusqu'aux cellules bronchiques, et quelques parties des poumons au moins sont assez légères pour nager sur l'eau, tandis que dans certains cas de respiration *incomplète*, chez des enfans faibles, l'air s'arrête dans la trachée-artère ou tout au plus dans les premières ramifications des bronches, et ne dilate pas les cellules bronchiques, en sorte que les poumons et tous leurs fragmens sont plus lourds que l'eau. Je dirai plus tard combien il est difficile alors de décider si l'enfant a respiré, et par conséquent s'il a vécu. Quoi qu'il en soit, la solution de la question relative à l'établissement de la respiration, repose tout entière sur l'examen du *thorax*, des *poumons*, du *cœur*, du canal *artériel* et du *canal veineux*, du *cordon ombilical*, du *diaphragme*, de la *vessie*, des *intestins*, et, suivant quelques auteurs, du *foie*.

Examen du thorax. Il est impossible d'admettre que la respiration ait lieu sans que le thorax augmente de volume ;

l'observation prouve encore qu'il change de forme ; ainsi il était plus ou moins aplati avant la respiration, il offre un plus grand degré de voussure après. *Daniel* avait proposé de mesurer avec un cordon la circonférence du thorax, ainsi que la hauteur de la portion dorsale des vertèbres, et la distance qui les sépare du sternum ; des observations faites comparativement sur des enfans qui auraient respiré, et sur d'autres qui seraient mort-nés , auraient pu, suivant cet auteur, fournir des résultats numériques propres à éclairer la question. Ce travail n'a pas été fait, ai-je dit dans la 3ᵉ édition de cet ouvrage, et l'on en est réduit à juger la plus ou moins grande voussure du thorax, d'après la simple inspection. J'ajoutais : pour peu que l'on réfléchisse aux nombreuses irrégularités que présente cette partie du tronc chez plusieurs individus, et à la difficulté que l'on éprouverait à établir quelques données positives, on sera convaincu que le caractère dont je parle n'offre qu'une valeur secondaire, et que l'on ne doit pas regretter que le plan conçu par *Daniel* n'ait pas été exécuté.

Depuis, ces recherches, indiquées pas *Daniel*, ont été faites par M. Devergie, qui a pris les mensurations avec un compas d'épaisseur. L'instabilité des résultats obtenus justifie mon assertion et devait être bien prévue. D'ailleurs, les différences que présentent les dimensions de la cage thoracique, et qui sont le résultat de maladies, ou bien encore l'état plus ou moins prononcé de flaccidité des chairs selon le temps qui s'est écoulé depuis la mort jusqu'à l'époque de l'examen juridique, frappent ces recherches de nullité.

Examen des poumons (1). Les poumons, pendant la respiration, augmentent de volume, changent de situation et de couleur , leur poids se trouve augmenté, parce qu'ils reçoivent une plus grande quantité de sang ; leur poids spécifique est moins considérable, parce qu'ils ont été dilatés par l'air. Je vais étudier chacun de ces phénomènes.

---

(1) Comme il arrive assez souvent que des affections pulmonaires se développent chez l'enfant pendant son séjour dans l'utérus, il ne sera pas sans intérêt de rappeler ici que les poumons présentent différens aspects que l'on pourrait confondre avec celui d'un poumon qui n'a pas respiré (*Voy.* p. 135).

A. *Volume et situation*. Lorsqu'on ouvre la poitrine des nouveau-nés qui n'ont pas respiré, et dont les poumons n'ont pas été insufflés, on voit que la cavité du thorax n'est pas, en général, remplie par eux (*V.* p. 135). Si le fœtus a respiré pendant *plusieurs jours*, ils sont assez dilatés pour recouvrir presque la totalité du péricarde; si la respiration, quelque libre qu'on la suppose, n'a pas été de longue durée, le péricarde est loin d'être entièrement couvert : assez souvent la partie droite de ce sac membraneux est plus recouverte que la partie gauche, ce qui tient sans doute à ce que le poumon droit est plus volumineux que l'autre, et à ce que la bronche droite est moins longue, plus large et moins oblique que celle du côté opposé. Toutefois il résulte des observations faites par le docteur *Schmitt*, qu'il ne faut point regarder ces résultats comme constans : en effet, il a vu plusieurs fois les poumons de fœtus mort-nés remplir toute la cavité thoracique, tandis que chez un enfant qui avait respiré pendant trente-six heures, les poumons étaient si petits, quoique remplis d'air, qu'on eut de la peine à les apercevoir.

A ces cas exceptionnels relatifs au volume des poumons j'ajouterai que M. Devergie dit avoir observé deux exemples d'une altération particulière, qui n'est pas l'état squirrheux, ni l'induration blanche qui précède la suppuration des tubercules, et qu'il désigne sous le nom *d'œdème pulmonaire*. Les poumons qui le présentent sont, dit-il, *très volumineux* et déplacent autant d'eau que les poumons d'un enfant qui a parfaitement respiré (*Médecine légale*, tome 1).

Daniel avait conseillé de déterminer comparativement le volume des poumons des fœtus mort-nés, et de ceux qui ont respiré, en suivant le procédé que je vais décrire. Après avoir séparé les poumons du cœur et lié les gros vaisseaux qui s'y rendent ou qui en partent, on les fixe à un trébuchet très sensible, que l'on met en équilibre; puis on les plonge dans un vase gradué, assez profond et rempli d'eau : le volume de liquide déplacé sera égal à celui des poumons, en sorte que le degré d'élévation de l'eau dans le vase indiquera la différence dans les volumes. Si les poumons appartiennent à un fœtus qui a respiré, et qu'ils ne plongent pas, on les place dans un petit panier de fil d'argent dont on connaît le volume, afin de pouvoir le déduire de celui de l'eau déplacée. Ces expériences comparatives n'ont pas été faites, et il est évident, d'après les observations déjà citées de M. Schmitt, qu'elles seraient de peu d'utilité.

B. *La couleur des poumons, en général d'un rouge brun* lorsque les enfans n'ont pas respiré, est cependant quelquefois d'un blanc rose ou parsemée de quelques taches rougeâtres (*V*, p. 134); quand la respiration a eu lieu, elle est *ordinairement rosée.* Mais on observe quelquefois l'inverse : les enfans qui, après avoir vécu un ou plusieurs jours, périssent suffoqués, offrent des poumons d'un rouge brun, tandis que d'autres, surtout s'ils ne sont pas à terme, présentent des poumons d'un blanc rosé, ou parsemés de taches rougeâtres, quoiqu'ils soient évidemment mortnés : tel poumon, dont la couleur était brune avant l'ouverture du thorax, change de nuance aussitôt après le contact de l'air, en sorte qu'il est difficile d'avoir une idée exacte de sa couleur. Je pourrais encore ajouter d'autres faits qui me permettraient d'établir que le caractère dont il s'agit offre peu de valeur quand il est considéré isolément, mais que, réuni à d'autres, il peut être utile.

C. *Poids absolu des poumons.* Le poids des poumons est plus grand après la respiration qu'avant, parce qu'ils contiennent une plus grande quantité de sang ; en effet, avant la respiration, le sang renfermé dans le ventricule droit du cœur arrive *en grande partie* dans l'aorte au moyen de l'artère pulmonaire et du canal artériel; celui que l'oreillette droite reçoit de la veine cave inférieure, passe dans l'oreillette gauche au moyen du trou inter-auriculaire (de Botal) et de là dans le ventricule gauche et dans l'artère aorte sans parcourir les poumons. Toutefois il n'est pas exact de dire, avec Fodéré, *que les artères et les veines des poumons du fœtus qui n'ont pas respiré sont vides et dans un état de collapsus* (*Médec. légale*, t. IV, p. 481, 2ᵉ édition) ; en effet, il est aisé de s'assurer non-seulement que les artères et les veines pulmonaires contiennent du sang, mais encore qu'on les trouve quelquefois pleines de ce fluide à une distance assez grande dans le tissu des poumons. Les conséquences de cette erreur anatomique sont d'autant plus graves, que l'auteur qui l'a commise a voulu la faire servir à tort, comme je le dirai plus loin, à déterminer si, lorsqu'un poumon surnage, sa légèreté dépend de ce que l'air a été insufflé ou inspiré (1).

Quand la respiration s'établit, au contraire, et que les communications par le canal artériel et le trou inter-auriculaire sont interceptées, le sang contenu dans l'oreillette et le ventricule droits ne peut parvenir à l'aorte qu'après avoir traversé les *poumons.* Cela posé, rien ne devrait sembler plus facile que de déterminer si un nouveau-né a respiré ou non, puisqu'il suffit de connaître le poids des poumons du fœtus avant et après la respiration ; mais il n'en est pas ainsi : ce poids, loin d'être constant, offre des variétés infinies, ce qui rend le problème beaucoup plus compliqué qu'on ne l'aurait cru d'abord. Voici les moyens qui ont été proposés pour le résoudre.

Ploucquet voulait qu'on pesât le corps entier du fœtus, et qu'après avoir fait l'ouverture du cadavre, on prît exactement le poids des poumons séparés de leurs annexes, puisque, suivant

(1) Ces observations ont donné lieu aux remarques suivantes de M. Devergie : « M. Orfila, dit-il (tome I, *Méd. lég.*), a fait une citation fausse. Fodéré dit que les « artères et les veines des poumons sont vides, et dans un état de collapsus, lorsque « l'on a pratiqué l'insufflation des poumons, mais non pas avant cette insuf- « flation. »

J'ai attaqué l'assertion de Fodéré parce qu'elle est fausse, et parce que l'auteur en déduit un moyen de reconnaître si un poumon qui surnage a été *insufflé* ou s'il a respiré. L'inconcevable opposition de M. Devergie m'a porté à faire de nouvelles recherches, qu'il est facile de répéter, et par lesquelles on peut se convaincre de la vérité de ce que j'avance. Sur sept fœtus mort-nés et insufflés, j'ai pu constater la présence d'un sang noir, fluide dans les artères pulmonaires. Des ligatures ont été pratiquées chez quatre d'entre eux sur le pédicule vasculaire du poumon, afin que le sang refluant des oreillettes ne pût pas m'induire en erreur, et surtout j'ai pu voir que les dernières ramifications artérielles contenaient du sang. Un des fœtus soumis à mon observation, avait les poumons infiltrés ; il me fut très facile de séparer les lobules les uns des autres avec une pince, et au fond des sillons de séparation de ces lobules, j'ai vu les artères et les veines intactes non point dans un état de collapsus comme le dit Fodéré, mais turgides et noircies par le sang qu'elles contenaient.

L'opinion de Fodéré est donc une erreur ; mais l'attaque de M. Devergie, comment pourrai-je la qualifier ? J'ai fait une citation fausse ! et cependant je dis que Fodéré se *sert à tort de sa proposition pour déterminer si, lorsqu'un poumon surnage, sa légèreté dépend de ce que l'air a été insufflé ou inspiré.* Ces derniers mots prouvent bien qu'en citant Fodéré, j'ignorais si peu que cet auteur n'eût voulu appliquer sa proposition qu'à des poumons insufflés, *que je l'ai dit en propres termes* (V. p. 155 du tome IIe de la 3e édition).

lui, le corps entier pesant 70, les poumons pèsent 1, si le fœtus n'a point respiré, et 2 si la respiration a eu lieu. Les expériences qui avaient conduit Ploucquet à admettre ces rapports n'étaient pas assez nombreuses pour qu'on dût en adopter les résultats sans les répéter : en effet, il ne les avait tentées que sur deux fœtus mort-nés, et sur un autre qui n'était pas à terme, mais qui avait respiré. MM. Schmitt et Chaussier, l'un à Vienne et l'autre à Paris, pénétrés de l'importance de ce sujet, ont enrichi la science de plusieurs centaines d'observations analogues , qui prouvent non-seulement que les rapports de poids entre les poumons et le corps auquel ils appartiennent sont inconstans, comme Jæger l'avait déjà vu, mais encore *que le rapport de 1 à 70 et même au-dessus peut exister chez des fœtus qui ont respiré, comme celui de 2 à 70 s'observe chez d'autres qui n'ont pas respiré*. Les tableaux suivans, extraits du *Diction naire des sciences médicales* (art. DOCIMASIE du docteur Marc), mettront cette vérité hors de doute.

EXPÉRIENCES SUR DES FŒTUS

qui avaient respiré.

M. SCHMITT.			CHAUSSIER.		
POIDS du corps.	POIDS des poumons.	RAPPORT du poids des poumons avec celui du corps	POIDS du corps.	POIDS des poumons.	RAPPORT du poids des poumons avec celui du corps
grammes.	grammes.		grammes.	grammes.	
1012	35	1 sur 29	1025	38	1 sur 28
1065	31	34	1040	32	34
1091	66	16	1100	25	44
1099	85	31	1168	17	43
1222	31	39	1224	46	26
1257	18	70	1250	41	31
1466	28	52	1469	25	59
1518	31	48	1520	39	39
1863	43	43	1850	43	43
1968	22	88	1958	31	63
2002	54	37	2000	72	28
2160	57	38	2150	60	36
2369	46	51	2360	38	62
2404	36	66	2400	74	32
2491	70	35	2490	97	26
2758	87	31	2750	93	28
2893	49	59	2900	54	54
2998	70	42	3000	113	27
3207	61	52	3250	65	50
3294	80	41	3300	75	41
3731	75	49	3650	105	35
4150	105	39	4040	42	96

Rapport moyen : $42 \frac{228}{1153}$ — Rapport moyen : $39 \frac{112}{1225}$

XPER EN ES SUR DES FŒTUS

qui n'avaient pas respiré.

M. SCHMITT.			CHAUSSIER.		
POIDS du corps.	POIDS des poumons.	RAPPORT du poids des poumons avec celui du corps	POIDS du corps.	POIDS des poumons.	RAPPORT du poids des poumons avec celui du corps
grammes.	grammes.		grammes.	grammes.	
659	18	1 sur 36	650	6	1 sur 108
873	32	39	900	19	48
1065	70	16	1051	21	50
1361	36	37	1400	60	23
1572	39	40	1591	38	42
1577	33	47	1625	66	25
1915	41	44	1900	52	37
2090	35	59	2080	48	43
2177	32	67	2200	37	69
2231	28	79	2250	87	26
2352	54	43	2350	44	54
2589	74	34	2570	30	86
2648	43	61	2650	47	56
2758	35	79	2750	74	37
2980	44	67	2950	48	62
3102	70	44	3100	57	55
3312	61	54	3324	41	81
3451	49	70	3350	54	62
3502	61	54	3600	50	72
3660	57	64	3672	41	90
4150	50	83	4161	89	50
4185	83	50	4300	106	41
Rapport moyen 52 : $\frac{120}{1075}$			Rapport moyen : 40 $\frac{3}{1759}$		

On voit toutefois par l'inspection de ces tableaux, que si dans aucun cas les rapports ne sont tels qu'ils ont été indiqués par Ploucquet, du moins est-il vrai que presque jamais le poids du corps d'un fœtus qui a respiré n'est soixante-dix fois aussi considérable que celui des poumons, et que, dans le cas de non-respiration, le poids du cadavre entier est presque toujours plus de trente-cinq fois plus grand que celui des poumons; d'où il est permis de tirer cette conséquence, *qu'en général le cadavre entier d'un fœtus qui a respiré ne pèse pas soixante-dix fois autant que ses poumons, et que celui d'un fœtus qui n'a pas respiré pèse plus de trente-cinq fois autant que ces organes.* Ce résultat peut être utile, et j'aurais tort de rejeter la méthode de Ploucquet, comme l'ont fait certains auteurs, par cela seul que les rapports ne sont pas tels qu'ils avaient été annoncés.

Est-il nécessaire maintenant de chercher à expliquer l'inconstance de ces rapports? Ne voit-on pas que le poids du corps doit offrir des variétés nombreuses, suivant qu'il contient plus ou moins de graisse, qu'il est plus long ou plus court, que l'enfant appartient au sexe masculin ou au sexe féminin, etc.?

M. A. Devergie, voyant que les tableaux de Chaussier et de Schmitt comprenaient pêle-mêle des exemples de fœtus d'âge différent, monstrueux ou non, ayant vécu plus ou moins longtemps, dont les poumons étaient pourris ou frais, sains ou malades et qui n'étaient par conséquent pas dans les mêmes conditions, s'est occupé de faire un choix parmi les exemples donnés par Chaussier et a composé un tableau dans lequel sont inscrits deux cent trois enfans, classés en plusieurs colonnes, d'après leur âge et la durée de la vie.

ENFANS

A NEUF MOIS.					A HUIT MOIS.	
AYANT VÉCU				N'ayant pas vécu.	Ayant respiré.	N'ayant pas respiré.
Depuis quelq.min. jusq.24 h.	Deux jours.	Trois jours.	Quatre jours.			
1 sur 30	1 sur 31	1 sur 23	1 sur 20	1 sur 24	1 sur 20	1 sur 30
31	44	26	28	27	25	35
q.q.m. 33	46	29	30	41	25	42
35	49	29	31	41	26	43
. 38	54	34	31	42	33	45
43	54	34	32	43	35	56
44	85	36	32	44	35	59
44	—33	36	33	44	37	64
46	62	40	35	46	38	74
46		41	35	48	50	81
q.q.m.52		41	35	50	51	98
q.q.m.58		44	36	50	55	131
62		51	37	53	56	
q.q.m.63		60	38	54		
71			39	55		
1 hr* 78			39	56		
80			40	58		
—			43	61		
q.q.m.119			43	62		
132			43	64		
			47	68		
			48	69		
			48	70		
			48	70		
			60	71		
				75		
				77		
				80		
				81		
				81		
				86		
				90		
				94		

RAPPORTS MOYENS.

$\frac{1}{45}$	$\frac{1}{51}$	$\frac{1}{37}$	$\frac{1}{38}$	$\frac{1}{60}$	$\frac{1}{37}$	$\frac{1}{63}$

ENFANS					
A SEPT MOIS.		**A SIX MOIS.**		**AYANT VÉCU**	
Ayant respiré.	N'ayant pas respiré.	Ayant respiré.	N'ayant pas respiré.	De 10 à 20 jours.	De 20 à 30 jours.
1 sur 28	1 sur 26	1 sur 18	1 sur 19	1 sur 19	1 sur 19
29	28	33	28	20	21
34	29	34	36	22	22
36	38	36	37	22	22
37	39	41	43	22	25
39	41	42	48	23	25
40	41	44	52	23	30
40	43	44	58	23	30
53	48	65		24	33
59	50			24	35
	58			24	37
	60			24	44
				24	85
				24	
				25	
				26	
				27	
				29	
				30	
				32	
				34	
				34	
				36	
				36	
				41	
				42	
				43	
				50	
				52	

RAPPORTS MOYENS.

$\frac{1}{39}$	$\frac{1}{41}$	$\frac{1}{39}$	$\frac{1}{40}$	$\frac{1}{30}$	$\frac{1}{28}$

Ce travail n'a fourni aucun des résultats utiles que l'auteur s'en était promis ; en effet si l'on examine les *enfans de neuf mois qui ont vécu depuis quelques minutes jusqu'à 24 heures*, et l'on sait qu'en général l'infanticide se commet chez des êtres placés dans ces conditions, on remarque que le poids des poumons étant exprimé par 1, celui du corps entier varie depuis 30 jusqu'à 132, tandis que chez les *enfans de neuf mois qui n'ont pas vécu*, le poids des poumons étant 1, celui du corps entier a varié depuis 24 jusqu'à 94. Il y a plus : 11 des enfans de *neuf mois ayant vécu*, ont offert pour le poids de leurs corps les chiffres 30, 31, 35, 35, 38, 42, 44, 44, 46, 46 et 52, chiffres qui diffèrent à peine des onze que je vais indiquer et qui représentent les poids des corps d'*enfans de neuf mois n'ayant pas vécu* : 27, 41, 41, 42, 43, 44, 44, 46, 48, 50, 50. J'ajouterai encore, comme l'a indiqué M. Devergie, pour mieux faire ressortir la difficulté d'arriver par ce mode d'expérimentations à des résultats tant soit peu exacts, que les expériences de Chaussier ayant été faites avec des enfans, qui livrés aux soins de leurs mères mouraient dans l'espace de 24 heures, n'offraient probablement pas toujours toutes les conditions de la viabilité des enfans bien constitués, conditions qui peuvent et qui doivent au contraire se trouver chez des enfans nouveau-nés bien portans que l'on assassine.

Chez les *enfans de neuf mois qui avaient vécu trois à quatre jours* l'augmentation de poids des poumons par le fait de la respiration est remarquable, dit M. Devergie ; elle est de près de moitié dans la grande majorité des cas. Cette donnée, ajoute l'auteur, acquiert donc de la valeur, quand il s'agit d'un enfant qui a vécu trois ou quatre jours, mais malheureusement le crime d'infanticide est alors beaucoup moins fréquent que dans les époques précédentes (p. 428). Je ne saurais partager cette opinion, car sur 39 exemples cités par M. Devergie, il en est 22 dans lesquels le poids des poumons étant 1, celui du corps variait depuis 36 jusqu'à 60, et l'on trouve dans la colonne des *enfans de neuf mois qui n'ont pas vécu* 18 exemples dans lesquels le poids des poumons étant 1, celui du corps a varié depuis 24 jusqu'à 61 (*Annales d'hygiène*, avril 1831).

La conséquence qui se déduit naturellement de ce qui précède, c'est que le seul fait exact à enregistrer est celui que j'ai énoncé en caractères italiques à la page 180 de ce volume.

Les causes d'erreur inhérentes à la méthode de Ploucquet, m'ont paru tellement nombreuses, que j'ai cherché s'il ne serait pas possible en comparant le poids des poumons *à celui du cœur*, d'obtenir des résultats propres à me faire connaître si l'enfant avait respiré ou non ; j'espérais qu'il y aurait moins de variations dans le poids du cœur que dans celui du corps entier, et que par là les rapports que j'établirais seraient plus constans, et par conséquent plus propres à faire connaître si la respiration avait eu lieu. Voici le sommaire du travail que j'ai entrepris à cet égard.

On a pris exactement le poids de plusieurs fœtus mort-nés, et d'autres qui avaient vécu plusieurs heures ou plusieurs jours ; ces fœtus étaient à terme, à sept ou à huit mois. Le thorax ayant été ouvert, on a pesé séparément le cœur et les poumons après les avoir bien essuyés ; le premier de ces organes avait été préalablement incisé pour en retirer tout le sang qu'il pouvait contenir ; les veines caves et pulmonaires, ainsi que les artères pulmonaire et aorte, avaient été coupées aussi près que possible de ces viscères, afin que le poids de ceux-ci ne se trouvât pas plus grand qu'il n'est réellement. Le tableau suivant indique le rapport de pesanteur.

TABLEAU.

AGE DU FOETUS.	DURÉE DE LA RESPIRATION.	POIDS DU CORPS. (gram.)	POIDS DU COEUR. (gram. / c.)		POIDS DES POUMONS. (gram. / r.)		RAPPORT ENTRE LE POIDS DU COEUR ET CELUI DES POUMONS.
A terme.	Trente-six heures.	2280	13	5	40	5	3 »
A terme.	Quatre jours et deux heures.	2000	10	5	50		$4\,\frac{4}{9}$ environ.
A terme.	Huit heures.	2650	19		50		$2\,\frac{1}{2}$ environ.
A terme.	Treize jours.	2700	15		59		$3\,\frac{1}{13}$ »
A terme.	Deux jours.	2800	16	5	87		$5\,\frac{1}{2}$ environ.
Huit mois.	Neuf jours.	1700	9	5	66		7 environ.
Sept mois.	Quatre jours.	1450	9	5	54	5	$5\,\frac{4}{7}$ »
Six mois et demi.	Deux heures.	800	5		24	2	5 environ.
A terme.	Mort pendant le travail.	2305	14		33		$2\,\frac{2}{5}$ »
A terme.	Mort-né.	3100	17	5	38		$2\,\frac{1}{2}$ environ.
A terme.	Mort-né.	2200	9		36		4 »
A terme.	Mort pendant le travail.	2900	15	5	29		$1\,\frac{13}{15}$ environ.
A terme.	Mort pendant le travail.	1750	17		35		$2\,\frac{1}{17}$ »
Huit mois.	Mort-né.	1840	21	5	61		3 environ.
Sept mois et demi.	Mort-né.	1650	8		26		$3\,\frac{1}{4}$ »
Sept mois.	Mort-né.	1270	5		25	3	5 environ.

Il résulte de ces expériences et de beaucoup d'autres dont je ne ferai pas mention, 1° que le rapport du poids des poumons à celui du cœur n'est pas toujours le même chez les fœtus qui ont respiré ni chez ceux qui n'ont pas respiré; 2° que chez les premiers les poumons pèsent quelquefois sept fois autant que le cœur, tandis que dans d'autres circonstances ils ne pèsent que deux fois 3/5 autant; 3° que chez les fœtus qui n'ont pas respiré, les poumons peuvent peser cinq fois autant que le cœur, ou seulement une fois 13/15 autant; 4° qu'il est par conséquent impossible d'établir aucune règle fixe d'après le rapport dont il s'agit, pour savoir si la respiration a eu lieu.

Daniel avait publié, dès l'année 1780, un procédé différent de ceux qui ont été indiqués, dans le but de déterminer également si le fœtus avait respiré. Partant de ces deux principes d'hydrostatique généralement connus, 1° qu'un corps solide plongé dans un liquide, déplace autant de ce liquide qu'il y occupe d'espace; 2° qu'un corps solide plongé dans un corps liquide moins pesant que lui, y perd en poids ce que pèse un volume de liquide égal à celui du corps solide, et que le poids du liquide augmente dans la même proportion, il proposait de déterminer numériquement le volume des poumons, puis de les peser dans l'air et dans l'eau, en employant l'appareil décrit à la page 174. Il est évident, disait-il, que si les poumons d'un fœtus mort-né pèsent 100 à l'air libre, ils ne perdront que très peu de leur poids lorsqu'ils seront pesés dans l'eau, puisqu'ils présentent peu de volume; supposons qu'ils ne pèsent alors que 70 (1). Si les poumons d'un enfant qui a respiré pèsent 200 à l'air libre, ils perdront beaucoup plus de leur poids quand ils seront pesés dans l'eau, vu qu'ils offrent un très grand volume, et que par conséquent ils déplacent une plus grande masse de liquide; supposons qu'alors ils ne pèsent que 140. S'il s'agit au contraire de poumons de fœtus mort-nés, *qui ont été insufflés*, admettons que leur poids à l'air libre soit de

---

(1) Aucun de ces nombres n'a été indiqué par *Daniel*; je crois devoir les employer, non pas que j'aie la certitude qu'ils expriment au juste ce qui se passe, mais seulement parce qu'ils facilitent l'intelligence du procédé de cet auteur.

98 (1), ils perdront dans l'eau autant que ceux qui ont été dilatés par la respiration, puisqu'ils offrent le même volume ; donc leur poids ne sera alors que de 38 ; d'où il suit que la différence de poids dans l'air et dans l'eau sera :

Pour les poumons du fœtus mort-né, de 30 ;

Pour ceux du fœtus qui a respiré, de 60.

Pour ceux qui ont été insufflés, de 60.

Il sera donc aisé, en construisant des tables qui indiquent les poids de ces organes dans l'air et dans l'eau, de décider s'ils appartiennent à des fœtus mort-nés ou à d'autres qui ont respiré ou dont les poumons ont été insufflés.

Le procédé de Daniel repose sur des principes de physique incontestables ; mais il suppose que le volume et le poids des poumons ne varient point, ce qui est loin d'être exact ; d'ailleurs les tables nécessaires pour en faire l'application n'ont point été dressées ; en conséquence, il serait impossible d'avoir recours à une pareille méthode dans l'état actuel de la science.

Le docteur Bernt a proposé, en 1821, un nouveau procédé propre à faire connaître si l'enfant a respiré ; ce procédé n'étant pas exclusivement fondé sur l'augmentation de poids qu'éprouve le poumon après la naissance, je le décrirai plus tard.

D. *Poids spécifique des poumons.* Les poumons d'un fœtus à terme qui n'a pas respiré sont plus pesans que l'eau ; si la respiration a eu lieu, ils nagent, au contraire, sur ce liquide : dans le premier cas, leur poids spécifique est plus considérable que celui du liquide ; il l'est moins dans le second, parce qu'ils ont été dilatés par l'air. Voici comment on doit procéder pour estimer ce poids spécifique.

On retire de la cavité thoracique les poumons avec le cœur ; on sépare la trachée-artère en faisant la résection à l'endroit où elle s'insère dans ceux-là ; on a soin aussi de faire préalablement la ligature des gros troncs vasculaires, et après avoir essuyé le sang qui pourrait se trouver extérieurement sur les poumons, on les place doucement dans un vase rempli d'eau, assez spacieux pour qu'ils puissent flotter librement ; ce vase doit être assez profond pour contenir au moins 3 décim. d'eau, afin que la colonne de

____

(1) Il est assez remarquable que les poumons d'un fœtus mort-né pèsent constamment plus avant d'avoir été insufflés qu'après.

liquide soit proportionnée au volume ainsi qu'au poids des poumons et du cœur. L'eau doit être propre, ni chaude ni glaciale, et surtout ne pas contenir en solution des parties salines, lesquelles, en augmentant sa densité, favoriseraient la surnatation ; aussi l'eau de rivière est-elle en général préférable à l'eau de puits. On observe alors si les poumons et le cœur tombent au fond de l'eau, ou s'ils surnagent, s'ils se précipitent tout-à-coup ou lentement. On réitère ensuite cette expérience avec les poumons séparés du cœur. Dans le cas où un seul poumon surnage, il est important de remarquer lequel. Le même essai doit ensuite être fait avec chacun des poumons séparément, et avec chaque lobe coupé en plusieurs morceaux, afin de constater si chacun de ces morceaux surnage, ou s'il en est qui tombent au fond ; dans cette dernière expérience, il est essentiel de ne pas confondre les uns avec les autres, les fragmens du poumon droit et du poumon gauche. Enfin, on exprime entre les doigts et sous l'eau, chacun de ces fragmens, pour observer s'il s'en dégage des bulles d'air, et si après avoir été ainsi exprimés, ils surnagent encore, ou s'ils vont au fond de l'eau. » (Marc, *Dictionnaire des Sciences médicales.*)

Cette expérience, qui constitue la *docimasie pulmonaire hydrostatique* des auteurs (1), indiquée d'abord par Galien, et décrite en 1664 par Thomas Bartholin et Jean Swammerdam, ne fut appliquée à la médecine légale qu'en 1682, par Schreger ; elle a été depuis l'objet de nombreuses contestations ; plus on a voulu lui donner d'importance, plus on s'est attaché à la combattre : cette lutte a été favorable à la science, puisqu'on est parvenu à établir ce résultat important, *que, si dans certains cas l'expérience hydrostatique ne peut être d'aucune utilité, il en est d'autres où elle prouve que la respiration a eu lieu.* La justesse de cette proposition sera mise hors de doute, par l'examen attentif des objections faites contre cette méthode.

OBJECTION PREMIÈRE. *Les poumons d'un fœtus mort-né peuvent être plus légers que l'eau parce qu'ils sont pourris, emphysémateux, ou qu'ils ont été insufflés.*

On ne saurait contester la force de cette objection, puisqu'il est certain que par suite de la putréfaction, de l'emphysème ou de l'insufflation des poumons, ces organes, qui d'abord étaient plus pesans que l'eau, peuvent devenir plus légers qu'elle : c'est ce qui sera mis hors de doute par les faits suivans :

____

(1) Δοχμαζο, j'essaie.

A. *Putréfaction*. La possibilité de faire surnager les poumons d'enfans mort-nés, par le seul acte de la putréfaction, ayant été contestée par un assez grand nombre d'auteurs, tandis que d'autres l'ont admise sans hésitation, j'ai cru devoir tenter quelques expériences, tant sur les poumons isolés du corps auquel ils avaient appartenu, que sur des cadavres entiers.

Poumons isolés du corps.

1° Après avoir coupé en dix-huit fragmens les poumons de deux fœtus à terme mort-nés, on les a mis dans l'eau ; ils n'ont pas tardé à gagner le fond du liquide ; cinq jours après, dix de ces fragmens étaient à la surface, les autres continuaient à occuper le fond : on avait eu soin jusque-là de changer l'eau une fois par jour, la température avait varié de 12° à 17° th. R. Quatre jours après, au lieu de dix fragmens il y en a quatorze qui surnagent ; ils exhalent une odeur fétide : on les presse fortement dans l'eau pour en dégager les gaz, et aussitôt après ils se précipitent. Le lendemain on retrouve sept fragmens à la surface où ils restent pendant cinq jours, puis ils retombent successivement au point d'occuper tous le fond, le dix-huitième jour de l'expérience. Six jours après leur séjour au fond de l'eau, on change celle-ci, qui était excessivement fétide et colorée ; les fragmens ne tardent pas à se précipiter, et ils restent au fond du liquide. Au bout de dix jours, on regarde l'expérience comme terminée. Ces résultats s'accordent avec ceux qu'avait déjà obtenus Mayer.

2° Après avoir laissé dans l'eau depuis le 18 juin 1826 jusqu'au 25 août de la même année, les fragmens de huit poumons qui n'avaient pas été pénétrés par l'air, Billard a vu que tous ces fragmens restaient au fond, et cependant la décomposition putride était à son comble, puisque le tissu était réduit à un liquide rougeâtre très fétide. Pyl avait déjà observé les mêmes phénomènes.

3° Après avoir coupé en quatre fragmens les poumons d'un enfant à terme, *qui avait vécu* pendant quelques heures, je les ai mis dans l'eau ; ils ont surnagé pendant dix jours : alors deux d'entre eux se sont précipités. Neuf jours après, un de ces deux fragmens avait de la tendance à monter. Au bout de trois jours, on voyait de nouveau deux fragmens au fond, et les deux autres au milieu du liquide sensiblement au-dessous de sa surface. On a changé l'eau, qui était fortement colorée ; alors tous les fragmens ont gagné le fond où ils sont restés. Au bout de dix jours, on a regardé l'expérience comme terminée.

Billard a également remarqué la précipitation au fond de l'eau de deux poumons qui avaient été assez dilatés par l'air pour rester à la surface du liquide pendant deux mois : ces organes appartenaient à des enfans qui avaient respiré complétement. La putréfaction, en décomposant le tissu du poumon, dit ce médecin, donne lieu au dégagement de l'air qu'il contenait, de telle sorte que les fragmens d'un poumon putréfié sont plus pesans que l'eau, mais il faut pour cela que la décomposition soit complète, et que la dissociation des parties de l'organe soit possible.

Poumons non isolés du corps. Les résultats fournis par les expériences précédentes n'étant pas d'une application rigoureuse aux cas où il s'agit de déterminer si lorsqu'un *cadavre entier* est pourri, la supernatation des poumons doit être attribuée à la putréfaction, j'ai laissé pourrir des cadavres entiers de fœtus mort-nés.

1° Trois cadavres de fœtus à terme, morts dans l'utérus vingt à vingt-cinq jours avant la naissance, ont été abandonnés à eux-mêmes à l'air libre, à la température de 24 à 28° th. centigr.; toutes les ouvertures naturelles avaient été soigneusement bouchées pour empêcher les larves de pénétrer dans l'intérieur des cavités et de dévorer les viscères. On a ouvert ces cadavres au bout de cinq jours, lorsque l'épiderme était entièrement détaché, qu'ils exhalaient une odeur extrêmement fétide, et que déjà les larves nombreuses qui étaient à la surface du corps paraissaient être sur le point de se porter dans l'intérieur du thorax : *les poumons n'étaient pas sensiblement altérés, et ils gagnaient rapidement le fond de l'eau, même après avoir été coupés en petits fragmens.*

2° Désirant savoir si dans l'expérience précédente les poumons ne s'étaient point putréfiés, parce que l'air étant très chaud et la putréfaction de la peau ayant marché avec beaucoup de rapidité, on avait été obligé d'ouvrir les cadavres trop peu de temps après leur exposition à l'air, on a abandonné à lui-même, le 3 avril 1827, *en plein air*, un fœtus à terme mort-né, encore frais, et dont la mort n'avait certainement précédé la naissance que d'un jour ou deux : on l'a ouvert le 20 avril, lorsque déjà des larves nombreuses commençaient à dévorer la peau, et que la putréfaction des parties extérieures était arrivée au point de ne plus permettre d'attendre (la température de l'atmosphère avait varié à l'ombre de 12° à 16° R.). *Le poumon gauche se précipitait au fond de l'eau et n'offrait aucune vésicule à sa surface ; le poumon droit surnageait* ; on voyait à sa surface une multitude de petites ampoules produites par des gaz développés entre le tissu du poumon et la plèvre pulmonaire : en pressant assez fortement ce poumon pour déchirer les bulles dont je parle, les gaz se dégageaient *et le poumon gagnait le fond de l'eau.*

3° Trois fœtus à terme morts dans l'utérus, ont été plongés dans l'eau le 6 avril, peu de temps après l'accouchement : deux de ces fœtus étaient morts au moins depuis dix jours lors de la naissance. Le 25 avril on en a retiré un et on l'a ouvert sur-le-champ. Les poumons ne paraissaient pas altérés ; ils se précipitaient rapidement au fond de l'eau ; coupés par fragmens, ils gagnaient également la partie inférieure du vase. La décomposition était très avancée, puisque les parois abdominales étaient presque entièrement détruites, et que la peau des autres parties du corps était le siège de corrosions nombreuses. — Le 1er mai on procéda à l'examen d'un autre cadavre, au moment même où il fut retiré de l'eau. Les poumons entiers et coupés par fragmens *se précipitaient au fond de l'eau*; ils offraient la couleur et l'aspect des poumons d'un fœtus mort-né encore frais. La putréfaction de ce cadavre ne paraissait pas aussi avancée que dans l'expérience précédente. Le 9 mai on a procédé à l'ouverture du dernier fœtus, qui était resté dans l'eau jusqu'alors ; la décomposition était tellement avancée, qu'il ne restait plus de thorax ni d'abdomen ; les viscères étaient à nu. Mis dans l'eau, *les poumons se sont précipités*, même après les avoir coupés en plusieurs petits fragmens : du reste, ils offraient la couleur et l'aspect qu'ils auraient présentés s'ils eussent été examinés peu de temps après la naissance.

4° Appelé à quatre reprises différentes pour faire l'ouverture d'enfans mort-nés qui avaient séjourné plusieurs jours dans l'eau ou dans les fosses d'aisances, M. Devergie a reconnu un état emphysémateux remarquable des poumons ; ceux-ci nageaient sur l'eau, soit qu'on les plaçât sur ce liquide entiers ou en fragmens : cette supernatation devait être attribuée à la putréfaction, car en comprimant les poumons ou leurs fragmens dans l'eau, on en expulsait les gaz putrides, et bientôt on voyait ces fragmens gagner le fond de l'eau. Ces observations, qui semblent au premier abord infirmer les résultats de mes expériences, ne les contredisent en aucune manière ; en effet, comme l'a déjà fait observer M. Devergie, l'ouverture de ces quatre cadavres n'a été faite *que plusieurs heures après qu'ils avaient été retirés du liquide*, et après une longue exposition à l'air ; tandis que dans mes recherches, l'examen des corps suivait immédiatement leur sortie de l'eau. Or, la putréfaction est singulièrement hâtée, lorsque des cadavres qui sont restés plusieurs jours dans l'eau, sont exposés à l'air. (*Annales d'hygiène*, numéros d'octobre 1830 et 1832.)

Il résulte évidemment des expériences qui précèdent : 1° que les poumons d'un fœtus mort-né à terme, *séparés du corps, peuvent, dans certaines circonstances, quitter le fond de l'eau* où ils sont restés pendant plusieurs jours pour venir à la surface et retomber ensuite; 2° que les poumons d'un fœtus à terme qui a respiré, mis sur l'eau, restent un certain temps à la surface du liquide, puis qu'ils se précipitent ; 3° *qu'il peut arriver*, lorsqu'un cadavre entier d'un fœtus mort-né se pourrit à l'air, que l'ouverture juridique du corps ne soit ordonnée qu'au moment où

la putréfaction se sera déjà emparée des poumons ou d'une partie de ces organes *et les aura rendus assez légers pour nager
sur l'eau;* 4° que si le cadavre du fœtus mort-né s'est pourri
dans l'eau, les poumons ne surnagent pas tant que les parois de
la poitrine n'ont pas été détruites par la macération, à moins
toutefois que ce cadavre, avant d'être ouvert, n'ait été exposé à
l'air pendant plusieurs heures, surtout par un temps chaud ; dans
ce cas, en effet, les poumons *peuvent* être emphysémateux et
surnager ; 5° que lorsque la décomposition a fait assez de progrès
pour que la peau du thorax soit réduite en lambeaux, et que les
poumons soient en contact immédiat avec l'eau (ce qui n'arrive
qu'au bout d'un temps fort long), ces organes *peuvent surnager*, puisqu'ils sont alors placés dans les mêmes circonstances
que les poumons des fœtus mort-nés, séparés du corps, dont j'ai
parlé plus haut (1).

Ces conséquences me conduisent naturellement à rechercher
par quels moyens on pourrait distinguer, dans une question relative à l'infanticide, si la surnatation des poumons est l'effet de
la putréfaction ou de la respiration. On exprimera les poumons
entre les doigts, et l'on verra en les plaçant de nouveau sur l'eau,
qu'ils se précipitent dans le cas de putréfaction, tandis qu'ils
continuent à surnager s'il y a eu respiration ; en effet, les gaz
développés pendant la fermentation putride sont logés dans le
tissu lamineux qui sépare les cellules bronchiques, et le plus sou-

---

(1) C'est en vain que M. Devergie prétend que les deux dernières propositions
ne peuvent être exactes dans leur application à l'exploration du corps de délit
d'infanticide, parce qu'il s'écoule au moins vingt-quatre heures, dit-il, avant que
soit faite l'ouverture judiciaire d'un cadavre jeté dans l'eau, et qu'il faut que
le procureur du roi en ait été préalablement instruit. Mes expériences ne peuvent
être, comme le dit M. Devergie lui-même, révoquées en doute ; et l'homme
de l'art saura bien reconnaître l'action des agens physiques tels que la température
et l'air atmosphérique sur la putréfaction consécutive à l'exposition à l'air d'un
cadavre retiré de l'eau. Mais s'il est possible que l'examen juridique soit fait un
peu tard, ne peut-il pas arriver aussi que l'homme de l'art soit appelé assez tôt,
long-temps même avant que toute altération dans les poumons soit possible. En
effet, le cadavre peut n'avoir été laissé dans l'eau que peu de temps, la température peut être peu élevée et même très basse. Dans ces diverses circonstances, mes
propositions sont entièrement applicables à l'exploration du corps de délit. Il est
vraiment déplorable d'être obligé d'employer son temps à répondre à de pareilles
observations.

vent entre la plèvre et les poumons : or la plus légère pression suffit pour les dégager ; tandis que l'air atmosphérique qui distend les poumons pendant la respiration , occupe les cellules bronchiques, et ne peut en être expulsé en entier qu'avec la plus grande difficulté. Les auteurs ont encore indiqué les caractères suivans qui sont beaucoup moins concluans : 1° si la surnatation du poumon est due à la putréfaction, le thymus, les intestins, la vessie, etc., qui se pourrissent avant cet organe, doivent également surnager, et si on les exprime entre les doigts, ils retomberont au fond de l'eau. Il est impossible de nier que les viscères dont il s'agit ne deviennent assez légers pour nager sur l'eau , lorsqu'ils sont pourris ; il est même probable que dans la plupart des cas où un cadavre entier se putréfie, ils acquièrent bien avant les poumons la propriété de venir à la surface du liquide ; mais on observe souvent le contraire lorsque ces organes sont détachés du corps ; j'ai vu plusieurs fois qu'en plaçant dans un vase rempli d'eau les poumons, la vessie et le thymus d'un fœtus mort-né, ces deux derniers viscères occupaient encore le fond du vase, lorsque les poumons nageaient déjà sur le liquide depuis plusieurs jours ; 2° si l'on incise les poumons d'un fœtus qui a respiré, on voit qu'ils sont crépitans, lors même qu'ils ont été pourris ; il n'en est pas ainsi de ceux d'un fœtus mort-né, que la décomposition putride aurait rendus assez légers pour surnager.

B. L'*emphysème* des poumons peut rendre *certaines parties* de cet organe assez légères pour les faire rester à la surface de l'eau, comme l'a souvent remarqué Chaussier, dans certains cas d'étroitesse du bassin, chez les fœtus mort-nés que l'on avait été obligé d'extraire par les pieds, et qui étaient morts pendant le travail de l'accouchement : or, comme les poumons étaient d'un brun violacé, qu'ils n'avaient point été insufflés et que le cadavre n'offrait aucun indice de putréfaction, Chaussier a attribué ce phénomène, avec raison, à la contusion que les poumons avaient éprouvée lors de l'extraction : il s'est fait, dit-il, dans leur tissu, une effusion de sang dont l'altération a fourni le dégagement de quelques bulles de gaz, et produit ainsi la légèreté spécifique *d'une partie* des poumons. On distinguera facilement que la surnatation est due à l'emphysème plutôt qu'à la respiration, en soumettant les parties qui sont plus légères aux épreuves indiquées à l'occasion de la putréfaction.

C. *Insufflation*. L'*insufflation* artificielle développe les poumons d'un fœtus mort-né, au point de les faire surnager. Voici ce que l'expérience démontre à cet égard. Lorsqu'après avoir isolé les poumons on les insuffle au moyen d'un tube de verre introduit dans la trachée-artère, il suffit de deux ou trois secondes pour leur communiquer une couleur rose, et les rendre crépitans et assez volumineux, pour qu'ils restent à la surface de l'eau (1). Si au lieu d'agir ainsi on insuffle de l'air à l'aide du tube laryngien dans les poumons qui n'ont pas encore été détachés du corps, on ne tarde pas à observer, outre ces phénomènes, la voussure du thorax et le refoulement en bas du diaphragme, à moins que la trachée-artère, les bronches ou leurs divisions ne soient engouées par des mucosités, car alors le succès de l'expérience n'est pas aussi complet. Si l'insufflation de l'air se fait de bouche à bouche, ou par tout autre moyen moins énergique que le précédent, ses effets sont moins sensibles, et il faut beaucoup plus de temps pour parvenir à dilater les poumons au même degré. Metzger s'est trompé en avançant que dans tous les cas d'insufflation artificielle, il y avait défaut de voussure du thorax ; ce caractère ne manque que lorsque l'insufflation a été incomplète, puisqu'en insufflant même de bouche à bouche, on a quelquefois pu le déterminer. On a encore avancé à tort que *dans tous les cas* d'insufflation, le poumon gauche, dont la bronche est plus longue et plus étroite que celle de l'autre, ne se dilatait pas aussi bien et aussi complétement que le droit; l'expérience prouve que, s'il en est ainsi dans beaucoup de cas, souvent le contraire a lieu chez des enfans qui ont respiré pendant plusieurs heures.

Billard ne partage pas tout-à-fait l'opinion que je viens d'émet-

(1) Les expériences communiquées à l'Institut en septembre 1826 par M. Leroy d'Étioles établissent que l'insufflation pulmonaire détermine promptement la mort des lapins, des chiens de moyenne grosseur, et des moutons quand elle n'est pas pratiquée avec précaution. On ignore quelle est la cause de cette mort, mais on sait qu'elle ne dépend pas, dans la plupart des cas, de la rupture des vésicules bronchiques, qui n'a été observée que fort rarement. L'état d'intégrité de la plupart des vésicules d'un poumon insufflé fait concevoir facilement la surnatation de cet organe dans le cas même où une mort prompte aurait été la suite de l'insufflation.

tre relativement à la possibilité d'insuffler des poumons au point de faire surnager *tous leurs fragmens*. Ayant insufflé de l'air pendant long-temps et avec assez de force à l'aide d'un tube de verre d'abord, puis à l'aide d'un soufflet, dans la trachée-artère de trois fœtus mort-nés, l'un de cinq mois, l'autre de six, et le dernier de sept, il a vu en détachant les poumons, qu'ils n'étaient crépitans qu'au bord antérieur et au sommet, et qu'il n'y avait que les fragmens correspondans à ces portions qui fussent plus légers que l'eau. Dans une autre expérience, il a extrait du thorax les poumons d'un avorton de quatre mois et demi, mort-né, qui gagnaient rapidement le fond de l'eau; il les a insufflés séparément, et il les a d'abord vus se gonfler, puis s'affaisser; toutefois ils surnageaient lorsqu'on les mettait dans l'eau; mais en les coupant par fragmens, les parties appartenant au bord postérieur et à la base gagnaient le fond du vase. L'insufflation des poumons de deux enfans à *terme,* mort-nés, a fourni des résultats analogues; cependant il y avait dans ce cas une plus grande partie du poumon qui surnageait.

Ces expériences ont porté Billard à conclure *que plus l'enfant était voisin du terme, plus il était facile d'insuffler la totalité des poumons.* Les cerceaux cartilagineux de la trachée-artère et des bronches des fœtus fort jeunes, dit-il, ne jouissent pas de toute la consistance qu'ils auront par la suite : on les trouve souvent affaissés et comme comprimés; d'où il suit qu'ils opposent quelque difficulté au passage de l'air dans leur calibre, ou repoussent ce fluide quand il y a été poussé par force; aussi voit-on les poumons s'affaisser aussitôt qu'on cesse d'y insuffler de l'air. Si l'on joint à cela que les mucosités des bronches et le sang dont le tissu pulmonaire est souvent gorgé au bord postérieur de l'organe, peuvent être de nouveaux obstacles au passage de l'air, on expliquera facilement comment il se fait qu'on ne réussisse presque jamais à pénétrer *entièrement* le tissu pulmonaire de l'air qu'on y insuffle, surtout si l'enfant naît avant terme.

On voit par ce qui précède, que si Billard croit devoir apporter quelques restrictions à ce que j'ai établi sur la possibilité d'insuffler les poumons d'enfans mort-nés, au point de les rendre plus légers que l'eau, il n'en résulte pas moins de son travail que

13.

par l'insufflation on pourra introduire dans les poumons, surtout dans ceux des enfans à terme une assez grande quantité d'air pour les faire surnager, et par conséquent pour qu'il soit permis de les confondre avec ceux des enfans qui ont respiré.

Comment distinguer si la surnatation des poumons est l'effet de l'insufflation ou de la respiration? Ce ne sera pas en exprimant ces organes dans l'eau, car dans l'un et l'autre cas, l'air est contenu dans les vésicules bronchiques, et ne peut être expulsé en entier : aussi remarque-t-on que des poumons bien insufflés continuent à surnager même après une forte compression ; les auteurs qui ont avancé le contraire avaient agi sur des poumons dans lesquels on n'avait introduit qu'une petite quantité d'air, ou qui avaient été mal insufflés. On ne peut espérer de résoudre ce problème, qu'en examinant attentivement l'état des vaisseaux pulmonaires, et en appréciant le poids absolu des poumons ; en effet, si la respiration a eu lieu, les artères et les veines pulmonaires contiendront une plus grande quantité de sang que dans le cas d'insufflation, parce que celle-ci ne détermine en aucune manière l'abord de ce liquide vers les poumons, tandis que par suite de la respiration, il s'établit un nouveau mode de circulation dont le résultat immédiat est l'accès complet du sang dans les vaisseaux pulmonaires : d'une autre part l'insufflation n'augmente pas sensiblement le poids absolu des poumons, parce qu'ils ne reçoivent que de l'air ; par la respiration au contraire, le poids de ces organes est augmenté de celui du sang qui afflue dans les vaisseaux pulmonaires : aussi les poumons d'un fœtus pèseront-ils davantage après la respiration que s'ils avaient été simplement insufflés. Quelque incontestables que soient les deux propositions que je viens d'émettre, leur application présente tant de difficultés, qu'*elles peuvent tout au plus servir à établir des présomptions.* Comment distinguera-t-on, par exemple, que la quantité de sang contenue dans les vaisseaux pulmonaires répond précisément à celle qui doit se trouver dans les vaisseaux d'un poumon insufflé, ou de celui qui a été dilaté par la respiration ; suffira-t-il de la simple inspection, ou bien faudra-t-il l'apprécier par la teinte plus ou moins foncée de l'eau dans laquelle on écrasera les poumons? Ces moyens, les

seuls qu'il me soit permis d'employer, sont évidemment insuffisans, puisqu'ils ne portent que sur la détermination de quantités
que l'on peut appeler grandes ou petites, à volonté (1). Et pour
ce qui concerne le poids absolu des poumons, quel sera le point
de départ? S'il était prouvé, comme l'avait indiqué Ploucquet,
que chez un fœtus mort-né le poids du poumon étant égal à 1,
celui de tout le corps est de 70, tandis que lorsque la respiration
a eu lieu, le poids du corps étant de 70, celui du poumon serait
égal à 2, la solution du problème serait assurée et facile; mais
j'ai déjà dit que les choses étaient loin de se passer ainsi.

Il serait inutile de faire une énumération détaillée des cas où
il sera indispensable de déterminer si les poumons ont été insufflés; je me bornerai à citer les deux suivans : *a*. Une femme est
accouchée clandestinement et sans témoins, d'un enfant qui ne
respire point; elle cherche à le ranimer en lui soufflant de l'air
dans les poumons; néanmoins l'enfant périt et on accuse la mère
de l'avoir tué; ici l'accusation est particulièrement fondée sur la
légèreté des poumons, qui est au contraire l'œuvre de la ten-
dresse maternelle. *b*. On insuffle de l'air dans les poumons d'un
enfant mort-né, pour faire croire qu'il a vécu et qu'il a été tué
par sa mère (2).

OBJECTION DEUXIÈME. *Il n'est pas impossible qu'un fœtus
périsse en naissant, et que les poumons ou au moins quelques-uns de leurs fragmens soient plus légers que l'eau
parce qu'il aura respiré au passage.* Ce fait est incontesta-

(1) Je ne réfuterai pas de nouveau Fodéré lorsqu'il prétend pouvoir distinguer
des poumons de fœtus mort-nés qui ont été insufflés de ceux qui ont respiré,
parce que les vaisseaux artériels et veineux sont vides, et dans un état de collapsus dans le premier cas (*Voyez* page 175 de ce volume).

(2) Au sujet du premier de ces deux cas, M. Devergie prétend que c'est là une
supposition inadmissible. « C'est, dit-il, ne tenir aucun compte des preuves testimoniales dans les affaires criminelles, c'est oublier que le meurtrier frappe sa victime dans l'ombre, etc. » Je n'ai jamais prétendu qu'il fallût négliger les preuves
testimoniales, mais elles ne regardent pas le médecin expert ; celui-ci ne doit s'occuper que d'une question, celle de savoir si les poumons qui sont soumis à son examen ont été insufflés artificiellement, ou si l'air les a pénétrés par l'acte de la respiration.—Non pas que je prétende comme M. Devergie tend à l'insinuer que l'élément de la respiration ou de l'insufflation soit suffisant pour décider la question ;
j'ai voulu seulement dire que c'est là un élément propre à l'éclairer.

ble (1) : des fœtus dont la tête seulement avait franchi la vulve, ont respiré et poussé des cris plus ou moins forts. Avant que des observations réitérées eussent mis cette vérité hors de doute, on objectait qu'il était difficile de l'admettre, parce que les parties sexuelles devaient comprimer le thorax qui y était comme enclavé, et l'empêcher de se dilater. Nul doute qu'il n'en fût ainsi, si l'arrêt du tronc et des autres parties était constamment le résultat de la compression dont je parle; mais dans la plupart des cas cet effet dépend d'une fausse position des épaules ou de la cessation des contractions utérines, et alors on conçoit qu'il est possible que la poitrine se dilate.

Osiander va même plus loin; il admet le *vagissement utérin*, c'est-à-dire la possibilité qu'un fœtus respire et crie, lorsque après la rupture des membranes et l'écoulement des eaux de l'amnios, et pendant les manipulations de l'accoucheur, sa bouche

(1) J'ai examiné, le 17 avril 1827, un fœtus mâle à terme non pourri, du poids de 3 kilog., long de 54 centimètres, et parfaitement constitué. Les poumons, peu développés, recouvraient à peine le péricarde ; ils offraient l'aspect de ceux qui n'ont pas encore été dilatés par l'air ; ils pesaient 48 grammes ; ils n'étaient crépitans que dans une très petite partie ; ils gagnaient très rapidement le fond de l'eau ; coupés en trente fragmens à-peu-près égaux, un seul de ces fragmens, celui qui correspondait à la partie crépitante de l'organe, restait à la surface du liquide ; pressé fortement dans l'eau, ce fragment continuait à surnager ; les vaisseaux pulmonaires contenaient une quantité de sang au moins égale à celle que l'on remarque dans les poumons des enfans qui ont respiré pendant long-temps. Ces caractères pouvaient me porter à conclure que l'enfant dont il s'agit était né vivant, et qu'il avait vécu pendant un certain temps, surtout s'il était établi que les poumons n'avaient pas été insufflés ; toutefois, comme je remarquais des signes de congestion sanguine à la face, à la tête et dans la cavité du crâne, que la peau du sommet de la tête formait une tumeur œdémateuse considérable, et que le cordon ombilical n'offrait aucune trace de flétrissure ni de dessiccation, j'ai mis plus de réserve dans ma conclusion ; l'enfant, ai-je dit, *a respiré, à moins qu'on ne prouve que ces poumons ont été insufflés ; mais comme la respiration a été faible, et que d'une autre part la tête a été le siége de désordres tels qu'on les observe chez les enfans qui périssent pendant le travail, et par suite de la longueur de ce travail, il serait possible que cet enfant fût mort au passage et après avoir respiré.....* Il a été reconnu depuis de la manière la plus positive que l'enfant était mort-né, que les poumons n'avaient pas été insufflés, que la mère était primipare, et que le travail avait duré cinquante-et-une heures et avait été pénible ; donc ma conclusion était fondée. Cette observation, qui n'est pas la seule que j'aurais pu citer, me paraît bien propre à faire sentir toute la force de l'objection deuxième, et à rendre circonspects les médecins qui seraient disposés à agir avec précipitation en matière d'infanticide.

est placée près de l'orifice de la matrice, de manière que l'air atmosphérique puisse y être introduit. Cette assertion, contre laquelle s'élèvent des médecins distingués, peut être particulièrement appuyée sur les faits suivans :

1° Béclard après avoir incisé l'utérus d'une femelle pleine, sans toucher aux membranes, a remarqué des mouvemens respiratoires très distincts, consistant dans l'ouverture des narines et dans l'élévation des parois du thorax ; ces mouvemens se répétaient à des intervalles assez régulièrement égaux, mais ils étaient lents (*Dissertation inaugurale*). 2° Une femme enceinte éprouva après les premiers mouvemens de l'enfant une perte d'eau, perte qui se renouvela de temps à autre, et fit craindre un avortement. Vers le huitième mois de la grossesse, elle fit une chute qui fut suivie d'un écoulement brusque et considérable d'eau. On mit la malade au lit, le fœtus remua beaucoup ; mais au bout de quelques heures elle se sentit si bien, que sa famille se réunit dans sa chambre pour y souper. Au milieu du repas, les cris d'un enfant se font entendre sous la couverture, mais la sage-femme ne reconnaît rien qui indique un accouchement. Le docteur Zitterland, habitant de la maison, arrive assez à temps pour entendre très distinctement les cris de l'enfant contenu dans le sein maternel. Toutes les précautions sont prises pour éviter les illusions, et l'on constate qu'il n'existe dans la maison aucun animal dont les cris auraient pu induire en erreur. Cependant les cris entendus par M. Zitterland ne se reproduisent plus ; l'exploration apprit que l'accouchement n'était pas encore prêt à se faire ; seulement la portion vaginale du col de l'utérus était effacée. Deux jours après, la malade mit au monde un fœtus chétif, qui paraissait être venu au terme de huit mois solaires. Il poussa quelques faibles cris immédiatement après sa naissance, tomba aussitôt dans un état d'asphyxie dont on ne parvint à le tirer qu'avec beaucoup de peine, et mourut une demi-heure après être venu au monde (*Nouvelle Bibliothèque médicale*, juin 1823).

3° Le 10 octobre 1824, dit le docteur Henri, je fus prié par M. Jobert, docteur en médecine, de vouloir bien l'assister pour terminer un accouchement chez une femme dont le bassin vicié offrait un obstacle à l'expulsion naturelle du fœtus. En conséquence nous nous rendîmes chez madame G***, rue de G..... : cette dame âgée d'environ 27 ans, d'une assez forte complexion, avait déjà eu deux grossesses qui ne furent point amenées à terme, le premier avortement ayant eu lieu à cinq mois de gestation, et le second à sept mois : ce dernier se termina après beaucoup de difficultés. Lors de notre arrivée, madame G*** éprouvait des douleurs assez vives, et les membranes étaient rompues depuis environ quarante-huit heures. Madame Paulin, sage-femme, était près d'elle, et nous assura que depuis trois jours qu'elle avait été appelée, la tête du fœtus n'avait pas varié de position. M. Jobert ayant déjà reconnu d'avance le vice de conformation du bassin, m'engagea à vouloir bien m'en assurer moi-même.

Je trouvai la tête de l'enfant au-dessus du détroit abdominal, l'occiput tourné vers la fosse iliaque droite, et la face vers la fosse iliaque gauche, l'oreille droite appliquée sur l'angle sacro-vertébral et l'oreille gauche sur le pubis. Les pariétaux seuls s'étaient engagés à travers le détroit abdominal, et faisaient une légère saillie dans l'excavation du bassin : l'ouverture de l'utérus pouvait avoir 6 centim. de diamètre. La femme présentait ce double vice de conformation, qui consiste dans une saillie très forte de l'angle sacro-vertébral et un défaut de courbure du pubis, tel que le diamètre sacro-pubien du détroit abdominal était vicié de 3 centim., et le diamètre iliaque du même détroit agrandi d'autant. Nous pensâmes, M. Jobert et moi, qu'il fallait faire la version ; mais comme la tête ne paraissait pas très volumineuse, nous espérâmes pouvoir la dégager à l'aide du forceps ; cet instrument fut appliqué. Au moment où M. le docteur Jobert faisait des tractions, *le fœtus poussa des cris distincts* à plusieurs reprises, pendant une douzaine de secondes, de manière à pouvoir être entendu de tous les assistans ; mais la tête restant enclavée, malgré les efforts exercés sur elle au moyen du forceps, on fut obligé de cesser cette manœuvre. Nous nous entretenions sur la nécessité de faire la version de l'enfant, lorsque *de nouveaux cris aussi distincts* que les précédens se firent entendre, cris qui ne purent avoir lieu qu'à l'aide de plusieurs inspirations. Enfin, lorsque j'introduisais la main pour aller chercher les pieds, au moment où elle glissait sur l'épaule gauche, le fœtus pour la troisième fois *poussa des cris moins longs que les premiers*, mais cependant assez forts pour être entendus de toutes les personnes présentes. L'accouchement se termina avec beaucoup de difficulté, et l'enfant ne respirait plus à sa sortie de l'utérus ; mais comme les battemens du cœur étaient assez forts, nous essayâmes divers moyens pour le rappeler à la vie, et je lui insofflai de l'air dans les poumons. Nos tentatives furent infructueuses ; au bout de quelques minutes la circulation avait cessé (*Dictionnaire de Médecine* en 18 vol., art. *Infanticide.*)

4° Le docteur Kennedy, appelé auprès d'une femme en couches le 2 décembre 1830, entendit très distinctement, à la distance d'environ 2 mètres du lit, un vagissement faible et sourd, semblable à celui d'un fœtus né à sept mois. Ce bruit devint plus manifeste à mesure qu'il s'approcha de cette femme ; il semblait évidemment provenir de l'abdomen de sa malade. Pour s'en assurer le docteur Kennedy appliqua le stéthoscope, et il put entendre non-seulement les cris, mais même la respiration laborieuse de l'enfant. Le toucher par le vagin fit reconnaître que la tête se présentait, mais qu'elle était encore élevée dans le bassin. Les parties n'étaient pas complétement dilatées, quoique les membranes fussent rompues et les eaux écoulées peu de temps auparavant. La femme ne fut délivrée que quatre heures après cette exploration, et pendant tout ce temps les élèves purent constater ce fait remarquable (*Observations on obstetric auscultation, by E. Kennedy*, Dublin.)

Ces observations ne me paraissent ni assez nombreuses ni assez concluantes pour établir d'une manière incontestable l'existence des vagissemens utérins ; il aurait fallu, par exemple, comme l'a judicieusement fait remarquer M. Gimelle, dans un rapport lu à l'Académie de médecine, s'assurer dans ces différens cas, que l'air avait réellement pénétré dans le poumon : toutefois je pense que rien n'autorise, dans l'état actuel de la science, à nier la possibilité des vagissemens utérins, dans les circonstances mentionnées par Osiander (*Voyez* p. 199).

Schmitt, Baudelocque et plusieurs autres accoucheurs, admettent encore qu'un enfant peut respirer lorsque toutes les parties sont sorties excepté la tête, et que pour la dégager on est obligé d'introduire la main ; l'air atmosphérique pénètre alors par le vagin jusqu'aux poumons. L'observation démontre, en effet, que dans quelques cas de ce genre où l'enfant avait été extrait par la version, ses poumons nageaient sur l'eau, quoiqu'il fût mort pendant l'opération. Mahon suppose en outre le cas où le cordon ombilical s'entortille autour du col, pendant que l'enfant est ballotté dans l'utérus, en sorte qu'il en résulte une apoplexie mortelle, accompagnée de tous les signes d'engorgement : l'enfant peut respirer en franchissant le vagin et périr avant d'être né.

OBJECTION TROISIÈME. *Le nouveau-né peut avoir respiré et ses poumons ne pas nager.* Quelque étrange que paraisse cette proposition, elle est parfaitement exacte ; en effet, on observe souvent que les poumons sont plus pesans que l'eau chez les enfans qui naissent dans un grand état de *faiblesse,* chez ceux *dont les poumons s'hépatisent* quelque temps après la naissance, chez ceux qui étaient atteints de *pneumonie* avant de naître ; enfin chez ceux qui offrent une *congestion pulmonaire sans inflammation.* Les causes de la submersion des poumons dans les cas de *faiblesse de naissance,* consistent en ce que la dilatation des vésicules bronchiques *est nulle ou trop incomplète pour permettre à l'air d'y pénétrer;* celui-ci s'arrête dans la trachée-artère et dans les premières ramifications des bronches. Pour ce qui concerne la *pneumonie* et la *congestion pulmonaire* sans inflammation, l'air peut ne pas avoir pénétré jusqu'aux vésicules bronchiques, et s'il y est parvenu, il peut en avoir été expulsé en totalité ou en partie.

Faiblesse de naissance. Les exemples de nouveau-nés qui avaient respiré, et dont les poumons étaient plus lourds que l'eau, sont assez communs surtout chez les fœtus *non à terme*. Voici ce que l'observation démontre à cet égard : si le fœtus est au moins âgé de sept mois, les poumons peuvent bien se précipiter au fond de l'eau, lorsqu'on les place entiers sur ce liquide; mais il arrive assez souvent que si on les divise en plusieurs tranches, quelques-uns des fragmens surnagent. Si le fœtus n'est âgé que de cinq ou six mois, il peut se faire qu'aucun des fragmens pulmonaires ne reste à la surface du liquide.

Madame S*** accouche le 25 février 1806, d'un enfant à terme, qui meurt le 1er mars à deux heures du matin, sans avoir tété, et ayant eu la respiration *peu aisée*. En examinant le cadavre, on voit que le thorax, au lieu d'être *voûté*, est tout plat ; le cœur est à *découvert*, la convexité du diaphragme très saillante en *haut*; les poumons, nullement développés, sont *ramassés* de chaque côté de la colonne vertébrale ; leur couleur est d'un *brun foncé*, excepté le gauche, qui offre une traînée d'environ 6 centimètres de long sur 2 centimètres de large, d'un *rouge pâle* ; le lobe inférieur droit est très enfoncé dans l'abdomen : placés sur l'eau, seuls ou unis au cœur, ils se précipitent ; cependant la traînée, d'un rouge pâle, a une tendance différente, les vaisseaux qui se rendent à cet organe sont *vides* et contractés sur eux-mêmes ; le trou interoriculaire et le canal artériel sont *ouverts* ; l'insufflation développe très bien les poumons, ce qui prouve qu'il n'y a point de vice organique. Tous les viscères abdominaux sont dans l'état naturel ; il y a un peu de méconium dans le gros intestin ; la vessie est vide parce que l'enfant avait évacué ; les vaisseaux sanguins du bas-ventre sont remplis de sang (Schenkius, *Bibl. médicale*, année 1810.)

Trois enfans jumeaux, nés à trois heures, dans la nuit du 21 octobre 1826, sont apportés aussitôt à l'hospice des Enfans-Trouvés de Paris : l'un a 40 centimètres, l'autre 37, l'autre 34. Malgré la petitesse de leur taille et la forme grêle de leurs membres et de leur corps, on peut juger, d'après la consistance cornée des ongles, la longueur de leurs cheveux, etc., que ces enfans sont venus *à-peu-près à terme*. Le plus petit d'entre eux, du sexe féminin, est remarquable par la lenteur des mouvemens, l'état d'affaiblissement dans lequel il se trouve, et la nature particulière de son cri, qui ne consiste qu'en un hoquet pénible et étouffé ; il est aisé de s'assurer que la *reprise* seule se fait entendre et qu'elle est entrecoupée, aiguë et pénible (1). La poitrine s'élève et s'abaisse assez régulièrement, mais elle

____

(1) Il est facile de reconnaître deux parties distinctes dans le cri de l'enfant :

rend dans toute son étendue un son mat à la percussion, et l'application du stéthoscope ne fait nullement entendre la respiration. Le pouls est d'une petitesse extrême; on ne peut le sentir au bras; mais à l'aide du stéthoscope, on compte 50 battemens de cœur par minute. On fait boire à l'enfant quelques cuillerées d'eau sucrée, on le tient chaudement, on fait sur les parois de la poitrine quelques frictions sèches. Malgré ces soins, l'enfant meurt à 11 heures du matin, huit heures après sa naissance. L'ouverture du cadavre est faite le lendemain à huit heures du matin. Le cordon ombilical est très mou. On lie la trachée-artère au-dessous du larynx; les poumons et le cœur sont plongés ensuite dans un vase contenant de l'eau; ils se précipitent rapidement au fond : les deux poumons, détachés séparément, s'y précipitent également; cependant leur tissu n'est pas engorgé; le droit seulement offre à son bord postérieur une légère congestion sanguine; chaque lobe des deux poumons est séparé et plongé dans l'eau; ils se précipitent tous avec une égale vitesse; on les coupe en plusieurs fragmens, et ces fragmens sont mis en un véritable *hachis* et plongés ensuite dans le liquide : *toutes ces parcelles pulmonaires tombent au fond du vase* aussi précipitamment que si c'eût été des fragmens de rate ou de foie. Le cœur et les plus gros vaisseaux sont gorgés de sang; les ouvertures fœtales sont encore parfaitement libres.

Cinq enfans périssent peu de temps après leur naissance; sur deux d'entre eux qui ont vécu un jour entier, le bord antérieur des poumons était seulement crépitant dans une très petite étendue : le reste était flasque, non vésiculeux et plus pesant que l'eau. Chez les trois autres qui ont vécu 4, 6 et 10 heures, on ne trouve point d'air dans le tissu des poumons, qui, coupés par fragmens, assez gros il est vrai, *se précipitent au fond de l'eau;* le cri était étouffé chez deux d'entre eux, et l'on n'entendait que la *reprise* (*V.* la note de la page 203). Deux de ces enfans étaient évidemment à terme et se trouvaient affectés d'endurcissement du tissu cellulaire; le cœur et les gros vaisseaux étaient gorgés de sang; les ouvertures fœtales étaient encore libres; enfin le tissu cellulaire des

---

1° le *cri* proprement dit, très sonore et très prolongé, se fait entendre pendant l'expiration, cesse et commence avec elle et résulte de l'expulsion de l'air à travers la glotte; il suppose que l'air a pénétré dans les poumons, et par conséquent que la respiration a été complète; 2° *un bruit* plus court, plus aigu, quelquefois moins perceptible que le cri, variant depuis le bruit d'un vent de soufflet jusqu'au chant aigu d'un jeune coq, et qui est le résultat de l'inspiration; c'est une sorte de *reprise* entre le cri qui vient de finir et celui qui va commencer. L'enfant dans les poumons duquel l'*air ne pénètre pas,* mais dont il se bornera à traverser la glotte pendant l'inspiration ne jettera aucun cri, *il ne fera entendre que la reprise,* qui, pour l'ordinaire, sera entrecoupée, aiguë, et par momens étouffée; et si après sa mort on examine les poumons, on verra qu'il n'est pas entré une quantité d'air appréciable. Le médecin chargé de faire un rapport sur la viabilité ne saurait trop s'attacher à distinguer ces deux sortes de cris (Billard).

membres était considérablement infiltré d'une sérosité très jaune. Chez tous, la poitrine rendait un son mat dans tous les points de son étendue, et l'on ne pouvait entendre au stéthoscope le bruit de la respiration. Chez tous, la circulation était très lente, et les tégumens un peu froids ; enfin ils offraient tous les caractères de l'état des nouveau-nés qu'on désigne ordinairement sous le nom de faiblesse de naissance.

Hépatisation des poumons survenue après l'établissement de la respiration.

Mancille, âgé de 14 jours, d'une forte constitution, vomit depuis deux jours le lait de sa nourrice, et se trouve pris en même temps d'une diarrhée abondante ; le ventre est légèrement tendu. La percussion rend un son clair dans tous les points de la poitrine ; le stéthoscope indique que l'air pénètre librement dans les deux poumons. Le 1er février les symptômes changent, la diarrhée cesse, les vomissemens continuent ; la respiration est courte ; le cri étouffé et pénible ; un cercle violacé environne la bouche : la figure se grippe par momens. Le côté droit de la poitrine rend un son mat à la percussion, et l'on entend à peine, à l'aide du stéthoscope, l'air pénétrer dans le tissu du poumon droit. L'enfant succombe le 9 février. Parmi les lésions observées à l'ouverture du cadavre, je noterai seulement celles qui se rapportent à l'objet dont je m'occupe. Le poumon gauche est sain et très crépitant ; le droit est *hépatisé* dans toute son étendue, et cependant sans accumulation de sang dans son tissu ; il tombe rapidement au fond de l'eau, et ses fragmens les plus petits ne flottent pas à la surface du liquide. Le trou interoriculaire est oblitéré. Le cœur est assez plein de sang. Le canal artériel est encore ouvert. Les artères pulmonaires sont gorgées de sang.

Ce que j'ai vu chez un enfant de 14 jours, dit Billard, à qui j'ai emprunté ce fait, peut être constaté chez un enfant qui meurt quelques heures ou quelques jours après la naissance ; le sang prend la place de l'air dans les cellules pulmonaires et fait perdre à l'organe sa texture cellulaire. Je ferai observer toutefois que, dans la plupart des cas, les poumons ne sont pas assez complétement hépatisés, pour qu'aucune partie de leur tissu ne recèle plus d'air ; la mort arrive ordinairement avant que l'air soit totalement expulsé de ces organes.

Pneumonie développée chez l'enfant pendant son séjour dans l'utérus.

Lorcher, garçon, âgé d'un jour, d'une faible constitution, est déposé à la crèche le 27 janvier 1826 ; il y reste languissant jusqu'à sa mort, qui a lieu le 30 janvier. Pendant ces quatre jours ses tégumens sont pâles, ses traits tirés, ses membres grêles, sa respiration lente et difficile ; on entend un cri pénible. *Ouverture du cadavre.* Le poumon gauche est crépitant et peu gorgé de sang ; le droit est *hépatisé* dans la plus grande partie de son étendue ; il existe à sa base un point plus gros qu'une forte noix où le tissu du poumon est réduit en une *bouillie rougeâtre et pultacée* ; aucun des fragmens hépatisés ne surnage lorsqu'on le met dans l'eau. Les bronches qui s'y rendent sont épaisses, rouges et renferment des mucosités puriformes, très collantes et mêlées de stries de sang. Le cœur est gorgé de sang ; le canal artériel est libre ; le trou interoriculaire commence à s'oblitérer. — Une désorganisation aussi avancée du poumon est évidemment la suite d'une pneumonie déjà développée avant la naissance. L'état de marasme et la faiblesse de l'enfant, la difficulté de la respiration dès les premiers jours de la vie, sont les preuves et les résultats de cette pneumonie congéniale (Billard).

Congestion pulmonaire sans inflammation. Certains enfans offrent dans tous les organes une turgescence sanguine si considérable, que le sang est exhalé de toutes parts, et reste stagnant dans les parties même les moins déclives ; c'est ce qu'on observe particulièrement dans les poumons, le cœur et le foie. Les premiers de ces organes ne peuvent plus alors recevoir l'air que l'enfant inspire. En général, les membres sont œdémateux, les tégumens violacés, les mouvemens lents et pénibles, le cri étouffé ; la *reprise* (*V.* la note de la page 203) toujours aiguë et entrecoupée ne se fait entendre que par momens ; les battemens du cœur sont obscurs, le pouls imperceptible, la température de la peau presque toujours basse ; l'enfant, plongé dans un état d'affaissement et d'engourdissement général, offre en outre le plus souvent cet état que l'on désigne vulgairement sous le nom d'*endurcissement du tissu cellulaire.* Après avoir langui pendant quelques heures ou quelques jours, ces enfans succombent, et on trouve à peine quelque peu d'air au bord antérieur des poumons, dont la surface est le plus ordinairement emphysémateuse. La mort semble avoir lieu par asphyxie. Il ne sera pas inutile de noter que ces enfans offrent souvent des épanchemens de sang dans le tissu cellulaire sous-cutané des membres et du tronc, que l'on serait quelquefois tenté d'attribuer à des violences exercées dans le but de détruire la vie. Le fait suivant, recueilli par Billard, vient à l'appui de ce qui précède :

Delarue, fille âgée de 3 jours, est déposée à la crèche le 27 mars 1826, et y meurt sans avoir été observée, le 29 du même mois. *Ouverture du cadavre* faite le lendemain. Enfant volumineux, ictère général, membres œdémateux ; la face, le tronc et les membres sont couverts de pétéchies violacées, plus ou moins larges, qui donnent au corps un aspect chamarré ou tigré ; la plus grande d'entre elles a le diamètre d'une lentille. L'estomac est rempli d'une assez grande quantité de sang visqueux et noir ; sa surface, ainsi que celle du jéjunum, sont parsemées de pétéchies rouges, très petites, visibles seulement à l'intérieur de l'organe. On trouve dans le canal intestinal des épanchemens de sang répandus çà et là en nappe : la membrane muqueuse offre dans les points correspondans à ces épanchemens des ecchymoses pétéchiales semblables à celles de l'estomac ; à la fin de l'iléon, le sang est plus noir et plus diffluent ; le gros intestin est le siége d'une éruption folliculaire très prononcée. Le foie, qui a le double de son volume ordinaire, est plein de sang ; son tissu est ferme ; il se coupe nettement et se laisse difficilement déchirer. La rate, extrêmement volumineuse, est très gorgée de sang. Le cœur, d'un volume aussi très considérable, est gorgé de sang ; une sérosité jaunâtre est infiltrée à sa surface, qui est couverte de nombreuses pétéchies semblables à celles des tégumens externes. On en remarque également à la surface de la plèvre. Les ouvertures fœtales sont encore libres. *Les poumons sont gorgés de sang.* Les reins et la vessie présentent aussi de nombreuses ecchymoses. On trouve dans le tissu cellulaire des membres et des tégumens de l'abdomen de larges ecchymoses ; le sang qui les forme est infiltré et coagulé dans le tissu cellulaire ; la peau, au niveau de ces endroits ecchymosés, offre une teinte violacée qu'on pourrait aisément prendre pour des meurtrissures.

Quoi qu'il en soit, il est possible de rendre à *certains* poumons d'enfans qui ont respiré et qui sont plus lourds que l'eau, la faculté de surnager ; il suffit de les exprimer dans ce liquide pour en chasser le sang. A cette occasion, M. Devergie prétend que j'ai conclu le contraire de ce qui découle des observations relatées ci-dessus. Il aurait parfaitement raison, s'il eût compris la phrase qui commence par ces mots : « Quoi qu'il en soit, etc. » Évidemment ce mot, *quoi qu'il en soit*, a été placé là, pour indiquer que dans certains cas les choses peuvent se passer autrement que dans les observations qui précèdent.

Je terminerai tout ce qui se rapporte à cette dernière objection par une remarque importante, c'est que dans beaucoup de circonstances, des poumons gorgés d'une grande quantité de sang, loin de se précipiter, restent à la surface de l'eau

Objection quatrième. *En supposant même que l'on ait prouvé que le fœtus n'a pas respiré, il ne s'ensuit pas qu'il n'ait pas vécu.* En effet, un enfant peut naître enfermé dans ses membranes, et rester pendant quelque temps dans cette position sans respirer ; il peut être submergé dans l'eau immédiatement après sa naissance ; sa faiblesse peut être telle, comme on le voit dans l'asphyxie des nouveau-nés, qu'il ne donne aucun signe de vie pendant plusieurs heures ; le défaut de respiration peut encore tenir à ce que la langue est collée ou adhérente au palais, à ce que le thymus trop volumineux s'oppose à la dilatation du poumon, à ce que le diaphragme est le siége d'une ou plusieurs tumeurs ; enfin, à ce que les voies aériennes sont obstruées par des mucosités, par l'eau de l'amnios, etc. Dans tous ces cas, le fœtus vit sans respirer, en sorte que s'il vient à périr parce qu'il manque de secours ou par toute autre cause, et que l'on compare le poids des poumons à celui de l'eau, on verra qu'ils se précipitent au fond du liquide. Cette objection a d'autant plus de force, que l'observation démontre que les fœtus de plusieurs mammifères qui n'ont pas encore respiré ou qui n'ont respiré que très peu, résistent beaucoup mieux aux causes de suffocation, que ceux qui ont déjà respiré pendant un certain temps (1).

(1) On ne peut pas, faute d'expériences directes, préciser le temps pendant lequel un enfant nouveau-né, à terme, plongé dans l'eau, peut vivre sans respirer, mais on peut déterminer la durée de sa vie d'une manière approximative ; par analogie. Legallois a prouvé que les chiens, les chats et les lapins *nouveau-nés*, vivaient vingt-huit minutes dans l'eau ; lorsqu'ils étaient plongés dans ce liquide *cinq jours* après la naissance, ils ne vivaient que seize minutes ; s'ils étaient déjà âgés de *dix jours* quand on les plaçait dans ce milieu, ils ne vivaient que cinq minutes et demie ; enfin, à l'âge de *quinze jours*, ils avaient atteint la limite que les animaux à sang chaud, adultes, ne peuvent guère dépasser, lorsqu'ils sont soustraits à l'action de l'air. Le cochon d'Inde qui vient de naître, au contraire, ne peut vivre lorsqu'on l'asphyxie dans l'eau, que *trois* ou *quatre* minutes de plus que l'adulte. Frappé de la différence que présente la durée de la vie de ces animaux plongés dans l'eau, le docteur Edwards en a cherché la cause, et il a vu que les mammifères qui, à leur naissance, produisent assez peu de chaleur pour ne pas avoir, pour ainsi dire, de température propre, vivent beaucoup plus long-temps dans l'eau que ceux qui en développent assez pour conserver une température élevée, lorsque l'air n'est pas trop froid. Le caractère extérieur qui sert à rapporter une espèce à l'un ou à l'autre de ces groupes consiste dans l'état des yeux qui sont ouverts ou fermés à la naissance ; or, l'enfant naît les yeux ouverts, et l'on sait qu'il appartient au groupe de ceux qui produisent le plus de chaleur ; il vivra donc moins de temps

Il est évident, d'après cela, qu'une femme accusée du crime d'infanticide, pourrait arguer de ce que l'enfant n'a pas respiré, qu'il n'a point vécu et qu'elle n'est point coupable. Lorsque je m'occuperai de déterminer si la mort d'un enfant est naturelle, ou si elle peut être attribuée à quelque violence, j'indiquerai avec soin ce qu'il faudrait faire en pareille occurrence.

On a encore objecté *que le fœtus pouvait avoir respiré et n'avoir pas vécu*, puisqu'on a vu les poumons surnager chez un fœtus à terme, hydrocéphale et mort-né. Cette objection mérite peu d'attention, non-seulement parce qu'il n'est pas prouvé que le fœtus dont il s'agit n'ait pas vécu, mais encore parce qu'en supposant que le fait rapporté par le docteur Bénédict fût vrai et constant, il s'ensuivrait tout au plus que l'expérience hydrostatique n'est d'aucune utilité lorsqu'elle est appliquée à des individus atteints d'hydrocéphalie, résultat sur lequel on est d'accord depuis long-temps.

Examen du cœur, du canal artériel, du canal veineux et du cordon ombilical. Le *trou interoriculaire* (de Botal) existe toujours chez un fœtus à terme qui n'a pas respiré; et quoique moins apparent qu'à une époque plus rapprochée de la conception, il n'en est pas moins visible. Le canal artériel, les vaisseaux ombilicaux et le canal veineux ne sont pas oblitérés tant que la respiration n'a pas eu lieu. On observe le contraire, excepté dans des cas excessivement rares, lorsqu'on examine ces parties chez des enfans qui ont respiré *pendant un certain temps* : je dis pendant un certain temps, car il est évident que l'occlusion du trou interoriculaire, et l'oblitération des canaux artériel et veineux, n'ont lieu, le plus souvent, que quelques jours après que la respiration s'est établie.

Ces faits importans, appuyés sur des observations de plusieurs auteurs, se trouvent confirmés par les recherches de Billard.

Enfans d'un jour. Sur dix-huit enfans d'un jour, dit-il, il y en a qua-

que les animaux qui sont dans les conditions opposées. « Ce n'est qu'approximativement que nous pouvons juger de cette durée, dit le docteur Edwards; dans les expériences que j'ai faites sur les jeunes mammifères qui naissent les yeux ouverts, elle a été de *cinq à onze* minutes. » (*De l'influence des agens physique sur la vie,* 1 vol. in-8, page 265.)

torze chez lesquels le trou Botal était complétement ouvert ; deux chez lesquels il commençait à s'oblitérer, et sur deux autres, enfin, il était tout-à-fait fermé, et il n'y passait plus de sang. Parmi ces mêmes enfans, le canal artériel était libre et plein de sang sur treize ; il commençait à s'oblitérer chez quatre, et chez le dernier il était complétement oblitéré ; cet enfant était un de ceux chez lesquels il y avait une occlusion complète du trou Botal. Les artères ombilicales étaient toutes libres près de leurs insertions aux artères iliaques ; leur calibre était rétréci par l'effet de l'épaississement remarquable de leurs parois. Chez tous ces enfans, la veine ombilicale et le canal veineux étaient libres ; celui-ci se trouvait le plus ordinairement gorgé de sang.

Enfans de deux jours. Sur vingt-deux enfans de deux jours, il y en avait quinze dont le trou interoriculaire était très libre ; chez trois il était presque oblitéré, et chez les quatre autres il était entièrement fermé. Sur treize de ces enfans, le canal artériel était encore libre ; chez six autres il commençait à s'oblitérer ; chez les trois derniers il était complétement oblitéré. Chez tous, les artères ombilicales étaient oblitérées dans une étendue plus ou moins grande. La veine ombilicale et le canal veineux, quoique vides et aplatis, se laissaient cependant pénétrer par un stylet assez gros.

Enfans de trois jours. Sur vingt-deux enfans de trois jours, quatorze ont offert le trou Botal encore libre ; chez cinq il commençait à s'oblitérer, et il l'était complétement chez les trois autres. Le canal artériel était également libre chez quinze enfans ; il commençait à s'oblitérer chez cinq, et l'oblitération était complète chez deux seulement. Ces deux sujets présentaient en même temps une oblitération du trou interoriculaire. Les vaisseaux ombilicaux et le canal veineux étaient vides et même oblitérés sur tous ces sujets.

Enfans de quatre jours. Sur vingt-sept enfans de quatre jours, dix-sept offraient le trou Botal encore ouvert, et chez six d'entre eux cette ouverture était très longue et distendue par une grande quantité de sang. Sur dix autres, l'oblitération était commencée chez huit et complète chez deux. Le canal artériel était encore ouvert chez dix-sept de ces enfans ; il commençait à s'oblitérer, et même n'offrait plus qu'un pertuis fort étroit chez sept d'entre eux ; enfin l'oblitération était complète chez les trois autres. Les artères ombilicales étaient chez presque tous oblitérées près de l'ombilic, mais susceptibles de se dilater encore, près de leur insertion aux iliaques. La veine ombilicale et le canal veineux complétement vides se trouvaient considérablement rétrécis.

Enfans de cinq jours. Sur vingt-neuf enfans de cet âge, treize avaient le trou Botal encore ouvert, mais l'ouverture n'existait pas au même degré chez tous ; elle était assez grande sur quatre, et chez les neuf autres, son diamètre était médiocre : l'oblitération de ce trou était complète chez six de ces enfans, et presque complète sur les dix autres. Le canal artériel a été trouvé ouvert quinze fois, il était même largement ouvert dix fois, tandis que l'oblitération était très avancée sur les cinq autres sujets. Sept de ces enfans offrirent une oblitération complète de ce canal qui n'était que presque complétement oblitéré chez les sept autres. Les vaisseaux ombilicaux étaient oblitérés chez tous les sujets.

Enfans de huit jours. Sur vingt enfans de cet âge, le trou interoriculaire était complétement fermé onze fois, incomplétement fermé quatre fois, et libre cinq fois. Sur ces vingt enfans, il y en avait trois dont le canal artériel n'était pas encore oblitéré, six chez lesquels il était presque oblitéré, et onze chez lesquelles cette oblitération était complète. Les vaisseaux ombilicaux étaient oblitérés chez quinze de ces enfans ; on ne les examina pas chez les cinq autres.

Enfans plus âgés. Chez la plupart d'entre eux, les ouvertures fœtales dont je viens de parler sont oblitérées ; cependant on peut trouver le trou Botal et le canal artériel ouverts à douze ou quinze jours et même à trois semaines, sans que l'enfant en éprouve, pendant la vie, des accidens particuliers (1).

Ces observations permettent de conclure, 1° que les ouvertures fœtales sont libres au moment de la naissance ; 2° qu'elles s'oblitèrent à une époque variable après l'accouchement ; 3° que *le plus ordinairement* elles sont oblitérées vers le huitième ou le dixième jour ; 4° que les artères ombilicales s'oblitèrent d'abord, puis la veine de ce nom, le canal artériel et enfin le trou Botal (2) ; 5° que leur oblitération annonce que le fœtus est né vivant ; 6° qu'il est impossible de conclure de ce qu'elles ne sont pas oblitérées, que l'enfant n'a pas respiré, puisque j'ai prouvé que l'oblitération était loin de se faire immédiatement après la naissance.

(1) Les différences relatives à l'époque à laquelle arrive l'oblitération des vaisseaux ombilicaux et du canal artériel, tiennent à la rapidité avec laquelle marche le travail qui doit amener cette oblitération. Ce travail consiste, pour les artères ombilicales et pour le canal artériel, en un épaississement graduel de leurs parois, en une sorte d'hypertrophie concentrique, qui, sans diminuer en apparence la grosseur des vaisseaux, en diminue cependant le calibre ; on pourrait alors les comparer à un tuyau de pipe dont la cassure est fort épaisse, et ne présente à son centre qu'un pertuis d'un médiocre calibre. L'oblitération de la veine ombilicale et du canal veineux est au contraire le résultat de l'affaissement et du rapprochement des parois de ces vaisseaux qui tendent à devenir contiguës, dès que ces vaisseaux ne reçoivent plus de sang.

(2) Il n'est pas sans importance de savoir que parmi les enfans qui ont été l'objet de ces recherches, il y en avait un très grand nombre chez lesquels la respiration avait été parfaitement établie.

Opinion du docteur Bernt, relativement aux changemens qu'éprouvent le trou Botal et le canal artériel après la naissance. La disposition du trou interoriculaire, dit ce médecin, est tout autre chez le fœtus mort-né, et chez l'enfant qui a respiré après l'accouchement : dans le premier cas, elle est exactement située au centre de la fosse ovale , mais aussitôt que le nouveau-né a respiré, elle se tourne du côté droit ; en quelques semaines, elle s'élève très haut, et dans l'âge adulte on a trouvé qu'elle était placée au sommet de la fosse ovale. En d'autres termes, dès l'instant que la respiration commence, l'orifice du trou de Botal marche progressivement de bas en haut, et de gauche à droite, et son degré d'avancement devient un indice de l'existence et de la durée de l'acte respiratoire.

Le *canal artériel* est cylindrique chez les fœtus mort-nés, même à terme ; il a à-peu-près 15 millimètres de longueur ; son diamètre est le même que celui du tronc de l'artère pulmonaire, et surpasse du double la capacité de chacune des branches de ce vaisseau qui ont la grosseur d'une plume de corbeau. Si le nouveau-né a respiré pendant quelques instans, ce canal perd sa figure cylindrique et prend celle d'un cône tronqué , dont la base est au cœur et le sommet à l'aorte descendante, quoique cependant on puisse observer le contraire. Si la vie a duré plusieurs heures ou un jour, il devient de nouveau cylindrique et diminue de longueur et de largeur, il n'a plus que le diamètre du tuyau d'une plume d'oie ; il est par conséquent plus petit que le tronc de l'artère pulmonaire et tout au plus égal à chacune des branches de ce vaisseau. Si la vie a duré plusieurs jours ou une semaine, le canal artériel, déjà plissé, n'a plus que quelques lignes de largeur, son diamètre est celui d'une plume de corbeau, tandis que celui des branches de l'artère pulmonaire est au moins égal à celui d'une plume d'oie (Bernt, préface de la *dissertation inaugurale* d'Eisenstein, Vienne, 1824).

M. Bernt conclut de ces observations, que le trou interoriculaire et le canal artériel offrant des différences chez les fœtus mort-nés et chez les enfans qui ont respiré, on pourra tirer parti des divers états dans lesquels on les trouve pour savoir si l'enfant a vécu ou non après la naissance ; il désigne l'ensemble des re-

14.

cherches dont il s'agit sous le nom de *docimasie de la circulation*.

J'ai cherché à vérifier les observations du docteur Bernt, et je ne puis être de son avis. Les faits suivans motivent mon opinion.

1° Le 5 avril 1827, j'ai ouvert le cadavre d'un fœtus à terme, mâle, mort-né ; le canal artériel offrait à peine *la moitié de la largeur* du tronc de l'artère pulmonaire ; il était cylindrique, long de 15 millim., *égal ou un peu plus large* seulement que chacune des branches de cette artère.

2° Le 18 avril, j'ai trouvé sur le cadavre d'un fœtus mâle, âgé de huit mois, mort-né, le canal artériel cylindrique à-peu-près large *comme la moitié du tronc de l'artère pulmonaire*, plus volumineux que la branche droite, et beaucoup plus que la branche gauche de ce vaisseau.

3° Le 20 avril, j'ai examiné le cadavre d'une fille à terme, qui avait vécu cinq heures ; le canal artériel, loin d'être cylindrique, était dilaté à sa partie moyenne et plus large à son extrémité aortique que du côté du cœur ; il était *long de 10 millim.* et beaucoup moins volumineux ; le tronc de l'artère pulmonaire, était *sensiblement plus volumineux que la branche gauche de cette artère*, tandis que la partie la plus large égalait à peine la branche droite de ce vaisseau.

4° Un enfant femelle à terme, âgé de dix-neuf jours fut ouvert le 25 avril ; le canal artériel, long seulement de 6 millim., était cylindrique, d'une largeur trois fois moindre que celle du tronc de l'artère pulmonaire, *un peu moins considérable que la branche droite, mais beaucoup plus large que la branche gauche* de cette artère.

5° Sur quatre enfans mâles, à terme, dont deux étaient mort-nés, j'ai pu constater que le canal artériel était, à peu de chose près, comme l'indique le docteur Bernt.

Or, il serait difficile de ne pas regarder ce caractère autrement que comme fort secondaire, dès qu'il a manqué quatre fois sur huit.

Je puis ajouter aujourd'hui que rien n'est plus facile que de commettre des erreurs en cherchant à apprécier la forme du canal artériel. Lorsqu'on écarte le poumon gauche qui le recouvre ou tiraille plus ou moins l'artère pulmonaire gauche, et selon le degré de traction on donne à la partie inférieure du canal artériel une forme plus ou moins évasée. Cette forme est encore modifiée selon que le cœur est porté plus ou moins en bas, et qu'il tiraille par conséquent plus ou moins dans ce sens le canal artériel.

Des injections ont été faites dans ce canal, par le sommet du cœur, et après que la matière a été figée, je n'ai point remarqué de différence sensible dans la forme du canal artériel chez des fœtus, qui étaient mort-nés et chez d'autres qui avaient respiré pendant quelque temps.

En raison de l'instabilité des résultats et des causes d'erreur que je viens de signaler, je persiste donc dans l'opinion que j'ai déjà émise.

Pour ce qui concerne les changemens de situation du trou interoriculaire, annoncés par le docteur Bernt, je crois, après avoir cherché à les vérifier, qu'ils ne s'opèrent pas avec assez de rapidité pour constituer un caractère de la vie extra-utérine ; d'ailleurs en admettant qu'il en fût ainsi, il faudrait pour les constater une habitude des dissections des nouveau-nés, que n'ont pas la plupart des médecins.

Le cordon ombilical éprouve des changemens notables après la naissance (*Voy.* p. 78 du t. 1ᵉʳ).

Examen du diaphragme. Avant la respiration, la face inférieure du diaphragme est beaucoup plus convexe qu'après, parce que le thorax se dilate dans tous les sens, et surtout de bas en haut, à mesure que l'enfant respire, et que nécessairement le muscle dont je parle doit se trouver refoulé vers l'abdomen. Mais est-il permis de juger d'après le degré de convexité et de refoulement du diaphragme, que la respiration a eu lieu? Non, car l'insufflation des poumons, si elle est complète, détermine un refoulement analogue ; toutefois je reconnais que si l'on est parvenu à savoir que les poumons n'ont pas été insufflés, les moyens proposés par Ploucquet ne seront pas sans utilité. Cet auteur a imaginé d'abord de vider l'abdomen du fœtus, et de voir, à l'aide d'un fil à plomb que l'on ferait partir du sternum, à quelle côte correspond le sommet du centre aponévrotique du diaphragme chez les fœtus mort-nés, et chez ceux qui ont respiré. Si l'on fixait par des recherches convenables les différens points dont je parle, et s'il était possible de les rapporter à des termes constans, nul doute que ce caractère ne fût de quelque valeur. D'une autre part, Ploucquet voulait que l'on déterminât, en poussant le diaphragme de bas en haut, s'il ne serait point susceptible d'être refoulé vers le thorax : s'il l'était, on pourrait soupçonner qu'il avait déjà été refoulé en sens contraire, et par conséquent que le fœtus avait respiré.

Examen de la vessie et des intestins. On ne peut pas disconvenir que dans la plupart des cas le refoulement en bas du diaphragme ne sollicite les contractions de la vessie et des intestins qui laissent échapper de l'urine et du méconium ; mais il s'en faut de beaucoup que le défaut d'évacuation de ces matières prouve que l'enfant n'a pas respiré, une foule de causes pouvant s'opposer à leur excrétion. D'une autre part, il peut arriver que la sortie de ces matières ait lieu avant que l'enfant ait respiré, puisqu'elle a été observée avant la naissance.

Examen du foie. On lit dans le *Dictionnaire de médecine*, en 18 volumes (article INFANTICIDE, p. 167, mai 1825), que le docteur Bernt vient d'indiquer, comme un caractère infaillible de la respiration, le dégorgement sanguin considérable et rapide que le foie éprouve par l'effet de la respiration ; ce dégorgement diminue tellement le poids de ce viscère, que ses rapports de pesanteur avec le corps entier donnent chez le fœtus qui a respiré des proportions si différentes de celles que l'on obtient en agissant sur des fœtus mort-nés, qu'elles ne peuvent jamais induire en erreur. J'ai été d'autant plus surpris de cet énoncé, que les recherches des docteurs Eisenstein et Zébisch, publiées sous la présidence du docteur Bernt, en 1824 et en 1825, par conséquent à-peu-près à l'époque où l'auteur de l'article du Dictionnaire a pu avoir connaissance du nouveau caractère, ne font aucunement mention des avantages de cette nouvelle méthode ; loin de là, on y trouve des faits qui démontrent jusqu'à l'évidence qu'elle ne peut être d'aucune utilité. Le tableau suivant mettra cette vérité hors de doute. Il comprend vingt-deux enfans à terme, et il est extrait des observations 25, 26, 41, 32, 33, 37, 38, 41, 44, 45, 46, 47 et 50 de la dissertation du docteur Eisenstein, et des observations 57, 58, 59, 60, 62, 63, 70, 71 et 74 de la thèse du docteur Zébisch.

MORT AVANT OU APRÈS LA NAISSANCE.	POIDS DU CORPS.			POIDS DU FOIE.			RAPPORT entre le poids du corps et du foie.
	liv.	onc.	gros.	onc.	gros.	grains	
Mort-né.	4	0	70	6	2		24
Mort-né.	4	2	46	5	0		18
Mort-né.	5	1	15	5	6		19
Mort-né.	4	3	48	5	13	4	21
Mort-né.	6	0	60	6	0	0	15 ½
Mort-né.	5	5	70	6	2	2½	17
Ayant à peine respiré.	4	0	11	4	12	0	19
Idem.	4	6	24	5	14	4	20
Idem.	5	6	18	5	15	4	16 ½
Idem.	3	1	52	5	13	4	29
Idem.	3	6	18	4	6	0	19
Idem.	5	0	2	5	7	0	16 ½
Ayant respiré plus complétement.	4	2	34	5	4	0	19 ½
Idem.	4	5	52	5	8	4	18 ½
Ayant respiré parfaitement.	3	3	60	4	12	4	22
Idem.	8	1	13½	5	0	4	10
Idem.	4	0	11	4	15	0	19 ½
Idem.	4	3	13	5	13	4	21
Idem.	3	4	33	5	4	0	23 ½
Idem.	6	2	71	6	8	6	16 ½
Idem.	9	4	61	7	11	0	13
Idem.	5	6	35	5	10	4	15 ½

Ces résultats démontrent jusqu'à l'évidence, 1° que le poids du foie était beaucoup plus considérable chez plusieurs enfans qui avaient respiré parfaitement, que chez d'autres qui étaient mort-nés ; que le rapport entre le poids du corps et celui du foie était souvent plus faible dans le cas de respiration parfaite que lorsque les enfans n'avaient pas vécu, ce qui devrait être l'inverse, si l'assertion émise par le docteur Marc, d'après Bernt, était exacte.

Avant de tirer les conclusions qui me paraissent découler de tout ce qui vient d'être dit sur la respiration des nouveau-nés, je crois devoir faire connaître un travail remarquable du docteur Bernt sur ce sujet.

Des moyens proposés par le docteur Bernt pour déterminer
si un fœtus a vécu après l'accouchement.

Avant de décrire le procédé qu'il croit supérieur aux autres, le docteur Bernt établit l'insuffisance de l'épreuve hydrostatique, en tant qu'elle a seulement pour objet de décider si le poumon est plus léger ou plus pesant que l'eau. Ne sait-on pas que *les poumons d'enfans qui ont respiré*, dit-il, vont au fond de l'eau lorsque la respiration a été imparfaite, lorsque le poids spécifique de l'organe a été augmenté par une collection de mucus, de pus, par des tubercules squirrheux, et par l'inflammation ? D'une autre part *les poumons d'enfans qui n'ont pas vécu après l'accouchement* ne peuvent-ils pas nager sur l'eau si l'enfant a fait quelques inspirations au passage, si on a insufflé de l'air, ou s'il s'est développé quelques gaz à la surface ou dans le parenchyme du poumon, par suite d'une maladie ou de la putréfaction ?

Il rapporte ensuite trois observations de fœtus, l'un de six mois qui vécut deux heures, l'autre de huit ou neuf mois qui ne périt qu'au bout de neuf heures et le troisième de six mois qui mourut peu de temps après la naissance. Les poumons de ces fœtus, mis dans l'eau, gagnaient le fond du vase, lors même qu'ils étaient coupés par fragmens ; ils n'étaient point crépitans, mais en revanche ils avaient quitté la partie postérieure du thorax, au point que leurs bords antérieurs recouvraient le péricarde dans une grande étendue, et avaient refoulé en bas la convexité du diaphragme jusqu'à la quatrième ou la cinquième côte. Ils pesaient chez le premier enfant 56 grammes, chez le second 48 gr., et chez le troisième 40 gr. (1).

De ces faits l'auteur conclut, non-seulement que l'on se serait trompé en affirmant d'après la submersion des poumons dans l'eau que les fœtus n'avaient pas respiré, mais encore que l'établissement de la circulation pulmonaire peut déterminer, lors même que la respiration est imparfaite, une *augmentation dans le volume et dans le poids du poumon* (2). Ces données le con-

(1) Les poumons d'un enfant à terme qui n'a pas respiré ne pèsent en général que 32 grammes, d'après Bernt.

(2) En effet, pour ce qui concerne le poids, puisque les poumons ne pèsent que 32 gr. chez les *enfans à terme* qui n'ont pas respiré, il est évident que dans

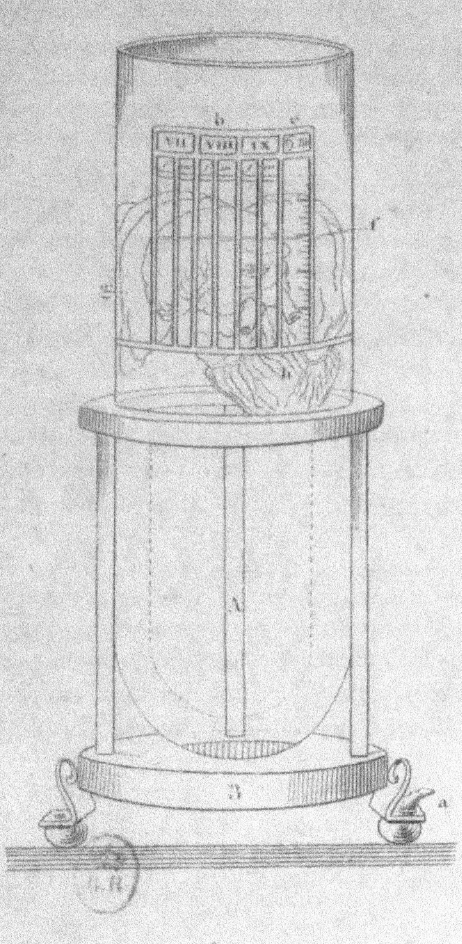

A. Vase de verre de 11 pouces ½ de longueur et de 3 pouces de diamètre.
B. Piédestal à trois pieds. a. L'un des pieds garni d'une vis à l'aide de laquelle on peut donner au vase une position horizontale.
b. Triple échelle verticale pour les poumons de 7, de 8 et de 9 mois.
c. Largeur de 2 pouces (mesure d'Autriche) divisée en lignes.
d. Point auquel monta l'eau dans l'épreuve faite sur le poumon d'un enfant mâle à terme qui avait respiré.
e. Poumon qui surnage.
f. Cœur tenu en suspension dans l'eau par le poumon.

duisent à la recherche des moyens propres à faire connaître s'il y a eu ou non augmentation dans le volume et dans le poids absolu des poumons. Voici la *description de l'instrument* qu'il conseille d'employer pour apprécier le volume :

On prend un vase de verre épais, cylindrique, de 8 centimètres de diamètre, ayant 30 centimètres de hauteur, dont le piédestal a 1 mètre, est garni d'une vis, à l'aide de laquelle on peut élever ou baisser le vase et le mettre de niveau (*Voy.* fig. 1re). On introduit dans ce vase 1 kilogr. d'eau *distillée* ; la hauteur de ce liquide est parfaitement tracée tout autour du vase, à l'aide d'une marque solidement empreinte. Comme les poumons plongés dans ce liquide en feront varier la hauteur suivant qu'ils appartiendront : 1° à des fœtus de sept, huit ou neuf mois ; 2° à des garçons ou à des filles ; 3o à des enfans enfin qui n'ont pas encore respiré, qui n'ont respiré qu'imparfaitement, ou dont la respiration a été parfaite, on tracera sur la ligne circulaire, qui indique la hauteur de l'eau, quatre lignes verticales pour former trois colonnes, portant pour rubrique les chiffres romains VII, VIII et IX, destinés à indiquer l'âge des fœtus. Au-dessus de chacun de ces chiffres, chaque colonne sera divisée en deux parties, *f* et *m*, que l'on marquera toujours de gauche à droite, pour désigner les sexes féminin et masculin. Le vase étant ainsi disposé, on plongera dans l'eau successivement les poumons et le cœur de six fœtus, trois de chaque sexe, âgés de sept, de huit et de neuf mois, que l'on saura positivement ne pas avoir respiré ; on marquera chaque fois la hauteur de l'eau, dans les trois colonnes verticales, au moyen de traits tirés en travers et à gauche de l'échelle ; on tracera la lettre N au-dessus de la surface de l'eau, pour indiquer que cette hauteur dans chaque colonne est destinée aux poumons d'enfans qui n'ont pas respiré. Il est inutile de dire qu'on devra lier chaque fois les vaisseaux des poumons.

On plongera ensuite dans le vase les poumons de six fœtus, dont trois mâles et trois femelles âgés de sept, huit et neuf mois, qui auront vécu pendant quelque temps, et chez lesquels *la respiration aura été imparfaite.* Ces poumons seront unis au cœur, et les vaisseaux auront été préalablement liés. On marquera par des lignes transversales, dans les trois colonnes, la hauteur du liquide qu'ils ont déplacé, et à côté de ces lignes, on mettra la lettre I pour indiquer que la respiration a été imparfaite. Enfin, on agira de même pour les poumons de six fœtus, dont trois mâles et trois femelles, âgés de sept, huit et neuf mois révolus, ayant respiré complétement. Ici les lignes transversales, qui indiqueront la hauteur de l'eau, seront accompagnées d'un P pour exprimer que la respiration a été parfaite.

les trois observations dont il s'agit, et qui ont pour objet *des fœtus beaucoup plus jeunes*, le poids aurait dû être au-dessous de 32 gr., si, par suite de la respiration, une plus grande quantité de sang ne fût arrivée au poumon.

Il n'est pas indifférent pour le succès de l'expérience de plonger dans l'eau les poumons seuls ou avec le cœur ; en effet, si l'on séparait ce dernier organe, les poumons déplaceraient un volume de liquide beaucoup moindre, et l'ascension de l'eau serait moins sensible qu'avec le cœur ; d'ailleurs, et ce point est de la plus grande importance, la séparation du cœur entraînerait une diminution dans le poids absolu des poumons, toutes les fois qu'une portion de sang auroit déjà pu parvenir des veines pulmonaires dans le ventricule gauche du cœur : or, il est aisé de sentir que s'il en était ainsi, on n'apprécierait pas exactement l'augmentation du poids du poumon produite par l'établissement de la circulation pulmonaire.

On remarque encore sur le vase, que je viens de décrire, une échelle de 6 centim., subdivisés en millimètres, qui part de bas en haut; du niveau de la nappe d'eau, et qui sert probablement à indiquer géométriquement les changemens qu'éprouve la hauteur du liquide.

Un vase de cette nature, s'il est parfaitement calibré, pourra servir d'*étalon* ; il faudra seulement prendre la précaution indispensable, soit en le construisant, soit en l'employant aux expériences auxquelles il est destiné, de remplacer l'eau qui a été évaporée ou perdue entre deux expériences ; on conçoit en effet que ce liquide doit atteindre, au commencement de chaque expérience, la ligne circulaire inférieure dont j'ai parlé.

Conclusions à tirer des résultats obtenus à l'aide de cet instrument. Lorsqu'on plonge dans l'eau de ce vase les poumons et le cœur de fœtus de tout âge et de tout sexe *qui n'ont pas respiré*, et dont par conséquent le poumon n'a pas encore subi d'augmentation de poids ni de volume, soit que ces organes se précipitent lentement ou rapidement au fond du vase, soit qu'ils restent à la surface, parce que les poumons ont été insufflés, pourris, etc., ils déplaceront la plus petite quantité d'eau possible, et feront remonter le liquide, suivant l'âge et le sexe, dans un des trois intervalles, marqué par les *premières lignes transversales*, c'est-à-dire dans un des intervalles les plus inférieurs.

Si les poumons et le cœur appartiennent à des enfans de tout âge et de tout sexe, *ayant respiré imparfaitement* et dont le poids et le volume sont augmentés d'une manière sensible, soit que ces organes se précipitent au fond de l'eau par suite d'une collection d'humeurs, de pus, de tubercules graisseux dans les poumons, soit qu'ils surnagent tant à raison de l'air inspiré que de celui qui a pu être insufflé, ou qui s'est développé par la putréfaction, ils déplaceront une plus grande quantité d'eau que dans le cas précédent, et feront monter le liquide dans un des

intervalles formés par *les deuxièmes lignes transversales.*
Enfin, dans le cas où la respiration aura été *parfaite,* comme le
volume et le poids des poumons ont subi la plus grande augmentation possible, il y aura beaucoup plus d'eau de déplacée, et ce
liquide montera dans les colonnes verticales jusque dans un *des
trois intervalles les plus élevés.*

Objection. On objectera peut-être, dit le docteur Bernt,
*qu'indépendamment des différences de volume et de poids
des poumons, tirées de l'âge et du sexe des fœtus, il en est
d'autres dont je ne tiens aucun compte, et qu'ainsi il
peut se faire que les poumons les plus volumineux et les
plus pesans d'un fœtus mort-né offrent un volume et un
poids plus considérables que ceux des poumons les moins
volumineux et les moins pesans des fœtus du même âge
qui ont vécu après la naissance.* Cette objection est plutôt
relative au poids et au volume du poumon comparés au poids
du corps, qu'au poids et au volume absolus des poumons ; en
effet, on observe très rarement des différences de cette nature entre les poumons des enfans, tandis qu'on en remarque
fréquemment entre ces mêmes organes et le poids du corps
qui peut être considérablement augmenté par la graisse, par la
pléthore, ou diminué par le marasme, une hémorrhagie, etc. Que
si d'ailleurs il était reconnu plus tard que, par suite d'une hémorrhagie ou de toute autre cause, le volume et le poids absolus
des poumons présentaient des différences notables, on en tiendrait compte comme pour l'âge et le sexe, en accordant à ces
causes une place dans l'échelle de l'instrument déjà décrit.

Ainsi, dit le docteur Bernt en se résumant, si, outre l'expérience que je viens d'indiquer, on a égard au poids du corps,
des poumons et du foie, appréciés à l'aide d'une balance, à l'étendue du thorax, à la hauteur du diaphragme, à l'état du trou
interoriculaire et du canal artériel (*Voy.* page 209), au volume,
à la couleur, à la densité, à la crépitation et au poids spécifique
des poumons qui resteront à la surface, ou iront au fond de l'eau
(sans attacher pourtant à la surnatation et à la submersion plus
de prix qu'à l'augmentation de volume et de poids absolu), ou
pourra affirmer qu'*un enfant a vécu ou non après la nais-*

sance, excepté 1° dans les cas où l'enfant, quoique ayant exécuté des mouvemens volontaires après la naissance, n'a pas respiré (*voy*. objection quatrième, p. 208), 2° lorsqu'il n'a fait que quelques inspirations dans l'utérus ou au passage, et qu'il est mort avant de naître (Voy. *objection deuxième* p. 198).

Le fait suivant, tiré de la dissertation inaugurale de M. Eisenstein, soutenue en 1824, sous la présidence du docteur Bernt, me paraît propre à donner une idée exacte de la manière dont ce dernier auteur veut que l'on rédige les observations de ce genre: je l'ai choisi comme exemple parmi vingt-cinq autres pour avoir l'occasion de faire en quelque sorte une application à la pratique des préceptes qui viennent d'être exposés.

OBSERVATION. *Un enfant, à terme*, du sexe masculin, mourut dix jours après la naissance. A l'examen du cadavre on nota les objets suivans :

Etat du corps. Le corps était bien conformé, maigre ; les testicules étaient dans le scrotum, l'ombilic était cicatrisé. Le poids de cet enfant était de cinq livres demi-once ; sa longueur prise du vertex était de dix-neuf pouces.

Etat du thorax. Largeur des épaules quatre pouces et demi. *Diamètre du thorax* d'un hypochondre à l'autre trois pouces six lignes ; du sternum à la colonne vertébrale deux pouces douze lignes. La voûte du diaphragme était déprimée jusqu'à la septième côte. Il y avait dans le thorax une très petite quantité de sérum.

Etat des poumons. La couleur prédominante des poumons était d'un rouge clair semblable à du minium ; la face postérieure était d'un rouge plus foncé. On voyait à l'œil nu, à la surface de ces organes, des cellules réunies et distendues par de l'air : leur substance spongieuse criait sous le scalpel : leurs particules, pressées sous l'eau, donnaient lieu à un dégagement d'écume. *Poids absolu.* Les poumons unis au cœur pesaient trois onces deux gros et vingt-sept grains ; seuls ils pesaient deux onces, deux gros et quatre grains, et en les privant à l'aide d'une forte pression du sang qu'ils contenaient, leur poids était d'un once cinq gros et quarante-trois grains, en sorte qu'ils renfermaient quatre gros vingt-neuf grains de sang. *Volume.* Il était tellement considérable que leurs bords couvraient en grande partie la surface antérieure du péricarde et les lobes inférieurs, la convexité du diaphragme ; l'extrémité du lobe supérieur du poumon gauche et celle du lobe moyen droit formaient une frange large et obtuse. Plongés dans l'eau avec le cœur, ils déplaçaient dans le vase hydrostatique, décrit à la page 217, six pouces cubes d'eau (la température de l'air étant à 14° ; et celle de l'eau à 12°). Seuls ils ne déplaçaient que quatre pouces du même liquide. *Poids spécifique et respectif.* Les poumons unis au cœur, séparés de lui, coupés par fragmens extrêmement petits, nageaient sur l'eau.

Unis au cœur et mis dans l'eau, il fallait, pour les maintenir plongés, ajouter un poids de deux cent deux grains ; si dans cet état on cherchait à les mettre en équilibre dans une balance, on devait ajouter un poids de quinze grains, tandis que ce poids était de vingt-cinq grains et demi lorsqu'on agissait sur les mêmes organes séparés du cœur ; en sorte que dans le premier cas ils étaient de cent quatre-vingt-sept grains respectivement plus légers que l'eau (187+15=202), et dans le second de 176 1/2 (176 1/2+25 1/2=202).

État des autres viscères. Le thymus était de grandeur naturelle. Le cœur, entouré d'une petite quantité de sérum, pesait une once vingt-trois grains, et contenait cinq gros un grain et demi de sang grumeleux ; il déplaçait dans le vase hydrostatique deux pouces cubes d'eau. Le trou interoriculaire était fermé en grande partie par une membrane transparente, excepté dans l'endroit correspondant à l'hiatus, situé vers le côté droit ; cette portion ouverte était demi-circulaire, et admettait à peine le tuyau d'une plume de corbeau. Le tronc de l'artère pulmonaire, presque égal à l'aorte ascendante, avait un diamètre plus de trois fois plus grand que celui du canal artériel, dont la longueur était d'une ligne, et la grosseur comme celle d'un tuyau d'une plume de corbeau ; le rameau droit de l'artère pulmonaire formait avec le tronc un angle droit, et le gauche un angle obtus ; il avait un diamètre égal à celui du canal artériel.

Le foie était d'une grandeur naturelle, d'une couleur brun foncé ; il contenait une quantité notable de sang rouge foncé, il pesait deux cent cinquante grains ; il était de 95 grains respectivement plus lourd que l'eau. Les vaisseaux ombilicaux et le canal veineux étaient rétrécis ; ce dernier ne pouvait donner entrée à la tête d'un stylet.

L'estomac renfermait du mucus jaunâtre. Le canal intestinal, en partie rétréci, en partie distendu par des gaz, ne contenait plus de méconium. La vessie, grosse comme une prune, renfermait de l'urine jaunâtre.

Il résulte de ces faits que l'enfant dont il s'agit a vécu plusieurs jours après l'accouchement et qu'il a parfaitement respiré (*Dissertatio inauguralis medico forensis, exhibens observationes 25 alteras docimasiam pulmonum hydrostaticam illustrantes;* par Eisenstein. Vienne, 1824.)

Les tableaux suivans sont propres à faire connaître les résultats obtenus par MM. Eisenstein et Zébisch, sous les yeux du docteur Bernt ; je n'ai extrait de leurs dissertations inaugurales que ce qui se rapporte aux nouveaux moyens proposés par le professeur de Vienne, pour déterminer si un fœtus a vécu après l'accouchement, savoir à l'augmentation de poids et de volume des poumons des enfans qui ont respiré.

SEXE.	AGE.	MORT AVANT OU APRÈS LA NAISSANCE.	POIDS DES POUMONS.		
			onc.	gros	gr.
Mâle.	A terme.	Mort-né. On avait insufflé les poumons.	0	6	66
Fille.	Presq. à terme.	Mort-né.	1	4	19
Mâle.	Six mois.	*Idem.*	0	6	23
Mâle.	Huit mois.	*Idem.*	1	0	34
Fille.	A terme.	Mort-né. Poumons insufflés.	0	5	9
Fille.	Six mois.	Mort-né.	1	2	27
Fille.	Sept mois.	*Idem.*	1	1	53
Fille.	Sept mois.	Mort-né. Induration squirrheuse des poum.	2	3	11 1/2
Mâle.	Six mois.	Mort-né.	0	5	9
Mâle.	Sept mois.	*Idem.*	1	0	2
Mâle.	Huit mois.	*Idem.*	1	4	37
Mâle.	A terme.	*Idem.*	1	5	63
Fille.	A terme.	Mort-né. Insufflation des poumons.	1	2	65 1/2
Fille.	A terme.	Mort-né. Poumons insufflés.	2	0	55
Garçon.	A terme.	*Idem.*	1	4	55
Mâle.	Huit mois.	Ayant respiré imparfaitement pendant peu de temps.	1	5	33 1/2
Mâle.	A terme.	Ayant à peine respiré ; les poumons ont été insufflés.	1	2	0
Mâle.	A terme.	Ayant à peine respiré, Poumons insufflés.	1	4	68 1/2
Fille.	A terme.	Ayant à peine respiré imparfaitement, Poumons insufflés.	1	0	40
Mâle.	A terme.	*Idem.*	1	1	56
Mâle.	A terme.	*Idem.*	1	3	2
Mâle.	A terme.	*Idem.*	1	5	9
Mâle.	A terme.	*Idem.*	1	2	48
Fille.	Sept mois.	Ayant respiré imparfaitement pendant deux heures.	1	0	10
Fille.	Sept mois.	*Idem.*	0	7	8
Fille.	Huit mois.	Ayant respiré pendant quelque temps surtout avec le poumon droit. Poumons insufflés.	1	1	48
Fille.	Non à terme. Poids du corps 2 livres 2 onces et demie.	Respiration imparfaite pendant dix jours.	1	0	39
Mâle.	Sept mois.	Ayant respiré pendant peu de temps et imparfaitement insufflés.	1	1	67
Mâle.	Huit mois.	Respiration imparfaite pendant deux heures. Insufflation.	0	6	37
Mâle.	A terme.	Respiration imparfaite pendant un jour.	1	2	62
Mâle.	A terme.	Ayant à peine respiré. Poumons insufflés.	2	0	25
Fille.	Sept mois.	Ayant vécu pendant quelque temps.	1	0	40
Fille.	Huit mois.	Ayant vécu cinq jours languissante.	1	1	40
Fille.	Presq. à terme.	Ayant vécu quelques heures. Respiration parfaite après l'insufflation.	1	6	2
Fille.	A terme.	Respiration parfaite.	1	0	40 1/2
Mâle.	Six mois.	Ayant respiré parfaitement pendant deux jours.	0	6	67
Mâle.	A terme.	Ayant vécu et parfaitement respiré pendant dix jours.	2	1	52
Mâle.	A terme.	Ayant respiré parfaitement pendant six jours.	2	4	60
Mâle.	A terme.	Respiration parfaite pendant peu de temps.	1	5	69
Mâle.	Presq. à terme.	Ayant respiré parfaitement pendant quelques heures.	1	4	38
Fille.	Huit mois.	*Idem.*	1	0	41
Mâle.	Sept mois.	*Idem.*	1	6	26 1/2
Mâle.	A terme.	*Idem.*	2	1	38
Mâle.	A terme.	Né asphyxié, ramené à la vie par l'insufflation a respiré pendant quelques heures.	2	5	25 1/2
Fille.	Sept mois.	Respiration complète pendant plusieurs jours.	1	4	44
Mâle.	Sept mois.	Respiration parfaite pendant cinq jours.	1	3	16
Mâle.	A terme.	*Idem.*	1	7	2

EAU déplacée par les poumons et le cœur dans le vase hydrostatique.		EAU déplacée par les poumons dans le vase hydrostatique.		POIDS SPÉCIFIQUE DES POUMONS.
pouces.		pouces.		
2	4/10	1	7/10	Ils surnageaient même avec le cœur.
3	8/10	2	2/10	Ils se précipitaient même par fragmens,
1	5/10	1		Gagnaient lentement le fond de l'eau,
2	1/10	1	1/10	*Idem.*
3	2/10	1	9/10	Ils surnageaient même avec le cœur.
2	8/10	2		Ils se précipitaient lentement.
2	6/10	2		Ils se précipitaient.
5	4/10	4	1/10	Ils se précipitaient rapidement.
1	2/10	1		Ils se précipitaient.
3	0	2	4/10	*Idem.*
3	9/10	2	5/10	*Idem.*
4	6/10	2	7/10	*Idem.*
3	8/10	2	2/10	Ils surnageaient même avec le cœur.
6	5/10	3	5/10	*Idem.*
8	5/10	2	5/10	*Idem.*
3	9/10	2	8/10	Ils se précipitaient excepté quelques fragmens.
3	5/10	2		Les parties rosées surnageaient ; les autres gagnaient le fond du vase.
4		2	9/10	Ils surnageaient même avec le cœur.
3		1	9/10	*Idem.*
3	7/10	2		Ils surnageaient sans le cœur.
4		2	5/10	Ils surnageaient avec le cœur.
4	8/10	2	5/10	*Idem.*
3	6/10	2		*Idem.*
2	2/10	1	5/10	Ils se précipitaient excepté trois fragmens.
1	9/10	1	5/10	Ils se précipitaient avec ou sans le cœur.
3	5/10	2		Ils surnageaient même avec le cœur.
2	5/10	1	7/10	Ils surnageaient avec le cœur ; cependant les parties d'un rouge-brun se précipitaient.
2		1	3/10	Ils surnageaient même avec le cœur.
1	9/10	1	1/10	*Idem.*
3	6/10	2		Ils gagnaient le fond de l'eau, même coupés par fragm. ; les portions d'un rouge clair seules surnag.
4	9/10	3	5/10	Ils surnageaient même avec le cœur.
2	5/10	1	7/10	*Idem.*
3	2/10	1	8/10	*Idem.*
4	8/10	3		*Idem.*
2	9/10	1	9/10	*Idem.*
2	5/10	1	8/10	*Idem.*
6		4		*Idem.*
6	9/10	4	6/10	*Idem.*
3	1/10	2	9/10	*Idem.*
4		2	7/10	*Idem.*
3	8/10	1	5/10	*Idem.*
4	9/10	5		*Idem.*
6	4/10	3	9/10	*Idem.*
7	1/10	5		*Idem.*
4	1/10	2	8/10	*Idem.*
4		2	6/10	*Idem.*
5	5/10	3	5/10	*Idem.*

Réflexions sur les moyens proposés par le docteur Bernt pour déterminer si le fœtus a vécu après l'accouchement.

Ces moyens étant fondés sur l'*augmentation de volume et de poids* éprouvée par les poumons qui ont respiré, il importe d'examiner successivement chacun de ces points.

Augmentation de volume. On l'apprécie, comme je l'ai déjà dit, en ayant égard au volume d'eau déplacée soit par le cœur et les poumons, soit par les poumons seuls, dans un vase hydrostatique. *Objection* 1re. Ce vase que le docteur Bernt dit pouvoir servir d'*étalon*, et dont il a donné la graduation, devra nécessairement se trouver entre les mains des nombreux médecins, qui pourront être chargés de faire des rapports en matière d'infanticide; autrement il leur serait impossible de déterminer si les poumons sur lesquels ils expérimentent font monter le liquide jusqu'à la hauteur qui indique que l'enfant n'a pas respiré, ou qu'il a respiré incomplétement ou complétement. Or, on éprouve de très grandes difficultés pour se procurer un semblable instrument : les mécaniciens les plus habiles de Paris n'ont jamais voulu s'engager à le construire, parce qu'il leur était impossible de trouver un *cylindre* de verre ayant *très exactement* 11 pouces 1/4 de hauteur et 3 pouces de largeur (mesure allemande), et l'on conçoit combien il importe que la largeur de ce cylindre soit rigoureusement de 3 pouces, puisque la plus légère différence en plus ou en moins, doit en apporter de très grandes dans la hauteur du liquide, et dès-lors les résultats ne cadrent plus avec ceux qui ont été fournis par l'étalon. A la vérité, on pourrait lever cette difficulté en construisant l'instrument en fer-blanc, en cuivre ou en étain, car alors on pourrait lui donner exactement les dimensions exigées par le docteur Bernt; mais il y aurait un autre inconvénient, celui de ne plus avoir un vase transparent et par conséquent de ne plus pouvoir juger facilement la hauteur à laquelle l'eau s'éleverait. Rendrait-on le vase fenêtré, au moyen d'une lame de verre qui serait placée juste vis-à-vis l'échelle graduée, pour être à même d'apprécier l'élévation du liquide, il serait encore difficile d'obtenir un résultat exact, attendu qu'il ne serait pas aisé de donner au segment de verre qui servirait de fenêtre la même courbure qu'à la portion métallique; d'ailleurs le mastic que l'on serait obligé d'employer pour adapter ces parties hétérogènes, pourrait très bien changer la capacité de l'instrument et le rendre inexact. Mais, dira-t-on, si l'on ne peut se procurer cet instrument qu'avec la plus grande difficulté, pourquoi chaque médecin n'en ferait-il pas construire un semblable offrant à-peu-près les mêmes dimensions, qu'il graduerait comme l'a fait le docteur Bernt en plongeant successivement dans l'eau des poumons de fœtus mâle et femelle de sept, de huit et de neuf mois, n'ayant pas respiré, n'ayant respiré qu'imparfaitement, ou ayant respiré complétement? Sans doute, en agissant ainsi, on ferait disparaître la difficulté; mais pense-t-on qu'il soit possible, excepté dans les villes de premier ordre, de se procurer un nombre aussi considérable de fœtus dans les conditions indiquées? Je ne suis donc pas étonné que M. Devergie ait pu ainsi se faire construire un vase à l'instar de celui de Bernt. Ce qui m'étonne, c'est que (page 632, tome 1) il réfute mon objection comme si je n'avais pas dit moi-même, et avant lui, qu'on pourrait construire un instrument comme celui de Bernt, mais dont les dimensions ne seraient pas les mêmes que celles qui ont été indiquées par l'auteur allemand.

Objection 2ᵉ. En admettant que l'on ait à sa disposition un instrument semblable à celui qu'a décrit le docteur Bernt, l'augmentation du volume des poumons, appréciée par l'élévation de l'eau dans le vase, ne peut pas servir *dans tous les cas* à faire connaître si l'enfant a respiré. Les preuves de cette assertion se tirent du travail même du docteur Bernt; en effet, chez cinq enfans mâles à terme qui avaient respiré ou dont les poumons avaient été insufflés, le volume d'eau déplacée a été (1)

Pour le cœur et les poumons.	Pour les poumons.
3 pouces 5/10.	2 pouces.
3 7/10.	2
3 6/10.	2
3 6/10.	2
4	2 5/10.

(1) *Voyez* Expériences 31ᵉ et 37ᵉ de la *Dissertation d'Eisenstein*, et 61ᵉ, 62ᵉ et 64ᵉ du docteur Zébisch.

tandis que chez trois enfans mâles à terme ou *moins âgés*, qui sont mort-nés et dont les poumons n'ont pas été insufflés, le volume d'eau déplacée a été constamment plus grand (1).

Pour le cœur et les poumons d'un enfant à terme. 4 pouces 6/10.	Pour les poumons. 2 pouces 7/10.
Un enfant de sept mois.	Pour les poumons. 2 pouces 4/10.
Pour le cœur et les poumons d'un enfant de huit mois. 3 pouces 9/10.	Pour les poumons. 2 pouces 5/10.

Chez deux filles à terme qui avaient respiré ou dont les poumons avaient été insufflés, le volume d'eau déplacée a été (2)

Pour le cœur et les poumons. 3 pouces. 8 8/10	Pour les poumons. 1 pouces 9/10. 2 2/10.

tandis que chez deux filles dont une à terme et l'autre à sept mois qui n'avaient pas respiré et dont les poumons n'avaient pas été insufflés, le volume d'eau déplacée a été constamment plus grand ou aussi grand (3).

Pour le cœur et les poumons. 3 pouces 8/10. Fille de sept mois.	Pour les poumons. 2 pouces 4/10. Pour les poumons. 2 pouces.

Ces faits montrent, ce que l'on pouvait prévoir d'avance, que tout ce qui tient à la vie échappe à des calculs mathématiques, et que s'il est vrai que le principe sur lequel est fondée l'épreuve du docteur Bernt, relative à l'augmentation de volume, est incontestable, et que les choses se passent comme il l'a dit dans la plupart des cas, il se présente néanmoins assez d'anomalies et d'excéptions pour qu'il ne soit pas permis d'en faire une application rigoureuse.

Augmentation de poids. Il est impossible de nier que les poumons d'un nouveau-né qui a respiré complétement, et même in-

(1) *Voyez* Expériences 55°, 56° et 57° de Zébisch.
(2) *Voyez* Expériences 58° et 60° de Zébisch.
(3) *Voyez* Expériences 26° d'Eisenstein, et 52° de Zébisch.

— 227 —

complétement, pèsent davantage qu'avant la respiration, le sang ayant dû y pénétrer en plus grande quantité. Mais faut-il admettre, comme l'indique le docteur Bernt, que le poids des poumons d'un fœtus à terme qui n'a pas respiré est d'une once, et surtout dirai-je qu'il ne puisse arriver que ce poids soit beaucoup plus considérable que celui des poumons d'un nouveau-né à terme qui a respiré? Je ne le pense pas, et voici les faits sur lesquels je m'appuie :

Sur douze enfans mâles à terme qui avaient respiré *pendant peu de temps,* ou pendant plusieurs jours, le poids des poumons a été (1) :

Poids des poumons.			Poids des mêmes poumons fortement exprimés dans l'eau.		
1 once	2 gros.		0 once	3 gros	7 grains 1/2
1	4	68 grains 1/2	1	1	21
1	5	16	0	5	32
1	3	2	1	0	42 1/2
1	2	48	0	6	2
1	2	62	1	0	55
1	2	3			
1	4	36			
1	4	36			
1	4	48			
1	3	36			
1	3	40			

Sur sept enfans mâles à terme ou au-dessous qui n'ont pas respiré, le poids des poumons a été (2) :

Poids des poumons.			Poids des poumons fortement exprimés dans l'eau.		
1 once	4 gros	37 grains 1/2			
1	5	63	1 once	0 gros	33 grains 1/2
1	4	33	1	1	1
1	7	18	0	6	65
1	4	50			
1	3	0			
2	4	18 (3).			

(1) Les six premiers résultats sont extraits des expériences 31e, 33e et 37e d'Eisenstein, et 61e, 62e et 64e de Zébisch ; les six autres m'appartiennent.

(2) Les trois premiers résultats sont fournis par les expériences 52e d'Eisenstein, et 56e et 57e de Zébisch; les autres m'appartiennent.

(3) Les poumons de cet enfant étaient malades; en les coupant il s'en écoulait une sanie d'un gris rougeâtre assez abondante, et leur tissu paraissait presque homogène.

15

Chez une fille à terme qui avait respiré *pendant peu de temps,* les poumons ont pesé (Expérience 60ᵉ de Zébisch.) :

Poids des poumons.	Poids des poumons fortement exprimés dans l'eau.
1 once 0 gros 46 grains.	0 once 5 gros 70 grains.

Sur trois filles à terme qui n'ont pas respiré, le poids des poumons a été (1).

Poids des poumons.				Poids des poumons fortement exprimés dans l'eau.		
1	once 4	gros 19 grains.		0 once 6	gros 68	grains.
1	2	65	1/2	1	0	71
2	0	33		1	1	37

Chez quatre fœtus du sexe féminin, de sept ou de huit mois, qui avaient respiré *pendant peu de temps* les poumons ont pesé (2) :

Poids des poumons.			Poids des poumons fortement exprimés dans l'eau.		
1 once 0	gros 10	grains.	0 once 4	gros 48	grains.
0	7	8	0	2	62
1	1	40	0	5	15
1	1	48	0	6	71

Chez deux fœtus du sexe féminin, de six et de sept mois, qui n'ont pas respiré, les poumons ont pesé (3) :

Poids des poumons.			Poids des poumons fortement exprimés dans l'eau.		
1 once 2	gros 27	grains.	0 once 6	gros 40	grains.
1	1	55	0	5	34

Ces résultats, tirés en grande partie du travail même du docteur Bernt, prouvent jusqu'à l'évidence : 1° que chez plusieurs enfans à terme de l'un et de l'autre sexe qui avaient respiré, les poumons exprimés dans l'eau pesaient moins que les mêmes organes de fœtus a terme qui n'avaient pas respiré ; 2° qu'il en est à-peu-près de même pour les poumons dont il s'agit, après les avoir fortement exprimés dans l'eau ; 3° que le poids de ces organes, exprimés ou non dans l'eau a été quelquefois plus considérable chez des fœtus de six ou de sept mois qui n'avaient pas

---

(1) *Voyez* les expériences 26ᵉ d'Eisenstein, et 58ᵉ et 59ᵉ de Zébisch.

(2) *Voyez* les expériences 59ᵉ d'Eisenstein, et 65ᵉ, 66ᵉ et 67ᵉ de Zébisch.

(3) *Voyez* les expériences 51ᵉ et 52ᵉ de Zébisch.

respiré, que chez des fœtus du même sexe à terme qui avaient respiré ; 4° que les poumons de fœtus de l'un et de l'autre sexe de sept et de huit mois qui avaient respiré, pesaient autant et quelquefois plus que ceux d'enfans à terme qui avaient vécu.

Objectera-t-on par hasard que souvent le poids des poumons des fœtus mort-nés s'est trouvé augmenté, parce que ces organes étaient malades et qu'ils renfermaient des liquides sanguinolens ou autres dont on ne pouvait pas les débarrasser complétement par l'expression : je répondrai que s'il en a été ainsi quelquefois dans les expériences citées d'Eisenstein, de Zébisch et dans celles qui me sont propres, le contraire a souvent été observé.

Conclusions à tirer de tout ce qui précède. 1° Tout en admettant que le poids des poumons d'un enfant qui a respiré est en général plus considérable que celui des poumons d'un autre fœtus du même âge, mort-né, il faut convenir qu'il se présente assez d'exceptions à cette règle, pour qu'on ne puisse pas l'admettre d'une manière absolue ; 2° il importe cependant de peser attentivement les poumons, toutes les fois qu'il s'agira de déterminer si le nouveau-né a respiré, parce qu'il est à-peu-près constant que les poumons d'un enfant à terme qui a respiré pèsent plus de 30 gram., et que ce caractère peut être fort utile pour savoir si la respiration a eu lieu ; 3° on ne tiendra aucun compte du poids des poumons pour décider la question dont il s'agit, lorsque, tout annonçant que le fœtus est mort-né, ce poids très considérable tendrait à faire croire qu'il y a eu respiration, parce que l'expérience a démontré que, soit à cause d'une maladie des poumons, soit par tout autre motif, il est arrivé que des poumons de fœtus mort-nés aient pesé beaucoup plus que ceux d'enfans du même âge qui avaient respiré complétement.

Après avoir examiné les différences que présentent dans les fœtus mort-nés et dans ceux qui ont respiré, le thorax, les poumons, le cœur, le canal artériel, le canal veineux, le cordon ombilical et le diaphragme, je crois devoir indiquer les *conclusions* suivantes, comme solution de la question énoncée à la page 172 (1).

(1) Il importe de ne faire aucune recherche avant d'avoir pris exactement le poids du corps du fœtus et celui des poumons.

1° On affirmera qu'un fœtus *à terme* a respiré, si le canal artériel, le canal veineux et le trou interoriculaire (de Botal) sont oblitérés, et si le cordon ombilical est détaché ou prêt à tomber, quelle que soit la manière dont les poumons se comportent lorsqu'on les place sur l'eau.

2° On pourra également affirmer qu'un fœtus *à terme* a respiré, lors même qu'il n'offre aucun des caractères qui précèdent, si le thorax est voûté, le diaphragme plus ou moins refoulé vers l'abdomen, les poumons d'un rouge peu foncé, pesant au moins 30 gram., recouvrant plus ou moins le péricarde, *et plus légers que l'eau dans leur totalité ou dans quelques-unes de leurs parties*, pourvu toutefois que la légèreté de ces organes ne dépende ni de leur putréfaction, ni d'un état emphysémateux, ni de leur insufflation (*Voy.* page 189, *objection 1ʳᵉ*).

3° Lors même qu'il sera prouvé qu'un enfant *à terme* a respiré, on ne conclura pas qu'il a vécu après sa naissance, car il a pu respirer et périr pendant l'accouchement.

4° On ne niera pas qu'un enfant *à terme*, chez lequel les canaux artériel et veineux, et le trou interoriculaire ne sont pas encore oblitérés, *n'ait pas respiré*, parce que les poumons sont d'une couleur rouge et peu volumineux, qu'ils se précipitent au fond de l'eau, que le thorax est à peine voûté, et que le diaphragme n'est point refoulé vers l'abdomen; car la respiration a pu être assez faible pour ne déterminer dans ces parties aucun des changemens qu'elle produit ordinairement (*Voy.* l'observation concernant madame S****, page 203 de ce vol.)

5° Si, chez un fœtus *à terme*, le trou interoriculaire et les canaux artériel et veineux ne sont pas oblitérés, et que les poumons se précipitent au fond de l'eau, on n'affirmera point que l'enfant n'a pas respiré, ou que les poumons n'ont pas été insufflés; car le défaut de légèreté de ces organes pourrait dépendre de l'engorgement de leur tissu, ce qu'on reconnaîtrait en les coupant par tranches et en les exprimant dans l'eau; les fragmens des poumons ainsi dégorgés surnageraient si la respiration ou l'insufflation avaient eu lieu.

6° Si les poumons d'un fœtus *à terme* n'offrent aucune trace d'engorgement, qu'ils se précipitent au fond de l'eau, et que les canaux déjà mentionnés ne soient pas oblitérés, on affirmera que le fœtus n'a point respiré, mais on ne conclura pas qu'il n'a pas vécu, car il a pu naître enveloppé de ses membranes, ou dans un état d'asphyxie ; il a pu être submergé immédiatement après sa naissance, etc. (*Voy.* page 208).

7° Lorsque chez un fœtus qui *n'est pas à terme*, les poumons entiers ou tous leurs fragmens se précipitent au fond de l'eau, on se gardera bien de conclure que la respiration n'a pas eu lieu, puisqu'il est démontré que dans un assez grand nombre de cas les poumons de ces individus ne parviennent pas à surnager, lors même que la respiration a eu lieu pendant plusieurs heures. Si la masse des poumons allait au fond de l'eau, et que quelques-uns des fragmens eussent une tendance contraire ou restassent à la surface du liquide, comme on l'observe quelquefois chez les fœtus âgés de plus de sept mois, qui ont respiré, on établirait des présomptions en faveur de la respiration ou de l'insufflation.

8° Toutes les fois que l'on conservera le moindre doute sur la cause qui détermine la surnatation des poumons, c'est-à-dire, lorsqu'on sera embarrassé pour décider si cet effet est le résultat de la respiration ou de l'insufflation, il faudra tenir compte du poids des poumons comme l'a indiqué le docteur Bernt, comparer ce poids à celui du corps entier, et se rappeler les rapports qui ont été indiqués à la page 178.

9° En supposant que l'on soit parvenu à établir *de la manière la plus positive*, que l'enfant a respiré, soit pendant, soit après la naissance, et même qu'il a vécu pendant plusieurs heures, on se gardera bien de conclure qu'il a été tué. Cette vérité est tellement frappante, que l'on s'étonnera peut-être que je l'ai consignée : j'ai voulu la mentionner parce que je suis convaincu que plusieurs médecins attachant aux expériences qui ont fait l'objet de cet article, toute l'importance qu'elles méritent, ont souvent été entraînés à soupçonner le crime, par cela seul que l'enfant avait vécu : comme s'il ne fallait pas avant d'établir un pareil soupçon, déterminer si l'enfant n'était pas mort pendant l'accouchement ou à la suite d'un engorgement des poumons ou du cerveau, d'un épanchement ou d'une de ces maladies auxquelles les nouveau-nés succombent le plus ordinairement ! D'ailleurs, ainsi que je l'ai dit, la véritable pierre de touche, dans la question qui m'occupe, est de reconnaître s'il existe sur le fœtus des traces qui indiquent qu'il a été victime de manœuvres criminelles.

§ II.

Déterminer si le fœtus qui n'a pas respiré a vécu.

J'ai déjà fait observer à la page 208 que chez un nouveau-né la respiration peut ne s'établir qu'un quart d'heure, une demi-heure et même une heure après la naissance ; que l'enfant n'en vit pas moins pendant tout ce temps, et qu'une mère qui attenterait à ses jours dans ce moment, serait évidemment criminelle. Le fait suivant, remarquable sous plus d'un rapport, me paraît propre à jeter quelque jour sur cette question délicate.

Une femme accouche d'un enfant vivant, à terme, et le tue *pendant qu'il respire*, en frappant sa tête avec un sabot qu'elle tient d'une main, tandis que de l'autre, placée sur la partie antérieure du cou, elle fixe le corps sur le sol. A l'ouverture du cadavre; l'on peut se convaincre par l'état des poumons, etc., que l'enfant a respiré même pendant assez long-temps. Cette même femme, un instant après ce premier crime, s'aperçoit qu'elle va encore donner naissance à un second enfant ; et au moment où la tête a franchi les parties extérieures de la génération , elle le frappe avec le même sabot qui lui a déjà servi à tuer le premier enfant. L'examen du corps de ce second enfant apprend qu'il a 15 pouces de long, qu'il pèse 2 livres 7 onces, que le cordon ombilical, long de 16 pouces , est déchiré à son extrémité libre, que la chevelure, les ongles et les autres parties du corps ont atteint leur parfait développement. La vessie ne contient point d'urine, les vaisseaux ombilicaux sont vides de sang ; le méconium, descendu dans les gros intestins, s'était en partie échappé par l'anus dont il salissait le pourtour, ainsi que les fesses. Les poumons peu développés, roses, mais seulement à la surface, noirâtres et compactes à l'intérieur, *ne flottent sur l'eau ni avec le cœur, ni séparés de cet organe, ni par fragmens exprimés ou non entre les doigts* ; ils ne crépitent point sous le tranchant du scalpel ; ils sont gorgés, ainsi que les cavités du cœur, d'un sang veineux. La tête, d'une circonférence de 9 pouces, déformée, offre le cuir chevelu détaché des os et ecchymosé dans presque toute son étendue ; l'os frontal, fracturé longitudinalement dans sa portion gauche, présente trois fragmens qui divisent aussi la partie droite ; le pariétal droit est divisé dans sa moitié antérieure par une fracture horizontale partant du bord antérieur, et se terminant au centre de l'os ; l'autre pariétal, par une section demi-circulaire, offre deux fragmens, dont le supérieur plus petit, forme un peu plus du tiers de l'os ; l'occipital est longitudinalement séparé en deux portions droite et gauche ; les os propres du nez sont également fracturés, et l'os de la mâchoire inférieure divisé dans le point de la symphyse ; un épanchement considérable de sang existe antérieurement à la base du crâne ; enfin les tissus de la partie antérieure, latérale et supérieure du cou sont fortement ecchymosés.

Ces faits, relatés par le docteur Bellot dans le numéro de juillet 1832 des *Annales d'hygiène*, établissent, suivant lui, que ce second enfant est né à terme, qu'il était viable, *qu'il n'a pas respiré, qu'il vivait au moment de sa naissance,* mais que la vie n'était encore chez lui que le résultat de la circulation, condition toutefois suffisante pour qu'il y ait possibilité d'infanticide ; enfin que cette vie de circulation *seulement* a été anéantie par l'effet des violences exercées sur la tête et sur le cou.

Nul doute que dans l'espèce, les conclusions du docteur Bellot ne se soient trouvées conformes à la vérité, puisqu'en montant sur l'échafaud, la mère a avoué qu'elle avait commis le double meurtre, et cette observation, fût-elle la seule de ce genre, suffirait pour m'autoriser à admettre cette variété d'infanticide commis sur des enfans qui n'ont pas respiré. Mais je ne veux pas me dissimuler les difficultés souvent insurmontables qui viendront arrêter les experts au moment de se prononcer sur des cas analogues. Comment affirmer en effet qu'un enfant qui n'a pas respiré ait vécu, si ce n'est par les traces *non équivoques* de fractures, de plaies ou d'autres lésions *faites pendant la vie ?* Sans doute qu'alors on sera forcé de conclure que l'enfant était vivant. Mais nous savons combien il est quelquefois difficile de déterminer si des blessures ont été faites avant la mort ou peu de temps après (*voyez* Blessures) ; nous savons aussi combien peuvent être graves les désordres qui se remarquent à l'intérieur de la tête des nouveau-nés qui ont succombé pendant l'accouchement, lorsque celui-ci a été long et laborieux (*V.* page 238). Le médecin appelé pour juger des cas de ce genre, ne saurait être trop circonspect, et peut-être, dans l'observation qui précède, à la juger du moins par ce qu'en a rapporté le docteur Bellot, n'aurais-je pas conclu aussi hardiment qu'il l'a fait.

BIBLIOGRAPHIE.

Docimasie pulmonaire.

Schreyer (J.). Pulmonum infantis subsidentia, an indicium mortui fœtus. Tubingue, 1694, in-4.

Schoeffer (J. J.) resp. J. J. Joercke. De pulmone infantis natante vel submergente Francfort-sur-l'Oder, 1705 et 1747; Halle, 1772, in-4.

* Heister (L.) Programma quo ostenditur ex pulmonis fœtus innatatione vel submersione in aquâ nullum certum infanticidii signum desumi posse. Helmstadt, 1722, in-4.

Wolfart. De fœtu monstroso duplici hujusque occasione de pulmonum aquæ injectorum natatione et submersione. Marbourg, 1725.

* Alberti (M.) Resp. C. W. Seiler. De pulmonum subsidentium experimenti prudenti applicatione. Halle, 1728.

Geelhausen (J. H.) præs. J. J. Geelhausen. De pulmonibus neonatorum aquæ supernatantibus vel in eâ subsidentibus pro eruendo signo certiori 1° facti partus vivi vel mortui, 2° factæ vel non factæ respirationis, 3° commissi vel non commissi infanticidii. Prague, 1728.

* Goelicke (A. O.) Resp. J. S. Koeller. De pulmonum infantis in aquâ natatu vel subsidentiâ infallibili indicio, eum vel vivum vel mortuum natum esse. Francfort-sur-l'Oder, 1730, in-4.

Heister (L.) Resp. G. T. Heer. De fallaci pulmonis infantum experimento. Helmstadt, 1732, in-4.

Mazini. Conjecturæ physico-medico hydrostaticæ de fœtus respiratione. Bressia, 1737.

Kaltschmied (C. F.). De experimento pulmonum infantis aquæ injectorum, adjectâ observatione anatomicâ de dextro infantis pulmonum lobo aquæ immisso supernatante, sinistro fundum petente. Iena, 1751, in-4.

Laar (A. Van der). De pulmonum in aquis innatatione vel subsidentiâ infantis recens nati. Leyde, 1759.

Hartmann (P. J.) Resp. Orgovany de Fagoras. De controversâ pulmonum in declarandis infanticidiis æstimatione. Trajecti ad Viadrum, 1774, in-4.

Lieberkuhn (Cb. L.) Resp. H. J. O. Koenig. De experimento pulmonum natantium et submergentium. Halle, 1772, in-4.

Loder (J. C.). Programma, quo pulmonum docimasia in dubium vocatur ex novâ anatomicâ observatione. Iena, 1779.

Daniel (C. F.). De infantum nuper natorum umbilico et pulmonibus. Halle, 1780.

Mayer (J. C. A.) Resp. J. G. Reimann. Experimenta de effectibus putredinis in pulmones infantum ante et post partum mortuorum, subjunctis novis quibusdam experimentis circa pulmones infantum ante partum mortuorum institutis. Francfort-sur-l'Oder, 1782, in-4.

LEONHARDI (J. G.). De respiratione dextrilaterâ recens natorum in medicinâ forensi plurimum attendendâ. Wittemberg, 1783.

METZGER (J. D.). De pulmone dextro ante sinistrum respirante. Kœnigsberg, 1783.

SCHOLL (C. F.) Diss. qua occasione recentiorum quorundam conclusio ex subsidentiâ pulmonum recens nati fœtus examinatur. Stuttgardt, 1786.

METZGER (J. D.) Resp. K. F. SCHULZ. Animadversiones ad docimasiam pulmonum. Kœnigsberg, 1787.

KIEFER (C. F.). Docimasia pulmonum a nuperis dubitationibus vindicata. Iena, 1788.

AASHEIM Resp. ORSLEF. De docimasiâ pulmonum. Copenhague, 1794.

OLBERG (Fr.). De docimasiâ pulmonum. Halle, 1794.

HOMANN (L. F.). Historia docimasiæ pulmonum. Helmstadt, 1807.

HEINEKEN (Ph. C.). Diss. in quâ agitur de docimasiâ pulmonum incerto vitæ et mortis recens natorum signo. Gœttingue, 1811.

HENKE (A.). Revision der Lehre von der Lungen- und Athemprobe. Berlin, 1811.

Wichtiger Beitrag für die Lehre von der Lungenprobe, in Kopp's Jahrbuch der Staatsarzneikunde, t. I, p. 400.

BENEDICT. Ueber die Lungenprobe bei hydrozephalischen Kindern. In Kopp's Jahrbuch der Staatsarzeneikunde, t. IV, p. 372.

KOPP. Beitrag zur Lehre von der Lungenprobe. In Kopp's Jahrbuch der Staatsarzneikunde, t. IX, p. 153.

MENDEL. Ueber die Lungenprobe. In Kopp's Jahrbuch der Staatsarzneikunde, t. V, p. 332 ; t. VI, p. 365.

SCHALLGRUBER. Ueber die Lungenprobe. In Kopp's Jahrbuch der Staatsarzneikunde, t. VIII, p. 344.

MEISTER. Bemerkungen über die Lungenprobe. In Kopp's Jahrbuch der Staatsarzneikunde, t. IX, p. 304.

KAUFFMANN. Für die Lungenprobe wichtige Beobachtung. In Kopp's Jahrbuch der Staatsarzeneikunde, t. X, p. 562.

HENKE. Fortgesetzte Erœrterungen über die Beweiskraft der Lungen- und Athemprobe in strafrechtlichen Fællen. In Henke, Zeitschrift für die Staatsarzneikunde, t. II, p. 1 et 219. — Ueber Bernt's und Wildberg's Vorschlæge zu einer verbesserten Lungenprobe, *ibid.*, t. IV, p. 1. — Erwiederung auf die Bernt'sche Beleuchtung meiner Bemerkungen über Bernt's und Wildberg's Vorschlæge zu einer verbesserten Lungenprobe, *ibid.*, t. IX, p. 40

Bemerkungen über Bernt's und Wildberg's Vorschlæge zu einer verbesserten Lungenprobe (aus einem Schreiben an den Herausgeber), in Henke's Zeitschrift für die Staatsarzneikunde, t. V, p. 471.

Kurze Nachrichten und Mittheilungen, Bernt's Vorgeschlagene hydrostatische Lungenprobe betreffend. In Henke's Zeitschrift für die Staatsarzneikunde, t. vi, p. 229.

Schmitt. Bemerkungen über das Streben, der Lungenprobe durch neue Experimentirungsapparate einen hœhern forensischen Werth zu verschaffen; t. xi, p. 1.

Eisner. Tabellarische Uebersicht aller der Regeln, welche erforderlich sind, die Athemprobe genügend auzustellen. In Henke's Zeitschrift für die Staatsarzneikunde, t. xiv, p. 404.

Plouquet (W. G.). Ueber die gewaltsamen Todesarten. Tubingue, 1777.

Jæger (C. F.) Resp. E. D. Hennenhofer. Diss. quà casus et adnotationes ad vitam fœtus neogeni dijudicandam proponuntur. Tubingue, 1780.

Hennenhofer (E. D.). Ueber die Beurtheilung des Lebens neugeborner Kinder. Ulm, 1780.

Ploucquet (W. G.). Resp. Brotbeck. De novâ pulmonum docimasiâ. Tubingue, 1782.

* Ploucquet (W. G.) Commentarius medicus in processus criminales super homicidio, infanticidio, etc. Strasbourg, 1787, in-8.

Schmitt (W. S.). Neue Versuche und Erfahrungen über die Ploucquetsche und hydrostatische Lungenprobe. Vienne, 1806.

Du premier acte respiratoire, et sur la possibilité de la respiration avant la naissance.

Libavius (A.). De vagitu expresso fœtus in utero conclusi. Nuremberg, 1597.

Mauchart (B. D.) Resp. J. Zeller. Quod pulmonum infantis in aquâ subsidentia infanticidas non absolvat nec a tortura liberet, nec respirationem fœtus in utero tollat. Tubingue, 1691 ; Halle, 1725 ; *ibid.*, 1765, in-4.

Bœtticher (A. J.) Resp. H. Laub. De respiratione fœtus in utero. Helmstadt, 1702, in-4.

Bergen (J. G. A.). De vagitu in utero. Francfort-sur-l'Oder, 1714, in-4.

Fischer (J. A.). Utrum fœtus in utero materno respiret, an respirationis careat usu? Erfurt, 1721.

Metzger (J. D.). De vagitu uterino vix unquam verè audito. Kœnigsberg, 1799.

Karsten (J. H.). De respiratione fœtus in utero et inter partum. Gottingue, 1813.

Ficken. Ueber das Athmen der Kinder im Mutterleibe. In Kopp's Jahrbuch der Staatsarzneikunde, t. iv, p. 352.

Spangenberg. Bemerkung in Hinsicht des Athmens der Kinder vor der Geburt. In Kopp's Jahrbuch der Staatsarzneikunde, t. v, p. 334.

Osiander. Beobachtungen über Lungenprobe, Athmen der Kinder vor vœlligem Geborenseyn, Frühgeburten, Missgeburten und s. w. In Kopp's Jahrbuch der Staatsarzneikunde, t. iii, p. 367 ; t. iv, p. 351 ; t. v, p. 340.

Richter. Beobachtungen über den Vagitus uterinus. In Kopp's Jahrbuch der Staatsarzneikunde, t. vi, p. 365.

Siebold. Beobachtung des Schreiens eines neugebornen Kindes bei unzerrissenen Hæuten. In Kopp's Jahrbuch der Staatsarzneikunde, t. ix, p. 273.

Osiander. Ueber die Mœglichkeit des Athmens und Schreiens der Kinder wæhrend der Geburt. In Henke, Zeitschrift für die Staatsarzneikunde, t. i, p. 198.

Zitterland. Schreien eines Kindes im Mutterleibe, 48 Stunden vor der Geburt. In Henke, Zeitschrift für die Staatsarzneikunde, t. vi, p. 237.

Hinze. Gerichtærztliche Miscellen ælterer und neuerer Zeit, über Vagitus uterinus. In Henke, Zeitschrift für die Staatsarzneikunde, t. viii, p. 441.

Beobachtungen über Vagitus uterinus, von Andry. Henke, Zeitschrift für die Staatsarzneikunde, t. x, p. 461. — Von Bredenoll, *ibid.*, Ergænz. iv, p. 253. — Von d'Outrepont, *ibid.* Ergænz. v, p. 295. — Von mehreren andern, *ibid.* Ergænz. ix, p. 285.

§ III.

Déterminer si le fœtus est mort en naissant.

Le médecin ne saurait attacher trop d'importance à reconnaître dans une accusation d'infanticide, quelle est la partie du corps de l'enfant qui s'est présentée la première au détroit supérieur du bassin, quelle était sa position, en un mot, quelle a été la nature, la durée de l'accouchement : cet examen suffit quelquefois pour éloigner toute idée de crime. Ainsi, lorsque l'accouchement est prompt et facile, l'enfant peut naître dans un état de stupeur tel, qu'on le regarde comme mort ; ici la femme a été surprise, surtout si elle était primipare, et il y aurait de l'inhumanité à ne tenir aucun compte de la marche exceptionnelle que la nature a suivie dans l'espèce. Dans le cas où le travail aurait été difficile et long, ne serait-il pas à présumer que l'accouchement n'a pas été clandestin, qu'une ou plusieurs personnes ont assisté la femme, ce qui diminuerait nécessairement les probabilités du crime? On peut même supposer la difficulté de l'accouchement telle, que les secours de l'homme de l'art aient été indispensables, ce qui éloignerait encore davantage toute idée de culpabilité, à moins que l'on admit, ce qui n'est guère probable, la complicité du médecin.

Pour être à même de déterminer si un enfant est mort en naissant, il faut connaître les causes innocentes qui peuvent le faire périr pendant le travail ; l'examen de ces causes jettera un grand jour sur cette question. Voici les principales :

1° *La longueur du travail*. Si le travail est long et pénible, en supposant même que le sommet de la tête se présente dans une bonne position, le fœtus peut périr, parce que les contractions de la matrice sont fortes et longues, que la tête se trouve poussée contre le bassin, et que le cordon ombilical et le placenta sont comprimés ; on conçoit qu'alors le sang soit refoulé vers le cerveau et détermine l'apoplexie. Les principales causes de la longueur du travail sont l'étroitesse des détroits du bassin, la dureté et la rigidité de l'orifice de l'utérus ou de la vulve, le volume de l'enfant, le défaut d'intensité des douleurs, etc.

Examen du cadavre. Pour mieux faire ressortir les lésions produites par la longueur du travail, il importe d'établir, en peu de mots, ce que l'on remarque dans les diverses espèces d'accouchement. Si la femme est jeune, bien conformée, primipare, et que l'enfant, d'un volume ordinaire, présente, comme cela a le plus souvent lieu, l'extrémité occipitale de la tête, on voit sur la partie qui s'est engagée une tuméfaction plus ou moins considérable ; le tissu cellulaire sous-cutané de la portion tuméfiée est infiltré de sérosité jaunâtre ; les vaisseaux sanguins sont engorgés ; les autres parties de la tête sont dans l'état naturel. Si la femme est déjà accouchée plusieurs fois et que le travail soit de peu de durée, la tuméfaction, l'infiltration et l'engorgement dont je parle sont à peine marqués. Si au contraire l'accouchement a été plus long, au lieu d'une simple tuméfaction, on découvre à la partie de la tête qui s'est présentée, une tumeur molle contenant de la sérosité sanguinolente ou du sang ; le périoste peut être détaché et soulevé par du sang noir et fluide ; les os du crâne sont quelquefois mobiles, les sutures relâchées, et la portion de l'os qui correspond à la tumeur est brunie par du sang. Les altérations seront encore plus marquées, si le travail a été plus long et plus pénible ; la tête pourra être allongée dans son grand diamètre et aplatie en sens contraire ; l'un et l'autre des pariétaux, quelquefois tous les deux, ainsi que le frontal, pourront

offrir des enfoncemens sans fracture, ou des fractures longitudinales, anguleuses ou en étoile ; la peau du crâne, de la face et du
cou pourra être d'un rouge violet et comme contuse ; les muscles
orbiculaires des paupières, le masseter, etc., seront quelquefois
livides et ecchymosés ; les vaisseaux qui rampent à la surface du
cerveau pourront être fortement gorgés de sang, ainsi que les
plexus choroïdes ; une quantité plus ou moins considérable de
ce fluide pourra s'être épanchée entre la dure-mère et les os du
crâne, entre les lames de la pie-mère, entre la tente du cervelet
et le cerveau, dans les ventricules ou à la base de ce dernier
organe.

C'est ici le lieu de rapporter l'opinion avancée par M. Maigne
(*Thèse inaug.* Paris, 1837) : « Si l'on prend ces divers tissus,
cuir chevelu, périoste, dure-mère, os, et si on les place entre l'œil
et la lumière, on voit qu'ils sont fortement colorés en rouge et
opaques dans toute l'étendue de la tumeur, et qu'ils sont, au
contraire, très blancs et transparens dans les parties environnantes ; la coloration en rouge a des limites très nettes et très
tranchées, même dans le tissu des os ». Cette observation, si elle
n'est pas contestée, établirait une différence notable entre ce
produit d'accouchement et les lésions qui sont le résultat de violences exercées sur le crâne dans un but d'homicide, celles-ci
n'amenant jamais de colorations de tissu *visibles par réfraction
de la lumière.*

Ce n'est pas seulement lorsque la tête se présente au détroit
supérieur, que l'on observe de pareilles lésions ; quelle que soit
la partie du tronc qui s'engage la première, si le travail a été
pénible, on trouve des altérations semblables. J'ai eu l'occasion
de disséquer un fœtus à terme qui avait présenté l'épaule gauche
dans la quatrième position ; on fit la version et on amena l'enfant vivant après dix-huit heures de souffrances ; il périt peu
d'instans après. L'épaule gauche, le bras, l'avant-bras et la main
du même côté étaient livides ; le tissu cellulaire sous-cutané
était infiltré de sang brunâtre ; les muscles du bras étaient comme
macérés par le sang ; mais ce qui paraîtra plus extraordinaire,
le péricrâne était le siége d'une foule de petites ecchymoses
rouges, étoilées ; en l'incisant, on voyait que le pariétal gauche

et la moitié gauche du frontal étaient couverts de sang.

Déjà Chaussier avait noté un fait semblable en décrivant les altérations du fœtus qui présente le *siége*. « Si le travail a été pénible, disait-il, on trouve à la partie qui s'est engagée une ecchymose plus ou moins étendue (1) ; les muscles sous-jacens ont une teinte brunâtre. « On remarque seulement dans *l'épaisseur de l'aponévrose* qui recouvre le crâne, ou dans le *tissu du périoste*, quelques petites ecchymoses rougeâtres, lenticulaires, disséminées çà et là, ce que l'on trouve également dans tous les cas où l'on a été obligé de faire la version de l'enfant, surtout lorsque la tête a été arrêtée quelque temps au passage, et qu'elle est sortie difficilement. Dans les cas qui ont nécessité la version, et si elle n'a pas été opérée immédiatement après la rupture de la poche des eaux, il existe une ecchymose plus ou moins étendue à la partie qui s'était d'abord engagée ; souvent aussi on en trouve sur les membres qui ont spécialement supporté les efforts nécessaires pour l'extraction de l'enfant.

2° *Une pression éprouvée par la tête de l'enfant entre les os du bassin, lors même que le travail de l'enfantement n'est pas long.* Il suffit de ce simple énoncé pour faire admettre la possibilité d'une cause de mort qui ne rentre pas précisément dans celle qui vient d'être étudiée sous le titre de *longueur du travail;* en effet, cette longueur étant d'autant plus marquée que la résistance qu'éprouve la tête dans sa marche est plus considérable, et que les forces expultrices qui doivent vaincre cette résistance sont moins fortes, il est évident que dans tel accouchement le travail pourra être *de peu de durée* parce que la matrice et les muscles abdominaux se contracteront avec énergie, et pourtant le fœtus pourra périr pendant le travail, par suite de la forte pression dont je parle. Quoi qu'il en soit, les lésions cadavériques qui signaleront cette cause de mort ne différeront pas de celles que je viens d'indiquer à l'occasion de la longueur du travail.

3° *La compression du cordon ombilical ou son entortille-*

---

(1) Assez souvent c'est dans le scrotum que l'on observe cette ecchymose, lorsque l'enfant présente les fesses.

ment autour du cou peuvent déterminer l'apoplexie et la mort. Le *cadavre* présente alors tous les signes de la congestion cérébrale dont j'ai parlé à l'occasion de la longueur du travail. M. Devergie, sans donner aucune bonne raison contre l'opinion généralement reçue, explique différemment la mort. « Si à l'autopsie, dit-il, on trouve des traces d'apoplexie, c'est que la compression du cordon n'était qu'un accident, et non pas la cause principale ». La compression du cordon seule ne pourrait, d'après lui, causer la mort que par syncope, suite du défaut de sang ou d'un sang non renouvelé ; dans ce dernier cas, on ne trouve aucune trace d'apoplexie. Il est inutile de dire que l'on observe la compression du cordon lorsqu'il sort prématurément, et qu'il est serré par le col de l'utérus ou par la tête du fœtus, laquelle appuie sur les os du bassin, dans tous les cas où le tronc étant sorti jusqu'au cou, la tête est long-temps arrêtée au passage ; on la voit aussi, lorsque après la sortie de la tête, les épaules sont long-temps arrêtées, parce qu'elles se présentent directement au détroit abdominal, ou diagonalement au détroit périnéal.

D'après le docteur *Albert de Wiesentheid*, la compression du cordon ombilical pourrait encore *produire une congestion du sang fœtal dans le placenta*, et amener la mort du fœtus *par anémie*. Que l'on suppose en effet, dit-il, que par suite de cette pression, le sang du fœtus, arrêté dans son retour, se soit accumulé dans le placenta ; celui-ci sera sans doute gorgé de sang, mais le fœtus éprouvera toutes les conséquences de l'*anémie* ; il pourra même arriver que l'engorgement et la distension du placenta par le sang du fœtus, occasionnent un décollement violent de ce placenta, et par conséquent une hémorrhagie utérine ; ce serait à tort que dans ce cas on attribuerait la cause première de la mort à l'hémorrhagie de la matrice, au lieu de la faire dépendre de la *congestion du sang fœtal dans le placenta* par suite de la compression du cordon ombilical. Le fait suivant paraît au docteur Albert propre à appuyer son opinion.

Sabine Kœnig, âgée de 26 ans, primipare, n'avait éprouvé aucune incommodité pendant tout le temps de sa grossesse. Vers la fin du neuvième mois, les douleurs de l'enfantement se manifestèrent, et suivirent leur type normal ; mais lorsque la tête fut prête à franchir le petit bassin, les douleurs, jusque-là fortes et fructueuses, se succédèrent à des intervalles extrêmement rapprochés, et s'accompagnèrent d'un sentiment très douloureux de traction dans le côté droit du bassin, ainsi que de crampes violentes dans les muscles de la cuisse et du mollet du même côté, sans avoir fait avancer le travail. Ce trouble pouvait avoir duré deux heures lorsque le docteur Albert fut appelé. La femme était très fatiguée, la situation de la tête était bonne, le bassin spacieux et les parties molles bien conformées ; mais l'enfant était mort depuis trois heures. L'accouchement fut terminé par le forceps, et le *cordon qui entourait par deux tours l'épaule droite*, fut lié. Peu d'instans après, la mère fut en proie à une hémorrhagie foudroyante ; en effet le sang jaillissait, de la grosseur d'un fétu de paille par l'extrémité placentaire du cordon ombilical, qui sortait de 8 centim. : on releva celui-ci pour savoir si le sang ne proviendrait pas de l'utérus, et s'il n'aurait pas pris son cours le long et en dehors du cordon ; mais l'hémorrhagie continua, et ne cessa *qu'après une pression exercée sur les orifices des vaisseaux ombilicaux*. Malgré l'hémorrhagie considérable, qui avait traversé les trois draps, les matelas, et pénétré jusque dans la paillasse, l'accouchée ne se sentit ni plus affaiblie, ni plus fatiguée. Le cordon placentaire fut lié, et deux heures après, le délivre sortit spontanément et sans autres accidens. La mère, qui vers le cinquième jour fut atteinte de la *phlegmasie blanche et dolente*, guérit au bout de 15 jours. — L'enfant, très fort et bien nourri, était à terme et avait 56 centim. de long. La couleur de la peau, celle de la face surtout et des lèvres, était excessivement *pâle*. Les paupières, les ailes du nez, les commissures des lèvres, les pavillons des oreilles, la région du cou, celles de l'estomac, des aines, des articulations des membres supérieurs et inférieurs étaient d'un *jaune cireux*. Les traits de la face étaient affaissés et déformés. Le bas-ventre, et surtout la région du foie, étaient moins tendus que dans l'état naturel. On remarquait sur les deux oreilles une légère excoriation de l'épiderme, sans ecchymose, qui avait été produite par la pression du forceps. Sur le dos du pied droit et au tibia gauche, près de l'articulation du genou, on voyait deux taches de la grandeur d'un écu, d'un jaune sale ; la peau de ces endroits paraissait comme desséchée et adhérente. Il existait à l'épaule droite, au-dessus du bord des cavités articulaires, une impression de 14 millim. de longueur sur 5 millim. de large, d'une couleur rouge pâle, tirant sur le bleu. Le cordon ombilical, de 56 centim. de long, bien nourri et replet, présentait à son tiers inférieur quelques varices ; il était un *peu aplati et comme contus* vers sa partie moyenne, sur une longueur de 8 millim., et cet aplatissement se distinguait encore mieux au tact qu'à l'œil. A 6 centim. au-dessus de cette place, on remarquait une *impression bleue, ecchymosée*, de la grosseur et de la forme d'une fève. Cette impression s'étendait en travers jusqu'aux trois quarts de la largeur du cordon. Ses deux artères étaient vides, mais la veine contenait du sang en partie liquide, en partie coagulé, et qu'il était facile d'exprimer et d'extraire par l'orifice du vaisseau. — Le placenta était intact, d'un volume normal et *gorgé de sang*. Il offrait aux bords de sa face utérine et fœtale, plusieurs points de la grandeur d'une pièce de 50 centimes à 1 fr., plus ou moins confluens, *un peu tuméfiés*, très noirs et compactes. On ne remarquait à la face utérine, ni traces d'adhérences ligamenteuses, ni aucune autre irrégularité. Il fut impossible de se livrer à aucune autre recherche anatomique.

Dans le cas qui précède, dit le docteur Albert, l'impossibilité de faire une injection dans le cordon ombilical et de se livrer à un examen anatomique, peut, il est vrai, laisser quelque doute sur la nature de la mort de l'enfant ; en effet, le sang exprimé du cordon par la veine a pu lui arriver par quelques vaisseaux anastomotiques de la mère. Cependant le teint pâle cireux de l'enfant, le placenta gorgé de sang, le cordon ombilical aplati et contus, enfin, la circonstance que la mère n'a autrement été affaiblie, malgré la grande quantité de sang qu'elle a rendu, sont autant de preuves qu'il n'existait aucune communication vasculaire entre la mère et le fœtus, et qu'en conséquence le sang perdu est venu, non pas de la mère, mais de celui-ci par le placenta, ou en d'autres termes, que le fœtus a, par l'effet d'une compression exercée sur le cordon ombilical, perdu tout son sang dans le placenta.

Il faut donc, continue l'auteur, en examinant de semblables cas, tenir compte de l'état du cordon ombilical, de la quantité de sang contenu dans le placenta, et enfin constater, par l'injection, s'il a pu exister une anastomose vasculaire entre la mère et le fœtus (*Annales d'hygiène*, numéro de juillet 1831).

Pour admettre avec le docteur Albert, qu'un fœtus peut perdre du sang dans le placenta à la suite de la compression du cordon ombilical, il faudrait que lorsque celui-ci est comprimé, il le fût assez pour empêcher le sang d'arriver au fœtus par la veine ombilicale, et pas assez pour empêcher le sang du fœtus d'aller au placenta par les artères ombilicales, ou en d'autres termes, que la compression suspendît la circulation dans la veine et non dans les artères ombilicales. Or rien ne prouve, dans l'état actuel de la science, qu'il en soit ainsi ; au contraire, les résultats bien observés de la compression du cordon ombilical sont tout-à-fait

16.

contraires à cette opinion. Bien loin que dans ce cas le fœtus naisse exsangue, il naît avec des symptômes évidens de pléthore sanguine ; les vaisseaux du cerveau surtout sont gorgés de sang, les poumons et le foie sont d'une couleur violette foncée avec des ecchymoses nombreuses qui sont les vestiges et les preuves d'une forte congestion sanguine antérieure à la naissance. Quand le cordon ombilical est comprimé au point d'y suspendre la circulation dans la veine, la compression l'y suspend de même dans les artères ; ce résultat inévitable s'explique assez par la longueur et les tortuosités de ces vaisseaux qui ralentissent l'impulsion du sang, ainsi que par leur position superficielle : on peut d'ailleurs remarquer, après la naissance de l'enfant, qu'une pression légère exercée avec le doigt sur le cordon ombilical, suffit pour y éteindre les pulsations artérielles. L'hypothèse du docteur Albert ne saurait donc soutenir un examen sérieux. Quant au fait de Sabine Kœnig, il ne me paraît pas prouver ce qu'il a pour objet de démontrer. J'en dirai autant des points noirs et compactes observés sur le placenta, phénomène très commun, surtout après des accouchemens un peu pénibles, et qui, s'il annonce une sorte d'apoplexie pulmonaire due à la gêne de la circulation dans le placenta, ne suffit pas pour expliquer l'anémie du fœtus, car dans l'immense majorité de cas analogues, les fœtus naissent vivans et bien portans.

4° *Une hémorrhagie ombilicale* (V. *Signes de cette hémorrhagie*, p. 260).

Les causes de cette hémorrhagie sont : une lésion du placenta ; la rupture du cordon ombilical ou de la matrice ; dans un accouchement double, la non-ligature de la portion placentale du cordon de l'enfant sorti le premier ; enfin le décollement partiel du placenta.

Lésions du placenta. Si le placenta a été perforé ou lésé d'une manière quelconque, et que la lésion soit *très étendue*, la mort du fœtus sera inévitable dans la plupart des cas, quelle que soit la surface du placenta blessée ; en effet, si c'est la face utérine, la mère perdra son sang ; si c'est la face fœtale, le fœtus périra seul. Toutefois il existe des circonstances, rares à la vérité, où cette hémorrhagie qui semblerait devoir être prompte, soutenue et mortelle, ne présente pas ces caractères ; ces circonstances sont : *A.* La pression exercée par le corps de l'enfant lors de son passage *sur le cordon ombilical* sorti ou entortillé autour d'une partie quelconque : en effet, par suite de cette pression l'hémorrhagie peut s'arrêter ; ce cas pourrait même conduire un expert inattentif à mal apprécier la cause de la mort d'un nouveau-né ; supposons en effet que pendant le travail le cordon trop court ou entortillé, se déchire et entraîne avec lui une portion du placenta, pendant que le fœtus avance ; admettons que par suite de la pression dont j'ai parlé, l'hémorrhagie qui est le résultat de la lésion placentale soit arrêtée, mais qu'après la naissance le cordon déchiré ne soit pas lié, et que l'enfant succombe à une hémorrhagie ombilicale, il serait absurde d'attribuer la mort, qui dépendrait évidemment du défaut de ligature du cordon, à la lésion du placenta. *B.* La pression exercée par une partie du corps du nouveau-né sur le *point du placenta lésé :* cette circonstance arrivera principalement lorsqu'une portion du placenta qui a contracté des adhérences partielles avec l'orifice utérin, au lieu de se décoller comme dans les cas ordinaires, en est arrachée parce que le fœtus est violemment expulsé ; alors les parties du corps de l'enfant, en traversant les organes de la génération, surtout lorsque ce passage est prompt, pourront comprimer les vaisseaux saignans, et arrêter ainsi l'hémorrhagie qui venait de commencer. Plenk a vu plusieurs fois cet accident se terminer heureusement ; aussi a-t-il donné le précepte d'abandonner l'accouchement aux seuls efforts de la nature, *quand l'orifice utérin est à moitié couvert par le placenta adhérent ;* car, dit-il, la tête de l'enfant pousse de côté la portion du placenta qui se présente, comprime les vaisseaux saignans, et empêche ainsi l'hémorrhagie (1). *C.* L'expulsion prompte de l'enfant : tous les accoucheurs savent que lorsqu'il y a lésion du placenta, il faut terminer promptement l'accouchement, si l'on veut empêcher le nouveau-né de périr ; sans doute, il est possible, alors, que la mère succombe à la

____

(1) Cette partie de la science n'est pas malheureusement assez connue ; je ne conteste pourtant pas la possibilité du fait énoncé sous le titre B.

perte de sang qui a lieu par la portion placentale du cordon.

Rupture du cordon ombilical ou de la matrice. Le simple énoncé de cette cause suffit pour en faire concevoir la possibilité.

Défaut de ligature de la portion placentale du cordon ombilical de l'enfant sorti le premier dans un enfantement de jumeaux. La possibilité de mort occasionnée par le défaut de ligature dans l'espèce est prouvée par plusieurs exemples, parmi lesquels je citerai le suivant. Dans un enfantement de jumeaux, dit M. Brachet de Lyon, on s'abstint de lier la portion placentale du cordon du premier enfant, d'où il résulta une hémorrhagie par ce cordon qui amena la mort du second enfant, dont les vaisseaux furent trouvés vides de sang. Les cordons s'inséraient à une distance de 55 centimètres l'un de l'autre dans le centre du placenta, et il existait entre eux un grand nombre d'anastomoses. On injecta après la délivrance un liquide par un des cordons, et non-seulement il remplit le placenta, mais on le vit encore sortir par l'autre cordon. Le docteur Albert, qui rapporte cette observation, après avoir établi que l'hémorrhagie dont il s'agit n'est possible que lorsque, *contre la règle,* des communications vasculaires existent entre les deux placentas ou entre les deux cordons d'un seul placenta, ajoute, que dans le cas où il s'agira de statuer sur des faits de cette nature, on pourra déterminer par le procédé suivi par le docteur Brachet, quelle est la cause de la mort; car la perte de sang par le cordon non lié du premier enfant ne suffit pas seule pour cette détermination, en ce que des anastomoses peuvent aussi exister entre la mère et l'enfant premier-né, et donner lieu à une hémorrhagie utérine qui peut devenir mortelle pour l'enfant à naître, tandis que l'enfant déjà né conserve l'existence. Dans ce cas l'injection, au lieu de sortir par l'autre cordon, sortira par les vaisseaux du placenta.

Décollement partiel du placenta. Ce décollement peut incontestablement faire périr l'enfant. Le docteur Albert omet à dessein d'énumérer parmi les causes de mort par hémorrhagie ombilicale pendant le travail, le *décollement violent ou prématuré de tout le placenta,* à moins qu'il ne s'agisse d'exceptions infiniment rares ; en effet, on sait, dit-il, que la plupart des expériences faites jusqu'à ce jour établissent qu'il n'existe pas dans le placenta de communication vasculaire immédiate entre la mère et l'enfant (*V*. page 165) ; qu'importe donc que le placenta soit entièrement séparé de l'utérus (Albert, *Annales d'hygiène*, juillet 1831).

J'admettrai, avec ce médecin, qu'il en est ainsi toutes les fois que le décollement du placenta n'est pas accompagné de lacérations : or, il suffit d'avoir examiné quelques placentas à la suite d'hémorrhagie utérine, pour être convaincu que lorsque cet organe a été décollé, il est souvent lacéré. Non pas que je prétende que même dans *tous les cas de lacération légère*, il doive y avoir nécessairement hémorrhagie du fœtus ; au contraire, cet accident n'est pas commun alors, ce qui tient sans doute à quelques conditions ou à quelques propriétés peu connues soit du sang fœtal, soit des vaisseaux extrêmement déliés par lesquels il pourrait s'échapper.

5° *La faiblesse du fœtus*, résultat de son immaturité ou de quelque maladie (*Voy*. page 170).

6° *La nécessité où l'on a été de terminer l'accouchement*, parce que la femme éprouvait des convulsions ou d'autres accidens qui pouvaient la faire périr, que le placenta était inséré sur l'orifice de la matrice, que le travail ne faisait point de progrès, ou que le fœtus se présentait mal. Comme, dans ces différentes circonstances, on est obligé d'employer la main, et quelquefois le forceps, les crochets et les perce-crânes, on voit sur les parties du corps du fœtus qui ont été atteintes, des traces non équivoques de l'impression des doigts ou de ces instrumens.

Après avoir indiqué les causes innocentes qui peuvent faire périr le fœtus pendant l'accouchement, il importe d'examiner si les effets produits par ces causes sont assez caractérisés pour qu'il soit impossible de les rapporter à des manœuvres criminelles, ou, en d'autres termes, si l'on ne peut jamais confondre le cadavre d'un fœtus qui est mort naturellement en naissant, avec celui d'un fœtus qui a été assassiné. Je pense que, s'il est des cas où cette distinction est fort difficile à établir, le contraire doit avoir lieu dans le plus grand nombre de circonstances ; en effet, supposons qu'une main homicide parvienne à fracturer le crâne d'un fœtus, à déchirer un assez grand nombre de vaisseaux sanguins pour produire un épanchement notable dans sa cavité, à meurtrir la face et les autres parties du corps au point de donner lieu à une foule d'ecchymoses, certes, ces lésions pourraient être confondues au premier abord avec celles qui sont quelquefois la suite de la *longueur du travail ;* mais on évitera *souvent* de les confondre, à l'aide des considérations suivantes : 1° assez généralement les altérations cadavériques graves, qui sont le résultat d'un travail long et pénible, supposent un rétrécissement du détroit abdominal supérieur, produit par la saillie de l'angle sacro-vertébral, et ne correspondent qu'aux portions du crâne qui appuyaient contre la proéminence du sacrum et le rebord du pubis ; 2° la partie de la tête qui s'est présentée offre une tuméfaction ordinairement peu étendue, circonscrite, souvent de même couleur que la peau, ou peu foncée ; 3° il est rare d'ailleurs que la respiration ait été assez complète pour que les poumons ou leurs fragmens soient plus légers que l'eau ; 4° s'il y a eu manœuvre criminelle après la naissance de l'enfant, les désordres sont presque toujours plus grands et ne se remarquent pas précisément aux mêmes parties ; ainsi l'infiltration sanguine et la tuméfaction du cuir chevelu peuvent être placées dans un lieu très éloigné du vertex ; dans la plupart des cas, elles sont irrégulières, profondes, étendues, d'une teinte rouge ou noirâtre ; elles peuvent correspondre à un décollement de la dure-mère, à une lésion du cerveau ; d'ailleurs, la respiration peut avoir été assez parfaite pour que la plupart des fragmens pulmonaires surnagent ; 5° j'ajouterai qu'il n'est pas impossible que l'homme de l'art apprenne, dans beaucoup de cas, que la femme n'était point primipare, que la tête s'est présentée dans une bonne position, que ses diamètres n'étaient point disproportionnés à ceux du détroit supérieur du bassin ; circonstances qui tendent à éloigner l'idée d'un travail long et pénible.

Il serait impossible de rapporter à une cause criminelle l'apoplexie déterminée par l'entortillement du cordon ombilical, lors même que l'enfant aurait respiré au passage, comme Mahon l'a supposé ; il suffirait, en effet, d'avoir égard à la longueur insolite de ce cordon et aux autres circonstances qui ont précédé et accompagné l'accouchement.

On serait plutôt tenté de confondre l'*anémie* qui est le résultat d'une hémorrhagie pendant le travail, avec celle qui serait la suite de l'hémorrhagie ombilicale que la mère aurait provoquée après la naissance de l'enfant, dans le dessein de le faire périr. Mais il n'est guère possible de méconnaître la lésion du placenta ou son décollement *partiel* aux symptômes qui caractérisent l'hémorrhagie apparente ou cachée qui en est l'effet nécessaire ; le diagnostic est surtout facile à établir lorsque ce placenta s'insère sur l'orifice de l'utérus : il arrive d'ailleurs quelquefois que la mère succombe. Quant à la rupture du cordon pendant le travail, on sait que si elle a lieu, les bords de la solution de continuité sont inégaux et irréguliers, tandis que l'hémorrhagie ombilicale, après la naissance, suppose, lorsqu'elle est assez considérable pour faire périr le fœtus, que la section du cordon a été opérée avec un instrument tranchant : en effet, l'écoulement ne tarderait pas à s'arrêter dans un cordon qui aurait été déchiré ou rompu, et qui serait exposé à l'air ; or, il est aisé de distinguer si le cordon ombilical a été coupé avec un instrument tranchant, à l'aspect lisse et uni des bords de la section.

Ce que j'ai dit à la page 247 (6°) me dispense de chercher à déterminer si le fœtus a été victime de manœuvres entreprises par l'accoucheur, dans le dessein de sauver la mère, et quelquefois même de conserver la vie de l'enfant.

L'homme de l'art appelé pour juger si un fœtus a péri pendant l'accouchement, devra examiner attentivement : 1° s'il a respiré, et jusqu'à quel point la respiration a été parfaite : en effet, il n'est pas ordinaire de voir les fœtus qui meurent en naissant respirer assez complétement pour faire surnager les fragmens des poumons : la surnatation complète de ces organes serait donc un indice qui militerait en faveur de la vie après la naissance ; 2° si la mort ne peut être rapportée à aucune des causes innocentes dont j'ai fait mention : c'est ici qu'il étudiera avec soin tout ce qui pourra l'éclairer sur la nature et la durée de l'accouchement ; 3° s'il n'existe point de traces manifestes d'assassinat (*voyez* page 266) ; 4° si la mère et l'accoucheur assurent avoir

senti les mouvemens de l'enfant peu de temps avant l'accouchement, tandis que ces mouvemens ont cessé d'être sensibles au
bout d'un certain temps ; 5° si les pulsations des artères , qui
étaient distinctes au commencement du travail, ne l'ont plus été
quelque temps après.

QUATRIIÈME QUESTION RELATIVE A L'INFANTICIDE. — *Si l'enfant a vécu après sa naissance, pendant combien de temps
a-t-il vécu ?*

La solution de cette question repose sur la connaissance des
changemens qu'éprouvent après la naissance la peau, le cordon
ombilical, les poumons, le cœur, la vessie et les intestins (*Voy*.
l'*histoire des âges*, p. 77 et suiv. dut. 1, et l'*état des poumons,
du cœur, de la vessie et des intestins*, p. 130 et 134 de ce vol.)

Si l'enfant appartenait à la race noire, il ne serait pas sans
intérêt de consulter le fait relaté par le docteur Cassan (*Dissertation* déjà citée) d'un enfant naissant qu'il a eu l'occasion d'observer. A l'instant de la naissance, dit ce médecin, la peau du
négrillon ne différait en rien de celle des blancs, si ce n'est au
scrotum, qui était déjà entièrement noir ; un cercle de même
couleur entourait la base du cordon ombilical. Les cheveux,
légèrement bruns, n'étaient point lanugineux. La membrane muqueuse labiale était d'un rouge très vif. Vers le troisième jour,
la région frontale commença à brunir. On remarquait alors deux
bandes noirâtres qui s'étendaient de chaque côté de l'aile du nez
à la commissure des lèvres. Ces deux bandes se dessinaient sous
l'épiderme, qui semblait seulement les recouvrir, sans participer
en rien de leur couleur. Le même phénomène se manifesta le
surlendemain de la naissance, à la partie antérieure des genoux.
A cette époque, le cercle noir qui circonscrivait le cordon ombilical s'effaça, en même temps que la surface entière des tégumens
prit une teinte plus foncée.

CINQUIÈME QUESTION RELATIVE A L'INFANTICIDE. — *En supposant que l'enfant ait vécu après sa naissance, depuis
quand est-il mort ?*

Ici il faut avoir égard à la température du corps, à la rigidité ou à la flexibilité des membres, aux divers autres signes de la mort, et surtout à l'état plus ou moins avancé de la putréfaction. La solution de cette question appartient donc à l'histoire de la mort (*Voyez* pour les phénomènes que présentent successivement les cadavres des fœtus qui se pourrissent dans l'air et dans les différens gaz, dans l'eau stagnante, dans l'eau renouvelée, dans l'eau de fosses d'aisances, dans le fumier et dans la terre les pages 492, 498, 629, 680, 740, 789 et 812 du tome 1er).

SIXIÈME QUESTION, *relative à l'infanticide. Si tout porte à croire qu'un fœtus a vécu après l'accouchement, ou qu'il est mort en naissant, la mort est-elle naturelle, ou peut-elle être attribuée à quelque violence, et, dans ce cas, quelle en est l'espèce ?*

J'ai déjà fait connaître (page 228) les causes innocentes qui peuvent faire périr les fœtus pendant l'accouchement ; il importe d'examiner maintenant celles qui déterminent le plus souvent la mort des nouveau-nés.

1° *Les monstruosités.* Les acéphales, les anencéphales, les monopses, beaucoup d'hydrocéphales, etc., périssent immédiatement après la naissance, ou ne vivent que peu de temps, comme je l'ai établi à l'article VIABILITÉ (*Voy.* tome I, p. 303).

2° *La faiblesse* des avortons et même des fœtus à terme qui ont été épuisés par des maladies, est souvent la seule cause de la mort.

3° *La longueur du travail.* Si, dans un travail pénible, le fœtus a présenté assez de résistance pour ne pas périr pendant l'accouchement, il peut succomber après la naissance (*Voy.* ce qui a été dit à la page 238).

4° *L'asphyxie* par défaut d'air, parce que l'air ne pénètre pas dans les poumons, c'est-à-dire parce que la respiration ne s'établit pas, comme on l'observe lorsque la bouche de l'enfant reste appliquée sur une des cuisses de la mère, sur des linges mouillés, ou qu'elle se remplit de glaires, de caillots de sang ; lorsque la langue est collée au palais, que le thymus, trop volumineux, s'oppose à la dilatation du poumon ou que le diaphragme est le siége de tumeurs ; lorsque les voies aériennes sont engouées par des mucosités ou par la liqueur de l'amnios, ou que les poumons offrent des indurations, des foyers purulens, obstacles qui s'opposent fréquemment à la respiration, ou bien lorsque l'accouchement a été fort brusque et que l'enfant est né enveloppé de ses membranes : la mort a lieu dans ce dernier cas, non-seulement par défaut d'air, mais encore parce que la circulation, continuant à se faire comme dans l'utérus, tout le sang s'écoule par la surface du placenta. Les causes de mort dont je parle supposent que l'enfant n'a point été secouru, et par conséquent que la mère était seule ou hors d'état de lui prodiguer les soins convenables : elles sont, en général, faciles à constater sur le cadavre. L'engouement des voies aériennes par des mucosités ou par la liqueur de l'amnios, pourrait cependant offrir quelque difficulté, surtout si le fœtus avait été trouvé dans des fosses d'aisances ou dans d'autres lieux semblables ; il faudrait alors, comme l'a indiqué M. Schmitt, s'attacher à démontrer par les moyens indiqués à la page 172, si l'enfant a respiré après la naissance, ou si les poumons ont été insufflés, la présence de bulles d'air dans les liquides contenus dans la trachée-artère ou dans les bronches n'étant point suffisante pour établir que la respiration ou l'insufflation a eu lieu ; en effet, il ne répugne pas d'admettre que dans certaines maladies il y ait un développement de substances gazeuses susceptibles de rendre écumeux le liquide contenu dans les voies aériennes d'un fœtus qui n'a pas respiré. Si, comme l'a observé Scheel, le liquide introduit dans la trachée-artère est limpide, sans apparence de bulles d'air, et nullement écumeux, on peut en conclure que l'enfant n'a pas respiré.

5° *Plusieurs maladies* et notamment la pneumonie, résultat de l'action de l'air froid sur le corps de l'enfant (*Voy.* page 138).

Faut-il ranger parmi ces causes de mort *la chute de l'enfant sur un corps dur* dans un accouchement très prompt? La possibilité de cette chute repose sur des faits nombreux et incontestables, parmi lesquels je choisirai les suivans :

1° Lafosse dit qu'une femme surprise par les douleurs de l'enfantement, assignant toute autre cause à ces douleurs, se levait pour aller à la selle lorsque l'enfant sortit à moitié ; on arriva assez à temps pour en prévenir la chute. 2° M. Pasquier de Lyon rapporte que dans un accouchement très prompt, le cordon ombilical fut rompu et l'enfant tomba sur le carreau (*Journal universel des sciences médicales*, année 1821, t. **xxii**). 3° M. Meirieu a inséré, dans le numéro de mai 1823 du même recueil, l'observation d'une autre femme qui eut à peine le temps d'empêcher l'enfant de tomber ; le cordon ombilical fut également rompu. 4° Le docteur Klein, médecin du roi de Wurtemberg, a rassemblé cent quatre-vingt-trois cas d'accouchement brusque, dans lesquels les enfans étaient tombés sur du pavé, sur un sol planchéié, etc. ; chez plusieurs de ces enfans, le cordon ombilical avait été déchiré.

Ces exemples de rupture du cordon ombilical, qui sont loin d'être les seuls *bien avérés* que je pourrais citer, ne s'accordent guère avec les expériences faites par Chaussier, qui tenant d'une main le placenta et attachant des poids assez considérables à l'extrémité du cordon déjà coupé, vit que la rupture du cordon ombilical n'avait lieu qu'avec la plus grande peine. Quoi qu'il en soit, on distinguera presque toujours la rupture du cordon, parce qu'elle ne se manifeste ordinairement que dans deux endroits, près de l'ombilic et près du placenta, et parce que les bords de la solution de continuité sont le plus souvent frangés, inégaux et irréguliers.

La possibilité de la chute de l'enfant étant établie, cet accident peut-il amener des résultats fâcheux ? Les opinions sont partagées à cet égard. D'après le docteur Henke, la chute dont il s'agit peut entraîner des lésions graves de la tête, des fractures des os du crâne, des commotions cérébrales, des épanchemens sanguins dans le cerveau, et la mort. Les expériences suivantes, tentées par Chaussier, semblent venir à l'appui de cette manière de voir.

Ce médecin laissa tomber de la hauteur de 48 centim., perpendiculairement sur un sol carrelé, quinze enfans morts qu'il avait soulevés par les pieds : on découvrit sur douze d'entre eux une fracture longitudinale ou anguleuse à l'un des pariétaux, et quelquefois aux deux, quoique auparavant les os du crâne ne présentassent aucune altération. Dans une autre expérience, on laissa tomber le même nombre d'enfans de la hauteur de trente-neuf centim., et l'on vit sur douze d'entre eux une fracture aux os pariétaux, qui s'étendait dans quelques-uns jusqu'à l'os frontal. En les laissant tomber de plus haut, les commissures membraneuses de la voûte du crâne étaient relâchées ou rompues ; le cerveau offrait une altération marquée ; il y avait des ecchymoses dans les membranes de ce viscère, des épanchemens de sang, etc.

Plusieurs médecins pensent, au contraire, que l'on a singulièrement exagéré les dangers de ces sortes de chutes ; le docteur Klein est de ce nombre. Après avoir invité les accoucheurs du royaume de Wurtemberg à recueillir avec soin tous les faits propres à éclairer cette question, il rassembla cent quatre-vingt-trois observations d'expulsion brusque, savoir cent cinquante-cinq les mères étant debout, vingt-deux les mères étant assises, et six les mères étant à genoux, le corps incliné en avant ; vingt-et-une de ces femmes étaient primipares.

Or dans ces cent quatre-vingt trois cas, il n'y a pas eu un seul enfant de mort, aucun n'a éprouvé de fissure ou de fracture des os du crâne, ou toute autre influence nuisible. Tous ont conservé leur santé, quoique les uns fussent tombés sur un sol planchéié, les autres sur du pavé, et même de la hauteur d'un étage dans l'auge sèche des latrines. La conséquence la plus immédiate et la plus sensible de ces chutes, a été une asphyxie passagère chez deux enfans qui étaient tombés sur le pavé : un autre, tombé sur le sol de la chambre, avait une légère impression avec ecchymose sur le pariétal droit ; mais ces accidens ont également lieu dans les accouchemens ordinaires. Chez trois qui étaient tombés sur un clou du plancher, ou sur le bord de la marche d'un escalier en pierre, on remarqua une petite plaie superficielle qui n'avait aucune importance. Chez dix-huit expulsés inopinément, les mères étant debout, on observa de légères taches ou raies bleues, résultat d'une chute sur le parquet : chez un autre enfin, un léger éraillement de la peau du front, par l'effet d'une chute dans les latrines. Quelques-uns d'entre eux restèrent pendant un certain temps dans le froid et dans la neige ; d'autres sur la terre gelée, sur le pavé, et il fallut les porter assez loin avant d'arriver au domicile de leurs parens. Il n'y a eu chez aucun de ces enfans d'hémorrhagie ombilicale, quoique, chez plusieurs, le cordon n'eût été déchiré qu'à quatre, trois, deux et même 30 centim. du bas-ventre. Chez vingt-et-un enfans il était même comme pour ainsi dire arraché dans le ventre, et il a fallu panser la plaie, soit avec de l'agaric, soit avec un emplâtre » (*Dict. de Méd.* en 24 vol. art. INFANTICIDE). Je pourrais encore rapporter des observations nombreuses recueillies par les accoucheurs les plus célèbres de la capitale, qui n'ont jamais remarqué des accidens notables à la suite des expulsions brusques dont je parle.

Ces faits permettent de conclure : 1° que si la chute d'un enfant sur un corps dur, dans un accouchement très prompt, peut déterminer des fractures et d'autres lésions graves, ce phénomène doit être excessivement rare, non-seulement parce que, dans les observations qui précèdent, ces lésions n'ont jamais été constatées quand les enfans ne tombaient que d'une hauteur égale à la distance qui sépare le sol des parties génitales, mais encore et surtout parce que, dans la plupart des cas d'expulsion brusque, les mères (que je supposerai debout), fléchissent les jambes sur les cuisses, se baissent et rendent par là beaucoup moins considérable la hauteur de laquelle l'enfant tombe ; 2° qu'à plus forte raison on ne doit pas admettre facilement que la mort puisse être déterminée par une chute de ce genre, à moins que par extraordinaire, celle-ci n'ait eu lieu d'un endroit très élevé ; 3° que les résultats des expériences de Chaussier ne sauraient être invoqués pour infirmer ces conclusions, parce que les fractures du crâne arrivent beaucoup plus facilement chez l'enfant mort que chez celui qui est vivant, les os jouissant dans ce dernier cas d'une souplesse et d'une élasticité qui leur permettent de résister aux efforts que l'on exerce sur eux, et que la chute ayant été perpendiculaire, tandis que dans un accouchement prompt elle a lieu dans une direction plus ou moins oblique, la force doit se trouver décomposée et agir avec moins d'intensité.

Je vais maintenant m'occuper des moyens criminels que l'on peut mettre en usage pour détruire l'enfant pendant ou après la naissance. Ces moyens doivent être rapportés, d'après les jurisconsultes, à l'*omission volontaire* des secours qu'il est indispensable de donner au nouveau-né, et à la *commission* de violences intentées contre sa vie : c'est là ce qui a donné lieu à la distinction de l'*infanticide* par *omission* et par *commission*.

§ Ier.

Infanticide par omission.

On peut réduire à quatre chefs principaux tout ce qui est relatif à l'omission volontaire des soins à donner à l'enfant qui vient de naître, l'*asphyxie*, l'*hémorrhagie ombilicale*, la *température* de l'atmosphère et l'*inanition*. Rappelons d'abord quels sont les secours que l'on est souvent obligé de prodiguer aux nouveau-nés. 1° La face de l'enfant qui vient de franchir la vulve, s'appuyant sur une des cuisses de la mère, dans le plus grand nombre de cas, le fœtus peut être *asphyxié* si on ne le retourne pas, et l'on sait que les accoucheurs prescrivent avec raison de le placer sur le côté, le dos tourné vers la vulve de la mère, pour empêcher que les fluides qui s'écoulent n'entrent dans sa bouche. 2° L'*asphyxie* pouvant encore être produite par quelque vêtement, des linges mouillés ou d'autres corps appliqués sur la bouche de l'enfant, il importe de les ôter. 3° Il existe des fœtus dont la langue est accolée au palais, ou dont la bouche est remplie de mucosités, et qui ne peuvent respirer qu'autant que l'on remédie à ces inconvéniens en introduisant le doigt dans la bouche. 4° Il en est d'autres qui sont atteints de l'*asphyxie des nouveau-nés*, et qui périraient infailliblement si on ne cherchait pas à rétablir la respiration, soit en leur insufflant de l'air dans les poumons, soit surtout en leur faisant des frictions sèches ou excitantes le long du dos, sur la poitrine, sur la plante des pieds ou sur la paume des mains, soit en les entourant de linges chauds, ou en les mettant dans un bain chaud aromatique, et mieux encore en employant tous ces moyens à-la-fois. 5° Quelques-uns d'entre eux sont dans un véritable état d'apoplexie, et ne parviennent à respirer qu'autant qu'on a laissé saigner pendant quelque temps le cordon ombilical, qu'ils ont été exposés à un air frais, que l'on a pressé mollement et alternativement le ventre, et que l'on a fait usage de bains, de frictions et de l'insufflation de l'air, comme dans le cas précédent 6° Il en est qui peuvent périr par cela seul que le cordon ombilical n'a pas été lié, et, dans le cas où cette ligature a été faite, la mort peut encore arriver, s'il existe une hernie ombilicale dont on aurait déterminé l'étranglement, en appuyant le lien sur la partie de l'intestin invaginée dans le cordon. 7° La mort de l'enfant peut encore être le résultat de la gangrène qui se manifeste, rarement à la vérité, lorsque l'inflammation de l'ombilic est excessivement vive, et qu'elle n'est point combattue par les émolliens.

A. *L'asphyxie* produite par une des causes dont je viens de parler dans le paragraphe précédent, constitue un véritable infanticide, s'il est prouvé que l'omission des soins qui l'a déterminée a été volontaire ; mais il n'est pas toujours facile d'établir cette preuve.

B. *Hémorrhagie ombilicale*. Les faits consignés dans certains auteurs pour établir que l'omission de la ligature ombilicale n'est pas mortelle, seraient-ils mille fois plus nombreux, ils ne prouveraient rien, dès qu'il serait constaté *qu'un seul enfant* a été victime de cette omission : or, l'observation démontre que plusieurs nouveau-nés sont morts d'hémorrhagie, par défaut de ligature du cordon, quoiqu'à la vérité on remarque le contraire dans le plus grand nombre des cas.

Quelle peut-être la *cause* qui fait que des enfans dont le cordon n'a pas été lié meurent d'hémorrhagie ombilicale, tandis que d'autres, placés dans les mêmes conditions ne meurent pas? La plupart des auteurs ont admis que si la *respiration* est déjà établie, l'hémorrhagie ombilicale est impossible ; et qu'elle a lieu au contraire si l'enfant n'a pas encore respiré, ou si la respiration a été supprimée ; ils se sont particulièrement appuyés sur les expériences de Plouquet, qui faisait jaillir à volonté le sang du cordon, et l'arrêtait suivant qu'il empêchait la respiration ou qu'il lui permettait de se rétablir. Mais cette assertion est beaucoup trop absolue, comme le démontrent les faits suivans.

1° *Cas où la respiration n'avait pas lieu ou se faisait mal, sans qu'il y eût hémorrhagie ombilicale.*

En répétant les expériences de Plouquet sur deux enfans bien portans qui avaient *crié* et exécuté *plusieurs inspirations profondes*, le docteur Albert arrêta leur respiration aussi long-temps qu'il fut possible de le faire sans danger. Chez l'un de ces sujets il sortit du cordon non lié, un peu de sang par un faible jet, mais chez l'autre, ainsi que dans toutes les expériences analogues faites sur d'autres enfans, *il n'en sortit pas une goutte*. Le même résultat fut obtenu avec le fœtus d'une truie.

On a vu des enfans dont la respiration se trouvait entravée immédiatement après la naissance, par l'effet d'une position défavorable, ne pas éprouver de perte de sang par le cordon non lié, tandis que chez d'autres cette perte avait lieu, bien qu'ils respirassent plus ou moins parfaitement. Le docteur Albert dit même avoir vu des enfans vivans, chez lesquels la respiration avait de la peine à s'établir, et qui faisaient des efforts et des mouvemens

II.								17

pour respirer, ne pas perdre de sang par le cordon non lié, *lors même qu'ils étaient dans le bain.*

2° *Cas où la respiration étant déjà établie, il y avait hémorrhagie ombilicale.*

La femme Sendner accoucha d'un enfant de huit mois, chétif, qui respirait et criait, mais qui dormait presque continuellement, sans exécuter de mouvemens ni vouloir prendre le sein. Dans la nuit du *quatrième* au *cinquième* jour de la naissance, la ligature du cordon se détacha, et le matin l'enfant fut trouvé mort et baigné dans son sang. L'année suivante, la même femme accoucha à terme d'une fille qui en apparence se portait bien. Le dixième jour après la naissance, le cordon tomba et en même temps il se manifesta une violente hémorrhagie ombilicale que l'on eut beaucoup de peine à arrêter. L'enfant s'affaiblit progressivement et mourut au bout de trois jours, après être devenu bleu sur tout le corps, peu d'heures avant la mort (Albert).

Ces faits ne permettent plus d'admettre que l'hémorrhagie ombilicale reconnaisse pour cause le défaut de respiration. Elle dépend évidemment, comme l'a dit le docteur Albert, de ce que la circulation fœtale ou la petite circulation continue chez certains individus, lors même que la respiration est établie et que déjà le nouveau mode de circulation a commencé. Que l'on admette par exemple des vices organiques du cœur, des gros vaisseaux, des poumons, du foie, qui apportent des obstacles à l'établissement du nouveau mode de circulation, la circulation fœtale continuera, quoique l'enfant respire ; et cela d'autant mieux que celui-ci possédera plus de force vitale pour l'entretenir. Sans doute que cet état constituera *l'exception à la règle,* puisque dans la plupart des cas le nouveau mode de circulation commencera et s'exécutera sans obstacle, dès que la respiration qui le détermine, sera établie ; dans *ces cas nombreux* aussi la circulation fœtale cessera aussitôt.

Est-il vrai de dire que l'hémorrhagie ombilicale n'est plus possible lorsque les pulsations du cordon ont cessé ? *Dans le plus grand nombre de cas* elle n'a pas lieu, si l'on ne sent plus les battemens dont il s'agit ; mais il y a des exemples qui constituent *des exceptions ;* en effet on a vu des enfans dont le cordon ombilical n'offrait plus de pulsations depuis plusieurs minutes, plusieurs heures et même plusieurs jours, éprouver une hémorrhagie ombilicale et périr : c'est qu'alors la respiration ne s'effectuait pas, ou bien que le sang, par suite d'un des obstacles indiqués plus haut ne pouvait traverser ou ne traversait qu'incomplétement les poumons et ne *pénétrait pas davantage dans le cordon ;* dans ce dernier cas, l'enfant manque évidemment du degré d'énergie vitale nécessaire pour entretenir la circulation par le cordon ou du moins pour le distendre assez pour que les pulsations soient sensibles : et l'on conçoit qu'après être sorti de cet état syncopal, ou après avoir recueilli une somme suffisante de force, l'hémorrhagie puisse avoir lieu par le cordon non lié (*Annales d'hygiène,* n° de juillet 1831).

On peut tirer de ce qui précède les conclusions suivantes : 1° Un nouveau-né qui n'a pas encore respiré, et dont la respiration est empêchée, *peut et doit périr* d'hémorrhagie ombilicale, s'il possède assez d'énergie vitale pour entretenir la circulation par le cordon ombilical ; 2° si déjà la circulation par les poumons *est en pleine activité* chez le nouveau-né, il ne peut plus périr d'hémorrhagie ombilicale, que cette circulation soit ou non troublée par un obstacle apporté à la respiration ; 3° l'hémorrhagie ombilicale peut avoir lieu, lors même que les pulsations du cordon ont cessé, chez un nouveau-né, soit que la circulation par les poumons existe ou n'existe qu'imparfaitement ; elle arrivera même de toute nécessité, si le fœtus a assez de force pour que la masse du sang puisse être poussée, comme auparavant, par le cordon ; l'omission de la ligature du cordon dans cette circonstance peut évidemment devenir mortelle ; 4° lorsqu'il s'agira de porter un jugement dans des cas de ce genre, il faudra donc tenir compte de la quantité de sang contenue dans les poumons, de l'état dans lequel ceux-ci se trouvent ainsi que le cœur, les gros vaisseaux et le foie, et surtout des vices organiques qui pourraient y exister ; 5° il est donc nécessaire de pratiquer la ligature du cordon dans tous les cas : et une femme déjà mère, comme le dit Rose, et élevée dans l'opinion de la *nécessité absolue,* de lier le cordon, encourt l'accusation d'infanticide, s'il est prouvé qu'elle a omis volontairement cette opération.

Il est évident que les résultats qui viennent d'être indiqués relativement à l'hémorrhagie ombilicale sont également applicables au cas où un enfant déjà né, ayant ou n'ayant pas respiré, et

17.

qui communique encore avec sa mère par le cordon ombilical, périt d'hémorrhagie par le système vasculaire de la mère, soit que cette hémorrhagie s'opère par le placenta, soit qu'elle ait lieu par le décollement partiel, ou par une lésion de celui-ci.

Quelques médecins, d'accord sur ce point, qu'un nouveau-né dont le cordon n'a pas été lié peut succomber à une hémorrhagie ombilicale, ne pensent cependant pas que l'on doive attribuer la mort à la seule omission de la ligature du cordon. « Si l'on nous présentait, dit M. Capuron, le cadavre d'un enfant pâle, exsangue, couleur de cire, nous regarderions l'hémorrhagie comme l'effet non de l'omission de la ligature, mais des obstacles qui ont empêché ou supprimé la respiration et la circulation (*Médecine légale*, page 369). Tout en admettant que l'hémorrhagie dépend de ce que la circulation par les poumons n'est pas en pleine activité, tandis que la circulation fœtale continue, je ne saurais adopter une pareille proposition, car il est prouvé que des nouveaunés qui étaient dans ces conditions et chez lesquels le cordon ombilical n'avait pas été lié, ou bien chez lesquels la ligature du cordon s'était détachée au bout de quelques jours, ont succombé à l'hémorrhagie ombilicale, tandis qu'ils auraient pu ne pas succomber, si cette ligature eût été pratiquée.

Signes de l'hémorrhagie ombilicale après la naissance. Aux caractères qui annoncent que l'enfant a respiré se joignent les signes de la mort par hémorrhagie. Dirai-je avec la plupart des auteurs qui ont écrit sur cette matière que ces signes sont « la pâleur du cadavre, qui est couleur de cire, la décoloration des muscles et des viscères, la vacuité et l'affaissement du système sanguin, des ventricules et des oreillettes du cœur, des artères et des veines? » Voici ce que l'observation démontre à cet égard :

1° J'ai fait périr d'hémorrhagie plusieurs chiens, en coupant les deux artères carotides. A l'ouverture des cadavres la cavité gauche du cœur contenait encore une quantité notable de sang rouge ; les artères étaient vides, mais la veine cave inférieure était distendue par une assez grande quantité de sang noir ; les autres veines contenaient également un peu de sang ; les muscles n'étaient aucunement décolorés, et, parmi les viscères, les poumons seuls offraient des traces manifestes de décoloration.

2° J'ai ouvert des cadavres de guillotinés. L'aorte thoracique contenait un peu de sang ; il y en avait encore moins dans la veine cave inférieure et dans la veine porte ; les autres vaisseaux, ainsi que le cœur, n'en renfermaient pas sensiblement. La peau était pâle, sans être couleur de cire. Les muscles étaient aussi colorés qu'à l'ordinaire. Les poumons, le cœur, l'estomac et les intestins étaient décolorés. Le foie l'était beaucoup moins. Les reins et la rate offraient leur couleur naturelle ; ce dernier organe contenait même une quantité assez notable de sang dans son tissu.

3° On trouve du sang, et quelquefois en une proportion sensible, dans les vaisseaux artériels et veineux des cadavres des individus qui ont succombé à une hémorrhagie utérine, à la rupture d'un gros tronc artériel, ou à une plaie du cœur.

Ces faits me portent à conclure que les auteurs ont exagéré les caractères anatomiques de la mort par hémorrhagie, et qu'il n'est pas exact de dire qu'il y ait dans ces cas *vacuité absolue* des vaisseaux sanguins, et *décoloration des muscles* et de *tous les viscères :* donc l'enfant pourrait avoir succombé à une hémorrhagie ombilicale, quoiqu'il y eût du sang dans les vaisseaux et que tous les viscères ne fussent point décolorés.

D'une autre part, en admettant même qu'il y eût vacuité *absolue* des vaisseaux et du cœur, ce caractère, considéré isolément ne saurait être regardé comme une preuve irrécusable de mort par hémorrhagie. « Qui ne sait, dit le professeur Lobstein, combien les expériences sur l'état du sang dans les vaisseaux après la mort de l'individu sont trompeuses? Ne trouve-t-on pas souvent dans des cadavres tous les vaisseaux sanguins vides sans qu'on puisse dire ce que le sang est devenu, et quel est l'anatomiste qui n'a pas remarqué cette disposition dans des cadavres de fœtus, surtout de ceux qui sont morts avant terme? » (*Dissertation sur la nutrition du fœtus*). Cette observation judicieuse a été confirmée par un grand nombre de faits, notamment lorsque l'examen portait sur des cadavres déjà putréfiés. J'ai rapporté un exemple de ce genre fort remarquable, dans le tome 1ᵉʳ de cet ouvrage, page 534.

On doit à Rose un certain nombre de remarques utiles sur l'*hémorrhagie ombilicale :* 1° Cette hémorrhagie est d'autant plus considérable que le cordon a été divisé plus près de l'abdomen de l'enfant ; 2° elle est plus redoutable quand la section a été faite avec un instrument tranchant, que dans le cas de rupture ou de déchirement ; on n'a même rien à craindre si le cordon déchiré présente des traces d'ecchymose et de coagulation sanguine. On sait que les animaux mâchent le cordon de leurs petits, qui dès-lors ne succombent jamais ou presque jamais à l'hémorrhagie ombilicale ; 3° l'époque à laquelle la division du cordon a été faite influe beaucoup sur les dangers qu'entraîne l'omission de la ligature ; si l'enfant n'a ni respiré ni crié, l'hémorrhagie est plus considérable que dans le cas contraire ; 4° il ne faudra point conclure qu'un nouveau-né, pâle et presque exsangue, n'a point succombé à l'hémorrhagie ombilicale parce que le cordon ombilical aura été lié ; il est possible en effet que la ligature n'ait été pratiquée par une mère coupable qu'après avoir laissé couler tout le sang de l'enfant, et rien n'empêche que cette femme, pour mieux faire prendre le change, ne lave le plancher et les autres objets teints de sang, et ne substitue aux linges ensanglantés qui couvrent l'enfant, des vêtemens qui n'offrent aucune trace de ce fluide ; 5° on n'affirmera point qu'un enfant *dont le cordon ombilical n'a pas été lié*, ait péri par le fait seul de l'omission de cette ligature ; car il est possible qu'il n'y ait point eu d'hémorrhagie si l'abdomen a été exposé à l'action d'un froid très vif, s'il a été comprimé par un bandage, ou si les vaisseaux ombilicaux étaient conformés de manière à prévenir la perte de sang, etc.

Mais en supposant même que l'état du cadavre prouvât que la mort est le résultat d'une hémorrhagie, on ne pourrait affirmer que l'écoulement du sang fût la suite de l'*omission de la ligature du cordon* qu'autant qu'il serait démontré qu'il n'existe aucune autre lésion susceptible de rendre raison de la perte de sang, que le corps du nouveau-né serait bien constitué et le cordon ombilical non flétri, non affaissé, qu'autant enfin qu'il serait prouvé que cette hémorrhagie n'est pas occasionnée 1° par l'implantation du placenta sur l'orifice interne de l'utérus (1) ; 2° par l'expulsion brusque du fœtus et du placenta, quel que fût le point de la matrice sur lequel celui-ci fût implanté (2) ; 3° par la rupture du cordon ombi-

(1) Dans ce cas la mort n'arrive pas nécessairement par hémorrhagie, mais elle peut avoir lieu.

(2) Cette expulsion ne s'observe guère lorsque les fœtus intra-utérins sont âgés

lical déterminée par des mouvemens convulsifs de la mère ou par la chute de l'enfant lorsque l'accouchement est très prompt : on conçoit en effet que ces circonstances étant accompagnées d'un état syncopal de la mère, celle-ci ne puisse être accusée d'avoir omis de faire la ligature du cordon ; 4° par le décollement du placenta pendant le travail, en même temps qu'il y a rupture du cordon : je citerai à l'appui de cette proposition l'exemple suivant, observé par Rœderer et qui mérite de fixer toute l'attention du médecin. Le placenta se décolle et le cordon ombilical se rompt pendant le travail ; l'enfant, qui avait respiré aussitôt que la tête eut franchi la vulve, périt pendant l'accouchement ; il était inutile de lier le cordon ombilical. Que l'on juge maintenant de l'erreur dans laquelle serait tombé le médecin qui aurait ignoré ces différentes circonstances et qui aurait attribué la mort du nouveau-né à l'omission de la ligature en se fondant sur ce qu'il avait vécu et qu'il était mort d'hémorrhagie.

Tout en admettant qu'il est indispensable, avant de conclure que la mort est le résultat de l'*omission de la ligature du cordon*, d'apprécier ces diverses circonstances, je dirai que la plupart de ces circonstances ne s'observent pas souvent. Et d'abord pour ce qui concerne l'*hémorrhagie produite par l'implantation du placenta sur l'orifice interne de l'utérus* ou par l'*expulsion brusque du fœtus et du placenta,* elle est extrêmement rare ; mais il est encore plus rare que l'expulsion du fœtus arrive avant que la mère ait perdu assez de sang pour succomber. Supposons néanmoins que, dans un cas de ce genre, l'enfant soit expulsé vivant, la mère étant tombée dans un état de syncope, il ne serait pas impossible que l'enfant mourût d'hémorrhagie pendant la syncope de la mère, et qu'en recouvrant ses forces celle-ci jugeât la ligature du cordon ombilical inutile, parce que l'enfant serait mort. Quant à la *rupture du cordon ombilical,* qui serait déterminée par des *mouvemens convulsifs de la mère,* elle ne me paraît pas absolument impossible. Je me rappelle avoir été témoin d'une scène, dit le docteur Marc, qui eût pu déterminer la rupture du cordon, si on eût laissé le fœtus entre les

de plus de six mois ; or, il est rare que l'on ait intérêt dans ce cas à déterminer si la mort est due à l'omission de la ligature du cordon ombilical.

cuisses de la mère ; en effet, elle y portait continuellement les mains, tiraillait violemment ses parties génitales, les draps de son lit, et mourut au milieu de ces agitations convulsives. Convenons pourtant qu'il est bien peu probable qu'une accouchée, prise de convulsions assez fortes pour déchirer le cordon ombilical, puisse, si toutefois elle ne succombe pas, recouvrer assez tôt la somme de forces nécessaires pour cacher la preuve de sa faute ou pour s'éloigner à temps. Je conçois cet effort de la part d'une femme qui, après une forte hémorrhagie, est revenue d'un état syncopal, mais j'ai peine à le comprendre dans la circonstance indiquée, à moins que les convulsions ne tiennent à une affection épileptique habituelle, qui aurait pu survenir après l'accouchement : alors l'existence de cette affection habituelle devra être bien constatée. Enfin il serait impossible que, dans de semblables cas, on ne trouvât pas d'autres traces extérieures de violences exercées involontairement sur le fœtus (*Dict. de Méd. en 21 vol. art.* INFANTICIDE). Quoique la *rupture du cordon ombilical* produite par des *mouvemens convulsifs de l'enfant* n'ait jamais été observée, et que sa possibilité ne soit pas facile à concevoir, il est des auteurs qui la rangent parmi les causes qui peuvent déterminer la mort du nouveau-né et faire excuser la mère qui aurait omis de lier le cordon.

Existe-t-il des signes propres à faire connaître qu'un fœtus inhumé depuis plusieurs jours ou depuis plusieurs mois ait succombé à une hémorrhagie ombilicale qui aurait eu lieu après la naissance ? Il peut arriver qu'un médecin soit appelé à constater 20, 30, 40 jours, etc., après l'inhumation, si un enfant dont le cordon ombilical n'aurait pas été lié après la naissance, a succombé à une hémorrhagie ombilicale. Déjà le petit cadavre sera pourri, les divers organes seront plus ou moins colorés par suite de la décomposition putride, et le sang, s'il en existait dans les vaisseaux après la mort, aura pu disparaître en totalité ou en partie ; on sait en effet que dans certains cas il a suffi d'un mois d'inhumation pour trouver les vaisseaux sanguins vides (1). Comment affirmer alors que la déplétion du système

____

(1) J'ai ouvert plusieurs cadavres de fœtus pourris à l'air libre, et j'ai remar-

sanguin est le résultat d'une hémorrhagie ombilicale plutôt que de la putréfaction, et comment vérifier si la peau offrait ou non une couleur cireuse, et si les divers organes étaient décolorés avant le développement de la putréfaction ? Je ne balance pas à le dire, ce problème, s'il est susceptible d'être résolu, est certainement un des plus difficiles de la médecine légale, et les experts ne sauraient être trop circonspects lorsqu'ils seront requis pour donner un avis dans des cas de ce genre.

C. *La température de l'atmosphère.* Il est avéré que dans les hospices de maternité, il périt un plus grand nombre d'enfans en hiver qu'en été, ce qui ne peut être attribué qu'à l'impression vive qu'ils reçoivent de l'air froid ; il est donc évident que si l'on expose les nouveau-nés peu ou point vêtus à l'action d'une atmosphère froide, sur le sol, sur des pierres, etc., ils pourront succomber au bout d'un certain temps, et que le délaissement de ces infortunés constituera un véritable infanticide par omission. Le lieu où l'enfant a été trouvé, la saison, l'immobilité, la raideur, la lividité, la contracture du corps, la congestion sanguine dans les gros vaisseaux et dans les oreillettes, la dilatation des poumons, qui nagent sur l'eau, l'absence des lésions produites par une violence extérieure, sont autant de caractères qui mettront le médecin à même de juger la véritable cause de la mort. Le nouveau-né peut encore périr pour avoir été

qué, lorsque la décomposition putride était très avancée, qu'il n'y avait plus de sang dans les artères, que le sang était coagulé dans toutes les cavités du cœur, qu'il y en avait peu dans le ventricule gauche, un peu plus dans le ventricule droit, et une quantité notable dans les oreillettes ; que la veine jugulaire interne était vide dans le lieu où elle s'unit à la sous-clavière, que la veine cave inférieure, la veine iliaque primitive et la veine iliaque externe contenaient très peu de ce fluide, que la saphène et les veines profondes du membre pelvien ne renfermaient plus aucun liquide dans leur partie inférieure. En général, l'examen du système veineux donne lieu aux deux remarques suivantes : 1° l'abondance du liquide est en raison directe du rapprochement du cœur ; les cavités de ce viscère sont gorgées ; les gros troncs à leur origine contiennent encore du sang, tandis que les branches terminales sont vides ; 2° le sang contenu dans les vaisseaux conserve d'autant mieux son caractère qu'on l'examine plus près du centre du système de la circulation ; noir et encore coagulé dans le cœur, il est diffluent dans la veine iliaque, et n'a qu'une consistance crémeuse et une couleur de bistre ; il semble former un liquide intermédiaire entre le sang du cœur et la sérosité rousse des vaisseaux plus petits.

abandonné dans un endroit fort chaud, près d'un foyer ardent, à l'action du soleil, etc., surtout s'il est entouré de matières végétales et animales en putréfaction.

D. *Inanition*. L'abstinence qui se prolonge pendant plus de vingt-quatre heures peut être funeste à l'enfant qui vient de naître; car, en général, les individus périssent d'inanition d'autant plus vite qu'ils sont plus jeunes. Il suit de là que lors même que le nouveau-né serait délaissé nu ou presque nu, dans une atmosphère tempérée qui lui permettrait de vivre pendant quelques jours, il pourrait mourir de faim; à la vérité, dans le plus grand nombre de cas, les enfans ainsi abandonnés succombent à l'action de ces deux causes, l'abstinence, et la rigueur de la température. La vacuité de l'estomac et des intestins, et plusieurs des considérations indiquées précédemment en parlant des excès de température, serviraient à éclairer le médecin.

§ II.

Infanticide par commission.

Les causes violentes et criminelles qui peuvent déterminer la mort du *nouveau-né* sont fort nombreuses; les plus remarquables sont les plaies de tête, l'acupuncture, la détroncation, les vastes blessures, les fractures des membres ou leur section complète, la luxation des vertèbres cervicales, la torréfaction, l'asphyxie, résultat de l'enfouissement dans un coffre, de l'oblitération des cavités nasales et buccales, ainsi que des voies aériennes et de la submersion, l'empoisonnement par des gaz délétères, etc. Les manœuvres auxquelles on a plus particulièrement recours pour arracher la vie à un enfant *naissant* sont, l'écrasement de la tête entre les cuisses avant que l'accouchement soit terminé, l'introduction d'une aiguille très déliée à travers les fontanelles ou les sutures, la torsion du cou après la sortie de la tête, la détroncation, l'étranglement avec les mains ou avec un cordon, etc. L'examen détaillé de chacune de ces causes doit être renvoyé aux *blessures*, à l'*asphyxie* et à l'*empoisonnement par les gaz*; je ne dois faire mention ici que des détails qui se rapportent plus particulièrement à l'infanticide.

Blessures. On cherchera à déterminer si elles ont été faites avant ou après la mort du nouveau-né ; s'il y a des ecchymoses, on jugera, d'après leur couleur, si elles ont été produites peu de temps ou long-temps avant la mort, et on évitera de confondre avec ces lésions les lividités cadavériques, et les vergetures (1) (*Voy.* Blessures et Mort). Les *ecchymoses* et les *plaies* de tête, avec ou sans fracture des os du crâne, pouvant être le résultat de manœuvres criminelles, de l'application du forceps ou d'autres instrumens employés pour terminer l'accouchement, de la longueur du travail, de la chute rapide sur le sol, etc., on ne se hâtera point de prononcer sur la cause qui les a produites, et on n'oubliera point que la présence des tumeurs à la tête indique *en général* que l'enfant était sorti vivant de l'utérus, et qu'il est souvent possible de distinguer si ces tumeurs sont le résultat de la longueur du travail ou d'une violence extérieure (*Voy.* p. 238). Une vaste plaie contuse, compliquée de fracture des os et d'épanchement de sang dans le crâne, sera presque toujours l'indice d'une manœuvre criminelle.

Lorsqu'on cherchera à reconnaître si la mort est le résultat de l'*acupuncture*, on examinera attentivement, 1° si l'aiguille n'a pas été enfoncée dans le cerveau par les narines, les oreilles, les tempes, les fontanelles, les sutures, ou dans la moelle épinière par l'espace qui sépare les vertèbres cervicales, ou dans le cœur par la région thoracique gauche, au-dessous du sein, ou dans les viscères abdominaux par le rectum et le bassin ; 2° si la partie piquée présente ou non des ecchymoses, on ne saurait prendre trop de précautions ; on rasera les poils, on sondera attentivement les ouvertures, et si on n'apercevait à l'extérieur aucune trace de piqûre, on ouvrirait le cadavre pour s'assurer qu'un ou plusieurs organes ont été blessés ; et, en supposant que l'on découvrit une lésion de ce genre, on en suivrait les traces du dedans au dehors jusqu'à ce que l'on fût parvenu au point extérieur par lequel l'instrument a été introduit.

(1) Il n'est pas indifférent de se rappeler en pareil cas que des ecchymoses peuvent exister en assez grand nombre chez des enfans atteints de *congestion pulmonaire sans inflammation* (*voyez* ce qui a été dit à cet égard à la page 202).

La *section* complète d'un ou de plusieurs membres, la *détroncation*, la *luxation* des vertèbres cervicales ou d'autres os, les *fractures*, etc., sont autant de moyens que l'on a employés pour arracher la vie à des nouveau-nés. La section complète d'un membre, opérée sur un enfant vivant, prouve évidemment qu'il y a eu *infanticide* : il s'agira donc de constater si la blessure a été faite avant ou après la mort. La *détroncation* et la *luxation des vertèbres cervicales* peuvent aussi bien être l'effet de tiraillemens violens exercés par l'accoucheur, que de manœuvres criminelles ; il faudra donc, avant de porter un jugement, chercher à connaître quelle a été la nature de l'accouchement. Buttner rapporte qu'une femme furieuse, voulant tordre le cou à son enfant, sépara, en se livrant à cet acte de violence, la tête du tronc. Les *luxations des autres os*, lors même que l'on serait convaincu qu'elles ont eu lieu du vivant de l'enfant, ne prouvent point qu'il y ait eu violence extérieure, puisqu'elles peuvent survenir chez les fœtus encore renfermés dans le sein de leur mère : n'a-t-on pas vu des enfans naissans qui avaient les deux cuisses, les deux genoux, les deux pieds et les trois doigts de la main gauche luxés? Chaussier rapporte qu'il y avait une luxation complète de l'avant-bras gauche chez un enfant vivant qui venait de naître : l'accouchement avait été *facile*, mais la mère avait ressenti, vers le commencement du neuvième mois de la grossesse, des mouvemens très brusques et très violens. Toutefois, comme ces luxations, dites spontanées, sont assez rares, on devra être porté à présumer que le nouveau-né a été l'objet de quelque violence, si l'on découvre une altération de ce genre, et que l'on soit convaincu qu'elle n'est pas l'effet des efforts exercés sur les membres pendant le travail. Comme les luxations, les *fractures* sont quelquefois spontanées, Chaussier en a pu compter cent treize sur le squelette d'une petite fille qui avait vécu vingt-quatre heures ; l'accouchement avait été facile ; plusieurs de ces fractures étaient récentes, les unes commençaient à se consolider, et les autres étaient complétement réunies : des faits analogues avaient déjà été consignés dans les annales de la médecine. On sait d'une autre part que les fractures des os longs peuvent être la suite des tiraillemens exercés par l'accoucheur.

Enfin, j'ai déjà dit que les contractions utérines seules pouvaient déterminer la fracture des pariétaux, etc., lorsque le travail était long (*Voy*. page 258). Ce serait donc à tort que l'on conclurait qu'il y a eu infanticide, d'après l'existence seule de ces sortes de lésions ; il faudrait avant s'assurer que la fracture n'est le résultat d'aucune des causes dont il vient d'être fait mention.

Je puis en dire autant de certaines contusions graves que l'on remarque chez le nouveau-né, de la déchirure du tissu de ses organes, et principalement du foie, de certains épanchemens de sang, d'ecchymoses, de hernies, etc., qui peuvent être le résultat d'un coup porté avec violence sur les parois de l'abdomen de la femme enceinte sans qu'il y ait aucune lésion appréciable de ces parois ni de l'utérus.

On n'ignore pas que l'emploi des doigts, des lacs, des crochets mousses, etc., a été quelquefois suivi de contusions aux poignets, aux malléoles, aux aines, aux aisselles, etc. ; il serait par conséquent absurde de regarder de pareilles traces comme étant constamment le résultat de manœuvres criminelles ; mais ce qu'il importe surtout de savoir, c'est qu'une femme qui accouche seule, peut *innocemment* meurtrir le nouveau-né avec ses mains, et il faut alors, de la part du médecin, une grande sagacité pour rapporter à leur véritable cause les blessures qu'il a constatées : souvent même il est obligé d'avoir recours à une foule de considérations qu'il serait impossible de détailler ici, tant elles sont variées. Le fait suivant, célèbre dans les fastes de l'art, est relatif à un cas de ce genre.

« *Marguerite Granger*, accusée d'infanticide, avait déclaré qu'elle était tombée, neuf jours avant ses couches, n'étant pas tout-à-fait à terme, et qu'elle était accouchée seule dans son lit, une heure après s'y être mise, et quatre heures après la première douleur. Elle prétendit qu'elle n'avait pas entendu crier son enfant au moment de la naissance, qu'elle ignorait comment elle avait rompu le cordon ombilical, *quels efforts elle avait pu faire* sur l'enfant, en l'arrachant elle-même de son sein. C'était sa première couche. On la vit les mains teintes de sang après l'accouchement, et la délivrance eut lieu quatre heures plus tard. Elle déclara qu'elle n'avait pas été bien sûre de sa grossesse, et que son chirurgien avait partagé son opinion. Nulle trace de sang n'avait été reconnue par le juge de paix dans aucun endroit, ni sur aucun des meubles du cabinet où cette

fille couchait, et d'où elle n'était pas sortie. Le rapport des médecins portait, « que le corps de l'enfant était sain et sans corruption ; qu'il leur pa-
« raissait être venu à terme, que le cordon n'avait été ni lié ni coupé, mais
« déchiré à un pouce et demi du ventre ; qu'il existait une ecchymose ré-
« pandue tant sur la tête qu'au cou et à la poitrine , principalement du
« côté gauche ; qu'ils avaient observé *vingt-quatre à vingt-cinq blessures*
« *ou meurtrissures*, longues la plupart de quelques lignes, les plus longues
« n'excédant pas 18 lignes, dont quelques-unes affectaient une forme
« circulaire ; les autres étaient droites n'ayant pas toutes plus d'une ligne
« de largeur, situées sur les différentes parties de la face, excepté six,
« répandues au cou et à la partie supérieure de la poitrine ; *ce qui leur*
« *avait fait présumer que la tête de cet enfant avait pu être lancée contre*
« *quelque corps étranger et dur, dont les impressions étaient inégales ;*
« qu'ayant examiné la bouche, ils avaient vu la mâchoire inférieure divi-
« sée en deux, et fracturée à sa symphyse, *laquelle séparation avait pu*
« *provenir des efforts faits pour empêcher l'enfant de crier, ou pour l'étouf-*
« *fer ;* qu'ils avaient aperçu au-dessus de l'oreille gauche une dépression ou
« enfoncement qui n'existait point au côté droit, et n'était pas ordinaire ;
« qu'ils s'étaient déterminés à ouvrir la tête, et avaient reconnu le pariétal
« gauche enfoncé dans sa partie inférieure ; qu'à l'ouverture du crâne, il
« s'était écoulé beaucoup de sang liquide, ce qui n'aurait pas eu lieu si
« l'enfant fût mort avant que de naître, et s'il n'avait pas été contus, parce
« qu'on avait trouvé beaucoup de sang extravasé à la base du crâne ;
« que pour s'assurer davantage si l'enfant était vivant en venant au monde,
« ils avaient ouvert la poitrine, à l'inspection de laquelle ils s'étaient con-
« vaincus que le poumon avait été dilaté et gonflé par l'air extérieur :
« ce qui prouvait qu'il était né vivant en sortant de la matrice. » En conséquence, les médecins prononcèrent qu'il y avait eu infanticide, et la
femme fut condamnée à mort par le tribunal criminel du département de
l'Yonne.

Bourdois, Baudelocque, six médecins et trois chirurgiens de Troyes,
ainsi que Fodéré, furent consultés en même temps : leurs rapports offrant
les mêmes conclusions, je me bornerai à faire connaître celui de Fodéré,
qui chercha d'abord à établir que les vingt-quatre ou vingt-cinq lésions peu
étendues auxquelles les experts donnaient indifféremment et mal à propos
le nom de *blessures* ou de *meurtrissures*, n'avaient rien de commun avec un
choc, et qu'elles annonçaient plutôt la manière dont la fille s'était délivrée
et les armes dont elle avait fait usage pour cela, que la division de la symphyse de la mâchoire inférieure attestait seulement les efforts que l'accusée avait dû faire, au milieu des plus violentes douleurs pour se délivrer
par tous les moyens possibles d'un premier enfant ; que l'enfoncement du
pariétal et la dépression observée, au-dessus de l'oreille étaient un effet
assez ordinaire de l'accouchement ; que le sang fluide épanché à la base
du crâne se voyait chez tous les enfans dont la tête était restée long-

temps au passage, et qui avait péri dans cette pénible fonction ; que, d'ailleurs, les ventricules cérébraux des nouveau-nés contenaient ordinairement beaucoup de sérosité rougeâtre, et le cerveau beaucoup de sang ; qu'ainsi il était absurde d'en inférer que l'enfant était né vivant ; que le défaut des épreuves respiratoires empêchait d'établir cette dernière conséquence, laquelle était, d'ailleurs, écartée par l'état du cordon ombilical, rompu très près du ventre, qui aurait sans doute donné lieu à une hémorrhagie dont on aurait observé les traces si l'enfant était né vivant ; mais que précisément parce qu'il n'avait pas donné une seule goutte de sang, c'était une preuve que l'enfant était mort en naissant, s'il ne l'était pas déjà avant que de naître. La femme fut acquittée (Capuron, *Médecine légale*, page 350).

La lecture du mémoire consultatif de Fodéré fait naître de nombreuses réflexions. On voit d'abord combien le premier rapport des médecins est incomplet, mal rédigé et loin d'autoriser les conclusions qui le terminent : aussi devait-on parvenir facilement à en faire sentir la nullité. Les moyens employés par le professeur de Strasbourg pour rendre la liberté à l'accusée sont en général fondés sur des faits dont on ne saurait contester l'importance et la vérité ; il en est cependant quelques-uns dont la valeur peut être discutée, et il me paraît d'autant plus essentiel de le faire, que la réputation dont jouit l'auteur qui les a mis en avant pourrait porter les médecins qui seraient appelés dans des cas analogues, à prendre pour modèle le mémoire qu'il a rédigé. Après avoir établi que les vingt-quatre ou vingt-cinq blessures n'avaient rien de commun avec un choc, Fodéré ajoute *qu'elles annoncent plutôt la manière dont la fille s'était délivrée, et les armes dont elle avait fait usage pour cela ;* ces armes étaient sans doute les mains et les ongles ; et dès-lors n'était-il pas nécessaire d'examiner si les coups d'ongle avaient été donnés dans un dessein criminel. J'ai été chargé, il y a deux ans, de déterminer la nature de dix ou douze blessures semblables que présentait le bras gauche d'un fœtus de huit mois ; je reconnus qu'elles avaient été faites par des ongles, et le magistrat ne tarda pas à se convaincre que les coups avaient été portés par la mère, après la naissance de l'enfant. Fodéré ajoute *que si l'enfant était né vivant, il aurait perdu beaucoup de sang par le cordon ombilical, qui avait été rompu très près du ventre, et que précisément parce qu'il n'avait pas donné une seule goutte de sang, l'enfant était mort en naissant ou peu avant de naître.* Mais il est dit expressément dans le rapport des premiers médecins *que le cordon ombilical n'avait été ni lié ni coupé*, mais *déchiré* à un pouce et demi du ventre : or la déchirure du cordon peut n'être pas suivie d'un écoulement sanguin considérable, si l'extrémité déchirée présente des traces d'ecchymose et de coagulation. Et comment Fodéré a-t-il pu assurer que le cordon n'avait pas donné *une seule goutte de sang*; est-ce parce que le juge de paix n'en n'avait reconnu aucune trace sur les meubles du cabinet? Cette preuve est loin d'être concluante, parce qu'on aurait pu laver les taches formées par le sang qui se serait écoulé. Mais admettons qu'il en fût ainsi, serait-il permis d'affirmer qu'un enfant serait mort-né, parce que la portion rompue du cordon ombilical n'aurait point fourni une seule goutte de sang, lorsqu'on sait que dans beaucoup de cas où le cordon n'est coupé qu'après que la respiration a été parfaitement établie, il n'y a aucun écoulement de sang par l'extrémité coupée du cordon?

La *torréfaction* est encore un des moyens que la scélératesse a mis en usage pour détruire le nouveau-né; les ravages occasionnés par le feu peuvent être tels que le corps soit entièrement consumé ; dans quelques cas des portions d'os seront reconnues au milieu des cendres, quoi qu'elles soient extrêmement friables; en 1840, Ollivier (d'Angers) put en constater la présence au milieu de la cendre, et par la comparaison qu'il en fit avec d'autres squelettes de fœtus, il fut autorisé à penser que l'enfant était à terme. Plus tard, consulté par M. Malapert de Poitiers pour savoir quels seraient les moyens à employer pour distinguer si les cendres appartiennent à un fœtus ou à du bois qui aurait été brûlé , je fis des expériences nombreuses dont voici le résultat (*Annales d'hygiène,* page 132, année 1845) : 1° Lorsque la cendre d'un fœtus ne sera pas mélangée de fragmens d'os qui permettent de la distinguer au premier aspect des autres cendres, on pourra la reconnaître aux caractères suivans :—A. Si on la calcine avec de la potasse dans un creuset de porcelaine, ouvert ou fermé, on obtient du cyanure de potassium, alors même que la cendre, au moment de la préparation, aurait été fortement chauffée pendant long-temps ; le produit de l'action de l'alcali, traité par l'eau distillée bouillante, fournit une dissolution que le sulfate ferroso-ferrique précipite en vert sale (cyanure de fer et oxyde ferroso-ferrique) ; le précipité disparaît presque en entier par l'addition de l'acide chlorhydrique qui dissout l'oxyde ferroso-ferrique et ne laisse que le cyanure de fer (bleu de Prusse) ; quelquefois ce dernier est si peu abondant qu'il ne se dépose qu'au bout de 24 ou de 48 heures. — B. En traitant la cendre du fœtus par les deux cinquièmes de son poids d'acide sulfurique pur et concentré, il se dégage constamment du gaz acide sulfhydrique ; aussi un papier blanc imprégné d'acétate de plomb, exposé au-dessus du vase où l'on fait l'expérience, est-il immédiatement coloré en brun ou en noir. — C. Après avoir laissé réagir l'acide sulfurique sur la cendre du fœtus, pendant deux ou trois jours, si l'on traite ce mélange par l'eau distillée bouillante, pendant un quart d'heure environ, la dissolution est *constamment acide* et rougit énergiquement le papier de tournesol. — D. Cette dissolution renferme toujours du biphosphate de chaux, et laisse, par conséquent, précipiter une quantité notable de phosphate de chaux, lorsqu'on verse de l'ammoniaque *non carbonatée*.

2° La cendre du charbon de *chêne et de sapin* calcinée avec de la potasse dans des creusets de porcelaine, ouverts ou fermés, ne contient point de cyanure de potassium, ne dégage point d'acide sulfhydrique, quand on la mêle avec les deux cinquièmes de son poids d'acide sulfurique pur et concentré ; et, si l'on traite par l'eau distillée bouillante le produit de la réaction de cet acide pendant trois jours, la dissolution est constamment alcaline et rétablit la couleur bleue du papier rougi par un acide ; enfin cette dissolution ne donne aucun précipité de phosphate de chaux par l'ammoniaque *non carbonatée*.

Ces différences sont tellement caractéristiques que l'on peut les constater même en agissant sur une quantité de cendres des bois précités, huit ou dix fois plus considérable que celle des cendres de fœtus. D'où il suit qu'il sera toujours facile de distinguer ces cendres les unes des autres. Il serait également aisé de reconnaître, dans le cas où l'on mettrait à la disposition d'un expert, un mélange de cendres de bois de chêne ou de sapin et de cendres de fœtus, que cette cendre ne provient pas exclusivement de ces bois.

3° La cendre des mottes à brûler se comporte comme la cendre des bois de chêne et de sapin, si ce n'est qu'elle laisse dégager des traces d'acide sulfhydrique, quand on la met en contact avec l'acide sulfurique pur.

4° La cendre de bois de *bourdaine* traitée par la potasse, ne m'a point fourni de cyanure de potassium, mais elle a donné par l'acide sulfurique pur, une quantité à peine appréciable de biphosphate de chaux, sans dégagement d'acide sulfhydrique.

5° La cendre de *sarment de vigne* s'est comportée comme les précédentes si ce n'est qu'elle a laissé dégager quelques atomes de gaz acide sulfhydrique.

6° La cendre de *coke* n'a point fourni de cyanure de potassium, mais elle a donné une proportion notable de biphosphate de chaux, avec dégagement d'une grande quantité de gaz acide sulfhydrique.

7° La cendre de bois de chêne ou de sapin, mélangée de cendre de *coke* et de *débris* de quelques matières animales se comporte à peu de chose près comme la cendre du fœtus, si ce n'est qu'elle fournit beaucoup moins de bleu de Prusse, d'acide sulfhydrique et de phosphate de chaux.

8° La cendre de *houille* a offert les mêmes réactions que la précédente, si ce n'est qu'elle a donné une petite quantité de bleu de Prusse.

9° La cendre de *tourbe* n'a fourni ni du cyanure de potassium, ni du biphosphate de chaux ; mais il s'est dégagé une quantité sensible de gaz acide sulfhydrique, lorsqu'on l'a traitée par de l'acide sulfurique pur.

10° Il suit de ce qui précède, que les experts devront être excessivement réservés avant de se prononcer sur la nature des cendres, toutes les fois qu'ils n'auront pas pu s'assurer que la combustion du fœtus a été opérée avec des *bois de chêne*, ou *de sapin* ou *avec d'autres bois* qui ne contiennent ni de l'azote, ni du soufre, parce qu'il existe d'autres matières combustibles, qui à la rigueur, auraient pu être employées, et qui se comportent, sinon avec tous, du moins avec quelques-uns des agens indiqués, à-peu-près comme la cendre des fœtus.

Si l'action du calorique n'a pas déterminé l'incinération, si l'on n'a affaire qu'à des brûlures, on cherchera à découvrir s'il y a des phlyctènes, altération qui dénote manifestement que l'enfant était vivant lorsqu'il a été brûlé ; il peut se faire aussi qu'une assez grande partie des poumons ait échappé à l'action du feu pour que l'on puisse constater qu'ils sont plus légers que l'eau, et présumer par là qu'il y avait eu respiration. Du reste, il est évident que dans des cas semblables tous les efforts de l'homme de l'art ne peuvent servir qu'à établir si le nouveau-né a été brûlé avant ou après la mort ; c'est au magistrat à chercher ailleurs que dans les sciences médicales s'il y a eu meurtre, et quel en a été l'auteur (*V*. BRULURE à l'art. intitulé *des signes propres à déterminer si les blessures ont été faites pendant la vie*).

Asphyxie. Il est des cas d'*asphyxie* suivis de mort, où il est impossible de méconnaître que le nouveau-né a été victime d'une tentative criminelle, c'est lorsqu'il a été trouvé enfoui dans un coffre, noyé dans une liqueur quelconque, ou lorsque la bouche et les narines ont été bouchées par du foin, de la paille, de la boue, etc. (*Voy*. ASPHYXIE PAR SUBMERSION). La cause de la mort est plus difficile à découvrir si l'enfant sur lequel on n'a aucune espèce de renseignement a été suffoqué sous des couvertures ou des matelas, par la compression de la trachée-artère avec les doigts, avec un lacq, ou par l'application de l'épiglotte sur la glotte. Il faut alors examiner attentivement si l'enfant a vécu, si le frein de la langue n'est pas déchiré, si la langue n'a pas été repoussée, renversée sur l'épiglotte, s'il n'y a point de signes manifestes de congestion cérébrale, si les tégumens du cou n'offrent point d'excoriation, de taches brunes, etc. (*Voy*. ASPHYXIE) (1). La forme et la situation de ces taches devront surtout être notées avec le plus grand soin ; sont-elles circulaires, obliques, ou ressemblent-elles à des empreintes digitales ; sont-

____

(1) On n'oubliera pas que j'ai admis, en parlant *de la congestion pulmonaire sans inflammation*, que l'enfant peut périr asphyxié par le fait seul de cette congestion (*voyez* page 206 de ce volume).

18.

elles situées à la partie inférieure, moyenne, ou supérieure du cou ; sont-elles larges ou étroites ? (1)

Mais faudra-t-il conclure de la seule présence de ces taches que l'enfant a été assassiné, et ne peuvent-elles pas être le résultat de la compression exercée sur le cou du nouveau-né par l'orifice de l'utérus ou du vagin, ou par le cordon ombilical ? Je n'hésite pas à affirmer que si la stricture de l'orifice utérin et l'entortillement du cordon ombilical déterminent des taches semblables au cou, ce phénomène *est on ne peut plus rare*. MM. Évrat, Désormeaux, Moreau, Paul Dubois, Velpeau et Billard ne l'ont jamais remarqué, quoiqu'ils aient fréquemment reçu des enfans dont le cordon ombilical était entortillé autour du cou. Voici comment s'exprime à ce sujet le docteur Klein : « Je n'ai jamais observé *des ecchymoses ni des sugillations* produites par le col utérin et par le cordon ombilical, quoique j'aie reçu un assez grand nombre d'enfans dont le cou était fortement étranglé par un ou deux tours du cordon ombilical, et qui succombèrent par l'effet de cette strangulation, ou du moins vinrent au monde avec la face livide et tous les signes d'une mort imminente. Il s'est également présenté dans ma pratique un bon nombre de strictures de l'orifice utérin, qui pendant la version paralysèrent presque mon bras, et rendirent ensuite très pénible l'application du forceps, parce que le cou de l'enfant était étranglé par cet orifice ; d'autres fois j'ai vu ces strictures autour du cou avoir lieu, la tête s'étant dès le commencement du travail présentée la première, et jamais je n'ai remarqué sur le fœtus, soit une impression quelconque, soit une simple sugillation. Il serait bien important, sous le rapport médico-légal, de recueillir toutes les observations qui tendraient à prouver la réalité des prétendues traces que laissent sur les fœtus ces étranglemens, ces strictures qui appartiennent au travail de l'enfantement.

(1) Je me sers du mot *tache* et non de celui d'*ecchymose* parce qu'en effet l'étranglement déterminé par la main, par un lacet ou par une corde, s'il produit une lésion locale appréciable, cette lésion consiste bien plus souvent en une tache brune de la peau sans qu'il y ait du sang épanché dans le tissu cellulaire sous-cutané, qu'en une ecchymose ou épanchement de sang dans ce même tissu (voyez Asphyxie par suspension).

Quant à moi, je me trouve porté à en douter, par la raison que j'ai pratiqué un grand nombre de versions très pénibles, pendant lesquelles l'enfant avait évidemment manifesté son état de vie par des mouvemens, et cependant il m'est arrivé très souvent de ne trouver sur aucune partie de l'enfant mort ou en vie des traces de sugillation, pas même aux endroits où les lacqs avaient été appliqués. Combien d'accouchemens n'ai-je pas terminés par le forceps, sans avoir reconnu la moindre ecchymose sur la tête de l'enfant ! Enfin j'ai observé quinze suicides par suspension où la corde n'avait produit aucune ecchymose, même superficielle , et l'on voudrait prétendre que le col de l'utérus et même le vagin suffisent pour produire un semblable résultat ! » (*Journal d'Hufeland*, novembre 1815).

Admettons toutefois, pour ne pas être taxé d'imprévoyance, que dans certains cas la stricture de l'orifice utérin et l'entortillement du cordon développent sur le cou des taches brunes semblables à celles qui peuvent êtres produites par la main, un lacet, une corde, etc. Est-il possible de parvenir à déterminer la cause qui les a fait naître?

D'après Ploucquet, l'étranglement par l'orifice de l'utérus ou du vagin et par le cordon ombilical , n'est pas accompagné de l'excoriation de l'épiderme, et l'ecchymose qui en résulte est uniforme sur tous les points , tandis que si l'on a fait usage d'un lacet, d'un cordon, l'épiderme est excorié, et l'ecchymose est inégale dans sa forme et sa profondeur. Plusieurs auteurs , mais surtout Rose, Marc et M. Capuron, se sont élevés contre l'assertion de Ploucquet : il n'est pas prouvé, disent-ils, que dans l'étranglement qui a eu lieu pendant le travail, la peau ne puisse jamais être excoriée et l'ecchymose inégale ; en effet, il suffit pour produire ce dernier effet, que la main de l'enfant soit placée à côté du cou lorsque celui-ci est serré par l'orifice de l'utérus : d'une autre part , il est possible d'admettre que, dans le cas de violence extérieure, lorsqu'on apporte toute l'attention convenable , la compression par un lacet très uni soit aussi uniforme et aussi égale que celle qu'exercent le col de l'utérus ou le cordon ombilical. Les caractères indiqués par Ploucquet sont évidemment insuffisans pour résoudre la question , et j'avouerai sans peine que sa solution me paraît impossible dans l'état actuel de la science (*Voy*. ASPHYXIE PAR SUSPENSION).

Quoi qu'il en soit, je ferai observer en terminant tout ce qui se rapporte à l'asphyxie considérée comme cause violente de la mort du nouveau-né, 1° que la présence d'une tache circulaire autour du cou avec épanchement de sang dans le tissu cellulaire sous-cutané correspondant à la tache, annonce qu'il y a eu compression du cou pendant la vie ; que s'il est impossible de nier que ces effets puissent être le résultat de la stricture de l'orifice de l'utérus ou de l'entortillement du cordon ombilical autour du cou, du moins est-il certain qu'aucun fait bien avéré ne démontre qu'il en soit ainsi, et que dès-lors il est tout naturel de les attribuer sinon toujours, du moins le plus souvent, à une violence exercée par une main criminelle ; 3° que la coïncidence des signes d'étranglement dont je parle et de ceux qui annoncent que la respiration s'est effectuée *après la naissance d'une manière complète*, doit porter d'autant plus à conclure que l'enfant a été victime d'une tentative criminelle, qu'il n'a pas pu se suicider, et qu'il est impossible d'admettre que dans un cas de stricture de l'orifice de l'utérus ou d'entortillement du cordon ombilical autour du cou, capable de produire un pareil épanchement de sang, l'enfant soit né vivant ou du moins qu'il ait respiré *complétement* (1) ; 4° que la présence de taches brunes à la peau du cou, sans épanchement de sang dans le tissu cellulaire sous-cutané correspondant, ne suffit pas pour établir que la strangulation a eu lieu pendant la vie (*Voy*. ASPHYXIE PAR SUSPENSION) ; 5° que l'absence de ces taches, de l'ecchymose sous-cutanée, ou de ces deux signes à-la-fois, ne prouve pas, à la rigueur, que l'étranglement n'ait pas eu lieu avant la mort.

On lit dans les *Annales d'hygiène et de médecine légale*,

(1) On objectera peut-être que dans un cas de vagissement utérin et d'entortillement du cordon ombilical autour du cou, l'enfant qui serait mort pendant le travail présenterait au cou les marques de sévices produites par le cordon, et cependant ses poumons surnageraient. Mais je ferai observer que lors même que l'on admettrait la réalité des vagissemens utérins (*voyez* page 198), la respiration ne pourrait avoir lieu que très incomplétement à raison de la constriction opérée par le cordon, constriction que les auteurs de l'objection supposent nécessairement très forte, puisqu'ils la regardent comme pouvant donner lieu à un épanchement de sang dans le tissu cellulaire du cou.

un rapport de MM. Marc, Capuron, Hauregard, d'Héré et Guichard, relatif à ce sujet, et dont je crois devoir extraire les principaux faits.

Un enfant du sexe féminin, né à terme et viable, périt peu de temps après sa naissance ; le cadavre fut examiné le 8 avril 1831, quelques heures après la naissance. Le cordon ombilical est coupé nettement *à deux lignes de son insertion* ; la portion de ce cordon qui adhère au placenta offre une longueur de *trente-deux pouces*. Le cou porte une empreinte circulaire présentant *deux raies rouges* parallèles et concentriques s'étendant d'avant en arrière et horizontalement jusqu'à la nuque, où elles paraissent interrompues par des espaces où la couleur de la peau *est intacte* ; cette empreinte est plus rouge du côté droit que du côté gauche ; elle a la largeur d'une ligne et demie. Son trajet se trouve placé antérieurement entre le larynx et l'os hyoïde, et se termine postérieurement entre l'espace qui sépare l'occipital de la première vertèbre cervicale. La ligne de séparation des deux raies entre lesquelles la peau a conservé sa couleur naturelle, est de la largeur d'une demi-ligne. Au côté gauche du cou, vers le milieu de sa surface, sur le trajet de ladite empreinte, on remarque une *ecchymose* longitudinale, un peu oblique, de la longueur de 3 lignes un quart, d'un rouge cerise et d'une ligne de large, anguleuse à ses deux extrémités. Au côté droit du cou, sur le trajet de la même empreinte, existent trois ecchymoses séparées, dont celle du milieu offre quatre impressions distinctes horizontales, l'antérieure porte un point d'un rouge plus foncé, se confondant dans l'empreinte circulaire : la postérieure, longitudinale, irrégulière, composée de points séparés, est d'une coloration rouge plus foncée que les autres. On voit à la partie postérieure une autre empreinte longitudinale et oblique, d'un quart de ligne de largeur sur 4 lignes de long, d'une couleur moins foncée que la précédente, et présentant un peu d'éraillement de l'épiderme : c'est le seul point dans toute l'étendue de l'empreinte qui offre cette particularité. Le tissu cellulaire est *ecchymosé* par intervalles, dans la même direction que cette empreinte, et y correspond dans toute son étendue.

Le larynx et la trachée-artère ne présentent aucune lésion. La langue ne dépasse pas l'arcade alvéolaire ; elle conserve sa couleur naturelle, ainsi que les lèvres et l'intérieur de la bouche. La tête, examinée extérieurement, est affaissée et écrasée sur elle-même de haut en bas, et présente sur le front deux taches livides ; l'une s'étendant sur toute la moitié du coronal, la portion squameuse du temporal, tout le pariétal et la portion correspondante de l'occipital gauche ; celle du côté droit moins étendue, mais plus livide que celle du côté opposé, ne comprend que la portion droite du coronal, le temporal et une portion antérieure du pariétal. Le cuir chevelu est profondément ecchymosé dans son épaisseur ; le périoste est décollé sur presque toute l'étendue du pariétal droit, ainsi que de la partie moyenne du pariétal gauche ; entre les tégumens du crâne et l'occipital et les deux pariétaux, on trouve un épanchement considérable de sang noir coagulé. Le pariétal droit est réduit en quatre fragmens mobiles qui se divisent en angles irréguliers, aboutissant par leur sommet à la bosse pariétale, comme des rayons sur un centre commun. Le périoste est pareillement détaché de la surface de l'os pariétal gauche, qui est aussi fracturé. Le cerveau a paru affaissé, présentant des épanchemens sanguins dans les interstices de ses circonvolutions. Les vaisseaux de la dure-mère et de l'arachnoïde sont fortement gorgés de sang noir. Les plexus choroïdes et les parois des ventricules latéraux sont fortement injectés. En arrière du corps calleux, vers le quatrième ventricule, existe un épanchement sanguin très considérable. A la base du crâne, les fosses occipitales postérieures et inférieures sont remplies de sang noir un peu fluide, et la fosse moyenne gauche est également pleine de sang.

Le diaphragme est refoulé en haut du ventre. Les poumons, d'une teinte rosée, remplissent la cavité du thorax, excepté le gauche qui ne recouvre pas complétement le péricarde ; ils *nagent* sur l'eau entiers ou coupés par fragmens ; ils sont sains, crépitans et nullement emphysémateux. *Le cœur ne contient point de sang*.

L'intestin grêle est rempli de méconium vert ; le gros intestin en contient aussi, mais il est jaunâtre.

D'après ces faits, les rapporteurs ont conclu, 1° que l'enfant a respiré ; 2° qu'il est difficile de concevoir comment il serait mort par *strangulation* et *surtout* au moyen du cordon ombilical ; d'abord parce que l'empreinte circulaire ne répond point au volume ordinaire du cordon, ensuite parce que cette empreinte offre deux raies séparées par un intervalle de même couleur que la peau, ce qui est inexplicable dans le système de strangulation par le cordon ; admettant même que le cordon eût fait deux fois le tour du cou, et que les deux circulaires eussent été juxtaposées, on n'expliquerait pas encore le peu d'intervalle qui séparait les deux raies. 3° En supposant que l'enfant eût été étranglé par le cordon ombilical, nous ne pourrions pas même concevoir comment la respiration et la vie extra-utérine auraient pu s'établir ; dira-t-on que l'enfant a respiré avant la strangulation ; mais alors les organes de la respiration et de la circulation auraient offert quelques traces de ce genre de mort. 4° Les lésions profondes de la tête nous paraissent une cause suffisante de mort ; mais il est difficile de concevoir au premier abord, que des désordres aussi graves aient été déterminés par la chute de l'enfant, depuis les parties génitales de la mère jusqu'au cou, à la suite de l'accouchement (*Voy.* p. 252). 5° La mère de l'enfant nous ayant dit qu'il était d'abord tombé sur le carreau à la suite de l'accouchement, et qu'il lui était échappé une seconde fois pendant qu'elle le tenait sur ses bras, au moment où elle s'était trouvée mal, nous pensons que cette seconde chute est plus capable que la première de produire les désordres que nous avons constatés à la tête (Janv. 1835).

Il est à remarquer que les auteurs de ce rapport n'admettent pas que la mort soit le résultat de la *strangulation qu'aurait pu opérer l'entortillement du cordon ombilical* autour du cou. D'accord sur ce point avec Klein et avec les accoucheurs français les plus célèbres, ils adoptent évidemment les principes que j'ai établis à la page 276 et suivantes ; mais pourquoi ne s'expliquent-ils pas sur la *cause* qui a déterminé *cette double empreinte circulaire avec ecchymose*, lésion qui suppose nécessairement que l'enfant était vivant au moment où elle a été produite, et que l'effort compressif qui l'a occasionnée devait être assez puissant? Peu importe que les signes de la mort par suffocation, tels que l'engorgement des poumons et des cavités du cœur, aient manqué, puisque déjà plusieurs fois, chez des pendus, les poumons et le cœur ont été trouvés sans la moindre trace de congestion (*Voy*. STRANGULATION. *Observations* 1re, 4e *et* 5e du § intitulé : *Cadavres n'offrant point d'ecchymoses au cou, et chez lesquels manquent plusieurs des signes déjà mentionnés*). J'avouerai avec Marc que le cas dont il s'agit est un des plus obscurs qui puissent se présenter en matière d'infanticide ; toutefois, d'après les faits observés, j'aurais cru devoir conclure autrement que ne l'ont fait les rapporteurs ; et, puisqu'il s'agit dans cet ouvrage de tracer aux médecins la conduite qu'ils doivent tenir dans la solution des diverses questions médico-légales, je vais exposer brièvement les conclusions que j'aurais adoptées, afin de les mettre à même de se prononcer entre ma manière de voir et la leur.

1° L'enfant était à terme et viable.

2° Il est mort après sa naissance, et après avoir respiré complétement (*V*. l'*état des poumons*, p. 280).

3° L'empreinte circulaire qui existait autour du cou a été produite pendant la vie, et ne saurait être occasionnée par l'entortillement du cordon ombilical autour de cette partie du corps ; elle paraîtrait plutôt dépendre de l'application d'un double lien sur le cou de l'enfant (1).

---

(1) Il est à regretter que dans le rapport que j'examine, il n'ait pas été dit s'il existait ou non un sillon superficiel ou profond.

4° Tout en admettant que la mort *puisse être* exclusivement attribuée aux lésions de la tête, il est encore possible qu'elle soit à-la-fois le résultat de ces lésions et de la strangulation, l'absence des signes de la mort par suffocation ne suffisant pas pour faire rejeter cette cause de mort.

5° S'il est vrai que les fractures de la tête, ainsi que les épanchemens de sang dans le crâne et à sa surface externe, peuvent dépendre de ce que la mère, au moment de tomber en syncope et prise peut-être d'un mouvement convulsif, aurait jeté avec violence de ses bras l'enfant qu'elle y tenait, il est également certain que ces lésions peuvent être le résultat des coups portés sur la tête.

6° Il est par conséquent du devoir des magistrats de rechercher, par tous les moyens qui sont en leur pouvoir, si l'enfant n'a pas été assassiné.

Si, comme il est arrivé quelquefois, le nouveau-né avait été exposé à l'action du gaz acide sulfureux (soufre qui brûle), il faudrait examiner attentivement la couleur et l'odeur de la bouche et des voies aériennes, s'il y a ou non des traces d'inflammation, etc. Il a été remarqué par Hallé que le cœur des animaux empoisonnés par ce gaz est petit, contracté, dur et d'un rouge vif; toutefois ce caractère n'est pas assez tranché pour que l'on puisse en tirer grand parti en médecine légale.

La mort déterminée par le gaz des fosses d'aisances serait reconnue aux signes qui ont été indiqués à la page 773 du t. 1er.

Septième question *relative à l'infanticide. Une femme qui accouche ou qui vient d'accoucher est-elle en état de prévoir et de donner à son enfant tous les soins nécessaires?*

L'énumération des secours qu'il importe souvent de prodiguer aux nouveau-nés (*Voy.* page 255) prouve évidemment que la mère sera hors d'état de les donner, si elle a ignoré qu'elle fût enceinte ou si elle a été surprise par les douleurs de l'enfantement dans un endroit isolé où elle manquait de tout ce qui est nécessaire pour lier le cordon ombilical ; si elle est tombée en défaillance à la suite d'une hémorrhagie considérable, comme cela peut avoir lieu surtout lorsque le placenta s'insère sur l'orifice de la matrice ; si elle a eu des convulsions violentes ; si elle est accouchée pendant une attaque d'apoplexie, ou lorsqu'elle était dans un état de syncope, de mort apparente ou d'assoupissement profond. Il ne serait pas, à la rigueur, impossible, pendant que la femme est dans un état de syncope, qu'il se manifestât des mouvemens convulsifs dans les membres de l'enfant, et qu'il y eût rupture du cordon ombilical et hémorrhagie mortelle, surtout lorsque le cordon est entortillé autour des membres ; il faudrait dans ce cas déterminer attentivement si le cordon a été rompu ou coupé (*Voy.* page 240) (1).

Devrait-on accuser impitoyablement une mère qui alléguerait avoir éprouvé des convulsions et avoir déchiré le cordon du nouveau-né qu'elle aurait foulé involontairement aux pieds ? Cette excuse, pour être moins recevable que les précédentes, n'en mériterait pas moins quelque considération.

Avant de prononcer dans ces cas difficiles, l'homme de l'art commencera par s'assurer si l'état actuel de la femme répond à ce que l'on observe le plus ordinairement après la syncope, l'hémorrhagie et les convulsions et il appréciera à leur juste valeur les divers motifs d'excuse.

HUITIÈME QUESTION *relative à l'infanticide. En admettant qu'un enfant dont on a trouvé le corps ait été tué, est-il possible de prouver qu'il appartient à la femme que l'on accuse, et qu'elle est l'auteur du meurtre ?*

On sent combien il serait important de pouvoir décider ces deux questions ; mais malheureusement tous les efforts des médecins échouent pour résoudre la dernière ; et, relativement à l'autre, ce n'est qu'avec la plus grande difficulté qu'il parvient à établir quelquefois *qu'un enfant n'appartient pas à la femme qu'on accuse, ou qu'il peut lui appartenir.* Voici les cas où

(1) D'après Marc, la rupture du cordon par l'effet de circonstances qui dépendent de l'enfantement, se fait *presque constamment* très près de l'ombilic ou très près du placenta, et les bords de la solution de continuité sont frangés et inégaux.

il est permis à l'homme de l'art de porter un pareil jugement. S'il reconnaît qu'une femme est accouchée depuis deux ou trois jours seulement, tandis que la naissance de l'enfant date de cinq, huit, douze ou quinze jours, ou, ce qui revient au même, que l'âge du nouveau-né ne se rapporte aucunement à l'époque où l'accouchement a eu lieu, il déclarera que l'accusée n'est point la mère ; à plus forte raison il se conduira de même s'il trouve que, loin d'être accouchée, la femme n'a jamais été enceinte. Si, au contraire, le nouveau-né est âgé de deux ou trois jours, et que l'accouchement soit récent, ou, en d'autres termes, si l'âge de l'enfant se rapporte à l'époque présumée, il sera permis de dire qu'il *peut* appartenir à la femme accusée. D'où il résulte que la solution de ce problème repose tout entière sur les faits dont je me suis déjà occupé dans plusieurs autres questions, et que je me bornerai à rappeler : *comment reconnaître,* 1° *s'il y a eu grossesse ;* 2° *si une femme est accouchée ;* 3° *l'époque de l'accouchement ;* ce que l'on détermine en ayant égard aux suites des couches et à l'état des organes génitaux ; 4° *le moment où l'enfant est né ;* ce qui suppose que l'on connaît pendant combien de temps il a vécu et depuis quand il est mort. Il est même nécessaire de déterminer si l'enfant *était à terme* au moment de la naissance; quelles étaient ses dimensions, etc. Toutes ces questions résolues par le médecin expert sont autant de documens donnés aux juges et aux jurés. Cependant, dit M. Devergie, jamais on n'adressera à l'homme de l'art la huitième question que je me suis posée ; aussi en regarde-t-il l'examen comme inutile. Mais je ferai remarquer que, loin d'être stérile pour la recherche des preuves du crime, elle est au contraire féconde, puisque l'expert peut, dans certains cas, éloigner d'une accusée tout soupçon en établissant qu'elle n'a jamais eu d'enfant, ou que l'accouchement, s'il a eu lieu, date d'une époque éloignée ; quelquefois, au contraire, il fournira des documens précieux en déterminant l'âge d'un enfant et l'époque de l'accouchement. J'ai dit aussi que l'homme de l'art doit établir si l'enfant était à terme à l'époque de la naissance, et quelles étaient ses dimensions ; c'est qu'en effet, si un cas se présente où il lui soit difficile de déterminer la date d'un accouchement, il en trouvera peut-être la raison dans l'âge d'un fœtus peu développé dont l'expulsion n'a pas produit de grands délabremens dans les organes de la génération.

Résumé sur l'infanticide.

L'importance du sujet que je viens de traiter mérite que je lui consacre encore quelques lignes ; une analyse rapide des objets qui doivent fixer l'attention du médecin dans une question de ce genre ne sera pas sans intérêt. L'expert doit être bien pénétré de cette vérité, que, dans la plupart des cas, le sort des accusés est entre ses mains ; et quelle que soit l'horreur qu'inspire le crime d'infanticide, il ne doit jamais conclure qu'il a été commis qu'autant qu'il en est convaincu. Sans doute que certains coupables échapperont au glaive de la justice, parce qu'il aura été impossible d'établir l'existence matérielle du crime ; mais aussi des personnes innocentes n'auront pas été flétries par une condamnation.

1° Quand on est appelé pour faire un rapport sur le cadavre d'un nouveau-né, inconnu et abandonné dans un champ, une rue, une place publique, etc., on doit l'examiner avec autant d'attention que dans le cas où la mère serait connue ; en effet, il serait possible que le zèle des magistrats ne tardât pas à être couronné d'un plein succès, en découvrant qu'une femme est récemment accouchée, et que tout porte à croire que l'enfant délaissé lui appartient.

2° Après avoir noté tout ce qui est relatif aux objets qui entourent le cadavre, à sa situation, au lieu où il a été trouvé et aux autres circonstances qui ont été indiquées avec soin à l'article Ouverture des cadavres (*Voy.* p. 44), on examine attentivement la longueur, le poids de l'enfant, la peau, le cordon ombilical, les cheveux, les ongles, les paupières et tout ce qui peut contribuer à déterminer son âge au moment de la naissance (*Voy.* page 77 du t. 1ᵉʳ) ; on tient compte des lésions extérieures, de l'état plus ou moins avancé de la putréfaction, etc. ; si on néglige ces détails et que l'on procède de suite à l'ouverture du cadavre, on s'expose à ne plus pouvoir constater plus tard les caractères que la surface du corps présente, pour parvenir à résoudre plusieurs questions importantes.

3° On cherche à découvrir la cause de la mort. Le nouveau-né a pu périr *avant de sortir de l'utérus,* ce que l'on reconnaît quelquefois à la simple inspection du fœtus, tandis qu'on ne peut y parvenir dans certaines circonstances, qu'en examinant avec la plus grande attention les signes fournis par la femme qui vient d'accoucher, l'état des divers organes du cadavre et de l'arrière-faix. On aurait tort de croire qu'il suffit d'établir qu'il n'y a au sommet de la tête du fœtus ni tuméfaction ni ecchymose, ou que les poumons se précipitent au fond de l'eau pour être certain que la mort a eu lieu dans l'utérus, puisque d'une part on a vu des altérations de ce genre sur la tête d'enfans morts dans la matrice, tandis qu'elles manquent souvent chez d'autres qui ont vécu après la naissance, et que d'une autre part on sait que les poumons peuvent se précipiter au fond de l'eau quand l'enfant est mort en naissant et même quand il a respiré après la naissance. *Le nouveau-né a pu périr pendant l'accouchement,* ce qui dépend de la difficulté et de la longueur du travail, de la compression du cordon ombilical, ou de son entortillement autour du cou, d'une hémorrhagie, de la faiblesse du fœtus, des manœuvres que l'accoucheur a tentées pour délivrer la femme, et qui ont exigé l'emploi du forceps, des crochets, des perce-crânes, etc., ou de tentatives criminelles comme l'acupuncture, la torsion de la colonne vertébrale, la suffocation, etc. Des notions précises sur la nature, le mode et la durée de l'accouchement, pourront seules guider l'homme de l'art dans la solution d'un problème aussi épineux. Rappelons toutefois que l'enfant peut avoir respiré au passage, et par conséquent que la surnatation des poumons ou de leurs fragmens ne suffit point pour prouver qu'il n'est pas mort avant de naître. N'oublions pas qu'il a pu vivre après sa naissance, de la vie dite de la circulation, *sans avoir respiré,* et qu'alors les poumons peuvent se précipiter au fond de l'eau (*Voy.* page 208). *Le nouveau-né a pu périr après la naissance: a.* parce qu'il était monstrueux, faible, atteint d'une maladie grave ; *b.* parce qu'on a omis de lui donner les secours nécessaires, et qu'il a succombé à l'asphyxie, à l'inanition, à l'hémorrhagie ombilicale, ou à l'action d'un froid trop vif ou d'une chaleur trop intense. Il importe alors de rechercher si l'omission des soins a été volontaire, ou si la mère se trouvait dans l'impossibilité de les prodiguer, comme cela pourrait arriver, si elle avait ignoré sa grossesse et qu'elle eût été surprise par les douleurs de l'enfantement dans un lieu isolé; si elle était accouchée sans le savoir par une des causes indiquées à la page 276 du t. 1er; *e.* parce qu'on a exercé des actes de violence que l'on peut rapporter aux *blessures*, à l'*asphyxie* et à l'*empoisonnement par le gaz;* il est indispensable, dans ce cas, de constater les marques de sévices, et de ne point les confondre avec celles qui sont le résultat du travail de l'accouchement ou de toute autre cause naturelle et spontanée. Je n'adopterai pas avec certains auteurs, qu'il faille pour conclure qu'il y a eu infanticide après la naissance, prouver que l'enfant est né *bien conformé*, *à terme et exempt de maladies* (Capuron); car il existe une foule de vices de conformation qui n'entraînent pas nécessairement la mort; d'une autre part, des enfans nés entre le septième et le neuvième mois de la grossesse, peuvent vivre et se développer parfaitement; il en est de même de plusieurs de ceux qui lors de la naissance sont atteints de quelques maladies: la femme qui vient d'accoucher, et qui depuis long-temps a conçu le projet de détruire le nouveau-né, est aussi coupable en portant sa main homicide sur un enfant de sept à huit mois, ou sur un autre qui est à terme et mal conformé ou atteint d'une maladie qu'elle est censée ne pas connaître, que sur un fœtus de neuf mois, bien conformé et jouissant en apparence de la meilleure santé. J'admettrai volontiers qu'une mère peut être excusée d'*avoir laissé périr* son enfant, *faute de soins*, lorsque celui-ci n'était âgé que de cinq à six mois, ou même lorsque étant plus près du neuvième mois, il était excessivement difforme ou très faible, ou atteint de quelques-uns des symptômes qui annoncent une mort prochaine.

Les observations faites sur les poumons, le cœur, le diaphragme, le thorax, etc., dans le dessein de savoir si l'enfant a respiré pendant ou après la naissance, fournissent souvent des résultats propres à induire le médecin en erreur, si elles n'ont pas été recueillies avec la plus grande attention et appréciées à leur juste valeur. Quand même il serait rigoureusement prouvé que la respiration a eu lieu, il ne faudrait conclure que l'enfant a été tué, qu'autant qu'il serait établi qu'il a été victime de quelque omission ou de quelque manœuvre criminelle (*V.* p. 255).

4° On s'attache à déterminer depuis quand l'enfant est né ; s'il a vécu, on examine d'abord quelle a pu être la durée de la vie extra-utérine, en ayant égard à l'état de la peau, du cordon ombilical, etc. ; on cherche ensuite à reconnaître, d'après la rigidité ou la flaccidité des membres, la putréfaction plus ou moins avancée du corps, etc., depuis quand il est mort. Il est inutile de rappeler combien il importe pour juger l'époque de la mort, d'après l'état de décomposition putride, de connaître la température, et de savoir si l'enfant a été délaissé dans un coffre où l'air n'était point renouvelé, dans du sable, dans de l'eau limpide ou bourbeuse, dans du fumier ou dans une fosse d'aisances, la putréfaction ne marchant pas avec la même rapidité dans ces différens milieux et à toutes les températures. — Si l'enfant est mort-né, on parvient à déterminer à-peu-près l'époque de la naissance, par des moyens analogues. Ces recherches sont utiles lorsqu'il s'agit de décider si le nouveau-né appartient à une femme que l'on sait être accouchée depuis peu de jours et que l'on soupçonne d'avoir commis le crime d'infanticide : la nécessité d'explorer attentivement cette femme dans les premiers jours qui suivent l'accouchement, est trop manifeste pour que j'appelle de nouveau l'attention de l'homme de l'art sur ce point (*V.* p. 273 du tome 1ᵉʳ).

RAPPORTS SUR L'INFANTICIDE.

Premier rapport. Nous soussigné, docteur en médecine de la Faculté de Montpellier, habitant la ville de Paris, sur la réquisition du procureur du roi, qui nous a été signifiée par M. X., huissier, nous sommes transporté aujourd'hui 12 avril, à midi, avec M. F., élève en médecine, à la Morgue, pour visiter le cadavre d'un enfant du sexe masculin, que l'on nous a dit avoir été retiré tout nu d'une fosse d'aisances, et pour constater la cause de sa mort.

Le cadavre était froid et sali par l'eau de la fosse dont il offrait l'odeur ; il n'était plus recouvert de cet enduit sébacé que l'on remarque chez les fœtus à terme nés depuis peu ; nous l'avons lavé et nettoyé avec soin. Sa longueur était de 50 centimètres, il pesait 3 kilogrammes ; le thorax était bombé ; le cordon ombilical était flétri, desséché, et près de tomber ; son insertion répondait à-peu-près à la partie moyenne du corps ; les testicules étaient dans le scrotum ; les membres abdominaux étaient plus courts que les thoraciques ; les uns et les autres étaient flexibles ; la peau de la partie interne des cuisses, des bras et des parties latérales du thorax et de l'abdomen, offrait une teinte violacée, et l'épiderme correspondant à ces parties s'enlevait par une forte pression des pinces ; partout ailleurs la peau paraissait de couleur naturelle et adhérait à l'épiderme ; on ne voyait aucune trace d'ecchymose ni d'autres blessures à la surface du corps ; on s'assurait en palpant les membres, que les os qui en font partie n'étaient ni luxés ni fracturés ; des incisions assez profondes pour mettre ces os à nu prouvaient qu'il n'y avait point de sang épanché dans le tissu cellulaire intermusculaire ; l'extrémité inférieure du fémur offrait un noyau osseux en arrière.

L'ouverture du cadavre, faite suivant les règles de l'art (*Voy.* Ouverture des cadavres), a démontré : 1° *pour le crâne*, qu'il n'y avait au sommet de la tête ni bourrelet, ni infiltration sanguine ; que les os du crâne se touchaient presque par leurs bords, excepté dans les endroits correspondans aux fontanelles ; que la matière grise du cerveau était parfaitement distincte ; que les vaisseaux de cet organe n'étaient point engorgés ; que les ventricules ne contenaient point de sang, et que l'on n'y voyait qu'une petite quantité de sérosité jaunâtre et limpide ; que le cervelet paraissait dans l'état naturel, enfin qu'il n'y avait aucune trace d'épanchement sanguin dans la cavité du crâne ; 2° *pour le canal vertébral*, que la moelle épinière n'était le siége d'aucune altération sensible : 3° *pour la bouche et le cou*, que les dents étaient encore contenues dans les alvéoles, et que leurs couronnes étaient ossifiées ; qu'il y avait dans la bouche quelques atomes de matière excrémentitielle demi-fluide ; que

la langue, le voile du palais, les amygdales et le pharynx semblaient plus rouges que dans l'état naturel ; que le larynx et les
vertèbres cervicales n'étaient le siège d'aucune altération, et
qu'il n'y avait aucune ecchymose profonde dans ces parties ;
4° *pour le thorax*, que les poumons, d'un rouge pâle, recouvraient en grande partie le péricarde, qu'ils étaient crépitans et
qu'ils nageaient sur l'eau, lors même qu'ils étaient mis sur ce
liquide avec le cœur ; qu'ils n'offraient aucune trace de putréfaction, mais qu'ils étaient gorgés de sang verdâtre fluide, que
tous leurs fragmens surnageaient encore après avoir été long-
temps comprimés sous l'eau ; on pouvait en retirer par cette
expression une quantité notable de sang ; ils pesaient 58 grammes, c'est-à-dire cinquante-deux fois moins que le corps
entier environ ; qu'il y avait dans la trachée-artère et dans
les bronches une petite quantité de matière semblable à celle
de la fosse, et beaucoup d'écume ; que la membrane muqueuse qui tapisse ces parties était rouge par plaques ; que le
ventricule droit du cœur contenait beaucoup de sang fluide d'un
brun verdâtre ; qu'il y en avait à peine dans le ventricule gauche
et dans les oreillettes ; que le canal artériel et le canal veineux
étaient vides, et leurs parois rapprochées ; que le trou de Botal
était encore perméable ; que le diaphragme était manifestement
refoulé vers l'abdomen ; 5° *pour le bas ventre*, qu'il y avait
dans l'estomac un peu de matière demi-fluide, d'une odeur fétide,
qui paraissait être la même que celle de l'eau de fosse ; que les
intestins et la vessie étaient vides ; qu'il n'y avait aucune trace
de phlogose dans le canal digestif ; que les autres viscères abdominaux paraissaient dans l'état naturel, excepté qu'ils présentaient çà et là une couleur verdâtre ; 6° *pour les organes génitaux*, que tout l'appareil générateur était sain.

L'examen le plus scrupuleux des viscères contenus dans les
diverses cavités n'a point permis de découvrir le moindre signe
de blessure, faite avec un instrument piquant, tranchant ou contondant, ni avec une arme à feu.

Nous pouvons conclure de ce qui précède : 1° que l'enfant
dont nous avons examiné le corps, est né à terme et vivant ;
2° que sa naissance date d'environ sept à huit jours, du moins

l'état du cordon ombilical semble faire croire qu'il a vécu trois ou quatre jours, et l'on peut juger par les changemens survenus à la peau, qu'il est mort depuis trois ou quatre jours environ (*Voy.* page 773 du tome 1er, article PUTRÉFACTION DANS LA FOSSE D'AISANCES); 3° qu'il était parfaitement constitué, et par conséquent viable; 4° que tout annonce qu'il a été plongé dans l'eau de la fosse, lorsqu'il était encore vivant (*Voy.* ASPHYXIE); 5° que la mort paraît devoir être attribuée au défaut de respiration et à l'action délétère du sulfhydrate d'ammoniaque contenu dans l'eau; 6° que tout porte à croire que l'accouchement de la mère a été facile. En foi de quoi, etc.

Deuxième rapport. Nous soussigné, etc., requis par, etc., pour constater la cause de la mort d'un enfant du sexe féminin, nous sommes transporté dans la chambre occupée par mademoiselle N., dans la rue...., maison n°...., où nous avons trouvé ladite demoiselle alitée; elle nous a dit être âgée de vingt ans et avoir été surprise par les douleurs de l'enfantement la veille à six heures du soir; qu'après avoir souffert pendant deux heures, elle était accouchée; qu'elle s'était efforcée en vain d'appeler à son secours; qu'elle était déjà mère d'un autre enfant et qu'elle n'ignorait pas qu'il fallait couper et lier le cordon ombilical, qu'elle avait pratiqué la première de ces opérations avec des ciseaux, mais que, n'ayant point de lien à sa disposition, elle n'avait pu faire la ligature; que d'ailleurs il lui aurait été impossible de s'occuper de son enfant, parce qu'elle s'était délivrée elle-même peu de minutes après l'accouchement, et qu'un instant après elle avait perdu connaissance; enfin qu'elle n'avait recouvré ses sens qu'au bout de deux heures, lorsque l'enfant était déjà mort. Les draps du lit étaient ensanglantés.

Le cadavre de l'enfant était froid et enveloppé dans un linge; on voyait sur l'abdomen et sur les fesses plusieurs plaques de sang desséché, d'un brun noirâtre; il était recouvert d'un enduit sébacé fort épais, et n'exhalait aucune odeur putride. Après l'avoir bien nettoyé avec de l'eau, nous nous sommes assuré qu'il était long de 45 centim. 5 millim., et qu'il pesait 2 kilogr. 500 grammes; la tête était garnie de cheveux noirs, longs d'environ 3 centim.; on voyait à son sommet une petite tumeur comme œdé-

19.

mateuse ; le thorax était bombé ; le cordon ombilical de grosseur ordinaire, nullement flétri ni affaissé, avait été coupé à 3 centim. environ de l'abdomen, avec un instrument tranchant ; en effet, la section était lisse et unie ; il n'offrait aucune trace de sang liquide ni coagulé ; on voyait qu'il n'avait pas été lié ; son insertion répondait à 5 millim. au-dessus de la moitié du corps. Les membres abdominaux étaient raides et sensiblement plus courts que les thoraciques qui étaient flexibles ; ils n'étaient ni luxés ni fracturés, comme on s'en est assuré en pratiquant des incisions profondes ; l'extrémité inférieure du fémur offrait un noyau osseux à sa partie postérieure ; les ongles parfaitement formés, recouvraient l'extrémité des doigts. La surface du corps était remarquable par sa pâleur semblable à celle de la cire ; il en était de même des lèvres ; l'épiderme ne se détachait point ; il n'y avait aucune trace d'ecchymose ni d'autre blessure.

L'ouverture du cadavre, faite suivant les règles de l'art, a prouvé que la plupart des viscères étaient décolorés, que les ventricules et les oreillettes du cœur, les vaisseaux artériels et veineux contenaient fort peu de sang, et qu'en général tout le système sanguin était affaissé ; on ne découvrait aucun indice de blessure ni de congestion dans le cerveau, dans le cervelet, dans la moelle épinière, ni dans aucun des organes thoraciques et abdominaux, qui du reste étaient parfaitement conformés ; on apercevait déjà la matière grise du cerveau ; les os du crâne se touchaient par leurs bords, excepté dans leur portion correspondante aux fontanelles ; les poumons, d'une couleur pâle, recouvraient en partie le péricarde ; ils étaient crépitans et nageaient sur l'eau lorsqu'on les avait séparés du cœur, même après avoir été comprimés sous ce liquide ; ils pesaient 35 gram. 7 centigr., c'est-à-dire 70 fois moins que le corps environ ; le canal artériel, le canal veineux et le trou de Botal étaient perméables ; le diaphragme était légèrement refoulé vers l'abdomen ; l'estomac était vide ; le gros intestin contenait beaucoup de méconium d'un brun verdâtre ; la vessie était vide ; l'arrière-faix semblait être dans l'état naturel.

Nous croyons devoir conclure de ce qui précède : 1° que l'enfant qui fait le sujet de ce rapport est né à terme ; 2° qu'il était viable; 3° qu'il a vécu pendant un certain temps; 4° qu'il a succombé à une hémorrhagie ombilicale, résultat de l'omission de la ligature du cordon ombilical; 5° que la demoiselle N., qui avoue ne pas être primipare, ne doit être excusée d'avoir omis de pratiquer cette opération, qu'autant qu'il sera prouvé qu'elle a perdu connaissance peu de temps après l'accouchement, ou qu'elle a été dans l'impossibilité de se procurer les liens nécessaires. En foi de quoi, etc.

Troisième rapport. Nous soussigné, etc. Arrivé dans la chambre, nous avons trouvé la demoiselle X, âgée de 17 ans, alitée, qui nous a dit être accouchée deux jours auparavant d'un enfant à terme, mort; que les douleurs d'enfantement avaient été vives et avaient duré pendant cinq heures; qu'elle accouchait pour la première fois et qu'elle n'avait été secourue que par sa femme de chambre qui attestait également que l'enfant n'avait donné aucun signe de vie, malgré tout ce qu'elle avait pu faire pour le ranimer. Interrogée sur les moyens qu'elle avait mis en usage pour exciter la respiration chez le nouveau-né, elle nous a répondu avoir fait des frictions sur la partie antérieure du thorax, sur l'épine du dos, sur la paume des mains et sur la plante des pieds, avoir parcouru l'intérieur de la bouche avec ses doigts pour enlever les mucosités, et avoir *insufflé de l'air* de bouche à bouche.

Nous avons d'abord procédé à l'examen de la femme et nous avons reconnu.... (On parle ici de l'état des mamelles, de la peau et des muscles de l'abdomen, de l'utérus, de son col, des parties génitales, des tranchées utérines, de la bonne ou de la mauvaise conformation du bassin, de l'écoulement qui se fait par la vulve, etc.; je me bornerai à ce simple énoncé, parce que déjà j'ai donné à la page 291 du tome Ier quelques modèles de rapport sur l'accouchement).

D'où il résulte que la demoiselle X est accouchée depuis deux ou trois jours environ.

On nous a présenté le cadavre d'un enfant du sexe masculin, enveloppé de linges propres, nullement ensanglantés, et prêt à être inhumé; après l'avoir retiré de cette enveloppe, nous avons reconnu qu'il était froid, et long de 50 centimètres, qu'il pe sait 3 kilogrammes, que la tête était garnie de cheveux assez longs et ne présentait aucune trace de tumeur à son sommet ; que le thorax était aplati ; le cordon ombilical frais, sans la moindre apparence de sang liquide ni coagulé, était de grosseur ordinaire ; il avait été coupé avec un instrument tranchant à 9 centimètres environ de l'abdomen ; en effet, la section était lisse et unie, et son insertion répondait à-peu-près à la moitié du corps ; près de son extrémité libre, on voyait un fil double disposé en forme de lien, les membres étaient flexibles, et les ongles parfaitement formés ; la surface du corps, recouverte d'un enduit sébacé fort épais, était pâle, excepté dans la région abdominale qui offrait une couleur verte ; le cadavre n'exhalait une odeur légèrement fétide que dans cette région (la température de l'atmosphère était depuis trois jours à environ 8° therm. centigr.) ; l'épiderme ne se détachait point ; il n'y avait aucune trace d'ecchymose ni d'autre blessure, comme on s'en est assuré en examinant attentivement l'extérieur du corps et en pratiquant des incisions profondes ; l'extrémité inférieure du fémur offrait un noyau osseux à sa partie postérieure.

L'ouverture du cadavre, faite suivant les règles de l'art, a prouvé que les os du crâne se touchaient par leurs bords, excepté dans les fontanelles ; que la matière grise du cerveau et du cervelet était formée ; que l'estomac et les intestins grêles étaient vides ; que le gros intestin contenait beaucoup de méconium verdâtre ; que la vessie renfermait une quantité notable d'urine ; que le diaphagme était refoulé vers la poitrine ; que les poumons, d'un rouge brun, quoique bien conformés, étaient assez peu développés pour ne recouvrir le péricarde qu'en partie, qu'ils contenaient fort peu de sang, et ne pesaient que 32 grammes, qu'ils étaient crépitans dans quelques-unes de leurs parties seulement, et qu'ils se précipitaient au fond de l'eau lorsqu'on les plaçait entiers sur ce liquide ; toutefois, en les coupant en plusieurs tranches, on voyait quelques petits fragmens du poumon droit, dont la teinte était moins foncée, nager sur l'eau, même après avoir été comprimés sous ce liquide ; le canal artériel, le canal veineux et le trou de Botal étaient perméables ; le cœur contenait fort peu de sang ; *il était impossible de découvrir*

*sur aucun point la moindre trace de blessure ni de con-
gestion ;* l'arrière-faix était dans l'état naturel.

Il résulte de ce qui précède : 1° que l'enfant qui fait le sujet de ce rapport est né à terme ; 2° qu'il était viable ; 3° que tout porte à croire qu'il n'a point respiré : en effet, la surnatation de quelques petits fragmens du poumon droit, qui ne contiennent qu'une petite quantité de sang , coïncidant avec l'aplatissement du thorax et le refoulement du diaphragme en haut, paraît dépendre plutôt de l'insufflation artificielle que de la respiration ; d'autant mieux que le poids des poumons et le rapport entre le poids du corps et celui des poumons sont à-peu-près tels qu'on les trouve souvent chez les enfans qui n'ont point respiré ; 4° que rien n'annonce qu'il soit mort pendant l'accouchement , ni qu'il ait été tué après la naissance ; 5° qu'il est probablement mort dans l'utérus peu de temps avant l'accouchement. En foi de quoi, etc.

Quatrième rapport. Nous soussigné , etc. Arrivé dans la chambre, on nous a représenté le cadavre d'un enfant du sexe masculin, que l'on avait trouvé mort sur la voie publique ; il était renfermé dans un espèce de sac en toile grise, nullement taché ; la tête était enveloppée d'un béguin de toile commune, à l'extérieur duquel on voyait quelques traces de sang ; la surface du corps était recouverte d'une chemise de percale ensanglantée sur plusieurs points, et notamment dans la partie correspondante à l'ombilic : aucun de ces objets ne portait ni chiffre ni lettre.

Nous avons procédé à la visite, et nous avons reconnu que l'enfant était encore chaud, fort bien conformé, long de 51 centimètres, et du poids de 3 kilogrammes 512 grammes ; la peau, d'un blanc légèrement jaunâtre , n'exhale aucune odeur fétide ; elle est enduite de la matière sébacée que l'on remarque chez les fœtus âgés de plus de sept mois ; elle offre çà et là quelques stries de sang ; le thorax est bombé ; le cordon ombilical, inséré à la partie moyenne du corps, est long d'environ 6 centimètres, il n'est point flétri et ne présente aucune trace de ligature ; on voit qu'il a été coupé d'une manière nette par un instrument tranchant ; le scrotum renferme deux testicules ; les membres sont flexibles,

les inférieurs sont plus courts que les supérieurs ; ils ne sont le siége d'aucune lésion, comme on s'en assure en pratiquant des incisions profondes : l'extrémité inférieure et postérieure du fémur offre un noyau osseux ; les ongles sont bien formés et recouvrent l'extrémité des doigts ; la tête garnie de cheveux noirs, longs de 3 centim. environ, est plus colorée que les autres parties du corps : on voit sur le front, sur le côté gauche du sourcil, de la paupière supérieure et de la pommette gauche, des contusions et des ecchymoses d'un rouge brun, de forme irrégulière, longues de 5 millimètres sur 4 millimètres de large ; l'oreille gauche est rouge, contuse et ensanglantée ; les yeux sont dans l'état naturel, excepté que la conjonctive gauche est rouge ; la lèvre supérieure est recouverte d'une matière sanguinolente qui coule par les narines ; la cavité buccale ne contient qu'une quantité peu notable de sang ; le crâne est mou, allongé d'avant en arrière, et fortement déprimé dans les régions temporales, dont les pièces osseuses sont très mobiles : on ne découvre aucune trace de blessure sur les autres parties du corps.

L'ouverture du cadavre, faite suivant les règles de l'art, démontre que les vertèbres, les ligamens qui les unissent et les muscles qui les recouvrent sont dans l'état naturel ; qu'il y a du sang épanché entre le canal vertébral et la dure-mère, dans toute l'étendue du rachis ; que la moelle épinière n'est le siége d'aucune altération ; qu'il y a un épanchement considérable de sang liquide et coagulé entre la peau et le péricrâne, surtout vers les pariétaux, qui sont fracturés en plusieurs endroits ; on remarque surtout deux fractures anguleuses sur chaque pariétal qui s'étendent l'une de la bosse pariétale jusqu'à l'os frontal, et l'autre du même point à la suture sagittale ; il y a en outre, à l'extrémité d'une des fractures du pariétal gauche, une esquille d'environ un millimètre : le périoste est déchiré et décollé dans toutes les parties fracturées ; la partie antérieure gauche du coronal est également le siége d'une fracture anguleuse avec esquille et décollement du périoste ; la dure-mère est ecchymosée dans toute son étendue, et notamment aux parties correspondantes aux fractures : une quantité considérable de sang, en grande partie coagulé, est épanchée entre l'arachnoïde et la dure-mère, entre cette même membrane et la pie-mère, dans les anfractuosités de la face supérieure et postérieure des hémisphères cérébraux, dans les ventricules latéraux, à la base du crâne, et surtout dans les cavités moyennes et postérieures ; la consistance du cerveau, dont la matière grise est parfaitement formée, paraît naturelle ; les viscères abdominaux ne sont le siége d'aucune altération ; l'estomac et les intestins grêles ne contiennent que des mucosités, le gros intestin renferme beaucoup de méconium d'un brun verdâtre ; la vessie est remplie d'urine ; les poumons recouvrent en grande partie le péricarde ; ils sont roses et crépitans ; ils nagent sur l'eau, lors même qu'ils sont mis sur ce liquide avec le cœur ; ils n'offrent aucune trace de putréfaction, et leurs fragmens surnagent encore après avoir été long-temps comprimés sous l'eau ; on en retire par cette expression une quantité notable de sang rouge et de mucosités écumeuses ; ils pèsent 97 grammes ; c'est-à-dire trente-six fois moins que le corps entier ; le cœur est dans l'état naturel ; le canal artériel, le canal veineux et le trou interoriculaire (de Botal) sont encore perméables ; le diaphragme est refoulé vers l'abdomen.

Ces faits nous permettent de conclure, 1° que l'enfant dont il s'agit est né à terme, 2° qu'il était viable ; 3° qu'il a vécu, et que probablement il est venu au monde en présentant la tête, les membres et le siége n'offrant aucune trace d'infiltration ni de congestion ; 4° qu'il est mort peu de temps après la naissance ; 5° que la mort n'a eu lieu que depuis quelques heures ; 6° que les ecchymoses, les fractures et les épanchemens sanguins ont été faits du vivant de l'individu ; 7° que la mort est le résultat de ces lésions, qui ne paraissent pas devoir être attribuées à une chute de l'enfant au moment de la naissance, mais qui tiennent plutôt à des violences exercées latéralement sur des points de la tête diamétralement opposés : du moins c'est ce qui semble résulter de la situation, de la forme, de la direction et du rapport des fractures observées au crâne. En foi de quoi, etc.

BIBLIOGRAPHIE.

L'enfant est-il mort en naissant ?

ZEIS (B. L.). De causis mortem in partu necessario inferentibus. Gottingue, 1756, in-4.

RŒDERER (J. G.). De infantibus in partu suffocatis. Gottingue, 1760, in-4. Recus. in opusc. Rœd.

BOSE (E. G.). De judicio suffocati in partu fœtus in foro adhibendo. Leipzig, 1776. — Continuatio, *ibid.*, 1779, in-4.

ROOSE (Th. G. A.). Ueber das Ersticken neugeborner Kinder. Brunswick, 1794.

HERHOLDT (J. D.), Commentatio de vitâ imprimis fœtus humani ejusque morte sub partu. Copenhague, 1802.

DELIUS (H G.). De veris nodis in funiculo umbilicali. Gottingue, 1805. DAUBERT (C. M.). De funiculo umbilicali humano fœtui circumvoluto. Gottingue, 1808.

KOHLSCHUETTER. Quædam de funiculo umbilicali frequenti mortis nascentium causâ. Commentatio physiologico obstetricia. Leipzig, 1833, in-8°.

JOERG (Ed.). De morbo pulmonum organico ex respiratione neonatorum imperfecta orto. Leipzig, 1832, in-8°.

Infanticide.

WAGNER (J. G.). De signis neointerfectorum. Kœnigsberg, 1707, in-4.

WERNIER (G. E.) præs. Ch. VATER. De signis infanticidii diagnosticis. Wittemberg, 1722, in-4.

JAEGER (J. G.) præs. V. A. SCHŒPFFER. De infanticidio præsumto. Tubingue, 1773, in-4.

WOHLFAHRT (J. H.). De infanticidio doloso ejusque speciebus. Francfort, 1750, in-4.

DETHARDING (G. C.) Resp. C. J. WOLFF. De cautione medici circa casus infanticidiorum. Rostock, 1754, in-4.

ADOLPHI (J. T.) Resp. H. C. DREYER. De infanticidii notis sectione legali detegendis. Helmstadt, 1764.

FISCHER, præs. SCHOENMETZEL. Sectio anatomica insufficiens in imputando infanticidio instrumentum. Manheim, 1769, in-4.

BUTTNER (C. G.). Vollstændige Anweisung wie durch anzustellende Berichtigungen ein veriibter Kindermord auszumitteln sey. Kœnigsberg et Leipzik, 1771. Mit Anmerkungen von J. D. METZGER, Kœnigsberg, 1806.

ESCHENBACH (C. E.). Punctum medico-legale ad infanticidium spectans. Rostock, 1774.

THEIN (F. E.) præs. A. PAPIUS. De infanticidio ejusque variis signis. Wurzbourg, 1777.

HUNTER (William). On the uncertainty of the signs of murder, in the case of bastard children. In med. obs. by a sec. of physic. in London, t. VI, p. 266. — Lettre sur l'infanticide, lue à la Société de Londres, etc., traduite par Worbe, dans le Bulletin des sciences médicales, rédigé par Tartra, t. V, p. 321.

GRUNER (C. G.). De infanticidio non temere admittendo. Iéna, 1784. — De momentis infanticidium excusantibus. Iéna, 1786.

PLOUCQUET (W. G.). Commentarius medicus in processus criminales super homicidio, infanticidio, etc. Strasbourg, 1787, in-8.

OLGREN (J. L.). De signis infanticidii dubiis atque certis in medicinâ forensi bene distinguendis. Iéna, 1788.

FRANK (J. P.). Programma puerperæ de infanticidio suspectæ defensionem exhibens. In Frank Delect. opuscul. med. t. XII.

PLATNER (E.). De lipothimiâ parturientium quantum ad excusationem infanticidii. Leipzig, 1801. — Infanticidii excusandi argumenta salso suspecta. Leipzig, 1802. — De dubiâ mortis causâ, quantum ad infanticidium. Particul. 1-4. Leipzig, 1806. — Deprecatio pro crimine infanticidii. Leipzig, 1811. Omn. recus. In Platneri quæst. med. forens. ed. Choulant.

OLIVAUD (E. J.). De l'infanticide. Thèses de Paris, in-8°. an X.

GARDIEN et MARC. Consultation médico-légale pour un cas d'infanticide. Bulletin des sciences médicales rédigé par Tartra, t. V, p. 104.

KEHAUT (C. J.). De cautelis in dijudicandis cædis infantum notis. Prague, 1813.

FODÉRÉ (F. E.). De infanticidio. Strasbourg, 1814.

GENNEP (A. Van.). Specimen de infanticidio. Leyde, 1814, in-4°.

HIRT (C.). De cranii neonatorum fissuris ex partu naturali cum novo earum exemplo. Leipzig, 1815.

LECIEUX, RENARD, LAINÉ, RIEUX. Médecine légale, ou Considérations sur l'infanticide, sur la manière de procéder à l'ouverture des cadavres, etc., etc. Paris, 1819, in-8.

GANS (S. P.). Von den Verbrechen des Kindermordes. Versuch eines juridisch-physiologisch-psychologischen Commentars, etc. Copenhague, 1824, in-8°.

ROBERT. Consultation et réflexions sur un rapport relatif à une accusation d'infanticide. 2 part. Annales de la soc. de méd. prat. de Montpellier, t. XXXVI, p. 135 et 372.

KLEIN. Ueber die Beschædigungen, welche bei den Neugebornen entstehen, wenn sie in einer die Mutter überraschenden Geburt plœtzlich hervor auf den harten Boden u. s. w. schiessen. In Kopp's Jahrbuch der Staatsarzneikunde, t. IX, p. 275.

ELWERT. Beitræge zur Materie von der Untersuchung der todtgefundenen Neugebornen. In Kopp's Jahrbuch der Staatsarzneikunde, t. III, p. 154.

KLEIN. Beobachtungen in Hinsicht der nœthigen Vorsicht bei Beurtheilung des Kindermords. In Kopp's Jahrbuch der Staatsarzneikunde, t. vii, p. 367.

On trouve dans les Annales de médecine légale de Kopp, et dans le Journal de Médecine légale de Henke (deux Recueils allemands) un grand nombre de rapports et d'observations sur l'infanticide, qu'il serait trop long d'indiquer en détail.

Cordon ombilical lié ou non lié.

Alberti (Mich.) Resp. B. J. Wegener. De funiculi umbilicalis neglectâ obligatione in causis infanticidii limitandâ, Halle, 1731, in-4.

Schulze (J. H.) Resp. J. O. Dehmel. Diss. qua problema an umbilici deligatio in nuper natis absolutè necessaria sit, in partem negativam resolvitur. Halle, 1733, *ibid.*, 1744, in-4.

Rœderer (J. G.) Resp. C. L. Schœl. De funiculi umbilicalis deligatione non absolutè necessariâ. Gottingue, 1755, in-4.

Iseken (G.). De quæstione an intermissio deligationis funiculi umbilicalis in foro absolutè lethalis. Duisbourg, 1767.

Schweickhard. De non necessariâ deligatione funiculi umbilicalis cum epicrisi. Strasbourg, 1769.

Daniel (C. F.). De infantum nuper natorum umbilico et pulmonibus. Halle, 1780, in-8.

Joerg (J. C. G.). De funiculi umbilicalis deligatione haud negligendâ. Leipzig, 1810.

DE L'AVORTEMENT.

En médecine légale, on entend par *avortement* l'accouchement avant terme provoqué avec une intention criminelle, par des alimens, des breuvages, des médicamens, des violences ou par tout autre moyen. Voici l'article du Code pénal à ce sujet :

« Quiconque, par alimens, breuvages, médicamens, violences, ou par tout autre moyen, aura procuré l'avortement d'une femme enceinte, soit qu'elle y ait consenti ou non, sera puni de la réclusion.

« La même peine sera prononcée contre la femme qui se sera procuré l'avortement à elle-même, ou qui aura consenti à faire usage des moyens à elle indiqués ou administrés à cet effet, si l'avortement s'en est suivi.

« Les médecins, chirurgiens, et autres officiers de santé, ainsi que les pharmaciens qui auront indiqué ou administré ces moyens, seront condamnés à la peine des travaux forcés à temps, dans le cas où l'avortement aurait eu lieu » (Code pénal, liv. iii, art. 317) (1).

(1) Je pense qu'il serait à désirer que le pouvoir législatif exceptât nominative-

Il résulte des dispositions de cet article, 1° que les auteurs de l'attentat dont il s'agit ne peuvent être poursuivis qu'autant que l'avortement a eu lieu et qu'il a été *produit à dessein;* quelque coupable que soit l'intention de la personne qui a proposé l'emploi des moyens *dits adoptifs*, si le crime n'a pas été consommé, la loi n'autorise point les poursuites ; 2° qu'il n'est pas nécessaire que le produit de la conception soit au moins âgé de vingt semaines, comme l'indique le Code de Charles-Quint, pour que le crime puisse être établi : en effet, la législation actuelle ne fixe aucune époque ; il suffit que l'on ait pu constater l'avortement ; 3° que la culpabilité est plus grande, si des gens de l'art indiquent ou administrent des moyens capables de produire l'avortement, que lorsque la femme se fait avorter elle-même : les motifs de cette sévérité ont été exposés par l'orateur du gouvernement, qui dit : « Si la femme ne trouvait pas tant de facilité à se procurer les moyens d'avortement, la crainte d'exposer sa propre vie, en faisant usage de médicamens qu'elle ne connaîtrait pas, l'obligerait souvent de différer son crime, et elle pourrait ensuite être arrêtée par ses remords » (Motifs du Code pénal, liv. III, tit. 3, chap. 1er).

Le premier et le second paragraphe de l'article 317 du Code pénal sont rédigés de manière à pouvoir être fort injustement interprétés, et il importe d'établir que tel n'a pas été le but du législateur ; en effet, il est absurde d'appliquer la peine de la réclusion à l'homme de l'art qui, pour combattre une maladie aiguë chez une femme enceinte, administre des médicamens plus ou moins actifs qui déterminent l'avortement, ou bien qui, voulant empêcher la femme d'avorter, conseille des moyens qu'il croyait propres à prévenir l'avortement, et qui, contre son attente, produisent un effet contraire ; il en est de même du cas où une femme se procure l'avortement sans intention de le faire, en s'exposant à une foule de causes que l'on a appelées *spontanées*, et parmi lesquelles on peut ranger les odeurs fortes, les vêtemens trop serrés, l'abus des alimens irritans et des liqueurs

ment des cas prévus par l'art. 317, l'accouchement prématuré artificiel (*voyez* page 313).

spiritueuses, des mouvemens brusques et un exercice violent, comme la danse, le saut, les courses à pied, à cheval, en voiture, les chutes, etc. ; il serait encore impossible de soupçonner la femme qui prouverait avoir ignoré sa grossesse ; j'en dirai autant des cas où l'avortement aurait été la suite d'une rixe, de coups ou d'autres violences, si l'agresseur ignorait que la femme fût enceinte, ou si, le sachant, il n'avait pas eu l'intention de commettre un pareil attentat, ou la faculté de comprimer un premier mouvement irréfléchi (*V.* BLESSURES). Ne serait-il pas révoltant de condamner à la peine de la réclusion un accoucheur qui, pour sauver la mère, dans un cas de convulsions ou d'hémorrhagie utérine, procurerait l'avortement en terminant l'accouchement à une époque où il serait difficile de supposer que le fœtus pût vivre après la naissance ?

Mais en est-il de même, lorsqu'un homme de l'art provoque l'avortement d'une femme enceinte *qui n'est pas actuellement en danger*, seulement parce qu'il juge le bassin assez difforme pour que la mort de la mère et de l'enfant arrivent nécessairement si l'on attend le terme de l'accouchement naturel ? Je n'hésite pas à répondre par l'affirmative ; je pense que non-seulement il est permis dans un assez grand nombre de cas de ce genre de *provoquer l'accouchement prématuré*, mais qu'il faut le provoquer dans un intérêt de conservation pour la mère et pour l'enfant (*V.* AVORTEMENT *provoqué dans l'intérêt de conservation pour la mère et l'enfant*, page 313).

Il est évident, d'après ce qui précède, que la médecine légale doit présenter peu de questions dont la solution soit aussi difficile que celle de l'avortement ; en effet, lors même que le corps du délit n'a pas été soustrait, que l'on a pu constater l'existence d'un avorton, et que tout porte à croire que celui-ci appartient réellement à la femme que l'on soupçonne, comment reconnaître si l'avortement a été naturel ou provoqué, et dans ce dernier cas, s'il a été provoqué dans l'intérêt de la mère et de l'enfant ? Combien la difficulté ne sera-t-elle pas augmentée, s'il n'est plus permis d'établir que l'avortement a eu lieu, soit parce qu'il ne reste plus de traces du produit de la conception, soit parce que la femme ne présente plus l'ensemble des signes qui le caractérisent! Il faut l'avouer, presque toujours la *préméditation* de l'avortement s'établit plutôt d'après les preuves testimoniales que d'après les connaissances médicales ; il ne faut guère excepter, comme l'a dit le docteur Marc, que le cas où la mort de la femme permettrait de prouver par l'altération de quelques-uns des organes génitaux, qu'un moyen mécanique de faire avorter aurait été employé.

Les questions médico-légales relatives à ce sujet peuvent être réduites aux suivantes : 1° *Y a-t-il eu avortement ? 2° L'avortement a-t-il été naturel ou provoqué dans une intention criminelle ? 3° Est-il des cas où l'avortement doive être provoqué dans un intérêt de conservation pour la mère et l'enfant ? 4° L'avortement peut-il être simulé ou prétexté de la part de la femme, dans l'intention de nuire à autrui, et surtout d'obtenir des dommages-intérêts ?*

PREMIÈRE QUESTION. *Y a-t-il eu avortement ?*

La solution de cette question repose sur l'examen de la femme et du produit expulsé.

Examen de la femme. S'il est fort difficile de constater les signes d'un accouchement à terme huit ou dix jours après qu'il a eu lieu (*V.* p. 275 du t. 1er), il l'est encore davantage de reconnaître l'avortement, surtout lorsque l'avorton est expulsé dans les premiers jours ou dans les premières semaines de la conception : les changemens occasionnés dans les organes de la génération par la sortie d'un corps aussi peu volumineux sont inappréciables; aussi s'accorde-t-on à admettre que l'examen de la femme, notamment quand elle n'est pas primipare, ne présente aucun moyen concluant de déterminer avant les deux premiers mois révolus de la grossesse, si l'avortement a eu lieu. Dans les deux premiers mois de la grossesse, dit Désormeaux, à qui l'on doit une excellente dissertation sur l'avortement, il arrive quelquefois que l'œuf est expulsé en entier sans douleur et sans hémorrhagie remarquables, quoique dans la plupart des cas la femme éprouve des douleurs et une hémorrhagie accompagnée de caillots, surtout quand après la rupture des membranes, l'embryon sort isolé du placenta ; aussi les femmes croient assez fréquemment n'avoir eu qu'un retard, suivi d'un retour douloureux et abondant des menstrues, tandis qu'elles ont réellement avorté. Heureusement, il est excessivement rare que le médecin soit appelé par les tribunaux pour décider si l'avortement a eu lieu avant le troisième mois, les femmes qui ont le dessein de se faire avorter n'ayant pas encore acquis la certitude qu'elles soient enceintes.

Les signes précurseurs, concomitans et consécutifs de l'avortement qui a eu lieu depuis le troisième jusqu'au huitième mois de la gestation, sont en général les mêmes que ceux de l'accouchement ; ils sont d'autant plus marqués que le terme de la grossesse est plus avancé : ainsi, pour ce qui concerne les signes *concomitans*, on remarque des douleurs qui se succèdent régulièrement, en se rapprochant de plus en plus les unes des autres, et se dirigent de l'ombilic vers l'anus ; l'orifice de l'utérus se ramollit et se dilate graduellement ; les membranes proéminent pendant la douleur ; la poche des eaux se forme, mais elle ne se rompt que dans les cas où le produit de la conception n'est pas expulsé en entier, ce qui arrive principalement lorsque l'avortement a eu lieu à une époque déjà avancée de la grossesse. Si cette poche s'est rompue, l'eau de l'amnios sort d'abord, puis le fœtus, le délivre et des caillots plus ou moins volumineux. En général les douleurs et l'hémorrhagie qui accompagnent l'avortement sont d'autant plus marquées que le fœtus est plus âgé, et presque toujours l'hémorrhagie est plus forte que celle qui a lieu dans l'accouchement à terme. Si l'avortement est l'effet de quelque manœuvre violente qui perce les membranes, quelle que soit l'époque de la grossesse, l'eau de l'amnios s'écoule prématurément, le fœtus est quelquefois expulsé avec facilité, mais la sortie de l'arrière-faix peut occasionner les douleurs les plus atroces.

La plupart des signes *consécutifs* dont les auteurs ont fait mention sont peu propres à faire reconnaître si l'avortement a eu lieu : les femmes, ont-ils dit, éprouvent des frissons, des tremblemens aux extrémités : quelquefois les membres abdominaux sont enflés ; la saillie des veines sous-cutanées disparaît ; la peau se décolore ; la marche est vacillante, il y a des lassitudes spontanées, affaissement et diminution presque subite des mamelles, etc. ; ces caractères peuvent manquer, et lorsqu'ils existent, ils dépendent souvent d'une autre cause que de l'avortement.

Les signes consécutifs les plus importans sont ceux qui se tirent, comme dans l'accouchement, de l'état des parties externes et internes de la génération, de l'écoulement qui se fait par la vulve, de la peau du ventre et de l'excrétion laiteuse ; ainsi le gonflement, la rougeur de la vulve, la dilatation du vagin, les tranchées utérines et les douleurs vagues qui vont se terminer vers l'utérus, dont l'orifice est plus ou moins béant, la flaccidité et les rides de la peau de l'abdomen, l'excrétion d'un lait plus ou moins aqueux, la fièvre de lait, si le fœtus était déjà avancé, et l'écoulement des lochies ; tels sont les objets auxquels il faut avoir égard, lorsqu'on veut faire servir l'examen de la femme à la solution du problème. Je ne rappellerai pas ce qui a été dit à l'article Accouchement, relativement à chacun de ces caractères, à la valeur qu'ils peuvent offrir, etc. (*Voy.* p. 267 du t. 1er) ; je ferai seulement remarquer, pour ce qui concerne l'hémorrhagie utérine, qu'elle cesse ordinairement quelques jours après l'avortement, à moins qu'il n'y ait eu des accidens particuliers ; qu'elle peut ne pas avoir lieu lorsque les membranes, ayant été percées sans décoller le placenta, le fœtus et ses enveloppes déjà flétris, viennent à se détacher insensiblement de la face interne de l'utérus, et qu'il n'est guère possible de la confondre avec le flux menstruel, chez une femme saine, parce qu'elle est en général plus abondante et d'une plus longue durée ; que loin de ranimer les fonctions, elle abat les forces, et qu'assez ordinairement le sang est sous forme de caillots plus ou moins volumineux.

On ne saurait trop recommander d'avoir recours à l'*ensemble* des signes dont je viens de parler dans le paragraphe précédent, lorsqu'on cherche à décider si une femme est avortée ; aucun d'eux, pris séparément, ne pourrait suffire ; il faut aussi que l'examen de la personne soupçonnée ait lieu peu de jours après l'avortement ; car s'il est indispensable d'agir ainsi quand on veut constater l'accouchement à terme, à plus forte raison devra-t-on le faire dans les cas d'avortement, où les traces du passage du produit de la conception sont en général beaucoup moins marquées. Lors même que les perquisitions ont lieu à une époque favorable, il faut user de la plus grande circonspection, pour ne pas rapporter à un avortement récent les altérations souvent *peu sensibles* des parties génitales, de la peau du ventre, etc., qui dépendent d'une hydropisie, de la suppression des règles, des hydatides, d'un accouchement antérieur, etc. (*Voy.* ACCOUCHEMENT, page 243 du t. 1ᵉʳ). Fodéré fait observer avec raison que la peau de l'abdomen sera ridée et plissée chez une femme qui aura déjà été mère, et qui n'aura qu'une simple perte sans avortement, tandis qu'elle sera lisse chez une autre qui sera enceinte pour la première fois, et dont l'avortement aura été précoce.

Examen du produit expulsé. On doit surtout s'attacher dans une question d'avortement, à constater la présence de l'avorton, car alors il ne reste plus de doute. L'examen dont il s'agit ne présente aucune difficulté quand le fœtus, bien développé, conserve ses formes ; mais si le produit expulsé est un embryon encore fort jeune, il est facile de se méprendre si l'on n'apporte pas la plus grande attention, et de le confondre avec un caillot de sang ou avec une production pathologique développée dans l'utérus. Il faut alors placer la masse expulsée dans un vase rempli d'eau, et y projeter à plusieurs reprises de ce liquide, à l'aide d'une petite seringue, afin de détacher et de dissoudre les caillots de sang ; on doit surtout se garder de comprimer cette masse avec les doigts, de la remuer avec un morceau de bois ou la pointe d'un couteau, comme on ne le pratique que trop souvent, ces manœuvres exposant à déchirer les objets et à perdre le fruit de toutes les recherches. Il faut de plus s'aider de l'inspection microscopique, et pour constater les caractères de l'œuf (*Voy.* t. 1ᵉʳ, page 61). Voyons maintenant quels sont les divers états sous lesquels se présente le produit de la conception.

Pendant les quatre premiers mois de la grossesse, il arrive quelquefois que le fœtus sort enveloppé de ses membranes entières ; il ne s'agit alors que d'examiner celles-ci, de les inciser et de déterminer l'âge au moyen des caractères indiqués à la page 59 du t. 1ᵉʳ (*Voy.* aussi *Débris du produit de la conception ,* page 247 du t. 1er). Dans certaines circonstances les membranes se rompent dans les premiers mois, le fœtus et le placenta se décomposent et sortent sous forme d'une sanie brunâtre et fétide.

Il est des cas où après la mort de l'embryon ou du fœtus rien n'est expulsé ; le placenta continue de s'accroître, et il en résulte ce que l'on a appelé improprement *mole de génération* (Voy. *Débris du produit de la conception*, p. 247 du tome 1er). Souvent le fœtus naît vivant et périt peu de temps après ; il n'est pas rare de le voir sortir de l'utérus, quelques jours après qu'il a cessé d'exister : dans ces deux cas il est aisé de le reconnaître.

Il arrive aussi fréquemment qu'ayant péri à une époque assez avancée de la grossesse, il se conserve dans l'utérus jusqu'à la fin du neuvième mois ; alors il offre des traces d'une décomposition particulière que j'ai décrite à la page 161 de ce volume.

Quand le produit de la conception a été expulsé, le médecin qui en fait l'examen doit explorer avec soin le corps de l'enfant, voir s'il ne porte pas des traces de piqûres résultant de l'emploi d'instrumens perforans introduits dans l'utérus. La piqûre la plus simple est un indice d'une grande valeur, attendu que l'action des corps vulnérans est portée moins sur le fœtus que sur les membranes ; il faut aussi constater s'il existe autour d'elle une ecchymose ; car celle-ci démontre que la blessure a été faite pendant la vie.

Dirai-je avec plusieurs auteurs qu'il faut, dans certaines circonstances, avoir égard à l'âge de la femme, pour décider si le produit expulsé par la vulve est un embryon, un débris du produit de la conception, une concrétion sanguine, etc. ; ou, ce qui revient au même, admettrai-je que, parce que la femme ne jouit ordinairement plus de la faculté d'être fécondée lorsqu'elle a cessé d'être réglée, on doive éloigner toute idée d'avortement, par cela seul qu'elle se trouve dans l'âge de retour ? Ce serait consacrer un principe erroné, puisqu'on a vu des femmes plus que sexagénaires concevoir et accoucher après l'époque critique ; la décision apportée par Belloc sur une femme d'un certain âge que l'on croyait être avortée, prouve tout au plus que cet auteur eut tort d'attacher une plus grande importance à l'*âge* qu'à la nature du produit expulsé, pour établir que l'avortement n'avait pas eu lieu.

20.

SECONDE QUESTION. *L'avortement a-t-il été naturel ou provoqué dans une intention criminelle?*

L'homme de l'art ne parvient à fournir au magistrat quelques données satisfaisantes pour résoudre ce problème, qu'en examinant attentivement l'époque à laquelle l'avortement a eu lieu, les causes à l'influence desquelles la femme a été soumise, et les marques de sévices qui peuvent se trouver sur le corps du fœtus et de la mère.

Epoque à laquelle l'avortement a eu lieu. Les femmes peuvent avorter naturellement à toutes les époques de la grossesse; cependant l'avortement naturel est beaucoup plus fréquent pendant les deux premiers mois; tandis que celui qui est provoqué n'a guère lieu que plus tard, comme je l'ai déjà dit.

Causes déterminantes de l'avortement. On doit les distinguer en *prédisposantes et occasionnelles.* Les unes et les autres, prises séparément, peuvent produire l'avortement, quoique souvent celui-ci soit l'effet de leur action simultanée. Les causes *prédisposantes* les plus remarquables sont : la trop grande rigidité des fibres du corps de l'utérus, l'excessive sensibilité et la trop grande contractilité de cet organe, le relâchement du col utérin, la métrite chronique, le squirrhe, le carcinome, les corps fibreux, les polypes et l'hydropisie de cet organe, la présence de plusieurs fœtus, un état particulier de l'atmosphère pendant lequel les avortemens sont épidémiques, la pléthore, le tempérament sanguin de la femme, une menstruation abondante irrégulière, une faiblesse générale produite par le défaut de nourriture ou par toute autre cause, un état cachectique, plusieurs maladies comme le scorbut, la syphilis, l'hystérie, les douleurs néphrétiques, etc., des vices de conformation du rachis et du bassin, une disposition héréditaire, l'habitude d'avorter, les veilles, la compression de l'abdomen par des vêtemens étroits. À ces causes il faut joindre celles qui se rapportent au produit de la conception : ainsi la faiblesse du fœtus, ses maladies, les monstruosités, l'implantation du placenta sur le col de l'utérus, son peu d'adhérence à la surface de cet organe, son état squirrheux, hydatique, anévrysmatique, variqueux, sa petitesse par rapport au fœtus;

son atrophie; la brièveté ou la trop grande longueur du cordon ombilical, son entortillement autour du cou ou d'un membre, ses adhérences, les tumeurs hydatiques et autres dont il peut être le siége; la ténuité de l'amnios et du chorion, l'accumulation d'un fluide séreux entre ces deux membranes; la trop petite ou la trop grande quantité d'eau de l'amnios.

Les causes *occasionnelles* sont : plusieurs maladies aiguës, et surtout l'inflammation de l'utérus et des intestins, la strangurie et les convulsions; les passions vives, l'impression des odeurs, l'asphyxie, le coït immodéré, les efforts, les secousses et les mouvemens violens : ainsi la danse, l'exercice à cheval ou en voiture, les ris, les cris, la toux, le vomissement, etc.; les chutes, les coups sur les lombes ou sur l'abdomen, les mouvemens convulsifs du fœtus, la rupture du cordon ombilical ou des membranes de l'œuf; enfin les moyens dits *abortifs*, que l'on peut réduire aux suivans : la saignée, surtout celle du pied, les pédiluves, les vomitifs, les purgatifs drastiques, les emménagogues actifs, et certaines manœuvres ayant pour objet de rompre les membranes qui enveloppent le fœtus. Ces moyens, qu'il serait inutile et dangereux d'exposer en détail, parce qu'il n'est aucun médecin qui ne les connaisse, et parce que la malveillance pourrait s'en emparer pour commettre de nouveaux crimes, sont loin de produire constamment l'effet qu'on en attend; ainsi, pour ce qui concerne la *saignée*, on sait que des femmes sont accouchées à terme d'enfans bien portans, quoiqu'elles eussent été saignées du bras quarante-huit et même quatre-vingt-dix fois pendant la grossesse (Mauriceau); chez d'autres on a empêché l'avortement, qui était imminent, à l'aide de la même saignée; une femme enceinte fut saignée dix fois du pied, sans avorter, dit Mauriceau (*Observ*. 644); il en fut de même d'une autre qui était tombée en apoplexie, et qui non-seulement avait été saignée plusieurs fois du bras et du pied, mais qui avait pris plusieurs vomitifs (*Observ*. 258). Toutefois il faut avouer que la saignée du pied et l'application des sangsues à la vulve et aux extrémités inférieures provoquent quelquefois l'avortement, surtout lorsqu'on en fait usage à contre-temps, et que la femme est déjà affaiblie : l'observation rapportée par Baudelocque, à la page 551 du tome II, vient à l'appui de cette assertion : des alimens de facile digestion, administrés avec prudence, dit cet auteur, calmèrent, au septième mois de la grossesse, un travail que l'on ne put rapporter qu'à la privation absolue de toute espèce de nourriture pendant plusieurs jours de suite. Les *pédiluves* sont encore moins actifs que les saignées du pied, et la science fourmille de faits qui attestent leur insuffisance pour déterminer l'avortement dans un très grand nombre de cas. On a vu l'emploi des *vomitifs* et des *purgatifs* les plus âcres déterminer chez des femmes enceintes, des superpurgations, des entérites, des péritonites, des convulsions et même la mort, sans qu'il y eût avortement : on administre, tous les jours, pendant la grossesse, des médicamens émétiques et purgatifs, parce qu'ils sont indiqués, et l'on observe rarement l'accident dont je parle; cependant il ne faut pas se dissimuler que l'usage intempestif de ces moyens énergiques a été suivi de l'avortement, chez des femmes soumises déjà à l'influence de quelques-unes des causes prédisposantes ; il est même arrivé que des fausses couches ont eu lieu après l'administration d'un laxatif, tel que la manne. Tout ce qui vient d'être dit à l'occasion des vomitifs et des purgatifs peut s'appliquer aux *emménagogues*, aux *diurétiques*, aux *sudorifiques*, et autres médicamens *excitans* : leur danger est évident dans certains cas ; leur innocuité est prouvée par une foule d'exemples, parmi lesquels je rapporterai les suivans :

1° Une femme, que l'on ne croyait pas enceinte, est saignée à plusieurs reprises, et fait usage des purgatifs, des diurétiques et des sudorifiques les plus actifs, dans l'espoir de faire cesser une douleur sciatique des plus aiguës ; elle accouche d'un enfant robuste et à terme (Zacchias, *Quæstionum medico-legalium consilium* XXVI, p. 40). 2° L'huile distillée de genièvre, administrée pendant vingt jours, à la dose de cent gouttes, ne détermina point d'hémorrhagie, et n'empêcha pas la femme qui en avait fait usage d'accoucher à terme. 3° Une fille, grosse de sept mois, avala une pleine écuelle de vin dans laquelle il y avait une forte dose de sabine en poudre : elle éprouva des vomissemens et fut très incommodée pendant plus de quinze jours; l'accouchement n'eut lieu que deux mois après (Foderé, *Méd. légale*, t. IV, p. 430).

Les *manœuvres* employées pour rompre les membranes ou pour agir directement sur la matrice, telles que l'emploi de stylets ou d'autres instrumens aigus et de pessaires enduits d'onguens irritans, ne sont pas toujours faciles à pratiquer à l'époque de la grossesse où l'on cherche à détruire le fœtus ; elles ne déterminent pas toujours l'avortement, et occasionnent souvent les accidens les plus graves, tels que des métrites aiguës ou chroniques, des métrorrhagies graves, des carcinomes de l'utérus, etc.

Marques de sévices qui peuvent se trouver sur le corps de l'avorton et sur les organes génitaux de la mère. Lorsque l'avortement a été la suite de l'introduction dans l'utérus d'un instrument qui a blessé le produit de la conception, on peut retrouver des traces de son action meurtrière sur le fœtus, sur les membranes et sur les organes de la génération de la femme. Les lésions que présentera l'avorton, dans le cas dont je parle, ayant été décrites à l'occasion de l'infanticide, je renvoie à la page 267. Si la femme a succombé, l'état de la matrice indiquera probablement qu'il y a eu expulsion d'un fœtus ; le col et l'orifice de cet organe pourront être le siége de blessures qui annonceront l'emploi d'un instrument plus ou moins aigu (*V.* une observation de ce genre communiquée par le docteur Tascheron et insérée dans le n° de janvier 1834 des *Annales d'hygiène*).

Applications de l'ensemble des faits et des principes qui précèdent, à la solution de la deuxième question. On fera sur l'avorton les mêmes recherches que dans le cas d'infanticide : ainsi on déterminera quel est son âge, s'il a vécu après la naissance, s'il est mort dans l'utérus ou au passage, à quelle époque il a été expulsé, depuis quand il est mort, s'il présente des traces non équivoques de blessures capables d'expliquer la mort, ou si celles-ci ne seraient pas l'effet de son immaturité ou de quelques-unes des maladies qui attaquent souvent le nouveau-né (*Voy.* INFANTICIDE). Ici, on se gardera bien de confondre la rougeur de la peau des avortons de quatre mois et demi à sept mois (*Voy.* p. 66 du tome 1er) avec celle qui est le résultat du séjour plus ou moins prolongé d'un fœtus mort dans l'utérus : dans le premier cas, on n'observe la couleur pourpre que dans certaines parties du corps, et elle n'est accompagnée d'aucune des lésions que l'on remarque chez les fœtus dont j'ai parlé en dernier lieu.

Relativement à la femme, on tiendra compte de l'époque à laquelle l'avortement a eu lieu, des chutes, des efforts qu'elle a pu faire, et des autres causes à l'influence desquelles elle dit avoir été soumise, de son tempérament, des médicamens qui ont pu lui être administrés pour rétablir le cours des menstrues, ou dans un autre but qu'on ne saurait blâmer ; on établira peut-être par ce moyen que l'avortement n'a pas été criminel. Si elle dit avoir reçu des coups sur l'abdomen, sur les lombes, il faudra constater s'il y a des ecchymoses, si les actes de violence ont été bientôt suivis d'hémorrhagie utérine, ou bien si les causes dont je parle ont été assez légères pour ne pas troubler le cours de la grossesse ; on recherchera si l'avortement n'aurait pas pu être prévenu malgré l'action de ces causes, au moyen des saignées, du repos, etc.

On lit dans Belloc, qu'une femme après avoir éprouvé une impulsion qui l'avait jetée à terre en pleine rue, avorta d'un fœtus mort, qui pouvait avoir environ quatre mois ; mais on apprit qu'au lieu de se mettre au lit immédiatement après l'accident, ou au moins d'être restée tranquille, elle avait fait une course de près d'une lieue pour aller chercher du bois d'un poids très pesant qu'elle avait porté chez elle ; que le lendemain, malgré quelques douleurs graves qu'elle disait éprouver aux reins, elle était encore allée à un grand quart de lieue de chez elle pour moissonner, et qu'à son arrivée elle avait été forcée de se mettre au lit, où elle était, et que les douleurs de l'accouchement s'étaient déclarées franches vers le milieu de la nuit précédente. Il est très probable, ajoute Belloc, que si cette femme avait appelé du secours et s'était tenue tranquille, elle aurait pu éviter cet avortement.

Si tout porte à croire que l'avortement n'est pas la suite d'aucune des causes indiquées dans le paragraphe précédent, on examinera si la femme n'a point caché sa grossesse ; si elle ne s'est pas informée auprès de ses amies, ou des gens de l'art, de l'efficacité de certains moyens propres à provoquer des pertes ou à se faire avorter ; si elle ne s'est point livrée sans nécessité à des exercices violens et dangereux à son état ; si elle était malade, faible, ou d'une constitution robuste ; si elle a acheté des drogues ou si elle les a fait acheter par des confidens et quelle en était la dose ; si elle a préparé à l'insu de tout le monde des médicamens

composés plus ou moins actifs ; si elle a fait usage de pareils médicamens sans nécessité et sans avoir consulté le médecin ; si
elle a caché aux personnes qui l'entouraient les douleurs qu'elle
aurait pu éprouver par l'usage de ces moyens énergiques, ou
bien si elle s'est plainte ; si lorsque rien n'annonçait qu'elle dût
être malade, elle a fait des préparatifs qui pourraient faire croire
qu'elle s'attendait à l'être ; si elle s'est fait saigner secrètement
et à plusieurs reprises par différens chirurgiens, sans dire qu'elle
l'avait déjà été beaucoup de fois ; si les saignées étaient indiquées
ou nécessaires : si elle niait avoir été saignée, on chercherait sur
le trajet des veines, sur la vulve et sur les cuisses, s'il n'y a point
de traces récentes de l'action de la lancette ou de sangsues ; on
s'attacherait aussi à reconnaître si, pour faire prendre le change,
elle n'a pas caché l'hémorrhagie qui suit l'avortement, et voulu
rapporter les symptômes qu'elle éprouve à toute autre cause. Il
existe encore une foule de considérations qui n'échapperont pas
à la sagacité du magistrat, et qui permettent quelquefois de découvrir si l'avortement a été provoqué. Je ne saurais trop recommander en terminant cet article, combien il importe d'examiner
attentivement si les médicamens que l'on regarde comme abortifs
ont été conseillés ou employés dans une intention criminelle.

TROISIÈME QUESTION. *Est-il des cas où l'avortement doive
être provoqué dans un intérêt de conservation pour la
mère et l'enfant ?*

La question qu'il s'agit de résoudre ici est d'autant plus grave
que la plupart des accoucheurs français, et notamment Baudelocque, ont repoussé jusque dans ces derniers temps, je dirai
presque avec indignation, l'idée que l'homme de l'art dût jamais
recourir à l'*accouchement prématuré artificiel*, persuadé
qu'il était préférable de pratiquer l'opération césarienne et
même la symphyséotomie dans toutes les circonstances où cet
accouchement prématuré semblerait indiqué. Quelque plausibles
que puissent paraître au premier abord les argumens mis en
avant pour appuyer cette doctrine, je n'hésite pas à admettre
*qu'il est des cas où l'accouchement prématuré doit être
provoqué dans un intérêt de conservation pour la mère et*

l'enfant. Je vais constater par des faits l'utilité de cette pratique ; j'indiquerai ensuite les préceptes qui doivent lui servir de règle, et je réfuterai les objections qui ont été faites. Ce sujet ayant été traité *ex professo* dans deux excellens travaux de M. Dezeimeris et de M. Paul Dubois, je ne saurais mieux faire que d'en donner un extrait (*voy.* article ACCOUCHEMENT du *Dictionnaire de médecine,* ou *Répertoire général,* en 30 vol., 2ᵉ édition, et la thèse sur cette question : *Dans les différens cas d'étroitesse du bassin, que convient-il faire,* par M. Paul Dubois. Paris, 1834).

Faits à l'appui de cette pratique. En 1756, les médecins les plus célèbres de Londres se prononcèrent unanimement en faveur de l'accouchement prématuré artificiel. Macauley, Kelly, Denman, Barlow, Merriman, Marshall le pratiquèrent avec des résultats divers, et l'opération fut souvent suivie de succès. Levacher de la Feutrie et A. Petit paraissent l'avoir conseillée en France. Dans l'état actuel de la science, en ne tenant compte que des faits publiés, l'on doit admettre que l'accouchement prématuré avait déjà été provoqué 127 fois en 1834, à un terme où l'enfant était viable. Sur les 127 femmes, six seulement ont succombé, deux d'entre elles aux difficultés extrêmes du travail, trois aux suites de couches qui furent compliquées de péritonite ou d'abcès, et la sixième aux progrès d'une hydropisie accompagnée d'une suffocation tellement violente, qu'il devenait indispensable de recourir à l'accouchement prématuré artificiel. Il résulte de ces données, que l'accouchement provoqué à l'époque où l'enfant est viable, ne justifie pas les craintes exagérées qui ont été exprimées à cet égard, pour le sort des femmes qui subissent cette opération, et que ses résultats, quant à elles du moins, diffèrent à peine de ceux qui suivent tout accouchement un peu long et pénible. Voyons maintenant quelles ont été les chances pour les enfans. Sur 74 cas rassemblés par Reisinger, 30 enfans sont mort-nés, et 44 sont nés vivans. Il est vrai que de ces derniers, 3 ont succombé peu de temps après la naissance, et que le sort ultérieur des 21 autres n'a pas été indiqué par les observateurs ; mais ce qui paraît certain, c'est que 20 ont été conservés en vie. Sur 34 autres cas observés en Allemagne et en Hollande, 19 enfans sont nés vivans et ont continué de vivre, 6 sont morts pendant le travail, et 9 ont péri peu d'heures ou peu de jours après la naissance. Dans six cas d'accouchement prématuré provoqués par Ferrario (*Annali universali d'Omodei*, 1829), cinq enfans naquirent vivans et ont continué de vivre; le sixième périt, mais la mère était primipare. Ces résultats, tout en étant moins favorables pour les enfans que pour les mères, ne sont pas moins de nature à démontrer que l'accouchement provoqué n'est pas aussi funeste aux enfans qu'on a pu le croire, puisque dans les deux tiers des cas environ, les nouveau-nés ont vécu. Or, comme le dit avec raison M. Dezeimeris, existe-t-il une autre opération indiquée par un degré notable de rétrécissement du bassin, qui aurait pu offrir un aussi beau résultat? Qu'on se rappelle que sur quarante-et-une observations de symphyséotomie recueillies par Baudelocque, quatorze ont été suivies de la mort de la mère, et que 28 enfans ont succombé; que sur cent dix cas d'opérations césariennes pratiquées depuis 1801 jusqu'en 1832, et rassemblés par Michaelis, 62 femmes sont mortes, vingt-neuf enfans sont nés morts, quatre sont nés très faibles, et l'on ne possède aucun renseignement sur 14 autres; de sorte que cette cruelle ressource à laquelle on a surtout recours dans l'intérêt des enfans, leur est seulement favorable à-peu-près comme l'accouchement provoqué l'est à ceux qui naissent dans les conditions spéciales qui déterminent à y recourir, et qu'elle coûte cependant la vie *presque aux trois cinquièmes* des femmes qui l'ont subie. Si l'on considère surtout, que dans le cas de rétrécissement du bassin auxquels il convient d'appliquer les ressources de l'accouchement prématuré artificiel, il n'y aurait eu, si la grossesse fût parvenue à son terme, d'autre alternative que celle de la crâniotomie ou de la section de la symphyse, l'on reconnaîtra tous les avantages que l'on peut retirer de l'accouchement provoqué dans les circonstances convenables.

Préceptes qui doivent servir de règle dans la pratique de l'accouchement prématuré artificiel. Cet accouchement ne doit être provoqué, 1° que lorsque l'enfant est réellement viable, c'est-à-dire vers le septième mois et demi de la grossesse, à une époque où la tête du fœtus a acquis un volume de 6 à 8 centimètres ; il ne s'agit pas ici, comme on voit, de la viabilité déterminée par la loi, qui pour ne blesser aucun intérêt, a dû tenir compte des éventualités même les plus rares, mais bien de la viabilité réelle, qui n'existe guère chez la grande majorité des fœtus qu'au terme indiqué. Il importe donc de s'assurer autant que possible depuis combien de temps la femme est enceinte, soit en examinant l'époque à laquelle les règles ont été suspendues, soit en étudiant les modifications éprouvées par l'utérus. De ces deux moyens, le premier, d'une appréciation plus facile et plus commode, est sans contredit celui qui sera le plus souvent mis en usage. Or, l'expérience démontre qu'une erreur de quinze jours ou de plus encore est souvent possible et presque toujours lorsqu'on se trompe c'est en portant trop loin l'époque présumée de l'accouchement. De là la nécessité, dans ce cas, de ne provoquer l'accouchement qu'à une époque que l'on jugera intermédiaire entre le septième mois et demi et le huitième, c'est-à-dire au commencement de la trente-cinquième semaine. Un autre motif qui doit encore engager à se rapprocher plutôt de la fin du huitième mois que de la fin du septième, consiste en ce que plus on approche du terme de la grossesse, plus les naissances par les pieds, et les fesses sont rares ; or, tout porte à croire que la plupart des enfans qui ont succombé jusqu'à ce jour pendant un accouchement prématuré provoqué ne sont morts que parce qu'ils se sont présentés au détroit supérieur par l'extrémité pelvienne, ou même par une région du tronc (1).

Admettrai-je sans restriction avec les accoucheurs allemands, qu'une *position vicieuse* du fœtus, et même comme le veut Meissner, qu'une *simple incertitude* sur cette position doive empêcher d'avoir recours à l'accouchement prématuré artificiel ? Non certes, car il est beaucoup plus difficile qu'on ne pense, à l'époque à laquelle doit être tenté cet accouchement, de distin-

---

(1) Sur trente-trois enfans nés au commencement de la trente-et-unième semaine, et qui vivaient au commencement du travail, *onze* sont nés par l'extrémité pelvienne, et *deux* ont présenté l'épaule ; tandis que sur soixante-dix-sept enfans nés dans la trente-cinquième et la trente-sixième semaine, *onze seulement* ont présenté les pieds et les fesses, et *un* l'épaule gauche.

guer une présentation de la tête d'une présentation du pelvis. D'ailleurs, tout en accordant qu'une version rendue alors nécessaire par une présentation du tronc serait un accident fâcheux, ne sait-on pas que ses chances sont rares, et que si l'on ne pratique l'accouchement prématuré, même dans ces cas douteux, il faudra plus tard, si la grossesse est parvenue à son terme, se résigner à recevoir un enfant mort, ou à pratiquer la craniotomie qui le supposera mort et le mutilera, ou une opération qui doit mettre en danger la vie de la mère, et probablement aussi la sienne? En prenant la précaution de différer la provocation de l'accouchement jusqu'à l'époque fixée, dit M. P. Dubois, on aura fait tout ce qui était nécessaire pour courir les chances d'une présentation favorable; et si l'événement ne répond pas à cette juste espérance, on aura pris encore le parti le plus convenable.

2° Que chez les femmes dont le bassin offre un espace de 6 à 8 centimètres; en effet, la réductibilité admissible de la tête à cette époque compensera les difficultés qui pourraient résulter de la trop grande exactitude des rapports entre la tête et le bassin et des frottemens trop intimes. Mais peut-on assigner d'une manière aussi rigoureuse quelles sont les dimensions du bassin qui dispensent les accoucheurs de recourir à cette opération, et dirai-je avec Ritgen et Busch que l'on doive y renoncer toutes les fois que le bassin aura 9 centim. et demi, parce qu'alors l'opération devient une précaution superflue? Je ne le pense pas; en effet, les différences que l'on remarque à cet égard sont trop grandes pour qu'on puisse indiquer quelque chose de précis; ne sait-on pas qu'il y a des femmes dont le bassin rétréci ne livre passage à des fœtus à terme que lorsqu'on a perforé le crâne, et cela parce que ces fœtus sont très volumineux, tandis que d'autres, dont le bassin est beaucoup plus étroit, accouchent naturellement, après de très grands efforts, il est vrai, de fœtus morts et d'un petit volume? Il me semble raisonnable d'admettre que si la dimension de 9 centim. et demi est une mesure que l'on doit considérer *en général* comme pouvant dispenser de recourir à l'accouchement prématuré, il n'est cependant pas impossible qu'il en soit autrement.

Kilian me paraît avoir résumé d'une manière convenable tout ce qui se rapporte au *maximum* d'ouverture du bassin, en disant que c'est l'observation attentive des phénomènes d'un accouchement *précédent*, et surtout son influence sur la diminution du volume de l'enfant qui doit le déterminer. M. P. Dubois dit aussi à cette occasion : « c'est à l'observation qu'il appartient de fixer le dernier terme au-delà duquel les efforts naturels, aidés ou non par les tractions convenables, doivent reprendre leurs droits.

3° Que chez les femmes *non primipares* ; en effet, lorsqu'on cherche à provoquer l'accouchement, on a recours à la dilatation préalable en introduisant des corps dilatans dans l'orifice utérin : or chez les primipares, à l'époque à laquelle il convient d'opérer, cet orifice est presque complétement clos. Voudrait-on pratiquer la ponction des membranes sans dilater préalablement l'orifice, on courrait risque de déterminer des accidens graves en introduisant des instrumens piquans propres à cet usage. Mais faut-il, comme l'a prescrit Joerg, ne solliciter l'accouchement prématuré que chez les femmes qui seraient déjà accouchées deux fois d'enfans morts ou de fœtus, que l'on aurait été obligé de mutiler ? Non certes, car les obstacles que l'on remarque dans les parties génitales des primipares et que je viens de signaler, n'existent plus à un second accouchement, et d'ailleurs, des faits nombreux attestent que des femmes sont accouchées plus difficilement une seconde fois que la première.

4° Que chez les femmes qui réunissent encore les conditions suivantes. A. Le rétrécissement du bassin une fois produit, doit être permanent ; il ne doit pas être le résultat d'une maladie actuelle et toujours agissante, mais bien d'une maladie dont les effets restent malheureusement, *mais dont l'action est passée* : sous ce rapport, les déformations du bassin par ostéomalaxie doivent exclure l'accouchement prématuré, parce que la maladie, poursuivant sa marche, les conditions du canal changent à chaque grossesse, et qu'il est impossible de se fonder sur les accouchemens qui ont précédé. B. Les femmes ne doivent pas être atteintes d'une maladie grave et aiguë, car il serait nécessaire d'attendre qu'elles fussent guéries. C. Il ne doit point y avoir de présomptions fondées, ni à plus forte raison de certitude qu'il y a deux fœtus dans la matrice : d'une part, parce que les jumeaux parviennent ordinairement à un moindre développement, et d'un autre côté, parce que, s'ils naissent avant terme, leur organisation est rarement assez parfaite pour que la vie extra-utérine puisse s'établir et persister. D. Il faut encore avoir la certitude que l'enfant est vivant ; l'auscultation sera ici d'un grand secours ; en effet, sur 140 femmes explorées par M. P. Dubois depuis le commencement du septième mois jusqu'à la fin du neuvième, il n'en est que douze chez lesquelles il n'ait pas été possible de constater la vie fœtale par l'auscultation, et encore de ces douze femmes, une est accouchée d'un enfant mort évidemment pendant la grossesse, et à une époque très probablement antérieure à celle à laquelle elle avait été examinée.

Objections. Les détails dans lesquels je viens d'entrer pourraient me dispenser de réfuter les objections faites par plusieurs auteurs à l'*accouchement prématuré provoqué.* Cependant je crois devoir consacrer quelques lignes à cette réfutation. On a dit 1° que cet accouchement serait plein de dangers pour la mère et pour l'enfant. *Réponse.* Les faits exposés à la page 314 répondent suffisamment à cette objection.

2° Si les femmes ne succombent pas aux hémorrhagies, aux convulsions, aux péritonites, etc., elles courent le plus grand danger de se voir plus tard atteintes de squirrhes, d'ulcères, de cancers de la matrice. *Réponse.* Aucun fait ne vient à l'appui de cette crainte ; on n'a rien observé de semblable, même lorsque l'accouchement prématuré a été provoqué deux ou plusieurs fois chez une même femme : c'est que l'on a fait un rapprochement très faux entre les causes violentes des avortemens et les *méthodes rationnelles* suivies pour provoquer l'accouchement naturel avant terme.

3° Il est presque impossible de déterminer l'époque précise de la grossesse, et l'on serait sans cesse exposé à provoquer l'accouchement, ou avant que le fœtus fût viable, ou lorsque son âge et son développement trop avancé ne lui permettaient plus de franchir la voie qu'on croyait lui avoir ouverte. *Réponse.* Cette objection, qui n'est pas sans fondement, trouve sa solution dans ce que j'ai dit à la page 315.

4° A huit mois le col de l'utérus offre beaucoup de rigidité et se prête bien plus difficilement à la dilatation dans l'accouchement prématuré artificiel qu'il ne le fait dans l'avortement. *Réponse*. Les succès obtenus jusqu'à ce jour, et relatés à la page 314 et suivantes, sont de nature à lever tous les scrupules à cet égard.

5° Un travail provoqué sera difficile, lent, et pourra se prolonger pendant dix, douze, quinze jours. *Réponse*. Sur 34 cas d'accouchement provoqué, le minimum de l'intervalle entre le moment de l'opération et la terminaison de l'accouchement, fut de *treize heures et demie*, le maximum fut de *six jours*, et il faut bien noter que le travail ne dura pas tout ce temps, mais que le début avait éprouvé plus ou moins de retard après l'écoulement des eaux ; et l'on sait que Kluge a proposé une méthode qui pare à ce dernier inconvénient et qui promet des résultats plus avantageux que ceux que l'on avait obtenus jusqu'alors.

6° Il est immoral de provoquer l'accouchement. *Réponse*. On croira difficilement qu'il soit moins convenable de solliciter les conditions que la nature a plusieurs fois accidentellement produites au grand bénéfice des enfans et des mères, et dont l'art a déjà obtenu de nombreux et incontestables avantages, que d'employer le forceps, le perce-crâne, les crochets ou le bistouri, dont l'action a presque toujours les résultats les plus graves, dans les circonstances du moins auxquelles doit être exclusivement appliqué l'accouchement prématuré artificiel.

Je terminerai cet article en invitant les accoucheurs, dans l'intérêt de leur propre réputation, à ne jamais provoquer l'accouchement sans avoir préalablement pris le conseil d'un autre accoucheur, et sans être assistés d'un ou de plusieurs de leurs confrères. La méthode à suivre dans cette pratique me paraît être celle de Kluge, qui consiste à provoquer les contractions utérines par la dilatation lente et graduelle de l'orifice, à ménager les membranes aussi long-temps que possible, et à conserver au fœtus les ressources naturelles qui le soustraient à l'action immédiate et dangereuse de la matrice (*Voy*. pour plus de détails les articles cités de MM. Dezeimeris et P. Dubois).

Quatrième question. *L'avortement peut-il être simulé ou prétexté de la part de la femme, dans l'intention de nuire à autrui, et surtout d'obtenir des dommages-intérêts?*

Plusieurs fois déjà les tribunaux ont été appelés à juger des causes de ce genre. J'ai indiqué, en parlant des *maladies simulées*, les préceptes généraux qui doivent guider le médecin chargé de prononcer sur la réalité d'une affection que l'on peut feindre; il me suffira d'établir ici qu'il faut s'attacher à prouver que l'avortement a eu lieu, et qu'il peut dépendre des causes alléguées par la partie plaignante.

Il est des auteurs qui, pour compléter l'histoire médico-légale de l'avortement, ont cru devoir examiner encore *si le fœtus était vivant au moment où l'on a agi sur lui.* « Si les abortifs, disent-ils, n'avaient été mis en usage que quelques jours avant l'avortement, et si la mère soutenait qu'avant leur emploi elle ne sentait déjà plus remuer son enfant, l'humanité et la prudence nous dicteraient de ne pencher que pour l'opinion la plus favorable à l'accusée. » Je ne saurais adopter cette manière de voir : en effet, il ne suffit pas, pour établir la mort du fœtus dans l'utérus, que la femme avoue ne pas avoir senti remuer l'enfant depuis plusieurs jours; j'ajouterai qu'il n'existe aucun signe qui puisse faire reconnaitre *positivement* si avant l'expulsion du fœtus il était vivant ou non dans l'utérus; mais lors même qu'il serait prouvé que l'avorton était mort au moment où l'on a agi sur lui, l'attentat n'en existerait pas moins, surtout si les moyens abortifs avaient été conseillés par un homme de l'art ou par toute autre personne, et qu'ils fussent de nature à exposer les jours de la mère. Quelle que soit l'indulgence dont je crois devoir user envers les femmes qui ne me paraissent pas *évidemment* coupables, je me ferai toujours un devoir d'attaquer le crime et d'empêcher qu'il ne reste impuni.

RAPPORTS SUR L'AVORTEMENT.

Premier rapport. Nous soussigné, docteur en médecine, etc. (*V.* p. 16 du t. 1 pour le préambule). Arrivé dans la chambre, nous avons trouvé la dame F., âgée de vingt-deux ans, alitée, qui nous a dit avoir été maltraitée la veille par le sieur X., qui l'avait jetée par terre, et lui avait donné deux coups de pieds au ventre ; qu'elle avait éprouvé sur-le-champ des douleurs dans la région de la matrice, et qu'au moment où elle envoyait chercher un médecin, elle avait fait une fausse couche, quatre heures après la chute ; elle ajouta qu'elle croyait être enceinte d'environ deux mois, et que dans ses deux grossesses précédentes elle avorta sans cause connue, une fois au troisième mois, et l'autre fois vers la fin du cinquième.

Nous avons procédé à la visite de la femme, et nous avons reconnu au milieu de la fesse gauche une ecchymose d'un rouge brun, grande comme une pièce de 2 francs, qui paraissait avoir été faite depuis peu. L'abdomen, la face, les membres, etc., n'étaient le siége d'aucune contusion apparente. Les grandes et les petites lèvres étaient légèrement gonflées ; en introduisant le doigt dans le vagin, on voyait que l'orifice de l'utérus était dilaté et un peu souple : le volume de ce viscère paraissait plus grand que dans l'état naturel ; il s'écoulait par la vulve une assez grande quantité de sang rouge en partie liquide, en partie coagulé, et la femme se plaignait de douleurs vives dans la région hypogastrique. Les mamelles semblaient dans l'état naturel ; la peau était chaude et sèche, le pouls fréquent.

Le produit expulsé, de la grosseur d'un œuf, était rouge ; après avoir été mis dans un vase plein d'eau et y avoir projeté à plusieurs reprises de l'eau à l'aide d'une petite seringue, pour en détacher le sang qui le colorait, il a offert les caractères suivans… (On indique les caractères du produit de la conception à deux mois révolus (V. p. 64 du t. 1er).

Nous croyons pouvoir conclure de ce qui précède, 1° que la dame F. était enceinte d'environ deux mois et demi ; 2° qu'elle est accouchée depuis peu ; 3° que tout en admettant chez elle une grande disposition à avorter, il est probable que la fausse couche a été déterminée par la chute dont elle porte encore des marques, ou par les coups de pied, s'il est vrai qu'ils aient été donnés ; 4° que l'on aurait peut-être prévenu l'avortement en employant la saignée, le repos absolu, la diète, etc. En foi de quoi, etc.

Deuxième rapport. Nous soussigné, etc., requis, etc., pour constater si l'avortement de mademoiselle ''', âgée de dix-sept ans, était naturel ou provoqué, etc. Arrivé dans la chambre, nous avons trouvé la demoiselle '''', qui nous a dit être accouchée la veille sans cause connue ; que l'enfant, du sexe masculin était âgé d'environ six mois ; qu'elle avait constamment évité les causes qui auraient pu déterminer une fausse couche ; qu'ainsi elle ne s'était point livrée à un exercice violent, etc. ; qu'elle n'avait jamais été saignée, ni fait appliquer de sangsues, ni pris de substances émétiques ou drastiques. Le commissaire de police qui nous accompagnait a cru devoir faire des recherches dans une armoire où il a trouvé deux petits paquets contenant un mélange que nous avons reconnu être de la sabine et de la rue. La demoiselle ''' a paru surprise de cette découverte, et nous a assuré n'avoir point fait usage de pareils médicamens.

Nous avons procédé à la visite, et nous avons constaté.... (On indique ici l'état des parties génitales, de l'utérus, de la peau de l'abdomen, des mamelles, etc. *V*. ACCOUCHEMENT, p. 269 du t. 1). On voyait à la surface interne des grandes lèvres, environ douze morsures triangulaires ecchymosées, annonçant d'une manière non équivoque qu'un nombre égal de sangsues avait été récemment appliqué ; la portion de peau correspondante à la veine médiane céphalique et à la veine saphène était le siége de cicatrices légères qui paraissaient être le résultat de saignées faites depuis peu. Du reste la fille ''' était en proie à des douleurs intolérables dans la région hypogastrique ; la peau était très chaude et âcre, le pouls excessivement fréquent.

Le cadavre de l'enfant... (On décrit ici les caractères propres à faire connaître que le fœtus est âgé de six mois environ. *V*. p. 67 du t. 1). On remarquait à la portion de la peau du crâne correspondant au milieu de la suture sagittale, une ouverture large d'environ un tiers de ligne, dont le contour était ecchymosé : en disséquant attentivement les parties blessées, il était aisé de reconnaître que la commissure membraneuse qui unit les deux pariétaux ainsi que la dure-mère, avait été percée par le même instrument qui avait blessé la peau ; le sinus longitudinal supérieur était ouvert, et l'on voyait à la surface du cerveau, et entre

21.

ses deux hémisphères, un épanchement considérable de sang, en grande partie liquide ; du reste le cerveau, le cervelet et la moelle épinière n'étaient le siége d'aucune altération ; le thorax était aplati ; les poumons, d'un très petit volume, de couleur rouge, n'étaient point crépitans, et se précipitaient au fond de l'eau, soit qu'on les mît sur ce liquide entiers ou par fragmens. Le diaphragme était refoulé vers le thorax ; les viscères abdominaux paraissaient dans l'état naturel.

L'arrière-faix avait été soustrait.

Ces faits nous permettent de conclure, 1° que mademoiselle *** est accouchée depuis peu ; 2° que le fœtus, âgé d'environ six mois et bien constitué, est mort-né ; 3° que tout annonce qu'il aurait pu vivre s'il avait continué à se développer ; 4° qu'il a été blessé à la suture sagittale par un instrument piquant qui a pénétré assez avant dans l'intérieur du crâne pour ouvrir les parois du sinus longitudinal supérieur ; 5° que cette blessure a été faite pendant qu'il était encore vivant ; 6° que c'est à elle qu'il faut attribuer la mort ; 7° qu'il est *excessivement probable* que la fille ***, dont les récits sont évidemment mensongers, après avoir essayé inutilement de se faire avorter au moyen de la sabine, de la rue et des saignées, aura percé ou fait percer le crâne de l'enfant pendant qu'il était encore dans l'utérus ; 8° qu'il eût été possible d'affirmer qu'il en a été ainsi, si les membranes n'eussent pas été soustraites, parce que l'on eût pu constater si elles avaient été lésées à la partie correspondante à la suture sagittale. En foi de quoi, etc.

DE L'EXPOSITION, DE LA SUPPRESSION, DE LA SUBSTITUTION ET DE LA SUPPOSITION DE PART.

L'*exposition de part* entraîne souvent la mort de l'enfant délaissé, et doit être par conséquent considérée comme un crime ; j'ai déjà fait connaître les articles du code pénal à ce sujet (*Voy.* page 114). Toutefois, lorsqu'une femme est accusée d'avoir exposé ou fait exposer l'enfant dont elle est récemment accouchée, elle peut s'excuser en disant que l'enfant était mort-né, et qu'elle a préféré l'abandonner pour ne pas compromettre sa réputation.

Les tribunaux chargés seuls de l'examen d'une foule de circonstances qui peuvent atténuer ou aggraver le crime, sont intéressés à savoir, 1° si effectivement l'enfant dont il s'agit était mort-né ; 2° dans le cas où il aurait vécu, quelle a pu être l'influence du milieu dans lequel il a été délaissé ; 3° jusqu'à quel point le défaut de soins, d'alimens, de vêtemens, etc., a pu contribuer à le faire périr, à le mutiler ou à l'estropier. Une autre question peut encore se présenter : lorsqu'on voit tout-à-coup disparaître la grossesse chez une femme que l'on croyait enceinte, et que, d'une autre part, on découvre qu'un enfant a été abandonné, peut-on déterminer que celui-ci appartient à la femme dont il s'agit, et qu'il a été exposé par elle ou par son ordre ? On s'attachera, dans ce cas difficile, à établir qu'il y a eu grossesse et accouchement, que celui-ci est récent ou ancien, que l'époque à laquelle l'enfant est né correspond ou ne correspond pas à celle où l'accouchement a eu lieu ; questions qui ont été déjà traitées en détail, et sur lesquelles il serait inutile de revenir. Que, si tout portait à croire que la femme pourrait être la mère de l'enfant délaissé, il ne faudrait pas encore conclure que l'exposition de part a eu lieu : ce fait ne pourrait ressortir que des recherches ultérieures tentées par le magistrat.

Suppression de part. Elle existe lorsqu'une femme soustrait l'enfant dont elle vient d'accoucher, et le cache au lieu de l'exposer sur la voie publique.

« Les coupables d'enlèvement, de recélé ou de suppression d'un enfant, de substitution d'un enfant à un autre, ou de supposition d'un enfant à une femme qui ne sera pas accouchée, seront punis de la réclusion.

« La même peine aura lieu contre tous ceux qui, étant chargés d'un enfant ne le représenteront point aux personnes qui ont droit de le réclamer » (Code pénal, art. 345).

Ici l'homme de l'art doit chercher à résoudre les mêmes questions que dans le cas d'exposition de part.

Supposition de part. Elle a lieu lorsqu'une femme dit être accouchée d'un enfant qu'elle n'a point porté dans son sein, ce qui a souvent pour but d'introduire un étranger dans la famille, afin de changer l'ordre de succession établi par les lois. L'homme de l'art examinera d'abord si la femme est accouchée, et, en cas d'affirmative, si l'accouchement est récent et si l'enfant qu'elle présente lui appartient, c'est-à-dire s'il est né à-peu-près à l'époque où l'accouchement a eu lieu. On a vu des femmes qui étaient accouchées deux ou trois ans auparavant, simuler la grossesse et quelques-uns des phénomènes de l'accouchement, espérant que le médecin qui serait chargé de les visiter prendrait le change, et rapporterait à un accouchement récent les traces d'un accouchement ancien; mais il est impossible de se méprendre : comment simuler, par exemple, l'écoulement des lochies, la fièvre de lait, etc. ? D'autres, qui étaient *stériles*, ont poussé l'audace jusqu'à supposer qu'elles venaient d'accoucher, tandis qu'il suffisait de la plus légère inspection pour prouver qu'elles n'avaient jamais été mères. Il en est qui, étant accouchées plusieurs années auparavant, ont supposé un nouvel accouchement, et n'ont pu être visitées que plusieurs semaines après, c'est-à-dire lorsqu'il était impossible d'affirmer qu'il y avait eu ou non accouchement récent; ce cas, plus épineux que les autres, exigerait que l'on examinât attentivement toutes les circonstances propres à jeter quelque jour : l'accouchement a-t-il été naturel, laborieux; la femme a-t-elle été assistée par des gardes ou par des gens de l'art, ou bien était-elle seule; a-t-elle appelé à son secours; en un mot, y a-t-il des preuves testimoniales; la femme est-elle âgée, était-elle réglée; le mari est-il infirme, etc.?

Substitution de part. On peut encore supposer qu'une femme qui vient de perdre l'enfant dont elle était accouchée, ou qui accouche d'un enfant dont le sexe lui déplaît, le remplace par un autre. L'homme de l'art ne parvient à éclairer cette question qu'en prouvant, dans certaines circonstances, que la naissance de l'enfant ne répond pas à l'époque où l'accouchement a eu lieu; d'où il suit que son rapport ne peut être de quelque utilité que lorsqu'on examine la femme peu de temps après l'accouchement, c'est-à-dire lorsqu'il est encore permis de juger à-peu-près le moment où il a eu lieu. Dans tout autre cas, le crime ne peut s'établir que d'après les preuves testimoniales.

BIBLIOGRAPHIE.

Avortement.

ALBERTI (Mich.). Resp. S. S. LIEBEZEIT. Diss. de abortus noxiâ et nefandâ promotione. Halle, 1714, in-4°.

WALDSCHMIDT. Diss. de facti abortûs signis in matris, præsertim, defunctæ, partibus generationi inservientibus, reperiundis. Kiel, 1723, in-4.

BOCK (C. F.) Præs. M. G. LOESCHER. D. de judicio circa abortum concitatum ferendo. Wittemberg, 1726, in-4.

HOFFMANN (Frid.) Resp. SCHRMER. De læsionibus externis, abortivis venenis, philtris. Halle, 1726, in-4.

ALBERTI (Mich.) Resp. J. C. MUTH. De abortûs violenti modis et signis Halle, 1730, in-4.

J. N. L. Diss. de abortu et medicamentis abortivis, item uterinis, pellentibus, et in primis abortivorum vis et qualitas. It. an talia dentur, quæ pro talibus venditantur et quid de illis sentiendum sit, disquiritur, etc. Ulzæ, 1735, in-4.

VALENTIN (B.). Question chirurgico-légale, relative à l'affaire de demoiselle Famins, femme du sieur Lancret, accusée de suppression de part. Berlin, 1768, in-12.

LIEBERKUHN (C. F.). De procurati abortûs crimine ad articulum 133 constitut. crimin. Carol. Halle, 1772.

DE MASBURG, Præs. J. C. C. A. MEYER. De causis abortum procurantibus. Francfort-sur-l'Oder, 1780, *ibid.* 1782.

DE L'ASPHYXIE.

On désigne sous le nom *d'asphyxie* l'état de mort apparente produit par la suspension de la respiration, quoique d'après son étymologie, ce mot signifie l'absence du pouls (de α privatif et de σφύξις pouls). L'asphyxie peut avoir lieu parce que *l'air ne pénètre pas dans les poumons*, ou parce que *celui qui y pénètre est impropre à la respiration* (1). Dans l'un et l'autre cas, le sang veineux n'étant point changé en sang artériel dans le poumon, tous les organes reçoivent du sang noir, au lieu de sang rouge, et finissent par ne plus exercer leurs fonctions : le défaut

(1) Je fais abstraction de l'action des gaz délétères sur le poumon, parce qu'elle constitue un véritable empoisonnement (*Voyez* tome III).

d'action du cerveau entraine subitement l'anéantissement de l'innervation : aussi la mort qui termine souvent l'asphyxie doit-elle être attribuée au contact délétère du sang veineux et à la cessation de l'influence cérébrale.

Les principales causes qui empéchent l'air de pénétrer dans les poumons sont, 1° la section de la portion cervicale de la moelle épinière, qui sert de conducteur, d'intermédiaire entre la moelle allongée et les nerfs affectés à la dilatation de la poitrine ; les fractures de la même portion du rachis, la ligature des nerfs phréniques, etc. ; ces blessures déterminent en effet la paralysie de tous les muscles *inspirateurs* ou de quelques-uns d'entre eux, suivant le point qu'occupe la lésion (1) ; 2° la section des nerfs pneumogastriques au-dessus du laryngé inférieur. Legallois reconnut le premier que la suffocation prompte qui succède chez certains animaux à la section ou à la ligature des pneumogastriques, provenait de l'occlusion de la glotte. M. Magendie explique le resserrement de cette ouverture par la distribution des nerfs laryngés, dont le supérieur irait aux constricteurs de la glotte, tandis que l'inférieur présiderait à la contraction des muscles destinés à opérer la déduction des cordes vocales ; ces derniers, paralysés par la section de la huitième paire, ne pourraient plus, suivant ce physiologiste, contrebalancer l'action *spasmodique* du muscle arythénoïdien qui anime le laryngé supérieur, Cette explication, qui avait paru satisfaisante, fut attaquée avec raison il y a quelques années : c'est en effet du laryngé inférieur et non du supérieur que provient le nerf principal du muscle arythénoïdien, et M. Berard aîné (*Leçons orales* 1832-1833) a montré qu'il n'était pas nécessaire que ce muscle fût contracté spasmodiquement pour que la glotte se fermât pendant l'inspiration. Le resserrement de la glotte a lieu, *sur le cadavre*, toutes les fois qu'on établit un courant d'air de l'extérieur du larynx vers la trachée ; et *sur le vivant*, la pression at-

(1) Les auteurs rapportent également au défaut d'action de ces muscles, l'*asphyxie des nouveau-nés*, et les asphyxies par la foudre et par le froid ; tout porte à croire cependant que les individus qui ont été foudroyés ou congelés, ne périssent pas asphyxiés, mais bien que leur mort doit être attribuée à la cessation soudaine de l'influence nerveuse.

mosphérique produit le même résultat, pendant l'inspiration, lorsque les muscles du larynx ont été paralysés par la section de la huitième paire ; 3° la paralysie du poumon, résultat de la section des nerfs pneumogastriques : dans ce cas, la mort n'est pas instantanée : pour s'assurer que les animaux auxquels on a pratiqué cette opération peuvent périr par suite de la paralysie du poumon, on doit leur faire préalablement la trachéotomie : autrement ils succomberaient par le défaut d'action des muscles dilatateurs de la glotte ; 4° des obstacles, placés en dehors des voies aériennes, les comprimant et s'opposant à leur dilatation ; ou bien dans l'intérieur de ces mêmes voies, les obstruant plus ou moins complétement, ou siégeant enfin dans leur épaisseur. Une double plaie pénétrante de poitrine, avec épanchement d'air dans la plèvre, un double hydrothorax, une force mécanique qui empêcherait la dilatation des parois thoraciques et abdominales, une tumeur anévrysmale, un goitre, un phlegmon, un corps étranger dans l'œsophage, une corde, un lacet comprimant la trachée, sont les causes qu'il faut ranger dans la première catégorie. Les corps de toute nature accidentellement introduits dans les voies respiratoires, appartiennent à la seconde : celles de la troisième sont le développement énorme que peuvent acquérir les amygdales, l'œdème de la glotte, des polypes, etc. ; 5° le séjour dans le vide ou dans l'eau.

Je me garderai bien de placer ici, comme l'a fait M. Devergie, le tableau général de l'asphyxie ; je n'exposerai pas non plus les théories de Muller, de Goodwin et de Bichat sur l'asphyxie, ces objets n'étant pas du ressort de la médecine légale et ne devant par conséquent pas m'occuper. Je ne traiterai pas davantage des moyens propres à ramener à la santé une personne asphyxiée ; c'est dans les ouvrages de pathologie qu'ils doivent être exposés. Depuis quand la médecine légale a-t-elle eu pour but le traitement des maladies ?

DE L'ASPHYXIE PAR SUBMERSION.

L'histoire médico-légale de l'asphyxie par submersion comprend les deux questions suivantes : — L'individu que l'on trouve noyé était-il vivant au moment de son immersion dans l'eau ? S'il était vivant, est-il tombé dans l'eau par accident, s'y est-il précipité, ou bien a-t-il été noyé par une main homicide? Avant de chercher à résoudre ces problèmes, il ne sera pas inutile de jeter un coup-d'œil sur la *cause de la mort des noyés*, que l'on a tour-à-tour rapportée à l'introduction de l'eau dans l'estomac, à l'abaissement de l'épiglotte qui ferme exactement la glotte et empêche l'air contenu dans les poumons d'en sortir, à l'affaissement des poumons, à l'entrée de l'eau dans les ramifications bronchiques, et à la viciation de l'air renfermé dans la poitrine.

Introduction de l'eau dans l'estomac. On ne saurait attribuer la mort des noyés à la déglutition du liquide et à son accumulation dans l'estomac, quoiqu'il soit avéré que cette déglutition a lieu le plus souvent; que peuvent, en effet, pour déterminer la mort quelques grammes, 500 ou 1000 grammes d'eau avalée pendant la submersion?

Abaissement de l'épiglotte. Détharding pensait que l'épiglotte abaissée sur le larynx, chez les submergés, s'opposait à l'introduction de l'air dans les poumons et à l'expulsion de celui qui y était déjà (*De modo subveniendi submersis per laryngotomiam*). Mais l'épiglotte ne peut être appliquée sur le larynx, à moins que la langue ne soit déprimée; en outre il n'existe pas de faisceaux musculaires assez forts pour entraîner ainsi isolément l'épiglotte.

Affaissement des poumons. Coleman, Sprengel, etc., ont cru que les poumons affaissés, après avoir expulsé l'air qu'ils contenaient, refusaient le passage au sang qui s'accumulait dans les cavités droites du cœur. Mais on sait que les flexuosités des vaisseaux n'empêchent pas le cours du sang, que la circulation continue pendant toutes les asphyxies. Les expériences de Bichat à ce sujet sont généralement connues, et quoique ce physiologiste ait exagéré peut-être la perméabilité du poumon pendant l'asphyxie, comme tendent à le faire croire les recherches du docteur Kay, il n'en est pas moins vrai que la circulation n'est pas complétement interrompue. Nous avons vu que les animaux qui se noient dilatent leurs poumons par intervalles.

Entrée de l'eau dans les ramifications bronchiques. Quoiqu'il soit avéré que dans beaucoup de cas de submersion, on ne trouve de l'eau ni dans la trachée-artère, ni dans les ramifications bronchiques des cadavres submergés, il n'en est pas moins vrai qu'une certaine quantité de liquide pénètre dans les voies aériennes de presque tous les animaux qui se noient. Je tâcherai de faire concevoir ailleurs comment l'eau qui a pénétré dans les bronches peut en quelque sorte disparaître : pour le moment je me bornerai à traiter la question de savoir si l'on peut considérer comme cause de la mort des submergés *le liquide qui pénètre dans les poumons*. Gardanne, Varnier, Goodwyn, après avoir introduit par une incision faite à la trachée-artère des chiens, des lapins, etc., quatre fois plus d'eau qu'il n'en pénètre par la submersion, ont vu que la respiration était d'abord accélérée, puis ralentie; que les animaux étaient incommodés et abattus, mais qu'ils ne tardaient pas à se rétablir, ce qui leur a fait penser que la mort n'était pas le résultat de l'intromission de l'eau dans les poumons. Il est aisé de voir que les animaux soumis à ces expériences, ayant la faculté de respirer, n'étaient point placés dans les mêmes circonstances que ceux qui sont plongés dans l'eau, et que la conséquence tirée par les expérimentateurs n'est point rigoureuse.

Viciation de l'air renfermé dans la poitrine. La cause de la mort des individus qui périssent submergés, consiste véritablement dans l'altération qu'éprouve l'air contenu dans les poumons. Cette opinion émise par Macquer (*Dict. de chim.*, tome IIe, p. 278), n'est plus douteuse depuis les travaux du docteur Berger (*Dissertation inaugurale soutenue à la faculté de Paris le* 15 *thermidor an* XIII). Presque tous les animaux que l'on a noyés, dit ce médecin, rendent au bout d'une minute et demie de séjour dans l'eau, l'air contenu dans la poitrine, et meurent, ce qui fait croire à l'action d'une cause constamment la même, et agissant dans tous les cas : cette cause, c'est le degré de viciation de l'air : on trouve par l'analyse de l'air expulsé de la poitrine des noyés qu'au lieu de renfermer vingt-et-une parties d'oxygène, il n'en contient, terme moyen, que quatre à cinq parties : or telle est à-peu-près la composition de l'air des cloches vicié par les animaux qui ont péri asphyxiés par défaut de renouvellement d'air. On voit que dans ces cas, le sang traversant le poumon revient noir dans l'oreillette gauche, et qu'étant lancé par le ventricule aortique, il aborde les organes dépourvu des propriétés nécessaires à l'entretien de leur vitalité. On conçoit aussi dès-lors comment la suspension complète de la respiration et de la circulation pendant la syncope peuvent dérober l'individu submergé aux dangers de l'asphyxie.

Long-temps avant les recherches dont je viens de parler, le docteur Desgranges de Lyon, avait établi avec Pouteau et quelques autres auteurs, que les noyés périssaient de deux manières différentes : chez les uns il y avait *asphyxie nerveuse, sans matière, par défaillance syncopale*, tandis que chez les autres l'asphyxie était *avec matière* par *suffocation*, par *engouement*. Quelques années plus tard Marc crut devoir rapporter la cause de la mort des noyés aux quatre chefs suivans : 1° *Asphyxie de submersion avec matière* par *suffocation* ou par *engouement :* dans cette cause de mort, qui est la plus commune, on considère l'eau introduite dans la trachée-artère comme une cloison qui empêche l'air d'arriver aux poumons ; 2° *Asphyxie de submersion, sans engouement, nerveuse ;* l'individu tombe en syncope, immédiatement avant d'entrer dans l'eau, ou dans le même moment ; la syncope, qui finit par devenir mortelle, suppose la préexistence du danger et une prédisposition nerveuse : aussi l'observe-t-on principalement chez les femmes hystériques, à l'époque critique : elle est beaucoup plus rare que la suivante ; 3° *Asphyxie de submersion sans engouement par congestion cérébrale :* les causes qui la déterminent sont une température très froide, une chute violente sur la tête, une constitution apoplectique, l'ivresse, la colère, la plénitude de l'estomac, la compression du cou par des cravates ou par d'autres liens ; 4° *Asphyxie de submersion mixte :* chez la plupart des submergés, dit Marc, l'asphyxie de submersion avec engouement se complique avec l'apoplexie par congestion cérébrale : la suffocation et l'apoplexie peuvent, selon les circonstances, devenir réciproquement cause essentielle ou cause aggravante de la mort (*Mémoire sur les moyens de constater la mort par submersion*, 1808) ; 5° il ne serait pas impossible, en outre, que certains noyés périssent par suite d'une commotion cérébrale. J'admettrai volontiers avec Marc, que l'on peut ranger les noyés en plusieurs groupes différens, en ayant égard à l'état de l'individu avant la submersion, aux circonstances qui ont précédé celle-ci, à la congestion des vaisseaux cérébraux, etc.; mais je ne crois pas devoir considérer autrement que comme une syncope ce qu'il désigne sous le nom d'*asphyxie de submersion sans engouement; l'asphyxie de submersion sans engouement par congestion cérébrale* n'est autre chose qu'une sorte d'apoplexie, et ne me semble pas aussi fréquente que Marc paraît le croire; enfin pour ce qui concerne l'*asphyxie de submersion mixte*, que ce médecin regarde comme la plus ordinaire, je pense qu'il n'en est pas ainsi, puisqu'on ne trouve sur la plupart des cadavres des submergés qu'une *légère* congestion des vaisseaux cérébraux, pas plus notable que celle que l'on observe sur les cadavres d'individus qui ont succombé à toute autre affection.

PREMIÈRE QUESTION.

L'individu que l'on trouve noyé était-il vivant au moment de son immersion *dans le liquide?*

Lorsque les preuves testimoniales manquent, on ne saurait résoudre cette question difficile que par l'examen attentif du cadavre : aussi les auteurs de médecine légale se sont-ils attachés particulièrement à décrire les signes que présentent les corps des noyés ; mais les descriptions qu'ils nous ont données ne remplissent pas le but qu'ils se proposaient, parce qu'elles sont beaucoup trop générales. J'ai dit ailleurs (*Voy*. les 16 Nécropsies de cadavres que j'ai faites à la Morgue, p. 712 du t. 1ᵉʳ) que les cadavres trouvés dans l'eau présentaient des différences notables suivant le temps pendant lequel ils y étaient restés, suivant l'état tranquille ou agité du liquide, suivant l'époque où l'on procédait à leur examen, après les avoir retirés de l'eau, etc. Pense-t-on, par hasard, que l'état d'un cadavre qui n'est resté dans l'eau qu'une heure, et que l'on étudie immédiatement après, ne différera pas considérablement de celui d'un autre cadavre qui aura été en contact avec le liquide pendant dix, trente, quatre-vingts ou cent cinquante jours, et que l'on n'examinera que plusieurs heures ou plusieurs jours après qu'il aura été exposé à l'air? Deux cadavres qui auront été retirés de l'eau vingt-quatre heures après la mort des individus, et dont l'un aura été ouvert de suite, tandis que l'autre n'aura été examiné que douze et quinze heures après, offriront-ils les mêmes caractères? Les différences que présenteront ces corps dans leur volume, dans leur coloration, leur consistance, etc., sont trop sensibles et trop nombreuses pour qu'on puisse les confondre dans une description générale.

Signes propres à établir que l'immersion dans l'eau a eu lieu du vivant de l'individu. Parmi les *signes* indiqués par les auteurs comme propres à faire connaître *si un individu a été submergé vivant*, il en est peu qui méritent de fixer l'attention; il importe cependant de les exposer sommairement, afin de mieux faire ressortir ceux qui peuvent être utiles.

1° *État de la face*. La face est bouffie, rouge ou livide, dit-on; les paupières sont entr'ouvertes, la pupille est très dilatée, la bouche close, la langue avance vers les bords internes des lèvres, qui sont recouvertes d'une bave écumeuse ainsi que les narines. Ces caractères manquent souvent chez les noyés, et lors même qu'ils existeraient constamment, ils ne prouveraient point que la submersion a eu lieu du vivant de l'individu, les cadavres des personnes qui ont succombé à une foule d'autres affections, pouvant les présenter également.

La dilatation de la pupille est assez constante, mais elle ne peut servir à caractériser l'asphyxie par submersion. Ainsi que je l'ai déjà dit, à l'article PUTRÉFACTION, lorsque le cadavre est resté trois ou quatre mois dans l'eau, c'est par la face que commence la saponification : cette partie devient extrêmement dure, état que les employés de la Morgue ont coutume de désigner sous le nom de *pétrification*; plus tard les lèvres corrodées et détruites laissent à nu les arcades dentaires; les paupières disparaissent également; le péricrâne se décolle, les os sont dénudés; l'aspect de la face est horrible.

2° *État de la peau*. Comment admettre parmi les signes dont il s'agit, la pâleur extrême du cadavre et des membranes muqueuses extérieures ? Je ferai remarquer que la peau est décolorée dans le plus grand nombre des cadavres après les causes de mort les plus variées : on peut ajouter que la cause de la décoloration de la peau, qu'on observe en effet chez presque tous les submergés au moment où on les retire de l'eau, est plutôt un effet du séjour dans le liquide, que de la mort par submersion, et qu'on la verrait également sur tout autre individu qu'un noyé, pour peu qu'il eût été plongé dans l'eau immédiatement après sa mort (*Voy.* PUTRÉFACTION DANS L'EAU, p. 740 du t. 1er).

3° *État des extrémités.* Les doigts sont écorchés, dit-on, on trouve entre les ongles et la peau, de la vase, du sable, de la boue, etc. « Si un homme a été noyé vif, il aura l'extrémité des doigts et le front écorché, en raison qu'en mourant il gratte le sable au fond de l'eau, pensant prendre quelque chose pour se sauver, et qu'il meurt comme en furie et rage (Ambroise Paré, *Chirurgie,* liv. 28). — Ce caractère, quoique meilleur que ceux dont j'ai fait mention jusqu'à présent, n'est pas aussi important qu'on pourrait le croire au premier abord ; en effet, il manque chez plusieurs noyés, chez la plupart de ceux, par exemple, qui périssent avant d'arriver au fond ; il peut exister chez un individu qui, ayant roulé d'un lieu élevé dans une rivière, aurait cherché à s'accrocher pour se soustraire au péril, et aurait succombé avant de tomber dans l'eau : pour que ce signe ait une certaine valeur, il faut que le noyé ne soit pas dans l'eau depuis long-temps. On peut observer encore des écorchures aux doigts sans que la submersion ait lieu avant la mort, lorsque les cadavres heurtent contre des corps solides, tels que des pierres, des moulins, des pilotis, etc., qui excorient plus ou moins la peau ; à la vérité, il est des cas où il serait permis de reconnaître que les blessures dont je parle ont été faites après la mort.

4° *Intérieur du crâne.* Les vaisseaux veineux des parties supérieures du cerveau, dit-on, sont ordinairement très développés, engorgés ; quelquefois les plexus choroïdes, les veines de Galien, sont injectés ; dans des cas encore plus rares, les ventricules latéraux renferment une petite quantité de sérosité ; la substance du cerveau est dans l'état naturel. Il est impossible de tirer parti de ces caractères, parce qu'on trouve de la sérosité dans les ventricules cérébraux de presque tous les cadavres des hôpitaux, et qu'on voit les veines méningiennes remplies de sang dans le plus grand nombre d'entr'eux : d'ailleurs j'ai ouvert des noyés qui offraient un état de vacuité de ces vaisseaux. Toutefois, comme la position du cadavre a beaucoup d'influence sur cette congestion sanguine, l'engorgement dont il s'agit serait assez notable si le cadavre s'était refroidi dans une situation verticale, la tête en bas.

Si au lieu d'examiner l'intérieur du crâne des submergés peu de temps après la mort, on ne les ouvre qu'après un séjour d'un, de trois ou de cinq mois dans l'eau, la dure-mère présente une couleur verte ou violette par plaques ; la substance cérébrale ramollie et même diffluente, a laissé dégager une quantité considérable de gaz fétides qui soulèvent l'arachnoïde et la dure-mère elle-même, au point de donner à cette dernière la forme d'une vessie fortement distendue ; la couleur des substances médullaire et corticale est constamment altérée, mais on peut les distinguer l'une de l'autre, tant que le cerveau n'est pas devenu complétement diffluent (*Voyez* pages 762).

5° *État des voies aériennes*. On s'est efforcé de chercher dans les organes dont les fonctions suspendues ont entraîné la mort, des traces évidentes de la cause à laquelle ils avaient été soumis. C'est ici le point le plus important et le plus débattu de l'histoire médico-légale de la submersion.

L'*épiglotte* n'est jamais abaissée de manière à fermer le larynx, quoi qu'en ait dit Détharding (*Voy.* page 330).

Trachée-artère. « L'existence d'une écume aqueuse et sanguinolente dans la trachée-artère, dit Marc, doit être regardée comme une marque des plus certaines de la submersion, les liquides ne pouvant pas s'introduire dans ce canal après la mort. Je rechercherai, à l'occasion de cette proposition, 1° quelles sont les conditions de la formation de l'écume dans les voies aériennes ; 2° s'il s'en produit dans tous les cas de submersion, et s'il entre constamment de l'eau dans les ramifications bronchiques ; 3° si l'eau peut ou non pénétrer dans la trachée-artère et dans les bronches après la mort ; 4° quelle valeur on doit attacher à la présence ou à l'absence de l'écume, pour déterminer si un individu a été noyé vivant.

Conditions de la formation de l'écume dans les voies aériennes. La formation de l'écume dans les voies aériennes exige qu'un liquide un peu plus visqueux que l'eau soit battu avec une certaine quantité d'air dans la trachée-artère ou dans les ramifications bronchiques. Il n'est pas absolument indispensable qu'il y ait introduction d'eau dans les voies aériennes : on voit en effet, dans plusieurs genres de mort, l'écume se former aux dépens des mucosités de la membrane muqueuse laryngo-trachéale, et sans le secours d'aucune autre addition de liquide ; ainsi la trachée-artère des pendus en contient presque toujours ; on en retrouve aussi après les violens accès d'épilepsie qui se sont terminés par la mort. Mais il paraît nécessaire, pendant la submersion, qu'il y ait de l'air inspiré à plusieurs reprises ; celui qui est expulsé du poumon pendant que l'animal est sous l'eau ne suffit pas pour la production des matières écumeuses : c'est ce que je démontrerai plus bas. On peut présumer aussi que l'entrée et la sortie faciles et répétées de l'eau dans les voies aériennes pendant la submersion, loin de favoriser la formation de l'écume, diminueraient notablement la quantité qu'on en trouverait chez les submergés, parce que l'eau entraînerait celle qui s'est déjà formée, et parce qu'elle diminuerait la viscosité du liquide qui occupe la trachée-artère et les bronches. Du reste, cette assertion paraît confirmée par l'expérience suivante : qu'on plonge dans l'eau deux chiens vivans, et qu'après la mort on en retire un la tête en haut et l'autre la tête en bas : il s'écoulera, par la bouche de ce dernier une grande quantité de liquide, et à l'ouverture des cadavres on verra qu'il y a beaucoup moins d'écume et d'eau dans la trachée-artère de l'animal qui a été retiré du liquide la tête en bas que dans l'autre : preuve que l'eau en sortant des voies aériennes a entraîné de l'écume. Je croyais avoir imaginé le premier cette expérience, mais je l'ai retrouvée depuis dans Morgagni. M. Piorry l'avait également tentée comme moi sur des chiens.

Y a-t-il production d'écume dans tous les cas de submersion, et l'eau entre-t-elle constamment dans les ramifications bronchiques ? Les auteurs ont émis à cet égard des opinions différentes. Louis, Godwin, le docteur Berger, etc., affirment que l'on trouve toujours dans les poumons des animaux que l'on a submergés vivans une certaine quantité du liquide dans lequel ils ont été plongés. Waldschmidt, Becker, Détharding, etc., soutiennent l'opinion contraire. Morgagni assure n'avoir jamais vu d'écume chez les cochons d'Inde ; il est vrai qu'on lit dans ses écrits qu'il la recherchait dans les poumons. Evers dit ne pas avoir trouvé de liquide dans les bronches de deux ivrognes qui s'étaient noyés. Desgranges de Lyon ne put apercevoir aucune trace d'eau écumeuse chez un épileptique submergé vivant. Le docteur Piollet a toujours trouvé de 30 à 60 grammes, d'huile dans les voies aériennes des chiens, des chats et des lapins qu'il avait noyés dans cette liqueur (*Archives générales de médecine*, t. ix, p. 610). Enfin M. Piorry a annoncé que si l'animal qui se noie était maintenu au-dessous de la surface du liquide jusqu'à sa mort, il n'y aurait pas d'écume. Des assertions aussi contradictoires m'ont engagé à faire de nouvelles recherches sur les animaux et sur l'homme. J'ai plongé dans de l'eau colorée par de l'encre, de la boue, du noir de fumée, etc., plusieurs chiens vivans, et je n'ai pas tardé à reconnaître, comme un fait *constant* et *certain* qu'il entre de l'eau dans les poumons de ces animaux, qu'elle s'y trouve en plus grande quantité lorsque le chien est retiré du liquide la tête en haut, que *dans tous les cas où l'animal est venu respirer à la surface de l'eau*, il existe dans la trachée-artère et dans les bronches une matière écumeuse qu'on distingue quelquefois à l'œil nu sous la plèvre, et qu'on peut faire sortir par les bronches dans le canal de la trachée-artère, en pressant un peu les poumons lorsqu'elle ne sort pas spontanément ; et qu'il est vrai, comme l'a annoncé M. Piorry, qu'on ne découvre pas d'écume lorsque l'animal a été maintenu au fond de l'eau jusqu'à sa mort, quoiqu'on trouve une plus ou moins grande quantité de liquide dans le canal aérien. Le docteur Edward Jenner Cox pense que le liquide dont il s'agit ne pénètre dans les poumons que pendant les derniers efforts de la respiration (*The North American medical and surgical Journal, october* 1826) ; en effet, dit-il, que l'on plonge, pendant deux minutes environ, des chats dans de l'eau colorée, qu'on les laisse ensuite à l'air jusqu'à ce qu'ils soient parfaitement rétablis, puis qu'on les fasse périr par strangulation, on verra que les poumons ne contiendront aucune trace de liquide coloré. Ces résultats, en admettant qu'ils soient constans, ne me semblent point prouver d'une manière rigoureuse l'assertion émise par le docteur Cox; car, pendant leur séjour dans l'air, les animaux toussent à plusieurs reprises et avec effort, et ils peuvent expulser la portion de liquide qui s'était introduite dans les poumons au commencement de la submersion. Ce qui vient à l'appui de cette manière de voir, c'est qu'on trouve *beaucoup d'eau colorée* dans la trachée-artère, les bronches et les dernières ramifications bronchiques des chiens qui ne sont restés dans l'eau qu'*une minute*, et même *une demi-minute*, si au bout de ce temps on a lié, sous l'eau, la trachée-artère, que l'on avait eu soin de mettre à nu et d'isoler des parties voisines avant le commencement de l'expérience.

Ce que je viens d'établir s'applique à des chiens submergés vivans, et dont l'examen cadavérique a été fait peu de temps ou quelques jours après la mort; car, si on laissait ces animaux pendant vingt ou vingt-cinq jours dans le liquide où ils ont péri, et qu'on les exposât ensuite à l'air pendant deux ou trois jours avant de les ouvrir, on ne découvrirait *aucune trace d'écume ni de liquide écumeux dans la trachée-artère.*

Voyons maintenant ce que l'observation démontre relativement à l'homme. J'ai ouvert plusieurs cadavres de noyés qui n'étaient restés dans l'eau que quelques heures, et j'ai souvent trouvé de l'écume ou un liquide écumeux dans la trachée-artère et dans les bronches; dans un petit nombre de cas seulement je n'ai rien observé de pareil; mais il faut noter que les garçons ont l'habitude de retirer les cadavres la tête en bas de la charrette dans laquelle on les a transportés (1). Sur quelques submergés retirés de l'eau pendant l'hiver et peu de temps après la submersion, j'ai vu des petits glaçons dans le larynx et pas d'écume. Jamais je n'ai trouvé d'écume ni de liquide écumeux chez

(1) Pour prononcer avec exactitude dans certains cas de submersion, il faudrait que le cadavre eût été retiré de l'eau en présence du médecin et avec les précautions convenables pour retenir les liquides dans la trachée-artère.

22.

les noyés qui étaient restés douze à quinze jours, un, deux, quatre ou six mois dans l'eau, et qui n'avaient été ouverts qu'après un, deux ou trois jours d'exposition à la Morgue. Il résulte évidemment de ces faits qu'il est des cas où l'on ne *découvre aucune trace d'écume ni de liquide écumeux chez l'homme submergé vivant* (*V*. au bas de cette page pour les causes de ce phénomène).

Parmi les auteurs qui ont signalé l'absence d'un liquide écumeux, ceux qui ont désigné cet état sous le nom d'*asphyxie sans matière* ont entendu parler d'un évanouissement rapide, d'une syncope, d'une mort subite occasionnée par la crainte du péril, ou d'un empoisonnement déterminé par les qualités délétères du liquide dans lequel a lieu la submersion. Les médecins légistes qui ont admis cette distinction en tiraient la conclusion que chez les gens pusillanimes, ou chez ceux qu'on a retirés d'une mare infecte, l'absence de liquide et d'écume ne prouverait pas qu'il n'y a pas eu submersion du vivant de l'individu, tandis que ce signe aurait assez de valeur dans les circonstances opposées. Mais sans m'arrêter à faire ressortir combien l'expression d'*asphyxie sans matière* est impropre, puisqu'il s'agit dans le premier cas d'une syncope et dans le second d'un empoisonnement, je ferai remarquer : 1° que les cas de mort subite, par affection vive ou terreur, sont bien peu nombreux, si on les compare à ceux dans lesquels la trachée des noyés ne renferme aucune trace d'écume ; 2° qu'un simple évanouissement se terminerait au milieu du liquide, comme dans l'atmosphère, par le rétablissement de la respiration et des mouvemens respiratoires, qui sous l'eau seraient suivis de l'asphyxie, de l'entrée de l'eau dans les bronches et peut-être même de la formation d'écume si l'individu reparaissait un instant à la surface du liquide ; 3° que si l'eau infecte d'une mare déterminait l'empoisonnement rapide dont on parle, elle n'agirait le plus souvent qu'après avoir été portée dans les voies aériennes ; et qu'on ne voit pas alors pourquoi on n'en retrouverait pas. Ces considérations me portent à croire que l'absence d'un liquide écumeux, qui dans certaines circonstances peut dépendre d'un état de syncope, tient aussi à ce qu'il y a quelquefois asphyxie sans que le noyé reparaisse à la surface de l'eau ; à ce que le noyé remplissant et vidant alternativement sa poitrine d'eau, l'écume est entraînée à mesure qu'elle se produit ; à ce que le cadavre ayant été retiré du liquide la tête en bas et laissé dans cette situation, l'écume se sera écoulée avec l'eau ; à ce qu'enfin l'ouverture du corps n'aura été faite qu'après qu'il aura séjourné long-temps dans l'eau et dans l'air.

L'eau peut-elle pénétrer dans la trachée-artère, dans les bronches et dans les poumons après la mort ? Ce point, l'un des plus importans de l'histoire médico-légale de la submersion, a été l'objet de nombreuses recherches. Haller, Evers, Louis et quelques autres médecins n'ont pas hésité à affirmer qu'il n'entre jamais de liquide dans les poumons des chiens et des chats qui ont été jetés dans l'eau après la mort, tandis que Dehaen a établi la possibilité de l'introduction de ce liquide, parce qu'ayant mis dans l'eau trois cadavres de pendus, il trouva dans la trachée-artère et dans les bronches une eau écumeuse. Le docteur Edward Jenner Cox, se rangeant de l'avis des premiers, a publié des expériences qui l'ont conduit à cette conséquence ; qu'on ne trouve jamais d'eau dans les poumons des chats que l'on a fait périr par strangulation, et dont les cadavres ont été laissés dans l'eau pendant douze ou quatorze minutes, à moins toutefois que le ventre n'ait été comprimé, car alors l'air et les mucosités qui sont expulsés des poumons permettent au liquide de s'y introduire (*The North American medical and surgical journal*, octobre 1826). Je ne chercherai pas à expliquer ce qui a pu induire en erreur Haller, Evers, Louis, Cox, etc. ; je me bornerai à *affirmer* d'après quelques expériences déjà fort anciennes, mais surtout d'après celles qui ont été faites en 1820, en 1827 et en 1828 par moi, et en 1826 par M. le professeur Piorry, 1° qu'il entre constamment de l'eau dans le canal aérien des chiens que l'on a fait périr par strangulation et que l'on a plongés dans l'eau peu de temps après la mort ; qu'il suffit pour cela de les laisser pendant quelques minutes dans le liquide, et que celui-ci pénètre plus ou moins loin suivant la position du cadavre ; ainsi il pourra n'occuper que la trachée-artère et les premières divisions des bronches, si le corps a été placé horizontalement et qu'il y soit resté peu de temps, tandis que s'il a été tenu dans une position verticale, la tête en haut, il pourra s'introduire, jusque dans les dernières ramifications bronchiques, *aussi loin que si l'animal eût péri submergé ;* 2° qu'il en est de même chez l'homme.

Expériences. A. Le cadavre d'un homme adulte mort depuis trente-six heures, a été placé horizontalement et *sur le dos* dans une grande baignoire presque remplie d'eau, dans laquelle on avait préalablement délayé huit livres de charbon animal ; le liquide comme on voit était excessivement boueux et coloré, et pour que le charbon ne gagnât pas le fond de la baignoire, on avait soin d'agiter de temps en temps la liqueur avec précaution : après un séjour de six heures et demie, le cadavre a été retiré de l'eau et ouvert. Le larynx, la trachée-artère, les bronches, leurs divisions et leurs subdivisions étaient tapissés par une assez grande quantité de matière charbonneuse pour paraître noirs. En incisant une partie *quelconque* du tissu du poumon, et en pressant légèrement on faisait sortir, des *dernières ramifications bronchiques*, une quantité notable de la masse noire boueuse qui salissait l'eau de la baignoire. L'estomac contenait tout au plus 32 gram. d'un liquide jaune, floconneux et visqueux ; en sorte que la matière noire boueuse n'y avait pas pénétré. B. Dans deux autres expériences, faites avec deux cadavres humains, dont l'un n'était resté dans le bain coloré qu'une demi-heure, et l'autre trois quarts d'heure, on obtint les mêmes résultats, si ce n'est que le liquide boueux n'avait pénétré que jusqu'à la division des bronches. Ces cadavres appartenaient à des individus qui étaient morts depuis deux jours. C. Le cadavre d'un homme adulte mort depuis trente heures a été placé horizontalement *et sur le ventre* dans la baignoire contenant de l'eau boueuse. Après vingt-quatre heures, le cadavre a été retiré de l'eau et ouvert ; la masse noire avait pénétré dans le larynx et jusque vers la moitié de la trachée-artère. On peut, dans ces expériences, substituer l'eau colorée par de l'encre, du bleu de Prusse ou du noir de fumée, à l'eau dans laquelle se trouve suspendu le charbon animal.

Il était d'autant plus nécessaire de constater ces faits pour mettre hors de doute que l'eau peut s'introduire dans les voies aériennes après la mort, que les résultats déjà cités de Dehaen obtenus avec des cadavres humains, sont loin d'être concluans ; en effet cet auteur, avait plongé dans l'eau trois cadavres de *pendus,* et avait trouvé un liquide écumeux dans la trachée-artère et dans les bronches ; mais l'on sait aujourd'hui, à n'en pas douter, que souvent dans la mort par strangulation, les voies aériennes contiennent une plus ou moins grande quantité d'un liquide écumeux.

Quelle valeur doit-on attacher à la présence ou à l'absence de l'écume et d'une certaine quantité de liquide dans le canal aérien pour déterminer si un individu a été noyé vivant ? La présence de l'écume dans le larynx, dans la trachée-artère et dans les bronches ne suffit pas pour prouver que l'individu a été submergé vivant, puisqu'on en trouve dans le canal aérien des pendus, des épileptiques et d'individus atteints de quelques autres affections ; il faudra donc, pour que ce signe ait quelque valeur, rechercher soigneusement sur le cadavre, ou dans les circonstances commémoratives , s'il n'existe aucune trace de strangulation, de suspension, d'épilepsie, etc. La *présence d'une certaine quantité de liquide* dans ces mêmes parties ne prouverait pas davantage que la submersion a eu lieu du vivant de l'individu, puisque je viens d'établir que les liquides peuvent pénétrer beaucoup plus loin que l'origine des bronches, lorsqu'on plonge des cadavres dans l'eau. Je puis en dire autant de la présence d'une *eau écumeuse*, car il serait possible, à la rigueur, qu'on en trouvât chez un individu qui aurait été plongé dans l'eau après la mort : qu'on imagine, par exemple, un pendu dans la trachée-artère duquel il y a de l'écume et que l'on jette à l'eau après la mort pour faire prendre le change ; dès que l'eau peut s'introduire dans la trachée-artère et dans les bronches, on pourra trouver de l'eau écumeuse dans les voies aériennes des pendus, des épileptiques, etc. Il n'en serait pas de même *si le liquide avait pénétré jusque dans la substance des poumons,* car alors sa présence prouverait d'une manière incontestable la submersion pendant la vie, pourvu qu'il fût établi : 1° que ce liquide est de même nature que celui dans lequel l'individu aurait été trouvé : aussi la présence dans les poumons de gravier, de boue ou d'autres corps étrangers qui étaient en suspension dans l'eau, faciliterait-elle beaucoup la solution du problème ; 2° que le cadavre n'est pas resté assez long-temps dans le liquide après la mort, pour que ce liquide eût pu pénétrer jusqu'aux dernières ramifications bronchiques.

Malheureusement on ne peut guère vérifier le passage de l'eau dans les cellules pulmonaires si elle n'est pas colorée. Quant à l'existence de la boue, du gravier, etc., c'est un phénomène rare: sur cinquante cadavres dont j'ai fait l'ouverture avec soin je ne l'ai remarquée qu'une fois. Blumhardt et M. Devergie en ont également trouvé chacun une fois; voici le fait indiqué par Blumhardt (*Gazette médicale*, 18 avril 1835).

Ch. F. Sch., âgé de 48 ans, atteint depuis le mois d'octobre 1830 d'accès épileptiques qui revenaient tous les huit ou tous les quatorze jours, et pendant lesquels il perdait connaissance, fut trouvé mort, le 5 mai 1833, dans un ruisseau, la face tournée contre terre; la tête plongeait entièrement dans l'eau, qui n'avait qu'un pied de profondeur; le reste du corps n'était qu'à moitié recouvert. Ce qui frappa surtout à l'autopsie fut la présence d'un sable gris, schisteux et de graviers de différentes grosseurs dans la trachée au—dessus de la bifurcation des bronches; on trouva même du sable dans les vésicules pulmonaires.

Quoi qu'il en soit, il faut se garder de prendre pour du gravier, du sable, etc., des parcelles d'alimens provenant de l'estomac et qui sont entrées dans le larynx et la trachée, parce que les cadavres se sont pourris, que l'estomac s'est distendu, que le diaphragme a été refoulé en haut, et que les matières alimentaires se sont trouvées poussées jusqu'à la bouche. Presque tous les cadavres des noyés qui avaient séjourné quelque temps dans l'eau ont présenté de ces parcelles alimentaires semblables à celles que l'on retrouvait dans l'estomac, et ce qui paraîtra plus extraordinaire, quelquefois sur des individus récemment noyés; certes on ne pouvait alors attribuer leur passage dans les bronches ni à la putréfaction ni au ballonnement du ventre!!!

Quant à l'*absence de l'écume et de l'eau dans les voies aériennes*, dès qu'il est prouvé que l'on n'en a pas trouvé chez certains individus noyés vivans (*Voy*. page 338), il faut nécessairement conclure qu'elle est loin de suffire pour établir qu'il n'y a pas eu mort par submersion.

Je n'abandonnerai pas ce sujet sans dire un mot des changemens qu'éprouvent le larynx, la trachée-artère, et les bronches par le séjour prolongé du cadavre dans l'eau. A cela près des parcelles alimentaires dont je viens de parler, j'ai vu ces parties complétement vides ; la membrane interne, la membrane fibreuse et les cerceaux cartilagineux avaient revêtu une couleur violette ou brune très foncée ; enfin sur un cadavre qui avait séjourné pendant plus de cinq mois sous l'eau, les cerceaux cartilagineux entièrement ramollis, et privés de leur élasticité, permettaient à la trachée de s'affaisser sous la moindre pression.

6º *Etat des organes de la circulation.* « Les cavités droites du cœur, les veines caves, la veine et l'artère pulmonaires, sont distendus par une grande quantité de sang noir ; il y en a beaucoup moins dans les cavités et dans les vaisseaux aortiques, qui pourtant ne sont jamais vides dans les *asphyxies récentes*, comme le prétendait Curry. Le ventricule droit est d'un brun noirâtre, tandis que l'autre est d'un rose clair. Les ventricules et l'oreillette pulmonaires se contractent presque toujours d'une manière spontanée : ces contractions sont beaucoup plus rares dans le ventricule gauche, et beaucoup plus rares encore dans l'oreillette du même côté ; on observe quelquefois des mouvemens analogues dans la portion des veines caves voisine du cœur. Les contractions des cavités aortiques cessent long-temps avant celles des cavités pulmonaires ; mais on peut exciter de nouveau les unes et les autres, en irritant l'organe ou en insufflant de l'air dans les poumons peu après qu'elles ont cessé. » Quoique ces caractères se présentent souvent, ils ne peuvent cependant suffire pour établir que la mort a eu lieu par submersion ; en effet, 1º on les observe dans beaucoup de morts subites ; 2º la couleur des parois des cavités du cœur s'altère promptement par le contact du sang, surtout pendant les temps chauds, et dans ce cas elles brunissent considérablement ; 3º l'irritabilité des cavités droites ne peut être constatée que peu de temps après la mort, et alors il serait du devoir du médecin de s'attacher à administrer des secours convenables au noyé, au lieu de s'empresser de faire la nécropsie ; 4º à l'ouverture des cadavres qui avaient long-temps séjourné dans l'eau, j'ai toujours vu les cavités du cœur et celles des gros vaisseaux entièrement ou presque entièrement vides.

7º *Fluidité du sang.* « Le sang reste fluide pendant plusieurs heures, même dans les vaisseaux qui pénètrent la substance des os. » Ce signe, l'un de ceux auxquels les médecins ont attaché le plus d'importance, manque rarement chez l'homme ; cependant il ne suffit pas pour indiquer le genre de mort auquel a succombé l'individu dont on examine le cadavre ; en effet, 1° Lafosse a trouvé le sang polypeux et concret chez quelques noyés. J'ai reconnu à la vérité, une fois seulement, quelques caillots fibrineux dans le sang d'un submergé ; et M. Avisard dit l'avoir vu coagulé ou demi-coagulé dans les oreillettes et les ventricules droits de deux individus noyés vivans ; 2° la liquidité du sang se remarque dans le scorbut, dans quelques fièvres graves, etc. ; 3° le sang pourrait avoir été concrété d'abord, et se liquéfier ensuite par les progrés de la putréfaction.

8° *État du diaphragme.* « La mort des noyés, dit-on, arrivant au milieu de l'inspiration ; le diaphragme doit être refoulé vers l'abdomen et la poitrine élevée. » Cette assertion ne s'accorde ni avec le raisonnement ni avec les faits. Quel que soit le genre de mort, si le tissu du poumon n'est pas altéré, il tend sans cesse à se resserrer ; et comme il ne peut se former de vide entre lui et les parois de la cavité qui le recèle, et que d'une autre part les côtes ne peuvent s'affaisser au-delà d'une certaine limite, il faut que le diaphragme remonte dans la poitrine, pressé par les viscères digestifs et par les parois abdominales qui soutiennent la pression atmosphérique. Ceux qui ont souvent disséqué le diaphragme par sa face inférieure, savent bien qu'il est toujours tendu et poussé vers la poitrine, tant qu'on n'a pratiqué aucune ouverture ni à ce muscle ni aux parois thoraciques, et que cette tension, ainsi que la facilité de le disséquer cessent de suite si on a la maladresse de le percer. Je n'ai pas vu que la mort par submersion *changeât en rien cette disposition du diaphragme :* j'ajouterai que le développement de gaz dans le canal intestinal des cadavres restés long-temps submergés, fait souvent remonter le diaphragme jusque vers la sixième ou la cinquième côte sternale. Ce que je viens d'établir réduit à sa juste valeur ce qu'on a dit de la *dilatation des poumons des submergés.*

9° *État de l'estomac et des intestins.* L'estomac des noyés contient presque toujours de l'eau, tandis qu'on n'en trouve pas dans l'estomac des individus que l'on a plongés dans l'eau après la mort : ce liquide pénètre même dans ce viscère dès les premiers instans de la submersion comme le prouvent mes expériences, celles du professeur Piorry et du docteur Edward Jenner Cox ; mais ce signe ne peut avoir d'importance pour *prouver* que la submersion a eu lieu du vivant de l'individu, qu'autant qu'il est reconnu que le liquide trouvé dans l'estomac est entièrement semblable à celui qui entoure le corps, qu'il n'a pas été avalé avant la submersion, ni injecté dans l'estomac après la mort.

Le canal digestif est quelquefois décoloré chez les noyés. Dans certains cas, lorsque l'individu tombe dans l'eau pendant le travail de la digestion, la membrane muqueuse de l'estomac est rose, rouge ou violacée. Si les cadavres sont restés long-temps submergés, la tunique interne du canal digestif, notamment celle de l'estomac, offre une teinte brune ou violette très foncée, circonstance importante à noter lorsqu'il y a présomption d'empoisonnement. On ne peut tirer aucun indice de la persistance plus ou moins prolongée du mouvement péristaltique dans les intestins.

10e *Coloration des viscères de l'abdomen.* « La couleur des divers organes de l'abdomen est en général plus foncée, que lorsque l'individu ne succombe pas à l'asphyxie. » Ce fait tend à établir tout au plus qu'il y a eu asphyxie, sans jeter le moindre jour sur la cause qui l'a déterminée.

11° *État des organes urinaires.* M. Piorry a essayé de tirer parti de l'examen de l'appareil urinaire. Il résulte de ses expériences que dans presque tous les cas de mort violente chez les chiens, il y a expulsion de l'urine, mais que si la mort est due à la submersion, l'absorption de l'eau dans les bronches donne lieu, pendant les derniers temps de l'asphyxie, à une nouvelle sécrétion d'urine qui remplit la vessie jusqu'au moment de la rigidité cadavérique, époque à laquelle elle est expulsée. L'absence de l'urine dans la vessie avant la rigidité cadavérique, dans un cas de mort violente, serait donc un indice qu'il n'y a pas eu submersion pendant la vie, tandis que sa présence annoncerait que l'animal a péri sous l'eau. Les expériences qui ont conduit M. Piorry à ce résultat offrent de l'intérêt ; mais malheureusement on ne peut guère, dans ce cas, conclure du chien à l'homme, dont la vessie est moins charnue et moins contractile.

J'ai vu dans certains cas fort rares à la vérité, cet organe renfermer une quantité notable d'urine chez des submergés, long-
temps après que la rigidité cadavérique avait disparu ; presque
toujours je n'ai trouvé dans la vessie qu'une cuillerée d'urine ;
mais les cadavres n'étaient ouverts qu'un ou plusieurs jours
après la submersion. On conçoit aussi que, quand bien même
les choses se passeraient dans l'espèce humaine comme sur les
chiens, l'examen de la vessie n'aurait de valeur qu'autant qu'il
serait fait avant la rigidité cadavérique : or cette rigidité appa-
raît de bonne heure chez les noyés, puisque leur corps se refroi-
dit rapidement.

Conclusions. On voit, en se résumant sur cette question :
1° que parmi les signes indiqués par les auteurs pour la résoudre, les seuls qui permettent d'affirmer que la submersion a eu
lieu pendant la vie, se tirent de la présence dans l'*estomac* et
dans les *vésicules pulmonaires*, d'un liquide semblable à celui
dans lequel le corps a été submergé, pourvu toutefois, pour ce
qui concerne l'estomac, qu'il soit avéré que ce liquide n'a pas été
avalé avant la submersion, ni injecté après la mort, et pour ce
qui se rapporte aux vésicules pulmonaires, pourvu que le liquide
dont il s'agit ait pénétré jusqu'aux *dernières ramifications
bronchiques*, qu'il n'ait pas été injecté après la mort, et que le
cadavre ne soit pas resté pendant un certain temps sous l'eau
dans une position verticale, ou couché sur le dos ; 2° que la valeur de ces signes, déjà diminuée par les restrictions précédentes, l'est encore davantage par la difficulté que l'on éprouve dans
beaucoup de cas, surtout lorsque les cadavres n'ont pas été
promptement retirés de l'eau, à reconnaître une suffisante quantité de liquide, particulièrement dans le tissu des poumons, à
moins qu'il ne soit coloré ou sali par de la vase, de la boue, etc.,
ce qui arrive rarement ; 3° que la présence de l'écume dans la
trachée-artère et dans les bronches est loin de suffire pour déterminer que la mort a eu lieu par submersion, et qu'elle ne peut
servir qu'à établir des présomptions, même lorsqu'on trouve
dans les poumons un liquide ayant toutes les apparences de celui
dans lequel le corps a été plongé ; 4° que ces présomptions
seraient encore plus fondées, si, outre l'existence de l'écume

dans les parties que je viens de désigner, il y avait une *grande quantité* de liquides aqueux dans les poumons, l'expérience prouvant que ceux-ci ne pénètrent jamais jusqu'aux dernières ramifications bronchiques *aussi abondamment* après la mort que pendant la vie; 5° que l'absence d'écume dans la trachée-artère et dans les bronches n'établit point que l'individu n'a pas été submergé vivant, puisque dans les nombreuses ouvertures de cadavres que j'ai faites, je n'en ai jamais trouvé lorsque le corps était resté plusieurs jours dans l'eau, et qu'il n'y en avait pas non plus dans quelques-uns des cas où l'on avait procédé à l'ouverture des cadavres peu de temps après la submersion; 6° enfin que les autres signes indiqués par les auteurs sont insuffisans s'ils sont pris isolément, et qu'il est tout au plus permis d'établir quelques probabilités d'après leur ensemble.

Mais le médecin ne doit point borner là ses recherches; il examinera avec le plus grand soin si l'individu n'aurait pas été assassiné avant de tomber dans l'eau, et si les meurtriers n'auraient pas eu recours à la submersion pour mieux faire prendre le change; il déterminera en conséquence s'il ne découvre point des traces d'empoisonnement, d'étranglement, d'asphyxie par les gaz délétères, de blessures, etc. : souvent il trouvera sur le front, aux tempes et sur quelques autres parties du corps, des contusions, des plaies contuses, des ecchymoses; il s'attachera alors à décider si elles ont été faites avant ou après la mort. Si tout porte à croire que l'individu ait été blessé avant la mort, on recherchera d'après la forme des blessures, celle de l'instrument qui les a produites, en se rappelant toutefois que des lésions de ce genre peuvent être le résultat de la violence avec laquelle l'individu qui s'est jeté à l'eau a heurté contre des corps durs qui se trouvaient au fond du liquide, ou de la chute d'un lieu élevé, pendant laquelle le corps aurait frappé contre des pierres, des rochers; en un mot, il aura égard à toutes les circonstances dont je parlerai à l'occasion *des blessures*.

Seconde question. Lorsqu'un individu vivant a été submergé, est-il tombé dans l'eau par accident, s'y est-il précipité, ou bien a-t-il été noyé par une main *homicide ?*

Faut-il admettre avec les auteurs modernes que dans la submersion *par accident*, la mort est la suite de l'asphyxie spasmodique, et que rarement les poumons sont le siége d'un engouement, tandis qu'il y a asphyxie par engouement dans le cas de *suicide*, parce que le noyé fait de vains efforts pour respirer, et qu'enfin dans la submersion *par homicide*, l'asphyxie est spasmodique sans engouement, comme dans le premier cas, parce que l'individu est surpris par une violence imprévue? Des assertions de ce genre, établies sur des espèces d'asphyxie que j'ai dit ne pas exister avec les caractères que l'on a assignés (*voyez* page 333), ne peuvent satisfaire aucun esprit juste, et ne doivent jamais figurer dans un rapport médico-légal, sous peine de vouloir passer pour n'avoir jamais ouvert un seul cadavre de noyé.

Avouons franchement que, dans beaucoup de circonstances, l'art ne possède aucun moyen de résoudre le problème : comment reconnaître, par exemple, si le cadavre submergé appartient à un individu qui s'est jeté volontairement à l'eau ou qui s'est noyé en nageant, ou bien à un autre individu qui aurait été poussé dans la rivière ou dans la mer, étant sur le bord de l'eau? Confions aux magistrats le soin de déterminer jusqu'à quel point la nature du lieu, qui peut être désert ou habité, l'élévation des bords du précipice, l'existence d'un poids attaché au corps, d'un lien qui unit les mains, le désordre des vêtemens, etc., peuvent éclairer la question, et bornons-nous à rechercher si l'individu dont il s'agit ne devait pas être naturellement porté à se suicider (*voyez* SUICIDE, p. 444 du t. Ier), s'il n'éprouvait point des vertiges, s'il n'était point sujet à des accès d'épilepsie, d'hystérie, etc., s'il n'offrait point des blessures ou d'autres lésions qui annonceraient qu'il a été assassiné, qu'il s'est précipité, qu'on l'a précipité, ou qu'il a voulu se détruire (*voyez* BLESSURES).

La solution de ce problème ne présentera aucune difficulté, s'il s'agit d'un nouveau-né qui a été submergé vivant, car il est évident qu'il a été noyé par une main homicide. J'ai été requis le 21 avril 1827 par M. le procureur du roi, pour déterminer la cause de la mort d'un enfant nouveau-né qui avait été retiré de la Seine trois jours auparavant. Cet enfant, parfaitement constitué, à terme, et viable avait respiré complétement : le thorax était bombé, les poumons développés recouvraient en grande partie le péricarde; ils étaient crépitans, de couleur rosée, et plus légers que l'eau sur laquelle ils nageaient, même lorsqu'ils étaient unis au cœur; ils contenaient une quantité notable de sang, et n'étaient le siége d'aucune altération; leur poids était de 48 grammes; pressés dans l'eau, même avec force, ils continuaient à surnager. Le cadavre n'offrait aucun indice de putréfaction. Le cordon ombilical, long de 54 centimètres, n'était ni lié, ni flétri, ni desséché. Le larynx, la trachée-artère et les bronches renfermaient une certaine quantité d'un liquide aqueux, et beaucoup d'écume non sanguinolente. Tous les autres organes étaient dans l'état naturel. La bouche, les narines et les autres ouvertures étaient libres. On ne voyait à la surface du corps aucune trace de violence exercée par un corps contondant, piquant ou tranchant. Il n'était pas difficile de conclure que cet enfant avait vécu, et que sa mort était le résultat de la submersion.

Troisième question. Peut-on déterminer, d'après l'état actuel du cadavre d'un noyé, le temps pendant lequel il est resté dans l'eau?

M. A. Devergie pense qu'il est possible d'indiquer approximativement la durée du séjour dans l'eau des cadavres des noyés. J'ai déjà combattu cette assertion par des faits et par le raisonnement (*voyez* page 748 du tome 1er). Je saisirai cette occasion pour réclamer contre l'assertion émise souvent par M. Mata, savant distingué et professeur de médecine légale à la faculté de Madrid, qui attribue à M. Devergie la première description des phénomènes *de la putréfaction dans l'eau;* en effet je l'avais donnée bien avant ce médecin (*voyez* page 705 du tome 1er).

DE LA STRANGULATION ET DE LA SUSPENSION.

Les mots strangulation et suspension ne doivent pas être confondus; en effet la *strangulation* consiste en une compression exercée sur une étendue plus ou moins considérable du cou, que le corps soit couché, assis, à genoux, debout, les pieds posant sur le sol ou sur un autre corps solide, ou bien suspendu au moyen d'un lien, les pieds ayant quitté le sol; d'où il suit que la strangulation ne suppose pas nécessairement la *suspension*. Celle-ci, au contraire, est toujours accompagnée de strangulation; on l'a divisée en *complète* et en *incomplète*; dans la première le corps est suspendu en l'air et les pieds ne touchent pas le sol; la seconde, qui pour moi n'est qu'une variété de la strangulation, comprend les cas où une partie quelconque du corps est en contact avec le sol, avec un meuble ou avec une autre partie solide quelconque. Tout en convenant que l'acception de ces deux mots n'est pas la même, je crois devoir traiter de ces deux genres de mort dans un même article, parce qu'à peu de chose près il y a identité entre les causes qui les déterminent et les phénomènes qui les accompagnent.

Voici les deux problèmes que les experts pourront être appelés à résoudre: 1° *un individu que l'on a trouvé étranglé ou pendu l'a-t-il été avant ou après la mort? 2° si la strangulation ou la suspension ont eu lieu pendant la vie, sont-elles l'effet du suicide ou de l'homicide?*

PREMIER PROBLÈME.

Un individu que l'on a trouvé étranglé ou pendu l'a-t-il été avant ou après la mort?

Pour résoudre ce problème, j'indiquerai 1° les caractères à l'aide desquels les auteurs ont cru pouvoir pendant long-temps décider la question; 2° les divers états des cadavres des individus qui se sont étranglés ou pendus; 3° les effets de l'application d'un lien autour du cou des sujets morts depuis quelque temps; 4° les causes de la mort par strangulation ou par suspension.

§ Ier.

Caractères à l'aide desquels les auteurs ont cru pouvoir pendant long-temps décider si un individu avait été étranglé ou pendu, avant ou après la mort, lorsqu'il n'y avait pas luxation de la colonne vertébrale.

Michel Alberti de Halle et presque tous les auteurs modernes de médecine légale ont considéré les caractères suivans comme signes de la strangulation et de la suspension pendant la vie : lividité et gonflement de la face, et surtout des lèvres, qui sont comme tordues ; paupières tuméfiées, à demi fermées et bleuâtres ; rougeur, proéminence et même quelquefois déplacement des yeux ; langue gonflée, livide, repliée ou passant entre les dents qui la serrent, et sortant souvent de la bouche ; écume sanguinolente dans le gosier, les narines et autour de la bouche : *impression de la corde, livide* ou *noire ecchymosée ;* peau enfoncée, et même quelquefois excoriée dans un des points de la circonférence du cou ; déchirement des muscles et des ligamens qui s'attachent à l'os hyoïde ; déchirure, rupture ou contusion du larynx et des premiers segmens de la trachée-artère (1), ecchymoses des bras et des cuisses ; lividités des doigts qui sont contractés comme pour serrer fortement un corps que l'on tiendrait dans la main ; contusion et ecchymose des poignets et de toutes les parties du corps sur lesquelles on aurait appliqué des liens ; raideur et lividité du tronc ; engorgement considérable de

(1) 1° Valsalva a remarqué la rupture des muscles qui unissent l'os hyoïde au larynx et aux parties voisines, de sorte que cet os était séparé du larynx ; dans un autre cas il a trouvé les muscles sternothyroïdiens et hyothyroïdiens déchirés, et le cartilage cricoïde rompu ; 2° Weiss a vu le cartilage cricoïde brisé en plusieurs petits morceaux, et la partie supérieure de la trachée-artère entièrement détachée du larynx ; 3° Morgagni et Valsalva ont observé la rupture du larynx ; à la vérité Morgagni note qu'il ne l'a jamais vue sur de jeunes sujets dont le larynx est plus flexible et moins cassant ; 4° d'après Cornélius, la veine cave se rompt quelquefois chez les animaux étranglés ; 5° Littre a trouvé du sang épanché à la base du crâne et dans les ventricules cérébraux sur une femme que deux hommes avaient étranglée en lui serrant le cou avec les mains ; et dans une autre circonstance, il a vu a membrane du tympan déchirée et beaucoup de sang épanché dans l'oreille ; 6° Nanni, disséquant un voleur qui avait été pendu, trouva le sinus longitudinal supérieur déchiré.

sang dans les poumons, dans le cœur et dans le cerveau. Ces signes n'existant point chez les individus qui ont été étranglés ou pendus après la mort, les auteurs dont je parle ont conclu que la solution de la question était quelquefois facile : « Quand même, disent-ils, on trouverait des taches noires autour du col d'une personne après la mort, ces taches, qui sont le résultat de la pression prolongée de la corde, ne doivent être considérées autrement que comme un phénomène cadavérique, que l'on ne saurait confondre avec les meurtrissures faites sur le vivant. »

On conçoit avec peine qu'un objet d'une aussi haute importance ait été traité avec autant de légèreté par des écrivains dont les ouvrages ont dû servir de guide aux médecins ; il suffit, en effet, d'examiner avec soin quelques cadavres de personnes étranglées ou pendues vivantes, pour se convaincre que plusieurs des caractères énoncés *manquent souvent,* qu'il en est que l'on n'observe qu'à certaines époques et sous des conditions données, et que d'autres, tels que l'impression de la corde, l'ecchymose du cou, etc., ont été décrits d'une manière inexacte. Déjà plusieurs auteurs avaient fait remarquer l'absence d'écume à la bouche dans plusieurs cas de strangulation et de suspension pendant la vie, et Belloc avait cru devoir mieux préciser l'état de la langue chez les pendus. Si la compression de la corde, dit-il avec raison, s'exerce au-dessus du cartilage thyroïde, la langue ne sort pas, parce qu'elle est poussée en arrière par la compression de l'os hyoïde ; si la corde est placée au-dessous du cartilage cricoïde, alors la langue paraît plus ou moins au dehors ; elle est enflée, plus ou moins rouge ou violette. Mais c'est surtout aux observations faites postérieurement par Klein, Remer, Fleischmann, Esquirol, que la science est redevable d'un certain nombre de faits importans, qu'il me semble d'autant plus utile d'exposer qu'ils s'accordent sur plusieurs points avec ceux que j'avais déjà recueillis et que j'ai été à même de vérifier encore depuis la publication de leurs travaux.

§ II.

Des divers états des cadavres d'individus qui se sont étranglés ou pendus.

Lorsque la strangulation ou la suspension ont eu lieu pendant la vie, les cadavres se présentent sous deux états bien différens : 1° *Ils offrent des traces d'ecchymose au col* et plusieurs des signes indiqués à la page 353 ; 2° plusieurs de ces signes manquent et surtout *il n'y a point d'ecchymose au col*. Je vais examiner successivement ces deux cas, puis je m'occuperai de deux autres questions non moins importantes, l'une relative à l'état des organes génitaux, et l'autre à celui de la colonne vertébrale, après avoir dit quelques mots de la rupture des artères carotides pendant la suspension.

Cadavres offrant des traces d'ecchymose au col et plusieurs des signes indiqués à la page 353.

NÉCROPSIE 1ʳᵉ.

Un homme d'environ trente ans est trouvé pendu dans sa prison où il était détenu pour vol. La face, surtout à la partie antérieure et moyenne, est d'un rouge foncé ; sur les côtés du front on remarque des traces de même couleur, les deux oreilles sont d'un rouge bleu ; il en est de même de la lèvre inférieure, qui a été fortement mordue vers la commissure droite. La pointe de la langue est très serrée entre les dents, et fait saillie en dehors des lèvres ; la portion qui les dépasse semble sèche et rude. Au côté droit du menton, on découvre dans un espace formant un carré oblique quatre petites plaies triangulaires déchirées et encore humides. La joue droite en présente de semblables. L'empreinte de la corde se prolonge autour du col, *entre les cartilages cricoïde et thyroïde*, dans une direction à-peu-près horizontale, s'inclinant seulement un peu des deux côtés du col obliquement en haut vers l'occiput. Cette empreinte n'est pas profonde, mais il existe tant sur le trajet, que sur ses côtés *une forte ecchymose*. Après avoir soulevé les tégumens le long de ses bords, on reconnaît qu'elle s'étend *jusque sur les parties musculaires subjacentes* et qu'elle existe même dans leurs tissus. Les vaisseaux du cerveau et de la poitrine sont gorgés de sang.

23.

NÉCROPSIE 2e.

Un individu âgé de quarante-trois ans, fort adonné à l'usage du vin, et qui avait été arrêté un soir pour un délit de police, fut trouvé le lendemain pendu à l'espagnolette de sa fenêtre, au moyen de sa cravate de soie qu'il avait roulée. Le corps n'était pas entièrement suspendu ; il était adossé contre le mur de la fenêtre sous laquelle se trouvait un banc qui avait servi à cet homme pour s'élever, et les pieds effleuraient le plancher ; les genoux étaient fléchis. D'après le peu d'élévation du point de suspension, et la situation du corps, il était évident que le suicidé avait dû pendant la suspension fléchir les jambes, et s'étrangler précisément dans cette position. L'empreinte produite par le lien, à-peu-près plane, mais large de près de 15 millimètres était visible à la partie antérieure du col, entre *l'os hyoïde et le menton ;* elle se prolongeait ensuite sur le derrière de l'angle de la mâchoire inférieure à 15 millimètres au-dessous de l'apophyse mastoïde, en arrière vers la nuque. Cette empreinte tracée autour du col était molle, *ecchymosée* dans toute son étendue. La face était d'un rouge de sang, comme si toutes les veines de cette partie et celles du crâne eussent été gorgées de ce liquide. La pointe de la langue gonflée et d'un bleu foncé, fortement serrée entre les dents, dépassait les lèvres livides et tuméfiées. Les vaisseaux des yeux étaient fortement injectés, et par la narine droite s'écoulait un sang liquide et noir. On remarquait sur le *pénis* et sur la chemise des traces de sperme. On trouva sous la peau du col, circulairement, du sang fluide extravasé : les veines du cerveau et les *sinus* étaient excessivement gorgés ; cependant on ne voyait nulle part d'épanchement dans le cerveau. Les *veines jugulaires* ne contenaient que peu de sang ; les deux veines caves et le côté droit du cœur en renfermaient une quantité d'autant plus considérable. Les poumons et les veines qui rampent dans leur tissu étaient remplis de sang ; les cellules pulmonaires étaient distendues à l'excès, de sorte que ces organes semblaient comme gonflés, et remplissaient en entier la cavité thoracique. *Les deux individus qui font l'objet de ces observations s'étaient suicidés* (Fleischmann, *Annales d'hygiène et de médecine légale,* octobre 1832).

D'après Remer, sur cent pendus il en est 87 chez lesquels il existe des traces d'ecchymose et un dixième à-peu-près chez lesquels ce signe manque, fait qui ne s'accorde guère avec les observations de Klein, de Fleischmann, d'Esquirol, ni avec les miens ; *j'ai vu en effet beaucoup plus de cas sans aucune trace d'ecchymose au col qu'avec ecchymose.* Quoi qu'il en soit, on observe l'empreinte dont il s'agit sur trois points différens ; entre le larynx et le menton, sur le larynx même, on bien au-dessous de ce dernier. D'après M. Remer, sur 47 cas, l'ecchymose s'est trouvée trente-huit fois entre le menton et le larynx, sept fois sur le larynx même, et deux fois au-dessous de cet organe. Il faut avant d'assurer que cette lésion existe ou n'existe pas, inciser le trajet coloré de la peau du col, pour se convaincre de l'étendue et de la direction de l'épanchement de sang dans le tissu cellulaire sous-cutané (*Annales d'hygiène et de médecine légale*, octobre 1830).

Cadavres n'offrant point d'ecchymose au col et chez lesquels manquent plusieurs des signes mentionnés à la page 353 et suivantes.

Dans les cas dont je dois maintenant faire mention, non-seulement il n'y a pas d'ecchymose au col, mais le plus souvent il n'existe aucune trace de congestion au cerveau ni dans les poumons. Ordinairement la face est pâle et non bouffie, les yeux ne sont pas saillans, la langue n'est ni mordue ni livide. A la vérité, *certains cadavres de pendus* qui se présentent sous cet état peu de temps après la mort des individus, offrent quelques heures après, *si le lien a été conservé autour du col*, de la bouffissure et une couleur violacée, de l'écume sanguinolente à la bouche, une couleur violette des extrémités, etc., mais encore une fois, ces effets dépendent de la conservation du lien autour du col. Quant à *l'ecchymose au col*, elle n'existe pas. Klein ne l'a pas observée chez quinze pendus qu'il a disséqués (*Journal de médecine pratique* de Hufeland, janvier 1815). Fleischmann rapporte quatre observations analogues et annonce qu'il pourrait en citer beaucoup d'autres (*Annales* 1832). Esquirol a publié en 1823 quatre faits de ce genre. Enfin j'ai consigné dans la deuxième édition de cet ouvrage huit exemples de même nature. Il faut le dire, plusieurs observateurs ont été induits en erreur pour n'avoir pas examiné attentivement les parties ; de ce que la peau du sillon *était brune, parcheminée, comme brûlée et plus ou moins amincie*, ils ont conclu qu'il y avait ecchymose, c'est-à-dire un épanchement de sang dans le tissu cellulaire sous-cutané, tandis que si l'on eût incisé cette peau, on se fût assuré bientôt qu'il n'en était rien, et qu'au contraire le tissu cellulaire sous la peau était sec, blanchâtre, filamenteux et très serré. Les faits suivans mettront ces vérités hors de doute.

NÉCROPSIE 1re.

Une femme mariée, âgée de trente-six ans, qui s'était pendue au ciel de son lit, au moyen d'une forte corde, présente les signes suivans : la tête n'est ni gonflée, ni d'un rouge foncé ; les vaisseaux de la tête ne sont pas distendus par le sang ; l'empreinte assez profonde du lien se remarque au devant du col, précisément entre le larynx et l'os hyoïde et se prolonge en haut des deux côtés vers l'occiput, dans une direction oblique, sous l'angle de la mâchoire inférieure, et derrière l'apophyse mastoïde vers l'occiput. Sa couleur est blanchâtre des deux côtés, et par derrière elle est d'un jaune pâle ; la partie extérieure seulement offre dans son fond, sur quelques points peu étendus, une teinte bleuâtre. Cette empreinte présente, en général, des caractères comme si elle avait été produite après la mort, puisqu'on n'y remarque pas la moindre trace d'ecchymose. Au-dessus et au-dessous de son trajet, sur les côtés droit et gauche du col, ainsi que dans la fosse sus-claviculaire, on aperçoit bien, sur la peau, une teinte d'un rouge foncé, mais cette teinte s'étend jusqu'à la partie postérieure, et s'y confond avec celle qui n'est évidemment qu'un effet cadavérique.

Il n'existe ni dans le cerveau, ni dans les viscères thoraciques, aucun des signes ordinaires de la suffocation ou de l'apoplexie. On n'y trouve pas non plus la moindre trace de congestion sanguine. Les vaisseaux capillaires de l'intestin grêle sont fortement injectés, de sorte que cet organe présente dans toute son étendue une couleur d'un rouge-noir, traversée par des veines remplies d'un sang noir. Tout le canal intestinal est fortement distendu par des gaz. A la partie moyenne du pancréas et à sa surface antérieure, on trouve un épanchement d'à-peu-près une cuillerée de sang extravasé ; ce liquide ayant été enlevé, la glande paraît tellement ecchymosée à l'endroit qu'il occupait, qu'on doit regarder cet endroit comme la source de l'épanchement.

NÉCROPSIE 2e.

Un inconnu, du sexe masculin, âgé d'environ trente-six à quarante ans, robuste et ayant de l'embonpoint, fut trouvé pendu à un arbre, dans une forêt. Il s'était servi, pour se suicider, d'une courroie étroite et mince, et l'avait disposée de telle sorte autour du col, qu'à la partie antérieure, elle se trouvait justement entre le larynx et l'os hyoïde, de là elle se dirigeait de chaque côté de bas en haut, et exerçait une forte compression sous l'angle de la mâchoire inférieure, derrière l'oreille, puis descendait, à partir des apophyses mastoïdes, au bas et tout autour de la nuque. Du côté droit, au-dessous de l'oreille, on remarquait une impression occasionnée par l'effet du nœud coulant. Le sillon produit par l'action de ce lien avait 7 millimètres de profondeur entre l'os hyoïde et le larynx ; il était un peu moins profond du côté gauche, il l'était davantage, au contraire, à la nuque, et ne l'était presque pas du côté droit, où se trouvait le nœud. Ce sillon était rude au toucher, et d'une couleur jaune foncé. On ne voyait d'ecchymose nulle part, ni à la place que le lien occupait, ni au-dessus ni au-dessous de son trajet. La dissection ne fit pas non plus découvrir de traces d'épanchement sanguin sous la peau. La face n'offrait aucun changement appréciable, elle était calme, non défigurée, pâle ; les yeux étaient à l'état naturel, leurs vaisseaux sanguins n'étaient pas injectés, leur globe n'était pas saillant, pas proéminent. La langue n'était ni mordue, ni livide ; les vaisseaux sanguins du cerveau, ceux du cœur et des poumons, ainsi que la partie supérieure du corps, contenaient à la vérité un sang fluide, mais ils n'en étaient pas gorgés outre mesure ; ce sang conservait encore sa fluidité quatorze jours après la mort ; il s'en trouvait à-peu-près une cuillerée à café dans le ventricule droit du cœur, le gauche était presque vide. Les deux poumons ont été trouvés dans un état de flaccidité très remarquable ; ils étaient tellement refoulés dans la cavité pectorale, qu'ils ne recouvraient pas même latéralement le cœur.

NÉCROPSIE 3e.

Chez une femme âgée d'environ quarante-cinq à cinquante ans, qui après s'être fait elle-même une blessure légère et à peine saignante au cou, s'était pendue, on trouva la corde placée entre le larynx et l'os hyoïde. De là ce lien passant des deux côtés sous l'angle de la mâchoire inférieure et le sommet de l'apophyse mastoïde, effleurait l'os temporal, et montait obliquement en haut et en arrière vers la nuque ; l'empreinte profonde et dure, offrait au toucher la consistance de la corne et avait une couleur obscure d'un jaune sale ; on apercevait seulement çà et là une teinte légèrement bleuâtre. Le visage et le col étaient pâles ; nulle part on ne voyait de traces de sugillation ou d'engorgement veineux ; la blancheur des yeux n'avait même rien perdu de son éclat ; la langue était dans son état naturel et ne faisait aucune saillie hors de la bouche. Lorsqu'on eut enlevé les tégumens à l'endroit où la compression avait été exercée, on ne découvrit aucune trace d'extravasation sanguine. Le sang n'était épanché ni dans les cavités du corps, ni dans les parties que ces cavités contiennent ; seulement les veines caves supérieure et inférieure, et le ventricule droit du cœur en étaient remplis ; les poumons n'étaient pas distendus par l'air.

NÉCROPSIE 4e.

Un jeune paysan, âgé de treize ans, emprisonné pour un délit de police, fut trouvé une demi-heure après son arrestation, pendu au moyen de sa cravate, et mort dans sa prison. Cette cravate était tordue autour de son col comme une corde, et entourait cette partie de manière à comprendre par devant l'os hyoïde au-dessus du larynx, puis elle effleurait les deux côtés de l'angle de la mâchoire, et se dirigeait de là derrière les apophyses mastoïdes vers la partie la plus inférieure de l'occiput. Le sillon qu'elle avait tracé autour du col n'était pas profond ; l'os hyoïde était seulement refoulé sensiblement en arrière. L'endroit où la compression avait été exercée était d'une couleur un peu plus foncée que le reste de la peau qui, sur ce même point, était rude au toucher. Nulle part il n'existait de sang extravasé, non plus que d'autres marques de suffocation ou d'apoplexie.

NÉCROPSIE 5e.

Une femme aliénée se suicida en se plaçant horizontalement derrière le cou une corde dont les deux bouts, ramenés en avant, furent croisés sous le menton, et reportés derrière les oreilles et à la tête, pour les attacher à un pieu fixé à un talus sur lequel elle se glissa ; on détacha la corde, et le cadavre fut examiné immédiatement après la mort. La face n'était pas altérée, la peau n'était ni colorée ni ecchymosée ; la corde avait produit deux impressions l'une *horizontale*, l'autre *oblique* ; la peau déprimée par la corde n'était pas changée de couleur, et il n'y avait *aucune ecchymose ni au-dessus ni au-dessous* du sillon formé par l'impression. Quelques heures après, le cadavre conservait encore tous les traits de la vie. La coloration, la bouffissure de la face, la couleur violacée des pieds, la raideur des membres, ne commencèrent à se manifester que *sept ou huit heures après la mort.* Vingt heures après la suspension, la face était un peu bouffie, violacée, les membres étaient raides, les pieds et la moitié des jambes étaient violacés, le ventre ballonné. Ce cadavre fut ouvert vingt-cinq heures après la mort : alors les traits de la face étaient peu altérés, les yeux ouverts et brillans ; la double impression de la corde était peu profonde, la peau subjacente était *brune, comme brûlée, sans ecchymose ;* le tissu cellulaire souscutané qui correspondait était resserré et dense, et présentait une bandelette de 3 millimètres de largeur, d'un blanc brillant. Le cuir chevelu était injecté de sang noir. Les méninges l'étaient à peine ; le *cerveau n'offrait aucune trace d'injection ;* les *poumons et le cœur* étaient *vides de sang* (Esquirol, *Archives générales de Médecine,* janvier 1823).

NÉCROPSIE 6°.

Le cadavre d'une autre femme fut trouvé cinq ou six heures après la suspension ; *la corde n'avait pas encore été détachée :* la face était violette, les yeux entr'ouverts et brillans ; il y avait une écume sanguinolente autour des lèvres, qui étaient livides ; les membres, la moitié des jambes, les pieds, dans l'extension, étaient violets ; tout le cadavre était refroidi ; le sillon occasionné par la corde était très profond ; la peau qui le recouvrait était *très brune*, comme brûlée, mais *sans ecchymose*. L'ouverture du cadavre ne fut faite que vingt-neuf heures après la mort : alors la face était bouffie, violacée, les yeux ouverts, les extrémités des membres très violacées, le ventre très ballonné, le tissu cellulaire sous-cutané correspondant au sillon était comme dans l'observation précédente ; il n'y avait aucune trace d'ecchymose au-dessus et au-dessous de la dépression produite par la corde. Le cuir chevelu était gorgé de sang ; les méninges étaient un peu injectées, le cerveau sain ; le cœur était rempli de sang noir et fluide ; la portion inférieure et postérieure du poumon droit était infiltrée par du sang noir, ce qui tenait évidemment à la mort et à la position verticale du cadavre (Esquirol, *ibid.*).

NÉCROPSIE 7e.

Un homme se pendit en attachant les bouts d'un mouchoir à l'espagnolette d'une des croisées de son appartement. On le décrocha peu de temps après, et on *enleva le lien* ; tous les secours pour le rappeler à la vie furent inutiles. Les traits de la face n'étaient point altérés ; il n'y avait ni écume à la bouche ni *ecchymose* au cou (Esquirol).

NÉCROPSIE 8e.

Chez un autre individu qui s'était pendu depuis plusieurs heures, la bouffissure et la lividité de la face disparurent aussitôt que l'on eut *rompu le lien* ; il en fut de même de la lividité du scrotum et du pénis, qui était dans un état de demi-érection (Esquirol).

NÉCROPSIE 9e.

Un homme âgé de cinquante-cinq ans, enfermé dans un cachot depuis trois ou quatre jours ; après avoir coupé sa chemise en plusieurs lanières, avec lesquelles il fabriqua une sorte de corde, se pendit à un des barreaux de la fenêtre de la prison : il resta suspendu pendant six heures, et le lien ne fut détaché que lorsqu'on fit l'ouverture du cadavre, c'est-à-dire *trente-six heures après la suspension*. Les membres abdominaux présentaient un très grand nombre de petits points noirâtres qui correspondaient à l'implantation des poils ; les doigts des mains étaient contractés. La face n'offrait rien de remarquable ; sa couleur était naturelle ; les paupières se touchaient par leurs bords, et la conjonctive n'était pas injectée ; les lèvres étaient dans l'état naturel ; la langue portait l'empreinte des dents, mais elle était dans la bouche ; on voyait au cou un sillon large de 12 à 15 millim. et de 3 millimètres de profondeur ; il était situé en avant sur le larynx, et remontait obliquement et en arrière au côté droit et au-dessous de l'apophyse mastoïde, où le nœud de la corde avait été appliqué ; la peau qui le revêtait ressemblait, par sa couleur, à du cuir tanné, et cette nuance était plus foncée aux parties qui avaient été comprimées ; elle était sèche comme du parchemin, et considérablement amincie ; les muscles sous-jacens n'offraient pas la moindre trace d'*ecchymose* ; le tissu cellulaire intermédiaire était sec, blanchâtre, filamenteux, et *nullement ecchymosé*. Les veines jugulaires interne et externe, ainsi que les thyroïdiennes du côté gauche, étaient gorgées et fortement distendues par du sang noir et fluide ; la jugulaire interne de l'autre côté contenait quelques caillots mêlés à du sang fluide.

Les poumons étaient grisâtres, légèrement marbrés de rose ; leur volume était très considérable, et ne diminuait pas sensiblement lorsqu'on les pressait, ce qui tenait probablement à de l'air infiltré dans le tissu cellulaire interlobulaire. Le poumon droit, incisé près des gros troncs veineux, donnait à peine une petite quantité de sang ; cependant son tissu était brun à sa partie postérieure, et fournissait, par la pression, un fluide sanguinolent ; le gauche était gorgé de sang, et il s'en écoulait une quantité considérable lorsqu'on l'incisait près des gros troncs veineux ; du reste, ils étaient l'un et l'autre crépitans. La surface interne des cerceaux cartilagineux de la trachée-artère présentait une multitude d'arborisations noirâtres qui semblaient appartenir aux capillaires veineux.

Les vaisseaux qui rampent à la surface du cerveau étaient tellement gorgés de sang noir, que, lorsqu'on détachait la dure-mère, il s'écoulait une grande quantité de ce liquide : il y avait un épanchement séreux entre la dure-mère et le cerveau, surtout au niveau des anfractuosités du cerveau. La substance cérébrale était piquetée de taches rouges plus considérables que dans l'état naturel ; les ventricules latéraux contenaient environ une cuillerée de sérosité chacun ; on en voyait à peine dans le quatrième ventricule ; les veines du plexus choroïdien étaient injectées, ainsi que celles qui s'y rendent du corps strié et des parties voisines : ces plexus étaient dilatés par des vésicules séreuses. Il y avait une quantité assez considérable de sérosité sur la tente du cervelet ; les veines qui rampent à la surface de cet organe étaient peu injectées, ainsi que celles qui traversent sa portion médullaire. L'épiploon, l'estomac et tout le canal intestinal étaient injectés ; le foie et la rate étaient de couleur naturelle ; les reins étaient fortement injectés ; la membrane interne de la vessie était légèrement rougeâtre.

NÉCROPSIE 10e.

On remarqua à-peu-près les mêmes altérations chez une femme âgée de quarante ans, qui s'était pendue avec une corde d'environ 10 millimètres de diamètre, que l'on n'avait détachée et enlevée que sept heures après la suspension. Le cadavre fut ouvert vingt-sept heures après la mort : le tissu cellulaire et les muscles qui correspondent au sillon n'étaient pas plus ecchymosés que dans l'observation précédente.

NÉCROPSIE 11e.

Un commissionnaire âgé de quarante-huit ans se pendit le 3 mai 1823, à neuf heures du soir; il resta dans cette position jusqu'au lendemain à six heures du matin; la corde, dont le diamètre était d'environ 10 millimètres fut détachée alors, mais il me fut impossible d'ouvrir le cadavre avant le 6 mai, à dix heures du matin. La face était gonflée et livide, les yeux injectés, la langue ne dépassait point les lèvres; celles-ci étaient livides et tuméfiées. On voyait au cou un sillon circulaire, relevé et anguleux sur le côté gauche de la mâchoire inférieure, au-dessous du masséter; il était à peine manifeste au niveau de l'os hyoïde, tandis qu'il était beaucoup plus marqué sur le côté droit du larynx et du cou; la peau de ce sillon était brune à son extérieur; on aurait cru qu'il y avait du sang épanché dans le tissu cellulaire; cependant on vit bientôt qu'elle n'avait été que fortement froissée et desséchée; les muscles correspondans n'étaient non plus le siége d'aucune ecchymose; les méninges étaient injectées; la partie inférieure des poumons était gorgée de sang; le cœur ne contenait qu'une petite quantité de ce fluide; du reste le cadavre exhalait déjà une odeur fétide très marquée.

NÉCROPSIE 12e.

Chez deux individus qui s'étaient pendus, et dont il me fut impossible d'ouvrir les corps, j'observai, en disséquant les sillons, qu'ils étaient comme dans les nécropsies précédentes; la face n'était ni colorée, ni tuméfiée; la langue ne sortait pas de la bouche; l'un de ces cadavres était resté suspendu pendant deux heures, tandis que chez l'autre la corde n'avait été détachée qu'au bout de cinq heures et demie; je les examinai vingt-quatre heures après la mort.

NÉCROPSIE 13e.

N*** fut conduit le 17 décembre 1826 au corps-de-garde du château-d'eau près le Palais-Royal; il y était depuis un quart d'heure au plus, lorsqu'on le trouva pendu à l'espagnolette de l'une des croisées; une moitié de mouchoir avait servi de lien, et le corps se trouvait placé obliquement contre le mur, comme si les pieds eussent glissé en avant; la hauteur de l'espagnolette prouvait évidemment qu'il n'avait pu y avoir suspension, et que l'individu avait simplement glissé en avant.

Examen du corps le 20 décembre. Le cadavre, fortement musclé, est d'une haute stature, et n'exhale point de mauvaise odeur. La face est décoloré, sans gonflement, sans injection vasculaire. Les paupières sont entr'ouvertes; la bouche n'est point déviée; les lèvres sont décolorées; il en est de même de la langue, qui ne sort pas de la bouche; l'intérieur de celle-ci est également décoloré. On ne voit aucune trace d'écume et l'on apprend qu'il n'y en avait pas non plus immédiatement après la mort, ni lorsque le cadavre fut transporté à la Morgue. La peau de la partie supérieure du cou offre une teinte violacée-rougeâtre, s'étendant obliquement de l'espace qui sépare l'os hyoïde du larynx à la partie postérieure de la tête, en longeant les apophyses mastoïdes; la largeur de cette marque est de 4 centimètres à gauche; elle est moins sensible à mesure qu'on se rapproche de la protubérance occipitale, et ne semble plus consister qu'en quelques marbrures longitudinales de moins en moins colorées, au point qu'elles disparaissent entièrement à 3 centim. environ de cette protubérance. La teinte violacée de la partie droite du cou est moins large et tire plus sur le rouge; elle est distincte jusqu'à une plus grande hauteur que celle de l'autre côté : on remarque dans cette même partie du cou, une légère dépression oblique (sorte de sillon) dont le fond est décoloré et dont les bords offrent une rougeur violette. Faisons observer toutefois que la tête était penchée du côté de la dépression, et que celle-ci suivait le bord antérieur du muscle sternomastoïdien correspondant; il serait possible dès-lors, que cette espèce de sillon fût le résultat de la position de la tête. Il existe au-devant de la saillie formée par le larynx, quelques légères excoriations tout-à-fait superficielles. Du reste, ni cette partie, ni la portion gauche du col n'offrent aucune trace de sillon. Le lien a évidemment agi sur une large surface. Les autres parties extérieures du corps sont dans l'état naturel, si ce n'est que l'on voit la région lombaire et les fesses en partie recouvertes par des matières fécales durcies, ce qui annonce une évacuation alvine au moment de la suspension. Le pénis est flasque, sans apparence d'érection antérieure; le scrotum est d'un rouge violacé.

La dissection des tégumens du cou fait voir une *légère injection* des vaisseaux capillaires, qui donne à la partie postérieure de la peau, et au tissu de la peau lui-même, dans l'étendue de la coloration extérieure déjà mentionnée, une teinte rougeâtre et non violette; cette teinte résulte de la réplétion des capillaires sous-cutanés et cutanés; *elle ne constitue pas*, à proprement parler, *une ecchymose*. Les muscles du cou et le larynx sont dans l'état naturel. Les gros troncs vasculaires de cette partie sont remplis de sang noir *liquide*.

Les poumons sont crépitans, sains; leur partie postérieure est gorgée de sang noir *liquide* (On sait que le cadavre était couché sur le dos au moment du refroidissement). Les bronches et leurs divisions contiennent une *quantité notable* d'écume rougeâtre. Le cœur est vide, le péricarde renferme environ une cuillerée de sérosité. Tous les viscères du bas-ventre sont injectés et d'un violet livide, comme dans l'asphyxie. L'estomac ne contient qu'un peu de matière pulpeuse rougeâtre. La vessie, entièrement contractée sur elle-même, ne renferme que environ une cuillerée à café d'urine. Les vaisseaux des méninges, du cerveau et du cervelet, sont peu gorgés de sang, ainsi que les veines du rachis. On ne découvre aucune trace d'é-

panchement sanguin ni séreux dans les ventricules du cerveau. Les ligamens des vertèbres cervicales sont dans l'état naturel.

NÉCROPSIE 14e.

Un malade, âgé de vingt-quatre ans, entra à la clinique de la Charité
offrant tous les symptômes d'une péritonite. Dans la nuit du 19 au 20 février 1827, entre deux heures et demie et trois heures moins un quart, on le
trouva à genoux sur le lit, le corps un peu penché en avant et retenu par
la corde fixée au ciel du lit, laquelle entourait le cou en faisant un tour
simple retenu en arrière par un nœud situé vis-à-vis la nuque. On avait vu
le malade descendre de son lit un instant auparavant, de sorte que la suspension existait tout au plus depuis un quart d'heure quand on s'aperçut de
l'accident et qu'on coupa la corde. Le chirurgien de service, appelé aussitôt, pratiqua une saignée à la jugulaire, insuffla de l'air dans la bouche, etc.;
mais toutes ces tentatives furent inutiles.

Au moment où le cadavre fut replacé sur le lit, la face n'offrait aucune
lividité, aucun gonflement, elle était décolorée; l'extrémité de la langue
faisait une légère saillie entre les arcades dentaires; la surface du gland et
les draps du lit étaient mouillés *de sperme* très reconnaissable à son odeur
et aux autres caractères physiques; le pénis était légèrement gonflé et non
en érection; les membres n'était pas raides.

Autopsie cadavérique (30 heures environ après la mort). Cadavre décoloré, à l'exception de la face dorsale du tronc, qui présente des lividités assez prononcées; raideur musculaire assez marquée; nulle injection ou coloration de la face ni du globe oculaire; la bouche est maintenue largement ouverte par un bouchon qui avait été placé entre les dents quand on
pratiqua l'insufflation pulmonaire : la membrane muqueuse qui la tapisse
est pâle; la peau de la verge et du scrotum est légèrement violacée.

Il existe au-devant du cou une impression demi-circulaire, ayant la
forme d'un croissant à concavité supérieure, dont le milieu répond précisément à l'intervalle qui sépare le cartilage thyroïde du cricoïde : cette impression, qui se prolonge de chaque côté sur les parties latérales du cou,
cesse d'être apparente au-delà du niveau des angles de la mâchoire, dont
elle est distante de 4 centimtres; plus large du côté droit que du côté
gauche, elle a dans le premier sens plus de 15 millimètres de largeur, tandis qu'elle se rétrécit à gauche, où elle se bifurque sensiblement à 4 centimètres environ de sa terminaison. Il n'y a point de sillon à proprement
parler, mais le desséchement de la peau rend cette portion des tégumens
légèrement déprimée; dans toute l'étendue de cette impression, l'épiderme
est enlevé, et la peau présente une teinte jaunâtre évidemment produite par
le desséchement du derme privé d'épiderme; les tégumens sont secs et
comme tannés; la peau de la partie inférieure du cou au-dessus de cette
impression a une teinte violacée très légère, due à sa transparence, qui

laisse voir quelques veines sous-cutanées injectées, et les fibres plus foncées des deux peauciers et des sterno-mastoïdiens ; la peau qui est au-dessus de la même impression est complétement décolorée, et l'on ne distingue au-dessous d'elle aucune injection vasculaire.

La dissection des tégumens de toute la partie inférieure du cou, fait voir
qu'il n'existe aucune trace d'injection vasculaire, *aucune ecchymose*, au-
dessous de l'impression du lien : le tissu cellulaire est au contraire sec et
décoloré. Les fibres musculaires correspondantes des muscles peauciers
offrent le même aspect ; elles sont exsangues, et comme desséchées.

Le larynx et la trachée-artère n'offrent aucune lésion, la membrane muqueuse est légèrement rosée. A la naissance des bronches et dans leurs principales divisions, on trouve un mucus très écumeux, résultant probablement de l'air insufflé. Le tissu des poumons est d'un beau rose dans les
lobes supérieurs ; sa couleur est plus foncée dans les lobes inférieurs, qui
contiennent du sang noir, mais en petite quantité. Les cavités gauches du
cœur sont vides de sang ; les cavités droites en renferment une petite quantité ; il est noir et très liquide, de même que celui qui remplit les gros troncs
vasculaires de la poitrine et du cou.

Les vaisseaux et les sinus des membranes cérébrales contiennent peu de
sang ; il est également noir et très liquide. La pie-mère qui recouvre les
circonvolutions de l'encéphale est très peu injectée. La substance cérébrale
est très ferme ; coupée par tranches, elle laisse écouler des gouttelettes assez nombreuses d'un sang noirâtre et liquide. La distinction des substances
grise et blanche est très prononcée. Le cervelet est également ferme ; son
injection n'est pas plus prononcée que celle du cerveau.

On trouve dans l'abdomen une péritonite récente développée consécuti-
vement à un étranglement interne de l'intestin grêle déterminé par une
bride épiploïque ; la vessie, entièrement revenue sur elle-même, contient
environ 4 grammes d'urine blanchâtre.

NÉCROPSIE 15°.

Le sieur Parys, serrurier, âgé de soixante-deux ans, s'est pendu le 24
avril 1827, à quatre heures et demie du matin. J'ai examiné le cadavre
cinq heures après ; il était resté suspendu. Le corps était porté par une
corde de la grosseur du petit doigt, dont on avait fait un nœud coulant ; il
était pendu verticalement et à-peu-près à 18 centimètres de terre ; la distance qui séparait le cou du cadavre du point du fléau de la balance où la
corde avait été attachée, était d'environ 54 centimètres. La face *était pâle*
et non *tuméfiée* ; le bord des lèvres et leur membrane muqueuse étaient décolorés, la bouche fermée ; les arcades dentaires légèrement écartées, laissaient voir la langue, qui ne s'avançait pas dans leur intervalle, et ne présentait aucune tuméfaction. Il s'écoula une petite quantité de liquide jaunâtre au moment où l'on écarta les lèvres pour examiner l'état de la langue,

mais il n'y avait point d'écume. Les paupières de l'œil gauche étaient fermées; celles de l'œil droit étaient entr'ouvertes; les yeux n'étaient ni injectés ni saillans; les pupilles étaient dilatées. Il n'y avait aucune saillie des veines du front. La tête était *renversée en arrière* et inclinée de telle sorte que *l'occiput s'approchait de l'épaule gauche*; la face regardait en haut et à droite.

Le sillon de la corde s'étendait *horizontalement* d'arrière en avant, depuis la partie postérieure du cou jusqu'au niveau, et peut-être un peu au-dessus de l'os hyoïde; ce sillon, à-peu-près *circulaire*, était *profond d'environ 15 millim.*; la peau qui le recouvrait offrait un couleur jaunâtre, comme celle de la peau un peu desséchée : une petite crête ou éminence de la peau divisait ce sillon, suivant sa longueur, en deux parties de même largeur; cette saillie correspondait à l'intervalle des deux chefs de la corde : j'ai déjà dit que cette dernière formait un nœud coulant; ce nœud, placé au-dessous de la partie latérale droite du menton, avait déterminé une impression digitale, au niveau de laquelle la peau offrait le même aspect que dans le sillon circulaire : à partir de ce point, les deux chefs de la corde s'élevaient sur le côté droit de la mâchoire pour y gagner le point du fléau de la balance où ils étaient fixés. La peau des parties qui avoisinaient le sillon, était fortement plissée. Le cou était tuméfié et tendu au-dessous du sillon. La chemise était tachée d'une petite quantité de sperme encore humide. Le membre viril n'était pas en érection. Les mains étaient à moitié fermées. La rigidité cadavérique commençait à s'établir.

La position et l'attitude du cadavre, ainsi que la profondeur du sillon, annonçaient que cet individu s'était élancé avec force, au moment de la suspension.

Ouverture du cadavre, le lendemain à sept heures du matin. Le cadavre est pâle comme la veille; il est raide et ne présente sur aucune partie du corps d'autre trace de violence que celle qui a été produite par la corde; le dos est le siége de nombreuses lividités cadavériques. *Examen du sillon.* Le tissu cellulaire sous-cutané qui lui correspond est condensé, desséché surtout en arrière, où ce sillon est plus profond; la peau de cette partie du sillon, soulevée et placée entre l'œil et la lumière, est transparente comme un morceau de parchemin; on ne découvre aucune *ecchymose* dans ce tissu cellulaire sous-cutané, la peau n'est même pas injectée. L'os hyoïde, fortement refoulé en arrière, *est fracturé* dans la portion qui soutient les deux cornes droites; cette fracture rend la corne droite très vacillante, et permet de la rapprocher de celle du côté opposé. Les muscles sus et sous-hyoïdiens ne sont le siége d'aucune ecchymose. Il n'en est pas de même de ceux de la partie postérieure du cou : en effet, après avoir enlevé la peau de cette région, et le trapèze, qui sont dans l'état naturel, on voit des *ecchymoses* dans la portion des splénius, qui répond au sillon, et surtout à la face antérieure du splénius droit; le grand complexus droit n'offre rien de remarquable, mais le gauche est fortement ecchymosé; on trouve aussi du sang épanché entre le grand et le petit complexus, et surtout dans l'épaisseur de ce dernier, du transversaire et du transversaire épineux. Les vertèbres cervicales, et les ligamens qui les unissent sont dans l'état normal.

La peau du crâne, le péricrâne, la dure-mère, les veines de la pie-mère ne présentent rien de remarquable. La consistance du cerveau et du cervelet est comme dans l'état naturel ; leur substance blanche, incisée, offre plusieurs points rouges ; les ventricules latéraux et le canal rachidien contiennent une assez grande quantité de sérosité transparente.

Les poumons, d'un aspect ordinaire en avant, sont violets en arrière ; leur base n'est pas aussi engorgée que le bord postérieur, ce qui tient probablement à ce que le cadavre n'était pas encore parfaitement refroidi quand on a détaché la corde ; ils sont libres de toute adhérence, très crépitans, et contiennent une quantité de sang noir *fluide*, qui dépasse à peine celle que l'on trouve dans l'état naturel. On voit dans le larynx et dans la partie inférieure de la trachée-artère, un peu d'*écume incolore*. Le larynx n'est le siége d'aucune lésion ; la membrane muqueuse de la trachée-artère est recouverte, dans sa moitié droite, d'une couche de mucus sanguinolent, facile à détacher ; elle est pointillée de rouge. Le péricarde et le cœur sont dans l'état naturel ; les cavités gauches de ce viscère sont vides ; les droites ne renferment plus qu'une petite quantité de sang *liquide* noirâtre ; mais elles paraissent s'être vidées pendant la dissection du cou, lorsque la tête était dans une position déclive ; en effet, il s'est écoulé alors environ 380 grammes de *sang noir très liquide*.

Le foie, plus pâle qu'à l'ordinaire, n'offre rien de remarquable. La vésicule biliaire est à moitié remplie d'une bile jaune orangé, assez consistante. La rate n'est ni tuméfiée, ni gorgée de sang ; elle paraît dans l'état naturel. Les reins, un peu gorgés de sang, présentent cependant leur couleur ordinaire ; les uretères sont dans l'état normal. La vessie, resserrée sur elle-même, cachée derrière le pubis, contient environ 60 *gramm. d'urine* louche, blanchâtre. L'épiploon est légèrement injecté. Le pancréas paraît sain. L'estomac non distendu, renferme à peine 60 gramm. d'un liquide grisâtre, d'une odeur alcoolique ; la membrane muqueuse est très rouge par plaques (1). Les intestins sont dans l'état naturel.

NÉCROPSIE 16ᵉ.

Le 26 juillet 1825, vers les cinq heures de l'après-dîner, l'épouse d'un marchand de gravures, demeurant à Liége, femme d'une très belle stature, douée d'un tempérament nerveux-sanguin, âgée de vingt-cinq ans, fut trouvée pendue à une poutre de son grenier, où il n'y avait pas plus de

---

(1) Cet homme abusait depuis plusieurs années de liqueurs spiritueuses : il avait même avalé de l'anisette un quart d'heure avant de se pendre.

deux heures qu'elle était montée. Elle était élevée à 54 centimètres au-dessus du plancher, et à deux pas d'elle se trouvait une chaise renversée. Un billet écrit au crayon, en langue italienne, prouvait et le désordre de ses idées et sa détermination au suicide. Une corde très forte avait imprimé à la peau une trace profonde, de couleur brune, oblique d'avant en arrière, et de bas en haut, partant de la partie tout-à-fait supérieure du cou et remontant derrière les oreilles. Le menton était fléchi sur la poitrine. La langue ne sortait pas de la bouche. La face, dans l'état naturel, ne présentait par conséquent ni tuméfaction, ni altération de couleur. Les yeux n'étaient pas rouges, les lèvres n'étaient pas gonflées.

Autopsie cadavérique faite dix-huit heures après la mort. Face toujours dans l'état naturel ; point d'ecchymose au cou ; la peau du sillon était assez semblable à une escarre produite par la brûlure ; le tissu cellulaire et les muscles du cou n'étaient point contus, mais du sang était épanché derrière les deux premières vertèbres, qui présentaient à leur partie postérieure un écartement bien remarquable. Ces deux vertèbres ayant été enlevées avec précaution, nous avons trouvé les ligamens postérieurs rompus ; le transverse un peu remonté et très distendu, maintenait l'apophyse odontoïde fortement serrée contre la surface articulaire correspondante de l'atlas. Les ligamens odontoïdiens étaient demeurés intacts (Ansiaux de Liége).

NÉCROPSIE 47e.

Joséphine, âgée de vingt-sept ans, descendit, le 22 janvier 1834, dans une cave où se trouvaient plusieurs cordes, et se pendit à la rampe de l'escalier ; la corde ne fut coupée qu'après une heure et demie. A huit heures du matin, le cadavre n'était pas défiguré ; la face et les lèvres étaient pâles ; la bouche et les yeux étaient entre-ouverts. A dix heures, quoique la moyenne de la température fût de 9° environ, son corps conservait une légère moiteur. A quatre heures du soir, les articulations du coude et du genou étaient encore flexibles, mais on ne pouvait séparer les deux mâchoires. L'ouverture du cadavre fut faite trente heures après la mort. L'embonpoint est médiocre ; le corps est raide, la face pâle non tuméfiée ; il en est de même des lèvres et des paupières. La bouche et les yeux sont entre-ouverts ; la langue est située derrière les arcades dentaires ; il n'y a pas d'écume dans l'arrière-bouche. A l'ouverture du crâne, on voit beaucoup de sang à l'extérieur de la dure-mère ; l'épanchement de ce sang paraît dû, en partie au moins, aux coups de marteau qui ont servi à briser le crâne. La substance cérébrale est injectée ; les couches optiques, les corps striés, le cervelet, la protubérance et la substance corticale le sont moins. Il n'y a pas d'adhérence dans les méninges. Le cerveau est ferme, et les parois du crâne assez épaisses.

La peau du cou présente un sillon dirigé obliquement de droite à gauche et de haut en bas ; la partie la plus élevée de ce sillon correspond à l'angle de la mâchoire du côté droit ; en ce point existe sur la peau une dépression due au nœud de la corde. Le sillon passe au-devant de l'os hyoïde ; il résulte de cette disposition que les vaisseaux du côté gauche du cou devaient seuls être comprimés. *Au-dessous* du sillon, la veine jugulaire externe est distendue par des gaz. Sur le trajet du sillon, *la peau est jaunâtre, parcheminée.* Le tissu cellulaire sous-jacent est très adhérent à cette membrane ; il n'y a ni *ecchymose*, ni *fracture* de l'os hyoïde, ni des cartilages ; on ne voit aucune trace de l'impression du sillon sur les muscles ; les tuniques des jugulaires et des carotides ne sont point rompues ; la colonne vertébrale n'est point luxée.

Les poumons, d'une teinte rosée, contiennent peu de sang. Les parois du cœur paraissent épaisses ; les cavités gauches, chose remarquable, renferment plus de sang que les droites. La veine-cave en contient peu (*Annales d'hygiène*, n° de janvier 1835, *Observation communiquée par M. Albin Gros*).

NÉCROPSIE 48e.

En juin 1828, M. Amussat ayant ouvert le cadavre d'un pendu, observa que les membranes interne et moyenne des artères carotides primitives étaient coupées nettes, comme dans le cas de leur ligature. La publication de ce fait éveilla l'attention du docteur Alphonse Devergie, qui se proposa de déterminer s'il était constant. Voici les résultats des recherches consignées par ce médecin dans le n° d'octobre 1829 des *Annales d'hygiène et de médecine légale*. Sur treize ouvertures que j'ai faites, dit-il, je ne l'ai observé qu'une fois et seulement sur la carotide primitive gauche : une pression plus forte avait été exercée de ce côté par le lien. On apercevait à l'extérieur et à quelques lignes environ au-dessous de la division de l'artère carotide externe et interne, une injection marquée de la tunique celluleuse, plus prononcée sur la paroi antérieure de l'artère que sur sa partie postérieure ; cette injection qui se rapprochait un peu de l'ecchymose, était d'un rouge bleuâtre. Tout le tissu cellulaire environnant était sain ; et chez ce sujet, comme chez presque tous les pendus, il n'existait aucune ecchymose, ni dans le tissu cellulaire sous cutané, ni dans le tissu cellulaire profond, ni dans les muscles. L'artère était un peu plus superficiellement placée et le point affecté correspondait à l'écartement que laissent, en haut, les muscles sterno-cléido-mastoïdiens, et ceux qui s'attachent à l'os hyoïde pour se rendre au sternum ou à l'omoplate.

L'artère vue en dedans présentait une couleur blanche ; il n'y avait aucune trace d'injection ; à quatre ou cinq lignes de sa division en carotides externe et interne, on apercevait une section nette des deux tuniques internes de l'artère, à bords minces, droits, non frangés. On eût dit qu'elle avait été faite par un instrument tranchant. Aucun épanchement de sang n'avait eu lieu dans l'intervalle des tuniques ; seulement la lèvre inférieure de la section était légèrement humectée de sang. Les deux lèvres de la plaie offraient une disposition différente ; la lèvre supérieure était relevée, redressée en haut et détachée dans l'étendue de deux à trois lignes de la tunique celluleuse ou extérieure ; la lèvre inférieure était comme adhérente aux parois artérielles. Le lien appliqué au cou consistait en deux ficelles, accolées l'une à l'autre, qui comprimaient le cou circulairement, en sorte que le sillon n'était pas interrompu en arrière. L'individu s'était pendu à un arbre dans le bois de Vincennes. Les poumons étaient peu colorés et nullement gorgés de sang : ce fluide existait en quantité égale dans les cavités droites et gauches du cœur. Les veines du cerveau étaient gorgées, ainsi que les veines de la dure-mère. Le cerveau lui-même était piqueté ; ses ventricules contenaient un peu de sérosité rosée.

§ III.

Effets de l'application d'un lien autour du col des individus morts depuis quelque temps.

Il était important de déterminer si par suite de l'application d'un lien autour du col des sujets morts depuis quelque temps, il pouvait se manifester sur les parties pressées des altérations superficielles et des lésions de la colonne vertébrale *semblables* à celles que l'on observe chez des individus qui ont été pendus vivans et chez lesquels il n'y a aucune trace d'ecchymose au col. De plus, on devait rechercher si l'état d'érection du pénis, et la présence du sperme dans l'urètre, signes auxquelles M. Devergie avait attribué une si grande valeur, n'étaient pas souvent des phénomènes cadavériques tout-à-fait indépendans de l'asphyxie par suspension. Les expériences suivantes sont propres à éclaircir ces questions, et je puis assurer qu'il y aurait plus que de l'imprudence à considérer les altérations de la région du col et les particularités signalées dans l'état des organes génitaux dont je parle, lorsqu'elles existent chez des individus pendus, *même de leur vivant*, comme ayant été constamment produites avant la mort.

Expériences concernant l'état du col.

1° Douze cadavres d'individus de différens âges, ayant succombé à des maladies aiguës ou chroniques, ont été pendus avec des cordes de 7 à 12 millimètres de diamètre ; on les a laissés dans cette position pendant vingt-quatre heures ; alors le lien a été détaché. La face était *pâle* et de volume ordinaire, les yeux nullement *injectés*, la langue était restée dans la bouche ; le sillon fait par la corde, la peau correspondante à ce sillon et

24.

le tissu cellulaire sous-jacent, *étaient absolument tels* qu'ils ont été décrits dans le § IIe, page 355, en parlant de la suspension pendant la vie. Trois de ces cadavres avaient été pendus immédiatement après la mort, trois autres ne l'avaient été qu'au bout de vingt-quatre heures, lorsque déjà ils étaient froids et raides ; la suspension des six autres avait eu lieu deux, six, huit, quatorze, et dix-huit heures après la mort.

2° Quatre chiens vivans ont été pendus avec des liens qui avaient tout au plus 3 millimètres de diamètre ; deux d'entre eux ont été détachés dix minutes après la mort, tandis que les deux autres sont restés suspendus pendant vingt-quatre heures : on n'a observé ni injection de la conjonctive, ni de la langue ; le sillon était peu marqué et sans la moindre altération de la peau ; les muscles du cou n'étaient point ecchymosés ; l'état des poumons, du cœur et des viscères abdominaux annonçait que les animaux étaient morts asphyxiés ; les vaisseaux superficiels du cerveau étaient injectés.

3° Désirant savoir si le défaut d'altération à la peau du cou ne tiendrait pas à la présence du poil et à la petitesse du lien, on a pendu deux chiens, dont on avait préalablement rasé le cou, avec une corde de 15 millim. de diamètre. L'un d'eux a été examiné immédiatement après la mort : la peau du sillon ne présentait aucun changement ; l'autre a été laissé suspendu pendant vingt-quatre heures, et on a pu s'assurer que la peau du sillon était racornie et desséchée, comme cela a lieu quelquefois chez l'homme ; le tissu cellulaire sous-cutané était sec, serré, dense ; du reste, la conjonctive et la langue n'étaient point injectées ; il n'y avait aucune trace d'ecchymose dans les muscles du cou ; l'état des organes contenus dans le thorax et dans l'abdomen prouvait évidemment que les animaux étaient morts asphyxiés.

4° *La rupture des tuniques des artères carotides signalée pour la première fois par M. Amussat.* En 1828 ce chirurgien observa que ces tuniques étaient coupées nettes comme dans le cas de leur ligature, chez un homme qui s'était pendu ; mais depuis M. Devergie a constaté sur plus de douze sujets, plusieurs heures après la mort, que les artères restaient intactes, lors même que le cou avait été serré avec beaucoup de force à l'aide d'une corde. De son côté, M. Malle a déterminé cette rupture deux fois *sur des cadavres* en appliquant un lien très serré entre les cartilages cricoïde et thyroïde ; il est vrai qu'il n'a obtenu rien de semblable en opérant sur quatre-vingts sujets. Tout porte à croire qu'en multipliant les expériences, dans des conditions variées, quant à l'âge, au sexe, à la force ou à la faiblesse de la constitution, aux maladies, etc., on produira plus d'une fois sur les cadavres la rupture dont il s'agit. Quoi qu'il en soit, le médecin légiste devra dans son rapport, ainsi que le dit judicieusement M. Malle, noter avec soin le lieu et le caractère de la section, si elle existe, indiquer les moyens qu'il a employés pour la constater et déterminer s'il y a ou non injection ecchymosée de la tunique celluleuse. Je ferai remarquer d'ailleurs que l'on n'observe ce signe que très rarement dans la suspension pendant la vie, ce qui diminue encore singulièrement son importance.

Ne doit-on pas s'étonner, après ces considérations que M. Devergie ait attaché assez de valeur à la rupture des tuniques des artères carotides, pour prétendre que ce signe est le plus concluant de tous lorsqu'il s'agit de reconnaître si la suspension a eu lieu avant ou après la mort (*Médecine légale*, p. 490, t. iie.)?

Expériences concernant l'état de la colonne vertébrale.

Les auteurs de médecine légale ont à peine effleuré la question relative aux désordres qui peuvent exister dans la colonne vertébrale, soit à la suite de la suspension par suicide, soit par l'effet de violences exercées sur les corps après la mort. J'ai été conduit à m'occuper de cette question par le retentissement qu'a eu l'affaire Dauzats, jugée par la cour d'assises du Tarn, et pour laquelle je fus officieusement consulté, tant par le ministère public que par mon confrère, M. le docteur Rigal, auteur d'une consultation en faveur des accusés. Voici les principaux traits de cette cause importante.

Dans la journée du 15 septembre 1839, vers une heure de l'après-midi, on apprit, dans le village d'Holmière, commune de Montpinier, canton de Lautrec, que le nommé Dauzats venait d'être trouvé pendu dans l'écurie de sa maison. On accourt; la porte de l'écurie est ouverte; on trouve le cadavre suspendu par le cou, à l'aide d'une corde, à une poutrelle du toit de l'écurie élevée d'environ 2 mètres; il est assis sur le sol; la tête et le tronc étaient un peu inclinés du côté gauche; les jambes étaient allongées; les vêtemens ne présentaient aucun désordre; la partie de la corde qui passait autour du cou était appliquée sur le col du gilet et de la chemise; sur la tête du cadavre était placé un bonnet de laine qui y tenait à peine; autour du cadavre, le sol ne présentait aucune trace de piétinement : il paraissait avoir été balayé depuis peu.

Informé de l'événement, M. le juge de paix de Lautrec se transporte immédiatement sur les lieux; mais les premiers renseignemens qu'il recueille et le cri général des habitans d'Holmière qui signale déjà tout ce qu'il y a d'étrange dans la pendaison de Dauzats, déterminent ce magistrat à requérir pour l'examen du cadavre deux médecins de Lautrec. Ceux-ci arrivent le lendemain. « Le cadavre, disent nos confrères, n'était pas suspendu « perpendiculaire; il y avait entre la corde qui le suspendait, et un fil à « plomb pris au niveau du cou une distance de 20 centimètres pris « horizontalement. Pour bien caractériser le degré de suspension, « nous avons pris la distance de la partie supérieure de la tête suns

« bonnet au sol sur lequel il appuyait ; elle a été de 83 centimètres,
« et la corde détachée, la distance de la même sommité de la tête au
« sol n'a été que de 81 centimètres et demi. *Il en est résulté un affaisse-*
« *ment d'un centimètre et demi*. La chemise au point correspondant aux
« parties sexuelles était tachée de sang. » Après ce premier examen, prévoyant un cas de médecine légale fort épineux , nos deux confrères de-
mandèrent à être assistés par deux autres hommes de l'art. Le 17 septembre, vingt-quatre heures après que la corde eut été détachée du cou,
l'autopsie du cadavre fournit les résultats suivans : la face est pâle ; l'œil
gauche est couvert par les paupières qui sont fermées ; l'œil droit est en-
tre-ouvert et peu proéminent ; on n'aperçoit aucune trace d'injection ; les
pupilles sont légèrement dilatées ; la bouche est fermée et paraît pleine de
bouillie de maïs délayée, regorgeant de l'estomac ; la langue, sans altération, est retirée en arrière des arcades dentaires qui sont entrecroisées. Le
cou présentait à peine sur quelques points une légère empreinte s'effaçant
sous le doigt et ne donnant point au tact de sensation différente de celle
qui était perçue sur l'étendue normale de la peau. Les tissus sous-cutanés
de cette région étaient à l'état normal sans la plus petite trace d'ecchymose. L'articulation de la première vertèbre du cou sur la seconde était *déplacée à gauche ;* autour de cette *luxation*, les parties molles étaient restées
saines. Dans le canal rachidien, la moelle était libre de *toute compression*
et *à l'état normal*. Le pénis n'est point en érection ; la portion de chemise
qui recouvre immédiatement cette partie est récemment humectée d'un
liquide ayant une odeur d'urine très prononcée. Sur la pommette gauche
existe une large ecchymose avec infiltration sanguine du tissu cellulaire
sous-jacent. La main droite porte une autre petite ecchymose sans importance. Le tronc était le siége de grandes taches noirâtres, résultat
de la putréfaction. On voyait une ecchymose et des traces de contusions profondes et étendues sur la presque totalité du scrotum ; vers
la partie moyenne et postérieure , nous avons observé deux petites
égratignures qui nous ont paru avoir fourni un peu de sang dans les derniers instans de la vie ; du sang épanché était infiltré dans tous les tégumens celluleux du scrotum ; le testicule droit ne devait son épanouisse-
ment qu'à un commencement d'hydrocèle ; néanmoins, autour de lui l'infiltration sanguine était plus intense ; les petits vaisseaux répandus dans la
substance propre des testicules étaient injectés de sang noir. Les membres
pelviens n'ont rien présenté de remarquable. Les sinus du crâne, et en général tous les vaisseaux veineux encéphaliques, étaient gorgés de sang noir
et liquide ; les membranes péricérébrales et la totalité du cerveau étaient
dans l'état normal. Le cœur, d'un volume médiocre, contenait une petite
quantité de sang noir et liquide dans les cavités droites ; l'oreillette et le
ventricule étaient entièrement vides. Les poumons étaient d'une couleur
noire assez prononcée ; en les incisant des deux côtés, on voyait que le parenchyme était crépitant et que du sang noir suintait des surfaces divisées

par l'instrument tranchant. Tous les autres organes étaient sains. Il résulte de ces observations : 1° que Dauzats semble avoir succombé dans un état d'asphyxie ; 2° que la suspension ne paraît pas avoir été la cause de cette asphyxie ; 3° que la position dans laquelle le cadavre a été trouvé, d'accord avec les résultats de l'autopsie, portent à croire, au contraire, que cette suspension n'a été pratiquée qu'après la mort. Toutefois, nous devons déclarer que, de l'aveu des médecins légistes, l'art, en cette circonstance, est impuissant à lever tous les doutes, et ne peut que faire naître des soupçons d'homicide, soupçons corroborés ici par les désordres du scrotum, qui nous semblent montrer auprès de Dauzats expirant, l'action d'une main criminelle et étrangère.

Un crime avait donc été commis, suivant nos confrères. Catherine Beaute et Joseph Dauzats, épouse et fils de la victime, furent aussitôt accusés d'en avoir été les auteurs. Matthieu Dauzats jouissait d'une fortune de 15,000 fr. environ qu'il devait à une économie qui dégénérait même en avarice. De son mariage avec Catherine Beaute, il avait eu trois enfans, un garçon et deux filles. Ce ménage vivait dans un assez bon accord, lorsque Joseph Dauzats, l'aîné des trois enfans, ayant accompli sa vingtième année, fut appelé au tirage au sort, et amena un mauvais numéro. Les ressources de la famille paraissaient bien suffisantes pour qu'un remplaçant pût lui être procuré ; mais les sacrifices pécuniaires que l'acquisition du remplaçant allaient entraîner, devaient répugner aux habitudes parcimonieuses du père. Cependant il se décida à garder son fils dans sa maison ; il traita pour un remplaçant avec une compagnie, au prix de 1,500 francs ; un dédit de 100 francs est stipulé contre celle des deux parties qui voudra se dégager du marché. Mais bientôt Dauzats se repentit de ce traité, surtout lorsqu'il eut appris que le remplaçant de son fils n'avait coûté à la compagnie que 1,000 francs. Dès-lors, il n'a plus de repos ; il dit à qui veut l'entendre qu'il est ruiné, que son fils le réduit à la misère, qu'ils iront tous demander l'aumône. Enfin il se rend à Castres pour rompre le traité, porteur d'une partie de la somme montant du dédit stipulé ; il sollicite une réduction du prix convenu ; sur le refus qu'il éprouve, il se retire en promettant de revenir quelques jours après pour consommer cette résiliation.

Ces inquiétudes, ces démarches ne pouvaient être ignorées de Catherine Beaute et de son fils ; celle-ci voulait à tout prix conserver son enfant auprès d'elle ; Joseph Dauzats devait comparaître sous peu devant le conseil de révision.

Dès le moment où Matthieu Dauzats avait paru revenir sur le projet de donner un remplaçant à son fils, des querelles journalières et toujours renaissantes s'élevèrent entre lui, sa femme et son fils. Des menaces avaient été plusieurs fois proférées. Dauzats avait été souvent maltraité par Catherine Beaute et son fils ; il s'était plaint dans plusieurs circonstances à des voisins des mauvais traitemens dont il était l'objet. « Si je ne me gardais pas, disait-il à un témoin, peu de jours avant sa mort, ils me tueraient ; mon fils est assez fort pour en tuer deux comme moi. » Catherine Beaute se serait opposée, dit un autre témoin, à ce qu'il allât demeurer dans une autre maison, en disant : « Il faut qu'il meure ici, et bientôt. »

Plusieurs témoins déclarent que, dans la matinée du 15 septembre, jour de dimanche, ils auraient entendu qu'on se querellait vivement dans la maison de Dauzats. Dauzats fils fut aperçu allant à une maison voisine qui appartenait à son père, puis rentrant chez lui ; il avait l'air triste et marchait la tête baissée. Plus tard, vers les onze heures et demie, des gémissemens sinistres partent de l'écurie de la maison de Dauzats ; la voix de ce dernier est parfaitement reconnue ; on l'entend crier jusqu'à quatre fois d'une voix qui allait s'affaiblissant : « Hai ! hai ! ô mon Dieu ! et les personnes témoins de ces cris, quoique habituées aux querelles incessantes de cette famille, en sont tellement effrayées qu'elles croient que l'on étouffe et que l'on tue Matthieu Dauzats. L'instruction apprend encore que Cécile, l'une des filles de Matthieu, âgée de huit ans, avait dit que le jour de la mort de Dauzats, sa mère lui avait bandé les yeux, et que, comme elle pleurait de rester ainsi, sa mère lui dit : *Ce sera bientôt fait.*

Le docteur Rigal de Gaillac, consulté par les prévenus, rédigea un mémoire médico-légal qui fut imprimé et distribué long-temps avant l'ouverture des débats ; ce travail, dans lequel la partie médico-légale de l'affaire est longuement discutée, se termine par les conclusions suivantes :

1° Matthieu Dauzats est mort par asphyxie ; 2° la suspension paraît avoir été la cause de cette asphyxie, en déterminant d'abord l'engorgement cérébral et bientôt après la luxation plus rapidement mortelle de la première vertèbre cervicale sur la seconde ; 3° la position dans laquelle le cadavre a été trouvé, les circonstances matérielles du fait, les signes fournis par l'état extérieur du corps, et en particulier de la face et du cou, les enseignemens qui découlent de l'autopsie cadavérique, sont loin d'indiquer comme les experts l'ont pensé *que la suspension fut pratiquée après la mort* ; 4° la suspension écartée, il n'existe chez Dauzats aucun signe capable de montrer la cause de l'asphyxie à laquelle il a succombé ; 5° les ecchymoses, les contusions du scrotum sont des lésions anciennes, selon toutes les apparences ; en aucun cas, elles n'auraient pu amener la mort immédiate par asphyxie, dont il faut trouver la raison suffisante avant de conclure au crime ; 6° les soupçons d'une suspension exécutée pendant la vie, et avec violence, par des meurtriers, sont repoussés par la vraisemblance et par les circonstances matérielles du fait ; 7° rien ne démontre dans les pièces soumises à notre appréciation, et en particulier dans les rapports des médecins experts, que Matthieu Dauzats ne s'est pas volontairement ôté la vie par suspension ; 8° la justice doit chercher ailleurs que dans les documens de la science et ses inductions, appliqués aux faits de la cause, les preuves, s'il en existe, du crime dont Joseph Dauzats fils et Catherine Beaute, sa mère, sont prévenus.

Les débats de cette affaire s'ouvrirent à Albi le 4 juin 1840, le jour même de mon départ de cette ville pour Paris. Invité par le ministère public à rester encore quelques jours pour entendre les dépositions contradictoires des médecins et pour donner mon avis, je ne pus accéder à cette demande, et je me bornai à form 'er ainsi mon opinion, que je communiquai verbalement à M. le procureur général Plougoulm d'abord, puis au docteur Rigal.

Dauzats est mort asphyxié; l'asphyxie peut, à la rigueur, reconnaître pour cause la constriction opérée par la corde et être l'effet d'un suicide ; mais dans cette hypothèse, il est impossible d'admettre, vu la position dans laquelle a été trouvé le cadavre, qu'il y ait eu déplacement de la première vertèbre sur la seconde et à plus forte raison luxation ; au reste, rien ne constate, dans le procès-verbal d'autopsie, que cette luxation ait existé. Les faits s'expliquent beaucoup mieux en admettant qu'il y a eu homicide, que les parties génitales ayant été fortement comprimées, il s'en est suivi une vive douleur qui aura déterminé une syncope, que la victime aura été étouffée, puis pendue après la mort. Dans ce cas, les désordres observés dans la colonne vertébrale, s'il en a existé, auraient été produits par des violences exercées sur le col du cadavre.

Comme chacun le suppose, la controverse fut vive pendant les débats, entre le docteur Rigal et les experts qui professaient une opinion contraire à la sienne ; ceux-ci déclarèrent qu'on pouvait passer l'extrémité du petit doigt à gauche entre les deux premières vertèbres, *que les ligamens n'étaient pas rompus*, que la moelle ne paraissait pas avoir été comprimée et qu'il n'y avait aucune trace d'ecchymose.

Catherine Beaute et Joseph Dauzats, reconnus coupables, furent condamnés à la peine de mort et exécutés. Le lendemain de leur condamnation ils firent l'un et l'autre les aveux suivans en présence de M. le procureur général, du procureur du roi et de l'aumônier de la prison. Ils avaient serré les organes génitaux par-dessus le pantalon ; Dauzats tomba en syncope ; on l'étouffa au moyen d'un bonnet de laine placé sur la bouche et le nez, et comme l'agonie se faisait attendre, Dauzats fils monta sur le ventre avec les genoux, ce qui fit sans doute refluer la bouillie de maïs jusque dans la bouche. Le cadavre fut ensuite traîné à l'écurie, où ils lui passèrent la corde au cou ; alors on lui tourna violemment la tête. Il résulte encore de ces aveux que ce n'est pas seulement pour exempter de la conscription le fils Dauzats, que le crime avait été commis, mais encore pour pouvoir se livrer sans obstacle à la passion la plus hideuse et la plus dénaturée.

Il ne sera pas inutile d'ajouter, pour mieux faire ressortir l'importance de la question qui va m'occuper, que huit jours auparavant, la Cour d'assises du Tarn avait déjà jugé une affaire analogue. Le nommé Couronne avait été assommé et étranglé par sa femme, qui, pour faire prendre le change sur la cause de sa mort, avait pendu le cadavre. Là aussi les experts disaient que la suspension avait eu lieu après la mort, tandis que le docteur Rigal soutenait un système entièrement opposé. Après des débats animés entre celui-ci et le docteur Caussé, médecin distingué d'Albi, le jury déclara la femme Couronne coupable d'assassinat, et la condamna aux travaux forcés à perpétuité. Dès le lendemain cette femme avoua avoir commis le crime.

Voici, à l'occasion de ces affaires, les points sur lesquels j'ai cru devoir porter mon attention.

J'ai successivement examiné :

A. S'il est possible, à l'aide de certaines violences, de déterminer sur des *cadavres* suspendus une luxation de la première ou de la deuxième vertèbre cervicale.

B. Si l'on peut, par les mêmes moyens, produire, sur des *cadavres* également suspendus, des luxations, des fractures, etc., dans les autres parties de la région cervicale de la colonne vertébrale.

C. Si la luxation de la première vertèbre sur la seconde peut avoir lieu chez une personne que des assassins auraient pendue vivante.

D. Si dans l'un et dans l'autre de ces cas, des luxations, des fractures, etc., dans un point quelconque de la région cervicale de la colonne vertébrale inférieure à la deuxième vertèbre, peuvent être le résultat d'un suicide ou d'un homicide par pendaison.

E. S'il existe des caractères tirés de l'état de la colonne vertébrale propres à faire reconnaître si la suspension a eu lieu pendant la vie ou après la mort.

PREMIÈRE QUESTION. *Est-il possible, à l'aide de certaines violences, de déterminer sur des cadavres suspendus une luxation de la première ou de la deuxième vertèbre cervicale ?*

Pour résoudre cette question, j'ai tenté un assez grand nombre d'expériences sur des cadavres d'adultes âgés de 20 à 75 ans ; parmi ces sujets, 44 appartenaient au sexe masculin ; ils étaient pris indistinctement sans avoir égard au genre de mort, au poids, à l'embonpoint, etc.

Dans un *premier mode* d'expérimentation, qui portait sur 14 cadavres, le corps était pendu au moyen d'un nœud coulant passé sous la mâchoire et sur la nuque, le tronc adossé à un mur, les membres inférieurs ainsi que l'une des fesses reposant horizontalement sur le sol, tandis que l'autre fesse était élevée de 3 à 8 centimètres, exactement dans la même position où l'on avait trouvé le cadavre de Dauzats : alors on exécutait brusquement et avec force la flexion et l'extension de la tête, on opérait une ou plusieurs torsions à droite et à gauche. Une fois l'apophyse odontoïde *fut fracturée* à sa base ; on avait combiné la torsion avec une brusque et forte extension ; mais cette apophyse, nullement déplacée, était maintenue fixe et immobile à sa place, et ne comprimait point la moelle ; les ligamens odontoïdiens étaient intacts ; il n'existait aucune autre lésion à la colonne cervicale ; le sujet de cette observation était une femme de 30 ans, maigre et à chairs molles. Une autre fois, la 2e vertèbre offrait une fracture horizontale, divisant le corps vers le milieu de sa hauteur sans aucune saillie des fragmens, qui n'étaient point déplacés ; les ligamens étaient intacts, et l'on n'apercevait aucune autre lésion à la colonne cervicale : l'individu était âgé de 75 ans, et la manœuvre avait consisté en une seule flexion brusque et violente de la tête.

Chez les 12 autres sujets, on ne remarqua aucune lésion de la première ni de la deuxième vertèbre.

Dans un *autre genre* d'expérimentation qui portait sur six cadavres, le corps étant suspendu au moyen d'un nœud coulant, et les pieds se trouvant à un mètre de distance du sol, un homme robuste se précipitait rapidement sur les épaules du cadavre où il restait assis, ou bien montait debout sur ses épaules, pesant ainsi de tout son poids et de toute sa force,

La dissection la plus attentive ne fit découvrir aucune altération dans les deux premières vertèbres ni dans les tégumens qui les unissent.

On ne manquera pas d'objecter à ces faits que le meurtre de Dauzats prouve cependant la possibilité de luxer la première vertèbre sur la seconde ; en effet, les assassins ont avoué n'avoir pendu et violenté cet homme qu'après la mort, et d'un autre côté les experts ont déclaré que la luxation dont il s'agit existait, puisqu'ils ont pu passer l'extrémité du petit doigt à gauche entre les deux premières vertèbres. Il est aisé de démontrer que cette observation ne prouve rien, parce qu'elle est *incomplète* et *inexacte*. On ne parle pas de la disposition des surfaces articulaires des apophyses et surtout de l'odontoïde ; on ne dit pas quels étaient les rapports de celle-ci avec le ligament transverse. Mais ce qui surprendra davantage, c'est que l'on ait pu passer l'extrémité du petit doigt entre les deux vertèbres, lorsqu'on affirme que *les ligamens n'étaient pas rompus* ; ici il y a évidemment confusion ; le doigt n'a pas pu être introduit entre les vertèbres ; il a été appliqué sans doute sur la capsule ligamenteuse *non déchirée et intacte*, sur les bords et dans les environs des surfaces articulaires ; on a poussé un peu de dehors en dedans, et comme dans cette portion de l'articulation, la capsule est lâche et que les deux masses latérales de l'atlas *jouent beaucoup* sur l'axis, on a pu croire avoir introduit le doigt entre les deux vertèbres ; tandis qu'on l'avait simplement enfoncé à travers la capsule, qui, je le répète, *n'était pas déchirée*. Il y a mieux, alors même qu'il y aurait eu luxation de l'apophyse odontoïde, on n'aurait pas pu introduire le doigt entre les deux vertèbres. Comment croire d'ailleurs qu'il n'y eût *aucune trace* d'ecchymose ou d'altération de la moelle, à la suite de violences exercées immédiatement après la mort et qui auraient été assez fortes pour produire la luxation de la première sur la seconde vertèbre. Ces réflexions suffisent et au-delà pour établir que l'autopsie de Dauzats ne saurait infirmer les résultats de mes expériences.

Il reste maintenant à expliquer dans ces expériences, comment la violence ayant été assez forte pour rompre une fois l'apophyse odontoïde et une autre fois l'*axis*, la luxation de la première sur la seconde vertèbre n'ait cependant pas eu lieu. La disposition anatomique des parties peut rendre raison de ce fait. On sait que chez les sujets avancés en âge et chez les personnes grêles et faibles, la résistance des ligamens transverse et odontoïdiens est supérieure à celle de la substance osseuse elle-même : or, dans les deux cas dont je parle, il s'agissait d'un vieillard âgé de 75 ans et d'une femme de 30 ans, maigre et à chairs molles. D'ailleurs, tous les chirurgiens savent que certains ligamens se rompent plus difficilement que la partie osseuse sur laquelle ils sont implantés, et que Dupuytren a particulièrement signalé le fait pour la colonne vertébrale. J'ajouterai que les articulations des deux premières vertèbres étant disposées pour exécuter *des mouvemens fort étendus*, elles évitent l'effort dans quelque sens qu'il soit dirigé; ainsi que dans un mouvement exagéré de rotation le tronc suive l'impulsion donnée à la tête, toute la force s'épuisera à mouvoir le tronc; au contraire, que le tronc soit maintenu fixe, les vertèbres inférieures du cou, beaucoup moins mobiles que les premières, se luxeront ou se fractureront avant que l'étendue normale des mouvemens de l'atlas et de l'axis soit dépassée.

Deuxième question. *Peut-on à l'aide de certaines violences produire sur des cadavres suspendus, des luxations, des fractures, etc., dans les autres parties de la région cervicale de la colonne vertébrale?*

Par le *premier* mode d'expérimentation, deux fois les ligamens jaunes furent *déchirés*, dans un cas entre la 2ᵉ, la 3ᵉ et la 4ᵉ vertèbre, et dans l'autre, entre la 3ᵉ et la 4ᵉ seulement; dans les deux expériences, les apophyses épineuses correspondantes pouvaient être facilement écartées au point d'admettre le bout du petit doigt et de toucher et voir la moelle épinière. Sur un de ces cadavres, il y avait dans le canal du sang épanché qui recouvrait la dure-mère jusqu'au niveau du trou occipital. De son côté, M. Malle est parvenu à déchirer les ligamens jaunes au point d'introduire le doigt et de le faire arriver jusque dans le canal vertébral.

Deux fois aussi, l'un des *disques intervertébraux* était *incomplétement* rompu; dans un des cas, la rupture qui portait sur le disque placé entre la 5ᵉ et la 6ᵉ vertèbre, était considérable et accompagnée d'une déchirure des ligamens qui unissent l'apophyse articulaire droite de la 5ᵉ avec la 6ᵉ vertèbre, à ce point que dans un mouvement exagéré de torsion, on pouvait déplacer et luxer ces deux apophyses articulaires; dans l'autre cas, il n'y avait qu'une légère déchirure du disque qui sépare la 6ᵉ de la 7ᵉ vertèbre.

Six fois l'un des disques *intervertébraux* était *complétement* rompu avec un écartement considérable des vertèbres et une altération sensible de la moelle épinière. Cette rupture qui donnait lieu à une véritable luxation existait deux fois entre la 2e et la 3e vertèbre, trois fois entre la 3e et la 4e, et une fois entre la 5e et la 6e.

Les manœuvres employées furent toujours une flexion suivie d'une extension et combinée avec la torsion. Les individus étaient morts, trois depuis quelques minutes, un autre depuis quatre heures, les autres depuis 5, 7, 14 ou 17 heures (1).

Par le *second mode* d'expérimentation on ne produisit aucune lésion à la colonne vertébrale sur cinq sujets; les ligamens n'étaient ni luxés ni fracturés. L'un deux, très vigoureux, âgé de 30 ans, fut pendu 6 heures après la mort; une femme âgée de 50 ans, maigre, grêle, trente-sept heures après la mort; les autres, âgés de 20 à 25 aus, 28 à 34 heures après la mort. Dans deux cas, un adulte robuste s'était précipité avec force sur les épaules en s'élançant en avant; pour les trois autres, l'aide montait debout sur les épaules et sautait plusieurs fois de manière à imprimer aux cadavres des mouvemens variés et étendus.

Le sixième sujet, avant d'être pendu, avait été soumis à la flexion, à l'extension et aux torsions dont j'ai parlé : c'était un homme de 50 ans, et l'on trouva le disque interposé entre la 5e et la 6e vertèbre complétement rompu, lésion qui reconnaissait évidemment pour cause les manœuvres qui avaient précédé la pendaison.

Indépendamment de ce qui vient d'être dit, j'observai une fois la fracture du cartilage cricoïde qui était ossifié, et une autre fois la luxation de la grande corne de l'os hyoïde.

La plus grande fréquence de déchirures, des fractures et des luxations dans les vertèbres moyennes et inférieures qu'à l'atlas et à l'axis, à la suite des manœuvres violentes que j'avais fait exécuter sur des cadavres, s'explique aussi par leur moindre mobilité. Nous savons que, dans une chute sur la main, le radius peut être fracturé, tandis que le poignet n'est pas luxé; c'est parce que celui-ci est extrêmement mobile, dit Dupuytren, et que le radius se brise avant que l'effort ait pu amener la luxation, et une

____

(1) On lit dans la *Clinique chirurgicale* de M. Larrey, Paris, 1830, tome III, page 412, l'observation d'un caporal, âgé de trente-deux ans, qui se précipita dans la Sambre, les bras et la tête en avant, dans un endroit où l'eau n'avait qu'un mètre de profondeur. On vit cet homme se débattre pendant quelques minutes, et il déclara, après avoir été retiré de l'eau, qu'il avait vivement porté la tête en arrière par un mouvement machinal pour la garantir du choc. La mort survint onze heures et demie après l'accident. A l'ouverture du cadavre, faite vingt-six heures après le décès, on reconnut que le corps de la cinquième vertèbre cervicale était fracturé en travers, un peu au-dessus du milieu de sa hauteur, que ses deux lames, dont l'une tient à l'apophyse épineuse, étaient séparées des masses latérales; ces deux fragmens étaient fort mobiles, et l'un d'eux comprimait la moelle et avait déterminé les accidens éprouvés par le blessé. Le docteur Revillay, auteur de cette observation, pense que la fracture dont il s'agit n'a pu être causée que par une violente contraction des muscles extenseurs de la tête et du cou.

fois la fracture produite, tout ce qui reste de force s'épuise et se consume à déplacer les fragmens. Il en est de même de la colonne vertébrale : on fléchit, on étend, on tord vigoureusement la tête ; si la violence est assez considérable pour produire une lésion, ce sera d'abord dans la partie moyenne ou inférieure de la colonne ; cela fait, toute la force est perdue, et ne peut plus rien sur les deux premières vertèbres.

TROISIÈME QUESTION. *La luxation de la première vertèbre sur la seconde peut-elle avoir lieu chez une personne que l'on pend de son vivant ?*

Quelque difficile que soit cette luxation, la plupart des auteurs de médecine légale admettent qu'elle est possible. Je vais examiner les faits sur lesquels ils s'appuient, et je pense que, s'il ne résulte pas de cet examen qu'une pareille luxation soit impossible *dans l'espèce*, du moins parviendrai-je à prouver que la question est encore indécise.

4° Le célèbre A. Louis, frappé de la rapidité avec laquelle le bourreau de Paris faisait périr les individus qu'il pendait, apprit de lui qu'il déterminait la luxation des vertèbres cervicales, en faisant exécuter au tronc des mouvemens de rotation, tandis que la tête était fixe. « A Paris, dit-il, un « pendu a presque toujours la tête luxée, parce que la corde placée sous « la mâchoire et l'os occipital, fait une contre-extension. Le poids du corps « du patient augmenté de celui de l'exécuteur, fait une forte extension. « Celui-ci monte sur les mains liées du patient, qui lui servent comme « d'étrier ; il agite violemment le corps en ligne verticale, puis il fait faire « au tronc des mouvemens demi circulaires alternatifs et très prompts d'où « suit ordinairement la luxation de la première vertèbre. Dès l'instant, le « corps qui était raide et tout d'une pièce, par la contraction violente de « toutes les parties musculeuses, devient très flexible ; les jambes et les « cuisses suivent alors tous les mouvemens que l'on donne au tronc, et « c'est alors que l'exécution est sûre (4). » Je ferai d'abord observer que Louis ne dit nulle part qu'il se soit assuré par la dissection, que dans les cas dont il s'agit, la première vertèbre fût luxée sur la seconde. Quant à la flexibilité qui survient brusquement, et qui, dans l'hypothèse de Louis, serait le résultat de la compression de la moelle, elle s'explique tout aussi bien en admettant que la mort prompte reconnaît pour cause la luxation de la 2e ou de la 3e vertèbre, et même, à la rigueur, une asphyxie complète avec congestion cérébrale.

Mes expériences d'ailleurs militent contre l'opinion de Louis ; des cadavres ont été pendus verticalement et à distance du sol ; un homme, deux hommes, trois hommes robustes ont successivement monté sur leurs épaules en pesant de tout leur poids : certes il y avait là extension et contre-extension ; les corps exécutaient des mouvemens brusques et demi circulaires, car à chaque saut sur les épaules, ils pirouettaient, et pourtant je n'ai ja-

(4) *OEuvres de chirurgie*, tome 1er, page 383.

mais observé la luxation dont il s'agit. Dira-t-on que je n'ai pas agi sur des individus faibles? Ce serait une erreur, puisque deux des sujets étaient dans cette condition ; d'ailleurs que signifient quelques kilogrammes de plus ou de moins pour vaincre la résistance de ligamens tels que ceux qui unissent l'atlas à l'axis? Objectera-t-on que les choses se passent autrement sur le vivant que sur le cadavre? Soit, mais alors je dirai, contre l'opinion exprimée par M. Velpeau à l'Académie, qu'il devrait être plus difficile d'opérer la luxation sur le vivant, parce que les tissus résistent davantage et que les muscles agissent en affermissant les articulations.

J'ajouterai que MM. Mackensie et Monro n'ont jamais observé de pareilles lésions, quoiqu'ils aient disséqué chacun plus de cinquante cadavres d'individus qui avaient péri par le supplice de la pendaison. Il est vrai que le mode suivi en Angleterre pour infliger le dernier supplice n'est accompagné ni de tiraillemens, ni de mouvemens brusques, puisque le criminel étant placé sur une plate-forme de 3 mètres de haut, les bras attachés sur le côté du corps et une longue corde d'environ 80 centimètres autour du cou, l'on se borne, pour le pendre, à retirer subitement de dessous les pieds la plate-forme qui lui sert de soutien ; le corps se trouve ainsi suspendu en l'air au moyen de la corde seule.

2° Ch. Bell cite un exemple de luxation de l'apophyse odontoïde (1). Un homme voulant faire franchir à la roue d'une brouette, l'angle d'un trottoir à Londres, fit un puissant effort ; entraîné par la force impulsive, il tomba et fut relevé mort. L'apophyse odontoïde avait passé sous le ligament transverse et comprimait la moelle. On ne saurait trop dire si l'impulsion en avant et la résistance du corps furent les seules causes de la luxation, ou si celle-ci ne fut pas produite dans la chute par le choc oblique de la tête sur le pavé. En tout cas ici les muscles agissaient pour produire le déplacement ; et qui pourrait calculer leur puissance, tandis que chez l'homme que l'on pend, la contraction musculaire tend à retenir en place les surfaces articulaires?

3° On connaît l'histoire de ce jeune enfant dont a parlé J.-L. Petit, et qui, maladroitement soulevé par le menton, s'agitait de tout son corps (2). Suivant l'auteur l'apophyse odontoïde avait passé sous le ligament transverse ; toutefois il n'est pas dit que l'ouverture du cadavre ait été faite. Cet accident est facile, a-t-on dit, chez l'enfant, parce que chez lui l'apophyse est peu développée et que sa tête n'est pas si fortement retenue que chez l'adulte dans l'anneau ostéo-fibreux. A cela je répondrai que tous les jours on soulève des enfans, comme le fit l'ouvrier dont parle Petit, et que l'accident ne s'est pas encore reproduit une seule fois, et qu'ayant tordu et fait tordre vigoureusement le cou de quatre cadavres d'enfans d'un à deux ans, et ayant fixé les mentons sur l'angle d'une table, j'ai fait exécuter une exten-

(1) *Système nerveux*, page 140.
(2) *Maladies des os*, tome 1ᵉʳ, page 67.

sion sur le tronc et une contre-extension sur la tête. Chez trois d'entre eux il y eut séparation complète des deux vertèbres inférieures du cou ; chez aucun on ne trouva de lésion ni à la première ni à la deuxième vertèbre, ni dans les ligamens qui les unissent ; pourtant l'apophyse odontoïde était entièrement cartilagineuse chez tous ces sujets. Mais j'irai plus loin et j'admettrai que la luxation de la 1re sur la 2e vertèbre puisse facilement s'opérer chez l'enfant, cela prouverait-il qu'il doit en être de même chez l'adulte, dont les articulations sont bien autrement maintenues ? D'ailleurs il n'est pas difficile de voir que le mécanisme dont a parlé Petit, doit beaucoup plus favoriser la luxation que celui qu'employait le bourreau de Paris. Chez l'enfant que soulève un homme vigoureux, la tête est très fixe, en sorte que tous les mouvemens de l'enfant portent leur effort sur l'articulation du tronc avec la tête. Chez le pendu, au contraire, il existe bien une force verticale qui agit tout entière en haut et en bas sur la tête et sur le tronc, mais la force de rotation qui devait avoir le plus d'effet pour produire la luxation est perdue, épuisée dans les mouvemens de la corde qui suit la tête ; celle-ci n'étant pas fixe, doit à son tour suivre le tronc dans les mouvemens demi circulaires qu'on lui imprime.

Je ne crois pas devoir mentionner quelques histoires de luxation de la 1re vertèbre sur la 2e, arrivée lentement après un travail analogue à celui d'une tumeur blanche ; ces cas ne sauraient regarder la question qui m'occupe. Je ne parlerai pas non plus du fait rapporté par Lassus, dans lequel après un choc très fort sur l'occipital, la tête étant fléchie, il y eut luxation de cet os sur l'atlas ; il ne s'agissait plus là d'extension et de contre-extension, mais bien d'une force vigoureusement appliquée qui chassait la tête obliquement sur la colonne vertébrale.

4° Le docteur Richond du Puy, et beaucoup d'autres observateurs, ont opéré la luxation de la 1re sur la 2e vertèbre sur les chiens, les chats, etc. soit en tirant en sens opposé la tête et la queue, soit en tordant le cou, soit en faisant exécuter au corps des mouvemens de rotation, la tête étant fixe. Dans toutes ces circonstances, dit M. Richond, la moelle rachidienne a été lésée entre la 1re et la 2e vertèbre cervicale. Pour savoir à quoi m'en tenir sur ce point, j'ai pendu trois chiens adultes, de taille moyenne et robustes ; deux hommes saisissant les pattes de derrière faisaient des tractions de toutes leurs forces. A l'ouverture des cadavres, on s'est assuré que les vertèbres cervicales n'étaient ni *déplacées* ni fracturées, à l'exception toutefois de l'apophyse odontoïde, dont le sommet était cassé, précisément là où s'implantent les ligamens odontoïdiens ; ceux-ci étaient *intacts* ainsi que le *ligament transverse* dont les rapports avec l'apophyse odontoïde n'étaient point changés. J'admettrai volontiers que si la violence eût été plus forte et plus prolongée, les ligamens odontoïdiens auraient pu être déchirés et que l'apophyse odontoïde passant alors sous le ligament transverse, la luxation de la 1re sur la 2e vertèbre *aurait eu lieu*.

Est-ce à dire pour cela que les choses doivent se passer de même dans l'espèce humaine? Non, certes : si nous comparons l'articulation atloïdo-axoïdienne de l'homme à celle des chiens, des chats et des lapins, nous verrons que la première est beaucoup plus forte et par conséquent beaucoup plus résistante; les ligamens odontoïdiens du chien, par exemple, sont évidemment plus faibles que ceux de l'homme dont la force est prodigieuse; le ligament transverse moins large ne s'applique pas aussi bien ni à beaucoup près sur l'apophyse odontoïde; celle-ci d'une forme conique, nullement renflée au sommet, où elle n'est pas retenue, peut glisser sous le ligament transverse beaucoup plus aisément que celle de l'homme où elle présente un renflement considérable du sommet, que le ligament transverse embrasse en quelque sorte très étroitement.

Quatrième question.— *La suspension pendant la vie, qu'elle soit l'effet d'un suicide ou d'un homicide, peut-elle donner lieu à des luxations, à des fractures, etc., dans un point de la région cervicale de la colonne vertébrale inférieur à la deuxième vertèbre?*

Je réponds par l'affirmative, d'après les expériences que j'ai tentées; sans doute, il a fallu des manœuvres en général assez violentes pour obtenir les lésions dont je parle; mais on conçoit que chez des personnes âgées et chez d'autres d'une constitution faible et maladive, l'effort qui accompagne la suspension par suicide suffise pour déterminer, sinon des désordres considérables, du moins quelques-unes des altérations que j'ai signalées; à plus forte raison cela aura-t-il lieu dans la pendaison par homicide. Ici se place naturellement une question importante; on sait que la mort serait instantanée dans un cas de luxation de la première sur la deuxième vertèbre cervicale; en serait-il de même dans le cas de déplacement de la troisième ou de la quatrième? Je suis porté à le croire, parce que dans cette région la moelle est fort peu éloignée de la moelle allongée, et que la destruction subite de ce cordon nerveux, si près du bulbe rachidien, doit amener d'autant plus immédiatement la mort que l'individu, par le seul fait de la strangulation, se trouve dans l'imminence d'une asphyxie ou d'une apoplexie.

Cinquième question.—*Existe-t-il des caractères tirés de l'état de la colonne vertébrale propres à faire reconnaître si la suspension a eu lieu pendant la vie ou après la mort?*

Le docteur Richond du Puy n'hésite pas à se prononcer pour l'affirmative; il pense même qu'il n'est pas impossible, après avoir reconnu que la suspension a eu lieu pendant la vie, de déterminer si elle est le résultat du suicide ou d'un homicide. « Si le cadavre qu'on examine a été trouvé pendu, « dit ce médecin, et qu'on ait démontré l'existence d'une luxation, on doit « d'abord s'assurer si la luxation a été faite avant ou après la suspension;

« car, dans le premier cas, il serait facile de voir que la suspension n'a été
« qu'un moyen de déguiser le crime. On reconnaîtra cette suspension con-
« sécutive à la mort, à l'absence de la rougeur, de l'excoriation de la
« peau, etc. Dans le cas où la mort n'aurait été que consécutive à la sus-
« pension, il resterait à déterminer si elle a été opérée par une main ho-
« micide, ou si elle a été le résultat d'une mort volontaire. Si le cadavre
« observé est fort pesant, si les ligamens sont relâchés, si la figure est
« décolorée, les yeux ternes, ses membres ballotans ; si on ne trouve pas
« de fractures des autres vertèbres et si les organes intérieurs sont engor-
« gés, il est *évident* que la luxation a occasionné la mort, et on a de
« grandes probabilités de suicide. Si, au contraire, on trouve une altéra-
« tion étendue de la colonne vertébrale ; si la trachée-artère est dilacé-
« rée, et si en même temps on trouve lividité de la face, injection de la
« langue, des yeux, il doit rester *à-peu-près sûr* que la luxation n'aura
« été que consécutive à l'asphyxie et qu'elle a été le résultat des violences
« employées pour accélérer la mort. L'homicide dans ce cas serait très
« probable (1).

« Les fractures des vertèbres, les déchirures des ligamens, les luxations,
« la déchirure de la moelle, dit M. Devergie, sont tous des phénomènes qui
« entraînent avec eux l'idée de suspension pendant la vie, alors qu'ils sont
« accompagnés d'ecchymoses ou d'épanchemens de sang (2). »

Si j'ai dit tout-à-l'heure, à l'occasion de la question qui m'occupe, que dans la suspension par suicide, et surtout par homicide, les vertèbres cervicales moyennes et inférieures pouvaient
être luxées, fracturées, etc., il ne faut pas oublier que nous ne con-
naissons encore aucun exemple bien avéré de ce genre de lésions
à la suite de la pendaison pendant la vie, et que, par conséquent,
les caractères indiqués par le docteur Richond ne peuvent être
le résultat d'observations recueillies chez l'homme ; d'ailleurs, ces
caractères ne s'accordent aucunement avec les données de nos
expériences, ni avec les faits non moins certains consignés dans
les mémoires d'Esquirol, Fleischmann, etc.

Quant à l'opinion de M. Devergie, je ne saurais mieux la réfuter qu'en renvoyant à ce que j'ai dit lorsque j'ai parlé des fractures
de l'os hyoïde et du larynx, et qu'en transcrivant le passage suivant d'un travail sur les contusions du docteur Christison.

Deux heures un quart après la mort d'une femme de trente-trois ans
assez forte, la tête de cette femme fut abaissée avec force sur la poi-

(1) *Dissertation inaugurale*, 1822, page 31.
(2) *Médecine légale* tome ii, page 489.

rine. Trois quarts d'heure auparavant, plusieurs coups violens avaient été portés avec un bâton sur les côtés du cou. Le cadavre fut examiné au bout de trente-cinq heures. On voyait des *ecchymoses* au cou d'une teinte aussi foncée que si les *blessures eussent été faites pendant la vie*, mais sans apparence de gonflement; le tissu cellulaire sousjacent était çà et là infiltré d'une grande quantité de sang fluide et noir; mais il n'y avait pas d'extravasation de ce liquide dans les cellules adipeuses elles-mêmes. De chaque côté des régions cervicale et dorsale de l'épine, entre le milieu du cou et le milieu du dos, on trouva un peu de *sang noir liquide*, extravasé dans l'épaisseur des muscles environnans. Le *ligament* jaune qui unit la dernière vertèbre cervicale avec la première dorsale était *entièrement déchiré*, de manière qu'on pouvait par là introduire le doigt dans la cavité du canal vertébral. Entre la première vertèbre cervicale et la cinquième dorsale, il y avait du *sang noir liquide infiltré* dans les mailles du tissu cellulaire, qui est appliqué sur l'enveloppe membraneuse de la moelle, et même *sous le périoste* qui recouvre les lames des vertèbres dans l'intérieur du canal (1).

Il est évident que si ce cadavre eût été pendu, on aurait dû conclure, d'après le précepte donné par M. Devergie, que la suspension avait eu lieu pendant la vie. Plus réservé que mon confrère, voici comment je m'exprimais dans ma *Médecine légale*, édition de 1836 : « La déchirure d'un ou de plusieurs ligamens « jaunes de la colonne vertébrale, lors même qu'elle est accom- « pagnée d'infiltration de sang dans l'épaisseur des muscles envi- « ronnans, dans le tissu cellulaire qui recouvre l'enveloppe mem- « braneuse de la moelle et même sous le périoste de la partie « interne des lames des vertèbres, ne prouve pas que la strangu- « lation ou la suspension ait eu lieu pendant la vie, puisqu'elle « peut être le résultat de coups portés sur la colonne vertébrale « après la mort, comme l'a démontré le docteur Christison. »

On voit, d'après ce qui précède, que l'état de la colonne vertébrale des pendus, *considéré isolément*, ne permettra pas d'affirmer que la suspension a eu lieu plutôt pendant la vie qu'après la mort, les déchirures et les ruptures des ligamens, les fractures et les luxations des vertèbres, ainsi que des ecchymoses et des épanchemens de sang, pouvant aussi bien exister chez ceux que l'on a assassinés et meurtris peu de temps après la mort et avant de les pendre.

(1) *Annales d'hygiène et de médecine légale*, Paris, 1829, t. I, p. 532.

25.

J'ai traité cette question dans un mémoire lu à l'Académie royale de médecine le 16 juillet 1839. « Vous n'avez pas oublié, disais-je, que M. Devergie a lu à l'Académie une note relative à deux signes de suspension pendant la vie, savoir : la présence du sperme dans l'urètre et la congestion des organes génitaux. Ces signes, que l'auteur vous a présentés comme nouveaux, avaient déjà sérieusement attiré l'attention des savans comme vous le verrez par la citation qui termine ce mémoire et que j'ai publiée au commencement de 1836, dans mon *Traité de Médecine légale.* Quoi qu'il en soit, à l'occasion de la lecture de M. Devergie, je vous soumis une observation qui, si elle était juste, devait singulièrement diminuer la valeur du premier de ces signes. Je disais qu'il existe constamment des zoospermes dans l'urine que l'on rend la première après une éjaculation spermatique, et que l'on doit par conséquent en trouver dans l'urètre d'un individu qui aurait été pendu *après la mort* dans l'intervalle qui sépare l'éjaculation, de la première émission d'urine. M. Devergie répliqua par une seconde note qu'il vous adressa et dans laquelle il contestait l'exactitude du fait que j'avais avancé. J'attendais avec confiance le rapport de la commission chargée de vous rendre compte du travail de notre confrère ; mais voyant que par suite de la publication du mémoire de M. Devergie dans les *Annales d'hygiène*, l'Académie n'aurait plus à s'occuper de cet objet, j'insérai dans le même journal, sous le titre de *Réfutation*, etc., des réflexions qui me paraissaient propres à renverser l'assertion de M. Devergie. J'établissais, en outre, que déjà l'auteur du mémoire imprimé n'était pas d'accord avec l'auteur des deux notes qui vous avaient été transmises. Ma réfutation fut immédiatement suivie d'une réponse dans laquelle, comme on le pense bien, notre confrère cherchait à prouver qu'il avait raison. J'aurais, certes, pu répliquer avec avantage, mais je n'ai pas voulu continuer une polémique qui n'eût eu d'autre résultat que de laisser la question indécise pour ceux des médecins qui ne se livrant pas habituellement à l'étude de la médecine légale, n'ont par conséquent pas occasion de vérifier les faits par eux-mêmes ; quel parti prendre en effet entre deux auteurs dont l'un s'obstine à affirmer et l'autre à nier? J'ai préféré garder le silence et venir vous demander la solution du problème.

« Est-il vrai que la présence des zoospermes dans l'urètre des pendus, considérée isolément comme l'avait d'abord dit M. Devergie dans la note qui est déposée à l'Académie, ou bien jointe à la congestion des organes génitaux, comme il l'a indiqué depuis dans son mémoire imprimé, puisse être considérée comme une preuve de suspension pendant la vie?

« Je n'hésite pas un instant à répondre par la négative, et j'ajoute qu'il serait dangereux de laisser le public croire plus longtemps à l'assertion contraire émise par M. Devergie. Je demande, en conséquence, que la commission que vous avez nommée en dernier lieu pour examiner le procès-verbal de l'ouverture du cadavre de Lesage, faite par ce médecin, saisisse cette occasion pour étudier l'affaire à fond; loin de me prévaloir du titre d'académicien à l'abri duquel je pourrais annoncer des faits que vous n'auriez pas le droit de contrôler, je désire au contraire que mon opinion soit jugée par l'Académie quand elle aura à statuer sur le travail de M. Devergie.

« Voici, au surplus, les observations sur lesquelles je m'appuie et qui me semblent péremptoires. »

« 1° Non-seulement il est possible de constater la présence des zoospermes dans l'urine rendue *la première*, une heure après l'éjaculation, comme je l'avais dit, mais encore huit, dix ou douze heures après ; je démontrerai ce fait devant la commission dès qu'elle l'exigera. Il reste donc du sperme dans l'urètre des individus qui ont éjaculé tant qu'ils n'ont pas uriné; d'où il résulte que dans un cas de mort naturelle ou de mort provoquée par un empoisonnement, par une blessure, etc., il se pourrait que pour faire prendre le change sur la cause de la mort, on pendît le cadavre et que l'on trouvât du sperme dans l'urètre, parce qu'il y aurait eu éjaculation avant la mort, et que l'individu n'aurait pas uriné; dans ces diverses espèces le signe tiré de la présence du sperme dans l'urètre n'offrirait plus aucune valeur pour décider si la suspension a précédé ou suivi la mort.

« 2° J'ai examiné cinq cadavres d'individus ayant succombé à divers genres de maladies et qui étaient restés couchés sur le dos; j'ai constamment trouvé du sperme dans le canal de l'urètre. Permettez-moi de vous donner quelques détails sur ces faits.

« Chez un vieillard âgé de soixante-huit ans, mort d'un cancer du foie et de l'estomac, le 30 juin dernier à deux heures de l'après-midi, le canal de l'urètre, ouvert à quatre heures, est rempli d'un liquide visqueux, légèrement ambré, qui étant recueilli sur des lames de verre et examiné au microscope, laisse apercevoir une grande quantité d'animalcules spermatiques.

« *Joseph*, garçon de cave de la boutique d'un marchand de vin, rue Saint-André-des-Arcs, assassiné dans la nuit du 4 au 5 de ce mois, meurt à la Clinique de la faculté le 5 à six heures du matin. Le même jour, vers deux heures, en pressant faiblement l'urètre, il en sort trois gouttelettes d'un liquide laiteux dans lequel, en présence des élèves qui suivent le cours de M. Donné, ce médecin a trouvé un nombre considérable d'animalcules spermatiques.

« Chez un homme âgé de vingt-cinq ans, mort phthisique et examiné au bout de trente heures, l'urètre pressé depuis la racine de la verge jusqu'au méat urinaire, laisse écouler deux gouttes d'un liquide laiteux dans lequel on découvre quelques zoospermes.

« Chez un autre individu âgé de soixante-deux ans, le liquide extrait de l'urètre trois heures après la mort, contenait des globules visqueux, des cristaux d'acide urique, et un certain nombre d'animalcules spermatiques.

« Je terminerai cette série d'observations par le fait suivant : Un homme vigoureux, âgé de quarante-six ans, mort avant-hier à quatre heures de l'après-midi, peu de temps après avoir eu la jambe gauche broyée par la roue d'une voiture, a été examiné hier à six heures du soir ; en pressant l'urètre, on fit sortir une très grande quantité d'un liquide blanc laiteux dans lequel on a pu constater encore ce matin la présence de quelques zoospermes.

« Il est vrai que je n'ai trouvé qu'un mélange de mucus et d'urine dans l'urètre de deux sujets morts de fièvre typhoïde, de deux phthisiques, et d'un autre qui avait succombé à une hernie étranglée. L'examen de ces individus n'avait eu lieu que vingt-quatre heures après la mort.

Il n'est donc pas permis de conclure, d'après ces faits, qu'il existe *toujours* du sperme dans l'urètre des cadavres ; mais peut-être, en multipliant les observations, parviendra-t-on à reconnaître que l'absence d'animalcules spermatiques dans les cas de fièvre grave, tient à ce que dans les derniers jours de la vie il y a émission involontaire des matières fécales et de l'urine, et que celle-ci entraîne le sperme avec elle ; peut-être aussi verra-t-on que les cadavres dont l'urètre ne renferme point de zoospermes long-temps après la mort, en contiennent si on les examine peu après que la vie a cessé, surtout lorsque les cadavres n'ont pas été brusquement déplacés. Ne sait-on pas, en effet, qu'il suffit d'imprimer à ces cadavres le plus léger mouvement pour que l'urine s'écoule quelquefois en entraînant le sperme.

« Je passe maintenant à une autre série de recherches.

« 3° Emmanuel Pigot, âgé de vingt ans, mort dans le service de M. Husson, le 1er de ce mois à deux heures du matin, est examiné sept heures après. La peau de la verge et du scrotum est à peine colorée ; un liquide laiteux s'écoule de l'urètre, mais il ne contient que du mucus prostatique et quelques cristaux de phosphate ammoniaco-magnésien. La verge, de couleur brune, mesurée dans le point où la peau va se confondre avec celle du scrotum, donne une circonférence de 10 centimètres. On place le cadavre debout en le maintenant au moyen d'une sangle passée sous les bras, et on le laisse dans cette situation pendant sept heures ; alors on reconnaît que les membres abdominaux sont très injectés, que la verge et le scrotum sont très colorés en violet, et que la circonférence du pénis au point indiqué est augmentée de 15 millim.

Un phthisique, âgé de cinquante ans, mort à la Clinique le 12 juin dernier, à midi, fut pendu à quatre heures et laissé dans cet état pendant seize heures. Avant la suspension, le tronc et les membres étaient encore chauds et pâles, quoique déjà certaines portions du corps fussent raides ; les organes génitaux étaient pâles, sauf le prépuce qui offrait une teinte violacée ; la verge, mesurée au point indiqué, donnait une circonférence de 13 centimètres. Après la suspension, les membres abdominaux étaient violacés jusqu'au-dessus des genoux, et les membres thoraciques jusqu'au pli du coude. Le pénis et la face inférieure du scrotum étaient livides ; la veine dorsale de la verge et ses premières divisions étaient très manifestement distendues ; il n'y avait point d'érection, mais la circonférence de la verge était augmentée d'un centimètre. On recueillit au méat urinaire une grosse goutte d'un liquide trouble, d'une odeur légèrement ambrée, dans lequel existaient de nombreux animalcules spermatiques *morts*.

« Un homme de cinquante ans environ, conduit à l'Hôtel-Dieu le 12 de ce mois dans la nuit, expira le 13 à cinq heures du matin. Trois heures après, les membres abdominaux étaient pâles ; la verge, très peu développée, offrait une circonférence de 9 centimètres et n'était point colorée ; il en était de même du scrotum. L'ouverture du prépuce était remplie par un liquide visqueux contenant une prodigieuse quantité d'animalcules dont plusieurs *étaient vivans*. Après avoir exprimé l'urètre pour en retirer le sperme qu'il contenait, le cadavre fut pendu. Huit heures après les membres abdominaux, le scrotum et la verge étaient violacés ; la circonférence de celle-ci était augmentée de 2 centim. ; le méat urinaire offrait une grosse goutte de liquide dans lequel M. Donné reconnut un nombre infini de zoospermes vivans, qu'il fit voir aux élèves qui assistaient à ses leçons.

« Un homme de quarante-neuf ans meurt à la Clinique d'une hypertrophie du cœur, le 1ᵉʳ de ce mois à six heures du matin ; je le vis à dix heures et demie avec mon confrère Ollivier (d'Angers), et M. Després, aide d'anatomie de la Faculté. La rigidité cadavérique était assez prononcée ; le tronc et les membres étaient encore chauds ; la peau était pâle, excepté vers le dos ; la verge flasque, de couleur brune, offrait une légère turgescence ; mesurée au point indiqué, elle donnait une circonférence de 12 centimètres. Le scrotum était pâle. En pressant l'urètre, on obtint trois gouttes d'un liquide laiteux dans lequel M. Donné constata, en présence de M. le professeur Bérard, une assez grande quantité de zoospermes dont plusieurs *étaient vivans*. Le cadavre fut pendu à onze heures (cinq heures après la mort), et resta dans cette situation pendant trois heures et demie. Alors le pénis, dont la circonférence était augmentée de 2 centim., était en *érection* et formait presque un angle droit avec l'abdomen ; sa couleur était violacée ; les veines qui environnent le col de la vessie, celles du scrotum et des cordons testiculaires étaient assez distendues pour qu'il fût permis d'en faire une description anatomique des plus minutieuses. En incisant les corps caverneux sur le dos de la verge, il s'écoulait beaucoup de sang qui sortait en nappes. Les vésicules séminales étaient très distendues. Il existait au méat urinaire une goutte d'un liquide visqueux dans lequel on découvrit une grande quantité d'animalcules dont plusieurs *étaient vivans*. Le cadavre n'offrait aucun indice de putréfaction. »

Depuis ce travail, Ollivier d'Angers (*Annales d'hygiène*, t. XXIV, p. 314) a prouvé que la quantité de sperme évacué et le degré de turgescence des organes génitaux est en raison directe de la durée de la suspension du corps.

§ IV.

Causes de la mort par strangulation ou par suspension.

Dans la strangulation la mort reconnaît pour cause, *l'apoplexie, l'asphyxie* ou ces *deux affections* réunies, suivant la manière dont le lien a été appliqué et suivant l'étendue et la durée de la compression qu'il a exercée. Le docteur Fleischmann a traité ce sujet intéressant dans un mémoire publié en 1821, dont je vais extraire les principaux faits.

1° Si l'on place une corde entre *l'os hyoïde et le menton autour du col*, de manière à ce qu'elle repose sur les parties latérales et sur les angles de la mâchoire inférieure, les vaisseaux principaux du col ne se trouvent soumis alors qu'à une compression légère ; on peut serrer fortement, soit de côté, soit sur la nuque, sans que la respiration soit sensiblement troublée, et l'on peut pendant long-temps continuer d'inspirer et d'expirer l'air, ce qui est tout naturel, puisque sur ce point la compression ne s'exerce sur aucune partie du conduit aérien. Mais alors le visage se colore en rouge, les yeux deviennent un peu saillans, et il se développe une chaleur plus grande vers la tête, un sentiment de pesanteur dans son intérieur, un commencement d'étourdissement, une sorte d'angoisse, et tout-à-coup on entend un sifflement et un bruissement dans l'oreille, phénomène, qui lorsqu'il se manifeste, prescrit impérieusement la nécessité de suspendre l'expérience, si l'on ne veut pas s'exposer à périr, comme le dit le docteur Fleischmann qui a fait des essais sur lui-même. Ce médecin a pu prolonger cette expérience pendant plus de dix minutes ; si elle eût été continuée, la mort *par apoplexie* en eût été le résultat. — 2° Les mêmes accidens se manifestent lorsque la corde a été appliquée *sur le larynx*, mais dans ce cas la respiration éprouve aussi un peu d'entraves, et à peine une demi-minute s'est-elle écoulée que le bruissement des oreilles, et une sensation au cerveau difficile à décrire, avertissent qu'il est temps de cesser l'expérience ; en effet ici le lien placé horizontalement et comprenant les deux côtés du col en même temps qu'il est appuyé en avant sur un corps solide, n'en agit que mieux et plus promptement, interrompt plus facilement la respiration et produit aussi une prompte accumulation de sang dans la tête : *la mort* arriverait dans ce cas par *asphyxie et par apoplexie.* — 3° Si l'on place le lien entre *l'os hyoïde et le cartilage thyroïde*, et surtout sur l'os hyoïde, de manière qu'il s'arrête vers les angles de la mâchoire inférieure ou vers le sommet des apophyses mastoïdes, ou bien qu'il se dirige en effleurant ces différens points, derrière les apophyses mastoïdes en haut vers l'occiput, et en bas de la nuque, la vie cesse peu de temps après et on ne trouve plus aucun des signes de l'apoplexie ; le sillon est très profond surtout entre le larynx et l'os hyoïde ; *la mort a lieu par asphyxie ;* en effet l'entrée du larynx se trouve tout-à-coup fermée par l'abaissement de l'épiglotte, les chairs qui sont à la base de la langue, et cette base elle-même ayant été soulevées par la corde. L'empreinte du lien se comporte alors absolument comme si elle avait été produite après la mort. — 4° Si l'on serre le col sur la trachée-artère même, on sent la respiration s'affaiblir tout-à-coup et la mort ne tarde pas à survenir *par asphyxie.* — Si le lien est appliqué sur le cartilage cricoïde, on peut respirer un peu plus long-temps.

Il semble résulter de ces expériences et d'un grand nombre de faits de suspension, observés chez l'homme, que parmi les pendus, ceux-là meurent d'*apoplexie*, chez lesquels le lien a été placé autour du col, de manière à comprimer de préférence les gros vaisseaux du col, à empêcher ainsi ou à retarder le reflux du sang des parties situées au-dessus de la constriction : *dans ces cas la face, le cerveau, le col, etc., sont le siége de congestions sanguines ou d'ecchymoses*. D'autres meurent d'*asphyxie* parce que le lien a été appliqué de manière à intercepter promptement le passage de l'air et à ne pas comprimer assez les gros vaisseaux du col pour empêcher le retour du sang du cerveau : *alors on ne découvre ni ecchymose au col, ni congestion à la face, au cerveau*, etc. Enfin la mort occasionnée à-la-fois par l'*apoplexie* et par l'*asphyxie*, a lieu vraisemblablement lorsque le lien est placé de manière à interrompre la sortie et l'entrée de l'air, et en même temps le retour du sang de la tête : ce double effet peut être produit par une corde placée au-dessous du larynx, dans une direction horizontale autour du col, car alors la trachée-artére et les vaisseaux du col sont en même temps comprimés : *dans ces cas la face, le cerveau et le col doivent être le siége de congestions ou d'ecchymoses.*

Telles sont les principales données du travail de M. Fleischmann sur ce point. Je crois devoir les adopter pour la grande généralité des cas, quoiqu'un *petit nombre* de faits ne s'accordent pas précisément avec elles.

Dans un supplément à son mémoire, ce médecin cherche à se rendre raison de la lividité de la face et du gonflement des veines de cette partie et de la tête. Cet effet, dit-il, n'existe que lorsque l'apoplexie s'opère lentement et que le retour du sang dans les vaisseaux les plus déliés, est peu à-peu entravé ; il n'est pas toujours apparent au moment même où l'individu est trouvé suspendu ; il ne se montre ordinairement que plus tard, ou du moins *il est plus apparent lorsque le lien a été enlevé et que le corps a été couché ;* en effet, l'individu est-il placé horizontalement, ou bien est-il, comme cela arrive souvent dans le transport, entièrement couché la tête étant plus basse que le reste du corps, la portion de sang, qui surtout dans les cas de mort par asphyxie, conserve encore la fluidité, descend peu-à-peu dans les veines du cerveau, dépourvues de valvules, ainsi que dans celles de toute la tête; alors il en résulte une accumulation de sang, une teinte bleue. On peut *donc trouver les signes d'apoplexie*, même chez ceux qui ont péri promptement *par asphyxie*, et cela d'autant plus qu'il s'est écoulé plus de temps entre la mort et l'inspection du cadavre, quoique la couleur pâle de la face, particulièrement si on la remarque sur le cadavre encore suspendu, paraisse être, d'après le docteur Fleischmann, le signe d'une mort prompte *par asphyxie*. Toutefois la face peut offrir une couleur pâle chez des individus qui ont péri d'apoplexie, lorsque ce genre de mort a été le résultat subit de la rupture d'un vaisseau considérable dans le cerveau, suivie d'un fort épanchement de sang. Cette rupture peut avoir lieu lorsque le sang se porte même modérément vers un point vasculaire affaibli ; alors l'épanchement sanguin excessif qui est la conséquence rapide de cette disposition, peut avoir lieu avant que les vaisseaux de la face aient pu s'engorger.

Quant à la situation variable de la langue, M. Fleischmann est porté à considérer la saillie et la morsure de cet organe comme le résultat d'une mort plus lente, plus douloureuse et plus agitée, qui survient de préférence après une expiration. Au contraire, la rétraction de ce même organe paraît être le signe d'une mort plus prompte qui vient interrompre la dernière inspiration déjà commencée ; en effet, dans chaque inspiration, surtout si elle est un peu forte, la langue se rétracte légèrement ; elle est au contraire poussée un peu en avant dans chaque expiration, principalement si celle-ci a lieu avec quelque vigueur. C'est donc l'un ou l'autre de ces mouvemens respiratoires, qui selon toute vraisemblance, s'exercent avec une certaine violence au moment de la suspension, qui déterminent soit la saillie et le serrement de la langue entre les dents, soit la rétraction.

La mort des pendus chez lesquels il y a fracture et peut-être même *diastasis de la colonne vertébrale*, reconnaît pour cause l'asphyxie ; en effet, la moelle épinière a été lésée, et cette lésion détermine promptement l'asphyxie ; aussi la vie est-elle éteinte tout-à-coup.

Remer a admis une autre cause de mort des pendus ; dans les cas, dit-il, où l'on ne découvre aucune trace d'ecchymose au col, c'est qu'il y a eu *paralysie du cerveau ou apoplexie nerveuse* ; je ne saurais admettre une pareille opinion, les faits qui lui servent de base, ne me paraissant pas offrir assez de valeur.

DEUXIÈME PROBLÈME.

Si la strangulation où la suspension ont eu lieu pendant la vie, sont-elles l'effet du suicide ou de l'homicide ?

Avant de chercher à résoudre ce problème je crois devoir faire connaître les diverses situations dans lesquelles ont été trouvés les cadavres des personnes qui *s'étaient étranglées ou pendues*, car on a souvent voulu arguer d'une situation donnée d'un cadavre, pour établir que l'individu n'avait pas pu se pendre lui-même. Voici ce que l'observation apprend à ce sujet.

1° Un homme se pendit dans l'anse d'un mouchoir de coton, attaché à une corde de charriot qui y était tendue ; la partie antérieure du col s'y trouvait seulement engagée ; la tête était tout-à-fait penchée en avant de manière que le menton approchait du sternum (*Weyler* de Coblentz. *Examen de quatre consultations médico-légales* 1812).

2° Un homme fut trouvé pendu et mort. Il avait accroché un nœud coulant formé par sa cravate à une entaille de 3 centim. de profondeur tout au plus, et située à moins de 66 centim. d'un de ces lits de camp usités dans les corps-de-garde ; on sait que ceux-ci sont inclinés de telle sorte que les pieds sont posés sur un plan plus bas de quelques centim. que la tête, et que l'ensemble de cette sorte de table, forme un plan incliné assez rapide ; cette inclinaison avait suffi pour favoriser l'action de la suspension (M. Piorry).

3° On trouva un cadavre suspendu aux barreaux d'une petite fenêtre de 33 centim. carrés, à l'aide d'une cravate disposée autour du col de manière à le serrer au moyen d'un nœud coulant. La distance de la fenêtre au sol n'était que d'un mètre 30 centim., et il n'existait entre la fenêtre et un lit de camp en bois occupant toute la longueur de la pièce, qu'un espace de 70 centimètres, en sorte que le cadavre suspendu était accroupi, les talons posant à terre, les genoux appuyant contre le lit de camp, et le derrière ne touchant pas le plancher. On voyait sur le sol, la trace des gros clous de ses souliers (A. Devergie).

4° Un homme se pendit à la grille de la fenêtre des lieux d'aisances de l'infirmerie d'une prison. Il était lié par le cou avec un foulard et presque assis, vu le peu de hauteur de cette croisée. Il avait eu soin de se *lier fortement les mains* avec un autre mouchoir, à l'aide de ses dents (Marc).

5° Un homme fut trouvé pendu à la barre transversale de la grille en fer d'une fenêtre. Il était nu. Le lien de suspension était sa chemise ; le bout de l'une des manches avait été attaché par lui avec de fortes épingles, au milieu de la manche, de manière à former une anse qu'il avait par la torsion disposée en forme de corde ; dans cette anse était passé le restant de la chemise, ce qui faisait le nœud coulant dans lequel il avait introduit sa tête, après avoir noué en haut à la barre transversale de la grille, le corps de la chemise ; ce lien s'était fortement serré autour du col, enfoncé dans un sillon formé par les chairs, qu'il comprimait, portant sous la mâchoire inférieure au-dessous de l'os hyoïde, remontant obliquement derrière les angles de la mâchoire, et se croisant derrière la tête sur la protubérance occipitale (Jacquemain fils).

6° Un homme se pendit dans une chambre qui n'est en quelque sorte qu'une voûte toute nue, à la partie inférieure de laquelle se trouve la fenêtre dont le haut est beaucoup plus bas que la tête d'un homme debout. C'est cependant à la grille de cette fenêtre que cet individu se pendit avec un lien fait de lanières de son drap de lit. Le corps était dans la position d'un homme assis, les cuisses et les jambes allongées, les talons posant sur le sol. Les fesses n'étaient éloignées du sol que de 50 centimètres environ. Les deux bras pendaient de chaque côté du corps ; les doigts étaient fléchis (*Idem*).

7° Un ouvrier âgé de 40 ans se pendit à un fort clou fixé au mur au-dessus de son lit. Le cadavre appuyant sur le mur, était dans la position d'un homme à genoux, les deux pieds posaient sur le lit par leurs extrémités. Les genoux n'étaient éloignés du lit que de 24 à 30 centim. (*Idem*).

8° Une femme fort grande se pendit en passant autour de son cou, par un nœud coulant, un foulard qu'elle attacha par l'autre bout à l'angle inférieur d'une potence, sorte de planche soutenue par des supports, à la hauteur d'un mètre 33 centim. du sol. Le corps fut trouvé tourné obliquement, par rapport à la muraille contre laquelle la joue droite était appuyée, les jambes écartées, la droite étendue, le pied relevé, le talon posant ; la jambe gauche était fléchie sur sa cuisse, et le pied de ce côté appuyait sur le bord interne (*Idem*).

9° On trouva une femme étendue au pied de son lit, les jambes, les cuisses, la hanche gauche posant sur le sol. Le haut du corps relevé était suspendu par un lien fixé au cou et à la traverse supérieure du pied du lit. Cette femme s'était attachée par le cou au pied de son lit, et étant à genoux, elle avait tiré fortement sur la corde pour s'étrangler (*Idem*).

10° Un homme se pendit à la corde de son lit ; le corps portait sur le bout des pieds ; les genoux étaient à peine à 6 centim. de distance des couvertures du lit (Duméril).

Ces divers faits sont extraits de l'examen médico-légal des causes de la mort du prince de Condé (V. *Annales d'hygiène et de médecine légale*, n° de janvier 1831).

11° *Une femme privée presque entièrement de l'usage de la main droite*, fut trouvée fortement penchée sur le côté gauche d'un des lits de l'Hôtel-Dieu de Paris. Elle s'était étranglée. Le cou avait été serré par un fichu plié en cravate. Un premier tour très serré avait été formé en ramenant le mouchoir d'arrière en avant, un nœud simple avait été fait, et les deux chefs de la cravate ayant été passés d'avant en arrière, avaient servi à faire un second tour, arrêté également par un nœud simple (Rendu. *Ann. d'hyg.*, juillet 1833). Si l'on n'avait pas eu la certitude que cette femme s'était suicidée, on aurait pu, vu l'état de sa main droite, être tenté d'élever des doutes sur la possibilité du fait.

12° On ne peut plus contester qu'une personne puisse s'étrangler sans se pendre ; en effet elle peut appliquer au cou une corde qu'elle serrera et qu'elle maintiendra serrée à l'aide d'un bâton, d'un os, d'une fourchette, etc. Les faits suivans mettent cette vérité hors de doute. A. Catherine est trouvée morte et couchée à plat ventre sur son lit, la face en dessous ; le cou est entouré d'une jarretière de laine passée deux fois et arrêtée à sa partie moyenne et antérieure par deux nœuds simples fortement serrés l'un sur l'autre ; le sillon était circulaire, plus prononcé à la partie antérieure, il offrait dans son trajet une petite plaie contuse. Quelques phlyctènes et quelques ecchymoses légères indiquaient assez que l'application de la jarretière avait été faite sur un individu vivant (M. de Saint-Amand, *Annales d'hygiène*, n° 7, janvier 1830). B. M. Villeneuve a communiqué à l'Académie de médecine l'histoire d'un mélancolique, qui, étant déshabillé, se serra fortement le cou avec deux cravates, dont l'une faisait trois fois le tour du cou, et offrait trois nœuds sans rosette, correspondans à l'épaule droite, et dont l'autre ne faisait que deux tours, et était fixée par devant à l'aide de deux nœuds sans rosette aussi. Cet homme fut trouvé mort après trois jours, dans sa chambre, les extrémités inférieures en travers de son lit, le reste du corps penché en dehors, la tête appuyée sur le sol et à la renverse, la face tournée en haut. Toutes les parties du visage étaient fortement tuméfiées, violacées ; une assez grande quantité de sang s'était écoulée par le nez ; les cravates étaient fortement appliquées au cou et y avaient causé des dépressions ; la peau était livide sous ces dépressions, et au contraire violette dans leur intervalle ; il n'y avait aucune trace d'émission d'humeur prostatique ou de sperme. Du reste, il fut bien reconnu que la strangulation avait été le fait d'un suicide. La position déclive de la tête avait dû en hâter l'effet (Séance du 25 juillet 1826).

A tous ces faits l'on pourrait encore ajouter quelques-uns de ceux que M. le docteur Duchesne a réunis dans un recueil d'observations de suspensions incomplètes (*Annales d'hygiène et de médecine légale*, tome xxxiv). Après avoir relaté 58 observations, cet auteur conclut ainsi :

1° Le suicide par strangulation, la suspension étant incomplète, est un fait acquis et appuyé sur des observations nombreuses et authentiques ;

2° Le suicide par strangulation doit être admis quelle que soit la position où l'on trouve le corps et lors même qu'il reposerait exactement sur les deux pieds ;

3° Les sensations éprouvées par ceux qui se pendent sont telles, qu'ils ne veulent pas ou ne peuvent pas arrêter l'exécution de leurs sinistres projets.

Après avoir exposé sommairement les diverses situations dans lesquelles peuvent se trouver les corps des personnes qui se sont pendues ou étranglées, je vais essayer de résoudre le problème qui fait l'objet de cet article.

Les auteurs qui se sont occupés de cette question conseillent de rechercher d'abord si la personne a été étranglée ou pendue avant ou après la mort, car il est évident que si la suspension n'a eu lieu qu'après, on doit éloigner toute idée de suicide ; mais on a vu à l'occasion du premier problème, que la question n'est pas toujours facile à décider. Ils ont encore attaché une grande importance au nombre des sillons que l'on remarque au cou, à leur direction, à la disposition de la corde, etc. « Si l'impression de la corde est à-peu-près circulaire, dit Fodéré, et qu'elle soit placée à la partie inférieure du cou, au-dessus des épaules, *il paraît clair que, dans ce cas, elle* est une preuve d'assassinat *non équivoque,* puisque cette circonstance ne peut avoir lieu que dans la torsion faite immédiatement sur la partie en forme de tourniquet. » Cette assertion est loin d'être d'accord avec l'observation ; on sait en effet que des individus ont pu s'étrangler et périr en attachant une corde ou une cravate à un arbre devant lequel ils étaient assis, et en se servant de l'anse d'un pot de terre qu'ils avaient cassé pour servir de billot ; or, dans l'un et l'autre de ces cas, l'impression de la corde sera à-peu-près circulaire et placée à la partie inférieure du cou ; d'ailleurs je l'ai vue parfaitement horizontale dans un cas de suicide (*Voy.* Nécropsie 15°, p. 366) ; la corde formait un nœud coulant à partir duquel le lien suspenseur remontait sur le côté de la mâchoire : il doit en être ainsi toutes les fois que le nœud est en avant au lieu d'être en arrière. «On observera presque toujours dans le suicide, d'après Fodéré, que la portion de la corde qui entoure le cou est relativement plus longue que dans l'assassinat où la constriction a été violente : dans le premier cas, la tuméfaction des parties au-dessus de la corde sera simple, unie, au lieu que dans l'assassinat il y a plusieurs plis à la peau, surtout auprès de l'impression circulaire faite par la corde : le cou est quelquefois rétréci dans cette impression au point que le diamètre du cercle décrit par la corde est à peine de 2 pouces et demi ou de 3 pouces tout au plus. » Cette différence dans la constriction et dans la longueur de la corde ne peut tout au plus être considérée que comme un caractère secondaire, l'expérience ayant démontré que souvent la constriction était plus forte et la corde moins longue dans le cas de suicide, que lorsqu'il y avait eu homicide. « Lors même que l'homme qui se serait pendu aurait placé en premier lieu la corde vers la partie inférieure du cou, elle aurait glissé nécessairement vers la partie supérieure, plus étroite que l'inférieure, au premier instant de l'élancement » (Fodéré, tome III, p. 159). Mais quelle peut être l'utilité d'un pareil caractère, lorsqu'on sait que la corde détermine sur les cadavres des impressions semblables à celles qui ont lieu souvent pendant la vie ; ne pourrait-il donc pas arriver qu'un individu que l'on aurait tué eût été étranglé après la mort pour mieux faire prendre le change, et que la corde eût été placée de manière à imiter ce que l'on remarque dans le suicide? Ajouterai-je encore « que les assassins, pour mieux assurer leur coup et pour éprouver moins de résistance, commencent par étrangler l'individu dont ils se rendent maîtres, et qu'ils le pendent ensuite ? » Je ne regarderai l'existence de ce double sillon tout au plus que comme une simple présomption d'assassinat, parce que s'il est vrai qu'il n'est pas commun d'observer deux sillons, l'un oblique et l'autre circulaire, dans le suicide, il est certain qu'on peut les remarquer (Voy. *la cinquième observation rapportée par M. Esquirol*, page 360) ; d'ailleurs le second sillon aurait pu être fait par la malveillance après la mort d'un individu qui se serait pendu.

Il résulte de ce qui précède, que l'on ne doit guère compter, pour résoudre la question dont il s'agit, sur le nombre, la direction et la profondeur des sillons : toutefois, il importe de remettre la corde dans ces sillons, et de rechercher le point où le nœud était appliqué, afin de s'assurer qu'ils ont été faits par elle ; le magistrat tirera quelquefois parti de cette connaissance.

M. le docteur Deslandes partant de ce point, que lorsque la pendaison est *volontaire*, l'asphyxie ne peut être produite que par l'occlusion de l'embouchure gutturale du larynx, a conclu qu'on ne doit trouver d'autre lésion que celle que la corde détermine sur la peau, et que s'il existe une forte contusion des parties molles qui entourent le larynx et la trachée, si ces organes sont déformés ou fracturés, c'est qu'il y aura eu avant la suspension une très forte constriction du cou, ce qui écarte la présomption du suicide (Mémoire cité). Je ne pense pas qu'il soit possible de décider la question d'après ce caractère, car j'ai vu dans un cas non équivoque de pendaison *volontaire*, des ecchymoses considérables dans la région du cou, et même la fracture de l'os hyoïde (*Voy.* Nécropsie 15e, page 366).

Le désordre des vêtemens et de la coiffure, des meubles, du lit et de tout ce qui entoure le cadavre, la possibilité de s'être suicidé en montant sur une chaise, l'état des portes et des fenêtres qui étaient ouvertes ou fermées en dedans ou en dehors, les déclarations écrites de l'individu qui annonçaient l'intention de se suicider, un état de démence antérieur non équivoque, sont autant d'élémens qu'il importe de constater et que le magistrat instructeur recueillera avec plus d'exactitude que nous ne pourrions le faire. En m'exprimant ainsi dans mon *Traité de Médecine légale*, j'ai ajouté que ces considérations n'étaient pas de la compétence du médecin, et je persiste dans mon opinion ; mais je n'ai jamais avancé, ainsi que me l'a fait dire M. Devergie, que je regardais les preuves qu'on déduit de *tout ce qui entoure le cadavre* comme n'étant pas du ressort des médecins ; j'avais assez longuement discuté les assertions émises à l'occasion de la corde, des sillons, etc., pour croire que j'aurais été compris.

On doit s'attacher à découvrir si la personne que l'on a trouvée étranglée, n'aurait pas été empoisonnée ou blessée.

II.

On lit, en effet, dans Devaux, que dans un cas de ce genre la face n'étant point décolorée et le cadavre ne présentant aucun des caractères qui indiquent la suspension avant la mort, on avait aperçu une fort petite plaie à la partie latérale droite et antérieure du thorax, cachée sous l'affaissement du corps de la mamelle, dans laquelle une petite sonde avait eu peine à s'insinuer ; que cependant l'ayant dilatée, on reconnut qu'elle pénétrait dans la capacité entre la cinquième et la sixième des vraies côtes, ce qui porta à faire l'ouverture de la poitrine, pour en reconnaître les progrès ; on vit alors que cette petite plaie était faite par un instrument rond, poignant et très étroit ; qu'elle traversait de part en part, et qu'elle avait occasionné un épanchement de sang dans la poitrine ; d'où il fut permis de conclure que c'était la plaie qui était la cause de la mort, et que l'individu n'avait été pendu qu'après (Rapports en chirurgie, p. 519).

En supposant que l'on parvienne à décider que la mort est le résultat d'une blessure ou de l'empoisonnement, et que la strangulation ou la suspension n'ont été que postérieures, il faudrait, avant de conclure qu'il y a eu homicide, s'assurer si la blessure n'aurait pas été volontaire, etc. (*Voy.* BLESSURES et EMPOISONNEMENT). Les meurtrissures, les contusions sur différens points de la surface du corps, annoncent bien en général que l'individu s'est défendu, et forment une présomption en faveur de l'homicide ; mais elles sont insuffisantes dès qu'il est avéré que des personnes mélancoliques ont commencé par se maltraiter avant de se pendre. De Haen parle en effet d'un suicide qui s'était meurtri la face avant de s'étrangler. L'homme de l'art peut encore éclairer le magistrat dans certains cas, en prouvant que l'individu qui fait l'objet du rapport était atteint d'une de ces maladies qui portent avec elles l'ennui de la vie (*Voy.* SUICIDE).

Je ne terminerai pas cet article sans examiner si la luxation de la première sur la seconde vertèbre cervicale peut s'opérer dans le cas de suicide par suspension.

On lit dans Louis, « la luxation des vertèbres et le déchirement des « parties cartilagineuses ne peuvent être que l'effet d'une très grande vio-« lence. Jamais dans un homme qui s'est pendu lui-même, les parties n'é-« prouveront un pareil désordre (1). » Cette assertion, quoique dénuée de preuves, est conforme aux faits et à la raison. On a déjà ouvert des milliers de cadavres d'individus qui s'étaient pendus en s'élançant même de

______

(1) *Ouvrage cité*, page 326.

très haut, et *jamais* on n'a constaté d'une manière certaine la luxation dont il s'agit; car l'observation rapportée par M. Ansiaux de Liége laisse beaucoup à désirer, comme je le dirai bientôt. Admettons que le poids d'un individu qui se pend, soit de 100 kilogrammes; il paraîtra évidemment insuffisant pour rompre les ligamens qui unissent les deux premières vertèbres, tant est grande leur solidité; n'oublions pas d'ailleurs que dans les manœuvres que j'ai exercées sur des cadavres, lorsqu'un homme montait sur les épaules et qu'il ajoutait sa force musculaire en sautant, le tronc de ces cadavres tirait sur leur tête avec un poids de 160 à 200 kilog. au moins, et quelque forte que fût l'extension, je n'ai jamais opéré, même un commencement de luxation de la 1re sur la 2e vertèbre. On dira peut-être que le pendu s'agite, et qu'il fait subir un mouvement de torsion du tronc sur la tête; mais ces mouvemens sont faibles et cessent bientôt à cause de l'asphyxie qui ne tarde pas à survenir et de la congestion cérébrale qui les paralyse bientôt; d'ailleurs ces mouvemens de rotation, en supposant qu'ils existent au degré où on les admet, ne se passent pas entre la tête et le tronc, mais bien dans la corde qui est tendue et qui suit les mouvemens du corps.

On ne manquera pas de faire observer que le sabotier de Liége, examiné par P. Pfeffer, peu de temps après la mort, offre un exemple de suicide par suspension avec luxation de la 1re sur la 2e vertèbre cervicale. On sait que cet homme fut trouvé pendu à une poutre d'environ 13 centimètres de large, de manière que la corde formait une anse, qui par une de ses extrémités, embrassait cette poutre, tandis que l'autre extrémité, placée au dessous du menton, passait derrière les oreilles pour aller se terminer vers le haut de l'occiput. Pfeffer trouva le visage pâle et sans bouffissure, la langue dans la bouche, les yeux dans l'état naturel; la tête était prodigieusement renversée en arrière, et il sortait beaucoup de fumée de la bouche. Pfeffer conclut, *sans avoir ouvert le cadavre*, que la mort avait eu lieu depuis quelques instans, que les vertèbres n'étaient pas dans leur emplacement naturel, sans dire *quelles étaient les vertèbres déplacées*, et que la moelle épinière avait subi quelque compression. Antoine Petit adopta ces conclusions, et ajouta, qu'à raison du poids du cadavre, la mort était le résultat du suicide. On conçoit toute l'insuffisance d'une pareille observation pour établir la possibilité de la luxation de la 1re sur la 2e vertèbre, puisque l'examen cadavérique ne fut point fait.

On ne pourra guère s'appuyer non plus du cas rapporté par Chaussier, dans une de ses leçons orales. En pareille matière, il ne suffit pas de raconter sommairement un fait; il faut l'écrire et le prouver par des détails anatomiques résultant d'une dissection soignée; or, c'est précisément ce qui manque à l'observation de Chaussier.

Mais, dira-t-on, le cas de pendaison décrit par Ansiaux, de Liége, prouve suffisamment la possibilité de luxer la 1re sur la 2e vertèbre par le seul fait de la pendaison par suicide. Une femme robuste fut trouvée pendue à une poutre de son grenier; elle était élevée à 50 centimètres au-dessus du plancher, et à deux pas d'elle se trouvait une chaise renversée; le menton était fléchi sur la poitrine. A l'ouverture du cadavre, on vit que les deux premières vertèbres présentaient à leur partie postérieure *un écartement bien remarquable; les ligamens postérieurs étaient rompus; les ligamens odontoïdiens étaient intacts; le transverse un peu remonté et distendu*, maintenait l'apophyse odontoïde fortement serrée contre la surface articulaire correspondante de l'atlas; *la moelle épinière était lésée.* « Lorsqu'un « individu qui se suicide abandonne tout-à-coup la chaise sur laquelle il « était monté, dit Ansiaux, le corps éprouve une violente secousse, qui, « par la manière dont la corde est ajustée et retient la tête, doit surtout se « faire ressentir à la partie supérieure et postérieure de la colonne verté- « brale; car la corde remontant derrière les oreilles, presse l'occiput et « force le menton à s'incliner sur la poitrine, d'où la distension subite, la « rupture des ligamens postérieurs et la tension de la moelle rachidienne. « C'est ainsi, et non par la luxation des vertèbres que périssent les chats, « les lapins dont on tire la tête et la queue en sens opposé. Si l'on tire di- « rectement, on déchire plusieurs des ligamens qui unissent la deuxième « vertèbre, à la première et à l'occipital; si l'on emploie beaucoup de force, « on opère la séparation totale de ces vertèbres; et enfin si l'on tue en « inclinant la tête sur la poitrine, on détermine la rupture des ligamens « postérieurs seulement; mais toujours la mort a lieu à l'instant même. »

Je ferai d'abord observer que les désordres anatomiques énoncés par Ansiaux, en les supposant exacts, ne suffiraient pas pour établir qu'il y a eu luxation de la 1re sur la 2e vertèbre; à plus forte raison devrai-je regarder cette luxation comme douteuse, si, comme je le pense, il ne résulte pas de la description donnée par Ansiaux, que les choses se sont passées comme il l'a indiqué. En effet, il n'est pas facile de concevoir que les ligamens odontoïdiens et le ligament transverse, formés de tissu fibreux *inextensible*, aient été brusquement allongés sans se rompre. Pour que le ligament transverse remontât, il aurait dû, en quittant le col de l'apophyse odontoïde, au niveau duquel il se trouve, décrire une légère ligne courbe, s'allonger et se placer en arrière de la tête de l'apophyse; ce déplacement ne pouvait évidemment s'opérer qu'autant qu'il y aurait eu rupture du ligament transverse: or, nous savons qu'il n'était pas rompu. Que l'on se rappelle d'ailleurs que la tête de l'apophyse, beaucoup plus épaisse que le col et en quelque sorte étranglée au-dessus de lui, s'oppose invinciblement à l'ascension du ligament.

Voudra-t-on admettre que l'apophyse odontoïde aurait été abaissée, et que l'ascension du ligament transverse n'était qu'apparente? Mais cet abaissement n'aurait pu s'effectuer qu'après la rupture des ligamens odontoïdiens; or, ceux-ci étaient intacts. Maintenant, si l'apophyse odontoïde n'a pas été déplacée, comment concevoir un écartement des masses latérales de la deuxième vertèbre dans le sens vertical? Si, par ces divers motifs , je suis forcé de contester l'exactitude de certains détails de l'observation dont je m'occupe, il n'en est pas de même de ce qui concerne la rupture des ligamens postérieurs, qui sont situés entre les apophyses épineuses des 1re et 2e vertèbres ; ces ligamens *jaunes*, friables et jusqu'à un certain point extensibles, diffèrent notablement des autres, et il n'est pas impossible qu'ils soient déchirés par le seul acte d'une pendaison volontaire.

Ansiaux pense encore que la traction exercée sur la moelle dans certains cas de suicide, peut être portée au point que toute communication vitale soit anéantie entre cette partie et l'encéphale, sans luxation des vertèbres et sans fracture. Je regrette de ne pas trouver dans le fait qu'il a recueilli, ni dans les expériences qu'il invoque, des preuves certaines de son assertion ; en effet, on n'a pas constaté la lésion de la moelle épinière chez la femme qui s'est pendue, et il n'était guère possible de juger *à priori* qu'il existât une semblable lésion, dès qu'on sait combien la moelle épinière est extensible. Il est aisé de voir que pour déterminer, par exemple, la rupture de cette moelle, il faudrait un écartement de vertèbres beaucoup plus considérable que celui que l'on remarquait chez cette femme. Quant à ce qui concerne les expériences faites sur les chats et sur les lapins, il est évident, d'après ce que j'ai déjà dit, qu'elles ne sont pas immédiatement applicables à l'homme, parce que l'articulation atloïdo-axoïdienne est très faible chez ces animaux (*V*. p. 385).

Que devons-nous penser après ces considérations du fait rapporté à l'Académie par M. Duméril, dans la séance du 6 octobre (1), à l'occasion de la lecture de mon mémoire? « Un homme, âgé de cinquante à soixante ans, « était couché, en 1812, dans une chambre particulière de la maison de « santé du faubourg Saint-Martin ; il fut trouvé pendu quatre ou cinq mi- « nutes après que M. Duméril venait de lui parler. Prévenus de cet acci- « dent, MM. Duméril et de la Roche se rendirent de suite près de cet indi- « vidu, et le trouvèrent ayant les pieds et la presque totalité des jambes « soutenus sur un oreiller. La corde qui était celle du lit du malade, fut « immédiatement coupée, et l'on essaya, mais en vain, de rétablir la res- « piration. L'autopsie pratiquée le lendemain prouva que l'axis avait été « luxée, et que le ligament de l'odontoïde était rompu ; la moelle avait « donc été fortement comprimée. » Ce fait est tellement en opposition avec ce qui a été publié jusqu'à ce jour et avec les expériences qui précèdent, qu'il est à regretter qu'il n'ait pas été décrit avec détail en 1812, -alors qu'on avait les pièces sous la main ; quelle que soit l'autorité de M. Duméril, je ne pense pas que l'on doive adopter un pareil résultat sur la simple indication qu'il en a donnée, vingt-huit ans après l'événement

(1) *Bulletin de l'Académie royale de médecine*, t. vi, p. 101.

Conclusions.

Je crois pouvoir conclure de ce qui précède, et de plusieurs faits que je passerai sous silence : 1° que, dans beaucoup de cas, la corde détermine sur la peau et sur le tissu cellulaire qu'elle *presse immédiatement*, des effets semblables, que l'individu soit vivant ou mort, que le cadavre soit chaud ou froid.

2° Que dans ces mêmes cas, les effets dont il s'agit ne constituent point, comme on le répète tous les jours de véritables ecchymoses, puisqu'on ne trouve alors aucune trace de sang épanché dans le tissu cellulaire sous-cutané correspondant à la corde.

3° Que si la plupart des auteurs de médecine légale n'ont pas fait mention de cet état remarquable du col de certains individus qui se sont étranglés ou pendus, cela tient probablement à ce qu'ils ont été induits en erreur par la couleur terne de la peau du sillon, qui lui donne en effet l'apparence d'une ecchymose.

4° Qu'il existe des cas dans lesquels le col des personnes étranglées ou pendues vivantes, *offre des traces évidentes d'ecchymose ;* mais que ces cas me paraissent beaucoup plus rares que ne l'a dit Remer.

5° *Que lorsqu'il n'y a pas d'ecchymose au col*, il est impossible d'établir la plus légère *présomption* que la strangulation ou la suspension aient eu lieu avant ou après la mort, si l'on a seulement égard à l'état dans lequel on trouve *le plus ordinairement* le sillon et le tissu cellulaire sous-jacent, puisqu'on peut faire naître un état semblable en appliquant des liens plus ou moins serrés sur le col *des cadavres ;* il faut donc nécessairement avoir recours à des preuves d'un autre genre pour décider le fait.

6° Que dans les cas de strangulation ou de suspension où l'on observe des ecchymoses soit dans le tissu cellulaire sous-cutané du cou, soit dans les muscles sous-jacens, soit dans le voisinage du larynx, elles sont une preuve certaine que la strangulation ou la suspension ont eu lieu pendant la vie.

7° Que l'état des artères carotides ne fournit pas un signe suffisant pour reconnaître si la suspension a eu lieu avant ou après la mort.

8° Que si la bouffissure et la couleur violacée de la face, la présence d'une écume sanguinolente à la bouche, la couleur violette des extrémités, peuvent dépendre comme l'a annoncé Esquirol, de la conservation du lien autour du cou, elles peuvent reconnaître quelquefois une autre cause, puisqu'on les a observées dans le premier fait rapporté par ce médecin (*voyez* NÉCROPSIE 5°, p. 360), quoique la corde eût été détachée peu de temps après la mort ; et que d'ailleurs les observations du docteur Fleischmann, tendent au contraire à établir qu'elles ne se manifestent souvent que lorsqu'on *a enlevé le lien* et que le corps a été couché (*voyez* page 394).

9° Qu'en attribuant ces phénomènes à la conservation du lien autour du cou, il faut admettre qu'ils peuvent manquer chez les personnes étranglées ou pendues avant la mort, et qui sont restées suspendues pendant sept ou huit heures (*voyez* NÉCROPSIES 9° et 15° pages 361 et 366).

10° Que l'on ne détermine jamais de pareils phénomènes sur les cadavres, lors même que la suspension a été prolongée pendant vingt-quatre heures, et que le lien a été appliqué immédiatement après la mort : ce fait semblerait au premier abord infirmer les conclusions du docteur Esquirol, qui regarde la bouffissure et la coloration comme des phénomènes cadavériques produits par la conservation du lien ; mais il est insuffisant, les observations de ce médecin ayant été faites sur des cadavres d'individus morts à la suite d'une affection dans laquelle le sang est accumulé dans les parties supérieures du corps (la strangulation), tandis que j'ai agi sur des cadavres qui n'étaient pas dans les mêmes conditions.

11° Que si des faits nouveaux confirmaient que la bouffissure et la coloration de la face se manifestent *constamment* chez les personnes étranglées ou pendues avant la mort, soit qu'elles dépendent de la conservation du lien ou de toute autre cause, on pourrait conclure, lorsque ces caractères seraient appréciables, que l'individu a été étranglé ou pendu vivant, puisqu'on ne les observe jamais quand les corps ont été étranglés ou pendus après la mort.

12° Qu'en supposant même qu'il en fût ainsi, comme ces phénomènes peuvent très bien n'être sensibles, dans le cas de strangulation ou de suspension avant la mort, que huit ou dix heures après qu'elle a eu lieu, il serait impossible de les faire servir à tirer une pareille conclusion dans les premières heures qui suivent la mort, et que le médecin devrait attendre qu'ils se fussent manifestés pour porter son jugement.

13° Que s'il est vrai que dans la plupart des cas de strangulation ou de suspension pendant la vie, on découvre l'engorgement des poumons, des vaisseaux cérébraux et toutes les altérations qui annoncent que l'individu a péri par asphyxie ou par apoplexie, ou par ces deux causes réunies, il n'en est pas toujours ainsi (*voyez les* Nécropsies 1re, 4e et 5e, aux pages 358, 359 et 360. Art. Cadavres *n'offrant point d'ecchymose au col et chez lesquels manquent*, etc.), soit que cela dépende de ce que les cavités droites du cœur qui étaient distendues au moment où l'on a commencé l'ouverture du cadavre se sont vidées en grande partie pendant la dissection du cou, ou de toute autre cause ; il n'est par conséquent pas rigoureux d'indiquer les lésions que déterminent l'asphyxie ou l'apoplexie comme caractéristiques de la strangulation ou de la suspension avant la mort, quoiqu'elles constituent un des signes les plus importans. D'ailleurs n'observerait-on pas les mêmes altérations sur le cadavre d'une personne qui aurait succombé à toute autre espèce d'asphyxie, et que l'on aurait étranglée ou pendue après la mort pour faire prendre le change ?

14° Que la position de la langue présente assez de variétés pour qu'on ne puisse la faire valoir que d'une manière fort secondaire à résoudre la question proposée.

15° Que s'il est vrai que dans les cas de suspension pendant la vie il existe le plus souvent après la mort dans l'urètre du sperme contenant des animalcules même vivans, et que les organes génitaux sont le siége d'une congestion qui peut être portée jusqu'au point de déterminer l'érection, on devra bien se garder de conclure d'après ces caractères, comme le veut M. Devergie, que la suspension a eu lieu pendant la vie : car il n'est pas rare de trouver du sperme dans l'urètre des cadavres d'individus qui, après avoir succombé à divers genres de maladies, sont restés couchés sur les dos, et que d'une autre part on peut, en suspendant les cadavres, même trois ou quatre heures après la mort, et en les laissant dans cette situation pendant quelques heures, développer une forte congestion des organes génitaux, voire même l'érection, et constater dans l'urètre la présence de zoospermes dont plusieurs pourront encore être vivans. Le signe dont il s'agit offre d'ailleurs d'autant moins de valeur, qu'il a déjà été observé dans plusieurs genres de mort autres que la suspension.

16° Que dans l'état actuel de nos connaissances, il est *impossible d'affirmer* qu'un individu chez lequel il n'y a ni fracture des vertèbres cervicales, ni ecchymose au col, ni aucune autre trace de blessure faite pendant la vie, ait été étranglé ou pendu vivant; mais qu'il est possible d'établir des *probabilités* dans certains cas, surtout en ayant égard aux lésions qui peuvent annoncer que la personne a succombé à une asphyxie ou à une apoplexie.

17° Que la déchirure d'un ou de plusieurs ligamens jaunes de la colonne vertébrale, lors même qu'elle est accompagnée d'infiltration de sang dans l'épaisseur des muscles environnans, dans le tissu cellulaire qui recouvre l'enveloppe membraneuse de la moelle et même sous le périoste de la partie interne des lames des vertèbres, ne prouve pas que la strangulation ou la suspension aient eu lieu pendant la vie, puisqu'elle peut être le résultat de coups portés sur la colonne vertébrale après la mort comme l'a démontré le docteur Christison (*Voy.* l'art. relatif aux BLESSURES FAITES APRÈS LA MORT).

18° Qu'il ne suffit pas pour *affirmer* que la strangulation ou la suspension ont eu lieu pendant la vie, de découvrir des ecchymoses au col, la fracture des vertèbres cervicales ou d'autres blessures *faites du vivant de l'individu,* parce que celui-ci aura bien pu n'avoir été étranglé ou pendu qu'après avoir été meurtri et tué; mais qu'il est souvent facile, dans ces cas, de prouver que la mort est le résultat de ces blessures.

19° Que si quelques-uns des ligamens qui unissent les vertèbres entre elles étaient déchirés, que le cadavre présentât ou non des ecchymoses au cou, des fractures de l'os hyoïde et des cartilages

du larynx, que l'on constatât les phénomènes de la mort par asphyxie ou par apoplexie, et qu'il n'y eût aucune trace de violence sur les autres parties du corps, la suspension *pourrait*
avoir eu lieu pendant la vie; mais rien ne prouverait que l'individu n'eût pas été étouffé d'abord, puis meurtri et pendu peu de
temps après la mort. Des désordres de cette nature annonceraient
presque toujours, pour ne pas dire toujours, que la mort a été
l'effet d'un homicide, puisque, dans l'état actuel de la science, il
n'existe qu'un exemple de pendaison par suicide qui ait occasionné la déchirure des ligamens jaunes qui unissent les apophyses épineuses de l'atlas et de l'axis (*Observation d'Ansiaux*).

20° Que si quelques-unes des vertèbres cervicales étaient fracturées dans leur corps ou dans leurs apophyses, avec ou sans autre
lésion du col, qu'il y eût des signes non équivoques de mort par
asphyxie ou par apoplexie, et que l'on ne remarquât aucune trace
de violence ailleurs, tout porterait à croire que l'individu a été
assassiné et que la pendaison n'a eu lieu qu'après la mort. A plus
forte raison, adopterait-on cette opinion, si, indépendamment
de ce qui vient d'être dit, on voyait des ligamens déchirés et
quelques-unes des cinq dernières vertèbres cervicales luxées.
Il ne serait cependant pas impossible que la suspension eût eu
lieu pendant la vie; mais, à coup sûr, elle ne serait pas l'effet du
suicide.

21° Que si, contre toute probabilité, il y avait luxation de la première sur la deuxième vertèbre, on pourrait *affirmer* que la suspension n'a eu lieu qu'après la mort, à moins que ces vertèbres
ne fussent préalablement cariées (maladie de Roust), parce que
cette luxation n'a jamais été observée dans la pendaison par suicide, et qu'il faut de tels efforts pour la produire, si même on peut
y parvenir, quand les vertèbres sont saines, qu'il est impossible,
en cas d'homicide par pendaison, que la mort ne soit survenue
avant qu'elle ait eu lieu.

22° Que si dans les espèces 19° et 20°, les cadavres ne présentaient pas d'une manière tranchée les phénomènes qui annoncent une mort par asphyxie ou par apoplexie, on n'en devrait pas
moins tirer les inductions précitées, parce qu'il est certain que

dans quelques cas de suspension pendant la vie, ces phénomènes manquent, et que, dans quelques autres, ils sont à peine marqués.

23° Que dans tout cas de suspension soumis à l'observation de l'expert, l'existence de blessures sur une partie quelconque du corps, autre que le cou, qu'elles aient été ou non capables d'occasionner la mort, fournit un élément important pour déterminer si la suspension a eu lieu avant la mort, parce qu'elle annonce presque toujours qu'une lutte se serait engagée entre la victime et les assassins.

24° Que s'il résulte des faits consignés dans ce mémoire que l'état cadavérique est quelquefois insuffisant pour résoudre le problème qui m'occupe, il est pourtant possible, dans beaucoup de cas, d'*affirmer* que la suspension a eu lieu pendant la vie, en s'appuyant sur diverses considérations qu'il est utile de rappeler ; ainsi, quelle est la longueur et la direction de la corde, fait-elle plusieurs tours sur le cou ; trouve-t-on deux sillons, l'un horizontal, l'autre oblique ; l'individu pouvait-il se suspendre au lieu où il a été trouvé ; existe-t-il dans ses organes des indices d'une tentative d'empoisonnement ; était-il atteint d'une de ces maladies qui portent avec elles l'ennui de la vie, etc.

De l'asphyxie par suffocation.

On peut périr suffoqué par une multitude de causes que je me contenterai d'indiquer : la tuméfaction des tonsilles, de la langue, de la membrane muqueuse du larynx ; la présence d'une couche couenneuse dans le larynx ou dans les bronches, ou d'un corps étranger venu du dehors dans ces mêmes parties, dans le pharynx ou dans l'œsophage ; l'afflux subit de sang ou de pus ; la compression de la trachée-artère par des tumeurs de diverse nature, ou de la poitrine par des liquides épanchés dans sa cavité, par l'air, par les viscères abdominaux, lorsque le diaphragme a été blessé ou rompu, etc.

Il est inutile de faire connaître les divers symptômes qui seront le résultat de ces causes, parce qu'ils sont décrits dans tous les ouvrages de pathologie ; qu'il me suffise de dire qu'en pareil cas la mort peut être le résultat de l'asphyxie qu'elles déterminent, et que l'ouverture du cadavre ne tarde pas à les rendre manifestes.

BIBLIOGRAPHIE.

Asphyxie.

MENDEL (L.). De suffocatis. Strasbourg, 1776. — Nouvelles recherches chez les noyés, les suffoqués, par les vapeurs méphitiques, et sur les enfans qui paraissent morts en venant au monde. Paris, 1778.

TESTA (Ant. Jius). Della morte apparente degli annegati. Florence, 1780, in-8°.

HUFELAND (Ch. W.). Diss. sistens usum vis electricæ in asphyxiâ, experimentis illustratum. Gottingue, 1783, in-4°.

GODWYN (Edm.). Diss. de morbo morteque submersorum investigandis. Edimbourg, 1786, in-8°.

METZGER (J. Dan.). Progr. sistens animadversiones nonnullas in novam Goodwinii de morte submersorum hypothesin. Kœnigsberg, 1786, in-4°.

GOODWYN (Edm.). The connexion of life with respiration, or an experimental inquiry into the effects of submersion, strangulation, etc. Londres, 1789, in-8°. — Trad. en français, par HALLÉ. Paris, 1798, in-8°.

BERGER (J. F.). Essai physiologique sur les causes de l'asphyxie par submersion. Thèses de Paris, an XIII, n° 512.

BARZELOTTI (Giacomo). Memoria per servire d'aviso al popolo sull' asfissie e morti apparenti. Genere 1° Considerazioni generali sulle asfissie che incominciano della sospensione del moto del cuore, e sul trattamento ad esse più conveniente. Genere 2° Considerazioni generali sulle asfissie che incominciano della suspensione dell' azione polmonare, e sul trattamento principale, e conveniente. Genero 3° Considerazioni generali sulle asfissie che incominciano della sospensione dell' azione cerebrale e sul trattamento principale e più conveniente di esse. Tavola nosologica e terapeutica delle asfissie e morti apparenti. Giornale della soc. med. di Parma. T. v. p. 3.

PLISSON (Franç.-Edouard). Esssai historique et thérapeutique sur les asphyxies, avec quelques réflexions sur la respiration. Paris, 1826, in-18.

DE LA FAILLE. Diss. physiol. pathol. de asphyxiâ. Leyde, 1817, in-8.

LANGLOIS (Ch.). Diss. sur l'asphyxie en général, et sur celle par les gaz en particulier. Thèses de Paris, 1830, n° 53.

DE LA MORT PAR INANITION.

Le médecin peut être requis pour déterminer si un individu trouvé mort a péri d'inanition ; il importe donc d'étudier attentivement les effets de l'abstinence sur les animaux et sur l'homme sains.

Expériences sur les animaux par M. Collard de Martigny. Les chiens de grande stature ont vécu trois, quatre, cinq semaines et au—delà ; les lapins ont succombé beaucoup plus vite. En général la mort arrive plus tôt chez les animaux d'une petite espèce, et ceux d'une même espèce périssent plus vite s'ils sont jeunes. Dans les premiers jours le chien éprouve de l'agitation ; lorsqu'on l'approche il exprime par des cris le besoin de manger ; il se promène dans sa cage, cherche de la nourriture et les moyens de s'échapper. Après le premier septénaire il est évidemment agité par instans et pousse des cris aigus et réitérés, surtout à la pointe et à la chute du jour ; il morcelle les barreaux de sa cage : cependant presque toujours il reste couché et semble redouter le mouvement. Vers le troisième septénaire, il survient une période de véritable fureur, l'animal ronge sans cesse les barreaux de sa cage ; son œil est ardent, son aspect quelquefois menaçant, sa gueule est entre—ouverte, sa langue rouge et sèche. Vers le vingtième jour il tombe dans un accablement mêlé de courts instans d'agitation ; la maigreur devient extrême ; l'œil est terne, abattu et morne ; l'animal reste couché sur le flanc ; lorsqu'on l'appelle il soulève la tête ; ses mouvemens sont très lents ; il peut à peine se tenir debout ; sa respiration est pénible. Plus tard, ces phénomènes acquièrent de l'intensité. L'animal ne peut plus se lever ; pour respirer il tend le cou ; la chaleur diminue surtout aux extrémités ; enfin réduit au dernier degré de marasme, il reste toujours couché, le cou tendu et raide, et retombe si on le met sur ses pattes ; sa respiration est saccadée, entrecoupée ; il lave sa langue dans l'eau qu'on lui présente, mais ne peut en avaler ; il repousse le pain qu'on lui offre ; il meurt. On voit évidemment d'après ce qui précède que les symptômes de la première période sont caractérisés par des alternatives d'abattement et d'agitation, ceux de la seconde par une fureur ou une inquiétude continuelles, et ceux de la troisième par une faiblesse, une stupeur et un accablement profonds.

A l'ouverture des cadavres on remarque un amaigrissement général excessif ; les muscles, surtout ceux du tronc et les peauciers, sont décolorés, minces, atrophiés et privés de graisse, de tissu adipeux et de sang ; leurs fibres suivent en général une direction droite. Le cerveau et ses membranes paraissent dans l'état naturel. La cornée est affaissée, blanchâtre, opaque, sans ulcération. Le cœur est peu volumineux et les parois de ses ventricules sont amincies ; il contient, ainsi que les gros vaisseaux, une très petite quantité de sang en caillots mous, noirs, faciles à déchirer. Les poumons sont légèrement rosés, crépitans et entièrement exsangues ; une très légère sérosité humecte leurs vaisseaux ; la membrane muqueuse trachéale est pâle. Dans l'abdomen, le tissu cellulaire est en très petite quantité ; le mésentère n'est nullement graisseux ; tous les organes paraissent réduits à leur parenchyme essentiel. La rate et le pancréas sont pâles, petits, consistans, vides de sang. La vessie contient une très petite quantité d'urine dépourvue d'urée ; sa membrane interne est pâle. Les veines sont denses, exsangues, décolorées. Le foie est peu volumineux, vide de sang, ainsi que ses vaisseaux et la veine porte. La vésicule *est fort considérable* ; elle est distendue par une grande quantité de bile jaune verdâtre, limpide, très fluide. L'œsophage est étroit. L'estomac est contracté ; sa membrane interne est épaisse et présente des replis nombreux et considérables ; la tunique musculeuse participe à l'atrophie générale. La cavité stomacale est vide, la partie pylorique est teinte en jaune ; la cardiaque nacrée ; *il n'y a aucune trace d'inflammation.* Les petits et les gros intestins sont d'un diamètre peu considérable ; ils contiennent une matière jaune verdâtre, qui, liquide dans le duodénum, acquiert d'autant plus de consistance qu'on s'approche davantage des gros intestins. Dans toute l'étendue du tube intestinal, la membrane muqueuse est ridée, celle du petit intestin est profondément colorée en jaune verdâtre ; cette teinte est moins prononcée dans les gros intestins ; *il n'existe non plus ici aucune trace d'inflammation.* Le sang pour ainsi dire réduit à rien contient plus d'albumine que de fibrine. La quantité de lymphe augmente dans les huit premiers jours d'abstinence ; les vaisseaux chylifères renferment un liquide transparent coagulable, blanchâtre. Depuis le huitième ou le dixième jour, la lymphe diminue ; vers la fin le canal thoracique seul en contient encore un peu. Dans la première période, la lymphe devient graduellement plus riche en matière colorante, en caillot et en fibrine ; elle est d'autant moins coagulable, colorée et fibrineuse, que la mort est plus prochaine. M. Collard de Martigny a conclu de ces diverses expériences que l'abstinence favorise les résorptions purulentes et l'injection du sang (*Recherches expérimentales sur les effets de l'abstinence complète d'alimens solides et liquides, sur la composition et la quantité du sang et de la lymphe. Journal de physiologie de Magendie*, t. VIII).

Effets de l'abstinence complète chez l'homme sain. Le premier de ces effets est le sentiment de la faim ; bientôt après l'individu éprouve un tiraillement pénible à l'épigastre, il est triste, abattu, faible, et sa face est pâle. Le désir du rapprochement des sexes est éteint ; la respiration est lente, le pouls petit, lent, la peau froide, l'excrétion de l'urine est encore fréquente ; ce fluide est incolore et assez abondant. Plus tard ces symptômes acquièrent plus d'intensité ; les sens affaiblis reçoivent mal les impressions de leurs excitans naturels, les facultés intellectuelles et morales sont dans un état de langueur ; l'absorption est la seule fonction qui semble redoubler d'énergie. Quelque temps après, l'amaigrissement et la dépression des cavités se manifestent ; les tempes deviennent creuses, les arcades temporales saillantes ; les yeux s'enfoncent dans leurs orbites, en même temps que les arcades sourcilières et les pommettes semblent devenir plus proéminentes ; le nez s'allonge et s'effile, le menton devient aigu, les lèvres sont pâles et minces, les oreilles semblent se retirer, la couleur du visage est pâle et livide, les membres sont grêles et desséchés, les articulations semblent plus volumineuses, les saillies musculaires s'affaissent. L'intelligence devient obtuse, le malheureux paraît accablé et reste couché sans exécuter un seul mouvement, ou bien il est saisi d'un délire furieux qui le pousse aux actes les plus cruels et les plus féroces ; il méconnaît ses amis, ses proches, les prend pour ses premières victimes, et va jusqu'à détruire les seules ressources qui pourraient protéger sa misérable existence. La bouche est ardente, la salive épaisse, peu abondante ; une douleur atroce torture la région épigastrique ; il semble que cette région soit en proie à un animal dévorant. Les selles sont supprimées, ou si elles ont lieu, les matières sont noires, sèches, peu abondantes ; l'urine est rare, brune, trouble, fétide. Dans le cas d'abattement, la respiration est lente, difficile ; il se manifeste des pandiculations et des bâillemens ; le sang diminue de quantité et de plasticité, de là la faiblesse et la lenteur de l'action du cœur ; le pouls est sans force. La calorification, résultat de l'énergie des fonctions précédentes, s'affaiblit de plus en plus. L'individu est en général réduit par une absorption active et continuelle au dernier degré de marasme. Son corps semble, quelques jours avant la mort, entrer en décomposition ; il exhale une insupportable fétidité ; les matières excrétées surtout, lorsqu'il en existe encore, répandent une odeur putride ; la surface de la peau se couvre de pétéchies ; quelquefois il se détache des lambeaux de tégumens. Enfin l'individu meurt, éprouvant dans quelques cas des mouvemens convulsifs peu prononcés.

Est-il permis de ranger parmi les effets de l'inanition, les phénomènes de surexcitation extraordinaire observés chez les naufragés de la *Méduse*, et ne faut-il pas plutôt les rapporter aux conditions particulières dans lesquelles ils se trouvèrent, sous l'influence d'une chaleur tropicale, d'un défaut absolu de sommeil, etc.? Quoi qu'il en soit, voici quels furent ces effets. Le regard de ces malheureux était enflammé, l'haleine brûlante, la langue sèche et rouge ; ils poussaient des cris, des vociférations, on remarquait les gestes, les actes les plus désordonnés, la rage la plus brutale et une soif de destruction tournée contre des compagnons d'infortune ; la peau était brûlante et le pouls accéléré ; à ces signes succéda bientôt un accablement général.

A l'ouverture des cadavres on remarque, une émaciation portée au dernier degré de marasme, l'absence de graisse dans toutes les parties du corps excepté dans le canal médullaire des os, l'état exsangue de tous les viscères, la fermeté de la plupart d'entre eux, du cerveau, du cervelet, de la moelle épinière, de la membrane muqueuse de l'estomac et des intestins, du foie, de la rate, des reins, l'atrophie du système musculaire, la consistance et l'abondance de la bile et la couleur rouge de l'urine.

Les phénomènes cadavériques doivent d'ailleurs varier suivant une multitude de circonstances ; ainsi l'émaciation sera plus ou moins avancée suivant l'embonpoint primitif du sujet, la durée de l'abstinence et la cause qui l'a produite ; l'état des cadavres pourrait-il être le même, par exemple, lorsqu'il s'agit d'individus dont le corps est resté en partie plongé dans l'eau pendant quelque temps, et d'autres qui sont morts après avoir été ensevelis sous des avalanches, sous des décombres, sous des mines, etc., et qui ont dû être asphyxiés? L'influence de la température, pour faire varier les phénomènes cadavériques, ne saurait être contestée non plus, et l'on pourra découvrir, réunis aux signes de la mort par inanition tantôt les effets de la mort par congélation, tantôt ceux de la mort par excès de chaleur (*Voy*. l'article ABSTINENCE du *Dictionnaire de Médecine* ou *Répertoire général*, etc., en 30 vol.).

Après avoir décrit les phénomènes physiologiques et cadavériques produits par l'abstinence, je vais examiner s'il est possible de déterminer 1° que la mort d'un individu est le résultat de cette abstinence et qu'elle ne reconnaît pas d'autre cause ; 2° qu'elle a été volontaire ou forcée.

PREMIÈRE QUESTION. *La mort est-elle le résultat de l'ab-*

stinence et ne reconnaît-elle pas d'autre cause ? Les effets de l'abstinence ne sont pas tellement caractéristiques que l'on puisse d'après eux affirmer qu'une personne est morte de faim ; il n'en serait pas de même s'il ne s'agissait que d'établir des *conjectures* ou des *présomptions*, car alors l'ensemble des caractères énoncés me paraîtrait suffisant pour le faire. On concevra facilement l'impossibilité de se prononcer d'une manière absolue, si l'on considère 1° que l'on voit tous les jours des malades en proie à des affections nerveuses, à des gastro-entérites chroniques, etc., vivre pendant plusieurs années, après avoir été soumis à un *régime alimentaire* excessivement ténu, et pouvant périr dans un état de marasme profond et avec une altération des fluides analogue à celle que l'on remarquerait si l'abstinence eût été complète ; or dans ce cas, la mort est surtout le résultat des souffrances plus ou moins continues éprouvées par les individus, et des maladies dont ils étaient atteints ; 2° que certaines personnes bien portantes, épuisées par l'onanisme ou par des pertes abondantes qu'elles font et qu'elles ne réparent que jusqu'à un certain point, périssent à-peu-près comme si elles étaient mortes de faim, quoique pourtant elles n'aient pas cessé de s'alimenter.

Mais, dira-t-on, l'état excessif de marasme, joint à l'absence de lésions cadavériques notables ne suffit-il pas, pour affirmer que l'abstinence seule a occasionné la mort ? Je suis loin de le penser, puisqu'on voit journellement des individus atteints de certaines maladies périr dans un état de consomption remarquable, sans qu'il soit permis de découvrir après la mort des traces d'une lésion organique quelconque ; d'ailleurs la foudre, une impression morale vive et profonde, la congélation, un excès de chaleur, etc., ne peuvent-ils pas tuer des personnes déjà épuisées par toute autre cause que par la privation de nourriture, et ne laisser après la mort aucune altération appréciable ?

Deuxième question. *L'abstinence a-t-elle été volontaire ou forcée.* La solution de ce problème, si elle est possible, doit être fondée sur des considérations qui ne sont nullement du ressort du médecin, excepté dans les cas où par un examen attentif de tout ce qui a précédé ou par l'ouverture des cadavres, les gens de l'art établiraient que les individus pouvaient être disposés à se suicider. C'est donc aux magistrats à recueillir des faits précis sur une foule de points qu'il suffira d'indiquer ici : par exemple des individus naufragés et qui ont pu échapper aux dangers de la submersion, ont-ils été trouvés morts loin des lieux où ils auraient pu prendre de la nourriture ; les personnes qui ont péri avaient-elles été enfermées ou s'étaient-elles enfermées dans des chambres qui ne pouvaient pas communiquer avec l'extérieur, et dans lesquelles on ne voyait ni alimens, ni débris d'alimens, ni aucune trace pouvant faire soupçonner qu'il en eût existé ; des précautions ont-elles été prises pour empêcher les plaintes des malheureux de parvenir aux oreilles d'autrui ; les individus étaient-ils misérables au point d'être dans le dénuement le plus absolu, étaient-ils l'objet d'inimitiés ou de haines, et déjà n'avait-on pas fait quelques tentatives pour se débarrasser d'eux ; étaient-ils sains d'esprit et pouvait-on soupçonner quelque intérêt à les faire périr (Voy. *deux cas de suicide par inanition consignés dans les Archives générales de Médecine*, tome XXVII).

Il ne sera pas inutile, avant de terminer cet article, d'exposer succinctement quelques propositions sur l'abstinence, qui me paraissent pouvoir, dans certains cas, éclairer les gens de l'art appelés à résoudre les questions difficiles dont il s'agit : 1° il est impossible d'assigner le terme qu'un homme adulte, soumis à une abstinence complète, peut atteindre sans succomber ; dans les deux cas de suicide précités, la mort arriva au soixantième et au soixante-troisième jour ; ces individus n'avaient pris aucun aliment solide, et ils n'avaient bu que de l'eau, du sirop d'orgeat et un peu de vin ; l'un d'eux avait avalé une seule fois un peu de bouillon ; dans d'autres exemples on a vu la mort arriver au huitième, au quarantième, au quatre-vingtième jour, et s'il faut en croire certains auteurs, au huitième mois, à la dixième année et même plus tard ; 2° l'enfance, la jeunesse, les tempéramens nerveux, les constitutions sèches, sont moins propres que les âges, les tempéramens et les constitutions opposés à supporter l'abstinence ; 3° les femmes meurent d'inanition plus tard que les hommes ; 4° les individus habitués de longue main à vivre de peu supporteront plus facilement et plus longuement l'abstinence , toutes choses étant égales d'ailleurs, que les autres ; il en est de même de ceux qui sont sous l'influence d'affections vives de l'âme ; 5° on endure beaucoup plus facilement la faim dans l'état de maladie que dans l'état de santé ; c'est surtout dans l'aliénation mentale, dans la mélancolie et dans l'hystérie que l'on puise des preuves incontestables de cette assertion ; 6° l'abstinence d'alimens solides peut être portée beaucoup plus loin lorsque les individus font usage de boissons ; 7° on n'a pas encore suffisamment apprécié l'influence des climats et des saisons sur la durée de l'abstinence ; toutefois on a cru remarquer que le froid et l'humidité étaient très favorables à une longue abstinence.

BIBLIOGRAPHIE.

Wier (J.). De commentitiis. In oper. omn. Amsterdam, 1674, in-4°, p. 748-769.

Lentulus (Paul). Historia admiranda de prodigiosâ Apolloniæ Schreieræ virginis in agro bernensi inediâ ;... complurium etiam aliorum de ejusmodi prodigiosis inediis, doctissimorum, necnon fide dignissimorum virorum narrationes, etc. Berne, 1604, in-4°, 214 pp.

Liceti (Fortun.). De his qui diù vivunt sine alimento libri quatuor, in quibus diuturnæ inediæ observationes, opiniones et causæ summâ cum diligentiâ explicantur, etc. Padoue, 1612, in-fol.

Citois (Franç.). Histoire merveilleuse d'une fille de Poictou qui, depuis trois ans, vit sans manger et sans boire, in-8°, 74 pp. Recus. in Opuscul. med. Paris, 1639, in-4°, p. 53-107. — Access. abstinentia puellæ confomentaneæ ab Israelis Harveti confutatione vindicata. Cui præmissa est ejusdem puellæ anabiosis, p. 109-164.

Provenchères. Histoire de l'inappétence d'un enfant, de son désistement de boire et de manger pendant quatre ans et onze mois, et de sa mort. 1646, in-8°.

Roderic a Castro (Steph.). De asitiâ tractatus. Florence, 1630, in-8°, 104 pp.

Sebitz (Melch.). Defend. Raygero. Diss. de inediâ. Strasbourg, 1664, in-8°.

Reynolds. A discourse upon prodigious abstinence, etc. Londres, 1669, in-4°. — Extrait dans la Bibliothèque raisonnée de l'Europe, 1747, t. xxxix, p. 248.

Rumpel. Diss. de inediâ quorundam hominum diuturnâ. Leipzig, 1674, in-4°.

Pechlin (Jo. Nic.). De aeris et alimenti defectu, et vitâ sub aquis meditatio, etc. Kiel, 1676, in-8°, 183 pp.

27.

Ritter. Diss. de possibilitate et impossibilitate abstinentiæ longæ. Bâle, 1737, in-4°.

Waldschmidt. De his qui diù vivunt sine alimentis. Helmstadt, 1719.

Struve. Frid. Christ. Præs. Fr. Hoffmann. Diss. de inediæ noxâ atque utilitate. Halle, 1739, in-4°. — Frid. Hoffmanni opera omnia.

Beccari (Barth.). De longâ cibi potúsque omnis abstinentiâ. De Bononiensi scient. et art. instituto atque Acad. comment., t. ii, pars. 1, p. 221-235.

Planque. Bibliothèque choisie de médecine. Art. Abstinence.

Haller. Physiolog., t. vi.

Percival (Thomas). Medical Essays, t. ii, 1790.

Dumas. Mémoire sur les causes de la faim et de la soif. Journ. gén. de méd., t. xvi, p. 193-203.

Egron (J.-P. Louis). Quelques considérations sur l'abstinence. Thèses de Paris, 1815, n° 22. — L'auteur, comme le suivant, décrit ce qu'il a lui-même éprouvé.

Savigny (J.-B. Henri). Observations sur les effets de la faim et de la soif éprouvées après le naufrage de la frégate du roi la Méduse, en 1816. Thèses de Paris, 1818, n° 84.

Freiwilliger Hungertod, von dem Verhungerten selbst beschrieben. In Hufeland's Journal, 1819, t. xlviii, n° 3, p. 95, 103. Trad. dans la Bibliothèque médicale, t. lxvii, p. 82. — C'est le sujet lui-même de l'observation qui a décrit les phénomènes de son abstinence.

Pourcy (E.-J.). Dissertation sur l'abstinence. Thèses de Paris, 1819, n° 285. — Principalement sous le point de vue thérapeutique.

Martini (Lorenzo). Lezioni di fisiologia, t. vi, p. 47.

Rolando (L.) et Gallo (L.). Necroscopia di Anna Garbero asita per lo spazio di 32 mesi, 11 giorni, con riflessioni. Turin, 1828, in-4° 36 pp. 2 pl. Extrait dans les Archives gén. de méd., 1819, t. xix, p. 247.

Collard de Martigny (C.-P.). Recherches expérimentales sur les effets de l'abstinence complète d'alimens solides et liquides, sur la composition et la quantité du sang et de la lymphe. Journ. de physiologie de Magendie, t. viii, p. 152-210. — L'auteur a énoncé le premier, d'après l'expérience, l'opinion que l'abstinence favorise les résorptions purulentes et l'infection du sang.

Hebray (A.). De l'influence de l'alimentation insuffisante sur l'économie animale. Thèses de Paris, 1829, in-8°, 39 pp.

Piorry. De l'abstinence, de l'alimentation insuffisante, et de leurs dangers. Journal hebdomadaire, t. vii, p. 161-185. — Extrait dans les Archives de méd., 1830.

Caffort. Note sur les abus de la diète. Mémorial des hôpitaux du Midi. t. ii, p. 328.

DES BLESSURES.

En médecine légale on désigne sous le nom de *blessure* toute altération locale d'une partie du corps produite par un acte de violence ou par l'application d'un caustique, soit que la cause ait été dirigée contre le corps, soit que le corps ait été poussé contre la cause vulnérante ou même que cette dernière n'ait agi que par contre-coup. Il suit de là que l'on doit rapporter aux *blessures*, la *contusion*, la *commotion*, la *fracture*, la *luxation*, l'*entorse*, la *brûlure* et les *plaies*. On voit tous les jours des médecins confondre, dans les rapports juridiques, des lésions aussi distinctes, et désigner sous le nom de blessures, de plaies ou de contusions, des altérations qui ne se ressemblent pas; il en est d'autres qui attachent bien à chacun de ces mots le sens qui lui convient, et qui néanmoins commettent des erreurs graves lorsqu'ils décrivent les lésions dont je parle, parce qu'ils oublient de noter des particularités essentielles, ou parce qu'ils ignorent la valeur de certaines expressions qu'il est indispensable de connaître : c'est pourquoi je crois devoir donner ici la définition de chacune de ces lésions, et décrire les nuances qu'elles peuvent présenter, avant de m'occuper de leur histoire médico-légale, que je rapporterai aux sept articles suivans :

1° Législation sur les blessures;

2° Classification des blessures;

3° Rapports qui existent entre les blessures et leurs causes, envisagés comme moyen de reconnaître la nature particulière de l'agent vulnérant;

4° Danger des blessures, leur marche, leurs terminaisons; moyen d'apprécier jusqu'à quel point leurs effets doivent être rapportés à la violence extérieure qui les a produites;

5° Signes propres à déterminer si les blessures ont été faites pendant la vie;

6° Signes qui peuvent faire distinguer si les blessures sont le résultat d'un accident, d'un meurtre ou d'un suicide;

7° Règles de l'examen des blessures.

De la contusion.

La contusion est une blessure sans entamure à la peau, faite par un corps obtus, dur, habituellement pesant; on l'appelle *meurtrissure* quand elle est le résultat d'une rixe entre deux ou plusieurs personnes. L'examen le moins attentif des parties contuses démontre que l'altération présente différens degrés depuis la simple rubéfaction de la peau jusqu'à l'attrition complète des tissus. Quand les vaisseaux capillaires sont rompus, qu'il existe une turgescence momentanée, la lésion prend le nom de *froissement;* la *dilacération* consiste dans la déchirure des tissus et l'existence de petites solutions de continuité plus ou moins rapprochées; enfin les parties molles sont-elles complétement désorganisées, réduites en une sorte de bouillie, la lésion présente le degré de l'*attrition.*

Il est une variété de contusion dans laquelle les vaisseaux capillaires ne sont pas évidemment rompus; c'est celle qui est le résultat d'une pression lente, continue, faite par un corps dur sur les tissus. Au bout de quelques instans la peau rougit, et présente une tuméfaction évidente: telle est la contusion produite par un pincement de la peau entre les doigts, par les liens qui serrent le cou des pendus où les poignets des individus que l'on a garrottés avant de leur ôter la vie; si la mort survient, au moment où cette compression prolongée a fait refluer les liquides, la peau devient bientôt sèche, dure, jaune, brunâtre et comme parcheminée (*Voy.* page 357).

Mais dans la presque totalité des cas, la contusion suppose la rupture des vaisseaux de la région contuse. Les capillaires étant déchirés, le sang s'infiltre dans les mailles du tissu cellulaire, où s'épanche dans des cavités naturelles, comme les bourses muqueuses ou dans des cavités accidentelles; ces dernières sont le résultat de l'action même du corps contondant. Le sang hors des vaisseaux étant épanché ou infiltré, donne lieu à l'ecchymose; mais comme le passage de ce fluide hors des vaisseaux peut se faire spontanément sous l'influence d'une cause qu'il est souvent difficile d'apprécier, mais qui n'est pas assurément une contusion, il en résulte que, contrairement à l'opinion de Belloc et de plusieurs auteurs de médecine légale, la contusion n'est pas une condition nécessaire de l'ecchymose.

On ne confondra pas la contusion avec la rupture d'un muscle, d'un tendon, etc., ou avec la crevasse d'un viscère creux, altérations qui peuvent reconnaître pour cause une contraction violente incomplète, ou la distension que produit une grande quantité de fluide accumulé dans la cavité d'un organe creux.

Toutes les parties du corps, même les plus dures, peuvent être affectées de contusion; mais le danger n'est pas toujours le même; elles sont en général redoutables par la commotion qu'elles déterminent dans les organes les plus importans, par la rupture des tissus, ou par l'inflammation, la suppuration et le sphacèle, qui en sont souvent la conséquence.

De l'ecchymose. J'ai dit que l'ecchymose était l'extravasation du sang dans le tissu des organes ou des cavités celluleuses naturelles ou accidentelles, extravasation produite par la rupture des vaisseaux sanguins ou par une exhalation morbide. Hippocrate en a donné une idée bien juste et qui s'applique à tous les cas, en définissant l'ecchymose « un épanchement de sang hors des vaisseaux, dont la cause est le plus ordinairement de nature violente. » Quand l'action du corps contondant n'a fait que déchirer les capillaires, sans rompre les lamelles du tissu cellulaire, de manière à produire une cavité accidentelle, l'ecchymose est dite par *infiltration*, parce que le sang s'infiltre, en effet, de proche en proche dans les cellules, suivant la déclivité des parties et la laxité plus ou moins grande de leur tissu cellulaire. Supposez, au contraire, que le corps contondant, agissant obliquement sur la région, ait fait glisser la peau, et rompu des lames celluleuses, le sang s'épanche dans la cavité accidentelle, en même temps qu'il s'infiltre dans le tissu circonvoisin : c'est l'ecchymose par *épanchement*. Au crâne, où le tissu cellulaire placé sous le cuir chevelu est très dense, où les corps contondans agissent ordinairement d'une manière oblique, on donne à l'ecchymose le nom de *bosse sanguine*. La plupart des auteurs de médecine légale ont cru devoir appeler *sugillations* les ecchymoses produites par une cause interne, les taches scorbutiques, par exemple, comme si les lésions dont il s'agit n'étaient pas entièrement semblables à celles qui sont le résultat d'une violence extérieure; il est évident qu'il est inutile d'admettre une pareille dénomination, dès que la différence que l'on assigne ne porte que sur la cause; il est même indispensable de la faire disparaître du vocabulaire médical, parce qu'elle dérive du verbe *sugere*, sucer, et qu'on a voulu s'en servir pour exprimer toute autre chose que le résultat de la *succion*.

Les *causes* de l'ecchymose sont les chutes, les percussions, la compression exercée par des liens étroits, l'application de ventouses, de sangsues, la rupture totale ou partielle de muscles, de tendons, de divers tissus membraneux. Les plaies peuvent y donner lieu, lorsqu'elles sont étroites et que leur direction est oblique, circonstances qui s'opposent au libre écoulement du sang; certaines maladies caractérisées par l'atonie des solides et par la grande fluidité du sang, comme le scorbut, le *morbus hæmorrhagicus*, la fièvre typhoïde, etc., sont des causes évidentes d'ecchymose; il en est de même d'un mouvement brusque, d'une secousse violente, d'un effort pour soulever un fardeau, pour vomir, pour aller à la selle, etc. (1); on en voit paraître à la suite du plus léger froissement dans nos tissus; il peut même arriver qu'elles se développent sans l'action d'aucune de ces causes; il n'est pas rare, dit Chaussier, de voir des personnes se coucher avec l'apparence de la meilleure santé, et se

(1) Chaussier a recueilli, sur les causes dont je parle, des faits curieux qu'il ne sera pas sans intérêt de faire connaître : 1° Une femme de campagne, âgée de trente ans, d'une forte constitution, enceinte de cinq mois, monta sur une charrette qui venait à la ville distante de son domicile d'environ 8 kilomètres. La violence des secousses et des cahots de la voiture lui causait de grandes douleurs, surtout au côté droit de l'abdomen : à son arrivée à la ville, elle se mit aussitôt sur un lit pour se reposer de ses fatigues; mais bientôt il survint des faiblesses, des défaillances, des sueurs froides, et cette femme mourut tranquillement dans l'espace de trois heures. Les viscères des différentes cavités splanchniques étaient dans l'état naturel, si ce n'est que l'utérus était développé et contenait un fœtus d'environ cinq mois. Il y avait dans la partie profonde de l'abdomen du côté droit, sous le péritoine, une grande quantité de sang noir, en partie fluide, en partie coagulé, qui était infiltré, ramassé en un foyer, et formait une longue et large tumeur qui, de la fosse iliaque du côté droit, s'étendait jusqu'à la hauteur du rein, et avait près de 15 centimètres de largeur; la quantité de sang extravasé fut évaluée à plus de 1 kilogramme et demi; il provenait de la rupture d'une des veines de l'ovaire droit, veines qui sont toujours fort dilatées pendant la grossesse, surtout chez les femmes qui ont eu déjà plusieurs enfans. — 2° Une jeune femme blonde, délicate, enceinte pour la première fois, eut pour accoucher des douleurs vives et fréquentes qui déterminèrent, dans les derniers temps du travail, une infiltration de sang considérable dans le tissu lamineux de la lèvre droite de la vulve : on fit infructueusement, pendant plusieurs jours, des ap-

lever le lendemain matin avec une tache rouge sous la conjonctive (Rieux J.-J. Germ., *Considérations médico-légales sur l'ecchymose, la sugillation, la contusion, la meurtrissure*, Paris, 1819, in-8°, p. 239). On observe encore certaines ecchymoses dans les organes internes, par exemple, sur la membrane interne du cœur dans l'empoisonnement par le sublimé corrosif, dans le poumon par l'effet des poisons irritans, narcotiques ou narcotico-acres.

Le *siége* et l'*étendue* de l'ecchymose ne sont pas toujours les mêmes : les unes sont superficielles et n'intéressent que le tissu cellulaire sous-cutané, d'autres sont profondes, et alors le sang se trouve infiltré ou épanché dans la substance des muscles, sous le périoste, entre le tissu propre des viscères et la membrane qui les recouvre, dans le tissu de ces organes, entre les nerfs, les vaisseaux sanguins et le tissu cellulaire qui leur sert de gaîne.

plications de compresses trempées dans une infusion aromatique. Sept jours après l'accouchement, le pouls était petit, faible, fréquent. La lèvre droite de la vulve, renversée en dehors, formait une grosse tumeur oblongue, brunâtre, luisante, tendue, qui paraissait prête à se rompre, était peu douloureuse au toucher, et dans laquelle on sentait manifestement la fluctuation. Incisée avec la lancette, cette tumeur fournit d'abord environ 120 grammes de sang noir épais, mêlé de petits caillots ; on s'aperçut bientôt que le sang continuait à couler, et comme la femme s'affaiblissait, on eut recours à un tampon de charpie trempée dans de l'eau alumineuse, qui arrêta l'hémorrhagie, mais la faiblesse résultant de cette hémorrhagie avait été assez grande pour déterminer la mort de la femme douze jours après l'accouchement. A l'ouverture du cadavre, on trouva beaucoup de sang épanché dans le tissu cellulaire sous-péritonéal qui environne le côté droit du vagin et de l'intestin rectum, sur le corps des vertèbres des lombes et même entre les deux lames du mésentère. Il fut impossible de déterminer quel était le vaisseau qui avait été rompu ; on présuma seulement que c'était une branche du plexus veineux qui entoure l'orifice du vagin. — 3° Il survint tout-à-coup chez un homme sujet à la constipation, et qui fit de grands efforts pour aller à la selle, une ecchymose considérable du scrotum. — 4° Une jeune femme d'une constitution forte, d'un tempérament sanguin, d'un caractère irascible, enceinte pour la première fois et parvenue au terme de la grossesse, éprouve les douleurs de l'accouchement, s'emporte, s'agite par saccades, et délire ; cependant elle accouche heureusement, mais au lieu de se calmer, le délire, l'agitation subsistent, se renouvellent avec violence par intervalles ; on ne la contient qu'avec peine dans son lit ; tous les secours sont inutiles, et elle meurt quelques jours après son accouchement. A l'ouverture du corps, on trouva dans la fosse iliaque droite, sous le péritoine, une grande quantité de sang infiltré dans le tissu lamineux, ramassé en foyer dans quelques points ; le muscle grand psoas était rompu dans une partie de son épaisseur et en différens endroits. (*Recueil de Mémoires, Consultations et Rapports sur différens objets de médecine légale*, Paris, 1824, in-8°, p. 397 et suiv.)

Il en est qui occupent un très grand espace ; d'autres sont peu étendues. Enfin tantôt elles se manifestent au moment même de l'action du corps contondant, tantôt elles ne paraissent qu'au bout de quelques heures, ou même de quelques jours, selon qu'elles ont leur siége dans la peau, le tissu cellulaire sous-cutané, ou dans les parties profondes d'un membre ou du tronc.

La *couleur* des ecchymoses présente des variétés que doit prendre en considération le médecin expert. Ainsi, l'ecchymose peut être uniforme, c'est-à-dire que sa teinte rouge ou bleuâtre n'est pas tachetée de macules, d'un bleu foncé ou noirâtres ; ou bien au contraire, elle a une apparence marbrée, et les teintes qui constituent cette marbrure sont roses, rouges, violettes, bleuâtres, noirâtres. Dans le premier cas le corps contondant a frappé la région par une surface unie, ou bien l'ecchymose est symptomatique d'une lésion profonde ; dans le second, c'est un corps irrégulier, présentant à sa surface des bosselures inégales qui a frappé la région ecchymosée. On conçoit que dans ces cas on peut reconnaître quelle a dû être la forme du corps contondant, par la seule inspection de la teinte tachetée, marbrée ou non de la partie contuse.

La *marche* de l'ecchymose superficielle doit être parfaitement connue du médecin chargé d'un rapport juridique sur les blessures, puisqu'elle peut servir à indiquer l'époque où la lésion a été faite. Dans le plus grand nombre de cas, la partie ecchymosée offre d'abord une tache rouge ou bleuâtre, qui ne tarde pas à devenir livide, plombée ou noirâtre, et qui est produite par le sang répandu dans le tissu cellulaire sous-cutané. Au bout d'un certain temps la tache s'éclaircit graduellement, acquiert une couleur violette, verdâtre, jaunâtre, citrine, et disparaît ; à mesure qu'elle change ainsi de nuance, elle s'étend, et l'on observe que la partie centrale est toujours d'une couleur plus foncée que la circonférence : ainsi, dans une ecchymose qui marche manifestement vers la guérison, on remarque, à une certaine période de la maladie, un point central violet, entouré d'une auréole d'un jaune foncé, bordée elle-même d'un cercle de couleur citrine. « On trouvera la cause de cette série de phénomènes, dit Chaussier, dans la nature du sang, la disposition et les propriétés du tissu lamineux ; en effet, dès que le sang cesse d'être soumis à l'action circulatoire, il perd par le repos sa couleur vive, devient brunâtre et tend à se coaguler ; mais comme il se fait continuellement dans les aréoles du tissu lamineux une sécrétion séreuse, ses molécules sont successivement délayées, dispersées peu-à-peu par l'action tonique du tissu, dans les aréoles circonvoisines, ce qui produit en même temps la diffusion de la tache ecchymosée, et le changement de couleur que l'on y remarque et qui diminue chaque jour par l'absorption qui se fait successivement. » L'âge, la constitution du sujet, l'état des propriétés vitales, l'étendue, la situation de l'ecchymose et la cause qui l'a produite, influent singulièrement sur le temps nécessaire pour que la résolution soit complète ; mais toujours est-il constant qu'elle ne saurait avoir lieu sans présenter la succession des couleurs dont j'ai fait mention.

Quand l'*ecchymose est profonde*, lorsque, par exemple, elle a son siége dans les muscles qui sont maintenus par de fortes aponévroses et qui recouvrent immédiatement les os de la cuisse, de l'avant-bras, de la paume des mains, de la plante des pieds ou de la face spinale du rachis, le plus souvent on n'en aperçoit d'abord aucune trace à l'extérieur ; la peau qui a reçu le coup et qui correspond à la partie lésée ne présente aucune lividité ; quelquefois cependant on voit paraître au bout de cinq, six ou huit jours, des taches sous-cutanées plus ou moins étendues, d'une couleur violette ou jaunâtre ; enfin, dans certaines circonstances, les taches se montrent sur un point assez éloigné de celui qui était le siége de l'ecchymose, ce qui prouve que le sang infiltré a été délayé par le fluide sécrété dans le tissu lamineux, et qu'il s'est répandu successivement dans les mailles du tissu cellulaire en obéissant à l'action de la pesanteur.

Il est une autre cause qui fait souvent varier le siége de l'ecchymose, et qu'il importe de signaler ; en général l'infiltration du sang s'étend plus ou moins en largeur dans le sens où la résistance et la densité du tissu cellulaire ne s'opposent pas à cette sorte d'imbibition. Patrix a fait à ce sujet des remarques intéressantes dont je vais rapporter ici les principales, et qui prouvent que l'ecchymose ne se manifeste pas constamment dans la direction que semblerait indiquer le siége de la contusion. Dans la région de l'aine, au-dessous du ligament de Fallope, l'ecchymose s'étend vers la partie interne et inférieure de la cuisse; la position déclive du corps ne saurait la faire remonter vers la paroi abdominale, à cause de l'adhérence au ligament précité du fascia superficialis. Au contraire, l'ecchymose qui a son siége dans le fascia sous-cutané de la région iliaque ou hypogastrique remonte contre les lois de la pesanteur vers la partie latérale du thorax à cause de cette même adhérence qui lui sert de point d'appui. Une infiltration de sang dans l'aponévrose superficielle du périnée, se propagera vers le scrotum, autour de la verge, sous la peau de la paroi abdominale. Ces considérations s'appliquent au genou, à l'épaule, à la poitrine, en un mot à une grande partie de la surface du corps, partout où des lames aponévrotiques, ou des adhérences celluleuses, ou la laxité du tissu cellulaire déterminent le sens des infiltrations sanguines ; ainsi, une contusion sur la région interne du genou sera suivie d'une ecchymose qui s'étendra au-dessus du point contus ; au niveau du condyle correspondant du tibia, on observera l'inverse ; au mollet, l'infiltration sanguine se propage du côté de l'articulation ; à la face externe et antérieure de la jambe, on la voit s'étendre à-peu-près également au-dessus et au-dessous du point contus ; sur la fesse, l'ecchymose se manifeste du côté de la cuisse ; au dos, aux lombes, aux parties latérales de la poitrine, elle s'étend plutôt vers les flancs ; à la mamelle elle reste circonscrite ; lorsque la contusion a son siège sur les parties latérales du cou, l'ecchymose s'étend en avant et en bas ; dans celle du front, elle gagne les paupières, etc. (Velpeau, *De la contusion dans tous les organes*, thèse de concours, Paris, 1835, in-4° p. 7). On conçoit toute l'importance qu'il peut y avoir, dans certains cas de médecine légale, à savoir si le siége de la contusion est bien celui où l'on aperçoit l'ecchymose. On devra donc tenir compte des diverses remarques qui précèdent, dans le cas, par exemple, où il s'agirait de déterminer, soit la direction dans laquelle un coup aurait été porté à un individu, soit la situation du blessé relativement à celle dans laquelle se trouvait celui qui l'a frappé, etc.

C'est surtout à l'occasion de l'ecchymose des paupières que le médecin légiste aura égard à toutes les considérations dans lesquelles je viens d'entrer. La laxité du tissu cellulaire de l'orbite et des paupières explique, en effet, avec quelle facilité les ecchymoses peuvent se produire dans ces voiles membraneux. Une contusion faite par un corps orbe, mais d'une surface irrégulière, comme le poing par exemple qui ne peut atteindre également toutes les parties de la région palpébrale, sera suivie d'une ecchymose générale, mais marbrée; une fracture du corps du sphénoïde, des parois de l'orbite, fracture opérée par contre-coup à la suite d'un coup porté sur le sommet du crâne par exemple, sera également suivie d'une ecchymose des paupières au bout de quelques heures, et cette ecchymose sera d'une teinte uniforme, etc.

La peau peut également ne présenter aucune altération dans sa couleur, lorsque l'ecchymose a son siége dans les différens viscères, quand même ceux-ci auraient été déchirés en plusieurs lambeaux, et qu'un épanchement plus ou moins considérable de sang aurait été la suite de leur rupture. A l'ouverture du corps d'un soldat atteint par un boulet, Dupuytren a trouvé tous les muscles de la région lombaire, les parois abdominales, le rein gauche, les apophyses transverses des vertèbres lombaires et les dernières côtes comme broyées, et les cavités abdominale et thoracique gauches remplies d'un sang noir, sans que la peau présentât aucune altération (*Clinique de Dupuytren*). De là le précepte donné de pratiquer de longues et de profondes incisions sur les cadavres, avant d'affirmer que des percussions qui n'ont fait subir aucune altération à la peau n'ont rien changé à l'état des tissus sous-jacens.

Le *diagnostic* des ecchymoses est facile à établir. On distinguera celles qui sont superficielles des *lividités cadavériques,* en ayant égard à leur siége (*voyez* MORT), et en coupant une lame mince de la peau; en effet, dans la *lividité* il y a simplement congestion de sang dans les réseaux capillaires, de manière que la couleur foncée ne s'étend point aux parties sous-jacentes. Les taches rouges ou violacées qui sont *congénitales* désignées sous le nom de *nævi materni,* celles que l'on remarque dans le *scorbut,* dans les *exanthèmes* aigus ou chroniques, celles qui reconnaissent pour cause des *excoriations* superficielles, ou l'action d'un *vésicatoire*, les *pétéchies*, les *varices sous-cutanées*, etc., offrent un caractère particulier, et ne présentent jamais les nuances de couleur que l'on observe dans l'ecchymose; d'ailleurs plusieurs d'entre elles ne sont que des symptômes de maladies qu'il n'est point difficile de reconnaître. L'ecchymose produite par la *sangsue* laisse apercevoir à son centre la morsure triangulaire de l'animal. Les taches livides ou noirâtres, faites avec la *mine de plomb*, le *sulfure d'antimoine*, etc., disparaîtront lorsqu'on les lavera avec de l'eau. L'escarre qui a lieu sur le vivant ne pourra pas être confondue avec l'ecchymose superficielle, si l'on fait attention aux symptômes qui ont dû précéder la mortification; s'il s'agissait de la distinguer des ecchymoses du canal digestif et du diaphragme, qui sont fréquemment le résultat de vomissemens opiniâtres, de convulsions, de l'action des poisons, etc., on aurait égard à la mollesse des escarres, au peu de résistance qu'elles offrent, et à la facilité avec laquelle on les détache par le plus léger frottement, tandis que les ecchymoses ne disparaissent qu'après avoir été incisées, et après que le sang extravasé dans les tissus aura été enlevé par le lavage. Il est quelquefois plus difficile de juger si les ecchymoses que l'on observe sur un cadavre sont le résultat de violences exercées du vivant de l'individu ou de la putréfaction du corps : toutefois on parvient souvent à établir cette distinction en ayant égard aux circonstances suivantes : l'ecchymose qui est la suite de la putréfaction ne se manifeste ordinairement que dans certaines régions du corps, et lorsque la décomposition putride est déjà bien caractérisée; on n'y voit jamais ces nuances de jaune et de citrin qu'il n'est pas rare de remarquer dans celle qui est l'effet d'une percussion opérée du vivant de l'individu (*Voyez* plus loin les observations et les expériences relatives aux lésions faites avant ou après la mort).

Les applications que l'on peut faire à la médecine légale de l'histoire de l'*ecchymose*, sont assez nombreuses, pour que je n'aie pas besoin de justifier l'étude fort étendue qui en est faite ici; en effet, la contusion produite par une violence extérieure, par une chute, etc., est toujours accompagnée d'ecchymose; or celle-ci peut être superficielle ou profonde, se manifester peu de temps ou plusieurs jours après le coup, se montrer à l'endroit frappé ou beaucoup plus loin, présenter une ou plusieurs nuances, suivant l'époque où on l'examine; phénomènes qu'il importe d'étudier attentivement lorsqu'on cherche à apprécier l'intensité de la cause vulnérante, le moment de son action, etc. Dans certains cas l'étude de l'ecchymose peut apprendre que l'individu dont on examine le cadavre, n'a été ni blessé ni empoisonné, et que les taches livides que l'on observe sont l'effet de la putréfaction, ou de vomissemens violens, de convulsions, etc. Ici elle fait connaître si l'enfant qui vient de naître a présenté les pieds, les fesses, ou le sommet de la tête, en un mot la position qu'il affectait (*voyez* page 238). Là, elle fournit des éclaircissemens importans pour résoudre la question de la suspension, suivant sa forme, sa situation, la couleur des parties qui l'avoisinent, les désordres des tissus, etc. (*voyez* ASPHYXIE PAR SUSPENSION, page 355).

De la commotion.

On désigne sous le nom de *commotion* l'ébranlement moléculaire, par violence extérieure, d'une partie ou de la totalité d'un organe, ébranlement qui en altère tout-à-coup les fonctions, les suspend, ou même les abolit à jamais, sans cependant avoir produit la désorganisation de son tissu. Il ne faut donc pas confondre la commotion avec la contusion, qui s'accompagne au moins d'ecchymose, et habituellement si les organes sont mous et pulpeux comme le cerveau et le foie, de la déchirure ou du broiement de leur substance. D'ailleurs, les symptômes de la contusion dans les cas qui ne sont pas mortels fournissent un caractère d'autant plus tranché que l'on s'éloigne davantage du moment de l'accident, attendu que les signes de l'inflammation se déclarent, tandis que dans la commotion les accidens qui en résultent décroissent à partir du moment de la blessure. Il ne faut cependant pas oublier qu'un organe frappé de commotion peut aussi être contus: l'inflammation consécutive qui se déclare alors obscurcit le diagnostic.

Tous les organes, quoique inégalement, sont susceptibles d'éprouver la commotion : cependant parmi ceux qui sont pulpeux, le cerveau est celui qui en est le plus fréquemment atteint. Les commotions du foie ne sont pas rares ; les os eux-mêmes en présentent des exemples, et des nécroses, des ostéites peuvent en être la suite : la moelle épinière, dont la masse n'est pas grande, peut aussi être frappée de commotion.

S'il arrive souvent que la commotion a lieu dans l'organe voisin de la partie frappée, il n'est pas rare aussi de l'observer dans un des organes éloignés de l'endroit qui a reçu le coup : c'est ainsi, par exemple, que la commotion du cerveau reconnaît pour cause une chute sur les fesses, sur les genoux, sur les talons ou sur les pieds.

Les effets de la commotion sont plus ou moins graves selon l'importance de l'organe et les degrés de la lésion. Pour la commotion cérébrale, Dupuytren a établi trois degrés : le premier est caractérisé par un étourdissement passager et la sensation de bluettes lumineuses ; le second par la perte de connaissance, des vomissemens, un état de stupeur plus ou moins profonde ; le troisième degré est celui dans lequel la mort est immédiate ; c'est le cas du prisonnier dont Littre a rapporté l'histoire, et qui se heurta violemment la tête contre les murs de son cachot. Une commotion de la moelle peut amener une paraplégie incurable, celle de l'œil une amaurose ; un coup sur le deltoïde et sans désorganisation du nerf circonflexe, pourra donner lieu à la paralysie du muscle.

A l'ouverture des cadavres, il paraîtrait qu'on a vu *quelquefois* l'état d'affaissement d'un organe frappé de commotion. Le prisonnier dont a parlé Littre en a présenté un exemple ; Sabatier en rapporte un autre semblable. Lorsque la mort n'est pas immédiate, la substance de l'organe contient plus de sang et de sérosité que dans l'état normal, et il y a lieu de penser que cette congestion a été suivie d'inflammation.

Ce sont, en général, des corps contondans agissant par de larges surfaces qui causent la commotion ; cependant un corps aigu, qui aurait frappé sur le crâne, sans en déterminer la fracture, pourrait encore la produire.

Des ruptures et des distensions.

Certains organes des cavités splanchiques peuvent être *rompus*, déchirés ; c'est ainsi qu'à la suite d'une chute d'un lieu plus ou moins élevé, le foie a présenté plusieurs fois des fissures d'une profondeur variable, à bords peu écartés, et le long desquelles le tissu hépatique était souvent à nu par suite de la rétraction de la membrane d'enveloppe. La rate est quelquefois aussi déchirée dans les mêmes circonstances ; la lésion peut être bornée à sa membrane fibreuse ; dans d'autres cas l'organe est détruit en entier et réduit à une sorte de bouillie.

Le tissu pulmonaire peut présenter aussi les mêmes altérations. On les observe également dans les organes musculaires et membraneux, tels que le diaphragme, la vessie quand elle était distendue par l'urine lors de la chute ou de l'action du corps contondant. On a également constaté des déchirures des parois de l'estomac, quand celui-ci avait été frappé au moment où il était distendu par des substances alimentaires.

Les ruptures des gros vaisseaux ne sont pas rares à la suite de chutes de lieux très élevés ; je citerai, par exemple, l'aorte abdominale ou thoracique ; dans ces cas, le sang s'épanche dans le thorax ou dans l'abdomen et le blessé succombe promptement à l'hémorrhagie.

Le mécanisme de ces ruptures est facile à comprendre ; la cause en est la même que celle de la commotion. Quand l'ébranlement moléculaire qui caractérise celle-ci est porté au-delà de la résistance que peut lui opposer le degré de consistance naturelle des divers organes, ceux-ci se déchirent, et la commotion de l'un est quelquefois accompagnée de déchirures dans l'autre, ou même de déchirures dans une partie du tissu propre de celui qui a été le siége de la commotion ; dans ce dernier cas, les signes d'une inflammation consécutive viennent s'ajouter à ceux de la commotion.

Toute action qui a pour effet l'élongation d'une fibre quelconque de nos tissus peut donner lieu à une lésion particulière caractérisée par l'augmentation de sa longueur ; en même temps ses diamètres transversaux diminuent, ainsi que sa résistance. Au-delà de certaines limites, des ruptures ont lieu; c'est ainsi que se font les ruptures des tendons lors d'une contraction rapide de certains muscles, et que se produisent les luxations, les *entorses*. Supposez que les mouvemens d'une articulation soient portés au-delà de leurs limites naturelles, les ligaméns tiraillés, distendus, rompus même dans quelques points permettront un écartement plus ou moins grand des os qui ne rentreront qu'incomplétement dans leur rapport primitif.

Les tendons que l'on a vu le plus souvent rompus sont le tendon d'Achille et celui du triceps fémoral. Les ligamens qui sont le plus ordinairement distendus ou rompus sont ceux du coude-pied ; les entorses les plus fréquentes sont en effet celles des articulations tibio-tarsiennes, du tarse, du poignet, du pouce, des phalanges des doigts. Les articulations orbiculaires de la cuisse et de l'épaule sont bien plus rarement affectées d'entorse.

Quoique le tissu fibreux soit insensible aux irritans mécaniques et physiques, la production de l'entorse est accompagnée d'une douleur très vive, syncopale. Une ecchymose symptomatique de la rupture des capillaires se manifeste peu de temps après l'accident, et un gonflement inflammatoire s'empare bientôt de toute la région lésée.

En général, les tendons rompus se réunissent par une substance plastique intermédiaire aux deux bouts qui se sont écartés l'un de l'autre; mais quand la distance qui les sépare est de 3 ou 4 centimètres, ils contractent des adhérences avec les tissus voisins, et les mouvemens du membre sont nécessairement moins étendus.

L'*entorse* est habituellement une lésion peu grave; mais son intensité, le tempérament de l'individu qui en est atteint lui donnent quelquefois un caractère bien plus sérieux ; c'est ainsi que des arthrites peuvent en être la suite, et que chez des malades scrofuleux des ostéites, des tumeurs blanches, des ankyloses peuvent lui succéder. Chez un individu sain, une entorse convenablement traitée guérit parfaitement bien; cependant une disposition à de nouvelles entorses, une faiblesse, une raideur de l'articulation en sont quelquefois les suites fâcheuses.

De la fracture.

C'est la solution de continuité d'un os ou d'un cartilage, causée par une violence extérieure. Les plaies des os sont plus spécialement des solutions de continuité produites par un instrument tranchant.

Les fractures peuvent être simples ou compliquées. Les complications plus ou moins nombreuses entraînent une gravité différente dans le pronostic.

Les fractures simples de la partie moyenne des os longs sont peu dangereuses par elles-mêmes ; celles, au contraire, qui sont voisines des articulations sont toujours plus graves. Les appareils contentifs ont peu d'action sur le fragment articulaire ; la consolidation peut donc se faire dans une direction plus ou moins vicieuse, et les mouvemens pour cette raison deviennent moins étendus ; d'ailleurs, des raideurs, des ankyloses peuvent en être la suite. Quand la solution de continuité s'étend jusqu'à la surface articulaire, la consolidation est bien plus fréquemment suivie d'ankylose ; et dans certains cas, des accidens nécessitent l'amputation du membre.

Les fractures des os courts sont plutôt des écrasemens et partagent la gravité des fractures de l'extrémité spongieuse des os longs.

Les solutions de continuité des os du membre supérieur demandent pour leur consolidation un temps moins long que celles du membre inférieur. Ce serait un erreur de croire que le quarantième jour est le terme nécessaire pour obtenir un cal solide dans toutes les fractures : telle fracture est consolidée le vingtième jour chez un enfant, qui ne l'est que le trentième chez un adulte, et qui ne le sera que le cinquantième ou le soixantième chez un vieillard.

La cause vulnérante n'a pas toujours la même intensité. Le médecin expert doit la comparer aux effets qu'elle paraît avoir produits ; il doit rechercher si la fracture ne dépendrait pas en grande partie de quelque prédisposition, de quelque vice inhérent à l'économie animale. Chez les vieillards les os deviennent de plus en plus fragiles à cause de la prédominance du phosphate calcaire, et de l'absorption de leur partie organique ; les cellules s'abreuvent aussi d'une substance huileuse qui diminue la consistance. Les affections vénériennes, scorbutiques, scrofuleuses, le cancer, la goutte, le rachitis ont été regardés aussi comme des causes qui prédisposent aux fractures. Marcellus Donatus, B. Bell, Meckren ont rapporté des observations d'individus affectés de syphilis chez lesquels les os les plus forts ont été brisés par l'action musculaire seule. Fabrice de Hilden dit qu'un goutteux se fractura le bras en mettant son gant. Il est bien autrement fréquent de voir sous l'influence du cancer les causes en apparence les plus légères produire des fractures. Desault, Louis, Pouteau, Morand, Ledran et A. Cooper citent un grand nombre de faits de ce genre. Une femme que M. Blandin avait opérée d'un cancer à la mamelle, eut, sans cause appréciable, une fracture du col du fémur ; elle mourut au bout de quelque temps. L'autopsie fit voir tous les os longs ramollis et contenant, au lieu de moelle, de la matière encéphaloïde (*Lancette française*, t. vi, p. 522).

De la luxation.

La luxation, dont l'entorse est pour ainsi dire le premier degré, consiste dans les changemens de rapports permanens et contre nature des surfaces qui forment une articulation ; cependant il vaut mieux n'entendre par luxation proprement dite que les déplacemens qui sont produits instantanément, soit par une violence extérieure, soit par la contraction musculaire, soit par ces deux causes réunies ; de cette façon les déplacemens des surfaces articulaires occasionnés par le gonflement, la carie des os, par hydarthroses, des abcès articulaires, etc., en un mot les *luxations spontanées* ne sont pas comprises dans cette définition ; il en est de même de la *luxation congénitale*.

Après la réduction d'une luxation, le repos du membre doit

être d'autant plus long que l'articulation jouit de mouvemens plus variés et plus étendus. Il peut se faire qu'un membre reste à jamais frappé de paralysie ; cet accident est dû à la rupture de quelque nerf circonvoisin : ainsi, dans la luxation de l'épaule, il n'est pas rare de voir le nerf radial déchiré. Quand la paralysie disparaît au bout de quelque temps, elle était due à une simple distension des fibres nerveuses.

De la brûlure.

Les brûlures sont des lésions produites sur les parties vivantes par l'action du calorique concentré : on dit aussi que des *substances caustiques* appliquées sur nos tissus *brûlent* ce qu'elles touchent, parce que l'effet de leur application a quelque analogie avec celui que produit une chaleur intense et désorganisatrice. Il est facile de reconnaître à laquelle de ces deux causes est due une brûlure ; je développerai plus loin cette question mais il est nécessaire de présenter ici quelques généralités sur la lésion qui m'occupe.

Des brûlures proprement dites. Les désordres produits sur nos tissus par l'application du calorique présentent bien des variétés. Heister et Callisen décrivent quatre degrés de brûlures, Boyer n'en compte que trois. Dupuytren en admet six. Ces six degrés sont : 1° l'inflammation superficielle de la peau sans phlyctènes ; 2° l'inflammation de cette membrane avec développement de phlyctènes ; 3° la destruction d'une partie du corps papillaire de la peau ; 4° l'escharification de toute l'épaisseur du derme ; 5° la combustion de tous les tissus jusqu'aux os ; 6° enfin la carbonisation de toute l'épaisseur d'un membre.

Au premier degré, celui de la *rubéfaction*, la peau présente une rougeur vive qui s'efface sous le doigt ; le gonflement est léger, la douleur cuisante. Au bout de quelques heures cette inflammation disparaît ; quand cela n'a pas lieu, elle ne dure pas long-temps. Les rayons solaires produisent quelquefois ce degré de la brûlure.

Le second est le plus souvent déterminé par l'action des liquides bouillans. Dès que l'accident s'est manifesté, des phlyctènes se forment et se remplissent d'une sérosité citrine, transparente; d'autres se développent dans la durée des premières vingt-quatre heures. Quand on les ouvre, l'épiderme s'affaisse, se dessèche et tombe au bout de deux à quatre jours ; une nouvelle couche d'épiderme se forme au-dessous de celui qui avait été soulevé par la sérosité. Quelquefois cependant la plaie suppure comme celle d'un vésicatoire; la suppuration est inévitable lorsque au moment de la brûlure l'épiderme a été enlevé. Comme le derme n'a pas été altéré, la guérison est prompte et complète sans aucune apparence de cicatrice.

Des taches grises, jaunes ou brunes, minces, souples, insensibles quand on les touche légèrement, caractérisent le troisième degré ; elles sont dues à la cautérisation du corps muqueux et de la surface papillaire du derme. Quelquefois au-dessus de ces eschares existent des phlyctènes remplies d'une sérosité brunâtre; autour d'elles on remarque une rougeur vive, qui pâlit à mesure qu'on l'examine à un point plus éloigné du centre de la lésion. Il n'est pas rare d'apercevoir dans certains points de la région les caractères de la brûlure au deuxième degré. A la chute des eschares, on voit des ulcérations qui ne guérissent qu'à la condition de la production d'une cicatrice indélébile.

C'est à ce degré qu'il faut rapporter la variété de brûlure produite par la déflagration de la poudre à canon.

Dans le quatrième degré, toute l'épaisseur du derme est désorganisée ; les eschares sont plus épaisses, plus solides, plus denses ; elles ont un aspect différent suivant que le corps chargé de calorique était liquide ou solide. Du quatrième au cinquième jour, une inflammation éliminatrice se développe au-dessous et autour de l'eschare. La partie morte étant séparée, il existe une plaie irrégulière, profonde, qui guérit au bout d'un temps plus ou moins long, suivant son étendue, et qui est la base de ce tissu inodulaire, si bien décrit par Delpech, et dont la rétraction constante entraîne la gêne et la difformité dans la région qui était le siége de la brûlure.

Le cinquième degré présente la combustion des tissus jusqu'aux os. Les accidens inflammatoires augmentent la gravité du pronostic.

Enfin le sixième degré nécessite l'amputation du membre, mais il est difficile au début de déterminer les limites du mal, attendu que les parties molles circonvoisines dans ces deux derniers degrés de la brûlure, sans être immédiatement désorganisées, seront le siége d'une inflammation intense qui les frappera de mort.

Cette analyse des degrés de la brûlure, quoique la plus exacte de toutes, ne comprend pas, et ne peut pas comprendre toutes les espèces de lésions qui peuvent être occasionnées dans les corps vivans par le calorique concentré. On pourrait, à l'exemple de M. Marjolin les rapporter à deux ordres : l'inflammation et la désorganisation immédiate.

Je dois ajouter que dans les brûlures graves la vie peut être compromise par la douleur, l'inflammation consécutive, la durée ou l'excessive abondance de la suppuration.

Le pronostic des brûlures varie suivant le degré, l'étendue de la lésion et sa profondeur. Les brûlures du premier et du second degré ne laissent aucune difformité, tandis que celles des troisième et quatrième sont suivies de brides qui gênent les mouvemens et peuvent apporter des obstacles à l'exercice de certaines fonctions. Les brûlures des quatrième, cinquième et sixième degrés sont redoutables, à cause de l'intensité de l'inflammation et de l'abondance de la suppuration qui en est la suite.

Brûlures par des agens chimiques. Des acides, des alcalis peuvent produire des effets analogues à ceux de l'application du calorique sur nos tissus. La brûlure varie suivant le degré de concentration du caustique, et aussi suivant l'étendue de la surface avec laquelle il a été mis en contact. Quelquefois l'intensité des douleurs tient à ce que le derme n'a pas été entièrement détruit, et la mort peut en être le résultat. Lorsqu'un caustique, au contraire, a agi profondément sur une partie quelconque, on observe les mêmes phénomènes que dans les brûlures aux troisième et quatrième degrés, c'est-à-dire que l'inflammation éliminatoire se développe autour de la partie mortifiée. Les cicatrices qui succèdent aux blessures produites par les acides s'accompagnent d'une horrible difformité.

A l'ouverture des cadavres des sujets morts à la suite de brûlure, on a trouvé des épanchemens sanguinolens et purulens dans les articulations des membres brûlés, des congestions sanguines considérables dans les vaisseaux du cerveau, des épanchemens d'un fluide sanguinolent dans les intestins et tous les caractères de l'inflammation dans les membranes séreuses, telles que la plèvre, le péritoine. On a remarqué bien plus souvent un pointillé rougeâtre, des congestious phlegmasiques dans la membrane muqueuse des voies aériennes, et même des altérations dans le tube intestinal.

Des plaies.

La *plaie* est une solution de continuité accidentelle, plus ou moins récente, ordinairement sanglante, produite par une cause mécanique. On la désigne sous des noms différens suivant la cause qui l'a déterminée : ainsi on l'appelle *égratignure, excoriation, piqûre, coupure, plaie contuse, plaie d'arme à feu, morsure, plaie par arrachement, plaie envenimée.* Ces dénominations dont le sens est parfaitement connu de toutes les personnes qui se livrent à l'étude et à l'exercice de la chirurgie ne doivent pas être confondues dans un rapport juridique.

Toutes les plaies ne sont pas également dangereuses. Le danger des *piqûres* est en général plus grand que celui des plaies faites par des instrumens *tranchans*, non-seulement parce qu'elles pénètrent plus avant, mais encore parce qu'elles offrent une moindre issue au pus, et qu'elles déchirent imparfaitement les filets nerveux et les parties aponévrotiques. Les plaies *contuses* et surtout celles qui sont faites par des *armes à feu*, pouvant donner lieu à la commotion, au sphacèle, et à la destruction des parties blessées et de celles qui les avoisinent, sont beaucoup plus redoutables que les précédentes ; les hémorrhagies consécutives que l'on observe quelquefois à la chute des eschares, et la présence des corps étrangers qui entretiennent pendant long-temps la suppuration, viennent souvent augmenter leur gravité. Le danger des *morsures* faites par des animaux venimeux, et des *plaies envenimées*, est relatif à la nature du venin ou du poison qui ont été appliqués sur les tissus (*voyez* EMPOISONNEMENT).

Le médecin peut être appelé pour déterminer non-seulement la nature et le danger d'une plaie, mais aussi pour éclairer les magistrats sur son ancienneté et le temps nécessaire à sa guérison ; il doit donc connaître exactement les phénomènes qui accompagnent ces sortes de blessures, et les circonstances qui peuvent modifier, accélérer ou retarder leur guérison. Voici quelques données à cet égard.

Les plaies présentent des phénomènes différens, suivant leur nature et les diverses époques auxquelles on les examine. Quand une plaie a été faite par un instrument tranchant, et que les bords non contus, ont été réunis exactement peu de temps après la division du tissu, elle peut guérir sans suppurer, c'est-à-dire par première intention ou par adhésion primitive ; l'hémorrhagie s'arrête, par la pression que les lèvres affrontées exercent l'une contre l'autre, à raison des moyens mécaniques qui les maintiennent en contact ; ces lèvres ne tardent pas à éprouver un léger gonflement inflammatoire, accompagné de rougeur, de chaleur, et qui est suivi de l'exsudation d'une lymphe plastique, susceptible de s'organiser pour former la cicatrice : d'abord terne et transparente, la lymphe qui suinte des bords de la plaie, devient plus épaisse, plus tenace et blanchâtre le second et le troisième jour ; plus tard elle se pénètre de vaisseaux et constitue la cicatrice, véritable membrane intermédiaire aux bords de la division qu'elle réunit et avec lesquels elle finit par se confondre entièrement. La cicatrice paraît linéaire à l'extérieur, quelle que soit son étendue vers les parties profondes, intéressées ; elle est d'un rouge assez vif les premiers jours qui suivent sa formation, ensuite elle pâlit peu-à-peu, et après un temps variable elle prend la couleur de la peau, et reste un peu plus blanche.

Quand la plaie ne doit se réunir que par *seconde intention* ou *adhésion secondaire,* c'est-à-dire après avoir suppuré, les phénomènes de sa guérison sont différens des précédens : on observe ce mode de réunion lorsque la plaie est avec perte de substance, que ses bords sont contus, ou que, long-temps exposés au contact de l'air, ils se sont fortement enflammés avant d'être réunis, que le malade présente quelque vice général et local qui entrave la guérison, etc. Après la cessation de l'hémorrhagie, le sang se colle à la surface de ces plaies, et forme une croûte ou coagulum qui les défend du contact de l'air et des pièces d'appareil dont on les couvre. Vers le second jour, un suintement séro-sanguinolent plus ou moins abondant pénètre les pièces d'appareil et se supprime vers le troisième jour ; la plaie rougit et s'enflamme ; il se fait un suintement séro-purulent. A cette époque, la surface de la plaie paraît gonflée, livide, blafarde, quelquefois comme marbrée de taches violacées, brunes ou verdâtres : cet aspect n'a rien de fâcheux aux yeux des personnes qui ont l'habitude de voir souvent de larges plaies ; en effet, au bout de quelques jours, il se développe sur différens points, et vers la circonférence de la solution de continuité, de petits tubercules coniques pleins d'une matière épaisse, blanchâtre, comme lardacée ; ces tubercules grossissent, deviennent rougeâtres, arrondis, et constituent ce qu'on nomme les bourgeons charnus ; ceux-ci, en s'étendant de plus en plus, s'unissent par leurs bases, et forment une membrane molle, plus ou moins rouge, qui finit par recouvrir toute la surface de la plaie ; ils fournissent un pus d'abord séreux, puis épais, homogène, tel que celui qui s'écoule d'un phlegmon. Une fois que ces bourgeons charnus sont développés et que la suppuration est établie, la plaie se dégorge, ses bords s'affaissent, les bourgeons charnus s'affaissent aussi vers la circonférence de la plaie, fournissent moins de pus, et enfin forment, par leur affaissement, une pellicule d'abord rouge et assez épaisse ; cette pellicule, qui n'est que la cicatrice, s'étend de plus en plus vers le centre de la solution de continuité, qui se rétrécit à mesure qu'elle se produit ; aussi la peau voisine, fortement tiraillée, présente-t-elle des plis radiés autour de la plaie. Quand celle-ci offre une grande étendue, la cicatrice devient de plus en plus mince, elle pâlit, et enfin finit par prendre une couleur plus blanche que celle de la peau. Quand la plaie est fort large, la cicatrisation commence bien ordinairement par les bords, mais on voit qu'elle a lieu aussi par différens points de la surface malade.

La cicatrice est donc un organe de nouvelle formation, c'est une sorte de tégument qu'on pourrait nommer accidentel ; elle se forme plus ou moins rapidement suivant une foule de circonstances, comme la nature des parties intéressées, l'étendue de la plaie, l'âge, la constitution du blessé, etc. Toutes choses égales d'ailleurs, la cicatrisation a lieu plus promptement quand la plaie existe à la tête, aux bras ou au front, qu'aux extrémités inférieures ; les plaies très étendues avec perte de substance, dans lesquelles les tendons, les aponévroses, les os sont mis à nu, ne guérissent souvent qu'après l'exfoliation d'une partie de ces organes, et sont en général longues à cicatriser. Chez les jeunes sujets, la cicatrisation est plus prompte que chez les adultes et les vieillards ; quand le malade est d'une bonne constitution, les plaies guérissent avec plus de promptitude que lorsqu'il est débilité, cachectique ou affecté de vérole, de scrofules, de dartres ou de scorbut : souvent, chez ces derniers individus, les plaies prennent en fort peu de temps un caractère ulcéreux qui pourrait les faire regarder comme beaucoup plus anciennes qu'elles ne le sont réellement ; c'est une circonstance à laquelle il faut faire la plus grande attention dans les rapports en médecine légale, lorsqu'il s'agit de déterminer depuis quel temps une blessure a été faite ou combien devra durer son traitement. Il en est de même des plaies qui peuvent intéresser d'anciennes cicatrices ; elles dégénèrent souvent en véritables ulcères au bout d'un temps très court : j'ai vu des malades chez lesquels on aurait jugé que ces lésions existaient depuis fort long-temps, tandis qu'elles n'avaient lieu que depuis quelques jours (*Voyez* pour plus de détails l'article CICATRICES).

HISTOIRE MÉDICO-LÉGALE DES BLESSURES.

ARTICLE PREMIER.

Législation sur les blessures.

« Il n'y a ni crime, ni délit, lorsque l'homicide, les blessures et les coups étaient commandés par la nécessité actuelle de la légitime défense de soi-même ou d'autrui » (Code pénal, art. 328).

« Sont compris dans les cas de nécessité actuelle de défense les deux cas suivans :

1° Si l'homicide a été commis, si les blessures ont été faites, ou si les coups ont été portés en repoussant pendant la nuit l'escalade, ou l'effraction des clôtures, murs ou entrée d'une maison ou d'un appartement habité, ou leurs dépendances ; 2° si le fait a eu lieu en se défendant contre les auteurs de vols ou de pillages exécutés avec violence » (Code pénal, article 329).

« Quiconque, par imprudence, inattention, négligence ou inobservation des réglemens, aura commis involontairement un homicide, ou en aura involontairement été la cause, sera puni d'un emprisonnement de trois mois à deux ans, et d'une amende de cinquante francs à six cents francs » (Code pénal, art. 319).

« S'il n'est résulté du défaut d'adresse ou de précaution, que des blessures ou coups, l'emprisonnement sera de six jours à deux mois, et l'amende sera de seize francs à cent francs » (Code pénal, art. 320).

« L'homicide commis volontairement sera qualifié meurtre » (Code pénal, art. 295).

« Tout meurtre commis avec préméditation ou de guet-apens est qualifié assassinat » (Code pénal, art. 296).

« Tout coupable d'assassinat, de parricide, d'infanticide et d'empoisonnement, sera puni de mort, sans préjudice de la disposition particulière contenue en l'article 13, relativement au parricide » Code pénal, article 302).

« Le meurtre emportera la peine de mort, lorsqu'il aura précédé, accompagné ou suivi un autre crime. Le meurtre emportera également la peine de mort, lorsqu'il aura eu pour objet, soit de préparer, faciliter, ou d'exécuter un délit ; soit de favoriser la fuite, ou d'assurer l'impunité des auteurs ou complices de ce délit. En tout autre cas, le coupable de meurtre sera puni des travaux forcés à perpétuité » (Code pénal, art. 304).

« Toute personne coupable du crime de castration subira la peine des travaux forcés à perpétuité. Si la mort en est résultée avant l'expiration des quarante jours qui auront suivi le crime, le coupable subira la peine de mort » (Code pénal, art. 316).

« Le crime de castration, s'il a été immédiatement provoqué par un outrage violent à la pudeur, sera considéré comme meurtre ou blessures excusables » (Code pénal, art. 325).

« Sera puni de la peine de la réclusion tout individu qui, volontairement, aura fait des blessures ou porté des coups, s'il est résulté de ces sortes de violence une maladie ou incapacité de travail personnel pendant plus de vingt jours. Si les coups portés ou les blessures faites volontairement, mais sans intention de donner la mort, l'ont pourtant occasionnée, le coupable sera puni de la peine des travaux forcés à temps » (Code pénal, art. 309).

« Lorsqu'il y aura eu préméditation ou guet-apens, la peine sera, si la mort s'en est suivie, celle des travaux forcés à perpétuité ; et si la mort ne s'en est pas suivie, celle des travaux forcés à temps.

« Lorsque les blessures ou les coups n'auront occasionné aucune maladie ni incapacité de travail personnel de l'espèce mentionnée en l'art. 309, le coupable sera puni d'un emprisonnement de six jours à deux ans, et d'une amende de seize francs à deux cents francs, ou de l'une de ces deux peines seulement. — S'il y a eu préméditation ou guet-apens, l'emprisonnement sera de deux ans à cinq ans, et l'amende de cinquante francs à cinq cents francs » Code pénal, art. 311).

« Dans les cas prévus par l'art. 309, 310 et 311, si le coupable a commis le crime envers ses père ou mère légitimes, naturels ou adoptifs, ou autres ascendans légitimes, il sera puni ainsi qu'il suit : si l'article auquel le cas se référera prononce l'emprisonnement et l'amende, le coupable subira la peine de la réclusion ; si l'article prononce la peine de la réclusion, il subira celle des travaux forcés à temps ; si l'article prononce la peine des travaux forcés à temps, il subira celle des travaux forcés à perpétuité » (Code pénal, art. 312).

« Le meurtre, ainsi que les blessures et les coups, sont excusables, s'ils ont été provoqués par des coups ou violences graves envers les personnes » (Code pénal, art. 321).

« Les crimes et délits mentionnés au précédent article sont également excusables, s'ils ont été commis en repoussant, pendant le jour, l'escalade ou l'effraction des clôtures, murs ou entrée d'une maison ou d'un appartement habité, ou de leurs dépendances. Si le fait est arrivé pendant la nuit, ce cas est réglé par l'art. 329 » (Code pénal, art. 322).

« Le parricide n'est jamais excusable » (Code pénal, art. 323).

« Le meurtre commis par l'époux sur l'épouse, ou par celle-ci sur son époux, n'est pas excusable, si la vie de l'époux ou de l'épouse qui a commis le meurtre n'a pas été mis en péril dans le moment même où le meurtre a eu lieu. Néanmoins, dans le cas d'adultère, prévu par l'art. 336, le meurtre commis par l'époux sur son épouse, ainsi que sur le complice, à l'instant où il les surprend en flagrant délit dans la maison conjugale, est excusable » (Code pénal, art. 324).

« Lorsque le fait d'excuse sera prouvé, s'il s'agit d'un crime emportant la peine de mort ou celle des travaux forcés à perpétuité, ou celle de la déportation, la peine sera réduite à un emprisonnement d'un an à cinq ans.

« S'il s'agit de tout autre crime, elle sera réduite à un emprisonnement de six mois à deux ans.

« Dans ces deux premiers cas, les coupables pourront de plus être mis, par l'arrêt ou le jugement, sous la surveillance de la haute police pendant cinq ans au moins, et dix au plus. S'il s'agit d'un délit, la peine sera réduite à un emprisonnement de six jours à six mois » (Code pénal, article 326).

« Tout individu qui, même sans armes et sans qu'il en soit résulté des blessures, aura frappé un magistrat dans l'exercice de ses fonctions, ou à l'occasion de cet exercice, sera puni d'un emprisonnement de deux à cinq ans. Si cette voie de fait a eu lieu à l'audience d'une cour ou d'un tribunal, le coupable sera en outre puni de la dégradation civique » (Code pénal, art. 228).

« Les violences de l'espèce exprimée en l'article 228, dirigées contre un officier ministériel, un agent de la force publique, ou un citoyen chargé d'un ministère de service public, si elles ont eu lieu pendant qu'ils exerçaient leur ministère, ou à cette occasion, seront punies d'un emprisonnement d'un mois à six mois » (Code pénal, art. 230).

« Si les violences exercées contre les fonctionnaires et agens désignés aux articles 228 et 230, ont été la cause d'effusion de sang, blessures ou maladie, la peine sera la réclusion ; si la mort s'en est suivie dans les quarante jours, le coupable sera puni des travaux forcés à perpétuité » (Code pénal, art. 231).

« Dans le cas même où ces violences n'auraient pas causé d'effusion de sang, blessures ou maladie, les coups seront punis de la réclusion, s'ils ont été portés avec préméditation ou de guet-apens » (Code pénal, art. 232).

« Tout fait quelconque de l'homme qui cause à autrui un dommage, oblige celui par les fautes duquel il est arrivé à le réparer » (Code civil, article 1382).

« Chacun est responsable du dommage qu'il a causé, non-seulement par son fait, mais encore par sa négligence ou par son imprudence » (Code civil, art. 1383).

Les dispositions dont il vient d'être fait mention prouvent jusqu'à l'évidence que le législateur a pris pour base des peines portées contre l'auteur des blessures l'*intention* qui l'a dirigé dans son action, et les *effets* qui en sont résultés : car, d'une part, il distingue l'acte commis avec préméditation de l'acte volontaire non prémédité, et de celui qui, étant également involontaire, doit être attribué à un accident ; d'une autre part, il admet des blessures qui sont suivies de la mort, d'autres qui entraînent une incapacité de travail personnel pendant plus de vingt jours, et d'autres enfin, beaucoup moins graves, qui n'occasionnent aucune maladie, ni incapacité de travail personnel pendant vingt jours. Il résulte également de ces dispositions que la rigueur des peines augmente suivant les circonstances qui accompagnent le crime et la qualité des personnes sur lesquelles il a été commis. On voit enfin que l'on a fixé la réparation du dommage dont la blessure a été la cause.

Remarques sur cette législation. Il existe des blessures qu'il est impossible de guérir en moins de vingt jours, telles que les fractures, les fortes contusions, etc., et qui peuvent dépendre du même acte de violence qui aura déterminé une blessure guérissable en moins de vingt jours : la faute morale est la même dans les deux cas : la peine est pourtant bien différente (*V*. les art. 309 et 311, p. 444 et 445). Le législateur n'aurait-il pas dû établir ici plus de gradation dans les peines, en ayant égard à-la-fois à la gravité du désordre produit et à la moralité de l'action ; et déjà ne voyons-nous pas que, d'après quelques-uns des articles cités plus haut (*Voyez* p. 444), la loi n'inflige que des peines légères aux auteurs des blessures faites involontairement par accident, lors même que la mort s'en serait suivie ?

L'expérience démontre journellement la trop grande sévérité de l'art. 309 du Code pénal, même depuis qu'il a été modifié par la loi du 28 avril 1832 ; aussi voit-on très fréquemment les jurés n'ajouter aucune foi aux diverses dépositions, pour éviter de condamner les accusés à des peines trop fortes. D'une autre part, le courage du blessé peut être tel, qu'après avoir reçu un coup qui doit le faire périr avant le vingtième jour, il n'interrompe son travail qu'après dix, douze ou quinze jours. Comment appliquer alors l'art. 311, dans lequel l'incapacité de travail personnel est regardée comme une condition pénale absolue ?

Les considérations qui précèdent faisaient sentir depuis long-temps la nécessité de modifier la législation relative aux blessures ; des faits authentiques, dont je vais indiquer le sommaire, prouvent qu'il serait injuste de la conserver telle qu'elle a été adoptée en 1832. J'établirai avec soin, lorsque je parlerai des *circonstances* qui *influent sur la guérison plus ou moins prompte des blessures*, que celles-ci peuvent être de nature à guérir dans l'espace de six à dix jours, et que pourtant, dans certains cas, leur durée se prolonge au-delà du trentième jour, soit à cause d'une disposition morbide du blessé ou des circonstances atmosphériques dans lesquelles il aura été placé, soit parce qu'il a été privé des secours de l'art, ou que ces secours auront été mal dirigés ou repoussés par lui ; soit enfin parce que, dans la vue d'obtenir des dommages-intérêts plus considérables, ou par motif de vengeance, il aura employé des moyens capables d'aggraver ses blessures ou d'en prolonger la durée. Certes, dans aucun de ces cas, l'agresseur ne peut être passible du retard qu'éprouve la guérison.

L'article 231 du Code pénal, qui prononce la peine des travaux forcés à perpétuité lorsque des violences exercées contre des fonctionnaires publics ont amené la mort dans les quarante jours (*Voyez* page 446), avantageusement modifié en 1832, devrait l'être de nouveau; car il peut se faire que la cause de la mort ne soit aucunement liée à la blessure, tandis que, d'une autre part, il arrive souvent que le blessé périt, par l'effet de la blessure, plusieurs mois après qu'il a été l'objet de la violence : ainsi, dans un cas, on rendrait injustement l'agresseur responsable d'un crime qu'il n'a point commis, tandis que, dans l'autre cas, la peine serait loin d'être en proportion avec le délit. Les observations à l'appui de cette assertion importante se présentent en foule.

ARTICLE II.

Classification des blessures.

Tous les auteurs de médecine légale se sont efforcés d'établir des divisions méthodiques des blessures, fondées sur la gravité plus ou moins grande de leurs effets, dans le but de rapporter les différens cas individuels aux classes, aux ordres et aux genres qu'ils avaient adoptés : cette marche leur a paru une conséquence nécessaire des dispositions des lois que j'ai fait connaître, de l'institution du jury et des défenseurs; ainsi on a distingué des blessures *simples*, *graves* et *mortelles;* ces dernières sont mortelles par elles-mêmes, ou *nécessairement* mortelles, ou mortelles par *accident;* les blessures *nécessairement* mortelles sont subdivisées en blessures de nécessité mortelle chez *tous les individus*, et en blessures de nécessité *individuellement* mortelles. — Les blessures *graves* ont été divisées en blessures *pouvant* devenir *mortelles*, et en blessures *pouvant gêner* l'exercice de quelques fonctions. — On devine aisément ce que l'on a entendu par blessures *simples*. Il existe encore plusieurs autres divisions des blessures que je me dispenserai de faire connaître, parce qu'elles sont loin d'avoir en médecine légale l'importance qu'on a voulu leur donner.

« Les classifications systématiques admises dans quelques tribunaux étrangers, a dit avec raison Chaussier, et répétées encore par plusieurs médecins, sont-elles fondées sur des bases invariables ; peuvent-elles comprendre, exprimer les différences que présentent les blessures ; et ces divisions minutieuses, ces dénominations diverses, tour-à-tour imaginées, et auxquelles on attache un sens plus ou moins restreint, ne tendent-elles pas plutôt à obscurcir qu'à éclairer l'objet ; ne donnent-elles pas lieu le plus souvent à des discussions verbeuses plus ou moins subtiles, souvent inintelligibles, qui, en dénaturant l'objet essentiel, conduisent à l'erreur ou à l'injustice ; enfin, quoique l'intention ne change pas la nature du fait, ces classifications peuvent-elles être admises dans les tribunaux, où l'on considère *toujours l'intention* » (*Table synoptique des blessures*) ?

<h3 style="text-align:center">ARTICLE III.</h3>

Des rapports qui existent entre les blessures et leurs causes, envisagés comme moyens de reconnaître la nature particulière de l'instrument vulnérant.

En donnant la définition du mot PLAIE, j'ai rappelé les dénominations diverses sous lesquelles on désigne cette solution de continuité, suivant la cause qui l'a produite ; chacune de ces expressions présentant à l'esprit la forme et la nature particulières de l'instrument vulnérant, on conçoit toute l'importance qu'il doit y avoir à n'attacher telle ou telle de ces qualifications aux différentes espèces de plaies qu'autant qu'on a une connaissance positive de la cause de la blessure. Quand on a sous les yeux l'instrument vulnérant, ou qu'en son absence les déclarations du blessé sont précises, la détermination est facile ; mais lorsqu'on manque de semblables renseignemens, ce n'est que par l'examen attentif des caractères de la blessure qu'on peut arriver à déterminer à quelle cause elle est due. Il est donc nécessaire d'étudier les effets les plus généraux qui résultent des principales

II.

causes vulnérantes connues, afin de voir jusqu'à quel point on peut résoudre cette question.

Plaies par instrumens tranchans. Les instrumens tranchans déterminent presque toujours des plaies dont l'aspect est caractéristique; s'ils sont bien affilés, ils produisent une section nette, linéaire, dont la profondeur varie suivant la largeur et la forme de l'instrument et selon la disposition de la région blessée; si l'instrument est à deux tranchans et acéré comme un poignard, par exemple, on pourra reconnaître sa forme à la profondeur de la plaie, à l'étroitesse égale de ses deux angles; quant à son épaisseur, on ne peut rien conclure à cet égard du degré d'écartement des bords de la plaie, cet écartement variant suivant le degré d'extensibilité et de rétractilité des parties divisées. Dans les blessures faites par un instrument piquant et à un seul tranchant, comme un couteau, il est souvent aisé de remarquer qu'un des angles de la plaie est plus obtus et formé par une section moins nette et moins profonde que l'angle opposé. Dans un exemple que je citerai plus loin (*voyez* l'article des plaies des organes de la génération), la coupure nette et linéaire qui constituait la plaie antérieure, jointe au peu de profondeur de la blessure et à la manière obtuse dont elle se terminait dans l'épaisseur des parties, fit présumer qu'un rasoir avait été l'instrument vulnérant : l'enquête judiciaire changea cette présomption en certitude. Ces remarques sur les plaies faites par des instrumens tranchans suffisent pour montrer qu'il existe presque constamment certains caractères propres aux plaies de cette espèce; mais il est une foule de circonstances qui peuvent faire varier l'aspect de ces solutions de continuité, en sorte qu'il n'en faut pas moins être très réservé, dans les cas douteux, pour se prononcer sur l'espèce d'instrument tranchant qui a causé la blessure.

Plaies par instrumens piquans. Quoique les instrumens piquans fassent ordinairement des plaies profondes et étroites, il arrive assez souvent que l'ouverture qu'ils laissent à la peau ne représente point la forme de l'instrument et n'a point des dimensions en rapport avec son épaisseur. M. Biessy (*Manuel pratique de médec. lég.*, Paris 1821, in-8, p. 160) dit avoir remarqué fréquemment que les plaies de cette espèce sont beaucoup plus étroites que l'instrument qui les a produites, de telle sorte qu'on ne trouve extérieurement aucun rapport entre elles et l'instrument ; dans un cas cité par cet auteur, il n'y eut que la dissection des muscles traversés par l'instrument qui fit reconnaître l'identité des dimensions de la plaie avec celles de ce dernier : la rétractilité de la peau est évidemment la cause de ces différences. On pourrait croire au premier abord que les plaies faites par un instrument piquant, à tige arrondie, comme un poinçon ont une forme qui se rapporte à celle de l'instrument, d'autant mieux qu'ici la peau n'est pas incisée, et que les fibres de son tissu sont simplement écartées ; mais il n'en est pas ainsi, comme le prouvent les observations intéressantes de M. Filhos (*Inductions pratiques et physiologiques*, *tirées de l'observation*. Thèse de Paris, 1833, in-4°, n° 132). Les expériences qu'il a faites à ce sujet et que je vais rapporter ici, lui ont été suggérées par différens cas de blessures observés à l'Hôtel-Dieu de Paris, dans lesquels on avait remarqué que des plaies faites dans la région du cœur avec l'espèce d'instrument que je viens d'indiquer, avaient une telle forme qu'on pouvait croire qu'elles avaient été produites par un stylet à lame plate.

L'instrument dont M. Filhos s'est servi dans ses expériences, et qu'il a enfoncé sur des cadavres dans les diverses régions du corps, était un poinçon conique et arrondi, de 9 centimètres de longueur environ, ayant dans sa partie la plus épaisse 8 millimètres, au graduomètre à trous. « Avec cet instrument, dit M. Filhos, j'ai obtenu constamment de petites plaies allongées, à deux bords égaux et rapprochés, à angles très aigus ; ces petites plaies étaient d'autant plus longues que l'instrument était enfoncé plus profondément. Si dans quelques points de la surface du corps, les lèvres de la plaie restaient écartées, il suffisait de tendre la peau pour les rapprocher exactement ; ce rapprochement exact ne pouvait avoir lieu que dans un seul sens ; on avait beau tendre la peau en sens contraire, on ne parvenait nullement à obtenir des angles aigus, mais bien des angles obtus. Il était, en un mot, très facile de voir que l'action du poinçon avait été bornée à écarter les fibres de la peau.

29.

« Dans une région donnée du corps, les piqûres ont toujours affecté la même direction ; ainsi, sur les parties latérales du cou, elles sont dirigées obliquement de haut en bas et d'arrière en avant ; à la partie antérieure de cette région , elles sont transversales ; à la partie antérieure de l'aisselle , ainsi qu'à l'épaule, elles sont dirigées de haut en bas ; au thorax elles sont parallèles à la direction des côtes ou des espaces intercostaux , et elles se rapprochent d'autant plus de la verticale qu'on les observe plus près de la partie antérieure et inférieure de l'aisselle ; à la région antérieure de l'abdomen elles sont obliques, et semblent affecter la direction des fibres musculaires ; à la partie moyenne de l'abdomen elles sont dirigées transversalement ; enfin, aux membres, elles sont parallèles à leur axe. »

D'après ces détails nous voyons 1° qu'*un instrument arrondi et conique tel qu'un poinçon, donne lieu à de petites plaies parfaitement semblables à celles qui résultent de l'action d'un stylet aplati et à deux tranchans ;*

2° Que ces sortes de plaies sont toujours dirigées dans le même sens , dans une région donnée du corps , et qu'elles diffèrent de celles qui sont produites par un instrument à deux tranchans , en ce que ces dernières peuvent affecter toutes sortes de directions.

Un des blessés qui entrèrent à l'Hôtel-Dieu, s'était porté trois coups d'un gros poinçon dans la région du cœur. Immédiatement après on observa trois petites plaies, de 5 millimètres de longueur, à bords rapprochés et égaux, à angles très aigus : elles étaient parallèles à la direction de la côte , et placées aux extrémités d'une sorte de triangle dont chaque côté avait 20 millimètres. Ces plaies n'étaient pas pénétrantes, et la guérison eut lieu au bout de quelques jours ; les cicatrices avaient la même forme et la même direction que les plaies.

L'importance des résultats signalés par M. Filhos ressort trop évidemment de ce seul exposé des faits, pour que j'aie besoin d'insister sur les applications utiles qu'ils doivent fournir dans beaucoup de cas de médecine légale.

Plaies par instrumens contondans. En ne considérant que le mode d'action des corps contondans, on pourrait croire que les blessures qu'ils produisent ont des caractères tellement constans qu'il est toujours facile de reconnaître les plaies de cette espèce; mais ces agens vulnérans sont si variés dans leur forme, leur masse, dans la force avec laquelle ils ont agi; les effets qu'ils déterminent varient eux-mêmes tellement, d'après la configuration des parties exposées à leur action, qu'il est quelquefois difficile de juger par la blessure de l'espèce d'instrument qui l'a produite. Ainsi les plaies contuses des tégumens du crâne ont fréquemment la plus grande analogie avec des plaies par instrumens tranchans : leurs bords sont également coupés net ; on n'y voit rien qui annonce l'écrasement, l'attrition de la peau : toutefois, si l'on rapproche les lèvres de la plaie, et qu'on examine celle-ci avec attention dans toute son étendue, il est rare qu'on trouve la section de la peau opérée suivant une ligne parfaitement droite, comme dans celle qui résulte d'une incision ; cette section est toujours plus ou moins irrégulière dans son trajet, dentelée sur ses bords, ce qui est surtout apparent quand la solution de continuité a quelque étendue en longueur, et que la peau a beaucoup d'épaisseur. Les plaies contuses participent de la nature des contusions et de celles des plaies ordinaires : aussi est-il rare de voir leurs bords se réunir sans suppuration. Quand l'action du corps contondant a été intense, une inflammation se déclare, et le travail de cicatrisation n'a lieu qu'après la chute des eschares, déterminées par la violence de la phlegmasie et l'attrition des tissus.

Plaies d'armes à feu.

Les plaies de cette espèce ont généralement un aspect qui leur est propre ; indépendamment de l'extrême attrition des tissus, elles présentent quelques-uns des caractères des plaies cautérisées. La désorganisation des tissus est donc un caractère qui leur est commun ; mais, en outre, ces plaies se distinguent les unes des autres par une foule de variétés dépendantes de circonstances diverses, qui toutes doivent être connues du médecin légiste. Ainsi le projectile, lancé par la déflagration de la poudre à canon, peut-être *unique*, on dit alors que l'arme *était chargée à balle;*

ou bien ce sont des corps en plus ou moins grand nombre comme des grains de plomb, ou enfin c'est la bourre elle-même qui viennent produire la plaie.

Balle unique. Si l'on étudie les effets d'une balle sur un point quelconque du corps, il faut avoir égard à la manière dont l'arme a été chargée et à la configuration du projectile. Quand celui-ci n'a pas été déformé, et que l'arme n'est pas à *balle forcée*, la lésion présente encore des différences suivant la direction qu'avait le projectile en tombant sur la région blessée. La balle frappe-t-elle perpendiculairement nos tissus, son ouverture d'entrée est parfaitement arrondie, et souvent le diamètre de celle-ci est moindre que celui de la balle elle-même ; autour de cette plaie circulaire existe une zone noirâtre, déprimée de dehors en dedans ; le fond de la blessure est livide, ecchymosé. Plus le projectile a été lancé avec force, plus l'ecchymose est livide et plus les chairs sont désorganisées ; plus aussi la couleur rouge brunâtre de la zone est prononcée. En conséquence, il faut avoir égard dans l'examen des plaies d'armes à feu, à la distance que la balle a eu à parcourir, à la quantité et à la qualité de la poudre, toutes circonstances qui modifient la force de projection.

Supposez que l'arme ait été déchargée à *bout portant*, c'est-à-dire que la lumière du canon ait été appliquée sur un point du corps, de manière à intercepter toute communication entre l'air extérieur et celui qui est dans l'intérieur de l'arme, au moment où a eu lieu la déflagration de la poudre, la blessure ne sera qu'une contusion, qu'une meurtrissure plus ou moins forte. La balle dans cette circonstance tombe à terre, le canon est préalablement fortement repoussé en arrière.

Quand le coup a été tiré à très peu de distance, l'ouverture d'entrée de la balle est fortement déprimée, noirâtre, arrondie, comme je l'ai dit déjà ; la teinte livide de la zone qui l'entoure est très prononcée ; de petits caillots de sang noir sont dans le fond de la plaie. La région blessée est le siège d'un engourdissement, qui peut aller jusqu'à la stupeur ; celle-ci est générale quelquefois, et le malade est dans un abattement tel qu'il paraît indifférent à tout. Les tissus se décomposent rapidement. La plaie peut, dans certains cas, renfermer la bourre qui a été lancée avec le projectile ; autour d'elle peut exister une zone brunâtre, plus ou moins étendue, piquetée de points noirs, lesquels ne sont autre chose que les grains de poudre qui n'ont pas été enflammés lors de la détonnation de l'arme. Une brûlure, plus ou moins étendue accompagne aussi quelquefois la blessure, et cette brûlure peut être due à la déflagration de la poudre ou à la bourre qui est venue frapper les tissus, après avoir été enflammée.

Les caractères d'une plaie d'arme à feu sont différens de ceux que je viens de donner, si le coup a été tiré de *très loin*. Il ne faut pas croire cependant que l'on puisse par l'examen d'une plaie quelconque d'arme à feu déterminer approximativement la distance à laquelle le blessé a reçu le coup de feu : ce n'est que dans le cas où l'arme est partie de *très près* ou de *très loin*, aux distances extrêmes, en un mot, que le médecin expert peut donner des renseignemens positifs. Que de modifications en effet, ne peuvent pas imprimer à la vitesse d'une balle et la longueur de l'arme, et la quantité ou la qualité de la poudre, et la qualité de la bourre, etc… Mais quand c'est d'une grande distance que le coup a été tiré, la plaie présente des bords moins meurtriers ; elle est saignante, et la zone noirâtre n'existe que sur le bord ; enfin il est impossible qu'une brûlure l'accompagne comme cela a lieu quelquefois dans l'hypothèse contraire.

Supposez maintenant qu'une balle tombe *obliquement* sur un point de la périphérie du corps, elle enfoncera les chairs d'un côté de la plaie, tandis que l'autre côté sera pour ainsi dire creusé, taillé en biseau aux dépens des parties profondes ; la direction de la balle formera, en effet, avec le plan de la région blessée deux angles, l'un aigu, l'autre obtus. La forme de l'ouverture d'entrée du projectile sera ovale. Du côté de l'angle aigu, les chairs seront meurtries, enfoncées, et la plaie aura exactement la forme de la balle, c'est-à-dire qu'elle présentera une demi-circonférence régulière, et dans cette partie les bords de la solution de continuité seront taillés en biseau de la superficie vers la profondeur des organes. Au contraire, du côté de l'angle obtus la solution de continuité aura des bords moins meurtris, moins réguliers et sans eschare. Cependant dans l'examen juridique de ces plaies, il faudra tenir compte de l'état de flexion ou d'extension , de pronation ou de supination du membre au moment où la blessure a été faite, attendu que la forme de la plaie peut être puissamment modifiée par l'état de tension ou de relâchement des tissus : c'est d'ailleurs ce que j'exposerai en détail, quand je traiterai de la forme des ouvertures d'entrée et de sortie d'une balle lancée par la déflagration de la poudre.

Si l'arme était *à balle forcée*, l'eschare des bords de la plaie est bien plus grande, et la zone qui l'entoure plus noirâtre ; la meurtrissure est aussi bien plus considérable, si la balle était mâchée, irrégulière et hérissée d'aspérités.

Un des points les plus intéressans de l'étude des plaies par armes à feu est celui qui à trait au trajet des projectiles dans nos tissus ; tantôt la balle reste logée dans l'intérieur des organes, tantôt elle en sort en pratiquant une seconde ouverture ; celle-ci peut être unique ou multiple, dans la direction de la première, ou fort éloignée du sens dans lequel la balle est entrée ; enfin des désordres variables sont produits sur les divers élémens anatomiques que le corps vulnérant trouve sur son passage.

1° *Il n'existe point d'ouverture de sortie ;* dans ce cas la balle a frappé les tissus, vers la fin de sa course. Elle produit, dans cette hypothèse, une ouverture dont les bords sont déprimés et se creuse en tournant sur elle-même une sorte de canal qui va en s'élargissant de la peau vers les parties profondes. Ici l'explication du phénomène est la même que celle de l'apparente immobilité du boulet dont la force de projection paraît épuisée. Les balles, en effet, comme les boulets lancés par une arme à feu, est animée d'une double force de projection, l'une dans le sens du canon de l'arme et qui pousse le projectile en avant, l'autre qui lui fait subir un mouvement de rotation sur un de ses diamètres, de telle sorte qu'une balle ou un boulet en même temps qu'ils traversent l'espace dans une direction déterminée roulent sur eux-mêmes. Vers la fin de leur course, alors que le mouvement dans le sens rectiligne paraît s'éteindre, le mouvement de rotation persistant encore, le projectile paraît immobile ; mais qu'une force étrangère vienne lui donner une impulsion dans un sens , le boulet reprend sa course en roulant et peut produire des effets funestes : c'est ainsi que des soldats imprudens ont perdu le pied avec lequel ils avaient touché des projectiles qui leur avaient paru immobiles. Il en est de même de la balle qui a pénétré dans un membre, sa force de projection dans un sens déterminé étant épuisée, elle roule sur elle-même, et touchée de toute part par les tissus, elle tend à se dévier ; cette tendance fait qu'elle agrandit son canal dans tous les sens , et que celui-ci a la forme d'un cone tronqué dont la base est vers la profondeur des organes. La fin de sa course correspond à une cavité en cul de sac, ou arrondie.

Lorsque une balle atteint les parois d'une cavité naturelle, elle peut encore n'avoir qu'une ouverture d'entrée, et tomber dans cette cavité. Il n'est pas rare qu'on ait trouvé des balles dans la plèvre, le péritoine ; on en a vu dans les ventricules du cœur. Des projectiles arrêtés dans la vessie ont pu devenir le point de départ de calculs , dont les élémens se sont déposés sur le corps étranger comme sur un noyau. Des balles après avoir séjourné plus ou moins long-temps dans l'épaisseur des parois d'une cavité, peuvent soit par l'action des muscles, ou par celle de la pesanteur, se creuser insensiblement un passage jusque dans cette cavité. C'est ainsi que M. Velpeau a pu extraire en 1841 de l'intérieur du genou une balle que le blessé portait depuis trente-trois ans, et qui n'était tombée dans l'articulation que depuis neuf mois.

Il est impossible de dire toutes les particularités que les plaies d'armes à feu peuvent présenter relativement aux symptômes qui accompagnent la présence d'une balle dans l'intérieur du corps ; tantôt l'hémoptysie en est la suite, quand c'est le poumon qui a logé le projectile ; tantôt la mort est immédiate, si l'un des gros vaisseaux de sa racine a été lésé ; dans certains cas la balle séjourne dans les cavités splanchniques ou au milieu des masses musculaires sans déterminer d'accidens graves.

Les désordres intérieurs ne sont pas moins variés. Un os plat se trouve-t-il sur le trajet d'une balle , il est percé d'un trou parfaitement net, si celle-ci est animée d'une grande force de projection ; on peut voir au musée Dupuytren des os ainsi perforés comme par un emporte-pièce. Si le projectile n'a pas une grande vitesse, s'il est vers la fin de sa course, quand il tombe sur un membre, l'os qu'il trouve sur son passage est brisé en éclats ; les fractures longitudinales des os admises dans ces cas ne sont elles-mêmes que des éclats suivant la direction des fibres du tissu osseux. Quelquefois la balle se loge dans les ouvertures naturelles des os ou dans le tissu spongieux des os longs ; le musée Dupuytren en possède un cas bien remarquable : c'est une balle qui est enclavée dans l'un des trous antérieurs d'un sacrum. Enfin le projectile peut être retenu entre deux os, par exemple, ceux de l'avant-bras.

Les phénomènes que je viens de signaler n'ont point lieu, quand une balle, au lieu de frapper la face plane d'un os tombe obliquement sur une arête, une crête ou une surface concave ou convexe. Les lois générales de la physique trouvent ici leur application ; les projectiles sont déviés, et suivent alors les trajets les plus singuliers. Un des exemples les plus remarquables cité par Percy (*Manuel du chirurgien*) est celui du maréchal de Lowendal, blessé au siége de Fribourg : une balle qui avait percé son chapeau et le cuir chevelu près de la tempe droite, fit le tour de la tête et ressortit au-dessus de la tempe gauche. — Dans un duel entre deux officiers allemands, l'un des adversaires fut atteint d'une balle qui fractura les 10ᵉ et 11ᵉ côtes droites près de leur angle, passa entre les apophyses épineuses des vertèbres, et remontant à travers la masse des muscles sacro-lombaires, alla se loger sous l'omoplate du côté opposé (Briand, *Médecine légale*, page 300). Dans d'autres circonstances les balles subissent une déviation dans l'intérieur des cavités ; une balle perce la bosse pariétale, laboure la face interne de cet os et s'arrête près de la suture occipitale (Larrey, *Clinique des camps*). Une balle pénètre à travers le sternum dans la cavité droite du thorax, contourne cette cavité et va ressortir près de la colonne vertébrale sans avoir lésé les organes internes (Dupuytren, *Leçons orales*).

En traversant des milieux de densité différente les balles dévient encore d'une façon non moins remarquable ; dans certains cas la déviation générale du projectile est le résultat d'une série de déviations partielles qu'il a subies dans ces divers milieux. Le docteur Mennen a observé un cas de ce genre sur un soldat qui fut blessé, dans un assaut, au moment où il étendait le bras pour monter l'échelle ; la balle entra à-peu-près vers le centre de l'humérus, glissa le long du membre et de la partie postérieure du thorax, s'ouvrit un chemin dans les parois de l'abdomen, pénétra profondément dans les muscles fessiers, et arriva à la partie moyenne et antérieure de la cuisse opposée. Dans une autre circonstance, une balle, après avoir frappé à la poitrine un homme qui était debout dans les rangs, alla se loger dans le scrotum (S. Cooper, *Dictionnaire de chirurgie pratique*). Levacher, *dans les Mémoires de l'Acad. de chir.*, rapporte l'observation d'un soldat chez lequel une balle étant entrée par la partie antérieure de la cuisse, et étant parvenue à la face antérieure du fémur, fut réfléchie soit par le bord externe de cet os, soit par le muscle vaste externe, de telle façon qu'elle sortit par la partie postérieure du membre, dans une direction correspondante à celle qu'elle avait en entrant. — Deux étudians de Strasbourg s'étant battus au pistolet, l'un d'eux tomba frappé d'une balle à la région antérieure du cou ; on le crut blessé mortellement, il se releva un moment après sans presque sentir sa blessure : la balle avait frappé obliquement le larynx et, glissant sur le cartilage avait fait le tour du cou et était venue se placer au côté opposé du larynx, d'où elle fut extraite par une simple incision (fait rapporté par M. Malle, Briand, *Médecine légale*).

Ces phénomènes de déviation sont soumis aux mêmes lois que celles qui président aux mouvemens de tous les corps, si bien qu'il serait possible de déterminer *à priori* le trajet d'une balle, si l'on connaissait toutes les données du problème, c'est-à-dire la vitesse du projectile, sa direction, la position exacte et la densité des diverses parties qu'il doit traverser, etc.

Il est possible que, quand une balle tombe perpendiculairement sur un os, elle s'aplatisse sans le rompre : ce fait assez rare suppose une grande résistance de la part de l'os, et une quantité de mouvement faible dans le projectile.

Lorsque celui-ci tombe sur une arête saillante, il se partage quelquefois en deux fragmens ; il peut arriver que l'un des morceaux reste à la place que la balle a frappée, tandis que l'autre continue à pénétrer dans le corps. Une balle ayant frappé l'un des bords de la rotule, fut partagée en deux moitiés, dont l'une passa outre et se fraya un chemin au-dehors, tandis que l'autre séjourna dans l'articulation (S. Cooper). Le même auteur a vu une balle divisée par l'épine de l'omoplate en deux fragmens, dont l'un traversa la poitrine, et l'autre alla gagner le coude du côté correspondant. Quand l'impulsion de la balle est faible, celle-ci, déprimée, peut rester appliquée sur la crête de l'os. Enfin, le projectile tombant obliquement sur une arête, peut l'écorner sans déterminer de fracture.

Les balles tombent dans quelques cas rares, à la vérité, dans la cavité des os, de même qu'elles ont séjourné dans certaines circonstances dans d'autres cavités naturelles. Le roi de Navarre ayant reçu, pendant l'assaut donné à la ville de Rouen, une balle dans l'articulation du bras avec l'épaule, les perquisitions les plus exactes ne purent la faire découvrir : Amb. Paré supposa qu'elle avait percé de haut en bas la tête de l'humérus, et coulé jusque dans la cavité médullaire de l'os; ce qui fut vérifié à l'ouverture du corps (Ambroise Paré, Lyon 1664 ; *Voyage de Rouen*, p. 795).

Il existe deux ouvertures, l'une d'entrée, l'autre de sortie. — Il importe souvent de pouvoir déterminer par quel côté du corps la balle est entrée quand il existe deux ouvertures. L'opinion depuis long-temps accréditée, que l'ouverture de sortie est plus grande que l'ouverture d'entrée ne doit pas être aveuglément admise par le médecin légiste ; des signes meilleurs doivent le mettre à même de porter un jugement plus sûr. Et d'abord, si dans quelques cas, alors que la balle, atteignant la fin de sa course, distend les tissus avant de les déchirer par sa sortie, lorsque le coup sera parti de très près, le projectile fera une ouverture de sortie très nette, et les tégumens seront plutôt enlevés comme avec un emporte-pièce, que distendus et lentement déchirés ; dans ce dernier cas, l'ouverture de sortie de la balle peut être égale à celle d'entrée, et c'est là ce que M. Roux a pu observer plusieurs fois en 1830 (*Considérations sur les blessés des journées de juillet*). M. Malle va plus loin ; d'après lui l'ouverture d'entrée sera plus grande même que celle de sortie (*Clinique chir. de l'hôpital d'instruction de Strasbourg*). Enfin les observations d'Ollivier d'Angers et de M. Devergie sont loin d'être à l'appui de l'ancienne opinion ; au contraire, ces médecins ont vu souvent l'ouverture d'entrée égale à celle de sortie et quelquefois même plus grande.

Il vaut mieux chercher dans d'autres caractères les moyens de reconnaître quelle est des deux ouvertures celle d'entrée ou celle de sortie. La première, déprimée, ovale ou parfaitement circulaire, présente des bords meurtris (*Voyez* plus haut). La seconde n'est point entourée de cette zone brunâtre, de ces caillots que j'ai signalés sur l'ouverture d'entrée ; au lieu d'être enfoncée, elle est, au contraire, saillante ; ses bords sont renversés de dedans en-dehors. Quelquefois la présence de parcelles de vêtemens peut mettre encore plus sûrement sur la voie ; quand la balle frappe un tissu non élastique elle s'en coiffe, et l'entraîne quelquefois avec elle dans la plaie ; lorsque les vêtemens sont composés d'une étoffe lâche, extensible, le projectile ne fait qu'en écarter les parties constituantes, et, au premier abord, la balle semblerait ne les avoir pas traversés : c'est ainsi que plusieurs vêtemens étant successivement sur le trajet du projectile, les uns paraissent intacts, et d'autres présentent une déperdition de substance faite comme avec un emporte-pièce.

Projectiles multiples. Quand l'arme est chargée de grains de plomb, la décharge peut *faire balle*, comme on dit vulgairement, ou bien les tégumens sont criblés de petits trous distincts correspondant à l'entrée des projectiles disséminés. Quand la masse des grains de plomb ayant fait balle traverse une région dont les élémens anatomiques sont nombreux, le trajet qu'ils suivent forme en quelque sorte deux cones ; en effet, les grains du centre tombant perpendiculairement sur les tissus, les traversent et conservent leur direction première ; les autres, ceux de la périphérie frappant obliquement les diverses couches, se réfléchissent sur les muscles, les aponévroses, etc., et perdant par ces réflections la quantité de mouvement dont ils étaient animés, pénètrent moins profondément que les premiers. La base des deux cones leur est donc commune et correspond aux points où se sont arrêtés les grains de plomb disséminés, tandis que leurs sommets sont l'un à l'ouverture d'entrée, l'autre là où les grains du centre sont restés. Si la région blessée présente peu d'épaisseur, il existe une ouverture d'entrée et une de sortie, dont les diamètres sont à-peu-près les mêmes, si le coup a été tiré de très près.

A quelle distance une arme chargée de grains de plomb peut-elle *faire balle*, quand la décharge frappe une région du corps? C'est une question que M. Lachèse fils s'est efforcé de résoudre. Voici le résultat de ses recherches : A la distance de 28 à 30 centimètres, la plaie est unique, à bords irréguliers, faite comme avec un emporte-pièce; elle est plus large qu'à la distance de 15 à 20 centimètres.

M. Lachèse a expérimenté sur des corps dépouillés de vêtemens, et sur d'autres qui étaient vêtus. Dans le premier cas, à la distance de 33 ou 34 centimètres, il y avait déjà quelques grains (l'arme était chargée avec de la cendrée) qui s'écartaient et produisaient des échancrures sur les bords de la plaie. A 50 centimètres, les grains excentriques produisaient des plaies partielles et distinctes aux alentours de la plaie centrale. A un mètre, chaque grain de plomb frappe isolément la surface du corps; l'étendue de la région blessée est un cercle de 8 à 10 centimètres de diamètre. Enfin, à quinze pas, une charge de plomb n° 8 tirée sur le dos d'un individu, se disséminait sur toute sa surface. Dans le second cas, alors que le corps était couvert de vêtemens, les mêmes effets étaient produits, mais non aux mêmes distances; on comprend que plus les vêtemens étaient épais, nombreux, résistans, moins, pour obtenir les mêmes résultats, il fallait que la distance fût grande.

Voici d'ailleurs le tableau des expériences de M. le docteur Lachèse, faites avec un fusil chargé fortement d'une poudre fine dite *poudre des princes*.

Expériences de M. le docteur Lachèse, faites avec un fusil chargé fortement d'une poudre fine dite poudre des princes.

DISTANCE	GROSSEUR du plomb.	PARTIE du corps, dépouillée de ses vêtemens.	CARACTÈRES DE LA BLESSURE.
1° 16 à 17 cent. (6 pouces).	Cendrée (Plomb n° 1).	Poitrine.	Plaie arrondie, faite comme avec un emporte-pièce, n'ayant que 13 à 14 millim. (6 lignes) de diamètre.
2° Id.	Plomb n° 8.	Ibid.	Plaie semblable, mais de 20 à 25 millim. (9 à 11 lignes) de diamètre.
3° Id.	8 Chevrotines.	Ibid.	Six ouvertures bien rapprochées, se réunissant plus loin en trois, et n'en faisant ensuite qu'une seule, après avoir fracturé une côte et enfoncé ses fragmens dans l'étendue de 15 à 20 millim. (6 à 7 lignes).
4° 32 à 33 cent. (1 pied).	Cendrée.	Abdomen.	Plaie comme celles des n° 1 et 2 ci-dessus, mais moins régulière : beaucoup de plombs se sont un peu écartés et ont fait route isolément.
5° Id.	Plomb n° 10.	Ibid.	Plaie ronde, de 22 à 27 millim. (10 à 12 lignes) de diamètre.
6° Id.	Plomb n° 8.	Ibid.	De même; seulement quelques grains s'écartent et filent un trajet isolé.
7° Id.	Id.	Partie infér. de la jambe.	Plaie oblongue, à bords déchirés par les grains de plomb qui se sont écartés.
8° Id.	8 Chevrotines.	Ibid.	Six ouvertures à la peau (comme au n° 3 ci-dessus), se réunissant en quatre dans l'épaisseur des parties molles, et n'en formant plus qu'une dans les parties solides.
9° 50 cent. (1 pied 1/2).	Plomb n° 8.	Base de la poitrine.	Plaie tout-à-fait irrégulière, résultant d'un grand nombre de petites ouvertures faites par les grains de plomb écartés.
10° 65 cent. (2 pieds).	Plomb n° 10.	Ibid.	Plaie de 40 millim. (18 lignes) de diamètre, à bords dentelés par l'action des grains, qui se sont écartés, mais qui n'ont pas encore tout-à-fait abandonné la direction du reste de la charge.
11° 1 mètre. (3 pieds).	Cendrée.	Ibid.	Point d'ouverture centrale : les grains de plomb sont disséminés (sans avoir pénétré dans la poitrine) dans une étendue de 55 millim. (environ 2 pouces).
12°	Plomb n° 8.	Ibid.	Même effet : seulement, les grains sont disséminés dans une étendue d'environ 80 millim. (3 pouces).
13° 2 mètres. (6 pieds).	Id.	Cuisse.	Les plombs se logent plus ou moins profondément dans l'épaisseur de la peau sur toute la surface du membre exposée aux coups.
14° 3 à 4 mètres (10 à 12 p.).	Id.	Ibid.	Tous les grains sont disséminés dans une étendue de 10 à 18 centim. (6 à 7 pouces, de hauteur, sur 16 c. (6 pouces de larg.)
15° 14 à 15 mèt.	Id.	Le dos.	Tout le dos est criblé; mais quelques grains seulement pénètrent profondément dans l'épaisseur des muscles; quelques-uns atteignent le rein gauche; aucun ne traverse les os.
16° 16 cent. (6 pouces).	Plomb n° 8.	Poitrine recouverte de trois doubles de grosse toile.	Plaie unique, arrondie, faite comme avec un emporte-pièce, et ayant 17 à 18 mill. (9 lignes) de diamètre. À cette distance de 16 centim. (6 pouces), la plaie faite à la poitrine était semblable à celle faite à distance de 25 à 30 centim. (10 à 11 pouces) sur la poitrine nue.

Le résultat des recherches de M. Lachèse , malgré l'intérêt qu'il présente, ne peut être admis d'une manière absolue. Il est clair que la bonté de l'arme, la grosseur du plomb, la quantité, la force de la poudre, la qualité de la bourre, etc., impriment à la plaie produite des modifications variées. Les expériences suivantes faites par le même auteur donnent lieu aux mêmes réflexions.

La plaie est produite par la bourre. On comprend que l'arme ayant été déchargée de très près, les grains de poudre non brûlés et la bourre peuvent *faire balle* en frappant nos tissus. Je ne parle pas des brûlures concomitantes (*Voyez* plus haut). Il faut, pour que ce phénomène ait lieu, que l'arme soit d'un très fort calibre, qu'elle soit chargée avec une cartouche de guerre ou avec une double charge de poudre fine, et qu'il y ait moins de 16 centimètres entre le bout du canon et l'individu blessé. Voici pour plus de détails les expériences de M. Lachèse à ce sujet.

	Arme.	Distance.	Région du corps.	Lésions produites.
1°	Fusil de munition chargé d'une cartouche sans balle.	1 mèt. 30 c (4 pieds).	Abdomen nu.	La peau est noircie dans un espace circonscrit ; et de nombreux grains de poudre (c'était de la poudre de guerre) ont pénétré sous l'épiderme ; point d'autre lésion.
2°	*Idem.*	32 centim. (1 pied).	*Idem.*	La bourre s'est divisée : ses fragmens ont fait à la peau 5 ou 6 ouvertures semblables à celles qu'aurait produites du gros plomb ; mais ils se sont arrêtés dans le tissu cellulaire sous-cutané, et aucun n'a pénétré dans l'abdomen.
3°	*Id.*	16 cent. (6 pouces).	*Id.*	La bourre ne pénètre pas , mais elle excorie la peau dans une étendue circulaire de plusieurs pouces ; nombreux grains de poudre.
4°	*Id.*	*Id.*	Poitrine *nue.*	La peau est brûlée dans une étendue circulaire d'environ 27 millimètres (1 pouce) ; elle est couverte de grains de plomb dans un diamètre d'environ 55 millim. (2 pouces) ; mais point d'entamure, et la côte sur laquelle le coup avait été dirigé n'est pas brisée.
5°	*Id.*	*Id.*	Abdomen *rêtu* d'une toile et d'un morceau de drap pour simuler les vêtemens ordinaires.	La toile et le morceau de drap sont traversés et déchirés en plusieurs morceaux ; la peau est brûlée et contuse, mais non entamée.

Arme.	Distance.	Région du corps.	Lésions produites.
6° Fusil de munition chargé d'une cartouche sans balle.	8 cent. (3 pouces).	Partie supérieure de l'abdomen *nue.*	La bourre fait aux tégumens une ouverture à-peu-près circulaire, d'environ 18 millim. (8 lignes) de diamètre ; elle est déviée par la rencontre du cartilage de la 7° côte droite ; elle perce le diaphragme, fait au foie une petite plaie linéaire de 16 à 18 millim. de longueur, sans pénétrer dans cet organe.
7° *Id.*	*Id.*	Paroi gauche de la poitrine *nue.*	La bourre fait une ouverture de la largeur d'un espace intercostal, fracture la côte inférieure, et se loge entre le diaphragme et le poumon gauche, qui n'est pas lésé.
8° Fusil à piston fortement chargé.	*Id.*	*Id.*	La bourre fait une brûlure circulaire du diamètre d'environ 27 à 28 millimètres (environ 1 pouce) ; mais la peau n'est nullement entamée, soit que la bourre soit faite avec du papier de journal ou de très gros papier. — Même effet avec une bourre faite de deux rondelles de feutre : mais celle-ci fait de plus deux petites excoriations superficielles.
9° Fusil de munition chargé d'une cartouche (moins la balle).	54 millimètr. (2 pouces).	Abdomen nu.	La bourre pénètre, fait à la peau et aux muscles une ouverture à-peu-près circulaire de 18 millim. (8 lignes) de diamètre, blesse le mésentère et plusieurs anses intestinales, sans les ouvrir, et est retrouvée dans l'abdomen divisée en fragmens.
10° Fusil de munition chargé d'un double coup de poudre fine.	*Id.*	*Id.*	Même blessure.
11° Fusil à piston fortement chargé.	*Id.*	*bien tendu.*	La bourre brûle la peau uniformément dans un espace circulaire d'environ 20 millim. (9 lignes), mais ne l'entame pas.
12° *Id.*	45 à 50 millim. (1 pouce 1/2 à 2 pouces).	Paroi gauche de la poitrine *nue.*	La bourre brûle la peau dans une étendue circulaire d'environ 27 millim. (1 pouce) ; elle ne pénètre pas, mais elle fracture une côte sans déplacer les fragmens.
13° *Id.*	27 millimètr. (1 pouce).	Abdomen *nu* et bien tendu.	Brûlure de la peau dans un espace circulaire d'environ 20 millim. (9 lignes) mais sans entamure.
14° *Id.*	*Id.*	Abdomen *vêtu* d'une grosse toile en double.	Le coup traverse la toile, y met le feu, noircit la peau dans un assez grand espace, mais ne l'entame pas.
15° Fusil de munition chargé d'une cartouche (moins la balle).	*Id.*	Abdomen *vêtu* d'une toile et d'un morceau de drap.	Le coup traverse les vêtemens ; la plaie faite aux tégumens de l'abdomen a extérieurement 22 à 23 millim. (10 lignes) et intérieurement 52 à 54 millim. (près de 2 pouces) ; la bourre a traversé tout le paquet intestinal et est venue contondre la face antérieure de la colonne vertébrale.

L'arme qu'on suppose avoir servi à faire la blessure, étant saisie, peut-on déterminer, d'après les traces qu'elle porte, l'époque à laquelle elle a été déchargée? Cette question délicate, et dont la solution peut être, dans certains cas, d'une si grande importance, a été étudiée récemment par M. Boutigny (1), pharmacien à Évreux; je viens résumer ici la plus grande partie de son travail. Il a d'abord examiné à l'œil nu les traces de la poudre sur la batterie, puis il a recommencé cet examen à l'aide d'une bonne loupe, et noté les propriétés physiques de la crasse. Après cet examen préliminaire, et nécessairement superficiel, il procède de la manière suivante à l'analyse chimique. Il enlève la crasse avec soin à l'aide d'un pinceau et de l'eau distillée, puis il filtre cette solution dans du papier, lavé préalablement avec de l'acide chlorhydrique et de l'eau distillée; il examine en masse cette solution, qu'il divise ensuite dans des tubes éprouvettes, dans lesquels il la soumet à l'action du cyanure jaune de potassium et de fer, de l'eau de baryte, de l'acétate de plomb, de l'acide arsénieux additionné d'acide azotique et de la teinture de noix de galle.

M. Boutigny a présenté dans un tableau toutes les expériences qu'il a faites sur la crasse de la batterie d'un fusil, ainsi que les résultats qu'il a obtenus depuis une minute jusqu'à cinquante jours d'intervalle. Voici les conséquences qui découlent de ces expériences :

« On ne peut tirer aucune induction de la couleur de la crasse, qui est toujours à-peu-près la même, ni de son état hygrométrique, qui doit nécessairement varier suivant la saison, la température et les localités.

« Il n'en est pas de même de l'oxyde rouge de fer; on conclura de la présence de cet oxyde sur la partie du canon correspondant au bassinet qu'il y a au moins deux jours que l'arme a été déchargée; on conclura, au contraire, de l'absence de cet oxyde, qu'il n'y a pas deux jours que l'on a fait usage de l'arme.

« On tirera les mêmes conséquences de la présence ou de l'ab-

(1) *Recherches propres à déterminer l'époque à laquelle une arme à feu a été déchargée. — Journal de Chimie médicale*, t. IX, p. 525, année 1832, numéro de septembre.

sence des cristaux de sulfate de fer dans le bassinet et sous le couvre-feu.

« Ainsi, lorsque l'oxyde rouge et les cristaux manquent à-la-fois, on peut affirmer qu'il n'y a pas deux jours que l'on a fait usage de l'arme ; et l'on affirmera, au contraire, qu'il y a plus de deux jours que l'arme a été déchargée , s'il existe des taches d'oxyde rouge et des cristaux.

« Les réactifs désignés plus haut indiquent 1° l'absence d'un sel de fer, plus tard sa présence, et ensuite sa disparition, sinon complète, du moins en grande partie ; 2° la présence de l'acide sulfurique ; 3° l'existence d'un mono ou d'un polysulfure. C'est donc principalement sur la présence du fer que roulent toutes les conséquences de l'analyse.

« En réunissant les propriétés physiques et chimiques de la matière, on peut diviser les résultats obtenus par M. Boutigny en quatre parties qui caractérisent autant de périodes.

« *Première période*. Elle ne dure que *deux heures* , et elle est caractérisée par la couleur noir bleu de la crasse, l'absence de cristaux, de l'oxyde rouge de fer, et d'un sel de fer, la couleur légèrement ambrée de la solution, et la présence d'un sulfure.

« *Deuxième période*. Celle-ci est de *vingt-quatre heures*. La couleur moins foncée de la crasse, la limpidité de la solution, l'absence de sulfure, des cristaux et de l'oxyde rouge de fer, et la présence d'atomes d'un sel de fer, la caractérisent.

« *Troisième période*. Elle dure *dix jours*. Celle-ci est caractérisée par la présence de petits cristaux qui existent dans le bassinet, sous le couvre-feu et sous la pierre (ces cristaux sont d'autant plus allongés que l'on s'éloigne davantage de l'époque à laquelle l'arme a été tirée). On remarque sur la partie du canon correspondante à la batterie, et particulièrement au bassinet, des taches nombreuses d'oxyde rouge de fer. La teinture de noix de galle et le cyanure jaune de potassium et de fer indiquent la présence d'un sel de fer.

« *Quatrième période*. Celle-ci va jusqu'à *cinquante jours*. Cette période diffère de la troisième par une plus faible quantité d'un sel de fer, et par la plus grande quantité d'oxyde rouge existant sur le canon. »

30.

J'ajouterai, ainsi que le reconnaît M. Boutigny, que cette division en quatre périodes n'est point absolue, comme on peut s'en convaincre en jetant les yeux sur le tableau où ses résultats sont indiqués comparativement. De toutes les expériences qu'il a faites, M. Boutigny tire les conclusions suivantes :

« 1° Une arme à feu, à pierre et à bassinet de fer, dont la crevasse aurait les propriétés physiques et chimiques qui caractérisent la première période, aurait été tirée ou déchargée depuis *deux heures au plus.*

« 2° La même arme, sur laquelle on reconnaîtrait les caractères qui appartiennent à la deuxième période, aurait été tirée depuis *deux heures au moins et vingt-quatre heures au plus.*

« 3° Elle aurait été tirée depuis *vingt-quatre heures au moins et dix jours au plus,* si la crasse avait les propriétés qui caractérisent la troisième période.

« 4° Cette arme aurait été tirée depuis *dix jours au moins et cinquante jours au plus,* si la crasse de la batterie et la partie du canon correspondante à la batterie, avaient les propriétés physiques et chimiques appartenant à la quatrième période. »

Il résulte donc de ce travail qu'il est possible d'assigner à quelques jours près, et même à quelques heures près, l'époque à laquelle il a été fait usage d'une arme à feu. On conçoit de quelle importance peut être cette détermination rapprochée des caractères que présentera la blessure. M. Boutigny s'occupe ensuite de la théorie de la formation et de la disparition du sulfate de fer dont il a constaté la présence dans ses expériences ; il est, je crois, inutile d'examiner ici cette question (*Voy.* le mémoire de l'auteur).

Brûlures. Les différens caustiques liquides, tels que les acides azotique, sulfurique, chlorhydrique, le beurre d'antimone, produisent sur la peau des escarres d'un gris blanchâtre, dont l'aspect est généralement le même dans tous les cas. Il n'y a que l'acide azotique qui laisse en même temps autour des escarres une teinte jaune-serin tout-à-fait caractéristique, laquelle dénote l'espèce de caustique dont l'action a désorganisé le derme. L'escarre formée par la potasse caustique est ordinairement d'un brun de bistre plus ou moins foncé ; jamais elle ne présente cette sécheresse, et surtout cette carbonisation partielle de la peau qu'on observe dans certaines brûlures produites par le feu. Une brûlure étendue et superficielle est habituellement produite par un gaz enflammé, ou un liquide qui n'est pas gras. Quelques substances dont la combustion est rapide, et qui entrent en fusion en brûlant, comme le phosphore, le soufre, les résines, occasionnent dans un temps fort court des brûlures très larges et très profondes. Les brûlures les plus dangereuses par leur étendue et leur profondeur sont celles des vêtemens. Les bouillons, les huiles, le suif, le sucre fondu, c'est-à-dire les liquides susceptibles de s'élever à un très haut degré de température en bouillant et qui ont le plus de tendance à adhérer à la peau, produisent des brûlures profondes, qui sont la trace que le liquide a laissée, en obéissant aux lois de la pesanteur. Un corps solide fortement chauffé déterminera la formation d'une escarre déprimée et qui aura la même forme que ce corps.

ARTICLE IV.

Du danger des blessures, de leur marche, de leur terminaison : des moyens d'apprécier jusqu'à quel point leurs effets doivent être rapportés à la violence extérieure qui les a produites.

Je comprends sous ce titre la partie la plus importante de l'histoire médico-légale des blessures, celle que plusieurs auteurs ont cru devoir désigner sous le nom de *pronostic* des blessures. Le mot pronostic, dérivé προ d'avance, et de γιγνώσκω, je connais, est évidemment impropre dans le cas dont il s'agit, puisque l'homme de l'art est non-seulement appelé pour donner son avis sur l'issue probable d'une blessure, mais encore, et plus souvent, pour décider après la guérison ou la mort du blessé, jusqu'à quel point la blessure a été la cause des accidens qui se sont manifestés.

Plusieurs médecins admettent avec Stoll, que le danger des blessures ne peut être déterminé qu'*individuellement*, et ils veulent qu'avant de porter le jugement, on ait égard à la nature de la partie lésée, à la cause vulnérante, à l'intensité de la lésion, à l'état organique du blessé, et aux diverses circonstances qui peuvent aggraver la blessure, en prolonger la durée et en rendre les suites plus ou moins fâcheuses. En procédant ainsi, il est impossible d'assigner constamment *à priori* l'époque de la guérison, si la blessure est curable ; et en supposant que l'on soit appelé lorsque la maladie est terminée, il n'est pas toujours aisé de décider jusqu'à quel point certaines circonstances ont influé sur le retard qu'a éprouvé la guérison : il est encore fort difficile de déterminer quelquefois si la mort du blessé est un résultat nécessaire de la lésion, ou si elle n'est pas due à l'action d'une cause indépendante de la volonté de l'agresseur. Le jugement à porter, comme on voit, est fondé sur un assez grand nombre d'élémens, pour que la résolution du problème soit effectivement fort compliquée.

D'autres praticiens pensent, au contraire, que les blessures doivent être estimées d'une manière *générale*, prise dans leur terminaison particulière, mais constante et inhérente à leur nature chez l'individu sain et exempt de sur-causes. Cette opinion a été soutenue avec force en 1821 par le docteur Biessy, qui propose d'avoir recours à un tableau dans lequel il fixe le nombre de jours nécessaires pour la guérison des excoriations, des inflammations, des escarres, des contusions, des ecchymoses, des différentes espèces de plaies, etc., suivant qu'elles intéressent la peau, les membranes muqueuses, les muscles, les os, et suivant que la maladie se termine par résolution, par suppuration, par la formation du cal, etc., ou que les solutions de continuité ont été réunies par première intention (*Manuel pratique de médecine légale*, p. 133). Ce n'est pas, dit le docteur Biessy, que le tableau dont il s'agit présente une exactitude mathématique ; mais il lui semble que c'est ainsi que les diverses lésions doivent être considérées pour la médecine légale, puisque c'est en observant la terminaison simple et naturelle de chaque blessure, qu'on peut fonder légalement un pronostic, et obvier aux dangers toujours graves de laisser ce pronostic à l'arbitraire des hommes de l'art et aux contestations des gens d'affaires.

Après avoir fait connaître les deux opinions fondamentales sur

les moyens d'apprécier les effets des blessures, je vais parcourir rapidement les divers problèmes que l'homme de l'art peut
être appelé à résoudre; cette connaissance mettra à même de
juger laquelle des deux méthodes doit être préférée. J'espère que
les détails suivans, en indiquant à l'autorité les innombrables la-
cunes que présentent les dispositions pénales actuellement en
vigueur, engageront les jurisconsultes à donner une plus grande
extension à la partie du Code pénal relative aux blessures, et à
réformer les articles 309 et 311, en prenant pour base les propositions suivantes (1) :

1° Une blessure est immédiatement suivie de la mort, ou fait
périr le blessé dans l'espace de quelques heures.

Ici la mort est si bien l'effet de la blessure, qu'il serait impossible qu'elle n'arrivât pas. Le médecin peut la prédire : je citerai
pour exemple les lésions étendues et profondes du cœur avec un
épanchement considérable.

2° La mort ne tarde pas à suivre une blessure en apparence
fort grave ; mais le diagnostic est assez difficile à établir pour que
l'on soit obligé d'attendre que l'ouverture du cadavre ait fourni
la preuve que le blessé a péri par suite de la lésion.

3° Un individu succombe peu de temps après avoir été l'objet
d'une violence extérieure ; mais la blessure est tellement légère,
qu'il est permis d'annoncer avant la mort qu'elle est étrangère à
cet effet, et l'ouverture du cadavre confirme cette prédiction :
c'est évidemment le cas d'une personne qui devait périr quand
même elle n'aurait pas été blessée.

4° La mort arrive subitement ou dans l'espace de quelques
heures, à la suite d'une violence extérieure qui ne paraissait pas
assez intense pour devoir produire un effet aussi fâcheux : ainsi
un coup léger porté sur la tête d'un homme dont le *crâne est
fort mince*, ou sur le thorax d'un autre qui est atteint d'une
maladie grave du cœur et du poumon, les fait périr, tandis que
le même coup n'aurait donné lieu qu'à des accidens fort ordi-

(1) Il ne sera pas inutile de rappeler au lecteur que les articles 309, 311 et 319
du Code pénal que j'ai transcrits aux pages 444 et 445, sont les seuls dont on puisse
faire actuellement l'application au cas dont il s'agit.

naires chez tout autre individu se portant bien. Dans certains cas, l'homme de l'art a pu présumer, avant la mort du blessé, que la blessure était la cause de la mort, mais il a fallu, pour en acquérir la conviction, attendre que le cadavre eût été ouvert.

5° La mort ne tarde pas à suivre une blessure grave ; cependant il était possible de la prévenir dans beaucoup de cas, en prodiguant avec promptitude les secours convenables : tel serait le cas d'un individu dont l'artère carotide externe ou l'artère fémorale auraient été ouvertes. On ne craindra pas de se tromper en annonçant d'avance que la mort est le résultat de la blessure.

6° Un individu placé dans les mêmes circonstances que le précédent périt, tandis qu'il aurait pu survivre, si l'homme de l'art qui l'a secouru à temps avait tenté une opération qu'il n'a pas osé entreprendre, ou si l'ayant entreprise, il l'eût pratiquée avec le talent nécessaire.

7° La mort arrive plusieurs mois après l'action d'un instrument vulnérant : le blessé n'éprouve d'abord que de très légers accidens qui ne l'empêchent même pas de continuer ses travaux pendant les vingt jours qui suivent le moment de la blessure : cependant il est prouvé par l'ouverture du cadavre, par les signes commémoratifs et par d'autres circonstances, que la mort est l'effet de la blessure, et que les secours de l'art les mieux combinés n'auraient pu la prévenir.

8° Une blessure aurait été guérie avant le vingtième jour, si le blessé, par quelque motif d'intérêt ou de vengeance, n'avait pas cherché à l'aggraver en faisant usage de caustiques, etc.

9° La guérison d'une blessure aurait eu lieu avant le vingtième jour, si le lieu qu'habite le blessé, le climat et la saison ne s'y étaient pas opposés, si les secours de l'art eussent été rationnels et prodigués à temps, si le plaignant ou ceux qui l'assistent n'eussent pas enfreint les règles de l'hygiène : l'homme de l'art affirme que l'incapacité de travail pendant plus de vingt jours tient évidemment à l'une ou à l'autre des circonstances que je viens d'indiquer, ou bien il déclare que, sans pouvoir l'affirmer, il présume que le retard de la guérison dépend d'une de ces causes.

10° Une blessure est assez légère pour devoir guérir dans l'espace de dix, douze ou quinze jours ; néanmoins elle entraîne une incapacité de travail pendant trente ou quarante jours sans qu'on puisse accuser le malade, les assistans ni le médecin d'imprudence ou d'impéritie : la cause du retard consiste dans un vice de la constitution du blessé. Il peut se présenter deux cas fort différens : *a*, les vices de constitution sont facilement appréciables, l'homme de l'art prononce qu'ils existent, et n'hésite pas à leur attribuer la trop grande durée de la maladie ; *b*, l'altération des solides ou des humeurs qui détériorent la constitution n'est pas évidente ; le médecin ne peut pas affirmer qu'il y ait un vice, et par conséquent il ne peut rien apprendre pendant la maladie.

11° Certaines conditions de maladie ou d'âge diminuent tellement la cohésion du système osseux, que les causes les plus légères peuvent déterminer des fractures ; en sorte qu'on ne saurait, en pareil cas, juger de l'intensité d'une violence extérieure par l'effet qui en est résulté. Plus haut j'ai donné des exemples de fractures causées par de simples mouvemens faits par les malades.

12° Une violence extérieure occasionne l'avortement chez une femme enceinte ; l'agresseur prétexte l'ignorance de la grossesse, parce que la femme n'était enceinte que de deux à trois mois : dans ce cas comme dans ceux qui ont été mentionnés à l'alinéa qui précède (11°), le même coup aurait à peine entraîné l'incapacité de travail pendant deux ou trois jours, chez des individus placés dans des conditions opposées.

13° Une blessure qui a menacé plus ou moins les jours du malade, guérit ; mais le blessé reste infirme ou estropié : dans certains cas l'infirmité est absolue, c'est-à-dire qu'elle est simplement l'effet de la blessure, et doit exister chez tous les blessés ; dans d'autres circonstances elle est relative, et pourrait ne pas avoir été la suite de la blessure, si le blessé n'eût pas été atteint d'un vice de conformation, d'une maladie, etc. ; l'infirmité peut être curable ou incurable.

Il résulte évidemment des propositions qui précèdent que l'opinion de Stoll, savoir : *que le danger des blessures ne peut être jugé qu'individuellement,* est la seule admissible. Le médecin, dit Chaussier, doit se borner à considérer, à exprimer l'état particulier de chacun des cas pour lesquels il est requis ; car, quelque semblables que paraissent des affections, elles diffèrent toujours par quelques points.

J'adopterai volontiers avec le docteur Biessy qu'il serait possible de se servir souvent avec avantage du tableau qu'il a proposé, en lui faisant subir de légères modifications, parce qu'il est vrai que, *dans la plupart des cas,* on doit déclarer comme lésions simples, devant guérir dans un espace de temps déterminé, et *avant le vingtième jour,* les excoriations, les contusions bornées à la peau et au tissu cellulaire, et se terminant par résolution, les plaies non compliquées susceptibles de guérir par réunion immédiate, et celles qui, offrant peu d'étendue, se cicatrisent sans donner lieu à une suppuration abondante, les brûlures superficielles peu intenses, et celles qui, étant plus graves, sont bornées à un très petit espace. Mais il est des circonstances où l'usage d'un pareil tableau pourrait induire le médecin en erreur : parmi les exemples qui se présentent, je citerai le suivant. Un individu est piqué à la face palmaire du doigt index, la peau seule est intéressée ; on déclare que la lésion est simple, parce qu'en effet la plupart des piqûres des autres parties de la peau guérissent facilement, et que même on a vu de semblables piqûres au doigt ne donner lieu à aucun accident grave ; cependant un panaris se développe, et si le malade ne reçoit pas les secours convenables, il est exposé à perdre le membre ; il peut même succomber à une affection cérébrale. Ne voit-on pas aussi le tétanos survenir à la suite de certaines piqûres en apparence très légère ? Des excoriations de la peau sont quelquefois aussi le point de départ d'érysipèles, de phlegmons diffus.

Ajoutons à ces considérations que le docteur Biessy suppose avec Mahon « que le blessé est toujours doué de cette constitution naturelle que tout homme est censé avoir apportée en naissant, c'est-à-dire de cette conformation des parties solides, de ces qualités des fluides, de leurs propriétés, de leurs fonctions ordinaires, telles que la physiologie nous les présente » (Mahon,

Méd. légale). Or, cette proposition, énoncée d'une manière aussi générale, est inadmissible, puisqu'on n'observe pas une pareille constitution chez plusieurs individus. On dira sans doute qu'il est souvent aisé de juger en examinant le blessé pour la première fois, que les solides ou les liquides sont viciés de telle sorte que la guérison devra être retardée ; mais il n'en est pas toujours ainsi, car on est souvent dans l'impossibilité de découvrir les vices de constitution qui pourront entraver la marche de la nature. Du moins, répondra-t-on, sera-t-il permis d'attribuer à la mauvaise constitution du blessé la trop longue durée du traitement, lorsqu'on ne sera appelé à porter son jugement qu'à la fin de la maladie, si l'on apprend que celle-ci n'a été compliquée d'aucun accident dépendant du médecin, des assistans ou des imprudences que le malade aurait pu commettre. Soit ; il n'en est pas moins vrai que l'on aurait été induit en erreur si l'on avait prononcé *à priori*, d'après le tableau, que la maladie ne devait durer qu'un très petit nombre de jours. Une autre observation que ne manqueront pas de faire les partisans de la doctrine que je combats consiste en ce qu'il importe peu à l'agresseur que le blessé fût doué de telle ou de telle autre constitution, que la blessure dont il a été la cause étant de nature à devoir être guérie en peu de jours, *chez la plupart des individus,* il ne doit être passible en aucune manière des obstacles qu'a éprouvés la guérison, et qui tiennent à des vices de constitution qu'il ne pouvait point prévoir. C'est aux magistrats à apprécier la valeur de cette observation et à faire une juste application des articles 309, 311 et 319 du Code pénal, qui se rapportent à cet objet. Le médecin a rempli son devoir lorsqu'il a établi que la guérison de la blessure n'a été retardée que par suite de la mauvaise constitution du blessé.

Il me paraît démontré, d'après ce qui précède, que le danger des blessures ne peut être jugé *qu'en ayant égard à la nature de la partie lésée et à la cause vulnérante, ainsi qu'aux diverses circonstances qui influent sur leur durée et sur leurs suites* (*Voyez* plus loin pour les *règles de l'examen médico-légal des blessures*).

§ Ier.

DES BLESSURES CONSIDÉRÉES SOUS LE RAPPORT DE LA CAUSE VULNÉRANTE ET DES PARTIES ATTEINTES.

J'éviterai le double écueil dans lequel sont tombés les médecins qui ont voulu tour-à-tour juger les dangers des blessures seulement d'après la nature de la partie lésée, ou d'après la manière dont elles avaient été faites et les diverses circonstances qui les avaient accompagnées. Les détails dans lesquels je vais entrer prouveront jusqu'à l'évidence la nécessité de considérer à-la-fois ces deux objets dans toute recherche relative à la léthalité des blessures.

Blessures de la tête.

Les blessures de la tête méritent de fixer l'attention des gens de l'art, non-seulement parce qu'elles ont souvent les suites les plus fâcheuses, mais encore par la difficulté que l'on peut éprouver à en établir le diagnostic et le pronostic. L'inflammation du cerveau, du cervelet ou de leurs membranes, la commotion de l'encéphale, des épanchemens mortels de pus ou de sang dans la propre substance de ces viscères, entre leurs membranes ou entre la dure-mère et les os du crâne, des fractures de la boîte crânienne, tels sont les accidens graves auxquels elles peuvent donner lieu. Tantôt la lésion extérieure est nulle ou tellement peu sensible qu'elle semblerait ne pas devoir être redoutée, et pourtant le désordre est extrême dans la cavité du crâne ; le blessé périt en peu de jours si l'on ne se hâte point de lui prodiguer des soins; dans d'autres circonstances, les effets de la blessure ont été bornés aux tégumens, mais les symptômes qui se manifestent sont de nature à faire redouter la lésion des organes plus profondément situés ; il est des cas où la violence exercée sur la tête n'est suivie d'aucun phénomène propre à inspirer la moindre crainte, tandis que plusieurs jours et même plusieurs semaines après, il se développe tout-à-coup une maladie dont on arrête avec peine les progrès; ici la mort survient immédiatement après l'action de l'instrument vulnérant, et l'ouverture du cadavre ne montre aucune altération dans les tissus qui puisse expliquer un effet aussi redoutable ; c'est ce que l'on observe dans les commotions cérébrales (le 3ᵉ degré de Dupuytren) ; là on démontre, par un examen attentif des organes contenus dans la cavité du crâne, quelle a été la cause de la mort, mais il est extrêmement difficile de décider si l'on aurait dû, d'après l'existence d'un certain nombre de symptômes, pratiquer des ouvertures pour donner issue aux liquides épanchés, ou, en d'autres termes, si l'on aurait pu empêcher la mort. .

Les blessures de la tête ont été divisées en *internes* et en *externes ;* celles-ci sont moins graves que les autres, quoique cependant elles ne soient pas toujours exemptes de danger. J'adopterai cette division comme la plus simple ; toutefois je ferai observer que souvent les blessures de la tête sont plutôt mixtes qu'internes ou externes, c'est-à-dire qu'elles intéressent à-la-fois les tégumens et les organes plus profondément situés.

Piqûres des parties molles externes. La piqûre des tégumens du crâne offre, en général, peu de danger ; cependant on voit quelquefois se développer une tumeur inflammatoire peu douloureuse, plus ou moins étendue, et qui peut occuper quelquefois toute la tête ; souvent le blessé éprouve des nausées et un peu de fièvre. Ce n'est guère que lorsqu'un ou plusieurs filets nerveux ont été imparfaitement coupés par l'instrument, que l'on voit se joindre à ces symptômes des accidens plus fâcheux : en effet, il paraît alors du troisième au quatrième jour, un engorgement inflammatoire qui prend le caractère de l'érysipèle, et qui est souvent accompagné de fièvre et de tous les symptômes de l'embarras gastrique. Dans certaines circonstances, le malade éprouve du délire, de l'assoupissement, etc., phénomènes que l'on serait tenté de rapporter à l'inflammation du cerveau ou des méninges, à des épanchemens, etc. Les piqûres des tégumens du crâne peuvent se compliquer d'érysipèles simples ou phlegmoneux ; dans ce dernier cas, des décollemens très étendus séparent les parties molles de la voûte osseuse du crâne. Il est remarquable que le recollement s'opère dans certains cas avec promptitude.

Plaies des parties molles externes par instrument tranchant. Elles sont presque toujours exemptes de danger, à moins qu'il n'y ait eu commotion du cerveau, ou que des vaisseaux considérables ayant été ouverts, le blessé n'ait pas été promptement secouru. L'inflammation qui complique si souvent les piqûres, est ici beaucoup moins à craindre. Toutefois il importe, avant de prononcer sur les effets de ces blessures, d'avoir égard à la partie de la tête qui en est le siége ; ainsi les plaies des muscles temporaux (temporo-maxillaires) peuvent être plus dangereuses que celles des autres régions, non-seulement parce que l'artère temporale aura été ouverte ; mais encore parce qu'elles sont ordinairement suivies d'une inflammation assez considérable et par la gêne des mouvemens de l'os maxillaire inférieur. Les plaies faites par des instrumens tranchans peuvent être à lambeaux ; celles-ci sont plus graves que les plaies simples ; on doit éviter les décollemens qui peuvent se former vers la base du lambeau.

Contusions des tégumens du crâne. Le résultat le plus ordinaire d'une pareille contusion, est une infiltration ou un épanchement de sang sous la peau ou sous l'aponévrose et le péricrâne ; on lui donne ordinairement le nom de *bosse sanguine*, et l'on sait qu'elle n'offre généralement aucun danger, s'il n'y a pas eu lésion du cerveau ou de ses membranes, la résolution ne tardant pas à avoir lieu. Quand la tumeur est volumineuse, l'absorption du sang se faisant lentement, une inflammation peut se déclarer, et donner lieu à un abcès sanguin. Dans des cas assez rares, l'inflammation de la pie-mère ou de l'arachnoïde a été le résultat d'un coup léger porté à la tête : la maladie s'est terminée par suppuration, et le pus s'est épanché à la surface ou entre les lames de ces membranes. Le pronostic des bosses sanguines a souvent donné lieu à des méprises funestes de la part de chirurgiens peu attentifs, qui ont cru reconnaître un enfoncement du crâne lorsqu'il n'y avait qu'une simple bosse molle et enfoncée dans son milieu, mais dont les bords étaient durs et élevés, comme on le voit particulièrement dans les cas où l'instrument contondant a agi obliquement, et que le tissu cellulaire sous-cutané a été dilacéré. On a encore commis une erreur grossière, en prenant pour les mouvemens pulsatifs du cerveau, les battemens

que présentent quelquefois ces tumeurs, et qui résultent de l'ouverture d'une artère un peu considérable (1).

(1) La tumeur connue sous le nom de *céphalœmatome* pouvant quelquefois être
confondue avec des tumeurs qui sont le résultat de contusions du crâne des nouveau-
nés, il me paraît important d'appeler l'attention des experts sur ce point.

Du céphalœmatome.

On désigne sous le nom de *céphalœmatome* une tumeur non douloureuse, circonscrite, n'offrant aucun changement de couleur à la peau, molle, élastique, fluc-
tuante, ayant le plus souvent son siége sur l'un des pariétaux, quelquefois même
sur les deux à-la-fois, et résultant, non d'une infiltration séreuse et sanguine dans
les tissus, mais d'une collection de sang qui se fait en général entre le péricrâne et
le crâne même, ou bien entre le crâne et la dure-mère ; de là la nécessité d'admettre
un céphalœmatome *externe* et un céphalœmatome *interne*.

Le céphalœmatome est une maladie très rare. Naegèle n'en a vu que 17 exemples
dans une pratique de vingt années. M. Baron pense qu'il se présente une fois sur
quatre ou cinq cents enfans. C'est en général du premier au quatrième jour après
la naissance que cette tumeur devient apparente; mais quelquefois elle existe au
moment où l'enfant vient de naître, et elle peut même s'être développée antérieurement à la parturition.

Céphalœmatome externe. Siége et dimensions. Si le plus ordinairement le céphalœmatome occupe le pariétal droit, on l'a cependant observé sur le pariétal
gauche, sur l'occiput et sur l'une ou l'autre région temporale ; le plus souvent, il
n'existe qu'une de ces tumeurs chez le même individu; dans quelques cas cependant
on en a vu une sur chacun des pariétaux ; enfin, Naegèle en a trouvé plusieurs
chez le même sujet. Son *étendue* varie depuis le volume d'une noisette jusqu'à celui
d'un gros œuf de poule.

Signes. Peu développées et bien circonscrites aussitôt après la naissance, ces
tumeurs sont molles, peu convexes, assez peu tendues pour permettre aux doigts
de déprimer leur sommet, et de toucher le point de l'os sur lequel elles reposent.
Pendant les jours qui suivent elles deviennent plus saillantes ; plus pleines et plus
tendues ; elles peuvent, dans certains cas rares, être le siége de pulsations appréciables. Un peu plus tard elles diminuent, s'affaissent et acquièrent une consistance
pultacée, ou se ramollissent en disparaissant par degrés sans que les enfans qui en
étaient affectés aient semblé éprouver aucune altération dans leur santé générale.
Souvent la base de ces tumeurs offre une disposition analogue à celle que présentent les bosses sanguines des adultes, tout en reconnaissant une autre cause. C'est
un anneau ou une sorte d'induration saillante circulaire, laquelle laisse à son centre
une excavation qui en a imposé pour une destruction de la lame externe ou pour
une perforation complète de la lame de l'os.

Diagnostic différentiel. Le céphalœmatome se distingue aisément de la hernie congéniale du cerveau et du cervelet, d'abord par son siége ; car tandis que ces hernies se
développent au niveau des fontanelles, le céphalœmatome se manifeste le plus habituellement sur les pariétaux. Il s'en distingue encore par la rareté du mouvement
pulsatile, mouvement qui est constant dans l'encéphalocèle ; et lors même qu'il y
aurait des pulsations dans le céphalœmatome, elles ne seraient aucunement compa-
rables, sous le rapport de l'intensité, à celles de l'encéphalocèle. En outre, celui-ci

Les plaies contuses des tégumens du crâne, et surtout les *plaies d'armes à feu* se compliquent souvent d'inflammation ;

s'affaisse, diminue par la pression, et disparaît souvent en partie : une forte pression peut même déterminer des convulsions, des vomissemens et de la somnolence ; rien de semblable ne s'observe dans le céphalœmatome. Pendant les cris et les efforts de la toux, la tumeur produite par la hernie du cerveau augmente de volume, ce qui n'a pas lieu pour la tumeur dont je parle. Enfin l'encéphalocèle n'offre aucune fluctuation.

Les *tumeurs érectiles (anévrysmes par anastomose)*, produites par la dilatation des vaisseaux capillaires artériels et veineux que l'on observe quelquefois à la tête des nouveau-nés, seront distingués du céphalœmatome, en ce qu'elles sont molles, comme spongieuses, et qu'elles s'affaissent facilement et d'une manière égale, et se gonflent assez souvent pendant les cris ou les efforts de la toux, tandis que le céphalœmatome est élastique, tendu, dépressible avec fluctuation centrale, et entouré souvent d'une saillie circulaire. En outre, la surface de ces tumeurs érectiles est souvent parcourue par des veines flexueuses assez développées qui leur donnent une couleur violette caractéristique.

La tumeur qui a été désignée sous les noms de *caput succedaneum*, de *tumor succedaneus*, de *tumeur succédanée* ou *sous-tégumentaire* ou *d'ecchymose*, et que j'ai dit exister au sommet de la tête (voyez page 238), à la suite d'un travail long et pénible, lorsqu'une partie de la tête reste long-temps engagée soit dans des détroits viciés du bassin, soit dans l'orifice utérin rigide et incomplétement dilaté, cette tumeur, dis-je, sera distinguée du céphalœmatome aux caractères suivans : Elle est constamment le résultat d'un accouchement pénible, surtout s'il s'est prolongé après l'écoulement des eaux de l'amnios, tandis que le céphalœmatome peut se présenter chez des enfans dont la naissance n'a offert aucune difficulté ; elle a toujours son siége sur les parties qui se présentent les premières aux vides du bassin, elle est toujours unique et moins circonscrite que le céphalœmatome. La portion de cuir chevelu qui la recouvre offre une couleur violette bien prononcée ; elle ne présente pas de fluctuation et conserve l'empreinte du doigt. On n'y sent jamais de pulsations, et on n'y remarque pas le bourrelet annulaire du céphalœmatome. Enfin, le plus ordinairement elle disparaît en 24 ou 48 heures.

Causes. S'il est permis d'expliquer la production du céphalœmatome par un simple décollement du péricrâne ou de la dure-mère, il est difficile de ne pas admettre que ce décollement peut reconnaître des causes diverses : ainsi, il est tantôt le résultat d'une action violente exercée sur la tête du fœtus au moment du passage à travers un bassin étroit, ou par suite de l'application du forceps ; dans certains cas, il est dû à la faiblesse, en quelques points, des adhérences naturelles du périoste qui se détruisent par le moindre effort ; enfin, il peut tenir à une maladie des os, qui diminue ou détruit les adhérences normales du péricrâne, en lésant l'appareil circulatoire dans le point affecté. Quant à l'accroissement consécutif que prend le céphalœmatome, pendant les premiers jours qui succèdent à l'accouchement, il paraît dépendre de l'activité nouvelle qu'acquiert la circulation cérébrale après la naissance.

Terminaison. Le plus souvent il y a résorption du sang et disparition de la tumeur ; quelquefois elle s'enflamme et suppure, et la guérison peut s'ensuivre ; dans certains cas, elle peut amener la perforation des os du crâne, une hernie leur danger n'est pourtant pas très grand, s'il n'y a pas eu commotion du cerveau, ou si, comme il arrive quelquefois, l'inflammation ne s'est pas propagée aux membranes du cerveau ni à cet organe.

C'est dans ces sortes de plaies qu'on a vu le trajet curviligne de certaines balles, qui ayant une ouverture d'entrée sur un point, ont labouré le tissu cellulaire sous-cutané et les muscles pour sortir dans un point diamétralement opposé. Percy (*Manuel du chirurgien*) cite comme un des exemples de déviation des plus remarquables la blessure reçue par le maréchal de Lowendal au siège de Fribourg : une balle qui avait percé son chapeau et le cuir chevelu près de la tempe droite, fit le tour de la tête et ressortit au-dessous de la tempe gauche.

Piqûres des os du crâne. Si la piqûre est bornée à la table externe de l'os, elle n'entraîne aucun accident et doit être assimilée à celle qui n'aurait atteint que les parties molles. Il n'en est pas ainsi lorsque l'instrument vulnérant a intéressé le cerveau ou ses membranes, car l'inflammation de ces organes peut être la suite de la lésion, ou de l'irritation produite par des esquilles détachées d'un os fracturé : il peut y avoir des épanchemens mortels. Les exemples de pareilles blessures, qui avaient paru d'abord superficielles, qui s'étaient bien guéries en apparence, et qui, au bout de quelques jours, ont donné lieu aux accidens les plus graves, ne sont point rares. Joignez à cela que la difficulté du pronostic est souvent augmentée par l'impossibilité où l'on est de reconnaître au juste l'étendue de la lésion, surtout dans les premiers temps.

Plaies des os du crâne, par instrument tranchant. La guérison ne se fait pas attendre, lorsque l'os a été simplement divisé, et qu'il n'y a eu ni fracture ni lésion du cerveau ou de ses membranes ; mais malheureusement cela ne s'observe guère ; l'action des instrumens tranchans surtout lorsqu'ils sont mus avec assez de force pour couper les os, suppose qu'il y a eu contusion,

cérébrale et la mort (Voir pour plus de détails l'article *céphalœmatome* de M. P. Dubois, dans le *Dictionnaire de médecine, ou répertoire général des sciences médicales,* en 30 vol.).

de manière que l'on remarque souvent la commotion du cerveau, la fracture de la table interne des os, et si l'instrument a pénétré assez avant, la section des méninges et du cerveau, ce qui détermine l'inflammation, des épanchemens, etc. ; d'où il suit que les blessures de ce genre sont ordinairement fort dangereuses. Leur gravité ne saurait être appréciée autrement qu'en comparant les symptômes qui ont paru au moment du coup et après qu'il a été porté, à l'instrument vulnérant, à la force avec laquelle il a agi, à sa direction, etc.

Contusion des os du crâne. L'action des corps contondans sur les os du crâne détermine la simple contusion, la dénudation, la fracture de ces os, ou l'écartement de leurs sutures ; souvent les blessures de ce genre sont excessivement graves, parce qu'il y a eu en même temps commotion du cerveau, ou qu'elles ont été suivies d'épanchement plus ou moins considérable, etc. ; mais comme ces accidens fâcheux ne sont pas tellement liés aux lésions dont je parle, qu'ils doivent constamment les accompagner, il importe d'examiner celles-ci séparément. La *contusion* sans dénudation des os du crâne donne quelquefois lieu à la carie, à la nécrose et même à l'exostose, dont les dangers seront facilement appréciés par tous les praticiens. La *dénudation* sans contusion est une maladie légère, toutes les fois que l'os dépouillé n'est point altéré, et que les parties ont été rapprochées assez à temps pour empêcher l'action de l'air et des autres irritans qui pourraient nécroser les lames les plus superficielles. Si l'os *dénudé* a été en même temps *contus*, il y a nécessairement exfoliation ; ses lames superficielles sont affaissées et sensiblement déprimées. Les *fractures* ne présentent pas toutes les mêmes dangers (1) : tout étant égal d'ailleurs, les plus graves sont celles de la base du crâne, qui sont presque toujours mortelles ; celles des parties latérales le sont moins ; celles de la voûte sont les moins dangereuses. Plus il y a de vaisseaux artériels et veineux ouverts dans l'intérieur du crâne, plus ces vais-

(1) La région temporale étant la portion de la voûte du crâne la moins épaisse, c'est lorsque les violences extérieures s'appliquent sur elle, que les fractures se produisent avec plus de facilité ; ne sait-on pas que de semblables fractures ont eu lieu par suite d'un coup de poing porté sur cette région ?

seaux sont considérables, et plus la fracture doit être redoutée. Il n'est pas rare de voir de simples fêlures du crâne déterminer des accidens beaucoup plus graves que les fractures, et même que les grands fracas de cette boîte osseuse, parce que la commotion du cerveau est beaucoup plus forte, le diagnostic plus difficile à établir, et que le sang qui peut avoir été épanché n'a point d'issue au-dehors, comme lorsque la fracture a été considérable. Les fractures avec enfoncement sont plus à craindre que les autres, tout étant égal d'ailleurs. L'*écartement des sutures* ne saurait avoir lieu sans épanchement de sang entre les os et la dure-mère : en effet, il suppose nécessairement que cette membrane a été séparée aux endroits correspondans aux sutures, et que les vaisseaux et les prolongemens du péricrâne qui s'y rendent ont été rompus ; mais le danger ne se borne pas là ; il est rare qu'un effort assez grand pour écarter les sutures, ne détermine pas dans l'intérieur du crâne des désordres excessivement graves. Heureusement cet accident n'est pas commun ; on sait qu'il est presque impossible de l'observer chez les vieillards.

La contusion du crâne par les *armes à feu*, en supposant même qu'elle ne soit suivie ni de commotion du cerveau, ni d'épanchement, occasionne presque toujours, si la balle est dans toute la force de son mouvement, la séparation du péricrâne, des fêlures, la fracture et le détachement de la table interne des os, la meurtrissure des muscles et de leurs aponévroses, etc. Quelquefois la balle reste enclavée dans l'épaisseur de l'os, ou s'arrête sur la dure-mère, puis elle perce cette membrane pour s'enfoncer plus tard dans le cerveau (*Voy.* Plaies contuses du cerveau par des armes a feu, p. 484). Les accidens qui aggravent ces blessures sont d'autant plus redoutables qu'ils se manifestent souvent au moment où l'on s'y attend le moins.

Piqûres de l'encéphale et de ses membranes. Les piqûres du cervelet et de la moelle allongée sont mortelles ; la mort arrive, tantôt au bout de plusieurs heures, tantôt au bout de plusieurs jours. Celles de la base du cerveau, quoique moins graves que les précédentes, sont encore fort dangereuses ; presque toujours elles font périr les blessés, soit à l'instant même, soit au bout d'un temps plus ou moins long. La piqûre des parties latérales ou supérieures du cerveau est beaucoup moins dangereuse : toutefois si dans certaines circonstances elle a été suivie de la guérison, on l'a vue quelquefois déterminer la mort vers le neuvième ou le dixième jour. Du reste, la profondeur de ces blessures, qu'il est souvent impossible d'apprécier, influe singulièrement sur le pronostic. L'homme de l'art chargé de prononcer sur le sort d'un individu dont l'encéphale aura été piqué, ne perdra jamais de vue que le danger est relatif à l'inflammation et à la suppuration qui peuvent se manifester, à la présence de l'instrument ou d'une de ses parties, d'une esquille osseuse, à la facilité ou à la difficulté que l'on éprouvera à faire l'extraction de ce corps étranger.

Plaies du cerveau et de ses membranes, par instrument tranchant. Les plaies des parties supérieures du cerveau, lors même qu'elles sont avec perte de substance, peuvent guérir aussi facilement que celles des autres organes, s'il n'y a pas eu commotion, et si les liquides épanchés s'écoulent facilement ; ce qui tient au peu de sensibilité dont jouit la surface cérébrale. Mais elles sont presque toujours mortelles si elles ont pénétré profondément dans ces mêmes parties ou dans les parties latérales, car alors on a à redouter des épanchemens, l'inflammation et la suppuration de ce viscère et de ses membranes.

Plaies contuses du cerveau et de ses membranes; par des armes à feu. Il semblerait au premier abord que ces blessures devraient être plus dangereuses que celles où le corps lancé par la poudre serait resté sur la dure-mère, ou aurait été enclavé dans l'épaisseur de l'os ; mais il n'en est pas ainsi, en général, si les ouvertures faites par le projectile ont été convenablement agrandies par le trépan pour permettre sa sortie ainsi que celle des liquides épanchés : en effet, la commotion du cerveau, dans ces cas, est à peine sensible ; aussi a-t-on vu guérir des blessés dont le cerveau avait été traversé plus ou moins haut. Toutefois les plaies dont je parle amèneront la mort au bout d'un certain temps, si la balle est perdue dans le cerveau ; quelques exemples d'individus qui ont vécu pendant assez long-temps, malgré la présence de pareils corps étrangers dans cet organe, ne peuvent point infirmer cette proposition. Le pronostic de ces blessures devra être fondé sur la partie du cerveau qui a été lésée, sur le trajet parcouru par le projectile, ainsi que sur l'inflammation et la suppuration qui pourront se manifester.

Commotion du cerveau. La commotion du cerveau est un accident des plus redoutables des blessures de la tête, comme je l'ai déjà fait pressentir. Elle est souvent encore la suite de coups portés sur le menton, d'une chute de fort haut, sur les pieds, sur les genoux ou sur les fesses, des secousses que l'on fait éprouver à la tête lorsqu'on prend quelqu'un par les cheveux, par les oreilles, etc. Le pronostic de la commotion varie suivant le degré. Celle du premier degré ne dure pas au-delà de quelques instans. La commotion du deuxième degré se complique assez souvent de contusion du cerveau et de compression, et devient dans ces cas beaucoup plus grave. On sait que le troisième degré est caractérisé par la mort subite.

Épanchemens de sang dans le crâne, à la suite des percussions de la tête. Ces épanchemens peuvent se faire entre les os du crâne et la dure-mère, au-dessous de cette membrane, c'est-à-dire à la surface du cerveau, ou dans la propre substance de ce viscère. Les premiers, que l'on peut appeler *superficiels*, sont quelquefois le résultat d'une chute sur la tête, *qu'il y ait ou non fracture du crâne*; ils ont leur siége dans l'une ou l'autre des régions temporales. Voici le mécanisme de leur formation lorsqu'il n'y a point fracture : l'artère méningée moyenne est déchirée par contre-coup, et verse une assez grande quantité de sang; celui-ci s'interpose entre la dure-mère et l'os; à mesure que cette membrane se trouve décollée, les vaisseaux qui l'unissaient au crâne sont mis à nu, et donnent du sang, en sorte qu'il suffit de deux ou trois heures pour qu'il y ait plus de 500 grammes de ce liquide épanché; il est évident que l'on doit observer tous les symptômes de la compression cérébrale, et même que le blessé ne doit pas tarder à périr, si l'on ne pratique pas à temps les ouvertures nécessaires pour permettre au sang de s'écouler. J'ai vu, avec Béclard, deux individus atteints de l'épanchement dont il s'agit; l'un d'eux périt, l'autre fut trépané à temps, et recouvre la santé; chez tous les deux il y avait environ 500 grammes de sang épanché; le crâne du dernier était fracturé, mais aucun indice n'avait pu faire découvrir cette lésion avant l'application du trépan (*Archives générales de médecine*, t. III, p. 377). Des observations analogues avaient déjà été publiées par Abernethy ; d'où il résulte que, malgré l'opinion contraire de certains chirurgiens, l'artère méningée moyenne peut se rompre sans qu'il y ait fracture du crâne, et que l'épanchement qui en résulte peut déterminer la mort en très peu d'heures. Les épanchemens *superficiels* avec fracture sont beaucoup moins dangereux, parce que le diagnostic est plus facile, et que par conséquent on peut y remédier avec plus de sûreté ; d'ailleurs les liquides épanchés peuvent ordinairement s'écouler avec plus de facilité.

Les épanchemens de sang un peu considérables, dans la substance, entre les circonvolutions, dans les ventricules ou à la base du cerveau, ne tardent pas à être suivis de la mort, tandis qu'ils sont beaucoup moins dangereux, si le liquide épanché est en assez petite quantité pour pouvoir être résorbé. Tout étant égal d'ailleurs, ils sont plus graves à la suite des commotions du cerveau, que lorsqu'il y a eu simplement fracture, parce que, dans ce dernier cas, il est souvent permis d'en préciser le siége et de donner issue au liquide.

Il n'entre pas dans le plan de cet ouvrage de décrire les signes de pareils épanchemens, ou de la compression du cerveau par du sang ; on les trouvera parfaitement exposés dans les traités de pathologie externe ; je me bornerai à dire que les deux symptômes caractéristiques sont la *perte de connaissance et l'assoupissement léthargique*, et que, s'il en est de même pour la commotion du cerveau sans épanchement, on pourra distinguer ces deux états, en se rappelant que, dans la commotion du cerveau, la perte de connaissance a lieu dans l'instant même, tandis qu'elle ne se manifeste, dans le cas d'épanchement, que quelque temps après l'action de la cause qui l'a déterminée : je dis quelque temps après ; en effet, tantôt il suffit de quelques minutes ; dans d'autres circonstances, les symptômes de la compression ne se développent que plusieurs jours et même plusieurs semaines après que la violence a été exercée. On ne saurait trop se pénétrer de cette vérité, lorsqu'on est appelé à faire un rapport sur les blessures de la tête : combien de fois n'a-t-on pas vu des individus qui avaient été blessés, n'éprouver aucun accident pendant un mois, et même plus, succomber assez rapidement à un épanchement de sang qui était évidemment la suite de la lésion extérieure ? Dans beaucoup de circonstances, la lenteur avec laquelle le sang s'était épanché pouvait tenir à ce que l'ouverture des vaisseaux divisés avait été bouchée par un caillot qui, finissant par se ramollir, se liquéfiait, et permettait au sang de s'écouler de nouveau ; et plus souvent encore, d'après Boyer, à ce que l'épanchement s'était fait d'abord dans la substance celluleuse des os, et qu'il ne parvenait à la surface de la dure-mère, que lorsque la table interne de ces os avait été détruite.

Si l'homme de l'art qui doit prononcer sur le danger d'un épanchement sanguin, n'est appelé qu'après la mort du blessé, il aura égard à la quantité de sang épanchée, à la place qu'il occupe, à la situation, au mode et à la forme de la blessure, ainsi qu'au traitement que le blessé aura subi.

Inflammation et suppuration du cerveau et de ses membranes. Il n'est pas rare de voir les lésions de la tête par cause externe, être suivies d'inflammation du cerveau ou de ses membranes, pour peu qu'elles soient graves ; cette inflammation peut se terminer par suppuration, en sorte que le blessé éprouve alors tous les symptômes de la compression purulente. Je renvoie aux ouvrages de pathologie externe, pour les détails relatifs à l'invasion, à la marche, à la durée et au diagnostic de ces maladies ; il ne doit être question ici que de leur pronostic. L'inflammation du cerveau et des membranes est une affection redoutable ; elle n'est jamais plus dangereuse à la suite des blessures, que lorsqu'elle a été précédée de commotion ; elle est en général moins grave dans le cas de contusion ; elle l'est encore moins s'il y a eu plaie de ces parties, ou si elle est occasionnée par un corps étranger que l'on puisse extraire facilement. On ne peut guère espérer de la combattre avec succès que dans le début, et le malade est certain de périr, si la suppuration est déjà établie et qu'il soit impossible de donner issue au pus. L'amendement dans les symptômes n'annonce une terminaison heureuse que dans les cas fort rares où il ne survient pas brusquement, et où il est précédé d'évacuations abondantes ; dans toute autre circonstance, il est loin d'être rassurant, parce que d'un instant à l'autre les accidens peuvent s'aggraver et faire périr le malade.

Les blessures de la tête ne bornent pas souvent leurs effets à ceux que je viens de décrire : des vertiges, l'affaiblissement ou la perte des facultés intellectuelles, la paralysie, une douleur *fixe* dans un point déterminé, l'épilepsie ; telles sont les affections qu'elles peuvent occasionner, soit que la lésion externe ait été guérie ou non. Ces accidens, quelquefois au-dessus des ressources de l'art, peuvent persister pendant plusieurs années, et doivent être toujours présens à l'esprit des médecins chargés de prononcer sur la gravité des blessures. La paralysie de la face à la suite de coups sur la tête peut tenir à deux causes bien distinctes : quelquefois elle dépend d'un épanchement sanguin dans la cavité encéphalique ; d'autres fois elle est le résultat d'une *fracture du rocher* : il faudrait donc dans ce cas se garder de conclure de la paralysie du nerf facial à l'existence nécessaire d'un épanchement sanguin dans la cavité du crâne.

Blessures à la face.

Blessures des sourcils. Il semblerait au premier abord que les piqûres, les plaies et les contusions des sourcils devraient être regardées comme des blessures simples, susceptibles de guérir en peu de jours et sans laisser d'infirmités après elles ; mais il n'en est pas toujours ainsi. En effet, elles peuvent donner lieu à des accidens fâcheux, selon leur siége et la forme du corps vulnérant. Les piqûres de la région surcilière peuvent intéresser le nerf sus-orbitaire, et des névralgies incurables être le résultat de cette lésion. Un instrument tranchant ayant incomplétement coupé le même nerf, peut intéresser le périoste et les os, de là la possibilité de périostite et de nécrose, et des mêmes accidens névralgiques qu'occasionnent les piqûres. La plaie sera suivie d'une cicatrice qui sera très apparente, si les fibres du muscle surcilier ont été coupées perpendiculairement ; au contraire, une plaie horizontale laissera à peine des traces de son existence. Les corps contondans orbes donnent lieu à des plaies bien plus graves que les piqûres et les coupures, car, indépendamment des complications qui peuvent les accompagner plus spécialement, telles que fractures, contusion du cerveau, commotion, inflammation consécutive des méninges et compression, les plaies contuses des sourcils se font quelquefois par un mécanisme particulier qui les rend plus dangereuses : comme l'arcade surcilière présente vers sa partie externe un bord tranchant, les parties molles sont coupées du périoste vers l'épiderme, de sorte que ces plaies présentent un décollement plus ou moins grand des parties profondes, en même temps que celles-ci sont plus contuses ; des épanchemens purulens dans l'épaisseur de la paupière supérieure, des phlegmons diffus peuvent en être la conséquence, si des moyens thérapeutiques efficaces ne sont pas mis en usage ; enfin un accident assez fréquent des blessures des sourcils, est l'obscurcissement de la vue et même l'amaurose, qui résulte alors de la lésion du nerf frontal ; les annales de la science renferment un assez grand nombre d'exemples de cécité due à cette cause traumatique (*Voyez* la note de la page 431 pour l'explication).

Une dame fut blessée par les glaces d'une voiture dans laquelle elle était, et qui versa ; l'une des plaies, située près l'angle temporal des paupières gauches, était de peu d'importance ; l'autre occupait le sourcil du même côté, près l'angle nasal, là où le nerf frontal, en sortant de l'orbite, fournit des filets aux parties circonvoisines : cette dame perdit aussitôt la faculté de voir, et après le quarantième jour elle pouvait à peine distinguer le jour de la nuit : pourtant la cornée était intacte, et il n'y avait aucune lésion à la tête ni à l'œil (Morgagni, *Epistola anatomica* XVIII).

Blessures des paupières. Ces blessures , lorsqu'elles intéressent le nerf facial, entraînent quelquefois la paralysie du muscle orbiculaire des paupières et par suite l'impossibilité de clore les paupières, circonstance qui expose à des conjonctivites quelquefois assez intenses pour que le globe de l'œil tout entier s'enflamme, et, dans ce cas, la vision peut être complétement perdue. S'il est vrai que le plus souvent les *piqûres* des paupières constituent une maladie simple et promptement curable, on observe quelquefois le contraire, car elles peuvent être suivies de la mort ; ainsi on a vu l'instrument vulnérant pénétrer jusqu'au cerveau après avoir traversé la voûte orbitaire, la plaie extérieure guérir en peu de jours, et le malade périr long-temps après et au moment où l'on s'y attendait le moins ; l'ouverture du cadavre n'a laissé aucun doute sur la profondeur de la lésion, ni sur l'existence d'une matière purulente dans le cerveau ou entre ses membranes. Le fait suivant vient à l'appui de cette assertion :

Une fille étant occupée à filer, fit une chute et s'enfonça dans la voûte orbitaire, tout près du grand angle de l'œil, la pointe de son fuseau dont la filière était en fer ; on retira le fuseau, mais la filière resta. Quelque temps après la fille parut guérie. Elle fut près de huit ans sans éprouver d'autres accidens que des maux de tête assez légers. Au bout de ce temps, les maux de tête augmentèrent considérablement, et il se forma un abcès auprès du grand angle de l'œil, sur le point qui avait livré passage au fuseau ; à l'ouverture de cet abcès, après l'issue d'une quantité considérable de pus, on aperçut la filière que l'on retira, mais la malade mourut quelques jours après (*Académie royale de chirurgie*).

Dans d'autres circonstances il se manifeste des accidens assez graves pour déterminer la mort sans qu'il y ait eu piqûre de la voûte orbitaire, ni du cerveau, ni de ses membranes. Petit de Namur parle de deux individus qui étaient dans ce cas, et dont l'un périt au bout de trois mois : à l'ouverture du cadavre, on reconnut que la partie antérieure inférieure droite du cerveau était le siége d'un abcès contenant une grande quantité de pus ; l'inflammation de cet organe avait eu lieu sans lésion directe. Combien ne faudra-t-il donc pas être réservé sur le pronostic ! Comment, en effet, déterminer d'une manière exacte les limites d'une lésion des paupières, et reconnaître positivement le degré de complication du côté de la paroi orbitaire, des méninges et du cerveau ? — Les *plaies* des paupières par instrument tranchant qui n'intéressent pas le cartilage tarse, sont *en général* fort simples et n'exigent que la réunion immédiate, tandis qu'on est quelquefois obligé de recourir à la suture si le cartilage a été lésé. Je ferai remarquer toutefois que les plaies horizontales, celles qui suivent les plis naturels des paupières ne sont pas accompagnées de difformités, de cicatrices aussi prononcées que celles qui ont une direction verticale, à cause de la rétraction des fibres du muscle orbiculaire.

Les *contusions et les plaies contuses* dont l'effet est borné aux paupières, ne présentent *en général* aucun danger ; la perte de la vue peut cependant en être la suite dans certaines circonstances, comme le prouvent les faits suivans :

1° La paupière supérieure de l'œil gauche d'un enfant de quatre ans, fut atteinte par un petit bâton aigu qui ne tarda pas à occasionner une petite plaie par laquelle sortit un petit flocon graisseux que l'on fit tomber par la ligature : à l'instant du coup, l'enfant tomba et vomit pendant trois jours ; cependant la plaie ne tarda pas à guérir. La vue de l'œil gauche fut perdue (Fabrice de Hilden. Cent. vi, obs. 6). 2° Un jeune homme fut frappé un peu au-dessus du sourcil de l'œil droit par le bouton d'un fleuret fortement appuyé ; il éprouva d'abord une douleur lancinante jusqu'au fond de l'orbite, une sorte de vertige et d'éblouissement qui se dissipèrent dans l'instant même, et ne l'empêchèrent point de continuer ses exercices comme à l'ordinaire. La nuit fut tranquille. Le lendemain on ne voyait à l'endroit frappé qu'une ecchymose rougeâtre, circulaire, du diamètre d'environ 20 millimètres, qui était un peu douloureuse à la pression. La tête était légèrement pesante. L'ecchymose s'étendit, suivit la marche ordinaire, et disparut dans la huitaine. Un mois après l'accident, le jeune homme, qui depuis long-temps n'éprouvait aucune incommodité, s'aperçut en dessinant qu'il ne distinguait plus les objets de l'œil droit, quoique cet organe fut clair, brillant, et que l'iris eût conservé sa forme et sa couleur ; à la vérité ses mouvemens étaient plus faibles, plus lents ; la partie frappée par le fleuret était le siége d'une douleur qui augmentait beaucoup par la pression ; plusieurs moyens furent employés sans succès, et la vue de l'œil droit est entièrement perdue (Chaussier). 3° Un coup porté à l'angle nasal de l'œil gauche, près la paupière supérieure, détermina une petite plaie pénétrant jusqu'à l'os ; la douleur éprouvée par le blessé fut très violente ; la vue, de ce côté, fut entièrement perdue, et celle de l'œil droit sensiblement diminuée ; toutefois, la paupière était à peine intéressée, et la pupille de l'œil gauche peu dilatée. Tout le côté droit du corps fut attaqué de paralysie, qui céda à l'usage des eaux thermales ; quant à la vue, elle se rétablit un peu du côté droit, mais elle fut entièrement perdue du côté gauche (Elias Camerarius. *Ephem. natur. cur.* Cent. iii, obs. 55 (1).

(1) On s'est beaucoup occupé de savoir pourquoi des blessures des paupières et des sourcils en apparence très légères, étaient quelquefois suivies d'accidens fâcheux. Parmi les opinions énoncées à ce sujet, celle de Platner et de Sabatier, que je vais faire connaître, semble la plus satisfaisante. La douleur, l'irritation, ou si l'on veut l'ébranlement produit par la contusion, l'écrasement ou la section incomplète du rameau frontal (palpébro-frontal de Ch.) de l'ophthalmique de Willis, se propage non-seulement aux branches qui naissent directement de ce nerf ophthalmique (orbito-frontal), mais encore aux filets qui proviennent du ganglion orbitaire, et se distribuent à l'iris, ce qui détermine surtout dans ces filets pulpeux et délicats, un changement qui amène plus ou moins promptement l'atonie, la paralysie de l'iris, et par suite l'insensibilité de la rétine à la lumière (Chaussier,

Blessures du globe de l'œil. Piqûres. De toutes les blessures du globe de l'œil, les piqûres sont sans contredit les moins dangereuses. On sait qu'à moins d'occuper le centre de la cornée transparente et d'intéresser l'iris, la piqûre n'entraîne aucun dérangement dans la vue ; elle n'expose guère non plus à l'écoulement des humeurs, excepté dans certains cas où la blessure a son siége dans la sclérotique. La gravité des piqûres du globe oculaire dépend des lésions internes qui peuvent les compliquer.

Plaies par instrument tranchant. Leur danger consiste dans l'écoulement des humeurs ; il est par conséquent relatif à leur étendue et à leur direction. Une plaie de la sclérotique faite parallèlement à ses fibres exposera moins à l'issue des liquides qu'une plaie qui leur serait perpendiculaire. Tous les jours on a des exemples de l'innocuité des plaies de la cornée dans l'opération de la cataracte par extraction. La vue est inévitablement perdue, si la plaie est assez grande pour que l'œil soit vidé ; si elle est bornée au contraire à une petite portion de la sclérotique ou à la cornée transparente, on peut espérer de voir cesser l'écoulement des humeurs lorsque ses bords se tuméfieront sous l'influence d'une inflammation adhésive.

Contusions. Il n'en est pas des contusions comme des autres blessures de l'œil ; rarement celles-ci exposent les jours du blessé ; la perte de l'organe de la vue est le plus grand accident que l'on puisse redouter, tandis que la contusion du globe de l'œil peut quelquefois occasionner la mort du malade. Lorsque cette contusion est légère, ses effets se bornent à une infiltration de sang sous la conjonctive, qui devient d'un rouge plus ou moins foncé ; la lésion est-elle plus grave, le sang épanché se mêle aux humeurs de l'œil, et quelquefois le malade perd la faculté de voir pendant un certain temps ; mais si les membranes

ouvrage cité). Je ferai observer toutefois avec ce dernier auteur, que cette explication ne saurait être admise sans restriction, puisqu'on a plus d'une fois coupé, brûlé dans les névralgies faciales, non-seulement le rameau frontal à sa sortie de l'orbite, mais encore les nerfs sous-orbitaire et mentonnier, sans qu'il en soit résulté aucune altération de l'œil (Voyez sur ce sujet le travail intéressant de Ribes, inséré dans les *Mémoires de la société médicale d'émulation de Paris*, tome VII, page 86).

et le corps vitré n'ont pas été déchirés, et qu'il n'y ait point eu commotion et paralysie de la rétine, la résorption peut se faire complétement, surtout si l'on a administré les secours convenables, et si l'épanchement de sang était peu considérable; il est même permis d'espérer, dans certains cas, d'évacuer le liquide en pratiquant une incision à la partie inférieure de la cornée : l'une ou l'autre de ces terminaisons heureuses rend nécessairement la vue au blessé. Si la contusion a été assez forte pour déchirer la choroïde, la rétine et le corps vitré, et déplacer le cristallin, le malade court les plus grands dangers, à moins qu'on ne prévienne les effets de l'inflammation par les antiphlogistiques les plus énergiques; dans tous les cas, la perte de la vue est inévitable. En supposant que la violence ait été assez grande pour déchirer la cornée et la sclérotique, l'œil se vide sur-le-champ, ce qui entraîne la perte de la vue; mais l'inflammation n'est guère à craindre. Il arrive toutefois, que dans certains cas de ce genre, le malade conserve la faculté de voir. Larrey a présenté à l'Académie royale de médecine, un soldat qui avait été blessé à l'œil gauche par la gachette de son fusil; l'œil avait été ouvert, et le cristallin était sorti avec la plus grande partie des humeurs vitrée et aqueuse : l'iris avait été déchiré, et avait contracté des adhérences avec la cornée. La vision s'opérait à-la-fois par la pupille déformée, et par l'ouverture accidentelle de l'iris. Le malade était affecté de diplopie quand il regardait seulement avec l'œil qui n'avait pas été blessé (13 mai 1824).

Contusion et plaies contuses de l'œil par des grains de plomb. C'est avec circonspection que le médecin doit porter le pronostic lorsque des corps étrangers ont pénétré dans le globe oculaire; ceux de ces corps qui restent implantés sur la cornée peuvent, s'ils ne sont enlevés, déterminer une kératite, suivie elle-même d'une ophthalmite générale et de la perte de la vision. Parmi ceux qui sont logés dans l'intérieur de l'œil, quelques-uns exposent plus aux accidens inflammatoires que d'autres; des grains de plomb ou de poudre arrivent quelquefois jusque dans l'épaisseur de la chambre antérieure, dans l'épaisseur de l'iris, dans le cristallin et même dans le corps vitré. Ces corps étrangers ont pu n'amener qu'une gêne médiocre dans l'exercice de la vision ; à part le pointillé noirâtre des tissus lésés, la transparence de l'organe était parfaite, les accidens inflammatoires avaient même été assez légers ; les malades ne se plaignaient plus à la longue de leur affection qu'à titre de tache désagréable (Velpeau, *Dict. en 30 vol.*, t. xxi, page 348). Un grain de plomb placé dans l'œil finit, au dire de Stœber, par se faire jour du dedans au-dehors, par se placer entre la sclérotique et la conjonctive, d'où l'extraction en fut facile. Au contraire, les fragmens de cuivre, de cailloux, des morceaux de bois, causent ordinairement une violente inflammation, et la fonte purulente de l'œil : ou bien si ces accidens n'arrivent pas, l'iritis, des déformations de la pupille, des cataractes fausses, membraneuses ou hématiques, des taches sur la cornée en sont la suite inévitable. Des cils ont séjourné dans la chambre antérieure sans causer d'accidens sérieux. Voici un fait bien singulier dont M. Pamard d'Avignon a donné communication à l'Académie de médecine.

Un jeune homme, battant le briquet sur une pierre à fusil, se sentit l'orbite heurté par quelque chose : l'œil en fut à peine irrité, et quand, au bout d'un mois ou deux, le chirurgien fut appelé, on vit avec étonnement derrière la cornée comme un cil couché de bas en haut. Plusieurs mois s'écoulèrent sans que le blessé songeât sérieusement à ce corps étranger ; à la longue il crut cependant devoir s'en débarrasser. M. Pamard, ayant fait une incision au bas de la cornée, retira des chambres de l'œil un poil long de 15 millim., adhérent par un point de sa longueur, au-devant de l'iris, comme enveloppé d'un bulbe de silex et de sang concret à l'une de ses extrémités ! (*Dict.* en 30 vol., loc. cit.).

Quelle réserve le médecin expert ne doit-il pas garder dans son pronostic, toutes les fois que des cas semblables seront soumis à son jugement !

Blessures de l'oreille. On croyait autrefois que la *piqûre* du cartilage de l'oreille se terminait souvent par gangrène ; les sutures appliquées sur le pavillon donnent journellement un démenti à cette assertion. Les phlegmons ne peuvent s'y développer, à cause de l'absence du tissu cellulaire, mais il n'est pas rare de voir des érysipèles à la suite de ces piqûres. Les plaies par instrument *tranchant* guérissent avec facilité quand le lambeau n'est pas séparé du reste du corps par une trop grande étendue, et quand la suture a été pratiquée. Mais si la gangrène s'en empare, et qu'une partie du pavillon présente une perte de substance, outre la difformité qui en résulte, la perfection de l'ouïe est diminuée, ainsi que l'a démontré depuis long-temps Leschevin.

Des corps contondans peuvent déchirer, mutiler le pavillon de l'oreille, et ces plaies donnent lieu aux mêmes considérations.

Lorsque la membrane du *tympan* est le siége d'une légère piqûre, l'ouïe est plus ou moins dure ; cependant elle finit par se rétablir dans certains cas. Si la lésion a été assez grande pour détruire le tympan dans presque toute son étendue, l'ouïe est entièrement perdue, ou grandement altérée.

Blessures du sinus maxillaire. Les *piqûres* et les *coupures* du sinus maxillaire ne présentent pas de gravité, s'il n'y a pas enfoncement de ses parois. Les effets des corps *contondans* sont plus graves : on a à craindre l'inflammation et des fistules ; celles-ci guérissent souvent lorsqu'on a extrait les esquilles d'os ou les autres corps étrangers qui les entretenaient ; quelquefois cependant elles dépendent de la carie, de la nécrose des os, ou du séjour du pus dans le sinus, et alors on est obligé de pratiquer une contre-ouverture. Parmi les accidens des plaies du sinus maxillaire, on doit signaler la névralgie faciale.

Blessures des sinus frontaux. Lorsque l'instrument vulnérant a borné son action à la paroi antérieure de ce sinus, les blessures n'offrent point de danger : c'est à tort qu'on les a regardées comme étant difficiles à guérir, parce qu'elles dégénéraient presque toujours en fistules. Est-il nécessaire de faire ressortir l'impéritie des gens de l'art, qui ont osé prononcer devant les tribunaux, que ces lésions étaient mortelles, parce qu'ils avaient pris pour du pus venant du cerveau, le mucus épais qui s'écoulait par l'ouverture faite au sinus, et qu'ils avaient confondu avec le mouvement de la dure-mère, celui que la respiration fait exécuter à la membrane muqueuse qui tapisse cette cavité ? Si l'instrument vulnérant a traversé la paroi postérieure du sinus, et qu'il ait pénétré jusqu'au cerveau, les dangers sont les mêmes que ceux des blessures de cet organe ou de ses enveloppes (*Voyez* page 487). Les blessures du sinus frontal faites par des corps contondans peuvent présenter une complication légère : c'est l'existence d'un emphysème dans les parties circonvoisines quand la peau n'a pas subi de solution de continuité et qu'il y a eu fracture de la table antérieure des sinus. Une circonstance bien plus grave à signaler ici, c'est la difformité qui résulte d'une fracture avec esquilles enfoncées dans le sinus.

Les *blessures des lèvres* sont assez simples pour que je n'en traite pas en particulier : l'hémorrhagie n'est à craindre que lorsque l'artère labiale a été ouverte, et que les moyens compressifs n'ont pas été mis en usage. Leur gravité est en rapport avec le degré de difformité qui peut en être la suite.

Blessures de la glande parotide et de son conduit excréteur. Tous les faits s'accordent pour prouver le peu de danger des *piqûres* de ces organes : on ne connaît qu'un exemple rapporté par Ambroise Paré, où la piqûre faite par un coup d'épée, ait été suivie d'une fistule salivaire. Les plaies par instrument *tranchant*, au contraire, donnent souvent lieu à cet accident, à moins que la partie divisée n'ait été soumise de bonne heure à un traitement convenable. Mais c'est surtout dans les cas de *contusions* et de *plaies contuses*, que la fistule salivaire est à craindre ; le diagnostic pourra être d'autant plus difficile à établir, que dans les premiers temps, la salive sort mêlée au sang et au pus. L'homme de l'art devra donc demander à faire un second rapport au bout de quelques jours, lorsqu'il lui sera permis de reconnaître la salive sortant par la plaie.

Blessures de la face, par armes à feu. La face est composée d'un grand nombre d'os, pour la plupart courts, creux, ou concourant à former des cavités ; nul doute que ce ne soit à cette disposition qu'il faille attribuer la rareté des commotions du cerveau à la suite de ces blessures ; aussi sont-elles moins dangereuses que celles du crâne ; c'est ainsi qu'un officier reçut en 1814, un coup de feu qui traversa la face d'une région molaire à l'autre, en passant au-dessous des orbites, non-seulement le malade guérit, mais il n'éprouva pas même le plus léger accident (*Recueil de Mémoires de Médec. chirurg. et pharm. milit.*, t. xxx, p. 246). Tel est encore le cas rapporté par M. Larrey fils, dans sa *relation chirurgicale du siège de la citadelle d'Anvers*, p. 88. La mâchoire inférieure fut presque entièrement enlevée par un éclat de bombe, et les autres parties de la face horriblement contuses ; le malade guérit. Cependant il est des circonstances où non-seulement les plaies déterminent un ébranlement considérable de l'encéphale, mais encore l'irritation du péricrâne, l'inflammation de toute la face, de la fièvre, du délire, un assoupissement léthargique, etc.

Lorsqu'on décharge à bout portant une arme à feu dans la bouche, la mort a lieu en général sur-le-champ, si la balle arrive à la partie antérieure de la base du cerveau après avoir traversé les fosses nasales. La blessure est moins dangereuse, si, comme cela se voit plus souvent, la balle se perd dans l'épaisseur de la face : on remarque alors la fracture d'un ou de plusieurs os, surtout du maxillaire inférieur ; la langue est brûlée et souvent déchirée en lambeaux ; le voile du palais, les amygdales, le pharynx et le larynx sont enflammés et tuméfiés, au point que la déglutition peut devenir impossible ; plusieurs des parties qui composent la bouche sont quelquefois déchirées. Des hémorrhagies consécutives dues à la lésion de l'artère maxillaire interne peuvent nécessiter la ligature de la carotide et entraîner la mort.

Blessures au cou.

Avant d'étudier les blessures du cou en particulier, rappelons en peu de mots les organes qui peuvent être atteints. Dans la *région sous-maxillaire* on trouve au-dessous des tégumens, des aponévroses et le peaucier, la glande sous-maxillaire, l'artère faciale et sa veine collatérale, des ganglions lympathiques, l'artère linguale, la sous-mentale, le nerf hypoglosse, le canal de Warthon, le nerf lingual, les carotides, la jugulaire interne ; le nerf pneumogastrique et le grand sympathique sont plus profondément situés. Enfin se présentent la langue, la bouche et le pharynx. On voit, d'après cela, que les blessures de cette région doivent être généralement dangereuses quand elles pénètrent à une certaine profondeur : mais elles le sont d'autant plus qu'elles s'éloignent davantage de la ligne médiane ; en effet, dans cette région, il n'y a point d'artères volumineuses, tandis que, sur les côtés, un instrument piquant ou tranchant peut à peine pénétrer à une profondeur de quelques lignes sans qu'il y ait péril imminent d'atteindre les artères faciale ou linguale, une des carotides ou la jugulaire interne, les nerfs hypoglosse, lingual, pneumogastrique ou le grand sympathique ; sur la ligne médiane l'épiglotte et la base de la langue peuvent être atteintes par les corps vulnérans. Dans la *région sus-claviculaire*, les organes qui peuvent être blessés, sont : des ganglions lymphatiques, des nerfs du plexus cervical, et entre autres le nerf phrénique, la veine sous-clavière, l'artère du même nom et les nerfs du plexus brachial. *A la région postérieure du cou*, on trouve immédiatement au-dessous du crâne une excavation triangulaire bornée sur les côtés par les muscles complexus, et constituant une fossette qui correspond à l'intervalle compris entre l'occiput et l'atlas ; les blessures de ce point sont dangereuses en ce qu'elles peuvent facilement atteindre la moelle allongée.

Dans la *région laryngo-trachéale*, le larynx, la trachée peuvent être lacérés ; une inflammation plus ou moins vive des voies aériennes en est la suite ; tout-à-fait en bas au-dessus de la fourchette sternale, l'origine de la carotide, à droite le tronc brachio-céphalique sont exposés à des blessures. Il ne faut pas oublier qu'une plaie de la partie latérale du col peut être aussi une plaie pénétrante de poitrine, attendu que la plèvre présente au-dessus de la première côte un cul de sac où s'engage le sommet des poumons.

Piqûres. Les piqûres du cou ne présentent de danger qu'autant qu'elles se compliquent d'hémorrhagie, d'inflammation, de la présence de l'instrument vulnérant, d'emphyseme, de la lésion des nerfs et de la moelle épinière. Je vais successivement étudier chacune de ces complications. *Hémorrhagie*. Les piqûres de la partie postérieure du cou donnent rarement lieu à l'hémorrhagie, parce qu'il n'y a dans cette région que l'artère cervicale postérieure (trachelo-cervicale de Chaussier) qui est profondément placée, et par conséquent difficile à atteindre ; d'ailleurs cette artère, située entre les muscles transversaire épineux et grand complexus, se trouve recouverte par un assez grand nombre de muscles épais qui opposeraient nécessairement beaucoup de résistance à la sortie du sang. Il n'en est pas de même des piqûres faites à la partie antérieure du cou, que parcourent, comme je viens de le dire, des artères nombreuses, d'un calibre considérable, et qu'il n'est pas toujours facile de lier à temps ou de comprimer assez énergiquement. Les piqûres des *carotides primitives*, considérées comme nécessairement mortelles par la plupart des auteurs, ne le sont pourtant pas, car on possède aujourd'hui un grand nombre d'exemples de ligatures de ces vaisseaux, pratiquées avec succès pour des anévrysmes, des *blessures* et des tumeurs érectiles de ces troncs artériels ou de quelques-unes de leurs branches (1). Néanmoins il arrivera souvent que des piqûres de ce genre occasionneront une mort prompte, parce que les blessés ne seront pas secourus aussi promptement qu'ils devraient l'être, et que, d'une autre part, l'opération n'est pas aisée à faire, à cause du voisinage des nerfs pneumo-gastrique et grand sympathique, de l'artère thyroïdienne inférieure et de la veine jugulaire interne, qu'il faut éviter, et surtout à cause du sang infiltré dans le tissu cellulaire circonvoisin. Nul doute que la piqûre de la *carotide externe* ne doive être assimilée à la précédente, pour ses dangers et pour les avantages de sa ligature faite en temps opportun : déjà l'on sait que, dans certaines circonstances où elle était anévrysmatique, la ligature pratiquée à la partie inférieure du cou a été suivie de succès. La *carotide interne* ne peut être blessée sans que la mort s'ensuive promptement, si l'on ne met obstacle à l'instant même à l'hémorrhagie par la ligature de l'artère carotide primitive. La piqûre des *tuniques* des carotides, lorsqu'elle ne détermine pas l'hémorrhagie dont je parle, peut donner lieu à des anévrysmes, que l'on guérit quelquefois, à la vérité, au moyen de la ligature, mais dont la formation est toujours quelque chose de grave. L'hémorrhagie occasionnée par la piqûre des *artères vertébrales* est nécessairement mortelle si on ne lie de suite l'artère sous-clavière, parce

(1) Delpech est parvenu à guérir par des saignées nombreuses, par l'application de la glace et l'usage intérieur de la digitale, une blessure de l'artère carotide droite produite par un coup d'épée à deux tranchans : d'après les symptômes offerts par le blessé après la guérison, il est probable qu'il y eut, dans ce cas, lésion simultanée de la carotide et de la veine jugulaire interne, qui fut suivie d'une varice anévrysmale (Voir le numéro de décembre 1824 de la *Revue médicale*).

que la position de ces vaisseaux, dont le calibre est assez considérable, s'oppose à ce qu'on puisse les lier ou les comprimer directement. On sentira facilement, d'après ce qui précède, que les piqûres des branches de la carotide externe, beaucoup moins volumineuses qu'elle, ne pourraient être regardées comme mortelles qu'autant que l'on négligerait de les lier à temps ; car en admettant qu'à raison de leur position, la compression et surtout la ligature fussent impraticables, on devrait recourir à la ligature de la carotide. La piqûre des *veines jugulaires externes* n'est pas mortelle, puisque la compression seule suffit pour arrêter l'hémorrhagie. La piqûre de la *veine jugulaire interne*, située profondément en dehors de la carotide primitive et du nerf pneumo-gastrique, derrière les muscles omoplat-hyoïdien et sterno-cléido-mastoïdien, le long de la partie antérieure et latérale du cou, donne lieu à une hémorrhagie promptement mortelle, si on ne procède aussitôt à sa ligature, d'autant plus qu'il est difficile de la supposer blessée, sans qu'il y ait eu en même temps lésion d'autres parties importantes. Or, la ligature de celle-ci peut s'accompagner d'une phlébite promptement mortelle.

L'*inflammation* complique souvent les blessures du cou par instrumens piquans ; cet accident amène une gêne plus ou moins grande dans la respiration et la déglutition. Les dangers qui résultent de cette phlegmasie sont relatifs aux fusées purulentes d'autant plus faciles dans la région du cou, que le tissu cellulaire y présente une disposition lamelleuse, et que les mouvemens du larynx et du pharynx sont plus souvent répétés ; aussi est-il de précepte qu'il faut se hâter de pratiquer l'ouverture des collections purulentes.

La présence de l'instrument piquant dans la plaie vient quelquefois compliquer les effets de la piqûre : pour juger le danger de cette complication, on aura égard à la partie qui a été lésée, aux secours qui ont été donnés et aux accidens inflammatoires consécutifs. Quand la moelle épinière a été blessée, l'extraction du corps étranger peut être immédiatement suivi de la mort. Le fait suivant transmis à Ferrein par Cuvilliers en est un exemple. Le sujet de l'observation est un militaire qui reçut un coup d'épée au bas du dos ; la lame se brisa et resta engagée dans le centre de la moelle. Le sujet put exécuter après l'accident un voyage de 32 myriamètres à pied, éprouvant seulement de la douleur sur le point où il avait reçu la blessure, de l'engourdissement dans les jambes et de la difficulté à marcher ; il mourut au moment où l'on fit l'extraction du fer resté dans le prolongement rachidien.

L'*emphysème*, comme l'inflammation, est quelquefois le résultat des piqûres du cou. Le défaut de parallélisme de la plaie des tégumens et de celle des voies aériennes (car cet accident exige que le larynx ou la trachée-artère soient ouverts) détermine au moment de l'expiration l'infiltration de l'air dans le tissu cellulaire, et l'emphysème peut devenir général. Un traitement irrationnel peut aussi donner lieu à cet accident, c'est quand la suture a été appliquée sur les lèvres de la plaie. L'exemple suivant cité par A. Paré en est une preuve :

L'an mil cinq cens septante-quatre, le premier jour de may, François Brege, patissier de monseigneur de Guise, fust blessé à Jeinuille, d'un coup d'espée à la gorge, coupant une partie de la trachée-artère, et l'une des veines jugulaires, dont s'ensuivit grand flux de sang, et un chiflement par ladite trachée-artère. La playe fust cousue, et appliqués remèdes astringents : et tost après le vent qui sortoit de la playe s'introduit entre le pannicule charneux et l'espace des muscles, non-seulement de la gorge, mais aussi de tout le corps (comme un mouton qu'on a soufflé pour l'escorcher) ne pouvant aucunement parler. La face étoit tellement enflée, qu'on ne voyoit apparence de nez ni des yeux. Voyant tels accidents, tous les assistants jugèrent que ledit Brege avoit plus besoin d'un prêtre que d'un chirurgien ; et partant l'extrême onction lui fut administrée. Le lendemain, monseigneur de Guise commanda à maistre Jean le Jeune, son chirurgien ordinaire, aller voir ledit Brege, accompagné de M. Bugo, médecin célèbre de Madame la douairière de Guise, ensemble Jacques Girardin, maistre Barbier, chirurgien au lieu Jeinuille, lesquels l'ayant veu, ledit médecin fust d'advis le laisser, n'espérant aucune guérison, et ne trouvoit le pouls des artères aucunement battre pour la grande enfleure du cuir. Ledit le Jeune ne voulant laisser le malade sans luy faire quelque chose, et comme hardy opérateur, pour la bonne expérience qu'il a eu d'un vif esprit, fust d'advis d'user d'un extrême remède, qui fust lui faire plusieurs scarifications assez profondes, par lesquelles le sang et ventosités furent vacuées. Enfin, ledit patissier recouvra la parole et la veuë, et fust quelque temps après du tout guari par la grâce de Dieu, et est encore vivant, faisant service à monseigneur de Guise de son état de patissier (A. Paré, tome II, page 91, édition 1840).

La *lésion des nerfs et de la moelle épinière* peut rendre les piqûres du cou fort dangereuses ; ainsi on remarque souvent, lorsque les nerfs diaphragmatique, pneumogastrique, etc., ont été piqués, que le blessé éprouve des douleurs aiguës, des mouvemens convulsifs, le tétanos, une inflammation plus ou moins intense, qui occupe quelquefois toutes les parties auxquelles se distribue le nerf lésé.

La piqûre des nerfs récurrens, en supposant qu'elle ne détermine aucun de ces accidens, expose souvent le malade à une aphonie qui est loin de pouvoir être toujours guérie. Voici un fait relatif à la lésion des nerfs du larynx, pris dans A. Paré.

Noble homme François Prévost, enseigne de *la Coronalle* de M. de l'Archan, âgé de vingt-cinq ans, fut blessé d'un coup d'espée au travers de la gorge, passant près de la trachée-artère, qui coupa les rameaux de la veine et artère jugulaire : dont il survint un bien grand flux de sang, qui à bien grande difficulté fut estanché, davantage un des nerfs vocable fut coupé : semblablement les nerfs qui naissent des vertèbres du col, qui se dispersent au bras : dont tout subit le bras demeura impotent et paralytique, davantage la parole grandement dépravée : joint que le col demeura un peu tors, ne le pouvant tourner comme auparavant. Néanmoins est réchappé la vie sauve. Il fut mené en la maison de maistre Pierre Pelotot, maistre Barbier, chirurgien, demeurant à la place Maubert, dont subit fut envoyé guérir par le malade, pour le penser avec ledit Pelotot. Où estant arrivé, et l'ayant pensé, j'eus une grande défiance de sa guérison, pour les accidents qui lui surviendront. A ceste cause, je fis appeler MM. Cointeret et Pietre, hommes bien entendus en la chirurgie, et fismes rapport en justice, qu'à grande difficulté en pourroit-il reschapper, et que sa playe estoit mortelle. Je l'ay pensé jusques à la fin, et Dieu l'a guari. Toutesfois est demeuré impotent du bras, et sa parole dépravée (tome ii, page 92).

Lorsque la *moelle épinière* a été profondément piquée dans sa partie supérieure, c'est-à-dire vers la partie supérieure du bulbe rachidien, la mort ne tarde pas à avoir lieu ; la lésion n'est pas immédiatement mortelle quand elle est superficielle et dans un point moins élevé ; elle est même alors susceptible de guérison, comme le prouvent les observations rapportées par le docteur Ollivier d'Angers (*Traité de la moelle épinière et de ses maladies*, tome i, p. 318) : il résulte évidemment des faits cités par cet auteur qu'on ne doit pas dire avec M. Casper (*Journ. complém. du Dict. des sc. méd.*, tome xvi, p. 316), que les blessures de la portion cervicale de la moelle épinière sont *absolument* mortelles. Dans ce genre de lésion toutes les parties qui reçoivent les nerfs de la portion de la moelle qui est au-dessous de celle qui a été blessée, sont privées de sentiment et de mouvement (1).

Les piqûres de la trachée-artère et du larynx sont surtout dangereuses quand il y a eu blessure d'un des vaisseaux artériels qui sont placés sur ces organes, et que le sang s'est épanché dans le conduit aérien ; car il est évident qu'alors l'individu peut périr suffoqué en très peu de temps.

Plaies du cou par instrument tranchant. La mort est le résultat immédiat de la section complète et simultanée des nerfs phrénique et pneumogastrique ; quant aux autres nerfs du cou, s'ils ont été entièrement divisés, ils déterminent la perte du mouvement et du sentiment dans les parties auxquelles ils se distribuent. Si l'on examine les plaies du cou, abstraction faite des nerfs qui parcourent cette région, on ne tarde pas à reconnaître que celles qui ont été faites transversalement à la partie antérieure, sont beaucoup plus dangereuses que celles qui ont leur siége dans les parties postérieure et latérale, parce que c'est en avant que se trouvent les voies aériennes et alimentaires, ainsi que les gros vaisseaux. Avant d'examiner ces plaies, suivant qu'elles se trouvent au-dessus ou au-dessous de l'os hyoïde, entre cet os et le cartilage thyroïde, et au-dessous de ce dernier, je ferai remarquer qu'on ne peut admettre, avec M. A. Devergie (*Annales d'hygiène et de médecine légale,* n° de décembre 1830, page 419), *que les plaies transversales du cou présentent peu de danger,* car cette opinion est en contradiction avec les faits. Indépendamment des degrés différens de gravité qu'offrent ces blessures, suivant qu'elles intéressent telle ou telle des parties du cou, ainsi que je vais le faire voir, l'expérience prouve,

(1) Des expériences et des observations assez nombreuses ont démontré l'exactitude du fait annoncé par Gallien, savoir que les lésions faites au-dessus de l'entrecroisement des filets médullaires des éminences pyramidales déterminent la paralysie du côté opposé à celui qu'elles affectent, tandis que lorsque les lésions sont au-dessous de cet entrecroisement, et d'un seul côté, c'est celui-là même qui est paralysé.

que des plaies de cette espèce, en apparence légères, peuvent entraîner des accidens graves et même la mort. Dans un mémoire important, qu'a publié M. le professeur Dieffenbach, et qui renferme un grand nombre d'exemples de plaies transversales du cou, suites de tentatives de suicide, ce savant chirurgien a été conduit, par l'examen comparatif d'observations multipliées, à cette conclusion. « Les plaies simples du cou, qui n'intéressent « que la peau, guérissent très rarement par première intention; « les plaies du cou, lors même qu'elles ne pénètrent point dans « les voies aériennes, peuvent causer la mort par la suppuration « du tissu cellulaire et les fusées de pus » (1).

Plaies au-dessus de l'os hyoïde. Elles sont généralement simples et facilement curables, si elles n'intéressent que la peau et les muscles; cependant, ai-je dit, M. Dieffenbach a vu quelques-unes de ces plaies terminées par suppuration et par la mort du blessé. Il n'en est pas de même lorsqu'elles pénètrent jusque dans la bouche et qu'elles sont accompagnées d'une hémorrhagie considérable; en outre elles donnent issue aux boissons et à la salive, si la tête n'est pas inclinée sur la colonne vertébrale, tandis que si la tête est trop fléchie, les liquides éprouvent de la difficulté à tomber dans le pharynx, et déterminent une toux convulsive, la difficulté de respirer et une congestion sanguine dans les poumons, qui peut être suivie de la mort; presque toujours la voix est faible et le malade articule difficilement des sons. Lorsque les plaies dont il s'agit ne font point périr le blessé, la cicatrisation en est difficile et incomplète; car elle n'a lieu qu'à l'extérieur, et la base de la langue reste unie à la peau du cou. Des blessures aussi profondes que celles dont je parle sont *rarement* la suite du suicide; presque toujours l'instrument tranchant, avant de pénétrer jusque dans la bouche, a divisé quelques-uns des gros vaisseaux, et a déterminé une hémorrhagie mortelle. Les vaisseaux qui peuvent être ainsi lésés sont, en effet, volumineux, ce sont l'artère faciale et la linguale. Les plaies de la glande maxillaire et de son conduit, ainsi que de

(1) *Observations sur les plaies du cou. Rust's Magazine*, tome XLI, part. 3, page 395. Extrait dans les *Archives générales de Médecine*, numéro d'octobre 1834, pages 235 et suivantes.

la glande sublinguale pourront causer des fistules salivaires. Un des accidens redoutables de ces plaies est l'inflammation qui s'empare de ses lèvres, et qui peut s'étendre jusqu'aux poumons.

Plaies entre l'os hyoïde et le cartilage thyroïde. La plupart des praticiens s'accordent à regarder les plaies profondes de cette espèce comme fort dangereuses, non-seulement parce que les liquides tombent dans le larynx et déterminent la suffocation, que l'air, les mucosités et les boissons sortent par la plaie, mais encore parce que la déglutition et la parole sont singulièrement gênées, et que le malade éprouve une sécheresse extrême à la gorge, et une soif ardente, préludes de l'affection gangréneuse qui se manifeste souvent au fond de la plaie ; mais il est peu de médecins qui redoutent le danger d'une hémorrhagie, parce qu'en effet ces blessures sont rarement accompagnées de cet accident : toutefois l'observation démontre que la mort, dans certains cas, ne reconnaît d'autre cause que la *lésion des vaisseaux artériels* qui parcourent la membrane hyo-thyroïdienne.

En 1822, je fis l'ouverture du cadavre d'un homme qui s'était donné plusieurs coups de canif entre l'os hyoïde et le cartilage thyroïde ; la plaie était assez large pour que l'on pût y introduire le petit doigt : le *rameau laryngé* de l'artère thyroïdienne supérieure qui se distribue, comme on sait, à la membrane thyro-hyoïdienne, était le seul vaisseau qui eût été coupé, néanmoins il y avait une hémorrhagie considérable ; on voyait aussi une quantité notable de sang dans la trachée-artère : je crus devoir attribuer la mort du blessé, qui eut lieu un quart d'heure après la lésion, à l'hémorrhagie, et surtout à la suffocation provoquée par l'entrée du sang dans les voies aériennes.

C'est dans les plaies de cette région que l'épiglotte coupée vers son attache au cartilage thyroïde, a pu par sa chute sur le larynx produire la suffocation (Gooch, *Traité des plaies,* etc.).

Plaies au-dessous de la membrane hyo-thyroïdienne. — Plaies du larynx. Il est rare qu'un instrument tranchant divise le larynx dans une étendue un peu considérable, sans que la blessure soit fort grave, non pas à cause de la lésion du larynx, mais à raison de l'hémorrhagie qui l'accompagne, et qui est ordinairement suivie de l'entrée du sang dans les bronches ; le blessé peut périr suffoqué dans très peu de temps. Si la plaie est transversale et occupe la partie latérale du larynx, elle est presque toujours immédiatement mortelle par l'ouverture de l'artère carotide dont la blessure est, dans ce cas, presque inévitable. En supposant la blessure moins intense et susceptible de guérir, on voit qu'elle détermine souvent la perte de la voix et la sortie de l'air par la plaie. Quelquefois le cartilage thyroïde est seul coupé ; tel est le cas cité par M. Dieffenbach : « Jean Ulrich, âgé de 36 ans, ivrogne, succomba à une plaie du larynx ; le cartilage thyroïde avait été coupé, à l'aide d'un canif, en plusieurs fragmens lâchement réunis. » Dans d'autres circonstances, c'est la membrane crico-thyroïdienne seule, ou avec une portion des cartilages thyroïde et cricoïde, qui est divisée. Dans les plaies du cartilage thyroïde, les cordes vocales ont pu être coupées, et la voix altérée à jamais. M. Blandin en a vu un exemple. Si le pharynx avait été divisé en même temps que le larynx, les boissons sortiraient par la plaie ; cette complication, beaucoup plus rare qu'on ne le croit généralement, ne rend pas toujours la plaie incurable, comme on le voit par l'exemple du blessé guéri par Finé (*Journal de Médecine*, t. LXXXIII, p. 64). Les *plaies de la trachée-artère, par un instrument tranchant*, abstraction faite de toute autre lésion, présentent souvent beaucoup plus de danger lorsque ce canal a été divisé dans une petite partie de son étendue, que lorsqu'il a été largement coupé : telle est du moins l'une des conclusions de M. le professeur Dieffenbach. « Les petites plaies des voies aériennes, dit-il, sont souvent mortelles ; les larges plaies qui divisent la trachée-artère et l'œsophage, guérissent, au contraire, souvent » (*loc. cit.*, p. 255 et 256). Toutefois la blessure est généralement fort grave quand la trachée-artère est complétement divisée, car alors les deux bouts s'écartent, l'air ne pénètre plus dans les poumons, parce que le bout inférieur est rétracté et caché sous les parties voisines ; le blessé périt suffoqué. Si une petite quantité d'air entre dans le poumon, un emphysème général peut survenir, et la mort en être le résultat. A plus forte raison une *mort prompte* sera-t-elle presque toujours la suite nécessaire de la blessure, si, outre la division complète de la trachée-artère, l'œsophage est entièrement divisé, parce que *le plus souvent* alors, indépendamment de ces lésions graves, quelques-uns des gros troncs artériels et veineux auront été ouverts. Le mémoire de M. Dieffenbach contient une observation remarquable de plaie du cou, intéressant la trachée et l'œsophage ; le couteau avait atteint jusqu'à la colonne vertébrale et cependant les gros vaisseaux n'étaient point ouverts.

4° Un Anglais fut assailli près Vincennes par son compagnon, qui lui coupa la gorge ; il feignit d'être mort pour échapper à de nouveaux coups, se leva et se traîna jusqu'à la maison d'un paysan d'où il fut transporté à Paris. La trachée-artère et l'œsophage étaient entièrement coupés ; on réunit les deux bouts de la trachée-artère par plusieurs points de suture, et aussitôt le blessé commença à parler et désigna l'assassin. 2° Un Allemand se coupa la gorge avec un couteau ; le lendemain il était fort mal ; il y avait une grande quantité de sang répandue autour de lui. La trachée-artère et l'œsophage étaient coupés ; les bouts de la plaie furent réunis par plusieurs points de suture, et aussitôt le blessé commença à parler.

Ces deux individus vécurent *quatre jours,* pendant lesquels ils furent nourris à l'aide de clystères, parce qu'ils ne pouvaient pas avaler, l'œsophage s'étant retiré vers l'estomac (Paré, liv. x, chapitre 51).

On trouve dans le mémoire déjà cité de M. le professeur Dieffenbach, une observation de plaie semblable, malgré laquelle le blessé vécut *vingt-sept jours* (*loc. cit.*, p. 242).

Il est inutile de faire remarquer que si la section incomplète de la trachée-artère n'est pas mortelle par elle-même, elle peut le devenir, et le devient souvent par la lésion d'un ou de plusieurs vaisseaux sanguins, ou par l'hémorrhagie, et par l'entrée du sang dans les bronches. Je dois ajouter que les plaies de la région laryngo-trachéale peuvent être plus ou moins graves selon l'existence de certaines dispositions anatomiques anormales ; ainsi, on trouve quelquefois au-devant de la trachée une artère thyroïdienne moyenne née du tronc innominé ou de l'aorte ; l'artère thyroïdienne supérieure envoie quelquefois une grosse branche au-devant de la membrane crico-thyroïdienne ; l'artère carotide gauche peut venir du tronc brachio-céphalique, la sous-clavière droite naître de la crosse de l'aorte, et passer entre la trachée et l'œsophage (Blandin, *Anatomie topographique*). Dans le creux sus-sternal la lésion du tronc brachio-céphalique de la veine sous-clavière gauche est possible. En outre une plaie du col, peut être aussi à-la-fois plaie pénétrante de poitrine, quand le cul-de-sac pleural qui s'élève au-dessus de la première côte a été ouvert par le corps vulnérant. Un épanchement de sang dans la cavité thoracique peut même en être la suite, si un gros vaisseau du cou a été lésé en même temps.

Contusions et plaies contuses du cou. Bornées à la peau et aux muscles, ces blessures sont loin d'être dangereuses ; il n'en est pas de même lorsque le larynx ou la trachée-artère ont été intéressés ; elles sont même plus graves alors, tout étant égal d'ailleurs, que les plaies faites par un instrument tranchant, à cause du gonflement inflammatoire qui peut se développer, et par les angoisses violentes auxquelles sont exposés les blessés qui n'ont pas été immédiatement suffoqués. Celles dont la direction est d'avant en arrière présentent plus de danger que celles qui occupent les parties latérales.

Les plaies du larynx et de la trachée, par armes à feu, pour le moins aussi redoutables que les précédentes, se compliquent quelquefois d'un engorgement inflammatoire qui empêche le blessé de respirer. On connaît l'observation rapportée par Habicot d'une jeune fille dont le larynx avait été fracturé par une balle, et chez laquelle il survint une tumeur inflammatoire tellement considérable qu'elle aurait péri sans l'usage d'une canule de plomb qui permettait à l'air de traverser les parties molles gonflées, et d'arriver jusqu'à la trachée-artère. Lorsqu'elles sont moins graves, et qu'il y a eu perte de substance, dénudation d'un ou de plusieurs cerceaux cartilagineux, ou endurcissement du tissu cellulaire, ces blessures restent quelquefois long-temps fistuleuses, comme on le voit par l'exemple suivant, tiré de Van Swieten. Une portion de la trachée-artère avait été emportée par un coup de feu ; plusieurs années après on voyait encore une large ouverture à cette partie ; le blessé, qui demandait l'aumône, ne pouvait parler que lorsqu'il bouchait cette ouverture avec un morceau d'éponge (*Commentaria in Herm. Boerhaave aphorism.*, etc., t. i, p. 244).

La *contusion* suivie de fracture des vertèbres cervicales est presque toujours promptement mortelle ou au moins très grave, si le corps, les lames ou les apophyses articulaires sont brisés, parce que la moelle épinière est lésée par le projectile, par des esquilles d'os, ou comprimée par les liquides épanchés dans le canal vertébral : toutefois il n'est pas sans exemple que les blessés aient vécu plusieurs jours après une pareille lésion. Un individu chez lequel il y avait fracture des six dernières vertèbres cervicales, rupture des ligamens et luxation incomplète de la première vertèbre sur la seconde, ne mourut qu'au dix-neuvième jour ; tous les organes situés au-dessous des points fracturés étaient paralysés (*Mémoires de l'Académie de chirurgie*). Si la fracture est bornée aux apophyses transverses et surtout aux apophyses épineuses, qu'on agrandisse la plaie pour en extraire les esquilles, et que l'on prévienne le développement de l'inflammation, la blessure n'est pas aussi grave.

La contusion des *nerfs* qui prennent leur origine dans la portion cervicale de la moelle épinière, abstraction faite de tout autre lésion, n'est pas nécessairement mortelle ; mais elle peut être fort dangereuse à cause de la paralysie des parties importantes auxquelles ces nerfs se distribuent.

Si les *artères vertébrales* et *carotides* ont été contuses au point d'être déchirées, et que la ligature n'ait pas été pratiquée immédiatement après, la mort arrive sur-le-champ ; il est fort rare que le blessé survive à cette lésion, même lorsqu'il a été secouru à temps. S'il y a eu simplement contusion et désorganisation des parois de ces vaisseaux, la mort n'a lieu qu'au bout de neuf ou dix jours, lors de la chute des escarres, en supposant qu'aucun des moyens propres à l'empêcher n'ait été employé.

Les blessures du *pharynx et de l'œsophage* ne présentent beaucoup de danger que parce qu'il y a en même temps lésion grave de quelques autres organes. On peut établir d'une manière générale que les blessures de l'œsophage sont d'autant plus fâcheuses qu'elles ont eu lieu plus bas, que cet organe a été plus complétement divisé, et que le désordre des parties environnantes a été plus considérable. Si ce conduit musculo-membraneux n'a été lésé que dans une partie de son étendue, et qu'il n'y ait point en perte de substance, la cicatrisation de la plaie peut être complète ; celle-ci reste, au contraire, fistuleuse, si une portion de l'œsophage a été détruite. On lit dans Trioen (*Obs. méd. chirurg.*, p. 40), qu'un individu dont la trachée-artère et l'œsophage avaient été en partie détruits par un coup de balle, offrait une fistule à ce dernier organe qui livrait passage aux alimens introduits par la bouche ; aussi pour les faire parvenir jusqu'à l'estomac était-on obligé de se servir d'un entonnoir dont le bec pénétrait dans l'œsophage au moyen de l'ouverture fistuleuse.

Blessures à la poitrine.

Les plaies de poitrine doivent être distinguées en celles qui pénètrent dans la cavité thoracique et en celles qui n'intéressent que les parois. Il paraît de prime abord qu'il est bien simple de savoir ce qu'on entend par *plaies pénétrantes* et *plaies non pénétrantes* de poitrine ; cependant les auteurs ne sont pas d'accord sur la signification de ces mots. Pour quelques-uns la cavité pectorale est circonscrite par la cavité des plèvres, et selon que la plèvre est blessée ou ne l'est pas, la plaie pénètre ou ne pénètre pas ; suivant cette opinion, qui est adoptée par Boyer, une blessure pourrait atteindre le cœur ou l'aorte et les autres parties contenues dans le médiastin postérieur, sans être pour cela pénétrante, du moment où l'instrument vulnérant aurait glissé entre les deux lames du médiastin. Mais le médecin légiste ne peut adopter cette division purement anatomique ; une plaie qui a divisé la plèvre costale, est loin d'offrir la gravité d'une plaie profonde du médiastin : or, c'est au point de vue de leur gravité, de leur pronostic que je dois considérer ici les plaies de poitrine. Si, donc on doit se fonder sur le danger qui accompagne ordinairement les plaies pénétrantes, pour l'opposer à la bénignité relative des plaies qui ne pénètrent pas, il vaut mieux dire avec d'autres chirurgiens, que la plaie est pénétrante lorsqu'elle a intéressé la plèvre ou tout organe contenu dans la cage thoracique. C'est à ce point de vue que cette distinction des plaies de poitrine offre en médecine légale un grand intérêt.

Le diagnostic de la lésion des organes contenus dans la poitrine est quelquefois très difficile ; la preuve la plus évidente de ce que j'avance se tire du nombre des signes qu'ont invoqués les chirurgiens pour éclairer ce diagnostic. J'aime mieux renvoyer le lecteur aux traités spéciaux, où ces signes sont discutés et appréciés à leur juste valeur ; je me contenterai de dire que ni les renseignemens tirés de l'instrument, ni ceux qui ont été fournis par sa comparaison avec la largeur de la plaie, ni la sonde, ni les injections, ni la sortie de l'air à travers la plaie pendant l'expiration, ni l'emphysème, ni le crachement de sang, ne sont suffisans pour lever tous les doutes dans les cas difficiles, c'est-à-dire dans le plus grand nombre des plaies de poitrine. En face de ces difficultés, que doit donc faire le médecin expert ? Il doit rechercher attentivement si la plaie est compliquée, et en l'absence des signes qui annoncent la complication de la blessure d'un organe thoracique, s'abstenir et douter : car cette restriction prudente est obligatoire pour le pronostic. Voici d'ailleurs une observation qui prouve dans quelle réserve on doit se maintenir en pareille circonstance :

Rapport médico-légal sur un cas de plaie de poitrine, par M. GERDY.

Damême (Aug. Albert), 37 ans, charretier-vidangeur, salle St-Louis, no. 73, hôpital St.-Louis.

Etat actuel. — Le malade porte une plaie verticale de sept lignes de long, située au niveau de l'angle inférieur du scapulum, sur le bord externe de la masse des muscles sacro-vertébraux, à quatre travers de doigt de la ligne médiane du dos. Cette plaie, semblable à celles qui sont faites avec un instrument tranchant, a ses bords agglutinés. Il y a un peu de gonflement en bas, à droite et à gauche. Il pourrait bien provenir des morsures de soixante sangsues qui y ont été appliquées il y a quelques heures. D'ailleurs il n'appartient pas à un emphysème, car il n'y a pas la moindre crépitation dans la tumeur. Les bords de la plaie, séparés par une légère traction, il reste une ouverture ovalaire de deux lignes environ de largeur dans son milieu, et rien ne s'en échappe au-dehors. Ne devant pas nous permettre de sonder cette plaie, de peur de détacher un caillot salutaire, et de provoquer une hémorrhagie, nous ne pouvons en apprécier la profondeur.

La poitrine ne résonne que médiocrement aux environs de la plaie ; mais elle résonne autant cependant que du côté opposé. Il faut pourtant en excepter un point assez circonscrit, au-dessous de l'angle inférieur du scapulum et en dehors de la blessure ; là il y a un peu de matité. La plaie n'offre pas de

douleur à la circonférence, lorsqu'on y exerce de légères pressions ; mesurée dans son contour, la poitrine présente la même étendue à droite et à
gauche, au niveau et un peu au-dessous de la plaie.

La respiration est libre, lente, facile, quand elle n'est pas forcée ; mais
quand le malade fait des grandes aspirations, il éprouve de la douleur dans
le côté gauche de la poitrine, et particulièrement à gauche et en arrière,
à-peu-près au niveau des attaches du diaphragme. Le bruit respiratoire
s'entend partout, excepté du côté gauche, au-dessous de la plaie. Des secousses imprimées au thorax, mais avec toutes les précautions convenables,
n'occasionnent ni douleur, ni fluctuation appréciables. Le malade ne tousse
point, ne crache pas, et n'a même envie de tousser ni de cracher. Lorsqu'il
parle sans effort, il n'éprouve ni douleur ni même de fatigues, tandis qu'il
en ressent dans le cas contraire ; mais dans l'une et l'autre circonstances,
on ne peut reconnaître d'égophonie ou de voix tremblante comme celle de
la chèvre.

Les battemens du cœur sont assez sonores, et s'entendent même dans
le côté droit de la poitrine, en y appliquant l'oreille ; ils n'offrent d'abord
rien de particulier dans leurs autres caractères. Le pouls est médiocrement
fort, mou, régulier, et donne soixante-dix battemens par minute, lesquels
correspondent exactement à ceux du cœur.

La peau est moite, sans être couverte de sueur en aucun point.

Le malade n'a pas uriné depuis l'instant de sa blessure. — La soif est
vive ; le ventre est libre, mou, indolent même à la pression.

Le malade n'éprouve aucune gêne dans les mouvemens, si ce n'est dans
le côté gauche de la poitrine, quand il se place sur son séant. Il ne souffre
d'ailleurs dans aucune partie du corps et des membres, et il présente à la
jambe droite une petite ulcération ancienne qui est sans importance.

Circonstances antérieures. — Le malade s'est toujours bien porté ; cependant, en 1830, il fut atteint, pendant l'hiver, d'une fluxion de poitrine du
côté gauche. La maladie n'a duré que vingt jours. Trois fortes saignées
paraissent avoir suffi pour y mettre fin. Depuis cette époque, le malade ne
s'en est pas ressenti, et n'a éprouvé aucune autre affection.

Le 20 mai 1833, à la suite de quelques plaisanteries probablement bles-
santes pour un camarade auquel il les adressait, celui-ci lui donna dans le
dos un coup de couteau. Cet instrument est un couteau de poche fermant
très facilement. Sa lame peut avoir deux pouces et demi de longueur sur
six lignes de largeur ; la pointe n'est pas très aiguë. La plaie qu'il a produite a une ouverture dont la largeur correspond exactement à celle de
la lame. Le couteau est ensanglanté uniformément jusqu'au manche et
sur les deux faces de la lame, en sorte qu'il est très probable qu'il a été
enfoncé jusqu'au manche lui-même et n'a point été rougi par un jet de
sang seulement.

Au moment du coup, le blessé a ressenti une douleur médiocrement
vive, et quoiqu'il fût assis, et n'eût pas reçu de son adversaire un choc

assez violent pour en être renversé, il tomba néanmoins contre le comptoir du marchand de vin, et de là par terre, comme cela arrive assez souvent dans les blessures de la poitrine et du ventre, même peu graves.

D'après ce que nous avons appris, la plaie a peu saigné. Le malade a été aussitôt relevé et apporté à St.-Louis. Nous l'avons trouvé, dès ce moment, dans un état à-peu-près semblable à celui que nous avons exposé plus haut sous le titre *État actuel*. Cependant la plaie saignait légèrement, mais l'écoulement de sang n'augmentait, comme on le voit dans certaines plaies pénétrantes, ni quand le malade s'étant tenu quelque temps dans une position verticale, se couchait horizontalement, ni quand on lui faisait exécuter avec modération un effort d'expiration, la bouche et le nez fermés. Il n'y avait point de douleur au côté gauche, même dans les plus grandes aspirations. Le pouls était fort et plein, ce qui pouvait tenir à ce que le blessé avait mangé auparavant. Je crus devoir ordonner une saignée de quatorze onces, pour prévenir tout épanchement et toute inflammation du côté de la poitrine; mais je la fis retarder d'une heure, afin de donner à l'estomac le temps de se débarrasser de la plus grande partie de ses alimens.

Le malade fut revu trois ou quatre heures plus tard; je crus devoir combattre la douleur qui venait de s'accroître dans le côté gauche de la poitrine, par une application de soixante sangsues. C'est quelques heures après l'emploi de ce moyen que nous avons rédigé ce rapport et ses conclusions.

Conclusions. L'état actuel de Damême ne permet ni d'affirmer, ni de nier que la plaie dont il est atteint pénètre dans la poitrine. S'il y avait expulsion et aspiration d'air par la plaie, si l'on n'entendait pas le bruit respiratoire, s'il y avait emphysème, s'il y avait matité évidente dans le côté gauche du thorax, si ce côté était plus étendu que l'autre dans sa circonférence, s'il y avait égophonie, s'il y avait fluctuation évidente à l'oreille par la succussion, s'il y avait tintement métallique, si le malade eût éprouvé à la suite de sa blessure les symptômes d'une hémorrhagie intérieure, si tous ces symptômes étaient réunis, il serait certain qu'il existe un épanchement, et par cela même très probable qu'il serait dû à ce que la plaie serait pénétrante; mais tous ces caractères manquent.

Il y a bien un peu de matité, le bruit respiratoire est même insensible à l'oreille; mais ces deux caractères peuvent tenir à l'ancienne affection de poitrine dont le malade a été atteint il y a trois ans, et il faudrait l'avoir étudié avant la blessure, pour savoir à quoi s'en tenir sur la valeur de ces symptômes. S'il y avait toux et crachement de sang écumeux, quoique la toux pût tenir à une affection antérieure des poumons, le caractère écumeux du sang prouverait que les poumons sont blessés, et par conséquent que la plaie est pénétrante et grave; mais heureusement ces phénomènes manquent. Quant à la douleur qui s'est développée dans le côté gauche de la poitrine, elle peut tenir sans doute à ce que la plèvre ayant été atteinte s'est déjà enflammée; et l'absence d'épanchement simultané peut être due à ce que d'anciennes adhérences des poumons ne permettent pas un épanchement ; mais cette douleur, peut être due aussi à ce que le couteau ayant glissé en dehors des côtes, a déchiré violemment les parties molles sans pénétrer dans la plèvre et surtout dans le poumon.

Cependant la grande étendue de la douleur, l'absence de toutes les traces d'ecchymose et d'épanchement sous la peau, nous portent à penser que la plèvre ou les anciennes adhérences que nous supposions en unir les lames, pouvaient bien avoir été en partie déchirées par le couteau.

En définitive, il est possible que l'instrument ait pénétré dans la poitrine ; il est probable qu'il n'a pas atteint le poumon, ou du moins qu'il ne l'a blessé que très légèrement, et que la maladie quoique simple en ce moment, puisqu'on n'y trouve aucun des symptômes qui annoncent une lésion des poumons, peut devenir grave si la blessure parvient à réveiller une vive inflammation dans le côté gauche du thorax. Nous avons néanmoins l'espérance qu'un traitement actif et la bonne santé habituelle du blessé préviendront d'aussi funestes suites ; mais nous n'oserions l'assurer.

Nécropsie, faite le 25 mai, 24 heures après la mort.

Etat extérieur. Cadavre d'un sujet à proportions athlétiques. Peau généralement pâle, livide à la face, offrant à la partie inférieure et postérieure de la poitrine, côté gauche, de nombreuses piqûres de sangsue et la plaie d'un vésicatoire au-dessous et en dehors du mamelon gauche ... — Un peu au-dessous de l'angle inférieur de l'omoplate du même côté , se trouve la plaie, dont les bords sont en contact et autour de laquelle existe un emphysème sous-cutané considérable qui s'étend à tout le côté correspondant de la poitrine et du cou. Le côté droit du thorax n'en offre que des traces.

Thorax. La peau et les muscles qui environnent la plaie étant disséqués et rabattus, on voit que cette plaie pénètre directement à travers le neuvième espace intercostal , en dehors de l'attache des muscles sacro-lombaires, en intéressant le bord supérieur du grand dorsal. — On coupe ensuite avec un sécateur les dernières côtes, le long de la colonne vertébrale. La pression exercée sur la poitrine fait sortir par la plaie un liquide sanguinolent mêlé de bulles gazeuses. La plèvre costale étant décollée, présente une ouverture correspondante à la plaie extérieure dont elle offre l'étendue. On ouvre alors largement la poitrine, et l'on trouve dans le côté gauche , 3 livres environ d'un liquide fortement sanguinolent, toute l'étendue de la plèvre recouverte d'une fausse-membrane molle de même couleur , le poumon refoulé en haut et en dedans, réduit au tiers de son volume, offrant en arrière à 4 pouce et demi de la base, une plaie verticale à bords un peu écartés, de 5 lignes de longueur, et dans laquelle une sonde pénètre facilement et sans effort jusqu'à 7 lignes de profondeur.

Si l'on insuffle le poumon, l'air sort par cette plaie ; l'incision du tissu environnant le montre un peu infiltré de sang, mais souple et doué de sa consistance normale. Le reste du tissu pulmonaire est sain. Dans la plèvre du côté droit existe un épanchement de 6 onces environ de sérosité légèrement sanguinolente, au milieu de laquelle nage une couenne jaunâtre, molle ; le poumon n'offre rien à noter ; le péricarde contient 3 à 4 onces de sérosité rosée ; le cœur assez volumineux renferme peu de sang, ses ventricules sont sensiblement dilatés et avec amincissement de leurs parois. La veine cave incisée laisse écouler une grande quantité de sang noir.

Abdomen. Quelques onces de liquide, d'un rouge pâle, étaient épanchées dans le péritoine. L'estomac et les intestins distendus par des gaz, offrirent une membrane muqueuse pâle et consistante dans toute son étendue. Les autres organes de l'abdomen étaient sains.

Crâne. Les méninges offraient un peu d'injection, le cerveau était pâle et ferme. La moelle épinière n'a point été examinée (*Archives générales de médecine,* 2ᵉ série tome xv, page 435).

A. ***Blessures non pénétrantes de la poitrine. — Piqûres.***
Si la piqûre des parois de la poitrine n'est compliquée ni d'hémorrhagie ni d'inflammation intense, ni de la présence de l'instrument vulnérant, elle constitue une maladie simple, facile à guérir. L'*hémorrhagie,* si elle est le résultat de l'ouverture des vaisseaux sous-claviers, des grosses branches fournies par l'artère axillaire, peut déterminer une mort prompte, à moins que l'art ne vienne au secours du malade, ou que l'écoulement ne s'arrête de lui-même, soit parce que le blessé tombe en syncope, soit parce qu'il y a formation d'un trombus, ou défaut de parallélisme entre les lèvres de la plaie cutanée et celles des parties sous-jacentes : dans ce dernier cas le sang peut s'épancher en grande quantité dans le tissu cellulaire, et l'on ne saurait trop se hâter de lui donner issue par des incisions convenables afin de prévenir la formation de vastes abcès ; en effet, au dire de J.-L. Petit, les infiltrations sanguines dans l'épaisseur des parois thoraciques peuvent donner lieu à des abcès gangréneux : c'est par des contr'ouvertures que l'on évite ces accidens, comme on le voit dans l'observation suivante.

Un coup d'épée ouvrit une branche considérable d'artère, le malade perdait beaucoup de sang, et celui qui le pansa d'abord ne songea qu'à arrêter l'hémorrhagie. Peu versé dans l'art, il crut que de la charpie introduite dans la plaie, des compresses et un bandage serré suffiraient ; et, voyant que le sang ne sortait plus, il crut avoir réussi. Cependant, cinq ou

33.

six heures après cepansement, le malade subit beaucoup de difficulté de respirer : il envoya chercher son chirurgien, qui le saigna pour la dernière fois, et dit en sortant qu'il craignait que l'épée n'eût pénétré dans la poitrine. Il mit l'alarme dans la famille, et je fus mandé. L'appareil n'était point ensanglanté ; et, lors même qu'on eût tiré tous les tampons de charpie qu'on avait mis dans la plaie, il ne sortit pas une goutte de sang ; mais l'aisselle et tout le voisinage du pectoral et du grand dorsal était considérablement soulevés, durs, sans douleur, mais d'une couleur brune : ce qui me fit juger que le sang qui avait causé l'hémorrhagie, et qui, depuis le premier pansement, n'avait pu sortir par la plaie, s'était logé dans le corps graisseux et dans le tissu cellulaire qui se trouvent sous l'aisselle et entre tous les muscles du voisinage. Je jugeai dès-lors que la difficulté de respirer n'avait point d'autre cause que l'infiltration de ce sang, qui tenait gênés tous les muscles de ce côté de la poitrine. J'introduisis la sonde cannelée dans l'ouverture de la plaie ; et, sitôt que j'eus perçu le caillot qui bouchait l'orifice intérieur de cette plaie, le sang sortit en abondance. — Je la bouchai avec un bourdonnet ; et, pendant qu'avec le doigt on le tenait assujetti pour empêcher la sortie du sang, je fis sous l'aisselle une incision longue de trois pouces ; je portai mon doigt dans le sang caillé qui remplissait le creux de l'aisselle ; et, déchirant le tissu cellulaire en m'approchant du fond de la première plaie, il sortit abondamment du sang fluide. Je fis ôter le bourdonnet qui bouchait la première plaie ; le sang ne sortit point de ce côté-là, et continua de couler par la plaie que je venais de faire à l'aisselle jusqu'à ce que je l'eusse arrêté.

Je reconnus que j'étais près du vaisseau par la chaleur du sang qui en coulait, et je fus assuré du lieu qu'il occupait parce qu'il dardait contre mon doigt, et parce que, ayant appuyé sur le muscle grand dentelé, le sang fut arrêté. Je tins mon doigt dans cette situation pour conduire les bourdonnets dont j'avais besoin pour comprimer le vaisseau. — Ayant placé le premier bourdonnet, et le tenant appuyé avec le doigt, le sang ne coulait plus. Je plaçai successivement tous les autres ; puis, faisant avec des compresses un point d'appui fort élevé, je soutins le tout avec un bandage convenable. Je ne mis rien dans la plaie que l'épée avait faite, et je fus trois jours sans lever l'appareil ; je l'aurais même laissé plus long-temps parce que le malade le supportait sans peine ; mais je fus déterminé à le lever parce qu'il sentait mauvais, d'ailleurs les compresses imbibées, non de sang, mais d'une sérosité roussâtre, me firent juger que le sang était arrêté ; je ne levai cependant pas les bourdonnets les plus profonds, et, à la place de ceux que j'avais ôtés, j'en mis d'autres trempés dans le digestif simple. Le lendemain, le reste de l'appareil sortit : tout fut pansé avec le digestif. Les jours suivans, la suppuration s'établit ; le gonflement et l'ecchymose, tant du lieu de la blessure que du voisinage, se dissipèrent ; il ne survint aucun accident, pas même la fièvre, et le malade fut promptement guéri (J.-L. Petit, *Maladies chirurgicales*, page 374).

L'inflammation qui complique quelquefois les piqûres des parois thoraciques, en augmente le danger, surtout quand elle se termine par suppuration. La plèvre peut s'enflammer par continuité de tissu, et une gène plus ou moins grande de la respiration en être le résultat. Le pus s'étale aisément entre les diverses couches musculaires, et le tissu cellulaire étant détruit par la suppuration, la guérison est beaucoup plus tardive.

La *présence du corps étranger* dans la blessure n'augmente souvent pas sa gravité, parce qu'il est facile d'en faire l'extraction, et qu'alors la piqûre ne tarde pas à guérir; cependant si le sternum ou les côtes retiennent la pointe d'un instrument implantée dans leur tissu, une ostéite consécutive, la carie ou la nécrose donnent à la blessure un caractère sérieux. L'*emphysème* n'est pas une complication fréquente des plaies non pénétrantes de poitrine; mais il est important de savoir qu'il est possible, quand la piqûre intéresse des parties riches en tissu cellulaire, là où s'opèrent des mouvemens étendus, et quand l'instrument vulnérant a traversé les couches musculaires, suivant une certaine obliquité. L'élévation et l'abaissement des côtes, en détruisant le parallélisme des lèvres de la plaie favorise aussi l'introduction de l'air dans l'épaisseur de la paroi thoracique. L'emphysème peut devenir assez considérable pour gêner la respiration. Chez un malade atteint d'un coup d'épée qui avait traversé obliquement le grand dorsal, il survint un emphysème monstrueux qui occupait les deux faces du muscle grand pectoral; la respiration était extrêmement gênée. Voici d'ailleurs comment J.-L. Petit rapporte cette observation :

J'ai été appelé, dit-il, pour assister à une opération de l'empyème, qu'on devait faire à un malade, qui avait un emphysème monstrueux occupant le dessus et le dessous du grand pectoral, une grande portion du grand dorsal et le creux de l'aisselle : le malade respirait difficilement et avec douleur. Il n'y avait pas encore vingt-quatre heures qu'il était blessé, et n'avait été pansé en premier appareil qu'avec une compresse trempée dans l'eau-de-vie, retenue par un simple bandage. L'épée avait percé obliquement la peau, la graisse et le muscle grand dorsal à environ trois doigts au-dessous du pli de l'aisselle; et, la coupure oblique qu'elle avait faite à la peau me faisant croire qu'elle s'était aussi portée obliquement vers le muscle pectoral, je jugeai, malgré la difficulté de respirer et le crachement de sang, que cette plaie n'était point pénétrante. Ayant fait part de ces remarques, on convint de faire une incision sur une sonde creuse, que l'on introduirait dans la plaie en suivant la direction de la coupe oblique qu'avait faite l'épée. Cela fut exécuté ; et, par cette incision portée jusque vers le creux de l'aisselle, on introduisit le doigt dans le tissu cellulaire qui est sous le muscle pectoral et sous l'aisselle. Pour donner issue à l'air qu'il renfermait, on en déchira ce qu'on put, mais sans effort ; on pansa la plaie mollement avec le digestif simple ; l'emphysème se dissipa : la suppuration s'établit, et cette plaie, devenue simple, fut guérie en peu de jours (J.-L. Petit, *Maladies chirurgicales*, page 889).

Quand on néglige d'ouvrir les plaies lorsqu'il survient de pareils emphysèmes, il arrive, selon le même chirurgien, que la circulation languit dans les poumons, que ses capillaires se rompent et qu'une pneumo-hémorrhagie a lieu, quoique l'instrument vulnérant n'ait pas intéressé le parenchyme pulmonaire.

Plaies par instrument tranchant. On peut appliquer à ces plaies tout ce qui vient d'être dit à l'occasion du danger des piqûres simples ou compliquées.

Contusions et plaies contuses. Le danger des *contusions* des parois de la poitrine est relatif à la force avec laquelle le corps vulnérant a agi, et aux désordres qu'il a occasionnés. Un corps contondant ordinaire, dont l'action est bornée aux parois du thorax, détermine rarement des effets fâcheux, excepté chez les femmes, où il produit quelquefois l'inflammation des seins, leur suppuration, leur induration, et par la suite leur dégénérescence cancéreuse. Mais si la percussion a été assez forte pour agir sur les viscères thoraciques, les poumons, le cœur, les gros vaisseaux peuvent être déchirés, contus, etc., lésions à la suite desquelles on observe souvent des épanchemens sanguins mortels, la suppuration et par conséquent des collections de pus ou de sérosité purulente dans l'intérieur des plèvres.

Les *plaies contuses* ne sont dangereuses qu'autant qu'elles se compliquent d'hémorrhagie, d'inflammation, de la commotion, de la rupture des viscères thoraciques, ou de la présence d'un corps étranger. Les contusions produites par un *projectile* sont suivies d'accidens plus fâcheux lorsqu'elles ont eu lieu sur le sternum ou sur une côte, parce que les parties molles sous-jacentes sont écrasées, que les os peuvent être dénudés et même fracturés, et qu'il y a épanchement de sang ; or, on sait qu'à moins de donner promptement issue à ce liquide, on a à craindre des abcès, la gangrène, etc.

Les plaies d'*armes à feu* peuvent être pénétrantes et non pénétrantes : si la balle ne pénètre pas dans la poitrine, elle peut déterminer une forte contusion des viscères thoraciques, la fracture d'une ou de plusieurs côtes, ou du sternum, lésions qui ne font pas toujours périr le blessé, mais qui entraînent des accidens d'une durée plus ou moins longue ; si, comme il arrive plus souvent, elles pénètrent dans cette cavité, et que le cœur ou les gros vaisseaux de cet organe ou des poumons soient intéressés, le malade ne tarde pas à périr. Toutefois les exemples de plaies produites par des balles qui avaient pénétré dans la poitrine, ou qui l'avaient percée de part en part, et qui ont été guéries sans accidens, ne sont point rares : quelquefois la guérison n'a pas été complète, la plaie ayant dégénéré en fistule.

Les dangers des *fractures* des côtes méritent de fixer un instant notre attention : les côtes supérieures et inférieures exigeant, pour être cassées, un effort beaucoup plus considérable que les moyennes, la commotion des viscères thoraciques doit être plus grande dans le premier cas, et la fracture plus dangereuse ; on conçoit même difficilement la fracture des dernières côtes asternales (fausses) sans qu'il y ait commotion du foie ou de la rate. En général, la fracture dite en dedans est plus grave que celle dans laquelle les fragmens se dirigent en dehors : en effet, elle expose le blessé à la déchirure et à l'inflammation de la plèvre et du poumon, à l'emphysème, à la lésion des artères intercostales, et par conséquent à une hémorrhagie qui peut être latente ou apparente ; et si elle a été comminutive, les esquilles peuvent blesser les poumons et développer des accidens funestes.

La fracture du *sternum* n'est pas une maladie grave, s'il n'y a pas déplacement des fragmens, et si la contusion n'a pas été considérable ; la mort peut arriver instantanément, au contraire, ou au bout de quelque temps, si les poumons ou le cœur ont été déchirés. L'enfoncement des fragmens dans la poitrine augmente considérablement les dangers de cette fracture, parce qu'il est ordinairement suivi d'épanchement de sang dans le médiastin, d'inflammation, de suppuration et de carie. J'ajouterai que, dans les cas de fracture du sternum avec déplacement des fragmens où la consolidation s'est opérée sans que ces fragmens aient été réduits, les blessés éprouvent pendant long-temps une toux sèche, de l'oppression, des palpitations et d'autres accidens plus ou moins incommodes.

La fracture des *vertèbres dorsales* est dangereuse, car le plus souvent elle détermine la mort du blessé dans un très court espace de temps ; ce qui tient à la commotion qu'éprouve la moelle épinière, à la lésion physique dont elle peut être le siége, ou à la compression qu'exercent sur elle le sang épanché ou les fragmens détachés des vertèbres. Toutefois on a vu de pareilles fractures n'être pas suivies d'accidens graves, et même guérir assez facilement : c'est ce qui a particulièrement lieu lorsque le projectile est petit et mu avec beaucoup de rapidité.

B. *Blessures pénétrantes de la poitrine.* Lorsqu'un corps vulnérant pénètre dans la poitrine par le *deuxième* espace intercostal, il peut blesser la courbure aortique ou quelques-unes des branches principales qui en partent. S'il entre par le *troisième,* il peut atteindre l'aorte ou l'artère pulmonaire et la veine cave supérieure. S'il pénètre par le *quatrième,* un peu à gauche, il tombe sur la base du ventricule gauche ou sur l'oreillette gauche ; s'il entre à droite, il peut blesser le ventricule ou l'oreillette du même côté. Une blessure qui pénétrerait à une profondeur de 4 à 5 centimètres dans le *cinquième* espace intercostal gauche, près de sa terminaison au sternum, pourrait atteindre la pointe du cœur ; dans un cas de plaie pénétrante, produite par la lame d'un sabre qui était entrée par cet espace, la veine azygos avait été blessée, et les deux lobes moyen et inférieur du poumon droit avaient été traversés (Chassaignac *Dissertation inaugurale,* etc. Paris, avril 1835). Si le corps vulnérant pénétrait dans la poitrine, au-dessous de la *sixième* côte, et dans une direction tout-à-fait horizontale, il ne pourrait atteindre le cœur, mais il pourrait passer au-dessous du poumon, traverser le foie et le diaphragme, raser la face inférieure du centre phrénique, entrer dans le péricarde près de la pointe du cœur, et en supposant qu'il s'étendît assez profondèment dans la cavité pectorale, il pourrait ressortir par le même espace intercostal. Si l'instrument entrait par le *septième* espace, il laisserait le péricarde intact, le foie seul serait traversé; mais suivant que cet instrument s'éloignerait ou se rapprocherait de la colonne vertébrale, il pourrait respecter ou atteindre la veine cave, le cardia, les vaisseaux hépatiques, l'estomac ou la rate. Dans le *huitième* espace, le corps vulnérant passerait au-dessous du lobe de Spigel, traverserait l'extrémité supérieure de l'estomac, passerait au-dessous du lobe gauche du foie, et pourrait atteindre la rate. Dans le *neuvième*, l'instrument passerait au-dessous de la vésicule du fiel, et pourrait traverser la veine cave ou l'aorte au-dessus du pylore, le grand cul-de-sac de l'estomac, la rate et le foie. Dans le *dixième*, le lobe droit du foie pourrait encore être atteint, ainsi que le rein droit, l'estomac, la rate, le pancréas, le duodénum, et dans certains cas le colon transverse.

Dans le trajet qui vient d'être assigné à tout instrument qui pénétrerait à travers chacun des espaces intercostaux, j'ai supposé que le corps vulnérant pénétrerait dans une direction exactement perpendiculaire à l'axe du tronc; mais si l'on a égard aux variétés infinies de direction et de profondeur que peuvent offrir dans leur trajet les instrumens vulnérans, aux dimensions variables des espaces intercostaux dans les divers temps de la respiration, ce qui change nécessairement leurs rapports, on sentira combien il serait impossible de déterminer *à priori*, une de ces plaies étant données, quelles seront toutes les parties atteintes par l'instrument. Il suffit d'avoir insisté sur les relations qui existent entre la hauteur des espaces et la position des organes intérieurs, pour mettre les gens de l'art à même de trouver un guide dans les conjectures qu'ils devront former sur l'espèce de lésion qui leur sera soumise.

La partie supérieure et médiane de la poitrine, celle qui correspond à la fourchette sternale, sur les limites du col et de la cage thoracique, est un des points où les blessures peuvent offrir le plus de danger. Les parties de cette région les plus accessibles sont en haut, c'est-à-dire au bas du col, et sur les côtés des deux *premiers* espaces intercostaux. On remarque dans cette région, *à gauche,* la veine sous-clavière et la terminaison des veines jugulaires externe et interne dans le tronc veineux brachio-céphalique gauche ; au *milieu* les troncs veineux brachio-céphalique gauche et droit, et la terminaison des veines thyroïdiennes ; *à droite,* la réunion de ces troncs veineux et des jugulaires interne et externe pour former la veine cave supérieure. On trouve dans un plan plus profond le tronc innominé, l'origine des artères carotide primitive et sous-clavière très rapprochées des os, la mammaire interne qui vient gagner la face postérieure du sternum, accompagnée de ses deux veines, la carotide gauche ; plus profondément la sous-clavière donnant la mammaire gauche, le nerf vague, le nerf phrénique, la trachée-artère, des ganglions lymphatiques, le nerf récurrent, l'œsophage, le grand symphatique, l'origine des artères vertébrale, intercostale supérieure et cervicale transverse, le ganglion cervical inférieur, le premier nerf dorsal et la partie la plus interne des plexus cervical et brachial, ainsi que le canal thoracique, qui va se jeter dans la plaie sous la clavière gauche.

Parmi les circonstances qui peuvent faire varier les résultats d'une plaie pénétrante, il faut mentionner les alternatives de dilatation et de resserrement auxquelles sont sujets les poumons et l'estomac. Le foie est aussi, plus ou moins, exposé à l'action des causes vulnérantes, à raison des différences qu'il présente dans son volume et dans sa position : pendant les mouvemens de la respiration il remonte et descend alternativement ; chez le fœtus et l'enfant, il déborde constamment les fausses côtes ; chez l'adulte, au contraire, il est complétement abrité par ces os, excepté à la région épigastrique ; mais il peut grossir à un point tel, qu'il descende jusqu'à la région iliaque ; sur le cadavre et dans la position horizontale, il remonte quelquefois de 5 à 6 centimètres ; dans la position verticale, il descend de manière à déborder les côtes.

Les accidens qui accompagnent le plus souvent les blessures pénétrantes de poitrine sont l'hémorrhagie, l'épanchement de sang et l'emphysème.

Blessures des poumons. Le danger de ces blessures est relatif à l'hémorrhagie et à l'inflammation qu'elles peuvent occasionner, ainsi qu'à la pénétration de l'air extérieur dans la cavité thoracique. L'*hémorrhagie* peut être assez considérable pour faire périr le blessé en très peu de temps, comme on le voit dans les blessures profondes, ou lorsque l'instrument vulnérant a ouvert les gros vaisseaux qui se trouvent à la racine des poumons ; non-seulement il y a alors perte d'une quantité notable de sang, mais encore compression de ces viscères par le liquide épanché : si la blessure est superficielle, l'hémorrhagie n'est pas à craindre. L'*inflammation* des poumons ne peut pas être considérée comme essentiellement mortelle, puisqu'elle se termine souvent par résolution, et que, lorsqu'elle est suivie de suppuration ou d'induration, la mort n'a pas toujours lieu. Je renvoie aux traités de pathologie pour ce qui concerne les suites fâcheuses que peuvent avoir ces sortes de lésions, en me bornant à indiquer ici que la suppuration des poumons est d'autant plus à craindre, que la plaie est plus profonde, et le blessé plus disposé à devenir phthisique. La *pénétration de l'air* dans la cavité thoracique, regardée autrefois comme très dangereuse, ne l'est réellement que lorsque la quantité d'air introduite est considérable, les poumons se trouvant alors comprimés et dans l'impossibilité de se dilater ; mais on sait que, dans beaucoup de circonstances, l'air extérieur éprouve des obstacles pour entrer dans la poitrine : ainsi, lorsque la plaie extérieure n'est pas très grande, si elle traverse obliquement les parties molles des parois du thorax, l'air extérieur ne pénètre pas, parce que les plaies des différens *plans* ne conservent plus leur parallélisme, et que les lèvres de ces plaies restent souvent appliquées l'une contre l'autre. Cependant l'emphysème général peut encore se produire, l'air contenu dans le poumon, étant chassé lors du retrait de cet organe à travers la plaie, et de là dans l'épaisseur de la paroi thoracique.

S'il est vrai que la présence d'une balle dans un des poumons constitue un accident grave, il est également certain qu'elle ne fait pas toujours périr le blessé : on sait, en effet, que des individus dont la poitrine avait été percée de part en part ont expectoré une balle au bout de plusieurs années, et que d'autres ont vécu pendant quinze, dix-huit ou vingt ans, sans éprouver d'incommodité notable, malgré la présence d'une balle dans les poumons, comme on a pu s'en convaincre par les ouvertures des cadavres. Mais des corps étrangers d'une autre nature peuvent être fixés dans le parenchyme pulmonaire : ce sont tantôt des morceaux de vêtemens, tantôt un fragment de l'instrument lui-même ; le pronostic est assurément plus grave dans ces cas que, lorsque le blessé porte une balle lancée par la déflagration de la poudre à canon.

L'issue d'une portion du poumon par un des espaces intercostaux ou le *pneumatocèle*, est un accident rare et peu dangereux si l'on se hâte de la faire rentrer avec les doigts ou avec une sonde mousse : toutefois, si cette portion du poumon était gangrénée, état qu'il ne faut pas confondre avec la lividité et la sécheresse que cause l'impression de l'air, on devrait la fixer au dehors à l'aide d'un fil, ou l'exciser après avoir appliqué une ligature afin de prévenir l'épanchement de sang dans la poitrine. L'observation démontre que les blessés qui ont subi cette opération n'éprouvent par la suite qu'une douleur légère sans oppression, et une toux peu incommode. Tels sont les cas décrits par Roland, par Tulpuis dont le malade guérit en quinze jours, par Ruysch qui fut consulté pour un blessé sur le pneumatocèle duquel un chirurgien avait déjà posé une ligature.

Blessures du cœur. Péricarde. La lésion de la membrane séreuse qui enveloppe en grande partie le cœur, abstraction faite de la blessure d'organes plus importans, n'est dangereuse que par l'inflammation qui peut en résulter, et par les épanchemens de sang et de sérosité qui en sont quelquefois la suite : sans doute, l'inflammation du péricarde est une maladie grave, d'autant plus qu'elle se propage facilement aux parties qui l'avoisinent ; mais l'art possède des moyens de la prévenir ou d'en diminuer les effets : c'est donc à tort que l'on a considéré les blessures de cette membrane fibro-séreuse comme essentiellement mortelles.

Cœur. Il importe d'établir, avant d'examiner la léthalité des lésions de cet organe, que le plus souvent elles intéressent le ventricule droit ; dans certains cas les deux ventricules sont atteints à-la-fois, mais il est rare que le ventricule gauche seul soit blessé ; enfin on observe beaucoup plus rarement la lésion des oreillettes. Sur soixante-quatre observations de plaies du cœur recueillies par Ollivier (*Dict. en 30 vol.*, tome VIII, page 245) le ventricule droit avait été blessé vingt-neuf fois, le gauche douze fois seulement, et les deux ventricules avaient été intéressés simultanément neuf fois. L'oreillette droite avait été blessée trois fois, et la gauche une seule fois. Sept fois la pointe ou la base du cœur avaient été effleurées, et dans trois cas le siége de la blessure n'était pas indiqué. Les blessures qui *pénètrent* dans les cavités du cœur déterminent instantanément la mort, si elles sont assez larges pour permettre au sang de s'échapper facilement ; tandis que la blessure n'est mortelle qu'au bout de quelques heures ou de quelques jours, si, à raison de son étroitesse ou de son obliquité, le sang éprouve de la difficulté à sortir, ou qu'il se forme des caillots qui s'opposent à son écoulement. Parmi les plaies pénétrantes du cœur, celles du ventricule gauche déterminent plus souvent la mort subite.

1° Dans un duel, auquel assistait Dimerbrock, l'un des combattans reçut un coup d'épée dans la poitrine, et tomba aussitôt : *Quasi fulmine ictus concidit, moxque extinctus est.* Le pouls exploré au moment même au poignet et aux tempes avait cessé de battre; le ventricule gauche était traversé par l'épée (*Anat. corp. hum.*, etc., lib. VI, c. 4). — 2° Dans un cas analogue rapporté par Timœus, la mort suivit instantanément la blessure : *Subitòque concidens, illicò mortuus est, magnum profundumque, et in cordis usque sinum sinistrum penetrans vulnus deprehendimus (Casus, Med. prax. triginta sex annorum obs.*, Leipzig, 1667, in-4°, lib. VI, obs. 38). — 3° J'ai ouvert, dit Ollivier, à l'hôpital d'Angers, le cadavre d'un gendarme tué d'un coup d'épée, et qui mourut de même subitemeul; le ventricule gauche seul avait été percé; le cœur, dans un état de contraction extrême, était vide de sang; le péricarde en était distendu. — 4° Dans l'assassinat commis par Papavoine, les deux malheureux enfans qu'il frappa moururent sur le coup. Par une coïncidence singulière, le ventricule gauche du cœur fut traversé chez l'un et l'autre ; seulement, dans l'un il l'avait été d'avant en arrière, et le couteau s'était arrêté contre le rachis ; dans l'autre, il traversa le ventricule dans sa longueur et de haut en bas, en sorte que l'instrument pénétra assez profondément dans le foie. Je cite ce fait, ajoute Ollivier, d'après le rapport médico-légal, que m'a communiqué M. le docteur Denys (*Dict. en 30 v., loc. cit.*).

D'autres fois les plaies pénétrantes du ventricule gauche laissent vivre le blessé pendant un temps plus ou moins long.

1° Un homme de trente-quatre ans, aliéné, se fait une plaie d'apparence fort petite, au côté gauche de la poitrine, entre la cinquième et la sixième côte, à un pouce au-dessous et en dehors du téton, avec un instrument long, mince et aigu. Admis deux jours après à l'hospice de Bicêtre, la plaie est presque cicatrisée, mais elle est très douloureuse au toucher; le pouls est très petit, intermittent; la respiration est anxieuse, et au-dessous de la plaie on entend un bruissement particulier, une sorte de crépitation onduleuse assez analogue à celle d'un anévrysme variqueux. Le malade assure n'avoir pu retirer de sa poitrine l'instrument dont il s'est frappé. On se borne à des saignées, à des applications de sangsues sur la région du cœur. Mais la respiration devient chaque jour plus difficile, moins ample; le malade s'affaiblit, et meurt le *vingtième jour* de sa blessure. A l'ouverture on trouve au côté de la poitrine correspondant à la plaie une adhérence intime de toute la face interne du poumon gauche au péricarde; dans la cavité de ce sac, il existe dix à douze onces de sanie rougeâtre, granuleuse, déjà fétide, et beaucoup de caillots fibrineux décolorés; les parois de cette membrane sont épaisses, rugueuses et manifestement enflammées; enfin *un stylet en fer, implanté dans la substance du ventricule gauche, est fortement engagé dans l'épaisseur de ses fibres;* ce stylet avait traversé de part en part ce ventricule, et sa pointe avait *pénétré de quelques lignes* dans la cavité du ventricule droit. M. Ferrus, auteur de cette observation, pense avec raison que si le blessé a survécu vingt jours à une si grave blessure, cela tient à ce que l'instrument vulnérant est resté immobile dans la plaie, et par sa présence *a tenu lieu de caillot;* il a ainsi modéré l'hémorrhagie et l'épanchement de sang dans la poitrine, qui ne s'est fait que graduellement et qui en définitive a déterminé la mort. Il est aisé de voir combien il eût été dangereux dans ce cas d'extraire le corps vulnérant, et combien les saignées ont dû concourir à prolonger la vie (*Académie royale de médecine.* Procès-verbal de la séance du 27 juin 1826).

2° Un mendiant de Milan reçoit un coup de couteau qui traversa le ventricule gauche à sa partie antérieure; il s'écoula peu de sang à l'instant même; le blessé fit soixante-dix pas environ, s'assit, et mourut au bout d'une demi-heure, et vomissant son dîner (Morgagni, Epist. 63, sect. 26).—3° Un coup d'épée pénétrant entre la cinquième et la sixième côte gauche, perça le ventricule gauche dans sa partie supérieure : le blessé fit plus de cinq cents pas sans tomber, perdit très peu de sang, n'eut aucune difficulté de respirer, et succomba au bout de cinq heures (Courtial, *Nouv. obs. anat. sur les os,* Paris, 1705, in-12, p. 138).— 4° Un soldat vécut dix-sept jours après avoir reçu un coup d'épée au travers du sternum; presque tous les jours il sortait une livre de sang par la plaie. L'épée avait traversé le ventricule gauche et la cloison interventriculaire (Fantoni, *Giornale de'letterati d'Italia,* t. XXI, page 145 et 146).

On voit d'après ces faits combien était erronée l'opinion de

Galien, d'après lequel toutes les plaies pénétrantes du ventricule gauche étaient suivies de mort subite. Les plaies pénétrantes du ventricule droit peuvent elles-mêmes déterminer la mort immédiatement après l'accident : qu'il me suffise de rapporter le fait suivant qui appartient à Ollivier.

Un voiturier de Bercy reçoit un coup de couteau au milieu de la poitrine ; il fait deux pas pour s'appuyer contre un arbre, et tombe mort à l'instant même. Chargé par le ministère public de faire l'ouverture du cadavre, je trouvai, dit ce médecin légiste, les cartilages des quatrième, cinquième et sixième côtes gauches coupés net et très obliquement près de leur insertion au sternum. Le médiastin antérieur était infiltré de sang noir coagulé. Le péricarde offrait à sa partie antérieure une ouverture de deux pouces de longueur et de six lignes de largeur ; sa cavité était énormément distendue par une grande quantité de sang, dont la majeure partie était coagulée. Le ventricule droit avait été ouvert à la réunion de son tiers supérieur avec ses deux tiers inférieurs, de manière que le bord droit et inférieur du cœur correspondait au milieu de cette plaie qui avait près de deux pouces de longueur. Deux des colonnes charnues qui s'insèrent à la valvule auriculo-ventriculaire avaient été complétement divisées. La contraction extrême du cœur, qui était vide de sang, donnait à son tissu la dureté et la sonorité du carton. Une assez grande quantité de sang avait jailli de la blessure au moment même, mais l'obliquité très grande de la section des cartilages costaux avait empêché qu'il ne s'en écoulât de nouveau : de là l'énorme distension du péricarde par ce liquide, la compression du cœur, et la mort subite (*Dict. en 30 vol.*, tome viii*).

Quant aux plaies qui intéressent à-la-fois les deux ventricules, elles sont toutes presque immédiatement mortelles. Le blessé mourut au bout d'une heure dans un cas rapporté par Lucius (Bonet, *Sepulch. anat.*, t. iii, p. 358). Celui dont on lit l'observation dans les *Ephémérides des curieux de la nature* mourut au bout de cinq heures.

Parmi les blessures qui *bornent leur action* à l'épaisseur des ventricules, il en est qui peuvent guérir, parce qu'il n'y a point d'hémorrhagie et que l'inflammation est peu considérable, comme on le voit lorsqu'une petite portion du tissu du cœur a été atteinte, et qu'aucune des branches considérables des artères coronaires n'a été lésée. D'autres, au contraire, déterminent une hémorrhagie mortelle dans l'espace de quelques heures, ou font périr le blessé au bout de plusieurs jours, parce que, suivant

Boyer (*Traité des mal. chirurg.* tome VII, page 269), les parois du cœur, affaiblies par la blessure, finissent par se rompre ; toutefois l'observation démontre que la mort n'est pas un résultat constant de ces lésions. Dans aucune des observations recueillies par Ollivier, le blessé n'a succombé avant le sixième jour. Les blessures des *oreillettes* sont, en général plus dangereuses que celles des ventricules, à cause du peu d'épaisseur de leurs parois, qui ne permet guère de supposer qu'elles puissent être lésées sans que l'instrument pénètre dans leur cavité et donne lieu à un épanchement dans le péricarde. Les blessures des gros *troncs artériels ou veineux* contenus dans la poitrine, qui partent du cœur ou qui s'y rendent, sont constamment mortelles ; elles font périr subitement si elles sont considérables, et au bout de quelques jours si elles sont étroites.

Blessures de la veine azygos. L'ouverture de la veine *azygos* peut être suivie d'une hémorrhagie mortelle, comme le prouve le fait suivant.

Deux individus s'étant battus au pistolet, l'un d'eux fut blessé mortellement près de la clavicule, et mourut trois jours après. Une incision circulaire ayant été faite à quelques pouces de la plaie pour la cerner de toutes parts, on ouvrit la cavité droite du thorax et aussitôt on vit s'écouler une grande quantité de sang liquide remplissant cette cavité, de telle façon que le poumon droit n'était pas apparent : on trouva celui-ci refoulé sur la partie antérieure et supérieure de la colonne vertébrale, comprimé, réduit à un très petit volume, ni distendu par l'air, ni crépitant, quoiqu'il n'offrît aucune trace d'inflammation dans son tissu ou dans son enveloppe séreuse. Toute cette cavité de la poitrine était tapissée par une couche fibrineuse d'un blanc rougeâtre, disposée en fausse membrane, n'adhérant en aucun point à la plèvre et au poumon, dans les scissures duquel on ne la voyait point s'engager. Cette couche membraneuse paraissait être formée par la partie fibrineuse du sang, constituant une espèce de poche dans laquelle les parties cruoriques et séreuses de ce liquide étaient contenues, ainsi qu'on le voit lors des grands épanchemens de sang dans les cavités splanchniques. Il importe d'indiquer avec détail cette disposition, pour signaler la différence entre cette espèce de kyste fibrineux et les fausses membranes, produites par l'inflammation de la plèvre, car on ne reconnut aucun signe de phlegmasie bien marqué dans le poumon, ni sur cette membrane séreuse costale ou pulmonaire. En disséquant couche par couche le trajet de la plaie, on vit qu'elle suivait une direction oblique de haut en bas, de dehors en dedans et d'avant en arrière, que le corps vulnérant avait successivement parcouru une ligne qui, partant du bord antérieur du tiers externe de la clavicule, traversait les muscles grand et petit pectoraux, le premier espace intercostal et les muscles qui le remplissent ; puis, passant au-dessus du poumon droit, arrivait sur le côté droit du corps de la cinquième vertèbre dorsale, le traversait de part en part, et se terminait au côté gauche de cette vertèbre. Dans ce trajet la clavicule avait été frôlée, et la veine sous-clavière effleurée à sa partie antérieure ; les muscles pectoraux et intercostaux, la plèvre costale avaient été traversés ; le sommet du poumon droit avait été contus, la *veine azygos* ouverte un peu au-dessous de la courbure qu'elle décrit avant son embouchure dans la veine cave, sur le côté droit du corps de la cinquième vertèbre, et cet os avait été traversé ainsi que la plèvre qui recouvre sa partie gauche. Tout ce trajet, depuis l'orifice extérieur jusqu'à la cavité thoracique, était comme enduit par une matière purulente. Les tissus voisins étaient plus ou moins contus ; l'ouverture de la paroi du thorax, correspondant à la partie externe du trajet, était fermée par la couche membraneuse que nous avons indiquée ; disposition qui devait s'opposer à la sortie, par la plaie extérieure, du sang épanché dans la cavité droite du thorax, tandis que l'orifice droit du trajet du corps vulnérant, traversant la colonne vertébrale était béant du côté de la cavité thoracique droite, orifice par lequel avait dû se faire l'écoulement venant du tronc de la veine azygos. Le canal rachidien n'avait pas été ouvert par le corps vulnérant. Le poumon et la plèvre du côté gauche étaient dans l'état sain ; un peu de sérosité rougeâtre y était épanchée ; enfin à la partie inférieure de cette cavité on trouva une balle de plomb de 4 lignes et demie de diamètre. Il résulte évidemment de ce qui précède, que la mort a été le résultat de l'épanchement de sang produit par la lésion de la *veine azygos ;* et comme la circulation dans ce vaisseau se fait principalement de bas en haut, qu'une valvule existant vers son orifice du côté de la veine cave, s'oppose au reflux du sang de la veine cave dans la veine azygos, l'épanchement n'a pu être produit que par le sang ramené de l'abdomen par la grande veine azygos, et conséquemment être lent et successif, ce qui explique suffisamment pourquoi la mort n'a pas été l'effet immédiatement de la blessure (*Rapport médico-légal sur une plaie d'arme à feu*, par Breschet, année 1828).

Blessures de l'œsophage. On concevra facilement combien il doit être rare d'observer la section complète et transversale de la portion thoracique de l'œsophage : cette blessure est nécessairement mortelle. Si, comme il arrive plus souvent, l'œsophage a été blessé par un instrument aigu, la mort ne peut pas avoir lieu lorsque la blessure est peu étendue et que le poumon n'a pas été intéressé. Payen d'Orléans parvint à guérir un individu dont l'œsophage avait été traversé de part en part par un coup de baïonnette porté à la partie antérieure et supérieure droite de la poitrine : la lésion de ce conduit musculo-membraneux était mise hors de doute par la sortie des boissons par la plaie. Voici d'ailleurs cette observation telle que Boyer nous l'a transmise :

Un employé des contributions indirectes, âgé de vingt-quatre ans, d'un tempérament robuste, reçut à la partie antérieure et supérieure droite de la poitrine un coup de baïonnette. Tout entier au sentiment de sa conservation, et poursuivi par le délinquant qu'il avait découvert, il fit, en fuyant, plus d'une demi-lieue pour arriver à son domicile, et n'éprouva dans ce trajet aucune douleur ; mais bientôt quelques accès de toux provoquèrent des crachemens de sang. M. Payen le vit une heure après l'accident ; il le trouva dans un état d'angoisse inexprimable, et couché sur le côté droit ; la respiration était laborieuse, une douleur vive se faisait sentir dans tout le côté droit de la poitrine et se propageait jusqu'à la hanche du même côté ; le pouls était élevé et fréquent ; le moindre mouvement difficile et douloureux ; une plaie anguleuse de 4 lignes d'étendue se présentait à un pouce du sternum entre la troisième et la quatrième côte ; elle n'avait versé que très peu de sang ; mais à chaque expiration et plus encore pendant la toux, l'air s'en échappait avec impétuosité, et pouvait éteindre une lumière à 7 ou 8 pouces de distance.

Le pansement fut simple et ne consista qu'en un peu de charpie, quelques compresses trempées dans une liqueur résolutive et un bandage de corps. On pratiqua une forte saignée du bras, et trois heures après une second saignée ; celle-ci produisit du soulagement.

Le lendemain, le pouls était fort, les douleurs vives encore, la toux moins fréquente, mais la respiration toujours gênée ; on fit une troisième saignée, non moins copieuse que les deux autres ; les crachemens de sang avaient cessé. Le troisième jour, en détachant le plumasseau qui s'était collé sur les bords de plaie, elle donna issue à une assez grande quantité d'un liquide très rouge, moins consistant que du sang. Cette évacuation rendit la respiration plus facile ; le soir, nouvelle évacuation aussi abondante que la première d'un liquide de même nature ; elle diminua l'anxiété qui s'était reproduite. Depuis ce moment elle a lieu continuellement et même par jets, lorsque la plaie est découverte et que le malade tousse. Elle continue pendant plusieurs jours et avec une abondance telle, qu'un grand nombre de serviettes en sont inondées dans les vingt-quatre heures ; cependant sa teinte est de jour en jour moins foncée ; le dixième jour, elle n'est presque plus colorée. Quoique le malade bût beaucoup, ses urines étaient rares, très foncées et sédimenteuses. « Je soupçonnai alors, m'écrit M. Payen, que la quantité prodigieuse de liquide que versait la plaie était fournie par les boissons qui, au lieu de descendre dans l'estomac, tombaient dans la cavité thoracique droite en passant par une plaie faite à la partie moyenne de la portion pectorale de l'œsophage. Pour en acquérir la certitude, j'administrai au malade des potions huileuses, des boissons mucilagineuses diversement colorées, un lait de poule, etc.; toutes ces substances venaient mouiller les compresses sans être dénaturées.

« Après avoir examiné avec soin la forme et les dimensions de la baïonnette qui avait fait la plaie, je jugeai que celle-ci devait avoir peu d'étendue, l'instrument ayant dû s'arrêter sur la colonne vertébrale, après avoir traversé l'œsophage de part en part. Deux moyens se présentaient pour l'indication que j'avais à remplir. Le premier consistait à introduire par la méthode connue une grosse sonde de gomme élastique dans l'œsophage, destinée à porter les boissons au-delà de la blessure et même jusque dans l'estomac. Le second n'était autre chose que la privation absolue ou presque absolue de boissons pendant plusieurs jours. Je préférai le dernier comme plus simple et moins incommode; il était d'autant plus excusable que la soif était devenue moins pressante par la diminution des accidens inflammatoires. Le malade s'y soumit avec docilité; je lui permis seulement de se rafraîchir la bouche de temps en temps avec un petit quartier d'orange; je lui fis administrer des lavemens nourrissans. Mais affaibli par les saignées et le traitement antiphlogistique, le malade éprouva au bout de quatre jours des besoins que ne pouvait plus apaiser son nouveau régime; je cédai à ses instances, et je lui permis d'avaler quelques cuillerées de boisson. Le liquide fourni par la plaie n'en devint pas plus abondant, et bientôt cet écoulement ne fut que purulent, ce que j'attribuai à l'épuisement total du liquide antérieurement épanché. Enfin devenu plus hardi par ce succès, je passai aux boissons alimentaires, et bientôt aux alimens solides. »

Les forces se rétablissaient; cependant le malade ne pouvait se coucher que sur le côté droit, et il lui restait un peu de fièvre, dont les légers paroxymes s'annonçaient irrégulièrement par du frisson; la marche dans la chambre faisait naître de l'oppression. Il faisait le premier essai de ses forces à la campagne: trente jours après son accident, lorsque, après un repas trop copieux, il eut une indigestion. Les efforts du vomissement provoquèrent l'expectoration d'une quantité de pus très abondante; ce crachement dura quinze jours. Sa cessation, celle de la fièvre, des crachats purulens et de l'oppression, firent connaître que le foyer de l'abcès était tari, ce que confirmait encore la percussion. Les forces revinrent lentement; et le malade ne put reprendre les fonctions de sa place que plusieurs mois après sa blessure (Boyer, *Mal. chirurg.*, tome VII, page 270).

Il a été souvent question, dans l'histoire des lésions de la poitrine, de l'hémorrhagie, de l'épanchement sanguin et de l'emphysème qu'elles peuvent déterminer; il importe de les étudier séparément. L'*hémorrhagie* peut être le résultat de la lésion des vaisseaux artériels du cœur et des poumons, de l'aorte et de ses principales divisions, de l'artère mammaire interne, des deux veines caves, et de la veine azygos ; je ne reviendrai pas sur les dangers qui l'accompagnent. Elle peut tenir à l'ouverture d'une ou plusieurs artères intercostales : ici la blessure n'est pas de nécessité mortelle, parce que l'art possède des moyens d'arrêter l'hémorrhagie ou d'évacuer le sang qui serait épanché dans la cavité du thorax. Quant aux plaies de l'artère mammaire interne, elles peuvent amener des accidens funestes, malgré l'assertion contraire de Larrey.

L'*épanchement* de sang dans la poitrine, quelle que soit sa cause, ne tarde pas à faire périr le malade *dans la plupart des cas*, s'il est considérable (1).

Un militaire reçoit un coup de sabre dans la poitrine, un peu au-dessous du mamelon droit ; il perd une abondante quantité de sang et succombe peu d'instans après. A l'ouverture du cadavre on trouve un épanchement sanguin énorme dans la plèvre droite ; le lobe moyen et le lobe inférieur du poumon de ce côté sont traversés de part en part par la lame du sabre, en sorte qu'il existe quatre plaies pulmonaires, une d'entrée et une de sortie à chacun des lobes inférieurs ; la veine azygos est divisée transversalement et le ligament vertébral antérieur est profondément sillonné ; si le sabre eût pénétré un peu plus loin l'artère aorte eût été atteinte.

On peut au contraire espérer de secourir efficacement le blessé en pratiquant une ouverture qui permette au sang de sortir, surtout si la quantité de liquide n'est pas grande ; mais il ne faut pas se dissimuler combien il est difficile, dans certains cas, d'établir le diagnostic d'un pareil épanchement. Les auteurs, il est vrai, n'ont pas manqué de donner un ensemble de signes propres à lever la difficulté dans quelques circonstances : tels sont la gêne de la respiration, la difficulté de se tenir couché sur le côté opposé à celui qui est le siége de l'épanchement, la plus

(1) Je dis *dans la plupart des cas* ; on sait en effet que dans certaines circonstances, à la vérité fort rares, des lésions de ce genre ont été traitées avec succès. Larrey a présenté à l'Académie des sciences, le 5 août 1822, l'observation d'un jeune militaire atteint d'un épanchement sanguin *énorme* qui s'était formé dans la cavité thoracique, par suite d'une plaie pénétrante, avec lésion du poumon et de l'artère intercostale, près de son origine de l'aorte. Cette blessure, guérie à la suite de l'opération de l'empyème, avait été faite par la lame d'un sabre, qui avait traversé de part en part et d'avant en arrière tout le côté droit de la poitrine.

grande élévation et le plus grand évasement de la partie du thorax qui contient le liquide épanché, le son mat de cette portion de la poitrine, les ondulations du liquide épanché, l'apparition vers l'angle des fausses côtes d'une ecchymose d'un violet clair, qui paraît plusieurs jours après la blessure, et que Valentin avait regardée à tort comme constante, la sortie du sang et de l'air par la plaie à chaque mouvement d'expiration, la petitesse, la fréquence et l'irrégularité du pouls, etc. Parmi ces signes, il en est un qui a beaucoup plus de valeur que les autres ; c'est la sortie du sang et de l'air par la plaie ; les autres sont trompeurs ; cependant leur ensemble peut porter à croire que l'épanchement existe, sans permettre de l'affirmer. Combien de fois n'a-t-on pas vu des individus succomber à cette cause, sans avoir éprouvé de gêne sensible dans la respiration, et ayant toujours joui de la faculté de se coucher indistinctement sur le côté sain et sur celui qui était malade ; ne sait-on pas, d'une autre part, que des blessés ont été guéris par les soins ordinaires, lorsque tout concourait à prouver qu'ils étaient en proie à un épanchement considérable? L'homme de l'art pourrait donc être blâmé s'il avait pratiqué des incisions pour donner issue au sang, avant d'avoir examiné avec le plus grand soin toutes les circonstances susceptibles de l'éclairer.

Il s'en faut de beaucoup que l'*emphysème* produit par une blessure de poitrine soit propre à faire apprécier la gravité de la lésion : admettons en effet qu'un emphysème considérable suppose que le poumon a été blessé dans une assez grande étendue, il ne faut pas conclure pour cela que la blessure est grave ; au contraire tout porte à croire qu'il n'y a eu que de très petits vaisseaux ouverts, et que l'épanchement de sang est léger ; car, sans cela, il n'y aurait pas de place pour l'air. On sait d'ailleurs que dans certaines lésions peu étendues des poumons, suivies d'un épanchement considérable, et par conséquent fort graves, il n'y a point d'emphysème ; d'une autre part, celui-ci peut exister, comme je l'ai déjà dit, sans que le poumon ait été lésé, l'air extérieur s'introduisant dans la poitrine par la plaie au moment de l'inspiration pour en être chassé pendant l'expiration.

Blessures du diaphragme. Il est impossible de révoquer en

doute la gravité des blessures du diaphragme, à cause de la gêne qu'éprouve la respiration, soit que les viscères abdominaux aient pénétré dans la cavité thoracique, soit qu'il y ait simplement inflammation de ce muscle ; la première de ces causes peut même être suivie d'asphyxie et d'une mort prompte si les poumons ont été fortement comprimés par les organes de l'abdomen. Toutefois il n'est pas sans exemple que des blessures dans lesquelles la partie charnue du diaphragme qui est en rapport avec les premières vertèbres lombaires avait été percée, n'aient pas été suivies de la mort. Insenflamm a observé trois cas de cette nature (*Recherches anatomiques*, Erlangen, 1822). Le danger des plaies du diaphragme est d'autant plus grand, qu'elles sont plus étendues et qu'elles sont compliquées de lésions d'organes plus importans et plus mobiles. Je rappellerai ici que la blessure des nerfs *diaphragmatiques* est nécessairement mortelle.

Blessures du bas-ventre.

J'adopterai, comme pour les blessures de la poitrine, la division des plaies de l'abdomen en celles qui pénètrent et celles qui ne pénètrent pas dans sa cavité. Les mêmes considérations se présentent ici relativement à la base que le chirurgien doit adopter pour distinguer ces plaies les unes des autres. Une plaie pénétrante sera celle qui intéressera un organe quelconque contenu dans l'abdomen, que le péritoine soit ou ne soit pas lésé ; c'est en effet la blessure de ces organes qui donne au pronostic des plaies du bas-ventre une certaine gravité. Cependant la blessure est bien plus grave, si le viscère blessé laisse épancher des liquides dans la cavité péritonéale, que lorsque la matière de l'épanchement tombe dans le tissu cellulaire sous-séreux, à cause de la position de la plaie faite sur un point que le péritoine ne recouvre pas ; ainsi, par exemple, une lésion de la face antérieure de la vessie, ou de la partie postérieure du colon ascendant ou descendant est bien moins grave que celle qui intéresse la face séreuse de ces viscères.

A. *Blessures non pénétrantes du bas-ventre.* Plusieurs circonstances se réunissent pour faire regarder ces blessures, que l'on croirait au premier abord devoir être fort légères, comme pouvant être dangereuses. Tantôt elles sont compliquées de l'ouverture des artères mammaires internes et épigastriques, et l'hémorrhagie qui en résulte peut être mortelle si le blessé n'est pas secouru à temps ; tantôt elles sont suivies d'une inflammation considérable, de foyers purulens, de trajets fistuleux : dans certaines circonstances les organes génitaux sont lésés, ou l'on a à craindre des hernies et leurs suites, etc.

Piqûres. Les piqûres de l'abdomen qui n'atteignent pas le cordon spermatique, les vertèbres ou les os du bassin, doivent être regardées comme simples et faciles à guérir, à moins que des artères ou des filets nerveux n'aient été blessés, ou qu'il ne se soit développé une inflammation grave ; en effet, si, comme on le voit souvent, une artère d'un certain calibre s'est ouverte, et si, à raison de l'étroitesse de la plaie, de son obliquité et du gonflement qui survient dans son trajet, il n'y a point d'hémorrhagie extérieure, le sang s'épanche dans le tissu cellulaire, et produit une tumeur qui peut s'enflammer et donner lieu à un abcès sanguin ; or cet abcès n'est pas sans danger, ainsi que je vais le démontrer bientôt. Supposez, au contraire, qu'il n'y ait point de lésion d'artères, mais que la piqûre se complique d'inflammation, comme on l'observe surtout lorsqu'elle a son siége dans l'épigastre ou dans les muscles droits, le blessé peut succomber à cette complication dans l'espace de sept à huit jours ; et, s'il ne périt pas, il se forme des foyers purulens auxquels succèdent des fistules difficiles à guérir. Les dangers des *abcès* de cette nature sont généralement connus : on sait qu'il faut les ouvrir aussitôt qu'ils sont formés, si l'on veut éviter des accidens qui amènent souvent la mort dans très peu de temps, ou empêcher le pus de pénétrer dans l'abdomen après avoir altéré le péritoine, et de s'étendre jusqu'au bassin. Je parlerai plus bas des piqûres où le cordon des vaisseaux spermatiques, les vertèbres et les os du bassin ont été lésés.

Plaies par instrument tranchant. Les dangers de ces plaies sont de toute autre nature : rarement l'inflammation qui les accompagne est assez vive pour constituer une véritable complication ; et s'il est vrai qu'elles donnent souvent lieu à l'hémorrhagie, celle-ci peut être facilement arrêtée, d'autant plus qu'il est aisé d'apercevoir le vaisseau qui a été ouvert. Ce qu'il y a plus particulièrement à craindre dans ces sortes de blessures, ce sont les hernies : en effet, lorsque la plaie occupe la région ombilicale, et notamment les points inférieurs à l'ombilic, la hernie peut avoir lieu sur-le-champ ; et, en supposant même que le blessé guérisse sans que les viscères abdominaux soient sortis de leur cavité, la partie lésée reste faible et singulièrement disposée aux hernies : c'est ce qu'on remarque surtout lorsque les muscles abdominaux ont été coupés transversalement, parce qu'alors la réunion des bords s'est opérée fort lentement, et n'a pu se faire qu'au moyen d'une substance celluleuse intermédiaire beaucoup plus faible que le tissu musculeux. Quoi qu'il en soit, il résulte de ce qui précède que les plaies de ce genre sont en général moins dangereuses que les piqûres.

Contusions. Quelle que soit l'intensité des contusions des parois de l'abdomen, si leurs effets ont été bornés à ces parois, la blessure n'est pas grave : le malade reste seulement exposé aux hernies ; mais si les viscères abdominaux ont été fortement ébranlés, contus ou déchirés, par un coup porté sur un point éloigné de la partie qu'ils occupent, la blessure peut avoir des suites fâcheuses. Les organes qui sont le plus souvent atteints de pareilles contusions sont le foie, la rate, les reins et la matrice dans l'état de grossesse : rarement la contusion est bornée à un de ces viscères. Elle peut être assez forte pour déterminer leur meurtrissure, leur rupture, et l'ouverture des gros vaisseaux : alors la mort a lieu sur-le-champ ou dans une espace de temps fort court, et souvent sans que la peau de l'abdomen présente à l'extérieur des traces de violence : ce qui dépend de son extrême souplesse et de la solidité de son tissu. Quelquefois cependant la rupture d'une veine d'un assez fort calibre ne détermine la mort qu'au bout de plusieurs jours, comme le prouve le fait rapporté à l'Académie royale de médecine par Deguise père, et dans lequel il s'agit d'un individu qui succomba après avoir reçu un violent coup de pied dans le flanc gauche, et qui, dans les derniers temps, présenta tous les symptômes d'une péritonite. A l'ouverture du cadavre on trouva une inflammation générale du péritoine avec épanchement sanguin, et la *veine splénique* complétement rompue (Séance du 28 septembre 1824). — Si la contusion est moins violente, le danger n'est pas aussi grand, quoique pourtant elle puisse occasionner l'avortement et des inflammations qui se terminent quelquefois par suppuration ou par gangrène, et auxquelles les malades succombent au bout de quelques jours, malgré les secours de l'art les mieux dirigés. Enfin il peut arriver à la suite de ces contusions que les blessés, qui n'avaient d'abord éprouvé que de très légers accidens, soient atteints de rétrécissemens du canal intestinal, de tumeurs de diverse nature, etc. Il est rare que les *plaies contuses* des parois du bas-ventre soient compliquées d'hémorrhagie : elles ne sont dangereuses, lorsqu'il n'y a pas eu contusion des viscères abdominaux, que par l'inflammation qui les accompagne ordinairement (*V*. PIQURES, p. 535).

Les plaies d'*armes à feu* qui n'intéressent que les parties molles des parois de l'abdomen ne méritent de fixer l'attention de l'homme de l'art que sous le rapport de l'inflammation : or l'observation démontre que si l'on a pratiqué les incisions nécessaires pour donner issue à la balle, la phlogose ne s'étend pas au-delà du degré nécessaire pour que la suppuration s'établisse ; toutefois, si les aponévroses ont été lésées, il se développe ordinairement des accidens graves qui pourraient faire croire au premier abord que les organes intérieurs ont été atteints, et qui dépendent de la résistance qu'opposent ces aponévroses, et du gonflement des parties sous-jacentes. Souvent ces sortes de plaies paraissent de prime abord être pénétrantes, et cependant elles ne présentent pour le pronostic que les considérations que je viens d'émettre relativement aux plaies qui ne pénètrent pas ; cela tient à ce que la balle a labouré l'épaisseur de la paroi en contournant les aponévroses sur lesquelles elle s'est réfléchie ; en un mot, les projectiles suivent quelquefois un trajet curviligne autour de l'abdomen, comme autour du crâne, du thorax, etc. Si les *plaies d'armes à feu* intéressent la colonne vertébrale, elles sont beaucoup plus graves, lors même qu'il n'y a point contusion des viscères abdominaux. Le danger de ces lésions est relatif aux fractures des vertèbres, à la nature de ces fractures, à la difficulté que l'on éprouve à retirer la balle, et surtout à la commotion et à la déchirure de la moelle épinière. La fracture du corps est plus grave que celle des apophyses épineuses et transverses, parce qu'il peut se former une infiltration purulente dans l'intérieur du canal rachidien, et que d'ailleurs il est plus difficile de faire l'extraction des esquilles et de la balle : les blessés périssent même lorsque le projectile ne peut être retiré du corps des vertèbres, et qu'il y a en même temps lésion des muscles psoas et iliaque, ou des viscères qui les avoisinent. La paralysie des extrémités inférieures et de la vessie, qui peut se manifester immédiatement, ou quelque temps après ces blessures, n'est pas toujours mortelle ; il n'est pas rare cependant de voir les malades qui ont été délivrés de cet accident conserver une grande faiblesse dans ces organes.

B. *Blessures pénétrantes du bas-ventre.* Le meilleur moyen d'apprécier les diverses lésions qui peuvent être la suite des blessures pénétrantes de l'abdomen, c'est de rappeler les noms des organes qui occupent chacune des régions de cette cavité viscérale : 1° *Zone épigastrique.* Elle se subdivise en trois régions, les deux hypochondres et l'épigastre ; dans l'hypochondre droit on trouve une portion du diaphragme et tout le grand lobe du foie ; dans l'hypochondre gauche, le grand cul-de-sac de l'estomac et la rate ; à l'épigastre une portion considérable du lobe gauche du foie, le cardia, la partie médiane de l'estomac, et le pylore qui est sur la limite de l'hypochondre droit et de l'épigastre, le petit épiploon, la vésicule biliaire et ses canaux, les artères hépatique et stomachique, la veine porte, la première portion du duodénum, la grande veine mésaraïque, l'artère mésentérique supérieure, l'artère et la veine spléniques, le tronc cœliaque, le petit lobe du foie, les ganglions et plexus constituant le centre épigastrique ou *cerebrum abdominale*, la veine cave, l'aorte, le canal thoracique, les piliers du diaphragme, et sur les côtés, les vaisseaux du rein.

2° *Zone ombilicale.* Cette zone se subdivise de même que la précédente en trois régions : savoir, sur les côtés, les flancs droit et gauche et au milieu la région ombilicale ; du côté droit on trouve une portion du lobe droit du foie qui descend quelquefois jusque dans la fosse iliaque droite, le colon lombaire ascendant, le rein droit et la capsule surrénale du même côté ; à gauche, on ne trouve dans cette région aucune partie de la rate, sauf les cas où ce viscère a des dimensions considérables ; on y voit le colon lombaire gauche ou descendant, le rein gauche et la capsule surrénale du même côté ; dans la région ombilicale proprement dite on trouve l'intestin grêle ; mais il est à remarquer que cette partie du canal intestinal n'est pas exclusivement concentrée dans la région ombilicale, mais qu'elle déborde latéralement les portions droite et gauche du colon, tandis qu'inférieurement elle plonge dans le bassin, en sorte que les instrumens vulnérans en pénétrant dans la région lombaire, peuvent faire une plaie de l'intestin grêle. On trouve encore dans la région ombilicale proprement dite le grand épiploon et le colon transverse, le méso-colon transverse, le tronc cœliaque placé sur la limite de l'épigastre et de l'estomac, l'artère mésentérique supérieure et la veine du même nom, les artères et les veines émulgentes ; les vaisseaux spermatiques, les uretères, l'aorte, la veine cave, le canal thoracique, le mésentère, les ganglions et les vaisseaux lymphatiques, les deux nerfs grands sympathiques, les artères lombaires et le commencement de la mésentérique inférieure.

3° *Zone hypogastrique*, au milieu est l'hypogastre, à droite et à gauche les régions iliaques. Dans la région iliaque droite le cœcum et son appendice ; à gauche l'S iliaque du colon ; au milieu l'uretère, le canal déférent, les vaisseaux spermatiques, l'artère sacrée moyenne, l'origine des vaisseaux iliaques (artères et veines), la terminaison de la mésentérique supérieure, la partie supérieure du rectum, une partie plus ou moins considérable de l'intestin grêle qui, dans l'état normal, présente toujours quelques anses au-devant du rectum, le nerf inguino-cutané, l'artère épigastrique et ses veines satellites, la sous-cutanée abdominale et le nerf crural ; à tout cela il faut ajouter la vessie et l'utérus qui dans leur état de vacuité se placent dans le petit bassin, mais qui dans l'état de plénitude peuvent envahir non-seulement l'hypogastre, mais même la région ombilicale.

Je ferai remarquer relativement à *l'estomac* que durant l'intervalle des digestions il est pour ainsi dire relégué dans l'hypochondre gauche, qu'il est alors moins exposé à l'action des corps vulnérans, et que la région épigastrique pourrait être traversée de part en part, sans que cet organe fût atteint , s'il était dans l'état de vacuité. M. Velpeau rapporte qu'un homme avait eu le ventre traversé de part en part par un coup d'épée qui avait pénétré à 9 centim. en dehors et au-dessus de l'ombilic du côté gauche, et était sorti à droite entre la neuvième et la dixième côte ; l'instrument, après avoir rasé la face inférieure du foie, avait blessé cet organe au-dessus de la vésicule biliaire ; le petit épiploon était percé ; mais l'estomac et le colon transverse qui se trouvaient en bas et à gauche de la direction suivie par l'épée n'étaient pas intéressés.

Dans l'appréciation des probabilités de lésions de l'utérus et de la vessie, il faut avoir égard à l'état de distension et de proéminence où ces organes peuvent se trouver par suite de la gestation pour le premier, et à cause de la présence de l'urine pour le second ; on sait aussi que la situation de la vessie chez le fœtus, hors de l'excavation pelvienne, expose cet organe à être plus facilement atteint. Il est inutile d'ajouter qu'à la suite de hernies, les viscères de la cavité abdominale peuvent être déviés de leur position normale, et que d'ailleurs on a observé chez l'adulte un très grand nombre d'aberrations de situation de ces viscères. Dans ces cas exceptionnels on ne peut deviner quels sont les organes dont les blessures compliquent les plaies pénétrantes du bas-ventre.

D'ailleurs il est aisé de prévoir que toutes les blessures pénétrantes de l'abdomen n'offrent pas le même danger. Il en est qui guérissent facilement, parce qu'elles ne sont suivies ni de la sortie des viscères abdominaux, ni d'inflammation du péritoine, ni d'épanchement de sang, d'un autre liquide ou d'un gaz, ni de la lésion des viscères abdominaux, et qu'elles ne sont pas compliquées de la présence d'un corps étranger : tels sont en effet les accidens qui aggravent les blessures dont je parle, et sur lesquels je crois devoir m'arrêter un instant avant d'examiner les lésions de chaque organe en particulier.

Sortie des viscères abdominaux. C'est particulièrement dans les plaies par instrument tranchant que l'on voit les viscères les plus mobiles du bas-ventre s'échapper au-dehors, en partie ou en totalité, suivant l'étendue de la lésion. Il est rare que le colon transverse se montre entre les lèvres de la plaie ; l'estomac s'y présente encore plus rarement, tandis qu'il est assez commun d'y trouver l'épiploon et les intestins grêles.

Si l'*intestin grêle* est sorti par la plaie, en totalité ou en partie, et qu'il soit sain, on le fait rentrer dans l'abdomen, sans que le danger de la blessure soit plus grand : il en est à-peu-près de même lorsque la réduction a été faite sur un intestin froid, livide ou noir, mais assez rénitent et élastique pour faire croire qu'il n'est pas gangréné. Lorsque l'intestin est étranglé, soit parce qu'il est enflammé ou distendu par une grande quantité d'air, soit parce que les lèvres de la plaie sont gonflées, la blessure est plus grave : en effet, l'inflammation se déclare, et l'intestin peut être frappé de gangrène si l'on ne se hâte de recourir aux moyens propres à faire cesser l'étranglement, soit en exerçant de légères pressions sur l'intestin pour en diminuer le volume et en le tirant à soi, soit en agrandissant la plaie suivant les préceptes de l'art. Ce dernier moyen ne doit être mis en usage que lorsque les autres ont été infructueux. Si l'étranglement de l'intestin a été suivi de sa gangrène, le cas est beaucoup plus grave, parce qu'on ne peut plus réduire le viscère, qu'il faut au contraire retrancher la portion privée de vie, et que la blessure ne peut guérir qu'au moyen d'un anus artificiel. On peut encore chercher à rendre au conduit intestinal sa continuité, comme je le dirai en parlant des blessures de l'intestin (*Voyez* page 546). Heureusement il n'est pas commun d'observer une pareille complication, parce que l'homme de l'art prévoyant cette terminaison funeste de l'inflammation, procède à la réduction avant qu'elle se soit développée.

Lorsque l'*épiploon* s'échappe au-dehors de la plaie, on doit le repousser dans l'abdomen, s'il est sain : la blessure n'en est pas plus dangereuse, à moins que cet épiploon ne contracte des adhérences avec la partie postérieure des lèvres de la plaie ; car alors le blessé ressent parfois des douleurs et des tiraillemens après les repas : ces accidens sont quelquefois assez forts pour obliger les malades à se tenir courbés en avant pendant la première époque de la digestion. Si, par un des motifs que je viens d'indiquer dans le paragraphe précédent, l'épiploon est étranglé, on est obligé, suivant les circonstances, de retrancher la portion flottante de ce repli membraneux ou d'agrandir la plaie ; ce dernier moyen a l'inconvénient de prédisposer aux hernies consécutives, tandis que l'autre peut entraîner l'adhérence de l'épiploon avec la plaie, et par conséquent des douleurs et des tiraillemens après le repas ; d'où il suit que, lors même que l'étranglement de l'épiploon n'occasionnerait point l'inflammation et la gangrène, il ne devrait pas être considéré comme constituant une blessure légère, dans toute l'acception du mot. Si l'épiploon est gangréné, et que l'homme de l'art, se conformant aux préceptes établis par les meilleurs auteurs, abandonne à la nature la portion gangrénée, ou en retranche une partie en ayant soin de ne point couper le vif, il s'établit des adhérences de l'épiploon avec la plaie : or cette terminaison, qui est sans contredit la plus heureuse, n'est pas exempte de dangers ; outre les inconvéniens que j'ai déjà signalés, elle expose le blessé à une rupture de l'épiploon. Si, au lieu d'agir comme je viens de le dire, le chirurgien réduit l'épiploon gangréné, il peut se développer une inflammation abdominale promptement mortelle. S'il pratique la résection de la portion gangrénée dans l'endroit où la constriction a eu lieu, ou dans le point qui sépare la portion saine de celle qui ne vit plus, et qu'il procède à la réduction après avoir touché avec une liqueur astringente les vaisseaux qui fournissent du sang, il expose le blessé à périr d'hémorrhagie, la circulation pouvant se rétablir dans les vaisseaux crispés dès qu'ils seront sous l'influence de la chaleur de l'abdomen.

L'inflammation du péritoine, dont tous les médecins connaissent la marche et les dangers, est souvent le résultat des blessures pénétrantes du bas-ventre ; il est cependant des cas où l'instrument vulnérant n'atteint pas cette membrane séreuse : ainsi dans les plaies du périnée, des lombes et des flancs, la vessie, le rectum, les reins et le colon peuvent avoir été blessés dans la portion dépourvue de péritoine. Il y a plus, on a vu quelquefois des blessures faites dans un des espaces intercostaux pénétrer jusqu'au foie ou à la rate, sans que cette membrane fût enflammée, ce qui tenait à ce qu'elle n'avait pas été divisée, ou à ce que le désordre de la blessure n'était pas grand.

L'*épanchement* d'un liquide ou d'un gaz dans la cavité de l'abdomen suppose la lésion de l'organe qui les renfermait, mais il ne suit pas de là que toutes les fois que cet organe est lésé, l'épanchement doive avoir lieu ; l'observation démontre même que le foie, les intestins, les vaisseaux sanguins, etc., sont souvent blessés, sans que les matières qu'ils contiennent se soient épanchées en quantité notable. Avant de parler de chacun des fluides qui peuvent abandonner leurs réservoirs pour se répandre dans l'abdomen, je dirai que les épanchemens de sang et des matières fécales sont les plus communs, que ceux de bile et d'urine sont beaucoup plus rares, et qu'il est encore moins ordinaire d'observer des épanchemens de gaz. — *Épanchement de sang*. Il peut se faire rapidement ou lentement : dans le premier cas, l'ouverture du vaisseau est considérable et le sang poussé avec force ; le blessé peut succomber en peu de temps à l'hémorrhagie dont il éprouve tous les symptômes. Si, comme il arrive plus ordinairement, l'épanchement se fait avec lenteur, il ne produit jamais dès le principe des accidens très graves ; ce n'est qu'au bout de quatre à huit jours qu'on en observe les signes : or il n'est guère permis alors d'espérer que la résorption puisse se faire complétement pour peu que la quantité de sang épanché soit considérable ; la mort est donc le résultat inévitable de cet accident, à moins qu'à l'aide d'incisions méthodiques et pratiquées à temps on ait provoqué l'issue du liquide, ou que celui-ci ait été rendu spontanément par l'anus ou par des abcès, comme on l'a vu, rarement à la vérité. L'*épanchement* des matières contenues dans l'*estomac* et dans les *intestins* suppose le *plus* ordinairement que la lésion de ces viscères a une certaine étendue ; car si elle était légère, les matières trouveraient moins d'obstacles à parcourir l'intérieur du canal digestif qu'à franchir l'ouverture qui aurait pu être faite à ses parois : lorsqu'il a eu lieu, le blessé ne tarde pas à succomber après avoir présenté les signes de la péritonite suraiguë. — L'*épanchement d'urine* ne peut être regardé comme peu dangereux que lorsqu'il est fort peu considérable : dans tout autre cas il occasionne des symptômes graves suivis de la mort, tels que la gangrène et l'emphysème du tissu cellulaire sous-péritonéal. Si, comme il arrive quelquefois, le liquide s'infiltre dans le tissu cellulaire qui environne les reins, les uretères et la vessie, il détermine des abcès gangréneux autour de ces organes. L'*épanchement de bile* est assez rare et presque toujours mortel. — Des *gaz* ne sauraient s'épancher dans l'abdomen qu'autant que l'estomac, les intestins grêles et surtout le colon et le rectum ont été blessés, ou que le poumon et le diaphragme ont été divisés : on conçoit aisément que le danger de cet épanchement n'est rien par lui-même, et qu'il est entièrement relatif à l'importance de l'organe qui a été blessé, et à l'étendue de sa lésion. Il peut arriver qu'un emphysème se produise dans l'épaisseur de la paroi abdominale par ces gaz, comme M. Marjolin en rapporte un cas (*Dict.* en 30 *vol.*, tome I, page 159).

Présence d'un corps étranger dans l'abdomen. Il est rare que les piqûres soient compliquées de la présence d'un corps étranger dans l'abdomen, surtout quand elles ont été faites à la partie antérieure du bas-ventre ; lorsque cet accident a lieu, la blessure est presque toujours mortelle ; je dis presque toujours parce qu'en effet les annales de l'art renferment des observations de ce genre qui ont été suivies de guérison. Benedictus dit, qu'un soldat eut le dos percé par le fer d'une flèche qu'il rejeta par l'anus au bout de deux mois. Fabrice de Hilden fait mention (*Cent.* v. obs. 174) d'un individu qui, un an après avoir reçu un coup de poignard à la partie antérieure gauche de l'abdomen, rendit par l'anus, au milieu des douleurs les plus atroces, environ 9 centim. de cet instrument. Quant à la présence d'une balle dans la cavité de l'abdomen, on sait qu'elle ne s'oppose pas toujours à la guérison de la blessure ; combien d'exemples ne pourrais-je pas citer d'individus qui ont vécu plusieurs années, malgré la présence de cette espèce de corps étranger dans le bas-ventre, et qui n'ont même pas éprouvé d'incommodité notable ? Dans quelques circonstances la balle a été rendue par l'anus au bout d'un temps plus ou moins long. Tout porte à croire que dans les cas dont je parle, la plaie d'armes à feu n'a pas été suivie d'accidens graves et immédiatement mortels, parce que la balle a glissé fort obliquement sur la surface lisse des intestins, en ne produisant qu'une légère contusion, susceptible de céder facilement aux moyens antiphlogistiques qui auront été mis en usage.

Lésion des parties intérieures. Parmi les organes que renferme l'abdomen, le foie, l'estomac, les intestins, l'épiploon et la matrice dans l'état de grossesse, sont ceux qui sont le plus exposés à être blessés. La rate, les reins, le pancréas, la vessie, la vésicule du fiel, les vaisseaux sanguins et l'utérus dans l'état de vacuité, sont plus rarement atteints par les instrumens vulnérans. Quant aux canaux pancréatique, cholédoque et thoracique, il n'est pas présumable qu'ils soient lésés, à moins que d'autres organes importans n'aient été intéressés.

Estomac. Faut-il, à l'exemple des auteurs, disserter longuement sur la question de savoir si toutes les blessures de l'estomac sont nécessairement mortelles, ou bien si l'on ne doit ranger dans cette classe que celles qui intéressent le fond et les deux orifices de cet organe, tandis que l'on considérerait comme non mortelles celles qui ont lieu à sa partie latérale ? Une pareille discussion devient inutile dès que l'observation démontre qu'on ne peut établir aucun principe fixe à ce sujet, que telle blessure de l'estomac que l'on aurait jugée de peu d'importance en égard à son peu d'étendue et à sa situation, est promptement mortelle parce que l'organe a éprouvé une forte commotion, tandis qu'une autre lésion que l'on aura regardée comme nécessairement mortelle par des motifs contraires, pourra être suivie de guérison. Il me paraît préférable d'adopter une marche qui, si elle n'offre pas l'avantage de préciser autant la gravité des lésions que la précédente, n'entraîne pas avec elle les mêmes inconvéniens. J'établirai d'abord que les blessures de l'estomac sont souvent mortelles : 1° par l'hémorrhagie dont elles s'accompagnent, et qui donne lieu à un épanchement de sang dans cet organe ou dans le bas-ventre ; 2° par la commotion qu'éprouve le viscère ; 3° par l'inflammation qui se développe et que l'art ne parvient pas toujours à combattre victorieusement ; 4° par l'épanchement dans l'abdomen des matières contenues dans cet organe ; 5° parce que, lors même qu'il ne se manifeste aucun de ces accidens, et que l'on pratique la gastroraphie, cette opération détermine des vomissemens, des contractions d'estomac, etc., qui s'opposent à la guérison ; 6° parce que

II.

les fonctions que cet organe est appelé à remplir sont de nature telle, que leur suspension absolue pendant un certain temps doit compromettre l'existence du blessé. Ces vérités une fois posées, il sera facile de conclure que la lésion sera d'autant plus dangereuse, en général, que l'estomac aura été divisé dans une plus grande étendue, que la blessure sera plus voisine d'un de ses orifices, que l'estomac était plus distendu au moment de l'accid ent, qu'un plus grand nombre de vaisseaux importans aura été atteint, que la commotion aura été plus forte, l'inflammatio n plus vive et l'emploi des moyens antiphlogistiques moins heureux, que l'estomac enfin ne pourra pas agir sur les alimens propres à nourrir le blessé. En effet, il est d'autant plus permis d'espérer une réunion favorable de la plaie, une adhérence avec le péritoine ou avec l'épiploon, que ces accidens sont moins nombreux et plus légers, surtout lorsque les membranes de l'estomac n'ont pas été complétement divisées.

Mahon a dit avec raison que les médecins ne sauraient être trop circonspects lorsqu'ils ont à décider une question relative aux blessures de l'estomac. « Ils doivent déterminer avec la plus scrupuleuse exactitude la grandeur et la forme de la blessure, la région de l'estomac qui a été offensée, le nombre et la grosseur des vaisseaux et des nerfs majeurs qui ont été affectés, le sang contenu encore dans les vaisseaux, la quantité de celui qui s'est épanché dans la cavité abdominale, les autres substances qui y sont également tombées par la plaie, l'état des tégumens communs, des muscles du bas-ventre et du péritoine, ainsi que des viscères qui avoisinent le sac membraneux. Les médecins ne sauraient trop se souvenir que peu de questions de médecine légale peuvent donner lieu à autant de subterfuges de la part de l'accusé et de ses défenseurs » (tome II, p. 145).

Intestins. Les intestins grêles et la portion transverse du colon sont les parties du canal intestinal que les instrumens vulnérans atteignent le plus souvent. Une légère *piqûre* de ce canal peut n'être suivie d'aucun symptôme fâcheux si elle n'a pas intéressé un vaisseau sanguin; il n'en est pas de même si les plaies faites par un corps aigu ont été nombreuses ou d'une certaine étendue, car alors le blessé peut périr au bout de quelques jours, à la suite de l'inflammation, lors même qu'il n'y aurait ni épanchement de sang, ni de matières stercorales, ni de bile.

Les plaies par *instrument tranchant* sont loin d'être toujours mortelles, soit que les intestins blessés restent dans l'abdomen ou se présentent à la plaie extérieure : dans le premier cas on a vu le conduit intestinal blessé dans plusieurs points, développer les symptômes les plus graves, qui ont pourtant cédé aux moyens antiphlogistiques. On lit dans les *Mémoires de l'Académie des sciences* (année 1705) qu'un individu se donna dix-huit coups de couteau au bas-ventre, parmi lesquels huit étaient pénétrans : les saignées répétées dans les quatre premiers jours, la diète et les boissons rafraîchissantes et calmantes, dissipèrent au bout de deux mois les accidens alarmans qu'avaient fait naître ces blessures ; dix-sept mois après, cet homme s'étant précipité d'un lieu fort élevé périt sur-le-champ, et l'ouverture du cadavre fit voir plusieurs cicatrices attestant que le lobe moyen du foie, le jéjunum et le colon avaient été blessés.

Si les intestins lésés se présentent au-dehors, la plaie, ainsi que je l'ai déjà dit, n'est pas toujours mortelle : elle peut avoir assez peu d'étendue pour guérir même sans être obligé de recourir à la suture ; les moyens généraux suffisent alors, pourvu que la portion d'intestin blessée soit assujettie au-dehors, si elle appartient au jéjunum, à l'iléon ou au colon transverse, qui sont assez mobiles. Si la blessure de l'intestin a plus d'un centimètre de longueur, la suture est nécessaire, tant pour prévenir l'épanchement des matières stercorales dans l'abdomen, que pour favoriser l'adhérence des bords de la division avec le péritoine ou avec un autre organe : cette pratique est souvent couronnée de succès. Quand l'intestin a été complétement et transversalement divisé par l'instrument tranchant, ou que l'on en a retranché une portion qui était gangrénée, la blessure est beaucoup plus grave, mais elle n'est pas encore au-dessus des ressources de l'art, soit qu'on réunisse les deux bouts de l'intestin, ou qu'on établisse un anus artificiel, qui, s'il n'était pas susceptible de guérir, offrirait d'autant plus d'inconvéniens et de danger qu'il serait situé plus près de l'origine du canal intestinal.

Toutefois on aurait tort de conclure, de ce que plusieurs des plaies des intestins faites par des instrumens tranchans ne sont pas mortelles, lorsque l'art vient promptement au secours du blessé, que toutes les blessures de ce genre doivent être suivies de guérison. Peut-on se flatter de combattre efficacement les accidens, lorsqu'il s'est fait dans l'abdomen un épanchement considérable de sang, de matières stercorales, de bile, ou que l'inflammation produite par la blessure est excessivement grave? Il suffira, pour répondre négativement à ces questions, de consulter ce que j'ai dit à la page 543.

Les déchirures des intestins par des cornes d'animaux, un pieu, ou tout autre instrument *contondant* et pointu, déterminent presque toujours une mort prompte lorsqu'elles sont considérables, et si elles sont moins graves, elles font souvent périr le blessé au bout d'un certain temps, à cause de l'épanchement et de l'inflammation qui les suivent.

Quand l'intestin a été fortement meurtri par une *arme à feu*, sans être percé, il se forme au bout de quelques jours une escarre qui ne tarde pas à se détacher ; les excrémens sortent par la plaie extérieure, que l'on est quelquefois obligé d'agrandir ; la plaie reste fistuleuse, ou il se forme un anus artificiel, à moins que la portion d'intestin lésée ne soit peu considérable, car alors les matières fécales reprennent leurs cours ordinaire. Si l'intestin a été percé, que la plaie extérieure soit trop étroite, et que l'on n'ait pas favorisé, à l'aide d'incisions convenables faites à la peau, la sortie des matières stercorales par la plaie, les excrémens s'épancheront dans l'abdomen, et occasionneront promptement la mort. Il est inutile d'indiquer que les contusions et les plaies contuses dont il s'agit peuvent encore être fort dangereuses, à raison de la commotion des viscères, de la lésion des vaisseaux sanguins, etc. (*Voyez* page 540, pour compléter l'histoire des blessures des intestins).

Epiploon et mésentère. La lésion de ces organes présente un danger imminent lorsque les vaisseaux sanguins qui les parcourent ont été ouverts, car l'hémorrhagie qui en résulte peut être promptement mortelle. L'inflammation, quoique moins redoutable, n'en constitue pas moins une maladie fort grave, qui se termine souvent par la mort. Les blessures du mésentère sont plus fâcheuses que celles de l'épiploon, parce qu'il y a dans ce dernier organe moins de vaisseaux sanguins et de nerfs. Je ne reviendrai point sur le danger des lésions pénétrantes du bas-ventre, dans laquelle l'épiploon s'engage dans la plaie (*Voyez* page 541).

Foie. A raison de sa texture fragile, le foie se rompt assez souvent sous l'influence de chocs et de violences extérieures portées sur l'abdomen soit directement, soit par contre-coup. Le gonflement qu'il présente chez certains sujets affectés de fièvre intermittente, rend les déchirures encore plus faciles ; un coup de pied, un coup de bâton peuvent en opérer la rupture. Ses blessures sont promptement mortelles lorsque les principaux vaisseaux sanguins qui se distribuent à cet organe ont été ouverts par un instrument vulnérant ; je pourrais appuyer cette assertion d'un très grand nombre de faits s'il était permis de supposer que l'on pût élever le plus léger doute. Si les vaisseaux sanguins dont je parle n'ont pas été intéressés, la blessure est d'autant plus grave qu'elle donne lieu à une inflammation plus intense, et que la matière de la suppuration qui la termine ordinairement éprouve plus de difficulté à se frayer une route au-dehors ; aussi remarque-t-on que plus la lésion est profonde, plus elle est dangereuse, tout étant égal d'ailleurs.

Quoi qu'il en soit, l'homme de l'art pourrait compromettre sa réputation s'il rangeait parmi les affections nécessairement mortelles toutes les hépatites traumatiques.

Vésicule du fiel. La vésicule du fiel, à raison de son peu de volume, est ordinairement à l'abri de l'action des instrumens vulnérans ; mais elle subit une telle pression dans la plupart des contusions violentes de l'abdomen, qu'une chute, un coup de poing, de bâton, de pied, de timon de voiture, etc., peuvent en déterminer la rupture. Presque constamment les blessures de cet organe donnent lieu à un épanchement de bile auquel les malades succombent au bout de quelques jours ; ce liquide pourtant ne s'épanche pas toujours dans l'abdomen, parce qu'il existe des adhérences entre cette poche et le péritoine : alors le blessé peut guérir. On ne trouve dans les annales de l'art qu'un seul exemple de blessure de la vésicule du fiel, sans adhérence avec le péritoine, qui n'ait pas occasionné la mort, et encore est-il permis d'élever des doutes sur l'authenticité du fait. Au reste, on pourra en juger par la lecture de l'observation telle qu'elle a été publiée par M. Fryer de Stramfort, et rapportée dans le *Dictionnaire de Chirurgie* de S. Coooper :

Un jeune garçon reçut un coup de timon de charrette sur la région du foie. Les accidens primitifs furent très graves ; l'inflammation ne se déclara que le troisième jour. Une semaine après, le malade devint complétement jaune ; deux jours plus tard, on commença à sentir de la fluctuation dans le ventre qui, dans l'espace d'une semaine, devint très distendu. On fit une ponction qui donna issue à treize pintes d'un liquide qui ressemblait à de la bile pure. La même opération fut répétée douze jours après, et quinze pintes des mêmes matières bilieuses furent évacuées ; au bout d'une semaine, nouvelle ponction et écoulement de treize pintes de même nature ; enfin on en retira encore six pintes quinze jours après. A dater de ce moment, le malade se rétablit (*Dict. en* 30 *vol.*, tome i, page 163).

La lésion des canaux *hépatique, cystique* et *cholédoque*, plus rare que celle dont je viens de parler, doit être considérée comme mortelle, non-seulement à cause de l'épanchement de bile, mais encore parce qu'il est difficile d'admettre qu'elle ne soit pas accompagnée de blessures d'organes plus importans.

Rate. La texture de cet organe l'expose facilement à des déchirures ; aussi a-t-on vu une chute, un coup de fléau, un coup de bâton en opérer la rupture. Faut-il adopter avec certains auteurs que toutes les blessures de la rate peuvent être guéries, et même que sa déchirure n'est pas constamment suivie de la mort? L'observation démontre le contraire. Ici, comme pour le foie, l'instrument vulnérant peut n'avoir qu'effleuré la surface du viscère, ce qui constitue une lésion curable ; mais s'il a divisé l'artère splénique dans ses principales ramifications, si la rate a été déchirée de manière à occasionner un épanchement considérable, la blessure est mortelle, à moins que le sang ne cesse de couler et qu'on n'évacue celui qui s'était répandu dans l'abdomen.

Pancréas. Le danger des blessures de cet organe est relatif à l'hémorrhagie et à l'épanchement.

Reins. Si les artères rénales ou leurs principales divisions ont été ouvertes par l'instrument vulnérant, il est rare que le blessé ne succombe promptement à l'hémorrhagie ou à l'épanchement dans l'abdomen : toutefois, lorsque le coup a été porté par derrière, sur la portion du rein qui n'est pas recouverte par le péritoine, l'hémorrhagie est pour l'ordinaire moins considérable ; le sang se répand dans la masse graisseuse sur laquelle repose cet organe et dans les muscles environnans ; il peut sortir par la plaie, par conséquent la blessure est moins grave. Si les reins n'ont été atteints qu'à leur surface, et que l'on n'ait pas à redouter l'hémorrhagie, les dangers sont relatifs à la quantité d'urine qui s'écoule, à la voie que suit cet écoulement, et à l'inflammation qui se développe : s'il s'épanche beaucoup d'urine dans la cavité du péritoine, la mort a lieu promptement : le blessé peut guérir, au contraire, si la plaie a été faite à la région lombaire, que le péritoine n'ait pas été intéressé, et que l'urine puisse sortir librement par la blessure extérieure, comme dans le cas d'hémorrhagie. On ne saurait être trop circonspect lorsqu'on est appelé pour juger la léthalité des lésions de ces organes ; souvent on est induit en erreur par la profondeur à laquelle l'instrument vulnérant a pénétré, et on déclare mortelles des plaies qui finissent par guérir.

Les blessures des *uretères* qui déterminent un épanchement d'urine dans l'abdomen peuvent être mortelles, à moins que l'épanchement soit peu considérable et ne donne lieu qu'à une péritonite circonscrite dont un traitement antiphlogistique énergique peut amener la guérison.

Vessie. Le succès avec lequel on pratique souvent la cystotomie, d'après des méthodes diverses, prouvent que des incisions étendues de la vessie peuvent être promptement suivies de la guérison ; mais en est-il de même des lésions de cet organe faites par des instrumens vulnérans, lorsqu'on n'a pu prendre aucune des précautions propres à prévenir des accidens fâcheux ? L'observation démontre que dans ce cas le blessé peut guérir ou périr dans un espace de temps fort court, et qu'il est par conséquent inexact de considérer toutes ces blessures comme nécessairement mortelles. Pour juger leur gravité on doit s'attacher à déterminer, 1° si la vessie était pleine ou vide ; 2° si des vaisseaux considérables ont été atteints ; 3° si la vessie a été blessée

et quel est le siége de la blessure. La plénitude de la vessie peut
faire supposer qu'elle a été lésée dans des circonstances où l'instrument vulnérant ne l'aurait point touchée si elle avait occupé
un petit volume : on sait en outre que cet état favorise sa rupture quand une violence externe agit avec force : cet accident
est promptement mortel. Lorsque des vaisseaux considérables
de la vessie ou des parties voisines ont été atteints, le sang s'é-
panche dans la cavité pelvienne ou dans les muscles du voisinage : on doit redouter alors tous les phénomènes de l'hémorrhagie et de l'épanchement si l'on ne parvient pas à arrêter le
sang ou à lui donner issue. On lit dans les auteurs qu'une forte
contusion de la vessie est ordinairement suivie de son inflammation, qui se termine presque toujours par sphacèle ; mais il
est probable que dans ces cas les perforations que l'on a trouvées
à la vessie dépendaient plutôt de sa rupture que de sa gangrène.
Les blessures de la partie postérieure de ce viscère par des instrumens tranchans ou par des projectiles ne tardent pas à être
suivies d'un épanchement d'urine dans la cavité du péritoine,
épanchement qui amène promptement la mort. Ce liquide s'infiltre au contraire dans le tissu cellulaire si la portion de la
vessie qui a été blessée n'est pas recouverte par le péritoine ; il
importe alors de savoir si la situation de la blessure permet ou
non l'évacuation du liquide épanché. Les blessures qui intéressent
à-la-fois l'intestin rectum et le bas-fond de la vessie peuvent
guérir, mais elles sont presque constamment suivies de fistules
recto-vésicales incurables. J'ajouterai que, si les plaies de la
vessie par armes à feu sont déjà très dangereuses par elles-
mêmes, elles le deviennent encore beaucoup plus lorsqu'elles
sont compliquées de la présence de la balle ou des corps étrangers qu'elle a entraînés avec elle, de la lésion d'autres viscères de
l'abdomen et du fracas des os du bassin.

Organes de la génération. On a des exemples de contusions
violentes des *testicules*, suivies d'une inflammation, qui s'est terminée promptement par la mort ; dans certains cas, il est vrai,
l'art peut arrêter les progrès de cette maladie, et soustraire le
blessé à un danger imminent, mais combien de fois alors ne
voit-on pas survenir le squirrhe ou le cancer, affections orga-

niques qui exigent souvent la castration, et qui ne guérissent même pas toujours en employant ce moyen extrême. Ce qui vient d'être dit peut s'appliquer également aux *piqûres*. La section des testicules par un *instrument tranchant* n'est pas nécessairement mortelle, quoiqu'elle puisse le devenir. Il n'en est pas de même de la division du *cordon des vaisseaux spermatiques*, car le blessé peut périr s'il n'est pas secouru assez à temps pour arrêter l'hémorrhagie. Les lésions des *vésicules séminales* rendent l'individu incapable de procréer, si elles ont pour résultat l'oblitération des canaux excréteurs; mais elles ne compromettent pas son existence, à moins qu'elles ne soient accompagnées d'autres lésions plus graves. Des entailles faites à la verge, et la section complète de ce membre, ne peuvent être considérées comme des blessures mortelles, qu'autant qu'il a été impossible de lier les vaisseaux sanguins, et d'empêcher l'écoulement du sang : le succès de la ligature dépend de la promptitude avec laquelle on l'a pratiquée, et de la situation de la blessure ; si les vaisseaux ont été ouverts près de l'abdomen, il est plus difficile d'arrêter l'hémorrhagie.

La *matrice* dans l'état de vacuité est presque toujours à l'abri de l'action des instrumens vulnérans ; le contraire a lieu lorsque son volume est augmenté par une cause quelconque. Si elle contient un ou plusieurs fœtus, ses blessures sont fort dangereuses pour ces derniers et pour la mère ; en effet, les vaisseaux sanguins étant alors d'un calibre considérable, leur lésion peut donner lieu à une hémorrhagie promptement mortelle ; si la violence extérieure a déterminé l'avortement, que le placenta soit décollé en totalité ou en partie, et que la matrice ne revienne pas sur elle-même par les seuls efforts de la nature ou par les secours de l'art, il se déclare une perte qui ne tarde pas à être funeste à la mère. Le renversement, la rupture de la matrice, le prolapsus et la métrite aiguë sont encore des accidens graves produits par certaines blessures. Déjà j'ai exposé à la page 311 de ce volume, les suites fâcheuses des piqûres du col de l'utérus, faites dans l'intention de provoquer l'avortement. Toutes ces lésions ne sont pas également dangereuses ; il en est que l'on peut combattre avec succès, si l'on est appelé à temps.

Plaies de la vulve et du vagin. On a vu quelquefois des blessures mortelles, faites dans des régions du corps où leurs traces pouvaient être cachées, afin de dissimuler toute apparence de violences extérieures sur le cadavre. Deux affaires criminelles qui se sont présentées en Angleterre, ont révélé un genre de meurtre qui avait été ainsi combiné dans le but d'en cacher les circonstances, et d'induire en erreur sur la cause de la mort. Ces deux faits importans ont été relatés par M. A. Watson (1). Je vais les résumer.

Observation I. Le 13 novembre 1825, M. Newbigging et l'auteur furent chargés par le shériff du comté d'Edimbourg, de procéder à l'examen du corps de Anne Rennie ou Polloch, qu'on leur dit être morte subitement. Le cadavre paraissait être celui d'une femme d'environ cinquante ans, très robuste, appartenant à la dernière classe du peuple, et en proie à la plus profonde misère. Les vêtemens en contact avec les parties sexuelles étaient teints de sang. On ne découvrit à l'extérieur du corps aucune apparence de blessures ; mais en écartant les grandes lèvres de la vulve, on aperçut une plaie d'environ un pouce et un quart de longueur à la face interne de la nymphe du côté droit. Cette blessure était évidemment récente, car sa surface était couverte de sang coagulé. A l'extérieur, elle consistait en une incision droite, d'une netteté remarquable, et parallèle à la direction de la nymphe ; à l'intérieur, le doigt pouvait pénétrer dans quatre directions différentes, à une profondeur d'environ deux pouces et demi, en haut et en arrière vers la division de l'artère iliaque, en arrière vers la tubérosité de l'ischion, latéralement vers l'articulation coxo-fémorale, et en haut vers le mont de Vénus. Dans chacune de ces directions, la blessure avait à-peu-près le même diamètre, et se terminait très distinctement d'une manière obtuse. En injectant de l'eau chaude dans les gros vaisseaux, on s'assura qu'aucun d'eux n'avait été lésé ; l'instrument vulnérant paraissait avoir pénétré seulement dans l'épaisseur du tissu cellulaire ; mais du côté droit du bassin, il était parvenu jusqu'au péritoine, sans perforer cette membrane sous laquelle on trouva un épanchement considérable de sang. Une autre plaie très petite, très nette et superficielle, fut observée à côté de celle qui vient d'être décrite.

Le crâne, la poitrine et l'abdomen furent examinés avec le plus grand soin ; tous les organes que contiennent ces cavités étaient parfaitement sains. La seule cause à laquelle on peut attribuer la mort, était donc l'hémorrhagie qui avait eu lieu par la blessure ; et, en effet, d'après la nature

(1) *The Edinburgh med. and surg. journal*, juillet 1831. — *Archives générales de médecine*, t. xxviii, p. 413 et suiv.

et la structure spongieuse et érectile des parties lésées, elle avait dû être considérable.

Quant à l'instrument vulnérant, il était évident, d'après la netteté de la plaie et de la partie superficielle de l'incision, qu'il devait être extrêmement tranchant, et d'après la manière obtuse dont se terminaient les plaies intérieures, leur peu de profondeur, et l'intégrité de toutes les parties importantes circonvoisines, on pouvait juger que cet instrument, quel qu'il fût, devait très probablement présenter une pointe arrondie ou mousse. Or, le seul instrument très tranchant, que selon toute probabilité, des gens aussi pauvres aient pu posséder, ne pouvait être qu'un rasoir ; cet instrument a en effet une pointe mousse, et ne pourrait guère pénétrer à une profondeur de plus de deux ou trois pouces, à cause de la manière dont on est obligé de le tenir pour s'en servir. De plus, les rapporteurs s'accordèrent à penser que, après que la plaie extérieure avait été faite, on avait pu plonger dans les parties un couteau d'une forme quelconque, et produire ainsi la blessure décrite. Cette présomption fut confirmée par des expériences faites avec un rasoir sur le cadavre, et par la découverte qu'on fit ensuite dans le domicile de la femme Rennie, d'un rasoir dont la lame et le manche étaient couverts de sang. Le mari de cette femme fut condamné à la peine de mort.

Observation II. Le second cas, très analogue au précédent, est celui d'une dame Bridget Calderhead, dont la mort soudaine fut occasionnée par une blessure reçue dans la matinée du 1er janvier 1831. L'ouverture du cadavre fut faite par MM. Watson et Mitchellhill. Nous trouvâmes, dit l'auteur, le corps de cette femme, vêtu de ses habits ordinaires qui consistaient en une robe de laine de couleur, deux jupons de flanelle, et une chemise. Le bas de ces différentes pièces de l'habillement était imbibé de sang qui n'était pas encore tout-à-fait desséché. Après les avoir enlevées, nous découvrîmes que l'hémorrhagie avait été causée par une plaie située à la partie moyenne de la grande lèvre gauche. Antérieurement, cette blessure consistait en une incision très nette, d'environ trois quarts de pouce de longueur, et dirigée parallèlement au bord externe de la lèvre. Le doigt introduit dans cette plaie, pénétra dans une cavité remplie de sang, et capable de contenir un petit œuf de poule ; de l'intérieur de cette cavité, le doigt pénétrait encore à une plus grande profondeur dans trois directions différentes, savoir : en haut, vers la partie supérieure de la symphyse du pubis, en bas vers le périnée, et en arrière le long du vagin et du rectum.

La plus grande profondeur de ces arrière-cavités était de deux à trois pouces ; en mettant à nu le trajet intérieur de la blessure nous aperçûmes les orifices de plusieurs artères et de plusieurs veines assez grosses qui avaient été divisées, et entre autres, la grande artère du clitoris. Les orifices béans de ces vaisseaux, ainsi que toute la surface de la plaie, paraissaient avoir été divisés bien nettement par un instrument tranchant.

A la partie postérieure de la tête existait la trace d'une contusion qui avait occasionné l'extravasation d'une petite quantité de sang à la surface du cerveau. Les organes de la poitrine et du ventre étaient parfaitement sains.

Il ne pouvait y avoir aucune difficulté, ajoute l'auteur à attribuer dans ce cas la mort à l'hémorrhagie excessive résultant de la plaie de la vulve; aussi n'hésitâmes-nous pas à conclure de cette manière. Quant à l'instrument vulnérant, la direction droite et la grande netteté de l'incision extérieure, son étendue correspondant exactement à la largeur de beaucoup de couteaux dont on se sert habituellement, l'étendue et la netteté de la surface de la plaie à l'intérieur, et ses directions différentes, firent penser qu'il était extrêmement probable que cette blessure avait été faite avec un couteau, et que manifestement elle ne pouvait être que le résultat de plusieurs coups de cet instrument plongé dans diverses directions.

Ces deux cas ainsi rapprochés présentent, comme on le voit, la plus grande analogie dans leurs circonstances principales, et méritent de fixer toute l'attention du médecin-légiste : dans l'un et l'autre, ainsi que le fait remarquer M. Watson, les meurtriers semblent avoir choisi cette partie du corps pour cacher plus facilement leur crime ; et, en effet, dans le premier cas surtout, un observateur superficiel n'eût probablement pas découvert la solution de continuité ; en outre ils semblent avoir eu l'idée, en raison de la fréquence des pertes utérines chez la femme, qu'on pourrait attribuer la mort à cette cause, ou au moins à une blessure que les femmes se seraient faites elles-mêmes en tombant sur un corps aigu et tranchant ; une circonstance assez curieuse et qui vient à l'appui de ces réflexions, c'est que dans les deux cas les assassins présumés ont été les premiers à appeler un homme de l'art auprès de leur victime. Ces deux faits me semblent encore démontrer que les blessures des parties extérieures de la génération chez la femme, peuvent devenir mortelles, en raison de l'hémorrhagie excessive qui en est la suite : la nature du tissu de ces parties ne laisse aucun doute sur cette possibilité ; toutefois, pour ce qui concerne cette partie de la conclusion de M. Watson, j'eusse désiré qu'il eût parlé de l'état exsangue du cadavre dans les deux cas, ce dont il n'est fait aucune mention ; or, cette circonstance était importante à noter, au moins dans la première observation, pour qu'il fût avéré que la mort avait eu lieu bien évidemment par hémorrhagie.

Vaisseaux artériels et veineux de l'abdomen. Les artères aorte, diaphragmatique inférieure, cœliaque (opisthogastrique), splénique, hépatique, coronaire stomachique, rénales, mésentérique supérieure et inférieure , spermatiques ou testiculaires, lombaires, iliaques, etc., et leurs principales divisions, les veines caves (1), la veine azygos, la veine porte et les grosses branches qui les forment , ne peuvent être blessées dans une étendue notable, abstraction faite de toute autre lésion, sans déterminer une hémorrhagie et un épanchement qui sont bientôt suivis de la mort, parce que l'art est impuissant pour s'opposer à l'émission du sang. Si la blessure est petite , la mort peut n'arriver qu'au bout de quelques jours, comme je l'ai dit en parlant des vaisseaux thoraciques ; il peut même se faire, si une de ces veines a été légèrement blessée , que les moyens généraux propres à modérer l'impulsion du sang soient suffisans pour empêcher le blessé de périr, surtout s'ils ont été employés peu de temps après la lésion.

Fractures des os du bassin. Ces fractures sont presque toujours fâcheuses, qu'il y ait ou non déplacement des fragmens, parce qu'elles sont souvent accompagnées de la commotion de la moelle épinière, de la contusion , du déchirement des nerfs, des vaisseaux et des viscères renfermés dans le bassin , ce qui donne lieu à des épanchemens de sang, d'urine, etc., et à des inflammations, qui peuvent faire périr le blessé sur-le-champ ou au bout de quelque temps.

Blessures des extrémités.

Je crois devoir rappeler , avant d'étudier ce sujet, les principales particularités *relatives à l'anatomie des régions axillaire et inguinale.*

Une blessure dans la région axillaire pourrait atteindre plusieurs organes importans : ce sont d'abord les nerfs médian et cubital, placés au-devant de l'artère axillaire, cette artère elle-

---

(1) M. Cruveilhier rapporte (*Dictionnaire de médecine et de chirurgie pratique*, t. 1er, p. 60, qu'un paysan mourut dans un effort violent pour retenir un taureau qui cherchait à s'échapper ; la veine cave était rompue au-dessus du foie.

même, les veines satellites, tous les autres nerfs du plexus, lesquels sont placés en arrière de l'artère ; plus profondément, les artères circonflexes, le nerf axillaire et enfin l'articulation, à quoi il faut ajouter les ganglions lymphatiques placés dans cette région.

Une blessure dans la région inguinale pourrait diviser les ganglions inguinaux superficiels, la veine saphène interne, le nerf crural et ses divisions, l'artère fémorale, la fémorale profonde, la sous-cutanée abdominale, l'épigastrique, la circonflexe iliaque, la veine fémorale profonde et ses divisions ; si elle était très profonde elle pourrait s'étendre jusqu'au trou sous-pubien, pénétrer dans la cavité du bassin et léser l'extrémité inférieure du rectum, l'utérus chez la femme, la vessie dans les deux sexes, les artères et les veines obturatrice et épigastrique.

C'est à tort que l'on a considéré les blessures des extrémités comme n'étant jamais mortelles parce qu'elles n'intéressent point les organes essentiels à la vie ; l'expérience prouve que si plusieurs de ces lésions guérissent avec facilité, il en est d'autres qui sont fort graves et promptement mortelles, malgré les secours de l'art les mieux entendus et les plus efficaces : de là la nécessité de les examiner séparément.

Parmi les blessures des extrémités, il en est qui entraînent nécessairement *la perte d'une partie ou de la totalité d'un membre ;* tantôt celui-ci est emporté en entier, ou presque complétement, comme on le voit lorsqu'un boulet frappe perpendiculairement sur lui ; alors l'amputation est indispensable, de l'aveu des meilleurs praticiens : tantôt la contusion ayant été très forte, les os fracassés et les parties molles considérablement délabrées, comme on l'observe dans les plaies d'armes à feu, la gangrène se manifeste et fait des progrès alarmans, si l'on ne se hâte d'amputer le membre : la perte de l'extrémité dans ces deux cas est une affection très grave, parce qu'elle est souvent suivie de la mort, surtout lorsque l'amputation a été faite dans une partie peu éloignée du tronc. Les amputations des membres pratiquées, au contraire, sous des conditions favorables, doivent être rangées parmi les lésions curables avec dérangement des fonctions.

Vaisseaux sanguins des extrémités. Les lésions des gros

vaisseaux artériels des extrémités sont d'autant plus dangereuses que la partie blessée est plus près du tronc. La *contusion* des grosses artères, si elle est considérable, peut produire leur rupture et l'épanchement de sang dans les parties environnantes, ce qui constitue *l'anévrysme faux primitif*, dont je ferai bientôt connaître les dangers ; si l'effort n'est pas assez grand pour déchirer les tuniques des artères, il peut les affaiblir au point de favoriser plus tard le développement d'un *anévrysme vrai*.

L'ouverture de l'artère *axillaire* au creux de l'aisselle, est ordinairement suivie d'une hémorrhagie mortelle, à laquelle il est difficile de remédier assez promptement ; toutefois, il est des cas où la ligature de ce vaisseau peut être pratiquée assez à temps pour que le blessé guérisse en conservant le membre. Les progrès de la chirurgie moderne prouvent l'erreur dans laquelle étaient tombés les anciens, en soutenant une assertion contraire.

Les blessures de l'artère *crurale*, immédiatement à sa sortie de l'arcade de ce nom, ne tardent pas à faire périr le blessé d'hémorrhagie si l'art ne vient promptement à son secours ; l'observation démontre pourtant qu'il est permis d'arrêter l'écoulement du sang et de guérir le blessé, si l'on se hâte de lier l'artère iliaque externe en pénétrant dans la région pelvienne. Un bon nombre de ligatures de cette artère ont, en effet, été pratiquées soit à la suite d'anévrysmes, soit à cause d'hémorrhagies primitives ou consécutives de l'artère fémorale, et assez souvent la guérison a été obtenue. Sur soixante-et-onze opérés, dont M. Velpeau a noté le résultat, dix-huit sont morts et cinquante-trois ont été guéris (*Médecine opératoire*, t. xi, p. 152).

La blessure de l'artère iliaque externe me paraît au-dessus des ressources de l'art : on sait que dans un cas d'anévrysme de de ce vaisseau, Astley-Cooper fit la ligature de l'aorte ventrale, et que le malade périt. Ce chirurgien célèbre attribua la non-réussite de l'opération, à ce que l'on avait attendu, pour la pratiquer, que la tumeur anévrysmale eût acquis un trop grand développement. Il est difficile de croire que la ligature d'un tronc artériel, d'un aussi grand calibre, ne soit pas constamment suivie d'accidens fâcheux et promptement mortels.

Anévrysmes traumatiques. Les suites de l'anévrysme *faux primitif* sont très fâcheuses ; en effet , le sang infiltré distend souvent les aponévroses d'enveloppe, en sorte qu'il y a étranglement des parties sous-jacentes ; la putréfaction de ce fluide, qui ne tarde pas à avoir lieu , accélère le développement de la gangrène, et le blessé périt par suite de cette affection , ou épuisé par plusieurs hémorrhagies qui se sont succédé avec plus ou moins de rapidité. Cet anévrysme est d'autant moins grave, que l'artère qui en est le siége est plus éloignée du tronc, qu'elle est plus superficielle, qu'il y a moins de sang infiltré, et que celui-ci est moins altéré ou corrompu. Il est plus redoutable qu'un anévrysme circonscrit quelconque , non-seulement parce qu'il est ordinairement accompagné d'autres lésions physiques très graves, mais encore par la compression qu'éprouvent les artères collatérales, ce qui rend difficile le transport du sang vers la partie inférieure du membre. Toutefois l'anévrysme faux primitif peut être guéri , si, à l'aide de la compression ou de la ligature , on parvient à arrêter l'écoulement du sang.

L'*anévrysme faux consécutif* est moins à craindre, tout étant égal d'ailleurs, que l'anévrysme vrai ; sa marche est moins rapide, et l'usage des moyens compressifs est suivi de plus de succès ; d'ailleurs, si l'on est obligé de l'opérer, on n'a pas à redouter la récidive de la maladie, ce qui n'arrive pas dans l'anévrysme vrai, qui s'est développé sous l'influence d'une diathèse anévrysmale.

Les *varices* anévrismales ne donnent ordinairement lieu qu'à des incommodités légères. Hunter rapporte l'observation d'une femme qui avait une varice anévrysmale, et dont la varice n'éprouva aucun changement pendant trente-cinq années que vécut la malade. Dans certains cas néanmoins, la partie du membre placée au-dessous de la varice peut s'atrophier , et perdre sa sensibilité et ses mouvemens, comme je l'ai vu une fois.

L'*anérrysme variqueux* est moins grave que les anévrysmes faux, primitif ou consécutif. On n'a jamais observé sa rupture spontanée. Il est moins fâcheux quand la tumeur est simplement formée par la dilatation de la veine, que dans le cas où celle-ci est compliquée d'anévrysme faux circonscrit, c'est-à-dire de stagnation de sang coagulé et polipeux dans le tissu cellulaire abondant et lâche qui sépare la veine de l'artère.

Blessures des veines. Les blessures des veines des extrémités sont rarement dangereuses ; toutefois, l'expérience démontre que l'ouverture des veines fémorale et brachiale, près du tronc, peut déterminer la mort immédiatement, ou par suite de l'épuisement qui en est le résultat, si le blessé n'a pas été convenablement secouru. Le danger de ces plaies dépend essentiellement de la présence d'un obstacle qui empêche le sang veineux de circuler librement dans le tronc ouvert ou dans les veines environnantes : j'ai vu un jeune homme, dont la veine crurale avait été ouverte près de l'arcade du même nom par un emporte-pièce aigu, périr d'hémorrhagie deux heures après ; le chirurgien qui avait donné les premiers secours exerça la compression, tant sur la plaie qu'au-dessus d'elle, ce qui augmenta nécessairement l'écoulement du sang. Le blessé était expirant lorsqu'il fut amené à une des salles de l'Hôtel-Dieu, et confié aux soins de Dupuytren.

Blessures des nerfs. Il est impossible d'admettre qu'une partie quelconque du corps ait été blessée sans qu'il y ait eu lésion des extrémités épanouies des nerfs, parce que ceux-ci se répandent partout : je ne m'occuperai pourtant que des lésions par cause externe d'un cordon ou d'un filet nerveux appréciable ; ce sujet a été fort bien traité par Jules Descot (*Voy.* sa *Dissertation inaugurale*, 1822).

Piqûre. Elle est constamment suivie d'une douleur très vive qui se fait sentir dans toutes les parties auxquelles le nerf se distribue. Il arrive souvent que la blessure guérit promptement et sans accidens graves, si le blessé est doué d'une bonne constitution, s'il garde le repos, et s'il ne s'expose à aucune autre cause de maladie. Dans quelques circonstances il survient des convulsions qui s'étendent au loin et parfois à tout le corps; la douleur et les mouvemens convulsifs peuvent se dissiper d'eux-mêmes ou être suivis du tétanos, de la mort ou d'une névralgie, comme le prouvent les faits suivans :

4° Une demoiselle reçut un coup de canif à la partie inférieure et externe de l'avant-bras, à deux pouces environ au-dessus du poignet ; des douleurs vives, lancinantes, se manifestèrent dans l'avant-bras, dans le poignet et jusqu'au bout des doigts ; il y eut des mouvemens convulsifs dans le bras ; les mouvemens du poignet et des doigts étaient incomplets et parfois impossibles : ces symptômes diminuaient par un temps sec et augmentaient lorsqu'il faisait froid et humide, et lorsque les vents soufflaient du nord et du nord-ouest. Ces accidens, qui paraissaient avoir cédé à l'usage des bains de Bourbonne, reparurent avec plus d'intensité, en sorte que la malade dépérissait de jour en jour. Après avoir tenté inutilement plusieurs moyens, on eut recours au cautère actuel, dont trois applications successives furent faites au travers de la cicatrice ; l'escarre ne tarda pas à se détacher, et l'on vit bientôt disparaître la névralgie, qui pendant deux ans avait rendu misérable l'existence de cette jeune personne (Verpinet, *Journal de Médecine*, vol. x, messidor an xiii). 2º Une femme après avoir été saignée, éprouva des convulsions et des douleurs lancinantes depuis le pli du bras jusqu'à l'épaule ; la blessure était un peu enflammée ; il s'en écoulait un fluide séreux ; deux jours après on appliqua un tourniquet au-dessus de la saignée, dans le dessein de faire cesser les convulsions : une rémission des spasmes eut bientôt lieu ; les mouvemens convulsifs reparurent, sans que l'on obtînt cette fois le plus léger avantage de l'emploi du tourniquet. Le docteur Wilson, persuadé que les accidens dépendaient de la piqûre du nerf cutané, l'incisa transversalement au-dessus de la lésion ; mais il n'y eut aucun amendement dans les mouvemens convulsifs : une autre incision plus profonde et plus étendue fut faite au-dessus de la première, et aussitôt la malade s'écria qu'elle était guérie : en effet elle put mouvoir sur-le-champ le membre en différens sens ; le spasme ne reparut plus, et la guérison ne tarda pas à être complète (Swan, *Dissertation on the treatment of morbids local affections of nerves ; London 1820*).

La piqûre des nerfs a été quelquefois la cause du développement de *névromes*, sorte de tumeurs improprement nommées *ganglions*, et dont on reconnaît deux variétés d'après le siége et le volume, savoir, le *tubercule sous-cutané douloureux* et les *tumeurs volumineuses ou multiples* : la première de ces variétés détermine des douleurs aiguës qui reviennent par accès, dont la durée varie depuis dix minutes jusqu'à deux heures : il y a quelquefois plusieurs paroxysmes dans l'espace de vingt-quatre heures, tandis que, chez d'autres malades, la rémission dure pendant plusieurs semaines. La seconde variété peut être suivie de la mort lorsque le malade ne veut pas se soumettre à l'extirpation des tumeurs. Gooch a vu cette terminaison fâcheuse parce que la tumeur avait gagné l'aisselle et déterminé la compression des gros vaisseaux, des symptômes d'hydropisie, etc. (Odier, *Manuel de médecine pratique*).

Plaies par instrument tranchant. La section complète des nerfs par un instrument tranchant est aussitôt suivie d'une douleur aiguë, de l'insensibilité de la peau et de la paralysie des muscles auxquels le nerf se distribue. Un homme reçoit un coup de sabre à la partie externe et moyenne du bras gauche ; le nerf radial est coupé, et bientôt tous les extenseurs des doigts sont coupés et il y a impossibilité de mouvoir la main. Si le nerf appartient à une partie peu mobile, il peut survenir des accidens très graves, mais on les observe beaucoup plus rarement que dans le cas de piqûre ; presque toujours les deux bouts se réunissent et les fonctions se rétablissent promptement, si l'on rapproche les lèvres de la plaie et que l'on fasse garder le repos au malade.

Un homme se donne un coup de serpette vis-à-vis la partie inférieure du cubitus gauche ; la plaie comprend, entre autres parties, le tendon du muscle cubital, l'artère et les nerfs cubitaux situés en cet endroit : on lie les deux bouts de l'artère après avoir exercé la compression pendant quelque temps, et l'on arrête l'hémorrhagie : la réunion par première intention amena bientôt la guérison de la plaie ; pendant les premiers jours qui suivirent l'accident, le petit doigt et une partie de l'annulaire restèrent engourdis, et le sentiment, d'abord nul, y était ensuite obscur, comme si le toucher avait eu lieu à travers un gant : ces symptômes se dissipèrent peu-à-peu, et le sentiment ne tarda pas à être aussi parfait que dans le reste de la main (Observation communiquée par Béclard).

Si le nerf coupé est situé dans des parties très mobiles comme au voisinage d'une articulation, l'écartement des deux bouts est plus considérable, et la réunion beaucoup plus lente, imparfaite, et même quelquefois impossible : je citerai pour exemple, la paralysie permanente, produite, d'après les plus célèbres chirurgiens, par la section du nerf radial à la partie inférieure du bras.

Quand il y a excision complète du nerf avec perte de substance considérable, les fonctions ne se rétablissent jamais, à cause de l'écartement des deux bouts du nerf.

Contusion des nerfs. La contusion des petits filets nerveux est une affection légère, marquée par un engorgement inflammatoire douloureux, avec plus ou moins de tension. Une contusion légère des gros troncs nerveux est suivie d'une douleur d'autant plus aiguë qu'ils ont un point d'appui solide sur les os, comme on le voit particulièrement lorsqu'on frappe le nerf cubital à la partie interne du coude. Si la contusion est plus forte, elle donne ordinairement lieu à la perte du mouvement et du sentiment dans les parties auxquelles il se distribue : cette lésion n'est que momentanée dans certains cas : la paralysie est au contraire au-dessus des ressources de l'art, si la percussion a été assez intense pour détruire l'organisation du nerf. Un homme reçut un coup assez fort un peu au-dessous de la tête du péroné ; tous les muscles de la partie antérieure de la jambe furent paralysés, et il resta une difformité qui rendit la marche impossible à cause de la déviation du pied qui se trouva renversé en dedans.

Des commotions, des contusions graves des nerfs sont quelquefois la suite des plaies d'*armes à feu*. Ribes rapporte le fait suivant :

Un militaire reçut un coup de balle à la réunion du tiers supérieur et du tiers moyen de la région externe de la jambe ; le projectile ne sortit qu'au bout de trois mois ; alors la plaie ne tarda pas à se cicatriser. Huit ans après, on fut obligé de couper le nerf sciatique poplité externe, pour faire cesser des mouvemens convulsifs généraux, des douleurs atroces, un tremblement de la mâchoire inférieure, des contractions musculaires fort intenses, etc. La section du nerf amena la perte du sentiment et du mouvement dans les parties où il allait se distribuer. Pendant les cinq années qui se sont écoulées depuis le moment de l'opération, le malade a encore eu six ou sept accès ; mais l'on a observé que les contractions musculaires et les douleurs ont été très faibles, le trouble infiniment moindre, les accès, en général de très peu de durée, et à peine semblables à ceux qui se manifestaient avant l'opération (Descot, Diss. déjà citée p. 44).

La présence d'un corps étranger dans un nerf peut occasionner les accidens les plus graves. Denmark fut obligé de pratiquer l'amputation du bras dans un cas de blessure faite par une balle de mousquet à la partie inférieure du bras ; il put se convaincre qu'une petite portion de la balle était fortement fixée dans les fibres de la partie postérieure du nerf radial.

Muscles. La contusion des *muscles* apporte d'autant plus d'obstacles à leur contraction, qu'elle est plus forte ; la douleur varie également suivant l'intensité avec laquelle agit le corps contondant. Il n'est pas rare, lorsque la contusion a été vive, et que les muscles sont recouverts d'une forte aponévrose, de ne pas

voir paraître l'ecchymose qu'elle a déterminée, avant que quelques jours se soient écoulés, parce que le sang s'est épanché dans
le tissu des muscles ou entre ceux-ci et les os, et qu'il faut un
certain temps pour qu'il arrive jusqu'au tissu cellulaire sous-cutané. L'homme de l'art n'oubliera point cette circonstance, que
les accusés pourraient faire valoir dans le premier moment, s'ils
soutenaient que le plaignant n'a été l'objet d'aucune violence extérieure.

Les plaies des *muscles*, faites par des instrumens tranchans,
guérissent facilement par la situation et par un bandage approprié. Les blessures des *tendons* regardées à tort par beaucoup
d'auteurs comme étant fort douloureuses et accompagnées de
fièvre, de délire et de convulsions, ne sont ordinairement suivies
que de la difficulté ou de l'impossibilité de mouvoir les parties
des membres auxquels ils appartiennent. On observe que la rupture des tendons qui ont été consolidés à l'aide d'un appareil convenable, n'entraîne point la perte des mouvemens.

Os. La *contusion* des os est quelquefois suivie de la carie et
de la nécrose. Le danger des *fractures* varie suivant l'âge et la
constitution du blessé, l'os ou la partie de l'os qui a été cassé,
la forme de la fracture, le nombre de ces fractures, leur simplicité ou leur complication, la promptitude avec laquelle le malade
a été secouru, etc. La consolidation de l'os, tout étant égal d'ailleurs, est plus prompte chez les jeunes gens, et chez les individus
doués d'une bonne constitution, que chez les vieillards, les personnes valétudinaires et les femmes enceintes, suivant quelques
auteurs. La maladie est plus difficile à guérir, si l'os fracturé est
enveloppé de muscles épais, que lorsqu'il est à peine recouvert ;
il en est de même quand la fracture, au lieu d'intéresser un seul
des os de l'avant-bras ou de la jambe a son siége à-la-fois dans le
cubitus et le radius, ou dans le tibia et le péroné. Si l'os est cassé
dans sa partie moyenne, la blessure est moins dangereuse que
lorsqu'elle a lieu près de l'articulation. Quoique les fractures obliques soient plus difficiles à réduire et à maintenir que les transversales, elles ne peuvent pas être considérées comme dangereuses, si elles sont exemptes de complication. Si l'os n'a été brisé
qu'en deux fragmens, la fracture est beaucoup plus simple que

lorsqu'il y en a plusieurs, surtout si quelques-uns d'entre eux sont pointus, susceptibles de déchirer les parties molles, ou entièrement isolés. La fracture est beaucoup plus grave quand il y a eu contusion violente ou plaie contuse des muscles, des nerfs, des vaisseaux sanguins, non-seulement à cause de l'inflammation et de la gangrène, mais encore à raison de la commotion générale. Plus la réduction de la fracture a été faite promptement, moins elle présente de danger en général; le temps exigé pour la guérison de la fracture est évidemment beaucoup moindre lorsque le blessé est assez docile pour ne pas se livrer à des mouvemens propres à déranger les appareils contentifs.

Les fractures sont presque toujours occasionnées par des chutes ou des violences extérieures; il est pourtant des cas où elles peuvent avoir lieu à la suite de certains mouvemens du tronc. Sir A. Cooper rapporte un cas dans lequel la fracture du col du fémur s'est opérée dans un mouvement brusque du tronc, la personne étant assise et le pied ayant été retenu fixé par une élévation du plancher, ce qui empêcha le fémur de suivre le mouvement du tronc. Voici un autre exemple de fracture du col du fémur sans chute :

Une femme âgée de quatre-vingt-trois ans, s'appuyant sur un bâton, dont elle était obligée de se servir à cause de son grand âge, place par mégarde ce bâton dans un trou du plancher, ce qui lui fit perdre l'équilibre : et pendant ses vacillations pour éviter la chute qu'elle eût infailliblement faite sans l'assistance des personnes qui étaient à côté d'elle, elle se fractura le col du fémur.

À la vérité les fractures de ce col, sans qu'il y ait eu chute sont beaucoup moins rares à Londres qu'en France, parce que là les trottoirs sont très élevés; on voit en effet que la seule secousse imprimée à tout le corps quand le pied glisse de dessus le trottoir suffit pour déterminer la solution de continuité.

Luxations. Le danger de ces blessures est relatif à la nature de l'os déplacé, à l'époque à laquelle on a opéré la réduction, et à la simplicité ou à la complication de la maladie. On doit ranger parmi les lésions facilement curables les luxations de presque tous les os des membres, si elles sont simples, et que leur réduction, confiée à des mains habiles, ne se fasse pas long-temps attendre. C'est à tort qu'on a avancé que le déplacement de la tête du fémur entraîne la claudication et une démarche pénible, parce que la réduction en est fort difficile, et qu'il se forme presque toujours une fausse articulation; des exemples nombreux démentent cette assertion. Le succès de la réduction dépend de la promptitude avec laquelle les secours sont administrés : lorsqu'on tarde à la pratiquer, l'articulation se tuméfie, devient douloureuse, et l'on est obligé d'attendre pour réduire; mais alors il peut se faire que des adhérences contre nature contractées entre l'extrémité de l'os déplacé et une partie de l'articulation, rendent cette opération impraticable, et le blessé reste estropié. La complication de la luxation avec de grandes plaies contuses surtout, est fâcheuse parce que la gangrène et des convulsions sont souvent la suite des efforts tentés pour opérer la réduction, et que les blessés périssent de langueur, si l'on ne cherche pas à réduire, ou si l'on n'ampute pas le membre dans l'article.

Blessures des articulations. La contusion des cartilages articulaires et des ligamens, à moins d'être légère, occasionne souvent l'inflammation de l'articulation, la suppuration, la carie, et par suite le déplacement des os. Si la percussion a été violente, on a à craindre en outre des mouvemens convulsifs et le sphacéle. Les *plaies* pénétrantes des articulations sont dangereuses, par l'écoulement de la synovie qui peut les rendre fistuleuses, par les vives douleurs et l'inflammation qui sont la suite de l'entrée de l'air dans l'articulation, et par l'ankylose qui les termine souvent dans les cas les plus heureux; cette dernière maladie est le résultat de l'immobilité dans laquelle on a été obligé de tenir le membre pendant long-temps, et des adhérences qui se sont établies entre les différentes parties des membranes synoviales. Parmi ces plaies, celles qui offrent le plus de danger intéressent les membranes synoviales qui ont une multitude de culs-de-sac et de compartimens; à ce titre les plaies du carpe et du tarse, quand elles pénètrent dans la synoviale commune, sont des plus graves.

Des cicatrices.

La cicatrice est le tissu nouveau qui unit deux portions d'un même tissu préalablement divisé : Le travail organique (1) qui préside à la formation de la cicatrice est désigné sous le nom de *cicatrisation*. Or, tous les tissus peuvent être divisés par les instrumens vulnérans, peau, tissu cellulaire, muscles, os, etc. Le cal, véritable cicatrice des os, devra donc aussi m'occuper.

J'ai déjà (page 441) exposé les phénomènes qui se succèdent pendant le travail de la cicatrisation, soit que la plaie ait été réunie par première intention, soit que ses lèvres et son fond aient suppuré pendant quelque temps ; cette étude appartient bien plus à la physiologie pathologique qu'à aucune autre branche des sciences médicales. En médecine légale, ce qu'il importe de rechercher, c'est jusqu'à quel point on peut reconnaître par l'inspection d'une cicatrice sa cause, la nature de l'instrument vulnérant et l'époque à laquelle la solution de continuité a été produite. Cette question a été l'objet des travaux de M. Malle (*Annales de médecine légale*, tome XXIII, page 409), et de M. Martel, ancien interne des hôpitaux (*Dissertation inaugurale*, Paris, 1839) ; malgré les résultats auxquels sont parvenus ces auteurs on peut dire qu'il reste encore beaucoup à faire.

Cicatrices des os. C'est au moyen de l'épanchement d'un suc plastique versé par tous les tissus qui environnent le foyer d'une fracture, et par l'os lui-même, que le cal, cette substance osseuse de formation nouvelle, se développe et entoure les fragmens. Dans les deux premiers mois qui suivent l'accident, le liquide épanché se solidifie ; d'abord, flexible, le cal acquiert de plus en plus de la consistance, et enfin il devient assez résistant pour que les fragmens des os ne forment plus qu'un levier inflexible. Dans les premiers mois qui suivent la consolidation d'une fracture, le cal est volumineux et peut causer une plus ou moins grande difformité, c'est le cal dit *provisoire* ; plus tard, au bout d'un temps plus ou moins long, mais toujours au bout de plusieurs mois, la virole osseuse qui sert de gangue aux fragmens diminue de volume, et le canal de l'os qui avait été oblitéré se rétablit en même temps. Ce dernier état de l'os fracturé est ce que Dupuytren a appelé le cal *définitif*. Je dirai cepen-

(1) Voyez article PLAIE, page 441.

dant qu'il n'est pas rare de voir ces fractures parfaitement consolidées, celles surtout qui affectent des os qui ne sont pas entourés d'une grande quantité de parties molles, sans tuméfaction due au cal, même dans les premiers temps qui suivent la guérison. Le médecin-expert ne devrait donc pas conclure de l'absence d'un cal volumineux à l'ancienneté de la lésion. D'ailleurs, dans certains os les fragmens se consolident en un temps moins long que dans d'autres. Je renverrai pour plus de détails aux ouvrages spéciaux, qui traitent de la formation du cal et de toutes les influences qui peuvent en accélérer ou en retarder la marche.

Cicatrices des parties molles. Les parties molles ne peuvent se réunir, après avoir été divisées, qu'à la condition d'un tissu de formation nouvelle qui est le même pour tous, je veux parler du tissu inodulaire de Delpech. Résultat de l'inflammation suppurative, ce tissu, dit le chirurgien de Montpellier, est manifestement fibreux, à fibres d'un blanc mat ; il n'a pas l'éclat des aponévroses, ni le satiné des tendons ; pour l'aspect, il ressemble aux muscles de certains reptiles, ceux des batraciens, par exemple ; pour la consistance et la dureté, il peut être comparé aux ligamens articulaires les plus forts ; mais ses fibres sont dirigées en tous sens (Delpech, *Chirurgie clinique de Montpellier,* tome II, page 377). Ce tissu jouit d'une très grande rétractilité, long-temps même après la guérison de la plaie, et cette propriété a une influence marquée sur l'étendue des cicatrices, selon leur plus ou moins grande ancienneté.

Je vais successivement étudier les cicatrices des plaies produites par instrumens tranchans, piquans ou contondans, celles des brûlures, et enfin celles qui sont produites par des vésicatoires, des cautères, etc.

A. *Cicatrices faites par des instrumens tranchans, piquans ou contondans.* Une plaie rectiligne produite par un instrument tranchant bien affilé est loin de pouvoir toujours donner lieu à une cicatrice linéaire. Les variétés de forme dépendent de l'élasticité de la peau, de son degré de tension, de la saillie plus ou moins grande des parties sous-jacentes, de la laxité du tissu cellulaire sous-cutané. Le degré plus ou moins grand de coaptation des lèvres de la plaie aura évidemment aussi une grande influence. Supposez une plaie linéaire faite sur le moignon de l'épaule, sur la région antérieure du genou, sur la saillie olécrânienne, les parties sous-jacentes écarteront les lèvres de la plaie qui d'ailleurs s'éloigneront en vertu de l'élasticité de la peau ; la forme de la solution de continuité sera par conséquent *elliptique*. Dans des conditions opposées, elle serait linéaire, ce qui aura lieu partout où la peau est lâche, où la région est déprimée au lieu d'être saillante, à l'aine, par exemple, entre les doigts, les orteils, partout aussi où la peau est solidement fixée aux parties sous-jacentes, au moyen d'un tissu cellulaire dense, au cuir chevelu, à la paume des mains, à la plante des pieds. Dans d'autres circonstances, la cicatrice est linéaire, mais fortement déprimée ; c'est dans les cas où le tissu cellulaire sous-cutané est très lâche, et où les lèvres de la plaie se sont retournées sur elles-mêmes, de manière à se toucher par leur surface épidermique ; cette disposition des lèvres des plaies qui suppurent est surtout particulière à celles du scrotum et des paupières.

On comprend que les causes qui peuvent déterminer l'écartement des lèvres d'une plaie étant nombreuses, et d'ailleurs les propriétés des diverses couches anatomiques n'étant pas favorables à la régularité d'une cicatrice dans toutes les régions du corps, on comprend, dis-je, que les plaies linéaires donnent souvent lieu à une cicatrice elliptique.

Bien plus, la tension qui est exercée sur les lèvres d'une plaie faite par un instrument tranchant, est quelquefois répartie assez inégalement, pour que M. Martel ait pu observer qu'il pouvait en résulter une forme arrondie. Quand la peau est tendue dans un sens perpendiculaire à la solution de continuité, aucune traction n'étant exercée sur les angles de ses lèvres, la plaie prend une forme circulaire, ou losangique suivant le degré de traction. Le grand diamètre de la plaie peut même se trouver dans le sens de cette traction, si le tissu cellulaire sous-cutané de la région permet le glissement de la peau. Les extrémités de la solution de continuité se rapprochent alors, tandis que le milieu des bords s'éloignant, des angles se forment là où la force a exercé la traction.

La cicatrisation des plaies par instrumens piquans étant soumise à l'influence des mêmes conditions organiques, on comprend comment un instrument piquant triangulaire, tel qu'une épée, peut déterminer une plaie tantôt arrondie, tantôt linéaire, suivant qu'il perce une partie saillante, telle que la région de la pommette, le moignon de l'épaule, ou une partie déprimée comme le creux du coude, l'aine.

Si la forme des cicatrices succédant à des plaies faites par des instrumens tranchans ou piquans n'est pas souvent un moyen insuffisant de reconnaître la nature de l'instrument vulnérant, il n'en est pas de même de celles qui résultent de plaies contuses : leurs caractères sont, en effet, assez constans. Dans une plaie contuse, les bords de la solution de continuité en général, désorganisés, sont éliminés par la suppuration ; le plus souvent le corps contondant n'a point divisé les tissus suivant des lignes bien nettes, bien régulières ; la partie moyenne de la plaie fortement contuse, subit habituellement une perte de substance : aussi les cicatrices des plaies contuses sont-elles généralement déprimées ; leurs bords sont saillans, rebondis, dentelés ; plus la perte de substance a été grande, plus la dépression est profonde ; cependant quand la cicatrice repose sur un os, elle contracte avec lui des adhérences et les bords présentent une saillie relative plus grande.

Les cicatrices des plaies d'armes à feu sont parfaitement régulières et arrondies si l'arme a été déchargée à distance. La peau est tiraillée vers le centre du disque que présente cette cicatrice, qui d'ailleurs adhère aux tissus sous-jacens ; les bords sont, au contraire, irréguliers, comme dentelés, et la peau est recouverte d'une sorte de tatouage dû à l'incrustation des grains de poudre, si le coup a été tiré à brûle-pourpoint. Le nombre des cicatrices ne peut nullement indiquer si l'arme renfermait un ou plusieurs projectiles, attendu qu'une balle peut se partager en plusieurs fragmens en tombant sur les crêtes d'un os (*Voy.* plus haut page 459).

Cicatrices des brûlures. Elles présentent des caractères tranchés. Une brûlure due à un liquide bouillant non visqueux sera étendue, irrégulière, superficielle, avec des tractus plus ou moins longs dans le sens où la pesanteur aura entraîné le liquide. Qu'un corps solide, chargé de calorique, brûle nos tissus, la forme de la cicatrice en présentera l'image exacte. Quand la suppuration aura été longue, abondante, des brides, des adhérences contre nature rétrécissent les orifices naturels et empêchent les mouvemens de la région.

Cicatrices produites par des vésicatoires, des cautères, des ouvertures d'abcès, etc. Les vésicatoires *volans* ne laissent point de trace de leur application ; mais quand on a favorisé la suppuration, ils laissent une cicatrice indélébile qui a la forme de l'emplâtre vésicant. Les cicatrices qui succèdent à l'application des moxas ressemblent à celles des plaies contuses avec perte de substance. Il en est de même de la double cicatrice du séton.

Une foule d'opérations chirurgicales peuvent simuler les résultats des blessures. Il est donc possible de confondre les cicatrices des plaies accidentelles avec celles des plaies pratiquées par l'art.

« Quelques formes de cicatrices provenant de maladies de peau peuvent en imposer pour des blessures ; telles sont celles de l'acné ; elles sont blanches, plus ou moins larges, souvent allongées, quelquefois isolées, mais bien plus fréquemment multiples ; leur siége le plus commun dans le dos et surtout leur multiplicité tiendront toujours en garde l'expert qui aurait à se prononcer sur ce genre de lésion » (Devergie, tome II).

Les cicatrices qui proviennent de l'ouverture spontanée d'abcès scrofuleux présentent à-peu-près les mêmes caractères que celles des plaies par arme à feu, c'est-à-dire qu'elles sont déprimées, que la peau circonvoisine est froncée, plissée, et que les bords sont proéminens. Leur siége aux aines, sous la mâchoire inférieure, sur le trajet de la glande parotide indiquent le plus souvent une affection scrofuleuse.

Les cicatrices ne présentent pas toutes la même *coloration*, la même consistance. Quand une cicatrice est récente, elle est rosée, et le médecin légiste peut déterminer approximativement à quelle époque la blessure a été faite, en tenant compte en même temps de la consistance et de la solidité de son tissu ; car dans les premiers temps de leur formation les cicatrices sont minces et peuvent être aisément déchirées. Mais le temps pendant lequel la cicatrice conserve sa coloration est variable ; telle la gardera quelques semaines, telle autre quelques mois. En conséquence, l'expert ne pourra, dans la considération de la couleur seule d'une cicatrice, trouver un moyen sûr de résoudre la question de savoir à quelle époque, par exemple, remonte une blessure. Sous l'impression du froid, la couleur des cicatrices est violacée ; celles qui sont anciennes deviennent d'un blanc mat et paraissent ne pas participer à la circulation capillaire. La peau circonvoisine peut rougir sous l'influence de certains excitans : le tissu d'une cicatrice ancienne ne change jamais de couleur.

Lorsqu'un malade a succombé pendant le traitement d'une plaie, celle-ci éprouve des changemens remarquables après la mort ; ses bords s'affaissent ainsi que les bourgeons charnus dont elle est couverte, elle pâlit sensiblement et souvent la cicatrice commençante ne paraît plus aussi distincte de la portion suppurante de la plaie que pendant la vie ; il est donc plus difficile, en général, de distinguer après la mort le degré de la cicatrisation et l'ancienneté de la blessure, que pendant la vie.

§ II.

DES BLESSURES CONSIDÉRÉES SOUS LE RAPPORT DES DIVERSES CIRCONSTANCES QUI INFLUENT SUR LEUR DURÉE ET SUR LEURS SUITES.

J'ai déjà fait entrevoir, en examinant la législation actuelle sur les blessures, et en exposant d'une manière générale la marche à suivre pour apprécier leurs dangers, que sous l'empire de certaines conditions, la durée de ces lésions pouvait se prolonger au-delà du terme qui suffit ordinairement pour les guérir, et que leurs suites pouvaient être beaucoup plus fâcheuses, ou, ce qui revient au même, que les effets des blessures n'étaient pas toujours en rapport avec la cause qui les avait produites. L'étude de ces conditions fera l'objet de ce paragraphe, et il importe d'autant plus de considérer attentivement tout ce qui s'y rapporte, que l'auteur d'une violence extérieure ne peut pas être responsable d'une foule d'effets indépendans de cette violence, qui tiennent à des circonstances accidentelles.

Plouquet et Mahon ont rangé les circonstances susceptibles d'aggraver les effets des blessures en deux sections : 1° circonstances manifestes ou occultes existant avant le moment où la violence a été exercée ; 2° circonstances survenant après l'époque où les blessures ont été faites. J'adopterai cette division.

PREMIÈRE SECTION. *Circonstances manifestes ou occultes, existant avant le moment où la violence a été exercée.* Les circonstances *manifestes* sont relatives à l'âge, au sexe, etc. Un coup léger pourra déterminer chez un vieillard ou un enfant débile des accidens qu'il n'aurait point produits chez un adulte d'une constitution robuste et d'une bonne santé habituelle. L'avortement, une hémorrhagie utérine abondante, et d'autres accidens fâcheux peuvent être la suite d'une contusion légère de l'abdomen, ou d'une chute provoquée par un coup, si la femme était enceinte de plusieurs mois, tandis que la même violence aurait à peine occasionné quelque dérangement si la femme eût été dans une condition opposée. Le renversement d'une personne qui ne se soutient qu'à l'aide de béquilles, à cause de la perte d'un membre ou d'une maladie articulaire, peut être déterminé par un coup léger, et donner lieu à des fractures plus ou moins compliquées. La contusion de certaines tumeurs à la tête, à la face, au col, etc., est suivie d'accidens fâcheux qui ne se seraient point manifestés sous l'influence de la même violence, sans l'existence de pareilles tumeurs. Or, dans aucun de ces cas, l'agresseur ne saurait prétexter l'ignorance de l'état dans lequel se trouve le blessé, et il serait injuste de ne pas lui faire subir les conséquences nécessaires de la blessure.

Les circonstances *occultes* sont relatives à la disposition organique du blessé. Une personne douée d'un tempérament nerveux, en proie à des affections convulsives, peut éprouver, à la suite d'une piqûre légère, un tétanos dangereux ou d'autres accidens nerveux dont le moindre inconvénient sera la prolongation de la maladie, parce qu'on aura été forcé de débrider la plaie et d'empêcher une prompte cicatrisation. — Une contusion médiocre détermine quelquefois chez un individu éminemment pléthorique une inflammation intense qui se termine par la gangrène, malgré l'usage des antiphlogistiques les plus énergiques ; la contusion aurait été guérie dans l'espace de quelques jours sans la disposition dont je parle, tandis que la plaie gangréneuse se prolonge au-delà de plusieurs semaines. — Avec quelle lenteur ne verra-t-on pas marcher la cicatrisation d'un ulcère chronique produit par une légère percussion chez une personne faible, cachectique, ou dans un état scorbutique ; un individu bien portant aurait à peine été retenu chez lui pendant quelques jours, à la suite d'une pareille contusion. — Ne voit-on pas des ulcères variqueux difficilement curables succéder à des plaies, à des contusions légères, par cela seul que le plaignant avait des varices aux jambes : faudra-t-il, dans ce cas, rendre l'agresseur responsable du retard qu'éprouve la guérison, et qui dépend entièrement d'une disposition organique qu'il était censé devoir ignorer ? Je pourrais en dire autant de ces suppurations abondantes compliquées d'une éruption pustuleuse, qui surviennent quelquefois à la suite d'une légère violence, chez des personnes disposées aux affections dartreuses, aux phlegmasies aiguës ou chroniques de la peau, ou affectées d'une syphilis constitutionnelle. Il existe encore d'autres circonstances relatives à la constitution du blessé, qui, pour être moins accessibles à nos sens, n'en sont pas moins réelles ; on observe journellement dans les blessures en apparence les plus légères, la fièvre, des vomissemens et d'autres accidens dont l'effet constant est de prolonger la durée de la lésion, lorsqu'ils n'exposent pas les jours du blessé ; dans beaucoup de cas, l'état moral de l'individu, au moment où il a été atteint et pendant la maladie, rend raison de ces épiphénomènes, puisqu'on a des exemples de morts subites déterminées par la joie, le chagrin, une grande frayeur ; etc. ; mais quelquefois l'homme de l'art serait fort embarrassé de rapporter les symptômes dont je parle à leur véritable cause. — Plusieurs vices de conformation occultes, et notamment celui qui consiste dans la transposition de quelques viscères ; certaines maladies organiques, dont l'agresseur pouvait ne pas avoir connaissance, comme des anévrysmes, des hernies, etc., peuvent rendre fâcheuses des blessures dont la terminaison heureuse serait arrivée au bout de quelques jours chez des individus placés dans des conditions opposées.

Une blessure peut donc se prolonger pendant un temps considérable, dit Chaussier, par suite des dispositions organiques que le blessé porte en lui; et, toutes les fois qu'on est appelé à juger des suites d'une lésion par cause interne, il faut faire la part de ce qui tient à la blessure d'une manière absolue, et de ce qui tient à la constitution particulière du blessé : le plus souvent sans doute, le médecin pourra être éclairé en étudiant la constitution du blessé ; mais d'abord cela suppose déjà que ce médecin est habile, et trop souvent les magistrats sont peu judicieux dans le choix qu'ils font des hommes de l'art auxquels ils demandent des rapports : en second lieu, il faudrait que le blessé voulût bien se prêter à l'examen qu'on fait de sa constitution propre, qu'il répondît avec franchise aux questions qui lui sont adressées sur sa vie passée ; loin de là, par sentiment de vengeance contre l'auteur de sa blessure, il dissimule quelquefois tout ce qui peut venir de son fait pour charger davantage son adversaire ; en troisième lieu, le plus souvent les débats de ce genre s'agitent après que le blessé est guéri, et lorsqu'on n'a plus sous les yeux qu'un rapport écrit, et qui presque toujours est imparfait ; enfin, il faut convenir que dans certains cas rien n'annonce à l'intérieur dans un blessé, le germe de la maladie qui va se développer en lui et qu'on sera disposé à attribuer à la blessure, parce qu'elle coïncide avec elle. Et, en effet, les maladies ne surviennent-elles pas souvent au milieu de la santé la plus parfaite en apparence ; lorsque, par exemple, un érysipèle ou une éruption cutanée quelconque éclate, n'est-ce pas souvent au milieu de la plus parfaite santé, et lorsque rien n'annonçait dans l'économie le besoin de la dépuration qui va se faire; qui peut dès-lors assurer qu'un blessé dont la guérison se fait attendre plus qu'on ne pouvait raisonnablement supposer, ne se trouve pas dans cette disposition secrète? (Huard, *Considérations médico-légales sur deux articles du Titre II du Code pénal, Dissertation inaugurale*, juillet 1819, page 21).

Mais tout en admettant qu'il y aurait de l'injustice à attribuer à l'agresseur toutes les conséquences de la rupture d'un anévrysme, de la lésion des viscères importans contenus dans les sacs herniaires, ou dans des régions du corps où ils ne se trouvent pas ordinairement, de la contusion du crâne ou de la commotion du cerveau lorsqu'il y a amincissement considérable des parois osseuses, il faut également admettre qu'il ne serait pas juste de l'excuser sous prétexte qu'il était censé ignorer l'existence de l'anévrysme, de la hernie, de la transposition des organes et de la disposition des os du crâne. N'est-il pas constant, en effet, que la violence extérieure qui a produit des désordres aussi graves en raison de circonstances particulières, aurait également pu être suivie d'accidens fâcheux sans le concours de ces circonstances ? Il importe donc d'examiner attentivement les effets qui seraient résultés inévitablement de l'action de l'instrument vulnérant, si l'individu n'eût pas été placé dans des conditions insolites, établir la comparaison entre ces effets et ceux qui se sont manifestés, et laisser aux magistrats le soin de tirer de cette connaissance le parti qu'ils jugeront convenable.

DEUXIÈME SECTION. *Circonstances susceptibles d'aggraver les blessures survenant après l'époque où celles-ci ont été faites.* A. Le climat, la saison, l'état général de l'atmosphère, le lieu qu'habite le malade, exercent sur la durée des blessures une influence plus ou moins marquée. Cette observation avait déjà été faite par le célèbre Paré, qui s'exprime en ces termes : « De fait, qu'il n'y a si petit chirurgien qui ne sçache, qu'estant l'air chaud et humide, facilement les playes dégénèrent en gangrène et pourriture. Et quant à l'expérience, ie luy bailleray bien familière : c'est qu'en temps chaud et humide, et lorsque le vent austral souffle, les viandes pourrissent en moins de deux heures, tant soient-elles fraisches, de façon que les bouchers en ce temps-là, ne tuent leurs bestes qu'à mesure qu'ils les vendent. Aussi n'y a-t-il doute aucune, que les corps humains ne tombent en affection contre nature quand les saisons peruertissent leurs qualitez par la mauuaise disposition de l'air, dont on a veu certaines années que les navrez estoient très difficiles à guarir, et souuent mouroient de fort petites playes quelque diligence que les médecins et chirurgiens y peussent faire. Ce que j'ay bien remarqué au siége qui fut mis devant Rouen. Car le vice de l'air altéroit et corrompoit tellement le sang et les humeurs, par l'inspiration et transpiration, que les playes en estoient rendues si pourries et puantes, qu'il en sortoit une féteur cadauéreuse. Et si d'aduanture on passoit vn iour sans les penser, on y trouuoit le lendemain grande quantité de vers, avec vne puanteur merueilleuse, dont se leuoient vapeurs putrides, qui, par leur communication avec le cœur, causoient fièvre continue, avec le foye empeschoient la bonne génération de sang, et auec le cerueau, produisoient aliénation d'esprit, resuerie, conuulsions, vomissemens, et par conséquent la mort » (A. Paré, livre XI, chap. XV, p. 284).

On lit encore dans le même ouvrage, qu'au temps de la bataille de Saint-Denis, et au siége de Rouen, pour l'indisposition et malignité de l'air, ou pour la cacochymie des corps et perturbation des humeurs, presque toutes les plaies, surtout celles qui étaient faites par armes à feu, étaient mortelles : ainsi, en considérant la *constitution actuelle, nous pouvions présumer que les hommes blessés étaient en danger de mort.*

Nul doute qu'il ne faille admettre qu'une blessure sera aggravée, et que sa durée sera beaucoup plus considérable si le malade est placé dans une atmosphère spéciale corrompue par la gangrène d'hôpital, le typhus, etc., et qu'il contracte ces maladies. Il est également incontestable que lorsque la lésion aura été faite pendant qu'il règne une constitution épidémique bien connue, ou à une époque de l'année qui prédispose aux affections bilieuses, elle pourra se compliquer d'un certain nombre d'accidens propres à en prolonger la durée. Mais il faut avouer qu'il serait bien difficile, dans tout autre cas, d'apprécier au juste l'influence que le climat, la saison et l'état général de l'atmosphère exercent sur la blessure, et de séparer les effets dépendant de celle-ci, de ceux qui peuvent tenir aux circonstances dont je parle.

B. Le *traitement* opposé à la blessure mérite la plus grande attention; en effet, il est une foule de lésions dont la guérison n'est jamais complète, ou ne se fait attendre pendant plusieurs jours que parce qu'on n'a pas employé le traitement le plus convenable : je citerai 1° certains cas de brûlure qui laissent après eux une incapacité d'action et une difformité très fâcheuse, si l'on a mal jugé la profondeur de la lésion, ou si l'on n'a pas employé les appareils convenables pendant la cicatrisation; 2° une plaie par instrument tranchant, qui n'intéresse que la peau; la réunion par première intention tarderait à peine quelques jours à être suivie de la guérison, tandis qu'il faudra plusieurs semaines pour obtenir ce résultat si, au lieu de rapprocher les bords, on la laisse suppurer, surtout si elle offre une certaine étendue. Dans d'autres circonstances, il y a erreur de diagnostic et par suite application d'un traitement mal approprié; n'a-t-on pas vu des médecins confondre avec des ulcérations syphilitiques, ces gangrènes qui surviennent quelquefois aux parties génitales des jeunes enfans? Il est des cas où il ne s'agit pas simplement de ne pas avoir choisi la meilleure méthode de traitement, il y a encore impéritie de la part de l'homme de l'art qui a eu recours à des moyens intempestifs et dangereux : ainsi un caillot salutaire vient boucher l'ouverture d'un vaisseau sanguin par laquelle s'était déjà écoulée une assez grande quantité de sang; le chirurgien imprévoyant détache ce caillot, soit en incisant la plaie, soit en la sondant, et il est même hors d'état d'arrêter l'hémorrhagie qui se manifeste, et qui termine les jours du malade. Plus loin c'est un homme dont le fémur a été cassé, et dont la fracture n'a été ni convenablement réduite ni maintenue, en sorte que le blessé est obligé de garder le lit pendant fort longtemps, et qu'il reste même estropié. Le vice du traitement dans ces différens cas est tellement saillant, qu'il y aurait de l'injustice à rendre l'agresseur passible du retard qu'a éprouvé la guérison.

L'appréciation du traitement qui a été opposé à la blessure, dit Chaussier, est donc très importante; il faut pour la faire équitablement, rassembler un assez grand nombre de données. Il faudrait en quelque sorte qu'on eût pu visiter le blessé chaque jour, et à des heures imprévues, de manière à ce qu'on ne pût rien ignorer de sa conduite. C'est ainsi que cette indication seule du temps qu'a mis une blessure quelconque à guérir, lorsque cette indication est matière à procès criminel, devient un pro-

37.

blème assez délicat à résoudre (Huard, *thèse citée,* page 26).

C. *La conduite du malade et des assistans* ne saurait être examinée avec trop de soin. Dans un cas, le succès de la guérison dépend du repos et du silence le plus absolu ; dans un autre, il serait assuré si le blessé voulait supporter en temps opportun les débridemens nécessaires pour extraire un ou plusieurs corps étrangers ; ailleurs il importe de suivre un régime sévère, d'éviter les travaux de l'esprit, les excès de table, et surtout des boissons alcooliques, d'éloigner toute cause susceptible d'affecter vivement : on sait, par exemple, que des maladies nerveuses plus ou moins graves, et même la mort peuvent être la suite du saisissement, de la frayeur ou de l'indignation qu'a éprouvés le blessé. Et si par hasard celui-ci ne veut se soumettre à aucun des préceptes dictés par la prudence et le savoir, il est évident qu'il faut attribuer à l'inobservance des règles de l'hygiène le retard qu'a éprouvé la guérison.

D. *Les tentatives faites dans le dessein d'aggraver les blessures.* On a vu des blessés appliquer de l'acide azotique, des cantharides et d'autres caustiques sur des plaies, pour en prolonger la durée, afin d'obtenir des dommages-intérêts plus considérables, ou de faire condamner l'agresseur à une peine infamante. Il est des cas où la fraude peut être reconnue par l'inspection de la plaie, par exemple, quand on s'est servi d'acide azotique : car alors toute la surface présente une couleur jaune particulière, et le pourtour est rempli de pustules érysipélateuses ; dans d'autres circonstances, tous les efforts sont infructueux pour découvrir l'existence matérielle du caustique, et l'on ne peut espérer de résoudre la question qu'en surprenant le blessé et en le visitant à plusieurs reprises et lorsqu'il s'y attend le moins.

Je dois, en terminant ces réflexions, jeter un coup-d'œil sur une question importante qui s'y rattache naturellement ; la voici : rendra-t-on l'agresseur responsable de tous les accidens graves, et même de la mort qui est la suite d'une blessure, si tout porte à croire que les effets de la violence extérieure n'ont été aussi funestes que par le défaut absolu de secours, ou, en d'autres termes, lorsqu'un individu n'aura pas été trépané après avoir reçu un coup sur la tête, et que cette opération pouvait l'empêcher de périr, ou lorsque, après la blessure d'un gros tronc artériel, on n'aura point pratiqué les ligatures qui pouvaient être salutaires ; enfin lorsqu'on n'aura pas fait l'extraction d'un corps étranger qui aurait peut-être été suivie du plus grand succès, regardera-t-on l'agresseur comme passible de tous les désordres qui sont survenus, voire même de la mort? La solution d'une pareille question ne saurait être donnée d'une manière générale ; cependant, on peut dire que l'auteur de la violence est responsable, dans la *plupart des cas*, des effets de la blessure. D'abord il est difficile, pour ne pas dire impossible, de prouver que les opérations dont je viens de faire mention, pratiquées à temps et avec méthode, auraient été suivies de guérison; je me bornerai à citer à l'appui de cette assertion la ligature d'un tronc artériel considérable, de l'artère crurale, par exemple : ne voit-on pas tous les jours périr entre les mains des plus habiles chirurgiens des individus auxquels on a fait subir une pareille opération dans le dessein de guérir un anévrysme ou d'arrêter une hémorrhagie? Mais, en supposant qu'il n'en fût pas ainsi, et que l'entreprise dût toujours être couronnée de succès, on ne pourra point nier au moins que, dans beaucoup de circonstances, la réussite dépendra de la promptitude avec laquelle on opérera : or on ne peut pas supposer que le blessé soit constamment accompagné d'une personne de l'art capable de lui donner les secours convenables ; d'ailleurs quand même cela serait, ne sait-on pas qu'il est des cas où le chirurgien le plus instruit n'ose pas entreprendre ces sortes d'opérations, parce que le diagnostic ne lui paraît pas suffisamment établi, parce qu'il espère pouvoir en éviter les suites fâcheuses, ou qu'il est persuadé qu'il n'en retirera aucun avantage?

La responsabilité de l'agresseur, au contraire, sera moindre s'il est prouvé que le défaut absolu de secours est le résultat d'une pusillanimité coupable du chirurgien ; si, par exemple, loin de se conformer aux préceptes de l'art les plus généralement adoptés, il a évité des débridemens nécessaires, des amputations utiles, opérations que l'expérience démontre avoir été suivies du plus grand succès dans des cas semblables. Il en sera de même si l'on peut établir que ces moyens salutaires ayant été proposés à temps par l'homme de l'art, il y a eu refus formel de la part du malade ou des assistans, qui n'ont permis de les mettre en pratique que lorsqu'ils devaient être infructueux.

ARTICLE V.

Des signes propres à déterminer si les blessures ont été faites pendant la vie.

Lorsqu'on est appelé pour faire l'ouverture d'un cadavre sur lequel on remarque des traces de blessures, il importe de déterminer si celles-ci ont été faites avant ou après la mort ; cette distinction n'est pas toujours facile à établir.

Voici les résultats d'un certain nombre d'expériences tentées en 1827 et propres à éclairer ce sujet (*Voyez* la deuxième édition de cet ouvrage).

Plaies par instrument tranchant.

Expérience première. On a pratiqué derrière l'épaule d'un chien une incision profonde, de 4 à 5 centimètres de long : vingt minutes après l'animal a été tué. *Examen de la plaie*, vingt-quatre heures après la mort. Rétraction marquée des bords, qui sont éloignés l'un de l'autre de 2 centimètres dans la partie moyenne de la plaie ; celle-ci est recouverte par un caillot de sang inégalement épais, adhérent à l'un des bords, qui sont à peine gonflés, et sur lesquels on aperçoit plusieurs petits caillots de sang desséché ; le tissu cellulaire sous-cutané est légèrement infiltré de sang noir, en partie coagulé ; on trouve de semblables caillots entre les bords des muscles sous-cutanés qui ont été divisés ; du reste, la rétraction de ces bords ne paraît pas plus considérable que celle des bords de la peau.

Expérience deuxième. Une incision semblable a été faite sur la même partie d'un chien mort depuis vingt minutes. Au bout de vingt-quatre heures, on observe que la rétraction et le gonflement sont à-peu-près comme dans le cas précédent ; qu'il y a çà et là des *traces* de caillots de sang desséché sur un des bords ; que le tissu cellulaire sous-cutané est légèrement infiltré de sang en partie coagulé ; mais on n'aperçoit pas, comme dans l'expérience faite sur le chien vivant, que la plaie soit recouverte par un larg caillot.

Expérience troisième. Des incisions semblables, faites six, huit ou dix heures après la mort, ne donnent lieu à aucun épanchement sanguin ; les bords sont pâles, sans caillots ; toutefois leur rétraction est aussi notable que dans les expériences précédentes.

Piqûres.

Expérience quatrième. On a enfoncé dans le dos d'un chien la pointe d'un scalpel ; l'animal a été tué vingt minutes après. La piqûre, examinée le lendemain, présentait 4 centimètre de long ; elle était fermée par un caillot de sang desséché que l'on enlevait facilement en écartant les lèvres de la plaie ; le tissu cellulaire sous-cutané était infiltré de sang noirâtre en partie coagulé ; on remarquait une pareille infiltration, mais beaucoup plus légère, dans le tissu cellulaire sous-aponévrotique et dans les muscles.

Expérience cinquième. On a piqué de la même manière le dos d'un chien vingt-minutes après la mort ; la plaie offrait les mêmes dimensions que la précédente ; ses bords étaient libres et sans caillots ; le tissu cellulaire sous-cutané était légèrement infiltré de sang en partie coagulé.

Plaies d'armes à feu.

Expérience huitième. On a tiré à bout portant un coup de pistolet sur la partie latérale droite du thorax d'un chien ; voyant que l'animal n'était pas mort au bout de vingt minutes, on l'a tué en lui enfonçant un sylet dans la moelle épinière. *Examen du cadavre*, au bout de vingt-quatre heures. La peau est nettement perforée par la balle, comme si elle avait été enlevée avec un emporte-pièce ; les poils sont renversés dans la plaie, dont l'ouverture est en partie fermée par un caillot ; la peau des environs est sèche, noire et amincie ; on trouve à peine du sang épanché entre la peau et le muscle peaucier ; le tissu cellulaire sous-cutané est légèrement infiltré de sang en partie caillé ; les muscles sont perforés comme avec un emporte-pièce dans une étendue semblable à celle du diamètre de la balle ; tout autour de l'ouverture musculaire, on voit une croûte noire formée par du sang coagulé ; du reste, il y a à peine du sang infiltré dans le tissu de ces muscles ; le tissu cellulaire qui sépare les diverses couches des muscles correspondans à la partie lésée est le siége d'une infiltration sanguine ; le côté droit de la poitrine contient une grande quantité de sang épanché et coagulé. Le poumon est percé à la partie postérieure de son lobe inférieur ; les bords de cette ouverture sont gonflés, et l'on voit çà et là des caillots de sang noirâtre. La cavité gauche de la poitrine renferme du sang fluide et coagulé. L'ouverture de sortie de la balle est un peu au-dessous du sommet du cœur ; elle offre à-peu-près les mêmes dimensions que celle par laquelle la balle a pénétré dans le thorax ; mais les poils ne sont pas renversés en dedans ; les muscles sous-jacens et le tissu cellulaire qui les sépare sont infiltrés de sang ; l'infiltration sanguine du tissu cellulaire sous-cutané a beaucoup plus d'étendue que dans l'autre ouverture.

Expérience neuvième. On a tiré à bout portant un coup de pistolet sur la partie latérale droite d'un chien mort depuis vingt minutes. *Examen du cadavre*, vingt-quatre heures après. La plaie et les parties environnantes sont noires ; les poils sont brûlés ; l'ouverture de la peau, de la largeur de la balle, est fermée par l'épiderme ; la peau est dure et racornie comme du cuir, dans une étendue égale à celle d'une pièce de deux francs ; le tissu cellulaire sous-cutané est infiltré de sang coagulé ; le muscle grand dorsal est perforé comme dans la plaie précédente ; le tissu cellulaire qui sépare les muscles sous-jacens est également le siége d'une légère infiltration ; il y a du sang épanché dans le côté droit de la poitrine. Le ventricule gauche du cœur est ouvert et déchiré : les bords de la déchirure sont durs, comme racornis ; il n'y a pas d'ouverture de sortie.

Expérience dixième. On a recommencé l'expérience précédente sur un chien mort depuis six heures : la plaie était légèrement noirâtre à la circonférence ; les poils étaient renversés en dedans ; il n'y avait aucune trace d'infiltration sanguine. La balle, après avoir traversé le foie, s'est arrêtée dans le tissu cellulaire sous-cutané du côté opposé qui n'était pas non plus infiltré : il y avait du sang épanché dans le tissu du foie.

Il résulte de ces expériences et de plusieurs autres que je ne crois pas devoir rapporter : 1° qu'il est impossible de confondre les *plaies par instrument tranchant, les piqûres ou les plaies d'armes à feu* faites peu de temps avant la mort, avec celles qui ont été faites plusieurs heures après, parce que, dans ces dernières, les lèvres de la division *dont la rétraction peut être assez considérable,* sont pâles, sans gonflement et sans aucune trace *de caillot* adhérent à leur surface ; d'ailleurs il n'y a point d'infiltration sanguine dans les aréoles du tissu cellulaire environnant, à moins que l'instrument vulnérant n'ait atteint un tronc veineux considérable ; 2° qu'il est quelquefois difficile de distinguer si ces lésions ont été faites peu de temps avant ou après la mort, parce que, dans l'un et l'autre cas, il pourra y avoir du sang infiltré dans le tissu cellulaire environnant, que les bords des plaies pourront offrir des caillots de sang plus ou moins adhérens et que leur gonflement et leur rétraction seront à-peu-près les mêmes : à la vérité, on remarque, dans beaucoup de circonstances, que les caillots sont plus nombreux, plus volumineux et plus adhérens aux bords, et que l'infiltration sanguine est plus considérable, lorsque la blessure a été faite peu de temps avant la mort, que dans l'autre cas ; 3° qu'il est facile de distinguer les lésions dont je parle, faites sur les cadavres, de celles qui ont été faites plusieurs jours avant la mort : il suffit, pour cela, de connaître la marche que suit la nature dans la cicatrisation des plaies ; je crois pouvoir me dispenser de rappeler les divers caractères que présentent alors les parties lésées.

Contusions.

Expérience première. On a appliqué un violent coup de bâton à la cuisse d'un chien vivant que l'on a tué vingt minutes après : à l'ouverture du cadavre faite le lendemain, on a vu que le tissu cellulaire sous-cutané, correspondant à la partie frappée, était infiltré de sang dans l'étendue d'un centimètre et demi ; la largeur de cette ecchymose était de 7 à 8 centimètres, comme celle du bâton ; le derme ne paraissait pas altéré ; le tissu cellulaire intermusculaire était légèrement infiltré de sang, en partie coagulé, jusque dans les faisceaux musculeux les plus profonds.

Expérience deuxième. La cuisse d'un chien mort depuis vingt minutes, ayant été frappée de plusieurs coups du même bâton, n'a présenté aucune infiltration de sang, quoique le fémur eût été cassé en plusieurs fragmens.

Quelque temps après la publication de ces expériences, le docteur Christison entreprit un travail du même genre *sur les contusions* et obtint des résultats qui méritent d'être rapportés (V. *Annales d'hygiène et de médecine légale*, juillet 1829).

Expérience première. Une heure et demie après la mort d'une femme de trente-trois ans, assez forte, qui avait été malade pendant trois semaines, on porta plusieurs coups violens avec un bâton sur la partie antérieure des deux jambes, sur le devant des cuisses, sur les mamelles et enfin sur les côtés du cou. Avant de porter ces coups, on s'assura que le tronc et le cou étaient encore chauds, que la figure et les membres éprouvaient déjà un léger refroidissement, et qu'il commençait à se manifester un peu de raideur cadavérique dans les articulations des membres inférieurs. En moins de dix minutes, de larges taches d'un noir bleuâtre parurent sur les seins et sur le cou. Deux heures et un quart après la mort, la tête fut abaissée avec force sur la poitrine. Enfin vingt-trois heures après la mort, on frappa fortement avec un bâton sur la crête des os des îles, et on produisit ainsi un éraillement de l'épiderme.

Au bout de trente-cinq heures, on examina ce cadavre, qui pendant tout ce temps était resté couché sur le dos. La face, le dos et les côtés étaient très livides ; mais en incisant la peau, on s'assura que partout, même dans les points où la lividité était la plus forte, la coloration était tout-à-fait superficielle, et n'affectait pas une épaisseur de la peau, qu'on pût rigoureusement apprécier.

En examinant les points sur lesquels avaient porté les coups de bâton, on trouva que sur les jambes, il n'y avait d'apparent que quelques légères taches d'un noir bleuâtre, bornées à la superficie de la peau. Sur les cuisses, les coups étaient marqués par quelques petits points noirs bleuâtres, dus à la coloration de la surface la plus extérieure de la peau ; de plus, les interstices des cellules adipeuses du tissu cellulaire sous-cutané étaient çà et là infiltrés d'un peu de sang noir. Sur les mamelles et au cou, on voyait des ecchymoses d'une teinte aussi foncée que si les blessures eussent été faites pendant la vie, mais sans apparence de gonflement; les points les plus foncés correspondaient à la partie la plus saillante du bâton : cette coloration se bornait encore à une couche très mince de la peau, qui plus profondément avait conservé sa couleur naturelle; le tissu cellulaire sous-jacent était çà et là infiltré d'une grande quantité de sang fluide et noir; mais il n'y avait pas d'extravasation de ce liquide dans les cellules adipeuses elles-mêmes.

De chaque côté des régions cervicale et dorsale de l'épine, entre le milieu du cou et le milieu du dos, on trouva un peu de sang noir liquide, extravasé dans l'épaisseur des muscles environnans. Le ligament jaune qui unit la dernière vertèbre cervicale avec la première dorsale était entièrement déchiré, de manière à ce qu'on pouvait par là introduire le doigt dans la cavité du canal vertébral. Entre la première vertèbre cervicale et la cinquième dorsale, il y avait du sang noir liquide infiltré dans les mailles du tissu cellulaire, qui est appliqué sur l'enveloppe membraneuse de la moelle, et même sous le périoste qui recouvre les lames des vertèbres dans l'intérieur du canal. Le ligament postérieur de l'épine était sain, et il n'y avait pas d'épanchement dans l'intérieur des enveloppes de la moelle épinière. Les poumons étaient sains et crépitans, et les cavités droites du cœur étaient gorgées de sang partout coagulé.

Expérience deuxième. Elle ne différa de la précédente qu'en ce qu'elle fut faite sur le cadavre d'un homme de trente-huit ans, et que les coups ne furent portés que trois heures un quart après la mort. On observa aussi que les traces des coups de bâton ne se manifestèrent pas immédiatement; seulement elles étaient très visibles quatorze heures après.

Expérience troisième. On asséna, quatre heures après la mort, de violens coups de bâton sur le cadavre encore chaud d'une jeune femme qui avait succombé dans un état de maigreur extrême. Dans les points où l'épiderme avait été entamé par la violence du coup, la marque était sèche et brune; mais partout ailleurs on ne put découvrir aucune trace de violence.

Expérience quatrième. Dans cette expérience, qui fut faite avec un maillet deux heures après la mort, les coups furent portés sur le dos, déjà livide, du cadavre d'un jeune homme très robuste. Au bout de cinq heures, la lividité était complète et paraissait un peu plus foncée dans les points où les coups avaient été portés. L'état de la peau était le même que dans les parties livides qui n'avaient point été frappées.

Du sang tiré des veines jugulaire et fémorale, huit heures après la mort, était très liquide ; et quelques minutes après il forma un coagulum solide. Celui qu'on tira une heure et demie plus tard fournit, par le repos, une masse épaisse et diffluente, mais non un caillot proprement dit.

Le docteur Christison déduit les conclusions suivantes des expériences qui précèdent.

1° Les coups *violens* portés plusieurs heures après la mort laissent sur le cadavre des traces qui, sous le rapport *de la couleur*, ne diffèrent pas du tout de celles qui résultent de coups reçus peu de temps avant la mort. Le changement de couleur *en général*, de même que la lividité cadavérique, sont produits par l'effusion d'une couche excessivement mince de la partie fluide du sang à la surface de la peau *sous l'épiderme*, mais *quelquefois* aussi par l'épanchement du sang et une couche sensiblement épaisse dans *le tissu même de la peau*. Enfin du sang noir et liquide peut être épanché dans *le tissu cellulaire sous-cutané*, dans les lieux qui sont le siége du changement de couleur, au point de rendre rouges ou même noires les cloisons membraneuses qui séparent les cellules ; mais cette dernière coloration *n'occupe jamais un grand espace*.

Ces altérations ressemblent comme on le voit à celles qui seraient le résultat de *légères* contusions reçues pendant la vie ; je dis légères, car si les violences eussent été fortes elles auraient pu produire des effets dont aucun ne peut être occasionné par des coups portés après la mort. Ces effets sont :

A. Un gonflement plus ou moins considérable et en rapport avec l'étendue de l'épanchement sanguinolent. B. Une ecchymose avec ses diverses nuances de couleur, surtout si la contusion a eu lieu plusieurs jours avant la mort. C. La présence de caillots sanguins dans le tissu cellulaire sous-jacent avec ou sans gonflement. M. Christison dit n'avoir jamais trouvé de ces caillots dans les cas de violence après la mort ; mais il se demande, avec raison, s'il ne serait pas possible qu'il s'en formât, si le coup avait été porté très peu de temps après la mort, et s'il avait produit la déchirure d'un vaisseau un peu volumineux, dans le voisinage d'un tissu cellulaire à mailles très larges. D. L'étendue de l'épanchement dans le tissu lamineux, lorsque le sang ne se coagule pas ; car il est presque impossible de déterminer sur le cadavre, dans une partie peu susceptible d'infiltration à cause de sa situation, et placée loin du voisinage d'une grosse veine, un épanchement profond de sang liquide qui remplisse et qui distende les cellules du tissu lamineux. E. L'incorporation du sang avec le tissu de la peau dans toute son épaisseur, ce qui augmente sa densité et sa résistance et lui donne la couleur noire qu'on observe ; on ne produit jamais rien de semblable sur le cadavre.

Il est impossible, ajoute le docteur Christison, de fixer une limite absolue au-delà de laquelle des contusions reçues pendant la vie ne puissent plus être imitées par des violences exercées après la mort : cette limite doit nécessairement varier suivant l'état du sang et le temps qui s'est écoulé avant que le corps se soit refroidi.

2° En ce qui concerne *l'hémorrhagie intérieure,* il est évident que si dans un cadavre, un vaisseau considérable et surtout une veine, est déchiré, de manière à s'ouvrir dans une cavité d'une certaine étendue, ou dans un sac sans ouverture, il y aura plus ou moins d'épanchement de sang dans la cavité. Il arrive même lorsque l'ouverture du vaisseau communique avec le tissu cellulaire, que le sang filtre peu-à-peu à travers les mailles de ce tissu et s'épanche ainsi dans une étendue notable, surtout lorsque la position du cadavre favorise cet effet. L'hémorrhagie ou plutôt la filtration du sang, sera surtout remarquable lorsque ce liquide ne se coagule pas après la mort ; car il paraît alors acquérir une fluidité plus grande que pendant la vie. Quoique dans les épanchemens qui se sont formés pendant la vie, le sang soit le plus ordinairement coagulé, il n'en est pas toujours ainsi. Bernt, Ollivier et Chevallier rapportent plusieurs cas à l'appui de ce fait. Mertzdorff de Berlin, dans un mémoire sur les effets des coups après la mort, a signalé ces différens états du sang, et il a remarqué que celui qui est contenu dans les vaisseaux de la tête et de la colonne épinière, ainsi que celui des veines sous-clavières et de la veine porte, était fluide, même lorsqu'il était coagulé dans tous les autres vaisseaux.

Il n'est pas toujours facile de distinguer si l'hémorrhagie dont il s'agit a eu lieu avant ou après la mort. M. Christison avoue qu'il n'a pas cherché à résoudre complétement la question. Il pense cependant que l'écoulement du sang s'est fait pendant la vie, si quelqu'un des organes de la cavité dans laquelle l'épanchement existe, présente quelque trace de compression résultant de l'accumulation du liquide ; il en est de même si la cavité est remplie de sang, ou bien si quelqu'un des organes mous a été fortement déchiré, ou si l'épanchement est très grand eu égard au volume du vaisseau blessé, ou enfin si l'hémorrhagie a été évidemment fournie par une artère, et si elle paraît considérable par rapport au calibre du vaisseau. Si le sang épanché est coagulé, et que le caillot ne soit pas brisé, l'écoulement doit avoir eu lieu pendant la vie, ou au moins très peu de temps après la mort. Hors de ces cas particuliers, il sera toujours très difficile, sinon impossible, de déterminer positivement si les violences ont eu lieu avant ou après la mort.

Brûlures. J'avais établi à l'article INFANTICIDE de la première édition de cet ouvrage, que l'existence de phlyctènes sur le cadavre d'un enfant nouveau-né dénotait manifestement que la brûlure avait eu lieu avant la mort. Depuis, M. Duncan ayant été appelé pour décider si deux femmes avaient été brûlées vivantes, émit sur ce point des réflexions judicieuses qui suggérèrent à M. Christison l'idée d'un travail dont je vais donner les principaux résultats.

Dans les recherches sur les signes qui peuvent faire reconnaître si une brûlure a eu lieu avant ou après la mort, on a à examiner les trois questions suivantes, dit le docteur Christison. 1° Quels sont les phénomènes dus à la réaction vitale, qui se présentent immédiatement après une brûlure faite pendant la vie, et qui persistent après la mort. 2° Ces phénomènes se montrent-ils dans tous les cas de brûlure profonde même lorsque l'individu ne survit à l'accident que quelques minutes ou même une seule minute ? 3° Enfin peuvent-ils se développer par l'action du feu, immédiatement après l'extinction de la vie, et cette action du feu sur un cadavre peut-elle produire quelque chose de semblable ?

Solution de la première et de la deuxième questions. De tous les effets qui suivent l'application de la chaleur au corps vivant, le plus immédiat est le développement d'une rougeur qui s'étend à une grande distance autour du point brûlé, rougeur qui disparaît par une pression légère, qui se dissipe en peu de temps, *et qui ne persiste pas après la mort.* Ensuite vient l'existence d'une ligne rouge, étroite, séparée du point brûlé par un espace d'un blanc mat, bornée de ce côté par une ligne de démarcation bien nette, de l'autre côté se fondant insensiblement avec la rougeur non circonscrite dont j'ai déjà parlé, et ne pouvant disparaître comme elle par une pression modérée : on peut observer très distinctement cette ligne rouge après l'application du cautère actuel. Cette rougeur est évidemment causée ou par extravasation ou par l'injection des vaisseaux capillaires de la peau. Dans tous les cas où l'on peut remarquer les effets du cautère actuel, cette rougeur paraît toujours se montrer, quelquefois après cinq secondes, le plus ordinairement au bout d'un quart de minute, dans une seule occasion après une minute, c'est-à-dire que dans ce court espace de temps, le bord interne du cercle rouge qui entoure la partie brûlée, prend une teinte foncée et ne disparaît pas sous la pression du doigt. De plus, en examinant attentivement les effets de l'action du feu sur des individus brûlés quelques heures avant la mort on observe constamment la trace rouge dont il s'agit, présentant de 1 à 2 centim. de largeur et située à 3 ou 4 centim. environ du bord de l'escarre. La vésication est le troisième phénomène que présentent les brûlures. Il a été impossible au docteur Christison de préciser le moment où cette vésication se forme ; mais il pense qu'elle ne se manifeste pas lorsque la vie cesse quelques minutes après l'accident. Quand le corps cautérisant est un liquide bouillant, les phlyctènes se montrent ordinairement après quelques minutes ; cependant dans les brûlures très étendues de cette espèce, surtout chez les jeunes enfans, il n'y a pas de trace de vésication, même au bout de plusieurs heures. Si le corps comburant est un solide en ignition, la vésication n'est pas une conséquence aussi invariable de la brûlure qu'on pourrait le penser ; on l'observe rarement, par exemple, à la suite de l'application du cautère actuel ; tandis qu'elle se manifeste, souvent très promptement après une blessure ordinaire, comme celle qui résulte de l'incendie des vêtemens. Les autres effets de l'action du feu sur le corps vivant, dépendans de la réaction vitale, se montrent après un temps trop long pour servir à décider la question dont il s'agit.

Il suit de là que les seuls effets de l'action du feu qui apparaissent immédiatement après la brûlure, *et qui persistent sur le cadavre* sont d'abord une ligne étroite, rouge, entourant la partie affectée, et non susceptible de disparaître sous la pression du doigt, et ensuite les phlyctènes *remplies de sérosité ;* que le premier de ces phénomènes est un effet constant et invariable ; mais que le second ne se manifeste pas toujours lorsque la mort a suivi de très près l'accident.

Solution de la troisième question. Pour résoudre cette question, M. Christison appliqua un fer rouge et de l'eau bouillante sur la peau d'un cadavre d'un jeune homme robuste, mort depuis une heure ; de l'eau bouillante fut versée sur la poitrine et sur la partie externe des jambes d'une jeune femme, dix minutes après la mort ; enfin chez un troisième sujet, empoisonné par du laudanum, on appliqua, quatre heures avant la mort, de l'eau bouillante et un fer à repasser très chaud, puis une demi-heure après la mort, on fit l'application d'un fer rouge. D'autres expériences du même genre furent tentées sur d'autres cadavres, et il fut aisé de conclure que les caustiques indiqués ne donnent lieu à aucun des effets mentionnés, même lorsqu'ils sont employés peu de minutes après la mort, et qu'il est par conséquent aisé de distinguer si une brûlure est faite du vivant de l'individu. Les phénomènes développés par l'action de l'eau bouillante sur les cadavres consistaient en un froissement de l'épiderme qui se détachait facilement et qui était sec et cassant. Le fer rouge appliqué sur les cadavres, détermina la dessiccation du derme qui était brun ou charbonné, sans aucune rougeur autour des brûlures. Dans certains cas on put apercevoir des phlyctènes, *mais elles n'étaient remplies que de gaz*, sans aucune trace de sérosité (*Annales d'hygiène et de médecine légale,* janvier 1832).

ARTICLE VI.

Des signes qui peuvent faire distinguer si les blessures sont le résultat d'un accident, d'un meurtre ou d'un suicide.

Les magistrats parviennent souvent à résoudre ce problème sans le secours de l'homme de l'art ; ils fondent leur jugement sur l'état des lieux où le cadavre a été trouvé, sur la situation du corps, sur la position de ses membres, sur le désordre des vêtemens, sur les objets qui entourent le cadavre, sur la quantité de sang répandu à terre et sur les vêtemens, sur la présence d'un instrument vulnérant dans le voisinage du blessé, sur son état de démence, sur les haines et les inimitiés, et particulièrement sur la déposition des témoins. Toutefois, il serait difficile que les ministres de la justice parvinssent à décider la question dans un très grand nombre de cas, s'ils n'étaient éclairés par les rapports des médecins. Il faut donc étudier attentivement les circonstances qui doivent servir de base à ces rapports.

1° On examinera si le corps présente des signes de violence. S'il est vrai qu'une personne peut être assassinée sans avoir opposé la moindre défense, parce qu'elle était endormie, qu'elle a été prise au dépourvu, ou qu'elle a été assaillie par plusieurs assassins, il est incontestable que dans tout autre cas elle aura pu se débattre pour chercher à éviter le coup, et la lutte qui aura précédé l'assassinat pourra être marquée par des meurtrissures sur différentes parties du corps, par des signes d'étranglement avec les mains ou avec un lien quelconque, par le dérangement de la coiffure, l'arrachement des cheveux, etc. L'homme de l'art déterminera d'abord si les violences dont il s'agit ont été faites pendant la vie ou après la mort, puis il cherchera à reconnaître si elles ne seraient pas le résultat naturel de la chute de l'individu, du haut d'un rocher, etc. (*Voyez* page 582).

2° On notera la situation de la blessure, sa nature, sa profondeur et sa direction. *Situation*. Il est assez ordinaire de voir les personnes qui veulent se donner la mort porter l'instrument

piquant ou tranchant dont elles font usage vers la partie antérieure ou latérale du tronc, tandis que pour les armes à feu elles
choisissent assez souvent la bouche, la région sus-hyoïdienne, le
conduit auditif, l'orbite, le front, les parties latérales ou antérieures du thorax : rarement le suicide dirige l'instrument meurtrier vers la partie postérieure du corps. Les auteurs de médecine légale établissent, en parlant de la situation des blessures,
qu'il est certaines régions de cette partie que ne saurait atteindre
l'homme qui veut se tuer, et que l'existence des plaies dans ces
régions atteste l'homicide. « On ne peut considérer en général,
dit Fodéré, comme un effet du suicide des blessures placées sur
la face postérieure ou latérale de la tête et du tronc, et sur les
membres » (*Médecine légale*, tome III, p. 186, édition de 1813).
Cette assertion n'est pas exacte, car il n'est aucune de ces parties
que l'on ne puisse atteindre soi-même avec l'une ou avec l'autre
main, et à plus forte raison lorsque celle-ci est armée d'un instrument vulnérant : ce que l'on aurait pu dire, c'est que la situation et la *direction* de certaines blessures de la partie postérieure du tronc sont quelquefois telles, qu'il est impossible
qu'elles soient l'œuvre du suicide ; en effet, ici tout dépend de la
direction de la plaie ; qu'on la suppose différente de ce qu'elle
est, et l'on verra qu'elle peut bien avoir été faite par la personne
qui a voulu se tuer. On sentira donc facilement l'importance
dans des cas de ce genre, de remettre l'instrument vulnérant
successivement dans les deux mains du cadavre et de l'amener
jusqu'à la plaie afin de juger s'il y a eu suicide ou homicide.

Le fait suivant, auquel j'aurais pu en joindre d'autres, me paraît trouver sa place ici :

M. S..., âgé de quarante-cinq à cinquante ans, après avoir passé une
jeunesse fort active, et ramassé une fortune au-dessus de ses besoins, devint sédentaire. Il se maria, et n'eut point d'enfans ; il tomba insensiblement dans une sorte d'hypochondrie maniaque, qui se manifestait par accès. Dans ses momens de fureur, il avait plusieurs fois témoigné le désir de
quitter la vie. Ces accès passés, il revenait à de meilleurs sentimens, mais
il était toujours en proie à des idées sombres.

Un jour il s'enferma dans sa chambre, et peu de temps après on entendit
la détonation d'une arme à feu ; on crut que le coup était parti dans la rue,
et ce ne fut qu'une heure après, qu'on s'aperçut de l'horrible accident qui

venait d'avoir lieu. On trouva M. S... baigné dans son sang, étendu près de la cheminée de l'appartement ; une chaise et un pistolet court, mais de gros calibre, étaient tout auprès de lui. Il donnait encore quelques signes de vie ; on fit appeler précipitamment le médecin. Mon père et moi nous nous rendîmes aussitôt près de cet infortuné ; on l'avait placé dans son lit. Une plaie déchirée et perforante de la largeur de la paume de la main, existait *derrière et un peu au-dessus de l'apophyse mastoïde droite*, les bords étaient formés par les tégumens du crâne ecchymosés, lacérés et noircis : en ce point l'occipital avait été brisé et enfoncé dans la profondeur de cette plaie, en formant plusieurs fragmens aigus et mobiles, qu'on sentait avec le doigt ; du sang noir s'en écoulait en abondance. Cette plaie semblait se diriger d'arrière en avant, de dehors en dedans, et de droite à gauche ; elle n'avait point d'orifice de sortie, et, les perquisitions les plus exactes ne firent point découvrir la balle qu'on soupçonnait avoir été contenue dans l'arme à feu. Un pistolet pareil à celui qui avait servi à commettre le crime, fut trouvé dans une armoire voisine ; il contenait une balle de gros calibre ; d'ailleurs M. S... avait laissé sur sa cheminée un écrit dans lequel il témoignait sa funeste résolution, et avait fait quelques dispositions testamentaires. Il donna encore quelques signes de vie pendant deux heures. Nous trouvâmes à l'ouverture du cadavre l'occipital brisé dans le point indiqué, le sinus latéral droit ouvert, l'hémisphère droit du cerveau labouré et noirci par le trajet de la balle, qui était nichée et enfoncée dans la base de l'apophyse pierreuse du côté gauche. Cette balle, quoique déformée, était du même calibre que celle qui avait été extraite du second pistolet.

Le siége et la direction de cette plaie nous firent penser que M. S... devait avoir la tête tournée à gauche, lorsqu'il appuya la bouche de l'arme à feu contre l'occipital ; le pistolet ayant été mis dans la main du cadavre, nous vîmes que la plaie pouvait avoir eu lieu dans cette position (Observation communiquée par Dance).

Nature de la blessure. L'expérience prouve que la plupart des individus qui veulent attenter à leurs jours par le moyen des blessures, emploient les armes à feu, ou les instrumens tranchans et piquans, soit pour pénétrer dans les cavités thoracique et abdominale, soit pour ouvrir des vaisseaux sanguins considérables, parce qu'ils regardent ces lésions comme devant amener nécessairement une mort prompte ; ils se gardent bien de faire usage d'instrumens contondans, dont l'effet ne leur paraît ni assez prompt, ni assez sûr.

La *profondeur* de la blessure peut dans des circonstances, à la vérité fort rares, faire soupçonner l'homicide plutôt que le suicide, parce qu'il est permis de supposer d'après la *situation* et la *direction* de certaines plaies, qu'elles n'auraient pas pu être aussi profondes s'il n'y avait pas eu assassinat. Toutefois on ne saurait être trop circonspect avant de se prononcer, certaines blessures très profondes pouvant être l'œuvre du suicide. M. A. Devergie a rapporté dans le n° de décembre 1830 des *Annales d'hygiène*, un fait remarquable à l'appui de ce que j'avance.

Un homme se porta un premier coup de rasoir immédiatement au-dessus de l'os hyoïde; l'instrument pénétra à 11 lignes de profondeur; un second coup, porté dans la plaie résultante du premier, alla jusqu'à 21 lignes; enfin, il se décida à en porter un troisième qui s'étendit jusqu'à la paroi postérieure du pharynx, en coupant tous les muscles qui attachent la langue à l'os hyoïde, et fit une plaie de 2 *pouces de profondeur*, de 3 pouces 3 lignes de largeur et d'un pied de circonférence; l'hémorrhagie survint alors, et la faiblesse physique arrêta la force morale qui avait guidé l'instrument. L'examen de la plaie fit voir du côté gauche que le muscle peaucier était coupé dans la moitié de sa largeur, à un pouce de son insertion à l'os maxillaire, que la glande sous-maxillaire était divisée dans son tiers inférieur, que le muscle digastrique était coupé au voisinage des insertions fibreuses qui le retiennent auprès de l'os hyoïde; que le nerf hypoglosse était à moitié divisé après son passage sous le digastrique; que les filets nerveux qui en partent pour se rendre aux muscles qui entourent l'os hyoïde étaient conservés; que la veine jugulaire primitive, se divisait bien au-dessous de l'angle de la mâchoire; que la jugulaire interne et la jugulaire externe n'avaient pas été intéressées, attendu l'obliquité de la plaie, qui, dirigée de gauche à droite, était un peu moins profonde à gauche, et laissait une partie de la paroi gauche du pharynx sur laquelle ces vaisseaux étaient accolés. Il en était de même de l'artère carotide primitive, de la carotide externe, de l'artère thyroïdienne supérieure et du nerf de la huitième paire. Les muscles digastrique, génio-hyoïdien, génioglosse, et mylo-hyoïdien étaient coupés à leur insertion à l'os hyoïde.—*Du côté droit de la plaie* les muscles qui viennent d'être désignés étaient divisés un peu plus haut. La veine jugulaire primitive se divisait beaucoup plus haut que du côté gauche; à l'origine de la veine jugulaire externe, on observait une *ouverture* de 6 à 7 lignes de longueur sur 4 lignes de large; cette blessure intéressait et la veine jugulaire primitive et la veine jugulaire externe; c'est elle qui avait fourni l'hémorrhagie mortelle, car l'artère carotide et ses principales divisions, ainsi que le nerf pneumo-gastrique de ce côté, étaient intacts.

Cette lésion n'a été mortelle, comme l'a dit le docteur Devergie, qu'à raison d'une disposition anatomique accidentelle; si, par

38.

exemple, la veine jugulaire s'était divisée à droite aussi bas qu'à gauche, aucun vaisseau principal n'eût été ouvert, et la mort ne serait pas survenue.

Marc et Levraut ont inséré dans le même numéro du journal cité un cas de suicide dans lequel l'individu s'était fait trois blessures au cou avec un rasoir ; l'une d'elles n'intéressait que les tégumens, l'autre avait atteint les tégumens et le cartilage thyroïde, enfin la troisième avait produit des désordres effrayans. Nous avons aperçu, disent-ils, à la partie antérieure du cou, à 2 pouces des articulations sternales des deux clavicules, une plaie transversale, s'étendant du bord externe du muscle sterno-mastoïdien du côté gauche qui était intact, jusqu'au même muscle du côté opposé, qui était coupé dans les trois quarts de son épaisseur. Cette blessure, produite par un instrument tranchant, avait divisé tous les tégumens, tous les muscles correspondans à la partie antérieure et moyenne du cou, le larynx, l'œsophage, et avait effleuré les ligamens antérieurs des vertèbres cervicales correspondantes. La veine jugulaire et l'artère carotide du côté gauche étaient ouvertes dans la moitié de leur calibre ; les mêmes vaisseaux du côté droit étaient presque entièrement divisés.

A ces exemples de plaies tellement larges et profondes qu'elles pourraient, au premier abord, éloigner toute idée de suicide et faire supposer un homicide, j'opposerai le cas plus rare, où les lésions sont tellement légères, que malgré l'assertion du blessé qui déclare avoir été victime d'une tentative d'assassinat, il est difficile d'en accuser d'autre auteur que lui-même. Comment admettre, par exemple, que des incisions nombreuses et superficielles de la peau, de quelques millimètres d'étendue, tout-à-fait semblables à de simples mouchetures, et situées dans une région du corps très accessible au blessé, soient le résultat de coups portés par un assassin ? Une main homicide ne montre pas autant de timidité, et il est dans ce cas au moins très probable, que le plaignant lui-même est l'auteur de blessures aussi insignifiantes.

Direction des blessures. On observe assez généralement dans le suicide, que les plaies faites par un instrument piquant sont dirigées obliquement de droite à gauche et de haut en bas, tandis que celles qui sont produites par un instrument tranchant se dirigent ordinairement de gauche à droite, transversalement ou obliquement, de haut en bas ou de bas en haut : toutefois on remarque à cet égard une foule de variétés provenant de la longueur de l'instrument et de la manière dont il est tenu. La direction serait nécessairement l'inverse de celle que je viens de décrire, si l'individu qui veut se suicider était gaucher.

Dans les plaies d'armes à feu, la rencontre d'un os par le projectile peut tellement modifier la direction de ces plaies qu'il ne soit guère possible de faire servir cette direction à déterminer si elles sont le résultat d'un homicide, d'un accident ou d'un suicide. Ainsi, dans l'observation rapportée à la page 528, des deux individus qui se battirent au pistolet, celui qui fut blessé avait 5 pieds 8 pouces, tandis que l'autre était d'une petite taille ; néanmoins, la blessure qui existait au-dessous de la clavicule droite, avait une direction oblique *de haut en bas* et de *dehors en dedans* : l'aspect de cette blessure était tel que M. le procureur du roi pensa d'abord que le meurtre pouvait ne pas résulter d'un *duel régulier*. Mais comme le fit observer Breschet, la déviation du projectile et l'obliquité de la plaie dépendaient ici de la rencontre de la clavicule par ce projectile. « On s'étonnera, peut-être, dit-il, qu'une balle qui a traversé les parois du thorax et le rachis ait été détournée de sa direction primitive par un os moins fort, moins épais que le corps d'une vertèbre, et que cet os n'ait pas été brisé par le choc du projectile : la ligne oblique sous laquelle la balle a rencontré la clavicule rend raison de ce phénomène, et les chirurgiens qui ont observé un grand nombre de blessures d'armes à feu ont acquis la conviction qu'une résistance légère peut changer la direction d'un projectile lorsque celui-ci arrive obliquement sur un plan peu résistant » (Mémoire cité).

Le premier devoir de l'homme de l'art dans des questions de ce genre, est de comparer la forme de la plaie à l'instrument que l'on présume avoir été employé ; après en avoir armé la main du cadavre et avoir amené le bras vis-à-vis la blessure, il déterminera si l'espace qu'il a parcouru dans une direction donnée, est en rapport avec la longueur du bras et avec la direction que la main a dû suivre pour porter le coup; s'il n'en est pas ainsi, il remettra l'arme meurtrière dans l'autre main.

5° On aura égard *au nombre* des blessures. Il est assez ordinaire de n'observer sur les cadavres des suicides qu'une seule blessure, celle qui a déterminé la mort. Il arrive cependant quelquefois le contraire : la personne qui veut mettre un terme à son existence, commence par porter atteinte à des parties dont la lésion est mortelle, ou qui, d'après un préjugé vulgaire, passe pour telle; néanmoins elle ne périt point : alors elle a recours à des moyens infaillibles, et succombe. Nul doute que dans le cas d'homicide il ne puisse y avoir aussi, outre la blessure qui a occasionné la mort, des lésions de quelques autres parties du corps; mais ces lésions peuvent très bien ne pas occuper les régions du corps dont les blessures sont mortelles ou passent pour l'être.

Les auteurs de médecine légale regardent comme une preuve d'homicide l'existence de deux, trois ou quatre blessures mortelles, parce qu'il est impossible d'admettre que le suicide ait la force de se blesser mortellement, lorsqu'il s'est déjà fait une blessure mortelle. Cette assertion énoncée d'une manière aussi vague peut donner lieu à de funestes erreurs : sans doute, il y a impossibilité de se porter deux coups mortels, si l'on périt *immédiatement* après l'action du premier; mais si la première blessure, quelque grave qu'on la suppose, ne détermine la mort qu'au bout d'une, de deux ou d'un plus grand nombre de minutes, le blessé peut attenter de nouveau à ses jours et léser un organe dont la blessure soit également mortelle. Les exemples suivans mettront cette vérité hors de doute.

1° Il y a à peine dix ans que M. G***, habitant de Rouen, fut trouvé mort dans sa chambre, où l'on voyait deux pistolets, l'un auprès du cadavre, et l'autre dans le lit qui en était à-peu-près éloigné de six pas. L'enquête faite à l'instant même prouva d'une manière évidente que ce malheureux jeune homme s'était porté un premier coup de pistolet dans son lit, et que la blessure qui avait été faite à la partie gauche de la poitrine, avait brisé deux côtes, l'une en avant, l'autre en arrière; le poumon avait été perforé par la balle, dans sa partie moyenne, près des veines pulmonaires : une quantité considérable de sang était épanchée dans le thorax. Malgré l'existence d'une blessure aussi grave, M. G*** se leva pour aller chercher un autre pistolet dans une armoire, et se porta un second coup au front; la balle pénétra dans le ventricule latéral gauche du cerveau et s'arrêta sur l'os occipital : le blessé mourut sur-le-champ. Les hommes de l'art et les ministres de la justice furent tellement convaincus qu'il y avait eu suicide, qu'on n'eut point l'idée de faire la moindre poursuite (Observation communiquée par le docteur Vingtrinier, médecin à Rouen).

2° Le docteur Ollivier (d'Angers) a rapporté dans les *Archives générales de médecine*, tome VI, page 582, un cas remarquable de suicide qui offre un exemple de cette multiplicité de blessures.

Un jeune homme se tire un coup de pistolet dans la bouche ; la balle brise l'arcade dentaire, déchire la langue et le voile du palais et tombe de l'œsophage dans l'estomac. Il chercha alors à s'enfoncer le crâne en se frappant à coups redoublés le front et les régions temporales, avec l'extrémité du canon du pistolet ; *trente plaies*, qui pour la plupart pénétraient jusqu'à l'os, existaient à la partie antérieure de la tête. Ce malheureux réussit enfin à se détruire en se pendant à un arbre voisin.

Faut-il admettre, avec Fodéré, « que celui qui s'est tué dans son désespoir, conserve encore quelque temps après l'attitude convulsive que ses membres avaient prise pour le seconder dans son entreprise. Pareil à ces guerriers dont nous parlent le Tasse et l'Arioste, qui épouvantaient encore après avoir expiré, le suicide a l'œil hagard, les muscles du visage tendus, les sourcils froncés, et cette physionomie lui reste jusqu'à ce que se soient entièrement retirés les derniers rayons de chaleur vitale. Celui-là, au contraire, qui est victime d'un assassinat, porte sur la physionomie, à moins qu'il ne se soit défendu, l'empreinte de l'épouvante, la pâleur de la mort, le relâchement parfait » (tome III, page 157, ouvrage cité). Il suffit d'avoir examiné quelques cadavres d'individus morts à la suite de blessures, pour n'accorder à de pareils caractères qu'une fort mince valeur.

Il peut arriver que l'agresseur cherche à s'excuser en disant que la gravité de la blessure ne saurait lui être imputée, parce que le blessé s'est précipité lui-même sur l'arme. Ici le médecin aurait à comparer la stature respective des deux individus, et à déterminer si la direction de la blessure correspond à celle qu'elle aurait eue, si les choses se fussent passées comme l'indique l'assassin soupçonné.

La question qui m'occupe doit encore être considérée sous un point de vue fort important ; le voici : On trouve un cadavre au fond d'un puits, d'une rivière, au pied d'un rocher, d'une montagne, d'un endroit escarpé, au bas d'un précipice ; il s'agit de reconnaître *si l'individu était vivant ou mort au moment de la chute*, et s'il était vivant, de déterminer *s'il s'est jeté volontairement de haut en bas, ou s'il a été poussé.*

On pourra supposer qu'une personne était morte au moment de la chute, si on découvre des traces non équivoques d'étranglement, de plaies régulières faites par des instrumens tranchans ou piquans, ou par des armes à feu, et si l'on peut établir que ces blessures existaient avant la mort (*Voyez* page 582). Ici tout annonce que la personne a été assassinée, et que pour faire prendre le change, le meurtrier a jeté le cadavre de haut en bas ; sans doute que le corps mort pourra offrir des déchirures et d'autres blessures qui seront le résultat des inégalités, des saillies, des pointes contre lesquelles il aura pu heurter pendant la chute, ou de l'écrasement opéré par les pierres qui auront roulé en même temps que lui ; mais ces blessures irrégulières comme les corps qui les ont produites, ne présenteront aucun des caractères que l'on remarque dans celles qui ont été faites avant la mort.

Si la personne a été assassinée par l'un des moyens énoncés, et que la blessure n'ait pas été mortelle sur-le-champ, il pourrait se faire que l'individu fût encore vivant au moment où il a été précipité : dans ce cas on trouverait, outre les marques d'une lésion régulière produite par une corde, par les mains, par un sabre, un poignard, un pistolet, etc., des contusions, des déchirures, des fractures, des blessures irrégulières et très étendues, dont quelques-unes auraient été faites pendant la vie, et d'autres après la mort, et qui seraient le résultat du choc du corps sur les inégalités du sol, sur des branches d'arbres rompues, sur des racines, etc.

Si l'assassinat n'a point précédé la chute, et que l'individu fût vivant au moment où il a commencé à tomber, toutes les blessures pourraient présenter le caractère des lésions faites avant la mort ; je dis *pourraient* présenter, parce qu'il est possible, en effet, si l'individu périt au milieu de sa chute, qu'il y ait également des lésions, faites après la mort, qui n'offrent point ces caractères. L'irrégularité, l'étendue, la forme, le nombre des blessures, et l'intensité des ecchymoses qui les accompagnent, seront en rapport avec les aspérités, les éminences et les angles des corps ; il faudra donc comparer attentivement les effets aux causes présumées, et voir si réellement, d'après l'espace parcouru par le corps, et d'après les obstacles contre lesquels il a heurté, la mort est le résultat de la chute.

Mais en supposant que l'on ait prouvé que la personne était vivante au moment de la chute, est-il aisé de démontrer que celle-ci est plutôt volontaire que le résultat d'un accident, ou d'un attentat criminel ; comment distinguer, par exemple, si un pareil individu a été jeté de haut en bas par un assassin, s'il s'est lancé lui-même dans le dessein de se tuer, ou bien si la chute ne tiendrait pas à ce qu'il aurait perdu involontairement l'équilibre par suite de vertiges, d'une attaque d'apoplexie ou d'épilepsie, de l'ivresse, etc. ? Ce problème est sans contredit un des plus difficiles à résoudre, lorsque les dépositions testimoniales ne viennent point éclairer les magistrats ; l'homme de l'art doit se borner, en pareil cas, à fixer l'attention des ministres de la justice, sur l'existence de certaines lésions du cerveau, et des viscères gastriques qui pourront faire soupçonner une apoplexie, l'ivresse et quelquefois l'épilepsie, sur les signes commémoratifs qui apprendront peut-être que l'individu dont il s'agit était sujet à des vertiges, à des accès d'épilepsie ou d'hystérie, ou bien qu'il était hypochondriaque, sur l'habitude qu'il avait pu contracter de s'enivrer, sur le dérangement habituel de ses facultés intellectuelles, etc. Je suis loin d'accorder la moindre valeur à divers caractères indiqués par Fodéré, dont il suffira de donner le sommaire pour faire sentir l'insuffisance. « Celui qui était sujet à des vertiges, à l'épilepsie, à des coups de sang à la tête, ou à s'enivrer, s'il périt en roulant, présentera un visage rouge ou plombé, la langue épaisse, les vaisseaux du cerveau extrêmement dilatés. Celui qui aura fait une chute ayant la tête libre, offrira un visage décoloré. Il en est de même de celui qu'on lance dans un précipice ; la peur le saisit avant d'être mort ; et si on le trouve avec le visage pâle, décoloré, c'est du moins une preuve qu'il n'était pas atteint, au moment de la chute, des accidens dont j'ai fait mention. Si la chute a été volontaire, et l'effet d'un suicide prémédité, il n'y aura ni la pâleur, ni la rougeur dont je viens de parler; mais le visage pourra bien encore conserver les traits du désespoir, lequel sera d'ailleurs confirmé par la connaissance du moral de l'individu, et par les lésions observées dans le tissu des viscères, comme la chose a été indiquée précédemment » (t. III, p. 186).

ARTICLE VII.

Règles de l'examen des blessures.

Examen des blessures sur le vivant. On ne saurait trop signaler les inconvéniens attachés à la rédaction précipitée d'un rapport sur les blessures. On voit journellement des chirurgiens se borner à un examen superficiel de la lésion, et établir des conclusions qui ne découlent point des faits observés, et qu'ils sont obligés de rétracter par la suite, ou dont on est forcé de déclarer la fausseté : les conséquences d'une pareille légèreté n'échappent pas aux yeux les moins clairvoyans ; on est injuste envers l'agresseur ou le plaignant ; on perd la confiance que l'on avait pu inspirer, et souvent on se déshonore. L'homme de l'art, au contraire, qui, se conformant aux préceptes établis par les meilleurs auteurs, se livre à un examen approfondi et méthodique de tous les faits susceptibles de l'éclairer, et en tire des conclusions rigoureuses, ne saurait encourir le blâme.

Lorsqu'on est appelé auprès d'un blessé qui est encore vivant, on note exactement l'état général de l'individu et de la blessure, si elle n'est pas déjà recouverte d'un appareil ; on se fait présenter l'instrument vulnérant, et s'il a été enlevé, on cherche à connaître quelles étaient sa forme, sa nature ; on détermine la force avec laquelle il a agi, la situation du blessé au moment de la lésion, et s'il est possible, celle de l'agresseur ; on compare la stature de ces deux individus ; on tient compte du temps qui s'est écoulé depuis l'époque où la blessure a été faite, du mode de traitement qui a été suivi ; on s'informe de l'état antérieur du blessé, s'il était habituellement souffrant et faible, ou s'il jouissait d'une santé parfaite, s'il avait éprouvé des affections dartreuses ou scorbutiques, s'il est pléthorique ou d'une constitution éminemment nerveuse ; on note également la salubrité ou l'insalubrité de l'atmosphère au milieu de laquelle il est plongé.

Si déjà la blessure était couverte d'un appareil, que l'on ne jugerait pas à propos d'enlever, on s'attacherait à constater tous les objets dont je viens de parler, excepté ceux qui sont relatifs à l'état actuel de la blessure, dont on renverrait l'examen à l'époque du premier pansement, en ayant soin d'indiquer, dans le rapport, les motifs qui ont empêché de procéder de suite à cet examen. Voici les cas dans lesquels il serait dangereux de débarrasser la blessure de l'appareil qui la couvre : 1° lorsqu'on a à craindre une hémorrhagie ; 2° lorsque la réduction d'une fracture a été difficile, et qu'elle avait été précédée d'accidens fâcheux, dont on redoute le retour en déplaçant les fragmens osseux ; 3° lorsque le membre fracturé est considérablement engorgé, soit par l'effet de la blessure, soit parce que l'appareil, appliqué depuis plusieurs jours, l'a été contre toutes les règles de l'art. Je n'imiterai pas les auteurs qui, à l'exemple de Fodéré, veulent que l'on diffère l'examen juridique d'une plaie, quand l'instrument qui l'a faite y tient encore ; sans doute qu'il peut être fort dangereux, dans certains cas, de faire l'extraction du corps étranger, mais je ne vois pas pourquoi l'on n'enlèverait pas l'appareil, pour mieux juger de l'état de la blessure, *en ayant soin d'y laisser l'instrument vulnérant.*

J'ai dit plus haut que le premier soin du médecin devait être de noter exactement l'état de la blessure. Voici les objets sur lesquels il devra porter son attention.

S'il s'agit d'une *plaie*, il déterminera, 1° sa situation : ainsi, on dit plaie de tête, du cou, etc. ; 2° son *étendue* et les parties *intéressées* : sous ce rapport, les plaies sont grandes, petites, moyennes, longues, larges, superficielles, profondes ; ces dernières intéressent les parties situées au-dessous de la peau, et du tissu cellulaire sous-cutané ; il en est qui pénètrent dans les cavités splanchniques, et que l'on nomme *pénétrantes*, qu'il y ait ou non épanchement de sang, déplacement ou lésion des organes renfermés dans ces cavités ; d'autres sont appelés *perforantes*, parce qu'elles traversent de part en part l'épaisseur d'un membre, une cavité splanchique, etc.; 3° sa *direction* : elle peut être longitudinale, transversale, oblique ; ici on doit distinguer la direction par rapport à l'axe du corps, et aux fibres des organes intéressés ; 4° sa *forme* : elle est linéaire, triangulaire, cruciale, ronde, irrégulière, avec ou sans lambeaux, avec ou sans perte de substance ; 5° l'*époque* où elle a été faite : ainsi elle est récente, sanglante, enflammée, suppurante, cicatrisée, depuis peu ou depuis long-temps ; la cicatrice peut être superficielle, unie, solide, douloureuse par intervalles, ou profonde, inégale, faible, sujette à se rompre, et indolente ; 6° ses *suites* ou *ses effets* (*Voyez* page 605) ; 7° son état de *simplicité* ou de *complication* : elle est simple, compliquée ou associée : la complication peut tenir à une hémorrhagie, à des corps étrangers ; l'association s'entend de l'existence d'une ou de plusieurs des autres lésions qui font partie des blessures. Quelque minutieuses que puissent paraître ces distinctions, il est indispensable de les admettre : un rapport sur les plaies, que l'on n'aurait pas envisagées sous ces différens points de vue, manquerait d'exactitude.

S'il est question d'une *contusion*, d'une *ecchymose*, d'une *brûlure*, d'une *entorse*, d'une *luxation* ou d'une *fracture*, on en exposera les caractères avec détail, en se conformant aux préceptes que je viens d'établir relativement aux plaies, et aux objets indiqués en parlant de ces blessures. On ne saurait trop recommander de borner l'usage des sondes et des stylets aux cas où ces instrumens sont évidemment indispensables : en effet, tous les chirurgiens connaissent les inconvéniens attachés souvent à cette sorte d'exploration ; on sait, en outre, qu'elle n'éclaire pas toujours sur la véritable nature de la plaie et que dans beaucoup de circonstances on s'expose, par maladresse, à faire de nouvelles blessures.

En supposant qu'il y ait plusieurs lésions, on doit en déterminer le nombre, l'espèce et la situation, examiner si elles ont été faites à la même époque, et laquelle est la plus grave.

Voici maintenant les règles qui doivent servir de guide pour parvenir à porter un jugement à l'abri de tout reproche. Si la blessure paraît légère, l'homme de l'art pourra établir, dès la première visite, que la guérison aura lieu dans l'espace de quelques jours, à moins d'une circonstance imprévue ; cette restriction est nécessaire, puisqu'on a vu des blessures, en apparence très simples, être suivies des accidens les plus terribles. Si la lésion intéresse la tête ou le tronc, et qu'elle ne soit point bornée aux parties externes du crâne, de la face, de la poitrine et du ventre, après avoir noté toutes les circonstances de la lésion, on déclarera, comme l'a fort bien indiqué le docteur Biessy, que la blessure est grave par son siége, mais que le temps seul pourra en faire reconnaître les dangers, la lésion étant susceptible de prendre telle ou telle autre terminaison. On exposera le mode de traitement, les précautions qui devront être suivies pour arriver à la guérison de la maladie, en ayant soin de prévenir que les moyens proposés pourraient bien ne pas réussir. En agissant autrement, on risque de compromettre sa réputation, et de faire punir trop sévèrement l'accusé. Au bout de six jours on dressera un second rapport, par lequel, après avoir fait connaître la marche suivie par la nature, on établira d'une manière précise les suites nécessaires de la blessure et l'on fixera, du moins approximativement, le temps requis pour son traitement. Mais on ne pourra pas toujours déterminer alors si la blessure n'entraînera pas quelque infirmité, si celle-ci sera absolue ou relative ; et sous ce dernier point de vue, on doit encore renvoyer à l'époque de la guérison pour établir, en dernier ressort, le résultat de la blessure. Il importe surtout de ne point prononcer légèrement que l'infirmité sera absolue ou relative : c'est alors qu'il faut avoir égard à la nature de la partie lésée, à l'intensité de la lésion, etc.

Le danger des blessures qui ne sont pas immédiatement suivies de la mort s'apprécie particulièrement d'après le degré de l'inflammation, son étendue, l'importance de l'organe enflammé, et la possibilité plus ou moins grande de la prévenir ou de la faire cesser. Il importe, dans certaines circonstances, comme le prescrit Marc, d'indiquer si la gangrène peut être évitée, ou bien si elle aurait pu l'être, si la suppuration est proportionnée aux forces du malade, s'il aurait été possible de procurer une issue au pus, etc.

On aura soin de ne pas confondre les blessures réelles avec

celles qui sont simulées ; ainsi le plaignant peut feindre les principaux symptômes d'une forte contusion , tels que la douleur et la gêne des mouvemens de la partie, parce qu'en effet cette blessure ne détermine souvent aucun changement de couleur à la peau, à moins qu'il ne se soit écoulé quelques jours. Les *ecchymoses* factices ne peuvent en imposer qu'aux médecins inattentifs (*voyez* Ecchymose). Quant aux autres lésions, le plaignant ne peut guère simuler que la fièvre et la douleur.

Ce n'est que dans des cas fort rares, lorsque le diagnostic est très évident, qu'on qualifiera une lésion par cause externe, de mortelle avant la mort du blessé ; dans la plupart des circonstances, il faudra se borner à la déclarer comme étant fort dangereuse, puisqu'on voit journellement guérir, par quelques circonstances heureuses, des blessures graves dont on avait cru devoir placer le siége dans les organes les plus importans. Lors même que le blessé viendrait à périr, il ne faudrait attribuer la mort à la blessure qu'après avoir acquis la conviction, par l'ouverture du cadavre, que cette blessure a produit la mort par un effet immédiat de la cause criminelle, et qu'elle était elle-même au-dessus de toutes les ressources de l'art.

Si le médecin est requis de donner son avis plusieurs jours après que la blessure a été faite, il s'attachera à reconnaître, indépendamment des objets déjà mentionnés, quelle est la constitution du blessé, quelles sont les maladies auxquelles il était sujet, si l'atmosphère dans laquelle il a été placé était salubre ou insalubre, si l'on a suivi un régime et un traitement convenables, etc. Il obtiendra, par ce moyen, des éclaircissemens sans lesquels il aurait beaucoup de peine à porter un jugement exact.

Examen des blessures sur le cadavre. Il est inutile de traiter en détail les règles de l'examen des blessures sur le cadavre, après tout ce que j'ai établi ; il doit suffire en effet d'indiquer sommairement les points qui doivent fixer l'attention de l'homme de l'art. Il décrira soigneusement l'état extérieur des parties lésées ; il pratiquera les incisions convenables pour s'assurer de l'étendue, de la profondeur de la lésion et de la nature des organes atteints ; il se conformera, pour l'ouverture du cadavre,

aux règles dont j'ai déjà fait mention, et il évitera de confondre
les altérations produites par la putréfaction avec celles qui sont
le résultat d'une violence extérieure faite sur le vivant (*voyez*
MORT). Il déterminera si les blessures ont été faites pendant la
vie ou après la mort, et dans le premier cas, si elles sont l'effet
du suicide, de l'homicide ou d'un accident (*voyez* pages 582 et
suiv.). Il cherchera ensuite à décider si la mort a été réellement
la conséquence directe de la blessure, ce qui exigera un examen
détaillé de tous les viscères et des principales membranes, des
vaisseaux les plus importans et des conduits des matières liquides
qui peuvent avoir été épanchées, etc. S'il y a des corps étrangers,
on indiquera leur nature, leur situation et la profondeur jusqu'à
laquelle ils ont pénétré.

BIBLIOGRAPHIE.

Blessures.

SUEVI (Bernard). Tractatus de inspectione vulnerum lethalium et sana-
bilium partium humani corporis. Marbourg, 1629, in-8.

WELSCH (God.). Rationale vulnerum lethalium judicium. Leipzig, 1660-
1674, in-8.

MEIBOM (Henri). Rep. NEUCRANTZ. Diss. de vulneribus lethalibus. Helmstadt, 1674, in-4.

AMMANN (Paul). Praxis vulnerum lethalium sex decadibus constans.
Francfort, 1690-1701, in-8.

CRAUSE (Rudolph.-Wilhelm). Diss. de vulneribus per se lethalibus. Iéna,
1684, in-4.

MAJOR (J.-Dan.). Diss. de moribundorum regimine, ubi incidentes quædam de recte ferendis vulnerum judiciis, etc. Kiel, 1685.

BOHN (J.). De renunciatione vulnerum lethalium cui accesserunt. Diss. de
partu enecato, etc. Leipzig, 1689, in-4, 1755, in-8.

HAMER (J. Herm.). Diss. de medicinâ renunciatoriâ. Erfurt, 1692, in-4.

WEDEL (Georg.-Wolfgang). Resp. SAUBER. Diss. de fundamentis lethalitatis vulnerum. Iéna, 1695, *ibid.*, 1709, in-4.

MANGOLD (Just. Henr.). Resp. VASMAR. Diss. de vulnere lethali. Rintel,
1701.

STAHL (Georg.-Ernest). Resp. ISANC. Diss. de vulnerum lethalitate. Halle,
1705, in-4.

LAMBRECHTS (Jac.). Diss. de vulnere lethali. Leyde, 1709, in-4.

LUDOLF (Hieronym.). Resp. EYSELIUS. Diss. med. leg. de lethalitate vulnerum. Erfurt, 1712, in-4.

WOYT (J. J.). Unterricht von der todtlichen Wunden des ganzen mensch -
lichen Leibes. Dresde, 1716, in-8.

Respinger (J. Henr.). Diss. de vulnerum lethalitate. Bâle, 1733, in-4.

Troppanegers (Crist. Gottl.). Decisiones medico-forenses, worinnen 70 rare und zum Theil schwere Casus, sonderlich de lethalitate vulnerum in 7 Decurien beschrieben werden. Dresde et Neustadt, 1733, in-4.

Gregory (J. Godofr.). Diss. de parte medicinæ consultatoriâ. Leyde, 1740, in-4.

Schusten (Gottwald). Commentationes difficiliora et notata digna quædam themata tam ad medicinam quàm jurisprudentiam pertinentia complexæ, singulari studio collectæ, et in usum utriusque fori emissæ. Chemnitz, 1744, in-4.

Eschenbach (Christ. Ehrenfried). Commentatio vulnerum ut plurimum lethalium dictorum nullitatem demonstrans. Rostock, 1748, in-4.

Hommel (Fréd. Aug.). Resp. Kuhnert. Diss. criminalis de lethalitate vulnerum et inspectione cadaveris, post occisum hominem. Leipzig, 1749, in-4.

Pfanns (Georg. Matth.). Sammlung verschiedener Merkwrdigen Fælle welche Theils in die gerichtliche, Theils in die practische Medicin einschlagen. Nuremberg, 1750, in-8.

Mauchard (Burc. Dav.). Resp. Palm. Diss. de lethalitate per accidens. Tubingue, 1750. — Recus. in Haller coll. disp. chirurg., t. v; et in Schegel, disp. ad med. forens.

Bose (Ernest. Cottl.). Resp. Muller. Diss. de vulnere per se lethali homicidam non excusante. Leipzig, 1758, in-4.

Pauli (J.). Der medicinische Richter in Betrachtung der Todeschlæge. Leipzig, 1764, in-8.

Nicolai (Ern. Ant.). Resp. Hoyer. Diss. de lethalitate vulnerum in genere. Iéna, 1765, in-4.

Delsance (P.). Kurze Anweisung zu gerichtlichen Wundarzney, warum was über die Todlichkeit der Wunden bei den gerichten aus den Grundlehren der Arzneigelaheit untersuchen und auszumachen sey, abgehandelt. Francfort et Leipzig, 1765, in-8.

Buttner (Christ. Gottl.). Anweisung für angehende Arzneybeflissene worauf sie bey Ausstellung eines Obduction-Attestes über Tœdliche Verletzungen mit Acht zu geben haben. Kœnigsberg, 1767-68, in-4. — Aufrichtiger Unterricht von neu angehende Aerzte und Wundærzte, etc.; ibid., 1769, in-4. — Vollstændige Anweisung wie durch anzustellende Besichtigungen ein verübter Kindermord anzumitteln sey : nebst 88 beygefügten Obductions-Zeugnissen, etc., ibid., 1771, in-4.

Plouquet (W. Gottofr.). Commentarius medicus in processus criminales super homicidio et embryoctoniâ. Strasbourg, 1787, in-8.

Daniel (Christ. Frid.). Institutionum medicinæ publicæ edendarum adumbratio, cum specimine de vulnerum lethalitate; accedunt aliquot casus medici forenses ad illustrandum argumentum. Leipzig, 1778, in-4.

PLATNER (Ernest). Diss. de lethalitate vulnerum absolutâ. Leipzig 1784, in-4.

WACHSMUTH (Georg. Guill.). Diss. in. med. leg. sistens generales de lethalitate vulnerum ritè dijudicandâ observationes et analecta. Gottingue, 1790, in-4.

ROESECKE (J. S. F.). Præs. C. A. G. BERENDS. De vulnerum lethalitate. Utrecht, 1794.

ECKER (A.). Welche Ursachen kœnnen eine geringe Wunde gefæhrlich oder tœdtlich machen? Vienne, 1794.

JOASKY (C. S.). De lethalitate læsionum corporis humani. Erfurt, 1807.

STELZER (Ch. J. L.). Oratio de apto vulnerum qualitatem definiendi modo ad corpus delicti constituendum et imputationem decernendam. Moscou, 1808.

HECKER (G. J. A.). Præs. G. H. MASIUS. Commentatio critica de præcipuis divisionibus lethalitatis læsionum. Rostock, 1810.

PLATNER (Ernest). De discrimine læsionum necessario et fortuito lethalium paradoxa quædam. Leipzig, 1810. — Recus. in PLATNER, quæst. med. forens. Leipzig, 1824.

MASIUS (G. H.). De discrimine inter læsiones absolutè et inter læsiones per accidens lethales. Rostock, 1810.

WILDBERG (C. F. L.) Wie die tœdtlichen Verletzungen beurtheilt werden müssen um in jedem vorkommenden Falle den Antheil des Thæters an dem nach der Verletzung erfolgen Tode an sichersten ausmitteln zu kœnnen. Leipzig, 1810.

ZIPFF (F. J.). Læsionum lethalitatis classificationum censura, ulteriorque præstantioris expositio. Heidelberg, 1811.

KOPP (J.). Ueber kœrperliche Verletzungen in Bezug auf Tœddlichkeit und deren Beurtheilung. Heidelberg, 1814, 2e éd., ibid., 1819, in-8.

BIESSY (C. V.). Manuel pratique de médecine légale. Paris, 1821, in-8, t. 1. — Sur les blessures.

DES TACHES DE SANG SUR LES INSTRUMENS EN FER, SUR LES ÉTOFFES, ETC.

Les médecins sont souvent requis par les tribunaux pour déterminer si des taches que l'on remarque sur des instrumens de fer ou d'acier, ou sur du linge, sont produites par du sang. Cette matière ayant fait l'objet d'un travail publié par M. Lassaigne, en 1825, je crois, pour ne pas être accusé de plagiat, devoir annoncer que, dès l'année 1823, je l'avais traitée dans une de mes leçons à la Faculté de médecine : du reste, si mes expériences ont quelque analogie avec celles de ce chimiste distingué, on verra qu'elles en diffèrent sous plusieurs rapports, et surtout qu'elles embrassent la question d'une manière bien plus vaste. Je crois devoir examiner successivement ces taches sur des *lames de fer* ou d'*acier* et sur les étoffes.

Lames de fer ou *d'acier*. Les taches produites par le sang sur ces instrumens peuvent être confondues avec celles que déterminent le jus de citron et la rouille. Il importe par conséquent de les étudier comparativement.

Caractères des taches de sang desséché. Les points de la lame sur lesquels il n'y a eu qu'une petite quantité de sang sont d'un rouge clair; ils offrent au contraire une couleur brun foncé partout où le sang a été déposé en plus grande quantité. En exposant à une température de 25 à 30° les portions de cette lame où se trouve une couche de sang d'une épaisseur appréciable, celui-ci se soulève par écailles, et laisse le métal assez brillant. En chauffant dans un petit tube de verre une portion de sang desséché, on obtient un produit volatil *ammoniacal* qui ramène au bleu la couleur du papier de tournesol, que l'on a préalablement disposé à la partie supérieure du tube. Lorsqu'on verse sur la tache de sang desséché une goutte d'acide chlorhydrique pur, la tache ne jaunit pas, ne disparaît pas, et le fer ne devient pas brillant, comme cela a lieu avec la tache produite par le jus de citron ou par la rouille. En plongeant dans l'eau distillée la portion de la lame tachée, on ne tarde pas à apercevoir des stries rougeâtres, qui vont de haut en bas, et bientôt la matière colorante se trouve ramassée au fond du liquide : celui-ci reste incolore, excepté dans sa partie inférieure : si, à cette époque, on retire la lame, on observe que les parties tachées qui ont été ainsi traitées par l'eau, offrent des filamens blanchâtres ou d'un blanc légèrement rougeâtre ; ces filamens, formés par la fibrine du sang, pourraient très bien n'être pas aperçus, si la tache sur laquelle on a opéré était peu épaisse. Le liquide aqueux dont on a retiré la lame de fer, étant agité avec un tube de verre, acquiert une couleur rosée ou rouge, suivant qu'il a entraîné une plus ou moins grande quantité de matière colorante. Il jouit de propriétés remarquables : il ne rétablit pas, même au bout de quelques heures, la couleur du papier de tournesol rougi par un acide; le chlore, employé en petite quantité, le verdit sans le précipiter ; si l'on en ajoute davantage, il le décolore sans lui faire perdre sa transparence, mais bientôt après, il le rend opalin, et finit par y former un dépôt de flocons blanchâtres : l'ammoniaque ne change pas sensiblement sa couleur, tandis qu'elle altère plusieurs couleurs rouges végétales, comme la cochenille, le bois de Brésil, etc. ; l'acide azotique y fait naître un précipité blanc grisâtre, et la liqueur est à-peu-près décolorée ; l'acide sulfurique concentré n'y occasionne un précipité semblable que lorsqu'il est employé en assez grande quantité ; le cyanure jaune de potassium et de fer ne le trouble point ; l'infusion aqueuse de noix de galle y détermine un précipité de la même nuance que celle du liquide ; aussi celui-ci se décolore-t-il, ou du moins ne conserve-t-il, après avoir été filtré, que la couleur jaunâtre de l'infusion de noix de galle étendue.

Mais de tous les caractères que présente ce liquide, le plus important est sans contredit celui qui résulte de l'action d'une chaleur graduée et portée successivement jusqu'à l'ébullition ; alors il se coagule ou devient seulement opalin, suivant qu'il contient plus ou moins d'albumine, ou qu'il est plus ou moins étendu d'eau. S'il se forme un *coagulum*, celui-ci est *gris verdâtre sans la plus légère trace de nuance rosée ou rouge*, et le liquide surnageant est *incolore* ou légèrement coloré en *jaune verdâtre* ; le *coagulum* gris verdâtre peut être dissous rapidement par la potasse, et alors la liqueur acquiert une couleur *rouge brun* lorsqu'elle est vue par réfraction, et *verte* quand elle est vue par réflexion. Si la dissolution est trop étendue pour qu'il se dépose un *coagulum*, la liqueur se trouble et acquiert une teinte opaline, quand il y a très peu de sang, ou d'un gris légèrement verdâtre si la proportion de sang est un peu moins faible ; dans l'un et l'autre cas, le *solutum* de potasse fait disparaître le trouble, et communique à la liqueur une couleur rougeâtre ou verdâtre, suivant qu'on la regarde par réfraction ou par réflexion. Si au lieu de retirer la lame de fer tachée de sang au moment où le liquide est coloré en rouge à sa partie inférieure, on la laisse pendant plusieurs heures dans l'eau avec le contact de l'air, le fer passe à l'état de sesquioxyde jaune rougeâtre, qui reste en grande partie suspendu dans la liqueur, et lui communique une teinte jaunâtre ; une autre portion de ce sesquioxyde, en se déposant, se mêle à la matière colorante rouge, qui occupe le fond du vase et en altère la couleur ; mais il suffit de filtrer pour séparer tout le sesquioxyde, et alors la liqueur passe limpide, colorée en *rose clair,* en *rose foncé* ou en *rouge,* et partage toutes les propriétés que je viens d'assigner à l'eau teinte par le sang. Si l'eau dans laquelle on a plongé l'instrument taché par le sang ne contenait qu'une très petite quantité de matière colorante, ou, en d'autres termes, si la tache sur laquelle on agit était peu sensible, la liqueur se troublerait encore par la noix de galle, et par l'acide azotique.

J'ai supposé que l'arme sur laquelle était la tache de sang était une lame d'acier, dont le volume permettait de la plonger aisément dans une certaine quantité d'eau ; mais il pourrait se faire que les dimensions de l'instrument vulnérant empêchassent d'opérer comme je viens de le dire ; dans cette hypothèse les taches peuvent être enlevées par le grattage, ou par l'action de l'eau, mais suivant un certain mode. Le premier moyen n'a pas besoin d'explication ; quant au second, il exige des soins particuliers. Si la tache est bien circonscrite, on dépose dessus, au moyen d'une pipette ou d'un tube, une ou plusieurs gouttes d'eau, et, quand elle est ramollie, on fait tomber le liquide dans un verre, et l'on injecte vivement un peu d'eau avec la bouteille à laver, pour enlever tout ce qui adhère à l'instrument (Briand, *Manuel de médecine légale*).

Quand les taches sont disposées en stries sur l'instrument, on peut les enlever en appliquant sur l'arme une lame de verre humectée, et dépassant les bords du corps vulnérant. Mais il ne faut pas prolonger long-temps l'opération, à cause de l'oxydation du fer ou de l'acier.

Une tache circonscrite pourrait encore être enlevée par le procédé qu'emploient les graveurs en taille-douce, qui entourent leurs planches avec un cordon de cire, pour les faire mordre par l'acide azotique. On comprend, en effet, qu'il est facile d'entourer la tache, avec de la cire, qui circonscrit ainsi une petite cavité

On y verse une petite quantité d'eau, qui délaie la tache, et permet d'en constater la nature.

Quand on a affaire à des taches placées sur des chaussures, des portions de meubles, etc., on opère avec la bouteille à laver. Si elles sont sur des boiseries, des murs, on n'a qu'à gratter avec soin pour enlever la matière colorante.

Caractères de la tache formée par du jus de citron (citrate de fer). Lorsque du jus de citron est déposé sur une lame de fer exposée à l'air, il ne tarde pas à se former du citrate de fer d'un brun rougeâtre, qu'il est possible au premier abord de confondre avec du sang desséché. Un homme était soupçonné d'en avoir assassiné un autre ; on trouva sur sa cheminée un couteau qui paraissait ensanglanté ; cette nouvelle charge semblait accabler le prévenu, lorsqu'il fut reconnu au laboratoire de la Faculté, que les prétendues taches de sang n'étaient que du citrate de fer produit par l'action simultanée de l'air et de l'acide citrique sur un couteau non essuyé, avec lequel, plusieurs jours auparavant, on avait coupé un citron. — Les points de la lame de fer sur lesquels il n'y a eu qu'une petite quantité de jus de citron sont d'un rouge jaunâtre, tandis qu'ils offrent une couleur brun foncé semblable à celle du sang desséché, lorsque le jus a été employé en plus forte proportion : dans ce dernier cas la tache s'écaille, le citrate de fer se détache, et laisse le métal brillant quand on élève la température à 25 ou 30°. Si l'on chauffe dans un petit tube de verre une portion de citrate, on obtient un produit volatil acide : aussi un papier de tournesol placé à la partie supérieure du tube, et préalablement humecté, ne tarde-t-il pas à devenir rouge. En versant sur la tache dont je parle une goutte d'acide chlorhydrique pur, le liquide jaunit, et le fer devient brillant dans le même instant ; il s'est formé du chlorure de fer : aussi l'eau distillée avec laquelle on lave cette tache déjà traitée par l'acide chlorhydrique fournit-elle par le cyanure jaune de potassium et de fer et la noix de galle, des précipités semblables à ceux que l'on obtient avec une dissolution saline de fer. En plongeant dans l'eau distillée la portion de la lame tachée, le citrate de fer ne tarde pas à se dissoudre, et le liquide se colore en *jaune :* cette dissolution rougit le papier de tournesol, précipite en violet plus ou moins foncé par la noix de galle, en rouge ou en vert par les alcalis, suivant que le fer y est à l'état de sesquioxyde ou de protoxyde, et en bleu par le cyanure jaune de potassium et de fer : quelquefois, pour obtenir cette dernière nuance, il faut ajouter un peu de chlore.

Caractères de la tache de rouille (carbonate et hydrate de sesquioxyde de fer). La couleur de cette tache est rouge jaunâtre, jaune d'ocre ou rouge. Exposée à la température de 25 à 30°, la lame ainsi rouillée ne s'écaille pas, comme cela a lieu avec les taches de sang et de citron. Chauffée dans un tube de verre, la rouille fournit de l'*ammoniaque*, comme l'ont démontré Vauquelin et M. Chevallier : aussi le papier de tournesol rougi que l'on a placé à la partie supérieure du tube dans lequel se fait l'expérience devient-il bleu. Une goutte d'acide chlorhydrique pur versée sur la rouille devient jaune dans le même instant, la tache se dérouille, et en étendant d'eau distillée l'acide employé, on obtient une dissolution jaunâtre qui se comporte avec les réactifs comme les sels de fer. Mise dans l'eau distillée, la rouille ne s'y dissout point ; toutefois elle se détache et reste en partie suspendue dans l'eau, en partie au fond du vase ; la liqueur jaunit par suite de la portion de rouille qu'elle tient en suspension ; mais il suffit de la filtrer pour l'avoir incolore, ce qui n'a jamais lieu avec une lame de fer tachée par du sang ou par du citrate de fer. Cette liqueur filtrée ne tenant point de fer en dissolution, lorsqu'on l'examine quelques heures après le commencement de l'expérience, ne se trouble ni par les alcalis, ni par la noix de galle, ni par le cyanure jaune de potassium et de fer.

Étoffes tachées par du sang. Si la couche de sang desséché offre une certaine épaisseur, que la tache soit formée par tous les matériaux du sang, excepté l'eau, on coupera le morceau d'étoffe taché en rouge brun, et on le fera plonger dans de l'eau distillée ; bientôt après on verra la matière colorante du sang se détacher, parcourir le liquide de haut en bas sous forme de stries rouges et se ramasser au fond du vase, tandis que l'eau qui la surnage sera à peine colorée. Au bout de quelques heures, lorsque la matière colorante sera dissoute, du moins pour la plus grande partie, on trouvera sur l'étoffe à la place de la tache, la fibrine du sang sous forme d'une matière molle, s'enlevant facilement avec l'ongle, d'un blanc grisâtre ou d'un blanc rosé : cette couche de fibrine sera d'autant plus apparente au premier abord, qu'elle aura été mieux blanchie par l'eau, et que l'étoffe sur laquelle le sang avait été appliqué offrira une couleur plus brune : dans le cas où elle serait d'une nuance trop foncée pour pouvoir être reconnue, on plongerait de nouveau le linge dans l'eau distillée pure pendant quelques heures, pour lui enlever une autre portion de matière colorante. La liqueur au fond de laquelle se trouverait ramassée cette matière étant agitée avec un tube de verre présenterait une couleur rougeâtre, et se comporterait avec les acides, le chlore et les autres réactifs, et surtout avec la chaleur, comme celle que j'ai déjà fait connaître à l'occasion de la lame de fer tachée par du sang (*V*. p. 610).

Si la tache, au lieu d'offrir une épaisseur notable, est le résultat de la simple imbibition de l'étoffe, comme cela arrive lorsqu'on examine les parties du linge qui entourent les portions sur lesquelles le sang a été appliqué, ou bien si elle provient d'autres taches de sang qui, après avoir été desséchées, ont été frottées ou lavées, il sera impossible de constater la présence de la fibrine, parce que celle-ci n'existe jamais dans les taches qui sont le résultat de l'imbibition, et qu'elle aura été détachée dans les cas où la tache aura été frottée ou lavée. On se bornera alors à séparer par l'eau distillée la matière colorante, on agira sur la dissolution comme dans le cas précédent, et si elle possède les caractères déjà énoncés, on affirmera que la tache est formée par la matière colorante du sang, attendu qu'aucune des substances qui jouissent de la propriété de colorer l'eau en rouge ou en rose (cochenille, bois de Brésil, carthame, garance, etc.) ne fournit un liquide se comportant avec les réactifs ci-dessus mentionnés, et surtout avec la chaleur, comme la dissolution aqueuse du sang (*Voy*. page 610).

Je ne crois pas inutile, en terminant ce travail, d'annoncer que les expériences qui précèdent ont été faites tour-à-tour avec du sang humain et avec du sang de bœuf, de mouton, de chien et de pigeon.

Il arrive souvent que le médecin est appelé sur les lieux où l'on présume qu'un assassinat a été commis, afin de rechercher les traces du crime ; ses investigations doivent être minutieuses, et faites avec d'autant plus de soin qu'il s'est écoulé plus de temps depuis le meurtre, et qu'on a pu ainsi faire disparaître tout ce qui pouvait le déceler. Le hasard a fait découvrir à Ollivier (d'Angers) un moyen aussi simple que certain de reconnaître des taches de sang restées jusque-là inaperçues aux auteurs mêmes du crime. Voici le fait tel que ce médecin le rapporte (*Archives générales de médecine*, tome i, 2ᵉ série, page 431, nº de mars 1833).

« Un assassinat fut commis à Paris dans les derniers jours de février 1833, sur une femme dont on trouva le cadavre étendu dans la rue Court-Talon. Plusieurs coups d'un instrument tranchant avaient ouvert le crâne dans une grande étendue. D'après diverses circonstances, il était évident que le cadavre avait été déposé dans la rue un ou deux jours après l'assassinat. Des soupçons s'élevaient contre la fille Langouat et le nommé Weber : des recherches furent faites à plusieurs reprises dans leur domicile, et ne fournirent que des indices incomplets : je fus mandé par le ministère public avec M. le docteur Pillon pour visiter les deux prévenus, et faire un examen de l'état des lieux et du mobilier qui se trouvait dans la demeure des inculpés ; cet examen devant être fait sans retard, nous y procédâmes dès le soir même, à huit heures, et conséquemment à la lumière. Cette circonstance, que j'avais jugée défavorable aux recherches que nous devions faire, fut, au contraire, ce qui nous fit découvrir des traces de sang qui, jusque-là, étaient restées inaperçues. Le mobilier de la chambre se composait d'un lit, de deux commodes en chêne, de forme ancienne, de plusieurs chaises en chêne et en mérisier, d'une table de nuit en noyer, etc.

« Tous ces objets, de même que la tapisserie, qui était d'un fond bleu pâle et la cheminée, qui était peinte en noir, avaient été soigneusement examinés en plein jour sans qu'on eût observé rien de particulier. Nos investigations se dirigèrent d'abord sur le papier qui tapissait la muraille, et en approchant la lumière très près de ce papier, nous distinguâmes aussitôt un grand nombre de gouttelettes d'un rouge obscur, *d'un quart de ligne de diamètre au plus*, qui, au jour, avaient l'aspect de points noirs, se confondant avec ceux qui faisaient partie des dessins de la tapisserie : de la même manière, nous reconnûmes beaucoup de taches semblables sur le devant d'une commode ancienne, dont le bois avait une couleur brun foncé ; à mesure qu'on approchait davantage la lumière des parties tachées, on faisait ressortir parfaitement la couleur naturelle du bois, et les gouttelettes de sang avaient un reflet rouge brun qui tranchait très sensiblement sur la teinte brune du bois verni : nous trouvâmes par ce moyen des tâches semblables sur la table de nuit, sur plusieurs chaises ; elles devenaient surtout très apparentes sur le fond en paille de ces mêmes chaises, et il était aisé de les distinguer des nuances roses et rouges qui existaient çà et là dans cette paille ; enfin, ce fut en examinant de très près la surface des montans de la cheminée qui était peinte en noir, que je découvris une large tache de sang dont le reflet rouge se détacha aussitôt sur le fond noir du bois peint, à l'approche de la lumière. »

Une seconde exploration des lieux, faite au milieu du jour (2 heures de l'après-midi) avec MM. Barruel et Lesueur, démontra la nécessité d'employer la lumière artificielle pour retrouver toutes les taches déjà observées. Ces gouttelettes si fines *n'étaient aucunement reconnaissables au jour*, et ce fut en les cherchant avec une lumière qu'on put les retrouver.

Quand, à l'aide de ce moyen d'exploration, on a ainsi reconnu les taches ayant l'apparence de sang, on les enlève en les frottant légèrement avec un petit linge fin imbibé d'eau distillée. On a soin de se servir du même linge pour toutes ces petites taches, afin qu'il soit imprégné d'une plus grande quantité de matière colorante ; on opère ensuite sur ce linge taché comme il a été dit plus haut, pour constater par l'analyse chimique que c'est bien véritablement du sang qui formait la matière des taches observées.

M. Raspail, loin de partager l'opinion qui vient d'être émise relativement à la possibilité de reconnaître des taches de sang, a cherché à établir 1° qu'il existe une matière rouge avec laquelle on peut faire des taches semblables à celles du sang ; 2° que l'on ne peut pas assurer qu'on ne découvrira pas un jour vingt substances capables de mettre en défaut les réactifs que j'ai indiqués pour reconnaître le sang. Pour le premier fait, M. Raspail dit : « qu'il suffit de laisser séjourner pendant quelques heures, au milieu d'un blanc d'œuf de poule, un sachet de toile rempli de *garance* en poudre légèrement humectée d'eau, puis d'exposer ce mélange à une température de 25° à 30° cent., afin de le dessécher, pour lui donner l'apparence d'une tache rouge semblable à la tache du sang. » Il serait difficile de commettre une erreur plus grave ; en effet, si l'on traite par l'eau distillée la tache dont parle M. Raspail, on obtient un liquide d'un *rouge orangé* au lieu d'un liquide *rouge* ou d'un *rouge brun* ou *rosé*; chauffé, ce liquide se coagule ou devient seulement opalin, mais il conserve une couleur *jaune rosé* ou *rouge orangé* et le *coagulum est rosé*, tandis que le liquide aqueux provenant du sang fournit, lorsqu'il a été coagulé, des flocons *gris verdâtres* sans la *plus légère trace* de nuance rouge (*voyez* page 611); 2° les acides azotique et sulfurique coagulent la liqueur qui provient du sang; le caillot est *gris rose*, et la liqueur qui le surnage, lorsqu'on l'a bien laissé déposer, est incolore et un peu louche. Le mélange liquide d'albumine et de garance, traité par ces acides, est également coagulé, mais le caillot est *jaune paille*, et la liqueur surnageante est *jaunâtre*; 3° l'infusion de noix de galle, faite à froid, coagule le sang en *gris rosé*, tandis qu'elle précipite le prétendu sang en *blanc jaunâtre*; 4° les dissolutions d'alun et de perchlorure d'étain délaient seulement la couleur du sang, *sans la changer*; au contraire le mélange d'albumine et de garance est jauni par ces dissolutions; 5° l'alcool concentré fait naître, au bout de quelques heures, un *coagulum rouge de chair*, à moins que la dissolution du sang ne soit trop étendue; la liqueur filtrée est complétement décolorée; tandis qu'on obtient avec l'alcool et le sang artificiel un *coagulum* rose et une liqueur qui, étant filtrée, est d'un fauve tirant sur le rose; 6° l'ammoniaque n'altère pas ou altère à peine la couleur du sang, tandis qu'elle fait virer sensiblement au violet celle du mélange d'albumine et de garance.

Quant à la seconde objection de M. Raspail, savoir *que l'on découvrira peut-être un jour vingt substances capables de mettre en défaut les réactifs que j'ai employés pour reconnaître le sang*, elle est encore, s'il est possible, plus absurde que la première. Cette objection ne tend à rien moins qu'à annihiler tout ce qui a été fait jusqu'à ce jour en chimie, et à porter le trouble dans toutes les affaires judiciaires relatives à l'empoisonnement; en effet, comment reconnaît-on l'arsenic, le sublimé corrosif, l'opium, la strychnine, etc.; n'est-ce pas à un certain nombre de caractères qu'ils présentent, et qui ne se retrouvent pas dans d'autres substances; faudrait-il donc s'arrêter et ne pas se prononcer sur la nature de ces corps, parce qu'il peut se faire que dans mille ans on en découvre d'autres qui offriront tous les caractères dont ils sont doués ? Le sang n'est-il pas dans le même cas, et ne doit-on pas appliquer rigoureusement à son histoire ce qui vient d'être dit, dès qu'il est prouvé que dans l'*état actuel* de la *science*, il n'existe aucun autre corps réunissant l'ensemble des propriétés qu'il possède? (Voyez, pour plus de détails, mon mémoire, dans le *Journal de Chimie médicale*, tome IV).

M. Boutigny, considérant combien est difficile l'exacte appréciation des teintes qui peuvent être aperçues différemment par diverses personnes, a proposé le procédé suivant :

Introduisez dans une éprouvette de 0^m20 de longueur sur $0^m,002$ de diamètre et jusqu'à $0^m,005$ du fond, le tissu taché ; versez dessus, à l'aide d'une pipette capillaire, 10 centigrammes d'eau froide : dès que les stries rouges de sang se seront déposées et que le tissu sera décoloré, ce qui ordinairement a lieu après un quart d'heure, faites rougir sur la flamme d'alcool une capsule d'argent à fond plat, et répandez dessus la liqueur rouge au moyen d'une pipette fine, en soufflant faiblement dans celle-ci ; presque aussitôt le liquide perdra sa transparence et prendra une couleur gris verdâtre. En le touchant avec une baguette de verre préalablement trempée dans une solution de potasse caustique, vous ferez immédiatement reparaître sa transparence, et il présentera par réflexion et par réfraction les teintes particulières déjà signalées. Si l'on touche de nouveau la liqueur avec un tube imbibé d'acide chlorhydrique, elle se trouble, puis elle s'éclaircit de nouveau par la potasse, et ainsi de suite, pourvu que l'on ajoute assez d'eau pour que la liqueur reste à la même densité.

M. Persoz m'annonça, en 1844, que dès l'année 1836 il avait eu recours à l'acide *hypochloreux* pour reconnaître les taches de sang sur une blouse où se trouvaient en outre des taches de vin. « Cet acide, disait-il, *détruit* immédiatement toutes les « taches, excepté celles qui sont formées par de la rouille ou par « du sang ; ces dernières deviennent d'un brun noirâtre par le « contact de l'acide ; il est d'autant plus important de faire usage « de l'acide hypochloreux qu'il arrive *souvent* que des taches de « sang qui se trouvent sur des tissus perdent la propriété de se

« dissoudre dans l'eau et ne peuvent, par conséquent, pas être
« décelées par ce moyen. » J'ai tenté un grand nombre d'expériences pour savoir à quoi m'en tenir sur cette assertion et je
suis arrivé aux résultats suivans (*Voy*. mon mémoire dans les
Annales d'hygiène et de médecine légale, tome XXXIV, année 1845, p. 112).

1° De tous les moyens proposés jusqu'à ce jour pour reconnaître
des taches de sang, celui qui consiste à traiter ces taches par l'eau
et à agir ensuite sur la dissolution, comme je l'ai prescrit en 1826,
est sans contredit le meilleur. M. Persoz s'est évidemment
trompé lorsqu'il a dit qu'il arrive *souvent* que des taches de sang
qui se trouvent sur des tissus, perdent la propriété de se dissoudre
dans l'eau et ne peuvent par conséquent pas être décelées à l'aide de
ce liquide. Des centaines d'expertises faites jusqu'à ce jour, et les
expériences 36, 37 et 38 rapportées dans mon mémoire, établissent
au contraire que, *dans presque tous les cas*, des taches de
sang, même fort anciennes, faites sur des linges propres ou *enduits d'un corps gras*, ou sur du fer, cèdent à l'eau une assez
grande quantité de matière colorante pour que le sang puisse
être facilement reconnu. D'un autre côté, il résulte des nombreuses recherches auxquelles je me suis livré en 1826, et des
faits relatés dans mon mémoire (V. *exp*. 39), que toutes les matières colorantes sans exception, autres que le sang, appliquées
sur des linges, produisent des taches qui se comportent *autrement* avec l'eau que les taches de sang.

2° L'acide hypochloreux est loin d'avoir les avantages indiqués par M. Persoz ; il résulte en effet des expériences 1re à 14,
décrites dans mon mémoire, que la plupart des taches de sang
minces ou épaisses, récentes ou anciennes, faites sur des linges
et sur du fer, disparaissent entièrement ou presque entièrement
par un séjour *un peu prolongé* dans l'acide hypochloreux ; que
si quelques-unes d'entre elles ne disparaissent pas complètement, loin de devenir d'un rouge brun elles ne laissent qu'une
teinte grisâtre ; à la vérité, quelques-unes de ces taches, tout
en disparaissant dans la presque totalité de leur étendue, conservent à leur centre une couleur rouge brun.

Conformément à ce qui a été annoncé par M. Persoz, si l'*on ne prolonge pas* l'action de l'acide hypochloreux au-delà de quelques secondes, d'une ou de deux minutes, les taches de sang *persistent* et *brunissent*, alors même qu'elles étaient desséchées et anciennes ; mais comme d'un autre côté, dans les mêmes conditions, des taches faites avec un mélange d'*orcanette* et de graisse, ou avec de la graisse et du *charbon*, ou avec de la *garance* et de l'huile de pavot, ou avec du *chelidonium majus*, etc., *se comportent à-peu-près avec l'acide hypochloreux, comme les taches de sang*, il en résulte qu'il est impossible de *caractériser*, d'une manière certaine, la nature d'une tache, d'après l'action de cet acide *seul*, alors même que l'immersion des parties tachées n'a été que d'une courte durée (V. *expériences* 15e à 24e).

3° Toutefois si l'acide hypochloreux est insuffisant pour établir *positivement* qu'une tache est formée par du sang, il peut cependant être employé avec quelque avantage, comme moyen *accessoire*, pourvu qu'il ne reste en contact avec les parties tachées que pendant une ou deux minutes au plus ; en effet s'il existe quelques matières colorantes, autres que le sang qui se comportent *à-peu près* avec cet acide comme ce dernier, les taches produites par ces matières, tout en persistant, n'acquièrent pas précisément les mêmes nuances que celles du sang ; d'ailleurs il est un bon nombre de matières colorantes que l'acide hypochloreux détruit en moins de deux minutes, tandis que ce temps est insuffisant pour que cet acide fasse disparaître les taches de sang.

4° L'acide hypochloreux est complétement inefficace pour distinguer les taches de sang *épaisses* faites sur des linges ou sur du fer, des taches de *rouille* ou de celles qui sont produites par un mélange de *colcothar* et de graisse, parce que toutes ces taches persistent même après une action *prolongée* de l'acide. Mais si celui-ci est insuffisant dans ce cas pour résoudre le problème, on peut recourir avec succès au moyen proposé par M. Persoz, et qui consiste à traiter les taches de sang *épaisses*, par une dissolution de protochlorure d'étain acidulée par l'acide chlorhydrique ; la tache de sang épaisse résistera, tandis que la tache de rouille et celle qui est produite par un mélange de colcothar et de graisse disparaîtra au bout de quelques heures, à moins que cette dernière n'ait été recouverte d'une couche d'huile.

5° L'action de l'acide hypochloreux sur les taches de sang qui proviennent d'un *jet* de sang ou de l'immersion d'un linge dans ce liquide, diffère sensiblement de celle qu'il exerce sur les taches que l'on pourrait appeler *secondaires*, c'est-à-dire sur celles qui ont été produites par le contact d'un corps taché *par jet*; en effet, ces dernières résistent beaucoup moins que les autres à l'action décolorante de l'acide.

Le professeur Taddeï de Florence a publié, en 1844, sous le titre d'*Ematalloscopie*, une monographie sur le sang, dont je vais extraire quelques passages. « Les taches de sang *desséché* déposées sur la lame d'un instrument tranchant, sur le sol ou sur des meubles, sont détachées par grattage; le produit est pesé à une balance très sensible, après quoi on le met en contact avec la moindre quantité possible d'eau distillée et on y ajoute une dissolution de bicarbonate de soude cristallisé renfermant en poids une quantité de ce sel représentant le poids du sang.

« Si le liquide était déposé et surtout imprégné dans des tissus, on l'enlèverait au moyen de l'eau, et, pour en déterminer la quantité, on ferait dessécher à 60° th. centigr. environ les lambeaux d'étoffe découpés avec des ciseaux; après quoi on les ferait macérer dans l'eau, ou mieux on les triturerait dans un mortier avec un peu de ce liquide, et en les séchant et pesant de nouveau on connaîtrait la quantité de sang enlevé, auquel on ajouterait (comme précédemment) du bicarbonate de soude.

« Une étoffe de lin ou de coton qui contiendrait à peine 5 à 6 grains (25 à 30 centigrammes) de sang desséché, en fournit assez pour la détermination de sa nature.

« Après avoir bien agité le sang avec la dissolution de bicarbonate, on y verse une dissolution de sulfate de cuivre en très léger excès, et après dix à douze heures de repos on filtre et on lave avec soin.

« Le produit trouvé sur le papier est vert olive et renferme les matières organiques et le carbonate de cuivre; la liqueur filtrée est bleuâtre.

« On étend le filtre sur du papier buvard ou sur une brique peu cuite et on fait sécher au soleil ou à l'étuve, entre deux capsules ou deux assiettes de porcelaine ; on détache le produit, et on le triture dans un mortier de porcelaine ou de verre, avant l'entière dessiccation.

« M. Taddei désigne ce produit sous le nom de *poudre d'interposition*. Comme cette poudre est très hygrométrique, il est important de la préserver de l'action de l'air humide.

« Quand il s'agit de déterminer si du sang appartient à un homme ou à un animal vertébré, on opère par comparaison. On pèse exactement 10 grains de la poudre d'interposition, auxquels on ajoute, dans la capsule même, 15 grains (75 centigrammes) d'acide sulfurique formé de parties égales d'acide à 66° et d'eau, mélange auquel l'auteur donne le nom de *liqueur acide*. On recouvre avec une lame de verre en laissant seulement passage à un tube au moyen duquel on mêle bien l'acide et la poudre. En opérant à 25 ou 30° centigr., la *poudre d'interposition*, à peine humectée avec l'acide, passe du vert olive au rouge grenat, et de granuleuse qu'elle était elle devient homogène, tenace, pâteuse, plastique et très élastique.

« Ce produit, déposé sur une grande feuille de verre horizontale, reste à cet état pendant dix à douze heures ; après quoi il s'étend, adhère à la surface du verre, devient brillant, et prend l'aspect poisseux d'une matière fondue. Cette apparence se manifeste dans la partie inférieure de la masse après quatre à cinq heures en été et plus long-temps en hiver. La masse se déprime de plus en plus, l'air s'étend, et devient ordinairement circulaire, et la matière se ramollit en prenant une consistance extractiforme. Si on en rompt la continuité au moyen d'un tube de verre, les vides se remplissent peu-à-peu et les élévations disparaissent ; en appuyant faiblement dessus un cachet de métal ou une pièce de monnaie frottée d'huile, l'impression n'est que momentanée et bientôt la masse reprend son état primitif : en la touchant avec le doigt, elle y adhère comme du miel ; le papier buvard, appliqué avec précaution à sa surface, ne peut être enlevé sans en emporter une partie, et les insectes qui tombent sur la matière y restent attachés, tandis que la pâte récente peut non-seulement être touchée avec le doigt ou le papier buvard, mais encore être comprimée sans adhérer.

« La fluidification augmente progressivement, le produit devient semi-liquide, et, en inclinant la feuille de verre de 20 à 40 degrés, il coule de 80 à 100 millimètres en trois à quatre heures.

« Tous ces phénomènes se manifestent dans l'espace d'un jour à un jour et demi, à la température de 25 à 30° centigrades ; et la fluidification devient telle que, dans l'espace de trente à quarante heures, en inclinant la lame de verre de 45°, la masse parcourt 135 à 160 millim. en peu de temps ; enfin après trois ou quatre jours, la fluidification est complète. En se servant d'une feuille de verre rectangulaire sur l'un des bords de laquelle est fixée une échelle graduée, il est facile de déterminer le degré du fluide pour un temps et une inclinaison donnés.

« Si on laisse parfaitement horizontale la lame de verre sur laquelle le produit a été placé, jusqu'à ce que la masse soit complétement liquéfiée, elle garde son opacité, mais elle devient si brillante et réfléchit si bien les objets, que l'on y aperçoit, comme dans un miroir, tous les détails de la figure ou des corps qu'on en approche. Si alors on place verticalement la feuille de verre et qu'on la suspende au-dessus d'une autre horizontale, la masse tombe sur celle-ci en ne laissant presque aucune trace sur la première, et de manière que les objets se peignent derrière la feuille verticale dans tout le trajet du produit, qui coule de la même manière si on place verticalement la seconde lame : on observe les mêmes caractères avec un verre ou une capsule.

« La pâte étant disposée sur une feuille de verre bien horizontale, on remarque après quelques jours un autre phénomène : l'aire occupée par la matière fluidifiée laisse apercevoir deux substances, l'une solide, granuleuse, blanchâtre, opaque ; l'autre liquide, diaphane, d'une teinte de succin, qui s'écarte à la périphérie, enveloppant de toutes parts la substance opaque et formant une zone de 8 à 10 millimètres, à bords frangés. Pour mieux observer cet effet, il faut placer le verre devant une croisée.

« Afin de mieux séparer ces substances, on fait usage de l'artifice suivant : on prend sur la balance la tare d'une petite lame

de verre trapézoïdale, ou mieux hexagonale, à laquelle est attaché avec un peu de cire d'Espagne un fil de laiton très fin ; on y
fixe un morceau de papier à filtrer, coupé en hexagone, un peu
plus petit que la lame de verre et que l'on a pesé ; on y fait
tomber avec une pipette des gouttes de la liqueur acide en quantité un peu plus grande que celle qui est nécessaire pour recouvrir le papier, mais de manière cependant qu'elle ne puisse couler
au-dehors, et on fait tomber dessus la *poudre d'interposition*.
Ayant retiré le tout du plateau de la balance, on mêle la poudre
avec l'acide au moyen d'un tube de verre ; après quelques jours,
on incline les lames de manière que la partie liquéfiée s'écoule
sur une autre feuille de verre ; on fait circuler cette liqueur sur
un papier imprimé dont on peut lire facilement les caractères au
travers du liquide, dont la transparence est telle, qu'en le faisant
traverser par un rayon solaire et recevant l'image dans une
chambre obscure, on la trouve formée d'un cercle d'une belle
couleur rouge de feu, limité par un cercle incolore, qui, lui-même,
est entouré par un autre obscur.

« En faisant tomber dans de l'alcool à 0,78 ou 0,82, quelques
gouttes du liquide jaune de succin, l'alcool se trouble et laisse
déposer beaucoup de filamens d'aspect albumineux, blanc cendré
ou légèrement gris, et le liquide se colore en fauve ; d'où l'on
peut conclure que la liqueur couleur du succin est une combinaison d'acide et d'hématosine avec une substance albumineuse
ou *protéique* : l'une est soluble et l'autre insoluble dans l'alcool.

« Un tube de verre plongé dans ce liquide le laisse écouler sans
qu'il en reste d'adhérent. Si l'on étend avec le bout du doigt, sur
une lame de verre, une petite quantité du liquide provenant de la
fluidification, il y adhère à la manière d'une matière grasse ou
huileuse. Si l'on place alors cette lame dans un verre rempli d'eau
distillée, de manière que l'un des angles touche le fond et l'autre le
bord, sous une inclinaison de 45 à 50 degrés, on aperçoit les lignes
tracées par l'action du doigt, et, le vase étant en repos, on voit
la matière s'unir peu-à-peu au liquide et former un amas uniforme de couches qui gagne le fond du vase. Si l'on retire alors
du liquide la lame de verre, on voit qu'elle est uniformément
recouverte d'une couche de matière d'un blanc de perle, qui,

frottée avec le doigt, se réunit en petits filaméns opaques d'un gris foncé. On obtient le même résultat si l'on plonge dans l'eau l'extrémité d'un tube de verre imprégné de matière fluidifiée, et qu'on la maintienne bien verticale dans le centre du tube : en plaçant celui-ci entre l'œil et la lumière, on voit s'écouler de l'extrémité du tube un filet très fin qui, en se rompant, forme de petites guirlandes attachées les unes aux autres, qui ralentissent leur chute et augmentent tellement de diamètre qu'elles perdent leur couleur et acquièrent une réfrangibilité presque égale à celle de l'eau, qui ne permet plus à l'œil de les apercevoir : alors le fil qui, d'abord coloré et transparent, occupait le centre du tube, est opaque, et aux guirlandes ont succédé des flocons qui montent et descendent dans le liquide : ce fil blanc se maintient, pendant quelques instans, intact et immobile ; il est, ainsi que les filamens, formé par les matières albumineuses du sérum.

« Si on laisse se fluidifier la pâte résultant du mélange de la *poudre d'interposition* et de la *liqueur acide* (dans le rapport de 1 à 1, 5) dans le fond d'un verre conique, et que l'on dirige dessus de la vapeur d'eau, on en opère la dissolution, résultat que l'on obtient également en versant de l'eau chaude sur la pâte avant qu'elle soit entièrement liquéfiée et laissant digérer pendant quelque temps en l'agitant ; dans ce cas, la dissolution s'opère sans qu'il reste de filamens ou de grumeaux. Si dans cette solution on verse du carbonate de chaux en poudre très fine obtenu par précipitation, de manière à saturer tout l'acide, et que l'on filtre, le liquide présente une très belle couleur lilas ou bleue provenant de l'oxyde de cuivre ; en lavant la masse restée sur le filtre jusqu'à ce que le liquide soit à peine coloré, et jetant de l'ammoniaque sur ce filtre, elle s'écoule avec une teinte foncée, rouge par réfraction et vert brun par réflexion ; gardée dans des vases de verre, à mesure que l'ammoniaque s'évapore, il se dépose un léger enduit de matière opaque, qui, desséché, est d'un gris cendré et se dissout sans effervescence dans l'eau aiguisée d'acide chlorhydrique.

« La liqueur finit par se dessécher en une croûte très friable, d'un vert bouteille, et qui, détachée, paraît noire et d'un éclat métallique.

« La poudre que l'on obtient ainsi est insoluble dans l'alcool, mais elle se dissout dans ce liquide et dans l'eau en y ajoutant un acide ou mieux encore quelques gouttes d'ammoniaque ou d'alcali caustique : réduite en pâte avec une fois et demie son poids de liqueur acide, elle donne une couleur rouge grenat, mais ne forme pas de masse cohérente, plastique, poisseuse, comme la poudre d'interposition.

« La chaleur a une grande influence sur la *fluidification*, à ce point que la pâte faite avec la *poudre d'interposition* et la *liqueur acide* dans le rapport de 4 à 5, et par conséquent dure et aride, devient non-seulement molle, brillante et d'apparence demi-fondue, mais se liquéfie complétement après quelques jours si la température est de 35 à 40° th. cent. Au contraire, si la pâte est faite dans le rapport de 1 à 1, 5, la masse reste sans altération, ou tout au plus prend la consistance d'un extrait, au-dessus de 15° cent.

« *Caractères du sang des animaux.*

« *Sang de bœuf.* En opérant comme précédemment, la plasticité et la cohérence sont moindres ; la masse se réduit en grumeaux élastiques mais durs et arides : si on la place sur une lame de verre, on n'y remarque aucun changement après trente heures, ni en été, ni en hiver ; la masse conserve sa forme et son diamètre, ne prend pas la forme d'extrait et ne réfléchit pas les images : après plusieurs semaines, elle se déforme quand on incline la lame de verre, elle prend une couleur plus obscure, acquiert de la rudesse, de manière que les grumeaux peuvent s'agglutiner et former des amas sans consistance et toujours grenus, d'où s'écoule une portion de liqueur acide.

« *Sang de pigeon.* La *poudre d'interposition* ne se mêle pas à la *liqueur acide* de manière à former une pâte homogène, plastique et cohérente ; on n'obtient qu'un amas de grumeaux durs et tenaces, divisés et sans aucune cohésion ; après quelques jours et à la faveur d'une température de 25 à 30° th. cent., ils se réunissent en une masse poisseuse, extractiforme et homogène.

« *Sang de lézard vert.* Il se détache des tissus avec beaucoup plus de difficulté que celui d'aucun autre animal, d'où il résulte que les taches sont presque indélébiles par l'eau ; la poudre d'interposition ne fournit pas une masse cohérente et homogène, mais seulement un amas de grumeaux qui ne peuvent s'agglutiner ; d'abord un peu élastiques, ils deviennent humides, flasques, d'une couleur plus foncée ; ensuite ils commencent à prendre de l'éclat et l'apparence d'une masse demi-fondue ; l'agglutination augmente alors rapidement ; les grumeaux se réunissent en une seule masse brillante, noire comme de la poix et de consistance extractiforme, la température étant de 30 à 35° th. cent.

« *Sang de tanche.* La masse faite avec la *poudre d'interposition* et la *liqueur acide* est composée de petits grumeaux sans cohésion et refuse de former une matière plastique et homogène.

« En comparant le sang humain avec celui d'animaux de diverses classes, on voit que, pour le premier, la *poudre d'interposition donne une pâte consistante, élastique, de couleur grenat, qui se ramollit rapidement, et se déprime comme de la pâte de farine en fermentation, et qui, devenue brillante, extractiforme, foncée et poisseuse, se liquéfie comme un sirop, formant des îles assez étendues, à bords frangés quand il est maintenu dans une position horizontale ; que cette pâte se divise spontanément en une partie liquide, diaphane, d'une couleur d'ambre, coulant comme l'eau, et en une partie solide, blanche, opaque, à la température de* 30 à 35° th. cent.

« Le sang essayé n'est pas humain *s'il forme une pâte élastique, consistante, tenace, se réduisant par la pression en fragmens qui ne peuvent plus s'agglutiner, ne se fluidifiant par aucun moyen et ne fournissant pas deux substances distinctes :* tel est le sang de bœuf pris pour type de celui des mammifères.

« La même conclusion est à tirer de l'examen d'un sang qui *refuse de se réduire en pâte homogène ou en une seule masse cohérente et plastique, et qui, même avec un excès de liqueur acide, reste en grumeaux distincts :* le sang de pigeon, pris comme type de celui des oiseaux, offre ces caractères.

« Enfin ce n'est pas du sang humain que celui qui, *refusant de former une pâte homogène et cohérente, quelle que soit la proportion de la liqueur acide, n'offre que des grumeaux isolés, non susceptibles de s'agglutiner pour former une masse emplastique, si ce n'est après quelques jours.*

« Nous regrettons vivement que le manque d'espace ne nous permette pas de donner, d'après le même auteur, les caractères distinctifs des sangs des divers animaux entre eux ; nous nous bornerons à classer, d'après lui, ceux sur lesquels il a opéré.

« 1° *Sang coagulable et non fluidifiable.* — *Ruminans* : bœuf, cerf, brebis.

« 2° *Sang coagulable et médiocrement fluidifiable.* — *Solipède* : âne, cheval. — *Rongeurs* : cochon d'Inde, lapin, lièvre. — *Pachydermes* : cochon, sanglier. — *Quadrumanes* : singe. — *Carnivores* : porc-épic, fouine.

« 3° *Sang coagulable et éminemment fluidifiable.* — *Carnivores* : chat, renard, chien. — *Bimanes* : homme. — *Rongeurs* : souris.

« On parvient à apprécier le degré de fluidification en la mesurant dans un tube de 50 centimètres environ de longueur et de 6 à 8 millimètres de diamètre, fermé à une extrémité et courbé à angle obtus à l'autre.

« Quand la masse introduite dans ce tube placé horizontalement y est restée quelques heures, et est devenue assez molle pour adhérer au verre, on incline le tube ; la masse coule alors insensiblement, et l'on mesure (au moyen d'une échelle graduée en 200 parties) de combien elle s'est déplacée après trois ou quatre jours. On trouve alors que les diverses espèces de sang se divisent de la manière suivant :

	Non fluidifiable	Ruminans.
		Solipèdes.
		Rongeurs.
Sang coagulable.	Médiocrement fluidifiable	Pachydermes.
		Quadrumanes.
		Carnivores.
		Carnivores.
	Très fluidifiable.	Bimanes.
		Rongeurs.

« Le sang du chien, de l'homme et de la souris se trouve donc placé dans la même catégorie (la dernière) ; et il est indispensable, pour les distinguer, de comparer exactement leur degré de *fluidifiabilité*. L'expérience faite au moyen du tube incliné, comme il vient d'être dit, donne les résultats suivans, que l'on ne peut cependant considérer d'une manière absolue :

« 70,60 pour le sang du chien ; 142,50 pour celui de la souris ; 100,00 pour celui de l'homme.

« S'il s'agit de déterminer si du sang appartient à l'homme, on opère alors de la manière suivante, et comparativement, sur la matière incriminée et sur des échantillons de sang humain, de souris et de chien : on place le mélange de chaque *poudre d'interposition* et de *liqueur acide* sur l'extérieur d'un verre de montre, et après sept à huit heures, on met celui-ci, l'ouverture en bas, sur un filtre formé de quatre doubles de fils de crin très fin, serrés entre deux lames de plomb et d'un diamètre un peu plus grand que celui du verre. Sous chaque filtre on place une rondelle de papier buvard reposant sur une lame mince de plomb soutenue par un fil de fer, et on dépose le tout dans un vase conique lesté à la partie inférieure : on recouvre le verre de montre avec un autre plus grand ou une capsule, et on pose le couvercle, en plaçant l'appareil sur un pied.

« On retire de temps en temps le papier buvard quand il est imbibé de liquide, on le plonge dans un peu d'eau, et, quand il ne s'écoule plus de liquide, on lave le filtre à l'eau chaude : les liqueurs sont réunies ; on les filtre et on les précipite par un sel de baryte, qui donne des quantités de sulfate proportionnelles au degré de fluidification du sang.

« Enfin on ajoute un dernier essai. Avec la pointe d'un tube de verre ou l'extrémité d'un fil d'argent imprégné du sang fluidifié à essayer, on trace des lignes ou des caractères sur du papier à écrire ordinaire, et, après avoir découpé ces lignes ou caractères, on les suspend verticalement dans de l'alcool chaud : les caractères se maintiennent indélébiles ou presque indélébiles, qu'ils soient frais ou desséchés, s'ils appartiennent au sang de souris ; s'ils sont tracés avec du sang de chien ou d'homme ils se déforment et finissent par ne plus être lisibles.

« L'odeur comparative que dégage, par l'ébullition avec l'eau, la poudre d'interposition du sang de chien et de celui de l'homme, peut servir d'utile indice dans cette circonstance, puisque l'on n'a de comparaison à établir qu'entre ces deux corps.

« Le professeur Taddeï fait remarquer combien l'emploi de ces moyens peut offrir d'avantages dans un grand nombre de cas où il s'agirait, par exemple, de décider si les taches de sang existant sur des linges de femmes proviendraient de leurs menstrues ou du sang de quelque animal, avec lequel, pour tromper dans certaines circonstances données, elles auraient pu maculer leurs effets (Briand, *Méd. légale*). »

Quels que soient le talent et l'autorité de M. Taddeï, je ne saurais admettre sans réserve les résultats de son travail; de nouvelles expériences me paraissent nécessaires pour donner à ces résultats plus de netteté et toute la valeur que l'on est en droit d'exiger lorsqu'il s'agit d'en faire l'application à des cas de médecine légale.

Quel parti peut-on tirer de l'observation à l'aide du microscope, non-seulement pour reconnaître le sang, mais encore pour distinguer à quelle classe d'animaux il appartient; l'existence de globules dans ce fluide et la forme sphérique qu'ils affectent dans les mammifères, tandis qu'elle est elliptique dans les oiseaux, suffisent-elles pour résoudre ces questions? Voici les conclusions auxquelles m'ont conduit des observations de ce genre faites conjointement avec Lebaillif, dont on connaissait l'habileté pour tout ce qui concerne les recherches microscopiques (Voyez mon mémoire sur cet objet, inséré dans le *Journal de Chimie médicale*, septembre 1827).

1° Tout en admettant que le sang renferme une multitude de globules pouvant servir à le caractériser, il est quelquefois impossible de constater la présence de ces globules dans le sang desséché sur une lame de verre, et à plus forte raison sur une étoffe, soit parce que la goutte de sang est trop épaisse, soit parce qu'elle ne contient que la matière colorante, ou par toute autre cause; 2° s'il est vrai, d'une manière générale, que les globules du sang des mammifères sont circulaires, tandis que ceux du sang des oiseaux et des animaux à sang froid sont elliptiques, il n'en est pas moins certain qu'on peut apercevoir, lorsqu'on agit sur du sang *détaché d'un linge*, des globules *elliptiques* dans le sang des mammifères, et des globules sphériques ainsi que des corpuscules triangulaires, carrés, etc., dans le sang dès *oiseaux*; ce qui dépend probablement d'un atome de poussière ou du tissu de l'étoffe qui sont unis au sang : il est aisé de concevoir en effet qu'un globule qui eût été sphérique, vu seul, présente une autre forme lorsqu'il est accolé à un corps étranger.

J'ajouterai qu'il paraît résulter d'observations nombreuses faites par Hewson, que chez les animaux dans lesquels, à un certain âge, on trouve les corpuscules elliptiques les plus caractérisés, on n'aperçoit, quand ils sont très jeunes, que des globules circulaires (*Hewsoni Opera omnia. Tabula prima. Lugduni Batavorum,* ann. 1785). Ne sait-on pas, d'une autre part, combien il est difficile, quand on n'en a pas l'habitude, de faire de bonnes observations microscopiques? Ces diverses considérations me portent à ne pas attacher à ces résultats autant d'importance qu'on a cru devoir le faire pour résoudre le problème qui m'occupe, et à leur préférer, en général, les expériences chimiques dont j'ai parlé.

Pour justifier cette conclusion, je crois devoir déclarer qu'après avoir examiné dans plusieurs séances, et à plusieurs reprises, à l'aide d'excellens microscopes, du sang humain et de pigeon *détaché des étoffes,* non-seulement il m'était souvent difficile de les distinguer l'un de l'autre, mais même quelquefois de reconnaître que c'était du sang. Que l'on juge maintenant de l'embarras dans lequel se trouverait un médecin qui ne s'est jamais livré aux recherches microscopiques. C'est là ce que j'avançais dans ma dernière édition, et j'ajoutais : On dira peut-être que M. Lebaillif et moi nous y sommes mal pris, que nous n'avons pas rempli toutes les conditions ; soit : mais alors je demanderai à mon tour que l'on indique ces diverses conditions et surtout les nombreuses sources d'erreurs qui peuvent être commises.

Depuis M. Mandl (*Thèse inaugurale,* Paris, 1842) s'est occupé de cette question. Il a décrit avec de grands détails les précautions qu'il fallait prendre dans l'examen de ces tâches, et contrairement à ce que je viens de dire, il conclut qu'on peut distinguer si du sang desséché appartient à un mammifère ou à un animal ovipare. Le procédé qu'il indique exige beaucoup de soins, beaucoup d'habitude, et l'usage du microscope n'est pas encore assez généralement répandu, pour qu'on puisse, à mon sens, tirer un grand parti de ces recherches. Voici d'ailleurs ce que dit l'habile micrographe à ce sujet :

On sait que, lorsqu'on a mis une tache de sang pendant quelque temps macérer dans l'eau, elle se décolore, et qu'une petite couche grisâtre ou des filamens blanc grisâtre de fibrine restent attachés à la substance qui portait les taches. C'est cette fibrine décolorée que nous examinons : en effet, elle seule peut présenter les globules décolorés, tandis que le liquide coloré provenant de la macération de la tache ne contient que la matière colorante rouge, l'albumine dissoute, et quelquefois un certain nombre de globules sanguins détachés. Nous sommes donc sûrs que l'examen microscopique de ce liquide ne pourra offrir aucune utilité, et qu'il faut soumettre à l'examen la fibrine décolorée.

Voici la manière dont on doit procéder pour obtenir la portion décolorée de la tache propre à l'examen microscopique : on prépare d'abord une lame de verre, comme pour toute autre observation microscopique, on place sur cette lame une goutte d'eau distillée ; on détache ensuite, avec une pointe quelconque, et particulièrement avec une aiguille à cataracte, quelques particules de la tache : on aura soin de choisir les bords de la tache, parce que le sang desséché forme à cet endroit la couche la plus mince, et se trouve, par conséquent, dans les circonstances les plus favorables pour l'examen microscopique. Les particules que l'on détachera de cette manière auront tout au plus la grandeur d'une tête d'épingle ; il y en aura même quelques-unes beaucoup plus petites. Il est bon que leur nombre soit toujours au moins de quatre à cinq.

Lorsqu'on s'est procuré ces particules de la tache, il est nécessaire de les transporter dans la goutte d'eau placée sur la lame de verre. On y parvient plus facilement en mouillant légèrement avec de l'eau distillée la pointe qui a servi à gratter la tache. Toutes les particules adhéreront à la pointe ; on plongera ensuite celle-ci dans la goutte d'eau placée sur la lame de verre, et on aura soin de faire tomber toutes les particules par de légères se-

cousses données à la pointe. On évitera de frotter celle-ci contre
la lame de verre, parce que cette opération pourrait ôter à l'observation la netteté de ses résultats. Il y aura donc maintenant
cinq ou six particules très petites et très minces, nageant librement dans la goutte d'eau : ce sont, pour ainsi dire, autant de
taches de sang microscopiques. On les laissera séjourner pendant quelque temps dans l'eau pour les décolorer ; on comprend
facilement qu'il faudra beaucoup moins de temps pour produire cette décoloration, qu'il n'en faut pour une grande tache ;
en effet, au bout d'un quart d'heure ou d'une demi-heure, les
particules seront déjà décolorées. On peut accélérer cette dissolution de la matière colorante, en inclinant dans des directions
différentes la lame de verre : on produira de cette manière des
mouvemens dans la goutte d'eau, ce qui accélère la décoloration.

Lorsqu'on aura observé que ces petites particules ont déjà
beaucoup pâli, c'est-à-dire que la matière colorante s'est dissoute,
alors on procédera à leur examen de la manière suivante : on
diminuera préalablement la quantité d'eau dans laquelle nagent
les particules décolorées, en inclinant de côté la lame de verre
pour faire écouler une partie de la goutte d'eau. On prendra ensuite
une seconde lame de verre très mince, celle qui sert habituellement dans les observations microscopiques pour couvrir l'objet
examiné, et on la placera avec précaution sur les particules qui
nagent dans l'eau ; on doit éviter avec soin toute compression
considérable. Ceux qui ont quelque habitude des observations
microscopiques sauront bientôt apprécier la quantité d'eau nécessaire pour rendre l'observation nette et distincte. Il ne faut
pas qu'il y reste trop de la goutte qui a servi à dissoudre la matière colorante, parce qu'alors l'eau couvrirait facilement la seconde lame de verre ; il ne faut pas non plus qu'il en reste trop
peu, parce que la présence des bulles d'air rendrait les particules
trop opaques : ce sont des précautions à prendre dont on se rend
bientôt maître en répétant quelquefois ces expériences.

Nous avons maintenant les particules décolorées placées dans
une goutte d'eau, entre deux lames de verre. On transportera le
tout sur le porte-objet du microscope, et on soumettra les particules à l'observation. Nous n'avons guère besoin d'ajouter que

l'on doit suivre ici les règles générales, comme dans toute autre observation microscopique, par exemple, en tout ce qui concerne l'éclairage, etc. En examinant ces particules, on dirigera son attention surtout sur leurs bords transparens : c'est là que l'on peut le mieux et le plus nettement distinguer les élémens dont il sera question tout-à-l'heure ; leur partie centrale le plus souvent n'est pas suffisamment décolorée : l'examen devient alors plus difficile. Voici maintenant ce qu'on observe dans ces particules décolorées, qui sont formées par la fibrine et par les globules sanguins privés de matière colorante.

Les particules de taches de sang des mammifères présenteront une couche amorphe, c'est-à-dire sans aucune organisation, dans laquelle on apercevra çà et là quelques globules blancs ; les globules sanguins étant parfaitement décolorés, il n'en paraîtra aucune trace. Lorsque au contraire les particules décolorées appartiennent à des taches produites par du sang d'ovipares, on apercevra un très grand nombre de noyaux oblongs, serrés les uns contre les autres, dans une couche amorphe de fibrine coagulée, tandis que les contours externes de chaque globule ne sont plus perceptibles.

On aura donc de cette manière un moyen très facile de constater l'espèce de sang qui a produit la tache. Mais, le sang de l'homme et celui des mammifères offrant des globules de même structure, on comprend facilement que l'on ne pourra parvenir à distinguer par le microscope, ni le sang de l'homme de celui de tout autre mammifère, ni celui d'un mammifère d'avec celui d'un autre. Au contraire, il sera très facile d'établir si les taches en question appartiennent au sang de l'homme et d'un mammifère, ou à celui d'un ovipare, c'est-à-dire d'un poisson, d'un oiseau ou d'un reptile. Le sang des chameaux et de tous les animaux appartenant à cette famille offrira les mêmes caractères que celui d'un ovipare : cela résulte des observations que nous avons faites en 1839, et qui ont été constatées dans un rapport présenté à l'Académie des sciences par MM. Milne Edwards et Isid. Geoffroy Saint-Hilaire. Cette circonstance mérite d'être notée, à cause de nos possessions en Afrique.

Nous repoussons l'usage du microscope pour distinguer les

diverses espèces de sang des mammifères les unes des autres ; toutefois les poils adhérens pourront quelquefois donner des renseignemens très importans ; ainsi, il ne sera pas difficile de reconnaître les poils du lapin, du bœuf, etc., et de les distinguer des cheveux (Mandl). »

Peut-on reconnaître, à l'aide de réactifs chimiques, si des taches de sang ont été faites avec du sang humain ou avec du sang d'autres animaux ? Il n'est pas rare que les tribunaux invoquent les lumières des gens de l'art pour savoir si des taches de sang ont été produites par du sang humain ou par du sang d'un autre animal. Jusqu'en 1829, personne ne s'était occupé de cet objet, lorsque Barruel publia dans les *Annales d'hygiène et de médecine légale* (n° d'avril) un mémoire fort intéressant dont voici les principaux résultats :

1° Le sang de chaque espèce d'animal contient un principe particulier à chacune d'elles. 2° Ce principe, très volatil, a une odeur semblable à celle de la sueur ou de l'exhalation cutanée et pulmonaire de l'animal d'où le sang provient. 3° Ce principe volatil est à l'état de combinaison dans le sang, et tant que cette combinaison existe, il n'est point sensible. 4° Lorsqu'on rompt cette combinaison, le principe odorant du sang se volatilise, et dès-lors il est non-seulement possible, mais même *assez facile de reconnaître l'animal auquel il appartient.* 5° Dans chaque espèce d'animal, le principe odorant du sang est beaucoup plus prononcé, ou en d'autres termes a plus d'intensité dans le sang du mâle que dans celui de la femelle ; chez l'homme la couleur des cheveux apporte des nuances dans l'odeur de ce principe. 6° La combinaison de ce principe odorant est à l'état de dissolution dans le sang, ce qui permet de le développer, soit dans le sang entier, soit dans le sang privé de fibrine, soit dans la sérosité du sang. 7° De tous les moyens employés pour mettre à l'état de liberté le principe odorant du sang, l'acide sulfurique concentré est celui qui réussit le mieux ; il suffit pour obtenir ces résultats de verser quelques gouttes de sang ou de sérosité du sang dans un verre, d'ajouter ensuite un léger excès d'acide sulfurique concentré, environ le tiers ou la moitié du volume du sang, et d'agiter avec un tube de verre : le principe odorant se manifeste aussitôt. 8° S'il s'agit d'une tache, qui n'ait pas plus de quinze jours de date, on découpe la portion de linge taché, on la met dans un verre de montre, on verse dessus une petite quantité d'eau, et on la laisse en repos pendant quelque temps; quand la tache est bien humectée, on y ajoute de l'acide sulfurique concentré, on agite avec un tube et l'on inspire. Barruel ne peut pas assurer qu'une tache de sang qui daterait de plus de quinze jours, fût propre à fournir les caractères différentiels dont il va être fait mention. 9° Le sang de l'homme dégage une forte odeur de sueur d'homme qu'il est impossible de confondre avec toute autre; celui de la femme, une odeur analogue, mais beaucoup moins forte, enfin celle de sueur de femme. 10° Celui de bœuf, une forte odeur de bouverie ou celle de la bouse de bœuf. 11° Celui du cheval, une forte odeur de sueur de cheval ou de crotin. 12° Celui de brebis, une vive odeur de laine imprégnée de son suint. 13° Celui de mouton, une odeur analogue à celle de brebis mélangée d'une forte odeur de bouc. 14° Celui de chien, l'odeur de la transpiration du chien. 15° Celui de cochon, une odeur désagréable de porcherie. 16° Celui de rat, une odeur désagréable de rat. 17° Le sang des poules, des dindes, des canards et des pigeons dégage une odeur particulière propre à chacun d'eux. 18° Le sang de grenouille laisse exhaler une odeur fortement prononcée de joncs marécageux. 19° Le sang de carpe fournit un principe odorant semblable à celui du mucus qui revêt le corps des poissons d'eau douce. 20° Enfin, depuis la publication de ce travail, M. Chevallier a dégagé du sang de punaise une odeur aromatique qu'il a cru reconnaître pour être celle de la punaise, mais que d'autres personnes n'ont pu caractériser, tout en convenant qu'elle était très aromatique (1).

Barruel, convaincu que les caractères chimiques que j'ai

(1) Les taches provenant des punaises qui n'ont pas sucé de sang sont verdâtres, celles de ces animaux ayant sucé du sang finissent par prendre une teinte olivâtre; les taches de sang humain, au contraire, restent brunes. L'eau distillée dans laquelle on a fait macérer ces taches de punaises présente, dans l'un et l'autre cas à-peu-près la même teinte, et les liqueurs essayées par les divers réactifs n'offrent pas de résultats différentiels bien marqués; seulement l'acide sulfurique a paru à

assignés à la matière colorante du sang humain se retrouvent , à peu de chose près , dans le sang des autres animaux , et qu'il serait par conséquent impossible de chercher dans cette matière colorante des moyens propres à distinguer les diverses espèces de sang , se prononce positivement en faveur du procédé qui vient d'être indiqué, d'autant mieux , ajoute-t-il, que la découverte de MM. Prévost et Dumas relative aux globules de forme et de dimension différentes, qui existent dans le sang de l'homme et des animaux , ne pourra être que très rarement applicable aux cas d'homicide et de médecine légale, parce que les caractères assignés par ces savans ne se retrouvent plus lorsque le sang a été desséché sur un corps quelconque et qu'il a ensuite été délayé dans l'eau ; et l'on sait que c'est particulièrement sur du sang placé dans ces circonstances que les experts sont le plus souvent appelés à se prononcer.

Un travail de cette nature devait nécessairement fixer l'attention des chimistes et des médecins ; il importait d'en constater l'exactitude et de déterminer s'il était susceptible d'applications rigoureuses à la médecine légale. Je vais parcourir rapidement les principales objections qu'il a soulevées. 1° M. Raspail attaqua le mémoire de Barruel , se fondant sur ce que tous les nez ne peuvent pas servir de réactifs , que le sang pouvait être mêlé à des substances étrangères qui altéraient l'odeur du principe aromatique, et que si sur cent animaux , on n'en a observé que quatre-vingt-dix-neuf, il est possible de soutenir devant la loi jusqu'à preuve du contraire, que le centième déjouerait les réactifs. 2° M. Couerbe établit que beaucoup d'autres fluides des animaux , tels que le lait , le blanc et le jaune d'œuf, le sperme, la salive , l'urine , etc., dégagent par l'acide sulfurique concentré un principe odorant semblable à celui que fournit le sang du même animal traité de la même manière. 3° Le docteur Wedekind , après avoir fait répéter les expériences de

M. Chevallier développer dans l'eau colorée avec du sang d'homme une odeur de sueur, et dans celle colorée avec du sang de punaises une odeur particulière et très prononcée qui rappelait celle de la punaise (*Annales de médecine légale*, t. cv, page 433).

Barruel par le docteur Winkler, qui les trouva exactes, objecta néanmoins que le sang n'exhalera pas toujours précisément l'odeur de la transpiration, odeur qui variera d'ailleurs beaucoup suivant les circonstances ; pourquoi, dit-il certains alimens, des asperges, par exemple, certains médicamens tels que le camphre, l'*asa fœtida* ne modifieraient-ils pas cette odeur ? Sans nier que le sang humain traité par l'acide sulfurique laisse dégager une odeur *sui generis* qui n'est pas celle de la transpiration, il croit que le procédé de Barruel n'est pas applicable à la médecine légale, parce qu'il ne lui paraît pas raisonnable de fonder une décision par l'odorat, sur le rapport d'un seul individu, alors que plusieurs personnes ne porteraient peut-être pas le même jugement. Les jurisconsultes, ajoute-t-il, exigent avec raison que les données fondées sur les sens soient prouvées, ce qui serait fort difficile dans le cas dont il s'agit ; il faudrait en effet supposer chez l'expert un grand exercice du sens de l'odorat, et il faudrait en outre prouver que le jour de l'opération, ce sens aurait agi dans toute sa plénitude (*Ann. d'hyg.*, janvier 1834). 4° M. Ehrardt, après avoir expérimenté sur du sang de bœuf, de mouton, de porc et d'homme, assure que tous ceux qui ont été appelés à constater les faits par l'odorat, sont convenus que chaque espèce de sang avait une odeur particulière ; mais lorsqu'il a été question de comparer cette odeur avec toute autre, les opinions ont varié, et, à coup sûr, les idées préconçues exerçaient une certaine influence. 5° Merk a reconnu au sang de femme une odeur qui se rapprochait de celle de l'acide cyanhydrique, tandis que l'odeur du sang d'homme ressemblait à celle de la chair fraîche. Une matière muqueuse, mêlée de bile, et qui avait été vomie par un garçon, s'est comportée sous le rapport de l'odeur comme du sang d'homme (*Ibid.*).

A tous ces faits si j'ajoute mes propres observations, je crois pouvoir conclure : 1° que les résultats annoncés par Barruel sont exacts ; 2° qu'il lui serait arrivé rarement de se tromper sur l'espèce de sang soumise à l'observation, s'il avait été mis à même d'agir sur une quantité notable de ce fluide ; 3° qu'il n'en sera pas ainsi lorsqu'une autre personne expérimentera pour la première fois et même lorsqu'elle se sera déjà livrée à quelques recherches de ce genre ; il n'est pas douteux, toutefois, que quelque peu exercé que soit l'expérimentateur, il découvrira facilement, s'il agit sur des quantités notables de sang, que ce fluide exhale une odeur différente suivant les espèces, mais il éprouvera de grandes difficultés à bien saisir les nuances diverses indiquées par Barruel ; 4° que lorsque l'on opère sur de très petites quantités de sang, il ne me paraît guère possible de tirer du caractère proposé une valeur réelle, parce que l'expert n'aura pas à sa disposition assez de matière pour faire dégager à plusieurs reprises le principe aromatique, et corroborer ainsi par des expériences réitérées le jugement qu'il aurait pu porter sur la première : or cette répétition du caractère semblera de toute nécessité, si l'on songe qu'il s'agit de reconnaître à quelle espèce appartient le sang, seulement à l'aide de l'odorat ; 5° qu'il faut par conséquent être excessivement réservé dans les applications que l'on pourrait faire à la médecine légale du travail curieux de Barruel, et que lorsque les occasions de s'en servir se présenteront, les experts devront commencer par exercer leur odorat en expérimentant particulièrement sur les espèces de sang sur la nature desquelles ils sont appelés à se prononcer ; 6° que s'il est très souvent difficile de déterminer à quelle espèce appartient le sang, il peut se faire dans certaines circonstances, qu'il soit possible d'affirmer que le fluide examiné ne provient pas de l'animal que l'on signale comme l'ayant fourni.

Cette dernière conséquence me conduit naturellement à parler d'une expertise faite par MM. *Barruel*, *Henri* et *Guibourt*, en juin 1829, après la publication du mémoire que j'analyse. Il s'agissait de constater, si, comme le prétendait l'accusé, les taches de sang que l'on remarquait sur ses hardes, avaient été faites par du sang de cochon ; on verra par l'extrait du rapport de ces chimistes, parmi lesquels figure Barruel lui-même, combien il importe d'être circonspect en pareille matière. Divers linges furent trempés dans du sang d'homme, de femme, de bœuf et de cochon ; on les laissa sécher à l'air pendant quinze jours, puis on les fit tremper dans de l'eau distillée. En traitant les liqueurs par l'acide sulfurique concentré, on vit que le sang de *porc* développait une odeur très marquée et fort désagréable, dans laquelle on distinguait quelque chose de celle du porc; que le sang de *bœuf* dégageait une odeur moins forte, analogue à celle de la bouverie; que le sang de *l'homme* donnait lieu à une odeur très marquée, comme grasse et analogue à celle de la sueur; que le sang de *femme* exhalait une odeur un peu aigre, non désagréable; enfin le sang de la chemise de l'*inculpé* développait une odeur aigre non désagréable, *que deux d'entre nous rapportèrent à celle des tanneries; le troisième la jugea semblable à celle du sang de femme* (la victime était une femme). Nous nous procurâmes d'autre sang de porc, de bœuf, d'homme et de femme. Le sang de porc pris chez plusieurs charcutiers de Paris, et directement à l'échaudoir des Vieilles-Tuileries, nous a constamment présenté la même odeur repoussante. Le sang de bœuf a exhalé *tantôt l'odeur forte des abattoirs, tantôt celle de l'animal mouillé.* Le sang de l'homme nous a toujours offert l'odeur de la transpiration de l'homme. Le sang de femme s'est montré *plus variable,* et notamment le sang provenant d'une saignée au bras d'une fille de quarante-sept ans a offert *la même odeur que le sang de l'homme.* Dans une circonstance aussi grave, la justice pèsera la valeur d'une opinion fondée sur des expérimentations nouvelles qui n'ont pas encore subi l'épreuve de la publicité et de la controverse. Voici notre déclaration telle que la conscience nous la dicte : considérant que l'odeur dégagée par le sang de porc et l'acide sulfurique paraît propre à ce sang et constante, et que le sang trouvé sur la manche de chemise manque absolument de ce caractère, *nous pensons que ce dernier n'est pas du sang de porc (Annales d'hygiène,* juillet 1829).

DE LA COMBUSTION HUMAINE SPONTANÉE.

Le corps humain peut être brûlé, quelques-unes de ses parties peuvent être réduites en cendres par une cause qu'il n'est pas facile d'apprécier, et que l'on a rapportée jusqu'à présent à un état particulier de l'organisme. Ce phénomène, désigné sous le nom de *combustion humaine spontanée,* pour être inexplicable n'en doit pas moins être admis. Il ne doit pas être seulement étudié au point de vue de la physiologie, son histoire se rattache encore aux plus hauts intérêts de la société sous le rapport médico-légal. L'événement raconté par Lecat en fait foi. Un habitant de Reims fut sur le point d'être injustement condamné comme incendiaire et meurtrier, dans un cas de combustion de ce genre ; et au rapport de M. Vigné, l'infortuné Millet fut condamné à mort comme coupable d'assassinat envers sa femme, que l'on trouva presque entièrement consumée dans sa cuisine, à 50 centimètres du foyer ; il fut pourtant prouvé que cette femme faisait un grand abus de liqueurs spiritueuses, et qu'elle avait été victime d'une combustion spontanée (*De la Médecine légale*, par Vigné, p. 148, année 1805). Les exemples de ces sortes de combustions sont maintenant en si grand nombre dans la science, qu'il serait presque inutile d'en rapporter ici. Voici cependant deux observations qui sont assez remarquables, pour que je croie devoir en donner connaissance au lecteur :

Obs. 1re. M. D..., âgé de vingt-quatre ans, d'une taille moyenne, d'un tempérament sanguin, cheveux noirs, *plutôt maigre que gras*, bien portant, et naturellement très sobre, se rendit à l'église cathédrale du Puy, dans la soirée du 19 avril 1827 ; il y resta peu ; la chaleur insupportable qu'il y éprouvait le força à sortir, et il se retira dans l'appartement de son frère. Vers les neuf heures et demie, celui-ci s'amusait à faire brûler à la chandelle un petit morceau de soufre. Cette substance s'étant liquéfiée et enflammée, coula sur ses doigts, et détermina une douleur assez vive. Quelques gouttes de liquide enflammé s'attachèrent à son habit et l'enflammèrent. L'incendie faisait de rapides progrès ; son frère accourt avec rapidité, et s'efforce d'étouffer le feu en serrant ses vêtemens dans ses mains ; il réussit, et il en fut quitte pour une brûlure légère à deux doigts, et pour un trou à son habit ; mais M. D... éprouva de très vives douleurs dans les mains, qui lui firent jeter les hauts cris et appeler du secours. Une femme, qui accourut, s'aperçut aussitôt que les mains étaient couvertes de flammes ; elles brûlaient comme des chandelles, et les flammes étaient bleuâtres. On crut d'abord que la flamme était produite par le soufre, et l'on s'efforça de l'éteindre par des affusions froides, mais ce fut en vain. Un cataplasme d'huile et de farine ne fit qu'augmenter l'incendie ; on mit enfin sur les parties affectées de la boue de coutelier. M. D... courut chez M. Richond, et l'œil égaré, la figure rouge, l'expression du désespoir peinte dans tous ses traits, il demanda du secours, en s'écriant qu'il brûlait. Les mains étaient rouges, gonflées, et une espèce de vapeur ou de fumée s'en élevait.

On lui fit mettre les mains dans une fontaine, et alors il éprouva du soulagement, les flammes s'éteignirent ; mais bientôt, à cent cinquante pas de distance, il les vit reparaître. Arrivé chez lui, il mit les mains dans l'eau froide, et bientôt ce liquide fut chaud. Chaque fois qu'il sortait les mains du liquide, il voyait, disait-il, une espèce de graisse couler sur ses doigts, et des flammes bleuâtres reparaître aussitôt, surtout si l'on plaçait les mains dans un lieu obscur. Les douleurs restèrent vives pendant une partie de la journée ; mais elles devinrent moins âcres, moins poignantes que les premières. Il y avait sur les doigts de volumineuses ampoules remplies d'une sérosité rougeâtre. Dans plusieurs points l'épiderme était totalement levé, et le derme dénudé et grisâtre paraissait corrodé. On pansa comme dans une brûlure simple, et le malade retourna chez lui, à cinq lieues de là. Vingt-deux jours après l'accident, M. Richond revit M. D..., et le trouva dans un état satisfaisant. Une suppuration de bonne nature s'était établie, et déjà plusieurs plaies étaient guéries ; plus tard toutes les plaies étaient cicatrisées, mais les ongles étaient tombés à plusieurs doigts. M. Richond fait observer que si la flamme n'avait été aperçue qu'immédiatement après l'incendie de l'habit du frère de M. D..., l'on aurait pu penser avec raison qu'elle avait été produite par quelques parcelles de soufre enflammées, adhérentes à la peau des mains ; mais elle a persisté pendant toute la nuit ; elle s'est reproduite spontanément peu de temps après le bain de la fontaine (*Archives générales de médecine*, tome xix, page 310).

Obs. 2e. F. Cath. Meis, âgée de dix-sept ans, d'une constitution délicate, mais brillante de santé, bien réglée depuis sa treizième année, était tourmentée depuis quelque temps, de vertiges et de céphalalgie, qui l'obligèrent à quitter le service et de prendre le métier de couturière. Dans la soirée du 21 février 1825, elle était occupée à coudre, lorsque, voulant enlever une bougie placée sur une croisée, elle ressentit tout-à-coup une chaleur forte, extraordinaire dans le corps, en même temps qu'une brûlure cuisante à l'indicateur de la main gauche. Au même instant, le doigt fut entouré d'une flamme azurée, longue de 4 centimètres environ, et qui répandait une odeur sulfureuse. Ce fut inutilement qu'elle plongea son doigt dans l'eau et l'enveloppa de linge mouillé, la flamme ne fut pas éteinte ; l'immersion dans l'eau semblait, au contraire, activer la flamme et l'étendre sur le reste de la main. La malade se rendit chez elle à la hâte, enveloppant la main pendant ce trajet dans son tablier, qui fut brûlé en partie, ainsi que ses vêtemens. La flamme n'était visible que dans l'obscurité. Elle se lava fréquemment la main avec du lait, et, enfin, les ablutions répétées une partie de la nuit firent disparaître la flamme, mais non le sentiment d'une brûlure profonde qu'elle éprouvait dans la main : l'odeur sulfureuse se faisait aussi sentir de temps en temps. Une saignée et quelques moyens généraux apportèrent quelque soulagement ; mais la brûlure cuisante de l'avant-bras gauche n'en persista pas moins, de même que l'odeur sulfureuse. Il se développa sur la paume de la main de petites vési-

41.

cules, semblables à celles des brûlures : elles mettaient vingt-quatre heures à se développer, et alors elles étaient entourées d'un cercle inflammatoire plus obscur. Au bout de trois ou quatre jours, il ne parut pas de nouvelles vésicules ; mais un matin, le sommeil fut interrompu par des tremblemens fréquens. La main gauche offrait toujours une chaleur singulière ; la paume et les doigts ne pouvaient supporter le plus léger contact sans beaucoup de douleur. Le thermomètre, placé dans cette main, marquait 25°, tandis qu'il ne montait qu'à 17° dans la main droite. On fit beaucoup d'expériences avec des matières combustibles, mais sans aucun résultat ; et les meilleurs électromètres mis en contact avec la malade, placé sur un isoloir, ne produisirent aucun effet. Il n'y avait d'ailleurs d'autres symptômes généraux que l'anorexie et l'amertume de la bouche. Des étincelles électriques tirées du bout des doigts de la main gauche, causaient des douleurs aiguës. Au bout de quelques jours, il se forma encore un petit nombre de vésicules, et le sentiment de chaleur et de cuisson persista dans la main ; mais peu-à-peu il se dissipa, et la malade se rétablit (*Extrait dans les Archives générales de médecine*, tome x, page 115).

« Les cas de ce genre sont fort rares, dit l'auteur de l'article COMBUSTION HUMAINE du *Dictionnaire en* 30 *vol.*, et méritent d'être bien constatés : aussi, convenait-il de placer cet exemple à côté du premier observé par M. Richond. On ne peut plus dire que dans toutes les circonstances les tissus animaux étaient pénétrés d'alcool ; on ne peut pas penser non plus que l'étincelle électrique puisse devenir une cause occasionnelle de la combustion, ni que le fluide électrique soit pour quelque chose dans tous les phénomènes de ces combustions spontanées, puisque les meilleurs électromètres, mis en rapport avec la malade, ne donnent aucun résultat » (*Dict. en* 30 *vol.*, p. 426, t. VIII).

Voici en peu de mots, l'histoire de la combustion humaine spontanée, telle que les auteurs nous l'ont transmise. A cette histoire se rattachent les noms de Lecat, Vicq-d'Azyr, MM. Lair, Kopp de Hanneau, en Wétéravie, Dupuytren et Marc.

Les *causes prédisposantes* de la combustion humaine spontanée paraissent dépendre d'un état particulier des solides et des humeurs. Les personnes qui ont abusé des liqueurs spiritueuses, et surtout les femmes grasses âgées de plus de soixante ans, y sont beaucoup plus exposées que les autres ; serait-ce, comme le veulent certains auteurs, parce que le tissu cellulaire sous-cutané contient une certaine quantité d'alcool ?

On n'est point d'accord sur la *cause occasionnelle* de ce phénomène. Suivant les uns il ne saurait exister sans qu'il y eût contact entre le corps animal et une matière en ignition, telle qu'une bougie, une lampe allumée, un peu de braise dans une chaufferette ou dans un foyer, une pipe dans laquelle on ferait brûler du tabac, etc. : cette opinion est appuyée sur ce que dans la plupart des exemples authentiques de combustion spontanée, recueillis jusqu'à ce jour, il a constamment été fait mention d'un corps enflammé, et qu'ils ont eu lieu le plus souvent en hiver, époque où l'on est plus facilement en rapport avec de pareils corps : on sait, disent ces auteurs, que les sujets gras brûlent avec plus de rapidité que ceux qui sont maigres ; or, les femmes âgées sont en général plus grasses que les hommes ; il est donc naturel que le contact d'un corps allumé détermine sans peine la combustion dont je parle, d'autant plus que si l'ivrognerie est plus rare chez les femmes que chez les hommes, lorsqu'elles commettent des excès de ce genre, c'est avec une continuité dont l'homme ne donne pas souvent l'exemple. Lecat, MM. Kopp et Marc n'admettent pas la nécessité d'un corps en ignition : ne voit-on pas, disent-ils, des matières organiques et inorganiques prendre feu spontanément au sein de la terre ou à sa surface, et se consumer quelquefois ; ne peut-on pas produire des étincelles électriques en frottant les bras ou les jambes de certains individus ; pourquoi ne pas reconnaître dès-lors qu'il suffit, pour provoquer et entretenir cette combustion, de la réunion des trois circonstances suivantes : un état électrique particulier, la présence d'une liqueur alcoolique ou d'un gaz inflammable dans nos organes et particulièrement dans le tissu cellulaire sous-cutané, et une quantité notable de graisse dans le système adipeux ? Toujours est-il vrai que l'on n'a pas constamment trouvé un corps en ignition près des restes du sujet ; mais il est également avéré que toutes les victimes de cet accident ne faisaient point abus de liqueurs alcooliques, que dans beaucoup de cas l'atmosphère ne paraissait pas surchargée d'électricité au moment de la combustion, et qu'il aurait été difficile de prouver que le phénomène dépendait d'un état électrique de la victime. Je ne pousserai pas plus loin l'examen des causes occasionnelles, parce qu'il me serait impossible, dans l'état actuel de la science, d'établir autre chose que des conjectures dont le vague se ferait bientôt sentir.

Phénomènes de la combustion humaine spontanée. On observe dans les premiers temps une flamme peu vive, bleuâtre, difficile à éteindre par l'eau, et à laquelle souvent ce liquide donne plus d'activité ; bientôt après elle disparaît, et on lui voit succéder des eschares profondes, des convulsions, le délire, des vomissemens, la diarrhée, un état particulier de putréfaction et la mort. La combustion marche avec une rapidité étonnante, mais quelle que soit son intensité, le corps n'est *jamais* complétement incinéré ; quelques parties sont à moitié brûlées ou torréfiées, tandis que d'autres sont réduites en cendres ; on ne trouve à la place de celles-ci qu'une petite quantité de matière grasse, fétide, et un charbon léger, onctueux et odorant. Il est assez ordinaire de voir les doigts, les orteils, les pieds, les mains, quelques vertèbres et quelques portions du crâne échapper à la destruction complète, tandis que le tronc se consume presque en entier. Les meubles de bois et les autres corps combustibles placés à une certaine distance de l'individu, ne brûlent pas ou ne brûlent qu'incomplétement, les vêtemens dont il est couvert sont au contraire entièrement détruits. Les murs et les meubles sont tapissés d'une suie épaisse, grasse, très noire et fétide ; une odeur empyreumatique désagréable se fait sentir dans la chambre.

Il n'est guère possible de confondre les phénomènes qui précèdent, avec ceux que l'on observe dans la combustion ordinaire, dont la marche, d'ailleurs, est beaucoup plus lente : on sait combien les anciens éprouvaient de peine à consumer entièrement les corps des criminels, et qu'ils ne pouvaient atteindre ce but qu'en employant des quantités de bois fort considérables, après avoir coupé les cadavres en plusieurs morceaux.

PRÉSOMPTIONS DE SURVIE.

Lorsque plusieurs membres d'une famille périssent à la suite d'un incendie, d'un écroulement ou de tout autre accident, il im-

trop marquées par rapport à l'époque de leur apparition, à leur intensité, etc., comme je l'ai déjà dit en parlant de la mort: on ne pourrait tout au plus fonder quelques conjectures sur leur ensemble, que dans les cas où certains individus seraient morts plusieurs heures ou plusieurs jours après les autres, et encore faudrait-il alors tenir compte d'une foule de circonstances difficiles à apprécier. — Les *signes certains* de prédécès sont les violences et les blessures faites à la tête et au cœur, préférablement à toute autre partie ; viennent ensuite les blessures du poumon, des viscères de l'abdomen, puis celles des membres. « Ainsi, par exemple, lorsqu'en retirant plusieurs cadavres de dessous des décombres, on en voit dont les uns ont été maltraités, et dont les autres sont intacts, on peut présumer que la mort a frappé ici seule et par suffocation, et que là elle a été aidée de corps contondans, à l'action desquels les individus se sont trouvés plus immédiatement exposés, et l'on peut présumer aussi qu'en conséquence ceux-ci ont dû mourir les premiers ; que si tous ces cadavres sont maltraités, on pourra dire que ceux qui portent des marques de violence absolument mortelles, ont été plus exposés aux effets du désastre que ceux qui n'ont que des plaies ou des lésions qui ne seraient pas absolument mortelles. » — « De même, dans un incendie, lorsque nous voyons que telle personne n'a été que suffoquée par l'ardeur des flammes, que telle autre a été brûlée en partie, et qu'une troisième a la tête ou une autre partie considérable du corps entièrement consumée, nous ne pouvons que *présumer* que cette dernière est morte la première, puis l'autre, et que celle qui est intacte a survécu aux deux autres. » La situation respective des personnes dans l'endroit de la scène, doit aussi fixer l'attention du médecin ; celles qui sont plus éloignées de l'intensité du fléau, ont pu essayer de sortir de la maison, de la ville, et mourir dans l'attitude des fuyards ; or, cette attitude seule *indique* qu'elles ont succombé les dernières.

Telles sont les règles générales, qui, suivant Fodéré, doivent servir de guide dans la solution du problème qui m'occupe ; ces préceptes, comme je l'ai déjà fait entrevoir, me paraissent trop vagues, trop inexacts, et sujets à un trop grand nombre de restrictions, pour pouvoir être de quelque utilité ; aussi ne suis-je pas étonné « que les juges aient presque toujours donné la préférence aux lois positives, et qu'ils se soient rarement décidés, en semblable matière, d'après les avis des médecins » (Fodéré, *Méd. lég.*, tome II, p. 126).

Si de l'examen des principes généraux on passe aux applications faites par Fodéré aux différens cas particuliers, on aura l'occasion de se convaincre encore qu'il a abordé un sujet que, dans l'état actuel de la science, on doit regarder comme étant au-dessus des forces humaines.

Mort par privation de nourriture et de boisson : 1° les personnes les plus jeunes meurent les premières ; 2° les hommes périssent avant les femmes ; 3° les individus d'une complexion maigre et d'un tempérament bilieux meurent avant ceux qui sont dans des conditions opposées ; 4° les personnes les plus vivaces et sujettes aux maux de nerfs, résistent plus long-temps que les autres ; 5° celles qui auront pu boire, et qui seront restées dans un lieu humide, périront plus tard que les autres ; 6° les cadavres qui offrent les traces les plus manifestes de désorganisation, appartiennent aux personnes qui ont succombé les premières.

Mort par congélation. Les individus les moins accoutumés au froid succombent les premiers. Les hommes valétudinaires, les enfans, les vieillards avancés en âge, les femmes, et en général tous ceux qui sont censés être le moins *fournis de forces vitales,* périssent avant les autres.

Mort par excès de chaleur. On doit établir les présomptions de survie d'après les mêmes bases que dans le paragraphe précédent.

Submersion. Dans l'asphyxie par submersion avec engouement, il est présumable que l'on périt plus tôt lorsque la tête tombe la première, que dans les cas où c'est une autre partie du corps qui plonge d'abord. Les individus qui viennent plusieurs fois à la surface de l'eau, avant d'être ensevelis par les flots, vivent plus long-temps que ceux qui restent constamment au fond, ou au milieu du liquide. Les hommes qui jouissent de la faculté de suspendre l'exercice de la respiration, succomberont plus tard que les autres, et l'observation démontre que cette faculté est parti-

culièrement le partage des personnes faibles et valétudinaires.
Dans un combat sur mer, où tout le monde aura péri à l'abordage, dit Fodéré, il est vraisemblable que les individus les plus
courageux seront morts les premiers : si le vaisseau a coulé bas,
les meilleurs nageurs et ceux qui auront conservé leur sang froid
et leur présence d'esprit, auront péri les derniers ; parmi ceux
qui ne savaient pas nager, les plus poltrons seront morts après
les plus courageux, parce qu'ils n'auront pas cherché à inspirer
de l'eau. Si le vaisseau a sauté en l'air, le plus petit, le plus faible
et le plus poltron de l'équipage, aura pu succomber le dernier
dans les ondes, en faisant abstraction des violences matérielles.

Mort par incendie et par écroulement. Ici on ne peut juger
le fait que d'après la situation des cadavres, et d'après les traces
plus ou moins mortelles qu'ils présentent (*V*. p. 650).

Homicidiés. Lorsque plusieurs individus auront été assassinés, on peut supposer que les plus courageux des assaillis périssent les premiers, et que les plus poltrons sont égorgés ensuite.
Il peut arriver toutefois, dans une décharge d'armes à feu, que
les personnes les plus faibles succombent les premières : on
doit alors avoir égard au degré de mortalité des blessures
(*V*. p. 449).

Lorsque la mère et l'enfant périssent dans l'accouchement, lequel des deux meurt le premier? Cette question n'est
pas plus facile à résoudre que les précédentes, si l'accouchement
a eu lieu sans témoins ; aussi les jurisconsultes ont tranché la
difficulté, en déclarant que la mère est présumée avoir vécu, si
elle est âgée de moins de soixante ans (*V*. page 647. *Commentaire de* Chabot). La présomption de survie est au contraire en
faveur de l'enfant, si la mère a plus de soixante ans, d'après l'article 721 du Code civil (*V*. p. 647). Je n'imiterai pas les auteurs
de médecine légale, qui ont cherché à approfondir la question,
et qui ont disserté longuement sur la validité des motifs qui portèrent la chambre impériale de Wetzlar, et dans une autre occasion des médecins célèbres, à décider que la mort de la mère
avait précédé celle de l'enfant : des discussions de cette nature
n'auraient d'autre résultat que de prouver l'insuffisance des

sciences médicales, pour résoudre le problème dont il s'agit, et
de faire sentir encore davantage la nécessité de s'en rapporter
aux dispositions de la législation actuelle.

FIN DU DEUXIÈME VOLUME.

TABLE DES MATIÈRES

DU TOME SECOND.

FIN DE LA TABLE DES MATIÈRES DU TOME II.

42.

9 782329 257280